土木工程施工组织设计精选系列 2

# 办公楼 酒店 下

中国建筑工程总公司 编著

中国建筑工业出版社

图书在版编目（CIP）数据

土木工程施工组织设计精选系列. 2, 办公楼酒店. 下/中国建筑工程总公司编著. —北京：中国建筑工业出版社，2006
 ISBN 978-7-112-08634-4

Ⅰ.土… Ⅱ.中… Ⅲ.①土木工程-施工组织-案例-中国②行政建筑-建筑施工-施工组织-案例-中国③饭店-建筑施工-施工组织-案例-中国 Ⅳ.TU721

中国版本图书馆 CIP 数据核字（2006）第 142625 号

多年来的施工实践表明，施工组织设计是指导施工全局、统筹施工全过程，在施工管理工作中起核心作用的重要技术经济文件。本书精选了20篇办公楼、酒店施工组织设计实例，皆为优中择优之作，基本上都是获奖工程。例如，郑州国际会展中心工程获2006年度中国建筑工程鲁班奖。希望这些高水平建筑公司的一流施工组织设计佳作能够得到读者的喜爱。

本书适合从事土木工程的建筑单位、施工人员、技术人员和管理人员，建设监理和建设单位管理人员使用，也可供大中专院校师生参考、借鉴。

\* \* \*

责任编辑：郭　栋
责任设计：郑秋菊
责任校对：袁艳玲　王金珠

土木工程施工组织设计精选系列　2
**办公楼酒店　下**
中国建筑工程总公司　编著
\*
中国建筑工业出版社出版、发行（北京西郊百万庄）
新　华　书　店　经　销
北京密云红光制版公司制版
北京蓝海印刷有限公司印刷
\*

开本：787×1092 毫米　1/16　印张：85¾　字数：2140千字
2007年5月第一版　　2007年5月第一次印刷
印数：1—3000 册　定价：**145.00** 元
<u>ISBN 978-7-112-08634-4</u>
（15298）

**版权所有　翻印必究**
如有印装质量问题，可寄本社退换
（邮政编码 100037）

本社网址：http://www.cabp.com.cn
网上书店：http://www.china-building.com.cn

# 编 辑 委 员 会

主　　　任：易　军　刘锦章
常务副主任：毛志兵
副　主　任：杨　龙　吴月华　李锦芳　张　琨　虢明跃
　　　　　　蒋立红　王存贵　焦安亮　肖绪文　邓明胜
　　　　　　符　合　赵福明
顾　　　问：叶可明　郭爱华　王有为　杨嗣信　黄　强
　　　　　　张希黔　姚先成

主　　　编：毛志兵
执行主编：张晶波
编　　　委：
中建总公司：张　宇
中建一局：贺小村　陈　红　赵俭学　熊爱华　刘小明
　　　　　冯世伟　薛　刚　陈　娣　张培建　彭前立
　　　　　李贤祥　秦占民　韩文秀　郑玉柱
中建二局：常蓬军　施锦飞　单彩杰　倪金华　谢利红
　　　　　程惠敏　沙友德　杨发兵　陈学英　张公义
中建三局：郑　利　李　蓉　刘　创　岳　进　汤丽娜
　　　　　袁世伟　戴立先　彭明祥　胡宗铁　丁勇祥
　　　　　彭友元
中建四局：李重文　白　蓉　李起山　左　波　方玉梅
　　　　　陈洪新　谢　翔　王　红　俞爱军

中建五局：蔡　甫　李金望　粟元甲　赵源畴　肖扬明
　　　　　喻国斌　张和平
中建六局：张云富　陆海英　高国兰　贺国利　杨　萍
　　　　　姬　虹　徐士林　冯　岭　王常琪
中建七局：黄延铮　吴平春　胡庆元　石登辉　鲁万卿
　　　　　毋存粮
中建八局：王玉岭　谢刚奎　马荣全　郭春华　赵　俭
　　　　　刘　涛　王学士　陈永伟　程建军　刘继峰
　　　　　张成林　万利民　刘桂新　窦孟廷
中建国际：王建英　贾振宇　唐　晓　陈文刚　韩建聪
　　　　　黄会华　邢桂丽　张廷安　石敬斌　程学军
中海集团：姜绍杰　钱国富　袁定超　齐　鸣　张　愚
　　　　　刘大卫　林家强　姚国梁
中建发展：谷晓峰　于坤军　白　洁　徐　立　陈智坚
　　　　　孙进飞　谷玲芝

# 前　言

　　施工组织设计是指导项目投标、施工准备和组织施工的全面性技术、经济文件，在工程项目中依据施工组织设计统筹全局，协调施工过程中各层面工作，可保证顺利完成合同规定的施工任务，实现项目的管理精细化、运作标准化、方案先进化、效益最大化。编制和实施施工组织设计已成为我国建筑施工企业一项重要的技术管理制度，也是企业优势技术和现代化管理水平的重要标志。

　　中建总公司作为中国最具国际竞争力的建筑承包商和世界500强企业，一向以建造"高、大、新、特、重"工程而著称于世：中央电视台新台址工程、"神舟"号飞船发射平台、上海环球金融中心大厦、阿尔及利亚喜来登酒店、香港新机场、俄罗斯联邦大厦、美国曼哈顿哈莱姆公园工程等一系列富于时代特征的建筑，均打上了"中国建筑"的烙印。以这些项目为载体，通过多年的工程实践，积累了大量的先进技术成果和丰富的管理经验，加以提炼和总结，形成了多项优秀施工组织设计案例。这是中建人引以为自豪的宝贵财富，更是中建总公司在国内外许多重大项目投标中屡屡获胜的"法宝"。

　　此次我们将中建集团2000年后承揽的部分优势特色工程项目的施工组织设计案例约230余项收录整理，汇编为交通体育工程、办公楼酒店、文教卫生工程、住宅工程、工业建筑、基础设施、安装加固及装修工程、海外工程8个部分共9个分册，包括了各种不同结构类型、不同功能建筑工程的施工组织设计。每项施工组织在涵盖了从工程概况、施工部署、进度计划、技术方案、季节施工、成品保护等施工组织设计中应有的各个环节基础上，从特色方案、特殊地域、特殊结构施工以及总包管理、联合体施工管理等多个层面凸现特色，同时还将工程的重点难点、成本核算和控制进行了重点描述。为了方便阅读，我们在每项施工组织设计前面增加了简短的阅读指南，说明了该项工程的优势以及施工组织设计的特色，读者可通过其更为方便的找到符合自己需求的各项案例。该丛书为优势技术和先进管理方法的集成，是"投标施工组织设计的编写模板、项目运作实施的查询字典、各类施工方案的应用数据库、项目节约成本的有力手段"。

　　作为国有骨干建筑企业，我们一直把引领建筑行业整体发展为己任，特将此书呈现给中国建筑同仁，希望通过该书的出版提升建筑行业的工程施工整体水平，为支撑中国建筑业发展做出贡献。

# 目 录

第二十一篇　深圳创维数字研究中心工程施工组织设计……………………………… 1
第二十二篇　武汉阳光大厦工程施工组织设计…………………………………………… 93
第二十三篇　湖北俊华大厦施工组织设计………………………………………………… 159
第二十四篇　厦门建设银行大厦工程施工组织设计…………………………………… 237
第二十五篇　广州合景国际金融广场施工组织设计…………………………………… 311
第二十六篇　深圳世界金融中心施工组织设计………………………………………… 361
第二十七篇　南宁国际会议展览中心二期工程施工组织设计………………………… 435
第二十八篇　郑州国际会展中心（展览部分）施工组织设计………………………… 483
第二十九篇　北京中环世贸中心工程施工组织设计…………………………………… 567
第三十篇　　北京新保利工程施工组织设计…………………………………………… 615
第三十一篇　中泰广场塔楼工程施工组织设计………………………………………… 713
第三十二篇　广州发展中心大厦工程施工组织设计…………………………………… 773
第三十三篇　中国职工之家扩建配套工程施工组织设计……………………………… 871
第三十四篇　广州海关新业务技术综合楼施工组织设计……………………………… 943
第三十五篇　南安邮电大楼施工组织设计……………………………………………… 1057
第三十六篇　广州信合大厦土建工程施工组织设计…………………………………… 1083
第三十七篇　中国海洋石油办公楼工程施工组织设计………………………………… 1127
第三十八篇　中青旅大厦工程施工组织设计…………………………………………… 1181
第三十九篇　成中大厦施工组织设计…………………………………………………… 1263
第四十篇　　凯晨广场施工组织设计…………………………………………………… 1309

# 第二十一篇

## 深圳创维数字研究中心工程施工组织设计

编制单位：中建三局二公司
编 制 人：李晓东　胡学飞

# 目 录

1 工程概况及特点 ·················································································· 5
2 施工目标 ··························································································· 7
  2.1 质量目标 ······················································································ 7
  2.2 工期目标 ······················································································ 7
  2.3 安全与文明施工目标 ······································································· 7
3 施工部署 ··························································································· 7
  3.1 项目组织机构 ················································································ 7
  3.2 施工准备 ······················································································ 7
    3.2.1 人员准备 ················································································· 8
    3.2.2 施工环境准备 ··········································································· 8
    3.2.3 技术准备 ················································································· 8
    3.2.4 材料设备的准备 ········································································ 8
    3.2.5 施工现场准备 ··········································································· 9
  3.3 总体施工安排 ················································································ 9
    3.3.1 施工区域的划分 ········································································ 9
    3.3.2 总体施工顺序 ··········································································· 9
  3.4 施工总进度计划安排 ······································································· 9
  3.5 施工现场平面布置 ·········································································· 9
    3.5.1 主要施工机械的选用及布置 ························································ 9
    3.5.2 施工现场临时设施的布置 ·························································· 11
  3.6 劳动力安排计划 ············································································ 12
  3.7 主要安全材料计划 ········································································· 13
  3.8 主要施工设备计划 ········································································· 13
  3.9 主要施工周转材料计划 ··································································· 14
4 土建工程主要施工技术 ······································································· 14
  4.1 施工测量方案 ··············································································· 14
    4.1.1 施测前的准备工作 ··································································· 14
    4.1.2 施测方法及技术措施 ································································ 15
    4.1.3 地下室定位放线测量 ································································ 15
    4.1.4 标高控制施测方法和精度要求 ··················································· 15
    4.1.5 沉降观测 ··············································································· 16
    4.1.6 垂直度控制测量 ······································································ 16
    4.1.7 标桩及沉降观测点的埋设和保护 ················································ 17
    4.1.8 质量控制 ··············································································· 17
  4.2 模板工程 ····················································································· 17
    4.2.1 基础模板 ··············································································· 17
    4.2.2 地下室墙体模板 ······································································ 18

| | | |
|---|---|---|
| 4.2.3 | 梁板柱模板体系 | 18 |
| 4.2.4 | 整体封闭式楼梯模板 | 19 |
| 4.2.5 | 电梯井和管道井的模板 | 19 |
| 4.2.6 | 注意事项 | 20 |

## 4.3 钢筋工程 ............................................................................................................ 21
- 4.3.1 钢筋的验收和存放 ........................................................................................ 21
- 4.3.2 钢筋翻样 ........................................................................................................ 21
- 4.3.3 钢筋加工 ........................................................................................................ 21
- 4.3.4 钢筋接头 ........................................................................................................ 22
- 4.3.5 钢筋绑扎 ........................................................................................................ 22
- 4.3.6 混凝土保护层厚度 ........................................................................................ 23
- 4.3.7 锚固与搭接 .................................................................................................... 23
- 4.3.8 钢筋的固定与保护 ........................................................................................ 25

## 4.4 混凝土工程 ........................................................................................................ 25
- 4.4.1 原材料 ............................................................................................................ 25
- 4.4.2 普通混凝土 .................................................................................................... 26
- 4.4.3 防水混凝土 .................................................................................................... 27
- 4.4.4 地下室垫层防腐蚀混凝土 ............................................................................ 27
- 4.4.5 大体积混凝土 ................................................................................................ 28
- 4.4.6 地下室底板的浇筑顺序分析 ........................................................................ 30

## 4.5 预应力工程 ........................................................................................................ 30
- 4.5.1 材料和设备 .................................................................................................... 30
- 4.5.2 材料检验 ........................................................................................................ 31
- 4.5.3 预应力施工工艺流程 .................................................................................... 31
- 4.5.4 无粘结预应力筋的铺设 ................................................................................ 31

## 4.6 钢结构工程 ........................................................................................................ 33
- 4.6.1 工程概述 ........................................................................................................ 33
- 4.6.2 必要的设计变更和主要的技术措施 ............................................................ 33
- 4.6.3 钢结构安装 .................................................................................................... 38
- 4.6.4 相关的受力计算 ............................................................................................ 56
- 4.6.5 需设计院验算的受力位置 ............................................................................ 57

## 4.7 脚手架工程 ........................................................................................................ 58
- 4.7.1 工程概况 ........................................................................................................ 58
- 4.7.2 搭设方案 ........................................................................................................ 59

## 4.8 砌体和隔断工程 ................................................................................................ 60
- 4.8.1 砌筑工程 ........................................................................................................ 60
- 4.8.2 隔断 ................................................................................................................ 63

## 4.9 装饰工程 ............................................................................................................ 64
- 4.9.1 吊顶施工 ........................................................................................................ 64
- 4.9.2 墙面涂料 ........................................................................................................ 66
- 4.9.3 门窗工程 ........................................................................................................ 66

## 4.10 防水工程 .......................................................................................................... 67
- 4.10.1 地下室防水工程 .......................................................................................... 67

- 4.10.2 屋面防水工程 ... 70
- 4.10.3 外墙建筑防水 ... 71
- 4.10.4 卫生间和厨房楼地面防水 ... 71
- 4.10.5 防水施工注意事项 ... 72
- 4.11 白蚁防治措施 ... 72
  - 4.11.1 施工准备 ... 72
  - 4.11.2 技术人员的准备 ... 73
  - 4.11.3 工程施工 ... 73
- 4.12 特殊部位施工 ... 73
  - 4.12.1 墙、柱与梁板交接处混凝土浇捣 ... 73
  - 4.12.2 后浇带施工 ... 74
  - 4.12.3 变形缝柱间支模 ... 74
  - 4.12.4 外墙防渗漏 ... 74
  - 4.12.5 楼板面防渗漏 ... 75
  - 4.12.6 高支模支撑设计 ... 75
  - 4.12.7 屋面工程施工 ... 76

# 5 施工进度保证措施 ... 79
- 5.1 施工进度计划的实施 ... 79
- 5.2 施工进度计划的贯彻 ... 80
- 5.3 施工进度计划的检查 ... 80
- 5.4 具体措施 ... 81
- 5.5 以我公司的良好信誉为保障,确保施工顺利进行 ... 82

# 6 施工质量保证措施 ... 82
- 6.1 质量保证体系 ... 82
- 6.2 质量管理制度 ... 83
- 6.3 QC小组活动 ... 84
- 6.4 图纸会审制度 ... 84
- 6.5 质量预控及对策图表 ... 85
- 6.6 不合格品的预防、鉴别、纠正、处理计划 ... 86

# 7 施工安全、现场消防和保卫制度 ... 87
- 7.1 安全管理制度 ... 87
- 7.2 安全管理体系 ... 88

# 8 其他各项施工保证措施 ... 88

# 9 总分包管理 ... 88
- 9.1 总分包管理措施 ... 88
  - 9.1.1 合同管理 ... 88
  - 9.1.2 制度管理 ... 89
  - 9.1.3 计划管理 ... 89
- 9.2 总分包的协调与配合 ... 89

# 10 项目新技术应用及效益分析 ... 90
- 10.1 推广应用的新技术、新工艺 ... 90
- 10.2 效益情况分析 ... 90

## 项目简述

创维数字研究中心位于深圳市高新技术园区内，深南大道南侧，是一幢集办公、研究开发及产品展示为一体的多功能智能型楼宇。工程共18层，地下1层，地上一~三层为裙楼，层高4.8m；地上四~十七层为东西各一栋办公塔楼，层高3.8m；十八层为钢结构观光餐厅，层高6.0m，将两塔楼连接为一个整体，建筑总高度为76.1m。两塔楼之间为4层高的玻璃幕墙圆锥体，总高28.8m。

工程为钢筋混凝土框架-剪力墙结构，框架和剪力墙抗震等级均为二级。顶层观景餐厅采用钢桁架结构，结构抗震设防烈度为7度。基础底板、地下室外墙、地下车道、水池防水混凝土抗渗等级为P8，混凝土采用C50、C40、C30、C20共4种等级。工程总长131.4m，总宽度52.8m，占地面积11992.3$m^2$，地下车库及设备层面积6993.27$m^2$，总建筑面积60399.21$m^2$。

重点与难点施工技术及管理

(1) 观景餐厅钢结构桁架跨度47m，单榀重达51t，相邻两榀之间最大间距11m，桁架上弦顶部标高为72.5m，且其正下方有一个直径18m中空型玻璃造型物。施工时，现场塔吊起重性能不能满足桁架单榀整体吊装的要求，从安装便利和经济上考虑，须利用塔吊的起重能力范围于A座18层楼面上将散件拼装完桁架后，再整体滚动跨越滑移至安装位置，最后整体下降至设计标高。

(2) 工程中标价较低（二类工程降21点），为分公司施工以来的第一个低价中标项目，成本管理压力大。

(3) 工程距离海边不足5km，地下水丰富，水位较高，地下室一层外墙和地下室顶板防水是施工的重点。

(4) 地下室设计有3个大型核心承台，单个承台混凝土体积达2000$m^3$，局部混凝土最厚达3.8m，解决核心承台混凝土内外温差是保证地下室混凝土浇筑质量的关键。

# 1 工程概况及特点

创维数字研究中心位于深圳市高新技术园深南大道南侧，由创维集团投资兴建，集办公、研究开发及产品展示等功能为一体的现代化高科技智能楼宇。

本工程地下1层，地上为18层双塔楼钢筋混凝土框架-剪力墙结构的高层建筑，框架和剪力墙抗震等级均为二级。顶层观景餐厅采用钢桁架结构。其结构抗震设防烈度为7度。地基基础采用预应力管桩基础。基础底板、地下室外墙、地下车道、水池防水混凝土抗渗等级P8，混凝土采用C50、C40、C30、C20四种。筒体承台厚度3.00~3.845m，框架柱承台厚度1.15~2.85m。本工程总长131.40m，总宽34.80m，占地面积11992.3$m^2$，地下车库及设备层面积6993.27$m^2$，总建筑面积60399.21$m^2$。其中，①裙房数码产品展示厅（共3层）建筑面积9826.08$m^2$，高度14.20m。②办公塔楼建筑面积43579.86$m^2$，高度75.60m。办公塔楼共有10部电梯，顶层为电梯及通风机房。

外墙面装饰一~三层为灰色玻璃幕墙和白玻，柱身包铝板，四~十六层窗间墙及东西

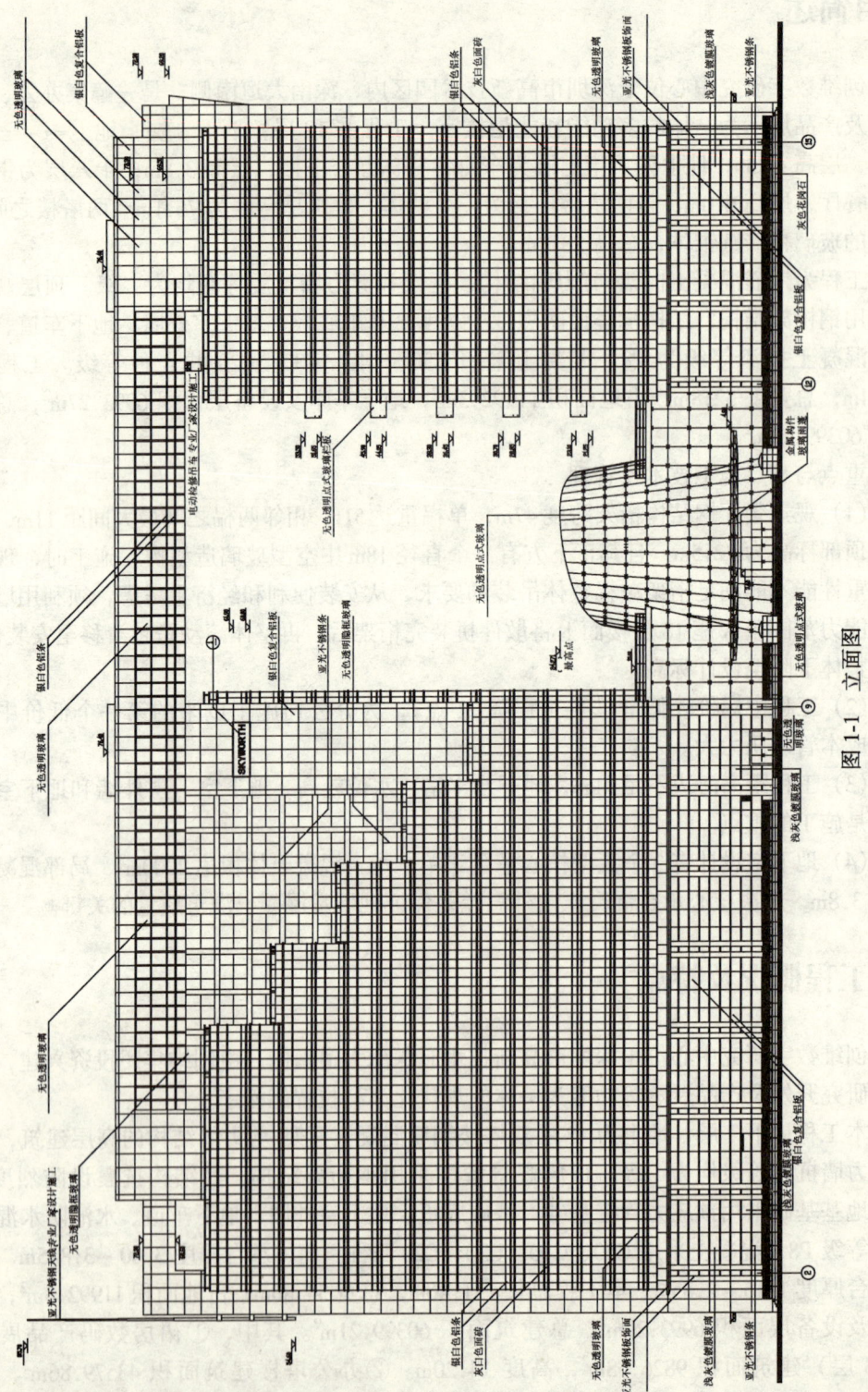

图 1-1 立面图

两侧实墙面贴大块仿石面砖，上做铝板透空横向隔片造型，详见图 1-1。内墙面分涂料内墙、穿孔纤维板墙面、面砖墙面 3 种。楼地面有混凝土地面、水泥地面、花岗石地面、广场地砖面层、塑胶楼面、防滑地砖楼面、木地板楼面等几种做法。顶棚有板底水泥砂浆顶棚、板底乳胶漆顶棚、铝合金穿孔板吸声吊顶、穿孔石膏吸声板吊顶、铝合金全封闭型方板保温吊顶等几种做法。屋面有刚性防水和高聚物改性沥青卷材防水屋面、保温不上人屋面、轻钢网架屋面 3 种做法。防水采用 C30 补偿收缩混凝土（刚性防水）、SBS 或 APP 改性沥青防水卷材、氯化聚乙烯橡塑共混防水卷材、PO—200 渗透式结晶体防水材料等几种。门采用木门、铝合金门、透明玻璃门、铝板门、百叶门等几种，窗采用铝合金窗、铝合金百叶窗等做法。

本工程围护结构：地下室墙体采用 240mm 及 180mm 厚 MU7.5 砖，±0.00 以上墙体内墙采用白宫墙板、120mm 实心砖墙，外墙均采用 200mm 厚陶粒混凝土空心砌块。防火衬墙采用 60mm 厚耐火砖衬里。

本工程安装项目主要有给排水、通风空调、强弱电、消防、电梯工程等。

## 2 施工目标

### 2.1 质量目标

确保深圳市优质样板工程，力争"鲁班奖"（或国家优质工程奖）。

### 2.2 工期目标

施工工期控制在 450d。

### 2.3 安全与文明施工目标

杜绝任何重大伤亡事故的发生，将轻伤频率控制在 2‰ 以下。争创深圳市"安全与文明施工优良工地"。

## 3 施工部署

根据图纸内容、招标要求、场地情况、施工条件以及我公司在本工程中制定的各项目标，在此对施工中的一系列主要工作进行部署。

### 3.1 项目组织机构

在公司的领导下，成立项目经理部，实施项目法施工。项目经理部负责对该工程实行全面管理，经理部下设施工管理层和作业层，项目组织机构如图 3-1 所示。

### 3.2 施工准备

施工准备工作是工程能否顺利开工以及整个施工是否能按计划连续、有条不紊地进行的重要步骤。因此，我公司将集中人力、物力、财力，积极主动地创造开工条件，以确保施工总进度计划的实现。

### 3.2.1 人员准备

我公司将选择管理骨干及素质良好的施工队伍，根据工程的进度需要合理安排施工。

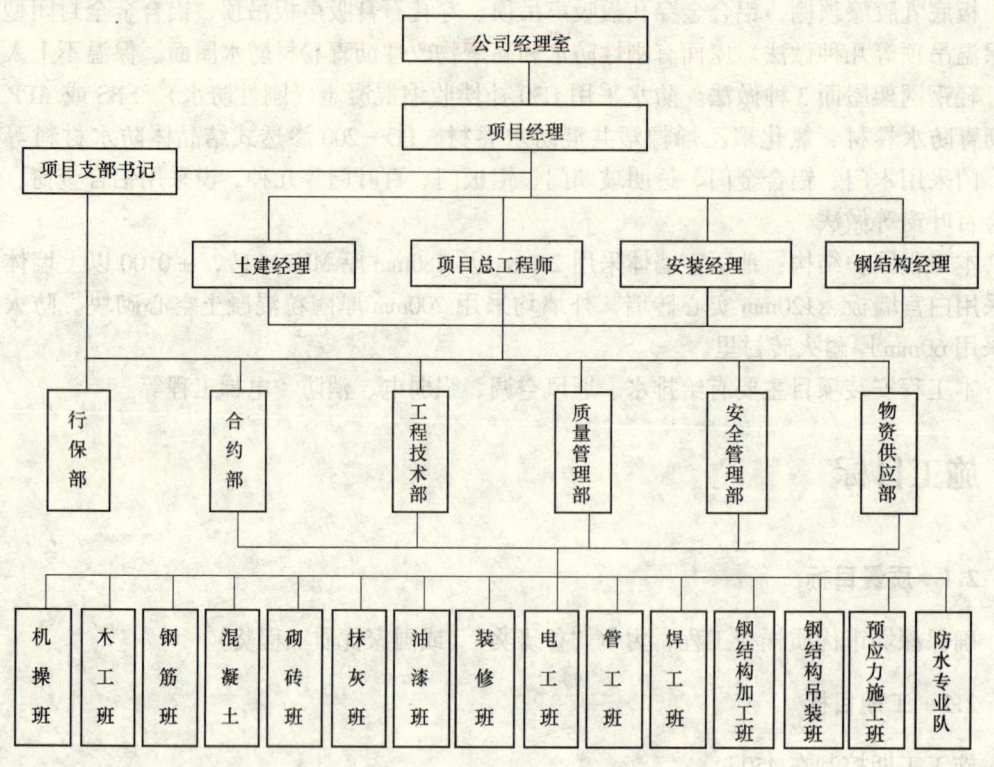

图 3-1 项目组织机构图

### 3.2.2 施工环境准备

（1）积极主动与当地派出所、城管办、环卫等部门取得联系，办理各种登记手续，创造并保持良好的施工外部环境。

（2）通过业主与各分承建商建立并保持良好的工作关系。

### 3.2.3 技术准备

（1）认真阅读本工程图纸，以确保设计意图，检查施工图纸与其说明内容是否一致，施工图纸各组成部分间有无矛盾，技术要求是否明确。

（2）在开工前，以书面形式进行施工组织设计、分部分项工程的质量技术交底。

（3）执行入场三级安全教育。在开工前，按程序对各工种进行书面交底，并由项目经理与每个工人签定安全施工责任状。

（4）建立健全项目质量保证体系。

### 3.2.4 材料设备的准备

开工前，认真做好材料计划采购准备，如钢材、木材、钢管等。编制各项计划，对各种材料的采购、入库、保管和出库都制定完善的管理方法，进行混凝土配合比的设计。对搅拌机、混凝土泵等一些机械设备及时进行调试，使其处于良好的工作状态。

**3.2.5 施工现场准备**

(1) 清理基础工程施工阶段遗留在工地上的杂物,建立坐标控制网点和高程控制点。

(2) 复查已施工完毕的桩基础工程的标高、轴线等,在土方开挖前完成标高轴线等的复核、交接工作。

(3) 实地踏勘现场,根据现场实际情况,根据给定永久性坐标和高程,按照建筑总平面图要求,建立建筑物现场坐标控制网及高程控制网,设置场地永久性控制测量标桩,达到能随时控制建筑物位置的目的。

(4) 维修完善排水沟、集水井,使排水系统畅通无阻。

(5) 根据施工总平面图提前修建施工道路,铺设水电管线,布置现场。

### 3.3 总体施工安排

**3.3.1 施工区域的划分**

根据工期要求和施工条件,基本思路是在地下室部分以后浇带划分为两个施工流水段,地上部分以 A 区为一施工区,B、C 区为二施工区,同时作业。

**3.3.2 总体施工顺序**

总体施工顺序安排如图 3-2 所示。

### 3.4 施工总进度计划安排

各工期控制点:

施工准备:10d;

土方开挖:10d;

地下室施工:62d;

主体施工:175d(其中钢结构安装:20d);

砌体工程:155d;

装修工程:260d;

总平面工程:45d;

清理收尾:10d;

竣工核验:第 450d;

### 3.5 施工现场平面布置

**3.5.1 主要施工机械的选用及布置**

(1) 混凝土施工机械的选择

本工程混凝土采用商品混凝土,地下室施工阶段,由于混凝土浇筑量大,且不允许出现人为施工缝及冷缝,故需要两台混凝土输送泵,另外备用一台混凝土输送泵,具体的输送能力分析见 4.5 节;地下室以上部分混凝土浇筑采用两台混凝土泵输送混凝土;另外,在现场布置 2 台搅拌机,以供现场一些零星混凝土和砂浆的搅拌。

(2) 垂直运输机械

1) 塔吊

主要用于钢结构构件、钢筋、模板及支撑等的垂直运输,根据本建筑物的面积和工程

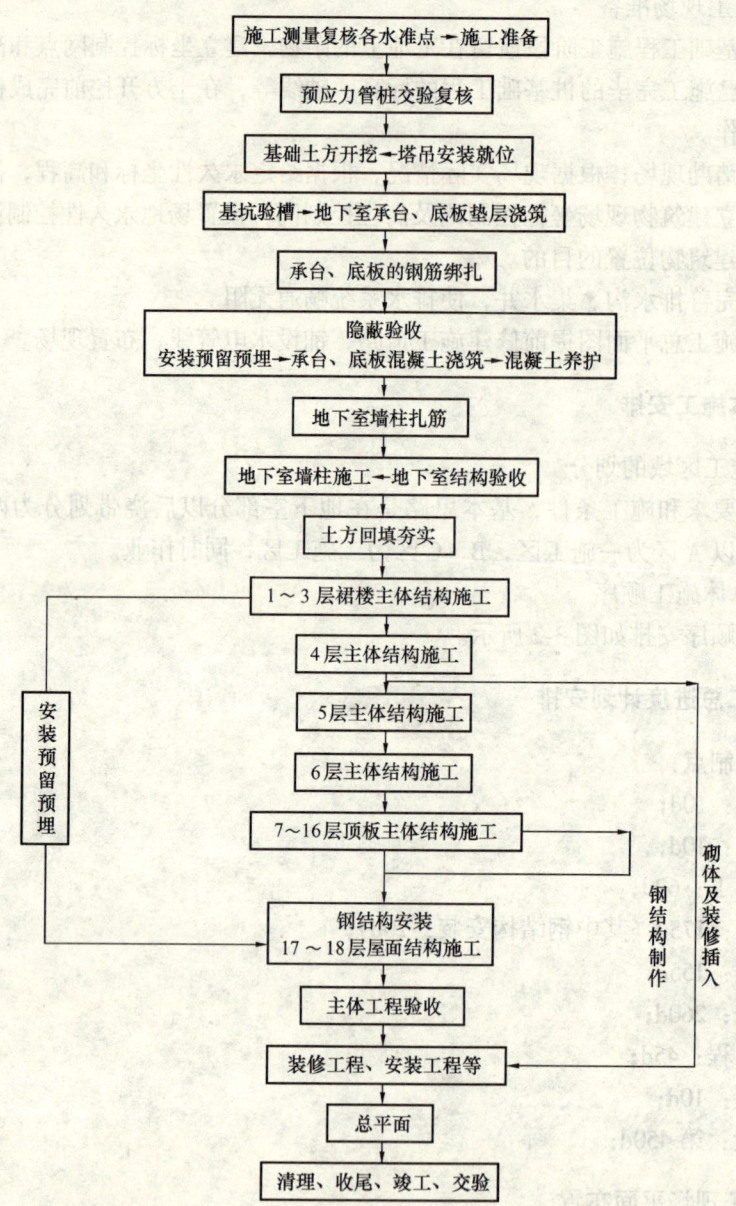

图 3-2 总体施工顺序安排搭接图

量的大小，本工程需用两台塔吊（一台 H3/36B，一台 FO/23B）。

本工程的特点为地下室面积较大，且上部结构较地下室的南北外墙缩进较多（达 9m 左右），故此为塔吊的布置带来一定的困难，我公司在进行塔吊的选型和位置布置时考虑了以下几种情况：

第一种，塔吊置于电梯井中，采作内爬式；

第二种，塔吊置于地下室外墙外，采用钢桁架附着；

第三种，塔吊置于地下室内，采用普通方法进行附着。

这三种方法,第一种方案优点是避免了附着困难和地下室底板需要开洞的问题,缺点是安装和拆除都不方便,且在地下室底板施工期间无法使用;第二种方案优点是避免了在地下室底板需要开洞的问题,但附着太远,尤其深圳为多台风地区,危险性很大;第三种方案优点是塔吊布置的安全性好,但要在地下室顶板上开洞。权衡三种方案利弊,我公司决定采用第三种方案。此方案对塔吊的安全性有利,在地下室开洞做塔吊基础属常规做法,步骤如下:先做塔吊基础,并使其顶面标高低于地下室底板。地下室底板连续浇筑时,将塔吊基础埋置于其下。并且我公司在做此部分地下室底板的配筋及防水时与设计院联系,作特殊处理,使塔吊基础的基脚永久性的埋置于混凝土中,而塔吊标准节则避开地下室顶板的主次梁。具体位置主要是考虑到塔吊的最大覆盖面以及将来可拆除。两台塔吊吊臂高低错开,以避免相碰。塔吊的安装由汽车吊在基坑内进行,拆除由大吨位的汽车吊在地下室外进行。

2) 电梯和井架

在每幢塔楼各安装一部双笼电梯,在 A 区增加一部高速井架,电梯和井架的基础直接置于地下室顶板上。我公司将与设计院联系,对此处梁板的钢筋作局部加强,使其能满足荷载要求。此种方法在我公司的多个工程中已经应用,效果良好。双笼电梯主要负责作业人员和零星材料的垂直运输,井架主要负责装修材料的垂直运输。

(3) 其他施工机械的选择

钢筋加工场配置钢筋切断机 2 台、弯曲机 3 台、调直机 1 台、闪光对焊机 1 台、电渣压力焊机 2 台;木工制作场配制圆盘锯 2 台;降水设备配备 20 台潜水泵、供水设备配 2 台高压水泵等。

**3.5.2 施工现场临时设施的布置**

(1) 临时建筑物的布置

施工现场原则上不住施工人员。管理人员及工人的临建设施,利用我公司原联想工程项目的临建设施,施工现场只设置办公室、材料库房、保卫室、机电修理房等。办公室(包括甲方、监理办公室)及材料库房设置在现场的东面,办公室全部采用集装箱,机电维修房及配电室等设置在现场的西面,钢筋加工场及厕所布置在现场的南面,便于两台塔吊调运钢筋的成品和半成品。

(2) 施工场地及道路交通

1) 工地在施工现场的南面设置两个永久性出入口,并设置门卫室。

2) 砂石堆场处,做 100mm 厚素混凝土面层,以利铲车铲运砂石,防止混入泥土等杂质,钢筋制作场、周转材料堆场,以及各种材料堆场应垫高,以利排水。

3) 将现场其余用地进行混凝土硬化,以利于现场文明施工。

(3) 施工用电的布置

根据施工平面图布置和工程机械计划用量,严格按照《施工现场临时用电安全技术规范》JGJ 46,在本工程中,设计有四条回路:第一条、第二条、第三条均为动力回路,第四条为照明回路。第一条动力回路为 H3/36B 塔式起重机、一台 SC100/100 电梯、井架、混凝土搅拌机、高压水泵、圆盘锯、空压机、潜水泵提供电源。第二条动力回路为混凝土输送泵、FO/23B 塔式起重机、一台 SC100/100 电梯、平板式振动器、振捣棒供电。第三条动力回路为钢筋加工机械(主要有钢筋弯曲机、对焊机、钢筋切断机、电焊机、电渣压力焊机、冷挤压机）供电。第四条回路为照明回路，为现场的施工照明、办公用电供电。另外，该工程配发电机组一套，以供临时停电时使用。

（4）施工用水的布置

工程施工用水的布置主要由给水和排水两部分组成。

根据本工程施工用水的布置情况，给水管由给水接口处向东、西两侧做分支，管径分别为 $DN80$、$DN100$。西侧分支管设两个施工用水点和一个消防栓，并在 Ⓒ/1 轴处预留一给水口，用于地下水池的进水口。东侧分支管设 4 个施工用水点和 2 个办公区水龙头，以及 3 个消防栓，并在东侧大门附近预留 1 个给水口，便于以后备用。

排水系统主要由地下室基坑周边的排水沟和办公区排水沟以及现场临时厕所组成，各排水沟在临时厕所处汇集接入西南侧的沉砂池中。

### 3.6 劳动力安排计划

我公司根据工程量大小和工期要求，对劳动力的进场进行了安排，施工人员见表3-1，但此计划表不包括业主分包的项目。

劳动力安排计划表　　　　　　　　表 3-1

| 工 种 | 高峰人数 | 劳 动 力 | | | | | | | | | | | | | |
|---|---|---|---|---|---|---|---|---|---|---|---|---|---|---|---|
| | | 1 | 2 | 3 | 4 | 5 | 6 | 7 | 8 | 9 | 10 | 11 | 12 | 13 | 14 | 15 |
| 木 工 | 80 | 40 | 70 | 80 | 80 | 80 | 80 | 80 | 60 | 30 | 5 | 5 | 3 | 0 | 0 | 0 |
| 钢筋工 | 80 | 80 | 80 | 80 | 80 | 80 | 80 | 80 | 45 | 25 | 5 | 5 | 3 | 0 | 0 | 0 |
| 混凝土工 | 25 | 25 | 25 | 25 | 25 | 25 | 25 | 25 | 20 | 10 | 3 | 3 | 2 | 2 | 5 | 10 |
| 泥 工 | 130 | 5 | 5 | 30 | 45 | 45 | 85 | 100 | 120 | 130 | 130 | 130 | 110 | 60 | 20 | 10 |
| 机电操工 | 20 | 15 | 15 | 18 | 20 | 20 | 20 | 20 | 20 | 20 | 15 | 15 | 10 | 10 | 10 | 5 |
| 普 工 | 65 | 35 | 45 | 45 | 50 | 50 | 65 | 65 | 65 | 65 | 50 | 50 | 40 | 30 | 45 | 45 |
| 架 工 | 15 | 2 | 3 | 10 | 15 | 15 | 15 | 15 | 10 | 10 | 15 | 15 | 15 | 15 | 0 | 0 |
| 油漆工 | 45 | 0 | | | | | | | | 15 | 30 | 45 | 45 | 30 | 30 | 15 |
| 电 工 | 45 | 18 | 18 | 10 | 10 | 10 | 20 | 30 | 30 | 30 | 37 | 37 | 45 | 45 | 16 | |
| 水 工 | 22 | 6 | 6 | 9 | 9 | 9 | 9 | 12 | 16 | 16 | 20 | 20 | 22 | 16 | 12 | 6 |
| 电焊工 | 20 | 6 | 6 | 6 | 6 | 20 | 18 | 18 | 18 | 5 | 5 | 5 | 4 | 2 | 2 | |
| 铆 工 | 4 | | | | | | 4 | 4 | 4 | 4 | | | | | | |
| 起重工 | 8 | | | | | | 8 | 8 | 8 | 8 | | | | | | |
| 合 计 | | 232 | 273 | 313 | 340 | 355 | 421 | 447 | 416 | 381 | 312 | 330 | 297 | 212 | 169 | 109 |

## 3.7 主要安全材料计划（表3-2）

安全材料需用计划　　　　　表3-2

| 序号 | 材料名称 | 规格 | 单位 | 数量 | 附注 |
|---|---|---|---|---|---|
| 01 | 安全帽 |  | 顶 | 450 | 多种颜色 |
| 02 | 安全网 | 防火阻燃 | $m^2$ | 28500 | 立网 |
| 03 | 安全网 | 防火阻燃 | $m^2$ | 1500 | 兜网 |
| 04 | 安全带 | 尼龙 | 根 | 100 | |
| 05 | 灭火器 | 泡沫、干粉 | 个 | 50 | |
| 06 | 漏电开关 | 多种规格 | 个 | 100 | |
| 07 | 防护手套 |  | 双 | 80 | |
| 08 | 防护鞋 |  | 双 | 80 | |

## 3.8 主要施工设备计划（包括施工机械和质检设备，表3-3）

主要施工设备计划表　　　　　表3-3

| 序号 | 材料名称 | 规格 | 单位 | 数量 | 附注 |
|---|---|---|---|---|---|
| 1 | 塔式起重机 | H3/36B | 台 | 1 | |
| 2 | 塔式起重机 | FO/23B | 台 | 1 | |
| 3 | 双笼电梯 |  | 部 | 2 | |
| 4 | 混凝土输送泵 | HBT-60 | 台 | 3 | 其中1台备用 |
| 5 | 零星混凝土搅拌机 | JDY350 | 部 | 2 | |
| 6 | 高速井架 | SCD200/200 | 座 | 1 | |
| 7 | 柴油发电机 |  | 部 | 1 | |
| 8 | 钢筋弯曲机 | GTJB7-40 | 台 | 3 | |
| 9 | 钢筋对焊机 | UN1-100 | 台 | 1 | |
| 10 | 钢筋切断机 | GQ40-B | 台 | 2 | |
| 11 | 电渣压力焊机 | BX-500 | 台 | 2 | |
| 12 | 冷拉卷扬机 | GJ4-4/14 | 台 | 1 | |
| 13 | 电焊机 | BX-300 | 台 | 8 | |
| 14 | 打夯机 | BA-215A | 台 | 8 | |
| 15 | 高压水泵 | 扬程100m | 部 | 2 | |
| 16 | 机动翻斗车 |  | 台 | 2 | |
| 17 | 圆盘锯 |  | 台 | 2 | |
| 18 | 潜水泵 |  | 台 | 20 | |
| 19 | 振动器 |  | 台 | 15 | |
| 20 | 空压机 |  | 台 | 1 | |
| 21 | 挖土机 | EX-200 | 台 | 2 | |
| 22 | 经纬仪 | T2 | 台 | 1 | |

续表

| 序号 | 材料名称 | 规格 | 单位 | 数量 | 附注 |
|---|---|---|---|---|---|
| 23 | 测距仪 | DI 1600 | 台 | 1 | |
| 24 | 精密水准仪 | WIDL N3 | 台 | 1 | |
| 25 | 电焊机 | 11kW | 台 | 9 | |
| 26 | 便携式电焊机 | BX3-200-Ⅱ | 台 | 6 | 其中1台备用 |
| 27 | 切割机 | 200V | 台 | 5 | |
| 28 | 台钻 | Z512 | 台 | 3 | |
| 29 | 砂轮切割机 | 0.5kW | 台 | 6 | 其中1台备用 |
| 30 | 手提试压泵 | 0~2.5MPa | 台 | 2 | 其中1台备用 |
| 31 | 冲击电钻 | $\phi$16mm | 台 | 4 | 其中1台备用 |
| 32 | 水准仪 | | 台 | 2 | |
| 33 | 捯链葫芦 | 5t、2t | 台 | 11 | 其中1台备用 |
| 34 | 手提除锈机 | $\phi$200 | 台 | 5 | |
| 35 | 套丝机 | | 台 | 7 | |
| 36 | 数字万用表 | | 块 | 2 | |
| 37 | 电动弯管机 | $DN$15~50 | 台 | 2 | |
| 38 | 手动弯管器 | $DN$15~25 | 台 | 4 | |
| 39 | 地阻摇表 | | 块 | 2 | |
| 40 | 绝缘电阻表 | 1000V | 块 | 4 | |
| 41 | 绝缘电阻表 | 500V | 块 | 4 | |

### 3.9 主要施工周转材料计划（表3-4）

周转材料需用计划　　　表3-4

| 序号 | 材料名称 | 规格 | 单位 | 数量 | 附注 |
|---|---|---|---|---|---|
| 01 | 木模板 | 18mm | m² | 30000 | |
| 02 | 木方 | 100mm×50mm | m³ | 230 | |
| 03 | 扣件 | | 万个 | 16 | |
| 04 | 钢管 | $\phi$48×3.5mm | t | 1000 | |
| 05 | 架板 | | m³ | 110 | |
| 06 | 顶撑 | | 套 | 6600 | |

## 4 土建工程主要施工技术

### 4.1 施工测量方案

#### 4.1.1 施测前的准备工作

（1）技术准备

熟悉本工程图纸，了解本工程是采用何种坐标体系及高程体系，根据本工程要求的测量技术等级及工期和质量要求，合理组织施测进度及选择测量方法。

(2) 施工现场控制网测量

根据现场实际情况及给定的永久性坐标和高程，按照建筑总平面图要求，建立建筑物现场坐标控制网及高程控制网，设置场地永久性控制测量标桩。达到既减少现场施工对标桩的影响，又能随时控制建筑物位置的目的。

### 4.1.2 施测方法及技术措施

平面控制施测方法和精度要求：

为准确确定本建筑物位置，保证精度，同时避开施工对标桩的影响，又能确保进度，拟采用在建筑物外围设置矩形控制网的方法进行施工测量。定位前必须根据建设单位提供的已知点坐标，对各已知点的距离和角度进行复核，确保各点的准确性。再根据设计院提供的创维数字研究中心总平面图明确本建筑物与相邻建筑物之间的尺寸关系及现场实地情况，并且计算出矩形控制网上各控制点的坐标；再根据已知点的坐标及建筑物外围矩形控制网上各控制点的坐标，换算出各控制点与相近已知点的放样数据，做好数据标注，并绘制成图。

经过反复计算、复核，确认以上数据无误后，按支导线的路线，采用极坐标的方法进行放样，放出 K1~K14 号点。定出所有点后，再将仪器置于有关联的点上，进行相关点的距离和角度校核，待各点的精度达到定位要求后，埋设固定标桩，用标桩将位置确定，从而建立建筑物实地外围矩形控制网。经复核后再根据定位图，采用直角坐标法定出各主要轴线及细部轴线，作为施工放样的依据。

在测量的全过程中，严格遵守《工程测量规范》GB 50026—93 和《钢筋混凝土高层建筑结构设计与施工规程》JGJ 3—91，其精度要求如下：角度观测精度为 ±10″，距离测量精度为 1/10000。

### 4.1.3 地下室定位放线测量

本工程地下室面积较大，为了有效控制施测面积，我公司将加密地下室控制轴线。根据设计院提供的创维数字研究中心地下一层人防地下室平面图，地下室垫层施工完后，从建筑物外围控制桩将地下室主轴线②、⑦、⑪、⑮、⑱、㉑、ⓒ轴投于垫层上，将 WILD T2 经纬仪置于 K1 点，经过严格、精密的对中整平后，后视 K10 点，投出Ⓑ轴；再将 T2 经纬仪置于 K4 点，经过严格、精密的对中整平后，后视 K14 点，投出②轴，依此类推，投出各主要轴线，弹上墨线。最后，将仪器置于各已投主轴线的交点上，将已投于垫层上的主轴线所构成的几何图形进行角度和距离的检查，符合要求后，再根据地下室施工图中各轴线之间的相对关系将细部轴线一一投放于垫层上，作为放线依据。

### 4.1.4 标高控制施测方法和精度要求

水准测量在整个测量工作中所占工作量很大，同时也是本工程测量工作的重要部分。正确而周密地加以组织和较合理地布置高程控制水准点，能在很大程度上使立面布置、管线敷设和建筑物施工得以顺利进行。高程控制必须以精确的起算数据来保证施工的要求。

工地上的高程控制点，要联测到国家水准标志或城市水准点上，确保管线在敷设时与城市管线能联通。

标高点依据建设单位提供的高等级水准点引测。为了计算简便又不容易出错，根据水准基点将该工程的设计±0.00点标高准确引测于附近固定建筑物上，做好标志。各层标高均根据±0.00水准点用经过校正的钢尺沿着建筑物外壁竖直测出各层设计标高，作为控制该层标高的依据。由±0.00标高点引至各层的临时水准点不少于两个，引测各层标高后，复核至另一水准标高点，其差不能超过±3mm，这样在各层抄平时可相互校核，避免错误。

精度要求：标高测量精度为$±5\sqrt{n}$mm（$n$为楼层数），建筑全高垂直度测量偏差不超过30mm。

### 4.1.5 沉降观测

测设前，首先研究创维数字研究中心的结构形式，并根据创维数字研究中心的图纸要求正确布置沉降观测点，以便全面和准确地反映地基及建筑物的沉降情况。为了按期进行沉降观测，了解地基和建筑物的下沉情况，掌握下沉量，根据建筑物的结构形式及设计院提供的创维数字研究中心结构设计总说明（二）和现场实际情况，共布设3个水准基点和24个沉降观测点。

（1）水准基点的设置

基点的设置以保证其稳定可靠为原则，水准基点的位置宜靠近观测点，但必须在建筑物所产生的压力影响范围以外，设置在压缩性较低的土层中，埋设地点距本工程30～80m，并不少于3个。

（2）水准测量

1）采用精密水准仪和铟钢尺进行观测，每次观测时固定测量仪器，固定人员，使用固定的水准基点和沉降观测点，按规定的周期、路线进行观测。观测前必须严格检校仪器，保证仪器合格后方能使用。

2）测量精度采用二等水准测量，视线长度控制在30m以内，视线高度不低于0.3m，并进行闭合，其闭合差在$±0.6\sqrt{n}$mm（$n$为测量次数）以内。

3）观测次数和时间：埋点完观测一次；施工期间每施工完一层观测一次；主体结构完成后，第一年每季度观测一次，第二年每半年观测一次，以后每年一次，直到沉降稳定为止。

### 4.1.6 垂直度控制测量

为了保证工程质量，确保建筑物的立面设计位置，特别是标高67.7m处的大跨度钢梁的顺利安装，满足施工进度要求，拟在该工程中，使用激光铅直投测法及建筑竖向分段联测法控制该工程在施工中的垂直度。其方法如下：

（1）激光铅直投测的图形设计

进行激光铅直投测图形设计之前，认真查阅施工图纸，充分考虑结构图中结构层梁及建筑图中装修时内隔墙的影响，合理布置激光控制点。具体方法如下：

首层结构面施工完后，分别在Ⓔ、Ⓓ、②ᴅ、③、⑧轴线向建筑物内偏移图示距离的交点位置定出8个激光控制点，该8个激光控制点就作为施工2层至屋面层各楼层垂直度控制的基点；同时，为了保证标高67.7m处的大跨度钢梁的顺利安装，特别在首层至屋面层中每隔5层进行一次两塔楼之间的联测，确保两塔楼间的平距达到设计要求。这样布置激光控制基点的优点在于，既能控制整个建筑物在施工中的垂直度，又能有效地保证控制面积及满足进度的要求；同时，该8个激光控制点之间的连线所构成的几何图形分别组成两个矩形闭合环，起到复核和检查的作用。

(2) 激光基准点的测设及精度要求

当施工首层混凝土楼面时，将100mm×100mm×5mm铁板预埋在混凝土楼面上，待混凝土达到一定强度后，由外部测量控制点按照激光控制点设计的点位准确投于铁板上，经过检查校核后，将正确点位刻于铁板上，作为向上投测的基准点。

激光基准点的测设精度，距离经过改正后，精度达到1/10000，各点角度误差控制在±10″以内。

在施工第二层楼板时，将直径80mm、长400mm钢管垂直埋于与首层激光基准点相应的各点混凝土楼面里，作为激光通光孔。为了确保工作人员和仪器安全，在钢管顶部做一活动盖板。

三层以上各楼层预留200mm×200mm孔洞作为激光通光孔，在各层通光孔上固定一水平激光靶，将激光仪分别安置在首层各激光基准点上，经过严格的对中整平后，望远镜视准轴调为竖直。启动激光器，发射出一束红色铅直激光基准线于各接收靶上，激光光斑所指示的位置即为地面上各基准点的竖向投影点。在各接收靶上分别安置经纬仪，经过校核改正后，将各细部轴线一一投出，弹上墨线，供施工放样用。直到施工完顶层，均能应用激光投测控制施工的垂直度。垂直度偏差精度要求：层高为5mm，全高为$H/1000$且不大于30mm。

### 4.1.7 标桩及沉降观测点的埋设和保护

施工控制测量的成果，必须在地面上精确地固定下来，因此，要埋设稳定牢固的标桩，并有明确、醒目的标识。这是施工测量的一项重要工作。

平面控制点的标桩采用永久性标桩，考虑到在施工和生产中能长期保存，不致发生下沉和位移，标桩的埋设深度不得低于0.5m，标桩顶面以高于地面设计高程0.1m为宜。标桩的形式采用钢筋桩，顶部磨平，在上面刻画十字丝作为标点。标桩固定后，用砖、混凝土、盖板加以保护。

沉降观测点的形式和设置方法根据工程性质和施工条件来确定。根据建筑物的结构形式，本工程的沉降观测点布设在地下室底板面建筑标高以上30cm的墙、柱位置。为了保证观测点的稳定性，观测点埋在柱内的部分大于露出柱外部分的3~5倍。观测点外露部分应为5cm，才能保证观测尺能垂直置于观测点上。

### 4.1.8 质量控制

在该工程的施测过程中，除按此方案操作外，还须严格遵守《工程测量规范》GB 50026—93规定和《钢筋混凝土高层建筑结构设计与施工规程》JGJ 3—91的有关规定执行。

## 4.2 模板工程

### 4.2.1 基础模板

为保证地梁及承台混凝土构件质量，该部位采用砖胎模，用MU7.5砖、M5水泥砂浆砌筑，梁或承台高$h \leqslant 600$mm时，墙厚120mm；$600 < h < 1200$mm时，墙厚240mm；$h \geqslant 1200$mm时，墙厚370mm。基槽开挖时，利用目前的降水井，使坑内地下水位降低至作业

面以下不小于 500mm 处。为确保基坑干燥，在承台砖胎模外设置 500mm × 500mm 的集水井，以便基坑集水排入集水井后，用潜水泵向外排水，如图 4-1 所示。

#### 4.2.2 地下室墙体模板

地下室墙体采用 1830mm × 915mm × 18mm 木胶合板，在施工中注意解决对拉螺杆的设置问题。

外墙厚度为 300mm，止水对拉螺杆的间距假设为纵横间距 500mm。校核计算如下：

假设：混凝土坍落度 150mm，混凝土墙高为 4.3m，浇捣速度为 1.5m/h，螺杆采用 $\phi12$，允许拉力为 12.9kN。

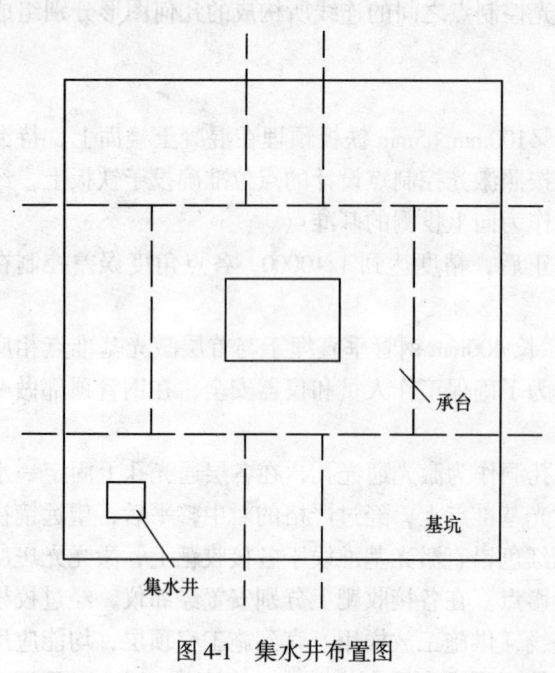

图 4-1 集水井布置图

模板的最大侧压力为：

$$P_m = \gamma \times H;$$

$$P_m = 0.22 \times \gamma \times 200/(T+15) \times \beta_1 \times \beta_2 \times v^{\frac{1}{2}};$$

压力取上两式中的小值。

式中　$P_m$——新浇混凝土的最大侧压力（kN/m²）；

　　　$T$——混凝土的入模温度（℃），这里取 20℃；

　　　$\beta_1$——外加剂影响修正系数，这里取 1.2；

　　　$\beta_2$——混凝土坍落度影响修正系数，这里取 1.15；

　　　$v$——混凝土浇筑速度，这里取 1.5m/h；

　　　$H$——墙高。

$$P_m = \gamma \times H = 103.2 \text{kN/m}^2$$

$$\begin{aligned}P_m &= 0.22 \times \gamma \times 200/(T+15) \times \beta_1 \times \beta_2 \times v^{\frac{1}{2}} \\ &= 0.22 \times 24 \times 200/(20+15) \times 1.2 \times 1.15 \times 1.5^{\frac{1}{2}} \\ &= 51.4 \text{kN/m}^2\end{aligned}$$

螺杆的间距为：

$$a = (F/P_m)^{\frac{1}{2}} = (12.9/51.4)^{\frac{1}{2}} = 0.503 \text{mm}$$

纵横间距为 500mm 满足要求。

#### 4.2.3 梁板柱模板体系

(1) 模板

根据本工程的特点，所有的混凝土梁板柱的混凝土本体都需进行装修，对此我公司决定采用18mm的木模板。这种模板可以根据建筑物几何形状的不同，通过切割拼装，浇筑出各种几何形状的合格混凝土，同时能确保混凝土的外观质量。

（2）支撑

采用$\phi 48 \times 3.5$mm扣件式红顶撑。红顶撑的优点在于变化灵活，搭拆方便，强度高，稳定性好。红顶撑采用满堂架搭设，纵横间距为1200mm×1200mm。

（3）对拉螺杆的设置

在此工程中，我公司将采用$\phi 12$的对拉螺杆，螺杆的布置如下：

柱：纵向间距500mm，截面尺寸小于1000mm$^2$，设一道对拉螺杆，1000~1500mm设两道；大梁：沿着梁长的方向，对拉螺杆按500mm的间距设置，梁高方向每400mm设置一道；剪力墙：纵向间距500mm，横向间距500mm。

（4）大梁支模示意图（图4-2）

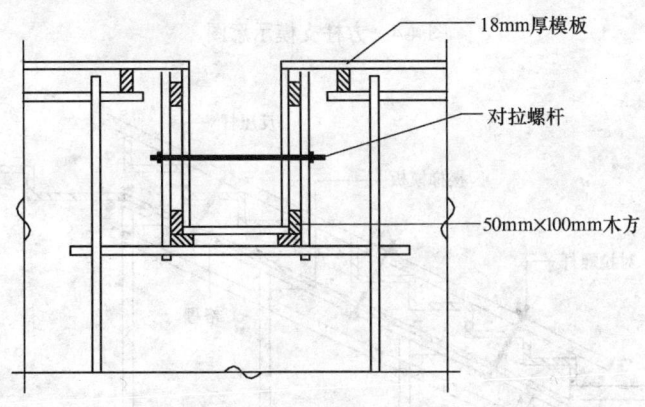

图4-2 大梁支模示意图

（5）圆柱

我公司决定采用型钢模板，用薄钢板加角钢圆弧挡组成，两片拼接缝用角钢加螺栓连接，如图4-3所示。

（6）方柱的模板支撑（图4-4）。

**4.2.4 整体封闭式楼梯模板**

经我公司多年实践，将楼梯模板进行全封闭（仅在最高踏步处留设混凝土浇捣口），构成整体封闭模板体系，操作简便，防止污染；混凝土成型平整美观；同时，可省去后续找平等工序特点。具体作法如图4-5所示。

**4.2.5 电梯井和管道井的模板**

电梯井和管道井的模板体系采用钢框胶合模板拼装成的组合式铰链筒模。一次拼装成功后，利用塔吊整体吊装，反复使用，具体施工工艺如图4-6所示。

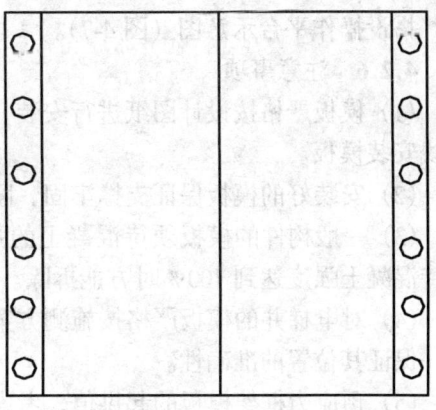

图4-3 圆柱支模示意图

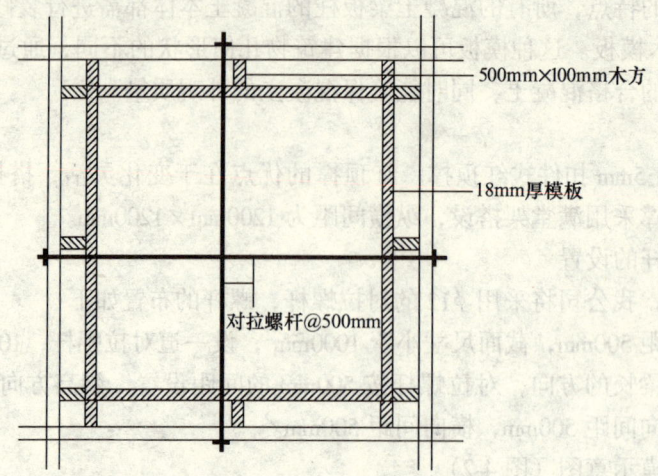

图 4-4　方柱支模示意图

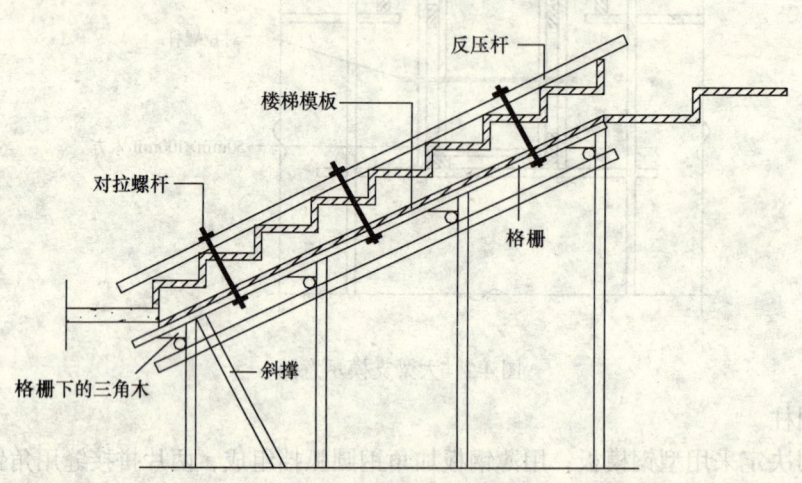

图 4-5　封闭式楼梯模板示意图

搭设操作平台示意图（图 4-7）。

**4.2.6　注意事项**

(1) 模板严格按设计图纸进行安装，根据轴线控制网弹出构件的边线和中线，再根据边线安装模板。

(2) 安装好的模板保证支撑牢固，刚度支撑性好，拼装准确，不漏浆。

(3) 一般构件的模板须待混凝土的强度达到 75% 时方能拆除，悬挑构件、梁底模必须待混凝土强度达到 100% 时方能拆除。为确保工程进度，需配 4 套模板。

(4) 对电梯井的模板严格按施测方案控制其中心及垂直度，并与厂家联系，安装预埋件，保证其位置的准确性。

(5) 预应力框架模板的起拱值，考虑到梁张拉后产生的反拱可以抵消部分梁自重产生的挠度，因此，预应力框架梁模板的起拱比普通钢筋混凝土框架梁要小，在这里取全跨长度的 1%～0.5%。

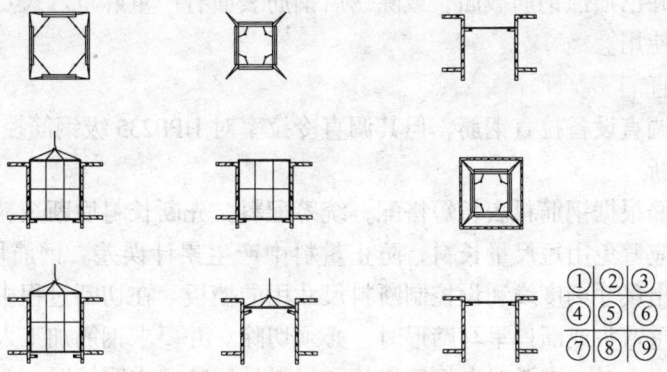

图 4-6 电梯井和管道井模板示意图

①现场组装筒模呈张开状态；②收筒模四角，刷脱模剂，准备吊装就位；③现场组装操作平台并入预留孔，调整高度及水平；④绑钢筋、支墙模，留预留洞，吊开筒模，插入穿墙螺杆；⑤撑开筒模四角，上紧穿墙螺栓，打好对撑，浇混凝土；⑥拆除螺栓，收缩筒模，使其脱离墙体；⑦筒模吊离井筒，处理筒模，刷脱模剂，准备再吊入；⑧提升操作平台，调节水平，准备下层施工；⑨操作平台提升到位，进行下层施工。

## 4.3 钢筋工程

### 4.3.1 钢筋的验收和存放

进场钢筋必须要有出厂质量证明，并经抽样检验，达到力学性能要求再使用，未得到合格试验结果前不允许加工或绑扎。

钢筋在场内存放时，按指定地点堆码，不同级别、不同直径的钢筋应分开堆码，挂牌标识。堆码时下垫枕木或槽钢，距地面的高度不少于150mm，枕木或槽钢的间距不大于2m。同时，检查形状、尺寸的偏差是否符合要求，并做好记录。

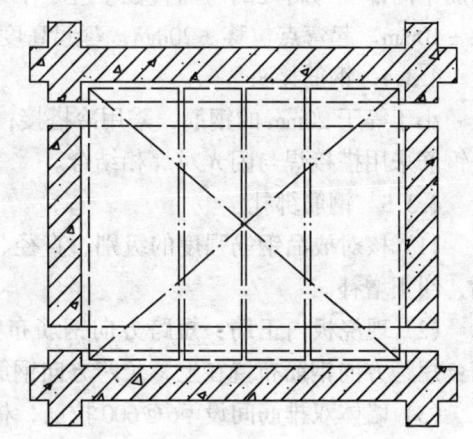

图 4-7 电梯井操作平台搭设图

### 1.3.2 钢筋翻样

根据施工图中钢筋尺寸并综合考虑混凝土保护层、钢筋弯曲、搭接和锚固要求等对钢筋形状、尺寸的影响，仔细计算并按规定填写加工料表，加工料表包括钢筋的根数、规格、形状简图、加工尺寸等内容。

### 4.3.3 钢筋加工

钢筋加工在现场所设加工场内完成，加工时严格按加工料表执行；发现料表有误时，应及时提出并予以改正。

(1) 钢筋除锈

钢筋表面要求洁净，油渍、漆污和铁锈在使用前应清除干净，除锈方法采用机械除锈（电动除锈机）与人工除锈（用钢丝刷砂盘）相结合。在除锈过程中，发现钢筋表面氧化皮鳞落现象严重并已损蚀钢筋截面，或除锈后钢筋表面有严重麻坑、斑点伤蚀截面时，将剔除不用或降级使用。

（2）钢筋调直

利用卷扬机调直设备拉直钢筋，但其调直冷拉率对 HPB235 级钢筋控制在 4% 以内。

（3）钢筋切断

将同规格钢筋根据钢筋料表长短搭配，统筹配料，先断长料后断短料，减少短头，减低损耗。断料时应避免用短尺量长料，防止量料中产生累计误差。钢筋切断机安装平稳，并在工作台上标出尺寸刻度线和设控制断料尺寸用的挡板。在切断过程中，如发现断口有劈裂、缩头、严重弯头或断口呈马蹄形时，必须切除。并要求钢筋加工人员如发现钢筋硬度与钢种有较大出入时，应及时向钢筋工长和材料员反映，查明情况。钢筋切断长度力求准确，其允许偏差为 ±10mm。

（4）钢筋弯曲成型

由钢筋弯曲机弯成。弯曲前根据料表尺寸，用石笔将弯曲点位置画出，弯曲时控制力度，一步到位，一次成型，不允许二次反弯或重复弯曲。HPB235 级钢筋末端需作 180° 弯钩时，其圆弧弯曲直径不应小于钢筋直径的 2.5 倍，平直部分长度不宜小于钢筋直径的 3 倍。HRB335 级钢筋末端需作 90° 或 135° 弯折时，弯曲直径不宜小于钢筋直径的 4 倍。弯起钢筋中间部位弯折处的弯曲直径不应小于钢筋直径的 5 倍。钢筋弯曲成型后允许偏差：全长 ±10mm，起弯点位移 ±20mm，弯起高度 ±5mm，箍筋边长 ±5mm。

**4.3.4　钢筋接头**

小于等于 20mm 的钢筋，采用冷搭接；大于 20mm 的钢筋，竖向采用电渣压力焊，水平钢筋采用搭接焊与闪光对焊相结合。

**4.3.5　钢筋绑扎**

（1）核对成品钢筋强度的级别、直径、形状、尺寸、数量等是否与料单相符；如有错漏，纠正增补。

（2）现浇板内正筋：短跨方向钢筋布置在下，长跨方向钢筋布置在上；现浇板内负筋：短跨方向钢筋布置在上，长跨方向钢筋布置在下。

（3）墙体双排筋间设 $\phi6@600$ 拉筋，梅花形布置，拉筋与外皮水平筋钩牢。

（4）后浇带处梁板加强筋按设计要求设置，不遗漏。

（5）楼板和墙的钢筋网绑扎，除靠近外围两行钢筋的相交点全部绑扎外，中间部分交叉点可间隔交错绑扎，但双向受力的钢筋全部扎牢。

（6）相邻绑扎点的钢丝扣要成"八"字形，以免网片歪斜变形，钢筋绑扎接头的钢筋搭接处，在中心和两端用钢丝扎牢。

（7）梁柱箍筋与纵筋垂直设置，箍筋弯钩叠合处沿受力钢筋方向错开设置，箍筋转角与受力钢筋扎牢。箍筋平直部分与纵筋间隔绑扎。

（8）板、次梁、主梁交叉处，板筋在上，次梁筋居中，主梁筋在下，同时要注意梁顶面受力筋间净距 30mm，以利浇筑混凝土。

（9）梁柱相交处，当钢筋较密时，对钢筋进行放大样。

（10）CT9 等大型承台钢筋绑扎。

以 CT9 承台为例，此承台的深度达 2400mm，钢筋以 $\phi25$ 为主，所以钢筋的绑扎和固定存在一定的困难。为了达到良好的绑扎效果，采取如下措施：

1）为了保证稳定，上下水平钢筋与竖向钢筋的接触处采用点焊。
2）承台中间的竖向钢筋与底板钢筋的接触处采用点焊加固。
3）为了保证钢筋绑扎的质量和便于操作，绑扎钢筋时采用$\phi 16$大直径钢筋马凳作支撑。

#### 4.3.6 混凝土保护层厚度

混凝土保护层用水泥砂浆垫块或防水细石混凝土垫块控制厚度，其厚度等同于混凝土保护层厚度。当保护层厚度不大于20mm时，水泥砂浆垫块尺寸为30mm×30mm；大于20mm时，则为50mm×50mm；在竖向构件中使用垫块时，在垫块中埋入20号钢丝，以供垫块定位用。

#### 4.3.7 锚固与搭接

钢筋锚固与搭接、接头错开率等，要求严格按设计图纸及施工验收规范进行。

（1）梁底筋及面筋采用对焊后搭接焊接长。④～⑧轴间长度较长的梁先在钢筋加工场地对焊成两跨长（18m），然后在现场搭接单面焊$10d$。对焊时，应注意以下事项：

1）对焊前，应清除钢筋端头150mm范围内铁锈、污泥，以免在夹具和钢筋间因接触不良引起"打火"，钢筋有弯应予调直。
2）夹紧钢筋时，应使两钢筋端面的凸出部分相接触，以利均匀加热和保证焊缝与钢筋轴线相垂直。
3）焊接完毕后，应待接头由白红变为黑红时才能松开夹具，平稳地取出钢筋，以免引起接头弯曲。
4）不同直径钢筋对焊时，截面比不宜大于1.5。
5）焊接场地应有防风、防雨措施，以免接头区骤冷骤热，发生脆裂。
6）接头处的弯折不应大于4°。
7）钢筋轴线偏移不得大于$0.1d$，且不得大于2mm。楼板钢筋按图纸要求，现场搭接接长。

（2）柱、暗柱主筋采用电渣压力焊接长。在此特详细说明，指导电渣压力焊这一关键工序的施工。

电渣压力焊施工要点

1）施工准备

钢筋原材经检验符合GB 1499—1990标准要求，每两层焊接一次，按两层高度（裙房层高较大，可按一层高度）下料，钢筋两端切口平整，无锈蚀及油污存在，钢筋端头无扭曲存在。

$\phi 16$及以上大直径钢筋全部采用电渣压力焊，接头位置符合施工图纸要求。

焊剂选用洛阳第一焊剂厂生产的HJ431焊剂，使用时必须保持干燥状态；否则，应提前进行烘烤。

焊机选用MHS—36A型，设置专用焊接电源，电压不低于380V，配备稳压器及漏电开关，焊接导线拉设符合安全要求。

焊工持证上岗，作业前工长应对其进行相关技术、安全交底，穿绝缘鞋、戴电焊手套上岗。

施工时，钢筋端头必须干燥、清洁，无锈蚀；台风、雨天及照明不足时，严禁作业。

2) 焊接操作

用机具的下钳夹住已固定的下钢筋，下钢筋端头伸出下钳 8~10cm，将上钳口摇到距上止点 1~2cm，将上钢筋扶直固定在上钳口上，使上、下钢筋同心，尽量使螺纹钢两棱轴线偏差不大于 2mm。

摇动手柄，使上下钢筋端头顶住，接触良好，装上焊剂筒，垫上石棉垫，把焊剂筒下部间隙堵严，关闭焊剂筒，将焊剂倒入筒内，装匀压实。

将焊把钳分别夹紧施焊的上下钢筋，按下控制盒上的控制键，接通电源，随即摇动手柄，提升上钢筋 2~4mm，引燃电弧，并继续缓缓上提钢筋数毫米，使电弧稳定燃烧。

随着电弧的稳定燃烧，上钢筋端部逐渐潜入渣池，电弧熄灭，转入"电渣过程"。当钢筋熔化到一定强度，在切断电源的同时迅速转动手柄，顶压钢筋并持续一定时间（约 0.5min），使钢筋接头稳固结合。

冷却 2~3min 后打开焊剂盒，回收电渣焊剂及石棉垫。

3) 施工注意事项

施焊应按照可靠的"引弧过程"、充分的"电弧过程"、短稳的"电渣过程"和适当的"挤压过程"进行，旋转电渣焊机上的手柄控制焊接电压，使电弧过程焊接电压保持在 40~50V。根据钢筋直径，在电渣压力焊控制器上设定电弧和电渣过程时间。

钢筋焊接的端头要直，端面要平。

上、下钢筋必须同心，否则应进行调整。

焊接过程中不得搬动钢筋，以保证钢筋自由向下正常落下；否则，会产生外观虽好的"假焊"接头。

顶压钢筋时，需扶直上钢筋不动约 0.5min，确保接头铁水固化，冷却时间 2~3min，然后才能拆除药盒。

正式施焊前，应先按同批钢筋和相同焊接参数制作试件，经检验合格后，才能确定参数进行施工。钢筋种类、规格变换或焊机维修后，均需进行焊前试验。

在施焊进程中，如发现铁水溢出时，应及时添加焊剂封闭。

当引弧后，在电弧稳定燃烧时，如发现渣池电压低，表明上、下钢筋之间距离过小，容易产生短路（即两钢筋粘在一起）；当渣池电压过高，表明上、下钢筋之间的距离过大，则容易发生断路，均需调整。

焊接设备的外壳必须接地，操作过程中，操作人员必须戴绝缘手套和穿绝缘鞋，并注意防触电、防烫伤和防火。

4) 质量检验

外观检查，剔除焊接接头上的多余药皮时，逐根检查焊接接头质量，应符合下列要求：

接头焊包均匀，不得有裂纹，钢筋表面无烧伤缺陷；

接头处，钢筋轴线的偏移不得超过 $0.1d$，同时不得大于 2mm；

接头处钢筋轴线弯折应小于 4°；

对外观检查不合格的接头，应将其切除重焊。

5) 强度检验

在同一楼层中，以200个同类接头（同钢种、同直径）为一批，切取3个试件，进行抗拉强度试验；不足200个时，仍作一批进行取样试验。

3个试件的抗拉强度不得低于该级别钢筋的抗拉强度标准值；否则，应取双倍试件复检，复检不合格，判定该批接头不合格，全部切除重焊。

主管工长应对该工艺过程进行中间检查，并填写焊接电流"过程参数记录表"。

### 4.3.8 钢筋的固定与保护

(1) 对配有双面钢筋的构件，按设计要求加设支撑钢筋。

(2) 为保证已绑扎好的板钢筋，设置架空通道，下设钢筋马凳，上铺层板，以利人员通行（图4-8）。

(3) 后浇带处裸露的钢筋和竖向留设时间较长的预留钢筋刷防水水泥砂浆保护，以防止锈蚀。

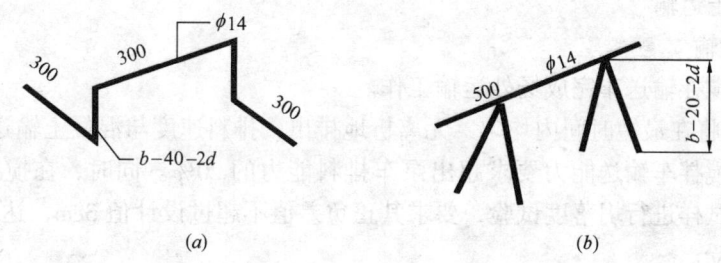

图4-8 钢筋的固定与保护（单位：mm）

## 4.4 混凝土工程

本工程的混凝土以商品混凝土为主，零星混凝土和垫层混凝土在现场搅拌为辅。混凝土的质量是决定建筑产品质量的关键因素，在这里我们将对各种混凝土的搅拌和运输、浇捣、养护等做详细介绍。

### 4.4.1 原材料

(1) 水泥

采用普通硅酸盐水泥，水泥必须具有出厂合格证和进场实验报告，并对其品种、强度等级、包装或散装包号、出厂日期等检查验收，水泥强度按国家标准强度检验方法，按试块检测值确定。

(2) 砂、石骨料应符合下列标准

《普通混凝土用砂质量标准及检验方法》JGJ 52—92；

《普通混凝土用碎石或卵石质量标准及检验方法》JGJ 53—92；

此外，还应满足混凝土的泵送、浇筑工艺及浇筑结构构件截面尺寸、钢筋疏密间距等要求。

(3) 拌合水

采用自来水。

(4) 粉煤灰（只用于普通混凝土）

采用Ⅱ级粉煤灰，可改善混凝土拌合物的和易性，提高混凝土耐久性。粉煤灰应符合

《用于水泥和混凝土中的粉煤灰》GB/T 1596—2005。

（5）外加剂

外加剂品种的选择以改善混凝土性能、满足质量要求为根据，并符合《混凝土外加剂质量标准》GB 8097—96、《混凝土外加剂应用技术规范》GB 50119—2003、《预拌混凝土》GB14902—94、《混凝土泵送剂》JC 473—2001、《混凝土结构工程施工质量验收规范》GB 50204—2002的要求。

**4.4.2 普通混凝土**

（1）混凝土的试配及拌制

对于所有不同强度等级和性能要求的混凝土，都必须先试配。当强度和性能达到规范和设计要求时，方可进行配制生产。并且混凝土的坍落度小于等于18cm，搅拌时间不少于规范要求，并派混凝土质量监督员在搅拌点或混凝土厂对其均匀性、稠度和坍落度进行检测和观察。

（2）混凝土运输

1）场外运输

由混凝土搅拌输送车完成场外运输工作。

A. 混凝土将在最短时间内均匀、无离析地排出，排料速度与混凝土输送泵速度一致，我公司一般对搅拌车输送能力要求超出泵车排料能力的20%。同时，在搅拌输送车运卸的混凝土中取试样进行坍落度试验，要求其正负差值不超过设计值3cm，达不到要求的混凝土将拒绝接受。

B. 运送混凝土时，搅动速度为2~4r/min，并且在整个输送过程中总转数控制在300转以内。

C. 混凝土输送车数量视运距而定，以保证混凝土能不间断浇筑为原则。

2）场内运输

场内运输由混凝土输送泵及塔吊辅助完成浇筑。

（3）混凝土浇捣

1）混凝土浇筑时注意不得对钢筋、模板进行冲击，对自由高度超过规范规定的部位，泵管端头将设串筒，将混凝土送至柱（墙）底。

2）若混凝土需分层浇筑，上层混凝土必须要在下层混凝土初凝前浇筑，并用振动器插入下层混凝土5cm深度，以消除两层间的接缝。

3）振动器插点要均匀，做到快插慢拨，每个插点间距不超过振动器作用半径的1.5倍。

4）振捣时间要充分，但不可太长，一般每点为20~30s，视混凝土表面水平不下沉、不出现气泡、泛出灰浆为准。

5）振动器离模板距离不大于其作用半径的0.5倍，并尽量避免碰撞钢筋、无粘结预应力筋、预埋件等。

6）楼梯的浇筑外挂附着振动器时，须待混凝土入模后方可开动，混凝土浇筑高度要高于振动器安装部位。

（4）混凝土养护

混凝土采用覆盖麻袋浇水养护，养护于混凝土浇筑后12h内进行（气温高时可缩至4~

5h），养护时间不少于7d。已浇筑混凝土强度达到1.2N/mm² 以后，方可在其上行走和安装模板、支架等，以避免产生干缩裂缝和外力破坏混凝土表面。

**4.4.3 防水混凝土**

为确保混凝土抗渗效果，避免各种裂缝的发生，在混凝土配合比设计、浇捣路线、振捣、养护、混凝土堆载使用上加以控制，以防止施工冷缝、温度收缩缝、干缩裂缝及堆载破坏裂缝等发生，结合混凝土种类分别予以说明。

(1) 与普通混凝土相比，防水混凝土的材质与配合比特殊要求

1) 水灰比不大于0.5；

2) 采用普通硅酸盐，强度等级为42.5级的水泥，水泥用量不小于320kg/m²；

3) 砂率控制在35%～40%；

4) 灰砂比在1:（2～2.5）；

5) 采用自来水；

6) 掺加适量外加剂和掺料，提高混凝土防水抗渗能力，如减水剂、缓凝剂等减少水泥用量及降低水化热的效果，减少泌水，提高抗渗能力，但不使用UEA和粉煤灰；

7) 坍落度≤16cm。

(2) 施工要点

1) 固定模板的对拉螺杆、预埋套管等均加焊止水环或止水片，外墙对拉螺杆在混凝土达到一定强度时凿小凹坑，切割剩余端头，并用密实防水砂浆填平。

2) 钢筋留设准确的保护层，减少误差（特别是负误差），保护层垫块为与浇筑防水混凝土有相同配合比的防水细石混凝土垫块。

3) 架设钢筋的钢马凳在不能取掉的情况下须焊止水环。

4) 防水混凝土拌制时间比普通混凝土略长，视外加剂种类、掺入量确定搅拌时间。

5) 浇筑自落高度超过2m时，采用溜槽串筒使混凝土下落。混凝土分层浇筑每层厚度不宜超过500mm，相邻两层浇筑时间不超过4h（加缓凝剂）。

6) 混凝土浇筑后8h即可进行养护，养护方式同普通混凝土，养护时间不得少于14d。

7) 防水混凝土在其强度超过设计强度等级的70%时方可拆模（水平方向构件为100%），且加强保温、保湿等措施，使混凝土表面温度与环境温度差不超过25℃，拆模后及时进行外防水等工序施工，以便尽早对基坑回填，避免因干缩和温差引起开裂。

8) 混凝土浇筑后严禁开凿打洞，施工缝的留设按图纸进行。

9) 对外墙体，墙体与顶板一次浇筑。

**4.4.4 地下室垫层防腐蚀混凝土**

本工程地下水位于强透水层，对混凝土有弱腐蚀性，因此，对垫层混凝土有防腐蚀要求，采用水玻璃混凝土。

(1) 水玻璃混凝土的配置

1) 水玻璃混凝土的坍落度不大于2cm。

2) 氟硅酸钠的用量计算：$G = 1.5 \times 100 \times N_1/N_2$；

式中　$G$——氟硅酸钠用量占水玻璃用量的百分率（%）；

　　　$N_1$——水玻璃中含氧化钠的百分率（%）；

　　　$N_2$——氟硅酸钠的纯度（%）。

3) 水玻璃混凝土所用的粉料、粗细骨料的混合物，不大于22%。

4) 机械搅拌采用强制式搅拌机，将细骨料、已混匀的粉料、氟硅酸钠和粗骨料加入搅拌机内，干搅均匀，再加入水玻璃湿搅，直至均匀。

5) 拌好的水玻璃混凝土内严禁加入任何物料，并必须在初凝前用完。

(2) 水玻璃混凝土的浇筑应符合下列要求

水玻璃混凝土应在初凝前振捣密实。

插入式振动器插点间距不大于作用半径的1.5倍，振动器应缓慢拔出，不得留有孔洞。

浇筑时，应随时控制平整度和坡度。

浇筑完后应压实抹平。

水玻璃混凝土的养护时间不小于12d。

水玻璃混凝土养护后，采用浓度为20%～25%盐酸或30%～40%的硫酸作表面酸化处理，酸化至无白色结晶钠盐析出为止。酸化处理次数不少于3次，每次间隔时间不小于8h，每次处理前要清除表面的白色析出物。

#### 4.4.5 大体积混凝土

在承台施工过程中将遇到大体积混凝土浇筑，大体积混凝土在水化时将在各个方向产生很大的压力，在施工时，我公司将采取措施处理温差，解决温度应力，并控制裂缝开展。

(1) 混凝土浇筑前裂缝控制计算及相应措施

1) 浇筑前裂缝控制计算

大体积混凝土浇筑前，根据施工拟采取的措施和施工条件，先计算混凝土的水泥水化热产生的绝对最高温升值、各龄期的收缩变形值、收缩当量温差和弹性模量；然后，再计算可能产生的最大温度收缩应力，如不超过混凝土的抗拉强度，则表示所采取的措施有效；否则，调整混凝土的入模温度，降低水化热温升值，降低混凝土内外温差，改善施工工艺和拌合物性能，提高混凝土抗拉强度或改善约束并重新计算，直到应力在允许范围内为止。

2) 有关公式

略。

3) 相应措施

A. 配合比设计时，充分利用混凝土的后期强度，适当减少每立方米水泥用量；

B. 在合理范围内使用粗骨料，选用粒径较大、级配良好的粗骨料，掺加减水剂，改善和易性，降低水灰比，以达到降低水泥用量、降低水化热的目的；

C. 采用低温水搅拌混凝土，骨料避免日光直晒或采取喷冷水预冷，混凝土输送泵，泵管工作过程中覆盖麻袋，也洒冷水降温；

D. 加强混凝土振捣，提高混凝土密实度；

E. 混凝土浇筑后2h，按标高用长刮尺刮平表面水泥浆，再用木搓板反复搓压数遍，使表面密实。初凝前再用铁搓压光，控制混凝土表面龟裂；

F. 坍落度≤16cm。

(2) 混凝土浇筑后裂缝控制计算与应对措施

1) 浇筑后裂缝控制计算：

混凝土浇筑后，根据实测温度值和控制的温度升降曲线分别计算各降温阶段的混凝土温度收缩拉应力，并采取有效措施加强养护，减缓降温速度，提高混凝土抗拉强度，以保证质量。

2) 有关公式

略。

3) 应对措施

A. 混凝土测温

底板采用全自动电脑连续测温法。

a. 温度控制指标：中心温度与表面温度差≤25℃，降温速率≤2℃/d。

b. 以CT9承台为例，在基础内测温点布置：高度方向，底板底部、中部和表面；平面方向：在板块中部和边角地区。

①点代表位于板底之上200mm；

②点表示位于高度方向的中间；

③点表示位于表面以下200mm，测温点的布置基本保证了对整个底板各部位混凝土温度变化的检测，详见图4-9。

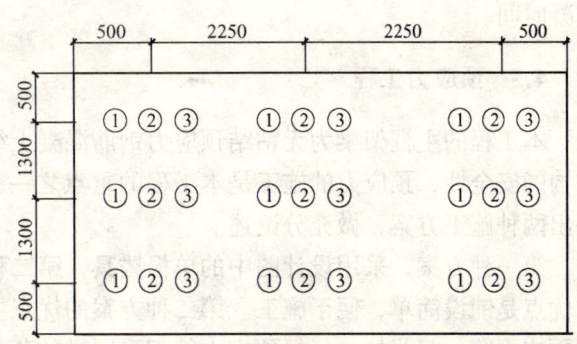

图4-9 测温点布置图（单位：mm）

c. 测温设备

测温设备选择硅电阻温度传感器，它的主要特点是稳定性好，灵敏性高，重复性好，成本低，因此传感器可以直接埋在混凝土中连续测温一个月以上，不会出现0.5℃以上的漂移，硅电阻的灵敏度在0.6%。如果电阻的初值为800Ω，当稳定上升10℃时，电阻值则达到848Ω，这样大的电阻变化，可以只使用很少的放大元件，从而大大降低在放大环节上的温漂和误差，此传感器的选择，保证了对混凝土稳定检测的准确性和连续性。

在自动控制和记录方面，采用586计算机，计算机主机的工作速度和连续工作时间满足连续测温要求。主要是要防止外电路的干扰，所以采用严格的光电隔离技术，全面隔离外电路和计算机电路之间的干扰通道。

在将测温的电压信号转换成计算机可以接受的数字信号方面，采用了12位A/D转换板，转换速度大于1万次/s，无论是转换精确度还是转换速度，都能满足测温要求。

在传感器和计算机之间使用多芯电缆线，每一测点一根，电缆线放在塑料管内，埋在混凝土中，这样保证电缆线不被施工弄断。

d. 测温方法

混凝土温度变化是一个平缓的发展过程，在一段时间内温度不会突变，因此，检测温度的时间间隔只要小于混凝土每次变化的时间就可以了。

测温计划，每5min记录一次温度，为了滤掉长线传输时的工频干扰，每一次记录的温度都经过上千次采样总和的平均值，有效地滤掉干扰的波动。

e. 自动测得的每一个传感器的温度数据存在一个被压缩的数据库中，测温完成后，要对这个数据库中的数据进行后期处理，首先恢复每一个传感器的温度数据，并进行必要的平滑处理，再用喷墨彩色打印机画出曲线图，取得特征值数据制成表，以供分析之用。

B. 养护方法

混凝土初凝时，在表面铺一层塑料薄膜，防止水分蒸发。其上再铺两层麻袋进行保温保湿养护，塑料薄膜与混凝土表面间需要适时补充水分。

C. 信息化控制

根据温度测量值控制温度变化曲线，掌握混凝土在强度发展过程中内部温度场分布状况，根据温度梯度变化情况，适时调节养护力度。

#### 4.4.6 地下室底板的浇筑顺序分析

地下室底板设计强度为 C30 抗渗混凝土，由后浇带分成了两个区段，每区的混凝土体积约为 2000m³。机械选用两台 HBT–60 混凝土输送泵。为避免在施工时产生冷缝，两台泵平行浇捣（①轴至⑨轴）。浇至大体积承台时，两台泵同时把承台浇完后，再浇底板，经计算最大承台混凝土体积约为 130m³，用两台泵同时浇捣时间不超过 2h，小于混凝土的初凝时间。

### 4.5 预应力工程

本工程的主框架梁为无粘结预应力钢筋混凝土结构，预应力设计和施工的质量关系到结构的安全性，预应力的施工是本工程的重点之一。在这里，我公司将针对目前的设计，提出两种施工方案，做充分论述。

第一种方案，采用设计图中的单根锚具，第二种方案建议采用群锚体系。第一种方案的优点是铺设简单，便于施工。第二种方案的优点主要是采用群锚体系，利用工具锚，多根预应力筋一起张拉，每根预应力筋都受同样的荷载，对结构的受力比较有利；缺点是穿筋比较不太方便，并且需要采用大吨位的千斤顶，施工困难较大，可作为备用方案。

#### 4.5.1 材料和设备

（1）无粘结预应力筋

无粘结预应力筋采用 U$\phi^j$15.2 型，此种预应力筋为高强度、低松弛的钢绞线，其强度标准值为 1860N/mm²。

（2）锚具

若采用单根锚固，固定端采用挤压型锚具 OVM15–P，张拉端采用 OVM15–1 型夹片锚具。

若采用群锚体系，固定端可依然采用挤压型锚具 OVM15–P，张拉端则根据框架梁中预应力筋的根数，采用不同型号的 OVM15 张拉端锚具，比如 OVM15–4、OVM15–5 等。

（3）设备

1）挤压器

采用专用挤压设备 GYJA 型挤压器加工固定端 P 型锚。

2）千斤顶

若采用单根锚固体系，则使用与锚具规格 OVM15–1 相配套的。

若采用群锚体系，则使用 ZB4–500 型电动油泵和 YCW 型千斤顶。

### 4.5.2 材料检验

(1) 在定货前,生产厂家应将资质上报业主,并需得到批准;对运至现场的无粘结预应力筋和锚具,进行质量检测,达到要求,方可使用。

(2) 无粘结预应力筋质量要求

外观:油脂饱满均匀,不漏涂;护套圆整光滑,松紧适当。

除无粘结筋的外观采用目测外,每批随机抽样3根,每根长1m,称产品重量后,用刀剖开塑料管,分别用柴油清洗掉油脂、擦净,再分别用天平称出钢材与塑料管重,并用千分卡量取塑料套管的平均厚度,再对照质量要求进行评定。

(3) 锚具的质量要求:

1) 锚固效率系数 $\eta_a \geqslant 0.95$;

2) 破段总应变 $\varepsilon_{apu} \geqslant 2.0\%$;

3) 内缩量 $\lambda \leqslant 5mm$;

4) 锚具摩阻损失系数0.025。

### 4.5.3 预应力施工工艺流程

预应力筋下料→垫板、螺旋筋的加工→预应力筋P形锚现场挤压加工→支梁底模板和一边侧模→在梁侧模上标注预应力筋曲线→绑扎非预应力钢筋→根据预应力筋曲线,在非预应力钢筋上焊接定位钢筋→穿入预应力筋→固定预应力筋→安装、固定端部垫板锚具→安装另一边梁侧模→绑扎板钢筋→做隐蔽工程验收→浇筑混凝土→混凝土养护、达到图中规定的张拉强度→预应力筋张拉→拆模→切割端部预应力筋→端部封堵。

### 4.5.4 无粘结预应力筋的铺设

(1) 无粘结筋的下料

无粘结筋的下料长度,与预应力筋的布置形状、所采用的锚固体系及张拉设备有关。无粘结筋的下料长度=埋入混凝土内的长度+张拉所需长度。

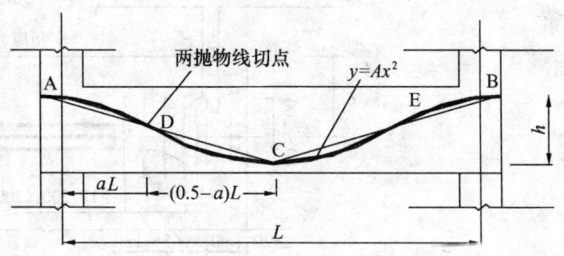

图4-10 正反抛物线形布置

(2) 无粘结筋的定位

从设计图可知,本工程中的无粘结筋在每跨中采用抛物线形式布置,如图4-10所示。

从跨中C点至支座A(或B)点采用两段曲率的抛物线,在反弯点D(或E)处相接并相切,A(或B)点与C点分别为两抛物线的顶点,抛物线的方程为:

$$y = Ax^2$$

式中 $A = 2hL^2/(0.5-a)$ (跨中区段)

$A = 2hL^2/a$ (梁端区段)

根据图中的无粘结预应力筋的位置,在侧模上标注出每跨无粘结预应力筋抛物线的位置。

(3) 无粘结预应力筋的绑扎

1) 现场挤压加工预应力筋固定端的P形锚具。

2) 先绑扎非预应力筋，然后根据侧模上标注出的预应力筋的位置，用 $\phi 10$ 的井字网片钢筋，在主筋上每隔 1.5m 焊接固定预应力筋的定位支架。

3) 依托定位支架，穿无粘结预应力筋。穿筋时边穿边理，保证预应力筋不得出现纽绞，每隔 3m 用扎丝将无粘结预应力筋和定位支架进行绑扎，但不得损伤无粘结预应力筋，并保证在张拉端头有不少于 300mm 的直段。

4) 若采用单根锚具，则检查预应力筋的位置无误后，再安装端头的螺旋筋、钢垫板和塑料套筒等；若采用群锚体系，安装螺旋筋和喇叭套筒。

若采用单根锚具，则将预应力筋散开，逐根穿入预埋的钢垫板，梁端头形式如图 4-11 所示。

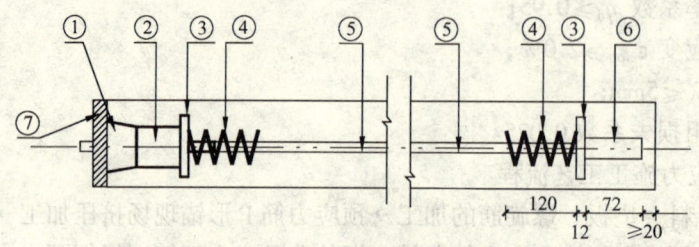

图 4-11 单根锚具绑扎示意图
①塑料模壳 1；②塑料模壳 2；③钢垫板；④螺旋筋 4 圈（$\phi 6$）；
⑤无粘结钢绞线；⑥P 形挤压套筒；⑦模板

若采用群锚体系，则将预应力筋整束穿过喇叭套筒，形式如图 4-12 所示。

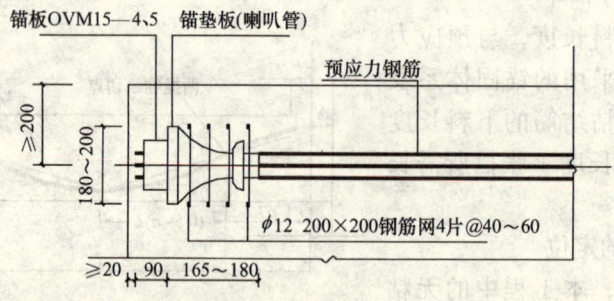

图 4-12 群锚体系绑扎示意图（单位：mm）

5) 做隐蔽记录。

(4) 混凝土的浇筑

对所使用的混凝土，严格控制氯离子的含量。在搅拌时，不使用任何含有氯化物的掺料和材料。

在振捣混凝土时，小心施工，以免破损无粘结预应力筋的外敷护套材料。

(5) 预应力筋的张拉

1) 无粘结预应力筋的张拉，若采用单根锚具，则利用 YDC240Q 前卡穿心式单根张拉千斤顶进行对称张拉；若采用群锚体系，则使用 YCW 型千斤顶进行整体张拉。

A. 预应力梁中的预应力筋的张拉程序

设计张拉控制应力 $\sigma_{con}=0.75f_{ptk}$ 即 1395MPa

张拉程序为 $0\to 0.1\sigma_{con}\to 1.0\sigma_{con}$

B. 每根预应力筋的张拉施工顺序

清理承压板、钢绞线→穿锚环、安放夹片→安放千斤顶→安装工具锚→张拉至初应力→量测千斤顶在初应力下的缸长 $L_1$→张拉至控制应力→量测千斤顶在控制应力下的缸长 $L_2$→校核张拉伸长值→千斤顶回程→卸千斤顶。

C. 整体结构预应力筋的张拉顺序

预应力梁张拉时按照各分区对称的原则,每根梁中的预应力筋均按照对称的原则进行张拉。

2)张拉时,预应力筋的张拉采用张拉应力和张拉伸长值双控进行。

实际张拉伸长值的量测:伸长值的测量是以量测张拉千斤顶缸伸出的长度值来测定的。当张拉至初应力时量测千斤顶缸伸出的长度值 $L_1$,张拉至控制应力时量测千斤顶缸伸出的长度值 $L_2$,根据千斤顶伸出长度的差值 $L_2-L_1$,用图表法推算出初应力前的伸长值 $L_0$,实际的预应力筋的伸长值为 $L_2-L_1+L_0$;当千斤顶的长度不足时,千斤顶需要多次倒行程,量测伸长值时,每次倒行程应量测其缸的伸出长度,然后进行累加,最后确定预应力筋的实际伸长值。

预应力筋张拉时,应认真将每束钢绞线的实测伸长值做好记录,然后进行系统整理,做好交工验收资料。

预应力筋的张拉应以控制应力为主,校核伸长值。如实际伸长值与理论伸长值的误差超出 $-6\%\sim +6\%$ 范围,应立即停止张拉。查明原因调整后,方可进行张拉。

3)张拉时,操作人员必须在千斤顶两侧工作,前后不允许站人。

(6)封堵端头

张拉结束后,用切割机在距锚具 30mm 处切断钢绞线,用水润湿凹穴表面,用掺有微膨胀剂的 C30 混凝土封堵张拉孔。

### 4.6 钢结构工程

#### 4.6.1 工程概述

根据创维数字研究中心观景餐厅钢结构施工方案的会审结果和设计上的有关变更,以及针对现场的实际情况,本工程钢桁架及主钢梁采用楼顶散件组装(图 4-13、图 4-14)、整体滚动跨越滑移(见图 4-15、图 4-16)、垂直顶落就位的方法进行安装,即先用塔吊将钢桁架各分段件吊运至 18 层楼面进行组装(先组装所有桁架的下弦以形成一个稳定平台骨架,然后竖向组装桁架各杆件),四榀桁架主要杆件组装成稳定结构后,在定向滚轮装置和卷扬机牵引系统作用下进行整体滚动跨越滑移,到位时利用千斤顶装置进行桁架整体下降就位、调校、固定。而部分悬挑梁、次梁待钢桁架就位后,利用塔吊进行高空安装。

#### 4.6.2 必要的设计变更和主要的技术措施

(1)必要的设计变更

1)为满足滑移时,钢桁架下弦与楼面距离至少 400mm,18 层柱需确保与 18 层楼面平齐,以便滚轮装置能够设置。

2)为满足塔吊的起重性能及便于 18 层楼面现场散件组装,钢桁架需分段加工,分段

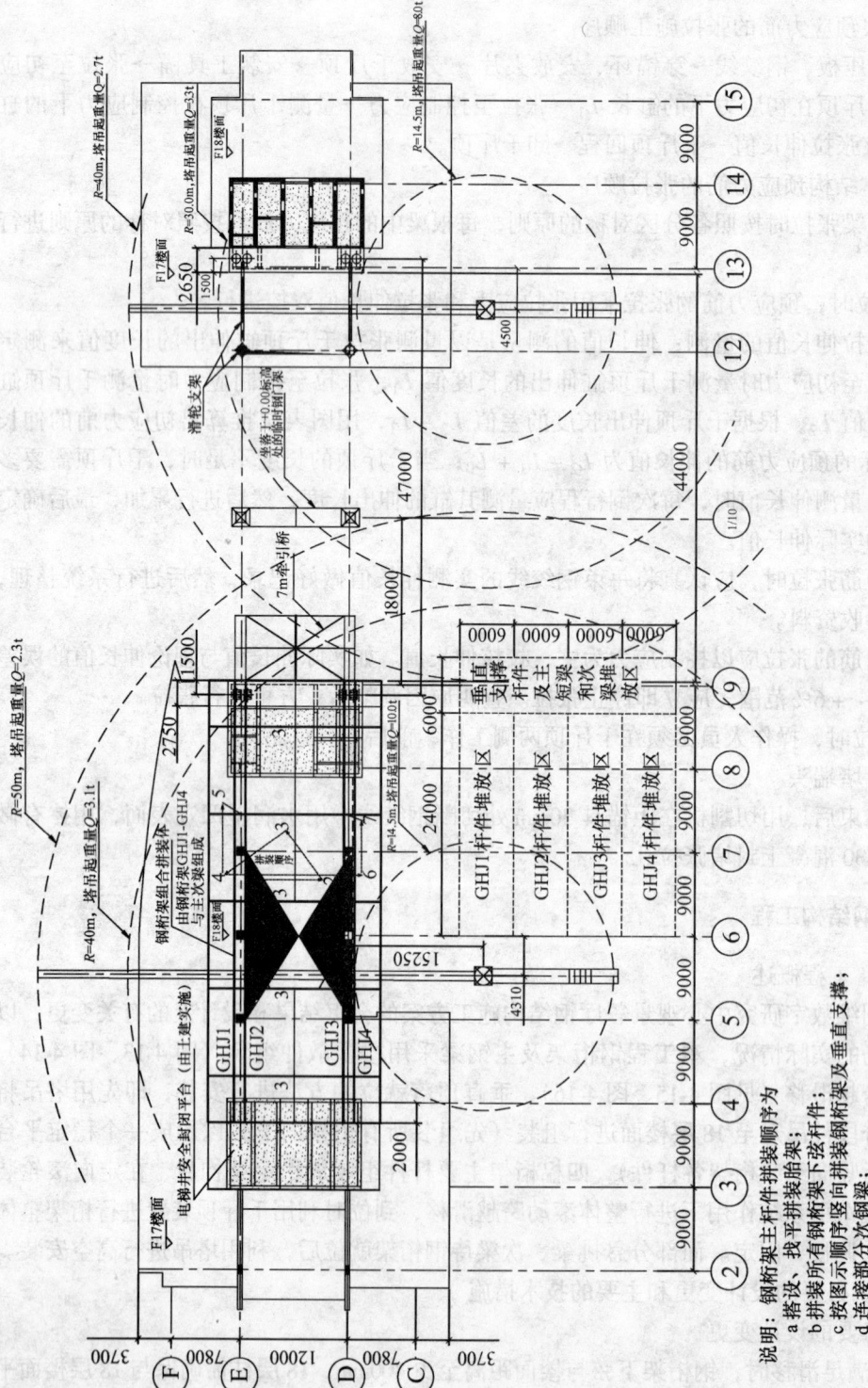

图 4-13 钢桁架组装平面图（单位：mm）

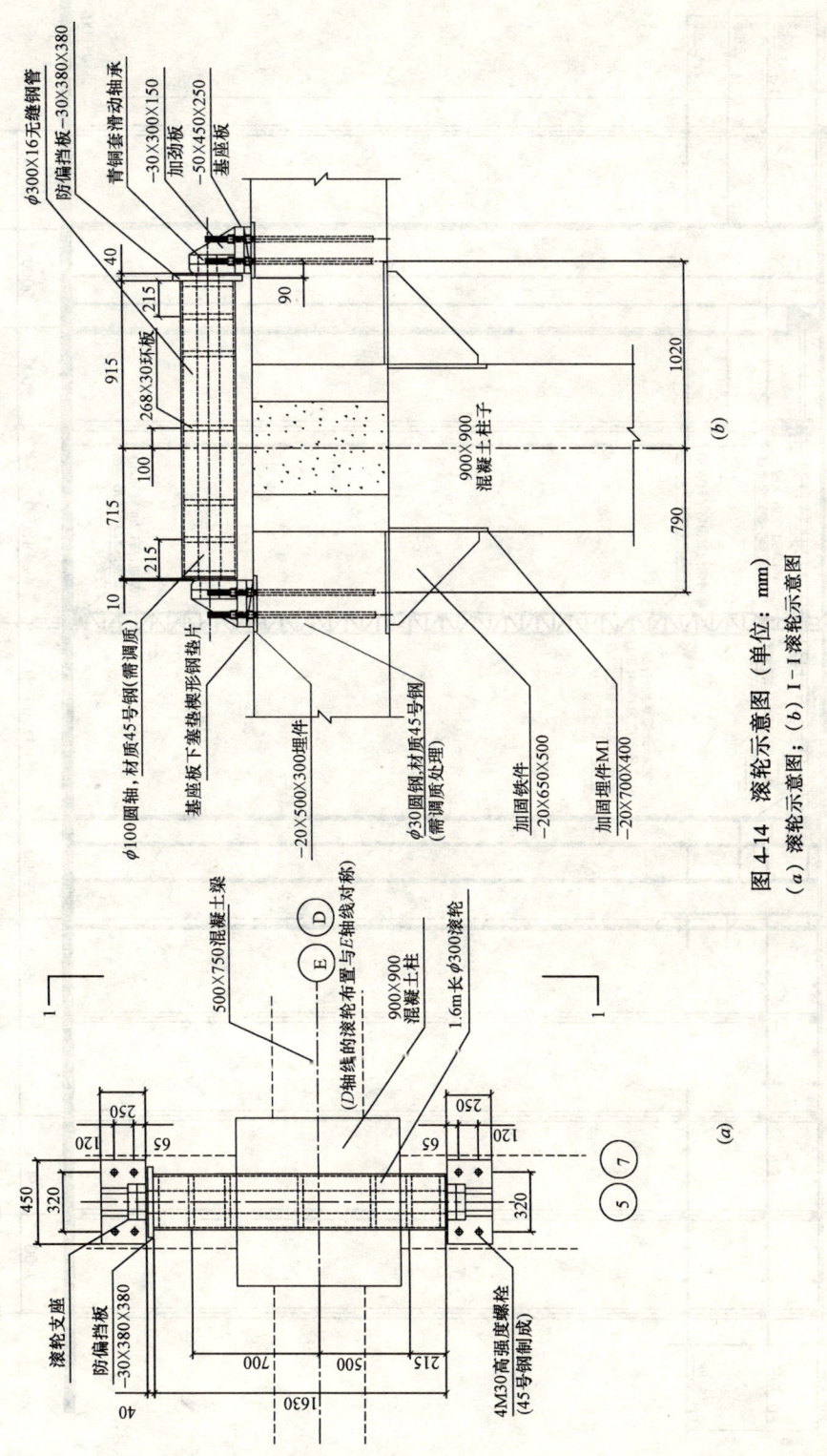

图 4-14 滚轮示意图（单位：mm）
(a) 滚轮示意图；(b) I-I 滚轮示意图

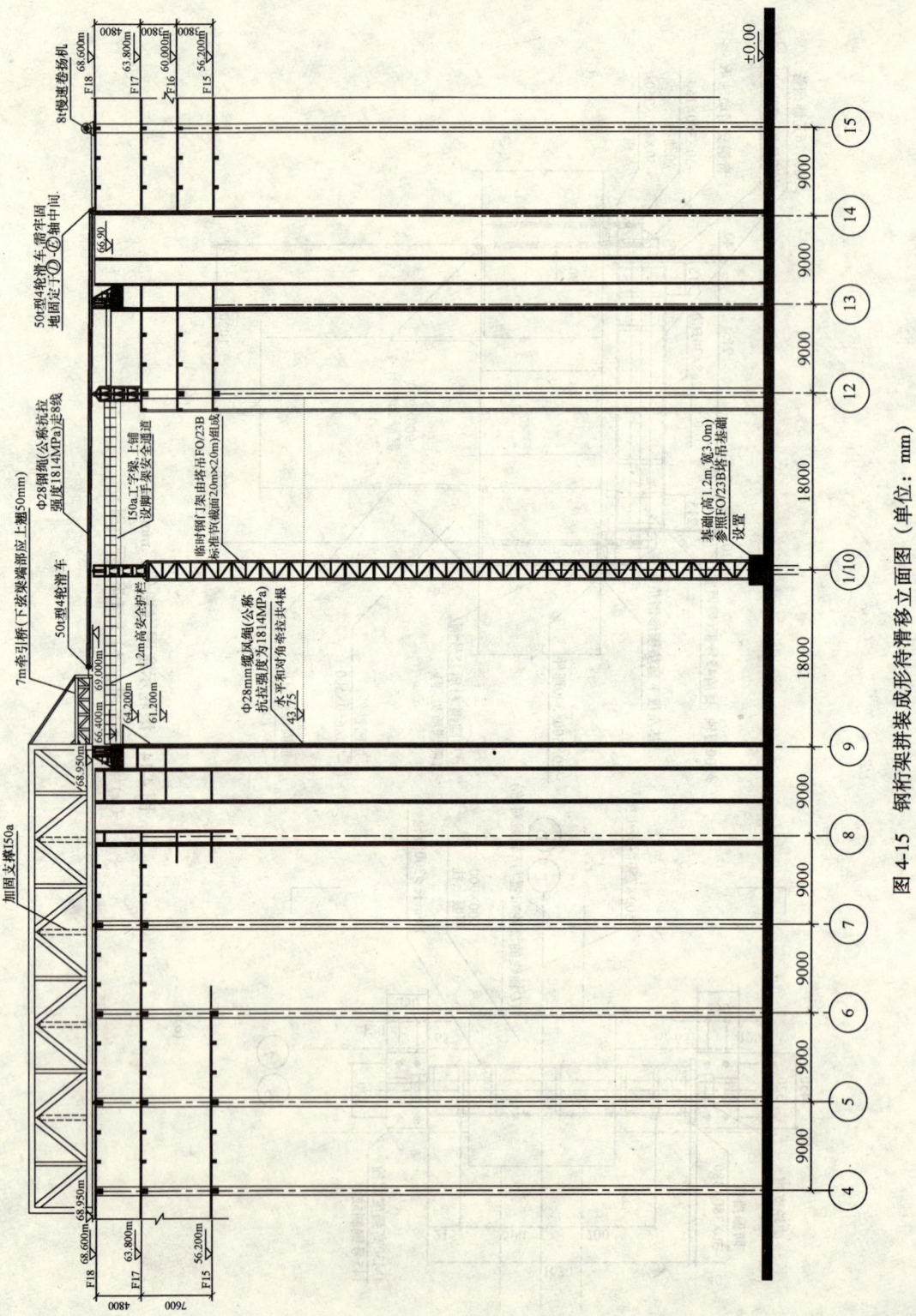

图 4-15 钢桁架拼装成形待滑移立面图（单位：mm）

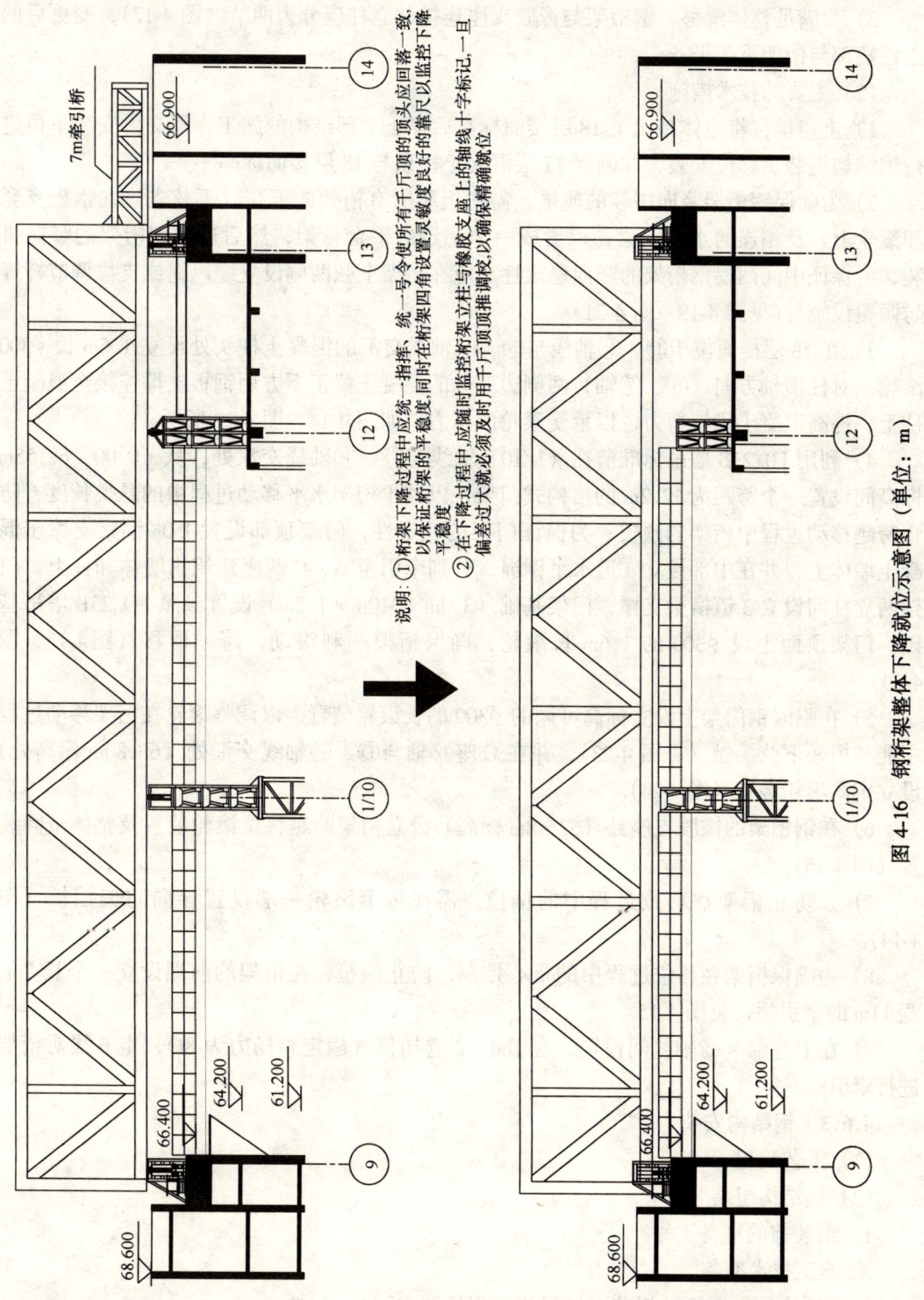

图 4-16 钢桁架整体下降就位示意图（单位：m）

件单重需满足塔吊起重能力，分段件间的连接及主钢梁与桁架间的连接设计修改为腹板高强螺栓连接、翼缘板为坡口全熔透焊接的栓焊连接方式。

3）为满足整体滑移，钢桁架与橡胶支座连接的立柱应分为两节（图4-17），变更后的立柱端部与桁架下弦平齐。

（2）主要的技术措施

1）土建单位将主体施工至18层楼面标高后停止上部结构的施工，即交付安装单位进行钢结构组装、移位安装，并确保17层混凝土柱顶与18层楼面标高平齐。

2）为确保钢桁架竖向拼装的质量，需先组装所有桁架的下弦（下弦支垫在钢板支凳和滚轮上）及相连的水平钢梁，以形成一个稳定的平台骨架，然后进行钢桁架的竖向拼装，为保证中间两榀钢桁架的竖向稳定性，应在桁架上弦两侧设立缆风绳或支撑调节杆等防倾覆设施，（见图4-19～图4-21）。

3）在18层楼面位于Ⓓ、Ⓔ轴线与⑤、⑦轴线交汇的混凝土柱头处设立1.6m长$\phi$300滚轮，对柱横轴方向（⑤、⑦轴）两侧边部分的混凝土梁正下方用钢板支撑连接至混凝土柱上，提高混凝土梁抗剪力，以承受滚轮的压力，如图4-14、图4-22所示。

4）利用FO/23B塔吊标准节在（1/10）轴线与Ⓓ、Ⓔ轴线交汇处，从±0.00～68.55m标高间设置一个跨距为12.2m的格构式门架，以减少桁架水平移动过程中的悬挑长度，防止跨越移动过程中桁架的倾覆；为保证门架的稳定性，门架顶部设置I50a钢梁支撑于混凝土墙体上，并在中部设立4道水平钢绳，分别牵引至A、C两座建筑物墙体和柱上，门架两立柱间设立3道横梁支撑，门架基础（3.0m×3.0m×1.2m）设置参照FO/23B塔吊基础。门架顶面上设$\phi$300的1.6m长滚轮，确保桁架顺利滚动，跨越滑移（图4-15、图4-23）。

5）在临时钢门架上设立标高可调的$\phi$300的长滚轮装置，以调整滚轮在桁架移动过程中能与桁架下弦接触（见图4-23），并在C座⑫轴与Ⓓ、Ⓔ轴线交汇处（63.80m标高处）设立定向滚轮装置（图4-24）。

6）在钢桁架的橡胶支座处（67.48m标高）设立桁架跨越移位滚轮装置及整体下降装置（图4-16）。

7）为防止桁架在移位过程中的偏位，需在每个滚轮一端设置导向防偏挡板（图4-14）。

8）为确保桁架在移位过程中的重心控制，防止倾覆，在桁架的前端设立一个长7m、宽11m的牵引桥，见图4-15。

9）在C座⑭～⑮轴线间设置一台JJM-8卷扬机（额定卷扬力为8t），走6线对桁架进行牵引。

### 4.6.3 钢结构安装

（1）工艺流程

（2）钢结构组装

1）组装前的准备工作

A. 施工技术准备

a. 熟悉合同、图纸及规范，做好施工现场调查记录。

b. 搞好有关必需的设计变更及相关技术措施的部署与落实。

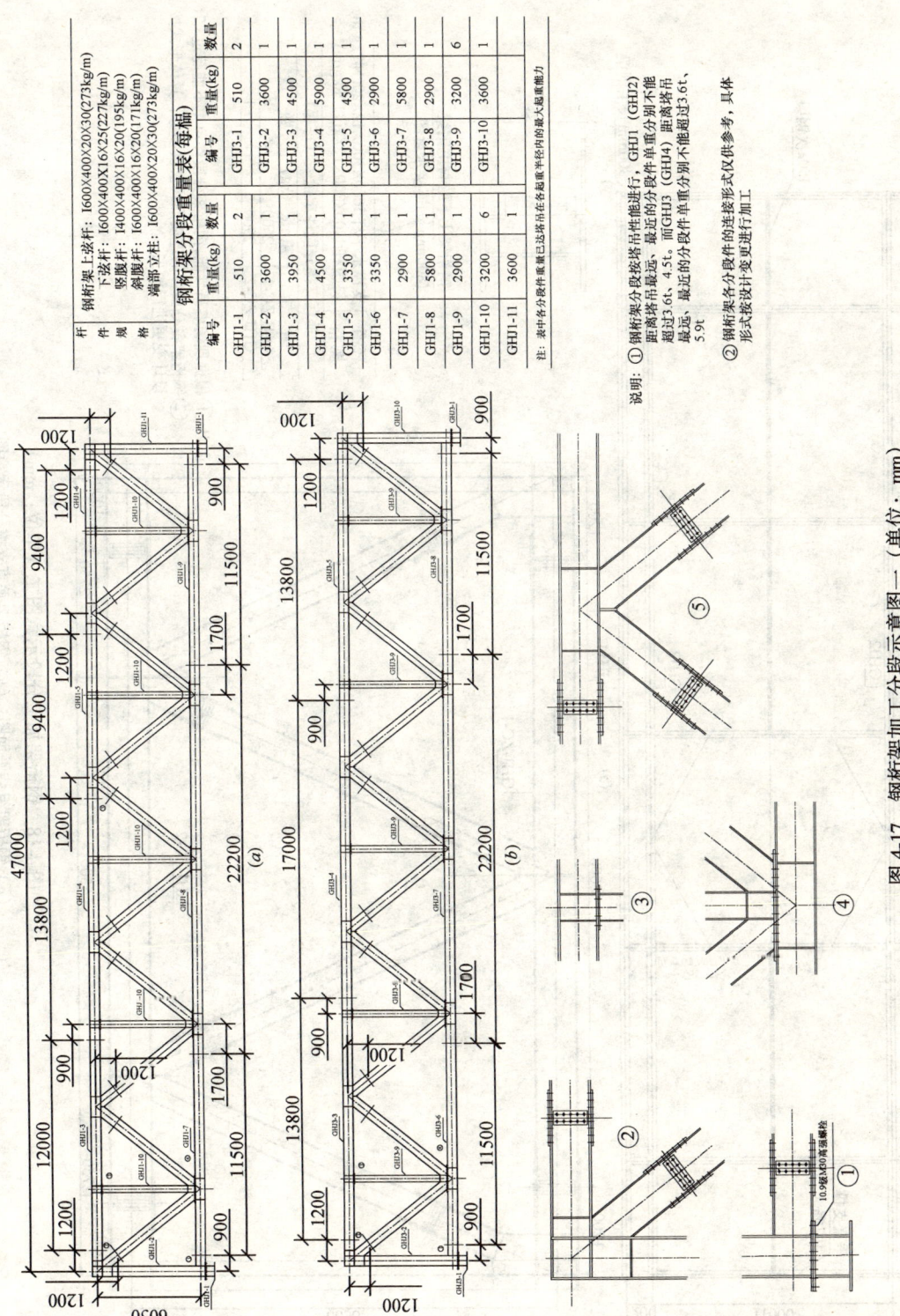

图 4-17 钢桁架加工分段示意图一（单位：mm）
(a) 钢桁架 GHJ1（GHJ2）加工分段示意图；(b) 钢桁架 GHJ3（GHJ4）加工分段示意图

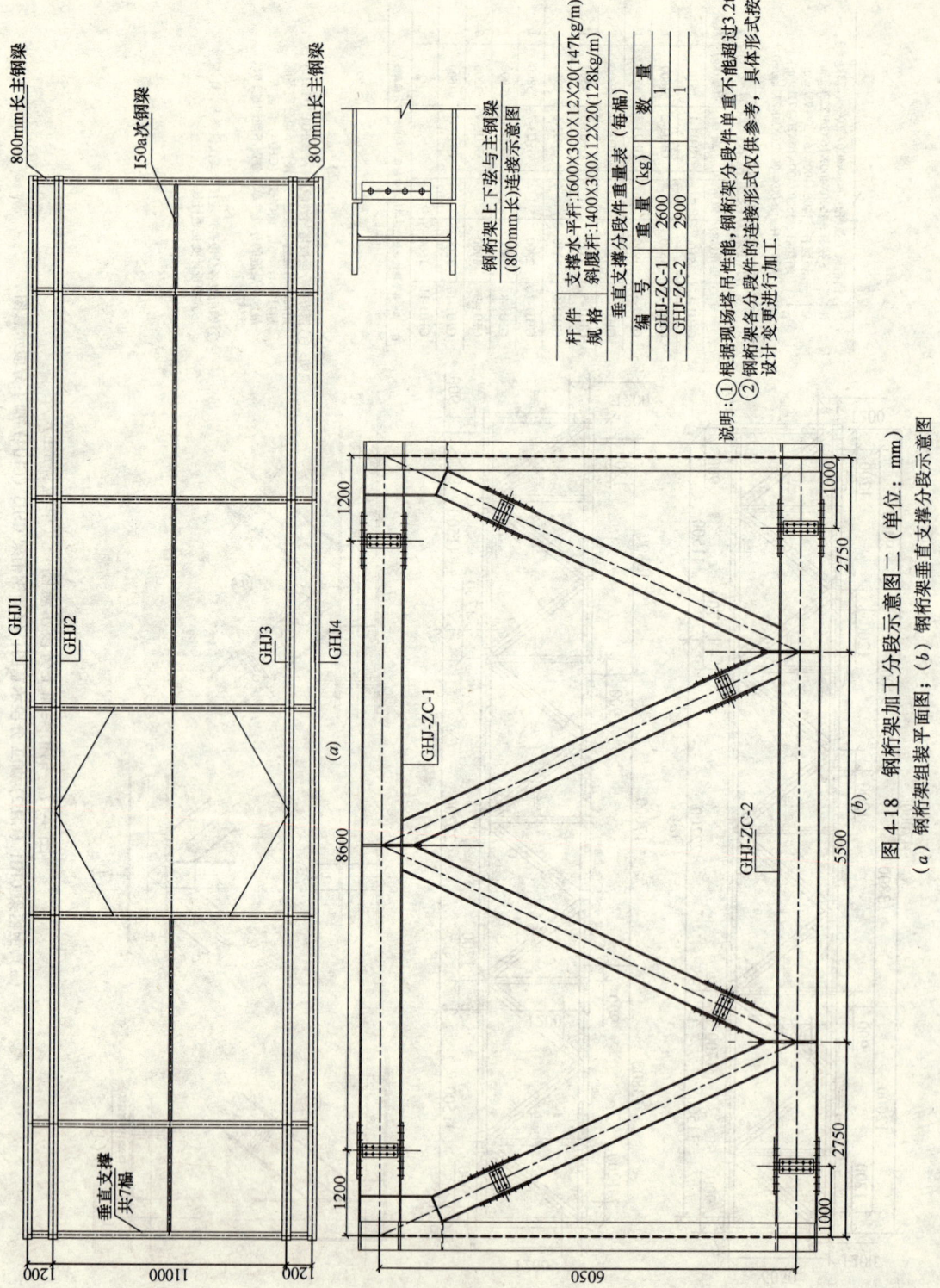

图 4-18 钢桁架加工分段示意图二（单位：mm）
(a) 钢桁架组装平面图；(b) 钢桁架垂直支撑分段示意图

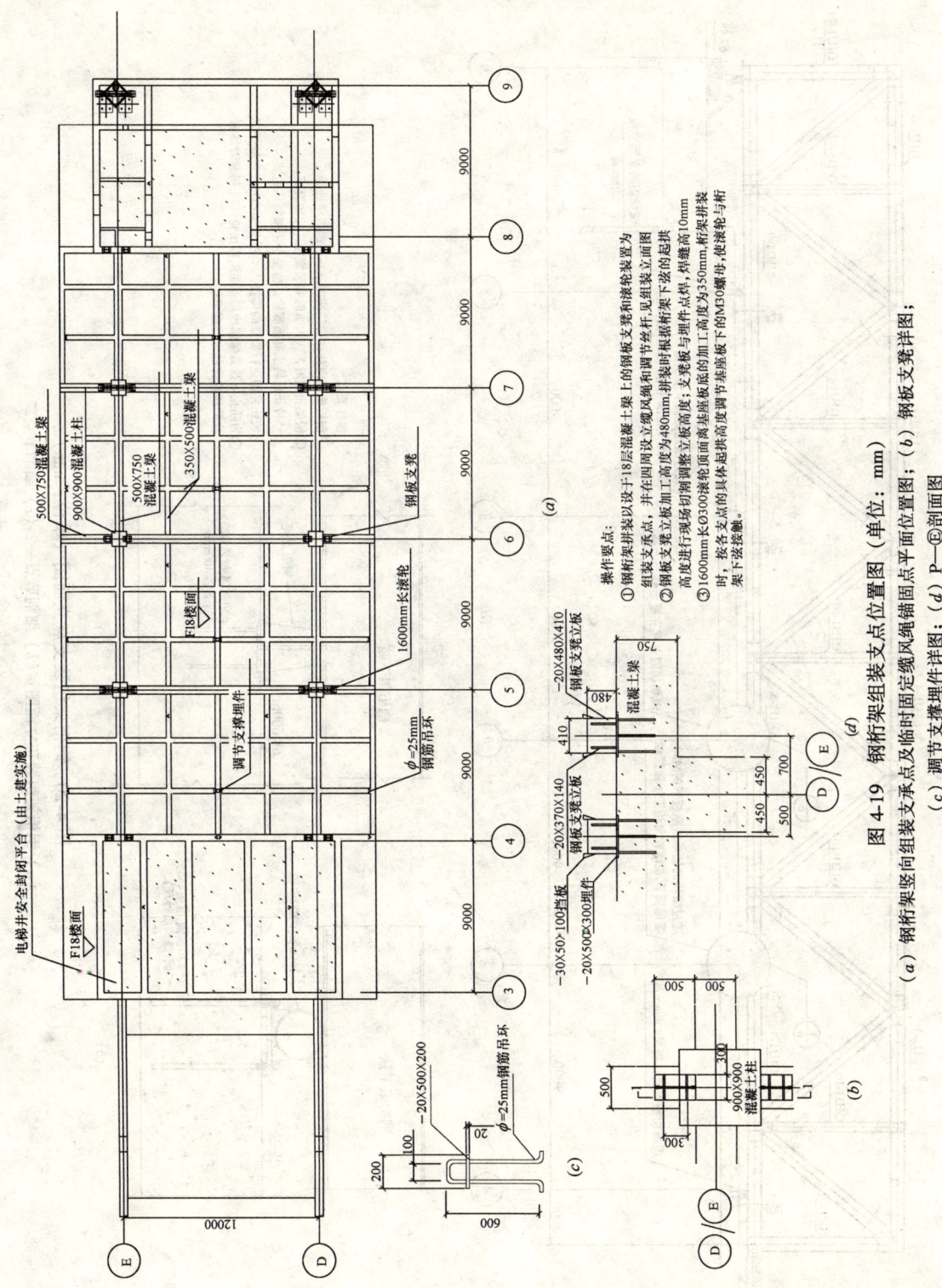

图 4-19 钢桁架组装支点位置图（单位：mm）

(a) 钢桁架竖向组装支承点及临时组装缆风绳锚固点平面位置图；(b) 钢板支凳详图；
(c) 调节支撑埋件详图；(d) P—E 剖面图

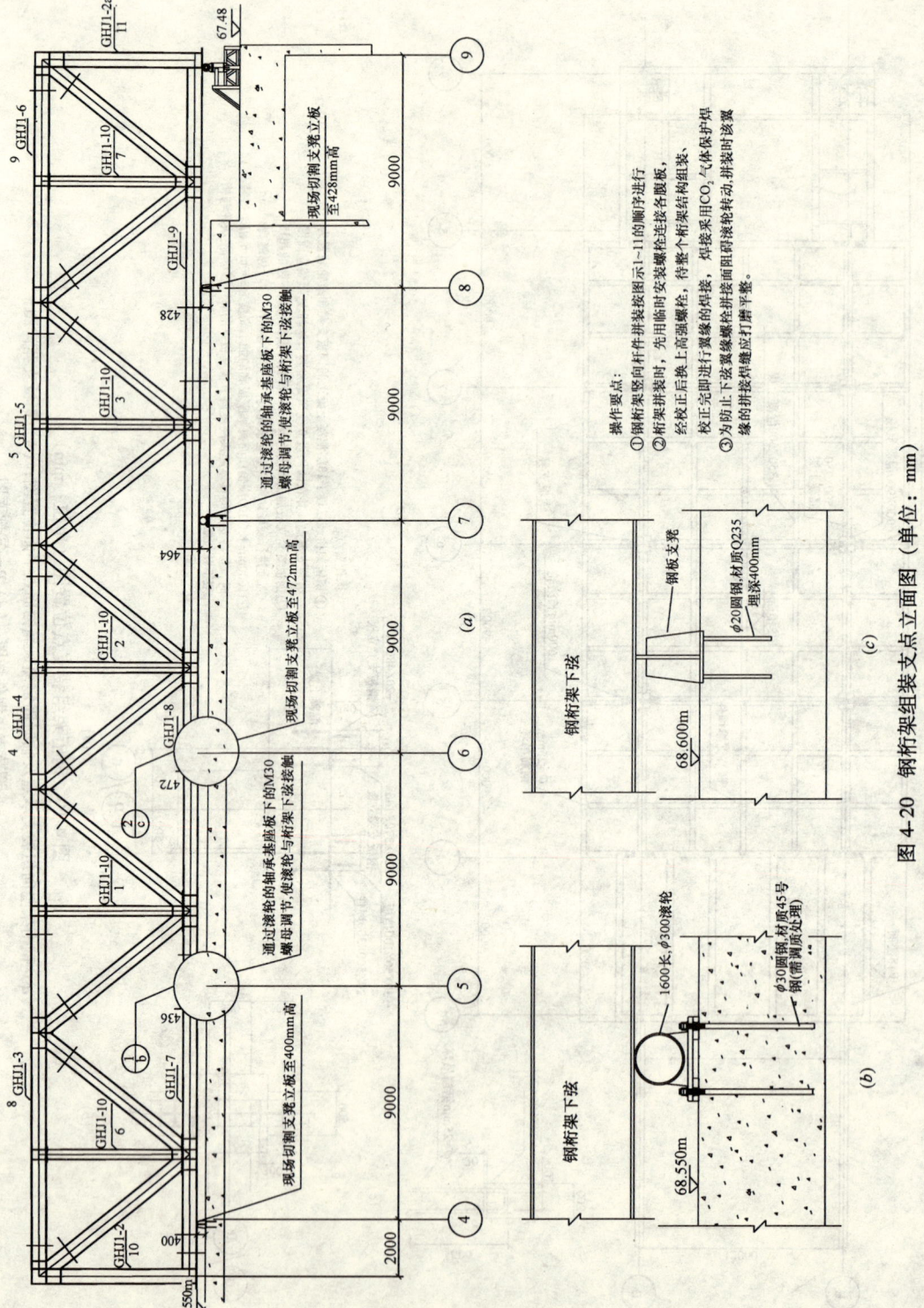

图 4-20 钢桁架组装支点立面图（单位：mm）
(a) 钢桁架组装正立面图；(b) 细剖节点一；(c) 细剖节点二

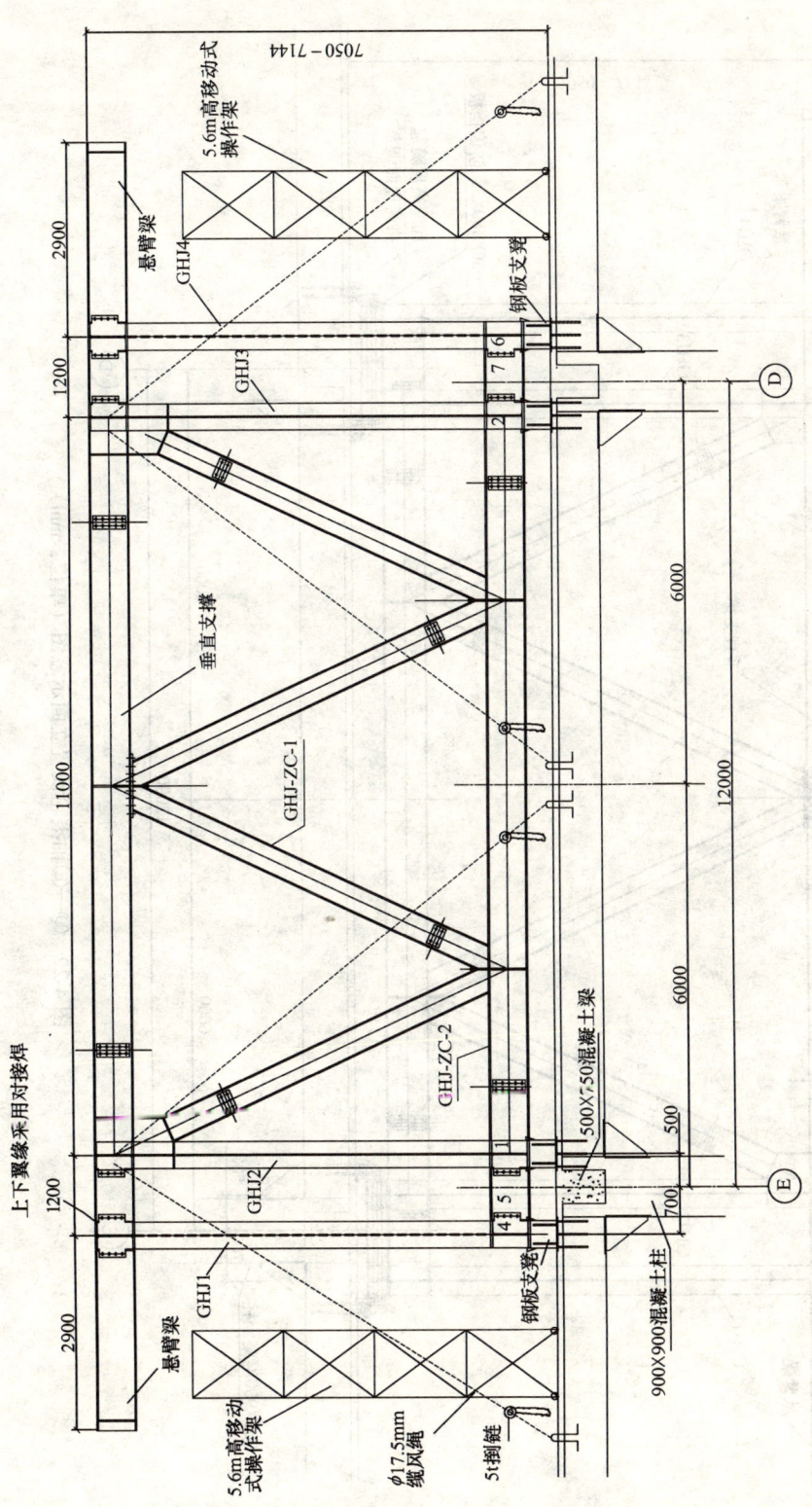

图 4-21 钢桁架组装侧立面图（单位：mm）

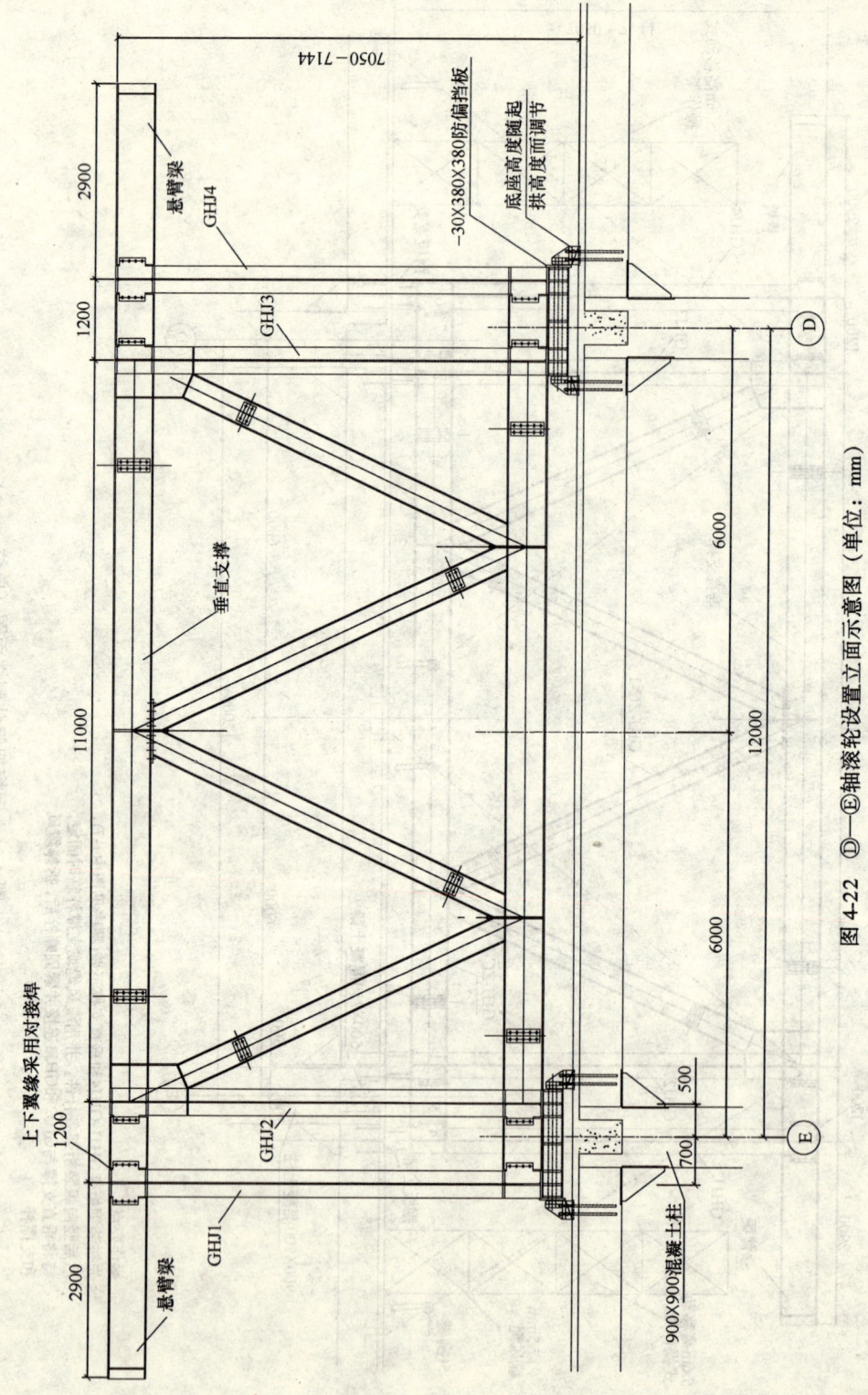

图 4-22 D—E轴滚轮设置立面示意图 (单位: mm)

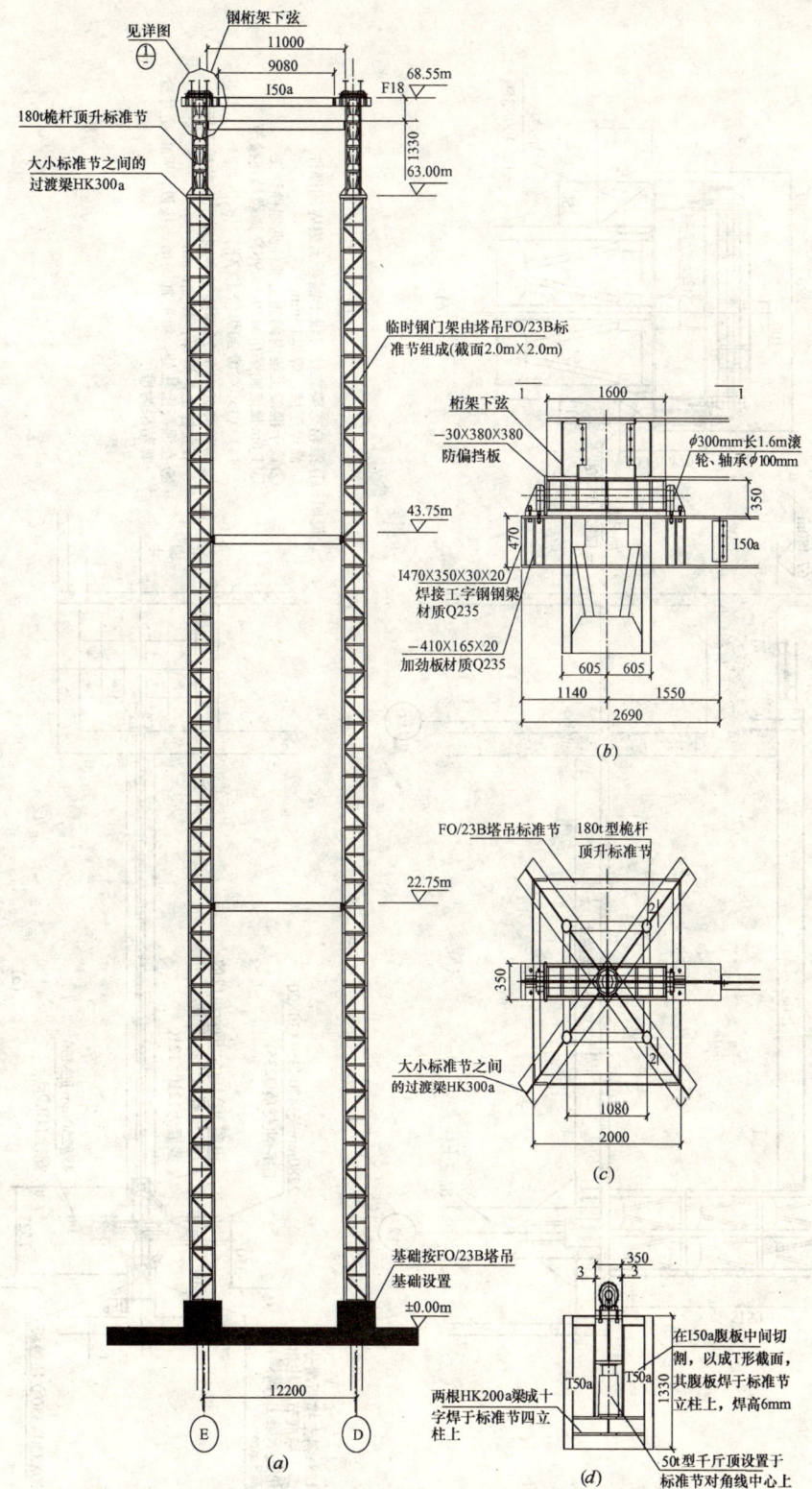

图 4-23 钢门架和顶部滚轮设置示意图（单位：mm）

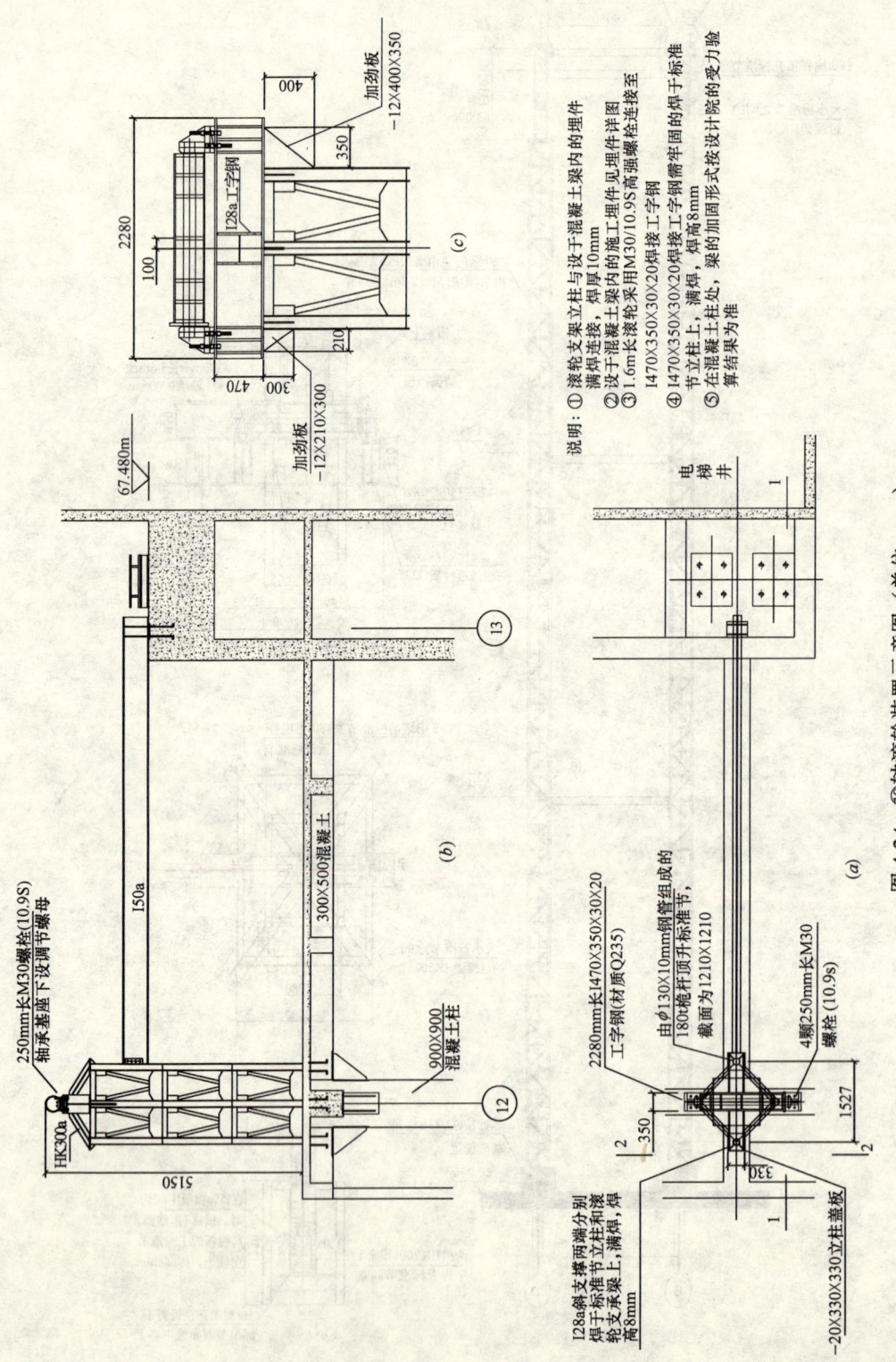

图 4-24 ⑫轴滚轮装置示意图（单位：mm）
(a) ⑫轴滚轮装置平面示意图；(b) 1—1 剖面图；(c) 2—2 剖面图

c．做好安全、质量技术交底。
d．加强与监理的联系，熟悉技术规范及资料的整理要求。
e．组织学习技术文件和有关工程质量标准及施工安全技术操作规程。
B．施工劳动力和机具、辅材准备
a．选配精干、技术熟练程度强的技术工人，并做好进场准备。
b．针对安装方案的具体要求编制详细的材料计划，并根据计划采购和制作必要的专用工具、吊具、索具。
c．制作滚轮、18层楼面的水平运输车、移动式操作平台、登高爬梯和吊篮以及吊装用可调刚性撑杆。
d．校对测量仪器及量具等。
C．现场施工准备
a．进行测量控制网的交接，并办理相关手续。
b．根据测量控制网，测设出18层楼面钢板支凳和滚轮装置的预埋件及地脚螺栓，并做好标记。
c．为了确保滚轮支座地脚螺栓的埋设精度，采用标准定位钢板和加固支架进行固定；同时，对预埋地脚螺栓用黄油涂抹包裹。
d．根据安装的焊接量，制定详细的现场安装用电需求量，并按要求正确设置配电装置、电缆和电机设备的进出线。
e．清理堆放场地，并准备好相应数量的垫木，做好钢构件的进场准备。
D．构件验收
a．钢桁架各杆件连接主要是高强螺栓连接，为保证安装质量，必须进行工厂竖向预拼装，预拼装后应通知业主、监理、设计院等有关人员到工厂进行验收，发现问题及时在工厂处理。
b．制作厂应根据现场组装顺序计划及时配套供应构件，且将构件运输到指定地点按要求堆放，相关的技术验收资料要提前送达。
c．现场清理构件，应根据发货清单，核对构件数量、规格和编号；若发现有误及时回执清单，以便构件更换或补齐。
d．检查构件的几何尺寸、节点、孔位、坡口、摩擦面、涂装等是否符合设计要求和规范规定，中线、标高等是否有正确、明显的标记。
e．检查构件有无损伤、外观缺陷、变形等。
E．构件现场堆放
a．按钢桁架型号及组装顺序，将构件进行分类堆放，构件堆放位置应布置于塔吊起重半径范围内（见图4-12），较重构件应堆放在塔吊工作半径较小的地方，较轻的构件可放置在塔吊工作半径较大的地方；按先安装的在上层、后安装的在下层的堆放顺序进行。
b．构件堆放应用垫木支垫好，垫木的位置应正确；重叠堆放的构件上下垫木要对齐，以免构件变形。
c．考虑到各分段杆件为重型件，堆放时不宜超过两层，上下层间隙及相邻杆件堆放距离应能保证索具的穿绕、绑扎。
2）滚轮装置加工与安装

根据施工方案，详细设计、绘制滚轮、支承梁和支承架的加工图。加工过程中，设计人员需参与质量监督，确保加工质量。加工好的机具，经验收合格后，按照"机具与辅助设施布置图"从左到右依次安装。安装前，需用经纬仪严格测量，并标记出滚轮装置的安装就位"十"字线且和标高找平，每一轴线上的各滚轮中线必须通视。

18层楼面④~⑧轴间的滚轮装置用塔吊吊运至楼面后，采用自制三角架进行安装就位；⑧~⑬轴间的滚轮装置用塔吊直接安装就位，安装中应严格控制滚轮支架的标高、垂直度与平面轴线位置，且临时门架顶部垂直度与平面位置利用缆风绳（$\phi 15mm$，公称抗拉强度1814MPa）校正，用经纬仪检测达规范要求后，方能用水平支承钢梁固定。

3）组装胎架安装

测量放线、当土建施工完18层时，先用水准仪对18层混凝土楼面进行操平，然后用经纬仪测设出平面纵横轴线（共8条）④~⑨和Ⓓ、Ⓔ。

根据已测设出的纵横主轴线，放出桁架下弦，垂直支撑下弦的中心线及翼缘轮廓线，并做好明显的墨线标记。

钢桁架组装以设于18层混凝土梁上的钢板支凳和定向滚轮装置为组拼支承点，支点间距9.0m，当桁架所有下弦杆件依靠钢板支凳和定向滚轮为支点组装后，就为竖向杆件的拼装提供了一个很稳固的拼装胎架，并在支承点两侧设立缆风绳和可调支承杆，以控制桁架竖向组装的稳定性和平面垂直度，钢板支凳和滚轮安装时，其中心线必需与桁架下弦中心线重合。各支点设置位置如图4-25所示。

根据组拼支承点在桁架下弦的对应位置，须于工厂预拼中实测出各点的起拱高度，并按此高度确立钢板支凳立板和滚轴顶面高度，为确保下弦翼缘面与支承点接触良好，间隙处可塞入楔形钢垫片，以使桁架下弦翼缘面受力均匀。

4）桁架组装

A. 工艺流程（图4-26）

B. 组装顺序

a. 桁架下弦杆件组装顺序

桁架GHJ2下弦→桁架GHJ3下弦→垂直支撑下弦ZC-2→桁架GHJ1下弦→短主梁→桁架GHJ4下弦→短主梁。

b. 桁架竖向杆件组装顺序

桁架GHJ2中间腹杆→GHJ2上弦杆件→GHJ2斜腹杆→GHJ2端部立柱→GHJ3中间腹杆→GHJ3上弦杆件→GHJ3斜腹杆→GHJ3端部立柱→垂直支撑上弦ZC-1→桁架GHJ1中间腹杆→短主梁→GHJ1上弦杆件→GHJ1斜腹杆→GHJ1端部立柱→GHJ4中间腹杆→短主梁→GHJ4上弦杆件→GHJ4斜腹杆→GHJ4端立柱。

C. 各上、下弦分段件、立腹杆、斜腹杆组装顺序

先中间后两边，相对塔吊由远及近。

5）吊装与就位

10m以上长度的构件采用$\phi 24mm$（6×37、公称抗拉强度1814MPa）钢绳四点绑扎吊装；短构件采用两点绑扎吊装；异形构件（如"V"形等）采用一根或两根吊索辅加捯链调节起吊水平度的方法进行吊装。吊点应根据重心位置均匀划分，使构件起吊平衡，并在索具与工字钢翼缘棱角之间垫半圆形钢管护角（护角用钢丝与钢丝绳相挂，避免松钩时坠

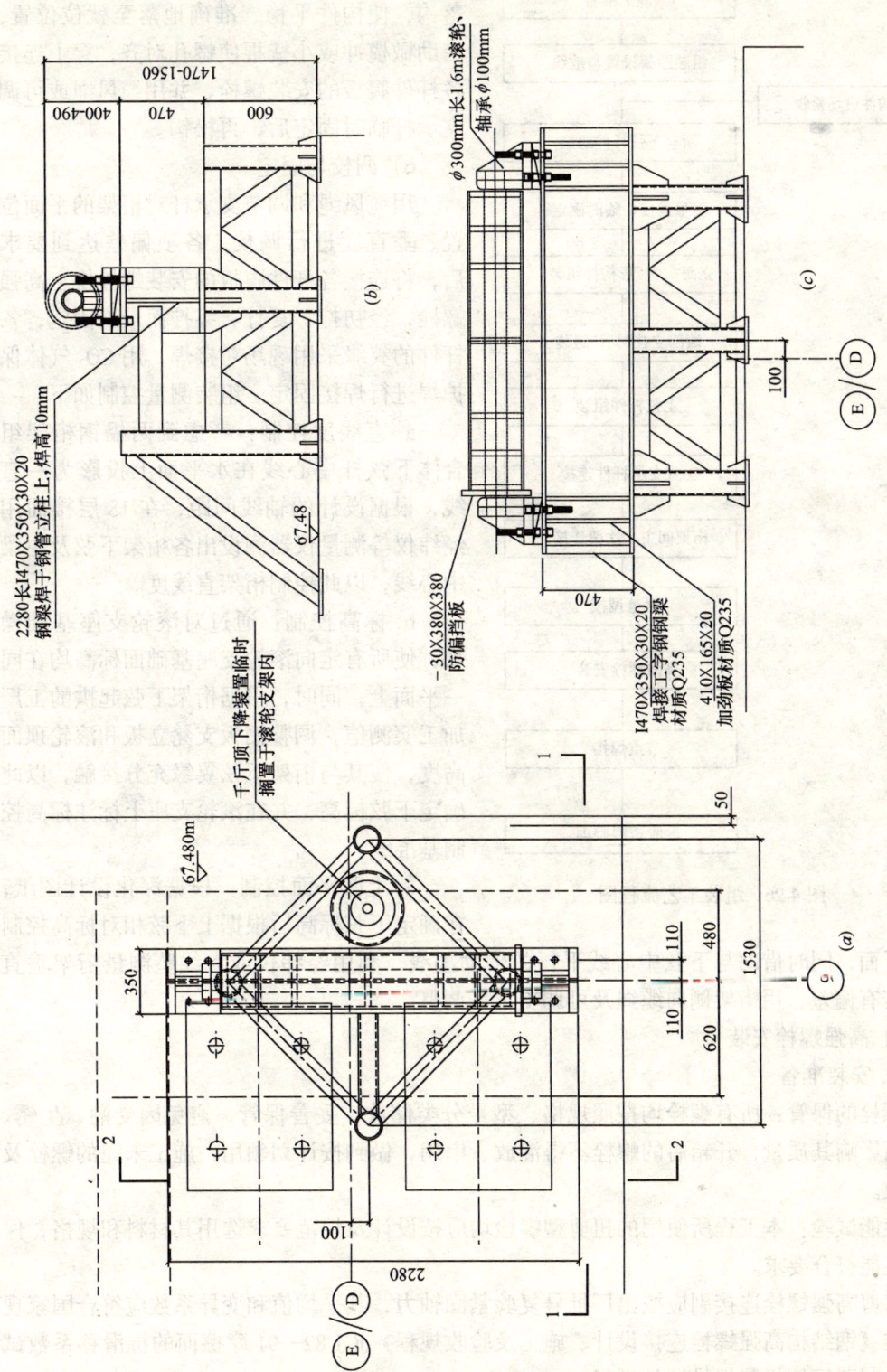

图 4-25 滚轮装置示意图（单位：mm）
(a) ⑨轴滚轮装置平面图；(b) 1—1 剖面图；(c) Ⓔ、Ⓓ剖面图

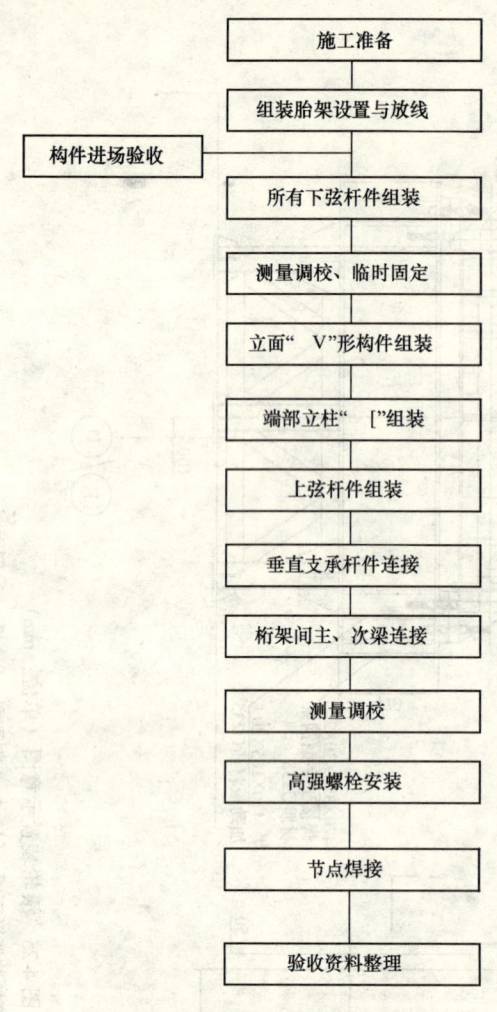

图 4-26 组装工艺流程图

落伤人），以免钢丝绳受损。就位时，徐徐落钩，使构件平稳、准确地落至就位位置，借助橄榄冲或小撬棍使螺孔对齐，穿上连接各杆件腹板的安装螺栓，并用缆风绳或可调支承杆临时固定后，再松钩。

6) 调校与固定

用缆风绳和调节支承杆对桁架的平面位置、垂直度进行调校，各项偏差达到要求后，将连接各杆件腹板的安装螺栓换上高强螺栓，经初拧、复拧、终拧而最终固定，各杆件的翼缘采用现场对接焊，用 $CO_2$ 气体保护焊进行焊接固定。组装测量控制如下：

a. 直线度控制：考虑到两榀钢桁架组合体下弦杆中心线在水平面上投影为一直线，根据设计的轴线间距，在18层楼面用经纬仪等测量仪器测设出各桁架下弦及主梁中心线，以此控制桁架直线度。

b. 标高控制：通过对滚轮支座基础操平，使所有定向滚轮支座基础面标高均在同一平面上；同时，根据桁架下弦起拱的工厂加工实测值，调整钢板支凳立板和滚轮顶面高度，使其与桁架下弦翼缘充分接触，以此确定下弦标高，并在滚轮支座上标注标高控制基准线。

c. 上弦平面控制：根据深化设计图纸，在确定下弦标高后根据上下弦相对标高控制上弦平面，同时借助与下弦中心线平行的辅助墨线，利用经纬仪或大线坠测量桁架垂直度；若有偏差，用桁架侧向缆绳及可调支承杆调整。

7) 高强螺栓安装

A. 安装准备

螺栓的保管：所有螺栓均按照规格、型号分类储放，妥善保管，避免因受潮、生锈、污染而影响其质量，开箱后的螺栓不得混放、串用，做到按计划领用，施工未完的螺栓及时回收。

性能试验：本工程所使用的扭剪型螺栓均应按设计及规范要求选用其材料和规格，保证其性能符合要求。

扭剪高强螺栓连接副应按出厂批号复验紧固轴力，其平均值和变异系数应符合国家现行标准《钢结构高强螺栓连接设计、施工及验收规程》JGJ 82—91 摩擦面的抗滑移系数试验，由制造厂按规范提供试件进行。

安装摩擦面处理：为了保证安装摩擦面达到规定的摩擦系数，连接面应平整，不得有毛刺、飞边、焊疤、飞溅物、铁屑以及浮锈等污物，也不得有不需要的涂料；摩擦面上不允许存在钢材卷曲变形及凹陷等现象。

认真处理好连接板的紧密贴合，对因钢板厚度偏差或制作误差造成的接触面间隙，应按表4-1方法进行处理。

处 理 方 法　　表 4-1

| 间隙大小 | 处　理　方　法 |
| --- | --- |
| 1mm 以下 | 不做处理 |
| 3mm 以下 | 将高出的一侧磨成1:10的斜度，方向与外力垂直 |
| 3mm 以上 | 加垫板，垫板两面摩擦面处理与构件同 |

B. 高强螺栓安装施工流程（图4-27）

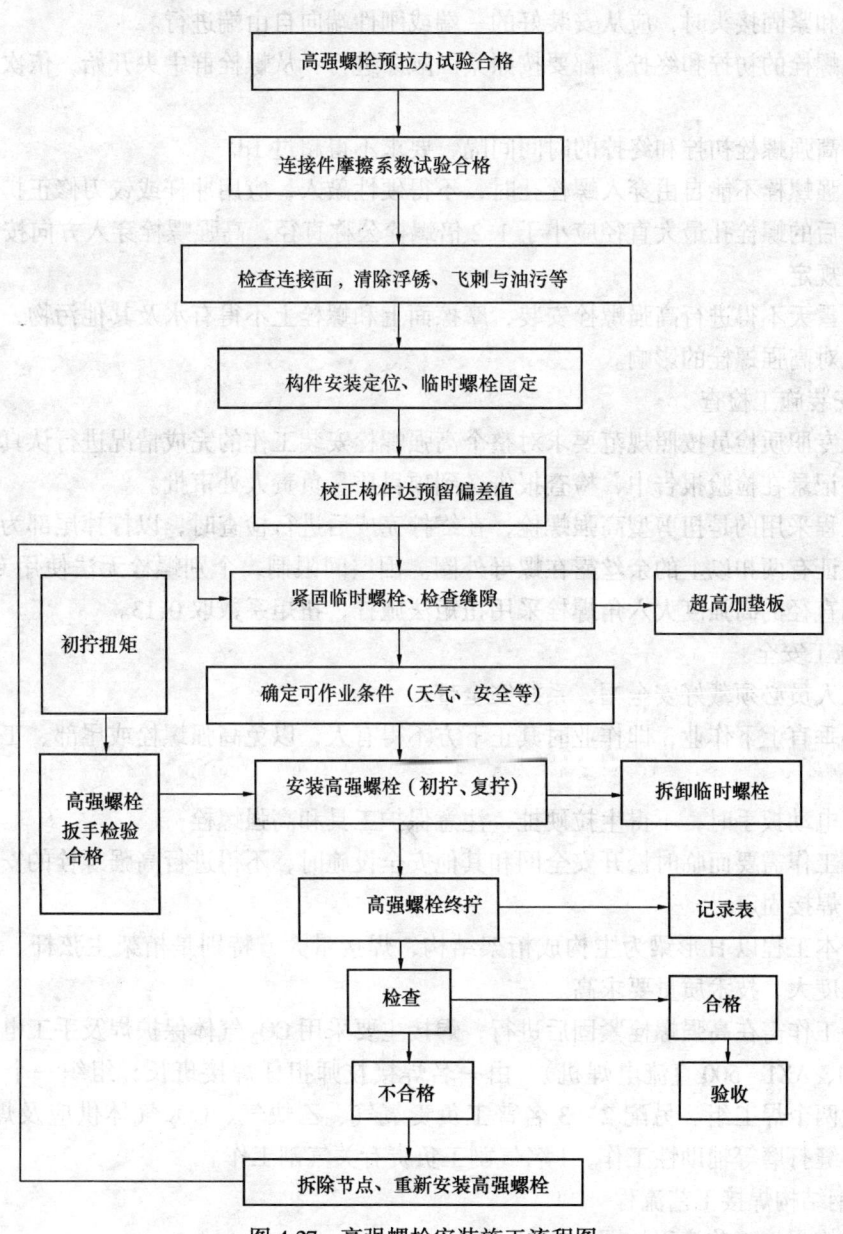

图4-27　高强螺栓安装施工流程图

C. 安装方法

本工程高强螺栓连接形式为等强连接设计，节点螺栓数量较多，因此分3次拧紧。第1次初拧到初拧扭矩计算值；第2次复拧，复拧扭矩等于初拧扭矩值；第3次终拧到尾部梅花头拧掉。

初拧：当构件吊装到位后，先用普通螺栓临时固定，调整好孔位后，换上高强螺栓（注意不要使杂物进入连接面）；然后，用手动扳手或电动扳手拧紧螺栓，使连接面接合紧密，且达到初拧扭矩值，做好标记。

终拧：扭剪螺栓的终拧由专用电动剪力扳手完成，以目测尾部梅花头拧掉为合格。

D. 安装注意事项

装配和紧固接头时，应从安装好的一端或刚性端向自由端进行。

高强螺栓的初拧和终拧，都要按照紧固顺序进行：从螺栓群中央开始，依次向外侧进行紧固。

同一高强螺栓初拧和终拧的时间间隔，要求不得超过1d。

当高强螺栓不能自由穿入螺栓孔时，不得硬性敲入，应用冲杆或铰刀修正扩孔后再插入，修扩后的螺栓孔最大直径应小于1.2倍螺栓公称直径，高强螺栓穿入方向按照工程施工图纸的规定。

雨、雪天不得进行高强螺栓安装，摩擦面上和螺栓上不得有水及其他污物，并要注意气候变化对高强螺栓的影响。

E. 安装施工检查

指派专职质检员按照规范要求对整个高强螺栓安装工作的完成情况进行认真检查，将检验结果记录在检验报告中，检查报告送到项目质量负责人处审批。

本工程采用的是扭剪型高强螺栓，在终拧完成后进行检查时，以拧掉尾部为合格；同时，要保证有两扣以上的余丝露在螺母外圈。因空间限制，个别螺栓无法使用专用扳手，则按相同直径的高强度大六角螺栓采用扭矩法施拧，扭矩系数取0.13。

F. 施工安全

施工人员必须戴好安全帽，系好安全带；

不得垂直上下作业，即作业时其正下方不得有人，以免高强螺栓或尾部、工具等失落而伤人；

使用电动扳手时，不得生拉硬扯，注意保护工具和高强螺栓；

当因工作需要而临时松开安全网和其他安全设施时，不得进行高强螺栓的安装施工。

(3) 焊接固定

由于本工程以H形梁为主构成桁架结构，焊接量大，特别是桁架主弦杆、斜腹杆的对接焊难度大、技术质量要求高。

焊接工作需在高强螺栓紧固后进行，焊接主要采用$CO_2$气体保护焊及手工电弧焊（用AX1-300、AX1-500直流电焊机）。由一名焊接技师担任焊接班长，组织一个电焊作业班，下设两个焊工组。另配2~3名普工负责氧气、乙炔气、$CO_2$气体供应及焊条烘培、探伤前焊缝打磨等辅助性工作，1名气割工负责有关气割工作。

1) 钢结构焊接工艺流程

钢结构焊接工艺流程如图4-28所示。

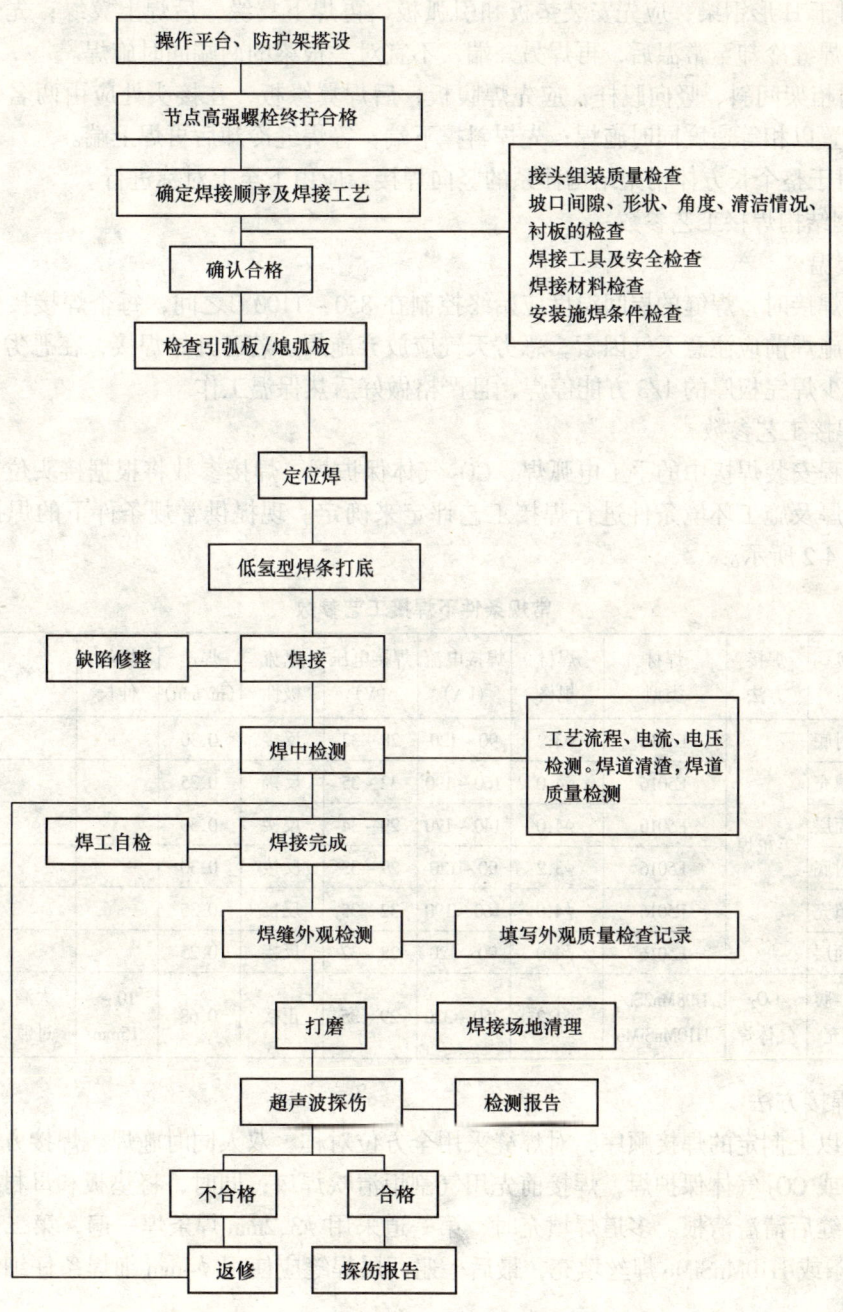

图 4-28 焊接工艺流程图

2) 焊接顺序

焊接施工顺序对焊接变形及焊后残余应力有很大的影响，在焊接时为尽量减小结构焊接后的变形和焊后残余应力，结构焊接应尽量实行对称焊接，让结构受热点在整个平面内对称、均匀分布，避免结构因受热不均匀而产生弯曲和较大焊后残余应力，现制定以下钢结构焊接顺序：

A. 就整个桁架而言，应先从整个结构的中部施焊，再向两端扩展的施焊原则进行。

B. 对于H形钢梁，应先安装垫板和引弧板，再焊下翼缘，后焊上翼缘；先焊梁的一端，待其焊缝冷却至常温后，再焊另一端，不宜对一根梁的两端同时施焊。

C. 对桁架间斜、竖向腹杆，应先焊腹板，后焊翼缘板，在接头处应由两名焊工在相对称的位置以相等速度同时施焊；先焊斜撑下端，等焊缝冷却后再焊上端。

D. 对于整个长方体桁架结构体系的竖向焊接，应由下至上对称进行。

3）钢结构焊接工艺参数

A. 层温

分层焊接时，焊缝的层间温度应始终控制在850～1100℃之间，每个焊接接头应一次性焊完，施焊前应注意天气因素，恶劣天气应放弃施焊。若已开始焊接，在恶劣天气来临之前，至少焊完板厚的1/3方能停焊，且严格做好后热保温工作。

B. 焊接工艺参数

本工程安装焊接中的手工电弧焊、$CO_2$气体保护焊，焊接参数将根据接头位置、坡口形式、板厚及施工环境条件进行焊接工艺评定来确定。现提供常规条件下的焊接工艺参数，如表4-2所示。

常规条件下焊接工艺参数　　　　　　　　　　表4-2

| 序号 | 焊接部位 | 焊接方法 | 焊材类型 | 焊材规格 | 焊接电流(kA) | 焊接电压(V) | 电流极性 | 焊速(m/min) | 焊丝伸长 | 熔滴 | 气体流量 |
|---|---|---|---|---|---|---|---|---|---|---|---|
| 1 | 弦杆封底 | 手工焊 | E5016 | $\phi$3.2 | 90～120 | 28～32 | 反接 | 0.30 | | | |
| 2 | 弦杆填充 | | E5016 | $\phi$4.0 | 160～190 | 32～35 | 反接 | 0.35 | | | |
| 3 | 弦杆面层 | | E5016 | $\phi$4.0 | 140～170 | 29～34 | 反接 | 0.30 | | | |
| 4 | 腹杆封底 | | E5016 | $\phi$3.2 | 90～120 | 29～33 | 反接 | 0.30 | | | |
| 5 | 腹杆填充 | | E5016 | $\phi$4.0 | 160～190 | 32～35 | 反接 | 0.35 | | | |
| 6 | 腹杆面层 | | E5016 | $\phi$4.0 | 90～120 | 28～32 | 反接 | 0.25 | | | |
| 7 | 弦杆、腹杆填充 | $CO_2$气体焊 | H08Mn2Si/H10MnSiMo | $\phi$1.2 | 250～320 | 29～35 | 正接 | 0.68 | 10～15mm | 大滴过渡 | 55～65l/min |

4）焊接方法

根据以上制定的焊接顺序，对焊缝采用全方位对称，双人同时施焊。焊接方法采用手工电弧焊或$CO_2$气体保护焊，焊接前先用气割炬清吹焊口；同时，将垫板和母材焊牢，焊完一道焊缝后清渣清根。多道焊填充时，第一道采用$\phi$3.2mm焊条焊一遍，第二遍则采用$\phi$4mm焊条或H10MnSiMo焊丝填充，最后一遍面层焊缝应使用$\phi$4mm细焊条仔细施焊，使外形美观。

焊接质量按照设计总说明中的要求严格进行探伤。

5）焊接施工注意事项

A. 焊接过程中，要始终进行桁架标高、垂直度、水平度及轴线位置的监控；发现异常及时暂停焊接，通过改变焊接顺序和校正进行处理。

B. 焊接工作开始前，焊缝处的水分、脏物、铁锈、油污、涂料等应清除干净，垫板应贴紧；焊接材料严格检验，焊条焊丝要保持清洁干燥，焊条按规定烘焙、保温，焊丝及时放入干燥箱中，取多少用多少；$CO_2$气体含水量在5%以下，纯度在99%以上。

C. 定位点焊时，严禁在母材上引弧及收弧，应设引弧板。

D. 采用手工电弧焊，风力大于 5m/s 时，采用气体保护焊；风力大于 2m/s 时，均要采取防风措施。

(4) 钢桁架滚动跨越滑移安装

1) 试滑

试滑前，必须将钢板支凳拆除掉，并检查动滑车（设在牵引下弦，并处在桁架结构横向跨中）、定滑车（固定在电梯墙与楼层梁交汇处，并焊接牢固）、卷扬机和桁架组合体是否处于同一直线上，为减少摩擦力，支座轴承铜套里必需注入足够的润滑油。

试滑采取 50cm 或 100cm 间断性牵引试滑 5m，同时在每个滚轮装置处设专人监护，记录好卷扬机的运行情况，并观察桁架的直线度、平稳度变化情况。对出现的问题及时处理，然后转入下道工序。

2) 滑移与整体下降就位

A. 滑移

正式滑移人员必须是参与了试滑的，且分工明确、各司其职。滑移中随时微调滚轮支座下的调节螺母，使各滚轮顶面与桁架下弦接触良好，使各滚轮受力均匀，保持桁架的平稳性。当滑移至临时钢门架时，停止连续滑移，点动卷扬机或用千斤顶在桁架尾部顶推 20~100cm，观察门架受力后的变形情况；一切正常后，再连续滑移，直至就位位置。滑移中，若发现桁架下弦平面翼缘边与滚轮上的导向防偏挡板接触紧密，则立即停止牵引，用 100t 液压千斤顶在桁架滚轮处对角顶推桁架下弦，以此调整和控制滑移直线度。

B. 整体下降就位

在 9/ⒹⒺ 和 13/ⒹⒺ 四个橡胶支座处设置一套升降组合装置（每套装置配备一台 100t 型千斤顶），并在支座上设置多节式钢管（$\phi 406 \times 10$）支撑，二者交替顶落，使桁架下降就位。

C. 钢桁架安装测控

a. 钢桁架滑移、就位控制：C 座在 Ⓓ-Ⓔ 轴线跨中架设一台经纬仪，随时观测桁架纵向中心标记，监控滑移直线度。在整体下降就位时，用标尺监测钢桁架各支点下降高度，使桁架平稳下降。

b. 平面控制：将橡胶支座的标高及定位尺寸误差调整在控制范围内。定出钢桁架下弦支撑点位，并打好标记，安装时按照标记下降就位。为保证整体下降后，桁架的轴线位置正确，需在各支座处设立下降防偏立柱。

c. 测量、校正：钢桁架连接临时固定完成后，应在测量人员的测量监视下，利用千斤顶、捯链以及楔子等工具校正其垂直度、标高偏差至规范要求内。

d. 保证措施

所使用的经纬仪、水准仪应经鉴定所鉴定后方可使用；

交接、复测轴线控制点和标高基准点；

复测隔振橡胶支座的定位、标高；如误差超出规范允许范围，应及时调整；

高空测量中风力影响较大，应根据现场情况采取相应的措施；

为保证测量精度，应对关键环节组织跟踪性复测检查。

e. 其他

测量人员：3人。

仪器及器材：J2经纬仪2台、自动调平水准仪1台。

测量控制中主要指标的规范要求，支座标高：±5mm；定位轴线：±5mm；垂直度：$h/1000$（小于10mm）。

**4.6.4 相关的受力计算**

(1) 1/10轴临时钢门架受力计算

最不利受力状况：钢桁架即将搭上c座⑫轴定向滚轮时，受力如图4-29所示。

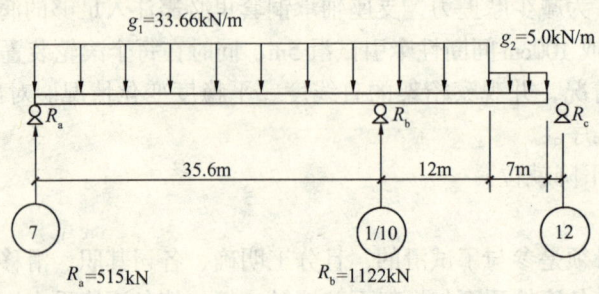

图4-29　1/10轴临时钢门架受力简图

经计算，钢门架满足钢桁架跨越滑移要求。

(2) 定向滚轮计算

最不利受力状况：钢桁架刚搭上钢门架顶部滚轮时（假设整个钢桁架重力由⑦、1/10轴上的定向滚轮来承受），受力简图如图4-30所示。

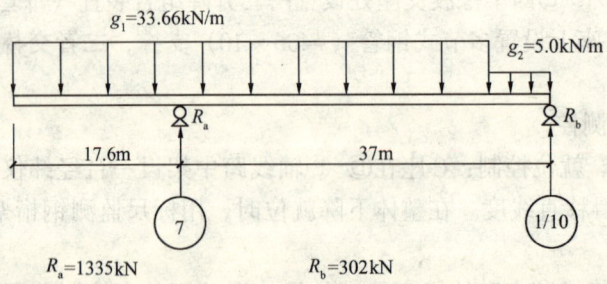

图4-30　定向滚轮受力简图

经计算，滚轮$\phi 300$满足受力要求。

(3) 橡胶支座处滚轮支架计算

最不利受力状况：钢桁架刚搭上c座⑫轴定向滚轮时（假设整个钢桁架重力由⑨、⑫轴上的定向滚轮来承受），受力简图如图4-31所示。

经计算，橡胶支座处的滚轮支架满足要求。

(4) 牵引桥计算

最不利受力状况：钢桁架刚搭上c座⑫轴定向滚轮时（假设整个钢桁架重力由⑨、⑫轴上的定向滚轮来承受），受力简图如图4-32所示。

经计算，选择HK300a工字钢作为弦杆件满足要求。

(5) 钢桁架滑移过程中，下弦受力计算

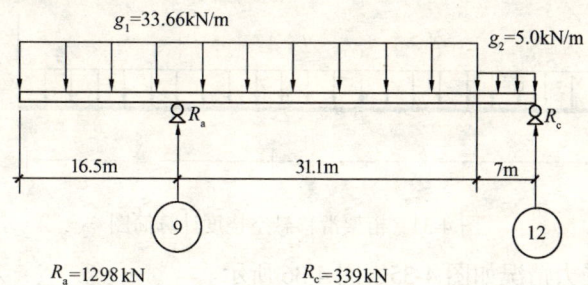

图 4-31 橡胶支座处滚轮支架受力简图

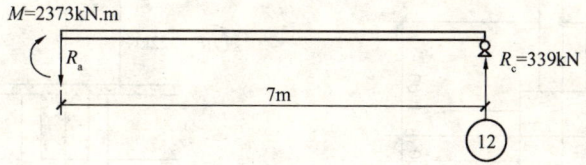

图 4-32 牵引桥受力简图

最不利受力状况：钢桁架刚搭上钢门架顶部滚轮时（假设整个钢桁架重力由⑦、①/⑩轴上的定向滚轮来承受），受力简图如图 4-33 所示。

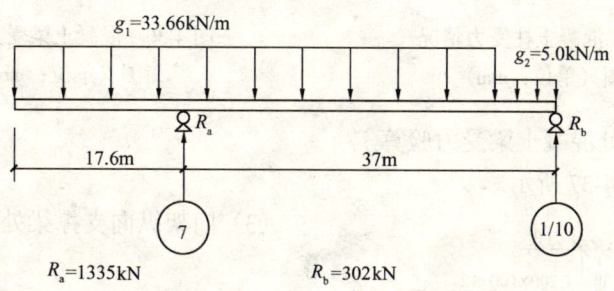

图 4-33 钢桁架滑移过程中下弦受力简图

经计算，需在下弦 9.4m 跨中设置临时支撑杆（采用 I50a），方满足要求。

（6）卷扬机受力计算

钢桁架滑移过程中产生的摩擦力为 320kN，经计算 JJM-8 卷扬机走 8 线牵引满足要求。

（7）桁架滑移悬空挠度

计算简图：根据桁架和滑移施工实际情况，当组合桁架滑移刚要搭上 1/10 轴临时钢门架时，组合钢桁架挠度最大，图 4-34 为计算简图。

挠度计算：钢桁架上、下弦杆为焊接工字钢，组合桁架截面惯性矩 $I = 18 \times 10^{11} mm^4$
$q = 68 N/mm$　$a = 18860 mm$　$b = 35740 mm$　$E = 2.06 \times 10^5 N/mm^2$
$f_a = [q \times a \times b_3 \times (4 \times a_2/b_2 + 3 \times a_3/b_3 - 1)] / (24EI) = 3.6 mm$

为防止滑移过程中组合桁架下挠，导致桁架难以搭上临时钢门架顶部滚轮，故对牵引桥下弦杆向上反挠 50～100mm，确保牵引桥顺利搭上钢门架。

### 4.6.5 需设计院验算的受力位置

（1）设有滚轮装置的混凝土柱、梁受力验算

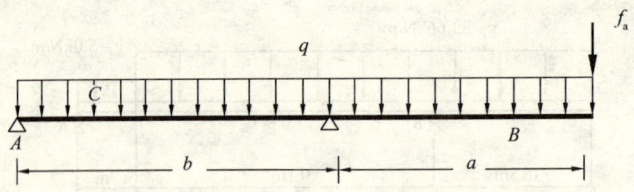

图 4-34 桁架滑移悬空挠度计算简图

混凝土柱、梁受力情况如图 4-35、图 4-36 所示。

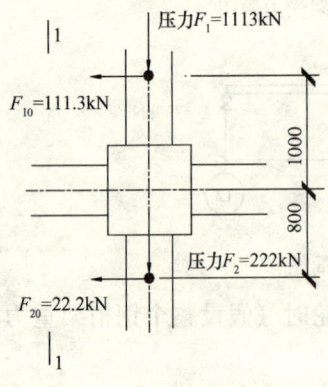

图 4-35 混凝土柱受力情况
简图（单位：mm）

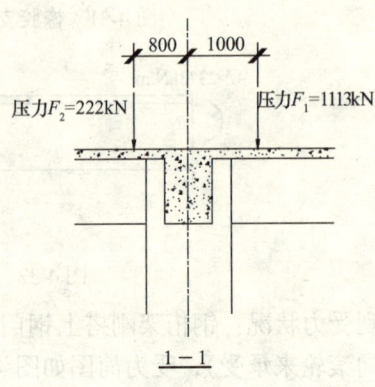

图 4-36 混凝土梁受力情况
简图（单位：mm）

(2) 橡胶支座处混凝土梁受力验算

受力情况如图 4-37 所示。

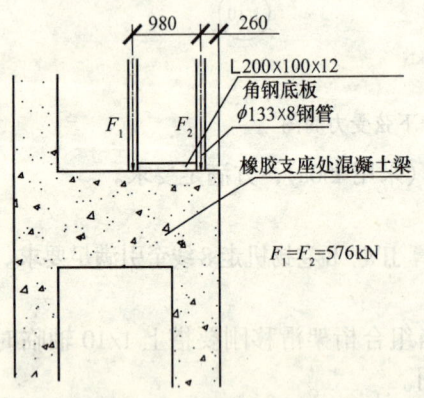

图 4-37 橡胶支座处混凝土梁受力情况图

(3) 门架纵向支撑梁处混凝土墙体受力验算

受力情况：在电梯井混凝土墙体处设置 400mm×300mm×20mm 的预埋件（8 根 $\phi$20 锚筋）以作为纵向支撑梁的固定点，其受到的水平拉力为 202kN。

(4) 门架基座处的混凝土柱、梁受力验算

受力情况：门架基座为 3m×3m×1.2m，坐落于 ±0.00 标高处的混凝土柱梁上，每根门架立柱对基座的压力为 1500kN，必要时需对下部结构进行加固。

### 4.7 脚手架工程

#### 4.7.1 工程概况

本工程由 1 层地下室及上部 A、C 两栋 18 层框架-剪力墙结构塔楼和 A、C 两栋塔楼之间的 4 层高的玻璃幕墙圆锥体（B 区）组成。A、C 区结构总高度 76.4m，B 区总高度

28.8m。一~三层层高4.8m，四~十七层层高3.8m，十八层层高6.0m。结构高度76.4m。

地下室平面轴线尺寸为131.4m×52.8m，二~三层主体南北双向各缩进12.6m，东西双向各缩进2.7m。四层及以上各层南北双向各外挑3.6m，东西双向各外挑4.18m（6层以下）及3.25m。

### 4.7.2 搭设方案

根据工程概况，本工程适宜选用落地式综合脚手架。选用$\phi48×3.5$钢管及配套扣件搭设。钢管排距1.05m，立杆间距1.5m，步距1.8m，外架距建筑物外墙（外挑构件）边线350mm。除东西两侧外挑结构外，脚手架立杆均坐落在地下室顶板上，且脚手架搭设高度已超过规范规定自由搭设高度，因此，必须采取必要的卸载措施确保架体安全。拟采用钢管斜撑结合钢丝绳拉结卸载，有关计算如下：

（1）计算脚手架搭设允许高度

脚手架允许搭设高度 $H_{max} \leqslant H/(1+H/100)$

式中：$H = [K_A \psi A f - 1.30(1.2N_{GK2} + 1.4N_{QK})]h/1.2N_{GK1}$

$K_A$——与立杆截面有关的调整系数，$K_A = 0.85$；

$\psi$——格构式压杆的整体稳定系数，可查表；

$A$——脚手架里、外排立杆的毛截面积之和；

$f$——钢管的抗压强度设计值，$f = 205\text{N}/\text{mm}^2$；

$N_{GK2}$——脚手架附件及物品重量产生的轴力，查表$N_{GK2} = 3.348$；

$N_{QK}$——一个纵距内的脚手架施工荷载标准值产生的轴力，查表$N_{QK} = 6.30$；

$N_{GK1}$——脚手架自重产生的轴力，高为一个步距，宽为一个纵距，脚手架的$N_{GK1}$查表$N_{GK1} = 0.442$；

$h$——步距，$h = 1.8\text{m}$。

计算得：$H = 83.2\text{m}$，$H_{max} = 45.43\text{m} < 76.4\text{m}$，不能满足结构高度要求，须对外架采取卸载措施。考虑到外架坐落在地下室顶板上，为减轻对地下室顶板的荷载，决定采用钢丝绳卸载。

（2）斜拉钢丝绳卸载计算

结合本工程层高、柱距及施工经验，卸载钢丝绳从第11步（第5层）起竖向每6步设置1道，水平每3道立杆设置1道，每道钢丝绳拉结在脚手架里、外排立杆与大横杆、小横杆交接处。

立杆每一纵距所承受的轴力

$N = 1.2(n_1 N_{GK1} + N_{GK2}) + 1.4 N_{QK} = 30.34\text{kN}$

式中 $n_1$——第11步以上脚手架步数，$n_1 = 33$

每3道立杆在竖直方向共计有6道12根钢丝绳卸载，每根钢丝绳所承受的竖向荷载为：

$P_1 = 3N × K_x/12 = 11.38\text{kN}$

根据钢丝绳吊点与外墙、外架的几何尺寸关系，钢丝绳所受拉力为：

$P_x = P_1/\cos[\text{arctg}(1.4/5.4)] = 11.75\text{kN}$

采用 $6 \times 19$ 钢丝，绳芯1，其承载力 $P_g \geq KP_x/a \geq 82.9\text{kN}$

式中　$a$——考虑钢丝受力不均匀的钢丝破断拉力换算系数，查表，$a=0.85$；

　　　$K$——钢丝绳使用的安全系数，查表；$K=6$ 查表，选用 $\phi12.5$ 钢丝绳；

其承载力 $P_g=88.7\text{kN}>82.9\text{kN}$；安全。

(3) 吊环计算

每个吊环按两个受力截面积计算，吊环拉应力不应大于 $50\text{N/mm}^2$。吊环钢筋面积：

$A_g=P_x/(2\times50)=120\text{mm}^2$

选用 $\phi14$ 钢筋，截面积 $154\text{mm}^2>120\text{mm}^2$；安全。

为避免钢丝绳受力不均匀将外架拉斜，并适当增大安全系数，水平方向间距 4.5m、竖直方向间距 6 步距、从第 4 层楼面起设置斜撑钢管。

(4) 脚手架受力基层承载力验算

除个别地方外，外脚手架均坐落在地下室顶板上及 B 区 4 层顶板梁板上。按照上述计算，第 9 步架以下部分外架每一立杆纵距的总荷载为：

$N=1.2(n_1 N_{GK1}+N_{GK2})+1.4N_{QK}=17.61\text{kN}$（$n_1=9$）

经换算等同 $9.78\text{kN/m}^2$；

经咨询设计院，人防区地下室顶板的施工荷载为 $60\text{kN/m}^2$，非人防区核载为 $10\text{kN/m}^2$，满足要求。

B 区 4 层以上，A 区⑨轴东、C 区⑫轴西外架需坐落在 B 区 4 层顶板梁板上，为减轻梁板负荷，该部位外架从第 3 步起就开始采用上述方法卸载，利用钢丝绳对外架卸载。

B 区 4 层以上，A 区⑨轴东为全剪力墙，除用钢丝绳卸载外，预埋 $\phi25$ 钢筋头（预埋 200mm，外露 300mm），斜撑钢管套在预埋的 $\phi25$ 钢筋上，$\phi25$ 钢筋水平间距 4.5m，竖向间距 6 步距。

### 4.8　砌体和隔断工程

#### 4.8.1　砌筑工程

(1) 材料

砌筑工程使用的所有材料，包括砖或砌块、水泥、石灰、砂和水都应符合规范的要求，并且有出厂合格证。内隔墙采用白宫墙板（墙体密度应小于 $600\text{kg/m}^3$）。所有管道井采用 120mm 实心砖墙，M5 水泥砂浆砌筑。个别烟道井，如柴油发电机烟道用 M2.5 混合砂浆砌 240mm 实心砖墙一层，内加 60mm 厚耐火砖衬里，耐火砂浆砌筑。厕所墙体采用白宫墙板，其下做 150mm 高的防水台。外墙均采用 200mm 厚陶粒混凝土空心砌块，其干密度不得大于 $600\text{kg/m}^3$，外墙面须做防水层。

(2) 施工准备

1) 砂浆的配合比经试验确定，由实验室向搅拌站提供；

2) 施工前检查砌块等基层表面状况，要求平整、清洁，不得有污泥杂物，符合要求后再放线，并用钢尺校验放线尺寸；

3) 砌筑前按砌块尺寸计算其皮数和排数，编制排列图，编制排列图时充分考虑下列因素：

A. 尽可能采用主规格砌块，灰缝按 10mm 计算；

B. 按设计图中的门、窗、过梁、暗线、暗管等的要求,在排列图上标明主砌块、辅助砌块、特殊砌块以及预埋件等;

C. 灰缝中设拉结钢筋的部位;

D. 预留洞的位置;

E. 墙体根部预先浇筑一定高度的素混凝土,使得最上一皮留有 190mm 左右的空隙,以便斜砌砌体,保证砌体与梁板紧密接触。

(3) 施工要求

1) 施工时在墙体阴角或阳角处立好皮数杆,或者在立柱上进行标注,距离不超过 15m,标明皮数以及门窗洞口、过梁等部位的标高。

2) 砌筑时控制砌块的含水率,砖和砌块的含水率控制在 5%~8%,炎热夏天适当洒水后再砌筑。

3) 在放好墨线的位置上,按排列图从墙体转角处或定位砌体处开始砌筑,第一皮砌块下铺满砂浆。

4) 砌块必须错缝砌筑且对孔,保证灰缝饱满;铺灰使用铺灰器,空心砌块上下皮搭接长度不小于 90mm;否则,在灰缝中设置拉结钢丝网或钢筋。

5) 一次铺设砂浆的长度不超过 800mm,铺浆后应立即放置砌块,可用木锤敲击摆正、找平。找平时严禁在灰缝中塞石子木片;如果砌筑后需移动砌块或砌块松动,均须铲除原有砂浆重新砌筑。

6) 砂浆随拌随用,在拌成后 3h 内使用完毕。施工期间,最高气温超过 30℃时,在 2h 内使用完毕,必要时可采用掺入外加剂等措施延长使用时间,其掺量按有关规定并经试验确定。

7) 雨天施工时,防止雨水直接冲淋砌块,不使用被雨水湿透的砌块。

8) 不任意撬动已砌好的砌块或在砌体上随意打洞凿槽。

9) 砌筑时不许站在墙体上操作;在大风雨和台风情况下,对已砌筑的强度未达到要求、稳定性能差的墙体加设临时支撑保护。

10) 墙体砌筑日砌高度控制在 1.8m 以内,雨天施工日砌高度不超过 1.2m。

11) 根据规范和设计要求,砌块墙的端部、转角处、丁字墙交接处,加设芯柱及拉结筋。当墙体长度大于 6m 时,每隔 3m 加设一根芯柱,芯柱为 4$\phi$10 钢筋插入两孔中,纵筋上下锚入混凝土梁或板中 300mm。

12) 根据规范和设计要求加设构造柱,间距不大于 4m,构造柱先砌墙后浇柱,其与墙体的拉结如图 4-38 所示。构造柱采用 C20 混凝土,纵筋 4$\phi$12,箍筋 $\phi$⑥@500,纵筋锚入混凝土梁或板内 400mm。

13) 砌至楼板或者梁底的砌体,用斜砌块楔紧措施。不到楼板或梁底的砌体须设压顶,做法如图 4-39 所示。

14) 外墙转角及内外墙交接处,沿墙高每隔 500mm 在灰缝内配置 2$\phi$6,每边伸入墙内 1000mm。

15) 在门窗洞边 200mm 内砌体选用实心块或砂浆填实的空心块砌筑。

16) 门窗顶过梁采用 C20 混凝土,过梁长度为洞口宽度加 600mm,如图 4-40 所示。

17) 墙体的施工缝处砌成斜槎;如留斜槎确有困难时,则沿高度每 600mm 左右(符

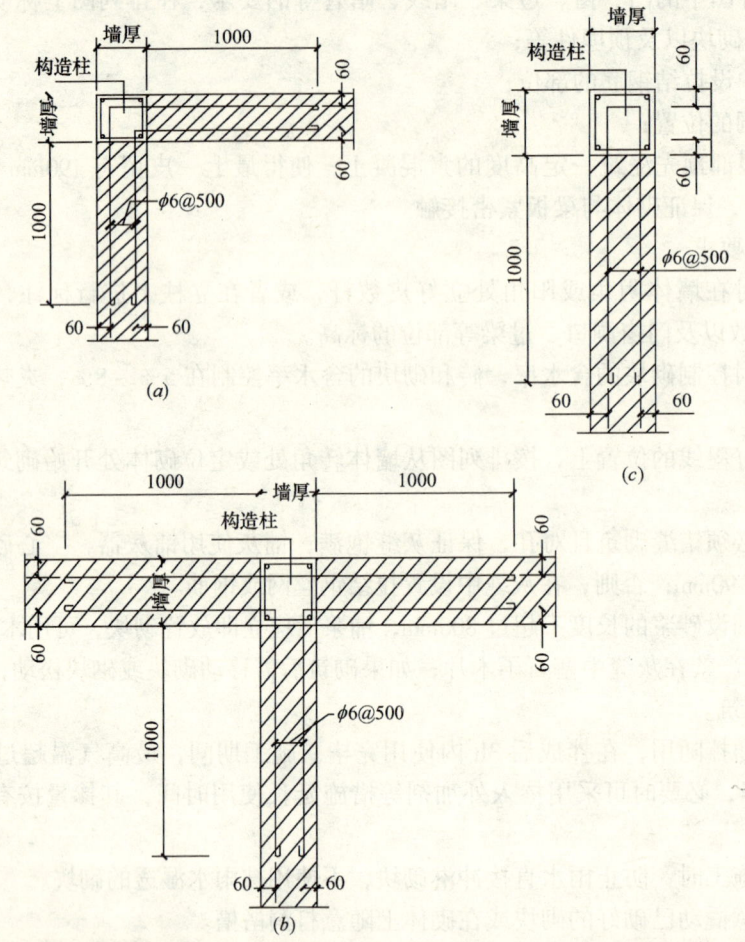

图 4-38 构造柱与墙体的连结（单位：mm）

合砌块模数）设置 2φ6 拉结钢筋，钢筋伸入墙内每边不小于 600mm。

18）砌筑墙端时，砌块与框架柱面或剪力墙靠紧，填满砂浆，并将柱或墙上预留的拉结钢筋展平，砌入水平灰缝中。

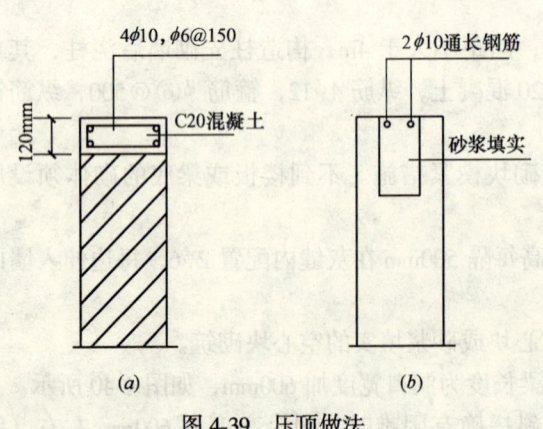

图 4-39 压顶做法

19）灰缝应横平竖直，砂浆饱满。均匀密实率，水平缝不低于 90%，竖直缝不低于 70%；边砌边勾缝，不允许出现暗缝，严禁出现透亮缝。

20）对于柱边的现浇过梁，施工柱子时在现浇过梁处柱内预留钢筋，做法如图 4-41 所示。

21）当墙高大于 4m 时，在墙中部或者门窗洞顶设置通长混凝土圈梁，圈梁采用 C20 混凝土。圈梁宽同墙厚，高 120mm，纵筋 4φ10，箍筋 φ6@150mm。

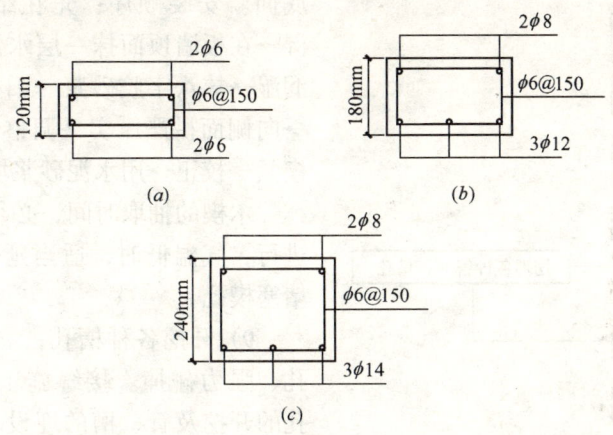

图 4-40 门窗顶过梁做法

(a) 洞口尺寸≤1500mm；(b) 1500mm<洞口尺寸<2500mm；
(c) 2500mm≤洞口尺寸<3000mm

### 4.8.2 隔断

(1) 隔断材料——白宫墙板简介

白宫墙板是 P-UAC 实芯墙板的一种品牌，该墙板由双面纤维增强水泥面层与轻集料混凝土芯体组成。具有轻质、实心、薄体、高强度、隔声隔热、防水、防火、防潮、防冻、耐老化、挂重力强、耐冲击等特点；同时，又具有装饰性好、可钉、可锯、无环境污染、可直接开槽埋设管线、施工简单等优点。

(2) 墙板安装施工工艺及操作要点

1) 墙板安装工艺流程如图 4-42 所示。

2) 墙板在安装过程中，实行干作业法，避免大面积淋水及泡水。

3) 清扫干净墙板与结构体的接触面，对光滑的混凝土表面进行凿毛处理。

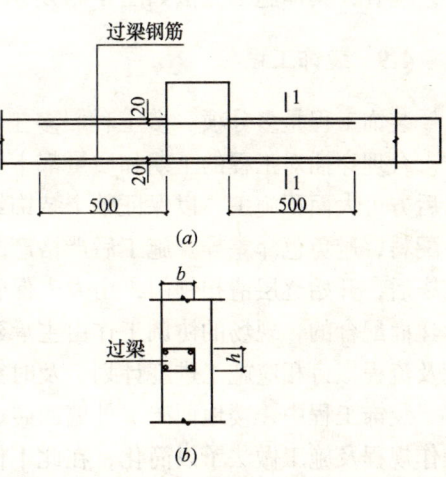

图 4-41 现浇过梁施工示意图（单位：mm）

(a) 平面图；(b) 1-1 剖面图

4) 施工放线：首先在清扫干净的楼板上用墨斗放线，随后用线坠引伸到顶板上及墙、柱上，并明显地标出门洞的位置。

5) 选配墙板：根据墙面尺寸，选配墙板。选配原则：有门洞时，从门洞向两边扩展配板；无门洞时，根据现场实际情况配板及选择安装顺序。

6) 选用安装工具：根据隔墙高度、场地情况，选用合适的配套机具，包括立板夹具、切割机、专用升板车等。

7) 安装固定钢件：板上部与顶板及梁结合处，安装固定钢件。墙面、柱面和墙板连接处安装固定件。

8) 立板、安装墙板：按选配好的墙板顺序进行。首先清扫干净板墙的顶面、侧面和

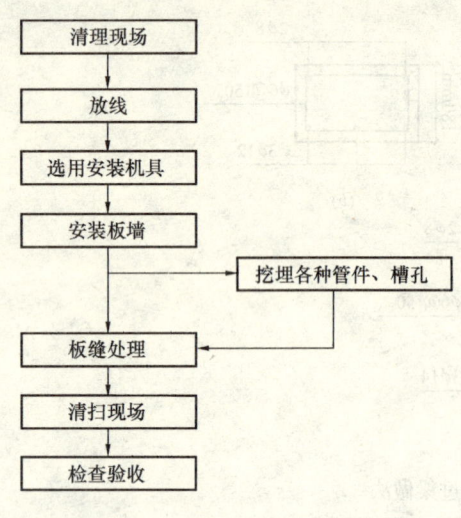

图 4-42 墙板安装工艺流程图

底面。安装顺序：先在结构物基层洒水润湿→在板墙顶面抹一层水泥砂浆→侧面洒水润湿→抹八字胶砂浆→阳榫处抹八字胶砂浆→向侧面拼严压实→调整侧面垂直→用木楔楔紧→校正→用水泥砂浆填实。

木楔的抽取时间，必须在嵌灌砂浆 3d 后进行，气温低时，适当延长；同时，用砂浆堵塞楔孔。

9) 开挖各种槽孔：立板 3d 内禁止开挖孔、强力碰撞。接缝施工前，完成各种槽、孔的开挖及管、槽的埋设。孔槽的填平材料用配套专用材料。

10) 施涂嵌缝材料，粘贴防裂带：在具备接缝施工基本条件的前提下，开始处理板缝，包括：①嵌缝材料的填塞抹平施工；②粘贴防裂带；③检查和修补施工。

11) 在安装过程中，随时进行质量检查，其中包括：放线检查，安装墙板检查及嵌缝工艺检查，具体施工方法如图 4-43 所示。

#### 4.9 装饰工程

装饰工程是多分项、多工种、多工序融合施工的复杂系统，因此装饰工程的统筹安排，合理穿插对工程的工期和质量都十分重要。施工时，先做样板，经各方一同检查确认以后方可大面积施工，以保证整个装饰细部处理统一，美观协调。装饰材料一次购进，统一配料，避免色泽差异。施工后严格产品保护措施，预防为主，综合治理。最后一道工序完毕后，开始逐层清扫锁门，由专人保管钥匙，以保证成品完好无损。装饰施工中涉及分承建商配合的，现场的协调工作由主承建商统一负责，要求各分承建商根据土建的施工进度及流程拟订相应施工进度计划，及时穿插配合。

装饰工程中，楼地面砖、外墙面砖、油漆等分项工程都较常规，本方案中对其具体的操作规程及施工做法予以简化，在此不作赘述，只对我公司范围之内的墙面涂料、门窗工程和吊顶工程进行描述。

##### 4.9.1 吊顶施工

(1) 施工顺序

弹线→安装吊杆→安装龙骨及配件→安装罩面板。

(2) 操作要点

1) 依据顶棚设计标高，沿墙面四周弹水平线，作为吊顶安装的标准线。

2) 吊杆一端套丝，长度不小于 5cm；另一端固定于板面上，吊杆进行防锈处理。根据大样图确定吊点位置，吊点间距为 1000～1200mm。

3) 安装大龙骨时，将大龙骨用吊挂件连接在吊杆上，拧紧螺栓卡牢。大龙骨接长可用接杆件连接。大龙骨安装进行调平，顶棚的起拱高度不少于房间短向跨度的 1/200。

4) 中龙骨用中吊挂件固定在大龙骨下面，吊挂件上端搭在大龙骨上，[形件用钳子插

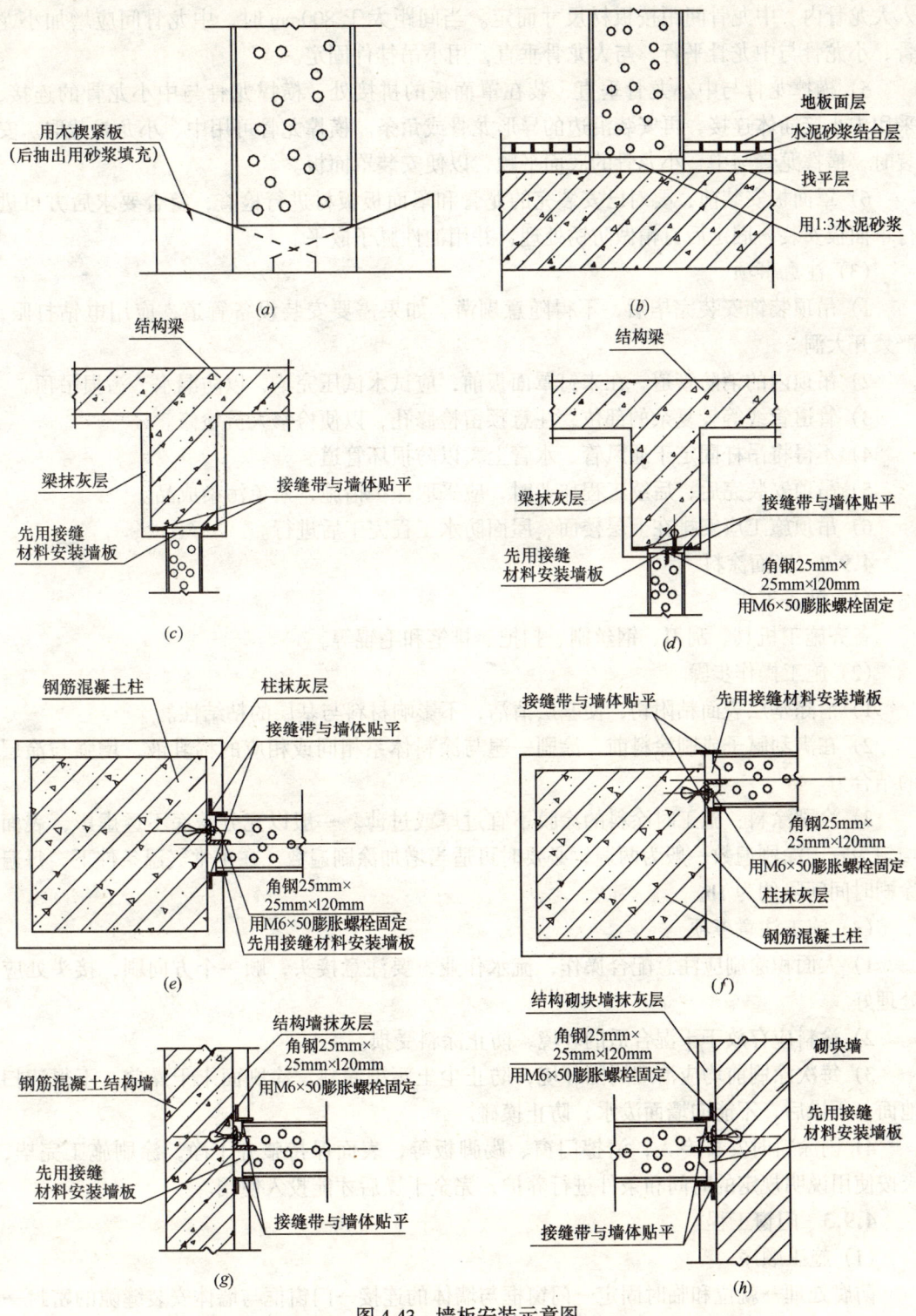

图 4-43 墙板安装示意图

（a）用木楔给墙板施加应力；（b）与楼地面连接；（c）墙板和梁中间线之间的连接；
（d）墙板和梁中间线之间的连接；（e）墙板与柱的连接；（f）墙板与柱的连接；
（g）墙板与结构墙体的连接；（h）墙板与结构砌块墙体的连接

入大龙骨内。中龙骨间距按板材尺寸而定。当间距大于 800mm 时，中龙骨间应增加小龙骨，小龙骨与中龙骨平行，与大龙骨垂直，用小吊挂件固定。

5) 横撑龙骨与中小龙骨垂直，装在罩面板的拼接处，横撑龙骨与中小龙骨的连接，采用中小接插体连接，再安装沿边的异形龙骨或角条。横撑龙骨可用中、小龙骨截取。安装时，横撑龙骨与中、小龙骨的底面平顺，以便安装罩面板。

6) 罩面板安装前，要对已安装完的龙骨和罩面板板材进行检查，符合要求后方可进行罩面板安装。固定后钉帽做防锈处理，并用油性腻子嵌平。

(3) 注意事项

1) 吊顶装饰安装完毕后，不得随意剔凿。如果需要安装设备管道，应用电钻打眼，严禁开大洞。

2) 吊顶内的消防管道，在未钉罩面板前，应试水试压完毕，以防漏水、污损吊顶。

3) 管道管线等较复杂的部位，注意预留检修孔，以便检修人员检修。

4) 不得将吊杆固定于通风管、水管上，以防损坏管道。

5) 吊顶安装完后，后续工程作业时，应采取保护措施，避免污染成品。

6) 吊顶施工应安排在上层楼面、屋面防水工程完工后进行。

### 4.9.2 墙面涂料

(1) 准备工作

备齐施工机具、刮刀、钢丝刷、扫把、排笔和毛辊等。

(2) 施工操作步骤

1) 清除基层表面粘附物，使基层清洁，不影响材料与基层的粘结性。

2) 在满刮腻子或刷涂料前，涂刷一遍与涂料体系相同或相应的稀乳液，增强与涂层的结合力。

3) 涂刷涂料：施工时涂料的涂膜不宜过厚或过薄。一般以充分盖底不透虚影，表面均匀为宜。涂刷遍数一般为两遍，必要时可适当增加涂刷遍数。在正常气温条件下，每遍涂刷时间间隔约为 1h。

(3) 施工注意事项

1) 大面积涂刷应注意配合操作，流水作业，要注意接头，顺一个方向刷，接头处应处理好。

2) 涂料应存放于干湿合适的环境，防止涂料受损。

3) 每次涂刷前均应清理周围环境，防止尘土污染涂料。涂刷面未干燥前，不得清扫地面；干燥后，不能向墙面泼水，防止摸碰。

4) 刷涂料时安排专人，清擦门窗、踢脚板等，表面保持整齐干净，涂刷施工完毕，应按使用说明规定的时间和条件进行养护，完全干燥后才能投入使用。

### 4.9.3 门窗工程

(1) 施工顺序

防腐处理→就位和临时固定→门窗框与墙体的连接→门窗框与墙体安装缝隙的密封→安装五金配件→安装门窗扇及玻璃。

(2) 操作要点

1) 门窗框四周侧面防腐处理按设计要求执行；如设计无专门要求，则涂刷防腐沥青漆。

2）根据门窗安装位置墨线，将铝门窗装入洞口就位时，应调整好门窗框的水平、垂直、对角线长度，用楔临时固定。

3）用膨胀螺栓把门窗框与墙体连接固定好。

4）门框安装固定后，应先进行隐蔽工程验收，检查合格后再进行门窗框与墙体安装缝隙的密封处理。

5）待洞口墙体表面装饰工程完工后，安装门窗扇及玻璃，镶嵌密封条和填嵌密封胶。

(3) 墙体与门窗框交接处抹灰层空鼓、裂缝、脱落的预控措施

1）不同基层材料交汇处铺钉钢板网，每边搭接长度为150mm。

2）门洞每侧墙体内预埋木砖不少于3块，木砖尺寸与标准砖相同。

3）门窗框塞缝用混合砂浆，塞缝前先浇水湿润；缝隙过大时，分层多次嵌填，砂浆不能太稀。

## 4.10 防水工程

防水设计及范围：其中地下室底板、剪力墙外防水采用911聚氨酯防水以及结构自防水双重防水；外墙防水采用一般聚合物水泥砂浆防水；卫生间地面采用聚合物水泥基防水涂膜；屋面防水采用防水卷材。

### 4.10.1 地下室防水工程

(1) 结构自防水施工

1）工程概况：该工程地下室轴线长131.4m，宽52.8m，在 ⑲—㉙ 轴间设计有一条后浇带。地下室基础梁、承台、底板混凝土强度等级C30，抗渗等级P8。底板厚度500mm，底板顶面以下混凝土量约为7000$m^3$，地下室设计有3个核心承台，平均尺寸约为19m×14m，平均厚度为2m，属大体积混凝土。地下室防水工程历来是工程难点之一，也是施工过程控制中的特殊工序，必须十分重视，确保施工质量。

结构防水采用抗渗混凝土，施工时从工序的各环节有效地控制其整体性、密实性。首先，应控制好抗渗混凝土的配合比；其二，要保证模板平整、接缝严密；最后，在浇灌混凝土时要求振捣密实。具体的施工工艺见4.4节。为了有效指导地下室底板防水混凝土（C30P8）这一特殊工序的施工，确保创维项目地下室混凝土工程的质量和防水功能。

2）混凝土浇筑前的准备工作

A. 材料准备

采用商品混凝土。核心筒备用保温麻袋1500个。

B. 施工机具准备

配备两台混凝土输送泵及相应数量的泵管，另备用混凝土输送泵一台。配备振动器20根；塔吊2台、吊斗2个备用；另配备长刮尺10根，木搓板、铁搓板各10个，配电箱、电缆、照明灯具相应配备。上述所有施工机具在混凝土浇筑前应全面检查，保证处于良好工作状态。浇筑Ⅰ区底板混凝土时，混凝土泵布置在Ⓐ轴南侧②轴处和Ⓐ轴南侧⑧、⑨轴间；浇筑Ⅱ区底板混凝土时，混凝土泵布置在Ⓐ轴南侧⑧、⑨轴间和⑯轴东侧Ⓐ轴附近。泵管布置要直，转弯宜缓，接头应严密，放置在底板钢筋专用马凳上。

C. 人员准备

前台需配备责任心强的熟练混凝土操作工24人，其中振动器操作工10人，拆架管及辅助布料工14人；另需派值班工长、质量员、安全员、实验员、测量员、材料员、电工、输送泵操作工及塔吊班值班。

D. 技术及其他准备工作

钢筋模板工程及预埋管道、预留孔洞检查完备，隐蔽工程签字手续齐全后方可浇筑混凝土。核心筒深基坑应做好排水准备，核心筒降温循环水管已安装并试水完毕。

现场应进行清理，为混凝土泵车出入提供方便。

3）混凝土浇筑

地下室混凝土按后浇带分两次浇筑。浇筑Ⅰ区时，两台泵分别由西向东浇筑；浇筑至核心区大承台时，由于混凝土量大，浇筑时间长，为避免产生施工冷缝，两台泵应集中同时浇筑；必要时，可采用塔吊辅助配合吊运混凝土。浇筑Ⅱ区时，两台泵分别由东向西浇筑。混凝土分层厚度不应大于400mm。混凝土振捣后的密实度应尽量达到一致，以避免混凝土在收缩过程中由于密实度不同而产生裂缝。振动器作用半径400mm，插入点距离不大于1.5倍作用半径，不得超振和欠振。振捣时间以混凝土不再显著下沉、不再出现气泡、表面泛出灰浆为准。振动器快插慢拔，防止分层离析和产生空洞。振捣混凝土时不应触及止水钢板和快易收口网，避免造成大量漏浆和止水钢板位移，也不得触及预埋件。在最面层的混凝土浇筑2～3h后，按标高用长刮尺将混凝土刮平，然后用木搓板反复搓压数遍，使其表面密实；在混凝土终凝前，再用铁搓板压光，用以有效控制混凝土表面由于混凝土收缩产生的裂缝，减少混凝土表面水分散发，促进混凝土养护。卸下的泵管应及时在基坑外进行冲洗。

4）混凝土养护

面层混凝土用铁搓板压光后，洒上适量水分，在核心筒及深度超过1.8m的独立承台范围内铺上一层湿麻袋。为了尽早为地下室施工提供工作面，在混凝土浇筑完18～24h后，逐步揭去湿麻袋，开始搭设地下室顶板顶架，边搭设边恢复覆盖麻袋，此项工作按混凝土的浇筑路线顺序进行。防水混凝土养护时间不低于14d，养护期间派专人24h值班，保证混凝土表面长期湿润。核心筒及深度超过1.8m的独立承台，在混凝土浇筑完3～5d内达到最高内部温度；从第二天开始，其表面应增加覆盖一层湿麻袋，核心筒开始用潜水泵提供循环水降温。

5）施工注意事项

浇捣混凝土时，应保护好钢筋、模板、预埋管件。

振捣上一层混凝土时，振动器应插入下一层混凝土约5cm，特别是振捣底板混凝土时更应做到这一点，使上下层混凝土在终凝前结合良好。

当混凝土输送泵出现故障短期内不能修复时，调用备用泵，期间用塔吊补充调运，保证混凝土浇筑的连续性。

如造成混凝土在管内停留时间超过30min，应反顺泵送几次管内混凝土，防止混凝土在管内凝结。

因泵管露天布设，若遇气温较高时应在泵管上覆盖湿麻袋，并定时浇水。

注意安全用电，杜绝安全事故，搞好现场文明施工。

（2）聚氨酯（911）防水

1）施工准备

材料进场的同时，提供产品合格证一份，产品使用说明书一份，并及时按要求送检。

工长在施工前应对班组进行施工安全及质量交底，并做好书面记录。

2）施工操作步骤

清除基层表面上的泥土、灰尘、浮浆、油污以及松散混凝土杂屑，低凹高凸处理应用砂浆修平。如有渗水部位，应用进口速效漏剂堵漏；如有渗漏严重的地方，应采取措施现场降水。

基层的阴阳角部位，应做成弧形圆角，以提高防水涂料的整体性，增强防水效果。

施工前先在基面上满涂冷底油。涂刷过程中，施工人员必须认真仔细，涂刷均匀，杜绝漏刷，对部分有砂孔的地方必须反复涂刷多次，使冷底油完全进入砂孔中。

冷底油涂刷完 24h 后，进入聚氨酯防水层施工。聚氨酯原材料分甲、乙两组，按（甲）1：（乙）2 重量混合搅拌均匀即可涂刷。

聚氨酯防水层，涂刷分两遍，第一遍横向涂刷，在涂刷过程中，用力要均匀，以保持厚薄一致，光滑平整，厚度达到 1.0mm，最薄处不低于 0.9mm。

为增加转角处基面的整体性，所有阴阳角处均需加设 300mm 宽玻璃纤维布，两侧各 150mm 宽。玻璃纤维在第一遍 911 涂刷完毕后、第二遍 911 未涂刷前及时施工，要求粘结牢靠，长度方向搭接 5cm 以上。

在第一遍涂刷 24h 后，再进行第二遍竖向涂刷，涂刷过程中除与第一遍要求一致外，还要求两次涂刷搭接 30cm，使 911 形成一体，中间无裂缝。911 总厚度应达到 2.0mm，最薄处不低于 1.8mm；如未达到上述标准，应进行第三次涂刷。

最后一遍涂刷完，厚度达到要求后，及时在防水层上均匀撒一层绿豆砂，尤其是垂直面与斜立面，以提高防水层与保护层的粘结力，使其形成整体。地下室外墙如用防水用砖墙进行保护，可不撒绿豆砂，直接砌砖。

3）成品保护

操作人员应严格保护好已施工的防水涂膜层，在做保护层以前应采取隔离措施，不允许非本工序的施工人员进入施工现场，以防损坏防水层。

地下室底板外防水在进行细石混凝土保护层施工时，斗车行驶路线上必须满铺层板，防止施工工机具（如手推车或铁锹等）损坏防水层。地下室外墙砌砖时，小心灰铲破坏 911 涂层；如发现有损坏现象，必须立即进行修复，方可继续浇筑细石混凝土，以免留下渗漏隐患。

4）工程质量检验

防水层的厚薄应均匀一致，其总厚度应达到 2.0mm，必要时可先进行实际测量。

聚氨酯防水层必须均匀固化，不应有明显的凹坑、气泡和渗水的情况存在。

防水层应形成一个封闭严密的整体，不允许有开裂、翘边、滑移、脱落和末端收头封闭不严密等缺陷存在。

5）施工注意事项

原材料严禁与水接触，施工时避开雨天。

聚氨酯甲、乙两液切忌较长时间暴露于空气中，以防自聚，并远离火源。

调好的胶料应及时使用，一般控制在约 30min 内用完。

地下室底板与外墙911防水涂膜应搭接可靠，防止留下质量隐患。

地下室外墙水平及竖向施工缝应加设附加防水层。

承台底911涂膜应绕桩头上翻50mm。

**4.10.2 屋面防水工程**

屋面施工历来为工程的重点，许多工程因屋面施工处理不当影响工程的整体质量，因此必须引起高度重视。

本工程屋面工程分为上人屋面和保温不上人屋面，其中上人屋面有3道防水层，即：C30补偿收缩混凝土防水层、点粘一层350号石油沥青油毡、SBS或APP改性沥青防水卷材。不上人屋面有一道防水层，即：氯化聚乙烯橡塑共混卷材防水层。

施工过程中由于基层施工质量直接影响屋面防水层的质量，所以每道防水层做之前，必须对楼面清扫干净，做到基层平整、干燥、洁净。铺设卷材防水层时应粘结牢固，抹压平整，无空鼓、松动、起砂掉皮现象，基层与突出屋面结构的连接处以及在基层的转角处均做成半径为100~150mm的圆弧钝角。涂刷涂料防水层时，对特殊部位，如管根、排水口、阴阳角、变形缝、后浇带等薄弱环节，在大面积涂刷前，先做一布二油防水附加层，然后再大面积涂刷。

防水材料必须要有合格证，并按规定先在深圳市质检中心做试验，合格后方可投入施工。在此对卷材施工做详细的说明。

(1) 工艺流程

清理基层→涂布基层处理剂→复杂部位的增强处理→涂布基层胶粘剂→铺设卷材→检查验收。

(2) 操作要点

1) 基层处理及要求

找平层用水泥砂浆压光，并与基层粘结牢固，无松动、空鼓、凹坑、起砂、掉灰等现象，转角处应抹成光滑的圆弧形，基层必须干燥，一般水率应小于9%。在进行防水层施工前，必须将基层表面的突起物、水泥砂浆疙瘩等异物铲除，并将尘土杂物彻底清扫干净。

2) 涂布基层处理剂

将聚氨酯、二甲苯等按比例配合搅拌均匀，再用长把滚刷蘸取处理剂均匀涂布在基层表面上，干燥4h以上，才能进行下一道工序的施工。

3) 复杂部位的增强处理

在屋顶的阴角、水落口等处，是最容易发生渗漏的薄弱部位。在铺贴卷材前，进行增强处理，可采用聚氨酯涂膜防水材料涂刷1.5mm，涂刷的宽度距中心200mm以上。

4) 涂布基层胶粘剂

将胶粘剂用电动搅拌器搅拌均匀即可进行涂布施工，用长把滚刷蘸满胶粘剂，均匀涂布在基层处理剂已基本干燥和干净的基层表面上，涂胶后静置20min左右，待指触基本不粘时，即可进行卷材铺贴。

5) 铺贴卷材

卷材铺设的一般原则是：先高后低，先远后近，先铺设排水比较集中部位的卷材，再按排水坡度自下而上的顺序进行铺设，以保证顺水流方向接槎。

卷材的搭接缝边缘以及末端收头部位，必须采用单组分氯磺化聚乙烯密封膏或聚氨酯密封膏等材料进行密封，卷材接缝的搭接宽度为100mm。

### 4.10.3 外墙建筑防水

施工时，必须避开雨期施工。

（1）基层检查

对外墙防水全面检查基层。有蜂窝麻面处，用1:2水泥砂浆抹平至光滑。墙面漆、油、油脂、污物及松脱物等杂物必须铲平刷净。所有阴阳角处必须用砂浆抹成圆弧状，阴角圆弧半径不小于50mm。在防水层涂刷前，须做基层验收交接记录。对屋面及卫生间等，应将结构表面清理干净，做好找平层，待找平层干燥后方可施工。

（2）聚合物水泥砂浆防水层

1）材质要求

采用普通32.5级硅酸盐水泥，砂用细砂，防水剂可采用氯丁胶乳液或丙烯酸酯共聚乳液、有机硅等聚合物。

2）工艺流程

基层处理→涂刷第一道防水净浆→铺抹底层防水砂浆→搓毛→涂第二道防水净浆→铺抹两层防水砂浆→两次压光→养护。

3）操作要点

A. 基层处理

混凝土表面用钢丝刷刷毛，用水洗去油污、泥浆等，用比结构混凝土高一强度等级的细石混凝土或水泥砂浆填平孔洞、蜂窝麻面等。对表面上疏松石子、浮浆事先清除干净。

B. 砂浆净浆配备

防水净浆配合比（重量比），随防水剂不同而不同，但一般为水:水泥:防水剂 = 0.55:1:0.03，其配制方法是将防水剂置于桶中，再逐渐加水，搅拌均匀，然后加水泥反复搅匀。聚合物防水砂浆配制时，先将水泥、砂干拌均匀，再加定量的聚合物溶液，搅拌均匀即可，一般搅拌2~3min。

每次拌制的防水净浆、防水砂浆于初凝前用完。

C. 砂浆铺抹

先在基层上涂刷防水净浆，涂刷均匀，要求为不露底或不堆积过多，涂刷水泥净浆后，就可铺抹底层防水砂浆，砂浆刮平后用力抹压，使其与基层结成一体。终凝前用木抹子均匀搓成毛面，底层防水净浆抹完后，经12h抹面层防水砂浆，先在底层砂浆上涂一道净浆，随涂刷净浆随抹砂浆，阴干后用刮尺刮平，再用铁抹子拍实、搓平、压光。砂浆开始初凝时，进行第二遍压实压光，终凝前第三次压光。

防水砂浆施工一遍成活，不留施工缝，阴、阳角处做成圆弧，阳角半径10mm，阴角半径50mm。

D. 养护

氯丁胶乳液砂浆采取干湿结合法养护，即最初2d内不洒水，采取干养护，以后进行10d的洒水养护。

### 4.10.4 卫生间和厨房楼地面防水

（1）材料

采用聚合物水泥基防水涂膜防水，厚度要求为2mm。小于3mm，故属薄质涂料，按聚氨酯水泥基复合防水涂料考虑。

(2) 工艺流程

基层处理→喷涂基层处理剂→特殊部位附加增强处理→配料搅拌→涂第 1 遍涂料→干燥→第 2 遍涂料→干燥→铺第 1 层胎体增强材料→涂第 3 遍涂料→干燥→第 4 遍涂料→干燥→铺第 2 层胎体增强材料→第 5 遍涂料→干燥→第 6 遍涂料→干燥→做保护层。

(3) 操作要点

1) 聚合物水泥基复合防水涂料为双组分涂料,配料前须先搅匀,配料由生产厂家提供配合比,并经公司试验室复核。配合比不得随意改动,配料要求计量准确,主剂和固化剂的混合偏差不大于±5%。

2) 现场温度 20℃时,涂料可用时间为 3h;超过可用时间后,涂料不可加水再用。

3) 用滚子或刷子涂覆,各层间干燥时间以前一层干固不粘为准,一般为 3~5h;但铺胎体增强材料时,其与上下两层间涂料连续施工,不能间隔。

4) 涂料有沉淀时应及时搅拌,涂覆要均匀,不得有局部沉积。要求多滚刷几道,使涂料与基层间不留气泡,粘结严实。

5) 保护层在防水层完工 2d 后进行。为保证防水层与保护层间结合,可于防水层最后一道涂覆后,立即撒上干净的中粗砂。

6) 涂层干净厚度不得低于设计深度,可用测厚仪选点测量。

#### 4.10.5 防水施工注意事项

(1) 干铺卷材及辅助材料运进施工现场后,存放在远离火源和干燥的室内。

(2) 掌握天气预报,雨天或雨后基层未干燥时,不能进行防水层施工。

(3) 施工人员要认真保护已完工的防水层,严防施工机具和建筑材料损坏。

(4) 在施工过程中,必须严格避免基层处理剂、各部位胶粘剂和着色剂等材料污染已做好饰面的墙壁、门窗等。

(5) 水落口、排水沟等部位不允许有尘土杂物堵塞,以确保排水畅通。

(6) 防水层施工完毕后,应设专人保护,在防水层尚未固化前,不允许上人和置放物品。

(7) 防水层固化后,应防硬物件触碰;不得直接在防水层上推车,严禁木棍、钉子、砖头等掉在防水层上,以免损坏防水层。

### 4.11 白蚁防治措施

深圳市气候温暖潮湿,适宜白蚁生长繁殖,属蚁害地区。白蚁具有种类多、密度大、危害重的特点,在防治上不可掉以轻心。

我单位将在开工前,尽快与具有市建设局颁发的施工企业承建资格证书的白蚁防治企业签订白蚁防治合同,进行白蚁防治治理。针对本工程的特殊性,我们针对本工程的白蚁防治采取以下的方案措施。

#### 4.11.1 施工准备

药剂的选择和要求:由于工程的地理位置,结构上的差异,施药及材质的处理方法不尽相同,遵循"高效、低毒、残效期长、污染小"的原则,确定采用氯丹,它同时也是国家建设部[1993] 166 号件附件中提出用于白蚁预防工程的药剂。氯丹原油各异构件的有效成分应不低于 60%,氯丹乳剂根据要求稀释后,在 24h 内不得产生沉淀和分层。材料进场前,首先检查药剂名称、生产厂家、剂型、浓度和出厂日期是否齐全，并应附有说明书和合格证。使用前，应抽样送专业检测单位复测，其测得的有效成分应与厂家提供的数据基本相符。

### 4.11.2 技术人员的准备

白蚁防治企业的专业技术人员必须经过上岗培训，取得全国白蚁防治中心、建设部认可的培训中心或深圳市建设培训中心颁发培训合格证书方可上岗操作。

预防工程勘察：在本工程实施白蚁防治工作之前，首先会同有关方面，对施工场地进行实地勘察，查看设计资料，了解业主、规范要求，调查施工场地的自然条件，制定白蚁预防施工方案。

### 4.11.3 工程施工

对本工程各个面的土和地基下适宜白蚁生存的部位采用药剂进行喷洒处理，形成药物屏障，隔绝白蚁通往室内的通道，防止白蚁进入房屋造成危害。具体施工技术要求如下：

(1) 底板处理

垫层完工后、扎钢筋网前，在垫层上喷药。要求喷洒均匀，严密附着，不留空白点。

(2) 侧墙处理

待做好防水层后、回填土前，对其护壁进行药液处理，喷施剂量 $3L/m^2$，喷洒高度离地面 1m。

(3) 顶板处理

在顶板填土 300mm 开始喷洒药液做隔离带，隔离带厚 300mm。

(4) 墙体处理

室内墙体在批荡前进行墙体施药，卫生间等经常受潮的地方是药剂处理的重点。

(5) 洞口处理

由土层进入室内的通道，通信、电力电缆、上下水管道等，其入口处周围的土层或堵洞处均需采用"室外堵土"的方法进行处理。在管道通过的外墙洞口处，用 1:30 的药液拌合灰砂土，填堵管口四周。

(6) 施工缝处理

施工缝处，都要沿缝向下灌注药物，防止白蚁沿缝侵入。

(7) 木构件处理

室内所有木构件进行防蚁处理，不得留有空白点；如未遗漏或出现白槎时，应及时进行涂补或喷洒；如木模板、顶板撑无法拆除时，遗留在建筑物内，亦需进行药剂处理。

(8) 周围处理

在回填完毕、建筑物周围基本清场后，应对建筑物周围一定地带及预备绿化带进行处理。

(9) 特殊处理

在本工程的白蚁防治中，凡属一些设计要求的其他项目，则根据具体情况，制订相应的措施。

(10) 以上所用药剂浓度除说明外均为 1:(50~100)。

## 4.12 特殊部位施工

### 4.12.1 墙、柱与梁板交接处混凝土浇捣

因柱、剪力墙与梁板交接处混凝土等级不同，浇梁板混凝土时，先浇柱、剪力墙区域

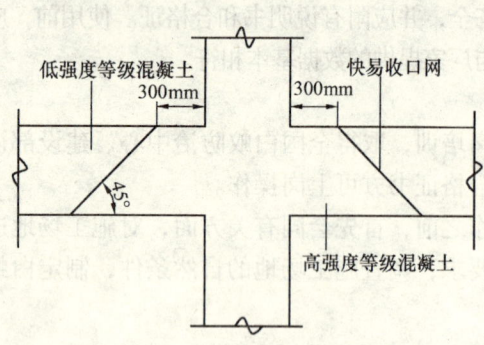

图 4-44 墙、柱与梁板交接
处混凝土浇捣示意图

混凝土，保证混凝土强度等级先浇高后浇低，高低分界处用快易收口网进行处理，并防止产生冷缝，如图 4-44 所示。

#### 4.12.2 后浇带施工

在本工程中设有后浇带，对后浇带处，我公司采用如下工艺进行施工（图 4-45）。后浇带施工缝处支模用快易收口网成型，利用快易收口网鳞状网片，能增强前后浇筑混凝土的咬合力。

（1）板面混凝土浇筑后，在带边两侧砌筑 12cm 高的砖挡水条，既有利于板面蓄水养护混凝土，又防止了施工用水杂物等流到下层，不利于现场文明施工和后浇带清理。挡水条用旧胶合板封盖带面，以防施工人员踩踏带内钢筋。

（2）后浇带施工时，清除施工缝处垃圾、水泥薄膜、表面上松动砂石和软弱混凝土层，清除残留在混凝土表面上的积水、钢筋上的油污、水泥砂浆、浮锈等杂物。

（3）后浇带的施工，混凝土配合比比本层楼板提高一个等级，掺膨胀剂。浇捣时重点控制，加强振捣。一次成型，不留冷缝，养护时间不低于 14d。

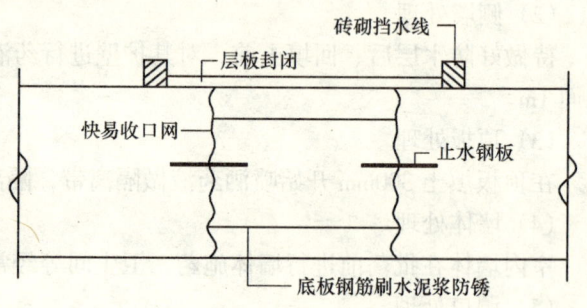

图 4-45 后浇带施工示意图

#### 4.12.3 变形缝柱间支模

变形缝处双柱间距仅有 10cm，采用先浇一柱后浇另一柱的方法，具体做法如图 4-46 所示。

#### 4.12.4 外墙防渗漏

本工程的外墙砌体主要为 200mm 厚陶粒混凝土空心砌块，渗水可能出现的部位在：填充墙与梁柱相交部位、窗框周边、穿墙孔洞。

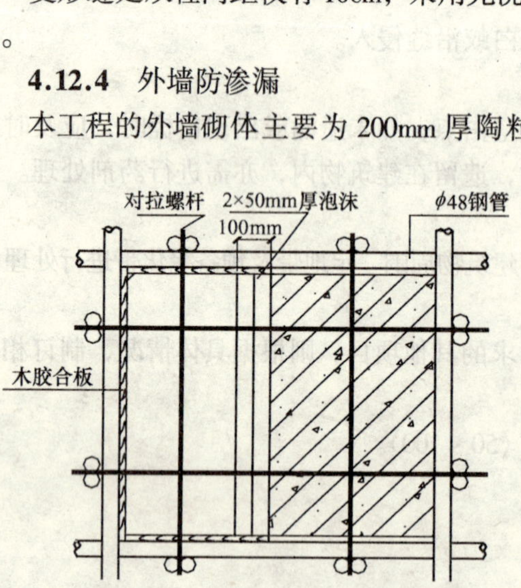

针对上述部位，分别采取相应措施。

（1）填充墙与梁柱相交部位渗漏

在填充墙与梁柱相交部位的渗水，原因是由于墙体砂浆的干缩，这样在此部位就形成一道裂缝，从而造成渗水。处理方法为：在此相交部位加钉一层 300mm 宽的钢丝网，两边各 150mm，然后进行基层抹灰。

（2）窗户、窗台、窗框壁渗漏

图 4-46 变形缝柱间支模浇筑做法示意图

施工中要严把进场材料关，不合格产品坚决不允许进入现场；进场后做好成品保护工作，防止变形；按规定设泄水槽。由于窗台细部做法不规范，外窗台倒坡或窗台外高内低造成的，严格按操作规程施工，控制好窗台的内外标高。窗上口稍有向外的坡度，下口留有一定的坡度，窗台和窗连接处要认真处理，拟定细部做法。在施工过程中要严格按规定要求处理四壁，铝合金窗塞缝应密实，封口砂浆和打胶要保证质量，封闭要严密。窗框周边用防水密封膏填堵，如图4-47所示。

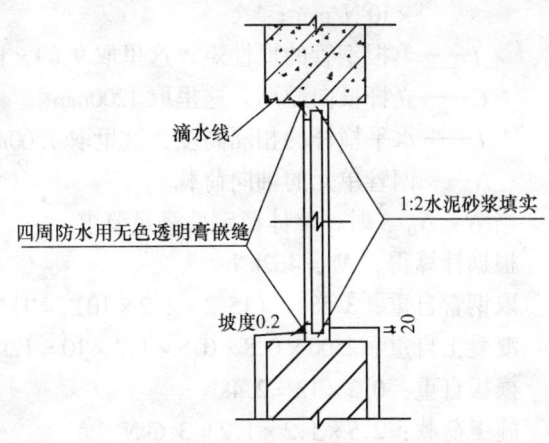

图4-47 窗框缝隙处理操作示意图（单位：mm）

(3) 混凝土外墙支模穿墙螺杆洞后补处渗漏

预留孔洞修补不密实，留有缝隙或砂浆干裂。操作时洞内垃圾要清理干净，洒水湿润，四壁刷掺胶的素水泥浆，再刷一层水泥砂浆，然后进行补洞，捣固密实。补洞必须用微膨胀水泥，补洞支模比原水平面高出5~10mm，待混凝土凝固后凿掉。穿墙孔洞的处理如图4-48所示。

### 4.12.5 楼板面防渗漏

楼板渗漏多发生在有穿板的孔洞处（厨房、卫生间居多），主要因补洞不密实造成。施工中采用以下方法可杜绝板面渗水。穿板管道安装完毕后，将穿板孔四周原有混凝土表面浮浆及外露石子凿除，用水冲洗干净并保持湿润；然后，在接缝处表面刷水泥浆一

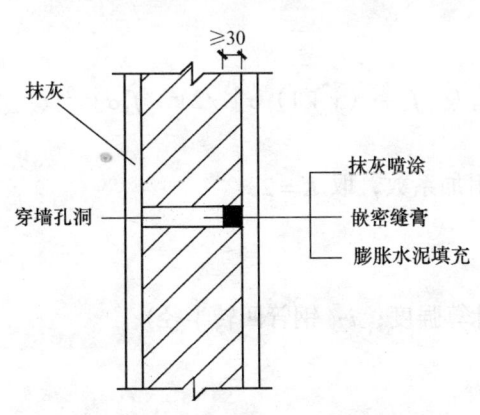

图4-48 穿墙孔洞处理示意图

道，用比楼板混凝土等级高一级的细石混凝土补洞，补洞的混凝土分两次浇筑，第一次浇筑至板厚的一半处，试水不渗后再浇余下部分的混凝土，直至板面下10mm处，余下的10mm高用防水砂浆填密实，补洞完后蓄水养护，详见图4-49。

### 4.12.6 高支模支撑设计

(1) 设计分析

在A区14~17层的底板之间，存在高支模问题，在此做专门的分析：

1) 整体稳定性

根据公式计算：$N_0 = 96EI / [(0.4C + L)C]$

式中 $E$——钢管弹性模量，这里取2.06

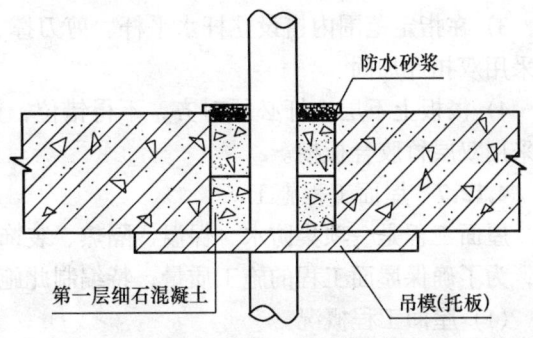

图4-49 楼板面防渗漏措施示意图

$\times 10^5 \text{N/mm}^2$；

$I$——单根钢管的惯性矩，这里取 $9.89 \times 10^4 \text{mm}^4$；

$C$——立杆横向距离，这里取 1200mm；

$L$——水平横杆的相隔高度，这里取 1500mm；

$N$——钢管单元的轴向荷载。

当 $N \leq N_0/3$ 时，整体稳定性满足要求。

根据计算得：$N_0 = 462 \text{kN}$

取钢管自重：$3.58 \times (15.2 + 1.2 \times 10) = 1 \text{kN}$

混凝土自重：$2500 \times 0.8 \times 0.5 \times 1.2 \times 10 = 12 \text{kN}$

模板自重：$0.2 \times 12 = 2.4 \text{kN}$

施工荷载：$2.5 \times 1.2 \times 1.2 = 3.6 \text{kN}$

浇混凝土振动荷载：$2 \times 1.2 \times 1.2 = 4.88 \text{kN}$

倾倒混凝土荷载 $2 \times 1.2 \times 1.2 = 2.88 \text{kN}$

计算得：$N = [1.2 \times (12 + 2.4 + 1) + 1.4 \times (3.6 + 2.88 + 2.88)] = 32 \text{kN}$

$N < N_0/3$

∴满足整体稳定性。

2）局部稳定性

$N_2 = (A_n/K)\{[f_v + (y+1)\sigma]/2 - [([f_v + (y+1)\sigma]/2)^2 - f_v\sigma]^{1/2}\}$

式中 $N$——立杆设计荷载；

$K$——考虑钢管平直度、锈蚀等影响的附加系数，取 $K = 2$；

$A_n$——单根钢管截面积 $4.893 \times 10^2 \text{mm}^2$；

$f_v$——立杆设计强度；

$n$——$n = 0.3(L_0/100i)2$（$L_0$：立杆计算强度；$i$：钢管回转半径）；

$f$——欧拉临界应力

$\sigma = \pi^2 E/\lambda^2$，$\lambda = L/I$。

计算得：$N_2 = 33.3 \text{kN}$

∴$N < N_2$，局部稳定性满足要求。

（2）操作要点

1）根据施工方案，在需支撑加固、支撑的范围弹出墨线，并简单标明搭设方向。

2）摆设垫板：在需架立杆的部位铺上 50mm×100mm 木方，木方长度不宜小于 300mm。

3）在指定范围内搭设立杆水平杆、剪刀撑、加强杆等，并检查扣件是否扭紧，必要时采用双扣件加固。

4）楼板上下层立杆必须对齐，不得错位，梁下檩枋采用 100mm×100mm 大木方，模板采用双层竹胶合板模。

**4.12.7 屋面工程施工**

屋面工程是一项集防水、保温、隔热、装饰为一体，综合性强、质量要求高的分部工程，为了确保屋面工程的施工质量，特编制此施工作业指导书。

（1）屋面工程概况

本工程由于造型独特，因错层、镂空等因素形成多处屋面，应正确区分各处屋面的不同做法,其中:B区屋面及A区南面8~16层退台屋面为上人屋面,按"屋1"做法施工;大屋面为保温不上人屋面,按"屋1-1"做法施工。

上人屋面排水坡度2%,坡向落水口;不上人屋面由两条东西走向的排水沟组成排水体系,屋面以屋脊线(Ⓓ、Ⓔ轴中线)和排水沟划分为四部分,分别坡向排水沟,排水坡度2%;排水沟内找坡5‰,坡向落水口,其具体位置见给排水施工图。

(2)施工方法

1)屋1——刚性防水和高聚物改性沥青卷材防水屋面(上人屋面)

A.施工工序(从上至下)

- 8~10mm厚地砖铺平拍实,缝宽8mm,1:1水泥砂浆填缝;
- 25mm厚1:4干硬性水泥砂浆,面上撒素水泥;
- 20mm厚C30UEA补偿收缩混凝土防水层,表面压光;
- 点粘一层350号石油沥青油毡;
- 25mm厚挤塑型聚苯乙烯保温隔热板;
- 4mm厚APP改性沥青防水卷材;
- 刷基层处理剂一遍;
- 20mm厚1:2.5水泥砂浆找平层;
- 20mm厚(最薄处)1:8水泥珍珠岩找2%坡;
- 钢筋混凝土屋面板,表面清扫干净。

B.做法说明

进行施工前,应将基层表面的突起物等铲除,并将尘土杂物等彻底清除干净;水泥珍珠岩最薄处20mm(雨水斗边),按2%找坡,最厚处270mm(女儿墙边)。

防水层基层处理剂用汽油等溶剂稀释胶粘剂制成,涂刷要均匀一致,切勿反复涂刷;待基层处理剂干燥后,可先对水落口、烟囱底部等容易发生渗漏的薄弱部位,在其中心200mm范围内均匀涂刷一度胶粘剂,涂刷厚度以1mm左右为宜,涂胶后随即粘贴一层聚酯纤维无纺布,并在无纺布上再涂刷一层厚度为1mm左右的胶粘剂,干燥后即可形成一层无接缝和弹塑性的整体增强层。

在流水坡度的下坡开始弹出基准线,边涂刷胶粘剂,边向前滚铺油毡,并及时用压辊用力进行压实处理。用毛刷涂刷时,蘸胶液要饱满,涂刷要均匀。涂刷时要注意不要卷入空气或异物,油毡搭接宽度为100mm,用自动热风焊接机、火炬焊枪或汽油喷灯加热熔焊,使其粘结牢固,封闭严密,以达到密封防水的目的。女儿墙边油毡的上翻高度要考虑防水层之上的做法厚度。

对防水层的边缘和末端收头部位,用掺入水泥用量20%左右的108胶的水泥砂浆进行压缝处理,如图4-50所示。

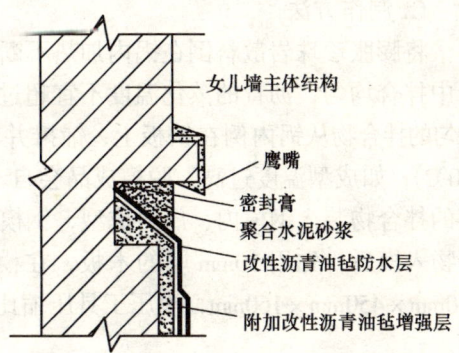

图4-50 改性沥青油毡防水层末端收头处理

铺设保温隔热板的基层表面应平整、干燥、打扫干净,铺设时应铺平、垫稳,接缝应用同类型材料的碎屑填嵌饱满。

补偿收缩混凝土防水层采用商品混凝土 C30UEA 微膨胀混凝土，注意厚度的控制，表面压光，一次成形。

铺设地砖时应分段同时铺砌，地砖间和地砖与结合层之间以及墙角、镶边和靠边墙处，均应以水泥砂浆紧密结合。地砖与结合层之间不得有空鼓现象，要求平整，接缝顺直。施工间歇后继续铺砌前，应将已铺砌的地砖下挤出的砂浆予以清除。

2）屋1-1——保温不上人屋面

A. 施工顺序（从上至下）

10mm 厚 1:2 水泥砂浆保护层；

1.5mm 厚氯化聚乙烯橡塑共混防水卷材，上撒大粒砂；

20mm 厚 1:2 水泥砂浆找平层；

90mm 厚沥青珍珠岩预制块保温隔热层；

水泥珍珠岩找坡 2‰ 最薄处 30mm 厚；

钢筋混凝土屋面板，清扫干净。

B. 做法说明

水泥珍珠岩最薄处 30mm 厚，指水落斗处排水沟边。排水沟内按 5‰ 找坡，远离水落斗端 180mm 厚，女儿墙边最厚处 270mm 厚，屋脊线最厚处 300mm 厚。水落斗具体位置以给排水施工图为准。

保温隔热层所用沥青珍珠岩预制块现场制作。膨胀珍珠岩以大颗粒为宜，质量密度为 $100\sim120 kg/m^3$，含水率 10%；沥青用 60 号石油沥青。配合比如表 4-3 所示。

水泥珍珠岩与沥青配合比表　　表 4-3

| 材料名称 | 配合比（重量比） | 每立方米用料 | |
|---|---|---|---|
| | | 单 位 | 数 量 |
| 膨胀珍珠岩 | 1 | $m^3$ | 1.84 |
| 沥 青 | 0.7~0.8 | kg | 128 |

C. 制作方法

将膨胀珍珠岩散料倒在锅内加热不断翻动，预热至 100~120℃，然后倒入已熬化的沥青中拌合均匀，沥青的熬化温度不宜超过 200℃，拌合料的温度宜控制在 180℃ 内；将拌合均匀的拌合物从锅内倒在铁板上，铺摊并不断翻动，使拌合物温度下降至成型温度（80~100℃）；如成型温度过高，脱模成品会自动爆裂，不爆裂的强度也会降低；将达到成型温度的拌合物装入钢模内，压料成型，钢模内事先要撒滑石粉或铺垫水泥纸袋作隔离层，拌合物入模后，先用 10mm 厚的木板，在模的四周插压一次；然后刮平压制，钢模一般为 450mm×450mm×160mm，模压工具压缩比为 1.6；压制的成品经自然散热冷却后，堆放待用。

氯化聚乙烯橡胶卷材施工：首先配制胶液，按当日工作量配制，严格用秤计量。稀释剂:醋酸乙酯或乙酸乙酯:汽油=1:1；卷材胶粘剂：LYX-603-2（2号胶）:稀释剂=1:0.002；基层与卷材胶粘剂：LYX-603-3（3号胶）甲组分:乙组分=1:0.6，配置拌匀后再稀释；3号胶:稀释剂=1:0.05。在配制胶液的同时，将卷材展开，用湿布擦去卷材上的滑石粉隔离剂,将粗纹理的一面朝向基层重新卷好。在基层上先行标线,以防卷材铺贴不直。先将3号胶用长柄刷或油漆刷均匀地涂刷于基层上,一边涂胶,一边铺卷材;同时,用刷板将基层与卷材之间的空气排除干净,再用压辊压实,使其粘结牢固。铺卷材时切勿拉得过紧,要稍微松弛,但也不得皱折。卷材滚压粘结牢后,在卷材接缝处先用棉纱蘸汽油将搭缝处擦洗干净,然后涂刷2号胶,也是边涂边贴实、边压紧。在卷材末端和3层重叠部位出现空隙部位,可采用2号胶加水泥拌合成腻子状填实密封。

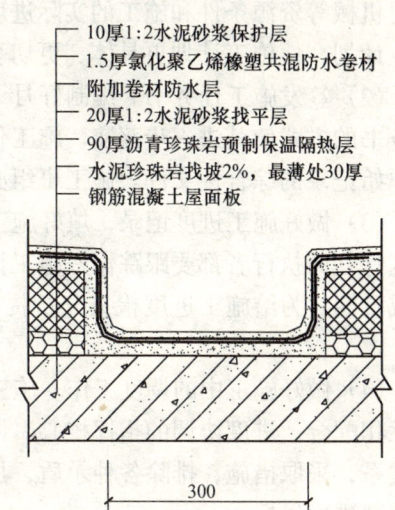

图4-51 不上人屋面排水沟做法(单位:mm)

防水层的保护层要设置分格缝,间距6m。

屋面排水沟做法如图4-51所示。

排水沟阴阳角处倒半径5cm的圆角。

(3) 注意事项

施工前应进行安全技术交底工作;

按有关规定配给劳保用品并合理使用,沥青操作人员不得赤脚或穿短袖衣服进行作业,应将裤脚袖口扎紧,手不得直接接触沥青;

操作时应注意风向,防止下风操作人员中毒、受伤;

防水卷材和胶粘剂属易燃品,在存放的仓库以及施工现场内都要严禁烟火;如需明火,必须有防火措施;

屋面空洞及檐口应有安全措施;

高空作业操作人员不得过分集中,必要时应系安全带;

熬油锅灶必须离建筑物10m以上,锅灶上空不得有电线;

炉口处应砌筑高度不小于50cm的隔火墙;

沥青锅内不得有水,以防膨胀,溢出锅外;

熬油时随时注意沥青温度的变化,在将要脱完水后,应慢火升温;当石油沥青由白烟转为很浓的红黄烟时,即有着火的危险,应立即停火;

浇油者与铺毡者应保持一定距离,避免热沥青飞溅烫伤;

如遇大风或雨天时,应停止铺毡;

施工防水保护层时,要防止施工工具将防水层戳坏。

# 5 施工进度保证措施

为了达到我公司在此工程中制定的施工进度目标,我公司将从施工管理制度、制约施工进度的各种因素综合考虑,制定适合于本工程的各种工期保证措施。

## 5.1 施工进度计划的实施

(1) 编制月(旬)计划。为了实施施工进度计划,将规定的任务结合现场的情况、劳动力机械等资源条件和施工的实际进度,在施工开始前和过程中不断地编制本月(旬)的作业计划,使施工计划更具体、更切合实际。

(2) 签发施工任务书。编制好月(旬)作业计划以后,将每项具体任务通过签发施工任务书的方式使其进一步落实。施工任务书是向班组下达任务、实行责任承包、全面管理和原始记录的综合性文件。施工班组必须保证指令任务的完成。

(3) 做好施工进度记录,填好施工进度统计表。在计划任务完成的过程中,各级施工进度计划的执行者都要跟踪做好施工记录,记载计划中的每项工作开始日期、工作进度和完成日期。为给施工进度检查分析提供信息,因此,要求实事求是记载,并填好有关图表。

(4) 做好施工中的调度工作。施工中的调度是组织施工中各阶段、环节、专业和工种的互相配合、进度协调的指挥核心。调度工作主要任务是掌握计划实施情况,协调各方面的关系,采取措施,排除各种矛盾,加强各薄弱环节,实现动态平衡,保证完成作业计划和实现进度目标。

### 5.2 施工进度计划的贯彻

施工进度计划的实施就是施工活动的进展,也就是用施工进度计划指导施工活动、落实和完成计划。为了保证施工总进度计划的实施,并尽量按编制的计划时间逐步进行,保证各进度目标的实现,做好如下的工作:

(1) 检查各层次的计划,形成严密的计划保证系统。该工程的所有施工进度计划都是围绕一个总任务而编制的,它们之间的关系是高层次的计划为低层次计划的依据,低层次的计划是高层次计划的具体化。在其贯彻执行时应当首先检查其是否协调一致,计划的目标是否层层分解,互相衔接,组成一个计划实施的保证体系,以施工任务书的方式下达到施工班组,以保证实施。

(2) 层层下达施工任务书。该项目的经理、工长和施工班组之间采用下达施工任务书,将作业下达到施工班组,明确具体施工任务、技术措施、质量要求等内容,保证施工班组按计划时间完成规定的任务。

(3) 计划全面交底,发动工人实施计划。施工进度计划的实施是全体工作人员的共同行动,要使有关人员都明确各项计划的目标、任务、实施方案和措施,使管理层和作业层协调一致,将计划变成工人的自觉行动。

### 5.3 施工进度计划的检查

(1) 跟踪检查施工实际进度,确定为每周进行一次跟踪检查;若在施工中遇到天气、资源供应等不利因素的严重影响,检查的时间间隔可临时缩短,次数应频繁。检查和收集资料的方式一般采用进度报表方式和定期召开进度工作汇报会。为了保证汇报资料的准确性,进度控制的工作人员,要经常到现场察看施工的实际进度情况,从而保证经常、定期地准确掌握施工的实际进度。

(2) 整理统计检查数据,收集到的施工实际进度数据,要进行必要的整理,按计划控制的工作项目进行统计,形成与计划进度具体有可比性的数据。

(3) 对比实际进度与计划进度。将收集的资料整理和统计成具有与计划进度可比性的数据后，就可进行比较，得出实际进度与计划进度相一致、超前、拖后三种情况。

（4）施工进度检查结果的处理。施工进度检查的结果，按照报告制度的规定，形成进度控制报告，向有关主管人员和部门汇报。

### 5.4 具体措施

制约施工进度的因素为"方法、物、机、人、环境"，每一项因素对工程进度都很重要。为顺利实现自我约定的工期目标，采取以下措施：

（1）加强施工部署和管理方法，确保工期目标的实现

1）根据业主的使用要求及各工序施工周期，科学合理地组织施工，形成各分部分项工程在时间、空间上的充分利用和紧凑搭接，打好交叉作业仗，从而确保工程的施工工期。比如：

A. 在地下室施工阶段，利用目前的车道，在地下室分区施工，流水作业；在地上部分，根据施工面积的大小，将 A 区作为一个施工区，B、C 作为一个施工区，两区同时施工。这样处理施工顺序和施工区域，将更加有效地将空间占满，扩大施工面，加快施工进度。

B. 为了保证总工期目标的实现，当主体进行到第五层的时候，插入砌筑工程；当砌筑施工到第三层的时候，插入抹灰工程。这样处理为砌筑和抹灰以及二次装修提供了充分的时间，有效地保证了总工期的实现。

C. 对钢桁架的制作采取小构件地面拼装、每段屋面组装的方式，这样可以有效地减少屋面组装的时间，降低对土建的影响。

D. 采用落地式脚手架，并且边装修边拆架，这样有利于加快外装修工程的施工。

E. 在钢结构施工中采用整体平移方案，加快施工进度。

2）做好施工配合及前期施工准备，针对工程的复杂性，建立完整的工程档案及时检查验收，做到随完随检，整理归档。

3）密切与业主、监理、设计等单位配合，做好从设计到施工的密切搭接，工序间督检紧凑、施工衔接适宜，不出现人为的拖延工期的现象。

（2）充足、精良的机械设备和周转材料是实现工期目标的前提

1）在地下室施工阶段，配备 3 台混凝土输送泵；在主体阶段，配备 2 台混凝土输送泵，加快混凝土的输送能力。

2）配备 2 台塔吊，确保钢结构构件、钢筋、模板、支撑以及大型设备的吊装，确保主体期间的施工进度。

3）在装修过程，配备 2 台双笼电梯和 2 台井架，以快速地转运周转材料。

4）另外，在现场布置砂浆搅拌站，以加快装修材料的供应。

5）如在施工部署中所述，我公司将提供支撑 6600 套，模板 $30000m^2$，确保施工进度的实现。

（3）充分利用我单位施工管理及作业层丰富的人力资源，是实现工期目标的先决条件

1）配备进行过类似高科技楼宇施工的管理人员和作业人员，保证能够更加深入、快速地领会设计意图，加快施工进度。

2）预应力工程由专业的作业队伍施工，以加强施工进度。

3）钢结构工程由专业的钢结构队伍施工，以加强施工进度。

4）防水工程由专业的防水作业队伍施工，以加强施工进度。

5）在主体施工时，我公司将配备两班作业人员，保证最大限度地占用时间和空间，保证施工进度。

6）在装修施工时，我公司将按楼层分区域作业，保证施工进度。

(4) 采用成熟的科技新成果、新工艺，保证实现工期目标

1）在模板工程中，我公司将采用可周转的电梯井筒子模、楼梯封闭式模板，以加快进度。

2）在钢筋工程中，我公司将采用闪光对焊、电渣压力焊等新工艺，以加快进度。

### 5.5 以我公司的良好信誉为保障，确保施工顺利进行

(1) 重承诺、守信誉一直是我公司的立足之本，工期目标是我公司在本工程中控制的目标之一，我公司将尽一切可能确保工期目标的实现。

(2) 我公司的资信实力和社会信誉，是各种优质施工用材得以充沛供给的重要因素。我单位将充分发挥此项优势，确保施工顺利进行。

## 6 施工质量保证措施

为了达到本工程的质量目标，我公司将针对本工程的质量管理制度和管理体系，制定各种质量保证措施，确保质量目标的实现。

### 6.1 质量保证体系

(1) 质量管理体系

项目将成立由项目经理领导，各专业工长、各专职质检员参加的质量管理系统，形成一个横向和纵向的质量管理网络，详见图6-1。

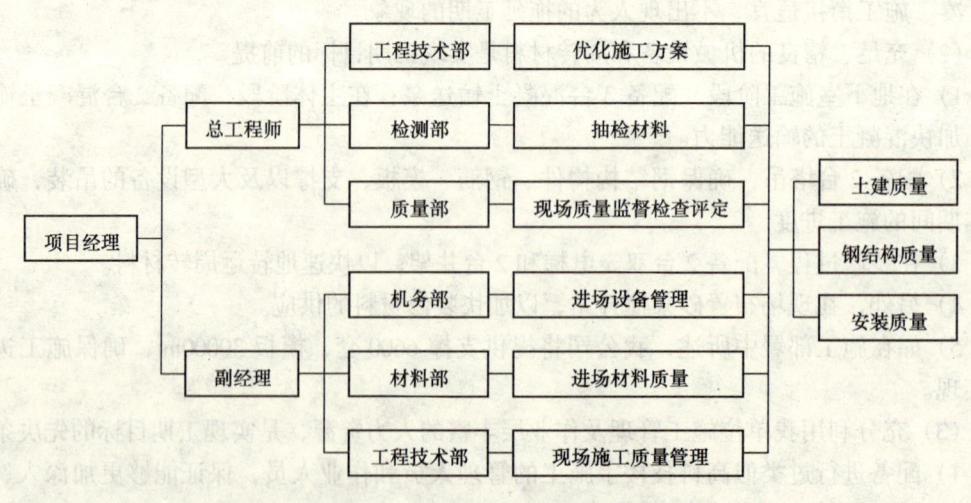

图6-1 质量管理体系网络图

(2) 主要管理人员职责

1）项目经理的质量职责

项目经理应对整个工程的质量全面负责，并在保证质量的前提下，平衡进度计划、经济效益等各项指标的完成，并督促项目所有管理人员树立质量第一的观念，确保项目质量保证计划的实施与落实。

2）项目总工程师（质量经理）的质量职责

总工程师（质量经理）应确保按照 GB/T 19002 生产、安装和服务的质量保证模式标准要求建立、实施和保持项目部质量体系；经常向项目经理报告质量体系的运行情况，以作为质量体系改进的基础。同时，作为总工程师，应组织编写各种方案、作业指导书、施工组织设计，审核分包商所提供的施工方案等，主持质量分析会，监督各施工管理人员质量职责的落实。

3）项目副经理质量职责

项目副经理（包括土建、安装和钢结构的副经理）作为负责生产的主管领导，应把工程质量放在首位。在布置施工任务时，充分考虑施工难度对施工质量带来的影响。在检查正常生产工作时，严格按方案、作业指导书进行操作检查，按规范、标准组织。自检、互检、交接检的内部验收。

4）质监人员的质量职责

质监人员作为项目对工程质量进行全面监督、检查的主要人员，要有相当丰富的施工经验和吃苦耐劳精神，在质量检查过程中要有相当强的预见性，可提供准确而齐备的检查数据。对出现的质量隐患及时发出整改通知书，并监督整改以达到相应的质量要求，对已成型的质量问题有独立的处理能力。

5）施工工长的质量职责

施工工长作为施工现场的直接指挥者，首先其自身应树立质量第一的观念，并在施工过程中随时对作业班组进行质量检查，随时指出作业班组的不规范操作。质量达不到要求的施工内容，要督促整改。施工工长亦是各分项施工方案作业指导书的主要编制者，应做好技术交底工作。

## 6.2 质量管理制度

(1) 全体管理人员和施工作业人员必须树立"百年大计，质量第一"的思想，共同把好质量关。

(2) 严格按照国家现行的建筑安装工程施工规范和验收评定标准进行施工。

(3) 编制项目质量保证计划，使产品生产的全过程始终处于受控状态。实行分项、分部评级奖罚制度，奖优罚劣。

(4) 实行现场施工操作过程中的"操作挂牌制"，贯彻执行"谁管生产，谁管质量；谁施工，谁负责质量；谁操作，谁保证质量"的原则，分区段责任落实到人，各区段施工工长包括钢筋工长、模板工长、混凝土工长、砌体工长等，以及各区段专职质量检查员，分管各自职责范围内工程施工质量。

(5) 实行技术交底制。分部分项工程施工前，施工工长要对施工班组进行详细、有针对性的技术交底，并有书面记录，有交接人签字。

(6) 实行"三检制"，即自检、互检、专业检。每完成一道分项工程或工序后，施工班组长进行自检，合格后施工工长进行互检，达到合格由专职质检员进行专业检。质量达到合格才能进行下一道工序的施工,并做好记录,有签字手续。

(7) 实行一票否决制。在分部分项工程施工过程中,专职质检员一旦检查出不合格项,施工内容不予验收,必须按要求按时整改,质检员有权对相关人员处以经济处罚甚至暂停施工,采取纠正措施,对施工班组勒令退场等,直至达到规范要求后方可进行下道工序施工。

(8) 工程质量保证措施。工程质量的好坏取决于施工管理,施工质量技术要求和措施是施工质量保证体系的具体落实,其主要是对施工各阶段及施工中的各控制要素进行控制。

施工阶段的质量控制技术要求和措施主要分事前控制、事中控制、事后控制三个阶段,并通过这三个阶段来对本工程各分部分项工程的施工进行有效的阶段性质量控制。

1) 事前控制阶段

事前控制是在正式施工活动开始前进行的质量控制,事前控制是先导。事前控制,主要是建立健全项目质量管理体系,制定现场的各种管理制度,完善计量及质量检测技术和手段,熟悉各项检测标准,对工程项目施工所需的原材料、半成品、构配件进行质量检查和控制,并编制相应的检验计划,进行设计交底、图纸会审等工作;同时,对将要采用的新技术、新结构、新工艺、新材料均要审核其技术审定书及运用范围。

2) 事中控制阶段

完善工序质量控制,把影响工序质量的因素都纳入管理范围。及时检查和审核质量统计分析资料和质量控制图表,抓住影响质量的关键问题进行处理和解决。

严格工序间交换检查,做好各项隐蔽验收工作,加强交检制度的落实,对达不到质量要求的前道工序决不交给下道工序施工,直至质量符合要求为止。

对完成的分部分项工程,按相应的质量评定标准和办法进行检查、验收。

3) 事后控制阶段

事后控制是指对施工过的产品进行质量控制,是弥补。按规定的质量评定标准和办法,对完成的单项工程进行检查验收。

整理所有的技术资料,并编目、建档。

在保修阶段,对本工程进行回访和维修。

### 6.3 QC 小组活动

(1) 项目将成立以项目经理为组长、总工程师为副组长的 QC 小组,小组成员包括技术员、工长、质量员、班组长等。

(2) 根据现场实际情况,选定小组课题,目的是解决施工过程中的技术难题或提高工序施工质量,来自现场,服务现场。

(3) 按选定的课题,进行 QC 小组活动,通过 PDCA 循环,实现 QC 小组目标。

(4) 总结 QC 小组活动,在公司内以及公司外发布 QC 成果。

### 6.4 图纸会审制度

(1) 项目有关技术人员在施工前应仔细阅读图纸,发现问题做好记录,待图纸会审时提出,询求合理解答。

(2) 项目总工程师负责组织项目有关人员参加业主主持的图纸会审。

(3) 图纸会审前先由设计单位进行设计交底,让施工单位彻底明白设计意图及施工中需要注意的地方,纠正施工图中存在的问题;然后,由施工单位提出在图纸文件资料中发现的问题,并请设计单位予以解决。

(4) 业主和施工单位分别指定专人对图纸会审过程做好记录。

## 6.5 质量预控及对策图表(表6-1~表6-3)

钢 筋 工 程　　　　　　　　　　　　　　　表6-1

| 控制环节 | 影响质量因素 | 质量预控措施 |
| --- | --- | --- |
| 原材料进场 | 无出厂合格证或合格证批号与原材料不符 | 要求供应商提供正确的合格证,合格证批号与原材料相符后才准进场 |
| | 未及时取样送检或取样组数不够 | 进场后8h内必须按要求取样送检 |
| 钢筋加工 | 加工未经检验或检验不合格的钢筋 | 只有经检验合格的钢筋才能进行加工 |
| | 加工尺寸、形状有误 | 提前进行钢筋翻样,异形钢筋放大样 |
| | 钢筋堆放混乱,无任何标识 | 钢筋工长负责加工顺序及堆放场所,挂牌标识 |
| | 同一部位进行多次弯折或反向弯折 | 不允许,钢筋工长现场检查 |
| 钢筋绑扎 | 钢筋数量、直径与图纸不符 | 充分熟悉图纸,严格按图纸施工 |
| | 保护层厚度不够 | 按保护层厚度设置砂浆垫块 |
| | 现浇板内钢筋位置不对 | 现浇板内正筋:短跨在下,长跨在上<br>现浇板内负筋:短跨在上,长跨在下 |
| | 悬挑结构钢筋位置错误 | 悬挑结构受力筋在上 |
| | 搭接、锚固长度不够 | 按设计图纸及施工规范预留,工长现场检查 |
| | 墙、柱竖向钢筋偏位 | 校正好竖向钢筋位置后方可浇灌混凝土 |
| 钢筋焊接 | 焊接人员无证上岗 | 禁止无证上岗 |
| | 焊条或焊剂、焊机不符合要求 | 使用合格焊条或焊剂、焊机 |
| | 未进行焊接工艺试验便进场施焊 | 按规定进行焊接工艺试验合格后才进场施焊 |
| | 焊接接头偏心弯折 | 配合人员配合到位 |
| | 钢筋表面烧伤、裂纹、气孔、夹渣、凹陷等缺陷 | 对每个接头进行外观检查,不合格者切除重焊 |

模 板 工 程　　　　　　　　　　　　　　　表6-2

| 控制环节 | 影响质量因素 | 质量预控措施 |
| --- | --- | --- |
| 技术准备 | 无专项模板施工方案 | 编制模板专项施工方案 |
| | 高支模无施工方案 | 编制专项施工方案 |
| | 模板强度、刚度、稳定性不足 | 经计算确定相关参数 |
| 模板支设 | 构件尺寸偏差超过规范要求 | 精心施工,现场检查 |
| | 对拉螺杆数量太少 | 工长按施工组织设计现场检查 |
| | 柱底、深梁底未留清扫孔 | 留置100mm×100mm清扫孔 |
| | 大跨度梁未按要求对模板起拱 | 按施工组织设计起拱 |
| 模板拆除 | 梁底模未到龄期就拆除 | 现场留置试块,试压达到要求龄期强度后才准拆模,建立模板拆除审批制度 |
| | 模板拆除后不清理、刷脱模剂 | 清理干净后刷脱模剂 |

混凝土工程 表6-3

| | | |
|---|---|---|
| 混凝土拌制及运输 | 商品混凝土厂家选定 | 选定的厂家应经甲方、监理审批 |
| | 石子、砂子含泥量 | 严格控制在3%以下 |
| | 石子、砂子级配 | 砂石级配合理 |
| | 水泥品种选择 | 符合设计及深圳市有关规定要求 |
| | 外加剂（如膨胀剂等） | 符合设计要求 |
| | 改善可泵性的掺料 | 避免泌水现象发生 |
| | 混凝土用水量、坍落度 | 电脑自动计量，运输浇灌中不得加水 |
| | 混凝土运输时间 | 确定合理的运输时间 |
| | 混凝土配合比 | 经试验确定 |
| 技术管理 | 无浇灌令 | 先审批，后浇灌 |
| | 未进行技术交底 | 事先对操作人员进行必要的交底 |
| | 准备工作不充分 | 认真做好准备工作 |
| | 管理人员浇灌值班制度 | 建立健全值班制度 |
| | 操作工人无交接班制度 | 上、下班工人认真办理交接班手续 |
| | 岗位责任不清 | 明确岗位责任 |
| 混凝土浇灌 | 浇灌顺序错误 | 事先确定合理的浇灌顺序 |
| | 浇灌时间过长，产生冷缝 | 事先确定合理的浇灌顺序 |
| | 自由倾落高度过大 | 超过2m设置溜槽 |
| | 一次下料过厚 | 不超过振捣棒长度的1.25倍 |
| | 振捣棒触及钢筋 | 精心操作，主筋不准移位 |
| | 施工缝未按要求处理 | 浇灌前对施工缝表面进行凿毛，清除浮粒，用钢丝刷及高压水冲洗干净，然后铺一层10mm厚同强度等级砂浆 |
| | 混凝土表面标高不准确 | 安排专职测量员掌握混凝土标高 |
| | 混凝土表面不平整 | 派泥工根据标高用木抹子抹平，落实责任 |
| | 未按要求留设试块 | 设置标准养护室，专人按规范要求预留养护试块，定时取样试压 |

### 6.6 不合格品的预防、鉴别、纠正、处理计划

（1）项目质量员发现不按图纸、规程、规定施工，违反施工程序以及使用不符合质量要求的原材料、半成品，有权制止，必要时有权责令暂停施工。

（2）试验员做好原材料、半成品及构配件的检验、试验工作，把好材质送样关和检验关。

（3）试验员、材料员负责对不合格原材料的鉴别、标识、记录和报告。

（4）项目经理部质量、物资、技术等部门根据不合格的性质，分别负责对不合格原材料和工序的评审和处置，并决定应采取以下哪种处置方法：

1）要求供应商重新提供合格产品；

2）降级改作他用；
3）拒收；
4）加工半成品出现不合格品后，由项目经理部（公司）的钢筋制作、预制构件加工、铁件加工、预埋件加工单位的技术负责人组织工长、质量员、材料等相关人员对不合格品组织评定，并决定应采取的处置办法：
①进行返工，以达到规定要求；
②报废。

(5) 工程质量不合格的处置

工程质量不合格按实际情况进行评审后确定应采取的处置方案：返工、返修加固、报废。

1）一般质量事故即不合格分项不予验收，且不得进入下道工序施工；由项目经理部质量员签发整改通知单。

2）返修或返工后的产品由项目经理组织工长、质量员、试验员等依据 GBJ 300—88 中的规定，重新进行检验和试验。在评定其等级后，由专职质量员核定。

3）重大质量事故的调查处理按建设部 3 号令和中华人民共和国国务院令第 279 号处理。

# 7 施工安全、现场消防和保卫制度

为了达到本工程制定的安全目标，我公司将建立针对本工程的安全管理制度和管理体系，制定具体的安全施工保证措施及消防措施。

## 7.1 安全管理制度

(1) 在施工生产过程中贯彻"安全第一，预防为主"的安全工作方针。

(2) 提高施工人员的安全生产意识，通过经常性的安全生产教育，使施工人员牢固树立"安全为了生产，生产必须安全"和"人人为我，我为人人"的安全工作思想。

(3) 实行"施工生产安全否决权"，对于影响施工安全的违章指挥及违章作业，施工人员有权进行抵制，安全员有权停止施工并限期进行整改。在整改后，需经安全员检查同意后方能恢复施工。

(4) 安排施工任务的同时必须进行安全交底，按照安全操作规程及各项规定的要求进行施工。安全交底要求有书面资料，有交底人和接受交底人签字，并整理归档以备查。

(5) 对新工人和变换工种工人进行安全教育，使其熟悉本工种的安全操作规程，特殊工种人员要经过专业培训，考试合格后发上岗证并持证上岗。

(6) 坚持班前安全活动，并做好记录，班前班后进行安全自查，发现现场安全隐患及时处理，报告现场管理人员直至项目经理，待安全隐患处理完后方可施工。

(7) 现场施工用电严格按照《建设工程施工现场供用电安全规范》GB 50194—93 的有关规定及要求进行布置与架设，并定期对闸刀开关、插座及漏电保护器的灵敏度进行常规的使用安全检查。

(8) 施工机械设备的设置及使用必须严格遵守《建筑机械使用安全技术规范》

JGJ 33—2001的有关规定。设备防护罩、各种限位器及漏电保护装置等安全防护设施必须齐全、有效，并按照各种施工机械设备的使用要求与有关规定进行维修保养。

（9）塔吊、外用电梯、外架等安装（搭设）完毕须由公司组织专项验收，合格后投入使用。

（10）经常开展安全检查和评比工作。专职安全员天天查，项目经理部一周检查两次，公司每半月检查一次。

（11）经常性地检查现场"三宝、四口、五临边"的执行情况。

### 7.2 安全管理体系

建立由项目经理领导，各专业工长及各专职质检员参加的横向到边、纵向到底的安全生产管理系统。

## 8 其他各项施工保证措施

深圳地处亚热带地区，温湿多雷雨，更处于沿海地区，容易受台风袭击，为保证施工安全，塔吊、井架不倾覆，施工质量不受影响，现场文明施工能做好，风雨期施工采取以下措施：

（1）做好现场排水工作，及时将地面积水排出场外。

（2）混凝土浇捣时，如遇到暴雨，应用棚布将施工处加以覆盖，并按规范要求留设施工缝。

（3）施工中做好塔吊、井架等防雷工作，做好防雷接地，利用结构钢筋作为接地引下线，现场机具设备必须有可靠接地，雨天机具设备应加以覆盖，做好防雨、防漏电措施。

（4）雷暴雨及台风来临前，必须先检查现场机具及外架，加固大型机具及施工外架，做好防台风工作。

（5）6级及6级以上大风，塔吊暂停使用，塔吊要放松旋转动刹，使伸臂能随风自由转动。

（6）大雨或大风来临时，现场必须设人员值班，发现险情立即采取应急措施，大雨或大风后应对现场所有设备、设施进行全面、细致的检查、整修，合格后方能投入使用。

（7）大雨、台风来临前，现场要储备足够的物资，以便大雨、台风后，迅速投入施工，保证施工继续进行。

## 9 总分包管理

### 9.1 总分包管理措施

#### 9.1.1 合同管理

分承建商经业主确定后，必须与主承建商签定分包合同。在合同中详细列举甲、乙双方的责、权、利，双方共同遵守。任何违约行为都要由违约方承担相应的违约责任。

**9.1.2 制度管理**

主承建商将通过制定一系列制度对各分承建商加强有效管理,确保工程总体目标的实现。

(1) 工程协调会制度:每周一次,定期召开,及时解决生产中的各种矛盾和问题。协调会决定的事项记录将包括处理事项内容、负责人、完成时间、检查人等,并打印发至各分包方执行。

(2) 工程质量管理制度:督促分承建商重视分包工程质量,实现整体创优目标。

(3) 安全生产、文明施工管理制度:确保施工安全,创建文明施工现场。

(4) 施工现场半成品、成品保护制度:确保现场不因各工种交叉施工而显得凌乱,有效保护各工种的劳动成果。

分承建商必须针对上述各项制度确定相关责任人,报主承建商备案,以便施工中加强联络。分承建商进场后,须遵守其他相关管理制度。

**9.1.3 计划管理**

(1) 以业主要求的竣工日期为总目标,各分包单位必须按合同工期和总进度计划安排进场,备齐有关机械设备和材料。各分承建商分别编制本专业的施工进度计划,主承建商在此基础上根据现场合理的施工顺序要求,汇总编制施工总进度计划。总计划征求分承建商意见后,作为共同的文件下发执行。各分承建商根据总计划的要求合理配备、调整各生产要素,总承建商督促检查。

(2) 分承建商进场施工需主承建商提供的各种条件均须事先提交计划,由主承建商统一调配,从而保证施工有序进行。

## 9.2 总分包的协调与配合

(1) 总包为各专业分包单位提供临时工作和生活用房。

(2) 总包为各专业分包单位提供工作用电、用水。

(3) 总包为各专业分包单位提供生产区域内的垂直运输。

(4) 总包为各专业分包单位提供施工生产中的临时设施,如脚手架等。

(5) 各分包单位必须听从总包的统一安排和调度。总包单位应给分包单位留出足够的作业时间和工作面。

(6) 各分包单位及时给总包提供各自的计划安排和进展情况,以便总包能够做出宏观的控制。

(7) 各分包单位向总包及时反馈施工生产中发现的问题,以便及时解决。预留预埋部分为避免遗漏和差错,除分包单位自检其隐蔽记录外,经总包检查正确,方可浇筑混凝土,并要做深化图设计。

(8) 各分包单位及时向总包单位提供各种材质证明、试验合格证、质评资料和资质证书等。

(9) 当在施工生产中遇到各种矛盾时,总包必须站在为工程进度和工程质量总负责的角度统一解决和协调。

(10) 为保证有效地将分包单位纳入总包单位管理体系中,分包单位进度款申请需经总包单位签字认可。

## 10 项目新技术应用及效益分析

### 10.1 推广应用的新技术、新工艺

（1）深基坑支护技术的应用；
（2）深井泵井点降水技术；
（3）高强高性能混凝土施工技术；
（4）粗直径钢筋连接技术；
（5）新型墙体材料应用技术；
（6）新型建筑防水应用技术；
（7）企业的计算机管理和应用技术；
（8）混凝土中掺粉煤灰与外加剂节约水泥技术；
（9）商品混凝土的预拌与泵送技术；
（10）超长无缝混凝土的施工技术；
（11）大体积混凝土的测温与温控技术；
（12）砌筑、抹灰砂浆中高效砂浆增塑剂的应用；
（13）封闭式楼梯模板体系的应用；
（14）预应力混凝土技术。

### 10.2 效益情况分析

（1）深基坑采用喷锚护坡。该工程基坑深6.0m，开挖层为未压实回填土，受场地限制，边坡坡度在45°～80°之间，边坡面积达4500m²，采用喷锚护坡成功解决了边坡支护问题，造价在挡土桩、地下剪力墙等边坡支护方案中最为节省。

（2）采用深井泵井点降水方案解决地下室施工期间的地下水。该工程距离海边不足5km，地下水较丰富。土方开挖前，在基坑边设置了20口直径500mm、深10～15m的降水井，并用潜水泵根据井内水深抽水，保证了土方开挖过程中基坑内无明显大量积水，亦能满足地下室聚氨酯（911）外防水的施工环境要求。深井泵井点降水是地下水较丰富的施工现场降水措施中性价比最高的一种方案，一口深15m的$\phi$500深井泵井点降水井其成井费用约6000元，其每昼夜降水费用仅为150元。

（3）地下室采用了聚氨酯911柔性外防水材料，卫生间、外墙将采用"HB"型聚合物防水剂，屋面将采用SBS卷材防水，新型防水材料的选用保证了本工程的防水效果。

（4）地下室核心承台采用了循环水管，降低大体积混凝土内外温差。该工程地下室设计有3个大型核心承台，单个混凝土体积达2000m³，局部混凝土最厚达3.8m，解决核心承台混凝土内外温差是保证地下室混凝土浇筑质量的关键。项目部采用埋设循环水管的方法，降低核心承台混凝土内外温差。核心承台内循环水管由$\phi$150的主干管和$\phi$100的支管组成，平面及立面布置根据承台混凝土的形状、深度确定，支管间距2.0m以内，以保证效果。循环水管两个端头分别位于核心承台电梯井坑内，用潜水泵提循环水，用温度计测量大气温度、进水口、出水口温度，经现场实测，核心承台混凝土内外最大温差为23℃，

满足规范要求（≤25℃）。

（5）混凝土"双掺"技术：在混凝土中掺入水泥用量9%~14%的粉煤灰，并适量加入N型高效泵送剂，进一步改善混凝土的和易性，节约水泥用量。经济效益50万元以上。

（6）高强高性能混凝土施工技术：-1~10层承重结构混凝土强度为C50，采用掺加N型高效泵送剂的方法改善混凝土的性能，确保混凝土强度并满足现场施工技术要求。经济效益20万元。

（7）超长无缝混凝土的施工技术：在地下室底板混凝土施工时，掺入水泥重量7.5%（内掺）的N型高效泵送剂（复合型外加剂），底板混凝土一次成形，未产生裂缝，同时提高了施工速度。

（8）粗直径钢筋连接技术：$\phi 16$和$\phi 16$以上钢筋在钢筋房采用闪光对焊连接，在施工现场采用电渣压力焊连接，节约钢筋用量。共计实施对焊接头36500个，电渣压力焊接头55398个，经济效益9万余元。

（9）室内楼梯采用整体封闭式楼梯模板体系，提高了混凝土外观质量并节约人工工日。本工程共设计有3个消防楼梯，采用整体封闭式楼梯模板体系，经济效益达1万元。

（10）新型墙体材料的应用技术：砌体采用陶粒混凝土砌块，轻质隔墙采用白宫墙板，提高施工进度。

（11）在抹灰、找平砂浆中掺入水泥用量2‰的ZF-V型高效砂浆增塑剂。高效砂浆增塑剂是微沫剂、塑化剂、石灰精等传统砂浆外加剂的换代产品，适用于砌筑砂浆、抹灰砂浆、楼地面找平砂浆，具有不占场地、干净、方便、节约成本等显著特点。掺用后，可显著改善砂浆和易性，硬化后具有抗渗、保温、隔热等功效，其耐久性及强度比普通砂浆显著提高，且可克服空鼓、起壳、开裂等现象。使用1t"ZF-V"型高效砂浆增塑剂可节约水泥250~500t，节约石灰250~500t，该工程使用"ZF-V"型高效砂浆增塑剂，经济效益可达10万元。

（12）该工程在18层屋面（标高63.75m）设计有一座47m跨度重达300t的钢屋架，横跨两座塔楼，是本工程的点睛之笔，也是本工程的难点。经过理论分析、数据计算，屋面高空、大跨度、超重钢结构观景餐厅采用工厂加工预拼装、现场二次组装焊接、整体水平滑移、垂直顶升就位的方法进行施工，免除搭设大面积高空综合脚手架的费用，并大大缩短了工期。

# 第二十二篇

## 武汉阳光大厦工程施工组织设计

**编制单位：** 中建三局三公司
**编制 人：** 马新霞　李玲　唐静　郑明玉

【摘要】 武汉阳光大厦工程为高水位软土地区框架-剪力墙结构高层建筑，地下水文地质情况复杂，水位高且受到长江水位影响而不稳定，所以在地下施工方面遇到了相当多的困难，施工中采用钻孔灌注桩基础，基坑边坡采用桩锚支护，降水采取封降结合方式，结构转换层大梁采用分段叠合浇筑等技术措施取得良好效果结果。同时，该工程因业主方资金原因及不断设计变更，工期前后长达11年之久，使得施工方在工程技术应用、规范采用、组织管理方面都克服了很多困难。

# 目 录

1 工程概况 ........................................................ 96
   1.1 建筑工程概况 ............................................... 96
   1.2 结构工程概况 ............................................... 97
   1.3 施工场地及支护概况 ......................................... 97
   1.4 水文地质情况 ............................................... 98
   1.5 工程的重点和难点 ........................................... 98
   1.6 工程立面图和平面图 ......................................... 98
2 施工部署 ........................................................ 101
   2.1 总体和重点部位施工部署 ..................................... 101
   2.2 流水段划分情况 ............................................. 102
   2.3 施工平面布置情况 ........................................... 102
      2.3.1 平面布置依据 ......................................... 102
      2.3.2 地下室工程施工平面布置 ............................... 102
      2.3.3 裙楼主体结构工程施工平面布置 ......................... 104
      2.3.4 主楼结构工程施工平面布置 ............................. 105
      2.3.5 装饰、安装阶段施工平面布置 ........................... 105
   2.4 施工进度计划情况 ........................................... 107
   2.5 周转物资配置情况 ........................................... 107
   2.6 主要施工机械选择情况 ....................................... 108
3 主要项目施工方法 ................................................ 111
   3.1 地下工程 ................................................... 111
      3.1.1 工程桩施工 ........................................... 111
      3.1.2 支护结构施工 ......................................... 113
      3.1.3 基坑止水、隔渗帷幕、降水 ............................. 118
      3.1.4 土方开挖 ............................................. 123
      3.1.5 基坑监测 ............................................. 125
      3.1.6 地下室结构工程 ....................................... 127
      3.1.7 地下防水工程 ......................................... 127
   3.2 结构工程 ................................................... 127
      3.2.1 钢筋工程 ............................................. 127
      3.2.2 模板工程 ............................................. 130
      3.2.3 混凝土工程 ........................................... 133
      3.2.4 砌筑工程 ............................................. 135
      3.2.5 主楼转换大梁施工方法 ................................. 136
      3.2.6 裙楼屋面预应力梁施工方法 ............................. 139
   3.3 脚手架工程 ................................................. 142
   3.4 屋面工程 ................................................... 142

3.4.1 施工流程 ············································································ 142
　　3.4.2 施工方法 ············································································ 142
3.5 门窗工程 ··················································································· 144
　　3.5.1 铝合金门窗 ········································································· 144
　　3.5.2 木门 ··················································································· 144
　　3.5.3 成品保护 ············································································ 145
3.6 楼地面工程 ··············································································· 145
　　3.6.1 陶瓷地砖楼面 ····································································· 145
　　3.6.2 花岗石楼面 ········································································· 146
3.7 装饰工程 ··················································································· 146
　　3.7.1 抹灰工程 ············································································ 146
　　3.7.2 涂料墙面 ············································································ 148
　　3.7.3 面砖墙面 ············································································ 148
　　3.7.4 矿棉板、铝网板吊顶 ··························································· 149
3.8 机电工程概况 ············································································ 149
　　3.8.1 安装工程施工程序 ······························································ 150
　　3.8.2 给水排水管道工程安装 ······················································· 150
　　3.8.3 电气安装 ············································································ 150
3.9 网架工程 ··················································································· 150

# 4 质量、安全、环保技术措施 ···························································· 152
4.1 质量技术措施 ············································································ 152
4.2 安全技术措施 ············································································ 154
4.3 环保技术措施 ············································································ 155

# 5 经济效益分析 ··············································································· 156
5.1 地下工程施工阶段效益分析 ························································ 156
5.2 地上工程施工阶段效益分析 ························································ 157
5.3 总体效益分析 ············································································ 157

# 编制说明

(1) 工程进度：阳光大厦又名六渡桥改造二期工程商贸中心，是汉口闹市区的一座高层建筑。由于资金严重短缺，该工程于 1994 年 7 月进场施工，1996 年底完成工程桩施工；1998 年 1~8 月完成支护结构、止水隔渗层土方和锚杆、花管注浆；1998 年 8 月~1999 年 2 月完成两层半地下结构的施工；1999 年 3~8 月完成地上一~八层裙房结构的施工；2003 年 2 月~2004 年 12 月完成塔楼九~二十七层结构的施工。目前，该工程主楼已交付使用，裙房由各招商投资单位按照各自使用功能进行精装修，2005 年 12 月已进行裙房预验收。

(2) 使用功能：本工程 1994 年设计图为地下 3 层、地上 41 层的高级写字楼，1999 年设计更改图为裙房 8/3、主楼 38/2，水电、暖、自控等设施齐全的超高层楼宇；2003 年设计图再次更改图为裙房 8/3 的商贸、主楼 27/2 的单身公寓。

(3) 本工程建筑面积由最初的 98000$m^2$，由于业主和设计的频繁更换，施工图经过 3 次更改，工程最终总建筑面积为 80620$m^2$。工程结构形式：主楼原设计为筒中筒结构，后变更为框架-剪力墙结构。

# 1 工程概况

## 1.1 建筑工程概况

本工程建筑总长 132.508m，总宽 68.58m，总体平面呈不规则的形状，占地面积 1.1 万 $m^2$，总建筑面积为 80620$m^2$。地下室 2 层，局部 3 层，地下室单层建筑面积 6000$m^2$ 左右，裙房 8 层，裙房单层建筑面积为 5400$m^2$，总高 40.50m，主楼第八、第九层之间设置 3.3m 高转换层，主楼总高由最初的 156m (41 层) 变更为 99.9m (27 层)，塔楼平面呈正八边形，主楼单层建筑面积为 1180$m^2$。本工程建筑耐久年限为一级，使用耐久年限为 100 年，建筑防火类别为一类高层建筑，建筑耐火等级为一级，建筑抗震设防烈度为 7 度，屋面防水等级为 Ⅱ 级。

±0.00m 以下主楼及①~⑧轴裙楼地下室 2 层，楼面标高 -5.40m、-10.50m；⑧~㉓轴裙楼地下室 3 层，楼面标高 -3.00m、-6.750m、-10.90m。地下室总建筑面积为 15000$m^2$，-3.00m 为自行车库（战时为物资储备库），-5.40m、-6.75m 主要为小汽车库、水池、水泵房、变配电房、管理用房（战时为人体隐蔽体），-10.50m 主要为小汽车库、空调机房、变配电房、管理用房（战时为物资储备库）。共设有电梯 14 部（核心筒内 8 部），楼梯 7 部（核心筒内 2 部），地下室内隔墙为 200mm 厚加气混凝土砌块。地下室内装修主要为细石混凝土楼地面、水泥砂浆楼地面、活动地板；混合砂浆刷 106 涂料墙面、吸音墙面；外墙附加 PA103 聚氨酯防水胶一布三涂。

裙房为 8 层，裙房总建筑面积为 43200$m^2$，层高分别为：第一层和第八层层高为 5.40m，二~七层层高为 4.80m，使用功能全部为商铺。裙房部分设计有 2 部客梯（均为消防电梯，分别设置在两个防火分区内）、2 部货梯及 30 部自动扶梯、2 部观光电梯，主楼中筒部分设计 8 部客梯（其中 4 部仅供 8 层以下使用，其余 4 部有一部为消防电梯）。裙房外墙厚度为 250mm 厚加气混凝土砌块，内隔墙为 150mm 厚加气混凝土砌块。裙房室内装饰为一般室内装饰设计，室内高级装饰及吊顶由各招商引资单位进行。一般室内装饰设计为：商铺为花岗石楼面、花岗石踢脚，其他为陶瓷地砖楼地面；内墙为乳胶漆和釉面砖（卫生间墙面），顶棚为矿棉装饰板吊顶和铝合金吊顶（卫生间），外墙为涂料墙面。

主楼 9~27 层，主楼总建筑面积为 22400$m^2$，主楼平面呈正八边形，单层建筑面积 1180$m^2$。其中标准层九~二十六层层高为 3.15m，主要为单身公寓；第二十七层层高为 4.80m，为电梯机房层。中筒部分设计 8 部客梯，4 部客梯到主楼 9~27 层，有一部为消防电梯。主楼室内装饰为一般室内装饰设计，内墙为乳胶漆和釉面砖（卫生间墙面），顶棚为矿棉装饰板吊顶和铝合金吊顶（卫生间），外墙为涂料墙面。

## 1.2 结构工程概况

桩基：本工程主楼和裙楼基础均为钻孔灌注桩，主裙楼桩径为 1100mm，钻孔深度达 68.3~71m，桩长 55.5m 左右，桩混凝土强度等级为 C30；主楼开挖深度为 -13.3m，2.70m 厚的整板基础；裙楼部分基础为柱下承台（边柱单桩，其余柱为两桩）用 700mm 底板连接，承台之间在板内设暗梁，开挖深度为 -11.7~-13.0m。

本工程主裙楼结构形式为框架-剪力墙结构，7 度设防，二级抗震等级。核心筒内板厚 120mm，±0.00 层板厚为 200mm，其余各层板厚为 130mm、100mm、150mm、180mm 等。在第八和第九层之间主楼外围一周设置 1.30m×3.90m×112m 转换大梁。裙楼中庭屋面设置 24300mm×24300mm 的钢网架。

主、裙楼之间±0.00 以下未设置防震缝，在⑮~⑯轴间设有一条后浇带，根据设计要求，地下室顶板浇筑完 14d 之后，进行后浇带的封闭；二层以上主、裙楼之间设置防震缝一道，缝宽 170mm，⑯~⑰、Ⓖ~Ⓗ间设置丁字形膨胀带，带宽 800mm，位置居跨中。防震缝在主楼主体结构施工完毕后封闭。

混凝土强度等级：地下室部分底板、承台混凝土为 C35，墙、柱混凝土为 C50，梁板混凝土为 C45，地下室底板、外墙和水池墙有 P8 抗渗要求。主楼一~八层柱、剪力墙混凝土为 C50，梁、板混凝土为 C45；九~十二层柱、剪力墙、梁、板混凝土为 C40；十三~十九层柱、剪力墙、梁、板混凝土为 C35；十九层以上柱、剪力墙、梁、板混凝土为 C30。裙楼一~二层柱、剪力墙混凝土为 C40，梁、板混凝土为 C35；三~四层柱、剪力墙混凝土为 C35，梁、板混凝土为 C30；五~八层柱、剪力墙、梁、板混凝土为 C30。

## 1.3 施工场地及支护概况

本工程位于汉口六渡桥繁华的商业区"黄金地段"，北距中山大道 11m，南靠清芬一路相距 0.8m，右侧 14.2m 为桥西商厦，左侧 2.6m 与新华电影院紧邻。地处闹市，现场狭窄，周边环境条件严峻，开挖难度极大。支护设计主要采用两排钻孔灌注桩进行支护，呈外高内低设置，内排支护桩长 22m 左右，桩径为 1.20m，间距 1.5m，桩顶标高为 -6.7m；外排支护桩长 15.2m 左右，桩径为 1.00m，间距 1.3m，桩顶标高为 -0.7m。靠新华电影院一侧采用桩径为 1.50m，间距 1.73m，内侧设置 3 排水平向花管注浆，形成对新华电影院基础的托换。

### 1.4 水文地质情况

本工程座落在软弱地基上,地下水位高,赋含承压水,水量丰富并受长江水位的影响。地下稳定水位在地表下 1.30~1.60m 之间,地下水主要来源是地表水和砂土层的承压水。地层列表如下:

(1) 人工填土,松散呈灰黑色,平均厚度 7m 左右。

(2) 黏土,灰黄褐色,软塑,平均厚度 3m 左右,内聚力 $c$ 为 26.33kN/m$^2$,内摩擦角 $\phi$ 为 8.17°。

(3) 粉质黏土,黄褐色,软塑,平均厚度 2m 左右,内聚力 $c$ 为 21.00kN/m$^2$,内摩擦角 $\phi$ 为 15.6°。

(4) 粉质黏土夹粉土,黄灰色,可塑稍密,平均厚度 2m 左右,内聚力 $c$ 为 11.70kN/m$^2$,内摩擦角 $\phi$ 为 22.16°。

(5) 粉细砂。

(6) 粉细砂夹黏土,灰褐色,稍密—中密,平均厚度 18m 左右,内聚力 $c$ 为 18.7kN/m$^2$,内摩擦角 $\phi$ 为 25.12°。

(7) 中粗砾砂夹卵石,深灰色,饱和中密,平均厚度 12m 左右,内聚力 $c$ 为 23.3kN/m$^2$,内摩擦角 $\phi$ 为 29.92°。

(8) 砾卵石,灰白色,密实—紧密,平均厚度 12m 左右。

(9) 中风化泥灰岩夹页岩,顶面埋深 70m 左右。

(10) 弱风化泥灰岩夹页岩,未探。

### 1.5 工程的重点和难点

(1) 工程桩深,工程量大。根据设计要求,工程桩进入岩石 1.50m,钻孔深度在 70m 左右,工程桩桩径为 1.10m,总根数为 341 根。

(2) 该工程地处闹市中心,土方开挖深度达到 -13m,局部 -14m,北距中山大道 11m,南靠清芬一路相距 0.8m,右侧 14.2m 为桥西商厦,左侧 1.8m 与新华电影院紧邻。现场非常狭窄。周边环境条件严峻,桥西商厦为桩基础,新华电影院为木桩基础,中山大道和清芬一路是汉口主要交通要道。支护方案的选择与施工至关重要。

(3) 工程地质条件差,地下水位高,地下水极为丰富,并受到长江地下水位的影响。地下稳定水位在地表下 1.30~1.60m 之间,含水层厚 45m,承压水静止水位埋深 4.80m,地下水治理的成功与否直接影响周围环境和整个基坑的安全。

(4) 由于工程资金严重短缺,工程施工上一阵停一阵,基坑支护、降水经过反复修改,工程主要使用功能变化,工程施工前后历时 11 年之久。俗称"跨世纪工程"。

(5) 由于工程地处汉口繁华的商业闹市区,周围环境条件严峻,安全生产和文明施工要求高。

### 1.6 工程立面图(图 1-1)和平面图(图 1-2)

# 1 工程概况

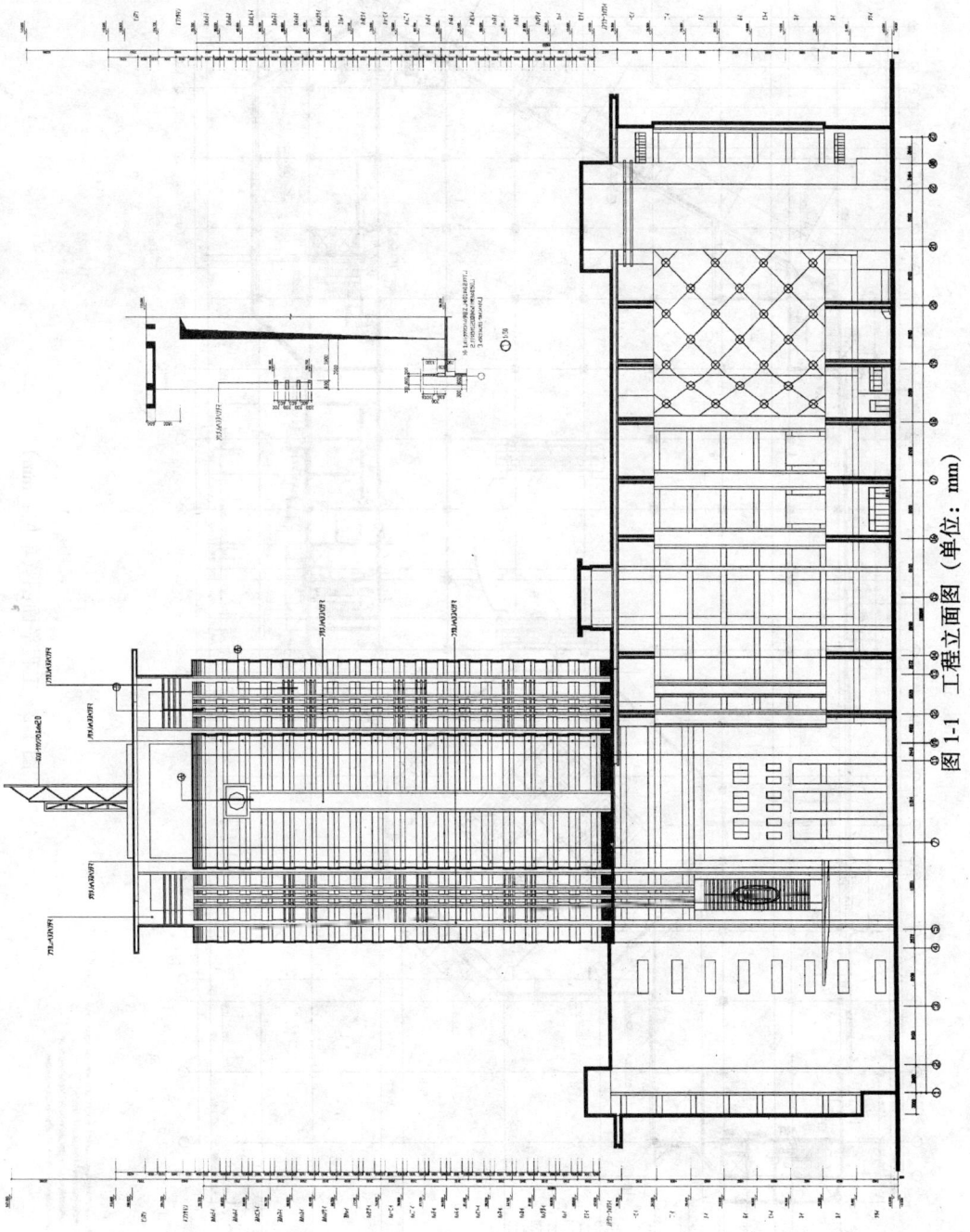

图 1-1 工程立面图（单位：mm）

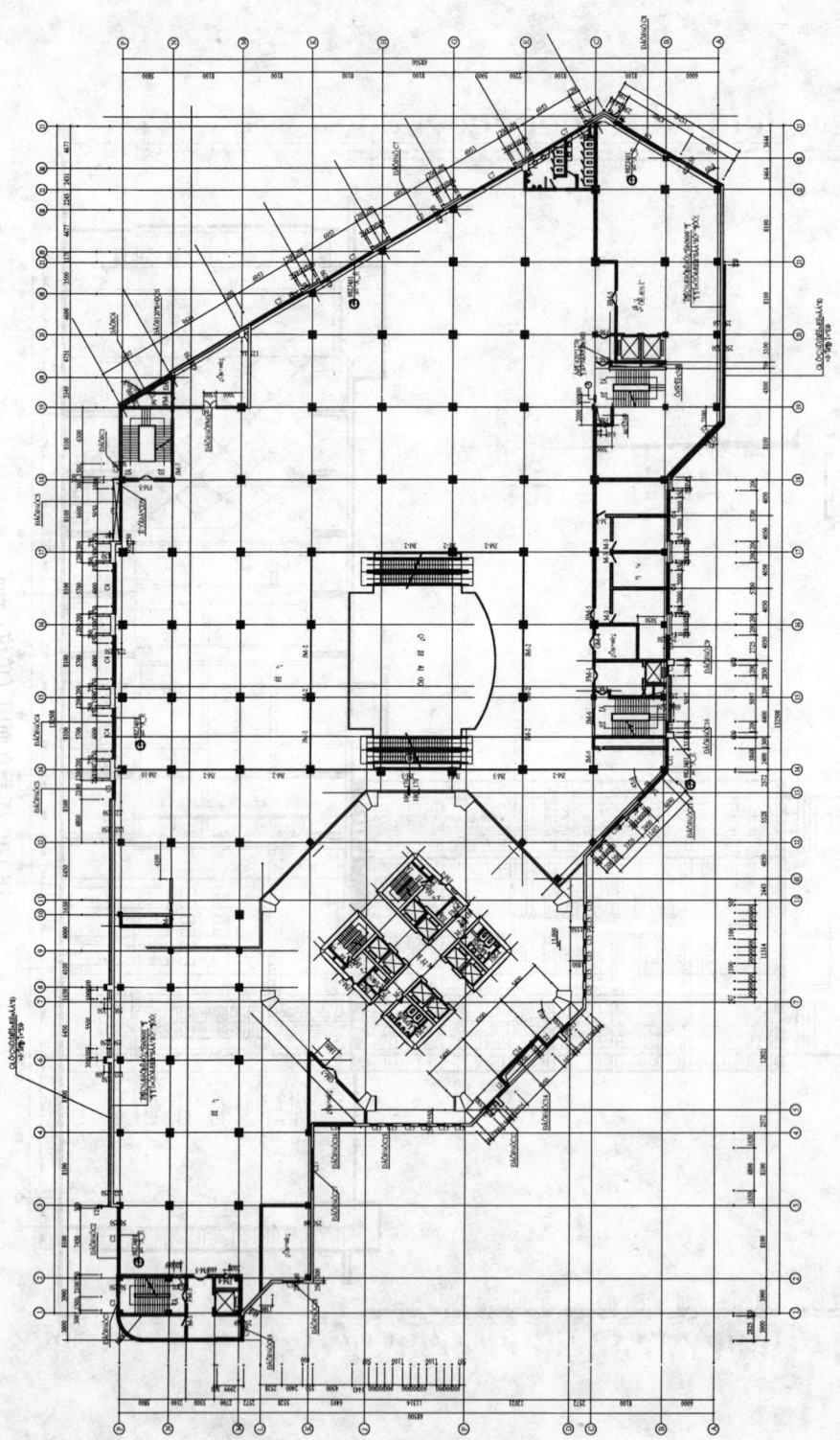

图 1-2 工程平面图（单位：mm）

# 2 施工部署

## 2.1 总体和重点部位施工部署

因场地狭小，为满足现场施工生产的需要，本工程的总体施工部署是先进行工程桩桩基和支护桩的施工，然后施工主、裙楼结构。待主、裙楼主体结构施工完毕，再进行地下车道进出口的施工。

进场后即进行整个工程桩和支护桩施工，随后进行垂直止水帷幕和水平止水帷幕的施工，同时进行降水井、降水井观测孔施工；其次，进行楼层部分土方分层开挖和预应力锚杆、花管注浆等垂直支护。土方开挖和支护施工至自然地面以下4m时开始降水。在此阶段完成Q5512和QTZ63型塔基施工和安装塔吊。

主楼筏板基础和裙楼柱下独立承台同时施工，地下结构配置一层内外墙模板（14000m²）、一层柱模板（2000m²），两层水平结构模板（20000m²），两层脚手架。底板和地下结构工程量大，所需材料多，运输采用塔吊为主、人工为辅的方法。底板、地下结构混凝土浇筑采用汽车和地泵。

地上结构周转材料由地下结构周转。地上3层结构施工完毕后，进行地下结构验收，并进行地下室外墙防水施工和土方回填。在五～八层结构施工期间，组织地下室内隔墙及抹灰施工。

塔吊吊装完屋顶钢结构、屋顶设备、地下室设备后拆除。

所有土方回填完后停止降水。

（1）土方及基础施工阶段

1994～1996年进行工程桩和支护桩施工，1998年1～5月完成支护结构、止水隔渗层、土方和预应力锚杆、花管注浆；1998年5月～1999年2月完成两层半地下结构的施工。本阶段的施工程序为：工程桩和支护桩施工→止水隔渗层→降水井布设、降水施工→土方开挖、预应力锚杆、花管注浆支护→人工清理预留30cm³土方、验槽、垫层→底板防水→底板结构→地下室结构。

（2）主体结构施工阶段

本阶段安装预埋预留和防雷接地随结构施工同时进行。结构分阶段验收后及时插入内隔墙、外围护墙和安装各专业施工。1999年3～8月完成地上1～8层裙房结构的施工；2003年2月～2004年12月完成塔楼9～27层结构的施工。

（3）安装施工阶段

安装工程按照"先下后上，先主管后支管，先预制后安装"的原则，实行平面分区、立体交叉作业的流水式施工方法。先进行吊顶内安装施工，为装修及其他专业分包施工提供作业面，待各专业的安装工程完成后再进行竣工验收前的单体和联合调试。

（4）装饰施工阶段

工程进入装饰阶段后，随着工作面的增大，各专业交叉施工增多，现场总包协调管理措施相应加强。在工艺流程上，按照先外后内的基本原则，外墙尽快封闭，为室内精装饰工程创造条件。在室内区域，按竖向楼层依次向下流水施工，以装饰施工为主线，其他专业施工按进度要求配合。针对本工程工期目标，主体结构完后，装饰工程相应展开。本工程装饰工程于2004年由业主全部外包。

（5）综合调试、竣工收尾阶段

本阶段整个工程的整套收尾，清洁卫生和成品保护，搞好安装及设备调试，安装好室外管线，加紧各项交工技术资料的整理，确保工程的验收成功。目前，所有工程技术档案资料由我公司负责收集整理，立卷归档。

（6）总体施工程序图如图2-1所示。

## 2.2 流水段划分情况

地下部分：由于本工程规模大，单层面积大，场地复杂。±0.00以下主楼及①～⑧轴裙楼地下室两层，楼面标高−5.40m、−10.50m；⑧～㉓轴裙楼地下室三层；主、裙楼之间±0.00以下未设置抗震缝，在⑮～⑯轴间设有一条后浇带，如不组织流水，一次性投入将非常大，所以必须组织流水施工。根据后浇带和主、裙楼结构特点，也为了保证各种资源得到合理调配，地下结构施工时，划分3个段，进行流水施工。分段如图2-2所示。

地上：一～八层主裙楼，按照设计要求二层以上主、裙楼之间设置防震缝一道，施工过程中根据工程量大小和规模，裙楼在⑨～⑩轴板间设置施工缝，①～⑨轴裙楼和主楼为一个施工段，⑩～㉓轴裙楼为一个施工段，具体划分如图2-3所示。

地上：⑨～㉗层主楼，单层面积小，竖向结构采取由外向内的施工方式，即先施工外柱，再施工核心筒内墙。水平结构整体施工，混凝土一次连续浇筑，不再划分流水段。

## 2.3 施工平面布置情况

施工总平面管理的任务是最大限度减少和避免对周边环境的影响，满足安全生产、文明施工、方便生活和环境保护的要求，在此前提下有效利用场地的使用空间，合理进行施工作业区、材料堆放区和办公生活区的布置，科学规划现场施工道路，以满足施工要求。因此做好对总平面的分配和统一管理，协调各专业对总平面的使用，并对施工区域和周边各种公用设施加以保护。

### 2.3.1 平面布置依据

（1）现场红线、临界线、水源、电源位置，以及现场勘察成果。

（2）总平面图、建筑平面、立面图。

（3）总体部署和主要施工方案。

（4）总进度计划及资源需用量计划。

（5）安全文明施工及环境保护。

### 2.3.2 地下室工程施工平面布置

（1）本阶段施工任务，是地下室结构的钢筋、模板、混凝土施工，塔吊安装等内容。

（2）先将基坑以外的场地进行平整、硬化处理，修筑场区内主要施工道路和排水沟、集水井。材料堆场做法为100mm厚C15混凝土。

（3）安设临时办公室（包括业主、监理办公室）、现场施工用库房、混凝土标养室，满足地下结构施工的需要。混凝土采用商品混凝土。钢筋加工棚、木工加工棚及堆放场地

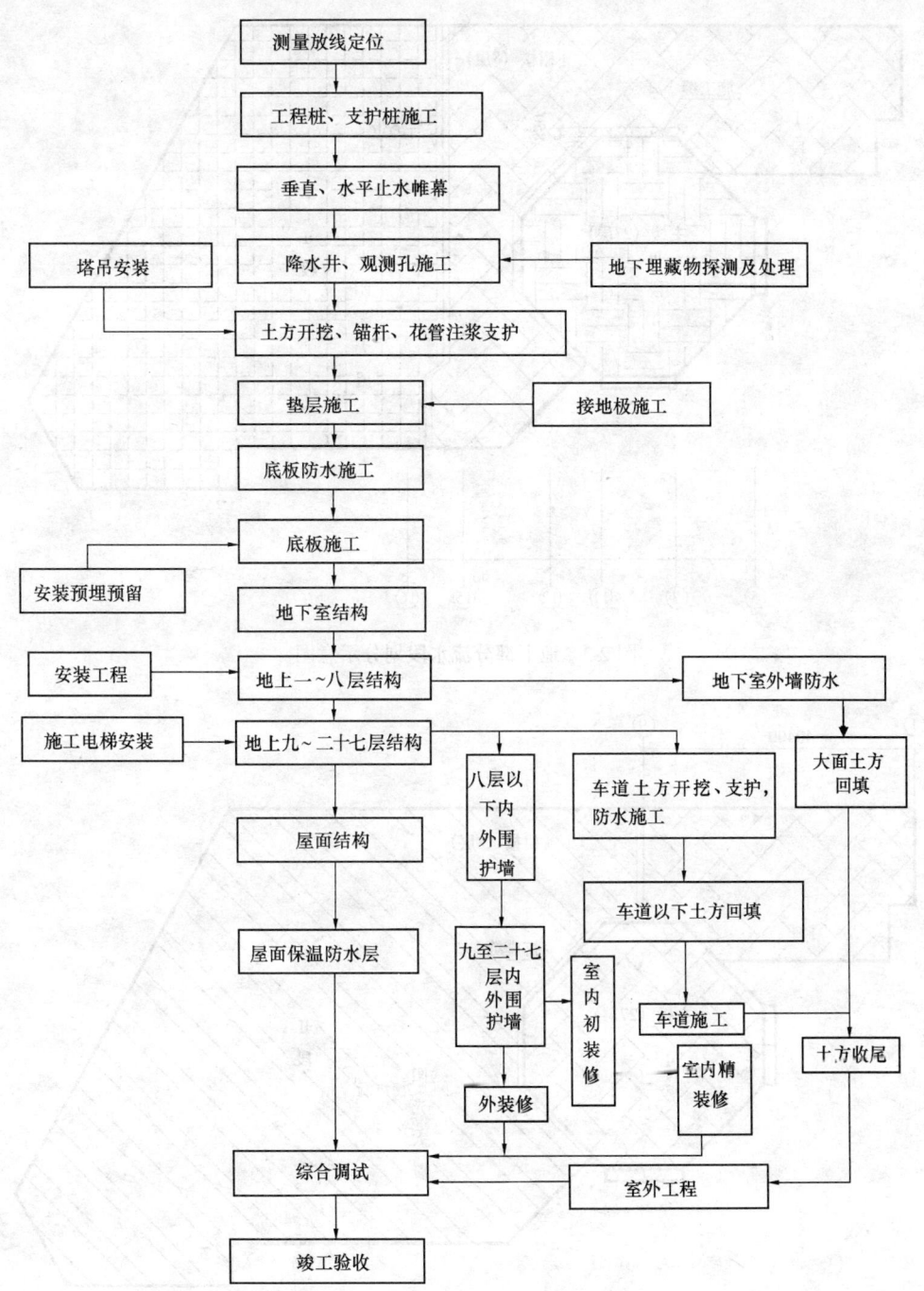

图 2-1 总体施工程序图

在场外租用。

(4) 接通临时水源,保证必要的生产、生活和消防用水。

(5) 由变电站沿场地设埋地供电电缆,引至专用配电箱,供生产、生活用电。

(6) 塔吊安装在地下室土方开挖前进行,供地下室工程施工用,详见施工平面布置,

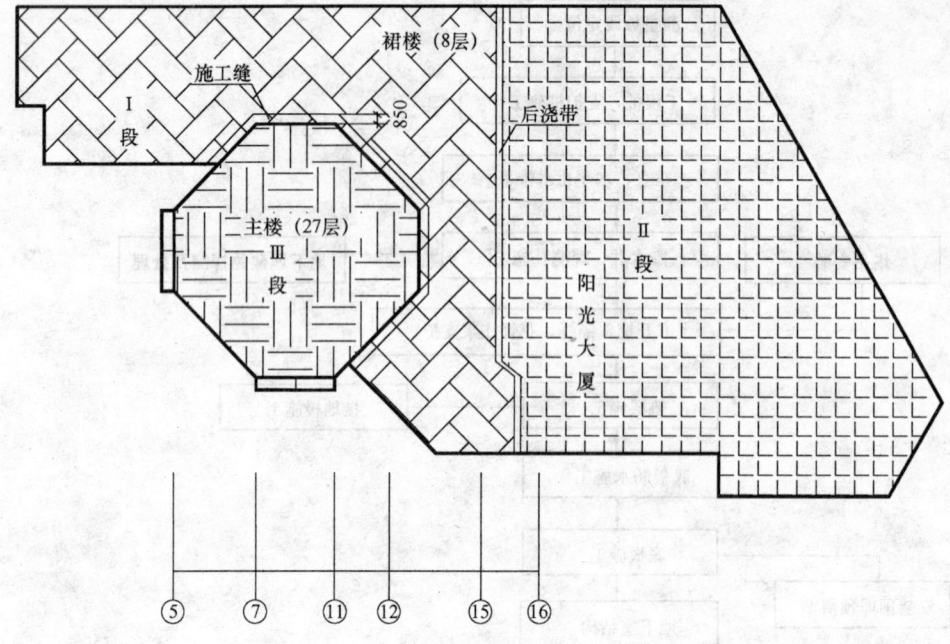

图 2-2 地下部分流水段划分示意图

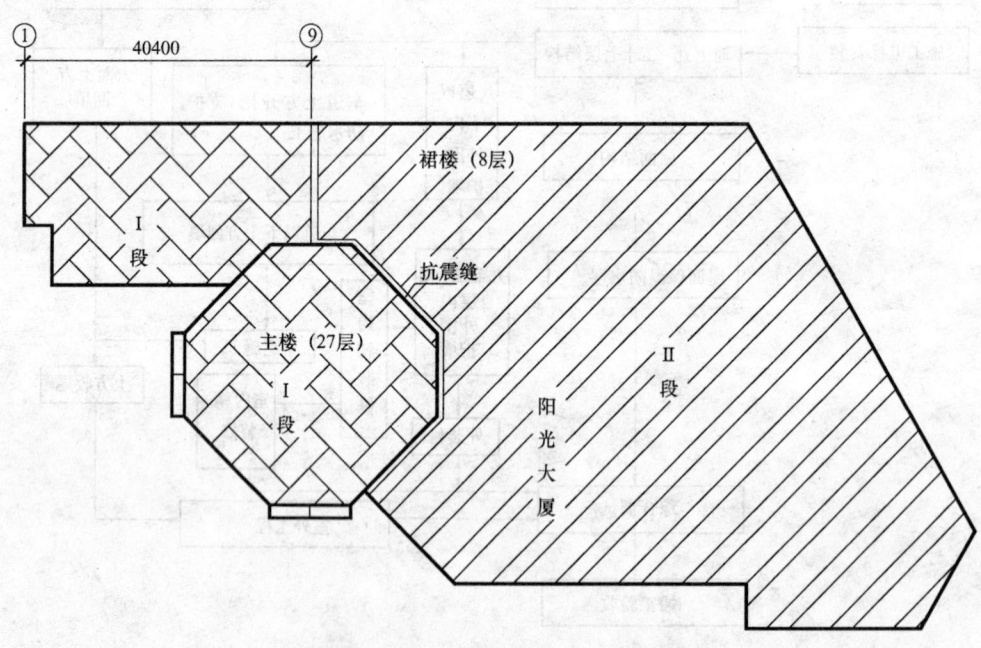

图 2-3 地上部分流水段划分示意图

如图 2-4 所示。

**2.3.3 裙楼主体结构工程施工平面布置**

（1）本阶段主要施工任务是：裙楼主体结构、钢筋、模板、混凝土施工以及安装预留、预埋等。

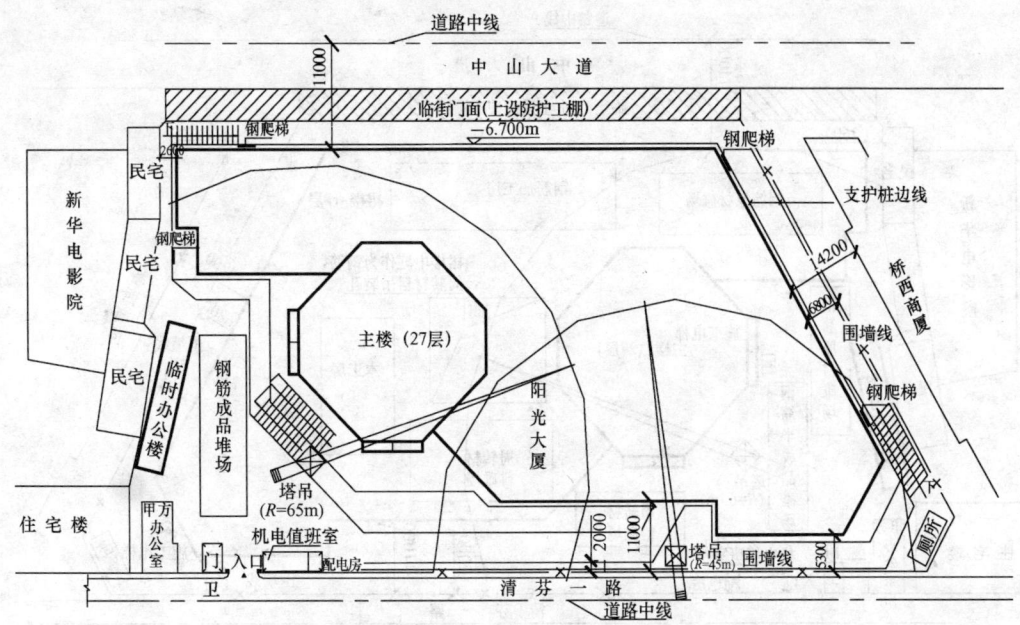

图 2-4　阳光大厦 ±0.00 以下和一～八层主体结构施工平面布置图（单位：mm）

注：①本工程地下结构先进行地下室和裙楼施工，再进行主楼施工，最后进行车道施工。
②施工场地狭小，在地下室和裙楼主体施工过程中，钢筋原材堆场及制作棚场地另行租用。其他材料堆放根据现场施工需要，采取计划进场控制和合理布置。

(2) 基坑回填完毕，将硬化地坪范围扩大至整个施工现场，现场场地充分利用。

(3) 从水源将干管通达建筑物四周，水管埋入地下，根据需要留出接头位置，供接出水管引至用水地点。

(4) 将电缆引至各用电处，保证全场有足够的电力。路口设路灯，作业点用碘钨灯或低压灯，场地四角设大功率镝灯。

(5) 全场设一个出入口及门卫室，日夜值班，围墙按中建总公司标准制作，树立文明施工形象。

### 2.3.4　主楼结构工程施工平面布置

(1) 本阶段主要施工任务是：主楼结构、钢筋、模板、混凝土施工以及墙体砌筑、安装预留、预埋等，包括穿插进行的抹灰、管道安装工程。

(2) 利用原有水源和现场水路和电缆，重新进行修复后使用

(3) 利用原有塔吊基础，在主楼部分设置一台塔吊，重新安装一台施工电梯。

(4) 全场设一个出入口及门卫室，日夜值班，围墙局部采用压型钢板，并按有关标准制作安装，树立文明施工形象。

(5) 裙楼一～八层施工完毕，将钢筋加工房、木工房和周转材料堆场设置在裙楼一层内，利用裙楼中庭进行吊装。具体如图 2-5 所示。

### 2.3.5　装饰、安装阶段施工平面布置（见图 2-6）

(1) 本阶段主要任务是：室内砌筑围护、屋面工程、室外装饰及安装工程、室外绿化

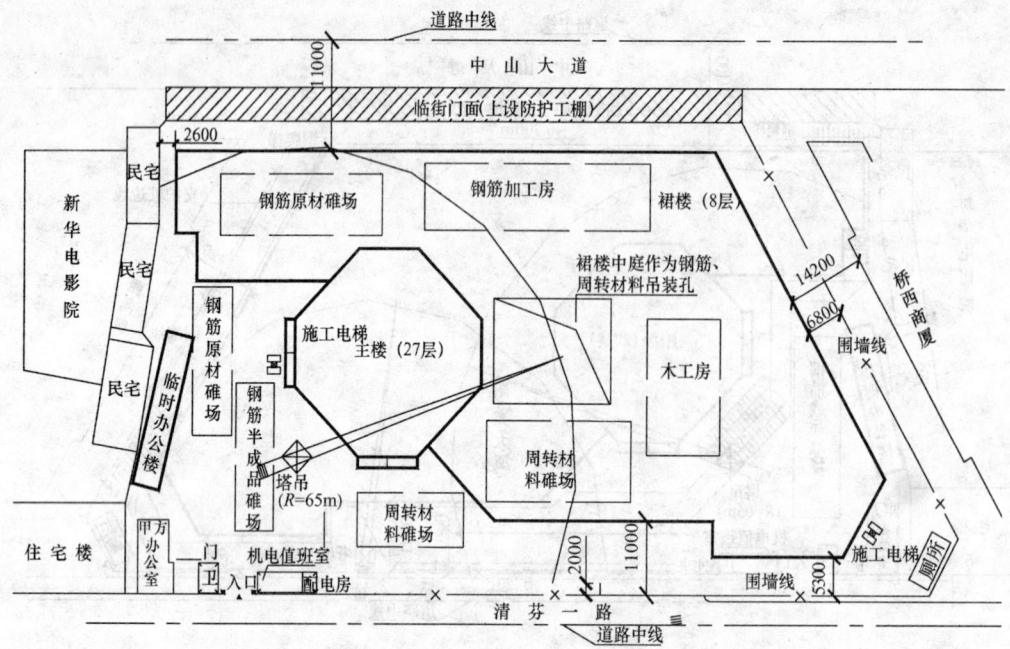

图 2-5 阳光大厦主楼施工总平面布置图（单位：mm）

注：①主楼施工时，钢筋加工房和木工房以及周转材料设置在裙楼部分一层内
②管理人员和民建队住宿设置在裙楼 2、3 层结构内。主楼结构施工完毕插入砌筑抹灰

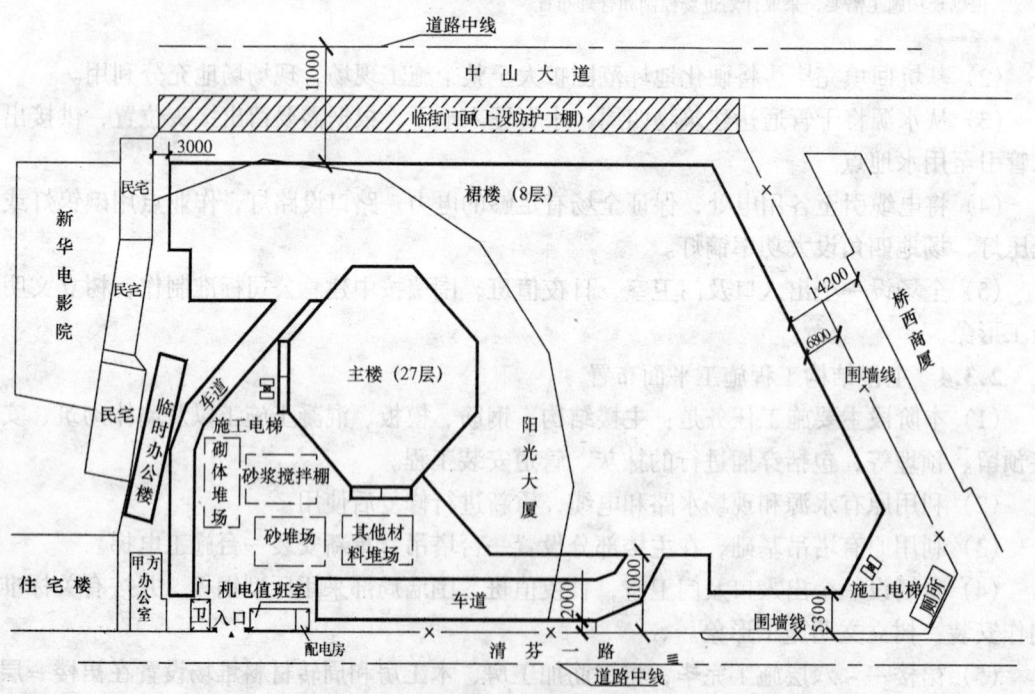

图 2-6 阳光大厦装饰施工平面布置图（单位：mm）

注：①主楼结构施工完毕，进行地下车道和砌筑围护结构的施工
②管理人员和民建队住宿设置在裙楼②、③层结构内

工程等。

(2) 主楼主体结构施工完毕,按照业主意见,先进行主楼砌筑围护施工,然后进行裙楼砌筑围护施工,现场临建拆除,在裙楼二层设置临时办公室。将安装、装饰等加工场地等陆续移出,原钢筋和木工加工场拆除。

(3) 外架随外墙涂料施工向下拆除,所有室外绿化地区部分空出,室外市政、道路、绿化等工程全面展开。

## 2.4 施工进度计划情况

由于资金严重短缺,该工程于1994年7月进场施工,1996年底完成工程桩施工;1998年1~8月完成支护结构、止水隔渗层土方和锚杆、花管注浆;1998年8月~1999年2月完成两层半地下结构的施工;1999年3~8月完成地上一~八层裙房结构的施工;2003年2月~2004年12月完成塔楼九~二十七层结构的施工。目前该工程主楼已交付使用,裙房由各招商投资单位按照各自使用功能进行精装修,2005年12月已进行裙房预验收。整个工程从开工到完工,历时11年之久。具体施工进度计划情况如表2-1所示。

施工进度计划表　　　　　　　　表2-1

| 序号 | 施工时间(年.月) | 施工内容 | 备注 |
|---|---|---|---|
| 1 | 1994.7~1996.12 | 工程桩施工 | |
| 2 | 1996.7~1997.5 | 支护桩施工 | |
| 3 | 1996.8~1997.8 | 止水隔渗层 | |
| 4 | 1998.1~1998.8 | 止水隔渗层、土方和锚杆、花管注浆 | 本工程资金严重短缺,从开工到完工,中途停工4次 |
| 5 | 1998.8~1999.2 | 地下结构的施工 | |
| 6 | 1999.3~1999.8 | 地上一~八层结构施工 | |
| 7 | 2003.2~2004.8. | 九~二十七层结构的施工 | |
| 8 | 2004.3~2005.8 | 装饰工程 | |
| 9 | 2005.12 | 预验收 | |

## 2.5 周转物资配置情况(脚手架、支撑、模板)

本工程内架采用普通扣件式钢管脚手架,地下室和一~八层裙楼外架采用双排扣件钢管脚手架,主楼九~二十七层采用附着式升降脚手架。主要周转材料如表2-2所示。

主要周转材料用量表　　　　　　　表2-2

| 序号 | 名称 | 规格 | 数量 | 进场时间(年.月) |
|---|---|---|---|---|
| 1 | 钢管 $\phi 48\times 3.5$ | 4.5~6.0m | 500 | 1998.3~1998.6 |
| | | 3.0~4.5m | 800 | |
| | | 1.5~3.5m | 200 | |

续表

| 序号 | 名称 | 规格 | 数量 | 进场时间（年.月） |
|---|---|---|---|---|
| 2 | 扣件 | 十字 | 18万颗 | 1998.3~1998.6 |
|  |  | 对接 | 3.5万颗 |  |
|  |  | 旋转 | 2.5万颗 |  |
| 3 | 木胶合板 | 915mm×1830mm<br>1220mm×2440mm | 36000m² | 1998.3~1998.5 |
| 4 | 木枋 | 50mm×100mm | 1000m³ | 1998.3~1998.5 |
| 5 | 竹挑板 | 300mm×2200mm | 6000m² | 1998年（分批进场） |
| 6 | 对拉螺杆 | φ14（带止水带） | 2万根 | 1998.3~1998.5（分批进场） |
| 7 | 对拉螺杆 | φ14（不带止水带） | 0.8万根 | 1998.3~1998.5（分批进场） |
| 8 | 安全网 | 侧网、底网 | 8000m² | 分批进场 |

## 2.6 主要施工机械选择情况（见表2-3~表2-5）

钻孔灌注桩基施工主要机械设备表　　　表2-3

| 序号 | 机械名称 | 型号 | 数量 | 使用时间（年.月） |
|---|---|---|---|---|
| 1 | 钻机 | 泰山-15 | 8台 | 1994.7~1996.12 |
| 2 | 泥浆泵 | 3PN | 8台 | 1994.7~1996.12 |
| 3 | 柴油发电机 | 60kW | 2台 | 1994.7~1996.12 |
| 4 | 自耦减压起动器 | GJ3 | 16台 | 1994.7~1996.12 |
| 5 | 汽车吊 | NK-16 | 1台 | 1994.7~1996.12 |
| 6 | 汽车吊 | NK-12 | 1台 | 1994.7~1996.12 |
| 7 | 混凝土运输车 |  | 6台 | 1994.7~1996.12 |
| 8 | 泥浆泵 | VC-100 | 5台 | 1994.7~1996.12 |
| 9 | 混凝土搅拌机 | JS350 | 5台 | 1994.7~1996.12 |
| 10 | 手推车 | 74型 | 20辆 | 1994.7~1996.12 |
| 11 | 清水泵 |  | 4台 | 1994.7~1996.12 |
| 12 | 空压机 | 0.9m³ | 2台 | 1994.7~1996.12 |

续表

| 序号 | 机械名称 | 型　号 | 数　量 | 使用时间（年.月） |
|---|---|---|---|---|
| 13 | 泥浆搅拌机 | 200L | 4台 | 1994.7～1996.12 |
| 14 | 千斤顶 | 5-20t |  | 1994.7～1996.12 |
| 15 | 电动卷扬机 | 1t | 1台 | 1994.7～1996.12 |
| 16 | 钢筋对焊机 | UN-100 | 1台 | 1994.7～1996.12 |
| 17 | 钢筋切断机 | GJ40-1、GJ50 | 各1台 | 1994.7～1996.12 |
| 18 | 钢筋弯曲机 | GW-40-1 | 3台 | 1994.7～1996.12 |
| 19 | 交流电焊机 | BX1-300 | 5台 | 1994.7～1996.12 |

**止水帷幕和降水施工主要机械设备表**　　　　表2-4

| 序　号 | 机械名称 | 型　号 | 数　量 | 使用时间（年.月） |
|---|---|---|---|---|
| 1 | 粉喷钻机 | HZJ | 3台套 | 1996.8～1997.8 |
| 2 | 空压机 |  | 3台 | 1996.8～1997.8 |
| 3 | 灰罐 | 1.3m³ | 3台 | 1996.8～1997.8 |
| 4 | 振动沉管钻机 | ZDJ-1 | 3台套 | 1996.8～1997.8 |
| 5 | 灰浆搅拌机 | 立式200L | 3台 | 1996.8～1997.8 |
| 6 | 灌浆泵 | SBY50/70 | 3台 | 1996.8～1997.8 |
| 7 | 钻机 | XU300-2 | 4台套 | 1996.8～1997.8 |
| 8 | 钻机 | XJ100 | 2台套 | 1996.8～1997.8 |
| 9 | 全自动高喷车 | 74-1 | 3台 | 1996.8～1997.8 |
| 10 | 泥浆泵 | 250/50 | 4台 | 1996.8～1997.8 |
| 11 | 自动上料搅拌机 | WJG-80 | 3台 | 1996.8～1997.8 |
| 12 | 空压机 | W6/7 | 3台 | 1996.8～1997.8 |
| 13 | 回浆泵 |  |  |  |
| 14 | 载重汽车 |  | 2台 | 1996.8～1997.8 |
| 15 | 发电机 |  | 1台 | 1996.8～1997.8 |
| 16 | 电焊机 |  | 1台 | 1996.8～1997.8 |
| 17 | 潜水泵 |  | 2台 | 1996.8～1997.8 |

土建结构施工主要机械设备表  表 2-5

| 序号 | 机械名称 | 型号 | 数量 | 使用时间（年.月） |
|---|---|---|---|---|
| 1 | 塔式起重机 | Q5512R | 1台 | 1998.3～1999.12 |
| 2 | 塔式起重机 | QTZ63 | 1台 | 1998.3～1999.12<br>2002.8～2004.9 |
| 3 | 施工电梯 | SCD200/200 | 1台 | 1999.9～2005.9 |
| 4 | 施工电梯 | SCD200/200 | 1台 | 2002.9～2004.12 |
| 5 | 混凝土输送泵 | HBT60C/1816D | 3台 | 1998.3～1999.12<br>2002.12～2004.9 |
| 6 | 柴油发电机 | 160kW | 1台 | 1998.3～1999.12 |
| 7 | 钢筋切断机 | GJ40-1、GJ50 | 各1台 | 1998.3～1999.12<br>2002.12～2004.9 |
| 8 | 钢筋弯曲机 | GW-40-1 | 3台 | 1998.3～1999.12<br>2002.12～2004.9 |
| 9 | 钢筋对焊机 | UN-100 | 2台 | 1998.3～1999.12<br>2002.12～2004.9 |
| 10 | 钢筋调直机 | GT4-14 | 2台 | 1998.3～1999.12<br>2002.12～2004.9 |
| 11 | 木工刨床 | MQ423B | 2台 | 1998.3～1999.12<br>2002.12～2004.9 |
| 12 | 木工锯床 | MT500 | 2台 | 1998.3～1999.12<br>2002.12～2004.9 |
| 13 | 交流电焊机 | BX1-300 | 4台 | 1998.3～1999.12<br>2002.12～2004.9 |
| 14 | 圆盘锯 |  | 1台 | 2002.12～2004.9 |
| 15 | 木工压刨 | MB104-1 | 1台 | 1998.3～1999.12<br>2002.12～2004.9 |
| 16 | 钢筋锥螺纹连接设备 |  | 2台 | 1998.3～1999.12 |
| 17 | 潜水泵 |  | 30台 | 1998.3～1999.12 |
| 18 | 振动器 | 平板式 | 20 | 1998.3～1999.12<br>2002.12～2004.9 |
| 19 | 振动器 | 插入式 | 80 | 1998.3～1999.12<br>2002.12～2005.9 |
| 20 | 高压水泵 |  | 1台 | 2002.12～2005.9 |
| 21 | 空压机 |  | 1台 | 2002.12～2005.9 |
| 22 | 砂浆搅拌机 | J350 | 3台 | 2002.12～2005.9 |
| 23 | 电渣压力焊机 | MH-36 | 3台 | 2002.12～2004.9 |

# 3 主要项目施工方法

## 3.1 地下工程

阳光大厦地下工程由2层、3层地下室组成,建筑面积18047m$^2$,基础采用钻孔灌注桩基础,桩基直径1100mm,地下一次开挖面积9200mm$^2$,开挖深度12.6m、11m,基坑周围房屋道路紧邻,管网密布,土质条件差,地下水位高,地下水丰富,且受长江水位影响,现场狭窄,基坑支护、降排水及土方开挖具有极大的难度和风险,如何确保地下工程顺利施工是本工程的一大重点和难点。根据武汉市多位专家的多次优化,最终工程设计为桩锚支护体系,地下水治理坑壁防渗采用垂直帷幕,基坑底止水防渗采取"半封半降"方案。

### 3.1.1 工程桩施工

根据中南设计院提供的设计图纸,本工程桩直径1100mm,桩长为55.5m(裙楼)、56.3m(裙楼)、55.3m(主楼)3种,钻孔深度68.3m,总桩数341根,详见表3-1。

工程桩设计概况表  表3-1

| 根数(根) | 桩径(mm) | 桩长(m) | 钻孔深度(m) | 混凝土强度等级 | 单桩承载力(kN) | 主配筋 | 部位 | 桩顶标高(m) |
|---|---|---|---|---|---|---|---|---|
| 134 | 1100 | 55.5 | 68.3 | C30 | 7000 | 20φ22 | 裙楼 | -12.80 |
| 169 | 1100 | 55.3 | 68.3 | C30 | 7000 | 20φ22 | 主楼 | -13.00 |
| 38 | 1100 | 56.3 | 68.3 | C30 | 7000 | 20φ22 | 裙楼 | -12.00 |

(1) 工程桩施工工艺(见图3-1)

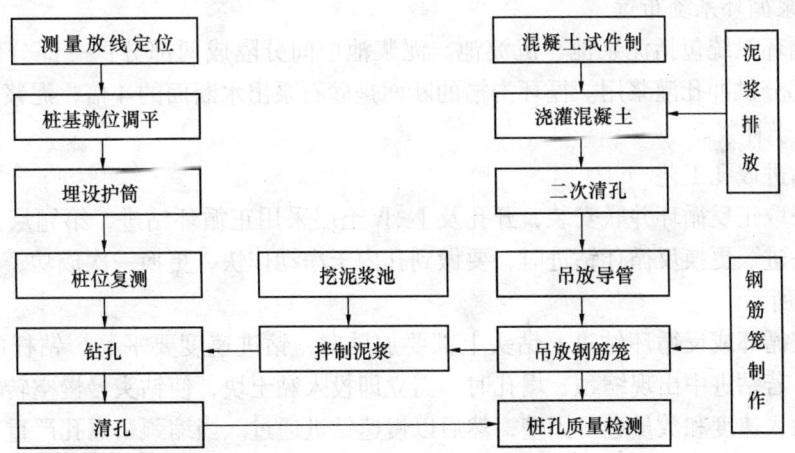

图3-1 工程桩施工工艺程序图

(2) 成孔钻进的技术配套工作

1) 桩位测量

桩位测量必须以建设单位提供的基线及水准点为准,汇集建设单位共同校核无误,并办理轴线定位移交手续后方可进行正式施测,要求附有测量记录,待护筒埋设好后进行复测,并做复测记录;同时,提交孔口高程。

2)护筒埋设

以经施测、并经复测无误后的工程桩位点为圆心,挖出比护筒直径大100mm、深度短于护筒长度200mm圆坑,护筒直径1.5-2.0m,护筒深2m,护筒中心与桩位中心偏差值小于50mm,坑底用砖托住护筒,护筒周围用黏土填充塞紧。

3)设备选择

工程桩选用15型钻机12台,具有正反循环钻进功能,适应本工程桩大口径和持力层入岩施工要求,钻机安装要求平稳,基土结实。本工程钻机布置在桩点之间移动,采取在轴线上布置钢轨,钻机移动沿钢轨滑行移动。

4)钻头选择

选用$\phi1100$双腰带特制钻头和嵌岩钻进特制钻头,以满足持力层入岩钻进施工要求。

5)开钻前的检查和规定

开钻前必须经质检人员检查验收无误,并下达开钻通知书后方可开钻。通知书上要明确钻孔编号、孔口标高、孔深、孔径等主要数据。

6)护壁泥浆配制及管理

根据本工程的土层地质情况,黏土层孔壁采用原土自造浆,其余土层孔壁均采用制备泥浆。钻孔施工中,应根据不同土层及时调整泥浆性能,以达到不同土层的护孔目的。

制备泥浆选用塑性指数大于10的黏土加水、加泥浆处理剂配置而成,泥浆的相对密度控制在1.1~1.3之间,黏度控制在20~28s之间,含砂率小于4%,胶体率大于95%。

7)泥浆循环系统布置

泥浆循环系统包括泥浆池、沉淀池。泥浆池中间分隔成两部分:一部分供钻进循环用;另一部分供冲孔灌浆用。循环沟槽的断面是砂石泵出水断面的4倍,泥浆槽高于孔口200mm,便于补浆。

(3)钻进成孔工艺

钻机采取正反循环并联安装,开孔及Ⅰ-Ⅳ土层采用正循环钻进,第Ⅷ层土及以下采用反循环钻进。更换反循环钻进时,要做到孔内干净动作快,更换一次成功,钻进成孔工艺如表3-2所示。

无论正循环或反循环钻进,钻头上都要加导向,钻进速度要平稳,钻杆的连接要紧固、密封;若钻进中出现缩颈、塌孔时,需立即投入黏土块,使钻头慢慢空转不进尺,并降低泥浆输入速度和数量进行固壁,然后以慢速钻进通过。当缩颈、塌孔严重或泥浆突然漏失时,应立即回填黏土,待孔壁稳定后或漏浆处已堵塞后再钻进。当钻孔倾斜或孔径不规则时,可往复提钻,从上到下进行扫孔纠正,应慢速低回程往复扫孔,防止钻头掉落或钻杆拔断。当扫孔纠偏无效时,应在孔中填黏土至偏孔处0.5m以上,重新开始以慢速钻进纠偏。

钻进成孔工艺表    表3-2

| 序号 | 土层名称 | 钻进方式 | 钻头类型 | 钻进压力转速 | 泥浆配制 | 相对密度 | 黏度 |
|---|---|---|---|---|---|---|---|
| 1 | 人工填土<br>黏土<br>粉质黏土<br>粉质黏土夹粉细砂<br>粉细砂<br>粉细砂夹黏土<br>细中粗砾砂夹卵石 | 正循环 | 非密集型齿型活动刮刀钻头或特制钻头 | 轻压慢速 | 黏土加处理剂 | 1.1~1.2 | 20~25 |
| | | | | | 原土自造浆 | 1.1~1.2 | |
| | | | | 中压快速 | 黏土加处理剂 | 1.1~1.3 | 20~28 |
| 2 | 砾卵石<br>强风化泥灰岩夹页岩<br>中风化泥灰岩夹页岩 | 反循环 | 密集型齿型刮刀钻头或特制钻头 | 重压快速 | 黏土加处理剂 | 1.2~1.3 | 20~28 |

在反循环钻进中,要防止砂阻;若出现砂阻时,要及时提钻串动。串动无效时,立即改正循环清除砂阻,待孔内正常后方可正常钻进。

清孔采用泵吸反循环两次清孔,第一次清孔在钻孔完成后;第二次清孔在导管放入后。当第二次清孔完成,测定沉渣厚度在规范要求以内,并在其他准备工作就绪时,即可浇灌桩身混凝土。

(4) 钢筋笼制作安装

根据设计要求对钢筋进行接长,应满足规范搭接要求,办好隐蔽验收记录。当钢筋笼吊入孔时,应注意垂直度,在钢筋笼上设置导向轮,保证钢筋笼居于钻孔中心。

(5) 导管的检查与吊放

导管入孔前,必须认真检查是否符合要求。导管必须平直,内壁光滑、无破损,螺纹连接处管柱密封性能良好。

导管应准确丈量长度,导管总长度以大于孔深0.3~0.5m为宜,密封圈必须规格相符,螺纹连接处应拧紧,确保灌浆管的密封。

(6) 桩身混凝土浇筑

导管入孔下至离孔底0.3~0.5m处,在灌浆架上接上漏斗并系牢。开始浇灌时,在灌浆斗内装满混凝土,再吊起一斗备用;当灌浆斗混凝土下料至1/3时,再将吊斗内混凝土放入,以达到管的第一次埋管不小于1m。正常浇灌混凝土时,导管埋深不小于2m,在灌注过程中每灌注$4m^3$测量一次混凝土面高度。混凝土应连续浇灌,分层振实,分层高度不大于1.5m,注意控制最后一次混凝土的灌注量。灌注量可超过设计桩顶标高1m左右,以保证当凿除桩顶浮浆层后,桩顶标高满足设计要求。

(7) 桩基验收

桩基施工完毕后,经各方验收意见,该工程桩基施工质量等级被评为优良,其中Ⅰ类桩占91.3%,Ⅱ类桩占8.7%,无Ⅲ类桩。

### 3.1.2 支护结构施工

(1) 支护结构方案选择

根据最终的优化方案，本工程支护体系采用桩锚支护体系，主要采用双排钻孔灌注桩，局部地段采取加设内支撑，配合花管注浆加固土体，详见阳光大厦支护图（图3-6）。

1) 支护主要采用双排钻孔灌注桩，呈外高内底设置，外排桩桩径1000mm，间距1.3m，桩顶标高-0.7m；内排桩桩径1200mm，间距1.5m，桩顶标高-6.70m。靠新华影院一侧采用单排桩加内支撑，桩径1500mm，间距1.73m，桩混凝土C30级，外排桩桩长15.2m；内排桩桩长有19.1m、22.1m、22.6m不等。

2) 中山大道一侧，清芬一路一侧，外排桩采用一桩一锚，锚杆标高-4.2m，锚杆长19m，内排桩锚杆标高-6.35m，锚于锁口梁上；锚杆长度16m，对应于外排桩二桩之间的空挡处设置，内外排桩的锚杆均采用3ϕ25螺纹钢。

3) 桥西商厦一侧，考虑到桥西商厦支护桩的因素，外排桩采用一桩一锚的短锚方式，锚杆标高-4.2m，锚杆长度7.6m，采取二次全程注浆加固，另在-1.7m、-2.9m、-5.4m标高上设3排水平向花管注浆加固土体，内排桩锚杆布设及标高同第2)条，锚杆长度11.4m，用2ϕ25螺纹钢，如图3-2所示。

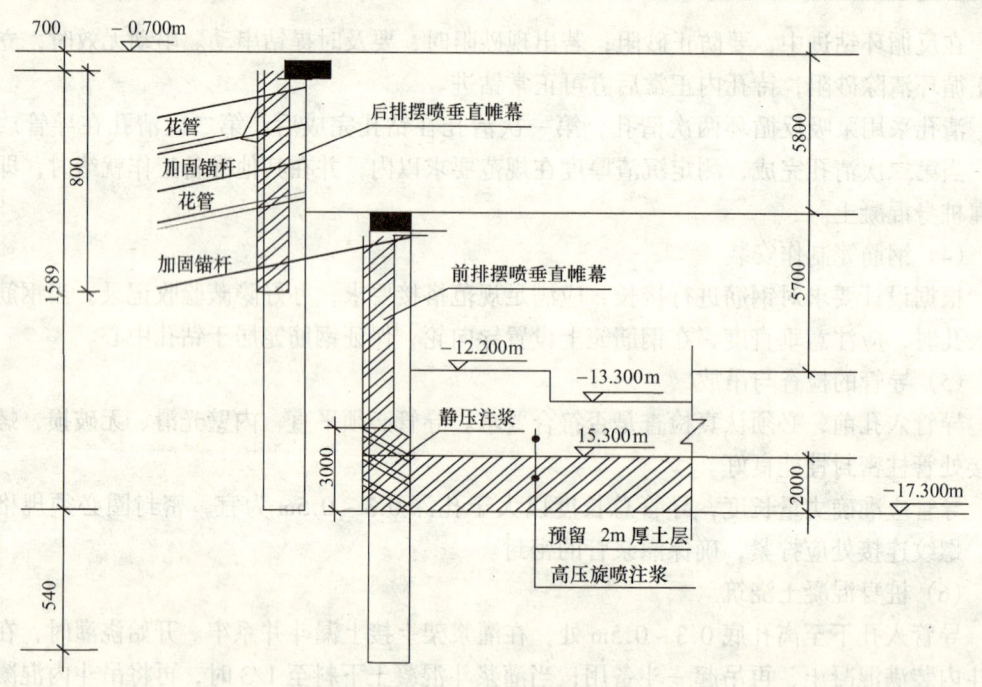

图3-2 桥西商厦一侧支护及防渗布置图（单位：mm）

4) 新华影院一侧，为解决新华影院对基坑开挖将形成过大超载、加固新花影院基础以下层回填土、此处现场平面尺寸受限（距基坑2.6m）等问题采取以下措施：

A. 设1.5m直径的单排支护桩。

B. 在支护桩外侧布置两排垂直向花管注浆，长度10m，孔距1.2m，排距1m，在支护桩内侧的-2.95m、-4.15m、-5.35m标高上设三排水平向花管注浆，长度分别为7m、6m、5m，形成对新华影院基础的托换，见图3-3所示。

C. 在此处基坑两内角上设置上层内支撑，采用ϕ609×14、ϕ426×9的无缝钢管组成，标高-1.4m，见图3-4。

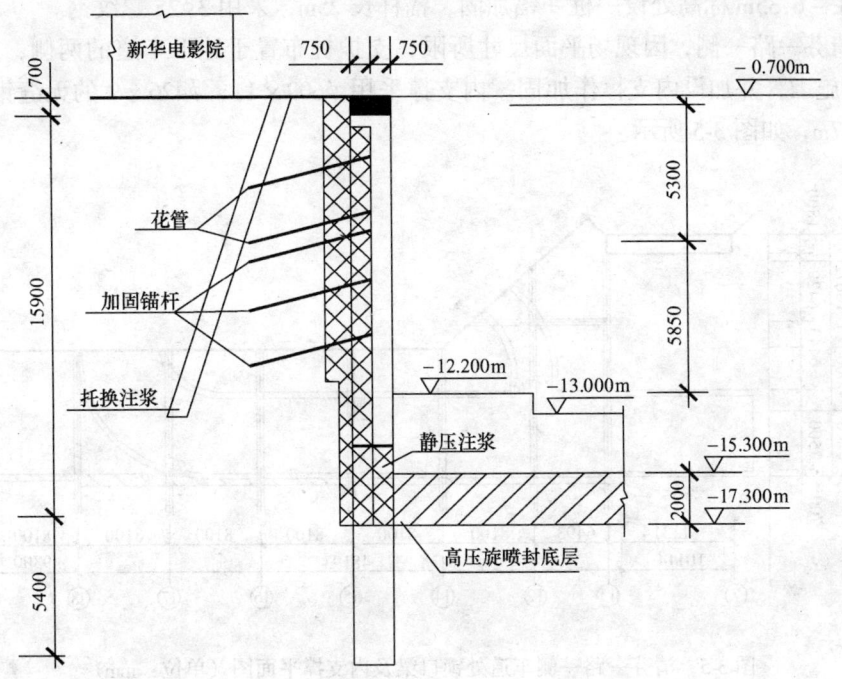

图 3-3 新华影院一侧支护及软托换图

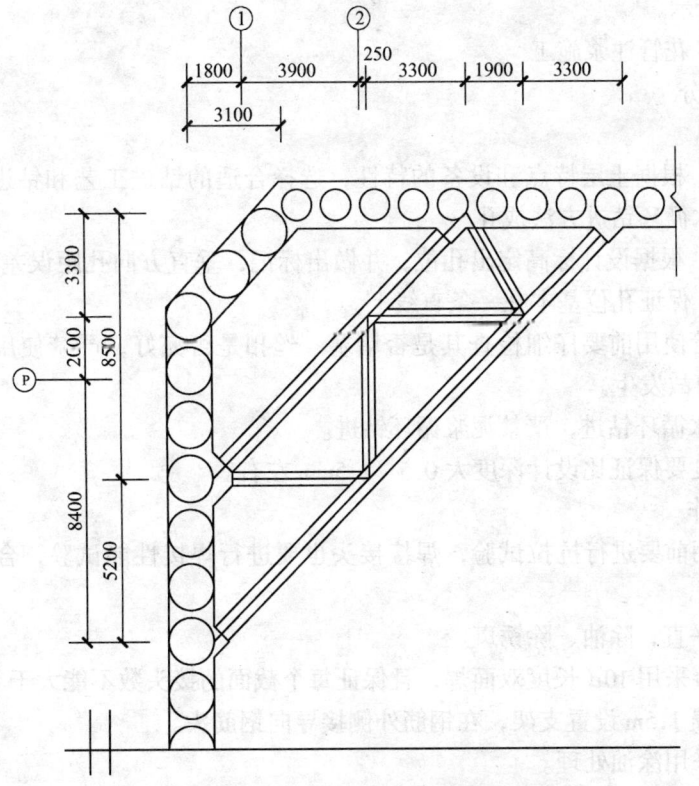

图 3-4 局部钢结构内支撑平面图（单位：mm）

D. 在 -6.35m 标高处设一桩一锚加固，锚杆长 25m，采用 3ϕ25 螺纹钢。

5) 清芬一路一侧，因现场平面尺寸所限，支护桩布置于地下车道的两侧，采取分次开挖分次施工，并加设内支撑作加固。内支撑采用 ϕ609×11、ϕ426×9 的无缝钢管组成，标高 -0.7m，如图 3-5 所示。

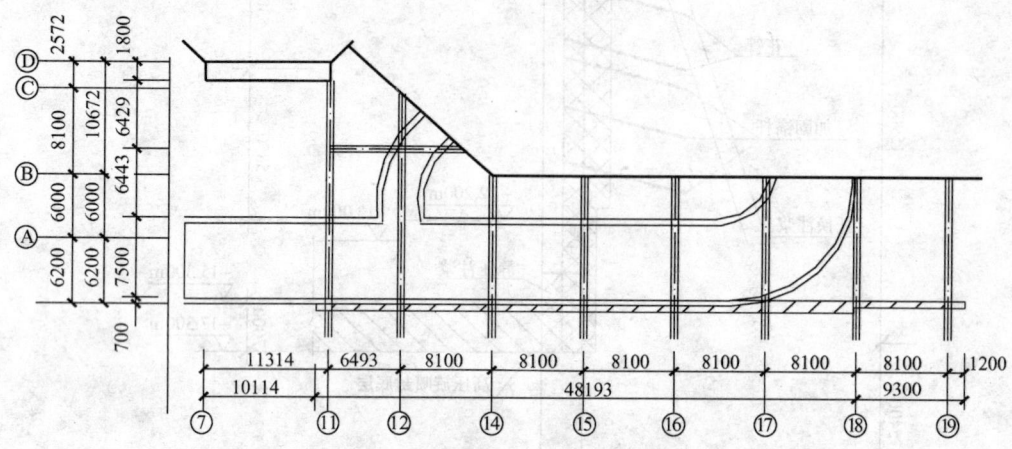

图 3-5　清芬一路一侧车道处锁口梁及内支撑平面图（单位：mm）

(2) 支护桩施工

支护桩采用钻孔灌注桩桩径 1000mm、1200mm 两种，共 404 根，施工方法同工程桩施工。如图 3-6 所示。

(3) 锚杆、花管注浆施工

1) 锚杆部分

A. 钻机

a. 钻孔前，根据土层特点和设备的特性，选择合适的钻进工艺和钻进方法，本工程采用全螺旋清水循环钻进方法成孔。

b. 钻孔前，根据设计标高定出孔位，并做出标记，垂直方向孔距误差不大于 100mm，施工中要拉线，保证孔位基本在一条直线上。

c. 螺旋钻管使用前要仔细检查其是否堵塞、丝扣是否完好，严禁使用磨损严重的钻杆，以防断钻事故发生。

d. 采用清水循环钻进，严禁泥浆循环钻进。

e. 终孔深度要保证比设计深度大 0.5~1.5mm 左右。

B. 杆体制作

a. 钢筋使用前要进行抗拉试验，焊接接头也要进行焊接性能试验，合格后方能用于工程上。

b. 钢筋要平直，除油、除锈斑。

c. 钢筋焊接采用 10$d$ 长度双面焊，且保证每个截面的接头数不能大于 1 个。

d. 杆体每隔 1.5m 设置支架，在钢筋外侧接导向钢筋头。

e. 自由端采用涂油处理。

f. 注浆管和钢筋要理顺，不能互相缠绕。

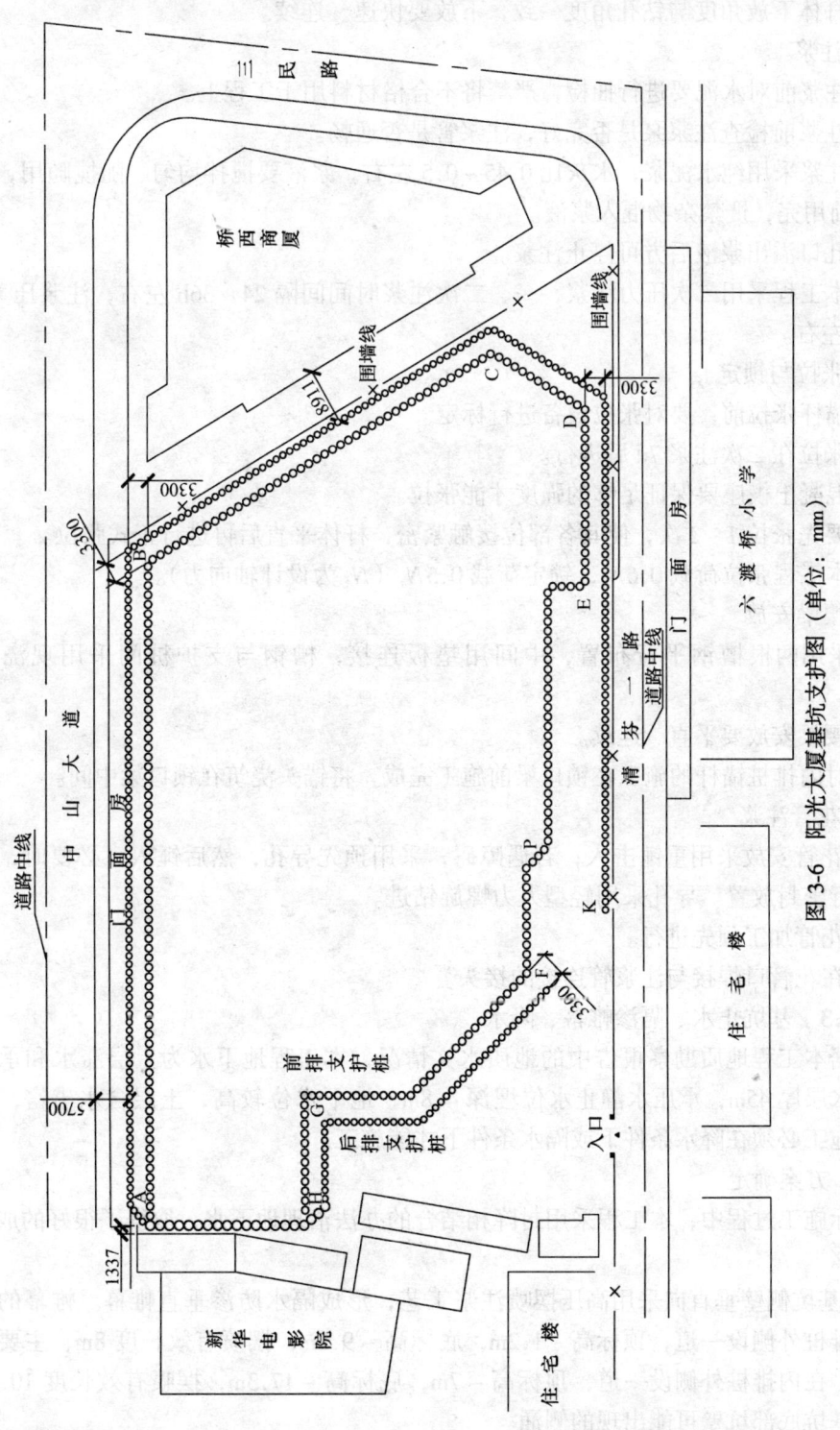

图 3-6 阳光大厦基坑支护图（单位：mm）

C. 杆体下放
a. 杆体用人力下放,孔口设滚轮支撑。
b. 杆体下放角度与钻孔角度一致,下放要快速、连续。
D. 注浆
a. 注浆前对水泥要进行抽检,严禁将不合格材料用于工程上。
b. 注浆前检查注浆泵是否完好,注浆管是否通畅。
c. 注浆采用纯水泥浆,水灰比 0.45~0.5 左右,浆液要搅拌均匀、随搅随用,浆液应在初凝前用完,严禁杂物混入浆液。
d. 孔口溢出浆液后方可停止注浆。
e. 本工程采用二次压力注浆,一、二次注浆时间间隔 24~36h 左右,注浆压力 0.2~3.0MPa 左右。
E. 张拉与锁定
a. 锚杆张拉前,要对张拉设备进行标定。
b. 张拉在二次注浆 7d 后进行。
c. 混凝土楔座要保证足够的强度才能张拉。
d. 要先张拉 1~2 次,使其各部位接触紧密,杆体平直后再进行正式张拉。
e. 本工程张拉荷载 $0.6N_t$,锁定荷载 $0.5N_t$($N_t$ 为设计轴向力)。
F. 腰梁安放
a. 采用两根槽钢平行布置,中间用垫板连接,槽钢与支护桩间采用现浇混凝土楔座。
b. 腰梁安放要平直、连续。
c. 对内排桩锚杆的施工在锁口梁前施工完成,将锚头浇筑在锁口梁中间。
2) 花管注浆
A. 花管安放采用重锤击入;若遇障碍,采用预先导孔,然后锤入。必要时,在花管根部进行密封放置。导孔采用轻型人力螺旋钻进。
B. 花管加工预先进行。
C. 在花管口焊接与注浆管连接的接头。

**3.1.3 基坑止水、隔渗帷幕、降水**

根据本工程地质勘察报告中的地质水文情况,本工程地下水为上层滞水和承压水两种,含水层厚 45m,承压水静止水位埋深 4.8m,地下水位较高,土层含水丰富,土方及地下室施工必须在降水条件下或隔水条件下才能施工。

(1) 方案确定

实际施工过程中,本工程采用封降相结合的办法治理地下水,取得了很好的成效,详见图 3-7。

1) 基坑侧壁垂直向采用高压摆喷注浆工艺,形成隔水防渗垂直帷幕。帷幕的布设采取在外排桩外侧设一道,顶标高 -1.2m,底标高 -9.2m,摆喷有效长度 8m,主要隔绝上层滞水;在内排桩外侧设一道,顶标高 -7m,底标高 -17.3m,摆喷有效长度 10.3m,主要隔绝基坑底部坑壁可能出现的侧涌。

2) 基坑坑底水平向采取高压旋喷注浆工艺封底,配合减压降水的综合方案,封底厚度为2m。在封底层的顶面至基坑底留2m厚配重土层，使基坑开挖后还剩有4m厚的"不透水覆盖层"。

3) 垂直帷幕和水平封底层在支护桩的连接处采取静压注浆，使基坑形成整体的全封闭防渗帷幕。

4) 在基坑底形成4m厚的相对不透水层后，设13口减压降水井进行降水，设4口备用井作为应急使用，降水井直径650mm，井深45m，达到了预期的降水效果。

(2) 高压喷射（旋喷、摆喷）注浆施工工序及流程

根据设计图纸估算，包括车道在内，共有6151孔，其中基坑水平帷幕有5666孔，垂直帷幕有485孔，施工工作量较大。

高压旋喷注浆和高压摆喷注浆总称高压喷射注浆，高压喷射注浆是采用钻机钻进至设计桩端，进行成孔。将喷射器置于设计桩端，在高压水（含压缩空气）作用下，切割土体；同时边提升边旋转（或角度摆正），浆液低压喷出充填，以射流式搅动切割土体后，使土体与浆液充分混合成一个均匀圆柱状（扇状）固结体。该固结体强度高，渗透系数小，可以达到止水的目的。施工流程详见图3-8。

(3) 高压悬喷施工方法

1) 钻机就位

钻机安放在设计的孔位上并应保持垂直，施工时旋喷管允许偏斜不得大于1.5%。

2) 钻孔

单管旋喷常使用XY-Z型旋转振动钻机，钻进厚度达30m以上，适用于标准贯入度小于40mm的砂土和黏性土层。当遇到比较坚硬的地层时，宜用地址钻机钻孔。钻孔位置与设计位置的偏差不得大于50mm。

3) 插管

插管是将喷管插入地层预定深度。使用76型振动钻机钻孔时，插孔与钻孔两道工序合二为一，即钻孔完成时插管作业同时完成。如使用地址钻机钻孔完毕，必须拔出岩芯管，并换上旋喷管插入到预定深度。在插管过程中，为了防止泥砂堵塞喷嘴，可边射水边插管，水压力不超过1MPa。若压力过高，易将空壁射塌。

4) 喷射作业

当喷管插入预定深度后，由下而上进行喷射作业，值班人员必须时刻注意检查浆液初凝时间，注浆流量、压力、旋转提升速度等参数是否满足设计要求，并随时做好记录，绘制作业过程曲线。

5) 冲洗

喷射施工完毕后，应把注浆管等机具冲洗干净，管内、机内不得残存水泥浆，通常把浆液换成水，在地面上喷射，以便把泥浆泵、注浆管和软管内的浆液全部排除。

6) 移动机具

将钻机等机具设备移到新孔位上。

(4) 主要技术要求

1) 旋喷机就位时机座要平稳，立轴或转盘与孔位对正，倾角与设计误差一般不得大于0.5°。

2) 喷射注浆前要检查高压设备和管路系统，设备的压力和排量必须满足设计要求。

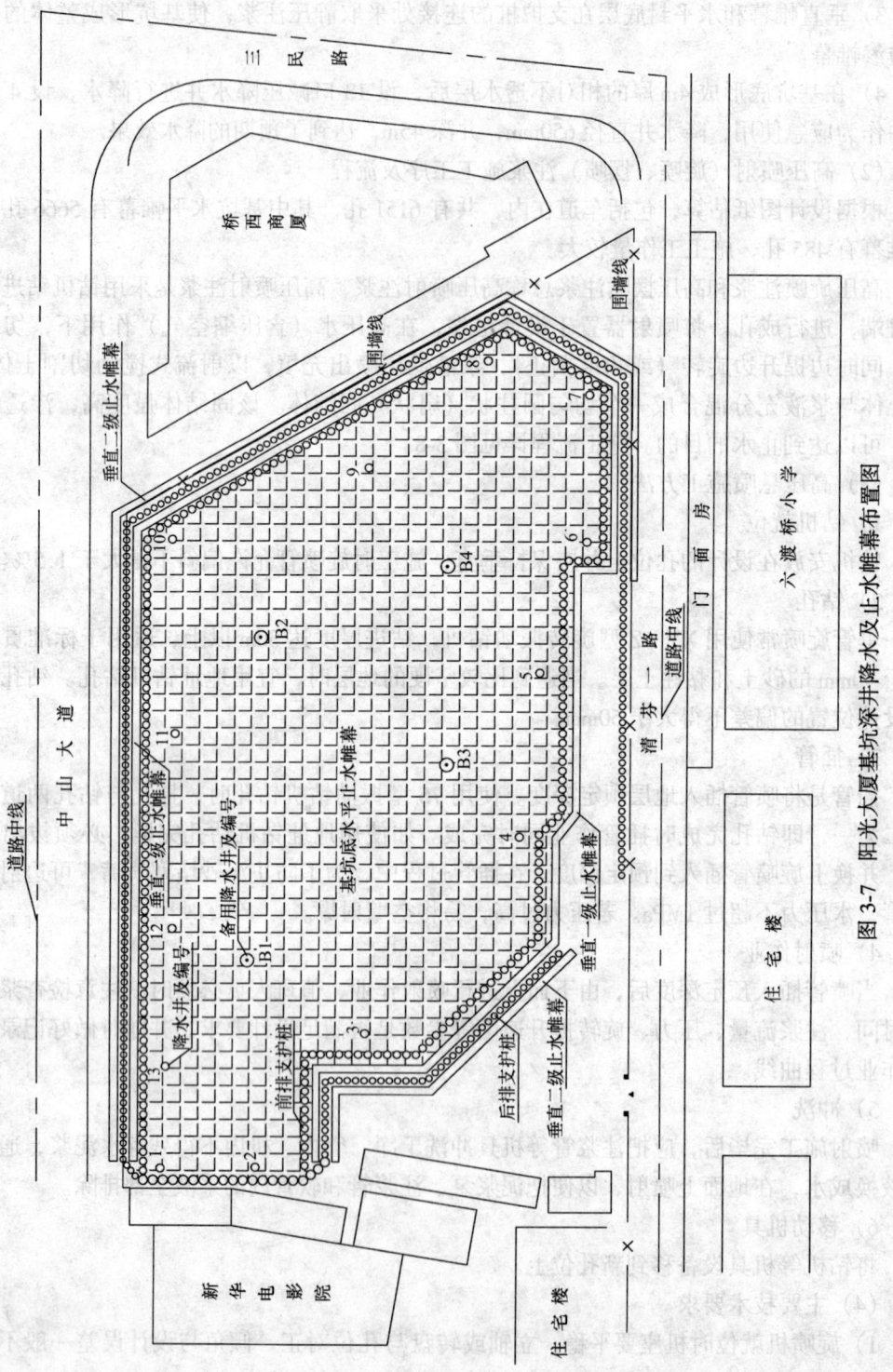

图 3-7 阳光大厦基坑深井降水及止水帷幕布置图

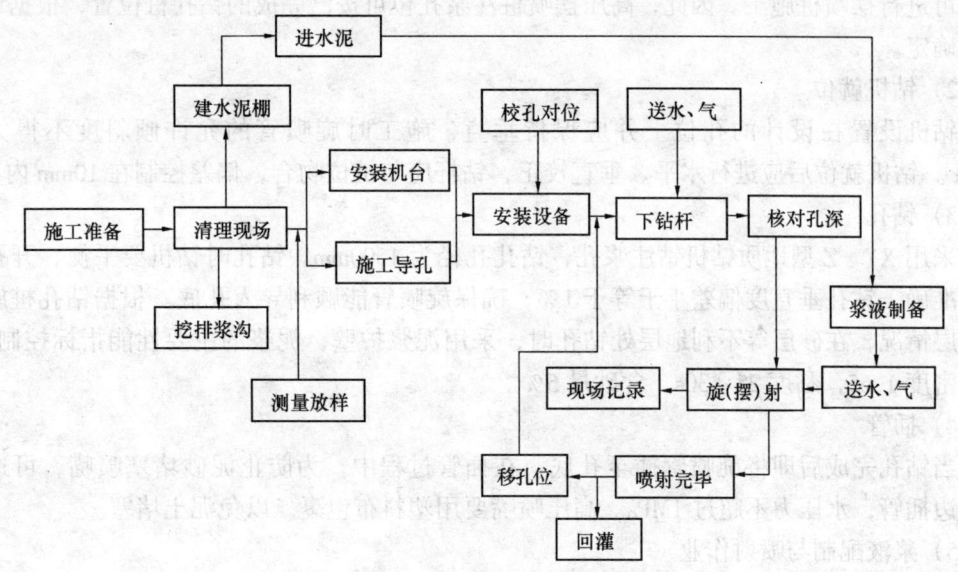

图3-8 施工流程图

管路系统的密封圈必须良好。各通道和喷嘴内不得有杂物。

3) 喷射注浆时要注意准备,开动注浆泵,待估算水泥浆的前锋已经流出喷头后,才开始提升注浆管,自下而上喷射注浆。

4) 喷射注浆时,开机顺序也要遵守第3)条的规定。同时,开始喷射注浆孔的孔段要与前段搭接0.1m,防止固结体脱节。

5) 喷射注浆作业后,由于浆液析水作用,一般均有不同程度的收缩,使固体顶部出现凹穴,所以应及时用水灰比为1:1的水泥浆进行补灌,并要预防其他钻孔排出的泥土或杂物进入。

6) 为了加大固结体尺寸或深层硬土,避免固结体尺寸减小,可以采用提高喷射压力、泵量或降低回转与提升速度等措施,也可采用复喷工艺。

7) 冒浆的处理,在旋喷处理中,往往有一定数量的土粒,随着一部分浆液沿着注浆管壁冒出地面。通过对冒浆的观察,可以及时了解土层状况、旋喷的大致效果和旋喷参数的合理性等。根据实验,冒浆(内有土粒、水及浆液)量小于注浆量的20%为正常。超过20%或完全不冒浆时,应查明原因并采取相应的措施。若是地层中有较大空隙引起的不冒浆,则可以在浆液中掺入适量的速凝剂,缩短固结时间,使浆液在一定土层范围内凝固;另外,还可以在空隙地段增加注浆量,填充空隙后再继续正常旋喷施工。冒浆量无穷大的主要原因,一般是有效喷射范围与注浆不相适应,注浆量大大超过旋喷固结所需的浆量所致。减小冒浆的措施有三种:提高喷射压力;适当缩小喷嘴直径;控制固结体形状。在正常情况下的冒浆可沿公路横向方向,在相邻两个孔之间开挖排浆沟,形成桩与桩之间的系梁,以便提高复合地基总体承载力。

(5) 高压摆喷施工方法

1) 孔位放样

高压摆喷桩布置在钻孔灌注桩的桩间外侧,在钻孔桩完成且桩芯混凝土达到一定强度后即可进行摆喷桩施工。因此，高压摆喷桩注浆孔位可按已完成的钻孔桩位置，根据设计要求确定。

2) 钻机就位

钻机设置在设计的孔位上并应保持垂直，施工时旋喷管的允许倾斜度不得大于1.5%。钻机就位后应进行水平、垂直校正，钻杆应与桩位吻合，偏差控制在10mm内。

3) 钻孔

采用XY-Z型地质钻机钻注浆孔，钻孔孔径为1500mm。钻孔时钻机要平衡，开孔孔位要准确，钻孔垂直度偏差小于等于1%，确保旋喷管能顺利导入孔底。根据钻孔桩施工的地层情况，在砂层等不利地层处钻孔时，采用泥浆护壁，泥浆的主要性能指标控制为：相对密度1.65，黏度25~30s，含砂量5%。

4) 插管

当钻孔完成后即将旋喷管插至孔底。在插管过程中，为防止泥砂堵塞喷嘴，可边射水、边插管，水压力不超过1MPa。高压喷嘴要用塑料布包裹，以免泥土堵塞。

5) 浆液配制与喷射作业

浆液用强度为32.5级的火山灰质水泥和自来水配制，水灰比为1:1，再加入水泥用量的3%的水玻璃，采用立式搅拌罐搅拌，然后以设计要求的技术参数进行摆喷。在摆喷过程中，经常检查高压水泵和浆液压力、注浆管提升速度及孔口冒浆情况，控制冒浆量可采用：在浆液中掺加适量的速凝剂，缩短固结时间，或者适当缩小喷嘴孔径，加快提升速度等方法，并随时做好记录。

由于摆喷桩止水的效果往往取决于砂层的成桩质量，因此，在砂层段采取减慢提升速度或复喷的办法，保证成桩质量。摆喷注浆如中途发生故障，立即停止提升和摆喷，待检查排除故障后再继续施工。

6) 冲洗

喷射施工完毕后，应把注浆管等机具设备冲洗干净，管内机内不得残存水泥浆，通常将浆液换成水，在地面上喷射，以便把泥浆泵、注浆管以及软管内的浆液全部排出。

摆喷桩钻孔过程所产生的废浆经沉淀处理后，废水经处理后排入下水道，余碴堆至临时堆碴场，摆喷注浆产生的废浆，则排至废浆池硬化后及时外运。

(6) 基坑降水方案

根据本工程的地质情况及结构设计情况，±0.00相当于绝对标高25.100m，而本工程的承压含水层的水头标高为19.600m，基坑最大开挖深度为-14.600m，开挖上述深度后，承压含水层顶板局部已经揭穿，且未揭穿部分的残余厚度已相当薄，必须采取降水措施对承压水进行处理，以便施工地下结构。

根据中汉岩土工程技术开发公司设计的深基坑降水方案，需完成13眼抽水井，4眼备用井，5眼观测孔，持续降水4个月左右达到降水的目的，根据工程进度安排，现场设置3台冲击式钻机。

成井工艺如下：

1) 成井施工主要技术目标

A. 准确地将降水井、观测孔的位置测放到实地现场，测放位置误差不大于±3cm。

B. 钻机到位后，钻机安装稳正，钻孔开凿圆、正、直，井深倾斜度不能超过1O‰。

C. 井管安装前检查井身的圆度和深度，井身直径不得小于设计井径 20mm，孔底不得有沉淀物。安装井孔管时采用扶正器下管，使井孔管位于所凿孔中心。投放滤料、黏土球时沿井管连续均匀填入，同时测量记录其位置和数量；发现中间卡塞时及时进行处理，以保证填封密实。

D. 必须待井管、滤料、黏土球等质量符合要求并到位后方可开始井孔施工。

E. 抽水井要求出水量达到设计出水量，开泵 30min 后水中含砂量小于万分之一，长期运行时含砂量小于十万分之一，观测孔要求反映水位变化灵敏。

2）施工工序

水井施工质量的好坏是基坑降水能否成功的关键，采用冲击式钻机能保证成孔质量，施工工序如图 3-9。

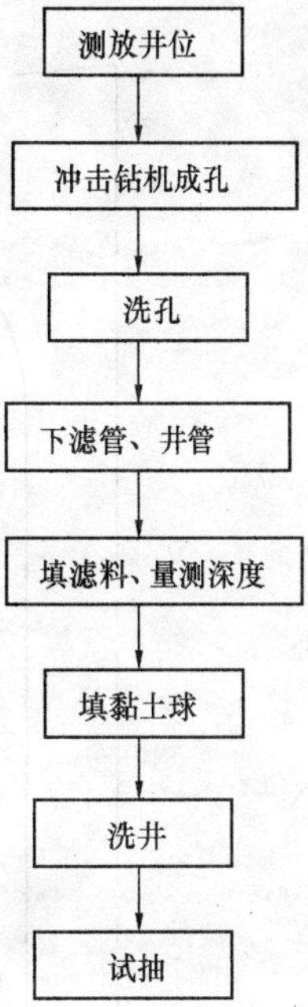

3）降水维持期要求

基坑降水在基坑开挖至 4.0m 时进行，一直持续到满足地下室安全施工完毕时止。在降水维持阶段，为及时了解地下水情况，值班人员每台班测量水位 2～3 次（遇特殊情况加密观测），各泵抽水 1～2 次，将测量结果交现场技术员分析并整理资料，确保降水情况稳定。

图 3-9 水井施工工序图

### 3.1.4 土方开挖

土方开挖采取分层开挖，与预应力锚杆、花管注浆施工安排穿插施工作业，基坑开挖施工采用信息施工、控制开挖法详见基坑土方开挖示意图（图 3-10）。

（1）土方开挖设备选择

根据土方开挖量、土方外运速度及武汉市只准夜间清运渣土的规定，确定选择机械车辆如下：

1）挖掘机：W1-100　4台　最大挖深6.8m

　　　　　　W1-50　2台　最大挖深6.5m

2）推土机：T3-100　1台

3）潜水泵：6台

4）运土汽车：$8m^3$ 翻斗车　30辆

（2）基坑开挖的顺序原则

1）第一层第一次开挖：首先进行新华影院（HA）段的软托换，同时从其他段开始施工外排桩锁口梁。当锁口梁养护 7d 后，先开挖桥西侧（BC）段和新华侧（HA）段至 -3.9m 处，开挖宽度 8m，深度 2.7m，插入两侧的短锚杆（花管注浆）施工。此处开挖的土方量约 $2400m^3$，选用两台挖掘机，2d 完成。

2）第一层第二次开挖：当外排桩锁口梁养护 14d 后，采取大面开挖至 -5.2m 处，开挖时先沿（HA）段、（AB）段、（BC）段开挖 8m 宽槽，以利于尽早插入外排桩上短锚杆、长锚杆和①轴内支撑的施工作业。该层挖土深度 4m，挖方量约 $31000m^3$，同时挖出运输车

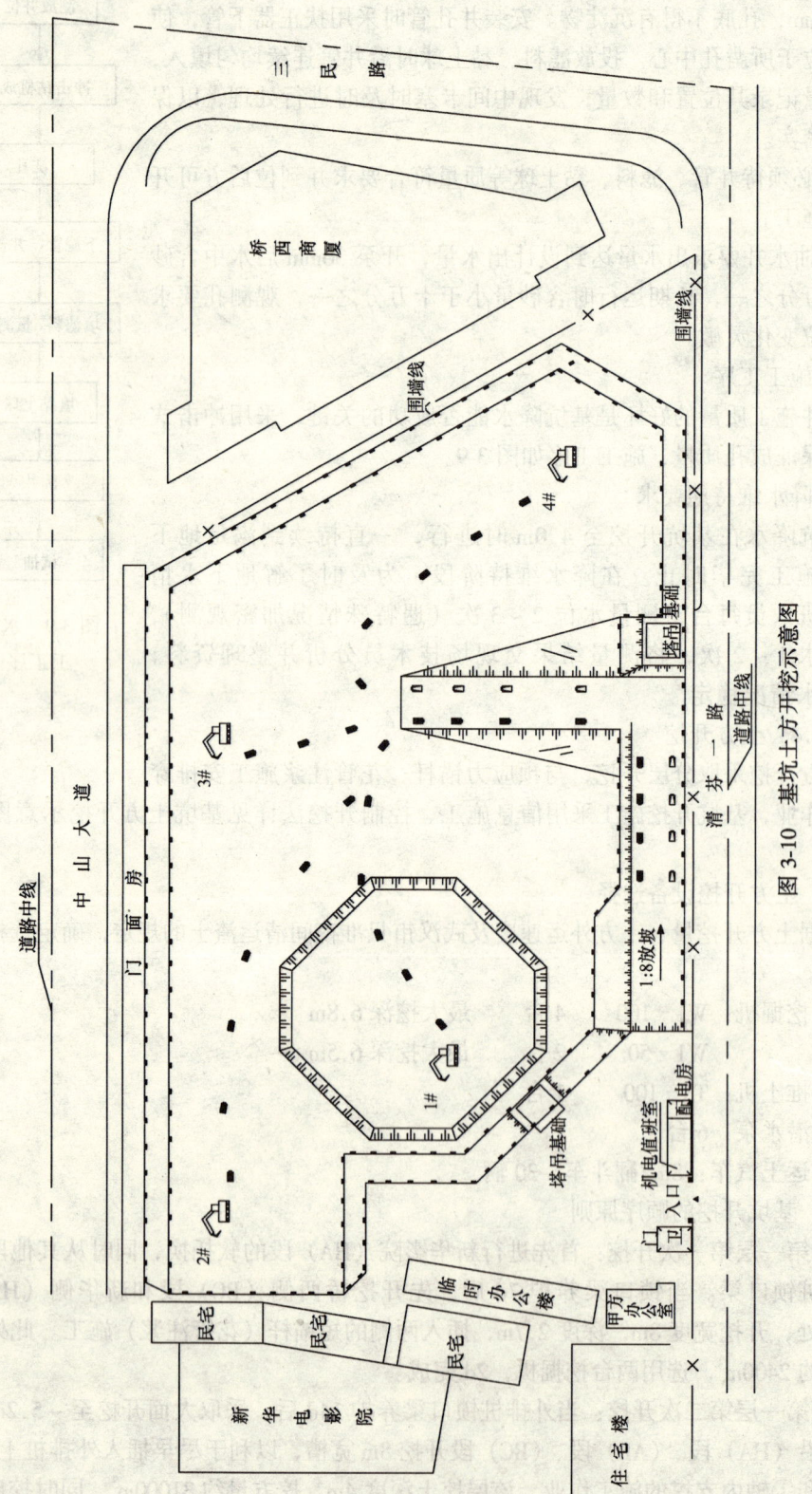

图 3-10 基坑土方开挖示意图

道，选择挖掘机6台，8d完成。

3) 第二层开挖：当上层锚杆锁定后，外排桩与内排桩之间挖至-6m，内排桩及内排桩以内大面开挖至-6.8m处，开挖时先沿（HA）段、（AB）段、（BC）段开挖8m宽槽，便于插入外排桩上锚杆和内排桩上锚杆、内排桩锁口梁的施工。该层挖土深度1.6m，挖方量约13000m$^3$，由于受车道运输制约，选择挖掘机4台。

4) 第三层开挖：内排桩锁口梁养护14d后，从-6.8m大面开挖至-9.0m，该层挖方量约16200m$^3$，选择挖掘机4台。

5) 第四层开挖：从-9.0m大面开挖至基坑底，裙楼挖至-11.5m标高同时将J2-J6承台机械挖槽。主楼挖至-13.10m标高。该层挖方量约21800m$^3$，选择挖掘机4台，其中小挖掘机2台负责承台开挖。

6) 人工清边清底并挖J1承台，J1承台采取跳挖。

花管注浆、锚杆施工、降水等的施工参见3.1.2节及3.1.3节的内容。

**3.1.5 基坑监测**

(1) 基坑监测目的

本基坑范围大，周围环境变化大且复杂，基坑支护防水方案亦可能因工程水文地质条件的复杂性及开挖后动态变化因素而作出相应的针对性调整，加之安全经济的方案本身和施工质量均可能潜在薄弱环节，有必要在基坑开挖及地下室施工期间对基坑支护系统、周边土体、相临建筑物、道路、地下管线、地下水动态变化等建立系统严格的监测网络，进行有效的综合监测与跟踪监测，确保施工的顺利进行及周边环境的安全。

(2) 监测项目

根据本工程的特点，确定监测项目如下：

1) 支护结构顶部水平位移及沉降观测；
2) 四周土体表面、临近建筑物、沿街地下管线、道路的水平唯一及沉降观测；
3) 临近重要建筑物的倾斜观测；
4) 支护桩及外侧土体的变形和倾斜观测；
5) 内支撑（锚杆）结构受力观测；
6) 支护结构外侧土压力及水压力观测；
7) 地下水位观测；
8) 防渗结构初检、渗漏追踪；
9) 目测巡视。

(3) 监测仪器（见表3-3）

(4) 观测方法

1) 将双轴感应器以滑轮组件放入套管内，以电缆连接双轴感应器及指示器。自管底往上每隔50cm记录量测读数，当一方向测读结束后，将感应器转180°，重复前述动作，以消除测读的系统误差，将本次的观测值与初始量测值根据仪器的原理，由每次测量值与初始值相比较，可求得变位量及位移方向。

2) 沉降/水平位移测点（地面型及结构物型）

用精密水准仪以水准基点作环行高程测量，得到各测点的高程，并将该高程与初始高程相比较，即得沉降量。

监测仪器一览表　　　　　　　表 3-3

| 仪器名称 | 用　途 |
|---|---|
| SINCO 测斜仪、CX-56 测斜仪 | 测孔斜 |
| 拓普康全站仪、经纬仪（010B） | 位移观测 |
| SIR-2 彩色地质雷达 | 防渗结构检测、地下管网及障碍物调查、渗漏追踪 |
| NA2 水准仪 | 沉降观测 |
| DK-51 电脑全自动孔隙水压力仪 | 土压力、水压力测试 |
| AW-3 电脑全自动水位仪 | 水位观测 |
| MODE16201 倾斜仪 | 测建筑物倾斜 |
| SH3815 应力应变仪<br>YJ-25 应力应变仪 | 应力应变测试 |
| 位移收敛仪 | 位移辅助测量 |
| 裂缝读数显微镜 | 裂缝观测 |

3）建筑物倾斜计

将倾斜计的两孔对准测点的预埋螺杆装入，并拧紧螺帽，调整倾斜计的调节钮，使其与平面始终平行，通过测读仪器测读其倾角，与初始值比较，即得被测建筑物的倾斜的变量。

4）地锚荷重仪

将仪器电缆各导线连接于指示器分别读各仪器的量测值，将此次量测值减去初始读值，再乘以该仪器的校正系数，即可得该支撑的轴力大小。

5）水土压力计

将各传感器电缆接于观测仪器上，电子自动观测记录。

6）防渗结构初检、侧壁渗漏追踪

本基坑防渗结构体为混凝土或水泥土构成，其物理性质与土体有很大差别。如果防渗结构因施工质量或结构位移变形出现破损，则在这些局部位置物理性质将有所改变（主要是入水引起），这种变化往往造成工程事故。运用地质雷达在开挖前探测，即利用雷达的高频反射彩色成像技术，可在某种程度上揭示这种变化，防患于未然。具体运作如下：

A. 在基坑平面范围布置测线，开挖前初检防渗结构的完整性（竖向帷幕、水平封底）。

B. 一次开挖至某一标高时，由于结构位移变形的产生，可能出现异常的部位，此时沿原测线再次探测。

C. 再次开挖视位移形变测量结果，超前布置探测。

D. 如坑壁或坑底出现漏水点（特别是处于坑壁下部粉土、砂土壁段），应立即停止开挖，沿漏水点范围布置网状测线，综合分析确定渗漏范围，并据此提出应急处理措施。

7）目测巡视

由有经验的工程师每天进行肉眼巡视，主要是对锁口梁、临近建筑物及临近地面可能出现的裂缝、塌陷和支护结构工作失常、流土、渗漏或局部管涌等不良现象的发生和发展进行记录、检查和综合分析。肉眼巡视包括，用裂缝读数显微镜量测裂缝宽度和使用一般的度量衡手段。

(5) 观测周期

基坑开挖前：进场埋设监测仪器，设置监测站，部分监测点根据开挖顺序在各边开挖前后陆续布设，建立基点网，初值观测，周边环境调查等。

在开挖期间，一般每 3~5d 监测一次，出现险情时则监测时间为一天一次或数次。

观测频率表详见表 3-4。

观测频率一览表　　表 3-4

| 序号 | 项目名称 | 最少的监测频率 |
| --- | --- | --- |
| 1 | 水准点 | 每两月校核一次 |
| 2 | 桩体及土体测斜管 | 开挖前后各观测一次，开挖期间每周两次，平时每周一次 |
| 3 | 沉降/水平位移观测点 | 开挖期间每周两次，平时每周一次 |
| 4 | 倾斜仪 | 开挖期间每周两次，平时每周一次 |
| 5 | 地锚荷重计 | 安装及预压后 10d 内，每日观测一次，开挖期间每日观测外，平时每周观测三次 |
| 6 | 水/土压力计 | 开挖期间每周两次，平时每周观测一次 |

### 3.1.6 地下室结构工程

地下室结构工程施工方法详见"3.2 结构工程施工方法"。

### 3.1.7 地下防水工程

(1) 结构自防水

在混凝土中掺加 UEA 微膨胀剂配制出符合设计抗渗等级要求的抗渗混凝土。

在混凝土施工时必须与安装预埋密切配合，对穿墙的预埋件、对拉螺栓加焊止水片，水平施工缝部位埋设 BW 橡胶止水条，穿墙管道设防水套管。

(2) 外墙附加防水施工（PA103 聚氨酯防水胶一布三涂）

墙体后浇带、施工缝处理完毕，墙体混凝土达到干燥时，进行附加防水层施工。

清理基层，尤其是对阴阳角、管道根部进行清理。

用长把滚刷大面积涂刷聚氨酯防水涂料底胶，狭窄小面用油漆刷涂刷。防水涂料按配比现配现用。当底胶干燥固化 24h（不黏手）以后，涂刮第一道防水涂料，未固化前随即粘贴玻纤布；当第一道防水涂料干燥固化 24h（不黏手）以后，涂刮第二道防水涂料，涂刮方向与第一道相垂直。

## 3.2 结构工程

### 3.2.1 钢筋工程

本工程转换层以下钢筋在外租场地加工、转换层以上钢筋均在现场加工成型，钢筋工程的重点是粗钢筋的下料、定位、绑扎、焊接或机械连接。

(1) 钢筋采购、检验与存放

钢筋进场必须附有出厂证明（试验报告）、钢筋标志，并根据标志批号及直径，按《钢筋混凝土用热轧带肋钢筋》GB 1499—1998 等规范规定做见证取样和检验。

钢筋进场后严格按分批同等级、牌号、直径、长度挂牌堆放，钢筋下垫以垫木，离地面不少于 20cm，以防钢筋锈蚀和污染。钢筋半成品标明分部、分层、分段和构件名称，同一部位或同一构件的钢筋要放在一起，并有注明构件名称、部位、尺寸、直径、根数的标识。

(2) 钢筋翻样

翻样时综合考虑墙、梁、柱、板的相互关系，根据图纸对复杂部位放样。按照设计和规范要求，翻样时注意钢筋穿插、占位避让、均衡搭配等因素。

(3) 钢筋制作

钢筋全部采用现场制作和现场绑扎成型，钢筋制作前应将钢筋表面的油污、泥土、浮锈等清理干净，弯曲的钢筋用机械调直，调直后不得有局部弯曲、死弯、小波浪形。钢筋制作严格按翻样配料单切断配制。制作好的半成品钢筋应分区、分层、分部位挂牌堆放，并注意成品保护，派专人负责。

(4) 钢筋连接

钢筋连接形式如下：剪力墙暗柱、框架梁纵向接头采用焊接连接（电渣压力焊、闪光对焊），框架柱纵向接头转换层以下采用锥螺纹机械连接、转换层以上采用直螺纹机械连接，各层板通长主筋、剪力墙分布筋采用绑扎搭接。水平钢筋内外侧接头间距应大于 500mm，受力钢筋接头应相互错开，错开间距不得小于 $35d$ 及 500mm。接头钢筋的数量和总钢筋数量之比不能超过 50%。

1) 直螺纹连接施工

施工流程：下料→套丝→检查丝头质量→套塑料保护帽→连接→检查验收。

施工方法：钢筋下料尺寸按施工图纸要求下料，采用钢筋切断机切断，严禁使用气割下料；为确保钢筋连接质量，必须持证上岗作业。在施工过程中逐个检查丝头的加工质量，用水溶性切消冷却润滑液套丝；达到质量要求的丝头，拧上塑料保护帽，做好记录。连接前，先回收钢筋连接端的塑料保护帽，检查丝扣牙形是否完好无损、清洁，钢筋规格与被连接规格是否一致。确认无误后，把拧上连接套的一头钢筋拧在被连接钢筋上，并用管钳拧紧，连接好钢筋接头丝扣。

2) 电渣压力焊连接施工

工艺流程：检查设备、电源→钢筋端头制备→安装焊接夹具和钢筋→安装焊剂罐、填装焊剂→施焊→回收焊剂→卸下夹具→质量检查。

施工方法：用夹具下钳口夹紧下钢筋端部的适当位置，确保焊接处焊剂有足够掩埋深度，上钢筋放入夹具钳口后，调准动夹头的起始点，使上下钢筋的焊接部位位于同轴状态，并夹紧钢筋。通过操纵开关，在钢筋端面之间引燃电弧，借助操纵杆使上下钢筋端面之间保持一定的间距，进行电弧过程的延时，使焊剂不断熔化而形成必要深度的渣池。随后逐渐下送钢筋，使上钢筋端部插入渣池，电弧熄灭，进入电渣过程的延时，使钢筋全断面加速熔化。电渣过程结束后，迅速下送上钢筋，使其端面与下钢筋端面相互接触，趁热排除熔渣和熔化金属，同时切断焊接电源。

3）绑扎接头

钢筋绑扎接头的搭接长度及接头位置应符合结构设计说明和规范规定。钢筋搭接长度的末端距钢筋弯折处，不得小于钢筋直径的10倍，接头不宜位于构件最大弯矩处；钢筋搭接处，应在中心和两端用钢丝扎牢；各受力钢筋之间的绑扎接头位置应相互错开，错开长度不小于搭接长度且不小于500mm；任一截面接头钢筋面积占钢筋总面积的百分比为：受拉区25%；受压区50%。

4）钢筋连接时严格按规范和设计要求进行，梁板底部筋在支座搭接，梁顶筋跨中搭接，主次梁在同一标高时，主梁底主筋在下，次梁底主筋在上。锥螺纹、直螺纹操作工，电渣压力焊、闪光对焊焊工必须持证上岗。持证人员应先做试件，确认操作方法、焊接参数，试件检验合格后方可正式操作。各种接头施工前，编制施工作业指导书指导施工，确保接头质量。接头按规范要求取样，合格后方可投入使用。

(5) 各部位钢筋固定及绑扎施工

1）柱钢筋绑扎施工

A. 施工顺序：立柱筋→套箍筋→连接柱筋→画箍筋间距→放定位筋→绑扎钢筋→塑料垫块。

B. 施工方法：用粉笔画好箍筋间距，箍筋面与主筋垂直绑扎，并保证箍筋弯钩在柱上四角相间布置。为防止柱筋在浇筑混凝土时偏位，在柱筋根部以及上、中、下部增设钢筋定位卡。钢筋接头按照50%错开相应距离；箍筋绑扎时开口方向间隔错开。在结构施工过程中，均充分考虑填充墙与结构的拉结问题，严格按建筑说明中所指定的标准图集进行预留预埋施工。为防止柱子钢筋偏差，施工中对柱钢筋位置应层层检查；发现偏位时，应及时采取纠偏措施。

2）剪力墙钢筋施工

A. 施工顺序：暗柱主筋→暗柱箍筋→剪力墙竖向钢筋→定位梯子筋→剪力墙水平筋→拉结筋→垫块固定。

B. 施工方法：为保证墙体双层钢筋横平竖直，间距均匀正确，采用梯子筋限位。为保证墙体的厚度，防止因模板支撑体系的紧固而造成墙体厚度变小，增加短钢筋内撑，短钢筋两端平整。在墙筋绑扎完毕后，校正门窗洞口节点的主筋位置以保证保护层的厚度。

3）梁钢筋施工

A. 施工顺序：主梁主筋→放梁定位箍→梁箍筋→次梁主筋→放梁定位箍→梁箍筋→塑料垫块固定。

B. 施工方法：梁采用封闭箍。先在梁四角主筋上画箍筋分隔线，对接头进行连接，将四角主筋穿上箍筋，按分隔线绑扎牢固，然后绑扎其他钢筋。钢筋的绑扎顺序均按规范进行。

4）板钢筋施工

A. 施工顺序：弹板钢筋位置线→板下铁绑扎→洞口附加钢筋→水电配管→板上铁绑扎→固定。

B. 施工方法：先在模板上弹出钢筋分隔线和预留孔洞位置线，按线绑扎底层钢筋。单向板除外围两根筋相交点全部绑扎外，其余各点可交错绑扎，双向板相交点必须全部绑扎，板上部负弯矩筋拉通线绑扎。

C. 钢筋固定方法：裙楼底板厚700mm，上下层钢筋用马凳支撑固定，呈梅花形布置。主楼底板厚2700mm，上下层钢筋用三角形灯笼架支撑固定，间距2000mm×2000mm。其余楼板钢筋采用塑料垫块固定。

5) 构造柱钢筋施工

根据建筑图中隔墙位置，按规范做好构造柱插筋的预埋工作。混凝土施工完后做好保护。

6) 控制要点

A. 钢筋安装时，受力钢筋的品种、级别、规格和数量必须符合设计要求。

B. 在对所有竖向钢筋接头按规范检验合格并做好标识后方可开始绑扎，绑扎时要求所有受力筋与箍筋或水平筋绑牢，柱子角部主筋与角部箍筋绑牢。

C. 保证拉结筋埋设数量及位置准确，以满足围护结构抗震设防要求。

D. 作为电气接地引下线的竖向钢筋必须标识清楚，焊接不但要满足导电要求，更要符合钢筋焊接质量要求。

### 3.2.2 模板工程

(1) 模板选用

主体剪力墙模板采用木模板，柱模板采用木模板及定型钢框竹胶板，梁板模板采用木模板。梁、板模板支撑采用快拆支撑体系。楼梯模板采用木模板，现场组装封闭式模板。

(2) 模板施工

1) 墙模板

施工流程：放线→安设洞口模板→安装内侧模板→安装外侧模板→调整固定→预检。

施工方法：在底板施工时，墙体采用吊模施工。剪力墙模板采用18mm厚木模板，模板竖向采用50mm×100mm木方作龙骨，间距400mm，横向采用$\phi 48\times 3.5$双钢管，对拉穿墙螺杆M12固定，间距400mm×600mm，相应位置设置短钢筋撑铁。凡遇门洞口加强支撑。地下室外墙、水池墙体、人防工程外墙处，使用对拉螺杆加焊钢板止水片。

2) 柱模板

施工流程：柱钢筋验收→测量放线→安装模板→调整固定→预检。

施工方法：异形柱模采用定型钢框竹胶合板，矩形柱模采用木模板。当柱截面大于等于700mm时，加设一道M12的对拉螺栓；当柱截面大于等于900mm时，加设两道M12对拉螺栓；当柱截面大于等于1500mm时，加设3道M12对拉螺栓。柱子立模前，先找平和放线，模板安装采用钢管加固，必须保证柱子稳定。柱模安装完毕后，必须检查垂直度、模板的方正，模板各部位的尺寸、拼装等是否符合规范要求。并经验收合格后方能进入下一道工序，矩形柱及异形柱模板拼装见图3-11。

3) 梁、板模板施工

梁、板模板采用木模板，模板支撑采用快拆支撑体系。

A. 施工流程：搭设满堂脚手架→安装主楞→铺梁、板模→校正标高→加设立杆水平拉杆→预检。

B. 施工方法：梁板模施工时先测定标高，铺设梁底模，根据楼层上弹出的梁线进行

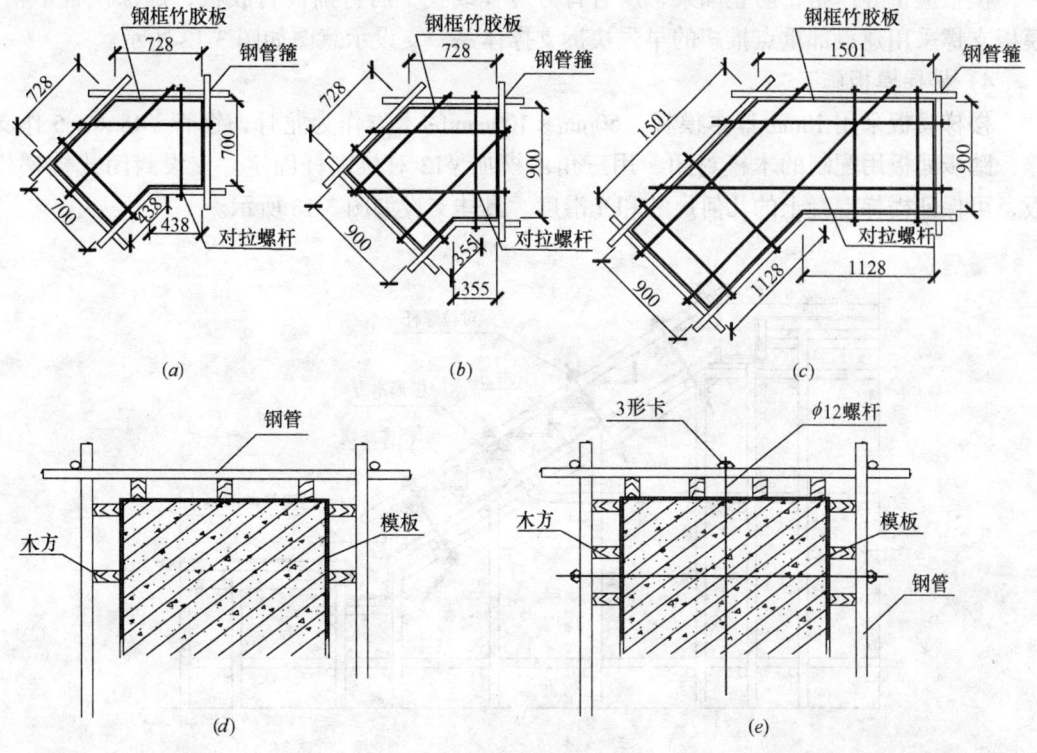

图 3-11 异形柱模板拼装图（单位：mm）

平面位置校正、固定。较浅的梁（一般为 450mm 以内）支好侧模，而较深的梁先绑扎梁钢筋，再支侧模，然后支平台模板和柱、梁、板交接处的节点模。梁模采用 50mm × 100mm 木方加固，当梁高大于等于 700mm 时，设 1 排对拉螺栓；当梁高大于等于 1500mm 时，设 3 排对拉螺栓，水平间距 600mm。板模采用 50mm × 100mm 木方作背方，间距 400mm 布置。梁、板跨度大于 4m 时，模板应按在跨中 $L/500$ 起拱。

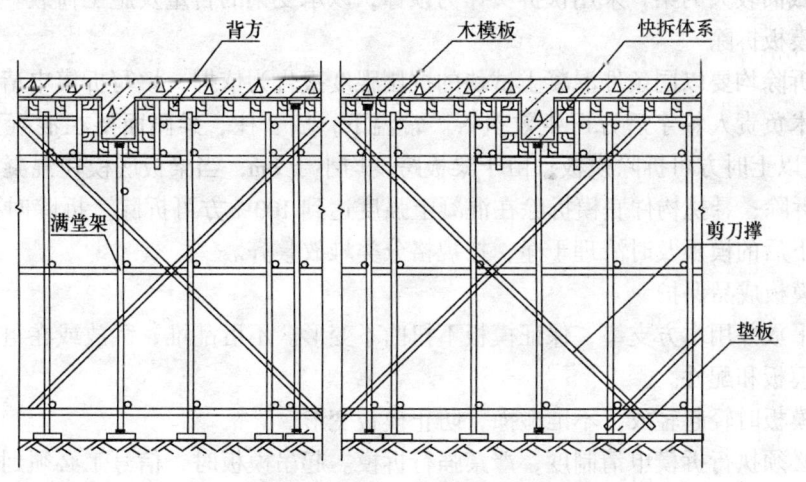

图 3-12 梁板支撑示意图

模板应拼缝严密,防止漏浆,所有背方应弹线找平后再铺设竹胶板,确保模板平整。模板支撑采用建设部重点推广的早强快拆支撑体系。支设示意图如图3-12所示。

4) 楼梯模板施工

楼梯模板采用18mm厚木模板,50mm×100mm的木方作为龙骨,钢管 $\phi48×3.5$ 作支撑,踏步面板用配制的木模封闭,用三角木楔加 $\phi12$ 对拉螺杆固定。支设封闭式楼梯模板,可保证楼梯混凝土的几何尺寸和光滑度。具体支设如图3-13所示。

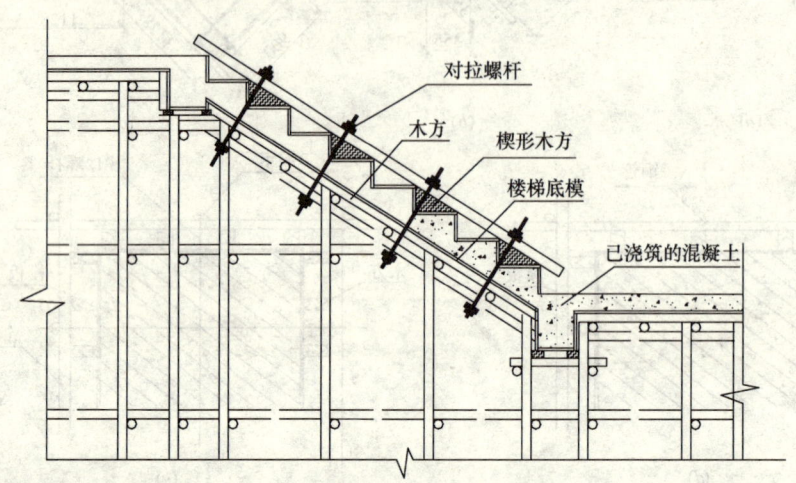

图3-13 楼梯模板支设示意图

5) 特殊部位模板

主楼底板面比裙楼高出400mm,底板浇筑时,沿主楼与裙楼交接处须支侧模。模板使用同墙体吊模。支撑体系采用双排脚手架,固定于焊接在底板钢筋的短钢筋头上。

后浇带楼板处采用两层钢板网夹一层钢丝网隔断,用 $\phi16$ 钢筋与梁板筋焊接固定;墙体处用木方隔断,钢管支撑。

对于截面较大的梁,采用快拆头作为顶撑,以承受梁的自重及施工荷载。

(3) 模板拆除

模板拆除均要以同条件混凝土试块的抗压强度报告为依据,填写拆模申请单,由项目工长和技术负责人签字后方可生效执行。常温下,墙、柱、梁侧面要在混凝土强度达到 $1.2N/mm^2$ 以上时方可拆除模板;由于梁板跨度均小于8m,当梁板底模在混凝土强度达到75%方可拆除;悬挑构件底模拆除在混凝土强度达到100%方可拆除。拆除时要注意成品保护,拆下后的模板及时清理干净,按规格分类堆放整齐。

(4) 模板成品保护

模板平放并用木方支垫,保证模板不扭曲不变形。不可乱堆、乱放或在组拼的模板上堆放分散模板和配件。

吊装模板时轻起轻放,不准碰撞,防止模板变形。

拆模必须执行拆模申请制度,严禁强行拆模。起吊模板时,信号工必须到场指挥。楼板浇筑完混凝土强度达到1.2MPa以后,方可允许操作人员在上行走,进行一些轻便工作,但不得有冲击性操作。满堂架立杆下端垫木方。利用结构做支撑支点时,支撑与结构间加垫木方。

### 3.2.3 混凝土工程

(1) 混凝土的拌制及入模方式

本工程采用商品混凝土，采取泵送入模工艺。

(2) 混凝土泵送工艺

1) 工艺流程

模板检查与复核→预埋件、预埋立管检查与复核→技术交底→输送泵就位→泵管布置就位→签发混凝土浇筑令→搅拌混凝土→坍落度测试→泵送混凝土及布料→混凝土试块试件→混凝土浇捣结束、拆除清理泵管泵身→混凝土养护。

2) 泵车及泵管布置

本工程使用泵送混凝土，泵管铺设在室外段用钢管架支撑固定详见图3-14。

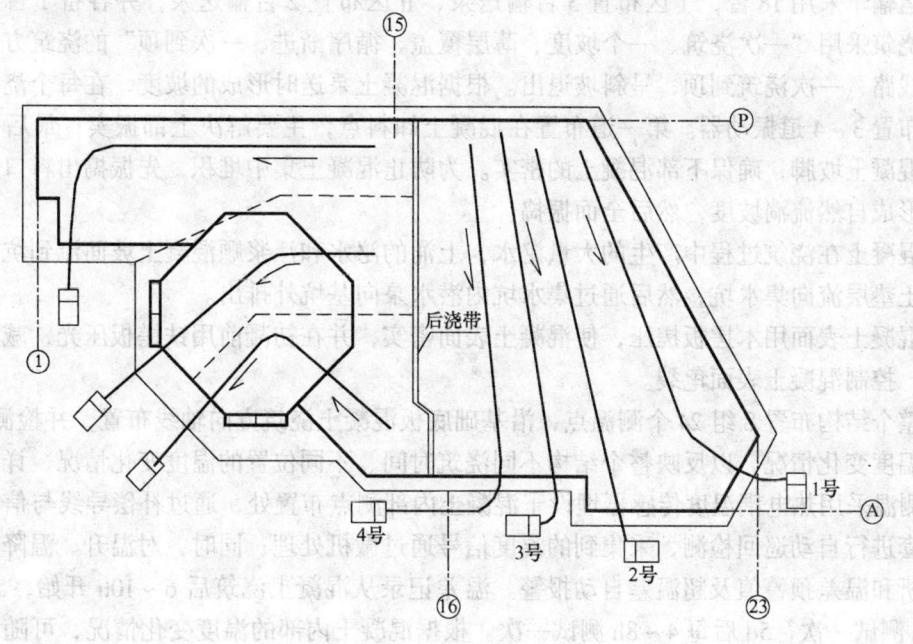

图3-14 泵管布置示意图

(3) 混凝土的试验管理

1) 试验工具：相应数量的混凝土抗压试模和坍落度试验设备等。

2) 坍落度试验：测试坍落度前，要先将试验桶用水湿润，放在不吸水的刚性平板上，分层装入混凝土。每层用振动器插捣数次，刮平顶层混凝土，按规定方法提桶、测量、记录。

3) 混凝土试块制作：结构施工中按照每一施工段，同一浇筑日期的同一配合比混凝土制作试块，三块为一组，同条件养护试块两组。试块振捣密实、抹平，并应及时在试块表面临时写明工程部位、制作日期、强度等级标识，填写试块试验表格。试块制作必须在浇筑地点进行。

4) 试块养护：标养试块在拆模后要及时送到试验室，放入标养箱。同条件试块放置在与其代表结构部位的同样环境处，存放在钢筋笼中，防止碰撞和丢失。

(4) 独立承台及底板混凝土施工

按设计要求，独立承台于底板底部留设水平施工缝，单个浇筑；混凝土采用泵送入模或塔吊吊运人工入模方式，人工振捣密实。

底板面积近7000m²，厚度最大处达2700mm，混凝土总量7598m³，由一条后浇带一分为二。其中Ⅰ区为大体积混凝土，混凝土总量为5118m³；Ⅱ区为大面积混凝土，混凝土总量为2480m³。

1) 大体积混凝土的试配与选料：

采用低水化热强度等级为32.5的矿渣硅酸盐水泥，掺加CAS微膨胀剂及FDN－Ⅰ型高效缓凝型减水剂配制符合要求的混凝土，以达到减少水泥用量、降低水化热的目的。

2) 底板混凝土施工组织：

底板混凝土抗渗要求高，必须连续浇筑，不得出现冷缝。Ⅰ、Ⅱ区组织流水施工。混凝土运输车采用18台，Ⅰ区布置3台输送泵、Ⅱ区布置2台输送泵，并各备1台泵。混凝土浇筑采用"一次浇筑、一个坡度、薄层覆盖、循序渐进、一次到顶"的浇筑方法，按布管线路，一次浇筑到顶，呈斜坡退出。根据混凝土泵送时形成的坡度，在每个浇筑带的前后布置3~4道振动器。第一道布置在混凝土卸料点，主要解决上部振实；最后一道布置在混凝土坡脚，确保下部混凝土的密实。为防止混凝土集中堆积，先振捣出料口处混凝土，形成自然流淌坡度，然后全面振捣。

混凝土在浇筑过程中产生的大量泌水，上涌的泌水和浮浆顺混凝土坡面流到坑底，顺混凝土垫层流向集水坑，然后通过集水坑内潜水泵向基坑外排出。

混凝土表面用木搓板搓压，使混凝土表面密实，并在初凝前用铁搓板压光，减少水分散发，控制混凝土表面龟裂。

整个结构布置8组24个测温点，沿基础底板混凝土浇筑方向轴线布置，并检测45°方向的温度变化情况，以反映整个结构不同浇筑时间、不同位置的温度变化情况，详见图3-15。测温采用热电偶温度传感器埋设于混凝土内部测点布置处，通过补偿导线与信号采集仪配套进行自动巡回检测，采集到的温度信号通过微机处理；同时，对温升、温降趋势予以分析和温差预警值及超温差自动报警。温差记录从混凝土浇筑后6~10h开始，5d内每2~4h测试一次，5d后每4~8h测试一次。根据混凝土内部的温度变化情况，可随时增减测温次数，并观测混凝土表面养护温度、环境温度和混凝土入模温度，以确保测温工作的可靠性。

采用保温、保湿养护，及时用塑料薄膜覆盖，并用草袋覆盖两层。

(5) 剪力墙混凝土施工

地下室外墙、水池侧墙、人防区外墙，在底板施工时须浇筑500mm高，并留设施工缝、预埋BW膨胀止水条。墙体侧模剪力墙混凝土分层浇筑，用标尺杆控制分层高度，每层500mm。剪力墙采取带模养护，以控制混凝土干缩裂缝，保证混凝土质量。

(6) 楼板混凝土施工

楼板混凝土要求随铺随振随压，混凝土虚铺厚度约大于板厚，用塑料垫块或抄平标记控制板厚和板面平整度。混凝土振捣时，注意不要直接触及钢筋和预埋件，并在浇筑完毕后用木抹子抹平，并进行拉毛处理。

(7) 楼梯混凝土施工

楼梯间墙混凝土随结构剪力墙一起浇筑，一次成型。楼梯段自下而上浇筑，先振实底板混凝土，达到踏步位置时再与踏步混凝土一起浇捣，不断连续向上推进，并随时用木抹子将踏步上表面抹平。

(8) 混凝土养护

楼板覆盖塑料薄膜进行养护，墙体采取带模养护，柱涂刷养护剂或包裹塑料薄膜进行养护。

(9) 成品保护

柱橔拆模后，用塑料护角条对柱橔混凝土阳角部分进行成品保护；对楼梯踏步，采用满铺模板进行保护。

### 3.2.4 砌筑工程

本工程墙体采用加气混凝土砌块。

(1) 施工流程

楼面清理→墙体放线砌块浇水→制备砌筑砂浆→砌块排列→铺砂浆→砌块就位→校正→砌筑→竖缝灌砂浆→勾缝。

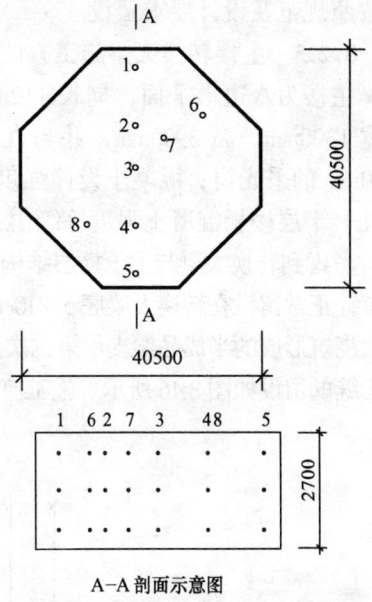

图 3-15 测温点布置详图（单位：mm）

(2) 施工方法

1) 砌墙前先弹出建筑物的主要轴线及砌体的控制边线，按砌块尺寸计算皮数和排数，编制排列图。按排列图从墙体转角处或定位砌块处开始砌筑。

2) 砌块运至现场后在指定地点堆码整齐，堆码不宜过高，堆垛上设立标志。水泥进入现场时必须附有出厂检验报告和准用证。按照规范进行复试；配制砂浆用洁净的中砂，过筛且含泥量不超过5%。根据所用材料，委托有资质的试验室进行砌筑砂浆配合比试配工作。

3) 根据墙体施工平面放线和设计图纸上的门窗位置、大小、层高、砌块错缝、搭接的构造要求和灰缝大小，在每片墙体砌筑前，应按预先绘制好的墙面砌块排列图，把各种规格的砌块按需要砌砖的规格、尺寸进行排列、摆放、调整。

4) 砌块宜提前1d浇水湿润。表面有浮水时，不得进行砌筑。砌筑前，应根据砌体皮数制作皮数杆，并在墙体转角处及交接处竖立，皮数杆间距不得超过15m。

5) 填充墙施工时，厕浴间等用水房间底层现浇200mm高C10素混凝土，其余房间底层砌3皮多孔砖，再砌筑加气混凝土砌块。上下皮应错缝搭砌，在梁板下口采用多孔砖斜砌顶实，砖缝用砂浆填实。

6) 水平灰缝应平直、厚度均匀、砂浆饱满，按净面积计算的砂浆饱满度不应低于80%，一般应控制在8~12mm。应边砌边勾缝，不得出现通缝，严禁出现透亮缝。竖向灰缝应采用加浆方法，使其砂浆饱满，不得出现瞎缝、透明缝。

7) 所有填充墙纵横交接及转角处均错缝搭砌，无构造柱处应用钢筋拉结。

8) 每天砌筑高度不得超过1.8m，在砌筑砂浆终凝前后的时间，应将灰缝刮平。

9) 专业管线的安装：专业管线的安装与砌筑施工协调配合，做好预留预埋。

10) 所有填充墙与柱、混凝土墙连接，门窗过梁均按指定标准图集施工。填充墙构造柱按照规范及设计要求留设。

**3.2.5 主楼转换大梁施工方法**

主楼为八边形平面，周长112m，第九层为结构转换层，沿主楼周边设置转换大梁，梁宽1300mm、高3900mm，并与九、十层楼面结构连为一体，梁跨中留设有1000mm×1200mm的采光窗；混凝土设计强度等级为C50。考虑到梁板施工的整体连续性，施工中将九、十层楼板混凝土强度等级由C45提高为C50。

考虑到转换大梁与上下楼层结构连成一体，施工中留设一道水平施工缝，主楼八层柱水平施工缝正常留设在转换大梁底5~10cm，转换大梁水平施工缝留设在距梁底1730mm处，利用第一次浇筑形成的半成品梁支承第二次浇筑混凝土的自重及施工荷载，在叠合面增设配筋7ϕ16。施工缝的留设如图3-16所示。施工流程如图3-17所示。

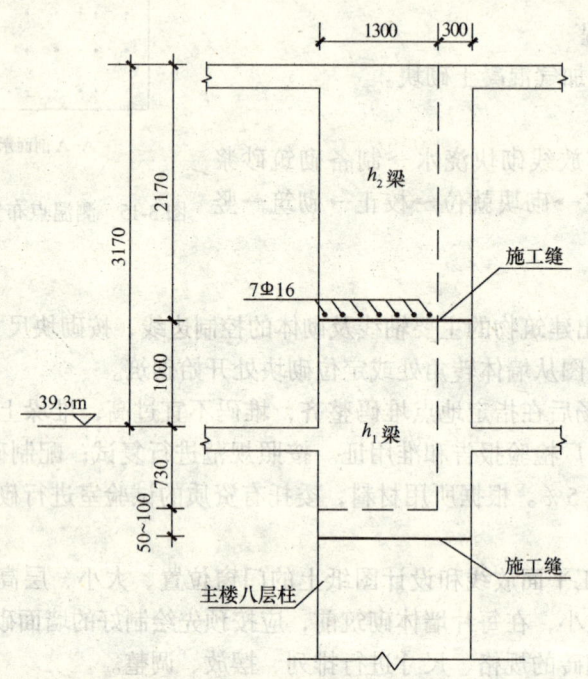

图3-16 施工缝留设图（单位：mm）

转换大梁模板系统采用18mm厚木夹板、50mm×100mm木方作背方，快拆支撑顶撑、对拉螺杆及钢管脚手架作为支撑体系，保证模板的垂直度和稳定性。

两侧模分两次安装，第一次安装到40.3m，待 $h_1$ 梁混凝土浇筑完毕，施工缝处理好后，开始 $h_2$ 梁模板安装。背方间距400mm；梁两侧搭设双排脚手架并加设M14对拉螺杆（300mm×400mm）作为支撑体系，凡遇洞口处应加强支撑，并保证钢筋骨架的稳定。

由于转换大梁截面较大，立杆采用4排快拆支撑。顶撑间距800mm，小横杆间距400mm（在立杆处和相邻立杆中间设置），大横杆采用4排双钢管，背方满铺。转换大梁支撑与满堂脚手架相连，并设剪刀撑，以保证支撑的稳定。具体见图3-18。

转换大梁混凝土浇捣分两次进行，第一次浇捣 $h_1$ 梁（与九层楼板同时浇捣），待 $h_1$ 梁强度达到C30后，开始浇捣 $h_2$ 梁（与十层楼板同时浇捣）。（$h_1$ 梁强度根据同条件下养

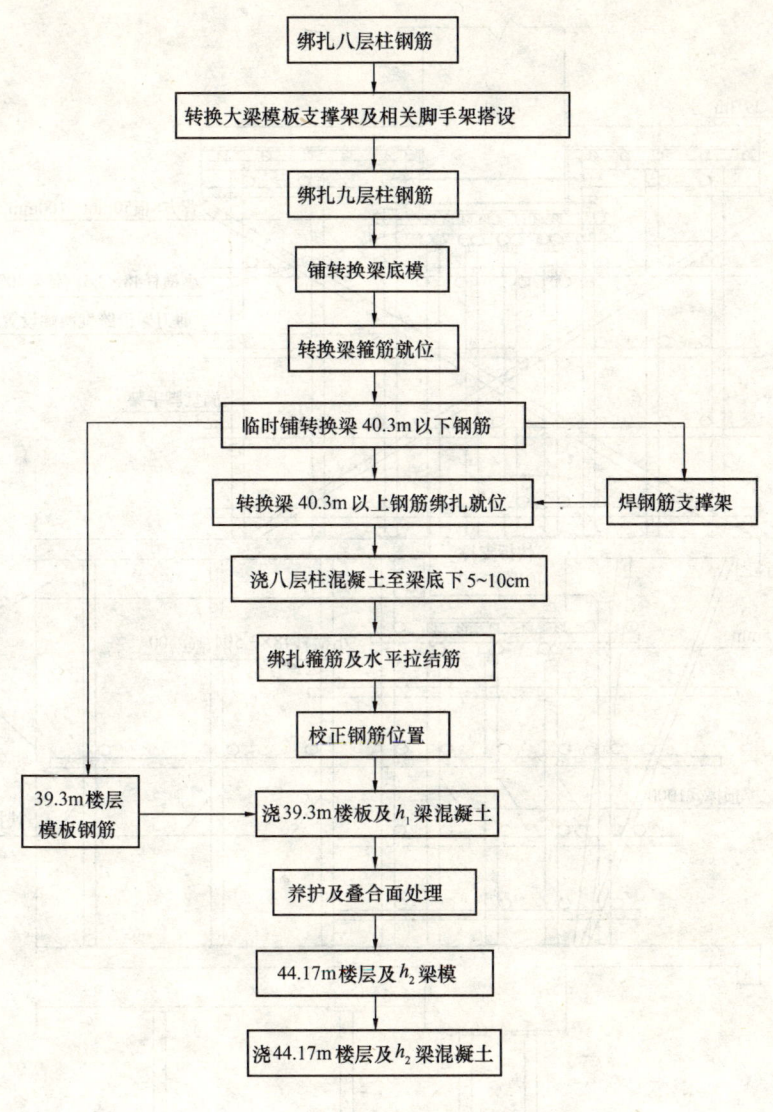

图 3-17 施工流程图

护混凝土试块试压报告为准）

转换大梁截面尺寸为 1300mm×1730mm 及 1300mm×2170mm，周长 112m，属大体积混凝土范畴。

为减少温度收缩对 $h_2$ 梁的影响，在转换大梁施工时，混凝土采用低水化热水泥，并掺加高效缓凝减水剂，以达到减少水泥用量、降低水化热的目的。

第一次大梁（标高 38.57~40.30m）混凝土浇筑：采用 3 条振捣线，布管方式如图 3-19 所示。

1、2 号泵管先浇 I 段 A 区梁板混凝土，浇至 A 点后，泵管沿大梁内侧主楼九层梁板上架高 1.2m 左右，分两路沿梁延长米方向浇筑。浇筑转换大梁（标高 38.57~40.3m）混凝土，并带主楼内侧 1.5m 左右宽梁板，大梁外侧悬挑梁板混凝土用塔吊配合吊运。3 号

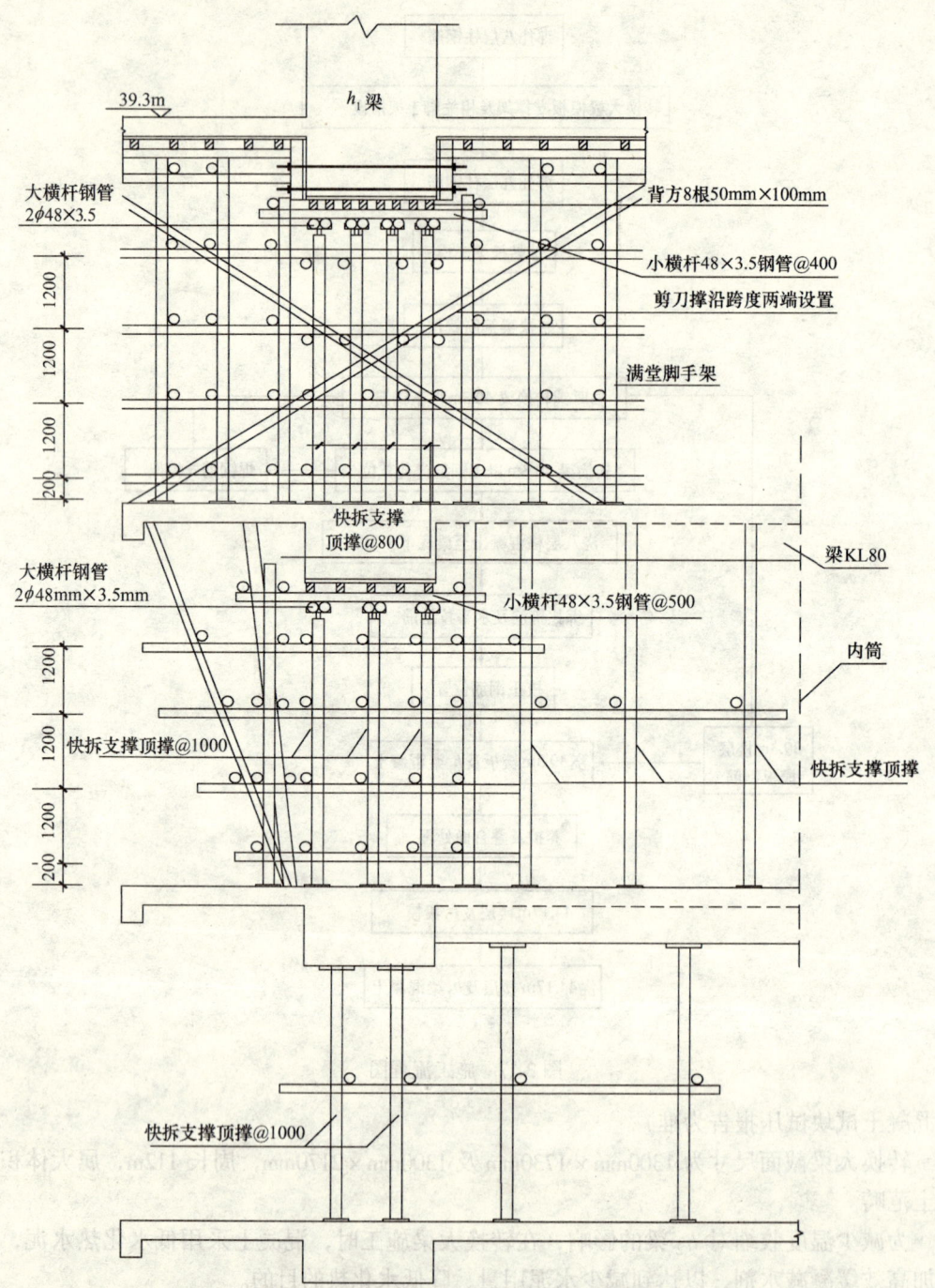

图 3-18 转换大梁与满堂脚手架相连示意图（单位：mm）

泵管浇筑主楼九层梁板混凝土。浇筑过程中，以 1、2 号泵管泵管浇筑速度为准，3 号泵管协调配合使用。由于梁内混凝土比九层梁板混凝土面高出 1m，为防止交接处混凝土涌出而出现烂根现象，在交接处加设钢板网，大梁两侧用层板压角。

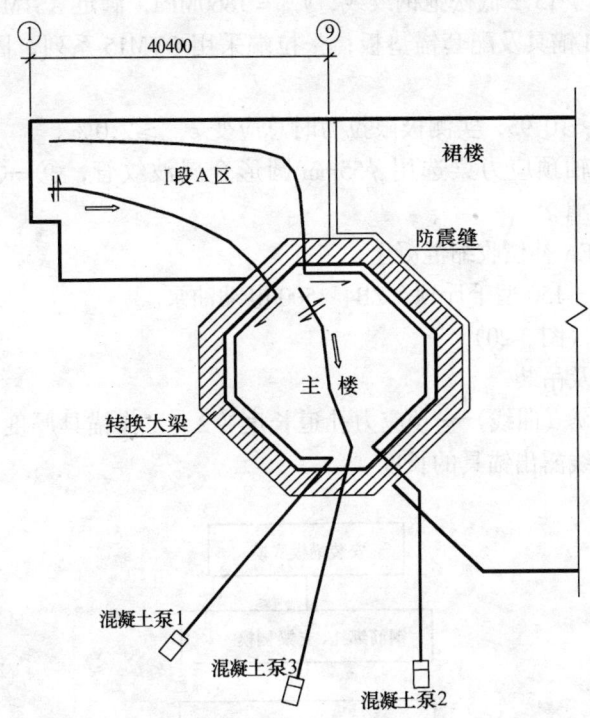

图3-19 转换大梁第一次浇捣混凝土平面布置图

第二次大梁（标高40.30~42.47m）混凝土浇筑：浇筑起点同第一次浇筑转换大梁相对应位置，走向亦相同。1、2号泵管沿转换大量内侧十层梁板上，架空30cm左右布管，浇筑转换大梁（标高40.30~42.47m）混凝土，3号泵管浇筑主楼十层梁板混凝土。

在浇筑时分层浇筑，每层厚度不超过50cm。转换大梁与板交接处两次振捣，以保证混凝土结构的整体性。$h_2$梁浇捣完毕后，表面必须进行两次振捣，同时压实抹平。转换大梁施工缝处，在混凝土终凝前采用高压水枪冲洗污染的钢筋和混凝土表面并凿毛，在浇第二次混凝土前，用同强度等级水泥浆接浆。

在转换大梁外侧模板39.30m、40.30m标高处（避开采光窗）每隔5m钻孔，以便混凝土泌水的水流出。

由于转换大梁钢筋密集，底层钢筋净距为54mm，采用35mm或50mm直径微型振动器振捣，同时采用$\phi$16钢钎边振边插。

混凝土养护采用带膜保湿法养护。混凝土浇筑成型后，及时将表面用塑料薄膜严密覆盖，用草袋覆盖两层，并及时浇水湿润，浇水时间不得少于14d，期间梁侧模不得拆除。

由于该转换大梁呈环形，$h_1$梁先浇筑完毕，对$h_2$梁底部形成了约束，导致以施工缝为界，在$h_2$梁上出现了一部分裂缝。该裂缝深度较小，经过观察，裂缝稳定后使用环氧树脂进行封闭，效果较好。

### 3.2.6 裙楼屋面预应力梁施工方法

裙楼屋面部分梁梁高900mm，跨长19.8m，部分梁梁高800mm，跨长16.95m，采用后张法有粘结预应力，预应力梁起拱为1.5‰，分别为24mm、20mm。

钢筋：非预应力筋为HPB235、HRB335。

预应力筋：采用 $\phi^j15.2$ 低松弛钢绞线，$f_{ptk}=1860MPa$，满足 ASTM.A416-90a 标准。

锚具：选用 OVM 锚具及配套锚垫板；张拉端采用 OVM15 系列，固定端采用 OVM15p 系列埋入式挤压锚。

锚具效率系数 $\eta_a \geq 0.95$，实测极限拉力时总应变 $\varepsilon_{apu} \geq 2.0\%$。

波纹管：①—⑨轴预应力梁选用 $\phi55mm$ 圆形金属波纹管，⑨—㉓轴预应力梁选用 $\phi70mm$ 圆形金属波纹管。

混凝土：采用 UEA 补偿收缩混凝土。

张拉设备：YCW-150 型千斤顶、ZB4-500 电动油泵。

(1) 施工流程图（图 3-20）

(2) 钢绞线下料及吊装

钢绞线下料长度 L（曲线）= 预应力孔道长度 + 2×工作锚具厚度 + 张拉端千斤顶工作长度 + 工作端钢绞线露出锚具的长度

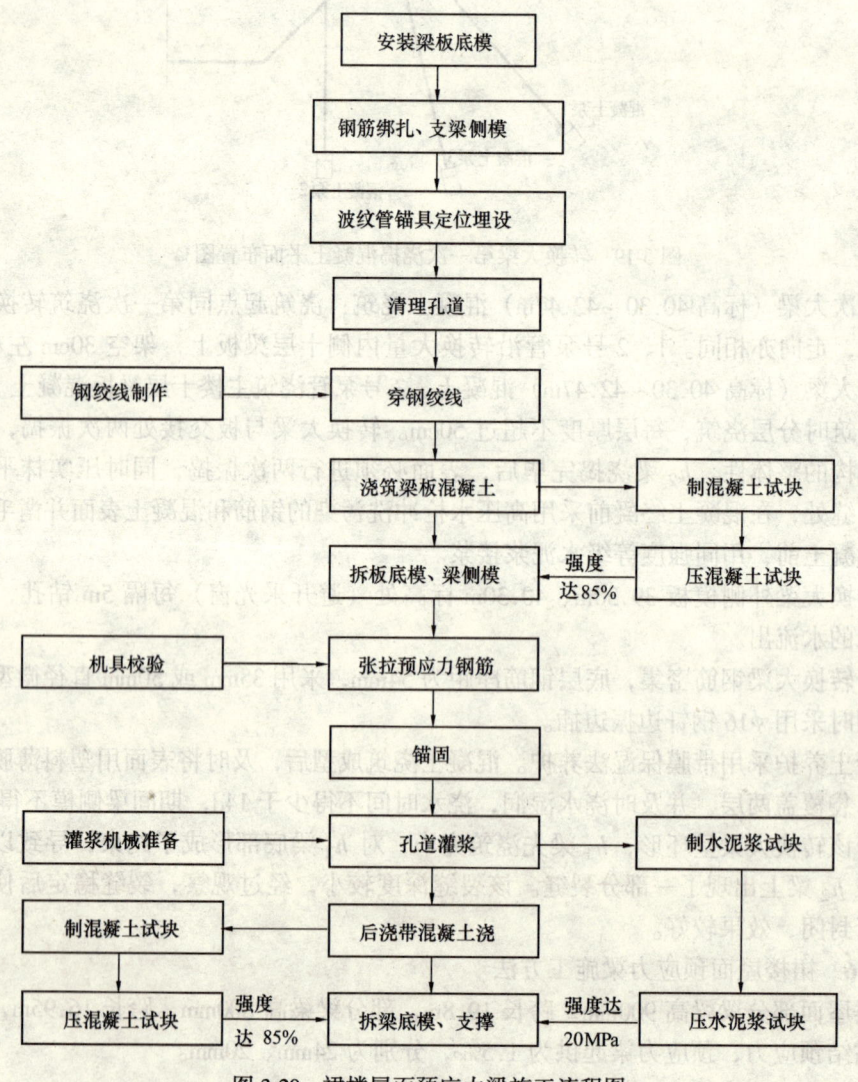

图 3-20 裙楼屋面预应力梁施工流程图

下料用砂轮切割机切割，钢绞线切口松散以扎丝扎牢，切割后保持钢绞线顺直堆放，不得有折弯现象。按规格分开堆放在通风干燥处。钢绞线吊装时，保持顺直状态。

(3) 孔道留设及穿筋

孔道留设采用波纹管成孔，波纹管安装与钢绞线穿筋同时进行。安装时先在侧模上弹线（以孔底为准）。除控制点外，波纹管的铺设沿跨度方向每800mm设一 φ6.5钢筋支架固定在箍筋上。波纹管穿入支架后，用钢丝扎牢，防止浇筑混凝土时波纹管水平位移。波纹管对接时，以大一号波纹管进行连接，接头管长5~7倍内径，接头位置以胶带纸封裹严密，防止漏浆。安装喇叭管时其中心线须与垫板垂直。每条波纹管在跨中留设一个灌浆孔，并在孔道两道波峰设置泌水管。

钢绞线穿束时，将其端扎紧，套一个子弹头的壳帽（避免穿束时刺破波纹管），整束穿入孔道，直至两端露出所需长度。钢绞线切割采用砂轮锯。

(4) 混凝土浇筑

浇筑混凝土时，振动器严禁碰动波纹管、锚具及预应力筋；张拉端和固定端混凝土必须振捣密实；楼板留置试块进行同条件养护，用来控制张拉前混凝土强度情况。张拉端的承压板用螺栓固定在模板上。

(5) 张拉程序

由于千斤顶较重（193kg），用三角架和0.5t 捯链提升至需要高度，其方向与实际张拉工作状态一致，高压泵放置构件一侧，电源送至施工现场。千斤顶前端止口对准限位板。工具锚具与前端张拉端锚具对正，千斤顶操作顺序：安装工作锚——装限位板千斤顶——穿筋到工作锚中——千斤顶对中就位——张拉——拆卸。张拉设备压力表的精度不低于1.5级，校验张拉设备的试验机或测力计精度不低于±2%，校验时千斤顶活塞的运行方向与实际张拉工作状态一致。

每束钢绞线控制应力为 $\sigma_{con} = 0.7 f_{ptk} = 1302$ MPa，为弥补后张对先张等造成的损失，超张拉控制应力为 $1.03\sigma_{con} = 1341$ MPa。

为准确测量钢绞线伸长值及锚具的回缩值，张拉时在下列数值控制及时测量长度后进行下一张拉读数：

双束（$2-4\phi^j 15$、$2-5\phi^j 15$）：

第一束：$0 \rightarrow 0.15\sigma_{con} \rightarrow 0.5\sigma_{con} \rightarrow$ 待第二束张拉完后 $\rightarrow \sigma_{con} \rightarrow$ 锚固；

第二束：$0 \rightarrow 0.15\sigma_{con} \rightarrow 1.03\sigma_{con}$（持荷2min）$\rightarrow \sigma_{con} \rightarrow 0 \rightarrow$ 锚固。

单束（$1-6\phi^j 15$、$1-7\phi^j 15$）：

$0 \rightarrow 0.10\sigma_{con} \rightarrow 1.03\sigma_{con}$（持荷2min）$\rightarrow \sigma_{con} \rightarrow 0 \rightarrow$ 锚固。

张拉伸长值实测值 = 从初应力至最大张拉力之间的实测伸长值 + 初应力以下的推算伸长值 + 后张法混凝土构件在施加应力时的弹性压缩值和固定端锚具楔紧引起的预应力筋内缩值。

初始应力取 $0.15\sigma_{con}$ 或 $0.10\sigma_{con}$，实际伸长值与计算值的允许差为 ±6%；当超过该值时，需要采取措施调整后，方可继续张拉。

预应力筋的张拉在混凝土强度达到设计强度的85%时方可进行，张拉前应拆除梁侧模及预应力范围内的楼板底模。预应力筋张拉对称进行，先张拉次梁，后张拉框架梁。采用分批张拉时（不论是同一梁的不同孔之间还是相邻梁之间），后批张拉者对先批张拉造成的预应力损失,采取有效措施予以弥补。梁内两束钢绞线对称张拉,防止梁在张拉时发生扭转。同一孔整束同时张拉,不得采用群锚单根张拉。

锚固阶段,锚具变形和钢绞线内缩值不得超过6mm。

预应力筋张拉锚固完毕后,用砂轮切割外露于锚具的预应力筋。切割后预应力筋的外露长度大于等于30mm。

(6) 孔道灌浆

张拉完毕静停12h后24h内进行灌浆,最迟不得超过3d,以免钢绞线松弛或锈蚀。

采用普通水泥42.5级,掺加0.25%FDN减水剂和0.1‰铝粉,制作成M25水泥浆。搅拌好的水泥浆必须通过过滤器,置于贮浆桶内,并不断搅拌,防止泌水沉淀。搅拌3h后泌水率不得超过2%,流动性大于180mm,可泵送时间大于1.5h。

(7) 后浇带施工

后浇带施工前,清理结合面上油污和混凝土浮渣,凿毛混凝土面并浇水湿润。浇筑时振动器严禁碰动锚具和预应力筋。

(8) 拆模

预应力梁底模及支撑拆除条件:孔道灌浆强度达到20MPa,后浇带施工完毕,且强度达到设计要求。

### 3.3 脚手架工程

根据本工程建筑造型、结合考虑施工便利和经济因素,裙楼外脚手架1~3层采用落地式、3~8层采用悬挑式钢管扣件式脚手架,塔楼9~26层外脚手架采用的悬挑架作为操作架和围护架,分两次悬挑,专业厂家生产、专业队伍安装施工。该悬挑架主要由型钢承力座、架体、安全装置等组成,实施前由施工专业队编制详细的施工作业方案,经我公司审核后报业主及监理工程审批认可后实施。主体施工时外架采用安全网进行封闭施工,主体完工后,挂架拆除。内脚手架采用满堂架,按常规方法施工。

### 3.4 屋面工程

#### 3.4.1 施工流程

(1) 主楼屋1:现浇钢筋混凝土屋面板→干铺150mm厚加气混凝土砌块→20mm厚1:8水泥加气混凝土碎渣找2%坡→20mm厚1:2.5水泥砂浆找平层→刷基层处理→两层3mm厚APP改性沥青卷材,面层卷材表面带绿页岩保护层。

(2) 主楼屋2:现浇钢筋混凝土屋面板→干铺150mm厚加气混凝土砌块→20mm厚1:8水泥加气混凝土碎渣找2%坡→20mm厚1:2.5水泥砂浆找平层→刷基层处理→两层3mm厚APP改性沥青卷材→铺25mm厚中砂→30mm厚250mm×250mm,C20预制混凝土板。

(3) 裙楼屋面:现浇钢筋混凝土屋面板→40mm厚(最薄处)现浇1:8乳化沥青珍珠岩1.5%找坡→20mm厚1:2.5水泥砂浆找平层→刷基层处理→两层3mm厚APP改性沥青卷材→满铺0.15mm厚聚乙烯薄膜一层→40mm厚C30UEA补偿收缩混凝土防水层,内配钢筋$\phi14$双向中距150mm,表面压光。

#### 3.4.2 施工方法

(1) 干铺加气混凝土砌块,20mm厚1:8水泥加气混凝土碎渣2%坡。

加气混凝土碎渣中不允许有杂物，最薄处铺设20mm厚，按2%找出层面坡度。摊铺后用木拍子反复拍平拍实。

(2) 水泥砂浆找平层

1) 为了避免或减少找平层开裂，找平层留设分格缝，缝宽为20mm，并嵌填密封材料；分格缝兼作排汽屋面的排汽道时，适当加宽至50mm，并应与保温层连通。分格缝留设在板端缝处，其纵横缝的最大间距不大于6m。

2) 水泥砂浆找平层中掺加膨胀剂，以提高找平层密实性，避免或减小因其裂缝而拉裂防水层。铺砂浆前，基层表面应清扫干净并洒水湿润；砂浆铺设按分隔块由远到近、由高到低的程序进行，每分格内一次连续铺成，严格掌握坡度。终凝前，轻轻取出嵌缝条，完工后表面少踩踏，找平层硬化后，用密封材料嵌填分格缝，铺设找平层12h后，需洒水养护，养护期一般为7d，经干燥后铺设防水层。天沟一般先用轻质混凝土找坡，待砂浆稍收水后，用抹子压实抹平。

(3) 防水层

1) 基层清理：施工前先将基层表面的灰浆等凸出部位清理干净，不得出现尖锐部位及点位，且浮尘清扫干净。基层表面平整光滑，均匀一致；找平层与突出屋面结构的连接处，以及找平层的转角处均应做成半径为90~150mm的圆弧形或钝形；基层含水率小于9%。

2) 涂刷基层处理剂：用长柄滚刷将基层处理剂涂刷已经处理好的基层上，一次涂刷完且涂刷均匀，不得漏刷或漏底，基层处理剂涂刷完毕，必须经过8h以上达到干燥程度（以不粘脚为宜）方可进行卷材施工。

3) 贴附加层：按照设计要求，雨水口周围250mm范围内、女儿墙、天沟的泛水及压顶部位，需附加防水一层，其附加防水层宽度需大于附加部位150mm。

4) 铺粘卷材：先在已经处理好并干燥的基层表面，按照卷材的宽度留出搭接尺寸，将铺贴卷材的基准线弹好，卷材接缝距墙根应大于600mm。卷材搭接长边不小于100mm，短边不小于150mm。

5) 屋面卷材防水层施工完毕，经蓄水试验合格后，及时做好保护层。

(4) 预制混凝土板面层

1) 工艺流程

基层处理→标高坡度弹线→弹铺板控制线→铺板→填缝。

2) 施工方法

A. 基层清理

将已施工完毕的结合层上的松散杂物、灰尘清理干净，凸出表面的灰渣等杂物要铲平。

B. 标高坡度弹线

根据标高要求，在女儿墙四周弹出所需铺板的面层坡度线。

C. 弹铺板控制线

根据已确定的板数和缝宽，在基层上弹出铺板的纵横控制线。

D. 铺板

由分水线向四周铺砌，做到砂浆饱满、相接紧密、坚实，与套管相接处，用砂轮锯将砖加工成与套管相吻合。

铺完 2~3 行后，应随时拉线检查缝格的平直度；如超出规定应立即修整，将缝拨直，并用橡皮锤拍实。此项工作应在结合层凝结前完成。

(5) 细石混凝土面层

1) 分格缝的留设及施工

分格缝留设在屋面的坡面转折、屋面与突出屋面的女儿墙、出入管道等阴阳角处。尽量与找平层分格缝错开。缝内用密封材料嵌填。

2) 细石混凝土铺设

钢筋网片放置在混凝土中上部，分格缝处断开。每个分格板块内的混凝土必须一次浇筑完成，混凝土收光后进行二次压光，以保证防水层表面的密实性。浇筑 12~24h 后及时进行洒水湿润养护，养护时间不少于 14d。

### 3.5 门窗工程

#### 3.5.1 铝合金门窗

(1) 施工流程

检查门窗洞口尺寸→放线定位→门、窗框就位→门、窗框与墙体固定→填塞缝隙→装门、窗扇→安装玻璃→安五金配件→打胶清理。

(2) 施工方法

1) 安装五金配件前，应检查门窗是否安装牢固，开启是否灵活，关闭是否严密。如有问题，调整后方可安装。

2) 安装五金配件时，应注意各类五金配件转动或滑动处灵活、无卡阻现象，埋头螺钉不应高于零件表面。

3) 铝合金门窗保护膜要封闭好再进行安装，如发现有缺损者，要补贴后再安装。

4) 门窗框四周采用橡胶型的防腐涂料进行防腐处理。

5) 铝合金门窗的连接固定件最好用不锈钢件；如果采用固定铁件，必须进行防腐处理，以免发生电化学反应。

6) 门窗上保护膜应轻撕，不可用铲刀铲，以防划伤其表面。门窗表面如有胶状物，应用棉球蘸专用溶剂擦净。

7) 用木楔临时固定时，木楔应垫在边、横框能受力的部位，以避免框受挤压变形。

8) 安装铝合金门框时，门框下端应埋入地下，深度可为 30~150mm。

9) 组合门窗框安装前按设计要求进行预拼装。预拼装后，按先安通长拼樘料、再安分段拼樘料、最后安基本门窗框程序正式安装。

10) 组合窗框间的立柱上下端应各伸入框顶和框底的墙体（或梁）内 25mm 以上，转角处的主柱伸入深度可在 35mm 以上。

11) 填塞缝隙时，框外边的槽口，应待粉刷干燥后，清除浮灰再塞入密封膏。

#### 3.5.2 木门

(1) 施工流程

检查门洞尺寸→放线定位→门框就位→门框与墙体固定→填塞缝隙→装门扇→安五金配件。

(2) 施工方法

1）室内外门框根据施工图纸和标高安装，为保证安装的牢固，应在墙体施工时，即按照规范预埋防腐木砖。

2）木门框安装应在地面工程和墙面抹灰施工前完成。

3）根据门尺寸、标高、位置及开启方向，在墙上画出安装位置线。

4）木门扇的安装必须先确定门的开启方向及小五金型号、安装位置，并检查门口尺寸是否正确，边角是否方正，有无窜角。

5）门扇的尺寸与实际门框尺寸比较合适后，进行合页安装。

6）五金安装必须符合设计图纸的要求，不得遗漏。

### 3.5.3 成品保护

（1）木门框安装后用厚1cm的木板条钉设保护，防止砸碰。

（2）材料入库存放，下边应垫起、垫平，按其型号及使用的先后次序码放整齐。对已装好披水的窗，存放时支垫好，防止损坏披水。

（3）进场的木门应将靠墙的一面刷木材防腐剂进行处理，其余各面宜应刷清油一道，防止受潮后变形。

（4）安装门窗时应轻拿轻放，防止损坏成品，修整门窗时不能硬撬，以免损坏扇料和五金。安装门窗时，注意防止碰撞抹灰口角和其他装饰好的成品面层。

（5）架子打拆、室内外抹灰、管道安装及建材运输等过程，严禁擦、碰、砸和损坏门窗樘料。

（6）建立严格的成品保护制度。

## 3.6 楼地面工程

本工程楼地面采用陶瓷地砖楼面、花岗石楼面等。楼地面工程先做样板，经选定后再大面积施工。

### 3.6.1 陶瓷地砖楼面

（1）施工准备及作业条件

1）施工前应在四周墙身上弹好水平控制墨线；

2）水泥采用42.5级水泥，砂采用中粗砂，含泥量不大于3%；

3）穿过楼地面处的立管加套管，并用水泥砂浆将四周堵严；

4）地砖颜色、规格应一致，应经排选后使用。

（2）施工工艺及方法

基层处理：施工前，先将现浇混凝土楼板上垃圾，物清扫干净，将楼地面凸出部分凿平，并冲洗干净。

刷水泥浆：刷素水泥浆一道（内掺建筑胶）。

刷找平层：用25mm厚1:4干硬性水泥砂浆，面撒素水泥。

铺地砖：找好规矩和坡度，弹边线、做冲筋、装档、刮平、拍实。然后，在楼地面上拉线铺砌5～10mm厚地砖，1:1水泥浆擦缝。

（3）质量要求

铺地砖品种、规格、颜色及铺装缝宽符合设计要求。

基层与面层结合牢固必须符合设计要求，陶瓷类块材应用水浸湿，首先试铺，排列要适当，标高、坡度等应符合设计要求，铺设完1~2d后地砖用水泥浆嵌缝。

严格控制平整度，符合规范要求，铺砌前应洒水，湿润基层，注意坡度。

#### 3.6.2 花岗石楼面

（1）施工准备及作业条件

1）施工前应在四周墙身上弹好水平控制墨线；

2）水泥采用42.5级水泥，砂采用中粗砂，含泥量不大于3%；

3）穿过楼地面处的立管加套管，并用水泥砂浆将四周堵严；

4）花岗石颜色、规格应一致，应经排选后使用。

（2）施工工艺及方法

1）基层处理：施工前，先将现浇混凝土楼板上垃圾、杂物清扫干净，将楼面凸出部位凿平，并冲洗干净。

2）刷水泥浆：刷素水泥浆一道。

3）作找平层：用30mm厚1:4干硬水泥砂浆粘结层做找平层。

4）刷结合层：撒水泥面（洒适量清水）。

5）铺花岗石：找平后在四周墙取中，在楼地面弹出中心线，贴水平灰饼，弹线找中找方，再冲筋。以冲筋为准，铺20mm厚花岗石板（正、背面及四周边满涂防污剂）灌稀水泥浆（或彩色水泥浆）擦缝。

（3）质量要求

1）砂子品种、质量必须符合设计要求，应洁净、无杂质。

2）花岗石板规格方正，花色、品种符合设计要求，表面平整、光滑。

3）面层与基层的结合必须符合设计要求。

### 3.7 装饰工程

本工程根据各部位功能不同，装饰也各异，包括乳胶漆、面砖、花岗石、矿棉装饰板、乳胶漆吊顶等，装饰工程应先做样板块或样板间，经选定后再大面积施工。

#### 3.7.1 抹灰工程

（1）施工准备作业条件

1）水泥采用32.5级水泥。

2）砂采用中砂，使用前应过5mm孔径筛子，含泥量不超过5%。

3）混凝土结构工程经过有关部门验收合格后，方可进行抹灰施工。

4）门窗、缝隙处理：对于已安装的门窗框应检查其位置是否准确，与墙体连接是否牢固。门窗框与墙体间缝应用1:3水泥砂浆嵌塞密实；若缝隙较大时，应在砂浆中掺少量麻刀嵌塞使其密实，嵌塞缝隙分两次完成，以防渗漏。

5）砌块表面处理：砌块墙面应提前2d进行浇水，每天宜两遍以上；

6）连接处理：混凝土墙与砌块墙交接处建议钉铺钢板网，防止不同材料温度收缩不一致而导致抹灰面开裂。

7）基层清理：混凝土表面的灰尘、污垢和油渍应清除干净，并洒水湿润。

8）管道根部处理：管道穿越墙壁或楼板时应安放套管，并用不低于M5的水泥砂浆填嵌密实，电线盒、消防栓、配电盒等必须安装就位并填缝密实后方可进行抹灰施工。

9) 操作架：根据室内高度及抹灰现场的具体情况，提前搭好抹灰操作架，架子离开墙面及墙角200~250mm以便操作。

10) 样板间：室内大面积抹灰前应先做样板间，检查合格和确认施工方案后方可进行大面积抹灰。

(2) 施工工艺及方法

1) 墙面淋水：墙面应用细管自上而下淋水湿润，但是抹灰墙面不得显浮水，以保证抹灰施工质量。

2) 弹线找规矩、做灰饼、冲筋、抹灰：在每个房间的地面上先弹出十字中心线，并根据墙面基层平整度在地面上弹出抹灰面基准线，接着在距墙角100mm处两侧用线坠吊直弹出垂直线，用托线板及靠尺检查整个墙面的垂直度和平整度，根据检查结果确定抹灰层的平均厚度。

做上部灰饼：在距顶棚150~200mm处和在墙面的两端距阴阳角150~200mm处各按已确定的抹灰厚度做两块灰饼，并以这两块灰饼为依据拉线，每隔1.5m左右做灰饼，灰饼大小50mm×50mm左右为宜。

做下部灰饼：灰饼离地200mm，根据上部灰饼的厚度用托线板挂垂线做下部灰饼，灰饼间距为1.5m左右，最后以这些灰饼为依据拉线做横向灰饼，灰饼厚度应不超过25mm且大于7mm；否则，应对基层进行处理。

冲筋：灰饼的砂浆收水后即可冲筋，以垂直方向的灰饼为依据抹一条30~50mm宽的梯形灰带，略高于灰饼；然后，用刮尺将灰带刮到与灰饼平，冲筋的两边用刮尺修成斜面。灰饼可以隔夜做，冲筋一般不过夜。

3) 做护角：护角线用1:2水泥砂浆抹成八字形。靠门窗框一侧厚度以门窗框离墙面的间隙为准，另一侧以墙面抹灰层厚为准。抹护角线时应在阳角两侧先抹薄薄一层宽50mm的底子灰，借助钢筋卡子将八字尺夹稳、撑牢、八字尺要一次安放好，吊线将其调直；然后，分层抹平成斜面，用同样的方法抹另一面使其呈"人"字形；最后，捋光压实成小圆角。

4) 抹底层灰：待标筋有一定强度后，洒水湿润墙面；然后，在两筋之间用力抹上底灰，用木抹子压实搓平，底灰要略低于标筋。

5) 抹面层灰：待底层灰六七成干后，即可抹面层灰，抹灰厚度以略高于标筋为宜，然后用刮尺沿标筋由上至下刮平，不平处补厚度砂浆然后再刮，直至刮平为止；最后，用铁抹子压光抹平，使室内四角方正。

6) 修抹预留孔洞、电气箱、线槽、线盒：不等底灰抹平后应即设专人将预留孔洞、电气箱、线槽、线盒周边5cm的范围内清理干净，周边嵌贴格条，待墙面中层抹灰完成之后取下分格条，用水泥砂浆将洞、箱、槽、盒抹成方整、光滑平整。

7) 抹灰必须按规定喷洒界面剂，分两次进行，一次抹灰厚度不超过10mm，抹灰后一定要湿养24h后，才能进行第二次抹灰。墙面阳角抹灰时，先将靠尺在墙角的一面用线坠找直，然后在墙角的另一面顺靠尺抹上砂浆。

8) 踢脚板、门窗贴脸板等背后墙面做流水坡度，宜在它们安装前进行，抹灰面接槎顺平。

9) 外墙窗台、窗楣、雨篷、阳台、压顶和突出腰线等，上面应做流水坡度，下面应做滴水线或滴水槽。滴水槽的深度和宽度均不应小于10mm，并整齐一致。

10）抹灰完成，应将每次抹灰掉下的落地灰清扫干净，以免污染地面。

(3) 质量要求

1）材料：所用材料品种、质量必须符合设计要求；

2）基层：每层抹灰间及抹灰层与基体间必须粘结牢固，无脱层、空鼓、开裂等缺陷；

3）偏差：内墙、顶棚抹灰允许偏差项目：表面平整：4mm；阴、阳角垂直：4mm；立面垂直：5mm；阴、阳角方正：4mm。

### 3.7.2 涂料墙面

(1) 施工流程

墙面抹灰→基层处理→修补→刮腻子一道→修整→刮腻子一道→修整→涂刷涂料。

(2) 施工方法

1）首先将墙、柱表面清理干净，并将表面扫净。

2）修补前，先涂刷一遍丙烯酸胶水；然后，用水石膏将墙、柱表面的坑洞、缝隙补平，干燥后用砂纸将凸出处磨掉，将浮尘扫净。

3）刮腻子：遍数可由墙面平整程度决定，一般为两遍。第一遍用抹灰钢光抹子横向满刮，一刮板紧接着一刮板，接头不得留槎，每刮一刮板最后收头要干净平顺。干燥后磨砂纸，将浮腻子及斑迹磨平磨光，再将墙柱表面清扫干净。第二遍用抹灰钢光抹子竖向满刮，所用材料及方法同第一遍腻子，干燥后用砂纸磨平并扫净。

4）刷第一遍涂料：涂刷顺序是先刷顶板后刷墙柱面，墙柱是先上后下。涂料用滚刷涂刷。涂料使用前应搅拌均匀，适当加水稀释，防止头遍涂料刷不开。涂刷时，从一头逐渐向另一头推进，上下顺刷，互相衔接。干燥后，复补腻子，腻子干燥后用砂纸磨光，清扫干净。

5）刷第二遍涂料：第二遍涂料操作要求同第一遍。使用前要充分搅拌；如不是很稠，则不宜加水或少加水，以防露底。

### 3.7.3 面砖墙面

(1) 工艺流程

找标高→弹铺砖控制线→铺砖→勾缝、擦缝→养护。

(2) 施工方法

1）镶贴前找好规矩。用水平尺找平，校正方正。算好纵横皮数和镶贴块数，画出皮数杆，定出水平标准，进行排序。

2）根据已弹好的水平线，稳好水平尺板，作为镶贴第一层瓷砖的依据，一般由下往上逐层镶贴。为了保证间隙均匀，每块砖的方正可采用塑料十字架，镶贴后在半干时再取出十字架，进行嵌缝，这样缝隙均匀美观。

3）采用掺丙烯酸水泥砂浆作粘结层，随用随调。将其满铺在瓷砖背面，中间鼓四周低，逐块进行镶贴，随时用塑料十字架找正。一面砖不能一次到顶，以防塌落。随时用干布或棉纱将缝隙中挤出浆液擦干净。

4）镶贴后的每块瓷砖，可用小铲轻轻敲打牢固。完工后应加强保护，可用稀盐酸刷洗表面，并随时用水冲洗干净。

### 3.7.4 矿棉板、铝网板吊顶

(1) 准备工作

1) 在现浇板或预制板缝中，按设计要求设置预埋件或吊杆；

2) 吊顶内的灯槽、水电管道及上人吊顶内的人行或安装通道，应安装完毕，消防管道安装并试压完毕；

3) 吊顶内的灯槽、斜撑、剪刀撑等，应根据工程情况适当布置，轻型灯具应吊在主龙骨或附加龙骨上，重型灯具或电扇不得与吊顶龙骨连接，应另设吊钩。

(2) 材料要求

1) 吊顶龙骨在运输安装时，不得扔摔、碰撞，龙骨应平放，防止变形，龙骨要存放于室内，防止生锈；

2) 矿棉板、铝网板运输和安装时应轻放，不得损坏板材的表面和边角，应防止受潮变形，放于平整、干燥、通风处。

(3) 施工工艺及方法

1) 龙骨安装

根据吊顶的设计标高在四周墙上或柱子上弹线，弹线应清楚，位置应准确，其水平允许偏差±5mm。

主龙骨吊顶间距，应按设计推荐系列选择，中间部分应起拱，金属龙骨起拱高度应不小于房间短向跨度的1/200，主龙骨安装后应及时校正其位置和标高。

吊杆距主龙骨端部不得超过300mm；否则，应增设吊杆，以免主龙骨下坠。当吊杆与设备相遇时，应调整吊点构造或增设角钢过桥，以保证吊顶质量。

次龙骨应贴紧主龙骨安装。当用自攻螺钉安装板材时，板材的接缝处，必须安装在宽度不小于40mm的次龙骨上。

全面校正主、次龙骨的位置及其水平度，连接件应错开安装，明龙骨应目测无明显弯曲，通长次龙骨连接处的对接错位偏差不超过2mm。校正后应将龙骨的所有吊挂件、连接件拧紧。

2) 矿棉板、铝网板安装

板材应在自由状态下进行固定，防止出现弯棱、凸鼓现象，矿棉板、铝网板的长边沿纵向次龙骨铺设。

### 3.8 机电工程概况（见表3-5）

建筑设备安装概况一览表　　表3-5

| 工程项目 | | 安装概况 |
|---|---|---|
| 给排水工程 | 生活给水 | 市政管网供水至地下600m³水池。地下室生活水泵从水池抽水上行下给水泵—水箱联合供水，竖向分3区 |
| | 排水 | 生活污、废水管设伸顶通气管，排水管每层安装伸缩节一个。排水立管底部采用两个45°弯管与水平引出管相接 |
| 电气工程 | 强电 | 包括本建筑的变配电所、电力、照明、防雷及接地系统等。采取两路10kV市电供电，配电系统采用电缆放射式的配电型式。各功能正常运行。本建筑为二类防雷建筑物，采用避雷带与避雷针相结合的方式，利用基础及承台中的钢筋作为接地极，利用建筑物内的剪力墙及柱内4根主钢筋可靠焊接作为引下线。接地电阻不大于1Ω |

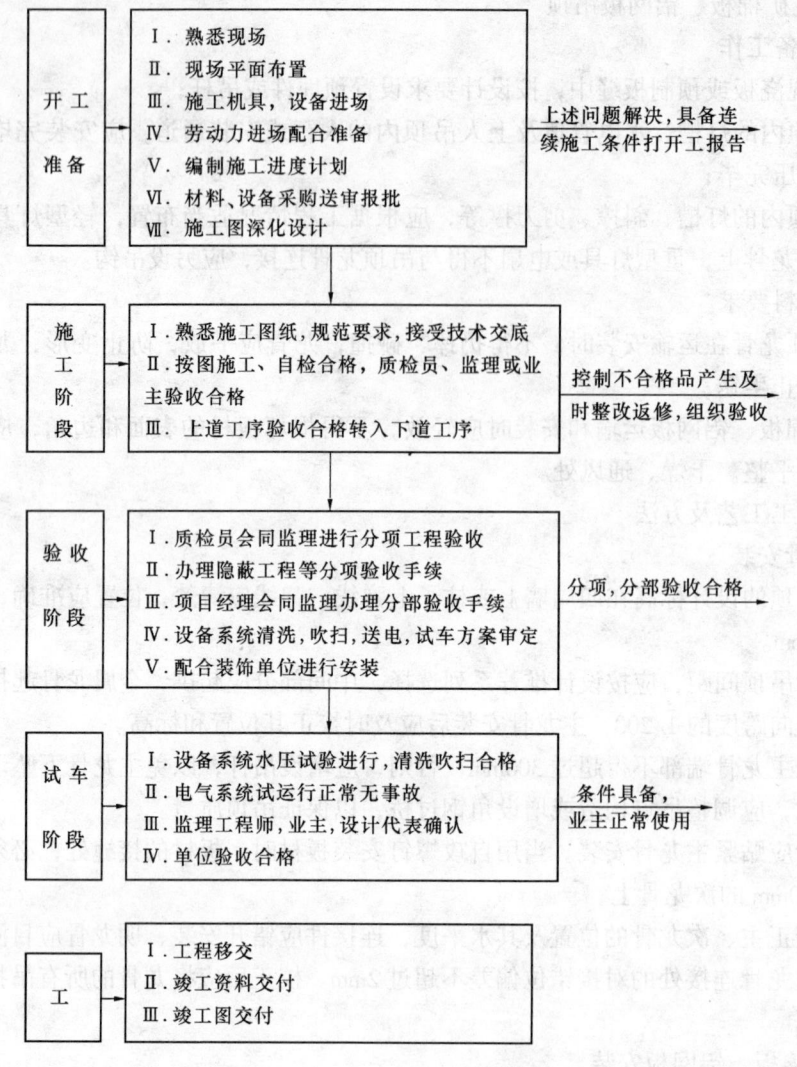

图 3-21 安装工程施工程序图

**3.8.1** 安装工程施工程序（图 3-21）

**3.8.2** 给水排水管道工程安装（图 3-22）

**3.8.3** 电气安装（图 3-23）

## 3.9 网架工程

本工程设计为螺栓球网架，网架面积 $590m^2$，根据该网架的现场情况，结合本网架工程的特点，网架安装采用如下方法：

（1）拼装工艺

安装前对柱顶预埋件标高、轴线、方位进行复测，做好土建交接记录（柱顶标高必须符合要求：相邻柱点标高相差不大于 10mm，整体高差不大于 15mm）。

对照发货清单及安装图对进入现场的部件进行清点，然后根据网架安装的顺序组织上

# 3 主要项目施工方法

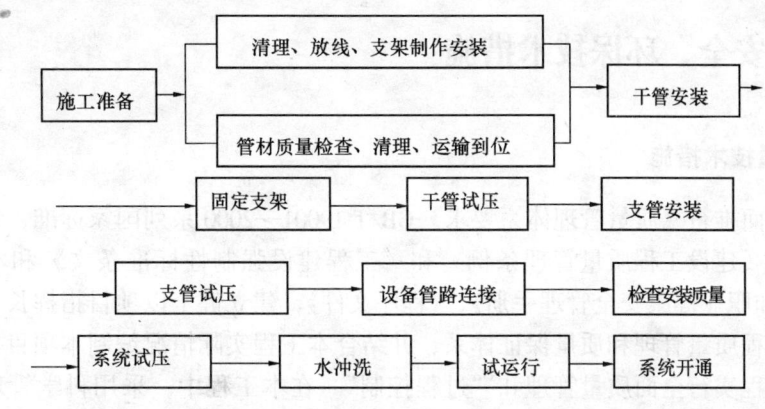

图 3-22 给水排水管道施工程序图

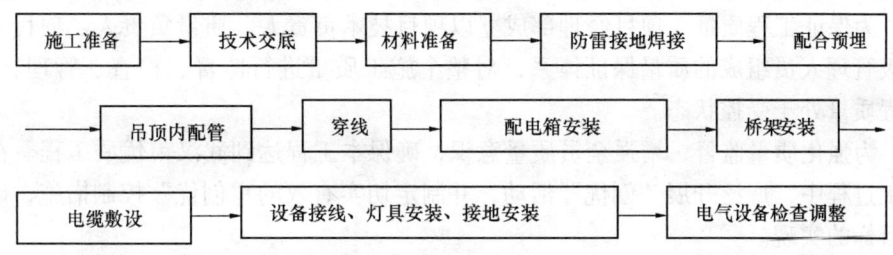

图 3-23 电气安装施工程序图

料,在工作平台上配料,然后拼三角架,推三脚架进行网架拼装。

网架起步安装,由队长统一指挥,队员找准支座,装好相应的球和杆件,起步单元装成后,及时组织自检自测,螺栓连接部位要拧紧到位,严格进行网架位置的调整,要求网架支座严格控制在允许误差内。

(2) 拼三脚架的工作方法

先配好该处的球和杆件,找准球孔位置,分别对接两根腹杆,用扳手或管钳拧套筒螺栓,接着再抱一上弦杆,将螺栓对准相应的球孔,用扳手或管钳将此上弦杆拧紧到位。在拧紧过程中,晃动杆件,以使杆件与球完全拧紧到位,接着冉装另一根上弦杆,找准球孔,拧紧螺栓到位。

(3) 推三脚架的工作方法

两名队员在上弦节点处,两名队员在下弦节点处,分别找准与杆件相应的球孔,将杆件与球之间的螺栓迅速拧紧到位,4 名队员同时工作,相互之间熟练配合,最后由两名队员装下弦杆和下弦球。

(4) 网架安装的具体施工顺序

根据本工程的实际情况,网架安装从①轴向⑤轴安装,本段网架采用高空散装法安装,即此范围搭设满堂红脚手架,满铺跳板,网架在脚手架平台上进行拼、推三脚架法散装。安装过程中螺栓必须紧固到位,一边安装一边自检,并及时调位,为下一步施工做好准备。网架安装完毕后,进行整体调位,对螺栓及相应部位进行检查并调整,用水准仪测量支座高低差进行测试,达到验收要求。

# 4 质量、安全、环保技术措施

## 4.1 质量技术措施

本工程全面推行《质量管理体系要求》GB/T 19001—2000 系列国家标准，认真贯彻执行国家颁布的《建设工程质量管理条例》和《工程建设强制性标准条文》和本单位新版《质量、环境和职业健康安全管理手册》、《程序文件》，建立健全以项目指挥长、项目执行经理为首的工程质量管理和质量保证体系，并结合本工程实际情况编制本项目工程创优计划，对整个工程实行全面质量管理和"过程控制"。在本工程中，采用科学管理、合理组织、严格监控、严格执行规范和操作规程，大力推广应用成熟的科技成果，确保本工程质量等级达到"黄鹤杯"。

（1）为保证工程质量，项目经理部成立以项目技术负责人、质量负责人、项目生产经理及各级管理人员组成的质量保证体系，对整个施工质量进行监督、检查、管理、控制，使本工程质量处于受控状态。

（2）为强化质量监督，增强全员质量意识，确保本工程达到武汉市优质工程。在本工程的施工过程中，广泛开展"创优"活动，并制定切实有效的"创优"控制措施，确保工程质量目标的实现。

1）成立以项目经理为核心的创优领导小组，建立健全质量保证体系，完善项目各级管理人员的质量职责。

2）制定工程质量创优规章制度和创优工作计划，在创优领导小组的领导下，积极开展全员"工程质量创优"活动。

3）制定施工人员培训计划，将先进的施工技术、管理措施传授到第一线。

4）制定质量检验制度，严把工程质量监督检测关，确保施工每道工序、每个操作过程按图纸进行施工，按规范、标准进行操作，积极开展 QC 活动，使工程质量达到优良标准。

5）严把资料关，做好质保资料、质评资料以及技术管理资料的收集、整理、分类，按本单位程序文件要求保证资料与工程进度同步，资料内容真实，不缺项，与业主直接分包的施工资料一并归档，并定期复查、整理。

6）做好工程三阶段（基础、主体、竣工）的验收评定工作，及时收集各方面评价的有关资料，并加强与业主、监理、质监站、设计等单位和部门的协作，共同实现"创优"目标。

7）建立健全奖罚制度。

8）工程施工过程中，项目将对有结构特点及装饰特色的部位进行录像拍照，保存有代表性的文献图片资料。工程竣工后，项目将施工图片资料整理、归类，并集中编辑、制作，编制成完整的工程施工录像资料。

（3）严格控制进场原材料的质量，对钢材、水泥、防水材料等物资除必须有出厂合格证或材质证明外，还应执行现场见证取样规定，经试验复检并出具复检合格证明方能使用。做好产品标识和可追溯性记录，严禁不合格材料用于工程。商品混凝土、砂浆的配合比应符合要求，混凝土按要求进行现场取样，坍落度必须满足要求。由试验室进行试配，经试验合格后方可使用。材料部门应及时对水泥、钢材、砂、石、砖等进场消耗进行计量检测，做好原始记录，并对检测数据负责。

（4）严格控制成品、半成品的质量，检验合格后方可使用。原材料、半成品的不合格品由项目总工、技术负责人组织相关人员评审，并提出处置意见，由项目材料员做不合格标识，并做好相关记录。根据评审意见，对不合格品退货、降级或报废处置，并填写不合格物质处理记录。做好成品、半成品的保护工作，相关人员应持证上岗。质检部门应按施工顺序、质量评定标准及时做好计量检测。对于钢筋、模板、混凝土及预埋件，其测定数据不得超过规定的范围，在施工中应严格执行钢筋、模板、混凝土、试验、测量等施工原始记录管理工作。

（5）对检验、测量和试验设备控制，保证设备准确度满足使用要求。

认真执行国家计量法，计量程序和计量器具配备严格按计量网络进行，根据工程施工所需配计量器具，配备率100%。国家规定强制鉴定的计量器具必须100%送检，同时做好平时的抽检工作。计量过程中必须使用检定合格的计量器具，无检定合格证，超过检定周期或检验不合格的计量器具严禁使用。计量器具必须妥善保管，计量员负责对质量有影响的所有检测设备、器具的配备、领用、定期计量确认、维护使用和管理。非计量人员不得任意拆卸、改造、检修计量器具，认真做好器具的采购、入库、检定、降级、报废、保管、封存、发放等管理工作。

（6）施工质量控制，尤其要作好"事前控制"和"事中控制"，预防在先，一次成优。我公司对工程质量进行严格的"过程控制"这是确保质量和创优的关键。施工过程控制管理流程如图4-1所示。

（7）把好"过程控制"质量关

1）材料进场及验收关：材料进场必须进行验收和标识堆放，进场材料必须有出厂合格证明或试验报告，部分主要材料必须按规定取样检验，检验合格后方能使用，确保工程上使用的材料是优质材料或合格材料。

2）技术交底关：严格执行书面交底制度，使管理人员和操作者明白施工工艺和操作要领，安全注意事项及质量标准等要求，以提高工程质量一次成优率，减少返工。

3）工序质量关：严格执行"二检"制和"质量一票否决制"，把控制工序质量的验收和交接检作为一项重要工作来抓，操作班组在完成一道工序后，要及时进行自检。发现达不到质量标准时，应进行整改或返工。工长及质检员对其质量进行检查核定，达不到质量标准的，不准进行下一道工序。

4）分包工程质量关：在选择分包单位时，采取招投标方式，择优录用。施工前，对其进行的工作及相关联的工作进行交底，强化对分包单位的管理工作，对重点、难点部位、关键工序，将指派专业人员加强技术指导与监督。

5）优质样板关：装饰工程中，坚持优质样板引路制度，重要装饰材料由甲方、乙方、监理、设计院参加共同看样选料，先做样板，以样板和样板间带动大面装饰工程的施工。

6）成品保护关：成品保护工作是施工组织中的重要工作，项目将制定严密的成品保护措施计划，要求下一道工序的施工人员必须保护好上一道工序形成施工成果或成品，坚持"谁弄坏、谁负责、谁污染、谁负责"的原则，并安排专人负责管理，做到层层把关，

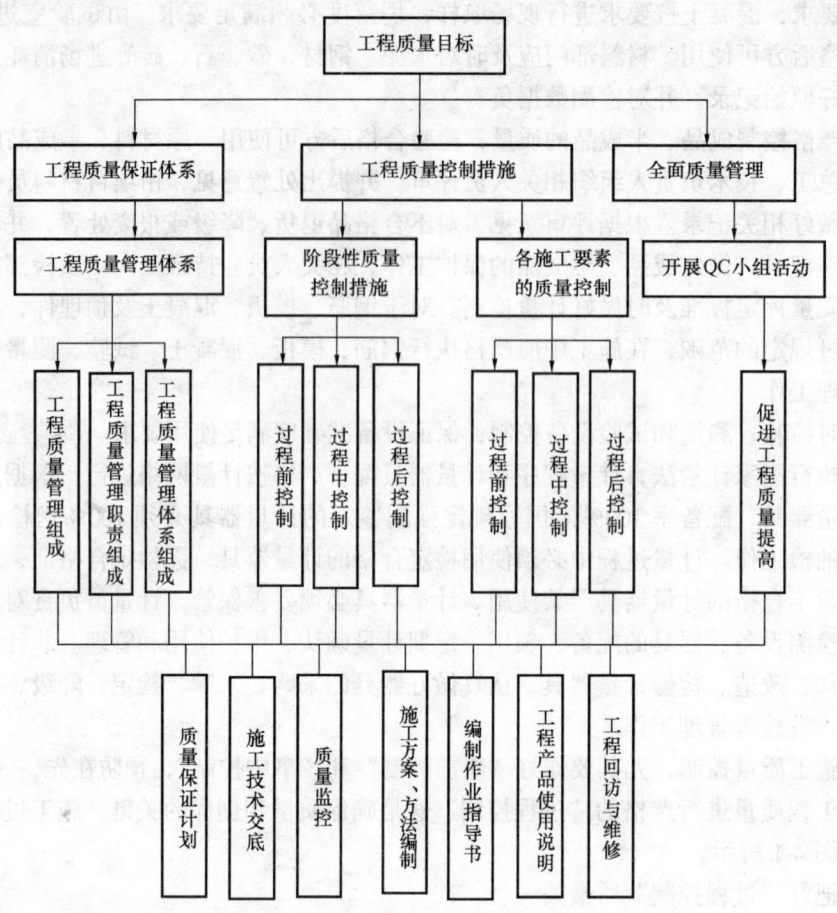

图 4-1　工程质量总控制管理图

环环紧扣。

### 4.2　安全技术措施

本工程位于武汉繁华的六度桥闹市区,北临中山大道,南靠清芬一路,右侧隔6m步行街与桥西商厦相望,左侧与新华电影院紧邻,施工现场狭窄,周边条件严峻,且为27层高层建筑,如何保证该工程的安全施工是本工程的重点任务之一。

(1) 基坑开挖后,基坑深且四周临建,为了确保安全,在基坑周边设置围护钢管栏杆,栏杆高1.2m,并每隔400mm高设置一道横杆,每隔4000mm设置一道竖向立杆,对于两排支护桩则设置两道防护栏杆。施工人员通过上下基坑用专门设置的钢梯,以确保安全施工。

(2) 土方开挖期间,对基坑支护系统、周边土体、相临建筑物、道路、地下管线、地下水动态变化等建立系统严格的监测网络,进行有效的综合监测与跟踪监测,确保施工的顺利进行及周边环境的安全。

(3) 在±0.00层,各通道口、施工电梯口及临近施工区域的人行通道必须搭设防护棚,防止高空坠物伤人,加强对楼层临边、预留洞口、电梯井口、楼梯临边等的防护,采用钢筋、钢管焊接栏杆进行防护。电梯井口首层采用竹跳板进行水平防护，首层以上每隔一层用竹跳板进行封闭，楼层预留洞口：凡20cm×20cm～50cm×50cm洞口用钢筋网或固定盖板封严，50cm×50cm～150cm×150cm的洞口用竹跳板压边捆牢进行封闭，超过150cm×150cm的洞口须另加设两道护栏。

（4）外脚手架必须按楼层与墙体拉结牢靠，并保证高4m、水平7m有一拉结点，架体两头转角部位和架体每隔6～7根立杆搭设剪刀撑，角度不大于60°，架体操作面必须满铺竹跳板，并用10号钢丝捆牢，外侧设护栏。

### 4.3 环保技术措施

本着"坚持人文精神，营造绿色建筑，追求社区、人居和施工环境的不断改善"这一环境理念，我公司将根据ISO 14000环境管理体系标准，以及本企业"环境及职业健康安全管理手册"，以"预防"为核心，以"控制"为手段，通过"监督"和"监测"不断发现问题，约束自身行为，调节自身活动，为实施环境改善取得依据。结合阳光大厦地处武汉市六渡桥商业区黄金地段，占地面积大，北临中山大道，南靠清芬一路，右侧隔6m的步行街与桥西商厦相望，左侧与新华电影院紧邻，清芬一路一侧为六渡桥小学及肖家巷社区的特点，我公司制定了以下措施：

（1）项目经理部成立环境保护领导小组和防止扰民领导小组，项目经理为第一责任人，公司相关职能部门定期检查、监督和指导，保证管理方案的贯彻落实。

（2）识别施工生产中将要出现的各种环境因素（主要是水、气、声、渣）及其会造成的影响，针对其对环境的影响程度，确定环境保护目标、指标，编制环境管理方案，详见项目重大环境因素及管理方案一览表（表4-1）。

项目重大环境因素及管理方案一览表　　　　表4-1

| 环境因素 | 环境影响 | 环境保护目标、指标 | 环境保护管理方案 |
| --- | --- | --- | --- |
| 噪声 | 影响人身健康、社区居民休息 | 施工现场场界噪声：土方施工，昼间＜75dB，夜间＜55dB 结构施工，昼间＜70dB，夜间＜55dB；装修施工，昼间＜65dB，夜间＜55dB | ①工程外立面采用密目安全网实行全封闭；<br>②现场木工房使用前完成封闭，封闭率达到100%；<br>③结构施工阶段，尽量选用低噪声或有消声降噪的施工机械；合理安排施工顺序，将有噪声的施工工序尽量安排白天施工，有强噪声作业的，控制作业时间，晚间不得迟于22:00，早间不得早于6:00。如有特殊情况需要进行连续作业时（夜间），应尽量采用降噪措施；施工现场的强噪声机械如（电锯、砂轮机等）设置在远离居民区一层楼层内，以尽量减少强噪声的扩散；<br>④现场搬运材料、模板、脚手架的拆除等，针对材质采取措施，轻拿轻放；<br>⑤控制人为噪声的污染，对建筑工地所有人员加强教育，作到举止文明、衣着整洁、严禁打架、斗殴、酗酒现象，增强全体人员防噪声影响办公的意识，尽量减少人为喧哗；<br>⑥加强施工现场环境噪声的全过程监测，凡超过《施工场界噪声限值》GB 12523—90标准的，要及时对噪声超标的主要原因进行研究，并采取有效控制，使之达到控制噪声标准 |

续表

| 环境因素 | 环境影响 | 环境保护目标、指标 | 环境保护管理方案 |
|---|---|---|---|
| 粉尘 | 污染大气、影响居民身体健康 | 现场目视无扬尘；现场主要运输道路硬化率达到100% | ①现场主要运输道路进行硬化，场区内进行绿化，覆盖易扬尘地面；<br>②成立文明施工保洁队，配备洒水设备，做好压尘、降尘工作；<br>③建筑垃圾分类存放，及时清运，清运时适量洒水，降低扬尘；<br>④风力超过4级停止土方开挖，覆盖堆土，减少扬尘 |
| 运输遗撒 | 污染路面，影响居民生活 | 运输无遗撒现象 | ①道路出入口设清洗槽，车辆离开现场前应清洗轮胎、底盘的泥尘；<br>②车辆不超载，用毡布覆盖严密，严防遗撒，一旦发现遗撒，及时组织人力清扫 |
| 污水 | 污染水体 | 污水排放符合所在地的环保规定 | ①现场厕所设置化粪池；食堂设置隔油池；<br>②现场洗车池处设置沉淀池；<br>③设雨水排放管、沟，实现雨水和污水分别排放 |
| 废弃物和建筑垃圾 | 污染土体、水体、大气 | 分类管理，合理处置各类废弃物，有毒有害物回收率100% | ①施工前，向城市环卫部门申报建筑垃圾处理计划，填报建筑垃圾种类、数量、运输路线及处置场地；<br>②建筑垃圾和生活垃圾分类存放，及时清理；有毒有害废弃物及时回收，回收率达100% |
| 化学危险品、油品的泄漏及挥发 | 污染土体、水体 | 施工现场的化学品（如油漆、涂料等）和含有化学成分的特殊材料一律实行封闭式、容器式管理和使用，杜绝泄漏、遗洒 | ①编制化学品的使用及管理作业环保指导书，并对操作者进行培训；<br>②易燃、易爆物品和化学品存放设专用仓库，存放地面先硬化；<br>③施工机械设备设置接油盘；<br>④配备沙土、铲等以备泄漏时使用 |

# 5 经济效益分析

## 5.1 地下工程施工阶段效益分析

（1）本工程采用封降结合止水方案代替原设计全封止水方案，使水平封底帷幕从4.5m降到2m，同时增加17口降水井，加快了施工进度，保证了井坑安全，节约投入费用112.360万元。

（2）推广应用大直径钢筋锥螺纹连接技术，节省费用15.528万元。

（3）推广应用竖向钢筋电渣压力焊连接技术，节省费用20.994万元。

（4）推广采用商品混凝土，节省费用41.964万元（含缩短工期5d，按合同拖延一天罚款5万元）。

（5）推广应用电梯三铰筒模技术，节省费用5.121万元。

以上 2~5 项共节省工程费用 83.557 万元。
地下工程施工阶段效益额达 279.474 万元。

## 5.2 地上工程施工阶段效益分析

(1) 推广应用大直径钢筋锥螺纹连接技术，节省费用 46.584 万元。
(2) 推广应用大直径钢筋直螺纹连接技术，节省费用 20.893 万元。
(3) 推广应用竖向钢筋电渣压力焊连接技术，节省费用 105.964 万元。
(4) 采用钢筋预应力连接技术，节省费用 62.068 万元。
(5) 推广应用电梯三铰筒模技术，节省费用 20.484 万元。
地下工程施工阶段效益额达 275.993 万元。

## 5.3 总体效益分析

本工程包括地下及地上各施工阶段总体效益额 535.467 万元。

# 第二十三篇

# 湖北俊华大厦施工组织设计

编制单位：中建三局一公司贵阳分公司
编 制 人：尹相国

【摘要】 本工程位于武汉江汉路步行街旁，是一座集地下停车场、商贸、办公、住宅为一体的多功能公用建筑。本工程施工质量、工期要求高，为房地产开发商投资兴建，工程造价低，项目按原项目法施工管理要求组织施工管理。

施工中加强新技术、新工艺的运用和施工工艺的改进，注重工程质量、安全文明施工。在项目管理上，通过项目全额承包，目标分解，责任到人，采取人工费、材料费承包等多种管理方式，确保了项目经营成本控制目标。本项目两次荣获武汉市文明施工样板工地。

# 目 录

1 工程概况 ·············································································· 163
   1.1 建设概况 ········································································ 163
   1.2 建筑设计概况 ·································································· 163
   1.3 结构设计概况 ·································································· 163
   1.4 现场条件 ········································································ 164
   1.5 水文地质特征 ·································································· 165
   1.6 气象条件及其变化情况 ······················································ 165
   1.7 工程特点 ········································································ 166
2 施工部署 ············································································· 169
   2.1 施工管理机构 ·································································· 169
   2.2 总体和重点部位施工顺序 ··················································· 169
      2.2.1 总体施工程序 ··························································· 169
      2.2.2 重点部位施工程序 ···················································· 170
   2.3 流水段划分 ····································································· 170
   2.4 施工平面布置情况 ··························································· 170
      2.4.1 施工总平面布置原则 ················································· 170
      2.4.2 总体施工平面布置 ···················································· 170
      2.4.3 施工临时用水的布置 ················································· 171
      2.4.4 临时用电设计 ··························································· 171
      2.4.5 现场平面管理 ··························································· 174
   2.5 施工进度计划 ·································································· 176
   2.6 材料物资配备情况 ··························································· 176
   2.7 主要施工机械选择 ··························································· 178
      2.7.1 垂直运输设备 ··························································· 178
      2.7.2 机械设备的进场计划 ················································· 178
      2.7.3 主要垂直运输设备的计算 ·········································· 179
   2.8 劳动力组织情况 ······························································ 187
3 主要施工方法 ······································································ 188
   3.1 土建工程施工方法 ··························································· 188
      3.1.1 施工测量 ·································································· 188
      3.1.2 基础垫层施工 ··························································· 190
      3.1.3 明水抽排 ·································································· 190
      3.1.4 模板工程 ·································································· 190
      3.1.5 钢筋工程 ·································································· 198
      3.1.6 混凝土工程 ······························································ 203
      3.1.7 地下室车库夹层施工 ················································· 208
      3.1.8 砌体填充墙工程施工 ················································· 209

  3.1.9 外脚手架工程 ………………………………………………………………… 211
  3.1.10 防水工程 ……………………………………………………………………… 213
  3.1.11 一般建筑装饰工程 …………………………………………………………… 214
 3.2 安装工程施工方法 ……………………………………………………………………… 215
  3.2.1 给水排水工程 ………………………………………………………………… 215
  3.2.2 电气安装工程 ………………………………………………………………… 218
  3.2.3 通风工程 ……………………………………………………………………… 221

## 4 质量、安全、环保技术管理措施 …………………………………………………… 222
 4.1 质量管理措施 …………………………………………………………………………… 222
 4.2 工程质量管理制度 ……………………………………………………………………… 223
  4.2.1 工程质量保证措施 …………………………………………………………… 223
  4.2.2 保证工程质量的主要技术组织措施 ………………………………………… 226
 4.3 安全生产目标与制度 …………………………………………………………………… 229
  4.3.1 安全生产目标 ………………………………………………………………… 229
  4.3.2 安全生产体系的建立及其主要内容 ………………………………………… 229
 4.4 施工安全技术措施 ……………………………………………………………………… 229
  4.4.1 临边安全围护 ………………………………………………………………… 230
  4.4.2 高空安全防护棚的设置 ……………………………………………………… 230
  4.4.3 其他安全措施 ………………………………………………………………… 230
 4.5 文明施工与环境保护 …………………………………………………………………… 232
  4.5.1 文明施工的目标 ……………………………………………………………… 232
  4.5.2 文明施工体系 ………………………………………………………………… 232
  4.5.3 环境保护措施 ………………………………………………………………… 234

## 5 总结 …………………………………………………………………………………………… 235

# 1 工程概况

## 1.1 建设概况

湖北俊华工程由湖北省唐氏集团开发建设，位于武汉市闻名全国的商业街——江汉路东段，为一座集办公、商贸、高档商住楼、停车场一体的综合房地产公用建筑项目。工程总建筑面积 50900$m^2$，占地面积 2827$m^2$，用地面积 3680$m^2$，裙楼单层建筑面积 2605$m^2$，主楼标准层单层面积 859$m^2$。

本工程于 1998 年 10 月 10 日开工，2000 年 3 月 30 日完工。工程质量达到国家验收规范要求（后由于业主方原因未申报质量有关奖项）。

## 1.2 建筑设计概况

本工程地下 1 层，地上 28 层。其中，地上六层以下为裙楼，七层以上平面分成两幢主楼。地下室室内建筑标高为 −4.7m，裙楼屋面标高 29.4m，主楼屋面标高为 86.2m，塔楼顶标高为 99.05m。地下室结构层高 5.0m，地上 1 层层高 5.4m，裙楼二~六层层高 4.8m，主楼架空层层高为 5.0m，其余标准层的层高均为 3.0m。

地下室主要用作汽车库，并设有设备间，裙楼一~六层为商贸，七层为屋面花园，八层以上为写字式商住楼。

主楼外墙装饰为铝合金窗和劈离砖外墙，屋面防水作法为：一道改性沥青防水加一道 40mm 厚的钢筋网细石混凝土刚性防水层，共两道防水。地下室防水作法是在外墙外侧面喷 HM1500 防水剂。室内一般抹灰采用水泥石灰砂浆。室内精装饰及六层以下外墙装饰做法为二次设计确定，主要由商家自行确定，六层以下外墙装饰主要为干挂高梁红大理石和银灰色铝板。

整个工程平面呈矩形，位于武汉江汉路步行街旁，整体建筑外立面装修富有层次和变化，建筑高度高，是江汉路建筑的一个亮点。

## 1.3 结构设计概况

本大厦设群桩基础，桩上设厚大承台，地上部分为框筒结构，框架及剪力墙设计抗震等级均为二级。

地下室底板、外墙及其水池侧墙的混凝土采用自防水设计，抗渗等级为 0.8MPa，地下室内设夹层，以便停放汽车，夹层楼板采用预制空心楼板并加铺 40mm 厚现浇钢筋混凝土。

本工程在两幢主楼之间带的裙楼设有后浇带，后浇带贯穿裙楼屋面直至地下室底板间的所有现浇梁、板及墙，设计要求后浇的封闭浇灌时间为两个月后。

本工程主要结构特征为：梁跨度大，底板混凝土量大，地下室预制板工程量大，被后浇带贯穿的构件多，结构构造柱和砌体填充墙的构造柱多，框架柱截面变化多等。

混凝土设计强度等级如表 1-1 所示，混凝土工程量汇总如表 1-2 所示。

混凝土设计强度等级表    表1-1

| 部　位 | 构件名称 | 混凝土强度等级 | 备　注 |
|---|---|---|---|
| 地下室 | 底板 | C35 | |
| 地下室~10层 | 柱、剪力墙 | C45 | |
| | 梁、板 | C40 | |
| 10~15层 | 柱、剪力墙 | C40 | |
| | 梁、板 | C35 | |
| 15~23层 | 柱、剪力墙 | C35 | |
| | 梁、板 | C30 | |
| 23层以上 | 梁、板、柱、剪力墙 | C30 | |

混凝土工程量汇总表    表1-2

| 部　位 | 地下室底板 | 地下室 | 1层 | 2~6层 | 7~25层 |
|---|---|---|---|---|---|
| 混凝土量（m³） | 6500 | 1800 | 1350 | 1300×5 | 1100×19 |

框架柱主筋、基础底板纵筋采用焊接、机械连接。钢筋工程主要工程量见表1-3。

钢筋工程主要工程量统计表    表1-3

| 部　位 | 地下室底板 | 地下室 | 1层 | 2层 | 3层 | 4层 | 5层 | 6层 | 7~25层 |
|---|---|---|---|---|---|---|---|---|---|
| 钢筋量（t） | 800 | 480 | 210 | 200 | 200 | 200 | 200 | 200 | 150×19 |

主要结构构件的截面几何尺寸统计见表1-4。

主要结构构件截面几何尺寸统计表    表1-4

| 构件名称 | 部位、标高 | 截面尺寸（b×h或t）　单位：mm | 备　注 |
|---|---|---|---|
| 地下室底板 | 顶面-5.0m | 2400mm厚 | |
| 柱 | -1~6层（mm×mm） | 1100×1100、1000×1000、600×800、500×500 | |
| | 7~12层（mm×mm） | 950×1000、950×950、900×900、850×850 | |
| | 13~20层（mm×mm） | 900×900、850×850、800×800 | |
| | 20层以上（mm×mm） | 700×700 | |
| 梁 | （mm×mm） | 400×500、400×600、400×700、400×750、400×1000、400×1100、400×1200<br>350×600、350×500、350×800、350×1100、300×600、300×750、250×400、250×500、250×600、200×400、200×300、200×750 | |

砌体填充墙及内隔墙材料为：住宅部分内隔墙选用GRC轻质隔墙，其他采用粉煤灰加气混凝土砌块，砌体用M5水泥石灰砂浆砌筑。

## 1.4　现场条件

本工程位于汉口最繁华商业区的江汉路与江汉四路交叉口，交通示意如图1-1所示。因江汉路、江汉三路及前进五路均为密集型商业街道，几乎无法通车，故出入工地最

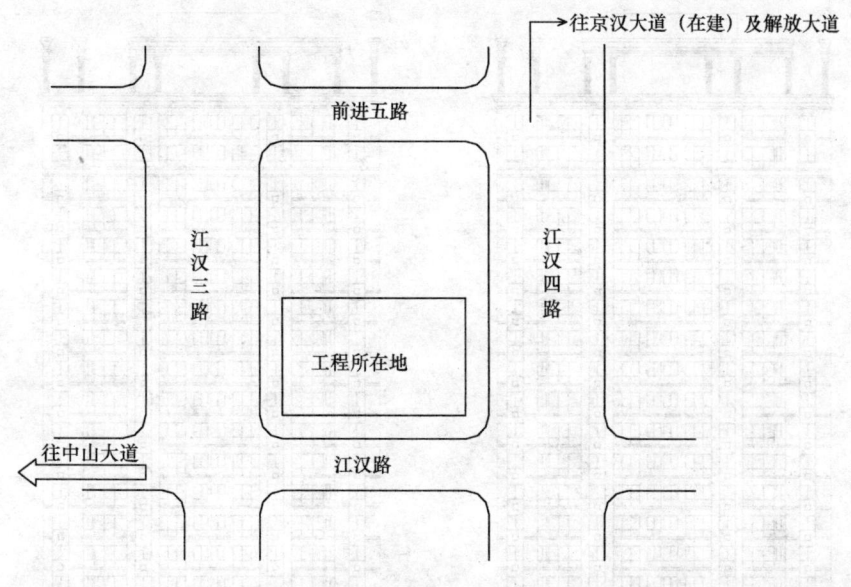

图 1-1 工程基址交通示意图

主要的交通要道就是江汉四路。施工交通特别紧张，对主体工程施工的影响尤为明显。而因工地紧邻重要商业街道及民宅，对施工时的环境保护又提出了更高的要求。

工程所在地点距长江仅约 1km，且自然地面高程为黄海高程 24.5m，比长江警戒水位低 2.5m（警戒水位按 27m 计），施工极易受长江汛期的影响。

工程施工场区内空间很小，场内交通、材料堆场、临时设施可利用的总面积约为 325m²。

### 1.5 水文地质特征

根据工程地质报告，第一层土为杂填土层，厚 1.5～3.0m；第二层为多种黏土层，大部分为可塑状态，厚 7.3～15.0m，以下为粉砂层。

场区混合地下水位约为 -2.40m（±0.00 = 黄海高程 25.00m），承压水位在工程地质报告中无详细说明，但按武汉地区深基坑施工指南，拟建场区所在地区的承压水位与长江水有密切的水力联系，建议取承压水位为 18.5～20.0m（黄海高程），相当于本工程建筑标高为 -5.0～-6.5m。

### 1.6 气象条件及其变化情况

武汉为四大"火炉"之一，夏季漫长而炎热且空气湿度很大，而武汉市的冬季却并不温暖，有时冬季最低气温达零下 7℃ 甚至更低。根据对武汉地区近年来的气象情况的统计，每年雨期施工的时间至少为四个月，而冬期施工则至少也有两个月。因工地距长江很近，故施工受汛期的影响更加严重，除可能会为了防汛需要而不能运输或使用土建材料外，还有可能不准进行基坑开挖等施工活动。

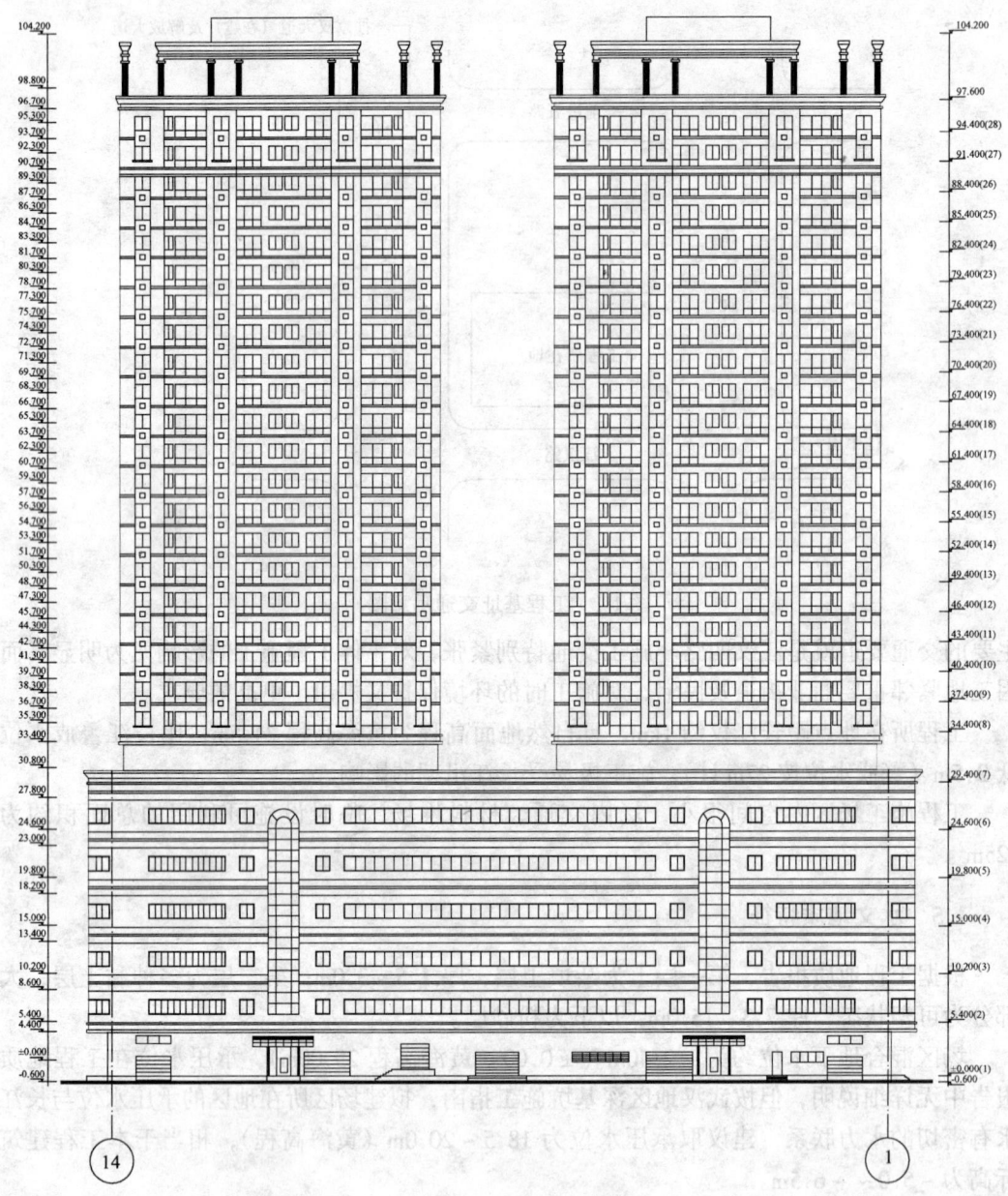

图 1-2 立面图（单位：m）

## 1.7 工程特点

（1）基础及地下室工程施工正值武汉汛期及炎热的夏季，主体结构的施工跨冬季至少两个月。

（2）本工程位于江汉路繁华的商业路段，与周边建筑物较近，周边行人多，施工中对安全防护、噪声控制等级要求高，同时场内可用临时施工场地有限。

（3）因工程桩施工工期延期太多，故业主迫切需要抢工期，对工期的要求异常严格。

**1 工程概况**

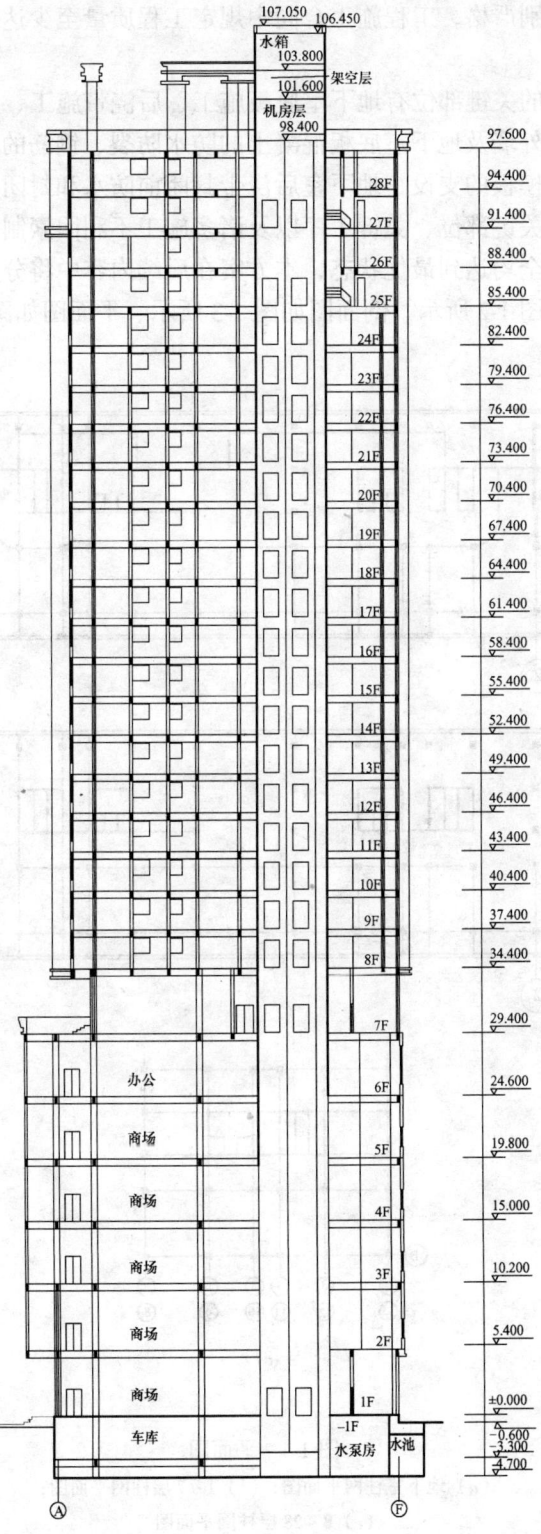

图 1-3 剖面图（单位：m）

(4) 质量要求特别严格，工程施工合同中规定工程质量至少达到省优；否则，将扣除部分工程款。

(5) 本工程施工的关键部位有地下室底板施工、后浇带施工、屋面防水工程等。关键工序有：地下室超长外墙及地下室底板混凝土的防水防裂、钢筋的连接、商品混凝土质量的控制、大跨度梁板模板的支设、地下室后浇带封闭前防水和封闭后防渗等。

施工中将对上述关键部位、关键工序以及诸多施工不利因素制定相关的措施，以确保工程质量、工期及安全均达到最优状态，本方案在后续内容中将分别阐述这些内容。

本工程立面图如图 1-2 所示、剖面图如图 1-3 所示、平面图如图 1-4 所示。

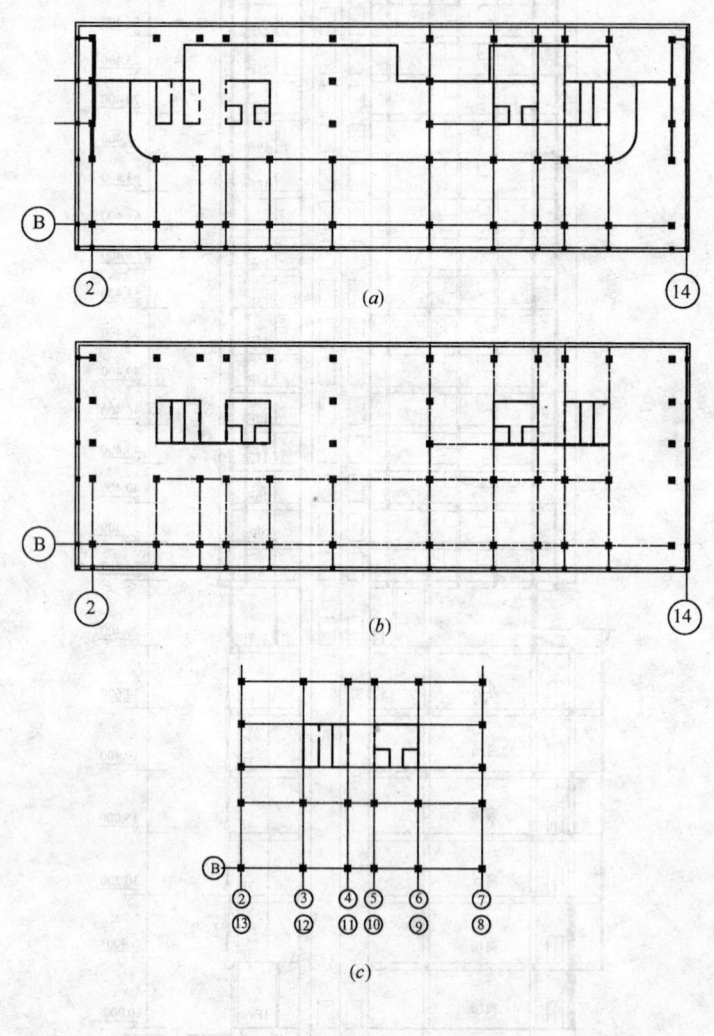

图 1-4 平面图
(a) 地下室柱网平面图；(b) 1~7 层柱网平面图；
(c) 8~28 层柱网平面图

# 2 施工部署

## 2.1 施工管理机构

按项目法施工组建项目班子，项目主要领导有：项目经理一名、项目党支部书记一名、项目经营副经理一名、项目技术负责人（项目总工）一名，项目生产副经理一名。

另外，由工程技术、质量、安全、材料、财务、劳资、综合办公室、施工工长、测量、试验、计量、资料、保卫、后勤、机械管理等专业管理人员共25人组成项目管理层，施工作业层由塔吊班、电工班、电梯班、机械修理、架子班、电焊班等特殊工种班组以及成建制的各个专业施工队组成，详见图2-1。

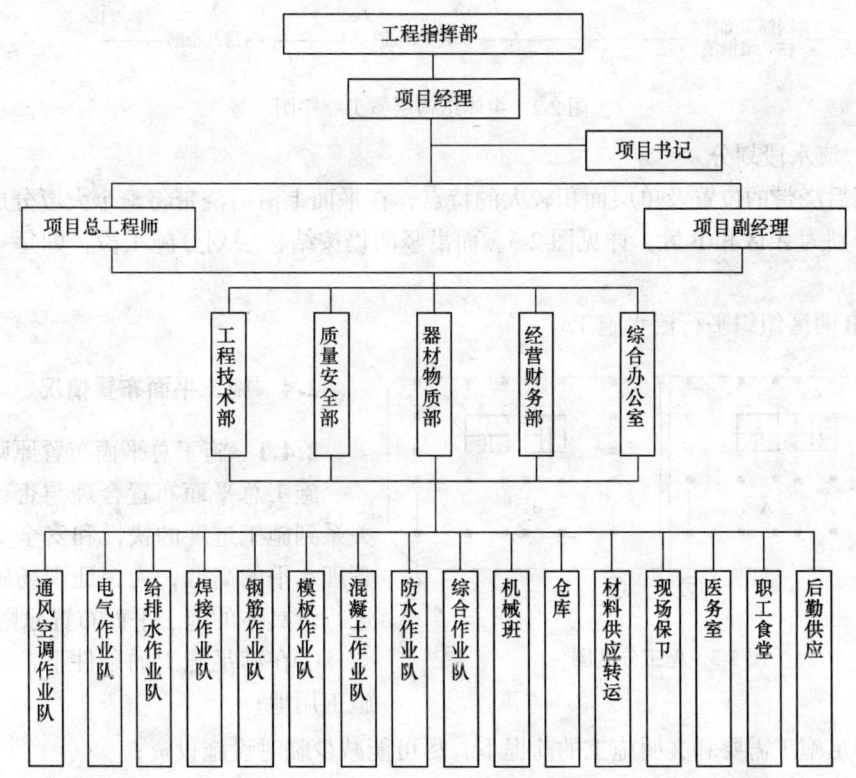

图 2-1 项目组织机构图

## 2.2 总体和重点部位施工顺序

### 2.2.1 总体施工程序

总体施工程序为：基础工程→主体工程→屋面防水→水、电、暖通安装工程→装饰工程。为缩短工期，这其中的一些分部工程的某些分项必须穿插施工。

在空间安排上，结构主体工程由下至上组织各工种进行立体交叉流水作业；围护工程根据实际情况进行施工（在阶段性结构验收完毕或得到地方质量监督站的许可后开始），但总体施工顺序仍然是由下往上逐层进行；水、电、暖通安装的大部分工序在主体工程施工至一定阶段后开始穿插进行，施工顺序也是由下往上；建筑及室内外装饰工程由上至下逐层进行。

### 2.2.2 重点部位施工程序

基础工程、地下室工程、混凝土结构层是施工中的重点控制部位。

基础底板的施工顺序为：垫层与胎模施工→底板底层钢筋绑扎→底板钢筋支架安装→面层钢筋绑扎→墙、柱插筋的安装→支设柱、墙、集水坑吊模→浇筑混凝土。

主体结构层的施工顺序如图 2-2 所示。

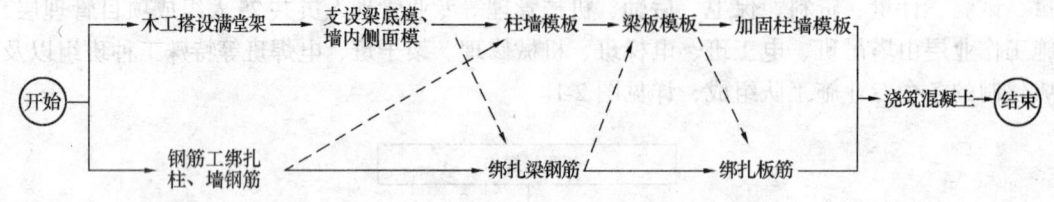

图 2-2 主体结构层施工顺序图

## 2.3 流水段划分

根据后浇带的位置及单层面积较大的特点，在平面上沿后浇带将整个大厦分成两个施工段，分别为 A 区和 B 区，详见图 2-3。而沿竖向仍按结构层划分施工段，即每一层为一施工段。

A、B 两区组织平行流水施工。

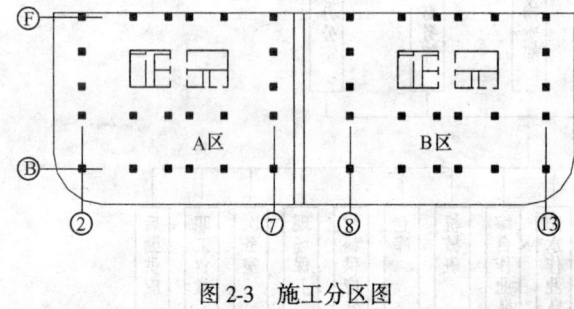

图 2-3 施工分区图

## 2.4 施工平面布置情况

### 2.4.1 施工总平面布置原则

施工总平面布置合理与否，将直接关系到施工进度的快慢和安全文明施工管理水平的高低，为保证现场施工顺利进行，具体的施工平面布置原则为：

①在满足施工的条件下，尽量节约施工用地；

②满足施工需要和文明施工的前提下，尽可能减少临时设施投资；

③在保证场内交通运输畅通和满足施工对材料要求的前提下，最大限度地减少场内运输，特别是减少场内二次搬运；

④在平面交通上，尽量避免土建、安装等生产单位相互干扰；

⑤符合施工现场卫生及安全技术要求和防火规范。

### 2.4.2 总体施工平面布置

本工程的施工场地极为狭窄，只有沿建筑物周围狭长的 4 边布置施工平面。经现场实地丈量测算，将现场分为 4 个区域进行布置，其中现场西面机动车通道边布置钢筋原材堆场及对焊车间，中部布置钢筋加工车间；现场靠江汉路一侧的长条形区域宽约 4.6m，可布置钢筋冷拉车间及工具房；现场临江汉四路的一侧的区域可堆放少量材料。

考虑各种因素，将塔吊布置在两栋主楼之间中心处，施工升降机则分别设在⑤~⑥轴及⑨~⑩轴之间，塔吊及施工升降机的具体平面布置位置详见各自的施工设计方案。

受现场条件的限制，现场仅搭设3间小办公室，现场办公主要在建设单位提供的面积约300m²楼房内进行，而职工宿舍则统一租用民房，派专人管理。

平面布置根据施工进度分阶段进行，在地上三层以上主体结构施工及装饰施工时可利用地上一层以及地上二层的部分区域堆放材料，但注意堆放荷载不得超过300kg/m²。

施工平面布置见施工总平面布置图（基础施工平面布置图、主体施工平面布置图），详见图2-4和图2-5。

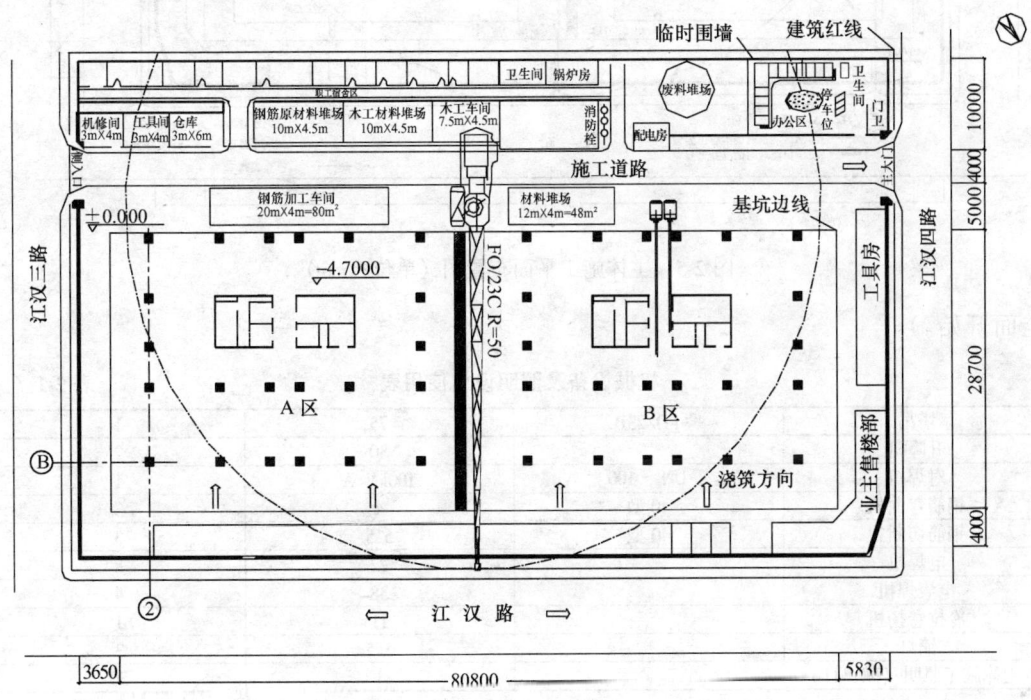

图2-4 基础施工平面布置图（单位：mm）

为规范文明施工管理，达到标准化施工现场的要求，现场内的主要道路及场地全部用C20混凝土浇筑硬化，以便于文明施工。现场沿基坑周围设排水明沟，生活污水及厕所污水经沉淀池过滤后排入市政下水道。

### 2.4.3 施工临时用水的布置

略。

### 2.4.4 临时用电设计

（1）使用的用电设备

根据工程进度计划，主体施工高峰期使用的机械设备及照明设施如表2-1所示（主体施工时没使用电动混凝土泵，且在主体封顶之前6层以下二次精装饰施工尚未

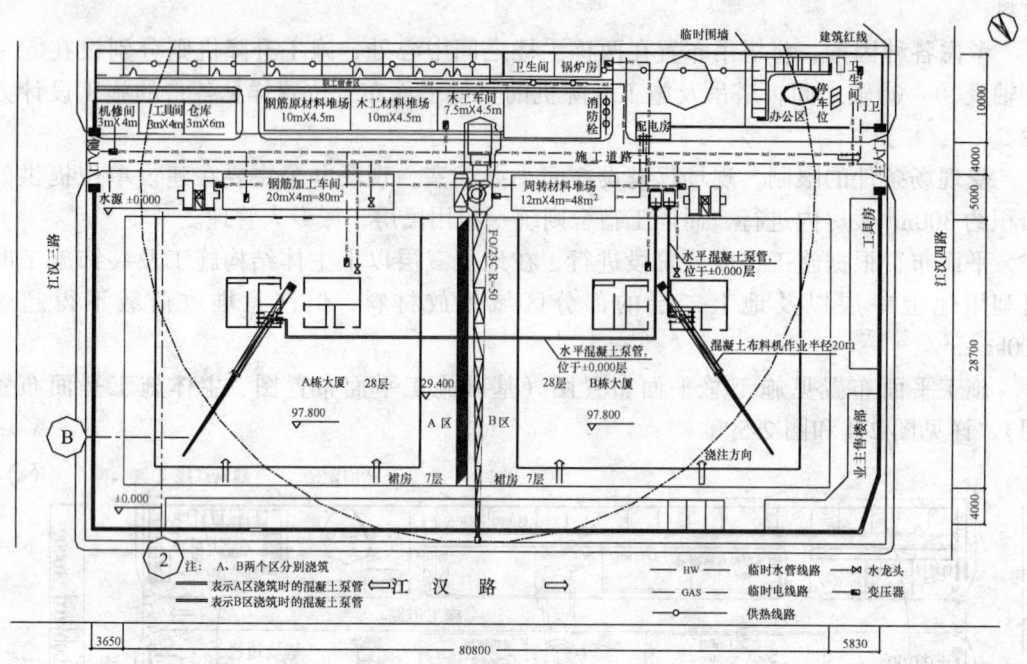

图 2-5 主体施工平面布置图（单位：mm）

全面开始。）

机械设备及照明设施使用表　　　　　表 2-1

| 塔吊 | FO/23B | 75 | 1 |
| --- | --- | --- | --- |
| 升降机 |  | 30 | 2 |
| 对焊机 | $UN_1-100$ | $100kV \cdot A$ | 1 |
| 钢筋弯曲机 | 40 型 | 4 | 3 |
| 钢筋切断机 | 40 型 | 5.5 | 3 |
| 电焊机 |  | 22 | 8 |
| 电渣焊机 |  | 38 | 4 |
| 冷拉卷扬机 |  | 11 | 1 |
| 镝灯 |  | 3.5 | 3 |
| 主体施工照明（碘钨灯） |  | 1 | 50 |

（2）施工用电线路的划分

根据临时设施的现场布置情况，现场共设 5 个回路，第一回路为塔吊和两台升降机用电，第二回路供应钢筋车间，第三回路供施工生活区临时用电，第四回路供应 A 座结构施工时各施工层用电，第五回路供应 B 座结构施工时各施工层用电。

（3）用电总负荷计算及导线选用

见附录 2。

（4）临时配电系统的施工

现场用电线路的设置和架设按建设部《施工现场临时用电安全技术规范》JGJ 46 及主体施工临时用电平面布置图进行；低压配电房和各配电箱之间均采用三相五线制连接，导线采用单铝芯胶皮导线；采用重复接地的 TN-S 接零保护系统，保护零线的每一重复接地装置的接地电阻值均不应大于 10Ω。

施工现场的配电箱（配电室）和开关箱配置两级漏电保护器，开关箱实行一机一闸。

配电箱与开关箱作名称、用途、分路标记，并配锁，由专人负责。

(5) 安全措施

本工程施工现场用电始终贯彻执行"安全第一，预防为主"的方针，确保在施工现场用电中的人身安全和设备安全，并使施工现场供用电设施的设计、施工、运行及维护做到安全可靠。

1) 分级变电所、配电所的位置选择符合下列要求

靠近电源，便于线路的引入和引出；保证不受洪水冲击，不积水，地面排水坡度不小于0.5%；

避开易燃、易爆危险地段和有激烈震动的场所。

2) 架空配电线路和埋设电缆线路

架空线杆采用木杆，木杆的材质坚实；架空线杆下无积水、下沉现象；

架空线离地面高度为2.5m；埋设电缆线路的沟槽采用砖砌，深度0.2~0.7m，沟底铺砂100mm厚；在同一档排距内，同时满足一根导线的接头不得多于一个、同一条线路在同一档距内接头不应超过两个；进入变电所、配电所的电缆沟或电缆管，在电缆敷设完成后将管口堵实。

3) 接地保护

大型机械设备的金属外壳采取可靠的接地保护；电器设备的工作零线与保护接地线分开，保护零线上严禁设开头或熔断器；用电设备接地线采用并联接地方式，严禁串联接地或接入零线；接地线采用焊接、压接、螺栓连接或其他可靠方法连接，严禁缠绕或勾挂连接。

4) 防雷保护

施工现场塔吊、外爬脚手架、双笼电梯等20m以上的设备，均装防雷保护装置；施工至20m以上时，型钢模就位后及时与建筑物的接地线连接。

5) 配电箱和开关箱

配电箱和开关箱应安装牢固；地面上所设的配电箱和开关箱，位置需高出地面，附近不可堆杂物；配电箱和开关箱的进线口和出线口设于侧面或底面，电源引出线设防水弯头；照明和动力合用同一配电箱时，应分别配闸刀。

6) 熔断器和插座

熔断器和插座规格应满足被保护的线路所需的要求，严禁使用不合格熔断器，严禁使用铜丝代替熔丝；熔体熔断后，必须查找原因，经复核无误后方可更换，装好后方可送电；插销和插座必须配套使用。

7) 移动式电动工具和手持电动工具

长期停用或新领用的移动式电动工具和手持式电动工具在使用以前，应检查是否有漏电情况发生；使用的移动式电动工具当采用插座连接时，插座插头应无损伤、裂纹，且绝缘良好；使用的移动式电动工具，人员因故离开现场暂停工作或突然停电时，应拉开电源；使用的移动式电动工具应加装高灵敏性漏电保护装置；使用的移动式电动工具，其电缆线应按电器规格和使用环境要求选用，电缆避开热源，不得在地上拖拉。

8) 电焊机

电焊机应按区域或标高层集中布置；室外电焊机应设置在干燥场所，并设遮雨棚；电焊机外壳必须可靠接地；电焊机的裸露导电部分和转动部分应装安全护罩；电焊把钳绝缘必须良好；电焊机二次引出线长度不宜大于 30m。

9) 起重机

起重机的电源电缆应经常检查，同时应设专人维护；未经有关人员批准，起重机上的电器设备和接线方式不得改动；电器设备需定期检查，起吊工作时不得进行电器检修；起重机的检验和试运行，必须取得专业人员配合；塔吊的防雷和接地，应按规范要求进行；采用自然接地体时，应保证良好的电气通路。

10) 照明

照明线路应布置整齐，位置相对固定；室内固定式照明灯具高度不得小于 2.5m，室外安装照明灯具不得低于 3m。安装在露天工作场所的照明灯具应选用防水性灯头；室内照明线除橡皮套软电缆和塑料护套线外，均应分开固定于绝缘子上，穿墙线应设绝缘套管；照明线路不得接触潮湿地面，不得接近热源和直接挂于金属钩上；照明开关应控制相线，当采用螺口灯头时，相线应接在中心触头上；照明灯具置于易燃物之间，应按规定保持一定的安全距离；当间距不够时，应采取有效的隔离措施。

### 2.4.5 现场平面管理

根据施工总平面设计及各分阶段布置，以充分保障阶段性施工重点、保证进度计划的顺利实施为目的，在工程实施前，制定详细的大型机具使用、进退场计划，主材及周转材料生产、加工、堆放、运输计划，以及各工种施工队伍进退场调整计划。同时，制定以上计划的具体实施方案，严格依照执行标准、奖罚条例，实施施工平面的科学、文明管理。

(1) 平面管理组织体系

由一名项目领导负责总平面的使用管理，现场实施总平面使用调度会制度，根据工程进度及施工需要对总平面的使用进行协调与调整，总平面使用的日常管理工作由工程部负责。

(2) 平面管理计划的制定

施工平面科学管理的关键是科学的规划和周密、详细的具体计划，在工程进度网络计划的基础上形成主材、机械、劳动力的进退场、垂直运输、布设网络计划，以确保工程进度。以充分、均衡的利用平面为目标，制定出符合实际情况的平面管理实施计划。同时，将该计划输入电脑，进行动态调控管理。

(3) 平面管理计划的实施

根据工程进度计划的实施调整情况，分阶段发布平面管理实施计划，包含时间计划表、责任人、执行标准、奖罚标准。计划执行中，不定期召开调度会，经充分协调、研究后，发布计划调整书。工程部负责组织阶段性的和不定期的检查监督，确保平面管理计划的实施。

地下施工阶段重点保证项目：场区内外环卫；安全用电；场内道路有序安排使用；排水系统通畅。

地上主体施工阶段重点保证项目：垂直运输安全管理；料具堆置场地有序调整、管理；

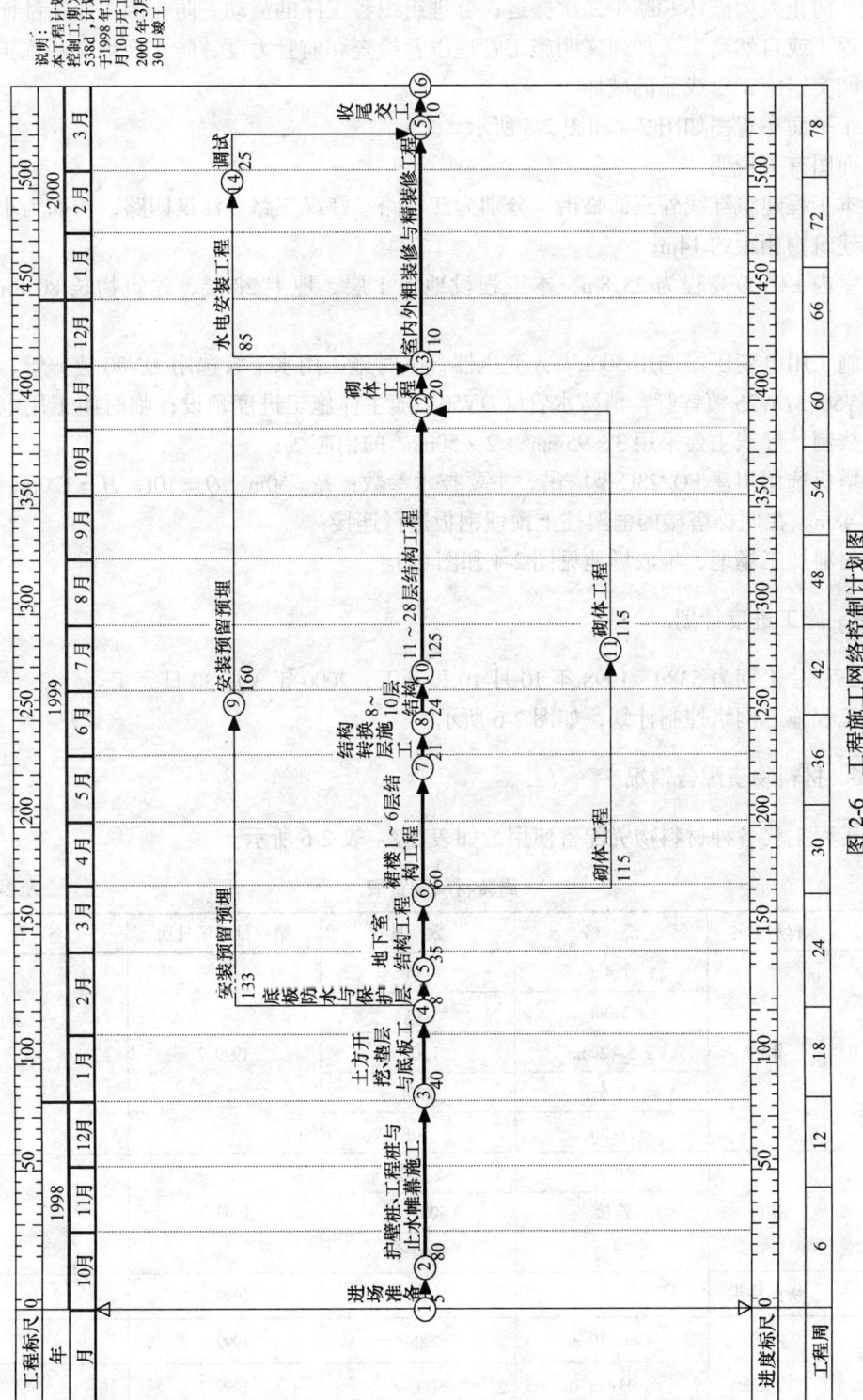

图 2-6 工程施工网络控制计划图

材料、机械进退场、使用的科学调度；施工作业面工人区域化管理。

装饰及安装调试阶段重点保证项目：现场生产场地的调整；建筑材料的有序进场和合理堆放，防止人为破坏和减少二次搬运；合理组织各工序的流动，防止因工序错乱而造成的人为返工或自然窝工。加强文明施工管理以及检查和监管力度，防止现场文明施工紊乱和工序间交错施工对成品的破坏。

施工平面布置图如图 2-4 和图 2-5 所示。

平面图有关说明

①本工程建筑红线外三面临街，分别为江汉路、江汉三路、江汉四路，一面为小区民房，与建筑物相距约 14m；

②室内 ±0.00 高程为 25.8m，本工程设地下 1 层，地上 28 层，建筑物长 80.8m，宽 37.7m；

③施工用电变压器选用 500kV·A 变压器，临时施工用水干管选用 $DN$80 镀锌管，支管选用 $DN$50、$DN$25 镀锌管，消防水管（$DN$50）随主体施工进度预设；临时施工用电采用三相五线制，导线主要采用 $3 \times 95mm^2 + 2 \times 50mm^2$ 的铝芯线；

④塔机选用川建 FO/23C 型塔吊，主要技术参数：$R = 50m$，$Q = 10t$，$H = 120m$，自由高度为 48m。在两栋塔楼的框架柱上预埋钢板进行连接；

⑤材料加工场地、堆放场地见图 2-4 和图 2-5。

### 2.5 施工进度计划

本工程总工期为 538d，1998 年 10 月 10 日开工，2000 年 3 月 30 日完工。

本工程施工网络控制计划，如图 2-6 所示。

### 2.6 材料物资配备情况

本工程主要各种材料物资配备使用，如表 2-2 ~ 表 2-6 所示。

周转材料配置表　　　　表 2-2

| 序号 | 材料名称 | 规格 | 数量 | 第一批进场日期 | 备注 |
|---|---|---|---|---|---|
| 1 | 钢管 | 1.4m | 40t | 1999.7 | |
| | | 2.0m | 80t | | |
| | | 2.5~2.6m | 30t | | |
| | | 5~6m | 320t | | |
| | | 7~8m | 30t | | |
| 2 | 扣件 | 十字 | 5万个 | 1999.7 | |
| | | 连接 | 5000 个 | | |
| | | 活动 | 5000 个 | | |
| 3 | 快拆柱头 | | 5000 个 | 1999.7 | |
| 4 | 木方 | 5cm×10cm | 290m³ | 1999.7 | |
| 5 | 竹夹板 | 11mm | 5000m² | 1999.7 | |
| 6 | 九层板 | 18mm | 2500m² | 1999.7 | |

钢 材 耗 用 表  表 2-3

| 序 号 | 材料名称 | 规 格 | 总数量（t） | 第一批进场时间 | 备 注 |
|---|---|---|---|---|---|
| 1 | 普通钢筋 | $\phi 28$ | 600 | 1999.8 | |
| | | $\phi 25$ | 190 | 1999.8 | |
| | | $\phi 22$ | 250 | 1999.8 | |
| | | $\phi 20$ | 280 | 1999.8 | |
| | | $\phi 18$ | 390 | 1999.8 | |
| | | $\phi 16$ | 460 | 1999.8 | |
| | | $\phi 14$ | 250 | 1999.8 | |
| | | $\phi 12$ | 380 | 1999.8 | |
| | | $\phi 10$ | 290 | 1999.8 | |
| 2 | 冷轧变形钢筋 | $\phi^b 8$ | 400 | 1999.8 | |
| | | $\phi^b 6$ | 150 | 1999.8 | |
| 3 | 型钢 | [12 | 10 | 1999.9 | |
| | | [8 | 3 | 1999.9 | |
| 4 | 无缝钢管 | | 15 | 1999.10 | |

安全设施材料配置表  表 2-4

| 项目\名称 | 数 量 | 使用范围 | 进场时间 | 备 注 |
|---|---|---|---|---|
| 竹脚手板 | 840m² | 外脚手架封底 | 8月20日前 | |
| 竹篱笆 | 897m² | 电梯口，钢筋车间办公室等 | 9月10日前 | 共计15261m² |
| | 11790m² | 外脚手架封闭 | 9月20日前 | |
| | 2574m² | 8层外挑脚手架 | 12月初 | |
| 安全网 | 密目立网 500m² | 电梯口平台防护 | 10月初 | 共计56张立网 |
| | 平网 1560m² | 1~7层外脚手架 | 9月初 | |
| | 平网 936m² | 1~7层内筒和洞口 | 9月中 | 共计1396m² |
| | 平网 436m² | 首层平台和仓库备用 | | |
| 木跳板 | 280m² | 外脚手架 | 9月10日 | |

地 材 耗 用 表  表 2-5

| 序 号 | 材料名称 | 规 格 | 需用数量 | 计划第一批进场时间 | 备 注 |
|---|---|---|---|---|---|
| 1 | 水泥 | 32.5级 | 500t | 1999.6 | |
| 2 | 机制砖 | MU5 | 200m² | 1999.8 | |
| 3 | 砂 | 中 | 300m³ | 1999.8 | |
| 4 | 加气混凝土砌块 | | 2000m³ | 1999.11 | |

半成品及加工品配置表　　　　　　　　　　　　　表 2-6

| 序号 | 材料名称 | 规格 | 需用数量 | 计划第一批进场时间 | 备注 |
|---|---|---|---|---|---|
| 1 | 预制空心楼板 | 120mm 厚 | 1400m² | 1999.10 | |
| 2 | 轻质隔墙材料 | 90mm 厚 | 100000m² | 2000.4 | |

### 2.7 主要施工机械选择

#### 2.7.1 垂直运输设备

(1) 塔式起重机：根据工程具体情况，选用一台川建 FO/23C 型塔式起重机，布置在两幢主楼（A、B 区）之间的中心地带，具体位置详见施工平面布置图（图 2-4 和图 2-5）。为确保施工进度，主体施工期间须加强塔吊的调度管理，将两个区的使用高峰期错开。必要时，还可适当延长夜间作业时间。

(2) 施工升降机：选用两台双笼施工升降机，分别供两栋主楼施工时使用，施工升降机平面位置详见施工平面布置图（图 2-4 和图 2-5）。

(3) 混凝土布料机：为提高工作效率及工程质量，在本工程主体施工过程中选用了两台 ZB21 型混凝土布料机，工作半径为 21m，混凝土布料机的安装位置如图 2-7 所示。

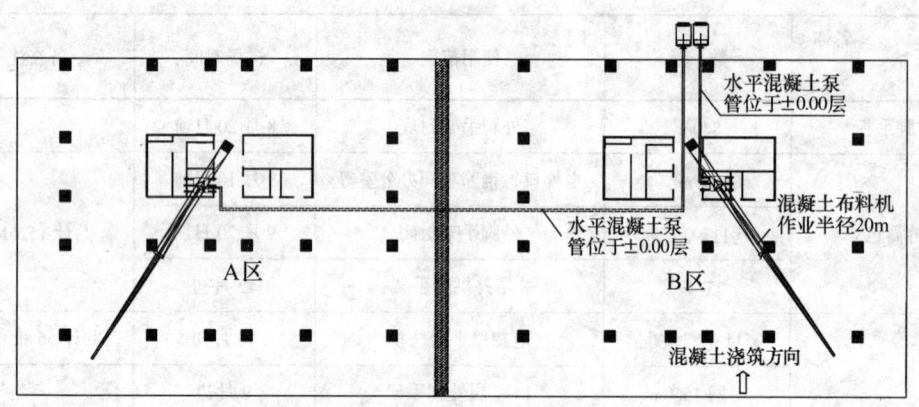

图 2-7　混凝土布料机的安装位置图

其他设备

1) 钢筋加工机械：切断机两台、弯曲机三台（其中一台为弯箍机）、对焊机一台、调直用卷扬机一台、锥螺纹加工设备一套；

2) 焊接设备：电渣压力焊机四台、交流电焊机二台、直流电焊机一台、闪光对焊机一台；

3) 混凝土输送设备：混凝土泵两台；

4) 其他：抽水泵、混凝土振动器、楼面混凝土抹光机、砂浆搅拌机、切割机、弯管机各若干台。

#### 2.7.2 机械设备的进场计划

机械设备是施工生产的物质基础，必须加强对机械设备的管理，如表 2-7 所示。

主要施工机械设备表　　　　　　　　　　　　表2-7

| 名　称 | 型　号 | 数　量 | 单机动力容量 | 总容量 | 进场时间 |
|---|---|---|---|---|---|
| 塔式起重机 | FO/23B | 1 | 75kW | 75kW | 主要大型设备均在各分部分项工程施工所需前10d内进场安装调试完毕，其他一般设备随工程需要分阶段进场 |
| 混凝土布料机 |  | 2 | 30kW | | |
| 双笼电梯 |  | 2 | 25kW | 50kW | |
| 对焊机 | $UN_1-100$ | 1 | 100kV·A | 100kV·A | |
| 钢筋切断机 | 40型 | 3 | 5.5kW | 16.5kW | |
| 钢筋弯曲机 | 40型 | 3 | 4kW | 12kW | |
| 木工圆锯机 |  | 1 | 5kW | 5kW | |
| 镝灯 |  | 4 | 3.5kW | 14kW | |
| 电焊机 |  | 8 | 22kV·A | 176kV·A | |
| 电渣焊机 |  | 2 | 38kV·A | 76kV·A | |
| 振动器 |  | 20 | 1.5kW | 30kW | |
| 电动工具 |  | 10 | 1kW | 10kW | |
| 碘钨灯 |  | 30 | 1kW | 30kW | |

**2.7.3　主要垂直运输设备的计算**

（1）塔吊基础设计与施工方案

1) 设计依据

本塔吊基础方案主要依据下列文件编制

《工业与民用建筑钻孔灌注桩基础设计与施工规程》JGJ 4—80；

江汉三路综合楼（俊华大厦）工程地质报告；

《FO/23C塔式起重机安装使用说明书》。

2) 平面布置

平面布置见总施工平面布置图（图2-4和图2-5）。

3) 塔吊选型

根据工程规模，塔吊选用川建FO/23C型塔吊，最大工作半径为50m，最大起重量为10t，选用1.6m标准节。

4) 初定塔吊基础方案

根据江汉三路综合楼（俊华大厦）工程地质报告里所述的工程地质情况，自然地面以下10m深内无可靠地基，初拟选用钻孔灌注桩基础，钻孔灌注桩上设承台，承台混凝土标号为C25，尺寸为4000mm×4000mm×1350mm（即塔吊使用说明书中的M52N型）。根据同类工程经验，塔基拟设φ800mm钻孔灌注桩4根。为节约工程成本，选用3根支护桩代替其中2根塔吊桩。

5) 吊钩高度 $H$ 及塔身自重

根据建筑物总高度约为108.55m，故吊钩高度宜为110.55m，需标准节为1+34+1，按照塔吊使用说明书，据此计算塔吊自重为103t。

6) 钻孔灌注桩承载力验算结果

根据计算，塔吊基础采用4根φ800钻孔灌注桩，入土深度（以自然地面标高为

24.5m 计算）不得小于 21.0m，桩端持力层必须位于 2~3 土层（即粉砂层）中，单桩轴向受压容许承载力应大于 858kN。

7) 桩身及承台配筋

承台配筋按照塔吊使用说明书设计，桩身配筋在距承台底部 2.45m 处以上为 16$\phi$16 和 $\phi$8@150，以下为 8 根 $\phi$16，$\phi$8@250，桩身混凝土采用 C25。

8) 初定附墙方案

根据塔吊使用说明书，塔吊附墙可设置在第 9、17、25 节标准节处，但因两栋主楼共同使用一台塔吊，为防止施工进度较快一栋在塔吊附着安装之前无法吊运材料，故分别将附着提前两个标准节安装，这样就分别设在第 7、13、19、25 节标准节处，共需设 4 道附墙。

9) 施工要求

塔吊桩混凝土强度等级为 C25，混凝土浇灌时超灌到自然地面（按高程 24.5m 计算），桩身充盈系数不得小于 1.1，孔底沉渣不得大于 100mm，孔斜应小于 1%，其余要求按有关规范进行。

塔吊基础混凝土浇筑前必须按照说明书要求，施工时保护好接地装置。

10) 计算书

A. 桩基础承载力验算

a. 荷载计算

承台自重为：$1.35 \times 4 \times 4 \times 2.565 = 55.4t$；

活荷载：为最大起吊重量 10t。

b. 工程地质情况及力学特征

根据工程地质报告，塔吊基础平面所处位置位于勘探点 C5 与 C7 之间的中心地带，故地层分布范围均取两个勘探点剖面图中的平均值，得出地层剖面简况如表 2-8 所示。

地层剖面简况表　　　　　　　　　　表 2-8

| 土层代号 | 土层类别 | 土层深度（m） | $q_s$ (kPa) | $q_p$ (kPa) |
| --- | --- | --- | --- | --- |
| 1-1 | 填土 | 3.0 | 0 | |
| 2-1 | 黏土层 | 3.7 | 24 | |
| 2-2 | | 2.0 | 24 | |
| 2-3 | | 1.45 | 24 | |
| 2-4 | | 1.15 | 24 | |
| 2-5 | | 0.7 | 16 | |
| 3-1 | 粉砂类土 | 3.25 | 16 | 400 |
| 3-2 | | 9.0 | 24 | 400 |
| 3-3 | | 11.7 | 24 | 500 |

$q_s$：桩周土摩阻力标准值；

$q_p$：桩端土承载力标准值。

桩长确定如图 2-8 所示。

根据《工业与民用建筑钻孔灌注桩基础设计与施工规程》JGJ 4—80，单桩轴向受压容许承载力可用经验公式计算，即：
$$P_a = \pi d_1 \Sigma l_i q_{si} + A_{qp}$$

单根桩受轴向力设计值计算如下：

在设置第一道附着前，当风荷载等因素引起的附加力矩 $M$ 绕塔吊基础正交轴线 x – x 作用时，为最危险状态，按塔吊最大自然高度时吊钩高度为 44.8m 考虑，此时塔身自重为 721kN。

如图 2-8，工作状态时：$P_{\max}$ = (721 + 554) × 1.2 + 1.4 × 100 = 1670kN

非工作状态时：$P_{\max}$ = (721 + 554) × 1.2 = 1530kN

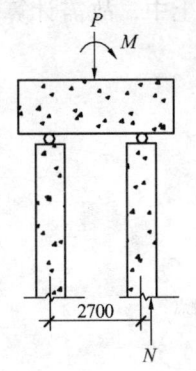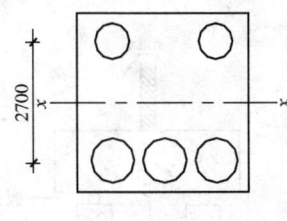

图 2-8 桩长确定图（单位：mm）

按照 GBJ 7—89 所规定的计算方法分工作状态和非工作状态两种情况，计算出塔吊单根桩所受最大抗压力设计值为 858kN，最大抗拔力设计值为 93kN。

在设置附着后，可不考虑倾覆力矩的作用，此时：
$$N = 0.25 \times (1030 + 554) \times 1.2 + 0.25 \times 1.4 \times 100 = 510.2 \text{kN}$$

综上，单桩轴向受压力设计值取 $N$ = 858kN，抗拔力设计值取 93kN。

根据地质情况，第 3～1 层土以上的摩阻力产生的承载力总和：
$$\pi d_1 \Sigma l_i q_{si} = 3.14 \times 0.8 \times (8.3 \times 24 + 0.7 \times 16 + 3.25 \times 16) = 408.16 \text{kN}$$

拟将桩端进入 3～2 层，拟进入 $x$m，综合计算：
$$P_a = \pi d_1 \Sigma l_i q_{si} + A_{qp} = 408.16 + \pi \times (0.8/2)^2 \times 400 + \pi \times 0.8 \times x \times 24$$

由 $N \le P_a$，得 $x \ge 4.12$m

故选桩 $D$ = 800mm，桩入土深度（从高程 24.5m 计算）大于 3.0 + 8.3 + 3.95 + 4.12 = 19.37m 即可满足要求。根据江汉路综合楼支护桩竣工报告，支护桩直径为 1000mm，间距为 1200mm，桩入土深度为 21.00m，扣除支护桩一侧暴露在基坑内的不利因素，经计算承载力大于两根塔吊桩的承载力，计算过程如下（基坑开挖深度取 7.0m，从绝对高程 24.5m 计算）：

$$3P_a = 3 \times [\pi \times 1.0 \times (4.3 \times 24 + 16 \times 0.7 + 16 \times 3.25 + 5.75 \times 24) + 4\pi \times 1.0^2/4 \times 400] = 6638.7 \text{kN} > 2P_a = 1715.48 \text{kN}$$

B. 抗拔承载力验算

因单桩受最大拔力仅 93kN，故可不验算。

C. 塔吊基础稳定性验算

取塔吊一次性提升最大吊钩高度（没有附着）为 44.8m，此时根据说明书的最大力矩为 2569kN·m（取工作状态与非工作状态中的较大值）。

简化受力模型一：此时塔吊自重为 621kN（取工作状态与非工作状态中的较小值），混凝土底板自重 520kN，简化受力模型如图 2-9 所示。

视塔基绕 o 点转动，考虑对另外一侧桩的抗拔作用，则抗倾覆力矩远大于 $M_{\max}$ = 2569kN·m，稳定性满足要求。

简化力学模型二：因塔基在土中，故需计算塔基的整体稳定性。受力模型如图 2-10 所示。

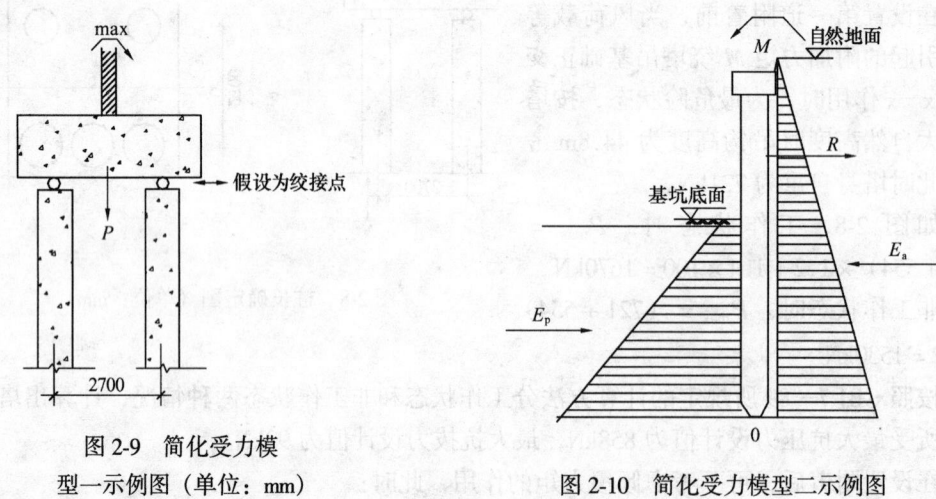

图 2-9 简化受力模型一示例图（单位：mm）

图 2-10 简化受力模型二示例图

桩长验算（取 $q = 10\text{kPa}$，假设桩深入土层深度为 $y$）：

按朗金土压力理论计算出土压力，并结合塔基所受倾覆力矩按照一般物体的平衡条件计算得出：$y = 10.35\text{m}$，故总桩长为 $7 + 10.35 = 17.35\text{m} < 21\text{m}$，故取塔吊桩桩长为 21m 满足要求。

11) 桩配筋

塔吊桩配筋根据塔吊受水平力及抗拔力确定，根据计算，桩身按构造配筋，最顶端 3.25m 段采用 16$\phi$16，箍筋 $\phi$8@150，其余 17.2m 段内置 8 根 $\phi$16，箍筋中 $\phi$8@250（桩钢筋锚入承台 800mm）。

12) 承台配筋

塔吊承台内力按照独立柱下的独立基础计算，经过计算，配筋可按厂家提供的配筋图进行：主筋长 3950mm，取 $\phi$25@190，双向布置；拉筋长 1300mm，取 $\phi$12@500。

(2) 塔吊附墙设计与施工方案

1) 设计说明

A. 编制依据：四川建筑机械厂提供的附着附件施工图及说明、《现行建筑结构规范大全》以及我公司动力部门提供的有关技术资料。

B. 建筑物高度及塔吊高度：前期按 25 层设计时，建筑物高度为 $99.05 + 0.5 = 99.55\text{m}$（$\pm 0.000 = 25.00\text{m}$），现因建设方要求增加为 28 层，故建筑物高度改为：$99.05 + 9 + 0.5 = 108.55\text{m}$（塔基面标高为 24.5m），塔吊吊钩高度宜为 $108.55 + 2 = 110.55\text{m}$。共需标准节组合为：$1 + 34 + 1$，此时吊钩高度 $= 59.8 + 17 \times 3 = 110.8\text{m}$。

C. 塔吊选型：根据塔基设计方案，选用川建 FO/23C 型塔吊，选用宽度为 1.6m 的标准节，采用固定式基础。

D. 附着位置选定

根据安装使用说明书，FO/23C 型塔吊（1.6m 标准节）最大自由高度为 44.8m（此时标准节组合为 1 + 12 + 1 节），附着可分别设在第 9、17、25 节处。

因为两栋主楼共用一台塔吊，为防止施工进度较快的一栋在塔吊附着施工前无法吊运材料，故分别将附着提前两个标准节进行安装，这样就分别设在第 7、13、19、25 节处，共需设四道附着。附着平面布置详见图 2-11。

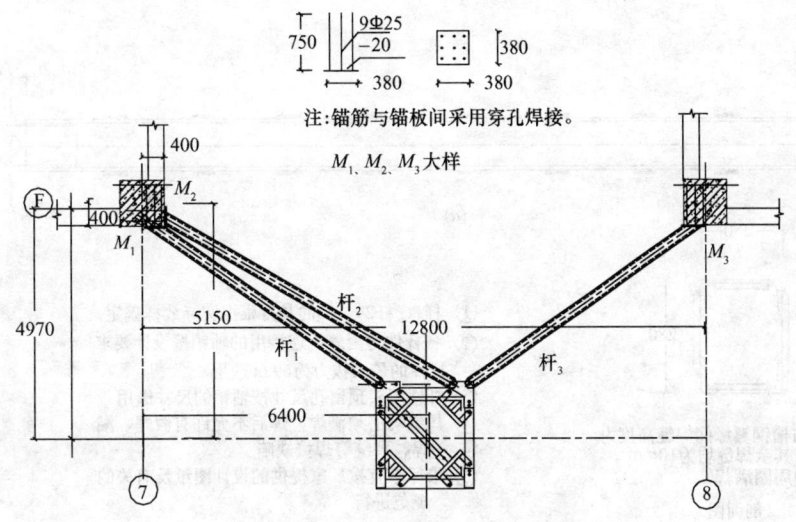

图 2-11 塔吊附墙平面布置图（单位：mm）

a. 第一道附着：第一道附着设在第 6 节处，即 22.5～25.5m。根据建筑高度，设在第六层楼面处（此处从塔基面计算高度为：24.6m + 0.5m = 25.1m）。

b. 第二道附着：设置在第 13 节处，即 43.5～46.5m。根据建筑高度，设在第十一层楼面处（此处从塔基面计算高度为：43.4m + 0.5m = 43.9m）。

c. 第三道附着：设置在第 19 节处，即 61.5～64.5m。根据建筑高度，设在第十七层楼面处（此处从塔基面计算高度为：61.4m + 0.5m = 61.9m）。

d. 第四道附着：设置在第 25 节处，即 82.4～82.9m。根据建筑高度，设在第二十四层楼面处（此处从塔基面计算高度为：82.4m + 0.5m = 82.9m）。第四道附着以上可增加 11 节标准节，最高高度为 115.9m > 108.55m，可满足整个工程需要。

e. 附着构件选用

附着拉杆根据设计计算书选用，均采用两根 [25a 焊接成格构式结构，整个工程共设 4 道，拉杆大样详见图 2-12。

附着拉杆与附着框之间的轴销按最大拉力为 696kN 选用。

2）附着设计计算

塔式起重机的附着方式多种多样，但不论方式如何，目的都是要保证整个塔机的稳定性。FO/23C 型塔式起重机通常采用 N 型附着架，施工时建筑物承受由附着架传来的作用力有时可高达数十、百 kN。且根据本工程实际，塔吊附着杆件的平面布置与厂家提供的标准图不同。因此，为确保施工安全，必须对塔吊附着进行设计计算。

3）最大附着水平力的确定

根据厂家提供的标准图，反推最大附着水平力设计值为 48.5t。

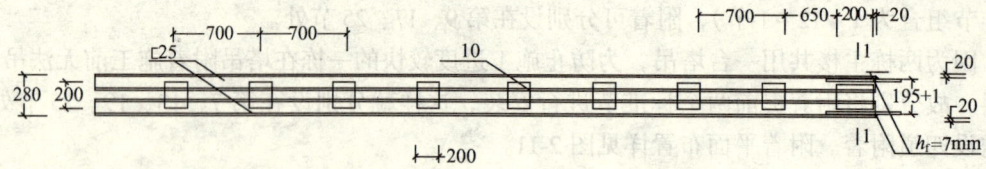

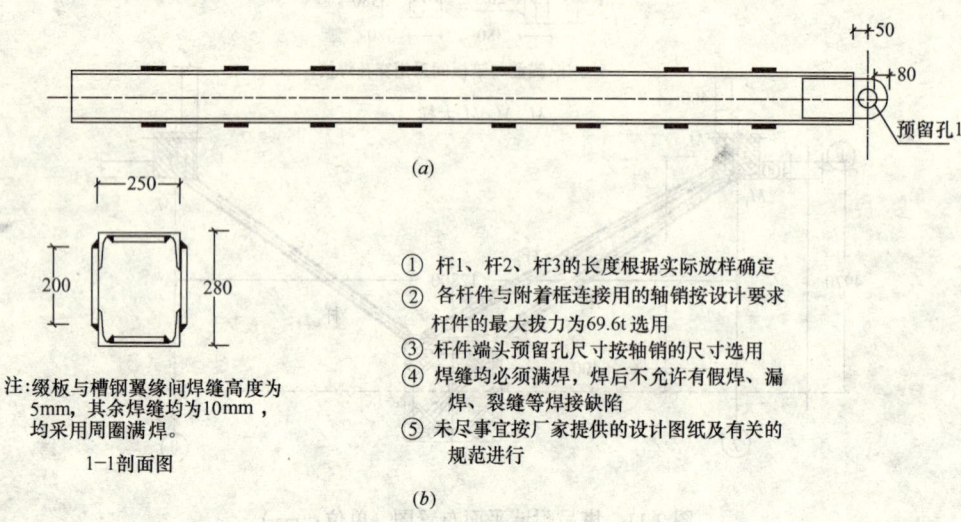

图 2-12 塔吊附墙杆件大样图（单位：mm）
(a) 杆1，杆2，杆3大样图；(b) 1-1剖面图

4）计算杆件最大轴向力设计值

FO/23C 型塔机 N 型附着架及其受力如图 2-11 所示。

根据一般物体平衡条件：$\Sigma X = 0$，$\Sigma Y = 0$，$\Sigma M = 0$ 可列出三个杆件轴力与附着水平 $FR$ 的仰角 $X$ 的函数方程，分别计算出三个杆件的最大轴力为：

$(N_1)_{max} = 52.9t$；

$(N_2)_{max} = 27.36t$；

$(N_3)_{max} = 69.6t$。

5）附着杆的设计及检验

根据求出附着杆的最大轴力 $N_{max}$（最危险值）对附着杆选型，并对稳定性进行验算。

$N_{max} = 69.6t$；

选用 2 [25a，查表得 $h = 25cm$ $b_0 = 7.8cm$ $\gamma_x = 9.82cm$

$I_y = 175.5cm^4$ $Y_y = 2.24cm$ $Z_0 = 2.07cm$ 截面 $34.91cm^2$

A. 对实轴 $X - X$ 计算

$A = 2 \times 34.91 = 69.82cm^2$

$\lambda_x = L_0/\gamma_x = 600/9.82 = 61.2$

查表得 $\phi_x = 0.837$

$\sigma = N/(\phi_x \times A) = 69600/(0.837 \times 69.82) = 1191 kg/cm^2 < [\sigma]$

安全。

B. 虚轴 $Y-Y$ 计算

根据等稳度要求 $\lambda_y$ 来确定肢件间距离 $b$，此时压杆对虚轴的长细比为：（假设 $\lambda_1 = 35$）$\lambda_y = (\lambda_x^2 - \lambda_1^2)^{1/2} = (61.2^2 - 35^2)^{1/2} = 50.2$

相应的 $\gamma_y = L_0/\lambda_y = 600/50.2 = 11.95\text{cm}$ 得截面轮廓尺寸

$b = \gamma_y/a_z = 11.95/0.44 = 27.2$ 今采用 $b = 28\text{cm}$（大于槽钢翼缘宽度的 2 倍，即 $2 \times 7.8 = 15.6\text{cm}$）

$I_y = 2[175.5 + 34.91(14.0 - 2.07)^2] = 10288.1\text{cm}^4$

$\gamma_y = (I_y/A)^{1/2} = (10288.1/69.82)^{1/2} = 12.1\text{cm}$

$\lambda_h = (\lambda_y^2 - \lambda_1^2)^{1/2} = (50.2^2 - 35^2)^{1/2} = 60.7$

查表得 $\phi_y = 0.837$

$\sigma = N/(\phi_y \times A) = 69600/(0.837 \times 69.82) = 1191\text{kg/cm}^2 < [\sigma]$

C. 缀板计算

肢件计算长度 $L_{01} = \gamma_1 \times \lambda_1 = 2.24 \times 35 = 78.4\text{cm}$

因两肢轴线间距 $C = b - 2Z_0 = 28 - 2 \times 2.07 = 23.86\text{cm}$

缀板采用 $-200 \times 10\text{mm}$。两缀板轴线间距离为 $L_1 = 78.4 + 20 = 98.4\text{cm}$

计算剪力 $Q = 20A = 20 \times 69.82 = 1369.4\text{kg}$

缀板内力计算：

剪力 $T = \theta_b X_{L1}/C = 698.2 \times 98.4/23.86 = 2879.4\text{kg}$

弯矩 $M = \theta_b X_{L1}/2 = 698.2 \times 98.4/2 = 34351.4\text{kg}\cdot\text{cm}$

设贴角焊缝的厚度 $h_f = 1\text{cm}$

焊缝的计算面积的抵抗矩：

$$W_f = 0.7 \times h_f \times L_f^2/6 = 0.7 \times (20-1)^2/6 = 47.1\text{cm}^3$$

$I_{max} = [(M/W_f)^2 + (T/L_f)^2]^{1/2} = [(34351.1/42.1)^2 + (2879.4/13.3)^2]^{\frac{1}{2}} = 844\text{kg/cm}^2 < [T_{th}] = 1200\text{kg/cm}^2$

安全。

D. 焊缝计算

附着肢件与预埋件之间采用满焊连接，焊接形式为角焊缝，设贴角焊缝高度为 $h_f = 1\text{cm}$，则焊缝长度为：$I_w = 25 \times 2 + 28 \times 2 = 106\text{cm}$

根据角焊缝的强度公式 $[(\sigma_f/\beta_f)^2 + \tau_f^2]^{1/2} \leq ff_w$

取 $\beta_f = 1$  $\sigma = N/h_e \Sigma e I_w$  $\tau_f = Q/h_e \Sigma e I_w$

$$N = 69600\text{kg} \times 9.8 = 682080\text{N}$$

$$Q = 7.71 \times 2/2 \times 27.5 \times 9.8 + (29 + 8 \times 2 \times 1.56) \times 9.8/2 = 2343\text{N}$$

$[(682080/10 \times 1060)^2 + (2343/10 \times 1060)^2]^{1/2} = 64.4\text{N/mm}^2 < ff_w = 160\text{N/mm}^2$

安全。

6）预埋件设计

按照现行建筑结构规范进行设计，锚板采用 20mm 厚钢板，锚筋选用 $\phi 25$。

根据 $A_s \geq (V - 0.3N)/a_r a_v f_y$

式中 $a_r = 0.9$  $a_v = 0.7$

$A_s \geq 3929 \text{mm}^2$ 选用 $9\phi25$，$A_s = 4418\text{mm}^2$ 满足要求。

(3) 施工电梯基础设计与施工方案

1) 设计依据

俊华大厦（江汉路综合楼）支护桩竣工报告。

江汉建筑机械厂提供的施工升降机安装与使用说明书。

2) 施工升降机选型

选用江汉建筑机械厂生产的 SCD200 型双笼电梯。

3) 平面布置

施工升降机布置在场内机动车道旁边，根据楼层内的建筑功能要求，将其分别安装在 ⑤～⑥ 和 ⑨～⑩ 轴之间。施工升降机与建筑物外边缘的距离，根据其附墙的设置要求以及基

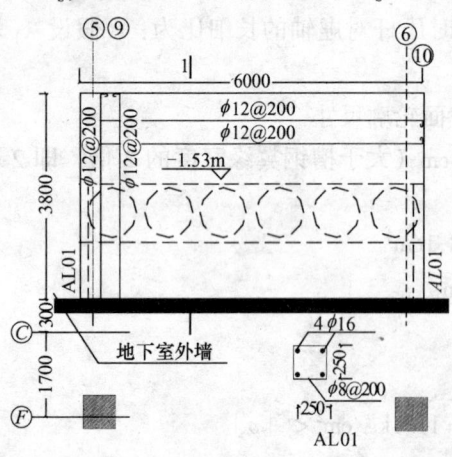

图 2-13 升降机基础结构平面图（单位：mm）

础的选型确定，根据厂家提供的说明书，要求施工电梯标准节中心线距外墙面的距离为 2200~3200mm，而因基坑支护桩中心线距外墙面的距离为 3100mm，为使基础中心线与支护桩中心重合，故选择施工电梯标准节中心距外墙面的距离为 3100mm。施工电梯平面布置详见图 2-13。

4) 基础设计

施工升降机基础中心线与支护桩中心重合，故基础的受力状况得到显著改善。经过多方案比较及验算，基础设计板厚取 250mm，顶面标高为 −1.53m，基础的一端锚入地下室外墙内，中心搁置在支护桩上，另一端呈自由状态。基础配筋采用 $\phi12@200$mm 双层双向，垂直于地下室外墙的两侧各设一道 250mm×250mm 暗梁，梁下部布 $2\phi18$ 主筋，上部布 $2\phi12$ 架立筋，箍筋 $\phi8@200$，底板纵横分布筋锚入地下室外墙及梁内 360mm。为加强基础与支护桩锁口梁的锚固，在锁口梁施工时在梁面上留设 $\phi14@350$mm 插筋共 3 排，插筋上下各 250mm。基础设计施工详见图 2-14。

5) 基础施工

支护桩锁口梁在施工电梯基础处必须降低标高至电梯基础板底；

施工电梯基础中标准节的基脚必须有足够厚的混凝土，以抵抗冲切力，具体按施工电梯安装使用说明书进行。

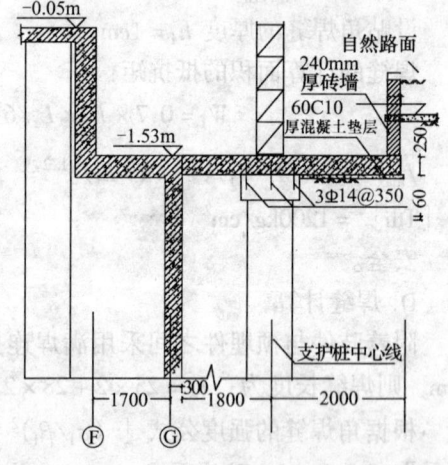

图 2-14 基础设计施工剖面图（单位：mm）

1. 二层以上外墙面距⑥轴 700；
2. 混凝土采用 C25；
3. 底板钢筋锚入地下室外墙内 30d

## 2.8 劳动力组织情况

整个项目按确保工期、人员合理配备的原则进行配备，其中项目管理人员25人，施工作业人员按两个大的施工队伍考虑，高峰时期人员达到524人，月平均人数为485人（见图2-15）。混凝土结构层按7~8d一个结构层进行控制。经过项目的全过程施工，劳动力组织达到了预期的目标，具体劳动力投入如表2-9所示。

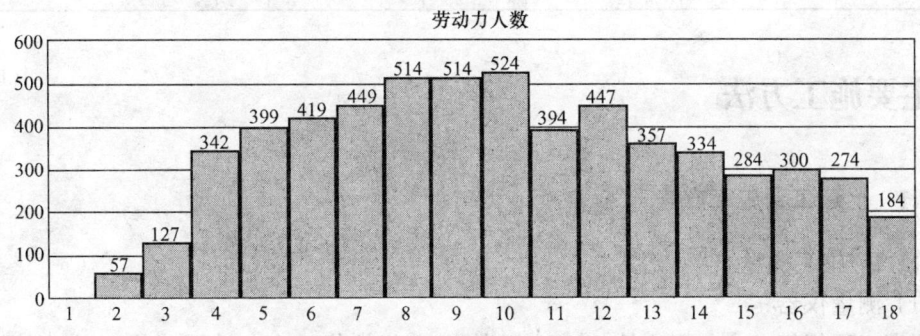

经济技术指标

1. 总工期：538d；
2. 高峰人数：524人；
3. 月平均人数：485人；
4. 均衡系数：1.08

图2-15 劳动力人数分配图

劳动力投入列表　　　　　　　　　　　　　　表2-9

| 工种 | 1 | 2 | 3 | 4 | 5 | 6 | 7 | 8 | 9 | 10 | 11 | 12 | 13 | 14 | 15 | 16 | 17 |
|---|---|---|---|---|---|---|---|---|---|---|---|---|---|---|---|---|---|
| 项目人员 | 25 | 25 | 25 | 25 | 25 | 25 | 25 | 25 | 25 | 25 | 25 | 25 | 25 | 25 | 25 | 25 | 25 |
| 普工 | 30 | 30 | 40 | 40 | 40 | 40 | 40 | 40 | 40 | 40 | 20 | 20 | 20 | 20 | 20 | 20 | 20 |
| 电焊工 |  |  | 4 | 3 | 3 | 3 | 3 | 3 | 3 | 3 | 2 | 2 | 2 | 2 | 2 | ? | 2 |
| 电工 | 2 | 2 | 2 | 2 | 2 | 2 | 2 | 2 | 2 | 2 | 2 | 2 | 2 | 2 | 2 | 2 | 2 |
| 瓦工 |  |  | 15 | 15 | 15 | 15 | 80 | 80 | 90 | 90 | 90 | 20 | 20 | 20 | 20 | 20 | 20 |
| 木工 |  | 15 | 100 | 120 | 120 | 120 | 120 | 120 | 120 | 50 | 40 | 30 | 10 | 10 | 10 | 10 | 10 |
| 钢筋工 |  | 25 | 70 | 90 | 90 | 90 | 90 | 90 | 90 | 30 | 25 | 20 | 10 |  |  |  |  |
| 混凝土工 |  | 15 | 20 | 30 | 30 | 30 | 30 | 30 | 30 | 10 | 10 | 10 |  |  |  |  |  |
| 架子工 |  |  | 15 | 15 | 15 | 15 | 15 | 15 | 15 | 15 | 15 | 15 | 15 | 15 |  |  |  |
| 机操工 |  |  | 10 | 12 | 20 | 20 | 20 | 20 | 20 | 20 | 15 | 10 | 10 | 6 | 5 |  |  |
| 起重工 |  |  | 5 | 9 | 9 | 9 | 9 | 9 | 9 | 9 | 8 | 8 |  |  |  |  |  |

续表

| 工种 | 1 | 2 | 3 | 4 | 5 | 6 | 7 | 8 | 9 | 10 | 11 | 12 | 13 | 14 | 15 | 16 | 17 |
|---|---|---|---|---|---|---|---|---|---|---|---|---|---|---|---|---|---|
| 精装工 | | | | | | | | | | | 80 | 80 | 80 | 60 | 60 | 60 | 50 |
| 安装工 | | | 30 | 30 | 50 | 80 | 80 | 80 | 80 | 80 | 80 | 80 | 80 | 60 | 60 | 50 | 20 |
| 油漆工 | | | | | | | | | | | 30 | 30 | 50 | 60 | 80 | 80 | 35 |
| 合计 | 57 | 127 | 342 | 399 | 419 | 449 | 514 | 514 | 524 | 394 | 447 | 357 | 334 | 284 | 300 | 274 | 184 |

# 3 主要施工方法

## 3.1 土建工程施工方法

### 3.1.1 施工测量

(1) 测量仪器

根据工程规模，本工程主体施工选用激光 J2 经纬仪一台，普通光学 J2 经纬仪一台、DSZ3 级水准仪一台、DS3 级水准仪两台、50m 钢卷尺三把，以上测量仪器均经法定计量单位检定合格。

(2) 轴线测量

进场做施工准备工作时，由红线办移交给工程桩施工单位的城市测量座标控制点已不存在。在建设单位技术负责人的监督并许可下，工程桩施工单位已移交给我公司两条施工主控制轴线Ⓐ轴及②轴，移交时经我公司测量员检查知Ⓐ轴与②轴交角的垂直度偏差在规范允许的范围之内。故本工程施工即以Ⓐ及②轴作为工程主控制轴线。轴线移交时，Ⓐ轴及②轴的交点在施工现场地面上原设有座标点，轴线的两端均用红三角标在现场围墙上，为确保施工全过程的测量精度，将该两轴线两端均延伸至离施工场区较远处的道路或建筑物上并做醒目的标识。有了主控轴线，就可据此布放一级轴线控制网，本工程一级轴线控制网由Ⓑ、②、⑬共三条轴线组成，为便于轴线投测时通视，分别将轴线Ⓑ、②、⑬偏移 1000mm 作为控制轴线，一级控制轴线平面布置如图 3-1 所示。

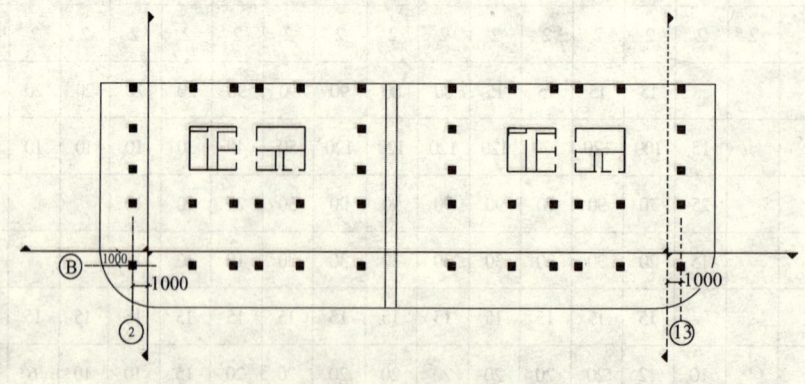

图 3-1 一级控制轴线平面布置图（单位：mm）

布设完一级控制轴线后可据此布放二级轴线控制网,二级控制轴线均由一级控制轴线用钢卷尺丈量得出,丈量采用平均值法。二级轴线控制网布置完毕后,应进行全面校核,二级控制轴线选取Ⓑ、Ⓕ、②、⑦、⑧、⑬共6条轴线。其平面布置如图3-2所示。

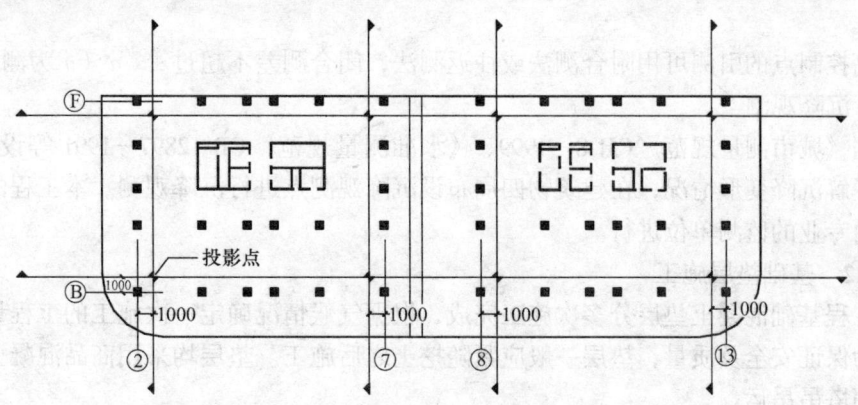

图 3-2 二级控制轴线平面布置图(单位:mm)

在基础与地下室施工阶段,二级轴线控制网布设在施工现场四周的围墙及混凝土路面上,每条轴线不得少于3个控制点,以便随时校核。在地上二层以上主体施工阶段,先将二级轴线控制网布设在60.00层楼面上,各层施工时可通过在楼板上预留150mm×150mm方孔,用激光经纬仪或铅直仪用铅直投影法得到各层施工时的控制轴线。当使用激光经纬仪投影时,为提高测量精度,不宜一直使用±0.00层的二级控制轴线进行投测,此时应每隔8~9层再设置一道二级控制轴线,各道控制轴线均由下一道二级控制轴线投测得出。根据二级轴线控制网平面布置图,投影点分别选用Ⓑ、Ⓕ与②、⑦、⑧、⑬轴的交点。铅直投影的操作必须规范,每层都应该以二级轴线控制点为基点,以减少累计误差。投影点投上施工层后必须进行角度检查;如超出规范允许值,则应采用角度改正法进行校正。

控制轴线的测距精度不得低于1/10000,测角精度不得低于20V,层间垂直投测的偏差不得超过3mm,建筑全高垂直度偏差不得超过$3H/10000$,且不应大于20mm(建筑高90m以上时)。二级控制轴线的传递工作必须认真、细致,投测得出的点应认真进行闭合改正和垂直度修正,确保精度在规范允许范围内。

(3)高程测量

我公司进场后,建设单位移交给了我公司一个高程原始控制点,本工程即以该点作为一级水准控制点。为防止基坑土方开挖及降水造成周围的地面沉降而影响水准点的精确度,在基坑开挖前,将该水准控制点移至离基坑边至少20m处的构筑物或道路上,并做永久性标石。在基础施工阶段,由专业测量员根据一级水准控制点在基坑支护桩侧面上建立若干个二级高程控制点,作为该施工阶段的主控标高,因基础施工阶段边坡具有不稳定性,故测量员应定期对该阶段的二级高程控制点进行检查校核,以确保准确无误。施工工长在地下室施工时,可就近使用二级水准控制点进行标高测设。

地上一层结构施工完毕后,将二级水准控制点分别设在两栋大楼一层的电梯井壁上,并在以上每隔30m左右再设置一个。各层主体施工的主控制标高均由就近的二级水准控制点用50m钢卷尺丈量得出。

因本工程分 A、B 两区分别施工，为防止 A、B 区标高产生相对误差，本工程各楼层的主高程控制点的测量工作均统一由项目测量员负责完成，施工进度稍慢的一区的主高程控制点必须与进度快于自己的那一区的主控制标高相闭合；否则，应检查改正后方能使用。

标高控制点的引测可用附合测法或往返测法，闭合测差不超过 $\pm\sqrt{n}$（$n$ 为测站数）。

（4）沉降观测

根据《城市测量规范》CJJ 8—1999、《水准测量规范》GB 12897—1991 等设计要求，为及时了解沉降变形情况，在建筑物四周布设沉降观测点进行沉降观测。本工程的沉降观测工作由专业的监测单位进行。

### 3.1.2 基础垫层施工

本工程基础混凝土垫层分多次施工完成，根据气候情况确定一次施工的工程量及施工时间。为保证安全及质量，垫层一般应紧随挖土之后施工。垫层均采用商品混凝土，场内运输采用塔吊吊运。

垫层施工时首先要按规范要求控制好基底标高，确认底标高正确后再浇筑垫层，以保证质量和避免浪费。挖基底余土时标高控制可采用 50×50 木制标桩并将水准仪架在基坑底跟班监控，而浇筑垫层时则应在木标桩上重新钉以圆钉。标桩间距宜小于 2m，设置完毕后应立即使用，以防止移位。垫层找平收光时，应将水准仪架在基坑内跟班复验标高控制情况。

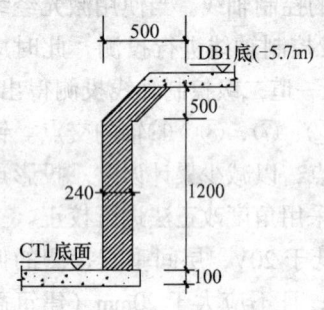

图 3-3 CT1 与 DB1 交界处砖胎模施工图

对局部软土层或淤泥土层必须采取适当的加固措施后再浇筑混凝土垫层，处理方法一般采用换土法。垫层混凝土坍落度宜为 14～18cm，基坑内积水无法排除干净或在雨天施工垫层时，垫层混凝土坍落度应适量降低。

### 3.1.3 明水抽排

基坑明排水系统的设置详见土方专项施工方案。但必须注意的是，在基础底板施工完毕后直至地下室外回填土施工完成这一段时间里，也需要抽排基坑外明水。

### 3.1.4 模板工程

（1）承台周边模板

本工程基础中底板 DB1 与其两侧的承台 CT1 的底面标高相差 1700mm，故在两者交界处采用砖砌胎模，砖胎模施工大样详如图 3-3。

据支护桩的施工竣工报告，承台其余 3 边紧靠支护桩侧，没有缝隙，故需将承台深度范围内的支护桩桩周土及桩间土清除干净，以防止雨水冲刷泥壁造成坑内被污染。对桩间的凹陷部位可以直接浇筑混凝土，为节约工程成本，在条件许可时也可以砌筑零星的砖胎模。

砖胎模采用 MU5 砖及 M5 水泥砂浆砌筑，胎模必须全部坐落在地基良好的混凝土垫层上，砖胎模砌筑时可设排水孔，以防止明水积集对胎模造成静水压力。砖胎模砌筑必须严格控制砂浆强

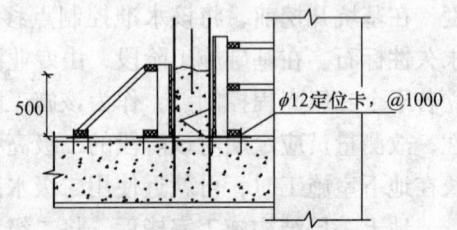

图 3-4 地下室外墙吊模支法示意图（单位：mm）

度以及与砖的粘结程度,要求灰浆饱满度在90%以上。砌筑前应充分湿润砖块,胎模砌至标高后做15mm厚M5水泥砂浆压顶。在砖胎模强度达80%以上后,用黏土分层回填墙后的空隙,回填采用人工夯实,每层回填厚度为300mm,不可一次堆填。

(2) 基础底板处外墙及水池侧墙吊模板

为保证地下室的防水性能,地下室外墙及水池侧壁墙与基础底板间的水平施工缝不能设在基础表面,必须将其抬高500mm,并在水平施工缝中埋设钢板止水带。水平施工缝隙以下的混凝土同基础底板一同浇筑,故此处墙模板必须采用吊模的方法支设。外墙吊模施工方法详见图3-4,水池侧墙可参照施工。

(3) 地下室外墙模板

在Ⓐ轴、①及⑭轴三侧面的地下室外墙因墙外侧面距支护桩的间隙太小,只能采用砖砌胎模作为外侧模板,此范围内外墙模板采用预埋对拉螺栓加固。施工大样如图3-5、图3-6所示。

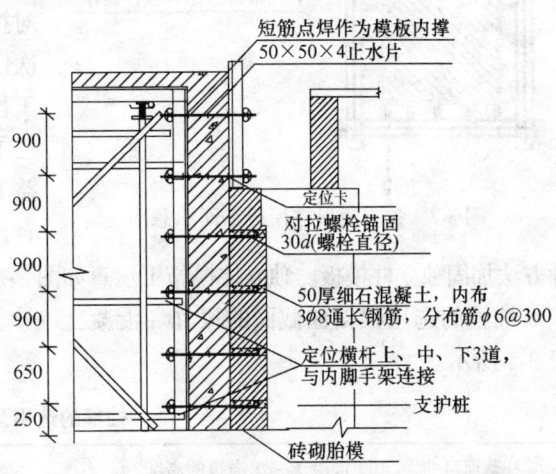

图3-5 外墙模板施工示意图(单位:mm)

外墙外侧砖胎模采用MU5砖,M5水泥砂浆按清水墙砌筑。地下室外墙对拉螺栓中部必须套焊钢板止水片,并可直接在螺栓上点焊短钢筋作为模板内支撑。地下室外墙对拉螺栓的其他要求同后"墙模"。

(4) 模板的支撑体系

在本工程中,模板的支撑体系采用快拆脚手架体系,标准层(层高为3.0m)快拆体系的立杆长宜为2.4~2.6m。楼层高度为4.8m时,宜用的立杆长度为4.2~4.4m;当实际钢管长度不符合要求时,其中的一部分立杆采用两根短钢管对接而成,与标准的立杆配合使用,以保证架子的整体稳定性。根据施工荷载,立杆间距取1.1~1.4m,具体尺寸按模板的模数及结构跨间尺寸确定,立杆上端用调节丝杆,以便实现模板的早拆。为加强支撑体系的整体稳定性,在整个满堂架的纵横两个方向上每隔6.0m左右设一道扫地杆及顶横杆,并设置连续桁架式剪刀撑。坚实、稳定的支撑体系是模板工程质量的保证,架子施工时应定位搭设,做到纵横成行;水平横杆除电梯间及楼梯间外均应贯通,水平横杆接长在同一根立杆上用十字扣件连接,不能用接头扣件连接。

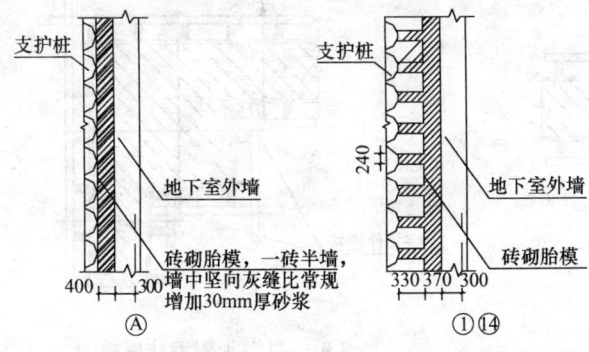

图3-6 地下室外墙砖砌胎模平面示意图(单位:mm)

(5) 柱模

矩形独立柱模板采用18mm厚木夹板与50mm×100mm木方现场配制。本工程矩形柱截面尺寸为600mm×600mm~1100mm×1100mm不等,独立

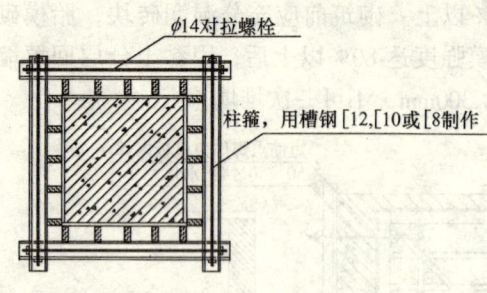

图 3-7 独立矩形柱模板平面示意图

柱模板加固可采用两种方法：①采用槽钢夹具及 $\phi14$ 对拉螺栓加固，并采用钢管箍与内满堂脚手架相连定位；②采用普通脚手架钢管箍及对拉螺栓加固。通过分析比较，第一种方法一次性投入的材料费比后者稍低，而且前者可多工程、多次周转使用，后者的对拉螺栓被埋在柱中无法拔出显然是一种浪费，所以从经济效益上看第一种方案优于后者；而从工程质量上看，前者更明显优于后者，故本工程采用第一种方法加固独立柱模板。独立柱模施工示意如图 3-7 所示。

柱箍的选用根据柱截面的尺寸、混凝土一次连续浇筑的高度以及木方的强度确定，如表 3-1 所示。

柱箍的选用列表　　　　　　表 3-1

| 柱截面尺寸 (mm×mm) | 混凝土一次浇筑的高度 (mm) | 可选用的柱箍 | 柱箍间距（mm） | 备 注 |
|---|---|---|---|---|
| 1100×1100 | 2400 | [12 | 550 | |
| 1000×1000 | 2400 | [12 | 600 | |
| | 1500 | [12 | 700 | |
| 900×900 | 2400 | [12（[10） | 700（600） | 三分之二柱高以上的柱箍间距可适当加大<br>木方间距 ≤ 260mm |
| | 1500 | [12（[10） | 750（650） | |
| 800×800 | 2400 | [12（[10） | 700（650） | |
| | 1500 | [12（[10） | 750（700） | |
| 700×700 | 2400 | [12（[10、[8） | 750 | |
| | 1500 | [12（[10、[8） | 750 | |
| 600×600 | 2400 | [8 | 650、750 | |
| 500×500 | 1500 | [8 | 650、750 | |

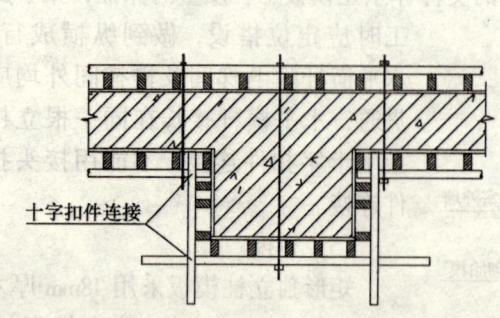

图 3-8 "丁"字形附墙柱模板支法

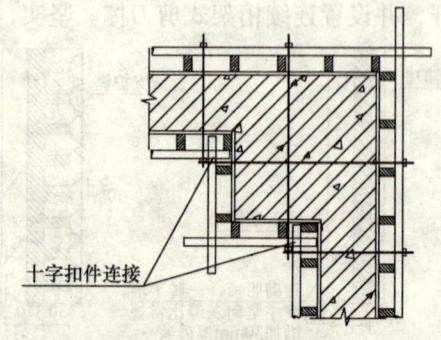

图 3-9 "L"形附墙柱模板

附墙方柱同混凝土墙模板一样采用 18mm 木夹板及 50mm×100mm 木方现场拼制，加固采用对拉螺栓，对拉螺栓水平及竖向间距的要求详见后"墙模板"。

附墙柱施工平面示意如图 3-8、图 3-9 所示。

根据设计，本工程各结构层周边设有许多构造柱，需同主体结构一起施工。构造柱截面尺寸较小，但数量很多，给施工带来一定难度。构造柱模板采用短钢管箍加固。

没有其他要求时，柱模板可在混凝土强度达 $1N/mm^2$ 后拆除，一般在浇筑完毕后 24h（夏秋季）及 48h（冬季、春季），拆除时须注意不得碰动柱周的梁板支撑及柱边角混凝土。

(6) 墙模

剪力墙模板采用 18mm 厚木夹板及 50mm×100mm 木方现场拼装，加固采用对拉螺杆，模板的定位采用脚手架水平支撑。墙模板施工示意如图 3-10、图 3-11 所示。

剪力墙模板施工必须严格按上图设置定位横杆，特别是电梯井、楼梯间处剪力墙，只有严格按上图施工才可保证墙模板不发生移位。对层高大于 4.0m 的楼层，定位杆应设上、中、下三道。

电梯内墙板模板施工也采用木模板。为搭设施工脚手架，在电梯井内侧墙壁上预留小孔横穿两根脚手架钢管并在下方加斜撑（斜撑的下端可套在未拔出的对拉螺栓上），以此作为内脚手架的支撑。电梯井内的脚手架支撑每 3 层搭设 1 次，周转使用。

注：对拉螺栓横向间距为：三分之二墙高以下为 450～600mm，以上为 800mm。

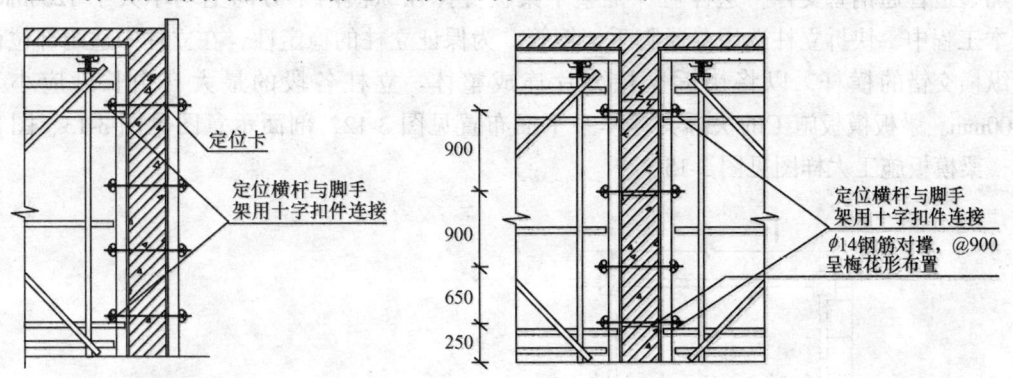

图 3-10　外墙模板施工示意图　　　图 3-11　内墙模板施工示意图（单位：mm）

为使对拉螺栓正好安放在木夹板的接缝处，按照木夹板的模数（尺寸为 900mm×1800mm），将对拉螺栓竖向间距设计为 900mm（注：仅第一、二道对拉螺栓因工人操作的需要将间距分别设为 250mm 和 650mm）。对拉螺栓水平间距根据墙高及其所处高度的变化而变化，分 400～500mm 不等。层高 4.8m 时，墙高的 2/3 以下宜为 400mm，而以上则可按 500mm。

对拉螺栓采用 φ12 钢筋加工，为保证丝口质量，必须选用优质钢材，特别是截面要圆，且加工时只能用无齿切割机切割，不得用切断机切断。

为节约工程成本，内墙对拉螺栓宜拔出重复使用。为此，在对拉螺栓上套一根 PVC 套管，PVC 套管必须穿出模板表面，以保证混凝土浆不漏入套管中。因剪力墙对拉螺栓安放在模板接缝处，故操作时不必使用大直径电钻钻孔，只需在模板接头按一定距离锯出半圆形槽口，上、下两块模板一拼成整体就可以将对位螺栓连同 PVC 套管一起穿出模板外，这样就可以在拆除墙模板时，用拔钳慢慢地将对拉螺栓拔出，操作时必须注意不得损伤螺栓丝口。

墙模拆除时间：地下室抗渗墙模板宜在混凝土强度达70%以上后拆除，以防过早拆除使止水螺栓松动而影响防水性能，其他部位墙模板的拆除时间同柱模。

(7) 梁板模板

梁底模及直线或折线形梁侧模均采用18mm厚木夹板及50mm×100mm木方配制，半径较大的弧形梁的侧模采用9mm厚竹夹板及50mm×100mm木方现场安装。标准层中半径为2~3m的小弧形梁如采用9mm厚竹夹板弯曲较困难，则可用木板条面覆优质三夹板作为模板。弧形梁侧模定位杆采用脚手架钢管，用专用的弯管机弯曲而成。模板施工时，跨度大于或等于4.0m的梁或板以及长度大于2m的悬挑构件，均按全跨长度2‰~3‰起拱（跨度超过9m时，按3‰）。起拱宜按1.0m左右为一个单元配制成折线状，起拱坡度的调节方法是在梁底模的木夹板与木方之间设置梯形垫木。

因本工程标准层较多、工期较紧，加之梁板跨度较大，为保证施工质量、进度及工程成本，梁板（特别是对跨度大于8m的梁板以及悬挑跨度大于2m的悬挑构件）必须使用快拆脚手架支撑体系。为保证梁板模板的快拆，按照快拆支撑体系的平面布置，在梁底模及现浇板底模上预留方孔，方孔宜优先选在模板接头处。快拆立柱沿构件纵向间距宜为1000~1200mm，横向间距小于2000mm。为保证模板支撑的强度，支模时在快拆支撑之间增加一道普通钢管支撑，这样可保证整个梁板支撑在纵横两个方向上均不大于1200mm。在本工程中，快拆立柱选用普通脚手架钢管，为保证立柱的稳定性，在立柱中适当部位设置纵横交错的横杆，以将快拆立柱分片连成整体。立柱各段的最大自由长度应小于1500mm。梁板模板施工的快拆支撑体系平面布置见图3-12，剖面示意图见图3-13、图3-14，梁模板施工大样图见图3-15。

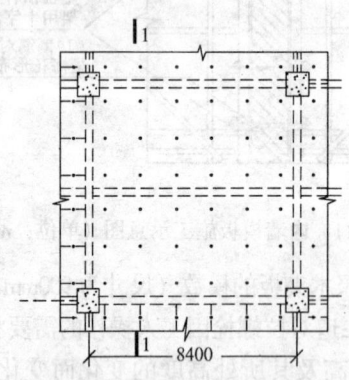

图3-12 梁板模板快拆支撑
体系平面示意图（单位：mm）

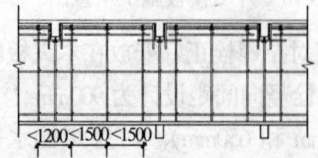

图3-13 1-1剖面（支模状态）
示意图（单位：mm）

在本工程中，梁板底面采用清水混凝土施工技术，即混凝土浇筑完后楼板底面不再抹灰，只需修凿棱角后劈一道2~3mm的聚合物水泥浆即可达到高级抹灰的外观质量要求。为此，必须加强对模板工程质量的控制。

首先，严把材料质量关，对翘曲度超过1mm/2m（用靠尺检查）的木方以及厚度误差超过1mm的夹板均严禁使用；其次，以超过规范规定的质量标准30%以上的高标准严格对模板的标高以及平整度进行控制;最后,严格工艺管理,具体工艺要求有:①板底模与梁侧模接缝处必须呈严格的直角三角形;②木方间距不大于300mm,圆钉钉设间距不得大于400mm;③竹夹板切割的一边不宜放在板与梁侧接触处;④竹夹板接缝处涂刮木制品腻子。

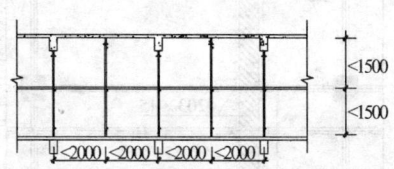

图3-14 1-1剖面(拆模状态)
(单位:mm)

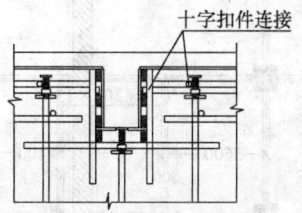

图3-15 梁模板施工大样图

对跨度大于8m的梁或板以及跨度大于2m的悬挑构件,在保留严格按照前文要求设置的快拆体系支撑杆不动且处于充分受力状态的前提下,其模板可在混凝土强度达75%时拆除,否则应在强度达100%时方可拆除;其他也设有快拆体系的梁板可在混凝土强度达50%时拆除。上述两种情况的快拆体系支撑杆的拆除,必须待混凝土强度分别达到100%和75%后方可进行。而对跨度小于2m的板,可在混凝土的强度达50%时将支撑和模板全部拆除。施工时应留设拆模专用的混凝土试块,以便准确掌握混凝土强度的发展情况。

(8)楼梯模板

本工程楼梯周边均与剪力墙相连,为改善楼梯踏步的施工质量及便于剪力墙混凝土浇筑,楼梯采用全封闭支模,加固采用对拉螺栓。在混凝土浇筑有困难时,在梯段中部留设混凝土浇筑入口。楼梯踏步侧板采用18mm厚木夹板及50mm×50mm和50mm×100mm木方预制成阶梯状,踏步侧板及盖板必须搁置在梯段侧模的台阶上,以保证模板的坚固,防止在浇筑混凝土前发生人为的模板塌陷。因楼梯模板的支撑数量一般都比较少,为防止梯段模板在浇筑时发生塌陷应适当起拱,拱高宜为跨度的(以斜长计)2‰。

楼梯模板施工示意如图3-16、图3-17所示。

(9)后浇带支模

本工程后浇带贯穿整个裙楼6层以下的所有构件,对后浇带模板须详细设计。

施工中对支撑的做法采用了如下措施,见图3-18~图3-21。

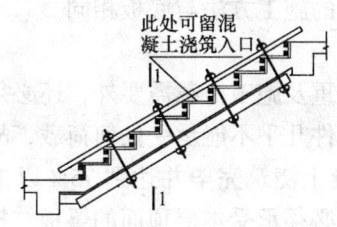

图3-16 楼梯模板施工示意图

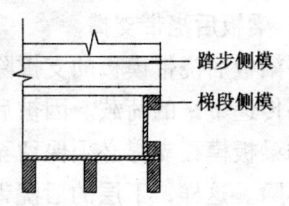

图3-17 1-1剖面图

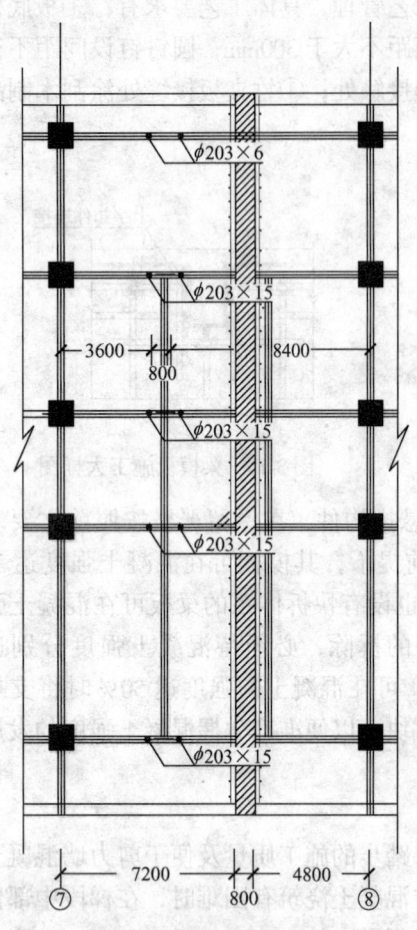 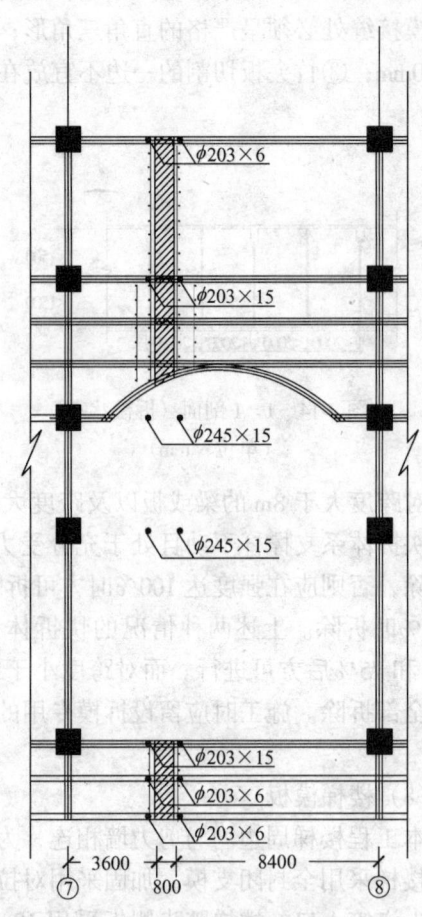

图 3-18 地下室后浇带支撑平面布置图（单位：mm）　　图 3-19 一层后浇带支撑平面布置图（单位：mm）

（10）地下室外墙及基础底板后浇带模板

地下室底板后浇带处竖向隔断采用密眼钢板网（GB 11953—1989，规格为 $1.2 \times 10 \times 25$，$2.13 kg/m^2$），并贴焊 $\phi12@600$ 的钢筋。底板后浇带模板施工立面及剖面示意如图 3-22 所示。原设计如图 3-23 所示。图中，钢板网分成上下两片安装，钢板网 1 弯成折角状并用 $\phi12$ 钢筋补强后与底板上下钢筋点焊，而钢板网 2 先按即将与其相交的主筋位置割成企口状后，卡入底板面层钢筋。地下室外墙后浇带模板的施工方法与底板相同。

（11）梁板后浇带支撑

各层梁板后浇带模板的支撑除应满足该层结构自重及施工荷载需要外，还必须考虑由以上各层传递下来的荷载。因被后浇带隔断的结构构件几乎不能承受任何荷载，故被后浇带隔断的梁板模板支撑必须保留至梁板后浇带处混凝土浇筑完毕并达到 75% 以上的强度后方可拆除。这样，下层的后浇带处梁板模板支撑除必须承受本层顶面的梁板结构自重和施工荷载外，还必须承受上一层梁板后浇带支撑传递给它的荷载。由此看来，显然位于下部各层的被后浇带隔断的梁板模板支撑仅仅依靠脚手架支撑是不够的，特别是本工程中被后浇带隔断的梁的跨度达 12.8m，梁截面达 350mm×1200mm，结构自重很大，为保证梁不发生反向受力的情况，以致在梁上部产生裂缝甚至发生破坏，须在梁的后浇带处设置专用支撑。

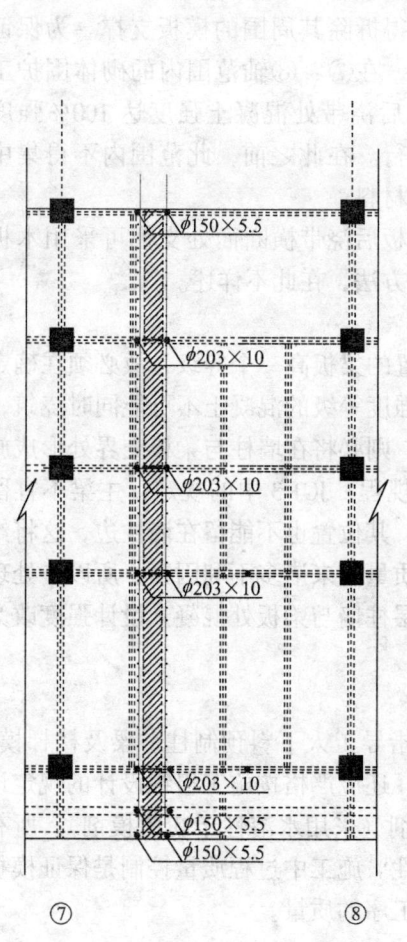

图 3-20 二至四层后浇带支撑平面布置图　　图 3-21 后浇带支撑剖面示意图

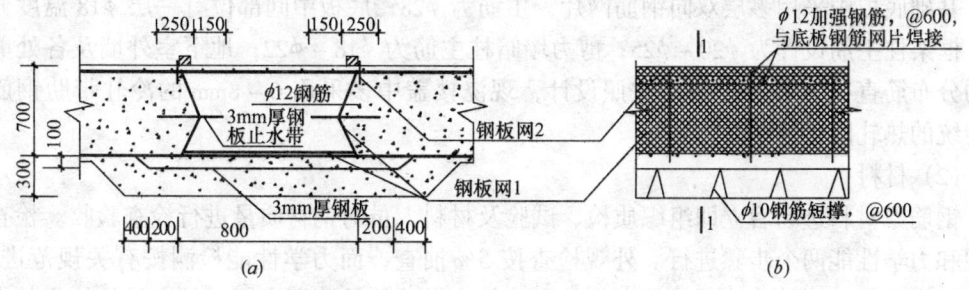

图 3-22 拟采用的基础底板后浇带防水及隔断做法（单位：mm）
（a）1-1 剖面图；（b）底板后浇带钢板网隔断侧立面图

根据后浇带通过处结构平面的布置情况，先在每根框架梁后浇带的两侧各用一根无缝钢管作为支撑，而被后浇带隔断的楼板则仅保留在后浇带两侧的部分模板支撑即可。施工时，各层钢管支撑必须在上一层混凝土浇筑之前安装完毕，安装时仅拆除钢支撑处的模板，不得拆除其周围的模板支撑。为保证结构安全，在⑦~⑧轴范围内的砌体围护工程必须在后浇带处混凝土强度达100%强度后方可进行。在此之前，此范围内不得集中堆放施工材料。

梁板后浇带横断面处支模可采用木板条镶嵌的方法，在此不详述。

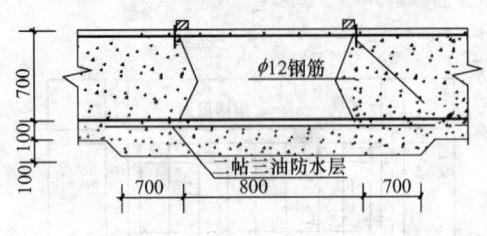

图 3-23　原设计的基础底板后浇带防水及隔断做法（单位：mm）

（12）梁柱节点处模板

因设计要求各层柱墙的混凝土强度均比相应位置的梁板高一个等级，故必须在确定的柱墙与梁板之间的交界处设置钢板网隔断。因不同强度等级的混凝土不可能同时浇筑，故如不修改设计，将两种强度等级的混凝土改为一致，则必将在墙柱与梁板交界处形成施工缝。而按照《钢筋混凝土高层建筑结构设计与施工规程》JGJ 3中的规定：主梁不宜留施工缝。况且即使经过设计院核实后可以留设施工缝，其位置也不能留在墙柱边，这将给施工带来极大不便，而且如此之长的施工缝也给工程质量带来诸多不利因素。所以，处理梁柱节点模板及混凝土浇筑问题的最佳方法就是将各层柱墙与梁板处混凝土设计强度改为一致。

（13）模板工程的施工质量控制

模板工程施工前，木工工长画出模板翻样图以指导工人下料预制柱、梁及楼梯模板。模板工程除应按照有关的验收规范进行质量验收外，还应严格按施工组织设计的规定设置支撑及加固体系。模板与混凝土的接触面应刷脱模剂（采用水溶性干粉脱模剂），所有木模板竖向拼缝处均应贴钉木方，以改善拼缝的密封性。施工中过程质量控制是保证模板质量的关键，施工时应按工序逐步检查以免影响下一工序的质量。

### 3.1.5　钢筋工程

（1）概况

基础底板中采用多层双向钢筋网片，主筋为$\phi 28$，底板中间部位有一层$\phi 18$温度分布筋；框架柱主筋设计为$\phi 20 \sim \phi 25$；剪力墙暗柱主筋为$\phi 18 \sim \phi 22$；地下室外墙及各处剪力墙的分布筋直径为12~16mm。按照设计，现浇楼盖中多采用6~8mm的冷轧带肋钢筋替代传统的热轧圆盘条钢筋。

（2）材料

钢筋原材料进场后立即组织质检、试验及材料人员对钢材质量进行检查验收。检查分外观和力学性能两个步骤进行。外观检查按5%抽查，而力学性能检测按有关规范进行。需要指出的是，因结构抗震性能要求较高，故力学性能检测评定时应符合结构抗震的有关要求。冷轧带肋钢筋的材料供应必须选择信誉良好且有一定生产规模的生产厂家，进场质量检验工作按国家有关的现行标准进行。为方便现场施工，要求生产厂家尽可能将原材料运至现场进行调直加工。

(3) 钢筋连接

按照设计要求并考虑到施工实际，本工程中框架柱及剪力墙暗柱的竖向钢筋接头采用锥螺纹连接接头；如在生产进度不能满足要求时，可适当考虑采用电渣压力焊连接，其他部位的竖向钢筋均采用冷搭接绑扎；基础底板 $\phi 28$ 的主筋采用锥螺纹连接接头，而其中的 $\phi 18$ 温度应力筋则采用冷搭接绑扎；其他部位的水平钢筋包括梁的上部架立筋与负筋之间，现浇板中通长钢筋等均采用冷搭接绑扎。各个部位搭接的长度及接头设置位置按照设计及 94EG005 中有关规定执行。

竖向钢筋均一层一接（如两层一接，则因钢筋竖立太高而无法操作），而水平钢筋则每 8m 设一个接头。

锥螺纹连接应选取有专业资质等级且有良好施工质量管理能力的分包队施工，选择队伍前必须通过认证，施工前施工队必须报出自己的施工方案，方案经审定合格后，方可进行施工。

锥螺纹施工质量的控制分三个步骤：即加工质量控制、施工过程质量控制及检验验收。这三个步骤每步都很关键，加工时严格按照有关规范及技术规程进行并及时做好预检，加工质量经检验合格后方能送至现场安装。安装过程中人为因素较多，故工长要提前做好培训及交底工作，且要选择认真负责、训练有素的工人进行操作，现场施工过程中应及时通知质检员进行现场取样送检，检验合格后方可进行下一工序施工。

电渣压力焊质量控制的关键是具备稳定的电源，电压波动不得超过 ±5% 范围。为此，在进行电渣压力焊操作时必须加强用电的管理，必要时派专人值班，以保证电压的稳定性。

(4) 钢筋的翻样

翻样工作是钢筋工程施工质量的关键所在，除了应严格按图纸及标准图掌握好钢筋接头的位置外，还应做好下料的均衡搭配以降低工程成本。在框架柱节点处应画出施工大样图，以避免现场施工时颠倒钢筋的先后秩序及造成节点附近板筋的标高被抬高。现浇楼盖钢筋因规格太多，在现场绑扎时易混淆，翻样时宜将所有规格的钢筋统一编号并画出平面分布图以指导施工。对剪力墙水平筋穿入暗柱的一端应在暗柱边处弯成折线形，以保证剪力墙分布筋的位置。地下室外墙竖向钢筋在基础底板的插筋本可一次性加工至 60.00m，不设接头。但因地下室外墙外侧砌筑砖胎模操作的需要，翻样时注意必须在墙下部尽可能低的地方设一个搭接或焊接接头。

(5) 钢筋加工制作与绑扎

1) 除锈

钢筋加工前必须清除钢筋表面的铁锈，热轧圆盘条可在冷拉过程中得到除锈，而直条钢筋则一般采用手工除锈。在除锈过程中，如发现钢筋表面的氧化铁皮鳞落现象严重并已损伤到钢筋截面，或在除锈后钢筋的表面有严重的麻坑、斑点、伤蚀到钢筋截面时应降级使用或剔除不用。

2) 制作

钢筋制作前项目部组织技术人员对翻样单进行会审，翻样单会审工作由项目总工程师组织实施。审核小组由项目质检员、翻样、现场工长以及项目技术员组成。组员各自分头核对后将问题汇总解决，翻样单经审核无误后方可交给班组进行钢筋制作。钢筋下料时要全盘考虑，均衡短料与长料的搭配，以做到既保证质量又节约成本。钢筋制作必须保证尺寸偏差在规范允许范围之内。

钢筋弯曲应根据弯曲角度及钢筋直径合理选用弯曲机芯，以达到既保证质量又节约成本的目的。钢筋弯曲时还应特别注意保证抗震箍筋弯钩平直段的长度。

制成的钢筋半成品要按照现场绑扎的顺序堆放整齐而且进行标识，半成品领用建立登记卡制度，以免发生错发、超发现象而造成不必要浪费和影响施工质量。

3) 钢筋现场安装与绑扎

A. 一般部位安装

对高度在 600mm 以上的梁，支模时先安装一侧模板，待梁钢筋绑扎完毕后再装另一侧模板。钢筋绑扎时必须严格控制骨架的轴线位置、垂直度以及标高，特别是框架节点处的钢筋骨架标高一直是钢筋工程质量控制的难点之一，也是直接影响下一工序——楼板混凝土表面平整度的主要因素。垂直度控制的重点部位是抗震墙及其他混凝土墙纵横交错处，此处一旦绑扎后发现骨架偏移则很难纠正，造成支模困难。对于框架节点处钢筋骨架的标高控制，在钢筋翻样时就应认真考虑到这一因素，箍筋尺寸应根据节点处钢筋交错重叠的层数来确定。待梁筋绑扎完毕后，在稳固的模板平台上放出轴线，校核柱墙主筋的位置，确定无误后将柱主筋与梁钢筋点焊牢固，以防柱墙主筋在混凝土浇筑过程中发生移位。

板筋绑扎在梁板模板全部施工完后进行，绑扎前先将梁垫块垫好，以确保板面负筋的高度，如因梁骨架过重造成部分梁用垫块无法垫起梁时，则可用"八"字形短钢筋支撑将梁钢筋骨架撑起。板筋绑扎完后，必须做好成品保护工作。

所有砌体的构造柱、圈梁及过梁均应预埋插筋，构造柱插筋用点焊固定牢，以防移位。

对于有多排主筋的梁，在各排主筋之间设置 $\phi 25@1200$ 垫铁，垫铁长同梁宽。

B. 基础底板钢筋绑扎

基础底板钢筋绑扎按下列程序进行：清理桩头、排除积水→绑扎承台底层钢筋网片→安放支架→绑扎中间温度筋网片→面层钢筋网绑扎→柱、墙插筋施工。

当基础底板钢筋绑扎成型一部分时，用 100mm 厚的细石混凝土垫块在桩与桩之间的空档处将底板钢筋垫好，以保证钢筋的保护层，此时应立即焊接承台面层钢筋的支架。本工程中钢筋支架采用 $\phi 28$ 钢筋制作，每一根支架由一根立杆和一根斜拉筋（可根据具体情况适当减少）焊接而成，支架纵横间距均为 1500mm，在整个基坑中呈梅花状分布。面层钢筋网采用 $2\phi 28$ 钢筋作为支撑横梁。底板中温度应力分布筋网片采用 $\phi 18$ 钢筋作为支撑横梁。为保证 $\phi 18$ 钢筋的强度，在每两根面层钢筋的支撑之间加设一根 $\phi 22$ 短撑。用作横梁的钢筋可在经有关方同意的前提下替代相应位置的底板纵筋。底板支撑的施工大样如图 3-24 所示。

注：此支撑方案的选用也进行过多方案比较，具体如下：

经过分析计算，可采取两种支撑方案：方案一即为上图所示，方案二为采取 [10 作为横梁，[5 作为支撑，间距均为 3000mm。在温度钢筋网片处还必须增设间距为 750mm×750mm 的钢筋短撑。因 [10 横梁不能替代底板面层钢筋，故方案二的成本比方案一高很多，况且方案一还可充分利用钢筋短料，故本施工组织设计中采用方案一作为底板钢筋支

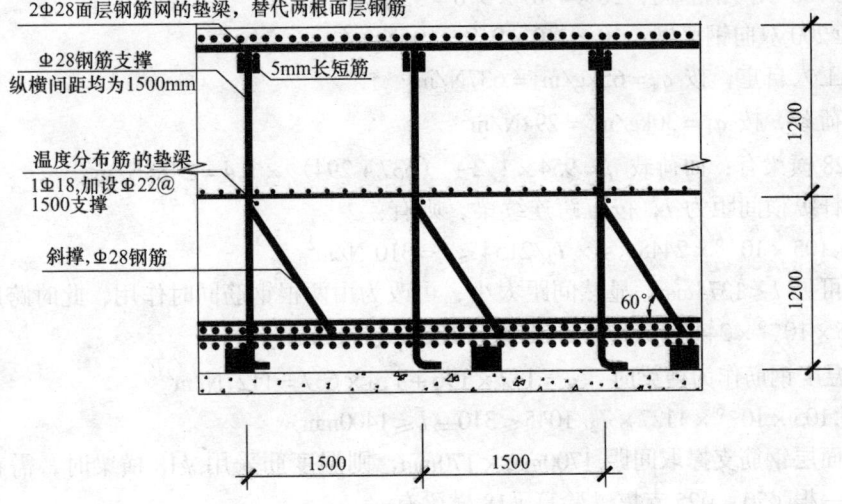

图 3-24 地下室承台钢筋支撑施工剖面示意图（单位：mm）

撑方案。底板钢筋支撑方案的设计计算及多方案经济比较计算如下：

a. 支撑方案选择

采用 $\phi28$ 钢筋作支撑，面层用 $\phi28$ 钢筋作为横梁，温度筋用 $\phi22$ 作为横梁或采用［8 或［10 槽钢为横梁，［6.5 或 $\phi48\times3.5$ 钢管作为支撑。

为将基础钢筋形成一个坚实的整体，防止浇筑基础混凝土时造成柱墙插筋移位，对承台的钢筋骨架与周边支护桩之间，用长 300mm@1000mm 的 $\phi25$ 短筋点焊顶牢。

基础钢筋绑扎成型且按上述方法全面加固完毕后，先在底板钢筋面层上投线并放出柱、墙插筋的位置。插筋施工时，先在基础底板面层钢筋上点焊定位箍。为确保位置准确，点焊前应在钢筋网片重新拉线校核轴线位置。插筋按照定拉箍的位置进行插设后，将定位箍与基础钢筋网点焊牢固，并在插筋伸出底板以上部位绑扎 2 道定位箍筋或

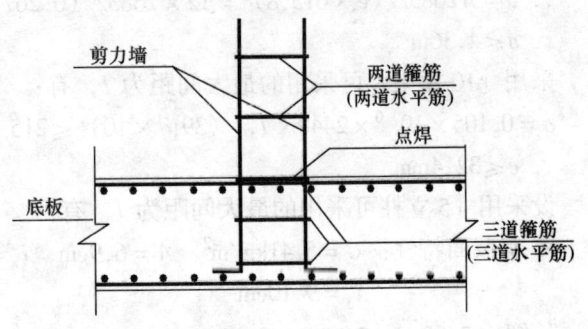

图 3-25 剪力墙插筋固定示意图

水平筋，以下部位设置 4 道定位箍或水平筋，插筋固定大样如图 3-25 所示。

b. 设计计算

方案一：如图所示，采用 $\phi28$ 钢筋为支撑，刚好被中间温度筋及斜撑分成两段，先验算横梁的强度确定最大跨度 $L_{max}$。

$\phi28$ 钢筋截面特性：$A=615.8mm^2$　$G=4.87kg/m$

$$W=\pi d^3/32=\pi\times 28^3/32=2154mm^3$$

$$i=0.25d=0.25\times 28=7mm$$

荷载计算：平均每平方米荷载计算如下：

$\phi28@100$ 双向钢筋网：$20 \times 4.87 \times 9.8 = 954 \text{N/m}^2$

$\phi18@200$ 双向钢筋网：$10 \times 2.0 \times 9.8 = 196 \text{N/m}^2$

操作工人自重，按 $q_s = 65 \text{kg/m}^2 = 637 \text{N/m}^2$

其他荷载，按 $q_1 = 30 \text{kg/m}^2 = 294 \text{N/m}^2$

对 $\phi28$ 横梁有：而荷载 $q = 954 \times 1.2 + (637 + 294) \times 1.4 = 2488 \text{N/m}^2$

设立杆纵横间距为 $I$，按五跨连续梁，则有：

$\sigma = 0.105 \times 10^{-6} \times 2448 \times I \times I_2/2154 \leqslant f = 310 \text{ N/m}^2$

由此可见 $l \leqslant 1374 \text{mm}$，显然间距太小，可改为由两根钢筋同时作用，此时跨度可为：

$0.105 \times 10^{-6} \times 2448 \times I_3 \times 1/2/2154 \leqslant 310 \Rightarrow l \leqslant 1732 \text{mm}$

$\phi22$ 温度钢筋作为横梁时，$q = 1.2 \times 196 + 1.4 \times 637 = 1127 \text{N/m}^2$

$\sigma = 0.105 \times 10^{-6} \times 1127 \times I_3/1045 \leqslant 310 \Rightarrow l \leqslant 1400 \text{mm}$

如果面层钢筋支撑取间距 1700mm×170mm，则温度筋采用 $\phi18$ 横梁时，需在 $\phi18$ 横梁中间加一根 $\phi20 \sim \phi25$ 支撑，验算 $\phi18$ 横梁有：

$\sigma = 0.105 \times 10^{-6} \times 1127 \times 700 \times 8562/572 = 254 \text{ N/mm}^2 < 310 \text{N/mm}^2$

综上分析，采用钢筋作为横梁的最经济方法即是取立杆间距为 1.70m×1.70m，温度筋立撑间距为 1.70m×0.85m 方格网，或者温度筋采用 $2\phi22$ 替代 $3\phi18$ 钢筋。

采用 $\phi28$ 钢筋作为支撑的最大覆盖面积：

荷载总和 $= (954 + 196) \times 1.2 + (637 + 294) \times 1.4 = 2683 \text{N/m}^2$

支撑轴心受压 $I = 0.25d = 7 \text{mm}$，长细比 $l/I = 1200/7 = 171 \text{mm} < [\lambda] = 200$

查稳定性系数表 $e = 0.267$

$\therefore \sigma = A2683/(e \times 615.8) = 12 \times 2683/(0.267 \times 615.8) \leqslant 310$

$\therefore e \leqslant 4.36 \text{m}$

采用 [10 横梁，可采用的最大间距为 $l$，有：

$\sigma = 0.105 \times 10^{-6} \times 2448 \times I_3/(39.7 \times 10) \leqslant 215$

$\therefore e \leqslant 3214 \text{mm}$

设采用 [5 立柱可采用的最大间距为 $l$，有：

[5 有截面特性：$G = 5.41 \text{kg/m}^2 \quad A = 6.9 \text{cm} \quad i_x = 1194 \text{cm}$

$i_y = 9.10 \text{cm}$

长细比 $2400/i = 2400/11.0 = 219$

$\sigma = l2 \times 2683/(e \times 6.9 \times 10^2) \leqslant 215$ 查表得：$e = 0.158 \leqslant 3 \text{m}$

根据以上分析计算有 3 种支撑方案：

几种方案的经济比较如下：（基坑尺寸 83m×33m）

方案 1：支撑 $\phi28$：$20 \times 50 \times 2.4 \times 4.87 = 11.69 \text{t}$

斜撑 $\phi28$：$7.5 \times 17.3 \times 1.7 \times 4.87 = 1.074 \text{t}$

方案 3：横梁 [10：$12 \times 83 \times 10 = 9.96 \text{t}$

立杆 [5：$12 \times 29 \times 2.4 \times 5.4 = 4.51 \text{t}$ 斜撑：$\phi28 \ 0.5 \text{t}$

由于槽钢的价格较钢筋高，且方案 3 用的吨位也大于方案 1，故方案 1 较经济。

c. 特殊部位钢筋的安装

砌体填充墙构造柱钢筋：砌体填充墙构造柱钢筋采取在主体施工阶段预留插筋法和预

埋铁件法，构造柱底端可在梁或柱内预埋插筋，锚固长度必须符合设计要求，插筋必须采取固定措施，以防移位。构造柱上端与梁、板底面接触处的锚固钢筋如果也采用预留插筋法，则会造成梁板模板拆除困难。为此，采用在每个构造柱顶端的梁板底面各埋设一个铁件，同时要满足铁件平面尺寸同构造柱截面尺寸，锚筋数量及规格同构造柱主筋，锚筋锚固长度同构造柱主筋的锚固要求，锚板用6mm厚钢板。构造柱施工时，将主筋的一端弯成"L"形并与预埋件按$5d$（钢筋直径）双面焊接，另一端与预埋的插筋搭接。

构造圈梁钢筋：圈梁也可采用预埋插筋法，但是必须在柱或墙模板上钻眼，然后将圈梁主筋插进柱墙内。

砌体填充墙的拉筋：填充墙拉结筋安装往往被忽视，在本工程中拉筋拟由木工安装，即将拉筋配制成"U"形，再在垂直于"U"形平面的方向上将"U"形筋闭口的一端弯起呈"L"形。木工封模前，因柱墙采用预制的大块模板，故可在封模前将此拉筋按照设计的位置用小铁钉一根一根首尾相连地固定在模板内侧面，模板拆除时一拉即可将拉筋带出或用凿子轻轻一凿即可露出拉筋。拉筋安装时必须符合砌块的模数。

### 3.1.6 混凝土工程

本工程结构全部使用商品混凝土。按照设计，混凝土强度等级按楼层高度的增加而从C45～C30递减，加之厚大的基础底板以及较长的后浇带等，都为本工程混凝土的施工提出了较高的要求。

（1）商品混凝土的供应

根据工程规模，本工程商品混凝土至少应由两家以上的商品混凝土生产厂家供应。而根据工程承包合同，本工程混凝土的供应以隶属于建设单位的武汉市俊华商品混凝土有限公司为主，以我公司的搅拌站为辅。为确保工程质量，无论对哪家搅拌站都应按照有关的程序定期地组织有关技术人员并可邀请建设单位及监理单位的代表对其进行全方位检查与监督，以确保质量达到最佳。在基础与地下室施工阶段，还应联系其他一至两家备用搅拌站，以备不时之需。

（2）混凝土的预拌

1）机械设备

选定的商品混凝土生产厂必须具有先进的生产装备，必须具有电脑全自动计量装置并经法定的计量监督单位检查达到合格以上。供应厂家应加强对机械设备的保养，以确保施工供应能力。

2）混凝土原材料

A. 水泥

冬期施工使用普通硅酸盐水泥，以保证混凝土早期强度的发展速度满足模板及时拆除的需要，而基础底板以及其他季节施工时应选用矿渣硅酸盐水泥。因市场上水泥品牌多而杂，为确保工程质量，本工程主体混凝土选用在国内声誉较好、影响较大且企业内部管理较先进的水泥生产厂家：华新水泥厂和葛洲坝水泥厂，严禁使用来历不明、企业规模较小以及内部管理混乱的水泥厂家。根据我分公司中心试验室的试配结果，采用水泥的强度等级为32.5或42.5。

B. 砂

为满足商品混凝土的运输、现场泵送以及其他需要，采用细度模数为2.5～3.2、通过

0.315筛孔不少于15%具有良好颗粒级配的中砂。使用前必须严格检查砂的含泥量和泥块含量等指标，对有抗冻及抗渗要求的混凝土用砂的云母含量不得大于1.0%。

C. 石子

选用连续粒级的粒径为1~3cm的优质青石。对商品混凝土搅拌站而言，控制石子质量的关键在于如何有效控制石屑及泥块的含量。为此，必须定期用铲车清理石子仓库并去掉石屑。

D. 掺合料

在本工程中广泛使用的掺合料为粉煤灰。粉煤灰不仅能替代部分水泥从而节约工程成本，而且能使泵送混凝土的流动性显著增加，减少混凝土拌合物的泌水和干缩，大大改善混凝土的泵送性能；用在基础底板时，还能有效降低水化热。为便于施工，搅拌站应配备专用粉煤灰罐配料。

E. 外加剂

根据不同部位、季节及施工条件的需要，本工程选用的外加剂有：复合型高效减水剂、缓凝剂、抗冻剂、膨胀剂UEA或CAS等。复合高效减水剂的主要作用是有效减小水灰比，提高混凝土强度；另外，对混凝土还有流化作用，可改善混凝土的可泵性。缓凝剂是商品混凝土生产时必不可少的外加剂，在本工程中选用中建三局生产的HN-01缓凝剂，冬期施工可不添加。而膨胀剂UEA或CAS等为基础底板、地下室及水池的抗渗混凝土和后浇带膨胀混凝土的必需品，因为它能产生纵向体积膨胀以补偿混凝土的收缩。此外，在严寒的冬期施工时，还应根据具体情况掺加防冻剂。

3) 配合比

混凝土施工两个月以前通知商品混凝土搅拌站做好混凝土试拌工作，经调整后得出的施工配合比应报有关方会审后备用。混凝土配合比设计时除应满足设计要求的强度外，应根据各种不利因素随时调整施工配合比：如商品混凝土的运输距离较远、交通拥挤且天气炎热时可考虑延长初凝时间，而冬期施工又有要求混凝土早期强度发展较快的需要；而为了泵送，混凝土还必须具有良好的可泵性；为保证及时拆模，要求混凝土7d强度不得低于设计强度的75%等。混凝土的配合比设计由商品混凝土搅拌站负责提供，由两家以上的商品混凝土厂同时供应某一部位的混凝土时，必须同时采用完全相同的级配。

4) 混凝土生产

混凝土生产严格按照《预拌混凝土技术规程》GB 14902及《混凝土质量控制规范》GB 50164进行，混凝土生产前应全面检查原材质量及检校搅拌站的计量器具。水泥及外加剂均必须有原材出厂合格证及检验报告书，混凝土生产前应确认所有材料均符合现行规范及标准中的规定。除常规要求外，混凝土生产过程中必须注意的事项还有：

A. 在尽可能的情况下，所有外加剂均应使用水剂，以便采用电脑自动计量；

B. 混凝土搅拌时必须注意外加剂应与拌合水同时加入搅拌机内，而不宜先掺入水泥中或砂石中；

C. 减水剂与其他外加剂复合成溶液时如发生絮凝或沉淀现象时，应分别配制溶液和分别加入搅拌机内。

(3) 地下室及其以上各层混凝土的浇筑

1) 混凝土的运输及现场输送

商品混凝土采用混凝土搅拌车运送，运送时应协调好时间，送至现场的混凝土必须立即使用。因受工程所在地理位置限制，混凝土的运送工作有相当的难度。为此，必须在建设单位的协助下办理有关的交通审批手续，并在浇筑混凝土时启用江汉三路，此项工作如不做好则直接影响工程质量和进度。混凝土浇筑前，应根据工程量确定搅拌车数量，施工时搅拌车应间隔一定时间按序发出，以保证混凝土从出罐到现场开始输送的时间不超过混凝土初凝时间的二分之一。

运至现场的混凝土采用混凝土泵并结合混凝土布料机输送至浇筑地点。混凝土布料机是一种先进的混凝土运输设备，虽然使用它表面上看来一次性投入较大，但是使用混凝土布料机后将极大提高施工生产率，并能有效减少混凝土浇筑时对梁板钢筋的人为损坏，改善混凝土的浇筑质量。

混凝土泵管的设置原则是固定牢固（转弯处用预埋件焊接钢箍固定）、横平竖直、线路短凑以及接缝严密等。

2) 混凝土浇筑顺序

根据设计，各层梁板混凝土强度等级与柱墙不一致，前文已述。在设置好施工缝处隔断后，首先浇筑柱墙及其与梁板之间的施工缝以内的混凝土，此项工作由混凝土泵泵送与塔吊吊运同时进行，在完成大部分工程量后改由塔吊单独吊运，混凝土泵开始浇筑梁板混凝土。施工时应估计好浇筑速度，力争同时完成两部分混凝土的浇筑，这样可适当减少冷缝。

地下室混凝土的浇筑顺序：先一次性连续浇筑地下室外墙及水池侧墙的混凝土，再浇筑其他柱、墙及梁板混凝土。施工时严格组织操作，外墙上不得出现施工缝。

3) 混凝土的浇筑

混凝土运至现场后对其外观质量进行检验，合格后方能进行输送，为使此项工作落实到实处，在混凝土泵工作处安排专职管理人员值班，并与现场值班质检员及现场总值班保持联系。值班人员对质量有怀疑时，可立即通知有关人员核定后及时处理，以免造成不良后果。运至现场的混凝土应逐车检查质量，要求坍落度为16～22cm（根据输送高度情况确定具体值）。

地下室外墙及水池侧墙的混凝土因有抗渗要求，施工时必须一次性连续浇筑完毕。根据层高及泵送混凝土的具体特点，浇筑时分成两层进行，但振动器分层振捣的厚度仍不得大于50cm。需要说明的是，整个混凝土浇筑分成两层是从整体上来讲的，即将墙混凝土连续浇筑至约一半高度后过一段时间再来浇筑第二层混凝土，但实际上在连续浇筑其中一层混凝土的过程中，混凝土的振捣仍然是按每50cm为一个振捣层来进行的。

独立柱混凝土用混凝土泵送浇筑时，一次性连续浇筑的高度不宜超过2.5m，墙及其附墙柱不宜超过2.0m，但要注意不得在同一地点下料且应控制下料的速度，以便有足够的振捣时间。混凝土振捣仍按50cm分层，根据泵送混凝土速度快的特点，施工时应安排足够的混凝土工，以防因人力不足导致振捣时的分层过厚。

对输送至浇筑地点的为湿润混凝土泵管用的同级配砂浆不能直接浇入主要受力构件中，应使用铁板接住后分散到其他正常混凝土中并拌合均匀。

梁板混凝土浇筑时板面标高的控制是至关重要的一项工作，不能忽视。为此，在混凝土浇筑前必须认真检查楼板钢筋的标高，特别是梁柱交接处，在确保所有部位钢筋均未超过设计标高后才可开始浇筑混凝土。楼面混凝土找平采用专用的混凝土抹光机，找平用的标桩间距不得大于 2.0m。

在大到暴雨的天气里不宜浇筑混凝土；如遇突降大雨或不可避免在雨期施工时则应注意柱墙混凝土必须连续浇筑、不得间歇，以免柱内积水，造成混凝土发生断层。如果已经发生则应中断浇筑，待混凝土凝固后拆除模板，将被雨水冲刷变质的混凝土凿除后再行封模重新浇筑。下雨时，对尚未凝固的梁板混凝土必须及时用塑料薄膜覆盖，以免影响施工质量。

混凝土浇筑前应拟定好钢筋密集部位的浇筑方法，如留设门子口等，必要时还可在钢筋绑扎过程中组织混凝土工到现场熟悉密集钢筋的分布情况，以保证不出现"狗洞"。

对掺有防冻剂的混凝土，在混凝土运至浇筑处后应在 15min 内浇筑完毕。

混凝土浇筑完后，在楼面混凝土强度未到 $1.2N/mm^2$ 时，不得在楼面安装模板及支架，且在开始安装模板支架时必须轻拿轻放，不得抛掷材料，以免引起震动而使梁板混凝土产生裂缝。

对于混凝土强度等级不一致的柱墙与梁板之间的施工缝的留设问题，前文已经叙述，须经设计方确定。对此必须特别注意，不得想当然地将所有梁板的施工缝均留在跨中 1/3 处。

4）混凝土的养护

混凝土浇筑完毕后必须养护，楼面混凝土表面采用中建三局专利产品——无水养生液在楼面混凝土终凝之前涂刷以形成隔气层，从而避免产生表面裂缝，而在大风干燥的天气中还要适当加盖塑料薄膜。为保证养护效果，楼面混凝土必须抹光，养生液的涂刷必须及时、均匀，并能形成完整的隔离层。地下室外墙及水池侧墙因为有防渗要求，故应加强养护。具体方法是推迟拆模时间并适当浇水，其他部位，如柱、墙混凝土以自然养护为主，并尽量延缓拆模时间。在楼面放线完毕后，也可开始对楼面及柱墙适当浇水养护，以增强养护效果。

冬期施工时应加强对混凝土的保温，具体措施为：楼面覆盖一层塑料薄膜和一~二层麻袋或草袋，柱墙在混凝土强度达到 50% 以上再拆模。

（4）基础底板大体积混凝土施工

本工程基础混凝土工程有量大、面积大、底板厚度大以及基础与地下室柱墙的混凝土强度等级不一致等特点。如何在施工中采取有效措施以防止基础大体积混凝土出现裂缝从而保证基础的结构自防水性能，是本基础混凝土施工质量控制的重点。

（5）防止基础承台大体积混凝土开裂采取的技术措施

1）水泥：选用中热的矿 32.5 级水泥，发热量为 335kJ/kg，比普通 32.5 级水泥小 42kJ/kg。

2）掺适量粉煤灰，粉煤灰能替代部分水泥用量，有效降低水化热总量。每立方米混凝土可掺约 60kg 粉煤灰，具体配合比待混凝土试配后确定。

3）降低混凝土的入模温度：选择较适宜的气温浇筑混凝土，尽量避免炎热天气浇筑混凝土；如施工气温较高，可对原材料及搅拌车进行洒水降温，以降低混凝土入模温度。

4）掺加能有效降低水泥早期水化热的复合型减水剂；

5）掺入适量新型高效膨胀剂 UEA 或 CAS 等，使混凝土内产生补偿收缩应力，从而减少混凝土温度应力，膨胀剂的具体品种及级配待试验确定。

6）做好测温工作，以随时控制混凝土内部温度和表面温度差以及混凝土表面温度与环境温度差均不超过25℃为准,本工程中测温采取预埋测温管结合手持式遥感测温仪测温法。测温管平面布置图及剖面大样详见图3-26。采用电脑测温时,测温点按6~8m间距设置。测温工作在承台混凝土浇筑完毕后立即开始进行,直至温差稳定在25℃以下时止。测温每2h左右进行一次并做好记录。

7) 根据不同的施工季节采取不同的降温或保温措施以减小混凝土内外温差。在冬期宜采取保温蓄热措施,而在其他季节宜采取降温法。根据目前的工程进展情况,本工程基础底板在8月份浇筑,正值高温季节,采用一层加厚的双层塑料薄膜加两层麻袋覆盖的方法进行养护,并可视具体情况适当蓄水,养护的具体天数由测温结果确定。

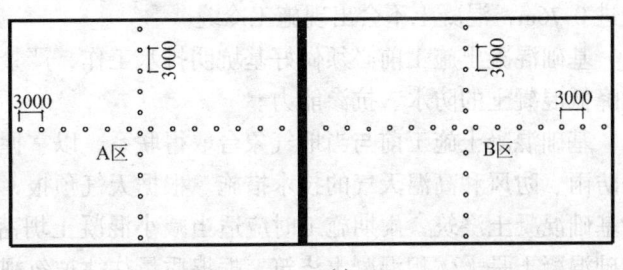

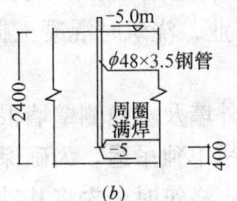

图3-26 测温管平面布置图及剖面大样图
(a)测温管平面布置图;(b)测温管剖面大样图

8) 充分利用混凝土的后期强度,尽可能减少单方水泥用量。

9) 尽量选用粒径大、级配良好的粗骨料,在满足泵送要求的前提下可采用2~4cm粒径的碎石。

10) 掺加缓凝剂及减水剂,改善和易性,降低水灰比,以达到减少水泥用量、降低水化热的目的。

11) 保证混凝土具有适当的和易性与坍落度以及在浇筑过程中不出现冷接缝,这是保证基础混凝土抗渗性能的必要条件。

(6) 基础混凝土的施工配合比设计

根据设计的强度等级、抗渗等级、商品混凝土的特点、混凝土的现场运送方式、气候情况、混凝土浇筑速度以及为防止基础混凝土因水化热引起裂缝而采取的技术措施等因素,基础混凝土的施工配合比在基础混凝土施工前两个月左右即开始试配。试配工作由参与施工的两家商品混凝土搅拌站共同完成,通过协调后采用完全一致的配合比,设计配合比报工程监理核准同意后方可用于施工。为防止基础底板混凝土浇筑时产生冷缝,底板混凝土初凝时间应不小于6~8h。根据工程施工图,基础底板混凝土浇筑时必须提供两种配合比:一种为基础的C35P8,另一种为地下室墙柱的C45P8。

(7) 混凝土浇筑

混凝土采用商品混凝土,浇筑前要根据混凝土的一次浇筑工程量确定混凝土供应单位的数量,此时应考虑到搅拌站故障等不可预见的因素而联系好替补供应单位。

本工程基础混凝土按A、B两个区分别集中浇筑,以后浇带为界。

根据两次混凝土浇筑的方量均约为3200m³,拟配置3台混凝土泵同时作业,浇筑时平行向后退行,采用大斜面一次性推进连续浇筑的方法。A、B区混凝土均考虑在50h内完成，则每小时完成混凝土量约60m³。按每台搅拌车1.5h运一趟，则浇筑时至少准备18台混凝土搅拌车。

基础混凝土的两次浇筑均必须一次性连续完成，不得留设施工缝且浇筑过程中不得出现施工冷缝。根据上文，准备每小时浇筑60m³，而浇筑面宽度按33m计算，则每小时约推进0.76m，混凝土不会出现施工冷缝。

基础混凝土施工前必须做好基坑明排水工作，严禁坑内积水而影响水泥正常硬化，以致降低混凝土的防水、抗渗能力。

基础混凝土施工前与当地气象台取得联系，以掌握中、短期天气预报，并据此提前做好防雨、防风和高温天气的技术措施。根据天气预报，有较长时间大到暴雨的天气不宜进行基础混凝土浇筑，雨期施工时应适当减小混凝土坍落度，并准备好遮雨布等防雨材料。基础混凝土是大体积混凝土浇筑，振捣质量往往被忽视，其实振捣质量实际上是保证混凝土抗渗性能的又一关键。施工时必须严禁漏振、欠振及超振。根据混凝土浇筑速度为60m³/h，至少需20台振动泵同时作业，浇筑时混凝土振捣分层厚度为50cm，不得随意加厚。

与基础底板一同浇筑的地下室外墙及水池侧壁墙根部吊模部位的混凝土因其设计强度等级与基础底板不一致，故采用塔吊单独吊运。为确保不出现施工冷缝，该处混凝土的初凝时间应比基础混凝土稍长。混凝土浇筑时，先将基础底板混凝土浇筑至离板面以下20~30cm处，待达到二分之一初凝时，再开始浇筑墙体吊模部位的混凝土。

（8）后浇带混凝土施工

本工程原设计中，要求两个月后方能封闭后浇带。后浇带混凝土应采用比原结构高一个强度等级的膨胀无收缩混凝土。膨胀混凝土的级配详见配合比设计。膨胀混凝土的施工应根据其性能进行，对坍落度大于15cm的填充用膨胀混凝土不得采用机械振捣，只能用人工振捣，施工时必须严格控制，以确保混凝土的质量。

为保证基础底板后浇带的施工质量，在底板后浇带中心地带的底面设置一个集水坑，尺寸为500mm×500mm×500mm。在垫层施工时，将底板后浇带沿其纵向抹成2‰坡度，以便在浇筑底板后浇带时抽干集水。为防止杂物落入底板后浇带内造成污染，采用木板将其满盖并做可靠固定。

在封闭底板及外墙后浇带混凝土前的后浇带处的防水以及后浇带混凝土的永久性防水问题上，设计院仅设计在底板后浇带下的垫层上涂刷二毡三油防水层。而根据本工程所处的地理位置，地下水位较高且底板底面低于承压水位900~2400mm等具体情况，为保证后浇带处的防水性能，后建议设计院修改设计。按后浇带支模节内容中插图进行施工。

（9）屋面混凝土施工

屋面混凝土因有防水要求，故必须采取有效措施控制混凝土裂缝及施工冷缝。为此，屋面层混凝土分两次施工，第一次施工柱墙混凝土至梁底处，然后单独浇筑梁板混凝土。这样可保证一次性连续浇筑，不出现施工缝。为改善防水性能，后将屋面修改为抗渗混凝土。屋面混凝土浇筑完毕后必须加强养护，以防止干裂现象发生。

### 3.1.7 地下室车库夹层施工

为缩短工期，在地下室结构施工完后再施工地下室车库夹层，虽然这样要多花一定量的人工进行材料及半成品的搬运，但鉴于建设单位对于工期要求的迫切性，所以多花些人工费而缩短十几天的工期是值得的。

预制空心楼板的搬运及安装是车库夹层施工的难点。施工时可在尺寸合适的±0.00层楼板的预留洞口上方挂设两台电动葫芦（按预制板的重量选用），用人工将预制板抬至洞口边后，即可用电动葫芦将预制板一块一块地吊放至地下室夹层上。吊运时必须捆牢预制板，防止在吊入过程中因翻转而使预制板反向受力。预制板在地下室可用人工安放。

预制板安装前，地垄墙的砂浆强度必须达到设计强度的50%以上。预制板应进行载荷试验检测，合格后方可使用。预制板安装完后即可施工板面40mm厚的现浇层。现浇层混凝土应连续浇筑，认真抹平，板内钢筋应平整，不得翘曲、拱起。

地垄墙按《砌体结构工程施工及验收规范》进行施工。

### 3.1.8 砌体填充墙工程施工

(1) 概况

本工程围护墙为粉煤灰加气混凝土砌块及GRC轻质内隔墙板。因七层以上为写字式商住楼，隔墙密集，故内围护的工程量较大。

(2) 施工安排

围护工程在分段主体结构验收通过后进行（本工程分为地下室、裙楼七层以下、主楼七~十六层以及十六层以上共4个阶段进行结构验收）。而裙楼在⑦~⑧轴范围以下的砌体，须在后浇带处的混凝土浇筑完并达到100%强度后进行。为便于成品保护，轻质隔墙宜在水、电、暖通初步安装完毕后再开始进行，以免安装时在轻质隔墙上开洞过多而损坏墙体。

(3) 材料

加气混凝土块：一般情况下，采用粉煤灰加气混凝土砌块，要求供应商定期出具出厂合格证明书，必要时对干密度等指标进行现场抽样检查，以保证达到设计和有关规范要求。对有严重缺棱掉角，表面平整度、几何尺寸误差较大的砌块严禁使用。

轻质内隔墙：协商确定，在此暂以GRC设计。GRC板由专业生产厂供应，为保证质量，GRC板内的纤维布应选用防腐性能较强的玻璃纤维，GRC板的强度、外观尺寸应符合有关标准的规定。

其他：构造柱、圈梁、压顶、过梁均采用细石混凝土，采用强度等级为32.5级的水泥。

(4) 加气混凝土砌块墙施工

1) 一般构造

构造柱：构造柱主筋上端弯成"L"形与预埋件焊接，下端直接与预埋的插筋搭接，搭接焊长度为双面5d。砌墙时在构造柱处留马牙槎，墙体砌筑完毕后再浇筑构造柱混凝土。构造柱模板采用木夹板，加固用预制钢筋卡子。构造柱混凝土浇筑时必须充分浇水湿润加气混凝土块，以饱和吃水深度达到10mm为宜。构造柱上端模板宜施工成斜坡口，以便混凝土浇筑时填满与梁板之间的缝隙。

圈梁：按设计要求施工，应设在门过梁处并与之重合。

过梁：除图纸特别说明外，其余按图集91EG323施工。

墙体顶部固定：顶部采用特制的小规格加气混凝土砌块或水泥砖采用立砖斜砌的方式砌筑，操作时必须逐块敲紧砌牢，砂浆填满密实，必要时应分两次填缝，即第一次填缝后，待其下沉凝固后再进行第二次填缝。

墙基防潮：在卫生间及开水房等潮湿房间周围的墙体的根部均应做至少180mm高吸水率相对较弱的砌体材料（如烧结普通砖），砌筑应采用1:2.5防水水泥砂浆砌筑，在弱吸水砌体与加气砌块之间也应做一道防水砂浆隔层。

2）施工工艺

砌体填充墙应交错搭砌，搭砌长度不小于砖长的1/3，水平灰缝宜为15mm，竖缝为20mm。砌筑时应找好标高后弹线砌筑，水平缝采用先铺砂浆法砌筑，竖缝采用挡板堵缝法填满，捣实刮平。边砌边将灰缝勾成深0.5~0.8mm的凹缝。

砌筑时应按设计要求埋设拉筋，设置拉筋处的水平灰缝的砂浆应适当加厚。浇筑混凝土构造柱及圈梁、压顶混凝土前应充分浇水湿润加气块。

砌筑外墙时应先在外墙面作控制灰饼以保证整个外墙面的全高垂直及平整度。灰饼竖向间距为每层一道，水平间距以3m为宜，可用10kg以上的重线坠用钢丝在无风天气里每五层吊一次线进行施工，做好后拉线检查复核。

另外，室内墙体放线定位时对各个房间必须严格找方，以避免影响地砖的观感质量。

(5) GRC轻质隔墙施工

GRC空心隔墙板是一种新型墙体材料，它以其质轻、安装方便而得到了一定程度的应用，但它本身也存在许多弱点。从施工角度上讲，它的最大弱点是极易产生板缝间通长的贯穿裂缝。

GRC轻质隔墙由专业生产厂家自行安装。大面积施工前试做样板墙，在样板墙经一段时间观察质量较正常后，开始大面积施工。

另外，分包单位提前报出一份完善的技术方案并采取一些防止裂缝的具体措施；否则，不允许施工。

GRC墙裂缝产生的原因是很多的，但其中有一个原因是施工工艺的问题。有些单位先将板大面积安装，完毕后再灌缝，此时必将造成灌缝很不密实，这是裂缝产生的主要原因之一。为此，施工时应像砌筑砌块一样，每安装一块即在已安装的那一块与及即将安装的与之相接的下一块板的接缝处满涂粘结材料，然后将两者挤压密实，以胶粘剂挤出板面为宜，固定牢后再挤压接缝处挤出的胶粘剂并刮去多余的部分。胶粘材料的性能也应有很强粘结性能和很低的干缩性。

GRC板上、下端与梁板的固定以及加强混凝土小柱的设立等构造要求必须按有关施工规程进行。一般来说，墙长超过6m时应在墙中部增设混凝土小柱并与两端的混凝土楼板或梁连接牢固，轻质隔墙的尽端处如不与混凝土墙及砌块墙体连接，则必须设立混凝土小柱。表面不需抹灰的轻质隔墙与混凝土或加气混凝土砌块的接缝处的处理也是一大难点和重点：对"T"形接头，宜先粉刷柱墙面砂浆层然后安装轻质隔墙，轻质隔墙与柱墙的接触处必须采用与两种墙体材料均有良好粘结力的聚合物水泥浆嵌填牢固，以将两者胶结在一起；而轻质隔墙与柱面或墙面成一条线时，也应先抹柱、墙表面砂浆层，但砂浆层收边处应在柱、墙与轻质隔墙接缝位置往柱墙方向50mm处，不得正好位于柱墙与轻质隔墙的接缝处，且砂浆的收边宜成坡口状。这样轻质隔墙施工时，就可用胶结材料延伸至砂浆层收边处并与之胶结，可有效减少裂缝的产生。

**3.1.9 外脚手架工程**

(1) 搭设方案的选择

本工程外脚手架共分三个阶段施工。

第一阶段：地上二层结构施工时，采用单排斜挑架作为周边梁底支撑并兼做外围施工安全屏障，单排斜挑架用长钢管与楼层内的满堂脚手架相连，以确保安全。单排斜挑架上离建筑物外边缘构件外侧面的距离为 30~40cm，该单排斜挑架在拆除梁底模板支撑时一同拆除。

第二阶段：地上二层框架至地上三层梁板浇筑完混凝土后立即开始搭设第二阶段外脚手架，第二阶段外脚手架在Ⓐ、①、⑭轴处采用外挑式双排钢管脚手架并在斜挑架上口用钢管与楼层上的预埋环相连接，以保证架子的稳定性，在Ⓕ轴处直接搁置在的±0.00楼板边缘处。第二阶段外双排钢管脚手架在Ⓐ、①及⑭轴3个方向仅搭至裙楼女儿墙顶止，而在Ⓕ轴一侧需搭至第三阶段外架开始搭设时止（在此暂按至9层楼面设计），如图3-27所示。

第三阶段：七层以上外架使用滑轨式提升外脚手架。

(2) 施工方法及质量要求

1) 第二阶段外架搭设的具体要求

严格按照外架搭设剖面图所示的方法设置连墙杆，连墙杆每一层设置一道，水平间距为6m，在整个墙面上按梅花状布置。连墙杆在楼层的预埋钢筋环内外两侧均用扣件扣牢，可防止外架向内及向外倾斜。为防止架体晃动，每层结构施工时可用钢管与内脚手架临时固定。

为保证斜挑架支撑的稳定性，在斜撑杆的下端处的混凝土梁表面凿出深约2cm的小坑，并将斜撑杆插入小坑中。

严格按照剖面图（图3-27）所示的顺序搭设大、小横杆、拉杆以及斜撑，大横杆设在立杆内侧，小横杆必须直接与立杆相连。

外挑式脚手架的立杆在斜挑架处采用双扣件连接。

施工电梯处外架的内排立杆及大横杆照常拉通，外排立杆及大横杆根据施工电梯的位置确定，但外侧大横杆必须与施工电梯范围以外的外双排脚手架的小横杆间用双扣件连接，以保证外架在施工电梯处的整体性。

2) 剪刀撑设置

沿外架外侧面两端和其间按小于或等于15m的中心距并自下而上连续设置；剪刀撑的斜杆与水平面的交角在45°~60°之间；

Ⓕ轴处的外架下端直接搁置在一层楼面上，其在二层楼面以下的部分采用双立杆，双立杆中的主立杆沿其竖向轴线搭设到顶，辅立杆与主立杆之间的中心距不得大于200mm，且主辅立杆必须与相交的全部平杆均进行可靠连接。①、Ⓐ、及⑬轴处斜挑架上端的双立杆也按此方法施工。

3) 搭设的质量要求

构架结构符合设计图及上文规定，个别部位的尺寸变化应在允许的调整范围内；

节点的连接可靠；其中，扣件的拧紧程度应控制在扭力矩达到 40~60N·m；

钢脚手架立杆垂直度应≤1/300，且应同时控制其最大垂直偏差值不大于75mm；

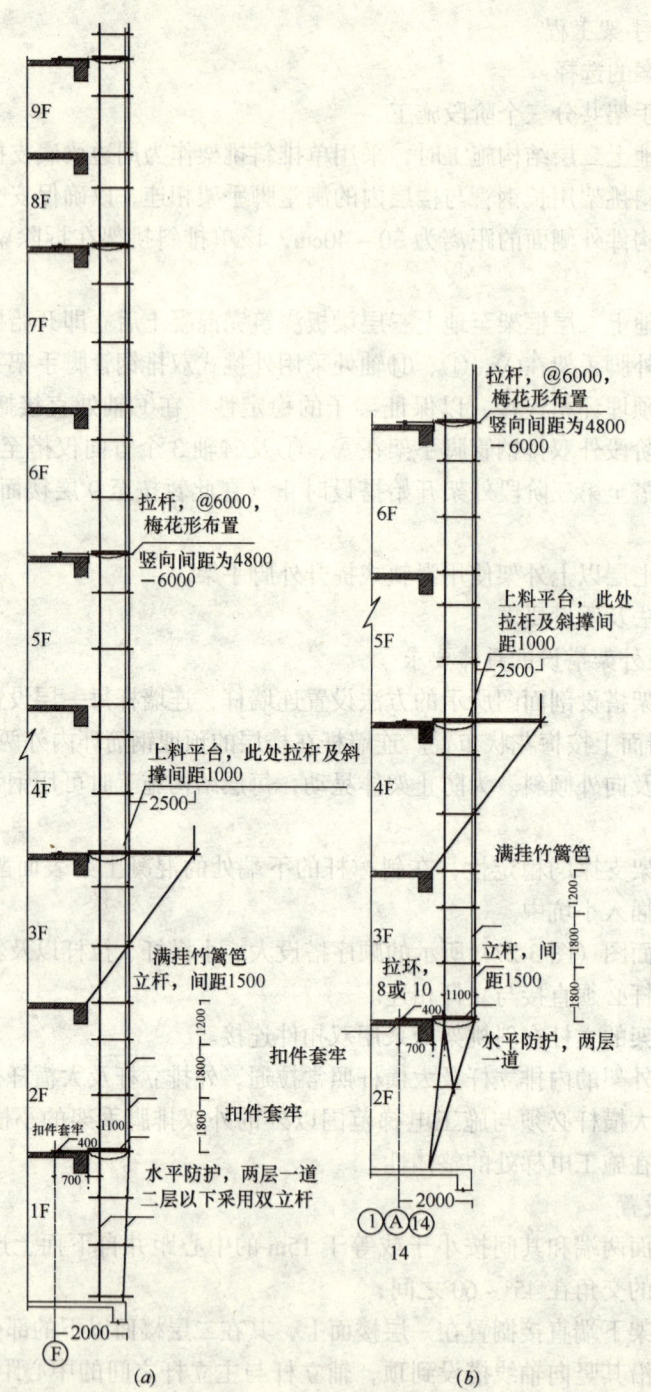

图 3-27 第二阶段外脚手架施工剖面图（单位：mm）

纵向钢水平钢管的水平度偏差应≤1/250，且全架长的水平偏差不大于50mm。

安全防护要求符合设计及有关规范规定。

4）脚手架的使用

在外架搭设过程中每施工完三层后立即进行一次验收，验收由工长先填写自检记录，工长自检合格后由项目技术负责人组织项目有关的安全技术人员（包括项目安全员及工长等）对外架进行复检，合格后才能对该阶段的外架发出准用证。外架验收的依据是外架设计方案及国家现行有关的标准和规范；

作业层实用的施工荷载（人员、材料和机具重量），在架体全高范围内不得超过 $4kN/m^2$；

在架板上堆放的标准砖不得多于单排立码 3 层；砂浆和容器总重不得大于 1.5kN；施工设备单重不得大于 1kN；

禁止拆除脚手架的基本构架杆件、整体性杆件、连接紧固杆件和连墙杆。

5）脚手架的拆除

连墙杆应在位于其上的全部可拆杆件都拆除后才能拆除；

在拆除过程中，凡已松开连接的杆配件均应及时运走，避免误扶和误靠已松脱连接的杆件；

拆除应沿整个大楼外围同步进行，不得将某一个方向或局部的外架先行拆除；

外架上安全防护措施详见安全措施有关内容进行；未尽事宜严格按照有关施工规范进行施工。

(3) 局部外架示意（图 3-28）

悬挑架的计算略。

**3.1.10 防水工程**

(1) 屋面防水

1）概况

本工程主、裙楼屋面防水设计为 2mm 厚改性沥青卷材加一道 40mm 厚的细石混凝土刚性防水层，共两道防水。室外楼梯、水箱间、楼梯间屋面为 25mm 厚水泥砂浆加 3% 防水剂二次粉刷，找平压光。

本工程裙楼屋面为多功能屋顶花园，上设有花园、草坪、各种休息平台等功能区，整个屋面被各个功能区分隔成蜿蜒曲折的迷宫式的走道。主楼屋面的中心区是普通平屋面，而四周设有大斜坡屋面。

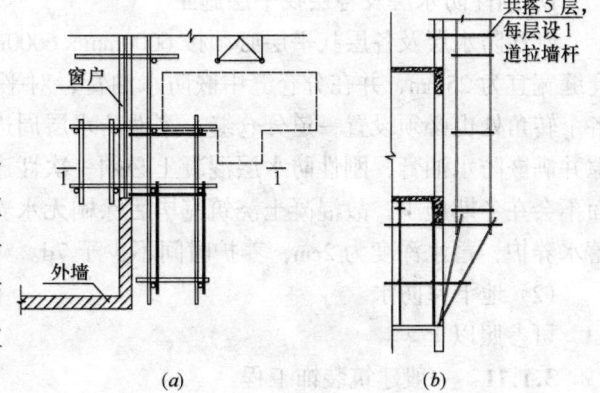

图 3-28 施工电梯处附加外架施工示意图
(a) A座施工电梯处附加外架平面图；(b) 1-1 剖面图
注：
①此架子搭设后虚线代表的电梯必须停止使用或用双限位将电梯限制运行于外架最底端以下至少两层楼；
②B座处参照此图施工

2）施工难点

裙楼屋面上绿化区范围内因雨水的排泄受阻，故此范围内防水必须加强处理，加之屋面在平面上被划分成众多的小块及曲折多变的长条，故排水组织又是一大难点。以上问题必须通过采取适当的技术措施或新型防水材料及防水工艺，并与设计单位共同协商解决。

3）施工方法

A．施工程序

裙楼整个屋面工程的施工顺序为：砌筑主楼在屋面层的周边围护墙→屋面底层找平收

光、主楼外围护墙根部粉刷收光→第一道防水层（改性沥青卷材）施工→保温层施工→第二道防水（刚性防水层）施工→施工屋面各种设施（绿化带等）。

对泛水构造的改进：屋面女儿墙以及主楼外围墙处泛水均不宜明设，应改由暗设。为此，在加气混凝土砌块墙上宜切割出凹槽，而对混凝土墙、柱，则应加厚其粉刷层，以便直接粉刷出凹槽。卷材在周边收头处应卷入上述凹槽中并粘贴紧密，面层可直接将外墙面砖贴至屋面刚性防水层面，并在接缝处嵌防水油膏，如图3-29所示。

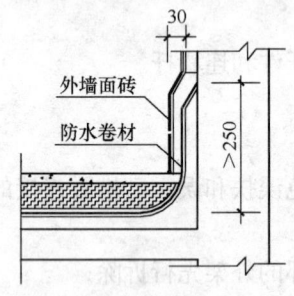

图3-29 屋面防水泛水构造
（单位：mm）

B. 保温层施工

因裙楼屋面上设有大面积绿化带及其他构筑物，故不宜采用现浇式保温层及其他温度变形较大的保温材料。如果采用块状保温材料，则应铺设成阶梯状后直接用刚性防水层找坡，不宜用现浇保温材料找坡，这样虽增加了刚性防水混凝土的工程量，但质量得到了进一步保证，保温材料的选用还应考虑到屋面构筑物的荷载问题。

C. 排水组织

施工前按设计意图做排水组织设计，并画出排水组织设计图。

D. 刚性防水层及各层找平层施工

刚性防水层及各层找平层必须按6000mm×6000mm的间距设置分仓缝，刚性防水层分仓缝宽宜为25mm，并在分仓缝中嵌防水油膏，对平面上呈"L"形或"T"形的屋面，在各个转角处也必须设置一道分仓缝。刚性防水层周边与柱墙接触处也应留设宽20mm的缝隙并满嵌防水油膏，刚性防水层混凝土必须一次性连续浇筑，严禁出现冷缝。因本工程屋面不会在冬期施工，故混凝土浇筑完毕后涂刷无水养护液养护。为确保万无一失，还进行蓄水养护，蓄水深度为2cm，养护时间不少于7d。

(2) 地下室防水

可参照以上。

### 3.1.11 一般建筑装饰工程

(1) 主要内容

根据设计，本工程一般建筑装饰工程包括室内一般抹灰工程及外墙贴面砖工程。

(2) 一般抹灰工程施工

一般抹灰工程须在全面检查砌体填充墙的质量并达到合格后方可进行，加气混凝土块砌体的抹灰要处理好两个问题：①加气混凝土块具有高吸水性，故如果对加气混凝土块表面处理不当，极易造成粉刷后的砂浆开裂、爆灰及粉化等现象，为此施工前必须多遍连续浇水湿润加气混凝土块，以饱和吸水深度达10mm以上为宜，然后立即开始抹灰。②因加气混凝土块与混凝土墙体的吸水率不一致，故两者交接处的粉刷层极易产生裂缝，特别是梁板与加气混凝土墙体交接处。为此，在所有加气混凝土墙与混凝土结构构件接触处必须钉设250mm宽钢板网，钢板网沿接缝呈对称布置。在加气混凝土砌块墙体处可用圆钉直接钉设钢板网，而在混凝土墙处可用$\phi$6.5钢钉用电锤钻眼后钉射，钢板网固定点间距小于300mm。钢板网网目的宽度不宜小于15mm，不宜大于20mm。钢板网应铺平，但不得紧贴混凝土及砖墙面，90°转角处钢板网必须严格弯成"L"形。抹灰时，对钢板网处必须用铁板用力挤压密实,确保砂浆穿过钢板网后与墙面粘结牢固。

采用清水混凝土的现浇楼盖底面抹灰施工时,先检查楼盖底面平整度及水平度是否达到要求;如未达到要求,则可用磨光机磨掉突出板面的棱角,然后清扫混凝土表面并用适量水清洗,再接着涂刷一道108胶,最后劈刮聚合物水泥浆并抹光。聚合物水泥浆可采用在普通水泥浆中掺水泥量10%~20%的108胶水搅拌而成。加气混凝土砌体与内轻质隔墙的接缝处的处理也是室内一般装饰工程的一个关键部位,施工按照前述有关内容进行。

一般抹灰工程施工前应检查由墙体围成的各个房间的方正情况,确保误差在允许范围内后再做粉刷灰饼;否则,应用粉刷厚度适当调整,使粉刷后的房间呈矩形(异形房间除外)。

(3) 外墙饰面砖工程

据设计,本工程外墙面砖采用的是100mm×100mm×10mm的劈离外墙砖,为确保工程质量达到省优,沿竖向上及横向上一般均不宜有非整砖,为此在砌筑外墙以前就应做好外墙面砖的排版设计。根据需要,在不影响建筑功能及外观效果的前提下将外窗的位置稍加移动,并可在征得各方同意的前提下稍稍修改窗洞的尺寸,以窗间墙的模数符合面砖的模数为宜。

外墙劈离砖因厚度大、密度大、单块重量大,故镶贴不宜采用传统工艺,施工时应采取防坠措施,并采用胶粘剂,以加大外墙砖与墙面的粘结度。防止面砖下坠及增加粘结度的有效办法就是在粘贴砂浆中添加早强剂和胶粘剂等外加剂,使砂浆具有速凝及强胶结功能,外加剂的选用由我公司选定好品种及厂家后再由各方共同确定;另外,为防止面砖下坠还必须增加人工用量,精心作业,降慢施工速度,由此产生的工效降低将达到常规施工时的30%以上。总之,为保证面砖的质量必须采取许多技术措施。

外墙面砖在所有阳角处均采用"八"字形接口,面砖磨出的坡边必须顺直,镶贴时阳角接口必须均匀,镶贴完后对此接口处采用同色的优质水泥浆擦缝。

## 3.2 安装工程施工方法

### 3.2.1 给水排水工程

(1) 给水排水工程简介

本工程的给水排水工程主要包括给水系统和排水系统和消火栓系统。生活给水系统分高、低两区。其中地下一层至九层由低区GPT变频给水设备供水,十层至二十八层由水泵-水箱联合供水。

(2) 主要的施工方法

1) 预留预埋

预留预埋主要包括穿墙、梁钢套管,卫生洁具排水预留洞,管道穿楼板孔洞,设备基础预留孔洞及预埋件等。预留预埋准确与否对整个安装工程至关重要,它将直接影响给水排水安装的顺利进行。

A. 施工准备期间,专业工长认真熟悉施工图纸,找出所有预埋预留点,并统一编号;同时与其他专业沟通,以避免今后安装有冲突、交叉现象,减少不必要的返工。

B. 严格按标准图集(S235)加工制作穿墙套管,套管高出地面50mm。

C. 套管安装

a. 刚性套管安装：主体结构钢筋绑扎好后，按照给排水施工图标高几何尺寸找准位置，然后将套管置于钢筋中，焊接在钢筋网中；如果需气割钢筋安装的，安装后必须用加强筋加固，并做好套管的防堵工作。

b. 穿楼板孔洞预留：预留孔洞根据尺寸做好木盒子或钢套管，确定位置后预埋，待混凝土浇筑后取出即可。

2) 管材的选用及连接

根据设计图纸要求，管材及连接方式如表 3-2 所示。

管材及连接方式　　　　　　　　　表 3-2

| 序 号 | 管道名称 | 管材选择 | 连接方式 |
| --- | --- | --- | --- |
| 1 | 室内给水管 | 铝塑复合管 | 专用连接 |
| 2 | 排水管 | 华亚 PVC 管 | 承插胶接 |
| 3 | 消火栓给水管 | 热镀锌钢管 | $DN \leqslant 100mm$ 时螺纹连接；其余焊接，闸阀处法兰连接 |

3) 管道安装工艺流程

A. 给水管道安装工艺流程（图 3-30）

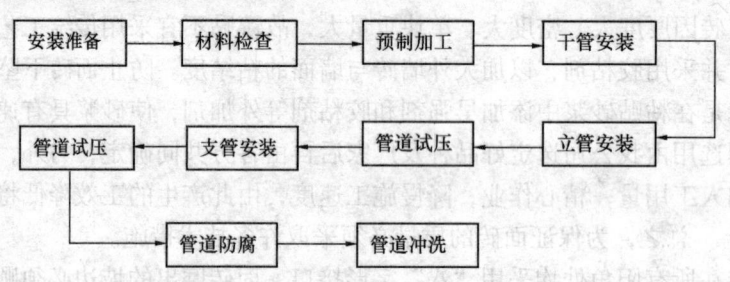

图 3-30　给水管道安装工艺流程图

B. 排水管道安装工艺流程（图 3-31）

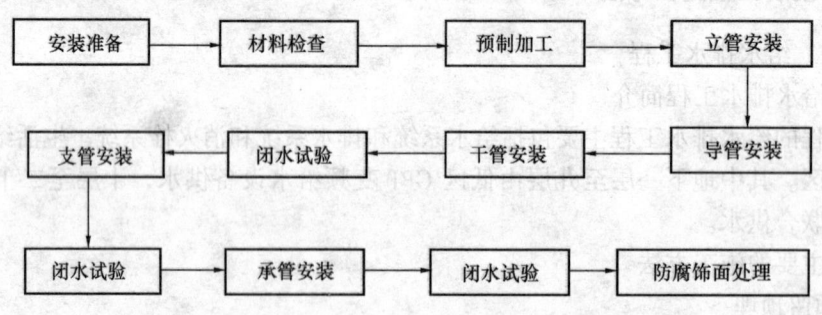

图 3-31　排水管道安装工艺流程图

a. 排水立管中心与墙面的距离（表 3-3）

排水管中心距墙面距离　　　　　　　　　表 3-3

| 管径（mm） | 50 | 75 | 100 | 125 | 150 | 200 |
| --- | --- | --- | --- | --- | --- | --- |
| 距离（mm） | 60 | 80 | 90 | 100 | 120 | 130 |

b. 严格按设计和规范要求做好排水管道的坡度，以保证污水畅通排出。

4）管道的丝扣连接

丝扣连接工艺流程及注意事项如图3-32所示。

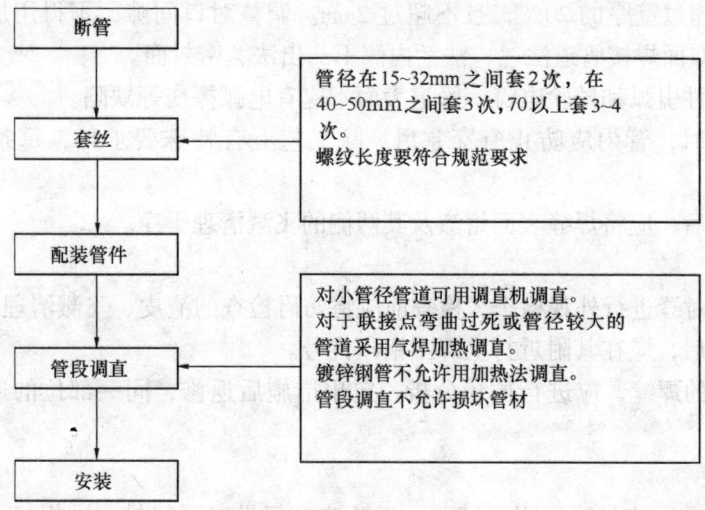

图3-32 丝扣连接工艺流程图

5）PVC管的连接

A.管材或管件在粘合前，将承口内侧和插口外侧擦拭干净，无尘砂与水迹；当表面沾有油污时，采用清洁剂擦净。

B.管材根据管件实测承口深度在管端表面画出插入深度标记。

C.胶粘剂涂刷先涂管件承口内侧，后涂管件插口外侧。插口涂刷为管端至插入深度标记范围内。胶粘剂涂刷应迅速、均匀、适量，不得漏涂。

D.承插口涂刷胶粘剂后，即找正方向将管子插入承口，施压使管端插入至预先画出的插入深度标记处。擦净挤出的胶粘剂，静置至接口固化。

E.立管穿越楼层处伸缩节设置于水流汇合管件之下。

6）管道的焊接

A.焊前准备

a.工程中所使用的母材及焊接材料，使用前必须进行查核，确认实物与合格证件相符合方可使用。

b.焊条必须存放在干燥、通风良好的地方，严防受潮变质。

c.管道对接焊口的中心线距管子弯曲起点不应小于管子外径，且不小于100mm，与支吊架边缘的距离不应小于50mm。管道两相邻对接焊口中心线间的距离应符合下列要求：公称直径大于或等于150mm时，不应小于管子外径；公称直径大于150mm时，不应小于150mm。

d.焊件的切割口及坡口加工宜采用机械方法，坡口形式采用V形。

e.焊前应将坡口表面及坡口边缘内侧不小于10mm范围内的油、漆、垢、锈、毛刺及镀锌层等清除干净，并不得有裂纹、夹层等缺陷。

f.管子或管件的对口，应做到内壁平齐，内壁错量要求不应超过管壁厚度的10%，且不大于1mm。

B. 焊接工艺

a. 焊件组对时,点固焊选用的焊接材料及工艺措施应与正式焊接要求相同,管子对口的错口偏差不超过壁厚的20%,且不超过2mm。调整对口间隙,不得用加热张拉和扭曲管道的办法,双面焊接管道法兰,法兰内侧不凸出法兰密封面。

b. 不得在焊件引弧和试验电流,管道表面不应有电弧擦伤等缺陷。

c. 管道焊接时,管内应防止有穿堂风。除工艺上有特殊要求外,每条焊缝应一次焊完。

d. 焊接完毕后,应将焊缝表面熔渣及其两侧的飞溅清理干净。

C. 焊后检查

a. 焊后必须对缝进行外观检查,检查前应将妨碍检查的渣皮、飞溅清理干净。

b. 焊缝焊完后,应在其附近打上焊工钢印代号。

c. 对不合格的焊缝,应进行质量分析,定出措施后返修,同一部位的返修次数不应超过3次。

7) 阀门安装

A. 阀门安装前,应做耐压强度试验。试验应在每批(同牌号、同规格、同型号)数量中抽查10%;如有漏裂不合格的,应再抽查20%;如仍有不合格的,则须逐个试验。强度和严密性试验压力应为阀门出厂规定的压力,并做好阀门试验记录。

B. 阀门安装时,应仔细核对阀件的型号与规格是否符合设计要求。阀体上标示箭头,应与介质流动方向一致。

C. 阀门安装位置应符合设计要求,便于操作。

8) 管道试压吹洗

管道试压按系统分段进行,既要满足规范要求,又要考虑管材和阀件因高程静压增加的承受能力。水压强度试验的测试点设在管网的最低点。对管网注水时,应先将管网内的空气排净,并缓缓升压;达到试验压力后,稳压30min,目测管网,应无泄漏和变形,且压力降幅不应大于0.05MPa。

### 3.2.2 电气安装工程

(1) 电气工程简介

本工程的电气安装工程主要包括照明系统、动力系统。其供电电源由邻近的附设变配电所引来,供电电压为380/220V,本工程地下室为平战结合的6级人防地下室,平战时均设有正常和应急照明,应急照明由疏散照明、安全照明和备用照明组成。

(2) 施工程序(图3-33)

(3) 主要施工方法

1) 线缆选择及线路敷设

A. 照明、电力电源进线采用 YJV-1kV 交联电缆穿钢管埋地敷设,引入地下室后沿顶板用水平托盘桥架敷设,在电气竖井内用梯级桥架敷设,照明垂直干线采用 YFD-YJV-1kV 预制分支电缆。

B. 照明、电力支线采用 BV-500V 铜芯导线穿 PVC 阻燃硬塑管,沿现浇板顶板、地板或墙体内暗敷,在有吊顶处穿 SC 钢管敷设于吊顶内,BV-500V-1.5(2.5)mm$^2$ 导线穿 PVC 管选用管径为:2~3根 $\phi16$,4~6根 $\phi20$,7~8根 $\phi25$。

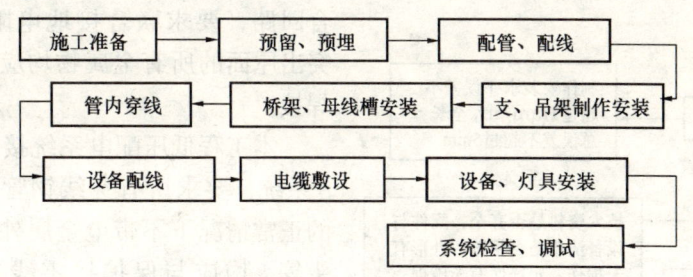

图 3-33 电气工程施工程序图

2) 预留预埋

A. 电气配管

所有配管工程必须以设计图纸为依据，严格按图施工不得随意改变管材材质、设计走向、连接位置；如果需改变位置走向，应办理有关变更手续。

暗配管应沿最近的路线敷设，尽量减少弯头数量，埋入墙或地面混凝土的管外壁离结构表面间距不小于30mm。管路超过一定长度时，管路中应加装接线盒。加装接线盒的位置应便于穿线和检修，不宜在潮湿、有腐蚀性介质的场所。

钢管的敷设一律采用套丝管箍连接，要求钢管经扫管后进行管头套丝，套丝长度以用管箍连接好后螺纹外露2~3扣为宜，套丝完成后应检查是否光滑、平整，一般需对管口作二次切削处理，以便保持光滑、平整，不损伤管内导线。钢管套管应拧牢，防止松动、脱落。紧固完成后，装好接地边线，接地线采用镀锌专用接地线卡。禁止使用钢筋焊接地线，钢管入盒处制作灯头弯，以便接线盒能紧贴模板表面，全部采用套丝并用锁紧螺母固定牢固，装设好镀锌接地线卡。暗配管安装完成后，至少每1.5m固定一道，以防混凝土浇捣时管子松动、移位。

钢管进入配电箱时，应使用配电箱的敲落孔，并使用锁紧螺母固定牢靠，连接牢固后管螺纹宜外露2~3扣。明配钢管应排列整齐，固定点间距均匀，与终端、转弯点、电气器具或接线盒、箱边缘的距离一般为200mm左右。

钢管在与各类动力设备连接时，应将钢管敷设到设备内；如不能直接进入设备，干燥房间在钢管出口处用金属软管引入设备，并将管口包扎严密。金属软管与钢管之间安装镀锌跨接接地线；在室外或潮湿房间内，管口加装防水弯头，由防水弯引出的导线套软管保护，制成防水弧度后可引入设备；同时，对各连接处做好密封处理，弯出地面的管口不小于200mm。

暗配管要求采取防堵措施，钢管一般采用堵头或加管护口，PVC管可以在预埋后，用电吹风烤热后，用钳子夹成扁平状。

B. 箱盒预埋

箱盒预埋可以采用做木模的方法，具体做法：在模板上先固定木模块，然后将箱、盒扣在木模块上，拆模后预埋的箱盒整齐美观，不会发生偏移。

3) 防雷接地

本工程避雷带采用φ10镀锌圆钢沿屋顶女儿墙明敷，并形成不大于20m×20m的避雷网；引下线得用建筑物结构柱或剪力墙外侧两根主盘，其上端与避雷带焊接，下端连接基础钢筋及桩基内主筋；接地装置得用桩基内的主筋及基础梁底部水平方向的主筋连成一闭合回路，要求联合接地电阻不大于10Ω，突出屋面的所有金属物均应与避雷带就近焊接。

本工程低压配电系统接地型式为TN－S系统，要求所有穿线钢管及用配电设备的正常情况下不带电金属外壳插座接地触头等，均应与保护接零线（PE）可靠连接。

4）盘柜安装

盘柜安装施工工艺流程如图3-34所示。

5）母线敷设

A．母线之间间距应保持一致，最大误差不得超5mm，校正母线的工具须用木质榔头，并在木工作台上进行。

B．切断母线禁止采用气割方法，母线的焊接应采用氩弧焊。

C．母线敷设用瓷瓶支撑，水平敷设用

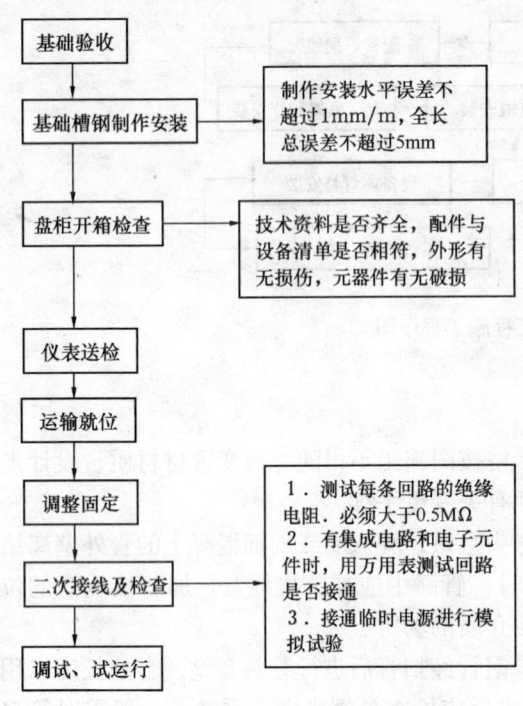

图3-34 盘柜安装施工工艺流程图

卡板固定，垂直敷设用夹板固定，线与设备不得强制连接，接触面处涂电力复合导电膏处理，连接用的紧固件必须用镀锌螺栓加平垫圈和弹簧垫圈。

6）线槽安装

A．施工程序（图3-35）

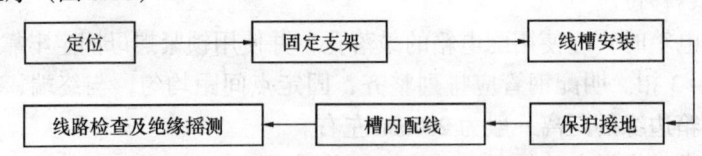

图3-35 线槽安装施工程序示意图

B．桥架及线槽跨过伸缩、沉降缝时，应设伸缩节，且伸缩灵活。

C．桥架弯曲半径由最大电缆的外径决定，桥架各段要连为一体，头尾与接地系统可靠连接。

7）配管接线

A．施工程序（图3-36）

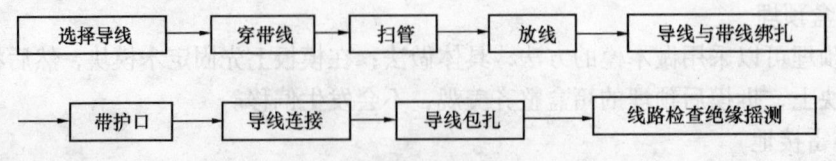

图3-36 配管接线施工程序图

B．施工中注意不同相线和一、二次线采用不同线色加以区分，必要时加以标识。管口处加护口，防止电线损伤。导线不得直接露于空气中，截面为 2.5mm² 及以下的多股铜芯线应先拧紧烫锡或压接端子后，再与设备、器具的端子连接；当设计无特殊规定时，导线采用焊接压板压接或套管连接。

8）电缆敷设

A. 电缆敷设前应对电缆进行详细检查，规格、型号、截面电压等级均要符合设计要求，外观无扭曲、坏损现象，并进行绝缘摇测或耐压试验。

B. 电缆盘选择时，应考虑实际长度是否与敷设长度相符，并绘制电缆排列图，减少电缆交叉。

C. 敷设电缆时，按先大后小、先长后短的原则进行，排列在底层的先敷设。

D. 标志牌规格应一致，并有防腐性能。

9）灯具、开关箱等低压电器安装

A. 对安装有妨碍的模板、脚手架必须拆除，墙面、门窗等装饰工作完成后，方可插入施工。

B. 灯具及开关箱等一些设施的安装须格外注意观感质量，标高位置要正确、可靠。

(4) 质量保证措施

1）标准层的电气安装工程，或同规格型号的电气装置，如箱、柜、盒及灯具、开关、插座等的安装，宜采用样板法施工的方法，使其接线、布线、排列和固定整齐化、标准化。

2）电气预留、预埋采用埋套管、做木模具或经试验证明是成功的新工艺预留孔洞。

3）暗配电管严格按图纸及相关规范，在土建浇筑混凝土前施工，并清扫管内尘埃、杂物和湿气。穿线前，清除管口毛刺，在管中穿入引线。导线出管口后应留有足够的余量，管内导线严禁有接头。

4）接地系统（防雷接地和保护接地）应和建筑主体结构、装修或设备安装同步施工，派专人与之密切配合，施工中严格按图纸及说明，并按国标图集进行操作。

5）所有材料必须经过检验合格后才能使用，必须具备产品合格证、质量保证书、产品生产许可证，生产厂家还必须是经过考核的分承包方。严禁使用不合格品，设备进货要与业主同时进行开箱检查验收工作，并做检查记录。

6）按时填写各种施工记录，并与施工进度同步进行，不可做回忆录，确保填写及时、内容完整、规范，数据真实、准确。

7）分部分项工程按工序进行检查验收。由施工技术人员进行分项、分部工程质量预检，填写分项、分部质量检验评定表，由项目负责人组织评定、质监部门核定质量等级。

8）编制具体的质量计划并层层下达，开展全面质量管理体制工作，实行全过程、全员、全企业的质量管理，开展 QC 小组活动，严格把好质量关，明确施工项目的质量目标。

### 3.2.3 通风工程

(1) 工艺流程（图 3-37）

(2) 主要施工方法

根据主体结构施工进度和现场具体情况，选定风管及零部件加工制作场地，考虑材料进场堆放和风管搬运方便。

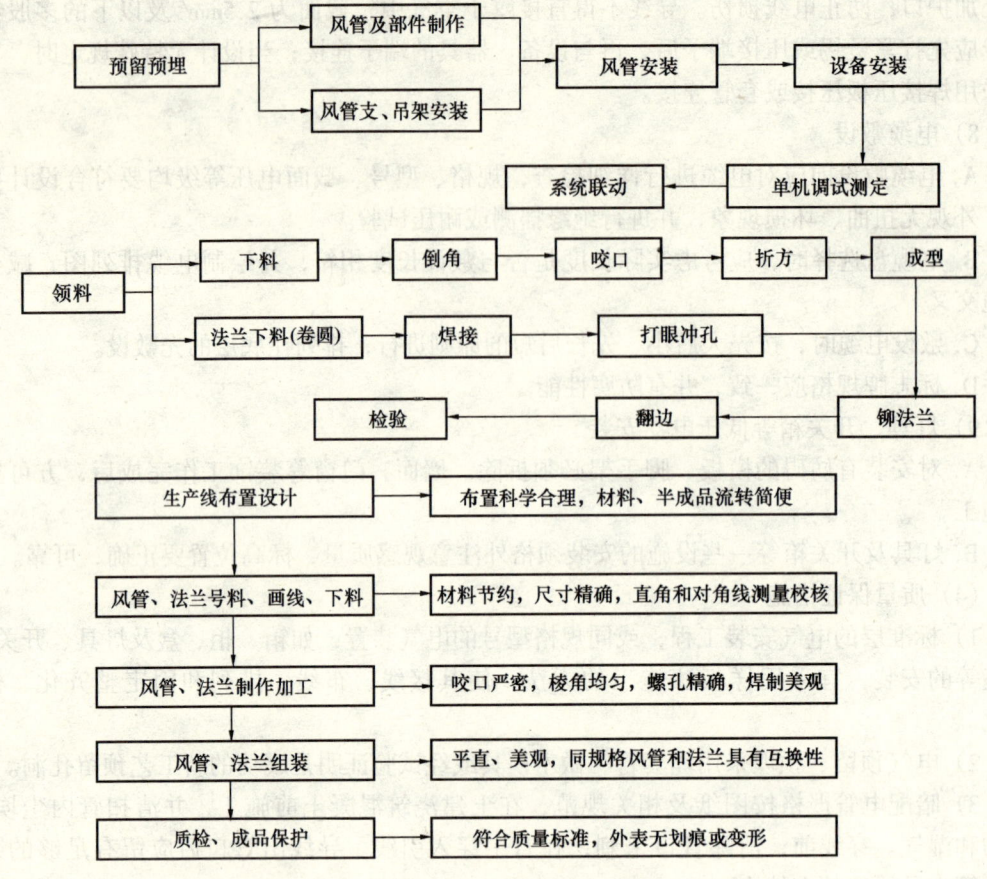

图 3-37 通风工程工艺流程图

根据设计图纸与现场对照测量情况绘制通风系统分解图，按施工进度制定风管及零部件加工制作计划，编制明细表和制作清单交制作车间实施。

风管支、吊架安装如下：

A. 风管支、吊架的选型参照标准图集 T616，支、吊架的安装位置要正确，做到牢固可靠，支、吊架的间距按规范执行，风管水平安装，直径或长边尺寸小于 400mm，间距不应大于 4m，大于或等于 400mm，不应大于 3m。支、吊架位置按风管中心线确定，其标高要符合风管安装的标高要求，支、吊架位置不得错开在系统风口、风阀、栓视门和测定孔等部位。

B. 定位、测量和制作加工指定专人负责，既要符合规范标准的要求，并与水电管支、吊架协调配合，互不妨碍。

# 4 质量、安全、环保技术管理措施

## 4.1 质量管理措施

（1）积极开展质量管理（QC）小组的活动，工人、技术人员、项目领导"三结合"，针对技术质量关键组织攻关，并积极做好 QC 成果的推广应用工作。

（2）制定各分部分项工程的质量控制程序，建立信息反馈系统，定期开展质量统计分析，掌握质量动态，全面控制各分项工程质量状况，及时提出纠正和预防措施。

（3）各分项工程质量管理严格执行"三检制"（即自检、互检和交接检），隐蔽工程做好隐检、预检记录，质检员做好复检工作，并请业主、监理、市质检站代表验收。

（4）认真做好技术交底工作，严格按图施工，遇有疑难问题和甲方、监理、设计单位协商解决。

（5）各种不同类型、不同型号的材料按照保存要求分别堆放整齐，并进行标识，防止发生变质、污染、损坏或混用。

（6）专业技术工人都要经考试合格，取得上岗证才能进行作业。

（7）加强成品、半成品保护工作，防止交叉污染或损坏。

（8）工程在交付使用后加强工程回访，认真听取业主对工程质量的意见，并做好工程的保修工作。

### 4.2 工程质量管理制度

（1）技术交底制度：针对特殊工序编制有针对性的作业指导书。每个工种、每道工序施工前组织进行各级技术交底，各级交底以书面进行。

（2）材料进场检验制度：本工程所使用的各种原材料均要求有出厂合格证，并根据国家规范要求分批量进行抽检，抽检合格的材料才能用于工程施工。

（3）施工挂牌制度：主要工种如钢筋、混凝土、模板、砌筑、抹灰等，施工过程中在现场实行挂牌制，注明管理者、操作者、施工日期，并做相应的图文记录，作为重要的施工档案保存。

（4）过程三检制度：坚持"三检"制度，并要做好文字记录。

（5）质量否决制度：不合格分项、分部工程都要进行返工。出现不合格工程时，要采取必要的纠正和预防措施，并报监理和业主审批。

（6）成品保护制度：要像重视工序的操作一样重视成品的保护。项目管理人员在施工中合理安排施工工序，并做好记录。

（7）质量义件记录制度：质量记录是质量责任追溯的依据，要确保真实、力求详尽，并妥善保存。属于工程技术资料的质量记录，将在工程完工后按照档案管理规定移交给业主及档案馆。

（8）竣工服务承诺制度：工程竣工后，在建筑物醒目位置镶嵌标牌，注明建设单位、设计单位、施工单位、监理单位以及开工、竣工的日期。主动做好用户回访工作，按规定实行工程保修服务。

（9）培训上岗制度：从事本工程项目施工的工程技术人员、专业管理人员和操作工人都要经过专业的工作技能培训，并持证上岗。

（10）工程质量事故报告及调查制度：工程发生质量事故，马上向当地质量监督机构和建设行政主管部门报告，并做好事故现场抢险及保护工作。

#### 4.2.1 工程质量保证措施

（1）工程质量控制原则

坚持"预防为主"的指导思想，严格实施工程质量预控，针对在建筑安装工程中常见的质量通病，有目的地采取各项有效措施，将质量隐患消灭在萌芽状态。

坚持项目经理是工程质量第一责任人的做法，项目经理必须充分、有效地调动项目的各项资源，确保工程质量达到预期目标。

坚持实施质量一票否决权制度；当工期、进度与工程质量发生矛盾时，工程质量具有优先权。

(2) 工程质量保证措施

1) 开工前，项目经理组织有关人员针对工程特点，严格按标准要求制定质量保证计划，并将有关的工程质量管理职责分解落实到责任部门和具体人员，在工程施工过程中认真实施。

2) 做好工程技术交底。在组织施工前，项目总工程师应对各专业施工员、质量检查员进行技术交底工作；各专业施工员应针对所施工工程的具体情况，组织施工班组进行技术交底。交底主要内容为：应达到的质量标准、施工工艺操作要点（特殊施工工艺必须有详细的施工方案）。

3) 加强计量检测和试验检验工作，对进场的各类原材料均应按规范的要求进行试验和检验，严格控制进场原材料的质量。施工过程中所使用的各类测量设备（计量器具）均应按照国家计量法规的规定送地方计量检定部门进行检定，检定合格的测量设备（计量器具）方可在工程施工中使用。

4) 强化质量管理职能，严格工序控制，坚持"三检制"，上道工序达不到质量要求的不得进行下道工序施工。项目的每一个分项、分部工程完成后均应由质量检查员或质量管理部门检查验收并核定质量等级。加强工程项目的隐蔽验收工作，坚持甲、乙双方及监理单位、质量监督部门的签字手续，并以此作为工程交工的技术资料。

5) 建立定期质量检查制度和质量例会制度，项目经理、项目技术负责人、水电安装负责人必须参加每周工程例会。项目内部项目经理每周应组织所有管理人员和作业队负责人对工程质量进行一次全面检查，并召开质量分析会，分析本周所存在的质量问题，制定整改措施。

6) 积极开展全面质量管理，开展QC小组活动，针对本工程的施工技术难点，组建相关的QC小组，开展质量攻关活动，以此来促进工程质量的不断提高。

7) 积极开展消除质量通病的活动，在本工程的混凝土浇筑、屋面防水、厨房、卫生间防水等对结构安全和使用功能有重大影响的工程施工过程中，预先制定详细的操作方法，指定专人负责施工，定时抽查，确保一次成优。

8) 及时准确地收集各项工程质量原始资料，并做好整理归档工作，作为整个工程的交工技术资料。各类资料的收集、整理，应与工程施工进度同步。

(3) 加强施工各阶段的质量控制

在工程施工各阶段，加强质量预控，制定各分部、分项工程的质量控制程序，建立质量信息反馈系统，定期开展质量统计分析，掌握质量动态，全面控制各分部、分项工程的质量。

1) 施工准备阶段的质量控制

A. 建立项目质量保证体系和质量管理体系，编制项目质量保证计划，制定施工现场的各种质量管理制度，完善项目计量及质量检测技术和手段。

B. 对材料供应商进行评估和审核，建立合格的供应商名册，选择长期合作且信誉可靠的供应商。严格控制工程所使用原材料的质量，根据本工程所使用原材料情况编制材料检验计划，并按计划对工程项目施工所需的原材料、半成品、构配件进行质量检查和控制，确保用于工程施工的材料质量符合规范和设计要求。

C. 进行工程的技术交底、图纸会审等工作，并根据本工程特点优化施工方案，科学、合理地安排施工程序，确定施工流程、工艺和方法。对关键工序、特殊工序，如钢筋焊接工程、卫生间渗漏工程、屋面防水工程等，均制定专门的技术措施和控制办法。

D. 对在本工程中采用的新技术、新工艺和新材料进行审核，确认其适用范围。对于在工程中将要使用的混凝土、砂浆配合比，由具有相应资质的试验室提前做好配合比的试配工作。

E. 对现场的测量标注、建筑物的定位线以及高程水准点进行复核确认。

F. 加强施工人员的培训，使现场管理人员和操作工人的专业技能符合本工程施工的需要。

G. 科学、合理地配备施工机械，搞好设备的维护和保养，使机械设备处于良好的工作状态，保证工程质量和工程施工进度。

H. 采用质量预控法，对工程质量进行控制，达到"预防为主"的目的。

2）施工过程阶段的质量控制

施工过程质量控制是指在施工操作中进行的质量控制，这是建筑产品质量形成的重要阶段，也是工程质量控制的关键。

A. 加强施工工艺管理，保证工艺过程的先进、合理和相对稳定，抓住影响工程质量的关键问题进行处理和解决，以减少和预防质量事故和质量通病的发生。

B. 坚持质量检查与验收制度，在施工中严格执行"三检制"，不合格的产品不得进入下道工序施工。对于质量容易波动、容易产生质量通病或对工程质量影响较大的工序和环节，要加强预控、中间检查和技术复核工作，以保证工程质量。

C. 对于隐蔽工程做好隐蔽、验收工作，并有详细的记录，除了由项目质检员检查外，还应由业主、监理和质量监督站人员共同检查验收，并签字确认。

D. 实行目标管埋，进行目标分解，按单位工程、分部工程、分项工程，把责任落实到相应的部门和人员。除局质量监督部门和项目技术负责人外，现场另安排专职质检员跟班作业，对工程的施工质量进行全过程监督检查。

E. 做好各工序的成品保护，下道工序的操作者就是上道工序的成品的保护者，后续工序不得以任何借口损坏前一道工序的产品。

F. 对于施工中发生的异常情况，均应有相应的措施加以解决；必要时，项目经理应下令停工，进行整改。

3）施工结束阶段的质量控制

施工结束阶段的质量控制主要是对已完成的工程质量进行专业检查验收，并提出不断改进质量的措施。

A. 对工程施工结果进行检查，及时进行质量信息的反馈；对存在的不足之处，及时制定改进措施，进行整改。

B. 根据工程施工情况，绘制质量控制图表，开展工程质量统计分析工作。

C. 按国家工程质量验评标准的规定进行工程质量的检查验收和质量等级评定(核定)。

D. 整理本工程的所有工程技术、质量资料，并编目建档，在工程竣工后作为工程档案移交业主。

**4.2.2 保证工程质量的主要技术组织措施**

(1) 钢筋工程保证质量的技术组织措施

1) 进入施工现场的钢筋都要有出厂证明书或试验报告单，使用前由材料员和质检员按照规范标准分批抽样复检进行验收，合格后再加工使用。

2) 钢筋焊接操作人员应具有焊工培训合格证书，成批钢筋焊接前应先进行试焊，经试验合格后方可正式焊接。

3) 焊接设备应完好，在对焊机、电渣压力焊机的配电箱内安装电压表，每次焊接前首先检查电压；当电压超过规范允许的范围时，不得进行焊接作业。

4) 钢筋的接头按设计要求和规范标准进行焊接或搭接，钢筋焊接的质量符合《钢筋焊接及验收规程》规定。

5) 钢筋代换应严格遵守规定，根据不同情况采用等强度代换、等截面代换和等间距代换。

6) 钢筋的规格、数量、品种、型号均要符合图纸要求，钢筋绑扎时，要注意弯钩朝向，箍筋的接头位置应错开，扎扣要紧，不能有漏扎现象，且绑扎成形的钢筋骨架不超出规范规定的允许偏差范围。

7) 为了保证钢筋位置准确，加设支撑或设混凝土垫块，确保钢筋保护层厚度，对绑扎好的钢筋应采取措施加以保护，避免踩踏变形。

8) 混凝土浇筑时，对钢筋进行跟踪检查，发现偏位等问题及时纠正。

9) 所供钢材是国家定点厂家的产品，钢筋有批量进货，每批钢材出厂质量证明书或试验书齐全，钢筋表面或每捆（盘）钢筋应有明确标志，且与出厂检验报告及出厂单必须相符。钢筋进场检验内容包括查封标志、外观观察，并在此基础上再按规范要求60t为一批抽样做力学性能试验，合格后方可用于施工。

10) 在整个钢筋工程的施工过程中，从材料进场、存放、断料、焊接至现场绑扎施工，实行责任落实到人，制定层层严把质量关的质量保证措施。

11) 为了保证楼板施工时，上、下层钢筋位置准确，在梁中部区域每3m加设支撑混凝土垫块，保证上层钢筋网不变形。

12) 混凝土浇筑时，对钢筋尤其是柱的插筋、板负筋进行跟踪检查，发现问题及时纠正。

13) 在钢筋工程控制措施中，项目各关联部门的职责工程见表4-1所示。

**相关部门质量职责表** 表4-1

| 部 门 | 措 施 | 备 注 |
| --- | --- | --- |
| 技术组 | 编制现场详细施工指导方案，在施工中监督贯彻执行，发现问题及时解决，把好翻样质量关 | |
| 材料组 | 必须有出厂证明和复试报告，材料入场按规范检查外观质量和取样送检，保证规格、数量无误 | |

续表

| 部门 | 措施 | 备注 |
|---|---|---|
| 施工组 | 监督施工,合理安排各工种和工序的搭配,各组员对所负责施工段的施工质量负责 | |
| 质安组 | 对全部工程的施工质量进行监督和负责,并负责施工现场的人、物安全 | |

14) 钢筋加工、连接及绑扎施工中注意的事项

钢筋加工的形状、尺寸必须符合设计要求,钢筋的表面确保洁净、无损伤、无麻孔斑点、无油污,不得使用带有颗粒状或片状老锈的钢筋;钢筋的两端弯钩按施工图的规定执行,同时满足有关标准与规范的规定;钢筋加工的允许偏差对受力钢筋顺长度方向为10mm,对箍筋边长应不大于5mm;钢筋加工后应按规格、品种分开堆放,并在明显部位挂识别标记,以防错拿;钢筋焊接前,必须根据施工条件进行试焊,试验合格后方可正式施焊;受力钢筋的焊接接头在同一构件上应按规范和设计要求相互错开足够距离;冬期、雨期钢筋焊接要按规范要求和钢筋材质特点采取科学、有效的保护措施,以保证焊接质量达到设计和规范要求;对柱梁节点、墙梁、柱墙节点等部位的钢筋绑扎,施工前编制详细的绑扎工艺卡,钢筋工长和质检员需严格把关,以防出现钢筋规格错项和钢筋数错漏;按规范和设计要求设置垫块;混凝土浇筑过程中,设专职钢筋看护工,对偏移钢筋及时修正。

(2) 模板工程保证质量的技术组织措施

1) 模板需进行设计计算,满足施工过程中刚度、强度和稳定性要求,能可靠地承受所浇筑混凝土的重量、侧压力及施工荷载。模板安装必须有足够的强度、刚度和稳定性,拼缝严密,模板最大拼缝控制在1.5mm以内。支撑接头不能错位和扭边,严格控制几何尺寸、标高和轴线;跨度大于4m的梁,按照跨长的1‰~3‰进行起拱,保证混凝土结构的准确性和混凝土表面的质量。

2) 为了防止浇筑混凝土时对模板的侧压力过大而爆模,对于较大的梁、墙、柱采用$\phi14$对拉螺杆加固。有防水要求的在螺杆上焊接3mm×40mm×40mm钢板止水片,螺杆间距不大于500mm。

3) 模板的拆除应在混凝土达到规定强度后进行,拆除模板时应注意保护混凝土结构的棱角。为了提高工效,保证质量,模板重复使用时编号定位,每次使用前清理干净模板并刷好隔离剂,使混凝土不掉角、不脱皮,表面光洁。

4) 固定在模板上的预埋件和预留孔洞要位置准确,安装牢固,其偏差均控制在规定的允许偏差范围内。浇筑混凝土前仔细检查,确保不遗漏。

5) 精心处理柱、梁、板交接处的模板拼装,做到稳定、牢固、不漏浆,固定在模板上的预埋件和预留孔洞均不得遗漏。安装必须牢固,位置准确,模板最大拼缝宽度应控制在1.5mm以内。

6) 模板施工严格按木工翻样的施工图纸进行拼装、就位和设支撑。模板安装就位后,由技术员、质量员按平面尺寸、端面尺寸、标高、垂直度进行复核验收。

7) 浇筑混凝土时专门派人负责检查模板;发现异常情况,及时加以处理。

(3) 混凝土保证质量的技术组织措施

1) 混凝土施工配合比必须由具有相应资质等级的试验室通过试验后确定,保证所施

工的混凝土满足设计的要求。

2) 混凝土所使用的各种原材料的质量必须严加控制，经检验合格后方可用于施工。在工程主体施工中，不得使用小水泥厂生产的水泥。

3) 搅拌混凝土时，后台上料必须按规定进行计量，各种材料的称量误差应符合规定。对于搅拌机的加水装置应定期进行校验，以保证加水量符合配合比的要求。

4) 混凝土浇筑前，模板内部清洗干净，严禁踩踏钢筋，踩踏变形的钢筋应及时在浇筑前复位。下落的混凝土不得发生离析现象，并由专人负责做好混凝土的养护工作。

5) 混凝土浇筑施工实行挂牌制，以提高作业人员的工作责任心，保证混凝土的浇捣质量，混凝土结构达到内实外光的基本要求。同时按规定进行取样、留置试块，试件数量应能满足全面了解混凝土施工质量的要求，并进行抗压强度、抗渗性能等相关试验。

6) 混凝土浇筑遇雨天时及时调整配合比，并做好已浇混凝土的保护，按规范要求进行认真处理和施工。

7) 所使用混凝土骨料级配、水灰比、外加剂以及其坍落度、和易性等，应按《普通混凝土配合比设计技术规程》进行计算，并经过试配和试块检验合格后方可确定。

8) 混凝土的拌制，必须注意原材料、外加剂的投料顺序，严格控制配料量，正确执行搅拌制度，特别是控制混凝土的搅拌时间，以防因搅拌时间过长而出现离析的事故。

9) 严格实行混凝土浇灌令制度，经过技术、质量和安全负责人检查各项准备工作，如：施工技术方案准备，技术与安全交底，机具和劳动力准备，柱墙基底处理，钢筋模板工程交接水电、照明以及气象信息和相应技术措施准备等等，经检查合格后方可签发混凝土浇捣令，进行混凝土的浇捣。

10) 泵送机具的现场安装按施工技术方案执行，重视对它的护理工作。

11) 冬期、雨天浇筑混凝土施工时，及时准备充足的覆盖材料，对混凝土进行覆盖，保证质量与安全。

12) 按我国现行有关规定进行混凝土试块制作和测试。

13) 对班组进行施工技术交底，浇捣实行挂牌制，谁浇捣的混凝土部位就由谁负责混凝土的浇捣质量，要保证混凝土的质量达到内实外光。

14) 混凝土浇捣后由专人负责混凝土的养护工作，技术负责人和质量员负责监督其养护质量。

(4) 砌筑工程保证质量的技术组织措施

1) 砌筑时控制砌块的含水率。加气混凝土砌块砌筑时的含水率控制在10%～15%为宜。

2) 砌墙前先拉水平线，按排列图从墙体转角处或定位砌块处开始砌筑。砌筑前应先清理基层，湿水后扫一道素水泥浆，第一皮砌块下应铺满砂浆。

3) 砌块错缝砌筑，保证灰缝饱满。一次铺设砂浆的长度不超过800mm，铺浆后立即放置砌块，可用木锤敲击摆正、找平。

4) 砌体转角处要咬槎砌筑；纵横交接处未咬槎时，设拉结措施。

5) 砌筑墙端时，砌块与框架柱面或剪力墙靠紧，填满砂浆，并将柱或墙上预留的拉结钢筋展平，砌入水平灰缝中。

6) 砌体上倒数第二皮采用封底砌块倒砌，或采用辅助实心小砌块砌筑。最上一皮隔日砌筑，即待下部砌体变形稳定后再砌上面一皮，采用辅助实心小砌块斜砌挤紧。

7) 墙体表面的平整度、垂直度、灰缝的均匀度及砂浆的饱满程度等，应按照施工规程执行并随时检查，校正所发现的偏差。

(5) 防水工程保证质量的技术组织措施

1) 加强原材料的质量控制。所有防水材料的品种、牌号，必须符合设计要求和施工规范的规定。没有产品合格证的材料，不得采购。对进场的材料加强验收，必要时按规定抽样检验；质量不合格的产品，不得用于工程施工。

2) 施工过程的技术控制

制定详细的施工方案、防水层及其变形缝、预埋管件等细部做法，必须符合设计和施工规范的规定。严格考核防水施工队伍，确保施工人员具有相应的素质及作业水平。施工过程中层层把关，前一道工序合格后，方可施工后一道工序。卫生间、屋面防水施工完后必须做蓄水试验，外墙防水施工完后必须做淋水试验，确认无渗漏后方可进入下道工序施工。

其他分项工程保证质量的技术组织措施：为了实现对每一个施工工序的严格控制，保证工程质量始终处于受控状态，确保优良标准。在施工过程中的不同阶段，有针对性地编制施工作业指导书和施工工艺卡，并根据施工过程的具体情况进行调整。

## 4.3 安全生产目标与制度

### 4.3.1 安全生产目标

安全生产是施工项目实现质量、进度及成本等各项经济指标的基本保证，我公司在此项目上的安全生产目标是：杜绝死亡和重伤事故，月轻伤事故发生频率控制在 1.5‰ 之内。

### 4.3.2 安全生产体系的建立及其主要内容

为保证项目安全生产目标的实现，在项目内建立以项目经理为首的安全生产管理体系以及一系列的安全生产管理制度，加上一整套安全生产措施，由此就构成了本项目的安全生产体系。

(1) 安全生产责任制

安全生产责任制是最基本的安全生产管理制度，是岗位责任制的组成部分。安全生产责任制规定项目经理为项目安全的第一责任人，项目副经理及项目总工为直接管理者，各施工工长及班组长为主要执行者，安全检查员（安全工）、保卫干事为主要监督者。

安全管理体系中各要素的安全职责详见公司有关规定。

(2) 安全生产管理制度

据武汉市及局有关文件规定，并结合本工程实际，制定安全教育、安全检查、培训计划、检查交底、班组安全活动等五项基本的安全管理制度，要求所有进入现场的施工人员，以班组为单位进行检查；同时，将另外制定俊华项目安全生产奖惩条例，以确保各项制度及管理措施落实到班组和个人。

## 4.4 施工安全技术措施

因俊华大厦工地紧邻江汉路、江汉三路、江汉四路等密集商业区，并且场内一侧距离

10m远就是民用住宅，所以施工安全工作显得尤为重要。

**4.4.1 临边安全围护**

对二层以上外脚手架的外围采用全封闭作业，即外脚手架外围立面上满挂一道竹篱笆及一道密目安全网，在架子底端满铺一道脚手板封席，并将脚手板之间以及脚手板与墙体之间的缝隙用表面粗糙的废木板条堵缝，以确保万无一失。从底层水平防护层往上每隔二层设置一道水平安全网及一道竹篱笆。外脚手架上的安全防护详见外脚手架剖面示意图（图3-28）。

主楼作业采用的外提升式脚手架也采用与上相同的安全防护，此不详述。

**4.4.2 高空安全防护棚的设置**

为确保高空作业及工地临边地区行人的安全，拟在八层及十七层楼面处各设置一道安全防护棚，防护棚宽度宜大于4.0m，上面满铺一层竹脚手板及一层厚竹篱笆。安全防护棚上严禁堆放任何材料，并应在楼层边缘设置安全栏杆，安全防护棚施工示意图如图4-1所示。

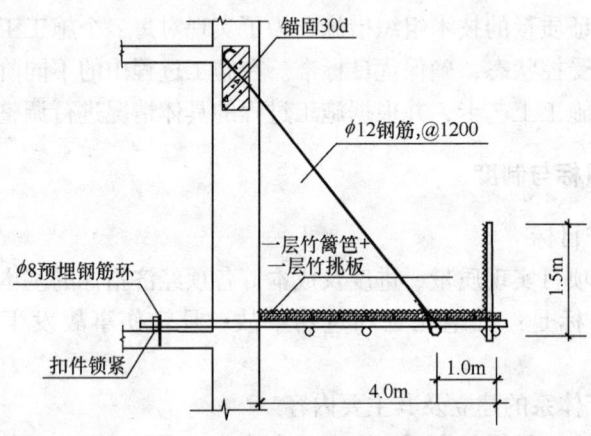

图4-1 八、十七层主楼外围安全防护棚施工示意图

**4.4.3 其他安全措施**

（1）严格执行各项《安全操作规程》及《安全施工技术规范》等国家标准以及项目制定的各项安全管理制度。

（2）进入施工现场上岗前，对各专业人员进行三级安全教育和安全技术交底，未经教育和交底的人员不准上岗作业。

（3）进入现场的所有人员均必须佩戴安全帽。高空、临边作业人员必须并正确系安全带。所有作业人员均应树立"不伤害自己，不伤害他人，不被他人伤害"的思想。

（4）在暴雨或大风天气里应停止室外特别是高空作业，恢复施工前应对所使用的机电设备、用电操作平台进行用电安全检查。

（5）在深基坑开挖过程中，人员不得站在挖掘机回转半径内，不得在坑上抛甩物品。

（6）基坑边用钢管栏杆设制安全栏，用红、白油漆刷警戒色，相应地方设置警戒牌。

（7）塔吊和吊装作业由专人用对进机指挥，确保指令准确、操作安全。

（8）氧气、乙炔瓶不得绑扎吊运，以防坠落，必须用吊栏吊运。

（9）仓库、木工房、油库、生活区、易燃易爆物品堆放地及现场各施工层均要设置灭火器具，特别是对外脚手架的竹篱笆封席更应严密监控，以防失火。此外，两栋主楼均应配备多级水泵，并将水管紧随主体施工的进度安装至施工作业层。

（10）经常和气象台取得联系，及时做出大雨、大风预报，采取相应措施，防止发生事故。

（11）挖土时人员不得在土坡底休息，以防土方坍落造成事故，破桩和挖土时要有专人警戒。

（12）混凝土施工时人员不得站在泵管出口，以防碎石飞出伤人。

（13）外围护脚手架必须有通长扫地栏，小横杆齐全，每6m设有效的连墙杆，并接地。

（14）脚手架高度超过4m以上时应设剪力撑，并打斜撑加固。

（15）脚手架平台上不能集中堆放材料。

（16）安全网设置：从二层楼面起，往上每隔两层设置一道水平网；立网从二层起，全封闭到裙楼施工完。

（17）预留洞口：边长或直径20～50cm的洞口，用钢笼式废模板加固固定，覆盖防护。50～150cm的洞口，用混凝土板内钢笼贯穿洞径，形成防护网。150cm以上用防护栏杆，并张安全平网防护。楼层内不设垃圾通道，用施工电梯运施工垃圾。

（18）楼梯口、电梯口：每层均设安全栏杆，并有效张拉安全网。施工电梯口设置交通平台，外围设栏杆、活门，并随施工高度提高而升高。

（19）下基坑的人行道设防滑措施和栏杆。

（20）施工用电：外线按JGJ 48—88执行。外线与周边距离按《建筑施工现场临时用电安全技术规定》JGJ 46—88执行。电箱设防雨板，有门、销、色标和统一编号及责任人。电箱内电器完好，接线正确。各类电器工作有效，无积灰、杂物。移动电箱严禁380V和270V混配。

（21）安全通道：安全通道用钢管搭设，有扫地杆、斜撑等。高度在5m左右，以方便过车。人行道、电梯口、重要设备等处都必须设安全通道。办公室房顶上，要用模板进行加固处理。

（22）整体提升架

整体提升架采用全封闭式，全高四层半，用钢管搭设。每隔一层有模板封闭，每隔一层有安全网平网封闭。

提升架纵向拉墙杆不少于3个，每10m一道，提升架架体的封闭模板离建筑物15～20cm，上下同宽。

提升时有专人操作，并有专人警戒，地面上设警戒线，架体上不得有人，以防坠落。

提升架定期清扫，不得有杂物，架体底部用活动盖板封闭，架体上载重不超过800kg/$m^2$或按厂家的施工组织设计。

架体底座螺栓应和建筑物紧密连接，不得有露口现象。

架体应有防坠落措施，并随时保证有效。

提升架由专业单位人员设计并施工。施工建立提升记录，并将异常情况随时上报各有关责任人。

提升架上设干粉灭火器，每两个一组，共四组，有专人负责管理。

焊接操作时，不得把割下焊头的有火星的物质落到提升架上；以防火灾。

木工支模用的钢管不得支到提升架上；如有，则必须加以处理。

提升架上部护栏最少高出操作平台1.5m以上，用立网封闭，内闭竹篱笆。

提升架提升前应和总包方进行协调，并且在下一层混凝土浇筑前提升。

在搭设架体前，在下部设一道水平安全网作为临时安全措施，以防出现安全工作漏洞。

架体下降前应检查加固。

折除架体时，派专人设警戒区，并且以安全、快速的方式进行。

（23）外墙装饰施工时的安全措施：材料分开放置，灰浆不过夜，严禁在夜间施工。每天必须对架体进行清扫、清理，以防材料坠落。

（24）对安装施工单位的安全要求

电焊工必须配有防明水设施。

在管道井处作业时不得破坏安全防护设施；如因操作需要必须拆除，则应在每次离开前恢复原样。

在材料堆放地、仓库、电焊车间必须有灭火器材，按国家有关规定执行。

井道施工从上至下进行，并且分段施工，安全防护措施每天还原，不得破坏；如有发现破坏安全设施行为，给班组以处罚。

有关设备以一机一闸、一漏电开关、一箱为施工用电原则，按TN-S系统进行接线。

移动工具使用胶皮护套线，不得有破损。

焊线不得超过30m，并且不得有3个以上接头。

安装分包单位安全员必须和总包单位一起协作，支持总包单位安全员工作。

（25）装饰分包单位

要求装饰分包单位在仓库、木工房、油漆仓库等易燃易爆物堆放地设灭火器材，并且随时有效。

临边安门窗时要求相应安全措施。

不得破坏安全防护设施，如果施工时必须拆除，则在施工完后立即还原。

### 4.5 文明施工与环境保护

#### 4.5.1 文明施工的目标

文明施工是一个建筑企业面向社会的窗口，是企业内部管理素质的反映，我公司严格按《施工标准化现场管理规定》和武汉市有关文件规定执行，以达到文明施工标准化工地。

#### 4.5.2 文明施工体系

为实现文明施工目标，我公司在项目内建立以项目经理为首和相关部门为主的文明施工管理体系，加上文明施工管理制度，共同构成本项目的文明施工体系。

（1）文明施工管理体系

本项目的文明施工管理体系由项目经理、项目支部书记、项目安全员及各工长、班组长组成，如图4-2所示。

（2）文明施工检查制度

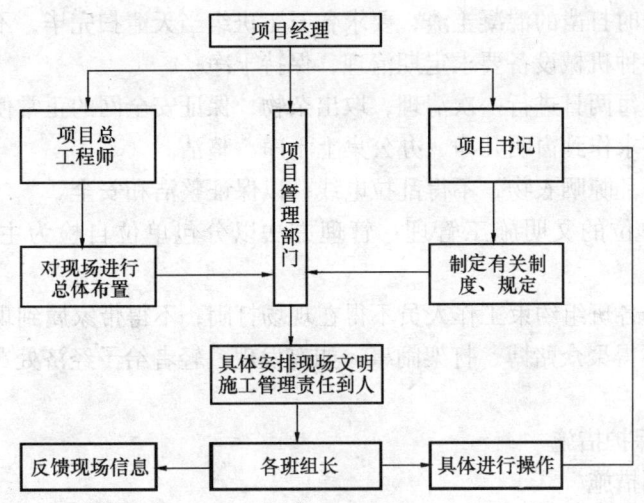

图 4-2 文明施工管理组织图

以项目经理为首，项目书记带队，每月两次对施工现场进行定期大检查，每日例行检查由项目安全员负责进行。

为明确文明施工责任，将施工现场划分成多个责任区，由项目经理部指定工长具体负责该区的文明施工工作，详见图 4-3。

(3) 文明施工措施

1) 工地围墙按公司有关文件进行美化。

2) 工地大门口用混凝土硬化并设冲洗设备及集水坑、污水沉淀。

3) 现场场地设分片包干制度，规定责任区，由专人（班组）负责管理。

4) 现场所有材料均应堆放整齐，分类堆码并标识。

5) 大型周转设备集中堆放整齐。

6) 现场设加盖垃圾桶，有专人负

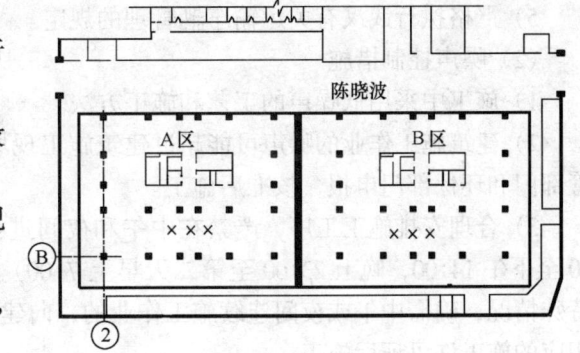

图 4-3 文明施工责任分区平面示意图

责收集垃圾外运。现场定期进行灭鼠、灭蚊工作，食堂设纱门、纱窗，饭菜有防尘罩，门下角有白包角，以防鼠害。

7) 生活区清理由各班组自行解决，对定期检查不合格者必须进行处罚，生活垃圾集中后，由专人清理运走。

8) 成立文明施工检查小组，制定文明施工检查条例，对文明施工做定期、不定期的检查、抽查。

9) 现场主要出入口设置施工标志牌，包括工程概况、工程责任人、开竣工日期、施工计划、总平面布置图及文明施工包干责任图及相关标语等。

10) 各班组工完场清，工作区内，不得有"五散"、"五头"现象。

11) 砂浆搅拌机每天必须进行清洗、上油，不得有多余的砂浆过夜。

12）各层装修时打凿的混凝土渣，要求各石工班组当天清扫完毕，不得过夜。

13）现场内各种机械设备要求定期清理，保持干净。

14）安全网内每两日进行一次清理，取出杂物，保证安全网的正常使用。

15）办公室要求作到窗明几净，办公桌上干净、整洁。

16）现场不得乱晾晒衣物，不得乱拉电线，以保证整洁和安全。

17）对分包单位的文明施工管理：管理方法以分包单位自检为主，总包单位加以监督。

18）要求现场各班组约束工作人员不得在现场打闹，不得带家属到现场，衣服不整者不得进入现场，不得聚众赌博、打架闹事；如有发现，轻者给予经济处罚，严重违反者劝其退场。

### 4.5.3 环境保护措施

（1）粉尘控制措施

1）施工现场场地硬化和绿化，经常洒水和浇水，以减少粉尘污染。

2）禁止在施工现场焚烧废旧材料、有毒、有害和有恶臭气味的物质。

3）装卸有粉尘的材料时，应洒水湿润并在仓库内进行。

4）严禁向建筑物外抛掷垃圾，所有垃圾装袋运出。现场主出入口处设有洗车台位，运输车辆必须冲洗干净后方能离场上路行驶；在装运建筑材料、土石方、建筑垃圾及工程渣土的车辆，派专人负责清扫道路及冲洗，保证行驶途中不污染道路和环境。

5）严格执行武汉有关运输车辆管理的规定。

（2）噪声控制措施

1）施工中采用低噪声的工艺和施工方法。

2）建筑施工作业的噪声可能超过建筑施工现场的噪声限值时，施工前向建设行政主管部门和环保部门申报，核准后施工。

3）合理安排施工工序，严禁在中午和夜间进行产生噪声的建筑施工作业（中午12：00至下午14：00，晚上23：00至第二天早上7：00）。由于施工不能中断的技术原因和其他特殊情况，确需中午或夜间连续施工作业的，向建设行政主管部门和环保部门申请，取得相应的施工许可证后施工。

（3）其他措施

车辆进出口处设置洗车槽，保证净车出场。

现场配电房采用全封闭砌筑，在排气孔安装消声器和粉尘滤网，尽量减少噪声和灰尘污染。

夜间施工尽量减少电动工具的使用次数。

现场输送泵的布置尽量远离周边建筑物，且混凝土浇筑时间尽量避开夜晚施工。

现场周边道路全部采用C20混凝土硬化，建筑物的建筑垃圾及时清理归堆，洒水湿润后转运出现场。

现场排水沟末端设沉积井，并周期清理沉积井内的沉积物。

食堂下水道和厕所化粪池要定期清理并消毒，防止有害细菌的传播。

（4）现场绿化

在现场未做硬化的空余场地进行规划，种植四季常绿花木，美化环境。

(5) 夜间施工措施

1）合理安排施工工序，将施工噪声较大的工序安排到白天工作时间进行，如标准层混凝土的浇筑、模板的支设、砂浆的生产等；在夜间尽量少安排施工作业，减少噪声的产生。对小体积混凝土的施工，尽量争取在早上开始浇筑，当晚23:00前施工完毕。夜间施工尽量减少电动工具的使用次数。

2）土方开挖及土方运输均安排在晚上进行，车辆进出口处设置洗车槽，保证净车出场。

3）现场配电房采用全封闭砌筑，在排气孔安装消声器和粉尘滤网，尽量减少噪声和灰尘污染。

4）在施工场地外围进行噪声监测。对于一些产生噪声的施工机械，应采取有效的措施减少噪声，如切割金属和锯模板的场地均搭设工棚，以屏蔽噪声。

5）注意夜间照明灯光的投射，在施工区内进行作业需封闭，尽量降低光污染。

# 5 总结

在本工程施工中，加强了新技术、新工艺的运用，如梁板模板快拆施工技术、提升式外脚手架、钢筋锥螺纹套筒连接技术、基础承台大体积混凝土施工、商品混凝土与混凝土布料机布料技术的应用、后浇带膨胀无收缩混凝土施工技术、粉煤灰综合利用新技术、建筑防水新技术应用、现代化管理技术与微机应用、新型墙体材料（轻质内隔墙）施工技术、厚重外墙面砖镶贴施工技术、冷轧变形钢筋的推广应用。

同时还有：梁板底面清水混凝土施工工艺、清水梁板底面聚合物水泥浆施工工艺、现浇楼梯封闭支模施工工艺、矩形柱采用独立柱箍加固施工工艺。

施工过程中注重工程质量，加强施工工艺的改进，如：对屋面泛水构造的改进、对基础底板及外墙后浇带处防水构造的改进、砌体拉结筋新型预埋法、外斜挑脚手架的斜拉杆及连墙点的预埋钢筋环法、对砌体构造柱顶端锚固方法的改进、地下室外墙预埋对拉螺栓施工法、底板钢筋支撑。

在项目管理上，通过项目全额承包，目标分解，责任到人，采取人工费、材料费承包等多种管理方式，确保了项目经营成本控制目标。项目从1998年10月开工至2000年3月完工，确保了工程质量、施工安全和项目承包成本，项目两次荣获武汉市文明施工样板工地。

通过新技术的运用和加强项目管理，项目技术进步效益率达1.95%，实现综合经济效益38.52万元。

主要经济技术指标见表5-1。

主要经济技术指标　　　　　　表5-1

| 序号 | 主要指标 | 单位 | 数量 | 备注 |
| --- | --- | --- | --- | --- |
| 1 | 工程造价 | 万元 | 4950 | |
| 2 | 平方米造价 | 万/m² | 972 | |
| 3 | 混凝土含量 | m³/m² | 0.55 | |

续表

| 序号 | 主要指标 | 单位 | 数量 | 备注 |
|---|---|---|---|---|
| 4 | 钢筋含量 | kg/m² | 94 | |
| 5 | 模板耗用量 | m²/m² | 0.167 | |
| 6 | 外墙面砖 | m² | 18000 | |
| 7 | 楼地面工程量 | m² | 32000 | |
| 8 | 粉刷工程量 | m² | 82500 | |
| 9 | 用工量 | 工日 | 24000 | |
| 10 | 工程总成本 | 万元 | — | |
| 11 | 创造经济效益 | 万元 | 38.52 | |
| 12 | 创造社会效益 | | 良好 | |

# 第二十四篇

# 厦门建设银行大厦工程施工组织设计

**编制单位**：中建三局三公司
**编 制 人**：白进松

**【摘要】** 厦门建行大厦为厦门市最高的建筑物，属厦门市形象重点工程，西侧鹭江道是厦门重点规划的景观大道，施工质量及进度为社会关注的焦点。本工程位于滨海的旧城区，地质条件差，基坑较深，地下土层以杂填土和海积淤泥为主；地下水位高，且基坑距海滨近，地下水受海潮影响大，地下施工的基坑围护和降排水工程是本工程施工的难点。工程运用了多项新技术，如核心筒内固定内爬塔吊、GPS测量技术应用、大体积混凝土电脑测温技术等，特别是利用GPS测量技术解决主体部分异形结构的精确定位方面是建筑施工技术领域的一大创新。

# 目 录

1 工程概况 ......241
  1.1 编制依据 ......241
  1.2 工程建设概况 ......241
  1.3 工程建筑设计概况 ......241
  1.4 工程结构设计概况 ......243
  1.5 自然条件 ......244
  1.6 工程重点与难点 ......244

2 施工部署 ......245
  2.1 施工顺序 ......245
  2.2 施工平面布置 ......245
  2.3 施工进度计划 ......246
  2.4 模板、脚手架料计划 ......248
  2.5 施工机械的选择 ......248
    2.5.1 钢筋加工机械 ......248
    2.5.2 木工房主要用电机具 ......248
    2.5.3 主要垂直运输机械 ......248
    2.5.4 施工现场混凝土施工机具及其他主要施工机具 ......248
  2.6 主要劳动力计划 ......249
  2.7 工程目标 ......249
    2.7.1 质量目标 ......249
    2.7.2 工期目标 ......249
    2.7.3 安全文明施工 ......249
  2.8 项目经理部组织机构 ......249
  2.9 施工准备 ......249
    2.9.1 施工临时用水量计算 ......249
    2.9.2 施工临时用电量计算 ......250
    2.9.3 施工准备工作 ......251

3 主要分部（分项）工程施工方法 ......251
  3.1 测量工程 ......251
    3.1.1 GPS 技术说明 ......251
    3.1.2 探索 GPS 建筑测量技术的必要性 ......251
    3.1.3 GPS 测量基准传递 ......252
    3.1.4 GPS 数据处理方法 ......253
  3.2 基坑围护施工 ......253
    3.2.1 场地概况 ......253
    3.2.2 深基坑围护工程设计 ......253

- 3.3 承台、地梁土方开挖 ... 256
  - 3.3.1 施工顺序 ... 256
  - 3.3.2 土方开挖施工顺序 ... 256
- 3.4 地下室施工期间排水方法 ... 256
- 3.5 承台、地梁胎膜的施工方法 ... 256
- 3.6 地下室钢筋混凝土结构的施工 ... 258
  - 3.6.1 地下室钢筋混凝土结构的施工顺序 ... 258
  - 3.6.2 地下室模板 ... 258
  - 3.6.3 地下室的钢筋制作与绑扎 ... 259
  - 3.6.4 地下室混凝土施工 ... 259
  - 3.6.5 地下室护壁支撑的拆除 ... 260
- 3.7 地下室外墙面防水 ... 261
- 3.8 地下室土方回填 ... 262
  - 3.8.1 材料 ... 262
  - 3.8.2 作业条件 ... 262
- 3.9 地上钢筋混凝土结构的施工 ... 262
  - 3.9.1 钢筋工程材料 ... 262
  - 3.9.2 钢筋施工程序 ... 263
  - 3.9.3 钢筋制作 ... 263
  - 3.9.4 柱主筋电渣焊 ... 265
  - 3.9.5 机械连接 ... 266
  - 3.9.6 梁钢筋焊接 ... 268
  - 3.9.7 模板工程 ... 270
  - 3.9.8 结构混凝土施工 ... 279
- 3.10 屋面工程施工 ... 281
  - 3.10.1 屋面改性沥青卷材防水 ... 281
  - 3.10.2 高聚物涂膜防水施工 ... 281
- 3.11 砌体工程 ... 282
  - 3.11.1 砌筑前的准备工作 ... 282
  - 3.11.2 砌筑要求 ... 282
  - 3.11.3 砌体施工的结构要求 ... 283
  - 3.11.4 多孔砖墙体的防潮防渗措施 ... 283
- 3.12 脚手架工程施工 ... 284
  - 3.12.1 多功能脚手架的主要部件 ... 284
  - 3.12.2 多功能外脚手架平面布置 ... 285
  - 3.12.3 多功能外脚手架的安装搭设 ... 285
  - 3.12.4 多功能外脚手架的提升和下降 ... 285
  - 3.12.5 使用多功能外脚手架的准备 ... 285
  - 3.12.6 备用材料 ... 285
  - 3.12.7 多功能外脚手架在塔吊和电梯处的搭设 ... 286
  - 3.12.8 悬梁的附加配筋 ... 286
  - 3.12.9 多功能脚手架的安全技术措施 ... 286

3.13 塔吊安装 ………………………………………………………………………… 286
3.14 内外装修及水电安装工程 ……………………………………………………… 287
**4 各项管理及保证措施** …………………………………………………………… 288
4.1 质量保证措施 …………………………………………………………………… 288
4.1.1 项目质量保证体系的组成及分工 ………………………………………… 288
4.1.2 质量目标及其分解 ………………………………………………………… 288
4.1.3 组织保证措施 ……………………………………………………………… 289
4.1.4 材料、成品、半成品的检验、计量、试验控制 ………………………… 289
4.1.5 采购控制 …………………………………………………………………… 291
4.1.6 施工质量的过程控制与管理措施 ………………………………………… 291
4.1.7 成品保护 …………………………………………………………………… 300
4.2 工程进度保证措施 ……………………………………………………………… 301
4.2.1 计划控制措施 ……………………………………………………………… 301
4.2.2 工程进度目标计划编制形式 ……………………………………………… 301
4.2.3 施工配套保证计划 ………………………………………………………… 302
4.2.4 施工进度保证措施 ………………………………………………………… 303
4.3 安全、消防保证措施 …………………………………………………………… 305
4.3.1 建立安全生产管理体系 …………………………………………………… 305
4.3.2 建立安全生产管理制度 …………………………………………………… 306
4.3.3 生产安全管理工作 ………………………………………………………… 306
4.3.4 安全防范措施 ……………………………………………………………… 307
**5 经济效益分析** …………………………………………………………………… 308

# 1 工程概况

## 1.1 编制依据

(1) 合同

我公司与建设单位签订的《建设工程施工合同》及相关文件。

(2) 厦门建设银行大厦工程地质勘察报告及工程现场实际情况。

(3) 施工图纸

厦门建设银行大厦建筑、结构、安装施工图（后续提供的变更图纸，以最新版本为施工依据）。

(4) 工程所涉及的主要的国家或行业规范、标准、规程、法规、图集，地方标准、法规。

## 1.2 工程建设概况

本工程主要建设概况见表1-1。

工程建设概况一览表    表1-1

| 工程名称 | 厦门建设银行大厦 | 工程地址 | 厦门市鹭江道 |
|---|---|---|---|
| 建设单位 | 厦门建盛房地产有限公司 | | |
| 设计单位 | 上海建筑设计研究院 | | |
| 质量监督部门 | 厦门市安全质量监督站 | 总包单位 | 中建三局第三建设工程有限责任公司 |
| 主要分包单位 | 无 | 建设工期 | 730d |
| 合同工期 | 730d | | |
| 工程主要功能或用途 | 本工程是商业单建筑体 | | |

## 1.3 工程建筑设计概况

本工程主要建筑设计概况见表1-2。

建筑设计概况一览表    表1-2

| | 总建筑面积 | 71000m² |
|---|---|---|
| 层数 | 地上 | 43层 |
| | 地下 | 3层 |
| | — | — |
| 装饰 | 外墙 | 外墙装修包括花岗石、帷幕墙以及外墙涂料 |
| | 楼地面 | 包括磨石子地面、磨光花岗石地面、石屑水泥地面、地砖地面、粘贴木地板、狭长条木地板等 |
| | 内墙面 | 内墙面包括水泥砂浆面、贴墙砖、内墙涂料 |
| | 顶棚 | 顶棚装修包括纸筋灰面层、埃特板面吊顶、金属吊顶和混合砂浆面顶棚 |

续表

| 总建筑面积 | 71000m² |
|---|---|
| 防水 地下 | 地下室防水等级1级，采用自防水混凝土（设计抗渗等级为0.8MPa）与防水卷材相结合的刚柔性防水 |
| 屋面 | 屋面防水等级二级，防水材料为APP防水卷材，隔热材料为50mm厚防水树脂珍珠岩隔热找坡层 |
| 厕浴间 | 2mm厚聚氨酯防水涂料一道 |
| 保温节能 | 屋面隔热材料为50mm厚防水树脂珍珠岩 |
| 其他需说明的事项 | 砌筑工程：主楼：外墙、楼梯间隔墙及客房隔墙180mm厚，MU10烧结多孔砖，M7.5混合砂浆砌筑；卫生间隔墙及设备管井分隔墙为120mm厚MU10。烧结多孔砖，M5混合砂浆砌筑。裙房：外墙及内隔墙180mm厚，MU10烧结多孔砖，M7.5混合砂浆砌筑。地下室内部分：内隔墙为180mm厚墙体，用MU10烧结多孔砖及M7.5混合砂浆砌筑 |

本工程北立面图如图1-1所示。

地下室部分剖面图如图1-2所示。

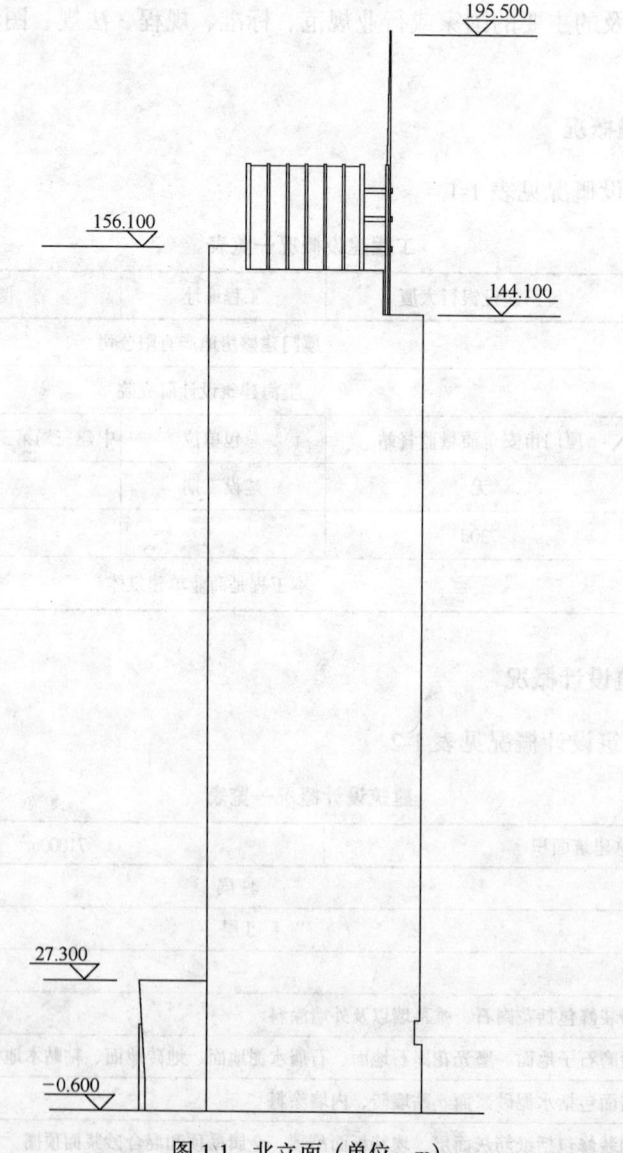

图1-1 北立面（单位：m）

# 1 工程概况

图 1-2 地下室部分剖面图（单位：m）

标准层平面图如图 1-3 所示。

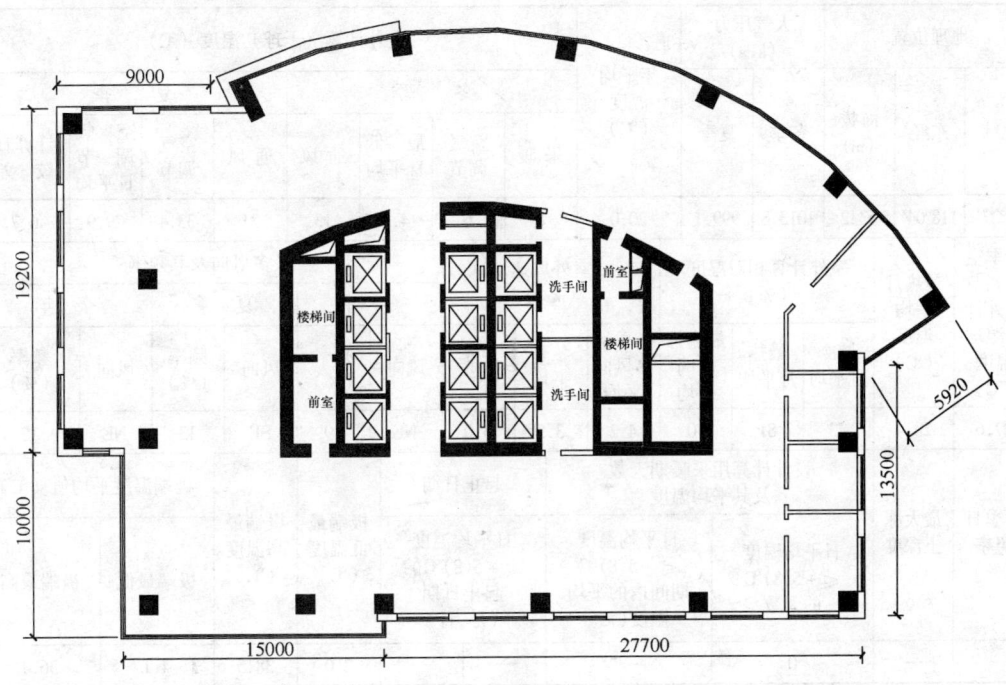

图 1-3 标准层平面图（单位：mm）

## 1.4 工程结构设计概况

本工程主要结构设计概况见表 1.3。

结构概况一览表　　　　　　　　　　　　　表 1-3

| 地基基础 | 最大埋深 | -12.050m | | 持力层 | | 中微风化花岗石 | |
|---|---|---|---|---|---|---|---|
| | 基桩 | 类型：大直径人工挖孔灌注桩 | 桩长：10m，20m | | 桩径：900~2600mm | | 间距：/ |
| | 箱形、筏形 | 底板厚度：400mm | | | 顶板厚度：180mm | | |
| 主体 | 结构形式 | 现浇钢筋混凝土框筒结构 | | | | | |
| | 主要结构尺寸 | 梁：(200~950)mm×(550~1300)mm | | 板：120mm | 柱：1500mm×1500mm~600mm×600mm | | 墙：180mm 厚 |
| | 抗震设防等级 | 筒体一级，框架二级，裙房框架三级 | | | | 人防等级 | 六级 |
| | 混凝土强度等级及抗渗要求 | 基础 | C30 P10 | | 墙体 | C30/C35 | 其他 | / |
| | | 梁 | C30/C35 | | 板 | | C30/C35 | |
| | | 柱 | C30/C35/C40/C45/C50 | | 楼梯 | | C30/C35 | |

续表

| 钢筋级别及主要规格 | HRB235 级、HRB335 级、HRB400 级钢筋，6～32mm |
|---|---|
| 其他需说明的事项：屋面混凝土抗渗等级 P6；填充墙中的构造柱、圈梁、过梁，均为 C20；阳台栏板、空调板、凸窗、飘板、女儿墙及其他混凝土装饰构件为 C25；基础垫层为 C15 | |

### 1.5 自然条件

厦门地区的主要气象条件见表 1-4。

厦门主要气象条件　　　　　　　　　　　　　表 1-4

| 地理位置 | | | 大气压力（kPa） | | 年平均温度（℃） | 室外计算（干球）温度（℃） | | | | | | |
|---|---|---|---|---|---|---|---|---|---|---|---|---|
| | | | | | | 冬　季 | | | | 夏　季 | | |
| 北纬 | 东经 | 海拔（m） | 冬季 | 夏季 | | 采暖 | 空气调节 | 最低日平均 | 通风 | 通风 | 空气调节 | 空气调节日平均 | 计算日较差 |
| 24°27′ | 118°04′ | 63.2 | 1013.8 | 999.1 | 20.0 | 8 | 6 | 4.9 | 13 | 31 | 33.4 | 29.9 | 6.7 |

| 夏季空气调节室外计算湿球温度（℃） | 最热月平均温度（℃） | 室外计算相对湿度（%） | | | 室外风速（m/s） | | | 最多风向及其频率 | | | | | |
|---|---|---|---|---|---|---|---|---|---|---|---|---|---|
| | | | | | | | | 冬　季 | | 夏　季 | | 全　年 | |
| | | 最冷月平均 | 最热月平均 | 最热月14时平均 | 冬季最多风向平均 | 冬季平均 | 夏季平均 | 风向 | 频率（%） | 风向 | 频率（%） | 风向 | 频率（%） |
| 27.6 | 28.4 | 73 | 81 | 70 | 4.2 | 3.5 | 3.0 | NE | 19 | SE | 13 | NE | 15 |

| 冬季日照率（%） | 最大冻土深度（m） | 设计计算用采暖期天数及其平均温度 | | 起止日期 | 极端最低温度（℃） | 极端最高温度（℃） | 极端温度平均值（℃） | |
|---|---|---|---|---|---|---|---|---|
| | | 日平均温度≤+5(8)℃的天数 | 日平均温度≤+5(8)℃期间内的平均温度（℃） | 日平均温度≤+5(8)℃的起止日期（月、日） | | | 极端最低 | 极端最高 |
| — | — | 0 | — | — | 2.0 | 38.5 | 4.1 | 36.4 |

### 1.6 工程重点与难点

（1）本工程为目前厦门市最高的建筑物，属厦门市形象重点工程，西侧鹭江道是厦门重点规划的景观大道，施工质量及进度为社会关注的焦点。

（2）本工程系总包施工，施工管理难度大，如何有效地组织施工是本工程施工组织的重点。

（3）本工程位于滨海的旧城区，地质条件差，基坑较深，地下土层以杂填土和海积淤泥为主；地下水位高，且基坑距海滨近，地下水受海潮影响大，地下施工的基坑围护和降排水工程是本工程施工的难点。

（4）本工程主体有部分为异形结构，对测量放线定位的精确度要求高；也是进行质量控制的一大重点。

（5）本工程总建筑高度 176.2m，是目前厦门市最高的建筑，对垂直度的控制是本工程的难点之一。

（6）本工程是超高层建筑，对施工机械的选用也是组织施工的难点。

## 2 施工部署

### 2.1 施工顺序

根据工程特点,组织一支由木工、钢筋、混凝土工、装修、安装的施工作业队伍,进行层间流水作业。施工中保持工序间合理紧凑搭接,从而避免窝工和相互干扰现象。主体结构施工过程中,拟在主体至20层左右进行一次中间结构验收,插入砖砌体、墙面、顶棚抹灰和水、电的管线在砌体中的预埋和安装。施工顺序如图2-1。

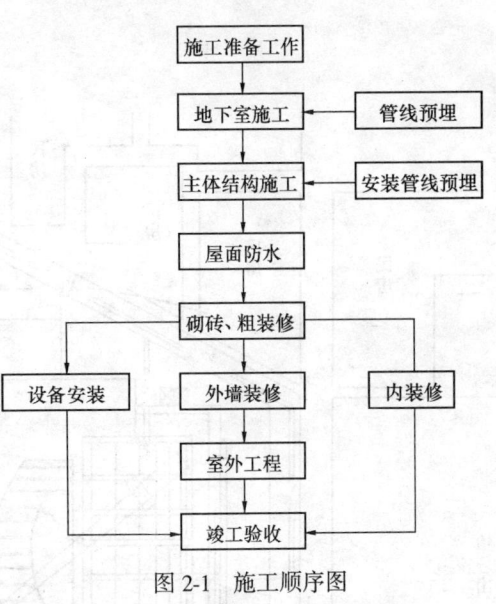

图 2-1 施工顺序图

### 2.2 施工平面布置

地下室和主楼施工平面布置如图2-2及图2-3所示。

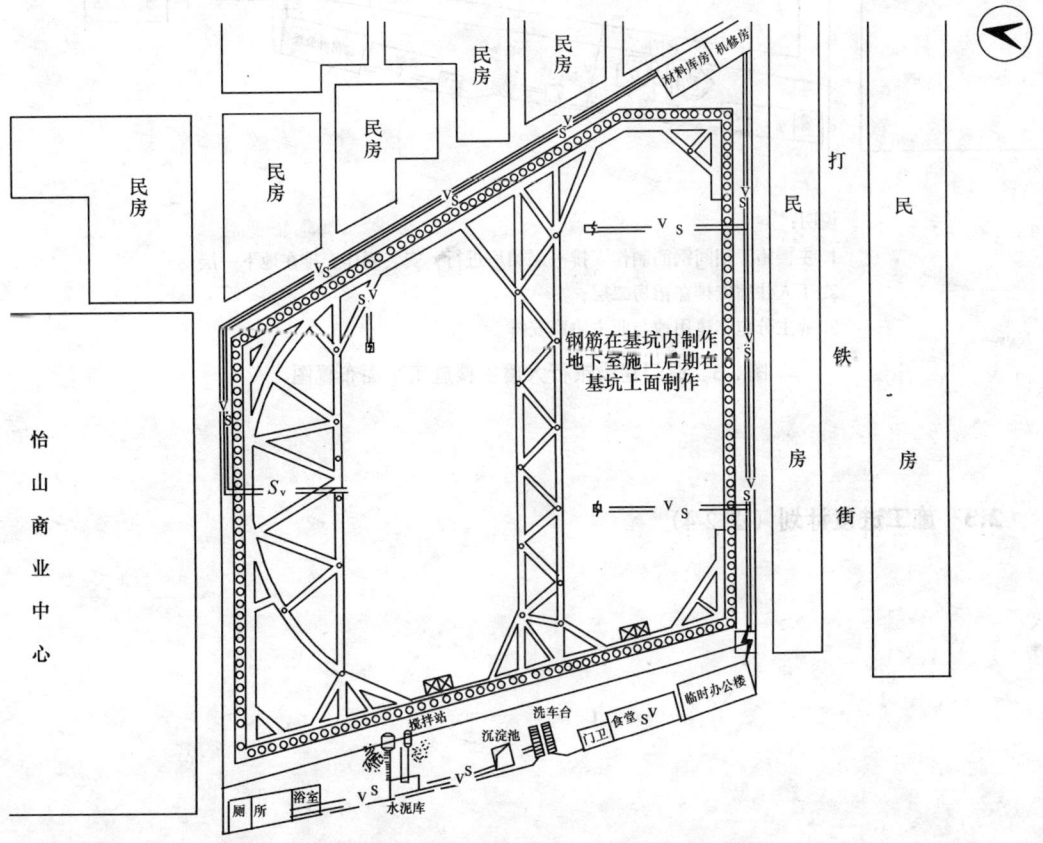

图 2-2 厦门市建设银行地下室施工平面布置图

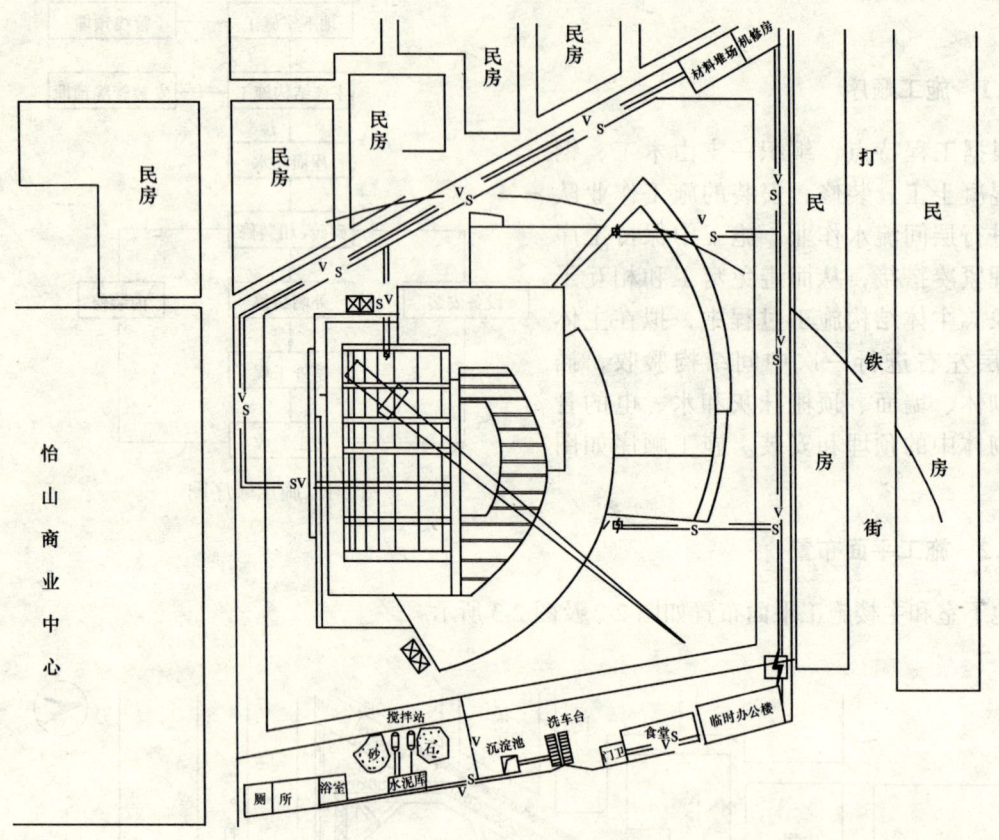

说明:
1. 主楼施工期间钢筋制作安排一层裙房进行,安装制作安排在地下一层;
2. 工人住宿安排在裙房二层;
3. 业主分包临建用地与业主协商安排。

图 2-3　厦门建设银行大厦主楼施工平面布置图

## 2.3　施工进度计划（图 2-4）

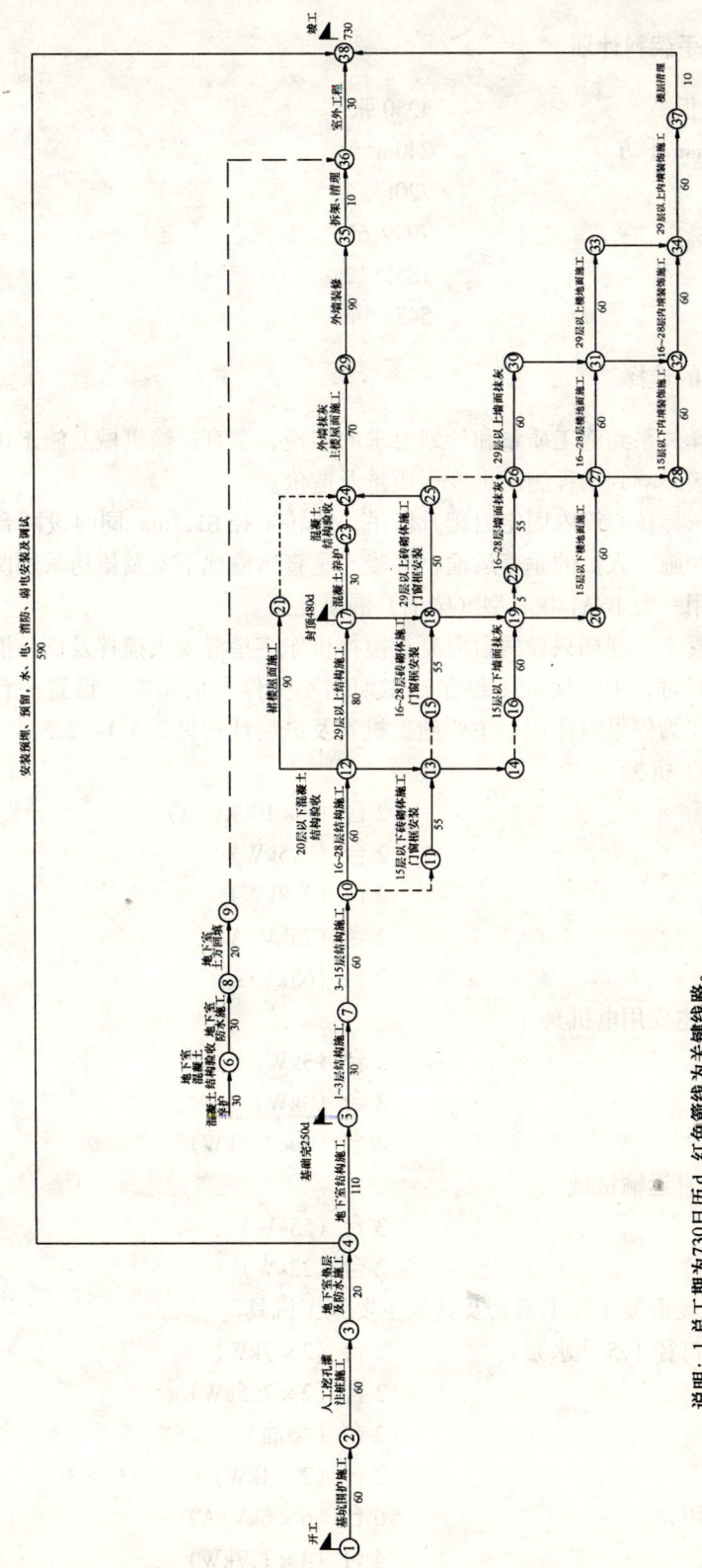

图 2-4 厦门建行大厦施工进度计划网络图

**2.4 模板、脚手架料计划**

1) 支模用胶合板　　　　　　　　　4250 张
2) 40mm×100mm 木方　　　　　　240m³
3) 脚手架钢管　　　　　　　　　　720t
4) 钢筋　　　　　　　　　　　　　7989.61t
5) 水泥　　　　　　　　　　　　　18558.2t
6) 松木　　　　　　　　　　　　　5475.9m³

**2.5 施工机械的选择**

建筑机械的选择关系到施工质量和计划要求的实现，垂直运输机械及施工机械的合理选择和布置，将直接影响到工程施工进度、质量及造价。

本工程施工拟选择核心筒内固定内爬升塔吊，旋转半径 61.7m。同时设两台双笼施工电梯用于装修材料和施工人员的垂直运输，混凝土垂直运输地下室及裙房采用两台汽车拖泵，塔楼混凝土采用一台 BSA1406E 型（柴油）混凝土泵。

因采用商品混凝土，现场只设两台混凝土搅拌机作零星混凝土搅拌及商品混凝土供应不及时应急之用；同时，为了保证工程在施工期间不受停电的影响，设置一台 100kV·A 的备用发电机组，作为停电时使用。主要施工机具及进场计划见 2.5.1～2.5.4。

**2.5.1 钢筋加工机械**

电渣压力焊机　　　　　　　　　2 台（2×100kV·A）
断钢机　　　　　　　　　　　　2 台（7.5kW）
钢筋弯曲机　　　　　　　　　　2 台（2.8kW）
对焊机　　　　　　　　　　　　2 台（75kV·A）
电焊机　　　　　　　　　　　　2 台（65kV·A）

**2.5.2 木工房主要用电机具**

圆盘锯　　　　　　　　　　　　3 台（3kW）
木工平面刨　　　　　　　　　　3 台（3kW）
手电锯　　　　　　　　　　　　4 台（4×1.5kW）

**2.5.3 主要垂直运输机械**

塔吊　　　　　　　　　　　　　3 台（55kW）
施工电梯　　　　　　　　　　　2 台（22kW）

**2.5.4 施工现场混凝土施工机具及其他主要施工机具**

扬程 80m 出水口径 1.5 寸水泵　　2 台（2×7kW）
混凝土搅拌机　　　　　　　　　2 台（2×7.5kW）
混凝土输送泵　　　　　　　　　2 台（柴油）
砂浆搅拌机　　　　　　　　　　2 台（2×4kW）
电焊机（安装用）　　　　　　　6 台（6×6kV·A）
平板振动器　　　　　　　　　　4 台（4×1.7kW）
插入式振动器　　　　　　　　　12 台（12×1.7kW）

备用100kW的柴油发电机组一台。

## 2.6 主要劳动力计划

| | |
|---|---|
| 钢筋工 | 120人 |
| 木工 | 140人 |
| 混凝土工 | 40人 |
| 电工 | 3人 |
| 机修工 | 4人 |
| 对焊工 | 8人 |
| 机操工 | 12人 |
| 电渣压力焊工 | 12人 |
| 架子工 | 20人 |
| 砖工 | 40人 |
| 抹灰及建筑装修工 | 160人 |
| 机电、设备安装作业队 | 120人 |
| 普工 | 45人 |

## 2.7 工程目标

### 2.7.1 质量目标

按照ISO 9002国际质量管理系列标准结合公司质量管理体系文件规定，建立健全总承包部管辖范围内的质量管理体系，并采取有效措施，实现如下质量目标：

工程质量确保达到施工合同规定的合格标准。

### 2.7.2 工期目标

建立健全总承包部管辖范围内的工程进度管理体系，科学组织、合理安排，并采取有效措施，保证730d内完成结构、建筑装修工程和安装工程的施工。

### 2.7.3 安全文明施工

采取有效措施，杜绝死亡事故。文明施工，实现达标现场。

## 2.8 项目经理部组织机构

厦门建行大厦是我公司的重点工程，根据业主的要求和自身的施工能力，提出了较高的工期和质量目标。本工程按照项目法施工管理方式组织施工，成立项目经理部。本着科学管理、精干高效、结构合理的原则，选派具有丰富施工经验、敬业勤奋的工程人员组成项目经理部。项目班子在公司的直接监督与指导下，履行施工总包的权利和义务，代表法人全面履约，负责工程的计划、组织、指挥、协调和控制，确保工程各项指标达到工程合同的要求。

项目组织机构图见图2-5。

## 2.9 施工准备

### 2.9.1 施工临时用水量计算

施工现场生产用水主要有混凝土养护用水、装修工程用水和少量的生活用水，主体结

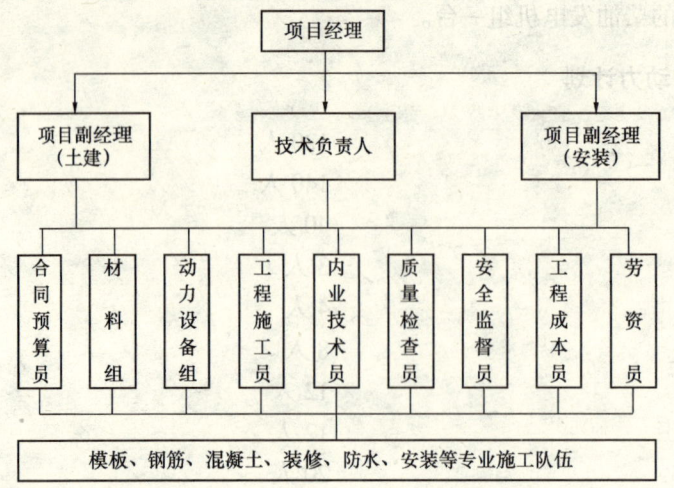

图 2-5 项目组织机构图

构施工期间（装修已插进）日常用水量约 250～300m³。考虑施工现场消防用水，选用 $DN75$mm 的临时用水总管。

### 2.9.2 施工临时用电量计算

以结构施工用电量考虑，主要用电设备的用电量如表 2-1。

主要用电设备的用电量　　　　表 2-1

| 设备名称 | 数量 | 功率 |
|---|---|---|
| 塔吊 | 1台 | 55kW |
| 施工电梯 | 2台 | 2×22kW |
| 断钢机 | 2台 | 2×7.5kW |
| 弯钢机 | 2台 | 2×2.8kW |
| 对焊机 | 1台 | 75kV·A |
| 圆盘锯 | 1台 | 3kW |
| 木工平面刨 | 1台 | 3kW |
| 手动电锯 | 4台 | 4×1.5kW |
| 平板式振动器 | 4台 | 4×1.7kW |
| 插入式振动器 | 8台 | 8×1.7kW |
| 电焊机 | 8台 | 8×6kV·A |
| 混凝土搅拌机 | 2台 | 2×7.5kW |
| 砂浆搅拌机 | 3台 | 3×4kW |
| 电渣压力焊机 | 2台 | 2×100kV·A |

电动机总功率：$\Sigma P_1 = 184.8$kW

电焊机总容量：$\Sigma P_2 = 323$kV·A

$\cos\varphi$ 取 0.75，$K_1 = 0.5$，$K_2 = 0.55$

供电设备总需要用量为：

$$P = 1.08(K_1 \Sigma P_1/\cos\varphi + K_2 \Sigma P_2) = 325.0 \text{kV·A}$$

照明取施工用电的 0.1 倍，则本工程施工用电总容量为 357kV·A。

### 2.9.3 施工准备工作

(1) 组织施工人员熟悉图纸，进行图纸会审、讨论，并对工程的重要部位和重要工序组织编制分项工程施工指导书和工艺卡，对工艺参数、技术标准、操作工艺做出明确规定。

(2) 由安装部门按照现场要求进行专项用电设计，在开工前及时布设临时施工用电线路。

(3) 本工程结构弧线较多，因此需提前对模板进行模板计算、模板图绘制和模板制作加工，并编号。要求模板面垂直、平整，不超过施工规范中的允许偏差，该项工作在地下室结构施工完前完成。

(4) 根据施工进度编制机具材料进场计划，组织施工力量，为保证生产的连续性和流水施工作业，除总的网络计划外，还编制二、三级网络计划及施工月、旬计划。

(5) 根据各部位的混凝土设计强度，混凝土配合比及外加剂要提前进行试配，并做好质量控制预防措施的制定。

# 3 主要分部（分项）工程施工方法

## 3.1 测量工程

本工程是超高层建筑，总建筑高度176.2m，是目前厦门市最高的建筑，且主体有部分为异形结构，对测量放线定位的精确度要求高。而工程位于滨海的旧城区，三面为旧城区待改造的民房，一面隔公路即为海边。地质条件差，经观测，周边的建筑和道路都存在一定的沉降和位稳变形，建筑物周边难以找到稳定度高的测量基准点。

同时，建筑物构件中梁、柱、剪力墙多呈弧形布置，圆弧轴线的圆心远离建筑物之外，按传统方式必须多次传递才能定位，存在较大的累计误差。

为了保证本工程质量和施工工期要求，提高测量定位工效和观测精度，也为了在高层和超高层建（构）筑物施工中探索一种全新的更科学、更合理、更准确的建筑测量定位方法。本工程施工测量中运用GPS技术，形成以GPS技术确定和建立施工控制网，以传统方式实施构件放样的GPS建筑测量技术。

### 3.1.1 GPS技术说明

GPS（Global Positioning System）是以卫星为基础的无线电导航定位系统，该导航定位系统卫星由美国研制和发射，由覆盖全球的24颗导航定位卫星组成（地球上空实际有31颗），卫星位于2万公里的高轨道。在地球上任何地方、任何时刻，GPS接收机均可接收四颗以上GPS卫星信号。GPS技术广泛用于地球物理、导航、大地测量、救护等。

GPS定位技术作为一种全新的测量手段，在工程控制测量中已逐步得到普及应用，其技术的先进性、优越性已为广大测量工作者所认同。GPS定位技术的优点主要体现在精度高、速度快、全天候、无需通视、点位不受限制，并可同时提供平面和高程的三维位置信息。

### 3.1.2 探索GPS建筑测量技术的必要性

厦门建设银行大厦地处厦门市鹭江道中段，隔海和鼓浪屿相望。主楼地面以上43层，地上总高度为172.6m，总建筑面积7.1万 $m^2$。建筑造型以弧形为主，在本工程施工中，测量基准传递和高程控制是建筑施工质量控制重点之一，其测量速度、精度和可靠性直接影响着整体工程的施工进度和质量，是工程满足设计要求的必要条件。

目前，高层建筑施工测量一般是将平面和高程分开进行。在高层建筑施工基准传递的常用方法有：吊坠法、激光铅直仪投点法和精密天顶基准法等；高程基准传递的主要方法有：几何水准测量、钢尺垂直量距、三角高程测量、全站仪垂直测高等。建行大厦为超高层建筑，吊坠法基准传递受风力和建筑物自振影响，精确度不足；经纬仪交会法按层进行，存在误差积累问题；激光铅直仪投点法随建筑物高度增加，光斑和光斑轨迹所形成的近似圆也逐步增大，确认其垂心可靠度变差；精密天顶基准法对施工环境要求高。高程测量方法也一样，精确度不足或施工环境要求在本工程中不能满足。为此，有必要寻求新的技术与方法，以满足工程的要求；同时，也可对原有的施测方法的可靠度进行验证。GPS定位技术建筑施工层面的基准传递绝对位置平面精度为5mm，高程精度为±8mm。

### 3.1.3 GPS测量基准传递

（1）技术依据

测绘行业标准：全球定位系统（GPS）测量规范，CH 2001—92；

城测行业标准：全球定位系统城市测量技术规程，CJJ 73—97。

（2）GPS测量基准的建立

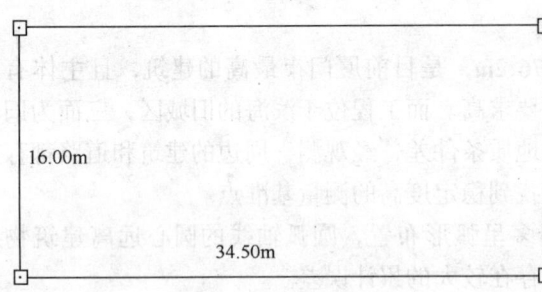

图3-1 建筑施工基准传递点

GPS首先建立世界大地坐标系（即：WGS—84坐标系）与工程施工坐标系之间的转换关系，以供各次施测层的测量基准传递使用。

本工程的建筑施工坐标系，是参照92厦门坐标系建筑场地的红线坐标而建立起来的，它是建行大厦工程施工的独立坐标系，为放样方便，测量的四个基点设置在主体建筑物内（即内控法，如图3-1所示）。

针对建筑工程场地小、建设工期短、测量精度要求较高等特点，在工程的围墙外设置两个相对稳定的临时基准点（XM01和XM02，图3-2），以这两个临时基点作为各次进行GPS基准传递的基准。这两个基点的主要作用在于：

1）每次测量时，固定其中的一点（如XM01）作为起算点，固定该两点（XM01—XM02）的方位作为起算方位，以确保每次GPS测量的基线解算和网平差有统一的起算基准和方位。起算点的位置坐标和起算方位由首次GPS测量确定。

2）每次GPS测量的成果转换，采用统一的转换参数，以确保坐标转换成果的基准一致性，该转换参数由首次GPS测量确定。

3）GPS测量基点的位置XM01设置在本工程外围的两层高的业主办公室房顶上，该房屋房顶便于设点、使用和保护。点位距离本建筑主体工程约90m，天空通视状况良好。XM02点设置在建筑工程外围的混凝土路面上，点位基础牢固，受车辆交通干扰不大，便于设点，天空通视状况也较好，点位距离建筑主体工程约140m。

### 3.1.4 GPS 数据处理方法

GPS 数据处理过程大致可分为 GPS 观测数据基线向量解算、GPS 基线向量网的三维无约束平差和二维约束平差、使用坐标转换等几个阶段。基线解算采用 Trimble 公司的随机解算软件 GPSurvey，网平差采用武汉测绘大学开发的 GPS 网平差和分析软件系统（PowerAdj），坐标转换由自编程序实现。

首次 GPS 测量的目的在于确定 XM01 和 XM02 两个固定基点的坐标位置和 GPS 测量成果的坐标转换参数，其数据处理的主要过程为：

（1）基线解算；

（2）固定 XM01 点的 GPS 网三维无约束平差；

（3）以测区在 WGS–84 坐标中的平均经度作为中央子午线，GPS 北方位作为固定方位，进行高斯投影与坐标变换可得到各点的平面坐标；

（4）在施工坐标系中，以 XM03 点作为固定点，XM03–XM04 的方位作为固定方位，对上述平面坐标进行平移、旋转，便可得到 XM01 和 XM02 两点在施工坐标系中的坐标。

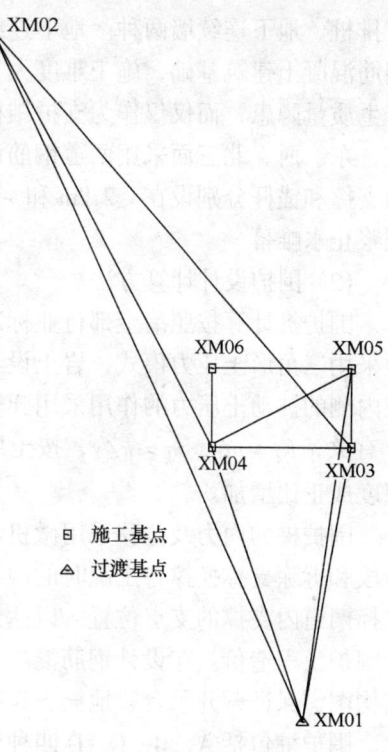

图 3-2　GPS 测量基准示意

以后各次 GPS 测量的数据处理过程与首次有所区别，其主要过程为：

1）基线解算；

2）固定 XM01 点（其坐标与首次相同）的 GPS 网三维无约束平差；

3）以首次确定的中央子午线和 XM01、XM02 两点平面坐标进行二维约束平差；

4）由首次观测确定的坐标转换参数，对上述平面坐标进行平移、旋转，得到各点在施工坐标系中的坐标。

### 3.2　基坑围护施工

#### 3.2.1　场地概况

建行大厦场地原地貌为海积泥滩，经回填作为旧城区，后将旧建筑拆除作为该工程建筑场地，场地和大海只有鹭江道一道之隔，场地由上往下地质构成为：①杂填土层，有砂质黏土、砖块、混凝土块、瓦块、块石和条石等，还有旧建筑基础、地梁、废给排水管、条石砌筑旧海堤，此层厚度达 6m 以上；②海积层，由淤积海泥及局部含泥中粗砂组成，厚 2.5~10.25m，呈流塑状态；③冲洪积层，由泥质砾砂、砂质黏土组成，厚 0.3~2.52m；④残积层，由残积砾质黏土及脉岩残积黏土组成，厚 0.2~29.9m，一般由西往东，由南往北增厚；⑤强风化岩，埋深 13.4~32.2m，厚 0.2~19.2m。地下水埋深 1.08~2.04m，主要受生活污水、大气降水补给，在海水涨潮时还接受海水倒灌补给的影响。

#### 3.2.2　深基坑围护工程设计

（1）设计方案选择

根据场地周围环境、工程地质、基坑深度等方面的条件考虑，可供选择的支护方案只有排桩、地下连续墙两种。地下连续墙整体性好，挡土防水效果佳，但场地内有条石、旧钢筋混凝土建筑基础，施工难度大，若将连续墙作为地下室外墙，其施工工艺复杂，容易产生质量隐患，而仅仅作为支护结构造价又太高；故本工程基坑围护桩采用机械成孔挡土桩，东、西、北三面采用两道钢筋混凝土内支撑，南侧采用两道预应力钢绞线锚杆，两道内支撑和锚杆分别设在 −2.2m 和 −7.8m 标高处。基坑封水在护壁桩间采用双重管旋喷水泥浆止水帷幕。

(2) 围护设计计算方法

围护桩计算按照冶金部行业标准《建筑基坑工程技术规程》YB 9258—97 进行，土压力采用三角形土压力模式，岩土设计参数按地质勘察报告取用，采用水土合算模式。围护桩内侧的被动土压力的作用采用弹簧模型，弹簧刚度按"$m$"法计算，$m$ 与地基基床系数 $K_i$ 有关，$K_i = my$，$m = k/y$，按土质及贯入度确定基床系数，$y$ 为土层所在的深度，$K_i$ 随深度成正比增加。

围护桩的内力及位移采用微机和深基坑围护设计软件计算，计算模拟了土层不同开挖阶段和拆除支撑换撑各工况时的内力值，在不影响地下室结构施工的前提下，经优化计算选择两道内支撑的支点位置，以达到围护桩基坑内侧和外侧弯矩值最接近，以获取最合理的围护工程造价。在设计钢筋混凝土内支撑的钢结构格构支撑柱时，详细核对地下室底板结构图，保证避开承台、地梁、设备预埋管、洞、钢筋密集区域等。

围护桩包括 A、B、C、D 四种桩型，桩中心距为 1300mm，A 型桩桩径 $\phi1100$，其他型桩桩径 $\phi1000$。

锁口梁、腰梁、内支撑主要杆件梁 $L_1$、圆弧梁截面尺寸为 1000mm × 1200mm，内支撑桁架弦杆、腹杆截面尺寸为 1000mm × 1000mm。

基坑南侧的每根预应力锚杆采用四根 $7 \times \phi5$，强度等级为 1570MPa 的预应力钢绞线，OVM − 4 锚具，锚杆成孔直径 130mm，采用二次注浆工艺。

(3) 围护结构施工的主要技术措施

本工程的基坑围护设计虽经有关专家对基坑围护的挡土、封水的可靠性、施工的可行性等进行了多次论证，但在挡土桩、预应力锚杆和桩间封水等施工方面仍然遇到了在其他工程中没有遇到过的技术难题，所采取相应的技术措施如下。

1) 挡土桩施工措施

由于本工程地面以下 6m 深度杂填土中有大量块石、条石，旧钢筋混凝土建筑基础等坚硬的大小块状杂物，此部分无法采用机械成孔，由于地下水位高，水量丰富，并处于压力状态，也不能完全采用人工成孔，因此根据这一特殊情况，采取在围护桩上段 6m 采用人工成孔，6m 以下采用机械冲孔。海水每 12h 就有一次涨、落，为了减少海潮对护壁混凝土成型的影响，在施工中采取如下措施：①护壁浇灌混凝土时间选择高潮刚退的时间进行；②护壁混凝土中掺早强剂；③在护壁临海侧装一个 4′排水管，在涨潮时以减少海水对护壁混凝土的压力，采取以上措施后，有效保证了护壁施工的进度和质量。已施工的 6m 深的挡土桩混凝土护壁作为以下部分机械成孔的护筒，然后用机械完成桩身下部成孔的施工。

2) 地下水量大引起的锚杆成孔垮塌处理措施

在施工南侧预应力钢绞线锚杆时，最初锚杆成孔拔钻后，锚杆孔立即塌孔，再顺原孔重新钻孔时发现锚杆孔轴线已发生偏移，结合现场情况对照地质资料分析，由于地下水量大，造成有块石的淤泥层和砂层部位的孔壁稳定性差，发生塌孔，随塌孔而来的漂石堵塞了孔位，再重新顺原孔补钻时，由于块石阻碍，导致锚孔轴线偏移。为了防止塌孔，采用注水泥浆护壁的方法，具体作法如下：根据地质报告，当钻孔进入地下水量大的淤泥或砂层时，高压注入水灰比为1:0.5的纯水泥浆，待水泥浆与土、砂基本凝结成水泥土时，再用锚杆成孔机进行第二次成孔，成孔完毕，最后进行清孔、放钢绞束、注浆等的施工。

3）部分桩间采用钢筋混凝土板挡水的方法

在基坑深度上半部的土层中由于有大量碎砖、瓦、块石等杂物，且受周期为12h的海潮涨落影响，部分挡土桩间的旋喷注浆液与土未形成能止水的密实水泥土。在基坑挖土时发现，基坑两侧上半部约三分之一的挡土桩间漏水严重，若重新再采用旋喷注浆封水，不仅因土内砖块、石块的影响同样不会有好的封水效果，而且在时间上也是不允许的。在此情况下，采用桩间现浇混凝土板墙的方法替代原有部分漏水的旋喷水泥浆止水帷幕。

挡水板墙施工要点如下：

A. 挡水板墙随土方开挖分层施工，每次施工高度不超过2m；

B. 挡水板墙和桩接头保持毛糙、坚实、干净；如接头挡土桩侧护壁混凝土不密实，浇灌前予以凿除；

C. 挡水板墙钢筋和挡土桩护壁筋焊接牢固，挡水板墙向上向下分段施工，段与段之间保证设计的搭接长度；

D. 挡水板墙所用的石子粒径小于30mm，混凝土用振动器振捣密实；

E. 对有大股地下水流出处浇混凝土前先设引流管，引流管待挡水墙混凝土达70%以上强度后，打入与引流管内径相同的木塞。木塞全部进入引流管内，并低于管口约40mm，做到基本无水流出时，再用水泥浆封闭管口。

4）内支撑的爆破拆除

A. 内支撑爆破拆除原则

a. 确保基坑周围民房和车辆行人安全；

b. 拆除-7.8m处的内支撑时，能确保支承内支撑的临时格构式；

c. 柱不变形和-2.2m处的内支撑的稳定性；

d. 方便地下室其他工序施工，减少由于支撑拆除对地下室施工造成的影响；

e. 拆除速度快，所需费用低。

B. 内支撑爆破拆除方法

根据地下室施工顺序及内支撑系统杆件的受力状况，确定内支撑杆件拆除顺序。-7.8m内支撑拆除前先在地下室底板和挡土桩间现浇换撑C25混凝土，根据深基坑的监测数据，将原设计的地下室底板和挡土桩间1m厚的混凝土换撑带改为换撑混凝土墩，间距为桩距，截面为350mm×350mm。爆破采用毫秒微差爆破技术调整爆破时差，确保内支撑系统内力的合理分配，保证支撑钢格构柱和-2.2m处支撑的稳定性。拆除-2.2m处的内支撑时，挡土桩和地下室外墙间已施工的换撑混凝土短梁，已能承担原内支撑的全部荷载，拆除时挡土桩已处于稳定状态。

C. 爆破中的安全措施及其爆破效果

a. 为防止爆破后的混凝土支撑坠落砸坏地下室底板，在拟爆破的内支撑梁底搭设满堂钢管架，钢管架立柱间距800mm×800mm，支承爆破下落支撑的自重；

b. 为使内支撑杆件与支撑柱彻底脱离,在内支撑杆件与支撑柱接头处爆破前先凿除混凝土保护层,切断支撑梁钢筋;

c. 为防止爆破产生的碎块外飞伤人,在支撑的两侧用钢管脚手架和竹笆遮挡;同时,用编织袋装砂覆,盖在要拆除的内支撑上面;

d. 爆破前和周围居民及交通警察联系,设安全警戒线,以保证车辆和行人安全,现场施工人员撤出200m外。起爆时短时间中断鹭江道交通。

采用以上爆破拆除内支撑的方法,约 $1000^3$ 混凝土的内支撑共花了14d,与人工凿打拆除相比,大大加快了支撑的拆除速度;与用静态爆破法拆除相比,拆除时间缩短了约35%,费用节省了约45%。

### 3.3 承台、地梁土方开挖

由于底板大承台高2500mm,小承台及地梁高也有1600mm,土方开挖工程量较大,共约有2800m³,其中核心筒有1000多立方米,并且有许多弧形地梁,结构复杂,施工有一定难度,为保证工期,原则上采用小型反铲挖掘机开挖,再人工修边的方法。

#### 3.3.1 施工顺序

测量放线→土方开挖→测量放线。

(1) 测量放线:根据控制点确定出定位轴线,再放出承台、地梁位置的边框线,根据边框线,外墙增加400mm,内地梁、承台增加300mm,用石灰打出轮廓线。

(2) 土方开挖:用小型反铲挖掘机进行开挖,在挖土过程中,要密切注意标高,由工长随时检查。当离设计标高10cm左右时,钉上木桩,做好标高控制点,再由工人修正,在人工修边时,注意开掘尺寸及放坡位置。

(3) 土方外运:在土方开挖过程中,要及时组织土方外运,尽量做到当天挖出的土当天运完,以免影响机械继续开挖。土方运输用较轮车运到吊篮内,通过快速井架,倒入翻斗车内,然后运出场外。

#### 3.3.2 土方开挖施工顺序

先开挖周边外墙基础土方→再开挖核心筒大承台土方→最后开挖其他小承台、地梁土方。

具体机械开挖线路见图3-3。

### 3.4 地下室施工期间排水方法

由于地下室底板标高相对于黄海高程为-8.25m,并且临近大海,地下水位较高,基坑地下水较多,因此必须进行排水,在土方开挖阶段须设置排水沟、集水井,具体做法为:在基坑底四周开挖深400mm,底宽300mm的边沟,并每30m设一个集水井,集水井直径800mm,深度800mm,井壁采用120砖,每个集水井安装出水口径50mm的离心式水泵一台,为防止泥砂的进入,水泵放到箩筐内沉入水中,根据水量情况安排专人抽水。

### 3.5 承台、地梁胎膜的施工方法

承台、地梁侧模

承台、地梁侧模采用MU7.5机制砖,M5水泥砂浆砌筑,厚120mm,并每隔4m设240mm×240mm附壁垛砖墙。垫层与底板侧模采用木方与胶合板,见图3-4~图3-6。

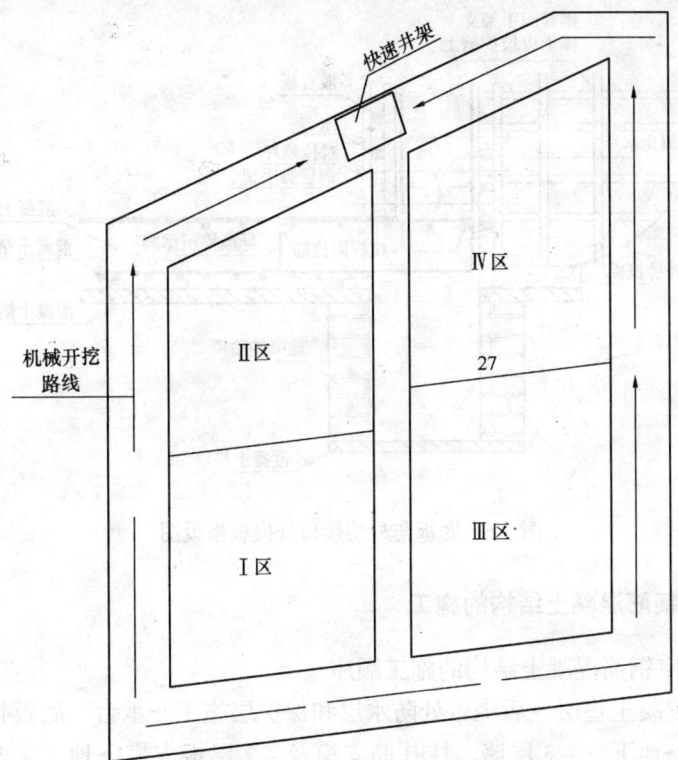

说明：本工程小承台、地梁采用人工挖土。
开挖顺序为：Ⅰ区→Ⅱ区→Ⅲ区→Ⅳ区

图 3-3 机械开挖线路图

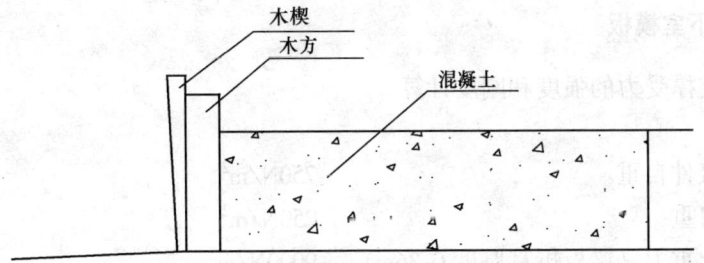

图 3-4 垫层模板施工示意图

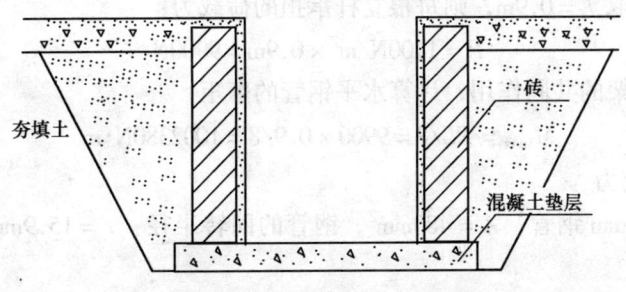

图 3-5 地梁砖胎模示意图

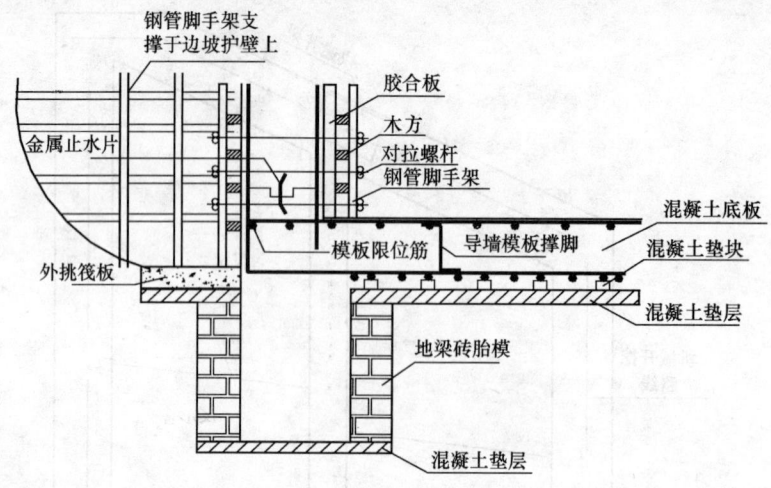

图 3-6 底板与外墙接口处模板搭设图

### 3.6 地下室钢筋混凝土结构的施工

#### 3.6.1 地下室钢筋混凝土结构的施工顺序

基坑清理→混凝土垫层→后浇带处防水层和保护层施工→承台、底板扎筋，墙、柱插筋→底板混凝土→地下室-3层墙、柱扎筋支模及-2层板支模→地下-3层墙、柱混凝土→-2层梁板扎筋，浇混凝土，-2层墙柱扎筋-1层梁板支模→-2层墙柱混凝土，-1层梁板扎筋、浇混凝土→-1层墙混凝土扎筋支模、±0.000梁板扎筋混凝土→地下室外防水→回填土夯实。

#### 3.6.2 地下室模板

（1）模板支撑受力的强度和刚度计算

1）荷载：

| | |
|---|---|
| 模板及连接件自重 | 750N/m² |
| 钢管支架自重 | 250N/m² |
| 新浇混凝土重力（梁板折算厚度0.36m） | 9000N/m² |
| 施工荷载 | 1000N/m² |
| $\Sigma q$ | 1100N/m² |

钢管立杆间距取 $L=0.9\mathrm{m}$，则每根立杆承担的荷载为：

$$P = 1100\mathrm{N/m^2} \times 0.9\mathrm{m} = 9900\mathrm{N}$$

考虑空间脚手架的共同作用，计算水平钢管的弯矩：

$$M_{\max} = PL/8 = 9900 \times 0.9/8 = 1002380\mathrm{N \cdot m}$$

2）立杆的压应力

采用 $\phi 48 \times 3.5\mathrm{mm}$ 钢管，$A = 480\mathrm{mm^2}$，钢管的回转半径：$r = 15.9\mathrm{mm}$，水平钢管步距 1.5m。

按强度计算压应力：

$$\sigma = P/A = 9900/489 = 20.25 \text{N}/\text{mm}^2$$

按稳定性计算压应力：
长细比：
$$L/r = 1500/15.9 = 94.3$$

查《钢结构设计规范》附录三，得 $\psi = 0.594$

$$\sigma = N/\Psi A = 9900/0.59 \times 489 = 34.3 \text{N}/\text{mm}^2 < 210 \text{N}/\text{mm}^2$$

3）横杆的强度和刚度验算

$$\sigma_{\max} = M_{\max} \cdot y_{\max}/I = 1002380 \times 24 \times 121900 = 197.35 \text{N}/\text{mm}^2 < 210 \text{N}/\text{mm}^2$$

横杆挠度 $f_{\max} = P^2/60EI = 9900^2/60 \times 21000 \times 121900$
$$= 0.052 \text{mm} < L/500 = 1.8 \text{mm}$$

根据以上计算结果立杆间距为 0.9m，水平杆步距 1.5m。能满足模板支撑的强度和刚度要求。

(2) 地下室模板的制作与安装

模板采用 18mm 厚层板，$\phi$48 钢管可调支撑作支撑系统，墙模竖向采用 50mm×100mm 木方作龙骨、间距 500mm，横向采用双钢管三形扣、对拉螺栓固定。穿墙螺杆呈梅花形布置，竖向和水平间距均采用 550mm，门、窗洞口沿四周按洞口尺寸适当加密，柱模竖向采用 50mm×100mm 木方，间距 500mm，柱箍与室内满堂架连结。

梁反支模架采用满堂架，立杆间距 900mm，水平杆步距 1500mm，在大梁处沿大梁长度方向立杆间距 800mm，在墙施工缝处内侧模板采用焊接短筋作为支承点。

### 3.6.3 地下室的钢筋制作与绑扎

地下室底板直线形的钢筋数量较多，部分直筋可在基坑内边制作边绑扎，底板和承台的双层筋采用钢筋马凳支撑，底板钢筋的连接除了部分在钢筋房内采用闪光对焊连接外，其余在现场采用搭接和承条焊连接。柱和墙的竖筋在现场采用电渣压力焊连接为主，局部竖向筋采用电弧焊连接。

在进行钢筋制作前应先对钢筋配料表进行审核，然后才能下料制作。基础梁钢筋绑扎前弹出钢筋排距控制线，然后进行钢筋绑扎，在绑扎前应清除承台、地梁槽内的积水、杂物。

水池、水箱钢筋绑扎时和水施图相互校核，穿墙水管作法按给水排水标准图集 S312 选定。钢筋绑扎时各设备预埋件由相应设备专业人员预埋，土建给予配合，钢筋在绑扎过程中实现三检制，经检查整改合格后报现场监督部门进行复检验收，并签署书面认可意见。

### 3.6.4 地下室混凝土施工

(1) 地下室混凝土的浇灌顺序

混凝土采用泵送商品混凝土，设两台输送泵，混凝土输送管东西向布置。混凝土自东向西浇灌。

先浇灌承台和底板的混凝土，然后接着浇底板上部至侧墙施工缝处的混凝土。为保证混凝土连续浇灌，每小时浇捣量不小于 50m³。混凝土第一层浇灌厚度 <600mm，相临两捣固组搭接振捣的宽度不小于 300mm。

(2) 地下室底板大体积混凝土施工及其温差计算和控制

主楼核心筒承台部位，厚达2.5m，长28m，宽15m，其余部分底板厚1m，底板属大体保混凝土的范畴，应按大体积混凝土的方法施工和养护。

配合比要求：

A. 石子粒径≤40mm，选择级配良好的花岗石石子。

B. 采用中砂，含泥量≤1%。

C. 选用低水化热水泥，在保证强度和抗渗要求的条件下，尽量减少水泥用量。

D. 按设计要求选用外加剂，确保外加剂的质量和正确的使用方法。

按以上措施计算结果表明不会产生内外温差应力裂纹，为有效确保大体积混凝土的质量，除以上措施外采用微机自动测温，其机理是以先进的电子软件、硬件为基础，经过温度传感器在不同温度下产生不同的传感信号，传递到数据采集仪中，经过数据采集仪的滤波、电子开关切换、放大及模数转换后传输给微机进行数字滤波及程序运算分析处理，并在微机的屏幕上显示出各个温度传感器的温度，同一断面同组不同深度间的温差，同时对温度、温差进行分析及温差预报警及超温报警，并根据需要随时打印数据或绘制温度（温差）—龄期曲线。根据实测差高速混凝土表面的保温层厚度及其表面温度，使内外温差始终保持在控制值内。整个测试系统具有信号采集快、程序计算准确、信息反馈迅速、操作简便的特点。混凝土温度自动检测系统总框图见图3-7。

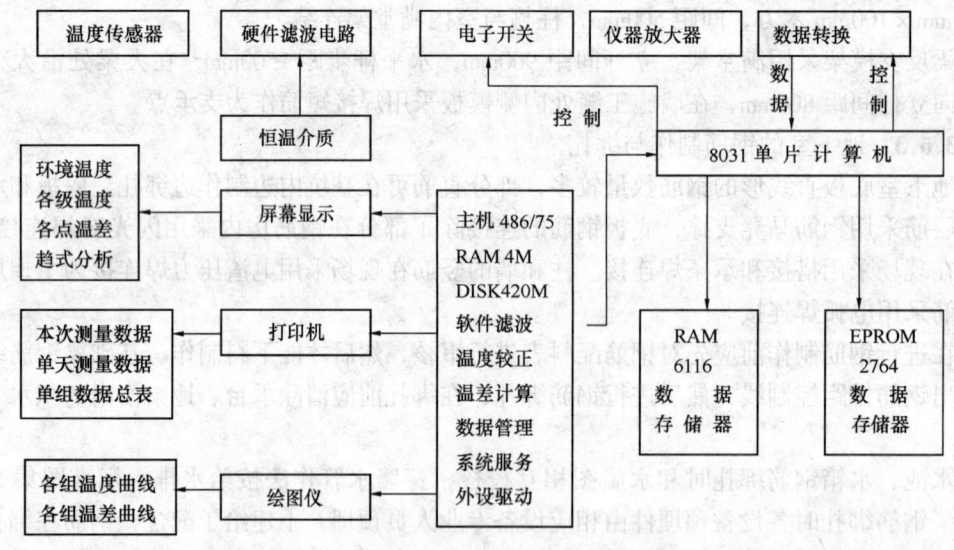

图3-7 混凝土温度自动检测系统总框图

为防止温差过大造成混凝土开裂，在核心筒底板和承台厚度2.5m的范围内布置循环冷却水管，用以降低厚承台混凝土的中心温度。

### 3.6.5 地下室护壁支撑的拆除

（1）第一道支撑的拆除：先在底板处设护壁桩的混凝土支承点，当底板混凝土浇灌以后，立即浇灌周边50cm厚素混凝土，然后搭设拆除支撑用的脚手架，进行下部第一道内支撑的拆除。

（2）第二道支撑的拆除：地下室负一层即－4.00m以下混凝土浇灌完毕，周边换撑的混凝土也已浇完，并达到设计强度的70%时，即可组织工人拆除上部第二道支撑。

(3) 注意事项：
1) 在拆支撑的过程中，要设置观察点，随时观察护壁的变形情况；
2) 注意安全施工，防止混凝土坠落伤人。

## 3.7 地下室外墙面防水

本工程地下室外墙防水设计为现浇混凝土墙板外贴防水卷材一层，外砌半砖防护墙，然后回填土分批夯实。

(1) 卷材防水施工材料方面遵循如下要求：
1) 卷材卷宜卷紧、卷齐，卷筒两端厚度差不得超过 0.5mm，端面里向外出不得超过 10mm；
2) 卷材在气温 40℃以下，应宜于展开，不得发生粘结和产生裂纹；
3) 卷材短途运输平放不宜高于四层，均不得倾斜或横压；卷材保管时，必须直立堆放，高度不宜超过 2 层，不得横放斜放，保证在 40℃以下保管；
4) 卷材在运输和保管时，避免雨淋、日晒、受潮，并保持通风。

(2) 卷材防水施工作业条件遵循如下要求：
1) 表层清洁干燥，用 2m 靠尺检查，最大空隙不得大于 5mm，不得有空鼓及超砂、脱皮等缺陷，坡度只允许平缓变化；
2) 基层表面要求干燥，满涂冷底子油，待冷底子油干燥后，方可铺贴；
3) 卷材、基层处理剂、有机溶剂、操作和存放均应远离火源；
4) 避开雨天和大风环境中施工。

(3) 卷材防水操作工艺遵循如下要求：
1) 铺贴卷材，应先贴平面，后铺贴立面，贴完后按设计做好保护层；
2) 在所有转角处，均应做好圆弧或钝角，并均匀铺贴附加层，附加层采用两层同品种卷材。

(4) 质量标准

1) 保证项目

A. 所有卷材和胶结材料的品种牌号和配合比，要符合设计要求和有关标准、产品说明规定。

B. 卷材防水层在预埋管件等细部做法，按 GBJ 208—83 执行。

2) 基本项目

A. 卷材防水层铺贴和搭接、收口应符合 GBJ 208—83 规定，并粘结牢固，无空鼓、损伤、滑移、翘边、起泡、皱折等缺陷。

B. 卷材防水层的保护层应牢固，结合紧密，厚度均匀一致。

(5) 施工注意事项

1) 空鼓

发生在找平层和卷材之间，且多在卷材的接缝处，其原因是：

A. 防水层卷材中存有水分，找平层未干，含水率超过 9%；

B. 空气排除不彻底，卷材未粘贴牢固，或刷胶厚薄不均，薄胶处压贴不实。预防方法是施工中应控制找平层的含水率，并应把好各道工序的操作关。

2）渗漏

渗漏发生在管道穿透层、地漏、伸缩缝和卷材搭接处等部位。

其原因是：

A．伸缩缝施工时未断开，产生防水层撕裂；

B．其他部位由于粘贴不牢，卷材松动或衬垫材料不严，有空隙等；

C．接头处漏水原因是粘结不牢，松动或基层清理不干净，卷材的搭接长度不够。预防措施是施工中按规范制定工艺卡，按工艺卡要求严格检查，认真操作。

(6) 产品保护

1）已铺贴好的卷材防水层，及时采取保护措施，操作人员不得穿带钉鞋作业；

2）穿过墙面等处的管道根部，不得碰损、变位；

3）排水口、变形缝等处保护通畅，施工时采取保护措施，防止基层积水或污染而影响卷材铺贴的施工质量；

4）卷材防水层完成后，及时做好保护层或砌筑保护墙，然后才进行地下室外围土方回填土。

### 3.8 地下室土方回填

#### 3.8.1 材料

回填土：选用优质黏土，回填土内不得含有机杂质，粒径不大于50mm，含水量符合压实要求。

#### 3.8.2 作业条件

(1) 填土基底已按设计完成防水及保护层施工，并办理隐蔽签收。

(2) 选定填土种类，按设计确定压实系数和最佳含水量，每层填土厚150~200mm，夯重30~40kg。打夯要领为"夯高过膝"，一夯压半夯，夯排三次，行夯线路由四周向中间进行。

(3) 每层填土压实后进行干密度试验，用环刀法取样，每20~50m长为一组。确定压实后的干密度，应有90%以上符合设计要求，允许偏差不大于0.08g/cm$^3$，且应分散，不得集中。

(4) 雨天不得进行填方，现场设防雨和排水措施，防止地上雨水流入坑内。

### 3.9 地上钢筋混凝土结构的施工

#### 3.9.1 钢筋工程材料

(1) 钢筋的品种和质量，焊条、焊剂的牌号和性能均必须符合设计要求和有关标准规定。

(2) 每批每种钢材应有与钢筋实际质量与数量相符的合格证或产品质量证明。

(3) 电焊条、焊剂应有合格证。电焊条、焊剂保存在烘箱中，保持干燥。

(4) 取样数量：按见证取样要求和现场监理共同取样，每种规格和品种的钢材以60t为一批，不足60t的也视为一批。在每批钢筋中随机抽取两根钢筋上各取一套（$L=50$cm、$L=30$cm）拉力试样和冷弯试样。

(5) 取样部位、方法：去掉钢材端部50cm后切取试样样坯，切取样坯可用断钢机，不允许用铁锤等敲打，以免造成伤痕。

(6) 钢筋原材料的抗拉和冷弯试验、焊接试验必须符合有关规范要求，并应及时收集整理有关试验资料。

(7) 钢筋原材料经试验合格后，试验报告送项目技术负责人、项目质检员。若不合格，由项目技术负责人予以退货。

(8) 钢筋原材料经试验合格后，由项目技术负责人签字同意方可付给供应商款项。

(9) 钢筋原材堆场下面垫以枕木或石条，钢筋不能直接堆在地面上。

(10) 每种规格钢筋挂牌，标明其规格大小、级别，使用部位，以免混用。

**3.9.2 钢筋施工程序**

程序：内业员提使用计划→材料员采购→材料进场→合格证交技术负责人→技术负责人填写委托试验单→试验员取样→试验员向试验室送样试验→试验员索取试验资料→技术负责人审核存档→技术负责人向材料员、钢筋工长签发原材合格通知书→制作。

**3.9.3 钢筋制作**

(1) 钢筋配料

1) 钢筋工程配料前，应审查、核对设计图纸与施工说明及变更等有关技术文件，弄清结构部位、数量、材料规格。

2) 对配筋图、柱、梁、板截面图、钢筋表应仔细对照。如有矛盾或其他问题向技术负责人报告解决；不能解决的，与设计部门研究解决。钢筋翻样采用电脑进行，并根据计算机优化下料。

3) 准备绑扎用的钢丝，$\phi 12$以下的钢筋用22号钢丝，$\phi 12$以上的钢筋用20号钢丝。

4) 准备控制混凝土保护层厚度用的砂浆垫块。

(2) 钢筋调直及除锈

1) 拉长率：10mm以下不大于4%。

2) 钢筋调直时，若被调直机筒擦伤表面，其擦伤面积，不得大于钢筋截面的5%。

3) 钢筋在使用前，应将表面的铁锈、油污和浮皮等清除干净。

4) 除锈方法：一般用钢丝刷除锈。

5) 钢筋除锈宜在基本矫直后进行，用除锈机进行除锈的钢筋直径一般在12mm以上，12mm以下的钢筋可在钢筋的矫直过程中进行。

(3) 钢筋的切断

1) 钢筋切断，必须根据钢筋配料单上注明的钢筋种类、直径、尺寸和根数等进行核对，无误后方可切断下料。

2) 钢筋切断料时，要注意节约原材料，尽量减少断头长度。不同长度但规格相同的钢筋使用计算机优化配料，先切断长料，后切断短料。

3) 钢筋要先矫直后断料，断好的钢筋应按类别、规格和用途等，分批堆放，挂牌标识，以免混乱。

(4) 制作质量要求

1) 钢筋形状正确，平面内没有翘曲不平现象。

2) 钢筋末端弯钩的净空直径不小于$2.5d$。

3) 钢筋弯曲点处没有裂缝，因此，HRB335钢不能先弯过规定角度，后校到规定角度。

4) 钢筋弯曲成型后的允许偏差：全长±10mm，弯起钢筋起弯点位移 20mm，弯起钢筋的弯起高度±5mm，箍筋边长 5mm。

（5）标示

钢筋制作成型后，应挂料牌（竹片 300mm×50mm），料牌用钢丝绑牢，其上注明钢筋形状、部位、数量、规格等。

（6）钢筋绑扎

1) 圆钢和绑扎骨架中的受力钢筋应在钢筋端头做弯钩。

2) 绑扎前应对木工所放模板边线进行复查，准确无误后，对原伸出板面的柱、墙钢筋进行校直，并须对位移钢筋进行校正。

3) 当钢筋位移在 5cm 之内时，可按 1:6 的比例校正；当钢筋位移超过 5cm 时，应通知技术负责人一起处理。

4) 施工前，应根据料表，将构件钢筋各就各位，然后方可正式绑扎、安装。钢筋类型较多时，为避免混乱和差错，对各种型号构件的钢筋规格、形状和数量，应在模板上分别标明。

5) 施工顺序：柱→主梁→次梁→板。

6) 构件交叉时，应按设计图纸穿插钢筋，一般梁、柱主筋相碰时，梁的主筋让开柱的主筋，次梁主筋于主梁主筋之上放置，板筋在次梁之上；当有圈梁时，主梁钢筋在上；挑梁上部筋置于主梁之下。

7) 箍筋接头，在柱中应环向交错布置，柱子四角的竖向钢筋弯钩，应向模板内角的平分线上绑扎固定，箍筋按设计要求焊接，焊接时不得烧伤箍筋。

板、柱钢筋间距按设计图。

板的受力筋及雨篷的分布筋，顺梁方向一般距墙或梁边 5cm。

主梁箍筋距柱边，次梁箍筋距主梁边 5cm。

8) 板或梁中的钢筋，如因安装暗管位移时，只能向一边移动。不得将钢筋局部打弯，过大的间距要用同规格直径的钢筋补上空缺。

9) 构件均应按设计规定留置保护层，绑扎完后用规定厚度的混凝土垫块（板 15mm，梁、柱均为 25mm）垫块置于钢筋交叉点下 800mm 处。

10) 绑扎形式复杂的结构部位时，应先研究逐根穿插就位的顺序，并与模板工联系讨论支模和绑扎的先后次序，以减少绑扎的困难。

11) 柱筋的固定

梁、板混凝土在浇筑前，应在模板上弹线，检查露出板面的柱筋位移是否在模板线内。为了防止混凝土浇筑时柱筋位移，应对其进行固定。

12) 柱筋绑扎

A. 柱筋校到位后在板面多装三道套箍 $\phi12@100$，箍筋之间应点焊固定增加整体刚度。

B. 箍筋与每根主筋用双股钢丝绑牢。

C. 柱最下端箍筋和柱主筋逐一点焊牢固。

D. 柱上部和中间 1000mm 处绑扎一定箍筋作临时固定。

13) 钢筋施工记录：钢筋隐检记录、钢筋绑扎和安装质量检查评定表→质检员检查记录→存档。

### 3.9.4 柱主筋电渣焊

电渣焊具有操作简便、力学性能可靠、速度快的特点。

(1) 材料

1) 钢筋：应有出厂合格证，试验报告性能指标应符合有关标准或规范的规定。钢筋的验收和加工，应按有关的规定进行。

2) 电渣压力焊焊接使用的钢筋端头应平直、干净，不得有马蹄形、压扁、凹凸不平、弯曲歪扭等严重变形。如有严重变形时，应用手提切割机切割或用气焊切割、矫正，以保证钢筋端面垂直于轴线。钢筋端部200mm范围不应有锈蚀、混凝土浆等污染，受污染的钢筋应清理干净后才能进行电渣压力焊焊接。处理钢筋时应在当天进行，防止处理后再生锈。

3) 电渣压力焊焊剂：须有出厂合格证，性能指标应符合有关规定。

(2) 作业条件

1) 焊工应经过有关部门的培训、考核，持证上岗。

2) 电渣压力焊的机具设备以及辅助设备等应齐全、完好。

3) 施焊前应搭好操作脚手架。

4) 钢筋端头已处理好，并清理干净。

5) 在焊接施工前，应根据焊接钢筋直径的大小，选定焊接电流、造渣工作电压、电渣工作电压、通电时间等工作参数，在焊前做焊接试验，以确认工艺参数，制作三个拉伸试件，试验合格后才可正式施焊。

(3) 操作工艺

电渣压力焊施焊接工艺程序

安装焊接钢筋→安放引弧铁丝球→缠绕石棉绳装上焊剂盒→装放焊剂→接通电源→造渣过程形成渣池→电渣过程钢筋端面溶化→切断电源顶压钢筋完成焊接→卸出焊剂拆卸焊盒→拆除夹具。

1) 焊接钢筋时，用焊接夹具分别钳固上下的待焊接的钢筋，上下钢筋安装时，中心线要一致，中心线最大偏差值不得大于2mm。

2) 安放引弧铁丝球：抬起上钢筋，将预先准备好的铁丝球安放在上、下钢筋焊接端面的中间位置，放下上钢筋，轻压铁丝球，使之接触良好。

3) 放下上钢筋时，要防止铁丝球被压扁变形。

4) 装上焊剂盒：先在安装焊剂盒底部的位置缠上石棉绳然后再装上焊剂盒，并往焊剂盒装满焊剂。安装焊剂盒时，焊接口宜位于焊剂盒的中部，石棉绳缠绕应严密，防止焊剂泄漏。

5) 接通电源，引弧造渣：按下开关，接通电源，在接通电源的同时将上钢筋微微向上提，引燃电弧，同时进行"造渣延时读数"计算造渣通电时间。造渣过程"工作电压控制在40～50V之间，造渣通电时间约占整个焊接过程所需通电时间的3/4。

6) "电渣过程"：随着造渣过程结束，即时转入"电渣过程"的同时进行"电渣延时读数"，计算电渣通电时间，并降低上钢筋，把上钢筋的端部插入渣池中，徐徐下送上钢筋，直至"电渣过程"结束。"电渣过程"工作电压控制在20～25V之间，电渣通电时间约占整个焊接过程所需时间的1/4。

7）顶压钢筋，完成焊接："电渣过程"延时完成，电渣过程结束，即切断电源，同时迅速顶压钢筋，形成焊接接头。

8）卸出焊剂，拆除焊剂盒、石棉绳及夹具。

卸出焊剂时，应将接料斗卡在剂盒下方，回收的焊剂应除去溶渣及杂物，受潮的焊剂烘焙干燥后，可重复使用。

9）钢筋焊接完成后，应及时进行焊接接头外观检查，外观检查不合格的接头，应切除重焊。

### 3.9.5 机械连接

（1）滚压直螺纹套筒

滚压直螺纹接头用连接套筒，采用优质碳素结构钢，连接套筒的类型有：标准型、正反丝扣型、变径型、可调型等。

滚压直螺纹接头用连接套筒的规格与尺寸应符合表3-1～表3-3要求。

**标准型套筒的几何尺寸** 表3-1

| 规　格 | 螺纹直径（mm） | 套筒外径（mm） | 套筒长度（mm） |
|---|---|---|---|
| 16 | M16.5×2 | 25 | 45 |
| 18 | M19×2.5 | 29 | 55 |
| 20 | M21×2.5 | 31 | 60 |
| 22 | M23×2.5 | 33 | 65 |
| 25 | M26×3 | 39 | 70 |
| 28 | M29×3 | 44 | 80 |
| 32 | M33×3 | 49 | 90 |
| 36 | M37×3.5 | 54 | 98 |
| 40 | M41×3.5 | 59 | 105 |

**常用变径型套筒几何尺寸** 表3-2

| 套筒规格 | 外径（mm） | 小端螺纹（mm） | 大端螺纹（mm） | 套筒总长（mm） |
|---|---|---|---|---|
| 16～18 | 29 | M16.5×2 | M19×2.5 | 50 |
| 16～20 | 31 | M16.5×2 | M21×2.5 | 53 |
| 18～20 | 31 | M19×2.5 | M21×2.5 | 58 |
| 18～22 | 33 | M19×2.5 | M23×2.5 | 60 |
| 20～22 | 33 | M21×2.5 | M23×2.5 | 63 |
| 20～25 | 39 | M21×2.5 | M26×3 | 65 |
| 22～25 | 39 | M23×2.5 | M26×3 | 68 |
| 22～28 | 44 | M23×2.5 | M29×3 | 73 |
| 25～28 | 44 | M26×3 | M29×3 | 75 |
| 25～32 | 49 | M26×3 | M33×3 | 80 |
| 28～32 | 49 | M29×3 | M33×3 | 85 |
| 28～36 | 54 | M29×3 | M37×3.5 | 89 |
| 32～36 | 54 | M33×3 | M37×3.5 | 94 |
| 32～40 | 59 | M33×3 | M41×3.5 | 98 |
| 36～40 | 59 | M37×3.5 | M41×3.5 | 102 |

**可调型套筒几何尺寸表**　　　　　　　　　　　　　　　　　　　　　表3-3

| 规　格 | 螺纹直径（mm） | 套筒总长（mm） | 旋出后长度（mm） | 增加长度（mm） |
|---|---|---|---|---|
| 16 | M16.5×2 | 118 | 141 | 96 |
| 18 | M19×2.5 | 141 | 169 | 114 |
| 20 | M21×2.5 | 153 | 183 | 123 |
| 22 | M23×2.5 | 166 | 199 | 134 |
| 25 | M26×3 | 179 | 214 | 144 |
| 28 | M29×3 | 199 | 239 | 159 |
| 32 | M33×3 | 222 | 267 | 117 |
| 36 | M37×3.5 | 244 | 293 | 195 |
| 40 | M41×3.5 | 261 | 314 | 209 |

注：表中"增加长度"为可调型套筒比普通套筒加长的长度，施工配筋时应将钢筋的长度按此数进行缩短。

(2) 现场连接施工

1) 连接钢筋时，钢筋规格和套筒的规格必须一致，钢筋和套筒的丝扣应干净、完好无损。

2) 采用预埋接头时，连接套筒的位置、规格和数量应符合设计、规范的要求。带连接套筒的钢筋应固定牢靠，连接套筒的外露端应有保护盖。

3) 滚压直螺纹接头应使用扭力扳手或管钳进行施工，将两个钢丝头在套筒中间位置相互顶紧，接头拧紧力矩应符合表3-4要求，扭力扳手的精度不应超过±5%。

**直螺纹钢筋接头拧紧力矩值**　　　　　　　　　　　　　　　　　　　表3-4

| 钢筋直径（mm） | 16~18 | 20~22 | 25 | 28 | 32 | 36~40 |
|---|---|---|---|---|---|---|
| 拧紧力矩（N·m） | 100 | 200 | 250 | 280 | 320 | 350 |

4) 经拧紧后的滚压直螺纹接头应做出标记，单边外露丝扣长度不应超过2扣。

5) 根据带接钢筋所在部位及转动难易情况，选用不同的套筒类型，采取不同的安装方法。

(3) 接头质量检验

1) 工程中应用滚压直螺纹接头时，技术提供单位应提供有效的型式检验报告。

2) 钢筋连接作业开始前及施工过程中，应对每批进场钢筋进行接头连接工艺检验。工艺检验应符合下列要求：

每种规格的钢筋接头试件不应少于3根；

接头试件的钢筋母材应进行抗拉强度实验；

3根试件接头的抗拉强度均不应小于该级别钢筋抗拉强度的标准值，同时尚应不小于0.9倍钢筋母材的实际抗拉强度。

3) 现场检验应进行拧紧力矩检验和单向拉伸强度实验。对接头有特殊要求的结构，应在设计图纸中另行注明相应的检验项目。

4) 用扭力扳手按表3-4规定的接头拧紧力矩值抽检接头的施工质量。抽检数量为：

梁、柱构件按接头数的15%，且每个构件的接头抽检数不得少于一个接头，基础、墙、板构件每100个接头做为一个验收批，不足100个的也做为一个验收批，每批抽检3

个接头。抽检的接头应全部合格；如有一个接头不合格，则该验收批接头应逐个检查并拧紧。

5）滚压直螺纹接头的单向拉伸强度实验按验收批进行。同一施工条件下采用同一批材料的同等级、同型式、同规格接头，以500个为一个验收批进行检验。

在现场连续检验10个验收批，其全部单向拉伸实验一次抽样合格时，验收批接头数量可扩大为1000个。

6）对每一验收批，应在工程结构中随机抽取3个试件做单向拉伸实验。当3个试件拉伸强度均不小于A级接头的强度要求时，该验收批判为合格。如有一个试件的抗拉强度不符合要求，则应加倍取样复验。

滚压直螺纹接头的单向拉伸试验破坏形式有三种：钢筋母材拉断、套筒拉断、钢筋从套筒中滑脱，只要满足强度要求，任何破坏形式均可判断为合格。

### 3.9.6 梁钢筋焊接

梁钢筋的连接主要采用帮条焊、搭接焊及闪光对焊。焊接前根据钢筋级别、直径、接头型式和位置，选择适宜的焊条直径和焊接电流，保证焊缝与钢筋熔合良好。

（1）钢筋帮条焊

焊接宜采用双面焊，不能进行双面焊时，也可采用单面焊。

如帮条的级别与主筋相同时，帮条的直径可比主筋小一规格，但帮条宜采用与主筋同级别、同直径钢筋制作，其帮条长度 $L$ 见表3-5。

钢筋帮条长度　　　　　　　　表3-5

| 项次 | 钢筋级别 | 焊缝形式 | 帮条长度 |
| --- | --- | --- | --- |
| 1 | HPB235级 | 单面焊 | $\geqslant 8D$ |
|  |  | 双面焊 | $\geqslant 4D$ |
| 2 | HRB335级 | 单面焊 | $\geqslant 10D$ |
|  |  | 双面焊 | $\geqslant 5D$ |

（2）钢筋搭接焊

钢筋搭接焊只适用于HPB235、HRB335级钢筋。焊接时，宜采用双面焊，不能进行双面焊接时也可采用单面焊。搭接长度 $L$ 与帮条焊的帮条长度相同。

钢筋帮条接头或搭接接头的焊缝厚度 $h$ 应不小于0.3倍钢筋直径；焊缝宽度 $b$ 不小于0.7倍钢筋直径。

（3）钢筋帮条焊或搭接焊时，钢筋的装配和焊接应符合下列要求：

1）帮条焊时，两主筋端接之间应留2~5mm宽的间隙；

2）搭接焊时，钢筋宜预弯，以保证两钢筋的轴线在一直线上；

3）帮条与主筋之间用四点定位焊固定，搭接焊时，用两点固定；定位焊缝应离帮条或搭接端部20mm以上；

4）焊接时，引弧应在帮条或搭接钢筋的一端开始，收弧应在帮条或搭接钢筋端头上，弧坑应填满。第一层焊缝应有足够的熔深，主焊缝与定位焊缝，特别是在定位焊缝的始端与终端，应熔合良好。

（4）钢筋闪光对焊

钢筋的纵向连接宜采用闪光对焊，其焊接工艺应根据具体情况选择：

钢筋直径较小，可采用连续闪光焊；钢筋直径较大，端面比较平整，宜采用预热闪光焊；端面不够平整，宜采用闪光—预热—闪光焊。连续闪光焊钢筋上限直径见表3-6。

连续闪光焊钢筋上限直径　　　　　　　表3-6

| 焊机容量（kV·A） | 钢筋级别 | 钢筋直径（mm） |
| --- | --- | --- |
| 150 | HPB235级<br>HRB335级 | 25<br>22<br>20 |
| 100 | HPB235级<br>HRB335级 | 20<br>18 |
| 75 | HPB235级<br>HRB335级 | 16<br>14 |

连续闪光焊所能焊接的最大直径，应随着焊机容量的降低和级别的提高而减小。

采用连续闪光焊时，应选择调伸长度、烧化留量、顶锻留量以及变压器级数等；采用闪光—预热—闪光焊时，除上述参数外，还应包括一次浇化留量、二次浇化留量、预热留量和预热时间参数。

烧化留量和预热留量应根据焊接工艺合理选择。连续闪光焊的烧化留量等于两钢筋切断时严重压伤部分之和，另加8mm；预热闪光焊时的预热留量为4~7mm，烧化留量为8~10mm，采用闪光—预热—闪光焊时，一次烧化留量等于两钢筋切断时刀口严重压伤部分之和，预热留量为2~7mm，二次烧化留量为8~10mm。

顶锻留量应随着钢筋直径的增大和钢筋级别的提高而有所增加，可在4~6.5mm的范围内选择。其中，有电顶锻留量约占1/3，无电顶锻留量约占2/3。

夹紧钢筋时，应使两钢筋端面的凸出部分相接触，以利于均匀加热和保证焊缝与钢筋轴线相垂直；烧化过程应该稳定、强烈，防止焊缝金属氧化；顶锻应在足够大的压力下快速完成，保证焊口闭合良好和使接头处产生适当的镦粗变形。

在钢筋对焊生产中，操作过程的各个环节应密切配合，以保证焊接质量；若出现异常现象或焊接缺陷时，参照表3-7查找原因，及时消除。

钢筋对焊异常现象、焊接缺陷及防止措施　　　　　表3-7

| 异常现象和缺陷种类 | 防　止　措　施 |
| --- | --- |
| 烧化过分剧烈并产生强烈的爆炸声 | ①降低变压器级数；<br>②减慢烧化速度 |
| 闪光不稳定 | ①清除电极底部和表面的氧化物；②提高变压器级数；③加快烧化速度 |
| 接头中有氧化膜未焊透或夹渣 | ①增加预热程度；②加快临近顶锻时的烧化速度；③确保带电顶锻过程；④加快顶锻速度；⑤增大顶锻压力 |
| 接头中有缩孔 | ①降低变压器级数；②避免烧化过程过分强烈；③适当增大顶锻留量及顶锻压力 |
| 焊缝金属过烧或热影响区过热 | ①减小预热程度；②加快烧化速度，缩短焊接时间；③避免过多带电顶锻 |

| 异常现象和缺陷种类 | 防 止 措 施 |
|---|---|
| 接头区域裂纹 | ①检验钢筋的碳、硫、磷含量；若不符合规定时，应更换钢筋；②采取低频预热方法，增加预热程序 |
| 钢筋表面微熔及烧伤 | ①清除钢筋被夹紧部位的铁锈和油污；②清除电极内表面的氧化物；③改进电极槽口形状，增大接触面积 |
| 接头弯折或轴线偏移 | ①正确调整电极位置；②修整电极钳口或更换已变形的电极；③切除或矫直钢筋的弯头 |

### 3.9.7 模板工程

(1) 柱、墙、梁、板模板及支撑

本工程主体施工每栋采用三套模板及支撑。梁、板均采用18mm厚木胶合板，快拆支撑体系，配置三层。梁侧设钢管横撑@500，梁底设带可调头钢管顶撑，当梁高≥700mm时设M12对拉螺栓一道并加设撑，间距@800，快拆支撑具有用料少，周转快，装拆方便，扣件不易丢失，速度快，架体观感好的特点。

柱、墙模板采用木胶合大模板拼装，配置三层，设置50mm×100mm背方和快拆式加套管对拉螺栓，模板用快拆碗扣钢管架支撑，支撑与满堂脚手架支撑连成一体。

1) 柱模板计算

新浇混凝土对模板最大侧压力计算

$$F = 0.22\gamma t_0 \beta_1 \beta_2 v^{1/2}$$

式中　$F$——新浇混凝土对模板最大侧压力（$kN/m^2$）；

　　　$\gamma$——混凝土重力密度（$kN/m^3$）；

　　　$v$——混凝土浇灌速度（m/h），按4m/h计；

　　　$t_0$——混凝土初凝时间 $= 200/(T+15)$，$T$为混凝土温度，按30℃计；

　　　$\beta_1$——混凝土外加剂影响系数，不掺外加剂取1.0，掺有缓凝作用的外加剂取1.2；

$$\beta_1 = 1.2$$

　　　$\beta_2$——混凝土坍落度影响系数，坍落度50~90mm时取1.0，坍落度110~150mm时取1.15，$\beta_2 = 1.15$

$$F = 0.22 \times 24 \times 200 \times 1.2 \times 1.15 \times 4^{1/2}/(30+15) = 64.77 kN/m^2$$

模板 $\phi 12$ 拉杆按下式计算：

$$P = F/A\sigma \quad A = 91mm^2 \quad \sigma = 215N/mm^2$$

算得　　$P = 64770/(90 \times 215) = 0.331m^2 \quad L = P^{0.5} = 0.57m$

则柱模板 $\phi 12$ 拉杆间距 $< 0.60$ 即可。

2) 剪力墙模板计算

A. 混凝土侧压力 $F$

a. 混凝土侧压力标准值

地下室层高取5.0m来计算承载力，混凝土入模温度为30℃，混凝土的重力密度 = $24kN/m^3$，混凝土的浇灌速度 = 1.8m/h

$$F_1 = 0.22 \times \gamma_1 \times t_0 \times \beta_1 \times \beta_2 \times v_1^{1/2}$$
$$= 0.22 \times 24 \times [200/(30+15)] \times 1.2 \times 1 \times 1.8^{1/2}$$
$$= 37.80 \text{kN/m}^2$$

或 $F_1 = \gamma_1 \times H = 24 \times 5.0 = 120 \text{ kN/m}^2$

取小值 $F_1 = 37.80 \text{ kN/m}^2$

b. 混凝土侧压力设计值
$$F_3 = F_1 \times 分项系数 \times 折减系数 = 37.80 \times 1.2 \times 0.85 = 38.56 \text{ kN/m}^2$$

c. 倾倒混凝土时产生的水平荷载
$$F_4 = 2 \times 1.4 \times 0.85 = 2.38 \text{ kN/m}^2$$

d. 荷载组合
$$F = F_3 + F_4 = 40.94 \text{ kN/m}^2$$

B. 模板受力计算

本工程的模板采用 18mm 厚 1830mm×915mm 的胶合板，木背方间距 400mm，胶合板的截面特征：$W = 915 \times 18^2/6 \text{mm}^3$，$I = 915 \times 18^3/12 \text{mm}^4$，$E = 6500 \text{N/mm}^2$

a. 化为线均布荷载
$$q_1 = F_1 \times 0.915 = 40.94 \times 0.915 = 37.46 \text{N/mm} \quad （用于计算承载力）$$
$$q_2 = F_3 \times 0.915 = 38.56 \times 0.915 = 35.28 \text{N/mm} \quad （用于挠度计算）$$

b. 弯矩计算

按连续梁计算：$M = 0.1 \times q_1 \times L^2 = 0.1 \times 37.46 \times 400^2 = 94 \times 10^4 \text{N·mm}$

c. 模板抗弯强度验算
$$\sigma = M/W = 94 \times 10^4/49410$$
$$= 19.02 \text{N/mm}^2 < f_m = 20 \text{N/mm}^2 \quad （满足要求）$$

d. 挠度验算
$$f_w = 0.677 \times q_2 \times L^4/100EI$$
$$= 0.677 \times 35.28 \times 400^4/100 \times 6500 \times 44 \times 10^4$$
$$= 0.05 \text{mm} < 混凝土平整度 10 \text{mm}（满足要求）$$

C. 木背方的受力计算

木背方采用 100mm×50mm，间距 400mm，对拉螺杆的间距 600mm，木背方的截面特征为：

$W = 5 \times 100^2/6 = 83333 \text{mm}^3 \quad I = 50 \times 100^3/12 = 4.2 \times 10^6 \text{mm}^4 \quad E = 10000 \text{N/mm}^2$

a. 化为线均布荷载
$$q_1 = F \times 0.4 = 40.94 \times 0.4 = 16.38 \text{N/mm} \quad （用于计算承载力）$$
$$q_2 = F_3 \times 0.4 = 38.56 \times 0.4 = 15.42 \text{N/mm} \quad （用于挠度计算）$$

b. 弯距计算

按连续梁计算 $M = 0.1 \times q_1 \times L^2 = 0.1 \times 20.47 \times 600^2$
$$= 12.28 \times 10^5 \text{N·mm}$$

模板抗弯强度验算
$$\sigma = M/W = 12.28 \times 10^5/83333 = 14.7/\text{mm}^2 < f_m = 17 \text{N/mm}^2 \quad （满足要求）$$

c. 挠度验算

$$f_w = 0.677 \times q_2 \times L_4/100EI$$
$$= 0.677 \times 19.28 \times 6004/100 \times 10000 \times 4.2 \times 106$$
$$= 0.34\text{mm} \text{ 小于混凝土平整度 } 10\text{mm} \quad (\text{满足要求})$$

D. 对拉螺杆的计算

本工程采用直径为 M12 的对拉螺杆,其截面积 $A = 113\text{mm}^2$。

a. 对拉螺杆的拉力

$$N = F \times \text{对拉螺杆有效作用面积}$$
$$= 40.94 \times 0.6 \times 0.6 = 14.74\text{kN}$$

b. 对拉螺杆的承载力

$$\sigma = N/A = 14740 \div 113 = 130\text{N/mm}^2 < [\sigma] = 170\text{N/mm}^2 \quad (\text{满足要求})$$

(2) 梁、板模板的计算

本工程中选取较有代表性截面尺寸为 350mm×650mm 的梁进行计算,梁底模木方采用 50mm×100mm 间距 500mm,支撑采用 $\phi$48 的钢管,搭设间距 1000mm,模板采用 18mm 厚的松质胶合板,其力学性能为:抗弯 $f_m = 13\text{N/mm}^2$,抗剪 $f_v = 1.4\text{N/mm}^2$,弹性模量 $E = 9000\text{N/mm}^2$,重力密度 $= 5\text{kN/m}^3$。

静载分项系数 1.2,动载分项系数 1.4

1) 荷载　底模自重:$5 \times 0.02 \times 0.4 \times 1.2 = 0.05$

　　　　混凝土自重:$24 \times 0.35 \times 0.65 \times 1.2 = 6.55$

　　　　钢筋自重:$1.5 \times 0.35 \times 0.65 \times 1.2 = 0.41$

　　　　振捣混凝土及施工荷载:$2 \times 0.35 \times 1.4 = 1.00$

　　　　$\Sigma q_1 = 8.01\text{kN/m}$

乘以折减系数 0.9,则

$$q = q_1 \times 0.9 = 6.94 \times 0.9 = 7.21\text{kN/m}$$

2) 底模抗弯承载力计算

按五等跨连续梁计算,弯矩系数 $K_m = -0.105$,剪力系数 $K_V = -0.606$,挠度系数 $K_w = 0.644$.

弯矩计算

$$M = -0.105qL^2 = -0.105 \times 7.21 \times 0.5^2 = -0.19\text{kN}\cdot\text{m}$$

抗弯计算

$$\sigma = M/W = (0.19 \times 10^6) \div (500 \times 20^2 \div 6)$$
$$= 5.7\text{N/mm}^2 < [f_m] = 13\text{N/mm}^2 \quad (\text{可满足要求})$$

抗剪计算

$$V = K_V qL = -0.606 \times 7.21 \times 0.5$$
$$= 2.18\text{kN} = 2180\text{N}$$
$$\tau = V \div A = 2180 \div (400 \times 20)$$
$$= 0.27 \text{ N/mm}^2 < [f_v] = 1.4 \text{ N/mm}^2 \quad (\text{可满足要求})$$

挠度计算

$$f_w = 0.644qL^4/100EI$$
$$= 0.644 \times 7.21 \times 500^4/(100 \times 9000 \times 27 \times 10^4)$$
$$= 1.24\text{mm} < [f_w] = 2.0\text{mm} \quad (可满足要求)$$

3)梁底木方承载力计算

A. 荷载　　底模自重：$5 \times 0.02 \times 0.5 \times 1.2 = 0.05$

　　　　　木方自重：$5 \times 0.05 \times 0.1 \times 1.2 = 0.03$

　　　　　混凝土自重：$24 \times 0.5 \times 0.65 \times 1.2 = 9.36$

　　　　　钢筋自重：$1.5 \times 0.5 \times 0.65 \times 1.2 = 0.59$

　　　　　振捣混凝土及施工荷载：$2 \times 0.5 \times 1.4 = 1.40$

$$\Sigma q_1 = 11.43 \text{kN/m}$$

乘以折减系数 0.9, 则
$$q = q_1 \times 0.9 = 11.43 \times 0.9 = 10.29 \text{kN/m}。$$

B. 弯矩计算
$$M = qc(aL-c)/8 = 10.29 \times 0.4 \times (0.3 \times 1 - 0.4) \div 8 = -0.051 \text{kN·m}$$

C. 抗弯计算
$$\sigma = M/W = (0.051 \times 10^6) \div (50 \times 100^2 \div 6)$$
$$= 0.61 \text{N/mm}^2 < [f_m] = 13 \text{N/mm}^2 \quad (可满足要求)$$

D. 抗剪计算
$$V = qc/2 = 10.29 \times 0.4 \div 2 = 2.06\text{kN} = 2060\text{N}$$
$$\tau = V/A = 2060 \div (100 \times 50)$$
$$= 0.41 \text{N/mm}^2 < [f_v] = 1.4 \text{N/mm}^2 \quad (可满足要求)$$

E. 挠度计算
$$f_w = qc(8L^3 - 4c^2L + c^3)/384EI$$
$$= 10.29 \times 400 \times (8 \times 1000^3 - 4 \times 400^2 \times 1000 + 400^3)$$
$$\div [384 \times 9000 \times (50 \times 100^3 \div 12)]$$
$$= 2.08\text{mm} < [f_w] = 3.0\text{mm} \quad (可满足要求)$$

4)梁底支模架水平钢管承载力计算

钢管采用 $\phi = 48 \times 3.5\text{mm}$ 焊接钢管，水平钢管搭设间距 400mm，跨度 1000mm，按五等跨连续梁计算，其力学性能为：截面积 $A = 4.89 \text{cm}^2$，重量 $g = 3.84 \text{kg/m}$，截面惯性矩 $I_x = 12.19 \text{cm}^4$，截面抵抗矩 $W_x = 5.08 \text{cm}^3$。

A. 荷载　　底模自重：$5 \times 0.02 \times 1 \times 0.4 \times 1.2 = 0.05$

　　　　　木方自重：$5 \times 0.05 \times 0.1 \times 2 \times 3 \times 1.2 = 0.18$

　　　　　混凝土自重：$24 \times 0.35 \times 0.55 \times 1 \times 1.2 = 5.54$

　　　　　钢筋自重：$1.5 \times 0.35 \times 0.8 \times 1 \times 1.2 = 0.5$

　　　　　振捣混凝土及施工荷载：$2 \times 0.35 \times 1 \times 1.4 = 0.98$

$$\Sigma P_1 = 7.25 \text{kN}$$

乘以折减系数 0.9, 则 $P = P_1 \times 0.9 = 7.25 \times 0.9 = 6.53 \text{kN}$。因水平钢管间距为 400mm, 故 $P = 6.53 \times 0.4 = 2.61 \text{kN}$。

B. 弯矩计算

弯矩系数为 -0.281

$$M = -0.281PL = -0.281 \times 2.61 \times 1 = -0.73 \text{kN} \cdot \text{m}$$

C. 抗弯计算

$$\sigma = M/W = (0.73 \times 10^6) \div 5080$$
$$= 143.8 \text{N/mm}^2 < [f_m] = 215 \text{N/mm}^2 \quad （可满足要求）$$

D. 抗剪计算

$$V = -1.281P = -1.281 \times 2.61 = 3.35 \text{kN} = 3350 \text{N}$$
$$\tau = 4V/3A = 3350 \times 4 \div (3 \times 489)$$
$$= 9.13 \text{N/mm}^2 < [f_v] = 115 \text{N/mm}^2 \quad （可满足要求）$$

E. 挠度计算

挠度系数 1.695

$$f_w = 1.695 PL^3 / 100 EI$$
$$= 1.695 \times 2610 \times 1000^3 \div 100 \times 206 \times 10^3 \times 121900$$
$$= 1.9 \text{mm} < [f_w] = 3.0 \text{mm}（可满足要求）$$

5) 立杆承载力计算：立杆间距 1000mm×1000mm，梁板折算厚度 230mm

荷载　混凝土自重：$24 \times 0.23 \times 1 \times 1 \times 1.2 = 6.62$
　　　钢筋自重：$1.5 \times 0.23 \times 1 \times 1 \times 1.2 = 0.414$
　　　振捣混凝土及施工荷载：$2 \times 1 \times 1 \times 1.4 = 2.80$
　　　$\Sigma N_1 = 9.83 \text{kN}$

乘以折减系数 0.85，则

$$N = N_1 \times 0.85 = 9.83 \times 0.85 = 8.36 \text{kN}$$

当支模架水平钢管的竖向步距为：1800mm 时，立杆的允许轴向荷载为：$[N] = 11.6$ kN
故：$N = 9.83 \text{kN} < [N] = 11.6 \text{kN}$ （可满足要求）

(3) 主要构件模板安装方法

1) 地梁模板

地梁模板采用的是砖胎模，胎模尺寸按照地梁设计做相应调整，见图 3-8。

2) 筏形基础模板

木方斜撑每 500mm 间距一道，见图 3-9。

3) 柱模板

柱模竖向采用 50mm×100mm 的木方，间距 500mm 柱箍与室内满堂架连结。对拉螺杆间距 @550mm。见图 3-10 及图 3-11。

4) 墙模板

墙模采用 50mm×100mm 木方作背方，横向 @400mm；肋用双钢管扣住间距 800mm 竖立，离地高 150mm 处为第一道，第二道离地 550mm，其余为 600mm；对拉穿墙螺杆拉紧。穿墙螺杆直径 $\phi = 12$mm，水平间距 600mm，竖向间距 600mm 布置，门、窗洞口沿四周加密，防止爆模。见图 3-12 及图 3-13。

# 3 主要分部（分项）工程施工方法

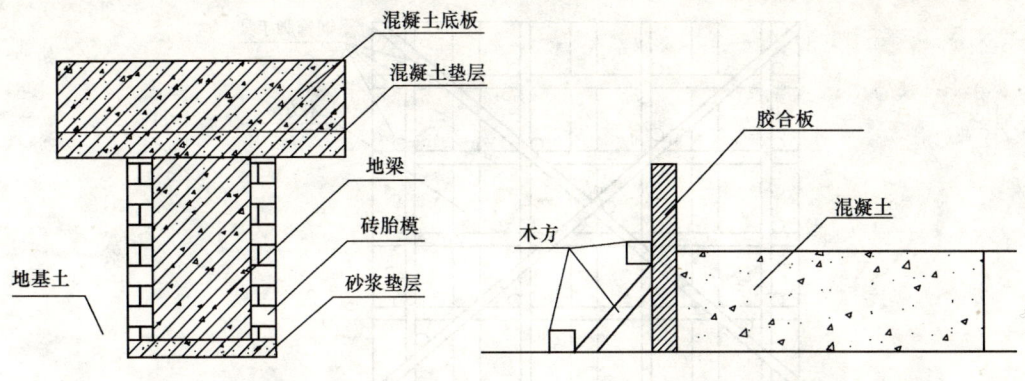

图 3-8 地梁模板　　　　图 3-9 筏形基础模板施工示意图

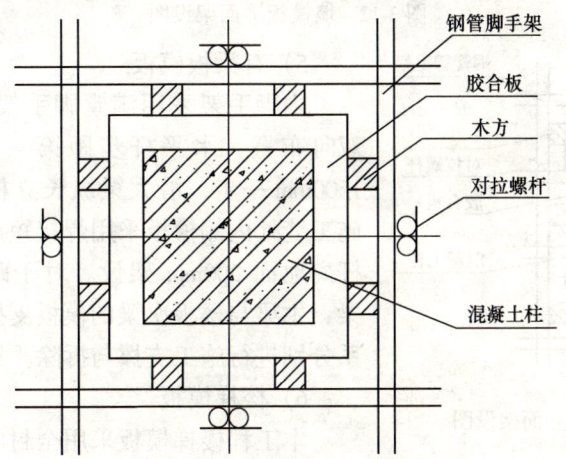

图 3-10 柱平面模板架设简图

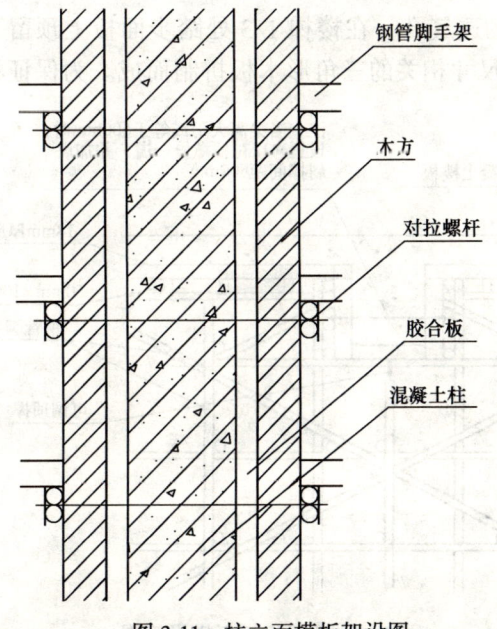

图 3-11 柱立面模板架设图

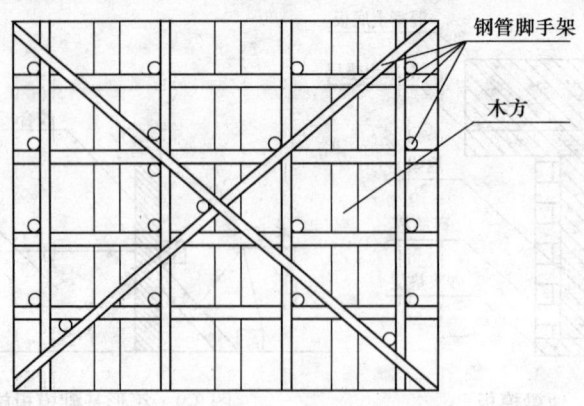

图 3-12 墙模板平面架设图

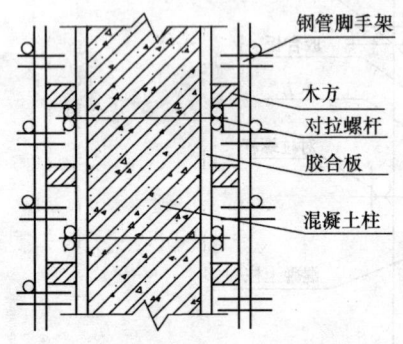

图 3-13 墙模板立面架设图

5）有梁板模板

内脚手架采用满堂脚手架，立杆间距 1000mm 双向布置，水平杆步距第一步 1800mm，往上每 1500mm 一步，沿大梁纵长立杆间距 800mm，在墙施工缝处内侧模板采用焊接短筋作为支撑点，扫地杆离地面 200mm 架设。对于跨度大于 8m 的框架梁，主梁与楼板次梁的模板支撑体系按两个独立体系分别进行施工支撑与拆除。见图 3-14。

6）楼梯模板

本工程楼梯模板采用全封闭式模板，楼梯模板采用 18mm 厚的胶合板及 50mm×100mm 的木方支设，经现场放样后配制，踏步模板用木夹板及 50mm×100mm 的木方预制成定型木模，将踏步面全封闭，并在每个踏步模板上留出若干个直径大于 20mm 的透气孔。在楼梯 1/3 处踏步面板上预留 50cm 宽振捣口，楼梯侧模用木方及若干与踏步尺寸相关的三角形木板拼制而成。为保证楼梯踏步的施工质量，

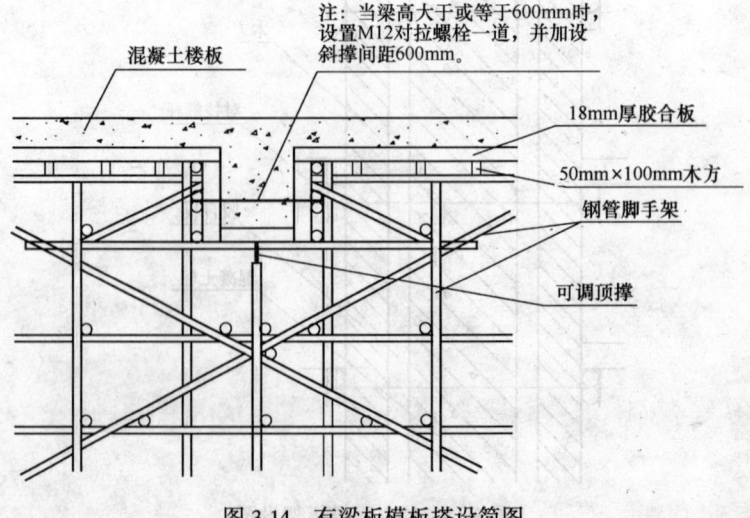

图 3-14 有梁板模板搭设简图

楼梯采用全封闭支模,加固采用对拉螺栓。在混凝土浇筑有困难时,可在楼梯中部留设混凝土浇筑入口,楼梯踏步侧板采用18mm厚木夹板及50mm×50mm和50mm×100mm木方预制成阶梯状,踏步侧板及盖板必须搁置在楼梯段侧模的台阶上以保证模板的坚固,防止在浇筑混凝土前发生人为的模板塌陷,梯段模板起拱为跨度2‰。见图3-15。

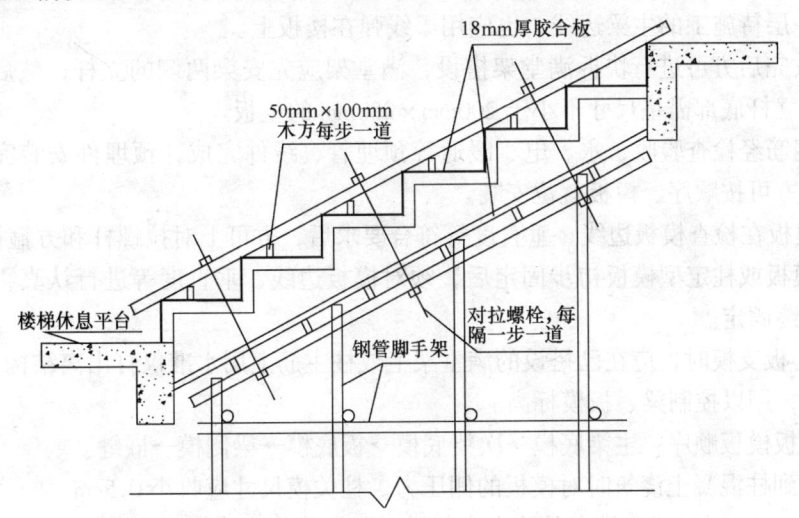

图3-15 封闭楼梯模板搭设简图

7) 地下室混凝土导墙模板支设

地下室外墙在底板混凝土浇筑时,一次整体浇筑至突出基础底板顶面以上300mm处作为导墙。导墙模板为吊模,采用带止水钢板的对拉螺杆和限位筋固定牢固。其支撑示意如图3-16。

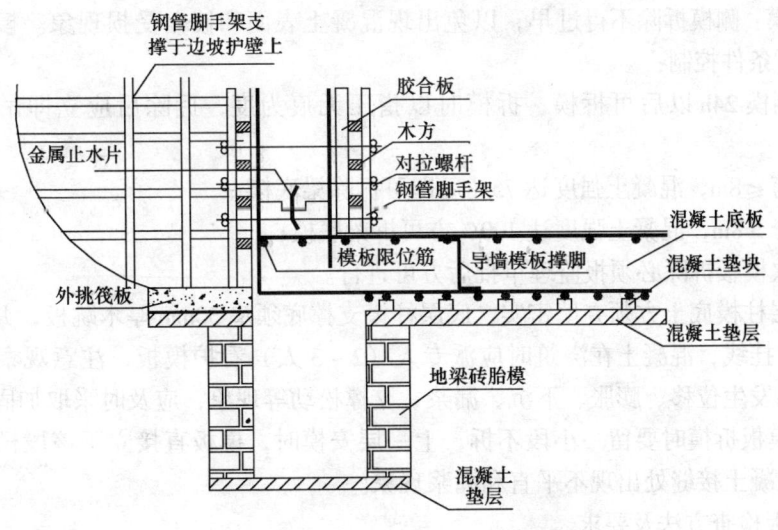

图3-16 底板与外墙接口处模板搭设图

(4) 模板施工注意事项

1) 模板的操作要求

A. 模板安装前,应熟悉设计图纸和构造大样图、放线图,记录有关标高、轴线的数据,备好预埋件等。

B. 待下一层梁、板混凝土浇筑完后,测量员放轴线,木工应复核轴线;然后,据此逐一放出柱模板边线和离模板边线20cm的控制线。

C. 上一层待施工的主梁边线,也应用墨线弹在楼板上。

D. 线放完后方可进行快拆满堂架搭设,满堂架应先安梁两侧的立杆;然后,安梁间板的支撑。立杆底部需垫尺寸不小于200mm×200mm的垫板。

E. 柱钢筋经检查验收,水、电、暖通等预埋管、线件完成,预埋件安装完毕检查符合要求后,方可按顺序、模板就位安装。

F. 柱模板在检查模板边线、垂直度等符合要求后,方可上对拉螺杆和方箍初步固定。

G. 柱模板或柱定型模板初步固定后,须对模板边线、垂直度等进行认真再检查、调整、直到最终固定。

H. 梁、板支模时,应在已搭设的满堂架上或柱主筋上用水准仪打出离结构楼面1m的统一水平线,用以控制梁、板模标高。

I. 梁、板模板顺序:主梁底模→次梁底模→板底模→梁侧模→嵌缝。

J. 考虑到柱混凝土浇筑时对模板的侧压力,柱关模尺寸应收小0.5cm。

K. 梁跨≥4m时,梁底模在其跨中应起拱,起拱值可取跨长的0.1%～0.3%。

L. 柱模板安装后保证其竖直,严禁依钢筋形状面关模。

M. 柱钢筋有位移,位移较小时,钢筋根部起弯超过模板部分的可用木方垫起,上部应安到位,符合要求;在不得已的情况下,墙、柱模板应统一放大,不允许放一头而不放另一头形成喇叭状模板。

N. 柱、梁、板的几何尺寸必须符合有关要求,发现有破损、起皮的应及时更换。

O. 拆模:侧模拆除不得过早,以免出现混凝土表面和棱角受损现象。模板拆除的时间应按以下条件控制:

a. 柱侧模24h以后可拆模,拆模时以指压无痕为度,拆除后应立即吊出,按顺序堆放;

b. 梁跨≤8m,混凝土强度达75%后即可拆除梁底模;

c. 梁跨>8m,混凝土强度达100%方可拆梁底模;

d. 每次模板拆除必须报监理审批后方可进行。

P. 底层柱模底土方须夯填密实,底层柱模支撑底须垫50mm厚木跳板,并在竖向钢管上在柱跨间挂线,混凝土在浇筑时应派专人(2～3人)看护模板,注意观察模板受荷后的情况,如发生位移、膨胀、下沉、漏浆、支撑松动等现象,应及时采取加固处理。

Q. 柱模板拆模时要留一小段不拆,上一层安模时,模板直接立于该段模板上,以防止墙、柱混凝土接缝处出现不平直和漏浆现象。

2) 模板检查方法及要求

A. 轴线、模板边线放完并复检无误后,质检员应将柱模板位移及建筑边线位移其值超过要求的用表格和简图的形式记录,以便整改;

B. 柱安模板后,工长、质检员逐一检查每根柱;

C. 模板离柱钢筋距离须满足保护层要求;

D.一片模板垂直度：从左到右检查，一片模板两端，中间三个部位，柱检查两个相互垂直的面；检查时用吊线坠，量出模板上、中、下三点离吊线坠的距离；

D.检查模板接缝、支撑等情况；

E.梁、板应检查其标高、上口平直度、轴线位移、几何尺寸、接缝、支撑等；

G.检查预埋件或预留洞口标高、位置、大小及是否安牢。

凡柱垂直度、边线位移等超过允许偏差值的必须整改。

3) 检查程序：班组自检→工长自检→质检员检查→项目质量副经理检查、验收→ 监理单位或质检单位检查。

4) 记录

A.柱模板边线位移；

B.模板分项工程质量检查评定表。

### 3.9.8 结构混凝土施工

(1) 混凝土采用泵送商品混凝土，浇灌前料斗、串筒、振动器等机具设备按需要准备，并考虑发生故障时的修理时间，备用混凝土机具。所用的机具均应在浇筑前进行检查和试运转，同时配有专职技工，随时检修。浇筑前，必须查实混凝土所需要的设备及材料数量，每一层一次浇筑完，以免停工待料。

(2) 保证水电及原材料的供应 在混凝土浇筑期间，要事先作好准备，保证水、电、照明不中断。为了防备临时停水、停电等、事先应在浇筑地点，贮备一定数量的原材料，备用发电机组和拌合捣固用的工具，以防出现意外的施工停歇缝。

(3) 掌握天气季节变化情况 加强和气象预测预报部门的联系工作，在混凝土施工阶段应掌握天气变化情况，以保证混凝土连续浇筑的顺利进行，确保混凝土浇灌质量。

(4) 检查模板、支架、钢筋和预埋件

1) 模板的标高、位置与构件的截面尺寸是否与设计符合，构件的预留拱度是否正确。

2) 所安装的支架是否稳定、支柱的支撑和模板的固定是否可靠。

3) 模板的接缝是否紧密。

4) 钢筋与预埋件的规程、数量、安装位置及构件接点连接焊缝是否与设计符合。

5) 在浇筑混凝土前，模板内的垃圾、木片、刨花、锯屑、泥土和钢筋上的油污、鳞落的铁皮等杂物，应清除干净。

(5) 木模板应浇水加以湿润，但不允许留有积水。湿润后，木模板中尚未胀的缝隙应用嵌缝纸嵌塞，以防漏浆。

(6) 检查安全设施、劳动力配备是否妥当，能否满足浇筑速度的要求。

混凝土施工要点

1) 为保证工期和质量，根据混凝土施工面的变化，利用塔吊补充运送混凝土，以保证少留施工缝；

2) 施工前商品混凝土公司对混凝土进行试配，达到设计要求才用于现场施工；

3) 石子粒径<40mm，采用级配良好、硬度高的花岗石石子，砂采用中砂，含泥量<1%；

4) 混凝土水灰比<0.55，砂率35%~40%，拌制混凝土用水，采用城市自来水；

5) 混凝土开始施工前，认真检查输送设备和计量装置，准备好备用柴油发电机、贮水池，制定浇灌方案，向操作人员进行书面交底；

6）浇灌区段的钢筋、模板请监理及质监单位检查认可，并签署书面钢筋隐蔽认可文件；

7）浇混凝土前，对模板内的杂物和钢筋上的油污清理干净，补好模板缝隙和孔洞。

(7) 振捣

1）振动器的操作，要做到"快插慢拔"，快插是为了防止先将表面混凝土振实而与下面混凝土发生分层、离析现象；慢拔是为了使混凝土填满振动器抽出时所造成的空洞。在振捣过程中，宜将振动器上下略为抽动，以使上下振捣均匀。

2）混凝土分层灌注时，每层混凝土厚度应不超过振动棒长的1.25倍，在振捣上一层时，应插入下层中5cm左右，以消除两层之间的接缝；同时，在振捣上层混凝土时，要在下层混凝土初凝前进行。

3）每一插点要掌握好振捣时间，过短不容易捣实，过长可能引起混凝土产生离析现象，一般每点振捣时间为20~30s，应视混凝土表面呈水平不再显著下沉、不再出现气泡、表面泛出灰浆为准。

4）振动器插点要均匀排列，可采用"行列式"或"交错式"的次序移动，不应混用，以免造成混乱而发生漏振。每次移动位置的距离应不大于振动器作用半径的1.5倍，一般振动器的作用半径为30~40cm。

5）振动器使用时，振动器距离模板不应大于振动器作用半径的0.5倍，并不宜紧靠模板振动，且应尽量避免碰撞钢筋。

6）柱混凝土分层浇筑，振动器不得"一棒到底"。

(8) 在梁板混凝土的浇筑过程中板面标高的控制方法

采用预制混凝土块控制标高法：

1）预先制作比板厚小5mm的混凝土块，在混凝土浇筑前按每2.5m放一混凝土块于楼板的模板面上，当所浇混凝土盖住预制混凝土即基本达到板的设计厚度和标高；

2）在柱、墙筋上计标高控制点。用移动式标高控制尺控制楼板厚度和标高的方法；

3）移动式标高控制尺，由2.5m长的[8槽钢和4根16mm的可上下移动的圆钢组成，根据楼板的设计厚度调整伸出槽钢下表面圆钢的长度，按楼板浇筑面宽度布置移动式标高控制尺的数量，并随混凝土的向前浇筑，控制尺也随着向前移动。

(9) 混凝土养护

本工程确保在混凝土的养护期间板面处于潮湿状态非常重要，因此采用麻袋覆盖法进行混凝土的养护。混凝土初凝后即在上满铺麻袋，用楼层上水管进行洒水，保持麻袋处于潮湿状态。

(10) 混凝土质量要求

柱、梁轴线允许偏差不大于8mm；基础截面尺寸允许偏差+15mm，-10mm，柱、梁、截面尺寸允许偏差+8mm，-5mm；混凝土质量要求按《混凝土结构工程施工质量验收规范》GB 50204—2002。

拌制混凝土的原材料、规格、数量，每一工作班检查两次。

检测混凝土浇捣点的混凝土坍落度，每一工作班不少于两次。

独立取样，试验时独立进行。每班、每100m³混凝土取样均不少于一组。

若混凝土结构有缺陷不隐瞒，立即报监理、设计部门处理。

**3.10 屋面工程施工**

本工程所有屋面均为有组织排水，防水材料采用高分子防水涂料，隔热材料采用30mm厚挤塑板，憎水珍珠岩找坡。

屋面工程所采用的防水、保温隔热材料应有材料质量证明文件，并经指定的质量检测部门认证，确保其质量符合技术要求。材料进场后，应按规定取样复试，提出试验报告，严禁在工程中使用不合格的材料。

**3.10.1 屋面改性沥青卷材防水**

(1) 施工工艺流程：清理基层→涂刷底胶→复杂部位增强处理→卷材表面涂胶→基层表面涂胶→粘结→排气→压实→卷材末端收头及封边处理→保护层施工。

(2) 粘贴防水材料的水泥砂浆面层应坚固、平整、光滑，其含水率不超过9%，屋面材料中各水泥砂浆结合层均设30mm宽分仓缝，其纵横间距按柱网轴线，缝内嵌填密封材料。

(3) 卷材防水施工从流水坡度的下坡开始，弹出标准线，并使卷材的长向与流水坡垂直。转角处尽量减少接缝，铺平面和立面相连接的卷材，应由下向上进行，使卷材紧贴阴角，不得有空鼓或粘贴不牢的现象。

(4) 每铺一张卷材，立即用干净的长把滚筒从卷材的一端开始，在卷材的横方向顺序用力滚压一遍，以彻底排除粘贴层间的空气。

(5) 卷材防水屋面基层与突出结构的连接处，以及基层的转角处均应做成圆弧，$R = 100mm$，内部排水的水落口周围应做成略低的凹坑。

(6) 在阴阳角、管道根部、排水口等易发生开裂渗漏的部位，在卷材铺贴以前，必须增设一层带有胎体增强材料的附加层进行增强处理，局部增强处理并干燥后，方可进行大面积铺贴。

(7) 屋面设备基座与结构层相连时，防水层应包裹设备基座的上部，并在地脚螺栓周围作密封处理；设备放置在防水层上时，设备下部的防水层应增加一层，并在其上浇筑60mm厚细石混凝土。

(8) 夏季施工时，屋面如有露水潮湿，应待屋面干燥后方可铺贴卷材，并避免在高温烈日下施工。雨天必须待屋面干燥后，方可铺贴卷材，刮大风时不得铺贴卷材。

**3.10.2 高聚物涂膜防水施工**

(1) 屋面找平层设30mm宽分隔缝，其纵横间距按柱网轴线，并≤6m，缝内嵌填密封材料。基层转角处应抹成圆弧形，$R = 100mm$。

(2) 分隔缝应在浇筑找平层时预留，要求分隔缝符合设计要求，并应与板端缝对齐，均匀顺直，对其清扫后嵌填密封材料。分隔缝处应铺设带胎体增强材料的空铺附加层，其宽度为200~300mm。

(3) 天沟、檐沟、檐口等部位，均应加铺有胎体增强材料的附加层，宽度不小于200mm。

(4) 水落口周围与屋面交接处，应作密封处理，并加铺两层有胎体增强材料的附加层。涂膜伸入水落口的深度不得小于50mm。

(5) 泛水处应加铺有胎体增强材料的附加层,此处的涂膜防水层宜直接涂刷至女儿墙压顶下,压顶应采用铺贴卷材或涂刷涂料等作防水处理。

(6) 涂膜防水层的收头应用防水涂料多遍涂刷或用密封材料封固严密。

(7) 施工前应做好材料、施工机具、安全防护等的物资准备和技术准备。防水材料进场后应抽检合格。

(8) 检查基层(找平层)质量是否符合要求,并加以清扫,出现缺陷应及时加以修补。

涂膜防水的施工顺序按"先高后低,先远后近"的原则进行。遇高低跨屋面时,先涂布高跨屋面,后涂布低跨屋面;相同高度屋面上,要合理安排施工段,先涂布距上料点远的部位,后涂布近处;同一屋面上先涂布排水较集中的水落口、天沟、檐口等节点部位,再进行大面积涂布。

胎体增强材料长边搭接宽度不得小于50mm,短边搭接宽度不得小于70mm。

在天沟、檐口、泛水或其他基层采用卷材防水时,卷材与涂膜的接缝应顺流水方向搭接,搭接宽度不应小于100mm。

在涂膜防水层实干前,不得在其上进行其他施工作业。涂膜防水屋面上不得直接堆放物品。防水层施工程序如图 3-17。

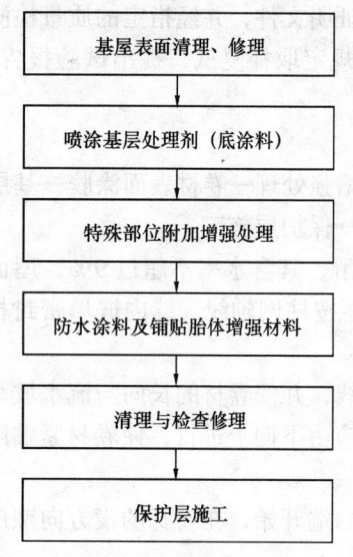

图 3-17 防水层施工程序

### 3.11 砌体工程

#### 3.11.1 砌筑前的准备工作

(1) 先对砌筑面表面的标高及轴线位置进行校核,标注出标高控制点、墙中线、边框线、门窗洞口线,然后进行墙体砌筑的施工。

(2) 在砌墙前提前 24h 对砖湿水,并应先对柱上的拉墙筋进行清理、校直,在砌墙的过程中应设好固定门窗的连接件、与墙固定的上下水管连接件、动力及照明管线及其连接件等,预留好有关设备及管线安装的孔洞。

(3) 为了保证墙面的垂直度、平整度,采取分段拉线砌筑。在砌筑过程中应保持灰缝饱满度达 80% 以上,内外墙不能同时砌筑时,在内外墙搭接处应留成踏步形。

(4) 墙体的砖砌转角、门窗洞周边和构造柱周边 200mm 范围内改砌实心砖。砖分皮错缝搭接,上下皮搭接长度不得小于砖长的三分之一。当同一位置相临三皮的搭接长度不能满足上述要求时,应在水平缝内每道设置不少于 2 根 $\phi6$ 钢筋。

(5) 为了保证砌筑砂浆的有效强度,在下班前必须用完砌筑砂浆,不得把上一班用的砌筑砂浆留到下一班使用。对于特殊部位在砌筑之前应先进行试砌筑,得出最好的组砌方法后,再正式进行砌筑,卫生间地面以上 200mm 高采用 C20 现浇混凝土,同墙宽。

#### 3.11.2 砌筑要求

1) 砌筑前,应将砌筑部位清理干净,放出墙身中心线及边线,浇水湿润。

2)在砖墙的转角处及交接处立起皮数杆,在皮数杆之间拉准线,依准线逐皮砌筑,其中第一皮砖按墙身边线砌筑。

3)砌砖操作方法可采用铺浆法或"三一"砌砖法,采用铺浆法砌筑时,铺浆长度不得超过750mm;气温超过30℃时,铺浆长度不得超过500mm。

4)砖墙水平灰缝和竖向灰缝宽度宜为10mm,但不小于8mm,也不应大于12mm,水平灰缝的砂浆饱满度不得小于80%;竖缝宜采用挤浆或加浆方法,不得出现透明缝,严禁用水冲浆灌缝。

5)砖墙的转角处,每皮砖的外角应加砌七分头砖。当采用一顺一丁砌筑形式时,七分头砖的顺面方向依次砌顺砖,丁面方向依次砌丁砖。

6)砖墙的丁字交接处,横墙的端头隔皮加砌七分头砖,纵墙隔皮砌通。当采用一顺一丁砌筑形式时,七分头砖丁面方向依次砌丁砖。

7)砖墙的十字交接处,应隔皮纵横墙砌通,内角的竖缝互错开1/4砖长。

8)宽度小于1m的窗间墙,应选用整砖砌筑,半砖和破损的砖应分散使用在受力较小的砖墙部位,小于1/4砖块体积的碎砖不能使用。

9)砖墙的转角处和交接处应同时砌起,对不能同时砌起而必须留槎时,应砌成斜槎,斜槎长度不应小于斜槎高度的2/3,每天砌墙高度不超过1.8m。

10)墙中洞口、管道、沟槽和预埋件等应在砌筑时正确留出或预埋。

**3.11.3 砌体施工的结构要求**

(1)框架柱及剪力墙与砖隔墙应全高设置2φ6竖向间距≤500mm的拉结筋,长度不小于墙长的1/5且≥700mm;当墙垛长度小于上述长度,则拉结筋应伸满墙垛,拉结筋锚入柱内$L_{aE}$且末端应加弯钩。

(2)内、外砖墙砌筑至顶部做法:当墙体长度<5m时,应待下部平砌砖墙沉实后(一般在砌筑7d后)斜砌;当墙长≥5m时,墙顶与梁(板)应设拉结筋。填充墙每面抹灰厚度应≤20mm。

(3)当墙长度大于5m时,在墙长中部设钢筋混凝土的构造柱,无翼墙(悬墙)端头亦应设置构造柱,构造柱截面:墙厚×200mm,配筋:4φ12,φ6@200。当墙高大于4m时,在墙中部或门窗顶部设钢筋混凝土圈梁,截面:墙厚×200mm,配筋:4φ12,φ6@200。圈梁纵向钢筋应锚入框架柱或构造柱内$L_{aE}$。

(4)本工程砌体内钢筋混凝土构造柱均应先砌墙后浇筑,并应设置马牙槎及墙体拉结钢筋。

(5)门窗洞口过梁支承长度为250mm,过梁底标高为洞顶标高。当过梁与框架柱相连时,主体结构施工时应在柱内预留过梁纵筋,待砌筑墙体时后浇过梁。

(6)窗台做80mm厚C20混凝土压顶同墙宽,内配纵筋2φ8,分布筋φ6@200。

**3.11.4 多孔砖墙体的防潮防渗措施**

(1)砌筑时保证砂浆饱满,并勾墙体砂浆缝;砌筑完毕砂浆初凝后,浇水养护;墙体两面粉刷,其外面用防水砂浆,粉刷前先勾缝。

(2)外墙根部改砌三皮实心砖,底层室内地面或室外散水坡顶的砌体应设防潮层,浸泡在水中或经常受潮的部位不得用多孔砖。

(3)外墙在室内一层地坪以下60mm处,设墙身防潮层一道,材料为1:2水泥砂浆

20mm厚，内掺5%防水剂。

砌体工程施工工艺框图如图3-18。

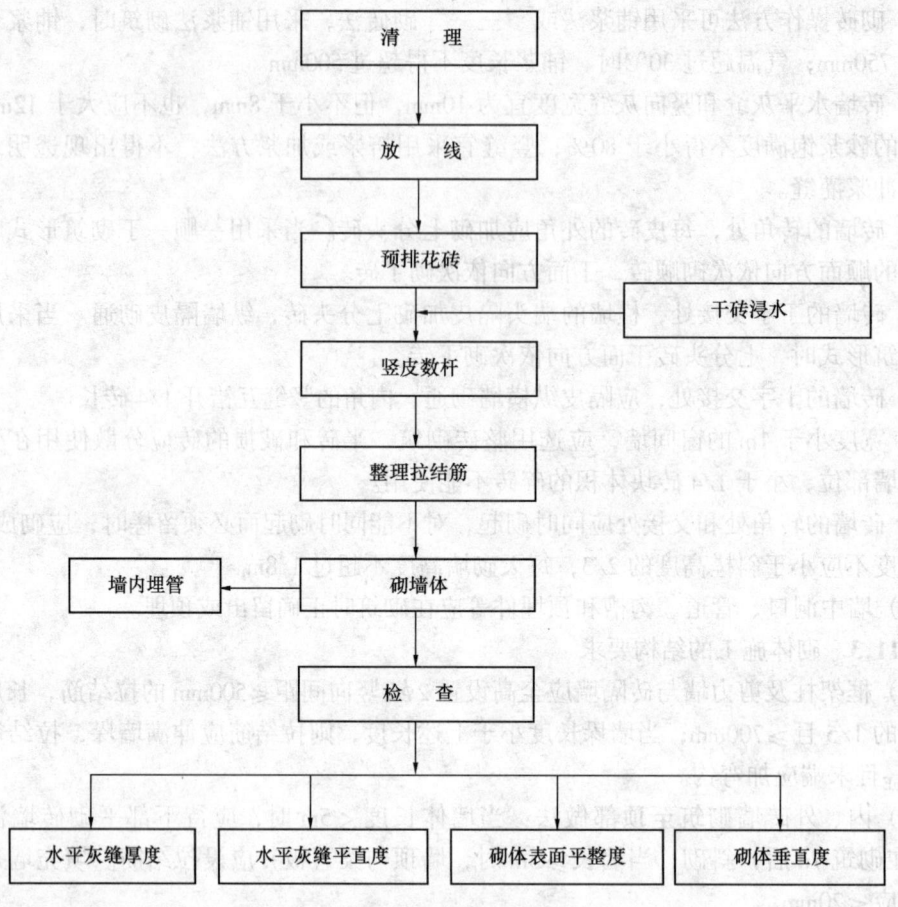

图3-18 砌体工程施工工艺框图

### 3.12 脚手架工程施工

本工程裙房外脚手架采用落地式钢管脚手架，由于未超过24m，不作详述。

塔楼采用多功能提升脚手架，脚手架按操作规程进行搭设、使用。室内采用满堂内脚手架进行主体结构和建筑装饰工程的施工。

选择市建委认可的外爬提升架施工单位，承担本工程的外爬升脚手架施工，施工前要求制作单位进行设计计算。并制定提升与下降施工方案。

#### 3.12.1 多功能脚手架的主要部件

（1）脚手架部分：脚手架为双排外墙脚手架，用普通钢管和扣件按常规方法搭设，脚手架全高约4层楼高，下面第一步用钢管和扣件搭成双排承得桁架，两端支撑在脚手架承力架上，脚手架有导向拉固及临时拉固螺栓与建筑物相连，可以承受12级台风。

（2）提升部分：提升机具采用10t型电动葫芦，提升速度6cm/min，提升机安装在承力梁上，承力梁用承重螺栓与ⓟ、ⓒ剪力墙或框架梁柱紧固，形成群机提升能力。

（3）控制部分：配套设计的控制台每台可控制20台提升机，其同步提升精度为升差不超过5cm。

**3.12.2 多功能外脚手架平面布置**

从2层开始使用多功能脚手架，设2个控制台。

**3.12.3 多功能外脚手架的安装搭设**

多功能脚手架的安装搭设应严格按多功能外脚手架施工技术操作规程及有关规范进行。

**3.12.4 多功能外脚手架的提升和下降**

多功能外脚手架按照施工的速度和要求提升和下降，多功能外脚手架交付使用时必须拉紧导向拉固圈和临时拉固螺栓，每层楼左、中、右各拉结三条，三层拉结共九条。

多功能外脚手架在每次升降前必须做好各项准备工作，确保提升工作顺序进行。

**3.12.5 使用多功能外脚手架的准备**

（1）技术准备工作

1）向各参与多功能外脚手架施工人员做好安全技术交底工作；

2）对多功能外脚手架的安装搭设必须按图纸、规程、规范验收合格后方可使用；

3）多功能外脚步手架的承力梁、拉杆螺旋扣应符合《多功能外脚用架施工技术操作规程》；

4）多功能外脚手架搭设所采用的钢管扣件符合《多功能外脚手架施工技术操作规程》；

5）提升前，必须清除脚手架上的杂物；

6）必须清除各层预埋螺栓的水泥和杂物；

7）必须预先对提升中所可能出现问题制定相应的对策；

8）提升之前必须试运转提长机，避免出现提升时停机或卡壳现象。

（2）组织准备工作

对各参与人员进行合理分工，做到各司其职各尽所能。各人员的分工及职责如下：

1）总指挥（1人）：负责全面指挥脚手架的升降，对参与施工人员进行分工；

2）巡视员（1人）：负责巡察各机位的运行状况，并负责解决提升中出现的问题；

3）监视员（12人）：负责在其升降过程式中监视提升机和脚手架状况，并负责安装拆卸螺栓；

4）机操工（1人）：负责操作控制台；

5）机修工（1人）：负责检修提升机；

6）电工（1人）：负责现场电路。

（3）物资准备工作

在提升前，各种有可能使用的备用材料要充足齐全，放置在指定位置或由专人携带。

**3.12.6 备用材料**

1）1t型手动葫芦8个

2）手提式电焊机1台

3）氧乙炔气割1套

4）螺栓和垫板

5）电工和机修工具

在所有的准备工作做好后即可进行提升，多功能外脚手架在升降时，除操作人员外，不得有其他施工荷载。在提升前，拆除提升上部一层之内的两跨间连接的钢管，挂好捯链，拉紧吊钩，然后再拆除承力架和拉投杆怀混凝土墙之间的紧固螺栓，并拆除临时拉固螺栓，最后由总指挥统一发令提升。各监视员发现提升架因故受阻不能同步提升时应立即通知停面并报告给总指挥和巡视员，查明原因排故障后，方可继续提升。当提升到位后，部分机位需单独调整。到位后安装螺栓和拉杆，并把承力梁和提升机吊至层固定好，为下次提升做好准备。主体施工完毕后，再反向进行，提升机层或两层一次下降脚手架，完成幕墙工程的施工，须单片升降时，还应先固定好导向拉固圈，导向拉固圈按设计位置设置在每榀架上、左、中、右各三条，每对上、下相距30cm，使脚手架升降时立杆顺利通过。

在多功能外脚手架的整个提升过程中，各工作人员之间要经常保持联络，进行信息反馈。监视员和巡视员要及时向总指挥报告各处脚手架和电动葫芦在提升过程中的情况。

**3.12.7 多功能外脚手架在塔吊和电梯处的搭设**

多功能外脚手架在塔吊、外用电梯处切断，留出塔吊或外用电梯位置，两端要封闭。若在塔吊和外用电梯处连通的多功能脚手架，必须按多功能外脚手架设计图搭设，不需拆除的做永久性搭设，其上下弦均用单管，且用法兰连接，以便通过塔吊或电梯的附墙杆。附墙杆过横杆时，一层可一次拆除，过桁架时，上、下弦分开通过，即拆除下弦留上弦，拆除上弦留下弦。

**3.12.8 悬梁的附加配筋**

提升机位处的承力架均安装于悬臂梁端，考虑到悬臂梁的安全性，增设附加筋。

**3.12.9 多功能脚手架的安全技术措施**

1）多功能外脚手架施工时必须严格按《多功能外脚手架安全操作规程》、《建筑安装工人技术操作规程》的规定执行。

2）多功能外脚手架技术人员必须向参加施工人员做好安全技术交底工作。

3）必须严格按照多功能外脚手架设计图、《多功能外脚手架施工技术操作规程》有关规范进行加工制作和施工。

4）建立验收制度，多功能外脚手架在验收合格后，方可安装使用。

5）建立安全质量奖罚制度，做到分工负责，各司其职，各尽所能。

6）脚手架要经常检查其扣件和钢管，避免出现松动扣件，钢管变形后要校正。

7）提升机要定期检修保养，保证在升降过程中顺利进行。

8）建立自检、互检、交接检制度。

## 3.13 塔吊安装

塔吊型号H-14C、承载能力120t·m，内爬式，先安装在9号电梯井内，吊臂50m，塔身安装高度约30m。然后，随结构由下往上施工塔身向上爬升。安装用主要机具：经纬仪、水平仪各一台、25t汽车吊一台、5t平板汽车二台、$\phi 40$麻绳200m及常用机修、电工工具各一套。安全防护用品安全带三条，安全帽参加人员各一顶。

安装技术要求及安装顺序：

（1）基础施工及塔身支腿预埋

按生产厂家所提供的图纸要求进行施工。用经纬仪定相垂直两方向的垂直度，控制偏差在1%以内，垫实支承框架。

完成以上工作后开始浇灌混凝土，在浇灌过程当中注意避免标准节产生移动或倾斜。

在混凝土强度达到以后由持证测量工复测垂直度，同时记录测量数据，经机动站安装负责人签字认可，一式三份，分别交工地、安全、动力保存。

(2) 塔吊整体安装

1) 拆除连接在里支腿上的一节标准节，用吊装7.5m长基础节和顶升套架，用8支$\phi 50$轴销（厂家配置）连接在顶埋支腿上。

2) 25吊车起吊回转支承，坐落在基础节之上，同时用8支轴销连接牢固。

3) 垂直起吊驾驶员室及套架，坐落在回转支承上，对准安装位置后，用16个M24螺栓及四支$\phi 60$销轴联拉牢固。

4) 找准吊点，起吊塔帽体，务必使其垂直向下，对准安装位置后，安装角四支销轴把塔帽及驾驶室套架连接起来。

(3) 吊臂与平衡臂的安装

1) 在场面适于吊装的位置拼齐吊臂及吊臂上方的两支拉杆，同时拼好平衡臂及其上的两面三刀支拉杆。

2) 找准吊点，汽车水平吊起平衡臂，到指定高度，缓慢转动吊车臂，使平衡根部连接板插入。

3) 吊车转移到平衡臂位置，把平衡配置重（五块）吊装运至平衡臂相应位置同时连接牢固。

(4) 电气安装与调试

1) 电工人员用$3 \times 35 + 1 \times 16$电缆把电源引至塔吊"A"号配电箱，同时连接"A"箱与"H"－"L"箱，"D"－"H"箱，"R－H"箱各控制电缆，检查无误后通上总电源。

2) 在驾驶室启动总电源，试运转各工作机构。

3) 电工人员调整吊钩、变幅、回转机构的行程限制开送和减速开关，确保工作正常，安全可靠。

(5) 接地

1) 沿塔吊标准节附近开挖长1m×深1.5m的坑洞一个。

2) 在$S = 10mm$，长、宽尺寸为600mm×600mm铁板上正中央垂直焊接L50mm×50mm规格，长度为1.8m角钢一支，同时在露出地面的角钢段上焊M16mm×50mm螺栓两支用于坚固接地线。

3) 把铁板放入坑底，角钢朝上，如坑内为潮湿地壤，可直接回填土方，每掩埋50cm厚土夯实一次，步连填直至地面相平，如坑内为干燥土，把3%浓度的100kg盐水倾入坑内，然后再回填夯实土方。

4) 用两条合适长度25mm$^2$铜塑线连接在接地体螺栓与塔身之上。

**3.14 内外装修及水电安装工程**

本工程装修和水电安装较简单，不作详述。

# 4 各项管理及保证措施

## 4.1 质量保证措施

### 4.1.1 项目质量保证体系的组成及分工

质量保证体系文件

根据本企业质量方针、ISO 9000 质量管理体系和本企业《质量体系手册》，开展全面质量管理活动；编制项目《质量计划》、《质量保证制度》和《过程精品实施计划》，并把质量职能分解，严格按照计划实施，确保每一道工序都是优质，都是精品，以过程精品铸精品工程。

建立由技术负责人为组长，项目副经理为副组长，工程质量等有关职能部门负责人、专业施工队长为成员，组成本工程质量管理领导小组，对工程施工的全过程实施有效的监督和控制，实施对工程质量管理工作的统一领导。工程质量在质量管理领导小组的领导下，技术负责人对整个工程的质量进行控制与管理，建立项目副经理——质量管理职能部门——专业施工队质检员——施工班组兼职检查员组成的四级质量管理网络，负责对施工质量进行检查、监督与管理。通过逐级建立质量责任制，广泛开展全体施工人员参加的全面质量管理小组活动，运用全面质量管理办法，通过对施工过程中的全面质量控制，从而保证分部分项工程质量合格率为 100% 的质量目标得以实现。本工程质量管理体系如图 4-1 所示。

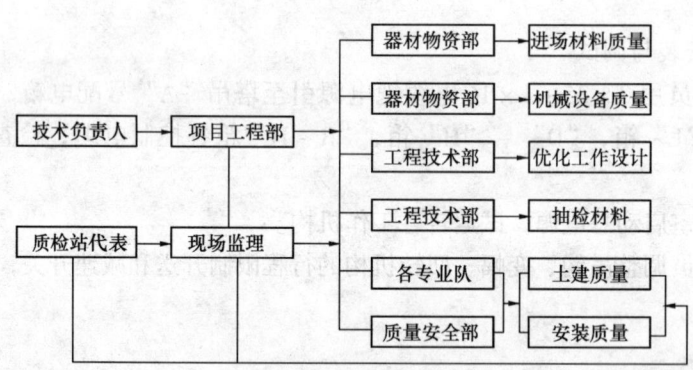

图 4-1 质量管理体系图

项目质量保证计划由项目技术负责人组织编制，主要内容有：
1) 编制本工程的质量目标；
2) 编制本工程的施工组织设计并下达执行；
3) 编制各主要工序的作业设计并下达执行；
4) 编制各主要工序的技术质量标准和质量保证执行计划；
5) 建立本工程的质量管理网络。

### 4.1.2 质量目标及其分解

(1) 质量目标

分部分项工程一次交验合格率达100%，杜绝质量事故，竣工质量合格。争创市优。

(2) 总质量目标的分解量化

1) 主体阶段质量目标

混凝土拆模后构件强度满足设计要求，外观感达到：

A. 混凝土密实整洁，表面平整光滑，线条顺直，几何尺寸准确；

B. 混凝土表面颜色均匀一致，无蜂窝、麻面、露筋、夹渣，无明显裂缝，无漏浆、跑模和胀模，无烂根、错台、冷缝；

C. 穿墙螺栓孔眼整齐，孔洞封堵密实、平整，颜色同墙面基本一致；

D. 混凝土保护层准确，无露筋。预留孔洞、施工缝、后浇带洞口齐整；窗洞口边线顺直，不偏斜，滴水槽顺直整齐、平顺；预埋件底部密实，表面平整；

E. 上下楼层的连接面平整、光洁；

F. 垂直度、平整度量化指标（允许偏差）高于混凝土规范要求，达到普通抹灰质量验收规范要求。

2) 装修阶段质量目标

墙面表面光滑、洁净，颜色均匀，线角平直方正，清晰美观。门窗框与墙体间缝隙填塞密实，表面平顺、光滑。

3) 安装工程的质量目标

A. 给排水管道安装：管道支架安装符合规范要求，管道的连接可靠，杜绝漏水及返水现象。管道的布置应美观整齐且布置合理。

B. 防雷接地系统：防雷接地系统形成可靠的电气通路，其接地电阻符合设计及规范要求。

C. 配电柜安装：配电柜与基础型钢的连接紧密，固定牢固，柜内接线可靠，试验调整符合规范要求。

D. 灯具安装：灯具安装位置正确、牢固端正，排列整齐。

E. 设备安装：设备基础符合设计要求，安装水平偏差、垂直偏差符合规范要求，试运转正常。

**4.1.3 组织保证措施**

建立由项目经理领导，项目副经理、技术负责人、专业工长中间控制，专职质检员检查的三级管理系统，形成由项目经理到各施工方、各专业公司的质量管理网络。制定科学的组织保证体系（见图4-2)，并明确各岗位职责。同时，认真自觉地接受业主、监理单位、政府质量监督机构和社会各界对工程质量实施的监督检查。通过项目质量管理体系协调运作，使工程质量始终处于受控状态。全面、全方位控制工程施工全过程，严格控制每一个分项、分部工程的质量，以确保工程质量目标的实现。

质量保证程序

**4.1.4 材料、成品、半成品的检验、计量、试验控制**

(1) 计量管理目标

1) 计量管理水平达到应得分的90%。

2) 计量器具配备率达100%。

3) 计量工作检测率达100%。

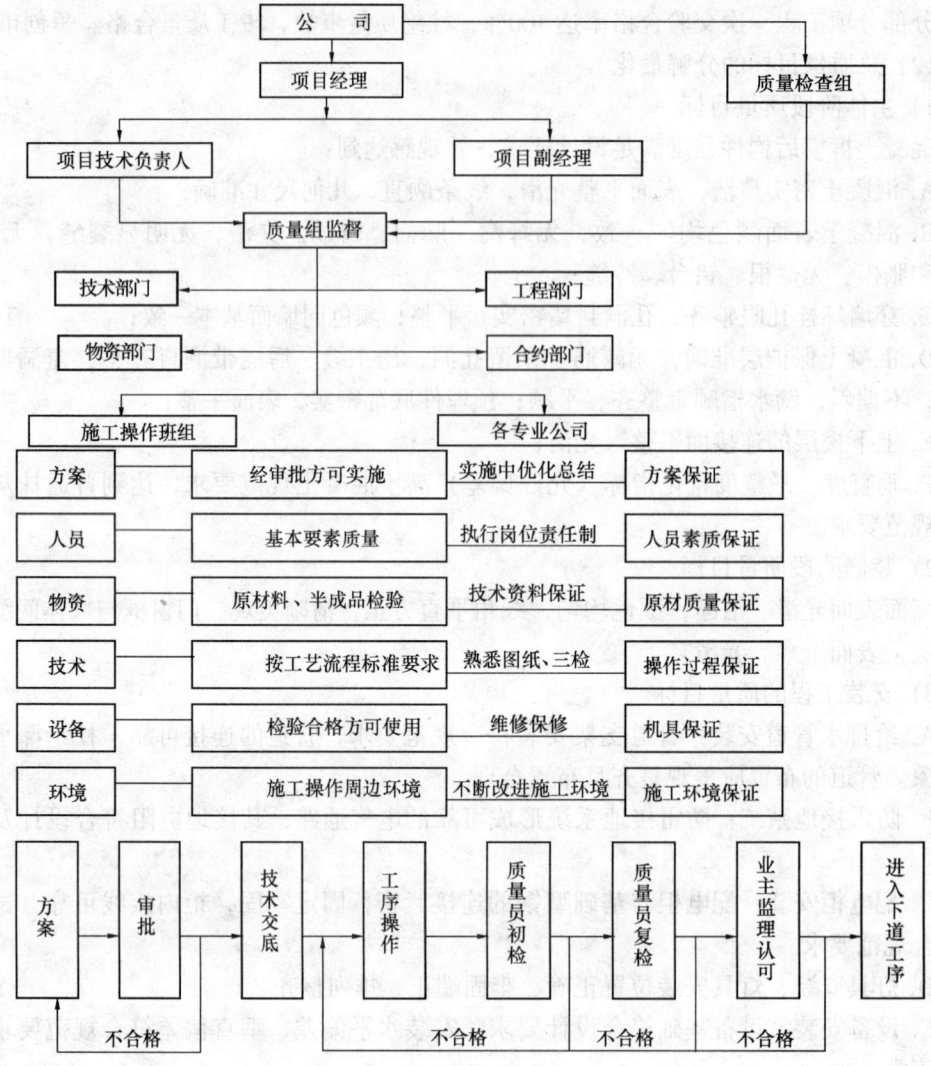

图 4-2 质量保证程序

4) 计量技术素质达到应得分的 90%。

(2) 计量管理制度

1) 计量器具配备齐全，配钢筋、模板、混凝土的质量检验计量网络图。

2) 国家规定强制检定的计量器具必须 100% 按时送检，并要按时抽检。计量过程中，必须使用检定合格的计量器具。超过检定周期及经检验不合格的计量器具均不得使用。

3) 材料部门应及时对水泥、钢材、砂、石、砖等进场消耗进行计量检测，管理好大中材料消耗定额，做好原始记录，并对检测数据负责。

4) 质检部门应按施工顺序、质量评定标准及时做好计量检测，其量值应在规范允许的范围内。

5) 试验人员每季度对实验仪器进行一次检验、维护和保养，无证人员不得使用仪器。

6) 现场测量每季度要对所用测量仪器特别是经纬仪、水准仪进行检验校正，必须使用合格仪器。

7) 计量器具必须妥善保管，非计量人员不得任意拆卸、改造、检修计量器具，认真做好计量器具的采购、入库、检定、降级、报废、保管封存、发放等管理工作。

(3) 计量管理方法

1) 进场水泥通过点数和过磅抽检计量，按一次进场水泥的2%抽包检测，以实收量为有效数据。

2) 黄砂、石子进料按车量方，按进场砂、石的20%抽检。现场耗料按混凝土、砂浆的配合比计量，分部分项工程按工程量计量。

3) 进出库木料以逐根检尺量方的结果为有效数据，100%检测。

4) 每月抄录一次水、电表，油料由现场材料组统一计量，做好进出库发放的原始记录，并按月汇总其耗量。

5) 所有物料均按"限额领料单"发放，并做好记录。

6) 混凝土、砂浆搅拌均进行计量检测，每台班配合比投料抽盘数不少于4次，同配合比的混凝土每100$m^3$应抽查一次，并以抽查所得数据为准。

(4) 试验保证

1) 根据工程质量要求，项目经理部设置专门的试验室和试验员负责工程各种相关试验、见证取样试验以及配比试验。各种材料、构件需按规范要求取样试验，合格后方可使用。同时，加强计量管理。

2) 根据工程需求，项目配备相应精度的检验和试验设备。

3) 对于进入工地现场的所有检验、试验设备，必须贴上标识，并注明有效期，禁止未检定和检定不合格的设备使用。

4) 检验、试验设备设专人保管和使用，定期对仪器的使用情况进行检查或抽查，并对重要的检验、试验设备建立使用台账。

5) 所有正在使用的检验、试验设备，必须按规程操作，并正确读数，防止因使用不当造成计量数据有误，从而避免造成质量隐患。

**4.1.5 采购控制**

物资部负责物资统一采购、供应与管理，并根据ISO9000质量管理体系和公司物资《采购手册》，对本工程所需采购和分供方供应的物资进行严格的质量检验和控制。物质采购流程图如图4-3。

(1) 采购物资时，须在确定合格的分供方厂家或有信誉的商店中采购，所采购的物资必须有出厂合格证、材质证明和使用说明书，对材料、设备有疑问的禁止进货。

(2) 物资部委托分供方供货，事前应对分供方进行认可和评价，建立合格的分供方档案，材料供应在合格的分供方中选择。同时，项目经理部对分供方实行动态管理。定期对分供方的业绩进行评审、考核，并做记录，不合格的分供方从档案中予以除名。

(3) 加强计量检测，项目设专职计量员一名。采购的物资（包括分供方采购的物资）、构配件，根据国家和地方政府主管部门的规定及标准、规范、合同要求及按质量计划要求抽样检验和试验，并做好标记。当对其质量有怀疑时，加倍抽样或全数检验。工程材料、构配件质量控制流程图见图4-4。

**4.1.6 施工质量的过程控制与管理措施**

(1) 技术保证

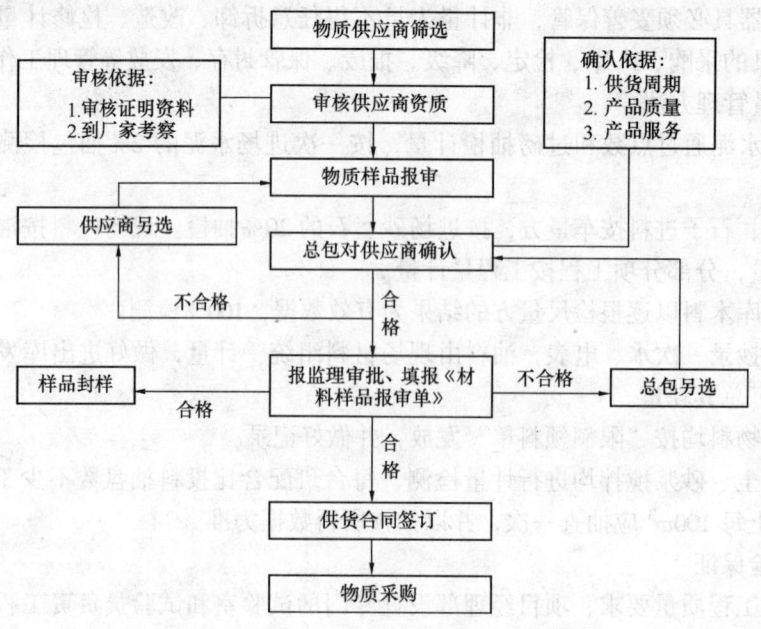

图 4-3 物质采购流程图

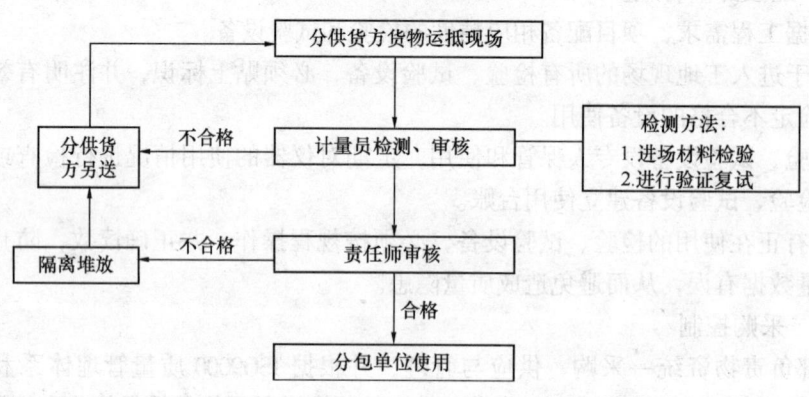

图 4-4 工程材料、构配件质量控制流程图

1）收到业主提供的图纸后，及时进行内部图纸会审及深化设计，并把发现问题汇总；参与由业主、监理、设计等单位参加的图纸会审，进行会审记录的会签、发放、归档。

2）编制具有指导性、针对性、可操作性的施工组织设计、施工方案、施工技术交底。

3）根据工程实际情况，积极推广"四新"技术。

4）组织管理人员学习创优经验，提高管理人员质量、技术意识。

5）每两周组织一次由项目经理部和配属队伍管理人员参加的质量、技术意识提高会。

(2) 合同保证

全面覆行工程承包合同，加大合同执行力度，严格监督所属队伍、专业公司的施工规程，严把质量关。

(3) 事前预控

1）工程开工前，根据质量目标制定科学、可靠、先进的《质量计划》，然后以《质量计划》为主线，编制详细、可行的质量管理制度，做到有章可依，并且在每一分项施工前，质量部门都要进行详细的质量交底，指出质量控制要点及难点，说明规范及设计要求，把握施工重点，在分项工程未施工前就把质量隐患消除掉。见图4-5。

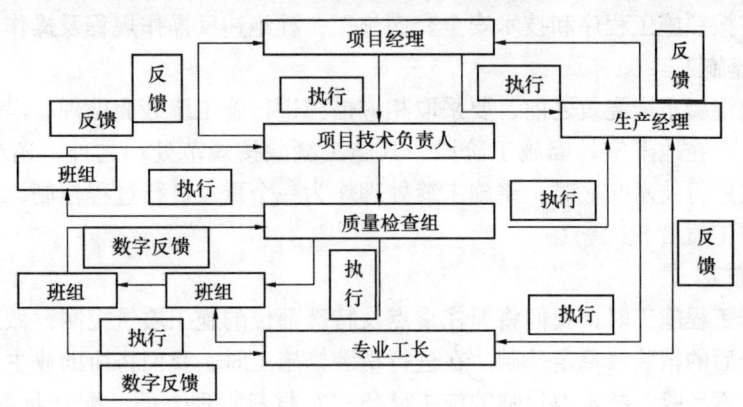

图4-5 事前预控

A. 按照技术管理标准和程序文件，结合本工程的实际情况，编制厦门建行大厦工程质量保证计划。

B. 优化施工方案和合理安排施工程序，做好每道工序的质量标准和施工技术交底工作，搞好图纸审查和技术培训工作。

C. 严格控制进场原材料的质量，对钢材、水泥、防水材料等物资除必须有出厂合格证外，还应执行现场见证取样规定，经试验复检并出具复检合格证明文件才能使用。严禁不合格材料用于工程。

D. 合理配备施工机械，搞好维修保养工作，使机械处于良好的工作状态。

E. 对产品质量实现优质优价，使工程质量与员工的经济利益密切相关。

F. 采用质量预控法，把质量管理的事后检查转变为事前控制工序及因素，达到"预控为主"的目标。

2) 预控质量管理要点

在施工前，根据图纸及施工组织设计，列出本工程质量管理的关键点，以便在施工工程中进行重点管理，加强控制，使重点部位的质量得以保证。同时，我们将把重点部位重点管理的严谨作风贯穿到整个施工过程中，以此来带动整体工程质量。

A. 外露结构、梁柱接头、竖向结构模板及混凝土施工

在结构施工过程中，模板的设计应着重解决梁、柱节点方正、层间接缝的平整过渡问题，即如何保证本工程外露结构、梁柱接头及竖向结构不胀模、混凝土不流淌、棱角鲜明饱满、且便于施工成为我们预控考虑的关键点。本工程采用的模板质量将直接影响着整体工程的质量，在选择木模板时，注意木模板表面是否平滑、有无破损、有无扭曲，边口是否整洁，厚度、形状是否符合要求。并对混凝土配合比严格要求，确保混凝土外观颜色基本一致。

B. 防水工程施工

地下室、卫生间、盥洗室及屋面的防水工程既是整个工程的施工重点，又是工程环保

要求和竣工后工程保修的重点。加上本工程地下室底板结构为无缝设计，但底板防水材料建设单位指定为水泥基防水涂料（刚性），不能满足防水要求。为此，我们除了严格筛选、认真选择防水施工经验且技术力量强的施工队伍外，还要严格控制所用材料质量和施工过程质量，严格按照施工程序和技术安全交底施工，杜绝违反操作规程及操作程序的现象。

C. 施工缝施工

施工缝处混凝土未浇筑之前，要采取相应措施进行施工缝表面处理，以保证混凝土浇筑的施工质量。在地下室外墙施工阶段，其施工缝除按规范处理之外，还应采取防水措施。此外，在进行技术交底时，将施工缝处理作为一个重点进行过程控制，以确保工程结构的观感及施工质量。

D. 装修施工

在初装修工程施工时，我们将抓住重点及特殊部位的施工质量控制，做好这些部位的初装修，为今后的精装修奠定基础。在进行精装修施工时，我们将协助业主选择有相应资质、有同类工程经验、技术力量强的施工队伍；在材料管理方面，配合业主考察、选材，确保装饰工程完全体现设计意图。

（4）事中控制

1）严格按照工程质量管理制度进行质量管理，尤其严格执行《三检制度》，并且我们已经形成了一套成熟的完整的质量过程管理体系。见图4-6。

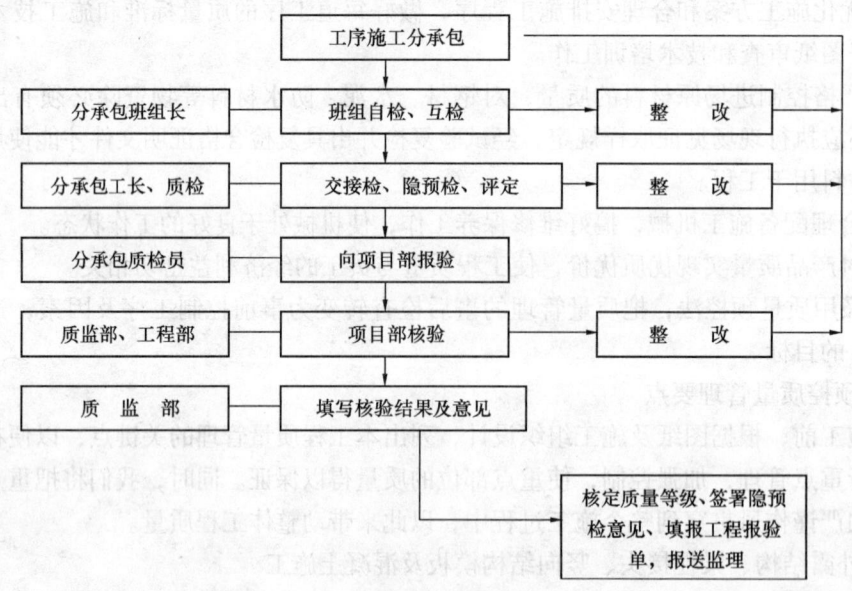

图4-6 质量过程管理体系

A. 加强施工工艺管理，保证工艺过程的先进、合理和相对稳定，以减少和预防质量事故、次品的发生。

B. 坚持质量检查与验收制度，严格执行"三检制"原则，上道工序不合格不得进入下道工序施工。对于质量容易波动、容易产生质量通病或对工程质量影响比较大的部位和环节加强预检、中间检和技术复核工作，以保证工程质量。

C. 混凝土、砂浆的配合比应符合要求，由试验室进行试配，经试验合格后方可使用。

混凝土在浇筑过程中，必须认真检查其组成材料的质量和用量、拌制点及浇筑点的坍落度以及搅拌时间，并按规范留置试块。在浇筑混凝土过程中，要派专人进行监督、计量。

D. 隐蔽工程做好隐检、预检记录，专业质检员做好复检工作，再请业主代表、监理代表、质检站验收。

E. 为了确保本工程的工程质量达到合格，力争创优的目标，必须吸取工程质量管理现代先进经验，提高工程的质量管理水平，为此对工程质量按工程项目施工工序（部位）与检查项目的重要程度，将工程质量控制点分为 A、B、C 进行控制：A 级必须经建设单位、监理单位、施工单位及其他相关单位质量控制人员共同检查确认；B 级须经监理单位和施工单位质量控制人员检查确认；C 级由施工单位自行检查确认。

F. 开展质量管理小组 QC 活动，攻关解决质量问题。

G. 制定总体质量控制程序，并制定各分部分项工程的质量控制程序，建立信息反馈系统，定期开展质量统计分析，掌握质量动态，全面控制各分项工程质量。

H. 用全面质量管理的思想、观点和方法，使全体职工树立起"质量第一"和"为用户服务"的观点，以员工的工作质量保证工程的产品质量。

I. 做好各工序的成品保护，下道工序的操作者即为上道工序的成品保护者，后续工序不得以任何借口损坏前一道工序的产品。

J. 及时、准确地收集质量保证原始资料，并做好整理归档工作，为整个工程积累原始准确的质量档案，各类资料的整理与施工进度同步。

2) 质量过程管理分解量化

A. 防水工程质量控制

a. 选择几家资质等级高、实力强的防水分包队伍进行招投标，择优录用。

b. 材料进场后要取样复试，要求全部指标达到标准规定。

c. 基层清理平整并经干燥后铺贴防水卷材，底油应涂刷均匀，卷材与基层粘贴紧密，表面防水层应平整、洁净，阴阳角等呈圆弧角或钝角，禁止空鼓。

d. 对设计要求特殊部位和阴阳角、管根、水落口等处需要加附加层等部位，进行重点管理。

B. 钢筋工程质量控制

a. 钢筋进场后要严格检查出厂合格证，并要按要求进行复试或在监理监督下见证取样，做好见证记录，检验合格后分类堆放，且做好标识。

b. 钢筋半成品做标识，分批分类堆放，防止用错。

c. 在钢筋加工制作前，先检查该批钢筋的标识，验证复检是否合格。制作严格按照料表尺寸。

d. 根据设计图纸检查钢号、直径、根数、间距等是否正确，特别是要注意检查负筋位置。

e. 加强对钢筋连接接头的质量检测、检查以及钢筋接头的位置及搭接长度是否符合规范规定。

f. 加强钢筋的定位，尤其柱、墙钢筋节点控制，严格控制钢筋保护层厚度。

C. 模板工程质量控制

a. 钢模板在拆模之后，必须及时清理、修整，并刷油集中堆放；所有木模板体系在预制拼装时，用手刨将模板刨边，使边线平直，四角归方，接缝平整，采用硬拼，不留缝隙。

b. 梁底边、二次模板接头处，转角处加塞密封条，以防止混凝土浇筑时漏浆。

c. 为确保墙、柱根部不烂根，在安装模板时，所有墙柱根部除抹水泥砂浆垫层外均加垫海绵条。

d. 模板拆除前需查看同条件养护试块是否达到拆模强度，并严格实行拆模申请制度。

e. 拆模时不要用力过猛，拆下来的材料要及时运走，拆下后的模板要及时清理干净，并处理混凝土结构螺杆洞口，有覆膜破损处需刮腻子、刷脱模剂进行修整，尤其对外墙模板，如有破损，立即更换，确保清水混凝土的效果。

D. 混凝土工程质量控制

a. 对原材料、外加剂、混凝土配合比、坍落度、初凝时间、运输等作出严格要求。

b. 混凝土浇筑前采用项目自己设计的任务单，作为混凝土浇筑前各分项质量进行验收和向混凝土搅拌站传递混凝土浇筑技术指标的凭证。

c. 试验员负责对当天施工的混凝土坍落度实行抽测。

d. 混凝土同条件试块在现场制作，在浇筑地点养护，用特制钢筋笼存放试块，并编号管理。现场试验室设振动台，标养室采用恒温恒湿全自动设备控制，切实保证恒温恒湿条件。

e. 施工缝处待已浇筑混凝土的抗压强度超过 1.2MPa 且不少于 48h，才允许继续浇筑，在继续浇筑混凝土前，必须彻底清除施工缝处的松散游离的部分，并用压力水冲洗干净，充分湿润后，刷 1:1 水泥砂浆一道，再进行混凝土浇筑，混凝土下料时要避免靠近缝边，机械振捣点距缝边 30cm，缝边人工插捣，使新旧混凝土结合密实。

f. 加强混凝土的浇筑、养护工作。在水平混凝土浇筑完毕后，常温下水平结构要在12h 内加以覆盖和浇水，浇水次数要能保持混凝土有足够的湿润状态，养护期不少于 7 昼夜。竖向构件拆模后涂刷养护剂进行养护。

E. 砌体工程质量控制

a. 错缝砌筑，砂浆饱满。

b. 立皮数杆，底部平砌实心砖，顶部斜砌实心砖，砖缝填满砂浆。

c. 砌体与主体结构之间按照图纸要求及规范规定做好拉结。

d. 做好砂浆的配合比、计量及试验控制工作，砂浆随拌随用。

e. 控制每天砌筑高度，墙体转角处及交接处同时砌筑或留槎。

f. 拉线砌筑，并随时检查砌体的平整度和垂直度。

F. 回填土质量控制

a. 回填前将房心或肥槽里的杂物等清理干净。

b. 回填的土料清除有机质，并过筛，防止粒径过大；级配砂石的颗粒级配必须良好，级配砂石不得含有有机物或垃圾。

c. 回填灰土应按照图纸和设计要求分层铺摊夯实。每层铺摊厚度控制在规范要求以内。

d. 控制回填土以及级配砂石的含水率，拌合料随拌随用。

e. 加强回填土的计量管理，严格控制灰土比例。

f. 打夯机依次夯打，均匀分布，不留间隙。打夯应一夯压半夯，夯夯相连，行行相连。

　　g. 做好回填的取样检验工作，控制回填的施工质量。

　　G. 安装工程质量控制

　　为防止安装工程中常见的质量通病，如支架固定不牢、间距过大、管道接口渗漏、电气配管管口有毛刺、插入箱盒长度不一、箱盒标高不一等缺陷，特制定以下措施：

　　a. 预留预埋

　　预留预埋对于安装工程各个专业施工影响极大，是影响安装施工质量的重要因素。为保证预留预埋准确无误，从以下几方面进行控制：①施工前各专业工长认真熟悉施工图，统计预留预埋点，统一编号，并画出预留预埋点的分布大样图；②各专业应进行图纸会审，绘出综合管线图，确定预留孔洞和预埋管的准确位置；③严格按设计图纸和规范、标准图集加工预埋件，以防止预埋件的尺寸不符合要求而返工；④预埋件安装时必须可靠固定，防止因振动泵的振动移位；⑤预埋管道要采取可靠保护措施，管道内填充泡沫，以防止堵塞。

　　b. 正确选择支架形式，确定支架间距，根据管道标高走向和坡度计算出每个支架的标高和位置，弹好线后再进行安装，选择正确的固定方法，防止扭斜现象，保证支架平直、牢固。

　　c. 给水、消防喷淋、空调水管管道安装前，应进行单管试压，所有阀门亦进行逐一试压检验。排水管道安装前，应认真清理内部，清除管内杂物；管道安装过程中，应随时加管堵封严外露管口，以防异物落入；安装后及时固定牢固，以防移位。管道安装完毕，应严格按规范进行严密性试验或强度试验，杜绝接口渗漏现象。投入使用前应反复冲洗。

　　d. 无压力要求的管道安装时，要严格掌握管道坡度，杜绝倒坡现象。

　　e. 锯电管时用锉刀光口，管子穿入箱、盒时，必须在箱内外加锁母。

　　f. 电气箱、盒稳装时，可参照土建装修统一预放的水平线定位，并在箱盒背后另加$\phi 6$钢筋套圈固定。穿线前，应先清除箱、盒内灰渣，再刷二道防锈漆，土建装修湿作业进行完毕后，才能安装电气设备，工序不能颠倒。

　　g. 电缆敷设前，根据设计图纸绘制"电缆敷设图"，图中包括电缆的根数、各类电缆的排列、放置顺序，以及与各种管道交叉位置，同时对运到现场的电缆进行核算。

　　(5) 事后会诊

　　每一施工段或每一工序施工后，项目经理部由项目经理或项目技术负责人带领，组织项目部和分包相关人员进行质量会诊，发现施工出现的问题，安排专人及时处理并作出总结，形成文字材料，及时下发给总包和分承包相关人员，避免以后分项施工中再出现相同或类似问题，现我单位已经形成了完整、科学的质量会诊制度。

　　(6) 本工程质量管理重点

　　1) 测量工程

　　为保证外形准确，符合设计要求，由专职测量组负责轴线及水准网设置。同时，施工全过程要对测量标志妥善保护，定期复核，以高标准的工作保证测得精度和对工程定位、轴线、标高的标准控制。

　　2) 基础混凝土施工

基础混凝土与普通钢筋混凝土相比,具有结构厚、体形大、钢筋密的特点,工程条件复杂,施工技术需求高,除必须满足混凝土的强度、刚度、整体性和耐久性等要求外,主要就是控制裂缝的发生与开展。

A. 混凝土级配设计

委托有资质实验室负责级配设计,所用混凝土掺加外加剂必须通过实验室及项目经理、项目技术负责人共同考察,同时具备相应的质保资料后,方可认定使用。

B. 原材料质量检验

对水泥、粗骨料、细骨料等混凝土使用原材料严格按审定后的配合比要求进行检验,首先对原材料进行外观检查,并按规定见证抽样送检。

混凝土拌制检查

a. 原材料每盘称量(按重量计)不得超过下列允许偏差:

水泥　　　　　　　±2%
粗细骨料　　　　　±2%
水　　　　　　　　±2%

b. 根据搅拌机机型及容积确定混凝土搅拌时间。

c. 每100$m^3$混凝土制做两组试块,每组3块,测定28d及60d强度。混凝土试块制作标准。

d. 每次制作一组初凝试块。

3) 支模脚手架工程

本工程支模脚手架均采用钢管扣件脚手架,施工前必须有经过审批的脚手架搭设方案,拆除时必须有详尽的切实可行的拆除方案,在使用过程中要加强检查,发现不符合方案要求的,立刻勒令整改。

进行外架搭设的架子工必须持证上岗,所使用的原材料(扣件、钢管)必须经过检验。

在外架使用中,坚持二级交底制度。

4) 钢筋连接

A. 操作人员应持证上岗。

B. 钢筋连接工程开始前及施工过程中,必须分别对每批进场钢筋和接头进行工艺检验:

每种规格钢筋母材进行抗拉强度试验;

每种规格钢筋接头的试件数量不应少于3根;

接头试件应达到现行行业标准相应等级的强度要求;

随机抽取同规格接头数的10%进行外观检查;

对接头的每一个验收批,在工程结构中随机截取3个试件做单向拉伸试验。

5) 屋面防水

在工程施工前,必须将屋面防水各细部做法、节点处理细节问题与设计院探讨清楚,务必做到万无一失。

施工前必须编制详尽的防水施工方案,报工程监理及业主认可。

进场的材料必须具备原材出厂合格证及质量指标证明文件,进场的防水材料必须按国家相应规范进行抽样检验。

(7) 质量管理制度

根据建筑业司《工程项目施工质量管理责任制(试行)》(建质〔1996〕42号)和《中建三局工程项目施工质量管理责任制》，在本工程中制定以下质量管理制度：

1) 工程项目质量承包负责制：对工程合同范围内的全部分部分项工程质量向建设单位负责，进行目标分解，实现目标管理。按分部分项工程落实到责任单位及人员。从项目和各部门到班组，层层落实，明确责任，制定措施。从上到下层层展开，使全体职工在生产全过程中用从严求实的工作质量，用精心操作的工序质量，去实现质量目标。

2) 技术交底制度：坚持以技术进步来保证施工质量的原则，技术部门编制有针对性的施工组织设计。积极采用新工艺、新技术、针对特殊工序要编制有针对性的作业指导书，每个工种、每道工序施工前组织各级技术交底，包括项目技术负责人对工长的技术交底、工长对班组长的技术交底、班组长对作业班组的技术交底，各级交底以书面形式进行。

3) 材料进场检验制度：本工程的材料需具有出厂合格证，并根据国家规范要求分批量进行抽检。抽检不合格的材料一律不准使用。制定各分部分项工程的质量控制程序，建立信息反馈系统，定期开展质量统计分析，掌握质量动态，全面控制各分项工程质量。

4) 施工挂牌制度：主要工种如钢筋、混凝土、模板、砌砖、抹灰等，施工过程中在现场实行挂牌制，注明管理者、操作者、施工日期，并做好相应的施工记录，作为重要的施工档案保存。

5) 过程三检制度：实行并坚持自检、互检、专职检制度。自检要做好文字记录，隐蔽工程由项目技术负责人组织工长、质检员、班组长先检查，然后报业主、质监、监理等检查，并做好详细的文字记录。

6) 质量否决制度：不合格的工序不能进入下道工序，坚持执行质量一票否决权制度。出现不合格品必须经过返工、复检，必要时要采取纠正和预防措施。

7) 成品保护制度：应当和重视工序操作一样重视成品的保护，项目管理人员应合理安排施工工序，并做好记录。如下道工序的施工可能对上道工序的成品造成影响时，应征得上道工序操作人员及管理人员的同意，并避免破坏和污染。

8) 质量文件记录制度：质量记录是质量责任追溯的依据，应与工程施工同步，力求真实和详尽。各类现场操作记录及材料试验记录、质量检验记录要妥善保管，分类归档，特别是各类工序接口处理，应详细记录当时的情况，理清各方责任。

9) 工程质量等级评定、核定制度：分项、分部及单位工程的质量等级评定、核定要严格按照国家的有关规定以及我公司的程序文件执行。合同内容完成后，要及时联系甲方、监理、设计院、质监站进行最终的验评工作。

10) 竣工服务承诺制度：工程竣工后，在建筑醒目位置镶嵌标牌，注明建筑单位、设计单位、施工单位、监理单位以及开竣工日期，这是一种纪念，更是一种承诺，我们将主动做好用户回访工作，按有关规定实行工程保修服务。

11) 培训上岗制度：工程项目的各类人员按规定配备，并经过业务技能培训，持证上岗。

12) 工程质量事故报告及调查制度：工程发生质量事故后，及时向当地质量监督机构和建设行政主管部门报告，并做好事故现场抢险及保护工作。

#### 4.1.7 成品保护

（1）结构施工阶段

1）楼板钢筋绑扎完后搭设人行马道。

2）墙、柱、板混凝土拆模执行拆模申请制度，严禁强行拆模。

3）起吊模板时，信号工必须到场指挥。

4）板混凝土强度达到1.2MPa以后，才允许操作人员在上行走，进行一些轻便工作，但不得有冲击性操作。

5）墙、柱阳角，门窗洞口阳角、楼梯踏步用小木条或硬塑料条包裹进行保护。

6）满堂支撑架立杆下端垫木方。利用结构做支撑支点时，支撑与结构间加垫木方。

7）安装工程各种穿墙套管、管道、预埋及预留孔洞、固定件等在主体结构和围护结构施工期间都应准确设置，避免事后凿打，造成结构损伤。

（2）装修阶段

施工期间，各工种交叉频繁，对于成品和半成品，通常容易出现二次污染、损坏和丢失，工程装修材料一旦出现污染、损坏或丢失，势必影响工程进展，增加额外费用。因此，装修施工阶段成品（半成品）的保护至关重要，采取的主要措施有：

1）设专人负责与业主指定分包单位配合成品保护工作。

2）制定正确的施工顺序：制定重要房间（或部位）的施工工序流程，将土建、水、电、消防等各专业工序相互协调，排出一个房间（或部位）的工序流程表，各专业工序均按此流程进行施工，严禁违反施工程序的作法。

3）做好工序标识工作：在施工过程中对易受污染、破坏的成品、半成品，标识"正在施工，注意保护"标牌。采取护、包、盖、封防护：做好"护、包、盖、封"等措施，对成品和半成品进行防护和并由专门负责人经常巡视检查，发现现有保护措施损坏的，及时恢复。

4）工序交接全部采用书面形式由双方签字认可，由下道工序作业人员和成品保护负责人同时签字确认，并保存工序交接书面材料，下道工序作业人员对防止成品的污染、损坏或丢失负直接责任，成品保护专人对成品保护负监督、检查责任。

5）运输过程中应注意防止破坏各种饰面。

6）在施工过程中要注意其他专业成品的保护，不得蹬踏各种卫生器具、水暖管道等。

7）在装修阶段入户进行电气焊作业时，要用挡板等保护焊点周围的瓷砖、地砖、防水材料等成品。

8）工程进入装修阶段（或机电工程进入设备及端口器具安装时），应由分包单位制定切实可行的《成品保护方案》，由总包项目部保卫部门负责监督。

9）安装施工必须采取措施或加固或覆盖或搭设工作脚手架，保护地面、墙面、门窗不受损坏、污染。在吊顶内的安装工程与其他专业施工安排好穿插顺序，必要时要搭设工作脚手架，以免因负重造成龙骨的损坏或变形。

10）已安装好的设备、管道等不得做脚手架使用或用以吊拉承重件，禁止在已安装好的管道上焊支、吊架。

11）已安装好的阀门要卸下手轮，调试前重新装上。已安装好但未接口的设备要采取密封保护措施，对整机要采取加盖保护措施，在门窗未装好的房间的设备要采取防雨雪侵蚀措施。对重要设备专人值班看管。

12）安装就位的配电箱柜，不得用作临时电源。

13）管道试验要检查整个系统，确认无漏水孔洞后缓慢灌水，以免出现大量漏水，造成精装修吊顶及墙面损坏。

## 4.2 工程进度保证措施

### 4.2.1 计划控制措施

为了保证工期目标，我公司根据以往工程施工经验，按照工程的模式并结合本工程特点，本着以优化施工资源、优化现场平面、尽一切可能为业主节约投资为中心的管理原则综合考虑各种因素，对工期进行了客观分析，认为只要各种措施得当，工序安排上合理，各种生产要素准备充分，完全可以保证达到工期目标。

为实现我公司在工期方面对业主的承诺，在施工期间我们将采取如下措施：

（1）本工程将严格按照 ISO 9002 的工作程序开展各项工作，对各工序的工作质量严格把关。

（2）采用施工进度总计划与月、周计划相结合的各级网络进行施工进度计划的控制与管理，并采用计算机网络计划技术进行动态管理。在施工生产中抓主导工序，找关键矛盾，组织流水交叉，安排合理的施工顺序，做好劳动力组织调动和协调工作。根据施工需要选用和调整机械设备，通过施工网络节点控制目标的实现来保证各控制点工期目标的实现，从而进一步通过各控制点工期目标的实现来确保总工期控制进度计划的实现。

（3）全面实行总的计划控制，制定阶段性工期目标，严格执行关键路线工期，以小节点保大节点，对工期进行动态管理，确保阶段目标得以实现。根据施工中出现的影响关键路线的因素，及时分析原因，找到解决办法，并及时对计划进行调整，再按照调整后的关键路线组织实施。从而使工期在经常变化的资源投入及不可见因素的动态影响下，始终能够对工期进行纠正及控制。严格计划的管理，定期召开由各分包商参加的工程例会，解决施工中出现的各种矛盾。这样就使保证整个工程工期有了科学手段，避免了盲目性。

（4）为实现各个目标，采取四级计划进行工程进度的安排和控制，除每周与工程相关各方的工作例会外，每日下午16:00时召开各分包的日计划检查和计划安排协调会，以解决当日计划落实过程中存在的矛盾问题并且安排第二日的计划和所调整的计划，以保证计划周计划的完成，通过周计划的完成保证月计划的完成，通过月计划的控制保证整体进度计划的实现。

### 4.2.2 工程进度目标计划编制形式

为科学合理地安排施工先后秩序以及充分说明工程施工计划安排情况，根据公司的施工总承包实践总结出具有实际操作的多级计划管理体系。

（1）一级总体控制计划

表述各专业工程的各阶段目标，提供给业主和业主代表、监理和总相关承包商，采用计算机进行计划管理，实现对各专业工程计划实施监控及动态管理。

（2）二级进度控制计划

以专业工程的阶段目标为指导，分解成该专业工程的具体实施步骤，以达到满足一级总体控制计划的要求，便于对该专业工程进度进行组织、安排和落实，有效控制工程进度。

(3) 三级进度控制计划

是以二级进度计划为依据，进一步的分解二级进度控制计划进行流水施工和交叉施工的计划安排，一般是以月度的形式编制，具体控制每一个分项工程在各个流水段的工序工期。三级计划将根据实际进展情况提前一周提供该计划和上月计划情况分析和下月计划安排。

(4) 周、日计划

是以文本格式和横道图的形式表述作业计划，计划管理人员随工程例会下发，并进行检查、分析和计划安排。通过日计划确保周计划、周计划确保月计划、月计划确保阶段计划、阶段计划确保总体控制计划的控制手段，使阶段目标计划考核分解到每一日、每一周。

所有计划管理均采用计算机进行严格的动态管理，从而不折不扣地实现预期的进度目标，达到控制工程进度的目的。

### 4.2.3 施工配套保证计划

此计划是完成专业工程计划与总控计划的关键，牵涉到参与本工程的各个方面，我公司将提供以下配套保证计划：

(1) 图纸计划

此计划要求设计单位提供的分项工程施工所必须的图纸的最迟期限，这些图纸主要包括：结构施工图、建筑施工图、机电预留预埋详图、机电系统图、电梯图、精装修施工图以及室外总图等。其中特殊部位由各专业分包商进行二次深化完成，并由设计方审批认可。因此，分包商图纸深化能力如何是制约专业工程施工质量的关键。对分包商考察时，必须具有对图纸深化和完成施工详图和综合系统图的能力，图纸设计计划应在合约中体现。

(2) 方案计划

此计划要求的是拟编制的施工组织设计或施工方案的最迟提供期限。"方案先行、样板引路"是保证工期和质量的法宝，通过方案和样板制订出合理的工序，有效的施工方法和质量控制标准。在进场后，我们将编制各专业的系列化方案计划，与工程施工进度配套。

(3) 分供方和专业承包商计划

此计划要求的是在分项工程开工前所必须的供应商、专业分包商合约最迟签订期限和进场时间。由于本工程的工期较短和专业承包商较多，所以对分供方和专业分包方的选择是极其重要的工作。在此计划中充分体现对分供方和专业分包商的发标、资质审查、考察、报审和合同签订期限和进场时间要求。在进场后，我们将编制各分供方和专业承包商计划，与工程施工进度配套。

(4) 设备、材料进场计划及大型施工机械进出场计划

此计划要求的是分项工程所必须使用的设备材料进场计划以及施工、机械设备的最晚进出场期限。对于特殊加工制作和国外供应的材料和设备应充分考虑其加工周期和供应周期。为保证室外总图尽早插入，对塔吊以及部分临建设施等制定出最迟退场或拆除期限。

为保证此项计划，进场后应编制细致可行的退场拆除方案，为现场创造良好的场地条件。

(5) 质量检验验收计划

分部分项工程验收是保证下一分部分项工程尽早插入的关键，为了有效地实现本工程的工期目标，分部分项验收必须及时，结构验收必须分段进行。此项验收计划需业主和业主代表、监理方、设计方和质量监督部门密切配合。

### 4.2.4 施工进度保证措施

我公司针对本工程的特点、难点，分别从施工工艺工序组织、施工技术方案设计、物资的控制与管理、施工管理等几个方面，对本工程的施工进度控制进行多角度、全方位的立体交叉式的管理，在质量达到我公司承诺的前提下，确保工程按时竣工，移交业主使用。

(1) 实施项目法管理

本工程按项目法管理体制，建立规范化的项目法管理体系，实行项目经理责任制，成立工程项目经理部，实行项目法施工，对本工程行使计划、组织、指挥、协调、施工、监督六项基本职能，并在系统内选择精干的项目领导班子和能打硬仗的、并有过施工大型相似建筑业绩的施工队伍组成作业层，承担本施工任务。

(2) 施工工艺、工序组织

根据业主的使用要求及各工序施工周期，科学合理地组织施工，形成各分部分项工程在时间、空间上的充分利用和紧凑搭接，安排施工周期时预留一定的时间余地，打好交叉作业仗，从而缩短工程的施工工期。

1) 为保证施工进度，我公司拟通过主体结构分区段验收的方式以便于提前插入装修的工作。

2) 结构施工根据平面布置原则和流水段划分原则，组织各区段内流水段的施工。

3) 二次结构施工

本工程二次结构施工中，砌筑工程为了保证各专业工程在各阶段验收点验收完成后，能及早插入施工，以避免在后续施工中出现交叉作业，造成成品保护困难、责任难以落实到人的不利局面。我公司在二次结构砌筑阶段，首先进行各系统机房、设备用房的二次结构砌筑，为机电设备安装工程尽早提供作业环境及作业面，确保机电设备安装工程主导工序的完成，以便机电设备安装工程的次要工序，可以根据现场的实际施工作业条件的变化而及时调整，穿插作业。

4) 机电设备安装工程的施工组织

结构施工阶段：根据结构施工作业的安排，分专业适时插入施工作业，确保结构施工主导工序的顺利进行。

装修施工阶段：机电设备安装工程以管线井为主导工序，分系统分套分层进行立体交叉流水施工作业，达到充分利用空间、赢得时间的目的。

5) 积极配合装修及安装

对合同外装修及安装的配合将影响到工程的最后完成时间，因此将采取如下措施予以配合：

A. 对涉及合同外装修及安装需预埋、预留的，及时提醒装修及安装承包方进行预埋工作，以保证不影响施工进度。

B. 将合同外装修及安装工期纳入项目的管理范围内。

C. 在设备、水、电、临建方面给装修及安装单位予以积极支持，各工序交差作业时组织相关单位进行工序搭接施工讨论，拟出最能缩短工期及保护成品的工序搭接方案，严格按方案进行施工。

(3) 物资的控制与管理

1) 做好施工配合及前期施工准备工作，针对工程的复杂性，建立完整的工程档案，及时检查验收，做到随完随检，整理归档。拟定施工准备计划，专人逐项落实，做到人、财、物合理组织，动态调配，保证每一施工段施工资源用量均衡，做到后勤保障的高质、高效。

2) 每月 25 日前项目部对库存材料进行定期盘点，及时将剩余材料的种类、型号、数量汇报给物资部，为下个月的采供计划提供切实可行的编制依据，以保证整个物资采供计划的顺利编制与实施，从而实现物资采供的不间断性和连续性。

3) 物资部根据施工进度总计划，制定出大型机械设备采购进场计划，并在每月 25~30 日根据实际施工进度情况制定出下月物资采购计划；同时，对大型设备采供计划进行校核、调整，确保材料物资供应的连续、及时和不间断。

4) 我方施工现场材料的采供均采用招标采供的方式，通过材料的招标采购，达到降低成本、保证工程质量、减少返工、提高生产效率的目的。

5) 抓好材料进货检验关，把不合格的材料阻止在施工现场以外，避免因不合格材料施工而造成的返工现象的发生。

(4) 施工管理

1) 信息化的现场

A. 采用局域网对施工全过程实施全面的网络计划控制，通过对关键线路控制点的跟踪控制，达到对工程进度动态管理的目的；同时，确保阶段工程目标的落实，最终保证总工程进度的实现。

B. 通过局域网进行文字、图片、文件的网上传输，加快文件、问题的处理速度，从而提高企业内部的信息传递速度，达到提高办事效率，加快工程信息传递速度的目的。

2) 建立定期生产例会制度，保证各项计划的落实

计划管理是项目管理最为重要的手段，我们将建立如下的会议制度：每星期至少召开两次工程例会，每周一、四下午 16:00 召开分包方生产例会，总结日计划完成情况，发布次日计划；每周五召开总包、业主、监理三方例会，分析工程进展形势，互通信息，协调各方关系，制定工作对策。通过例会制度，使施工各方信息交流渠道畅通，检查上一周的计划执行情况，布置下一周计划安排，找出拖延施工进度的原因，并及时采取有效措施使问题及时解决，以保证计划完成。

制定四级控制计划，通过日计划保证周计划，通过周计划保证月计划，通过月计划保证总进度计划，最终实现如期交工的目标。

3) 专门成立协调小组

施工期间，专门成立协调小组，负责和业主联络，协调各施工工种、各专业分公司之间的工作，了解业主和设计意图，力争为工程施工创造条件。

4) 专业施工保证

我公司是集技术含量大、具有专业技术优势的公司实体，以装备精良、实力雄厚的专业公司作为本项目的施工保障，为工程项目最终实现工期、质量目标提供了专业化依据。

5）采用成建制的劳务分包

信誉良好、素质高的施工队伍是保证工程按期完成的基本条件之一，我公司拟选用与我公司长期合作的素质较高的成建制的具有一级施工资质的劳务公司作为劳务分包专业施工队伍，并通过我公司的管理和控制，能够保证分部分项工程施工一次验收通过，减少由于质量原因造成的工期浪费；确保工期目标的实现。

为调动各施工作业层的积极性，保证进度控制的实现，要同各施工作业层签订《质量、安全、工期奖罚承包合同》，以奖为主，以罚为辅，以奖促生产。

### 4.3 安全、消防保证措施

确保安全生产的技术组织措施

本工程安全管理目标为轻伤频率控制在 0.5% 以内，杜绝死亡和重伤事故。安全生产管理必须贯彻"安全第一、预防为主"的方针，按照谁负责生产谁负责安全、谁施工谁管安全、谁操作谁保证安全的原则，在施工中坚持专职兼职相结合的方法，执行国家及地方的有关规定，科学地管理和组织施工。

#### 4.3.1 建立安全生产管理体系

项目副经理出任组长，技术负责人和质量安全负责人任副组长，由各有关职能部门专业工长为成员，组成施工现场安全生产管理领导小组。专业施工队设专职安全员一名，有权因安全问题责令其分部分项工程停工整顿，各施工班组设兼职安全检查监督员。安全生产管理体系图如图 4-7 所示。

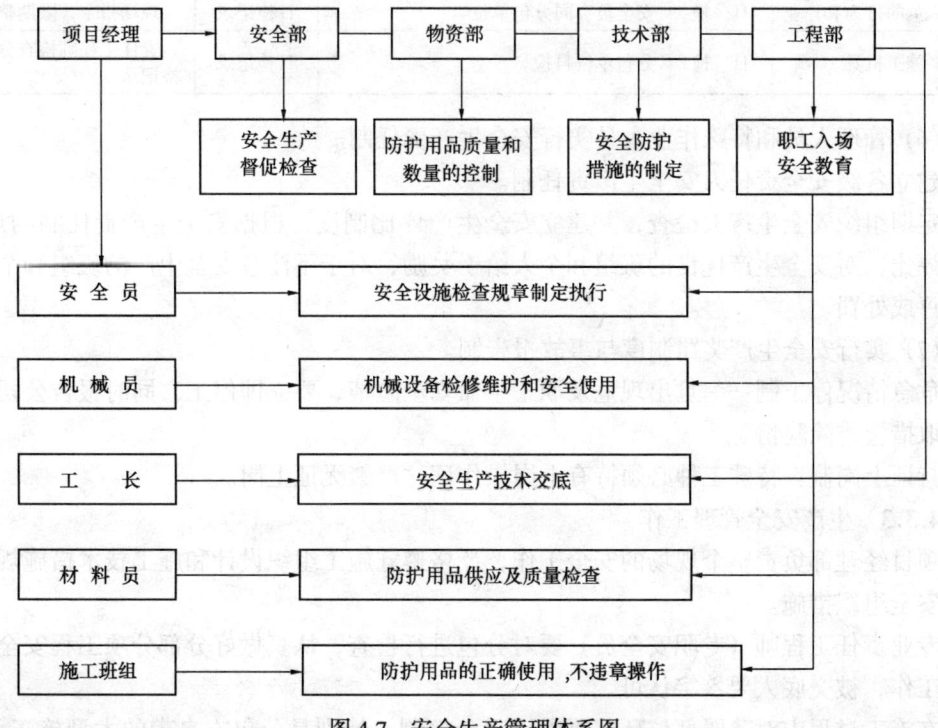

图 4-7 安全生产管理体系图

### 4.3.2 建立安全生产管理制度

(1) 安全技术交底制：施工作业前，由工长根据安全措施要求和现场实际情况，向施工班组作书面的安全交底，施工班组长签字，并及时向全体操作人员交底。

(2) 班前安全检查制：各班组在施工前对所施工的部位，进行安全检查，发现隐患，经有关人员处理解决后，方可进行施工操作。加强对施工人员的安全意识教育，提高自我防护意识，进场前对职工进行安全生产教育，以后定期、不定期地进行安全生产教育，加强安全生产、文明施工的意识。

(3) 高大外脚手架、大中型机械设备安装实行验收制：凡不经验收的一律不得投入使用。

(4) 周一安全活动制：各专业工长每周一要组织班组进行安全教育，对上一周安全方面存在的问题进行总结，对本周的安全重点和注意事项做必要的交底，使广大工人做到心中有数，从意识上时刻绷紧安全这根弦。

(5) 定期检查与隐患整改制：经理部每周要组织一次安全生产检查，对查出的安全隐患制定措施，定时间，定人员整改，并做好安全隐患整改消项记录，见表4-1。

**安全生产检查** 表4-1

| 检查内容 | 检查形式 | 参加人员 | 考 核 | 备 注 |
|---|---|---|---|---|
| 分包安全管理 | 定 期 | 安全员 | 月考核记录 | 检查分包单位自查 |
| 外脚手架 | 定 期 | 安全员会同责任工程师分包单位 | 周考核记录 | |
| 三宝五口防护 | 定 期 | 安全员会同分包单位 | 周考核记录 | |
| 施工用电 | 定 期 | 安全员会同机电工长分包单位 | 周考核记录 | 分包单位自检 |
| 塔 吊 | 定 期 | 安全员会同机电工长分包单位 | 周考核记录 | 租赁公司日检 |
| 作业人员的行为和作业 | 日 检 | 安全员会同分包单位 | 日检记录 | 现场指令，限期整改 |
| 施工机具 | 日 检 | 分包单位自检 | 日检记录 | 责任工程师检查分包自检记录 |

(6) 管理人员和特殊作业人员实行安全生产责任制。

建立各级安全责任人安全生产责任制。

定期组织安全生产大检查，并建立安全生产评比制度，根据安全生产责任制的规定，进行评比，对安全生产优良的班组和个人给予奖励，对于不注意安全生产的班组和个人给以批评或处罚。

(7) 实行安全生产奖罚制度与事故报告制。

危急情况停工制：一旦出现危及职工生命安全险情，要立即停工，同时报告公司，及时采取措施排除险情。

持证上岗制：特殊工种必须持有上岗操作证，严禁无证上岗。

### 4.3.3 生产安全管理工作

项目经理部负责整个现场的安全工作，严格遵守施工组织设计和施工技术措施规定的有关安全组织措施。

专业责任工程师（专职安全员）要对分包进行检查，认真做好分部分项工程安全技术交底工作，被交底人要签字认可。

在施工过程中对薄弱部位环节要予以重点控制，特别是分包方自带的大型施工设备，从设备进场检查、安装及日常操作要严加控制与监督，凡设备性能不符合安全要求的一律不准使用。

防护设备的变动必须经项目经理部安全员批准，变动后要有相应的防护措施，作业完成后按原标准恢复，所有资料由经理部安全员管理。

对安全生产设施进行必要的合理投入，重要劳动防护用品必须购买定点厂家认定产品。

分析安全难点确定安全管理难点。在每个大的施工阶段开始前，分析该阶段的施工条件，施工特点，施工方法，预测施工安全难点和事故隐患，确定管理点和预控措施。在结构施工阶段，安全难点集中在：施工防坠落，主体交叉施工防物体打击；预留孔洞口、竖井处防坠落；脚手架安全措施等。

### 4.3.4 安全防范措施

(1) 基础阶段

本工程基坑开挖深度大，基坑安全防护极其重要，我单位将采取以下措施进行有效防护：基坑上口设置红白相间的水平警示护拦一道，采用 $\phi 48 \times 3.5$ 钢管搭设，立杆间距 3m，高 1.2m，横杆两道，分别设置在 0.6m、1.2m 处，并用密目网进行封闭封挡，待土方回填完毕后，方可全部拆除。

(2) 主体阶段的防护

1) 脚手架防护

A. 外脚手架外立面采用密目安全网进行全封闭。

B. 脚手架搭设必须有施工方案和安全技术交底。架子工应在专业工长和专职安全员的指导下严格按规程要求搭设，脚手架应有分部、分段、按施工进度的书面验收，验收后才能投入使用。

2) 楼板与墙洞口处设置牢固的盖板、防护栏杆、安全网等防坠落的防护措施。施工现场通道附近的各类洞口、坑槽及所建车道出入口等处，除设置防护设施与安全标志外，夜间还应设红灯示警。室内楼板孔洞使用坚实的盖板固定盖严。边长 1.50m 以上的洞口，四周设防护栏杆，搭设高度为 1.2m，用密目网封闭，洞口下设兜网。电梯井安全防护图见图 4-8。

3) 楼梯处及楼层临边部位用钢管搭设防护栏杆，高度 1.2m，立杆间距 3m，横杆两道，处于 0.6m、1.2m 处，用密目网封闭围护。

4) 在建筑物底层，人员来往频繁，而立体的交叉作业对底层的安全防护工作要求更高，为此将在人员活动频繁的地方搭设防护棚作为安全通道，其上采用双层木模板覆盖。楼层安全防护示意图见图 4-9。

(3) 装修、安装阶段的防护措施

1) 外装修时每天检查外脚手架及防护设施的设置情况，发现不安全因素则及时整改加固，并及时汇报主管部门。

2) 随时检查各种洞口临边的防护措施情况，因施工需要拆除的防护，设警示标志，施工结束后及时恢复。在洞口上下施工需设警戒区，派专人看守。

3) 当施工作业易产生可燃、有毒气体时，需保证屋内通风良好，或配备强制通风设施。

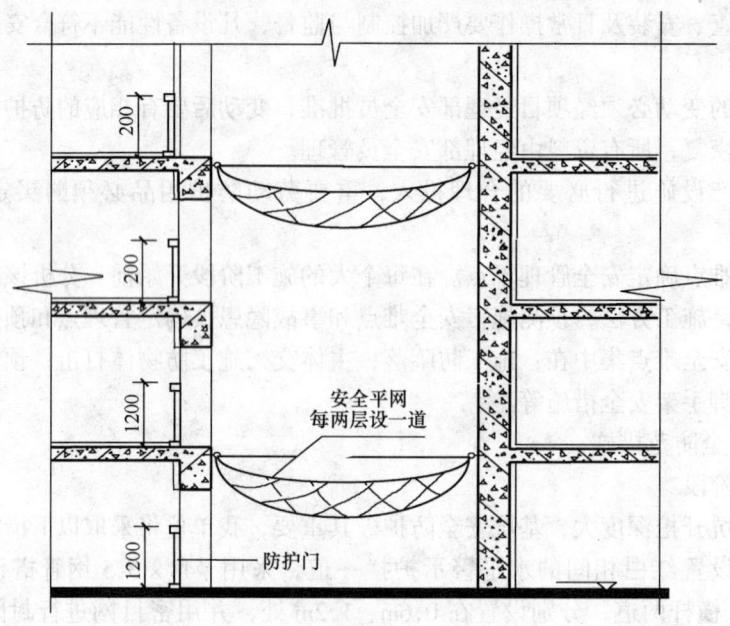

图 4-8 电梯井安全防护图（单位：mm）

（4）防止高空坠物、物体打击的防护措施

施工中还应加强防高空坠物伤人的措施。除了执行有关安全生产规定外，还应采取以下措施：

1）地面在进出建筑物处人行通道用钢管、竹跳板按规定要求搭设双层防护棚作为施工期间的安全通道。

2）建筑物外架张挂密目安全网进行全封闭防护。

3）在与原有建筑物相邻处搭外挑架设水平安全网，以防高空坠物。二层梁板处用钢管沿四周挑出 3m 宽防护棚，并满铺竹跳板，以利于通行。

4）规范塔司的操作行为，并设专人指挥起吊工作；每次塔吊工作之前均对钢丝绳及钓钩进行检查，并对绑扎牢固与否进行检查。

5）在各种材料加工场搭设防护棚。

# 5 经济效益分析

为实现工程质量、工期、安全、文明施工目标，充分发挥科技是第一生产力的作用，在工程施工中积极采用成熟的科技成果和现代化管理技术，主要内容如下：

（1）GPS 建筑测量技术；

（2）深基坑支护技术；

（3）高强高性能混凝土应用技术；

（4）粗直径钢筋连接技术；

（5）新型模板和脚手架应用技术；

（6）新型建筑防水和塑料管应用技术；

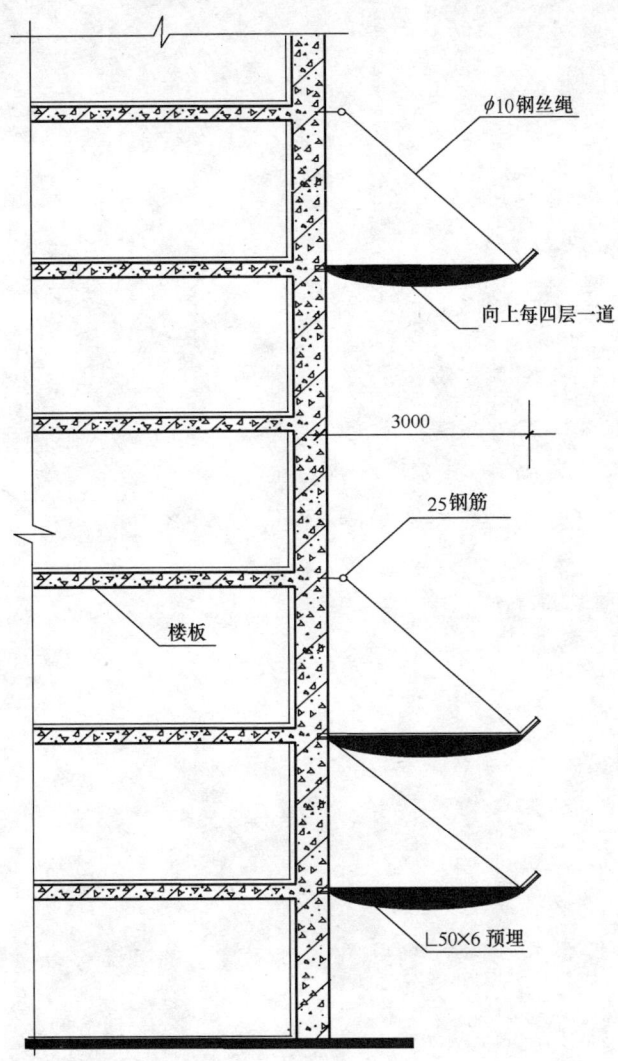

图 4-9 楼层安全防护示意图（单位：mm）

(7) 计算机应用和现代化管理技术；

(8) 结构楼面一次性成活技术；

(9) 施工电梯、内爬塔吊安装技术；

(10) 毫秒差爆破拆除闹市区狭窄场地钢筋混凝土内支撑技术。

建行大厦推广应用了新技术，并进行了 GPS 建筑测量等创新，在 2001 年 1 月建行大厦综合施工技术成果鉴定会上，与会专家认为"建行大厦综合施工技术国内领先，其中 GPS 建筑测量技术国际先进"，建行大厦大体积混凝土裂缝控制一文获全国优秀 QC 成果奖，建行大厦基础及主体结构均被评定为优良等级。现场获厦门市标准化工地称号。

建行大厦推广应用工作共取得经济效益 256.91 万元，技术进步效益率达到 2.16%，获得了良好的社会效益。同时，提高了公司的社会信誉，扩大了公司的知名度，为中建总公司的社会形象增添了色彩。

# 第二十五篇

# 广州合景国际金融广场施工组织设计

编制单位：中建四局六公司
编制人：王崇文 徐 健 孙方荣 赵 桢 龙 涛
审核人：白 蓉

**【摘要】** 本工程为钢结构工程，基础采用互嵌式密排方桩基坑支护、钢结构地下五层两层一逆作施工方法进行地下室施工，深达 -21.860m，暗挖土方难度较大。地下室逆作与上部钢结构的施工程序必须合理清晰，在工艺、工序上搭接要合理有序。土建与钢结构、水、电设备安装及其他专业分包队交叉作业，如何协调各专业在同一空间作业且做好成品保护工作是工程施工的难点与重点。本工程施工现场场地狭小，施工平面布置和构件堆放存在较大困难，增加了材料加工运输及人员管理的难度。

# 目 录

- 1 工程概况 ... 314
  - 1.1 工程概况 ... 314
    - 1.1.1 基本概况 ... 314
    - 1.1.2 工程概况 ... 314
  - 1.2 工程特点及重点 ... 315
- 2 施工部署 ... 317
  - 2.1 施工方案的选择 ... 317
    - 2.1.1 混凝土结构部分 ... 317
    - 2.1.2 钢结构部分 ... 318
  - 2.2 总体和重点施工顺序 ... 319
    - 2.2.1 施工组织安排 ... 319
    - 2.2.2 施工队伍的选择 ... 320
    - 2.2.3 施工机械选择 ... 320
    - 2.2.4 施工进度计划安排 ... 320
  - 2.3 施工总平面布置 ... 320
    - 2.3.1 运输道路出入口及场内道路布置 ... 320
    - 2.3.2 钢筋车间、钢筋堆场 ... 321
    - 2.3.3 钢构件堆放场地 ... 321
    - 2.3.4 配电线路的布置 ... 321
    - 2.3.5 临时用水布置 ... 322
    - 2.3.6 工地设施布置 ... 322
    - 2.3.7 大型机械设备 ... 322
  - 2.4 施工进度计划 ... 322
  - 2.5 主要施工机械设备的配备 ... 323
  - 2.6 劳动力的配置计划 ... 324
- 3 主要施工方案 ... 325
  - 3.1 施工测量 ... 325
    - 3.1.1 高层钢结构测量工作的基础条件 ... 325
    - 3.1.2 测量与监控的工艺程序 ... 326
    - 3.1.3 钢结构施工测量 ... 327
  - 3.2 地下室工程施工 ... 331
    - 3.2.1 地下室工程概况 ... 331
    - 3.2.2 施工程序 ... 333

  3.2.3 施工方法 ……………………………………………………………………… 334
  3.2.4 基坑监测 ……………………………………………………………………… 341
  3.2.5 排水降水 ……………………………………………………………………… 342
  3.2.6 通风 …………………………………………………………………………… 342
 3.3 钢结构工程施工 …………………………………………………………………… 342
  3.3.1 钢柱的安装 …………………………………………………………………… 342
  3.3.2 高强螺栓连接 ………………………………………………………………… 343
  3.3.3 钢结构焊接 …………………………………………………………………… 345
  3.3.4 压型钢板安装 ………………………………………………………………… 352
4 质量、安全、环保技术措施 ……………………………………………………………… 355
 4.1 工程目标 …………………………………………………………………………… 355
 4.2 工程质量技术措施 ………………………………………………………………… 355
 4.3 安全生产技术措施 ………………………………………………………………… 356
  4.3.1 钢结构工程 …………………………………………………………………… 356
  4.3.2 模板工程 ……………………………………………………………………… 357
  4.3.3 钢筋工程 ……………………………………………………………………… 357
  4.3.4 混凝土工程 …………………………………………………………………… 358
 4.4 环保技术措施 ……………………………………………………………………… 358
5 经济效益分析 ……………………………………………………………………………… 359
 5.1 节省成孔费用 ……………………………………………………………………… 359
 5.2 节省内支撑费用 …………………………………………………………………… 359
 5.3 合计节省支护费用 ………………………………………………………………… 360

# 1 工程概况

## 1.1 工程概况

### 1.1.1 基本概况

(1) 工程名称：广州合景国际金融中心
(2) 工程地点：珠江新城 J1 - J6 地块
(3) 发展商：广州合景房地产开发有限公司
(4) 结构设计单位：广州容柏生建筑工程设计事务所
(5) 建筑设计单位：中信华南（集团）建筑设计院

### 1.1.2 工程概况

(1) 建筑概况

合景国际金融广场工程位于广州市天河区珠江新城华夏路与华就路交接处，珠江新城 J1 - J6 地块，为一栋钢结构建筑。工程建筑总面积为 101214.6m²，其中地下室 5 层，底板面标高为 - 21.060m，建筑面积为 27200.7m²；地上建筑物 39 层，群楼北面 4 层，南面 5 层，建筑全高为 + 198.00m，其中屋面檐口标高为 + 170.45m，建筑面积 74003.9m²。建筑负四、负五层为人防工程，整个地下室为停车库。地上部分用作商业办公。建筑平面为矩形，但南立面为鱼腹形，其余三面为直立面。整栋建筑外墙采用隐框式玻璃幕墙，内墙 ±0.000 及其以上采用蒸压加气混凝土块砌筑，地下室部分采用灰砖砌筑。建筑内部采用大空间设计，最大跨度达到 16.8m。平面示意图见图 1-1。

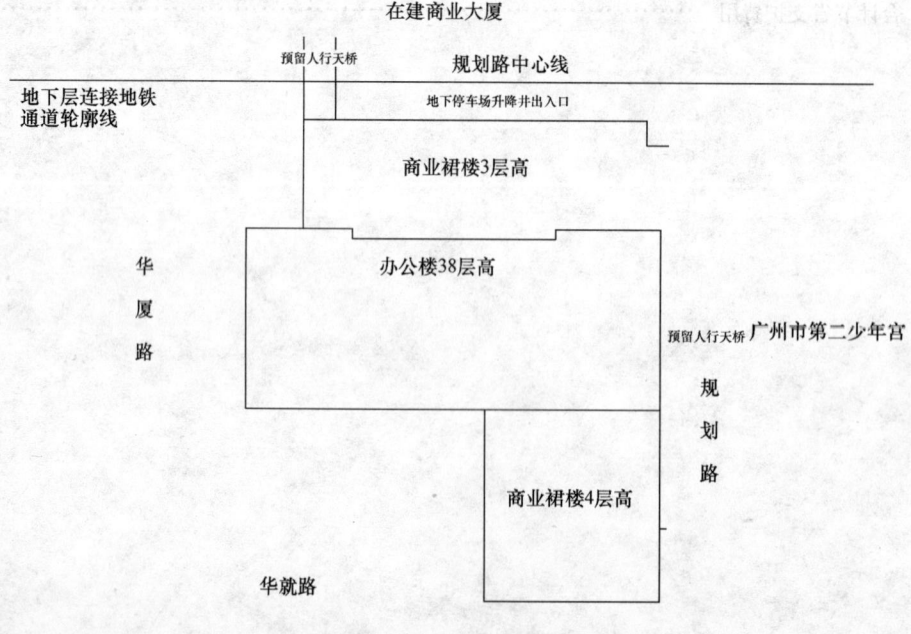

图 1-1 平面示意图

(2) 结构概况

本工程结构设计为钢结构,由于工程所在场地狭小,不具备土方大开挖条件,施工采用逆作法施工。逆作施工从－6.0m以下开始,－6.0m以上部分的土方工程采用明挖施工,基坑支护采用10m深搅拌桩配合喷锚共同组成的深基坑支护体系。工程基础采用人工挖孔桩,共37根摩擦端承桩,桩身直径最大直径为2800mm,最小直径为2000mm,从－6.0m开始开挖,上部为空桩部分,用于逆作施工时钢柱的安装。从－23.060m以下部分为桩基部分,开挖深度最大达四十几米。工程施工至底板面时还设有48根直径为1400mm的纯抗拔桩施工。地下室外墙采用1000mm×1500mm的人工挖孔桩,人工挖孔桩深度达18m多,桩与桩之间采用契口连接。该人工挖孔方桩作为基坑支护的同时,兼作地下室的维护结构。－6.0m以上部分地下室外墙为500mm（局部800mm）厚的剪力墙。结构的承重体系纵向为直径1300mm、1200mm、700mm的钢柱承重,钢柱内灌混凝土,混凝土等级根据钢柱的高度逐渐递减,从C80递减至C40。横向采用钢梁支撑楼板。地下室施工采用结构自防水,地下室的底板采用厚度为1100mm的筏形基础,筏板内设暗梁连接各承台。地下室部分楼板采用混凝土板,楼板与钢梁之间用剪力钉连接。首层及其以上部分楼板采用压型钢板与钢筋混凝土组合的复合楼板。剖面图见图1-2。

(3) 工程地质概况

根据地质资料,场地位于珠江新城地铁三号线工业区侧,距珠江约500m,处于珠江流域冲积平原地带,原为地势较低的耕地,经人工回填,现地势平坦,地面绝对标高为7.900~8.200m。

场地位于珠江向斜北翼,基岩为白垩系上统陆相碎悄沉积岩,基岩均被第四系土层覆盖,基岩面除局部地段外,起伏不大。

第四系土层主要由：填土、淤泥质土、粉质黏土等构成。泥质质土层分布局部地段,厚度为0.7~2.9m。下伏基岩主要为白垩系棕红色泥质粉细砂岩、砂岩,局部见砾岩。

本站场地地下水位较浅,勘察施工期间地下水位埋深2.45~3.70m。含水层属弱-微透水,富水性较差,地下水不丰富;地下水对钢筋混凝土无腐蚀性,对钢结构有弱腐蚀性;地震基本烈度为Ⅶ度。

## 1.2 工程特点及重点

(1) 本工程的地下室5层,深达－21.860m,且地下室负一层以下为逆作法施工,由于地下室逆作暗挖土方难度较大,挖土工期较明挖长,所以土方的挖运、内衬墙施工和钢管柱吊装是整个地下室施工的难点。

(2) 塔吊的选型：超高层钢结构建筑物的首要重点是正确选择吊装用的起重机械,本工程最重钢构件为主楼地下室钢柱。在选择塔吊时,需要考虑塔吊的起重能力和工作半径必须满足构件的安装就位要求。根据本工程实际情况,我公司选用两台抚顺永茂建筑机械有限公司生产的STT403型号塔吊,作为钢结构安装的主要起重设备。

(3) 施工现场平面布置：钢结构的施工现场平面布置首先要保证足够的构件堆场,每天计划安装的钢构件需提前运输到堆场,堆场的布置尽量靠近塔吊,还应结合现场施工的进度进行灵活调整,不能影响其他工种的施工。而本工程施工现场场地狭小,施工平面布置和构件堆放存在较大困难。为此,必须合理、严格控制构件进场顺序,以减小构件堆放与现场堆场之间的矛盾。

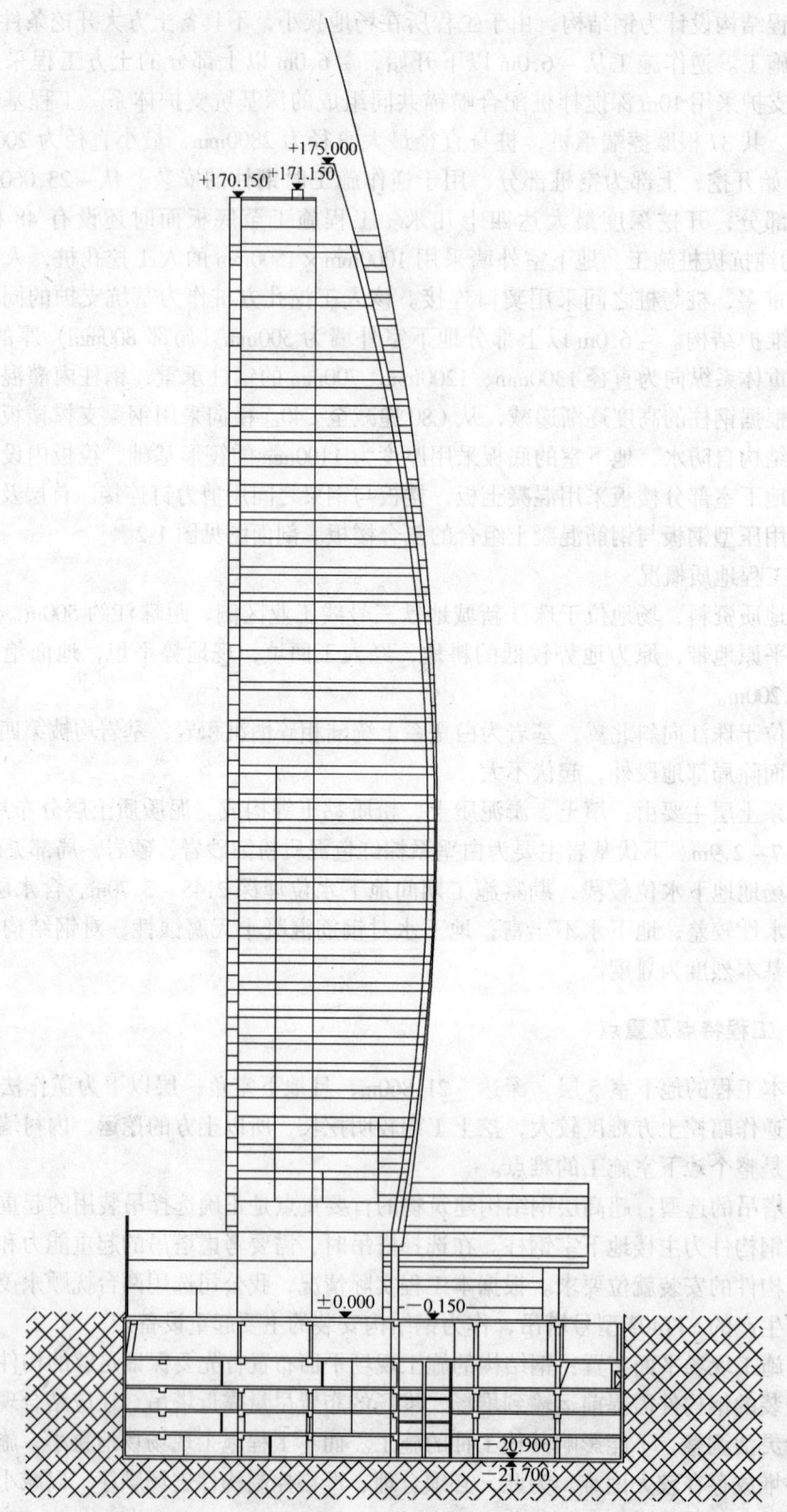

图 1-2 合景国际金融广场剖面图（单位：m）

(4) 钢柱定位器和钢梁埋件的安装：本工程采用逆作法施工，钢柱定位器安装是在标高 -23.160m、深度 18m 的人工挖孔桩内作业，安装难度极大，且其安装精度直接关系到钢柱的安装精度。钢梁埋件分布在地下四层至地上一层这5层的地下室连续墙护壁和人防墙上，安装难度大，要求精度高，且数量繁多，又是本工程施工重点和难点之一。

(5) 安装测量控制：高层钢结构的测量技术对钢结构的安装精度影响至关重要，在地下室及高空对钢柱、钢梁、钢桁架的测量都需根据具体的钢结构的截面型式和就位需求来进行。在整体形成稳定结构前，钢结构需要进行多次的测量和调整，我们采取提前预计偏移趋势，加强临时固定措施和跟踪测量校正等方法进行测量定位和调校，并及时进行各部位的安装复测，严格控制构件安装偏差。

(6) 厚钢板的焊接：钢结构施工中，厚钢板的焊接是本工程中非常关键的工序，高空的焊接气流环境、焊接的层间温度、柱接头的预热和后热、焊接应力变形的释放等环节都对焊接操作有影响，必须由具有高层钢结构施工经验的持证焊工施焊才能把好这一关。如若没有经验，把握不好焊接要点，将极易产生厚钢板的层状撕裂，严重影响钢结构的结构安全。我们将挑选多次参与高层钢结构厚板焊接施工的优秀焊工进行施焊，发挥我公司在高层钢结构厚钢板焊接方面的成熟经验，并严格按焊接作业方案和焊接工艺指导书的操作程序进行焊接施工的管理，确保每条焊缝的焊接质量达到设计要求。

(7) 施工中的结构稳定性：本高层的钢结构施工走在其他工序的前面，钢结构向上安装时必须考虑施工过程中的结构稳定性。必须先将内框钢柱安装完成后再向外框扩展，相邻钢柱安装后要立即将柱间钢梁安装就位，压型钢板的安装落后楼层钢梁的安装3个楼层左右，楼层混凝土的施工不大于钢框架安装4个楼层。

(8) 施工安全管理：高层钢结构施工中螺栓、栓钉、连接板等小型构件和各种手持工具非常多，钢框架安装过程中柱-柱、梁-梁之间较为空旷，楼层面的有效面积非常狭小，容易产生小物件的坠落事件，构成安全事故。

(9) 本工程的外形不规则，圆弧半径相当大，给测量提出了较高的要求；同时，对玻璃幕墙施工时骨架的制安也是一难点。

# 2 施工部署

## 2.1 施工方案的选择

针对本工程结构形式，在施工方案中分别阐述混凝土结构部分、钢结构部分的具体措施。

### 2.1.1 混凝土结构部分

(1) 地下室逆作施工

1) 地下一层以下逆作土方工程：

由建设方指定的土方施工队伍进行施工。

2) 地下结构钢梁、柱的吊装：

A. 地下逆作结构钢梁钢板由塔吊经预留洞吊入施工作业层；

B. 施工作业层内的钢梁吊装采用两种方式进行：2t 及以下的梁用台灵架进行吊装，

2t 及以上的梁采用三角架配以电动或手动葫芦进行就位。

3) 地下结构衬墙：

A. 衬墙模板采用双面涂膜九夹板做支模面层，支模的加固采用 50mm×100mm 木方及对拉螺杆（对拉螺杆一端焊于打入围护方桩的膨胀螺栓上）；

B. 逆作部分衬墙上口的圈梁预埋直径为 200mm 的钢管，间距 1000mm，用于衬墙混凝土浇筑。

4) 底板施工：

A. 底板的板底及梁底采用 100mm 厚 C10 混凝土，随打随抹光；

B. 地梁和承台侧模采用 240mm 厚灰砂砖砌筑，内粉 1:2.5 的水泥砂浆；

C. 由于底板面积较大，底板混凝土分四次浇灌，并设两道后浇加强带。

(2) 模板工程

1) 本结构首层及其以上梁、板（压型钢板）、柱为钢结构，无需支模；

2) 剪力墙模板工程：

18mm 厚双面覆塑九夹板（规格为 1830mm×920mm×18mm），支撑采用钢管脚手架散装散拆。用 M12 螺栓对拉，以控制截面尺寸。

(3) 钢筋工程

1) 钢筋加工采用机械加工；

2) 钢筋绑扎采用人工绑扎；

3) 钢筋的地上部分采用塔吊垂直运输，地下部分采用塔吊垂直运输配合人工水平搬运。

(4) 混凝土工程

1) 本工程混凝土采用预拌混凝土；

2) 混凝土的垂直及水平运输采用混凝土输送泵进行，塔吊辅助运输；

3) 混凝土泵送采用高压力泵，由地面层直接泵至施工作业层。

(5) 垂直运输

1) 主体结构施工阶段的材料垂直运输采用塔吊进行，两台塔吊选用 STT403（403t·m），主要用于钢结构吊装；

2) 同时安装一台双笼外用电梯，主要用于人员的运输及零星材料的运输。

**2.1.2 钢结构部分**

(1) 根据选定的塔吊方案和钢结构施工方案，提出具体的钢柱、钢桁架等构件的分段计划，作为钢结构制作单位进行深化设计的主要依据。

(2) 在钢构件到达施工现场前，将两台塔吊安装好，并进行调试和验收。塔吊的吊臂长度确定为 55m。

(3) 塔吊的使用以钢结构吊装为主，钢结构卸车要安排在晚间进行。

(4) 两台塔吊同时进行钢结构的吊装，塔吊顶升错开时间进行，保证现场始终有塔吊在运转。

(5) 钢柱钢梁由内框向外框展开安装，及时跟进压型钢板的安装和楼面混凝土的施工上，保证楼面混凝土的施工落后钢结构的安装不超过 4 个楼层。

## 2.2 总体和重点施工顺序

根据本工程特点和施工可用场地情况及我公司技术力量、机械设备状况综合考虑,由于地下室逆作暗挖土方难度较大,挖土工期较明挖长,本工程拟采取"全面展开,地下结构以土建为主线,地上结构以钢结构为主导施工程序,土建、机电工程随后跟进,流水作业,纵横穿插,衔接紧凑,组织严密,空间占满,时间不断,采用信息化施工"的立体交叉施工方案。运用我局多年的施工经验和主体结构施工速度快、装饰作业精的特色,精心组织,强化质量意识,应用先进技术,为业主创造精品,使本工程项目的建设达到优质、高速、低耗、安全文明的目标。

根据本工程的特点来进行施工机械、进度计划和施工总平面布置和其他工作的布署等。

### 2.2.1 施工组织安排

根据本工程的实际情况,按照先地下(基坑支护、土方开挖、围护,负一层板),再地上(上部结构)和地下(地下室负五层)同时进行。总体施工程序见图2-1,逆作法地

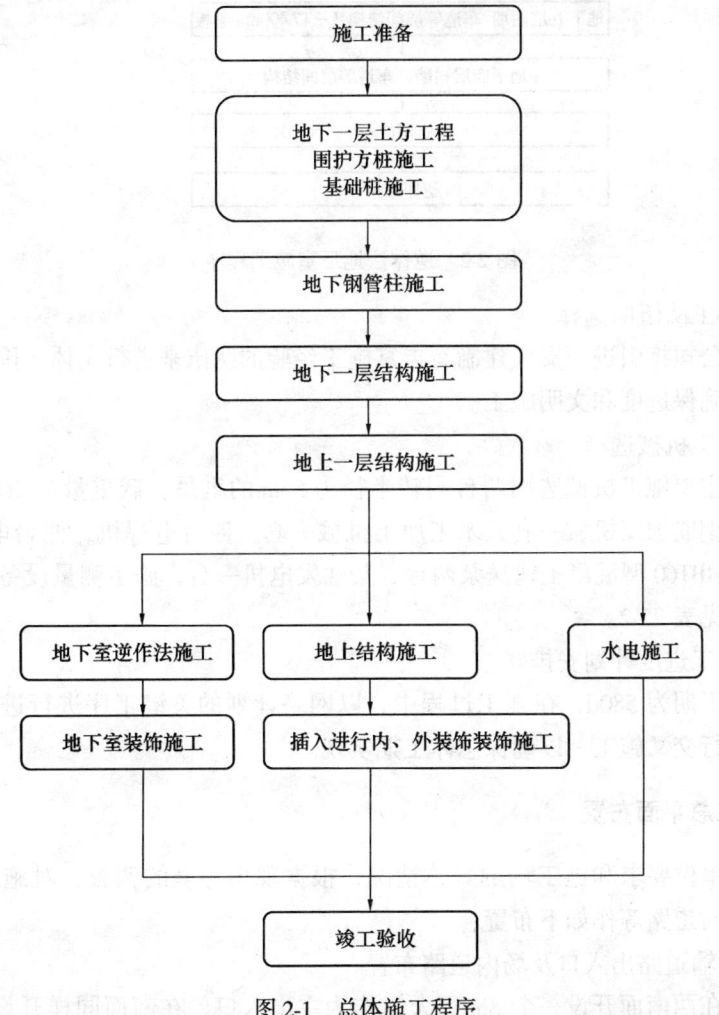

图2-1 总体施工程序

下室施工程序见图 2-2，标准层施工流程（柱高按三层一拼装考虑）见图 2-3。

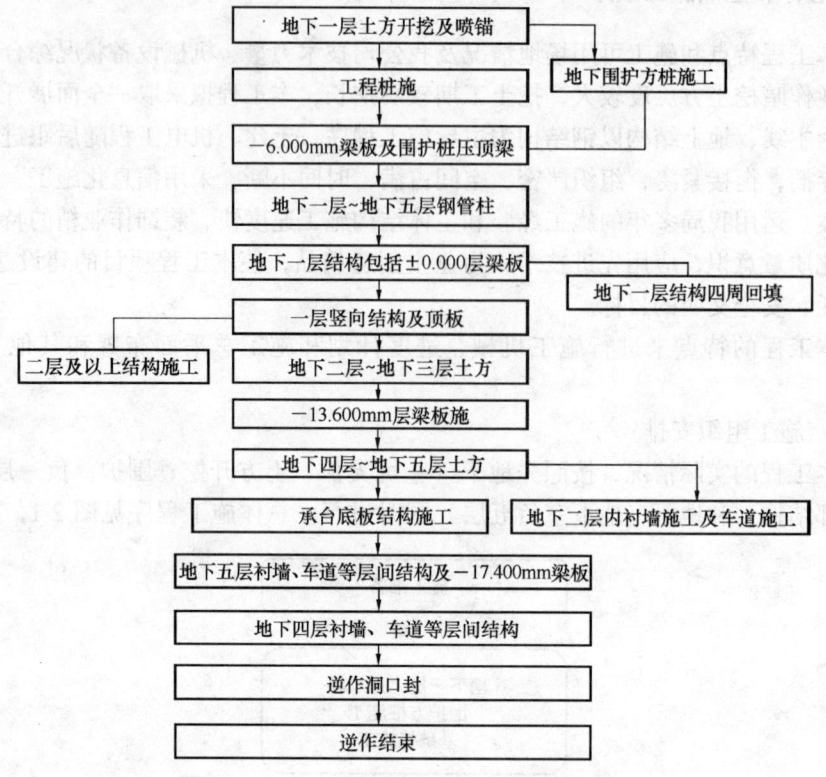

图 2-2 逆作法地下室施工程序

#### 2.2.2 施工队伍的选择

本工程我公司将引进一支成建制有丰富施工经验的队伍来进行主体、围护结构、粗装饰的施工，以确保进度和文明施工。

#### 2.2.3 施工机械选择

本工程的主要施工机械选用两台周转半径为 55m 的塔吊。载重量为 2000kg 的双笼外用电梯一台，钢筋加工机械一套，木工加工机械一套，四台电焊机，两台电渣压力焊机，一台对焊机，HBT60 型混凝土输送泵两台，柴油发电机一台，施工测量设备一套。本工程具体施工机械见表 25-2。

#### 2.2.4 施工进度计划安排

本工程总工期为 580d，在施工过程中，以网络计划的关键工序进行进度控制，各工序及时插入进行交叉施工，以确保总体工期实现。

### 2.3 施工总平面布置

根据建设单位要求和施工场的具体情况，根据现场环境的调查，对施工中需用的机械、设施、临时道路等作如下布置：

#### 2.3.1 运输道路出入口及场内道路布置

本工程将在西南面开设一个 8m 宽大门作为主出入口，在南面同样开设一个 4m 宽偏

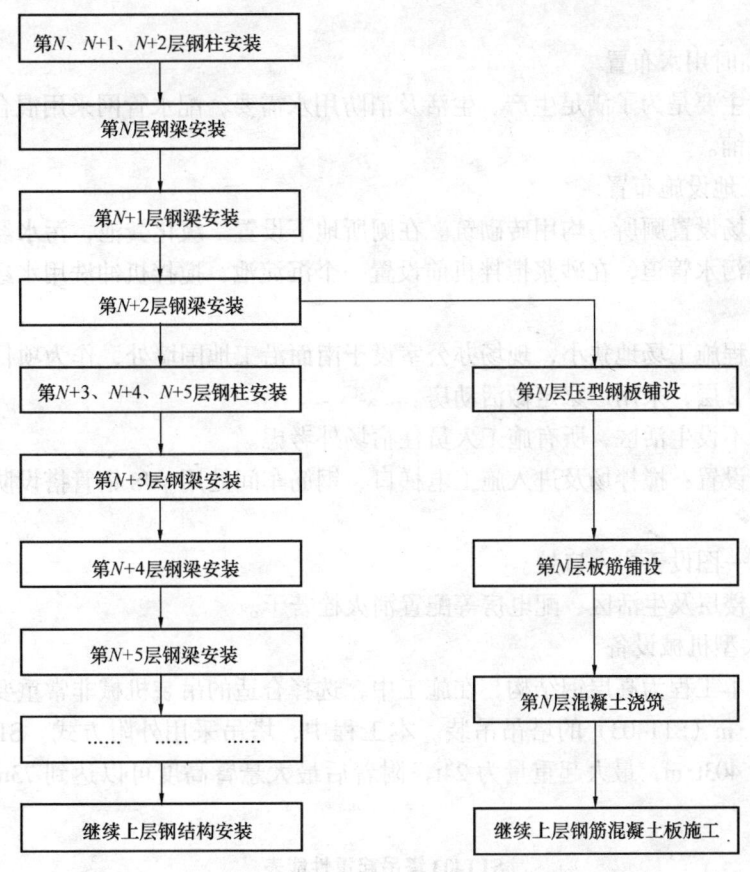

图 2-3 标准层施工流程（柱高按三层一拼装考虑）

门作为钢构件运输出入口，一个 6m 宽大门作为地下室土方运输出土口，在西面开设一个 6m 宽大门作为另一个地下室土方运输出土口。在大门内侧设临时洗车槽，洗车设备用高压水枪，出入现场泥头车及其他材料运输车辆须经高压水冲洗干净后，方可进入主干道。施工现场的临时道路按省文明双优工地做法要求，全部采用 C20 混凝土硬化 100mm 厚，道路两边设截面 300mm×400mm 排水沟上铺铁箅。

### 2.3.2 钢筋车间、钢筋堆场

钢筋加工车间及堆场设于北面围墙处，钢筋车间平面尺寸均为 6m×30m。用毛竹搭设，钢筋堆场用砖墩子架空，以防止钢筋堆场积水，锈蚀钢筋。钢筋加工完后分类堆放，然后用塔吊吊到施工楼层。

### 2.3.3 钢构件堆放场地

在塔吊半径范围内分别在基坑东面和西面设立了 10m×20m 的钢柱堆放场和 8m×15m 的压型钢板堆放场地，以利于钢构件的现场吊装。并在工地附近租赁临时堆放场地，作为中间中转场地。

### 2.3.4 配电线路的布置

本工程配电线路采用混合式布置，用线杆架设，线路高度取 5m，线路走向沿围墙布置。

#### 2.3.5 临时用水布置

临时供水主要是为了满足生产、生活及消防用水需要，配水管网采用混合式布置，管网铺设采用暗铺。

#### 2.3.6 工地设施布置

(1) 在现场设置厕所，均用砖砌筑。在厕所地下设置二级化粪池，污水经化粪池处理后，排入城市污水管道，在砂浆搅拌机前设置一个沉淀池，搅拌机冲洗用水经沉淀后接入市政污水管。

(2) 本工程施工场地狭小，现场办公室设于南面沿工地围墙处，作为项目施工管理人员办公用，共2层，采用厂家定做活动房。

(3) 现场不设生活区，所有施工人员住宿场外考虑。

(4) 安全设置：搅拌场及进入施工电梯口、钢筋车间处用 $\phi 48$ 钢管搭设防护棚，面铺九夹板。

(5) 五牌一图设于主入口处。

(6) 施工楼层及生活区、配电房等配置消火栓若干。

#### 2.3.7 大型机械设备

因考虑到本工程为高层钢结构，在施工中，选择合适的吊装机械非常重要。本工程中选择两台 403t·m（STT403）的塔吊吊装。本工程中，塔吊采用外附方式。STT403 塔吊最大起重能力为 403t·m，最大起重量为 24t，附着后最大悬臂高度可以达到 73m。起重性能参见表 2-1。

**STT403 塔吊起重性能表**　　　　表 2-1

| 工作半径 $R$ (m) | 倍率 | $R$ (max) (m) | $C$ (max) (t) | 30m | 40m | 44m | 50m | 54m |
|---|---|---|---|---|---|---|---|---|
| 54 | Ⅳ | 17.01 | 24.00 | 12.22 | 8.5 | 7.5 | 6.305 | 5.66 |

施工电梯选用了一台型号为 SD200/200A、载重 2000kg 双笼两用施工电梯，方便施工人员及装修材料的垂直运输。

现场布置了两台混凝土输送泵。

### 2.4 施工进度计划

根据本工程的实际情况和招标文件的要求，本工程的进度计划采用倒排的方法，总工期为 580 个日历天，施工阶段目标控制计划如表 2-2。

**施工阶段目标控制计划表**　　　　表 2-2

| 序号 | 阶段目标 | 第（ ）天 | 序号 | 阶段目标 | 第（ ）天 |
|---|---|---|---|---|---|
| 1 | 基坑支护施工完 | 第 38 天 | 5 | 主体结构施工完 | 第 382 天 |
| 2 | 围护桩工程施工完（验桩） | 第 98 天 | 6 | 装饰工程完 | 第 545 天 |
| 3 | 地下室逆作施工完 | 第 282 天 | 7 | 工程竣工 | 第 580 天 |
| 4 | ±0.00 结构施工完 | 第 169 天 | | | |

## 2.5 主要施工机械设备的配备

为满足施工需要，缩短工期，各施工阶段必须配备足够的施工机具，并注意不同阶段机具的需求差别及有效衔接，机械配备如表 2-3 及表 2-4。

土建施工机械设备配置表    表 2-3

| 序 号 | 机械设备名称 | 型号规格 | 数 量（台） | 国别产地 | 额定功率（kW） | 进场时间 |
|---|---|---|---|---|---|---|
| 垂直运输机械 | 塔吊 | STT403（403t·m） | 2 | 抚顺 | 2×160 | 第35天 |
| | 双笼外用电梯 | SD200/200A | 1 | 广东 | 69 | 第150天 |
| 钢筋机械及机具 | 钢筋调直机 | JK-3J | 1 | | 1×10 | 第15天 |
| | 钢筋弯曲机 | GW-40-1-2 | 2 | 太原 | 3×2 | 第15天 |
| | 钢筋切断机 | GQ-40 | 2 | 天津 | 3×2 | 第15天 |
| | 交流电焊机 | $BX_2$-500 | 2 | | 25×2 | 第15天 |
| | 交流电焊机 | $BX_6$-120 | 2 | | 15×2 | 第15天 |
| | 电渣压力焊机 | LDZ-32A | 2 | | 33×2 | 第15天 |
| | 对焊机 | $UN_1$-100 | 1 | | 1×100 | 第15天 |
| | 钢筋套丝机 | | 2 | | 3×2 | 第40天 |
| 混凝土施工机具 | 混凝土输送泵 | HBT60 | 2 | | | 第50天 |
| | 平板振动器 | ZW6 | 2 | | 0.5×2 | 第65天 |
| | 振动棒 | EX50 | 10 | | 1.1×10 | 第50天 |
| | 振动棒 | ZX25 | 10 | | | 第50天 |
| 木工机械 | 压 刨 | MB206 | 1 | | 11.5 | 第15天 |
| | 圆盘锯 | MJ104 | 4 | | 3×4 | 第15天 |
| | 手电钻 | | 15 | | 0.6×15 | 第15天 |
| 测量仪器 | 水准仪 | $DS_3$ | 1 | | | 第5天 |
| | 全站仪 | | 1 | | | 第5天 |
| | 激光经纬仪 | $DJ_2$ | 1 | | | 第5天 |
| | 激光铅垂仪 | | 1 | | | 第5天 |
| 其他机械设备 | 灰浆机 | $UJ_2$-200 | 4 | | 3×6 | 第90天 |
| | 机动翻斗车 | FC-1 | 2 | | | 第10天 |
| | 水 泵 | 2BA-6 | 20 | | 1.5×20 | 第5天 |
| | 高压水泵 | | 1 | | 4×15 | 第5天 |
| | 发电机 | | 1 | | 200 | 第5天 |
| | 挖土机 | WY80 | 4 | | | 第5天 |
| | 反铲挖土机 | W-1001 | 4 | | | 第5天 |
| | 自卸汽车 | 12T | 10 | | | 第5天 |

钢结构安装投入的主要施工机械设备表　　　　　表 2-4

| 序 号 | 设 备 名 称 | 规格型号 | 数 量 | 进场时间 |
|---|---|---|---|---|
| 1 | 平板车 | 20t | 2台 | 第90天 |
| 2 | 汽车吊 | 25t | 1台 | 第90天 |
| 3 | 活动扳手 |  | 30把 | 第90天 |
| 4 | 高强螺栓电动扳手 |  | 2把 | 第90天 |
| 5 | 二氧化碳焊机 | 600UG | 8台 | 第90天 |
| 6 | 直流焊机 | AX-500-7 | 4台 | 第90天 |
| 7 | 空压机 | $0.9m^3$ | 2台 | 第90天 |
| 8 | 碳弧气刨 |  | 10台 | 第90天 |
| 9 | 焊条筒 |  | 20只 | 第90天 |
| 10 | 保温箱 | 150℃ | 2台 | 第90天 |
| 11 | 高温烘箱 | 0~500℃ | 2台 | 第90天 |
| 12 | 空气打渣器 |  | 10台 | 第90天 |
| 13 | 半自动切割机 |  | 2台 | 第90天 |
| 14 | $O_2$和$C_2H_2$装置 |  | 10套 | 第90天 |
| 15 | 螺旋千斤顶 | 16t/20t | 20个/20个 | 第90天 |
| 16 | 对讲机 | MOTOROLA | 8台 | 第90天 |
| 17 | 手拉葫芦 | 3t/5t/10t | 8/8/8 | 第90天 |
| 18 | 超声波探仪 | CTS-22 | 2台 | 第90天 |
| 19 | 涂装厚度检测仪 |  | 1台 | 第90天 |
| 20 | 自动安平水准仪 | ZDS3 | 2台 | 第90天 |
| 21 | 测温仪 | 300℃ | 2台 | 第90天 |
| 22 | 全站仪 | 1″ | 1台 | 第90天 |
| 23 | 经纬仪 | J2 | 4台 | 第90天 |
| 24 | 钢卷尺 | 7.5m | 50台 | 第90天 |

## 2.6 劳动力的配置计划

根据省建筑安装工程劳动定额，结合本工程具体情况和施工进度计划，本工程不同施工阶段劳动力配置计划见表 2-5 及表 2-6。

土建劳动力配置　　　　　表 2-5

| 序 号 | 工种名称 | 基础阶段（人） | 主体阶段（人） | 装饰阶段（人） | 清理收尾（人） |
|---|---|---|---|---|---|
| 1 | 钢筋工 | 100 | 40 | 20 | 10 |
| 2 | 木 工 | 135 | 60 | 20 | 10 |
| 3 | 混凝土工 | 25 | 20 | 10 | 10 |
| 4 | 架子工 |  | 10 | 10 |  |
| 5 | 砖 工 | 40 | 30 | 60 | 10 |
| 6 | 抹灰工 | 20 | 45 | 85 | 20 |
| 7 | 电 工 | 4 | 4 | 4 | 1 |
| 8 | 油漆工 |  |  | 60 | 10 |
| 9 | 门窗安装工 |  |  | 30 | 2 |
| 10 | 机操工 | 20 | 10 | 10 | 5 |

续表

| 序号 | 工种名称 | 基础阶段（人） | 主体阶段（人） | 装饰阶段（人） | 清理收尾（人） |
|---|---|---|---|---|---|
| 11 | 机修工 | 5 | 2 | 2 | 1 |
| 12 | 防水工 |  |  | 10 |  |
| 13 | 电焊工 | 6 | 4 | 6 | 1 |
| 14 | 杂工 | 60 | 40 | 20 | 10 |
| 15 | 管理人员 | 20 | 20 | 20 | 10 |
| 16 | 合计 | 434 | 285 | 367 | 100 |

钢结构施工劳动力计划表　　　　　表 2-6

| 序号 | 工种名称 | 数量（人） | 备注 |
|---|---|---|---|
| 1 | 现场管理人员 | 16 | 进行现场管理 |
| 2 | 起重工 | 40 | 卸车、构件吊装、钢柱校正 |
| 3 | 安装铆工 | 30 | 焊缝坡口处理、高强度螺栓安装及缺陷处理 |
| 4 | 测量工 | 10 | 测量放线、垂直度监控、标高监控 |
| 5 | 吊车指挥 | 10 | 塔吊、汽车吊操作 |
| 6 | 电焊工 | 30 | 手工焊接和栓钉焊接 |
| 7 | 气焊工 | 4 | 缺陷处理 |
| 8 | 无损检测工 | 3 | 超声波探伤、磁粉探伤以及着色探伤 |
| 9 | 电工 | 3 | 电气设备接线、维护 |
| 10 | 钣金工 | 12 | 压型钢板铺设 |
| 11 | 架子工 | 12 | 高空防护设施的搭设与拆除 |
| 12 | 油漆工 | 10 | 现场补漆 |
| 13 | 杂工 | 40 | 辅助各工种工作 |
|  | 合计 | 220 |  |

# 3 主要施工方案

## 3.1 施工测量

施工测量放线是房屋建筑进行施工的先导，也是现场施工准备工作的一项重要内容，它既是施工中必不可少的重要一环，同时又贯穿在整个施工过程中，成为施工质量控制的技术指导的有效手段。

### 3.1.1 高层钢结构测量工作的基础条件

(1) 测量依据

《钢结构工程施工及验收规范》（GB 50205—2001）；

《高层民用建筑钢结构技术规程》（JGJ 99—98）；

《工程测量规范》（GB 50026—93）；

《城市测量规范》（CJJ 8—99）；

业主提供的有关测量资料及实物,工程图纸和其他相关技术文件。

(2) 统一计量尺度

同一工程项目应设三把"基准尺",制造单位、安装单位和监理单位各执一把。这三把尺必须是经同一部门检定改正并经三方认可的长度计量标准用尺,不同于一般经计量检定合格的尺子。在构件加工、安装和验收过程中,各单位实际使用的尺子都应跟各自所持的"基准尺"进行比尺并经温度尺长的修正。"基准尺"应妥善保存,不应在实际施测时使用。

(3) 钢构件的制造尺寸

构件的加工精度决定了高层钢结构的安装精度、施工进度及其他方面的质量。高层钢结构安装测量的前提条件是运至施工现场的钢构件必须具有合格的制造尺寸。

### 3.1.2 测量与监控的工艺程序

(1) 施工平面控制网的建立

地下室施工时,采用"十"字形基准线进行外控法放线,采用正交轴线为④轴×E轴。地下室施工完毕以后,应该将平面控制网从地下室底层转移到一楼地面并通过内控法进行放线,为蔽开梁,采用正交轴线为1/4轴×E轴向外偏移1m。鉴于本工程的施工特点,考虑到装配的精度要求,决定在基础施工时按四等网的精度要求布设平面控制网,预埋钢板(200mm×200mm),建立施工方格网,其点位的初步定位精度小于10mm,用极坐标法或导线法进行测设。然后,按初步测设的点位所构成的图形,做角度和距离观测,角度闭合差要求小于±10″。距离用钢尺丈量或用全站仪量距。距离计算时顾及全站仪的加乘常数改正及气象改正。因此,要求角度观测六测回,边长观测四测回,测角误差小于±2.5″,边长相对精度达1/20000且不大于2mm。由观测成果作经典自由网平差,根据平差结果与设计的坐标比较进行归化。为了保证其点位的绝对可靠和边长相对精度较高的要求,在归化结束后的点位上重新观测角度、边长;如不满足要求,还需重新观测并依据观测结果作第二次归化,直到完全满足要求为止。基准点处预埋10cm×10cm钢板,用钢针刻画十字线定点,线宽0.2mm,并在交点上打洋冲眼,以便长期保存。所布设的平面控制网应定期进行复测、校核。

(2) 基准标高点的设定

基准标高点位一般设置在柱基底板的适当位置,四周加以保护,作为整个高层钢结构工程施工阶段标高控制的依据。标高设置采用不锈钢或铜质材料焊接或预埋在底板上,基点数根据施工范围的大小设置2~3点。本工程决定设置三个基准点,且三个基准点与原始基准点(即城市水准点)进行二等水准联测。定时检查两点之间的高差,以及与原始基准点之间的高差,且检测精度在0.3mm范围内。

(3) 控制点的竖向传递

首层平面放线直接依据平面控制网,其他楼层平面放线,根据规范的要求,应从地面控制网引投到高空,不得使用下一节楼层的定位轴线。平面控制点的竖向传递采用内控法。投点的仪器可选用天顶准直仪或全站仪。在控制点上方架设好仪器,严密对中、整平。在需要传递控制点的楼面预留孔处水平放置一块有机玻璃做成的光靶,光靶严格固定,防止其移动。仪器分别从0°、90°、180°、270°四个角度向光靶投点,用0.2mm线段画出这四个点的对角线的交点,此交点为传递上来的控制点。所有控制点传递完成后,则形成了该楼层平面控制网。对该楼层平面的控制网需要进行平差改化，使测距与测角的误差满足规范的要求。待该楼层平面的控制网建立以后，就可以进行排尺，放轴线。见图3-1。

（4）标高的传递

标高的传递主要使用水准仪与钢尺。在所需确认标高的楼层通过测量通视孔垂直悬吊钢尺至水准参考点在楼面上，对钢尺施加一定拉力，然后用水准仪对其进行读数；同时，把水准尺立在水准参考点上测出此时仪器的视线高度，通过以上数据即可推算出所需的楼层标高。标高传递上来后要设置临时水准参考点，作为该楼层上一节点钢结构安装中标标高控制的依据。标高的传递同样不得从下层楼层丈量上来，以防止积累误差。见图3-2。

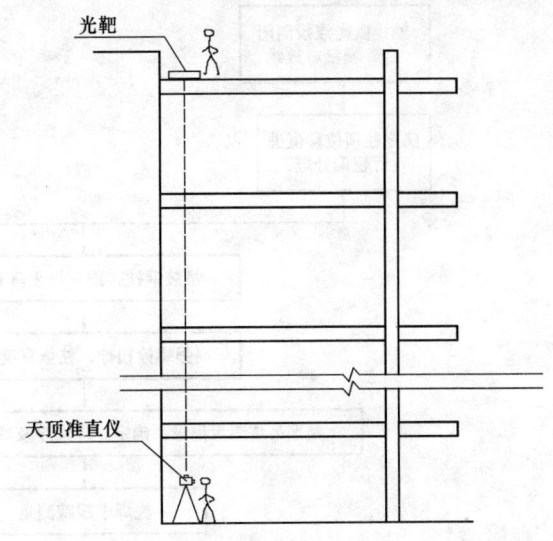

图3-1 平面控制点竖向传递示意图

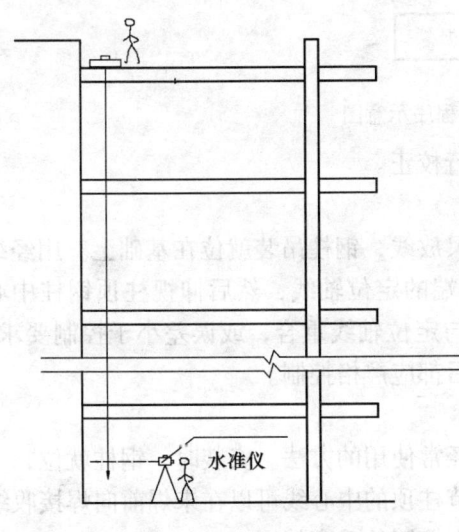

图3-2 标高传递示意图

### 3.1.3 钢结构施工测量

（1）钢结构测控重难点分析

针对钢结构的分布特征和钢结构安装施工工艺要求，钢结构施工测量存在以下重点、难点：

1）钢结构施工控制网的布设

钢结构施工控制网是整个测量工作得以开展的基础。本工程施工范围广，施工测量控制区域大。施工控制网布设的好坏、合理与否，直接关系到整个测量施工的成败。

2）钢结构空间三维坐标定位控制

由于本工程钢结构的施工质量将直接影响土建施工的质量，所以如何按照设计的要求将构件定位至设计位置，是施工测量难点，更是要重点解决的问题。

3）钢结构安装误差消除

如何消除构件在吊装过程中因自重产生的变形、因温差造成的缩胀变形、因焊接产生收缩变形等造成的误差累积，也是钢结构施工测量需重点考虑的问题。

（2）吊装测量

1）钢柱吊装测量程序如图3-3。

2）钢柱、梁的安装校正

钢结构连接临时固定完成后，应在测量工的测量监视下，利用千斤顶、捯链以及楔子

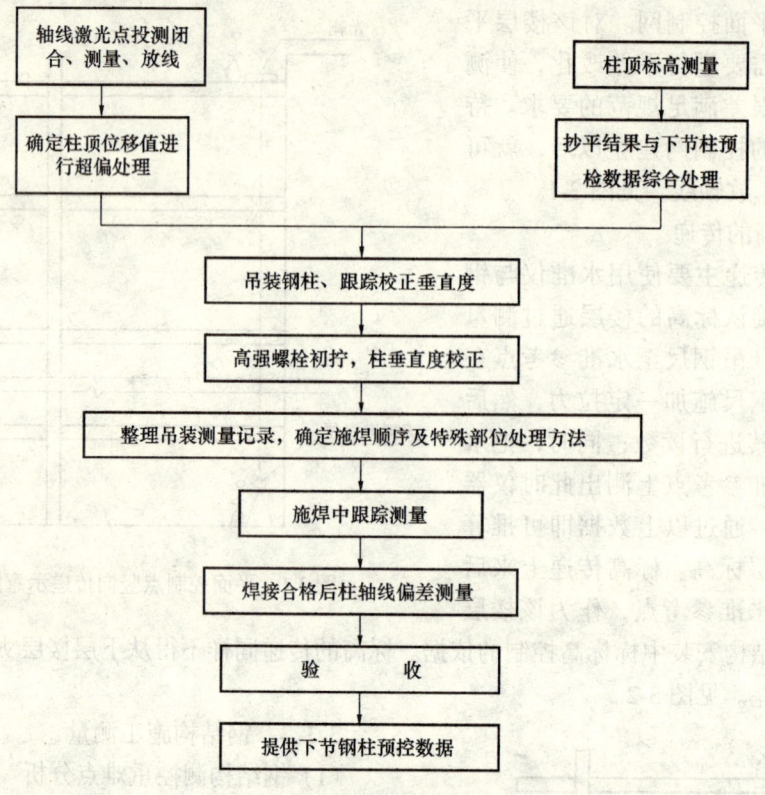

图 3-3　钢柱吊装测量程序示意图

等对其的垂直度偏差、轴线偏差以及标高偏差进行校正。

3）垂直度的控制

钢结构平面轴线及水准标高核验合格后，排尺放线，钢柱吊装就位在基础上。用经纬仪检查钢柱垂直度的方法是用经纬仪后视柱脚下端的定位轴线，然后仰视柱顶钢柱中心线，互相垂直的两个方向均钢柱顶中心线投影均与定位轴线重合，或误差小于控制要求，认为合格。垂直度偏差在高强螺栓紧固、焊接前后都应严格控制。

4）垂偏的控制和调正

利用焊接收缩来调正钢柱垂偏是钢柱安装中经常使用的方法。安装时，钢柱就位，上节钢柱柱底中心线对准下节柱顶的中心线，而上节柱顶的中心线可以在未焊前向焊接收缩方向预偏一定值，通过焊接收缩，使钢柱达到预先控制的垂直精度。

5）控制柱底位移来调正钢柱的偏差

A．如果钢柱垂偏尺寸过大，个别情况可以利用调整该节柱底中心线的就位偏差，来调整钢柱的垂直精度，但这种位移偏差一般不得超过 $3\mu m$。

B．焊接与日照综合影响时，单节柱和中心柱可以不必预留收缩，应控制垂直偏差为主。

C．加强焊接工艺控制，采用对称焊等方法，可以克服中心柱与单节柱的偏差；对于边缘的钢柱，应控制边柱上部建筑物中心的垂偏，可适当预留一定的焊缝收缩量。

6）挡视处理

钢柱吊装时，用两台J2经纬仪通过轴线相互垂直线跟踪校正。挡视不通时，可将仪器偏离轴线150μm以内。

7) 整体校正

当一片区的钢结构吊完后，对这一片区的钢柱再进行整体测量校正。

8) 钢柱焊前、焊后轴线偏差测定

由于本工程钢柱重量大、尺寸大，所以必须进行分段吊装并焊接，故在焊接过程中也要控制钢柱轴线偏差。根据轴线尺寸、钢柱截面尺寸，计算钢柱四角点坐标，并绘制出钢柱点位坐标图。

A．架设激光铅直仪，将点位投递到施工层。

B．钢柱校正后，在柱顶用附件连接架设全站仪，对中正平于激光点位，分别瞄准另两个点位，检测夹角和两个边长。如角度或距离误差较大，应重新投测激光点。起观测点位检查在允许偏差范围内后，向全站仪输入测站点和其中一个起始方向点的平直角坐标值。

C．瞄准各柱角顶点，得各点坐标，与设计坐标比较得到钢柱轴线偏差，每根钢柱测点最少不得低于两点，便于校核观测误差和计算钢柱扭曲。

D．整理钢柱焊前、焊后轴线偏差资料，使钢柱在焊接前，可根据偏差值决定焊接的顺序、方向及收缩的倾斜预留量。

(3) 柱顶标高测量

在柱顶架设水准仪，瞄准施工层标高后视点，测量每根柱的四角顶点标高，与设计标高比较得到柱子的标高偏差。根据偏差值，在吊下一节钢柱时，对柱标高进行调整。

(4) 安装精度要求

根据本工程施工质量要求高的特点，特制定高于规范要求的内部质量控制目标，允许偏差的减少，对测量精度提出了更高的要求，因此预配置整体流动式三维测量系统NET2全站仪，该仪器测角精度±2″，测距精度±$(2mm+2\times10^{-6}mm\cdot D)$进行钢结构安装过程的监控。

(5) 标准尺的要求

钢制标准尺、钢皮尺、宽幅卷尺和凸面卷尺，均应达到国家一级品标尺要求。

(6) 施工测量对策

1) 针对上述重难点分析，我们拟采取如下应对措施：

为防止构件在吊装过程中因自重产生的变形、因温差造成的缩胀变形、因焊接产生收缩变形等造成的误差累积，致使构件（如球幕影院钢结构）在连接产生失真，可以结合具体情况，在构件就位时，采取空间反三维变形。即在安装后续段构件时，结合上段安装构件的变形情况，预估本段构件的变形量，在节点就位时将控制轴线反向预偏预估量，从而减小误差累积。

2) 高程控制网测设

根据土建单位移交的水准基准点，建立水准基点组。为了便于施工测量，水准基点组可选5～6个水准点均匀地布置在施工现场四周，水准点采用预制水准桩，桩内置$\phi=20mm$、$L=550mm$的钢筋，外露20mm。

水准基准点组成闭合路线，各点间的高程进行往返观测，闭合路线的闭合误差应小于$\pm 4N^{1/2}$mm（$N$为测站数）。各点高程应相互往返联测多次，每隔半月检查一次有否变动，以保证水准网能得到可靠的起算依据。经复测，资料符合要求后，用水准仪将标高引测至

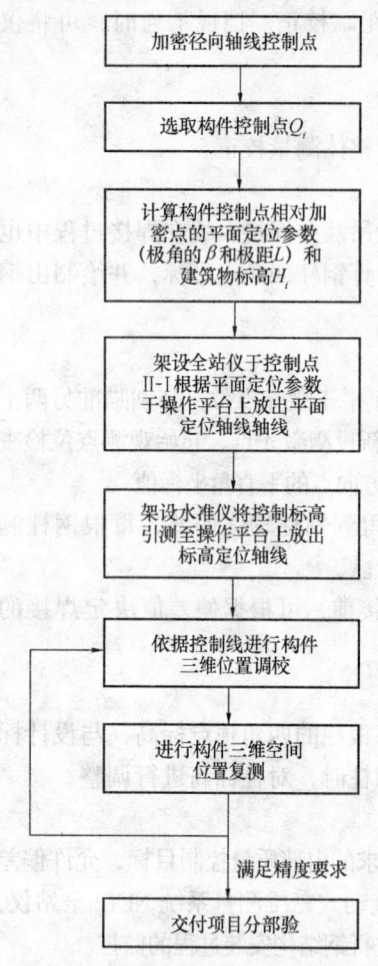

图 3-4 钢结构构件三维空间
坐标测控工艺流程

+1m 的墙面，分三个地方测设并用红漆标志，便于各点间相互复核检查，同时也作为向上引测高程的起始点。

(7) 钢结构构件三维空间坐标测控工艺流程。
见图 3-4。

(8) 钢结构测量精度保证措施

1) 建筑工程测量误差理论分析

按照建筑工程测量分析理论，建筑物定位的点位中误差 $m$ 主要包括施工误差 $m_{施}$ 和点位测量误差 $m_{测}$ 共同影响，即：

$$m_2 = m_{2施} + m_{2测}$$

通常取 $m_{测} : m_{施} = 1 : \sqrt{2}$

则 $m_{测} = \frac{1}{\sqrt{3}} m$

其中测量误差又包括控制点起始误差 $m_{控}$ 和点位放线误差 $m_{放}$。即

$$m_{2测} = m_{2控} + m_{2放}$$

若取 $m_{控} : m_{放} = 1 : \sqrt{2}$，则 $m_{控} = \frac{1}{\sqrt{3}} m_{测}$

故得 $m_{控} = \frac{1}{3} m = \frac{1}{6} \Delta$，其中 $m = \frac{1}{2} \Delta$，$\Delta$ 为施工极限容许误差

根据施工测量规范要求：$\Delta = 1/5000$

$$m_{控} = \frac{1}{6} \Delta = 1/30000$$

则测角中误差：$m = \rho \times m_{控} / D = 206265/30000$
$= \pm 6.9''$

2) 保证和提高施工测量精度的措施

从以上误差理论分析可知欲提高钢结构施工测量精度，应从确保控制网点位元精度和采取合理施工放样方法两方面努力。主要措施为：

A. 选择与钢结构施工要求相适应的施工控制网等级。结合以上误差分析理论和类似工程的施工经验，平面控制网按照一级导线精度要求布设，高程控制网按照三等水准精度要求布设，能够确保控制网点位元精度要求。

B. 配置相应精度等级的施工测量仪器，提高测量放线精度。拟采用日本拓普康厂生产的 TOPCON‐GTS‐602 全站仪。见图 3-5。进行施工现场测量放线，该仪器测角标称精度为：±2″，测距标称精度：±(2mm + 2×10⁻⁶mm)，测设精度满足施工定位要求。水准测量选用索佳 B20 型水准仪，该仪器标称精度为：1km，往返测标准差 1.0mm，见图 3-6。

C. 控制测量内业计算引进测量平差软件

内业平差计算采用 NASEW V3.0 测量平差软件，该软件经我单位多个大型工程使用，对导线网可以计算指定路线（条数不限）的各项闭合差及限差，并根据检查验收标准评定

统计观测质量、平差及精度评定等。平差结果按测量生产惯用格式生成磁盘文件，便于保存、打印输出，并将计算成果生成直接回送数据库数据文件。输出结果编排清晰明了、方便实用。测量内业计算引进测量平差软件，能够解决以往手工计算耗时久、效率低下、容易出错等弊病，确保测量成果的高质量。

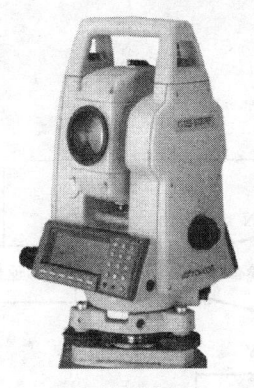

图 3-5　拓普康 TOPCON-GTS-602 型全站仪

图 3-6　索佳 B20-Ⅰ型水准仪

（9）钢结构安装误差消除措施

1）误差来源及危害分析

在正常情况下钢结构安装误差来源于：构件在吊装过程中因自重产生的变形、因日照温差造成的缩胀变形、因焊接产生的收缩变形。结构由局部至整体形成的安装过程中，若不采取相应措施，对累积误差加以减小、消除，将会给结构带来严重的质量隐患。

2）钢结构安装误差消除具体办法

针对以上分析，消除安装误差，应当从安装工艺和施工测控两方面采取以下措施：

A. 安装过程中，构件应采取合理保护措施。

由于在安装过程中，细长、超重，构件较多。构件因抵抗变形的刚度较弱，会在自身重力的影响下，发生不同程度的变形。为此，构件在运输、倒运、安装过程中，应采取合理保护措施，如布设合理吊点，局部采取加强抵抗变形措施等，来减小自重变形，防止给安装带来不便。

B. 在构件测控时，节点定位实施反三维空间变形。

钢构件在安装过程中，因日照温差、焊接会使细长杆件在长度方向有显著伸缩变形，从而影响结构的安装精度。因此，在上一安装单元安装结束后，通过观测其变形规律，结合具体变形条件，总结其变形量和变形方向，在下一构件定位测控时，对其定位轴线实施反向预偏，即节点定位实施反三维空间变形，以消除安装误差的累积。

（10）测量与监控工艺流程

如图 3-7 所示。

## 3.2　地下室工程施工

### 3.2.1　地下室工程概况

本工程地下室 5 层，基坑开挖深度为 21.86m，周长约 300m，地下室采用双层墙结构，

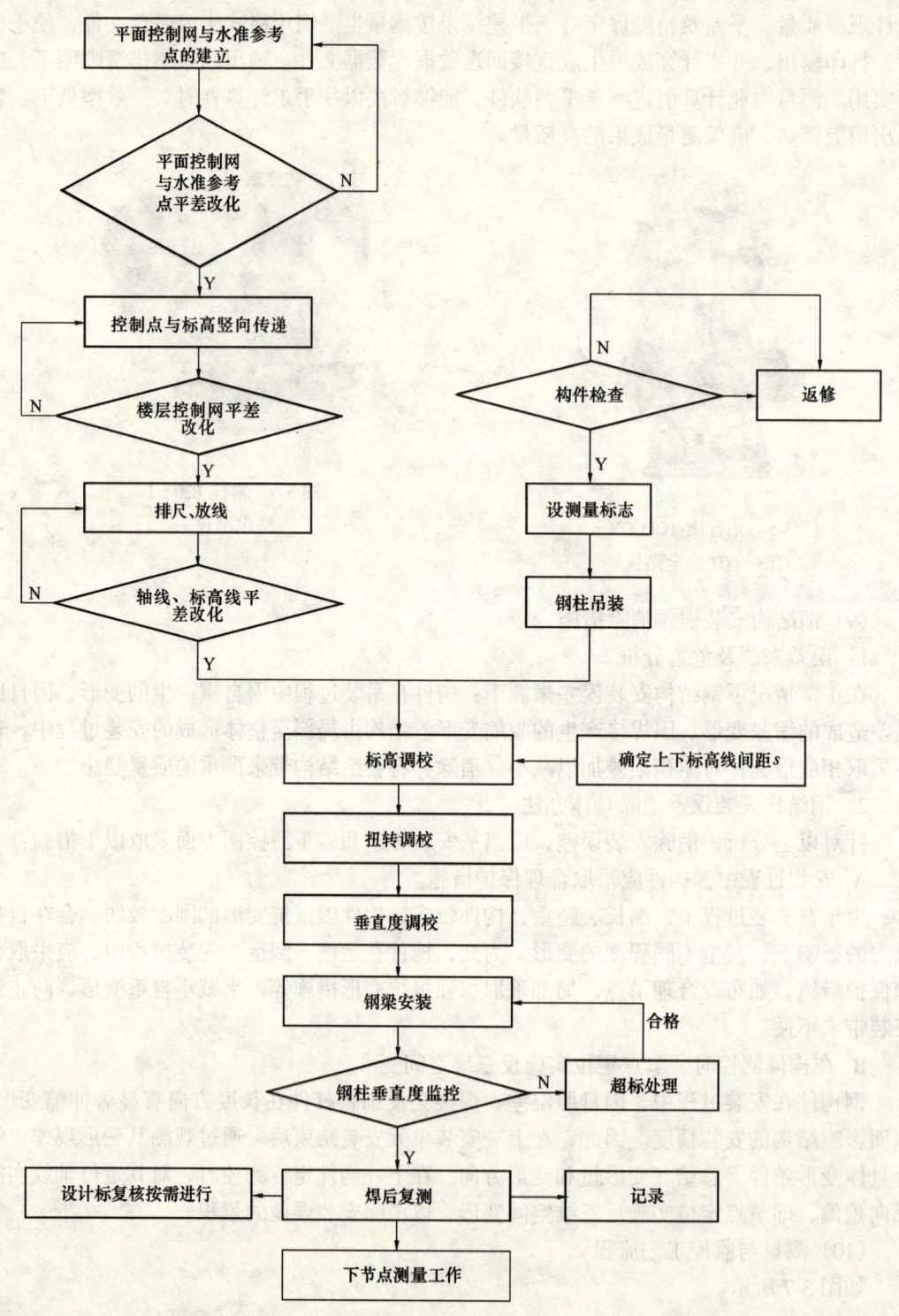

图 3-7 测量与监控工艺流程图

围护桩为地下室结构的边墙，内作内衬墙，地下室负一层楼板以上采用正作施工；负一层楼板以下采用逆作法施工。基坑-6.8m以上采用喷锚支护，-6.8m以下采用人工挖孔方桩连续墙和支撑支护。

基坑平面示意见图3-8。

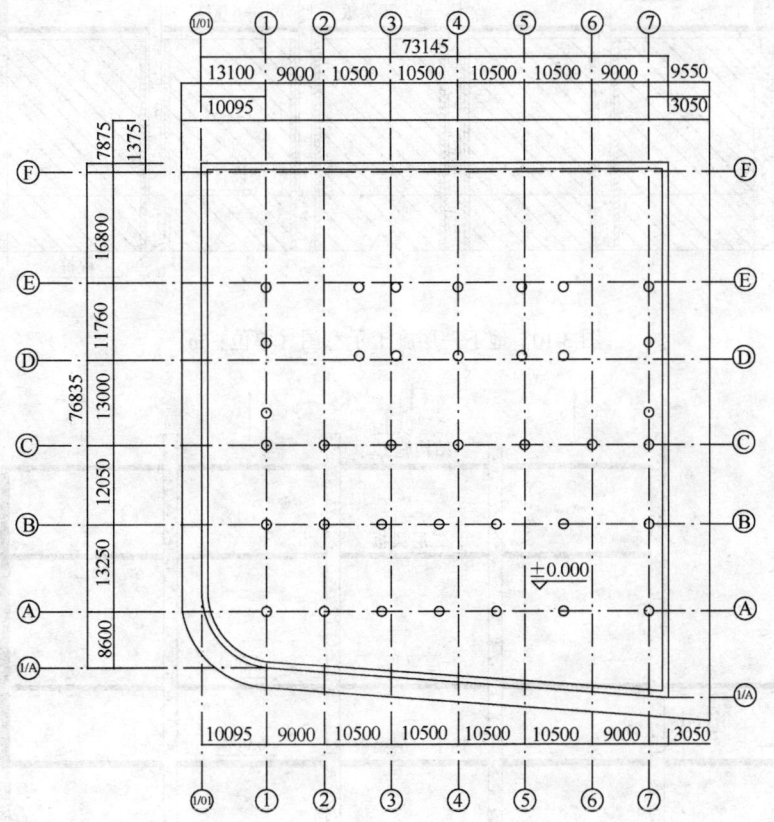

图3-8 基坑平面示意（单位：mm）

### 3.2.2 施工程序

逆作法地下室施工顺序，见图3-9~图3-13。

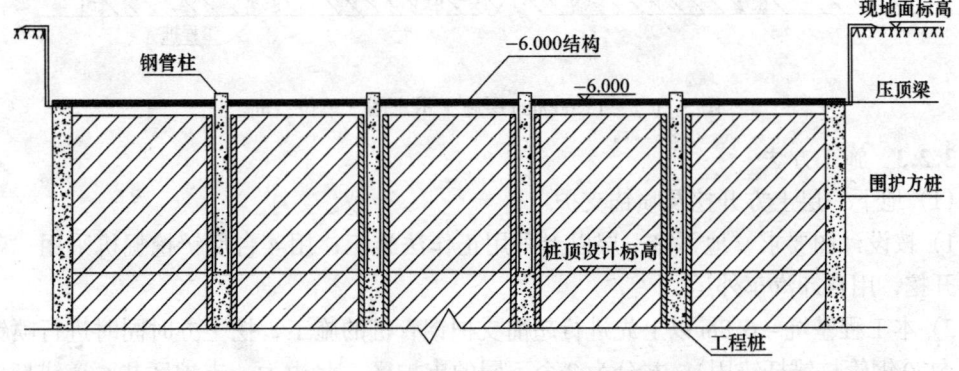

图3-9 -6.00mm结构安装施工示意图（单位：m）

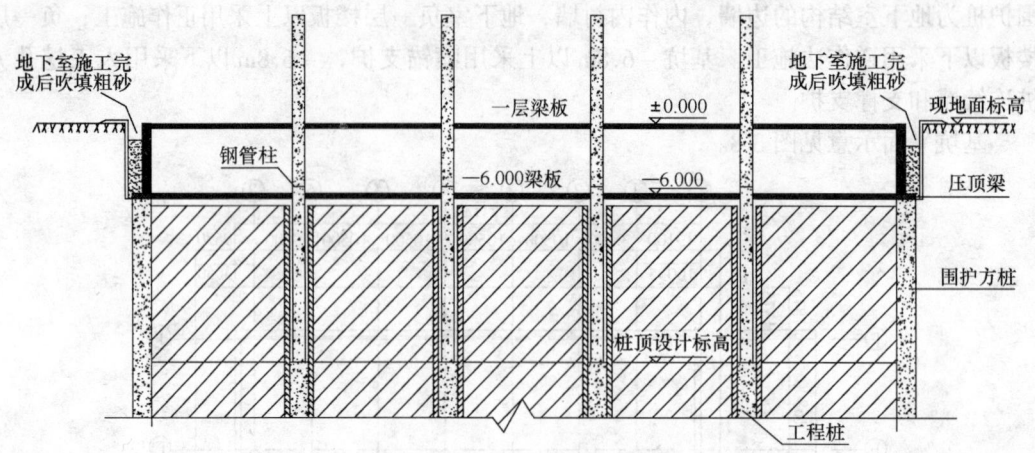

图 3-10 地下一层施工示意图（单位：m）

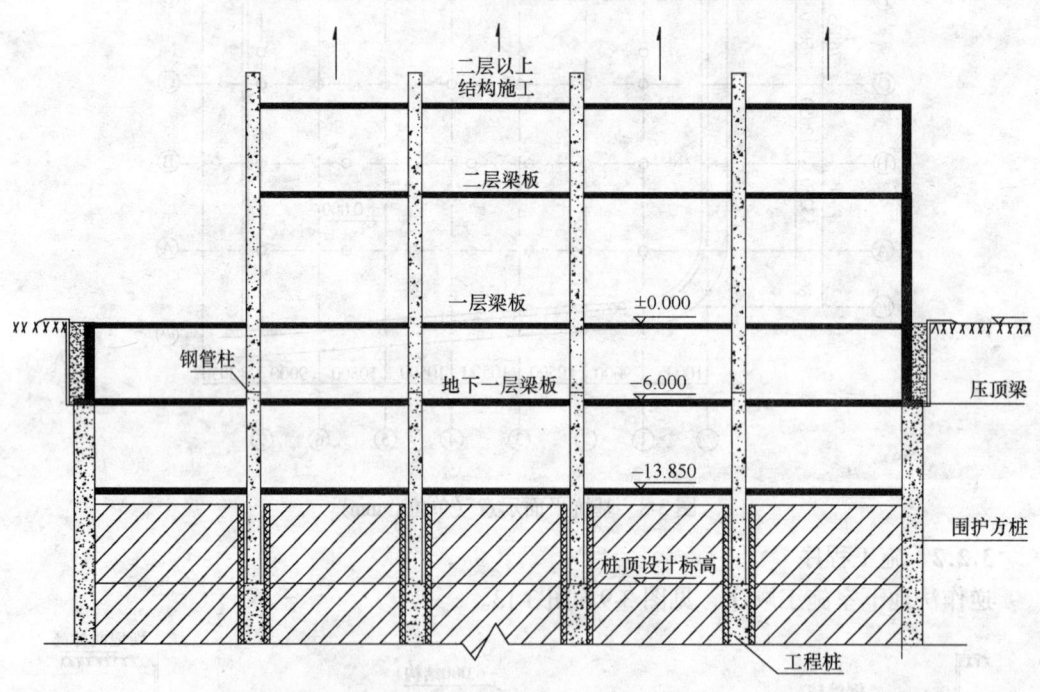

图 3-11 −13.600mm 层施工示意图（单位：m）

### 3.2.3 施工方法

（1）地下一层土方开挖及喷锚支护

1）按设计图要求，地下室一层以上采用正作法施工；用 4 台反铲挖掘机采用"敞开式"开挖，用自卸汽车外运。

2）本工程基坑 −6.8m 以上先进行超前支护钢管桩的施工，挖土方时同时进行喷锚支护（$\phi$170 钢管桩锚杆锚固）。共分为 2 个不同的支护区，北边为一支护区共 6 道锚杆，锚杆的间距为 1000mm，其余边线为另一个支护区共 4 道锚杆，锚杆的间距为 1400mm。

3）$\phi$170 超前支护钢管桩长度 9m，采用振动锤振动打入成孔。注浆做法同锚管施工。

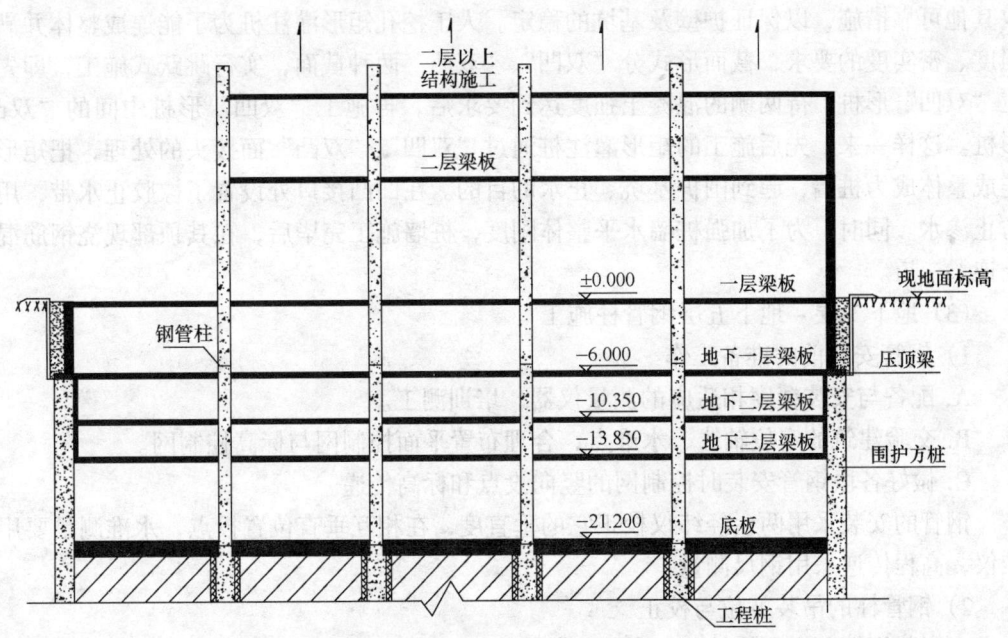

图3-12 底板及负二层施工示意图（单位：m）

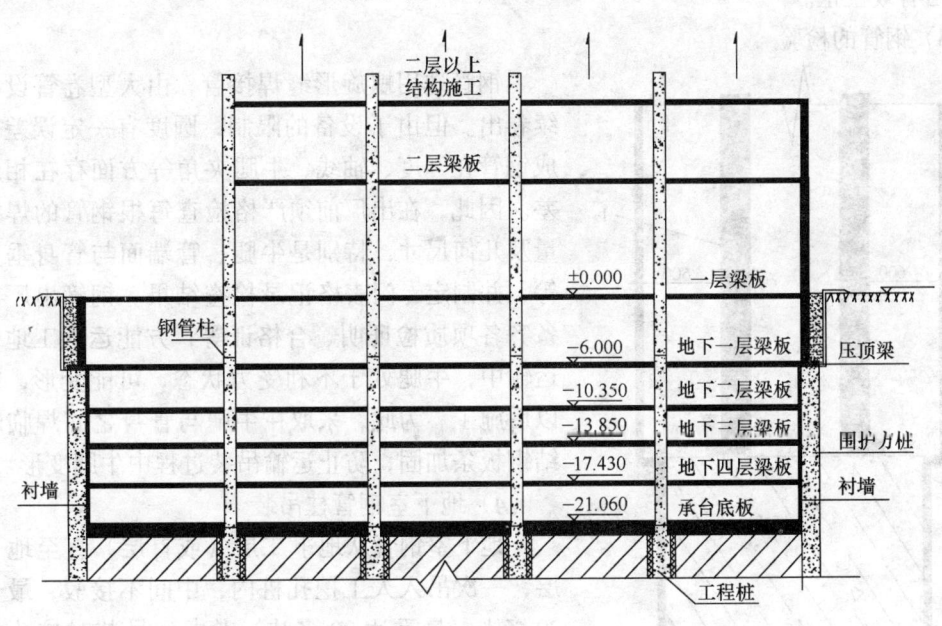

图3-13 负五层施工示意图（单位：m）

(2) 工程桩及地下围护桩施工

人工挖孔矩形灌注桩成孔尺寸为 $b \times h = 1500mm \times 1000mm$，护壁采用C20钢筋混凝土，桩身采用C35P8钢筋混凝土灌注。护壁厚度200mm，每节高度一般为0.5～1.0m，若穿过软弱土层地段，护壁厚度可加大到250mm，进深控制在1.0m/d以内；在中风化岩层开挖时，可根据实际情况调整护壁厚度和进尺，壁厚可减少到150mm。第一节护壁厚度应比下面的护壁厚100～150mm，并应高出地面0.15～0.2m，上下节护壁竖筋应连接，或采取其他可靠措施，以保证护壁及基坑的稳定。人工挖孔矩形灌注桩为了能连成整体并满足强度、密实度的要求，截面形式分"双凹"、"双凸"两种截面，实行跳跃式施工，即先施工"双凹"形桩，待两侧的混凝土强度达到要求后，再施工"双凹"形桩中间的"双凸"形桩。这样一来，先后施工的矩形灌注桩通过"双凹"、"双凸"面接头的处理，把矩形桩连成整体成为桩墙，起到围护基坑、止水的目的。在凹凸接口处设置了橡胶止水带，用来防止渗水。同时，为了加强桩墙水平整体刚度，桩墙施工完毕后，在其顶部现浇钢筋混凝土连梁一道。

(3) 地下二层~地下五层钢管柱施工

1) 钢管安装前的准备工作

A. 配备与安装精度相适应的测量仪器，培训测工。

B. 交验建筑的定位轴线、水准点，合理布置平面控制网与标高控制网。

C. 做好各段钢管安装时控制网的竖向投点和标高传递。

钢管的安装采用两台经纬仪校正它的垂直度，在相互垂直位置投点，水准测量要用水准仪，高程传递采用钢尺测量。

2) 钢管柱的吊装就位与校正

在安装钢管前应严格检验，保证钢管内不得有油渍、污物，采取措施保证钢管吊装后可做出有效校正。

3) 钢管的检验

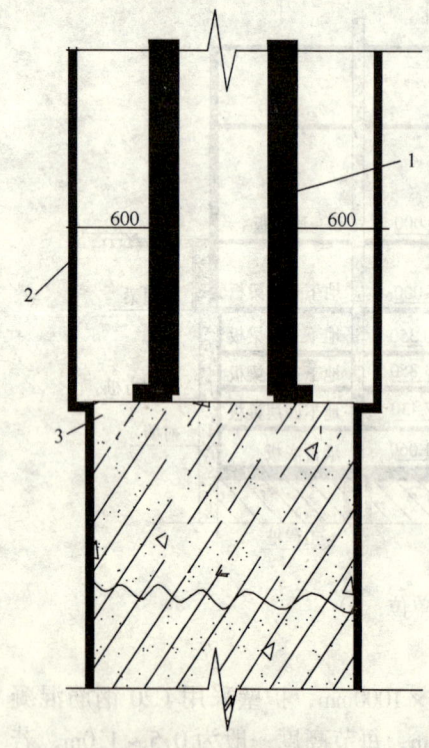

图 3-14 钢管安装工作面示意图（单位：mm）

1—钢管柱；2—护壁；3—工程桩

钢管选用螺旋形缝焊接管，由大型卷管设备连续卷出。但由于设备的限制，圆度有一定误差，造成钢管在圆度、轴线、牛腿夹角等方面存在相应误差。因此，在出厂前须严格检查每根钢管的焊接质量及几何尺寸，特别是牛腿、管端面与管身垂直度等，并制定专门表格记录检查结果。钢管出厂前要备齐各项质检证明、合格证等，方能运入工地。在运输中，牛腿处于不利受力状态，可能变形，影响以后施工。为此，采取在牛腿与管身之间焊临时拉结钢板条加固，防止运输吊装过程中牛腿变形。

4) 地下室钢管柱吊装

地下室钢管从地下二层（或首层）直至地下五层，一次吊入人工挖孔桩内，中间不接驳，最长达20多米，最重达20多吨。考虑到吊装时桩孔内不能下人，桩孔直径以能放入钢管及附在管上的牛腿为准，同时钢管与孔壁之间的间距应保证有600mm的净空，以保证工人可以入孔内进行焊接工作。因此，钢管吊入时管身要垂直，桩孔的垂直度也应控制好，防止牛腿与护壁碰撞。钢管安装工作面示意图见图3-14。

A. 定位器安装

定位器为十字锥形，锥底宽比钢管内径小5mm，可限定钢管管脚水平位移，十字板承托钢管，齿形脚锚入钢筋混凝土桩内。对T形、L形钢管构架，其定位器形状设计也是类似的。定位器的安装是否准确直接关系到钢管安装的准确性，因此须反复校正。定位器的位置、标高，由±0.000引测，标于桩孔壁预埋的钢板上。定位器安装前，先安装承托定位器的槽钢，用预埋件下的螺栓进行水平度调整，然后将槽钢焊好，再在槽钢上焊三条角铁横梁，便于更好地支撑和固定定位器。应注意避开定位器的齿形脚。调整好后即可放入定位器，校正轴线并焊接固定，如图3-15所示。对T形、L形定位器，同样按其形状安设槽钢后再安装。考虑到护壁下沉、浇筑挖孔桩混凝土时定位器受影响等因素，预埋件锚入一定要牢固；若定位器倾斜或移位，对钢管安装的垂直度、轴线的准确性、钢管的接头质量影响甚大。如钢管端面与管身不垂直，或定位器有倾斜，钢管吊入调垂直后可能使钢管一边与定位器接触而另一边脱离，造成钢管标高不准。因此，在浇灌挖孔桩混凝土时，应注意避免对定位器的冲击和振捣。若节点处牛腿偏高，将不利于楼面施工，而实际上要钢管完全垂直就位也是很困难的，可考虑加工时将钢管牛腿标高适当降低10mm，对以后楼板施工有利。

B. 地下室钢管柱就位安装

地下室钢管柱用塔吊进行吊装。为使起吊后钢管尽量垂直，能顺利放入桩孔，钢管出厂前在管顶焊接吊耳，使吊索固定方便、对称。吊耳侧面加焊肋板，以确保在最不利位置起吊时，吊耳不致侧翻破坏。

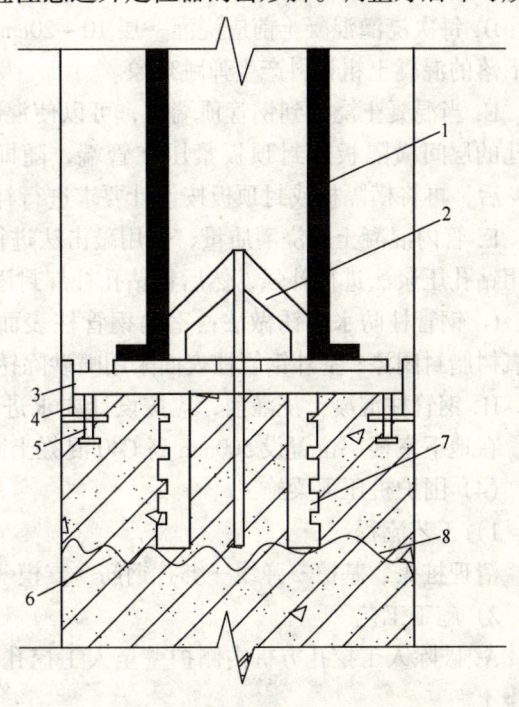

图3-15 定位器的安装
1—钢管；2—定位器；3—槽钢；4—预埋件；
5—调平螺栓；6—人工挖孔桩；7—锚固的钢板齿形脚；8—为浇筑定位器所留施工缝

钢管起吊稳定后，慢慢放入桩孔，套正定位器，待钢管底接触定位器的十字板后，对准轴线。用带花篮螺栓的扣件连接管顶及桩顶预埋件进行微调定位，待轴线、标高复核无误后，即用工字钢将管顶与预埋件焊接固定。由于钢管底部位移与标高受定位器限制，顶部对准轴线后即可认为管顶与管底在垂直方向投影重合，管身已被调垂直。而标高由定位器控制，不能再调整（注意确认钢管管脚已接触定位器的十字板）；如有误差，只能在下次接驳时修正。此后，焊接钢管柱与定位器之间的连接部位，焊缝尺寸不小于20mm，再浇筑250mm高C40细石混凝土封管脚。

5) 钢管内高强混凝土的浇筑

A. 钢管内混凝土的强度等级为C80、C60等高强混凝土。本工程采用立式高位抛落无振捣法，利用混凝土下落时产生的动能达到振实混凝土的目的，并辅以振捣器振实。直接将直径150mm的混凝土泵管端部接上弯管,泵管接入钢管柱上口内,便于混凝土下落,管内空气能够排出。

B．采用商品混凝土,混凝土的配合比通过试验后确定,除满足强度指标外,尚应选择合适的混凝土坍落度,粗骨料粒径采用2cm,水灰比不大于0.4,坍落度为200±20mm。

C．钢管内的混凝土应连续浇灌;若必须间歇时,间歇时间不应超过混凝土的终凝时间。需留施工缝时,应将管封闭,防止水、油、异物等落入。

D．每次浇灌混凝土前应浇灌一层10～20cm的与混凝土等级相同的水泥砂浆,以免自由下落的混凝土粗骨料产生弹跳现象。

E．当混凝土浇灌到钢管顶端时,可以使混凝土稍为溢出后再将留有排气孔的层间排气孔的层间横隔板或封顶板紧压在管端,随即进行点焊。待混凝土强度达到设计值的50%后,再将横隔板或封顶板按设计要求进行补焊。

F．管内混凝土的浇灌质量,采用敲击法进行初步检查。超声波抽测对不密实的部位,采用钻孔压浆法进行补强,然后将钻孔补焊封固。

G．钢管柱防水防锈做法:室内钢管柱表面采用喷砂除锈,除锈后刷无机富锌底漆,环氧树脂封闭漆;室外钢管柱表面采用喷砂除锈,除锈后电弧喷铝,环氧树脂封闭漆。

H．钢管柱混凝土浇灌前,应按设计要求进行钢管柱周边灌砂,并浇水使灌入的砂密实,在地下室楼层位置设500mm高C40混凝土固定环。

(4) 围护桩压顶梁施工

1) 工艺流程

清理桩头、基槽→弹线→绑扎钢筋→支模→验收→浇灌混凝土→养护。

2) 施工工艺

A．破除人工挖孔方桩内侧护壁至人工挖孔桩桩顶混凝土浇筑顶面,清理、凿毛桩顶混凝土。

B．用水泥砂浆打垫层,然后弹出模板线。

C．按设计图纸绑扎钢筋,验收合格后支模板,浇灌商品混凝土。

(5) －6.000m标高梁板施工

1) 本层施工程序如图3-16所示。

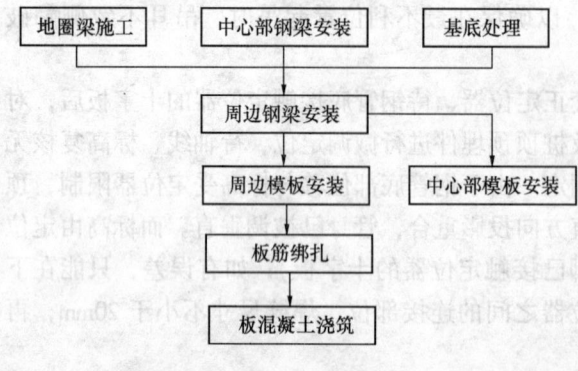

图3-16 －6.000m层施工程序图

2) 本层施工需保证土方开挖深度位于本层梁底标高下1000mm处,以便梁、柱之间的焊接操作空间。

3) 同时为保证本层结构不被泥土污染,本层土基面上铺设100mm厚砂层,砂层上施工30mm厚水泥砂浆。

4) 地圈梁施工时,应在地圈梁中预埋直径为200mm的镀锌钢管,其间距为1000mm,以保证本层地圈梁下衬墙的混凝土的浇灌。

5) 本层钢梁吊装采用塔吊进行,安装焊按顺序由中心向四周方向扩展。

6) 钢梁施工过程中,则应穿插模板、板钢筋施工,最后浇筑混凝土,以保证地面层结构施工有施工作业面。

(6) ±0.000层及一层结构顶板施工

-6.000m标高梁板施工完毕,则进行地面层及一层结构施工。

(7) 地下二层~地下三层土方开挖

一层结构施工完毕(包括钢筋混凝土顶板),7d后进行后浇加强带混凝土的施工,封闭后浇加强带后方可进行负二层~负三层土方开挖,此部分土方的开挖为暗挖。

(8) -13.600mm层梁板施工

土方挖至负三层梁底标高下1m,使三层梁施工时留有工作面。在钢梁吊装及焊接前,土方上层铺10cm砂,砂上施工30mm厚水泥砂浆,保护钢结构梁板不受污染。其他施工方法同-6.000mm梁板。主次梁连接节点构造见图3-17及图3-18。

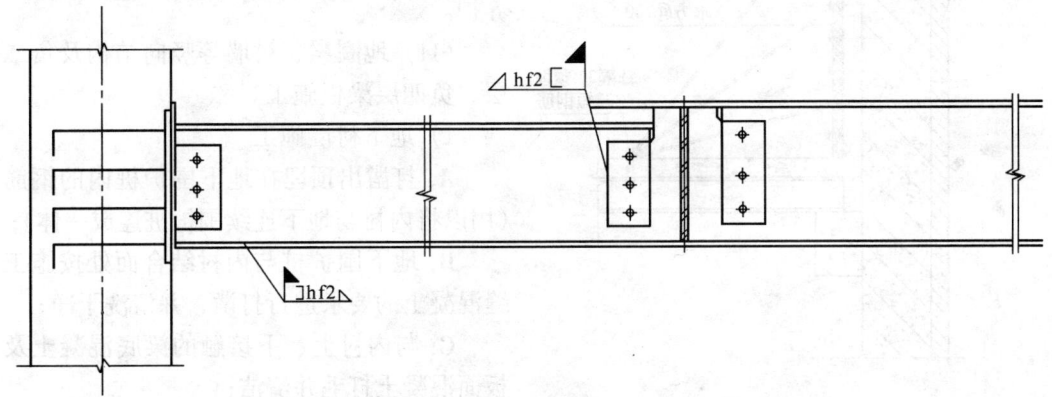

图3-17 主次梁连接节点构造(安装螺栓时)

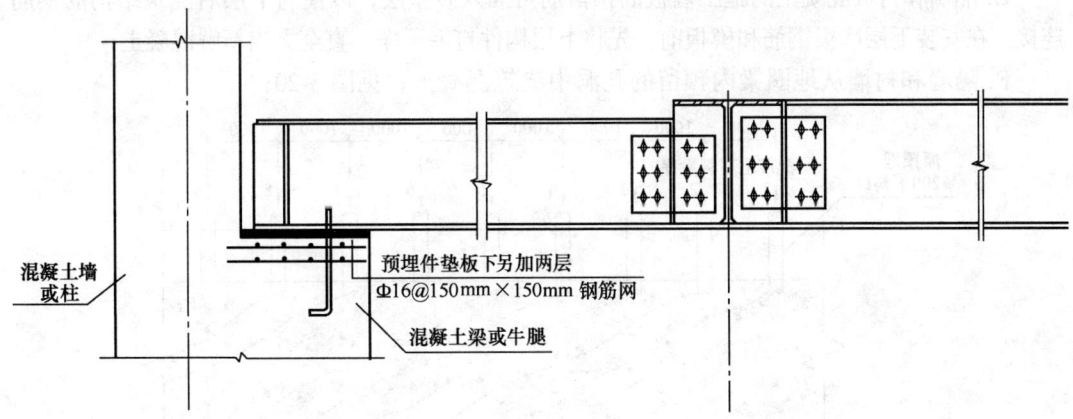

图3-18 主次梁连接节点构造(抗剪螺栓时)

(9) 地下四层~地下五层土方开挖

负四层~负五层土方为暗挖。

(10) 承台、梁、底板结构施工

承台、梁及底板混凝土分层分段施工:

1) 在土方开挖时跟进预应力抗拔桩施工，同时穿插承台基础梁的钢筋绑扎；
2) 承台及底板梁混凝土先行施工至板底标高，然后再施工底板混凝土；
3) 由于底板混凝土量较大，底板施工按图后浇加强带分四块进行浇筑；
4) 承台底板采用砖砌胎模，C10 强度混凝土垫层；

5) 混凝土浇灌使用 2 台混凝土泵输送混凝土，混凝土采用商品混凝土，掺缓凝型减水剂，使混凝土的初凝时间控制在 8~10h。混凝土采用"斜面分层"布料施工（坡度 1:8），分层厚度控制在 400mm；

6) 待混凝土表面达到一定强度后，分块用砂浆做围堰灌水养护，采用灌水蓄热养护。

(11) 地圈梁、衬墙等竖向结构及负二层、负四层梁板施工。

1) 地下衬墙施工

A. 打凿出预埋在地下围护桩内的钢筋（用以将内衬与地下连续围护桩连成一体）；

B. 地下围护桩与内衬结合面处按施工缝混凝土的要求进行打凿，并清洗干净；

C. 与内衬上、下接触的梁底混凝土及板面混凝土打毛并清洁；

D. 内衬支模，见图 3-19；

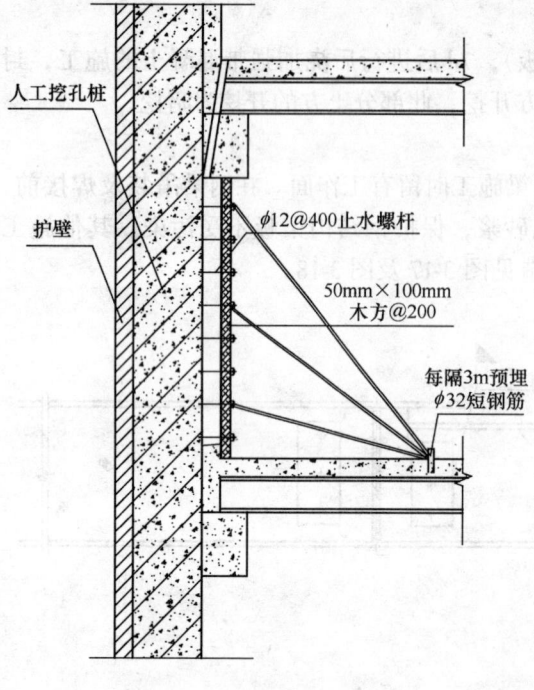

图 3-19 衬墙支模详图

E. 隔墙和衬墙混凝土的施工墙板的预留筋可插入砂垫层，以便与下层后浇筑结构的钢筋连接。在安装下层墙板钢筋和模板前，先将上层构件打毛干净，直至露出新鲜混凝土；

F. 隔墙和衬墙从地圈梁内预留的孔洞中浇筑混凝土，见图 3-20；

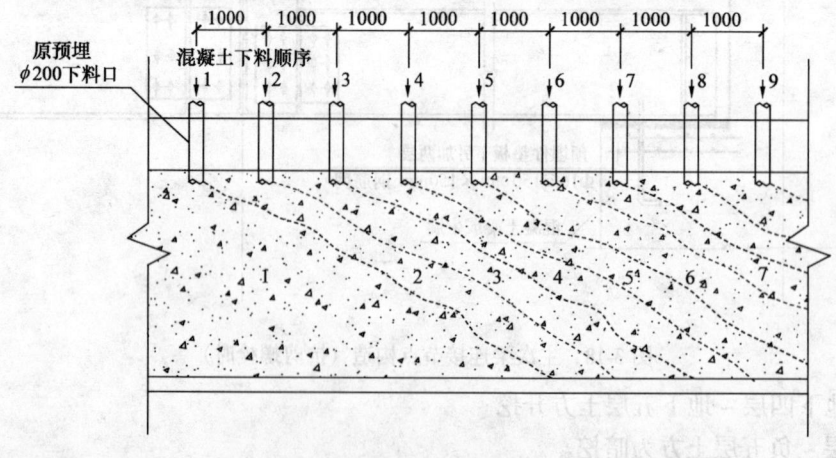

图 3-20 隔墙和衬墙的浇筑（单位：mm）

G. 地圈梁内预留孔洞混凝土封闭；

H. 内衬拆模，混凝土养护。

2）竖向结构及负二层、负四层梁板施工

A. 负二层施工在完成负三层楼板施工后进行；地板施工结束，可进行负四层结构梁板施工；

B. 负二层、负四层钢梁由施工预留洞吊入，安装时2t及以下的钢梁采用台灵架配以卷扬机进行安装就位，较重的钢梁则采用三角架，配合手动或电动葫芦进行安装就位；

C. 本层结构施工程序如图3-21所示。

（12）地下室后浇加强带、施工缝的留设

按设计图纸在建筑中间位置的楼板及内衬墙上设置两道正交的后浇加强带；为便于钢梁先施工，在地下室梁板交接部位留设施工缝。对地下室底板、首层板、内衬墙后浇加强带处设置钢板止水带。对首层梁板交接部位，设置橡胶止水带。

（13）后浇加强带的施工

由于土体侧压力较大，为了为地下维护结构提供侧向支撑，同时为加快工期的进行，在浇筑楼板混凝土后

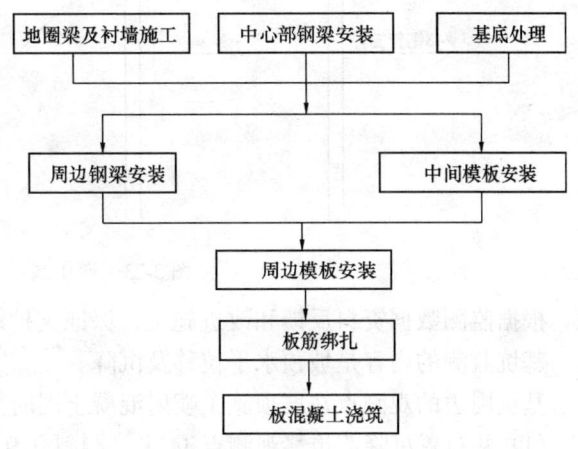

图3-21 负二层、负四层结构施工程序

7d进行楼板后浇带封闭，即施工采用后浇加强带的施工方法。参照设计图纸，地下室部分在后浇加强带两侧的内衬墙、楼板先浇筑10%～12%的UEA小膨胀混凝土，7d后再浇筑高一等级的14%～15%的UEA大膨胀混凝土。后浇加强带施工图见图3-22。

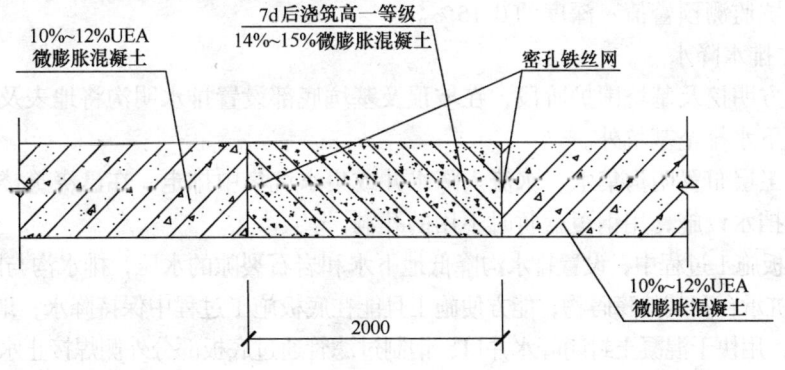

图3-22 后浇加强带施工（单位：mm）

（14）逆作洞口封闭

凿去已松动和薄弱混凝土的混凝土层和浮石，用钢丝刷或加压水洗刷表面，然后用比原混凝土强度等级提高一个强度等级的细石混凝土填塞，并仔细振捣。逆作洞口封闭图见图3-23。

### 3.2.4 基坑监测

本工程基坑在施工期间至地下室完成阶段均请有基坑监测资质单位，进行支护施工监

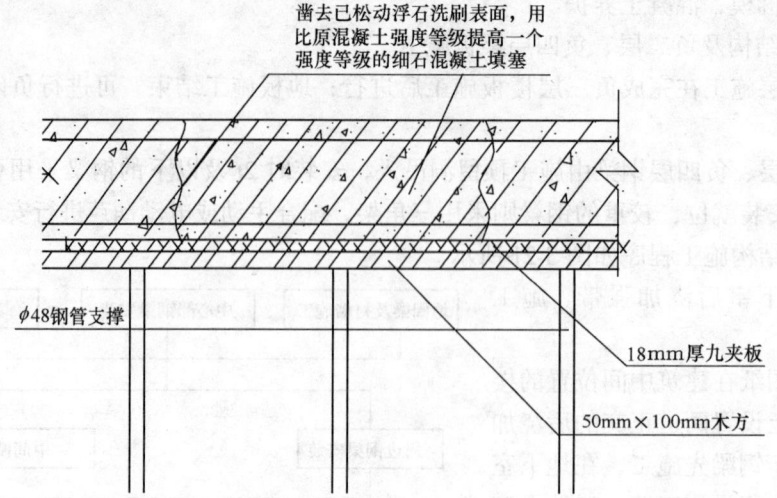

图 3-23 逆作洞口封闭

测,根据监测数据资料反馈和改进施工,保证支护结构安全。

基坑监测的内容是坡顶水平位移及沉降。

基坑周边的观测点在坡顶施工喷射混凝土层时按设计要求建立。

(1) 共布置沉降、位移观测点 14 个,测斜孔 9 个。

(2) 测斜孔用钻机成孔,与基坑边线的距离约 1.5m。

(3) 测斜管埋置及安装要求是:钻孔—清孔—下测斜管—灌水泥净浆,测斜管的导槽应近似垂直于支护结构面。

(4) 观测周期:沉降和位移在基坑开挖期间应每天观测不少于一次,地下室施工期间每周不少于两次;测斜在基坑开挖期间每周不少于一次,地下室施工期间每两周不少于一次。

(5) 基坑监测预警值:深度的 0.15%。

### 3.2.5 排水降水

(1) 土方明挖及基坑围护阶段,在坡顶及基坑底部设置排水明沟将地表及地下水明沟将地表及地下水排至基坑外。

(2) 施工层布置明沟集水,水流入降水井或集水坑集中排走。在已浇筑楼面的预留孔洞周围设置挡水设施,用钢覆盖暂时不用的孔洞。

(3) 底板施工过程中,设置排水沟降低地下水和岩石裂隙的水压,排水沟与降水井连通,并绕过地梁桩承台和其他障碍物,能方便施工且能在底板施工过程中保持降水,地下室完成后停止抽水时,用快干混凝土封闭降水井口,钢制过滤管通过底板部分外侧焊接止水环。

### 3.2.6 通风

在地下结构施工时,由于焊接工作量很大,为保证地下施工时,作业人员的安全,需在楼板预留孔洞边布置鼓风机,通过送风管鼓风至地下施工作业层,以保证工作面的空气质量。

## 3.3 钢结构工程施工

### 3.3.1 钢柱的安装

(1) 钢柱在工厂分段加工完毕,按照安装顺序运输至安装现场后,必须按照图纸和规范进行构件验收，不合格处予以校正，并做好验收记录。

（2）安装前要对测量控制网进行复核，并依次检查钢柱地脚螺栓的预埋位置偏差，偏差较大者必须校正，保证偏差值不超标。

（3）柱起吊前，将吊索具、揽风绳、爬梯以及操作平台等固定在钢柱上。利用钢柱上端连接耳板与吊板进行起吊，由吊装措施起吊就位。

（4）钢柱采用单机回转法吊装。吊装过程中，要尽量避免钢柱在地面拖动，不得歪拉斜吊。

（5）柱子就位时首先利用埋件上的轴线确定好柱子位移，此时可令吊车将30%~40%荷载落在地面结构上。

（6）钢柱就位后，采用两台经纬仪跟踪测量，校正满足要求后紧固钢柱底部连接螺栓，上端四面拉揽风绳固定。

（7）柱顶标高调整首层钢柱标高主要依赖于基础埋件标高的准确，安装前严格测量柱底埋件标高，提前用钢板调整其高度。钢柱安装时以水准仪复测其标高，无误后拴好揽风，令吊车落钩。

（8）用相同方法吊装第二段钢柱，钢柱焊接前用连接板作临时连接固定。如图3-24。

1）钢柱的绑扎、起吊

钢柱的吊装，可直接绑扎起吊，也可在柱上开吊装孔。为确保安全，要对钢丝绳进行防护，防止钢柱锐边割断钢丝绳；同时，注意吊索的角度不得小于45°。

2）钢柱的就位与临时固定

钢柱吊装到位后，按施工图进行对位，并要注意钢柱的拱向。钢柱对位时，先用冲钉将柱两端孔打紧、校正，然后再用普通螺栓拧紧。普通安装螺栓数量不得少于该节点螺栓总数的30%，且不得少于两个。

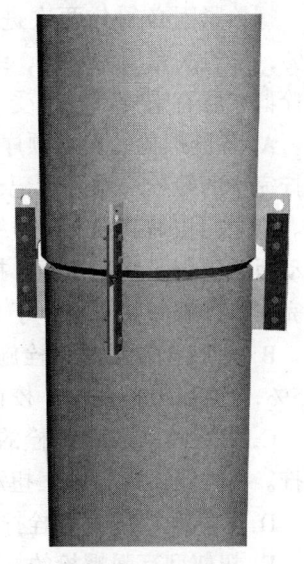

图3-24 钢柱临时固定示意图

3）钢柱安装注意事项

A. 在钢柱的标高、轴线的测量校正过程中，一定要保证已安装好的标准框架的整体安装精度；

B. 钢柱与连接板的贴合方向；

C. 高强螺栓的穿入方向；

D. 钢柱的吊装顺序；

E. 处理螺栓孔位偏差时，只能采用绞刀扩孔，不得采用气割扩孔。

**3.3.2　高强螺栓连接**

（1）高强螺栓的保管

对采购运输来的高强螺栓应轻装轻卸，防止损伤螺纹。按货单检查螺栓的配套情况、规格数量、质量。分类分批保管，室内存放堆放不宜过高。螺栓应有包装，使用前不要任意开箱，保持干净，防止生锈、粘污和丝口受损。避免因受潮、生锈、污染而影响其质量，开箱后的螺栓不得混放、串用，做到按计划领用，施工未完的螺栓及时回收。

高强螺栓应有螺栓楔负载、螺母保证荷载、螺母及垫圈硬度等出厂质量保证书。

(2) 高强螺栓安装

1) 安装高强度螺栓方法

A. 高强螺栓的安装应在结构构件中心位置调整后进行，其穿入方向应以施工方便为准，并力求一致。高强度螺栓连接副组装时，螺母带圆台面的一侧应朝向垫圈有倒角的一侧。对于大六角头高强度螺栓连接副组装时螺栓头下垫圈有倒角的一侧应朝向螺栓头。

B. 安装高强度螺栓时，严禁强行穿入螺栓（如用锤敲打）。如不能自由穿入时，该孔应用铰刀进行修整，修整后最大直径应小于1.2倍螺栓直径。修孔时，为了防止铁屑落入迭缝中，铰孔应将四周螺栓全部拧紧，使板迭密贴后再进行。严禁气割扩孔。

C. 安装高强度螺栓时，构件的摩擦面应保持干燥，不得在雨中作业。

2) 螺栓紧固

螺栓紧固必须分两次进行，第一次为初拧，初拧紧固到螺栓标准预拉力的60%~80%，第二次紧固为终拧，终拧紧固到标准预拉力，偏差不大于±10%。紧固顺序，为使螺栓群中所有螺栓都均匀受力，初拧、终拧都应按一定顺序进行。

A. 各群螺栓的紧固顺序从梁的拼接处向外侧紧固。初拧扳手应是可以控制扭矩的，初拧完毕的螺栓应做好标记，以供确认，防止漏拧。当天安装的高强螺栓，当天应终拧完毕。当采用扭剪高强螺栓时终拧应采用专用的电动扳手，在作业有困难的地方，也可采用手动扳手进行。终拧扭矩，按设计要求进行。用电动扳手紧固时螺栓尾部卡头拧断后即终拧完毕，外螺丝扣不得少于2扣。

B. 大六角高强度螺栓施工所用的扭矩扳手，扳前必须校正，其扭矩误差不得大于±5%，合格后方准使用。校正用的扭矩扳手，其扭矩误差不得大于±3%。

C. 大六角高强度螺栓的拧紧应分为初拧、终拧。对于大型节点应分为初拧、复拧、终拧。初拧扭矩值为施工扭矩的50%左右，复拧扭矩等于初拧扭矩。

D. 大六角高强度螺栓拧紧时，只准在螺母上施加扭矩。

E. 扭剪型高强螺栓的拧紧，对于大型节点应分为初拧、复拧、终拧。初拧扭矩值为$0.13 \times P_c \times d$的50%左右，可参照表3-1选用，复拧扭矩等于初拧扭矩值。初拧或复拧后的高强度螺栓应用颜色在螺母上涂上标记，然后用专用扳手进行终拧，直至拧掉螺栓尾部的梅花头。

F. 扭矩法施工：

a. 机具应在班前和班后进行标定检查；

b. 检查时，应将螺母回退30°~50°再拧至原位，测定终拧扭矩值，其偏差不得大于±10%。

G. 高强度螺栓的初拧、复拧、终拧应在同一天完成。

初拧扭矩值 表3-1

| 螺栓直径 $d$ (mm) | 16 | 20 | 22 | 24 |
|---|---|---|---|---|
| 初拧扭矩 (N·m) | 115 | 220 | 300 | 390 |

(3) 安装注意事项

1) 装配和紧固接头时，应从安装好的一端或刚性端向自由端进行；高强螺栓的初拧和终拧，都要按照紧固顺序进行：从螺栓群中央开始，依次向外侧进行紧固。

2) 同一高强螺栓初拧和终拧的时间间隔，要求不得超过1d。

3) 雨天不得进行高强螺栓安装，摩擦面上和螺栓上不得有水及其他污物，并要注意气候变化对高强螺栓的影响。

(4) 高强螺栓检测

1) 性能试验

A. 本工程所使用的螺栓均应按设计及规范要求选用其材料和规格，保证其性能符合要求。

B. 高强螺栓和连接副的额定荷载及螺母和垫圈的硬度试验，应在工厂进行；连接副紧固轴力的平均值和变异系数由厂方、施工方参加，在工厂确定。

C. 摩擦面的抗滑移系数试验，可由生产厂商按规范提供试件后在工地进行。

2) 安装摩擦面处理

A. 为了保证安装摩擦面达到规定的摩擦系数，连接面应平整，不得有毛刺、飞边、焊疤、飞溅物、铁屑以及浮锈等污物，也不得有不需要的涂料；摩擦面上不允许存在钢材卷曲变形及凹陷等现象。

B. 认真处理好连接板的紧密贴合，对因钢板厚度偏差或制作误差造成的接触面间隙，应按规范要求，根据板厚不同进行相应的处理。

(5) 安装施工检查

1) 指派专业质检员按照规范要求对整个高强螺栓安装工作的完成情况进行认真检查，将检验结果记录在检验报告中，检查报告送到项目质量负责人处审批。

2) 在高强螺栓终拧完成后进行检查时，以拧掉尾部为合格，同时要保证有两扣以上的余丝露在螺母外圈。对于因空间限制而必须用扭矩扳手拧紧的高强螺栓，则使用经过核定的扭矩扳手从中抽验。

3) 如果检验时发现螺栓紧固强度未达到要求，则需要检查拧固该螺栓所使用的扳手的拧固力矩（力矩的变化幅度在10%以下视为合格）。

### 3.3.3 钢结构焊接

(1) 焊接概况

1) 焊接接头分布

本工程焊接部位主要有上下钢柱对接，梁与柱的焊接，梁与梁拼接时梁翼缘间的连接焊缝，斜撑与柱的焊接，焊缝形式有平焊、角焊、立焊与周围焊等。

2) 焊接方法

本工程现场焊接主要采用$CO_2$气体保护半自动焊、手工电弧焊两种方法。

A. 手工电弧焊

手工电弧焊机见图3-25。

B. 二氧化碳气体保护焊

二氧化碳气体保护焊机见图3-26。

(2) 安装焊接工艺

钢结构现场安装焊接工艺评定方案，是针对现场钢结构焊接施工特点，选用本工程最具特点的焊接位置进行试验。按照《钢结构工程施工质量验收规范》（GB 50205—2001）、

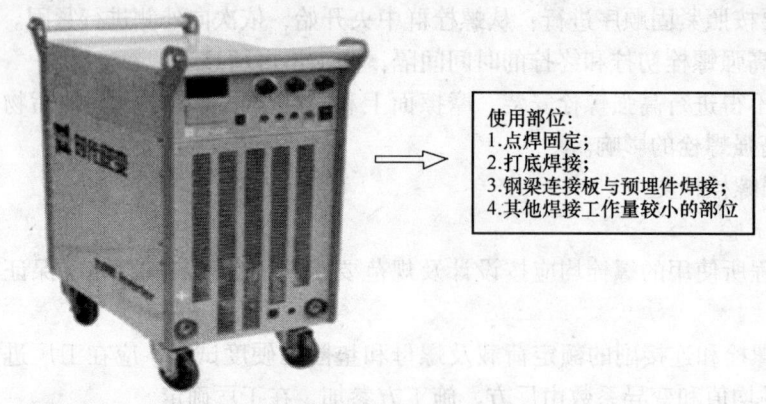

图 3-25　手工电弧焊机

图 3-26　二氧化碳气体保护焊机

《建筑钢结构焊接技术规程》(JGJ 81—2002)第五章"焊接工艺评定"的具体规定及设计施工图的技术要求,在施工前进行焊接工艺评定。评定的目的是针对各种类型的焊接节点确定出最佳焊接工艺参数,制定完整、合理、详细的工艺措施和工艺流程。

1) 焊接工艺评定在现场正式焊接之前完成,按下列程序进行:

A. 由技术员提出焊接工艺评定任务书(焊接方法、试验项目和标准);

B. 焊接责任工程师审核任务书并拟定焊接工艺评定指导书(焊接工艺规范参数);

C. 焊接责任工程师依据相关国家标准规定,监督由本企业熟练焊工施焊试件及试件和试样的检验、测试等工作;

D. 焊接试验室责任人负责评定送检的试样的工作,并汇总评定检验结果,提出焊接工艺评定报告;

E. 焊接工艺评定报告经焊接责任工程师审核,企业技术总负责人批准后,正式作为编制指导生产的焊接工艺的可靠依据;

F. 焊接工艺评定所用设备、仪表应处于正常工作状态,钢材、焊材必须符合相应标准,试件应由本企业持有合格证书技术熟练的焊工施焊。

2) 本工艺评定的目的:

A. 选择有工程代表性的材料品种、规格、拟投入的焊材,进行可焊性试验及评定;

B. 选定有代表性的焊接接头形式，进行焊接试验及工艺评定；

C. 选择拟使用的作业机具，进行设备性能评定；

D. 模拟现场实际的作业环境条件，采取预防措施和不采取措施进行焊接，评定环境条件对焊接施工的影响程度；

E. 对已经取得焊接作业资格的焊接技工进行代表性检验，评定焊工技能在本工程焊接施工的适应程度；

F. 通过相应的检测手段对焊件焊后质量进行评定；

G. 通过评定确定指导本工程实际生产的具体步骤、方法以及参数；

H. 通过评定确定焊后实测试板的收缩量，确定本工程所用钢材的焊后收缩值。

3) 本次焊接工艺评定的试件由钢结构制作厂家按要求制作加工并运至指定的地点，试件必须满足要求：

A. 焊接机械：整流式弧焊机，电流调节范围为 40~600A，电压调节范围为 8~40V；

B. 试件材质：Q235B、Q345B，规格：250mm×600mm×25mm；

C. 垫板材质：国产 Q235B、Q345，规格：40mm×700mm×8mm；

D. 焊材型号：CHE507$\phi$3.2~$\phi$4.0mm（SMAW）；JM-58$\phi$1.2mm（GMAW）；

E. 接头形式：对接横焊，单面 V 形带衬焊缝；

F. 焊接方法：手工焊封底 1 层—$CO_2$ 焊接填充层—手工焊接面层；

G. 试验场地：施工现场临设金结车间；

H. 检验日期：焊接工艺评定时间须由试件抵达现场时间而定。

4) 焊接参数表及焊缝外观尺寸：

焊接参数及焊缝外观尺寸标准见表 3-2~表 3-5。

手工电弧焊参数表　　　　　　　　　　　　表 3-2

| 参数<br>位置 | 电弧电压（V） | | 焊接电流（A） | | 焊条极性 | 层厚<br>(mm) | 层间温度<br>(℃) | 焊条型号 |
|---|---|---|---|---|---|---|---|---|
| | 平焊 | 其他 | 平焊 | 其他 | | | | |
| 首层 | 24~26 | 23~25 | 105~115 | 105~160 | 阳 | | | E5003$\phi$3.2<br>~$\phi$4.0 |
| 中间层 | 29~33 | 29~30 | 150~180 | 150~160 | 阳 | 4~5 | 86~150 | |
| 表面层 | 25~27 | 25~27 | 130~150 | 130~150 | 阳 | 4~5 | 85~150 | |

$CO_2$ 气体保护弧焊平焊参数表　　　　　　　　　　　　表 3-3

| 参数<br>位置 | 电弧电压<br>(V) | 焊接电流<br>(A) | 焊丝伸出长度 | | 层厚<br>(mm) | 焊条极性 | 气体流量<br>(L/min) | 焊丝型号 | 层间温度<br>(℃) |
|---|---|---|---|---|---|---|---|---|---|
| | | | ≤40 | >40 | | | | | |
| 首层 | 22~24 | 180~200 | 20~25 | 30~35 | 7 | 阳 | 45~50 | JM-5<br>$\phi$1.2 | 85~150 |
| 中间层 | 25~27 | 230~250 | 20 | 25~30 | 5~6 | 阳 | 40 | | |
| 表面层 | 22~24 | 200~230 | 20 | 20 | 5~6 | 阳 | 35 | | |

送丝速度：5.5mm/s　气体有效保护面积：1000mm²

$CO_2$气体保护弧焊横、立焊参数表　　　表 3-4

| 参数<br>位置 | 电弧电压<br>(V) | 焊接电流<br>(A) | 焊丝伸出长度 | | 层厚<br>(mm) | 焊条极性 | 气体流量<br>(L/min) | 焊丝型号 | 层间温度<br>(℃) |
|---|---|---|---|---|---|---|---|---|---|
| | | | ≤40 | >40 | | | | | |
| 首 层 | 22~24 | 180~200 | 20~25 | 30~35 | 6~7 | 阳 | 50~55 | JM-58<br>φ1.2 | 85~150 |
| 中间层 | 25~27 | 230~250 | 20 | 25~30 | 5~6 | 阳 | 45~50 | | |
| 表面层 | 22~25 | ≤200 | 20 | 20 | 5~6 | 阳 | 35~40 | | |

送丝速度：5.5mm/s；气体有效保护面积：1000mm²

焊缝外观尺寸标准　　　表 3-5

| 焊接方法 | 焊缝余高（mm） | | 焊缝错边量（mm） | | 焊缝宽度（mm） | |
|---|---|---|---|---|---|---|
| | 平 焊 | 其他位置 | 平 焊 | 其他位置 | 坡口每边增宽 | 宽度差 |
| 手工焊 | 0~3 | 0~4 | ≤2 | ≤3 | 0.5~2.5 | ≤3 |
| $CO_2$焊 | 0~3 | 0~4 | ≤2 | ≤3 | 0.5~2.5 | ≤3 |

(3) 焊工培训与焊工考试

1) 焊工培训与考试

由于每个工程所使用的钢材材质不同，结构的设计特点也不一样，现场开始焊接之前还需要针对工程的具体情况，对合格焊工进行培训并进行技术交底，让他们明白作业过程中必须遵守的焊接工艺，避免盲目作业造成质量事故。

按照《建筑钢结构焊接技术规程》（JGJ 81—2002）的焊工考试规定，焊工应进行复训与考核。只有取得合格证的焊工才能进入现场施焊。持有市级锅监所颁发的《锅炉压力容器焊工合格证》和取得焊工合格证的焊工可以直接进入现场作业，如图 3-27。

图 3-27　二氧化碳气体保护焊

2) 焊接技术交底

工程正式开工前进行充分的施工技术交底是我单位的优良传统。我们应让每一个施工参与者掌握在本工程施工过程我应当处于"什么时间"、"什么位置"、"干什么"、"怎么干"、"干到什么程度"、"干完提交给谁"。而且，每位焊接施工人员必须熟悉焊接工艺评定确定的最佳焊接工艺参数和注意事项，并且严格执行技术负责人批准的焊接技术要求，以保证焊缝的质量和焊接施工的顺利完成。

（4）工况准备

1）焊接条件

A. 下雨时露天不允许进行焊接施工，如须施工必须进行防雨处理。

B. 外界温度小于0℃时，需对焊口两侧75mm范围内预热至30~50℃。

C. 若焊缝区空气湿度大于85%，应采取加热除湿处理。

D. 焊缝表面干净，无浮锈，无油漆。

2）焊接环境

A. 焊接作业区域设置防雨、防风措施。

B. 采用手工电弧焊作业（风力大于5m/s）和$CO_2$气体保护焊（风力大于2m/s）作业时，未设置防风棚或没有防风措施的部位严禁施焊作业。

3）焊前清理

正式施焊前应清除焊渣、飞溅等污物。定位焊点与收弧处必须用角向磨光机修磨成缓坡状且确认无未熔合、收缩孔等缺陷。

4）电流调试

A. 手工电弧焊：不得在木材和组对的坡口内进行，应在试弧板上分别做短弧、长弧、正常弧长试焊，并核对极性。

B. $CO_2$气体保护焊：应在试弧板上分别做焊接电流、电压、收弧电流、收弧电压对比调试。

5）气体检验

核定气体流量、送气时间、滞后时间，确认气路无阻滞、无泄露。

6）焊接材料

A. 木工程钢结构现场焊接施工所需的焊接材料和辅材，均有质量合格证书，施工现场设置专门的焊材存储场所，分类保管。

B. 用于本工程的焊条使用前均须要进行烘干处理。

（5）钢结构焊接

构件安装定位后，严格按工艺试验规定的参数和作业顺序施焊，并按工艺流程（图3-28）作业。

搭设焊接防护棚及对称焊见图3-29。

（6）焊接顺序

施工中柱与柱、梁与梁、梁与柱的施焊，须遵循下述原则：

1）就整个框架而言，柱、梁等刚性接头的焊接施工，应从整个结构的中部施焊，先形成框架而后向左、右扩展续焊。

2）对柱、梁而言，应先完成全部柱的接头焊接：焊接时无偏差的柱，严格遵循两人对向同速；有偏差的地方，应按向左倒、右先焊，向右倒、左先焊的顺序施焊，确保柱的

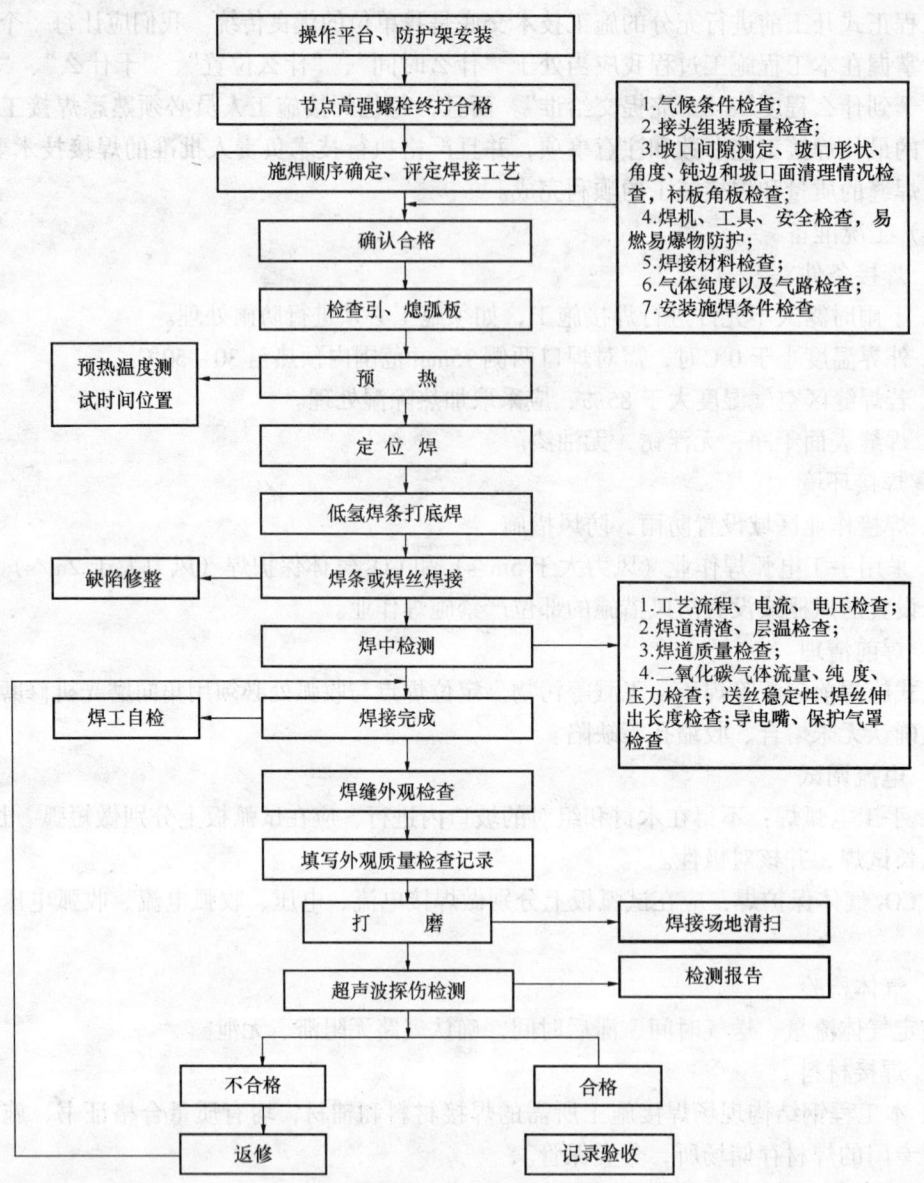

图 3-28 焊接工艺流程图

安装精度,然后自每一节的上一层梁始焊。进入梁焊接时,应尽量在同一柱左、右接头同时施焊,并先焊上翼缘板,后焊下翼缘板。对于柱间平梁,应先焊中部柱一端接头,不得同一柱间梁两处接头同时开焊。对于分别具有柱间平梁和层间斜支撑梁的转角柱,按柱接头—平梁接头—斜支撑梁上部接头—斜支撑梁下部接头顺序而后逐层下行。

3) 焊接过程,要始终进行柱梁标高、水平度、垂直度的监控,发现异常,应及时暂停,通过改变焊接顺序和加热校正等特殊处理。特别在焊接完层间斜支撑梁上部接头,进行下接头焊接前和施焊完柱间水平连梁一端接头进行另一端接头焊接前,必须对前一接头焊后收缩数据进行核查。对于应该完成的焊后收缩而未完成,应查明原因,采取促使收缩、释放等措施,不因本应变形较大的未变形、本应收缩值很低的产生较大收缩导致结构

图 3-29 搭设焊接防护棚及对称焊

安装超差。

4) 焊接接头形式及焊接顺序：

本工程现场焊接主要采用手工电弧焊、$CO_2$ 气体保护半自动焊两种方法。焊接施工按照先柱后梁、先主梁后次梁的顺序，分层分区进行，保证每个区域都形成一个空间框架体系，以提高结构在施工过程中的整体稳定性，便于逐区调整校正，最终合拢，这在施工工艺上给高强螺栓的先行固定和焊接后逐区检测创造了条件，而且减少了安装过程中的累积误差。

A. 钢管柱焊接顺序：

采用两名焊工同时对称等速对钢柱两侧施焊。

B. 箱形斜撑焊接顺序：

箱形斜撑中对称的两个柱面板要求由两名焊工同时对称施焊。首先在无连接板的一侧焊至1/3板厚，割去柱间连接板，并同时换侧对称施焊，接着两人分别继续在另一侧施焊，如此轮换直至焊完整个接头。具体见图3-30。

C. 柱-梁和梁-梁连接节点焊接顺序：

采用栓焊混合连接形式，即腹板采用高强螺栓连接，翼板为全熔透连接。翼缘的焊接顺序一般采用先焊下翼缘后焊上翼缘。翼板厚度大于30mm时宜上、下翼缘轮换施焊。柱-梁节点上对称的两根梁应同时施焊，而一根梁的两端不得同时施焊作业。

(7) 焊接变形的控制

1) 下料、装配时，根据制造工艺要求，预留焊接收缩余量，预置焊接反变形；

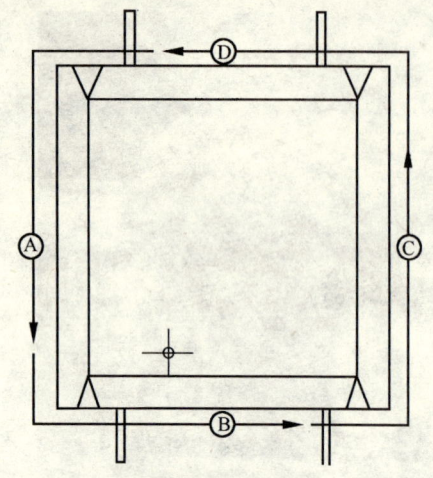

图 3-30 箱形斜撑焊接顺序示意图
(A)、(C) 焊到 1/3 板厚→割耳板式→(B)、(D)
焊到 1/3 板厚→(A)、(B)、(C)、(D) 或 (A)
　　　　　+ (B)、(C) + (D)

2) 在得到符合要求的焊缝的前提下，尽可能采用较小的坡口尺寸；

3) 装配前，矫正每一构件的变形，保证装配符合装配公差表的要求；

4) 使用必要的装配和焊接胎架、工装夹具、工艺隔板及撑杆等刚性固定来控制焊后变形；

5) 在同一构件上焊接时，应尽可能采用热量分散、对称分布的方式施焊；

6) 采用多层多道焊代替单层焊；

7) 双面均可焊接操作时，要采用双面对称坡口，并在多层焊时采用与构件中性轴对称的焊接顺序；

8) T 形接头板厚较大时采用开坡口角对接焊缝；

9) 对于长构件的扭曲，不要靠提高板材平整度和构件组装精度，使坡口角度和间隙准确，电弧的指向或对中准确，以使焊缝角变形和翼板及腹板纵向变形值沿构件长度方向一致；

10) 在焊缝众多的构件组焊时或结构安装时，要选择合理的焊接顺序。

(8) 焊接作业流程图

焊接作业流程见图 3-31。

(9) 焊后处理

1) 焊接作业完成后，清理焊缝表面的熔渣和金属飞溅物，焊工自行检查焊缝的外观质量；如不符合要求，应焊补或打磨，修补后的焊缝应光滑圆顺，不影响原焊缝的外观质量要求。

2) 对于重要构件或重要接点焊缝，焊工自行检查焊缝外观合格后，在焊缝附近打上焊工的钢印。

3) 外露钢构件对接接头，应磨平焊缝余高，达到与被焊材料同样的光洁度。

4) 焊后热处理

对于有特殊要求焊接节点，在焊接节点完成且尚未冷却前进行后热与保温处理，即用氧—乙炔中性火焰在焊缝两侧各 100mm 内均匀烘烤，使温度控制在 200~2500℃后用至少 4 层石棉布紧裹并用扎丝捆紧，保温至少 4h 以上，以保证焊缝的扩散氢有足够的时间逸出来消除氢脆的倾向，稳定金属组织和尺寸并消除部分残余应力。

### 3.3.4 压型钢板安装

(1) 压型钢板安装工艺如下：

1) 根据钢结构钢梁的平面位置绘制压型钢板的排版图，根据压型钢板的排版图进行压型钢板的加工与现场配套。

2) 待一节钢柱所有构件安装完毕，高强螺栓终拧、顶层焊接完毕后，复测钢构件安装精度，方可以进行放线，铺设压型钢板。

3) 压型钢板的吊装按照先吊下层板、再吊中层板、最后吊上层板的顺序进行。压型

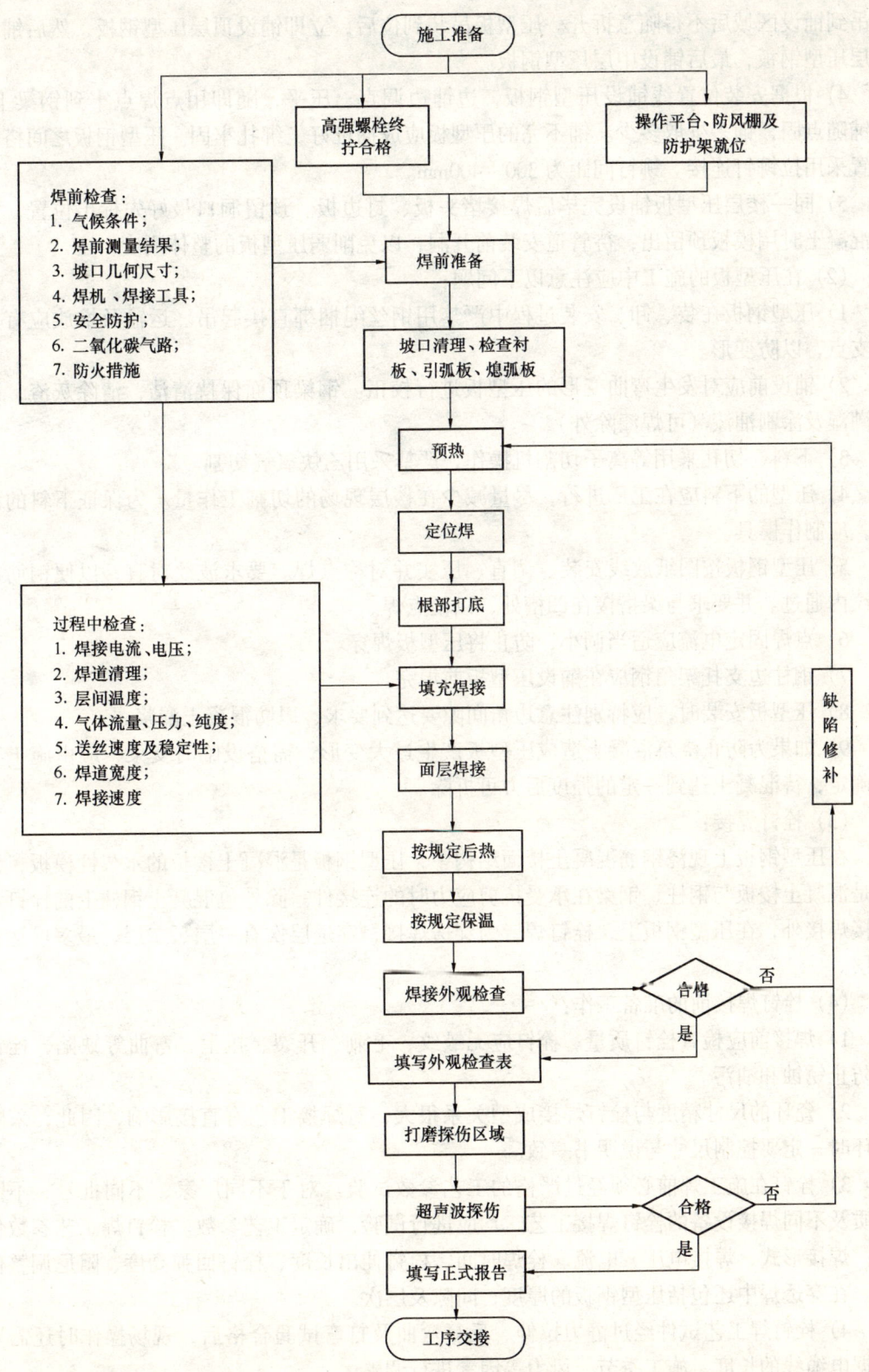

图 3-31 焊接作业流程图

板吊到铺设区域后不得随意拆开。压型板吊装到位后，立即铺设顶层压型钢板，然后铺设下层压型钢板，最后铺设中层压型钢板。

4）根据安装位置线铺设压型钢板，边铺边调直、压平，随即用点焊点牢到钢梁上。随铺随点固，铺多少取多少。铺不完的压型板应成捆堆好，绑扎牢固。压型钢板之间搭界位置采用拉铆钉连接。铆钉间距为300～400mm。

5）同一楼层压型板铺设完毕后焊接堵头板、封边板。预留洞口最好先标出位置，浇筑混凝土时用模板预留出，待管道安装前开洞，以免削弱压型板的整体刚度。

（2）在压型板的施工中应注意以下问题：

1）压型钢板在装、卸、安装过程中严禁用钢丝绳捆绑直接起吊。运输及堆放应有足够支点，以防变形。

2）铺设前应对发生弯曲变形的压型板进行校正。钢梁顶面保持清洁，清除灰渣，严防潮湿及涂刷油漆（可焊漆除外）。

3）下料、切孔采用等离子切割机操作，严禁采用乙炔氧气切割。

4）压型的下料应在工厂进行，尽量减少在楼层现场的切割工作量。为保证下料的准确，应制作模具。

5）压型钢板按图纸放线安装、调直、压实并对称点焊。要求波纹对直，以便钢筋在波纹内通过。并要求与梁搭接在凹槽处，以便点焊。

6）点焊固定电流应适当调小，防止将压型板焊穿。

7）钢柱边支托架角钢应在铺设压型板前焊完。

8）压型板安装时，应特别注意边角间隙要达到要求，以防混凝土漏浆。

9）如果为防止浇筑混凝土造成压型板产生过大变形，需搭设临时支架，应由施工实际确定，待混凝土达到一定的强度后方可拆除。

（3）栓钉焊接：

在压型钢板上现浇钢筋混凝土楼面结构中，压型钢板是混凝土楼板的永久性模板，栓钉是混凝土楼板与钢柱、钢梁在承受抗剪应力时的连接件。除外包混凝土钢柱上的栓钉为直接焊接外，在压型钢板上，栓钉焊皆为穿透焊接，穿透层次有一层、二层，最多可达到四层。

（4）栓钉焊接前的准备工作：

1）焊接前应检查栓钉质量。栓钉应无皱纹、毛刺、开裂、扭歪、弯曲等缺陷，栓钉应防止锈蚀和油污。

2）瓷环的尺寸精度与栓钉焊接成型关系很大，对焊接工艺有直接影响，因此，采购瓷环时一定要控制尺寸与说明书一致。

3）栓钉在施工焊前必须经过严格的工艺参数试验。对于不同厂家、不同批号、不同材质及不同焊接设备的栓钉焊接工艺，均应进行试验，确定工艺参数。栓钉焊工艺参数包括：焊接形式、焊接电压、电流、栓焊时间、栓钉伸出长度、栓钉回弹高度、阻尼调整位置。在穿透焊中还包括压型钢板的厚度、间隙及层次。

4）栓钉焊工艺试件经过静力拉伸、反复弯曲及打弯试验合格后，现场操作时还需要根据电缆线的长度、施工季节、风力等因素进行调整。

# 4 质量、安全、环保技术措施

## 4.1 工程目标

本工程的质量目标为：确保市优良工程，争创"鲁班奖"。

本工程安全生产总目标是：安全等级创优良，杜绝重大伤亡事故和机械事故，轻伤事故频率控制在 1.2‰ 以内，实现"五无"（无死亡、无重伤、无坍塌、无中毒、无火灾）。

为达到工程质量总目标，对施工活动进行全过程目标管理，以经济承包为杠杆，全面推行应用 ISO 9002 国际质量标准为手段，开展质量管理工作，将单位工程质量目标分解成各分部工程，分项工程目标，将质量目标分解到具体人头上，并实行经济承包，使每个项目员工和目标直接相关对目标负责，充分调动和发挥每个员工的生产积极性和聪明才智，提高员工的质量意识。

本公司对本工程的质量管理将从以下几个方面着手：质量保证体系→管理措施→技术措施→具体创优细则（确保样板）。

## 4.2 工程质量技术措施

（1）严格执行 ISO 9002 质量标准，按程序文件进行质量管理，按作业指导书进行操作，是质量水平保持稳定，连续不断上升的根本保证。

（2）加强技术管理，认真贯彻执行国家规定，操作规程和各项管理制度，明确质量职责，认真做好技术交底工作，除进行书面交底外，还应组织各班组召开技术交底会对施工工艺、操作方法进行讲解。

（3）各种材料必须合理分类，堆放整齐并做好标识，加强原材料检验工作，严格执行材料检验制度，水泥、钢筋、钢管、钢丝绳都必须有出厂合格证和试验资料，混凝土严格按配合比施工，认真做到开盘交底和拆模申请制度。

（4）各工序的技术措施

1）测量放线

设立专门的测量放线小组，测量仪器及工具事先检查、定期校正。测量控制的重点是保证建筑物垂直的控制。

2）模板工程施工

针对本工程核心筒及楼梯处的模板工程，拟采用"一次成优"的质量控制法，以便在结构工程施工时为装饰工程提供优越的条件，其具体的施工流程说明如下：

A. 工程技术人员在工序开工前将各工序部位的模板安装图详细绘出，工人按图施工，质检员严格按图检查验收；

B. 认真做好工序交接检，当钢筋工程完工后应组织钢筋、木工班组长和技术员进行现场交接检，凡钢筋位置不符合要求的必须整改完后方可封模；

C. 提高模板施工质量标准，垂直平整度在规定范围之内，尤其要重视外墙垂直度，这是影响工程质量的一重要因素；

D. 模板拆模后要进行清理修正，涂刷隔离剂后才能继续使用；

E. 为保证板缝能满足优良标准要求，在模板安装完毕后，应用透明胶纸粘贴板缝。

3) 钢筋工程施工

A. 钢筋进场后要及时进行原材料检测试验，合格材料方可使用。

B. 钢筋工程施工前要认真做好翻样、交底工作。钢筋密集处保证钢筋位置准确，以保证混凝土顺利浇捣。

C. 钢筋工程安装后，工程质检人员应对钢筋进行检查，做好隐蔽验收。重点进行下列内容检查：根据设计图，检查钢筋的种类、直径、根数、间距是否正确，特别要检查负筋位置是否准确；检查钢筋接头位置及搭接长度是否符合要求，绑扎是否牢固、有无松动脱扣现象；检查混凝土保护层是否符合要求；检查钢筋对焊接头是否符合要求。

D. 由于钢筋偏位历来是工程施工中的质量通病，因此本工程在施工中将采取在楼板模上进行二次放线的方法，对核心筒、楼梯钢筋进行重复校核，在浇混凝土前还要再三复核位置是否正确。

4) 混凝土工程施工

A. 严格执行材料进场验收制度，特别是对水泥要有计划地提前做好试验工作，杜绝不试验而先使用的现象。

B. 预拌混凝土到现场后有专职质检员进行检验。

C. 作业面设技术人员和专职质检员跟班作业，对振捣密实度、下料方法、高低差留置、平整度、墙柱钢筋进行监督检查，对不符合施工工艺标准的将行使质量否决权，有权下令停工整改，直至符合工艺标准才能继续施工。

### 4.3 安全生产技术措施

#### 4.3.1 钢结构工程

(1) 构件吊装过程中，进入现场的人员一律必须戴好安全帽；吊车起重臂下严禁站人。

(2) 大构件吊装前要仔细检查吊具和钢丝绳是否符合规格，是否有损伤；如不合格，应及时更换。

(3) 构件吊装时须系好缆风绳，其中大构件吊装时应在构件两端系两道，由专人负责拉缆风绳，以便于控制吊装过程中构件的平衡，使构件安全吊装到位。

(4) 钢梁柱地面拼装时须搭设临时操作平台。

(5) 钢结构焊接作业面处须搭设焊接作业平台，并用兜底阻燃性安全网封闭。

(6) 在施工期间要随时掌握气象情况，大型构件吊装、高空焊接作业都要事先了解天气的变化，错开大风在雨中作业，确保吊装安全和焊接质量。

(7) 施工现场日常要确保排水系统的畅通，排水器材要随时做到数量充足，完好可利用。

(8) 雨期施工现场，机械、人员行走路线和人员较集中操作的场地，表面应有排水坡度，并铺设防滑、防陷的铺设材料，必要时还需要加固加高路基。

(9) 做好雨期施工技术准备工作，摸清现场地下坑洞、管沟、通信、人防设施等埋设情况；如处在机械行走路线下面，要求提前进行加固处理。

(10) 雨期施工季节，在雨后起重吊装前要对起重机、机电设备及防护设施进行检查，对吊件进行1m以下低位试吊，无问题后再作业。

(11) 雨期作业人员一律穿绝缘胶底鞋，雨后上高空作业，先清除鞋底污泥，注意防滑。

### 4.3.2 模板工程

(1) 模板过程中应遵守安全操作规程，如遇途中停歇，应将就位的支顶、模板连结稳固，不得空架浮搁。

(2) 支设4m以上的立柱模板，操作时要设操作台；不足4m的，可用马凳操作。支设独立梁模应临时工作台。禁止利用拉杆、支撑攀登上下。

(3) 拆模应经施工技术人员同意。操作按顺序分段进行，不猛撬、硬砸和大面积撬落和拉倒。工完前，不得留下松动和悬挂的模板。拆下的模板应及时运到指定地点集中堆放，防止钉子扎脚。

(4) 电锯、电刨等木工机械性能良好，防护装置齐全，工人按规程操作。木工加工场所严禁烟火，木屑、刨花及时清理。

### 4.3.3 钢筋工程

(1) 钢筋加工

1) 机械必须设置防护装置，注意每台机械必须一机一闸并设漏电保护开关。

2) 工作场所保持道路畅通，危险部位必须设置明显标志。

3) 操作人员必须持证上岗。熟识机械性能和操作规程。

(2) 安装

1) 吊运钢筋时，要注意前后方向有无碰撞危险或被钩料物，特别是避免碰挂周围和上下方向的电线。人工抬运钢筋、上方卸料要注意安全。

2) 起吊或安装钢筋时，应和附近高压线路或电源保持一定安全距离，在钢筋林立的场所，雷雨时不准操作和站人。

3) 在高空安装钢筋应选好位置站稳，系好安全带。

(3) 钢筋对焊

1) 对焊前应清理钢筋与电极表面污泥、铁锈，使电极接触良好，以免出现"打火"现象。

2) 对焊完毕不要过早松开夹具，连接头处高温时不要抛掷钢筋接头，不准往高温接头上浇水，较长钢筋对接应安置台架上。

3) 对焊机选择参数，包括功率和二次电压应与对焊钢筋时相匹配，电极冷却水的温度，不得超过40℃，机身应接地良好。

闪光火花飞溅的要有良好的防护安全设施。

(4) 钢筋电弧焊

1) 焊机必须保护接零良好，不准在露天雨水的环境下工作。

2) 焊接施工场所不能使用易燃材料搭设，现场高空作业必须戴安全带，焊工佩戴防护用品。

(5) 电渣压力焊

1) 电渣压力焊使用的焊机设备外壳应接保护零线，露天放置的焊机应有防雨遮盖。

2) 焊接电缆必须有完整的绝缘，绝缘性能不良的电缆禁止使用。

3）在潮湿的地方作业时，应用干燥的木板或橡胶片等绝缘物作垫板。

4）焊工作业，应穿戴焊工专用手套、绝缘鞋，手套及绝缘鞋应保持干燥。

5）在大、中雨天时严禁进行焊接施工。在细雨天时，焊接施工现场要有可靠的遮蔽防护措施，焊接设备要遮蔽好，电线要保证绝缘良好，焊药必须保持干燥。

6）在高温天气施工时，焊接施工现场要做好防暑降温工作。

7）用于电渣焊作业的工作台、脚手架，应牢固、可靠、安全、适用。

#### 4.3.4 混凝土工程

（1）搅拌机应该设置在平坦的位置上，用木方垫起轮轴，将轮胎架空，防止开机时发生移动。

（2）作业完毕，随即将拌筒清洗干净，筒内不得有积水。

（3）搅拌机上料斗不准人员通行；如必须在斗下作业，须将上料斗用保险链条挂牢，并停机。

（4）搅拌机应有专用开关箱，并应装有漏电保护器。停机后应拉断电闸，锁好开关箱。

（5）使用振动器的作业人员，应穿胶鞋，戴绝缘手套，使用带有漏电保护的开关箱。

（6）使用溜槽时，严禁操作人员直接站在溜槽帮上操作。

（7）楼面上的孔洞予以遮盖或预埋间距200mm×200mm钢筋网作可靠性防护。

（8）夜间作业应有足够照明设备，并防止眩光。

### 4.4 环保技术措施

（1）噪声：调整好日间和夜间施工的工作内容，夜间施工应避免金属物件的碰击，机械工作的噪声控制在60dB以内。

（2）粉尘：除锈材料为钢砂，并搭设简易棚操作，防止粉尘扩散，运输车辆道路应经常保持洒水，保证道路不起尘，现场粉状物应妥善保管，粉状废物及时清理回收。

（3）漆雾：现场喷涂施工时要设置遮挡物采取相应的回收措施，并设置相应的安全区，避免非操作人员误入。

（4）高空焊渣：高空焊接时，设专人监护，并在焊接处下方设回收容器，不让高空焊渣随意落下。

（5）污泥：在施工过程中，所有的钢结构构件都要加以保护，不许直接堆放在地面上。在吊装过程中也应避免与地面接触，防止污泥附着在构件上，运输车辆出现场前检查车轮的情况，如有污泥应清洗车轮后再出现场。

（6）楼层垃圾的清理：

成立一个垃圾清理班组，负责各楼层的垃圾清理和垃圾转运。第二阶段砌体工程初装修阶段，此阶段垃圾主要是碎砖和落地灰形成的水泥沙浆，此阶段垃圾可从垃圾道清除，但大块浆须敲碎后倒入垃圾道。第三阶段精装修阶段，此阶段的建筑垃圾主要是：碎木料、碎铝合金框料及零星水泥沙浆块、吊顶费料、碎地砖、花岗石石片等，此阶段垃圾量大，必须反复清、重点清，直至清理干净。第四阶段验收前，零星垃圾清理，此阶段垃圾清理均用袋装经建筑物井架清除。

垃圾池垃圾必须每天派人装车清除，不得余留。

(7) 防止施工场地施工用水横流的措施

建筑工程施工用水量大，用水部位多，易造成各楼层及施工现场污水横流或积水现象，污染建筑产品，影响人员行走，造成不文明的现象。

(8) 坑土方外运防止道路污染措施

1) 施工现场必须设置临时洗车场，规定每车土方不能装得太满，防止沿路散落。每车上装好后要求用棚布盖严，才能上路，车经临时洗车场时经专人清洗车轮和车箱，方可放行。

2) 雨期进行土方运输时，从工地入口至城市道路50m范围内派人清扫路面。

3) 与环保部门取得联系，积极配合城市道路管理工作。

# 5 经济效益分析

合景国际金融广场地下室施工采用了互嵌式密排方桩深基坑支护体系下钢结构五层地下室两层一逆作施工技术，经济效益分析从两方面进行比较：①地下连续墙采用互嵌式密排人工挖空方桩与普通地下连续墙机械成孔费用比较；②地下室逆作，负一层、负三梁板体系作为连续方桩墙的内支撑体系，与地下室正作，采用可拆卸钢管内支撑体系费用比较。

## 5.1 节省成孔费用

本工程成孔工程量为 $5680m^3$，人工挖孔及护壁单价 220 元/$m^3$，机械成孔单价 540 元/$m^3$。

人工挖孔及护壁费用：$5680m^3 \times 220$ 元/$m^3$ = 129600 元

机械成孔费用：$5680m^3 \times 540$ 元/$m^3$ = 3067200 元

节省成孔费用：3067200 元 − 1259600 元 = 1817600 元

## 5.2 节省内支撑费用

地下室逆作，利用结构负一、三层梁板做为内支撑体系，不需另外支出费用。

地下室正作，用两层 $\phi609 \times 12$ 钢管作内支撑，钢管用量每层需 1100m。钢管租赁费每吨 250 元/月，安拆费 2200 元/t。第一层钢管租用 3.5 个月，第二层钢管租用 2.5 个月。$\phi609 \times 12$ 钢管 0.1766t/m。

第一层钢管支撑费用：

第一层钢管租赁费 + 钢管安拆费

$= 0.1766t/m \times 1100m \times (250$ 元$/(t \cdot 月) \times 3.5$ 月 $+ 2200$ 元$/t)$

$= 597350$ 元

第二层钢管支撑费用：

第一层钢管租赁费 + 钢管安拆费

$= 0.1766t/m \times 1100m \times (250$ 元$/(t \cdot 月) \times 2.5$ 月 $+ 2200$ 元$/t)$

$= 548785$ 元

节省内支撑费用：

第一层钢管支撑费用 + 第二层钢管支撑费用
= 597350 元 + 548785 元 = 1146135 元

### 5.3 合计节省支护费用

节省成孔费用 + 节省内支撑费用 = 1817600 元 + 1146135 元
= 296.4 万元

通过计算，合景国际金融广场地下室施工采用了互嵌式密排方桩深基坑支护体系下钢结构五层地下室两层一逆作施工技术，比采用普通地下连续墙正作施工节省费用 296.4 万元。

## 第二十六篇

# 深圳世界金融中心施工组织设计

编制单位：中建四局六公司
编制人：王崇文　钟　华　兰廷荣
审核人：白　蓉

**【摘要】**　本工程为一座集办公、酒店、公寓于一体的智能化大厦，为体现大都市的新形象，并突出地方特色，在总体外观上大量应用现代化装饰材料和工艺技术，是深圳市为数不多的超限高层建筑之一。该工程技术难点及特色为：该项目现场十分狭窄，且现场基坑西侧紧临布吉河，基坑离布吉河最近距离不足30m，基坑北面紧临深圳市最大的城市主干道——深南大道，地下管线十分复杂，这使基坑支护采用桩锚体系变得十分困难。办公楼六～五十一层采用地板送风式空调技术，总制冷量约6000kW，此技术的应用当时在国内写字楼宇中尚属首例；高强、高性能混凝土的应用是本工程新技术推广的重点之一。

## 目 录

1 工程概况和工程特点 ... 365
　1.1 建筑概况 ... 365
　1.2 结构概况 ... 365
　1.3 安装 ... 366
　1.4 施工条件 ... 366
　1.5 工程特点 ... 366
2 施工总体部署 ... 367
　2.1 工期、质量目标 ... 367
　2.2 作业区、流水段划分 ... 367
　2.3 组织机构 ... 367
　2.4 施工总平面布置 ... 367
　2.5 主要设备配置 ... 367
　2.6 劳动力配置 ... 368
3 主要施工方法 ... 369
　3.1 地下室半逆法施工 ... 369
　　3.1.1 地下结构工程概况 ... 369
　　3.1.2 施工方案总体原则 ... 369
　　3.1.3 施工程序安排 ... 370
　　3.1.4 主要施工方法 ... 370
　3.2 高强高性能混凝土施工 ... 379
　　3.2.1 大体积混凝土施工 ... 380
　　3.2.2 高强混凝土施工 ... 381
　　3.2.3 补偿收缩混凝土施工 ... 383
　　3.2.4 杜拉纤维混凝土施工 ... 385
　3.3 劲性钢骨结构施工 ... 386
　　3.3.1 钢结构概况 ... 386
　　3.3.2 施工部署 ... 387
　　3.3.3 钢结构安装机械设备配置 ... 387
　　3.3.4 钢结构施工劳动力组织 ... 387
　　3.3.5 主要施工方案及技术措施 ... 388
　3.4 外脚手架工程 ... 397
　　3.4.1 工程概况及编制依据 ... 397
　　3.4.2 外脚手架施工方案设计说明 ... 397

3.4.3 扣件式钢管脚手架的搭设和安全技术要求 ……………………………………… 399
　　3.4.4 扣件式钢管脚手架拆除的技术要求 …………………………………………… 400
　　3.4.5 脚手架的使用规定 ……………………………………………………………… 401
　　3.4.6 脚手架施工安全措施 …………………………………………………………… 401
　　3.4.7 脚手架计算 ……………………………………………………………………… 402
3.5 屋面工程 …………………………………………………………………………………… 404
　　3.5.1 防水工程 ………………………………………………………………………… 404
3.6 装饰工程 …………………………………………………………………………………… 406
　　3.6.1 明框玻璃幕墙 …………………………………………………………………… 406
　　3.6.2 复合铝板幕墙 …………………………………………………………………… 407
3.7 屋面冷水机组吊装施工 …………………………………………………………………… 408
　　3.7.1 吊装工程概况 …………………………………………………………………… 408
　　3.7.2 吊装总体规划 …………………………………………………………………… 408
　　3.7.3 第二段吊装机具选择及平面布置 ……………………………………………… 408
　　3.7.4 五十二层屋面吊装设备的平面布置 …………………………………………… 409
　　3.7.5 吊具的规格和形式 ……………………………………………………………… 409
　　3.7.6 施工准备及配合工作 …………………………………………………………… 419
　　3.7.7 作业过程 ………………………………………………………………………… 419
　　3.7.8 结构主要受力 …………………………………………………………………… 420
　　3.7.9 机具一览表 ……………………………………………………………………… 420
3.8 地板送风中央空调工程 …………………………………………………………………… 420
　　3.8.1 操作要领 ………………………………………………………………………… 420
　　3.8.2 特点 ……………………………………………………………………………… 421
　　3.8.3 效益分析 ………………………………………………………………………… 422

# 4 各项管理及保证措施 …………………………………………………………………………… 422
4.1 质量保证措施 ……………………………………………………………………………… 422
　　4.1.1 质量保证体系 …………………………………………………………………… 422
　　4.1.2 质量创优目标 …………………………………………………………………… 423
　　4.1.3 质量保证措施 …………………………………………………………………… 425
4.2 施工安全措施 ……………………………………………………………………………… 427
　　4.2.1 项目部人员安全管理职责 ……………………………………………………… 427
4.3 文明施工和环境保护措施 ………………………………………………………………… 429
　　4.3.1 文明施工 ………………………………………………………………………… 429
　　4.3.2 环境保护 ………………………………………………………………………… 430
　　4.3.3 成品保护 ………………………………………………………………………… 430
4.4 风雨期施工及意外应急措施 ……………………………………………………………… 431

# 5 新技术推广应用 ………………………………………………………………………………… 431
5.1 新技术推广应用 …………………………………………………………………………… 431
5.2 新技术推广应用的保证措施 ……………………………………………………………… 431

## 5.3 科技推广项目 ... 432
### 5.3.1 地下室中顺边逆法施工（深基坑支护技术） ... 432
### 5.3.2 高强、高性能混凝土技术 ... 432
### 5.3.3 粗直径钢筋连接技术 ... 432
### 5.3.4 脚手架应用技术 ... 432
### 5.3.5 建筑节能和新型墙体应用技术 ... 432
### 5.3.6 新型建筑防水和塑料管应用技术 ... 432
### 5.3.7 钢结构技术 ... 433
### 5.3.8 大型构件整体安装技术 ... 433
### 5.3.9 计算机应用和管理技术 ... 433
### 5.3.10 BW橡胶止水带的应用 ... 433
## 6 主要经济技术指标 ... 433

# 1 工程概况和工程特点

## 1.1 建筑概况

本工程由三幢塔楼组成，呈"L"形分布。主塔楼位于"L"形中部，高 206.95m，主塔楼两翼分为酒店 B 栋及公寓 C 栋，高 103.80m。

本工程地下 2 层，为停车场及设备用房，首层为地面架空层，用于商务及停车。裙房 5 层，主要为金融、商业、餐饮用房，裙房屋顶设有花园、游泳池。主塔楼（办公楼）地面以上 53 层。标准层层高 3.4m，基本是大开间办公室，平面方正，外轮廓角部呈花瓣形。B、C 栋标准层层高 4.6m。

本工程为人工挖孔桩基础。办公楼 A 栋为框筒结构，十层以下框架柱为钢骨柱。B、C 栋为框支剪力墙结构，六层为转换层。裙房有部分大跨度梁为钢骨梁。混凝土强度等级最高达到 C70。裙房及地下室梁板面积在 $5000 \sim 8000m^2$，梁板混凝土采用无缝设计，即不设后浇带，以加强带代替（加强带掺 14% UEA，其他掺 12%），混凝土连续浇筑。

裙房外墙装修以干挂石材为主，办公楼大堂外墙装饰为拉索点式玻璃幕墙，主楼上部外墙以铝板和幕墙装饰为主。B、C 座外墙为纸皮砖和幕墙窗装饰。

## 1.2 结构概况

办公楼为钢筋混凝土框筒结构，外框架柱地下室二层至七层，采用钢骨柱，以上各层采用普通钢筋混凝土柱。内筒分两个筒体，外筒由剪力墙组成，内筒由楼梯、电梯间、竖井等组成。由于此楼已属超限高层，为了进一步加强结构整体刚度，提高抗震能力，在建筑第十九层，利用避难层设了一道水平加强层，在构造上沿内筒外壁厚墙在每层设边框暗梁，塔楼穹顶采用网架结构。

商务酒店和公寓为钢筋混凝土框支剪力墙结构，平面为矩形。

裙房地下 2 层，地上 4 层，采用现浇钢筋混凝土框架结构。

承台与基础底板：三幢塔楼采用厚筏，办公楼筏板厚 1.8m，商务酒店和公寓筏板厚 1.4m，裙房用柱帽，底板采用平板，厚 0.8m。

地下室外墙采用地下连续墙，部分逆施法，并在连续墙内侧做 200mm 防渗墙。

裙房及地下室 UEA 膨胀加强带。

各构件混凝土强度等级见表 1-1 和表 1-2。

办公楼各构件混凝土强度等级表　　　　　　表 1-1

| 楼层 \ 构件 | 柱 | 墙 | 梁 板 |
|---|---|---|---|
| 地下二层~十二层 | C70 | C50 | C35 |
| 十三层~二十一层 | C65 | C45 | C35 |
| 二十二层~二十七层 | C55 | C40 | C30 |
| 二十八层~三十四层 | C45 | C30 | C30 |
| 三十四层以上 | C35 | C30 | C35 |

注：楼梯、设备基础、构造柱 C25。

商务酒店和公寓各构件混凝土强度等级表　　　　　　　表 1-2

| 楼层 \ 构件 | 柱 | 墙 | 梁 板 |
|---|---|---|---|
| 地下二层~十二层 | C70 | C50 | C35 |
| 转换楼层（五层） | C50 | C45 | C45 |
| 六层~十三层 | C30 | C40 | C30 |
| 十四层~十九层 | C30 | C35 | C30 |
| 十九层以上 | C25 | C25 | C25 |

注：楼梯、设备基础、构造柱 C25。

### 1.3 安装

工程量大、工艺复杂、设备控制自动化程度高。大厦设计选用各种先进的控制设备，中央监控、水电管理采用计算机进行数据处理，能够显示各种设备的工作状态。

设备多、用电负荷大。本工程共设置 4 个变配电室，计 8 台变压器，其中在十九层设置一个配电室，作为应急供电系统，该系统电源采用一台 800kV·A 柴油发电机，供给事故情况下重复负荷及照明用电。给水、空调给水在十九层设置给水加压设备。

### 1.4 施工条件

临时供水已接通，并引至用地红线旁。临时供电已接至现场。

周围道路已通，施工现场由地块东西两侧出入。

清理场地、土方、扩底灌注桩，大概于 5 月中旬完工。

由于场地较狭窄，可用地主要用于材料堆放、加工、机具布置等，人员居住、办公在派出所内。

### 1.5 工程特点

（1）现场十分狭窄，且现场基坑西侧紧临布吉河，基坑离布吉河最近距离不足 30m，基坑北面紧临深圳市最大的城市主干道——深南大道，地下管线十分复杂，这使基坑支护采用桩锚体系变得十分困难。同时，又由于基坑本身为 L 形，基坑东西长约为 109m，南北为 86m，基坑支护若采用桩撑体系则支撑费用过大。因此，如何保证基坑支护安全、经济，就显得尤为突出。

（2）办公楼六~五十一层采用地板送风式空调技术，总制冷量约 6000kW，此技术的应用当时在国内写字楼宇中尚属首例。

（3）本工程总体为钢筋混凝土框筒结构，但局部有钢骨结构、钢结构（屋面塔架）。本工程所有混凝土均采用泵送商品混凝土，混凝土最高强度等级为 C70，同时有掺杜拉纤维混凝土及微膨胀混凝土的应用。高强、高性能混凝土的应用是本工程新技术推广的重点之一。

（4）本工程外墙装饰以玻璃幕墙为主，分为明框、隐框及拉索点式玻璃幕墙。单窗玻璃最大尺寸达 2485mm×2145mm（长×宽），重量达 230kg。

（5）本工程五十二层屋面设有 3 台冷风机组，每台冷风机组吊装重量约 10t，吊装高度为 185m，采用何种吊装方式既安全又经济，是需要项目充分考虑的问题。

# 2 施工总体部署

## 2.1 工期、质量目标

工期目标：410d完成合同要求。

质量目标：确保本工程质量达到优良标准，创深圳市优质样板工程。

主要工期控制点：地库施工55d；裙楼施工50d；塔楼主体165d。主体工期共计270d。

安装、装饰工程在裙楼完成后开始组织交叉施工。至9月底完成八层以下主体，深南中路临街面进行外管和售楼大厅施工，确保年内业主售楼目标，安装、装饰工程工期140d。

## 2.2 作业区、流水段划分

本工程东西长92m，南北向86.5m，呈L形布置，三座塔楼，办公楼地面以上50层，商务酒店、商务公寓各一幢均为24层，五层以上均为夹层，实施施工层数44层，设计在⑦~⑧、Ⓔ~Ⓕ轴各设一条后浇加强带，将平面分成以塔楼为中心的三个作业区。

地下室施工顺序详见方案，在架空层封闭后，向下开始逆作法施工，完成平衡土挖运及地库底板结构施工，向上同时进行上部主体结构施工。

办公楼三十层，附楼八层外围及电梯井筒均用钢平台临时封闭，形成三个立面流水施工段。

全面组织安装、装饰等专业交叉施工。

## 2.3 组织机构

项目经理作为工程项目的第一负责人，负责组建高效、精干的项目经理部，在项目内部通过明确的分工和密切的协作配合，实现技术、质量、安全、文明施工、成本等全方位、全过程的管理和控制，并在公司的直接监督与控制下，履行总承包的全过程内容。

## 2.4 施工总平面布置

本工程地处市繁华地段、立交桥口，几乎没有可供利用的施工场地，地下室施工阶段无法形成正常的施工通道，现场临时设施和加工场地安排困难。

计划在正式开工前，根据现场前期施工情况提前投入塔吊基础，先行安装塔吊，以提前解决水平运输的困难。

详见本工程施工总平面布置图。

## 2.5 主要设备配置

办公楼：塔吊　　　　230t·m　　　　1台
　　　　室外电梯　　200m　　　　　2台
　　　　快速井架　　200m　　　　　1台
　　　　　　　　　　120m　　　　　1台

| | | | |
|---|---|---|---|
| | 混凝土泵 | 300m | 2台 |
| 附 楼： | 塔吊 | 120t·m | 2台 |
| | 室外电梯 | | 4台 |
| | 混凝土泵 | | 2台 |

大型高层垂直运输设备计10台，以确保施工的需要，其他设备投入详见表2-1。

施工机械设备一览表　　　　　　　　　　　表 2-1

| 机械名称 | 用电量/起重量 | 数 量 | 机械名称 | 用电量/起重量 | 数 量 |
|---|---|---|---|---|---|
| 施工外用电梯 | 22kW | 2台 | 多级水泵 | 18.5kW | 1台 |
| 施工外用电梯 | 44kW | 2台 | 多级水泵 | 15kW | 3台 |
| 施工外用电梯 | 66kW | 2台 | 水泵 | 2.2kW | 8台 |
| 混凝土输送泵 | 75kW | 2台 | 水泵 | 4kW | 6台 |
| 布料机 | 40kW | 1台 | 振动器 | 1.1kW | 12台 |
| 快速井架 | 30kW | 1台 | 砂浆机 | 4kW | 4台 |
| 钢筋切断机 | 5kW | 6台 | 圆盘锯 | 2.2kW | 8台 |
| 钢筋弯曲机 | 3kW | 6台 | 塔吊 | 60kN | 3台 |
| 闪光对焊机 | 100kV·A | 2台 | 照明 | 60kW | |
| 闪光对焊机 | 150kV·A | 1台 | 发电机 | 200kV·A | 1台 |
| 电渣压力焊机 | 46.5kV·A | 12台 | 汽车吊 | 30t | 1台 |
| 电弧焊机 | 31kV·A | 10台 | 皮带运输机 | 5.5kN | 5台 |

## 2.6 劳动力配置

根据三个平面施工作业区及三个立面施工段的划分，本工程进入主体装饰、安装阶段，高峰人数预计1800人，所需劳动力按阶段配备，陆续组织进场。如表2-2所示。

主要工种劳动力需用计划表　　　　　　　　　　　表 2-2

| 施工部位<br>工　种 | 地下室 | 裙房 | 塔楼 | 安装 | 装饰 | 其 他 |
|---|---|---|---|---|---|---|
| 木　工 | 320 | 320 | 320 | | | |
| 钢筋工 | 280 | 280 | 280 | | | |
| 混凝土工 | 80 | 80 | 80 | | | |
| 架子工 | | 40 | 100 | | | |
| 电焊工 | 12 | 12 | 20 | 20 | | |
| 电　工 | 20 | 20 | 30 | 80 | | |
| 水　工 | 18 | 18 | 30 | 70 | | |
| 钳　工 | | | | 15 | | |
| 通风工 | | | | 50 | | |
| 泥　工 | | 120 | 120 | | 300 | |
| 铝合金 | | | | | 100 | |
| 普　工 | 150 | | | 45 | | |
| 合　计 | 880 | 890 | 980 | 283 | 400 | 100 |

# 3 主要施工方法

在本章中，结构工程方面只对地下室半逆法施工和高强、高性能混凝土进行了描述；装饰装修工程中只阐述了明框玻璃幕墙及复合铝板玻璃幕墙。

## 3.1 地下室半逆法施工

### 3.1.1 地下结构工程概况

世界金融中心大厦地下 3 层，建筑面积 22440m²。该工程 ± 0.000 相当于绝对标高 7.700m；耐火等级为一级，7 度抗震设防，裙房框架抗震等级为三级，酒店、公寓剪力墙为二级，框支柱、梁为一级。

其中：地面架空层　　－3.600m　　层高 3.6m
　　　地下一层　　　－8.100m　　层高 4.5m
　　　地下二层　　　－11.700m　　层高 3.6m

基础底板结构标高 －11.750m，电梯井最深底标高 －15.050m，底板厚分别为 800mm、1000mm、1400mm、1800mm。

基坑地质情况：① 人工回填土（已挖除）；② 黏土层；③ 中粗砂层；④ 砾砂层。

西面紧邻布吉河，粉砂层含水丰富，正常水位 －7.000 ~ －3.100m 之间，渗透系数 $k$ 值较大（$1.05 \times 10^2$cm/s），属于强透水性地层。

大厦采用人工挖孔桩，现已施工完成。

地下室外墙利用槽式地下连续墙，冠梁顶标高 －4.100m。

地下室采用全现浇钢筋混凝土结构，由三座塔楼、电梯井筒体及框支柱、梁板组成，底板与楼面设计纵横两条加强带，分为三块，地下室底板和墙体均采用内防水。

混凝土强度等级：垫层为 C10；
　　　　　　　　底板为 C30 防水混凝土，抗渗等级 P8；
　　　　　　　　框支柱及柱顶节点为 C70；
　　　　　　　　裙房柱为 C45；
　　　　　　　　剪力墙及梁顶节点为 C50；
　　　　　　　　内衬墙及水池墙、车道为 C35 防水混凝土；
　　　　　　　　其他墙体（KZ1~KZ9、Z－1~Z－2）用 C35 混凝土；
　　　　　　　　所有梁板为 C35；
　　　　　　　　楼梯为 C25。

### 3.1.2 施工方案总体原则

（1）本大厦地下连续墙即作为地下室主体结构外墙，又起基坑围护作用。

（2）为保证地下连续墙的稳定，地下室主体工程采取"中顺边逆"逆作法施工，土方开挖按设计预留平衡土，先行施工井筒柱和中部顺作区，并与地下一层 －8.150m 梁板结构形成整体，作为基坑的支撑体系，待地面层施工后再逆作开挖地下二层连续墙平衡土土方及进行周边底板结构的施工。

± 0.000 层结构及首层以上结构施工与地下 2 层逆作法部分同时施工。

(3) 由于工程停建时间较长,连续墙出现较大变形,为确保整个基坑安全,先行施工⑥~⑧轴-8.150m层梁板结构。

(4) 本工程施工难点

1) 施工过程中,保持围护结构连续墙的稳定和安全,每天观测其变形情况,并采取相应措施(反压),对平衡土面及时进行C10混凝土硬覆盖。

2) 粉砂地层含水量大,渗透系数大,基坑每小时涌水量近328$m^3$,降水难度大,持续时间长,并极易形成流砂,从而导致边坡失稳,危及围护结构安全,必须予以足够重视。

3) 超长大体积混凝土结构的裂缝控制方面,必须严格按设计和规范要求施工,并认真做好膨胀混凝土的养护工作。

4) 施工图设计中含有A、B、C三种版本和众多修改设计方案,必须认真细致做好各项技术准备和施工管理工作。

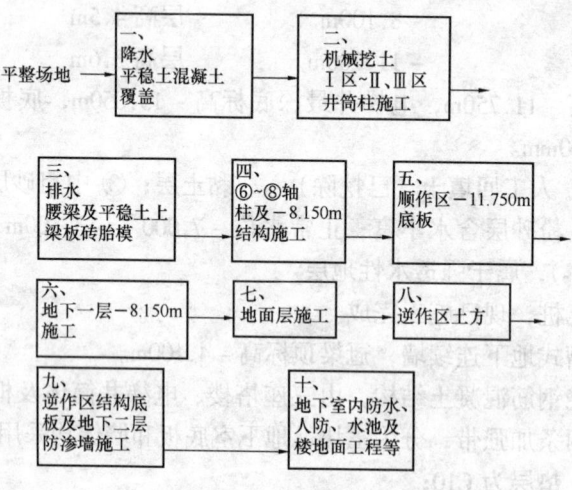

图3-1 施工程序安排图

### 3.1.3 施工程序安排(图3-1)

### 3.1.4 主要施工方法

(1) 降水

1) 该区地层为粉土和中粗砂,含水丰富,属强透水性地层,先集中16台潜水泵于⑤、⑨轴,利用现有井筒降水,整个基坑共需潜水泵32台;

2) 同时完成平衡土(宽7m)C10混凝土硬覆盖;

3) 进行整个基坑降水,在基坑内最低处挖300mm×500mm砖砌排水沟,将基底积水集中排至1000mm×1000mm×1500mm集水坑中,日夜明抽,将基坑内水排至两侧布吉河内,需65$m^3$大泵4~5台;

4) 整个排水、降水期从土方开挖至逆作结构底板施工完;

5) 降水过程中,在地下一层梁板完成前,加强对连续墙变形和周围建筑物变形的观测,如出现异常,应及时采取相应措施。

(2) 南侧局部平衡土边坡加固方案

沿建筑物Ⓐ轴，由于电梯井筒体结构离连续墙太近，无法满足该处平衡土边坡稳定要求，必须采取加固措施（图3-2）。

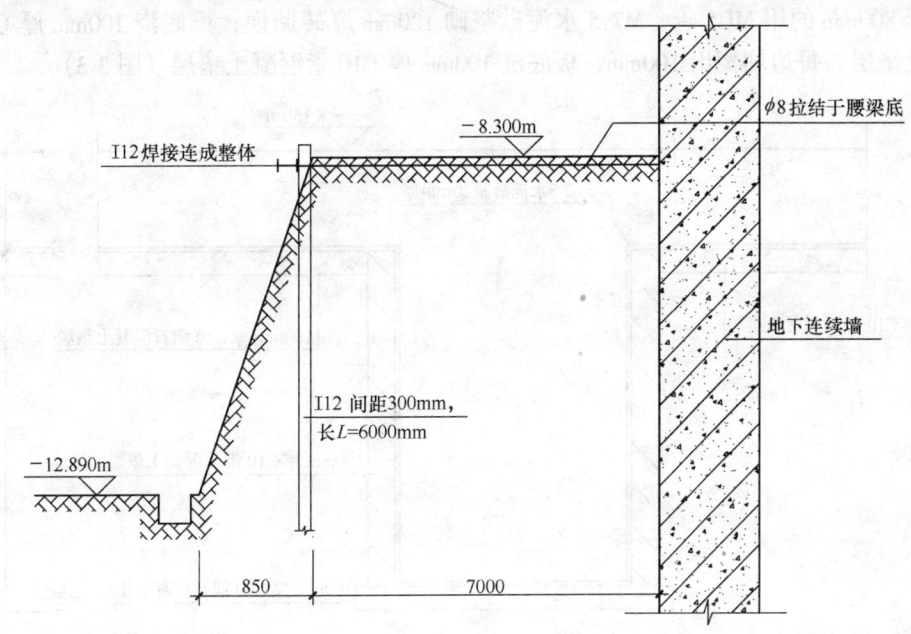

图3-2 南侧局部平衡土加固方案图

（3）挖土

土方预留量200mm，留待人工清土。

从2月15日后，采用4台WY100型挖土机进行挖土，12辆10t自卸翻斗汽车运土，夜晚8点装车运出。

挖土机采用平行后退开挖，由远至近（专业队施工）。

第一次：基坑内的土方大面积分层后退开挖。从现在自然地面层 －4.000m 挖至 －8.350m（已完成）。

第二次：⑥～⑧轴间的土方开挖，并挖至 12.650m。

第三次：挖土机又从 －8.350m 挖至 －12.550m，按2:1放坡预留平衡土体。此时利用基坑四周平衡土体的被动压力，作为基坑围护结构的支护体，抵抗基坑壁的侧压力。基坑底一边挖土一边浇捣 100mm 厚 C10 细石混凝土垫层，防止雨水长期浸泡。

第四次：挖土机挖核心筒深坑土方，挖至 －13.550m 和 －13.150m。挖土机无法开挖的土方，采用人工修理。

（4）凿打桩头

派人将每个桩头 C30 混凝土凿毛，表面凿去（1~2cm），但必须保证凿掉桩头的浮浆层，并用水冲洗干净。清洗桩头钢筋，并调直桩头伸出钢筋。对桩头钢筋的部位进行防水处理。

（5）砌砖胎模

电梯井坑处采用 MU5 砖，M7.5 水泥砂浆，砌 240mm 厚砖胎模，内抹 20mm 厚 1:2.5 水泥砂浆。桩顶承台、每根独立柱脚用 MU5 砖、M7.5 水泥砂浆砌 240mm 厚砖胎模。同时，预埋好柱脚与底板（-11.750m）接头钢筋（图3-4）。-8.150m梁、板平衡土处砖胎模，对梁高大于或等于800mm的，用MU5砖、M7.5水泥砂浆砌240mm厚砖胎模；对梁高小于800mm的用MU5砖、M7.5水泥砂浆砌120mm厚砖胎模；梁底浇100mm厚C10素混凝土垫层，每边均宽出100mm，板底浇100mm厚C10素混凝土垫层（图3-3）。

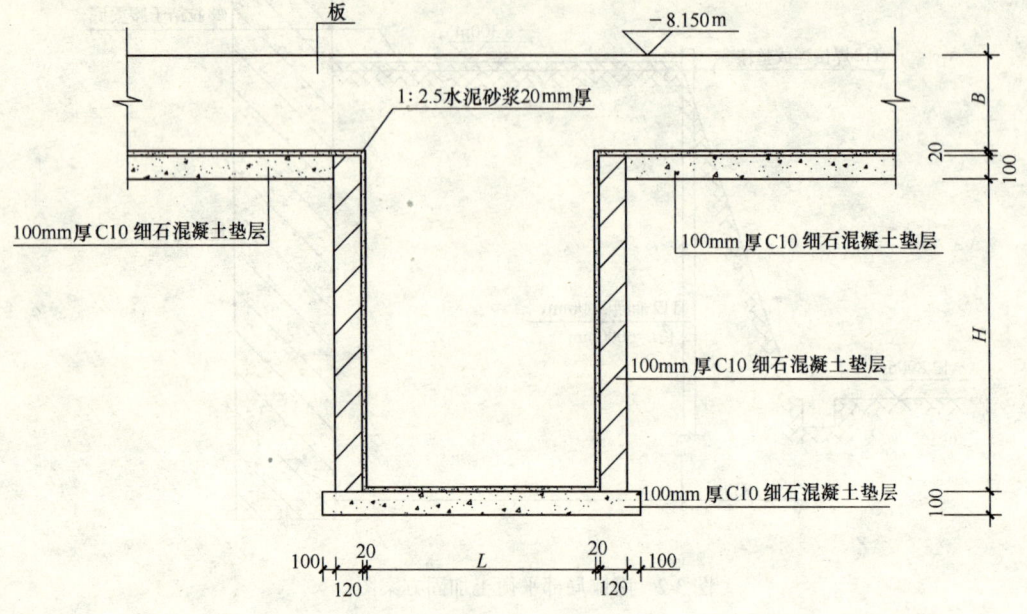

图3-3 平衡土-8.150m板梁砖胎模

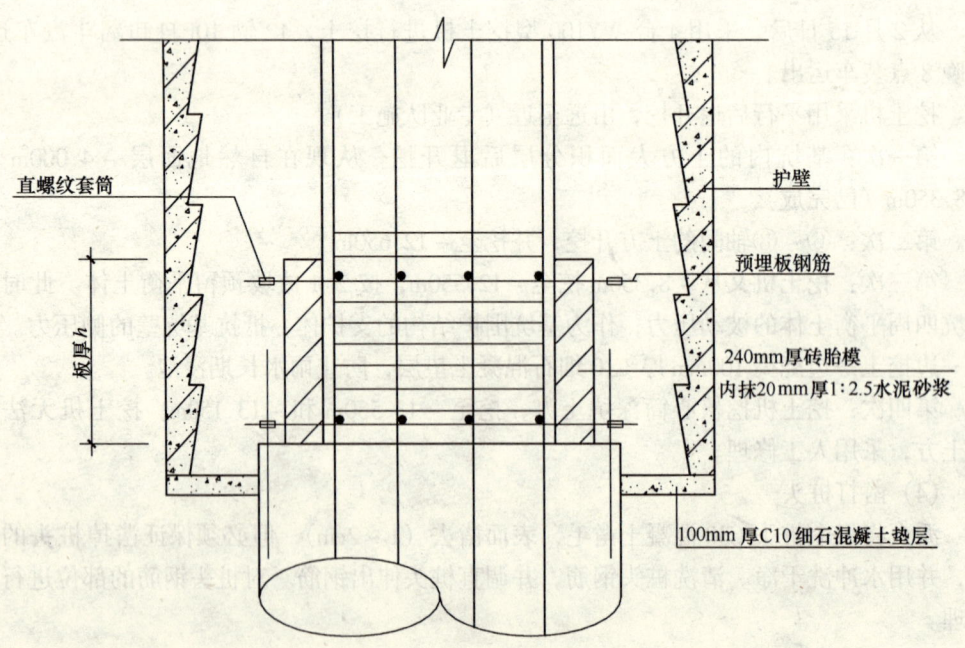

图3-4 柱根部砖胎模图

（6）隔离剂选用

吸取和平广场工地教训，防止下雨将隔离剂冲掉，选用超薄胶合板，用水泥钢钉固定在板、梁胎模表面代替隔离剂。

(7) 施工缝留置与作法

顺作区：主楼、酒店、公寓电梯井筒底板施工缝，留在变断面附近处，采用模板进行收口。其余部位作法采用快易收口网片，$\phi 48@400$ 钢管，$50mm \times 100mm$ 木方支撑（图3-5）。

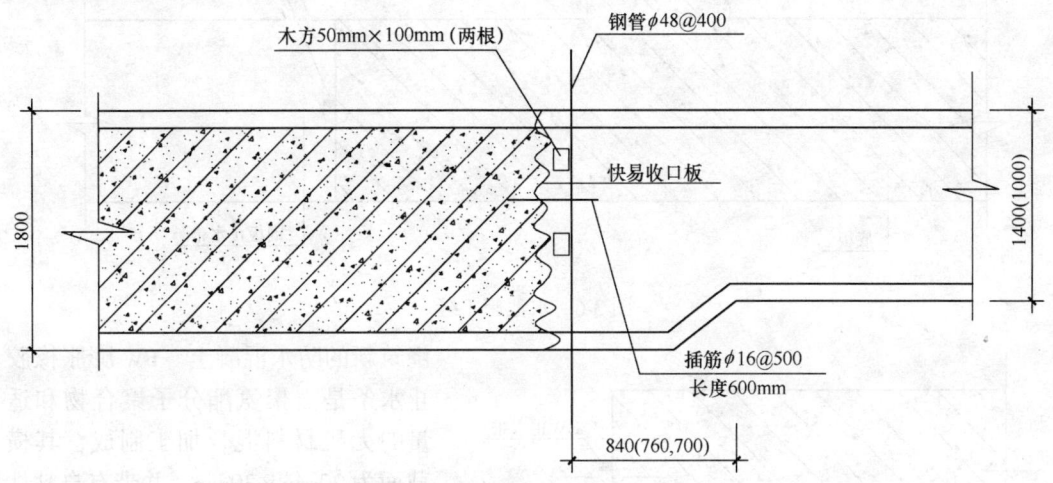

图3-5 施工缝作法

逆作区：在进行逆作区内施工时，其施工缝处应进行人工清理及凿毛，并用清水冲洗。

独立柱、梁板混凝土分二次浇筑：第一次从桩顶浇至 $-8.150m$ 梁底；第二次与先浇独立柱柱头混凝土、后浇 $-8.150m$ 梁板混凝土一起浇筑，施工缝留在板顶面。平衡土中的人防混凝土剪力墙无法施工，只好在混凝土梁与独立柱中预埋连接钢筋，接头错开50%。

水池处施工：

水池第一次施工处及水池施工缝设置：水平缝留设在高出地面500mm处，并设置钢板止水带，加设BW止水带。垂直缝留设在距离柱、墙交接处500mm，设钢板止水带，加BW止水带。如图3-6和图3-7所示。

施工缝预留插筋，接头长度不小于500mm，错开50%。

水池第二次施工：清理施工，把松散混凝土及浮浆凿除并清洗干净。采用$\phi 8@500$钢筋作拉钩来设置支模。水池外壁用止水螺杆对拉，池内隔墙用PVC管作套管，$\phi 12$对拉螺杆支模；混凝土浇捣时，按500mm分层进行浇捣，振捣要求密实。

(8) 逆作法独立柱根部施工缝防水

施工缝处贴两道BW止水条，混凝土中预埋$40mm \times 40mm \times 60mm$小方木块，间距300mm，钉紧BW止水条。如图3-8所示。

柱根用水冲洗干净。待干燥后，将包装BW膨胀橡胶止水条的隔离撕掉；然后直接粘贴在清理干净的施工缝处，压紧粘牢，每隔300mm左右加钉一个钢钉以固定木块，即可

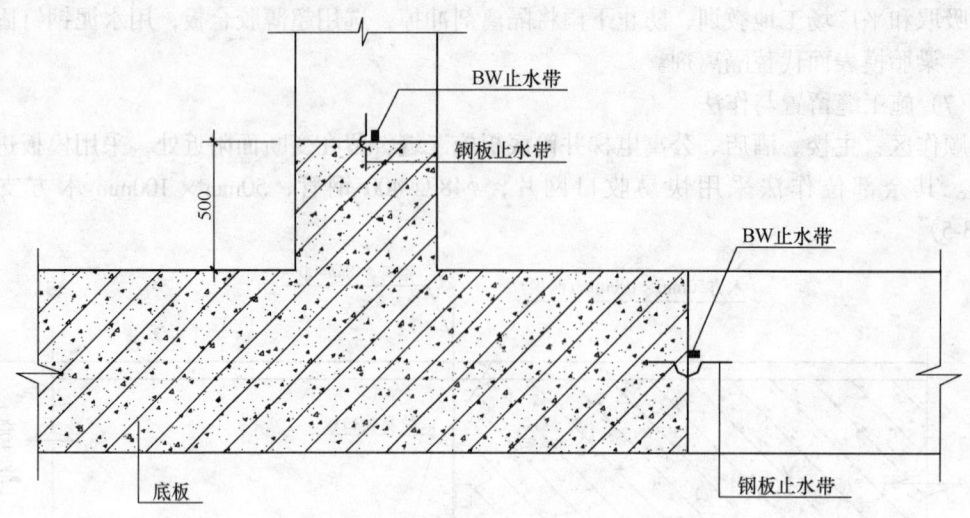

图 3-6 水池施工缝

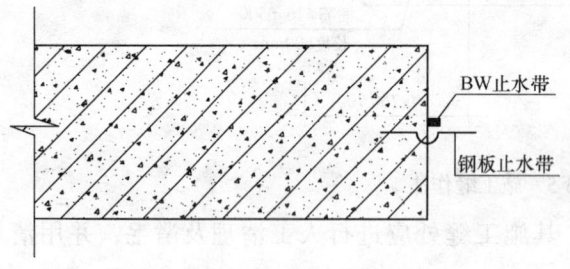

图 3-7 水池壁垂直施工缝

浇筑新的防水混凝土。BW 膨胀橡胶止水条是由聚氨酯分子聚合物和适量的无机材料混合加工制成，其横截面为 20mm×30mm，并带有自粘性的条状固体。该材料在静水中浸泡 15min 左右，其体积可膨胀 50% 以上，能够堵塞 $1.5N/mm^2$ 压力水的渗透。

(9) 顺作区底板混凝土施工

1) 配合比要求

底板板厚有 1800mm、1400mm、1000mm、800mm 不等，属于大体积混凝土浇筑，采用商品混凝土。为了减少水化热，防止产生温差裂缝，采用矿渣硅酸盐水泥，并掺入粉煤灰、减水剂以降低水泥用量，坍落度控制在 14cm。砂石级配良好。混凝土初凝时间延长至 6~8h。建议设计利用 60d 后期强度。

2) 筒体处底板混凝土施工

A. 混凝土浇筑

每处采用两台泵打，分层浇筑电梯井坑混凝土至底板底，再沿长方向退打，混凝土斜层浇筑，分层厚度控制在 30~40cm。加强混凝土振捣，每个浇筑带的前后布置两道振动器，第一道布置在料点，确保上部混凝土的密实；由于底板钢筋较密，第二道布置在混凝土坡脚处，确保下部混凝土的密实。随着混凝土浇筑工作的向前推进，振动器也要相应跟进，以确保整个混凝土结构构件的质量。为避免混凝土收缩及微裂缝，振捣程度以砂浆上浮、不出现气泡为合适。对混凝土振捣中产生的泌水，集中采用抽水机抽出或集中收集人工排除。表面按标高用长刮尺刮平，初凝后终凝前用扫帚扫毛。

B. 测温

采用 JDC-2 便携式建筑电子测温仪进行大体积混凝土内部测温。根据筒体底板的形

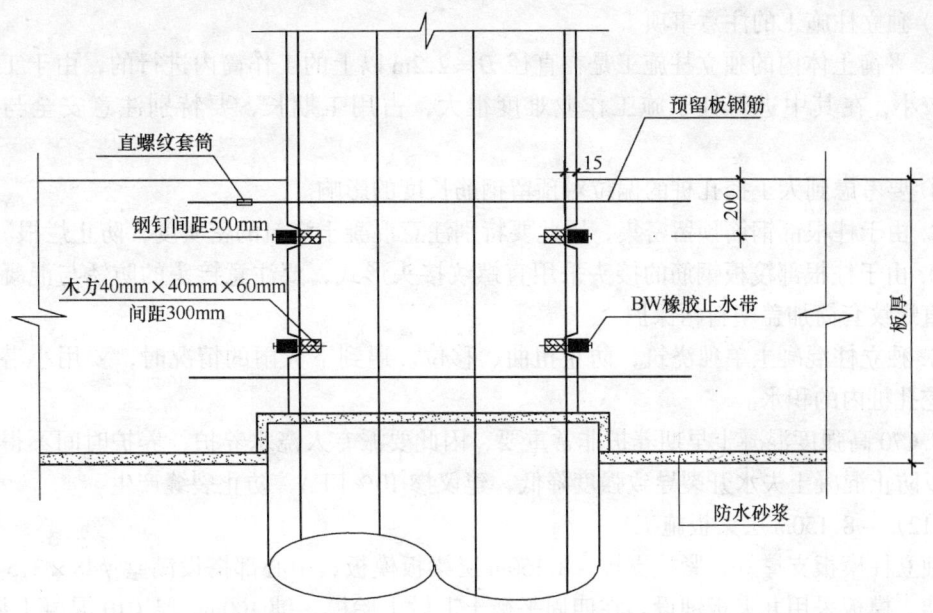

图 3-8 柱根部施工缝防水示意图

式及深度布设测温点,每一测温点处分三个深度进行测温,即一点处预埋不同的测温线,用于底板表面、中、下温度测试。测温线绑在钢筋上,温敏元件不得与钢筋直接接触,插头留在外面并用塑料袋罩好。以后视温度变化情况确定测温次数。测温由专人进行,并做好记录,每点处混凝土内部温度与混凝土外表相比较,如发现温差小于25℃,可停止测温。

C. 柱子与墙、梁板交接处加强带施工

柱子与墙、梁板混凝土交接处混凝土强度等级不同时,用5mm×5mm钢丝网隔开,用φ48钢管作临时支撑,混凝土浇完一面后,浇另一面时也边浇边拔除支撑。先浇高强度等级,后浇低强度等级,其他位置浇捣方法与此相同。

加强带、柱、梁板、墙施工同柱子与墙交接处施工,只是浇捣时按楼板浇捣顺序,至加强带时,再浇加强带混凝土。

(10) 混凝土养护

混凝土浇筑完后及时进行浇水,并盖塑料薄膜保温养护。

(11) C70钢筋混凝土独立柱施工

为保证南北长方向平衡土体的稳定,首先施工⑥~⑧轴间标高为-8.150m的地下室地下一层板及相应区域的独立柱。

独立柱子底板厚度部分混凝土强度等级与相应柱子混凝土强度等级相同。

1) 钢骨柱独立柱混凝土施工方法

桩头清理→测量定位→安装好支座基础节钢骨柱→电焊筏板预埋连接钢筋→浇捣桩顶混凝土→测量放线→安装钢骨柱→柱钢筋绑扎→砌筑柱根部砖胎模→支柱模板→检查验收→浇筑混凝土→养护。

无钢骨柱施工方法基本上相似。

2) 独立柱施工的注意事项

A. 平衡土体内的独立柱施工是在直径 $D=2.2m$ 以上的工作筒内进行的，由于工作筒直径较小，在其中进行柱子施工作业难度很大，占用工期长，要特别注意安全与工程质量。

B. 要考虑到人工挖孔桩的偏位对预留钢筋长度的影响。

C. 由于柱根部钢筋预留密集，因此要特别注意混凝土浇筑的密实度，防止烂根。

D. 由于柱根部筏板钢筋的接头采用直螺纹接头形式，要注意接头的防锈与混凝土污染，直螺纹套筒加盖塑料帽保护。

E. 独立柱混凝土单独浇筑，防止扭曲、移位。遇到下大雨的情况时，要用小潜水泵抽出挖孔桩内的积水。

F. C70高强度混凝土早期养护非常重要，因此要派专人浇水养护，养护时间不得少于7d，以防止混凝土失水开裂导致强度降低，建议掺10%UEA，防止裂缝产生。

(12) $-8.150m$ 层梁板施工

独立柱模板支撑好，紧接支撑 $-8.150m$ 层梁板模板，中心部搭设满堂 $\phi 48\times 3.5$ 钢管脚手架，模板采用九夹板铺设。在四周平衡土上做土胎模，铺100mm厚C10混凝土垫层，其上用1:2.5水泥砂浆粉平；对超出800mm高的梁用MU5砖、M7.5水泥砂浆砌240mm厚砖胎模，低于800mm高的梁用MU5砖、M7.5水泥砂浆砌120mm厚砖胎模。并铺上塑料模或超薄胶合板作隔离层。混凝土采用泵送商品混凝土，先浇筑柱子后浇筑梁板混凝土。从远至近，退后施工，以楼板加强带为分界线，留设施工缝。采用四台输送泵。

劳动力配备：组织三个施工队同时作业，互相竞赛。木工320人，钢筋工280人，混凝土工100人，架子工65人，配合工25人。$-8.150m$ 楼板模板上预插水池、人防墙、剪力墙等连接钢筋，对采用搭接接头的钢筋在同一截面处应错开25%；采用直螺纹接头应错开50%。预留浇筑水池墙、人防墙、剪力墙混凝土的孔洞（用泡沫塑料板预埋），间距1000mm左右。

(13) 分界层

利用 $-8.150m$ 层钢筋混凝土梁板作为周围连续围护结构内支撑，同时也作为上下施工作业分界层，一个综合专业队向下施工，另三个专业施工队向上施工，上下同时施工。

(14) 钢筋连接方法

墙、柱子 $\phi 16$ 及以上竖向钢筋接头采用电渣压力焊；梁、板纵向钢筋 $\phi 22$ 以上（含 $\phi 22$ 钢筋）采用直螺纹连接（图3-9），$\phi 20$ 以下采用对焊和冷接。$-11.750m$ 底板处，柱子根部筏板钢筋连接采用直螺纹。在底板施工时，底板对采用搭接接头的钢筋，其接头错开25%；对于采用直螺纹接头的钢筋，其接头应错开50%。

(15) $-8.150m$、$-11.750m$ 板、梁与混凝土连续墙连接

事先派人将 $-8.150m$ 处的连续墙混凝土凿除150mm深，将原预埋的M25直螺纹连接套筒清理出来，并将钢筋头及其钢筋上的残渣清理，用水冲洗开净（图3-10），将套筒部分钢筋连接好。再绑扎边梁钢筋，边梁与 $-8.150m$ 梁板一起浇混凝土。$-11.750m$ 待平衡土全部挖完后再进行施工。

(16) 250mm厚内衬墙模板支撑方法

先挖掉平衡土，再将连续墙凿毛。为方便 $-8.150m$ 以下混凝土内衬墙浇筑，在梁上

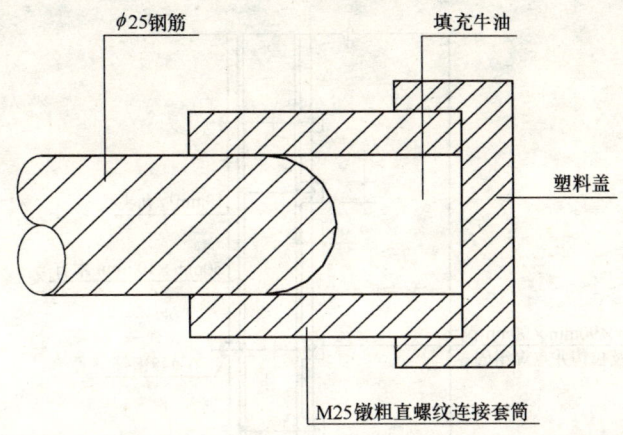

图 3-9 直螺纹预埋连接套筒详图

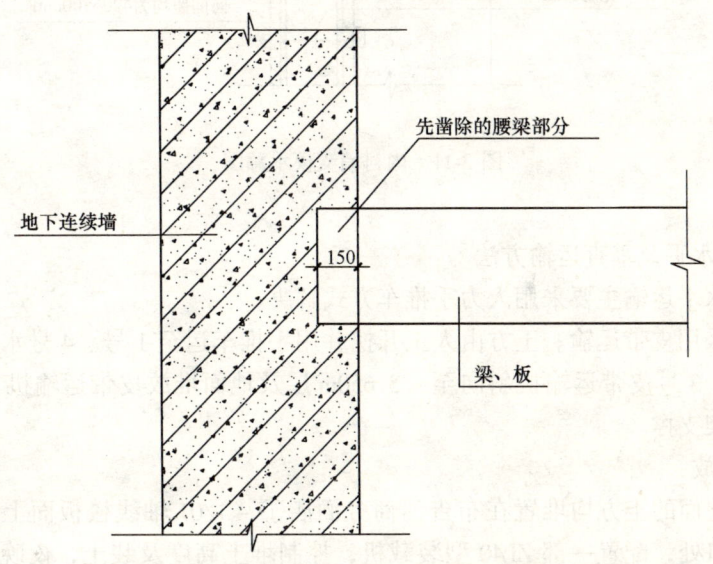

图 3-10 -8.150m 板、梁与地下连续墙连接

预埋 $\phi150@1200$ 钢管,从预留孔中浇 250mm 厚混凝土(模板支撑见图 3-11)。

对丁-3.650m、-4.100m 板、梁以下混凝土内衬墙,为加快施工进度,暂不施工;但必须在-3.650m、-4.100m 板上沿边预留 $\phi150@1200$ 的孔洞,为下次浇筑内衬墙灌入混凝土用。支模方法和-8.150m 板以下内衬墙相同。

1)平衡土体开挖方法

挖土工具采用铁锹、十字镐、风镐(破混凝土护壁)、手推车、竹脚手板等。

2)基坑内抽排水

平衡土开挖过程中,基坑内设置排水沟及集水坑用于基坑地下水及降水的抽排,用潜水泵明排。

3)基坑内道路布置

基坑内土方开挖过程中,存在着一定距离的水平运输,因此基坑内需布置水平运输用道路,道路采用九夹板平铺,并用 $\phi48\times3.5$ 钢管搭设 2m 宽斜坡道倒土,高度比皮带送土

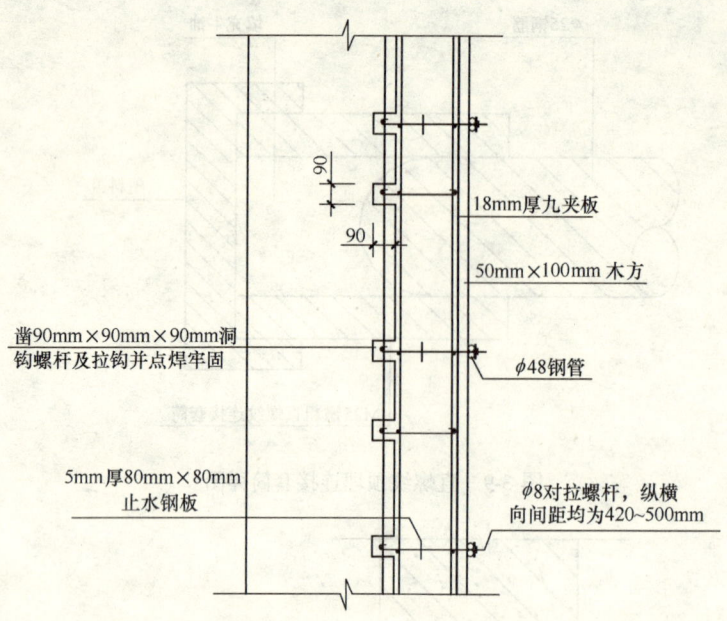

图 3-11 内衬墙支模示意图

机高出 600mm。

4）土体的水平及垂直运输方法

基坑土体水平运输主要采用人力手推车方式解决。

垂直运输采用皮带运输。土方由人工开挖并用手推车运至 1 号、4 号水平皮带运输机上，再由 2 号、3 号皮带运输机斜向至 -3.650m 层及地面堆放皮带运输机。用 $\phi 48 \times 3.5$ 钢管，搭脚手架支撑。

5）土方堆放

所有运出地面的土方均堆置在布吉河商务酒店① -1/01 轴线楼板面上与马路边。靠近围墙大门入口处，配置一部 ZL40 型装载机，控制堆土高度及装土，夜晚 20:00 以后再利用 10t 自卸汽车装土运送至弃土地点。

每班 60~80 人，每人挖土 $3m^3$/班。

6）地下室照明

布置好动力电线、临时照明设施，设计 3 台 3kV·A 行灯低压变压器，1 号、2 号、3 号各为三支路，每支路为 36V15~23 只 60W 白炽灯，灯头全部选用防水灯头，导线选用双套双芯 500V2.5$mm^2$线，灯头与支干线 T 形搭接每隔 5.5m 设一灯头，支干线间距为 6m，凡搭接处均用橡胶绝缘带包缠后，再用黑胶布包缠以防潮和防漏电。

7）地下室通风

在 -8.150m 楼面板预留孔洞处，安装 3 台 4kW 送风机向 -11.750m 送风，以保持地下室空气的流通。

8）安全措施

A. 在地下室土方开挖前，先根据地下室施工平面图，定好临时施工道路、运土机及材料堆放位置，电气线路应合理架设。

B. 各种机电设备的安全装置和起重限位装置，都要齐全有效，并经常检查、定期保养，机电设备应专人专管，操作人员要经过培训，持证上岗。

C. 进入施工现场必须戴安全帽，不能穿拖鞋、高跟鞋等，非工作人员、小孩及家属不得进入施工现场。

D. 施工现场照明用电及灯具高度不得低于3m，开关、灯头及插座等应正确接入火线和零线、地线。

E. 施工现场所有用电设备、配电箱金属外壳，必须与专用保护零线连接，作到一机、一闸、一漏电保护器；配电箱应有门有锁。

F. 机械设备安装要平衡牢固，安装后机械要试运转，并经有关部门和专业人员进行安全检查合格后，方可使用。

G. 机械设备要挂安全操作规程。

H. 操作人员开机前应检查油、电、水、钢丝绳及各安全装置，确认其处于完好状态后方可开机；停机后必须清理设备，作到内外清洁。

I. 机械在运转中，如发现故障，应切断电源停机检查，修理好后方可使用。

J. 下班停机后，应将电源开关拉开，并锁好配电箱。

K. 土方开挖应按照一定坡度，分层开挖，严禁偷岩取土。

L. 在地下负一层（-8.150m）预留孔洞部位，应采取覆盖措施，以防物体坠落。

M. 随时观察地下水位的变化。

N. 随时预防水泥搅拌桩倒塌伤人。

### 3.2 高强高性能混凝土施工

(1) 施工方式

采用商品混凝土泵送施工工艺。在选择商品混凝土厂家时，应注意选用信誉好、质量稳定且有高强混凝土配制经验的厂家。

(2) 泵管布置

在泵管布置上，地面水平管长度约为塔楼高度的1/3，这样能减小逆流压力。竖向泵管穿楼板而过，用钢管固定，在地面泵管各弯头处浇筑尺寸为800mm×800mm×500mmC30素混凝土墩，上预埋短脚手管用于固定泵管，在地面水平管出口处设置一个油压式止回阀。

(3) 混凝土施工安排

施工顺序：先施工柱、墙到梁底，等板筋绑扎好后，墙、柱头高强度等级混凝土先浇筑，然后进行大面积梁板施工。C70、C65混凝土用塔吊吊运，其他泵送。与楼板同强度等级的墙、柱，与楼板一起施工。不同强度等级、不同配合比混凝土之间交界处用钢丝网隔断，如图3-12所示。

1) 裙房以下部分

由于裙房及地下层面积较大，安排四台泵车同时工作，两台泵布置在①轴外侧，另两台泵布置在⑬轴与Ⓐ轴交点处。施工墙柱混凝土时，四台泵车就近服务，施工梁板时，四台泵以办公楼区为起点，分别退后施打，浇筑至加强区时，抽出一台泵打加强区混凝土。其中办公区墙头混凝土用泵打，其他柱头、墙头混凝土分别用吊车吊，墙头、柱头浇筑安

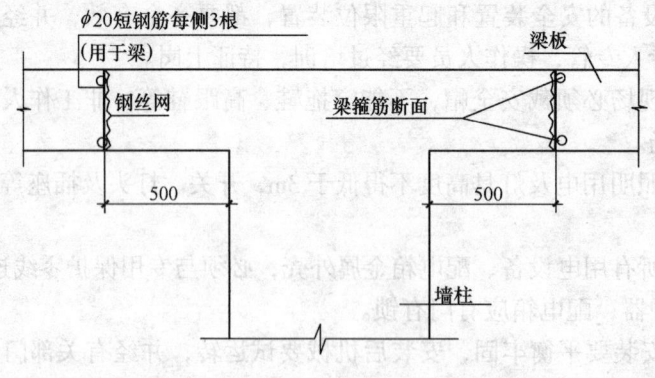

图 3-12 钢丝网布置

排在附近梁板施工之前。

2）塔楼部分

商务酒店、商务公寓梁板混凝土安排两台泵车同时打,以加快混凝土施工进度。当梁板混凝土强度等级与墙、柱强度等级只差一个等级时,墙柱头混凝土与梁板混凝土一起施工;当梁板混凝土强度等级与墙强度等级相同时,可同时浇筑混凝土。

**3.2.1 大体积混凝土施工**

由于地下室采用逆作法施工,地下室底板分两次施工,第一次即开工时筒体处底板的施工,第二次即平衡土体挖出后剩余底板的施工。施工缝处在板中部粘贴橡胶止水条作为防水措施。

(1) 配合比要求

采用低水化热水泥,水灰比不易过大,掺入粉煤灰、减水剂以降低水泥用量,坍落度控制在14cm。砂石级配良好。混凝土初凝时间延长至6~8h。

(2) 筒体处底板混凝土施工

1) 混凝土浇筑

每处采用两台泵打,先浇筑电梯井坑处混凝土至底板底,再沿长方向退打,混凝土斜层浇筑,分层厚度控制在30~40cm。加强混凝土振捣,避免混凝土收缩及微裂缝,振捣程度以砂浆上浮、不出现气泡为合适。对混凝土振捣中所产生的泌水,采用集中收集人工排除。表面按标高用长刮尺刮平,初凝后、终凝前用扫帚扫毛。

2) 测温

采用JDC-2便携式建筑电子测温仪进行大体积混凝土内部测温。根据筒体底板的形状及深度布设测温点,每一测温点处分为三个深度进行测温。即一点处预埋不同温度的测温线,用于底板表面、中、下温度测试。测温线绑在钢筋上,温敏元件不得与钢筋直接接触,插头留在外面并用塑料袋罩好。以后视温度变化情况确定测温次数。测温由专人进行,并做好记录,每点处混凝土内部温度与混凝土外表温度相比较,如发现温差小于25℃时,可停止测温。

3) 混凝土养护

混凝土浇筑完后应及时进行浇水,并盖塑料薄膜保温养护。

(3) 剩余底板混凝土施工

1) 混凝土浇筑

混凝土浇筑前检查施工缝处橡胶止水条是否粘贴牢固。混凝土浇筑方向从办公楼区为起点，退后施工。浇筑方法同筒体处底板混凝土施工。混凝土连续施工，尽量不留施工缝；如留施工缝，应留直缝或企口缝，粘贴止水条。

2) 混凝土养护

混凝土浇筑后，终凝时就可浇水养护。另外注意室内通风，以利于室内热量的排出，避免室内温度过高。

### 3.2.2 高强混凝土施工

(1) 本工程高强混凝土的应用部位

1) 办公楼混凝土设计强度（表3-1）

办公楼各结构构件设计强度　　　　　表3-1

| 楼层 \ 构件 | 柱 | 墙 | 梁板 | 楼层 \ 构件 | 柱 | 墙 | 梁板 |
| --- | --- | --- | --- | --- | --- | --- | --- |
| 地下二层~十二层 | C70 | C50 | C35 | 二十八层~三十四层 | C45 | C30 | C30 |
| 十三层~二十一层 | C65 | C45 | C35 | 三十四层以上 | C35 | C30 | C25 |
| 二十二层~二十七层 | C55 | C40 | C30 | | | | |

2) 酒店和公寓混凝土设计强度（表3-2）

酒店和公寓各结构构件设计强度　　　　　表3-2

| 楼层 \ 构件 | 柱 | 墙 | 梁板 | 楼层 \ 构件 | 柱 | 墙 | 梁板 |
| --- | --- | --- | --- | --- | --- | --- | --- |
| 地下二层~四层 | C70 | C50 | C35 | 十四层~十九层 | C30 | C35 | C30 |
| 转换层（五层及顶板） | C50 | C45 | C45 | 十九层以上 | C25 | C25 | C25 |
| 六层~十三层 | C30 | C40 | C30 | | | | |

3) 高强混凝土应用数量（表3-3）

各强度等级高强混凝土用量　　　　　表3-3

| 混凝土强度等级 | C70 | C65 | C55 | C50 |
| --- | --- | --- | --- | --- |
| 应用数量（m³） | 5334 | 500 | 588 | 8700 |

(2) 原材料的选配

由于本工程采用的是商品混凝土，在具体的配制阶段需联合商品混凝土站进行，因此本方案仅阐述配制高强混凝土原材料的一般原则性的事项。

1) 水泥

配制高强混凝土用的水泥，主要因素是水泥中 $C_3A$ 的含量及形态。$C_3A$ 含量应低，其含量小于8%。水泥中游离氧化钙、镁等成分应越少越好。水泥中 $SO_3$ 含量要与熟料中的碱含量相匹配，$SO_3$ 含量的变动应保持在最佳值的±0.2%之内。但细度则适中即可，因为细度高（比表面积大）的水泥，水化热高且集中，早期强度高而后期强度提高很少，所以一般不要求水泥磨得过细。

2) 骨料

高强混凝土所采用的粗骨料的性能对高强混凝土的抗压强度及弹性模量起到决定性的制约作用，如果骨料强度不足，其他提高混凝土强度的手段都将起不到任何作用。由于混凝土强度等级为C70，所以对商品混凝土粗骨料的性能要仔细检验。

用于高强混凝土的粗骨料宜选用坚硬密实的石灰岩或辉绿岩、花岗石、正长岩、辉长岩等深成火成岩碎石。在检验粗骨料时，必须对粗骨料的吸水率进行检验。采用的粗骨料的吸水率愈低，质量密度愈高，配制的混凝土强度就愈高。

粗骨料的最大粒径与混凝土构件的尺寸、钢筋间距以及泵送条件等多种因素有关。但是对于级配良好的粗骨料来说，最大粒径愈大，所有粗骨料堆积后的空隙体积愈小，因而能够节约水泥浆，对于强度、变形都有利，并且拌料的工作度也较好。但是粗骨料的颗粒愈大，颗粒本身的强度愈低，混凝土的抗渗性能也差。由此根据经验，配制C70~C80混凝土时，应选用粒径小于20mm的碎石。

相对于粗骨料来说，细骨料对高强混凝土的影响稍少些，但也不容忽视。高强混凝土要用洁净的、颗粒接近圆形的天然中粗河砂，细度模数在2.6~3.2为好。除细度模数选择大的以外，砂的级配应当好，大于5mm和小于0.315mm的数量宜少；否则级配较差，使得成型的混凝土强度偏低。最好0.6mm累计筛余大于70%，0.315mm累计筛余达到90%，而0.15mm累计筛余达98%。此外，天然砂较人工砂需水量小，对硬化后期混凝土强度的增长有利。

3) 水

高强、高性能混凝土制备用水应符合《混凝土用水标准》(JGJ 63—2006) 要求。

4) 外加剂

高强、高性能预拌泵送混凝土强度等级高，因此，要求混凝土有较低的水胶比（约<0.3）；同时，具有较大的流动性，保持良好的泵送性能。这种混凝土是一种低水胶比、混凝土坍落度大、经时损失小的大流动性混凝土，所以，必须掺用高效外加剂（改性的减水剂）来满足这两方面的需要。

目前国内外的外加剂品牌繁多，选用何种高效外加剂来配制高强、高性能混凝土，主要应考虑减水率和与所选用水泥的相容性，这样才能发挥其减水功能，获得满意的使用效果。

在高强、高性能预拌泵送混凝土中所用外加剂的减水率应≥25%，这样才能生产出低水胶比的混凝土，同时还应考虑与所选用水泥的相容性，保证一定的坍落度和较小的经时损失。

5) 掺合料

掺合料是具有比表面积较大的磨细矿物微粉，它是高性能混凝土的重要组成材料之一，正是由于掺用了磨细矿物微粉，才改善了常规普通混凝土的各项性能，得以配制高强、高性能混凝土，提高混凝土整体密实度，加强混凝土界面结合，促使混凝土强度和耐久性的提高，起到其他材料不可替代的作用。

常用的掺合料有以下几种：

A. 硅灰：硅灰是冶炼硅铁和硅工业产出的废尘，含有85%以上的直径为0.1~0.2$\mu m$的$SiO_2$球形粒子，比表面积高达18000$m^2$/kg以上，掺用后对混凝土性能改善和增强效果明显，但其价格昂贵，使用时飞扬失散较严重，因此其使用受到经济上的制约。

B. 粉煤灰：粉煤灰是由电厂排出的废料，Ⅰ级粉煤灰可作为高强、高性能混凝土掺合料。但目前本工程所在省——广东省直接排出的粉煤灰基本上为Ⅱ级灰，粒径偏粗，烧失量较大，因此在作为掺合料时应进行磨细才能使用。

C. 沸石粉：磨细沸石粉是一种有效的掺合料，这是因为沸石本身具有巨大的内表面积。但沸石粉需水量较大，因此，不宜单独使用。当与磨细矿粉等复合掺用时，可使混凝土各龄期强度提高；但掺量过大时又会使混凝土强度及坍落度有所下降，因此当复合使用时沸石粉掺量宜控制在 5% ~ 10%。

D. 磨细矿渣粉：磨细矿渣粉是由炼铁时排出的水淬矿渣经一定的粉磨工艺制成，具有一定细度和颗粒级配的微粉。它具有一定的活性，可变废为宝，物尽其用，又符合环保和可持续发展的政策，是一种值得推荐使用的高强、高性能混凝土用掺合料。掺合料的细度（比表面积）大小直接影响掺合料的增强效果，原则上讲，磨细矿渣粉的细度越大则效果越好，但要求过细则粉磨困难，成本也将大幅度提高。综合考虑磨细矿渣粉的细度（比表面积）以 400 ~ 600 $m^2/kg$ 为佳。

(3) 高强混凝土施工

1) 施工机具

A. 由于高强混凝土水灰比小，易粘结，要求搅拌均匀、充分，且根据城市交通情况，选择车流量少的时间段进行施工。

B. 考虑到高强混凝土不易于泵送的特点，本工程浇筑混凝土使用塔吊作为运送设备。

C. 为保证高强混凝土浇灌的连续性，在混凝土浇灌前，必须对运送设备进行仔细检查，保证机械的运行情况良好。

2) 高强混凝土的运输和振捣

A. 高强混凝土的设计坍落度宜为 180 ~ 200mm。

混凝土搅拌完毕后，为减少坍落度损失，应尽快运输至浇筑地，保持混凝土浇灌的连续性。

B. 振动器采用插入式高频振动器，每次浇筑厚度为 500mm，振动器插入下层混凝土 50mm，以防止分层，振捣应密实、均匀。

3) 高强混凝土的养护

A. 由于高强混凝土水灰比比较小，故早期强度增长较快，通常 3d 强度即达到设计强度 60%，7d 强度达到 80%，因而混凝土早期养护特别重要。

B. 混凝土浇筑完成终凝后，必须立即进行浇水养护；待 2d 柱模拆除后，立即采用薄膜包裹柱子进行养护。高强混凝土养护时间不得少于 14d，且要保持混凝土表面湿润，防止因脱水影响混凝土强度增长。

4) C70 柱头节点施工

为保证梁、柱节点核芯区混凝土质量，施工时利用高强度混凝土的低滚动性，先浇节点核芯区 C70 混凝土，伸入梁板内 500mm，然后再浇筑梁板的低强度等级混凝土。在不同强度等级混凝土交接处可利用双层钢丝网支挡，柱子、梁板混凝土要循环浇，以使不同强度等级混凝土之间不留施工缝。

3.2.3 补偿收缩混凝土施工

混凝土中掺加膨胀剂后，利用约束下的膨胀变形来补偿其收缩变形，抵消钢筋混凝土结构在收缩过程中产生的全部或大部分的拉应力，使结构不裂或把裂缝控制在无害裂缝范围内，这是一种防止和减少混凝土开裂的有效方法。

本工程中补偿收缩混凝土的应用部位：地下二层至五层裙房屋面楼板采用无缝设计技术（即无后浇带），楼板加强带混凝土施工采用掺 UEA 补偿收缩混凝土浇筑。本工程补偿收缩混凝土的分布如图 3-13 所示。

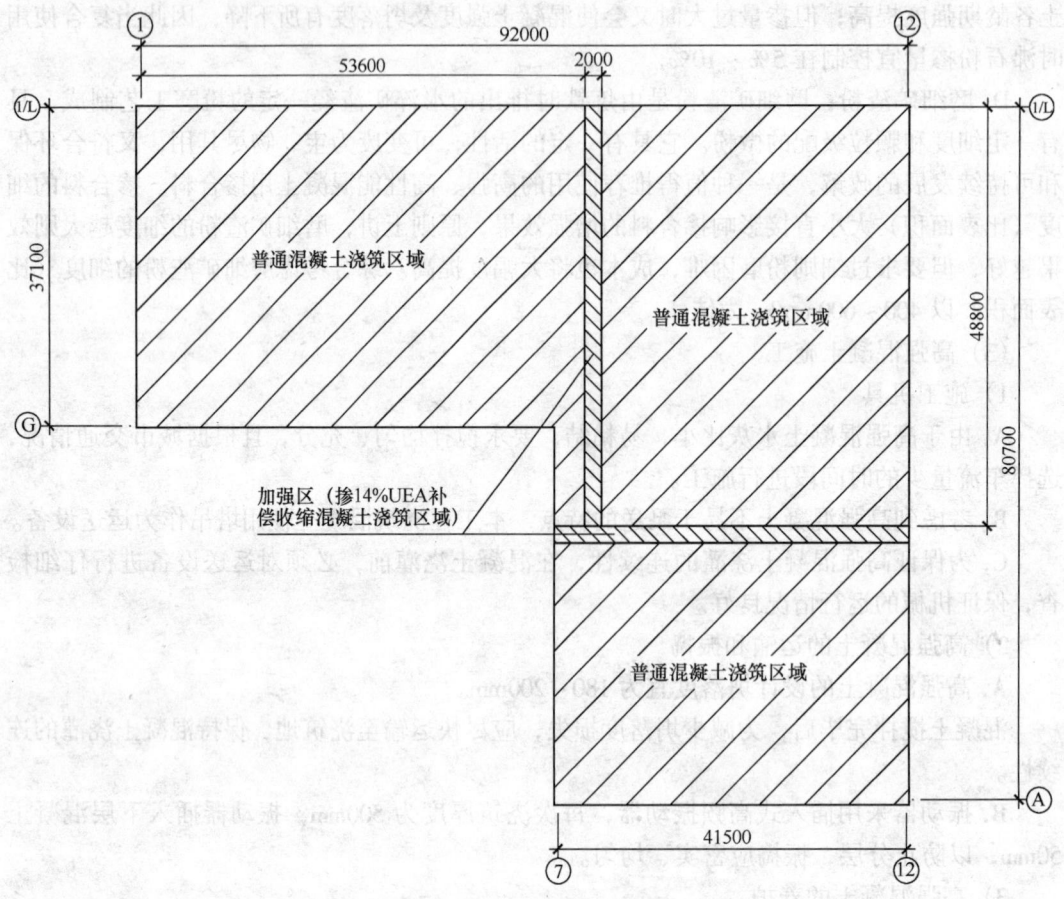

图 3-13 补偿收缩混凝土分布图

（1）配合比要求

根据建筑物的收缩应力曲线，在收缩大的部位设置膨胀加强带，以较高掺量的膨胀剂或较大用量的膨胀水泥配制成大膨胀的混凝土，膨胀混凝土的水泥及膨胀剂用量按内掺法计算。最小水泥用量不小于 $300 kg/m^3$，UEA 膨胀剂掺入量为水泥重量的 14%，其限制膨胀率控制在 $(4 \sim 6) \times 10^{-4}$。其他部位用较小掺量的膨胀剂或较小用量的膨胀水泥配制成小膨胀混凝土（补偿收缩混凝土，其限制膨胀率控制在 $2 \times 10^{-4} \sim 4 \times 10^{-4}$）。

（2）膨胀加强带作法

膨胀加强带混凝土强度等级比同层梁板高出一个等级，同时掺入 14% UEA 膨胀剂。为了尽量不使不同强度等级混凝土混合，在加强带的两侧设置 $\phi 5$ 钢丝网。加强带在原有配筋的基础上，加设双层双向 $\phi 8 @ 100$ 钢筋网，如图 3-14 所示。

（3）膨胀加强带的混凝土浇筑

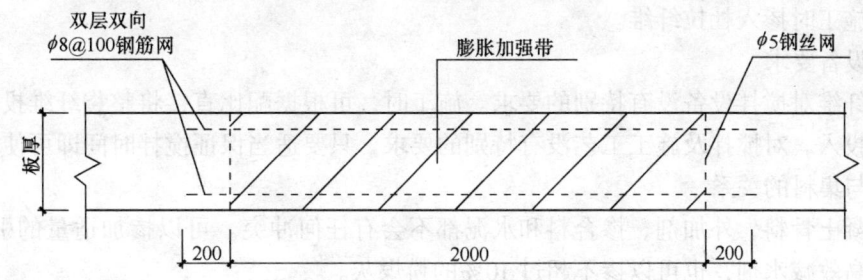

图 3-14 膨胀加强带结构示意图

膨胀加强带的混凝土与同层梁板一次性连续浇筑，不留施工缝。在浇筑次序上，按正常梁板混凝土浇筑，从一端向另一端推进，只是在推进到加强带部位时，改换 UEA 混凝土浇筑。

（4）混凝土凝结时间

混凝土的凝结时间太短，水泥的水化反应较快，混凝土的早期收缩现象较大，混凝土的凝结时间太长，膨胀剂的膨胀能大都分消耗在塑性阶段。根据本工程楼板的厚度，掺膨胀剂的混凝土的凝结时间宜控制在 10h 的范围内。

（5）补偿收缩混凝土的施工及养护方法

在施工过程中，应严格控制混凝土的原材料质量和用量，严格按混凝土的配合比拌制混凝土。混凝土的坍落度要控制好，泵送混凝土的入模坍落度不宜超过 200mm。为防止或减少混凝土表面的龟裂现象，必须重视混凝土表面的二次抹压工作。抹压的次数和时间要掌握好，可有效地减少混凝土表面的龟裂现象。

补偿收缩混凝土的养护工作很重要。如果养护不好，补偿收缩混凝土与普通混凝土一样，也会产生裂缝。水平混凝土构件采用洒水、覆盖的养护方法，但墙体洒水养护不好做，也不好覆盖。为此，可采用延长模板的留置时间、在水平施工缝上浇水的养护方法进行混凝土的养护工作，模板的留置时间一般要求不得低于 7d。采用这种养护方式，既能减少混凝土本身的水分的散失速度，又保证了墙体混凝土在早期处于一个相对较稳定的温度、湿度环境，避免了风速、太阳暴晒等引起混凝土急剧干缩的因素的影响，有效地控制长墙结构混凝土易产生竖向裂缝的现象。

（6）其他注意事项

1）为了保证补偿收缩作用的发挥，每立方米混凝土中水泥用量不应小于 300kg。

2）在开孔、角隅和墙柱连接处等易出现裂缝的部位，周边应加密结构钢筋。

3）砂率控制在 35%～40%。

### 3.2.4 杜拉纤维混凝土施工

本工程中屋面游泳池及转换层梁、板采用内掺杜拉纤维混凝土施工。

屋面游泳池：裙房五层屋面部位设有一个屋面游泳池，其游泳池底下为商场大堂上空，因此，对游泳池结构本身的防水性能提出很高要求，游泳池混凝土为 C35P8。

转换层梁、板：商务酒店及公寓设有转换层（六层），其梁宽在 0.9～1.2m 之间，梁高在 2.1～2.4m 之间；转换梁内受力主筋都是大直径钢筋（如 $\phi40$、$\phi36$、$\phi32$ 等），箍筋间距密，且混凝土设计的强度等级高（采用的是 C50 混凝土）。为保证转换层混凝土浇筑质量，在施工时掺入杜拉纤维。

(1) 设备要求

杜拉纤维对搅拌设备没有特别的要求。施工时，可根据配比直接将整袋纤维投入搅拌机或分次投入。对搅拌及施工工艺没有特别的要求，只要适当保证搅拌时间即可使用。

(2) 与集料的关系

同混凝土骨料、外加剂、掺合料和水泥都不会有任何冲突。可以掺加适量的引气剂、减水剂或高效减水剂，也可以掺不超过10%的粉煤灰。

(3) 掺量

杜拉纤维掺量为 $0.7 kg/m^3$。

(4) 使用步骤

1) 根据设计掺量及每次搅拌的混凝土方量，准确称量纤维。

2) 砂石料备好后，将纤维加入。

3) 将骨料连同纤维一起加入搅拌机，加水搅拌。

4) 搅拌完成后随机取样，如纤维已均匀分散成单丝，则混凝土可投入使用；如果仍有成束纤维则延长搅拌时间30s，即可使用。

5) 加入纤维的混凝土与普通混凝土施工及养护工艺相同。

(5) 注意事项

1) 加入纤维，混凝土原配比不变。

2) 加入纤维后，混凝土黏聚性增强，坍落程度有很小的损失，但不会对工作性有不利影响。如确需提高坍落度，绝不可加大用水量，只能稍增大减水剂用量。一般不必顾虑纤维对混凝土工作性的影响。

3) 加入纤维，仍应严格按照国家有关规程施工及养护，不可懈怠。

4) 皮肤过敏者，应尽量避免皮肤直接接触。皮肤如发生轻微不适，请用水冲洗。

5) 不要让纤维进入眼睛。施工时不宜从高空抛撒，以避免对眼睛的刺激。一旦不小心进入眼睛，千万不要揉眼，而应翻开眼睑用大量清水冲洗；如仍有不适，应请医生处理。

6) 本品无毒，相对密度约0.90左右，熔点170℃左右，燃点达580℃之高，因此使用时安全性要求高。

### 3.3 劲性钢骨结构施工

#### 3.3.1 钢结构概况

本工程钢结构作为主框架体系，自地下室基础直至裙楼顶部采用劲性钢柱作为主承重构件，劲性钢梁作为重要承重构件，均采用 Q345B～E 钢材。劲性柱 KZ5-1、2用于办公楼，共计16根；KZ3-3用于商务酒店，共计3根。劲性柱尺寸有如下几种：（腹板宽×翼缘板宽×腹板厚×翼缘板厚）900mm×240mm×30mm×35mm、900mm×240mm×20mm×25mm、600mm×240mm×16mm×30mm。

工字钢梁尺寸如下：（腹板宽×翼缘板宽×腹板厚×翼缘板厚）1100mm×300mm×18mm×30mm、900mm×240mm×18mm×30mm、80mm×240mm×18mm×30mm。

钢梁、钢柱连接采用焊接及高强螺栓两种连接形式，焊接采用全熔透一级焊缝；高强螺栓连接采用 M20 的8.8级高强度螺栓。

劲性钢柱与钢筋连接采用加设连接板、加劲肋和穿孔的连接方式，孔径尺寸根据要求由工厂预制完成。

本工程对焊接要求较高，制作及安装焊缝均为一级，采用100%超声波探伤。部分位置采用栓钉焊，栓钉分为$\phi 19\times 100$和$\phi 19\times 90$两种。

### 3.3.2 施工部署

（1）钢结构制作

本工程由我单位金属结构厂来承担制作任务，委派有多年钢结构制作经验的高级工程师进行施工图纸的深层次转换设计，绘制单件制作加工图。将由接受过美国巴特勒公司、杜邦聚酯有限公司QA、QC部培训的质量工程师进行质量把关，严格按照ISO9001的质保体系进行质量监控。

（2）钢结构安装

根据工程结构特点及形式，为确保工程质量及工期进度，我单位将选派专业安装人员组成钢结构施工组。在安装过程中，为减少现场焊缝质量受工人操作技术影响，选用国内领先技术的$CO_2$自焊机，由电脑设定参数进行操作，确保安装质量。

（3）现场准备要求

1）塔吊性能：为确保质量及施工进度，尽量减少现场组装焊缝。将根据现场配置塔吊的起重性能进行劲性钢柱的分节制作，一般以施工楼层的1~2层为一标准节。在劲性钢柱、梁吊装工作过程中，应确保塔吊的优先使用，以便于工程的顺利实施。

2）施工用电：现场施工用电，根据施工进度将一次电源配电箱接至各楼层用电部位。

3）测量：钢结构工程施工中，为了确保工程质量，测量工作统一调配管理。

4）施工场地：根据工程情况，由甲方提供现场装卸及吊装场地。

### 3.3.3 钢结构安装机械设备配置（表3-4）

主要安装机具设备配置一览表　　　　　　　　　　　表3-4

| 序号 | 设备名称 | 型号 | 能力 | 单位 | 数量 | 用途 |
| --- | --- | --- | --- | --- | --- | --- |
| 1 | 载重拖车 | 日野 | 15t | 台 | 2 | 构件运输 |
| 2 | 客货车 | 五十铃 | 1.5t | 台 | 1 | 辅材运输 |
| 3 | 直流焊机 | AX7-500 | 500A | 台 | 8 | 焊接 |
| 4 | $CO_2$焊机 | TM-505 | 500A | 台 | 2 | 焊接 |
| 5 | 烘干箱 | ZRJ150 | 2kW | 台 | 1 | 焊条焊剂烘干 |
| 6 | 空压机 | 4L-2018 |  | 台 | 1 | 碳弧气刨 |
| 7 | 自制龙门吊 | 10t |  | 台 | 2 | 构件吊装 |
| 8 | 超声波探伤仪 | CTS-26 |  | 台 | 1 | 钢构件探伤 |
| 9 | 千斤顶 |  |  | 台 | 8 | 校正 |
| 10 | 专用校正架 |  |  | 台 | 4 | 柱梁校正 |
| 11 | 缆风绳、拉紧器 |  |  | 台 | 84 | 临时拉固 |
| 12 | 专用吊索具 |  |  | 台 | 3 | 吊装用 |
| 13 | 力矩扳手 |  |  | 台 | 1 | 安装高强螺栓 |
| 14 | 手提砂轮机 |  |  | 台 | 2 | 打磨 |
| 15 | 角磨机 |  |  | 台 | 4 | 打磨 |

### 3.3.4 钢结构施工劳动力组织（表3-5）

**安装主要劳动力配置一览表** 表3-5

| 序号 | 工种名称 | 人数 | 序号 | 工种名称 | 人数 |
|---|---|---|---|---|---|
| 1 | 起重指挥 | 3 | 6 | 铆工 | 10 |
| 2 | 探伤工 | 2 | 7 | 电焊工 | 14 |
| 3 | 气刨工 | 1 | 8 | 电工 | 2 |
| 4 | 汽车司机 | 4 | 9 | 修理工 | 2 |
| 5 | 其他人员 | 10 | | 共计48人 | |

### 3.3.5 主要施工方案及技术措施

（1）钢结构制作

1）总则

A. 本工程结构主要构件种类分为：十字型（双H）劲性钢柱和焊接H型劲性钢梁。

B. 本工程钢结构部分的制作，将全部在场外金属结构加工厂进行。

C. 钢结构在加工过程中，除遵循本工艺的要求外，同时应满足施工图纸和国家有关规范、标准的要求。

D. 所有的计量工具应经过二级以上的计量单位检验合格，工厂用尺与现场安装用尺应核对一致。

E. 钢结构加工前，适用本工程各种构件的安装设施、机具设备、场地布置、人员安排等应均已准备完毕。

2）采用的相关规范、标准

《钢结构工程施工质量验收规范》（GB 50205—2001）

《建筑钢结构焊接技术规程》（JGJ 81—2002）

《钢焊缝手工超声波探伤方法和探伤结果分级》（GB 11345—89）

《高层民用建筑钢结构技术规程》（JGJ 99—98）

3）材料

A. 本工程结构材料全部采用 Q345B～E 低合金结构钢，材料质量应符合国家标准《低合金高强度结构钢》（GB 1591—94）的规定。

B. 焊接材料：手工电焊条采用 E50 系列；自动埋弧焊丝采用 H08MnA，焊剂采用 HJ431；$CO_2$ 气体纯度不得低于 99.5%。焊接材料的性能应分别符合国家标准《碳钢焊条》（GB/T 5117—1995）、《低合金钢焊条》（GB/T 5118—1995）、《焊接用丝》（GB 1300—77）的规定。栓钉应符合《圆柱头焊钉》（GB/T 10433—2002）的规定。

C. 主材 Q345B 低合金结构钢，将由国内大型钢铁集团公司供应。所有的焊接材料将采用国产优质品牌产品。

D. 材料的采购、保管、检验、出库均采用我局通过的 ISO9001 认证的质量手册中的规定。

E. 所有材料应附有质量合格证明；当合格证为复印件时，应注明原件的存放地点及复印者签名。

F. 所有的主结构材料在使用前，均先检验其化学成分和机械性能。材料试件的取样方式、数量和试验程序应严格按照国家相关的规定执行。

4) 劲性柱、劲性梁的制作即双 H 型钢的组装焊接；劲性梁采用焊接 H 型钢。劲性梁牛腿部分翼缘板布置 $\phi 19 \times 90$ 栓钉；劲性柱柱脚部分、变截面位置均布置 $\phi 19 \times 100$ 栓钉。

A. 本工程的劲性柱采用十字形。

B. 劲性柱制作工艺：放样→腹板、翼板下料→腹板钻孔→节点板、柱脚板下料→H 型组装、焊接→T 型组装、焊接→H 型与 T 型组装、焊接→连接板、加劲肋组装焊接校正、探伤→验收。

C. 焊接 H 型钢腹板与翼板的下料采用门式切割机自动切割。钢板长度方向预留 25mm 的焊缝收缩余量和机加工余量。

D. 焊接 H 型钢梁上下翼板在跨中 1/3 长度范围内不得拼接。上下翼板、腹板拼接焊缝为全熔透焊缝，一级 100% 超声波检验。

E. 为防止翼板焊接下垂变形，工字钢梁翼板在拼装前应先作反变形。反变形值应根据《建筑钢结构焊接规程》(JGJ 81—2002) 附表 5.1 来确定。

F. 焊接 H 型钢和 T 型钢在装配胎模内进行装配。装配注意事项如下：①腹板要对正翼板中心；②腹板要垂直翼板；③腹板和翼板的装配间隙应符合规范要求。

G. 装配尺寸和位置公差检测合格后进行定位焊。定位焊点高度不得超过每道焊缝尺寸的 2/3，正反面点焊位置要错开。

H. H 型钢和 T 型钢的焊接应在焊接平台上进行，焊接前应清除焊接区域内的锈迹、污渣等杂物。

I. 双 H 型劲性柱的拼装顺序为：H 型钢拼装焊接校正→两个 H 型结构拼装及焊接校正→H 型与 T 型组装焊接。

J. 焊接采用 $CO_2$ 气体保护焊打底，自动埋弧焊进行层间焊和封面焊。在焊缝的两端，按规范设置引弧板，长度不小于 150mm。

K. 为减小构件的焊接变形，工字钢梁可采用分层施焊的工艺，分层层数视板厚而定。

L. 严格按照焊接工艺规定的工艺参数施焊。

M. 焊接完毕后，需用火焰切除构件上的引弧板和其他临时固定卡具，并修磨平整。

N. 对有强度要求的全熔透焊接，按一级焊缝的标准进行 100% 超声波探伤。

(2) 栓钉焊接

1) 栓钉的标准形式：略。

2) 焊接瓷环：焊接瓷环是栓钉一次性辅助材料，其作用使熔化的金属成型且不外溢，起到铸模的作用；熔化的金属与空气隔绝防止氧化，集中电弧的热量并能使焊肉缓冷；同时，释放焊接中的有害气体，屏蔽电弧光与飞溅物，充当临时支架。

3) 栓钉焊机：工程栓钉焊机采用北京宏岩机电设备厂生产的 RZN - 2500 型螺栓焊机，最大焊接电流 2500A。

4) 焊接人员：该焊机操作人员，必须参加焊接参数试验，试件焊接或经过专门的技术培训。经弯曲试验合格后的焊工，方可上岗作业。

5) 焊接：在栓件的栓钉位置上放出定位线，选择适宜的焊接工艺参数施焊。

6) 检验

A. 外观检验：检查焊钉根部有无不熔合的缺陷。

B. 弯曲检查：用手锤敲打栓钉头部，形成30°角的偏移，检查根部焊缝有无裂纹。

C. 不合格栓钉的处理：外观不合格的栓钉，打磨后用手工电弧焊补焊；弯曲检查有严重裂纹的，应打掉重新焊接。

(3) 钢结构运输

1) 根据施工现场进度，编制构件进场计划，包括日期、规格、数量等。

2) 由于工程地点位于市区，运输车辆白天无法进市，构件运输、卸车只能在夜间进行。

3) 构件的场外运输：根据现场配置塔吊的起重能力，钢梁最大长度16.5m。构件运输采用20~30t、12.5m半挂拖车即可满足。

4) 构件场内的二次倒运：受塔吊起重能力的影响，劲性钢柱、梁部分位置不能一次吊装到位，需进行场内的二次倒运。运输工具采用轨道车，轨道车轨道由铁路专用钢轨铺设而成，行走小车采用动力牵引。

(4) 型钢劲性柱和劲性梁的安装

1) 考虑吊装设备能力，劲性钢柱分节情况如下所述。

A. 钢柱编号（详见施工图纸9828-01JGS05—042a）：

a. KZ5-1-①，⑫/K轴；KZ5-1-②，⑫/F轴；

KZ5-1-③，⑧/F轴；KZ5-1-④，⑧/K轴。

b. KZ5-2-①，⑫/J轴；KZ5-2-②，⑫/H轴；

KZ5-2-③，⑫/G轴；KZ5-1-④，⑪/F轴；

KZ5-2-⑤，⑩/F轴；KZ5-1-③，⑨/F轴；KZ5-2-⑦，⑧/G轴；KZ5-1-③，③/11轴；

KZ5-2-⑨，⑧/J轴；KZ5-1-⑩，⑨/K轴；KZ5-2-⑪，⑩/K轴；KZ5-1-⑫，⑪/K轴。

c. KZ3-3-①，⑥/K轴；KZ3-3-②，⑨/D轴；

KZ3-3-③，⑥/H轴。

B. 钢柱分节长度（顺序自下而上，括号内尺寸为出楼层地面高度）

a. KZ5-1、2系列劲性柱总高度为37.445m；DZ4-3系列劲性柱总高度为29.025m；KZ3-3系列劲性柱总高度28.925m。

b. KZ5-1-①②、KZ5-2-①②③④⑤⑪分节长度为：2.8m(1.1m)-3.8m(1.2m)-4.5m(1.2m)-3.6m(1.2m)-4.5m(1.2m)-4.2m(1.2m)-4.2m(1.2m)-5.02m(1.2m)-4.825m。

c. KZ5-2-⑩分节长度为：2.8m(1.0m)-3.8m(1.2m)-4.1m(0.8m)-4.0m(1.2m)-4.1m(0.8m)-4.1m(0.7m)-4.2m(0.7m)-5.32m(1.0m)-5.025m。

d. KZ5-1-④、KZ5-2-⑥⑦⑧⑨分节长度为：2.8m(1.0m)-3.1m(0.5m)-3.0m(3.5m)-3.0m(2.0m)-3.0m(1.4m)-3.0m(4.4m)-3.0m(2.9m)-3.0m(1.7m)-3.0m(0.5m)-3.5m(4.0m)-3.52m(2.5m)-3.525m。

e. KZ5-1-③分节长度为：2.4m(0.6m)-2.7m(3.3m)-2.7m(2.4m)-2.7m(2.6m)-2.7m(3.3m)-2.7m(2.4m)-2.7m(0.6m)-2.7m(3.3m)-2.7m(1.8m)-2.8m(0.4m)

−3.5m(3.9m)−3.52m(2.4m)−3.625m。

f.DZ4−3−①②分节长度为：2.7m(1.0m)−3.8m(1.2m)−4.5m(1.2m)−3.6m(1.2m)−4.5m(1.2m)−4.2m(1.2m)−5.725m。

g.KZ3−3−①②分节长度为：2.3m(1.0m)−3.4m(0.8m)−3.4m(4.2m)−3.4m(3.1m)−3.4m(2.9m)−3.4m(1.8m)−3.4m(1.0m)−2.8m(3.8m)−3.425m。

h.KZ3−3−③分节长度为：2.3m(1.0m)−3.8m(1.2m)−4.3m(1.0m)−3.8m(1.2m)−4.3m(1.0m)−4.2m(1.0m)−6.225m。

2) 现场安装施工方案简介

考虑塔吊的起重性能、现场的施工条件等诸多因素，地下室钢柱安装采用塔吊作为吊装设备。地面层至裙楼位置，我方将采用附设的三台塔吊完成大部分吊装任务，对于塔吊起重任务达不到的位置，我方将采用自制简易龙门吊完成吊装。

3) 劲性钢柱、梁安装工艺流程

基础支座安装→放线、测量、抄平→劲性钢柱（地下室部分）安装→测量、校正→基础节焊接→标准节安装→测量、校正、定位→焊接→劲性钢梁安装→焊接→探伤、复测→完成直至进行下一标准节安装。

4) 测量标准

为确保工程质量达到优良标准，我方将严格控制劲性钢柱、梁的安装质量。除按国家规定执行外，钢柱、梁安装要求达到如下标准。

单节柱：轴线位移≤5mm；垂直度偏差≤$L/1000$；标高偏差控制有+3、−5mm；劲性柱整体垂直度偏差≤15mm，轴线位移偏差≤10mm。

5) 安装前准备

A. 劲性钢柱、梁工厂制作完成，根据施工进度编制用料计划，按需用日期运至现场。柱端坡口、接头耳板、钢筋线管穿孔位置由工厂预制。

B. 安装耳板的设置：为确保钢柱的安装质量和吊板安全，在每节柱上下两端（基础柱上端）各设置4块耳板。耳板位于翼板外侧中心距端部10mm，耳板采用16mm钢板，尺寸200mm×130mm，每耳板钻直径为40mm的孔，以备安装卡环和固定缆风绳；下端耳板用连接板和螺栓与下柱接头做临时固定。

C. 机具配置：吊装设备为现场塔吊和自制简易龙门吊。吊索根据钢柱分节最大重量配置，采用$\phi$17.5钢丝绳4根，卡环选用27mm，缆风绳采用$\phi$15钢丝绳和可调式花篮螺栓，共配置18套。焊接设备以直流电焊机为主，计8台，$CO_2$气体保护焊机2台，气割设备4套。另行配置卷尺、角尺、探伤仪检测仪器、大锤、扳手、千斤顶、楔铁等按需配置。

D. 人员配置：起重指挥3人，铆工10人，电焊工14人，测量工3人，探伤工2人，其他人员10人，分为3个作业小组。

6) 基础节支座安装

A. 本工程基础节支座采用4个均匀布置的马凳，高度200mm。

B. 根据桩顶抄平结果，在桩顶位置做一道水泥浆找平层，在砂浆找平层上测放十字轴线，确定支座位置。

C. 安装膨胀螺栓，固定支座。

D. 复测支座轴线及标高，用白漆标识。

7) 基础节安装

A. KZ5-1、2基础节长度2.8m，KZ3-3、DZ4-3基础节长度分别为2.3m、2.7m，出地面层高度1.0m。

B. 因基础节重量不大，直接利用附设塔吊吊装就位。

C. 吊装就位后，将柱脚板中心线和基础轴线对齐，用两台经纬仪同时从两个轴线方向测量垂直度，千斤顶校正合格后，柱脚板和支座点焊牢固。

D. 复测基础节轴线、标高无误后，进行钢柱柱脚的焊接。最后进行筏基钢筋的穿孔和柱筋的绑扎。

8) 劲性钢柱标准节的安装

A. 根据塔吊的起重性能，大部分钢柱由塔吊完成安装，分节长度由塔吊决定。

B. 构件吊装基本就位后，吊钩微松（保持一定拉力）。用M20螺栓将上下耳板连接，螺栓微紧。腹板位置点焊楔铁嵌槽，打入楔铁，调整一下接口处错边，直至满足要求。

C. 测量校正：用两台经纬仪同时从两个方向测量钢柱垂直度，千斤顶校正合格后，将4块连接耳板与上下耳板点焊牢固，塔吊松钩，进行焊接。

9) 钢梁的吊装

A. 本工程的劲性钢梁吊装采用塔吊和自制龙门吊为起重设备，安装人员在脚手架平台上进行安装作业。

B. 钢梁在吊装前要进行外形尺寸检验，对变形部位进行校正修复。

C. 对10m以上的长钢梁，要采用两绳四点吊装，以防吊装中钢梁变形。

D. 吊机不松钩并保持一定吊力，校正钢梁的轴线水平度和垂直度，轴线校正用钢梁中心线对准柱牛腿上的中心线，水平和垂直度用柜式水平仪测量，用撬杠和塔吊微微转弯臂来调正，校正合格后将钢梁柱进行点焊固定，塔吊松钩后进行焊接。

E. 次梁与主梁连接采用M20、8.8级高强螺栓连接，高强螺栓的预拉力$P=110kN$，接触面采用喷砂后涂无机富锌漆，表面的抗滑移系数0.40。

F. 高强螺栓的紧固分为初拧和终拧两次进行，根据高强螺栓的扭矩系数和预拉力确定初拧和终拧值；用专用力矩扳手进行施工。

G. 高强螺栓的连接副螺栓、螺母、垫圈只允许在同一木箱内互相配套，不同箱不允许混用。

H. 高强螺栓的穿入要通畅，严禁强行打入，安装时应保证摩擦面干燥，严禁雨中作业。

(5) 焊接工艺

1) 坡口形式：本工程设计中未提供劲性柱上下柱端接口形式，根据《高层民用建筑钢结构技术规程》(JGJ 99—98)相关规定和以往的施工经验，采用下端不开坡口，上端开45°单坡口，2mm直角边，4mm间隙，背面加垫板的接口形式。

2) 焊缝等级：钢结构制作及安装焊缝均为一级焊缝，需进行100%超声波探伤检测，复测合格后方可使用。

3) 焊接工艺：焊接前，先将坡口和下柱顶面打磨干净，对接焊时采用两台焊机两人同时对称分层施焊。要求焊接参数、焊接速率、焊接方向一致，以达到最大程度减少焊接变形和焊接残余应力的目的，保证焊接质量。焊接完毕，进行打磨处理，外观检测合格后方可进行超声波探伤检测。

4) 焊前、焊后处理：劲性钢柱，梁翼腹板最大厚度为 35mm，且为自由伸缩焊缝。根据相关规定，正常情况下无需进行焊前、焊后热处理。

5) 焊接设备及焊接材料：本工程材料选用 Q345B~E 级钢材，材料热敏感系数较大。焊机采用相对稳定的直流电焊机 AX7-500 和 $CO_2$ 气保焊机，焊条选用 E50 系列，$CO_2$ 气保焊丝选用 H08Mn2SiA 焊丝。

(6) 质量保证措施

1) 安装前对制作构件要求进行轴线和标高标注线复合，标注不清晰的要重新标注。对构件的外形尺寸、孔距要进行测量，对变形构件进行校正，对破损油漆表皮进行补涂。

2) 安装各工序、工种之间严格执行自检、互检，保证各种误差在规范允许范围内。

3) 各种测量仪器、钢尺、轴力仪在施工前，均送检合格后方可使用。

4) 焊接工要经考试后才能进入现场焊接，持有钢护压力仪电焊工合格证或美国 AWS 焊工合格证的焊工可直接进入现场焊接。

5) 对本工程的焊接形式进行工艺评定，确定出最佳焊接工艺通用参数，指导焊接施工。

6) 构件的组装尺寸检查：焊接前，应对构件的组装尺寸进行检查，劲性钢柱主要检查构件的长度、截面宽度、高度及对角线差；劲性钢梁主要检查构件的长度和平直度。如发现上述尺寸有误差时，应待铆工纠正后方可施焊。

7) 焊缝坡口的处理：施焊前，应清除焊接区的油漆皮等污物；同时，根据施工图要求检查坡口角度和平整度，对受损和不符合要求的部位进行打磨和修补处理。

8) 焊接材料和辅助材料均要有质量合格证书，且符合相应的国标。

9) 所有的焊条使用前均需进行烘干，烘干温度 350~400℃，烘干时间 1~2h。焊工需使用保温筒领装焊条，随用随取。焊条从保温筒取出施焊，暴露在大气中的时间不得超过 2h；焊条的反复烘干次数不得超过 2 次。

10) 下雨天露天作业必须设置防雨设施；否则，禁止进行焊接作业。

11) 采用手工电弧焊风力大于 5m/s，采用气体保护焊风力大于 3m/s 时，应设置防风设施；否则，不得施焊。

12) 雨后焊接前，应对焊口进行火焰烘烤处理。

(7) 劲性柱梁与结构梁钢筋的连接

1) 钢筋混凝土梁内钢筋与劲性柱的连接（图 3-15）

从图示可知钢筋混凝土梁内的钢筋与劲性柱的连接主要有三种方式：

A. 梁内的贯通筋必须穿过柱子核芯区，穿过钢骨腹板的梁筋在钢骨上穿孔，对孔的要求如图 3-16 所示。

同截面穿孔的面积不得大于总截面的 20%，同一截面穿孔钢筋数量较多时，移到第二排。当穿孔超标时必须采取加强处理。本工程在地面层设计上做了一定的修改，钢柱已安装完毕，只能进行现场穿孔修改，致使部分钢柱的穿孔超标，项目部与设计院协商采取了如图 3-17 的加固方法。

B. 非贯通筋中间遇钢骨翼缘板，焊接在连接件上，不得与翼缘板直接焊接。

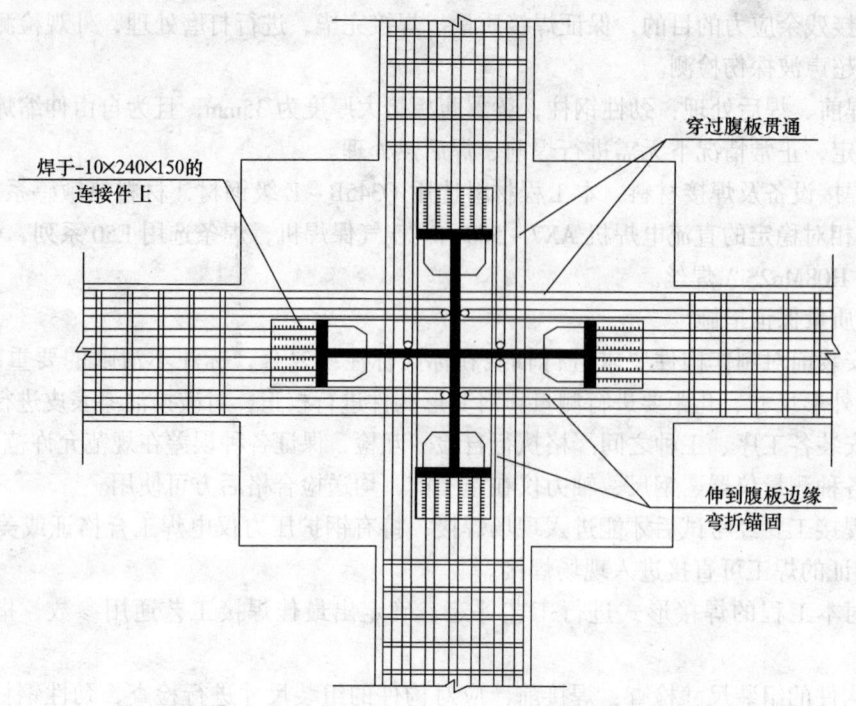

图 3-15　钢筋混凝土梁与劲性柱连接节点图（单位：mm）

C. 其余的钢筋伸到柱腹板边缘后弯折锚固并满足锚固要求。

注意：布置柱主筋时应为梁中主筋贯穿留出通道。

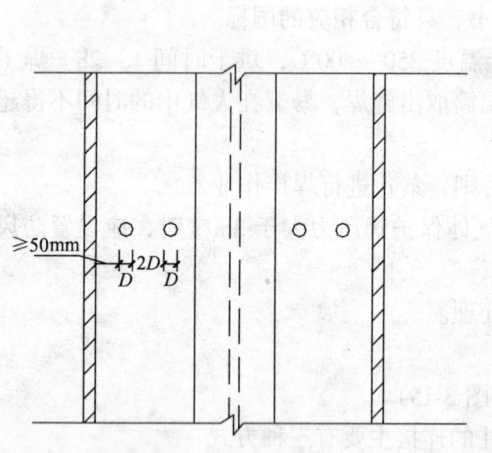
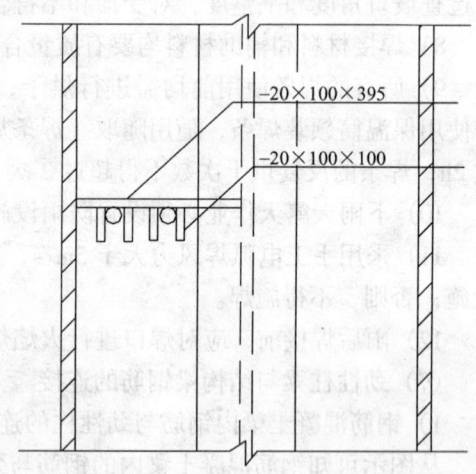

图 3-16　劲性柱穿孔示意图
（$D$ = 钢筋毛直径 + 3mm）

图 3-17　劲性柱穿孔加固示意图
（单位：mm）

2）钢骨混凝土牛腿梁内与劲性柱的连接

钢骨混凝土牛腿梁为构造措施，设在钢骨混凝土梁的另一侧，长度为2m，这段构造梁在梁端起了很大的承力作用，故此处的梁内钢筋采用如图3-18方式连接：钢骨混凝土牛腿梁与劲性柱的连接形式主要为梁上层筋贯通筋穿过腹板，非贯通筋遇钢骨翼缘板截断,底筋遇翼缘板截断。如图 3-18 所示。

3) 钢骨混凝土梁内钢筋与劲性柱的连接

从图 3-19 可知,钢骨混凝土梁内钢筋与劲性柱的连接主要有三种形式:一是遇柱腹板、翼缘板后弯折锚固;二是遇翼缘截断;三是弯折于梁下的加腋中。如图 3-19 所示。

4) 底板筋与劲性柱的连接

底板上下层钢筋遇钢骨穿孔,筏板中间层钢筋遇翼缘或腹板自行截断,并与之焊接。

5) 混凝土柱与劲性柱的连接

本工程的钢骨混凝土柱到第八层,第九层为过渡层,十层以上为混凝土柱,设计上将第九层柱设计为过渡层,

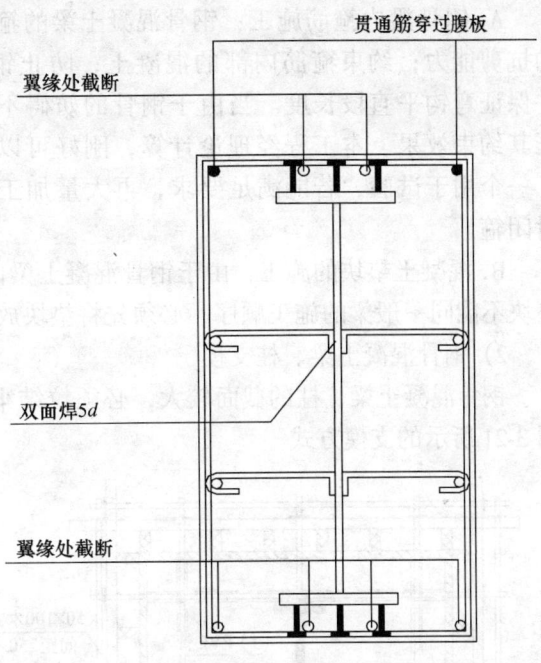

图 3-18 牛腿梁与柱节点连接图

过渡层的劲性柱伸至梁底,下层钢骨混凝土柱内钢骨的内力需向上层传递,为保证内力传递平衡可靠,在柱钢骨翼缘上设置栓钉,并在劲性柱上端每个翼缘板上焊接两个 1250mm 长的 $\phi25$ 的短钢筋。

(8) 钢骨混凝土梁、柱土建工程的施工

1) 钢骨梁钢筋的施工难点

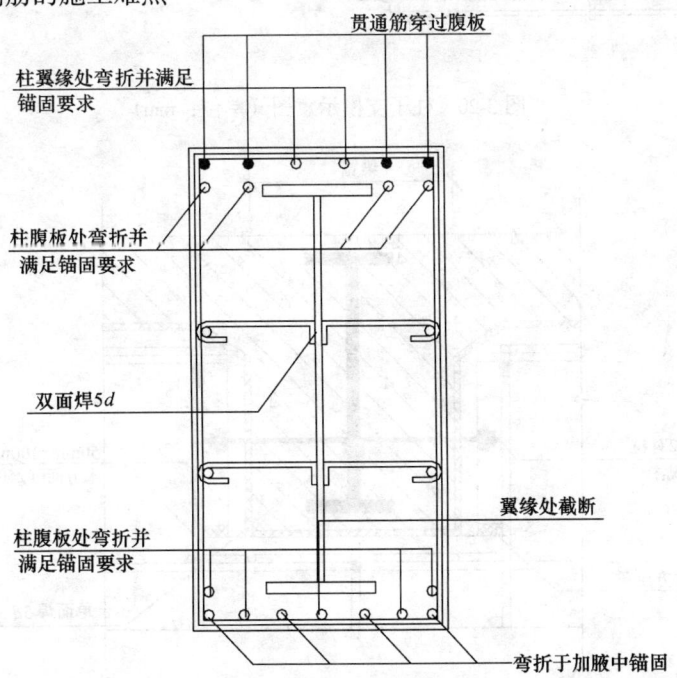

图 3-19 钢骨梁与柱节点连接图

A．钢骨梁内箍筋施工：钢骨混凝土梁的箍筋很重要，主要作用有增强混凝土部分的抗剪能力；约束箍筋内部的混凝土；防止钢骨的局部压屈。箍筋应具有135°弯钩，并保证弯钩平直段长度。当由于钢骨的妨碍不能采用135°弯钩时，要采取其他措施保证其约束效果。本工程经理论计算，刚好可以使用135°弯钩形式，实际施工时，先加工一个用于试验，若能满足要求，再大量加工；若不能满足要求，改箍筋形式为焊接封闭箍。

B．混凝土垫块的施工：由于钢骨混凝土梁内为钢骨，无法抬动梁筋，故梁的混凝土垫块不能同一般梁的施工顺序，必须先将垫块放在底筋下，再绑扎梁钢筋成型。

2) 钢骨混凝土梁、柱支模

钢骨混凝土梁、柱的截面较大，必须拉结牢固，以免爆模。梁、柱采用如图3-20和图3-21所示的支模方式。

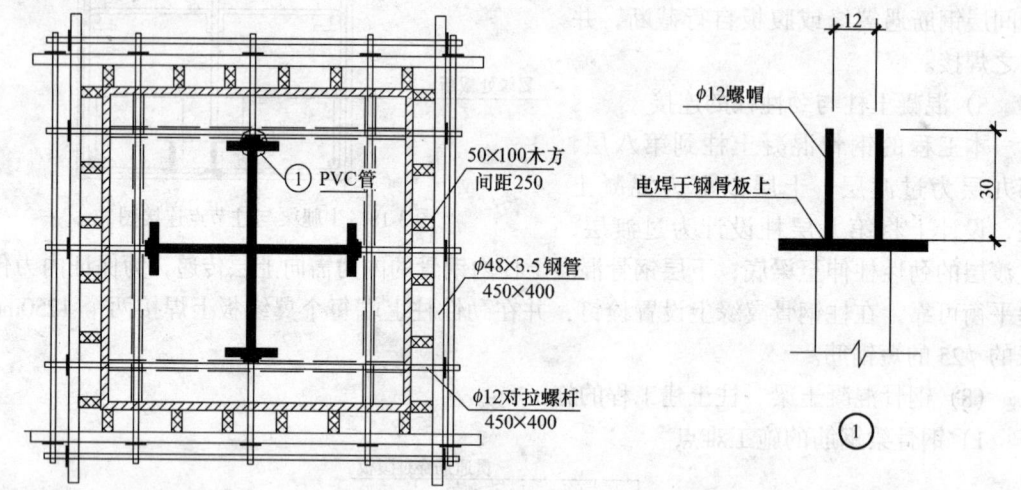

图3-20 柱子支模示意图（单位：mm）

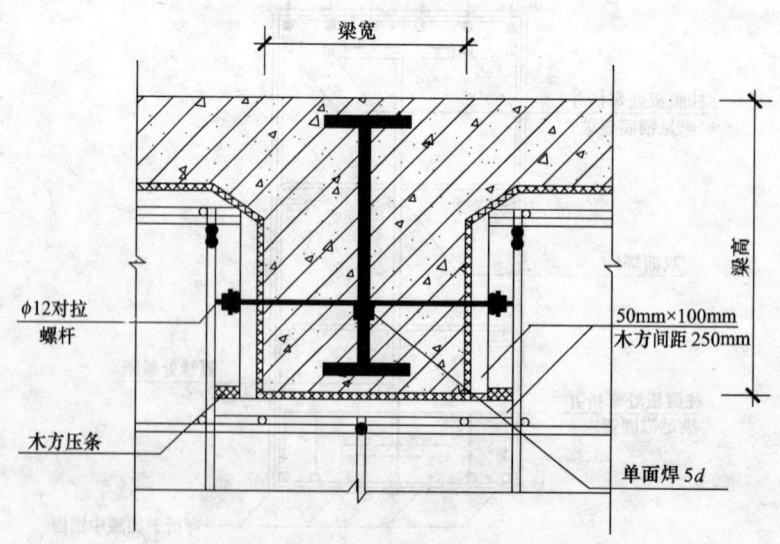

图3-21 梁模对拉螺杆安装示意图

3) 柱、梁混凝土的浇筑

A. 柱混凝土的浇筑：因柱内含有截面较大的十字形钢骨，柱内的混凝土容易形成空腔；同时，为了减小振动混凝土对劲性柱的扰动，要求浇筑混凝土时，必须从两个方向对称下料，同时振捣密实。混凝土用溜槽下料，不能从劲性柱截面的正上方下料，以免污染焊接面，影响焊接质量。

B. 梁混凝土的浇筑：梁内钢骨较大，距梁顶只有100mm，梁上下又配有较密的受力钢筋，给混凝土的浇筑及振捣带来较大的困难。施工时要求混凝土必须从中间向两边浇筑，使气泡从两端的柱节点处冒出。同时，坚持从一边下料，采用小直径的振动棒进行振捣，待混凝土从翼缘的另一边溢出100mm高后，再从另一边下料，两个方向同时振捣密实。

(9) 土建配合

钢柱的施工与土建是同时进行的，两者之间只有做到密切配合，才能不影响工程进度，使工程有序进行。主要从以下几点进行配合施工：

1) 钢骨内外均要浇筑混凝土，所以钢结构的施工最好能超过土建施工面至少一层。

2) 钢柱的安装最好使用混凝土楼面的控制网，不要将经纬仪架设在模板的控制网上，模板扰动容易引起安装误差。

3) 合理安排好构件的进场时间，最好在浇筑混凝土的前一天晚上将构件进场。为有效利用塔吊，待混凝土浇筑完毕后将钢构件用塔吊一次吊装到位，全部吊装完毕后，钢结构施工单位再进行校正安装。

4) 有时可能会出现劲性柱的施工与土建施工同步进行的现象，为了不影响钢柱的焊接，注意柱子钢筋在配料时应将正对翼缘板的钢筋配成短接头的。

5) 在钢梁吊装就位前，必须先将柱子的箍筋套在柱子上面，故在安排钢筋绑扎时，一定要先将有钢梁的柱子箍筋绑扎完毕，提供作业面给钢结构施工单位。

6) 架设脚手架、支梁板模时，需先将钢梁处的架子先行支设好，只铺出梁底模。在焊缝拼接处的板模、次梁模必须留出后铺，以免影响焊接操作。

7) 焊接完毕后，尽快组织焊缝探伤检验，提供工作面给土建施工单位，土建的钢筋绑扎必须在所有焊接工作完毕并检验合格后，方可进行。

8) 要提前提供柱的穿孔图给钢结构单位，要力求准确无误，杜绝现场钻孔现象。

### 3.4 外脚手架工程

#### 3.4.1 工程概况及编制依据

为了使世界金融中心的办公楼能够分阶段交付使用，加强材料的周转使用，办公楼的外架采用分段悬挑的搭设方法，段与段之间完全隔断，独自受力，采用16号工字钢做支座进行悬挑，再隔5层用斜拉钢丝绳进行卸荷，完成整个悬挑结构的支撑系统。脚手架采用双排，立杆纵距为1.375m、1.4m，内外立杆间距为0.9m，内立杆距离建筑物板边为0.5m，横杆步距为1.8m。

#### 3.4.2 外脚手架施工方案设计说明

(1) 悬挑钢管脚手架材料的选用及其性能要求

1) 钢管：选用 $\phi 48 \times 3.5$ 钢管；立杆、纵向水平杆（大横杆）的钢管长度一般为4~

6m；横向水平杆（小横杆）大于1.3m；钢管应涂防锈漆。

2）扣件：直角扣件、旋转扣件、对接扣件。

3）脚手板：操作层铺钢笆脚手板，封闭层满铺脚手板，宜每隔12m封闭一层；

4）钢丝绳（作卸荷用）：选用6×19$\phi$15.5光面钢丝绳。

5）安全网：密目式安全网（满挂）。

6）悬挑构件：选用普通16号工字钢、12.6号工字钢，重量分别为20.5kg/m和14.21kg/m。

(2) 悬挑外脚手架的构造设计

1）平面布置

脚手架内立杆距建筑物板边0.5m，结构施工期间小横杆向内悬挑0.3m。立杆横距为0.9m，立杆纵距为1.375m，1.4m。在每一个悬挑层、卸载层均设有水平支撑，悬挑用工字钢悬挑，外侧设通长工字钢连接。

2）立面布置

用I字钢作悬挑支座，再用斜拉钢丝绳卸荷。立杆净步距为1.8m。在铺设脚手板的操作层上，要设置护栏和挡脚板，栏杆高度为1.2m，挡脚板高度为200mm，外侧满挂安全网。剪刀撑沿架高连续设置，剪刀撑应连续四根立杆、四步架高，与地面的夹角成45°~60°，每隔一个立杆纵距设一道，在脚手架的两端和转角处必须设置剪刀撑。剪刀撑斜杆的接长宜采用搭接，搭接长度不小于1m，应采用不少于两个旋转扣件固定，端部扣件盖板的边缘至杆端距离不应小于100mm。本脚手架高度大于24m，除转角应设置横向斜撑外，中间应每隔6跨设置一道，横向斜撑应在同一节间，由底至顶层呈之字形连续布置。

3）分层卸荷装置

用斜拉钢丝绳拉到上一层的边框梁上进行卸荷，在梁上预埋$\phi$20钢筋，卸上面荷载，考虑卸去总荷载的1/3，选用6×19$\phi$15.5光面钢丝绳卸载。

4）防护棚设置

在标高32.000m和99.250m处分设防护棚。

5）连墙杆设置

每层设置连墙杆，连墙杆横距为3个立杆纵距，呈梅花形布置。连墙杆在建筑高度70m以上时要加双扣件，100m以上时改成二步二跨设置连墙件。

6）受料台的设置

受料台必须挂料牌严格限载，载重不超过1t，料台的材料必须及时运走。

7）抗台风措施

A. 为防止风涡流上翻浮力将脚手架托起导致破坏，自标高99.000m开始在相应支座层设置向下钢管斜拉，并与向上的钢丝绳斜拉相对应。

B. 为减小风涡流侧向力造成钢管脚手架侧向变形，使脚手架整体失稳，除在脚手架设置全覆盖剪刀撑（建筑物四个垂直面和拐角面各设一排，角度为45°~60°）外，从标高88.850m起，每支座层设置一道水平支撑，并每隔5层在拐角处相应设置水平斜拉的附墙连接件，以抵御脚手架受到的侧向风力。

8）防雷避雷措施

将每5层一道的斜拉钢丝绳的 $\phi 20$ 钢筋吊环与楼板钢筋焊接，并与主楼的地极接通，形成防雷避雷系统，竖向地极钢筋电阻应小于 $10\Omega$。

### 3.4.3 扣件式钢管脚手架的搭设和安全技术要求

(1) 底座安装：按构架设计的立杆纵距和立杆横距进行放线定位、铺设底座悬挑工字钢，纵向设通长工字钢和安放立杆，立杆必须插在 $\phi 28$ 的短钢筋上。要确保工字钢立杆位置准确、铺放平稳、不得悬空。

(2) 脚手架搭设顺序如下：放置三角支架（悬挑工字钢）→放置通长工字钢→放置纵向扫地杆→立杆→横向扫地杆→第一步纵向水平杆→第一步横向水平杆→连墙杆（或加抛撑）→第二步纵向水平杆→第二步横向水平杆，以此类推。

(3) 搭设注意事项

1) 在搭设作业前，外架工程负责人及质安人员必须对架子工进行安全交底，高度重视高处施工作业的安全问题，不可疏忽大意。

2) 外架的搭设必须跟上结构进度。

3) 外径 48mm 与 51mm 的钢管与扣件严禁混用。

4) 立杆上的对接扣件应交错布置，两个相邻立杆接头不得设在同步同跨内，两相邻立柱接头在高度方向错开的距离不应小于 500mm；各接头中心距主节点的距离不应大于步距的 1/3。

5) 开始搭设立柱时，应每隔6跨设置一根抛撑，直至连墙件安装稳定后，方可根据情况拆除。

6) 当搭至连墙杆的构造层时，搭设完该处的立柱、纵向水平杆、横向水平杆后，应立即设置连墙件。

7) 立柱搭接长度不应小于 1m，立柱顶端高出建筑物檐口上皮高度 1.5m。

8) 为保证高空安全作业，在上升搭设脚手架时，必须先升内立杆及内侧大横杆，把安全带扣在内侧大横杆或立杆上，然后再升外侧立杆及外侧大横杆。

(4) 搭设纵、横向水平杆的注意事项

1) 搭设纵向水平杆的注意事项

A. 对接接头应交错布置，不应设在同步、同跨内，相邻接头水平距离不应小于 500mm，并应避免设在纵向水平杆的跨中。

B. 搭接接头长度不应小于 1m，并应等距设置3个旋转扣件固定，端部扣件盖板边缘至杆端的距离不应小于 100mm。

C. 纵向水平杆的长度一般不宜小于3跨，并不小于 6m。

2) 脚手架的同一步纵向水平杆必须四周交圈，用直角扣件与内、外角柱固定。

3) 脚手架的横向水平杆靠墙一端至墙装饰面的距离不应大于 100mm。

(5) 搭设连墙杆、剪刀撑、横向支撑等注意事项

1) 连墙件应均匀布置，形式宜优先采用梅花形布置。严格按连墙件节点图进行布置。应靠近主节点，偏离主节点的距离不得大于 300mm。建筑高度大于 70m 时，连墙件的扣件必须采用双扣件。

连墙件必须从底步第一根纵向水平杆开始设置，当脚手架操作层高出连墙件第二步时，应采取临时稳定措施，直到连墙件搭设完后方可拆除。

2) 剪刀撑、横向水平撑应随立柱、纵向水平杆等同步搭设。

3) 每道剪刀撑跨越立柱的根数宜在 5~7 根之间。每道剪刀撑宽度不应小于 4 跨，且不小于 6m，斜杆与地面的倾角宜在 45°~60°之间。两端及转角必须设置剪刀撑。

4) 剪刀撑必须沿架高连续设置。

(6) 扣件安装的注意事项

1) 扣件规格必须与钢管外径相同。

2) 扣件螺栓拧紧力矩不应小于 40N·m，并不大于 65N·m。

3) 主节点处，固定横向水平杆（或纵向水平杆）、剪刀撑、横向剪刀撑等扣件的中心线距主节点的距离不应大于 150mm。

4) 对接扣件的开口朝上或朝内。

5) 各杆件端头伸出扣件盖板边缘的长度不应小于 100mm。

6) 斜拉钢丝绳卸荷吊点处及连墙件处要加双扣件。

(7) 铺设脚手板的注意事项

1) 应铺满、铺稳，靠墙一侧离墙面距离不应大于 150mm。

2) 脚手板的探头应采用 10 号镀锌钢丝固定在支承杆上。

3) 在拐角、斜道平台处的脚手板，应与横向水平杆可靠连接，以防止滑动。

(8) 搭设栏杆、挡脚板的注意事项

1) 操作层必须设栏杆和挡脚板。

2) 栏杆和挡脚板应搭设在外排立柱的内侧。

3) 上栏杆上皮高度 1.2m，中栏杆居中设置。

4) 挡脚板高度不得小于 180mm。

(9) 脚手架搭设的质量要求

1) 立杆垂直偏差

纵向偏差不大于 $H/400$，且不大于 100mm；

横向偏差不大于 $H/600$，且不大于 50mm。

2) 纵向水平杆水平偏差不大于总长度的 1/300，且不大于 20mm，横向水平杆水平偏差不大于 10mm。

3) 脚手架的步距、立杆横距偏差不大于 20mm；立杆纵距偏差不大于 50mm。

4) 扣件紧固力矩宜在 45~55N·m 范围内，不得低于 45N·m 或高于 60N·m。

5) 连墙件的数量、位置要准确，连接牢固，无松动现象。

### 3.4.4 扣件式钢管脚手架拆除的技术要求

(1) 拆除前必须完成以下准备工作：

1) 全面检查脚手架的扣件连接、连墙件、支撑体系是否符合安全要求。

2) 根据检查结果，补充完善施工组织设计中的拆除顺序，经技术部主管批准后方可实施。

3) 拆除安全技术措施应与外架工程负责人及质安部门逐级进行技术交底。

4) 清除脚手架上杂物及地面障碍物。

(2) 拆除应符合以下要求：

1) 拆除顺序应逐层由上而下进行，严禁上下同时作业。

2）所有连墙件应随脚手架逐层拆除，严禁先将连墙件整层或数层拆除后再拆脚手架。分段拆除高差不应大于2步；如高差大于2步，应增设连墙件加固。

3）当脚手架拆至下部最后一根长钢管的长度（约6.5m）时，应先在适当位置搭临时抛撑加固，后拆连墙件。

4）当脚手架采取分段、分立面拆除时，对不拆除的脚手架两端，应先设置连墙件和横向支撑加固。

(3) 卸料应符合以下要求：

1）各构配件必须及时分段集中运至地面，严禁抛扔。

2）运至地面的构配件应按规范的要求及时检查整修与保养，并按品种、规格随时码放整齐，置于干燥通风处，防止锈蚀。

3）拆除脚手架时，地面应设围栏和警戒标志，并派专人看守，严禁非操作人员入内。

### 3.4.5 脚手架的使用规定

(1) 作业层每平方米架面上实用的施工荷载（人员、材料和机具重量）不得超过以下的规定值：

施工荷载（作业层上人员、器具、材料的重量）的标准值，结构用脚手架不得超过 $300kg/m^2$；装修脚手架不得超过 $200kg/m^2$。

(2) 在架板上堆放的标准砖不得多于单排立码3层，砂浆和容器总重不得大于150kg；施工设备单重不得大于100kg，使用人力在架上搬运和安装的构件的自重不得大于250kg。

(3) 在架面上设置的材料应码放整齐稳固，不影响施工操作和人员通行。按通行手推车要求搭设的脚手架应确保车道畅通。严禁上架人员在架面上奔跑、退行或倒退拉车。

(4) 作业人员在架上的最大作业高度应以可进行正常操作为度，禁止在架板上加垫器物或单块脚手板，以增加操作高度。

(5) 在作业中，禁止随意拆除脚手架的基本构架杆件、整体性杆件、连接紧固件和连墙件。确因操作要求需要临时拆除时，必须经主管人员同意，采取相应弥补措施，并在作业完毕后，及时予以恢复。

(6) 工人在架上作业中，应注意自我保护和保障他人的安全，避免发生碰撞、闪失和落物。严禁在架上嬉闹和坐在栏杆上等不安全处休息。

(7) 人员上下脚手架作业时，应先行检查有无影响安全作业的问题存在，在排除和解决后方可开始作业；在作业中若发现有不安全的情况和迹象时，应立即停止作业进行检查，解决以后才能恢复正常作业；发现有异常和危险情况时，应立即通知架体上所有人员撤离。

(8) 人员上下脚手架必须走设安全防护的出入通（梯）道，严禁攀援脚手架上下。

(9) 在每步脚手架的作业完成之后，必须将架体上剩余材料物品移至上（下）步架或室内；收工前应清理架面，将架面上的材料物品堆放整齐，垃圾清运出去；在作业期间，应及时清理落入安全网内的材料和物品。在任何情况下，严禁自架上向下抛掷材料物品和倾倒垃圾。

### 3.4.6 脚手架施工安全措施

(1) 搭设部分

1）脚手架搭设前，技术部、质安部要组织有关人员学习外架的规范及方案要求、搭设程序，并向搭设工人进行安全技术交底；

2) 所有搭设工作人员必须持证上岗（包括操作证、健康证、安全上岗位证）；

3) 搭设时，应分区段进行，脚手架周边需设安全警戒线，并有监护人员负责周边工作人员的安全警戒工作；

4) 在搭设前，要对脚手架的材质进行检查，包括对扣件的外观尺寸、质量缺陷、杆件的锈蚀、弯曲情况进行检查，确保各杆件、扣件的质量满足要求，对隐伤、压扁的扣件、杆件坚决杜绝使用；

5) 作业时，所有架上人员必须系好安全带（安全带要高挂低用），戴好安全帽并系好帽带；

6) 严禁在雨天、风暴天气时搭设外架；

7) 搭设外架时，外架剪刀撑要跟上脚手架搭设进度，不准在已搭设两步以上外架且在安全立网已张挂好的情况下搭设剪刀撑；

8) 铺设脚手板或钢笆前，要检查其质量，对缺损严重的不准使用；

9) 立杆接长时，至少要两名工人配合对立杆进行对接，且脚站立位置要铺临时脚手板或工具凳，要稳要牢；

10) 对搭设完毕的每一步距脚手架，有关人员必须对其进行检查，包括对小横杆的设置情况，扣件紧固情况，外架水平拉结杆是否满足验收要求，水平大横杆、立杆的搭设错开设置，立杆的对接位置的紧固情况及相邻立杆的交错位置是否满足要求，剪刀撑的搭设长度及与立杆交接位置搭设角度是否满足要求等逐一检查。

(2) 拆除部分

1) 外架拆除前要组织脚手架施工人员学习外架拆除顺序、拆除要点及与其他工作人员配合情况，如电梯拆卸、外墙装修等；

2) 外架拆除时，严禁先拆水平拉结杆，水平拉结杆必须与外架立杆同时拆除；

3) 雨天严禁拆除外架，且拆除外架时，要先清除外架上的材料、垃圾等，避免物体下落伤人；

4) 拆立杆时，应先用绳索固定立杆一端，再拆除该根立杆，拆立杆时一定要站稳、站牢；

5) 拆除外架时，封闭层或施工层脚手板严禁全部拆除，应根据拆除高度而确定，拆除高度确定以每两步架为准；

6) 拆除外架严禁扣件、杆件、脚手板飞落伤人，工人使用的工具必须放在袋内，以免掉落伤人；

7) 拆除的外架材料严禁集中堆放在外架上，须在同班工作时间内及时运至地面堆放；

8) 拆除外架的施工人员严禁酒后上班、带病作业。

### 3.4.7 脚手架计算

(1) 槽钢悬挑支梁设计

按照五层高度卸荷一设，结构受荷简图如图 3-22 所示。

荷载计算：

1) 脚手架自重（恒载）$P_1$

立杆自重：$13 \times 2 \times 17.6 = 457.6 \text{kg}$

横杆自重：$1 \times 13 \times 10.67 + 1 \times 13 \times 3.971 = 329.03$kg

挟手杆自重：$1 \times 13 \times 1.5\text{m} \times 3.841\text{m} = 89.9$kg

脚手板踢脚板，内挡板，木方：

$13 \times 1.5\text{m} \times (0.95 + 0.2 + 0.3) \times 0.02 \times 600 + 0.05 \times 1.2 \times 0.10 \times 3 \times 13 \times 600 = 663.7$kg

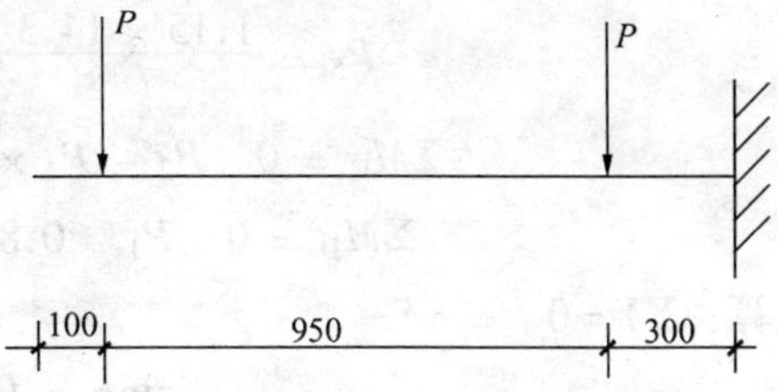

安全网：$1.5\text{m} \times 23\text{m} \times 4 = 138$kg

剪刀撑：100kg

扣件（固定剪刀撑）：30kg

杂物：50kg

恒载总重：$P_1 = 1857.6$kg

图 3-22 槽钢悬挑支梁受力简图

2) 活荷载

活荷载按三步架同时作业，每步取 $200\text{kg/m}^2$，则 1.5m 宽度厚内活荷载 $P_2 = 1.5 \times (0.95 + 0.2) \times 200 \times 3 = 990$kg。1.5m 跨内架体上总荷载 $P = P_1 + P_2 = 284.76$kg = 28.5kN，安全验算：

$$V = 2P = 28.5\text{kN}$$

$$\Sigma M = PL_1 + PL_2 = P(L_1 + L_2)$$

$$= 14.3 \times (950 + 300)$$

$$= 164.45 \times 1000 \text{N} \cdot \text{m}$$

$$= 16.45 \text{kN} \cdot \text{m}$$

槽钢选用：根据构造要求选用 Q235 钢（3 号钢），厚度为 18mm。Q235 钢材分组尺寸为第 2 组。Q235 钢材第 2 组的强度设计值 $f = 205\text{N/mm}^2$ 抗剪强度 $f_v = 115\text{N/mm}^2$。

抗剪强度验算：

$$\tau = \frac{VS}{It_w} = \frac{28.5 \times 1000 \times 19.23}{250.90 \times 501.81} = 4.4\text{N/mm}^2 < f_v = 115\text{N/mm}^2$$

抗弯强度验算（本结构属最大刚度高平面内受弯构件）：

$$\frac{M_x}{\phi_b b W_n} \leq f = \frac{16.45 \times 10^3}{0.204 \times 40.46 \times 10^3}$$

$$= 19.93\text{N/mm}^2 < 205\text{N/mm}^2$$

卸荷结构安全验算：

卸荷设计为每 13 步卸荷一次，卸荷结构简图如图 3-23 所示。

受力分析：

恒载 $P_1 = 18.6$kN　活载 $P_2 = 909$kN　$P = P_1 + P_2 = 28.5$kN

$$\Sigma B = 0 \quad 1.15P_1 + 0.3P_2 - 3.0P_5$$

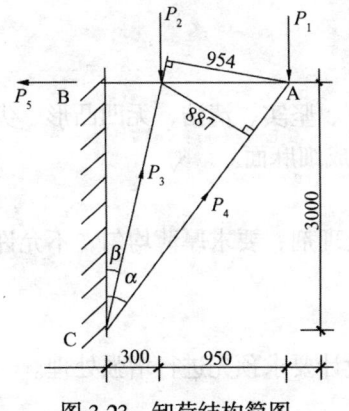

图 3-23 卸荷结构简图

$$P_5 = \frac{1.15 \times 14.3 + 0.3 \times 14.3}{3} = 6.9\text{kN(拉杆)}$$

$$\Sigma M_C = 0 \quad P_2 - P_4 \times 0.945 = 0, P_4 = 15.1\text{kN(压杆)}$$

$$\Sigma M_D = 0 \quad P_1 - 0.887 P_3 = 0, P_3 = 16.1\text{kN(压杆)}$$

核算:$\Sigma Y = 0$

$$\sin\alpha = 0.887, \sin\beta = 0.945$$

$$P_3 \sin\alpha + P_4 \sin\beta - P_1 - P_2 = 0$$

$$16.1 \times 0.887 + 15.1 \times 0.945 - 14.3 - 14.3 = 0$$

(2)材料强度复核

1)吊索强度

按1.5m间距设置单根吊索,选用$6 \times 19\phi 17$光面旧钢丝绳,$P_G = 15150\text{kg}$,钢丝绳允许拉力$S = 10.7 \times 0.85 \times 15150 = 9014\text{kg}$。

安全系数:$9014/1475.31 = 6.11 > 6$,满足要求。

2)斜撑杆长细比

斜撑杆长度$L = 3213\text{mm}$,回转半径$I = 15.78\text{mm}$。

$$\lambda = \frac{3.27 \times 1000}{15.78} = 207 > [\lambda] = 150$$

因此长细比不满足要求,故在斜撑杆中间加大横一道,即

$$\lambda = \frac{207 \div 2}{15.78} = 103.5 < [\lambda] = 150$$

(3)斜撑杆强度

$$\sigma = \frac{N}{\varphi A} = \frac{1430000}{0.514 \times 489} = 56.8\text{N/mm}^2 < [\sigma] = 250\text{N/mm}^2,\text{满足要求}。$$

### 3.5 屋面工程

#### 3.5.1 防水工程

本工程中防水主要采用了氯化聚乙烯-橡胶共混防水卷材及聚合物水泥基防水涂膜。氯化聚乙烯-橡胶共混防水卷材用于屋面防水工程,聚合物水泥基防水涂膜用于首层室外楼板裙房屋面游泳池、卫生间。

(1)氯化聚乙烯-橡胶共混防水卷材施工

施工操作工艺如下:

1)基层处理

应用水泥砂浆找平,并按设计要求找好坡度,做到平整、坚实、清洁、无凹凸形、尖锐颗粒,用2m直尺检查,最大空隙不超过5mm,表面处理成细麻面。

2)涂刷基层处理剂

在基层上用喷枪(或长柄棕刷)喷涂(或刷涂)基层处理剂,要求厚薄均匀,不允许露底见白,喷(刷)后干燥4~12h,视温度、湿度而定。

3)局部增强处理

对阴阳角、水落口、管子根部等形状复杂的局部,按设计要求预先进行增强处理。

4)涂刷胶粘剂

先在基层上弹线，排出铺贴顺序，然而在基层上及卷材的底面，均匀涂布基层胶粘剂，要求厚薄均匀，不允许有露底和凝胶堆积现象，但卷材接头部位100mm不能涂胶粘剂。如作排气屋面，亦可采取空铺法、条粘法、点粘法涂刷胶粘剂。

5) 铺贴卷材

A. 待基层胶粘剂胶膜手感基本干燥，即可铺贴卷材。

B. 为减少阴阳角和大面接头，卷材应顺长方向配置，转角处尽量减少接缝。

C. 铺贴从流水坡度的下坡开始，从两边檐口向屋面脊按弹出的标准线铺贴，顺流水接槎，最后用一条卷材封脊。

D. 铺时用厚纸筒重新卷起卷材，中心插一根$\phi 30mm$、长1.5m钢管，两人分别执钢管两端，将卷材一端固定在起始部位，然后按弹线铺展卷材，铺贴卷材不得皱折，也不得用力拉伸卷材，每隔1m对准线粘贴一下，用滚刷用力滚压一遍以排出空气，最后再用压辊（大铁辊外包橡胶）滚压粘贴牢固。

6) 卷材接头的粘贴

卷材铺好压粘后，将搭接部位的结合面清除干净，并采用与卷材配套的接缝胶粘剂在搭接缝粘合面上涂刷，做到均匀、不露底、不堆积，并从一端开始，用手一边压合，一边驱除空气，最后再用手持铁辊顺序滚压一遍，使其粘结牢固。

7) 收头处理

卷材末端收头处或重叠三层处，须用氯磺化聚乙烯等嵌缝膏密封，在密封膏尚未固化时，再用108胶水泥砂浆压缝封闭。立面卷材收头的端部应裁齐，并用压条或垫片钉压固定，最大钉距不应大于900mm，上口应用密封材料封固。

8) 保护层施工

A. 防水层经检查合格，即可涂保护层涂料或做108胶水泥砂浆保护层，或用108胶水泥砂浆粘贴水泥方砖或砖，或做其他刚性保护层。

B. 成品保护

①施工中应认真保护已做完的防水层，防止各种施工机具及其他杂物碰坏防水层；施工人员不允许穿带钉子的鞋在卷材防水层上行走。

②施工时，严格防水基层处理剂，防止各种胶粘剂和着色剂污染已完工的墙壁、檐口、饰面层等。

③地漏、水落口等必须畅通，不得被任何杂物堵塞。

(2) 聚合物水泥基防水涂模施工工艺

1) 配好底料后，用灰刮将底涂料迅速、均匀涂在基面上，该涂层起承上启下的作用，使得防水层与基面粘结良好，并将浮土粘紧。

2) 面层配料：将粉料边搅拌边缓慢加入到液料中，充分搅拌，使其均匀直至没有粉团（搅拌5min）。

3) 批抹：配好料后，分2~3层批抹上去，可用于立面和平面上；每一层的厚度要均匀，约为0.5~0.8mm。注意批荡时要用力压，使上下充分粘结。

4) 完成最后一遍并符合要求后，在阴角位置和施工缝位置加贴无纺布，粘贴的无纺布不得有皱折、翻边、气泡及角位空鼓。

5) 在涂层固化后，可以在上面贴饰面砖或做保护层。

注意：A. 施工环境要求干燥，通风良好；不能在雨中施工。

B. 面与平面的阴角位不能太厚。

C. 每道工序应待上一层表干（手感不粘）后，再批下一层。

### 3.6 装饰工程

#### 3.6.1 明框玻璃幕墙

(1) 概况

本工程商务酒店、商务公寓屋面中间部位以及裙房立面均为明框玻璃幕墙，其面积约为 $1500.00m^2$。

(2) 施工准备

1) 材料：铝材、玻璃、五金配件等经建设方确定后到厂家定货，其质量符合设计要求和现行国家标准。

2) 工程施工机具：水平尺、水平管、手枪钻、大线坠、铝材切割机、电焊机、电锤、胶枪。

3) 劳动力组织：安排一个专业作业队伍进行施工，从制作安装、成品保护、质量安全到竣工验收全面负责。

(3) 施工方法

1) 明框玻璃幕墙施工工艺流程

检验、分类、堆放幕墙部件→测量放线→楼层固定支座的安装→安装立柱龙骨调整、抄平→安装横杆龙骨→玻璃制作与安装→玻璃与铝合金框料间的密封及周边收口处理→清洁。

2) 定位放线

放线工作根据幕墙设计要求和土建提供的中心线及标高进行，在工作层上放出 $X$、$Y$ 轴线，用经纬仪依次向上定出轴线，根据轴线定出预埋件的中心线，放线结束后，队组自检、互检，工长复检，确保竖向杆件安装质量。

3) 安装主、次龙骨

固定支座安装：预埋铁件安装采用 $300mm \times 300mm \times 10mm$ 钢板与主体结构用 $4 \times \phi 12$ 穿墙螺杆焊接，再将骨架竖杆型钢连接件与预埋铁件依弹线位置焊牢。每条焊缝的长度、高度及焊条型号均须符合焊接规范要求，方可进行竖杆主龙骨连接安装，安装好一根即用水平仪调平、固定，待竖向主龙骨全部安装完毕后，复验间距、垂直度，方可安装龙骨，横向次龙骨安装固定采用角铝作为连接件，角铝各有一肢固定横竖杆。

4) 主次龙骨质量控制

A. 主龙骨立柱轴线前后偏差不大于 2mm，左右偏差不大于 3mm，相邻两根主龙骨间距偏差不大于 2mm。

B. 次龙骨相邻两根横杆的水平标高偏差不大于 1mm。

C. 主龙骨全部基本悬挂完毕后，要再逐根进行检验和调整，方可实行永久性固定施工。

5) 玻璃的制作与安装

该项工作在工厂内进行，将玻璃板块根据需要裁割为所需要的规格尺寸，然后进行磨边处理。将磨好边的玻璃运到现场，根据不同规格分类堆放。安装玻璃时，先将玻璃清洗干净，安在框内，并扣上压条。

6）玻璃与铝合金框料间的密封及周边收口处理

玻璃安装后，密封部位必须进行表面清理。清理可用二甲苯，保证表面无溶剂存在。放置衬垫的深度为9mm，密封间隙采用耐候胶灌注，注胶完毕后要用工具将多余的胶压平刮去。

(4) 成品保护

1）上部安装好的幕墙派专人看管，上部应架设挡板遮盖。

2）外架拆除应由上向下拆，防止碰坏玻璃。

3）安装好的幕墙应清洗干净。

### 3.6.2 复合铝板幕墙

(1) 概况

本工程商务酒店、商务公寓屋面中间部位以及裙房立面均为复合铝板明框玻璃幕墙，其面积约为 25000$m^2$。

(2) 施工准备

1）材料：铝材、玻璃、五金配件等建设方确定后到厂家订货，其质量符合设计要求和现行国家标准。

2）工程施工机具：水平尺、水平管、手枪钻、大线坠、铝材切割机、电焊机、电锤、胶枪。

3）劳动力组织：安排一个专业作业队伍进行施工，从制作安装、成品保护、质量安全到竣工验收全面负责。

(3) 施工方法

1）明框玻璃幕墙施工工艺流程

检验、分类、堆放幕墙部件→测量放线→楼层固定支座的安装→安装立柱龙骨调整、抄平→安装横杆龙骨→玻璃制作与安装→玻璃与铝合金框料间的密封及周边收口处理→清洁。

2）定位放线

放线工作根据幕墙设计要求和土建提供的中心线及标高进行，在工作层上放出 $X$、$Y$ 轴线，用经纬仪依次向上定出轴线，根据轴线定出预埋件的中心线，放线结束后，班组自检、互检，工长复检，确保竖向杆件安装质量。

3）安装主、次龙骨

固定支座安装：预埋铁件安装采用 300mm×300mm×10mm 钢板与主体结构用 4×$\phi$12 穿墙螺杆焊接，再将骨架竖杆型钢连接件与预埋铁件依弹线位置焊牢。每条焊缝的长度、高度及焊条型号均须符合焊接规范要求，方可进行竖杆主龙骨连接安装，安装好一根即用水平仪调平、固定，待竖向主龙骨全部安装完毕后，复验间距、垂直度，方可安装龙骨，横向次龙骨安装固定采用角铝作为连接件，角铝各有一肢固定横竖杆。

质量控制：

A. 主龙骨立柱轴线前后偏差不大于 2mm，左右偏差不大于 3mm，相邻两根主龙骨间距偏差不大于 2mm。

B. 次龙骨相邻两根横杆的水平标高偏差不大于 1mm。

C. 主龙骨全部基本悬挂完毕后，要再逐根进行检验和调整，方可实行永久性固定施工。

4）外围护结构组件制作

该项工作在工厂内进行，将复合铝板块裁割为所需要的规格尺寸，用修边机修边，复合铝板与附框用铆钉连接，在附框背面用角铝连接。外围护结构组件组装完毕后，分类运到现场堆放整齐。

5）外围护结构组件安装

安装前，对外围护结构组件的尺寸规格、质量进行认真检查，符合设计要求后，用$\phi 5 \times 25$mm，不锈钢自攻螺钉固定在龙骨上，在固定前要保证组件相互间的齐平及间隙一致。板间表面的齐平采用靠尺进行测定，不平整的部分应调整固定块加入垫块，板间间隙可采用类似木质材料制成的标准尺寸的模块插入两板间的间隙，确保间隙一致，间隙尺寸为18mm。

6）外围护结构组件间的密封及周边收口处理

外围护结构调整、安装后，对密封部位必须进行表面清理。清理可用二甲苯，保证表面无溶剂存在。放置衬垫的深度为9mm，密封间隙采用耐候胶灌注，注胶完毕后要用工具将多余的胶压平刮去。

(4) 成品保护

1）上部安装好的幕墙派专人看管，上部应架设挡板遮盖。

2）外架拆除应由上向下拆，防止碰坏玻璃。

3）安装好的幕墙清洗干净。

### 3.7 屋面冷水机组吊装施工

#### 3.7.1 吊装工程概况

金融中心冷水机房有两个，一个位于主楼五十二层，相对高度为185.55m；一个位于地下-8.60m。五十二层屋面设有3台风冷螺杆式冷水机组，单台运输重量9212kg，外形尺寸（长×宽×高）为7995mm×2295mm×28200mm。屋面设备吊装口位于外墙的南面，设备运输的路径只能从地面层到裙楼五层顶，高度离地面20.70m，另女儿墙高1m；然后，再从五层顶到天面设备基础，这段垂直距离为164.75m，其中设备基础相对高度为0.4m。地下冷水机房有6台螺杆或离心式机组，其中最大712冷吨2台，477冷吨4台。地下机房有直通地面的设备吊装口，可绕车道直达冷水机房。因此，本工程冷水机组的吊装方案只针对天面内冷水机组。

#### 3.7.2 吊装总体规划

通过对现场的勘察测量以及对各种方案的比较，冷水机组的吊装采用分段进行。第一段为地面到五层顶，吊装高度约为23m，采用50t汽车吊。经查证50t汽车吊，主吊31m，回转幅度7m，最大吊装重量12t，因此第一段的吊装使用50t汽车吊完全满足安全、平稳、可靠的施工要求。第二段为五层天面到五十二层设备基础面，吊装高度164.75m，根据现有的资源，采用人字拔杆进行吊装。

#### 3.7.3 第二段吊装机具选择及平面布置

建筑物剖面示意图如图3-24所示。

### 3.7.4 五十二层屋面吊装设备的平面布置

其平面布置如图3-25所示(卷扬机设在机房内和核心墙东侧)。

### 3.7.5 吊具的规格和形式

(1) 杷杆的长度计算

杷杆设在南面核心墙边,大约位于南面中心,这样较有利于拔杆缆风绳的布置,且离建筑物外缘最近。根据图纸的尺寸可算出拔杆下支点离建筑物最外缘为14m,其中考虑外排脚手架2m,设备尺寸1.2m及一定的安全距离0.7m。天面机房层外围暂不考虑女儿墙等障碍物,拔杆作业时可放平。吊重到顶部,由于建筑物顶部四十九层开始缩小,可不考虑吊具、重物高度的影响。故拔杆的最小长度为1.8m。这时外排栅必须拆除。

拔杆作业示意图如图3-26所示。

主拔杆吊重暂定为12t,根据现场的资源情况,选择$\phi 325 \times 8$无缝钢管作主、辅拔杆。由于选择人字拔杆施工,上述主拔杆参数为有效长度(计算长度),实际使用的钢管长度,要通过计

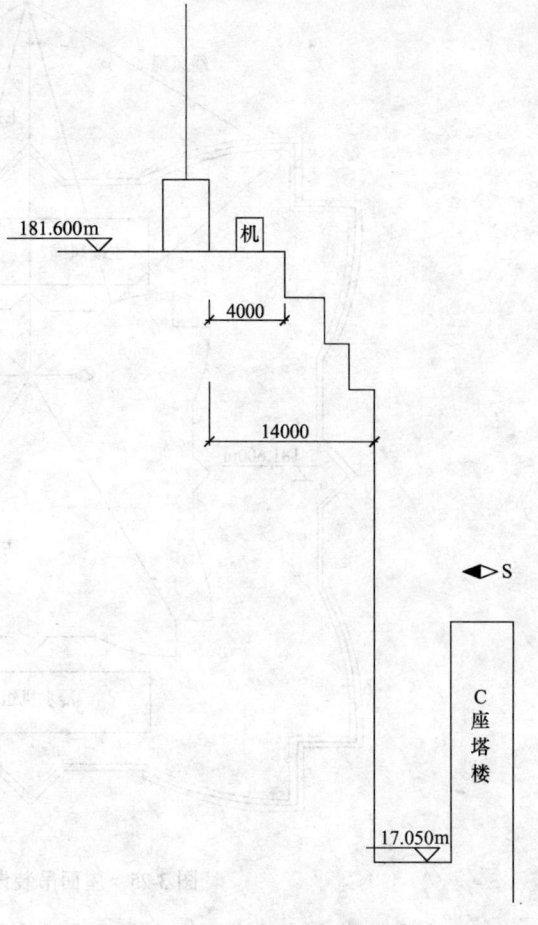

图 3-24 建筑物剖面示意图

算求得。辅拔杆也一样,我们决定辅拔杆的有效长度(计算长度)为8m,加上顶层建筑物15m的高度之和,大于主杆18m。

1) 主拔杆两钢管长度 $L_1$:两钢管底端张开的距离定为8m,此时可求得斜边的有效长度为 $L_1 = \sqrt{(8/2)^2 + 18^2} = 18.44\text{m}$。

两拔杆顶端构成的角度 $\theta_1$ 如图3-27所示。

$$\theta_1 = \arccos(2 \times 18.44^2 - 8^2)/(2 \times 18.44^2) \approx 25.06°$$

考虑到钢丝绑扎位及预留位的长度,故主拔杆的长度需19m。

2) 辅拔杆的长度 $L_2$:两钢管底端张开的距离定为2m,此时求得斜边的有效长度为 $L_2 = \sqrt{(2/2)^2 + 18^2} = 8.062\text{m}$。两拔杆顶端构成的角度 $\theta_2$ 如图3-28所示。

$$\theta_2 = \arccos(2 \times 8.06^2 - 2^2)/(2 \times 8.06^2) \approx 14.26°$$

同样,考虑到钢丝绑扎位及预留位的长度,故辅拔杆的长度需9m。

(2) 绳具的选择

前棱部分:

主钢丝绳1(行业中也称作跑绳)

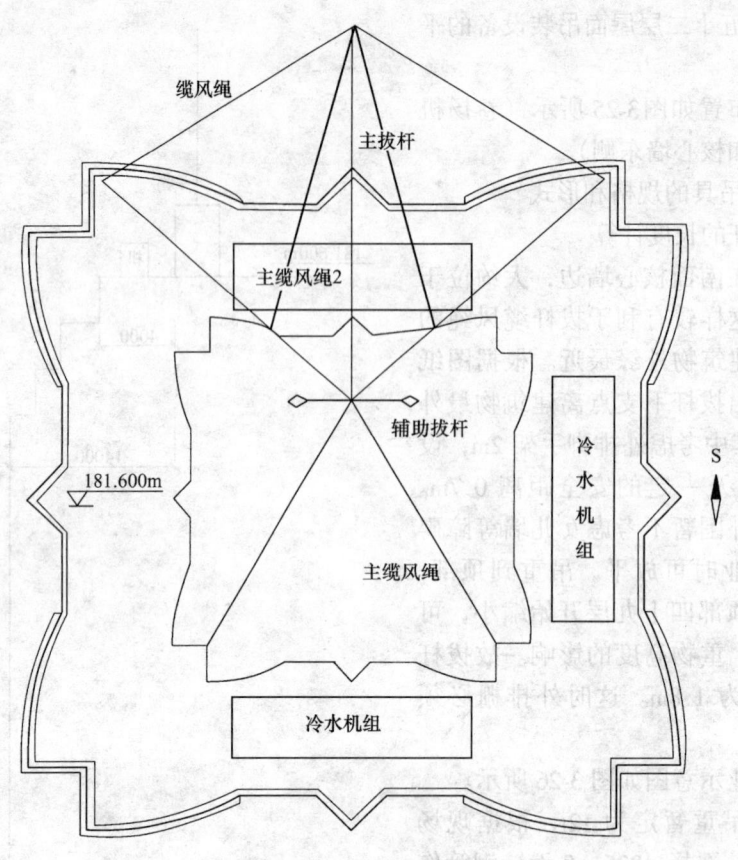

图 3-25 屋面吊装设备平面布置图

用三个滑轮组成的滑轮组作为主受力轮,暂定索具的重量与设备的重量之和为 12t。

此时主钢丝绳 1 的受力为:$T = 12/6 = 2t$ (式 3-1)

主钢丝绳 1 的长度则为:$l = 6 \times 164.75 = 988.5m$ (式 3-2)

选用强度极限为 $155kg/mm^2$,直径 15.0mm,$6 \times 37 + 1$ 钢丝绳按 5 倍的安全系数,可算出它的安全许用荷载为:

$$S_{安} = aP_g/k = 0.82 \times 13.2/5 = 2.1684t$$ (式 3-3)

$S_{安}$ 大于上 T 值,故钢丝绳 1 可用 $6 \times 37 + 1$ 强度极限为 $155kg/mm^2$ 规格。

注:用于滑车,机动轻级安全系数可选择 5 倍。

1)前棱卷扬机的确定

由前面钢丝绳 1 的受力及前棱使用的钢丝绳 1 的长度确定,前棱设两台 5t 卷扬机。连接方式为钢丝绳两端各插入一台卷扬机的卷筒。

钢丝绳的绕法如图 3-29 所示。

2)绑扎定滑轮组的钢丝绳

由表查上规格钢丝绳每百米的质量为 80.27kg,由(式 3-2)可算出主钢丝绳 1 的质量为:$988.5 \times 80.27 \div 100 = 793.47kg$。

滑轮组受到的最主要负荷为钢丝绳与设备重量及动荷载之和,其他的如塞古等重量有

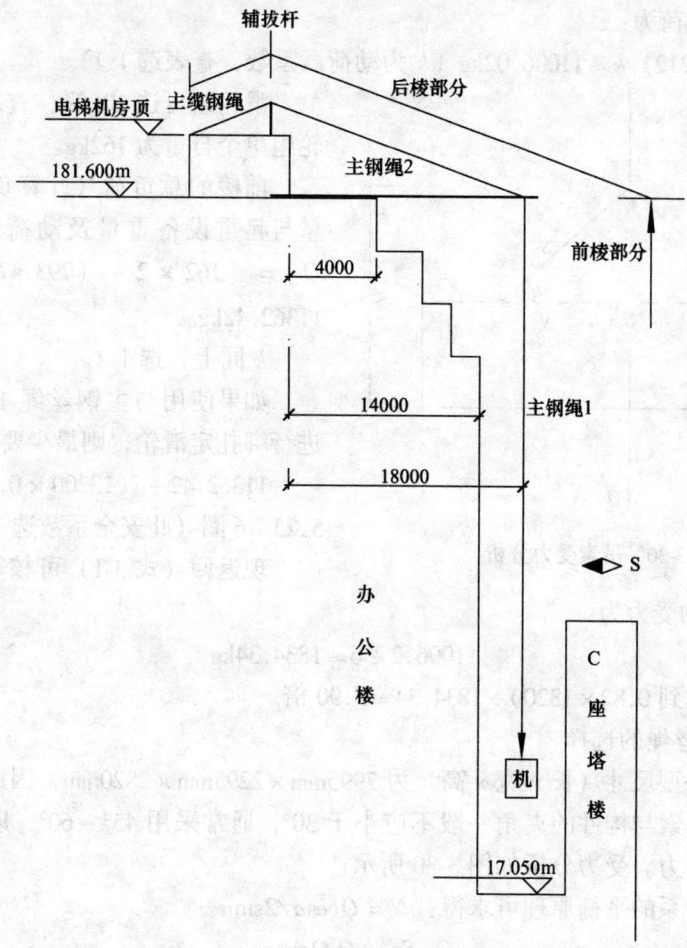

图 3-26 拔杆作业示意图

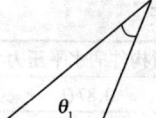

图 3-27 两主拔杆顶端夹角

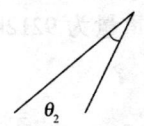

图 3-28 两辅拔杆顶端夹角

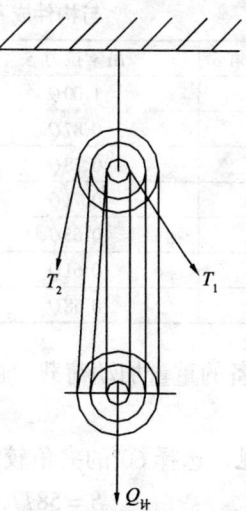

图 3-29 钢丝绳绕法图

限,即滑轮组负荷为:

(793.47+9212)$k$≈11006.02kg($k$为动荷载系数,查表选1.1)

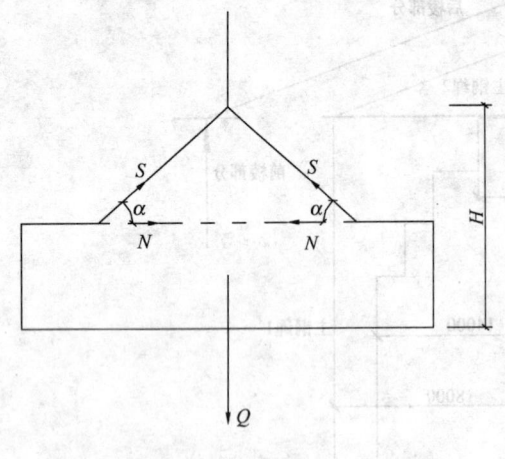

图3-30 吊索受力分析

滑轮组可选10t级,查表可得10t级滑轮组单个自重为162kg。

前棱的总负荷(计算负荷)为索具重量与起重设备重量及动荷载之和,即为:
$Q_{计}$ = [162 × 2 + (793.47 + 9212)]$k$ ≈ 11362.42kg。

$k$同上,选1.1。

如果使用与主钢丝绳1同规格的缆绳进行绑扎定滑轮,则最少要

11362.42 ÷ (13200 × 0.82 ÷ 10 × 2) ≈ 5.25 ≈ 6圈(此安全系数选10)。

现返回(式3-1)可核算出主钢丝绳1(跑绳1)实际的受力为:

$$11006.2 ÷ 6 ≈ 1834.34kg$$

安全系数达到0.82 × 13200 ÷ 1834.34 ≈ 5.90倍

3)吊索钢丝绳的选择

冷水机组外型尺寸(长×宽×高)为7995mm × 2295mm × 2820mm,因此吊索最少要使用双肢形式。吊索与构件的夹角一般不应小于30°,通常采用45°~60°,以减少吊索对构件产生的水平压力。受力分析如图3-30所示。

根据平面力系的平衡原理可求得:$N = Q\cos\alpha/2\sin\alpha$

$$S = Q/2\sin\alpha$$

即吊具在不同水平夹角的受力如表3-6所示:

与构件成不同夹角的吊具受力一览表  表3-6

| 吊索与构件的水平夹角 $\alpha$ | 吊索拉力 $S$ | 对构件的水平压力 |
| --- | --- | --- |
| 30° | 1.00$Q$ | 0.87$Q$ |
| 35° | 0.87$Q$ | 0.71$Q$ |
| 40° | 0.78$Q$ | 0.60$Q$ |
| 45° | 0.71$Q$ | 0.50$Q$ |
| 50° | 0.65$Q$ | 0.42$Q$ |
| 55° | 0.61$Q$ | 0.35$Q$ |
| 60° | 0.58$Q$ | 0.29$Q$ |

$Q$为吊装设备的重量加动荷载,由生产厂家提供的设备重量为9212kg,则$Q$ = 1.1 × 9212kg。

由表3-6可见,选择60°的夹角较为有利,此时

$$S = 5877.2560kg \quad N = 2938.628kg$$

两肢点间是否加横担,看过设备或咨询过厂家后再决定。如果吊索选用同主钢丝绳同规格的钢丝绳,安全系数选用7倍,此时吊索每肢需要钢丝绳的根数为:$S$/(0.8 ×

13200/7）≈3.9≈4根。

如果吊索选择一根强度极限155kg/mm², 6×37+1钢丝绳，其安全系数为7，钢丝绳总破断拉力最小为：$S \times 7 = 41140.792$kg。

查表得到满足上述规格的钢丝绳直径30mm，它的安全荷载为：

$S_\text{安} = aP_g/k = 0.82 \times 52.90/7 \approx 6.197$t；

$S_\text{安} > S$，可以满足施工要求。

另：选择两肢点的间距为5m，此时吊索与滑轮组吊钩交叉点到设备底边高度 $H$ 为：$H = 2.82 + 5/2 \times \tan 60° \approx 7.15$m。

后棱部分：

1）拔杆的受力分析，如图3-31所示。

根据上面的已知条件，辅拔杆支点离墙边定为1m，则可算出以下参数：OA = 19/2 = 9.5m

OB = 18m

OD 垂直高度 = 8 + 15 − 0.4 = 22.6m
（0.4m为设备基础高度）

EB 水平距离 = 18 + 1 + 0.7 = 19.7m

$P$ = 每米 $\phi 325 \times 8$ 重量 × 人字拔杆总长度 = 63 × 38 = 2394kg

$Q_\text{计}$ = 前棱的总负荷 = 11362.42kg。

$\alpha$ = arctan（OD 垂直距离/EB 水平距离）= 48.9°

2）以 O 为中心点，根据平面力系的平衡原理可求出：

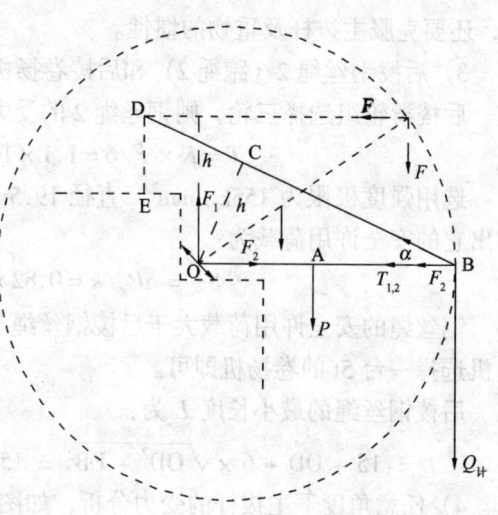

图3-31 拔杆受力分析简图

$$F = (P \times OA + Q \times OB)/OB \times \sin\alpha$$
$$= (2394 \times 9.5 + 11362.42 \times 18)/18 \times \sin 48.9° \approx 16754.95\text{kg}$$
$$F_2 = F \times \cos\alpha = 16754.95 \times \cos 48.9° \approx 11014.29\text{kg}$$

$F_2$ 为 $F$ 的水平分力，对拔杆起到压缩作用。此外，同时还受到前棱经定滑轮组引到两卷扬机两钢丝绳1（跑绳1）拉力同样大小的压力 $T_1$、$T_2$：

$$T_1 = T_2 = 11362.42/6 = 1893.74\text{kg}$$

即此时拔杆顶部受到压力，如图3-32所示。

$$N_\text{压} = T_1 + T_2 + F_2 = 1893.74 \times 2\cos\theta_1/2 + 11014.29 \approx 14711.56\text{kg}$$

当拔杆上升到任意一角度时，如图3-32虚线所示。

$$F' = (OA' \times P + Q \times OB')/h' \qquad \text{(式3-4)}$$

$OA'$、$OB'$分别为 $P$、$Q$ 在水平方向的投影到 O 中心点的距离，随着拔杆的上升而减小，极限为垂直状态，即力臂为零；但 O 点到 $F$ 的垂直距离在增加，极限为拔杆的长度。也就是说（式3-4）分子在减小，分母在增加，拔杆在上升时的受力 $F'$ 在减小。因此，后棱钢丝绳最不利的受力位置就在拔杆正在改变运动状态的一刻，此时不但要克服平衡力

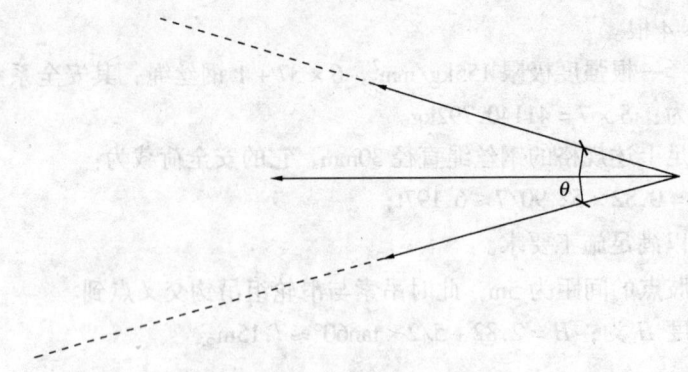

图 3-32 拔杆顶部受力简图

$F$,还要克服主拔杆及重物的惯性。

3) 后棱钢丝绳 2 (跑绳 2) 和后棱卷扬机的选定

后棱滑轮组选择三轮,则钢丝绳 2 的受力为:

$$T = K \times F/6 = 1.1 \times 16754.95/6 \approx 3071.74 \text{kg}$$

选用强度极限为 $155 \text{kg/mm}^2$,直径 19.5mm,$6 \times 37 + 1$ 钢丝绳按 5 倍的安全系数,可算出它的安全许用荷载为:

$$S_{安} = aP_g/k = 0.82 \times 21850/5 = 3583.4 \text{kg}$$

钢丝绳的安全许用荷载大于后棱钢丝绳子(跑绳 2)的受力 $T$,可以使用。后棱的卷扬机选择一台 5t 的卷扬机即可。

后棱钢丝绳的最小长度 $L$ 为:

$$L = 15 + \text{OD} + 6 \times \sqrt{\text{OD}^2 + \text{EB}^2} = 15 + 22.6 + 6\sqrt{22.6^2 + 19.7^2} = 217.49 \text{m}$$

4) 任意角度下主拔杆的受力分析,如图 3-33 所示。

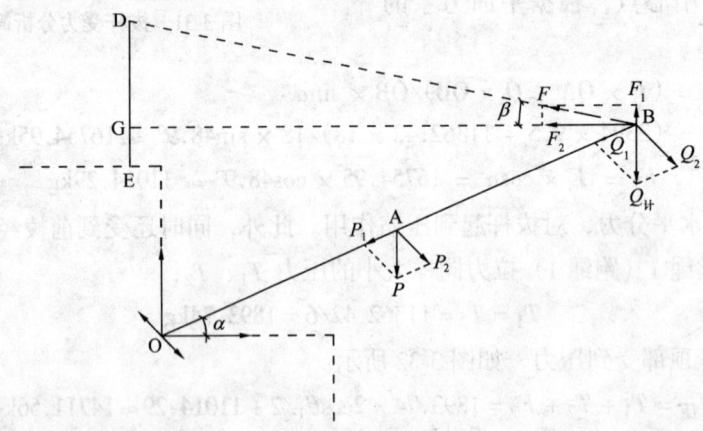

图 3-33 任意角度下主拔杆的受力分析图

由直角三角形的关系可求得:

$$\text{BG} = \text{OB}\cos\alpha + \text{OE} = 18\cos\alpha + 1.7 \text{m}$$

$$\text{GD} = \text{OD 垂直高度} - \text{OB}\sin\alpha = 22.6 - 18\sin\alpha$$

$$\beta = \arctan \text{CD}/\text{BG} = \arctan[(22.6 - 18\sin\alpha)/(18\cos\alpha + 1.7)]$$

$$F_1 = F\sin\beta \quad F_2 = \cos\beta$$

以 O 为中心建立平衡方程：

$$F_1 \times OB \times \cos\alpha + F_2 \times OB \times \sin\alpha = P \times OA \times \cos\alpha + Q \times OB \times \cos\alpha$$

$$F \times \sin\beta \times OB \times \cos\alpha + F \times \cos\beta \times OB \times \sin\alpha = P \times OA \times \cos\alpha + Q \times OB \times \cos\alpha$$

$$F = (P \times OA \times \cos\alpha + Q_{\text{计}} \times OB \times \cos\alpha)/(\sin\beta \times OB \times \cos\alpha + \cos\beta \times OB \times \sin\alpha$$

$$= (2394 \times 9.5\cos\alpha + 11362.42 \times 18 \times \cos\alpha)/(\sin\beta \times 18 \times \cos\alpha + \cos\beta \times 18 \times \sin\alpha)$$

$$= (22743\cos\alpha + 204523.56\cos\alpha)/(\sin\beta \times 18 \times \cos\alpha + \cos\beta \times 18 \times \sin\alpha)$$

$$= 12625.92\cos\alpha/(\sin\beta \times \cos\alpha + \cos\beta \times \sin\alpha)$$

$$= 12625.92\cos\alpha/\sin(\beta + \alpha)$$

$\alpha$ 在不同的角度时，$\beta$、$F$、$F_1$ 的值如表 3-7。

不同 $\alpha$ 值时 $\beta$、$F$、$F_1$ 取值一览表　　　　表 3-7

| 拔杆与水平方向夹角 $\alpha$ | 后棱钢丝绳总拉力 $F$（N） | $F$ 垂直方向分力 $F_1$（N） | $F$ 给拔杆轴向分力 $F_2\cos\alpha$（N） | 后棱钢丝绳与水平方向夹角 $\beta$ |
|---|---|---|---|---|
| 0 | 16754.95 | 12629.76 | 11009.88 | 48.92° |
| 15° | 14345.04 | 9825.33 | 10095.80 | 43.23° |
| 20° | 13505.64 | 8942.04 | 9510.98 | 41.46° |
| 30° | 11826.56 | 7312.02 | 8049.93 | 38.19° |
| 45° | 9083.46 | 5129.24 | 5300.95 | 34.38° |
| 50° | 8167.00 | 4517.17 | 4373.56 | 33.58° |
| 60° | 6323.07 | 3465.97 | 2644.25 | 33.24° |
| 65° | 5403.06 | 3024.48 | 1892.16 | 34.04° |
| 70° | 4489.88 | 2632.11 | 1244.08 | 35.89° |
| 75° | 3586.91 | 2274.30 | 717.89 | 39.35° |
| 80° | 2685.73 | 1908.36 | 328.16 | 45.28° |

上面建立的计算公式及计算的结果验证图 3-31 的分析结果。随着拔杆的上升，$F_1$ 的减小，$Q$ 计给拔杆的轴向压力在增大，$F$ 给拔杆的轴向压力在减小。

实际施工时，拔杆上升的角度无需大于 80°，也不能大于 80°。从表 3-7 可以看出 80° 时，钢丝绳 2（变幅跑绳）的拉力已很小，再继续增大，无需多少拉力，由拔杆及重物组成的运动体系由于惯性就可以向后翻。虽然主拔杆作业时会在前方系两条缆风绳，但操作时它是不受力的，只是预防拔杆大角度吊重时向后翻。拔杆支点离所在层最近外缘距离为 3.5m，由此可算出拔杆需升高的角度为：$K = \arccos 3.5/18 \approx 78.79°$。

吊装的设备还没有完全进入设备层地坪，此时可借助手动葫芦扯进。

5）拔杆强度和稳定性

现核算拔杆在 80° 时的压力状态。如图 3-34 所示。

此时后棱对拔杆的水平分力 $F_2$ 为：

$$F_2 = F \times \cos\beta = 2685.73 \times \cos 45.28 \approx 1889.79 \text{kg}$$

由前面的计算得知：$F = 2685.73$kg　　$F_1 = 1908.36$kg

$$Q_{\text{计}} = 11362.42 \text{kg}$$

$$T_1 = T_2 = 11362.42/6 = 1893.74 \text{kg}$$

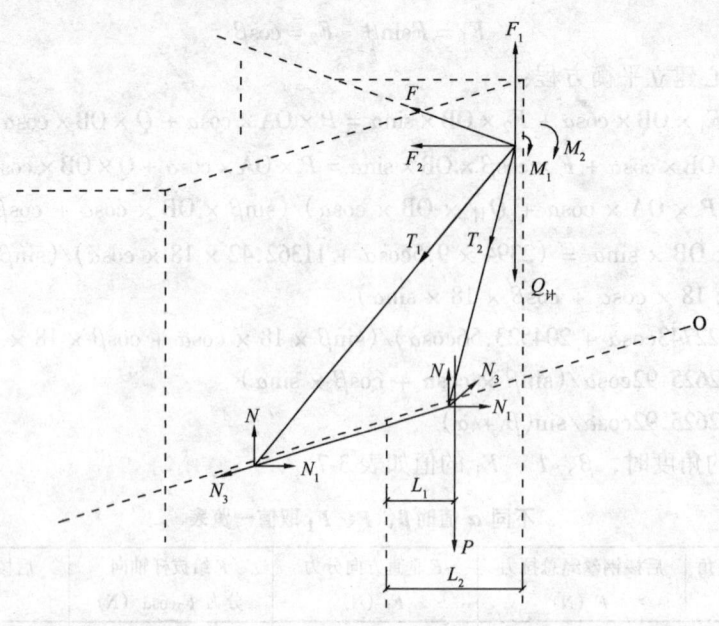

图 3-34 拔杆处于 80°时所受压力示意图

$N_1$、$N_2$ 为地面的反作用力，$N_3$ 为跑绳导向轮的拉力，大小等于 $T_1$、$T_2$。$P$ 为主拔杆的自重：$P = 2394$kg。

图中的 $L_1$、$L_2$ 此时为：

$$L_1 = 19/2\cos80° \approx 1.65\text{m}$$

$$L_2 = 18\cos80° \approx 3.13\text{m}$$

拔杆顶部受到的压力 $N$ 为：

$$N = T_1 + T_2 + Q_\text{计} + F = 2T_1 \times \cos\theta_1/2 + (Q_\text{计} - F_1)\sin\alpha$$

$$= 1893.7 \times 2\cos25.06/2 + (11362.42 - 1908.36)\sin80° \approx 13007.70\text{kg}$$

加上拔杆的自重给它的压力，$N$ 压为：

$$N_\text{m} = N + P\sin80 = 13007.70 + 2394\sin80° \approx 15365.330\text{kg}$$

从表 3-7 及上 $N$ 压值可见：显然拔杆升到 80°时受到的压力比在小于 80°时的压力大，$Q$ 值在 $O$ 时后棱给主拔杆的轴向压力也很大，但此时 $Q$ 计给拔杆的轴向压力为零，相对前者此位置的轴向压力小一点。另外，在实际施工时此位置是要尽量避免的，$\alpha$ 值 15°或稍大对主拔杆的幅度影响不大。因此，位置的强度和稳定性不再核算。

图中 $M_1$ 为跑绳与拔杆轴线间的距离（取 $D = 325$mm）产生的力矩为：

$$M_1 = T_1 \times D = -1893.74 \times 0.325 = 615.4655\text{kg}$$

由整体平衡条件求出支反力 $N_2$ 为：

$$N_2 = (Q_\text{计} + P - F_1)/2 = (11362.42 + 2394 - 1908.36)/2 = 5924.03\text{kg}$$

$$N_1 = (P \times 19\cos80° + 4 \times 18N_2\cos80°)/(4 \times 18\sin80°)$$

$$= (2394 \times 19\cos80° + 5924.03 \times 4 \times 18\cos80°)/(4 \times 18\sin80°)$$

$$= 1155.96\text{kg}$$

拔杆每根中部受到的最大弯矩为：

$$M_{中} = N_2 \times 19/2\cos80° - q \times 19/2 \times 19/2 \times \cos80°(q = 63\text{kg/m}$$为每米钢管的重量$)$

$$= 5924.03 \times 19/2\cos80° - 63 \times 19/2/2\cos80° \approx 8785.30\text{kg}$$

拔杆顶部每根钢管受到的压力为：

$$N_{顶}1 = N/2/\cos(\theta_1/2) = 13007.70/2/\cos(25.06°/2) = 6662.53\text{kg}$$

由于 $Q$ 计偏心，$N_{顶}1$ 造成对顶部的弯矩 $M_2$ 为：

$$M_2 = N_{顶}1 \times D = 6662.53 \times 0.325 = 2165.32\text{kg}\cdot\text{m}(取 D = 325\text{mm})$$

顶部受到的最大弯矩为：

$$\Sigma M_{max} = M_1 + M_2 = 615.4655 + 2165.32 = 2780.79\text{kg}\cdot\text{m}$$

$\phi 325 \times 8$ 无缝钢管截面面积 $A$ 为：

$$A = 1/4(32.5 - 30.9)\pi = 79.6707224\text{cm}^2$$

钢管的截面模量 $W$ 为：

$$W = \pi 32.5/32 \times [1 - (30.9/32.5)^4] = 616.24\text{cm}^3$$

作用在拔杆钢管中部重心截面的应力为：

$$\sigma_{中} = (N_{顶}1 + P/2\sin80°)/A + M_{中}/W$$

$$= (6662.53 + 2394/2\sin80°)/79.67 + 8785.30/616.24$$

$$= 112.68\text{kg/cm}^2 < [\sigma] = 120\text{kg/cm}^2$$

作用在拔杆顶部应力为：

$$\sigma_{顶} = \Sigma M_{max}/W + N_{顶}1/A$$

$$= 278079/616.24 + 6662.53/79.67$$

$$= 534.889(\text{kg/cm}^2) < [\sigma] = 1550\text{kg/cm}^2$$

因此，拔杆的强度和稳定性是安全的。

6) 缆风绳部分

主缆绳 2（跑绳 2）最大的拉力 $F$ 在图 3-31 已求出 $F = 16754.95\text{kg}$。

后缆风绳 $F$ 风必须相等，否则整个系统就不平衡。因此，它们的几何条件做到以 $F$ 为轴线对称设置。如图 3-35 所示。

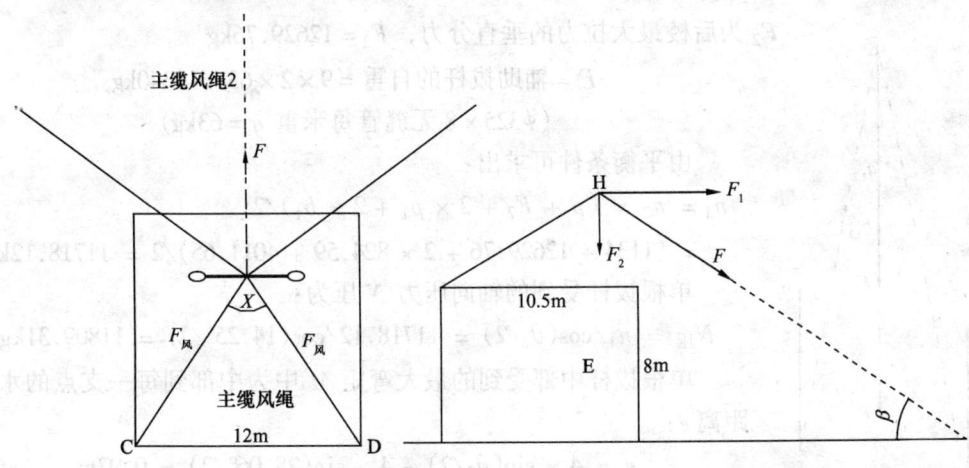

图 3-35 主缆绳 2 受力图

CDH 平面与水平面的夹角为 ε：

$$\varepsilon = \arctan 8/10.5 = 37.30°$$
$$\angle CED = 2 \times \arctan(12/2)/10.5 = 59.49°$$
$$V = \arctan HE/DE = \arctan 8/12.09 = 33.49°$$
$$\angle CHD = X = \arccos(CH2 + DH2 - CD)/2 \times CH \times DH = 48.89°$$

$F$ 在水平方向的分力 $F_1$ 为：

$$F_1 = F \times \cos\beta = 16754.95 \times \cos 48.92° = 11009.88 \text{kg}$$

$F$ 在垂直方向的分力 $F_2$ 为：

$$F_2 = F \times \sin\beta = 16754.95 \times \sin 48.92° = 12629.76 \text{kg}$$

后缆风绳的合力 $F$ 合为：

$$F_合 = F_1/\cos\varepsilon = 11009.88 \times \cos 37.30° = 8758.07 \text{kg}$$

后缆风绳的拉力 $F$ 风为：

$$F_风 = F_合/[2\cos(X/2)] = 8758.07/[2\cos(48.89°/2)] = 4810.23 \text{kg}$$

后缆风绳采用双索，此时每根绳受力为 $F$ 风$/2 = 2405.115$kg。缆风绳的安全系数选择 3.5 倍，用 $6 \times 19 + 1$ 的钢丝绳，直径 14mm，强度极限 155kg/mm$^2$ 的安全荷载为：

$$S_安 = aP_g/k = 0.85 \times 11200/3.5 = 2720 \text{kg}$$

$S_安 = 2720$kg 大于单支风缆绳的受力，可以利用。

前面两次要缆风绳受的力只是其本身的自重及张力，工作时没有拉力，与地面的仰角约为 $\arctan 20/2 = 59°$，角度较大，对拔杆的压力增大。根据经验，它的张力取后工作缆风绳子拉力的 20%，即 962.0kg，型号规格也选择同上，这里不再核算。

缆风绳的最小长度 $\Sigma = 14.5 \times 2 \times 2 + \sqrt{20^2 + 12^2} = 105$m。

辅助拔杆的受力分析，如图 3-36 所示。

$$p_1 = p_2 = 前缆风绳的垂直分力 = 962 \times \sin 59° = 824.59 \text{kg}$$
$$b_1 = b_2 = 工作缆风绳垂直方向分力$$
$$= F_风 \times \cos y = 4810.23 \times \cos 33.49° = 4011.65 \text{kg}$$

$F_2$ 为后棱最大拉力的垂直分力，$F_2 = 12629.76$kg

$$P = 辅助拔杆的自重 = 9 \times 2 \times 63 = 11340 \text{kg}$$

（$\phi 325 \times 8$ 无缝管每米重 $q = 63$kg）

由平衡条件可求出：

$$n_1 = n_2 = (p + F_2 + 2 \times p_1 + 2 \times b_1)/2$$
$$= (1134 + 12629.76 + 2 \times 824.59 + 4011.65)/2 = 11718.12 \text{kg}$$

单根拔杆受到的轴向压力 $N$ 压为：

$$N_压 = n_1/\cos(\theta_2/2) = 11718.12/\cos(14.25°/2) = 11809.31 \text{kg}$$

单根拔杆中部受到的最大弯矩 $M$ 中为中部到每一支点的水平距离 $e$：

$$e = 4 \times \sin(\theta_2/2) - 4 \times \sin(28.06°/2) = 0.97 \text{m}$$
$$M_中 = n_2 \times e + ql^2/8 = 11809.31/0.97 + 63 \times 9^2/8$$

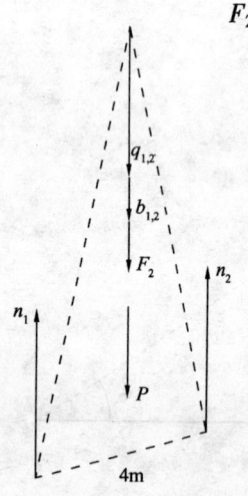

图 3-36 铺拔杆受力分析

$$+ 12092.91 \text{kg} \cdot \text{m}$$
$$(l \text{ 为单根管长} = 9\text{m})$$

钢管的截面模量 $W = 616.24 \text{cm}^3$

$\phi 325 \times 8$ 无缝钢管截面面积 $A = 79.6707224 \text{cm}^2$

作用在拔杆钢管中部重心截面的应力 $\sigma_{中1}$ 为：

$$\sigma_{中1} = N_压/A + M_中/W = 11809.31/79.67 + 12092.91/616.24$$
$$= 167/85 \text{kg/cm}^2 > [\sigma] = 120 \text{kg/cm}^2$$

$\phi 325 \times 8$ 无缝钢管制成的拔杆稳定性不够，因此，必须进级或加强，现改为角钢 L75 × 75 × 8 加强 $\phi 325 \times 8$ 钢管，上述钢管的截面模量为 $W = 843 \text{cm}^3$，截面面积 $A_1 = 125.7 \text{cm}^2$。作用在拔杆钢管中部重心截面的应力为：

$$\sigma_{中1} = N_压/A_1 + M_中/W$$
$$= 11809.31/125.7 + 12092.91/843$$
$$= 108.29 \text{kg/cm}^2 < [\sigma]) = 120 \text{kg/cm}^2$$

辅助拔杆此时安全，可以使用。

### 3.7.6 施工准备及配合工作

（1）吊装作业场地准备

冷水机组拖行路线的障碍物、吊装作业平面内所堆放材料机具必须清走，并对上述区域进行警戒。

（2）杷杆的制作

辅助拔杆和主拔杆均用优质 $\phi 325 \times 8$ 无缝钢管焊接而成，辅助拔杆用4根 75mm × 75mm × 8mm 角钢进行加强，焊缝质量必须良好，不得有缺陷。

（3）起重吊装机具布置按照吊装平面布置图的要求进行吊装机具的布置。

1）固定拔杆底座。

2）将加工制作好的拔杆立在吊装点，并穿好缆风绳和固定好底座。

3）将辅助拔杆缆风绳锚固在相应的锚点。

4）固定好导向滑轮。

5）将卷扬机穿好钢丝绳滑轮组并锚固在指定位置。

6）穿起吊滑轮组和变幅滑轮组。

7）启动辅助拔杆变幅卷扬机，竖立调试主拔杆。

8）准备好拖拉冷水机组用的槽钢、枕木、厚壁钢管和卷扬机等。

### 3.7.7 作业过程

（1）将冷水机组拖拉至五层顶吊装位置

1）用4个15t千斤顶将冷水机组两边顶起，在冷水机组底座下垫上两根14号槽钢，并在槽钢下垫上6根 89mm × 10mm × 3000mm 的厚壁无缝钢管。

2）在冷水机组一头底座挂好捆绑钢丝绳，将卷扬机滑轮组挂在捆绑绳上。

3）慢速开动卷扬机，并通过不断打击无缝钢管的倾角来改变冷水机组滚动的方向，直至将冷水机组拖拉至预吊点，并满足进入设备基础时的方向。

（2）起吊冷水机组

1）用2根 $d=30$mm 的钢丝绳对称捆绑好冷水机组，并挂在起吊滑轮机组的挂钩上。

2）用2根 $d=15$mm 的钢丝绳对称捆绑好冷水机组，并挂好接拉钢丝绳，以留作进入天面时拉扯用。

3）慢慢开动起吊卷扬机，将冷水机组吊离地面10cm，全面检查起吊设施。

4）开动一台卷扬机，将一台卷扬机的卷筒装满钢丝绳后停止。开动另十台卷扬机，直到将冷水机组吊到四十九层左右，然后将卷扬机制动停止。

5）启动辅助拔杆变幅卷扬机，冷水机组慢慢向上并向核心墙移动，直到冷水机组进入设备层时（拔杆角度78°）停止，然后用手拉葫芦或卷扬机扯进设备层。

6）机组在五十二层平面，移动就位。

### 3.7.8 结构主要受力

1）拖动冷水机组时楼板受力为 $550$kg/m²；

2）主缆风绳锚点受拉力 5t；

3）辅助拔杆底座受 $11.7+11.7=23.4$t；

4）主拔杆底座受力 $5.9+5.9=11.8$t。

对结构受力要采取适当措施，主要是加支撑或扩大受力面积。

### 3.7.9 机具一览表（表3-8）

机具一览表　　　　　　　　　　　表3-8

| 序号 | 名称 | 规格 | 单位 | 数量 |
|---|---|---|---|---|
| 1 | 卷扬机 | 5t | 台 | 3 |
| 2 | 卷扬机 | 1t | 台 | 2 |
| 3 | 千斤顶 | 15t | 个 | 4 |
| 4 | 手拉葫芦 | 5t | 个 | 4 |
| 5 | 钢丝绳 | $d=15.0$mm 155kg/mm² $6\times37+1$ | m | 1200 |
| 6 | 钢丝绳 | $d=19.5$mm 155kg/mm² $6\times37+1$ | m | 250 |
| 7 | 钢丝绳 | $d=30$mm 155kg/mm² $6\times37+1$ | m | 50 |
| 8 | 钢丝绳 | $d=14$mm 155kg/mm² $6\times19+1$ | m | 150 |
| 9 | 槽钢 | 14号 | m | 6 |
| 10 | 枕木 | 200mm×200mm×3000mm | m | 20 |
| 11 | 无缝钢管 | $\phi325\times8$ | m | 57 |
| 12 | 无缝钢管 | $\phi89\times12\times3000$ | 根 | 20 |
| 13 | 角钢 | 75×75×10 | m | 16 |
| 14 | 滑轮组 | 3并15t | 个 | 2 |
| 15 | 滑轮组 | 3并20t | 个 | 2 |
| 16 | 滑轮组 | 单并2t | 个 | 8 |
| 17 | 滑轮组 | 单并3t | 个 | 4 |
| 18 | 卸扣 | 15t | 个 | 4 |
| 19 | 卸扣 | 20t | 个 | 4 |
| 20 | 卸扣 | 5t | 个 | 10 |
| 21 | 钢板 | $d=20$mm | m² | 6 |
| 22 | 钢板 | $d=5$mm | m² | 12 |

## 3.8 地板送风中央空调工程

### 3.8.1 操作要领

(1) 机组安装

1) 地板安装及地板下分区

裸露地面用水泥找平干透后，地面贴20mm厚PE板（PE板一面带铝箔，铝箔面朝上）保温。然后安装活动地板，活动地板尺寸为600mm×600mm，活动地板支柱底板与地面用地板胶固定。调整支柱升降螺栓，以保证地板平面水平。

按照送风区、回风区平面布置图，用防火布或20mm厚PE板将地板下分隔成送风区域和回风区域，注意严格保证分区的密封性，以免影响系统空调效果。

2) 安装管线

按照图纸位置，安装水管路、电线及其他按用户要求安装的所有网络线路。

注意：电源线应该满足机组的最大负荷要求，电源电压应在机组的额定电压±10%范围内。必须按国家相关标准连接地线（PE线）。

3) 安装空气处理机和送风机

按照图纸位置，安装空调机。空调机就位后，调至水平。接通水管路和电路等，将分区的间隔部分对接，密封好。

注意：空调机盘管为下进水、上出水。凝水管安装按要求安装水封，以保证有效排水和正常工作。

按照图纸位置调平就位送风机，送风机插头与电源插座可靠连接。

(2) 安装注意事项

1) 空调系统安装完毕前，空气处理机严禁通电开机，以免风机过载烧毁。
2) 必须保证机组工作环境温度高于0℃。
3) 空气处理机和送风机液晶显示屏，严禁接触尖锐物体。
4) 机组必须可靠接地。
5) PE板必须满足国家相关标准对PE板阻燃的要求。
6) 空调机正面需留有1m的维修空间。
7) 送风机上面活动地板（600mm×600mm）上方即为维修空间。
8) 凝水管安装时要注意安装水封，以保证有效排水和正常工作。

### 3.8.2 特点

(1) 灵活性：现今的办公室为了适应不同的要求而经常改动间隔，而灵活空间系统可大大减少任何变更所需要的时间和金钱。维修及保养容易，只需提起架空地板，便可检查或清洁地板下的空间，方便快捷。

(2) 理想的工作环境：若干独立测试显示，使用地下空调系统可改善室内空气质量及超越有关的标准。例如美国供暖及制冷学会对室内空气质量和工作环境所订立的标准。

(3) 用户满意：每部地下终端机均有独立控制器，可根据个人要求作出调校，加上容易清洁，使室内环境更健康舒适，满足用户不同要求。灵活空间系统不但可提高室内空气质量，更可提供舒适的温度和湿度，没有阵风情况出现和降低噪声。

(4) 楼层高度降低：即使架空地板高度需要提升100~150mm，但由于可节省顶棚上的空间，因此整体可节省300~400mm，随之发生的是楼层高度的降低，导致相关的成本和时间都可节省，特别是玻璃幕墙及结构等所需的费用。

(5) 减少改动所需时间及费用：地下空调系统可根据用户需要而作出改动，一般来说，1000m² 规模的一栋楼进行改动所需时间大约是1个星期，而传统的系统则需大约12

个星期。

(6) 适合甲级高档写字楼、商厦以及高级公寓、别墅。

### 3.8.3 效益分析

地板送风空调的经济性主要通过以下方面体现和获得：

(1) 由于取消了空调顶棚技术夹层，每层楼的净空高度一般可节省约40cm，从而节省了建筑结构的费用；

(2) 即使从装饰角度，仍然保留顶棚设计，但各种管线无需预制、预埋，其费用同样因其用料和施工的简化而节省；

(3) 省却了大量风管的制造和安装费用；

(4) 楼面地板平整度要求大大降低；

(5) 大大简化了电力和信息管线的安装和维护费用，运行电费也可节省1/3；

(6) 缩短施工和验收周期，资金周转加快；

(7) 运行节能带来长期的节约效益；

(8) 简化了管理和维护的效益；

(9) 采用"绿色设计"，创造舒适环境，消除"空调病"；室内空气质量改善提高了员工的生产力。

深圳世界金融中心是一座集办公、商住、娱乐为一体的智能化大厦，占地面积10204.7$m^2$，总建筑面积145117$m^2$。由三幢塔楼组成。主塔高206.95m，其六～五十一层采用了地板式送风空调系统，设计空调总制冷量为6000kW，比非地板式空调系统节省制冷功率约10%。通过本工程的使用，充分体现地板式送风空调的优点。

## 4 各项管理及保证措施

### 4.1 质量保证措施

我公司已通过ISO9002系列标准质量认证，在世界金融中心大厦工程施工中，我们仍将本着"运行标准管理，强化质量意识，应用先进技术，提供优质服务"的质量方针，仍将按照ISO9002标准模式的要求建立完整的质量管理保证体系，安排优秀人才，通过科学的管理和严格的质量要求，建造高质量的建筑产品，最大限度地满足业主的要求，实现我们的承诺。

#### 4.1.1 质量保证体系

全面控制施工基础上的工程质量。

(1) 编写质量保证计划

项目部在开工前，根据质量保证手册编写好世界金融中心大厦质量保证计划。

(2) 项目部人员质量管理职责

1) 项目经理：全面负责本项目工程产品质量，贯彻执行公司质量体系文件，主持制定、实施项目质量保证计划，及时组织不合格品的分析会，采取纠正措施，并经专业人员验证，组织好本单位职工的质量教育。

2) 项目技术负责人：负责项目施工全过程的技术管理工作，负责组织编制和审批施工方案、作业指导书、纠正和预防措施，负责施工全过程技术问题处理，提出技术要求。

3）专职质检员：在施工现场跟踪检查，对出现的不合格品进行标识，发出整改通知单，核定分项工程的质量等级。

4）施工员：对自己组织施工的分项工程进行质量评定。

5）班组长：对负责施工的工序，分项工程进行自检合格后，向施工员申请验收。

**4.1.2 质量创优目标**

达到深圳市优良工程（表4-1）。

深圳世界金融中心土建工程质量控制要点一览表　　　　表4-1

| 控制阶段 | 控制环节 | | 控制要点 | 主要控制人 | 参与控制人 | 主要控制内容 | 参与控制内容 | 工作依据 | 工作见证 |
|---|---|---|---|---|---|---|---|---|---|
| 施工准备阶段 | 一 | 设计交底工艺审图 | 1 图纸技术文件自审 | 各专业技术员 | 项目工程师 | 图纸、资料是否齐全，能否满足施工要求 | | 图纸及技术文件 | 自审记录 |
| | | | 2 设计交底或技术文件 | 项目工程师 | 专业工程师 | 了解设计意图，提出问题 | 解决方法 | 同上 | 设计交底记录、技术会谈记录 |
| | | | 3 图纸会审 | 同上 | 同上 | 对图纸的完整性、准确性、合法性、可行性进行会审 | | 同上 | 图纸会审记录 |
| | 二 | 制定施工工艺文件 | 4 施工组织设计 | 同上 | 同上 | 按企业标准编制施工组织设计 | 编制 | 执行相关国家技术标准、验收规范 | 批准的施工组织设计 |
| | | | 5 专题施工方案或施工工艺 | 同上 | 同上 | 组织设计审批 | 编制 | 执行相关国家技术标准、验收规范 | 批准的施工方案 |
| | 三 | 物资及机具准备 | 6 各专业提出需用计划 | 同上 | 同上 | 编制、审核、报批 | 编制 | 图纸、规范、定额 | 批准的施工组织设计 |
| | 四 | 技术交底 | 7 技术总交底和分专业交底 | 项目工程师、项目经理 | 同上 | 组织交底 | 编写交底书施工技术交底 | 施工图验收规范，质量评定标准 | 批准的专题施工方案 |
| | 五 | 焊接工艺 | 8 工艺试验 | 检验工程师 | 焊接责任师 | 审核后报项目工程师 | 报出评定项目和实验报告 | 施工图及评定 | 焊接工艺评定报告 |
| | 六 | 评定设备材料进场 | 9 设备材料进场计划 | 土建、安装工程师 | 材料员 | 编写材料平衡计划组织进度 | 建账立卡 | 材料预算 | 计划 |
| | | | 10 设备开箱检验 | 安装工程师 | 各专业责任工程师 | 核对规格型号，各品各件随箱文件是否齐全 | | 供货清单产品说明书 | 开箱记录 |
| | | | 11 材料验收 | 专业工程师 | 材料员 | 审查质保书，清查数量 | | 合同材料预算 | 材料验收单 |

续表

| 控制阶段 | 控制环节 | | 控制要点 | 主要控制人 | 参与控制人 | 主要控制内容 | 参与控制内容 | 工作依据 | 工作见证 |
|---|---|---|---|---|---|---|---|---|---|
| 施工准备阶段 | 七 | 设备材料进库 | 12 材料保存 | 材料员 | | 分类存放，建账立卡 | | 供应计划 | 进料单 |
| | | | 13 材料发放 | 材料员 | 领料员 | 核对名称、规格型号、材质合格证 | | 限定领料卡 | 发料单 |
| | 八 | 施工机具准备 | 14 设备购置进场 | 项目经理、项目技术负责人 | 专业工程师 | 上报审批 | 报出计划 | | 批准计划 |
| | 九 | 人员资格交底 | 15 焊工资格认可 | 焊接技术负责人 | 焊接责任师 | 审查焊工合格证有效项目 | 检查确认 | 焊工考试规范 | 焊工合格证 |
| | | | 16 质检人员 | 实验室主任 | 项目技术负责人 | 审查操作证 | 确认 | 规程 | 资格证书 |
| | 十 | 人员资格认可 | 17 试验人员 | 实验室主任 | 项目技术负责人 | 确认 | | 规程 | 资格证书 |
| 施工阶段 | 十一 | 开工报告 | 18 确认开工条件 | 项目经理、项目工程师 | 专业工程师 | 质保人员上岗、设备机具进场 | | 施工准备工作计划 | 批准开工报告 |
| | 十二 | 组线标高 | 19 基础及设备基础孔洞螺栓控制 | 测量放线员 | 同 上 | 轴线、标高位置 | 复核检验确认 | 图纸标准 | 测量放线 |
| | 十三 | 材料代用 | 20 材料代用 | 各专业工程师 | 材料员、质检员 | 工艺审核 | | 材料通知单 | 批准意见书 |
| | 十四 | 主体工程施工 | 21 模板铁件制装 | 项目工程师、专业工程师 | 质量检查员 | 主要质保体系运转、确保几何尺寸位置正确 | 实施监督按图按技术标准施工 | 施工验收规范 | 各项原始记录 |
| | | | 22 混凝土制配施工 | 同 上 | 混凝土后台专职质量员 | 按程序施工，确保计量准确，解决技术问题 | 同 上 | 同 上 | 同 上 |
| | | | 23 砌体工程 | 专业工程师 | 质检员 | 主要质保体系运转 | | | |
| | 十五 | 地面及装饰 | 24 楼地面施工 | 同 上 | 同 上 | 主要质保体系运转，确保使用功能及观感质量 | 同 上 | 同 上 | 同 上 |
| | | | 25 室内外装饰工程 | 同 上 | 同 上 | 样板开路,细部处理,确保使用功能及观感质量 | 同 上 | 同 上 | 同 上 |

续表

| 控制阶段 | 控制环节 | | 控制要点 | 主要控制人 | 参与控制人 | 主要控制内容 | 参与控制内容 | 工作依据 | 工作见证 |
|---|---|---|---|---|---|---|---|---|---|
| 施工阶段 | 十六 | 门窗工程 | 26 安装 | 各责任工程师、质量检查员 | 各责任工程师、质量检查员 | 组织实施 | 检查确认安装工作准备就绪 | 方案 | 吊装记录 |
| | 十七 | 防水工程 | 27 底板与墙板防水 | 防水专业工程师 | 同上 | 主要质保体系运转，确保解决技术问题 | 实施监督按图按技术标准施工 | 检查报告记录 | |
| | | | 28 防水工程保护 | 同 上 | 防水工程师 | 审核翻修方案 | | | |

（1）质量目标

1）分项工程质量一次合格率为100%，优良率为90%。

2）单位工程竣工一次合格率为100%，优良率为70%。

（2）质量控制点

一定要把好各个控制点的质量关。

1）原材料的采购。

2）高层垂直偏差和高层控制。

3）转换层的施工。

4）防水工程。

5）混凝土的浇筑和养护。

6）砌筑工程。

7）劲性钢骨架、钢筋的焊接和绑扎。

8）模板的组合、安装、表面清刷。

9）室内装修：墙体粉刷、墙体贴面砖、漆墙体涂料。

10）楼地面贴面砖。

11）外墙装修：玻璃幕墙、花岗石饰面、铝板幕墙、外墙贴面砖。

12）门窗的安装。

13）水电暖卫管道的安装。

**4.1.3　质量保证措施**

（1）建立公司领导小组为首的技术质量监控机构，落实人员、落实岗位、落实责任，对本工程项目的质量作全面控制。

（2）加强技术管理工作，认真贯彻和执行国家施工和验评及各项管理制度，明确岗位责任制，认真熟悉图纸和施工组织设计，做好技术交底，建立健全技术校核制度。

（3）生产会议和质量会议制度

定期或不定期召开生产会议，在安排生产计划的同时，做好质量工作安排，定期召开专题质量会议，由施工技术负责人和专职质检员做出质量动态报告，研究制定质量工作计划和对策。

（4）对专业工程人员的技术资质审核

对进入施工现场作业的所有特殊专业工种的管理人员和技术工人的技术等级必须进行事前审核。对经技术培训考核不合格的，不予安排相应工作。对所有专业分包单位，其专业工种的管理人员和技术工人均必须提交名单和技术资质材料。

（5）施工中，针对具体施工项目QC活动小组，以指导和解决施工中的关键问题。

（6）加强施工过程中的跟踪检查，认真贯彻"预防为主"的方针，坚持认真执行质量自检、互检、交接检的"三检制"对施工全过程实施全方位质量控制，推行土建和水电等设备安装各工种的质量联检制度，及时办好各项隐蔽工程检查验收及各工序的质量检验评定工作，确保各道工序的工程质量，做到上不清、下不接，把质量问题消灭在萌芽状态。

（7）严格把好原材料及半成品质量关，凡进入施工现场的各种原材料及半成品（钢材、水泥、防水材料、饰面材料、门窗、卫生洁具、水电材料及设备等），必须持有产品合格证，同时认真、及时做好各种原材料的抽样复检工作和半成品的检验工作，对于不合格的材料坚决不准在工程中使用，以确保工程质量。

（8）严格按图纸及规范施工，按ISO9002标准对工程进行施工前和施工过程中的控制，认真贯彻技术和质量管理交底制度、技术复核制度和原材料制度。

（9）对高程垂直偏差和高程控制、平面控制，应设立专门的测量放线小组，编制测量放线方案，建立高程控制网和平面控制网。

（10）模板安装必须有足够的强度、刚度和稳定性，保证结构尺寸准确和表面质量。

（11）钢筋焊接质量应符合《钢筋焊接及验收规程》（JGJ 18—2003）的规定，钢筋接头位置、数量应按图纸及规范要求设置。

（12）混凝土采用商品混凝土，同厂家协商，改善高强度混凝土的性质，避免高强度混凝土的裂缝问题。做好已浇筑混凝土的养护，施工缝严格按设计要求及规范要求留置，并做好施工缝的处理。

（13）装饰工程先做样板或样板块，施工中严格操作工艺，精心组织施工，克服质量通病，同房间的装饰颜色一致，保证装饰工程的质量。

（14）混凝土试块按照《混凝土结构工程施工质量验收规范》（GB 50204—2002）要求进行制作，养护试压，模板拆除以指导试块为依据。

（15）地下室防水要严格按图纸精心施工，确保各防水工序做到位，再进行下道工序的施工。

（16）劲性钢骨架施工

劲性钢骨架分包给有丰富钢结构施工经验的单位，由其提出具体的质量保证计划，但作为总包方一定要严格监控好质量。

1）钢骨架的存放、安装

A. 钢构件存放场地应平整、坚实、无积水；钢构件应按种类、型号、安装顺序分区存放；钢构件底层垫枕应有足够的支承面，并应防止支点下沉；相同型号的钢构件叠放时，各层钢构件的支点应在同一垂直线上，并应防止钢构件被压坏和变形。

B. 钢结构安装前，应对钢构件的质量进行检查，钢构件的变形、缺陷超出允许偏差时，应进行处理。

C. 柱安装时，每节柱的定位轴线应从地面控制轴线直接引上，不得从下层柱的轴线引上。

D. 钢结构安装的测量和校正，应根据工程特点编制相应的工艺。

E. 主体结构总高度偏差值全部符合现行国家标准《钢结构工程施工质量验收规范》（GB 50205—2001）的规定。

2）钢结构焊接

我方单位与分包方单位密切合作，制定出一套分包方焊工自检和我方质检员专检的质量保证程序网，把好焊接这一特殊工序的焊前、焊中和焊后检验控制关，严格按图纸和《钢结构工程施工质量验收规范》（GB 50205—2001）施工。

3）焊接检验

A. 各种结构钢在焊缝冷却 24h 后进行 100% 的外观检查，焊缝的焊波要均匀平整，焊缝表面不得有裂纹、气孔、夹渣、焊瘤和未填满的弧坑。

B. 焊缝的位置、外形尺寸必须符合施工图和现行《钢结构工程施工质量验收规范》（GB 50205—2001）的要求。

C. 超声波检测

所有的对接焊缝在完成外观检查之后应按图纸要求进行 100% 的超声波无损检测，标准执行《钢焊缝手工超声波探伤方法和探伤结果分级》（GB 11345—89）焊缝质量不低于 B 级的 I 级。

D. 焊缝中的缺陷修复

焊缝检出缺陷后，要制定焊缝返修方法。外观缺陷返修较简单；对焊缝内部缺陷，应用碳弧气刨去缺陷，刨去长度应在缺陷两端各加 50mm，刨削深度也将缺陷完全清除，露出金属母材，并经砂轮打磨后施焊，用与正式焊缝相同的焊接工艺进行补焊，用同样的标准进行检验，同一条焊缝允许返修两次。补焊返修后的焊缝重新进行探伤。

(17) 配备专人收集整理工程技术档案资料，保证各种技术资料与工程进度同步，工程结束按档案馆的要求，资料整理齐全，装订成册。

## 4.2 施工安全措施

认真贯彻党和国家制定的安全生产方针，在施工管理中突出"预防为主，安全第一"的方针，把确保职工和行人的人身安全和生产放在一切工作的首位。

### 4.2.1 项目部人员安全管理职责

项 目 经 理：全权负责本工程的安全问题。

技术负责人：负责技术问题的处理，坚决避免由于技术问题引起的安全隐患。

专职安检员：跟踪检查施工现场的安全问题，及时发现及时解决，监督各工长、班组长履行好各自的安全管理职责。

工　　　长：负责好自己组织施工的分项工程范围内的安全问题。

班　组　长：负责好具体的安全措施的实施，具体人员的安全问题。

（1）安全目标：杜绝死亡，负伤率控制在 12‰ 以内。

（2）现场施工安全措施

1）建立健全安全领导小组，项目经理为安全生产第一责任人，在该项目经理领导下，建立完善的安全生产保证体系，把安全生产岗位责任落实到每个部门、每个班组、每个人，发动全员关心安全生产，提高安全意识。

2) 坚持"管生产必须管安全","谁组织施工，谁负责安全"的岗位责任制，加强全员的安全教育，发放、传阅安全教育图书，开展各种形式的安全活动，时时刻刻敲响安全生产的警钟。

3) 坚持开展入场安全教育，坚持班前安排生产的同时，交待安全注意事项和应采取的措施。

4) 加强特殊作业人员的培训、考试、发证工作，坚持持证上岗，严禁无证人员从事特种作业工作，谁乱指挥、乱安排，谁负责任。

5) 施工现场要认真按《建筑施工安全检查评分标准》（JGJ 59—99）及《施工现场临时用电安全技术规范》（JGJ 46—2005）落实各项安全技术措施，并加强检查、验收和隐患整改。

6) 现场施工用电线路的布置要规范化，并做到三级漏电保护和一机一闸，严禁拖地线、焊把线、裸露线；漏电保护器要灵敏、可靠；夜间施工要有足够的照明；在坑边、洞口等危险区域设明显标志和红灯示警。

7) 起重机要有齐全、有效的安全限位装置；安装、拆除要有施工方案；机械安装后要经试吊、验收方能交付使用；严禁起重机械超负荷和带疲作业；严禁"翻山吊"，各种机械必须挂该机的安全操作规程及机械人员的岗位责任牌；加强机械运转过程中的指挥工作，保证专机专人；机械设备应配备齐自身的避雷装置，并做好引地埋线。

8) 现场沟、坑、洞边应设可靠的安全护栏，必要时加盖封闭。

9) 架体的搭设或拆除要规范化，要有专项的经总工审批的搭设或拆除方案；架体应横平竖直，结构构造要合乎要求，防护要严密；拉结应牢固、稳定。

10) 大风、雷雨天气到来时，要及时将高空作业人员撤到安全区，并注意保护电源，必要时停止供电，同时做好机电设备、面具、材料的防雨、防风措施，5级以上大风应停止机械垂直起吊运输。

11) 坚持用好"三宝"，做好"五临边"的防护，做好班组上岗安全活动记录和安全交底记录。

12) 雨天施工要切实做好防雨、防滑措施，在平台及坡道上设置可靠的防滑条，备足备齐防雨用具。

13) 高空作业应按要求系好安全带，严禁穿拖鞋及硬底鞋高空作业，高空作业人员应做定期体检；夜间施工应保证照明充足。

14) 建筑外架侧用安全网满挂实行全封闭施工，以免杂物落下伤人。高空搭设时工具应妥善使用并保管，宜先将其固定或系于建筑结构上，以免失手，伤害现场人员。

15) 建筑人员出入口应搭设安全棚架，其上铺竹板，同时入口上侧悬挂安全警示牌。

16) 结构施工期间，周边临建房屋面应保证牢固并能够抗冲击，抗物体打击。

17) 在商务公寓的民居楼处搭设安全防护棚，以确保民居楼出入人员的安全。

(3) 现场治安保卫措施

1) 施工现场建立门卫和巡逻护场制度，护场守卫人员佩戴执勤标志。

2) 实行凭证件出入的制度。

3) 加强对包工队的管理，掌握人员底数，签订治安协议，非施工人员不得进入施工现场，特殊情况要经保卫工作负责人批准。

4）更衣室、财会室及职工宿舍等案件多发场所派专人管理，制定防范措施，防止发生盗窃案件。

5）施工现场严禁赌博、酗酒、传播淫秽物品和打架斗殴。

6）料场、库房的设置应符合治安要求，并配备必要的防范措施；贵重、剧毒、易燃易爆、放射性物品，要设专库专管；建立存放、保管、领用、回收制度，做到账物相符；职工携物品出现场，要开出门证。

7）做好成品保卫工作，制定具体措施，避免盗窃、破坏和其他治安灾害事故的发生。

8）施工现场发生各类案件和灾害事故，要立即报告并保护好现场，配合公安机关查破。

(4) 现场防火措施

1）建立健全施工现场防火制度，增强防火意识，按规定设置明显防火标志和标牌，配备有效的消防器材，坚持施工动火审批制度。

2）现场配专人负责消防工作。

3）强化安全的检查制度，由各级领导负责组织，有关职能人员参加，查出的事故隐患，要定人、定措施，限期解决。

4）消防管理措施

A．建立现场消防管理规定

a．现场施工区域内严禁吸烟和随便使用明火，并设置灭火器材和消防用水。

b．现场用火要经生产负责人批准，办理用火手续，持用火证方可使用明火。

c．电、气焊作业必须严格执行"十不烧"的规定。

d．易燃、易爆物品及场所要妥善保管和及时清理。

严禁使用非生产电热器和明火器具。

用电设备和导线严禁超负荷运转。

消防器材不得随便挪动或当作他用，保持其周围的道路畅通。

严格执行有关的消防法规和消防条例。

B．施工现场必须按消防部门的有关规定或施工组织设计设置的消防用水池、消火栓和消防砂坑，办公楼、生活区、易燃物周围、库房等必须按消防部门规定设置消防器材，在各消防通道口、楼梯口、建筑物较为明显的地方，设置消防用灭火器。

C．电气防火根据本施工现场的需要设置。

D．要设置消防用水，各楼层在混凝土浇筑之前，必须将消防水管接到此楼层，并派专人监护，保证水源随时供应。

E．在进行上层焊割作业时，下面必须派专人监护，并准备消防用水和灭火器。

F．项目部要找一些责任心较强的人员成立义务消防队，公司负责对义务消防队的每个成员进行消防知识培训，使其了解基本的消防知识。

G．项目安全部门和保卫部门要定期对现场消防进行检查，并做好记录，及时整改。

**4.3 文明施工和环境保护措施**

**4.3.1 文明施工**

(1) 现场要按标准文明工地要求，做到施工期间"六有"，即有宣传标语黑板报、有工程概况、计划进度、平面布置、管理制度、场容分片。

（2）场内布置"四整齐"，即工具堆放一头齐，各类材料、构配件分类堆放整齐，暂设工程搭设、消防设施安放整齐，井架设置整齐。

（3）场内做到"三无"，即场内道路畅通无阻，排水畅通、无积水，场地无施工垃圾。

（4）"四净"，即操作地点周围整洁干净，各种材料清底干净，门窗管道、暖卫电器具上残留灰浆清净，临设工程室内外干净。

（5）"四清"，即工完场地清，活完脚下清，当日作业当日清，搅拌机台刷洗清。

（6）"四不见"，即不见零散建筑材料、构件、工具等，不见杂物、烟纸堆，不见剩灰浆、刨花、废钢丝、钢管等，不见电线、焊把线随地走。

（7）"三好"，即安全生产好，正确使用"三宝"，搞好"四口"、"五临边"防护；施工秩序好；成品、半成品保护好。

#### 4.3.2 环境保护

（1）施工现场防扬尘措施

1）使用封闭的专用垃圾通道或采用容器调运来清理施工垃圾，严禁随意抛散，施工现场要及时清运，清运时适量洒水，以减少扬尘。

2）施工现场要在施工前做好施工道路的规划和设置，可利用设计中永久性的施工道路，若采用临时施工道路，基层要夯实，路面铺垫焦渣、细石，并随时洒水，以减少道路扬尘。

3）散水泥和其他易飞扬的细颗粒散体材料应尽量安排在库内存放，如露天存放，应采用严密遮盖，运输和卸运时防止遗撒、飞扬，以减少扬尘。

4）生石灰的熟化和灰土施工要适当洒水，杜绝扬尘。

（2）施工现场防止水污染措施

1）施工现场由于气焊的使用，乙炔发生罐产生的污水严禁随地倾倒，要求专用容器集中存放，倒入沉淀池处理，以免污染环境。

2）施工现场临时食堂，要设置简易、有效的隔油池，产生的污水经下水管道排放要经过隔油池。

3）施工现场要设置专用的油漆油料库，油库内严禁放置其他物质，库房地面和墙面要做防渗漏的特殊处理，储存、使用和保管要专人负责，防止油料的跑、漏、冒，污染水体。

4）禁止将有毒有害废弃物作土方回填。

（3）施工现场提倡文明施工，建立健全控制人为噪声的管理制度，尽量减少人为的大声喧哗，增强全体施工人员防噪声扰民的自觉意识。

（4）使用商品混凝土，减少搅拌噪声。

（5）施工现场的厕所要设置在远离食堂30m以外，其内外做到干净、卫生，在高层建筑楼上设置便桶，严禁在楼内随地大小便。

（6）食堂要有相应的食品原料处理、加工、储存等场所及必要的上下水及卫生设施，要做到防尘、防蝇，以避免污染。

#### 4.3.3 成品保护

加强对职工的教育，提高职工质量意识，使其自觉做好成品保护工作。制定成品保护措施和成品保护管理制度,分清交叉作业中成品保护的责任。一般情况下,成品损坏应由损坏者负责,责任落实到班组,落实到人。

### 4.4 风雨期施工及意外应急措施

风雨期施工的主要技术措施如下:

(1) 施工期间,安排专人负责收集、发布气象资料,及时通报全体施工人员,以便安排工作和及时采取措施。

(2) 由于地下室施工时进入雨期,须在地下室底板四周设置排水沟,并间隔一定距离设置集水井,用大功率抽水泵将水抽出地面,排到现场排水沟,进入市政府排水系统。

(3) 地面有的排水沟因土方开挖受到破坏,因此除完善已有的地面排水系统,还需在施工全过程中加强对排水沟的保护和管理。清除沟内杂物淤泥等,保持排水沟的畅通。

(4) 钢骨架和钢筋工程雨期施工需施焊时,须做好防雨措施,搭设防雨棚。必须戴绝缘手套、穿绝缘鞋,做好防漏电、防雷工作。风季施焊时,必须设置挡风板,注意防止焊花随意飘落,引起火灾。遇到5级以上大风时,应停止高空作业,停止钢构件的吊装,禁止用塔吊进行吊装、转空作业。每天下班时,应按规定将塔吊前臂锁定。

(5) 脚手架严格按规范要求进行搭设并和建筑物连接,遇强风天气不得进行露天攀登,施工人员应撤离,待大风停止后再恢复施工。所有的脚手架在雨期均需采取防滑措施,在经大风之后,要对脚手架进行全面检查;如发现倾斜下沉、松扣或崩扣,要及时修正,经检查合格后,方可恢复施工。

(6) 遇8级以上大风、台风时,全部施工人员提前撤离现场,对施工现场内的临建要做好加固工作。

(7) 混凝土浇筑前,应先获得较准确的天气情况。尽量避免雨天施工。一般小雨时,在浇捣后的混凝土表面覆盖一层塑料薄膜,大到暴雨时应停止浇捣工作,并注意施工缝的设置要符合设计和施工规范的要求。

(8) 所有运至现场的钢构件要加强防雨工作,进场后堆放构件时,下面要垫木方,防止构件在存放过程中锈蚀而影响工程质量。

(9) 钢结构安装雨期施工阶段,所有焊接机械设备及工具,均采用全封闭式工具棚,以免设备受潮,确保现场施工。

(10) 根据工程的实际需要,购置防雨用具,设专人专库管理,严禁挪作他用。

# 5 新技术推广应用

### 5.1 新技术推广应用

科学技术是第一生产力。在施工中推广科技,应用新技术,有利于保证工程的质量,加快施工进度,缩短工期,提高企业的经济效益和社会效益,同时促进建筑业科学技术进一步发展。

### 5.2 新技术推广应用的保证措施

(1) 成立以项目总工和经理为首的领导小组,聘请公司总工程师为技术指导,领导科技推广示范工作，解决施工中推广应用出现的技术问题和其他诸如经费等方面的问题。

(2) 新技术、新材料、新工艺推广项目要列入施工组织设计方案，安排好生产计划，按月或季度与工程进度、质量、安全同时进行检查验收，检查考核结果，按季度向上级汇报。

(3) 奖励方法：凡积极参加并取得成果者，除按部级、总公司级、局级等不同级别实行物质奖励外，在以后的晋级和评定职称中均作为业绩考虑。

### 5.3 科技推广项目

根据局里的建议，结合本工程的特点和公司实际情况，提出以下科技推广项目。

**5.3.1 地下室中顺边逆法施工（深基坑支护技术）**

本工程地下室结构施工采用中顺边逆法施工技术，即地下室结构中间部分顺作，四周部位逆作施工。

**5.3.2 高强、高性能混凝土技术**

(1) C50～C70高强混凝土技术：金融中心工程在二十七层以下竖向受力结构中多处采用高强混凝土。

(2) 预拌混凝土技术：本工程所用混凝土均采用商品混凝土。混凝土中掺高效减水剂、粉煤灰。

(3) 补偿收缩混凝土技术：裙房及地下室楼板采用无缝设计（即无后浇带，以加强带代替），加强带采用掺加14%UEA的补偿收缩混凝土。

(4) 杜拉纤维混凝土技术：裙房屋面游泳池部位及第六层结构转换层部位的混凝土采用杜拉纤维混凝土。

**5.3.3 粗直径钢筋连接技术**

(1) 直螺纹连接技术：本工程中水平及竖向$d \geqslant 25mm$钢筋接头采用直螺纹连接，连续墙（兼作地下外墙）中预埋梁板钢筋接头也为直螺纹；共计采用直螺纹接头约14000个。

(2) 电渣压力焊技术：本工程中竖向$d \geqslant 16mm$钢筋接头均采用电渣压力焊连接。

**5.3.4 脚手架应用技术**

本工程施工用外架采用型钢悬挑外架。

**5.3.5 建筑节能和新型墙体应用技术**

(1) 混凝土小型空心砌块、加气混凝土砌块的应用：地面层及以上填充外墙为混凝土小型空心砌块，内墙为加气混凝土砌块。

(2) 地底式空调施工技术：A栋主楼六～五十一层为地底式空调制冷系统。

(3) 大型隐框玻璃幕墙及中空节能玻璃施工技术：本工程外墙为玻璃幕墙及幕墙窗，幕墙窗采用了中空玻璃。

**5.3.6 新型建筑防水和塑料管应用技术**

(1) 新型建筑防水应用技术：本工程屋面均采用氯化聚乙烯-橡胶共混防水卷材，首层室外楼板、裙房屋面游泳池、卫生间采用聚合物水泥基防水涂膜防水。

(2) 塑料管等新型管材应用技术：本工程给水排水工程主要运用了PE（聚乙烯）双层管、PPR（聚丙烯）管、卡箍式离心铸铁排水管。

5.3.7 钢结构技术

(1) 钢-混凝土组合结构技术：办公楼 A 栋十层以下所有柱（共计 16 根）、住宅 B 栋 ⑥轴交Ⓗ、Ⓙ、Ⓚ轴的（3 根）柱子采用钢骨混凝土柱（五层及以下），裙房地面层～五层 ⑥、⑧轴为跨度为 17.2m 的梁为钢骨混凝土梁。

(2) 屋顶钢结构施工技术：本工程在大厦标高 196.500m 的屋顶上设置一高 35.95m 的钢结构塔架。

5.3.8 大型构件整体安装技术

金融中心五十二层屋面设有 3 台风冷螺杆式冷水机组（安装高度为 185.15m），采用自制人字拔杆进行吊装。

5.3.9 计算机应用和管理技术

(1) 数字监控系统的应用：应用"E"眼网络数字监控系统对施工现场进行全方位监控，在办公室通过电脑可观察到施工现场情况。

(2) 计算机与软件应用：利用计算机及相关软件进行施工预算、报价，编制施工组织设计、施工方案，计划统计，财务管理，文档与资料管理。

5.3.10 BW 橡胶止水带的应用

地下工程底板施工缝、外墙施工缝及柱根部与底板结合处均采用 BW 橡胶止水带防水（代替钢板止水带）。

# 6 主要经济技术指标

(1) 本工程工程质量达到深圳市优良工程。
(2) 安全文明施工，实现文明工地。
(3) 本工程科技进步效益见表 6-1。

科技进步效益汇总表　　表 6-1

| 认证书编号 | 名称 | 经济效益（万元） | 科技进步效益率（%） | 其他 |
|---|---|---|---|---|
| 001 | 地下室逆作法 | 249.8 | | 节约了工期 20d |
| 002 | 高强混凝土的应用 | 20 | | 节约使用面积 1250m² |
| 003 | 杜拉纤维应用 | 2.1 | | 提高了混凝土质量 |
| 004 | 补偿收缩混凝土技术 | 5.8 | | |
| 005 | 粗钢筋连接技术 | 20 | 387.2 万元（经济效益）÷17800 万元（工程实际造价）= 2.2% | 节约了钢材 |
| 006 | 地板送风中央空调系统的应用 | | | 节约空调约 8% |
| 007 | 大型构件整件吊装技术 | 31 | | |
| 008 | 计算机应用和管理技术 | 17 | | |
| 009 | 新型材料"砂浆王"的应用 | 33.5 | | |
| 010 | BW 橡胶止水条的应用 | 8 | | |
| 合计 | | 387.2 | | |

# 第二十七篇

# 南宁国际会议展览中心二期工程施工组织设计

编制单位：中建八局二公司
编 制 人：毕 磊
审 核 人：戴耀军

**【摘要】** 南宁国际会议展览中心二期工程是在一期工程运作成功的基础上，进一步拓展展厅功能，更好地发挥展览中心的作用，为中国-东盟博览会的成功召开提供平台。该工程二期建筑面积约6万$m^2$，整个会展中心建筑规模宏大，气势雄伟，是广西区南宁市的标志性建筑，该工程的建成，为发展广西经济、扩大与东南亚经贸往来具有十分重要的意义。本工程为大跨空间结构，基础采用人工挖孔桩，纵向受力构件为钢筋混凝土核心筒，屋盖采用钢桁架结构，单体跨度72m，采用整体吊装法施工，该施工组织设计内有许多施工新技术以及确保工期及质量的措施。

# 目　录

1 工程概况 ································································································· 438
  1.1 建筑及装修工程概况 ·············································································· 438
  1.2 结构工程概况 ······················································································ 439
  1.3 安装工程概况 ······················································································ 439
  1.4 主要实物工程量 ··················································································· 439
  1.5 项目特点及工程施工重点和难点分析 ··························································· 439
    1.5.1 项目的建设意义 ············································································ 439
    1.5.2 施工条件分析 ··············································································· 440
    1.5.3 施工难点及重点 ············································································ 440
2 施工部署 ······························································································ 440
  2.1 施工指导思想和实施目标 ········································································· 440
    2.1.1 指导思想 ····················································································· 440
    2.1.2 实施目标 ····················································································· 441
  2.2 项目管理组织机构 ················································································· 441
  2.3 施工流程顺序及施工段划分 ······································································ 441
    2.3.1 总体施工流程顺序 ········································································· 441
    2.3.2 施工段划分及重点分部分项工程作业部署 ············································ 441
  2.4 施工总平面布置及主要生产生活临时设施的投入 ············································ 444
    2.4.1 基础工程阶段施工平面布置 ······························································ 444
    2.4.2 主体工程阶段施工平面布置 ······························································ 445
    2.4.3 装饰阶段施工平面布置 ··································································· 445
    2.4.4 主要生产、生活设施布置施工 ··························································· 445
  2.5 工期部署及施工进度计划控制 ··································································· 449
    2.5.1 总工期安排及施工进度计划图 ··························································· 449
    2.5.2 阶段性工期进度、关键节点 ······························································ 449
    2.5.3 工期进度综合保证措施 ··································································· 450
  2.6 材料组织及周转物资投入部署 ··································································· 451
    2.6.1 投入计划 ····················································································· 451
    2.6.2 材料投入计划保证措施 ··································································· 453
  2.7 机械设备试验设备选择情况 ······································································ 453
    2.7.1 主要施工机械（具）计划 ································································ 453
    2.7.2 施工机械的使用及管理 ··································································· 454
    2.7.3 主要检验试验检测配备情况 ······························································ 454
  2.8 分包队伍及劳动力组织 ·········································································· 455
    2.8.1 分包队伍合同签订及进场时间 ··························································· 455
    2.8.2 劳动力组织计划 ············································································ 455
    2.8.3 劳动力保证措施 ············································································ 457

## 3 主要项目施工方法 ... 457
### 3.1 施工测量及沉降观测技术措施 ... 457
- 3.1.1 测量控制 ... 457
- 3.1.2 轴线定位放线 ... 458
- 3.1.3 竖向控制 ... 458
- 3.1.4 建筑物的高程测量 ... 459
- 3.1.5 沉降观测 ... 459

### 3.2 土方工程及边坡支护和降水施工 ... 460
- 3.2.1 土方开挖 ... 460
- 3.2.2 边坡支护 ... 461

### 3.3 人工挖孔桩 ... 462
- 3.3.1 挖孔方法 ... 462
- 3.3.2 钢筋笼制作及吊放 ... 462
- 3.3.3 桩芯混凝土浇筑 ... 462

### 3.4 钢筋工程 ... 462
- 3.4.1 钢筋的配料 ... 462
- 3.4.2 钢筋接长 ... 462
- 3.4.3 钢筋的绑扎 ... 464

### 3.5 模板工程 ... 464
- 3.5.1 方案选择 ... 464
- 3.5.2 筏形基础模板 ... 465
- 3.5.3 墙体模板 ... 465
- 3.5.4 柱模板 ... 465
- 3.5.5 框架梁模板 ... 466
- 3.5.6 混凝土楼梯模板 ... 467
- 3.5.7 后浇带的模板设计 ... 467

### 3.6 混凝土工程 ... 468
- 3.6.1 施工方法 ... 468
- 3.6.2 混凝土收缩裂缝控制措施 ... 469
- 3.6.3 后浇带施工 ... 470

### 3.7 砌体工程 ... 471

### 3.8 展厅屋面钢结构吊装 ... 471
- 3.8.1 工艺原理及施工流程 ... 471
- 3.8.2 施工要点 ... 471
- 3.8.3 纵向桁架安装质量控制要点 ... 476
- 3.8.4 质量保证措施 ... 477
- 3.8.5 吊装安全措施 ... 477

## 4 质量、安全文明施工及环保措施 ... 478
### 4.1 质量保证措施 ... 478
### 4.2 安全施工措施 ... 479
### 4.3 文明施工及环保措施 ... 480

## 5 经济效益分析 ... 482

## 1 工程概况

### 1.1 建筑及装修工程概况

南宁国际会议展览中心位于南宁市琅东经济开发区民施大道东段延长线，处于正在持续发展的市郊环城绿化带中，地理位置如图 1-1 所示。

图 1-1　会展中心地理位置图

位于主体建筑主轴线上的多功能大厅穹顶，进一步渲染了会展中心的隆重气氛，覆盖有先进的半透明薄膜的穹顶在光影的作用下熠熠生辉，宛如一朵硕大的朱槿花，为这一新的标志性建筑增光添彩。

图 1-2　会展中心整体效果图

由于南宁国际会展中心一期工程取得了成功并获得公众好评，为进一步拓展会展中心的整体使用功能，实现整体设计意图，南宁市政府决定投入会展中心主建筑二期工程的建设。即在一期工程 22.500m 层面朝南方向增加 6 个新的展厅，同时增加两个配套的核心筒。建筑设计将已建成的展厅继续向南延伸，保留原有的展厅建筑风格，从而使最终的建筑看上去像一个浑然一体的整体，看不出不同建设阶段的差别。如图 1-2 所示。

展厅屋面为成榀空间桁架式钢结构，在两侧独立的外檐部分采用多孔金属板吊顶。展厅的屋面防水采用渗耐 S 系列高分子卷材防水。

外围护结构为新型的钳型钢结构玻璃幕墙。室内外独立柱外刷浅灰色涂料。位于展厅内的核心筒墙壁为满刮腻子加白色涂料罩面，卫生间墙面贴瓷砖。核心筒内墙面刮腻子。

核心筒走廊及公共卫生间采用轻钢龙骨吊顶。

展厅地面采用现浇混凝土耐磨地面。核心筒走廊22.500m层公共走廊楼地面采用花岗石地板砖，公共卫生间地面为防滑地板砖。

## 1.2 结构工程概况

本工程基础采用人工挖孔桩。人工挖孔桩桩身直径（不包括护壁）从1000mm到1400mm，共489根，桩身混凝土为C25，护壁为C15。

二期建筑总长178m，宽180m，地面以上总高约15m，展厅屋面仍采用大跨度空间钢网壳结构，纵向与钢筋混凝土设备核心筒脱开，形成3个相互独立的网壳结构，单个平面尺寸为54m×180m。结构沿纵向由3个V形网壳单元连接而成。在展厅之间每隔54m设置有3层高的钢筋混凝土设备核心筒，以增强结构的侧移刚度。框架的抗震等级为三级，剪力墙的抗震等级为二级。

为满足建筑使用功能的要求，本建筑不设伸缩缝，通过设置后浇带、在混凝土中掺入膨胀剂、提高配筋率等措施来抵消温度变化对结构的不利影响。

## 1.3 安装工程概况

南宁国际会议展览中心二期工程的安装工程主要包括：电气工程、消防工程、给水排水工程、通风空调、机电设备安装、弱电智能化系统等。

## 1.4 主要实物工程量（表1-1）

主要实物工程量一览表  表1-1

| 施 工 内 容 | 工 程 量 | 备　　　　注 |
|---|---|---|
| 人工挖孔桩 | 488根 | 总进尺约3500m，不含空孔 |
| 土方开挖 | 95000m³ | |
| 地下室回填土 | 19433m³ | |
| 基础混凝土 | 9800m³ | 含桩承台满堂基础 |
| 地下室外墙聚氨酯防水 | 10400m² | |
| 钢筋混凝土主体现浇混凝土 | 15000m³ | 包括地下室墙顶板结构 |
| 展厅现浇耐磨混凝土地面 | 25370m² | |
| 土建结构钢筋制绑 | 8500t | |
| 室外钢筋混凝土独立柱 | 36根 | 混凝土量928m³ |
| 钢网壳屋架 | 3800t | |
| 展厅屋面压型钢板 | 26200m² | |
| 玻璃幕墙 | 10000m² | |

## 1.5 项目特点及工程施工重点和难点分析

### 1.5.1 项目的建设意义

南宁国际会展中心二期工程是南宁会展中心建筑的一个重要组成部分。南宁国际会议展览中心作为中国-东盟博览会永久性主会场，是"南博会"的一项重点工程，亦是首府"136"目标建设重点工程，深受业主、政府及广大社会群众的广泛重视和关注。

基于南博会这一平台，该工程的施工建设是一项艰巨的施工生产任务，同时对展示我国建筑施工管理水平、技术实力，展示中国政府对南博会的整体组织能力，具有一定的国际政治意义。

### 1.5.2 施工条件分析

（1）有利条件

施工现场道路、水、电、通讯通信及场地平整等"三通一平"工作已十分完善。工程建筑轴线网比较规则统一，且楼宇方正规矩，占地面积大，楼层少，功能区分块划分明显，并设有后浇带，有利于流水施工段的组织划分。工程所处位置交通便利，会展路、场区道路建设完善，进场运输有保障。由于我们已经总承包会展中心一期工程施工，对于二期工程施工程序，相关参建主体的联络配合，特别是与一期工程功能系统交接，有关系统联动接驳施工具有得天独厚的优势。

（2）不利条件

基础及主体施工时正值雨期，底板面积比较大，对混凝土防渗、抗裂、泵送等综合性能要求高。特殊的地理位置对文明施工保证及对已建工程及道路绿化的保护要求严格。场地相对狭窄，特别是钢结构拼装在现场可利用的场地很少，限制了钢屋架安装技术方法的应用。展厅屋面钢结构工程施工技术难度大、专业系统多且与一期相协从，交叉施工影响点多面广，特别是安装智能化系统门类多，联动调试及综合检验难度大。

### 1.5.3 施工难点及重点

基础底板砖胎模及防水施工：受雨期影响严重，且工序比较多，质量控制难度大，占用工期时间长。

基础筏板：超长构件，混凝土一次浇灌量大，变形裂缝控制严格。

大直径超高圆形独立柱施工：实体及观感质量，特别是对垂直度、柱顶标高的控制要求高。

新型玻璃幕墙施工：为国内首次采用的新型结构，技术含量高，施工前须认真、细致地进行施工图的深化设计。

大跨度空间钢屋架施工：与土建的工期协调，交叉配合，要做好统筹兼顾，全程调度，同时由于场地的限制，对吊装施工技术要求高。

安装电气消防空调智能化等系统：与一期主建筑的联动配套接驳是重点。

要在开工后180d时间内完成从桩基到土建主体结构、外装饰和展厅屋面钢结构工程，达到"穿衣戴帽"形象，确保东盟-博览会的顺利召开是本工程最大的一个重点。

## 2 施工部署

### 2.1 施工指导思想和实施目标

#### 2.1.1 指导思想

以质量管理为中心，采用ISO9000族质量管理和质量保证标准，建立工程质量保证体核心筒走廊及公共卫生间采用轻钢龙骨吊顶。

展厅地面采用现浇混凝土耐磨地面。核心筒走廊22.500m层公共走廊楼地面采用花岗石地板砖，公共卫生间地面为防滑地板砖。

## 1.2 结构工程概况

本工程基础采用人工挖孔桩。人工挖孔桩桩身直径（不包括护壁）从1000mm到1400mm，共489根，桩身混凝土为C25，护壁为C15。

二期建筑总长178m，宽180m，地面以上总高约15m，展厅屋面仍采用大跨度空间钢网壳结构，纵向与钢筋混凝土设备核心筒脱开，形成3个相互独立的网壳结构，单个平面尺寸为54m×180m。结构沿纵向由3个V形网壳单元连接而成。在展厅之间每隔54m设置有3层高的钢筋混凝土设备核心筒，以增强结构的侧移刚度。框架的抗震等级为三级，剪力墙的抗震等级为二级。

为满足建筑使用功能的要求，本建筑不设伸缩缝，通过设置后浇带、在混凝土中掺入膨胀剂、提高配筋率等措施来抵消温度变化对结构的不利影响。

## 1.3 安装工程概况

南宁国际会议展览中心二期工程的安装工程主要包括：电气工程、消防工程、给水排水工程、通风空调、机电设备安装、弱电智能化系统等。

## 1.4 主要实物工程量（表1-1）

主要实物工程量一览表　　　　表1-1

| 施 工 内 容 | 工 程 量 | 备　　　注 |
|---|---|---|
| 人工挖孔桩 | 488根 | 总进尺约3500m，不含空孔 |
| 土方开挖 | 95000m$^3$ | |
| 地下室回填土 | 19433m$^3$ | |
| 基础混凝土 | 9800m$^3$ | 含桩承台满堂基础 |
| 地下室外墙聚氨酯防水 | 10400m$^2$ | |
| 钢筋混凝土主体现浇混凝土 | 15000m$^3$ | 包括地下室墙顶板结构 |
| 展厅现浇耐磨混凝土地面 | 25370m$^2$ | |
| 土建结构钢筋制绑 | 8500t | |
| 室外钢筋混凝土独立柱 | 36根 | 混凝土量928m$^3$ |
| 钢网壳屋架 | 3800t | |
| 展厅屋面压型钢板 | 26200m$^2$ | |
| 玻璃幕墙 | 10000m$^2$ | |

## 1.5 项目特点及工程施工重点和难点分析

### 1.5.1 项目的建设意义

南宁国际会展中心二期工程是南宁会展中心建筑的一个重要组成部分。南宁国际会议展览中心作为中国-东盟博览会永久性主会场，是"南博会"的一项重点工程，亦是首府"136"目标建设重点工程，深受业主、政府及广大社会群众的广泛重视和关注。

基于南博会这一平台，该工程的施工建设是一项艰巨的施工生产任务，同时对展示我国建筑施工管理水平、技术实力，展示中国政府对南博会的整体组织能力，具有一定的国际政治意义。

### 1.5.2 施工条件分析

（1）有利条件

施工现场道路、水、电、通讯通信及场地平整等"三通一平"工作已十分完善。工程建筑轴线网比较规则统一，且楼宇方正规矩，占地面积大，楼层少，功能区分块划分明显，并设有后浇带，有利于流水施工段的组织划分。工程所处位置交通便利，会展路、场区道路建设完善，进场运输有保障。由于我们已经总承包会展中心一期工程施工，对于二期工程施工程序，相关参建主体的联络配合，特别是与一期工程功能系统交接，有关系统联动接驳施工具有得天独厚的优势。

（2）不利条件

基础及主体施工时正值雨期，底板面积比较大，对混凝土防渗、抗裂、泵送等综合性能要求高。特殊的地理位置对文明施工保证及对已建工程及道路绿化的保护要求严格。场地相对狭窄，特别是钢结构拼装在现场可利用的场地很少，限制了钢屋架安装技术方法的应用。展厅屋面钢结构工程施工技术难度大、专业系统多且与一期相协从，交叉施工影响点多面广，特别是安装智能化系统门类多，联动调试及综合检验难度大。

### 1.5.3 施工难点及重点

基础底板砖胎模及防水施工：受雨期影响严重，且工序比较多，质量控制难度大，占用工期时间长。

基础筏板：超长构件，混凝土一次浇灌量大，变形裂缝控制严格。

大直径超高圆形独立柱施工：实体及观感质量，特别是对垂直度、柱顶标高的控制要求高。

新型玻璃幕墙施工：为国内首次采用的新型结构，技术含量高，施工前须认真、细致地进行施工图的深化设计。

大跨度空间钢屋架施工：与土建的工期协调，交叉配合，要做好统筹兼顾，全程调度，同时由于场地的限制，对吊装施工技术要求高。

安装电气消防空调智能化等系统：与一期主建筑的联动配套接驳是重点。

要在开工后180d时间内完成从桩基到土建主体结构、外装饰和展厅屋面钢结构工程，达到"穿衣戴帽"形象，确保东盟-博览会的顺利召开是本工程最大的一个重点。

## 2 施工部署

### 2.1 施工指导思想和实施目标

#### 2.1.1 指导思想

以质量管理为中心，采用ISO9000族质量管理和质量保证标准，建立工程质量保证体系，以最好的质量、最短的工期、最经济的成本，实施过程精品和名牌战略，搞好施工过程中的工序控制，杜绝质量隐患，消除质量通病，确保使用功能，创优良样板工程。严格执行质量体系程序文件，编制项目质量计划，选派高素质的项目经理、总工程师和工程技术管理人员，实施项目法施工，积极推广应用新技术、新工艺、新材料、新设备，精心组织、科学管理，优质、高速地完成本工程施工任务。

**2.1.2 实施目标**

发挥机械设备和先进技术的优势，采用娴熟的工艺推广应用科技成果；以强有力的技术手段和科学管理促进施工顺利进行，严格履行合约，确保以下实施目标。

（1）质量目标

严格按施工验收规范及设计要求组织施工，确保达到合同要求的现行国家质量验评的合格标准，争创市优。

（2）工期目标

履行合同要求，于2004年4月20日开工，至2004年10月10日，历时180日历天时间内完成主体及外装修施工。到2005年6月30日整个二期工程全部竣工，总工期为437日历天。

（3）安全生产文明施工目标

杜绝死亡、重伤事故的发生，一般工伤事故率不超过2.5‰，创南宁市安全样板工地；创南宁市标准化管理达标工地和广西自治区安全文明工地。

（4）科技进步目标及采用的有关"四新"技术和科技推广应用

秉承会展中心一期工程已列为国家级科技示范工程这一契机，在工程施工中积极采用新技术、新工艺、新材料、新设备和现代化管理技术，科技进步率达到2.5%。配合会展中心"建设部科技示范工程"验收的顺利通过，争创中国土木工程詹天佑大奖，以展现良好的窗口形象。

## 2.2 项目管理组织机构

组织以企业总部相关管理部门为保障层，总承包项目部为管理主体，分包项目部为专业管理层，专业施工班组为劳务作业层的健全而完善的项目管理组织体系如图2-1所示。

## 2.3 施工流程顺序及施工段划分

**2.3.1 总体施工流程顺序**

根据本工程的特点，施工程序本着"先地下后地上、先土建后安装、先围护后装修、先外檐后室内"的原则。具体施工流程见图2-3。

**2.3.2 施工段划分及重点分部分项工程作业部署**

根据工程特点，施工段的划分应结合不同的施工阶段及部署的具体施工内容作分阶段的施工作业段划分（图2-2）。具体划分如下：

（1）人工挖孔桩施工阶段施工段划分及作业部署

本工程地下室采用的是桩筏复合基础；外围的支承钢屋架的独立柱下为独立桩承台，即 Ⓙ、Ⓙ′轴三桩承台，㉘、㉘′轴的桩用于展厅幕墙入口门柱支承。人工挖孔桩施工具体分段部署为：

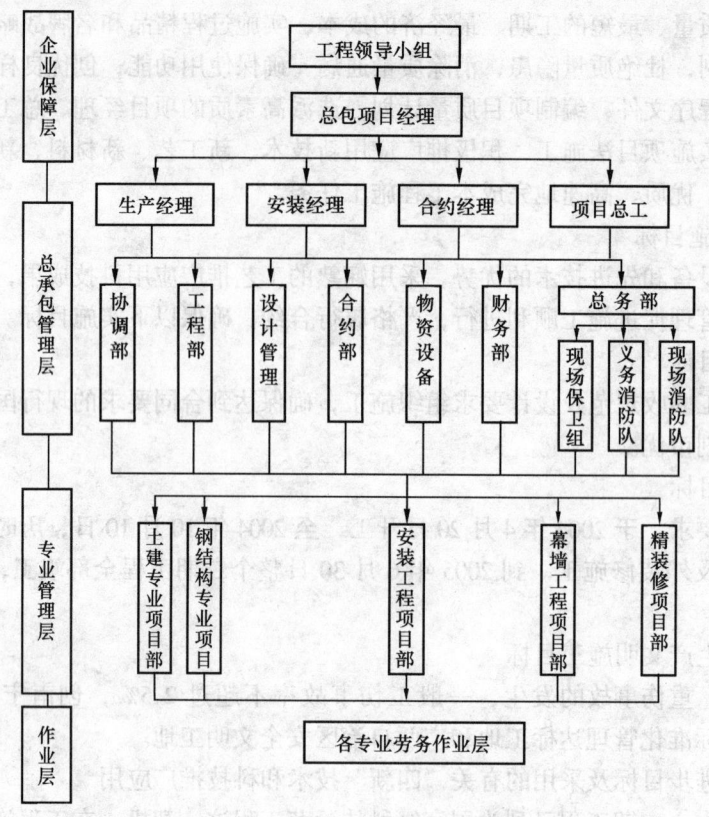

图 2-1 项目管理组织体系示意图

1) 全面投入成孔作业施工,总计 488 根桩,投入约 500 名成孔作业工人,按两人一小组同时负责两根桩的成孔施工,两桩按成孔、护壁交替进行,护壁混凝土施工采取使用快硬水泥或加入早强剂、增加模板套数等措施,以保障交替作业节拍的实现。

2) 施工侧重点为将两个核心筒及中厅地下室位置的桩作第一批成桩重点突击。可将①、①′、⑭、⑭′及㊾轴以南地下通道作第二批成桩,主要是为了给第一批成桩施工时现场清土、材料组织供应、运输调度提供便利条件,保证在地下室完工前完成。

(2) 基础及地下室结构施工阶段施工段划分及作业部署

本工程地下部分结构包括第 4 号、第 5 号两个核心筒,中厅地下室及南部㊿~㊼轴间的地下设备管囊。施工段划分界线定于㊽~㊾轴跨中,大体上划分为两个施工段,每段包括一个核心筒地下结构。外围即①、①′轴以外通道放在次突击位置,重点突击核心筒和中厅地下结构的施工。按此两段的划分原则,各工序作业的展开按从北往南进行流水作业。各段内可按核心筒自然分成的东西面部作内部细部分段的划分,以形成段内细部流水,进行砖胎模、垫层、防水及钢筋混凝土结构施工。

(3) 土建主体结构施工阶段施工段划分及作业部署

主体结构施工包括两大部分——第 4 号、第 5 号两个核心筒 26.5m 层~36.5m 层 3 层现浇钢筋混凝土结构(顶面局部有风机口,钢屋架柔性连接台座);支承屋架钢网壳 36 根现浇钢筋混凝土独立圆柱、玻璃幕墙现浇混凝土门框。

独立柱单独为一个作业区,安排专门的施工班组,按总体建筑以核心筒为界分成的三

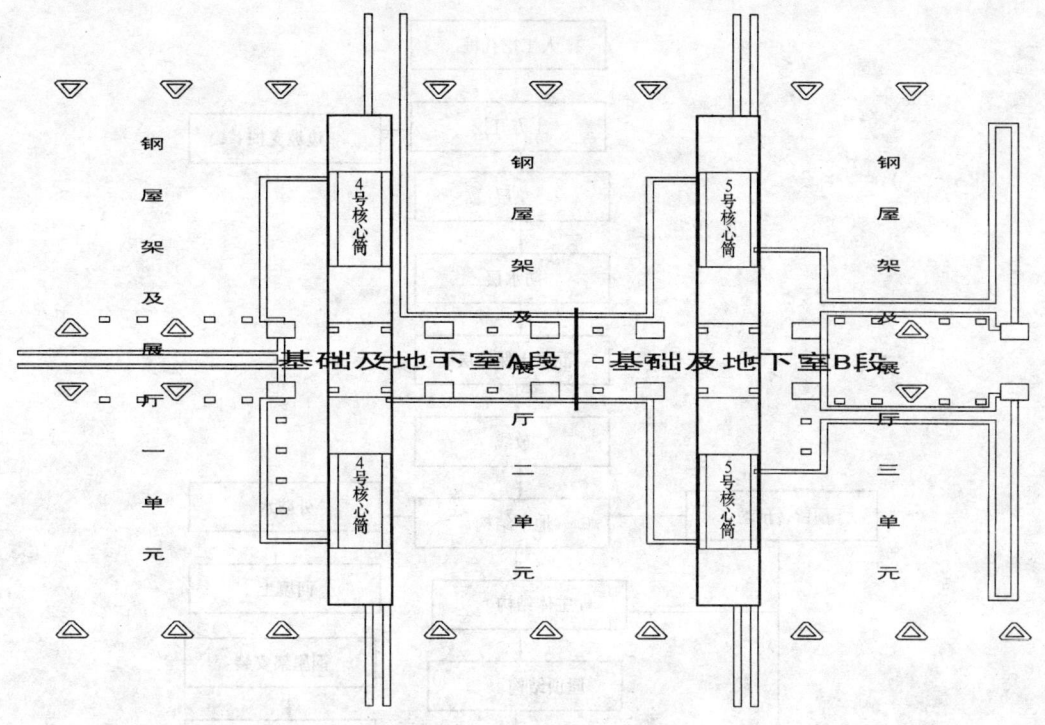

图 2-2 施工段划分图

个展厅进行区域内的流水施工,此部分为第一突击性任务,目的是尽快为钢结构网壳的安装创造条件。

核心筒部分按设计自然分成的两个核心筒各作为一个施工段,计两段,各段又根据筒体东西对称独立的特点作二级、三级细部流水施工段的划分,无论在工程量大小、工作内容上均能做到流水节拍、步距一致,均衡施工。

(4) 钢结构屋架安装施工段划分及作业部署

屋顶钢网壳结构形式上是成榀的钢结构空间桁架,共九榀,以核心筒为界分成三个区,每区三榀,安装作业施工段很明显按此划分为三段,以从北往南逐段逐榀进行施工部署。

(5) 建筑装修施工阶段施工段划分及作业部署

玻璃幕墙工程随土建结构及展厅钢屋架的安装进程,协调一致地展开施工安装,施工侧重先外围后室内的顺序进行。

外墙其他装修亦按照先室外后室内的原则进行施工各要素的投入,室内装修按楼层进行施工流水作业组织。

(6) 安装工程按系统进行流水部署

按照安装专业系统投入安装专业施工队,负责相应专业的预埋预留配合和施工;对幕墙、精装饰、钢结构、智能化系统工程及室外市政、园林绿化、道路工程和有特殊要求的工程,根据业主要求选定专业分包,在总包项目部的统一安排下,分别完成相应的工程施工。

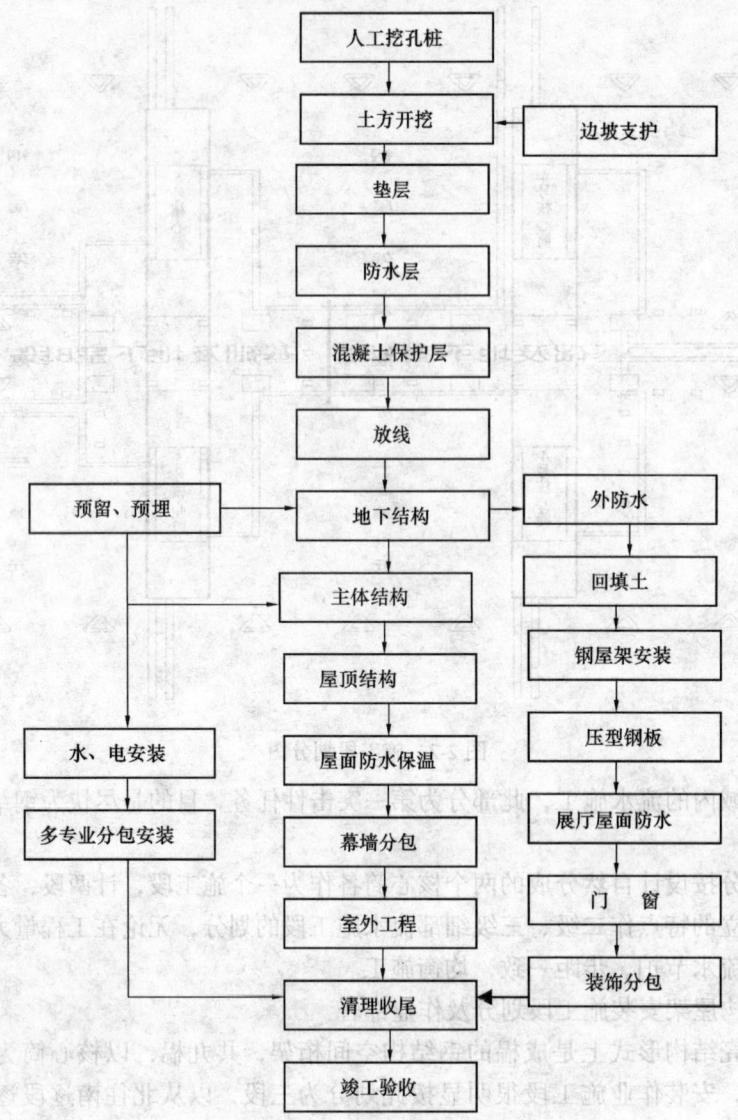

图 2-3 施工顺序图

**2.4 施工总平面布置及主要生产生活临时设施的投入**

根据基础、主体、装修等不同施工阶段的施工内容和施工特点，进行施工总平面布置。根据施工总平面及各阶段布置，充分保障阶段性施工重点，保证进度计划的顺利实施。在工程实施前，制定详细的大型机具使用及进退场计划，主材及周转材料生产、加工、堆放、运输计划，同时制定以上计划的具体实施方案，严格执行、奖惩分明，实施科学文明管理。

**2.4.1 基础工程阶段施工平面布置**

（1）本阶段施工任务，包括地下室结构的钢筋、模板、混凝土施工，塔吊安装、室内外回填土等内容。

(2) 先将基坑以外的场地进行平整、硬化处理，修筑场区内主要施工道路，主路宽5.5m，浇注200mm厚C15混凝土，路侧修排水沟、集水井。材料堆场做法为100mm厚C15混凝土。

(3) 逐一安设办公室（包括业主、监理办公室）、钢筋加工棚、木工加工棚及堆放场地、现场施工用库房、混凝土标养室，以满足地下结构施工的需要。混凝土采用商品混凝土，现场只设小型混凝土砂浆搅拌设施。

(4) 接通临时水源，保证必要的生产、生活和消防用水。

(5) 由变电站沿场地东、南、北侧设埋地供电电缆，引至专用配电箱，供生产、生活用。

(6) 地下室底板做完后，即安装塔吊，供定型钢模、钢筋吊装用。

基础工程阶段施工总平面图见图2-4。

### 2.4.2 主体工程阶段施工平面布置

(1) 本阶段主要施工任务包括：主体结构、钢筋、模板、混凝土施工以及墙体砌筑、安装预留、预埋等，包括穿插进行的抹灰、管道安装工程。

本阶段是本工程的主要和关键施工阶段，施工节奏快，专业比较单一，现场机具、材料需用量大，此阶段即将结束之时，是施工高峰期的开始。

(2) 基坑回填完毕，将硬化地坪范围扩大至整个施工现场，现场场地可充分利用。

(3) 从水源将干管通达建筑物四周，形成环状水路，水管埋入地下，根据需要留出接头位置，供接出水管引至用水地点。

(4) 将电缆引至各用电处，保证全场有足够的电力。路口设路灯，作业点用碘钨灯或低压灯，场地四角设大功率镝灯。

(5) 全场设1个出入口及门卫室，日夜值班，围墙采用压型钢板，并按有关标准制作安装，树立文明施工形象。

主体工程阶段施工总平面图见图2-5。

### 2.4.3 装饰阶段施工平面布置

(1) 本阶段主要任务包括：室内装饰、屋面工程、室外装饰及安装工程、室外绿化工程等。

(2) 将安装、装饰等加工场地陆续移出，拆除原钢筋和木工加工场。

(3) 外架拆除，将所有室外绿化地区空出，室外市政、道路、绿化等工程全面展开。

(4) 水管、电线陆续拆除。

装饰阶段施工总平面图见图2-6。

### 2.4.4 主要生产、生活设施布置施工

(1) 临时用水用电布置

根据实际需用水量及电量计算，做好施工临时水电布置并编制不同阶段的水电布置图，另行制定单项组织设计。

(2) 临时设施（表2-1）

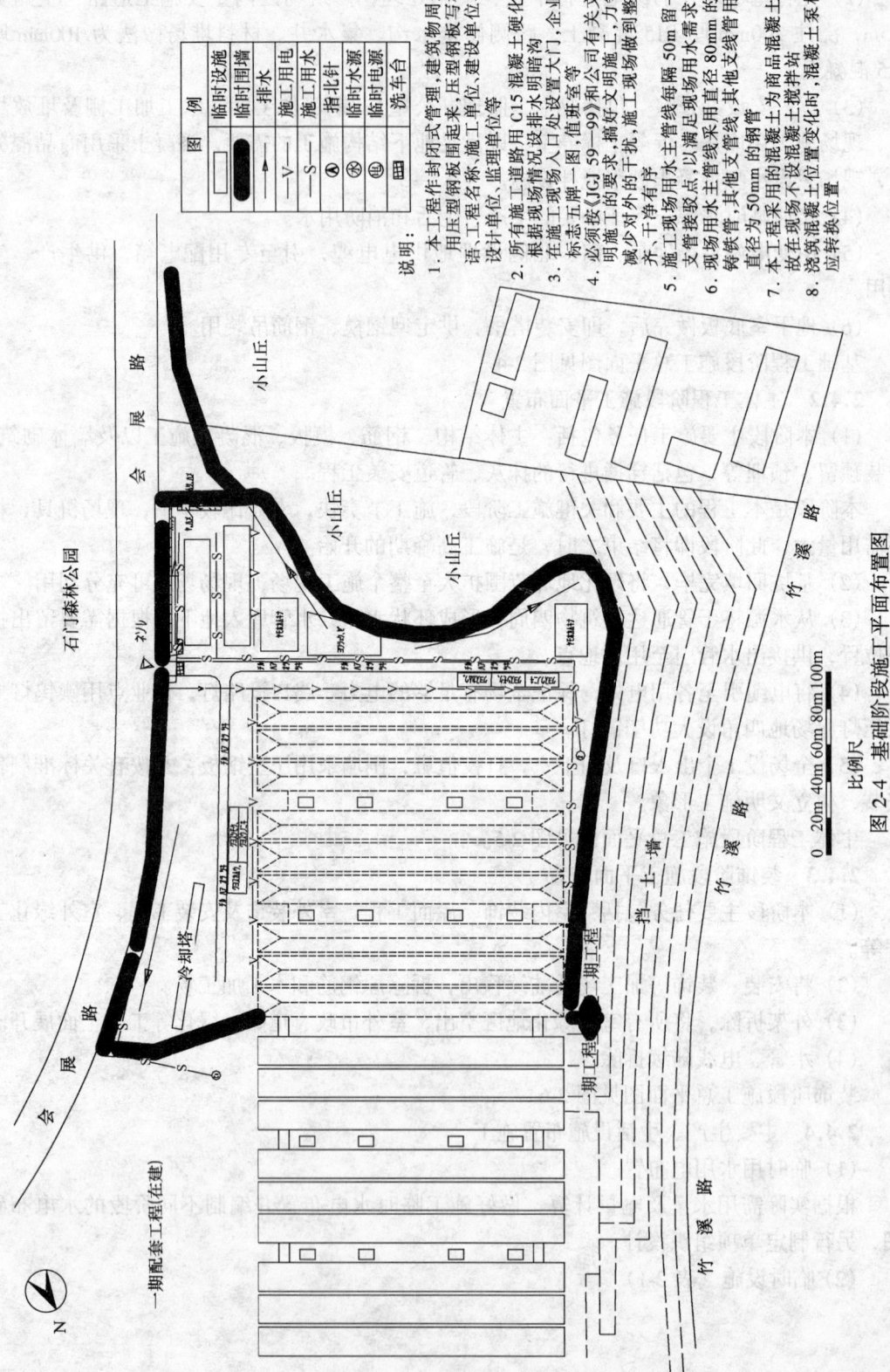

图 2-4 基础阶段施工平面布置图

# 2 施工部署

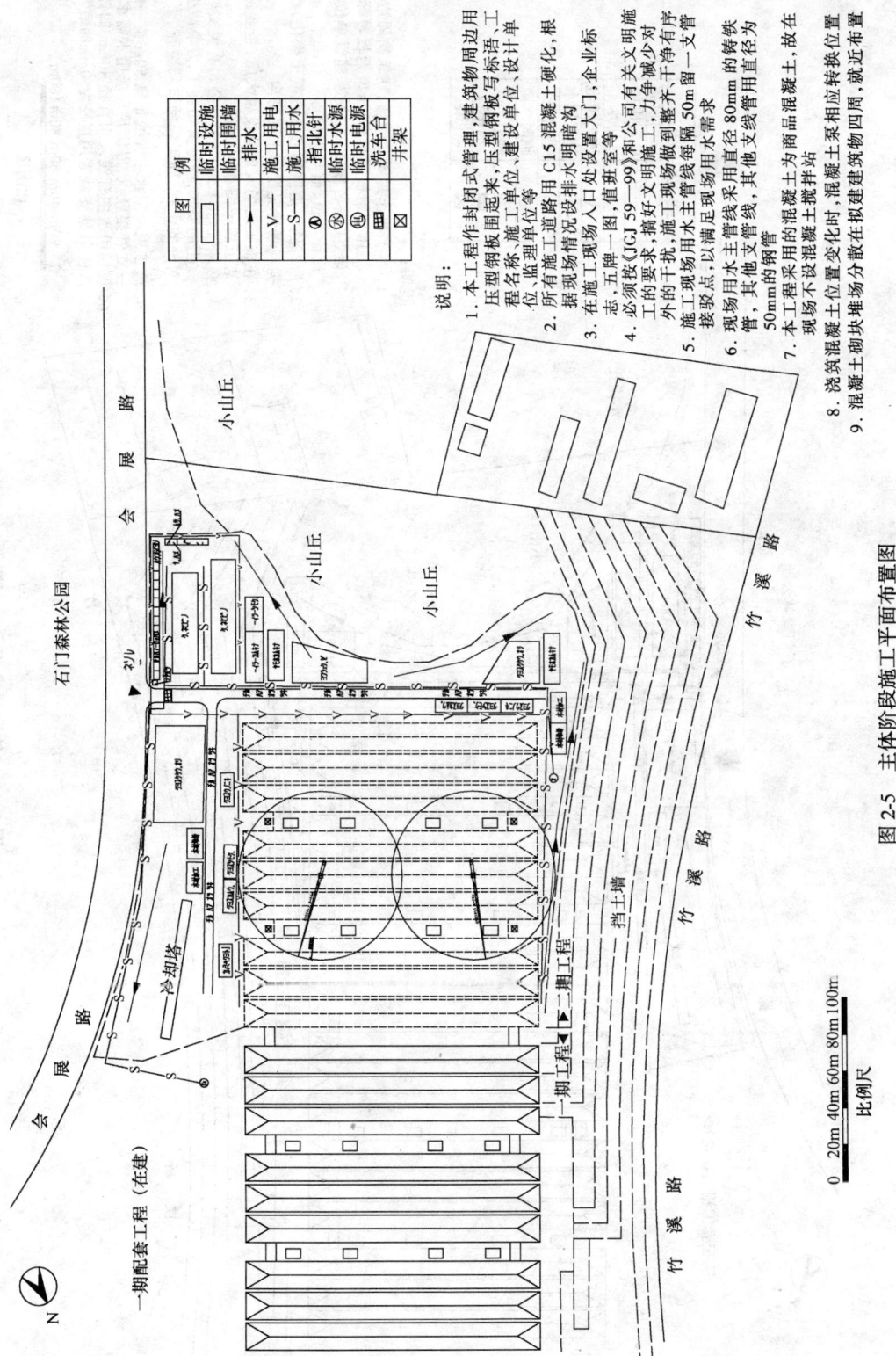

图 2-5 主体阶段施工平面布置图

说明：

1. 本工程作封闭式管理，建筑物周边用压型钢板围起来，压型钢板书写标语，工程名称，施工单位，建设单位，监理单位等。
2. 所有施工道路用C15混凝土硬化，根据现场施工情况设设排水明暗沟。
3. 在施工现场入口处设置大门，企业标志，五牌一图，做好文明施工的要求，搞好文明施工，力争减少对外的干扰。
4. 必须按《JGJ 59—99》和公司有关文明施工的要求，施工现场做到整洁齐，不干净有序。
5. 施工现场用水主管线每隔50m留一支管接驳点，以满足现场用水需求。
6. 现场用水主管线采用直径80mm的铸铁管，其他支线采用直径为50mm的钢管。
7. 本工程不设混凝土搅拌站。
8. 浇筑混凝土位置变化时，混凝土泵相应转换位置现场采用的混凝土为商品混凝土，故在建筑物四周，就近分散布置。
9. 混凝土砌块堆场分散在拟建建筑物四周布置。

图例

| 图 | 例 |
|---|---|
| □ | 临时设施 |
| —— | 临时围墙 |
| → | 排水 |
| —V— | 施工用电 |
| —S— | 施工用水 |
| Ⓝ | 指北针 |
| Ⓦ | 临时水源 |
| ⊞ | 临时电源 |
| ⊠ | 洗车台 |
| | 井架 |

比例尺 0  20m 40m 60m 80m 100m

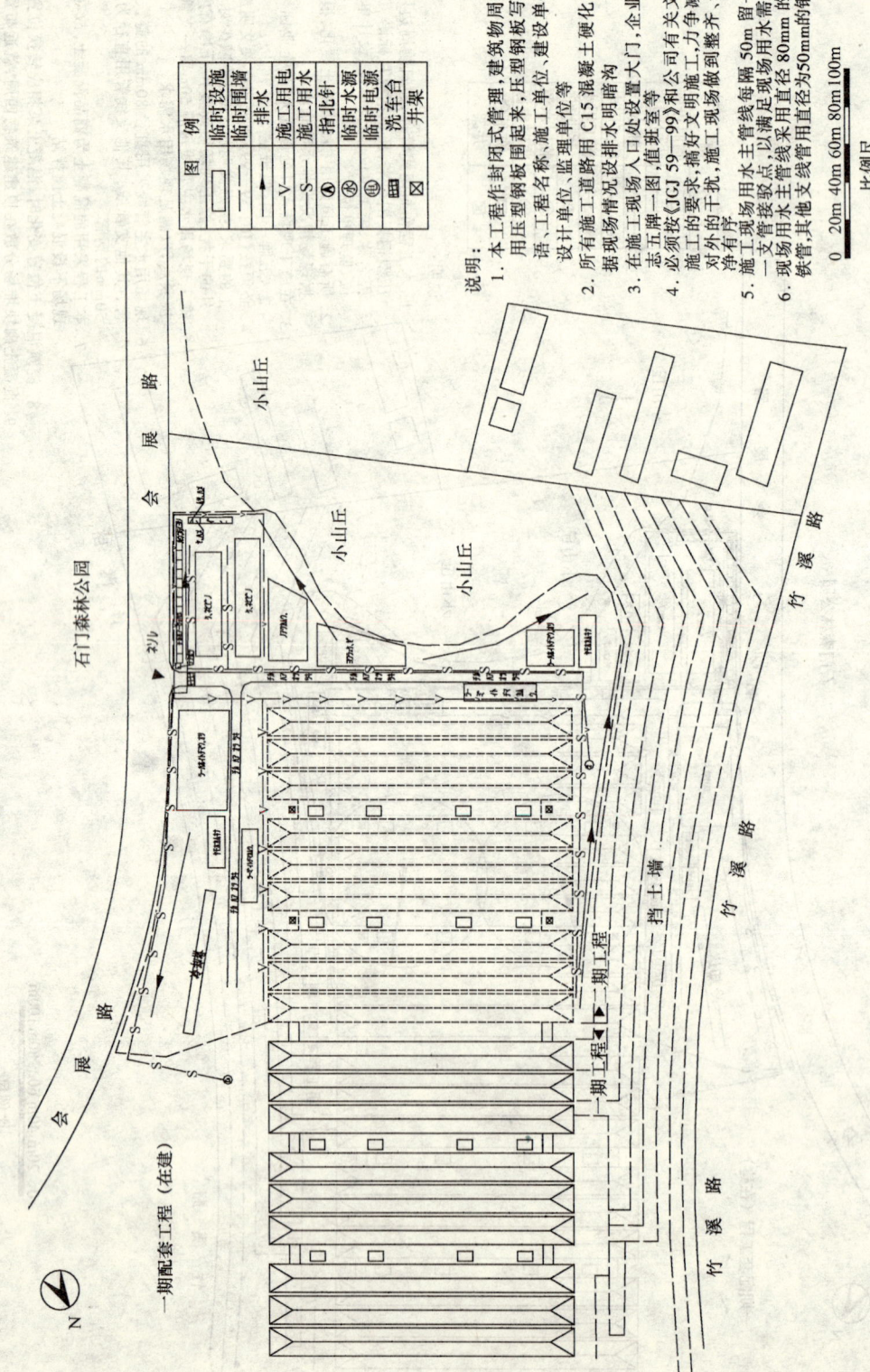

图 2-6 装饰阶段施工平面布置图

临时设施一览表  表 2-1

| 用途 | 面积（m²） | 位置 | 需用时间 |
|---|---|---|---|
| 门卫传达室 | 12 | 见施工总平面图 | 2004.4.20~2004.10.6 |
| 现场实验养护室 | 12 | 见施工总平面图 | 2004.4.20~2004.10.6 |
| 库房 | 16.2 | 见施工总平面图 | 2004.4.20~2004.10.6 |
| 临时办公会议室 | 210 | 见施工总平面图 | 2004.4.20~2004.10.6 |
| 厕所 | 80 | 见施工总平面图 | 2004.4.20~2004.10.6 |
| 木工场地 | 500 | 见施工总平面图 | 2004.4.20~2004.8.20 |
| 钢筋场地 | 250 | 见施工总平面图 | 2004.4.20~2004.8.20 |
| 杂物场地 | 600 | 见施工总平面图 | 2004.4.20~2004.10.6 |
| 周转工具场地 | 600 | 见施工总平面图 | 2004.4.20~2004.10.6 |
| 职工宿舍 | 3000 | 见施工总平面图 | 2004.4.20~2004.10.6 |
| 食堂 | 80 | 见施工总平面图 | 2004.4.20~2004.10.6 |

## 2.5 工期部署及施工进度计划控制

### 2.5.1 总工期安排及施工进度计划图

本工程开工日期为2004年4月20日。

基础工程主体结构、钢结构及屋面防水系统、外围玻璃幕墙结构及玻璃安装、建筑外立面装修等分部分项工程必须在2004年10月10日前完成，即距开工日期历时174日历天内完成。

整个二期工程必须在2005年6月30日前通过整体竣工验收（包括消防联动验收），距开工日期历时437日历天。

因此本工程总工期定为437d，阶段性工期目标174d（至2004年10月10日）须重点确保。

详见施工进度计划网络图（略）。

### 2.5.2 阶段性工期进度、关键节点

为确保工期目标的实现，结合进度网络图关键线路工序，特制定以下工期进度控制点，进行关键节点的控制（表2-2）。

各关键工期进度控制点一览表  表 2-2

| 序号 | 控制项目 | 时间控制点 |
|---|---|---|
| 1 | 施工准备就绪 | 2004.4.25 |
| 2 | 人工挖孔桩完成 | 2004.5.25 |
| 3 | A段地下室结构及回填土完成钢屋架进场 | 2004.7.4 |
| 4 | 结构全部封顶 | 2004.8.16 |
| 5 | 钢结构屋架安装完成 | 2004.9.23 |
| 6 | 外围玻璃幕墙、屋面防水及外装修完成 | 2004.10.10 |
| 7 | 设备安装调试、消防联动及智能化集成运行 | 2005.6.15 |
| 8 | 工程整体竣工验收通过交付使用 | 2005.6.30 |

### 2.5.3 工期进度综合保证措施

（1）加强施工组织与协调管理以保证工期进度

1）提高和增强项目部内部管理人员工作效率与协调能力，增强与业主的联系，加强对施工队、分包单位的控制和与各个供货商的协作，并明确各自职责分工，充分统一调度，共同完成工期目标。

2）加强例会制度，解决矛盾、协调关系，保证按照施工进度计划进行。

3）完善管理组织，建立工期控制组织机构和计划控制体系。

（2）合理部署施工进度计划编制以保证工期进度

1）按关键线路法编制施工总进度计划的，根据各分项工程的施工方法及所需施工时间分别安排进度，并分析其关键线路，从而达到控制总工期的目的。在保证关键线路的同时，合理安排施工顺序，精心组织施工，力求达到平行作业、流水作业、立体交叉作业相结合，尽量缩短工期，保证按计划工期完成施工任务。

2）利用网络计划项目管理软件编制详细的项目计划，对施工计划实行动态管理。

3）为实现各个目标，编制网络图计划和横道图计划来进行进度控制，网络计划中明确标明关键线路，包括将其他专业进度纳入计划安排。

4）强化施工进度计划管理，同业主、监理达成共识，制定严格的奖罚措施。

（3）资金、材料对工期的保证

在该工程中不折不扣地实行专款专用，将建立专门的资金账户，公司财务重点保证该项目有充足资金备用。利用单位现已在全国各地建立的大宗材料信息网络，保证各种大宗材料采购按期完成。

根据进度计划、工程量和流水段划分，合理安排材料、生产设备投入，保证按照进度计划的要求完成任务。

编制切实可行的资源需用量计划，如劳动力、机械、设备、材料计划，落实到实处，派人跟踪检查，确保资源满足计划需要，为工期提供物资保证。

（4）施工新技术对工期的保证

1）广泛采用新技术、新材料、新工艺、新机具，从科技含量上争取缩短工期。

2）开展 QC 小组活动，对每一个重要工序均事先进行研究，进行交流，提高工作效率，从而保证工期。

3）根据现场的实际情况，及时采用各专业间及各专业内部的流水作业，提高施工质量及工效。

（5）劳动力与施工机械化对工期的保证

1）选用合作多年的、具有丰富施工经验的劳务和专业施工队伍，承担结构、装修、机电预埋等施工任务。

2）优化生产要素的配置，组织专业队伍，以组建青年突击队、开展劳动竞赛等多种形式，充分调动职工的积极性，提高劳动生产率。

3）精心组织，穿插作业，实行关键工序重点部位抢工的办法，组织内部各工种平行流水作业，抽调人员和设备，加强工程抢工力量，确保工程总体进度。

4）根据工程情况和工期目标分段控制，合理安排劳动力和机械设备的投入，把科学的管理和引进先进设备相结合，从而加快工程进度。

(6) 季节性施工措施对工期的保证

根据总进度计划，本工程施工要跨过两个雨期，为此要做好详细的雨期施工方案。

(7) 良好的外围环境对工期的保证

加强施工安全及消防、文明施工、现场与环保、治安保卫工作以及与政府建管、城管、派出所、街道办事处、质检等部门的联系，提供完善的总包管理和服务，减少由于外围保障不周或事故而对施工造成的干扰，从而创造良好的施工环境和条件，使施工人员能够集中精力搞施工，保证施工过程能够不间断地快速进行。

(8) 完善的技术管理措施对工期的保证

编制完善的技术管理措施和有针对性的施工组织设计、施工方案和技术交底。"方案先行，样板引路"，制定详细的、有针对性和可操作性的施工方案，从而实现在管理层和操作层对施工工艺、质量标准的熟悉和掌握，使工程施工有条不紊地按期保质地完成。要求施工方案覆盖面全、内容详细、配以图表、图文并茂，做到生动、形象，能充分调动操作层学习施工方案的积极性。

### 2.6 材料组织及周转物资投入部署

#### 2.6.1 投入计划

(1) 土建工程用材料投入计划（表2-3）

土建工程用材料投入计划表  表2-3

| 材料名称 | 单位 | 需用数量 | 进退场时间 |
| --- | --- | --- | --- |
| 钢筋 | t | 8251 | 2004.5~2004.9 按计划分批进场 |
| 商品混凝土 | $m^3$ | 33996 | 2004.5~2004.10 按进度进场 |
| 水泥 | t | 17577 | 2004.4~2004.10 根据计划进场 |
| 木材 | $m^3$ | 713 | 2004.4~2004.10 根据计划进场 |
| 砌块 | 块 | 147103 | 2004.7~2004.9 根据计划进场 |
| 标准砖 | 块 | 386537 | 2004.7~2004.9 根据计划进场 |
| 砂 | $m^3$ | 38896 | 2004.4~2004.10 根据计划进场 |
| 石灰 | kg | 5770687 | 2004.4~2004.10 根据计划进场 |
| 屋面钢结构 | t | 3782 | 2004.7 根据计划陆续进场 |
| 屋面压型板 | $m^2$ | 30528 | 2004.7 根据计划陆续进场 |
| PVC卷材防水 | $m^2$ | 26200 | 2004.7 根据计划陆续进场 |
| 玻璃幕墙 | $m^2$ | 8859 | 2004.8 按计划陆续进场 |
| 花岗石板 | $m^2$ | 10416 | 2004.8 按计划陆续进场 |
| 地砖 | $m^2$ | 2891 | 2004.8 按计划陆续进场 |
| 瓷砖 | $m^2$ | 1186 | 2004.8 按计划陆续进场 |
| 油漆涂料 | kg | 3843 | 2004.10 按计划陆续进场 |
| 宝丽板 | $m^2$ | 3762 | 2004.10 按计划陆续进场 |
| 釉面砖 | $m^2$ | 837 | 2004.10 按计划陆续进场 |
| 防滑砖 | $m^2$ | 2054 | 2004.10 按计划陆续进场 |
| 玻璃 | $m^2$ | 10896 | 2005.3 按计划陆续进场 |
| 聚苯乙烯 | $m^2$ | 10603 | 2004.7 按计划陆续进场 |

(2) 安装设备等材料投入计划（表2-4）

安装设备材料投入计划表　　　　　　　　　表2-4

| 材料名称 | 单位 | 需用数量 | 进 退 场 时 间 |
|---|---|---|---|
| 高、低压配电柜安装 | 台 | 56 | 2004.9 按计划陆续进场 |
| 配电箱安装 | 台 | 219 | 2004.9 按计划陆续进场 |
| 各种规格金属管敷设 | m | 82200 | 2004.5 按计划陆续进场 |
| 各种电缆桥架安装 | m | 1330 | 2004.9 按计划陆续进场 |
| 管内穿线 | m | 192200 | 2004.10 按计划陆续进场 |
| 各种电缆敷设 | m | 16980 | 2004.10 按计划陆续进场 |
| 低压封闭式母线槽 | m | 820 | 2004.10 按计划陆续进场 |
| 各种灯具安装 | 套 | 1970 | 2004.11 按计划陆续进场 |
| 潜水排污泵 0QW27-15-3 | 台 | 8 | 2004.9 按计划陆续进场 |
| 潜水排污泵 100QW50-22-7.5 | 台 | 4 | 2004.9 按计划陆续进场 |
| 各种排水塑料管 | m | 4410 | 2004.6 按计划陆续进场 |
| 各种给水管 | m | 4870 | 2004.6 按计划陆续进场 |
| 各类刀阀 | 个 | 38 | 2004.11 按计划陆续进场 |
| 洗脸盆 | 组 | 32 | 2004.12 按计划陆续进场 |
| 卫生器具 | 组 | 108 | 2004.12 按计划陆续进场 |
| 离心式冷水机组（$Q=2285$kW） | 台 | 4 | 2004.9 按计划陆续进场 |
| 冷冻水泵 | 台 | 8 | 2004.9 按计划陆续进场 |
| 方形冷却塔 | 台 | 4 | 2004.10 按计划陆续进场 |
| 各种钢管 | m | 6220 | 2004.6 按计划陆续进场 |
| 各类蝶阀 | 个 | 214 | 2004.10 按计划陆续进场 |
| 空气处理机 | 台 | 2 | 2004.11 按计划陆续进场 |
| 组合式空气处理机 | 台 | 15 | 2004.11 按计划陆续进场 |
| 风机盘管 | 台 | 16 | 2004.9 按计划陆续进场 |
| 各类风机 | 台 | 101 | 2004.10 按计划陆续进场 |

(3) 周转工具材料投入计划

周转工具材料投入计划详见表2-5。

周转工具材料投入计划表　　　　　　　　　表2-5

| 材料名称 | 单位 | 需用数量 | 进 退 场 时 间 |
|---|---|---|---|
| 钢管 | t | 1500 | 2004.5 开始陆续进场 |
| 钢模板 | m² | 5000 | 2004.5 进场，2004.9 后开始退场 |
| 竹胶板 | m² | 12000 | 2004.5 开始进场，2004.9 后陆续退场 |
| 扣件 | 只 | 270000 | 2004.4 开始进场 |
| 周围转板方 | m³ | 800 | 2004.4 开始进场 |
| 脚手板 | m² | 1800 | 2004.4 开始进场 |

### 2.6.2 材料投入计划保证措施

做好市场调查,从中选择几个生产管理好、质量稳定可靠的厂家,作为待定的供销商,建立质量档案。建立供货商档案,随时对材料进行抽样,保证供销商所提供的产品均为合格;否则,应重新认定合格的供销商。

原材料进场必须"三证"齐全,包括产品合格证、抽样化验合格证和供应商资格合格证。对于易损材料,运输和搬运时做好防护,防止变形和破损。

原材料进场后应按指定地点整齐码放,并挂标牌标识,标明型号、进场日期、检验日期、经手人等,实现原材料质量的有效追溯。原材料进场需由专人保管,对水泥等材料应加盖或在室内保管,不得任由风吹日晒。在运输、搬运过程中损坏或贮存时间过长、贮存方式不当引起的质量下降的原材料,不得使用在永久工程结构中,并应及时清理、分类堆放并做出标识,以免混用。

### 2.7 机械设备试验设备选择情况

#### 2.7.1 主要施工机械(具)计划

发挥整体优势,周密部署,积极做好各种垂直、水平运输机械、大型吊装机械、钢筋加工机械、木工机械、混凝土搅拌机械及各种周转工具的调配工作,工程开工后能按时到位;同时,做好施工机具设备的加工与修配工作,以满足优质、高效的施工生产需要。主要施工机械配置详见表2-6。

主要施工机械配备一览表(表中未列专业施工机械按专项组织设计另配)  表2-6

| 序号 | 机械或设备名称 | 型号规格 | 数量 | 国别产地 | 制造年份 | 额定功率(kW) | 生产能力 | 用于施工部位 | 备注 |
|---|---|---|---|---|---|---|---|---|---|
| 1 | 挖掘机 | CAT320 | 6 | 日本 | 2003 | 98 | $1m^3$/斗 | 土方基础 | |
| 2 | 自卸汽车 | KPA3 | 18 | 青岛 | 2002 | 120 | | 土方基础 | |
| 3 | 蛙式夯实机 | HW60 | 6 | 广西 | 2002 | 2.8 | $200m^2$/班 | 地基基础 | |
| 4 | 塔吊 | QTZ5013 | 2 | 广西 | 2000 | 55 | 80吊次/班 | 基础、主体 | |
| 5 | 井架 | SJH-10 | 4 | 广西 | 1999 | 15 | 100吊次/班 | 主体、装修 | |
| 6 | 砂浆搅拌机 | UJ200 | 4 | 上海 | 2002 | 2 | | 整个过程 | |
| 7 | 平板式振动器 | PZ-50 | 5 | 河南 | 2002 | 0.5 | $400m^2$/班 | 基础、主体 | |
| 8 | 插入式振动器 | HZ50A | 14 | 广东 | 2003 | 1.5 | $20m^3$/班 | 基础、主体 | |
| 9 | 卷扬机 | JJ-1.5 | 4 | 广西 | 1998 | 7.8 | 40t/班 | 基础、主体 | |
| 10 | 钢筋切断机 | QG40-1 | 3 | 广西 | 1999 | 5 | 15t/班 | 基础、主体 | |
| 11 | 钢筋弯曲机 | GW40-1 | 3 | 广西 | 1998 | 4 | 8t/班 | 基础、主体 | |
| 12 | 交流弧焊机 | BX3-300-A | 2 | 广西 | 1999 | 15 | 20m/班 | 基础、主体 | |
| 13 | 闪光对焊机 | UNA-100 | 1 | 湖南 | 1999 | 40 | 40次/h | 基础、主体 | |
| 14 | 直螺纹机械 | | 4 | | 2000 | 4 | | 基础、主体 | |
| 15 | 圆锯机 | MJ104 | 2 | 广西 | 1998 | 3 | 1台班/台 | 基础、主体 | |
| 16 | 电刨机 | MB206 | 1 | 广西 | 1999 | 2.8 | $120m^2$/班 | 基础、主体 | |
| 17 | 台钻 | 13 | 2 | 广西 | 2002 | | | 整个过程 | |

续表

| 序号 | 机械或设备名称 | 型号规格 | 数量 | 国别产地 | 制造年份 | 额定功率（kW） | 生产能力 | 用于施工部位 | 备 注 |
|---|---|---|---|---|---|---|---|---|---|
| 18 | 电动圆锯 | 5600NB | 2 | 徐州 | 2002 | 0.9 | | 装饰施工 | |
| 19 | 电动刨 | JW-1000 | 3 | 日本 | 2002 | 0.75 | | 装饰施工 | |
| 20 | 砂浆机 | 100 | 1 | 日本 | 2001 | 0.8 | | 装饰施工 | |
| 21 | 全站仪 | TC-500 | 1 | 瑞士 | 2000 | | | 整个过程 | |
| 22 | 经纬仪 | J2 | | 上海 | 2001 | | | 整个过程 | |
| 23 | 水准仪 | DS2200 | 3 | 上海 | 2003 | | | 整个过程 | |

**2.7.2 施工机械的使用及管理**

按 ISO9002 质量体系程序文件中设备管理程序的要求，确保施工现场机械设备始终处于受控状态，满足工程进度和质量的要求。

所有进场的机械设备在使用前必须经局材设处审验，合格后领取准用证方可使用，防止不合格（或未检修）设备进入施工现场。

机械保养好坏是其能否正常运转的保障。因此，所有机械设备进场后，应严格按照使用说明及机械设备安拆使用操作规程进行检查、就位、调试，需要做设备基础的，必须严格按要求做好设备基础。操作人员必须经过岗位培训持证上岗。

设备在使用过程中操作人员应按规定进行保养，定期检修，保证其运转良好，并做好记录。

按照设备使用要求做好防雨、防潮、防雷击工作，并应搭设工作棚（罩），悬挂设备安全技术操作规程。

**2.7.3 主要检验试验检测配备情况**（表 2-7）

（1）在现场设养护室一间，内设养护池、蒸养箱、振动台，并保证养护室保持标准养护要求，另配备试模 27 组，温度计 20 支，坍落筒 2 支，设专职试验员一名，满足现场的质量检测要求。

（2）施工前事先做好混凝土级配、钢筋混凝土配合比、砂浆级配，组织各种进场材料的检验及钢筋焊接试验工作，准备好各种混凝土试模，选定国家法定试验室，各种测量工具提前送检报验。

（3）确定施工过程中的质量检测标准，各种检测仪器如检测尺、钢卷尺、线坠等，对施工中的各项质量要求指标进行严格控制。

主要检验试验检测设备器具配备一览表　　表 2-7

| 序 号 | 仪器或设备名称 | 型 号 规 格 | 单 位 | 数 量 | 制 造 厂 |
|---|---|---|---|---|---|
| 1 | 钢卷尺 | 50m | 把 | 2 | |
| 2 | 混凝土试模 | 15cm×15cm×15cm | 组 | 27 | |
| 3 | 抗渗混凝土试模 | 15cm×15cm×15cm | 组 | 18 | |
| 4 | 砂浆试模 | 7.07cm×7.07cm×7.07cm | 组 | 9 | |

续表

| 序号 | 仪器或设备名称 | 型号规格 | 单位 | 数量 | 制造厂 |
|---|---|---|---|---|---|
| 5 | 坍落度筒 | | 套 | 1 | |
| 6 | 砂子标准筛 | | 个 | 8 | |
| 7 | 振动台 | | 座 | 2 | |
| 8 | 磅秤 | 中 | 台 | 1 | |
| 9 | 抗渗仪 | | 台 | 1 | 天津 |
| 10 | 温湿度两用计 | | 支 | 2 | |
| 11 | 质量检测器 | | 套 | 2 | |
| 12 | 接地摇表 | ZC-8 100Ω | 只 | 2 | 北京 |
| 13 | 万用表 | 920Z | 只 | 4 | 深圳 |
| 14 | 取土环刀 | | 个 | 3 | |

### 2.8 分包队伍及劳动力组织

#### 2.8.1 分包队伍合同签订及进场时间

本工程由我局总承包施工，根据专业设置的实际情况选定分包专业队伍。合同签订及进场时间如表2-8所示。

分包队伍合同签订及进场时间表　　　表2-8

| 分专业名称 | 合同签订时间 | 进场时间 | 备注 |
|---|---|---|---|
| 消防工程 | 2004.4.28 | 2004.5.11 | |
| 建筑智能化 | 2004.4.30 | 2004.5.11 | |
| 玻璃幕墙 | 2004.5.10 | 2004.6.10 | 构件加工提前 |
| 展厅钢结构 | 2004.5.10 | 2004.7.1 | 进场安装时间 |
| 屋面防水 | 2004.7.15 | 2004.7.20 | |

#### 2.8.2 劳动力组织计划

（1）劳动力组织计划

根据工程施工进度计划，充分发挥土建安装一体化的施工优势，合理组织各工种劳动力适时进场，以满足施工的正常运行。项目管理班子在开工前进入现场，并带领部分工人，为后续人员进入现场创造条件，做好必需的临时设施搭建，为开工做好前期准备。施工期间平均投入劳动力1200人左右。组织土建施工队700人，安装专业队按系统约300人，钢结构施工人数约200人，玻璃幕墙队伍150人，装修施工队伍人员250人；在施工高峰期将达到1600人。

为保证工程质量、提高效率及便于核算，作业队伍应保持相对稳定，并隶属于项目经理部统一安排、统筹调度。劳动力组织按基础、主体结构、建筑装修等不同施工阶段分别考虑和安排。

1）挖孔桩施工阶段：挖孔桩施工阶段主要为施工准备、临设搭设和人工挖孔桩，人员配置为挖孔桩500人（实行大面积挖孔，以缩短前期施工工期），钢筋工60人，混凝土工 40 人，木工 50 人，瓦工 30 人（搭设临时设施），其他辅助用工 100 人。

2）地下室施工阶段：针对地下室基坑开挖面积大和基础底板钢筋混凝土体量大，施工环境易受自然气候影响，工作面大等特点，劳动力组织为：钢筋工 240 人，木工 200 人，混凝土工 80 人，机电操作工 20 人，防雷接地、安装预埋 10 人，辅助用工 200 人（用于基坑修坡清底），瓦工 60 人（用于砌筑基础梁等砖胎膜等），防水工 80 人，其他安装预留预埋 25 人，架子工 30 人。在浇筑混凝土时，分成三班，昼夜连续作业，减少施工缝。

3）主体阶段：各工种按既定的施工段流水作业，主要工种为木工、钢筋工、混凝土工、水电安装预留预埋、钢结构安装等。各工种人数安排为：钢筋 300 人，木工 250 人，混凝土 120 人，电焊工 30 人，安装预埋预留 25 人，机电操作工 20 人，钢结构安装工 260 人，幕墙施工 260 人，架子工 50 人，其他辅助用工 150 人。

4）建筑装修阶段：当主体结构封顶，全面进入建筑装修施工，高峰期安排瓦工 180 人，木工 20 人，混凝土工 60 人，架子工 50 人，油漆工 200 人，防水工 100 人，水电安装工 50 人，空调、消防、设备等安装工 440 人，钢结构屋面安装工 200 人，幕墙施工人员为 150 人，其他辅助用工 80 人，机电操作工 20 人。装修施工采用专业班组单独施工，专业间流水作业，随着工程的进展，统一调配，逐步适当递减。

（2）劳动力计划（表 2-9）

劳动力计划表（单位：人）　　　　　　　　　　表 2-9

| 工　种 | 按工程施工阶段投入劳动力情况 | | | | |
|---|---|---|---|---|---|
| | 挖孔桩阶段 | 地下室阶段 | 主体阶段 | 装饰阶段 | 竣工清理 |
| 钢筋工 | 60 | 240 | 300 | | |
| 混凝土工 | 40 | 80 | 120 | 60 | |
| 木工 | 50 | 200 | 250 | 20 | |
| 架子工 | 10 | 30 | 50 | 50 | |
| 瓦工 | 30 | 60 | 80 | 180 | |
| 电焊工 | 8 | 20 | 30 | 30 | |
| 油漆工 | | | | 200 | |
| 防水工 | | 80 | | 100 | |
| 电工 | 3 | 10 | 10 | 10 | 10 |
| 水电安装工 | 2 | 10 | 20 | 50 | 10 |
| 机械工 | 8 | 20 | 20 | 20 | |
| 设备安装工 | | 5 | 5 | 120 | 10 |
| 消防安装工 | | 5 | 5 | 80 | 10 |
| 智能安装工 | | 5 | 5 | 60 | 10 |
| 空调安装工 | | 5 | 5 | 140 | 10 |
| 电梯安装工 | | 5 | 5 | 40 | 10 |
| 钢结构安装工 | | 20 | 260 | 200 | 20 |
| 幕墙安装工 | | | 80 | 150 | 10 |
| 放线工 | 5 | 10 | 10 | 5 | |
| 维修工 | 4 | 5 | 5 | 5 | |
| 挖桩工 | 500 | | | | |
| 辅助工 | 100 | 200 | 150 | 80 | 200 |
| 合　计 | 770 | 1100 | 1410 | 1600 | 300 |

### 2.8.3 劳动力保证措施

严格执行企业 ISO9001 程序文件，在企业的合格分包商名录中选择劳务分包层。

在劳务分包合同中，明确双方的目标与责任，并要求劳务单位根据双方的合同以及总包单位的总体、分阶段进度计划、劳动力供应计划等合同技术文件，编制各工种劳动力平衡计划等文件。

依据劳动力计划，高峰期劳动力的需求预计达到 1600 人，就目前国内任何一个劳务分包单位的施工力量都难以满足，因此进入现场的劳务分包单位必须有多家，而且对劳务单位的工作范围做明确的界定，避免劳务分包单位之间扯皮。

劳动力进场要保证质量。进场人员必须持有建设工人岗位资格证书，其中，高、中级工的所占比例不少于 90%，进场后及时进行工期、技术、质量、安全以及操作工序、施工质量标准的交底。

在确定的劳务分包层的基础上，还计划储备一定数量的劳务队伍，以备一旦进场的队伍不能履约或某个时间段需要突击时，有足够的劳动力保证。

与劳务层签订的合同中约定，不因节假日及季节性导致人员流失，确保现场作业人数。

# 3 主要项目施工方法

## 3.1 施工测量及沉降观测技术措施

### 3.1.1 测量控制

（1）平面控制

1）城市控制网的联测

为体现城市规划的整体统一性，本工程的建筑方格网必须与城市控制网联测。为保证建筑物位置的准确性，控制点的联测采用微三角形法（见图 3-1）；同时，测定三角形的三个角度，然后进行角度平差后确定场区内待定点 P 的平面坐标，作为建立建筑方格网的依据。

2）建筑方格网初测

建筑方格网的点位布置如图 3-2 所示。

根据建筑物设计坐标计算建筑方格网各网点的平面坐标，依据建筑方格网点和 P 点的坐标进行坐标反算，求出各方格网点的放样数据，采用支导线或极坐标法在现场初步定出各方格网点，然后埋设永久性混凝土预制桩，并绘制点标记。

（2）建筑方格网的精测和归化改正

（3）高程控制

1）水准点的测设采用三等闭合水准线路，往返观测，并在联测的基础上统一平差计算。

2）在建筑物周围布设水准点，加密高程控制点

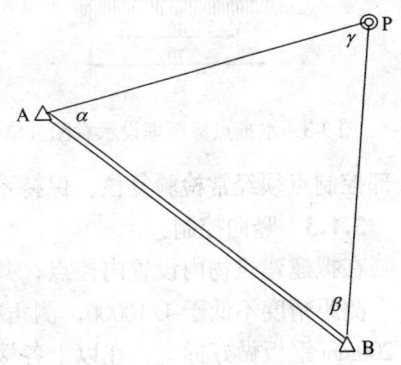

图 3-1 微三角形法联测示意图

说明：图 3-1 中 P 点为待定点，A、B 点为城市控制点

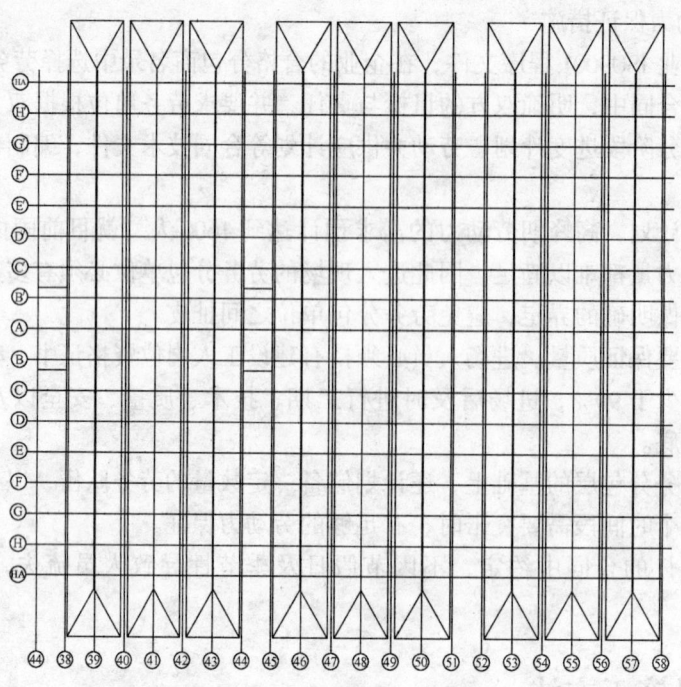

图 3-2 建筑方格网点位布置图

测量成果应符合国家二等水准测量的技术要求。水准点埋设采用埋石方法（图 3-3）。

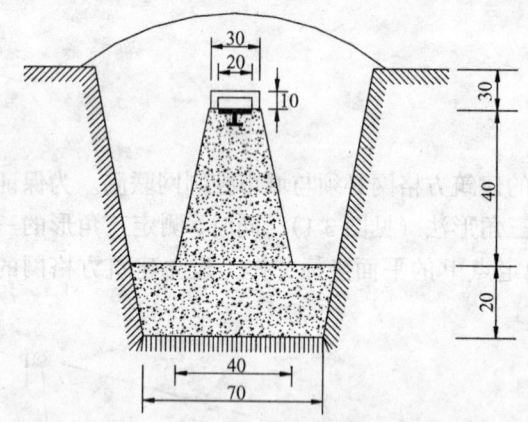

图 3-3 水准点标石埋设示意图（单位：cm）

### 3.1.2 轴线定位放线

在建筑方格网点安置全站仪，后视另一网点，根据设计图纸，以由内业计算提供的测量数据为依据，用直角坐标法或极坐标法分别标定出各轴线。基础施工完毕后，利用精密水准仪、全站仪将标高控制点、轴线施放到基础表面上，并设立建筑物高程控制点和内控轴线控制网系统，此时建筑物内形成独立系统，而外部标高、轴线控制点转换成为建筑物的变形比较系统，将作为建筑物沉降，不均匀沉降引起的倾斜，外墙装饰墙面控制的检验基点，外部控制点须经常检验复核，保持系统的精确度。

### 3.1.3 竖向控制

在拟建建筑物内设置内控点，共计 14 个内控点。其位置如图 3-4 所示。

测距精度不低于 1/10000，测角精度不低于 5″，并进行严密平差改正后，埋设 200mm×200mm 钢板做好标记，在以上各楼层楼板上与该点相对应的位置留出 200mm×200mm 的预留孔，作为控制点垂直向上传递用。在控制点上架设激光经纬仪向上垂直投射至上层空洞处的透明靶上，作为上一楼层施工测量的依据。为提高投测精度，投点时仪器要进行精确校正、整平，水准管格值不能偏离 1/10 格，仪器照准部旋转一周取轨迹中心，并经校

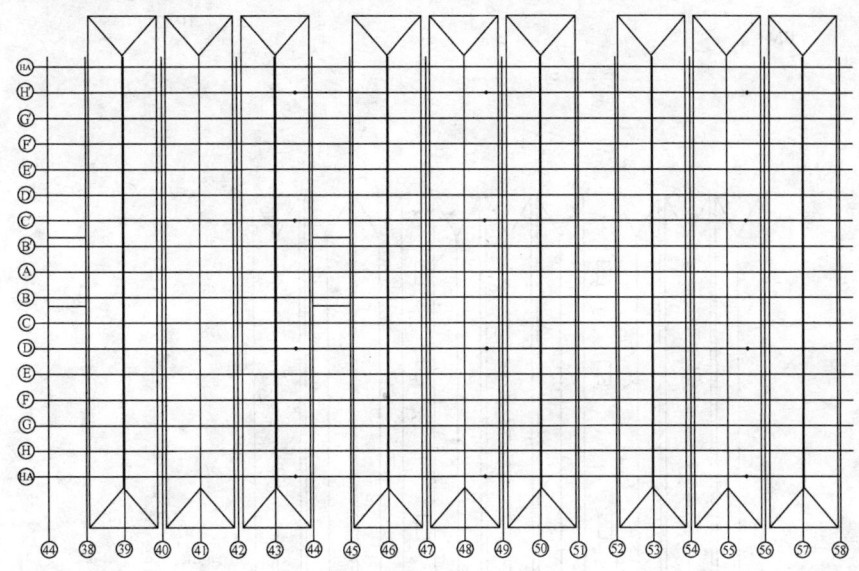

图 3-4 南宁国际会议展览中心二期工程内控点示意图

准无误后再进行楼层测量工作;同时,要注意外控和内控之间的关系保持一致和相互校核,这样无论施工到哪一阶段,都能确保精度。

### 3.1.4 建筑物的高程测量

(1) 在首层的墙柱上标定出高程控制线。

(2) 在每层的柱子及墙体浇筑完后,在楼梯口内向上传递高程。在室内柱子及墙体上定出 +0.500m 的标高线上,并弹墨线标明,以供室内地坪线抄平和室内装修用。

(3) 引测高程采用水准仪和 50m 钢尺。但对钢尺必须做加拉力、尺长、温度修正,并应往返数次测量,确定标高传递的准确性。

### 3.1.5 沉降观测

(1) 水准基点的布置

本工程设置水准基点 4 个(图 3-5),其中 1 个深埋点,3 个浅埋点。埋设位置应在建筑物变形影响区以外的范围,一般距离建筑物不少于 50m。

(2) 沉降观测点的布置与埋设

设计有要求按设计要求布置,设计没有要求按如下原则布设:

1) 沉降点的点距为 9~18m;

2) 埋设高度一般在 ±0.000 至 +0.500m 的范围内,埋设在便于观测的部位;

3) 观测点的结构形式可采用隐蔽式或钢筋制作。

(3) 沉降观测

1) 沉降观测按国家四等水准测量的技术要求进行,采用闭合或附合水准线路;

2) 观测周期:首次观测在观测点埋设稳定后进行,主体施工阶段每增加一层荷载观测一次,装饰阶段每月观测一次,沉降趋于稳定后每季度观测一次,直至沉降稳定为止(沉降速度≤1mm/100d);在施工过程中如建筑物出现裂缝、不均匀沉降等异常情况应增加观测频次,每天或几天观测一次,并把观测结果及时反馈给业主和监理;

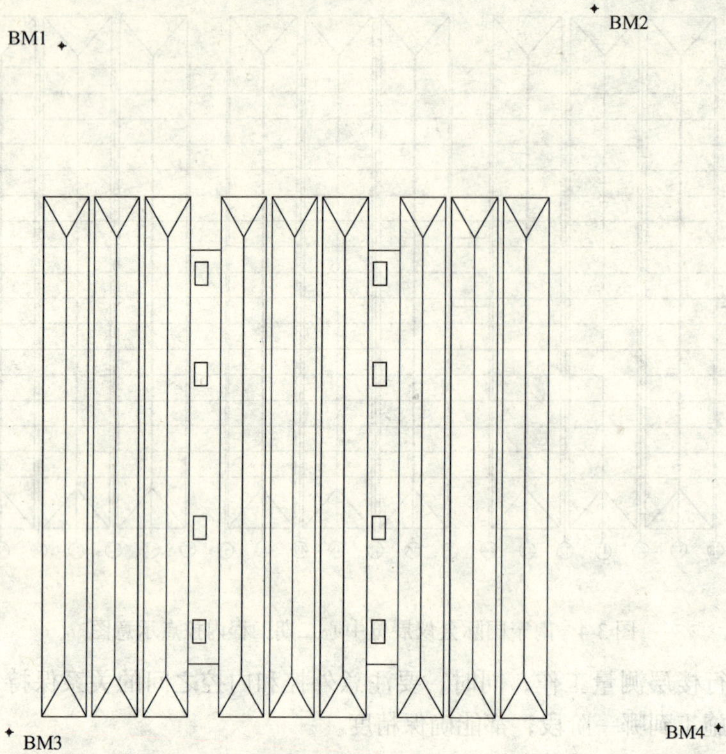

图 3-5　水准基点布置示意图

3）仪器采用国产 S1 精密水准仪和铟钢水准尺，并经法定计量检定机构检定合格且在有效检定周期内；

4）观测时要进行往返测，前后视距相等，并做到"三固定"，即观测人员固定、线路固定和测站固定。

（4）沉降分析

1）沉降观测原始资料必须及时整理，对超限部分要及时重测，直至满足测量规范要求；

2）数据处理采用沉降分析软件处理，原始数据要进行回归分析；

3）绘制建筑物荷载、时间、沉降量回归曲线，沉降速度曲线和等沉降量曲线图；

4）工程竣工时编制沉降观测成果表，编写沉降分析技术总结报告。

## 3.2　土方工程及边坡支护和降水施工

### 3.2.1　土方开挖

土方开挖本着先深后浅的原则和结构施工的顺序安排，按分段开挖组织流水施工，施工分段见图 3-6。

根据工程结构特点，结合施工现场采取下列施工方法：

采用机械开挖至设计基础板底标高并满足预留扰动层及砂垫层标高要求。基础梁独立承台的开挖以小型挖掘机开挖为主，人工配合清基修边土方作业。

为保证开挖线路的明晰，现场车辆调度组织应合理，同时避免相互窝工干扰，在开挖线路上按地下室基坑的布局特点作如下策划：地下室的整体布局形状如"主"字，采取从

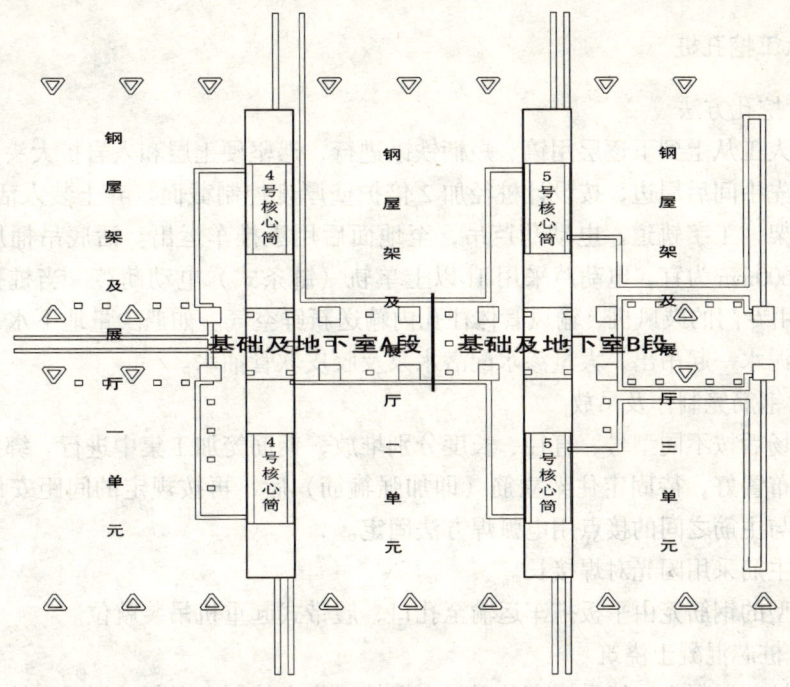

图 3-6 施工段划分示意图

北边接一期工程的"主"头下铲,往南退挖至第一横(4号核心筒),此时采取从中间向两边同时进行至 HA、HA'即核心筒地下室两端后,回至中厅位置,沿中间向南退挖至第二横(5号核心筒),同种方式挖完第二横、第三横(57轴设备管囊)。出土运输车辆位于挖掘机的南侧,向南东方向外运土方。

外围的独立承台及室外通道土方量小,安排在主建筑地下室土方开挖完后进行,以避免对出土车辆交通影响。

**3.2.2 边坡支护**

经过计算可知,本工程土体在无支护的情况下开挖深度可达5.5m,深于此高度需支护,但考虑到雨水对该膨胀土体的影响,而本工程土方施工恰逢雨期,所以基坑边坡支护可以采用钢丝网水泥砂浆护坡,按1:0.5放坡,具体施工见图3-7。

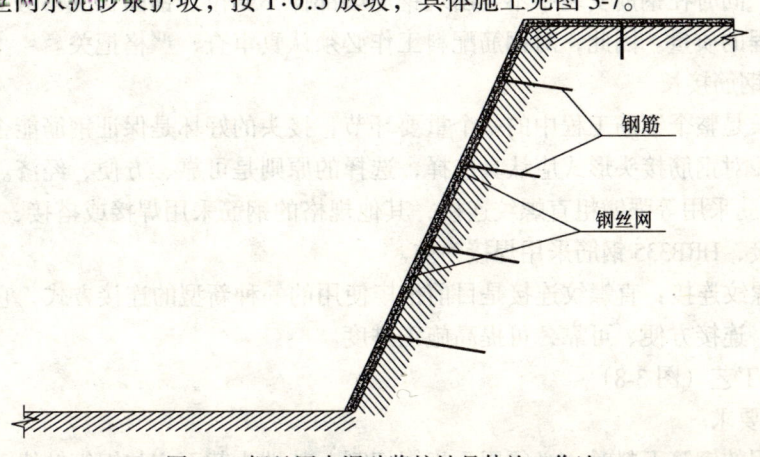

图 3-7 钢丝网水泥砂浆护坡具体施工作法

461

### 3.3 人工挖孔桩

#### 3.3.1 挖孔方法

挖孔由人工从上到下逐层用镐、短柄铁锹进行，遇坚硬土层和入岩扩大头采用风镐破碎，开挖为先中间后周边，按设计桩径加2倍护壁厚度控制截面。弃土装入活底吊桶内。在孔口安支架、工字轨道、电动葫芦吊，至地面后用手推车运出。活底吊桶尺寸以直径600mm、高600mm为宜，电葫芦采用1t以上单轨（链条式）电动葫芦。当桩孔挖深超过10m后，应用专门的鼓风机、输风管体往孔内输送新鲜空气。如遇少量地下水，采取随挖随用吊桶将泥水一起吊出，大量渗水配潜水泵及胶皮软管抽水。

#### 3.3.2 钢筋笼制作及吊放

钢筋进场后按不同型号、直径、长度分别堆放，钢筋笼加工集中进行。绑扎顺序为将主筋等间距布置好，待固定住架立筋（即加强箍筋）后，再按规定的间距安设箍筋。箍筋、架立筋与主筋之间的接点用电弧焊方法固定。

钢筋笼主筋采用闪光对焊接长。

加工成型的钢筋笼由平板拖车运输至孔口，履带式起重机吊装就位。

#### 3.3.3 桩芯混凝土浇筑

本工程桩芯混凝土一律采用商品混凝土搅拌站集中拌制，混凝土搅拌运输车运输，自行式输送泵输送至孔内。混凝土下料采用串筒，分层（每层1.0m）振捣密实。浇筑桩身混凝土时，应比设计桩顶标高超灌300mm。

当桩顶标高比自然地标高低时，在混凝土浇筑12h后进行湿水养护；当桩顶标高比场地标高高时，混凝土浇筑12h后覆盖草袋，并浇水养护。养护时间不少于7d。

### 3.4 钢筋工程

#### 3.4.1 钢筋的配料

钢筋配料是根据设计图中构件配筋图，先绘出各种形状和规格的单根钢筋简图并加以编号；然后，分别计算钢筋下料长度和根数，填写配料单，经审查无误并经驻地工程师代表同意后，方可对此钢筋进行下料加工。所以，一个正确的配料单不仅是钢筋加工、成型准确的保证，同时在钢筋安装中不会出现钢筋端部伸不到位、锚固长度不够等问题，从而保证钢筋工程的质量。因此，对钢筋配料工作必须认真审查，严格把关。

#### 3.4.2 钢筋接长

钢筋接长是整个钢筋工程中的一个重要环节，接头的好坏是保证钢筋能否正常受力的关键。因此，对钢筋接头形式应认真选择，选择的原则是可靠、方便、经济。本工程直径≥22mm的钢筋采用等强镦粗直螺纹连接，其他规格的钢筋采用焊接或搭接，板筋HPB235钢筋采用搭接，HRB335钢筋采用焊接为主。

（1）直螺纹连接：直螺纹连接是目前推广使用的一种新型的连接方式，它特别适用于大直径钢筋，连接方便、可靠，可提高施工进度。

1）加工工艺（图3-8）

2）质量要求

直螺纹用的钢筋下料时，必须用无齿锯切割，其端头截面应与钢筋轴线垂直，不能有

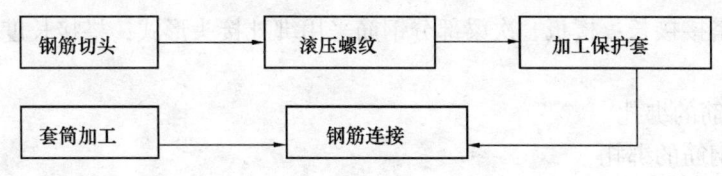

图 3-8 直螺纹连接加工工艺

翘曲。直螺纹牙型和螺距必须与套筒一致，且用与其配套的牙型规检测合格。

(2) 电渣压力焊接长：主要用于柱筋 $\phi 20$ 以上钢筋。

1) 焊接工艺流程（图 3-9）

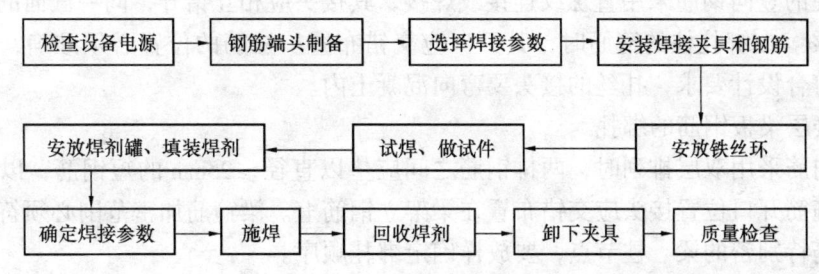

图 3-9 焊接工艺流程示意图

2) 焊接方法

电渣压力焊是利用电流通过渣池产生的电阻热将钢筋端部熔化，然后施加压力使钢筋熔合。电渣压力焊可采用直接引弧法，先将上钢筋与下钢筋接触，通电后，即将上钢筋提升 2～4mm 引弧；然后，继续缓提几毫米，使电弧稳定燃烧；然后，随着钢筋的熔化，上钢筋逐渐插入渣池中，此时电弧熄灭，转为电渣过程，焊接电流通过渣池而产生大量的电阻热，使钢筋端部继续熔化。钢筋端部熔化到一定程度后，在切断电源的同时，迅速进行顶压，持续几秒钟，方可松开操纵杆，以免接头偏斜或接合不良。

(3) 闪光焊接接长：主要用 $\phi 20$ 以下墙梁板筋。

1) 保证焊接接头位置和操作要求

焊接前和施焊过程中，应检查和调整电极位置，拧紧夹具丝杆。钢筋在电极内必须夹紧，电极钳口变形应立即调换和修理。

钢筋端头如弯折或成马蹄形则不得焊接，必须搬直或切除。钢筋端头 20mm 范围内的铁锈、油污，必须清除干净。焊接过程中，粘附在电极上的氧化铁要随时清除干净。接近焊接接头区段应有适当均匀的镦粗塑性变形，端面不应氧化。焊接后稍冷却才能松开电极钳口，取出钢筋时必须平衡，以免接头弯折。

2) 质量检查

在钢筋对焊生产中，焊工应认真进行自检，若发现偏心、弯折、烧伤、裂缝等缺陷，应切除接头重焊，并查找原因，及时消除。

(4) 搭接焊接长

焊接前先清除焊件表面铁锈及杂质，并将钢筋焊接部分预弯，使两钢筋的轴线位于同一直线上，用两点定位焊固定。焊接时，优先考虑双面焊（$5d$），若操作位置受阻可采用单面焊（$10d$）。

(5) 绑扎搭接接长：楼板、次梁部分钢筋采用绑扎接头形式，搭接长度按设计和规范要求。

### 3.4.3 钢筋的绑扎

(1) 墙体钢筋的绑扎

墙体钢筋接头采用焊接或搭接，接头应错开，同截面的接头数量不大于50%，钢筋搭接处应绑扎三个扣。两层钢筋网之间，应按设计要求绑扎限制固定两网片的间距。墙体钢筋网绑扎时，钢筋的弯钩应向混凝土内，扎丝的接头要弯向混凝土内。

(2) 框架柱钢筋的绑扎

框架柱的竖向钢筋采用直螺纹连接或焊接，其接头应相互错开，同一截面的接头数量不大于50%。在绑扎柱的箍筋时，其开口应交错布置。柱筋的位置必须准确，箍筋加密的范围应符合设计要求，扎丝的接头要弯向混凝土内。

(3) 楼层梁板钢筋的绑扎

梁纵向筋采用双层排列时，两排钢筋之间应垫以直径≥25mm的短钢筋，以保持其设计距离。箍筋开口位置接头应交错布置在梁架立钢筋上。梁箍筋加密范围必须符合设计要求，对钢筋特别密的梁、柱节点，要放样确定绑扎顺序。

板的钢筋绑扎短向在下面，应注意板上的负筋位置，上排筋用马凳固定，以防止被踩下，在板、次梁和主梁交叉处，应板筋在上，次梁钢筋居中，主梁的钢筋在下。

## 3.5 模板工程

本工程除桩基承台、筏板、基础梁、柱子的模板工程以外，重点是4号和5号核心混凝土的直线墙体和Ⓑ轴、Ⓑ′轴及Ⓙ轴、Ⓙ′轴圆形柱子的模板工程。

本工程要求混凝土施工质量高，单层面积大，施工工期短，需投入大量的、高质量的模板和周转材料。4号和5号核心混凝土的直线墙体和Ⓑ轴、Ⓑ′轴及Ⓙ轴、Ⓙ′轴圆形柱子的模板工程，都需要有精确的计算和合理的设计，其加工难度大，工艺复杂，需大量定制加工。根据此工程特点，支撑选用早拆体系，加快模板周转。

### 3.5.1 方案选择（表3-1）

模板方案选择表　　　　　　　　　　　　　　　　表3-1

| | 部 位 | 材 料 |
|---|---|---|
| 地下部分 | 筏形基础 | 基础四周砌240mm砖墙，抹混合砂浆作为筏形基础的外模，外部填土夯实 |
| | 地下室外墙 | 根据竹胶板的规格配制成大模板，但是根据墙的实际需要配制规格尺寸龙骨50mm×100mm，木方外龙骨采用$\phi$48双钢管，用$\phi$16的对拉螺栓 |
| | 主次梁 | 12mm厚的竹胶板，50mm×100mm的木龙骨和$\phi$48脚手架钢管，用$\phi$12的对拉螺栓 |
| | 方柱和圆柱 | 12mm厚竹胶板，50mm×100mm、100mm×100mm木方，用$\phi$14的穿墙对拉螺栓加固，圆柱模板采用4mm钢板加工成定型钢模板 |
| | 混凝土楼板模板 | 12mm厚竹胶板，50mm×100mm木龙骨，$\phi$48×3.5钢管主龙骨，支撑为碗扣脚手架及多功能早拆体系 |
| | 楼梯模板 | 12mm厚竹胶板，50mm×100mm木龙骨，碗扣脚手架及封闭式定型钢模 |

### 3.5.2 筏形基础模板

本工程筏形基础板,采用C40防水混凝土,在混凝土垫层施工完成后,底板外模砌240mm厚砖模,用混合砂浆砌筑,内壁混合砂浆抹平压光。在未浇筑混凝土前砖墙处回填2:8灰土夯实,以防止跑模。在砖模上部支模板,模板为12mm厚竹胶板,50mm×100mm木方木带,横带φ48双钢管用φ16的穿墙对拉螺栓拉接,横向拼接采用M12×130螺栓连接,内模板和外模板制作拼装工艺相同。

### 3.5.3 墙体模板(图3-10)

长方形剪力墙模板采用12mm厚竹胶板50mm×100mm木龙骨作后背带,根据墙体平面分块制作。竹胶板的木带接合采用木螺钉长2寸,竹胶板打φ4孔用木螺钉拧紧在木带上。木方必须平直,木节超过截面1/3的不能用。板与板拼接采用长130mm M12机制螺栓连接。

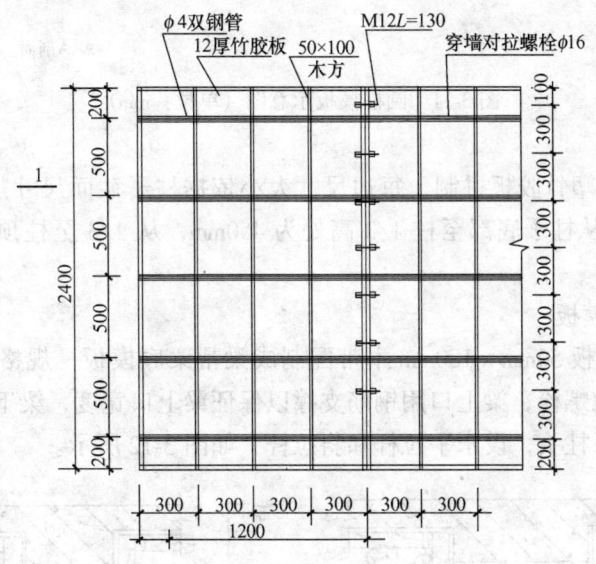

图3-10 墙体模板示意图(单位:mm)

### 3.5.4 柱模板

(1) 圆柱模

圆柱采用定型模板,由专业模板厂制作。形式为两个半圆形(内径按照柱直径),标准节单片长度1.5m,钢板厚4mm,每片端头两侧及半圆边缘满焊带螺孔的角钢L60×60×5,螺栓孔必须上下左右一致且均匀排布,以便安装时螺栓能顺利穿过。为防混凝土浇筑过程中灰浆流失,柱钢模水平接缝做成企口型,竖向接缝加垫条封堵。

为增强钢模的整体刚度,定型钢模横向每500mm设一道L60×60等边角钢,纵向每30°圆弧设一道5mm厚扁钢加劲,均点焊于钢模板的外侧,柱距梁底节点不足部分用单独加工高度200mm、300mm的钢模找补。柱拆模时找补部分留下,防止柱节点混凝土浇捣产生接槎流浆。本工程圆柱直径大,一次性浇筑混凝土高度大,因此对钢模板性能要求高,施工中为保证柱子截面尺寸和表面平整度,施工时采用定做钢模。如图3-11所示。

模板的连接竖向采用螺栓连接,水平方向除采用螺栓连接以外,模板的两端分别作成企口,这样可以减少漏浆并加强连接后模板的整体性。对于直径大于1m的柱模(如直径

1400mm）可以分成四片制作，这样可以便于人工拼组安装及拆卸。四片加工的用料依然同下标注的尺寸。

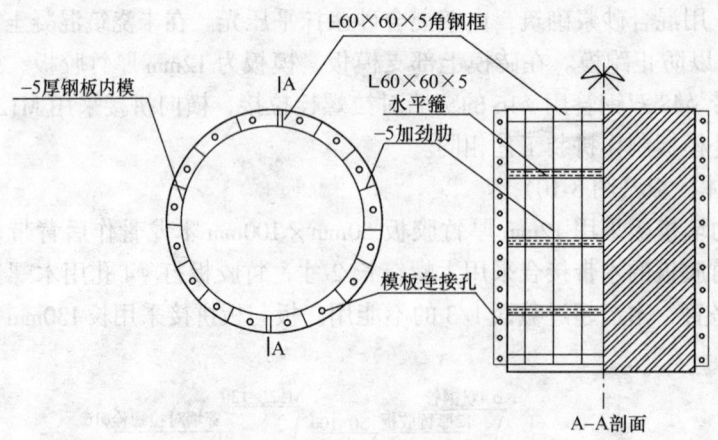

图 3-11　圆柱模板示意图（单位：mm）

（2）矩形柱模

采用 15mm 厚覆塑竹胶板拼制，每边尺寸大小依据柱子截面尺寸加长 80mm（木方长度），钢管抱箍间距从柱子底部至柱 1/3 高处为 450mm，从 1/3 至柱顶处为 500mm，并与脚手架拉牢。

### 3.5.5　框架梁模板

用 12mm 厚竹胶板 50mm×100mm 木带配制成梁帮梁底模板，规格尺寸要精确。加固梁帮采用双钢管对拉螺栓，梁上口用钢筋支撑以保证梁上口宽度，梁下部支撑采用碗扣脚手架，采用早拆体系柱头，设水平拉杆和斜拉杆，如图 3-12 所示。

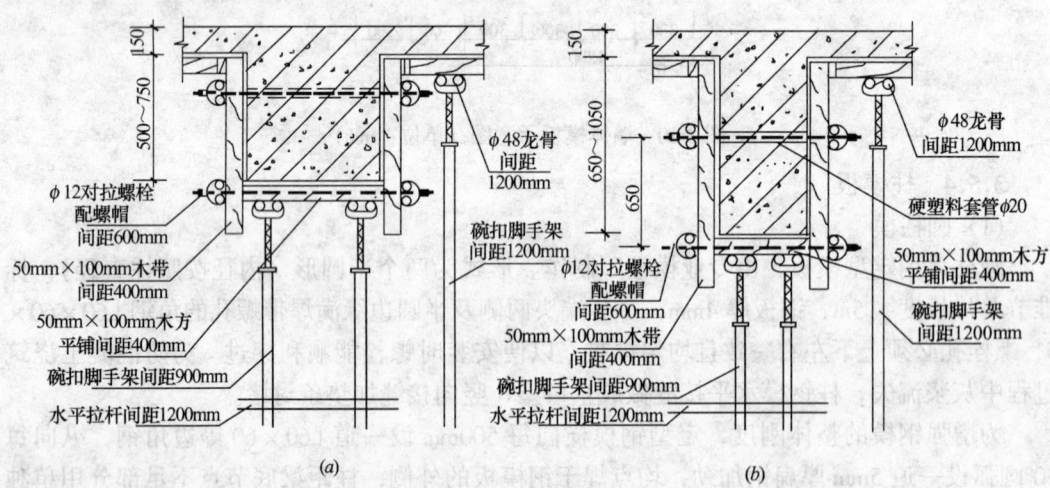

说明：1. 梁板支撑采用碗扣脚手架
　　　2. 水平拉杆和剪刀斜撑用 φ48 钢管
　　　3. 混凝土楼板底模全部采用竹胶板，50mm×100mm 木龙骨
　　　4. 混凝土截面规格尺寸不同，但模板制作安装基本方法相同
　　　5. 钢管连接用铸钢扣件

图 3-12　框架梁模板图

### 3.5.6 混凝土楼梯模板

支撑采用碗扣脚手架,纵横间距为1000~1200mm,主龙骨为双钢管,次龙骨为50mm×100mm木方,间距400mm,上部铺设12mm厚竹胶板,用钉子钉牢。

楼梯板采用12mm厚竹胶板做底模。踏步定型模板采用钢模,按照楼梯的宽度、高度和长度,踏步的步数来配制。梯段的底板模板施工完后,绑扎钢筋。钢筋绑好后,把定型钢模用塔吊吊入梯段上部固定,做法见图3-13。

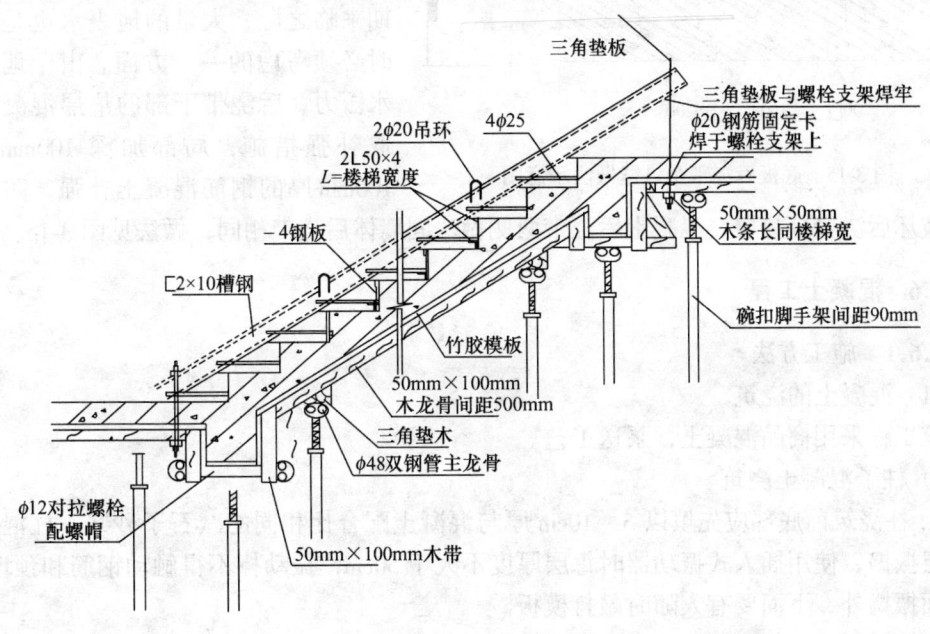

图 3-13 楼梯支模图(单位:mm)

### 3.5.7 后浇带的模板设计

根据工程设计,在本工程混凝土底板和墙体留设后浇带,由于工程所在地的地质情况复杂,裂隙水、承压水及地表水均有不同程度的存在,加之局部基础施工时开挖深度已经超过6m以上,施工中就应该考虑到后浇带外来的水压力、土压力对结构的影响和破坏的各种可能。施工时既要考虑结构的整体性,同时还应该考虑混凝土的防水效果。因此,结

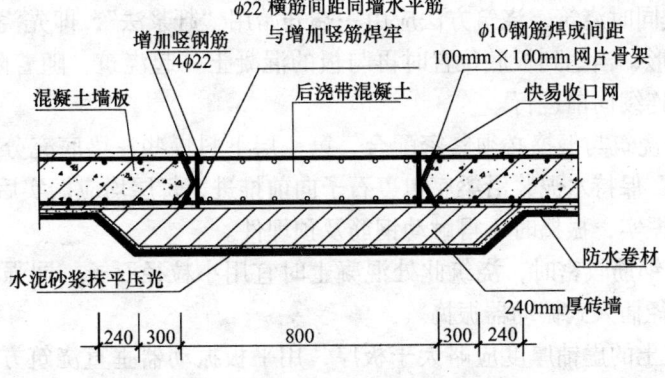

图 3-14 混凝土外墙板后浇带施工图(单位:mm)
(内部混凝土不砌砖墙和使用防水卷材)

合工程实际情况，施工时混凝土外墙板后浇带外侧砌240mm厚的砖墙，用M5水泥砂浆砌筑砖墙，外用混合砂浆抹平压光，干燥后同混凝土墙同时做外防水。防水层外做保护层，然后回填土。后浇带用钢筋骨架和两层钢丝网作永久性模板。如图3-14所示。

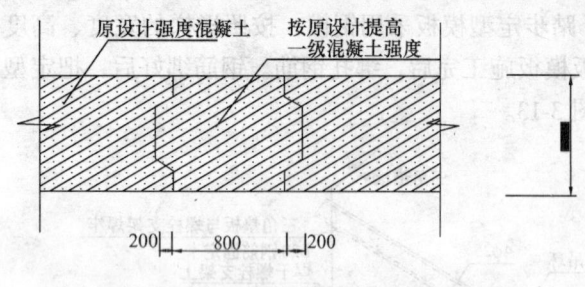

图3-15 底板后浇带企口缝做法示意图

底板后浇带，考虑到南宁市地质情况，基础底部有承压水的影响，而且地下室施工的时间正好为该地区雨期来临之际，大量的地表水也是施工时必须考虑的一个方面。由于地下的水压力，后浇带下部的垫层混凝土采取补强措施，局部加深100mm，用100mm厚的钢筋混凝土补强，防止水压力破坏后浇带处垫层。混凝土后浇带两侧做法同墙体后浇带相同，做法见图3-15。

### 3.6 混凝土工程

#### 3.6.1 施工方法

（1）混凝土的浇筑

该工程采用商品混凝土，泵送工艺。

1）柱子混凝土浇筑

A. 柱浇筑前底部应先填以5~10cm厚与混凝土配合比相同的减石子砂浆，柱混凝土应分层振捣，使用插入式振动器时每层厚度不大于50cm，振动棒不得触动钢筋和预埋件。除上面振捣外，下面要有人随时敲打模板。

B. 柱高在3m之内，可在柱顶直接下灰浇筑，超过3m时应采取措施（用串桶）或在模板侧面开门子洞安装斜溜槽分段浇筑。每段高度不得超过2m，每段混凝土浇筑后将门子洞模板封闭严实，并用箍箍牢。

C. 柱子混凝土应一次浇筑完毕，如需留施工缝时应留在主梁下面。在与梁板整体浇筑时，应在柱浇筑完毕后停歇1~1.5h，使其获得初步沉实，再继续浇筑。

D. 浇筑完后应随时将伸出的搭接钢筋整理到位。

2）梁、板混凝土浇筑

A. 梁、板应同时浇筑，浇筑方法应由一端开始用"赶浆法"，即先浇筑梁，根据梁高分层浇筑成阶梯形，当达到板底位置时再与板的混凝土一起浇筑，随着阶梯形不断延伸，梁板混凝土浇筑连续向前进行。

B. 浇捣时，浇筑与振捣必须紧密配合，第一层下料慢些，梁底充分振实后再下二层料，用"赶浆法"保持水泥浆沿梁底包裹石子向前推进，每层均应振实后再下料，梁底及梁帮部位要注意振实，振捣时不得触动钢筋及预埋件。

C. 梁柱节点钢筋较密时，浇筑此处混凝土时宜用小粒径石子、同强度等级的混凝土浇筑，并用小直径插入式振动器振捣。

D. 浇筑混凝土的虚铺厚度应略大于板厚，用平板振动器垂直浇筑方向来回振捣，厚板可用插入式振动器顺浇筑方向拖拉振捣，并用铁插尺检查混凝土厚度，振捣完毕后用长木抹子抹平。施工缝处或有预埋件及插筋处用木抹子找平。浇筑板混凝土时不允许用插入式振动器铺摊混凝土。

E．施工缝位置：宜沿次梁方向浇筑楼板，施工缝应留置在次梁跨度的中间三分之一范围内；施工缝的表面应与梁轴线或板面垂直，不得留斜槎；施工缝宜用木板或钢丝网挡牢。

F．施工缝处须待已浇筑混凝土的抗压强度不小于 1.2MPa 时，才允许继续浇筑。在继续浇筑混凝土前，施工缝混凝土表面应凿毛，剔除浮动石子，并用水冲洗干净后，先浇一层水泥浆；然后，继续浇筑混凝土，应细致操作振实，使新旧混凝土紧密结合。

3）剪力墙混凝土浇筑

A．本工程柱、墙的混凝土强度等级相同，可以同时浇筑；反之，宜先浇筑柱混凝土，预埋剪力墙锚固筋。待拆柱模后，再绑剪力墙钢筋、支模、浇筑混凝土。

B．剪力墙浇筑混凝土前，先在底部均匀浇筑 5cm 厚与墙体混凝土成分相同的水泥砂浆，并用铁锹入模，不应用料斗直接灌入模内。

C．浇筑墙体混凝土应连续进行，间隔时间不应超过 2h，每层浇筑厚度控制在 60cm 左右。因此，必须预先安排好混凝土下料点位置和振动器操作人员数量。

D．振动棒移动间距应小于 50cm，每一振点的延续时间以表面呈现浮浆为度，为使上下层混凝土结合成整体，振动器应插入下层混凝土 5cm。振捣时注意钢筋密集及洞口部位，为防止出现漏振，须在洞口两侧同时振捣，下灰高度也要大体一致。大洞口的洞底模板应开口，并在此处浇筑振捣。

E．混凝土墙体浇筑完毕后，将上口甩出的钢筋加以整理，用木抹子按标高线将墙上表面混凝土找平。

4）楼梯混凝土浇筑

A．楼梯段混凝土自下而上浇筑，先振实底板混凝土，达到踏步位置时再与踏步混凝土一起浇捣，不断连续向上推进，并随时用木抹子（或塑料抹子）将踏步上表面抹平。

B．施工缝位置：楼梯混凝土宜连续浇筑完，多层楼梯的施工缝应留置在楼梯段三分之一的部位。

除上述规定外，每次混凝土浇筑前均应编制详细的混凝土浇筑方案，从混凝土的制备、运输、浇筑顺序，泵管布置、试块的留置，到现场组织和质量控制、安全措施等作具体规定和要求，报经监理审查通过，以具体指导施工。

（2）混凝土的养护

混凝土浇筑完毕后，应在 12h 内加以覆盖和浇水，保持混凝土表面有足够的湿润状态，普通混凝土养护不少于 7d，防水混凝土或掺加外加剂的混凝土养护日期不少于 14d。

### 3.6.2 混凝土收缩裂缝控制措施

（1）混凝土配制时要严格控制水灰比和水泥用量，选用良好的级配和砂率，拌合均匀，振捣密实。浇筑前将基层和模板浇水湿润。浇筑后及时地认真地养护，可在混凝土表面喷一度氯偏乳液养护剂，或覆盖塑料薄膜。气温高、湿度低或风速大的天气施工，浇筑后应及时喷水养护，但不宜使用温度太低的水直接浇在混凝土表面上。

（2）混凝土振捣要充分，但又不能过分。

（3）混凝土初凝后终凝前进行二次抹压，但避免在混凝土表面撒干水泥刮抹。

（4）控制好混凝土原材料的质量，搞好混凝土配合比设计，掌握好混凝土搅拌，严格分层施工,浇捣密实。

(5) 在结构薄弱部位及孔洞四角配置温度筋。

(6) 对软土地基、填土地基必须充分地夯实加固。

(7) 模板及其支撑应有足够的强度和刚度,并使地基受力均匀;按规定时间拆模。

(8) 控制混凝土配合比及搅拌,加强混凝土振捣。

(9) 浇筑混凝土前应对模板浇水湿透。

### 3.6.3 后浇带施工

本工程混凝土结构为大面积超长结构,设计方案采用设置后浇带和施工缝处理方法。后浇带做成企口缝,结构主筋不在缝中断开;当必须断开时,则主筋搭接长度大于45倍主筋直径,并按设计要求加设附加钢筋。当后浇带超前止水时,后浇带部位混凝土局部加厚,并增设外贴式或中埋式止水带。如图3-16和图3-17所示。

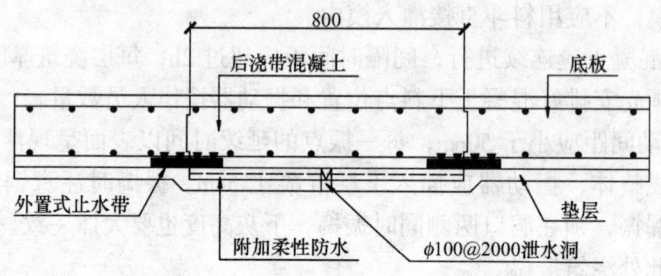

图3-16 底板后浇带处理示意图

后浇带施工时符合以下规定:

(1) 后浇带在其两侧混凝土龄期达到60d以后再施工。

(2) 后浇带的接缝处理符合《地下工程防水技术规范》(GB 50108—2001) 4.1.22条规定。

(3) 后浇带混凝土施工前,后浇带部位和外贴式止水带应予以保护,严防落入杂物和损伤外贴式止水带。

(4) 后浇带采用补偿收缩混凝土浇筑,其强度等级高于两侧混凝土一级,并保证养护时间不少于14d。

(5) 后浇带内的降水管井在后浇带混凝土浇灌前必须提前用膨胀混凝土封堵,高度不小于1m。

(6) 梁板后浇带、施工缝处用密孔钢丝网或木模封堵。在浇筑后浇带混凝土时,混凝土提高一个等级并在混凝土中掺加水泥用量15%的UEA膨胀剂,可使其产生微膨胀压力抵消混凝土的干缩、徐变、温差等产生的拉应力,使混凝土结构不出现裂缝,提高抗渗能力。

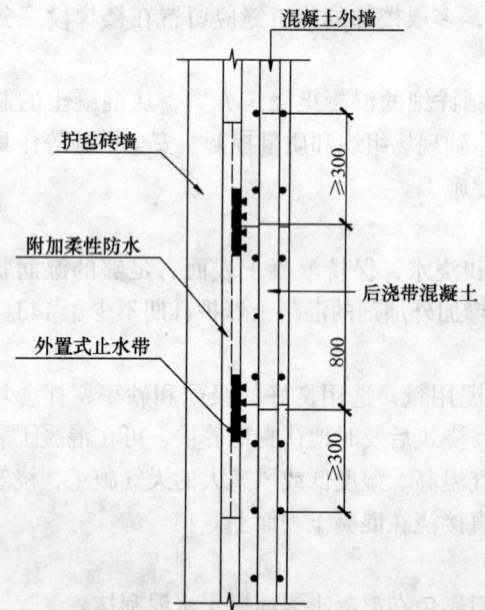

图3-17 地下外墙后浇带处理示意图

(7) 注意后浇带两侧的梁板在后浇带浇筑前变为悬挑结构,并将承担上部施工荷载,主次梁模板及支撑不能拆除,直至最后一层浇筑完毕。板拆除必须经驻地工程师同意后方可进行。后浇带浇完后,要特别加强养护,养护时间不少于14d。

### 3.7 砌体工程

(1) 砌体与混凝土柱或墙之间要用限制带连接,使两者连成整体。

(2) 砌体顶部与框架梁板接槎处采用侧向或斜向砌块砌筑,避免裂缝产生。

(3) 砌体长度超过4m,中间应加设构造柱,高度超过4m,墙中间应加设圈梁。

(4) 砌块提前1d浇水湿润,砂浆灌缝要饱满,尤其立缝,施工过程中极易忽视,砂浆若不饱满,则透缝、隔声效果不好,整体性差。

(5) 砌体工程应紧密配合安装各专业预留预埋进行,在统筹管理下,合理组织施工,减少不必要的损失和浪费。

(6) 应坚固地将墙或隔墙互相连接并与混凝土墙、梁、柱相互连接。在框架柱、墙等构件上预埋限制带。

(7) 砌筑时应先外后内;在每层开始时,应从转角处或定位砌块处开始;应吊一皮,校一皮,皮皮拉麻线控制砌块标高和墙面平整度。砌筑应做到横平竖直,砂浆饱满,接槎可靠,灌缝严密。

(8) 应经常检查脚手架是否足够坚固,支撑是否牢靠,连接是否安全,不应在脚手架上放重物品。

### 3.8 展厅屋面钢结构吊装

#### 3.8.1 工艺原理及施工流程

采用构件工厂化加工制作,现场地面组装、四机整体抬吊、高空摆臂平移就位进行安装的施工工艺。施工工艺流程如图3-18所示。

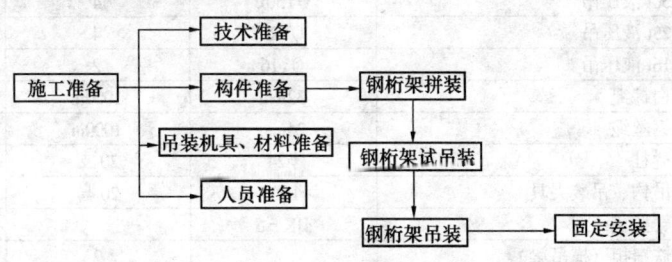

图 3-18 施工工艺流程图

#### 3.8.2 施工要点

(1) 施工准备

1) 技术准备

认真细致学习、全面熟悉掌握施工图纸、设计变更。组织图纸审查和会审;核对构件的空间就位尺寸和相互间的关系。计算并掌握吊装构件的数量、单件重量、安装就位高度,以及次梁、高强螺栓等的连接位置和方法。熟悉工程概况、吊装设备,确定吊装程序、方法、进度、构件平面位置、构配件到场情况以及质量安全技术措施等。进行细致的技术交流，了解土建施工情况（混凝土的强度、工程进度等），对预埋件的位置、标高做出标记。

2) 构件准备

清点构件的型号、数量，并对构件散件按设计和规范要求进行全面的质量检查（有无严重裂缝、扭曲、侧弯以及外形和几何尺寸的误差）。由于杆件出厂时的状态为散装杆件，需要在地面拼装胎架上将纵向桁架拼装成端面为梯形的桁架段，因此，要认真检查构件的出厂合格证以及构件节点、吊环、埋设件的稳固程度。检查构件组装胎具的各部分尺寸以及起拱度是否准确；如有超出设计和规范规定的偏差，应在组装前纠正。在构件上根据就位、校正的需要弹好轴线。纵向桁架应在柱端头与抗震球铰支座中点支撑处弹出轴线和标高线。检查柱基轴线和跨度是否符合设计要求，找好柱基标高和轴线位置。

按图纸对构件进行编号。在构件上用记号注明，以免吊装时搞错。

3) 吊装接头配件准备

分类准备和整理好各种金属支撑件及接头用的连接板、高强螺栓、铁件和安装垫铁，并清理好接头部位及埋设件上的污物、铁锈。对需要组装拼装和临时加固的构件，按规定要求达到具备吊装的条件。

4) 吊装机具、材料、人员准备

检查吊装用的起重设备、配套机具、工具等是否齐全、完好，运行是否灵活，并进行试运转。对纵向桁架，由于长度较长和倒三角形状，吊装时必须注意安全性。绑扎牵引溜绳时必须在两端按八个点绑扎牢靠并检查后才允许起吊。高空就位或高纵构件就位时应绑扎好牵引溜绳，揽风绳须在起吊前准备好并定好锚固地点。

使用的吊装设备、吊索、机具见表3-2。

吊装设备、吊索、机具一览表　　　　表3-2

| 序号 | 吊索设备名称 | 规格型号 | 数量 | 备注 |
|---|---|---|---|---|
| 1 | 50t液压吊 | QY50B | 4 | |
| 2 | 25t液压吊 | QY25 | 4 | |
| 3 | 16t液压吊 | QY16 | 2 | |
| 4 | 白棕绳 | 32mm | 1000m | |
| 5 | 钢丝绳 | 24mm | 1000m | |
| 6 | 撬杠 | $\phi 24$ | 20支 | |
| 7 | 吊钩、吊装夹具 | 100t | 20套 | |
| 8 | 卷扬机 | JJK-5 | | |
| 9 | 铁扁担（横吊梁） | | 2 | |
| 10 | 滑车（滑车组） | | 若干 | 单轮、双轮 |
| 11 | 捯链 | 5t | 10个 | |
| 12 | 千斤顶 | 25t | 8个 | |
| 13 | 地锚 | | 若干 | 根据现场实际 |
| 14 | 电焊机 | ZX7-400 | 50 | |
| 15 | 气割机具 | | 若干 | |
| 16 | 路基板 | 2m×3m | 8块 | |
| 17 | 280~760N·m扭拒扳手 | | 6 | |
| 18 | 活动（梅花）扳手 | | 若干 | |
| 19 | 大锤 | | 若干 | |

吊装劳动力需求见表3-3。

劳动力需求表 表3-3

| 序 号 | 安 装 组 名 称 | 数量（组） | 人数（人） |
|---|---|---|---|
| 1 | 纵向桁架吊装组 | 2 | 40 |
| 3 | 檩条、型板安装组 | 4 | 80 |
| 4 | 焊工（持证上岗） | 4 | 100 |
| 5 | 油漆、涂装组 | 4 | 60 |

5）其他准备工作

高处信号传递：必须有专人负责统一指挥，指挥信号事先统一，发出的信号要鲜明、准确。警示标志设立：吊装现场要有明显的警示标志，采取现场设置安全围栏和警示牌的方法。专人安全警戒：吊装工作开始后，设专人在吊装现场警戒，佩戴黄色套袖，手持黄色小旗，专职安全警戒。地面承载力计算：根据图纸说明，展厅区域地面承载力 $5t/m^2$，72m主桁架吊装在展厅区域进行，采用4台50t液压吊起吊，站位靠近桁架侧两压脚底各垫一块 $2m×3m$ 的路基板。

(2) 三角形主桁架拼装方法

由于构件为不稳定倒三角形结构，地面拼装按截面采用三点支撑胎架，沿纵向6m间距均布放置，保证胎架有足够的支撑刚度，布置如图3-19和图3-20所示。

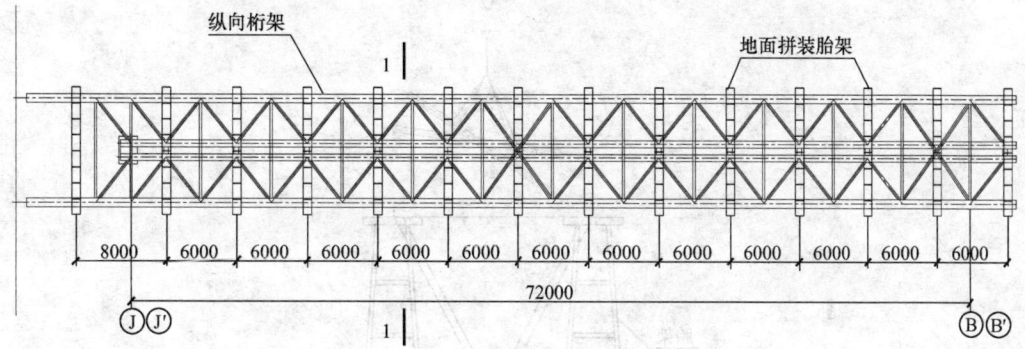

图3-19 纵向桁架地面组装胎架布设示意平面图

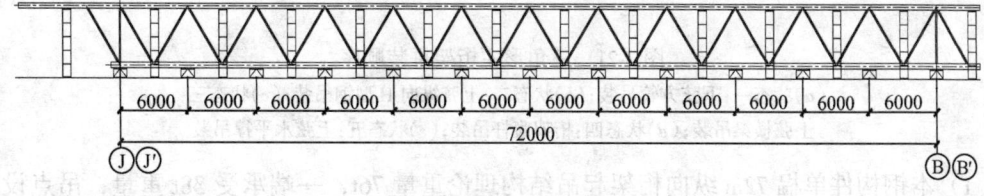

图3-20 纵向桁架地面组装胎架布设示意立面图

拼装时将胎架上顶面用经纬仪抄平放线，保证水平误差低于2mm以内，考虑桁架下挠起拱160mm，则在纵向胎架两端支撑点处逐放折线至中点抬高160mm，拼装次序如图3-21所示。

(3) 纵向桁架的吊装与校正

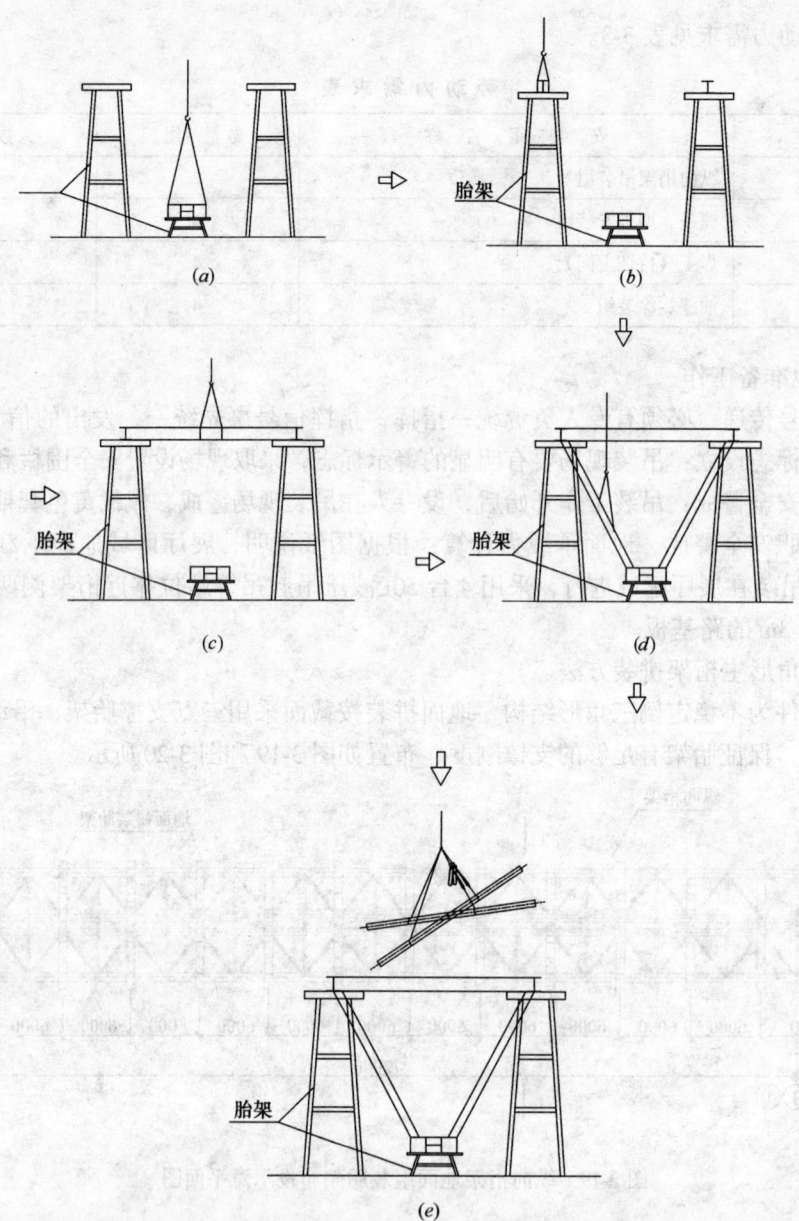

图 3-21 三角形主桁架拼装顺序

($a$)状态一:下弦方管吊装;($b$)状态二:上弦纵向 H 型钢吊装;($c$)状态三:
上弦横梁吊装;($d$)状态四:桁架腹杆吊装;($e$)状态五:上弦水平撑吊装

1) 本钢构件单榀 72m 纵向桁架起吊结构理论重量 76t,一端承受 38t 重量,吊点设置桁架两支承点处,桁架下弦吊点处每根方管下面垫 800mm 长(截面为 200mm×220mm)道木两根,道木下角用半圆厚皮钢管作护角。

吊装方案——吊车平面布置示意如图 3-22 所示。

钢丝绳选择:采用直径为 46mm、公称抗拉强度为 1700MPa 的 6×37 丝的钢丝绳作为吊索。

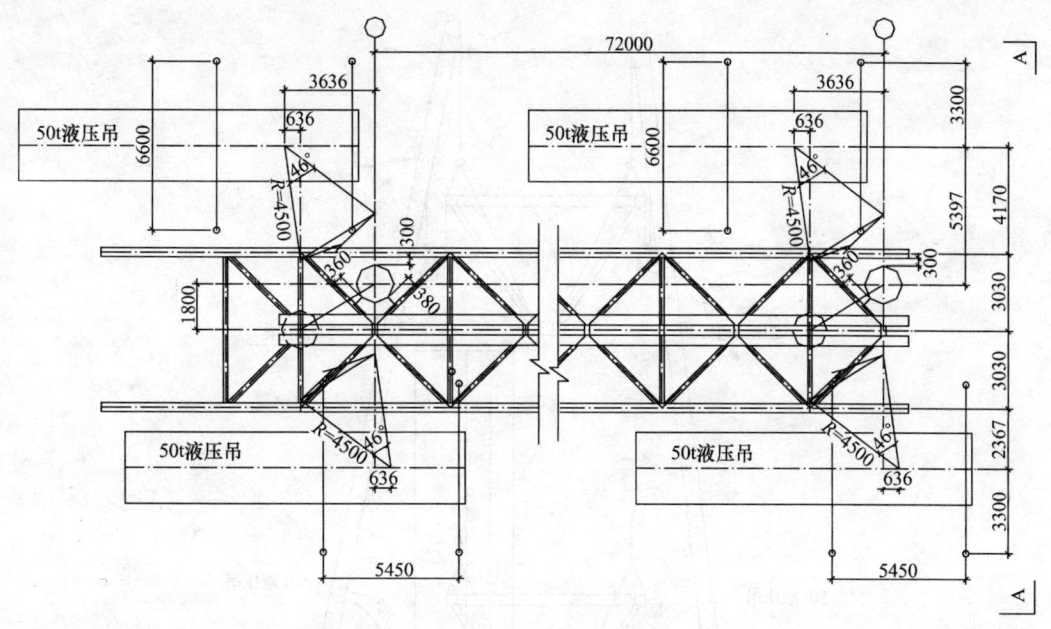

图 3-22 72m 桁架吊装平面布置图

2) 纵向桁架起吊前,应先在柱顶上弹好轴线,以便纵向桁架在固定前后做复核基准用。纵向桁架的吊装,将采用四机抬吊平移法,如图 3-23 所示。

3) 纵向桁架校正,一般采用经纬仪或线坠。经纬仪校正时采用两台仪器,分别置于纵向桁架的纵横轴线位置,使纵中丝对准柱的中心线,由下而上观测。线坠测量时,由于纵向桁架较高,应采用 1~2kg 重量的线坠,测量方法是:在桁架的两端中点,用磁力吸盘将线坠上线头固定,进行测量,但线坠易摆动,也可以将线坠放入盛水的桶内来设法稳住。

4) 纵向桁架初校正一般采用缆风绳校正法,即在纵向桁架两面,各系四根缆风绳,向需要调整的方向拉(松)动,待垂直度偏差控制在 10mm 以内方可使起重机脱钩。

5) 纵向桁架的安装要点

A. 用四机抬吊法吊装,起吊后,吊至柱顶标高以上 200mm 处刹车,通过吊臂平移,将纵向桁架基本送到柱顶球型抗震支座的位置,刹住车,使纵向桁架大体对准。

B. 吊装时,为防止纵向桁架倾倒,可采取边吊边校法(即在摘钩前将纵向桁架校正好),并在校好后将螺栓拧紧,必要时增设缆风绳。

C. 四机抬吊纵向桁架时,应注意尽量选用同类型的起重机。在操作中,四台起重机的动作必须尽量配合,四机的吊钩滑车组均不可有较大倾斜,以防一台起重机失重而使另一台起重机超载。

D. 吊装纵向桁架时,要特别注意在捆绑处采取措施保护吊索,防止吊索被钢棱角割断;并保护柱顶球型抗震支座,防止在就位时碰坏。

6) 纵向桁架的固定

本工程采用的高强螺栓为 M20 扭剪型高强螺栓,其紧固方法采用扭矩法原理,施工扭矩是由螺栓尾部梅花头的切口直径来确定的。扭剪型高强螺栓连接副紧固方法采用专用

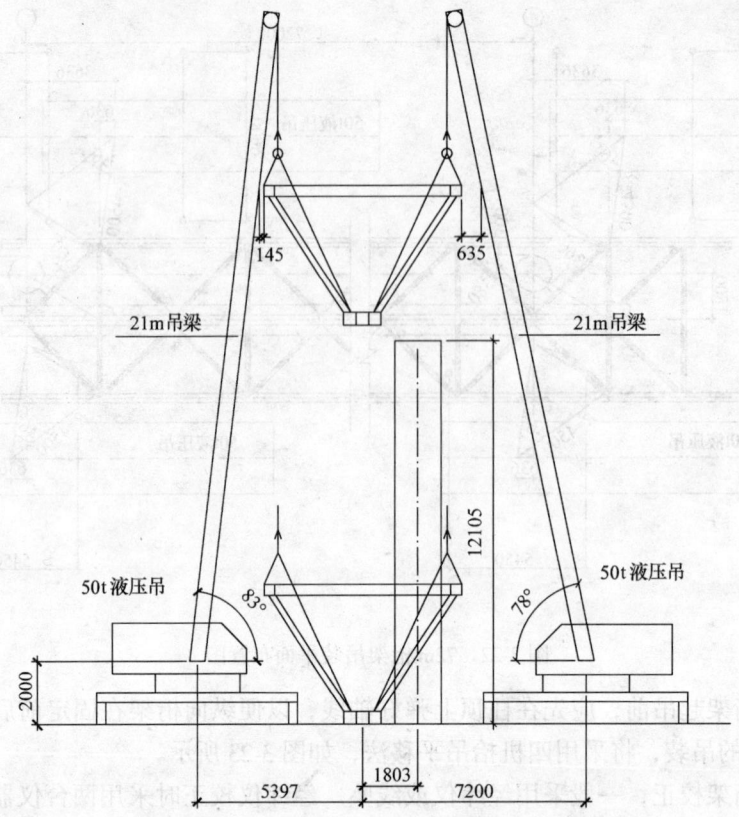

图3-23 72m桁架吊装立面图（A-A）

的电动扳手进行终拧，梅花头被拧掉标志着螺栓终拧的结束。

为了减少接头中螺栓群间相互影响及消除连接板面间的缝隙，紧固要分初拧和终拧两个步骤进行。扭剪型高强螺栓连接副的初拧扭矩可适当加大，一般初拧螺栓轴力可以控制在螺栓终拧轴力值的50%~80%，对常用规格的高强螺栓（M20、M22、M24）初拧扭矩可以控制在400~600N·m，若用转角法初拧，初拧转角控制在45°~75°，一般以60°为宜。

由于扭剪型高强螺栓是利用螺栓尾部梅花头切口的扭断力矩来控制紧固扭矩的，所以用专用扳手进行终拧时，螺母一定要处于转动状态，即在螺母转动一定角度后扭断切口，才能起到控制终拧扭矩的作用；否则，由于初拧扭矩达到或超过切口扭断扭矩或出现其他一些不正常情况，终拧时螺母不再转动切口即拧断，失去了控制作用，螺栓紧固状态成为未知，造成工程安全隐患。

### 3.8.3 纵向桁架安装质量控制要点

（1）当纵向桁架被吊装到柱顶平面就位时，应将桁架上的纵横轴线对准柱顶轴线。以防止其跨度尺寸产生偏差，导致柱头与桁架安装连接时，发生水平方向向内拉力或向外撑力作用，使纵向桁架身弯曲变形。

（2）纵向桁架安装过程直接影响其垂偏，首先掌握桁架的长或短，并用两台经纬仪和一台水准仪跟踪校正柱垂偏及桁架水平度。桁架水平度控制在$L/1000$内且不大于10mm。

（3）阳光照射、风力以及温差对测量桁架垂偏影响较大，应根据风力、温差大小、纵向桁架断面形状、大小、材质，不断总结经验，找出规律，确定预留偏差值。当风力超过5级时，不能校正桁架。

（4）纵向桁架较长时因刚度较差，在外力作用下易失稳变形，因此竖向吊装时的吊点应防止其侧向变形。

### 3.8.4 质量保证措施

（1）配备有丰富施工经验和工作认真踏实的施工质量管理人员，由项目经理、项目技术负责人、项目质量负责人及有关技术管理人员组成质量管理小组，对各级质量管理人员制定切实可行的质量责任制并落实到人，使现场质量责任制纵向到底，横向到边，形成网络，三级质保体系的核心是项目部，重点是一线班组，关键是生产工人。

（2）项目部班子是工程的直接管理者，实行项目经理负责制，所有人员做到职责分明。每个部位、每个环节的工程质量落实到人，项目经理和施工人员均应熟悉图纸，了解设计意图，明确各分部分项的施工方案和施工方法，掌握质量标准。

（3）在施工过程中及时对操作班子进行技术交底，检查监督各班组按图纸和规范施工的情况，发现问题及时整改，对各班组施工质量进行检查、验收。验收合格后及时通知公司、业主及监理等有关单位验收。

（4）施工班组施工过程中严格按图纸、规范及技术要求操作，边施工，边自检，边整改，将质量问题消灭在操作第一线。

（5）做好预先控制。施工过程中做到事先预防，事后把关，对可能遇到的重点、难点，预先制定应付措施，对材料操作工艺、工序、机具、产品保护均要事先制定预控计划，确定控制点，施工中明确专人进行检查落实。

（6）加强质量检验评定制度，严格实行"三检"制，上道工序未验收合格不得转入下道工序的施工。

（7）严格实行各种原材料和配件的质量验收制度，主要材料进场必须有生产单位的出厂试验报告单或质保书，同时应具备化验单或复试单。

（8）测量仪器设备应配备完善，各种仪器都应通过计量部门的检测，合格后方可使用。

（9）现场出现设计或结构尺寸不符的问题不得擅自处理，应由工程技术、质量工程师会同有关专家和技术人员处理。

### 3.8.5 吊装安全措施

（1）吊装工作开始前，应对起重运输和吊装设备以及所用索具、卡环、夹具、卡具等的规格、技术性能进行细致检查或试验，发现有损坏或松动现象，应立即调换或修好。起重设备应进行试运转，发现转动不灵活、有磨损应立即修理；重要构件吊装应进行试吊，经检查各部分正常，才可进行正式吊装。

（2）吊装人员必须戴安全帽，高空作业人员必须系好安全带，穿防滑鞋，带工具袋。

（3）吊装工作区应有明显标志，并设专人警戒，与吊装无关人员严禁入内。起重机工作时，起重臂杆旋转半径范围内，严禁站人。

（4）起重机行驶的道路，必须平整、坚实、可靠，停放地点必须平坦。

（5）构件吊装应按规定和吊装工艺、程序进行，未经计算或有可靠的技术措施，不得随意改变或颠倒工艺程序安装结构构件。

（6）构件绑扎必须绑牢固，起吊点应通过构件的重心位置，吊升时应平稳，避免振动或摆动。起吊构件时，速度不应太快，不得在高空停留过久，严禁猛升猛降，以防构件脱落。

（7）起吊构件时，吊索要保持垂直，不得超出起重机回旋半径斜向拖拉，以免超负荷和钢丝绳滑脱或拉断绳索，使起重机失稳。起吊重型构件，应设牵拉绳。

（8）构件就位后临时固定前，不得松钩或解开吊装来安装索具。构件固定后，应检查连接牢固和稳定情况，当连接确实安全可靠后，方可拆除临时固定工具和进行下步吊装。

（9）起重机应尽量避免满负荷吊装，在满负荷或接近满负荷时，严禁同时进行提升与回转（起升与水平移动或起升与行走）两种动作，以免因道路不平或惯性等原因，引起起重机超负荷，而酿成翻车事故。如必须吊构件作短距离行驶时，应将构件转至起重机的正前方，构件吊离地面高度不超过50cm，拉好溜绳，防止摆动，而且要慢速行驶。

（10）吊装机械同时作业时，两机吊钩所悬吊构件之间应保持5m以上的安全距离，避免发生碰撞事故。

（11）抬吊构件时，要根据起重机的起重能力进行合理的负荷分配（每一台起重机的负荷量不宜超过其安全负荷量的80%），操作时，必须在统一指挥下，动作协调，同时升降和移动，并使两台起重机的吊钩、滑车组均基本保持垂直状态，两台起重机的驾驶人员要相互密切配合，防止一台起重机失重，而使另一台起重机超载。

（12）吊装时，应有专人负责统一指挥，指挥人员应位于操作人员视力所能及的地点，并能清楚地看到吊装的全过程。起重机驾驶人员必须熟悉信号，并按指挥人员的各种信号进行操作，不得擅自离开工作岗位，遵守现场秩序，做到服从命令听指挥。指挥信号应事先统一规定，发出的信号要鲜明、准确。

（13）在风力等于或大于6级时，禁止在露天进行桅杆组立拆除以及起重机移动和吊装作业。构件固定后不得随意撬动或移动位置，如需重校时，必须回钩。

（14）吊装现场应有专人负责安装、维护和管理用电线路和设备。

# 4 质量、安全文明施工及环保措施

## 4.1 质量保证措施

（1）建立健全质量管理机构及保证体系，整个质量保证体系可分为施工质量管理体系和施工质量控制体系。

施工质量管理体系是对整个施工质量能加以控制的关键，而工程质量的优劣是对项目班子管理能力和质量的最直接的评价；同时，质量管理体系设置的科学性对质量管理工作的开展也起到决定性的作用。

（2）根据质量管理体系图，建立岗位责任制和质量监督制度，明确分工职责，落实施工质量控制责任，各行其职。

在实施过程中，无论是施工工长还是质检人员均要加强检查，在检查中发现问题及时解决，以使所有质量问题解决于施工之中；同时，对这些问题进行汇总，形成书面材料，以保证在今后或下次施工时不出现类似问题。

在实施完成后，对成型的建筑产品进行全面检查，发现问题，追查原因，对不同问题进行不同方式的处理，从人、物、方法、工艺、工序等方面进行讨论，并产生改进意见，再根据这些改进意见而使施工工序进入下次循环。

(3) 保证施工质量管理体系的有效运行。

项目领导班子成员应充分重视施工质量控制体系运转的正常，支持有关人员围绕质保体系开展的各项活动。

以强有力的质量检查管理人员，作为质保体系中的中坚力量。

提供必要的资金，添置必要的设备，作为确保体系运转的物质基础。

制定强有力的措施、制度，以保证质保体系的运转。

每周召开一次质量分析会，对在质保体系运转过程中发现的问题进行处理和解决。

全面开展质量管理活动，使本标段工程的施工质量达到一个新的高度。

(4) 根据不同施工阶段制定相应的质量控制措施。质量控制措施主要分为事前、事中、事后三个阶段，通过这三阶段来对本标段工程各分部分项工程的施工进行有效的阶段性质量控制。

(5) 从人员、材料、机具、技术等方面制定各施工要素对质量保证的控制措施，并落实执行。

(6) 按分部分项工程制定关键工序的质量控制措施并加以实施，保证工程质量。协调配合各施工过程，充分读懂工程，了解工程的内涵和设计要素，通过工程质量管理体系和工程质量保证体系，采取适应工程具体情况的技术要求和质量保证措施。

(7) 要实现工程质量总体目标和分解目标，必须通过解读工程，了解其特点，建立适合于本工程特点的总承包质量管理办法、总承包质量管理的保证措施以及分部分项工程的成品保护措施。

## 4.2 安全施工措施

(1) 明确本工程的安全管理目标，建立以项目经理为首，由现场经理、安全员、专业工程师、各专业分包等各方面的管理人员组成的安全保证体系。

(2) 成立以总承包项目部安全生产负责人为首，由各施工单位安全生产负责人参加的安全生产管理委员会，组织领导施工现场的安全生产管理工作。总承包项目部主要负责人与各施工单位负责人签订安全生产责任状，使安全生产工作责任到人，层层负责。

(3) 制定切实可行的安全管理制度

每月召开一次安全生产管理工作例会，总结前一阶段的安全生产情况，部署下一阶段的安全生产工作。

各分包施工单位在组织施工中，必须保证有本单位施工人员施工作业时，应有本单位领导在现场值班，不得空岗、失控。

严格执行施工现场安全生产管理的技术方案和措施，在执行中发现问题应及时向有关部门汇报。更改方案和措施时，应经原设计方案的技术主管部门领导审批签字后实施；否则，任何人不得擅自更改方案和措施。

建立并执行安全生产技术交底制度，要求各施工项目必须有书面的安全技术交底，安全技术交底必须具有针对性，并有交底人与被交底人签字。

建立并执行班前安全生产讲话制度。

建立并执行安全生产检查制度。由项目部安全总监每周五组织一次由各分包单位安全生产负责人参加的联合检查，对检查中所发现的事故隐患问题和违章现象，开出安全隐患问题通知单。各分包单位在收到安全隐患问题通知单后，应根据具体情况，定时间、定人、定措施予以解决，项目部有关部门应监督落实问题的解决情况。若发现重大安全隐患问题，安全员有权下达停工指令，待隐患问题排除，经检查合格后方可施工。

建立机械设备、电气设施和各类脚手架工程设置完成后的验收制度，未经验收或验收不合格的严禁使用。

严格执行国家及南宁市有关现场安全管理条例及方法。

制定实施现场安全防护标准、施工现场消防管理标准等。

建立严格的安全教育制度，坚持入场教育，坚持每周按班组召开安全教育研讨会，增强安全意识，使安全工作落实到广大职工。

编制安全措施，设计和购置安全设施。

强化安全法制观念，严格执行安全工作要求，经双方认可，坚持特殊工种持安全操作证上岗制度等。

加强施工管理人员的安全考核，增强安全意识，避免违章指挥。

对于各种外架、大型机械安装实行验收制，验收不合格一律不允许使用。

建立定期检查制度。经理部每周组织各部门、各分包方对现场进行一次安全隐患检查，发现问题立即整改；对于日常检查，发现危急情况应立即停工，及时采取措施排除险情。

(4) 加强安全教育

主要进行以下教育：①三级教育；②日常教育；③班前班后教育；④节假日前后教育；⑤特殊工种教育。

(5) 明确安全保证措施重点

在以下方面做好保证：①操作工艺与交底；②检查；③进场许可；④上岗许可；⑤标牌标志；⑥垂直交叉作业；⑦危险作业；⑧恶劣天气与天气预报；⑨作业现场清理；⑩消防；⑪现场医疗与抢救；⑫临时用电；⑬机械设备安全措施。同时，制定各分项工程及季节性施工的安全保证措施。

### 4.3 文明施工及环保措施

(1) 明确本工程文明施工目标：

①保证达到"市安全文明工地"要求并获得相关荣誉称号。②做到"五化"：亮化、硬化、绿化、美化、净化。

(2) 现场管理原则：

①进行动态管理；②建立岗位责任制；③勤于检查，及时整改。

(3) 按以下五个方面制定专门的文明施工保证措施：

①现场场容管理方面的措施；②现场机械管理方面的措施；③现场生活卫生管理的措施；④施工现场文明施工措施；⑤施工现场的 CI 策划。

(4) 制定环境管理方案和实施措施，防止噪声污染、水污染及大气污染，对环境污染尤其是噪声污染进行严格的监控，并请环保部门进行检测，确定噪声污染的程度，并对强噪声设备采取封闭、限时使用，增加降噪设备等措施，最大限度的降低噪声污染。

严格遵守环保部门的规定，在 22:00 至次日 6:00 不进行超过国家标准噪声限制的作业。

在基础和结构施工阶段，由于混凝土连续施工的需要进行超噪声限值施工时，提前向工程所在地建筑行政主管部门提出申请，经审查批准后到工程所在地区环保部门备案。

在噪声超标太多确实影响居民休息的施工区域设置噪声隔声屏，降低噪声污染。

在施工前公布连续施工的时间，发布安民告示，向工程周围的居民做好解释工作。

教育施工人员严格要遵守各项规章制度，维护群众利益，尽力减少工程施工给当地群众带来的不便。

环保部门按国家规定的噪声值标准进行测定，并确定噪声扰民的范围。

对确定为夜间噪声扰民范围内的居民，根据居民受噪声污染的程度，按批准的超噪声标准值夜间施工工期，以一定的标准给予居民适当的经济补偿。

现场设立群众来访接待处，并配备热线电话，24h 接待来访来电，对所有问题均在 24h 以内予以明确答复。

与街道办事处、居民代表、派出所共同开展创建文明工地活动，通过沟通和融洽关系减少或防止民扰。

建立节假日走访制度，对孤寡老人和家中有困难的居民开展"学雷锋、送温暖"义务活动。对周围居民的水、电、暖等根据居民要求进行免费维修。

依法处理各种扰乱正常施工秩序的行为和责任人。对不管采取何种措施都仍然阻挠正常施工的人或行为，依法向有关部门申请遵照有关法律进行处理。

(5) 做好现场交通组织调度：

首先，把现场道路交通标志布置齐全，道路行驶方向标以箭头指示，不许驶入的标以禁行标志，路边设限速标志，办公区有禁鸣笛标志等。建立临时交通岗，设交通安全员，随时疏导现场交通拥挤现象。

主出入口设保安 24h 值班，内部车辆配现场车证，出入有效。外部车辆首先用门口电话或对讲机与内部联系，征得同意后方可放行驶入。其他无关车辆均不得入内。同时，保安做好车辆出入记录，以方便查询。

(6) 防止化学危险品、油品泄漏和对人体的伤害：对施工现场的油漆、涂料等化学品和含有化学成分的特殊材料、油料等实行封闭储存，随取随用，尽量避免泄漏和遗洒。

(7) 有毒有害废弃物定点排放：对废弃物分类管理，有毒有害废弃物联系回收单位，定点排放，并注意其他废弃物的分类回收和再利用。

(8) 最大限度避免光污染：施工现场夜间照明采用定向式灯罩，避免影响周围居民的正常休息。

(9) 杜绝火灾、爆炸事故发生：加强消防意识培训，完善消防管理制度和消防设施，严格控制易燃易爆物品，杜绝火灾、爆炸事故发生；现场主体结构施工前组织现场施工人员进行消防演习；每月 15 日由项目经理组织进行现场施工人员（包括项目部管理人员）安全学习，并由安全员负责书面记录及音像资料的制作及管理。

(10) 污水排放达标：生产污水经沉淀后排放，达到地方标准规定。

(11) 节约水电能源和纸张：采取切实措施控制水电能源消耗，并逐步扩大无纸化办公范围，减少纸张消耗。

# 5 经济效益分析

本工程综合经济效益10%，各部分造价及经济效益指标分析见表5-1。

经济效益分析表　　　　　　　　　　表5-1

| 序号 | 项目名称 | 覆盖范围造价（万元） | 经济效益（万元） |
|---|---|---|---|
| 1 | 土建结构及粗装修 | 12000 | 1200 |
| 2 | 展厅屋面钢结构及防水 | 4000 | 200 |
| 3 | 室内外玻璃幕墙 | 2500 | 125 |
| 4 | 安装系统 | 6000 | 900 |
| 5 | 精装修及附属工程 | 750 | 100 |
| 合计 | | 25250 | 2525 |

# 第二十八篇

# 郑州国际会展中心（展览部分）施工组织设计

    编制单位：中建八局二公司
    编 制 人：李忠卫
    审 核 人：戴耀军

**【摘要】** 郑州国际会展中心是河南省郑州市"十五"期间建设的城市大型公建项目之一，是郑州市的标志性建筑，建筑面积16.8万$m^2$，该工程规模宏大、建设标准高、建筑新颖、结构独特。桅杆斜拉悬索屋面钢结构为展厅营造了3.4万$m^2$的无柱大空间，大面积装饰清水混凝土为该工程增添了独特魅力。该工程的建设为完善郑州市中原中心城市功能、发展会展经济、带动郑东新区开发具有引领作用。

该工程为大跨度会展中心，展厅部分首层采用30m跨预应力梁板结构；二层为桅杆缆索桁架结构，总跨度达102m，采用分区分段、整体吊装与整体提升相结合的施工方式，桅杆斜拉悬索屋面钢结构实现了3.4万$m^2$的无柱大空间，大面积清水饰面混凝土均为该工程的特色。

# 目 录

1 工程概况 ······················································································· 487
  1.1 建设概况 ··················································································· 487
  1.2 工程建筑概述 ············································································· 487
  1.3 工程结构概况 ············································································· 491
  1.4 工程特点 ··················································································· 491
  1.5 专业设计概况 ············································································· 492
  1.6 现场条件 ··················································································· 492

2 施工部署 ······················································································· 494
  2.1 总体和重点部位施工顺序 ······························································ 494
    2.1.1 总体施工顺序 ······································································ 494
    2.1.2 主体施工顺序 ······································································ 494
    2.1.3 装饰阶段施工顺序 ································································ 494
  2.2 流水段划分情况 ·········································································· 494
    2.2.1 施工区域的划分及施工组织 ···················································· 495
    2.2.2 施工流水段的划分及施工组织 ················································· 496
  2.3 施工平面布置情况 ······································································· 496
    2.3.1 施工现场现状 ······································································ 496
    2.3.2 施工现场道路 ······································································ 498
    2.3.3 场区地面硬化 ······································································ 498
    2.3.4 施工机械布置 ······································································ 498
    2.3.5 供水、供电线路布置 ····························································· 498
    2.3.6 现场排水、排污 ··································································· 498
  2.4 施工进度计划情况 ······································································· 498
  2.5 周转物资配置情况 ······································································· 499
  2.6 主要施工机械选择情况 ································································· 500
  2.7 劳动力组织情况 ·········································································· 501

3 主要项目施工方法 ········································································· 501
  3.1 深基坑降水设计与施工技术 ·························································· 501
    3.1.1 郑州国际会展中心（展览部分）需开挖基坑概况 ······················· 501
    3.1.2 郑州国际会展中心水文地质概况及对降水影响因素的分析 ········· 503
    3.1.3 降水设计 ············································································ 503
  3.2 深基坑支护设计与施工 ································································· 505
    3.2.1 深基坑支护设计 ··································································· 505
    3.2.2 支护结构施工技术 ································································ 510
  3.3 模板与脚手架工程 ······································································· 511

  3.3.1 工程概述 …………………………………………………………………… 511
  3.3.2 钢模的制作与施工 ……………………………………………………… 511
  3.3.3 活动式脚手架搭设 ……………………………………………………… 512
  3.3.4 二区模板高支撑体系施工方案 ………………………………………… 513
 3.4 预应力混凝土施工方案 ………………………………………………………… 519
  3.4.1 工程概况 ………………………………………………………………… 519
  3.4.2 工程应用 ………………………………………………………………… 519
  3.4.3 施工方法 ………………………………………………………………… 520
  3.4.4 施工中遇到问题的解决 ………………………………………………… 524
 3.5 原浆混凝土施工技术 …………………………………………………………… 527
  3.5.1 原浆混凝土建筑特点 …………………………………………………… 527
  3.5.2 结构特点 ………………………………………………………………… 530
  3.5.3 施工特点 ………………………………………………………………… 530
  3.5.4 原材料组织 ……………………………………………………………… 531
  3.5.5 模板的配置 ……………………………………………………………… 532
  3.5.6 模板体系的设计 ………………………………………………………… 532
  3.5.7 钢筋工程 ………………………………………………………………… 532
  3.5.8 混凝土工程 ……………………………………………………………… 532
  3.5.9 混凝土整修 ……………………………………………………………… 532
  3.5.10 质量控制要点 …………………………………………………………… 533
  3.5.11 成品保护和防雨措施 …………………………………………………… 533
 3.6 大面积超薄型混凝土耐磨地面 ………………………………………………… 535
  3.6.1 工程概况 ………………………………………………………………… 535
  3.6.2 施工要点 ………………………………………………………………… 535
 3.7 大规模钢结构屋盖桁架柔性整体提升技术 …………………………………… 539
  3.7.1 工程概况 ………………………………………………………………… 539
  3.7.2 展览大厅平、剖面图 …………………………………………………… 540
  3.7.3 液压整体提升施工 ……………………………………………………… 540

# 4 质量、安全、环保技术措施 …………………………………………………… 553
 4.1 保证工程质量的技术措施 ……………………………………………………… 553
  4.1.1 为确保质量所采取的检测试验手段及措施 …………………………… 553
  4.1.2 技术保证措施 …………………………………………………………… 554
 4.2 保证安全的技术措施 …………………………………………………………… 556
  4.2.1 安全防护 ………………………………………………………………… 556
  4.2.2 分项工程施工安全技术措施 …………………………………………… 558
 4.3 确保文明施工的技术组织措施 ………………………………………………… 560
  4.3.1 文明施工技术组织措施 ………………………………………………… 560
  4.3.2 施工现场的CI策划 ……………………………………………………… 562
 4.4 环境保护措施 …………………………………………………………………… 562
  4.4.1 防止空气污染措施 ……………………………………………………… 562
  4.4.2 防止水污染措施 ………………………………………………………… 563

  4.4.3 防止噪声污染措施 ……………………………………………………………………… 563
  4.4.4 其他污染的控制措施 ……………………………………………………………………… 563
5 经济效益分析 …………………………………………………………………………………… 564
 5.1 深基坑降水 …………………………………………………………………………………… 564
 5.2 展厅高支模施工 ……………………………………………………………………………… 564
 5.3 经济指标分析 ………………………………………………………………………………… 564

# 1 工程概况

## 1.1 建设概况

（1）该工程建设概况（表1-1）

郑州国际会展中心（展览部分）建设概况表　　　　表1-1

| 工程名称 | 郑州国际会展中心（展览部分） |
|---|---|
| 地理位置 | 郑州市郑东新区CBD中央商务区 |
| 工程类型 | 公共建筑 |
| 工程规模 | 建筑面积16.8万 $m^2$ |
| 使用功能 | 展览、休闲、娱乐、办公 |
| 建设目的 | 完善城市功能、发展会展经济、带动新区开发 |
| 建设工期 | 756d |
| 质量要求 | 鲁班奖 |

（2）工程平面图（图1-1）

（3）工程立面图（略）

（4）工程剖面图（图1-2）

## 1.2 工程建筑概述

本工程总建筑面积16.8万 $m^2$，总建筑高度41m；本工程由四个区组成，其中一、三区为辅助用房，包括上下垂直电梯、管道井、休闲室、贵宾室卫生间等；二区为展厅；四区为车道。

其中辅楼地下2层、地上6层；展厅2层，展厅跨度102m，一层展厅层高16m。

本工程结构体系为钢筋（钢骨）混凝土、预应力钢筋混凝土及钢结构等。

（1）建筑耐久年限50年，建筑工程等级为Ⅱ级，防火设计建筑分类为一类，耐火等级一级，屋面防水等级为Ⅰ级，抗震烈度7度，结构安全等级一级。

（2）建筑面积分布情况：本工程建筑面积166707$m^2$，具体各层建筑面积见表1-2。

各层建筑面积表　　　　表1-2

| 序　号 | 层　号 | 建筑面积（$m^2$） | 层高（m） |
|---|---|---|---|
| 1 | 一层 | 71102.7 | 4 |
| 2 | 二层 | 5999.4 | 4 |
| 3 | 三层 | 15515.3 | 4 |
| 4 | 四层 | 4132.5 | 4 |
| 5 | 五层 | 43568.0 | 6 |
| 6 | 六层 | 7225.7 | 6 |
| 7 | 地下室-5.000m | 7453.8 | 5 |
| 8 | 地下室-10.000m | 11710.5 | 5 |
| 9 | 建筑基底面积 | 71102.7 | |
| 10 | 总建筑面积 | 166707.0 | |

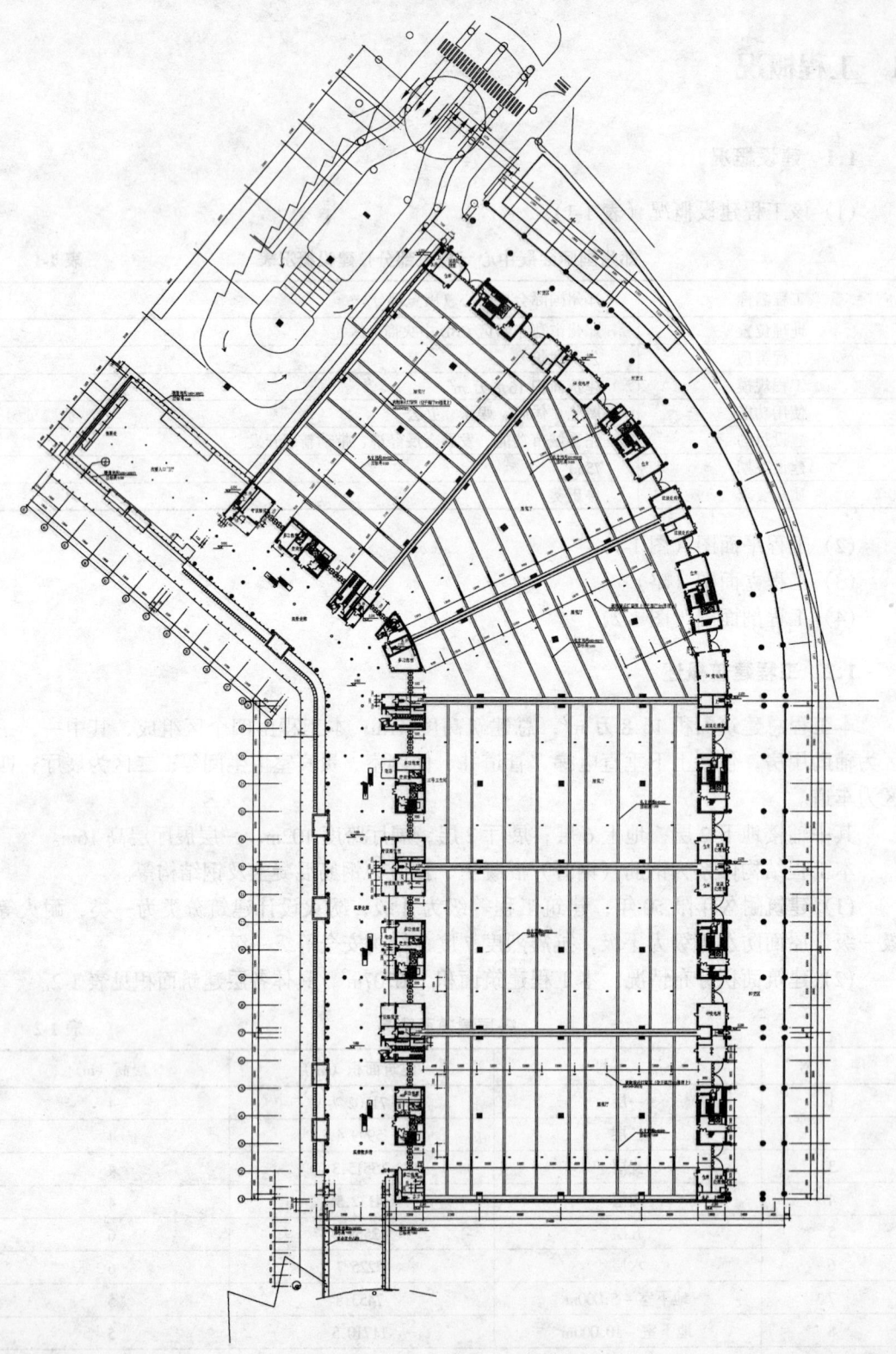

图 1-1 工程平面图

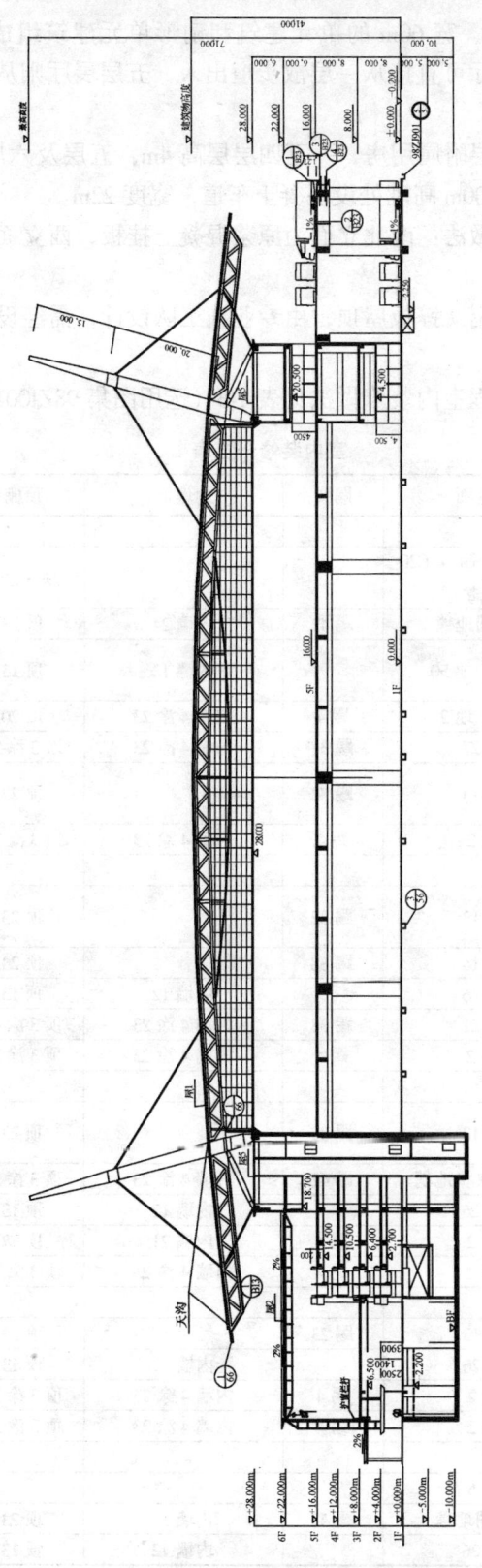

图 1-2 工程剖面图

(3) 展厅由跨度 102m、宽 60m 的单元建筑和扇形单元建筑组成，展厅上下有两层，位于一层和五层。一层展厅可直接从一层散步道出入，五层展厅则从三层散步道乘专用自动扶梯进出。

展览中心两侧设有 6 层附属用房，一至四层层高 4m，五层及六层层高 6m。沿展厅纵向和①~⑪轴范围内 16.000m 高度处设混凝土车道，宽度 22m。

(4) 展览中心外立面做法：南北立面为原浆混凝土挂板，西立面为玻璃幕墙，东立面也采用原浆面混凝土。

(5) 展厅部分屋顶采用钛锌板屋顶，由专业施工队设计，需经设计认可。

(6) 室内装修

根据设计图纸，本工程室内装修做法见表 1-3（选用图集 98ZJ001）。

室内装修一览表　　　　　　　　表 1-3

| 部位名称 | 楼地面 | 踢脚 | 内墙面 | 顶棚 | 备注 |
|---|---|---|---|---|---|
| 一层 | | | | | |
| 展览厅 | 地9（150mm厚C20混凝土垫层） | | | 顶3浆2 | 混凝土顶面下20mm处 φ4@200 |
| 贵宾室 | 楼2铺地毯 | 踢42 | 内墙24 | 顶23 | |
| 卫生间 | 楼26、地50 | | 内墙12 | 顶13 | 地面面层为大理石 |
| 变电所 | 楼2、地2 | 踢4 | 内墙4涂23 | 顶20 | |
| 仓库、垃圾间 | 地27 | 踢38 | 内墙4涂23 | 顶3涂23 | |
| 观景走廊、多功能室等 | 楼13 | 踢32 | | 顶23 | |
| 其他 | 楼2 | 踢4 | 内墙4涂23 | 顶3涂23 | |
| 二层 | | | | | |
| 走廊、商店、候梯厅 | 楼13 | 踢32 | | 顶23 | |
| 会议室、快餐店 | 楼14 | 踢38 | | 顶23 | |
| 卫生间 | 楼26 | | 内墙12 | 顶13 | 面层为大理石 |
| 网络机房 | 楼21 | 踢38 | 内墙4涂23 | 顶3涂23 | 静电地板架空300mm |
| 其他 | 楼2 | 踢4 | 内墙4涂23 | 顶3涂23 | |
| 三层 | | | | | |
| 观景走廊、售票处 | 楼13 | 踢32 | | 顶23 | |
| 办公室 | 楼2铺块状地毯 | 踢42 | 内墙4涂23 | 顶3涂23 | |
| 卫生间 | 楼26 | | 内墙12 | 顶13 | 面层为大理石 |
| 空调机房 | 楼2 | 踢4 | 内墙21 | 顶28 | 矿棉吸声板 |
| 其他 | 楼2 | 踢4 | 内墙4涂23 | 顶3涂23 | |
| 四层 | | | | | |
| 咖啡厅、沏茶店 | 楼13 | 踢23 | | 顶23 | |
| 卫生间 | 楼26 | | 内墙12 | 顶13 | 面层为大理石 |
| 雨淋阀间 | 楼2 | 踢4 | 内墙4涂23 | 顶3涂23 | |
| 其他 | 楼2 | 踢4 | 内墙4涂23 | 顶3涂23 | |
| 五层 | | | | | |
| 展览厅 | 楼5 | | | | |
| 贵宾室 | 楼2铺地毯 | 踢42 | 内墙24 | 顶23 | |
| 卫生间 | 楼26 | | 内墙12 | 顶13 | 面层为大理石 |

续表

| 部位名称 | 楼地面 | 踢脚 | 内墙面 | 顶棚 | 备注 |
|---|---|---|---|---|---|
| 走廊、候梯厅等 | 楼13 | 踢32 |  | 顶23 |  |
| 仓库、垃圾间 | 楼14 | 踢38 | 内墙4涂23 | 顶3涂23 |  |
| 会议室、多功能室 | 楼2铺地毯 | 踢38 | 内墙4涂23 | 顶13 | 矿棉吸声板 |
| 其他 | 楼2 | 踢4 | 内墙4涂23 | 顶3涂23 |  |
| 六层 |  |  |  |  |  |
| 会议室、办公室 | 楼2铺地毯 | 踢38 | 内墙4涂23 | 顶13 |  |
| 空调机房 | 楼2 | 踢4 | 内墙21 | 顶28 | 矿棉吸声板 |
| 走廊、候梯厅 | 楼13 | 踢32 |  | 顶23 |  |
| 卫生间 | 楼26 |  | 内墙12 | 顶13 | 面层为大理石 |
| 其他 | 楼2 | 踢4 | 内墙4涂23 | 顶3涂23 |  |
| 地下二层 |  |  |  |  |  |
| 变电所 | 楼2 | 踢4 | 内墙4涂23 | 顶20 |  |
| 仓库、门卫 | 楼14 | 踢38 | 内墙4涂23 | 顶3涂23 |  |
| 候梯厅、走廊 | 楼13 | 踢32 |  | 顶23 |  |
| 卫生间 | 楼26 |  | 内墙12 | 顶13 | 面层为大理石 |
| 车道 | 楼5 |  | 内墙4涂23 | 顶3 |  |
| 楼梯间 | 楼2 | 踢4 | 内墙4涂23 | 顶3涂23 |  |
| 其他 | 楼2 | 踢4 | 内墙21 | 顶28 | 矿棉吸声板 |
| 地下一层 |  |  |  |  |  |
| 空调机房 | 楼2 | 踢4 | 内墙21 | 顶28 | 矿棉吸声板 |
| 管沟 | 楼2 |  | 内墙4 | 顶5 |  |

### 1.3 工程结构概况

（1）本工程抗震基本设防烈度为6度，抗震措施设防烈度为6度，框架抗震等级为三级，耐火等级为一级。

（2）主体结构为钢筋混凝土框架结构，其中展厅主梁、一级次梁采用有粘结预应力结构；楼板结构采用无粘结预应力结构；展厅跨度102m，层高16m；混凝土构件沿纵向设5道伸缩缝（缝宽180mm）；局部核心筒部分采用劲性混凝土（钢骨混凝土结构），共设置11个混凝土核心筒。屋盖结构为吊杆式悬索结构体系。

展厅两侧附属用房为钢筋混凝土框架结构，地下部分柱、梁截面形式为矩形，地上部分柱截面形式为矩形和圆形。

（3）材料使用

地上结构：板、梁C35；墙、柱C40；预应力梁C40。

### 1.4 工程特点

（1）工程规模大，建设标准高

本工程总建筑面积16.67万$m^2$，是目前国内规模最大的展览中心之一。其除具备一般会展工程规模大、空间大的特点之外，又具有相当的观赏性与人文特点，本工程立面采用质朴的原浆混凝土与现代化的玻璃幕墙相结合的做法。

（2）结构形式新颖独特、跨度大

本工程展厅采用巨型断面梁柱、30m×30m跨的预应力主、次梁结构，使下层展厅形成 30m×30m 柱网的大空间，有利于各类展览物品的灵活布置；屋面结构采用桅杆缆索桁架结构体系，结构形式新颖独特，桁架断面小、跨度大，既为建筑造型提供了先决条件又为五层展厅提供了约 102m×340m 的巨大空间。

（3）结构种类多

本工程既有普通混凝土结构，又有高强预应力混凝土和型钢劲性混凝土结构；既有钢框架结构，又有大跨度桅杆缆索桁架结构。

（4）工期紧、质量要求高

本工程总工期为 25 个月，其中包含两个冬、雨期施工期，工期较紧张；本工程最终质量目标为全国建筑业最高奖——鲁班奖，施工标准要求高。

（5）系统众多，功能齐全

本工程系统众多，功能齐全，主要有通风空调、消防水、给水排水、强电系统，接地、防雷、油供应、燃气供应、蒸汽等辅助系统，同时要对弱电及智能化系统、消防工程、垂直运输工程进行总承包的管理与协调。

（6）材料体量大、批次多、降低成本难度大

由于该工程体量大，设备材料种类多，因此关于设备材料的采购、运输、保管，既要注意仓储量并妥善保管，保证经济效益，又要有效衔接各施工节点，有利于施工，对管理提出很高要求。

## 1.5 专业设计概况（略）

## 1.6 现场条件

（1）场地位置及地形地貌

拟建场地位于郑州市东郊 107 国道以东约 1.0km，原郑州机场内。场地地形平坦，地面高程介于 89.160~91.780m。地貌单元属于黄河泛滥冲积平原。

（2）地基土层结构（见表 1-4）

地 基 土 层 结 构 表　　　　　表 1-4

| 基土层数 | 性 状 描 述 | 土体重度 $\gamma$ (kN/m$^3$) | 孔隙比 $e$ | 黏聚力 $c$ (kPa) | 内摩擦角 $\varphi$ (°) |
|---|---|---|---|---|---|
| 素填土① | 黄褐色，以粉质黏土为主，含少量砖渣，局部分布有杂填土，层厚 0.3~1.9m，层底标高 88.380~90.370m | 20.3 | | | |
| 粉土②$_1$ | 新近堆积，褐黄色，很湿~饱和，稍密，混有砂土颗粒，夹有粉砂薄层，析水和摇振反应明显，干强度低，韧性差，中压缩性土，层底厚度 1.8~5.2m，层厚 1.3~3.5m，层底标高 85.660~87.970m | 19.5 | 0.673 | 8 | 23 |
| 粉土②$_2$ | 灰色~灰褐色，饱和，稍密，表层有一流塑状粉质黏土薄层。析水和摇振反应明显，干强度低，韧性差，中压缩性土，层底厚度 6.6~9.0m 层厚 3.3~5.7m，层底标高 81.270~83.280m | 19.5 | 0.661 | 10 | 22 |
| 粉土③$_1$ | 黄褐色~灰褐色，饱和，稍密~中密，混有砂土颗粒，加有粉质黏土透镜体。有析水和摇振反应，韧性差，中压缩性土，层底埋深 9.0~13.2m，层厚 1.8~5.0m，层底标高 77.260~80.460m | 19.8 | 0.665 | 12 | 22 |

续表

| 基土层数 | 性 状 描 述 | 土体重度 $\gamma$ (kN/m³) | 孔隙比 $e$ | 黏聚力 $c$ (kPa) | 内摩擦角 $\varphi$ (°) |
|---|---|---|---|---|---|
| 粉土③$_2$ | 灰色，可塑~软塑，无光泽，有轻微摇振反应，韧性差，土质较软，中压缩性土，局部有高压缩性土，层底埋深 11.0~14.6m，层厚 0.5~3.6m，层底标高 76.100~79.060m | 19.0 | 0.850 | 20 | 16 |
| 粉土③$_3$ | 灰色，饱和，稍密，混砂粒，有轻微摇振反应，韧性差，土质较软，中压缩性土，层底埋深 13.5~16.3m，层厚 0.4~3.5m，层底标高 74.250~76.580m | 19.6 | 0.713 | 18 | 25 |
| 粉土③$_4$ | 灰黑色，可塑~软塑，无摇振反应，切面光滑有光泽，韧性中等，含有机质，灼烧损失量介于 2.2%~18%，有机质含量平均值 7.1%，属有机质土，中压缩性土，局部具高压缩性，层底埋深 14.9~18.0m，层厚 0.6~3.4m，层底标高 71.290~75.360m | 18.8 | 0.894 | 25 | 15 |
| 粉土③$_5$ | 灰色~灰黄色，饱和，中密含砂粒，无摇振反应，韧性差，中压缩性土，层底埋深 16.2~20.2m，层厚 0.4~5.0m，层底标高 69.100~73.850m | 20.0 | 0.624 | 20 | 25 |
| 粉细砂④$_1$ | 灰黄色，饱和，中密，上部混有黏性土颗粒。矿物成分主要为石英、长石等。层底埋深 19.20~22.20m，层厚 1.1~5.1m，层底标高 67.610~70.280m | 20 |  | 0 | 35 |
| 细中砂④$_2$ | 灰黄色，饱和，密实，颗粒纯净。主要矿物成分为石英、长石等。层底埋深 24.7~30.3m，层厚 4.0~9.8m，层底标高 59.730~65.360m | 20 |  | 0 | 38 |
| 粉质黏土⑤$_1$ | 褐色~黄褐色，硬塑~坚硬。无摇振反应，韧性中等，无光泽，以粉质黏土为主，夹粉土夹层，含钙质结核，厚度变化较大，中压缩性土，层底埋深 26.0~36.8m，层厚 0.4~8.9m，层底标高 52.850~64.000m | 20.3 | 0.617 |  |  |
| 细中砂⑤$_2$ | 灰黄色，饱和，密实，颗粒纯净。主要矿物成分为石英、长石等。分布不稳定，层厚变化较大，层底埋深 29.3~39.8m，层厚 0.7~9.6m，层底标高 49.860~60.530m | 20.3 | 0.628 |  |  |
| 粉质黏土⑤$_3$ | 褐色~黄褐色，可塑~硬塑。无摇振反应，韧性中等，无光泽，以粉质黏土为主，夹粉土夹层，含钙质结核，部分钻孔中该层底部钙质结核含量较多，层底埋深 42.0~47.5m，层厚 5.6~15.8m，层底标高 43.720~47.940m | 20.8 |  |  |  |
| 粉质黏土⑥ | 黄褐色~棕红色，可塑~硬塑。无摇振反应，韧性好，切面稍有光泽，干强度中等，有黏土、粉土夹层和粉细砂透镜体，含钙质结核。底部局部地段有钙质胶结层。层底埋深 54.4~57.2m，层厚 9.1~11.8m，层底标高 32.600~35.650m | 20.8 |  |  |  |
| 粉质黏土⑦ | 黄褐色~红褐色，可塑~硬塑。无摇振反应，韧性好，切面稍有光泽，干强度高，以粉质黏土为主，夹有粉土、粉细砂薄层。含钙质结核，底部断续分布有厚度不等的钙质胶结层，最厚达 1.2m。层底埋深 66.5~68.4m，层厚 9.5~13.4m，层底标高 20.900~23.810m | 20.8 |  |  |  |
| 粉质黏土⑧ | 黄褐色，无摇振反应，韧性好，干强度高，以粉质黏土为主，具有粉砂夹层，可塑~硬塑，为中压缩性土，最大钻探深度 83m，层厚 15.5m，孔底标高 6.300m | 19.9 |  |  |  |

(3) 水文情况

建筑场地内地下水位埋深 1.6～3.0m，基础施工时，必须采取人工降低地下水位措施。根据抽水实验结果，基坑降水设计所需地层的渗透系数可按如下采用：粉土②、③层 $k = 0.8$m/d，砂土层④：$k = 8$m/d，27m 以上土层综合渗透系数 $k = 3.2$m/d。

# 2 施工部署

## 2.1 总体和重点部位施工顺序

### 2.1.1 总体施工顺序

本工程总体施工顺序详见图 2-1。

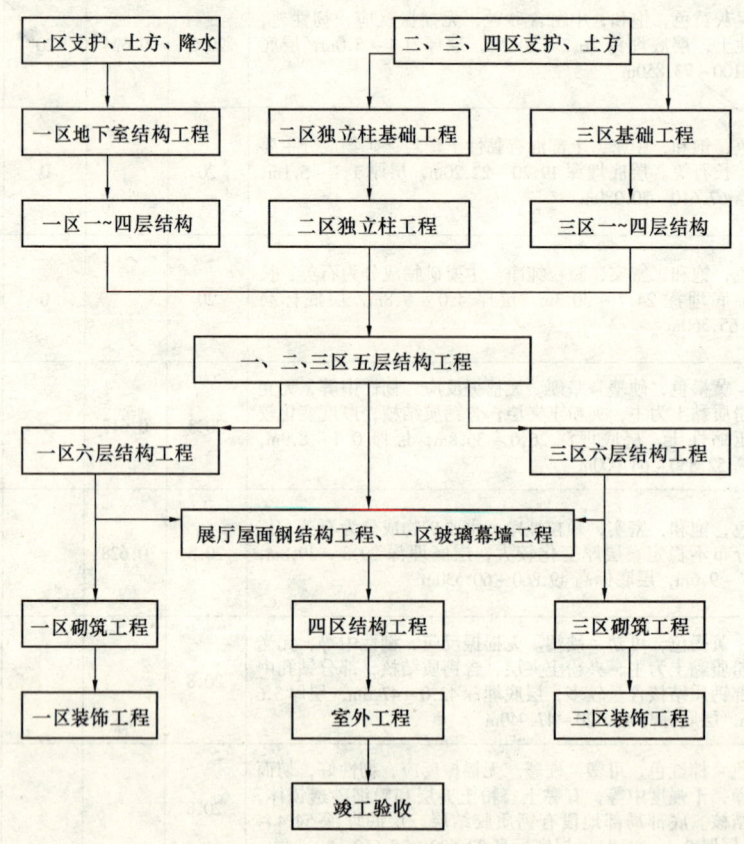

图 2-1 总体施工顺序图

### 2.1.2 主体施工顺序

采用先施工竖向构件，再施工水平结构。施工顺序见图 2-2。

### 2.1.3 装饰阶段施工顺序

装饰阶段施工顺序见图 2-3。

## 2.2 流水段划分情况

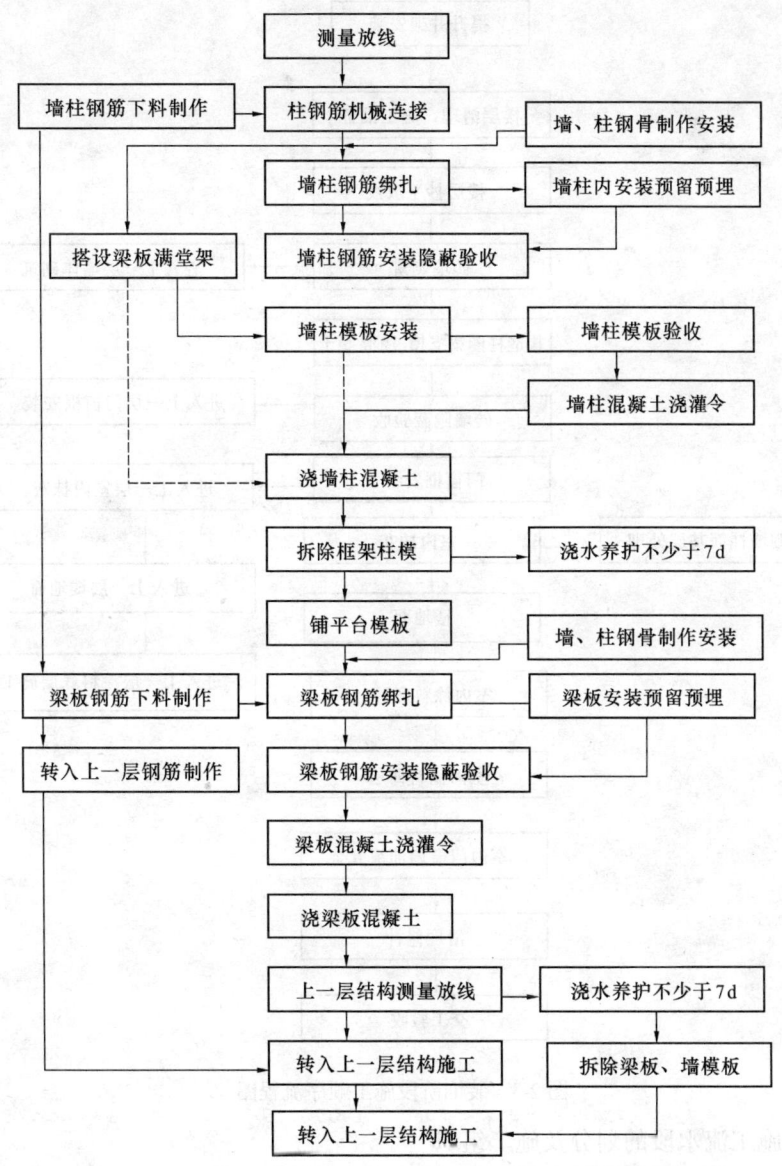

图 2-2 主体阶段施工顺序流程图

### 2.2.1 施工区域的划分及施工组织

根据本工程的特点，按照施工图划分为四个施工区域，即Ⓐ~Ⓔ轴为一区，Ⓔ~Ⓘ轴为二区，Ⓘ~Ⓙ轴为三区，Ⓙ~Ⓛ轴为四区。

根据施工区域的划分安排施工任务和工程进度。在每个区内划分为三个施工段，具体详见图 2-4 施工流水段的划分。

在施工组织上，将组织两个相对独立的施工队伍进行同步施工，在各自的施工区域内组织流水施工。其中施工一队负责一区及二区①~⑲轴；施工二队负责施工二区㊶~⑲轴及三四区。

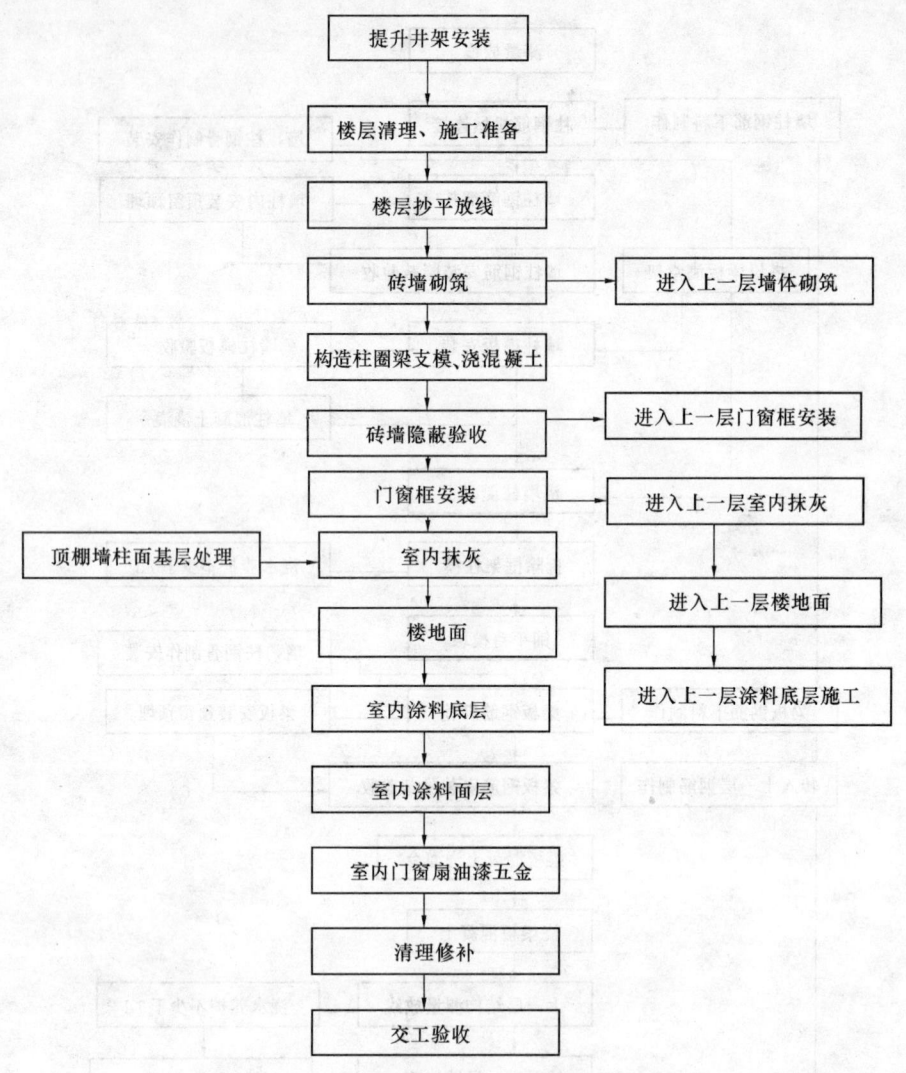

图 2-3 装饰阶段施工顺序流程图

### 2.2.2 施工流水段的划分及施工组织

本工程每个施工区域均按伸缩缝分成相对独立的施工段，同时为了减少周转工具的投入，增加周转次数，降低工程成本，在保证工期的前提下减少劳动力的投入量，减少管理与组织的难度，在劳动力、机械设备、施工机具等方面要合理计划和安排，将各分区划分为Ⅰ、Ⅱ、Ⅲ三段。其中一区㊶~⑲轴为Ⅰ段，⑲~⑨轴为Ⅱ段，⑨~①轴为Ⅲ段。二、三、四区㊶~㉗轴为Ⅰ段，㉗~⑬轴为Ⅱ段，⑬~①轴为Ⅲ段。具体详见图 2-4。

## 2.3 施工平面布置情况

施工现场平面布置略。

### 2.3.1 施工现场现状

施工现场在地下室施工阶段已进行了布置，在主体施工阶段将根据现场情况进行适当的调整。

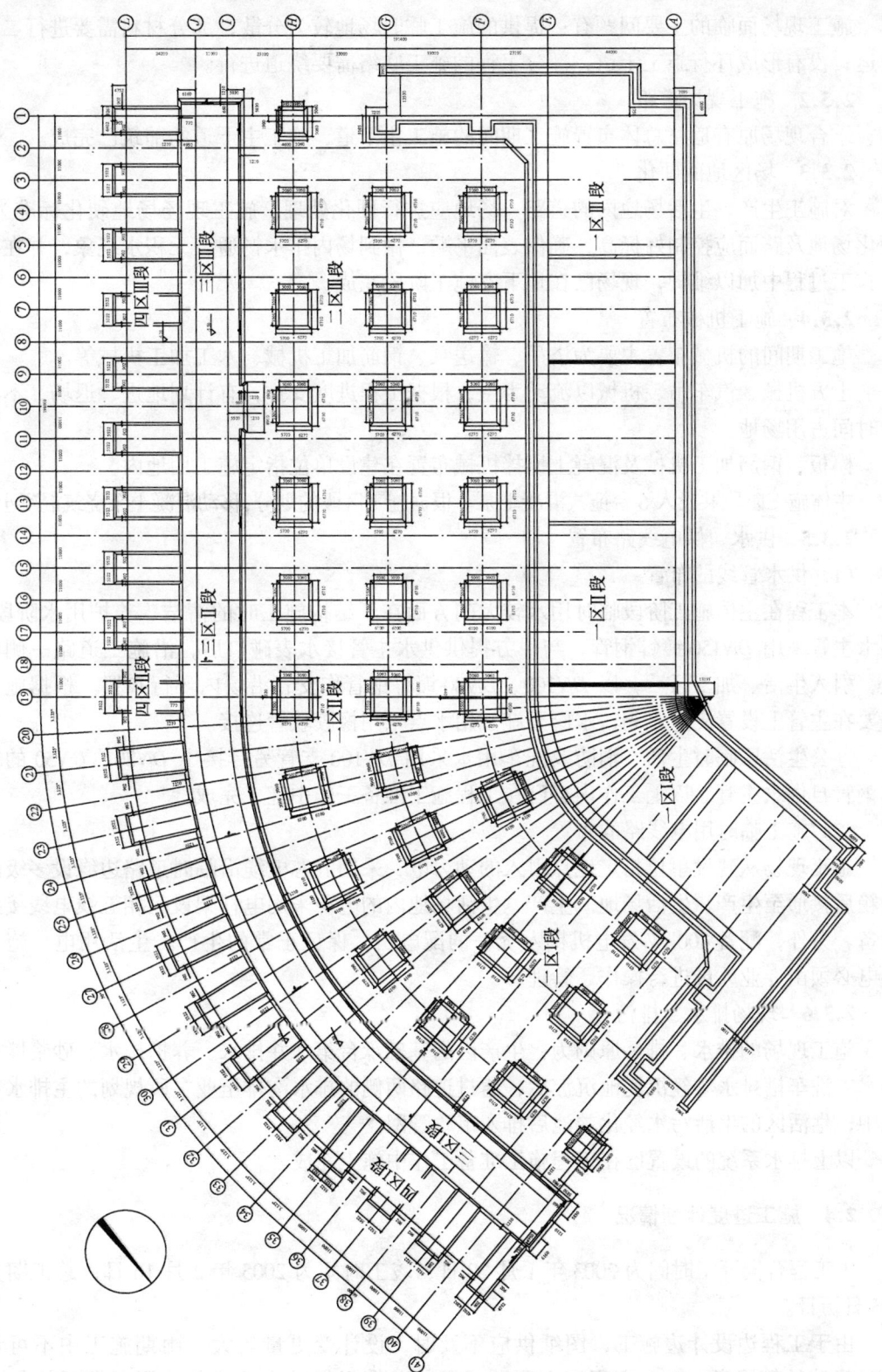

图 2-4 展览中心分区、分段平面图

施工现场面临的主要问题有：提供的施工临时场地较为分散，部分材料需要进行二次搬运；没有形成环行施工干道，部分工程的施工联络需要绕道进行。

#### 2.3.2 施工现场道路

结合现场原有道路总体布置施工期间的施工主干道，施工主干道的铺筑已完成。

#### 2.3.3 场区地面硬化

对施工生产、生活场地内的道路、场地应进行硬化处理。施工现场场地硬化标准为：硬化场地及路面应控制好标高，确保表面平顺，做到场内排水畅通，无积水现象，并在整个施工过程中加以维护，现场已在地下室施工阶段完成。

#### 2.3.4 施工机械布置

施工期间的机械布置主要为塔吊、输送泵、钢筋加工机械、木工加工机械等。

土方机械、汽车吊装机械以流动为主，根据工程进度安排，有计划地进、退场，不必长时间占用场地。

模板、钢筋加工机械及混凝土搅拌机械布置在建设单位指定施工用地内。

主体施工阶段共投入6台拖式混凝土泵。根据施工区段的划分，移动混凝土泵浇筑混凝土。

#### 2.3.5 供水、供电线路布置

（1）供水管线的布置

本工程在主体施工阶段临时用水较大的方面在于结构施工时的清洁、养护用水阶段。用水主管采用 $DN150$ 镀锌钢管，与甲方提供供水主管接水表碰口后，沿施工道路一侧布置，引入生活、加工区后，以 $DN100$、$DN80$ 镀锌钢管作支管沿场内环行布置。根据施工需要在主管上设置支点水阀，水阀至施工用水点采用橡胶软管连接。

办公生活区临时生活、消防及洗车用水采用 $DN100$ 支管另行接出 $DN80$、$DN50$ 的镀锌钢管自供水主管。以上工作内容已在工程施工准备工作中施工完成。

（2）施工临时用电线路的布置

施工现场从建设单位指定地点引入的动力电，采用五芯电缆沿临时道路边缘设多级配电箱后接通至生产、生活场地。生产、生活场地内的电源采用电杆架设三相五线电线接到设备。另外，配备400kW发电机接入统一的配电房，保证正常的生产、生活用电。施工用电必须由专业人员进行操作、管理。

#### 2.3.6 现场排水、排污

施工现场的排水、排污原则为：生产区的基础承台集水井排水、养护排水、砂浆搅拌排水、洗车槽排水等经沉淀池沉淀后，通过道路两侧的排水沟排至业主所规划的主排水系统中；生活区的生活污水经化粪池后排入市政管网。

以上排水系统的设置已在工程施工准备工作中施工完成。

### 2.4 施工进度计划情况

本工程合同开工时间为2003年1月20日，竣工时间为2005年2月16日，总工期为756日历日。

由于工程边设计边施工，图纸供应不及时，设计变更量较大，雨期施工中不可预见时间较长等因素，在一定程度上影响了总体工期目标，为此必须按照工期目标加大资源配置量。为确保总工期目标的实现，针对工程各个区段制定主体结构施工进度控

制点，具体见表2-1。

各区段施工进度控制点    表2-1

| 区号 | 段号 | 控制点 | 开 始 时 间 | 结 束 时 间 |
|---|---|---|---|---|
| 一区 | 一段 | 一层结构 | 2004.2.10 | 2004.2.19 |
| | | 二层结构 | 2004.2.20 | 2004.3.3 |
| | | 三层结构 | 2004.3.4 | 2004.3.16 |
| | | 四层结构 | 2004.3.17 | 2004.3.29 |
| | | 五层结构 | 2004.5.11 | 2004.5.20 |
| | | 六层结构 | 2004.5.21 | 2004.5.30 |
| | 二段 | 一层结构 | 2004.3.6 | 2004.3.15 |
| | | 二层结构 | 2004.3.16 | 2004.3.27 |
| | | 三层结构 | 2004.3.28 | 2004.4.8 |
| | | 四层结构 | 2004.4.9 | 2004.4.20 |
| | | 五层结构 | 2004.6.7 | 2004.6.16 |
| | | 六层结构 | 2004.6.17 | 2004.6.26 |
| | 三段 | 一层结构 | 2004.4.1 | 2004.4.12 |
| | | 二层结构 | 2004.4.13 | 2004.4.24 |
| | | 三层结构 | 2004.4.25 | 2004.5.6 |
| | | 四层结构 | 2004.5.7 | 2004.5.17 |
| | | 五层结构 | 2004.7.8 | 2004.7.17 |
| | | 六层结构 | 2004.7.18 | 2004.7.27 |
| 二区 | 一段 | 16.000m结构 | 2004.2.20 | 2004.5.10 |
| | 二段 | 16.000m结构 | 2004.3.17 | 2004.6.6 |
| | 三段 | 16.000m结构 | 2004.4.12 | 2004.7.7 |
| 三区 | 一段 | 一层结构 | 2003.11.25 | 2004.2.19 |
| | | 二层结构 | 2004.2.20 | 2004.2.29 |
| | | 三层结构 | 2004.3.1 | 2004.3.10 |
| | | 四层结构 | 2004.3.11 | 2004.3.23 |
| | | 五层结构 | 2004.5.11 | 2004.5.20 |
| | | 六层结构 | 2004.5.21 | 2004.5.30 |
| | 二段 | 一层结构 | 2003.12.25 | 2004.3.13 |
| | | 二层结构 | 2004.3.14 | 2004.3.23 |
| | | 三层结构 | 2004.3.24 | 2004.4.5 |
| | | 四层结构 | 2004.4.6 | 2004.4.13 |
| | | 五层结构 | 2004.6.7 | 2004.6.16 |
| | | 六层结构 | 2004.6.17 | 2004.6.26 |
| | 三段 | 一层结构 | 2004.4.1 | 2004.4.12 |
| | | 二层结构 | 2004.4.13 | 2004.4.24 |
| | | 三层结构 | 2004.4.25 | 2004.5.6 |
| | | 四层结构 | 2004.5.7 | 2004.5.17 |
| | | 五层结构 | 2004.7.8 | 2004.7.17 |
| | | 六层结构 | 2004.7.18 | 2004.7.27 |
| 四区 | 一段 | 16.000m结构 | 2004.3.11 | 2004.3.23 |
| | 二段 | 16.000m结构 | 2004.4.6 | 2004.4.13 |
| | 三段 | 16.000m结构 | 2004.5.7 | 2004.5.17 |

## 2.5 周转物资配置情况

物资配备情况见表2-2。

周转料具投入计划　　　　　　　　　　表 2-2

| 序号 | 周转料具名称 | 规格 | 拟投入数量 | 备注 |
|---|---|---|---|---|
| 1 | 钢管 | 3.5mm, $\phi$48 | 12500t | |
| 2 | 木模板 | 2440mm×1220mm | 59000m$^2$ | |
| 3 | 电梯筒模 | 按设计 | 240m$^2$ | |
| 4 | 楼梯定型模板 | 按设计 | 10 套 | |
| 5 | 扣件 | | 180 万套 | |
| 6 | U 形支托 | $L=600$mm | 26000 套 | |
| 7 | 钢垫板 | 100×100 | 26000 块 | |
| 8 | 3 型卡 | 普通 | 60000 个 | |

## 2.6 主要施工机械选择情况

根据工程需要，首先落实的机具为塔吊、运输车、混凝土搅拌设备、输送泵等大中型机具，大宗材料，自备运输车辆和各种中小型机械将随施工队伍一起进场。

根据工程需要，现场垂直运输设塔吊 10 台、混凝土输送泵 6 台，钢筋、木工加工机械 4 套，对焊机、电焊机、切割机等小型机械若干。

本工程的机械调配计划详见表 2-3。

主要施工机械设备进场计划一览表　　　　　　　　　　表 2-3

| 设备名称 | 规格型号 | 数量 | 进场时间 |
|---|---|---|---|
| 塔吊 | QTZ80 | 2 | 2003.5 |
| 塔吊 | FS5513 | 2 | 2003.6 |
| 塔吊 | QTZ5510 | 6 | 2003.6 |
| 混凝土输送泵 | HBT80 | 2 | 2003.6 |
| 混凝土输送泵 | HBT120 | 4 | 2003.6 |
| 汽车式起重机 | 12t | 1 | 2003.6 |
| 搅拌站 | 60m$^3$/h | 2 | 2002.12 |
| 混凝土运输车 | | 10 | 2003.1 |
| 自卸汽车 | | 18 | 2003.3 |
| 挖掘机 | PC200-3 | 1 | 2003.3 |
| 发电机组 | 400kW | 1 | 2003.2 |
| 滚压直螺纹机 | | 4 | 2003.4 |
| 钢筋闪光焊机 | UN1-150 | 2 | 2003.4 |
| 钢筋切断机 | GQ-40 | 10 | 2003.4 |
| 钢筋弯曲机 | GW-40C | 10 | 2003.4 |
| 钢筋调直机 | GT4/14 | 2 | 2003.4 |
| 电焊机 | BXI-300 | 20 | 2003.5 |
| 电焊机 | BX3-300 | 20 | 2003.5 |
| 木工压刨 | MB250 | 1 | 2003.5 |
| 木工圆锯 | MJ500 | 4 | 2003.6 |
| 插入式混凝土振动器 | ZN50 | 20 | 2003.6 |
| 插入式混凝土振动器 | ZN30 | 20 | 2003.10 |
| 平板式混凝土振动器 | H21X2 | 20 | 2003.7 |
| 蛙式打夯机 | HW-80 | 6 | 2003.10 |
| 水泵 | 2GC5×5 | 10 | 2003.3 |
| 手推车 | | 30 | 2003.5 |
| 气焊工具 | | 5 | 2003.6 |
| 砂浆搅拌机 | JS-350 | 2 | 2003.5 |

## 2.7 劳动力组织情况

本工程工期紧，质量要求高（确保"鲁班奖"），除必须配备施工经验丰富、组织能力强的项目班子外，施工力量的投入是根本保证。

根据本工程的内容和特点，我单位计划在本工程中投入钢筋加工队、防水施工队、预应力施工队、土建主体结构施工队（2个）、装饰装修施工队、安装工程施工队、架子队等多个专业施工作业队。

根据本工程的施工规模与施工进度，施工高峰共投入劳动力2600人。

本工程的人员调配备计划详见表2-4。

劳动力安排计划　　　　　　　　　　　　　　　　　表2-4

| 工种 | 按工程施工阶段投入劳动力情况 | | | | | | |
|---|---|---|---|---|---|---|---|
| | 支护、土方工程 | 第一区 | 第二区 | 第三区 | 一般装饰 | 安装 | 高级装饰 |
| 木工 | | 260 | 380 | 260 | | | |
| 钢筋工 | | 100 | 200 | 100 | | | |
| 混凝土工 | 60 | 60 | 60 | 60 | | | |
| 瓦工 | | 60 | 60 | 60 | 200 | | |
| 电工 | | 4 | 6 | 2 | | 150 | |
| 机械工 | 50 | 16 | 16 | 16 | | | |
| 司机 | 48 | | | | 24 | | 24 |
| 电焊工 | 24 | 8 | 8 | 8 | | 60 | 3 |
| 管工 | 6 | 24 | 24 | 24 | | 220 | |
| 细木工 | | | | | | | 260 |
| 测量 | | | | | | | |
| 试验 | 6 | 6 | 6 | 6 | 6 | 6 | 6 |
| 架子工 | 16 | 30 | 60 | 30 | 20 | 20 | 20 |
| 杂工 | 240 | 50 | 20 | 20 | 60 | | 60 |
| 油漆 | | | | | | 40 | 80 |
| 涂料 | | | | | 50 | | |
| 防水 | 60 | | | | | | |
| 合计 | 450 | 618 | 836 | 606 | 400 | 456 | 353 |

# 3 主要项目施工方法

## 3.1 深基坑降水设计与施工技术

### 3.1.1 郑州国际会展中心（展览部分）需开挖基坑概况

基坑开挖深度情况以及降水深度情况见图3-1及表3-1。

基坑开挖深度、降水深度一览表　　　　　　　　　　　表3-1

| 工程部位 | 基坑底标高（m） | 开挖深度（m） | 需支护深度（m） | 需降水深度（m） |
|---|---|---|---|---|
| 一区Ⓐ～Ⓒ轴间 | −11.900 | 11.9 | 11.9 | 10.8 |
| 一区Ⓒ～Ⓓ轴间 | −13.300 | 13.3 | 13.3 | 12.2 |
| 二、三区独立承台 | −5.500 | 5.5 | 5.5 | 4.4 |
| 四区独立承台 | −4.100 | 4.1 | 4.1 | 3.0 |

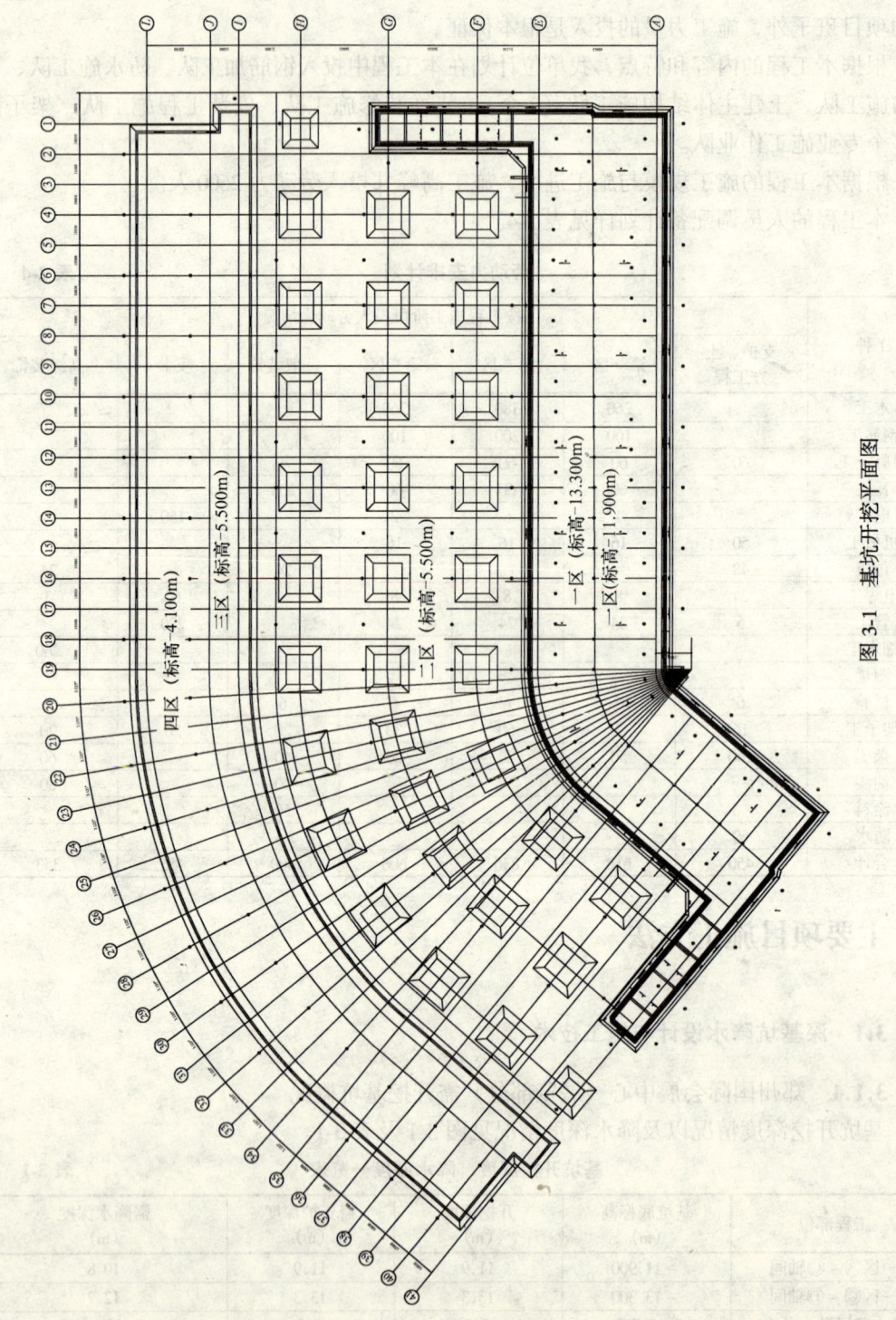

图 3-1 基坑开挖平面图

**3.1.2 郑州国际会展中心水文地质概况及对降水影响因素的分析**

(1) 郑州国际会展中心水文地质概况

1) 场地位置及地形地貌:拟建场地位于郑州市东郊 107 国道以东约 1.0km,原郑州机场内。场地地形平坦,地面高程介于 89.160~91.780m。地貌单元属于黄河泛滥冲积平原。

2) 地基土层结构见土层参数表 1-4。

(2) 水文地质对降水影响因素的分析

1) 从地质报告中提供的相关参数看,水位高,地层渗透性好,渗透系数大,地层富含水。

2) 地质报告中,确定相关水文技术参数所做的抽水试验,未能揭示整个基坑开挖面范围内的水文情况(地质报告中,试验井深为 15m,抽水深度为 6m),在降水设计前,对水文技术参数的确定,需通过进一步的试验进行验证和确定。

3) 地质报告中,未能针对隔水层对降水的影响进行定量分析,施工现场需针对隔水层对降水效果的影响进行全面的了解。

**3.1.3 降水设计**

(1) 方案选择(表 3-2)

该工程降水方案的选择主要考虑了以下一些因素:

1) 该工程单层建筑面积大,降水范围广,降水深度不统一,所需机械数量多,在降水过程中必须便于管理。

2) 为了达到预期的降水效果,为顺利完成地下室的施工提供必要的条件,必须确保降水的成功。

3) 一区降水深度在 10m 左右,深井降水便成为首选。降水深度在 3~4m 范围内的可选择轻型井点或深井,考虑到在搅拌基础施工时,采用轻型井点降水未能达到预期效果,以及为了配合深基坑的降水,初选降水方案也选择深井。

降水方案初选表(单位:m)　　　表 3-2

| 工程部位 | 基坑底标高 | 开挖深度 | 需支护深度 | 需降水深度 | 初选方案 |
| --- | --- | --- | --- | --- | --- |
| 一区Ⓐ~Ⓒ轴间 | -11.900 | 11.9 | 11.9 | 10.8 | 深井 |
| 一区Ⓒ~Ⓓ轴间 | -13.300 | 13.3 | 13.3 | 12.2 | 深井 |
| 二、三区独立承台 | -5.500 | 5.5 | 5.5 | 4.4 | 深井 |
| 四区独立承台 | -4.100 | 4.1 | 4.1 | 3.0 | 深井 |

(2) 技术参数的确定

依据前面的分析和实际需要,在现场进行了降水试验,试验的实施如下:

1) 试验目的

为了保证郑州国际会展中心工程降水方案的有效实施和降水施工的成功,进行此次试验,进一步确定水文地质参数,为降水设计提供依据。

2) 试验场地

位于施工现场西侧。

3) 试验井构造要求

A. 水井采用泥浆护壁,机械成孔,成孔直径为 800mm。

B. 井管采用焊接钢筋骨架外加滤布网,井身应圆正、竖直。

C. 井管竖向钢筋采用 12$\phi$16,内箍筋采用 $\phi$12@500,螺旋箍筋采用 $\phi$8@200。

D. 竖向钢筋与内箍筋焊接；内箍筋为焊接封闭箍，搭接；长度为 $10d$，单面满焊。

E. 滤料采用粒径为 5~10mm 的圆砾豆石，回填时沿井管周围均匀布置，防止钢筋笼偏位。

F. 井管安放完成，滤料回填完成后，要充分洗井，保持滤网的畅通。

G. 水泵应置于设计深度，实际井深与设计井深偏差小于 50cm。

H. 降水开始后派专人对各个井进行昼夜 24h 看护，并测量水位。

I. 滤网采用一层密幕钢丝网，两层密目尼龙网。

J. 观测井井径 200mm，深度 20m。

K. 观测井井管采用 $\phi$100PVC 管，上面通长穿孔，外填滤料。

4) 试验井、观测井布设如图 3-2 所示。试验井设置 2 口，观测井设置 7 口。

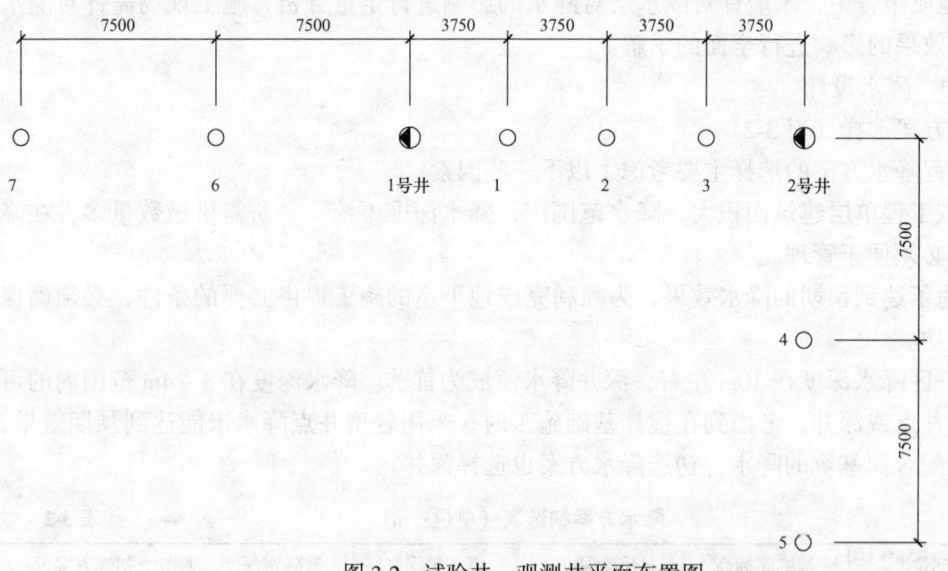

图 3-2 试验井、观测井平面布置图

5) 试验结果

根据现场抽水试验记录，整理出两阶段抽水 $Q-t$、$S-t$ 曲线如图 3-3~图 3-6 所示。

6) 计算结果见表 3-3。

试验结果参数计算表　　　　　　　　　　表 3-3

| 试验编号 | 设 计 计 算 参 数 | | | 渗透系数 |
|---|---|---|---|---|
| C1 | $r_w = 0.2$m | $r_1 = 7.5$m | $r_2 = 15$m | $k = 4.03$m/d |
| | $s_w = 7.48$m | $s_1 = 1.03$m | $s_2 = 0.73$m | |
| | $Q = 288$m³/d | $L = 13.05$m | $H = 20.53$m | |
| C2 | $r_w = 0.2$m | $r_1 = 7.5$m | $r_2 = 15$m | $k = 3.37$m/d |
| | $s_w = 14.33$m | $s_1 = 2.03$m | $s_2 = 1.53$m | |
| | $Q = 480$m³/d | $L = 6.20$m | $H = 20.53$m | |

(3) 设计结果

本工程降水井采用深井降水，依据地质报告提供的水力参数计算单井涌水量和单井出水量，依据影响半径及降水深度计算水力坡度，依据降水有效半径确定井间距，本计算方法未考虑群井效应，计算结果会偏于保守。在计算参数选择上，$k$ 值可按勘察结果选取 $k$

# 3 主要项目施工方法

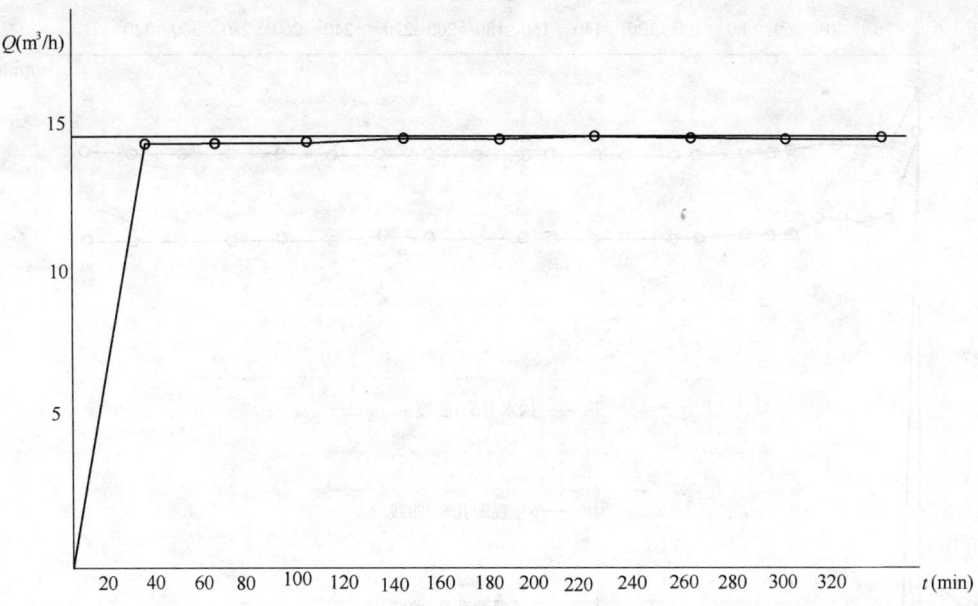

图 3-3 第一阶段 $Q$-$t$ 曲线

= 3.2m/d。结合工程平面布置图确定降水井的布置,降水井布置要有利于排水、土方开挖、结构施工,尽量减少不利干扰和影响。

计算结果如表 3-4 所示。

表 3-4

| 降水深度 $s$ (m) | 管井半径 $r_s$ (m) | 渗透系数 $k$ (m/d) | 含水层厚度 $M$ (m) | 影响半径 $R$ (m) | 基坑涌水量 $Q$ (m³/d) | 单井出水量 $q$ (m³/d) | 降水有效半径 $r_0$ (m) | 滤水管有效长度 $L$ (m) | 降水井深度 $H$ (m) | 布井间距 $D_b$ (m) | 结果判定 | |
|---|---|---|---|---|---|---|---|---|---|---|---|---|
| | | | | | | | | | | | $D_b < 2r_0$ | $q > 1.2Q$ |
| 3.0 | 0.2 | 3.35 | 13.5 | 51.2 | 540 | 672 | 20 | 6 | 25 | 20 | 满足要求 | |
| 4.4 | 0.2 | 3.35 | 13.5 | 76.8 | 553 | 672 | 20 | 6 | 25 | 20 | 满足要求 | |
| 10.8 | 0.2 | 3.2 | 13.5 | 189 | 830 | 999 | 7.5 | 9 | 30 | 15 | 满足要求 | |
| 12.2 | 0.2 | 3.2 | 13.5 | 214 | 838 | 999 | 7.5 | 9 | 30 | 15 | 满足要求 | |

## 3.2 深基坑支护设计与施工

### 3.2.1 深基坑支护设计

(1) 基坑支护特点

1) 依据《建筑基坑支护技术规程》(JGJ 120—1999)规定,本工程一区地下室基坑侧壁安全等级为一级,二、三、四区及南北车道基坑侧壁安全等级为二级。

2) 依据《建筑地基基础工程施工质量验收规范》(GB 50202—2002)规定,本工程一区基坑变形监控为一级。

3) ⓔ轴支护结构坡顶位移要求严格,需考虑防止因坡顶位移而导致展厅桩间土体破坏的措施。

4) 本工程基础开挖深度大,土质松软,基坑支护面积大,与土方施工配合难度大。

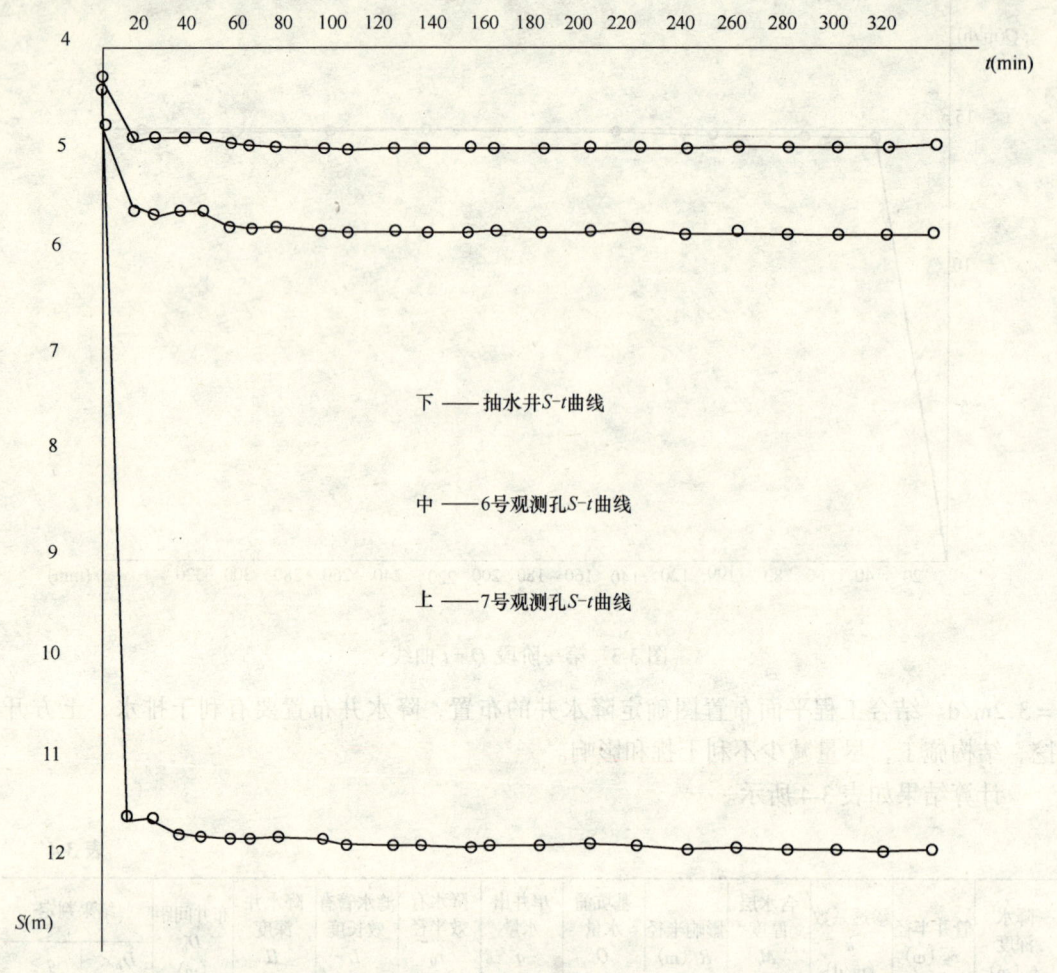

图 3-4  第一阶段抽水 $S-t$ 曲线

5) 基坑周边环境空旷，无建筑物，可适度放坡，对环境敏感度低。

6) 本工程基坑开挖深度不一，深度为 13.3m、11.9m、5.5m、4.3m 不等，需依据不同的深度、条件进行不同的设计计算。

(2) 基坑支护设计时，必须考虑或解决以下问题

1) 在能够满足安全要求的前提下，达到经济、合理。

2) 必须考虑地质报告中③$_4$ 层土体作为隔水层对降水的不利影响；如降水井穿透此层，达到砂层可能出现降水量丰富，降水效果很小，形成降水的虚假效应。该层土体为软塑状，应充分考虑该层土体对支护结构整体稳定性的影响。

3) 基底承压水对基底抗隆起的不利影响，必须采取措施释放承压水压力。

4) 方便整个工程的总体协调、平衡流水施工，控制施工工期，使其满足阶段施工工期的要求。

5) 支护结构坡顶位移对展览厅地基承载力的影响。

6) 塔吊基础对基坑边坡支护的影响。

7) 支护结构选型应充分考虑以下因素：

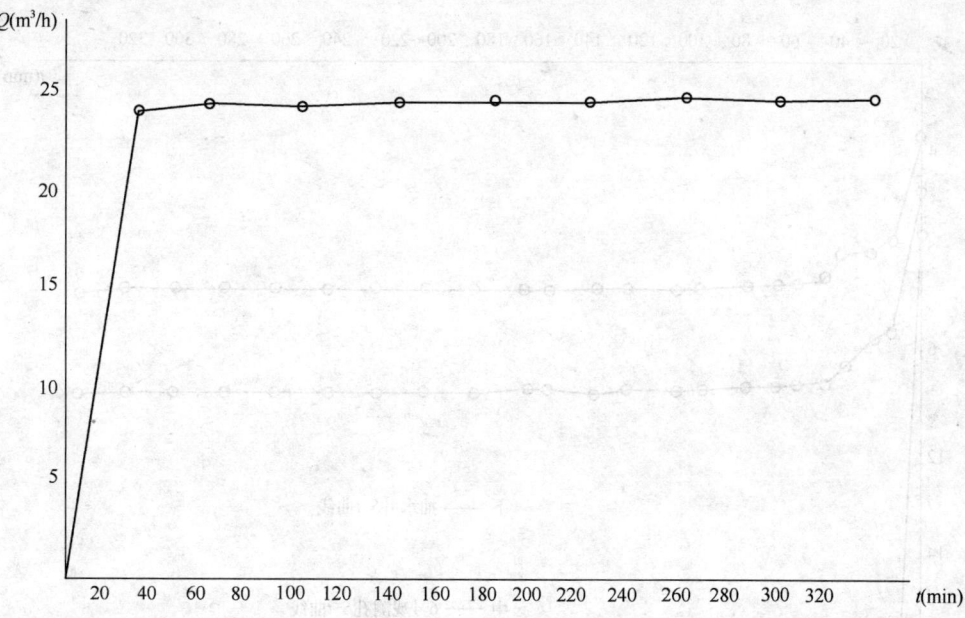

图 3-5　第二阶段 $Q$-$t$ 曲线

A. 土方开挖、回填对整个工程进度的影响。
B. 对主体结构物料装运的影响。
C. 对安全垂直防护架搭设的影响。

(3) 方案选择

方案选择主要对开挖深度为 -11.9m、-13.3m 的基坑支护结构进行选择，在广泛征求专家意见的基础上，确定支护方案见表 3-5。

开挖深度为 -11.9m、-13.3m 支护方案　　　　表 3-5

| 序号 | 支护部位 | 基坑深度（m） | 支护长度（m） | 支护深度（m） | 支护方案选择 | 相应的降水方案选择 |
|---|---|---|---|---|---|---|
| 1 | Ⓔ轴线 | -13.3 | 132.00 | 13.3 | 排桩加锚杆支护 | 深井降水 |
| 2 | Ⓐ轴线 | -11.9 | 442.46 | 11.9 | 排桩加锚杆支护 | 深井降水 |
| 3 | 车道（局部） | -13.3 | 397.37 | 13.3 | 排桩加锚杆支护 | 深井降水 |

(4) 方案的主要优点

整体稳定性好，可克服 -14.900m 处软塑土层对基坑支护稳定的不利影响；

土方开挖、回填量小，可有效保证后续工程施工的连续性，节约工期；

地下结构工程完成后，地上结构施工时，可很快搭设施工外围安全垂直防护架，保证后续主体结构工程全封闭施工；

在钢结构工程吊装时，基坑边可停靠大型吊装机械。

(5) 设计计算结果

设计计算采用北京理正"深基坑支护设计软件"和上海同济"启明星深基坑设计计算软件"进行计算，设计结果根据工程实际情况及施工经验进行适当调整，以满足

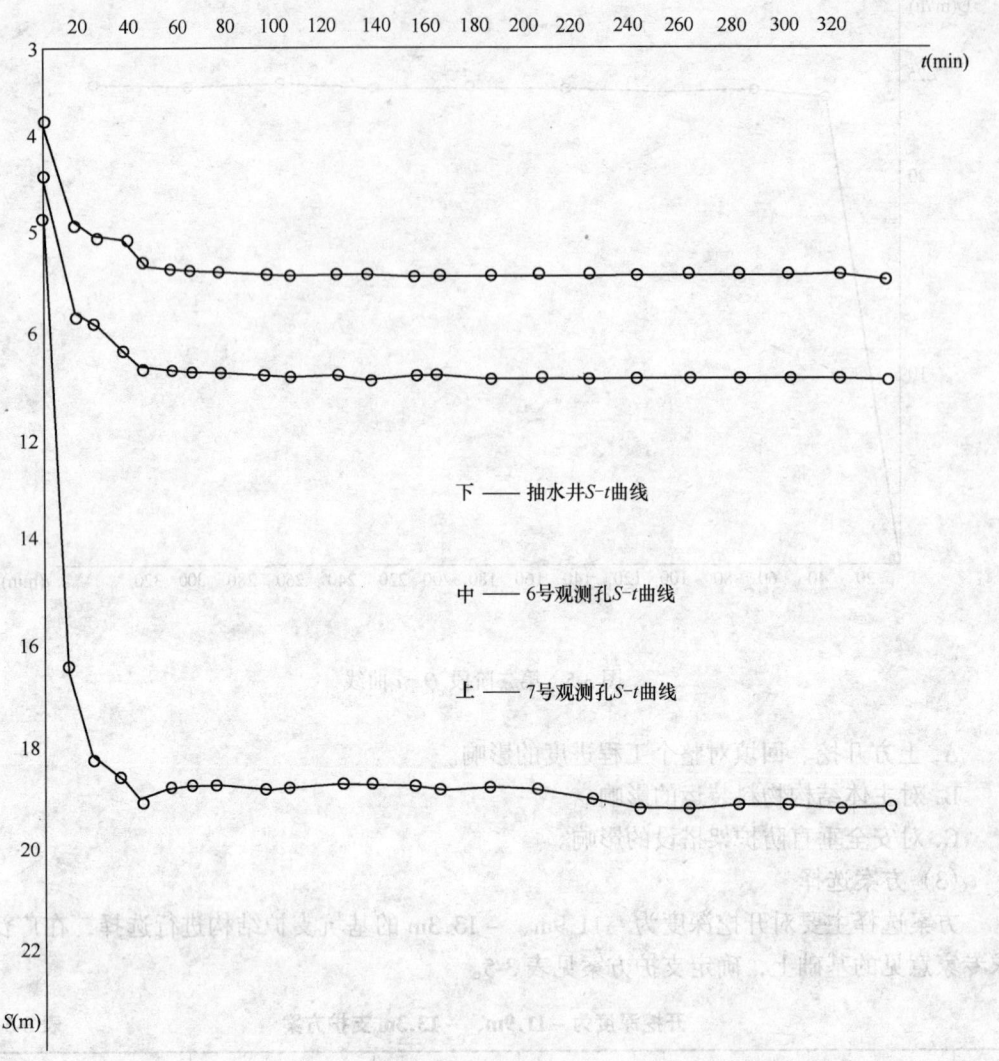

图 3-6 第二阶段抽水 $S-t$ 曲线

施工需要。

1) 土钉支护设计结果

A. 已知条件：自然地面标高同结构 ±0.000，基坑底标高为 -5.500m，-4.100m。

B. 土钉支护参数（用于开挖深度 -5.5m，-4.1m 的基坑）。

a. 土钉墙面坡度为 1:0.2。

b. 土钉的水平间距 1.3m，竖向间距 1.3m。

c. 土钉孔径 0.12m，倾角 15°，注浆体强度 M10。

d. 加强钢筋采用 $\phi 12$，菱形布焊。

e. 网钢筋采用 $\phi 6$，间距双向 200mm。

f. 喷射混凝土厚度 80mm，混凝土强度等级 C20。

g. 护顶外延 2m，混凝土厚度 100mm，强度等级 C10。

C. 开挖深度为 -4.1m 的土钉墙，设计结果如表 3-6。

开挖深度为 −4.1m 的土钉墙设计结果　　　　表 3-6

| 土钉号 | 竖向间距 (m) | 水平间距 (m) | 土钉直径 (cm) | 根数 | 土钉长度 (m) | 锚固体直径 (m) | 面板配筋 |
|---|---|---|---|---|---|---|---|
| 1 | 1.3 | 1.3 | 14 | 1 | 4 | 0.12 | φ6 间距双向 200mm |
| 2 | 1.3 | 1.3 | 18 | 1 | 6 | 0.12 | |
| 3 | 1.3 | 1.3 | 18 | 1 | 4 | 0.12 | |

D. 开挖深度为 −5.5m 的土钉墙，设计结果如表 3-7。

开挖深度为 −5.5m 的土钉墙设计结果　　　　表 3-7

| 土钉号 | 竖向间距 (m) | 水平间距 (m) | 土钉直径 (cm) | 根数 | 土钉长度 (m) | 锚固体直径 (m) | 面板配筋 |
|---|---|---|---|---|---|---|---|
| 1 | 1.3 | 1.3 | 14 | 1 | 4 | 0.12 | φ6 间距双向 200mm |
| 2 | 1.3 | 1.3 | 18 | 1 | 6 | 0.12 | |
| 3 | 1.3 | 1.3 | 18 | 1 | 6 | 0.12 | |
| 4 | 1.3 | 1.3 | 18 | 1 | 4 | 0.12 | |

2) 支护桩、锚杆设计结果

A. 设计参数的选取

设计计算参数的采用主要根据该场地的岩土工程勘察报告提供的相关指标，并考虑降水后粉土、砂土的强度指标会有所提高等因素综合确定；土体与锚固体的极限摩阻力标准值是依据《建筑基坑支护技术规程》（JGJ 120—1999），并考虑二次注浆工艺，结合当地工程经验确定。各地层的主要岩土指标如表 3-8。

场地岩土基坑设计计算参数一览表　　　　表 3-8

| 层号 | 岩土名称 | 平均厚度 (m) | 重度 (kN/m³) | 内聚力 (kPa) | 内摩擦角 (°) | 摩阻力标准值 (kPa) |
|---|---|---|---|---|---|---|
| ②$_1$ | 粉土 | 1.3~3.5 | 19.5 | 8 | 23 | 90 |
| ② | 粉质黏土 | 3.3~5.7 | 19.5 | 10 | 15 | 60 |
| ②$_2$ | 粉土 | 3.3~5.7 | 19.5 | 10 | 22 | 100 |
| ③$_1$ | 粉土 | 1.8~5.0 | 19.8 | 12 | 22 | 100 |
| ③$_2$ | 粉质黏土 | 0.5~3.6 | 19.0 | 20 | 16 | 50 |
| ③$_3$ | 粉土 | 0.4~3.5 | 19.6 | 18 | 25 | 80 |
| ③$_4$ | 黏土 | 0.6~3.4 | 18.8 | 25 | 15 | 50 |
| ③$_5$ | 粉土 | 0.4~5.0 | 20.0 | 20 | 25 | 80 |
| ④$_1$ | 粉细砂 | 1.1~5.1 | 20.0 | 0 | 35 | 60 |
| ④$_2$ | 细中砂 | 4.0~9.8 | 20.0 | 0 | 38 | 120 |

B. 支护结构群锚问题

鉴于锚杆水平间距较密，为避免群锚效应，由加大桩距来增加锚杆间距在结构受力上不合理，因此采用同层锚杆相邻杆体入射角分别为 15°、25°的方法，可使杆体间距加大，达到规范要求。

C. 钢筋混凝土灌注桩设计结果见表3-9。

钢筋混凝土灌注桩设计结果　　　　　　　　　　表3-9

| 序号 | 支护桩 | | | | | | | 备注 |
|---|---|---|---|---|---|---|---|---|
| | 桩径（mm） | 桩顶标高（m） | 桩长（m） | 桩底锚固长度（m） | 桩距（m） | 纵筋箍筋加劲筋/加密筋 | 混凝土强度等级 | |
| 1 | 800 | -2.000 | 18.5 | 8.6 | 1.2 | 12$\phi$22<br>$\phi$6@100<br>$\phi$16@2000 | C30 | 西区普通桩 |
| 2 | 800 | -2.000 | 23 | 11.7 | 1.2 | 14$\phi$22<br>$\phi$6@100<br>$\phi$16@2000 | C35 | 东区普通桩 |

D. 依据设计计算结果，确定锚杆设计参数见表3-10。

锚杆设计参数　　　　　　　　　　表3-10

| 部　位 | 剖面一 | 剖面二 | 剖面三 |
|---|---|---|---|
| 第一排锚杆设置标高（m） | -4.000 | -4.000 | -4.000 |
| 锚杆长度（m） | 21 | 15 | 20 |
| 设计拉力（kN）/预应力（kN） | 123/70 | 127/75 | 127/75 |
| 拉杆钢筋 | 1$\phi$25 | 1$\phi$25 | 1$\phi$25 |
| 第二排锚杆设置标高（m） | -7.000 | -7.000 | -7.000 |
| 锚杆长度（m） | 22 | 15 | 24 |
| 设计拉力（kN）/预应力（kN） | 307/170 | 127/75 | 393/220 |
| 拉杆钢筋 | 3$\phi$22 | 1$\phi$25 | 3$\phi$25 |
| 第三排锚杆设置标高（m） | -10.000 | -10.000 | -10.000 |
| 锚杆长度（m） | 17.0 | 15 | 21 |
| 设计拉力（kN）/预应力（kN） | 117/60 | 127/75 | 316/160 |
| 拉杆钢筋 | 1$\phi$25 | 1$\phi$25 | 3$\phi$22 |

（6）设计构造要求

1）土钉支护构造要求

A. 土钉杆采用 HRB335 级螺纹钢筋 $\phi$14、$\phi$18。

B. 加强钢筋采用 $\phi$12，菱形布焊。

C. 网钢筋采用 $\phi$6，间距双向 200mm。

D. 喷射混凝土厚度 80mm，混凝土强度等级 C20。

E. 护顶外延 1m，混凝土厚度 100mm，强度等级 C10。

2）桩锚支护构造要求

A. 混凝土钢筋笼与桩顶环梁锚固 500mm。

B. 基坑开挖后，排桩的桩间土防护采用钢板网混凝土护面，钢板网采用 500mm 长 $\phi$12 的短钢筋钉锚，C15 细石混凝土抹面 40mm 厚。

C. 锚杆腰梁连接点要求按刚性节点施工。

**3.2.2　支护结构施工技术（略）**

## 3.3 模板与脚手架工程

### 3.3.1 工程概述

郑州国际会展中心（展览部分）模板、模板支撑工程方案如表 3-11 所示。

模板及支撑方案一览表  表 3-11

| 部 位 | | 模 板 方 案 |
|---|---|---|
| 一区 | 圆柱 | 定型钢模板、4mm 厚钢板制作，每节由 2 个半圆组成 |
| | 墙体、附墙柱 | 竹胶板，50mm×100mm 木龙骨，φ14 对拉螺栓 |
| | 主次梁 | 覆膜多层板，50mm×100mm 木龙骨，扣件式脚手架，高度大于 800mm 设 φ14 对拉螺栓 |
| | 楼板 | 竹胶板，50mm×100mm 木龙骨，扣件式脚手架 |
| | 原浆混凝土部分 | 原浆混凝土专用模板 |
| 二区 | 方柱 | 定型全钢大模板 |
| | 主次梁 | 18mm 厚多层板，50mm×100mm 木龙骨，扣件式脚手架，设 φ14 对拉螺栓 |
| | 楼板 | 18mm 厚多层板，50mm×100mm 木龙骨，扣件式脚手架 |
| 三区 四区 | 圆柱 | 定型钢模板、4mm 厚钢板制作，每节有 2 个半圆组成 |
| | 原浆混凝土面 | 18mm 厚 WISA 板，铝梁、槽钢背楞支撑体系，φ16 抽心对拉螺栓 |
| | 普通混凝土墙面 | 12mm 厚竹胶板 |
| | 主次梁 | 竹胶板，50mm×100mm 木龙骨，扣件脚手高度大于 800mm 设 φ14 对拉螺栓 |
| | 楼板 | 12mm 厚竹胶板，50mm×100mm 木龙骨，扣件式脚手架 |
| 一区 三区 | 楼梯 | 12mm 厚竹胶板，50mm×100mm 木龙骨，扣件式脚手架 |

### 3.3.2 钢模的制作与施工

（1）钢模制作

1）根据框架柱高度，圆柱钢模节高分为 3m、3.6m、4.3m 不等，每节分为 2 片，规格为 φ2300、φ1800、φ1300、φ800，方柱钢模节高 4.3m，每节分为 4 片，规格为 2000×4300。

2）圆弧侧模采用 4mm 厚钢板，按不同直径弯成半圆形；方柱钢模采用 6mm 厚钢板，背楞为压型钢板，竖向接口处为方钢。

3）焊缝外用砂轮机磨平。

4）对制作好的钢模进行检查校正。

5）将合格的钢模集中堆放，并派人管理。

6）模板接缝处采用企口缝。

7）模板接缝定位采用锥形定位销。

（2）钢模制作标准（图 3-7）

本钢模为原浆混凝土专用钢模板，除符合建设部预制钢模板制造预验收标准外，还应满足下列条件：

1）筒体内部为混凝土成形面，不得有明显的碰伤和划痕。

2）接缝处应严密，纵向接缝缝隙小于等于 0.5mm，高低差小于等于 0.8mm，环向结合缝小于等于 0.5mm，高低差小于等于 1.5mm。

3）成形面所有焊缝均需磨平抛光。

4）钢模组装后，内壁圆度允许偏差小于等于 2.5mm，垂直度小于等于 1.5mm，直线度小于等于1.0mm。

5）两半圆接缝处不许出现内陷或外凸现象。

6）筒体拼接处为满焊，其余断焊。

7）筒体外壁应喷漆两遍。

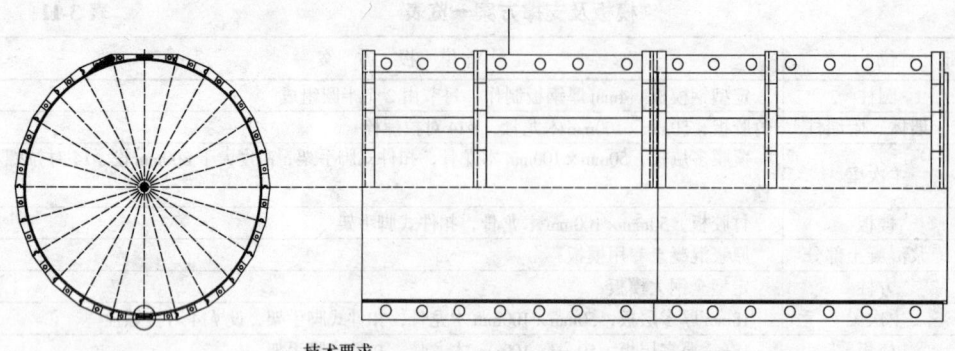

图 3-7　钢模制作标准

(3) 钢模施工

1) 钢模拼装、打磨

先将钢模各片进行组合拼装，用 $\phi 20$ 螺栓连接，接缝处用密封胶镶缝，模板面板用抛光机抛光两遍，砂纸打磨光滑，棉纱擦净，涂刷隔离剂，端口封闭保护，备查备用。

2) 钢模安装

柱筋验收后，用吊机将已拼装好的钢模吊装就位，混凝土分次浇筑，整体柱混凝土未浇筑完成，下部模板不得拆除。

3) 钢模的拆除与保养

用吊机吊住单片钢模，逐一松开连接螺栓后缓缓吊起轻放在楼面上，严禁直接摔下。模板拆除后，用铲刀将钢模内表面的水泥浆清除干净，组装、清理好后备用。

### 3.3.3 活动式脚手架搭设

(1) 活动式脚手架组成及特点

1) 用于装饰涂装操作脚手架主要组成部件有普通钢管立杆、交叉斜拉杆、钢制活动滚轮、可调固定撑、上人钢梯、安防设施等。

2) 架体搭设灵活，可依据使用要求，对搭设面积和搭设高度进行调整。

3) 移动灵活，架体下安装有滑轮，可依据施工进度和施工部位随时提供操作平台。

4) 投入成本少，与满堂脚手架相比，节约大量的周转工具。

5) 安全实用，活动架体上部设有1200mm高护栏，人员操作安全，架体下部设有固定支撑。在架体使用时，与地面固定，不会发生晃动。架体上设有上人钢梯，人员上下架体非常方便。

(2) 搭设要求

1) 在正式搭设前，对设计图纸进行认真学习和技术交底，掌握活动脚手架的结构特点和构造要求。

2) 立杆接长采用对接扣件，扣件开口向内，接头位置错开2步。

3) 水平杆尽量采用整杆，如必须接长时，采用搭接方式接长，接头横跨三根立杆，且不少于三个扣件。

4) 搭设完毕，必须经过验收合格方可使用，所有杆件在架体使用过程中不得拆除；如需拆除，必须经过设计师同意，并采取相应安全措施后方可进行。

5) 架体移动后，必须将固定撑撑好，并经过检查合格后，方可继续使用。

### 3.3.4 二区模板高支撑体系施工方案

(1) 二区展厅工程概况

1) 结构概况

郑州国际会展中心（展览部分）二区结构工程为大跨度、大截面、超高预应力结构，其主梁为截面1500mm×3000mm，1500mm×2800mm，1200mm×2800mm的钢筋混凝土预应力梁，跨度为30m、21m，主梁的中间支座处设700mm高3000mm长的梁腋；一级次梁为截面700mm×2000mm、700mm×1800mm的钢筋混凝土预应力梁，跨度为30m、21m；二级次梁截面300mm×700mm的钢筋混凝土梁，跨度为10m，板厚为180mm，支撑高度：主梁13.10m，一级次梁13.95m，二级次梁15.25m，板15.77m，由于其结构构件大，其施工模板支撑架体必须进行专门的方案设计，以满足施工安全。

2) 地质概况和现场实际情况

场地位置及地形地貌：该建筑物位于郑州市东郊107国道以东约1.0km，原郑州机场内。场地地形平坦，地面高程介于89.160～91.780m。±0.000相当于绝对标高89.500m。地貌单元属于黄河泛滥冲积平原。

本工程 −3.0m 以内的地质情况见表3-12。

二区 −3.0m 以内的地质情况表　　　　　　　　　　表3-12

| 基土层数 | 性状描述 | 土体重度 $\gamma$ (kN/m³) | 孔隙比 $e$ | 黏聚力 $c$ (kPa) | 内摩擦角 $\varphi$ (°) |
|---|---|---|---|---|---|
| 素填土① | 黄褐色，以粉质黏土为主，含少量砖渣，局部分布有杂填土，层厚0.3～1.9m，层底标高88.380～90.370m | 20.3 | | | |
| 粉土②₁ | 新近堆积，褐黄色，很湿～饱和，稍密，混有砂土颗粒，夹有粉砂薄层，析水和摇振反应明显，干强度低，韧性差，中压缩性土，层底厚度1.8～5.2m，层厚1.3～3.5m，层底标高85.660～87.970m | 19.5 | 0.673 | 8 | 23 |
| 粉土②₂ | 灰色～灰褐色，饱和，稍密，表层有一流塑状分质黏土薄层。析水和摇振反应明显，干强度低，韧性差，中压缩性土，层底厚度6.6～9.0m，层厚3.3～5.7m，层底标高81.270～83.280m | 19.5 | 0.661 | 10 | 22 |

现场实际情况：在前期施工阶段，现场进行了工程桩、支护桩的施工，在桩施工期间，现场开挖了泥浆池、沉淀池、泥浆沟等，对原有土体产生了扰动，需对该部分地基进行处理。在地下室、地沟施工期间，对基坑进行了开挖，存在大量回填土。

(2) 保证模板支撑体系成功需解决的问题

1) 地基处理

在前期施工阶段，现场进行了工程桩、支护桩的施工，在桩施工期间，现场开挖了泥浆池、沉淀池，为了保证本工程地面不出现不均匀沉降、开裂的质量问题，依据施工现场实际情况，地基需做如下处理：

清除地表有机质土、耕植土；

目测、地基钎探或静力触探，找出可能导致不均匀沉降的影响因素；

将软弱土体挖除，并换填处理；

基土碾压密实。

2) 架体设计

由于本工程结构构件大，结构自重和架体自重大，依据规定，必须对该架体进行专门

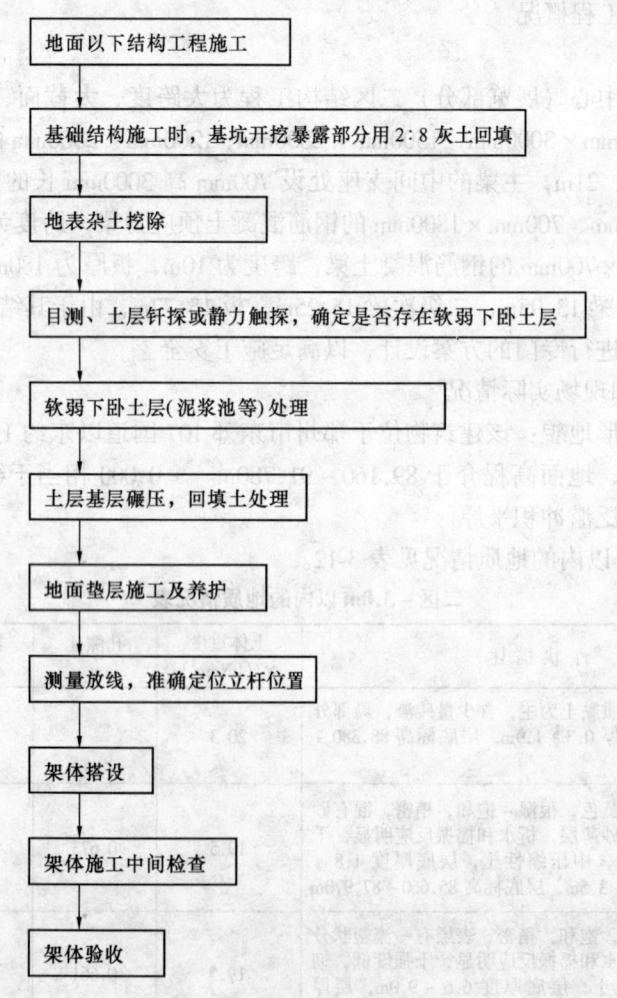

图 3-8 模板支架施工程序

的结构计算和构造加强。

3）技术交底

在脚手架施工前，由技术部、工程部对施工作业人员进行详细的技术交底，明确施工方法、施工顺序、施工安全注意事项，并办理书面交底手续，未经交底人员严禁上岗作业。尤其对架子工建立挂牌制度，并建立现场考核制度，对考核不合格者重新培训，并对其已完成的工作进行全面检查。

4）模板支架使用材料的验收

对模板支架使用的钢管、扣件、托撑、安全网、木方、3形卡、对拉螺栓、模板等进行验收，验收分两个阶段。现场验收材料质量，并做记录，编写验收各配件的材质报告。

5）对模板支架相关环节进行验收

模板支架必须进行专业验收；

对方案进行内部审批和专家审查；

由工程项目负责人组织安全部、工程部、技术部、施工作业队长等相关专业人员进行验收，合格后报监理工程师验收。

(3) 模板支架设计方案

1) 总体思路

由于本工程架体支设高度高，结构构件大，施工活荷载和构件恒荷载大，模板支设难度大。经过征求专家意见和对架体各种方案的试算，综合考虑，架体应满足施工方便、质量易控、安全可靠、经济合理、可操作性强等因素。本方案选择满堂脚手架钢管支撑体系和混凝土整浇的施工工艺。

2) 施工程序

本工程施工难度大，参与人员多，施工过程复杂，安全隐患多，因此，必须事前对施工顺序做到心中有数，在组织实施过程中必须按计划、程序施工，见图3-8。

主体结构施工顺序必须与模板支架施工配合，混凝土结构施工顺序如图3-9所示。

3) 模板支架结构选型及架体相关技术参数

A. 方案设计基本概况

梁底和梁侧一定范围内立杆间距加密；在主梁及一级次梁支架顶部配专用U形可调托撑；U形托撑上用[20槽钢做

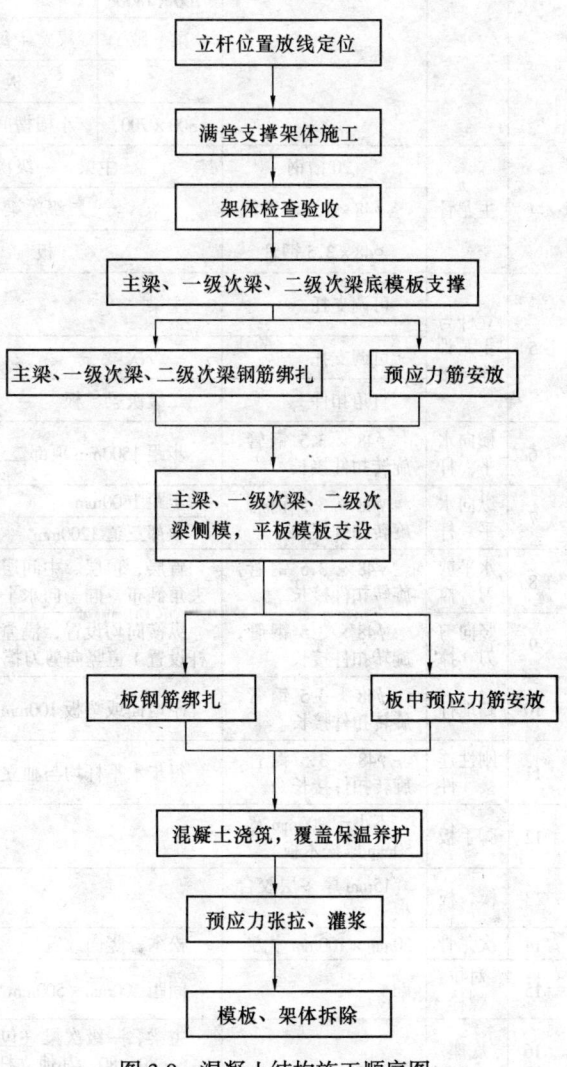

图3-9 混凝土结构施工顺序图

主龙骨，50mm×100mm木方作次龙骨。立杆的强度和稳定性必须满足规范规定。

架体材料、构配件选择及设计参数的选择见表3-13。

架体材料、构配件选择及设计参数的选择表（单位：mm） 表3-13

| 序号 | 构配件名称 | 使用材料规格 | 设计参数 | | | 备注 |
|---|---|---|---|---|---|---|
| 1 | 防滑扣件 | 直角扣件 | 顶层水平杆与立杆连接处设置 | | | |
| 2 | 水平安全网 | 尼龙网、尼龙绳 | 距地面4.5m、9.0m设置 | | | |
| 3 | 立杆 | φ48×3.5钢管，对接扣件接长 | 梁截面（mm×mm） | 架体宽度 | 梁长方向×梁宽方向 | |
| | | | 1500×2800<br>1500×3000 | 梁宽+每边500mm | 600mm×500mm | |
| | | | 1200×2800 | 梁宽+每边650mm | 600mm×500mm | |
| | | | 700×2000<br>700×1800 | 梁宽+每边250mm | 600mm×600mm | |
| | | | 梁腋 | 梁宽+每边500mm | 300mm×500mm | |
| | | | 板底 | | 600mm×600mm | |
| | | | 300×700 | 小横楞间距600mm | 600mm×600mm | |
| 4 | 主龙骨 | [20槽钢 | 主梁、一级次梁 | | 沿梁长间距600mm | |
| | | φ48×3.5钢管 | 二级次梁 | | 沿梁长间距600mm | |
| | | φ48×3.5钢管 | 板 | | 沿梁长间距600mm | |
| 5 | 立杆与主龙骨连接 | 可调支托 | 主梁 | | 600mm×500mm（梁长×梁宽方向） | |
| | | 可调支托 | 一级次梁 | | 600mm×600mm | |
| | | 直角扣件 | 二级次梁、板 | | 600mm×600mm | |
| 6 | 横向水平杆 | φ48×3.5钢管，旋转扣件接长 | 步距1500mm顶部三道1200mm（梁底架体） | | | |
| 7 | 纵向水平杆 | φ48×3.5钢管，旋转扣件接长 | 步距1500mm<br>顶部三道1200mm | | | |
| 8 | 水平剪刀撑 | φ48×3.5钢管，旋转扣件接长 | 首层、顶层、中间层每3步一道，整个满堂架按45°夹角满布，同一向水平杆间距 ≤4.5m | | | |
| 9 | 竖向剪刀撑 | φ48×3.5钢管，旋转扣件接长 | 纵横均设置，满堂架四边与中间每隔4排支架立杆设置1道竖向剪刀撑，剪刀撑连续设置 | | | |
| 10 | 扫地杆 | φ48×3.5钢管，旋转扣件接长 | 距地面或垫板100mm处纵横设置 | | | |
| 11 | 刚性连接件 | φ48×3.5钢管，旋转扣件接长 | 每步水平杆均与独立柱刚性连接 | | | |
| 12 | 脚手板 | 不小于200mm宽、50mm厚松木板 | | | | |
| 13 | 模板 | 15mm厚多层胶合板 | | | | |
| 14 | 次龙骨 | 50mm×100mm木方 | 松木，竖向放置 | | | |
| 15 | 对拉螺栓 | φ14 | 间距500mm×500mm | | | |
| 16 | 底座 | | 主梁、一级次梁（包括扩展区域）立杆下设置钢板-6×80×80，其他立杆下可设置其他形式的垫板 | | | |

架体各配件力学性能见表 3-14（由于现场所进钢管壁厚有 3.5mm、3.25mm、3.0mm 三种规格，本方案按 3.0mm 计算）。

架体各配件力学性能表　　　　　　　　　　　　　表 3-14

| 序号 | 架体力学性能 | | |
|---|---|---|---|
| | 壁厚 | 3.5mm | 3.0mm |
| 1 | Q235 钢抗拉、抗压和抗弯强度设计值 | $215\text{N/mm}^2$ | $215\text{N/mm}^2$ |
| 2 | $\phi48$ 钢管截面面积（$A$） | $4.89\text{cm}^2$ | $4.239\text{cm}^2$ |
| 3 | $\phi48$ 钢管回转半径（$i$） | 1.58cm | 1.595cm |
| 4 | $\phi48$ 钢管惯性距（$I$） | $12.19\text{cm}^4$ | $10.78\text{cm}^4$ |
| 5 | $\phi48$ 钢管截面模量（$W$） | $5.08\text{cm}^3$ | $4.5\text{cm}^3$ |
| 6 | $\phi48$ 钢管每米长质量 | 3.84kg/m | ≈3.84kg/m |
| 7 | $\phi48$ 钢管弹性模量（$E$） | $2.06\times10^5$ | $2.06\times10^5$ |
| 8 | 直角扣件、旋转扣件抗滑承载力设计值 | 8.00kN | 8.00kN |
| 9 | 底座竖向承载力 | 40kN | 40kN |

(4) 高架支模设计结果

1) 扣件式钢管脚手架支撑系统设计结果（见表 3-15）

扣件式钢管脚手架支撑系统设计结果表（单位：mm）　　表 3-15

| 序号 | 构配件名称 | 使用材料规格 | 设计参数 | | | 备注 |
|---|---|---|---|---|---|---|
| 1 | 防滑扣件 | 直角扣件 | 顶层水平杆与立杆连接处设置 | | | |
| 2 | 水平安全网 | 尼龙网、尼龙绳 | 距地面 4.5m、9.0m 设置 | | | |
| 3 | 立杆 | $\phi48\times3.5$ 钢管，对接扣件接长 | 梁截面（mm×mm） | 架体宽度 | （梁长方向×梁宽方向） | |
| | | | 1500×2800<br>1500×3000 | 梁宽+每边 500mm | 600×500 | |
| | | | 1200×2800 | 梁宽+每边 650mm | 600×500 | |
| | | | 700×2000<br>700×1800 | 梁宽+每边 250mm | 600×600 | |
| | | | 梁腋 | 梁宽+每边 500mm | 300×500 | |
| | | | 板底 | | 600×600 | |
| | | | 300×700 | 小横楞间距 600mm | 600×600 | |
| 4 | 主龙骨 | [20 槽钢 | 主梁、一级次梁 | | 沿梁长间距 600mm | |
| | | $\phi48\times3.5$ 钢管 | 二级次梁 | | 沿梁长间距 600mm | |
| | | $\phi48\times3.5$ 钢管 | 板 | | 沿梁长间距 600mm | |
| 5 | 立杆与主龙骨连接 | 可调支托 | 主梁 | | 600×500（梁长×梁宽方向） | |
| | | 可调支托 | 一级次梁 | | 600×600 | |
| | | 直角扣件 | 二级次梁、板 | | 600×600 | |
| 6 | 横向水平杆 | $\phi48\times3.5$ 钢管，旋转扣件接长 | 步距 1500mm 顶部三道 1200mm（梁底架体） | | | |

续表

| 序号 | 构配件名称 | 使用材料规格 | 设计参数 | 备注 |
|---|---|---|---|---|
| 7 | 纵向水平杆 | $\phi48\times3.5$ 钢管，旋转扣件接长 | 步距1500mm | |
| | | | 顶部三道1200mm | |
| 8 | 水平剪刀撑 | $\phi48\times3.5$ 钢管，旋转扣件接长 | 首层、顶层、中间层每3步一道，整个满堂架按45°夹角满布，同一向水平杆间距≤4.5m | |
| 9 | 竖向剪刀撑 | $\phi48\times3.5$ 钢管，旋转扣件接长 | 纵横向均设置，主梁、一级次梁下及满堂架四边与中间每隔4排支架立杆设置1道竖向剪刀撑，剪刀撑从顶到底连续设置 | |
| 10 | 扫地杆 | $\phi48\times3.5$ 钢管，旋转扣件接长 | 距地面或垫板100mm处纵横设置 | |
| 11 | 刚性连接件 | $\phi48\times3.5$ 钢管，旋转扣件接长 | 每步水平杆均与独立柱刚性连接 | |
| 12 | 脚手板 | 不小于200mm宽、50mm厚松木板 | | |
| 13 | 模板 | 15mm厚多层胶合板 | | |
| 14 | 次龙骨 | 50mm×100mm 木方 | 松木，竖向放置 | |
| 15 | 对拉螺栓 | $\phi14$ | 间距500×500 | |
| 16 | 底座 | | 主梁、一级次梁（包括扩展区域）立杆下设置钢板—6×80×80，其他立杆下可设置其他形式的垫板 | |

2）地基处理

A. 清除地表有机质土、耕植土

整个展厅部位除主地沟位置外，其他部位均进行换土，换土时采用反铲挖掘机挖土，人工配合清土，自卸汽车外运，因该层土含有大量腐植土及建筑垃圾不能作回填土料，必须运至20km外垃圾场。开挖深度标高为-0.500m，开挖顺序由内向外，开挖完成后，用18t振动压路机碾压5遍。碾压时，要严格控制轮距，每一轮距为8~10cm。

B. 目测、地基钎探或静力触探，找出可能导致不均匀沉降的影响因素

如局部存在软弱土层、泥浆池、沉淀池等，则继续下挖，直到老土，土方运至20km外垃圾场。土方清理完成后，必须经过验收方可回填，填土采用1:1级配砂石，用平板式振动器振动密实，压实系数不小于0.95。

C. 换填2:8灰土

标高-0.500m以上，回填土采用2:8灰土，用蛙式打夯机打夯，每层虚铺厚度250mm，压实系数不小于0.94。

D. 地沟处理

地沟顶板必须设置支撑，双柱间随独立柱同时施工的承台范围内地沟顶板，重新设置支撑，支撑采用400mm×400mm间距的钢管顶撑顶紧，钢管上下设置2cm厚木板，其他部位地沟顶板模板、支撑体系不得拆除，待二区结构施工、预应力张拉完成后，方可拆除。对于开口的地沟及电缆地沟，立杆支撑在地沟底板上，该区域的水平杆步距应小于等于1500mm，且应设置扫地杆，水平杆必须与地沟侧壁顶紧。

3) 梁底模板起拱要求

A. 主梁起拱（图 3-10）

主梁起拱高度应考虑地基沉降（$h_1$）、架体变形（$h_2$）、结构弹性变形（$h_3$）等因素，结合规范要求，综合考虑本工程主梁第一次混凝土浇筑起拱高度为：

$$h = h_1 + h_2 + h_3 = 3.5 + 15 + 20 = 39.5 \text{mm}$$

取起拱高度 40mm。

经设计院提供结构结构恒载引起挠度 10mm，活载引起挠度 40mm，考虑到最大活载出现的机率及预应力张拉反拱的影响，综合考虑克服结构变形起拱值 20mm。

B. 一级次梁起拱（图 3-11）

由于地面装饰的要求，在考虑一级次梁顶标高需与主梁顶标高一致的情况下，通过降低一级次梁支坐标高来达到起拱的目的，一级次梁起拱高度为 40mm。

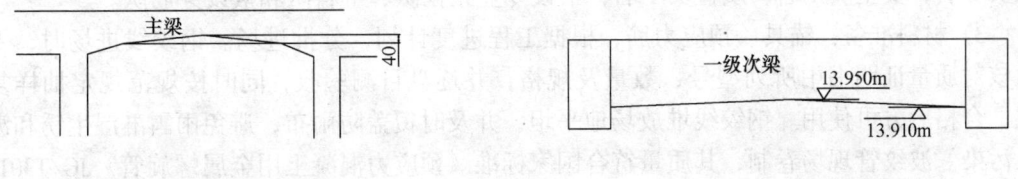

图 3-10　主梁起拱示意图　　　　　图 3-11　一级次梁起拱示意图

C. 二级次梁起拱

由于二级次梁跨度较小，梁支模高度已随一级次梁进行了调整，所以二级次梁可不起拱。

### 3.4　预应力混凝土施工方案

#### 3.4.1　工程概况

郑州国际会展中心预应力结构主要集中在展厅，展厅的五层楼板在纵向由抗震缝（兼温度施工缝）分成六块，包括四块矩形块及两块弧形块；块体纵向长 60m，横向（沿 102m 大梁方向）包括中部 102m 的框架展厅及梁端各 10m 的筒体和附属部分。展厅的框架梁及一级次梁中成束集中布置有粘结预应力筋，在二级次梁中集中布置有无粘结预应力筋。

展厅柱网尺寸为 30m×30m，为超长连续预应力梁板结构，结构形式复杂，楼板荷载大，框架梁截面达到 1500mm×2800mm，柱网和截面之大国内少见；同时，由于展厅两端核心筒刚度极大，为了避免在展厅与核心筒处后浇带出现大量的裂纹，将原梁中一部分预应力筋延长到核心筒外锚固。

预应力结构混凝土强度等级采用 C40，后浇带采用 C45 微膨胀混凝土。预应力钢筋采用强度等级标准值 $f_{ptk}$ = 1860MPa 的高强低松弛钢绞线，公称直径 15.2mm；张拉端锚具采用 I 类夹片锚具，预应力筋在后浇带处张拉后采用连接器接长。张拉时，混凝土强度不得低于设计强度的 80%，预应力筋张拉控制应力为 $0.75f_{ptk}$。灌浆材料采用江苏博特新材料有限公司生产的 JM-HF 型高性能灌浆外加剂。

#### 3.4.2　工程应用

本工程无粘结钢绞线约 90t，有粘结钢绞线用量约 500 多吨，总用量达到 600t。

### 3.4.3 施工方法

（1）施工工艺流程

施工准备，包括图纸的细化设计、施工方案编制→满堂超高脚手架支模→绑扎柱筋并调整柱筋（包括柱筋的弯折、箍筋的调整，以避开预应力筋）→梁非预应力钢筋绑扎→预应力筋支架定位及焊接→穿波纹管、固定锚板→焊接锚下钢筋网片、穿钢绞线→安装灌浆孔排气孔→梁自检、隐蔽工程验收→次梁、板筋绑扎→混凝土浇筑→养护、张拉准备→安装锚具、连接器→张拉→切除外露钢绞线→灌浆→端部封锚。

（2）施工准备

1）技术准备：完成设计交底和图纸会审；进行预应力工程细化设计，深化设计图纸56张，施工节点360个；编制预应力施工方案和技术交底。

2）人员组织：预应力施工专业工程师6人，其中项目负责人1名，施工队长1名，施工员2名，安全员1名，质检员1名；下设专业张拉队、下料队和敷设穿筋队。

3）材料准备：锚具、预应力筋，根据工程进度计划，分批进场。钢绞线进场时，专人核对质量证明书中所列型号、数量及规格，并逐盘目测验收，同时按规范规定抽样复试，合格后方可使用。钢绞线堆放场地平坦，并及时覆盖防雨布，避免雨雪淋湿生锈和泥土污染。波纹管现场卷制，其质量符合国家标准《预应力混凝土用金属螺旋管》JG/T3013的要求，并按规定取样复试。灌浆用水泥采用P.O.42.5水泥，掺加高效减水剂和膨胀剂，由试验室配制出强度大于M30，符合灌浆流动性、泌水率要求的配合比。

4）机具准备：根据预应力筋种类、根数、张拉吨位选定YCW-250B穿心式千斤顶4台和YCN-25前卡式千斤顶4台；ZB-500型高压油泵10台；GYJA型挤压机2台；UB-3型灌浆泵2台；砂浆搅拌机2台；波纹管制管机1台；其他小型辅助设备若干。

（3）预应力筋的张拉

1）预应力筋张拉前的准备工作

检验张拉机具及仪表，材料及配套工具已准备齐全，千斤顶油表已标定完毕；

计算预应力梁理论伸长值和张拉油表读数；

进行张拉力数值计算。

根据设计张拉控制应力 $\sigma_{con} = 0.75 f_{ptk} = 0.75 \times 1860 = 1395 \text{N/mm}^2$

单根预应力筋张拉力 $N_1 = A_1 \times \sigma_{con} = 140 \times 1395 = 195300 \text{N}$

3根预应力筋张拉力 $N_3 = A_3 \times \sigma_{con} = 3 \times 140 \times 1395 = 585900 \text{N}$

9根预应力筋张拉力 $N_9 = A_9 \times \sigma_{con} = 9 \times 140 \times 1395 = 1757700 \text{N}$

12根预应力筋张拉力 $N_{12} = A_{12} \times \sigma_{con} = 12 \times 140 \times 1395 = 2343600 \text{N}$

根据千斤顶标定报告计算，油表读数见表3-16。

每道梁张拉伸长值见表3-17。

检查张拉区混凝土强度报告中强度值是否不低于混凝土强度的80%，混凝土龄期是否达到了7d，两者必须满足方可张拉。

拆除梁端模板，清理张拉端的混凝土及杂物，无粘结预应力筋还要用刀子割去外包皮，擦干净预应力筋上的油污，把锚具夹片安装完毕，搭设好张拉操作平台。夹片要安紧打平。

准备张拉记录表格。

油表读数的计算　　　　　　　　　　表 3-16

| 钢绞线根数 | 设计张拉力(kN) | 千斤顶编号 | 油表编号 | 报告编号及回归方程 | 油表读数(MPa) | | 备注 |
|---|---|---|---|---|---|---|---|
| 1 | 195.3 | 1 | 80011 | WG0683<br>$P = 0.2334F - 1.45$ | $0.2\sigma_{con}$ | 7.7 | |
| | | | | | $1.0\sigma_{con}$ | 44.1 | |
| | | | | | $1.03\sigma_{con}$ | 45.5 | |
| | | 3 | 0011 | WG0685<br>$P = 0.2156F - 1.54$ | $0.2\sigma_{con}$ | 6.9 | |
| | | | | | $1.0\sigma_{con}$ | 40.6 | |
| | | | | | $1.03\sigma_{con}$ | 41.8 | |
| 9 | 1757.7 | 1 | 1101 | WG0679<br>$P = 0.02188F + 0.01$ | $0.2\sigma_{con}$ | 7.7 | |
| | | | | | $1.0\sigma_{con}$ | 38.5 | |
| | | | | | $1.03\sigma_{con}$ | 39.6 | |
| | | 2 | 1099 | WG0680<br>$P = 0.02197F + 0.29$ | $0.2\sigma_{con}$ | 8.0 | |
| | | | | | $1.0\sigma_{con}$ | 38.9 | |
| | | | | | $1.03\sigma_{con}$ | 40.1 | |
| | | 3 | 007 | WG0681<br>$P = 0.02227F + 0.60$ | $0.2\sigma_{con}$ | 8.4 | |
| | | | | | $1.0\sigma_{con}$ | 39.7 | |
| | | | | | $1.03\sigma_{con}$ | 40.9 | |
| | | 4 | 1051 | WG0682<br>$P = 0.02195F + 0.72$ | $0.2\sigma_{con}$ | 8.4 | |
| | | | | | $1.0\sigma_{con}$ | 39.3 | |
| | | | | | $1.03\sigma_{con}$ | 40.5 | |
| 12 | 2343.6 | 1 | 1101 | WG0679<br>$P = 0.02188F + 0.01$ | $0.2\sigma_{con}$ | 10.3 | |
| | | | | | $1.0\sigma_{con}$ | 51.3 | |
| | | | | | $1.03\sigma_{con}$ | 52.8 | |
| | | 2 | 1099 | WG0680<br>$P = 0.02197F + 0.29$ | $0.2\sigma_{con}$ | 10.6 | |
| | | | | | $1.0\sigma_{con}$ | 51.8 | |
| | | | | | $1.03\sigma_{con}$ | 53.3 | |
| | | 3 | 007 | WG0681<br>$P = 0.02227F + 0.60$ | $0.2\sigma_{con}$ | 11.0 | |
| | | | | | $1.0\sigma_{con}$ | 52.8 | |
| | | | | | $1.03\sigma_{con}$ | 54.4 | |
| | | 4 | 1051 | WG0679<br>$P = 0.02195F + 0.72$ | $0.2\sigma_{con}$ | 11.0 | |
| | | | | | $1.0\sigma_{con}$ | 52.2 | |
| | | | | | $1.03\sigma_{con}$ | 53.7 | |

D/E 区张拉伸长值　　　　　　　　　　表 3-17

| 梁号 | 部位 | 伸长值（mm） | 伸长值范围（mm） | |
|---|---|---|---|---|
| YWKL1 | 上排筋 | 207 | 194.6 | 219.4 |
| | 下排筋 | 208 | 195.5 | 220.5 |
| YWKL2 | 上排筋 | 279 | 262.3 | 295.7 |
| | 下排筋 | 282 | 265.1 | 298.9 |
| YWKL3 | 上排筋 | 367 | 345.0 | 389.0 |
| | 下排筋 | 370 | 347.8 | 392.2 |
| YKL1 中 | 上排筋 | 433 | 407.0 | 459.0 |
| | 下排筋 | 443 | 416.4 | 469.6 |
| YKL2 中 | 上排筋 | 439 | 412.7 | 465.3 |
| | 下排筋 | 441 | 414.5 | 467.5 |
| YL1 | | 229 | 215.3 | 242.7 |
| YL2 | | 259 | 243.5 | 274.5 |

续表

| 梁 号 | 部 位 | 伸长值（mm） | 伸长值范围（mm） | |
|---|---|---|---|---|
| YL3 | 上排筋 | 320 | 300.8 | 339.2 |
| | 下排筋 | 320 | 300.8 | 339.2 |
| YL4 | 上排筋 | 350 | 329.0 | 371.0 |
| | 下排筋 | 350 | 329.0 | 371.0 |
| YL5 | | 409 | 384.5 | 433.5 |
| YL6 西 | 上排筋 | 246 | 231.2 | 260.8 |
| | 下排筋 | 242 | 227.5 | 256.5 |
| YL7 西 | 上排筋 | 436 | 409.8 | 462.2 |
| | 下排筋 | 436 | 409.8 | 462.2 |
| YKL1 东 | 上排筋 | 100 | 94.0 | 106.0 |
| | 下排筋 | 100 | 94.0 | 106.0 |
| YKL1 西 | 上排筋 | 100 | 94.0 | 106.0 |
| | 下排筋 | 100 | 94.0 | 106.0 |
| YKL2 东 | 上排筋 | 101 | 94.9 | 107.1 |
| | 下排筋 | 101 | 94.9 | 107.1 |
| YKL2 西 | 上排筋 | 96.1 | 90.3 | 101.9 |
| | 下排筋 | 96.1 | 90.3 | 101.9 |
| YL6 东 | 上排筋 | 110 | 103.4 | 116.6 |
| | 下排筋 | 110 | 103.4 | 116.6 |
| YL7 东 | 上排筋 | 120 | 112.8 | 127.2 |
| | 下排筋 | 120 | 112.8 | 127.2 |
| L22 | | 332.7 | 312.7 | 352.7 |
| L23 | | 334.4 | 314.3 | 354.5 |
| L24 | | 211.6 | 198.9 | 224.3 |
| L25 | | 329.4 | 309.6 | 349.2 |
| L26 | | 329.1 | 309.4 | 348.8 |
| L27 | | 217.3 | 204.3 | 230.3 |

2）张拉顺序

采用对称张拉总体施工顺序：每一区内先施工Ⓕ轴~Ⓗ轴区域，根据设计对施工段的划分，在4个矩形块中，第一次浇筑混凝土的区域为Ⓕ轴~Ⓗ轴，首先张拉的区域也为此两轴间，先张拉此段横向预应力筋，张拉时采用四台千斤顶对称张拉，由中间梁开始向两边依次对称进行，如图3-12所示，张拉顺序为张拉④轴→③轴、⑤轴→②轴、⑥轴→①轴、⑦轴。

每根梁的张拉也尽量采用对称的形式，如图3-13采用四台千斤顶两端同时对称张拉，顺序为2号、7号→6号、3号→5号、4号→1号、8号。

按照设计要求应分两批张拉，第一批张拉在混凝土浇筑7~10d后进行，张拉的数量按照对称的原则取梁中预应力筋的50%，张拉控制力亦为50%$\sigma_{con}$；待混凝土强度达到设计强度的80%以上时，将横向梁中预应力筋全部张拉完毕。但考虑到混凝土强度实际增长的速度，7~10d 的龄期其强度完全能达到设计强度的80%以上，因此取消设计提出的分两批张拉的要求，一次完成张拉，这样可避免了对钢绞线和锚具的损伤。

纵向预应力筋张拉完毕后，由中间向两端对称张拉横向预应力筋，张拉时也应保持居中对称的原则。待张拉灌浆完毕即可拆除梁板底模板。

同时，可安装连接器进行下段连续梁施工，Ⓔ~Ⓕ轴，Ⓗ~Ⓘ轴预应力筋在此段混凝

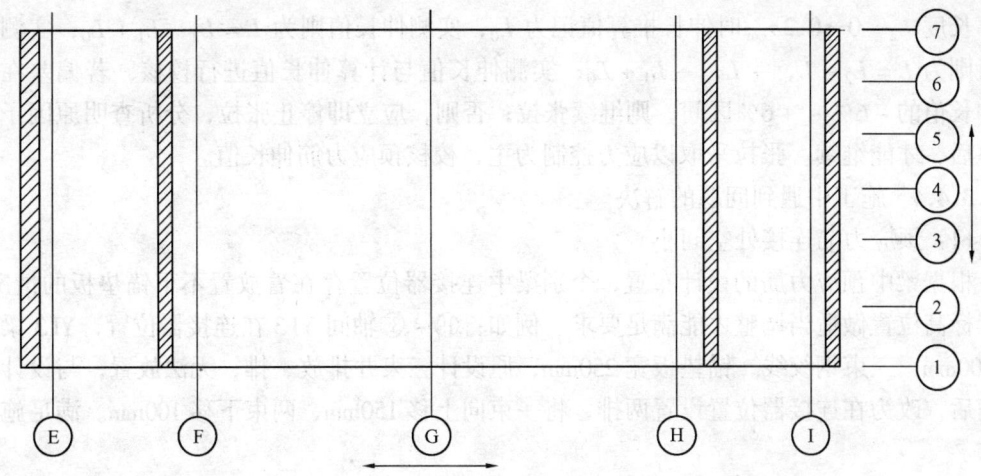

图 3-12　总体张拉顺序示意图

土达设计及规范要求后，按先横向再纵向的顺序张拉，张拉时也应保持居中对称的原则。

最后，将展厅与筒体间后浇带混凝土浇筑完毕，待龄期达要求后进行核心筒外部的张拉。

⑲～㉟轴间两扇形块，其纵向在㉗轴伸缩缝两边板面留设后浇。此部分框架梁接点有无支座的现象，结构受力较复杂，张拉顺序经论证后如下：

先纵向：ⓒ轴 YWKL2（2）→YL3（2）、YL2（2）→YL4（2）、YL1（2）→Ⓗ轴 YWKL3（2）、Ⓕ轴 YWKL1（1）。

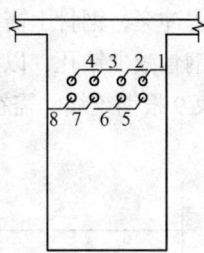

图 3-13　梁张拉顺序示意图

后横向：㉓轴 YKL2（4）→㉒轴、㉔轴 YL6（2）→㉑轴、㉕轴 YL7（3）→⑳轴、㉖轴 YL6（2）→⑲轴、㉗轴 YKL1（4）。

无粘结预应力筋采取由南向北或由北向南依次张拉的顺序进行。

预应力张拉完毕，校核伸长值。应检查梁端部和其他部位是否有裂缝，无异常情况时应及时灌浆；否则，在查明原因采取相应的措施后进行下一道工序。

3）张拉工艺

清理张拉端部→穿锚环→安装夹片打紧→装千斤顶→张拉至初应力→张拉至控制应力→持荷→千斤顶回程→卸千斤顶。

依据设计的张拉顺序和方向，依次进行各区梁板的预应力张拉；张拉前要认真检测承压板后的混凝土浇筑质量，检查承压板与预应力筋的垂直度，必要时在锚板上加垫片，保证预应力筋、锚环、千斤顶的三对中，以防断丝事故的发生。

张拉应力控制按设计要求达到预应力筋抗拉强度的 75%，采取分级持荷超张拉至控制应力的 103%，以避免混凝土拉裂、减少摩擦损失和补偿预应力损失。张拉程序为：0→$0.2\sigma_{con}$→$1.0\sigma_{con}$→$1.03\sigma_{con}$→持荷→锚固。

启动张拉机，控制好加压速度，给油平稳，匀速缓慢张拉。操作时手加荷要缓慢、均匀，持荷要平稳，量测人员要与加荷同步，量测统一准确，记录要完整。

测量伸长值：加压至 $0.2\sigma_{con}$ 时测量千斤顶活塞初始长度 $L_1$，至 $1.0\sigma_{con}$ 时测量千斤顶

活塞长度 $L_2$，$0 \rightarrow 0.2\sigma_{con}$ 时伸长推算值记为 $L_0$，实测伸长值则为 $L = L_2 - L_1 + L_0$；实测伸长值则为 $L = L_2 - L_1 + L_0$；实测伸长值与计算伸长值进行校核，若偏差在计算伸长值的 -6% ~ +6% 区间，则继续张拉；否则，应立即停止张拉，分析查明原因予以调整后，才能继续。张拉采取以应力控制为主，校核预应力筋伸长值。

#### 3.4.4 施工中遇到问题的解决

（1）预应力筋连接处空间小

根据梁中预应力筋的设计布置，个别梁中连接器位置存在着放置不下锚垫板的情况，将其标高位置做适当调整才能满足要求。例如：⑲~㉟轴间 YL3 在连接器位置，YL3 梁宽为 700mm，三束钢绞线，锚垫板宽 250mm，原设计三束并排放一排，无法放置，与设计院洽商后，改为在连接器位置设置两排，将一束向上移 150mm，两束下移 100mm。满足施工要求。

（2）预应力筋如何通过钢骨柱

在横向预应力框架梁端部梁柱接头处，部分柱为钢骨混凝土柱，钢骨与预应力筋存在着位置冲突，钢骨上需要钻孔让预应力束通过；同时，预应力束排列位置也可作适当调整，绕开钢骨减少钻孔，以满足设计要求。例如 YKL2 原设计 8 束 12 根钢绞线，在过连接器后则为 8 束 9 根钢绞线，需在钢骨上钻直径 100mm 孔 8 个，经与设计院协商，将 8 束 9 根钢绞线改

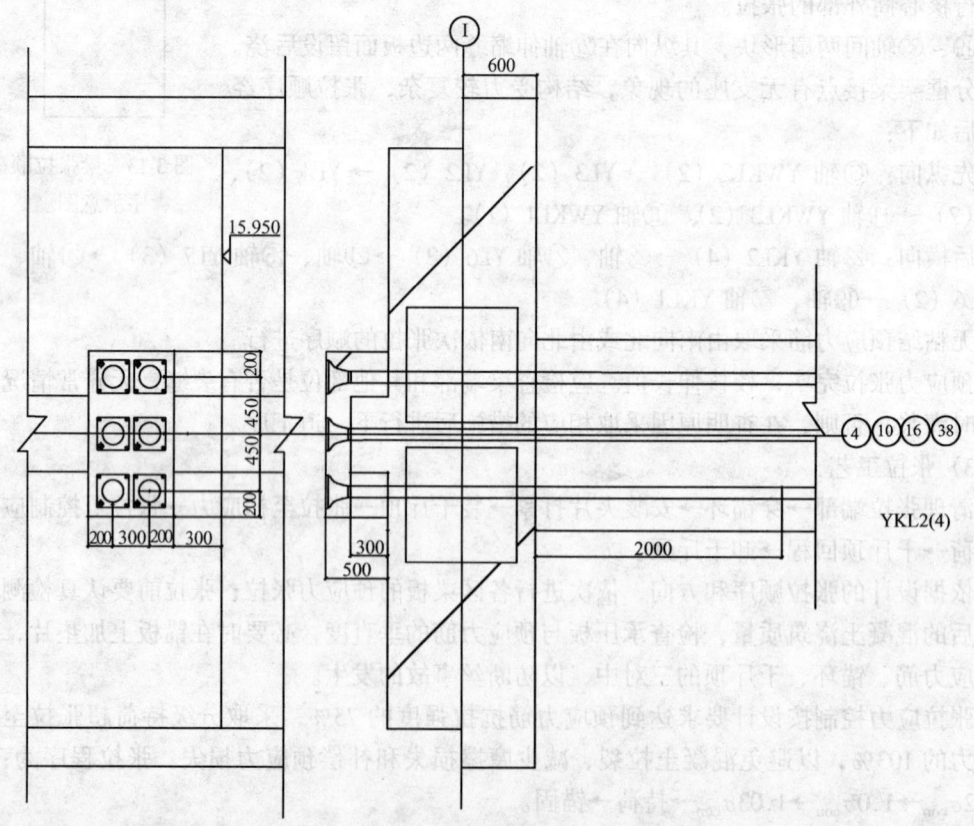

图 3-14 预应力筋通过钢骨柱具体做法示意图

说明：1. 将两束在连接器处锚固，只将六束接长，钢绞线总根数仍为 6×12 = 72 根

2. YKL2 梁端孔道标高由 600mm，800mm 改为 500mm，800mm

为6束12根钢绞线,两束从两钢骨中间通过,这样在保证预应力筋不变的情况下,只需在钢箍柱上钻4个直径100mm的洞,从而保证了钢柱结构。具体布置如图3-14所示。

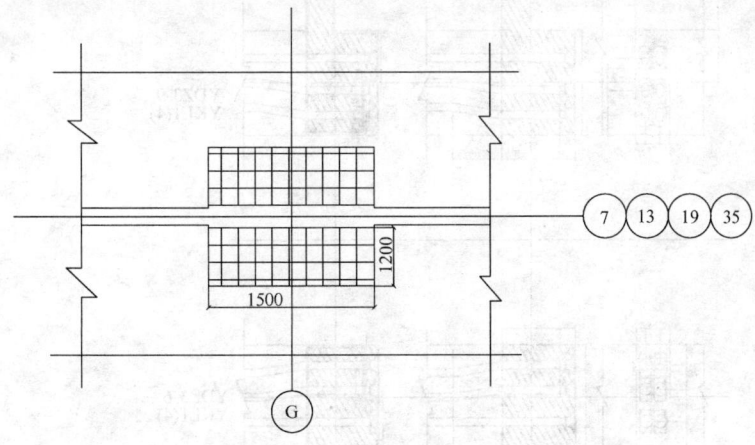

图3-15 南北方向板面预留后浇张拉孔示意图

(3) 预应力筋与安装留洞处理

在梁中预埋的钢套管较多,施工前复核其标高与预应力筋标高的相对情况,及早与设计院协商做出调整,保证施工的顺利进行。

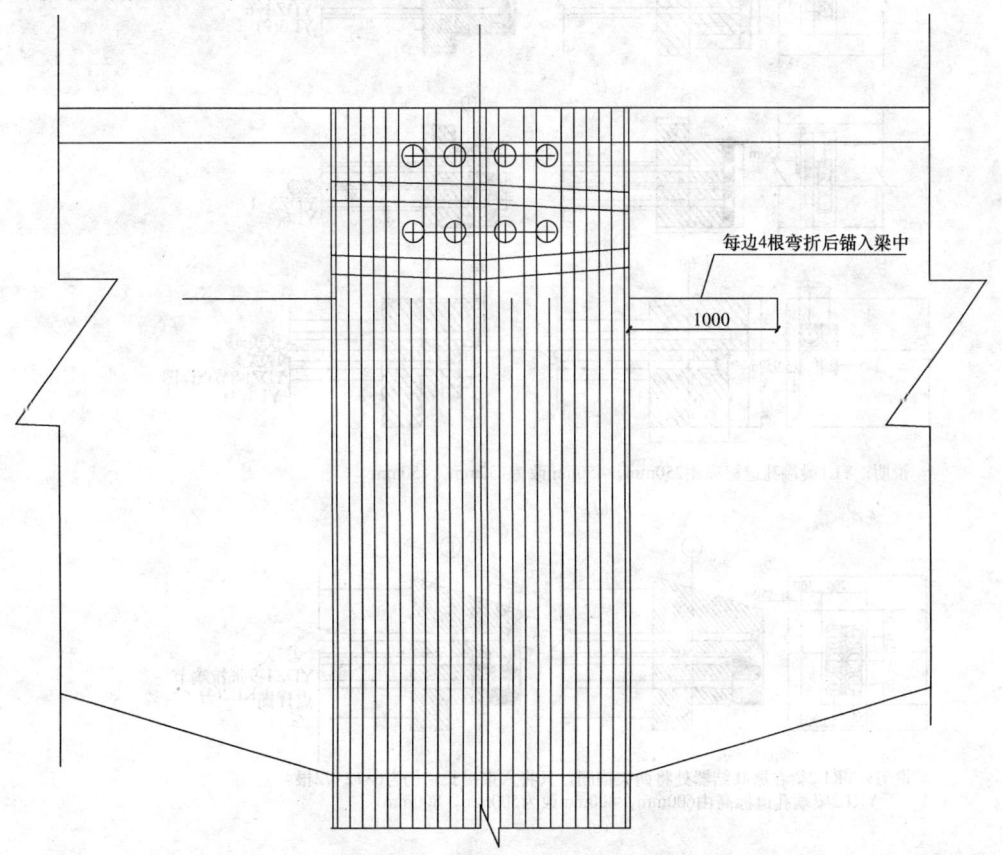

图3-16 梁柱节点处柱主筋处理示意图

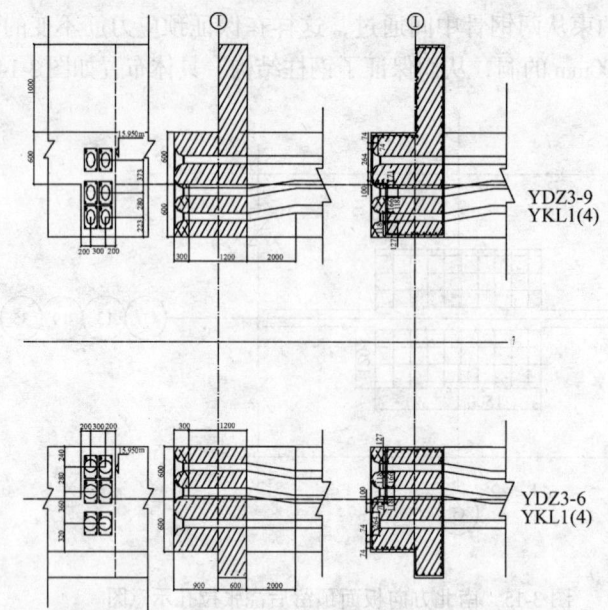

说明：YKL1梁在A，B，C，F区梁端标高由300mm，500mm改为200mm，500mm

(a)

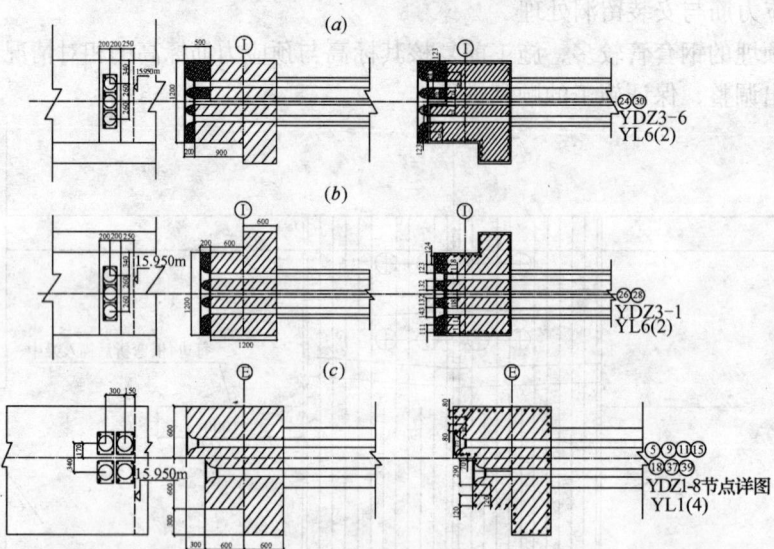

(b)

(c)

说明：YL1梁端孔道标高由250mm，450mm改为150mm，450mm

(d)

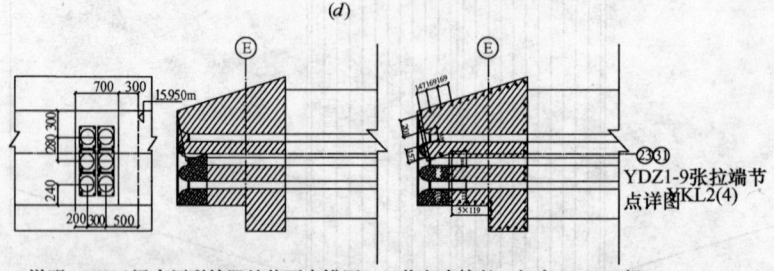

说明：YKL2梁在原联结器处将两束锚固，只将六束接长，仍为6×12=72根。
YKL2梁端孔道标高由600mm，800mm改为500mm，800mm

(e)

图 3-17 部分节点钢筋的调整和凸台的做法示意图

(4) 张拉空间预留

展厅部分顺南北方向框架梁及次梁的端部张拉时,需要将上部板面作局部后浇处理,留出张拉时操作的空间。张拉洞口平面布置见梁平面布置图,具体尺寸见图 3-15。

(5) 梁柱节点处柱主筋处理

对梁柱接头柱筋妨碍孔道通过的地方,将柱筋往梁内侧弯,锚固于梁内,对于边支座无法锚固于梁中时,将其弯入柱内锚固。如图 3-16 所示。

(6) 钢筋密集处锚垫板的安装

预应力筋在Ⓔ轴、①轴梁柱接点锚固,由于柱筋和梁锚固筋太密使锚垫板锚具垫板无法安装,为保证预应力筋位置准确和非预应力筋的完整性,与设计院和监理协商对部分柱筋和锚固筋做了适当的调整,给预应力孔道和垫板安装让出位置;对放置不下垫板的位置将垫板后移 300mm,设计为凸台形式,凸台按长为梁宽设计,双排垫板宽 770mm,单排垫板宽 400mm,凸台中增设钢筋骨架和网片,配筋经过计算和设计院校核,加设 5 片 $\phi 10$ 钢筋网片,间距 100mm。部分节点钢筋的调整和凸台的做法详见图 3-17。

(7) 锚垫板位置的适当调整

索形图端部垫板及后浇带处垫板两排中心距 200mm,锚垫板放置不下(垫板尺寸 270mm×270mm),与设计院协商将间距改为 250mm,将上排筋上移 50mm,下排标高不变。A、B、C、F 区框架梁在柱子处相交时标高相同,次梁 YK1 与 YL3 上层孔道交叉点标高相同,将标高进行相应得调整。

(8) 预应力锚固端与原浆混凝土的冲突

由于图 9893-301A-12-143X/-145X/-147X/-149X/151X/-153X 中①轴外侧为原浆面,为了避免模板支设的困难,保证原浆混凝土质量,将无粘结预应力筋在①轴改为固定端,①轴为两个张拉端相交,相交后将预应力筋引到梁侧张拉,在板面预留张拉洞口,详见图 3-18。

(9) 塔吊隔断处无粘结预应力筋的处理

预应力施工中,由于二区距⑱轴 5500mm 处二级次梁被塔吊断开,该段梁及无粘结钢绞线要在塔吊拆除后后浇施工,靠近张拉端一侧需在梁中预埋两根 7m 长 $\phi 50$ 波纹管预制成孔,张拉端预埋锚垫板,锚具改为两个 4 孔群锚;待浇完混凝土后,将无粘结预应力钢绞线穿入预留孔道后先灌浆后张拉,但由于张拉端在①轴墙内有一暗柱,钢筋太密波纹管无法通过,现将张拉端改为固定端,张拉端改在梁两侧张拉,在板上预留张拉洞,待后浇带浇筑 7d 后张拉。

## 3.5 原浆混凝土施工技术

郑州国际会展中心(展览部分)原浆混凝土结构面施工范围为:三区东立面(含外露墙体、梁、门口外侧壁),一区、三区①、㊶轴线现浇原浆混凝土山墙和二区①、㊶轴线原浆混凝土挂板,一区室内观景走廊墙体、六层西立面、观景走廊玻璃栏杆外侧梁的梁侧和梁底,四区车道圆形柱、梁板结构,南北环行车道。

### 3.5.1 原浆混凝土建筑特点

原浆混凝土外观面积大。三区东立面 11400m²,三区山墙 620m²,一区山墙 620m²,二区山墙挂板 5860m²,一区六层西立面 1500m²,四区车道圆形柱 5300m²,四区车道梁板结

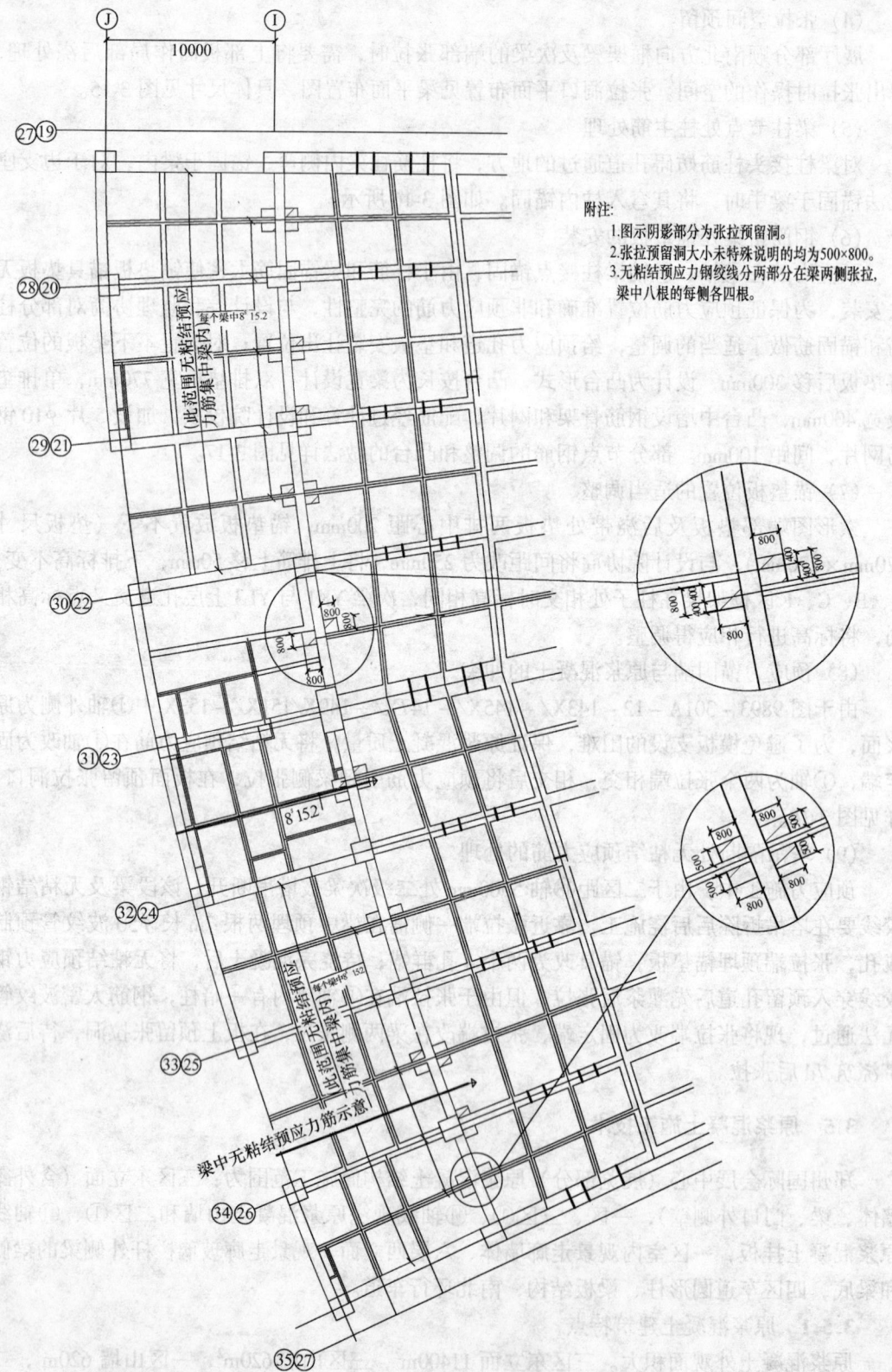

图 3-18 板面预留张拉洞口（一）

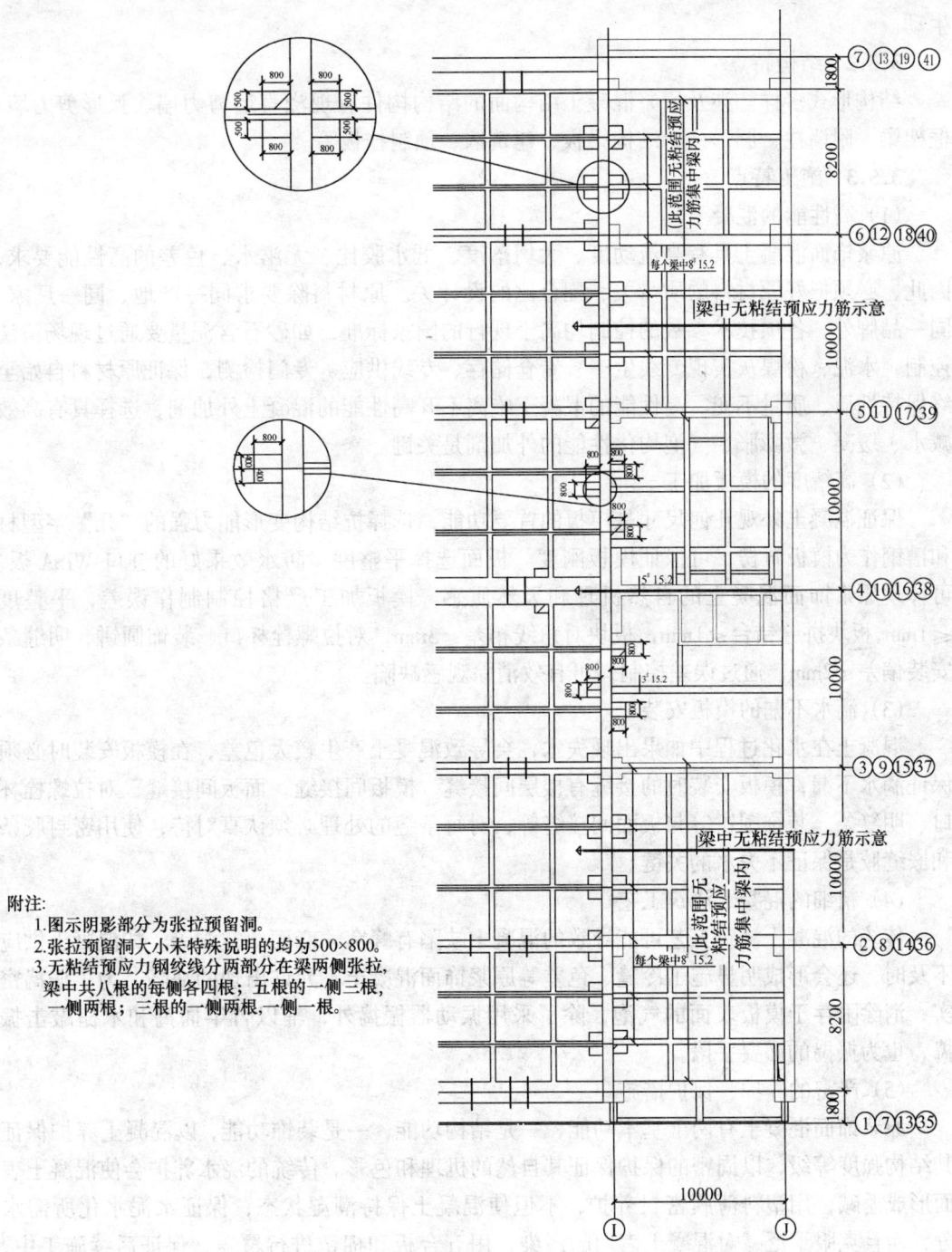

图 3-18 板面预留张拉洞口（二）

构 14472m²，南北环行车道约 6000m²，一区室内现浇面 5000m²，挂板面 5000m²，梁侧、门洞侧壁等其他构件原浆面合计 1500m²，合计原浆混凝土施工展开面积为 56272m²。

造型华丽。立面上设计有纵横向建筑分格缝，直径 300mm 圆形装饰凹孔，模板体系留下的面板拼缝形成有规律的禅缝和对拉螺栓孔眼留下的点缀，使整个建筑立面活泼生动。

### 3.5.2 结构特点

结构形式多样。涉及原浆混凝土结构面的结构构件有现浇直形剪力墙、弧形剪力墙、框架梁、附墙柱、圆形柱、结构梁板、建筑墙、预制挂板等。

### 3.5.3 施工特点

(1) 高性能的混凝土

原浆饰面混凝土具有高流动度、大坍落度、低水胶比、无泌水、色差的高性能要求，因此，必须把好原材料的质量关、配合比的设计关。原材料除要求同一产地、同一厂家、同一品牌外，各项技术参数的控制均高于现行的国家标准，如砂石含泥量要通过现场清洗控制，水泥、粉煤灰实现专线生产、专仓储存、专线供应、专门检测，保证原材料自始至终保持性质、质量不变。高性能的混凝土绝离不开高性能的混凝土外加剂，选择具有高效减水、缓凝、微膨胀、气泡均化性能的外加剂是关键。

(2) 高精度的模板加工

保证混凝土外观几何尺寸是模板的首要功能，选择抗结构变形能力强的"几"字型材和槽钢作为模板背楞，可保证模板刚度。板面选择平整度、防水效果好的进口 WISA 板，可体现原浆饰面混凝土的自然机理和天然质感。模板加工严格控制制作误差，平整度≤1mm，板块拼缝错台≤1mm，板块对角线相差≤3mm，对拉螺栓杯口、装饰圆饼、明缝条安装偏差≤2mm，通过误差控制，可有效消除观感缺陷。

(3) 滴水不漏的模板安装

混凝土在水化过程中如果出现失水，会导致混凝土产生较大色差，在模板安装时必须保证滴水不漏，模板安装时的接缝有楼层间接缝，模板间接缝，面板间接缝，对拉螺栓杯口、明缝条、装饰圆饼等与板面间接缝等，对每条缝的处理必须认真对待，使用密封胶条和嵌缝胶是保证不失水的关键。

(4) 精细的混凝土浇筑工艺

传统的混凝土浇筑工艺可能导致的混凝土缺陷有蜂窝、麻面、空洞等。如混凝土供应不及时，还会形成明显施工冷缝、色差等原浆饰面混凝土不允许出现的缺陷，为了振捣密实，消除附存于模板表面的气泡，除了采用振动器振捣外，辅以竹竿插捣和木槌敲击振捣，也为振捣的必要手段。

(5) 严密的养护、保护措施

原浆饰面混凝土有两个基本功能，一是结构功能，一是装饰功能，以混凝土养护保证其结构强度等级，以周密的保护保证其自然的机理和色彩。传统的浇水养护会使混凝土表面形成返碱，用塑料薄膜密封养护，不但使混凝土保持潮湿状态，保证水泥水化所需水分，而且克服了泛碱对混凝土表面的污染，用五合板和棉毡进行覆盖，保证后续施工中，混凝土面不被污染、损伤。

(6) 施工人员的高技能

原浆饰面混凝土的施工要选择文化层次较高、施工技能较高、施工经验丰富的技工承担施工任务，保证每项技术措施贯彻到施工过程中去。

(7) 现代技术的高成本

由于目前国内原浆饰面混凝土的施工技术尚不太成熟，各种型号零配件未能形成社会化加工和供应，为保证施工质量、原材料技术指标的提高，施工过程中，模板需单独加工，模板支撑系统需单独设置，混凝土饰面需精心保护，关键技术需攻关研发，施工方案需实体试验检验，因此在无形当中加大了施工成本。

### 3.5.4 原材料组织

混凝土原材料、模板材料和模板配置量分别见表3-18、表3-19和表3-20。

混凝土原材料表 表3-18

| 序号 | 材料名称 | 材料规格 | 材料质量要求 | 选择手段 | 确定产地/生产 |
|---|---|---|---|---|---|
| 1 | 砂 | 中砂 | 天然河砂，细度模数3.0~2.5。平均粒径级配区为Ⅱ区；含泥量≤3.0%；泥块含量≤1.0%；杜绝有害物含量 | 考察试验合同洽商监理业主确认考察试验合同洽商 | 河南信阳 |
| 2 | 石 | 碎石 | 粒径5~25mm；级配连续；针、片状颗粒含量≤15%；含泥、石粉量≤1.0%；压碎指数≤12.0%；杜绝有害物含量；颜色为青蓝色（表观品质） | | 新乡 |
| 3 | 水泥 | 普通硅酸盐水泥42.5 | 选择大厂水泥，具有合格证、出厂检验报告；年生产能力60万吨 | | 七里岗 |
| 4 | 粉煤灰 | 一级 | 细度不大于12；烧失量不大于5%；需水量比不大于95%；三氧化硫含量不大于3%；含水率不大于1% | | 洛阳首阳 |
| 5 | 复合外加剂 | 高效减水剂 | 减水率不小于15%，混凝土水灰比≤0.40；含气量3.5%；缓凝时间≥10h；掺加防冻剂后，混凝土颜色保持不变，抗冻-5~-20℃ | | 江苏建科 |

模板材料组织表 表3-19

| 序号 | 机械、材料名称 | 规格、型号 |
|---|---|---|
| 1 | 模板 | 芬兰产维萨板，18mm厚 |
| 2 | 木方材 | 松木，50mm×100mm精加工 |
| 3 | 对拉螺栓套筒 | PVC塑料套管 $\phi 20$（专制） |
| 4 | 对拉螺栓 | 圆钢 $\phi 16$，长度依实际确定 |
| 5 | 塑料垫块 | 钢筋保护层用 |
| 6 | 杯形堵头 | 直径35mm，PVC专制 |
| 7 | 树脂漆 | 无色 |
| 8 | 钢螺钉 | 50mm长 |
| 9 | 洞口定型模板 | 钢木结合 |
| 10 | 封口胶 | 模板边 |
| 11 | 模板对拉螺栓洞封圈 | PVC专制 |
| 12 | 定型圆洞模板 | PVC专制 |

模板配置量表 表3-20

| 序号 | 部位 | 型号、材质 | 计划加工用量（m²） |
|---|---|---|---|
| 1 | 一区山墙 | 维萨板（VISA） | 72 |
| 2 | 一区内墙 | 维萨板（VISA） | 560 |
| 3 | 三区山墙 | 维萨板（VISA） | 72 |
| 4 | 三区东立面 | 维萨板（VISA） | 1700 |
| 5 | 四区柱 | 定形大钢模板 | 340 |

原浆混凝土施工程序如图 3-19 所示。

### 3.5.5 模板的配置

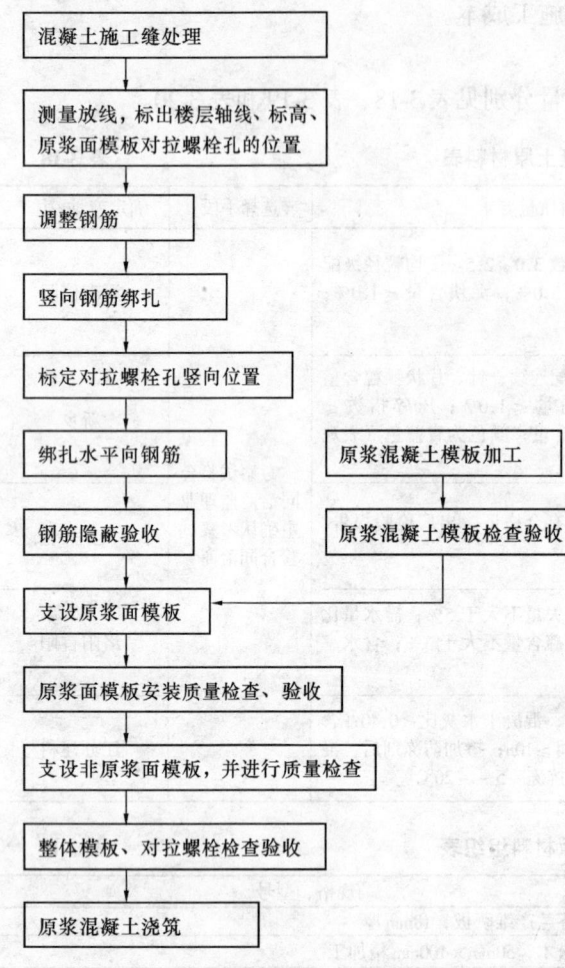

图 3-19 原浆混凝土施工程序示意图

根据建筑结构的设计尺寸设计模板，由于标准层层高 4000mm，而第五层、第六层的层高为 6000mm，故首层至四层施工时，模板面板按 4000mm 高考虑，高度方向的拼装尺寸为（2000mm、2000mm），模板骨架按 6000mm 高考虑，不包括下包板。施工周转至五层、六层时，在模板的骨架上边补添一块 2000mm 高的模板，模板高度方向的拼装尺寸为（2000mm、2000mm、2000mm），从而最大限度地利用了材料，并保证了原浆混凝土墙面的饰面效果。

模板布置原则是按标准尺寸从每个区的墙体中间分别向两边均匀排布，余量留在每个区相邻的伸缩缝位置处，这样保证了明缝、蝉缝及孔位位置均匀分布。模板宽度取 2400mm 作为标准尺寸，2400mm 宽模板裁板尺寸为两块 1200mm×2000mm 的多层板、孔位的水平间距（300mm、600mm、600mm、300mm），竖向间距（250mm、500mm、500mm、500mm、250mm）。

本工程外墙模板高度首层到四层按 4000mm 配置，五层、六层按 6000mm 配置；外墙模板的下部另加下包板；在门窗洞口处使用门窗洞模板，施工时，先支设好门窗洞模板，再根据模板编号布置支设墙体外侧原浆混凝土模板。

模板配模量以最高层的结构为标准，模板高度方向以首层的模板配置向上流水。当局部楼层或墙体变化时，外墙模板的水平蝉缝位置必须按设计院的要求分布，内墙模板的施工工艺及顺序作相应调整。

### 3.5.6 模板体系的设计（略）

### 3.5.7 钢筋工程（略）

### 3.5.8 混凝土工程（略）

### 3.5.9 混凝土整修

为保持原浆混凝土的自然质感，在满足规范要求的情况下，尽量不要进行修复。

（1）螺栓孔修复

在堵孔前,对孔眼变形和漏浆严重的螺栓孔眼先进行修复。首先清理孔表面浮渣及松动混凝土;将尼龙堵头放回孔中,用界面剂的稀释液(约50%)调同配比砂浆(砂浆稠度为10~30mm),用刮刀取砂浆补平尼龙堵头周边混凝土面并刮平,待砂浆终凝后擦拭混凝土面上砂浆,轻轻取出尼龙堵头,喷水养护2d。

(2) 螺栓孔封堵

首先清理螺栓孔,并洒水润湿,用特制堵头堵住墙外侧,将颜色稍深的补偿收缩砂浆从墙内侧向孔里灌浆至孔深,用$\phi25 \sim \phi30$平头钢筋捣实,轻轻旋出特制堵头并取出;砂浆终凝后喷水养护7d。

(3) 墙根、阳角漏浆部位的修复

首先清理表面浮尘,轻轻刮去表面松动砂子,用界面剂的稀释液(约50%)调配成颜色与混凝土基本相同的水泥腻子,用刮刀取水泥腻子抹于需修复部位。待腻子终凝后打砂纸磨平,再刮至表面平整,直角顺直,洒水覆盖养护2d。

(4) 明缝处胀模、错台处理

拆模后,拉通线对明缝进行检查,对超出部分进行切割,对明缝上下阳角损坏部位先清理浮渣和松动混凝土,用界面剂的稀释液调同配比砂浆,稠度为10~30mm,将10mm×20mm塑料条平直嵌入明缝内,将修复砂浆填补到缺陷部位,用刮刀压实刮平,上下部分次修复;待砂浆终凝后,轻轻取出塑料条,擦净被污染的混凝土表面,养护2d。

(5) 气泡修补

对于不严重影响清水饰面混凝土观感的气泡,原则上不进行修复,需修补时首先清除混凝土表面的浮浆和松动砂子,用与混凝土同场别、相同强度等级的黑、白水泥调制成水泥浆体,并事先在样板墙上进行试配试验,保证水泥浆体硬化后颜色与清水饰面混凝土颜色一致。修复缺陷部位,待水泥浆体硬化后,用细砂纸将整个构件表面均匀地打磨光洁,并用水冲洗洁净,确保表面无色差。

(6) 修复标准

混凝土墙面修复完成后,要求达到墙面平整,颜色均一,无大于1.5mm的孔洞,无大于0.2mm的裂缝,错台部位小于2mm,无明显的修复痕迹;以距离墙3m处观察,肉眼看不到缺陷为标准。

### 3.5.10 质量控制要点

各质量控制要点详见表3-21。

### 3.5.11 成品保护和防雨措施

(1) 一般注意事项

1) 施工中,不得用重物冲击模板,不准在吊帮的模板和支撑上搭脚手板,以保证模板牢固、不变形。

2) 拆模板应在混凝土强度达到3.0MPa时,方可拆模。

3) 混凝土浇筑完后,待其强度达到1.2MPa以上,方可在其上进行下一道工序施工。

4) 预留的暖卫、电气暗管、地脚螺栓及插筋,在浇筑混凝土过程中,不得碰撞或使其产生位移。

5) 应按设计要求预留孔洞或埋设螺栓和预埋铁件,不得以后凿洞埋设。

6) 要保证钢筋和垫块的位置正确,不得踩楼板、楼梯和弯起钢筋,不得碰动预埋件和插筋。

**质量控制要点一览表**　　　　　表 3-21

| 序号 | 工序名称 | 操 作 要 领 |
|---|---|---|
| 1 | 模板材料 | 1. 选用 18mm 厚的维萨板,同一生产厂<br>2. 表面覆盖树脂涂料<br>3. 表面平整度 <2mm,对角线差 <2mm |
| 2 | 模板板块 | 1. 板块大小 2000mm×1200mm,竖向放置,对拉螺栓孔距 500mm×600mm<br>2. 板块组装时,采用背楞作为连接带,螺钉从背楞一边钉向模板,钉头不得露出板面<br>3. 连接背楞必须平整,以消除模板接缝的错层<br>4. 板块制作时,板边必须用刨子刨光,保证接缝严密<br>5. 板块的分割须由业主、监理、设计确认 |
| 3 | 对拉螺栓 | 1. 对拉螺栓采用 $\phi16$ 圆钢制作,中部无套丝段长度需小于墙体壁厚,用以充分加固模板<br>2. 对拉螺栓套筒的长度为墙体厚度,其长度制作偏差不得大于 ±1mm |
| 4 | 模板组装 | 1. 模板组装时,必须确认基面水平,用水平管确定两点,拉线校准基面<br>2. 作为饰面的模板优先组装,以此作为基准组装内侧模板<br>3. 模板的垂直度必须满足精度要求,可通过调节支撑和拉线的紧固来保证 |
| 5 | 防止混凝土原浆漏出 | 1. 在混凝土施工缝下包模板与混凝土墙体接触面、模板面与明缝条接触面、模板面与对拉螺栓套筒杯口接触面、阴阳角模板拼接缝、模板面板拼接缝等处,必须设置胶垫、海绵条或打镶缝胶,做到接缝严密、不漏浆 |
| 6 | 对拉螺栓孔的封堵 | 1. 对拉螺栓孔采用事先准备好的颜色一致的砂浆封堵,封堵时由内向外填塞,防止外部作业对墙面的污染,原浆面处用专用堵头工具压光<br>2. 对拉螺栓孔深与原浆面高差控制在 5mm |
| 7 | 混凝土配合比 | 1. 经过试验确定,并得到业主、监理、设计认可后实施<br>2. 混凝土内应掺加可改善其性能的高效减水剂、膨胀剂、引气剂、缓凝剂<br>3. 建立砂石专用存放场地,对砂石进行筛选,确保原浆混凝土施工的连续一贯性<br>4. 水灰比控制在 <0.4,混凝土的坍落度取 160~180mm<br>5. 对砂、石、水泥、外加剂、粉煤灰等原材料进行备样封存,对其颜色进行确认,用于施工阶段比对 |
| 8 | 混凝土的浇筑 | 1. 为了在浇筑过程中不留施工冷缝,浇筑时采用从一角开始水平向分层,分层浇筑高度 <500mm<br>2. 浇筑混凝土前,对混凝土的浇筑方向进行事前设计尤为重要<br>3. 增加混凝土浇筑的辅助设施,如布料器等 |
| 9 | 脚手架 | 1. 操作用脚手架必须与支模用脚手架分开,混凝土输送泵管架设用架体应与支模用脚手架严格分离,避免泵管晃动对模板的影响<br>2. 脚手架必须设立可靠的护栏和挡板,确保操作工人的安全 |
| 10 | 拆除模板 | 1. 拆除模板必须按顺序进行,遵守从上到下的原则进行,拆除顺序为:对拉螺栓、模板支撑<br>2. 拆除时,必须对工人进行专门的技能培训和质量意识教育,并派专业工程师现场监督 |

(2) 原浆混凝土成品保护具体措施

1) 原浆混凝土模板保护

WISA 板进场后,必须放置在平整地面上,底部垫 30cm 高木方,及时将包装打开,防止放置时间长,在模板面上留下印痕。

模板加工完成后现场存放时,为防止模板变形,应搭设钢架,底部设置平台,模板存放优先采用立放方式，面板上加盖彩色防雨布，防止雨淋和吸附灰尘。

模板加设明缝条和圆饼时，采用钢管搭设专用操作平台，平台要求放线抄平，搭设牢固，上下平台设置专用爬梯，加工过程中如中间间歇时，必须加盖彩色防雨布，防止雨淋和吸附灰尘。

模板使用完成后，及时清理板面浮灰、混凝土附着物等，清理完成后，加盖彩色防雨布，防止雨淋和吸附灰尘。

2) 原浆混凝土成品保护

大面墙原浆混凝土：模板拆除后，立即用塑料薄膜封闭，外用木框三合板压紧，对拉螺栓固定。

圆柱原浆混凝土面：柱模板拆除后，全高范围包裹两层塑料薄膜进行混凝土养护，塑料薄膜必须严密、包裹牢靠。柱外用三合板全高包裹，用细钢丝绑牢。柱顶钢筋用两层彩条布绑扎封闭，防止雨淋生锈，包裹应包住下部三合板20cm。

### 3.6 大面积超薄型混凝土耐磨地面

**3.6.1 工程概况**

郑州国际会展中心（展览部分）展厅楼（地）面设计为耐磨地面，首层地面标高±0.000m，二层楼面标高16.000m，总面积约66000$m^2$。

耐磨地面的相关技术指标：

耐磨硬化剂用量：5kg/$m^2$。

颜色：中国建筑标准色（取自中国标准图集《常用建筑色》(02J503)中14-5-6）。

莫氏硬度：非金属骨料为7~8，金属骨料为8。

耐磨性：640~950mg（磨损轮CS-17，轮重量1kg，回转数1000转，同样条件下混凝土面为9740mg）。

抗压强度：非金属地面75N/$mm^2$。

基层厚度：50mm。

混凝土强度等级：C25。

**3.6.2 施工要点**

(1) 基层处理

整体基层标高测定：在展厅混凝土基层上设置5m×5m的方格网，测定各区域标高，如标高一层超过-0.050m、二层超过15.950m，则将多余的高出部分凿除，保证面层混凝土厚度≥5cm。

基层表面现状：一层基层为C25混凝土地面垫层，二层基层为C40结构混凝土，由于本工程混凝土基层放置时间长，受周围环境和其他专业施工作业影响，表面污染主要有灰尘、油污、落地砂浆、油漆等，为达到表面粗糙、洁净的要求，表面必须进行垃圾清运、凿毛、清洗等工作。

基层凿毛：局部标高超高部分以及受到油料污染部分由人工凿除，其他大面积凿毛采用机械凿毛，人工清扫碎渣。

基层洁净处理：人工清渣后，用吸尘器将灰尘吸干净；局部用吸尘器无法清理时，可采用清水冲洗干净。冲洗干净后不得有积水，污水排放要有组织进行。施工区域应当围蔽、禁行，严格控制进入施工区域的人员，防止踩踏造成新的污染。在浇筑混凝土前，提前24h洒水湿润，保证基层潮湿。混凝土浇筑前，涂刷优质界面处理剂，防止结合不牢，形成空鼓。

(2) 测量放线

平面控制：基层处理完成后，依据初始定位点，恢复建筑物轴线，按照展厅耐磨地面分格图在基层上进行弹线，确定地面分割和每次混凝土浇筑范围。

标高控制：在基层处理前，在方格网四角钉打钢钎（如配合后期支模，可使用电锤预先打眼）长度约10cm，打入深度以稳固为宜。进行抄平测量，在钢钎上标出混凝土上面的设计标高位置线（可用红铅笔，应准确到±2mm）。然后将设计标高线用线绳拉紧拴系牢固，中间不能产生垂度，不能扰动钢钎，位置要正确。找出混凝土高出处，并进行标记处理。

地面混凝土铺筑标高控制，主要以控制模板上口标高进行控制（模板标高控制见"模板、线盒安装"一节）。

(3) 模板、线盒安装

模板安装：基层检验合格后，即可安设模板。模板采用[50×50槽钢制作，采用膨胀螺栓打孔固定，膨胀螺栓间距1000mm，用水平仪检测上口高度，用楔形块调整，使模板的顶面与地面顶标高齐平，并应与设计高程一致，模板底面应与基层顶面紧贴，局部低洼处（空隙）要事先用水泥浆铺平并充分密实。模板顶面和内侧面应紧贴导线，上下垂直，不能倾斜，确保位置正确。模板支立应牢固，保证混凝土在浇筑、振捣过程中，模板不会滑移、下沉和变形。模板的内侧面应均匀涂刷隔离剂。

模板安装完毕后，应经过严格的检查，合格后方可进行混凝土浇筑。

线盒、沟边角钢安装：本工程耐磨地面内包含了建筑使用功能所要求的各种预留坑、槽、沟，其应当预先安装线盒、角钢等，安装时，要采用与基层通过膨胀螺栓连接牢固的方法进行，确保在混凝土浇筑过程中一次成型，不变形、不跑位，把好安装验收关，保证不影响耐磨地坪的施工质量。如图3-20所示。

安装线盒、角钢时，严格控制上口标高，各安装配合单位应与地面施工单位办理书面交接手续。

(4) 混凝土浇筑

混凝土的性能要求：混凝土强度等级C25，混凝土坍落度为100±20mm，水泥采用42.5级普通硅酸盐水泥，石子采用5～25mm碎石，砂子采用洁净中砂，混凝土中掺加高效减水剂，混凝土采用输送泵运输，和易性好，无泌水。

混凝土浇筑：施工时采取跳格式施工方法，规划区域合理分格，分格的宽度按照分格图进行，分格长度以每作业班组的作业能力合理展开工作面，混凝土浇筑中要振捣密实后，再使用直径15cm提浆滚轴碾平提浆。混凝土根据现场情况凝固一段时间后，在脚踩下陷2～4mm时，使用磨光机器安装提浆圆盘打磨1～2遍。混凝土摊铺应注意以下一些问题：

1) 摊铺前应对基层表面进行洒水润湿，但不能有积水；用界面剂刷满基层。

2) 混凝土入模前，先检查坍落度，控制在配合比要求的坍落度在±2cm范围内，制作混凝土检测抗压强度用的试件。

3）摊铺过程中，间断时间应不大于混凝土的初凝时间。

4）摊铺现场应设专人指挥卸料，应根据摊铺宽度、厚度，掌握混凝土摊铺数量。

5）摊铺过后，对模板标高进行检查，确保混凝土表面平整、不缺料。

6）每日工作结束，施工缝宜设在设计固定缩缝处，按伸缩缝要求处理。不得因机械故障或其他原因中断浇筑，因此，必须配备应急设备以防止机械故障留下不合理的施工缝。

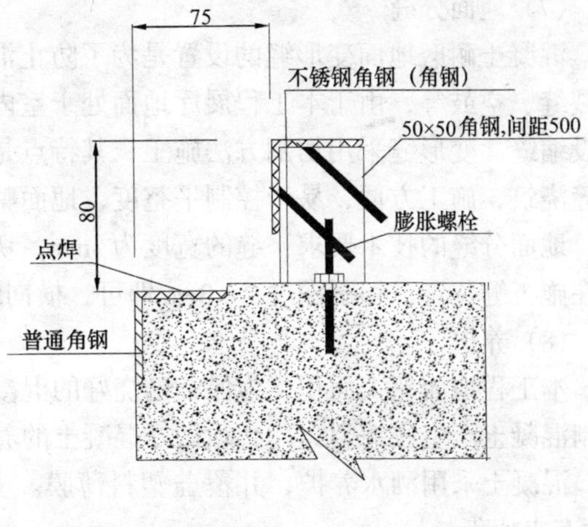

(5) 钢筋绑扎

图 3-20　电支地沟、安装箱不锈钢角钢（角钢）安装图（单位：mm）

为了防止地面裂缝，混凝土内配置有 $\phi14@150$ 双向钢筋，钢筋按照地面分格要求分块配置，分格缝处钢筋应断开，钢筋安装采用压入法进行，钢筋保护层为 15mm。

(6) 耐磨地面施工

去除浮浆：如混凝土振捣后，表面出现浮浆，应使用圆盘机均匀地将混凝土表面浮浆破坏掉。

撒布材料：依据板块面积，计算好耐磨料用量，将规定用量 2/3 的耐磨料按标画好的板块面积均匀撒布在初凝的混凝土表面上，耐磨材料吸收一定的水分后，采用机械进行镘磨，第一层耐磨材料硬化到一定阶段，进行第二次撒布（1/3 材料），撒布方向应与第一次垂直。

撒布材料投入施工时机：必须掌握混凝土凝结性能，组织人员不失时机地投入硬化剂撒料及进行后续施工。投入时机过早会造成工作面践踏严重，颜色污染，平整度受损；投入时机过晚会造成硬化剂与混凝土结合不好，引起起皮空鼓，严重时硬化剂无法施工。由于混凝土表干时间不一，责任人必须有全局观念，随时把握整个工作面的状况，先成熟先施工，绝不可因疏漏而贻误施工时机。

撒布质量要求：硬化剂用量要足量，撒料厚薄一致。撒布方向分明，无遗漏，无堆积，对边角处撒料得当。抛撒时不得对墙面、柱面及其他成品产生污染。

镘磨作业：机械抹光机带盘负责对大面硬化剂压实找平，同时提浆。抹光机于一角上机、上人，操机手沿与硬化剂撒料垂直方向移动机具，然后沿该方向的垂直方向再盘抹一次。使用边角专用机器带圆盘研磨边角，手工抹灰工负责对边角机器处理不到区域进行人工研磨抹光，并对接槎处平顺过渡，处理得当。操机手负责大面压实、抹光和收光。抹灰工负责边角等机械收不到部位的压实、打磨和收光，抹灰工负责角、设备基础、接槎的细部处理平直。

镘磨作业质量要求：平整度控制在 3mm/2m，无麻面，无明显起伏，无抹痕，针眼每平方米小于或等于 5 个。边角平直，接槎平顺，接槎偏离中心线 ±2mm。收光纹理清晰不错乱，收光均匀一致，无过抹发黑。

(7) 地面分缝

混凝土耐磨地面变形缝的设置是为了防止混凝土及建筑结构应力产生对地面的破坏，如裂缝、空鼓等，由于本工程展厅地面处于室内，按照规范要求，除结构变形缝外，地面只设缩缝。变形缝采用切割方法施工，其特点是：在混凝土浇筑时可以采用整体和表面无明缝浇筑，施工方便，易于控制平整度，地面整体性好。

地面分缝的技术要求：缝的宽度为5mm，切割缝采用高分子胶填塞，由于纵向缩缝全部在施工缝位置，切割深度2~3cm即可，横向缩缝由于混凝土厚度较薄，可切透。

(8) 养护

本工程地面超大面积，为保证已浇好的混凝土在规定的龄期内达到设计要求的强度，控制混凝土产生收缩裂缝，必须做好混凝土的养护工作。

混凝土采用洒水养护，并覆盖塑料薄膜。养护时间不小于14d。设专门的养护班组，24h有人值班。

(9) 混凝土试块留置

每一施工层的每一作业班，混凝土每100m³（包括不足100m³）取样不得少于一组抗压试块；并留适量同条件试块。

(10) 清理及成品保护

耐磨地面完成并达到养护龄期后，及时对表面进行清理，并分若干检验批进行验收。

施工过程中注意成品保护，不但自己不能破坏，还要防止其他作业人员的破坏，保证施工成品质量。

成品保护的方法：大面上，采用30mm厚聚氯乙烯泡沫板加彩条布保护，可供施工人员通行；其他专业施工作业面，采用30mm厚聚氯乙烯泡沫板加彩条布和九夹板保护。

(11) 质量保证措施

防止面层起砂、起皮：水泥强度等级不够或使用过期水泥、水灰比过大抹压遍数不够、养护期间过早进行其他工序操作，都易造成起砂现象。在抹压过程中耐磨料撒布不均匀，有厚有薄，未与混凝土很好结合，会造成面层起皮。

施工过程中，严格进行原材料的检验，每作业班对耐磨料的使用进行检查，防止撒布量不足，对作业过程进行监督，保证耐磨料撒布均匀。

保证养护时间，不得过早上人：水泥硬化初期，在水中或潮湿环境中养护，能使水泥颗粒充分水化，提高水泥砂浆面层强度。如果在养护时间短、强度很低的情况下，过早上人使用，就会对刚刚硬化的表面造成损伤和破坏，致使面层起砂，出现麻坑。因此，养护工作的好坏对地面质量的影响很大，必须要重视，当面层抗压强度达5MPa时才能上人操作。

防止面层空鼓、裂缝：由于铺细石混凝土前基层不干净，如有水泥浆皮及油污，或刷结合层时面积过大等都易导致面层空鼓。在浇筑混凝土前必须将基层上的粘结物、灰尘、油污彻底处理干净，并认真进行清洗湿润，这是保证面层与基层结合牢固、防止空鼓裂缝的一道关键性工序。如果不仔细清除，使面层与基层之间形成一层隔离层，致使上下结合不牢，就会造成面层空鼓、裂缝。在已处理洁净的基层上刷界面剂，目的是要增强面层与基层的粘结力，因此这是一项重要的工序，涂刷时要均匀、不得漏刷，面积不要过大；如涂刷面积过大，混凝土浇筑跟不上，界面剂会很快干燥，这样不但不起粘结作用，相反起到隔离作用。

基层充分湿润是消除空鼓、裂缝的关键环节，本工程采用蓄水浸润法进行基层充分湿润，蓄水厚度20mm，蓄水浸润时间不少于24h。

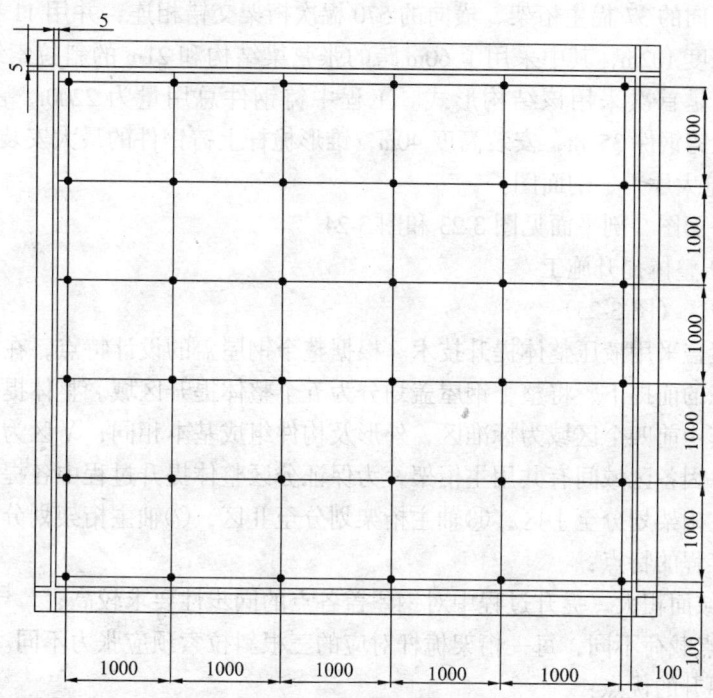

图 3-21 连接栓钉布置图

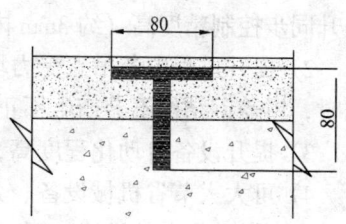

图 3-22 连接栓钉详图

本工程二区地面在使用过程中，将有较大动荷载，结构会因动荷载而产生振动；另外，耐磨地面镘磨作业时，处于混凝土初凝到终凝阶段，且面层混凝土厚度太薄（常规混凝土厚度应达到100mm以上，本工程仅为50mm），镘磨作业会扰动混凝土，影响面层与基层的结合，为了保证面层与基层牢固结合，基层与面层在动荷载作用下变形一致，楼面应布置栓钉，将上下层有效连接，具体布置如图3-21所示，栓钉立杆采用长度为80mm的膨胀螺栓，横杆采用$\phi 6.5$钢筋制作，与基层的锚固长度为40mm，如图3-22所示。

模板边缘处理：由于模板支设过程中会存在误差，为保证接缝顺直，模板支设在分格缝位置外1~2cm的位置，待模板拆完后，将多出的1~2cm切掉，保证接缝及分隔缝顺直而且重合。

### 3.7 大规模钢结构屋盖桁架柔性整体提升技术

#### 3.7.1 工程概况

郑州国际会展中心是郑州市郑东新区首个标志性工程，平面上由展览中心和会议中心组成，其中展览中心为地上6层，地下1层，建筑物高度40.5m，桅杆最高处高度为

71.783m。浙江精工钢结构建设集团有限公司承建的展览大厅钢结构工程是郑州国际会展中心建筑安装工程的一个分部工程，也是该工程中最具形象性的分部工程之一。展厅钢结构工程总用钢约8000t，在总体结构布置上采用了50°的整体转角连接了180m×152m的矩形结构和60m×152m的矩形结构，在国内会展类结构中显示了独具一格的特色。该大跨桁架结构主要由纵向的37榀主桁架、横向的570榀次桁架交错相连，并用11根桅杆通过拉索固定。最大跨度102m，其中采用了60m跨的张弦梁结构和21m的斜拉索结构共同组合组成，在国内也是首次采用该结构形式。工程中铸钢件总用量为2200t，占总用钢量的30%，其中最大铸钢件35.8t，安装高度40m，锥形桅杆上铸钢件的最大安装高度为57m。

### 3.7.2 展览大厅平、剖面图

展览大厅平面图、剖平面见图3-23和图3-24。

### 3.7.3 液压整体提升施工

(1) 提升分区（图3-25）

本工程钢屋盖采用液压整体提升技术。根据整个钢屋盖的设计特点，在尽量不改变屋盖构件受力状态的前提下，将整个钢屋盖划分为五个整体提升区域。整体提升区域分别编号为Ⅰ~Ⅴ，其中前四个区域为标准区，外形及构件组成基本相同；Ⅴ区为非标准区，为整个弧形区域。因各区域间有共用主桁架，为保证分区整体提升过程中各提升点荷载均匀分布，将㉟轴主桁架划分至Ⅰ区，⑬轴主桁架划分至Ⅱ区，⑦轴主桁架划分至Ⅳ区。

本次提升工程的特点：

1) 提升区域面积大，提升过程中对钢屋盖各点的同步性要求较高；

2) 提升吊点载荷不同，每一桁架桅杆对应的三根斜拉索预应张力不同。

液压同步提升的优点：

1) 液压整体提升通过计算机控制各吊点同步，提升过程中构件保持平稳的空中姿态，提升同步控制精度高（约3mm内）；

2) 提升过程中各吊点受力均匀，提升速度稳定，加速度极小，在提升起动和停止工况时，屋盖钢结构不会产生不正常抖动现象；

3) 提升设备自动化程度高，操作方便灵活、安全可靠，构件提升就位精度高；

4) 可大大节省机械设备、人力资源。

(2) 提升吊点的设置（图3-26）

(3) 提升吊点详图（图3-27和图3-28）

(4) 液压提升系统配置

液压提升系统主要由液压提升器、泵源系统、传感检测及计算机同步控制系统组成。

1) 液压提升器及钢绞线

依据提升标准标准区域单吊点最大载荷为85t，提升非标准区域单吊点最大载荷为102t，一个提升区域（非标准区域）最多吊点为9个。可选用提升能力为200t的液压牵提升器6台及提升能力为60t的液压提升器12台配合使用。

液压提升器原理如图3-29所示：

液压提升油缸为穿芯式结构，由提升主油缸及上、下锚具组成，钢绞线从天锚、上锚、穿心油缸中间、下锚及安全锚依次穿过，直至底部与被提升构件通过地锚向连接。

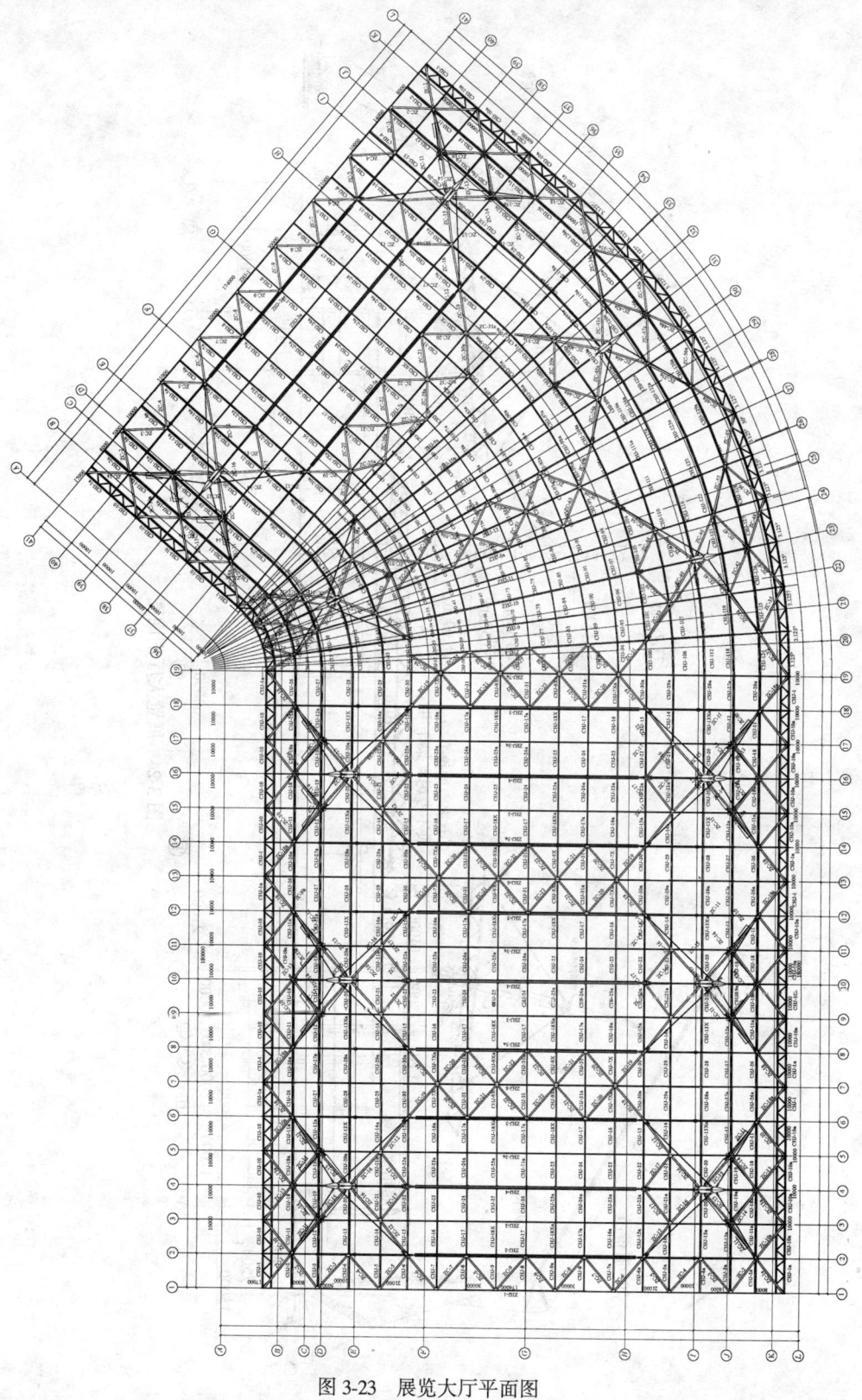

图 3-23 展览大厅平面图

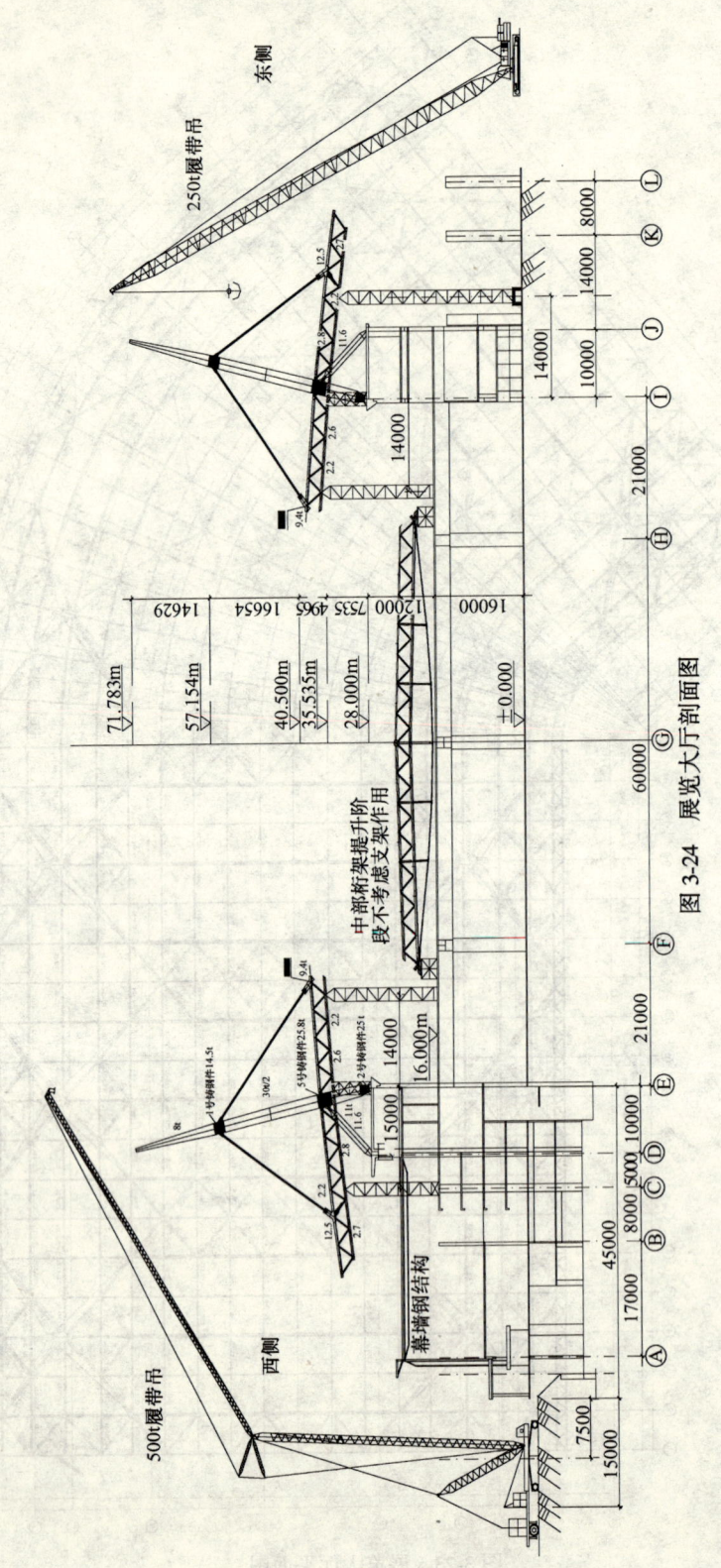

图 3-24 展览大厅剖面图

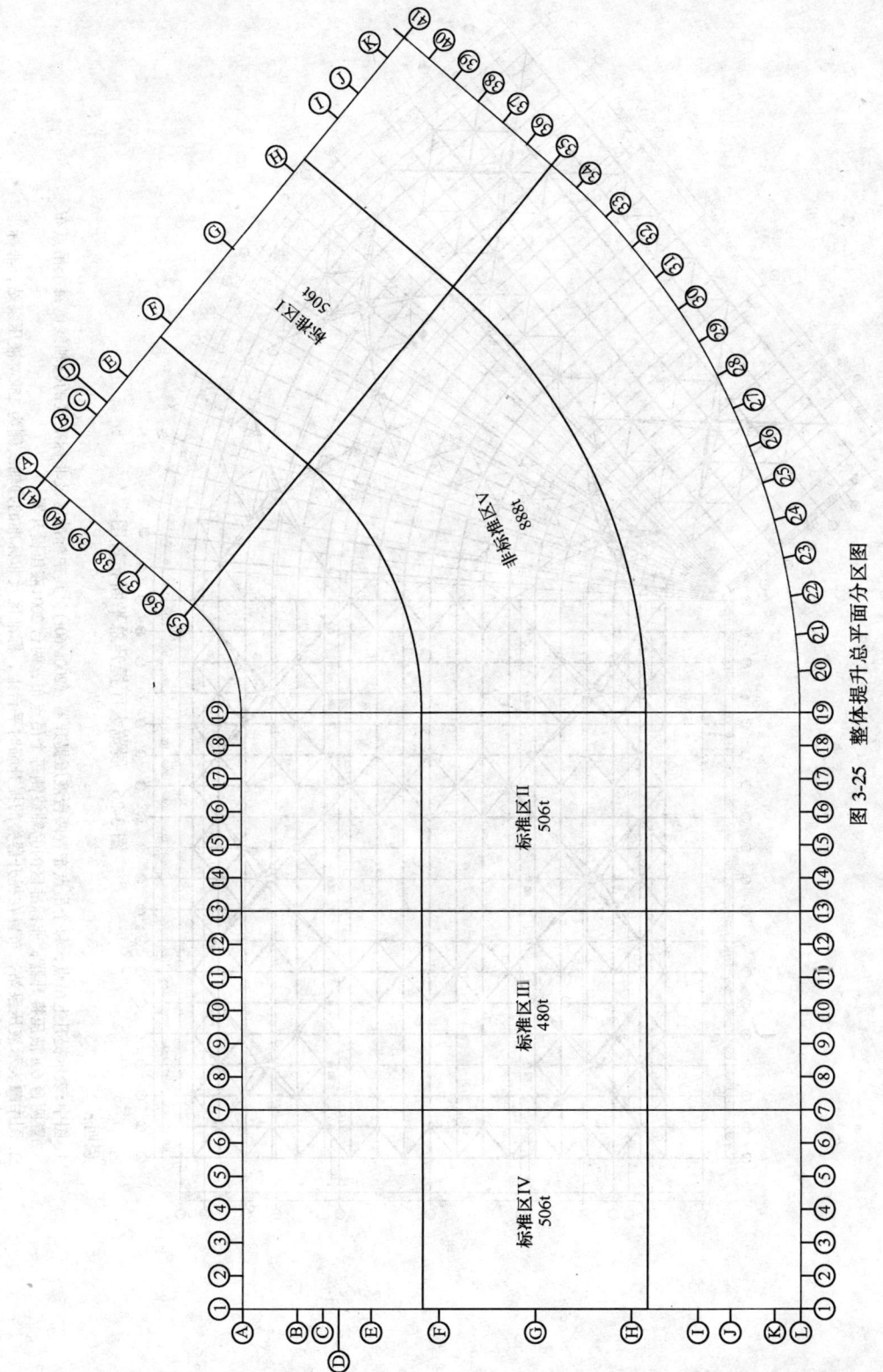

图 3-25 整体提升总平面分区图

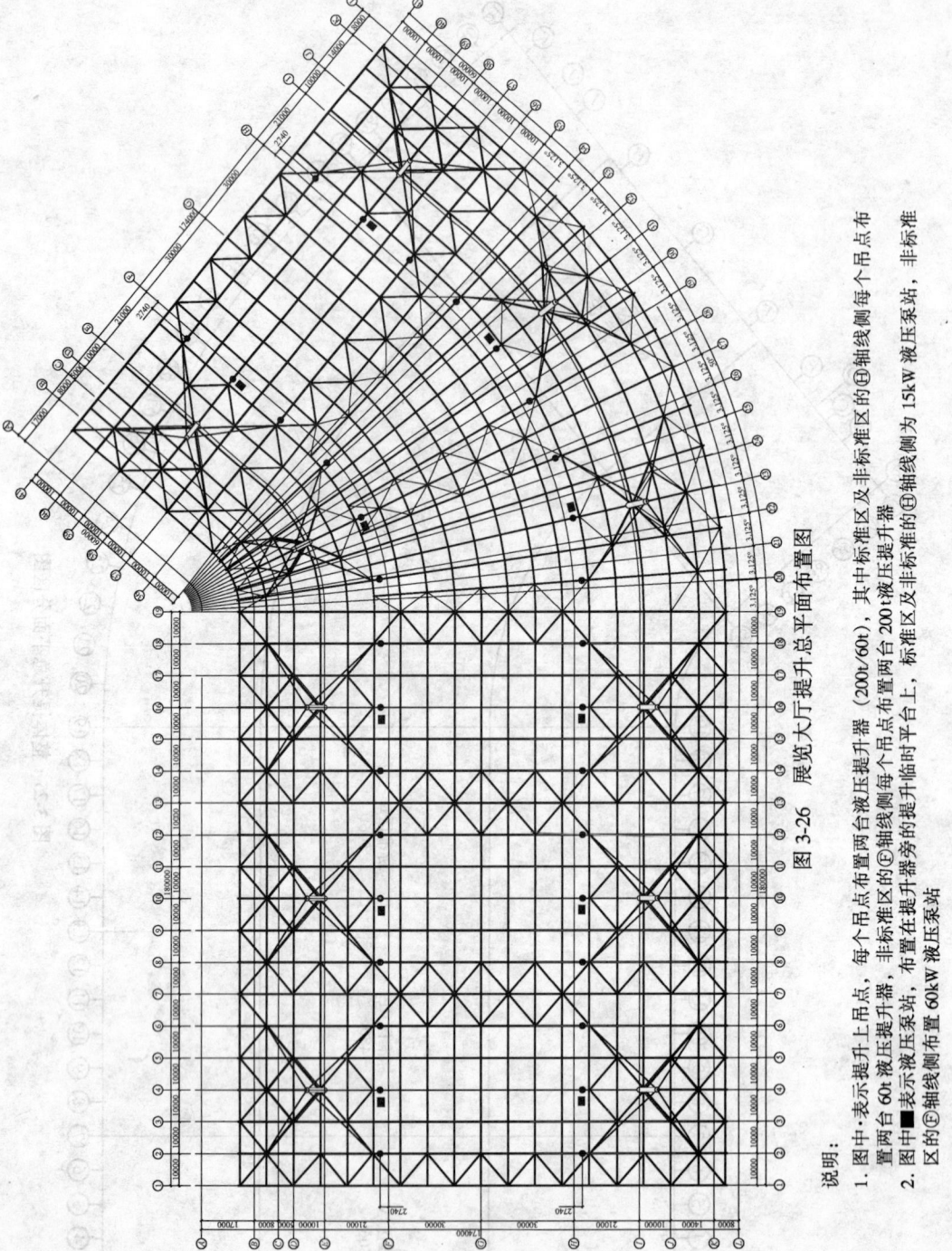

图 3-26 展览大厅提升总平面布置图

说明：
1. 图中●表示提升上吊点，每个吊点布置两台液压提升器（200t/60t），其中标准区及非标准区的⑭轴线侧每个吊点布置两台 60t 液压提升器，非标准区的⑰轴线侧每个吊点布置两台 200t 液压提升器
2. 图中■表示液压泵站，布置在提升器旁的提升临时平台上，标准区及非标准区的⑭轴线侧为 15kW 液压泵站，非标准区的⑰轴线侧布置 60kW 液压泵站

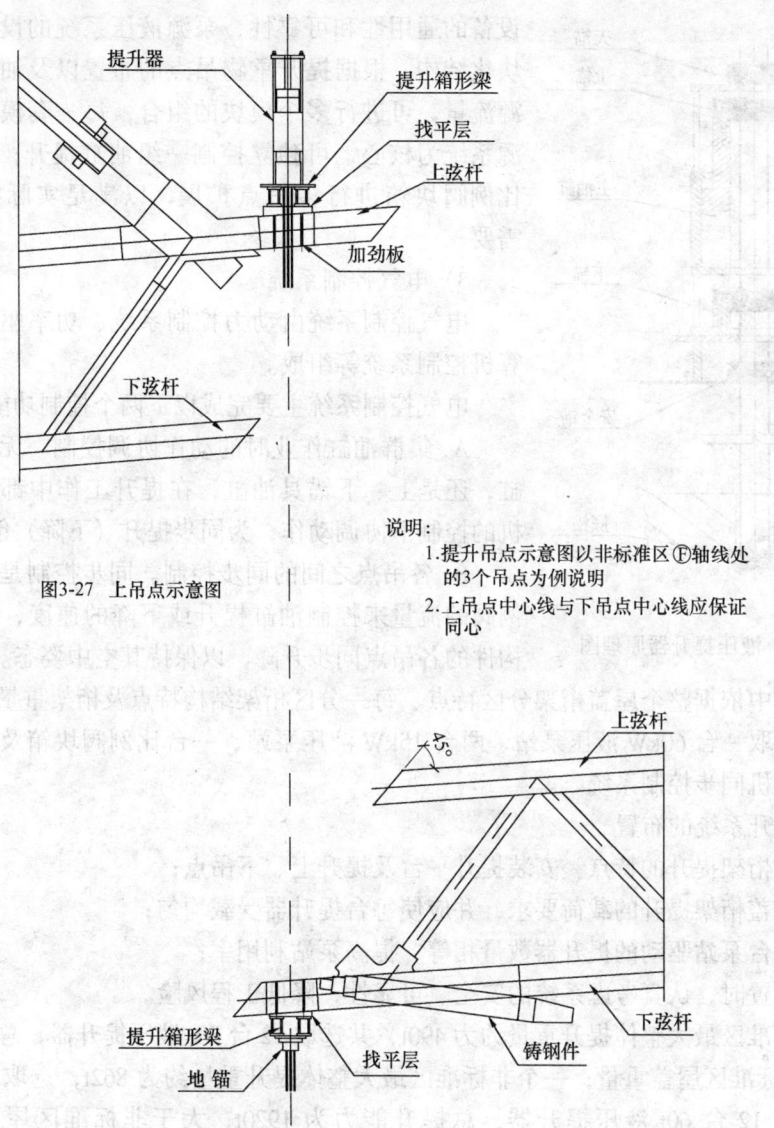

图3-27 上吊点示意图

说明：
1. 提升吊点示意图以非标准区⑮轴线处的3个吊点为例说明
2. 上吊点中心线与下吊点中心线应保证同心

图3-28 下吊点示意图

上、下锚具由于锲形锚片的作用具有单向自锁性，液压提升油缸依靠主油缸的伸缩和上、下锚具的夹紧或松开协调动作，实现重物的上升、下降或平移。

钢绞线作为柔性承重索具，采用高强度低松弛预应力钢绞线，直径为15.24mm，破断力为26t。根据提升区域吊点载荷分布情况，200t液压提升器中单根钢绞线的最大荷载为51/18＝2.83t，单根钢绞线的安全系数为26/2.83＝9.19；60t液压提升器中单根钢绞线的最大载荷为48.5/7＝6.93t，单根安全系数为26/6.93＝3.75，多次的工程应用和实验研究表明，取用这一系数是可靠的。

2) 泵源系统

泵源液压系统为提升器提供液压动力，在各种液压阀的控制下完成相应的动作。

在不同的工程中使用，由于吊点的布置和提升器安排都不尽相同，为了提高液压提升

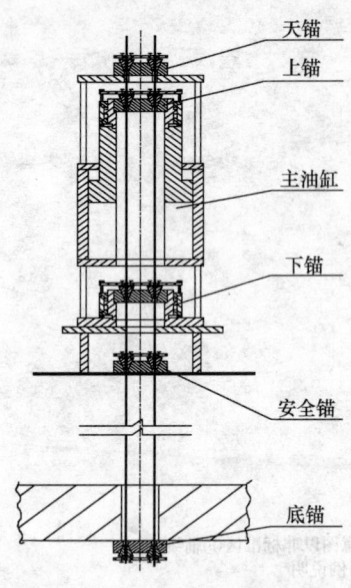

图 3-29 液压提升器原理图

设备的通用性和可靠性，泵源液压系统的设计采用了模块化结构。根据提升重物吊点的布置以及油缸数量和泵源流量，可进行多个模块的组合，每一套模块以一套泵源系统为核心，可独立控制一组油缸提升；同时，可用比例阀块箱进行多吊点扩展，以满足实际提升工程的需要。

3）电气控制系统

电气控制系统由动力控制系统、功率驱动系统、计算机控制系统等组成。

电气控制系统主要完成以下两个控制功能：

A. 集群油缸作业时的动作协调控制。无论是提升油缸，还是上、下锚具油缸，在提升工作中都必须在计算机的控制下协调动作，为同步提升（下降）创造条件。

B. 各吊点之间的同步控制。同步控制是通过调节比例阀的流量来控制油缸提升或下降的速度，保持被提升构件的各吊点同步升降，以保持其空中姿态。

本方案中依据整个屋盖桁架分区特点、每一分区桁架结构特点及桁架重量，与液压提升器配套选取一台60kW液压泵站、两台15kW液压泵站、一台比例阀块箱及相应动力启动柜、计算机同步控制系统。

(5) 提升系统的布置

据屋盖桁架提升的特点，安装提升平台及提升上、下吊点；

满足屋盖桁架提升的载荷要求，并应使每台提升器受载均匀；

保证每台泵站驱动的提升器数量相等，提高泵站利用率；

总体布置时，认真考虑系统的安全、可靠性，降低工程风险。

一个标准区最大整体提升重量约为490t，共选取12台60t液压提升器，总提升能力为720t，大于标准区屋盖重量；一个非标准区最大整体提升重量约为862t，选取6台200t液压提升器及12台60t液压提升器，总提升能力为1920t，大于非标准区屋盖重量。见图3-26。

1）标准区域系统布置

标准区域桁架上弦杆每一吊点平行布置2台60t液压提升器，桁架下弦杆下吊点对应布置提升所用地锚，提升器中心与对应地锚在布置时应保证同心。

每一标准区域共6个提升吊点，Ⓕ、Ⓗ轴线各3个吊点，每一吊点布置2台提升器，共布置12台60t液压提升器。动力系统布置于提升器附近提升平台上。

2）非标准区域系统布置

对于非标准区域，在Ⓗ轴线的桁架每一上弦杆吊点平行布置2台60t液压提升器，桁架下弦杆下吊点对应布置提升所用地锚，Ⓗ轴线共计6个吊点，共布置12台60t液压提升器；在Ⓕ轴线的桁架每一上弦杆吊点平行布置2台200t液压提升器，桁架下弦杆下吊点对应布置提升所用地锚，Ⓗ轴线共计3个吊点，共布置6台200t液压提升器。布置时提升器中心与对应地锚应保证同心。动力系统布置于提升器附近提升平台上。

(6) 提升同步控制策略

计算机控制系统根据一定的控制策略和算法实现对钢屋盖桁架提升的姿态控制和荷载控制，使被提升构件各吊点同步升降，以保持其空中姿态。在提升过程中，各吊点的提升高差和提升压力分别由高差传感器和油压传感器检测，检测结果在控制台的同步柜面板上显示，供操作人员监视。从保证结构吊装安全角度来看，应满足以下两方面要求：

尽量满足各吊点均匀受载；

应保证提升结构的空中稳定，以便结构能正确就位，也即要求屋盖桁架各个吊点在上升或下降过程中能够保持同步。

根据以上要求，制定如下的控制策略：

1) 标准区域

每一标准区域Ⓕ轴线有 6 台 60t 提升器、1 台 15kW 液压泵站，Ⓗ轴线有 6 台 60t 提升器、1 台 15kW 液压泵站和 1 台比例阀块箱，可采取 3 个总吊点 A、B 及 C。

令Ⓕ轴线侧为主令吊点 A，1 台 15kW 液压泵站控制 6 台 60t 提升器；令Ⓗ轴线侧为跟随吊点（从令点）B、C，1 台 15kW 液压泵站控制一边的 3 台 60t 提升器，1 台比例阀块箱控制另一边的 3 台 60t 提升器。

2) 非标准区域

非标准区域Ⓕ轴线有 6 台 200t 提升器、1 台 60kW 液压泵站，Ⓗ轴线有 12 台 60t 提升器、2 台 15kW 液压泵站，可采取 3 个吊点 A、B 及 C。

令Ⓕ轴线侧为主令吊点 A，1 台 60kW 液压泵站控制 6 台 200t 提升器；令Ⓗ轴线侧为跟随吊点（从令点）B、C，1 台 15kW 液压泵站控制一边的 6 台 60t 提升器，另 1 台液压泵站控制另一边的 6 台 60t 提升器，两台泵站之间不并联。

每一提升区域的跟随吊点（从令点）B、C 以高差来跟踪主令吊点 A，保证每个吊点在提升过程中保持同步，使屋盖桁架在整个提升过程中姿态正确。计算机控制系统除了完成上述的同步控制外，也对油缸、锚具缸之间的动作进行协调控制，同时还可对提升过程中的任何异常情况进行系统报警或自动停机。

(7) 提升力计算

利用 SAP2000 对标准区、非标准区提升力进行分析，计算出提升力。

标准区提升力如图 3-30 所示。

非标区提升力如图 3-31 所示。

(8) 提升速度及加速度

1) 提升速度

提升系统的速度取决于泵站的流量、锚具切换和其他辅助工作所占用的时间。在本方案中，提升标准区域每台液压泵站的主泵流量为 36L/min，每侧各 1 台泵站供应 6 台 60t 提升器，最大提升速度约为 6m/h。

提升非标准区域Ⓕ轴线侧液压泵站的主泵机流量为 116L/min，共 1 台泵站泵站供应 6 台 200t 提升器，Ⓗ轴线侧液压泵站的主泵流量为 36L/min，共 2 台泵站泵站供应 12 台 200t 提升器，最大提升速度为 6m/h。

根据以往类似工程中经验证明，完全满足提升过程中结构稳定性和安装进度的要求。屋盖桁架提升高度约 38m，预计正式提升时间约 7h。

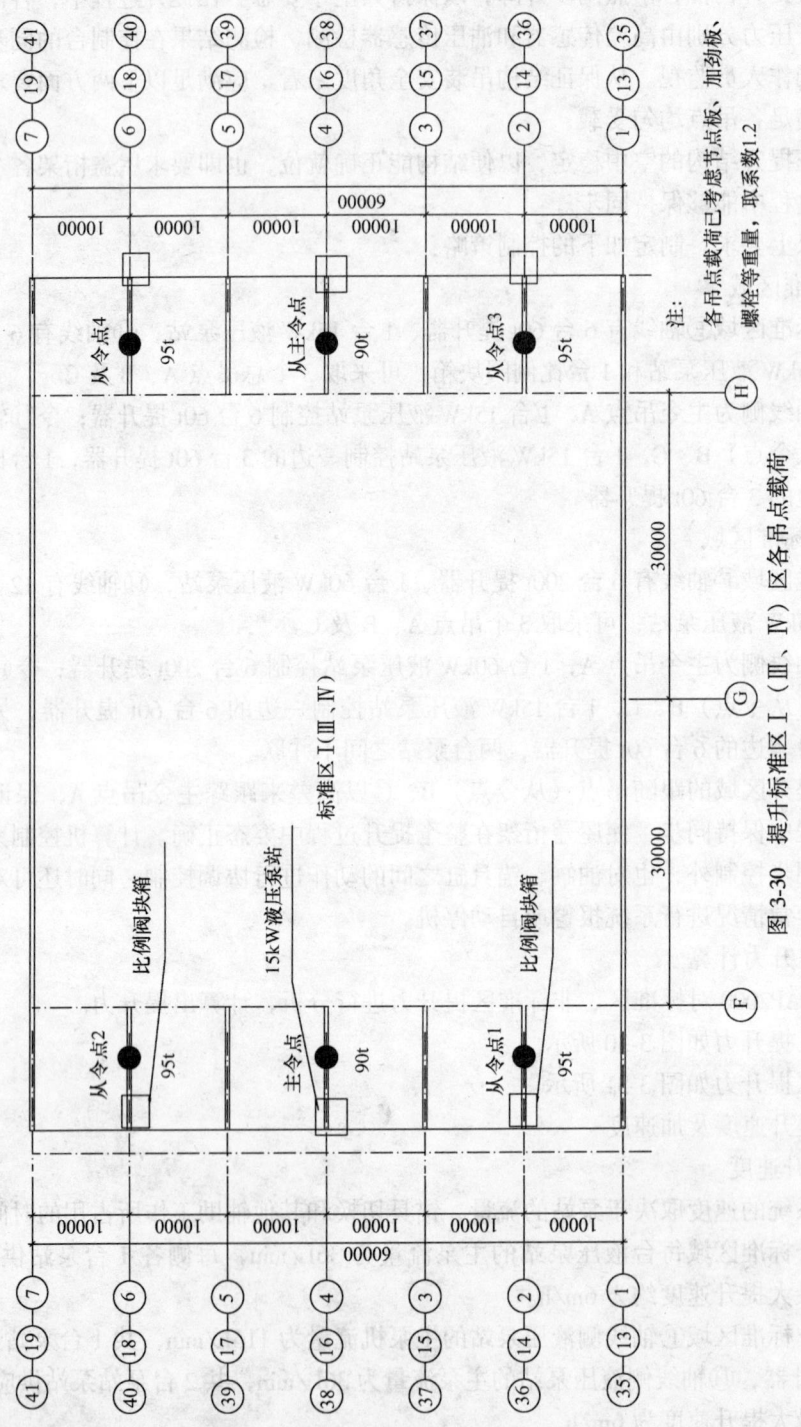

图 3-30 提升标准区Ⅰ(Ⅲ、Ⅳ)区各吊点载荷

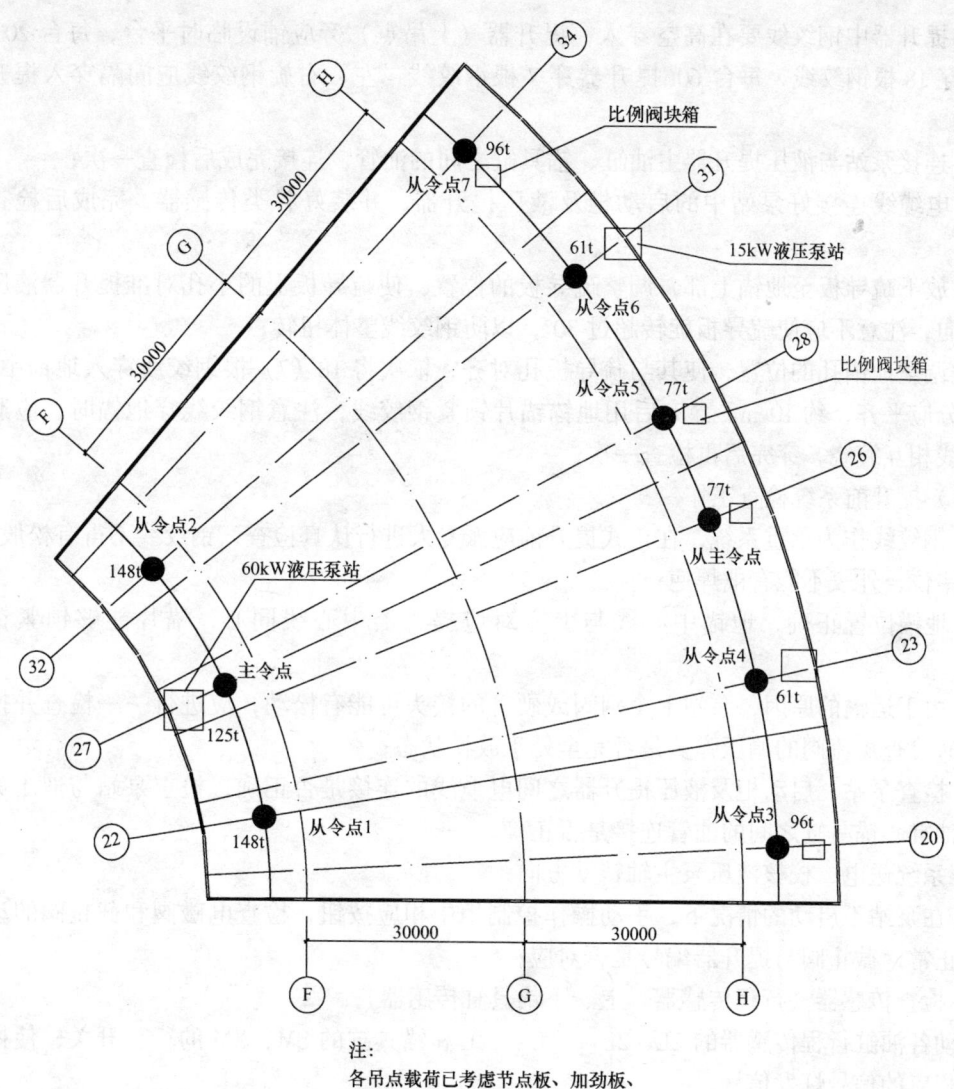

注：
各吊点载荷已考虑节点板、加劲板、
螺栓等重量，取系数1.2

图 3-31 提升非标准区V各吊点载荷

2）提升加速度

提升开始时的提升加速度取决于泵站流量及提升器提升压力，可以进行调节。

(9) 屋盖提升过程中稳定性控制

在提升的启动和止动工况时，屋盖桁架产生抖动是由于启、止动的加速度过大和拉力不均匀引起。采用液压提升器整体同步提升构件，与用卷扬机或吊机吊装不同，可通过调节系统压力和流量，严格控制启动加速度和止动加速度，保证提升过程中屋盖桁架系统的稳定性。

(10) 提升前准备工作

1) Ⓕ、Ⓗ轴线侧屋盖桁架上、下吊点及吊点旁的临时平台等安装完成之后，吊机将提升器吊至桁架上吊点并固定，液压泵站等设备吊至提升平台上并固定；

2) 地锚安装固定于下弦杆下吊点，地锚中心应垂直对应上方提升器中心；

3) 提升器中钢绞线要在高空穿入，提升器（上吊点）旁应铺设临时平台，每台 200t 提升器穿 18 根钢绞线，每台 60t 提升器穿 7 根钢绞线，左、右旋钢绞线应间隔穿入提升器内；

4) 连接泵站与液压提升器主油缸、锚具缸之间的油管，连接完成后检查一次；

5) 电缆线连接好泵站中的启动柜及液压提升器，并装好各类传感器，完成后检查一次；

6) 放下疏导板至地锚上部，调整疏导板的位置，使疏导板上的小孔对准提升器液压锁的方向，注意不应使疏导板旋转超过 30°，以防钢绞线整体扭转；

7) 调整地锚孔的位置，使其与疏导板孔对齐，依次将 18（7）根钢绞线穿入地锚中，穿出部分应平齐，约 10cm。穿完后用地锚锚片锁紧钢绞线，注意钢绞线穿地锚时，应避免钢绞线相互缠绕，穿完后再检查一次。

(11) 提升前系统检查工作

1) 钢绞线作为承重系统，在正式提升前应派专人进行认真检查，钢绞线不得有松股、弯折、错位，外表不能有电焊疤；

2) 地锚位置正确，地锚中心线与上方对应提升器中心线同心，锚片能够锁紧钢绞线；

3) 由于运输的原因，泵站上个别阀或硬管的接头可能有松动，应进行一一检查并拧紧，同时检查溢流阀的调压弹簧是否完全处于放松状态；

4) 检查泵站、启动柜及液压提升器之间电缆线的连接是否正确，检查泵站与液压提升器主油缸、锚具缸之间的油管连接是否正确；

5) 系统送电，校核液压泵主轴转动方向；

6) 在泵站不启动的情况下，手动操作控制柜中相应按钮，检查电磁阀和截止阀的动作是否正常，截止阀与提升器编号是否对应；

7) 检查传感器（行程传感器，上、下锚具缸传感器）；

按动各油缸行程传感器的 2L、2L−、L+、L 和锚具缸的 SM、XM 的行程开关，使控制柜中相应的信号灯发信号；

8) 提升器的检查

下锚紧的情况下，松开上锚，启动泵站，调节一定的压力（3MPa 左右），伸缩提升器主油缸，检查 A 腔、B 腔的油管连接是否正确，检查截止阀能否截止对应的油缸；检查比例阀在电流变化时能否加快或减慢对应油缸的伸缩速度；

9) 预加载：调节一定的压力（3MPa），使每台提升器内每根钢绞线基本处于相同的张紧状态；

10) 比较并记录预加载前后的桅杆斜拉锁预应力张拉有无变化，以及桁架悬调位置和桅杆顶端的偏移量；

11) 桁架上、下吊点安装、焊接情况以及屋盖桁架组装的整体稳定性。

(12) 钢屋盖桁架正式提升

一切准备工作做完，且经过系统、全面的检查，无误后，经现场吊装总指挥下达提升命令，可进行正式提升。

1) 试提升阶段

标准区Ⅰ、Ⅲ、Ⅳ区屋盖桁架重量约为490t，单吊点最大载荷为85t；标准区Ⅱ屋盖桁架重量约为406t，单吊点最大载荷为77t；非标准区Ⅴ屋盖桁架重量约位862t。单吊点最大载荷Ⓕ轴线为102t，Ⓗ轴线为97t。

经计算，对于标准区Ⅰ、Ⅲ、Ⅳ分区屋盖桁架，提升时提升器所需最大提升压力为17.7MPa；对于标准区Ⅱ分区屋盖桁架，提升时提升器所需最大提升压力为16MPa；对于非标准区Ⅴ分区屋盖桁架，提升时提升器所需最大提升压力Ⓕ轴线侧为6.4MPa，Ⓗ轴线侧为20MPa。

初始提升时，提升区域两侧提升器伸缸压力应逐渐增加，最初加压为所需压力的40%、60%、80%、90%，在一切都稳定的情况下，可加到100%。在分区屋盖桁架提升离开拼装胎架后，暂停，持续8h。全面观察各设备运行及提升构件的正常情况，如上、下吊点、地锚，检查并记录悬挑桁架的变形情况、经纬仪监测桅杆的偏移情况、桅杆斜拉锁预应力张拉情况（与加载提升前比较，是否需二次预应力张拉）以及屋盖桁架的整体稳定性等情况。

一切正常情况下，继续提升。

2）正式提升

试提升阶段一切正常情况下开始正式提升。

在整个同步提升过程中应随时检查：

A. 悬挑桁架变形、桅杆斜拉锁受力稳定性以及桅杆偏移情况。

B. 屋盖桁架的整体稳定性。

C. 激光测距仪配合测量屋盖桁架提升过程中的同步性。

D. 同步监视

同步柜面板上灯柱反映了各吊点的位置高差，每一个灯代表约2mm误差。当位置同步超过限值时，应立即停止运行，检查超差原因。

各吊点的油压取决于被提升构件在该点的反力，在提升过程中应密切监视。仅当上升伸缸时，油压显示的读数才是吊点的真正负载值。

E. 超差报警

当位置误差超限，单向油压超载或压力均衡超差时，喇叭报警或系统自动停机，须经分析、判断和调整后再启动。

F. 提升承重系统监视

提升承重系统是提升工程的关键部件，务必做到认真检查，仔细观察。重点检查以下各项：

锚具（脱锚情况，锚片及其松锚螺钉）；

主油缸及上、下锚具油缸（是否有泄漏及其他异常情况）；

液压锁（液控单向阀）、软管及管接头；

行程传感器和锚具传感器及其导线。

G. 液压动力系统监视

监视内容包括：系统压力变化情况；油路泄漏情况；油温变化情况；油泵、电机、电磁阀线圈温度变化情况以及系统噪声情况。

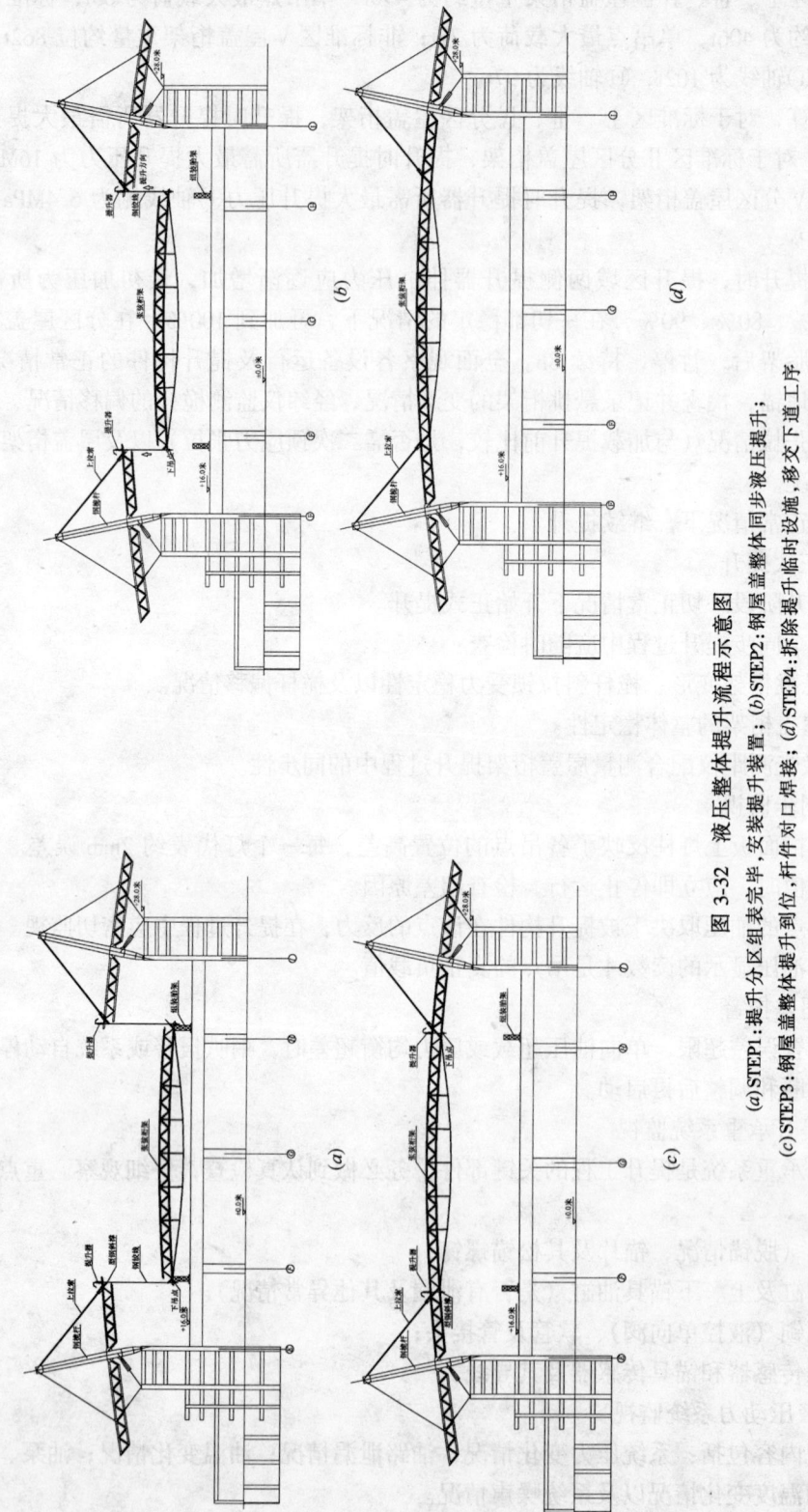

图 3-32 液压整体提升流程示意图
(a)STEP1:提升分区组装完毕,安装提升装置;(b)STEP2:钢屋盖整体同步液压提升;
(c)STEP3:钢屋盖整体提升到位,杆件对口焊接;(d)STEP4:拆除提升临时设施,移交下道工序

3) 提升就位

分区钢屋盖桁架同步提升接近设计高度位置时,微调液压同步提升系统各提升点,使屋盖各榀桁架上、下弦杆件接口位置达到设计位置,与悬调各杆件对口、焊接。

一分区钢屋盖桁架提升到位、安装焊接完毕后,液压提升系统卸载、拆除设备,准备下一分区钢屋盖桁架整体同步提升。

(13) 施工用主要机械设备 (表3-22)

按照单个提升区域最大用量 (非标准区) 配置,并考虑备用设备。

施工主要机械设备表　　　　　　　表3-22

| 名　称 | 规　格 | 型　号 | 应用数量 | 备用 |
|---|---|---|---|---|
| 液压泵站 | 60kW | TJD-30 | 1台 | |
| | 15kW | TJD-15 | 2台 | |
| 液压提升器 | 2000kN | TJJ-200 | 6台 | 1台 |
| | 600kN | TJJ-60 | 12台 | 1台 |
| 计算机控制系统 | 16通道 | YK | 2套 | 1套 |
| 动力泵启动柜 | | YG | 3套 | 1套 |
| 传感器 | 行程、同步、锚具 | | 与提升器配套 | |
| 控制线 | | | 与提升系统配套 | |
| 钢绞线 | $\phi$15.24mm | 1860MPa | | |
| 激光测距仪 | | Desto pro | 2台 | |

(14) 液压整体提升流程 (图3-32)

以Ⅰ区 (轴线①-轴线⑦) 为例详细说明:

根据设计分段,Ⅰ区钢屋盖在16.000m平台胎架上组装成整体,桁架上弦杆吊点安装布置提升设备,液压提升器对应正下方下弦杆件安装提升用下吊点,建立提升设备之间连接,提升系统检测、调试。

多台液压提升器开始同步提升工作,Ⅰ区钢屋盖初始试提升离开拼装胎架约50mm后暂停。检查提升上、下吊点,桅杆斜拉锁、悬挑桁架等构件的安全稳定性。

一切正常情况下继续同步提升Ⅰ区钢屋盖直至设计高度附近,微调液压同步提升系统各提升点,使各榀桁架上、下弦杆件接口位置达到设计位置。主桁架各杆件对口、焊接。液压提升系统卸载、拆除设备,准备Ⅱ区钢屋盖整体同步提升。

# 4 质量、安全、环保技术措施

## 4.1 保证工程质量的技术措施

### 4.1.1 为确保质量所采取的检测试验手段及措施

(1) 检测试验组织机构 (图4-1)

现场设一个二级试验室,试验室资质在未取得郑州市有关质检部门认证前,有关试验委托市一级试验机构进行,现场试验室只进行自检部分试验。

1) 市中心试验室主要负责将现场送来的样品保管、试验、出具试验资料及进行现场指导。

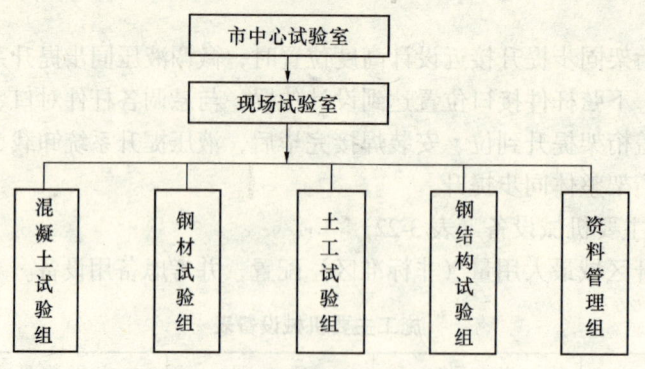

图 4-1　检测试验组织机构图

2）现场试验室主要负责现场材料进货检验、标识、抽样送检及现场质量控制。

（2）试验和检测设备（略）

（3）进货检验和试验

1）检验程序（图 4-2）

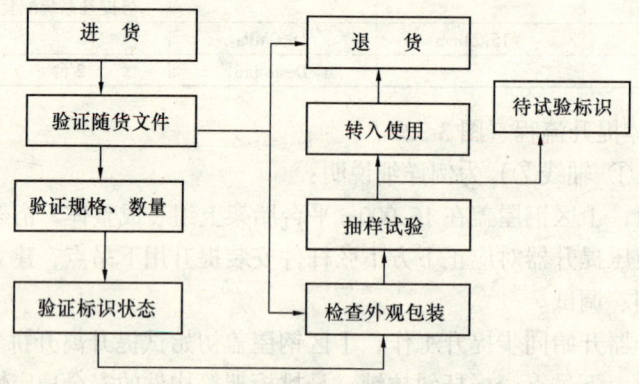

图 4-2　检验程序见流程图

2）试验程序（图 4-3）

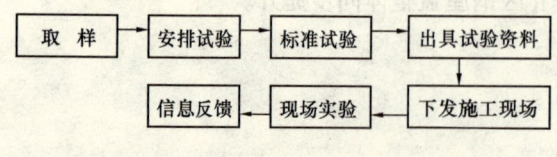

图 4-3　材料试验程序流程图

### 4.1.2　技术保证措施

根据本工程的特点，为了按期、优质、高效、安全地完成本工程，使业主满意，除对施工方案、施工方法中所涉及的具体施工技术措施进行细化外，对技术及技术管理工作做如下安排：

（1）组织保证、制度落实

选派有钢结构工程施工经验、组织管理能力强、技术过硬的工程管理、工程技术人员组成项目管理班子，选派技术过硬、作风优秀的施工队伍进场施工。

建立以项目总工程师为首的技术管理体系，切实执行设计文件审核制、工前培训、技术交底制、开工报告制、测量换手复核制、隐蔽工程检查签证制、"三检制"、材料半成品试验、检测制、技术资料归档制以及竣工文件编制办法等，确保施工生产全过程始终在合同规定的技术标准和要求的控制下。

建立完善的技术岗位责任制，各级技术人员都要签订技术保证责任书，实行技术人员专业分工负责制，明确责任，确保各项技术管理工作的落实。

(2) 做好技术交底工作

1) 技术交底的目的是使施工管理和作业人员了解掌握施工方案、工艺要求、工程内容、技术标准、施工程序、质量标准、工期要求、安全措施等，做到心中有数，施工有据。

2) 工程开工前，项目经理部技术部门根据设计文件、图纸编制施工手册，向施工管理人员进行工作内容交底，施工手册内容包括工程名称、工程数量、施工范围、技术标准、工期要求等。施工阶段由项目经理部技术人员向作业层技术人员对分项、分部、单位工程进行工程结构施工工艺标准、技术标准交底，现场技术交底由作业层技术人员向班长进行技术交底。

3) 施工技术交底，以书面交底为主，包括结构图、表和文字说明。交底资料必须详细、直观，符合施工规范和工艺细则要求，并经复核确认无误后，方可交付使用。交底资料应妥善保存备查。

(3) 做好施工测量工作

1) 工程现场控制桩，由项目经理部技术部门负责接收使用、保管。交接桩双方要逐一现场查看，点交桩橛，双方应在交接记录上详细注明控制桩的当前情况及对存在问题的处理意见，并进行签认。交接后，由项目总工程师组织技术力量对桩位进行复测，复测精度须符合有关规定；如误差超过允许值范围，及时与业主联系落实。

2) 施工过程中，项目部技术人员负责施工放样、定位以及控制桩点护桩测量的工序间检查复核测量。工程竣工后，按设计图纸进行中线、高程贯通测量，确保中线、标高达到设计要求。

3) 测量原始记录、资料、计算、图表必须真实完整，不得涂改，并妥善保管。测量仪器按计量部门规定，定期进行计量检定，并做好日常保养工作，保证状态良好。

4) 认真贯彻执行测量复核制度，外业测量资料必须经过第二人复核，内业测量成果必须两人独立计算，相互校对，确保测量成果的准确性。

(4) 施工技术文件、资料管理

1) 所有上报、下发的图纸、文件、联系单等资料均由项目经理审查后批示；所有上报的施工管理资料由项目经理审定，施工技术资料由项目总工审定。

2) 由资料员统一收发、统一编号、统一记录，不允许各部门、各专业施工队伍与建设、监理、设计等部门直接发生关系，防止产生混乱现象。

3) 文件资料发放流程（图4-4）。

4) 文件资料处理流程（图4-5）。

5) 管理措施。

A. 设立专职资料管理员，负责文件资料收、发、存工作。

B. 采用微机管理手段，对文件资料进行存档和整理，并对处理结果（是否已发放给有关单位和人员，是否已按文件资料要求实施，是否有反馈信息）进行跟踪检查并做

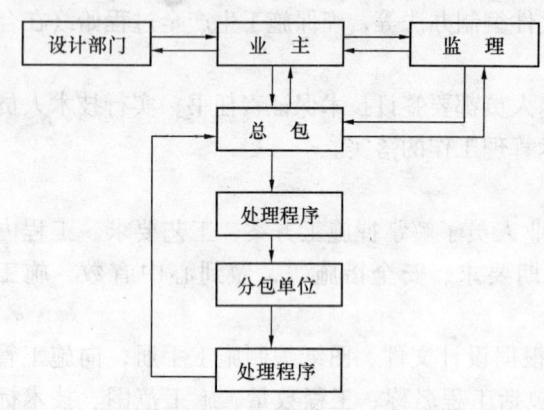

图4-4 文件资料发放流程图

记录。

C. 对文件资料的有效性进行控制，定期发放有效文件和资料的目录给相关文件资料的持有人，及时收回作废的文件资料，确保所有单位和人员使用的是有效的文件和资料。

D. 工地设置资料保管专用办公室，并采取防潮、防虫措施；配置资料柜、文件夹。

6）技术档案整理要求

A. 工程档案资料必须按国家档案局和郑州城市建设档案管理办法等有关规定执行，并满足业主对档案资料管理的要求，在工程施工过程及时做好收集、汇总、整理工程档案。

B. 在工程竣工验收后30d内，向监理单位提交一式三份完整的、符合要求的工程档案资料原件及一份复印件，经监理单位签认后由总承包商提交业主档案管理部门。

C. 工程资料记录是施工过程中自然积累形成的要求，与工程进度同步进行，直至工程交工验收结束。

D. 工程资料要求内容真实，数据准确，不准后补，不得擅自修改，不准伪造，不得外借。

E. 资料的整理，要求字迹清晰、装订规范、内容齐全完整，人员调动要办理交接手续。

(5) 技术措施保证

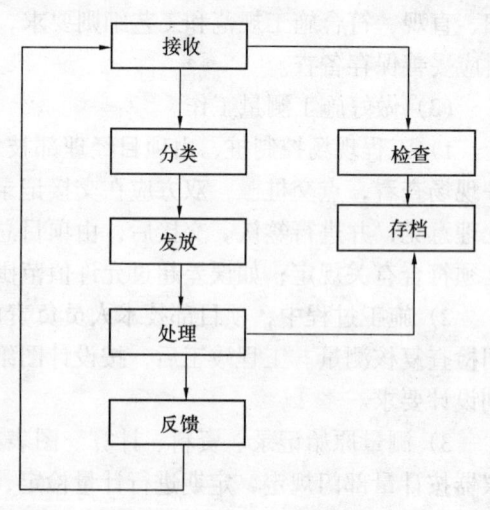

图4-5 文件资料处理流程图

1）对各有关工序的作业人员，定期进行技术、质量培训并进行考核，合格后方可上岗，特殊工种要专业培训，持证上岗。

2）在施工过程中，要不断地进行施工方案优化工作，以求得施工方案的先进性和科学性，通过不断优化施工方案，从而提高本企业的施工水平。

### 4.2 保证安全的技术措施

#### 4.2.1 安全防护

(1) 脚手架防护

1）外墙脚手架搭设所用材质、标准、方法均应符合国家标准。

2）外脚手架每层满铺脚手板，使脚手架与结构之间不留空隙，外侧用密目安全网进行全封闭。

3）提升井架在每层的停靠平台的搭设应平整牢固。两侧设立不低于 1.8m 的栏杆，并用密眼安全网封闭。停靠平台出入口的设置采用钢管焊接的统一规格的活动闸门，以确保人员上下安全。

4）每次暴风雨来临前，及时对脚手架进行加固；暴风雨过后，对脚手架进行检查、观测；若有异常，及时进行矫正或加固。

5）安全网在国家定点生产厂购买，并索取合格证；进场后，由项目部安全员验收合格后方可投入使用。

(2)"四口"防护

1）通道口

用钢管搭设高 2m、宽 4m 的架子，顶面满铺双层竹笆及一层木板，两层竹笆与木板的间距为 800mm，用钢丝绑扎牢固。

2）预留洞口

边长在 500mm 以下时，楼板配筋不要切断，用木板覆盖洞口，并固定。楼面洞口边长在 1500mm 以上时，四周必须设两道护身栏杆，如图 4-6 所示。

竖向不通行的洞口用固定防护栏杆；竖向需通行的洞口，装活动门扇，不用时锁好。

3）楼梯口

楼梯扶手用粗钢筋焊接搭设，栏杆的横杆应为两道。如图 4-7 所示。

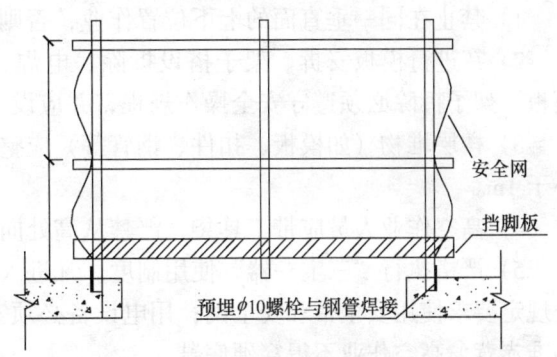

图 4-6　预留洞口防护图

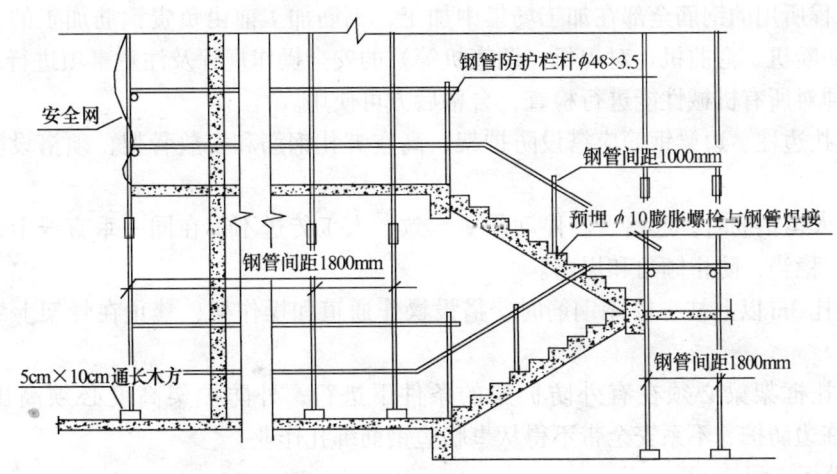

图 4-7　楼梯口防护图

4）电梯井口

电梯井的门洞用粗钢筋做成网格与预留钢筋焊接。电梯井口防护如图 4-8 所示。

正在施工的电梯井筒内搭设满堂钢管架，操作层满铺脚手板，并随着竖向高度的上升

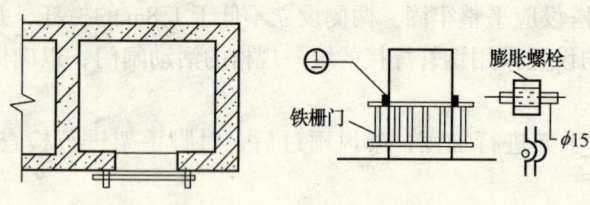

图4-8 电梯井口防护门（单位：mm）

逐层上翻。井筒内每两层用木板或竹笆封闭，作为隔离层。

(3) 临边防护

1) 楼层在砌体未封闭之前，周边均需用钢管制作成护栏，高度不小于1.2m，外挂安全网，刷红白警戒色。

2) 外挑板在正式栏杆未安装前，用钢管制作成临时护栏，高度不小于1.2m，外挂安全网。

(4) 交叉作业的防护

凡在同一立面上、同时进行上下作业时，属于交叉作业，应遵守下列要求：

1) 禁止在同一垂直面的上下位置作业，否则中间应有隔离防护措施。

2) 在进行模板安拆、架子搭设拆除、电焊、气割等作业时，其下方不得有人操作；模板、架子拆除必须遵守安全操作规程，并应设立警戒标志，专人监护。

3) 楼层堆物（如模板、扣件、钢管等）应整齐、牢固，且距离楼板外沿的距离不得小于1m。

4) 高空作业人员应带工具袋，严禁从高处向下抛掷物料。

5) 严格执行"三宝一器"使用制度。凡进入施工现场的人员必须按规定戴好安全帽，按规定要求使用安全带和安全网；用电设备必须安装质量好的漏电保护器；现场作业人员不准赤背，高空作业不得穿硬底鞋。

4.2.2 分项工程施工安全技术措施

(1) 钢筋工程

1) 工程所用的钢筋全部在加工场集中加工，钢筋加工前由负责钢筋加工的工长对加工机械（切断机、弯曲机、对焊机、调直机等）的安全操作规程及注意事项进行交底，并由机械技师对所有机械性能进行检查，合格后方可使用。

2) 绑扎边柱、边梁钢筋应搭设防护架，高空绑扎钢筋和安放骨架，须搭设防护架或马道。

3) 多人运钢筋时，起落、转停动作要一致，人工传送不得在同一垂直线上，钢筋堆放要分散、稳当，防止倾角和塌落。

4) 绑扎3m以上柱、墙体钢筋时，搭设操作通道和操作架，禁止在骨架上攀登和行走。

5) 绑扎框架梁必须在有外防护架的条件下进行，外防护架高度必须高出作业面1.2m，无临边防护、不系安全带不得从事临边钢筋绑扎作业。

(2) 模板工程

1) 支设柱模和梁模板时，不准站在梁柱模板上操作和在梁底板上行走，更不允许利用拉杆，支撑攀登上下。

2) 支模应按工序进行，模板在没有固定好前不得进行下道工序；否则，模板受外界影响，容易倒塌伤人。

3) 高空临边作业时，有高处坠落和掉下材料的危险，支模人员上下应走通道，严禁利用模板、栏杆、支撑上下；站在活动平台上支模，要系安全带，工具要随手放入工具袋内，禁止抛任何物体。

4）模板拆除应经工长统一安排，操作时应按先外后里分段进行，严禁硬撬、硬砸或大面积撬落和拉倒，不得留下松动和悬挂的模板；拆下的模板应及时运到指定地点，清理刷隔离剂，按规格堆放整齐备用；高空作业严禁投掷材料。

（3）混凝土工程

1）使用振动器的作业人员，穿胶鞋，戴绝缘手套，使用带有漏电保护的开关箱。

2）严禁用振捣棒拨钢筋和模板或将振捣棒当作锤使用，使振捣棒头受到损坏。

3）用绳拉平板式振动器时，拉绳要求干燥绝缘，振动器与平板保持紧固，电源线固定在平板上。

4）混凝土泵输出的混凝土在浇捣面处不要堆积过量，以免引起过载。

（4）预应力工程

1）在任何情况下作业人员不得站在预应力筋的两端，同时在张拉千斤顶的后面设立防护装置。

2）操作千斤顶和测量伸长值的人员，应站在千斤侧面操作，严格遵守操作规程。油泵开动过程中，不得擅自离开岗位；如需离开，必须把油阀门全部松开或切断电路。

3）张拉时应认真做到孔道、锚环与千斤顶三对中，以便张拉工作顺利进行，避免在张拉过程中出现断丝、脱锚等意外情况。

4）工具锚的夹片，应注意保持清洁和良好的润滑状态。

5）钢绞线束夹片锚固体系如遇到个别钢绞线滑移，可更换夹片，用小型千斤顶单根张拉。

6）每根构件张拉完毕后，检查端部和其他部位是否有裂缝，并填写张拉记录表。

7）防止孔道灌浆时，超压泄漏伤人。

（5）砌体工程

1）停放搅拌机的地面必须夯实，用混凝土硬化，以防止地面下沉造成机械倾倒。

2）砂浆搅拌机的进料口上装铁栅栏遮盖保护；严禁脚踏在拌合筒和铁栅栏上面操作；传动皮带和齿轮必须装防护罩。

3）工作前检查搅拌叶有无松动或磨刮筒身现象，检查出料机械是否灵活，检查机械运转是否正常。

4）出料时必须使用摇手柄，不准用手转拌合筒。

5）工作中如遇故障或停电，应拉下电闸，同时将筒内拌料清除。

6）不得在砌块运至操作地点过程中淋湿砌块，以免造成场地湿滑。

7）车子运输砖、砂浆等时应注意稳定，不得高速跑步，前后车距不少于 2m。

8）车子推进吊笼里垂直运输，装量和车辆数不得超出吊笼吊运荷载的能力。

9）禁止用手向上抛砖传送，人工传递时，应稳递稳接，两人避免在同一垂直线上作业。

10）脚手板不得少于两块，其端头必须伸出架的支承横杆约 20cm，但也不许伸过太长做成探头板。

11）每块脚手板上的操作人员不得超过两人，堆放砖块不得超过单行 3 皮。

12）不得站在墙上做画线、吊线、清扫墙面等工作，严禁踏上窗台出入。

13) 砍砖时应向内打砖，防止碎砖落下伤人。

(6) 装修工程

1) 室内抹灰时使用的木凳、金属脚手架等的架设应平稳牢固，脚手板跨度不得大于2m，架上堆的材料不得过于集中，在同一跨度的脚手板内不应超过两人同时作业。

2) 不准在门窗等器物上搭设脚手板。

3) 使用砂浆搅拌机搅拌砂浆，往拌筒内投料时、拌叶运转时，不得用脚踩或用铁铲、木棒等工具拨刮筒口的砂浆或材料。

(7) 楼地面工程

1) 清理楼面时，禁止从窗口、预留洞口等处直接向外抛扔垃圾、杂物。

2) 剔凿地面时要戴防护眼镜。

3) 夜间施工或在光线不足的地方施工时，采用36V低压照明设备。

4) 提升井架运料，要注意联络信号，待吊笼平层稳定后再进行装卸操作。

5) 室内推手推车拐弯时，要注意防止车把挤手。

**4.3 确保文明施工的技术组织措施**

**4.3.1 文明施工技术组织措施**

(1) 现场场容管理方面的措施

1) 施工工地的大门和门柱采用 $\phi50$ 不锈钢钢管及0.5mm厚薄钢板焊接制作。

2) 施工现场周围使用2m高压型钢板（0.6~0.8mm厚）作围挡，并涂刷宣传画或标语。

3) 在大门口设置"七牌一图"施工标牌，其内容包括：

A. 工程简介

B. 工程责任人员名单

C. 安全生产六大纪律

D. 安全生产计数牌

E. 十项安全技术措施牌

F. 防火须知

G. 卫生须知牌

H. 工地施工总平面布置图

4) 施工区域与宿舍区域严格分隔，场容场貌整齐、有序，材料区域堆放整齐，并有门卫值班。设置醒目安全标志，在施工区域和危险区域设置醒目的安全警示标志。

5) 建立文明施工责任制，划分区域，明确管理负责人，实行挂牌制，做到现场清洁整齐。

6) 施工现场采用全部硬化地面，将道路材料堆放场地用黄色油漆画10cm宽黄线予以分隔，在适当位置设置花草等绿化植物，美化环境。

7) 修建场内排水管道沉淀池，防止污水外溢。

8) 针对施工现场情况设置宣传标语和黑板报，并适当更换内容，确实起到鼓舞士气、表扬先进的作用。

(2) 施工人员着装形象

全体员工树立遵章守纪思想，采用挂牌上岗制度，安全帽、工作服统一规范。安全值班人员佩戴不同颜色标记，工地负责人戴黄底红字臂章，班组安全员戴红底黄字袖章。

1）安全帽

A. 施工管理人员和各类操作人员佩戴不同颜色安全帽以示区别：部门经理以上管理人员及外来检查人员戴红色安全帽；一般施工管理人员戴白色安全帽；操作工人戴黄色安全帽；机械操作人员戴蓝色安全帽；机械吊车指挥戴红色安全帽。

B. 在安全帽前方正中粘贴或喷绘中建标志，标志尺寸为 $2cm \times 2cm$。

2）服装：所有操作工作统一服装，为米色夹克配蓝色裤子。

3）胸卡：尺寸为 $9cm \times 5.5cm$ 蓝底黑字，统一编号，贴个人一寸彩色照片。

(3) 现场机械管理方面的措施

1）现场使用的机械设备，要按平面固定点存放，遵守机械安全规程，经常保持机身等周围环境的清洁，机械的标记、编号明显，安全装置可靠。

2）机械排出的污水要有排放措施，不得随地流淌。

3）钢筋切断机、对焊机等需要搭设护棚的机械，搭设护棚时要牢固、美观，符合施工平面布置的要求。

4）各种临时设施的电箱式样标准统一，摆放位置合理，便于施工和保持整洁；各种线路敷设符合规范规定，并做到整齐、简洁，严禁乱扯乱拉。

(4) 现场生活卫生管理的措施

1）工地办公室应具备各种图表、图牌、标志，室内文明卫生、窗明几净、井然有序，室内外放置盆花，美化环境。

2）施工现场办公室、仓库、职工宿舍等，有专职卫生管理人员和保洁人员，制定卫生管理制度，设置必需的卫生设施。

3）现场厕所及建筑物周围须保持清洁，无蛆少臭，通风良好，并有专人负责清洁打扫，不随地大小便，厕所及时用水冲洗。

4）施工现场严禁居住家属，严禁居民家属、小孩在施工现场穿行、玩耍。

5）宿舍管理以统一化管理为主，制定详尽的宿舍管理条例。要求每间宿舍排出值勤表，每天打扫卫生，以保证宿舍的整洁；宿舍内不允许私接私拉电线及各种电器；宿舍必须牢固，安全符合标准，卧具摆放整齐，换洗衣物干净，晾挂整齐。

6）食堂管理符合食品卫生法，有隔绝蝇鼠的防范措施，有盛残羹的加盖容器，内外环境清洁卫生。

7）现场设茶水桶，茶水桶有明显标志并加盖，派专人添供茶水及管理好饮水设施。

8）现场排水沟末端设沉积井，并定期清理沉积井内的沉积物，食堂下水道和厕所化粪池要定期清理并消毒，防止有害细菌的传播。

9）施工现场设垃圾池，并及时用彩带布覆盖，每天派专人负责管理，定期外运。

(5) 施工现场文明施工措施

1）设置临时厕所：由于施工现场人员多，结构长度长，在每层楼内按每 80m 设置一处小便桶，每天下班后派专人清理。

2）楼层清理：生产班组每天完成工作任务后，要求必须将余料清理干净，堆放在规定的部位，不得随意堆放在楼层内，保持楼层整洁。

3）控制施工用水：施工期间用水量大，用水部位多，容易造成施工楼层及施工现场污水横流或积水现象，污染建筑产品，影响人员行走，造成不文明的现象。针对用水问题可采取以下措施：

A. 每个供水笼头用自制木盒保护，上锁，并设专人看管，严防他人随意开启、破坏。

B. 主体结构施工期间，主要是在浇混凝土前冲洗模板及钢筋面的灰尘、润湿模板等时，以及浇筑混凝土后对混凝土进行养护等时，在楼层边四周、电梯井或预留洞口边砌60mm砖，内侧用水泥砂浆抹面形成封闭的挡水线。

C. 装修期间，干砖必须在底层浇水湿润后再上至楼层工程面，不得在楼层内浇水；砌筑砂浆在底层集中搅拌，不得在工作面重新加水拌合。

D. 现场四周设置有组织排水沟，保持排水顺畅。

#### 4.3.2 施工现场的CI策划

现场CI策划围绕总体目标，分为规划阶段、实施阶段和检查验收阶段三部分进行：

（1）现场CI规划阶段：围绕总体目标，并结合现场实际及环境，在项目班子内部组建现场CI工作领导小组和现场CI工作执行小组，确定现场CI目标及实施计划；精心编制《现场CI设计及实施细则》、《现场CI视觉形象具体实施方案》和《现场CI工作管理制度》，保证CI工作从策划设计到实施处于全面受控。

（2）现场CI实施阶段：现场CI工作实施由CI执行小组按照现场CI策划总体设计要求落实责任具体实施，工作内容主要包含施工平面CI总体策划，员工行为规范，办公及着装要求，现场外貌视觉策划，主体工程CI整体策划，工程"七牌一图"设计，工程宣传牌、导向牌及标志牌设计，施工机械、机具标识，材料堆码要求等方面。把CI实施与施工质量、安全、文明及卫生结合起来抓，并注意随着施工进度改变宣传形式。

（3）现场CI检查验收阶段：CI工作检查对局部及整体效果进行质量目标检查验收，从理念、行为到视觉识别，深化到用户满意理念，提高内在素质，保证外在效果。推动"创建优质工程，争创名牌工程"目标的实现。

（4）实施CI战略，强化工程形象对企业形象、企业实力和企业层次的展现力，对工地外貌、现场办公室及会议接待室，门卫室、现场图牌、生活临建、施工设备、楼面形象、人员形象等八个方面按中建施工现场CI达标细则执行，以树立良好的社会形象。

（5）CI设计方案：按中建总公司CI设计手册实施。

### 4.4 环境保护措施

#### 4.4.1 防止空气污染措施

（1）施工垃圾使用封闭的专用垃圾道或采用容器吊运，严禁随意凌空抛撒造成扬尘。施工垃圾要及时清运，清运前，要适量洒水，减少扬尘。

（2）施工现场要在施工前做好施工道路规划和设置，尽量利用设计中永久性的施工道路。路面及其余场地地面均要硬化。闲置场地要设置绿化池，进行环境绿化，以美化环境。

（3）水泥和其他易飞扬的细颗粒散体材料应尽量安排库内存放。露天存放时要严密苫盖，运输和卸运时防止遗撒飞扬，以减少扬尘。

（4）施工现场要制定洒水降尘制度，配备专用洒水设备及指定专人负责，在易产生扬尘的季节，施工场地采取洒水降尘。

（5）施工采用现场搅拌混凝土，为减少搅拌扬尘，采用自动化搅拌站，设搅拌隔声棚。砂浆及零星混凝土搅拌要搭设封闭的搅拌棚，搅拌机上设置喷淋装置方可进行施工。

（6）茶炉采用电热水器，食堂大灶使用液化气、电饭煲。

#### 4.4.2 防止水污染措施

（1）现场搅拌机前及运输车辆清洗处设置洗车台、沉淀池。排放的废水要排入沉淀池内，经二次沉淀后，方可排入市政污水管线或回收用于洒水降尘。未经处理的泥浆水，严禁直接排入城市排水设施。

（2）冲洗模板、泵车、汽车时，污水（浆）经专门的排水设施排至沉淀池，经沉淀后排至城市污水管网，而沉淀池由专人定期清理干净。

（3）食堂污水的排放控制。施工现场临时食堂，要设置简易、有效的隔油池，产生的污水经下水管道排放要经过隔油池。平时加强管理定期掏油，防止污染。

（4）油漆油料库的防漏控制。施工现场要设置专用的油漆油料库，油库内严禁放置其他物资，库房地面和墙面要做防渗漏的特殊处理，储存、使用和保管要专人负责，防止油料的跑、冒、滴、漏，污染水体。

（5）禁止将有毒有害废弃物用作土方回填，以免污染地下水和环境。

#### 4.4.3 防止噪声污染措施

（1）人为噪声的控制措施。施工现场提倡文明施工，建立健全控制人为噪声的管理制度，尽量减少人为的大声喧哗，增强全体施工人员防噪声扰民的自觉意识。

（2）强噪声作业时间的控制。凡在居民稠密区进行强噪声作业的，严格控制作业时间，晚间作业不超过 22:00，早晨作业不早于 6:00。特殊情况需连续作业（或夜间作业）的，应尽量采取降噪措施，事先做好周围群众的工作，并报工地所在的区环保局备案同意后方可施工，并张贴告市民书。

（3）强噪声机械的降噪措施

产生强噪声的成品加工、制作作业，应尽量放在工厂、车间完成，减少因施工现场的加工制作产生的噪声。

尽量选用低噪声或备有消声降噪设备的施工机械。施工现场的强噪声机械（如搅拌机、电锯、电刨、砂轮机等）要设置封闭的机械棚，以减少强噪声的扩散。

（4）加强施工现场的噪声控制

加强施工现场环境噪声的长期监测，采取专人监测、专人管理的原则，要及时对施工现场噪声超标的有关因素进行调整，达到施工噪声不扰民的目的。

#### 4.4.4 其他污染的控制措施

（1）通过电锯加工的木屑、锯末必须当天进行清理，以免锯末刮入空气中。

（2）钢筋加工产生的钢筋皮、钢筋屑及时清理。

（3）建筑物外围立面采用密目安全网，降低楼层内风的流速，阻挡灰尘进入施工现场周围的环境。

（4）制定水、电、办公用品（纸张）的节约措施，通过减少浪费、节约能源达到保护环境的目的。

(5) 探照灯尽量选择即满足照明要求又不刺眼的新型灯具或采取措施，使夜间照明只照射施工区域而不影响周围社区居民休息。

# 5 经济效益分析

## 5.1 深基坑降水

降水方案制定前，通过试验，对水文情况进行勘察，确定了合理的计算依据。方案制定后，经过降水试验和分析，取消了相对较浅基坑的降水井，节约了浅基坑部分的成井费用和抽水台班费用，少施工降水井 54 口，节约降水台班 20000 台套，成功地降水为土方开挖等后续工作提供了有力的保证。

经过降水井试验，成功地进行了方案设计和方案调整，为降水成功提供了符合实际的第一手宝贵资料。

## 5.2 展厅高支模施工

郑州国际会展中心（展览部分）地下室设备层层高 10m，建筑面积为 9000$m^2$；二区展厅层高 16m，建筑面积 34000$m^2$。其中二区展厅结构工程为大跨度、大截面、超高预应力结构，其主梁为截面 1500mm×3000mm，1500mm×2800mm，1200mm×2800mm 的钢筋混凝土预应力梁，跨度为 30m、21m，主梁的中间支座处设 700mm 高 3000mm 长的梁腋；一级次梁为截面 700mm×2000mm、700mm×1800mm 的钢筋混凝土预应力梁，跨度为 30m、21m；二级次梁截面为 300mm×700mm 的钢筋混凝土梁，跨度为 10m，板厚为 180mm，支撑高度：主梁 13.10m，一级次梁 13.95m，二级次梁 15.25m，板 15.77m，由于其结构构件大，其施工模板支撑架体必须进行专门的方案设计，以满足施工安全。模板高支撑体系是集地基处理、架体选择、架体结构计算、大梁合理起拱等的综合施工技术体系，地基处理要结合设计地面做法和当时地质施工工况作出正确的处理方案。架体地基处理，由于地表土质松软，加上在桩基施工阶段开挖了大量的泥浆池和泥浆槽，桩基施工完毕后，桩基单位未进行认真处理，留下了隐患，必须进行认真处理，将所有遗留隐患消除。地基处理采用大面积浅换填土，局部重新开挖换填的处理方法，提高了地基承载力；同时，也将前期施工中遗留的隐患消除，保证了架体支撑体系的稳定。在结构体系的选择上，架体的杆件采用普通脚手钢管。与碗扣架体杆件相比，立杆间距布置更加灵活，架体立杆和水平主龙骨采用传力更直接的 U 形支托连接，避免了受扣件抗滑承载力的影响，使得立杆承载力得到最大发挥，增大了立杆间距，节约了周转工具用量。但由于工程体量大，周转工具用量多，架体安装和拆除比较困难，在架体拆除过程中，各种材料损坏率增加。如排除板底次龙骨（木方）承载力的影响，板底立杆间距还可适当增加，在今后施工中，板底次龙骨可采用普通脚手钢管。因架体采用了普通脚手钢管，市场保有量大，易于租赁，有效地保证了工程质量和工程进度，施工质量优良，施工进度按计划提前 1 个月完成。

## 5.3 经济指标分析

本工程各项经济指标详见表 5-1。

经济指标分析表    表 5-1

| 序号 | 项目名称 | 覆盖范围造价（万元） | 经济效益（万元） |
|---|---|---|---|
| 1 | 散装水泥应用 | 4108 | 71.1 |
| 2 | 混凝土掺合技术 |  | 115.15 |
| 3 | 粗直径钢筋连接 | 9520 | 76.4 |
| 4 | 新型脚手架 | 970 | 74.95 |
| 5 | 新型脚手架 | 2800 | 367.05 |
| 6 | 新型模板 | 3800 | 280.2 |
|  | 合计 | 21198 | 984.85 |

# 第二十九篇

## 北京中环世贸中心工程施工组织设计

编制单位：中建八局一公司
编 制 人：秦加舜
审 核 人：陈永伟

**【摘要】** 本工程位置重要，造型新颖独特，为超高层大体量标志性建筑。结构为钢筋混凝土框-筒结构，局部采用劲性柱；部分大跨度水平结构为预应力复合楼板；地下室车库地面采用金刚砂耐磨地面，其面积较大，施工难度大；而且在施工配合管理方面比较有特色。

# 目 录

1 工程概况 ………………………………………………………………………… 570
　1.1 建设概况 ………………………………………………………………… 570
　1.2 建筑设计概况 …………………………………………………………… 571
　1.3 结构概况 ………………………………………………………………… 571
　1.4 施工现场条件 …………………………………………………………… 572
　1.5 工程的技术特点 ………………………………………………………… 572
2 施工部署 ………………………………………………………………………… 573
　2.1 工程总体施工顺序 ……………………………………………………… 573
　2.2 流水段划分和流水施工方案 …………………………………………… 573
　2.3 施工平面布置 …………………………………………………………… 573
　　2.3.1 施工场地划分 ……………………………………………………… 574
　　2.3.2 施工临时用水布置 ………………………………………………… 574
　　2.3.3 施工临时用电布置 ………………………………………………… 574
　2.4 工期与施工进度计划 …………………………………………………… 581
　2.5 周转工具配备情况 ……………………………………………………… 581
　2.6 主要施工机械 …………………………………………………………… 581
　2.7 劳动力组织 ……………………………………………………………… 582
　2.8 项目组织管理机构 ……………………………………………………… 582
3 主要项目施工方法 ……………………………………………………………… 582
　3.1 施工测量 ………………………………………………………………… 582
　3.2 基础及地下室阶段的施工 ……………………………………………… 583
　　3.2.1 地下工程概述 ……………………………………………………… 583
　　3.2.2 地下防水工程 ……………………………………………………… 583
　　3.2.3 地下阶段钢筋工程 ………………………………………………… 583
　　3.2.4 地下室阶段模板工程 ……………………………………………… 584
　　3.2.5 地下阶段混凝土工程 ……………………………………………… 585
　3.3 地上结构施工方法 ……………………………………………………… 586
　　3.3.1 地上结构工程特点 ………………………………………………… 586
　　3.3.2 地上结构钢筋工程 ………………………………………………… 586
　　3.3.3 地上部分的模板工程 ……………………………………………… 587
　　3.3.4 地上结构混凝土工程 ……………………………………………… 587
　　3.3.5 预应力复合楼板施工 ……………………………………………… 588
　　3.3.6 钢结构工程 ………………………………………………………… 591
　3.4 砌体工程 ………………………………………………………………… 596
　3.5 脚手架工程 ……………………………………………………………… 597
　　3.5.1 框架式电动提升脚手架的施工 …………………………………… 597
　　3.5.2 框架式电动提升脚手架构造 ……………………………………… 597
　　3.5.3 平面布置 …………………………………………………………… 597
　　3.5.4 防护要求 …………………………………………………………… 597
　　3.5.5 爬架施工 …………………………………………………………… 597
　3.6 屋面工程 ………………………………………………………………… 598

3.7 装饰装修工程 ·········································································· 598
      3.7.1 大面积耐磨地面施工方案 ······················································ 598
      3.7.2 单元式幕墙施工方案 ···························································· 600
4 质量管理措施 ················································································ 603
   4.1 质量计划 ···················································································· 603
   4.2 质量保证措施 ·············································································· 603
5 进度管理措施 ················································································ 605
6 安全管理措施 ················································································ 606
   6.1 安全管理目标与方针 ····································································· 606
   6.2 安全保证体系的建立 ····································································· 606
   6.3 安全制度管理 ·············································································· 606
      6.3.1 安全技术管理制度 ································································ 606
      6.3.2 安全技术交底制 ··································································· 606
      6.3.3 安全教育制度 ······································································ 606
      6.3.4 安全检查制度 ······································································ 606
      6.3.5 安全验收制度 ······································································ 607
      6.3.6 安全生产合同制度 ································································ 607
      6.3.7 事故处理"四不放过制度" ····················································· 607
   6.4 危险源的辨识与评价 ····································································· 607
   6.5 安全防护措施 ·············································································· 607
      6.5.1 脚手架防护 ········································································· 607
      6.5.2 "四口"防护 ······································································ 608
      6.5.3 临边防护 ············································································ 608
      6.5.4 交叉作业的防护 ··································································· 609
      6.5.5 临时用电管理措施 ································································ 609
      6.5.6 机械安全措施 ······································································ 609
   6.6 消防管理措施 ·············································································· 609
      6.6.1 建立义务消防队 ··································································· 609
      6.6.2 防火教育 ············································································ 610
7 环保管理措施 ················································································ 610
8 新技术应用及经济效益分析 ······························································ 612
   8.1 商品混凝土及高强高性能混凝土应用技术 ········································ 612
   8.2 钢筋滚压剥肋直螺纹连接技术 ······················································· 612
   8.3 新Ⅲ级钢筋应用 ·········································································· 612
   8.4 全钢大模板应用 ·········································································· 612
   8.5 碗扣式模板支撑系统应用 ····························································· 612
   8.6 远程电子监控系统应用 ································································ 612
   8.7 附着式电动提升脚手架的应用 ······················································· 613
   8.8 大跨度聚苯板填充预应力复合楼板和大截面预应力转换梁施工技术 ······ 613
   8.9 玻璃幕墙单元式组装技术 ····························································· 613
   8.10 钢结构及型钢组合混凝土结构施工技术 ········································· 613
   8.11 大面积耐磨地面施工技术 ···························································· 613
   8.12 聚氨酯发泡屋面保温层和XPS聚苯板挤塑泡沫板保温板的应用 ········· 613
   8.13 聚苯板外墙内保温建筑节能技术应用 ············································ 613

# 1 工程概况

中环世贸中心工程是北京市 CBD 商务核心区内的高档写字楼工程,位于北京市建国门外大街和东三环交界处,总建筑面积 230000m²,分为 A、B、C、D 四栋建筑,其中 A、B 连为一体,C、D 为独立的两栋建筑,A、C 与 B、D 沿南北轴线左右对称,四栋建筑由 5 层的地下室连为一体。工程分为 AC 和 BD 两个标段,其中我局承建 A、C 座。

本工程位置重要,造型新颖独特,为超高层大体量标志性建筑。

本工程的主要技术特点和难点:

(1) 工程的基坑深度为 22m,属于深基坑建筑。

(2) 基础采用梁板式基础,基础梁及核心筒底板厚度达 3230mm。

(3) 结构采用框架核心筒结构,并采用了 16.8m×22.1m 大跨度聚苯板填充预应力复合楼板和 4200mm 高预应力转换梁。

(4) 结构上还采用了型钢劲性柱结构、钢结构、压型钢板复合楼板结构等。

(5) 外围护墙采用了单元式玻璃和石材幕墙。

(6) 屋面做法分别采用了 XPS 挤塑板保温层屋面和倒置式聚氨酯发泡保温层屋面,以及彩钢板玻璃棉保温层屋面。部分地下室外墙和屋顶房间的外墙还采用了外墙内保温技术。

(7) 此外,本工程在施工上,采用了滚压剥肋直螺纹连接、墙柱模板采用全钢定型大模板、框架式电动提升脚手架、碗扣式脚手架、施工现场远程电子监控技术等技术。

本工程的项目管理采用总承包管理,主体结构施工选用了两个土建施工队承担 A、C 座的主体结构施工,一个装修专业队负责二次结构和粗装修的施工。业主指定的专业分包为通风空调工程、幕墙工程、消防工程、综合布线和室外工程及土方和护坡、降水工程。

本工程在施工过程中的结构改动较大,如主体施工至十层,业主要求增加建筑面积,基础进行了加固处理,楼层中还对钢结构等进行了加层处理。

在施工进度上,还要求与 BD 标段的施工进度保持同步,且 A、B 座属于两个标段相连的建筑,需要两个总承包单位配合施工,给施工缝处理和钢筋的连接带来一定的难度。

## 1.1 建设概况

中环世贸中心工程位于北京市建国门外大街 4 号,为超高层高档写字楼工程,工程的主要功能为地下停车场和地上写字楼。

本工程的开发商为北京华熙新苑房地产开发有限公司,设计单位为北京凯帝克建筑设计有限公司,监理单位为北京双圆建设监理有限公司。

本工程开工日期为 2003 年 8 月 31 日,合同工期为 720d,合同竣工日期为 2005 年 8 月 15 日,实际竣工日期为 2005 年 6 月 15 日。

工程的质量标准为合格,创优目标为主体结构创"北京市结构长城杯"。

## 1.2 建筑设计概况

本工程地下5层,地上A、B座34层,建筑高度137m,C、D座31层,建筑高度126m,标准层层高为3.9m,造型新颖独特,外立面采用石材和玻璃幕墙装饰,由流畅的圆弧曲线将四栋楼优美地连接在一起。

室内主要装饰做法为:公共部位及大堂部分地面采用花岗石楼面、地砖楼面,墙面为大理石墙面和钢化玻璃饰面,顶棚采用石膏板吊顶,表面贴银处理。

卫生间墙面和地面采用金线米黄大理石镶贴。

标准层办公用房墙面抹灰刷白色涂料,局部轻钢龙骨石膏板吊顶,一次性压光楼地面。

## 1.3 结构概况

本工程基础采用梁式筏形基础,主体结构采用钢筋混凝土框架-核心筒结构,二十六层以上的框架柱为型钢劲性柱结构,部分楼层采用钢结构和压型钢板复合楼板。A座16.8m大跨度柱网楼板采用复合预应力楼层结构。混凝土强度等级为:基础采用C45和

图1-1 工程外观实景图

C35，主体结构为C60、C55、C50、C45、C40、C35等，梁板采用C35。抗震等级为：框架一级，剪力墙特一级。

工程的外观实景图及工程的平面图如图1-1和图1-2所示。

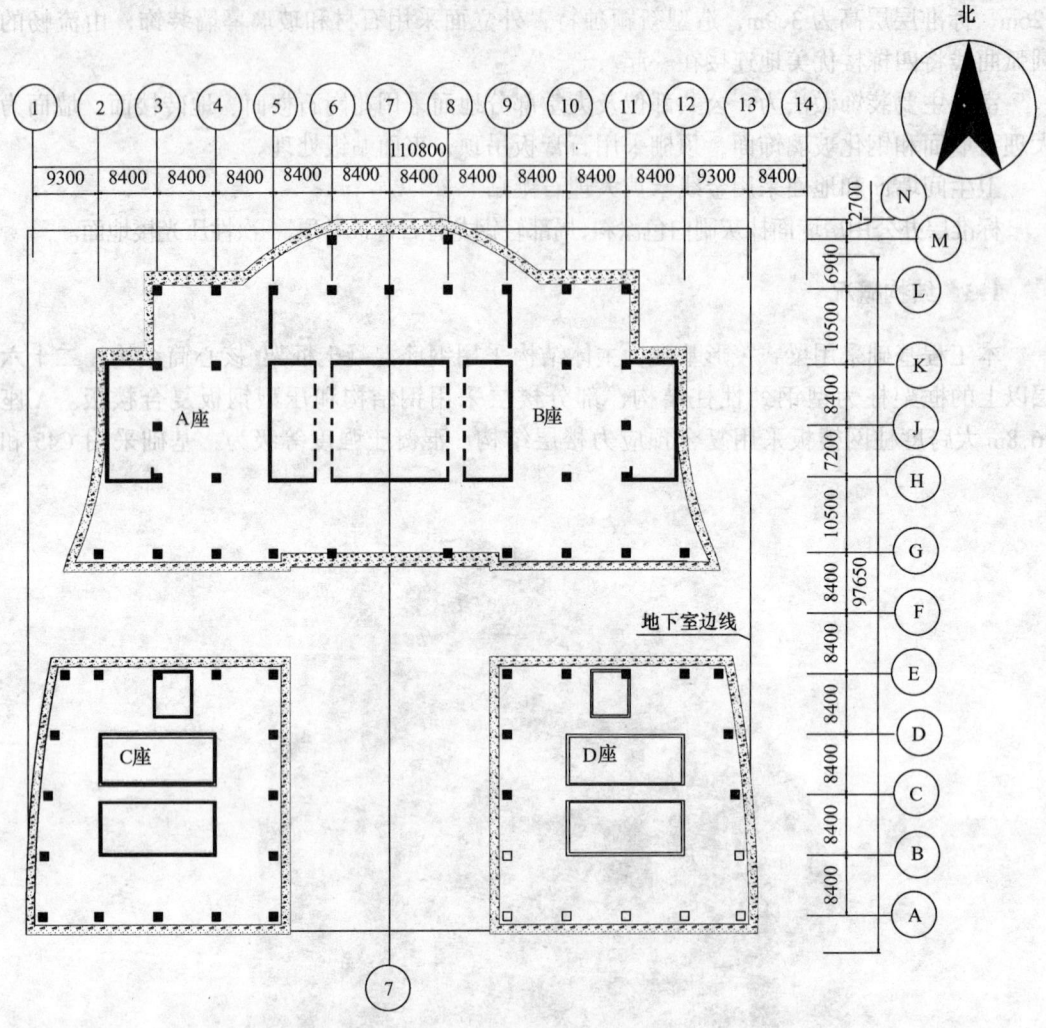

图1-2 工程平面示意图

## 1.4 施工现场条件

本工程场地平坦，地下水位深度约为10m，地处国贸这一商业繁华地带，北面为北京市建国门外大街，西面和南面紧邻北京市第一机床厂，并有高层住宅楼一座，东临北京银泰中心工地，施工现场场地狭小，可利用场地较少。周围的地下管线较多，主要的材料进场及道路入口将从南面的北京市第一机床厂进入。

## 1.5 工程的技术特点

（1）本工程体量大，我局施工的面积达113000m$^2$；高度达137m$^2$，属大体量、超高层建筑。

(2) 基坑深度达 22m，属于深基坑工程。

(3) 本工程的基础为梁板式基础，基础梁具有配筋密集、截面大的特点，梁的高度为 3230mm，宽度为 1200～1600mm 不等，基础梁的钢筋最大直径采用 HRB400 级 $\phi$36 钢筋，且配置密集，施工难度较大；核心筒下的基础底板厚度为 3230mm，为大体积混凝土。

(4) A 座办公区域楼板跨度为 16.8m×16.8m，最大跨度为 16.8m×22.1m，采用了较为新颖的聚苯乙烯填充复合预应力楼板体系。

(5) 本工程的上部结构采用了复合劲性柱结构，部分楼层采用了钢结构和压型钢板复合楼板结构。

(6) 本工程外墙全部采用单元式石材和玻璃幕墙。

(7) 地下室地面为大面积耐磨地面。

(8) 屋面防水及保温做法多样，有压型钢板玻璃棉复合保温屋面、倒置式聚氨酯发泡保温层屋面、XPS 挤塑板保温层屋面。

(9) A、B 座连在一起，由两个单位总承包，根据设计要求，两栋楼应保持同步施工，高差不能超过一层半，给工程的技术管理带来了一定的难度。

(10) 工期紧，总工期约为 720d。

# 2 施工部署

## 2.1 工程总体施工顺序

本工程 A、C 座为两栋地下室连为一体、地上分开的建筑，土建结构施工由两个独立的土建结构施工队施工，故结构施工时将按照结构同时施工的原则进行施工，每个单体工程内单独进行流水施工。

结构施工至十层时，开始插入填充墙砌筑。

结构施工至二十层时，开始插入外墙幕墙的施工，并插入室内装饰工程的施工。

## 2.2 流水段划分和流水施工方案

地下室阶段，主要根据后浇带位置划分施工段，主要划分为 A 座 4 个流水施工段，C 座 3 个流水施工段。

地下阶段流水段划分如图 2-1 所示。

流水施工顺序按照 A1→A2→A3→A4 和 C1→C2→C3 的顺序施工。

地上阶段 A、C 座结构分开，根据施工情况，A 座分为 3 个施工段，C 座分为 2 个施工段，如图 2-2 所示。

流水施工顺序按照 A1→A2→A3 和 C1→C2 的顺序施工。

## 2.3 施工平面布置

施工现场总平面布置图见图 2-3，主体阶段施工平面布置图见图 2-4，装修阶段施工平面布置图见图 2-5，施工现场给水排水及消防管道平面布置图见图 2-6，网络计划

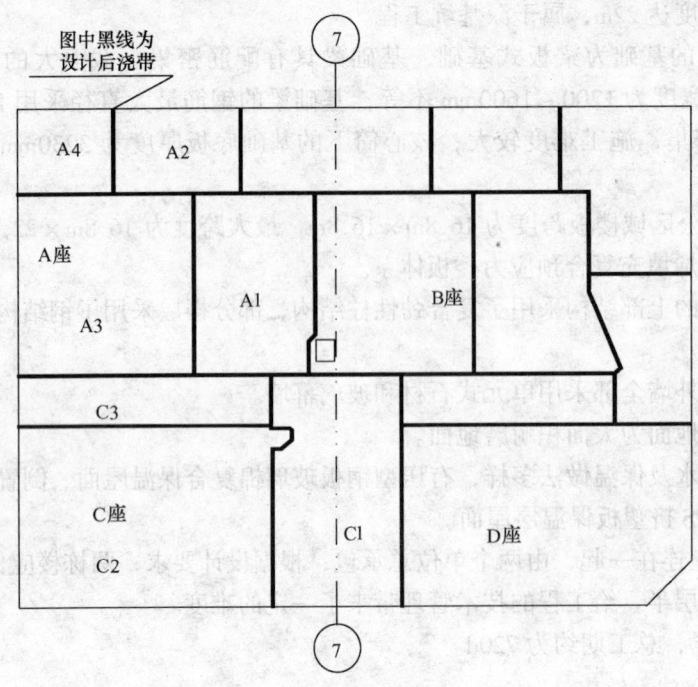

图 2-1 地下室阶段施工段划分示意图

图见图 2-7。

### 2.3.1 施工场地划分

本工程施工现场狭小,且地处市中心,施工现场只安排必要的办公区、直螺纹钢筋加工区及模板堆放区,钢筋箍筋加工及人员住宿将安排在其他场地。

施工现场分为地下室施工阶段、主体施工阶段、装饰施工阶段三个阶段布置。

### 2.3.2 施工临时用水布置

现场的施工用水主要为混凝土的养护用水,采用直径 50mm 的钢管,自水源布置在建筑物西侧,并经扬程 150m 的加压水泵送至楼层。

消防用水采用环形布置。自水源用 $DN100$ 干管做环形布置,每 50m 设一个消火栓。楼层消防采用两台加压水泵(一台备用),在每座楼内设置 $DN100$ 的消防干管,每层设置一个消火栓。

### 2.3.3 施工临时用电布置

本工程的施工总电源为第一机床厂的变压房,经三路 $YC3×120+2×50$ 的电缆引至施工现场的配电房,在现场的配电房内设置三台配电柜,其中一台为降水专用,另两台一台供 A 座,一台供 C 座。

本工程现场临时用电采取 TN-S 供电系统,采用三级配电二级保护系统,做到一机一闸一保护。由配电房向两个主楼各引两只一级配电箱,在由一级配电箱引出各配电箱。所有的用电设备均从开关箱上接出。

详见施工平面布置图(图 2-4)。

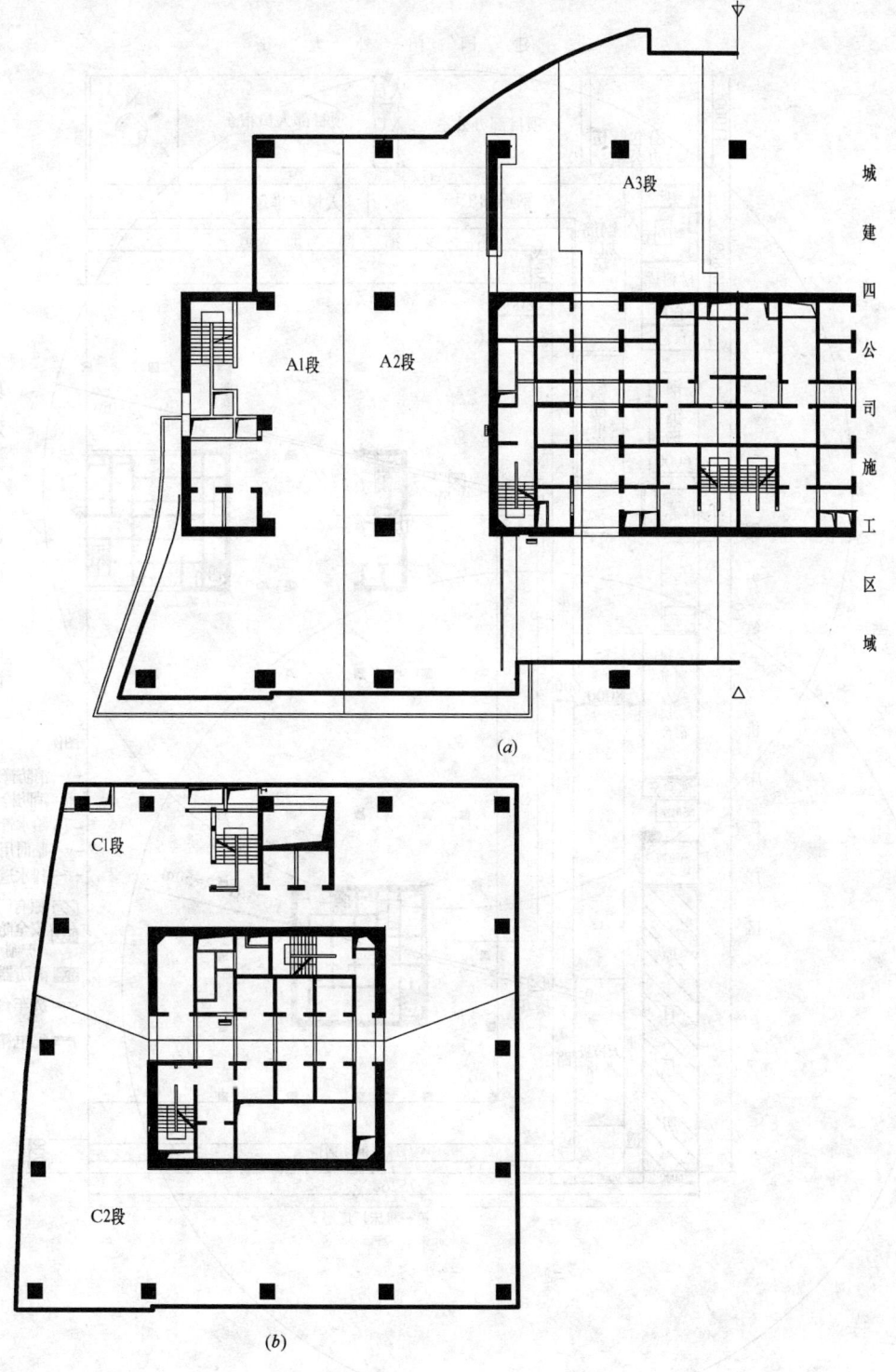

图 2-2 地上阶段施工段划分示意图
(a) A座施工段划分；(b) C座施工段划分

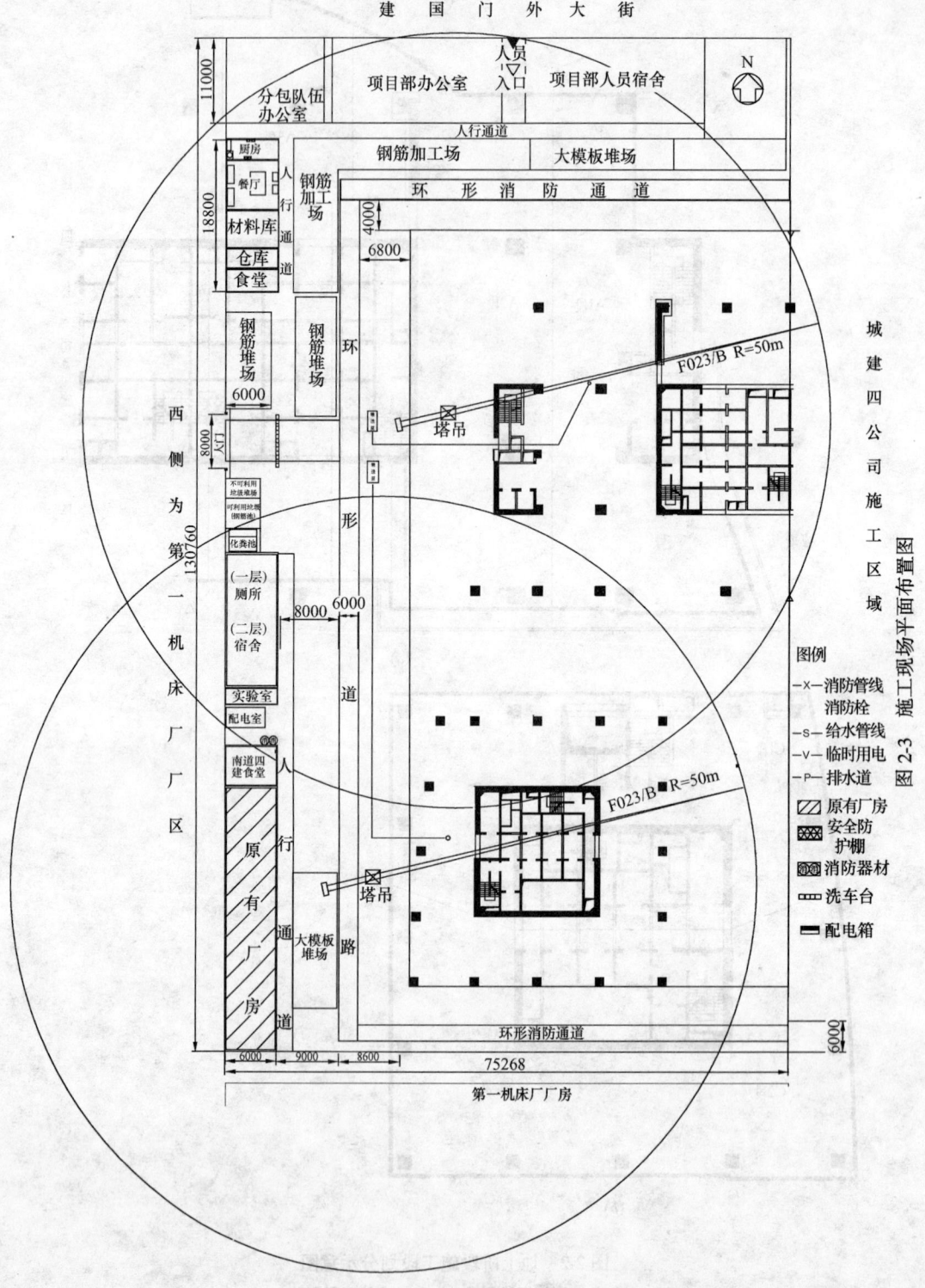

图 2-3 施工现场平面布置图

# 2 施工部署

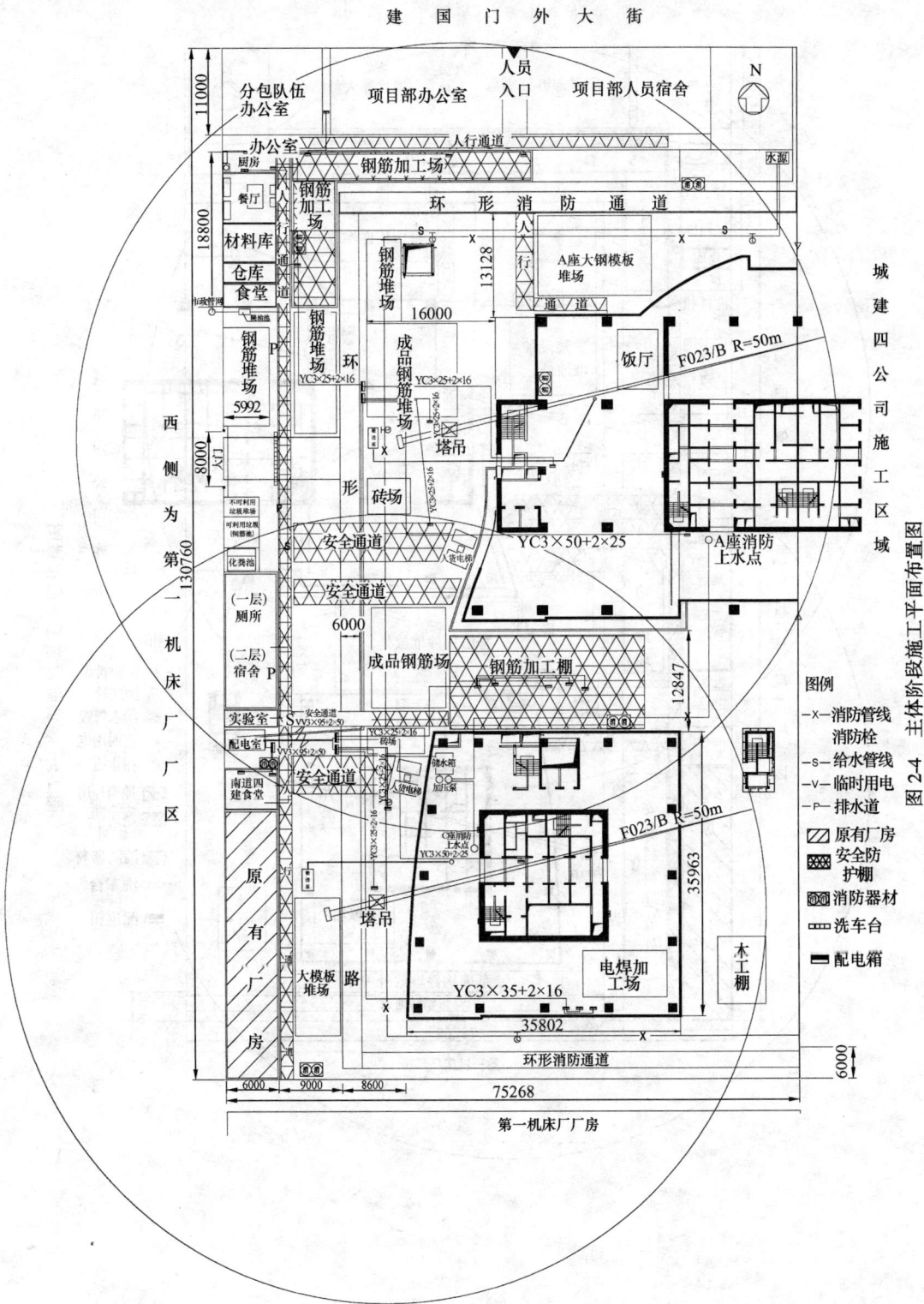

图 2-4 主体阶段施工平面布置图

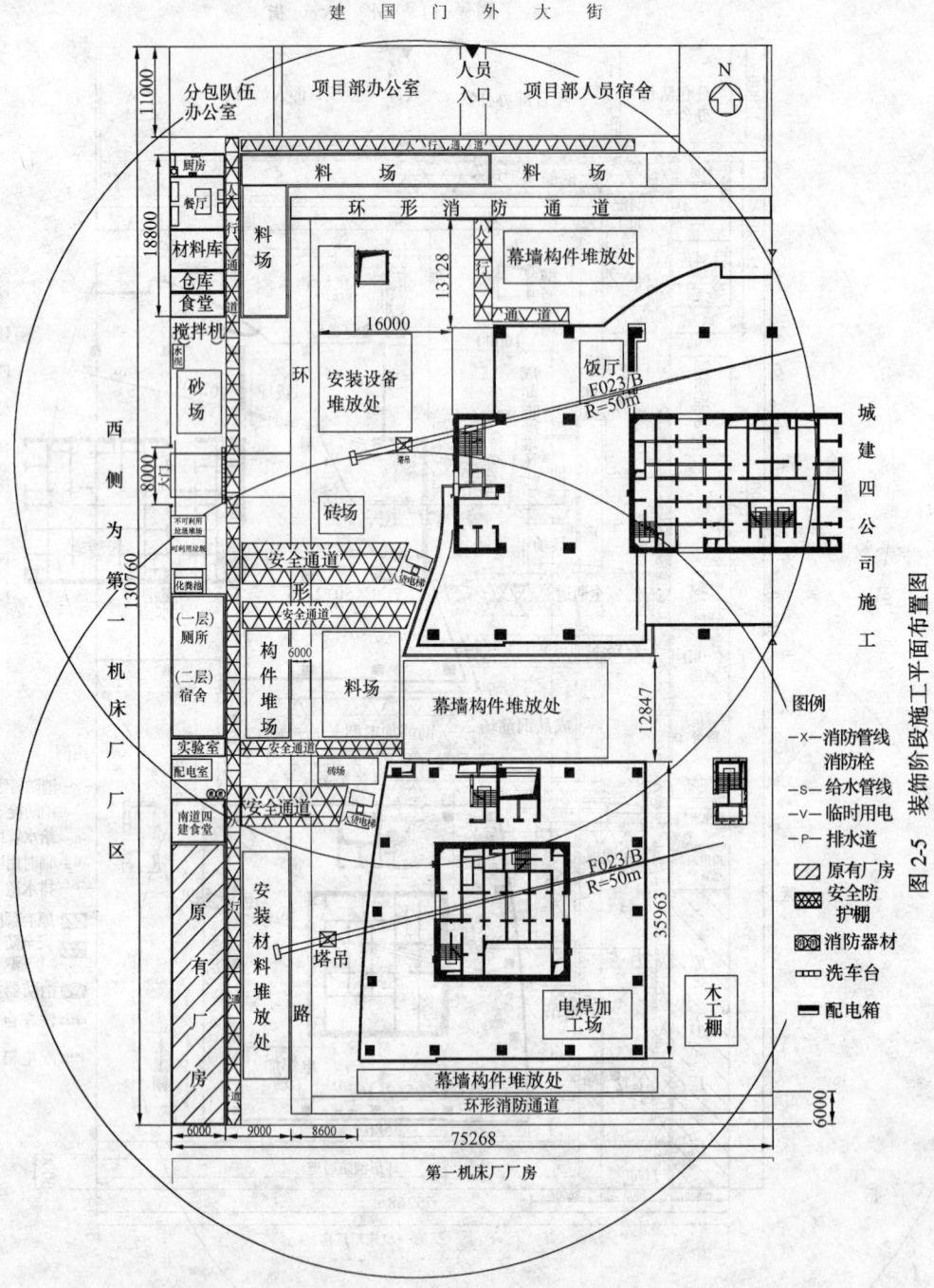

图 2-5 装饰阶段施工平面布置图

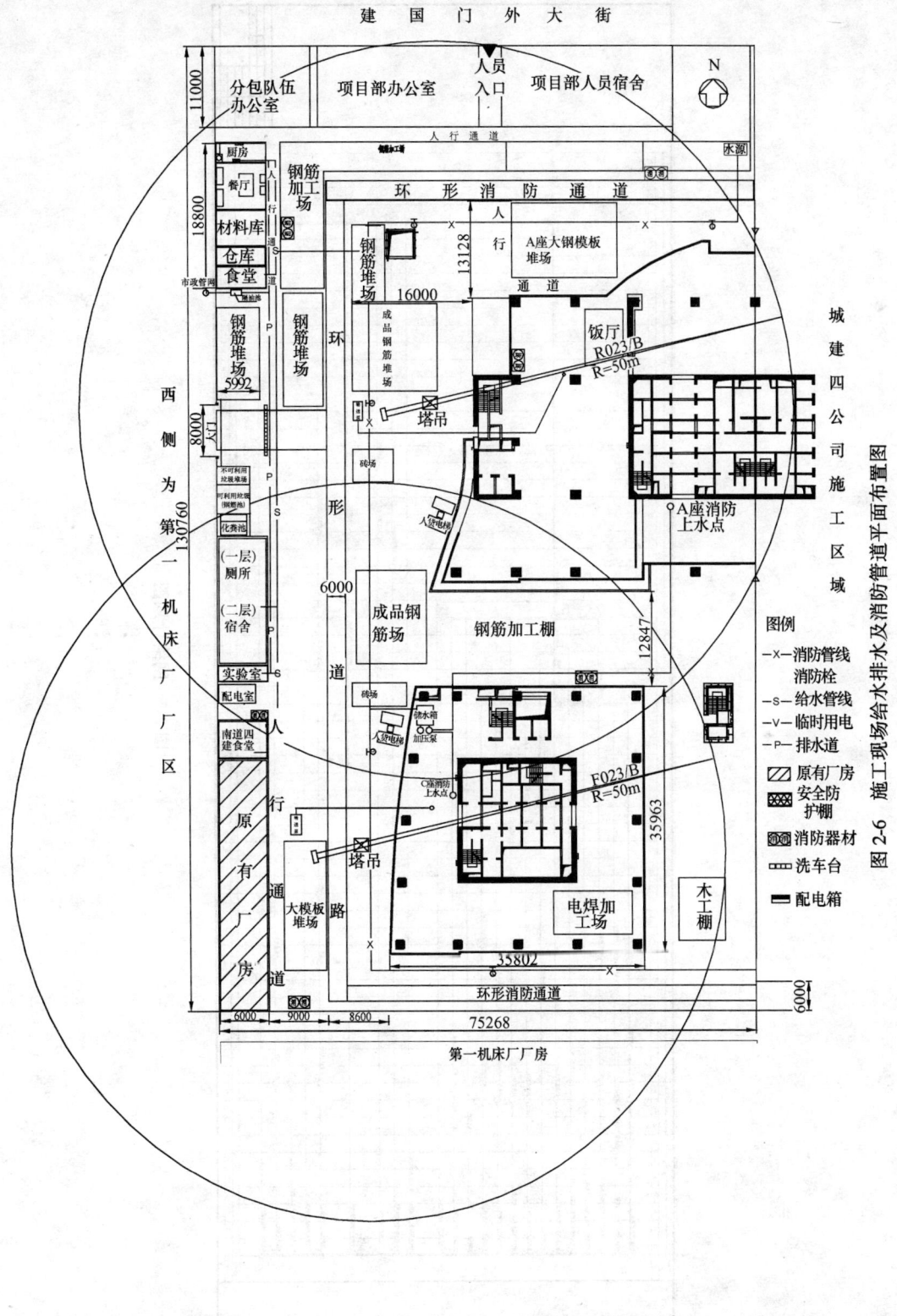

图 2-6 施工现场给水排水及消防管道平面布置图

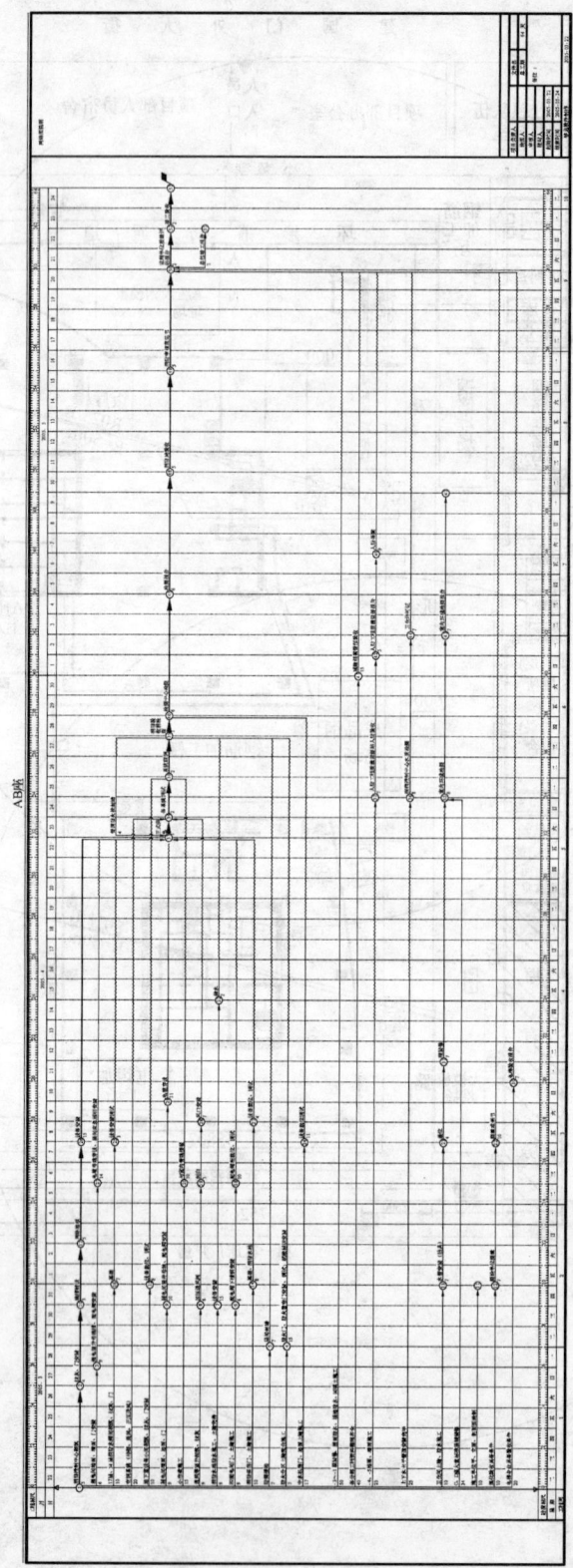

图 2-7 网络计划图

## 2.4 工期与施工进度计划

本工程合同工期为 720 日历天（不含护坡、挖土、垫层时间）。合同开工日期 2003 年 8 月 31 日，合同竣工日期 2005 年 8 月 1 日。工程的实际开工日期约为 2003 年 9 月 15 日，地下室结构于 2004 年 1 月 15 日完成，主体结构工程 2004 年 8 月 20 日完，竣工时间为 2005 年 6 月 30 日。

阶段性工期情况：

地下室阶段（不含土方和支护）：2003.9.15～2004.1.18，施工时间 125d；

主体结构阶段：2004.2.20～2004.10.15，施工时间 238d；

装修阶段：2004.10.16～2005.6.30，施工时间 230d。

## 2.5 周转工具配备情况

本工程主要采用的周转物资有：

（1）脚手架：主体结构的模板支撑采用碗扣式脚手架；外脚手架主要采用扣件式脚手架和附着式电动提升脚手架。

（2）模板：本工程顶板和梁模板采用 15mm 厚的木胶合板和 50mm×100mm 木龙骨模板系统，墙体及柱子采用了全钢定型大模板（定型加工制作），另外，在地下室阶段，地下室外墙模板采用了租赁的 600mm 系列组合钢模板。

主要周转物资配备情况详见表 2-1。

主要周转物资配备情况一览表　　表 2-1

| 名　称 | 单　位 | 数　量 | |
|---|---|---|---|
| 碗扣式脚手架 | t | 780 | |
| 扣件式脚手架 | t | 320 | |
| 附着式电动提升脚手架主框架 | 套 | 48 | |
| 5t 提升电动葫芦 | 套 | 48 | |
| 全钢定型大模板 | m² | 2200 | 委托加工 |
| U 形支托头 | 套 | 8500 | |
| 木胶合板 | m² | 25000 | |
| 50mm×100mm 木方 | m³ | 2600 | |

## 2.6 主要施工机械

主要施工机械需用计划如表 2-2 所示。

主要施工机械需用计划表　　表 2-2

| 类别 | 设备名称 | 规格型号 | 单机容量（kW） | 数量（台） | 进出场时间 |
|---|---|---|---|---|---|
| 垂直运输 | 塔式起重机 | FO/23B | 75 | 2 | 2003.9.20～2004.12.10 |
| | 施工升降机 | SCD200/200 | 44 | 2 | 2004.4.10～2005.1.20 |
| 钢筋机械 | 钢筋滚压直螺纹机 | GYZL-40 | 3.1 | 8 | 2003.9.20～2004.12.10 |
| | 钢筋切断机 | GQ40-2 | 5.5 | 2 | |
| | 钢筋调直机 | JJM-3 | 4.0 | 2 | |
| | 钢筋弯曲机 | GW6-40 | 3.0 | 2 | |

续表

| 类别 | 设备名称 | 规格型号 | 单机容量（kW） | 数量（台） | 进出场时间 |
|---|---|---|---|---|---|
| 电焊机械 | 电焊机 | BX-500 | 38.6 | 6 | |
| | 电焊机 | BX-300 | 22.5 | 10 | |
| 木工机械 | 木工压刨 | MB103 | 3 | 3 | |
| | 木工圆锯 | MJ114 | 3 | 3 | |
| 混凝土机械 | 混凝土输送泵 | HBT80 | | 2 | |
| | 混凝土振动棒 | ZX-50 | 1.1 | 8 | |
| | 混凝土机械压光机 | HM-66 | 1 | 2 | |
| | 高压水泵 | | 15 | 2 | |
| 钢结构吊装 | 汽车吊 | 25t | | | 2004.8~2004.10 |

### 2.7 劳动力组织

在劳动力安排上，投入两个独立的土建工程队，各负责一栋楼的土建结构施工。其他专业根据专业分包的原则，由相应的专业施工队施工，主要有水电安装专业施工队、通风空调专业施工队（业主指定分包）、预应力专业施工队、消防专业施工队（业主指定分包）、幕墙专业施工队、钢结构专业施工队、装饰装修专业施工队、高级装修施工队、防水专业施工队等。

### 2.8 项目组织管理机构

工程实行总承包管理，总承包项目经理部由工程部、安全环保部、技术质量部、商务部、综合办公室组成。

项目部的组成示意图及岗位职责：略。

## 3 主要项目施工方法

### 3.1 施工测量

主体结构施工期间总承包项目部配备一名专职测量员，两个土建施工队各配备专职测量员。

测量仪器主要选用激光全站仪和经纬仪、激光铅垂仪。

激光全站仪主要用于全场性的定位放线上。

主体结构的轴线测放采用激光铅垂仪，并采用内控法进行投测。

本工程的外轮廓弧线较多，为快速准确地对外轮廓线进行定位，事先沿建筑物的外侧主轴线纵向每隔30cm计算出外轮廓线的数值，将外轮廓线分为数十段，并与加工好的定型模板相结合，确保放线的准确和快速。

标高采用50m钢尺由基准控制点向上引测，每层的基准标高线设置在电梯井壁上，采用激光水准仪进行每层水平线的测放。

在每层的柱子及墙体浇筑完后，在电梯井筒内墙上弹出+0.500m线，用红三角标注，并以此做为上部结构高程测量的起始点。

结构完成后,对每层的标高复核一次,并将各层的0.500m线弹在各层的柱子和核心筒墙面上。

## 3.2 基础及地下室阶段的施工

### 3.2.1 地下工程概述

本工程地下室基础埋深约22m,地下5层,基础底板为上反梁底板,厚度分别为3230mm、1800mm、600mm。

本工程的土方开挖及基坑支护已由业主分包施工完毕,其支护形式采用上部10m采用喷锚支护,锚筋采用HRB335级φ20钢筋,分为四排布置;下部12m采用桩支护,支护桩直径800mm,间距1600mm,预应力锚杆分为三排布置。

### 3.2.2 地下防水工程

本工程基础为筏形基础,基础埋深为24.7m,地下柔性防水采用双层3.0mm+4.0mm聚酯胎弹性体沥青防水卷材(SBS)Ⅱ型,采用热熔法施工。

底板防水工艺流程:垫层施工→砌筑防水保护墙→基层清理→验收→涂冷底子油→铺附加层→平铺4mm卷材→热熔封边→平铺3mm卷材→热熔封边→验收→做保护层。

基础底板结构外侧四周砌240mm厚机制砖永久性保护墙,保护墙高同混凝土浇筑高度,见图3-1。

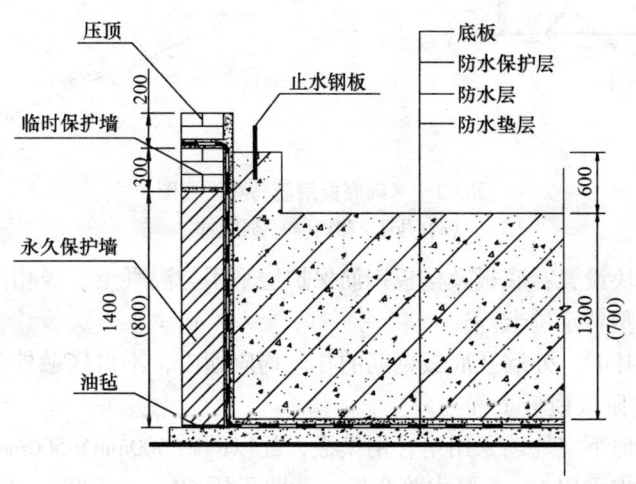

图3-1 基础底板防水施工工艺图

外墙防水施工工艺流程:后浇带处砌筑砖胎模→砖胎模抹灰→混凝土外墙基层处理→热熔施工3mm卷材→热熔施工4mm卷材防水→保护层。外墙防水采用全粘法进行铺贴,铺贴从下至上进行。

附加层采用4mm防水卷材进行铺贴。

### 3.2.3 地下阶段钢筋工程

(1)地下阶段钢筋工程特点

本工程基础及地下阶段的钢筋特点为钢筋规格较大,钢筋密集,工程量较大。尤其是基础梁的钢筋，最大直径为 HRB400 级 $\phi36$，且节点复杂，施工难度大。

（2）钢筋的连接

直径 $d \geqslant 20\text{mm}$ 的钢筋采用滚压直螺纹连接，直径 $d < 20\text{mm}$ 的钢筋采用搭接绑扎。

（3）钢筋加工及安装

钢筋镦粗直螺纹加工采用专用的钢筋镦粗直螺纹机械进行加工，操作人员应事先经过岗前培训。

钢筋绑扎时，交叉部位采用十字兜扣绑扎。

本工程结构创北京市结构长城杯工程，为防止墙柱钢筋浇筑混凝土时内缩，墙筋加工采用定型梯子筋，柱筋加工内柱箍。

马凳设置：基础底板钢筋网片及一般楼层钢筋上皮钢筋网片均应设置钢筋马凳。

基础底板钢筋马凳如图 3-2。

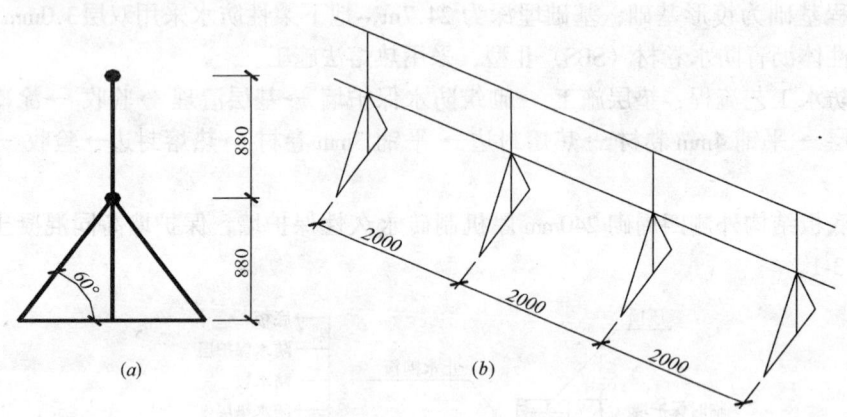

图 3-2 基础底板钢筋马凳设置图
（a）马凳支腿；（b）马凳形式

钢筋保护层垫块设置：底板及楼板钢筋保护层采用与混凝土等级相同的砂浆垫块，墙柱钢筋保护层采用塑料定位卡。

地下室钢筋绑扎时，外墙及底板钢筋的扎丝均应朝内，不得接触外模板。

### 3.2.4 地下室阶段模板工程

地下室阶段，地下室外墙采用组合钢模板，配以间距 500mm×500mm 的止水螺杆。

顶板、梁模板均采用 15mm 厚木胶合板，背肋采用 50mm×100mm 木方，间距为 250~350mm，以 $\phi48$ 钢管作为格栅托梁，间距 500mm。支撑系统采用碗扣式钢管脚手架，板平台模板立杆间距约为 900mm×1200mm，梁底模板支撑立杆间距为 600mm，横杆步距为 1500mm，底部设一道扫地杆，所有立杆下垫木方。当梁高度超过 700mm 时，应设置对拉螺杆，间距 900mm。

核心筒墙体模板及柱子模板均采用钢制大模板。

门窗洞口模板采用定型加工模板。

楼梯模板：底模采用竹胶板、木龙骨、钢支撑，踏步模板标准层采用定型钢模。

地下室外墙为防水外墙，模板的对拉螺杆应采用止水螺杆。

有关模板工程的施工方法详见地上部分。

### 3.2.5 地下阶段混凝土工程

（1）概况

本工程地下室混凝土强度等级为：基础底板 C45、C30；地下室外墙 C35；核心筒剪力墙、柱 C60；楼板及梁 C35、C30。

底板、外墙设计为自防水混凝土，抗渗等级为 P10、P8。混凝土内掺加低碱性的微膨胀剂 CSA－B。

（2）地下室阶段混凝土工程施工特点

底板及基础梁混凝土属于大体积、大体量、防水混凝土，最大厚度为 3230mm，浇筑量约为 11000m³。

混凝土主要在冬期施工，应有相应的冬期施工措施。

（3）混凝土施工方法

混凝土采用商品混凝土泵送浇筑。

基础底板混凝土的浇筑：

基础底板分块进行浇筑，按照后浇带的位置进行分块，每块浇筑时采用两台混凝土输送泵，每台泵配置三根插入式振动器进行振捣。

（4）浇筑方案

本底板分为三种厚度：3230mm、1800mm、700mm。对于 3230mm 的底板采用斜面分层浇筑的方法，浇筑时分为三层，每层厚度约为 1100mm，层与层之间的间隔时间不超过 8h，以避免施工冷缝。

1800mm 和 700mm 的底板采用斜面推进法进行浇筑，不再进行分层浇筑。

（5）施工缝留置

底板及外墙的竖向施工缝按照后浇带的位置留置，其他部位不再留置施工缝。

外墙的水平施工缝留置：分别留置在底板上 300mm 和顶板梁下 300mm 处，以便设置钢板止水带。

止水带设置：钢板止水带采用 －3×300 的钢板止水带，设置在外墙水平施工缝处和基础底板的施工缝处。

（6）混凝土冬期施工措施

根据气温情况加入防冻剂。

混凝土的养护采用综合蓄热法进行养护。

保温材料采用塑料薄膜和阻燃型草帘进行覆盖。

底板根据混凝土的配合比进行混凝土的温升计算，在满足内外温差不超过 25℃ 的条件下，得出了混凝土的保温层厚度。其厚度为：3230mm 的底板保温层为三层草帘加两层塑料薄膜，1800mm 厚的底板采用两层草帘和一层薄膜，700mm 厚的底板采用一层草帘和一层表面进行覆盖。

（7）底板混凝土的测温

为实时监控底板混凝土的内外温升情况，我们采用了电子测温仪对混凝土内不同部位的温度情况进行监测。测温仪器采用手持式 WG－1 型电子测温仪，通过在混凝土内预埋专用测温线，进行实时测温。混凝土测温每 2h 进行一次，并由专人负责测温和记录。

## 3.3 地上结构施工方法

### 3.3.1 地上结构工程特点

本工程地上混凝土结构为框架核心筒结构，标准层层高为3900mm，柱子截面尺寸分别为1200mm×1200mm、1100mm×1100mm、1000mm×1000mm、900mm×900mm、800mm×800mm等。核心筒墙体的截面分别为400mm、350mm、300mm厚，混凝土强度等级分别为C55、C50、C45、C40、C35等。

### 3.3.2 地上结构钢筋工程

钢筋的连接直径≥20mm的采用滚压直螺纹连接，直径<20mm的钢筋采用搭接绑扎。

（1）钢材进场检查

钢材进场后立即进行现场检验（外观），且必须有出厂质量证明，然后试验员按照国家有关规定进行复试，复试合格后方可使用。

（2）钢筋加工

钢筋在加工过程中，严格控制半成品加工质量，按照规定除锈、切断、弯曲、成型，符合要求后，分类码放，并挂好标牌，标明规格、型号、数量、直径、使用部位等。

（3）钢筋绑扎、钢筋连接

钢筋绑扎过程中，检查钢筋直径、品种、尺寸、位置、间距、排距、根数、锚固长度、搭接长度、接头位置错开、绑扎牢固与钢筋保护层，严把质量关，坚持自检、互检、专检"三检制"。钢筋机械连接接头在连接好后，按照规程规定现场取样，复试合格后方可进行下一道工序。

（4）钢筋保护层及间距控制

1）钢筋保护层的控制

采取塑料垫块控制保护厚度，塑料垫块分为板、墙两种，根据设计本工程设计总说明要求，基础钢筋保护层30mm，楼板、剪力墙钢筋保护层15mm，可以在厂家统一定做35mm、25mm、15mm三种类型的塑料垫块，保证尺寸完全统一且控制在保护层允许的偏差范围之内。

2）钢筋间距的控制

在钢筋骨架中按北京市地方标准中的规定设置水平梯子筋控制双排钢筋间距，梯子筋统一做成φ18钢筋梯子，间距2000mm，并在水平钢筋端头接触模板处要点防锈漆。如图3-3所示。

为了保证柱筋的位置，浇筑混凝土前采用钢筋焊接的定位卡套在柱筋顶端，控制钢筋间距。

（5）钢筋保护

钢筋直螺纹丝口加工好后，及时扣好塑料保护帽。

遇雨雪天气，用塑料布覆盖钢筋，避免钢筋锈蚀。

钢筋绑扎完毕后，铺设施工马道，防止因踩踏导致钢筋松散、变形、位移。

浇筑混凝土之前，采用塑料布将竖向钢筋缠好，避免浇筑混凝土时污染钢筋；对于污染的钢筋，必须采用钢丝刷清理干净后方可进行下一道工序施工。

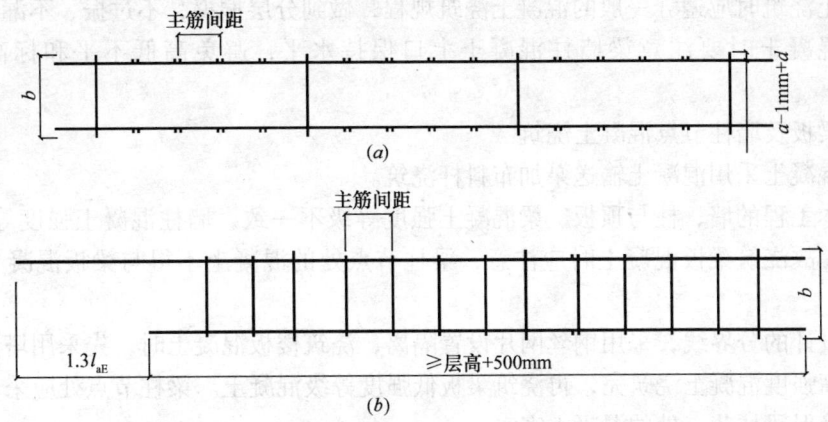

图 3-3　水平梯子筋示意图

说明：$b=$ 墙厚 $-2mm$；$a=$ 保护层厚度；$d=$ 拉筋直径

### 3.3.3　地上部分的模板工程

柱子及核心筒墙体模板采用定型制作全钢大模板，顶板、梁的模板采用木胶合板模板，支撑系统采用碗扣式脚手架，配合可调柱头进行支撑。

大模板的施工如下所述。

全钢大模板的设计、制作由专业模板公司进行设计、制作。

模板面板采用 6mm 钢板制作，[6 作为横向次龙骨，[10×2 作为竖向主龙骨，$\phi45\sim\phi38$ 有大小头的穿墙螺杆。

钢大模板基本按照标准层流水段进行配置。墙体模板配置了一个施工段的模板和异形模板，柱子模板采用可变截面型模板。

楼梯踏步配置了专用的楼梯踏步模板。

墙柱混凝土浇筑到比板底或梁底高 10~20mm，拆除模板后在梁底和板底弹线，采用切割机将上部的浮浆割除。

大模板应在混凝土强度达到 1.2MPa 时拆除。一般在混凝土浇筑后 10~12h 为宜，视气温情况，冬期应适当延长至 12~18h，夏季高温时可适当缩短至 8h 左右。

大模板在冬期施工应做好保温处理，主要在模板背面粘贴聚苯板保温。

### 3.3.4　地上结构混凝土工程

混凝土采用泵送商品混凝土施工，混凝土采用固定式混凝土输送泵，浇筑面采用混凝土布料机进行布料。柱子混凝土为高强度混凝土，采用塔吊单独浇筑。

（1）竖向结构混凝土浇筑

由于采用钢大模板，墙柱混凝土与顶板梁分开浇筑。

浇筑时先在底部铺 20~50mm 的减石子砂浆，防止混凝土离析。

柱子混凝土应浇至主梁梁底以上 10~20mm 处，并应保持表面平整。采用切割机将高出梁底的浮浆层切除，顶部凿毛。

墙的混凝土应浇至板底以上 10~20mm，并应保持表面平整。采用切割机将两侧的浮浆层切除，顶部凿毛清理干净。

混凝土浇筑时应遵守一般的混凝土浇筑规程，做到分层振捣，不过振、不漏振。

浇筑混凝土时要注意梁墙柱混凝土上口保持水平，避免高低不平和标高过高或过低。

(2) 梁板及墙柱节点混凝土浇筑

梁板混凝土采用混凝土输送泵加布料杆浇筑。

由于本工程的墙、柱与顶板、梁混凝土强度等级不一致，墙柱混凝土强度等级较高，梁板较低，故浇筑梁板混凝土时应注意，梁柱节点处的混凝土不得与梁板混凝土同时混浇。

根据设计的分界线，采用钢丝网片设置隔离，浇筑楼板混凝土时，先采用塔吊将梁柱节点处的高强度混凝土浇筑完，再浇筑梁板低强度等级混凝土。梁柱节点处应采取二次振捣工艺，确保梁柱节点处的混凝土密实。

(3) 混凝土施工缝留置

混凝土施工缝应按照预先设置的位置留置施工缝，施工中不得随意留设。

梁板施工缝一般留置在跨中的 1/3 部位。地下室阶段梁板混凝土的施工缝按照后浇带的位置进行留置施工缝，主体阶段，A 座分为三个施工段，故留设两条施工缝；C 座分为两个施工段，故留设一条施工缝。

楼梯板的施工缝留置在楼梯平台上，位于该跑楼梯平台的 1/3 部位；或者留置在楼梯板中 1/3 跨的踏步中间，不得留置在楼梯板根部或楼梯踏步的根部。

(4) 混凝土质量标准

均按照北京市结构长城杯质量标准进行施工和验收。

### 3.3.5 预应力复合楼板施工

(1) 预应力复合楼板工程概况

为得到大空间的平面布置，本工程 A 座标准层局部采用了预应力复合楼板技术，使楼面的跨度达到 16.8m × 16.8m，最大跨度为 16.8m × 22.1m。

预应力复合楼板的构造：楼板的厚度为 350mm，其中上下各 50mm 厚为配筋混凝土实心楼板，中部 250mm 厚采用自熄阻燃型聚苯板填充，形成纵横肋相连的空心复合楼板。聚苯板每一小块的尺寸为 200mm × 200mm × 250（厚）mm，每块之间的空隙为 67mm。为便于施工，在加工厂内聚苯板每 4 × 4 = 16 块采用 $\phi 2.5$ 钢丝网片连成一组，施工时整组安放。在每组聚苯板网片之间留置 250mm 空隙，以设置无粘结预应力筋。

预应力分别采用了无粘结预应力和有粘结预应力结构，其中在楼板部分采用了无粘结预应力结构，在其上设置了暗梁，暗梁采用了有粘结预应力结构。预应力筋采用高强低松弛预应力钢绞线，强度级别为 1860MPa。张拉端采用 YM15 - 1J 夹片锚，固定端采用 BSM15 挤压锚，控制应力为 $0.75 f_{ptk}$，根据结构形式及施工需要，分别采用单端和双端张拉。

楼板的混凝土采用 C30，在楼板的上下层，各配置了 HRB335 级 $\phi 14@150$ 的双向钢筋网片。

无粘结预应力复合楼板的构造如图 3-4 所示。

无粘结预应力筋的布置如图 3-5 所示。

(2) 预应力复合楼板的施工流程

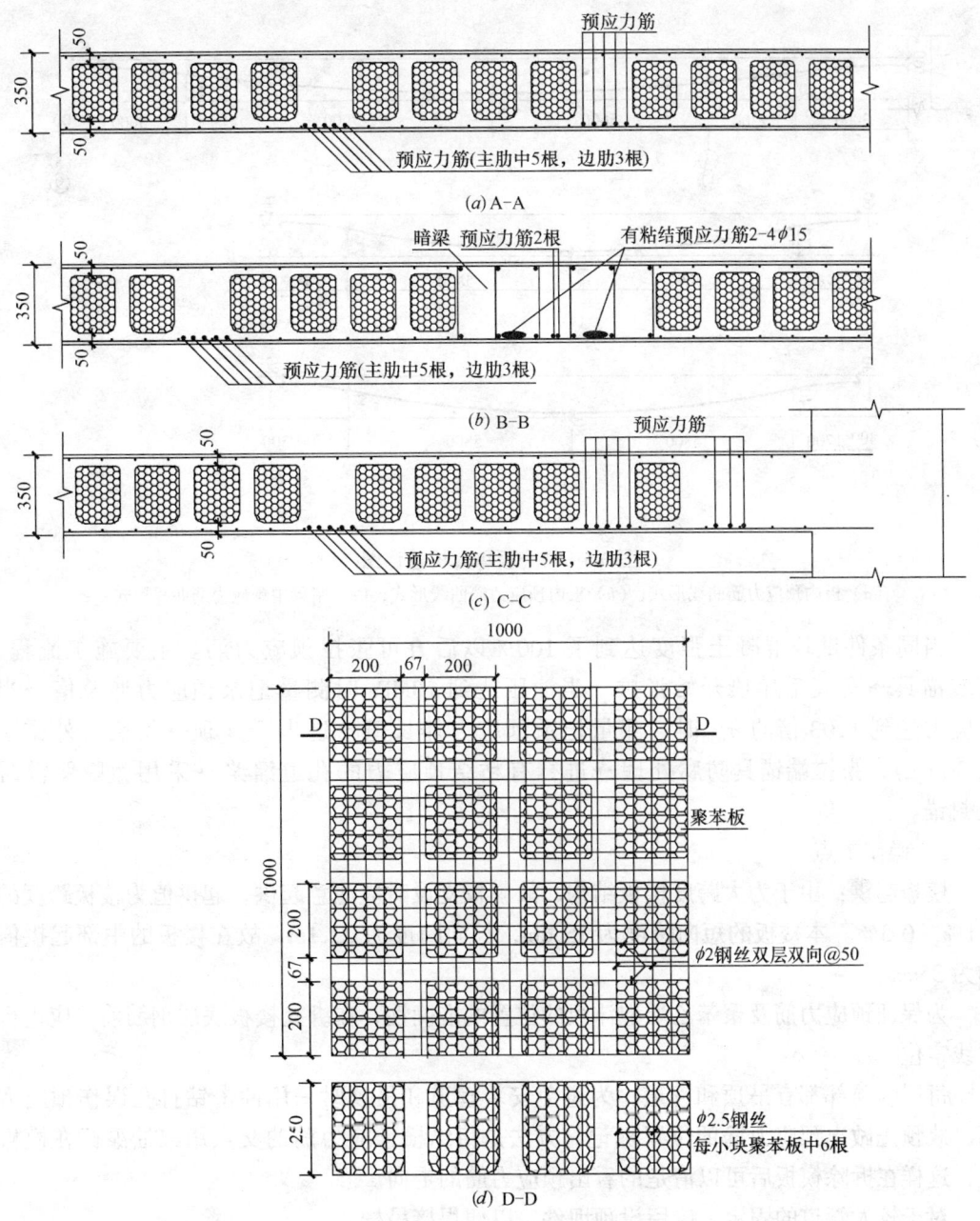

图 3-4 填充板单元构造详图

1) 聚苯填充板及预应力的安装阶段，主要施工流程为：

支设模板→定无粘结预应力筋及填充板的位置→间隔 2m 左右做出无粘结预应力筋的位置标记→安装预埋件→绑扎楼板底层钢筋网片→穿波纹管、铺设预应力筋及填充板→预应力筋调整、绑扎、编束、固定→填充板与下筋拉接、固定→预应力筋张拉端组件安装、固定→板内管线、预埋件、预留洞口→绑扎板上铁→将板上铁与模板拉结固定→浇筑混凝土。

2) 预应力张拉阶段

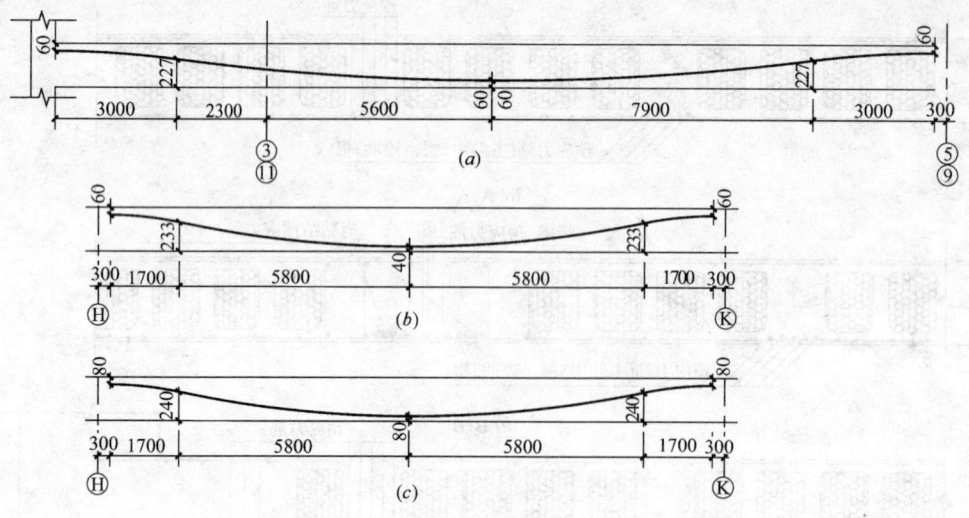

图 3-5 填充板单元构造详图
(a) 板内预应力筋曲线形式；(b) 板内预应力筋曲线形式；(c) 暗梁中预应力筋曲线形式

当同条件试块混凝土强度达到了100%以后方可张拉预应力筋。主要施工流程：安装锚具→安装千斤顶开始张拉→当油压达到10MPa时测量记录预应力伸长值→当预应力达到1.03倍的$\sigma_{con}$时，测量记录预应力伸长值→退出千斤顶→切筋（外露锚具30mm），张拉端锚具防腐处理→进行有粘结预应力的孔道灌浆→采用微膨胀混凝土封锚。

3）操作要点

模板起拱：由于为大跨度楼板结构，故模板支设时应注意起拱，起拱值为楼板跨度的0.1%～0.3%。本楼板的短向跨度为15.6m，长向跨度为22.1m，故在楼板的中部起拱值约为35mm。

为保证预应力筋及聚苯乙烯泡沫板的位置的准确性，在绑扎楼板底层钢筋前，应进行放线定位。

每层的顶部都有吊顶和管道，为避免安装管道和吊顶时采用冲击钻打孔误伤预应力筋，故预先做出预应力筋的位置标记，方法是将纵横预应力筋的交点用红油漆标在模板上，这样在拆除模板后可以清楚的看出预应力筋的走向。

对于较大管道的固定，应留设预埋件，以便焊接吊杆。

聚苯乙烯泡沫板的固定是一道重要的工序。由于聚苯乙烯泡沫板较轻，混凝土浇筑时有可能造成移位和上浮，因此，将聚苯乙烯泡沫板固定牢固是非常重要的。安装聚苯乙烯泡沫板时，校正位置正确后，用钢丝将泡沫板的网片四周固定在底层钢筋网片上。

为防止整个泡沫板以及钢筋网片上浮，在模板上间隔2m左右打眼，在上层钢筋网片绑扎完毕后，将上层钢筋网片采用10号钢丝穿过模板固定在模板支架上。

施工缝留置：无粘结预应力复合楼板可以很方便地留置施工缝，施工缝的留置部位同一般楼板一样，可以留置在楼板跨度的中间1/3跨内，并设在两组泡沫板之间即可。

复合楼板施工的其他方面如预应力筋的施工、混凝土的浇筑等与其他工程相同，此处不再详述。

**3.3.6 钢结构工程**

(1) 钢结构概况

本工程部分结构采用了钢结构，主要有二十六～三十三层的劲性柱结构、钢梁+压型钢板复合楼板结构；屋面部位的混凝土核心筒+钢结构框架；钢结构复合屋面。

钢结构柱采用 Q345B，主钢梁采用 Q345B 焊接 H 型钢。主钢梁的连接采用 10.9 级高强螺栓连接。钢柱及钢梁的焊接均采用全熔透焊缝。

为保证钢结构的制作质量和施工速度，钢结构构件由专业队伍进行加工。

(2) 劲性柱的施工

由于本工程的特殊性，本工程在二十八、二十九和三十一、三十二层设置了钢结构架空层，即土建结构施工时，该层楼板不施工，只预留了钢梁的牛腿。自二十六层起采用了劲性组合柱结构，柱子截面分别为 800mm×800mm、900mm×900mm。钢芯柱采用十字形芯柱，尺寸为 450mm×450mm，作为劲性柱，如图 3-6 所示，其作用主要有两个：一是加强柱子的整体刚度和抗弯能力，二是作为架空层钢梁的牛腿支点。

劲性柱施工的难点在于：

1) 劲性柱钢筋配筋密集，柱子每侧的竖向主筋为 HRB400 级 $\phi$32 钢筋 7～9 根，柱子箍筋间距 100mm，而每道箍筋内外共有三种规格。

2) 劲性柱梁柱节点复杂，处理难度较大。钢芯柱的截面比较大，预留的钢梁牛腿与柱子竖向主筋之间的关系不好处理，普通混凝土梁的主筋穿过钢芯柱时，由于不能在钢芯柱翼缘板上打孔，需要设置连接板，尤其是对配筋较多的主梁，需要综合考虑柱子主筋的布置、梁筋的布置、连接板打孔的位置、柱子主筋上下层的布置等。

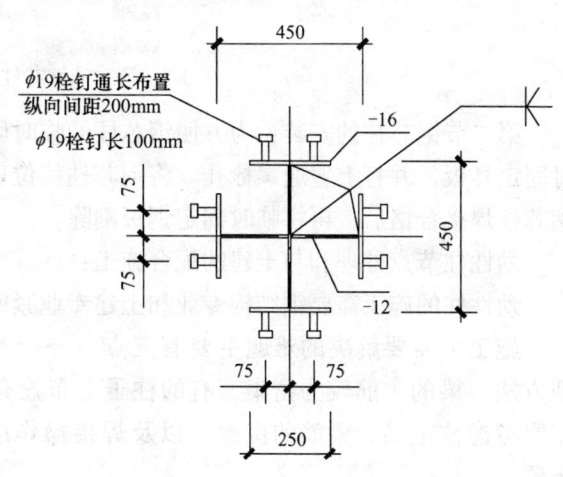

图 3-6 劲性柱芯柱示意图

劲性柱施工的重点是做好钢芯柱的定位安装和节点处理，尤其是要做好钢芯柱与混凝土梁的连接、劲性柱与钢梁的连接、钢芯柱与柱子钢筋的关系。

十字形芯柱的加工方法是：先用钢板组焊接成两个 H 型钢，把其中一件按实际尺寸切割成两个 T 型钢件，然后再与另一 H 型钢进行组装。

为方便安装，根据塔吊的吊装能力，钢结构芯柱在工厂内每三层加工成一节，现场组装。

所有的对接焊缝均采用超声波检验。

钢构件的喷砂除锈及涂装均在工厂内进行。

钢芯柱的安装：

出于锚固的要求，钢芯柱应锚固到下一层的楼面标高下1m处。钢芯柱的接头位置应在楼板上表面1m处。

首先在柱根部预埋4根Q235制作的M35柱脚螺栓，第一节钢芯柱自带厚度为20mm的柱脚底板，待下部柱子的混凝土达到一定的强度后，吊装第一节钢芯柱就位，临时固定后进行钢芯柱的校正，符合要求后固定柱脚螺栓。柱根部采用高流态高强灌浆料灌注。如图3-7所示。

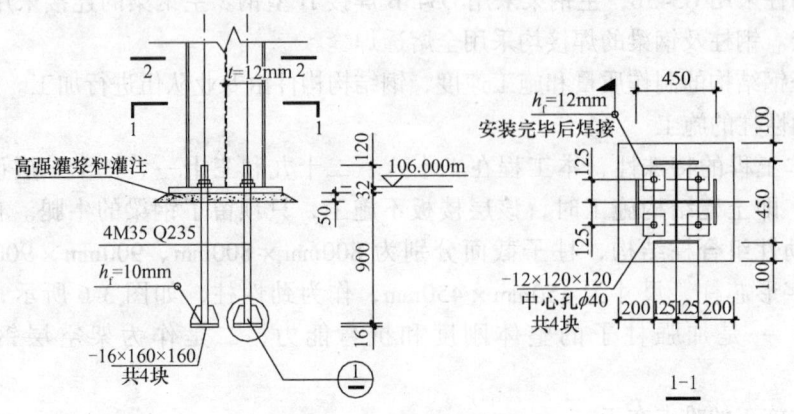

图3-7 第一节钢芯柱固定方法图

第二节钢芯柱的安装：为方便钢芯柱的临时固定，可以预先在钢芯柱翼缘板上焊接临时固定耳板，并打上普通螺栓孔。将钢芯柱就位后，临时用普通螺栓连接、校正，将上下钢芯柱焊接合格后，再将临时固定钢板割除。

劲性柱节点处理和与土建的配合施工：

劲性柱的施工需要钢结构专业和土建专业紧密配合，才能确保良好的施工。

施工中需要解决的难题主要有三点。一个难点是，混凝土梁的主筋遇钢芯柱的处理方法。梁的主筋较为密集，有的柱子上布置有三个方向的主梁，梁的主筋多达三层，需要考虑柱主筋、梁筋的位置，以及焊接操作的要求，还要考虑到上下层钢筋的不同布置。

另一个难题是，钢梁牛腿和柱子钢筋之间的关系处理。柱子主筋本身布置较为密集，遇钢梁牛腿时不能断开，而牛腿的受力截面也不能削弱。

而且本工程结构复杂，劲性柱竖向主筋和箍筋均较密，柱子箍筋构造较为复杂，给劲性柱钢筋的绑扎带来了较大的难度。

为解决上述难题，在钢结构构件加工前，就必须提出细部构造做法，并作出土建和钢结构构件大样图。所有的穿钢筋孔均采用在工厂内机械钻孔，不得现场气割开孔。

1) 混凝土主梁主筋的处理方法

对于钢芯柱而言，翼缘板是不能受到削弱的，腹板则可以开孔穿过钢筋。对于梁主筋遇到钢芯柱翼缘板时，采用连接板进行连接。

本工程的典型的劲性柱截面为800mm×800mm，混凝土梁截面宽度为600mm，钢芯柱的截面为450mm×450mm。柱子的典型配筋为：28ϕ36（HRB400级），梁的配筋为8ϕ28（HRB400级）。配合柱子主筋的布置，梁筋分为上下布置两排，上排布置六根筋，下排布置两根筋，上排布置方式是：钢芯柱外侧各布置一根，穿过钢芯柱腹板布置两根，另两根则通过在翼缘板上焊接连接板，将梁筋焊接在连接板上处理。下排筋则布置在翼缘板两侧。如图3-8所示。

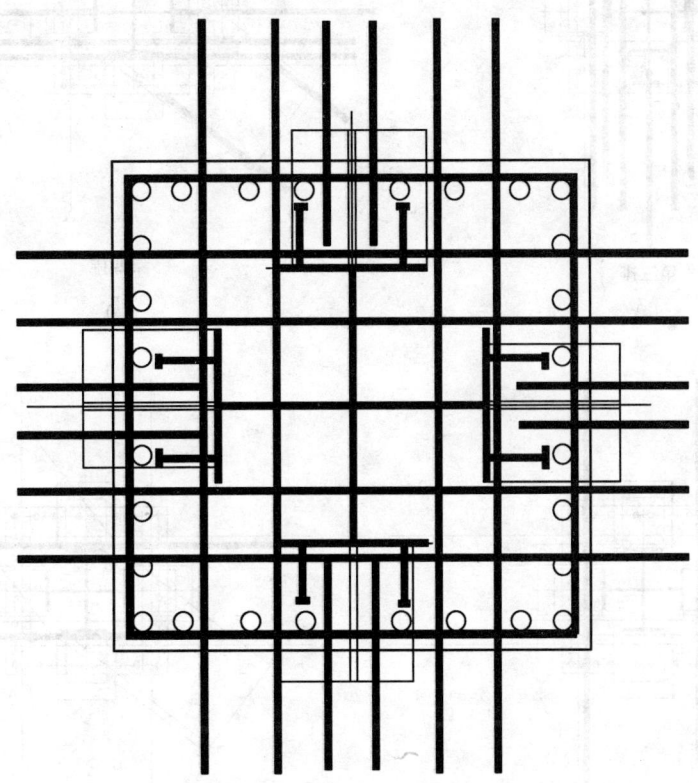

图3-8　边长800mm柱主筋及梁筋布置图

难度比较大的是A座有两根柱子截面为900mm×900mm，混凝土梁截面宽度为600mm，钢芯柱的截面为500mm×500mm。柱子的典型配筋为：32ϕ36。而梁布置有三个方向的主梁，且梁的配筋较大，分别为10ϕ28、14ϕ28、18ϕ28钢筋。综合考虑到柱子钢筋的布置方式、钢筋直径、间距的因素，我们认为边长900mm的柱截面偏小，征得设计的同意，改为和下层柱截面相同的边长1000mm。

三个方向的梁筋共分六层布置，如图3-9所示。

2）钢梁与劲性柱连接

钢梁与劲性柱的连接方式是预先在钢芯柱内焊接牛腿，以后再采用高强度螺栓连接。钢牛腿焊接在钢芯柱翼缘板上。如图3-10所示。

柱子主筋的布置需要综合考虑到钢筋的最小间距（不小于钢筋直径）、穿钢筋孔对钢牛腿的影响（开孔截面不应大于牛腿横截面的40%；孔边距离板边不小于25mm）、上下层钢筋位置的基本一致等因素，计算准确后再确定。

3）柱子箍筋处理

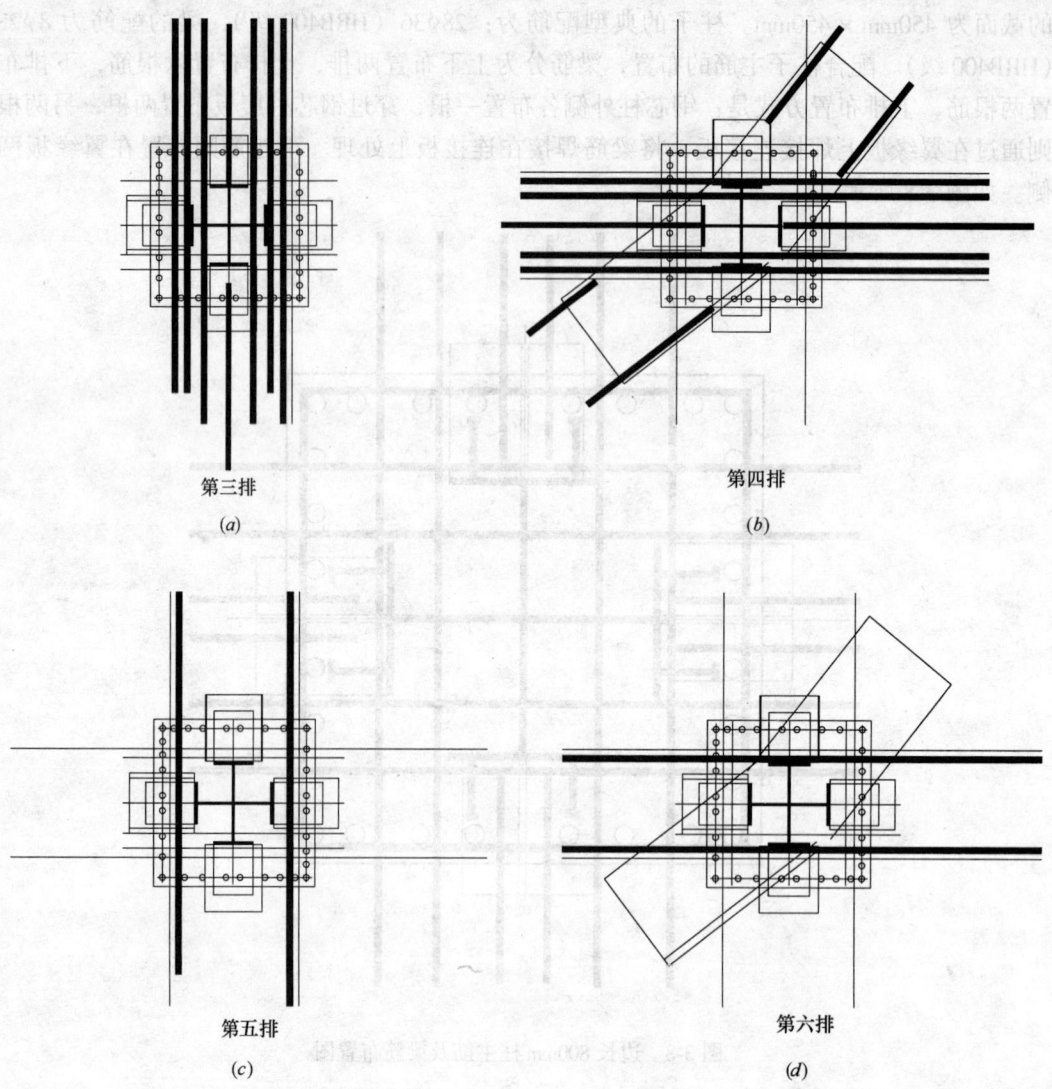

图 3-9 不同方向的顶柱梁钢筋布置图
(a) A座 4/K轴 KZ3 三十三层顶柱梁钢筋布置；(b) A座 4/K轴 KZ3 三十三层顶柱梁钢筋布置
说明：中间的钢筋应焊接在钢牛腿的底部，焊接时应确保焊接质量和长度
(c) A座 4/K轴 KZ3 三十三层顶柱梁钢筋布置；(d) A座 4/K轴 KZ3 三十三层顶柱梁钢筋布置
说明：南北方向梁上筋在上，东西方向筋在中，斜梁筋在下

劲性柱的主筋及箍筋均较密，箍筋采用 φ12@100 布置，每道箍筋包含四种形状。由于钢芯柱的原因，除最外侧的封闭箍能够正常施工外，里面的三道箍筋无法按照正常的方法施工，因此，改为半封闭的开口箍筋。其中，箍筋一头的弯钩在加工时暂不弯，在柱子上手工弯曲。如图 3-11 所示。

在牛腿部位，内部的箍筋则全部改为拉钩，并在牛腿的腹板上预先根据计算好的位置钻孔。如图 3-12 所示。

4）劲性柱混凝土浇筑

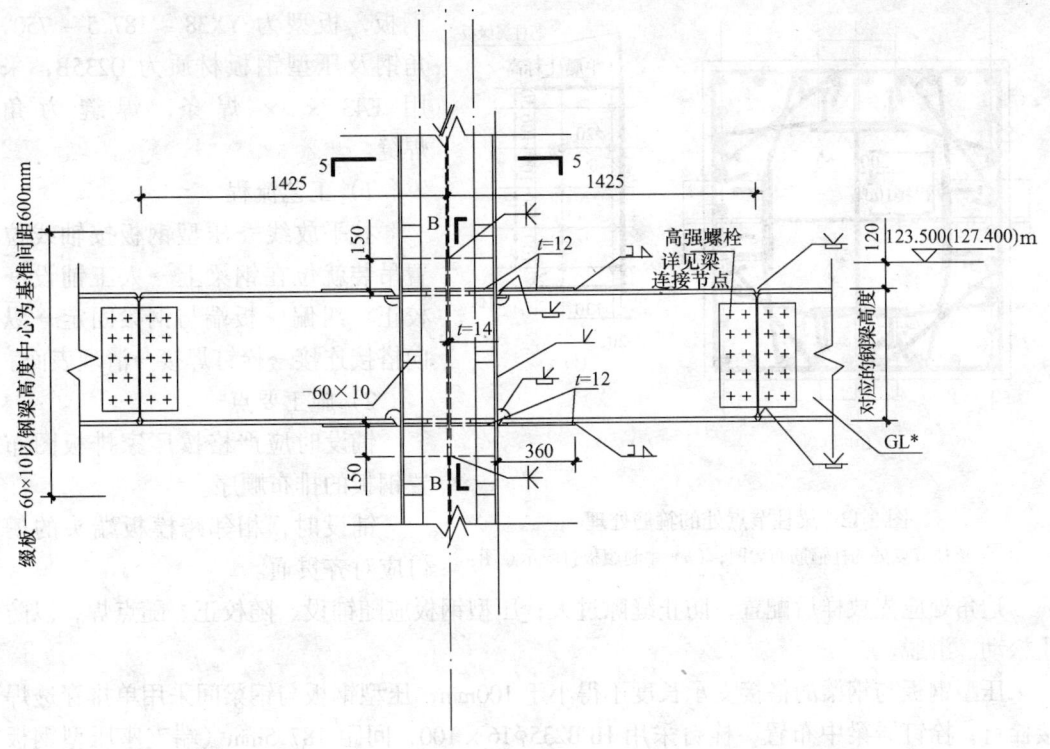

图 3-10 钢梁与柱连接示意图

由于劲性柱内钢筋密集,加上栓钉,混凝土浇筑较为困难,振捣不好容易出现蜂窝、孔洞等质量缺陷。劲性柱混凝土强度等级为 C40,混凝土采用 20~40mm 石子,坍落度为 180~220mm,采用 $\phi30$ 的振捣棒进行振捣。

(3) 钢结构梁的施工

对于一般的工程来说,钢梁和的安装和结构的施工顺序是相同的。而由于本工程的特殊性,钢梁的安装是在土建主体结构完成后开始安装的。钢梁安装时,先将钢梁采用塔吊吊进楼层内,再用捯链将钢梁吊装到位,进行安装。

钢梁与预先埋好的钢牛腿先采用高强螺栓在腹板连接,然后在上下翼缘板上采用对接焊接。

(4) 组合楼板施工

本工程 C 座二十八层、二十九层、A 座二十九层、三十一层、三十二层顶板及 A 座北侧 1-7/K-L 为压型钢板组合楼板。压型钢板采用 1.0mm 厚的镀锌

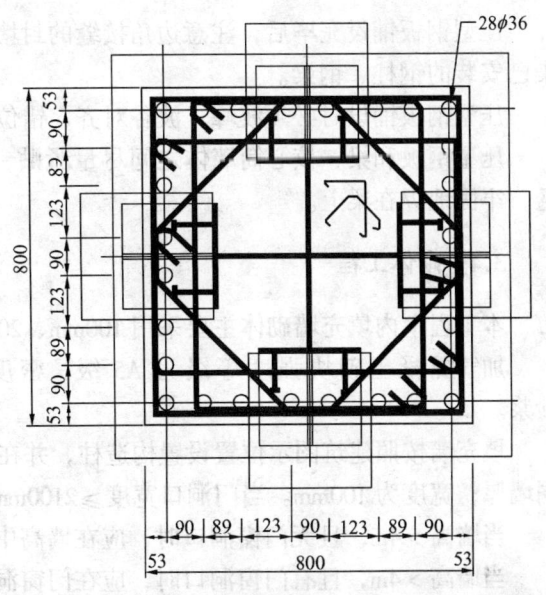

图 3-11 内部箍筋改为半开口示意图

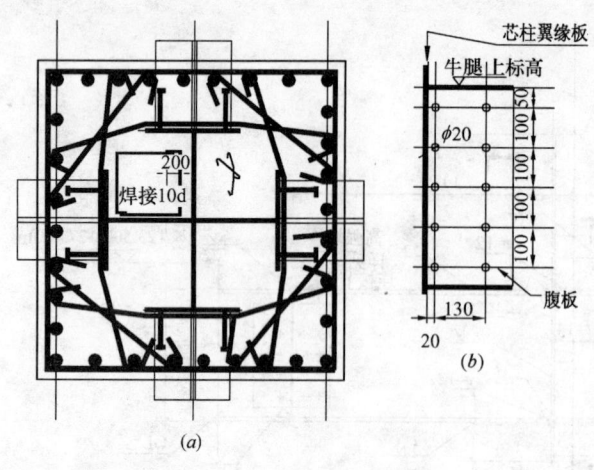

图 3-12 梁柱节点处的箍筋处理
(a) 梁柱节点处的柱箍筋布置图；(b) 牛腿腹板打眼示意图

钢板，板型为 YX38-187.5-750，角钢及压型钢板材质为 Q235B，采用 E43×× 焊条，焊缝为角焊缝。

1) 工艺流程

找平放线→压型钢板按轴线位置吊装就位在钢梁上→人工铺设→校正、纠偏→板端与钢梁固定→纵向搭接连接→栓钉焊接→清理表面。

2) 施工要点

铺设时应严格按厂家排板图布置钢板的排布顺序。

铺设时，相邻跨模板端头的槽口应对齐贯通。

边角处应先放样后配置，防止缝隙过大；压型钢板应随铺设、随校正、随点焊，以防止松动、滑脱。

压型钢板与钢梁的搭接支承长度不得小于100mm，压型钢板与钢梁间采用单排穿透焊接栓钉，栓钉居梁中布置，栓钉采用 HPB235$\phi16\times100$，间距187.5mm（端支座压型钢板的凹肋处）。在焊接前，必须清除压型钢板底部在支承面处的油漆及其他杂质。

压型钢板在定位后应即以焊接方式固定于结构杆件上，压型钢板与压型钢板侧向搭接处采用搭接连接进行固定。

每一片压型钢板均需以栓钉熔焊与钢梁固定；如遇波峰处无法焊接，可错开波峰焊接，但需保证栓钉总数不变。焊接材料应穿透压型钢板，并与钢梁材料有良好的熔接。

压型钢板铺设完毕后，注意边角接缝的封堵工作，以保证混凝土施工时没有漏浆，污染已安装的钢柱、钢梁。

压型钢板铺设时必须波峰、波谷对齐，错位不得大于10mm。

压型钢板和梁、核心筒墙体之间尽量紧贴，间隙控制在1mm以下，确保栓钉能够穿透，牢固地焊在梁上。

## 3.4 砌体工程

本工程室内填充墙砌体主要采用100mm、200mm厚加气混凝土砌块进行砌筑。

加气混凝土砌块强度等级为 A5 级，密度等级 $\leqslant 700 kg/m^3$。砂浆采用 MU5 混合砂浆。

填充墙按照建筑图示位置设置构造柱，并在门洞口两侧设置抱箍。抱箍尺寸为：厚度同墙厚；宽度为100mm。当门洞口宽度≥2100mm时，抱箍应通顶设置。

当墙高>4m，且无门窗洞口时，应在墙高中部设置一道配筋带；

当墙高>4m，且有门窗洞口时，应在门窗洞口顶部设置一道配筋带。

配筋带宽度为200mm，配筋为 $4\phi10$，$\phi6@250$。

与钢筋混凝土墙柱贴砌的加气混凝土，沿高度每 2m 设置一道现浇混凝土拉结带。

### 3.5 脚手架工程

本工程地下室阶段及三层以下采用双排钢管脚手架，主体阶段三层以上的外脚手架采用附着式电动提升脚手架。

普通脚手架采用扣件式钢管脚手架，脚手架施工要由专业架子工进行操作。

#### 3.5.1 框架式电动提升脚手架的施工

略。

#### 3.5.2 框架式电动提升脚手架构造

框架式电动提升脚手架由架体、升降承力结构、防倾防坠装置和动力控制系统四部分构成。架体主要为竖向主框架，竖向主框架底部由水平支承桁架相连；承力结构和防倾防坠装置安全可靠，受力明确；动力控制系统采用电动葫芦，并固定在架体上同时升降，避免频繁摘挂，方便实用。爬架构造见图 3-13。

#### 3.5.3 平面布置

A、C 各座设 26 个提升点，分为四段提升。

爬架主架宽 900mm，内排立杆离墙距离 400mm。

在结构施工时进行预埋螺栓和预留孔。

提升点处爬架架体立面为定型加工的主框架。为满足爬架底层防护拆模板，以及最上层防护结构绑钢筋的要求，爬架总高为四层半高。

动力系统固定在主框架上，为保证足够提升高度，吊点横梁设置在第四步架上。

#### 3.5.4 防护要求

爬架外立面满挂密目安全网。底层密目安全网兜底，与墙面实现水平方向全封闭，以上架体每隔 3 层均要求与墙面实现全封闭，防止物件坠落伤人。脚手板采用对接平铺设置在小横杆上，对接处必须设双排小横杆，小横杆距脚手板端头≤150mm。操作面必须满铺脚手板，离墙面≤100mm，不得有空隙和探头板、飞跳板。脚手板用 8 号钢丝与小横杆（挡脚板为立杆）绑扎牢固，不得在人行走时滑动。

#### 3.5.5 爬架施工

略。

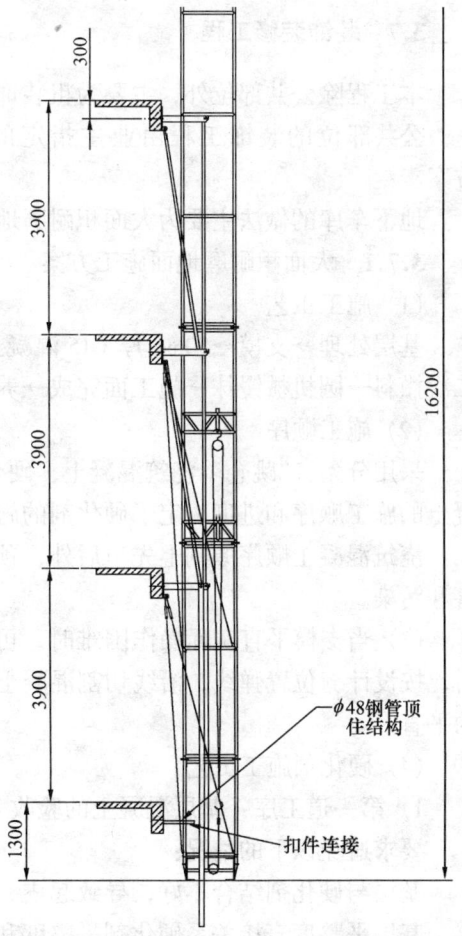

图 3-13 爬架构造示意图

### 3.6 屋面工程

本工程屋面做法较多，有彩钢板复合玻璃纤维保温层屋面、倒置式发泡聚氨酯保温层屋面、XPS聚苯挤塑保温层屋面等，从使用功能上分为上人屋面和不上人屋面两种。

倒置式发泡聚氨酯保温层屋面的做法是：屋面基层、2%找坡最薄处100mm厚发泡聚氨酯保温层、25mm水泥砂浆找平层、3mm+4mm APP卷材防水层、彩色水泥砖面层。

XPS聚苯挤塑保温层屋面做法为：防水材料为改性沥青防水卷材两道（4mm+3mm厚），保温隔热材料为100mm厚聚苯挤塑保温板，屋面找坡采用水泥粉煤灰页岩陶粒找坡层，上人屋面面层采用彩色水泥砖，非上人屋面做60mm厚粒径15~20mm卵石保护层。

主要施工工艺：APP卷材防水施工采用热熔法施工，防水采用专业施工资质的队伍施工。

彩钢板复合玻璃纤维保温层屋面由钢结构施工厂家施工，保温层在施工现场复合制作。

### 3.7 装饰装修工程

本工程除公共部位外，主要为粗装饰。

公共部位的装饰工程由业主指定的专业分包队伍进行施工，此处不再编制施工方案。

地下车库的做法主要为大面积耐磨地面，部分轻钢龙骨吊顶，地板砖地面等。

#### 3.7.1 大面积耐磨地面施工方案

(1) 施工工艺

基层处理→支模→50mm厚C15混凝土→硬化剂第一次撒料→第一次盘抹→硬化剂第二次撒料→圆机械镘抹→施工面完成→养护→卸模→切缝与嵌缝。

(2) 施工顺序

采用分条："跳仓"浇筑混凝土，硬化剂施工随混凝土施工随打随抹，一次成活，混凝土的施工顺序和进度决定了硬化剂的施工顺序和进度。

浇筑混凝土顺序原则上先里后外，预留出施工通道，防止施工过程中对成品地面的损害和污染。

(3) 当支模平直实际操作困难时，可将模板分别向两边外推2~3cm，混凝土浇筑好后，按设计缝位置弹线，沿线切割混凝土，并剔除多余的2~3cm混凝土，这样可保证缝的平直。

(4) 硬化剂施工工艺

1) 第一道工序：基层混凝土的验收

要求避免以下的情况：

基层与硬化剂结合不好，导致起皮、空鼓。

基层平整度直接关系硬化剂平整度和施工缺陷。

混凝土坍落度过大造成施工面踏降、污染，同时形成在终凝时，施工硬化剂与基层结合不好，成为"两层皮"。

混凝土砂石灰拌合不均匀，硬化剂与缺乏水泥浆体的基层相连，没有结合力，形成局部起皮、空鼓。

混凝土坍落度过小将会造成提浆困难，硬化剂与混凝土没有结合力，形成空鼓、起皮。

模板位置不正确、不平、不直，造成硬化剂施工表面不直，接槎不齐，接槎高低不一。

混凝土施工可能造成硬化剂面品污染。

严禁混凝土施工方采用素水泥找平。

对以上直接关系到硬化剂施工质量的事项按照交底文件进行验收，对不符合要求的混凝土要求其整改，直至达到技术交底的要求，对可能引起硬化剂施工质量的混凝土施工问题进行现场书面确认，对混凝土施工中不配合并可能引起质量纠纷的问题作出处理办法。

验收指标：

A. 硬化剂施工交底文件。

B. 对混凝土施工中不符合交底换文问题及时处理，对硬化剂质量无影响。

2）第二道工序：硬化剂投入施工时机掌握及全局控制

硬化剂投入施工时机掌握及全局控制是施工控制和施工质量的关键，每一个工作面必须由施工经验丰富的技术工负责，如现场技术员、班组长等，其贯穿以下五道工序。

其技术要点是：投入施工时机必须综合考虑混凝土凝结性能，组织人员不失时机地投入硬化剂撒料及后续施工。投入时机过早会造成工作面踏降严重，颜色污染，平整度受损；投入时机过晚会造成硬化剂与混凝土结合不好，引起起皮、空鼓，严重时硬化剂无法施工。

由于混凝土表面干湿不一，责任人必须有全局观念，随时把握整个混凝土施工面的状况，先成熟先施工，绝不可因疏漏而贻误施工时机。

要求在技术交底时必须掌握混凝土的性能，如水泥种类、混凝土强度等级、厚度、坍落度、初凝时间、终凝时间及外加剂品种性能。例如：普通硅酸盐水泥混凝土凝结性能较好，硬化剂操作时间在8~10h完成，矿渣水泥混凝土后期凝结速度较快，应相应地加快收光速度。

混凝土垫层：垫层为混凝土时水分以表面蒸发为主，蒸发速度对施工进程影响较大；垫层为土质卵石时以地面失水为主，基层的密实度及含水率等对施工进程影响较大。

特殊部位：地墙根、柱根等构筑物与地面交接的部位混凝土凝结时间变化一般较大，应随时掌握施工时机。

3）第三道工序：第一次撒料

撒料工根据混凝土浇筑工作面选择通道：将工作面划分区域，根据用量面积计算该区域硬化剂用量，将硬化剂一次搬运到位，在撒料通道均匀放好，做好施工准备。

第一次撒料用量为总量的2/3。

撒料前戴好防护手套，先撒边角部位，保证用料充分，然后抛撒大面，撒料时出手位距混凝土 20～30cm，沿垂直方向直线出手，撒料长度 3m 左右，宽度约 20cm，然后距 15cm 左右按顺序依次撒料。分条、分仓、分块浇筑时，可相对撒料；整体浇筑时可 3～4m 为跨，逐跨后退撒料。

工序控制标准：

A．硬化剂用量控制在标准用量的 2/3，撒料厚薄一致；

B．走向分明，无遗漏，无堆积，对边角处撒料得当；

C．抛撒时不得对墙面、柱面及其他成品产生污染。

4）第四道工序：硬化剂第一次盘抹及边角手工初抹

机械磨光机带盘负责对大面硬化剂压实找平，同时提浆。

手工抹灰工负责对边角硬化剂压实找平，对接槎处平顺过渡，处理得当。

工程控制标准：

A．操机手压实均匀，平整度 4mm/2m，无遗漏，对其他施工无污染；

B．抹灰工对边角压实均匀，与大面的平整度一致，边角、设备机座处理平直，无污染。

5）第五道工序：第二次撒料

同第三道工序，用量为总量的 1/3，撒料方向与第一次撒料垂直。

6）第六道工序：硬化剂刮杠找平

验收标准：2m 刮杠压实后无虚空。

7）第七道工序：硬化剂第二次盘抹及边角手工精抹

同第四道工序，平整度控制指标为 3mm/2m。

8）第八道工序：硬化剂刀抹收光及边角手抹收光

职责要求：

A．操机手负责大面压实，打抹和收光。

B．抹灰工负责边角、设备机座、接槎等机械无法施工的部位的压实、打抹和收光。

9）第九道工序：涂覆养护剂

要求：

A．协助班组长对上一道工序及时验收，对不符合要求的部位及时指出，由班组长做出处理意见后，才能施工。

B．掌握养护剂用量及涂覆均匀技术，涂覆表面均匀一致，无遗漏、无滴洒、无气泡斑纹、接槎平顺。

### 3.7.2 单元式幕墙施工方案

单元式玻璃幕墙是在工厂将铝型材、玻璃、石材、附件等一些幕墙元素组合成幕墙板块，然后运至现场，现场吊装就位的一种幕墙类型。它具有其他类型幕墙难以替代的优点，集各种幕墙技术于一体：由于采用了对插接缝，使幕墙对外界因素的变形适应能力增强，尤其是在高层及超高层建筑上体现得更为明显；由于采用雨屏等压原理进行构造设计，从而保证了幕墙的水密性和气密性；由于主要工作在工厂完成，大大地缩短了建筑工程的施工工期。其不仅受到建筑界的青睐，成为建筑外包装的主要结构形式，而且为人们在环保、节能、舒适等诸多方面提供了条件。

本工程的幕墙由专业公司进行设计和施工，我方配合施工。

玻璃幕墙在主体结构施工至二十层时插入施工，为保证施工的安全，在二十一层搭设安全防护棚。

单元式玻璃幕墙的主要施工流程如图3-14所示。

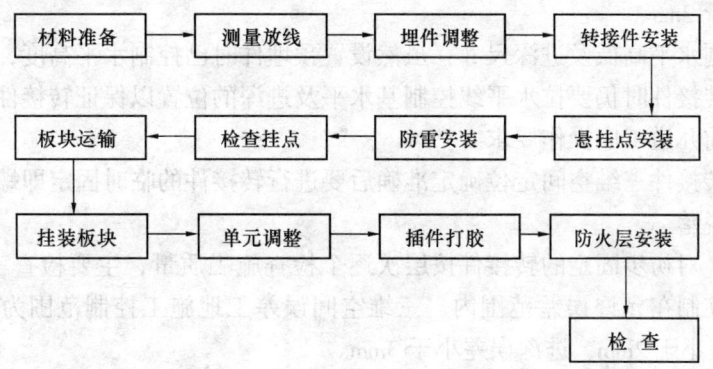

图3-14 单元式玻璃幕墙主要施工流程示意图

其主要的施工工艺为：

(1) 测量放线

测量放线是保证施工质量的关键工序，应作为"停滞点"来检验。为保证测量精度，除熟悉施工图纸，采用合理的测量步骤外，还要选用比较精确的激光经纬仪进行测量放线，测量工作开始前需与土建单位确认三项基准数值。

为保证总体上不超出规范规定的偏差，不能取地面或楼面作为控制平面，必须用水准仪测设出两个相对平台作为控制平面，控制平面内控制点测定应非常准确。在定位点处以角钢焊接，并用钢线拉准。在两个圆弧中心点处应严格校核上下主圆心控制点的同心度，同心度偏差不大于2mm。

控制平面内以坐标法作出方格网，待边缘控制点确定后，以三块板块作为一个单元尺寸，计算出各单元控制点坐标，并用方格网测出单元控制点；以圆弧弧长相对应的拱高进行校核。

九宫格的边缘四个光点就是每个九宫格九块板块的尺寸精度控制点。从测量放线到板块安装调整定位都应按每个单元进行尺寸控制，如图3-15所示。

以确定好的控制点为基准，将每对水平控制点和竖向控制点用钢线连接。连接后的钢线在立面上形成网状，用记号笔将网中每个交叉点作上标记以确定在施工过程中拉线的交叉点不变。拉线下垂处可用腰线支撑，最后用激光仪检查放线的偏差，并予以调整。

(2) 转接件安装

两方面的内容：一是对已施工工序质量的验收；二是按照图纸要求对下步工作的安排。

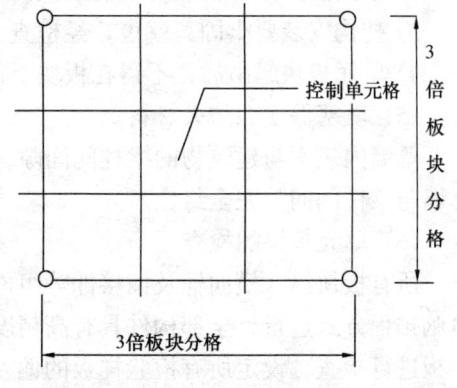

图3-15 确定测量控制点的方法示意图

寻找预埋件：预埋件的作用就是将转接件固定，使幕墙结构与主体混凝土结构连接起来。所以，安装转接件时首先要寻找原预埋件，只有寻准了预埋件才能很准确地安装转接件。

对照挂点垂线：挂点中心线也是转接件的中心线，故在安装时要注意控制转接件的位置，其偏差小于2mm。

水平线控制水平高低及进深尺寸：虽然设置预埋件时已控制水平高度，但由于施工偏差影响，安装转接件时仍要拉水平线控制基水平及进深的位置以保证转接件的安装准确无误，方法参照前几道工序操作要求。

固定：在转接件三维空间定位确定准确后要进行转接件的临时固定即螺栓拧紧，要保证转接件不会脱落。

验收检查：对初步固定的转接件按层次逐个检查施工质量，主要检查三维空间误差，一定要将误差控制在允许误差范围内，三维空间误差工地施工控制范围为垂直误差小于2mm，水平误差小于2mm，进深误差小于3mm。

正式固定：对验收合格的转接件进行固定，即正式将螺栓拧紧。

正式固定后验收：对于固定好的转接件，现场管理人员要对其进行逐个检查验收，对不合格处进行返工改进，直至达到要求为止。

防腐：预埋件在模板拆除、凿除混凝土面层后进行过一次防腐处理，转接件在车间加工时亦应进行过热镀锌防腐处理，有防腐层破坏的仍需进行防腐处理，具体处理方法如下：

1) 清理基底。
2) 刷防锈漆。
3) 刷保护面漆，有防火要求时要刷防火漆。

(3) 垂直运输

单元板块的垂直运输是利用吊篮把单元板块运送到各楼层。板块运到楼内后，用水平移动小车分发、存储至各作业面，准备吊装。

(4) 安全、防范

1) 特别要注意电葫芦的电控设备，当发生意外时可急停，并自动断电，保证安全吊装。
2) 吊具必须经常检查，发现磨损要及时更换。
3) 挂钩安装要牢固、就位，经检查无误后方可发出起吊信号。
4) 单元板块起吊后，不得在板块下部停留、作业。

(5) 填塞保温、防火材料

幕墙内表面与建筑物的梁柱间间隙，用隔声、防火材料填充，并用镀锌钢板封盖，将幕墙与梁柱间间隙完全封住。

(6) 单元板块的检查

所有板块纵、横向框及插接件等组件的加工过程全部由进口四轴专用幕墙加工中心以电脑排程方式进行，全部构件具有高精度的互换。加工件的检验按长度、孔位、孔径检验样板进行检查，设定所有检验样板的偏差为±0.2mm。

单元板块加工按样板定位，协调组件制作装配，形成产品样板，进行1:50随机抽样由专用的检验夹具进行复验，给出允许偏差±0.5mm。

为考核装配质量，确定平面度、垂直度、对比差及上下、左右间隙与对缝误差，要求做两个单元体并排，进行现场观察样板，对质量进行实测。所有偏差达到规定要求后，按此工艺和要求进行大面积组装。

对50~90m的检查，采用分层、水平垂直进行实地测量。

对雨水渗漏按Ⅰ级防雨水渗漏标准检查，采用高压喷水方法进行检验。

单元板块安装完一部分后，进行现场雨水渗漏检验，这样可及早发现单元组件设计、安装中存在的问题，及早采取措施，避免全部安装完后检查出问题、返工处理工作量大的麻烦。

检验方法：使用20mm直径软管，装上喷嘴，要求水能直接喷射在指定的接缝处，以20m长度为一个试验段，喷射水头应垂直墙面，沿接缝前后缓缓移动。每次喷射时间约5min，水压至少达到0.2MPa。在喷水的同时，在单元组件内侧要安排人员检查是否存在渗漏，并做好记录。

# 4 质量管理措施

## 4.1 质量计划

本工程的总体质量目标是合格，创优目标是主体结构质量确保北京市结构"长城杯"。

为此，编制了北京市结构长城杯质量计划，对工程的质量创优起到了很好的指导作用。

## 4.2 质量保证措施

（1）加强质量意识，实行质量否决制，合理安排质量与进度之间的关系；当进度与质量发生冲突时，进度应当服从于质量的安排。

（2）坚持技术先行。在拿到施工图纸后，所有的施工管理人员都应该尽快熟悉图纸，并提出问题，进行图纸会审工作。及时编制施工组织设计、各种施工方案和技术交底，以指导施工。

（3）加强原材料和构配件的质量控制，原材料、成品、半成品的采购必须执行采购程序文件，建立合格供应商名单，并对供应商进行评价。凡采购到场的材料，材料人员必须依据采购文件资料中规定的质量标准进行验收，必要时可以请有关的技术、质检人员参加。

（4）坚持样板引路。各道工序和各个分项工程施工前必须做样板，样板完成后由质检员和有关的技术人员共同验收，满足要求后才能进行大面积施工。对样板间和主要的样板项目，还必须要经上级部门验收。

（5）做好施工准备的质量控制工作。

（6）施工过程控制管理

本工程的质量管理应坚持过程管理和过程精品的原则。

本工程的过程控制主要包括以下几个方面：

1) 材料的进场与检验

所有的材料均应坚持进场检验后方可使用。

材料进场，应由材料供应商提供材料合格证，并由材料员通知试验员进行抽样试验，试验合格后由试验员通知材料员。材料员应在材料堆放处做出标记，未进行检验的材料应标明"待检"字样，不合格的材料应标明"不合格"字样，合格的材料应标识"合格"字样。

2) 工序的验收与工序的交接检验

所有的工序均应处于项目部质量管理人员的监督验收之中。质量管理人员应对现场的各道工序进行实时的监督管理。

各道工序均应进行自检、互检、交接检。不合格的工序不得进行下道工序的检查。

每道工序完工后，由分管该工序的技术人员、质检员、施工员组织作业组长，按规范和验标要求进行验收；对不符合质量验收标准的，返工重做，直至再次验收合格。

隐蔽工程经自检合格后，邀请甲方驻地监理工程师检查验收，同时做好隐蔽工程验收质量记录和签字工作，并归档保存。

所有隐蔽工程必须经监理工程师签字认可后，方能进行下一道工序施工；未经签字认可的，禁止进行下道工序施工。

经监理工程师检查验收不合格的隐蔽工程项目，返工自检复验合格后，应重新填写隐蔽工程验收记录，并向驻地监理工程师发出复检报告。经检查认可后，及时办理签认手续。

(7) 技术资料整理

按竣工文件编制要求整理各项隐蔽工程验收记录，并按 ISO 9000 质量标准文件、资料控制程序分类归档保存。工序施工中应保证施工日志、隐蔽工程验收记录、分项、分部工程质量评定记录等资料齐全。按《工程质量检验评定标准》要求用碳素墨水填写，其内容及签字齐全，使其具有可追溯性。

(8) 做好计量管理、确保工程质量

各计量器具，如磅秤、量尺、试验设备和仪器等，必须按照计量法的要求定期送到计量部门校验，并妥善保管、维护及正确使用，特别是经纬仪、水准仪等仪器要经常校核；凡超过误差规定，决不能使用，并要隔离存放。

施工中严格执行计量工作的有关规定。特别是钢筋混凝土工程中的建筑物和主要结构，要加强对钢筋、混凝土施工过程的计量监督，拌制混凝土和砂浆必须按重量配合比，要常抽检砂、石、水泥、水的计量原始检测数据，测定砂、石含水率，准确控制拌合用水量，控制水灰比。

检查了解正在使用的各种计量器具的周检情况，看是否有漏检现象，检查计量器具的三率（即配备率、检测率、合格率）是否满足规范及工艺要求。

计量数据是企业科学管理的依据，各种试验要按其试验程序及标准操作，各项计量数据必须准确一致，各种数据要做原始记录并及时存档。做好计量数据的采集、处理、统计、上报四步工作。

原材料检测要及时做好记录；发现量差超过正负公差范围时，要立即通知有关部门和人员进行处理。

# 5 进度管理措施

(1) 合理划分施工段，应用流水工艺，合理安排工序，很好地进行了平面流水作业和立体立叉作业。

地下室结构施工阶段，根据后浇带位置，将整个地下室分为7个流水施工段流水施工，使人员、作业面和各工序得到了最好的安排。

地上主体结构施工阶段，A座分为3个流水施工段，C座分为2个流水施工段，以较少的机具投入，较好地完成了各工序的穿插。

地上结构施工至十层时，插入填充墙二次结构的施工；结构施工至二十层时，插入外幕墙的施工。

(2) 采用先进的施工工艺

核心筒和柱子模板选用全钢定型大模板，顶板和梁板的支撑体系选用了碗扣式脚手架支撑体系，在保证施工质量的同时保证了施工的速度。

主体外脚手架选用了框架式电动提升脚手架，加快了施工的速度。

此外，泵送商品混凝土、木胶合板模板的使用以及钢筋连接采用镦粗直螺纹连接工艺等，也提高了施工的速度和效率。

(3) 合理优化施工方案，良好地指导施工

通过对各分部分项工程编制施工方案，尤其是对于特殊的分部分项工程，如预应力复合楼板工程、钢结构工程、屋面防水工程等方案进行优化编制，克服了施工中的难点，减少了返工现象，使工序间得以良好的运行。

(4) 严格工序施工质量，确保一次验收合格，杜绝返工，以一次成优的施工过程，获取缩短工期的效果。

(5) 工序管理保障措施

为最大限度地挖掘关键线路的潜力，各工序的穿插以紧凑为前提，尽量压缩工序施工时间。结构施工阶段，安装、预埋将根据需要随时插入，不占用主导工序时间；装修阶段各工种之间建立联合验收制度，以确保时间充分利用，同时保证各专业良好配合，避免互相干扰和破坏。

(6) 合理选择专业分包并实施严格的管理控制。各专业分包进场前，必须根据项目经理部总进度计划编制各专业施工进度计划，各分包单位必须参加项目经理部定期或不定期召开的生产例会，把每天存在的问题以及需要协调的问题落实解决。如因专业分包延误影响总进度计划关键工期，则要求其编制追赶计划并实施，必要时24h连续作业。

(7) 施工机械及工器具投入的保障措施

为缩短工期，降低劳动强度，我们将最大限度地提高机械化施工水平，现场大型机械将配备塔式起重机2台，施工电梯2台，混凝土输送泵4台（高峰期），柴油发电机1台，这些都是完成计划的有力保证。

# 6 安全管理措施

## 6.1 安全管理目标与方针

本工程的安全管理目标是：确保北京市安全文明施工工地，争创北京市安全文明施工样板工地称号。

工程施工中轻伤率控制在2‰以内，杜绝死亡和重大伤害事故。

在施工管理中，始终如一地坚持"安全第一、预防为主"的安全管理方针，以安全促生产，以安全保目标。

根据国家的有关安全法律法规和"一标五规范"以及有关的安全技术规范进行安排施工和进行检查，杜绝违规作业。

编制了本工程的职业健康安全方案和安全施工组织设计，指导了本工程的施工安全。

## 6.2 安全保证体系的建立

严格按照安全管理体系的要求对施工安全进行科学系统的管理，建立健全施工现场的安全保证体系，成立项目安全管理小组，责任到人，实行目标管理。

## 6.3 安全制度管理

### 6.3.1 安全技术管理制度

除本施工组织设计和职业健康安全方案以及安全施工组织设计外，凡重大分项工程及安全防护均应编制安全方案。

专业分包应结合各自的专业施工编制相应的安全生产方案，经其上级主管部门审批后报本项目部备案。

### 6.3.2 安全技术交底制

施工员向班组、土建负责人向施工员、项目总工程师向土建负责人及施工队层层交底。交底要有文字资料，内容要求全面、具体、针对性强。交底人、接受人均应在交底资料上签字，并注明收到日期。

### 6.3.3 安全教育制度

所有的新工人入场都应进行入场教育。

特殊工种职工实行持证上岗制度。

对电工、电气焊工、起重吊装工、机械操作工、架子工等特殊工种实行持证上岗，无证者不得从事上述工种的作业。

### 6.3.4 安全检查制度

项目部每周做定期安全检查，平时做不定期检查，每次检查都要有记录，对查出的事故隐患要限期整改。对未按要求整改的要给单位或当事人以经济处罚，直至停工整顿。

#### 6.3.5 安全验收制度

凡大中型机械安装、脚手架搭设、电气线路架设等项目完成后，都必须经过有关部门检查验收合格后，方可试车或投入使用。

#### 6.3.6 安全生产合同制度

项目经理与企业签订"安全生产责任书"、劳务队与项目部签订"安全生产合同"、操作工人与劳务队签订"安全生产合同"并订立"安全生产誓约"；用"合同"和"誓约"来强化各级领导和全体员工的安全责任及安全意识，加强自身安全保护意识。

#### 6.3.7 事故处理"四不放过制度"

发生安全事故，必须严格查处。做到事故原因不明、责任不清、责任者未受到教育、没有预防措施或措施不力不得放过。

### 6.4 危险源的辨识与评价

项目经理部在开工前根据本项目工程特点、施工现场周边环境（工程所处位置、周围居民情况等）对危险源进行识别，评价的依据为《危害辨识、风险评价及风险控制程序》（CCEF/QSP/A01—2003）。

评价时按各施工阶段确定项目可能存在的危险、危害因素，针对辨识、评价出的重大危险源编制职业健康安全管理方案，制定预防措施，经事业部总工审批后实施。

施工过程中，项目经理部应根据不同施工阶段（基础、主体、装饰），及时组织对所辖区域存在的危险源进行重新辨识、评价。如出现新的重大危险源，项目经理部应对职业健康安全管理方案进行修订，修改后的管理方案报区域/专业公司总工审批后实施。

项目经理部在组织对危险源的辨识、评价过程中，应如实填写《危险源辨识评价表》（J—62）、《危险源清单》（J—63），并经事业部总工审批。

对评价出的危险源，项目部在施工过程中要密切关注。

### 6.5 安全防护措施

建立与本工程相适应的安全防护措施，预防安全事故的发生。

本工程的安全防护措施应包括：

(1) 个人安全防护系统，如安全帽、安全带等；
(2) 用电安全防护设施，如漏电保护器等；
(3) 脚手架安全防护；
(4) 临边、四口的安全防护；
(5) 各种防护棚等。

#### 6.5.1 脚手架防护

(1) 本工程三层以下的主体结构施工采用落地式双排钢管脚手架，三层以上采用附着式整体爬升脚手架。

(2) 附着式整体爬升脚手架采用了由国家有关部门鉴定并批准生产的定型产品。

(3) 脚手架操作人员应为经过培训合格的专业架子工。

(4) 外脚手架每层满铺脚手板，使脚手架与结构之间不留空隙，外侧用密目安全网全封闭。

（5）安全网在国家定点生产厂购买，并索取合格证。进场后，由项目部安全员验收合格后方可投入使用。

（6）脚手架的验收制度：所有的脚手架均经过验收后方准使用。

爬升脚手架每次提升前，均应由专人验收，填写提升报告，并经过批准后方可提升，提升后再检查一遍，方准使用。

### 6.5.2 "四口"防护

（1）通道口

用钢管搭设宽2m、高4m的架子，顶面满铺双层竹笆，两层竹笆的间距为800mm，用钢丝绑扎牢固。

（2）预留洞口

边长在500mm以下时，楼板配筋不要切断，用木板覆盖洞口并固定。楼面洞口边长在1500mm以上时，四周必须设两道护身栏杆，见图6-1。

竖向不通行的洞口用固定防护栏杆；竖向需通行的洞口装活动门扇，不用时锁好。

（3）楼梯口

楼梯扶手用粗钢筋焊接搭设，栏杆的横杆应为两道，见图16-2。

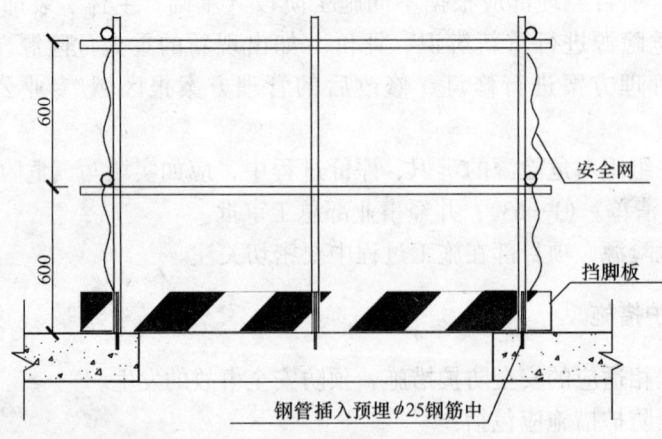

图6-1 预留洞口安全防护示意图

（4）电梯井口

电梯井的门洞用粗钢筋作成网格与预留钢筋焊接。电梯井口防护见图6-3。

正在施工的电梯井筒内搭设满堂钢管架，操作层满铺脚手板，并随着竖向高度的上升逐层上翻。井筒内每两层用木板或竹笆封闭，作为隔离层。

### 6.5.3 临边防护

（1）楼层在砖墙未封闭前，周边均需用粗钢筋制作成护栏，高度不小于1.2m，外挂安全网，刷红白警戒色。

（2）外挑板在正式栏杆未安装前，用粗钢筋制作成临时护栏，高度不小于1.2m，外挂安全网。

### 6.5.4 交叉作业的防护

凡在同一立面上同时进行上下作业时，属于交叉作业，应遵守下列要求：

(1) 禁止在同一垂直面的上下位置作业；否则，中间应有隔离防护措施。

(2) 在进行模板安拆、架子搭设拆除、电焊、气割等作业时，其下方不得有人操作。模板、架子拆除必须遵守安全操作规程，并应设立警戒标志，专人监护。

(3) 楼层堆物（如模板、扣件、钢管等）应整齐、牢固，且距离楼板外沿的距离不得小于1m。

(4) 高空作业人员带工具袋，严禁从高处向下抛掷物料。

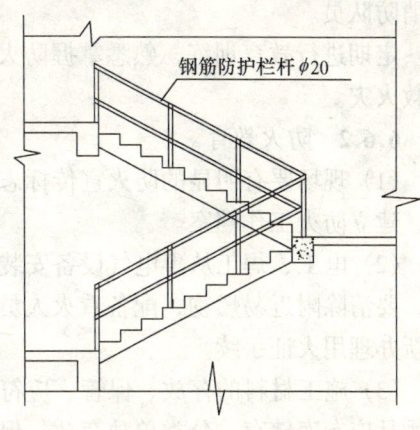

图 6-2 楼梯防护示意图

(5) 严格执行"三宝一器"使用制度。凡进入施工现场的人员必须按规定戴好安全帽，按规定要求使用安全带和安全网。用电设备必须安装质量好的漏电保护器。现场作业人员不准赤背，高空作业不得穿硬底鞋。

### 6.5.5 临时用电管理措施

施工现场用电须编制专项施工组织设计，并经主管部门批准后实施。

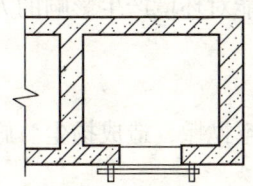 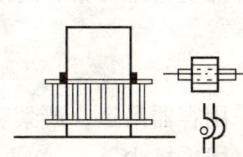

图 6-3 电梯口防护示意图

施工现场采用三相五线制配电系统，楼梯间照明和行灯电压采用36V安全电压。

所有施工用电应由专业电工进行施工。

### 6.5.6 机械安全措施

(1) 中小型机械应在操作场所悬挂安全操作规程牌，操作人员应熟悉其内容，并按要求操作。应持证上岗，操作时专心致志，不得将自己的机械交他人操作。机械要做到上有盖、下有垫，电箱要有安全装置，要有漏电保护装置。

(2) 对电锯、钢筋机械，其传动部分应有防护罩，电锯应有安全装置，要有漏电保护装置。

(3) 电焊机一次线接机处，应有保护罩，电线不得任意布放，放置露天应有防雨装置。手把线不乱拉，手把要绝缘，不跑电、不随意拖地。

(4) 搅拌机应放平、安稳，离合器、制动器要灵敏可靠。

(5) 乙炔瓶上应有明显标志。瓶上应有防振圈，要防爆、防晒。

(6) 大型机械由专人负责，并定期做好记录。

## 6.6 消防管理措施

### 6.6.1 建立义务消防队

以本项目经理为义务消防队队长，以项目安全负责人为副队长，项目施工人员组成义务消防队员。

定期进行教育训练,熟悉掌握防火、灭火知识和消防器材的使用方法,做到能防火和扑救火灾。

#### 6.6.2 防火教育

(1) 现场要有明显的防火宣传标志,每月对职工进行一次防火教育,定期组织防火检查,建立防火工作档案。

(2) 电工、焊工从事电气设备安装和电、气焊切割作业,要有操作证和用火证。动火前,要清除附近易燃物,配备看火人员和灭火用具。用火证当日有效,动火地点变换,要重新办理用火证手续。

(3) 施工材料的存放、保管,应符合防火安全要求,库房应用非燃材料支搭。易燃易爆物品应专库储存,分类单独存放,保持通风,用火符合防火规定。

(4) 保温材料的存放与使用,必须采取防火措施。

## 7 环保管理措施

做好环境保护,实现绿色施工是本工程的管理目标之一。

(1) 建立环境管理体系,编制环境管理方案,采用环境保护措施,实现环保目标。

(2) 加强对现场人员的培训与教育,提高现场人员的环保意识

根据环境管理体系运行的要求,结合环境管理方案,对所有可能对环境产生影响的人员进行相应的培训。

(3) 施工现场防扬尘措施

施工垃圾使用封闭的专用垃圾道或采用容器吊运,严禁随意凌空抛撒,造成扬尘。施工垃圾要及时清运,清运前要适量洒水,减少扬尘。

施工现场要在施工前做的施工道路规划和设置,尽量利用设计中永久性的施工道路。道路及其余场地地面要硬化,闲置场地要绿化。

水泥和其他易飞扬的细颗粒散体材料尽量安排库内存放。露天存放时要严密苫盖,运输和卸运时防止遗撒飞扬,以减少扬尘。

施工现场要制定洒水降尘制度,配备专用洒水设备及指定专人负责,在易产生扬尘的季节,施工场地采取洒水降尘。

(4) 搅拌站的降尘措施

施工采用商品混凝土,减少搅拌扬尘。砂浆及零星混凝土搅拌要搭设封闭的搅拌棚,搅拌机上设置喷淋装置方可进行施工。

(5) 茶炉、大灶的消烟除尘措施

茶炉采用电热开水器。食堂大灶使用液化气。

(6) 门口设置冲刷池和沉淀池,防止出入车辆的遗撒和轮胎夹带物等污染周边和公共道路。

(7) 施工现场的水污染防止措施

现场搅拌机前台及运输车辆清洗处设置沉淀池。排放的废水要排入沉淀池内,经二次沉淀后,方可排入市政污水管线或回收用于洒水降尘。未经处理的泥浆水,严禁直接排入

城市排水设施。

食堂污水的排放控制。施工现场临时食堂，要设置简易、有效的隔油池，产生的污水经下水管道排放要经过隔油池。平时加强管理定期掏油，防止污染。

(8) 油漆油料库的防漏控制。施工现场要设置专用的油漆油料库，油库内严禁放置其他物资，库房地面和墙面要做防渗漏的特殊处理，储存、使用和保管要专人负责，防止油料的跑、冒、滴、漏，污染水体。

(9) 禁止将有毒有害废弃物用作土方回填，以免污染地下水和环境。

(10) 施工现场防噪声污染的各项措施

人为噪声的控制措施。施工现场提倡文明施工，建立健全控制人为噪声的管理制度，尽量减少人为大声喧哗，增强全体施工人员防噪声扰民的自觉意识。

强噪声作业时间的控制。凡在居民稠密区进行强噪声作业的，严格控制作业时间，晚间作业不超过22:00，早晨作业不早于6:00，特殊情况需连续作业（或夜间作业）的，应尽量采取降噪措施，事先做好周围群众的工作，并报工地所在的区环保局备案后方可施工。

产生强噪声的成品加工、制作作业，应尽量放在工厂、车间完成，减少因施工现场的加工制作产生的噪声。

尽量选用低噪声或备有消声降噪设备的施工机械。施工现场的强噪声机械（如搅拌机、电锯、电刨、砂轮机等）设置封闭的机械棚，以减少强噪声扩散。

加强施工现场的噪声监测

加强施工现场环境噪声的长期监测，采取专人监测、专人管理的原则，要及时对施工现场噪声超标的有关因素进行调整，达到施工噪声不扰民的目的。

(11) 其他污染的控制措施

木模通过电锯加工的木屑、锯末必须当天进行清理，以免锯末刮入空气中。钢筋加工产生的钢筋皮、钢筋屑及时清理。

建筑物外围立面采用密目安全网，降低楼层内风的流速，阻挡灰尘进入施工现场周围的环境。

探照灯尽量选择既满足照明要求又不刺眼的新型灯具或采取措施，使夜间照明只照射施工区域而不影响周围社区居民休息。

(12) 项目经理部制定水、电、办公用品（纸张）的节约措施，通过减少浪费、节约能源，达到保护环境的目的。

(13) 建筑材料

建筑材料和装修材料进场检验，发现不符合设计要求及规范规定时，严禁使用。

工程中使用的无机非金属建筑材料和装修材料必须有放射性指标检测报告，并应符合设计要求和规范规定。

室内装修采用的人造木板及饰面人造木板，必须有游离甲醛含量和游离甲醛释放量检测报告，并应符合设计要求和规范规定。

室内装修采用的水性涂料、水性胶粘剂、水性处理剂必须有总挥发性有机化合物和游离甲醛含量检测报告；溶剂型涂料、溶剂型胶粘剂必须有总挥发性有机化合物、苯、游离甲苯二异氰酸酯含量检测报告，并应符合设计要求和规范规定。

建筑材料和装修材料的检测项目不全或检测结果有疑问时,必须将材料送有资格的检测机构进行检验,检验合格后方可使用。

装修用的稀释剂和溶剂,严禁使用苯、工业苯、石油苯、重质苯及混苯。

严禁在工程室内用有机溶剂清洗施工用具。

# 8 新技术应用及经济效益分析

本工程是中建八局的科技示范工程。大力推广应用新技术成果,是本工程提高质量、保证施工进度和安全,以及提高工程的经济效益和社会效益的主要途径。

本工程主要推广应用了以下新技术:

### 8.1 商品混凝土及高强高性能混凝土应用技术

本工程全部采用了泵送商品混凝土,商品混凝土的使用量约为100000$m^3$。

本工程还采用了C60、C55、C50等高强高性能混凝土,高强度混凝土主要应用在柱子中。

### 8.2 钢筋滚压剥肋直螺纹连接技术

钢筋滚压剥肋直螺纹连接技术具有接头质量可靠、施工速度快、接头经济性好等优点,可以全天候施工,是建设部推广应用的钢筋连接新技术,具有良好的社会和经济效益。

### 8.3 新Ⅲ级钢筋应用

新Ⅲ级钢筋具有强度高、受力性能好、施工性强等优点,采用新Ⅲ级钢筋可以节约大量钢筋,具有良好的社会和经济效益。

### 8.4 全钢大模板应用

使用全钢大模板具有施工质量高、操作性好、施工速度快等优点,而且周转次数高,可以节约模板费用,经济效益良好。

本工程标准层每层的剪力墙、柱子模板面积约为5200$m^2$,根据结构长城杯的质量要求,如采用木胶合板,应五层一更换,总费用约为109万元,现配制的全钢大模板约为2200$m^2$,本工程摊消费用约为56万元,节约费用53万元。

### 8.5 碗扣式模板支撑系统应用

采用碗扣式脚手架,受力性能好,施工速度快,可以缩短工期,并减少钢管用量,减少扣件丢失。

### 8.6 远程电子监控系统应用

应用远程电子监控系统可以方便管理和上级单位的检查,对提高企业的管理水平意义重大。

## 8.7 附着式电动提升脚手架的应用

采用整体提升脚手架可以减少外脚手架的搭设，提高施工速度，减少钢管的投入，具有良好的经济效益。

本工程投标方案采用分层悬挑全封闭脚手架，费用（包括人工费、材料、机具费）为126万元。采用附着式整体爬升脚手架，机具及工具租赁费约为48万元，人工费约为12万元，合计节约66万元。

## 8.8 大跨度聚苯板填充预应力复合楼板和大截面预应力转换梁施工技术

本工程预应力空心现浇楼板采用无粘结预应力混凝土技术，楼板跨度为16.8m，最大跨度21m，采用阻燃性聚苯板填充空心板，提供了使用灵活的空间，为发展大跨度、大柱网、大开间楼盖体系创造了条件，提高了结构整体性能和刚度。采用无粘结筋与普通钢筋混合配筋的原理，提高无粘结预应力混凝土构件的延性。无粘结预应力筋可曲线配置，可充分发挥预应力筋的强度。省去了埋管和灌浆工艺，施工方便、缩短工期。

A座三十层转换梁梁跨度16.8m，高度为4m，采用有粘结预应力技术。

## 8.9 玻璃幕墙单元式组装技术

玻璃幕墙采用单元式组装施工技术，可以保证施工质量，同时加快了施工进度。

## 8.10 钢结构及型钢组合混凝土结构施工技术

本工程的A座二十六~三十四及C座二十七~三十层采用了劲性复合钢芯混凝土柱，屋面部分采用了钢结构及钢结构屋面。

型钢组合混凝土结构柱钢筋密集，节点复杂，施工难度大的技术特点。本工程的钢结构施工总量约为800t。

## 8.11 大面积耐磨地面施工技术

本工程地下室车库地面采用金刚砂耐磨地面，其面积较大，施工难度大，应保证一次施工成功。本项目的施工要点是：①如何保证大面积地坪的标高和平整度；②如何保证整个地面不空鼓起壳；③如何保证一次性地面面层的压光。

## 8.12 聚氨酯发泡屋面保温层和XPS聚苯板挤塑泡沫板保温板的应用

聚氨酯发泡屋面保温层施工时在施工现场发泡，具有保温效果好、施工方便的特点。

XPS聚苯板挤塑泡沫板保温板具有密度小、重量轻、保温效果好、抗压强度高的特点，采用块状拼接，施工速度快，易于保证质量。

## 8.13 聚苯板外墙内保温建筑节能技术应用

聚苯板外墙内保温技术是聚苯颗粒为主要原料，采用预制方法生产的预制保温板，采用专用胶粘剂进行粘结施工。

# 第三十篇

# 北京新保利工程施工组织设计

编制单位：中建国际建设公司
编制人员：赵连伟　张旭擎　李保平

# 目 录

1 工程概况 · 619
　1.1 工程建设概况 · 619
　1.2 土建工程设计概况 · 619
　1.3 工程的重点、难点施工 · 619
　　1.3.1 深基坑开挖 · 619
　　1.3.2 基础抗浮锚杆施工 · 620
　　1.3.3 高性能混凝土施工 · 620
　　1.3.4 国际领先的特式吊楼施工技术 · 620
　　1.3.5 特大型桁架安装技术 · 620
　　1.3.6 陶粒混凝土施工技术 · 620
　　1.3.7 大直径预应力钢索施工 · 620
　　1.3.8 单层双向柔索点式玻璃幕墙施工 · 621
　　1.3.9 机电系统众多 · 621

2 施工部署 · 621
　2.1 项目组织机构及岗位职责 · 621
　2.2 施工部署 · 622
　　2.2.1 总体施工顺序部署 · 622
　　2.2.2 结构施工阶段施工部署 · 623
　　2.2.3 钢结构施工部署 · 623
　2.3 劳动力资源配置计划 · 632
　　2.3.1 劳动力组织 · 632
　2.4 主要非实体设备材料、构件的使用计划 · 634
　　2.4.1 土建施工所需主要机械、设备计划 · 634
　　2.4.2 机电工程主要机械、设备计划 · 635
　　2.4.3 钢结构安装机械、设备计划 · 635
　　2.4.4 临时用水及消防材料设备计划 · 639
　　2.4.5 临时用电材料设备计划 · 640
　　2.4.6 工程测量所需主要设备计划 · 642
　　2.4.7 冬期施工材料用量 · 642
　　2.4.8 雨期施工材料用量 · 642
　　2.4.9 控制扬尘污染所需物资 · 642
　　2.4.10 模板及支撑体系配置计划 · 643
　　2.4.11 室内装修用脚手架材料配置计划 · 643
　　2.4.12 成品保护措施 · 644
　　2.4.13 通信器材、临时厕所 · 644
　　2.4.14 安全防护用品计划 · 644

|        | 2.4.15 主要实体材料计划 | 645 |
| --- | --- | --- |
| 2.5 | 施工现场平面布置 | 646 |
| 2.6 | 施工进度计划 | 646 |
|        | 2.6.1 总体进度控制计划 | 646 |
|        | 2.6.2 分阶段进度目标 | 646 |

# 3 主要施工方法 ...... 647

## 3.1 测量方案 ...... 647
### 3.1.1 测量仪器及工具配备 ...... 647
### 3.1.2 测量控制 ...... 647
### 3.1.3 钢结构施工测量 ...... 653
### 3.1.4 装饰工程测量 ...... 660
### 3.1.5 建筑物变形观测 ...... 661

## 3.2 土方开挖及基坑支护 ...... 662
### 3.2.1 降水方案 ...... 662
### 3.2.2 支护方案 ...... 662
### 3.2.3 主要施工技术 ...... 662

## 3.3 基础抗浮锚杆施工 ...... 666
### 3.3.1 岩土工程条件 ...... 666
### 3.3.2 抗浮锚杆设计简介 ...... 667
### 3.3.3 锚杆制作与安装 ...... 667
### 3.3.4 锚杆成孔工艺 ...... 668
### 3.3.5 锚杆注浆工艺 ...... 670
### 3.3.6 锚杆基本试验与验收试验 ...... 671
### 3.3.7 锚杆防腐与防水 ...... 671
### 3.3.8 锚杆张拉锁定 ...... 673
### 3.3.9 张拉、锁定荷载 ...... 674

## 3.4 模板工程 ...... 675
### 3.4.1 模板的选择 ...... 675
### 3.4.2 模板的配置 ...... 675

## 3.5 钢结构工程 ...... 676
### 3.5.1 特式吊楼钢结构安装 ...... 676
### 3.5.2 转换桁架钢结构的安装 ...... 681
### 3.5.3 ST50 主钢桁架钢结构施工 ...... 683
### 3.5.4 ST51 钢桁架结构的吊装 ...... 694
### 3.5.5 现场钢结构焊接 ...... 702

# 4 质量、安全、环保保证措施 ...... 705

## 4.1 质量保证措施 ...... 705
### 4.1.1 质量目标 ...... 705
### 4.1.2 创优组织 ...... 705
### 4.1.3 钢结构施工质量保证措施 ...... 705

## 4.2 安全保证措施 ...... 709
### 4.2.1 安全保证组织措施 ...... 709
### 4.2.2 安全生产责任制 ...... 709

4.3 环保措施 710
    4.3.1 环境管理体系 710
## 5 工程总结 711
5.1 深基坑复合支护的经济效益分析 711
5.2 基础抗浮锚杆取得的经济效益 711
5.3 核心筒爬模取得的经济效益 711
5.4 Gr60级钢材焊接技术 711
5.5 IT技术在钢结构工程中的应用 712
5.6 ANSYS软件在钢结构安装中的应用 712

# 1 工程概况

## 1.1 工程建设概况

北京新保利大厦工程为5A级写字楼,总建筑面积109341m²,地下部分为钢筋混凝土框架剪力墙结构,地上部分为钢框架-钢筋混凝土筒体混合结构,建筑总高度为105.2m。本工程结构形式十分复杂,主体钢结构主要由3个混凝土核心筒及暗埋劲钢结构、核心筒一、二间钢框架、核心筒二、三间50m以上转换桁架、中厅悬挑特式吊楼、主立面90m高空主桁架、中厅顶部钢结构组成。本工程钢结构总量约11000t,其中60mm以上厚板均为卢森堡进口钢材(约3600t)。进口钢材采用美标 ASTM A913-97, Gr.50, Gr.60级H型钢(Q420),为国内建筑首次采用此种等级钢材。外装,主立面为大直径预应力钢缆+双向柔索点式玻璃幕墙,东、北侧为外挂石材板,西、南侧为外挑石材遮阳百叶,核心筒三西南侧则采用独一无二的青铜板作为选材。

## 1.2 土建工程设计概况

北京新保利大厦工程位于朝阳门北大街西侧东四D6地块,地下4层,地上24层,总建筑面积109341m²,其中地上建筑面积为64564m²,建筑总高度99.2m,是一座集餐饮、商业、健身、休闲、办公为一体的大型高档写字楼。该工程建成后将成为东四十条桥头又一地标性建筑。

该工程结构形式为钢-钢筋混凝土混合结构,地面部分呈三角形并有一大中庭。横向体系是由西北角(1号核心筒)、西南角(2号核心筒)与东南角(3号核心筒)的钢筋混凝土剪力墙筒体与南北向和东西向的钢框架组成的双重体系。钢筋混凝土剪力墙内设置了型钢钢骨架,钢框架结构的楼板采用压型钢板上浇筑混凝土的组合楼板;为减轻结构重量,大部分楼层采用轻骨料混凝土楼板。

东南角核心筒三外接一个50m高的特式吊楼,该吊楼底部首层悬空,一侧嵌固于该核心筒,另一侧用四道斜拉主钢索悬吊于2号核心筒及1号核心筒的顶部。

在建筑物的南侧,2号、3号核心筒之间,十二层以上为一个巨型钢结构转换框架,该框架与两边的柱一同作用,形成一个13层高的整体式结构。

在1号、3号核心筒之间约90m高空处有一个大跨度钢结构桁架梁,该桁架梁跨度约60m,高约16m,总重约455t,采用空间组合桁架结构。

在该工程的南面与东北面有两个单层双向钢索网幕墙,东北面的索网幕墙宽40~60m,高约90m,其周边锚固于钢筋混凝土剪力墙、"特式吊楼"的钢柱、地面及屋顶巨型桁架之上。南面的钢索网幕墙,宽27m,高49m,其周边锚固于钢筋混凝土剪力墙、钢柱、钢梁及地面之上。

## 1.3 工程的重点、难点施工

### 1.3.1 深基坑开挖

本工程建筑面积占地10600m²,地下层数为4层,±0.000=44.500m,主楼基底标高

(绝对)19.700m，自然地表标高43.200m，基坑开挖深度约23.50m。

本工程基坑深度大，场地地质情况复杂，降水、支护难度大。

场地周边地下构筑物情况复杂，特别是西侧地下电力管沟和东侧地铁，对支护设计影响较大。

本工程基坑深度大，护坡桩成孔质量、垂直度控制难度大，钢筋笼加工制作、吊装等施工难度大。

### 1.3.2 基础抗浮锚杆施工

本基础采用压力分散型锚杆技术来解决纯地下室及主楼建筑物地下中空部分的整体抗浮问题，保证建筑物的稳定和正常使用。该技术工艺在北京地区同种地层中尚属首次应用。如何施工并保证质量是本工程基础施工的重点和难点。

### 1.3.3 高性能混凝土施工

由于本工程主楼剪力墙地下结构为C50，地上剪力墙一~十一层为C50混凝土，十二~十七层为C45混凝土，十八~二十五层为C40混凝土，混凝土强度等级较高，可视为高性能混凝土。

### 1.3.4 国际领先的特式吊楼施工技术

本工程大厅南侧从二~十层设置了一个悬挂式钢结构吊楼，吊楼的平面面积约600m²，一共是7层，高度约50m，吊楼是由东南角的剪力墙筒体悬挑及直径200mm左右的预应力斜拉主钢索悬挂，两者构成了特式吊楼的横向及竖向承重体系，四道斜拉主钢索承担大部分重力。特式吊楼位于三号核心筒旁，吊楼结构与核心筒预埋件连接。特式吊楼钢结构由三个剪刀撑结构和剪刀撑连接桁架梁结构及悬挑桁架梁结构三个部分组成。三个剪刀撑分别位于除与核心筒连接面的三面。特式吊楼重约1200t，其中剪刀撑结构XHJ-1重约150t，XHJ-2重约128t，XHJ-3重约42t，连接桁架梁重约600t，悬挑桁架梁重约280t。悬挂式钢结构吊楼的安装工艺将是本工程钢结构安装的重点与难点之一。

### 1.3.5 特大型桁架安装技术

本工程东北面中庭外墙设计ST-50桁架为高16m，跨度约63m，重量约455t的特大组合钢桁架，安装就位上标高点为104.875m，下标高点为88.875m。它将承受上面的3层楼荷载和支撑中庭90m高、70m跨的双向点式柔索玻璃幕墙的重量，这样的大重量、大跨度钢桁架采用塔吊吊装根本无法实现；同时，90m高空还设有ST-51桁架，其为高度4m，跨度为38m的大桁架；工程博物馆部分也设计了一些大跨度组合钢桁架。由于安装部位下面为4层地下室，桁架的拼装、安装、校正和固定将非常困难。如何在此高度安装此类超大跨度的钢桁架将是本工程钢结构安装的重点与难点之一。

### 1.3.6 陶粒混凝土施工技术

陶粒轻质混凝土目前在国内属于比较先进的工程材料，其混凝土配合比设计、混凝土施工工艺等在国内都处于实践研究阶段。

在国内，主体结构中采用陶粒混凝土是非常少见的，其制作、配合比设计、泵送等施工工艺各方面的应用难度都较大，因此陶粒混凝土施工是本工程的重点和难点。

### 1.3.7 大直径预应力钢索施工

本工程在大厅的东北侧入口处设置了高90m，宽60m的单层点式双向柔索玻璃幕墙，在南侧也同样设置了高50m，宽40m的同类幕墙，该玻璃幕墙均由双向钢缆网支撑，钢缆的直径为22~32mm，在端头进行锚固，钢缆的交叉点设置专用的接驳爪，将玻璃固定在钢缆上。另外，本工程还在中厅的东南角设置了一个7层高的特式钢结构吊楼，吊楼总高度约50m，其中的两个角固定在东南角的筒体上，另外两个角通过四根钢缆悬挂在办公楼的屋顶，钢缆的直径约为150~225mm，该钢缆同时对东北角的钢缆网进行加固。对如此大直径和长度的钢缆进行预应力张拉，在国内民用建筑史上是非常罕见的，因此，如何保证大直径预应力钢索的施工质量成为本工程的重点和难点。

### 1.3.8 单层双向柔索点式玻璃幕墙施工

新保利大厦在东北面和西面各有一大面积的单层双向柔索点式玻璃幕墙，其中东北面幕墙高90m，宽70m，面积之大将使其超过目前世界上最大的单索点式玻璃幕墙，成为世界第一。单索点式玻璃幕墙的施工也是本工程的重点和难点。

### 1.3.9 机电系统众多

本工程机电系统众多，系统繁杂，而且涉及很多新型系统的机电施工，因而施工难度大，交叉作业多，要求严格，各专业工种之间以及与土建装修之间在工序上交替穿插频繁，施工总体部署及各专业工种之间的相互协调配合也是本工程一大重点。

# 2 施工部署

## 2.1 项目组织机构及岗位职责

项目部人员构成如下：

我公司委派具有同类型工程施工管理经验的优秀管理人员组成工程项目经理部，项目管理人员暂定50名，组成如表2-1所示。

项目部人员构成表　　　　　　　表2-1

| 序号 | 岗　位 | 资　质 | 人数 |
|---|---|---|---|
| 1 | 项目经理 | 项目经理（国家一级） | 1 |
| 2 | 项目执行经理 | 项目经理（国家一级） | 1 |
| 3 | 项目副经理兼总工 | 工程师 | 1 |
| 4 | 商务经理 | 工程师 | 1 |
| 5 | 物资部经理 | 工程师 | 1 |
| 6 | 商务部经理 | 工程师 | 1 |
| 7 | 办公室主任 | 工程师 | 1 |
| 8 | 工程部经理 | 工程师 | 1 |
| 9 | 技术部经理 | 工程师 | 1 |
| 10 | 钢结构部经理 | 工程师 | 1 |
| 11 | 机电部经理 | 工程师 | 1 |
| 12 | 质量总监 | 工程师 | 1 |
| 13 | 安全总监 | 工程师 | 1 |
| 14 | 设计部主管 | 工程师 | 1 |

续表

| 序号 | 岗位 | 资质 | 人数 |
|---|---|---|---|
| 15 | 协调主管 | 工程师 | 1 |
| 16 | 行政主管 |  | 1 |
| 17 | 技术工程师 | 助理工程师 | 3 |
| 18 | 土建责任师 | 土建工长上岗证 | 7 |
| 19 | 暖通责任师 | 工程师 | 1 |
| 20 | 电气责任师 | 电气工程师 | 1 |
| 21 | 给水排水责任师 | 给排水工程师 | 1 |
| 22 | 物资责任师 | 工程师、助理工程师 | 3 |
| 23 | 预算责任师 | 预算员上岗证 | 3 |
| 24 | 钢结构部 | 工程师、助理工程师 | 3 |
| 25 | 质量责任师 | 质检员上岗证 | 5 |
| 26 | 安全责任师 | 安全员上岗证 | 1 |
| 27 | 资料责任师 | 资料员上岗证 | 1 |
| 28 | 专职资料员 | 资料员上岗证 | 1 |
| 29 | 测量工程师 | 测量员上岗证 | 1 |
| 30 | 试验工程师 | 试验员上岗证 | 1 |
| 31 | 项目文秘 | 大专 | 1 |
| 合计 |  |  | 50 |

## 2.2 施工部署

### 2.2.1 总体施工顺序部署

在工程施工中，我们将按照先地下，后地上；先结构，后围护；先外装，后内装；机电各专业交叉施工的总施工顺序原则进行部署。

我们在总体施工部署上的指导思想是对时间、空间和资源进行综合布局，充分考虑均衡连续，采取空间立体交叉施工。由于本工程规模大，同时考虑工期要求，在地上施工阶段，混凝土核心筒结构分三个施工区域独立同时施工，1号核心筒滞后2号、3号核心筒结构3层；整个钢结构划分为七个施工区：

第一施工区：1号核心筒剪力墙内钢结构，随核心筒结构同时进行；

第二施工区：2号核心筒剪力墙内钢结构，随核心筒结构同时进行；

第三施工区：3号核心筒剪力墙内钢结构，随核心筒结构同时进行；

第四施工区：核心筒剪力墙外东西向的框架钢结构，滞后2号核心筒结构2~3层施工；

第五施工区：南北向的转换桁架钢结构，转换桁架位于2号和3号核心筒之间，开始于标高49.100m，在施工前要搭设近50m的临时钢性支撑架，用以临时支撑转换桁架结构体；待2号和3号核心筒超过转换桁架的安装高度，开始安装转换桁架；滞后2号核心筒结构2~3层施工；

第六施工区：主钢桁架钢结构，必须待1号和3号核心筒混凝土剪力墙结构全部完成且达到设计强度才能安装就位，在施工吊楼的悬挑部分前进行提升施工；

第七施工区：特式吊楼钢结构，特式吊楼根据3号核心筒进度随之安装，先安装特式吊楼的支撑体系，然后安装三个剪刀撑体结构，并通过连接桁架梁将剪刀撑体结构连成整体，最后安装外部悬挑桁架。在吊楼施工时，将吊楼平面分成两个施工区分别施工，先施工靠近剪力墙筒体的部分，在90m高空大型桁架吊装上去后，特式吊楼的悬挑部分就开始施工。

这样的部署保证各个施工区域齐头并进，不出现窝工怠工现象，使工程在2005年初主体封顶。对于装修工程，在第一次验收后，即可插入进行局部装修。在主体封顶后，即可进入全面的装修施工阶段。

### 2.2.2 结构施工阶段施工部署

(1) 大型施工机械的选择

塔吊：根据现场场地的实际情况，结合地上钢结构安装的需要，共设置三台塔吊（M320一台、ST70/30一台、K50/70一台）可以满足现场需要，现在现场的另一台ST70/30安装完K50/70塔吊后拆除。

外用电梯：本工程地上共24层，建筑高度99.2m，单层建筑面积较大，为了保证工期和垂直运输需要，共设置四台SCD200/200J型外用电梯。

地泵：在结构施工期间，每个核心筒单独施工，因此设三台HBT80型混凝土泵，随核心筒结构爬升至楼顶。

(2) 主要结构施工方案选择

本工程混凝土根据招标文件拟采用商品混凝土。根据结构特点组织流水施工，参见施工流水段划分。

钢筋连接的选择：直径大于等于18mm的粗直径钢筋均选择滚压直螺纹连接方式。通过运用该连接技术，可大大提高钢筋分项工程的施工质量，加快钢筋工程施工效率，缩短工期。其他钢筋采用搭接连接。

模板工程：为了更好地保证工期要求，核心筒墙体选择施工速度快、安全性高的液压提升式爬模架体系。

### 2.2.3 钢结构施工部署

(1) 钢结构施工特点

根据本工程钢结构的计算，目前现场的三台塔吊不能满足地上部分的钢结构安装要求，必须设立一台大吊重的内爬塔，为此选择ZSC50120型内爬塔吊，安装在2号核心筒内。塔吊拟定于9月中旬正式投入使用。

1) 周围环境情况

该建筑物地处市区二环路旁。运输只能在夜间22:00以后至清晨6:00以前这段时间进行。

本工程钢构件运输均安排在夜间进行，白天进行钢结构的安装及焊接。为防止光污染，焊接只安排在白天进行。

因现场场地限制，必须设置中转场地。

2) 场地情况

建筑物在东二环边上,靠近东四十条桥,属交通要道。基坑距东、北、南红线也只能各布置一条临时道,西边紧靠道路,施工场地无法存放大批构件。

3)施工机械布置

因施工场地狭小,场地内的构件水平及垂直运输全靠塔吊完成,目前,本工程有三台塔吊,型号为两台 ST70/30 和一台 MC320K12。

(2)与混凝土结构协调施工

该建筑物系框-筒结构,核心筒为钢骨混凝土剪力墙。楼面为压型钢板上浇钢筋混凝土。钢结构安装与土建钢筋混凝土交叉施工频繁,现场协调工作量大。

1)起重设备考虑

目前,工地现场现有两台 ST70/30(臂长 60m)和一台 MC320K12(臂长 50m)塔式起重机,由于塔吊不能满足地上钢结构工程的吊装工作,因此,考虑在 2 号核心筒内设立 ZSC50120 型内爬塔吊(臂长 50m),拆除靠近内爬塔的一台 ST70/30 塔吊。对于工程中的主桁架,采用穿心式千斤顶整体提升的吊装方式。

现场地下部分的三台塔吊吊装性能见表 2-2 和表 2-3。

MC320K12(50m 臂长) 表 2-2

| 臂长(m) | 22.3 | 25 | 27 | 30 | 32 | 35 | 37 | 40 | 45.7 | 47 | 50 |
|---|---|---|---|---|---|---|---|---|---|---|---|
| 吊重(t) | 12 | 11.1 | 10.1 | 8.9 | 8.2 | 7.4 | 6.9 | 6.2 | 6 | 5.8 | 5.4 |

ST70/30(60m 臂长) 表 2-3

| 臂长(m) | 20 | 30 | 35 | 40 | 45 | 50 | 55 | 60 |
|---|---|---|---|---|---|---|---|---|
| 吊重(t) | 12 | 9.0 | 7.4 | 6.2 | 6.0 | 5.3 | 4.7 | 4.36 |

2)塔吊布置

第一阶段塔吊布置和第二阶段塔吊布置见图 2-1 和图 2-2。

3)塔吊总体安排

因核心筒是影响进度的关键,施工以核心筒为主。核心筒的钢骨混凝土需要一定的养护时间来满足框架结构安装要求,核心筒领先框架结构安装层高度 2~3 层。塔吊需要完成的项目包括剪力墙内钢骨柱安装、剪力墙预埋件安装、剪力墙钢筋的吊装、核心筒内钢梁、模板等的吊装。模板提升用内爬架,混凝土浇筑用混凝土输送泵进行,不占塔吊吊次。

4)核心筒剪力墙区域施工流程

核心筒内钢柱、钢梁安装→钢柱、钢梁安装调校→钢柱、钢梁焊接→墙体钢筋绑扎→剪力墙上内外铁件预埋→内外爬架提升合模→混凝土浇筑→养护→脱模→清理预埋铁件表皮水泥浆→预埋铁件上弹水平标高线及钢梁中心线→焊剪力板→绑扎楼面钢筋→洞口封边→浇筑楼面混凝土

5)核心筒外区域框架钢结构施工流程

钢柱安装→桁架梁、钢梁及边梁安装→钢结构焊接→压型钢板安装→柱子钢筋及边梁钢筋绑扎→楼面钢筋绑扎→柱边梁模板安装→楼板封边板安装→浇筑混凝土→柱、梁模板拆除。

6)转换桁架的施工

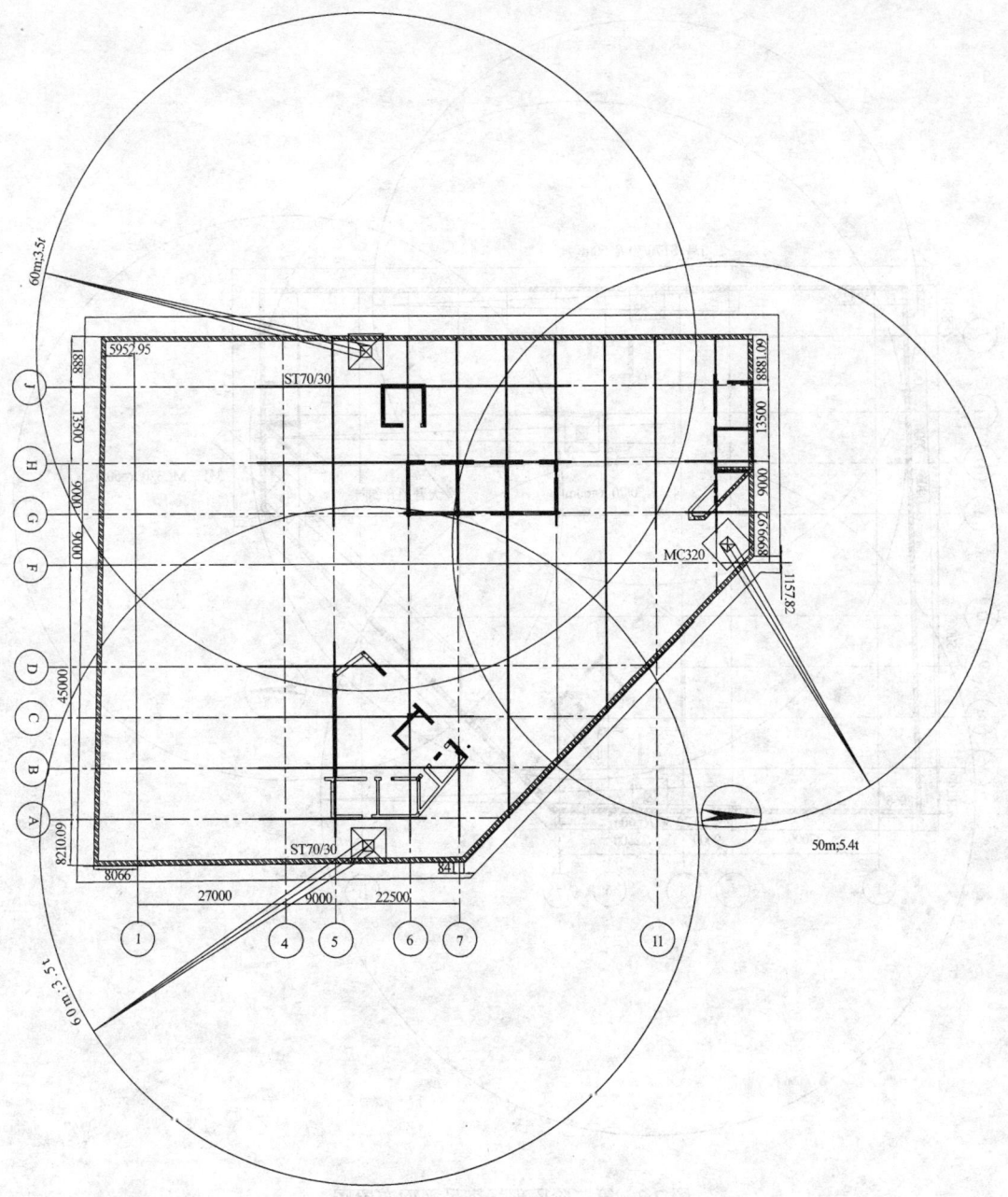

图 2-1 第一阶段现场塔吊平面布置图

临时支撑埋件→临时支撑安装→临时支撑与核心筒和楼面连接成稳定空间结构体→在临时支撑上搭设转换桁架安装操作平台→转换桁架结构安装→转换桁架全部完成后浇筑混凝土→拆除钢支撑结构。

7)主桁架钢结构的施工

主桁架 ST50 在安装位置的正下方投影位置地面进行拼装形成整体→提升机构安装就位调试→ST50 桁架提升安装→安装 ST50 和 ST51 之间的连接梁→ST51 桁架单件塔吊安装及上部结构安装→ST51 桁架与 ST50 和周边钢结构形成整体。

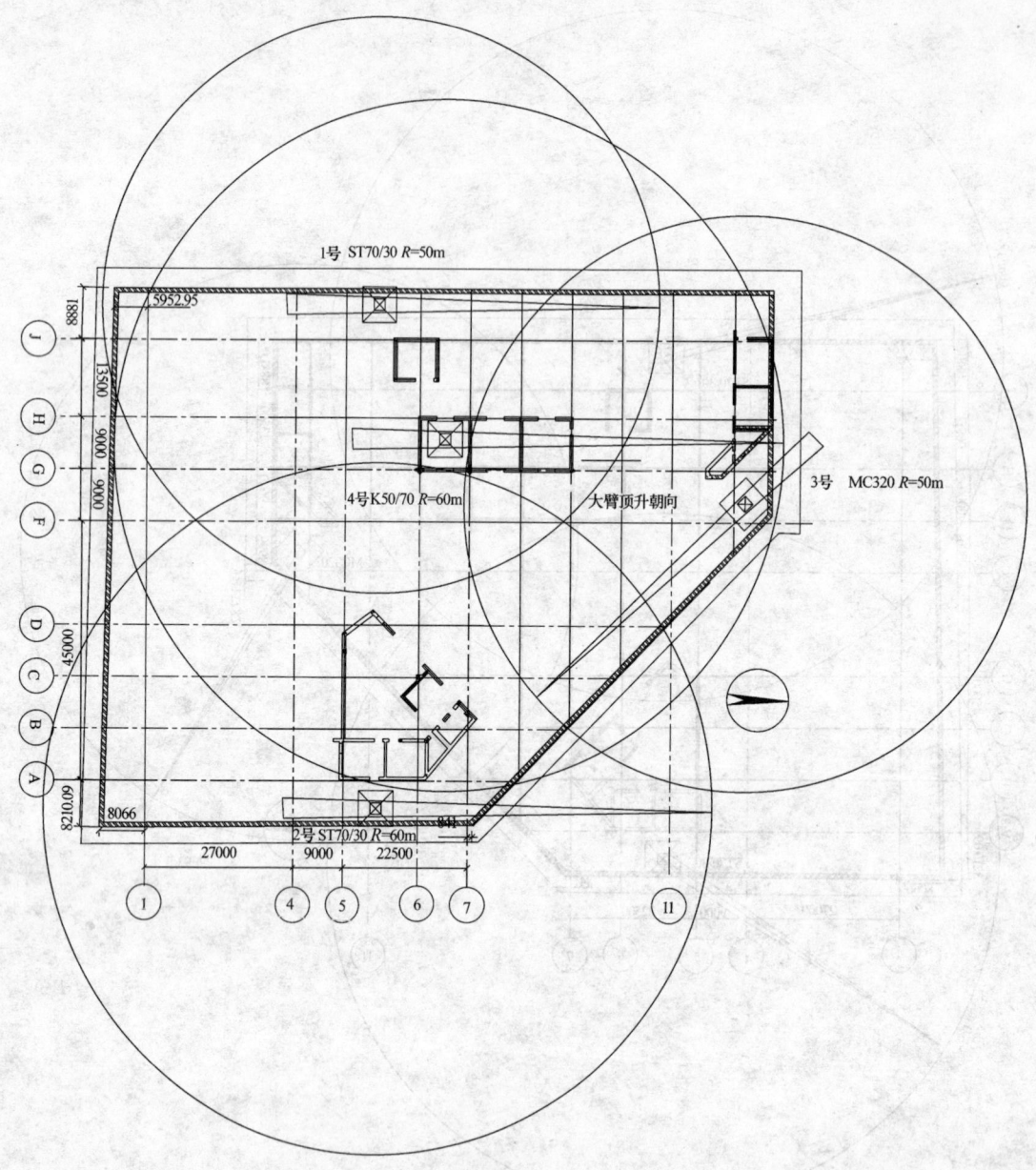

图 2-2　第二阶段现场塔吊平面布置图

8）特式吊楼钢结构的施工

安装临时支撑及操作脚手架→安装 XHJ-1、2、3 剪刀撑段节→安装剪刀撑结构竖直平面内的横梁→安装剪刀撑结构间的水平连接桁架梁→待主桁架提升完成后安装特式吊楼的悬挑结构。

9）施工协调

根据工艺流程的安排，结构安装与土建钢筋混凝土施工密切相关，需根据工程进度及不同的施工高度，安排好进度计划及顺序计划，严格执行确保总工期。分时进度计划优先满足核心筒的施工，一旦核心筒超过了四层后，计划应随时进行调整，以保证总体计划的完成。

10) 工程协调

设立计划协调工程师,其职责为编排每天的施工进度计划、材料及构件进料计划,并向土建和结构安装工程师交底,第二天的材料及构件一定要在头天进齐,不得积压。在施工中掌握其施工动向,以便随时作出相应调整。

11) 计划管理

安装及土建工程师应熟悉图纸,了解施工工艺,计算出第二天所需材料,结构构件及辅助材料计划,并提交给协调工程师,以便安排车辆进出场时间及堆料场地。

(3) 钢结构安装区段划分

1) 施工区域划分（见图2-3）

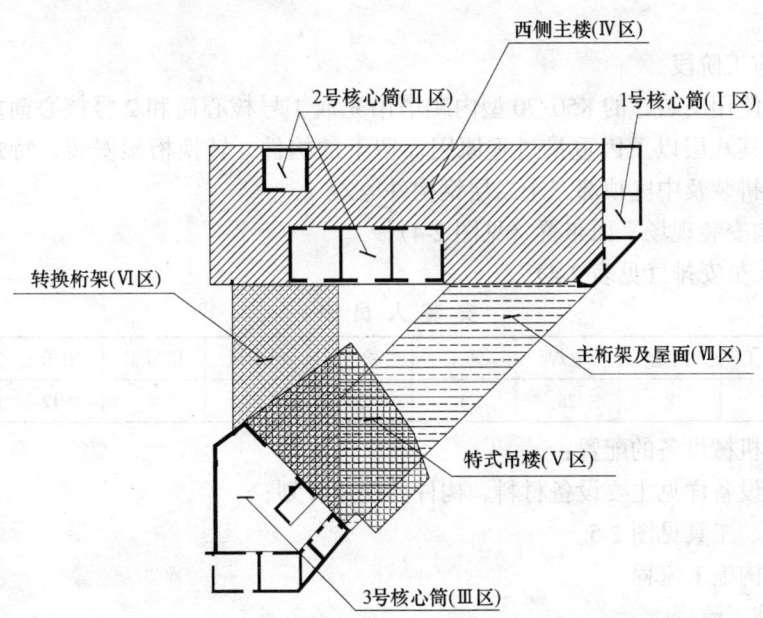

图2-3 北京新保利大厦地上部分钢结构工程施工区域划分图

将整个钢结构工程划分为七个施工区:

第Ⅰ施工区:1号核心筒剪力墙内钢结构;

第Ⅱ施工区:2号核心筒剪力墙内钢结构;

第Ⅲ施工区:3号核心筒剪力墙内钢结构;

第Ⅳ施工区:西侧主楼核心筒外框架钢结构;

第Ⅴ施工区:特式吊楼钢结构;

第Ⅵ施工区:转换桁架钢结构;

第Ⅶ施工区:主桁架及屋面钢结构。

2) 钢结构安装总体安排

核心筒剪力墙内的钢结构必须先于混凝土剪力墙施工,核心筒外钢结构迟于混凝土剪力墙施工,主桁架必须待1号和3号核心筒混凝土剪力墙结构全部完成达到设计强度才能安装就位。转换桁架位于2号和3号核心筒之间开始于标高49.100m处,在施工前要搭设用以支撑转换桁架结构的临时钢性支撑架。待2号和3号核心筒超过转换桁架的安装高度，开始安装转换桁架。特式吊楼根据3号核心筒进度随之安装，先安装特式吊楼的临时支撑体系，然后安装三个剪刀撑体结构，并通过连接桁架梁将剪刀撑体结构连成整体，最后安装外部悬挑桁架。

(4) 钢结构安装施工部署

根据目前本工程的现实情况和特点，我们将钢结构的施工分为两个阶段来实施，以大吊重的内爬塔的投入使用为分界，分界点时间为2004年8月初。

1) 第一施工阶段

按照现场两台ST70/30塔吊和一台MC320K12塔吊的配置，来完成±0.000～八层的钢结构吊装任务，主要吊装位于1号核心筒和2号核心筒之间的钢结构和特式吊楼的支撑结构，以及转换桁架的支撑结构，并安装内爬塔吊，同时塔吊也必须完成土建及其他施工阶段的垂直运输。

2) 第二施工阶段

八层以上使用安装好的K50/70型内爬塔吊完成1号核心筒和2号核心筒之间的框架钢结构安装及其八层以下因重量过重原因而留下的构件，转换桁架安装，特式吊楼的安装，主桁架的拼装及中庭顶部二十二层钢构件等。

3) 钢结构安装现场平面布置（见图2-4）

4) 施工人员安排（见表2-4）

安 装 人 员 表　　　　　　　　表2-4

| 类别 | 安装工 | 测量 | 电焊 | 铆工 | 检测 | 吊车机 | 信号工 | 架子工 | 合计 |
|---|---|---|---|---|---|---|---|---|---|
| 人数 | 78 | 8 | 28 | 4 | 3 | 5 | 4 | 12 | 140 |

安装施工机械设备的配置：

大型机械设备详见主要设备材料、构件的使用计划；

小型机械、工具见图2-5。

(5) 钢结构施工流程

1) 总体施工流程

钢结构施工区域划分见图2-6。

将整个钢结构工程划分为七个施工区：

第一施工区：1号核心筒剪力墙内钢结构；

第二施工区：2号核心筒剪力墙内钢结构；

第三施工区：3号核心筒剪力墙内钢结构；

第四施工区：核心筒剪力墙外框架钢结构；

第五施工区：主钢桁架钢结构；

第六施工区：转换桁架钢结构；

第七施工区：特式吊楼钢结构。

2) 钢结构安装总体安排

核心筒剪力墙内的钢结构必须先于混凝土剪力墙施工，核心筒外钢结构迟于混凝土剪力墙2～3层施工，主桁架必须待1号和3号核心筒混凝土剪力墙结构全部完成达到设计强度才能安装就位。转换桁架位于2号和3号核心筒之间，开始于标高49.100m，在施工前要搭设近50m的临时钢性支撑架，用以临时支撑转换桁架结构体。待2号和3号核心筒

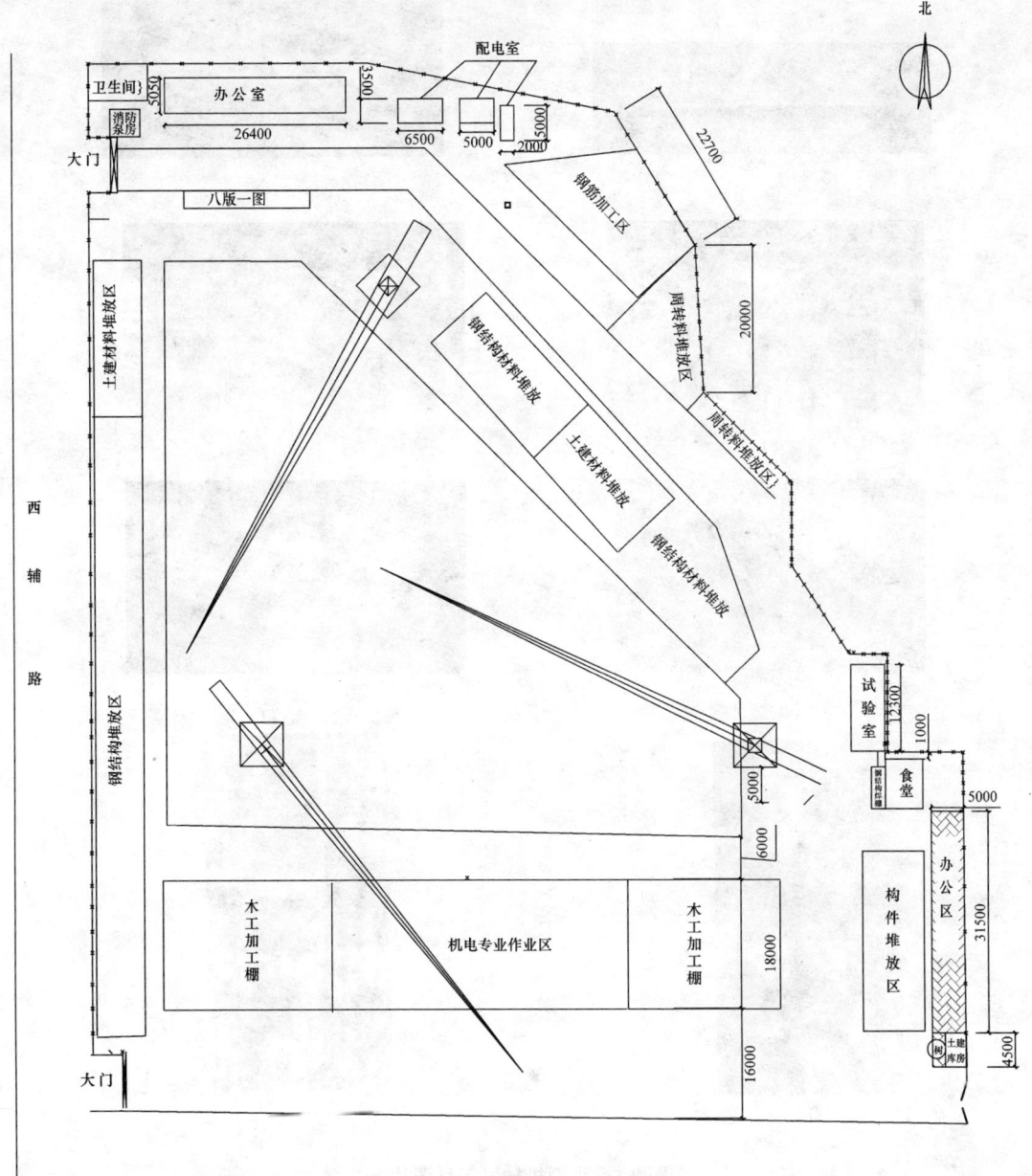

图 2-4 北京新保利大厦现场布置图

超过转换桁架的安装高度,开始安装转换桁架。特式吊楼根据 3 号核心筒进度随之安装,先安装特式吊楼的支撑体系,然后安装三个剪刀撑体结构,并通过连接桁架梁将剪刀撑体结构连成整体,最后安装外部悬挑桁架。

(6) 主要施工方法介绍

1) 安装顺序

钢结构工程总体吊装顺序为:最先进行三个核心筒剪力墙内钢结构安装;在 1、2、3

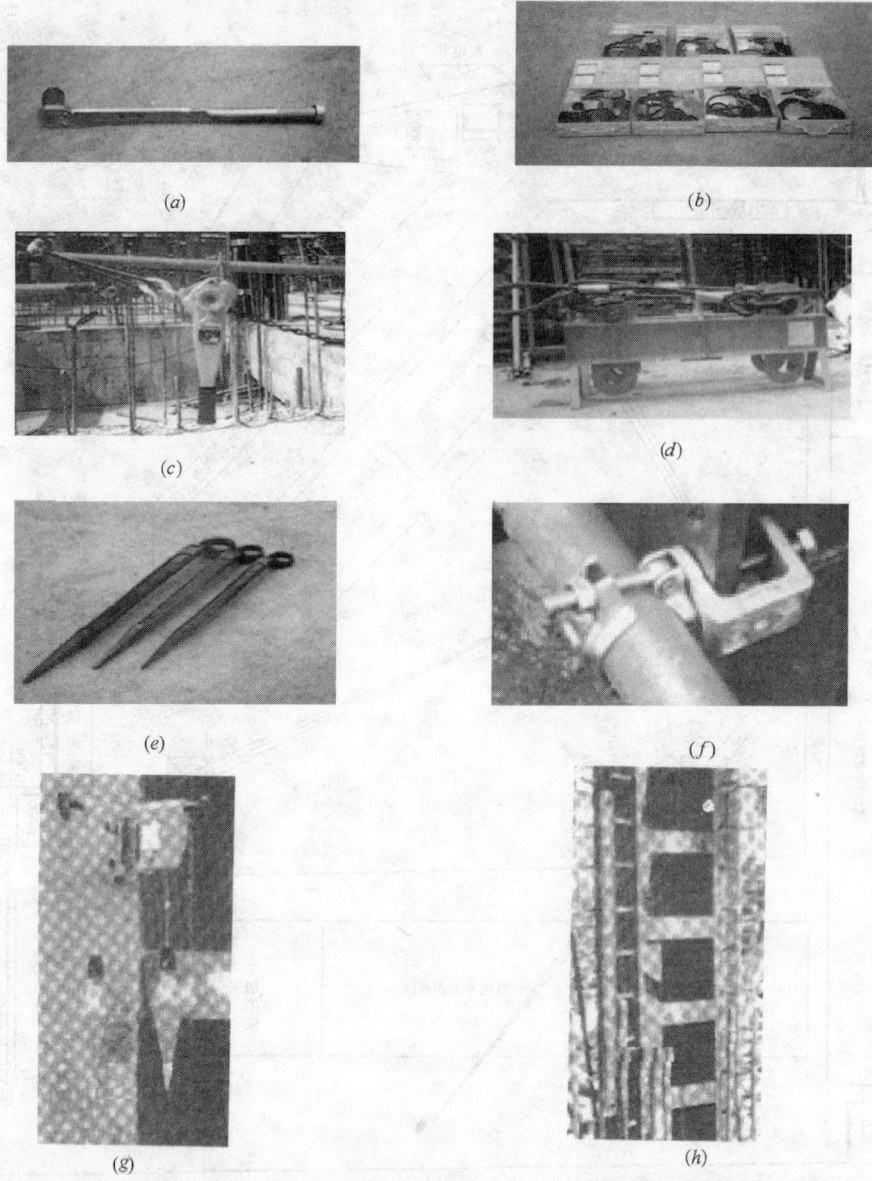

图 2-5 小型机械、工具图片
(a) 高强度螺栓检测扳手；(b) 高强度螺栓终拧扳手；
(c) 手动葫芦；(d) 铁扁担；(e) 扳手；(f) U 形扣件；
(g) 线坠；(h) 水平尺

号核心筒剪力墙施工起 2~3 层后进行核心筒外框架钢结构的安装，同时开始特式吊楼剪刀撑结构连接桁架梁的安装和转换桁架的临时钢性支撑结构。在 2 号和 3 号核心筒混凝土结构超过转换桁架 2~4 层并且刚性支撑结构达到安装标高时，开始转换桁架的安装。1 号和 3 号核心筒混凝土结构施工完成达到设计强度后，整体提升已经在地面拼装好的主桁架 ST-50 和 ST-51；主桁架安装完成后，安装 ST-50 和 ST-51 之间的连系梁，以及特式吊楼的外悬挑桁架梁结构。

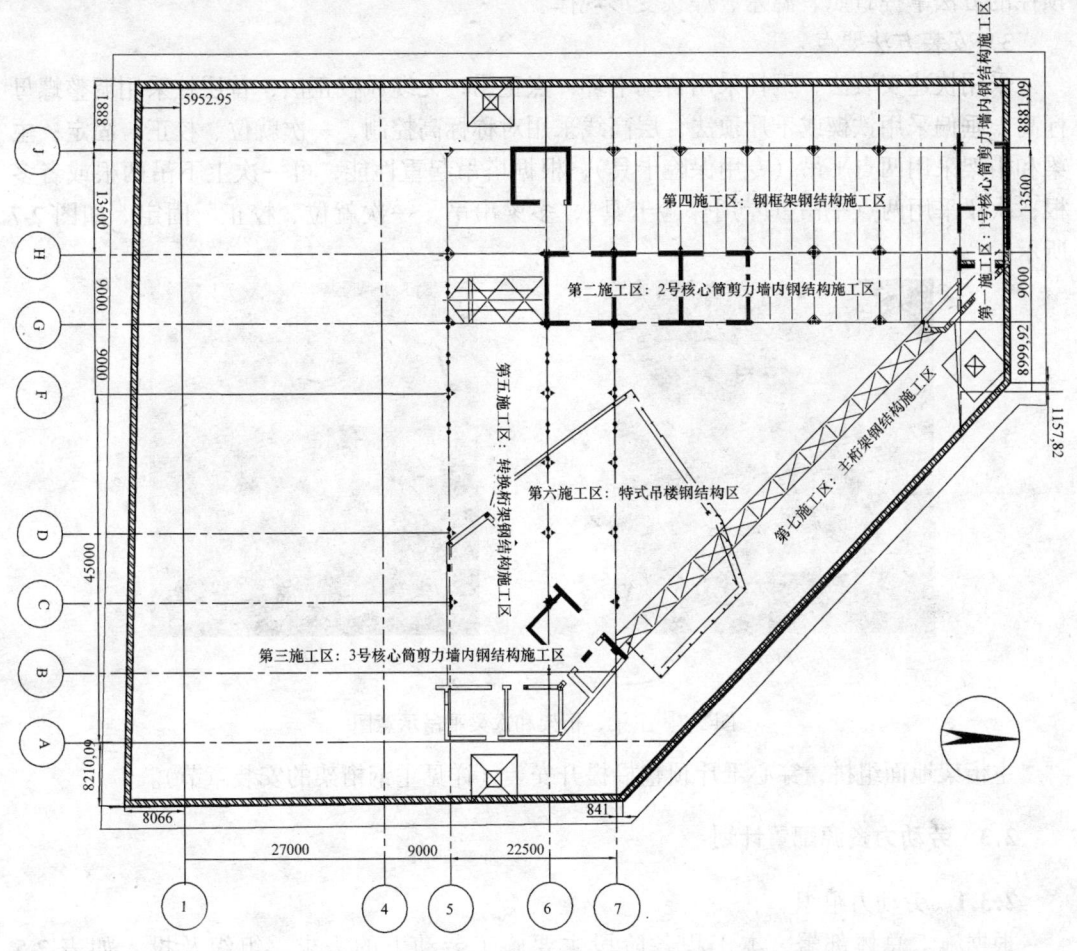

图 2-6 钢结构施工分区图

钢结构每节框架吊装时，先组成标准间，柱子初校垂直度、位移、标高，能满足按每层梁安装螺栓，能进孔为限，以尽早形成并增加吊装的稳定性。

每节框架在高强度螺栓和焊接施工时，必须严格执行先顶层梁、后底层梁的操作顺序，使框架的安装质量能得到相对的控制，每节框架梁焊接时，应先分析框架柱的垂直度偏差情况，有目的地选择偏差较大的柱子部位的梁先进行焊接，以避免焊接后产生过大的收缩变形，有助于减少柱子的垂直度偏差。

每节框架内的楼梯及金属压型板，应及时随框架吊装进展而进行安装，这样既可解决局部垂直登高和水平通道问题，又可起到安全隔离层的作用，对施工现场操作带来许多方便。

2）测量方法要点

确定主轴线控制网闭合，地下层采用柱网平面外控法—方格网测量，地上采用内控法，设标准柱，采用激光投点，100m以上因激光斑点发散，采用接力法，即竖向投点、放线。

钢柱均采用经纬仪跟踪校正，以测量、安装、焊接三位一体有效地运用预检、预测、预控的方法掌握日照、温差、焊接变形规律。

3）安装方法要点

采用快速安装法，钢柱采用自动卡环一点正吊；无缆风校正法，首层柱采用调整螺母标高，垂偏采用铁楔或千斤顶法，层高线采用对称标高控制，一次就位、校正、固定；主梁和桁架采用两点平吊（专用保险卡具），根据塔吊起重性能，可一次上下吊两根或者多根；次梁采用两点平吊（专用保险卡具），多梁串吊，一次就位、校正、固定。如图2-7所示。

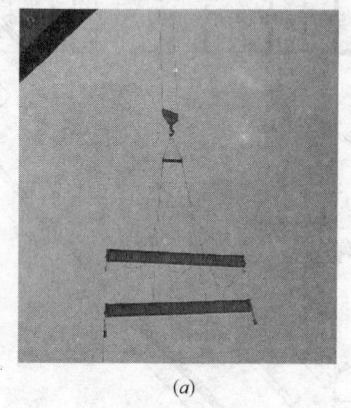
(a)

(b)

图 2-7　主梁、桁架和次梁平吊示意图

主桁架地面组拼，穿心千斤顶整榀提升安装（详见主钢桁架的安装章节）。

## 2.3　劳动力资源配置计划

### 2.3.1　劳动力组织

根据施工总体部署，本工程各阶段主要施工劳动力的需求、组织及投入如表2-5所示。

本工程各阶段主要施工劳动力组织需求及投入一览表　　表 2-5

| 项目 | 工种 | 按工程施工阶段主要劳动力情况 ||| 备注 |
| --- | --- | --- | --- | --- | --- |
| | | 人数（人） | 进场时间 | 出场时间 | |
| 主体混凝土结构工程 | 管理人员 | 26 | 2004.6.20 | 随结构进度进行调整，在混凝土结构封顶后陆续撤场，留部分维修人员 | |
| | 测量工 | 8 | 2004.6.20 | | |
| | 钢筋工 | 160 | 2004.6.20 | | |
| | 模板工 | 250 | 2004.6.20 | | |
| | 混凝土工 | 42 | 2004.6.20 | | |
| | 瓦工 | 40 | 2004.6.20 | | |
| | 架子工 | 46 | 2004.6.20 | | |
| | 电焊工 | 8 | 2004.6.20 | | |
| | 普工 | 40 | 2004.6.20 | | |
| | 后勤 | 16 | 2004.6.20 | | |
| | 小计 | 634 | | | |

续表

| 项目 | 工种 | 按工程施工阶段主要劳动力情况 | | | 备注 |
|---|---|---|---|---|---|
| | | 人数（人） | 进场时间 | 出场时间 | |
| 机电安装工程 | 管理人员 | 11 | 在结构预留、预埋阶段总共需要100人（2004.6.20进场），其他人员随着机电安装的开始陆续进场 | 在2006.4开始撤场，留系统调试人员至竣工 | |
| | 测量 | 8 | | | |
| | 电工 | 80 | | | |
| | 电焊工 | 16 | | | |
| | 水暖工 | 120 | | | |
| | 通风工 | 120 | | | |
| | 普工 | 60 | | | |
| | 后勤 | 8 | | | |
| | 小计 | 423 | | | |
| 钢结构工程 | 管理人员 | 12 | 从2004.6.20陆续进场 | 结构封顶后陆续撤场 | |
| | 测量工 | 8 | | | |
| | 安装工 | 78 | | | |
| | 电焊工 | 28 | | | |
| | 铆工 | 4 | | | |
| | 检测工 | 3 | | | |
| | 架子工 | 12 | | | |
| | 后勤 | 7 | | | |
| | 小计 | 152 | | | |
| 特殊工种 | 信号工 | 18 | 2004.6.20 | 塔吊拆除后 | |
| | 吊车司机 | 9 | 2004.6.20 | | |
| | 杂工 | 26 | 2004.6.20 | 2006.5.18 | |
| | 保安 | 14 | 2004.6.20 | | |
| | 小计 | 67 | | | |
| 二次结构及粗装修 | 管理人员 | 10 | 2004.7.11 | 2005.9 | |
| | 测量工 | 8 | | | |
| | 瓦工 | 80 | | | |
| | 电焊工 | 10 | | | |
| | 力工 | 40 | | | |
| | 专业安装人员及其他 | 80 | | | |
| | 小计 | 228 | | | |
| 幕墙工程 | 管理人员 | | 2004.6.20入场进行预埋件安装 | 竣工验收后全部撤场 | 专业分包，根据进度需要分包自行组织 |
| | 安装人员 | | | | |
| | 力工 | | | | |
| | 其他 | | | | |
| | 小计 | | | | |

续表

| 项目 | 工种 | 按工程施工阶段主要劳动力情况 | | | |
|---|---|---|---|---|---|
| | | 人数（人） | 进场时间 | 出场时间 | 备注 |
| 外挂石材 | 管理人员 | | 2004.6.20 入场进行预埋件安装 | 竣工验收后全部撤场 | 专业分包，根据进度需要分包自行组织 |
| | 安装工 | | | | |
| | 其他 | | | | |
| | 小计 | | | | |
| 电梯 | 安装工 | | 2005.3.1 进场 | 竣工验收后全部撤场 | 专业分包，根据进度需要分包自行组织人员 |
| 精装 | 管理人员 | 25 | 2005.5.1 后陆续进场 | 2006.5.1 陆续撤场，竣工验收后全部撤离 | |
| | 木工 | 200 | | | |
| | 瓦工 | 150 | | | |
| | 油工 | 200 | | | |
| | 力工 | 100 | | | |
| | 专业安装人员及其他 | 50 | | | |
| | 小计 | 725 | | | |
| 成品保护 | 专职检查和保洁人员 | 80 | 2005.5.1 | 2006.5.18 | |
| 其他人员 | | 50 | | | |

## 2.4 主要非实体设备材料、构件的使用计划

### 2.4.1 土建施工所需主要机械、设备计划

本工程土建施工所需主要机械、设备计划见表2-6所示。

**土建施工所需主要机械、设备计划表**　　表2-6

| 序号 | 设备名称 | 规格/型号 | 单位 | 数量 | 使用时间（月） | 备注 |
|---|---|---|---|---|---|---|
| 1 | 塔吊 | ST7030 | 台 | 2 | 10+2 | 其中一台在K50/70塔安装后拆除 |
| 2 | 塔吊 | M320 | 台 | 1 | 10 | 地上结构 |
| 3 | 内爬塔 | K50/70 | 台 | 1 | 8 | 主要地上钢结构 |
| 4 | 地泵 | HBT80 | 台 | 3 | 10 | 地上混凝土 |
| 5 | 室外电梯 | SCD200/200J | 台 | 4 | 20 | 结构、装修阶段 |
| 6 | 切断机 | GQ-40 | 台 | 6 | 7 | 地上钢筋 |
| 7 | 调直机 | GT4-14 | 台 | 2 | 7 | 地上钢筋 |
| 8 | 弯曲机 | WJ4-1 | 台 | 3 | 7 | 地上钢筋 |
| 9 | 直螺纹套丝机 | GSJ-40 | 台 | 6 | 7 | 地上钢筋 |
| 10 | 平刨 | MB503 | 台 | 2 | 7 | 地上结构 |
| 11 | 圆锯 | MJ104 | 台 | 2 | 7 | 地上结构 |

续表

| 序号 | 设备名称 | 规格/型号 | 单位 | 数量 | 使用时间（月） | 备 注 |
|---|---|---|---|---|---|---|
| 12 | 空压机 | YV0.9/7 | 台 | 5 | 7 | 地上结构 |
| 13 | 50振动棒 | HZ-50A | 台 | 18 | 7 | 地上混凝土 |
| 14 | 30振动棒 | HZ6X-30 | 台 | 6 | 7 | 地上混凝土 |
| 15 | 平板振动器 | ZR11 | 台 | 3 | 7 | 地上混凝土 |
| 16 | 套丝机 | Z3J-TV100B | 台 | 6 | 7 | 地上部分 |
| 17 | 无齿锯 | Y90L-2 | 台 | 6 | 20 | 地上部分 |
| 18 | 消防泵 | 65DLS16×10 | 台 | 1 | 24 | 地上部分 |
| 19 | 潜污泵 |  | 台 | 2 | 24 | 地上部分 |
| 20 | 镝灯 | DDG3.5 | 台 | 18 | 7 | 地上部分 |
| 21 | 手持电动工具 |  | 台 |  |  | 地上部分 |

### 2.4.2 机电工程主要机械、设备计划

本工程机电工程主要机械、设备计划见表2-7所示。

机电工程主要机械、设备计划表　　　　表2-7

| 序号 | 名称 | 规格型号 | 单位 | 数量 | 使用时间（月） | 备 注 |
|---|---|---|---|---|---|---|
| 1 | 套丝机 | QT4-AⅠ | 台 | 6 | 20 |  |
| 2 | 轻便套丝机 | QT2-CⅠ | 台 | 4 | 20 |  |
| 3 | 台钻 | LT-13 | 台 | 1 | 20 |  |
| 4 | 砂轮切割机 | SQ-40-2 | 台 | 8 | 20 |  |
| 5 | 交流电焊机 | BX3-500-1 | 台 | 12 | 20 |  |

### 2.4.3 钢结构安装机械、设备计划

(1) 主要大型机械

主要大型机械需用计划见表2-8所示。

主要大型机械需用计划表　　　　表2-8

| 序号 | 名称 | 规格型号 | 单位 | 数量 | 使用时间（月） | 备 注 |
|---|---|---|---|---|---|---|
| 1 | 塔式起重机 | MC320K12 | 台 | 1 | 10 | 钢结构安装、和土建共用 |
| 2 | 塔式起重机 | ST70/30 | 台 | 1 | 10 | 钢结构安装、和土建共用 |
| 3 | 内爬塔式起重机 | K50/70 | 台 | 1 | 10 | 钢结构安装、和土建共用 |
| 4 | 汽车吊 | 50t | 台 | 2 | 10 | 钢结构倒料、吊装及拼装 |

(2) 主要小型机械

主要小型机械需用计划见表2-9所示。

主要小型机械需用计划表　　　　表2-9

| 序号 | 名称 | 规格型号 | 单位 | 数量 | 使用时间（月） | 备 注 |
|---|---|---|---|---|---|---|
| 1 | 铁扁担 | 6t | 个 | 3 | 10 | 结构吊装 |
| 2 | 钢丝绳 | φ17.5、φ9 | 根 | 若干 | 10 | 结构吊装 |
| 3 | 卡环 | 10号、6号 | 个 | 若干 | 10 | 结构吊装 |

续表

| 序号 | 名称 | 规格型号 | 单位 | 数量 | 使用时间（月） | 备注 |
|---|---|---|---|---|---|---|
| 4 | 兜带 | 1.5t | 副 | 8 | 10 | 瓦板搬运 |
| 5 | 吊装夹具 | 5t | 个 | 8 | 10 | 钢梁吊装 |
| 6 | 活动扳手 | 8寸~20寸 | 把 | 12 | 10 | 紧固螺栓 |
| 7 | 棘轮扳手 | M20~M24 | 把 | 8 | 10 | 紧固钢梁螺栓 |
| 8 | 手动葫芦 | 1~2t | 个 | 10 | 10 | 临时固定 |
| 9 | 电动扳手 | M20~M24 | 把 | 8 | 10 | 高强螺栓紧固 |
| 10 | 钢水平尺 | 1.5m | 把 | 8 | 10 | 钢柱初校正 |
| 11 | 滑轮 | 2t | 套 | 8 | 10 | 次结构安装 |
| 12 | 对讲机 |  | 部 | 8 | 10 | 现场联络 |

（3）吊索具

吊索具需用计划见表 2-10 所示。

吊索具一览表　　　　　　　　表 2-10

| 序号 | 名称 | 规格型号 | 单位 | 数量 | 使用时间（月） | 备注 |
|---|---|---|---|---|---|---|
| 1 | 铁扁担 | 10t | 个 | 3 | 10 | 吊装 |
| 2 | 钢丝绳 | 6×37+1φ32.5×1.5m | 根 | 8 | 10 | 吊装 |
| 3 | 钢丝绳 | 6×37+1φ24×3 | 根 | 8 | 10 | 吊装 |
| 4 | 钢丝绳 | 6×37+1φ19.5×6 | 根 | 8 | 10 | 卸车吊装 |
| 5 | 钢丝绳 | 6×37+1φ19.5×9 | 根 | 12 | 10 | 卸车吊装 |
| 6 | 钢丝绳 | 6×37+1φ15×4 | 根 | 12 | 10 | 卸车吊装 |
| 7 | 钢丝绳 | 6×37+1φ15×6 | 根 | 8 | 10 | 卸车吊装 |
| 8 | 钢丝绳 | 6×37+1φ15×8 | 根 | 8 | 10 | 卸车吊装 |
| 9 | 钢丝绳 | 6×37+1φ13×15 | 根 | 96 | 10 | 校正缆风绳子 |
| 10 | 卸扣 | φ32 | 个 | 12 | 10 |  |
| 11 | 卸扣 | φ24 | 个 | 12 | 10 |  |
| 12 | 卸扣 | φ20 | 个 | 70 | 10 |  |
| 13 | 钢丝绳卡子 | M12 | 个 | 200 | 10 |  |
| 14 | 环链手拉葫芦 | HSB2 2t | 个 | 96 | 10 |  |
| 15 | 环链手拉葫芦 | HSB2 5t | 个 | 6 | 10 |  |
| 16 | 白棕绳 | φ16 | m | 100 | 10 |  |

（4）安装用具

安装用具需用计划见表 2-11 所示。

安装用具一览表　　　　　　　　表 2-11

| 序号 | 名　称 | 型号与规格 | 单位 | 数量 | 使用时间（月） | 备注 |
|---|---|---|---|---|---|---|
| 1 | 单面眼镜扳手 | M20~M30 | 把 | 8 | 10 | 附件配套 |
| 2 | 扭力扳手 | AC280-760 | 把 | 6 | 10 | 附件配套 |
| 3 | 扭力扳手 | AC750-2000 | 把 | 6 | 10 | 附件配套 |

续表

| 序号 | 名　称 | 型号与规格 | 单位 | 数量 | 使用时间（月） | 备　注 |
|---|---|---|---|---|---|---|
| 4 | TC扭剪型电动扳手 | M20~M24 | 把 | 6 | 10 | 附件配套 |
| 5 | 定扭矩电动扳手 | M27~M30 | 套 | 6 | 10 | |
| 6 | 稳压器 | 380V/220V 2000W | 台 | 3 | 10 | |
| 7 | 螺旋千斤顶 | 5t | 台 | 6 | 10 | 附件配套 |
| 8 | 螺旋千斤顶 | 25t | 台 | 2 | 10 | |
| 9 | 八角锤 | 10磅 | 把 | 3 | 10 | |
| 10 | 八角锤 | （带柄）4磅 | 把 | 6 | 10 | |
| 11 | 圆头锤 | | 把 | 20 | 10 | |
| 12 | 过孔冲 | $\phi 23.5 \times 150mm$ | 根 | 30 | 10 | 附件配套 |
| 13 | 过孔冲 | $25.5 \times 150mm$ | 根 | 30 | 10 | |
| 14 | 过孔冲 | $28 \times 150mm$ | 根 | 30 | 10 | |
| 15 | 过孔冲 | $31 \times 150mm$ | 根 | 30 | 10 | |
| 16 | 电动铰孔钻 | D32 | 台 | 1 | 10 | |
| 17 | 电动铰刀 | $\phi 24 \sim \phi 32$ | 套 | 1 | 10 | |
| 18 | 磁座钻 | T3C-AD01-32 | 套 | 1 | 10 | |
| 19 | 钢楔 | | 块 | 100 | 10 | |
| 20 | 棘轮扳手 | $250 \times 13 \times 19$ M12 | 套 | 12 | 10 | |
| 21 | 活动扳手 | | 把 | 12 | 10 | |
| 22 | 电动压紧器 | | 台 | 3 | 10 | |
| 23 | 断线钳 | 600mm | 把 | 2 | 10 | |
| 24 | 撬棍 | 1.5m | 根 | 12 | 10 | 接焊接设备用 |
| 25 | 台式砂轮机 | MQ32 $\phi 200$ | 台 | 1 | 10 | 接手动工具用 |
| 26 | 台虎钳 | 钳口宽150mm | 台 | 1 | 10 | 设备电源线 |
| 27 | 半圆锉刀 | 粗齿12 | 把 | 10 | 10 | 焊机一次线 |
| 28 | 多功能金属线坠 | GD52-450 4.5m | 个 | 6 | 10 | 设备电源线 |
| 29 | 帆布工具包 | | 个 | 45 | 10 | 焊机一次线 |
| 30 | 安装操作平台 | | 套 | 20 | 10 | 设备电源线 |
| 31 | 爬梯 | | 套 | 100 | 10 | 现场照明 |
| 32 | 铝合金挂篮 | | 套 | 40 | 10 | 附件配套 |
| 33 | 铁马凳 | | 个 | 40 | 10 | 附件配套 |
| 34 | 扭力扳手扭矩 | | 个 | 3 | 10 | 附件配套 |
| 35 | 对讲机 | | 对 | 8 | 10 | 附件配套 |

（5）焊接设备与用具

焊接设备与用具需用计划见表2-12所示。

焊接设备与用具一览表　　　　表2-12

| 序号 | 名　称 | 型号与规格 | 单位 | 数量 | 使用时间（月） | 备　注 |
|---|---|---|---|---|---|---|
| 1 | 硅整流弧焊机 | ZX-500A | 台 | 6 | 10 | 附件配套 |
| 2 | 晶闸管整流焊机 | ZX5-630B | 台 | 3 | 10 | 附件配套 |
| 3 | $CO_2$半自动电弧焊机 | SD-5001CY | 台 | 18 | 10 | 附件配套 |
| 4 | 远外自控焊条烘箱 | YZH2-100 | 台 | 2 | 10 | 附件配套 |

续表

| 序号 | 名称 | 型号与规格 | 单位 | 数量 | 使用时间（月） | 备注 |
|---|---|---|---|---|---|---|
| 5 | 电焊条保温筒 | W-3 | 个 | 12 | 10 | |
| 6 | 空气压缩机 | V-1.05/10 | 台 | 2 | 10 | |
| 7 | 栓焊机 | TSS2500 | 台 | 1 | 10 | 附件配套 |
| 8 | 碳弧气刨枪 | W-500 | 把 | 5 | 10 | |
| 9 | 特制烤枪 | 多火头 | 把 | 12 | 10 | |
| 10 | 射吸式割炬 | | 套 | 3 | 10 | |
| 11 | 半自动切割机 | | 套 | 1 | 10 | |
| 12 | 等离子切割机 | MAX20 | 台 | 3 | 10 | 附件配套 |
| 13 | 电动角向磨光机 | $\phi$125 | 把 | 12 | 10 | |
| 14 | 压线钳 | | 把 | 1 | 10 | |
| 15 | 钢丝钳 | | 把 | 10 | 10 | |
| 16 | 活动扳手 | | 把 | 10 | 10 | |
| 17 | 螺丝刀 | | 把 | 10 | 10 | |
| 18 | 焊工用具 | | 套 | 35 | 10 | |
| 19 | $CO_2$焊嘴防堵剂 | | 盒 | 30 | 10 | |
| 20 | 氧气瓶 | | 个 | 30 | 10 | |
| 21 | 乙炔瓶 | | | 30 | 10 | |
| 22 | $CO_2$气瓶 | | | 30 | 10 | |
| 23 | 碘钨灯 | 220V 1000W | 个 | 20 | 10 | |
| 24 | 配电箱 | YDL系列外插式安全型 | 个 | 6 | 10 | 接焊接设备用 |
| 25 | 手提式配电箱 | YD-TL-60箱内配 300A/380V63A5个开关 60A25A5个开关 | 个 | 6 | 10 | 接手动工具用 |
| 26 | 橡套电缆软线 | 3×25+2×10 | m | 300 | 10 | 设备电源线 |
| 27 | 橡套电缆软线 | 3×16+1×10 | m | 160 | 10 | 焊机一次线 |
| 28 | 橡套电缆软线 | 3×6+2×4 | m | 400 | 10 | 设备电源线 |
| 29 | 橡套电缆软线 | 3×70+2×35 | m | 400 | 10 | 焊机一次线 |
| 30 | 橡套电缆软线 | 3×4+1×2.5 | m | 1000 | 10 | 设备电源线 |
| 31 | 橡套电缆软线 | 2×2.5 | m | 600 | 10 | 现场照明 |

（6）检测仪器与计量器具

检测仪器与计量器具见表2-13所示。

检测仪器与计量器具一览表　　　　　　表2-13

| 序号 | 名称 | 型号与规格 | 单位 | 数量 | 备注 |
|---|---|---|---|---|---|
| 1 | 超声波探伤仪 | CTS-22 | 台 | 1 | |
| 2 | 磁粉探伤仪 | DCE组合式 | 台 | 1 | |
| 3 | 焊口检测器 | | 个 | 20 | |

续表

| 序号 | 名 称 | 型号与规格 | 单位 | 数量 | 备 注 |
|---|---|---|---|---|---|
| 4 | 放大镜 | 5~10倍 | 个 | 2 | |
| 5 | 楔形塞尺 | 0~15mm | 个 | 10 | |
| 6 | 数字温度计 | 0~900℃ | 个 | 5 | |
| 7 | 多用钳形电流表 | MG36 | 个 | 2 | |
| 8 | 铁水平尺 | 600mm | 个 | 3 | |
| 9 | 磁性铝合金水平尺 | 1.5m | 个 | 6 | |
| 10 | 钢板尺 | 1.0m | 个 | 4 | |
| 11 | 扭力扳手 | 表盘式Q2-200 | 把 | 2 | 检查标定拧死角用 |
| 12 | 塞尺 | 100mm 17片 | 个 | 2 | |
| 13 | 试孔检测棒 | | 个 | 2 | |
| 14 | 钢卷尺 | 长城牌7.5m | 把 | 10 | |
| 15 | 钢卷尺 | 20m | 把 | 3 | |
| 16 | 干漆膜测厚仪 | | 个 | 1 | |

### 2.4.4 临时用水及消防材料设备计划（未含生活区临水）

临时用水及消火材料设备计划见表2-14所示。

临时用水及消火材料设备计划一览表　　　表2-14

| 序号 | 名 称 | 规格、型号 | 单位 | 数量 | 备 注 |
|---|---|---|---|---|---|
| 1 | 闸阀 | $DN$150 PN1.6 | 个 | 2 | |
| 2 | 蝶阀 | $DN$125 PN1.6 | 个 | 3 | |
| 3 | 蝶阀 | $DN$100 PN1.6 | 个 | 7 | |
| 4 | 蝶阀 | $DN$50 PN1.6 | 个 | 2 | |
| 5 | 止回阀 | $DN$125 PN1.6 | 个 | 1 | |
| 6 | 止回阀 | $DN$100 PN1.6 | 个 | 2 | |
| 7 | 止回阀 | $DN$50 PN1.6 | 个 | 1 | |
| 8 | 闸阀 | 铜质$DN$25 PN1.6 | 个 | 84 | |
| 9 | 阀门井 | $\phi$600 | 座 | 6 | |
| 10 | 水表井 | $\phi$600 | 座 | 1 | |
| 11 | 消火栓 | 单口$DN$65 | 只 | 56 | |
| 12 | 节流孔板 | $\phi$15、$\phi$17、$\phi$19 | 个 | 36 | 十六层以下用 |
| 13 | 无缝钢管 | $\phi$159×6 | M | 12 | |
| 14 | 无缝钢管 | $\phi$133×5 | M | 550 | |
| 15 | 无缝钢管 | $\phi$108×4 | M | 420 | |
| 16 | 无缝钢管 | $\phi$57×3.5 | M | 420 | |
| 17 | 镀锌钢管 | $DN$25 | M | 430 | |
| 18 | 混凝土管 | $D$500 | M | 600 | |
| 19 | 混凝土管 | $D$200 | M | 200 | |

续表

| 序号 | 名 称 | 规格、型号 | 单位 | 数量 | 备 注 |
|---|---|---|---|---|---|
| 20 | 水泵 | XBD12.5/20-37-HY | 台 | 2 | $Q=72m^3/h$, $H=125m$ |
| 21 | 水泵 | 50DL15-12×11 | 台 | 1 | $Q=15m^3/h$, $H=132m$ |
| 22 | 消防箱 | 650mm×700mm | 套 | 100 | 配25m水龙带及19m水枪;楼内地上每层3个,地下每层5个,场地周边8个 |
| 23 | 排水井 | | 座 | 15 | |
| 24 | 灭火器 | 5kg,干粉 | 个 | 416 | |
| 25 | 消防器材架 | | 套 | 8 | |

### 2.4.5 临时用电材料设备计划

(1) 配电箱

配电柜、箱需用计划见表 2-15 所示。

配电柜、箱明细表　　　　　　表 2-15

| 序号 | 名 称 | 编 号 | 单位 | 数量 | 备注 |
|---|---|---|---|---|---|
| 1 | 二级总箱 | B1、B2、B3、B4、B5 | 台 | 5 | |
| 2 | 二级箱 | B1-a 至 B1-e | 台 | 5 | |
| 3 | 二级箱 | B2-a 至 B2-e | 台 | 5 | |
| 4 | 二级箱 | B3-a 至 B3-e | 台 | 5 | |
| 5 | 二级箱 | B4-a 至 B4-e | 台 | 5 | |
| 6 | 二级箱 | B5-a 至 B5-e | 台 | 5 | |
| 7 | 二级箱 | B0 | 台 | 1 | |
| 8 | 二级箱 | B1-1a 至 B1-1d | 台 | 4 | |
| 9 | 三级箱 | C1 至 C50 | 台 | 50 | |
| 10 | 降水总箱 | J | 台 | 1 | |
| 11 | 降水箱 | J1、J2、J3 | 台 | 3 | |
| 12 | 降水三级箱 | J1、2、3a 至 J1、2、3c | 台 | 9 | |
| 13 | 配电箱 | T1、T2、T3、T4、T5 | 台 | 5 | |
| | 合计 | | | 103 台 | |

(2) 电缆

电缆需用计划见表 2-16 所示。

电缆明细表　　　　　　表 2-16

| 序号 | 电缆编号 | 规格、型号 | 单位 | 数量 | 敷设方式 |
|---|---|---|---|---|---|
| 1 | B1 | JGV22(3×185+2×95) | m | 50 | 埋地暗敷 |
| 2 | B2 | JGV22(3×185+2×95) | m | 200 | 架空明敷 |
| 3 | B3 | JGV22(3×240+2×120) | m | 200 | 架空明敷 |
| 4 | B4 | JGV22(3×240+2×120) | m | 200 | 架空明敷 |
| 5 | B5 | JGV222(3×95+2×50) | m | 400 | 架空明敷 |
| 6 | B0 | JGV22(3×25+2×16) | m | 95 | 埋地暗敷 |

续表

| 序号 | 电缆编号 | 规格、型号 | 单位 | 数量 | 敷设方式 |
|---|---|---|---|---|---|
| 7 | B1-1 | JGV22（3×95+2×50） | m | 150 | 埋地暗敷 |
| 8 | J | JGV22（3×70+2×35） | m | 50 | 埋地暗敷 |
| 9 | T1 | JGV22（3×150+2×70） | m | 100 | 埋地暗敷 |
| 10 | T2 | JGV22（3×150+2×70） | m | 150 | 埋地暗敷 |
| 11 | T3 | JGV22（3×150+2×70） | m | 150 | 埋地暗敷 |
| 12 | T4 | JGV22（3×150+2×70） | m | 150 | 埋地暗敷 |
| 13 | T5 | JGV22（3×150+2×70） | m | 250 | 埋地暗敷 |
| 14 | B1-a 至 B1-e | JGV22（3×95+2×50） | m | 350 | 埋地暗敷 |
| 15 | B2-a 至 B2-e | JGV22（3×95+2×50） | m | 300 | 架空明敷 |
| 16 | B3-a 至 B3-e | JGV22（3×120+2×70） | m | 300 | 架空明敷 |
| 17 | B4-a 至 B4-e | JGV22（3×120+2×70） | m | 300 | 架空明敷 |
| 18 | B5-a 至 B5-e | JGV22（3×70+2×35） | m | 300 | 架空明敷 |
| 19 | B1-1a 至 B1-1d | JGV22（3×150+2×70） | m | 180 | 埋地暗敷 |
| 20 | C1 至 C50 | XQ（3×120+2×70） | m | 800 | 架空明敷 |
|  |  | XQ（3×95+2×50） | m | 1000 | 架空明敷 |
|  |  | XQ（3×50+2×25） | m | 1000 | 架空明敷 |
|  |  | XQ（3×25+2×16） | m | 500 | 架空明敷 |
| 21 | J1、J2、J3 | JGV22（3×35+2×16） | m | 300 | 埋地暗敷 |
| 合计 |  | JGV22（3×240+2×120） | m | 400 |  |
|  |  | JGV22（3×185+2×95） | m | 250 |  |
|  |  | JGV22（3×150+2×70） | m | 980 |  |
|  |  | JGV22（3×120+2×70） | m | 600 |  |
|  |  | JGV22（3×95+2×50） | m | 1200 |  |
|  |  | JGV22（3×70+2×35） | m | 350 |  |
|  |  | JGV22（3×35+2×16） | m | 300 |  |
|  |  | JGV22（3×25+2×16） | m | 95 |  |
|  |  | XQ（3×120+2×70） | m | 800 |  |
|  |  | XQ（3×95+2×50） | m | 1000 |  |
|  |  | XQ（3×50+2×25） | m | 1000 |  |
|  |  | XQ（3×25+2×16） | m | 500 |  |

（3）低压照明所需主要材料设备计划

低压照明所需主要材料设备计划见表2-17所示。

低压照明材料明细表　　表2-17

| 序号 | 名称 | 规格 | 单位 | 数量 | 备注 |
|---|---|---|---|---|---|
| 1 | 普通电缆 |  | m | 3000 |  |
| 2 | 变压器 | 220V/36V | 台 | 2 |  |
| 3 | 灯泡 | 60W | 盏 | 500 | 包括其他附材 |

### 2.4.6 工程测量所需主要设备计划（全工程测量，包括钢结构）

工程测量所需主要设备计划见表 2-18 所示。

工程测量所需主要设备计划表　　　　　　　　表 2-18

| 编号 | 设 备 名 称 | 精度指标 | 数量 | 用　途 |
|---|---|---|---|---|
| 1 | Topcon-601 全站仪 | 2mm+2ppm | 1台 | 工程控制定位、轴线放样 |
| 2 | J2T-02/DJD2A 电子经纬仪 | 2″ | 4台 | 轴线施工放样、安装校正 |
| 3 | DSZ2 水准仪 | 2mm | 4台 | 标高控制、工作面抄平 |
| 4 | 50m 钢尺 | 1mm | 4把 | 施工放线 |
| 5 | 对讲机 |  | 8部 | 通信联络 |
| 6 | 激光铅垂仪 | 1/200000 | 4台 | 内控点竖向传递 |

### 2.4.7 冬期施工材料用量（考虑 2004 年冬期而未含 2005 年精装冬施所需）

冬期施工所需材料用量见表 2-19 所示。

冬期施工材料用量　　　　　　　　表 2-19

| 序号 | 物资名称 | 规格 | 单位 | 数量 | 备　注 |
|---|---|---|---|---|---|
| 1 | 塑料布 |  | m² | 22400 | 按核心筒洞口和钢结构外柱间双层塑料布封闭考虑，同时考虑冬季损耗较大，另外增加 5000m² 作为损耗量 |
| 2 | 阻燃保温草帘 | 900mm×1800mm | m² | 26000 | 砖墙砌筑后双层覆盖考虑 |
| 3 | 临时封闭木方 |  | m³ | 102 |  |
| 4 | 临时封闭彩条布 |  | m² | 10600 | 9mm 厚 |
| 5 | 小锅炉 |  | 台 | 2 | 供应砂浆搅拌用热水及保温 |
| 6 | 温度计 |  | 支 | 56 | 用于测温监控室内温度 |
| 7 | 便携式测温仪 |  | 台 | 1 |  |
| 8 | 电热器 |  | 台 | 60 | 用于室内取暖 |
| 9 | 暖风机 |  | 台 | 60 | 用于室内取暖 |

### 2.4.8 雨期施工材料用量

雨期施工所需材料用量见表 2-20 所示。

雨期施工材料用量表　　　　　　　　表 2-20

| 序　号 | 物资名称 | 规格型号 | 单　位 | 数　量 |
|---|---|---|---|---|
| 1 | 塑料布 |  | m² | 5600 |
| 2 | 潜水泵 |  | 台 | 6 |
| 3 | 雨具 |  | 套 | 896 |
| 4 | 苫布 |  | m² | 3360 |
| 5 | 塑料排水管 |  | m | 342 |

### 2.4.9 控制扬尘污染所需物资

控制扬尘污染所需物资见表 2-21 所示。

**控制扬尘污染所需物资一览表**　　　　表 2-21

| 序 号 | 物资名称 | 规格型号 | 单 位 | 数 量 |
|---|---|---|---|---|
| 1 | 粉尘浓度连续测试仪 | 袖珍式 PC–3A | 套 | 1 |
| 2 | 封闭垃圾池 | 砖混 | m² | 60（一座） |
| 3 | 橡胶水管 | $\phi 20$ | m | 1173 |
| 4 | 覆盖裸露存土用苫布 |  | m² | 595 |

**2.4.10** 模板及支撑体系配置计划（使用时间为 7 个月）

模板及支撑体系配置计划见表 2-22 所示。

**模板及支撑体系配置计划表**　　　　表 2-22

| 序号 | 名　　称 | 分项（n 为更换次数） | n | 实际需用量 | 单位 |
|---|---|---|---|---|---|
| 1 | 墙体模板 | 标准层加工制作用量（VISA） |  | 3000 | m² |
|  |  | 非标准层接高用量（VISA） |  |  | m² |
|  |  | 角模 | 6 | 3200 | m² |
| 2 | 顶板、梁、柱模面板 | 单层面板用量×n | 6 | 6500 | m² |
| 3 | 木方（顶板、梁龙骨及背楞） | 单层模板龙骨用量×n | 6 | 260 | m³ |
|  | 木方（门窗洞口模板及支撑） | 单层用量+损耗 |  | 112 | m³ |
| 4 | 钢管 | 临时脚手架、模板支撑用量 |  | 200 | t |
|  | 扣件 | 临时脚手架、模板支撑用量 |  | 32000 | 只 |
| 5 | 碗扣架（顶板、梁模板支撑） | 单层用量×24/n |  | 280 | t |
|  | 钢管（压型钢板临时支撑） | 单层用量 |  | 137 | t |
| 6 | U形托 |  |  | 21000 | 只 |
| 7 | 穿墙套管 | 单层（$\phi 20 L = 500 - 950$）×n | 24 | 72000 | m |
| 8 | 墙穿墙螺杆(M18)+2垫片+2螺母 | L=1550mm |  | 4830 | 套 |
|  |  | L=1850mm |  | 70 | 套 |
| 9 | 爬模架机位 |  |  | 120 | 个 |
|  | 爬模架预埋套管（直径60mm） | 单层数量×层数×单个长度 |  | 1500 | m |
|  | 爬模架预埋件 | 单层数量×层数 |  | 850 | 个 |
|  | 钢管 |  |  | 54 | t |
|  | 扣件 |  |  | 6720 | 只 |
|  | 脚手板 |  |  | 162 | m³ |
|  | 防护网 |  |  | 6700 | m² |
|  | 螺杆 | M48 $L = 700 - 1100$ 螺杆+2螺母 |  | 520 | 套 |

**2.4.11** 室内装修用脚手架材料配置计划

室内装修用脚手架材料配置计划见表 2-23 所示。

室内装修用脚手架材料配置计划表　　　　　　　　表2-23

| 配置方案 | 主要物资用量 | 使用时间 | 备注 |
|---|---|---|---|
| 脚手架（φ48×3.5钢管） | 钢管200t；扣件25000套；木脚手板150m³ | 1年半 | 木脚手板满铺未含大堂装修用 |

### 2.4.12 成品保护措施

成品保护所需材料及人员计划见表2-24所示。

成品保护所需材料及人员计划表　　　　　　　　表2-24

| 序号 | 物资名称 | 规格型号 | 单位 | 数量 | 使用时间 | 备注 |
|---|---|---|---|---|---|---|
| 1 | 临时护角板材 | 胶合板 | m² | 5600 | 一年半 | |
| 2 | 塑料布、编织布 | | m² | 5750 | 一年半 | |
| 3 | 钢管 | | m | 4000 | 两年 | |
| 4 | 钢筋 | | t | 5 | 一年半 | |
| 5 | 专项检查人员 | | 个 | 54 | 一年 | |

### 2.4.13 通信器材、临时厕所

通信器材、临时厕所所需数量见表2-25所示。

通信器材、临时厕所所需数量一览表　　　　　　　　表2-25

| 序　号 | 物资名称 | 规格型号 | 单　位 | 数　量 |
|---|---|---|---|---|
| 1 | 办公电话 | | 部 | 52 |
| 2 | 对讲机 | | 台 | 50 |
| 3 | 临时厕所（楼内） | | 座 | 30 |
| 4 | 临时厕所（楼外、施工现场） | | 座 | 15 |

### 2.4.14 安全防护用品计划

（1）钢结构安装所需安全防护用品

钢结构安装所需安全防护用品见表2-26所示。

钢结构安装所需安全防护用品一览表　　　　　　　　表2-26

| 序号 | 材料名称 | 规格 | 工程量 | 单位 | 备　注 |
|---|---|---|---|---|---|
| 1 | 阻燃纤维网 | P-3×6 | 9600 | m² | 平面防护 |
| 2 | 密目网 | L-1.2×6 | 9000 | m² | 立面防护 |
| 3 | 扣件式脚手管 | 6m、4m、2m | 338 | t | 立面防护，核心筒外平网 |
| 4 | 钢丝绳 | φ6 | 3500 | m | 桁架、主梁行走保护绳 |
| 5 | 白棕绳 | φ10 | 1700 | m | 次梁行走保护绳 |
| 6 | 花篮螺栓 | — | 250 | 个 | 固定保护绳 |
| 7 | 防坠器 | | 35 | 个 | 钢柱安装起保护作用 |
| 8 | 扣件 | | 5.3万 | 只 | 十字、连接、回转扣件 |
| 9 | 彩条布 | | 3700 | m² | 焊接挡风、喷涂防飞溅 |

（2）ST-50主桁架拼装所需临时支撑材料（使用时间3个月）

ST-50主桁架拼装所需临时支撑材料见表2-27所示。

ST-50桁架下碗扣脚手架支撑材料用量表  表2-27

| | 立杆 | | | 900~1.2m横杆 | | 立杆连接销（个） | U托（个） | 垫座（个） | 横撑托（个） | 50mm×100mm木方（m³） | 100mm×100mm木方（m³） |
|---|---|---|---|---|---|---|---|---|---|---|---|
| 种类 | 数量（根） | 长度（m） | | 数量（根） | 长度（m） | | | | | | |
| B04层 | 2.4 | 2960 | 7104 | 1.2m³万 0.9m 14850 | 43360 | 600 | 600 | 400 | 90 | 3 | 4 |
| | 1.2 | 2960 | 3552 | | | | | | | | |
| B03层 | 3 | 2960 | 8880 | | | | | 40 | 90 | 4 | 4 |
| B02层 | 2.4 | 5040 | 12096 | | | 600 | 600 | 800 | 90 | 4 | 4 |
| B01层 | 3 | 5040 | 15120 | | | 1300 | 1700 | 800 | 130 | 8 | 8 |
| | 1.2 | 5040 | 6048 | | | | | | | | |
| 合计 | | | | 96160 | | 2500 | 2900 | 2400 | 400 | 39 | |

(3) 其他安全防护措施所用材料

其他安全防护措施所用材料见表12-28所示。

其他安全防护措施所用材料一览表  表2-28

| 序号 | 内容 | 防护部位及工程量（后浇带水平防护） | 材料用量 |
|---|---|---|---|
| 1 | 一~三层外脚手架 | 爬架安装前施工脚手架 | 钢管82t 扣件13200个 木方67m³ |
| 2 | 沉降后浇带 | 后浇带封闭防护 | 竹胶板730m² |
| 3 | 温度后浇带 | 后浇带封闭防护 | 竹胶板1420m² |
| 4 | 洞口及临边 | 地下洞口及临边防护包括楼梯间 | 钢管54t 扣件7500只 大眼网375m² |
| 5 | 洞口及临边 | 核心筒内洞口及临边 | 钢管75t 扣件18700只 大眼网7500m² |
| 6 | 道路临边防护 | 南侧及东侧道路两边；搭钢管架，立杆间距2000mm，水平杆2道，高1500mm | 钢管11t 扣件1320只 密目网1200m² |
| 7 | 临边 | 地上钢结构部分1.5m高临边防护 | 见钢结构部分 |
| 8 | 水平防护 | 按每三层一道水平防护 | 钢管81t 扣件18700只 φ8拉绳9600m 花篮螺栓2500个 密目网45000m² |

**2.4.15 主要实体材料计划**

主要实体材料计划见表2-29所示。

主要材料数量表　　　　　　　　　　　　　表 2-29

| 序 号 | 材料名称 | 单位 | 数 量 |
|---|---|---|---|
| 1 | 钢筋 | kg | 3859918.350 |
| 2 | 钢筋 | kg | 3163921.825 |
| 3 | 压型钢板 | $m^2$ | 57238.882 |
| 4 | C50 预拌混凝土 | $m^3$ | 8579.851 |
| 5 | CL30 预拌轻骨料混凝土 | $m^3$ | 6386.400 |
| 6 | C40 预拌混凝土 | $m^3$ | 4484.176 |
| 7 | C45 预拌混凝土 | $m^3$ | 3403.818 |
| 8 | C30 预拌混凝土 | $m^3$ | 3783.059 |
| 9 | 钢筋 | kg | 336824.225 |
| 10 | 直螺纹套筒 | 个 | 140284.960 |
| 12 | 直螺纹套筒 | 个 | 87755.870 |
| 13 | 预埋铁件 | kg | 75156.120 |
| 14 | 110mm 厚挤压法聚苯板 | $m^3$ | 293.308 |
| 15 | 聚氨酯防水涂料 | kg | 11890.740 |
| 16 | 水泥 | kg | 350262.726 |
| 17 | 氯化聚乙烯防水卷材 | $m^2$ | 2917.244 |

## 2.5 施工现场平面布置

分阶段进行现场平面布置，并根据施工需要适时调整。

## 2.6 施工进度计划

### 2.6.1 总体进度控制计划

在全面保证工程质量和成本控制的前提下，以最快的速度满足业主的要求，是该工程的施工进度目标。开工日期根据招标文件的要求为 2004 年 6 月 20 日。新保利大厦地上工程面积 64564$m^2$，工程体量大，任务繁重，且施工过程将经历 2004 年和 2005 年冬雨期施工，对于工程进度影响较大。我方在仔细研究工程特点后，制定出了合理的施工顺序，计划工期为 698 日历天，开工时间同招标文件要求为 2004 年 6 月 20 日，竣工日期为 2006 年 5 月 18 日。

具体施工进度计划详见："北京新保利工程（三标）施工总控网络进度计划"。

### 2.6.2 分阶段进度目标

在本工程按时开工的前提下，本公司承诺本工程阶段控制工期目标如下：
具体阶段完成日期如下：
开工时间　　　　　　　2004 年 6 月 20 日；
主体结构封顶时间　　　2005 年 2 月 8 日；
竣工日期　　　　　　　2006 年 5 月 18 日。
由业主指定分包的项目穿插施工，包括在总工期 698d 之内。

# 3 主要施工方法

## 3.1 测量方案

### 3.1.1 测量仪器及工具配备

测量仪器及工具配备见表 3-1。

**测量仪器及工具配备一览表**　　　　表 3-1

| 编号 | 设备名称 | 精度指标 | 数量 | 用途 |
| --- | --- | --- | --- | --- |
| 1 | Topcon-601 全站仪 | $2mm + 2 \times 10^{-6}$ | 1 台 | 工程控制定位、轴线放样 |
| 2 | J2T-02 电子经纬仪 | $2''$ | 4 台 | 轴线施工放样,安装校正 |
| 3 | DSZ2 水准仪 | 2mm | 3 台 | 标高控制,工作面抄平 |
| 4 | 50m 钢尺（长城） | 1mm | 4 把 | 施工放样 |
| 5 | 对讲机 |  | 8 部 | 通信联络 |
| 6 | 激光铅垂仪 | 1/200000 | 4 台 | 内控点竖向传递 |

### 3.1.2 测量控制

（1）测量依据的复核

1）对给定的红线桩点、水准点进行内外业校核作业，具体做法是：对本工程现场水准点 $K_1$、$K_2$ 进行附合水准测量校核，因 $K_2$ 点较早遭到破坏，所以附合 $K_1$ 至城市控制点 $A[16]1$；对施工现场红线桩点进行左角观测，实际测量成果与表 3-2 中理论值作比较并做误差改正（含计算校核）。

**高程校核成果表**　　　　表 3-2

| 测　点 | 后视读数 (m) | 视线高程 (m) | 前视读数 (m) | 高　程 (m) | 备　注 |
| --- | --- | --- | --- | --- | --- |
| $A[16]1$ | 2.476 | 44.187 |  | 41.711 | 已知高程 |
| 转点 | 1.543 | 44.419 | 1.291 | 42.896 |  |
| $K_1$ |  |  | 0.859 | 43.580 | 43.579 |
| 计算校核 | \multicolumn{5}{l}{ $\Sigma a = 4.019 \quad \Sigma b = 2.150$ <br> $H_终 - H_始 = 1.868$ <br> $\Sigma a = 1.869$ } |
| 成果校核 | \multicolumn{5}{l}{ 实测闭合差 = 43.580 - 43.579 = 0.001m = 1mm <br> 允许闭合差 = $\pm 1mm \sqrt{n} = \pm 1mm \sqrt{2} = \pm 2mm > 1mm >$（采用三、四等水准测量）精度合格 } |

水准点校核完成后对全场进行高程方格网测设，并提请监理单位验收后报呈商务部门，作为土方施工的计算依据之一。

红线桩计算成果表　　　　　　　　　　表 3-3

| 点名 | $X$ (m) | $Y$ (m) | $\Delta X$ (m) | $\Delta Y$ (m) | $D$ (m) | $\Phi$ (°′″) | $\beta$ (°′″) |
|---|---|---|---|---|---|---|---|
| N′ | 7314.914 | 6414.413 | −130.414 | 3.509 | 130.461 | 178 27 31 | 91 17 39 |
| 1 | 7184.500 | 6417.922 | | | | | |
| 2 | 7184.913 | 6513.652 | 0.413 | 95.730 | 95.731 | 89 45 10 | |
| $L_2$ | 7254.477 | 6511.237 | 69.564 | −2.415 | 69.606 | 358 00 42 | 88 15 32 |
| $M_3$ | 7295.143 | 6467.646 | 40.666 | −43.591 | 59.615 | 313 00 42 | 195 37 51 |
| $M_2$ | 7315.091 | 6455.490 | 19.948 | −12.156 | 23.360 | 328 38 33 | 121 06 38 |
| N′ | | | −0.177 | −41.077 | 41.077 | 269 45 11 | 88 42 20 |
| 校核 | $\Sigma \Delta X = 0$ | $\Sigma \Delta Y = 0$ | | | | | $\Sigma \beta = 540°00′00″$ |

红线桩 2003 年 6 月 10 日准确复位后，观测值 $\Sigma\beta = 540°00′10″$ 与上表结果比较，闭合差为 10″，精度合格，具备建筑物定位条件。

2) 以上工作完成后，根据业主提供的基础开挖平面图对开挖线和降水井位中心线进行测设。本工程设计要求预留 1000mm 肥槽，自然地坪下挖 9m 按 1∶0.1 放坡做土钉支护墙，并沿土钉墙四周做直径 800mm 护坡桩，考虑喷锚厚度及修坡误差 100mm，因此，开挖边线应距离结构外皮 2800mm，因西侧沿红线（红线西 250mm）为电缆沟壁，为 2500mm×2500mm×2500mm 中空钢筋混凝土结构，并有局部热力管线侵入红线部分，经有关技术部门协商，处理伸入红线范围管线完成后，西侧挖至自然地坪以下 4m，放坡至红线往西 1500mm，放样尺寸及方法如图 3-1 所示；测设方法为经纬仪平移红线进行测设，具体步骤如下：

支经纬仪于红线桩 1 点后视 N′ 点并往西分别平移该方向线 1500mm、3950mm，沿平移线方向用白灰标识，定出西侧开挖线、降水井位中心线；旋转经纬仪后视红线桩位 2 点，向南分别平移 1−2 连线 800mm、1600mm，定出南侧开挖线、降水井位中心线，灰线标识；

支经纬仪于红线桩 $L_2$ 点，后视 2 点，向东分别平移 $L_2−2$ 连线 2800、3600mm，灰线标识即定出东侧开挖线、降水井位中心线；旋转经纬仪 135° 并分别东北向平移该方向 2800mm、3600mm，定出东北侧开挖线、降水井位中心线，灰线标识；

支经纬仪于 N′ 点，后视 $M_2$ 点，顺时针转角 90°，量距 5100mm 做点标识，支经纬仪于 $M_2$ 点，后视 N′ 点，逆时针转角 90°，量距 4170mm 做点标识，用小白线连接两个标识点灰线标识定出北侧开挖线，向北平移该连线 800mm 定出降水井位中心线。

3) 以上工作完成后，提请监理公司验线，合格后交下道工序施工；降水井位置偏差

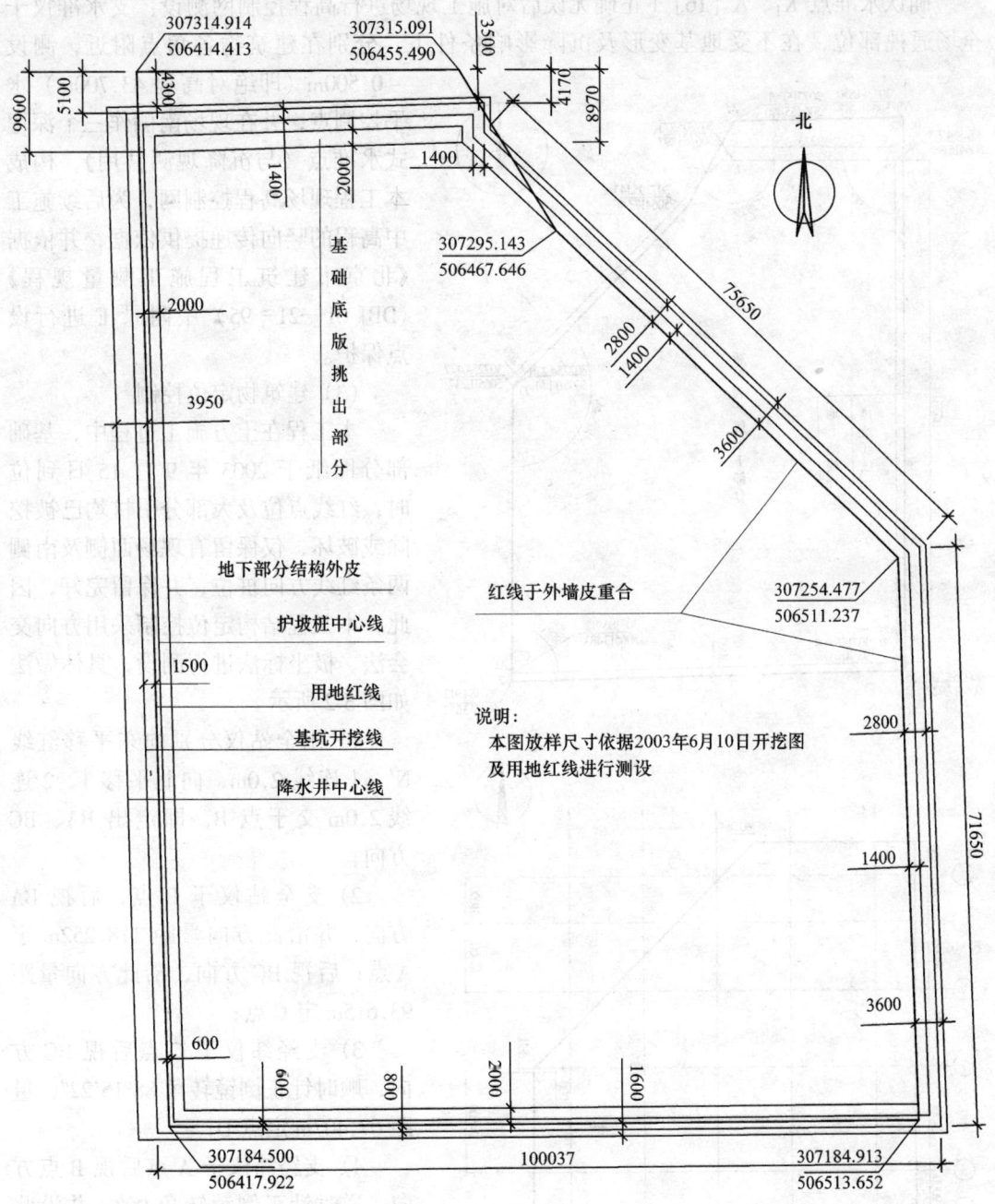

图 3-1 放样尺寸及方法示意图

要求见降水井施工方案。

待土方挖至自然地坪以下西侧4m、其他各边9m时放样出护坡桩中心线，依据护坡桩位布置图放样出271根护坡桩位，定位误差控制在±5cm之内，在土钉墙上用红漆编号标识，并请监理单位验线，合格后交护坡桩施工。

（2）现场高程控制

确认水准点 $K_1$、A [16] 1 正确无误后对施工现场进行高程控制网测设：支水准仪于全场通视部位，在不受地基变形及沉降影响条件下，分别在建筑物各角点附近，测设 $-0.500m$（即绝对高程 43.700m）水平控制点，并在现场南侧作三个深埋式水准点（与沉降观测共用），构成本工程现场高程控制网，为后续施工中高程的竖向传递提供依据，并依据《北京市建筑工程施工测量规程》（DBJ 01—21—95）中附录 F 进行设点保护。

（3）建筑物定位控制

本工程在土方施工过程中，基础部分图纸于 2003 年 9 月 15 日到位时，红线点位及大部分引桩均已被挖除或破坏，仅保留有现场西侧及南侧两条红线方向桩位，并保留完好，因此，本工程结构定位控制采用方向交会法、极坐标法进行测设，具体做法如图 3-2 所示。

1）用全站仪分别向东平移红线 $N'-1$ 连线 2.0m，向北平移 1、2 连线 2.0m 交于点 B，即定出 BA、BC 方向；

2）支全站仪于 B 点，后视 BA 方向，并沿此方向量距 118.252m 定 A 点；后视 BC 方向，沿此方向量距 93.615m 定 C 点；

3）支经纬仪于 C 点后视 BC 方向，顺时针正倒镜转角 88°15′22″，量距 67.407m 定点 D；

4）支经纬仪于 A 点后视 B 点方向，逆时针正倒镜转角 90°，并沿此方向量距 39.223m 定点 E，连接 ED；

5）使用 B 点的全站仪完成各轴线段量距闭合；

6）经纬仪测角 α、β 闭合下理论夹角，并做误差改正。

依据基础平面图、北京市测绘院 2003 年普测 2248 普通测量成果

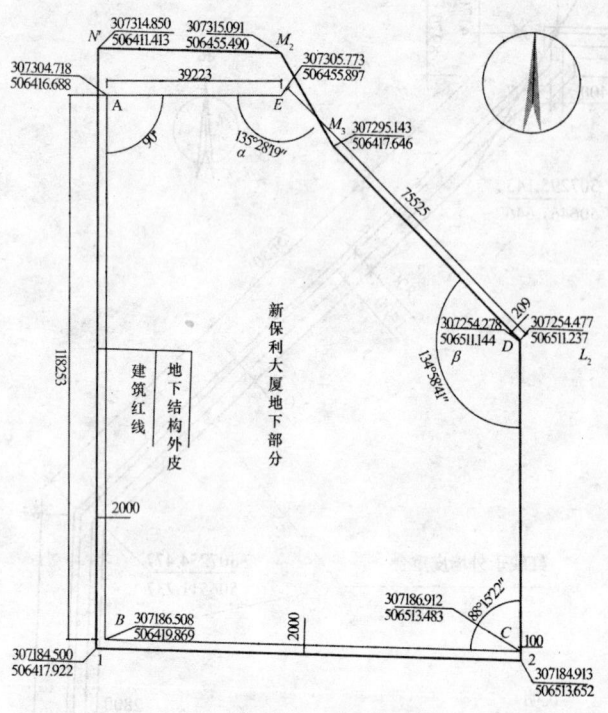

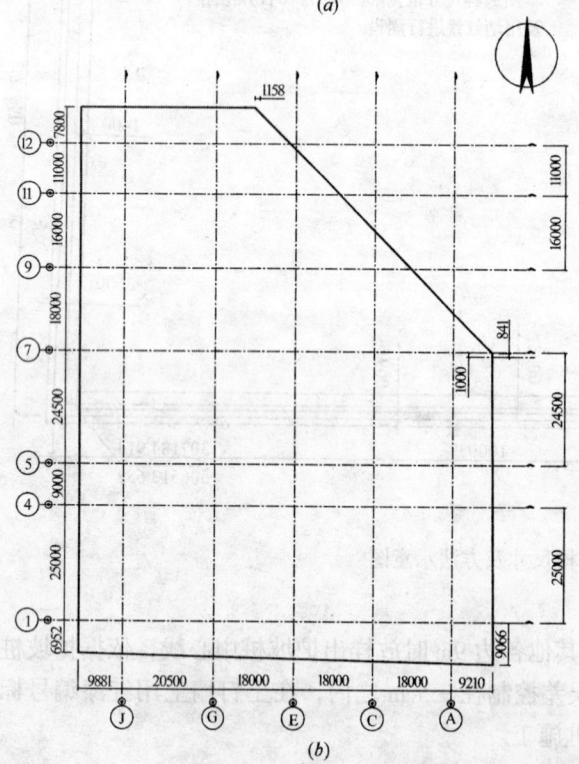

图 3-2 本工程高程控制图

(2003年10月20日发），使用全站仪、经纬仪配合钢卷尺量距，严格执行《建筑工程施工测量规程》(DBJ 01—21—95)，闭合楼角定位后，测设定位轴线控制网，以上定位工作完成后，组织技术、测量人员进行自检互检，精度合格后填写施工测量放线报验表提请监理单位验线。

地下室外廊交点及轴线控制网测设。图3-2中控制轴线上均做桩点及后视方向标识（红漆三角），随着施工进度对控制轴线网作适时加密。

(4) ±0.000以下测量放线

1) 高程传递及施工层抄平

土方施工至槽底之前，用"悬挂钢尺法"把标高控制点至少在基坑三处位置精确传递至槽底，在土钉墙护壁上做好标识，组成闭合的地下高程控制网，作为地下部分土建施工、钢结构施工抄平依据点位，允许偏差为±2mm，土方施工时随时实测土方面高程，确保完成之前预留200~300mm人工清槽量。

清槽时，钉设6m×6m木桩并高于槽底土方面，依据传递至槽底的标高控制点，在此木桩上抄测垫层50cm标高控制线，红漆标识，用以控制槽底平整及垫层混凝土施工。

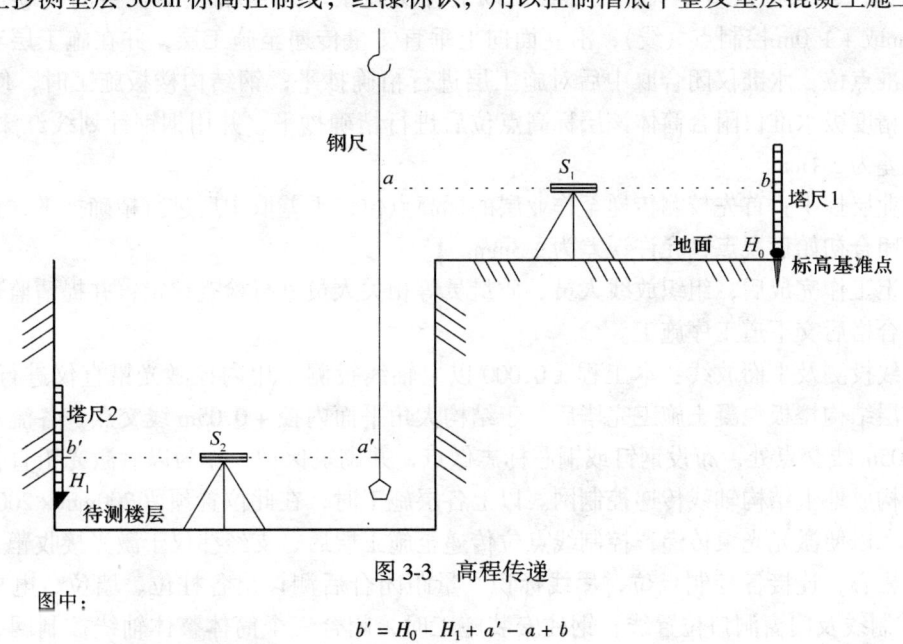

图3-3 高程传递

图中：

$$b' = H_0 - H_1 + a' - a + b$$

$H_0$——首层标高基准点高程

$H_1$——待测楼层设计标高

$a'$——$S2$水准仪在50m钢尺上读数

$a$——$S1$水准仪在50m钢尺上读数

$b$——$S1$水准仪的塔尺读数

$b'$——$S2$水准仪的塔尺读数

闭合引测至工作层的标高点位，在墙筋、柱筋上测设工作层标高控制线，测设偏差控制在±3mm之内。

地下4层竖向结构混凝土施工完毕后，将地下标高控制网点位引测至混凝土墙体立面（上下层贯通部位，如楼梯间、电梯筒），闭合取中后红漆标识，注明标高值，以上各层施工时沿此部位逐层向上传递。当传递至±0.000时，闭合现场高程控制网，比对楼体沉降对标高的影响，若较差值表明标高传递未受其影响，则作平差调整，组成地上部分准确的高程控制网；反之，闭合传递上来的标高点位，以形成水准控网向上传递而减少误差。

2) 轴线投测及平面放线

校核各个控制线桩点，无误后支经纬仪于各相应控制轴线桩点上，后视相应方向，把施工部位相关控制轴线投测至工作面上，量距闭合后作为细部轴线测设依据，并据此放样出抗浮桩位、柱位、墙位控制线及集水坑、电梯坑、门洞位置线；

施工层放线允许误差：细部控制线之间为±2mm，门窗洞口位置线不超过±3mm，标高控制抄平点位允许误差为±3mm；

以上工作在施工层完成后，积极自检互检，发现问题及时改正，并填写施工测量放线报验表提请监理单位验线，合格后交下道工序施工。

(5) ±0.000以上测量放线

高程传递：依据现场高程控制网，测定楼体沉降对标高影响值，为确保整体标高施测精度，结合地下部分传递上来标高点位，平差取中，在首层竖向结构拆模后，在各施工流水段外墙角（柱角）、电梯筒墙面测设+0.50m或是+1.0m水平控制点位，构成地上部分标高传递网，点位误差不大于±2mm；以上各层施工时用50m检测合格的钢卷尺依据+0.50m或+1.0m控制点（线），沿立面向上垂直丈量传递至施工层，并在施工层至少做三个基准点位，水准仪闭合取中后对施工层进行精确抄平；钢结构楼板施工时，使用S3或以上精度级水准仪附合筒体该层标高点位后进行精确抄平，并用钢钢针划线红漆标识，允许误差为±1mm。

作业层抄平：首先校测传递至作业层的标高点位，平差取中后进行精确抄平，抄测完成后应闭合初始后视点，允许误差为±3mm。

以上工作完成后，组织放线人员、质量员等相关人员进行检查评定，并提请监理单位验线，合格后交下道工序施工。

轴线投测及平面放线：本工程±0.000以上轴线投测采用内控激光铅直仪进行传递，即在首层结构楼板混凝土施工完毕后，于结构大角平面内控+0.05m线交点、各流水段分界+0.05m线交点处，布设钢钉或铜芯标志做点，并砌筑保护，作为以后激光铅直仪测站点，即构成地上结构轴线传递控制网。以上各层施工时，在此位置预留200mm×200mm通视洞口，以便激光光束传递；控制线点位传递至施工层后，支经纬仪于激光接收靶上，后视前方靶心，连接各控制点位，墨线标识，量距闭合后测设出各柱位、墙位、电梯筒位50cm控制线及门窗洞口位置线；钢柱安装施工时，闭合三个筒体整体轴线控制网，使用2s级经纬仪（配备弯管目镜）双向（纵横）对钢柱进行校正调直，并测设出柱行、列中轴线，并用钢钢针划线标识，其相邻柱中心间距允许误差为1mm；以上工作完成后，组织放线人员、质检员等相关人员进行检查评定，并提请监理单位验线，合格后交下道工序施工。

(6) 核心筒爬模施工测量控制

1) 标高控制

首先按照上文高程测设方法，将高程引测到爬模施工层的下层墙体侧立面上，红漆标识并弹出墨线，爬模施工时用检定合格的钢尺竖直量测，控制模板标高。

2) 垂直度控制

使用激光铅直仪将平面控制点投测到爬模固定标尺处，然后吊1kg线坠量尺检查模板垂直度，并在滑模过程中，按施工要求及时监测、记录结构竖直、扭转与截面尺寸等偏差数值，作为模板纠偏的依据，从而调节丝杆进行爬模校正，如图3-4所示。

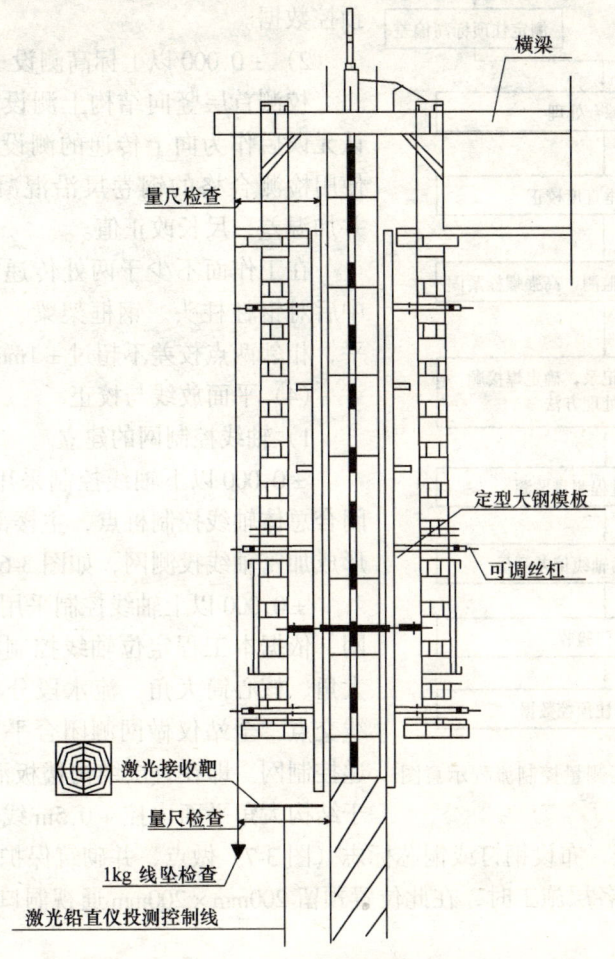

图3-4 核心筒爬模垂直度控制示意图

### 3.1.3 钢结构施工测量

（1）测设准则

本工程采用轴线网总体内控、2号核心筒大角内外控结合，进行测量控制，轴线控制网、高程控制网均由总体控制网加密测设；高层钢结构的安装主要在于控制每节柱的垂直度、标高、柱底中心与柱顶相对于轴线的偏差及钢梁的标高；钢梁测量控制主要在于控制核心筒埋件的轴线和标高；控制埋件（暗柱）连接板的标高和轴线应以底层为基准，因此，依据上文中激光垂准轴线传递、标高传递测设方法，对各工作面轴线、高程进行严格施测，安装好每层梁的高度偏差控制在±3mm之内。

（2）测量控制流程（图3-5）

（3）标高控制

1）±0.000以下标高测设

校测引测至槽底标高控制点，闭合无误后作为地下埋件定位、柱头标高施测的基准点位，构成整体地下部分标高控制体系。

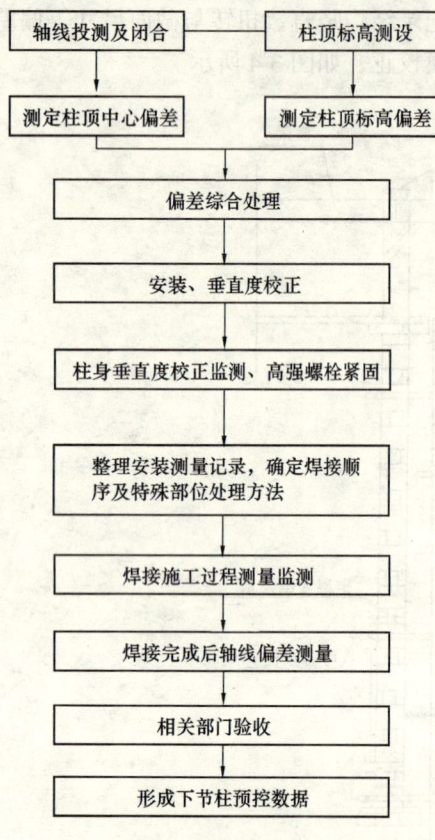

图 3-5 钢结构施工测量控制流程示意图

校测完成后,对柱脚螺栓、柱头、钢框架梁进行精密抄平,记录偏差,形成下节柱安装时的预控数据。

2)±0.000 以上标高测设

校测首层竖向结构上测设的标高控制网,确认无误后作为向上传递的测设依据,标高传递需使用检测合格的钢卷尺沿混凝土立面垂直量测,并加温差、尺长改正值。

在工作面不少于两处传递标高点位,平差取中后对钢柱柱头、钢框架梁、牛腿等进行精确抄平,相邻两点校差不超过 ±1mm。

(4)平面放线与校正

1)轴线控制网的建立

±0.000 以下轴线控制采用定位轴线控制网,闭合总体轴线控制桩点,主楼部分加密细部轴线,形成加密轴线投测网,如图 3-6 所示。

±0.000 以上轴线控制采用内控激光传递控制网,依据本工程定位轴线控制网,测设首层楼体大角、核心筒大角、流水段分界处控内控 +0.5m 线交点,全站仪做网测闭合平差后,形成轴线传递控制网。即在首层结构楼板混凝土施工完毕后,于结构大角平面内控 +0.5m 线交点、各流水段分界 +0.5m 线交点处,布设钢钉或铜芯标志(图 3-7)做点,并砌筑保护,作为以后激光铅直仪测站点,以上各层施工时,在此位置预留 200mm×200mm 通视洞口,以便激光光束传

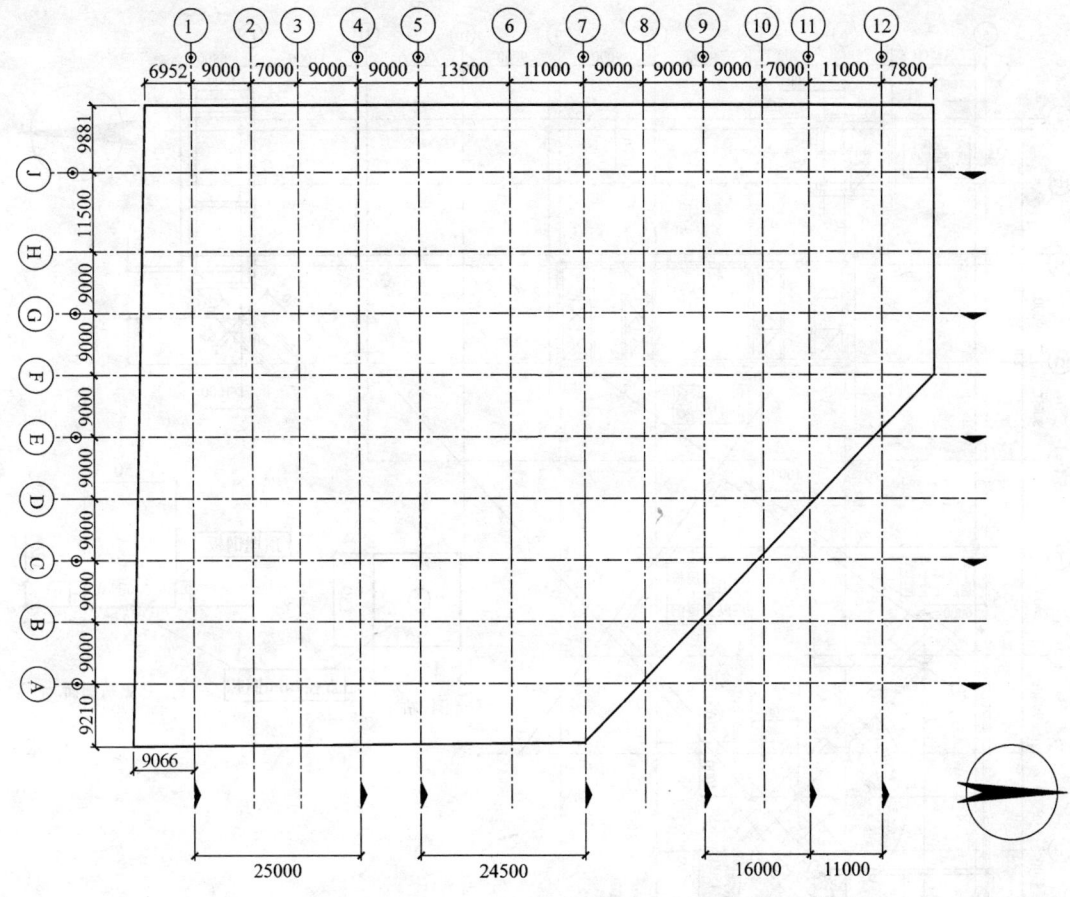

图 3-6 加密轴线控制网

说明：
1）图示带有⊕标识为主控轴线，均距设计轴线 1000mm，并根据施工流水段适时加密控制线
2）根据图示尺寸及首层、基础平面图，经纬仪、全站仪配合检定合格的钢卷尺严格测设

递；控制线点位传递至施工层后，支经纬仪于激光接收靶上，后视前方靶心，连接各控制点位，墨线标识，量距闭合后测设出施工层双向矩形控制网。

（5）工作面放线

1）预埋螺栓定位控制

本工程各个核心筒钢柱均在基础底板生根，因此，钢柱定位放线依据垫层放线所测设轴线网进行测定，具体步骤如下：

①复测垫层面整体轴线网；②依据轴网及设计图纸在垫层面上量距测定各个暗柱中心位置，并弹出中心十字线；③放线完成后进

自检复检，并提请监理单位验线；底板钢筋绑扎完成后，依据此暗柱十字定位线来固定预埋螺栓；在埋设埋件（钢柱预埋螺栓）时及混凝土施工过程中要有专人仪器监测，并在混凝土施工完成后对其十字中心进行二次放线，准确记录埋件及钢柱位置偏差；如果埋件偏差超过设计要求，项目部必须和设计以及监理单位提出解决方案，处理后再进行下一道工序施工。

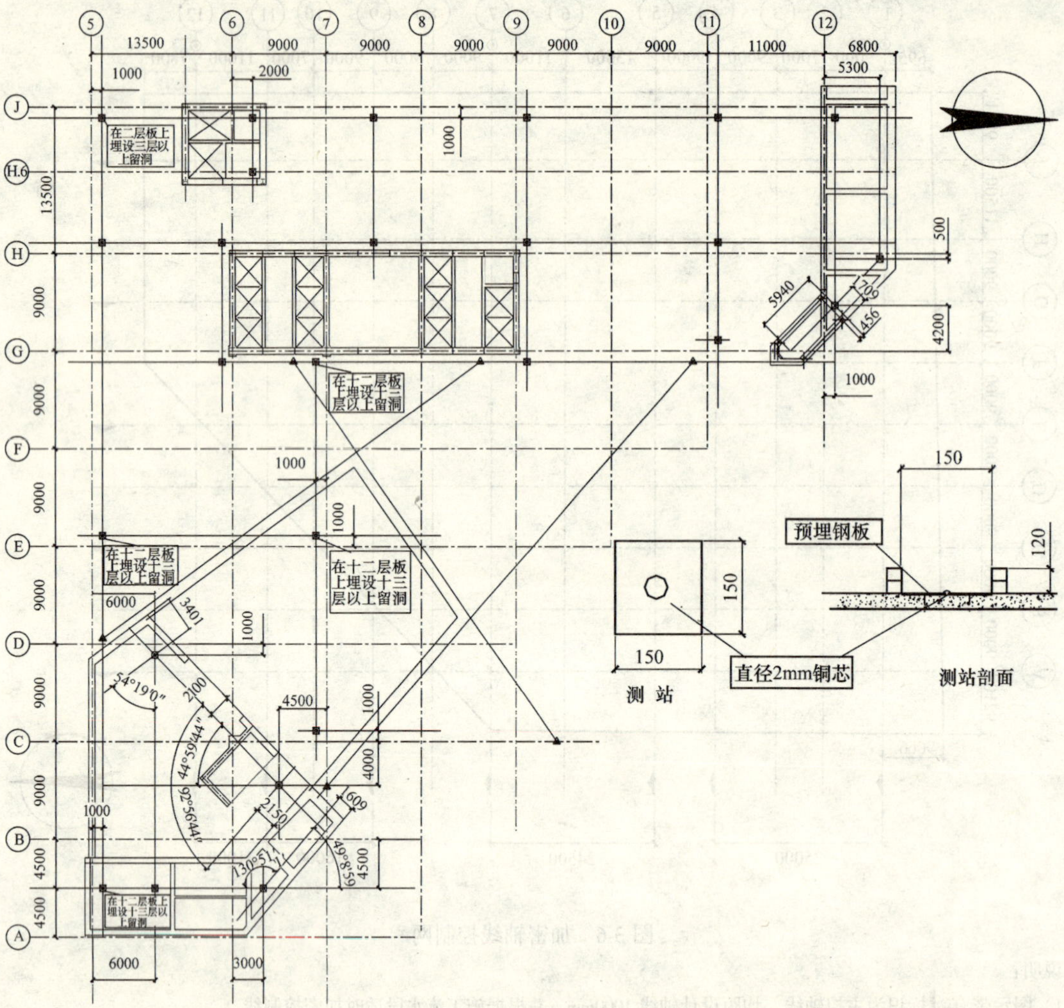

图 3-7　轴线传递控制网

A. 钢柱柱顶轴线测设（图 3-9）：

图 3-8　现场图片

±0.000 以下轴线测设：依据建立的轴线控制网，复测各个定位控制线桩点，无误后支经纬仪于各控制线位上，后视相关方向，投测至作业面，量距闭合；±0.000 以上则通过激光铅直仪垂直传递，支经纬仪于激光接收靶上，后视前方靶心，连接各控制点位，墨线标识，量距闭合。

量距闭合各柱位轴线及柱间距，作平差处理，轴线偏差控制参见北京市《建筑工程施工测量规程》

图 3-9 施工技术人员在钢柱柱顶轴线测设工作中

(DBJ 01—21—95)。

轴线控制线复核无误后,在下节柱头上测设钢柱中轴线并用红漆标识,严格记录下节柱头偏差,作为下节柱吊装就位时的对中依据;如发现超规范偏差,由项目部上报监理单位,并提出解决方案,经设计、业主、监理批准后,方可实施(见图 3-10)。

B. 测量校正

钢柱安装测量校正采用经纬仪侧向借线投测法,即在控制线上支经纬仪,后视控制线方向,在柱头上水平横放标尺,读取借线值作为校正依据,此操作需反复进行,直至柱身垂直度、钢柱就位值符合规范偏差后方可将高强螺栓拧紧。如图 3-11 所示。

2) 特殊部位施工测量控制

A. 特式吊楼

特式吊楼钢框架安装测量控制,依据 3 号核心筒轴线传递来完成,示意如图 3-12 所示。

依据上图将轴线控制线传递至施工层后,交角量距闭合,再根据设计尺寸放样出各交点双向控制线,完成钢柱测设校正、吊接部位十字线测设。吊楼临时支撑在首层控制网中完成测设;标高则根据 3 号核心筒传递高程而完成控制。

B. 桁架安装测量控制

桁架安装重点在于搭接点定位测量放线,因此,在桁架安装之前,将桁架两端点的十字定位线测设至搭接牛腿上,方可使桁架准确就位;依据整体轴线传递控制网,从首层开始,使用经纬仪借线或是全站仪投点法,准确测设核心筒大角立面垂直线,激光垂准传递承载柱位控制线,以此来提供搭接部位的定位依据;桁架搭接点(牛腿)的标高测设据上文中所述方法进行传递,保持整体标高的统一;桁架中部悬空部位的挠度常规测设可采用悬挂钢尺法进行测设,如图 3-14 所示。

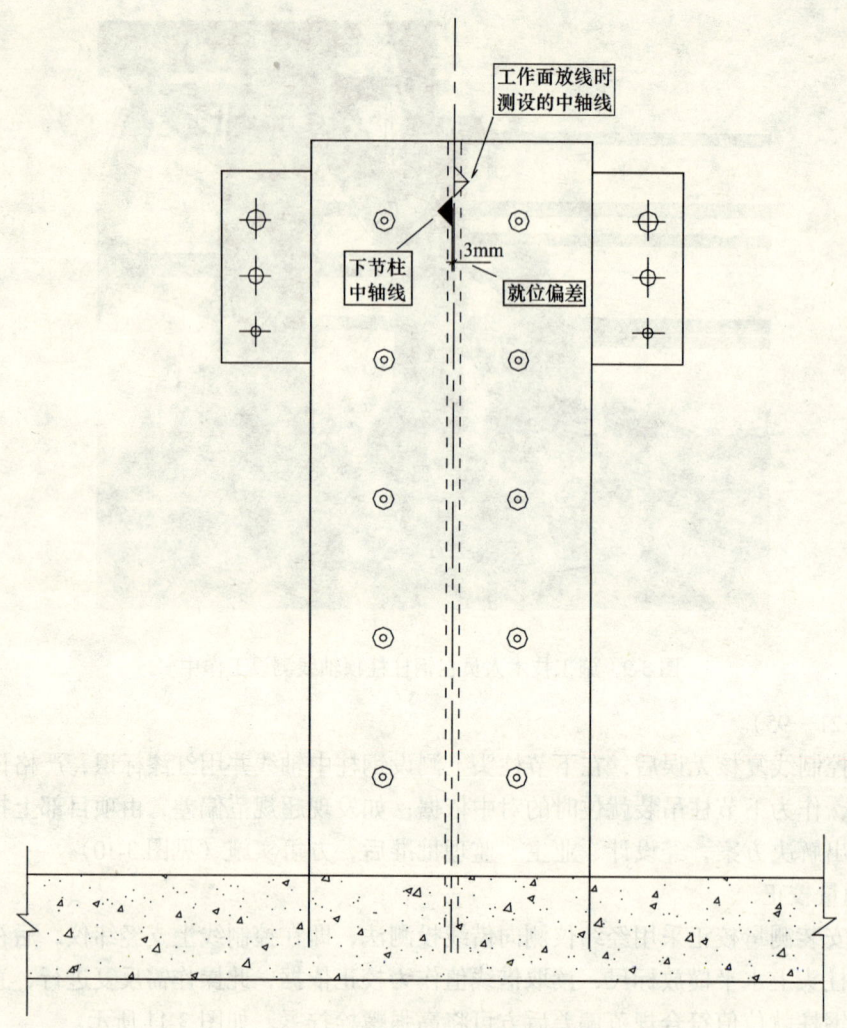

图 3-10　柱顶轴线测设图

视线高程 = $H + a$

标准高差 = 设计桁架底标高 $- H - a$

较差 $B_1$ = 标准高差 $- b_1$

较差 $B_2$ = 标准高差 $- b_2$

较差 $B_3$ = 标准高差 $- b_3$

以上几项较差即为桁架挠度值。

因环境影响不能使用上述观测时,支水准仪于工作层,直接抄平校差完成挠度测量(计算同上),数据形成后报监理单位、技术部门。如图 3-14 所示。

C. 核心筒测量控制

本工程 1、3 号核心筒采用内控轴线传递控制,上文中有关内控轴线传递已有表述,2 号核心筒施工时,其中安装有内爬塔式起重机,楼板施工滞后时间较长,内控测量无法完成,因此,2 号核心筒轴线传递采用筒体外控激光垂直传递法(图 3-15)。

在工作面大角钢柱上镶嵌激光靶接收平台和经纬仪操作平台(特制的可任意移动、任

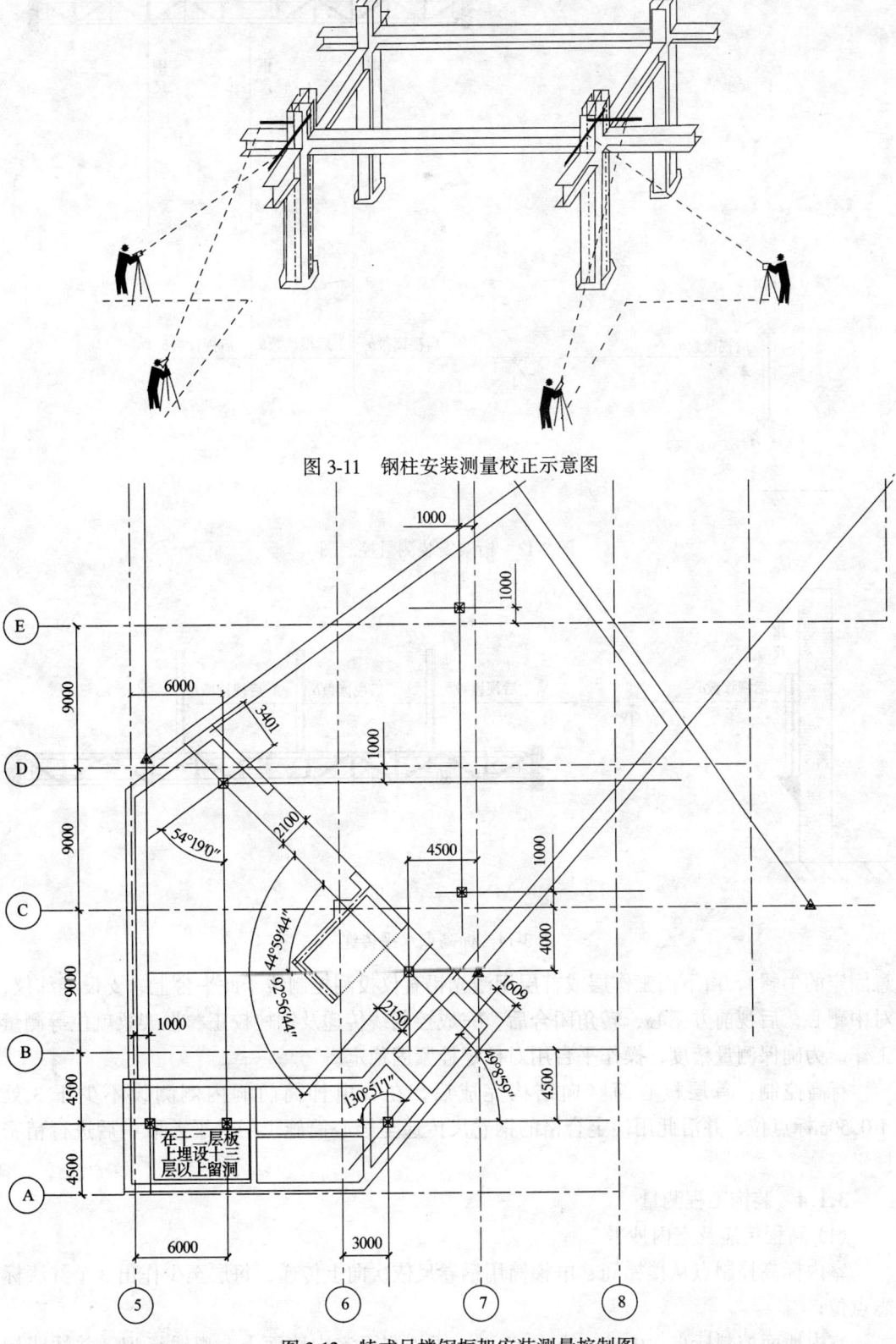

图 3-11 钢柱安装测量校正示意图

图 3-12 特式吊楼钢框架安装测量控制图

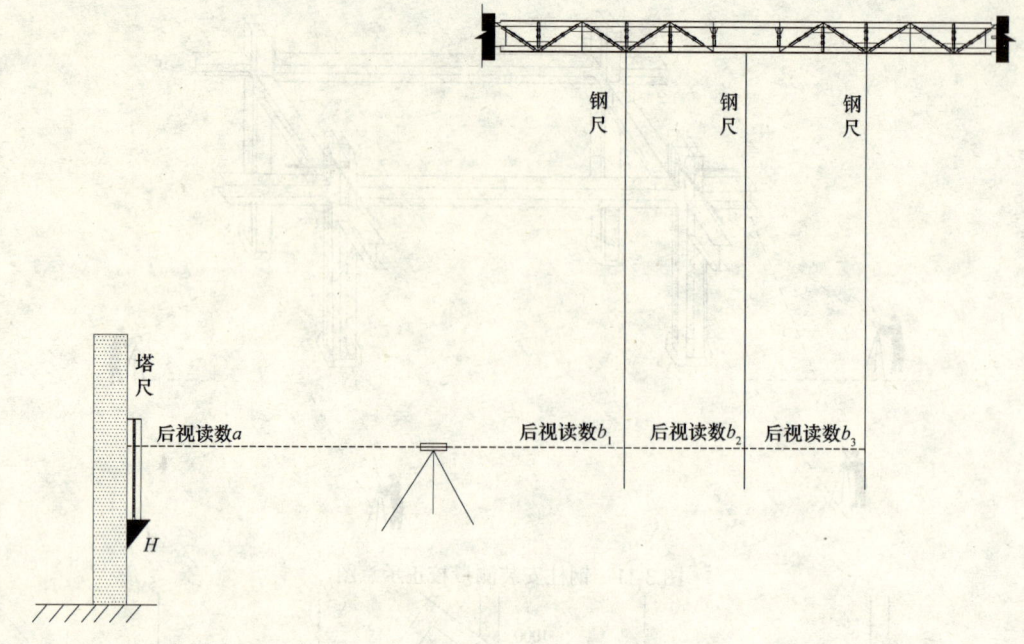

图 3-13 桁架安装测量控制图

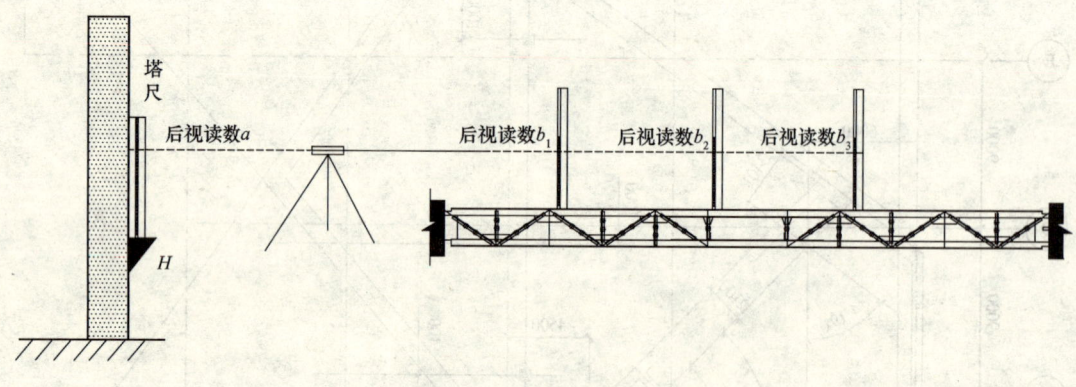

图 3-14 标高点水平传递

意固定的牛腿),由下面工作层或首层用激光铅直仪投测控制线于此平台上,支设经纬仪,对中靶心,后视前方靶心,转角闭合后,完成控制线传递及钢柱校正、框架梁就位等测量工作。为确保测量精度,操作平台用对拉螺栓紧固稳定。

标高控制:首层核心筒竖向结构完成后,在其电梯筒门洞内侧测设不少于 3 处 +0.50m 标点位,并沿此用检定合格的钢卷尺传递至核心筒施工层,平差取中后进行精密抄平。

### 3.1.4 装饰工程测量

(1) 高程传递及室内抄平

室内标高控制点从楼梯间、电梯筒用钢卷尺依次向上传递,每层至少作出 3 个红漆标志点位;

室内地面控制标高 +0.50m 线或 +1.0m 线抄测至室内墙面上,墨线标识,并注明标

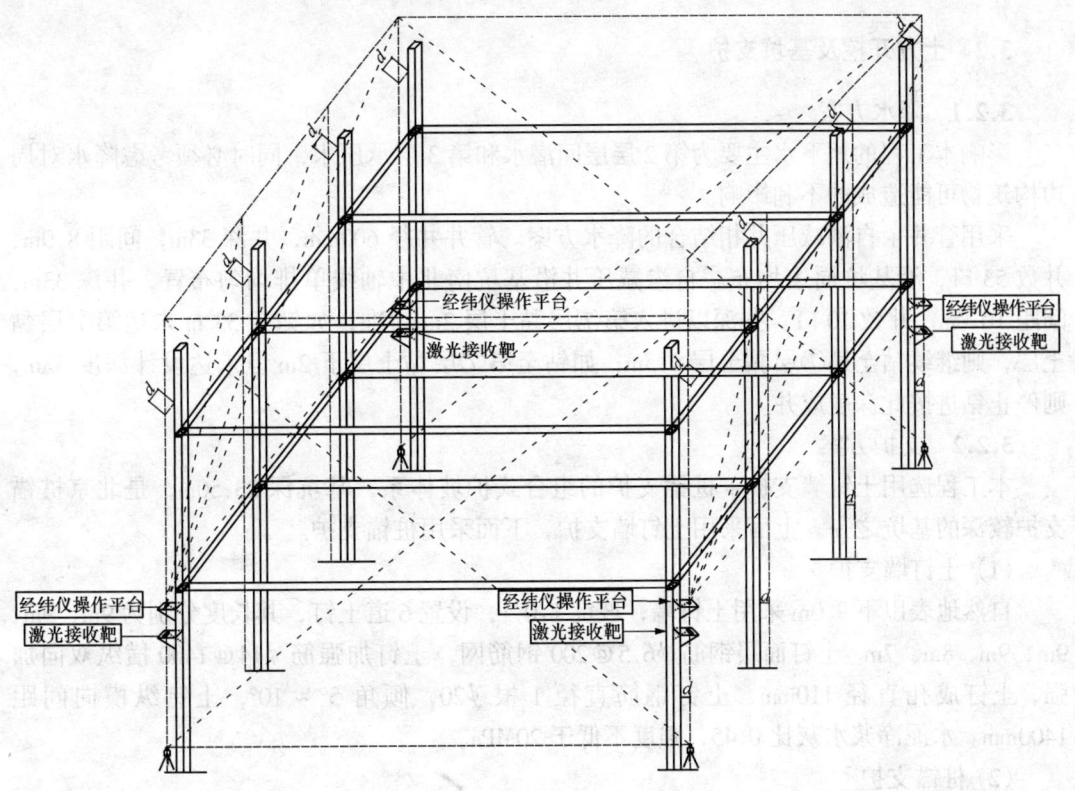

图 3-15 筒体外控激光垂直传递法

高值,以利于安装工程使用;并依据 +0.50m 线或 +1.0m 线检查施工层地面标高。

(2) 外沿装饰

外墙装饰(幕墙)垂直线按 1/3000 精度进行测设,水平控制线每 3m 墨线两端高差应小于 ±1mm,同一水平线的标高允许误差为 ±3mm。

### 3.1.5 建筑物变形观测

根据本工程设计、北京市《建筑工程施工测量规程》要求,应进行变形观测,具体包括以下内容。

(1) 沉降观测

为了了解土方施工对本工程周边环境(地铁)的影响,对周边主要建筑物地铁及二环路进行观测。

观测方法:二等水准往返测量

有关二等水准测量观测要求及限差参照北京市《建筑工程施工测量规程》(DBJ 01—21—95);

建筑物施工阶段沉降观测:由业主委托具有该项观测资质的测量公司或测绘单位进行布点及施测;

及时整理观测数据,第一时间报技术部进行平差分析。

2) 变形观测

根据设计及土方施工要求,本工程对土钉墙、护坡桩进行水平位移观测。

## 3.2 土方开挖及基坑支护

### 3.2.1 降水方案

影响本工程的地下水主要为第2层层间潜水和第3层承压水，同时必须考虑降水对周边构筑物可能造成的不利影响。

采用管井+自渗减压井相结合的降水方案。管井井径600mm，井深33m，间距8.0m，井数53口，沿基坑周边均布。自渗减压井沿基坑南北中轴线单排均匀布置，井深33m，间距10.0m，井数10口。井深以进入第⑦层黏土层2m为准；如钻至33m未达第⑦层黏土层，则继续钻至第⑦层黏土层0.5m；如钻至第⑦层黏土层下2m但未达设计深度33m，则停止钻进按此深度成井。

### 3.2.2 支护方案

本工程选用土钉墙支护+桩锚支护的组合式护坡体系，基坑深23.50m，是北京桩锚支护较深的基坑之一。上面采用土钉墙支护，下面采用桩锚支护。

（1）土钉墙支护

自然地表以下9.0m采用土钉墙，坡度1:0.1，设置6道土钉，其长度分别为9m、9m、9m、9m、8m、7m。土钉面层钢筋 $\phi6.5@200$ 钢筋网，土钉加强筋 $\phi14@1400$ 横纵双向加强，土钉成孔直径110mm，土钉钢筋直径1根 $\phi20$，倾角5°~10°，土钉纵横向间距1400mm。水泥净浆水灰比0.45，强度不低于20MPa。

（2）桩锚支护

1）护坡桩方案（见图3-16）

桩径800mm，桩长19.5m，桩间距1.50m，混凝土强度C25。钢筋笼主筋：$7\phi28+5\phi22$（通长不均匀配筋），加劲筋：$\phi16@2000$，箍筋：$\phi8@200$。帽梁配筋：主筋 $8\phi20+4\phi16$，箍筋：$\phi8@200$。桩顶（帽梁顶）绝对标高34.200m。

2）锚杆方案（表3-4）

锚 杆 方 案 表　　　　表3-4

| 锚杆位置/分布 | 锚杆绝对标高 | 锚杆总长 $L_自+L_锚=L_总$ | 锚杆钢绞线（1860） | 设计内力/张拉锁定值（75%） |
|---|---|---|---|---|
| 第一道锚杆/一桩一锚 | 34.000m | 8.0+13.0=21.0 | 4根7$\phi$5 | 505kN/378kN |
| 第二道锚杆/一桩一锚 | 26.400m | 5.0+13.0=18.0 | 4根7$\phi$5 | 684kN/513kN |
| 第三道锚杆/三桩二锚 | 22.900m | 5+14.0=19.0 | 3根7$\phi$5 | 470kN/352kN |

### 3.2.3 主要施工技术

（1）降水施工技术（图3-17）

降水施工采用冲击钻机和反循环钻机。冲击钻机主要用于地层存在地下障碍物的情况。降水施工流程：定位放降水井中心线（距开挖线上口1m）→钻机对位→钻进成孔→（测量井深）下滤管→回填滤料→洗井→下泵→排集水总管→联动抽水。

（2）土钉墙施工技术（图3-18）

土钉成孔机具采用锚杆机或洛阳铲。土钉墙施工工艺流程：开挖工作面、修整边坡→安设土钉（包括钻孔、插钢筋、注浆）→绑扎钢筋网（土钉同加强筋焊接、加垫块）→喷射第一层混凝土（厚度为40~50mm）→喷射第二层混凝土（厚度为40~50mm）→设置坡

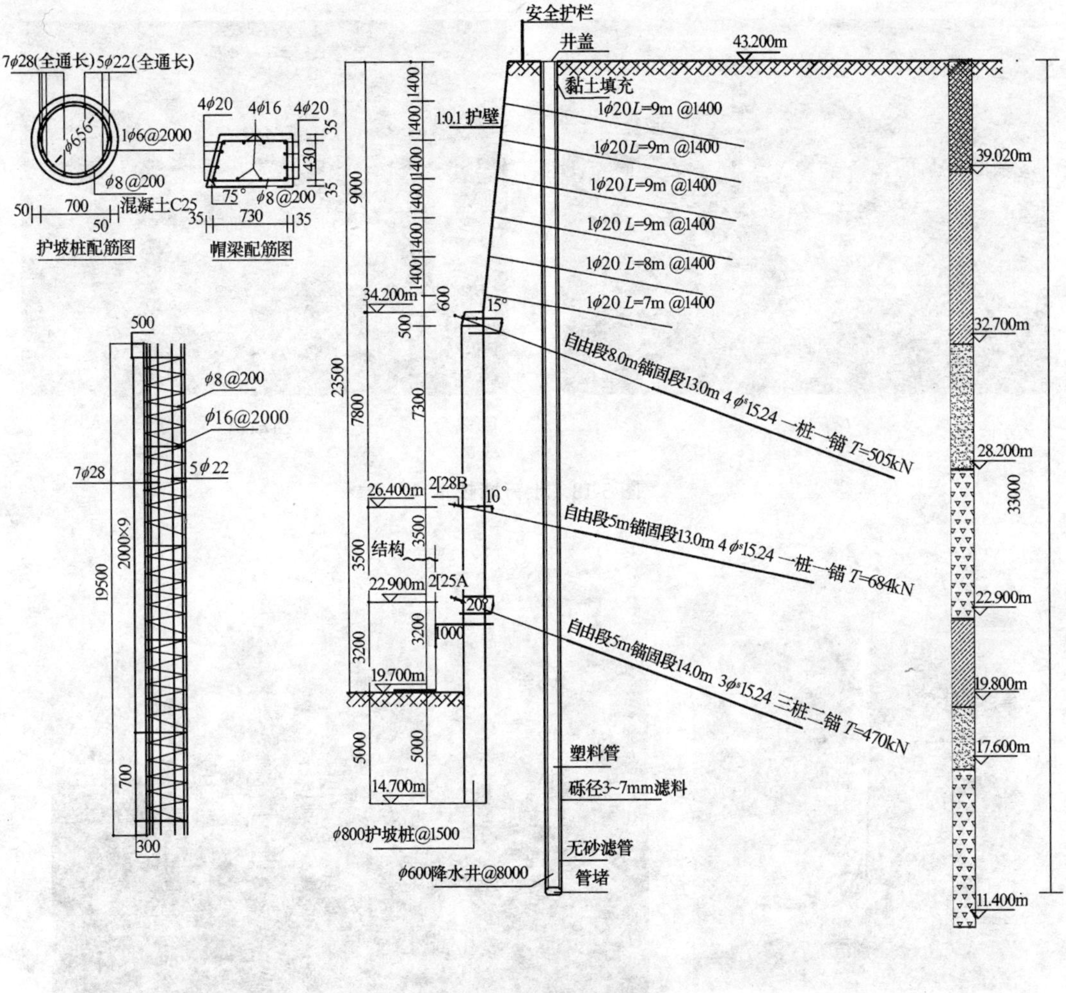

图 3-16 桩锚支护工艺图

(a)

(b)

图 3-17 降水施工机械

顶、坡面和坡脚排水措施→下一循环土钉施工。

(3) 钢筋混凝土灌注桩施工技术（见图 3-19）

(a) (b)

图 3-18 土钉墙技术

(a) (b)

图 3-19 钢混灌注桩施工

采用 3 台旋挖钻机，护坡桩共 271 根，施工总工期为 30d，平均每天 9 根。

(4) 土层锚杆施工技术（见图 3-20）

黏土、砂土层采用 XY-4 钻机，单机日成孔量最高达 11 个。卵石层采用 KLEMM 型钻机，单机日成孔量最高达 10 个。

(5) 基坑安全监测技术

本工程的基坑监测内容包括：地下水位的监测、周边建筑物的沉降观测、土钉墙顶部位移监测、护坡桩顶部位移监测、测斜管监测、压力传感器监测等六大内容。

(6) 地下水位监测

通过地下水位的观测，了解抽水期间水位的变化情况，从而对降水效果进行预测，保证基坑的安全。采用抽水井兼作观测井，坑外设观测井 6 口，坑内观测井 2 口。水位测量仪器采用电测水位计。

(7) 周边沉降监测

(a) (b)

图 3-20 土层锚杆施工技术

通过对周边建筑沉降进行观测，了解降水、支护体系对周边建筑物的影响，及时做出预测及处理措施，避免周边建筑意外情况的发生。

根据基坑周边的建筑物分布情况，沉降监测对象主要为如下几个：基坑开挖上口边沿，基坑东侧地铁沿线道路地表，北侧的平安大街道路地表，西侧家属区楼群（以围墙做观测对象）。

所选观测点的位置要有代表性，能充分反映被观测物体的沉降情况。观测点的做法：基坑边沉降观测点在土钉墙位移观测点附近用红漆做标记点；道路沉降观测采用在马路崖条石上用红漆做标记点；建筑沉降观测采用在墙体上打入钢钉作标记点。

本工程为一级基坑，根据一级基坑的变形监控要求，地面最大沉降监控值为 3cm，超过此值则需采取控制沉降相关措施。

(8) 土钉墙顶部位移观测

通过对土钉墙顶部的位移观测，对土钉墙变形情况进行监控，及时采取防范措施，防止土钉墙体变形过大对基坑边坡造成危害。

顶部位移观测点的布置：在土钉墙顶面（基坑散水）埋设观测点，间距约 20m。在基坑顶部埋设长度约为 150mm 带刻度的钢卷尺，钢卷尺用水泥砂浆固定。

土钉墙顶部变形控制根据一类基坑相关规定确定，土钉墙顶部变形值不大于 30mm，土钉墙总体水平位移值一般为基坑开挖深度的 0.3%～0.5%。如土钉墙体变形过大，则视其原因采取相应的控制措施。

(9) 护坡桩顶部位移监测

护坡桩是本工程支护体系中的重要组成部分，通过对护坡桩顶部的位移观测，可反映支护体系的受力情况，从而对护坡桩变形情况进行监控，及时采取防范措施。

顶部位移观测点的布置：在护坡桩帽梁埋设观测点，间距约 20m。在帽梁施工时于帽梁顶部预埋一块 200mm×100mm×18mm 的防腐木板，其上钉 150mm 带刻度的钢卷尺。

护坡桩顶部变形控制根据一类基坑相关规定确定，顶部变形值不大于 30mm，如桩顶变形过大，则视其原因采取相应的控制措施。

(10) 测斜管监测

通过对桩身测斜管的监测，监测护坡体系（护坡桩）垂直剖面全长挠曲变化。测斜仪

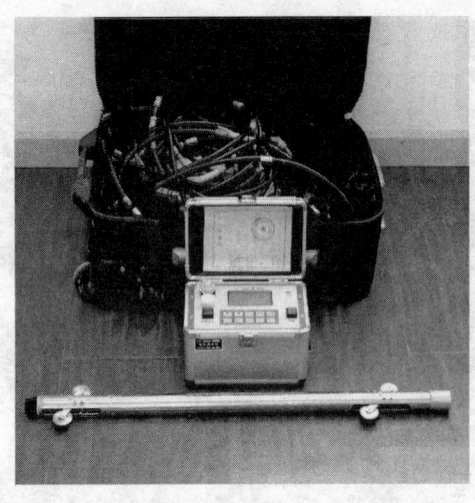 

(a)              (b)

图 3-21 工程中所用监测仪器

器为 CX-03 钻孔测斜仪，测斜管为 $\phi75$ 的 PVC 测斜管。

测斜管布置的位置选在基坑每边的中部，以充分反映基坑最不利部位的变形情况。在对应护坡桩的钢筋笼中通长预埋测斜管，测斜管用钢丝固定在钢筋笼中迎坑面的主筋上，注意楔形口的朝向，并与钢筋笼在护坡桩浇筑混凝土时筑为一体。测斜管（或保护管部分）外露护坡桩帽梁约 50cm，便于下入测头。

(11) 压力传感器的监测

通过压力传感器的监测，监测锚杆内力的应力变化。测试仪器为 GPC-2 型钢弦频率测定仪（图 3-21）。压力传感器安放于基坑东、西两侧对应于两测斜管的部位。在锚杆锁定时，于锚头垫板上安放压力传感器，然后于压力传感器上安放锚具进行锚杆张拉锁定。

### 3.3 基础抗浮锚杆施工

#### 3.3.1 岩土工程条件

(1) 工程地质条件

根据岩土工程勘察报告，基础底板以下地层各层情况如下：

1) 黏土、重粉质黏土⑤层：褐黄色，湿~饱和，可塑~硬塑，属中低~低压缩性土，层顶标高 21.360~24.290m；

2) 卵石、圆砾⑥层：内含细砂、中砂为杂色，低压缩性，层顶标高 19.260~21.530m；

3) 粉质黏土、重粉质黏土⑦层：褐黄色，湿~饱和，可塑~硬塑，属中低~低压缩性土，层顶标高 10.310~12.020m；

4) 卵石、圆砾⑧层：内含细砂、中砂为杂色，低压缩性，层顶标高 6.650~8.880m；

5) 粉质黏土、黏质粉土⑨层：褐黄色，湿~饱和，硬塑~可塑，低压缩性土，层顶标高 -3.670~-3.340m；

6) 卵石、圆砾⑩层：内含细砂、中砂为杂色，低压缩性，层顶标高 -10.940~

−10.160m；

7）粉质黏土、重粉质黏土⑪层：褐黄色，湿~饱和，可塑~硬塑，低压缩性土，层顶标高 −21.540m。

(2) 水文地质条件

根据水文地质资料、地下水位勘察地质剖面及勘察报告，本场地揭露4层地下水，如表3-5所示。

地下水情况一览表  表3-5

| 地下水层 | 地下水类型 | 钻孔内静止水位 | | 测量时间 |
|---|---|---|---|---|
| | | 水位埋深（m） | 水位标高（m） | |
| 1 | 上层滞水 | 2.20~5.30 | 38.520~41.020 | 2003年2月上、中旬 |
| 2 | 层间潜水 | 17.70~18.96 | 24.140~25.020 | |
| 3 | 承压水（测压水头） | 19.40~21.10 | 22.100~23.390 | |
| 4 | 承压水（测压水头） | 20.43~20.90 | 22.250~22.960 | |

### 3.3.2 抗浮锚杆设计简介

本工程设计的压力分散型抗浮锚杆是在基础底板下土层内形成直径150mm、有效长度23m的锚杆，锚杆极限承载力取1300kN。锚索为8根钢绞线，在锚杆有效长度内设置4个承载体，承载体间距设为4.5m，每个承载体分别受2束7$\phi$4（1860MPa）低松弛无粘结预应力钢绞线张拉。锚索顶端共8束钢绞线与基础底板锁定。锚杆数量共计649根。锚杆长度25m（含锚入底板内1.0m），设计拉力650kN。见图3-22。

### 3.3.3 锚杆制作与安装

(1)"U"形锚杆制作

本工程抗浮锚杆的结构构造分两种：一种是无粘结预应力钢绞线绕聚酯纤维承载体+"U"形槽铸铁弯曲成"U"形构成单元锚杆（如图3-23所示），再由若干个单元锚杆组成总体锚杆。铸铁的防腐采用环氧富锌底漆涂刷两遍。注浆管采用两根绑扎在锚杆上的塑料管（$\phi$20）。

U形锚的钢绞线通过弯曲机弯曲绕过聚酯纤维承载体+铁铸头组合体，再使用打包机将无粘结钢绞线固定在承载体上。锚杆按间距1.0~2.0m安装定心支架，以使钢绞线保持平行，保证锚杆在锚孔中心，固定中心支架用钢丝绑扎牢靠。

(2)"P"形锚杆制作

另一种结构构造为无粘结钢绞线穿过挤压锚具承载体而构成单元锚杆（如图3-24所示），再由若干个单元锚杆组成总体锚杆。承载体由挤压锚具、承压板和螺旋筋组成。承压板由钢

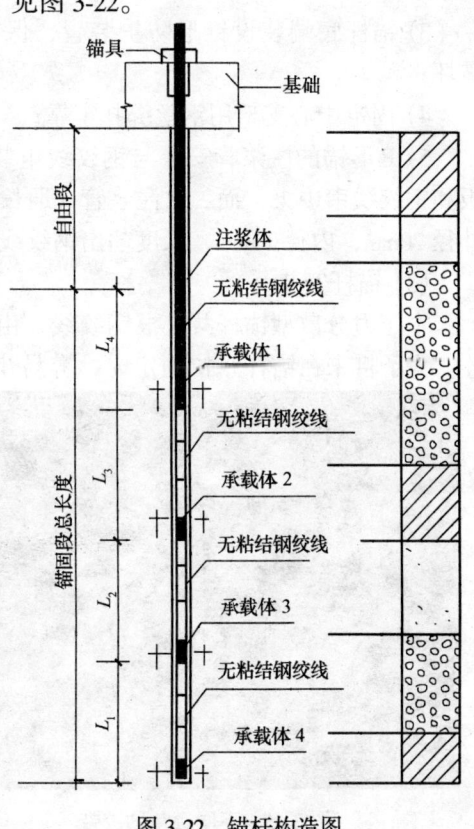

图3-22 锚杆构造图

板制成，钢板上开有若干个直径为 20mm 的圆孔，与承压板相固定的无粘结钢绞线穿过承压板圆孔借助挤压簧与挤压套相压接。注浆管采用两根通长的塑料管（φ20），分别进行一次常压注浆和二次高压注浆。锚杆的承压钢板、挤压锚具及裸露钢绞线采用环氧富锌底漆涂刷两遍。

图 3-23 "U"形锚杆　　　　　　　　图 3-24 P 形锚杆

具体如下：

1）钢绞线底端为锁锚形式，钢绞线为无粘结低松弛Ⅱ级 1860 钢绞线；

2）锚杆按间距 1.0~2.0m 安装固定中心支架，以使钢绞线保持平行，保证锚杆在锚孔中心；

3）锚杆底端装设锥形防护装置，保护锚杆端部不被破坏，同时避免锚杆对孔壁的破坏；

4）固定中心支架用钢丝绑扎牢靠；

5）P 形锚的注浆管安装与钢绞线组装工作同时进行，一次注浆管（通长）安置于锚板和钢绞线束中央，而二次注浆管（通长）捆扎在 P 形锚板和钢绞线束外一侧，注浆管的外径 20mm，内径 15mm，长度超出钢绞线 2.0m 左右。

（3）锚杆安装

本压力分散型锚杆共 8 根钢绞线，由 4 个承载体组成，每个承载体与 2 根钢绞线相连。为了将来在锚杆张拉锁定时，容易辨别哪两根钢绞线对应哪层承载体。所以在安装时，每个承载体的 2 根钢绞线使用同一种颜色的胶条进行缠绕，可用白、黄、蓝、绿 4 种颜色来区分（图 3-25）。

钻孔至设计深度后，将制作好的锚杆体人工送入钻孔中，外露段长度应保证锚杆锚入基础的锚固长度及张拉预留长度。外露段长度可以根据钻孔地面标高来确定。锚杆插入时应保护好注浆管的出浆口，以防注浆管堵塞。

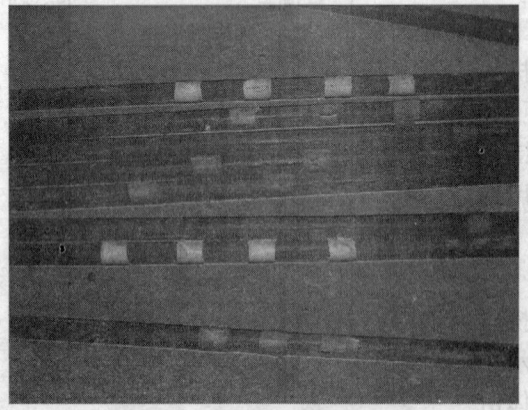

图 3-25 不同颜色的胶带

### 3.3.4 锚杆成孔工艺

本工程锚杆成孔施工的难点和重点是

卵石层中成孔，而砂层及黏土层则较容易成孔。根据本工程锚杆设计、成孔地质条件和以往成功的工程经验，基本可确定两种锚杆钻孔成孔工艺。

(1) 地质钻机泥浆护壁成孔工艺

1) 国产地质钻机

利用地质钻机带动小型组合牙轮钻(图3-26)破碎砂、卵石地层，通过泵送人工配置的优质泥浆，利用组合的正反循环系统，将破碎的小颗粒砂卵石带出孔底；同时，实践表明优质泥浆可以有效地稳定砂卵石层的孔壁，使所造的钻孔壁在相当长的时间内不坍塌。

2) 泥浆配比

成孔工艺中最重要的是泥浆的配比，根据实际情况，在钻孔前在实验室内要做好泥浆配比试验。根据以往的工程经验，采用类似工程使用的钻孔泥浆配比。

图3-26　国产地质钻机

在钻进过程中，泥浆性能会因钻孔情况的变化而发生变化。如钻到黏土层时，泥浆会变稠，黏度、切力增大，糊钻、泥包钻头的情况增多；钻到砂层时，大量砂粒会混入泥浆中，使含砂量增加、泥皮松散、失水量与相对密度加大，这不但使护壁性能降低，加速水泵磨损，严重时还可能造成由于泥皮塌落而发生孔内事故；在遇到承压水层时，地下水会大量侵入孔内使泥浆稀释、性能被破坏等等。这时应及时调整泥浆的性能，否则就难以维持正常的钻进。

3) 地质钻机锚孔钻进方法

安装锚孔钻机、调平、调立、稳固；

锚孔孔径150mm，孔径偏差不大于2cm，深度偏差不大于设计深度的1%，成孔深度达到设计要求；

黏土地层选用146mm前导式三翼钻头正循环清水钻进，卵石地层选用组合牙轮钻头；

遇砂、卵石地层需采用泥浆护壁；

锚孔钻进应经常检查钻头尺寸，保证钻孔孔径；

掌握锚孔中心度，防止锚孔偏斜，跑斜后应采取措施，重新成孔。

4) 洗孔

锚孔成孔后，将连接空压机的洗井管置入孔内，由上往下，再由下往上反复冲洗，同时不断补充清水至孔内泥浆相对密度小于等于1.05，沉渣小于等于30cm；

做好孔口维护，防止泥浆流入孔内。

(2) 套管跟进成孔工艺

1) KLEMM钻机

该设备是利用液压顶驱，内杆配硬质合金球齿或十字形扁齿钻头振动冲击成孔、外套管振动冲击跟进护壁的成孔工艺(图3-27)，是近年来通过引进国外先进钻进设备而带来的一项岩土成孔施工技术。其特点是用套管护壁，被破碎的岩土(包括卵石颗粒)通过钻

图 3-27 KLEMM 钻机

杆后端配置的大流量水泵送出的水从孔底的钻头喷出,随后带出孔口。成孔工艺十分简单,但成孔设备极为复杂和先进。

2) 套管钻机钻进方法

安装锚孔钻机、调平、调立、稳固;

钻孔套管外径 133mm,孔径偏差不大于 2cm,深度偏差不大于设计深度的 1%,成孔深度达到设计要求;

选用冲击跟进的方法;

掌握锚孔中心度,防止锚孔偏斜,跑斜后应采取措施,重新成孔;

做好孔口维护,防止泥浆流入孔内。

### 3.3.5 锚杆注浆工艺

(1) 水泥灌浆配制

浆液配制如下:

1) 水灰比:0.4:1;
2) 水泥用量:P.O42.5(普硅 525R),套管跟进成孔每延长米用量不小于 45kg,地质钻机泥浆护壁成孔每延长米用量不小于 60kg;
3) 减水剂用量:用量为水泥重量的 0.8%;
4) 水泥浆搅拌均匀,具有可靠性、低泌浆性。

(2) 注浆工艺

注浆前先泵送清水至孔口返水以疏通管路,后采用常压泵送方法注浆,注浆前不得拔出注浆管,以保证锚杆底端注浆充实;采用水下灌注法,首次注浆量以注满孔为准,充盈系数达 1.2 以上;注浆作业连续,注浆管要边注边拔,拔管高度不超出孔内浆液面。要注意上拔注浆管至各层承载体附近时,要充分注浆后再上提。

待一次注浆体初凝强度达 5.0MPa 后,即可用高压注浆管进行地质钻机的二次高压注浆。由于采用的是 P.O42.5 纯水泥浆液(水灰比为 0.4:1),二次注浆的时间可在一次注浆后 24~32h 之间进行,最多不宜超过 40h,因为超过 40h 后,二次注浆的开阀压力需高达 10MPa 以上,大多数泵无法达到这样的高压值。通常二次注浆的开启压力宜控制在 2~5MPa 之间。锚固段注浆采用孔底返浆法,将注浆管插入到距孔底 50cm 处,用压浆机(泵)将水泥(砂)浆通入注浆管注入孔底,水泥(砂)浆从钻孔底口向外依次充满并将孔内空气压出,而水泥浆则由孔眼处挤出并冲破第一次注浆体。

对于套管跟进注浆,在一次注浆完成后,拔套管的同时应进行补浆。每三节套管补一次水泥浆。一次注浆完成 0.5h 后,再在短管(出浆口位于第一个承载体处)内补三次水泥浆。注意补浆不得在孔口进行,水泥浆须通过注浆管注入,待孔口冒出纯浆后方可结束补浆。

为了提高浆体的早期强度,加入适量的外掺剂,起到早强和膨胀的作用;在做配合比实验时,同时做掺加外加剂和不掺加外加剂的两组水泥浆的配合比。在对实验结果进行比较后,根据实际需要决定水泥浆是否掺加外加剂。

### 3.3.6 锚杆基本试验与验收试验

本工程抗浮锚杆（图 3-28 和图 3-29）设计采用压力分散型复合锚杆，与常规抗浮锚杆工作原理明显不同，压力分散型锚杆在设计荷载作用下，4 个承载体所受压力相等，但承受拉力的无粘结钢绞线变形则不同。根据设计意图及锚杆设计荷载下的工作原理，为确定锚杆的极限抗拔力即某一荷载等级下锚杆破坏时的抗拔拉力，试验过程中应保持各级荷载作用下 4 组钢绞线所受拉力始终为相等状态。为此，拟采用 4 台相同规格的张拉千斤顶并联由 1 台油泵均匀供压（见图 3-30），确保试验过程中，4 个承载体受力相同。测试压力的同时，分别测试 4 组钢绞线的变形。

图 3-28　抗浮锚杆成桩图

图 3-29　施工现场图

根据基本试验结果，绘制锚杆抗拔力 – 变形曲线。以某根锚杆为例（图 3-31）。基本试验的试验结果表明，本抗浮锚杆的设计能够满足建筑物抗浮的要求。

### 3.3.7 锚杆防腐与防水

（1）锚杆的防腐

本工程锚杆的防腐是由无粘结钢绞线外包的油脂、涂塑层再加上外裹的水泥浆体构成，形成多层防腐。因此本工程锚杆的防腐主要是包括"U"形锚的铁铸头和"P"形锚的挤压锚具、钢板以及钢绞线涂塑层的损坏处。锚杆

图 3-30　试验设备安装图

头外露钢绞线用防腐树脂、砂浆封闭，承压板用防锈漆及沥青材料涂刷，进行防锈、防腐处理；同时，防止锚杆构造锈蚀发生，对定中心装置、定位架等，外涂防锈漆。

（2）锚杆的防水

因抗浮锚杆锚固在建筑物基础底板上，即抗浮锚杆要穿过基础底板防水层，因此锚杆与底板的节点处需采取特殊防水处理措施。具体做法如图 3-32 所示。

锚杆防水节点（图 3-33）说明：

①结构底板；②底板防水层，4mm + 3mm 厚 SBS 改性沥青；③C20 豆石混凝土保护层

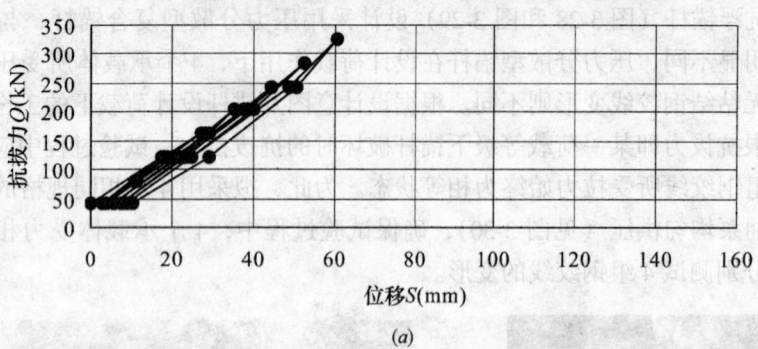

(a)

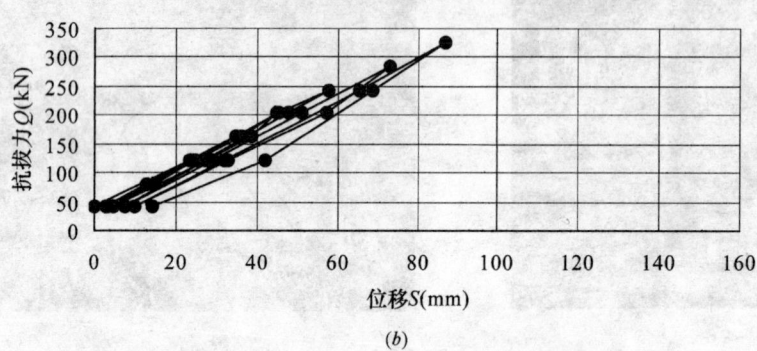

(b)

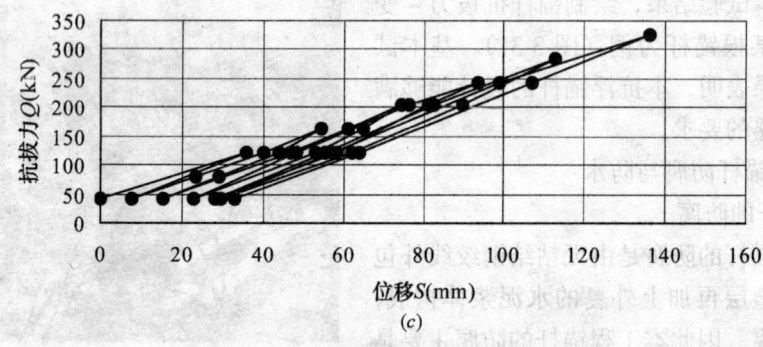

(c)

图 3-31　锚杆抗拔力 – 变形曲线

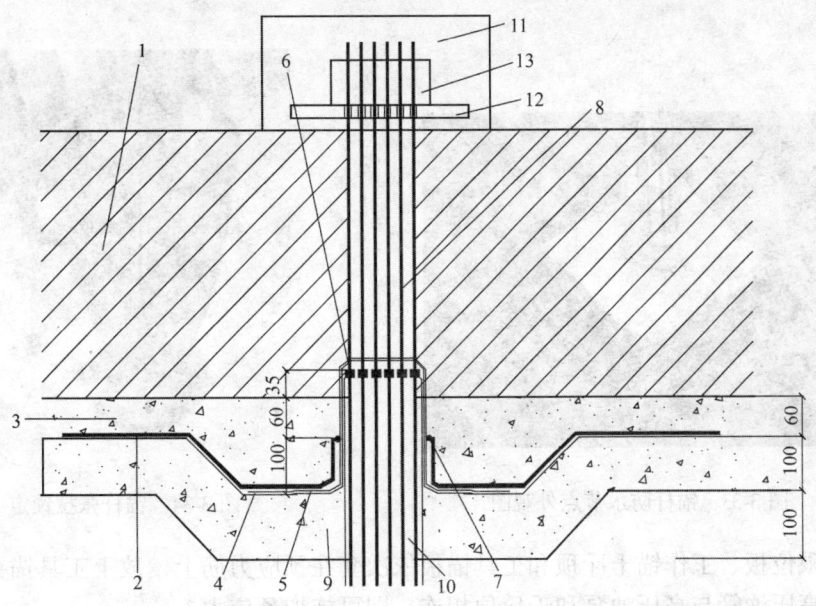

图 3-32　锚杆与底板的节点处防水做法

50mm厚；④聚合物水泥防水砂浆最薄处7mm厚；⑤水泥基渗透结晶型防水涂层，两遍浓缩型，一遍增效型；⑥遇水膨胀止水条，同聚合物水泥砂浆保护；⑦防水密封膏；⑧无粘结钢绞线；⑨混凝土垫层100mm厚；⑩抗浮锚杆C40注浆体；⑪C40混凝土；⑫锚垫板；⑬锚具。

在混凝土浇筑前，对钢绞线全部进行检查，并进行二次防腐。如果钢绞线表面的橡胶保护层被破坏，则以胶带缠绕，并在表面刷环氧树脂进行加强保护。

采用在钢绞线部位缠绕P201遇水膨胀橡胶。由于钢绞线在底板部位外套P201遇水膨胀橡胶，为了避免P201遇水膨胀橡胶在混凝土浇筑前因下雨等意外原因造成失效，P201遇水膨胀橡胶外面须以塑料膜进行保护。当混凝土浇筑至该部位时才拆除。

### 3.3.8　锚杆张拉锁定

(1) 张拉、锁定设备

本次施工采用两套张拉、锁定设备，每套包括：

1) ZBY-500型液压油泵一台；
2) YDC-23千斤顶一台；
3) 高压油管两根；
4) 与油泵配套的油压表二只及测量钢绞线位移的量具；
5) 张拉设备在施工前应进行校核和标定，以保证数据的真实性。

(2) 张拉、锁定方法

本次施工的张拉方法采用锚夹具式直接拉拔法，具体步骤如下：

1) 清洗锚杆的预应力筋、工作锚及夹片、工具锚及夹片、限位板和承压板等张拉用部位；
2) 将工作锚板套置在预应力筋上并紧贴承压板，放入夹片并固定，注意应使自由段内预应力筋相互平行，不得交叉缠绕；

图 3-33 锚杆防水节点外观图

图 3-34 锚杆张拉锁定

3）将限位板、工作锚千斤顶和工具锚板依次套在预应力筋上，放上工具锚夹片预紧；

4）将高压油管与高压油泵和千斤顶相连，即可施加预应力；

5）随着千斤顶进入工作状态，预应力筋被固定在工具锚板上，限位板会使工作锚夹片就位，预应力筋被拉伸；

6）锚杆进行正式张拉前，每个单元应取 (0.1~0.2) 轴向拉力设计值 $N_t$，对锚杆预张拉 1~2 次，使其各部位的接触紧密，杆体完全平直；

7）千斤顶的拉力按荷载分级逐渐增大至所要求的张拉荷载；

8）千斤顶卸压至锁定值，工作锚夹片回缩并自锁。

9）张拉步骤如图 3-35 所示。

### 3.3.9 张拉、锁定荷载

每根锚杆的轴向拉力设计值为 650kN，共 4 个单元体，即每个单元的轴向拉力设计值 $N_t = 162.5$kN。张拉、锁定按从远端（4 单元）到近端（1 单元）顺序进行，最大张拉荷载为 $1.1N_t$，按 $0.1N_t$、$0.5N_t$、$0.75N_t$、$1.0N_t$、$1.1N_t$ 分五级张拉，并记录每级的位移值；然后卸荷至设计锁定荷载值进行锁定。每个单元的张拉、锁定荷载及相应变形值见表 3-6。

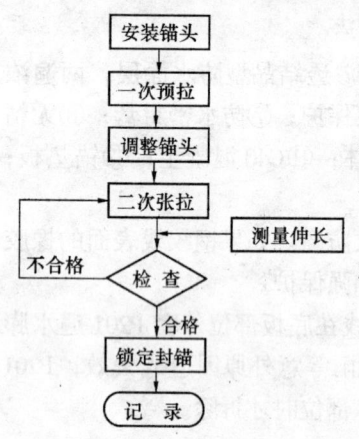

图 3-35 锚杆张拉、锁定施工工艺流程图

表 3-6

| 单元编号 | 长度（m） | 锁定荷载（kN） | 变形（mm） | $1.1N_t$（kN） | 变形（mm） |
|---|---|---|---|---|---|
| 1 | 11.5 | 72 | 21.5 | 178.75 | 53.46 |
| 2 | 16.0 | 97 | 40.3 | 178.75 | 74.25 |
| 3 | 20.5 | 111 | 59.1 | 178.75 | 95.15 |
| 4 | 25.0 | 120 | 77.9 | 178.75 | 116.05 |
|  |  | 400 |  | 715 |  |

注：上表中的荷载皆指单元体荷载（两根钢绞线之和），但变形则为一根钢绞线的变形。

## 3.4 模板工程

### 3.4.1 模板的选择

本工程地上部分为三个劲钢混凝土结构的核心筒,通过钢结构相互连接,标准层层高4m,核心筒至地上二十四层,总体考虑核心筒内钢结构安装超前混凝土施工2层,核心筒间钢结构施工滞后核心筒混凝土施工3层。为了加快结构施工进度,地上筒体部分施工时首层和第二层施工时搭设临时脚手架,从第三层开始采用液压爬模爬架系统将筒体外模及部分内模随爬架体系整体爬升。

本工程模板工程拟定如下:

核心筒内楼板:面板采用18mm的多层板,格栅采用100mm×100mm+50mm×100mm木方,支撑采用0.9m间距的碗扣架;

纯钢结构部分楼板:采用ASTM A446型金属压型钢板作为混凝土楼板的永久性模板,压型钢板同钢结构之间进行焊接或机械连接,部分部位设临时支撑;

核心筒墙体:采用铝梁附VISA板和多层板(角模和异形墙体)的模板体系;

混凝土附墙柱:采用多层板面板+木方背楞的模板体系;

混凝土楼梯、梁、门窗洞口:采用18mm的多层板+木方模板体系。

### 3.4.2 模板的配置

(1) 流水段划分

根据设计图纸和现场实际情况,综合考虑混凝土结构和钢结构之间的交叉施工,地上结构模板工程每个核心筒单独整体施工,核心筒间压型钢板随钢结构安装进行。

(2) 模板的配置原则

模板的配置数量应同流水段划分相适应,满足施工进度要求;

所选择的模板应能达到或大于周转使用次数要求;

模板的配置要综合考虑质量、工期和技术经济效果。

(3) 主要模板配置数量

墙体、附墙柱模板单层全配,层层周转;多层板考虑每周转四次更换一次;顶板模板根据混凝土拆模强度和施工进度要求考虑配置4层顶板模板周转使用,施工第$n+4$层顶板时采用第$n$层已拆除的顶板模板和碗扣式脚手架。

具体数量见表3-7。

表3-7

| 序号 | 名称 | 分项($n$为更换次数) | $n$ | 实际需用量 | 单位 |
| --- | --- | --- | --- | --- | --- |
| 1 | 墙体模板 | 标准层加工制作用量(VISA) | | 3000 | m² |
| | | 非标准层接高用量(VISA) | | | m² |
| | | 角模 | 6 | 3200 | m² |
| 2 | 顶板、梁、柱模面板 | 单层面板用量×$n$ | 6 | 6500 | m² |
| 3 | 木方(顶板、梁龙骨及背楞) | 单层模板龙骨用量×$n$ | 6 | 260 | m³ |
| | 木方(门窗洞口模板及支撑) | 单层用量+损耗 | | 112 | m³ |
| 4 | 钢管 | 临时脚手架、模板支撑用量 | | 200 | t |
| | 扣件 | 临时脚手架、模板支撑用量 | | 32000 | 只 |

续表

| 序号 | 名称 | 分项（n 为更换次数） | n | 实际需用量 | 单位 |
|---|---|---|---|---|---|
| 5 | 碗扣架（顶板、梁模板支撑） | 单层用量×24/n | | 280 | t |
| | 钢管（压型钢板临时支撑） | 单层用量 | | 137 | t |
| 6 | U形托 | | | 21000 | 只 |
| 7 | 穿墙套管 | 单层（$\phi 20 L = 500 - 950$）×n | 24 | 72000 | m |
| 8 | 墙穿墙螺杆（M18）+2垫片+2螺母 | $L = 1550mm$ | | 4830 | 套 |
| | | $L = 1850mm$ | | 70 | 套 |
| 9 | 爬模架机位 | | | 120 | 个 |
| | 爬模架预埋套管（直径60mm） | 单层数量×层数×单个长度 | | 1500 | m |
| | 爬模架预埋件 | 单层数量×层数 | | 850 | 个 |
| | 钢管 | | | 54 | t |
| | 扣件 | | | 6720 | 只 |
| | 脚手板 | | | 162 | m³ |
| | 防护网 | | | 6700 | m² |
| | 螺杆 | M48 $L = 700 - 1100$ 螺杆+2螺母 | | 520 | 套 |

### 3.5 钢结构工程

#### 3.5.1 特式吊楼钢结构安装

（1）特式吊楼钢结构特点及难点

特式吊楼位于3号核心筒旁，吊楼结构与核心筒劲性结构连接。特式吊楼钢结构由三个剪刀撑结构和剪刀撑连接桁架梁结构及悬挑结构三个部分组成。三个剪刀撑分别位于与核心筒连接面外的三面。其平面图见图3-36、图3-37和图3-38。

施工难点主要为单根剪刀撑重量大，塔吊无法吊装。特式吊楼从标高7.100m开始，±0.000～7.100m之间用临时钢结构支架进行支撑。吊楼顶部标高45.100m。特式吊楼钢结构悬挑部分在主桁架提升路线上，为了给主桁架的提升施工创造条件，特式吊楼钢结构悬挑在主桁架提升后进行施工。待特式吊楼斜拉钢索施工完成，且施加张拉预应力并达到设计张拉值后，方可拆除临时钢结构支撑架。

（2）特式吊楼钢结构吊装

1）根据特式吊楼的特点，采取分节、分段安装剪刀撑，逐次将桁架梁与剪刀撑连接形成刚性钢框架单元的安装方法。

2）特式吊楼的安装步骤

A. 临时钢支撑架及操作脚手架安装→剪刀撑结构安装→剪刀撑结构间连接桁架安装→连接桁架上、下弦支撑安装→斜拉钢索安装→施加张拉预应力达到设计值→悬挑结构安装→压型钢板安装及楼承板混凝土浇筑→拆除临时钢结构支撑架。

B. 剪刀撑结构 XHJ–1、XHJ–2 安装步骤图（图3-39）

C. 剪刀撑结构 XHJ–1、XHJ–2 安装分节、分段图（图3-40）

D. 单根构件吊装后横向与结构连接，纵向拉结揽风绳临时固定。

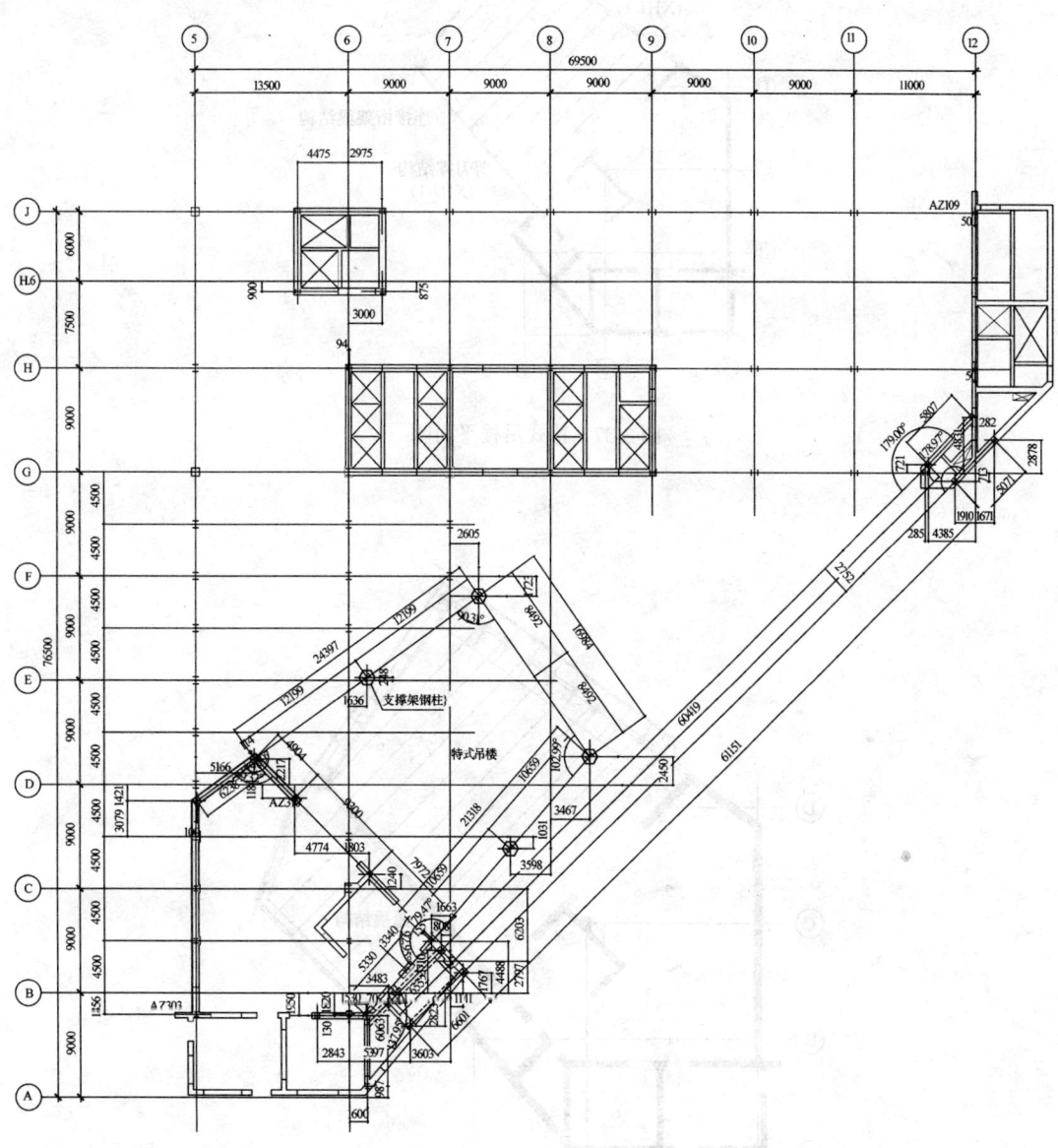

图 3-36 特式吊楼平面布置图

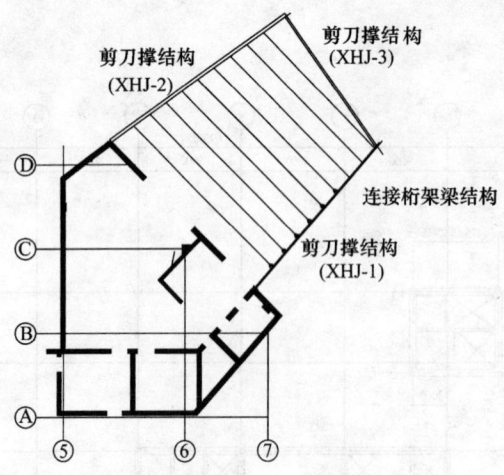

图 3-37 特式吊楼平面图

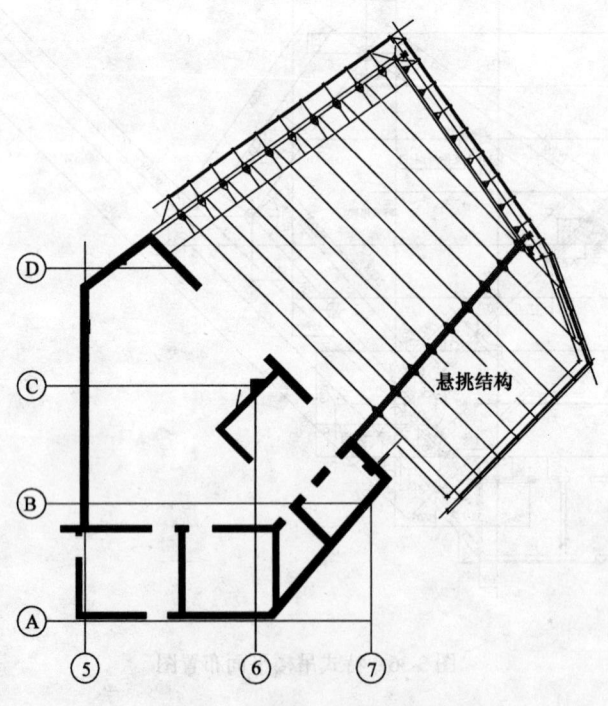

图 3-38 特式吊楼结构平面图

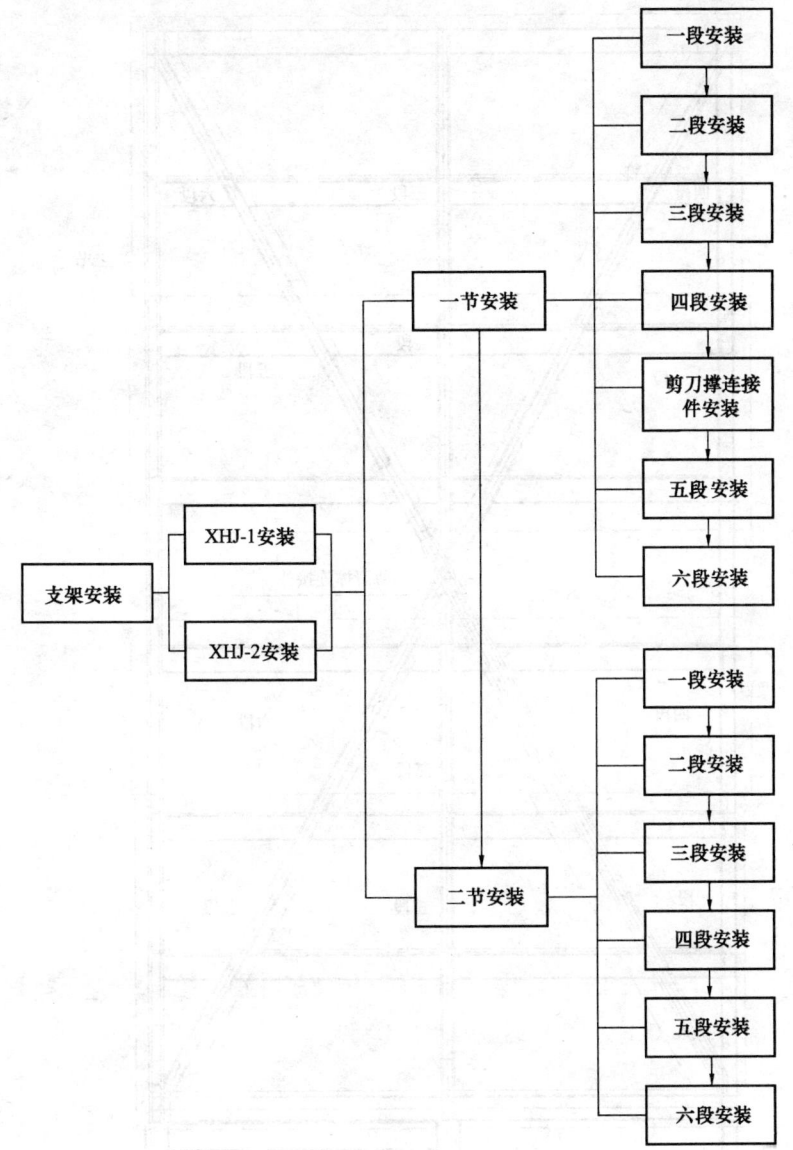

图3-39 剪刀撑结构 XHJ－1、XHJ－2 安装步骤图

E. 剪刀撑结构 XHJ－1、XHJ－2 安装先后进行，当每节安装形成节间后，将其连接桁架梁及连接桁架上、下弦支撑安装。例如：安装 XHJ－1 第一节一段、二段、三段、四段剪刀撑连接件形成节间→安装 XHJ－2 第一节一段、二段、三段、四段剪刀撑连接件形成节间→安装其连接桁架梁、支撑形成稳固节间。

F. 剪刀撑结构 XHJ－3 安装步骤图（图3-41）。

G. 剪刀撑结构 XHJ－3 安装分节、分段图（图3-42）。

H. 当主桁架提升完成后，安装特式吊楼悬挑结构，悬挑结构上弦、下弦采用［14封边。

I. 特式吊楼安装完成后安装斜拉钢索，对斜拉钢索施加张拉预应力达到设计值。

(3) 特式吊楼钢结构吊装注意事项

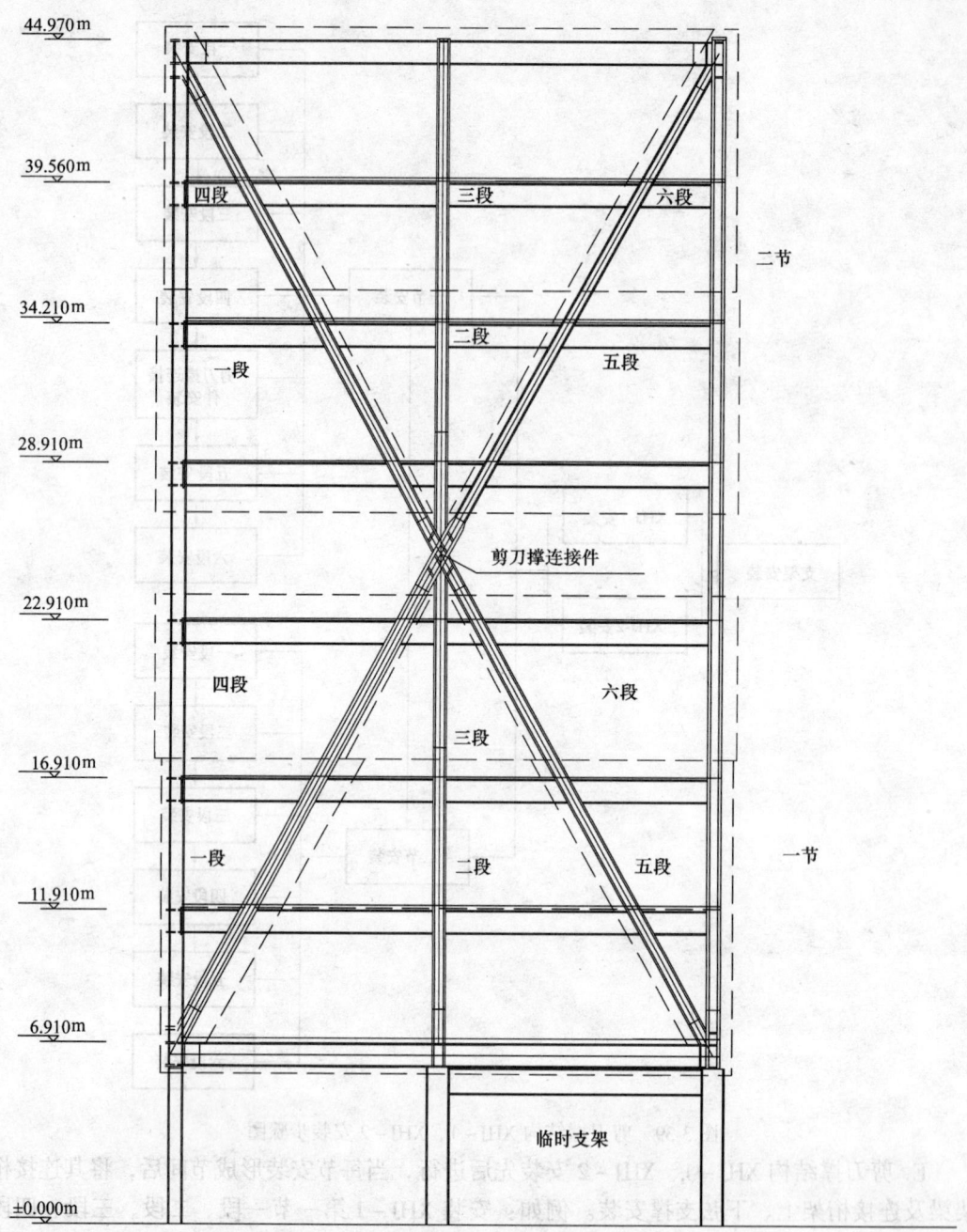

图 3-40 剪刀撑结构 XHJ-1、XHJ-2 安装分节、分段图

特式吊楼的安装时间随着 3 号核心筒的混凝土强度形成后逐步进行。钢结构的安装由新安装的 ZSC50120 型内爬起重机安装，安装剪刀撑时可以将剪刀撑和钢梁拼接安装，避免使用临时支撑。安装时在不影响吊装空间的情况下，尽量通过桁架梁与剪刀撑之间连接形成钢性框架。剪刀撑立面的钢梁尽早与核心筒劲性结构进行焊接。

注：有关施工方案待施工详图齐全后再进行细化，详见专项方案。

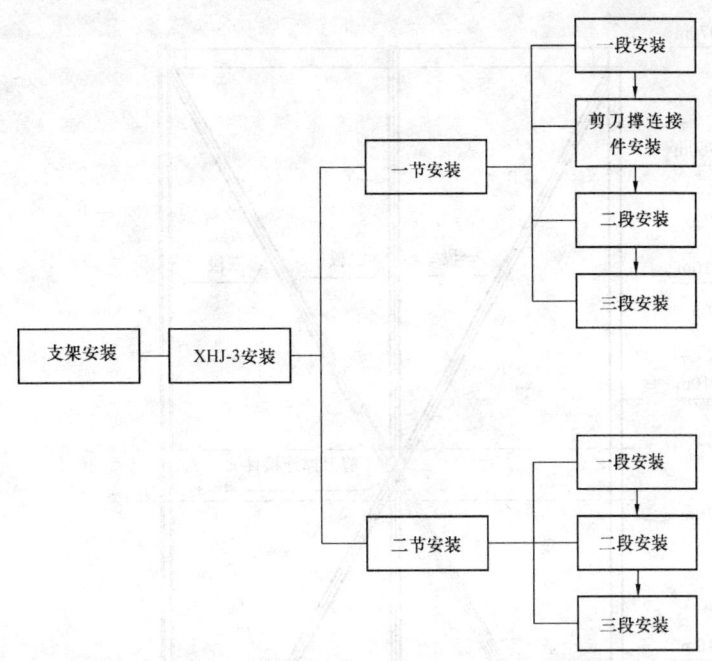

图 3-41 剪刀撑结构 XHJ–3 安装步骤图

### 3.5.2 转换桁架钢结构的安装

(1) 转换桁架钢结构的特点及难点

转换桁架位于 2 号核心筒和 3 号核心筒之间从标高 49.100m 开始到标高 106.100m，共计 14 层。转换桁架分布在⑤轴，⑥轴和⑦轴三个轴线上。他们之间互相连接形成框架结构。转换桁架主要依靠新装 ZSC50120 型内爬塔来进行安装。

转换桁架结构的受力敏感，根据转换桁架的设计要求，在转换桁架施工过程中必须保持支撑的存在，保证在安装过程中所有杆件良好的受力分布，使荷载不致集中在转换桁架的底部。转换桁架施工高度近 49.1m，要先进行刚性支撑的施工，且刚性支撑稳定性要好。通过设计计算，我们决定采用 $\phi1000$ 的卷板圆钢柱，作为转换桁架的支撑。

转换桁架平面布置见图 3-43。

(2) 转换桁架钢结构的吊装

1) 转换桁架的安装方法

采用转换桁架在刚性支撑上进行组拼，并通过立柱和连接桁架梁形成框架。依次形成的平面逐节向上进行框架结构安装。在转换桁架安装时，在支撑顶端架设千斤顶，安装中要进行预起拱施工。

2) 转换桁架的安装步骤

⑤轴转换桁架→⑥轴转换桁架→⑤轴和⑥轴之间连接桁架梁→⑦轴桁架→⑥轴和⑦轴之间连接桁架梁→⑤轴转换桁架上的立柱→⑥轴转换桁架上的立柱→⑤轴和⑥轴转换桁架上的立柱连接桁架梁→⑦轴转换桁架上的立柱→⑥轴和⑦轴转换桁架上的立柱连接桁架梁。

3) 转换桁架分段安装

A. 转换桁架分段图（图 3-44 和图 3-45）

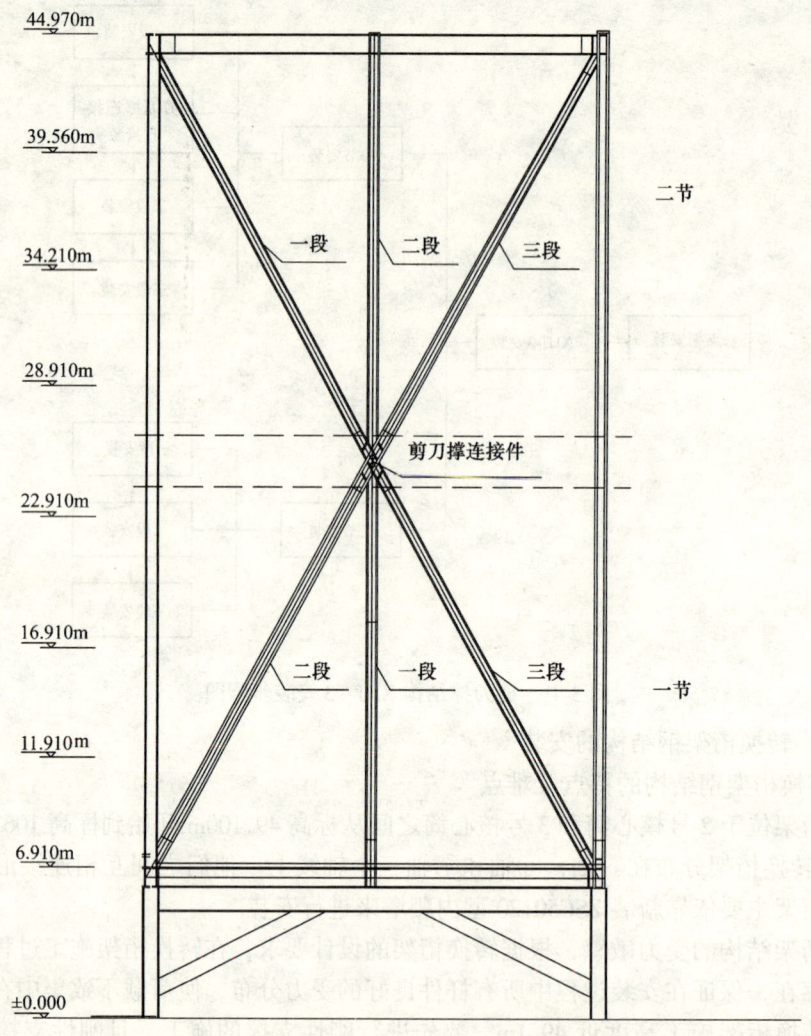

图 3-42　剪刀撑结构 XHJ-3 安装分节、分段图

B. 转换桁架安装流程（以⑤轴线转换桁架为例，⑥轴、⑦轴安装流程相同）

根据塔吊起重量将转换桁架分成13层，每层分段依次进行安装。安装步骤如下：

转换桁架钢支架安装→转换桁架第一层安装（一段→二段→三段→）→转换桁架上一层安装，如图 3-46 所示。

C. 钢支架安装平台上设置千斤顶来调节桁架就位标高，如图 3-47 所示。

D. 钢支撑的拆除步骤：

转换桁架施工完毕→拆除钢支撑上的千斤顶结构→拆除最上一节钢支撑的连接结构→拆除最上一节钢支撑→拆除下一节支撑结构→钢支撑结构拆除完毕。

（3）转换桁架钢结构的吊装注意事项

安装转换桁架时钢性支撑要承担荷载，至所有的转换桁架安装完成后方可拆除。

转换桁架在安装时，要按照设计要求进行预起拱。不同的位置起拱值不一，需要设计计算确定。

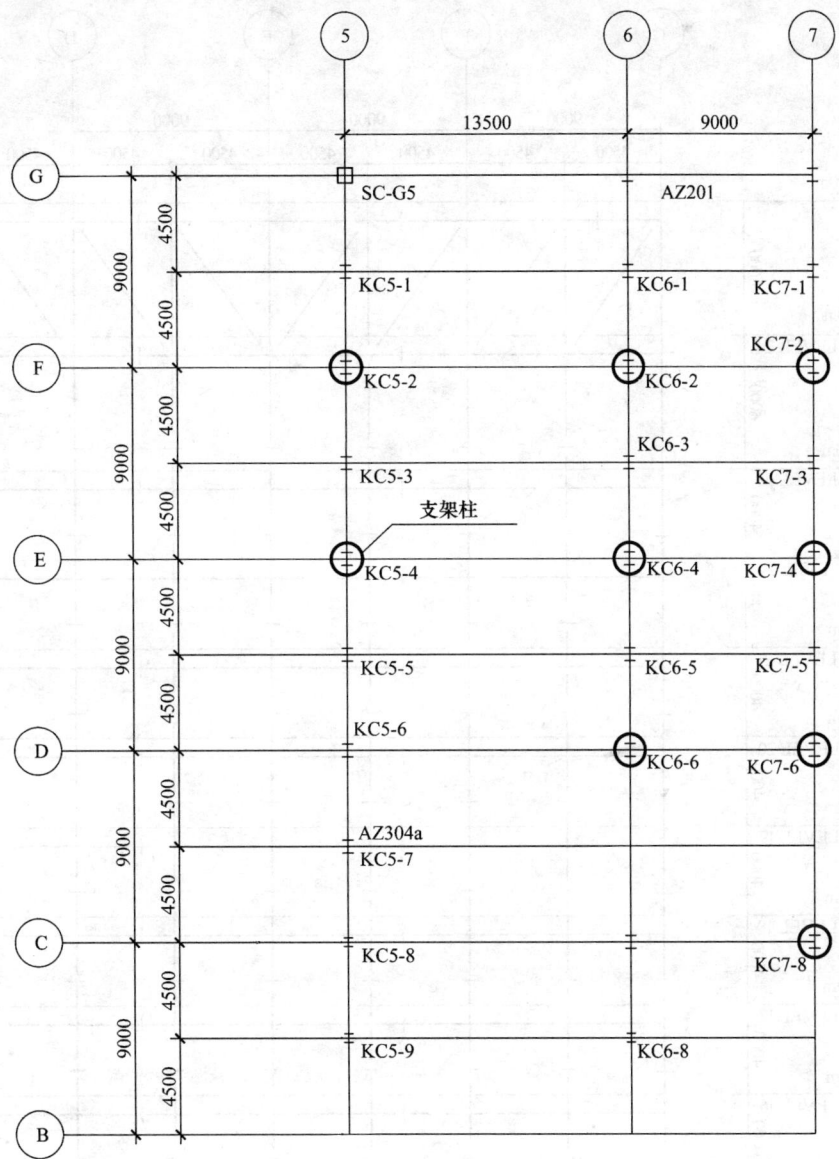

图 3-43 转换桁架平面布置图

⑤、⑥、⑦轴线之间桁架梁和立柱在安装时要注意形成稳定的框架结构。

随着转换桁架施工节的增加,要不断地监测桁架的下挠情况。

注:有关施工方案待施工详图齐全后再进行细化,详见专项方案。

**3.5.3** ST50 主钢桁架钢结构施工

(1) ST50 主钢桁架的特点及难点

桁架拼装场地狭小,钢桁架高度达到 16m,长度约 63m,宽度 2.752m,重量 450t 左右。安装就位上标高点为 104.875m,下标高点为 88.875m。塔吊吊装无法实现。我们采用了穿心千斤顶整体提升的工艺来进行桁架的安装。

(2) ST50 主钢桁架的施工准备

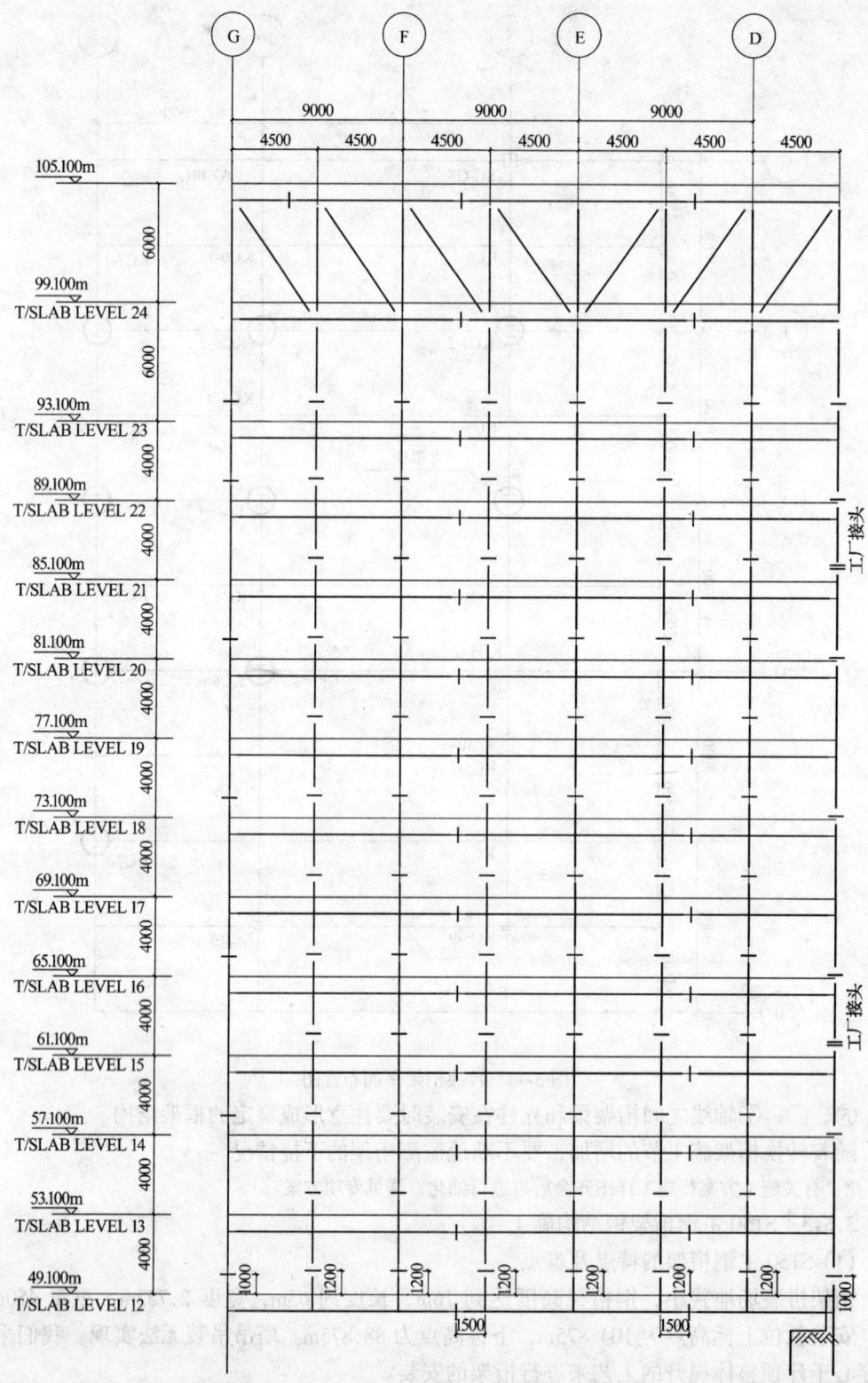

图 3-44 ⑤轴线转换桁架安装分段图

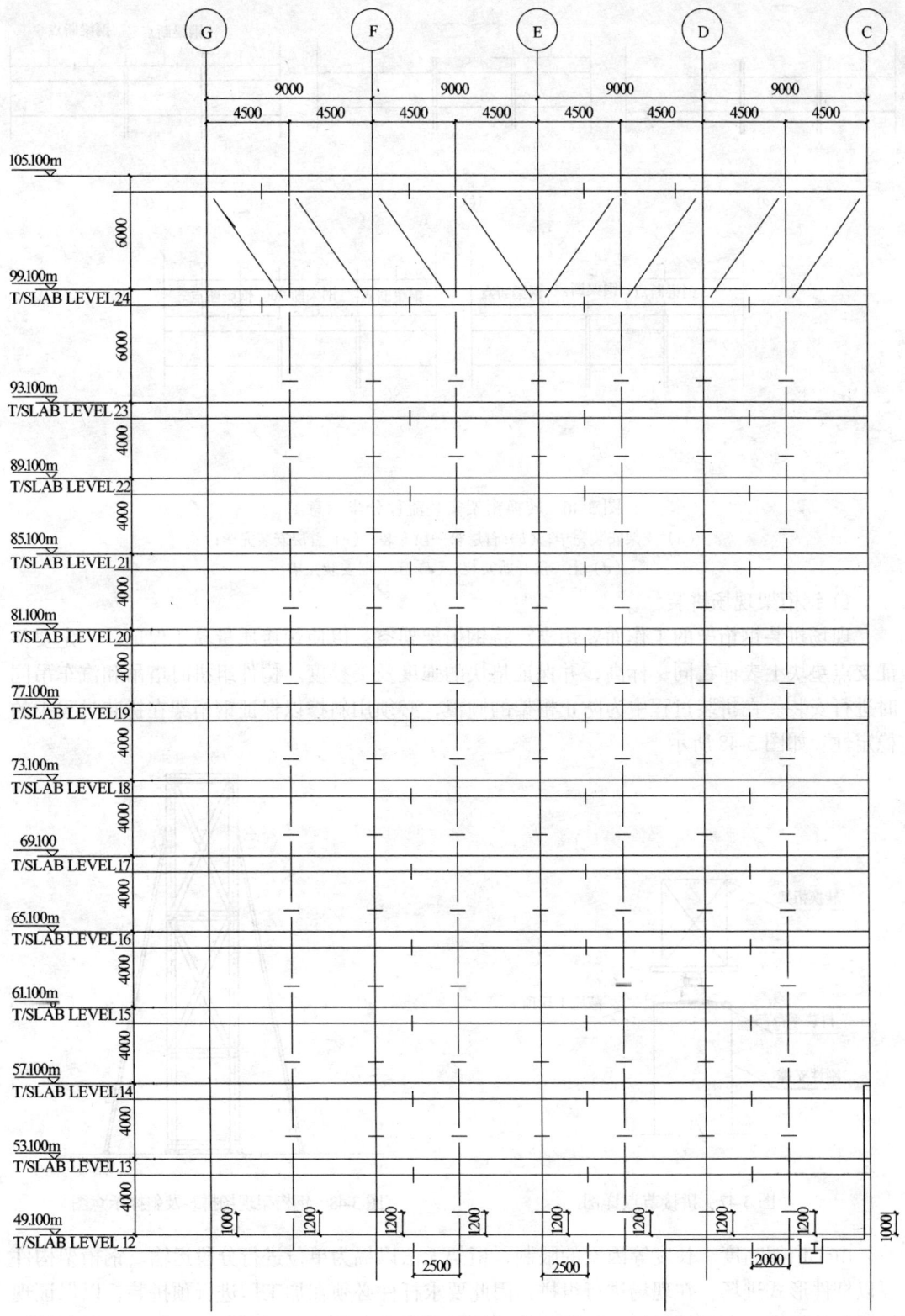

图 3-45 ⑥轴线转换桁架分段图

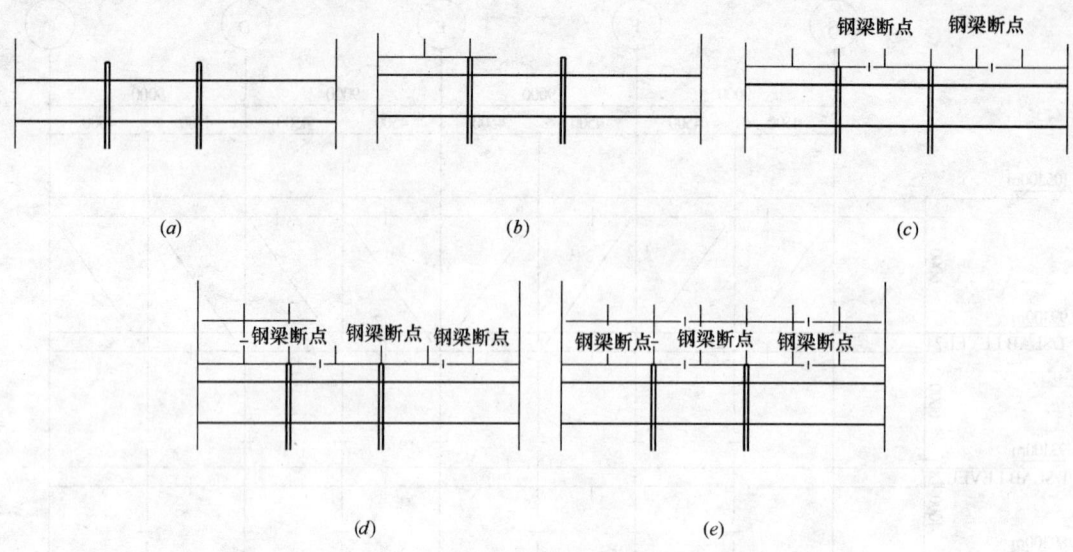

图 3-46 转换桁架安装流程分步示意图
(a) 支架安装完毕；(b) 首层第一段安装；(c) 首层安装完毕；
(d) 上一层开始安装；(e) 上一层安装完毕

1) 钢桁架现场拼装

现场拼装钢桁架的工作面要用支点将钢桁架架空，以使焊接质量易于保证。一定要保证支点垫块上表面在同一标高，并保证垫块的强度及平整度。构件组拼时塔吊和汽车吊同时进行安装。在拼装过程中为防止桁架的倾覆，必须用斜撑以保证钢桁架在拼装过程中的稳定性。如图 3-48 所示。

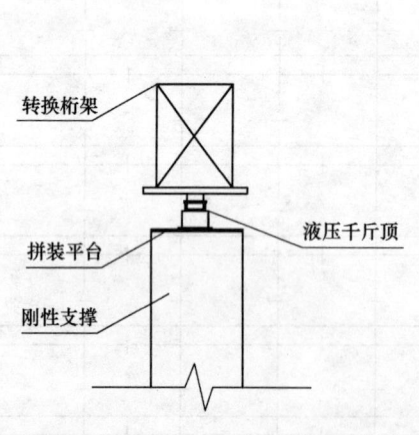

图 3-47 拼接节点详图

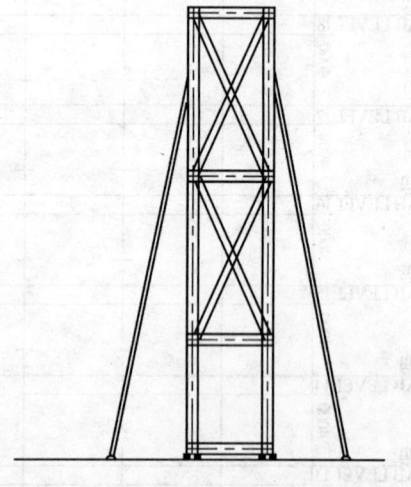

图 3-48 钢桁架现场拼装及斜撑示意图

由于桁架高度、长度等因素的限制，桁架无法以榀为单位进行分段运输。钢桁架构件要以杆件形式进场，在现场进行组拼，因此要求杆件必须在加工厂进行预拼装，以保证现场组拼的精度。在现场组拼中采用整体对位后焊接的方法，施焊顺序遵循从中心到两端的原则，以利于焊接应力及应变在两端得到消化。在现场先拼装桁架①、②，作为牛腿来进行主桁架③的提升,并将其加固,以增强牛腿刚度,然后拼装主桁架③。①、②、③如图3-49所示。

现场拼装示意图见主桁架分段拼装示意图和主桁架拼装顺序示意图(图3-50)。

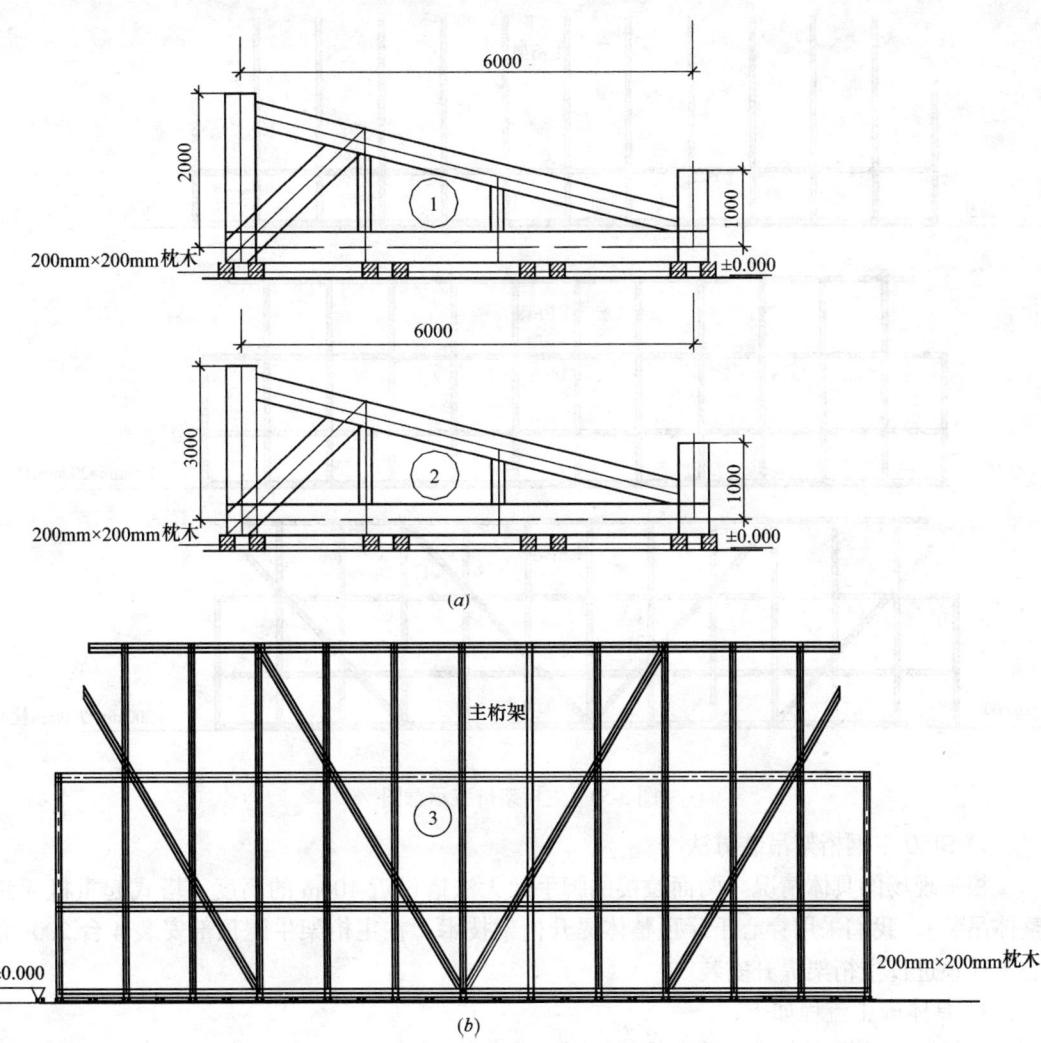

图 3-49　主桁架①、②、③示意图

2) 桁架校正

校正工具主要用经纬仪,组拼阶段必须保证杆件的顺直、就位准确。在桁架提升前,必须在钢柱相应位置上精确放线。

为确保钢框架的整体性,当单个构件柱、桁架校正完毕,进行临时或永久固定时,必须将构件间的斜撑安装好,以增强钢框架的刚度,不受其他施工区结构安装的任何影响。

3) 桁架焊接

钢桁架的拼装位置在就位位置的正下方,故桁架拼装过程中不能翻身,应最大限度地避免仰焊缝,以保证焊接质量。

(3) ST50 主钢桁架的吊装

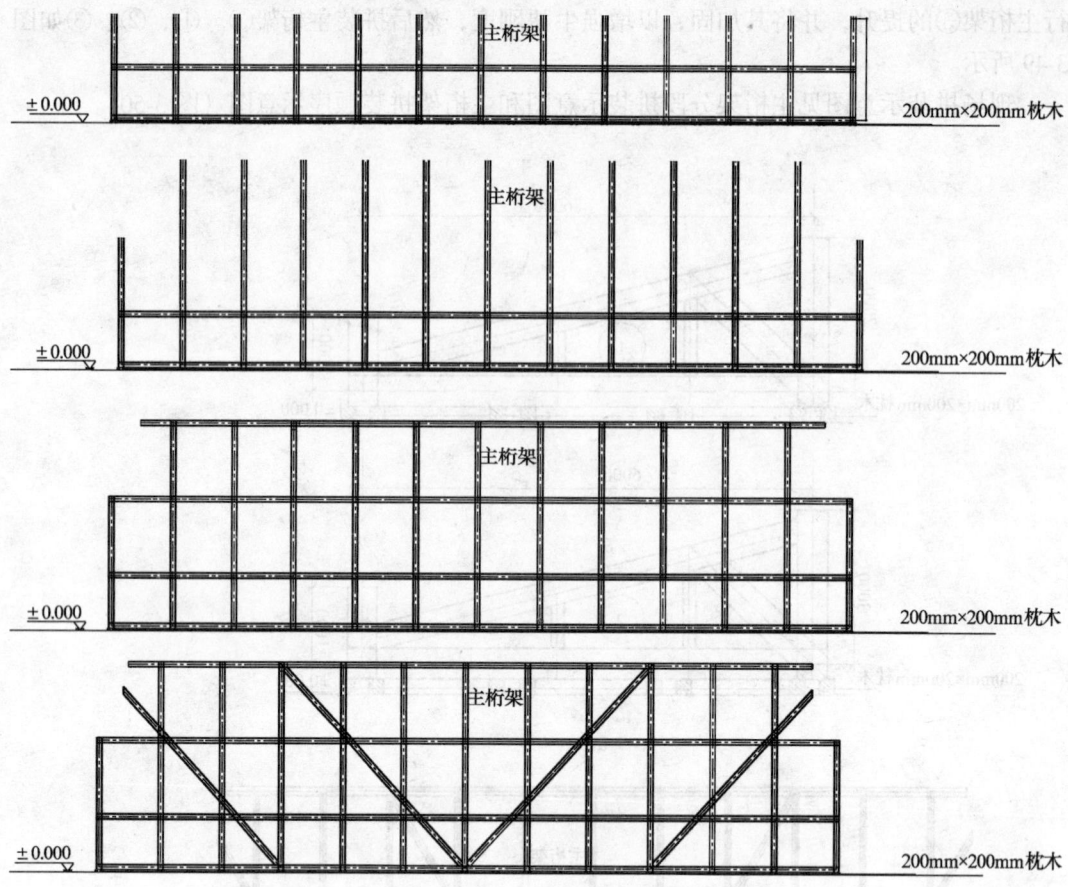

图 3-50 主桁架拼装示意图

1) ST50 主钢桁架吊装方法

根据现场的具体情况（两面拉接的脚手架无法搭设近 100m 的高度，塔式起重机无法整体吊装），我们采用穿心千斤顶整体提升桁架技术。在主桁架牛腿顶部安装 4 台 200t 穿心千斤顶进行主桁架提升安装。

2) 具体施工流程如下：

桁架杆件进场→在就位投影位置正下方地面的工作面上分段预拼→校正→焊接→用塔吊吊装两端主桁架牛腿→校正→与核心筒预埋件固定→在两端主桁架牛腿顶部安装千斤顶→校正→钢绞线固定主桁架→提升→就位→校正→与主桁架牛腿焊接→UT 探伤→拆除提升系统。

3) 提升工艺

A. 工作原理

液压同步提升设备是一种出力大、使用灵活的新型施工机械装置，其工作原理如图 3-51 所示。

它主要由执行机构、控制系统和动力装置三部分组成。

执行机构直接实现提升任务，它如同一个预应力的张拉千斤顶，活塞杆和缸桶上均有一副锚具，重物的提升就像预应力钢筋张拉过程一样，千斤顶往复伸缩，依靠锚具的协调动作，使重物提起。不同的是锚具用液压缸控制，有主动加紧系统。

控制系统主要由液压控制系统、计算机系统和信息反馈系统三部分组成。反馈信号（提升高度）与输入指令比较，控制液压系统工作，使提升对象按照输入的指令要求提升。动力系统为液压泵站和液压传动与控制系统提供能源。

B. 相互关系指示图（图3-52）

C. 设备布置

提升设备布置依钢结构吊点位置而定，最简单的方案是在永久支撑位置设置吊点，对于整体安装，一般来说这是比较合理的方案。为

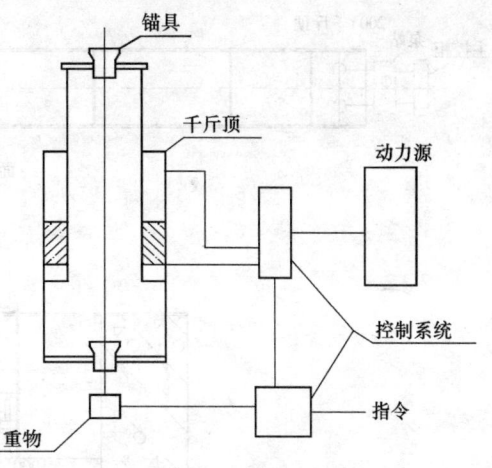

图3-51 提升工作原理示意图

此在主桁架牛腿顶部四个支撑点布置相应的提升千斤顶，其平面布置如图3-53所示。

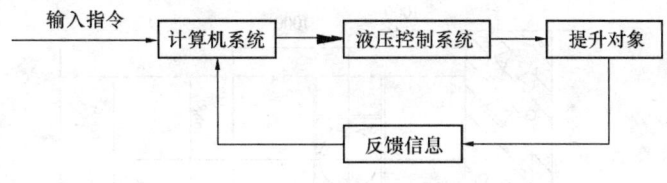

图3-52 相互关系指示图

布置设备时，应考虑以下三点：

钢绞线应有足够的安全储备，锚具工作安全可靠。

节约能耗，提高效率。从液压系统看，连在一个泵中的千斤顶工作压力越接近，则系统的工作效率越高。

整体提升法施工时在桁架端部加焊连接杆以确保桁架的整体性，避免提升过程中在桁架杆件中产生太大的弯矩。必须保证提升过程中钢桁架的工作面。如图3-54和图3-55所示。

由于提升高度长达100多米，而在提升过程中应连续提升、不可间断，保证主桁架的提升精度。若遇到风雨时，应采用相应的防护措施。如使用临时锚固，或使用揽风绳等方法。

主桁架长度达60m，而宽度不到3m，为了防止主桁架与核心筒墙在提升过程中发生碰撞，必须在两端加溜绳，并在主桁架两端核心筒剪力墙表面预埋槽钢作为轨道，以保证主桁架在提升过程中的稳定性。如图3-56所示。

在提升过程中，要确保千斤顶同步顶升，使四个千斤顶受力均匀一致。桁架整体提升时在两端分别设两个200t穿心式液压千斤顶，而钢桁架约重470t，故安全储备完全能够满足施工要求。

D. 系统控制调差

计算机控制系统有主从控制柜各一台，分别放置于跨两边，实现两级控制，保证同步提升，将误差控制在毫米级。实践证明，正常提升情况下，高度同步提升误差以控制在

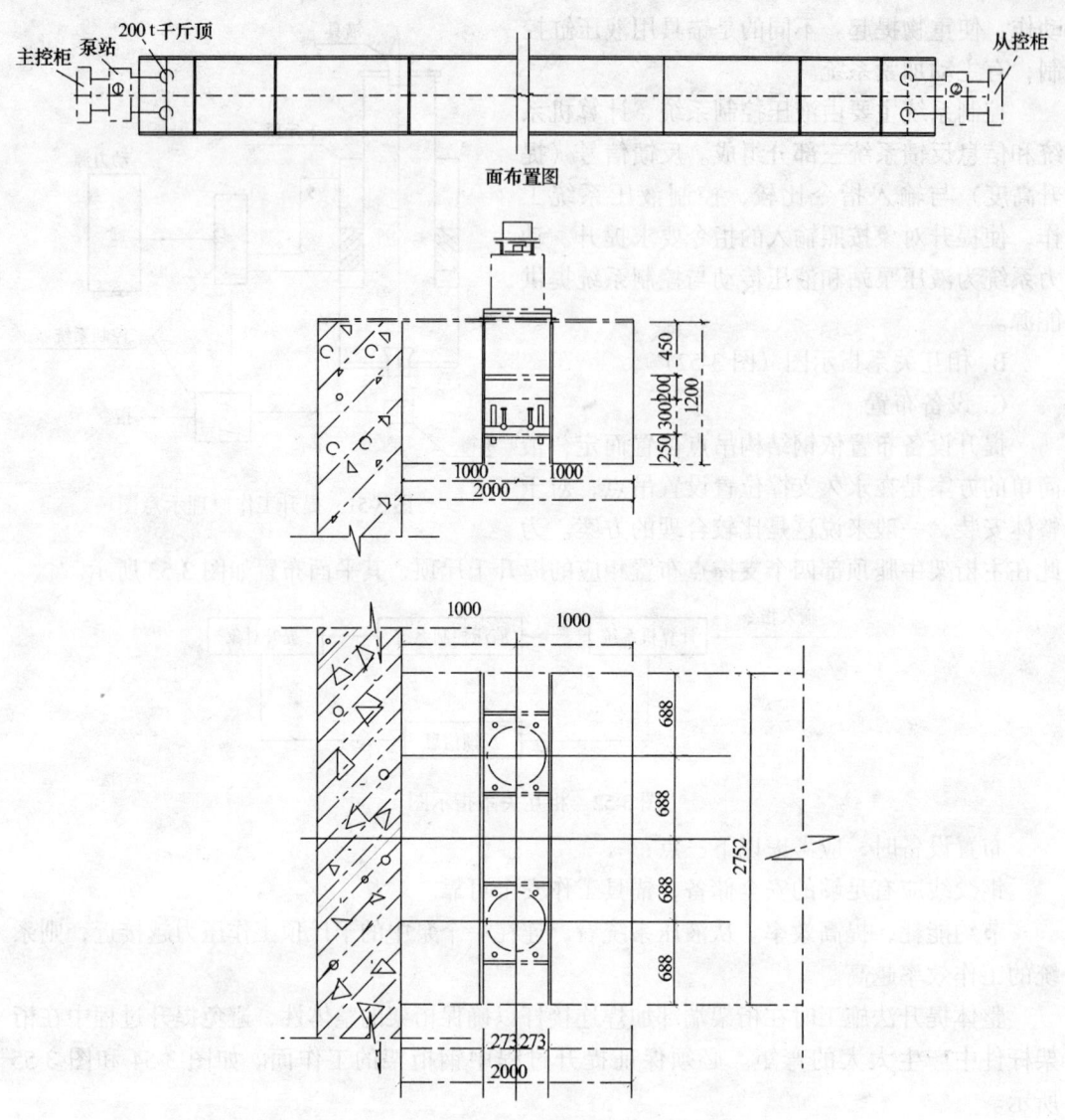

图 3-53 200t 千斤顶在主桁架牛腿顶上立面、平面布置图

4mm 内为宜。

4）提升过程

A. 操作要点（图 3-57）

提升钢结构⑧由下部锚具⑤锚固，并由提升钢绞线⑦悬挂，下部夹具④已卡紧。

千斤顶①顶升，使被提升钢结构由上部锚具③承受，下部夹具④打开，使钢绞线自由通过下部锚具⑤滑动。

被提升钢结构上升了等于千斤顶行程的高度 300m 以内，每小时提升 1.5m 左右。

在千斤顶顶升后，将被提升钢结构由下部锚具⑤承受，上部夹具②打开。

千斤顶回油，被提升钢结构由下部锚具⑤承受，而上部锚具③自由沿钢绞线滑下。

下降操作过程如提升一样，只是顺序相反，被提升钢结构在千斤顶回油时降下。

B. 结构设计及提升有关的关键问题

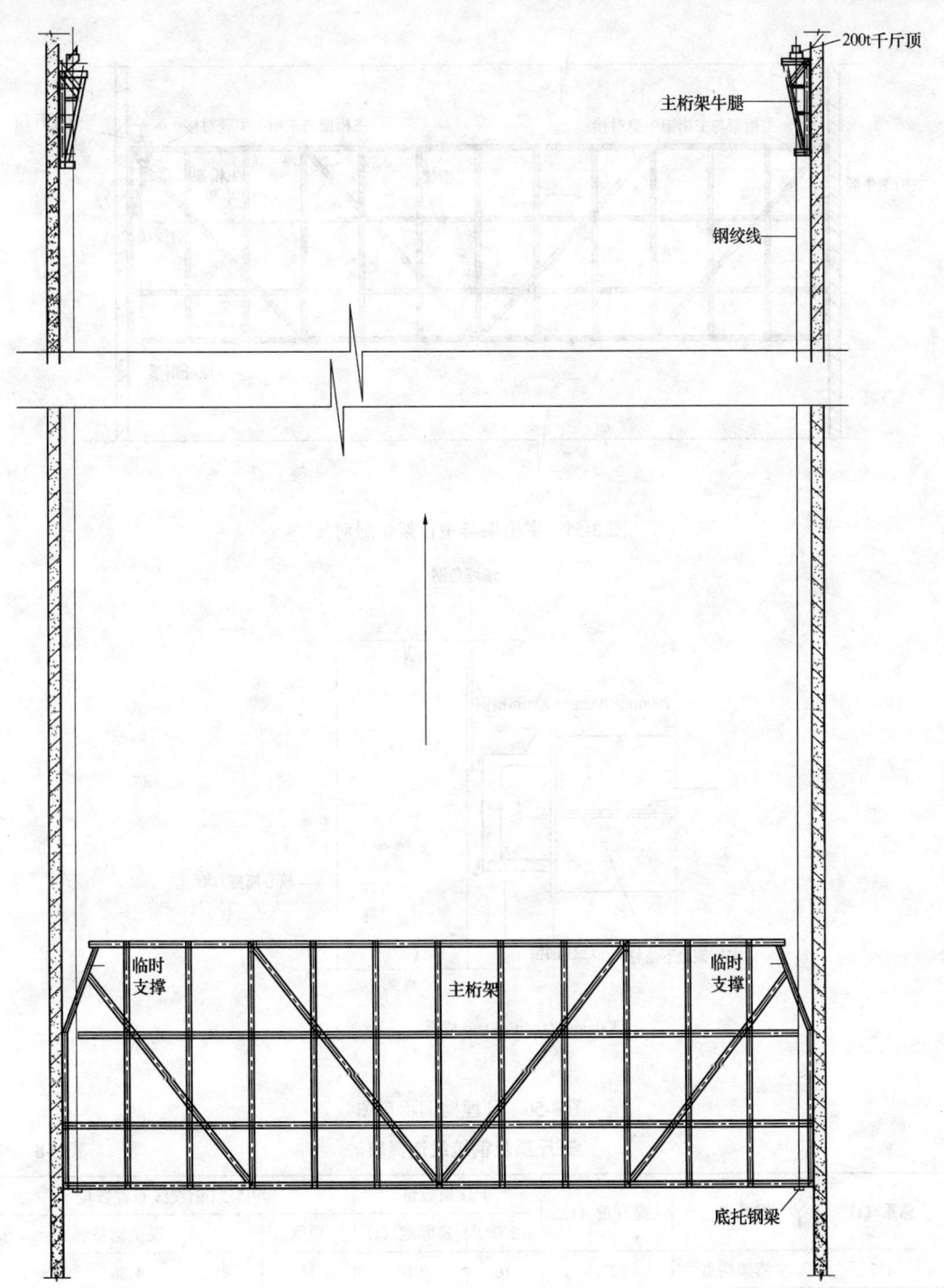

图 3-54 主桁架千斤顶提升示意图

根据提升总重为 470t 左右，计算出每个桁架牛腿顶部受力，确定主要提升设备千斤顶吨位及钢绞线的断面、根数选择，相应设计出提升桁架牛腿顶部几何尺寸。

千斤顶及钢绞线选择见表 3-8 所示。

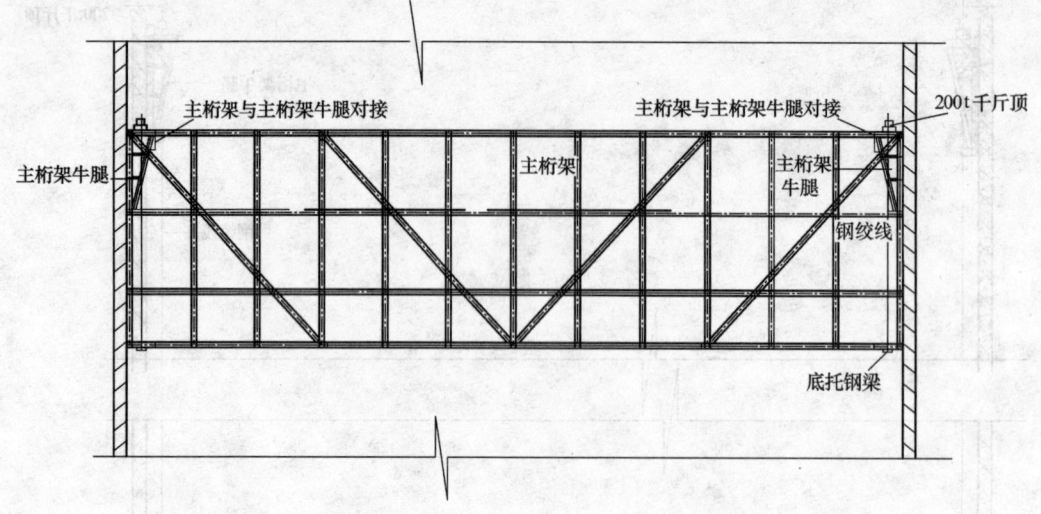

图 3-55 主桁架与主桁架牛腿对接

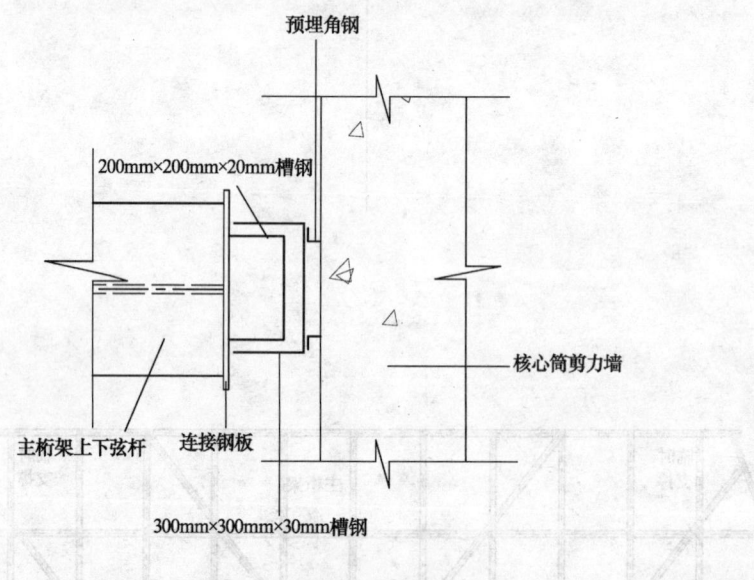

图 3-56 预埋槽钢示意图

千斤顶及钢绞线选择表 　　　　　　　　　表 3-8

| 总重 (t) | 提升点 | 提升重 (t) | 千斤顶数量 | | Φ15.24 钢绞线布置数量 | |
|---|---|---|---|---|---|---|
| | | | 200t | 实际能 (t) | 根数 | 安全储备 |
| 455 | 主桁架端点 | 227.5 | 16 | 910 | 18 | 4.38 |

结构设计：

提升牛腿设计牛腿（见桁架①、②）

关键问题：

主桁架端部提升线路无障碍物；

考虑天气的原因进行相应的防护处理；

# 3 主要施工方法

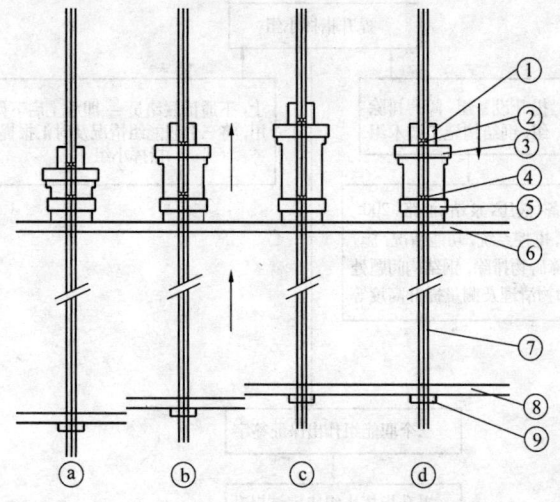

图 3-57 提升要点示意图
①穿心式液压千斤顶;②上部夹具;③上部锚具;④下部夹具;
⑤下部锚具;⑥千斤顶支撑点钢柱悬臂;⑦提升钢绞线;⑧被提升钢结构;⑨下部固定锚

控制主桁架的横向位移。

C. 提升工艺

工艺流程如图 3-58 所示。

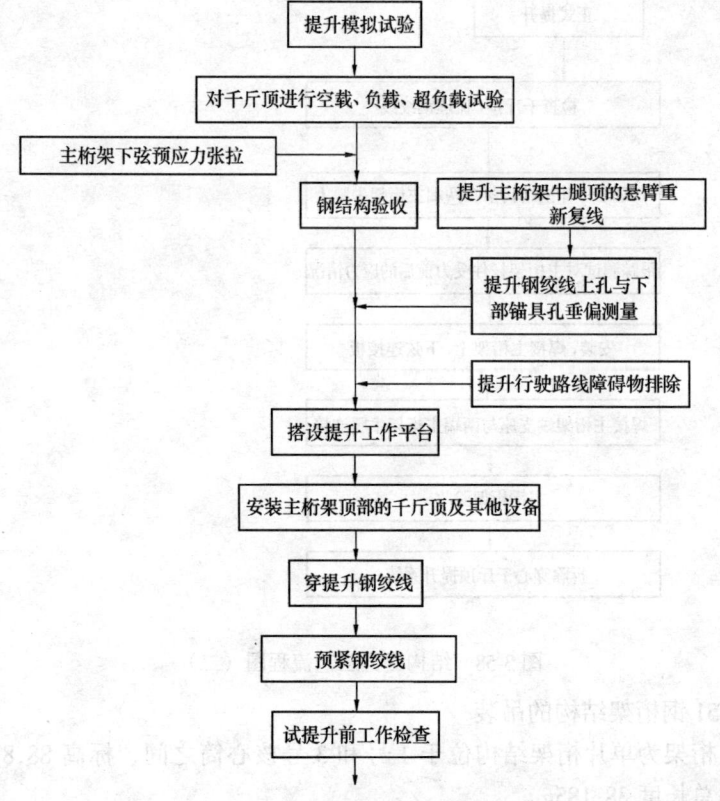

图 3-58 结构提升工艺流程图（一）

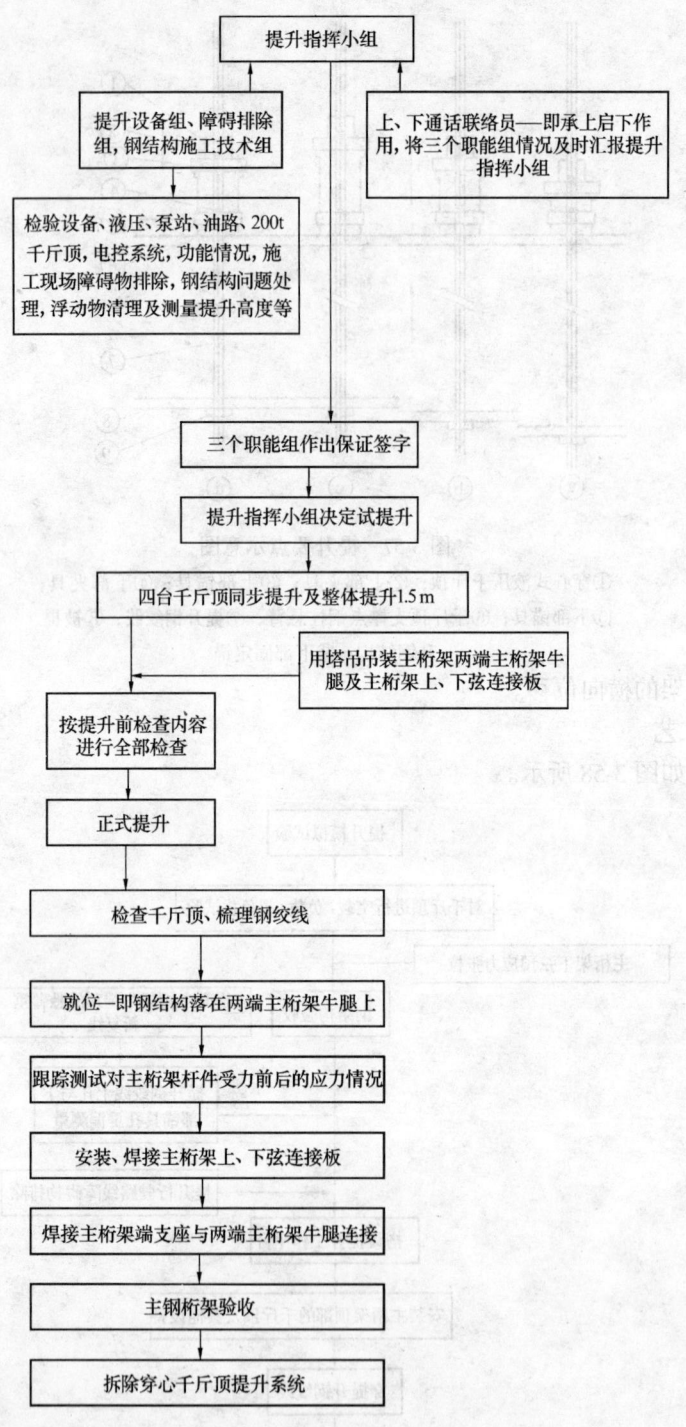

图 3-58 结构提升工艺流程图（二）

### 3.5.4 ST51 钢桁架结构的吊装

由于 ST51 桁架为单片桁架结构位于 1 号和 3 号核心筒之间，标高 88.875～92.875m。桁架高度 4m，总长度 38.185m。

在安装的时候，由于特式吊楼的位置阻碍 ST51 钢桁架在地面拼装和整体提升，所以我们采用分解的方法，将 ST51 钢桁架以单个构件进行吊装，就位拼接的方式来解决。

由于 ST50 主钢桁架已经安装完成，形成刚性单体结构，并将 ST51 主钢桁架与 1 号和 3 号核心筒旁的框架钢结构之间的钢梁进行安装。增加了 ST50 主钢桁架的整体稳定性。

安装与 ST50 主钢桁架和 ST51 钢桁架之间连接的所有钢梁，使钢梁与 ST50 主钢桁架一端进行连接，钢梁靠近 ST51 钢桁架一端成为悬挑端。在钢梁的悬挑端与 ST50 主钢桁架之间用倒链拉设到设计标高位置。吊装 ST51 钢桁架单个构件与钢梁连接，直到 ST51 钢桁架在高空全部拼出。再将 ST51 钢桁架与 1 号和 3 号核心筒旁的框架钢结构之间的钢梁进行安装，与 ST51 主钢桁架形成整体。具体吊装顺序见图 3-59。

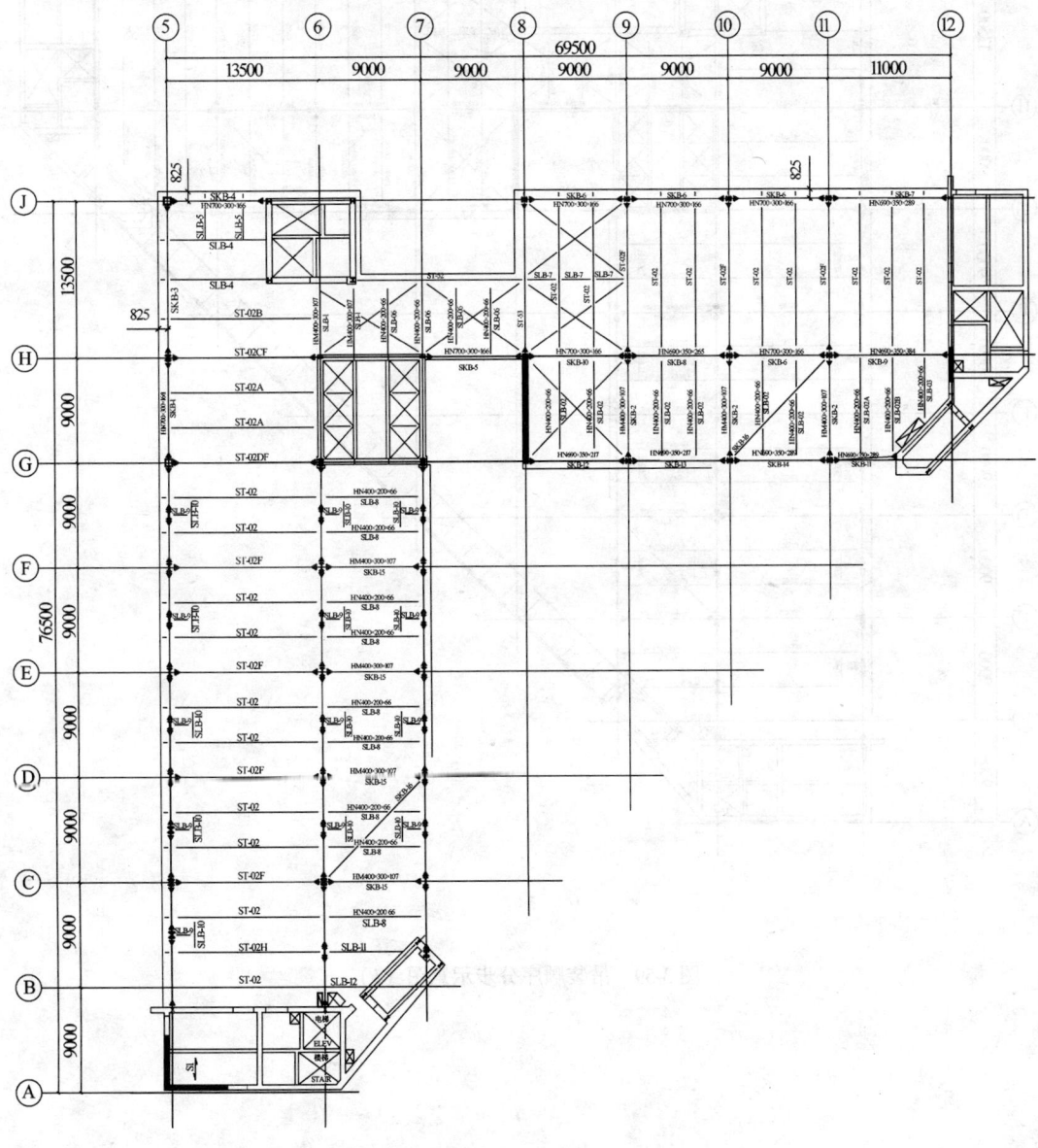

(a)

图 3-59 吊装顺序分步示意图（a）

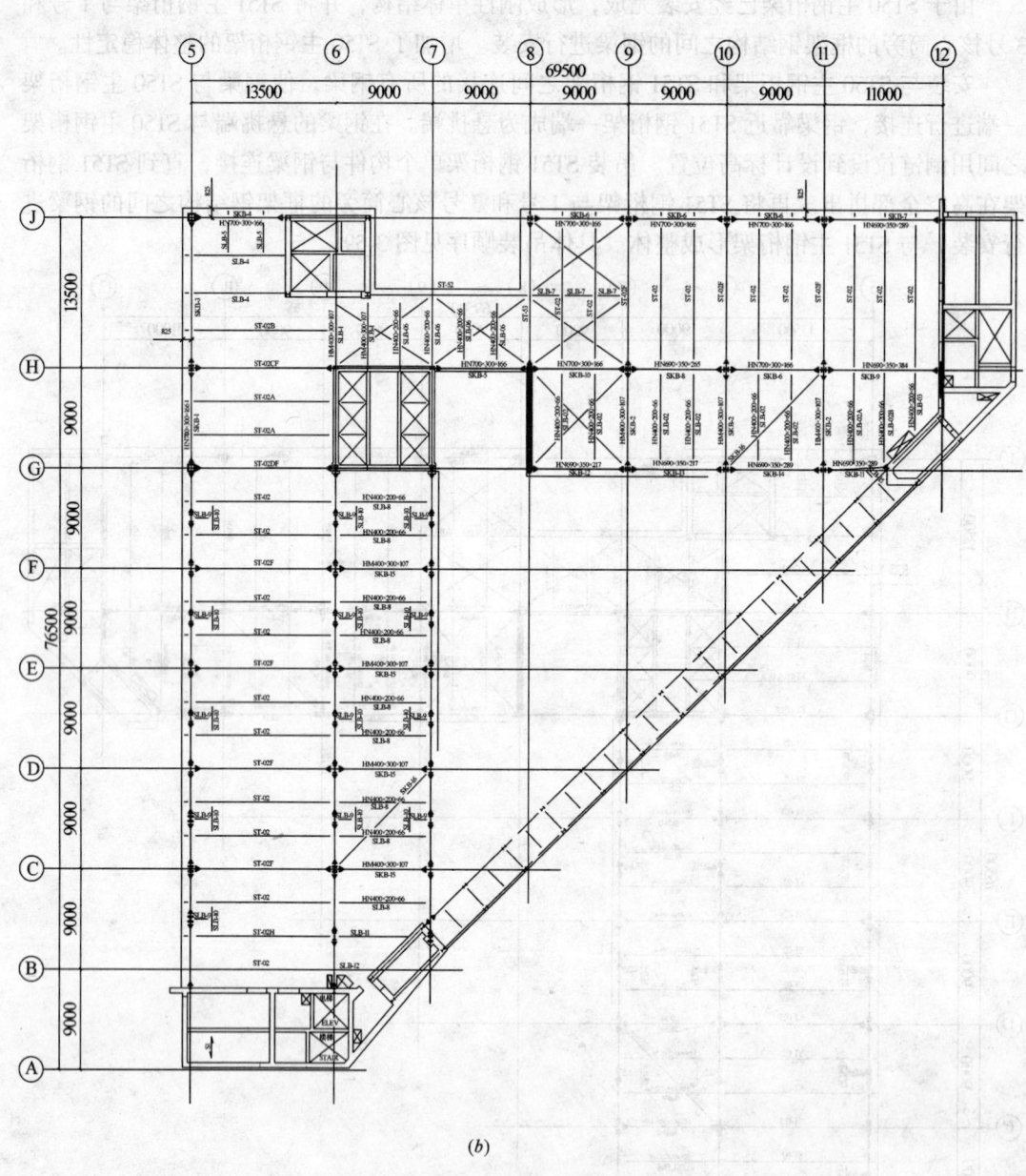

图 3-59 吊装顺序分步示意图 (b)

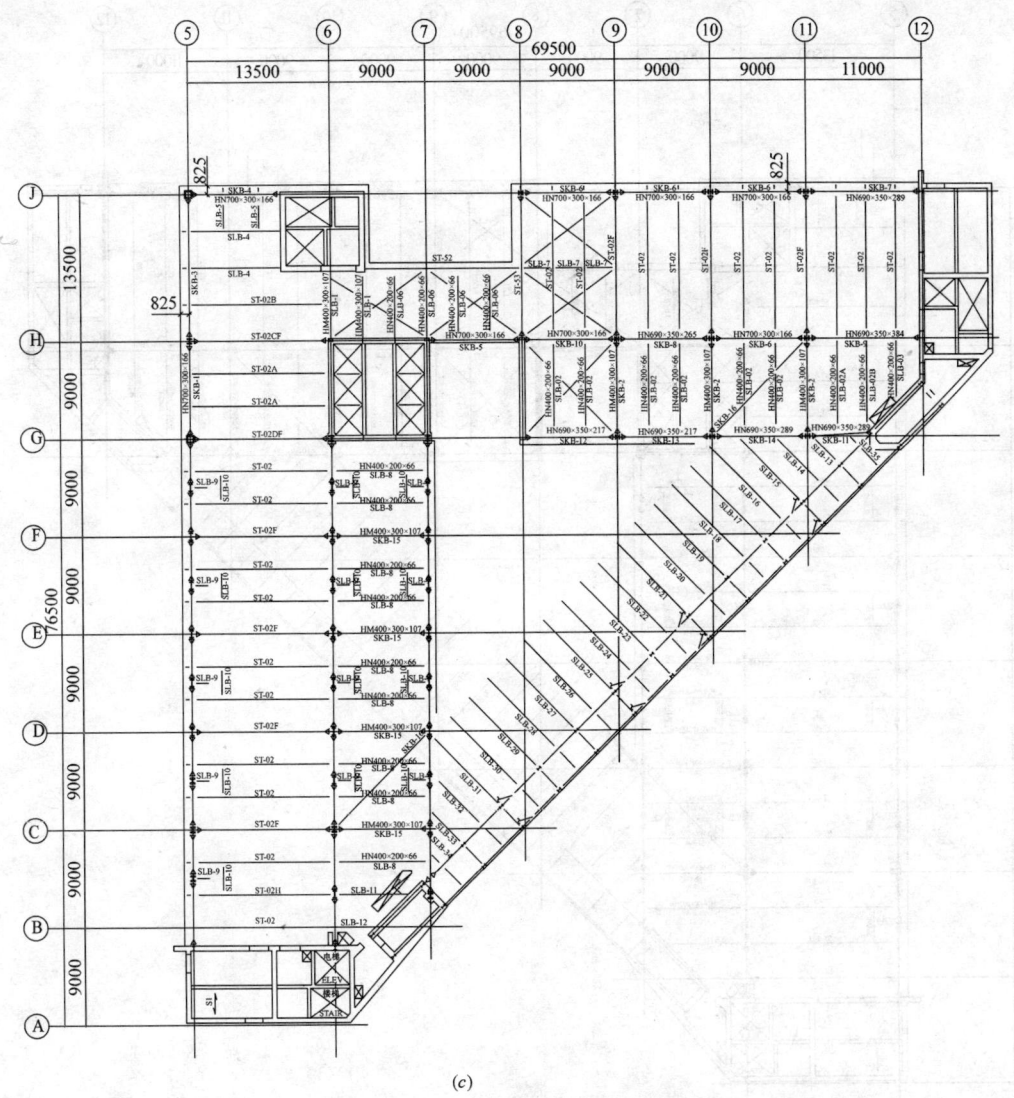

图 3-59 吊装顺序分步示意图（c）

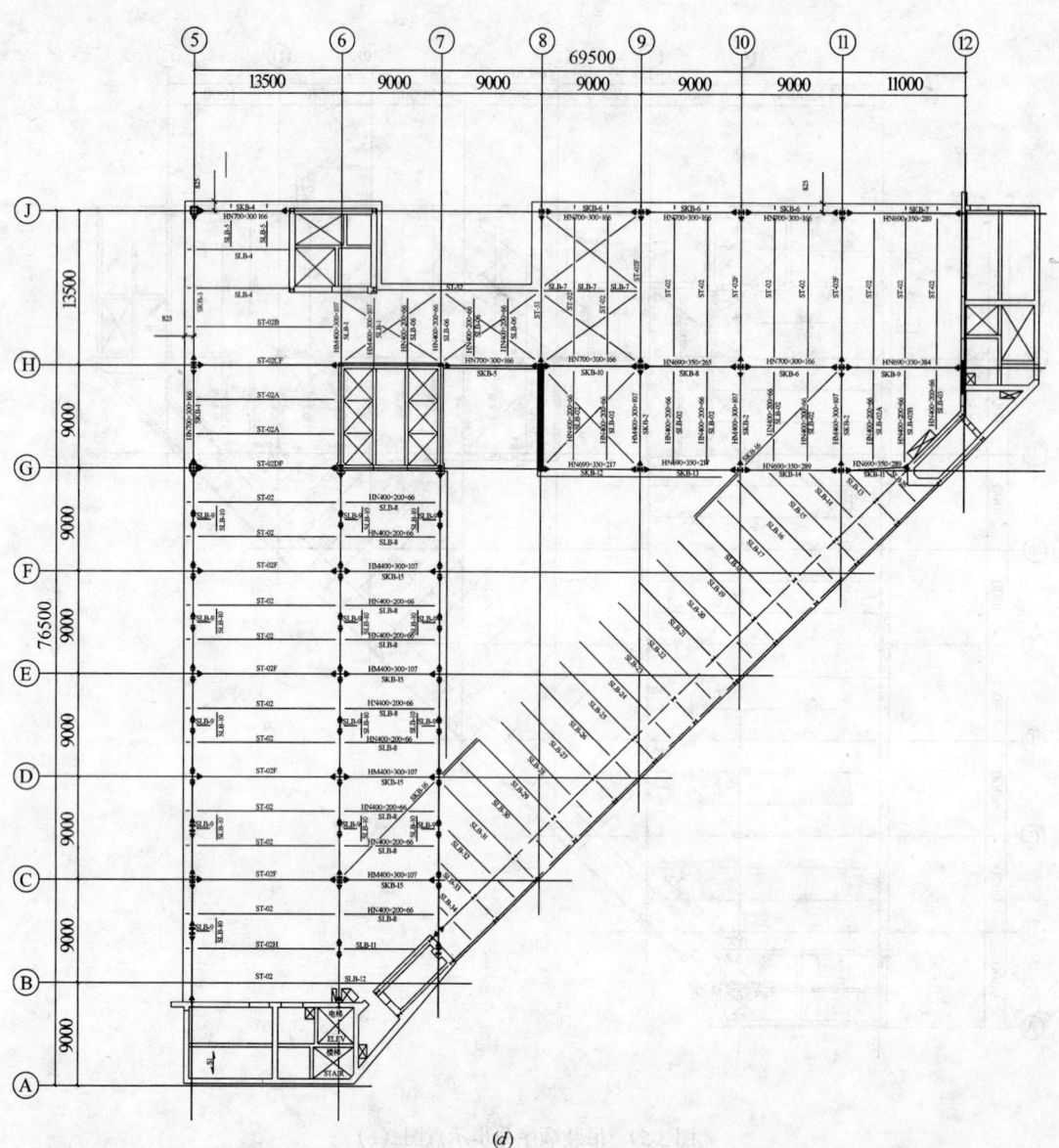

(d)

图 3-59 吊装顺序分步示意图（d）

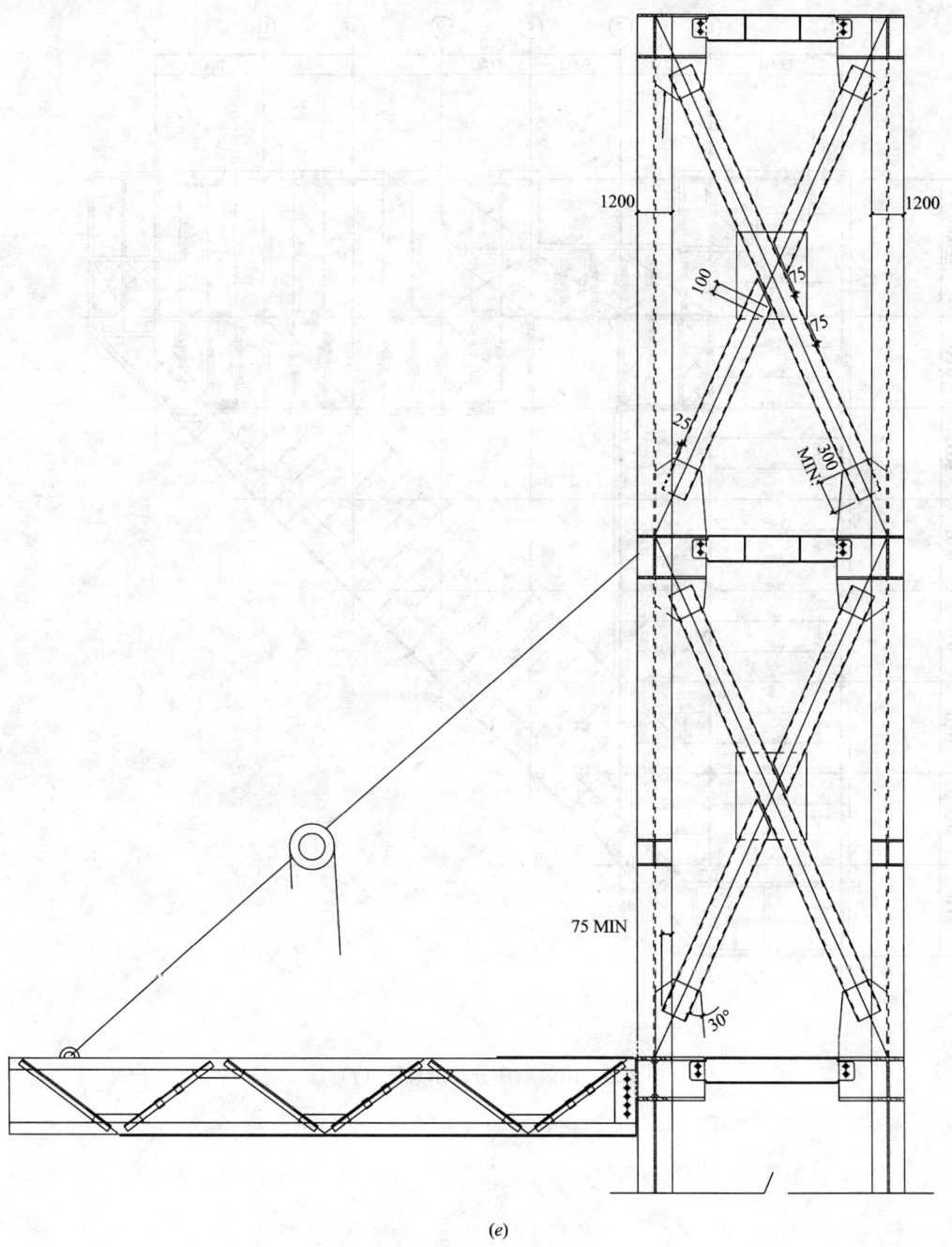

图 3-59 吊装顺序分步示意图（e）

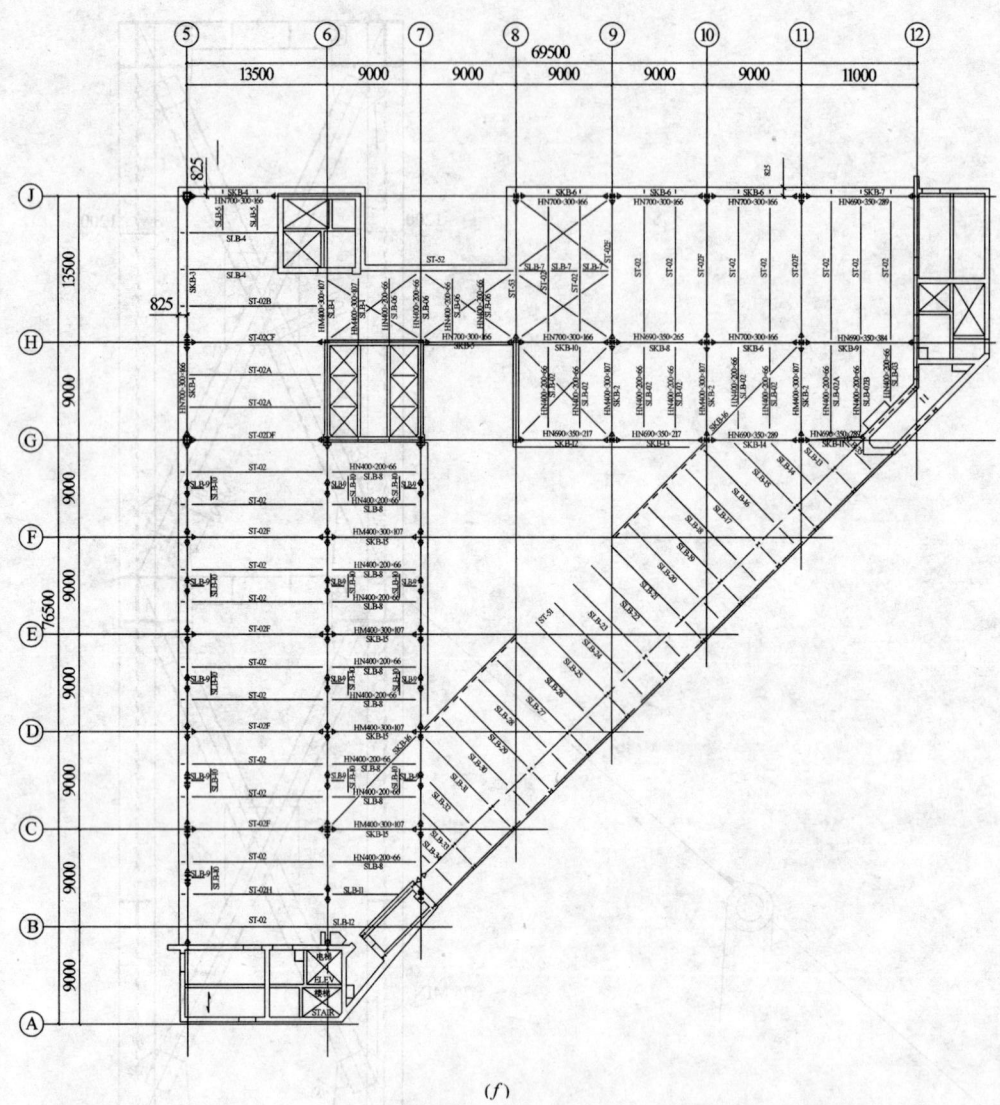

(f)

图 3-59 吊装顺序分步示意图 (f)

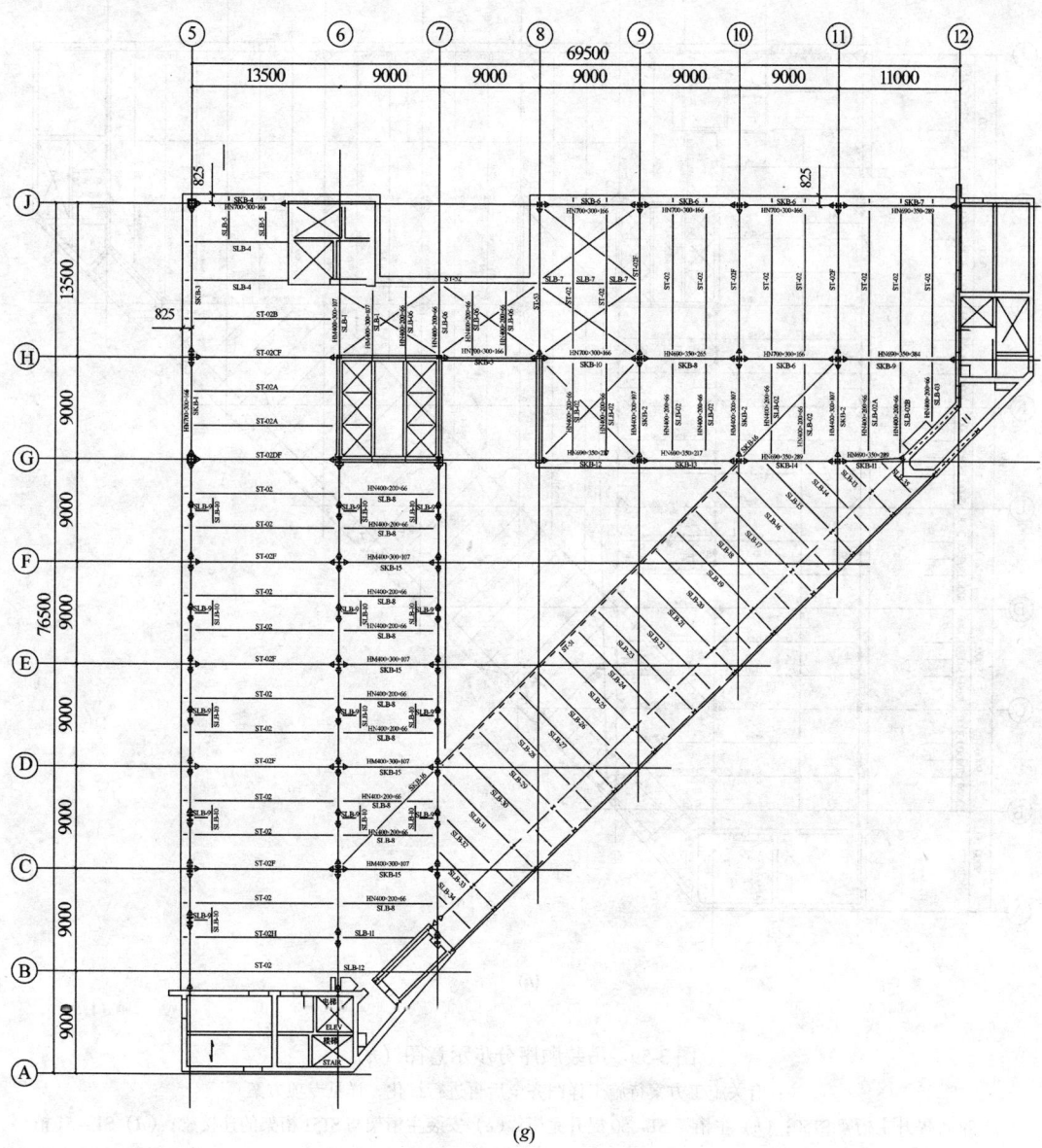

图 3-59 吊装顺序分步示意图（g）

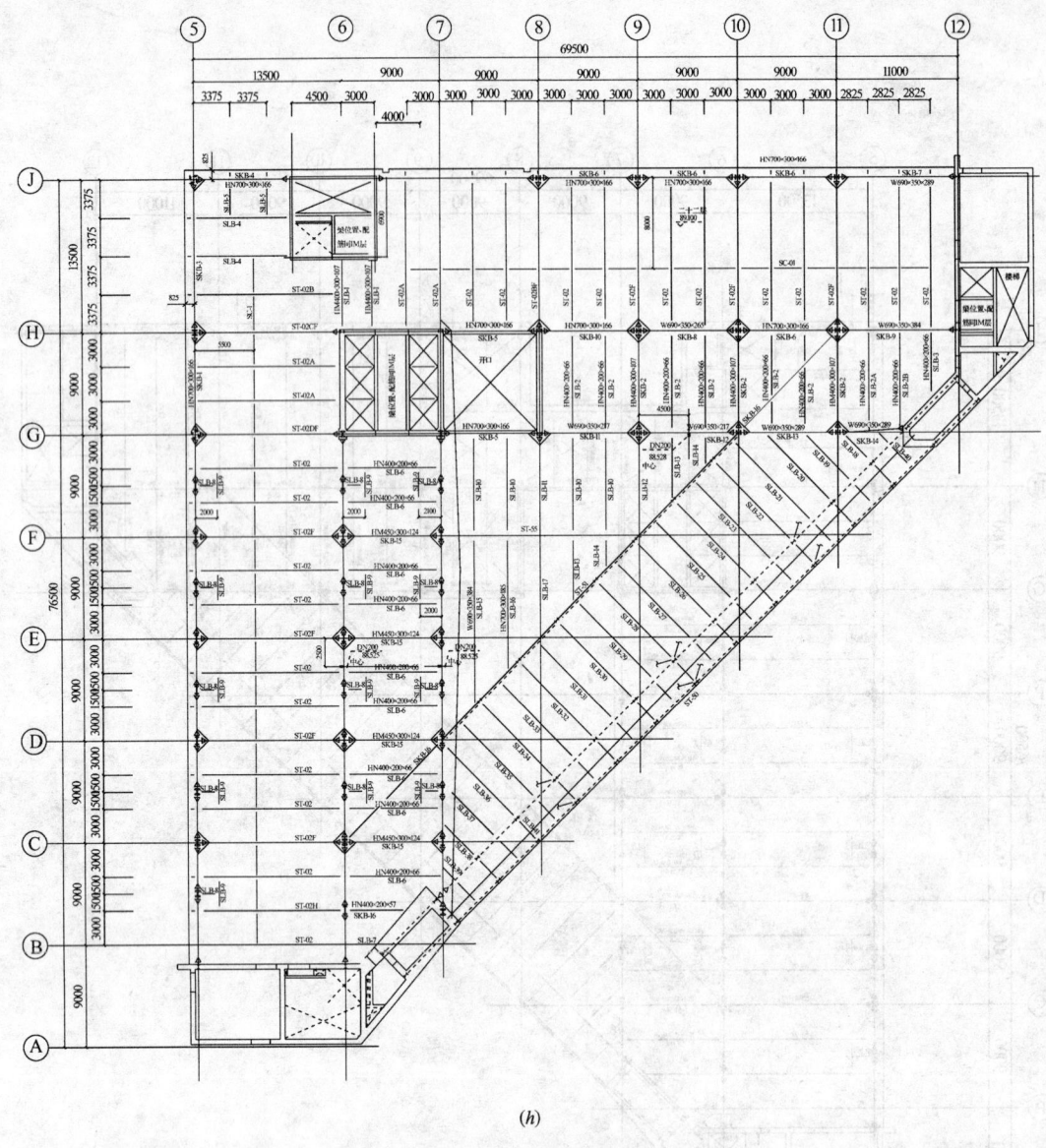

(h)

图 3-59 吊装顺序分步示意图（h）

注：有关施工方案待施工详图齐全后再进行细化，详见专项方案

（a）准备提升主桁架 ST50；（b）主桁架 ST-50 提升完毕；（c）安装主桁架与 ST51 桁架的连接梁；（d）ST-51 桁架单件从两边向中间安装；（e）主桁架与 ST51 桁架的连接梁用倒链控制悬挑端；（f）ST-51 桁架单件从两边向中间安装；（g）ST-51 桁架单层合拢，按此方法安装第二层，最后安装斜撑；（h）二十二层中庭桁架梁安装完成

### 3.5.5 现场钢结构焊接

（1）工程概况

本工程中的安装节点大部分为焊接连接，而且所使用的钢材中有相当数量的进口 ASTM A913-97，Gr.50，Gr.60 的 H 型钢，为国内首次使用，现场的焊接量大，焊接难度高。

（2）节点形式

1) 按照设计要求,柱-柱之间的连接见图3-60;

2) 各楼层梁-柱之间的连接(图3-61)

A. H型柱翼板和梁上、下翼缘连接(不带牛腿)直接用单边V形坡口带垫板焊接;

B. H型柱腹板通过横隔板与梁翼缘板焊接、梁的腹板为高强螺栓连接;

C. 斜向梁与柱的连接:梁的上、下翼缘板与柱的外横隔板焊接,梁的腹板与斜交于柱腹板的剪力板栓接;梁与角柱的连接:梁的上、下翼缘板与柱的横隔板焊接,梁的腹板与直交于柱腹板的剪力板栓接。

3) 各层桁架梁与埋件的连接:梁腹板与剪力板螺栓连接、剪力板与核心墙埋件角焊缝焊接(图3-62)。

4) 焊缝质量及检测要求

本工程设计要求焊接工艺及焊缝超声波探伤符合规程要求。柱-柱拼接焊缝、全部全熔透焊缝均要求100%超声波探伤合格。

(3) 典型节点的焊接顺序和工艺参数

1) H型柱-柱焊接

A. 先在上下柱的翼缘上由两名焊工对称焊至板厚的1/3处厚度时,切去吊耳板。

B. 然后切去耳板对称连续焊至坡口填满。

C. 坡口填满后应用磨光机磨平焊缝,焊接最后一层盖面焊缝。

D. 每两层之间焊道的接头应相互错开,两名焊工焊接的焊道接头要注意每层错开;如有焊瘤及焊接缺陷,要铲磨掉后再继续焊接。

2) 箱型柱-柱焊接(图3-63)

箱型钢柱焊接先由两名焊工在箱柱两侧对称焊至板厚的1/3厚度,换到另外两侧焊至箱板厚的1/3,去掉箱板两侧临时夹板。

再由两名焊工分别承担相邻两面箱板的焊接,一名焊工在一面焊完一层后,立即拐过90°接着焊另一面,另一名焊工在对称侧以相同方式保持对称同步焊接。如此交替进行,

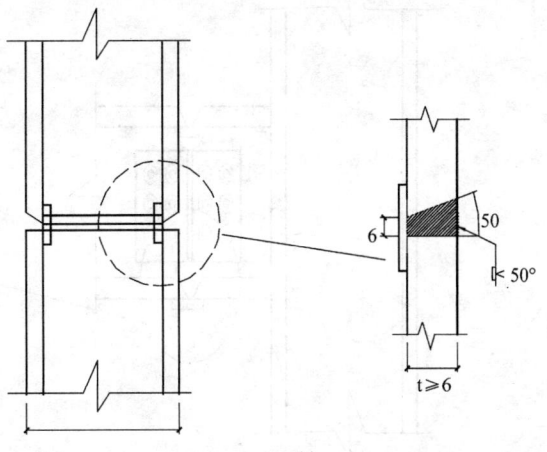

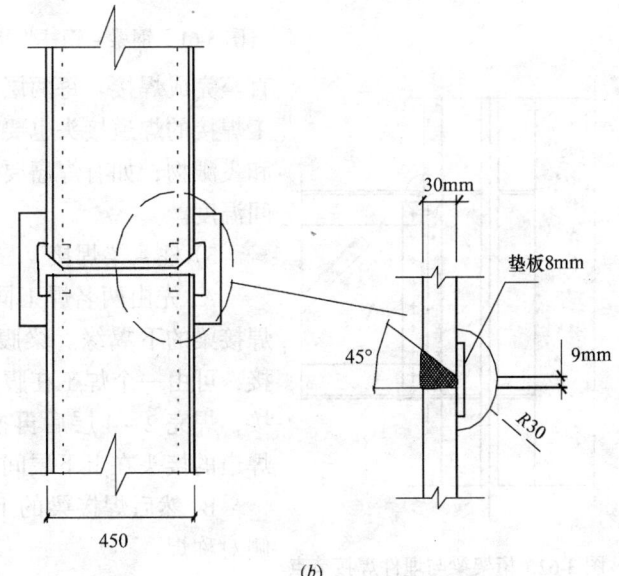

图3-60 柱-柱节点详图
(a) H型钢柱-柱焊接节点;(b) 箱型钢柱-柱焊接节点

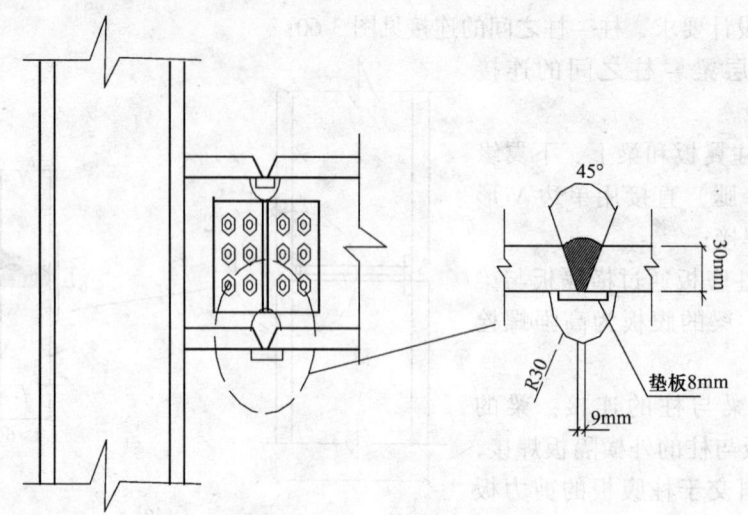

图 3-61　钢梁-钢柱焊接节点

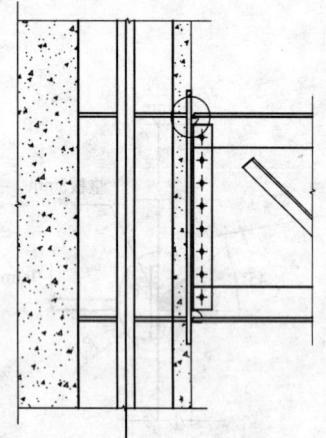

图 3-62　桁架梁与埋件焊接节点

直至完成焊接。每两层之间焊道的接头应相互错开，两名焊工焊接的焊道接头也要注意每层错开，每道焊完要清除焊渣和飞溅物；如有焊瘤要铲除磨掉，焊接过程中要注意检测层间温度。

3）柱-梁焊接

A. 先由两名焊工同时焊接柱子对称侧的两个焊口，先焊接梁的下翼缘。梁腹板两侧的翼缘上焊道要保持对称焊接，可由一个焊工在腹板一侧先焊 1~2 层后换至另一侧焊接，焊完 2~4 层后再换一侧施焊，反复倒换直至焊完，各焊道的接头在上下层间要错开。

B. 然后焊接梁的上翼缘，仍由 2 名焊工同时在柱的两侧对称焊。

C. 焊接工艺参数

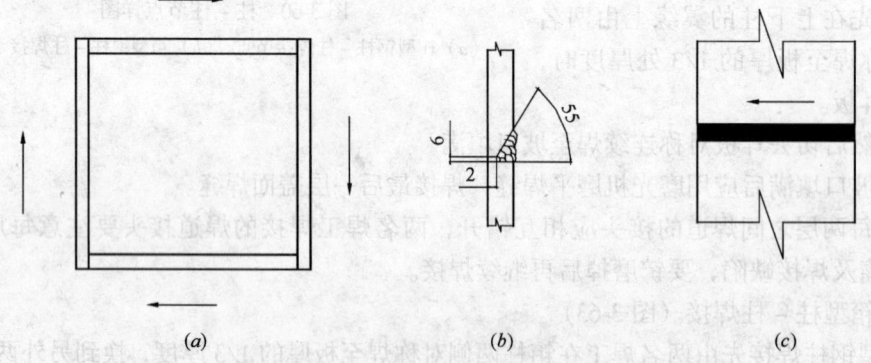

图 3-63　箱型柱-柱焊接
（a）箱板对接俯视图；（b）箱板对接侧视图；（c）横焊示意图
说明：其中箭头表示焊接方向

手工电弧焊：焊条直径4mm，电流170~210A，焊速160mm/min。

$CO_2$气保焊：焊丝直径1.2mm，电流260~340A，电压30~38V，焊速150~500mm/min，焊丝伸出长度约为20mm，气体流量20~80 L/min。

4) 埋板与剪力板焊接

用手工电弧焊立向上焊接，焊条直径4mm，电流150~190A。

# 4 质量、安全、环保保证措施

## 4.1 质量保证措施

### 4.1.1 质量目标

质量创优目标为：北京市结构"长城杯"、建筑"长城杯"及争创"鲁班奖"。

竣工一次交验合格率100%。

分项工程优良率在90%以上；不合格点率8%以下。

分部工程优良率100%。

### 4.1.2 创优组织

组长：　　　　项目经理

副组长：　　　项目执行经理

　　　　　　　项目副经理

组员：　　　　项目各个职能部门主要负责人

主要职能分配情况见表4-1所示。

主要职能分配表　　　　　　　表4-1

| 职　务 | 工　作　职　责 |
| --- | --- |
| 项目经理 | 领导工程创优的总体部署、策划及创优指导工作 |
| 执行经理 | 领导工程创优计划的实施工作，负责相关单位的联系工作 |
| 副经理 | 具体负责工程创优的策划工作，组织创优培训，编制创优音像资料；负责工程创优计划、措施的贯彻落实工作，负责各专业施工质量控制及施工协调 |
| 商务经理 | 具体工程创优资金保障工作 |
| 技术经理 | 负责编制专项施工技术方案，收集、整理各类创优技术资料、施工图片 |
| 质量总监 | 对施工过程质量进行全面监控，及时反馈工程质量信息，掌握施工质量动态 |
| 土建工程部经理 | 落实工程创优计划、专项施工技术方案，重点进行结构施工质量控制 |
| 钢结构工程部经理 | 负责钢结构专业过程施工质量控制 |
| 机电经理 | 负责给水排水与采暖、通风空调、电气、智能建筑专业过程施工质量控制 |
| 物资经理 | 负责现场物资的进场验收和管理工作 |
| 综合办公室主任 | 负责创优工作的对外接待及后勤保障工作 |
| 安全总监 | 负责创优过程的安全监控，确保安全生产 |

### 4.1.3 钢结构施工质量保证措施

(1) 创优技术措施流程图（图4-1）

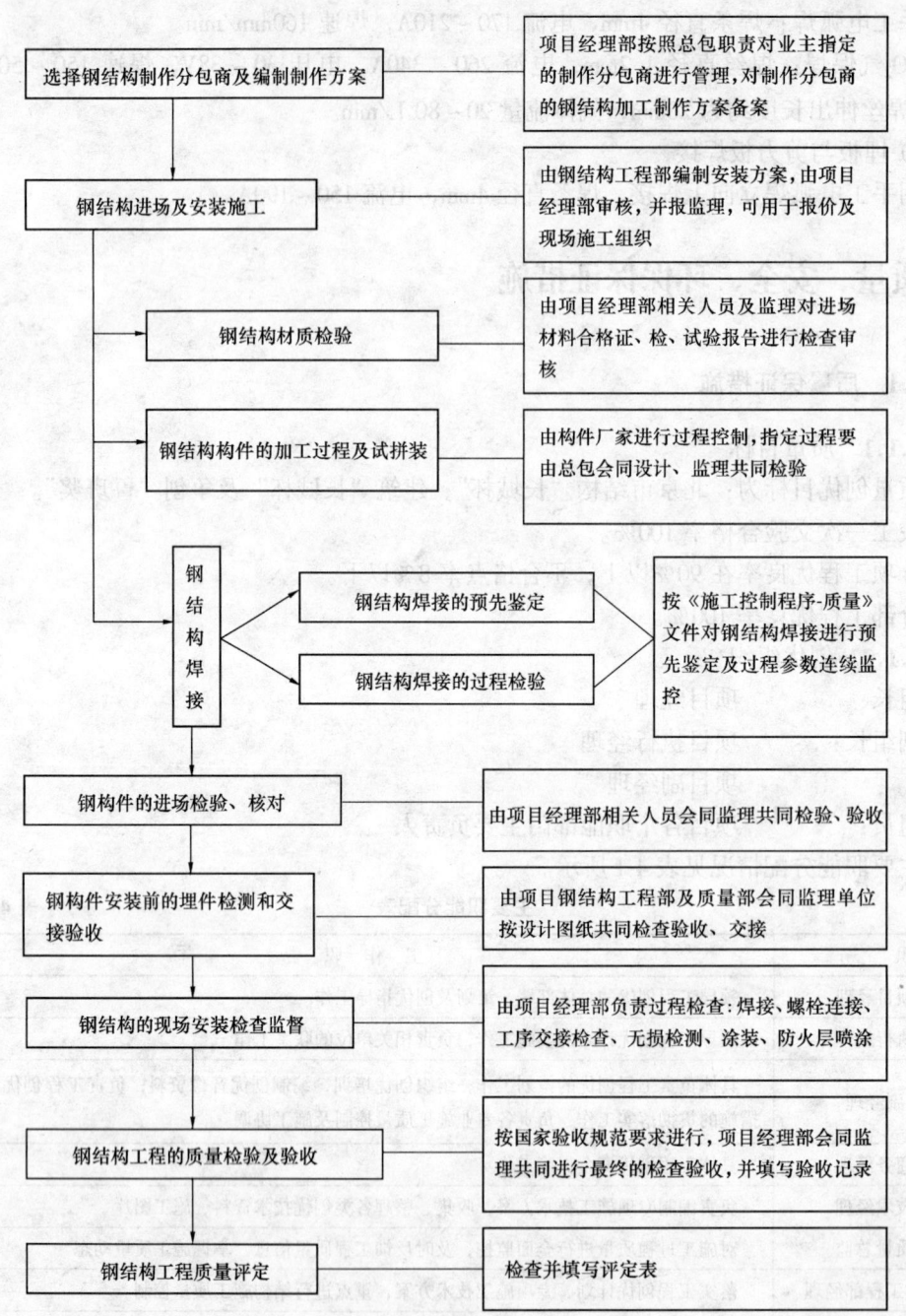

图 4-1 创优技术措施流程图

(2) 工厂制作及运输

本工程地下部分构件主要有两种类型,一种是 H 型钢柱,共计 28 根;一种是 Y 型钢柱,一根,纵贯地下 4 层。

钢柱为焊接 H 型钢和 Y 型钢。

1) 材料

本工程钢构件的材料材质为 Q345C，材料应符合美国标准和我国的国标。焊接材料主要选用 H08Mn2SiA、H10Mn2 埋弧自动焊丝，HJ431 焊剂，SHJ507.01 手工焊条，DW-100 药芯 $CO_2$ 气体保护焊丝。

为保证杆件制作精度和外形尺寸公差，钢板逐张在十一棍矫正机上矫平。

2) 焊接 H 型钢柱的制作

本工程所有 H 钢柱 H 钢腹板与翼板焊接均要求全熔透焊接，焊缝等级二级。

3) Y 型钢柱的制作

对于 Y 型柱的制作，其主要的制作难点在于 T 型钢及 V 型腹板 H 钢装配精度以及焊接时整体收缩应力所造成的焊接变形的控制问题。在制作时采取手工组立与工装夹具相结合的措施来保证装配的精度；对于焊接变形，将采取适当的焊接工艺及加上必要的机械与火工校正来保证其外形尺寸的正确性；对 T 型钢的制作采取先将两 T 型钢的腹板拼接，再组成 H 型钢，然后通过 H 钢生产线焊接，然后在分割开单独拼装的方案。Y 型 H 钢的制作采用先将腹板折弯，然后在胎架上手工组立、采用 $CO_2$ 保护焊焊接的方案。

4) 包装、发运

包装件的尺寸和重量应符合车辆运输的尺寸限制及起重能力。

包装必须牢固，确保构件在运输中不倒塌、散失、损伤，做到安全可靠。

附件原则上应带在构件上，如确需打包或装箱，必须在附件上标明所属的构件及零件号。

本工程构件包装的基本形式为框架式，框架由槽钢和木材组成，两端用螺栓连接。框架的间距为 1~2m 左右。包装时构件与构件、构件与包装物之间应使用垫木或软塑料隔开，以保护构件。

构件在装卸、运输和堆放过程中应确保整洁，防止构件的受损和变形。

(3) 钢结构安装

1) 测量方法要点

确定主轴线控制网闭合，地下部分采用柱网平面外控法—方格网测量。

钢柱均采用经纬仪跟踪校正，以测量、安装、焊接三位一体有效地运用预检、预测、预控的方法掌握日照、温差、焊接变形规律。

2) 安装方法要点

钢柱：采用卡环柱顶正吊。

　　　有缆风复合校正法。

　　　首层柱采用调整螺母标高，垂偏采用铁楔或千斤顶法，层高线采用对称标高控制。

　　　一次就位、校正、固定。

(4) 焊接工程

1) 焊接总体思路

在施工方案、焊接方案的选择和组织上，集中把握以下几点：

组织焊接专家，对焊接顺序及工艺做出详细的论证。

做好工艺评定，通过评定选择合理的工艺流程和掌握焊接变形，做到预先控制和预留。

选择有类似经验的优秀焊工担任本次钢结构施工任务。

2) 焊接材料及使用

焊接材料：

手工焊条：E43××

说明：按设计要求，本工程对母材英标 43 级钢选用的手工电弧焊焊条为 E4303（J422），对表面要求较高时，可选用 J422GM；

所有焊接材料进场均应附有质量保证书和产品说明书；

所有焊接材料的保管和使用均应符合有关焊接材料的保管和使用规定；

施焊前，焊条须经 350℃烘焙 1h，并置于保温筒中备用；

焊工施焊时必须带保温筒，焊接过程中必须盖好保温筒盖，严禁焊条外露受潮；如发现焊条受潮，须立即烘干（焊条烘干次数不宜超过 2 次）。

3) 焊接工艺评定

焊接工作正式开始前，对工程中首次采用的钢材、焊接材料、焊接方法、焊接接头形式、焊后热处理等必须进行焊接工艺评定试验，对于原有的焊接工艺评定试验报告与新作的焊接工艺评定试验报告，其试验标准、内容及其结果均应在得到工程监理的认可后才可进行正式焊接工作。

焊接工艺评定试验的结果应作为焊接工艺编制的依据。

焊接工艺评定应按国家规定的《建筑钢结构焊接技术规程》（JGJ 81—2002）和钢制压力容器焊接工艺评定及相关标准的规定进行。

4) 焊工培训

按照《建筑钢结构焊接技术规程》（JGJ 81—2002）第八章"焊工考试"的规定，对焊工进行复训与考核。只有取得上岗操作证的焊工才能被安排进入现场施焊。如持证焊工已连续中断焊接 6 个月以上，或持证超过三年的焊工，必须重新考核。焊工考试需严格按照规范进行。

5) 焊接工艺

根据现场实际情况，构件安装定位后，严格按工艺试验规定的参数和作业顺序施焊，并按工艺流程作业。使焊接质量达到《建筑钢结构焊接技术规程》（JGJ 81—2002）和《钢结构工程施工质量验收规范》（GB 50205—2001）的各项指标要求。

6) 焊接

A. 焊接条件

下雨时露天不允许进行焊接施工；

若焊缝区潮湿，应采取措施使焊缝左右 100mm 范围内干燥；

焊缝表面应清洁干燥，无浮锈、无油漆。

B. 焊接方法

一般采用手工焊；

焊接方法一般为平焊，以保证焊接的质量；

焊接按标准或工艺评定要求；

焊接后按工艺评定要求保温或后热，缓慢冷却。

C. 焊接控制

部件组装时，须加固好，以减少变形；

所有节点坡口，焊前必须打磨，严格做好清洁工作；

所有探伤焊缝坡口及装配间隙均应由质检员验收合格；

装配定位焊，要由持合格证书的焊工操作，用 $\phi 3.2$、$\phi 4$ 焊条；

焊接完毕，焊工应清理焊缝表面的熔渣及两侧飞溅物，检查焊缝外观质量；

待探伤焊缝检查认可后（包括必要的焊缝加强和修补），构件方可进行下一构件安装。

D. 焊接

焊前检查：采用钢直尺、角尺、楔尺、焊缝量规核查拼对间隙、错边状况；对安装时因碰撞导致的缝内缺口、外侧缺口进行检查；紧固因调校而松动的安装螺栓；检查临时焊件拆除与否。根据检查结果确定焊接顺序、定位焊起始部。

焊前防护：采用彩塑布将搭设完毕的焊架作业棚架顶部沿竖直方向成 15°～20°倾斜张搭，多张彩塑布接边处至少要交叠 500～800mm，彩塑布与网架贴合处压平扎紧，外部采用铝箔粘带与网架密贴，彩塑布与焊接作业棚架上部采用 12 号钢丝压紧扎牢实，避免风大吹扬、雨水存留。采用厚帆布沿作业棚架四周围裹，并采用 12 号钢丝与棚架钢管牢固绑扎。采用厚石棉布在焊接作业棚环行平台上密铺，彻底阻止扰动焊接防护气笼的大股劲风。

采用大块层板或宽脚手板将作业棚环行平台上部遮蔽，以防止交叉作业时上部可能坠落的物体造成的伤害，使焊接作业者能集中精力施焊。

焊前清理：采用窄钢丝刷或压缩空气将缝内的尘埃浮泥等除去。

定位焊：正式施焊前采用手工电弧焊预先焊固定位。

焊前再清理：定位焊后，焊缝内将会具有少量飞溅和焊渣，须采用气刨，钢丝刷等作业机具去除焊渣飞溅和定位焊段始末端，注意使定位焊段始末端形成缓坡状。

焊前加热：采用一把大功率氧炔焰烤炬，由操作者环绕焊接部位四周，往来实施。

### 4.2 安全保证措施

#### 4.2.1 安全保证组织措施

建立以项目经理为组长，安全总监、项目现场经理为副组长，各专业专（兼）职安全员为组员的项目安全文明施工及消防领导小组，在市政府有关部门及公司安全部门的领导监督下，项目形成安全管理的纵横网络。项目经理部配置专职安全员 3 名，超过 50 人的施工作业队伍必须配备专职安全员，50 人以下的施工作业队伍必须有兼职安全员，专门负责各施工作业队伍的安全管理。安全管理体系如图 4-2 所示。

#### 4.2.2 安全生产责任制

项目经理是项目安全生产的第一责任人，对整个工程项目的安全生产负责；

项目总工程师负责主持整个项目的安全技术措施、大型机械设备的安装及拆卸、外挑脚手架、落地脚手架的搭设及拆除、季节性安全施工措施的编制、审核工作以及各设施的验收组织工作；

项目执行经理具体负责安全生产的计划和组织落实工作；

专职安全员负责对分管的施工现场和所属各专业分包队伍的安全生产负监督检查、督促整改的责任；

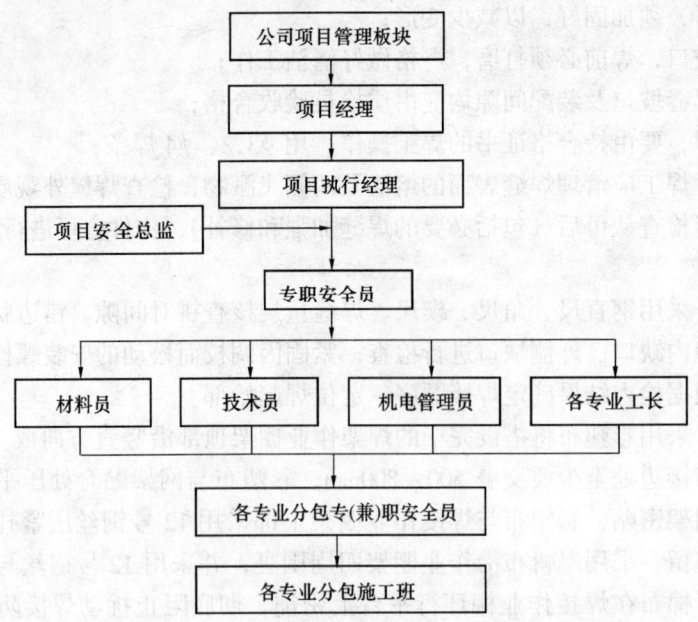

图 4-2　安全管理体系示意图

项目各专业工长是其工作区域（或服务对象）安全生产的直接责任人，对其工作区域（或服务对象）的安全生产负直接责任。

### 4.3　环保措施

#### 4.3.1　环境管理体系

我单位环境管理体系运行模式将企业的活动分为四个阶段：规划（PLAN）、实施（DO）、检验（CHECK）、改进（ACTION）。体系运行模式详见图 4-3。

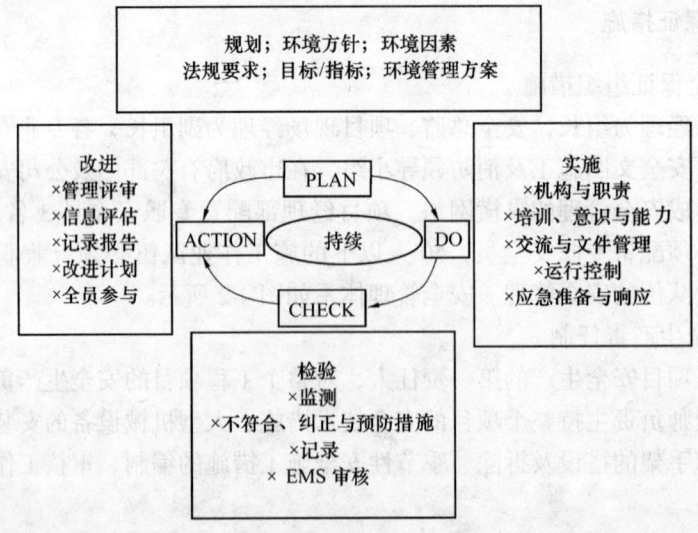

图 4-3　环境管理体系的 PDCA 循环模式图

# 5 工程总结

## 5.1 深基坑复合支护的经济效益分析

本工程选用土钉墙支护+桩锚支护的组合式护坡体系，基坑深23.50m，是北京桩锚支护较深的基坑之一。上面采用土钉墙支护，下面采用桩锚支护。采用复合支护，缩短施工工期20d；通过工艺改进，节约本企业成本21万元；节约业主投资50万元。

## 5.2 基础抗浮锚杆取得的经济效益

本基础抗浮工程采用压力分散型锚杆，在国内同种地层同种施工工艺应用上尚属首次，其中锚杆的结构设计、成孔工艺、注浆工艺、锚杆试验以及锚杆防腐与防水均达到国内领先水平。

该工艺不仅保证了施工进度，也取得了非常大的经济效益，利润达15%。同时通过锚杆的工程质量最终验收检验结果显示，均达到了设计要求，合格率达100%，表明该项技术在处理基础抗浮工程中有着广泛的应用前景。

## 5.3 核心筒爬模取得的经济效益

本工程地上部分为三个劲钢混凝土结构的核心筒，通过钢结构相互连接，标准层层高4m，核心筒至地上二十四层，总体考虑核心筒内钢结构安装超前混凝土施工2层，核心筒间钢结构施工滞后核心筒混凝土施工3层。为了加快结构施工进度，地上筒体部分从第三层开始采用液压爬模爬架系统将筒体外模及部分内模随爬架体系整体爬升。

3个核心筒共布置120个附墙机位，其中核心筒外爬模架共100个附墙机位；电梯井爬升平台共20个附墙机位。架体爬升时为分段整体爬升，最多可实现10点同步顶升。根据本工程的需要，本工程配置50套液压顶升系统。

采用外爬模，不用再搭设外脚手架，可以节省搭设外脚手架的人工及材料费，而且经测算采用爬模施工可节省塔吊吊次60%以上，节约人工50%以上，最大限度地节省工程成本和缩短工期。经测算，采用外爬模施工技术共取得经济效益62.2993万元，较常规大模板缩短工期42d，取得了较好的经济效益及综合管理效益。

## 5.4 Gr60级钢材焊接技术

本工程所采用的Gr60级低合金高强度结构钢为国内首次在建筑钢结构上使用，工程中多采用Gr60级钢厚板且最大板厚达140mm。钢材符合美国材料标准ASTM 903/913M-97 Gr60标准，相当于国内钢材标准中的Q420钢。由于Gr60级钢为国内首次使用，目前尚无成熟的规范及焊接工艺参数作参照，焊接不确定性因数多及难度较大。探索总结Gr60级钢的使用对于推动Q420低合金高强度结构钢在国内建筑钢结构的应用，从节约资源的角度上符合国家的可持续发展国策，对于本企业乃至国内建筑钢结构行业的良性发展，均具有积极的创新意义。

通过新保利大厦对进口Gr60级钢的成功应用表明，进口Gr60级钢的焊接性能优于国内工程中正在大量使用的 Q345 钢材。在常温及低温下 Gr60 级钢的预热温度较之同样条件下的国产 Q345 钢低。Gr60 级钢材只需对板厚在 100mm 以上的钢材采取较低温度的后热措施。但是在焊接施工过程须严格按照既定的焊接工艺指导书的工艺参数及焊接规定进行施工，对焊接速度、预热温度、层间温度、后热温度、保护气体的气压与流速等严格控制方能保证焊接质量。

通过新保利大厦对进口 Gr60 级钢的成功应用表明，开发应用高强度等级钢如 Gr60 级钢可以节约大量的矿产资源，同时对于 Gr60 级钢在国内建筑钢结构上的应用提供了理论及应用依据，对于国内建筑钢结构向高水平发展，无疑会产生积极的推动作用。

### 5.5 IT 技术在钢结构工程中的应用

本工程钢结构的施工中，为保障管理的高效，使钢结构工程纳入钢结构信息管理系统（STEEL MIS）的全面管理，将高层钢结构施工计算机信息管理系统（STEEL MIS）管理全面应用于工程实践。从而，使钢结构施工管理进入到信息化、数字化图文管理阶段，实现在管理上与"国际工程总承包模式"接轨。

根据上述原则采用计算机进行管理，绘制各层构件编号图及与图相应的表，图中标明各施工区 1、2、3、4 安装顺序及部位、焊接顺序及部位、构件数量，表中注明每一构件的节点型号、连接件的规格及数量、高强度螺栓规格及数量、栓钉数量及焊接量、焊接形式等，从编号预检、构配件运输、限额领料、安装、焊接到质量管理均采用计算机进行控制，以便科学地安排施工，取得了较好的经济效益及综合管理效益。

### 5.6 ANSYS 软件在钢结构安装中的应用

本工程特大型钢结构转换桁架和特式吊楼钢结构技术、安装难度之大在国内十分罕见，为了保证施工的可行性、安全性，在钢结构施工过程中，采用国际领先技术——ANSYS 软件分析计算吊楼施工和卸载过程中局部受力的情况，保证工程的安全、有效进行，在保证工程质量的前提下，达到技术先进，方法得当。在特大型转换桁架的施工中，也采用 ANSYS 软件分析计算大横架在提升过程中的结构局部受力情况，采用图表来说明安装过程中结构的安全性和可靠性。ANSYS 软件在本工程钢结构安装中得到了很好的应用，在技术上、安全性上为正确选择好的安装方法提供了强有力的理论论证，解决了安装过程中的很多难题，而且通过对选用优秀安装方法的计算论证，也为项目取得了很好的经济效益。

# 第三十一篇

# 中泰广场塔楼工程施工组织设计

**编制单位**：中建三局
**编 制 人**：鄢睿　张浩　张俊　全贤炎　张天文　付由甲

【简介】　中泰广场工程主要的技术与管理特色表现在：(1) 上部结构施工时下部结构已投入正常使用，使施工管理面临重大挑战；(2) 转换层大梁施工；(3) 内爬塔吊施工；(4) $\phi1200$ 钢管柱施工；(5) 两栋塔楼高空连廊施工；(6) 外爬架施工；(7) 外立面分段安全防护措施等。该施工组织设计对上述几点都做了说明，整个体系详略得当，紧扣重点。

# 目 录

1 工程概况 ...... 717
  1.1 工程施工目标完成情况 ...... 717
    1.1.1 工程施工完成目标 ...... 717
    1.1.2 采用的主要四新项目 ...... 717
  1.2 工程概况 ...... 717
    1.2.1 建筑概况 ...... 717
    1.2.2 结构概况 ...... 718
    1.2.3 现场条件 ...... 718
    1.2.4 工程特点 ...... 718
2 施工部署 ...... 718
  2.1 施工程序 ...... 718
    2.1.1 总体施工程序 ...... 718
    2.1.2 主要分项工程施工程序 ...... 718
  2.2 施工阶段及施工段的划分 ...... 719
    2.2.1 划分原则 ...... 719
    2.2.2 施工区段的划分 ...... 720
  2.3 整体施工方案的采用 ...... 720
    2.3.1 大型机械设备选择 ...... 720
    2.3.2 塔楼结构施工 ...... 721
    2.3.3 安装工程 ...... 721
  2.4 施工组织机构 ...... 721
  2.5 施工平面布置 ...... 721
    2.5.1 办公区 ...... 721
    2.5.2 加工生产区 ...... 721
    2.5.3 主要机械设备布置 ...... 723
    2.5.4 施工临时用水、用电布置 ...... 723
  2.6 施工进度计划 ...... 723
    2.6.1 总体工期完成情况 ...... 723
    2.6.2 工期节点完成情况 ...... 723
  2.7 周转材料使用计划 ...... 723
  2.8 劳动力配置 ...... 723
3 主要项目施工方法 ...... 726
  3.1 概述 ...... 726
  3.2 预应力施工 ...... 726
    3.2.1 材料准备 ...... 726
    3.2.2 梁板无粘结预应力施工 ...... 726
    3.2.3 有粘结预应力梁施工 ...... 728

  3.2.4 预应力施工质量保证措施 ··· 729
 3.3 八层楼面临时机房、风电井等处理方法 ··· 729
  3.3.1 现场情况简述 ··· 729
  3.3.2 9、10、19、20、28、29号临时机房修改施工 ··· 730
  3.3.3 观光电梯间修改施工 ··· 732
  3.3.4 核心筒范围内墙体及顶板拆除和防水 ··· 732
  3.3.5 八层楼面及柱墙处理 ··· 733
 3.4 转换层结构施工 ··· 733
  3.4.1 施工总体部署 ··· 733
  3.4.2 $h \geqslant 1200 mm$ 大梁的支模方法 ··· 733
  3.4.3 剪力墙支设方法 ··· 734
 3.5 塔楼二十二层连体结构施工 ··· 734
  3.5.1 结构概况 ··· 734
  3.5.2 支撑体系设计主要构思 ··· 734
  3.5.3 支撑体系平面布置 ··· 735
  3.5.4 主要施工程序 ··· 735
  3.5.5 主要施工方法 ··· 735
  3.5.6 支撑体系主要材料 ··· 736
 3.6 钢管柱施工 ··· 736
  3.6.1 工程概况 ··· 736
  3.6.2 施工部署 ··· 737
  3.6.3 施工测量 ··· 740
  3.6.4 焊接 ··· 741
 3.7 外爬架施工 ··· 745
  3.7.1 概况及导轨式爬架简介 ··· 745
  3.7.2 施工组织策划 ··· 746
  3.7.3 方案设计 ··· 747
 3.8 中庭采光井安全防护措施 ··· 749
 3.9 外立面分段防护措施 ··· 749
 3.10 安全走道防护措施 ··· 750
 3.11 大型机械设备设置方法 ··· 750
  3.11.1 塔吊布置、安装及拆除方案 ··· 750
  3.11.2 施工电梯布置、安装及拆除方案 ··· 754

# 4 质量、安全、环保技术措施 ··· 754
 4.1 工程质量保证措施 ··· 754
  4.1.1 质量保证体系 ··· 754
  4.1.2 原材料质量保证措施 ··· 755
  4.1.3 分项工程质量控制保证措施 ··· 756
 4.2 安全生产 ··· 762
  4.2.1 安全管理机构和管理制度的建立 ··· 762
  4.2.2 分部分项工程安全保证措施 ··· 766
 4.3 文明施工管理及环境保护 ··· 768
  4.3.1 文明施工管理细则 ··· 768

  4.3.2 文明施工检查措施 …………………………………………………………………… 769
  4.3.3 环境保护及职业健康安全 ………………………………………………………… 770
**5 经济效益分析** ……………………………………………………………………………… 772

# 1 工程概况

## 1.1 工程施工目标完成情况

### 1.1.1 工程施工完成目标

(1) 工程质量目标完成情况：经精心施工和过程控制，工程质量达到了广州市优良工程标准。

(2) 施工工期目标完成情况：从 2002 年 12 月 18 日开工，至 2004 年 6 月 17 日竣工，历时 548 日历天，完成了主塔楼工程的全部施工任务。

(3) 安全施工目标完成情况：经采取有效措施，杜绝了死亡事故及重伤事故，月轻伤率在 1.2‰以下，达到了广东省安全施工样板工地标准。

(4) 文明施工目标：认真执行了文明施工的管理制度，达到了广东省文明施工样板工地标准。

### 1.1.2 采用的主要四新项目

(1) 高强、高性能商品混凝土应用技术；

(2) 粗直径钢筋连接技术（钢筋直螺纹连接、竖向钢筋电渣压力焊应用）；

(3) 高效钢筋和预应力混凝土技术；

(4) 电梯井筒模和楼梯封闭式模板应用技术；

(5) 导轨式爬架应用技术；

(6) 轻质砌块的应用技术；

(7) 预拌混凝土中掺加粉煤灰和高效复合型早强减水剂（FDN – RY6）的应用技术；

(8) 预拌混凝土与散装水泥的应用技术；

(9) 钢管柱结构技术的应用；

(10) 激光测量技术应用；

(11) 利用计算机进行钢筋翻样、编制预算、施工进度网络计划管理等。

## 1.2 工程概况

### 1.2.1 建筑概况

中泰国际广场位于广州火车东站西侧，总占地面积 14369m²，建筑总高度 202.1m。由 3 层 6 级人防地下室、7 层裙楼、两幢 47 层对称弧形塔楼、一幢 23 层副楼（副楼建筑高度 100.70m，不属于本次施工内容）组成的集办公、酒店、商业、娱乐等多种功能为一体，规模宏大、设施齐全的综合性建筑物。

裙楼商业部分面朝林和西路形成主要的商业入口，建筑上处理成半圆形的广场空间，服务于城市，并集中解决了商业人流和地铁出入口人流的集散问题。主塔楼、副楼及裙楼相互结合，以半圆形广场为中心形成整体统一的建筑群体，与广州火车东站相互呼应，以空间向心的环抱态势，欢迎到广州的客人。

(1) 建筑平面

主塔楼为两幢对称相连的八～四十七层塔楼，主塔楼总建筑面积约96000m²。建筑平面呈扇形布置，外弧形半径为69.2m，内弧半径为42.1m；外弧弧长177.9m，内弧弧长71.7 m；塔楼宽度为27.1m。

主塔楼主要功能为办公用房，其中第八层、第二十六层、第四十五层设有避难层，顶层为设备机房及水箱。

(2) 建筑立面

作为广州市的窗口建筑，本工程力求体现中国南方第一大都市蓬勃发展的精神风貌，使之成为广州东站区域的标志性建筑和都市文化象征。

八～四十七层弧形塔楼的主体形象，个性鲜明，生动挺拔，建筑的外装修材料采用石材、玻璃与金属构件，光洁精明，气韵流畅，具有鲜明的时代气息。

本工程通过弧形的形态处理与广州东站建筑相互呼应，形成空间上的围合，半圆形的商业广场为城市提供了一个优美的室外活动和休憩的场所。

### 1.2.2 结构概况

(1) 本工程为框架–剪力墙结构形式，按7度二级抗震设防，耐火等级为一级。

(2) 本工程塔楼部分竖向结构主要为 $\phi1200$ 钢管柱和剪力墙（厚600mm）。

(3) 塔楼部分横向结构框架梁典型截面尺寸为 250mm×500mm、250mm×700mm，梁最大截面尺寸 800mm×1500mm、800mm×1600mm、1500mm×3200mm，典型楼板厚150mm。

(4) 塔楼部分主要混凝土强度等级为C60、C40。

### 1.2.3 现场条件

(1) 地下室及裙楼已施工完毕，且已交付给百盛公司使用。

(2) 裙楼施工完成，且在裙楼顶层上建有临时电梯间和风、烟、水井道间。

(3) 现场已三通一平，且有水、电接驳点。

(4) 首层设有施工单位办公室，施工单位生活区由业主指定地点另行布置。

### 1.2.4 工程特点

(1) 平面布置独特。本工程平面结构采用扇形布置，给施工测量、垂直度控制、模板安装、钢筋制作及绑扎都带来了较大困难。

(2) 工程量大。一次性投入的人力、物力大。

(3) 地处广州火车东站，车多人熙，物资运输极为不便，安全防护量大、难度大。

(4) 现场施工队伍多，交叉作业频繁，施工协调和管理较困难。

(5) 现场平面狭窄，布置难度大，设备安装布置较复杂。

## 2 施工部署

### 2.1 施工程序

#### 2.1.1 总体施工程序

根据本工程的特点，按图2-1所示总体施工程序对主塔楼展开施工。

#### 2.1.2 主要分项工程施工程序

(1) 主体结构工程施工程序

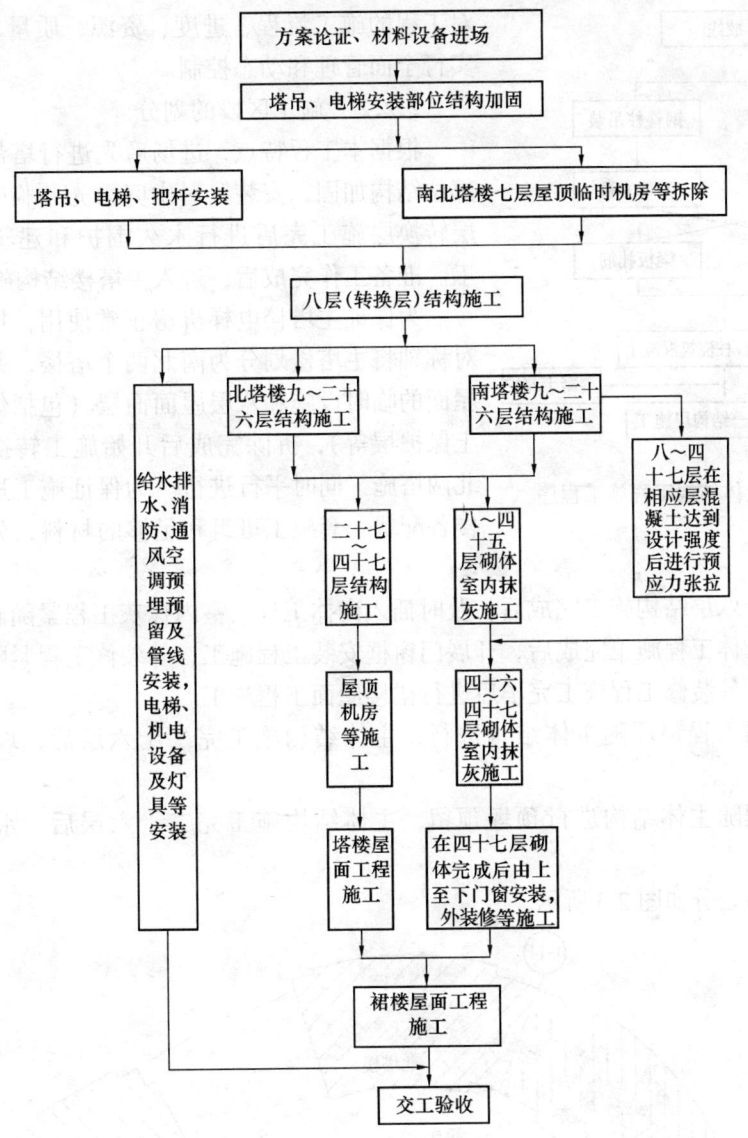

图 2-1 主塔楼总体施工程序

墙柱梁板混凝土采用一次性浇捣，电梯井内采用筒模。施工程序如图 2-2 所示。

(2) 砌体工程及室内抹灰施工程序

砌体工程及室内抹灰工程施工程序如下：

放线→构造柱扎筋→砌筑施工→扎过梁筋→构造柱及过梁浇筑混凝土→构造柱及过梁拆模→安装门框、窗→墙面打浆清理→抹灰→楼地面清理、找平。

## 2.2 施工阶段及施工段的划分

### 2.2.1 划分原则

对组织机构、施工队伍、机械设备、周转料具等各大要素予以全面充分保证。牢牢掌握并抓住本工程的特点、难点、重点，实施平面分段，精心组织各工种、各工序的作业，

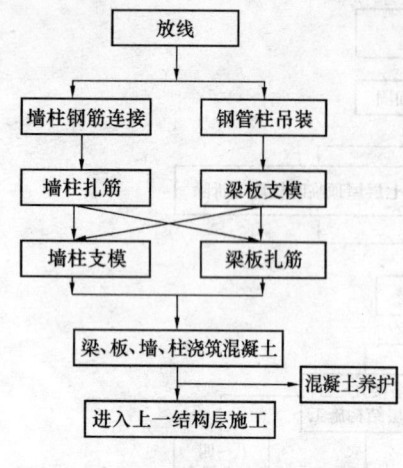

图 2-2 主体结构工程施工程序

对工程的施工流程、进度、资源、质量、安全、文明实行全面管理和动态控制。

#### 2.2.2 施工区段的划分

根据本工程特点,进场后先进行塔吊、电梯安装部位结构加固、安装。对中庭采光井临时围护,待八层转换层施工完后进行永久围护和建筑外围防护施工。准备工作完成后,进入主塔楼结构施工。

为保证主塔楼电梯机房正常使用,按主塔楼中心对称轴将主塔楼划分为南北两个塔楼,并先拆除八层屋面的临时设施和八层屋面面层(包括保温层、混凝土保护层等),拆除完成后开始施工转换层。采取南北两塔施工同时平行进行。为保证施工进度,南北塔楼各配置一套施工班组和足够的材料,分别开展施工作业。

主塔楼十八层结构施工完成后,及时插入砌体工程。室内抹灰工程紧随砌体工程之后开展施工。砌体工程施工完成后,开展门窗框安装工程施工,外装修工程紧随其后由上至下开展施工,外装修工程施工完毕后进行裙楼屋面工程施工。

玻璃幕墙工程预埋随主体结构进行,主体结构施工完二十六层后,玻璃幕墙插入施工。

水电工程随主体结构进行预埋预留,主体结构施工完二十六层后,水电安装插入施工。

施工段的划分如图2-3所示。

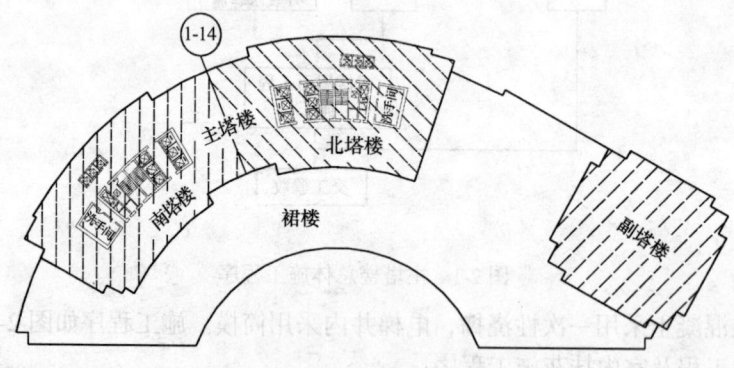

图 2-3 施工区段的划分

### 2.3 整体施工方案的采用

#### 2.3.1 大型机械设备选择

(1) 塔吊

主塔楼设置2台内爬式塔吊,负责钢筋、模板等材料的垂直运输。

(2) 电梯

主塔楼布置2台外用施工电梯，以解决材料、劳动力等的垂直运输需要。

（3）混凝土输送泵

本工程塔楼部分混凝土方量大，现场布置2台混凝土输送泵。

**2.3.2　塔楼结构施工**

（1）模板

电梯井道内模板采用筒模。

梁、板模板采用七夹板和木方配制，采用钢管作支撑。

楼梯采用封闭式模板施工。

（2）钢筋

在钢筋加工场制作成半成品，利用塔吊直接吊运。

（3）混凝土搅拌、运输、浇筑

1）混凝土搅拌

混凝土采用自有的商品混凝土搅拌站（位于广州市天河区东圃镇黄村工业区）供料，要求混凝土初凝时间控制在6~8h，浇筑点混凝土坍落度控制在12~14cm。

2）混凝土运输

混凝土场外运输根据每段混凝土浇筑量利用10~12台混凝土搅拌运输车，运送到现场。

3）混凝土浇筑

由塔吊配合墙柱混凝土的浇筑，由混凝土输送泵进行梁板混凝土的浇筑，施工中要控制好混凝土的浇筑顺序和时间，防止出现施工冷缝。

**2.3.3　安装工程**

安装工程的预埋预留工作，与主体结构同步向上进行施工。给水排水、电线管等的安装敷设随砌体工程后进行施工，在抹灰前完成；开关插座盒、灯具、配电箱等紧随抹灰后安装。

**2.4　施工组织机构**

项目管理组织形式如下：

项目经理部设1名项目经理，1名项目副经理，1名项目总工，1名项目党支部书记，下设项目工程组、器材组、质安组、内业技术组、财经组。项目组织机构如图2-4所示。

**2.5　施工平面布置**

进场时，前期施工布置的临建已拆除，裙楼及地下室已交由中泰百盛公司营业使用，建筑物北面为商业广场的主要出入口，车流、人流量大，我公司在南向方面建有围墙，办公室设在南侧裙楼内，可使用场地小。

根据现场实际情况，现场布置办公室、加工区，管理人员宿舍及施工人员宿舍在业主指定地点另行布置。

**2.5.1　办公区**

办公区按中建总公司CI要求统一做好油漆、标语牌的张挂等工作。

**2.5.2　加工生产区**

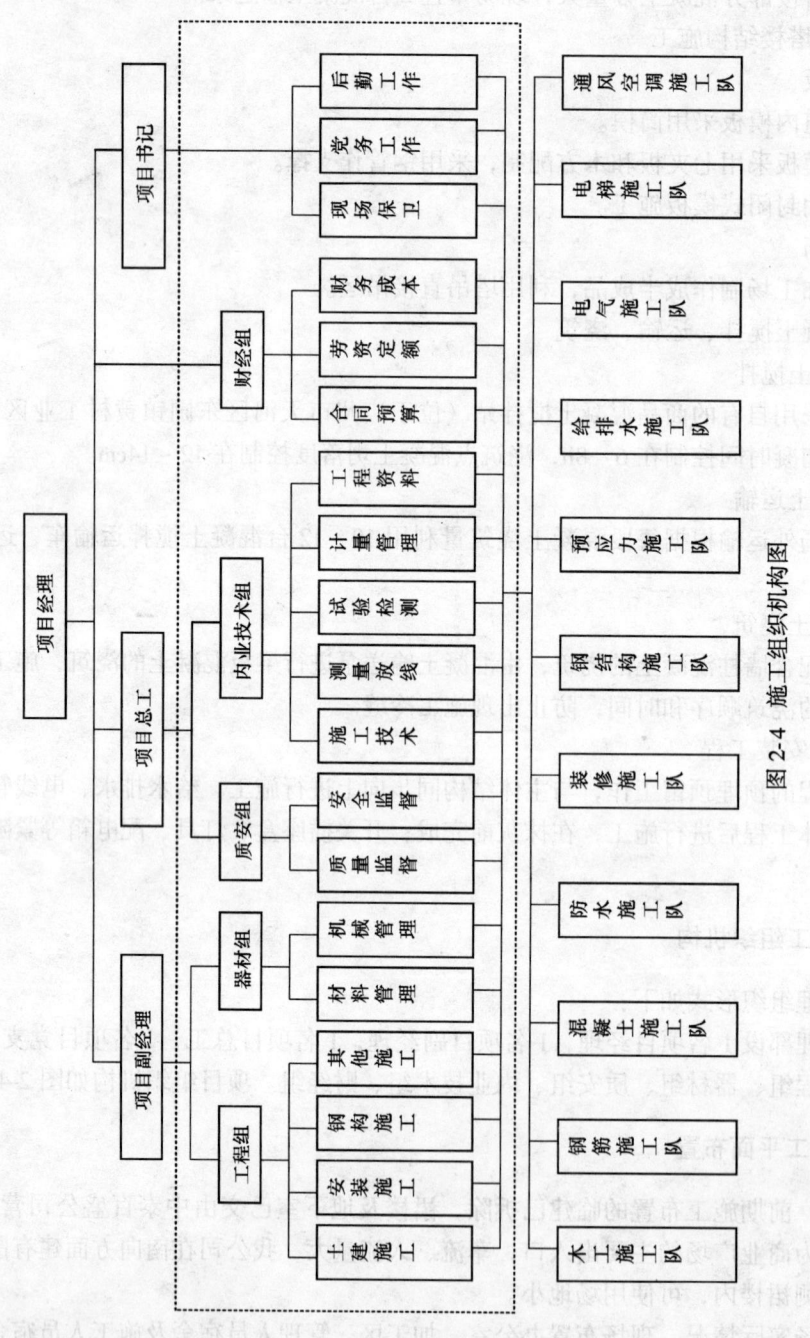

图 2-4 施工组织机构图

加工生产区布置一座钢筋加工车间、钢筋原材料堆场。由于场地面积较小，周转材料和其他工程材料运到现场后，及时吊运至作业面或临时堆放在七层顶的屋面。

### 2.5.3 主要机械设备布置

（1）塔吊：根据塔吊的机械特点、覆盖范围及本工程建筑特点，主塔楼在十二号楼梯布置1台臂长40m的内爬式塔吊，十三号楼梯布置1台臂长35m的内爬式塔吊。

（2）施工电梯布置：在主塔楼布置2台施工电梯。

（3）混凝土输送泵：在施工现场布置2台混凝土输送泵。

主要机械设备需用量计划见表2-2。

### 2.5.4 施工临时用水、用电布置

现场临时用电由业主现场提供的用电网络引出，经过变压后引至各施工临设和施工楼层中。

现场临时用水由业主现场提供的主供水管引出后，再分别引至各施工临设和施工楼层中。

## 2.6 施工进度计划

### 2.6.1 总体工期完成情况

总工期为548日历天，即从2002年12月18日开工，到2004年6月17日完工。

### 2.6.2 工期节点完成情况

（1）主塔楼二十六层以下结构：在2003年5月29日完成；
（2）主塔楼二十七至四十七层以上结构：在2003年10月19日完成；
（3）主塔楼室内装修工程：在2003年11月28日完成；
（4）屋面工程：在2003年11月28日完成；
（5）工程收尾、竣工验收：在2004年6月17日完成。

## 2.7 周转材料使用计划

主塔楼标准层面积为2634.72m²，周长为260.30m，共八～四十七层塔楼，层高3.2m，主塔楼总建筑面积约96000m²。总周转材料计划如表2-1所示。其中，脚手架扣件按每吨185个配置。

总周转材料计划表　　　　　　　　　　　　　表2-1

| 模板（m²） | 木方（m³） | 支模和内脚手架（t） | 外脚手架（t） | 密目安全网（m²） | 兜网（m²） |
|---|---|---|---|---|---|
| 34400 | 1204 | 174 | 71 | 6200 | 3500 |

## 2.8 劳动力配置

详见表2-3和图2-5。

主要机械设备需用量计划　　　　　　　　　　表2-2

| 序号 | 机械名称 | 单位 | 数量 | 规格 | 备注 |
|---|---|---|---|---|---|
| 1 | 塔吊 | 座 | 2 | FO/23C | |
| 2 | 外用施工电梯 | 台 | 2 | 上海宝达 | 双笼 |
| 3 | 输送泵 | 台 | 2 | BP3000HDD-18R | |

续表

| 序 号 | 机 械 名 称 | 单 位 | 数 量 | 规 格 | 备 注 |
|---|---|---|---|---|---|
| 4 | 电焊机 | 台 | 4 | 交 流 | |
| 5 | 钢筋弯曲机 | 台 | 2 | GW40-1 | |
| 6 | 钢筋对焊机 | 台 | 1 | UNI-100 | |
| 7 | 钢筋切断机 | 台 | 2 | GG40-1 | |
| 8 | 钢筋张拉机 | 台 | 2 | GT4-14 | |
| 9 | 自动混凝土搅拌站 | 座 | 2 | HZS50A | 设于黄村基地 |
| 10 | 螺杆套丝机 | 台 | 2 | | |
| 11 | 平板式振动器 | 台 | 4 | | 1.1kW |
| 12 | 插入式振动器 | 台 | 20 | $\phi 50$、$\phi 30$ | 1.1kW |
| 13 | 木工圆盘锯 | 台 | 8 | $\phi 500$ | |
| 14 | 木工平刨机 | 台 | 2 | | |
| 15 | 混凝土搅拌输送车 | 辆 | 10 | $6m^3$ | |
| 16 | 电渣压力焊机 | 台 | 3 | | |
| 17 | 砂浆搅拌机 | 台 | 4 | | |
| 18 | 空压机 | 台 | 2 | | |
| 19 | 高压水泵 | 台 | 2 | | 扬程为200m |
| 20 | 水准仪 | 台 | 2 | | |
| 21 | 经纬仪 | 台 | 1 | | |
| 22 | 激光垂准仪 | 台 | 1 | | |
| 23 | 全站仪 | 台 | 1 | SET2110 | |

**主要劳动力计划（单位：人）** 表2-3

| 工种\时间 | 02.12 | 03.1 | 03.2 | 03.3 | 03.4 | 03.5 | 03.6 | 03.7 | 03.8 | 03.9 | 03.10 | 03.11 | 03.12 | 04.1 | 04.2 | 04.3 | 04.4 | 04.5 |
|---|---|---|---|---|---|---|---|---|---|---|---|---|---|---|---|---|---|---|
| 钢筋工 | 80 | 80 | 80 | 80 | 80 | 80 | 80 | 80 | 80 | 80 | 0 | 0 | 0 | 0 | 0 | 0 | 0 | 0 |
| 木 工 | 120 | 120 | 120 | 120 | 120 | 120 | 120 | 120 | 120 | 120 | 0 | 0 | 0 | 0 | 0 | 0 | 0 | 0 |
| 混凝土工 | 40 | 40 | 40 | 40 | 40 | 40 | 40 | 40 | 40 | 40 | 0 | 0 | 0 | 0 | 0 | 0 | 0 | 0 |
| 架子工 | 20 | 20 | 20 | 20 | 20 | 20 | 20 | 20 | 20 | 20 | 0 | 0 | 0 | 0 | 0 | 0 | 0 | 0 |
| 普 工 | 30 | 30 | 30 | 30 | 30 | 30 | 30 | 30 | 30 | 30 | 30 | 30 | 30 | 30 | 30 | 30 | 30 | 30 |
| 瓦 工 | 0 | 0 | 0 | 0 | 0 | 30 | 30 | 30 | 30 | 30 | 30 | 30 | 30 | 0 | 0 | 0 | 0 | 0 |
| 装修工 | 0 | 0 | 0 | 0 | 0 | 0 | 20 | 20 | 20 | 20 | 20 | 20 | 20 | 20 | 20 | 20 | 20 | 0 |
| 机操工 | 20 | 20 | 20 | 20 | 20 | 20 | 20 | 20 | 20 | 20 | 20 | 20 | 20 | 20 | 20 | 20 | 20 | 0 |
| 电 工 | 30 | 30 | 30 | 30 | 30 | 30 | 60 | 60 | 60 | 60 | 60 | 60 | 60 | 60 | 60 | 60 | 60 | 0 |
| 管 工 | 15 | 15 | 15 | 15 | 15 | 15 | 45 | 45 | 45 | 45 | 45 | 45 | 45 | 45 | 45 | 45 | 45 | 0 |
| 钳 工 | 25 | 25 | 25 | 25 | 25 | 25 | 45 | 45 | 45 | 45 | 45 | 45 | 45 | 45 | 45 | 45 | 45 | 0 |
| 焊 工 | 30 | 30 | 30 | 30 | 30 | 30 | 40 | 40 | 40 | 40 | 40 | 40 | 40 | 40 | 40 | 40 | 40 | 0 |
| 合 计 | 410 | 410 | 410 | 410 | 410 | 440 | 550 | 550 | 550 | 550 | 290 | 290 | 240 | 240 | 220 | 220 | 220 | 30 |

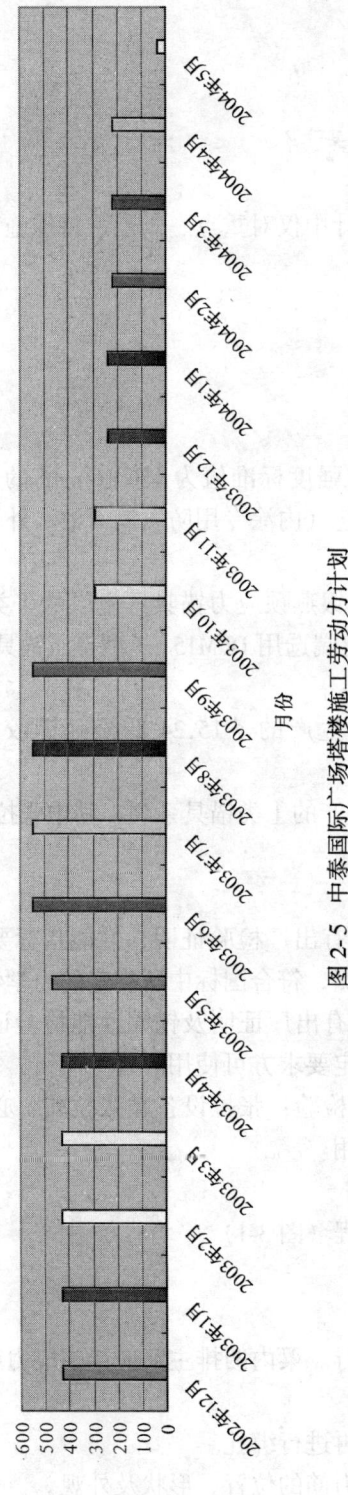

图 2-5 中泰国际广场塔楼施工劳动力计划

## 3 主要项目施工方法

### 3.1 概述

由于篇幅有限,本施工组织设计中仅对重点、难点、特殊施工工艺进行了说明,省略了常规的施工方法。

### 3.2 预应力施工

#### 3.2.1 材料准备

(1) 无粘结预应力梁板部分

1) 无粘结预应力钢筋选用抗拉强度标准值为 $1860N/mm^2$ 的 $\phi^j15.24$ 低松弛钢绞线作为母材,经专业化工厂采用挤压工艺(内涂专用防腐润滑油、外包聚乙烯套管)处理,并经一次成型工艺制作而成。

2) 无粘结预应力锚具选用天津银燕预应力锚具厂生产的Ⅰ类锚具系列,其中张拉端选用 DZM15-1 单孔类片锚具,固定端选用 DPM15-1 型挤压锚具。

(2) 有粘结预应力梁部分

1) 预应力钢筋采用江苏无锡生产的 $\phi^j15.24$ 低松弛钢绞线。抗拉强度标准值为 $1860N/mm^2$。

2) 锚具采用柳州建筑机械厂生产的Ⅰ类锚具系列,其中张拉端为夹片群锚 QM15-9,固定端为挤压锚。

3) 材料及设备检验

A. 预应力筋:预应力钢绞线具有出厂检验证明,性能指标要满足国家标准规定的要求。预应力筋进场后要进行抽样检测,符合国标中所规定的力学性能指标后方可使用。

B. 锚具验收及抽验:锚具应具有出厂证明及锚固性能检验证明。使用前对锚具按国家规定进行抽样检测,符合国标规定要求方可使用。

C. 张拉设备(千斤顶、油表)检验:张拉设备在张拉前,必须送国家计量单位进行标定校验,未经标定的设备不得使用。

#### 3.2.2 梁板无粘结预应力施工

(1) 无粘结预应力施工工艺流程(图 3-1)

(2) 施工技术要求

1) 钢筋绑扎及混凝土工程

绑扎梁的钢筋应在模板上方进行。梁内两排主筋应待预应力筋铺设后再绑扎,以便预应力筋穿筋定位,保证位置准确。

楼板面筋应待预应力筋铺设后再进行绑扎。

钢筋绑扎过程中应保护好预应力筋的位置、形状及外观。

钢筋焊接时严禁将预应力筋作为电焊搭接线,严禁电焊时烧坏预应力筋塑料外皮。

混凝土浇筑时应保证张拉端及固定端混凝土浇捣密实,并防止触动锚具,确保预应力筋的曲线形状、标高及锚具位置准确。

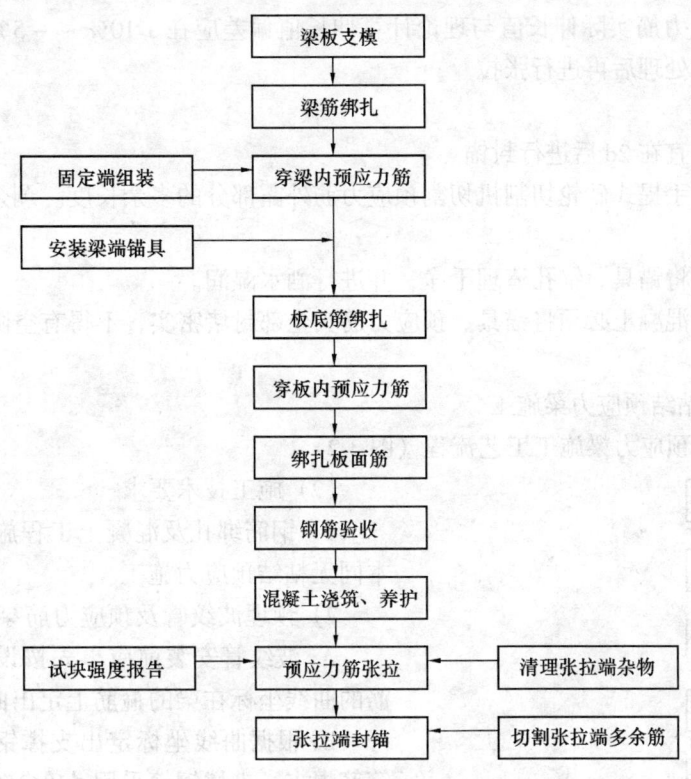

图 3-1 无粘结预应力施工工艺流程图

2）预应力筋铺设

根据工程实际情况绘制预应力实施详图，严格按设计图纸要求施工。

无粘结预应力梁内预应力筋根数较多时，可 3 或 5 根用细钢丝捆成一束，在梁两端再分开。

梁反弯点处应设马凳筋，以确保反弯点位置准确。

预应力筋铺设应保证位置准确，平面顺直，互不扭绞。

张拉端应保证预应力筋与承压板垂直，螺旋筋应紧贴承压板并用钢丝绑扎。

预应力筋外皮有破裂时，及时用水密性胶带缠绕修补。

3）无粘结预应力筋张拉

根据设计要求和张拉设备标定值确定预应力筋的张拉控制力，计算预应力筋理论伸长值。

清理预应力张拉槽孔，剥除张拉端外露预应力筋外皮，检查承压板后混凝土是否密实。

选取几束预应力筋进行试张拉，根据张拉的伸长值校核理论伸长值。

梁、板混凝土试块抗压强度大于设计强度等级 75% 以上才能进行张拉。

张拉工序：清理、割皮→穿锚环→安装夹片→安装千斤顶→张拉至初应力（10%张拉力）→量伸长值→张拉至控制力→量伸长值→顶压→千斤顶回程→卸千斤顶→校核伸长值。

张拉时预应力筋实际伸长值与理论计算伸长值偏差应在 +10%～-5%，如不符应查明原因，并做出处理后再进行张拉。

4）封锚

张拉完成后宜在2d后进行封锚。

封锚前应用手提式砂轮切割机切割预应力筋外露部分的多余长度。剩余长度不得少于30mm。

封锚前必须将锚具、锚孔清理干净，并进行洒水湿润。

封锚的细石混凝土必须将锚具、预应力筋头全部封堵密实，不得有空隙和外露。保护层不小于15mm。

### 3.2.3 有粘结预应力梁施工

(1) 有粘结预应力梁施工工艺流程（图3-2）

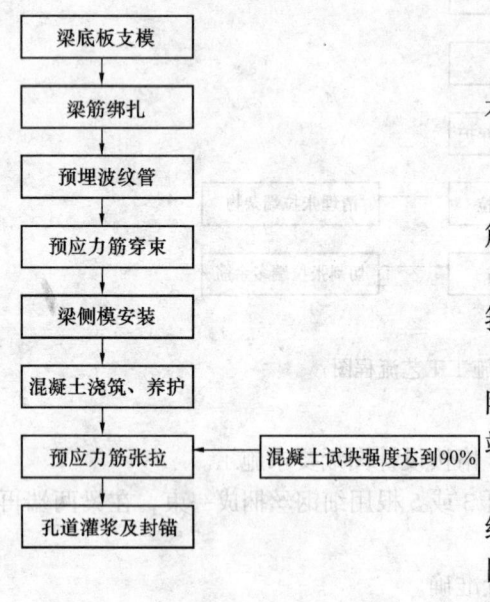

图3-2 有粘结预应力梁施工工艺流程图

(2) 施工技术要求

1）钢筋绑扎及混凝土工程施工技术要求基本同无粘结预应力施工。

2）预埋波纹管及预应力筋穿束

A. 波纹管安装前应事先按设计图中预应力筋的曲线坐标在梁的箍筋上定出曲线位置。

B. 根据曲线坐标定出支撑钢筋位置，且与箍筋焊牢。支撑钢筋采用$\phi10@500$。

C. 波纹管安装与预应力筋穿束同时进行。随穿随套管，并及时套上波纹管接头，从梁一端送到另一端。

D. 波纹管安装完成后，应检查其位置、曲线形状是否符合设计要求，波纹管固定是否牢固，接头是否完好，管壁有无损坏；如有破损，应及时用粘胶带修补。

E. 在构件两端设置锚浆孔。

3）预应力张拉

A. 张拉工艺：梁预应力筋采用分级张拉，一次锚固。即按张拉力的10%、40%、70%、100%四级依次加载，每次加载应测伸长值并随时检查伸长值与计算值的偏差。

B. 张拉工序：清理垫板→安装工作锚环、夹片→安装限位板→安装千斤顶→工具锚、夹片安装→初张拉（10%张拉力）→分级张拉至设计张拉值→分级测量伸长值并做好记录→校核伸长值→千斤顶回程→拆除千斤顶及限位板→进入下一工作循环。

C. 张拉顺序

对于框架梁，要按设计要求分批张拉。第一批：先张拉X向预应力筋50%，再张拉Y向50%预应力筋；第二批：先张拉Y向50%，再张拉X向50%预应力筋。

在构件中应对称张拉。

D. 张拉技术要求

安装锚具时应注意工具锚、千斤顶、工作锚孔位排列一致，以防钢绞线在千斤顶穿心孔内交叉。

工作锚夹片与工具锚夹片不得混用。

预应力钢筋实际伸长值与理论伸长值偏差范围为+10%~-5%。如不符应暂停张拉，采用措施处理后再进行张拉。

张拉后如遇个别钢绞线夹片滑移，用小型千斤顶单根补拉。

认真如实填写张拉记录，并及时整理。

4) 孔道灌浆及封锚

灌浆前应先用空气泵检查孔道通气情况。

灌浆前应做好水泥和外加剂的试配工作，水泥浆强度不应低于M30级，水灰比为0.4~0.45。

每一孔道锚浆应一次完成，应做好浆体的搅拌工作，防止中途停顿。

当孔道另一端流出浓浆时方可封闭该出浆孔，然后用压浆至压力表读数为0.5MPa，保持压力5min，关闭灌浆阀，拆除灌浆管，并及时做试块，认真做好记录。

灌浆工作完成后进行封锚工作，方法要求同无粘结预应力封锚。

### 3.2.4 预应力施工质量保证措施

重点把好预应力筋材料、锚具质量关，选购符合国标要求的上等材料，材料必须具有出厂验收合格证明；做好材料、锚具质量的抽验和设备的校验工作。

为保证预应力筋的铺设质量，建立工人自检、技术人员复检、项目负责人组织全面检查的质量检查验收制度。

预应力筋张拉是预应力施工的重要环节之一，张拉时一定要按设计和技术规程要求进行，落实张拉顺序，做好张拉原始记录。

张拉记录应及时、准确整理。

## 3.3 八层楼面临时机房、风电井等处理方法

中泰广场前期裙楼已施工至八层楼面，经现场实地观察，部分临时电梯间中已安装电梯设备，且观光电梯、部分客梯、货梯已在使用中，临时风、电、烟、水井道间基本已布设好电线、风管等。由于主塔楼的继续施工，在施工时将涉及对主塔楼区域内八层临时电梯间、风、电、烟、水井道间的墙体的拆除，电线、风管等的移位，并将影响到货梯、客梯的正常使用。

### 3.3.1 现场情况简述

(1) 如八层楼面临时机房布局图（图3-3和图3-4）所示，八层楼面布置的临时机房的情况简述如下：

1) 主塔楼 ①-7 ~ ①-21 轴间临时机房内（即3~8号及13~18号机房内）未安装电梯设备，暂无使用。

2) ①-3 ~ ①-5 轴间临时机房内安装有电梯设备（9、10号机房内装有货梯，28、29号机房内装有客梯），且货梯及客梯均在使用中。

3) ①-23 ~ ①-25 轴间临时机房内（即19、20号机房）安装有货梯设备。

4）观光电梯间电梯设备已安装完成，且目前正在使用中。

由于3~8号及13~18号临时机房暂无使用，因此临时机房拆除施工时，对裙楼部分影响不大，在对临时机房内安装好的线路及结构进行保护后，即可对该部分内整个临时机房进行拆除。

（2）对于9、10、19、20、28、29号机房，由于临时机房已经在使用过程中，为了保证裙楼正常的货运及客运，按如下顺序进行施工：

1）首先对南塔楼的9、10号货梯机房与北塔楼的19、20号货梯机房交替进行施工，先拆除9、10号货梯机房，待南塔楼八层结构拆模，且9、10号货梯正常运行后，再拆除北塔楼19、20号货梯机房。

2）南塔楼28、29号客梯机房与观光电梯机房交替施工，即先拆除28、29号客梯机房，待九层模板拆除后，并且28、29号客梯运行正常后，再拆除观光电梯机房。

3）9、10、19、20、28、29号机房设计图纸如图3-3和图3-4所示。

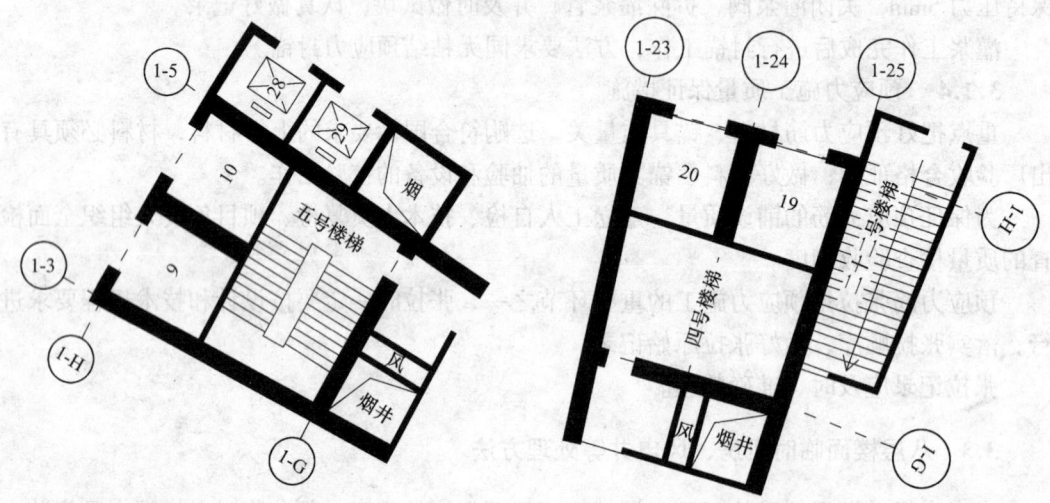

图3-3　9、10、28、29号临时机房布局图　　　图3-4　19、20号临时机房布局图

**3.3.2　9、10、19、20、28、29号临时机房修改施工**

对9、10、19、20、28、29号临时机房，采取"移墙换位"的方法，拆除现有临时机房的围护结构，以保证八层结构的顺利施工。

（1）临时机房及设备情况

经现场考察可知（图3-5）：

1）临时机房的墙体砌筑于剪力墙上，因此要对墙体进行拆除。

2）临时墙体上布设有电线，墙体拆除前要考虑对线路进行移位。

3）临时机房安装有设备，临时机房拆除时要对设备进行保护。

（2）施工顺序

原机房泵电源、电线移位→设防护棚保护电机→机房内侧砌墙体支承顶板→拆除原机房围护墙体→八层结构施工→拆除临时机房顶盖。

（3）施工方法

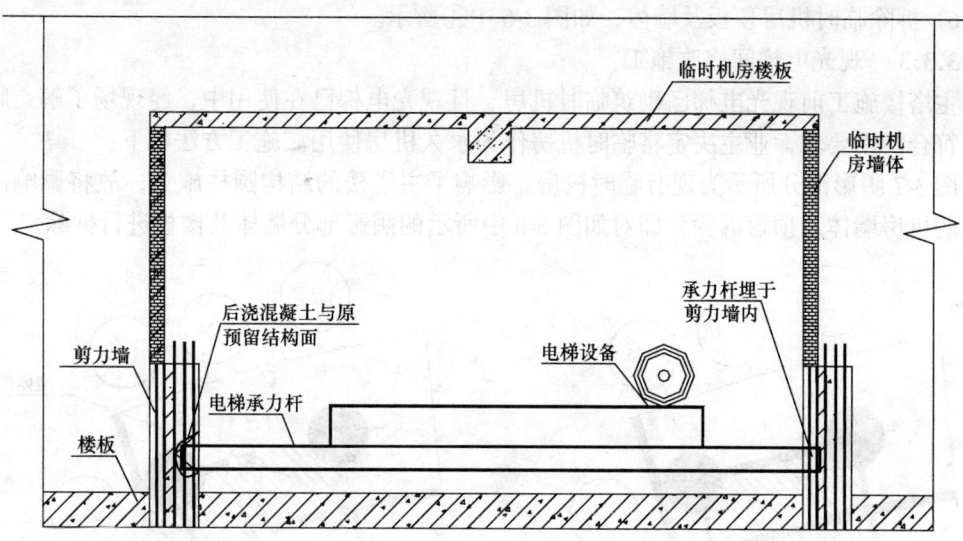

图 3-5 临时机房拆除前示意图

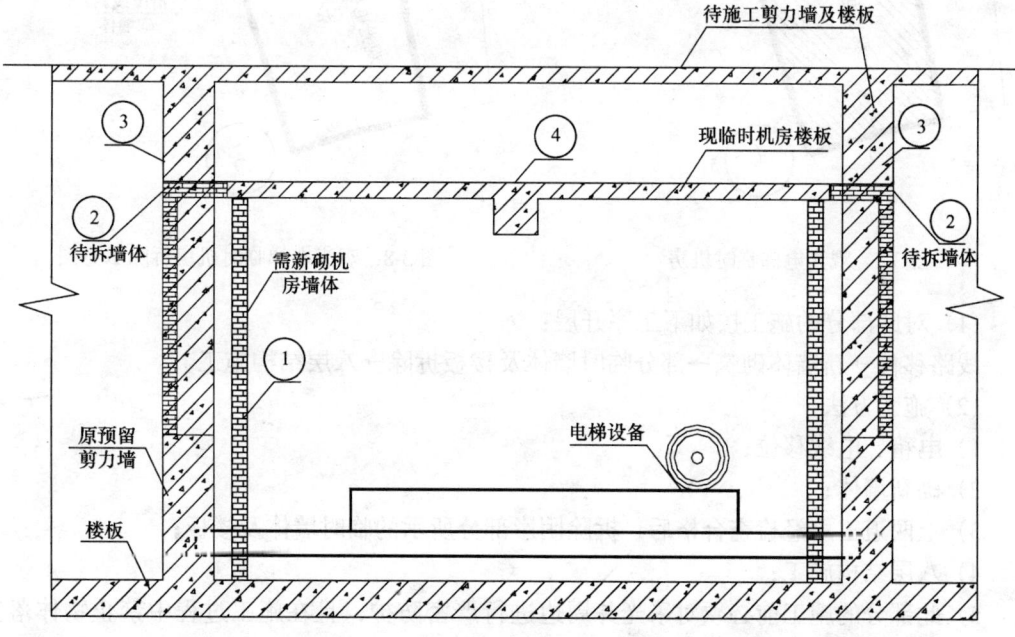

图 3-6 临时机房处理示意图

1）对电梯设备的承重构件进行加固。

2）将原机房内电箱电线移位，对电机设防护棚保护。

3）临时墙体砌筑：因电梯设备离结构墙空间较窄，考虑在原机房内侧砌筑240mm厚砖墙至楼板底，此砖墙兼作模板用。对于一些小配件影响砖墙，可先在砖墙预留位置，以后用钢模板封闭，如图3-6中①所示。

4）拆除原机房围护墙体及影响八层结构施工的机房顶板，如图3-6中②所示。

5）八层结构施工，如图3-6中③所示。

6）拆除临时机房顶板及墙体，如图3-6中④所示。

**3.3.3　观光电梯间修改施工**

主塔楼施工前观光电梯已砌筑临时机房，且观光电梯已在使用中，经现场了解，临时机房符合使用要求，业主决定将临时机房作为永久机房使用。施工方法如下：

图3-7阴影部分所示为现有临时机房，影响了主塔楼的结构圆柱施工，故将影响圆柱施工的机房墙体及顶盖拆除，即对如图3-8中所示的阴影部分墙体及楼板进行拆除。

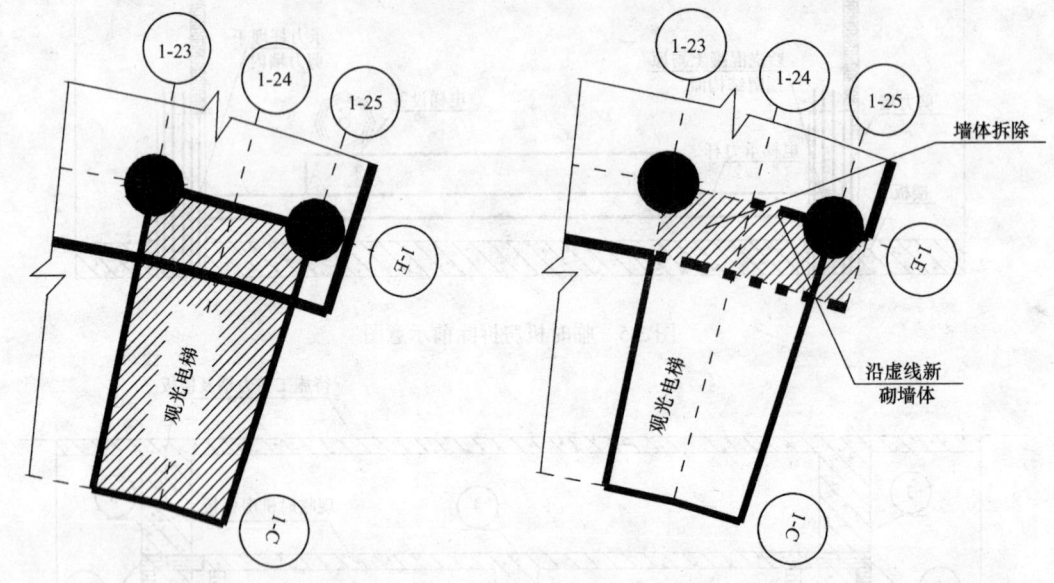

图3-7　观光电梯临时机房　　　　图3-8　观光电梯临时机房拆除示意图

（1）对此部分的施工按如下工序开展：

线路移位→新墙体砌筑→部分临时墙体及楼板拆除→八层结构施工。

（2）施工方法

1）电箱、电线移位；

2）砌新墙体；

3）上两道工序经检查合格后，拆除阴影部分所示的临时墙体及楼板；

4）八层结构施工；

5）此部分的施工前必须对采光井周边进行严密防护，且在施工过程中禁止物体落向采光井一边。

**3.3.4　核心筒范围内墙体及顶板拆除和防水**

（1）十二、十三号楼梯拆除

由于十二、十三号楼梯要安装塔吊，必须拆除两层楼梯。首先对十二、十三号楼梯每层出入口砌门槛挡水，然后在五层半搭设钢管架，上满铺模板，在模板上铺钢丝网，粉20mm厚水泥砂浆作封闭和防水，以此为操作平台，对六、七层楼梯及顶板进行凿除。

（2）其他楼梯顶板及墙体拆除

拆除基本上同（1），只是在七层半搭设钢管架，操作平台同八层楼面高。

（3）电梯井顶板及墙体拆除

1号,3~8号,11号,13~18号电梯井先利用七层电梯门洞,在电梯井内搭设操作平台,并同(1)做好防水,然后拆除顶板及墙体。

(4)烟井、风井顶板拆除

先将烟井、风井的百叶拆除,利用空洞搭设架子作操作平台,同(3)拆除顶板及墙体。

(5)八层楼面拆除陶粒混凝土及防水层时,做好挡水线,有组织地向电梯井排水。

(6)八层结构施工完成后,在九层楼面标高处,对楼梯井、电梯井、烟井、风井、强、弱电井等进行全封闭防护和防水,防止雨水流入楼层下。

### 3.3.5 八层楼面及柱墙处理

八层主塔楼范围为临时屋面,已施工完防水层及陶粒混凝土,考虑九层梁板荷载较大,八层结构施工时不能将钢管满堂架直接放在临时屋面上,必须将防水层及陶粒混凝土全部凿掉露出八层结构面。对于八层楼面上露出的柱头、墙头全部凿除至八层楼面的施工缝处。

## 3.4 转换层结构施工

九层(楼面)为结构转换层,层高为6.0m,主要转换梁截面尺寸为:700mm×3000mm,800mm×1600mm,1100mm×3200mm,1500mm×3200mm等。

以后浇带为界,将结构分为南北两塔,南塔为 ①-3 ~ ①-13,北塔为 ①-14 ~ ①-25,两塔分开组织施工。

### 3.4.1 施工总体部署

钢筋与模板一次成形,混凝土分四次浇筑。

第一次浇混凝土:钢管柱安装加固完成后,将南北两塔的钢管柱混凝土一次性浇到离楼面6.000m标高处。

第二次浇混凝土:梁和墙钢筋完成后,将 $h>1600mm$ 的梁、环梁和筒体剪力墙浇到离楼面4.350m标高处。

第三次浇混凝土:3d后待二次浇筑的混凝土强度达到设计的80%后,将离楼面4.350m标高以上梁、环梁、板和筒体剪力墙浇到离楼面6.000m标高处。

第四次浇混凝土:3d后待三次浇筑的混凝土强度达到设计的80%后,浇捣 ①-K 以外悬挑结构的混凝土。

混凝土强度以试块试验强度报告为准。

### 3.4.2 $h \geqslant 1200mm$ 大梁的支模方法

梁侧模和梁底模采用18mm厚胶合板,规格915mm×1830mm。木方为50mm×100mm×2000mm。

梁侧模竖向木方间距200mm,水平加固钢管间距500mm,第一道钢管距梁底200mm。

梁侧加固螺杆间距竖向500mm×水平400mm,螺杆 $\phi 12$。

梁底立杆:

(1)梁宽为300mm、600mm、700mm、800mm、900mm,立杆一排3根,排距500mm。梁底横向托杆3根。如图3-9。

(2)梁宽为1000mm、1100mm,立杆一排4根,排距500mm。梁底横向托杆4根。如图3-10。

(3)梁宽为1200mm、1300mm、1500mm,立杆一排5根,排距500mm。梁底横向托杆

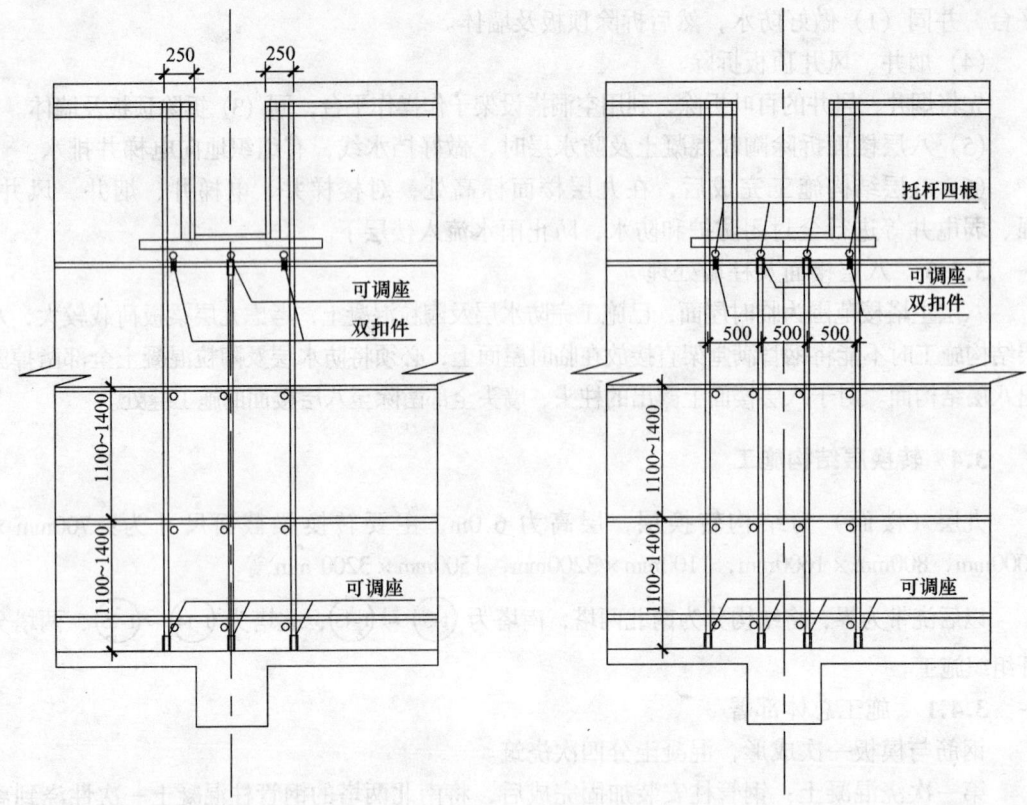

图 3-9 大梁支模方法示意图 1　　　　图 3-10 大梁支模方法示意图 2

5 根。如图 3-11。

梁下大横杆：竖向间距 1100~1400mm。

### 3.4.3 剪力墙支设方法

墙模采用 18mm 厚胶合板，规格 915mm×1830mm。木方为 50mm×100mm×2000mm。墙竖向木方间距为 200mm，水平加固钢管 500mm，第一道钢管距楼面 200mm。

墙加固螺杆间距竖向 500mm×水平 400mm，螺杆 $\phi12$。楼面上 2.5m 以内采用双螺母加固。

## 3.5 塔楼二十二层连体结构施工

### 3.5.1 结构概况

中泰广场在第二十二层（结构标高 91.600m）处，南北塔楼相连，南北塔楼之间最大跨度约 12.0m，最小跨度约 8.0m，横向最大梁截面为 600mm×1200mm，最小梁截面为 350mm×700mm，板厚 160mm，混凝土强度等级为 C40。

### 3.5.2 支撑体系设计主要构思

根据本工程的结构特点，结合现场实际情况，考虑采用 36b 工字钢作主要支撑体系，并利用 $\Phi25$ 钢筋对称斜拉，将支撑工字钢的最大支撑跨度降低到 4.0m，支撑体系放在第二十层，并斜拉到第二十一层结构上，工字钢水平间距为 1.2~1.5m，在支撑工字钢上直接立满堂钢管架支撑连体结构。

### 3.5.3 支撑体系平面布置

根据结构特点,在主次梁两边各布置一根工字钢,由于两个端头处有横向剪力墙,因此在两个端头设计为钢牛腿支座,在纵向剪力墙处根据工字钢的布置预留 300mm × 500mm 洞口,待工字钢拆除后采用 C65 混凝土封堵。在工字钢上焊接 10 号槽钢作纵向连接。

### 3.5.4 主要施工程序(图 3-12)

### 3.5.5 主要施工方法

(1) 操作平台搭设

操作平台搭设前必须先对原有的双排落地钢管架进行加固,加固方法为:在第二十层楼层内搭设双排钢管脚手架,脚手架横向间距 1.5m,步距 1.5m,纵向间距与原有的双排落地钢管架对应,在遇到剪力墙处在剪力墙中预埋钢管或预留 φ60 孔洞。

对原有双排落地钢管脚手架加固完成后,再在南北塔楼的防护脚手架之间拉结一道双层水平安全网。

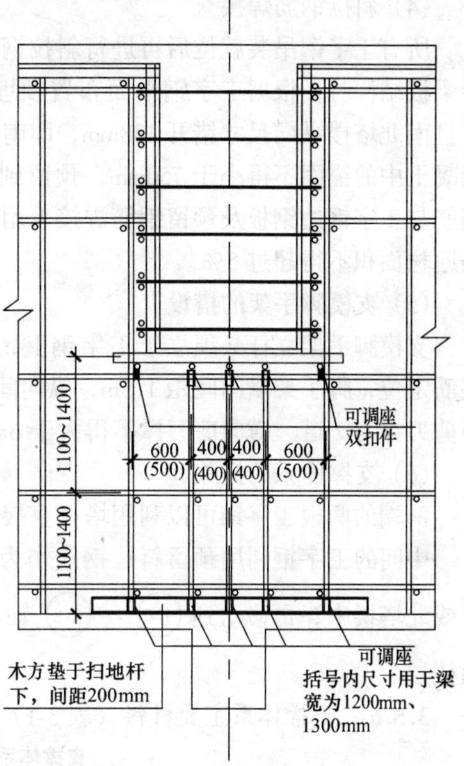

图 3-11 大梁支模方法示意图 3

水平安全网拉结好后才能进行操作平台的搭设,操作平台立杆间距 1.4~1.5m,水平杆步距 1.5m,并按设计和规范要求搭设剪刀撑,然后在操作平台上铺设木方和模板。

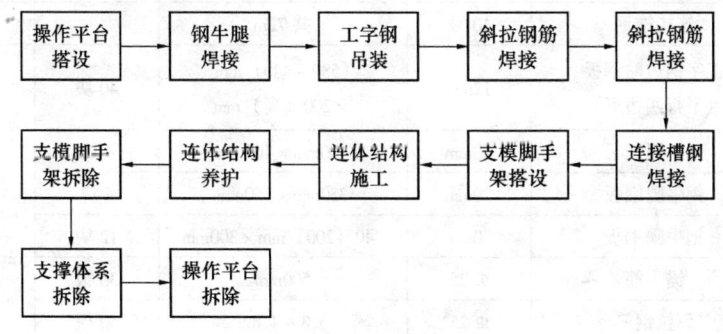

图 3-12 主要施工程序

(2) 钢牛腿焊接

钢牛腿的焊接必须考虑二十层的实际楼面标高,为了保证工字钢支撑底座标高一致,必须实际测量浇筑后的南北塔楼楼面标高,并用 C40 细石混凝土做一层找平层,钢牛腿的面标高与实际找平层标高一致。钢牛腿焊缝不得小于 8mm。

(3) 工字钢吊装

工字钢的就位采用塔吊进行吊装。

(4) 斜拉钢筋焊接

所有工字钢吊装就位后再进行斜拉钢筋的焊接,斜拉钢筋采用Φ25,在浇筑第二十一层梁板结构时,根据工字钢平面布置预埋Φ25拉结钢筋,预埋位置与工字钢的边对齐,并且南北塔楼纵向尺寸错开138mm,即南北塔楼的斜拉钢筋对称于工字钢的两边。钢筋在混凝土中的锚固不得小于750mm,预留到混凝土面外的钢筋长度不得小于1000mm,斜拉钢筋与工字钢边钢板及预留钢筋焊接采用双面焊,焊接长度不小于300mm,焊接过程中烧伤原材面积不得超过5%。

(5) 支模脚手架的搭设

支模脚手架立杆必须立于工字钢上,并在工字钢上每间隔两个立杆焊接一根短Φ32钢筋定位,脚手架横向间距1.5m,纵向间距根据工字钢水平间距,脚手架步距1.5m,纵向剪刀撑为2道,横向剪刀撑不得大于6m。

(6) 支撑体系的拆除

两端的两根工字钢可以利用塔吊直接拆除。

中间的工字钢利用预留斜拉钢筋作为拉结点,用3t手动葫芦先将工字钢移动到南塔楼或北塔楼中,再移动到 ①-6 ~ ①-8 轴或 ①-20 ~ ①-22 的预留电梯井洞处,利用塔吊吊出楼层。

### 3.5.6 支撑体系主要材料(表3-1)

支撑体系主要材料明细表　　　　表 3-1

| 序号 | 材料名称 | 型号 | 尺寸 | 数量 | 重量 |
|---|---|---|---|---|---|
| 1 | 工字钢 | 36b | 12m | 12根 | |
| 2 | 工字钢 | 36b | 10m | 6根 | 14563kg |
| 3 | 工字钢 | 36b | 9m | 2根 | |
| 4 | 连接槽钢 | 10号 | 共72m | | 720kg |
| 5 | 工字钢边贴钢板(平行四边形) | 12mm | (580~440)mm×200(高)mm | 40块 | |
| 6 | 钢牛腿钢板 | 20mm | 400mm×400mm | 4块 | |
| 7 | 钢牛腿钢板 | 20mm | 350mm×350mm | 4块 | 714kg |
| 8 | 钢牛腿钢板 | 20mm | 340(200)mm×300mm | 12块 | |
| 9 | 锚筋 | Φ25 | 500mm | 36根 | 732kg |
| 10 | 斜拉钢筋 | Φ25 | 3.8~4.8m | 40根 | |
| | | 合计(用钢量) | | | 16729kg |

## 3.6 钢管柱施工

### 3.6.1 工程概况

中泰国际广场主塔楼钢管柱工程,由第八层起开始施工。钢管采用螺旋卷板钢管,在工厂制作,根据现场塔吊吊装能力,原则上两层一节,在现场拼装。钢板采用Q345B低合金结构钢,钢管柱外径 $D = 1200$mm,钢管壁厚为 $t = 20$mm。钢管柱共 22 根。钢管柱总重量约 2500t。

### 3.6.2 施工部署

为便于钢管柱吊装的施工管理和质量安全控制,成立相对独立的钢结构吊装队,设队长 1 人,工长 3 人。

(1) 人员计划(详见表3-2)

人员计划表　　　　　　　表 3-2

| 工 种 | 人 数 | 工 种 | 人 数 |
| --- | --- | --- | --- |
| 吊装工 | 12 | 测量工 | 3 |
| 电工 | 4 | 探伤工 | 3 |
| 铆工 | 8 | 机操工 | 4 |
| 焊工 | 12 | 普工 | 15 |

(2) 施工进度计划(见表3-3)

施工进度计划表　　　　　　　表 3-3

| 时间<br>工作内容 | 24h<br>第一天 | 24h<br>第二天 | 24h<br>第三天 | 24h<br>第四天 | 24h<br>第五天 | 24h<br>第六天 |
| --- | --- | --- | --- | --- | --- | --- |
| 1 钢管柱进场 | ━━━━ | ━━━ | | | | |
| 2 钢管柱吊装 | ━━━ | ━━━━ | | | | |
| 3 钢管柱校正 | ━━━ | ━━━━ | | | | |
| 4 钢管柱焊接 | ━━━━ | ━━━━━━ | | | | |
| 5 钢柱垂直度验收 | | | ━ | | | |
| 6 焊缝探伤 | | ━━━ | ━━━━ | | | |
| 7 不合格焊缝返修 | | | ━━━ | | | |
| 8 准备下节柱吊装 | | | | | ━━━━ | |

(3) 主要设备机具计划

机械设备是完成工程施工的保证条件之一,本工程钢管柱的施工中采用的主要施工机械设备如表 3-4:

钢管柱施工主要机具计划表　　　　　　　表 3-4

| 名 称 | 型 号 | 数 量 | 名 称 | 型 号 | 数 量 |
| --- | --- | --- | --- | --- | --- |
| 塔吊 | FO/23C | 2 台 | 捯链 | 2t、5t | 各 4 台 |
| 直流焊机 | 300~500A | 2 台 | 超声波探伤仪 | | 2 台 |
| $CO_2$ 焊机 | 500~600A | 6 台 | 经纬仪 | J2 | 2 台 |
| 空压机 | 0.9m³/min | 2 台 | 水准仪 | DS3 | 2 台 |
| 烘箱 | | 2 台 | | | |

进入施工现场后,进行现场交接的准备,重点是对各控制点、控制线、标高等进行交接复核,对施工场地进行规划布置,为施工做好一切准备工作。

(4) 钢管柱的吊装分节

钢管柱吊装分节的划分应考虑以下因素:

1) 钢管柱接头应选择在其受力相对较小的部位;
2) 接头部位应有利于焊工操作,以便保证接头焊接质量;
3) 接头部位应有利于吊装就位;
4) 接头部位和分节长度应有利于钢管柱内部素混凝土填充的操作;
5) 由于钢管柱之间没有横向水平支撑和钢梁连接,所以必须考虑钢管柱安装时的稳定性;
6) 满足塔吊吊装能力的要求。

根据以上划分原则,钢管柱采用两层一节(局部一层一节),接头部位在楼层以上1m处,如表3-5所示。

钢管柱吊装分节划分表  表3-5

| 序号 | 分节名称 | 起止标高(m) | 分节长度(m) | 分节重量(t) | 接头位置楼层标高(m) | 备注 |
|---|---|---|---|---|---|---|
| 1 | 第1节 | | ≤6.5 | ≤3.9 | 41.600 | 起始标高根据已安装好的钢管柱确定 |
| 2 | 第2节 | 42.600~50.400 | 7.8 | 4.7 | 49.400 | |
| 3 | 第3节 | 50.400~58.200 | 7.8 | 4.7 | 57.200 | |
| 4 | 第4节 | 58.200~66.000 | 7.8 | 4.7 | 65.000 | |
| 5 | 第5节 | 66.000~73.800 | 7.8 | 4.7 | 72.800 | |
| 6 | 第6节 | 73.800~81.600 | 7.8 | 4.7 | 80.600 | |
| 7 | 第7节 | 81.600~89.400 | 7.8 | 4.7 | 88.400 | |
| 8 | 第8节 | 89.400~97.200 | 7.8 | 4.7 | 96.200 | |
| 9 | 第9节 | 97.200~105.000 | 7.8 | 4.7 | 104.000 | |
| 10 | 第10节 | 105.000~108.900 | 3.9 | 2.4 | 107.900 | |
| 11 | 第11节 | 108.900~114.900 | 6.0 | 3.6 | 113.900 | |
| 12 | 第12节 | 114.900~122.700 | 7.8 | 4.7 | 121.700 | |
| 13 | 第13节 | 122.700~130.500 | 7.8 | 4.7 | 129.500 | |
| 14 | 第14节 | 130.500~138.300 | 7.8 | 4.7 | 137.300 | |
| 15 | 第15节 | 138.300~146.100 | 7.8 | 4.7 | 145.100 | |
| 16 | 第16节 | 146.100~153.900 | 7.8 | 4.7 | 152.900 | |
| 17 | 第17节 | 153.900~161.700 | 7.8 | 4.7 | 160.700 | |
| 18 | 第18节 | 161.700~169.500 | 7.8 | 4.7 | 168.500 | |
| 19 | 第19节 | 169.500~177.300 | 7.8 | 4.7 | 176.700 | |
| 20 | 第20节 | 177.300~185.100 | 7.8 | 4.7 | 184.100 | |
| 21 | 第21节 | 185.100~190.100 | 5.0 | 3.0 | | |

(5) 钢管柱吊装前准备工作

1) 编制安装顺序图、表

构件进场前,根据工程实际情况和安装顺序分别编制钢管柱的安装顺序图、表。安装顺序图中标明每个构件的平面位置、构件安装顺序号、构件名称等。安装顺序表中反映出每个构件的安装顺序号、构件名称、构件所在图纸号、构件重量等。

2) 构件进场顺序的安排

根据构件进场次序和现场安装计划严密制定出构件进场及吊装周、日计划。构件进场按日计划，每天进场的构件要满足日吊装计划并配套，当天全部吊完。

根据现场吊装进度计划，提前一周通知制作厂，使制作厂随时掌握现场安装所需构件的进场时间。计划变更时提前两天通知制作厂，制作厂应严格按照现场吊装进度所需的构件进场计划，按时将构件运至现场指定地点。

3) 构件进场验收检查

钢构件进场后，按货运单检查所到构件的数量及编号是否相符，发现问题及时在回单上说明，反馈给制作厂，以便更换、补齐构件。

按设计图纸、规范及制作厂质检报告单，对构件的质量进行验收检查，主要检查构件外形尺寸、钢管圆度、接头质量等，做好检查记录。可到制作厂进行半成品检查，如检查出不合格的构件，应在厂内及时整改、修正，以确保施工进度。检查用计量器具和标准应事先统一。

制作超过规范误差和运输中变形的构件必须在安装前修复完毕，减少高空作业。

(6) 钢管柱临时连接方式

钢管柱吊装时与下节柱的临时连接如果采用钢结构安装中常见的临时安装耳板与夹板螺栓连接方式，占用塔吊时间长，不易对中，调整十分繁琐，通常安装和调整一根钢管柱需要约30~60min，而且在柱接头焊接后，耳板要割除并打磨，不能再次利用，浪费严重。

在本工程钢管柱安装中采用了一种十分新颖的临时连接方式，即取消安装耳板和夹板，在柱顶内壁焊接4个吊装耳板，伸出柱顶300mm，兼作上节柱的定位挡板。吊装时，只需将上节柱直接套在下节柱顶的定位挡板上即可松钩，此方法安全可靠。

钢管柱安装时的稳定性验算：

钢管柱套在下节柱顶的定位挡板上，在没有焊接前，主要受风荷载的作用（必须防止其他构件吊装时对钢管柱的撞击）。

风荷载 $$P = CK_h qF \tag{式3-1}$$

式中 $C$——风荷载体型系数，取1.3；

$K_h$——高度修正系数，高度最高时为2.38；

$q$——标准风压值，8级大风时为22.5kg/m²；

$F$——迎风面积，$F = 1.2 \times 7.8 = 9.36 \text{ m}^2$。

$$P = CK_h qF = 1.3 \times 2.38 \times 22.5 \times 9.36 = 651.6 \text{kg}$$

假设钢管柱受力后倾斜的角度为 $\alpha$，如图3-13所示。

当 $\alpha = 0$ 时，风荷载 $P$ 对 O 点的力矩为：

$$M_P = P \times 1/2H = 651.6 \times 1/2 \times 7.8 = 2541.24 \text{kg} \cdot \text{m}$$

重力 $G$ 对 O 点的力矩为：

$$M_G = G \times R = 4700 \times 0.6 = 2820 \text{kg} \cdot \text{m}$$

$M_G > M_P$，即重力对O点的力矩大于风荷载对O点的力矩，所以在8级大风时，钢管柱放在下节柱上后，不会倾倒。下节柱顶的定位挡板对钢管柱起定位和稳定作用。

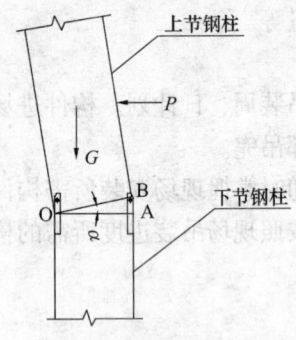

图 3-13 钢管柱受力简图

(7) 钢管柱起吊安装

钢管柱吊装时，根部必须垫实，尽量做到回转扶直，根部不拖。起吊时钢管柱必须垂直，吊点设在柱顶的吊装耳板。起吊回转过程中应注意避免同其他已吊好的构件相碰撞，吊索应有一定的有效高度。钢管柱安装前应将登高爬梯和挂篮等挂设在钢管柱预定位置并绑扎牢固。

(8) 钢管柱垂直度校正

以经纬仪测定柱子垂直度，若有倾斜，则需要进行调节。调节方法一般有两种：

1) 在钢管柱上设置支托，用千斤顶进行调节。

2) 在钢管柱柱顶四个方向挂四个捯链，通过捯链的牵引来校正钢管柱。

第二种方法因挂钢丝绳、捯链等一系列的环节，十分麻烦和费时，一般校正一根钢管柱约需 1.5h，并且无法实现对中调节。

第一种方法在钢管柱校正前，通过在接头部位临时点码子和采用楔子敲击的方式对中。对中后，再另用两个千斤顶再两个方向校正垂直度，合格后点焊固定接头，取出千斤顶，割掉临时码子并打磨割缝。一根钢管柱垂直度校正所用时间约需 0.5~1h。

经过以上两种垂直度调节方法的对比，第一种方法比第二种方法有明显的优越性，故采用第一种方法进行调节。

### 3.6.3 施工测量

(1) 施工测量内容

1) 楼层测量控制网复测；

2) 吊装的跟踪测量；

3) 焊前校正测量；

4) 焊后测量。

(2) 测量工艺

1) 控制网点复核及轴线放线

A. 查找土建测量组提供的原始控制点或二级控制点；

B. 根据控制点复核控制线；

C. 根据控制线放出轴线。

2) 吊装跟踪测量

A. 在钢管柱的两端，在互成 90°的两个平面上用白油漆画出垂直度测量控制点；

B. 用两个互成 90°的经纬仪测量就位钢管柱的测量垂直度；

C. 根据测量人员的指令调整钢管柱安装的垂直度及扭转。

3) 焊后校正

A. 钢管柱垂直度校正同上；

B. 钢管柱中心偏移校正；

C. 依钢管柱设计位置及与轴线的相应位置确定轴线位置上的两个测量点；

D. 用铅垂仪测定钢管柱顶的中心线偏移；

E. 综合钢管柱的垂直度及中心线偏移值确定一个测量值，并使钢管柱处于正确位置。

4）标高测量

在混凝土结构上设置 4 个标高控制点作为标高控制网，然后通过高程传递测定柱顶标高。

5）焊后测量

A. 钢管柱的垂直度测量同上；

B. 钢管柱的中心线偏差测量同上；

C. 钢管柱的扭转测量同上；

D. 标高测量同上。

记录以上数据，作为调整钢管柱长度及下次吊装的依据。

**3.6.4 焊接**

（1）焊接准备

1）焊接工艺评定

依据国家有关焊接工艺评定规范及要求进行焊接工艺评定，并严格按焊接评定条件管理和指导工地焊接施工。

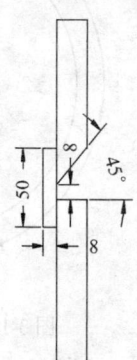

图 3-14 焊接接头坡口

2）焊工上岗证

参与施工的焊工必须持有效的焊接上岗证，过期上岗证必须按规定换证或重新取证。

3）焊接方案

根据现场实际，综合焊接接头形式，设计焊接方案指导生产，焊工严格按焊接工艺评定及焊接方案施工。

（2）焊接工艺

1）接头坡口设计及焊接工艺参数

A. 接头坡口：对接横位，如图 3-14 所示；

B. 焊接方法：$CO_2$ 气体保护焊；

C. 焊接材料：JM56、$\phi1.2$ 焊丝及纯度大于 99.5% 的 $CO_2$ 气体；

D. 焊接参数：电流：230～280A；电压：23～28V。

2）焊接技术措施

A. 防风、雨篷设计

由于现场施工为露天作业，$CO_2$ 气体保护焊接对风、雨敏感度较强，故需设置防风、雨篷，以保证焊接质量。

B. 设备平台设计

钢管柱施工过程中，若将焊机设备置于混凝土楼面上，因混凝土楼层的施工，焊设备必将被困在即将浇捣的混凝土楼层下无法转移，因此，必须设计设备平台，使焊接设备始终独立于混凝土施工。将设备平台设计成可移动式设备房，焊接完成后利用现场塔吊吊离施工层，开始焊接施工时，利用塔吊将设备房吊至浇捣好的混凝土楼层。此方法既方便设备的转移，又不影响土建施工。

C. 单柱焊接顺序

单柱焊接应安排 2～3 名焊工沿圆圈对称施焊，以减少焊接应力和变形。如图 3-15 所示。

D. 整体钢管柱焊接顺序

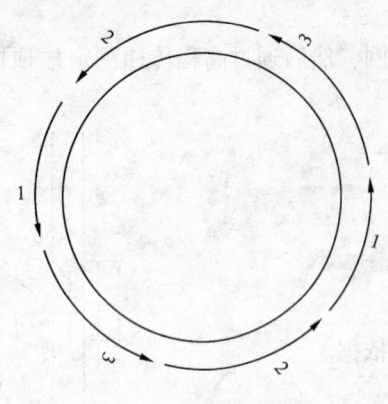

图 3-15 单柱焊接顺序

单层钢管柱吊装定位结束后,开始施焊。施焊按从中间向两端展开。

(3) 焊接施工工艺

焊接施工工艺流程如图 3-16 所示:

(4) 焊接质量控制

1) 一般规定

A. 焊工必须具备由国家船检局或劳动部颁发的焊工资格证书,并只能从事焊工资格认定范围内的工作。脱离焊接工作半年以上的焊工重新工作,应重新考核资格。

B. 焊接工作必须严格执行焊接工艺卡的规定,焊接参数不得随意变更。

C. 构件在焊接进行中或焊缝冷却过程中,避免冲击或震动。

D. 焊接前应检查并确认所使用的设备工作状态正常,仪表工具良好,齐全可靠,方可施焊。

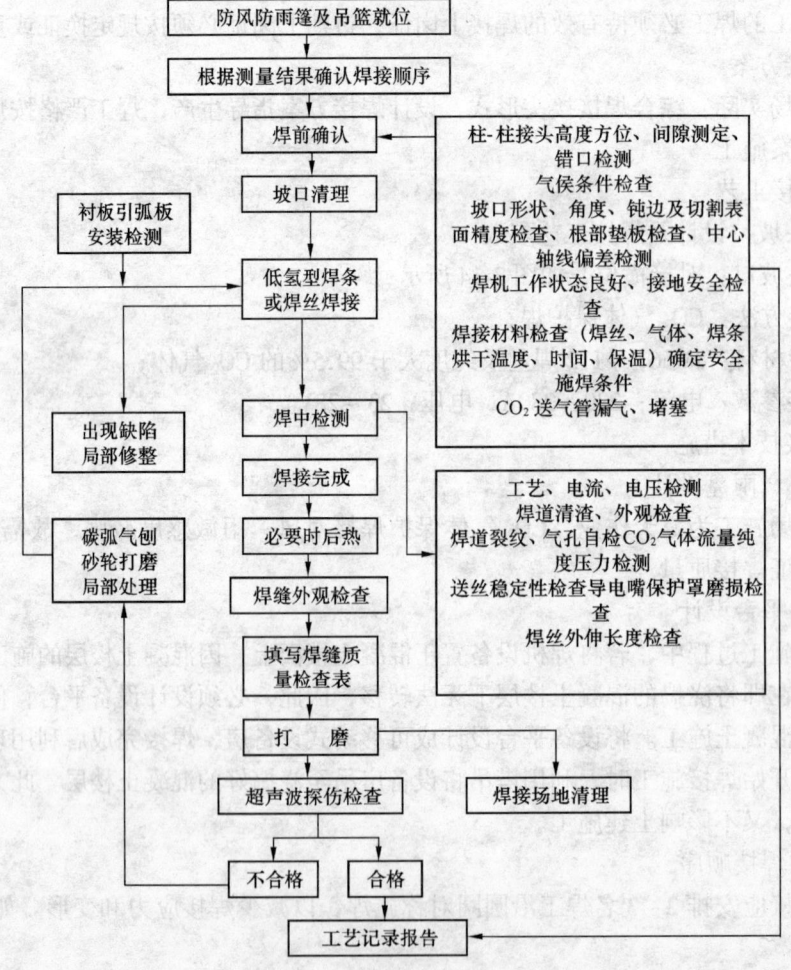

图 3-16 焊接施工工艺流程图

E. 构件焊接应按工艺规定的焊接位置、焊接顺序及焊接方向施焊。

F. 焊缝应按设计要求或有关规定进行外观检查和无损探伤。

2) 焊接材料的使用

A. 焊丝上的油锈必须清除干净,焊剂中的脏物应清除。

B. 焊条、焊剂必须按规定烘干使用。

C. 烘干后的焊接材料应随用随取,从烘干箱中取出的焊接材料超过 4h,应重新烘干后再使用。

3) 焊缝环境要求

A. 钢管柱焊接应在相当于车间内环境的防风篷内进行;

B. 构件组装后应在 24h 内焊接;

4) 对焊工的要求

A. 焊工应持证上岗,并要从事与其相应范围的焊接工作;施焊时应严格控制焊接线能量和层间温度;

B. 焊接应将接缝表面的铁锈、水分、油污、灰尘、氧化皮、割渣等清理干净;

C. 不允许任意在构件表面引弧损伤母材,必须在引弧板、熄弧板或在焊缝中进行;

D. 施焊应注意焊道的起点、终点及焊道的接头处不产生焊接缺陷,多层多道焊时焊接接头应错开;

E. 焊后要进行自检、互检,并做好焊接施工记录。

(5) 焊接施工中质量管理

1) 焊接质量保证程序:如图 3-17 所示。

2) 焊工应随时注意焊接电流、电压及焊接速度;如发现任何问题,应立刻上报,并进行整改,以确保质量。

3) 一焊道焊完后,应将焊渣及飞溅、焊瘤清除干净。如自检后发现缺陷,应用碳弧气刨清除干净,并返修好后再开始下一焊道焊接。

4) 如未采取防雨措施,下雨天气严禁焊接作业,雨停后施焊应先用氧—乙炔焰烘干焊缝。

5) 焊缝重新焊接时,应按规定工艺方法重新开始,并且直至焊完,不得中止。

6) 焊接完成后,焊工应记录完成日期,并提交焊接工长。

(6) 焊接质量保证措施和目标

1) 焊接质量保证措施

A. 做好焊接工艺评定或已有焊接工艺评定所覆盖。

B. 组织焊工培训,并按要求进行考试。

C. 控制焊材进货渠道,并严格按焊材验收有关规定进货。

D. 对焊工进行技术交底。

E. 严格焊接工艺卡施工制度,焊工必须按工艺卡要求施焊。

F. 制定质量奖惩制度,将工程质量与经济利益挂钩。

2) 质量目标

焊缝一次合格率达到 98% 以上,一次返修合格率达到 100%。

(7) 焊接检查

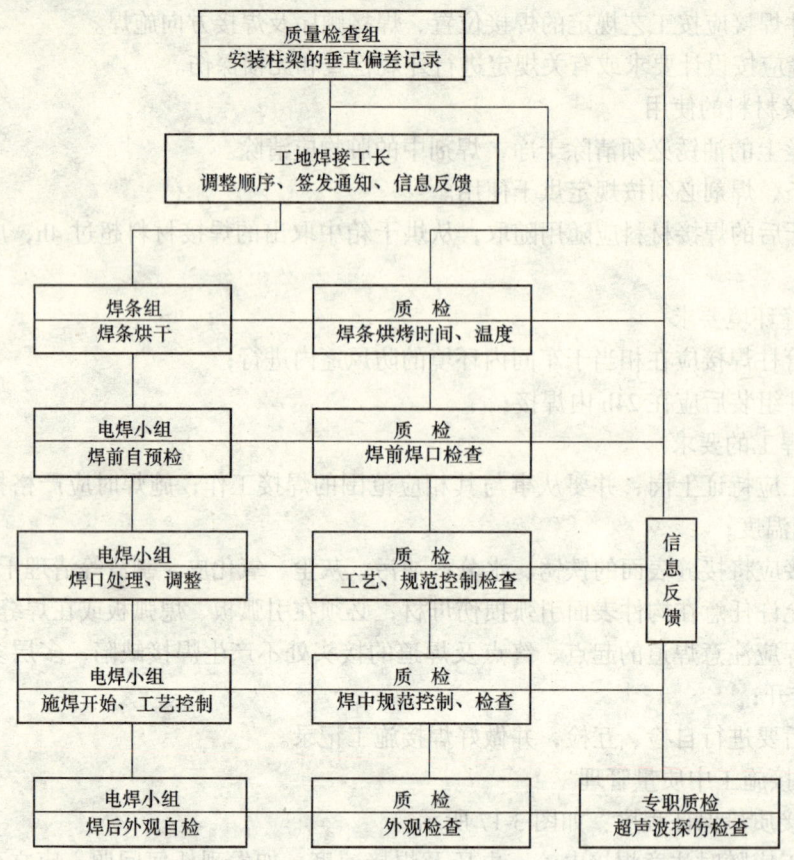

图 3-17 焊接质量保证程序图

1) 所有焊缝需由焊接工长 100% 进行目视外观检查,并记录成表。
2) 焊缝表面严禁有裂纹、夹渣、焊瘤、焊穿、弧坑、气孔等缺陷。
3) 对焊道尺寸、焊脚尺寸、焊喉进行检查。
4) 无损检测

A. 无损检测按《建筑钢结构焊接技术规程》(JGJ 81—2002)、《钢焊缝手工超声波探伤方法和探伤结果分级》(GB 11345—89)评定。

B. 对于半熔透开坡口焊缝、全熔透坡口焊缝进行 100%UT 探伤。

C. 焊缝 UT 探伤应在焊缝外观检查合格后进行,并必须在焊缝冷却 24h 后进行,避免出现延迟裂纹。

D. 探伤人员必须具有二级探伤合格证,出具报告必须是三级探伤资质人员。

E. 第三方抽检按 20%UT 探伤进行。

(8) 焊缝修补

1) 焊接中的修补

焊接过程中如发现焊缝有缺陷,立即中止焊接,进行碳弧刨清除缺陷,待缺陷完全清除后再继续进行焊接。如发现裂缝应报告焊接工长,待查明原因制订修补方案后,再进行处理。

2) 无损探伤后的修补

无损探伤确定缺陷位置后,应按确定位置用碳弧气刨进行清除,并在缺陷两端各加50mm清除范围,在深度上也应保证缺陷清理干净,然后再按焊接工艺进行补焊。

同一部位返修不得超过两次,如在焊接过程中出现裂纹,焊工不得擅自处理,必须及时报告焊接工长。

### 3.7 外爬架施工

**3.7.1 概况及导轨式爬架简介**

(1) 概况

中泰广场地处广州火车东站西侧,7层裙楼已开张营业。结构主体总高度为202.1m。由7层裙楼和两栋47层主塔楼、一幢23层副楼组成,其中主塔楼标准层层高3.85m,避难层两层,层高6.0m,最顶一层为机房层,层高12.0m。主塔楼外形结构沿高度方向比较统一,适合爬架防护。由于本工程地处闹市区,安全防护极其关键,为确保本工程施工安全、施工进度和现场文明,采用导轨式爬架(DM-01型)作为主塔楼的外防护架,满足结构主体施工防护需要,结构转换层作为爬架操作平台采取另搭外架。另外,部分结构立面、屋面机房水箱和装饰框架等,另搭外架完成防护任务。

(2) DM-01型导轨框架式爬架简介

DM-01型导轨框架式爬架是一种用于高层建筑外脚手架施工的成套施工设备。它改变了传统外脚手架搭设到顶的施工习惯,仅用3~5层脚手架,利用爬升机构实现整体或分片升降。它由支架系统、竖向框架和水平框架系统、附着导向和卸荷系统、动力提升系统、防坠系统、荷载同步控制系统、施工防护系统共七部分组成。目前,DM-01型导轨框架式爬架在国内外处于技术领先地位,完全满足《建筑施工安全检查评分标准》(JGJ 59—99)的有关要求。

(3) DM-01型导轨框架式爬架结构特点

1) 本型号爬架导轨设计成桁架构造,刚度大,大大减小了导轨受力后的弯曲程度,其导向性能和传力性能得到加强。

2) 本型爬架导轨与竖向框架形成一体,形成双桁架并联结构,使得竖向框架刚度和承力性能增强。

3) 导轨与架体一起升降,减少了周转导轨工序,消除了周转工作的施工安全危险。

4) 导轨上每100mm冲有安装孔并标有数字,沿竖向布置,可随时进行目视监测升降同步性工作。

5) 每个提升点位上安装有3个以上卸荷限位锁,架体施工荷载通过3个卸荷限位锁传递到4个楼层上,多楼层分担承力,避免了单层集中承载对建筑结构的破坏。

6) 每一点位上安有4个卸荷导向件,均可独立承受水平和竖向荷载,且这4个独立卸荷导向件任意一个失效,架体均不会发生坠滑和倾翻。

7) 防坠装置与导向系统、提升系统分离设计,相互独立,独自承受架体荷载并直接传递给建筑结构。解决了大部分类型爬架设计的各系统功能串联问题,即一个系统功能失效进而影响其他系统功能正常发挥作用,更大程度上增强了爬架的安全性能。上置式防坠装置极易检查发现故障,便于及时维修保养,确保防坠性能。

8) 提升系统与防坠装置、导向系统分离设计，相互独立。提升葫芦通过挂座和穿墙螺栓直接吊于建筑物上，传力简捷、明确，解决了各系统间功能制约问题。

9) 在不周转提升设备和导轨等较重部件的前提下，可连续升降两个楼层，加快了爬架施工防护进度；同时，爬架防护层数（高度）可减少一层，节约钢管和防护材料。

10) 荷载同步预警控制系统技术领先，该技术已经过近50栋爬架施工项目的验证，性能满足要求。

11) 可电动升降，也可手动升降；可整体升降，也可分片升降，分片大小不影响爬架安全性。

### 3.7.2 施工组织策划

（1）技术准备

1) 熟悉施工图纸，详细了解结构细部尺寸，仔细对照建施与结施图纸，检查立面是否有悬挑突出部分或影响爬架提升的障碍，仔细了解结构配筋，尽量避开窗洞，合理选择预埋件埋设位置。

2) 熟悉土建施工组织设计，详细了解塔吊、电梯、井架等垂直运输机械的平面布置，详细了解施工现场的平面布置，依此确定爬架平面布置及方案设计。

3) 科学编制施工方案。广泛调查施工周边环境，密切联系工程实际，征求各工种各部门意见，坚持"安全第一"原则，编制切实可行的施工方案。施工方案做到预埋位置准确，架体轻，材料用量少，布局合理、科学，有编制、有审核、有主管领导批准的签字手续。

4) 技术交底与培训

作业班组进场后应首先组织三级安全教育和岗前施工技术、施工安全、施工文明、劳动纪律教育培训。

每道工序施工前，爬架技术负责人应编写详尽的施工技术交底书向架子班组交底，内容应包括作业标准、技术要点、安全要求等，并要求每人签字后存档。

（2）施工队伍配备

为确保安全和进度，计划在搭架阶段，安排一个独立班组，施工工人20~25名。班组要求熟练架工不少于12名，正副班长各1名，兼职安全员1名，普工和木工5名，电工1名。

（3）材料机具计划及要求

依据爬架平面布置图，编制爬架材料计划清单、零配件计划清单，及时组织生产及订货，保质保量交付使用，以满足施工要求。具体计划清单包含爬升机构及零部件计划清单、主框架及零部件计划清单、动力机械计划清单、电控系统计划清单、施工机具计划清单、钢管扣件计划清单、防护材料及钢丝、钢钉等辅料计划清单。

材料质量要求凡是爬架专用设备及零配件必须经过检修确保达到使用标准，架体安全网和平兜网等防护用品必须有合格证，扣件必须经过清洗，坏丝螺栓螺母必须更换，钢管必须经过除锈刷漆。爬架用走道板使用的木模板必须确保强度，木模板的规格尺寸不得小于1200mm×300mm，严禁使用零小废料拼接，爬架用内挡翻板宽度方向严禁拼接，以确保承力强度，长度不得小于1000mm。

施工机具必须具备出厂合格证并经过检修，漏电保护灵敏、有效。

### 3.7.3 方案设计

(1) 裙楼以上邻边临时防护

裙楼以上除 (1-K) 轴线侧部分区段结构外檐未内收外，其余大部分外檐内收，在主体结构施工前对未内收外檐进行悬挑架和防护棚搭设，确保避免高空坠物。悬挑架采用双排架，采用斜钢管支顶和预埋16号槽钢，以加强其承力性能，满足爬架平台要求。防护棚具体要求见3.9外立面分段防护。对已内收外檐区段，可直接在裙楼上面搭设双排架满足第八层结构施工外防护，同时作为爬架平台，双排架内排距结构距离不大于0.30m，架体宽度1.0m，架外排设1.2m高扶手，架体最上大横杆应低于九层楼面以下0.30m。

(2) 导轨框架式爬架平面布置和搭设方案

根据两栋主塔楼标准层结构平面布置图和有关立面图，两栋主塔楼共设53套提升机构。其中4个点位自二十二层开始搭设并与相邻爬架连接成整体一起提升，每一栋分两片升降，提升均采用电动提升方式。

1) 爬架自九层开始搭设并安装，爬架最高防护至202.100m。爬架最底一步使用水平支撑框架，提升点处使用竖向主框架，架体其余部分使用普通钢管。架体平均宽度0.8m，架体总高度17.0m，计8步架加1步单排架，最底步架高1.80m，其余各步架高1.9m，覆盖4.5个标准层；立杆间最大水平间距1.80m；提升点位最大跨度7.2m，支架离墙距离0.45~0.75m，主体结构施工阶段，爬架离建筑物较大处采用钢管内挑至小于0.30m。

2) 爬架在塔吊附墙处的协调。由于本工程塔吊设置在楼梯内，爬架布点设计不需考虑塔吊的影响。

3) 爬架剪刀撑搭设方案

爬架只需搭设外排剪刀撑，自爬架最底部满搭到双排架顶，斜杆角度45°~60°，斜杆间距不超过6根立杆，钢管搭接不小于70cm，双扣件连接。

(3) 爬架防护要求

1) 每步架体外排及端部均设扶手杆，材质可用钢管；每步架体外排挂密目安全网，并在爬架全高度设钢丝网片，避免钢管钢筋坠落。

2) 架体内挡空隙距离要求控制在0.20~0.30m，并且保证架体升降、支模和装饰需要。

3) 架体走道板最底一步、第五步用木模板铺设，其余各步用钢筋网片铺设。架体最底一步铺脚手板前应铺密目安全网和白兜网兜底，以避免碎小杂物坠落。

4) 架体内挡封闭采用两层内木质翻板方案。两层翻板设于最底一步及第五步。翻板与走道板搭接不少于10cm，与结构搭接不少于15cm，翻板与走道板连接采用多股铁线连接，并于翻板上端设置保险拉线钩。当架体升降时翻板掀起后，用拉线钩将翻板钩挂在爬架内排立杆上，底部一道翻板上覆盖密目安全网，以兜揽碎小块砾。

5) 片架间防护。爬架间断片处要求外排用密目网封闭并加短钢管连接加固，上中下设3层翻板；爬架与外架交接处加设扶手杆和一道翻板。

6) 爬架踢脚板和安全标志板。由于在爬架全高加铺钢丝网片，防护性踢脚板不需再设。作为爬架安全醒目标志的标志板高度18cm，红白各50cm间隔在第㊀、㊂、㊄、㊆、㊈五步安全网外侧设置。标志板材料可用木板或0.5mm厚度以上的薄钢板加工而成。

(4) 外架防护、卸荷方案

1) 电梯处外架采取双排架。架体两端面应封闭,与爬架间空隔应用密网封闭。电梯处架体横杆、立杆位置应避开行走通道。

2) 电梯处外架卸荷。采取每层加设水平拉结钢管,每 6 步加设一道卸荷支顶钢管,每 22 步进行一次分段卸荷。

3) 九～二十一层 ①-13 轴面和 ①-15 轴面防护。该部位结构两主塔楼间采用满搭架完成防护任务,每 3 层进行一次卸荷。为避免高空落物,该结构转角部位两侧 3m 范围立面应挂铺钢丝立网。

4) 屋顶以上局部外架应挂设安全网,作业层应铺设走道板,离建筑物不超过 30cm。

(5) 悬挑梁(槽钢)布置和爬架平台

九层楼板混凝土施工前,应埋焊安装悬挑槽钢。槽钢间距以不超过 1.50m 为宜,悬出长度 1.4m,每根槽钢上焊有 10cm 长钢管两根,在其上扣接双排大横杆和小横杆并铺设密目安全网和兜网,即为爬架搭设用平台,要求平台宽度必须确保宽于爬架架体,并不小于 1200mm,外侧设扶手杆并挂安全网以保证爬架搭设的安全,平台架体经过加固和卸荷后必须能承担 $200kg/m^2$ 荷载;平台水平度应控制在 20mm 之内,其余标准和质量要求见导轨式爬升脚手架操作规程。

(6) 料台搭设方案。

出料平台搭设在爬架第三步,宜设于两提升点之间,两个出料台水平距离以中间不少于 3 个提升点为标准。料台最大尺寸为 3.0m×1.5m,料台扶手高 1.2m,料台上铺木模板及踢脚板。料台支架采用 16 号槽钢,并加钢丝绳直接卸荷至结构主体。料台最大限重为 800kg。

(7) 爬架人行梯步方案

爬架人行梯步每栋楼设置一个,靠近施工电梯处设置,梯步宽度与架体同宽,每一梯步尺寸为 20cm×30cm,每一步架设一个休息平台。梯步用钢管搭设,上铺木模板。

(8) 预埋件的设置

1) 质量要求

预留件放置前,用线坠与下层和隔层预留孔对齐,确保垂直度偏差不大于 20mm,标高一致,位置准确,套管孔应垂直于墙面。

2) 预埋件用内径 $\phi 34$ 塑料管制作

套管长度为墙或梁厚加 10cm,根据平面布置图,确定套管位置。

3) 第一层预埋件设置后,建立各爬升点的预留孔位置相对其最近轴线的距离尺寸档案,以后各楼层预埋孔要参照档案表,确保预埋孔位置准确。

(9) 爬架搭设与安装步骤

第一步:安装提升底座。按照爬架平面图将底座摆放就位,滑轮组件应与建筑物外墙切线平行,并且严格控制立杆离墙距离,提升底座的立杆中心应与导向件预埋孔中心对齐,偏差不大于 10mm。

第二步:水平桁架的安装。安装步骤如下:下节导轨和外立杆定位→中间框架→下弦水平槽钢→上弦水平槽钢→内外斜腹杆→兜底安全网→安全网→脚手板→踢脚板。

第三步:支架安装。所用材料必须经过检查合格;立杆和大横杆接头必须错开在两步

（跨）内；爬架支架全高垂直度偏差控制20mm内，大横杆水平度每10延米高差控制在10mm内；水平高差总累计控制在20mm内；步高1900mm，跨距不大于1800mm；支架搭设应随结构施工及时进行刚性拉结，确保支架整体上不变形、不倾斜。

第四步：随着支架安装同时，安装上节导轨、穿墙螺栓、卸荷导向件、限位锁等爬升机构部件。

第五步：搭设剪刀撑。外排剪刀撑搭设应自爬架转角处水平桁架底端开始，倾角45°～60°，搭设到双排支架顶，剪刀撑搭接不少于70cm，接头处不少于两个扣件；剪刀撑钢管应与每个立杆扣接，同方向剪刀撑倾角相同；内排剪刀撑自提升点处滑轮组件立杆开始，倾角45°～60°，与相邻提升点位主框架扣接即可。

第六步：电控及动力系统安装。控制按钮和电缆安装在第五步架体上，配电系统采用三相五线制，电缆装入$\phi$20PVC管内并用橡胶拉条系于外排大横杆上。

控制柜必须设有接零、漏电、错断相保护措施，并设有电源显示灯。

电动提升机：本工程外爬架采用分片电动提升方式。电动葫芦数量配备应满足施工进度要求。电动葫芦使用前应进行检查和维修保养，同步升降误差不得大于30mm。

（10）6m楼层卸荷及提升加固方案

主塔楼有两个避难层，层高6m，一次不能提升到位，需周转提升机一次。另外，导轨自由长度太大。采取在每一提升点位处，用4根立杆和可调托座支顶上下楼板，在其中间高度安装卸荷导向件和提升机，分两次提升。

## 3.8 中庭采光井安全防护措施

中泰国际广场地下室与7层裙楼已施工完，并已投入使用。本期工程为八～四十七层主塔楼，主塔楼从八层屋面开始向上施工。八层屋面有一块面积200$m^2$采顶棚，采光顶棚下为裙楼的商场大堂，为客流的集中点。主塔楼施工期间不得影响商场运作，必须确保商场内顾客安全，因而设屋面采光棚安全防护。

采光棚防护布置：

采取在采光棚上另加盖一个安全防护棚。防护棚分两层，一层用模板和木方，一层用6mm钢板防护。防护棚下架设贝雷架大梁，支托防护棚重量和荷载，贝雷架直接支撑在墙杜上。

采光棚防护施工：

八层结构施工时，仅对采光棚作临边防护，即在采光棚周圈围一道双排架，高6m，内挂安全网。

八层施工完成后，待混凝土强度达到设计的80%时，组装贝雷架，安装防护棚，贝雷架一端支在已施工 ①-B 轴的女儿墙柱顶上，贝雷架另一端支撑在九层 ①-E 钢管柱环梁上。

## 3.9 外立面分段防护措施

主塔楼施工外立面安全防护分三段实施。

防护一：①方便利用原八层屋面女儿墙梁幕墙龙骨钢架，拆除幕墙铝板，外挑梁支模直接支撑于龙骨钢架上；②在九层楼面悬挑20号工字钢作外爬架平台，挑出长度

1600mm，工字钢通过两道预埋钢筋固定在九层楼面上；③直接在九层楼面挑出安全挑棚4000mm；④九层楼板的支模、扎筋、浇混凝土一次性完成。

防护二：①为保住该段招牌不拆除，同时凿除部分女儿墙梁；②在八层女儿墙上钻孔，孔径50mm，间距750mm；③从孔中挑出钢管；④利用钢管搭设操作平台，支模、扎筋；⑤混凝土一次浇捣；⑥该段安全棚为挑出5000mm长的10号槽钢，上盖3mm厚钢板；⑦须拆除八层女儿墙梁花岗石。

防护三：①该段夹层楼面为屋面，故仅架设屋面安全围栏；②夹层屋面支模、扎筋时，屋面安全围栏加固在夹层满堂架上；③夹层屋面混凝土完后，屋面安全围栏转移、加固在屋面预埋的钢管头上。

主楼九层以上的安全防护，每层结构周边防护：①每5层挑出一道安全挑棚，具体详见防护二；②每层临边焊接临边的防护栏杆。

### 3.10 安全走道防护措施

为确保人流量大的交通要道的施工安全，依现场实际情况，确定在地库南面入口处、首层商场南门处、幼儿园大门处设立安全防护棚。

三处安全防护棚的结构形式分别为：

地库南面入口处采用全钢管搭设，立柱为间距1m的单排架，顶棚为钢管平台架，两层模板满盖。

首层商场南门处采用贝雷柱、工字钢、钢管架的组合形式，柱子为贝雷柱，主次梁为工字钢，棚盖为钢管平台架，两层模板满盖。

幼儿园大门处共分三个区段形式，两头区段为全钢管搭设，中间区段为贝雷柱、工字钢、钢管架、钢板的组合形式。

防护集中体现实用、经济、简捷的原则，尽量少采用贝雷柱、工字钢的结构形式，大量采用钢管架设。

### 3.11 大型机械设备设置方法

#### 3.11.1 塔吊布置、安装及拆除方案

(1) 塔吊安装思路。

本工程为裙楼以上工程，决定选用两台内爬式塔吊。内爬式塔吊无法按常规方法安装，而是必须在裙楼屋面上安装到位。其主要安装思路为：①在屋面上安装两台钢塔扒杆（扒杆各零配件由人工通过货梯运至裙楼屋面，在屋面进行拼装）。②塔吊各零配件通过扒杆将其吊至屋面进行安装。③吊臂和平衡臂需将各部件吊到屋面拼装后再用扒杆就位。

(2) 塔吊的选型与定位

根据本工程特点，主楼施工选用一台半径为35m、一台半径40m的内爬式FO/23C塔吊进行垂直运输，自编号为1号与2号。主楼塔吊水平定位在12号、13号楼梯内。主楼塔吊垂直定位是第一道内爬框架在六层，第二道内爬框架在八层。

(3) 内爬式塔吊安装方法

1) 基本参数（表3-6）

内爬式塔吊基本参数一览表　　　　　　　表 3-6

| 名称 | 尺寸<br>（长、宽、高）(mm) | 重量<br>(t) | 名称 | 尺寸<br>（长、宽、高）(mm) | 重量<br>(t) |
| --- | --- | --- | --- | --- | --- |
| 基础节 | 1760×1700×1780 | | 起升机构 | | 2.6 |
| 承重节<br>（加强节） | 1760×1700×3280 | | 起重臂<br>（连拉杆） | 51040×1410×1500 | 7.31 |
| 标准节 | 1760×1700×3280 | 1.09 | 平衡臂<br>（连拉杆） | 11350×2610×1870 | 4.81 |
| 套架、<br>液压系统 | 1760×1700×3280 | 3.03 | 平衡重块 A | 共 1 块 | 共 3.7 |
| 驾驶室 | 1760×1700×3280 | 0.31 | 平衡重块 B | 共 4 块 | 共 12.4 |
| 塔顶节<br>（塔帽） | 1760×1700×3280 | 3.56 | 平衡重块 C | | |

2) 安装前准备。

3) 在八层裙楼屋面上安装钢塔扒杆缆风绳末端的固定埋件。

4) 吊运钢塔组件。将钢塔及扒杆的各部件、卷扬机、缆风绳及其他附属部件用货梯或通过消防楼梯运至八层裙楼屋面，并将其在裙楼相应部位拼装调试。

(4) 吊装钢塔的安装方法。

剪力墙上开塔吊支座洞口。将 12 号、13 号楼梯凿掉七、六两层，并在六层剪力墙相应部位凿 600mm×450mm 洞口，九层以上改为预留洞口。

安装塔吊支座的垫板与牛腿。在六层的洞口和八层的楼面相应位置铺上垫板（2cm 钢板），垫板与墙的竖向钢筋焊接固定，注意应使 4 块垫板在同一水平面，垫板紧压混凝土面。接下来，安放塔吊支撑梁（340mm×320mm），按照相关施工工艺标准焊接钢牛腿，以固定塔吊支撑梁。

塔吊的固定框架有水平反力 18.4t，故设钢牛腿传递水平反力到剪力墙上。

用钢塔扒杆按塔吊安装顺序将各部件吊至八层裙楼屋面。为避免八层裙楼楼面受力过大，塔吊各部件应根据安装进度分批、分次吊至裙楼屋面。

(5) 吊装钢塔的安装方法

1) 钢塔的安装位置：在天面（35.500m）上安装两座吊装钢塔，1 号钢塔中心在距 ①-⑥ 轴 3600mm 的外圆弧与 ①-⑩ 轴顺时针偏移 2°轴线的交汇处，扒杆座在钢塔第六节上部，装 21 节，高 38.85m，标准节主肢采用∠125×10 的角钢，横腹杆、斜缀条采用的∠75×5 角钢，两条 26m 的扒杆分别装在钢塔的对角两边；2 号钢塔中心在距 ①-⑥ 轴 3600mm 的外圆弧与 ①-⑰ 轴顺时针偏移 4°轴线的交汇处，扒杆座在钢塔第六节上部，装 21 节，高 38.85m，标准节主肢采用∠125×10 的角钢，横腹杆、斜缀条采用的角钢，两条

26m的扒杆分别装在钢塔的对角两边。

2) 钢塔的缆风绳：钢塔的缆风绳一般为6～12条，钢丝绳直径不小于$\phi15$，配以相应型号的绳夹，缆风绳与地面的夹角应≤60°，锚固点可在捣楼面混凝土时预埋铁环固定。在一条扒杆吊装重物时，另一条扒杆需调整好角度，摇摆到前一条扒杆的后延长线上，放下吊钩，把钢丝绳固定在剪力墙上，再把吊钩起升钢丝绳收紧，以作为钢塔吊装时的后平衡。工作状态时缆风绳地直径为17.5mm；非工作状态时，当有台风来时，需在钢塔中部四周加装直径为17.5mm的双绳以承受风的载荷作用。

3) 钢塔扒杆的技术数据：扒杆的安全使用范围在仰角45°～75°之间，当仰角45°时，扒杆的吊幅及起吊高度均为29.5m；当仰角75°时，扒杆吊幅6.7m，起吊高度为36.2m。

以安装1号塔吊为例，安装塔顶时，高31m，吊幅为7.88m，仰角72.35°，起吊高度35.88m；安装吊臂时，高25.3m，吊幅16.2m，仰角51.46°，起吊高度31.4m；安装平衡时，高25.3m，吊幅为11.2m，仰角64.48°，起吊高度34.5m；安装平衡重时，高25.3m，吊幅为50.89°，起吊高度31m。因此，扒杆能满足使用要求。

4) 钢塔的卷扬机：每台吊装钢塔需要配备5t机4台、1t双筒机3台、0.5t机1台。

(6) 塔吊安装

1) 安装步骤

A. 在六层剪力墙开洞处安装两根钢梁。在钢梁上安装抱箍，抱箍用高强螺栓与钢梁相连。在抱箍安装到位后，将钢梁两端与剪力墙洞口处的预埋铁件焊牢。

B. 安装塔身基础节，用楔块将基础节与抱箍销紧连接牢固。

C. 安装标准节，先将标准节拼装好，并装上爬梯，再吊入与基础节连接。共安装两节标准节，一节加强节。

D. 与A相同在八层剪力墙开洞处再安装两根钢梁。在钢梁上安装抱箍，并用楔块使抱箍与塔吊加强节销紧连接牢固。

E. 在裙楼面上将回转部分、上下支承、平台、回转机构等组装，然后吊起来与下塔身连接。

F. 安装塔尖组成：包括塔头、司机室、拉杆和带扶手栏杆平台。

G. 平衡臂的安装。

a. 在裙楼屋面上拼装好平衡臂，包括通道、扶手栏杆、起升卷扬机和起重吊杆。

b. 将拼装好的平衡臂吊起，并将其固定在塔尖上，两个销轴必须在插入装置内就位，就开口销。借助塔顶利用张紧装置把组件提起，并与塔顶销接。

H. 吊臂的安装。

a. 吊臂预先拼装组成40m、35m的臂长。

b. 在裙楼屋面上将载重小车、变幅机构、拉杆组装到吊臂上，再穿绕变幅钢丝绳。（穿绕方法和注意事项按说明书）。

c. 找出理论重心置试吊，若重心偏差较大可重新调整平衡，整体吊起臂与回转塔身上的铰点用销轴连接。

d. 利用塔尖上的张紧装置，卷绕钢丝绳提升拉杆，待拉杆轭连接到塔尖上后，慢慢放下臂架，张紧拉杆。

I. 根据起重机生产厂家安装说明要求，吊装5块，共16.1t平衡重块到平衡臂上。

J. 穿绕起升钢丝绳安装吊钩（穿绕方法和注意事项按说明书），安装电缆，接通电源，塔吊试运转至符合要求。

K. 连接的结构，应使用原厂制造的高强度螺栓或销轴，若自制的应有质量合格的试验证明，否则不得使用。

L. 连接螺栓时，应采用专用扳手，并应按装配技术要求拧紧。

2）安装检测调试

A. 全面调试检查塔吊电路接线是否正确。

B. 全面检查整机安装的联接部位是否正确、牢固。

C. 检测无风状态下，塔身轴线的垂直度，允许偏差小于3/1000。

D. 塔身防雷检测接地电阻小于4Ω。

E. 塔吊试运转，检查主机升降、塔机回转、小车行走等是否正常。

F. 调试塔吊各安全装置，包括力矩、超高、变幅限位器，达到灵敏、准确、安全、可靠；吊钩、卷扬机滚筒有保险装置；上人爬梯有护圈等。

3）检验并申办准用证

塔吊安装经检测调试后，由公司有关部门初验，通过自检合格后，申报市技监局检验并申办准用证，方可投入使用。

现场配合工作

A. 清理进场道路及施工现场，充分考虑各部件堆放的位置、运输及安装。

B. 在塔吊安装位置附近提供塔吊所需电源。如需夜间施工，现场配备足够灯光照明。

C. 汽车、汽车吊需要经过或停置作业在地下室顶板的，做好支顶卸荷工作。

D. 吊装钢塔、卷扬机所在的楼面位置要做好支顶工作。

E. 按照图纸位置预埋各种铁环。

4）主要机具设备

A. 吊装钢塔加强节21节，截面2m×2m，主肢L125×10，缀条L75×5。

B. 吊装大扒杆26m四条。

C. 卷扬机5t机4台、1t机3台、0.5t机1台。

D. 丝绳、卡环、滑轮、夹塞、卸扣、棕绳等工具一批。

(7) 塔吊拆除

1）先拆卸吊钩，收回起升钢丝绳。

2）拆卸全部平衡重块5件，共16.1t。

3）拆卸吊臂，该吊臂理论重心位置在17.30m臂长处，拆卸高度10m。整体吊起吊臂，利用工地卷扬机卸除拉杆，然后松脱与回转塔身上联接的销轴，吊至楼面加固位置处解体，然后逐件吊卸回地面。

4）平衡臂的拆卸，拆卸高度10m，整体吊起平衡臂，利用工地卷扬机和张紧装置拆除拉杆同塔尖连接的销轴，然后松脱与回转塔身联接的销轴，并吊卸至楼面的堆放位置上，然后用另外一支扒杆吊卸至地面上。

5）拆卸塔尖总成：包括塔头、司机室、拉杆和带扶手栏杆平台，并吊至楼面的堆放位置上，然后用另外一支扒杆吊卸至地面上，拆卸高度17.2m。

6）拆卸回转部分并吊至楼面的堆放位置上，然后用另外一支扒杆吊卸至地面上。

7）逐节拆卸标准节并吊至楼面的堆放位置上，然后用另外一支扒杆吊卸至地面上。

8）拆卸内爬框架及支撑横梁。

9）将吊卸回地面的塔吊部件，清点数量登记后，及时用25t汽车吊装车并运离施工现场。

### 3.11.2 施工电梯布置、安装及拆除方案

中泰二期主楼施工共配备两台施工电梯，分别在 ⓛ-10 × ⓛ-M ~ ⓛ-K、ⓛ-18 × ⓛ-M ~ ⓛ-K 范围内，以上位置为地下室顶板。地下室的水池与商场均正投入使用。

为不影响水池与商场的工作，订做一条大梁 1000mm×800mm，用来承载电梯荷载，大梁直接支撑于结构框架柱上。电梯荷载通过大梁，框架柱传力至基础底板。

电梯4个支脚荷载直接承于大梁，电梯两侧吊笼荷载承在大梁两侧的挑板上，由挑板传入大梁。

对于 ⓛ-18 × ⓛ-M ~ ⓛ-K 的大梁，置于楼面上，直接简支于环梁与柱顶。

对于 ⓛ-10 × ⓛ-M ~ ⓛ-K 的大梁，置于楼面上，一端简支于柱顶，一端植筋锚固在环梁上。

# 4 质量、安全、环保技术措施

## 4.1 工程质量保证措施

### 4.1.1 质量保证体系

（1）建立健全管理组织，积极推行 ISO 9000 标准质量管理体系

在本工程项目施工中，项目已积极推行 ISO 9000 标准质量保证体系，制定施工组织设计和项目质量计划、质量记录等质量体系文件，在质量目标、基本的质量职责、合同评审、文件控制、物资采购的管理、施工过程控制、检验和试验、物资的贮存和搬运、标识和可追溯性、工程成品保护、培训、质量审核、质量记录、统计技术与选定等与质量有关的各个方面，规范与工程质量有关的工作的具体做法。同时，建立一个由项目经理领导的质量保证机构，形成一个横到边、纵到底的项目质量控制网络，并使工程质量网络处于有效的监督和控制状态。本项目的质量保证机构及职能如图4-1所示。

（2）加强施工全过程管理，建立质量预控体系

建立健全施工全过程的质量保证体系，对工程施工实施质量预控法，提高操作人员的操作水平及管理人员的管理效能，有目的、有预见地采取有效措施，有效防止施工中的一切质量问题的产生，真正做到施工中人人心中有标准、有准则，以确保施工质量达到预定的目标，把以事后检查为主要方法的质量管理转变为以控制工序及因素为主的 ISO9001 质量管理，达到预防为主的目的。在施工当中，项目将严格加强培训考核、技术交底、技术复核、"三检"制度的管理工作，使每一位职工知其应知之事、干其应干之活，并使其质

# 4 质量、安全、环保技术措施

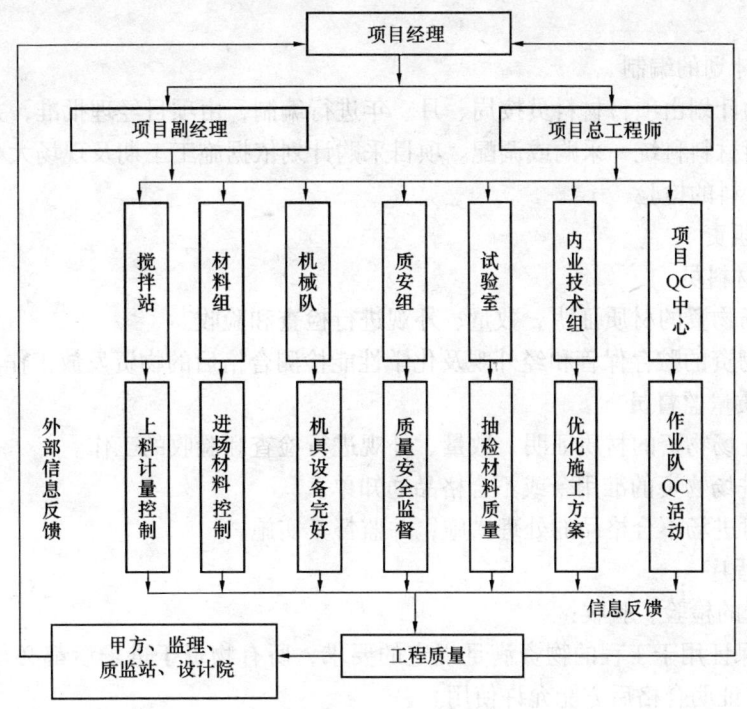

图 4-1 质量保证机构及职能示意图

量行为受到严格的监督。同时,实行质量重奖重罚,以确保质量控制体系的有效运行,确保工程质量的目标。

**4.1.2 原材料质量保证措施**

(1) 材料采购

根据质量方针和质量目标的要求,依据材料采购的有关程序文件,选择合格的材料供应商,保证所有同工程质量有关的物资采购能满足规定的要求。

1) 建立合格的材料供应商队伍

A. 所有向本工程提供与工程有关物资的供应商,在开展业务之前应接受质保能力认定。

B. 采购员对物资供应商进行现场考察及产品检测,形成供应商考察报告,经局材料科长审核合格后,作为本工程的合格材料供应商。

C. 经考查合格的材料商将进入合格材料商供应名册。本工程所用的建筑材料将全部从合格材料供应商名册中的供应商处采购。

2) 对材料供应商的控制

A. 每季度对合格供应商名册中的供应商的表现进行评审,并在合格供应商名册中填写评定意见。

B. 凡有一次违反按质、按时、按量供货规定而不采取纠正措施的供应商,就在供应商名册中除名。

C. 经除名的供应商在一年内不能使用。一年后,只有重新经质保能力认定合格,方能进入合格供应商名册。

D. 年终经过对供应商进行评估后,将供应商名册进行重新整理,将不合格的供应商除名。

  3）采购计划的编制

  项目采购计划由项目材料员按周、月、年进行编制，由项目经理批准，并上报公司材料科，由公司材料科统一采购或调配。项目采购计划依据施工工期及现场大小进行编制。

  (2) 原材料的检验

  1）人员职责

  A. 项目材料员

  a. 对进场物资的材质证明、数量、外观进行检查和验收。

  b. 安排物资的贮存保管和经外观及化学性能检测合格后的物资发放工作。

  B. 项目质量监督员

  a. 监督进场物资的材质证明、数量、外观进行检查和验收的工作。

  b. 签发进场物资的准用令或不合格品通知单。

  c. 提出对进场不合格品的处理措施，并监督其实施。

  2）工作程序

  进场物资的检验、验收：

  A. 为了保证用于工程的物资满足规定的要求，所有物资于进场后都必须先行接受检验或试验，经证明合格后方能允许使用。

  B. 进场物资的取样由项目试验员负责进行。

  C. 物资的进货检验由材料员及试验员负责进行。材料员负责材料的外观物理性能检验，试验员负责材料的化学性能检验。

  D. 材料进场后，材料员清点材料，填写料具验收单，核对送货单内容与采购合同的内容或事先的协定是否一致，不一致则应通知采购责任人及时与材料供应商联系协商处理。

  E. 材料员根据采购合同及送货单核对到场物资数量并检查合同要求或通常要求的各种证明文件是否齐全。

  F. 当物资的质量不符合合同规定时，材料员可拒收该批物资并通知采购员退货。

  G. 送货单准确、有材质证明及物资经检验合格的，材料员在验收单上签字。

  H. 如合同规定某项物资须由独立试验机构进行进货检验和试验，材料员应尽快安排该项工作。

  I. 进场材料经检验和试验后，需经项目质量监督员签发进场物资的准用令。否则，进场材料不允许在工程中使用。

  (3) 现场物资的堆放、贮存

  1）现场材料严格按施工平面布置图堆放，钢材、钢管、木方、模板、砌块、砂石等材料须挂牌标识，标识牌上要标明材料的品种、规格、型号、数量、进货日期、保管人姓名。

  2）需入库保存的材料如水泥、扣件、瓷片、小五金等须分门别类摆放好，并挂牌标识，标识牌上应标明材料的类别、规格、型号、进货日期。

### 4.1.3 分项工程质量控制保证措施

  (1) 模板工程质量保证技术措施（表4-1）

**模板安装与拆除质量预防措施表**　　　　　　　　　　　　　　　　　　　表 4-1

| 项目 | | 影响因素 | 采取预防措施 |
|---|---|---|---|
| 模板工程质量预防措施 | 施工操作 | 支撑系统不合理 | 严格设计要求，因地制宜，合理布局 |
| | | 扣件连接松动 | 严格设计要求，严格控制扣件间距，加固面板 |
| | | 拼缝不平 | 尽量使用平直模板，扣件补缺 |
| | | 拆除时硬撬 | 组装前及时刷脱模剂 |
| | | 颠倒工序 | 强化施工工艺，完善工序间的交接检 |
| | 环境 | 基底未夯实 | 加强夯实，并铺通长脚手板，加强交接检 |
| | | 钢筋网片位移 | 加强工种之间的交接检、互检工作 |
| | | 混凝土侧压力过大 | 工种之间相互配合，加强支撑，适当振捣，设专人看模 |
| | 材料 | 模板变形，孔多 | 及时检查、修理，严重者退回，不予使用 |
| | | 龙骨、支撑件软弱 | 及时同技术部门共同研究加固措施 |
| | | 连接附件质量差 | 及时退换，加密连接，加固支撑系统 |
| | 管理 | 岗位责任制执行不严 | 强化岗位意识，完善责任制，人员定岗 |
| | | 重进度，轻质量 | 加强教育，摆正进度与质量关系 |
| | | 忽视资料管理 | 加强全面管理意识，确立技术档案重要性的认识 |
| | 施工人员 | 技术水平低 | 进行岗位技术培训 |
| | | 自检不认真 | 认真执行自检负责制 |
| | | 技术交底不清 | 认真科学的进行书面交底 |
| | | 指挥人员只重进度 | 尊重科学，服从质量，好中求快 |
| | | 违章作业 | 严格操作规程 |
| | | 忽视交接检、互检 | 加强工种间配合，把质量问题消灭在上一工序中 |
| | | 专检人员检查不细 | 加强教育，不合格者予以停职 |

(2) 钢筋工程质量保证措施

1) 钢筋绑扎工程质量保证措施

A. 钢筋绑扎工程质量控制（表 4-2）

**钢筋绑扎工程质量控制表**　　　　　　　　　　　　　　　　　　　　　表 4-2

| 目标项目 | | 检查项目 | 质量标准 |
|---|---|---|---|
| 钢筋邦孔工程 | 品种和质量 | 钢筋翻样 | 按规范及设计要求 |
| | | 品种、质量 | 材质证明、试验报告 |
| | | 断料尺寸 | 按图纸及配料单 |
| | | 施工操作 | 执行工艺标准 |
| | | 钢筋保护 | 防止腐蚀生锈 |
| | | 钢筋成形 | 图纸和规范 |
| | | 钢筋焊接试件 | 施工规范 |
| | 绑扎牢固、不位移、不变形 | 基层处理 | 调直、修整 |
| | | 画尺寸线 | 固定标准 |
| | | 操作工具 | 不变形 |
| | | 施工操作 | 执行工艺标准 |
| | | 定位卡及定位箍 | 尺寸、位置准确 |
| | | 焊　接 | 按规范要求 |
| | | 做垫块 | 按规范要求 |

B. 钢筋绑扎工程质量预防措施（表 4-3）

**钢筋绑扎工程质量预防措施表**　　　　　　　　　　　　　　　表 4-3

| 项目 | | 影响因素 | 采取预防措施 |
|---|---|---|---|
| 钢筋绑扎工程质量预防措施 | 材料 | 对焊口在端头 | 调换使用或退场 |
| | | 材质不合格 | 不允许进场 |
| | | 现场保管不当 | 妥善分类存放，加以保护 |
| | 施工工艺 | 锚固、搭接长度不够 | 认真按图纸和施工规范施工，按施工规范要求焊接 |
| | | 弯钩角度和平直长度不够 | 加大施工角度并焊接 |
| | | 保护层厚度不合理 | 修整钢筋，重新垫垫块 |
| | | 受压、受拉筋颠倒 | 返工按图纸施工 |
| | | 焊缝长度和饱满度不够、夹渣 | 长度和饱满度不够者加焊，夹渣者重新帮条焊 |
| | | 重进度、轻质量 | 加强质量意识，确保百年大计质量第一 |
| | 施工人员 | 操作人员违章、技术水平低 | 进行技术培训，执行自检制度，严格按操作规程施工 |
| | | 交底不清，岗位责任制不严格 | 加强教育，认真进行交底和质量检查 |
| | 机具 | 弯钩机转速过快 | 调整转速 |
| | | 对焊机控制器失灵 | 更新换件，确保质量 |
| | | 弯钩机零件不配套 | 有关部门负责解决，配套使用 |
| | 环境 | 位置线不准不清 | 重新弹线，认真复核 |
| | | 构件碰撞和其他人员的踩踏 | 修整好钢筋并安排专人看守 |
| | | 照明亮度不够 | 保证施工需要 |

2）钢筋电渣压力焊工程质量保证措施

A. 影响钢筋电渣压力焊工程质量原因分析（图 4-2）

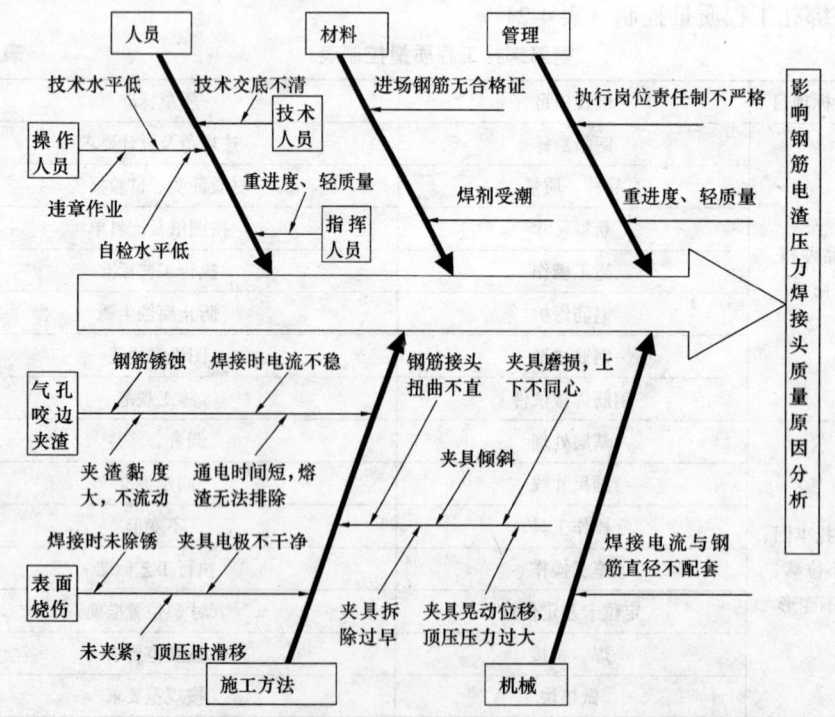

图 4-2　影响钢筋电渣压力焊接头质量原因分析示意图

B. 钢筋电渣压力焊质量预防措施（表4-4）

钢筋电渣压力焊质量预防措施表　　　　　表4-4

| 项目 | | 影响因素 | 采取预防措施 |
|---|---|---|---|
| 钢筋电渣压力焊质量预防措施 | 施工人员 | 自检水平低 | 进行技术培训，认真执行自检负责制 |
| | | 操作人员违章、技术水平低 | 进行技术培训，执行自检制度，严格按操作规程施工 |
| | | 交底不清，岗位责任制不严格 | 加强教育，认真进行交底和质量检查 |
| | | 专检人员不认真 | 加强质量教育 |
| | 施工工艺 | 钢筋锈蚀严重，表面不干净 | 焊接前将钢筋端部120mm范围内铁锈油污清除干净 |
| | | 焊接时电流稳定性差 | 根据钢筋直径选择合适的焊接电流 |
| | | 熔渣黏度大，不流动 | 加入一定比例的荧石增加熔渣流动性 |
| | | 通电时间短，熔渣无法排出 | 根据钢筋直径选择合适电流及通电时间 |
| | | 夹具电极不干净 | 清除夹具电极上粘附的熔渣和氧化物 |
| | | 夹具未夹紧，顶压时滑动 | 焊接前将钢筋夹紧 |
| | | 夹具不正，倾斜 | 焊接前检查夹具是否正后方可焊接 |
| | | 钢筋端头扭曲不直 | 焊接前用气割或切断或矫正，端部扭曲时不得焊接 |
| | | 夹具磨损，上下不同心 | 夹具不同心时修理或更换 |
| | | 夹具过早拆除放松 | 焊接完毕后2min再卸夹具，以免钢筋倾斜 |
| | | 钢筋晃动位移，顶压压力过大 | 钢筋下送加压时，顶压压力应适当 |
| | 材料 | 进场钢筋无合格证 | 复检合格后方可使用 |
| | | 焊剂受潮 | 认真保护，受潮后烘干方可使用 |
| | 机具 | 焊接电流与钢筋直径不配套 | 操作者选择合适电流和通电时间 |
| | 管理 | 执行岗位责任制不严格 | 严格执行岗位责任制 |
| | | 重进度，轻质量 | 摆正质量与进度的关系，确保质量第一 |

（3）普通混凝土质量保证措施

普通混凝土工程质量预防措施见表4-5。

混凝土工程质量预防措施表　　　　　表4-5

| 项目 | | 影响因素 | 采取预防措施 |
|---|---|---|---|
| 混凝土工程质量预防措施 | 施工人员 | 技术素质低 | 进行技术培训 |
| | | 赶进度 | 严把质量关，杜绝因赶进度而清质量的现象 |
| | | 重视关键部位，轻视一般部位 | 同等对待 |
| | | 执行岗位责任制不严格 | 实行岗位责任制，作到认真负责 |
| | | 未执行施工工艺标准 | 严格执行施工工艺标准 |
| | | 技术交底不清，检查不及时 | 详细、具体地进行书面交底，加强对专检人员的思想教育，及时检查发现问题 |
| | | 管理要求不严格 | 加强管理，建立严格管理制度 |
| | | 养护不够 | 加强养护工作 |
| | | 清理不到位 | 认真清理 |
| | 工艺方法 | 搅拌时间短 | 满足规范规定的最短搅拌时间，拌合均匀 |
| | | 保护层过大或过小，垫块不合理 | 均匀、合理布置垫块 |
| | | 一次性下料过多 | 分层下料，分层振捣 |
| | | 配合比不准确 | 加强计量工作，严格控制配合比 |
| | | 振捣方法不对 | 分层捣固，严防漏振和超振 |
| | | 模板隔离剂不均匀 | 均匀涂刷 |
| | 机具 | 计量器具不准 | 定时检测复核计量器具 |
| | | 机具完好率不高 | 加强平时的保养工作和检修工作 |
| | 材料 | 砂子级配不合理 | 改变砂子级配，砂率控制在40%~50% |
| | | 砂、石、水泥、外加剂进场未检验 | 所有进场原材料必须试验合格方可使用 |
| | 环境 | 雨期施工 | 做好雨期施工前的准备工作 |
| | | 夜间施工 | 施工前检查电源、电路、照明设备 |

(4) 砌体砌筑工程质量保证措施

砌体工程质量管理点见表 4-6。

砌体工程施工质量管理点表　　　　　　　　　表 4-6

| 工程项目 | 分项项目 | 管理点设置 | 规范标准 | 对策措施 | 检查工具及检查方法 |
|---|---|---|---|---|---|
| 砌体砌筑工程施工 | 砂浆饱满，勾缝均匀 | 保证砂浆饱满 | 水平缝不低于90%，竖直缝不低于60% | 1.严格控制砂浆稠度，保证良好的和易性 2.根据砌块尺寸计算排数，分好皮数 | 用百格网检查底灰饱满度 灰缝与皮数杆比较，用尺检查 |
| | 墙面平整 | 保证墙面平整 | 不大于8mm | 1.挂线砌筑，拉线起线准确 2.砌筑中随时检查纠正 | 用2m直尺和楔形尺检查 |
| | 墙面垂直 | 保证墙面垂直 | 不大于±5mm | 1.施工前处理好基层 2.操作中随时检查纠正 | 1.用2m托线靠尺板和直尺检查2.用经纬仪或吊线和尺检查 |
| | 门窗洞口位置准确 | 1.保证墙面刚度 2.拉结钢筋 | 窗位上下偏移不大于20mm，洞宽大小误差不大于±5mm | 1.按设计要求设置混凝土带或拉结筋 2.墙体顶端与框架梁或板底做好稳定处理 | 用尺检查 |

(5) 钢结构焊接工程质量保证措施

1) 焊接质量保证程序（图 4-3）

2) 焊接质量保证措施和目标

A. 焊接质量保证措施：

a. 做好焊接工艺评定或已有焊接工艺评定所覆盖。

b. 组织焊工培训并按要求进行考试。

c. 控制焊材进货渠道，并严格按焊材验收有关规定进货。

d. 对焊工进行技术交底。

e. 严格焊接工艺卡施工制度，焊工必须按工艺卡要求施焊。

f. 制定质量奖惩制度，将工程质量与经济利益挂钩。

B. 质量目标：

焊缝一次合格率达到99%以上，一次返修合格率达到100%。

3) 焊接检查

A. 所有焊缝需由焊接工长100%进行目视外观检查，并记录成表。

B. 焊缝表面严禁有裂纹、夹渣、焊瘤、焊穿、弧坑、气孔等缺陷。

C. 对焊道尺寸、焊脚尺寸、焊喉进行检查。

D. 无损检测

无损检测按《建筑钢结构焊接技术规程》（JGJ 81—2002）、《钢焊缝手工超声波探伤方

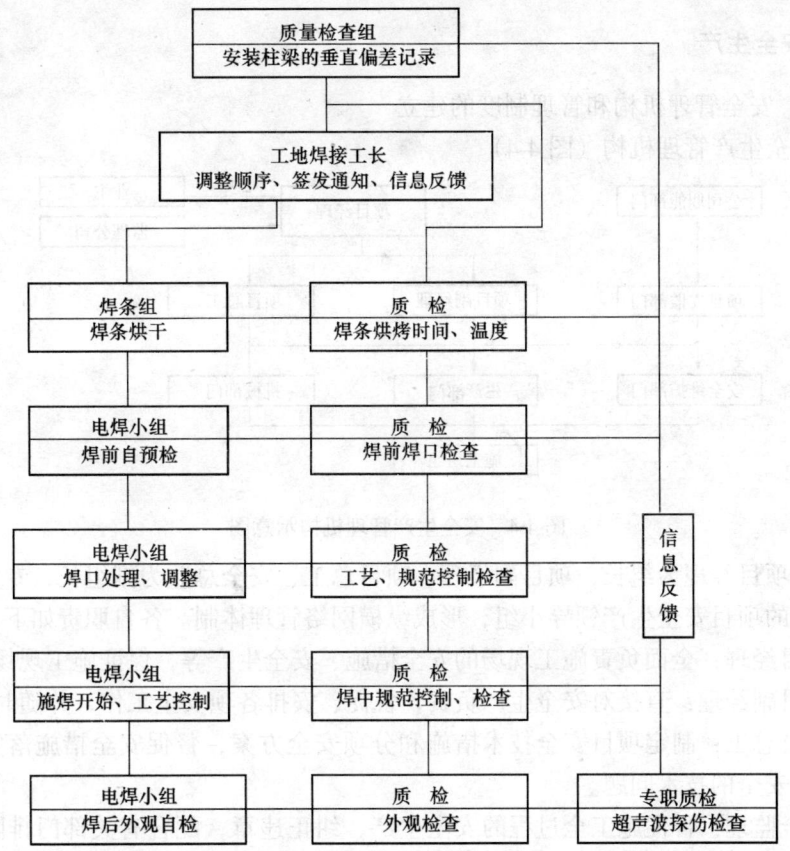

图 4-3 焊接质量保证程序示意图

法和探伤结果分级》（GB 11345—89）评定。

对于半熔透开坡口焊缝、全熔透坡口焊缝进行 100%UT 探伤，所有柱底板均采用 UT 探伤检查。

焊缝 UT 探伤应在焊缝外观检查合格后进行，并必须在焊缝冷却 24h 后进行，避免出现延迟裂纹。

探伤人员必须具有二级探伤合格证，出具报告必须是三级探伤资质人员。

4）焊缝修补

A．焊接中的修补

焊接过程中如发现焊缝有缺陷，立即中止焊接，进行碳弧刨清除缺陷，待缺陷完全清除后再继续进行焊接。如发现裂缝，应报告焊接工长，待查明原因制订修补方案后，再进行处理。

B．无损探伤后的修补

无损探伤确定缺陷位置后，应按确定位置用碳弧气刨进行清除，并在缺陷两端各加 50mm 清除范围，在深度上也应保证缺陷清理干净，然后再按焊接工艺进行补焊。

同一部位返修不得超过两次，如在焊接过程中出现裂纹，焊工不得擅自处理，必须及时报告焊接工长。

## 4.2 安全生产

### 4.2.1 安全管理机构和管理制度的建立

（1）安全生产管理机构（图 4-4）

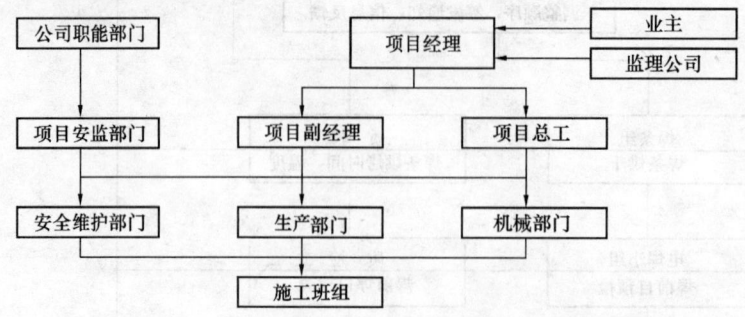

图 4-4 安全生产管理机构示意图

成立以项目经理为组长，项目副经理、项目总工、安全总监为副组长，专业工长和班组长为组员的项目安全生产领导小组，形成纵横网络管理体制。各自职责如下：

1）项目经理：全面负责施工现场的安全措施、安全生产等，保证施工现场的安全。

2）项目副经理：直接对安全生产负责，督促、安排各项安全工作，并随时检查。

3）项目总工：制定项目安全技术措施和分项安全方案，督促安全措施落实，解决施工过程中不安全的技术问题。

4）安全监理：督促施工全过程的安全生产，纠正违章，配合有关部门排除施工不安全因素，安排项目内安全活动及安全教育的开展，监督劳防用品的发放和使用。

5）施工工长：负责上级安排的安全工作的实施，进行施工前安全交底工作，监督并参与班组的安全学习。

（2）安全管理组织计划（图 4-5）

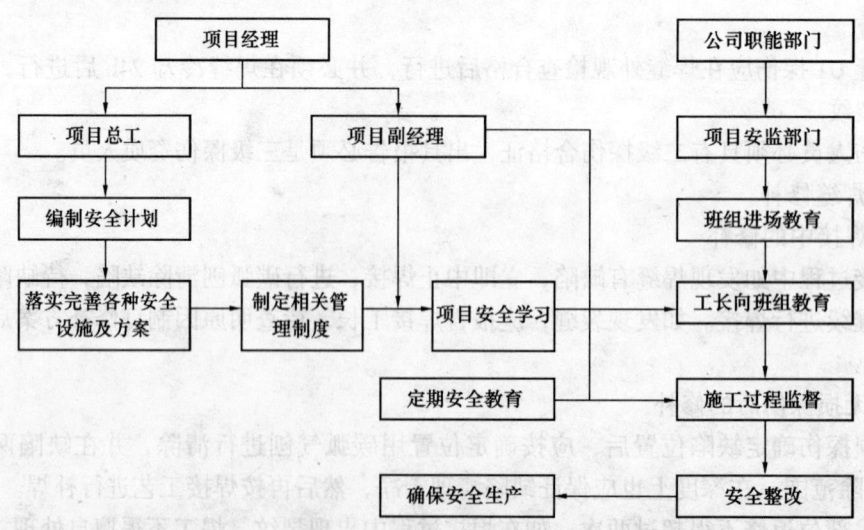

图 4-5 安全管理组织计划示意图

在本工程施工过程中，项目将严格执行二级交底和教育制度，即项目总工、项目安全负责人向施工工长和部门负责人交底，施工工长、部门负责人向施工班组交底。

(3) 安全防护措施

该工程专业工种繁多，其安全防护范围有：建筑物周边防护、建筑物"五临边"防护、建筑物预留洞口防护、现场施工用电安全防护、现场机械设备安全防护、施工人员安全防护、现场防火、防毒、防台风措施等。

1) 建筑物周边防护

建筑物周边竖向防护采用爬架进行防护。建筑物水平方向防护除爬架本身的水平防护外，再加设三道防护。第一道防护为塔楼，每隔5层左右设置2.5m宽的安全挑棚。第二道防护为在八层设一道防护棚。第三道为在人流密集的地方设置安全通道。

2) "五临边"防护

临边防护应按计划备齐防护栏杆和安全网，拆一层框架模板，清理一层，五临边设一道防护，其栏杆高度不小于1m，并用密眼网围护绑牢。任何人未经现场负责人同意不得私自拆除，项目要对违章违纪行为制定严密的纪律措施。对于无混凝土结构围护墙部位的临边，项目以施工进度为准，可对临边砌筑穿插施工。如因计划跟不上，必须在临边埋设钢筋头出楼层150mm高，焊接一根钢筋栏杆（间距1500mm），栏杆水平筋不小$\phi$12mm，然后用密网封闭。

3) 四口防护

楼层平面预留洞口防护以及电梯井口、通道口、楼梯口的防护。洞口的防护应视尺寸大小，用不同的方法进行防护。如边长大于25cm的洞口，可用坚实的盖板封盖，达到钉平钉牢不易拉动，并在板上标识"不准拉动"的警示牌。大于150cm的洞口，洞边设钢管栏杆1m高，四角立杆要固定，水平杆不少于两根，然后在立杆下脚捆绑安全水平网两道（层）。栏杆挂密眼立网密封绑牢。其他竖向洞口如电梯井门洞、楼梯平台洞、通道口洞均用钢管或钢筋设门或栏杆，方法同临边，详见图4-6洞口防护示意图。

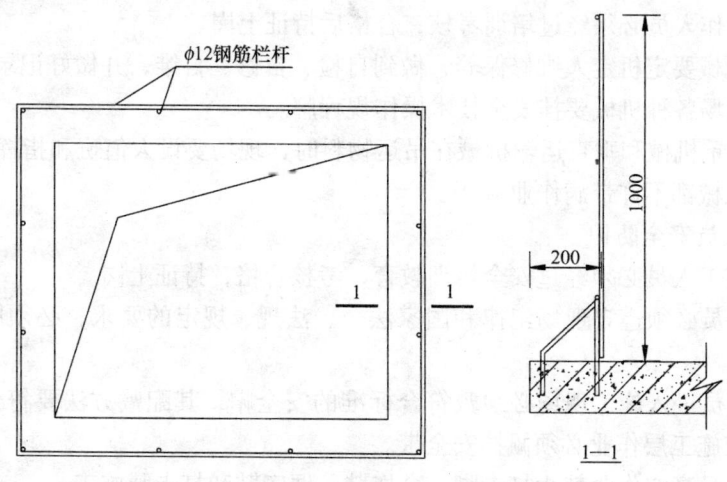

图4-6 楼层洞口防护示意图

4) 现场安全用电

A. 现场设配电房和备用发电机房，主线执行三相五线制。

B. 现场设配电房，建筑面积不小于 10m², 并且具备一级耐火等级。

C. 现场塔吊、钢筋加工车间、楼层施工各设总电箱一个。

D. 主线走向原则：接近负荷中心，进出线方便，接近电源，接近大容量用点设备，运输方便。不设在剧烈振动场所，不设在可触及的地方，不设在有腐蚀介质场所，不设在低洼和积水、溅水场所，不设在有火灾隐患的场所。进入建筑物的主线原则上设在预留管线井内，做到有架子和绝缘设施。

E. 现场施工用点原则执行一机、一闸、一漏电保护的"三级"保护措施。其电箱设门、设锁、编号，注明责任人。

F. 机械设备必须执行工作接地和重复接地的保护措施。

G. 照明使用单相 220V 工作电压，室内照明主线使用单芯 2.5mm² 铜芯线，分线使用 1.5mm² 铜芯线，灯距离地面高度不底于 2.5m，每间（室）设漏电开关和电闸各一只。

H. 电箱内所配置的电闸、漏电、熔丝荷载必须与设备额定电流相等。不使用偏大或偏小额定电流的电熔丝，严禁使用金属丝代替电熔丝。

I. 广州地区雷雨天气较多，现场防雷不可忽视。由于塔吊、脚手架都将高于建筑物，很容易受到雷击破坏。因此，这类装置必须设置避雷装置，其设备顶端焊接 2m 长 $\phi 20$ 镀锌圆钢作避雷器，用不小于 35mm² 的铜芯线作引下线与埋地（角钢为 $L50 \times 5 \times 2500$mm）连接，其电阻值不大于 10Ω。

J. 现场电工必须经过培训，考核合格后持证上岗。

5）机械设备安全防护

A. 架体必须按设备说明预埋拉接件，设防雷装置。设备应配件齐全，型号相符，其防冲、防坠连锁装置要灵敏、可靠，钢丝绳、制动设备要完整无缺。设备安装完后要进行试运行，必须待几大指标达到要求后，才能进行验收签证，挂牌准予使用。

B. 钢筋机械、木工机械、移动式机械，除机械本身护罩完好、电机无病外，还要求机械有接零和重复接地装置，接地电阻值不大于 4Ω。

C. 机械操作人员必须经过培训考核，合格后持证上岗。

D. 各种机械要定机定人维修保养，做到自检、自修、自维，并做好记录。

E. 施工现场各种机械要挂安全技术操作规程牌。

F. 各种起重机械和垂直运输机械在吊运物料时，现场要设人值班和指挥。

G. 所有机械都不许带病作业。

6）施工人员安全防护

A. 进场施工人员必须经过安全培训教育，考核合格，持证上岗。

B. 施工人员必须遵守现场纪律和国家法令、法规、规定的要求，必须服从项目经理部的综合管理。

C. 施工人员进入施工现场必须戴符合标准的安全帽，其配戴方法要符合要求；进入 2m 以上架体或施工层作业必须佩挂安全带。

D. 施工人员高空作业禁止打赤脚、穿拖鞋、硬底鞋和打赤膊施工。

E. 施工人员不得任意拆除现场一切安全防护设施，如机械护壳、安全网、安全围栏、外架拉结点、警示信号等。如因工作需要，必须经项目负责人同意方可。

F. 施工人员工作前不许饮酒，进入施工现场不准嬉笑打闹。

G. 施工人员应立足本职工作,不得动用不属于本职工作范围内的机电设备。

H. 夏天酷热天气,现场为工人备足清凉解毒茶或盐开水。

I. 搞好食堂饮食卫生,不出售腐烂食物给工人餐饮。

J. 施工现场设医务室,派驻医生一名,对员工进行疾病预防和医治。

K. 夜间施工时在塔身上安装两盏镝灯,局部安装碘钨灯,在上下通道处安装足够的电灯,确保夜间施工和施工人员上下安全。

7) 施工现场防火措施

A. 项目建立防火责任制,职责明确。

B. 按规定建立义务消防队,有专人负责,制定出教育训练计划和管理办法。

C. 重点部位(危险的仓库、油漆间、木工车间等)必须建立有关规定,有专人管理,落实责任,设置警告标志,配置相应的消防器材。

D. 建立动用火审批制度,按规定划分级别,明确审批手续,并有监护措施。

E. 各楼层、仓库及宿舍、食堂等处设置消防器材。

F. 焊割作业应严格执行"十不烧"及压力容器使用规定。

G. 危险品押运人员、仓库管理人员和特殊工种必须经培训和审证,做到持有效证件上岗。

8) 风灾、水灾、雷灾的防护

A. 气象部门发布暴雨、台风警报后,值班人员及有关单位应随时注意收听报告台风动向的广播,转告项目经理或生产主管。

B. 台风接近本地区之前,应采取下列预防措施:

a. 关闭门窗,如有特殊防范设备,亦应装上。

b. 熄灭炉火,关闭不必要的电源或煤气。

c. 重要文件及物品放置于安全地点。

d. 放在室外不堪雨淋的物品,应搬进室内或加以适当的遮盖。

e. 准备手电筒、蜡烛、油灯等照明器具及雨衣、雨鞋等雨具。

f. 门窗有损坏应紧急修缮,并加固房屋屋面及危墙。

g. 指定必要人员集中待命,准备抢救灾情。

h. 准备必要药品及干粮。

C. 强台风袭击时,应采取下列措施:

a. 关闭电源或煤气来源。

b. 非绝对必要,不可生火;生火时应严格戒备。

c. 重要文件或物品应有专人看管。

d. 门窗破坏时,警戒人员应采取紧急措施。

D. 为防止雷灾,易燃物品不应放在高处,以免落地造成灾害。

E. 为防止被洪水冲击之处,应采取紧急预防措施。

(4) 安全检查

1) 班组每天进行班前活动,由班长或安全员传达工长安全技术交底,并做好当天工作环境的检查,做到当时检查当日记录。

2) 项目经理带队每星期组织一次本项目安全生产的检查,记录问题,落实责任人,签发整改通知,落实整改时间,并定期复查。对未按期完成整改的人和事,严格按单位安全奖惩条例执行。

3) 单位对项目进行一月一次的安全大检查。发现问题，提出整改意见，发出整改通知单，由项目经理签收，并布置落实整改人、措施、时间。如经复查未完成整改，项目经理将受到纪律和经济处罚。

4) 对单位各部门到项目随即抽查发现的问题，由项目监理组总监监督落实整改。对不执行整改的人和事，总监有权发出罚款通知单或向项目经理反映，对责任人扣发当月奖金。

5) 项目总监代表单位行使有关权利，对项目施工管理人员（包括项目经理）的安全管理业绩进行记录，工程完工后向主管部门提供依据，列入当事人档案之中。

6) 项目总监代表单位利益，立场应坚定，观念要转变，对于项目违反规程、规范、法令、纪律的行为要勇于向项目经理提出，对原则问题不能迁就，以致引出后患。

**4.2.2　分部分项工程安全保证措施**

(1) 外爬架施工安全保证措施

1) 严格执行三级安全教育和技术交底制度。未经爬架安全操作规程教育和交底的人员不准上岗作业。

2) 各级管理人员要对职工生命负责的态度去严格要求，严格管理，认真抓好安全工作，搞好安全设施。

3) 架子班组施工人员必须持证上岗，进入施工现场的人员必须戴安全帽，高空作业必须系好安全带。

4) 安全防护措施

A. 严格按照施工组织设计和技术交底要求组织施工；

B. 重点加强架体内挡及翻板的使用和维护；

C. 严格对爬架提升前、提升中、提升后的检查；

D. 出料平台严禁超过使用标准荷载；

E. 重点加强满架与爬架间隔的封闭；

F. 加强施工作业人员安全劳动意识；

G. 安全网必须用符合安全部门规定的防火安全网；

H. 爬架上必须配备足够的灭火安全器材。

5) 防雷雨台风措施

A. 爬架用的预埋件必须用一根 $\phi 12$ 钢筋与墙体中的主钢筋搭焊，以便于架体避雷。

B. 雷雨天气和6级以上大风应停止架上作业。同时，要安装限位锁、保险钢丝绳等安全装置，大风过后要对架上的脚手板、安全网等认真检查一次。

C. 雷雨和台风袭扰的施工期间，工地应有专人负责收集气象资料，每天通报全体施工人员，以便安排工作和及时采取措施。

6) 安全检查制度

A. 升降前的检查

a. 检查所有扣件、螺栓是否扣紧。

b. 检查所有螺纹连接处是否拧紧。

c. 检查所有障碍物是否拆除、约束是否解除。

d. 检查料台材料、架体上材料和机具是否清理干净。
e. 检查所有提升点处导轨离墙距离是否符合提升点数据档案。
f. 检查葫芦是否挂好，链条有无翻链、扭曲现象，提升钢丝绳是否挂好、预紧。
g. 检查电路系统、漏电开关性能是否符合要求；主电缆是否留足长度。
h. 检查其他班组人员是否撤离架体。

B. 升降中的检查

a. 检查各升降点运动是否同步。
b. 检查葫芦有无误动作，链条有无翻链、扭曲现象。
c. 检查提升机声响是否异常。
d. 检查导轨有无异常变形现象。
e. 检查提升机与架体、钩子与架体有无碰撞可能。
f. 检查支模木方、钢管与架体有无碰撞可能。

C. 升降后的检查

a. 检查限位锁、锁夹位置是否正确。
b. 检查钢丝绳是否拉紧。
c. 检查所有螺栓、螺母连接处是否拧紧。
d. 检查所有提升点处导轨离墙距离是否符合提升点数据档案。
e. 检查导轨离墙距离有无变化，导轨、支架有无变形。
f. 检查临边防护、水平拉结是否恢复妥当。

7）维护保养制度

A. 导轨式爬架属于大型建筑施工设备，它与所有设备一样，需要定期维修保养，其保养的好坏程度直接影响着架子的爬升情况和爬架的使用寿命，必须按照制度严格执行。

B. 滑轮组件穿入提升钢丝绳子后，用橡胶板将穿绳孔进行封闭，以免杂物掉入。

C. 滑轮组件的注油孔要定期注入润滑油（一般每隔一个月注一次）。

D. 可调拉杆的螺纹表面必须定期润滑（一般每隔一个月润滑一次），外露的螺纹表面必须用帆布套或塑料布包封，以免杂物落在其上。

E. 施工期间，每次浇筑完混凝土后，必须将导轮表面的杂物及时清理，以便导轮顺利运行。

F. 电动葫芦的表面要用帆布或塑料布包封，以免杂物掉入，同时电动葫芦的链条要定期涂润滑油（一般每周润滑一次），以防链条生锈。

G. 架上杂物必须安排专人及时清理。

(2) 核心墙大模板施工安全保证措施

1）大模板的堆放场地必须坚实、平整。

2）大模板的存放应满足自稳角的要求，且面对面堆放。对没有支撑或自稳角不足的大模板，应存放在专用的插放架上，严禁靠放到其他模板或构件上。

3）角模的拆除，由于角模的两侧都是混凝土，吸附力较大。因此，当拆除平面大模板时应立刻松动角模，使角模与混凝土界面脱开。若时间过长，会造成角部模板拆模困难，因而在拆除角模时应注意其拆模时间，不要太长。

4）脱模后在起吊大模板前，要认真检查穿墙螺栓等附件是否全部拆完，无障碍后方可吊出。吊运时不得碰撞墙体。

5)大模板安装使用时,应按照《大模板多层住宅结构设计与施工规程》(JGJ 20—84)中有关要求执行。

6)大模板放置时,下面不得压有电线和气焊管线。

7)大模板起吊前,应检查吊装用绳索、卡具及每块模板上的吊钩是否牢靠,然后将吊钩挂好,解除一切约束,稳起稳吊。

8)在使用过程中及堆放时应避免碰撞,防止模板倾覆。

9)结构施工中,必须支搭防护网和安全网;防护网要随层上升,并高出作业面1m以上。

10)大模板的存放场地必须平整夯实,不得存放在松土和凸凹不平的地方;雨期施工不得积水,存放大模板处严禁坐人和逗留,存放应按施工总平面图分区存放。

11)当风力达到5级时(含5级),应停止吊装。

12)大模板走台严禁安放在外墙外侧模板上,即严禁人员从外墙外侧模板上通过。

### 4.3 文明施工管理及环境保护

#### 4.3.1 文明施工管理细则

(1)建立管理机构

成立现场文明施工管理组织,定期组织检查评比,制定奖罚制度,切实落实执行文明施工细则及奖罚制度。

(2)实行分层包干管理

由各区各段责任人负责本区段的文明施工管理。

(3)建立健全施工计划管理制度

1)认真编制施工月、旬作业计划。

2)做好总平面管理工作,经常检查执行情况。

3)认真填写施工日志,建立单位工程工期考核记录。

4)合理安排施工程序,做好安全生产。

5)加强成品、半成品保护,制定保护措施。

(4)建立健全质量安全管理制度

1)严格执行岗位责任制度,建立完善的质量安全管理制度。

2)严格执行"三检"(自检、互检、交接检)和挂牌制度。

3)进场必须戴好安全帽,安全网要按规定设置。

4)"四口"(通道口、孔洞口、楼梯口、电梯口)的防护必须完善。

5)各种机电设备要按规定接地,设置保险装置。

6)外架搭设完毕后经检查后方可使用。

7)现场电源必须按施工平面图设置,严禁乱拉乱接电源。

8)加强现场消防工作,现场的消防设备要按规定设置。严禁在现场生火,电气焊时应有专人看火。

9)特殊工种人员应进行培训,经考试合格后方可使用。

10)塔吊及其他施工设备必须按有关规章操作。

(5) 建立健全现场技术管理制度

1) 施工必须按照设计图纸、施工组织设计和作业指导书进行施工。

2) 施工前必须进行技术交底工作。局技术部门对项目的交底、项目对工长的交底、工长对作业班组的交底都必须得到认真执行。

3) 分项工程严格按照标准工艺施工，每道工序要认真做好过程控制工作。

(6) 建立健全现场材料管理制度

1) 严格按照施工平面布置图堆放原材料、半成品、成品及料具。

2) 各种成品及半成品必须分类按规格堆放，做到妥善保管，使用方便。

3) 现场仓库内外整齐干净，怕潮、怕洒、怕淋及易失火物品应入库保管。

4) 严格执行限额领料、材料包干制度，做到工完场清，余料要堆放整齐。

5) 现场各类材料要做到账物相符，并要有质量证明，证物相符。

(7) 建立健全现场机械管理制度

1) 现场机械必须按施工平面布置图进行设置与停放。

2) 机械设备的设置和使用必须严格遵守国家有关规范规定。

3) 塔吊等垂直运输机械应做好避雷接地措施；塔吊的基础应定期作沉降观测。

4) 认真做好机械设备的保养及维修，并认真做好记录。

5) 应设置专职机械管理人员，负责现场机械管理工作。

(8) 施工现场场容管理制度

1) 现场做到整齐、干净、节约、安全，施工秩序良好。

2) 施工现场要做到"五有"、"四净三无"、"四清四不见"、"三好"，现场布置做好"四整齐"。

3) 现场施工道路必须保持畅通无阻，保证物质的顺利进场；排水沟必须通畅，无积水；场地整洁，无施工垃圾。

4) 要及时清运施工垃圾。由于该工程工程量大、周转材料多，施工垃圾也较多，必须对现场的施工垃圾及时清运；施工垃圾经清理后集中堆放，集中的垃圾应及时运走，以保持场容的整洁。

5) 项目应当遵守国家有关环境保护的法律，采取有效措施控制现场的各种粉尘、废气、废水、固体废弃物以及噪声、振动对环境的污染及危害。

6) 在现场出入口设洗车槽。对进出车辆进行冲洗，防止将泥土等带到道路上；如有污染，应派专人对市区道路进行清扫。

7) 除设有符合规定的装置外，不得在施工现场熔融沥青或者焚烧油毡及其他会产生有毒、有害烟尘和恶臭气体的物质。

8) 对一些产生噪声的施工机械，应采取有效措施减少噪声。

### 4.3.2 文明施工检查措施

(1) 检查时间

项目文明施工管理组每周对施工现场作一次全面的文明施工检查。公司工程部门牵头组织各职能部门（质安部门、人力资源部门、材料部门、动力部门等）每月对项目进行一次大检查。

(2) 检查内容

施工现场的文明施工执行情况。

(3) 检查依据

前面所述"文明施工管理细则"。

(4) 检查方法

项目及公司除定期对项目文明施工进行检查外,还应不定期地进行抽查。每次抽查,应针对上一次检查出的不足之处做重点检查,检查是否认真地做了相应的整改。对于屡次整改不合格的,应当进行相应的惩戒。检查采用评分的方法,实行百分制记分。每次检查应认真做好记录,指出其不足之处,并限期责任人整改合格,项目及公司应及时落实整改完成的情况。

(5) 奖惩措施。

为了鼓励先进、鞭策后进,对每次检查中做得好的应当进行奖励,做得差的应当进行惩罚,并督促其改进。由于项目文明施工管理采用的是分区、分段包干制度,应当将责任落实到每个责任人身上,明确其责、权、利,实行责、权、利三者挂钩。奖惩措施由项目根据前面所述自行制定。

### 4.3.3 环境保护及职业健康安全

(1) 环境与职业健康安全管理方针

环境和职业健康安全管理方针为:营造安全、健康、文明、洁净的人文环境,持续提高施工管理水平。

(2) 环境目标

噪声投拆处理率100%,噪声投诉率年均降低20%以上。

(3) 环境与职业健康安全培训

为保证施工现场环境保护及职业健康安全目标切实落实到位,对项目各级管理人员及施工人员进行相关知识的培训。

1) 培训内容包括:

A. 环境和职业健康安全标准、意识教育;

B. 岗位职责和相关法律法规及要求;

C. 各种操作规程;

D. 各种专项取证培训。

2) 培训对象包括:

A. 项目各级管理人员;

B. 特殊技术工人层次;

C. 施工作业层次。

3) 培训方式包括:

A. 进场前培训:进入现场施工人员均需进行环境和职业健康安全知识、意识的培训,培训合格者方有资格进入现场施工。

B. 入职前培训:施工人员入职前应培训,使员工对环保、职业健康安全的重要性有一个初步的认识。

C. 在职培训:在职培训是指员工在正式上岗后因种种需要而进行的培训,在职培训必须持续不断地穿插进行,培训时间可长可短,培训方式灵活多样。

(4) 环境保护措施

1) 粉尘控制措施

A. 建筑施工现场的粉尘排放应满足《大气污染物综合排放标准》(GB 16297—1996) 的相关规定,以不危害作业人员健康为标准。

B. 水泥必须贮存在密闭的仓库中,在转运过程中作业人员应佩戴防尘口罩,搬运时禁止野蛮作业,造成粉尘污染。

C. 对砂、灰料堆场,一定要按项目文明施工的堆放在规定的场所,按气候环境变化采取加盖等措施,防止风引起扬尘。

D. 施工完清理建筑垃圾时,首先必须将较大部分装袋,然后洒水清扫,防止扬尘,清扫人员必须佩戴防尘口罩,对于粉灰状的施工垃圾,采用吸尘器先吸,后用水清洗干净。

E. 在涂料施工基层打磨过程中,作业人员一定要在封闭的环境作业佩戴防尘口罩,即打磨一间就封闭一间,防止粉尘蔓延。

F. 拆除过程中,要做到拆除东西不能乱扔乱抛,统一由一个出口转运,采取溜槽或袋装转运,防止拆除下的物件撞击引起扬尘。

G. 气割和焊接一般要求在敞开环境中作业,若在密闭的房间或地下室等通风不畅所作业人员必须佩戴防尘口罩,还必须采取通风措施。

H. 对于车辆运输的地方易引起扬尘的场地,首先设限速区,然后要派专人在此通道上定时洒水清扫。

I. 砂、灰料的筛分,首先考虑在大风的气候条件下不要作业,一般气候条件下作业人员应站在上风向施工作业。

2) 噪声控制措施

A. 建筑施工现场的噪声控制应进行必要的噪声声级测定,声级测量应按《建筑施工场界噪声测量方法》进行。

B. 建筑施工作业的噪声可能超过建筑施工现场的噪声限值时,在开工前向建设行政主管部门和环保部门申报,核准后方能施工。

C. 施工中采用低噪声的工艺和施工方法。

D. 塔吊、施工电梯、混凝土搅拌站的安装、拆除要控制施工时间,零配件、工具的放置要轻拿轻放,尽量减少金属件的撞击,不要从较高处丢金属件,以免发生较大声响。

E. 结构施工过程中,应控制模板搬运、装配、拆除声,钢筋制作绑扎过程中的撞击声,要求按施工作业噪声控制措施进行作业,不允许随意敲击模板的钢筋,特别高处拆除的模板不撬落自由落下,或从高处向下抛落。

F. 在混凝土振捣中,按施工作业程序施工,控制振动器撞击钢筋模板发出的尖锐噪声,在必要时,应采用环保振动器。

G. 合理安排施工工序,严禁在夜间进行产生噪声的建筑施工作业(晚上 22:00 至第二天早上 7:00)。由于施工中不能中断的技术原因和其他特殊情况,确需夜间连续施工作业的,向建设行政主管部门和环保部门申请,取得相应的施工许可证后方可施工。

3) 固体废弃物的控制

A. 各施工现场在施工作业前应设置固体废弃物堆放场地或容器,对有可能因雨水淋湿造成污染的,要搭设防雨设施。

B. 现场堆放的固体废弃物应标识名称、有无毒害,并按标识分类堆放废弃物。

C. 有害有毒类的废弃物不得与无毒、无害类废弃物混放。

D. 固体废弃物的处理应由管理负责人根据废弃物的存放量及存放场所的情况安排处理。

E. 对于无毒、无害、有利用价值的固体废物,如在其他工程项目想再次利用,应向材料部门、生产部门提出回收意见。

F. 对于无毒、无害、无利用价值的固体废弃物处理,应委托环卫垃圾清运单位清运处理。

G. 对于有毒、有害的固体废物处理,应委托有危害物经营许可证的单位处理。

(5) 夜间施工措施

1) 合理安排施工工序,将施工噪声较大的工序安排到白天工作时间进行,如混凝土的浇筑、模板的支设等。在夜间尽量少安排施工作业,以减少噪声的产生。对小体积混凝土的施工,尽量争取在早上开始浇筑,当晚 22:00 前施工完毕。

2) 注意夜间照明灯光的投射,尽量降低光污染。

# 5 经济效益分析

本工程在施工过程中,采用多项新技术,主要有高强、高性能商品混凝土应用技术;高效钢筋和预应力混凝土技术;粗直径钢筋连接技术(钢筋直螺纹连接、竖向钢筋电渣压力焊应用);导轨式爬架应用;建筑节能和新型墙体应用技术;钢管柱结构技术的应用;计算机应用;激光测量技术应用。取得了良好的经济和社会效益。其中 6 项取得显著的经济效益,产生的技术进步经济效益如表 5-1 所示。

**本工程所取得的技术进步经济效益一览表** 表 5-1

| 序 号 | 项 目 名 称 | 技术进步经济效益(万元) |
|---|---|---|
| 1 | 高强混凝土、商品混凝土的应用 | 76.75 |
| 2 | 钢筋电渣压力焊连接 | 5.8 |
| 3 | 钢筋直螺纹套筒连接 | 36.24 |
| 4 | 钢筋闪光对焊连接 | 30.79 |
| 5 | 导轨式外爬架 | 178.65 |
| 6 | 钢结构技术 | 43.29 |
| 7 | 合计 | 371.52 |

科技进步总的效益为 371.52 万元,技术进步效益率为 4.63%。

# 第三十二篇

# 广州发展中心大厦工程施工组织设计

编制单位：中国建筑第三工程局（广州）
编 制 人：付志雄　洪琦

**【简介】** 广州发展中心大厦工程是一栋高标准智能环保型现代化高层建筑，大胆引进国外先进的设计理念，建筑造型简约明快，装饰装潢典雅华丽。施工总承包中涉及多专业、多工种的协调服务管理，以及对各专业施工工程的总承包管理和配套服务工作，该施工组织设计中对此作了具体说明。在施工技术方面，该项目运用多个新技术、新材料，特别是对于C70、C60高强混凝土的施工很有借鉴价值。

# 目 录

1 编制依据 ... 778
2 工程概况和工程特点 ... 778
  2.1 工程概况 ... 778
    2.1.1 工程建设概况 ... 778
    2.1.2 工程建筑设计概况 ... 778
    2.1.3 工程结构设计概况 ... 779
  2.2 工程特点 ... 779
  2.3 工程难点 ... 783
3 指导思想和工程目标 ... 783
  3.1 指导思想 ... 783
  3.2 工程目标 ... 783
4 施工部署 ... 784
  4.1 施工组织 ... 784
  4.2 施工阶段划分及主要内容 ... 784
  4.3 施工流程 ... 785
  4.4 施工准备 ... 785
    4.4.1 现场准备 ... 785
    4.4.2 技术准备 ... 786
    4.4.3 劳动力准备 ... 788
    4.4.4 材料准备 ... 788
    4.4.5 机械准备 ... 788
5 主要施工方法和技术措施 ... 789
  5.1 施工测量 ... 789
    5.1.1 施测方法 ... 789
    5.1.2 技术措施 ... 792
  5.2 土方回填 ... 793
    5.2.1 施工准备 ... 793
    5.2.2 填土方法 ... 793
    5.2.3 质量控制和检验 ... 793
  5.3 地下水降水措施 ... 793
  5.4 钢筋工程 ... 794
    5.4.1 钢筋加工 ... 794
    5.4.2 钢筋连接和绑扎 ... 795
    5.4.3 钢筋直螺纹连接工艺 ... 799
  5.5 模板工程 ... 802
    5.5.1 模板选择 ... 802

| | | |
|---|---|---|
| 5.5.2 | 柱、梁板、楼梯、门厅模板 | 802 |
| 5.5.3 | 电梯井模板 | 806 |
| 5.6 | 混凝土工程 | 806 |
| 5.6.1 | 混凝土供应商的选择 | 808 |
| 5.6.2 | 泵送混凝土技术要求 | 808 |
| 5.6.3 | 混凝土浇筑 | 809 |
| 5.6.4 | 施工缝 | 810 |
| 5.6.5 | 柱墙、梁板接头处不同强度等级混凝土浇捣的处理方法 | 811 |
| 5.6.6 | 高强混凝土施工 | 811 |
| 5.7 | 预应力工程 | 812 |
| 5.7.1 | 施工准备 | 812 |
| 5.7.2 | 施工要点 | 813 |
| 5.8 | 砌体工程 | 814 |
| 5.8.1 | 施工准备 | 814 |
| 5.8.2 | 操作工艺 | 815 |
| 5.8.3 | 施工注意事项 | 816 |
| 5.9 | 装饰工程 | 816 |
| 5.9.1 | 抹灰工程 | 816 |
| 5.9.2 | 乳胶漆涂料 | 819 |
| 5.9.3 | 面砖镶贴 | 820 |
| 5.9.4 | 地面石材铺贴 | 821 |
| 5.9.5 | 中空地板 | 822 |
| 5.9.6 | 木门安装 | 822 |
| 5.10 | 防水工程 | 824 |
| 5.10.1 | 屋面防水 | 824 |
| 5.10.2 | 卫生间防水 | 827 |
| 5.11 | 外脚手架施工方案 | 829 |
| 5.11.1 | 脚手架的选用 | 829 |
| 5.11.2 | 脚手架的设计 | 829 |
| 5.11.3 | 脚手架的搭设 | 836 |
| 5.11.4 | 脚手架的拆除 | 836 |
| 5.12 | 给水排水工程 | 837 |
| 5.12.1 | 工艺流程 | 837 |
| 5.12.2 | 施工要点 | 837 |
| 5.13 | 暖通工程 | 838 |
| 5.13.1 | 风管制作安装 | 838 |
| 5.13.2 | 空调水管安装 | 838 |
| 5.13.3 | 空调机组设备安装 | 838 |
| 5.13.4 | 系统调试 | 838 |
| 5.14 | 电气工程 | 839 |
| 5.14.1 | 电力与照明系统 | 839 |
| 5.14.2 | 防雷与接地系统 | 841 |
| 5.14.3 | 弱电系统 | 841 |

| 5.15 工程质量验收 | 841 |
| --- | --- |
| 5.15.1 工程质量验收的划分 | 841 |
| 5.15.2 工程质量验收组织 | 841 |

# 6 施工进度计划及工期保证措施 … 841
## 6.1 施工进度计划 … 841
### 6.1.1 工期计划安排 … 841
### 6.1.2 控制节点要求 … 843
## 6.2 工期保证措施 … 843
### 6.2.1 人力资源保证 … 843
### 6.2.2 物资设备保证 … 844
## 6.3 施工进度计划滞后的应急措施 … 844

# 7 施工总平面布置及管理 … 845
## 7.1 施工总平面布置 … 845
## 7.2 施工总平面管理 … 847
## 7.3 临时用水用电方案 … 848
### 7.3.1 编制依据 … 849
### 7.3.2 负荷计算 … 849
### 7.3.3 负荷分配 … 850
### 7.3.4 施工现场临时用电安全技术管理规定 … 850

# 8 施工项目管理计划及对各专业施工单位的配合服务措施 … 852
## 8.1 施工项目管理计划 … 852
## 8.2 对各专业施工单位的配合服务措施 … 853
### 8.2.1 工程协调管理 … 853
### 8.2.2 指定分包单位的协调管理 … 854
## 8.3 总承包服务 … 855
### 8.3.1 服务原则 … 855
### 8.3.2 施工服务准备 … 855
### 8.3.3 服务内容 … 856

# 9 组织管理架构、人力配备的数量及各项目管理人员情况 … 858
## 9.1 项目组织管理架构 … 858
## 9.2 劳动力计划与管理 … 858
### 9.2.1 劳动力计划 … 858
### 9.2.2 劳动力管理措施 … 859

# 10 文明施工及安全保证措施 … 860
## 10.1 文明施工保证措施 … 860
### 10.1.1 文明施工管理目标 … 860
### 10.1.2 文明施工管理组织 … 860
### 10.1.3 文明施工规划 … 860
### 10.1.4 文明施工平面管理 … 860
### 10.1.5 非施工区域的管理 … 862
### 10.1.6 文明施工责任区制度 … 862
### 10.1.7 文明施工检查措施 … 863
## 10.2 安全施工保证措施 … 863

|   |   |   |
|---|---|---|
| 10.2.1 | 安全生产管理的目标 …………………………………………………………… | 863 |
| 10.2.2 | 安全组织措施 ………………………………………………………………… | 863 |
| 10.2.3 | 安全管理制度 ………………………………………………………………… | 864 |
| 10.2.4 | 施工安全管理控制流程 ……………………………………………………… | 864 |
| 10.2.5 | 安全防护措施 ………………………………………………………………… | 865 |

**11 新技术的应用及效益情况分析** ……………………………………………………… 867
  11.1 新技术的应用 ………………………………………………………………………… 867
  11.2 效益情况分析 ………………………………………………………………………… 869

# 1 编制依据

（1）发展中心大厦总承包工程施工合同；
（2）广州市设计院设计的发展中心大厦工程施工图；
（3）国家、行业或地方颁布的有关现行施工规范、标准、规程、法规和图集；
（4）现场实际情况；
（5）本单位管理制度。

# 2 工程概况和工程特点

## 2.1 工程概况

### 2.1.1 工程建设概况（表 2-1）

表 2-1

| 工程名称 | 发展中心大厦总承包工程 | 工程地址 | 广州市珠江新城临江大道北侧Ⅰ6-3号地块 |
|---|---|---|---|
| 建设单位 | 广州发展新城投资有限公司 | 勘察单位 | 广东省工程勘察院 |
| 设计单位 | 德国 GMP 公司和广州市设计院 | 监理单位 | 广州珠江建设监理有限公司 |
| 质量监督部门 | 广州市建设工程质量安全监督站 | 总包单位 | 中国建筑第三工程局 |
| 工程主要功能或用途 | 本工程为高层商业、办公写字综合楼。地下共3层，地上37层，其中一至三层为银行，四至五层为餐厅，六至十七层为会议及办公室，十八层为避难及设备层，十九至三十三层为办公室，三十四至三十五层为会所，三十六至三十七层为设备用房 ||||

### 2.1.2 工程建筑设计概况（表 2-2）

表 2-2

| 占地面积 | 6899.84m² | | | | 总建筑面积 | 77828.15 m² |
|---|---|---|---|---|---|---|
| 层数 | 地上 | 37层 | 建筑高度 | 150m | 地上建筑面积 | 61739.6 m² |
| | 地下 | 3层 | | | 地下建筑面积 | 16088.55 m² |
| 装饰 | 楼地面 | 大堂、后勤门厅、营业厅、电梯厅、中厅走廊、 | | | | 磨光花岗石铺面 |
| | | 设备机房、仓库、避难区域 | | | | 刷工业地板漆 |
| | | 卫生间、楼梯间、厨房、冷库 | | | | 防滑地砖面层 |
| | | 电梯厅、走廊、办公区域 | | | | 抛光耐磨砖面层 |
| | | 办公室办公区域、会议室、休息室 | | | | 地毯面层 + 架空地板 |
| | | 计算机房、电话机房 | | | | 塑胶地板面层 + 架空地板 |
| | | 消防控制室、办公室、楼梯间、设备机房、避难区域、计算机房、电话机房 | | | | 1:1:6 水泥石灰砂浆 20mm 厚扫乳胶漆 |
| | 内墙柱面 | 大堂、后勤门厅、营业厅、电梯厅、中厅走廊、餐厅、办公区域 | | | | 玻璃瓷砖干挂 |
| | | 厨房、冷库、水池 | | | | 贴白色瓷片 |
| | | 卫生间、更衣淋浴室 | | | | 贴釉面砖 |
| | | 大堂、后勤门厅、营业厅、办公室、电梯厅、中厅走廊、餐厅、会议室、休息室、办公区域、避难区域 | | | | 细纹原木装饰板 |
| | | 大堂、后勤门厅、营业厅、办公室、电梯厅、中厅走廊、餐厅、会议室、休息室、办公区域、避难区域 | | | | 磨光大理石贴面 |

续表

| 占地面积 | 6899.84m² | | 总建筑面积 | 77828.15 m² |
|---|---|---|---|---|
| 装饰 | 顶棚 | 楼梯间、厨房、避难区域、卫生间 | | 纸筋灰扫乳胶漆 |
| | | 设备机房、仓库、冷库、水池 | | 抹平扫白灰面 |
| | | 大堂、后勤门厅、外门廊、营业厅、电梯厅、中厅走廊、餐厅 | | 铝合金龙骨石膏板吊顶 |
| | | 消防控制室、办公室、办公区域、计算机房、电话机房 | | 铝合金暗龙骨矿棉板吊顶 |
| | | 卫生间、更衣淋浴室 | | 铝合金条型吊顶 |
| | | 会议室、休息室 | | 岩棉穿孔吸声板吊顶 |
| 防水 | 屋面 | 2mm厚PVC卷材防水层 | | |
| | 卫生间 | 2mm聚氨酯防水层 | | |
| 保温节能 | | 陶粒混凝土隔热层屋面、沥青混凝土隔热屋面 | | |

### 2.1.3 工程结构设计概况（表2-3）

工程结构设计概况一览表  表2-3

| 主体 | 结构形式 | | 钢筋混凝土框筒结构 | | | | |
|---|---|---|---|---|---|---|---|
| 抗震设防等级 | 抗震设防裂度：七度<br>抗震等级：框架一级，剪力墙一级<br>建筑结构安全等级：一级 | | | | | | |
| 人防等级 | 人防抗力等级：一级 | | | | | | |
| 混凝土强度等级及抗渗要求 | 楼层 | 1~4层 | 5~9层 | 10~14层 | 15~20层 | 21~24层 | 25~29层 | 30层以上 |
| | 柱 | C70 | C65 | C60 | C50 | C40 | C35 | C30 |
| | 墙 | C60 | C60 | C60 | C50 | C40 | C35 | C30 |
| | 梁板 | C40 | C40 | C40 | C30 | C30 | C30 | C30 |
| | 水池 | C30S8 | | | | | | |
| 钢筋 | HPB235、HRB335、HRB400级钢筋，预应力钢筋 | | | | | | |
| 砌体 | 采用加气混凝土砌块MU10，砂浆M2.5 | | | | | | |
| 其他需要说明的事项：<br>本工程采用天然地基，基础形式采用柱下墩式及筒体下筏形基础 | | | | | | | |

## 2.2 工程特点

（1）标准高：业主大胆引进国外先进的设计理念，建筑造型简约明快，装饰典雅华丽，是一栋高标准智能环保型现代化高层建筑。

（2）工程质量要求高，工程要确保"广东省优良样板工程"、争创"鲁班奖"。

（3）工程量大：地上总建筑面积61739.6m²，建筑高度150m，混凝土总量24800m³，钢筋总量7020t。

（4）专业多：本工程专业种类多，分包工程多，总承包管理协调工作量大。

（5）工期紧：合同总工期489日历天。

# 第三十二篇 广州发展中心大厦工程施工组织设计

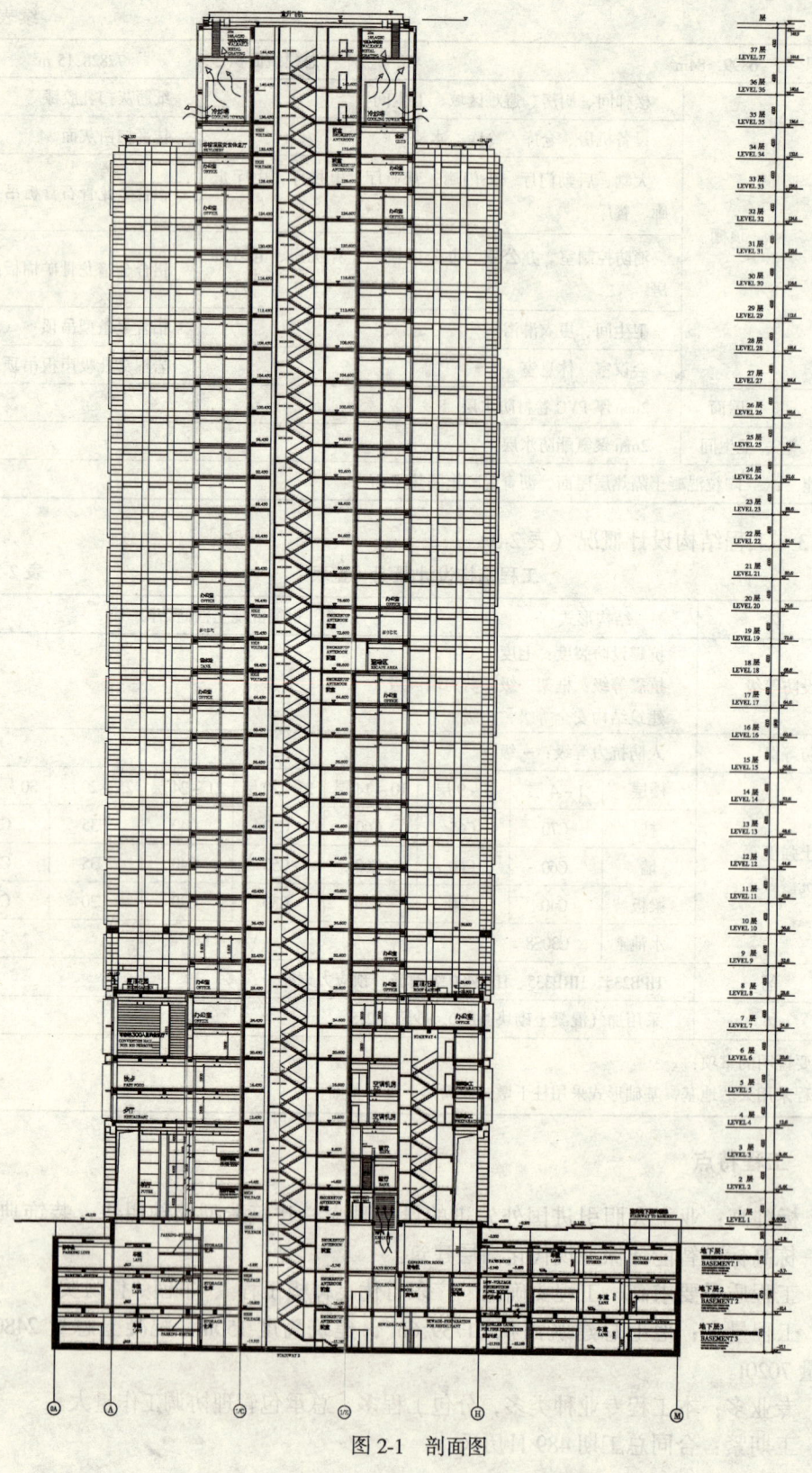

图 2-1 剖面图

## 2 工程概况和工程特点

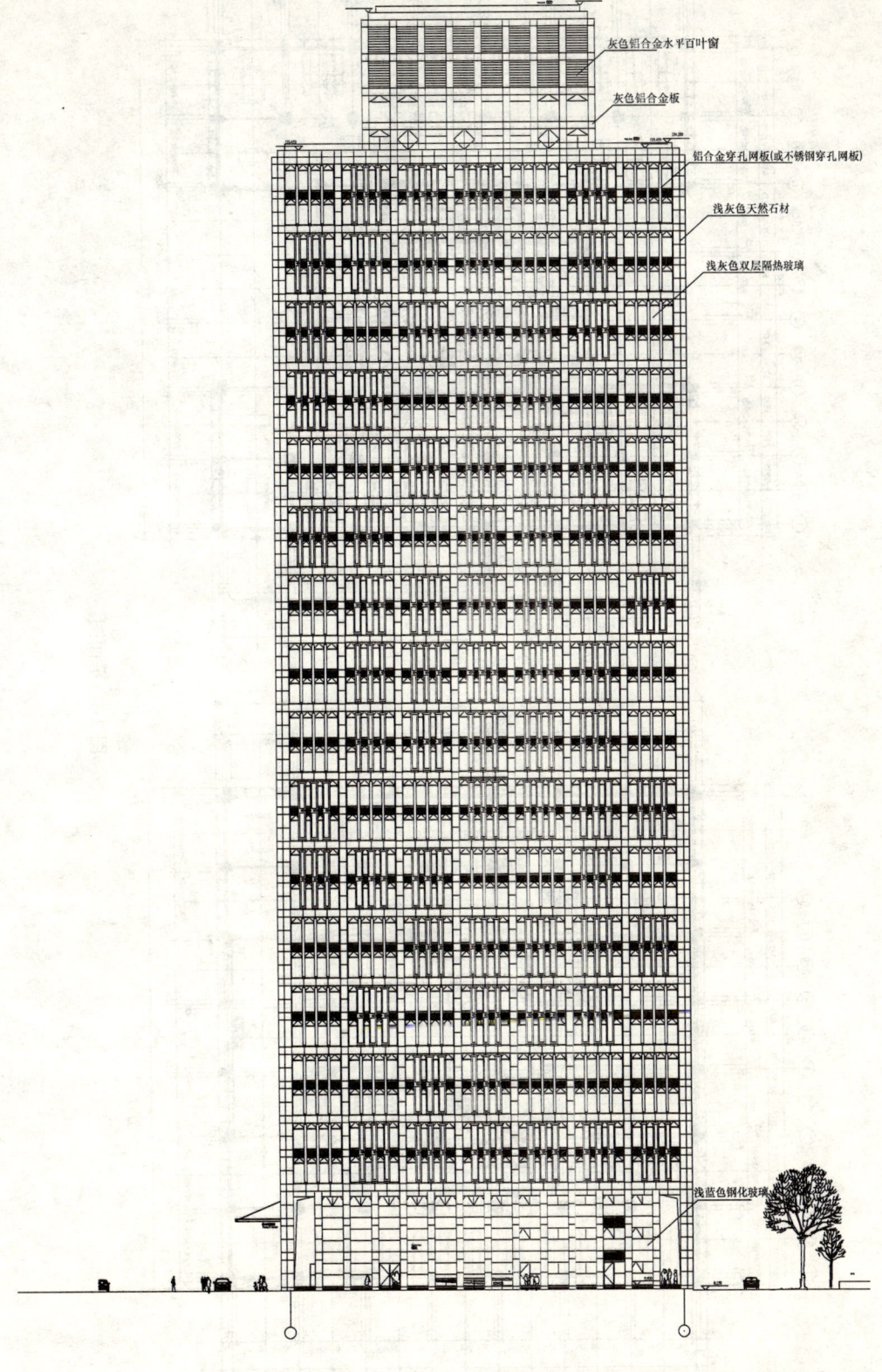

图 2-2 Ⓐ-Ⓗ立面图

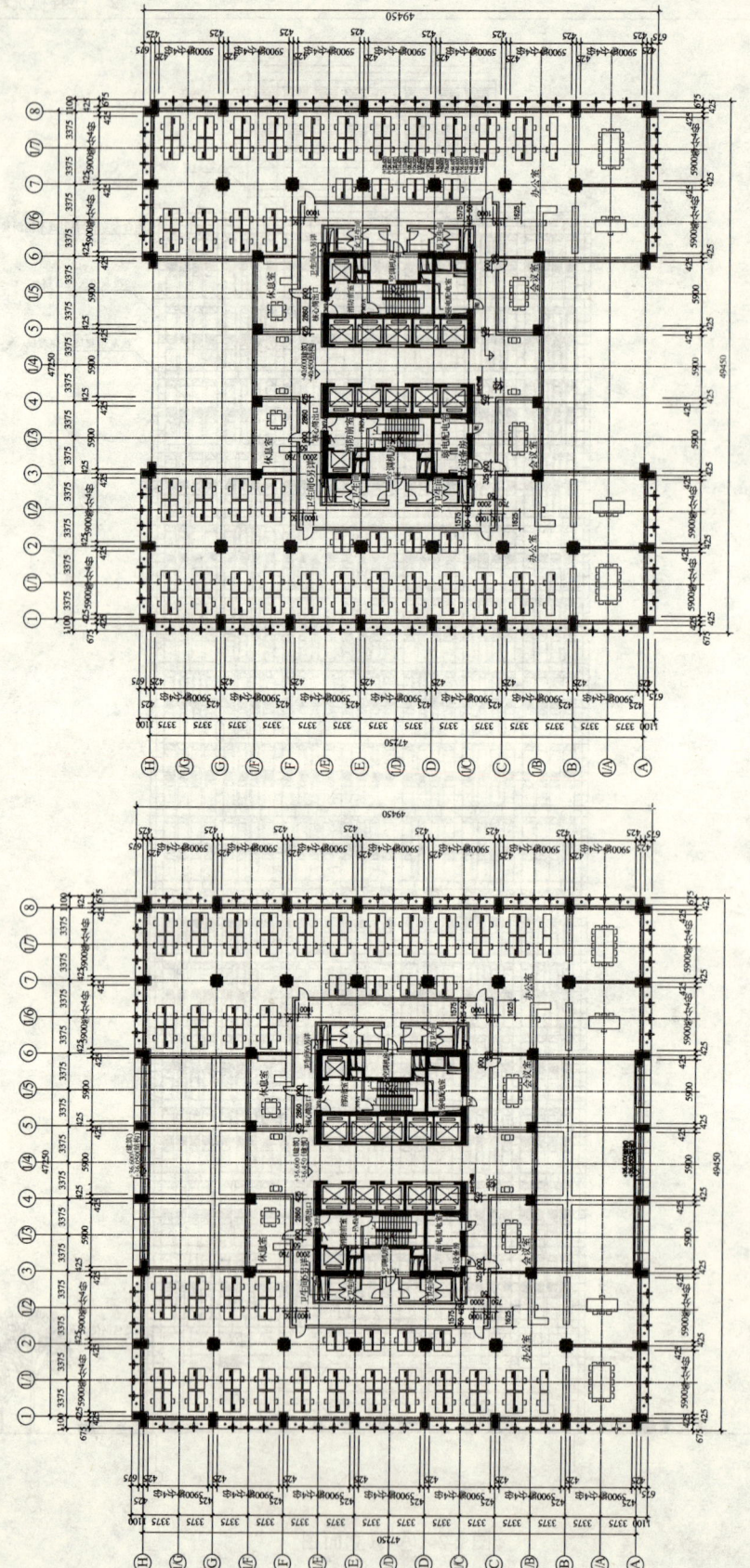

图 2-3 平面图

**2.3 工程难点**

（1）工程总承包中有多专业、多工种的协调服务管理，以及对各专业施工工程的总承包管理和配套服务工作。

（2）由于工程专业多，工期紧，给总进度控制与管理带来较大难度。

（3）本工程采用的新技术、新材料多，如自动车架的安装、中空地板、自动遮阳板、智能化系统等。

（4）C70、C60高强混凝土的施工。

# 3 指导思想和工程目标

**3.1 指导思想**

我们对本工程施工组织的指导思想是：以质量为中心，采用符合GB/19001—2000 idt ISO9001：2000《质量管理体系标准 要求》标准的质量管理体系文件，以及符合GB/24001—1996 idt ISO14001：1996《环境管理体系规范及使用指南》、国家经贸委《职业安全健康管理体系审核规范》（2001）的职业安全健康和环境管理体系文件，建立工程质量、安全和环境管理体系，编制项目质量计划和安全文明施工保证措施，以及关键工序、特殊工序作业指导书，充分发挥自身的优势，选配施工经验丰富、年富力强、高素质的项目经理、总工程师及工程技术管理人员，组织施工经验丰富、技术力量强、施工过高层建筑工程的作业队伍，严格按项目法施工，积极推广应用新技术、新工艺、新材料、新设备，精心组织、科学管理，安全、优质、高速地完成本工程施工任务。

**3.2 工程目标**

科学组织，精心施工，采用先进成熟的施工技术，积极推广应用科技成果，以有力的技术手段，促进施工顺利进行，严格履行合约，确保实现如下目标。

（1）质量目标

严格按照设计要求及施工验收规范组织施工，确保"广东省优良样板工程"、争创"鲁班奖"。

（2）工期目标

总工期为489日历天。

阶段工程工期见表3-1所列。

阶段工程工期　　　　　　　　　　　　　表3-1

| 阶段工程 | 开始时间 | 完成时间 | 阶段工程 | 开始时间 | 完成时间 |
| --- | --- | --- | --- | --- | --- |
| 完成十九层混凝土 | 第123天 | 第129天 | 完成塔楼砌体及抹灰 | 第76天 | 第267天 |
| 完成塔楼混凝土结构 | 第49天 | 第238天 | 裙楼屋面工程 | 第291天 | 第306天 |
| 完成裙楼砌体及抹灰 | 第49天 | 第104天 | 塔楼屋面工程 | 第250天 | 第290天 |

（3）安全目标

完善安全措施，提高安全意识，杜绝重大伤亡事故，控制工伤频率在 1.2‰以内，确保获得"广州市安全文明施工样板工地"称号。

（4）文明施工目标

严格按照广州市有关现场文明施工管理规定和中建 CI 标准，高标准、高质量设计实施现场文明施工，确保获得"广州市安全文明施工样板工地"称号。

（5）环保卫生目标

按照我单位《职业安全健康和环境管理手册》建立环境管理体系，确保在施工期间不污染城市道路，不排放未经处理的污水，夜间施工不扰民，美化工地，建花园式工地。

（6）科技进步目标

充分发挥科学技术是第一生产力的作用，积极推广应用先进、成熟、适用的科技成果和现代化的管理技术，确保科技进步效益率达到 2%。拟在本工程采用的新技术有：

1）高强高性能混凝土技术；
2）粗直径钢筋连接采用直螺纹连接及电渣压力焊焊接技术；
3）楼地面一次性压光找平工艺；
4）中空地板施工技术；
5）现场计算机信息管理和应用。

# 4 施工部署

## 4.1 施工组织

我单位按照项目法施工模式组建"总承包工程项目经理"，并根据本工程的特点，前期主体结构以 6d/层的速度组织施工，同时配合各专业的预留预埋作业，并提前插入砌体工程和抹灰工程；中后期以精装修和安装工程为主，土建尽早为各专业分包单位提供工作面和积极的配合；后期进行各专业调试、各专业验收、整体联动调试、土建收尾工作。为整个工程的竣工验收做好准备。

## 4.2 施工阶段划分及主要内容

（1）施工阶段划分

根据本工程的特点和要求，将整个工程按形象进度划分为三个施工阶段。

第一施工阶段：主体结构施工。主体结构施工至二十二层时，在十九层水平全封闭，插入十九层以下玻璃幕墙龙骨安装。

第二施工阶段：屋面工程、室内装饰、配合幕墙安装、室内水电安装、电梯安装、门窗安装等施工；

第三施工阶段：配合各专业进行试车、测试，各专项验收和接驳（消防、环保验收和永久水、电接驳）以及竣工验收阶段。

（2）各施工阶段的主要内容

1）第一阶段

该阶段施工内容是：主体钢筋混凝土结构施工、砌体工程施工、防雷工程施工、水电预留预埋、玻璃幕墙预埋件施工等。另从玻璃幕墙的工期考虑,在主体施工完二十二层后插入十九层以下玻璃幕墙龙骨的安装。

2) 第二阶段

该阶段施工主要内容是:屋面工程、门窗工程、室内装修工程、外墙装饰及幕墙安装、水电设备安装施工、电梯工程施工、绿化工程施工、弱电系统安装工程、道路工程等。

(3) 第三阶段

该阶段施工主要内容是:各专业调试,整体联动试车,各专业验收,永久水、电接驳,竣工资料整理归档等。

### 4.3 施工流程

(1) 总体施工流程(图4-1)

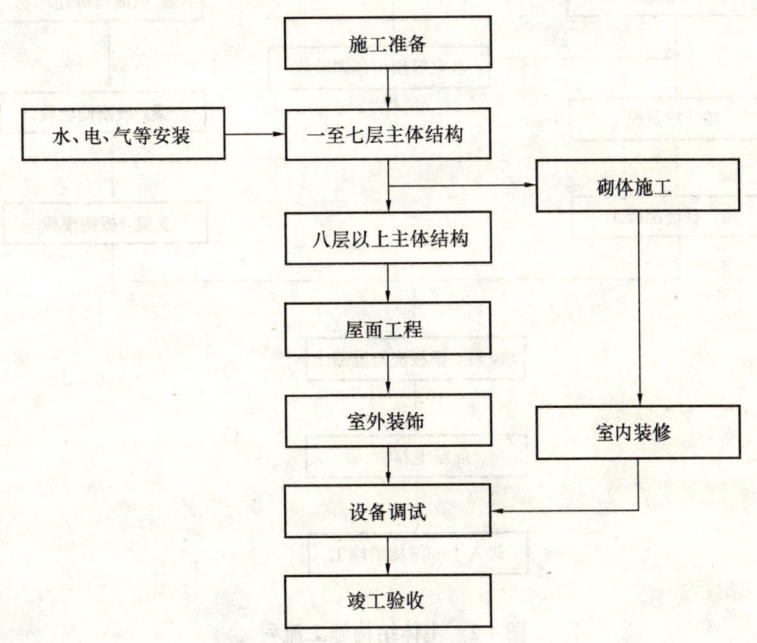

图4-1 总体施工流程

(2) 主体结构施工流程(图4-2)

(3) 室内装修施工流程(图4-3)

### 4.4 施工准备

#### 4.4.1 现场准备

(1) 测量控制网的建立

工作程序:现场测量控制点移交→填写移交记录→建立测量控制网→布设工程测量控制点→控制点的保护→测量控制网细化→放线→主体施工。

主管施工生产的项目副经理为组长的现场移交小组,协同甲方、监理等有关单位对测量控制点进行确认并做好移交记录。

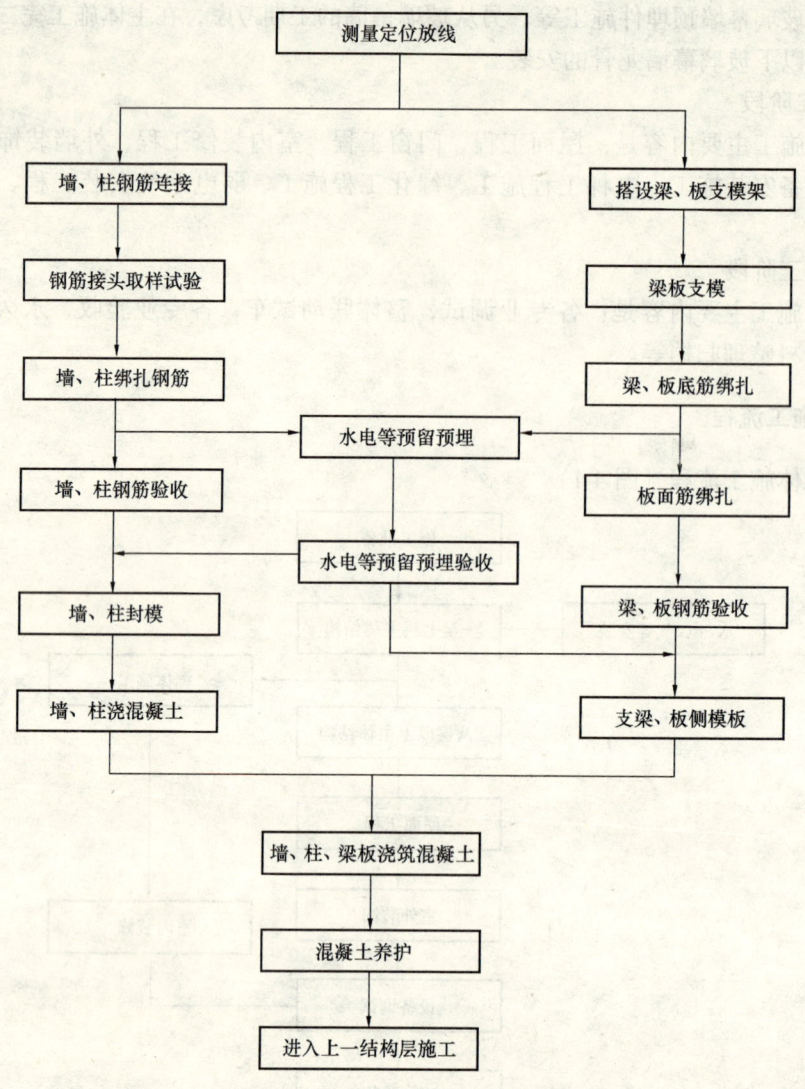

图 4-2 主体结构施工流程

根据甲方移交的测量控制点,我们在工程施工前布设好测量控制网,将各控制点做成永久性的坐标桩和水平基准点桩,并采取保护措施,以防破坏。

(2) 现场内"三通一平"

我们将根据总平面布置图,在工程施工前将现有的给水、排水管线,临时用电线路加以改造,重新布设完毕,以保证满足施工生产、生活需要。

(3) 临时设施准备

根据总平面布置,除在现场布置施工设施外,在基坑东面租用面积不少于 $6000m^2$ 场地,作为办公、生活及部分生产设施用地,以满足工程施工的需要。

按广州市的统一标准设置"六牌一图"。在工地围墙上有工程名称、建设单位、监理单位、质监单位、设计单位、施工单位等明显的标识,实行统一规范的对外宣传与管理。

**4.4.2 技术准备**

(1) 图纸会审准备

由项目总工程师组织有关人员认真学习图纸和规范，并进行图纸自审、会审工作，以便正确无误地施工。

通过学习，熟悉图纸内容，了解设计要求施工应达到的技术标准，明确工艺流程。

进行自审，组织各工种的施工管理人员对本工种的有关图纸进行审查，掌握和了解图纸中的细节。

组织各专业施工队伍共同学习施工图纸，商定施工配合事宜。

参加图纸会审，由设计方进行交底，理解设计意图及施工质量标准，准确掌握设计图纸中的细节。图纸会审工作程序如图4-4所示。

(2) 编制施工组织设计与作业方案

由项目总工程师组织有关技术人员认真编制该工程实施性施工组织设计，作为工程施工生产的指导性文件。根据施工组织设计的要求，由各专业技术人员进一步编制详细的、有针对性的施工作业方案。施工组织设计编制程序见程序图（图4-5）。

(3) 编制施工图预算和施工预算

由预算部门根据施工图、预算定额、施工组织设计、施工定额等文件，编制施工图预算和施工预算，以便为施工作业计划的编制、施工任务单和限额领料单的签发提供依据。

(4) 建立项目管理制度

由有关部门协助项目按照本单位项目管理文件的规定，制订一套适合于本工程特点的项目管理制度，使项目的各项管理工作步入标准化、制度化、规范化的良性轨道中来，要求建立的项目管理制度有：

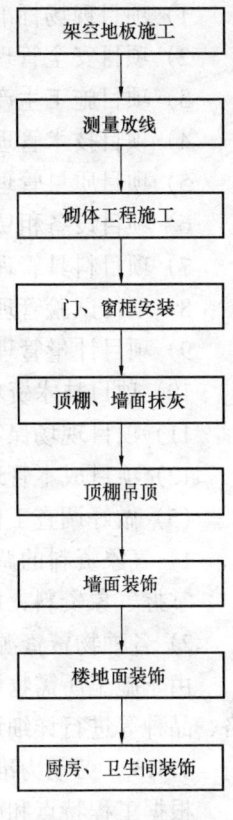

图4-3 室内装修施工流程

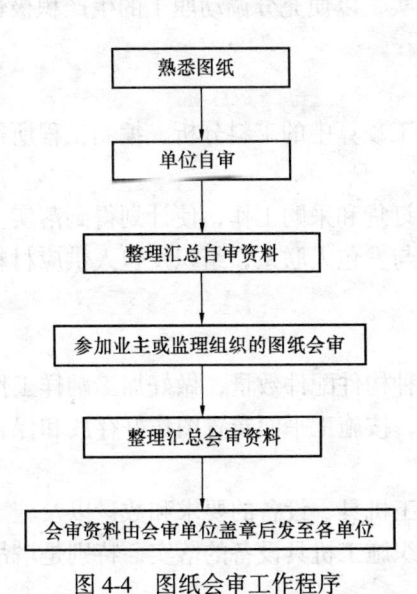

图4-4 图纸会审工作程序

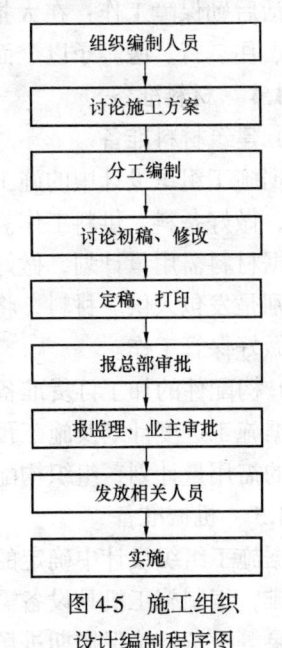

图4-5 施工组织设计编制程序图

1) 项目现场标准化管理制度；
2) 项目安全管理制度；
3) 项目施工生产管理制度；
4) 项目技术管理制度；
5) 项目质量管理制度；
6) 项目设备租赁管理制度；
7) 项目料具管理制度；
8) 项目试验管理制度；
9) 项目计量管理制度；
10) 项目技术资料管理制度；
11) 项目现场保卫管理制度；
12) 项目成本管理制度。

(5) 做好调查工作

1) 气象资料的调查

掌握气象资料，以便制定雨期、台风天气的施工措施。

2) 各种物资资源和技术条件的调查

由于施工所需物资资源品种多，数量大，故应对各种物资资源的生产和供应情况、价格、品种等进行详细调查，以便及早进行供需联系，落实供需要求。

#### 4.4.3 劳动力准备

根据工程特点和施工进度计划要求，确定各施工阶段的劳动力需用量计划，事先做好特殊工种的筹备。

对进场工人进行必要的技术、安全、思想和法制教育，教育工人树立"质量第一，安全第一"的正确思想，遵守有关施工和安全的技术规程，遵守地方治安法规。

生活后勤保障工作：在大批施工人员进场前，必须做好后勤工作的安排，为职工的衣、食、住、行、医等予以全面考虑，认真落实，以便充分调动职工的生产积极性。

#### 4.4.4 材料准备

(1) 建筑材料准备

根据施工组织设计中的施工进度计划和施工预算中的工料分析，编制工程所需材料用量计划，做好备料、供料工作。

根据材料需用量计划，做好材料的申请、订货和采购工作，使计划得到落实。

特别是发包人供应材料，将安排专人负责与发包人联系，组织发包人供应材料按时进场，并做好保管工作。

(2) 构配件的加工订货准备

根据施工进度计划及施工预算所提供的各种构件配件数量，做好加工翻样工作，并编制相应的需用量计划，组织构配件按计划进场，按施工平面布置图作好存放和保管工作。

#### 4.4.5 机械准备

根据施工组织设计中确定的施工方法、施工机具、设备的要求和数量以及施工进度计划的安排，编制施工机具设备需用量计划，组织施工机具设备的落实，特别是塔吊、混凝土输送泵等设备，确保按期进场。

# 5 主要施工方法和技术措施

## 5.1 施工测量

### 5.1.1 施测方法

(1) 技术准备

熟悉本工程图纸，核对施工图纸与其说明内容是否一致，施工图纸及其各组成部分间有无矛盾和错误。建筑图与其相关的结构图在尺寸、坐标、标高和说明方面是否一致，技术要求是否明确。了解本工程是采用何种坐标体系及高程体系，根据本工程要求的测量技术等级及工期和质量要求，合理组织施测进度及测量方法。

(2) 施工现场核查

根据现场实际情况，根据建设单位指定的永久性坐标和高程点，按照建筑总平面图要求，建立建筑物现场坐标控制网及高程控制网，并设置场地永久性控制测量标桩，达到既避开现场施工破坏标桩的情况，又能随时控制建筑物位置的目的。在进行上盖施工前，必须对已施工完的地下室基础进行轴线和标高的复查，确认无误后方可进行上部施工。地下室轴线位置无误后，再将设计图上各点位的数据进行平距和角度的有关计算，换算出施工定位放线所需要的各种数据，并绘制成图。

(3) 平面控制施测方法和精度要求

1) 施测前的准备工作

熟悉图纸，根据总平面图上的红线点坐标计算各红线点的距离和角度，及首层平面图上提供的角点坐标和已知坐标点推算出的建筑物首层各控制基准点的坐标，以极坐标法计算各控制基准点与相近红线点的放样数据，做好数据标注。

2) 定位放线测量

用极坐标法进行施测。

定位前先将各控制点间的角度和距离进行复核，确认各点的准确性。无误后按支导线的路线，采用全站仪定出建筑物外围控制网上各点的坐标，定出所有点后，再将仪器置于有关联的点上，进行相关点的距离和角度校核。待各点的精度达到定位要求后，再根据一层平面图，采用直角坐标法定出主要轴线作为建立平面控制网的依据，再根据主要轴线测设出其他各细部轴线，进行施工放样。

施工上部结构时，已建立的平面控制网为平面控制的基准。

在测量的全过程中，要严格遵守《工程测量规范》（GB 50026—93），其精度要求如下：角度观测精度为 $\pm 10''$，距离测量精度为 1/10000。

(4) 标高控制施测方法和精度要求

水准测量在整个测量工作中所占工作量很大，同时也是测量工作的重要部分。正确而周密地加以组织和较合理地布置高程控制水准点，能在很大程度上使立面布置、管线敷设和建筑物施工得以顺利进行，高程控制必须以精确的起算数据来保证施工的要求。

工地上的高程控制点，要联测到国家水准标志或城市水准点上，高程建筑物的外部水准点标高系统与城市水准点标高系统必须统一，才能确保管线在敷设时与城市管线能连通。

标高点依据建设单位提供的高等级水准点引测。为了计算简便又不容易出错,应根据水准基点将该工程的设计±0.000点标高准确引测于附近固定建筑物上,做好标志。各层标高均根据±0.000水准点用经过校正的钢尺沿着建筑物外壁测出各层设计标高,作为控制该层标高的依据。由±0.000标高点引至各层的临时水准点不少于两个,引测各层标高后,应复核至另一水准标高点,其差不能超过±3mm。这样在各层抄平时可相互校核,避免错误。

精度要求:标高测量精度为$±5\sqrt{n}$mm,建筑全高垂直度测量偏差不应超过30mm。

(5) 沉降观测

根据本工程结构形式正确布置沉降观测点,以便全面和准确地反映地基及建筑物的沉降情况。本工程共布设3个水准基点和12个沉降观测点如图5-1所示。

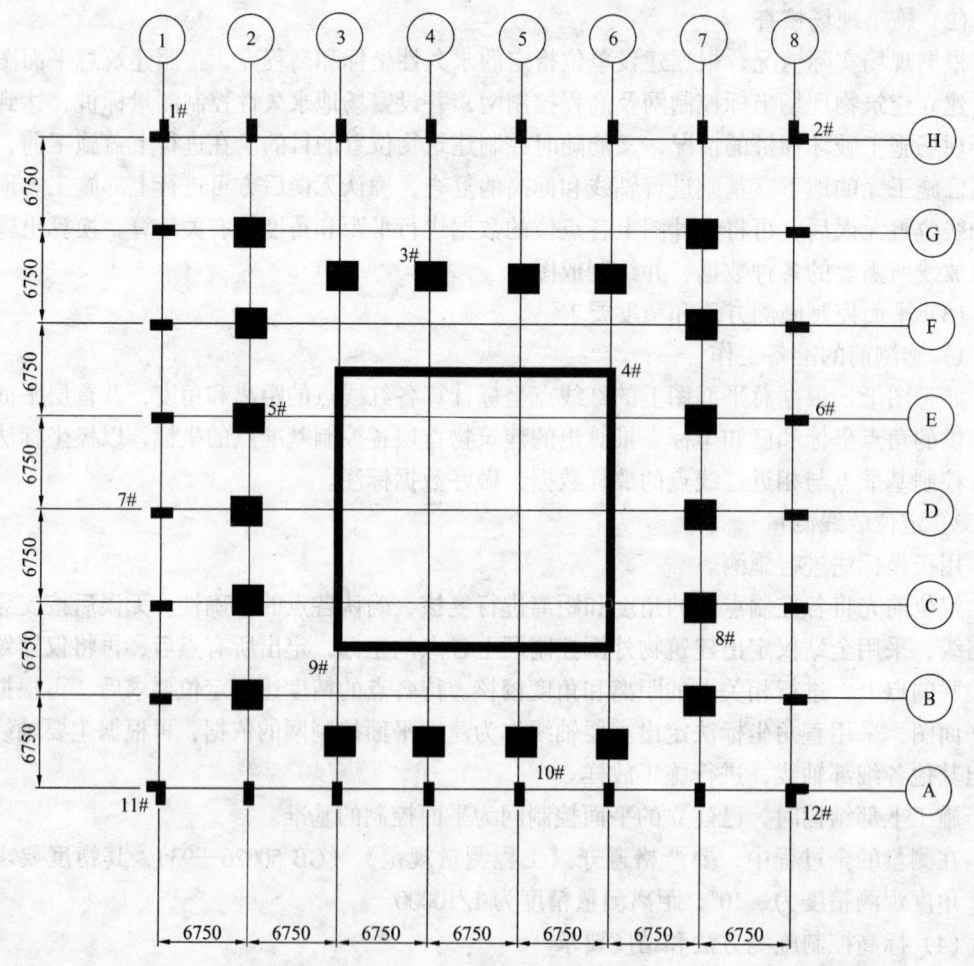

图5-1 沉降观测点布置平面图

1) 水准基点的设置

a. 根据规范,用钻机成孔至中风化岩层2m以上(孔径110mm),再进行清孔,然后用水泥埋设铁管。管顶焊铜质标芯。基准点做保护井进行保护,沉降观测深式水准点大样如图5-2所示。

b. 沉降观测点埋设在首层柱位。测量标芯部为圆形钢质标芯，用冲击钻成孔后放入标芯，再灌入水泥砂浆进行固定。

2）测量方法

a. 采用苏州第一光学仪器厂生产的精密水准仪及测微器，配 2m 钢瓦合金标尺进行观测；

b. 每次观测使用同一个基准点，并联测其他几个基准点；

c. 根据业主要求，沉降观测精度符合《工程测量规范》（GB 50026—93）中二等水准测量精度；

d. 由一个基准点和各观测点组成的闭合路线形式，闭合差小于等于 $\pm 0.3\sqrt{n}$ mm（$n$ 为测站数）；

e. 仪器前后视距一般不超过 30m，视线高差大于 0.3m，前后应尽可能相等；

f. 在施工期间，每层观测一次（约 37 次），主体结构封顶后每 3 个月至 6 个月观测一次，直至按规范要求（小于等于 0.01mm/d）沉降稳定或业主通知停止观测为止；

g. 观测应在成像清晰、稳定时进行；

h. 在进行沉降观测时，必须记录气象情况及荷载变化。

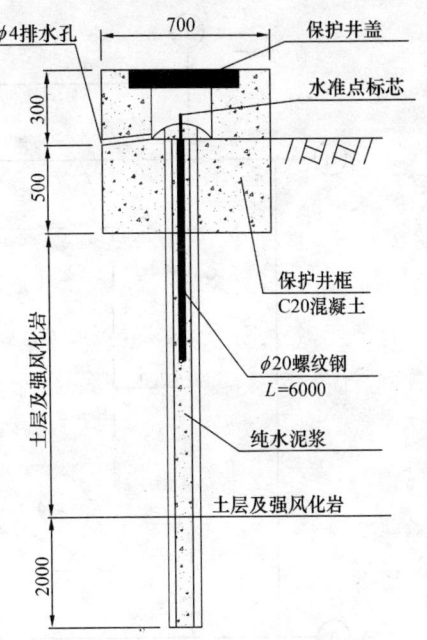

图 5-2 沉降观测深式水准点大样图(单位:mm)

说明：①施工设备采用岩芯钻机和泥浆泵；
②开孔直径为 $\phi$130，成孔直径 $\phi$110，压力回灌 R32.5 纯水泥浆，水灰比 0.5；
③施工步骤为：钻孔→清孔→灌水泥浆→下钢花管→焊标芯→浇捣混凝土井框→管内补灌纯水泥浆→水准点防锈处理→加盖→清理现场

(6) 垂直度控制测量

为了保证工程质量，满足施工进度要求，拟在该工程中，使用激光铅直仪投测法控制该工程在施工中的垂直度，其方法如下：

1）激光铅直投测的图形设计

进行激光铅直投测图形设计前，认真查阅施工图纸，充分考虑结构图中结构层梁及建筑图中装修时内隔墙的影响，合理布置激光控制点。具体方法如下：

首层结构面施工完后，在平面控制网交点建立 4 个激光控制点，该 4 个激光控制点就作为上部结构垂直度控制的基点。这样布置激光控制基点的优点在于：既能控制整个建筑物在施工中的垂直度，又能有效地保证控制面积；同时，4 个激光控制点之间的连线所构成的几何图形组成一个闭合环（矩形），起到复核和检查的作用，能有效地控制精度。建筑平面控制点布置图如图 5-3 所示。

2）激光基准点的测设及精度要求

当施工首层楼面时，将 100mm×100mm×5mm 铁板预埋在平面控制网交点的混凝土楼面上，待混凝土达到一定强度后，由外部测量控制点按照激光控制点设计的点位准确投于铁板上，经过检查校核后，在正确点位处刻上十字标志，作为向上投测的基准点。

激光基准点的测设精度，距离经过改正后，应达到 1/10000，各点角度精度应控制在

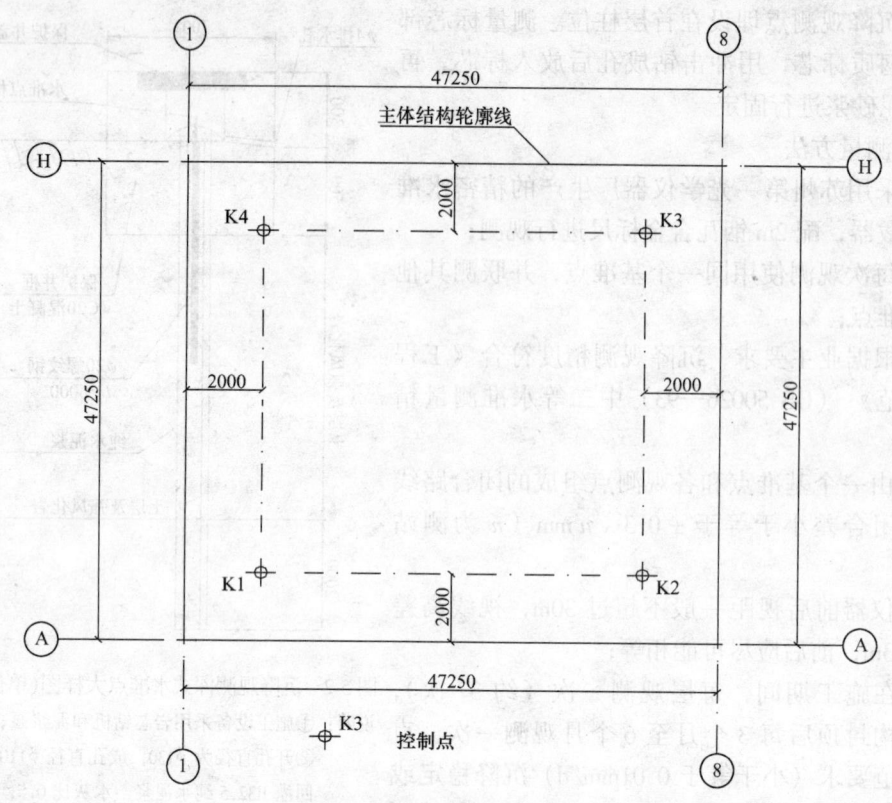

图 5-3 建筑平面控制点布置图（单位：mm）

±10″以内。

在施工第二层楼板时，应将直径 80mm、长 400mm 钢管垂直埋于与首层激光基准点相应的各点混凝土楼面里，作为激光通光孔，为了确保工作人员和仪器安全，钢管顶部应做一活动盖板。

各楼层应预留 200mm×200mm 孔洞作为通光孔，在各层通光孔上固定一水平激光靶，将激光仪分别安置在首层各激光基准点上，经过严格的对中整平后，望远镜视准轴调为竖直，启动激光器，发射出一束红色铅直激光基准线于各接收靶上，激光光斑所指示的位置即为地面上各基准点的竖向投影点，在各接收靶上分别安置经纬仪，经过校核改正后，将各细部轴线一一投出，弹上墨线，供施工放样用，直到施工完顶层，均能应用激光投测控制施工的垂直度。垂直度偏差，层高为 5mm，全高为 $H/1000$ 且不大于 30mm。

3）建筑物四大角垂直度控制，根据轴线控制网定测各大角轴线的延长线，在延长线上适当位置埋设牢固观测点，将建筑物各大角轴线位置清晰、稳固地标识在完成的首层结构立面，使观测点与标识点的连线作为大角垂直度校核的基线。当结构层大角处模板安装后，在观测点架设经纬仪，后视首层标识点，检查模板的轴线位置，校核无误后，进行模板加固。

### 5.1.2 技术措施

质量控制：

（1）坚持先整体后局部和高精度控制低精度的工作程序，先测设场地整体的平面控制网和高程控制网，再以控制网为依据进行各局部建筑物的定位、放线和标高测量。采用科学、严谨的工作方式，达到精确定位的目的。

(2) 凡是投入该工程所使用的各种测量仪器，应有鉴定合格证书且在有效期内，方可投入使用。

(3) 各种测量控制基准点，在使用前应进行检查，确认没有变动后才能使用。

(4) 在施测过程中，除按此方案操作外，还应严格遵守《工程测量规范》（GB 50026—93)、《建筑变形测量规程》(JGJ/T 8—97) 规定。

## 5.2 土方回填

### 5.2.1 施工准备

(1) 土料要求

填方土料种类应符合设计要求，保证填方的强度和稳定性。土料含水量一般以手握成团、落地开花为适宜。当含水量过大，应采取翻松、晾干、风干、换土回填、掺入干土或其他吸水性材料等措施。

(2) 基底处理

场地回填应先清除积水、淤泥和杂物，并应采取措施防止地表滞水流入填方区，影响回填土质量。

(3) 回填土运输

回填土采用散体物料运输车从指定土源运输到现场。卸料后，采用手推车水平运输到基坑边，最后采用在坑边搭设的溜槽运到回填地点。

### 5.2.2 填土方法

(1) 采取分段填土

由于地下室基坑周长较长，因此采取在基坑底每隔30m左右，先用MU10砖和M5水泥砂浆砌400mm厚挡土墙（墙体每次砌筑高度1.5m左右），然后分段回填土方。

(2) 填土应从最低处开始，由下向上整个宽度分层铺填夯实。

(3) 回填采用人工和快速冲击夯相结合的方法分层夯实。黏性土每层虚铺厚度不大于25cm。

(4) 打夯前，应将填土初步填平，打夯要按一定方向进行，均匀夯打，不留间隙。每层土压实3~4遍。

### 5.2.3 质量控制和检验

(1) 一般采用环刀法取样测定土的干密度，求出土的密实度，或用小轻便触探仪器直接通过锤击数来检验干密度和密实度，符合设计要求后，才能填筑上层。

(2) 基坑回填每20~50m取样一组，且每层均不少一组，取样部位在每层压实后的下半部。

(3) 填土压实后的干密度应有90%以上符合设计要求，其余10%的最低值与设计值之差，不得大于$0.08t/m^3$，且不应集中。

## 5.3 地下水降水措施

根据《广州发展中心大厦基础平面图》说明10"建筑物在施工完三十层和完成所有墙体，填土及各层楼面架空地板以前，必须做好地下水降水措施"的要求，我局已在地下室施工组织设计中考虑降水措施,即在地下室回填土施工完时,留有3个混凝土管降水井点作为降水用,用潜水泵放入管底抽水,井点平面布置详见施工总平面图。

为了达到降水要求,在上述时间要求内,继续用潜水泵放入混凝土管底抽水,待降水时间达到上述说明10的要求时,拨出水泵,用混凝土填实混凝土管。在降水过程中要注意混凝土管口防护,用带有缺口的钢板盖住井口,避免杂物落入井中影响降水效果。

### 5.4 钢筋工程

#### 5.4.1 钢筋加工

(1) 对原材料的要求

1) 进场的热轧光圆钢筋必须符合《低碳钢热轧圆盘条》(GB/T 701—1997)和《热轧光圆钢筋》(GB13013)的规定;进场热轧带肋钢筋必须符合《钢筋混凝土用热轧带肋钢筋》(GB 1499—1998)的规定。

2) 每次进场钢材必须有出厂合格证明、原材质量证明书和原材试验报告单。进场钢筋原材力学性能试验结果必须符合规范要求。

3) 进场钢筋规格、形状、尺寸必须符合相关规范要求。

4) 进场钢筋由物资部门牵头组织验收。检查分两步进行:

a. 外观检查:每批钢筋抽取5%进行检查,钢筋表面不得有裂纹、结疤和折叠,表面凸块不得超过横肋高度,每1m长度弯曲不大于4mm,交货时随机抽取10根称重,其重量偏差不得超过允许偏差。

b. 试验检查:每批钢筋中任选两根,在每根上截取两个试件进行拉伸试验和冷弯试验,如果有一项试验结果不符合要求,则从同一批中另取双倍数量重新做各项试验;如仍有一个试件不合格,则该批钢筋判定为不合格,退回厂家并做好相关物资管理记录和重新进场计划。

5) 钢筋进场后必须严格分批按同等级、牌号、直径、长度堆放整齐,并挂牌标识厂家、牌号、等级、直径、进场时间、检验状态等。存放钢筋的场地为现浇混凝土地坪,并设有排水坡度。砌筑地垄墙,离地面高度不宜少于20cm,以防钢筋锈蚀和污染钢筋。钢筋进场后,要按批进行验收,每一验收批由同牌号、同炉罐号、同规格、同交货状态的钢筋组成,重量不超过60t,未进行复试的钢筋不得投入使用。对于复试不合格的钢筋原材应立即退还,不得进入下道施工工序。如不能立即退还,应挂牌明显注明不合格,避免误用。同批进场的钢材,如果含碳量相差超过0.15%,即使不超过60t,也应分开复试。

(2) 钢筋加工工艺

1) 严格按照钢筋配料单加工

确定弯曲调整值、弯钩增加长度、箍筋调整值等参数,保证下料长度准确。

2) 钢筋除锈

钢筋在下料前应先除锈,将钢筋表面的油渍、漆渍及浮皮、铁锈等清除干净,以免影响其与混凝土的粘结效果。

3) 钢筋调直

采用卷扬机调直钢筋,其调直冷拉率:HPB235钢不大于4%,HRB335钢不大于1%;经过调直工艺后,钢筋应平直,无局部曲折。

4) 钢筋切断

钢筋切断应根据其直径及钢筋级别等因素确定使用钢筋切断机进行操作，切断时要将同规格钢筋根据不同长度长短搭配，统筹排料，先断长料，后断短料，减少短头，减少损耗。切断长度允许误差为±5mm。

5）钢筋弯曲成形

弯曲成形采用钢筋弯曲机和手动弯曲工具配合进行，弯曲后钢筋平面上没有翘曲不平现象，弯曲点不得有裂纹。

6）成型钢筋检查及验收

HPB235钢筋末端的180°弯钩，圆弧弯曲直径不应小于$2.5d$，钢筋平直段长度不应小于$3d$，135°弯钩弯曲直径不应小于$3d$，平直段长度为$10d$。HRB335钢筋末端90°弯钩弯曲直径不小于$4d$。

7）钢筋的储运及运输

钢筋及半成品钢筋在现场租用场地加工。钢筋半成品要标明分部、分层、分段和构件名称，按号码顺序堆放，同一部位或同一构件的钢筋要放在一起，并有明显标识，标识上注明构件的名称、部位、钢筋直径、根数以及尺寸。

8）构造钢筋

钢筋加工时还需考虑钢筋工程中的附加钢筋，如墙体双层钢筋网中固定钢筋间距的"几"形支撑筋及钢筋拉钩，楼板双层钢筋网片中固定钢筋间距的撑铁等。

钢筋加工应严格按图纸和钢筋翻样料表进行制作，加工制作前应由专人对翻样结果进行复核，确保钢筋翻样成果准确无误。钢筋半成品按规格、使用部位等分类堆放，挂牌标识（注明钢筋规格、使用部位、责任人）。所有钢筋半成品经验收合格后，方可按使用部位投入使用。

所有钢筋加工机械如调直机、弯曲机、对焊机均应由专人负责，并需持证上岗。

钢筋的现场代换必须经过计算，并经业主的现场代表、监理单位、设计单位同意后方可进行。

**5.4.2 钢筋连接和绑扎**

（1）钢筋连接

1）本工程受力钢筋直径$\phi22$的钢筋接头采用直螺纹接头连接或采用电渣压力焊连接；其他柱、墙竖向钢筋连接采用电渣压力焊连接或绑扎搭接，梁纵向受力钢筋采用闪光对焊或电弧焊焊接，板筋采用闪光对焊或绑扎搭接；以上钢筋接头位置必须按规范要求错开。

2）各类构件受力钢筋搭接长度、锚固长度必须符合设计要求。

3）钢筋接头位置不宜设置在梁端、柱端箍筋加密区范围内，悬臂梁的悬臂部分不允许有搭接接头。

4）钢筋焊接接头距钢筋弯折处不应小于钢筋$10d$，且不宜位于构件的最大弯矩处。

5）通长楼板及楼板梁上筋在跨中$L/3$范围内搭接，楼板下筋在支座$L/3$范围内搭接（$L$为板、墙跨度）。

（2）钢筋绑扎

1）柱子钢筋绑扎

a. 工艺流程

套柱箍筋→连接竖向主筋→画箍筋间距线→绑扎箍筋→挂混凝土保护层垫块。

b. 套柱箍筋

按图纸要求间距，计算好每根柱箍筋数量，先将柱箍套在下层伸出的搭接筋上，然后立柱子钢筋。在搭接长度内，绑扣不少于3个，绑扣要向柱中心。

c. 连接竖向主筋

根据设计和施工要求，按绑扎搭接、焊接或机械连接方法进行柱主筋的连接，其接头形式、位置必须符合施工规范要求。

d. 画箍筋间距线：在立好的柱子竖向钢筋上，按图纸要求用粉笔画箍筋间距线。

e. 柱箍筋绑扎

①按已画好的箍筋位置线，将套好的箍筋往上移动，由上往下绑扎。

②箍筋与主筋要垂直，箍筋转角处与主筋相交点均要绑扎，主筋与箍筋非转角部分的相交点成梅花形交错绑扎。

③箍筋的弯钩叠合处应沿柱子竖筋交错布置，并绑扎牢固。

④本工程为有抗震要求，柱箍筋端头应弯成135°，平直部分长度不小于$10d$（$d$为箍筋直径）。如箍筋采用90°搭接，搭接处应焊接，焊缝长度单面焊缝不小于$5d$。

⑤柱上下两端箍筋应按设计要求加密，如设计要求箍筋设拉钩，拉钩应钩住箍筋。

f. 柱筋保护层厚度应符合设计要求，主筋外皮为设计要求的保护层厚度，垫块应绑扎在柱竖筋外皮上（或用塑料卡卡在外竖筋上），间距为1000mm，以保证竖筋保护层厚度准确。当柱截面尺寸有变化时，柱筋应在板内弯折，弯后尺寸应符合设计要求。

g. 与砌块墙相连的柱，沿柱高每600mm预留2φ6拉结筋，拉结筋伸入柱内250mm，伸出柱边不小于墙长的1/5；同时，不小于700mm或至门窗洞边，拉结筋两端带弯钩。

h. 在绑扎柱子钢筋时，下层柱竖向钢筋露出楼面的部分，用工具或柱箍将其固定，以利于上层柱的钢筋接长。对于上下层柱截面尺寸不同部位，其下层柱钢筋的露出部分，必须在绑扎梁钢筋前收进。柱箍筋的接头交错排列，垂直放置，箍筋转角与竖向钢筋交叉

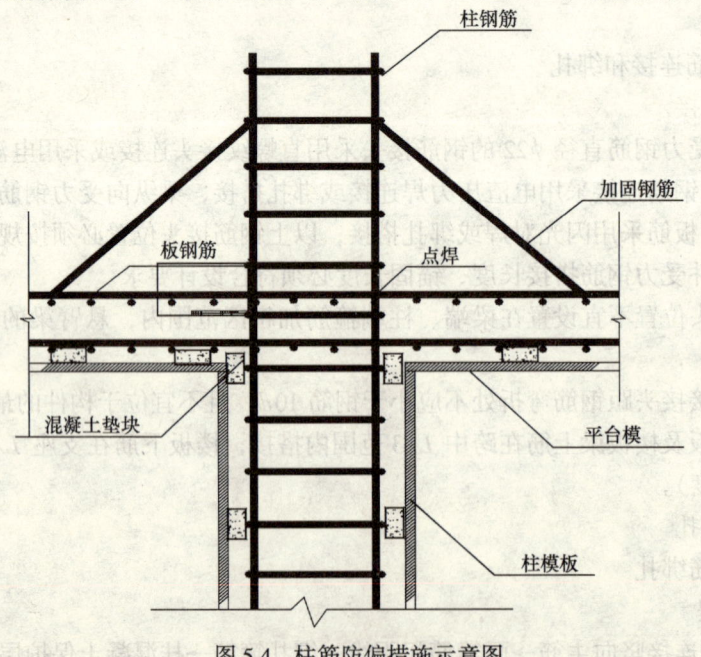

图 5-4 柱筋防偏措施示意图

点均应扎牢。柱钢筋在混凝土浇筑中极易偏位，混凝土凝固后很难校正，施工中采取如图5-4所示的措施进行控制。

2）剪力墙钢筋绑扎（图5-5）

a. 工艺流程

立2~4根竖筋→画水平筋间距→绑定位横筋→画竖筋间距→绑扎其余横竖筋→挂混凝土保护层垫块。

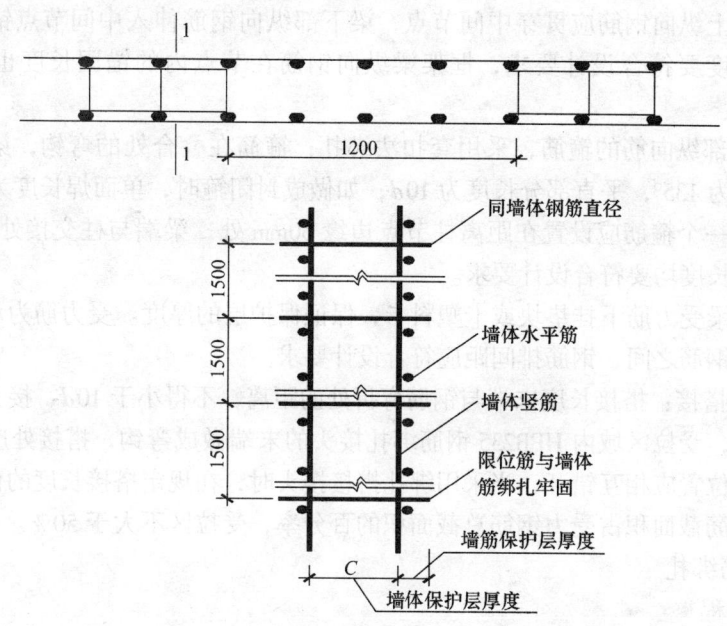

图5-5 剪力墙钢筋绑扎示意图（单位：mm）

b. 将竖筋与下层伸出的搭接筋绑扎，在竖筋上画好水平筋间距线标志，在下部及齐胸处绑两根横筋定位，并在横筋上画好竖筋间距线标志，接着绑扎其余竖筋，最后绑扎其余横筋，横筋在竖筋里面或外面应按设计要求。

c. 竖筋与伸出搭接的搭接处需绑扎3根水平筋，其搭接长度及位置符合设计要求。

d. 剪力墙筋应逐点绑扎，双排钢筋之间应绑拉筋和支撑钢筋，其纵横间距不大于600mm，钢筋外皮绑扎塑料垫块或砂浆垫块。

e. 剪力墙与框架柱连接处，剪力墙水平筋应锚入到框架柱内，其锚固长度应符合设计要求。

f. 剪力墙水平筋在两端头、转角、十字节点、连梁等部位的锚固长度及洞口周围加固筋等均应符合设计抗震要求。

g. 合模后对伸出的竖向钢筋应进行修整，在搭接处绑扎一道横筋定位。浇筑混凝土时要有专人看管，浇筑后再次调整，以保证钢筋位置准确。

3）梁钢筋绑扎

a. 工艺流程

采用模外绑扎：画主次梁箍筋间距→在主次梁模板上口铺横杆数根→在横杆上放箍筋→穿主梁下层纵筋→穿次梁下层纵筋→穿主梁上层钢筋→按要求间距绑扎主梁箍筋→穿次

梁上层纵筋→按要求间距绑扎次梁箍筋→挂混凝土保护层垫块→抽出横杆，将梁骨架放入模板内。

b. 在梁侧模上画出箍筋间距，摆放箍筋；先穿主梁下部纵向钢筋及弯起钢筋，将箍筋按画好的间距逐个分开；穿次梁下部纵向受力钢筋及弯起钢筋，并套好箍筋；放主次梁的架立筋，隔一定间距将架立筋与箍筋绑扎牢固；调整箍筋间距使其符合设计要求，绑架立筋，再绑扎主筋，主次梁同时配合进行。

c. 框架梁上纵向钢筋应贯穿中间节点，梁下部纵向钢筋伸入中间节点锚固长度及伸过中心线的长度要符合设计要求，框架梁纵向钢筋在节点内的锚固长度也要符合设计要求。

d. 绑梁上部纵向筋的箍筋，采用套扣法绑扎；箍筋在叠合处的弯钩，梁中应交错绑扎，箍筋弯钩为135°，平直部分长度为$10d$；如做成封闭箍时，单面焊长度为$5d$。

e. 梁端第一个箍筋应设置在距离柱节点边缘50mm处，梁端与柱交接处箍筋要加密，其间距与加密长度均要符合设计要求。

f. 在主次梁受力筋下挂垫块或卡塑料卡，保证保护层的厚度。受力筋为双排时，用短钢筋垫在两层钢筋之间，钢筋排间距应符合设计要求。

g. 梁筋的搭接：搭接长度末端与钢筋弯折处的距离，不得小于$10d$，接头不宜位于构件最大弯矩处，受拉区域内HPB235钢筋绑扎接头的末端做成弯钩，搭接处应在中间和两端扎牢。接头位置应相互错开，当采用绑扎搭接接头时，在规定搭接长度的任一区段内有接头的受力钢筋截面积占受力钢筋总截面积的百分率，受拉区不大于50%。

4）板钢筋绑扎

a. 工艺流程

模板清理→模板上画钢筋间距线→绑扎板下层受力筋→绑扎板上层钢筋→垫混凝土保护层垫块。

b. 清理模板上杂物，用粉笔在模板上画好主筋、分布筋的间距；按画好的间距，先排放受力主筋，后放分布筋；预埋件、电线管、预留孔等及时配合安装；在现浇板中有板带梁时，应先绑板带梁钢筋，再摆放板钢筋。

c. 绑扎板钢筋用"8"字扣，除外围两根筋的相交点全部绑扎外，其余各点可交错绑扎，双向板相交点应全部绑扎，如板为双层钢筋，两层钢筋之间加钢筋马凳以确保上部钢筋的位置。负弯矩钢筋每个相交点均要绑扎。

d. 钢筋绑好后，在钢筋的下面垫好砂浆垫块，间距1500mm梅花形布置，垫块的厚度等于保护层厚度，应满足设计要求。双层双向板筋采用$\phi 8$"⌐"形钢筋支撑间距1000mm梅花形布置，控制上下两层钢筋间距。

e. 板筋的搭接长度和搭接位置必须符合设计和施工规范的要求。

5）楼梯钢筋绑扎

a. 工艺流程

划位置线→绑扎主筋→绑扎分布筋→绑扎踏步钢筋→垫混凝土保护层垫块。

b. 在楼梯底板模板上画主筋和分布筋的位置线，按设计图纸中主筋和分布筋的方向，先绑扎主筋后绑扎分布筋，每个交点均应绑扎。当有楼梯梁时，先绑扎梁筋后绑扎板钢筋，板筋要锚固到梁内。

c. 底筋绑扎完后，待踏步模吊绑支好后，再绑扎踏步钢筋，主筋接头数量和位置均要符合施工规范的规定。

**5.4.3　钢筋直螺纹连接工艺**

（1）操作工艺

直螺纹接头是先在施工现场或钢筋加工场用钢筋切断机、钢筋车丝机，按钢筋下料单把钢筋的连接端头加工成直螺纹，然后通过直螺纹导向器，用扳手把钢筋和连接套拧紧在一起。

1）钢筋加工

下料→钢筋切平头→钢筋镦粗→套丝→用牙形规检查套丝质量→用卡规检查套丝头质量→检查攻丝长度→做接头试件静力拉伸试验→接头试件合格后做钢筋连接准备工作→实验室做出接头试件试验报告→在钢筋两连接段分别拧上塑料保护帽和按规定的力矩值拧上连接套，以保护直螺纹和方便连接施工→存放备用→用卡规抽检丝头直径，用牙形规抽检丝头牙形。加工质量合格后填写抽检记录，对不合格的丝头要重新加工。

2）钢筋安装

搭设钢筋绑扎架（梁内钢筋）→钢筋就位→回收待连接钢筋上的密封帽和连接套→用手拧上钢筋→拧紧钢筋接头，当两端钢筋按旋合长度接触时外露丝扣不超过一圈即可→质检人员验收钢筋连接质量→做好钢筋接头的抽检记录→填好钢筋接头隐检记录。

（2）主要施工方法

根据待接钢筋转动的难易情况，现场可分别采用以下四种连接方法：

1）连接钢筋易于转动的情况：先将导向连接器旋入已安装固定好的钢筋一端螺纹处，再旋入另一端的连接钢筋，最后用扳手拧紧。

2）连接钢筋又长又重难于转动的情况：此时连接钢筋端部应加长螺纹，先将导向连接器旋入连接钢筋上，直至加长螺纹的尽头，再反向旋入固定钢筋。

3）两侧钢筋均不能转动的情况：先将锁紧螺母（构造上相当于1/5～1/4导向连接器套筒长）和套筒全长旋入有加长螺纹一侧的钢筋上，然后将两侧钢筋对接，反向旋转导向连接器套筒，套住另一端钢筋，最后反向旋转锁紧螺母并锁紧套筒。

4）连接钢筋不允许旋转但可以直线移动的情况：组装时，只需旋转导向连接器套筒即可。

（3）质量标准

1）原材料

a. 本工程直螺纹导向钢筋连接器，采用30～40号优质碳素钢。

b. 加工螺纹用冷却液必须用水渗性切削冷却润滑液，不准用机油润滑。

c. 导向连接器的加工截面应与轴线垂直，端头不得翘曲，其内螺纹必须与标准螺纹规格相吻合。导向连接器尺寸必须满足表5-1的要求。

2）连接钢筋

对于不对称型连接接头，连接钢筋之间的直径差不宜超过9mm。

3）连接接头

导向连接器尺寸  表 5-1

| 钢筋公称直径（mm） | 导向连接器外径（mm） | 导向连接器长度（mm） | 公制内螺纹 |
|---|---|---|---|
| 25 | 40 | 60 | M30×3.5 |
| 28 | 44 | 64 | M32×3.5 |
| 32 | 50 | 72 | M36×4.0 |

a. 连接接头的旋合螺距数必须满足表 5-2 规定。

b. 直螺纹接头可使用在构件的任何受力截面上，在受拉或受压的同一区段的截面上，考虑混凝土的均匀浇捣，视具体情况尽量错开接头位置。

连接接头的旋合螺距数  表 5-2

| 钢筋直径（mm） | 每端旋合螺距数 |
|---|---|
| 28 | 8 |
| 32 | 10 |

c. 在同一构件的跨间或层高范围内的同一根钢筋上不宜超过两个连接接头，闪光对焊接头与该连接接头之间的距离不得小于 $35d$，且不小于 $500$mm。

d. 接头连接端部距离钢筋弯曲位置不得小于 $10d$。

e. 连接接头与邻近钢筋之间的净距离或连接接头间的净距离应大于混凝土骨料的最大粒径。

f. 直螺纹钢筋连接接头的旋合长度为：对称型接头，导向连接器与连接钢筋的旋合部分长度为 $\frac{1}{2}L$；不对称接头，导向连接器与连接钢筋旋合部分长度见表 5-3 所列。

导向连接器与连接钢筋旋合部分长度  表 5-3

| 连接钢筋直径差（mm） | 大端旋合长度 $L_1$ | 小端旋合长度 $L_2$ |
|---|---|---|
| 0~3 | 0.5L | 0.5L |
| 3~6 | 0.4L | 0.6L |

g. 连接接头屈服强度实测值不应小于连接钢筋母材屈服强度标准值。

h. 连接接头极限抗拉强度实测值应不小于连接钢筋母材的极限抗拉强度标准值，或应不小于连接钢筋屈服强度标准值的 1.7 倍。

i. 连接接头的拉伸试验中，试件断裂须发生在连接钢筋母体段，且呈塑性断裂。

4）直螺纹连接接头安装规定

a. 安装前检查导向连接器与连接钢筋规格必须一致；

b. 组装之前应分别检查连接钢筋螺纹及导向连接器内螺纹是否完好无损；如发现有杂物或锈斑，应用铁刷清除。

c. 保证接头旋合长度。

5）外观质量和尺寸偏差见表 5-4 所列。

（4）检测方法

1）外观检查及检验方法（表 5-5）

外观质量和尺寸偏差　　　　　　　　　　　表 5-4

| 检测项目 | | 优等品 | 一等品 | 合格品 |
|---|---|---|---|---|
| 外观质量 | 表面裂纹、结疤 | | 不允许 | |
| | 端头分层、缩孔 | | 不允许 | |
| | 丝头翘曲、变形 | | 不允许 | |
| | 表面划痕、麻点 | 不允许 | ≤2个 | ≤4个 |
| 尺寸偏差（mm） | 连接器外径 | ±0.3 | ±0.5 | ±0.8 |
| | 连接器长度 | ±0.5 | ±0.8 | ±1 |
| | 冷镦长度 | ±0.5 | ±1 | ±3 |
| | 攻丝长度 | ±0.5 | ±1 | ±2.5 |
| | 导向连接器内螺纹 | 符合 GB193 规定 | | |
| | 连接钢筋外螺纹 | 符合 GB193 规定 | | |

外观检查及检验方法　　　　　　　　　　　表 5-5

| 序号 | 检测项目 | 测量方法及工具 |
|---|---|---|
| 1 | 外观质量 | 目测 |
| 2 | 连接器外径 | 用 0~150mm 游标卡尺测量 |
| 3 | 连接器长度 | 用 300mm 钢直尺测量 |
| 4 | 冷镦长度 | 用 150mm 直尺测量 |
| 5 | 攻丝长度 | 用 150mm 直尺测量 |

2）接头力学性能试验按 GB228 规定进行抽样试验。

（5）成品保护

a. 柱子钢筋绑扎后，严禁踩踏；

b. 楼板的弯起钢筋、负弯起钢筋绑扎好后，不准在上面踩踏行走，浇筑混凝土时派钢筋工专门负责修理，保证负弯起钢筋位置准确；

c. 绑扎钢筋严禁碰动预埋件及预留孔洞模板；

d. 模板涂刷隔离剂时，不得污染钢筋；

e. 安装电线管、暖卫管线或其他设施时，不得任意切断和移动钢筋。

（6）应注意的质量问题

1）浇筑混凝土前检查钢筋位置是否正确，振捣混凝土时防止碰动钢筋，浇筑混凝土后立即修整甩筋位置，防止柱筋墙筋位移。

2）梁钢筋骨架小于设计尺寸：配制箍筋时应按设计要求，充分考虑钢筋占位避让因素。

3）梁柱核心区箍筋应加密，熟悉图纸，按设计要求施工。

4）箍筋末端弯成 135°，平直部分长度为 $10d$。

5）梁主筋进支座长度应符合设计要求，弯起钢筋位置应准确。

6）板的弯起钢筋和负弯起钢筋位置应准确，施工时不得踩踏变形。

7）绑扎板筋时用尺杆画线，绑扎时随时找正、调直，防止板筋不顺直，位置不准确。

8）绑竖向受力钢筋时要吊正，搭接部位绑三个扣，绑扣不能用同一方向的顺扣。层高超过 4m 时，搭架子进行绑扎，并采取措施固定钢筋，防止柱、墙钢筋骨架不垂直。

9）在钢筋配料加工时要注意，端头有对焊接头时，要避开搭接范围，防止绑扎接头内混入对焊接头。

### 5.5 模板工程

#### 5.5.1 模板选择

（1）模板及其支撑系统要求

1）保证结构、构件各部分形状尺寸的正确；

2）必须具有足够的强度、刚度和稳定性；

3）模板接缝要满足要求，不得漏浆；

4）便于模板的安拆；

5）现浇结构模板安装的允许偏差见表 5-6 所列。

现浇结构模板安装的允许偏差  表 5-6

| 项 目 | | 允许偏差（mm） |
|---|---|---|
| 轴 线 位 置 | | 5 |
| 底模上表面标高 | | ±5 |
| 截面内部尺寸 | 基 础 | ±10 |
| | 柱、墙、梁 | +4、-5 |
| 层 高 垂 直 | 全高≤5m | 6 |
| | 全高＞5m | 8 |
| 相邻两板表面高低差 | | 2 |
| 表面平整（2m 长度上） | | 5 |

（2）模板与混凝土的接触面满涂隔离剂，按规范要求留置浇捣孔、清扫孔，浇筑混凝土前用水湿润木模板，但不得有积水；

（3）墙、柱模板必须按规范规定要求进行拆除；

（4）施工中在施工现场做好试块，与结构混凝土同条件养护，经试验确定具体的拆模时间；

（5）上层梁板施工时应保证下面一层的模板及支撑未拆除。

#### 5.5.2 柱、梁板、楼梯、门厅模板

（1）柱模

本工程柱为方柱和矩形柱，柱高均为 4m，柱支模拟采用 18mm 厚竹胶合板配制模板，加 50mm×100mm 木方竖楞和 80mm×43mm×5mm 槽钢抱箍加固，木方竖楞的横向间距按 250~350mm 设置，槽钢抱箍的竖向间距按 500mm 设置，施工要结合实际情况做到上疏下密。为保证柱线角顺直，木方条定位必须准确。为保证柱模的侧向刚度，在柱模上设置双向 $\phi 12$ 高强螺杆，间距按 500mm 设置，如图 5-6 所示。

混凝土自重 $\gamma_C = 24 \text{kN/m}^3$，强度等级 C70，坍落度 15~18cm，采用 0.6m³ 塔吊料斗浇筑，浇筑速度 1.5m/h，混凝土温度为 20℃，用插入式振动器振捣，验算如下。

荷载设计值

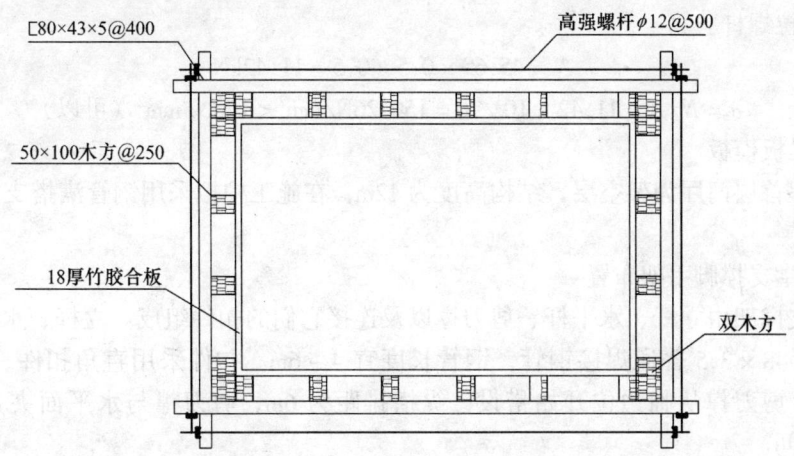

图 5-6 矩形柱支模示意图（单位：mm）

混凝土侧压力标准值

$$F_1 = 0.22 r_c t_0 \beta_1 \beta_2 v^{1/2}$$

其中：
$$r_c = 24\text{kN/m}^3, t_0 = 6\text{h}$$

$$F_1 = 0.22 \times 24\text{kN/m}^3 \times 200/(20+15) \times 1 \times \sqrt{1.15} \times 1.5 = 42.46\text{kN/m}^2$$

其中：$H = 4\text{m}$

$$F_1 = 24\text{kN/m}^3 \times 4\text{m} = 96\text{kN/m}^2$$

取两者中较小值：$F_1 = 42.46\text{kN/m}^2$

混凝土侧压力设计值：

$F = F_1 \times$ 分项系数 $\times$ 折减系数 $= 42.46 \times 1.2 \times 0.85 = 43.31\text{kN/m}^2$

倾倒混凝土的水平荷载标准值查表为 $2.0\text{kN/m}^2$

倾倒水平荷载设计值

$$F = 2.0\text{kN/m}^2 \times 1.4 \times 0.85 = 2.38\text{kN/m}^2$$

荷载组合设计值

$$F' = 43.31\text{kN/m}^2 + 2.38\text{kN/m}^2 = 45.69\text{kN/m}^2$$

验算

线荷载：$q = F_1 l \times 0.85 = 45.69 \times 0.5 \times 0.85 = 19.42\text{N/m}$

1）槽钢强度验算

$$N/A_n + M_x/(r_x W_{nx}) \leq f$$

其中

$$N = a \cdot q/2 = 500/2 \times 19.42 = 4855\text{N}$$

$$M_x = 1/8 \times 19.42 \times 1136^2 = 3132679.04\text{N·m}$$

$A_n$ 查表 [$80 \times 43 \times 5$ 为 $1024\text{mm}^2$

$W_{nx}$ 查表 [$80 \times 43 \times 5$ 为 $25.3 \times 10^3 \text{mm}^3$

$$N/A_n + M_x/(r_x W_{nx}) \leq f$$

$4855/1024 + 3132679.04/25.3 \times 10^3 = 4.74 + 123.82 = 128.56\text{N/mm}^2 < 215\text{N/mm}^2$（可以）

2) 对拉螺杆验算

拉力 $N = 45.69 \times 0.5 \times 0.5 = 11.42\text{kN}$

$\sigma = N/A = 11.42 \times 10^3/76 = 150.26\text{N/mm}^2 < 170\text{N/mm}^2$（可以）

(2) 梁板模扳

本工程首层门厅为架空层，结构高度为12m，在施工中拟采用钢管满搭支撑脚手架方案。

1) 满堂支撑脚手架布置

满堂支撑架由立杆、水平杆、剪刀撑以及连接它们的扣件组成。立杆、水平杆、剪刀撑均采用 $\phi 48 \times 3.5$ 普通焊接钢管，钢管长度宜4~6m。扣件采用直角扣件、旋转扣件、对接扣件。剪刀撑从临边位开始搭设，纵横排距为6m，剪刀撑与水平面夹角应控制在45°~60°之间。

首层门厅支撑架采用 $\phi 48 \times 3.5$ 钢管搭设满堂脚手架支撑，立杆加可调底座150mm×150mm，钢管支撑的立杆纵横向间距为900mm×900mm；在距离楼地面300 mm左右遍设第一道纵向和横向扫地杆并与立杆连接牢固，竖向间隔1500mm加设一道水平杆，在梁底纵横向设一道水平支模杆，并在板底纵横向设一水平支模杆，同时纵横间距6000mm设剪刀撑，加强脚手架整体刚度；背楞用50mm×100mm木方，间距小于等于400。立杆采用扣件对接连接，荷载全部由立杆直接承受传给首层楼板，板厚为150mm。

梁高大于800mm的由于混凝土侧压力增大需用 $\phi 12$ 高强螺杆，螺杆外加设 $\phi 15$ 硬塑套管，便于螺杆的重复使用。将两侧模板拉紧，防止梁下口向外爆裂及中部鼓胀。对拉螺杆间距沿梁长为500mm。

梁板底模接缝一定要严密，对小的缝隙采用封箱纸进行封闭，模板上的孔洞采用镀锌薄钢板进行修补。对梁柱接缝不严处，采用镀锌薄钢板进行补缝，力求接缝严密。

梁跨度大于4m时，模板应按设计要求和施工规范起拱。

2) 支撑架验算

a. $\phi 48 \times 3.5$ 钢管特性

$$A = 4.89\text{cm}^2 \quad i = 1.58\text{cm}$$

b. 荷载计算

模板及支架自重：$0.9\text{m} \times 0.9\text{m} \times 12\text{m} \times 1\text{kN/m}^3 \times 1.2 = 11.66\text{kN}$

新浇钢筋混凝土自重：$0.9\text{m} \times 0.9\text{m} \times 0.15\text{m} \times 26\text{kN/m}^3 \times 1.2 = 3.79\text{kN}$

施工荷载：$0.9\text{m} \times 0.9\text{m} \times 2.5\text{kN/m}^2 \times 1.4 = 3.402\text{kN}$

每根立杆承受荷载为：$0.9 \times (11.66 + 3.79 + 3.402) = 16.967\text{kN}$

c. 按强度验算立杆的受压应力

$\sigma = N/A = 16.967 \times 1000/489 = 34.697\text{N/mm}^2 < [f] = 215\text{N/mm}^2$

d. 按稳定性验算立杆的受压应力

立杆长细比 $\lambda = L/i = 1500/15.8 = 95$，由 $\lambda = 95$ 查表可得 $\varphi = 0.588$，则

$\sigma = N/\varphi A = (16.967 \times 1000) / (0.588 \times 489)$

$= 59.01\text{N/mm}^2 < [f] = 215\text{N/mm}^2$

立杆稳定性符合要求。

e. 混凝土局部承压验算

首层楼板使用C40混凝土，其轴心抗压强度设计值 $f_c = 19.5\text{N/mm}^2$，则

$$\sigma_c = N/S = 16.967 \times 1000/489 = 34.697\text{N/mm}^2 > f_c = 19.5\text{N/mm}^2$$

故钢管下部需垫设可调底座或木方，可调底座规格按 $150\text{mm} \times 150\text{mm}$，则

$$\sigma_c = N/S = (24.928 \times 1000)/(150 \times 150)$$
$$= 1.11\text{N/mm}^2 < f_c = 19.5\text{N/mm}^2$$

故符合要求。

f. 混凝土抗冲切验算

根据公式 $F_l \leq 0.6 f_{t u_m} h_0$

楼板混凝土为C40，则 $f_t = 1.8 \text{ N/mm}^2$

$$u_m = (150+150) \times 4 = 1200\text{mm}$$

$$h_0 = 150\text{mm}（首层板厚为180mm）$$

则 $0.6 f_{t u_m} h_0 = 0.6 \times 1.8 \times 1200 \times 150 = 194400\text{N} > F_l = N = 19697\text{N}$

故满足抗冲切能力。

(3) 梁板模

该工程结构平面较复杂。为便于配模板，采用18mm厚胶合板配置梁板模，以满足不同结构形状的配模要求。模板支撑均采用WDJ碗扣架搭设室内满堂脚手架，钢管立杆下端加设可调支座。钢管支撑的立杆纵横向间距在板底为 $900\text{mm} \times 900\text{mm}$，在距离楼地面300mm左右设第一道水平杆，竖向间隔1500mm加设一道水平杆，在梁底纵横向设一道水平支模杆，并在板底纵横向设一水平支模杆，同时设剪刀撑加强脚手架整体刚度；对于净高大于800mm的梁，在梁中增设 $\phi 12$ 高强螺杆，螺杆的间距按500mm支设，对拉螺杆外加设 $\phi 15$ 硬塑套管，便于螺杆的重复使用。梁板支模时，应按设计或规范要求将梁板起

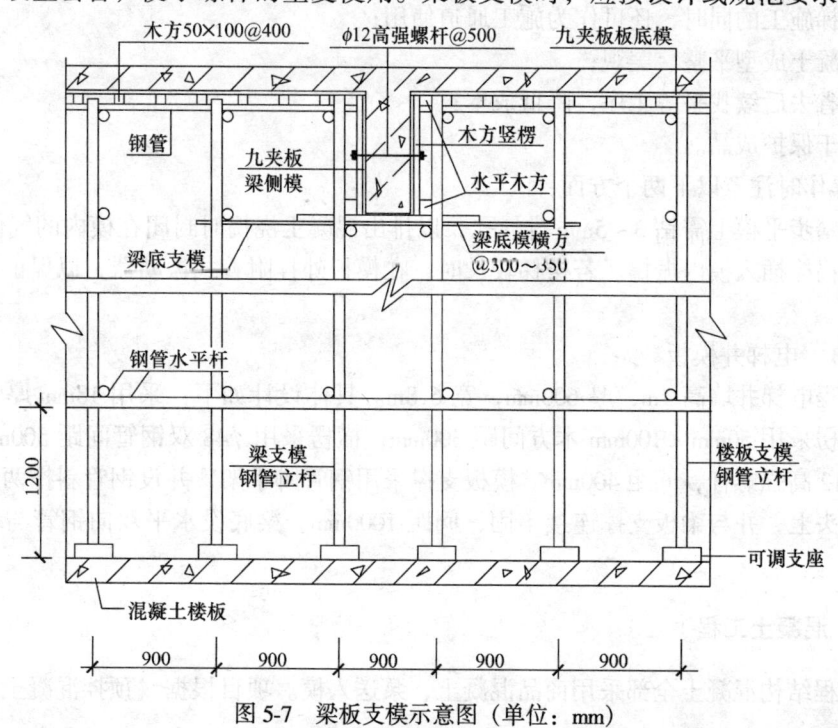

图5-7 梁板支模示意图（单位：mm）

拱,梁板支模如图 5-7 所示。

（4）整体封闭式楼梯模板（图 5-8）

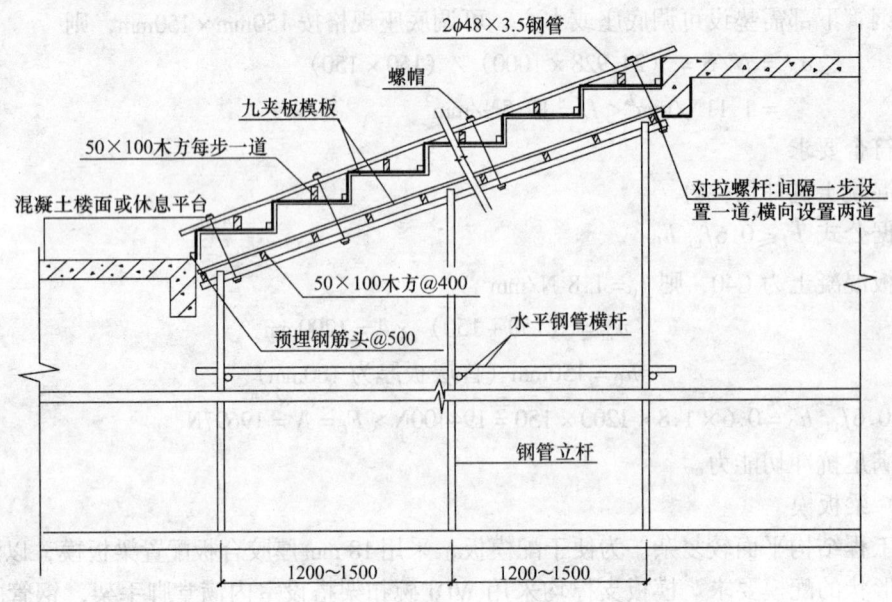

图 5-8　整体封闭式楼梯支模示意图（单位：mm）

1）将楼梯模板全封闭（仅在最高踏步处留设混凝土浇捣口），构成整体封闭模板体系，为我局完整成熟的施工技术，此方法具有以下优点：

①操作简便,防止污染；
②楼梯施工的同时,还可作为施工通道使用；
③混凝土成型平整、美观；
④可省去后续找平等工序,降低成本；
⑤利于保护成品。

2）操作时注意以下两个方面：

①在踏步平模上需钻 3~5mm 排气孔，以排出混凝土浇捣时封闭在模内的气体。
②振捣棒插入模内振捣。若楼梯较长时，在模板外挂附着式振动器，以保证混凝土浇捣质量。

### 5.5.3　电梯井模板

本工程电梯井墙高 4m，厚 600mm，宽 6.8m。具体设计如下：采用 18mm 厚竹胶合板配制，竖楞采用 50mm×100mm 木方间距 300mm，横楞采用 φ48 双钢管间距 500mm，双钢管上设 φ12 高强螺杆，间距 400mm。模板支撑采用钢管脚手架，并设钢管斜撑两道，撑于预埋钢筋头上，并与梁板支撑连接牢固，间距 1000mm。梁底设水平双向钢管与墙模顶牢（图 5-9）。

## 5.6　混凝土工程

本工程结构混凝土全部采用商品混凝土，泵送入模。项目根据《预拌混凝土》（GB/T

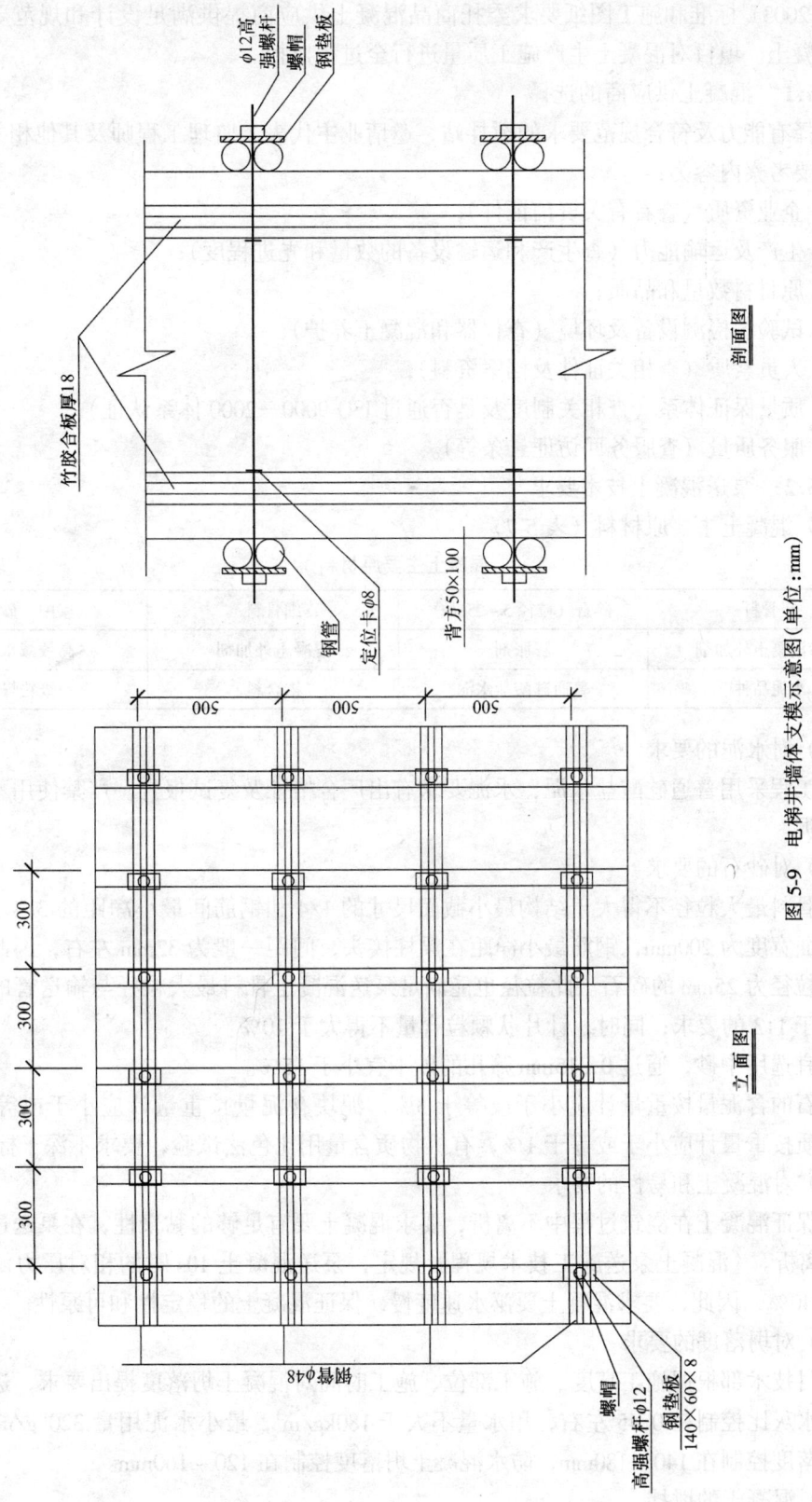

图 5-9 电梯井墙体支模示意图（单位：mm）

14902—2003）标准和施工图纸要求委托商品混凝土供应商提供满足设计和规范要求的高质量混凝土。项目对混凝土生产施工质量进行全过程监控。

### 5.6.1 混凝土供应商的选择

选择有能力及符合规范要求的搅拌站，邀请业主代表、监理工程师及其他相关人员考察，主要考察内容为：

1) 企业资质（查看有关资信证件）；
2) 生产及运输能力（查生产和运输设备的数量和先进程度）；
3) 原材料数量和品质；
4) 试验、检测设备及环境（查仪器和混凝土养护）；
5) 人员素质（查相关证件及档案资料）；
6) 质量保证体系（查相关制度及是否通过 ISO 9000—2000 体系认证）；
7) 服务质量（查服务回访证、条等）。

### 5.6.2 泵送混凝土技术要求

（1）混凝土主要原材料（表5-7）

混凝土主要原材料　　　　　　表5-7

| 粗骨料 | 碎石（粒径5~25mm） | 细骨料 | 中砂 |
| --- | --- | --- | --- |
| 抗渗混凝土外加剂 | 膨胀剂 | 混凝土外加剂 | 高效减水剂 |
| 水泥品种 | 普通硅酸盐水泥 | 掺合料 | 一级粉煤灰 |

（2）对水泥的要求

本工程采用普通硅酸盐水泥，水泥要求有出厂合格证及复试报告。严禁使用不合格或过期水泥。

（3）对砂石的要求

粗骨料最大粒径不得大于结构最小截面尺寸的 1/4 和钢筋间最小净距的 3/4。本工程最小截面宽度为 200mm，钢筋最小净距在梁柱接头，间距一般为 32mm 左右，因此，应选用最大粒径为 25mm 的碎石。此粒径也能满足泵送混凝土骨料最大粒径与输送管的内径之比不大于 1:3 的要求；同时，针片状颗粒含量不得大于 10%。

砂宜选用中砂，通过 0.315mm 筛孔的砂不宜小于 15%。

砂石的含泥量按重量计应小于或等于 3%，泥块含泥量按重量计应小于或等于 1%，有害物质按重量计应小于或等于 1%，有机物质含量用比色法试验，要求不深于标准色。

（4）对混凝土和易性的要求

为保证混凝土在浇筑过程中不离析，要求混凝土要有足够的黏聚性，在泵送过程不泌水、不离析。《混凝土泵送施工技术规程》规定，泵送混凝土 10s 时的相对压力泌水率不得超过 40%，因此，要求混凝土要泌水速度慢，保证混凝土的稳定性和可泵性。

（5）对坍落度的要求

项目技术部根据施工高度、施工部位、施工时间对混凝土坍落度提出要求，进而要求试配。水灰比控制在 0.45 左右，用水量不大于 $180kg/m^3$，最小水泥用量 $320kg/m^3$。主体结构坍落度控制在 140~180mm，防水混凝土坍落度控制在 120~160mm。

（6）混凝土的搅拌

必须按照规范及操作规程进行拌制,并保证加料计量器具的定期校核、骨料含水率的经常测定等搅拌环节具有可追溯性。

(7) 混凝土运输

混凝土由混凝土厂家采用混凝土搅拌运输车运送到现场后,项目试验员应立即取样测定混凝土坍落度,符合要求后方可用混凝土输送泵连续输送混凝土,必要时采用塔吊配合吊运。

混凝土从搅拌机卸出到开始浇筑的时间,不得超过2h。

混凝土运输过程中,应控制混凝土不离析、不分层,组成成分不发生变化,并能保证施工所必须的稠度。

### 5.6.3 混凝土浇筑

(1) 浇筑前的准备工作

1) 模板检查:主要检查模板的位置、标高、截面尺寸、垂直度是否正确,接缝是否严密,预埋件位置和数量是否符合图纸要求,支撑是否牢固。此外,还要清理模板内的木屑、垃圾等杂物。混凝土浇筑前模板需要浇水湿润,在浇筑混凝土过程中要安排专人配合进行模板的观察和修整工作。

2) 钢筋检查:主要是对钢筋的规格、数量、位置、接头是否正确,是否沾有油污等进行检查,并填写隐蔽工程验收单,要安排专人配合浇筑混凝土时的钢筋修整工作。

3) 材料、机具、道路的检查:对材料主要是检查其品种、规格、数量与质量;对机具主要检查数量,运转是否正常;对地面与楼面运输道路主要检查是否平坦,运输机具能否直接到达各个浇筑部位。

4) 与水、电供应部门联系,防止水、电供应中断;了解天气预报,准备好防雨、防台风措施;对机械故障做好修理和更换工作的准备;夜间施工准备好照明设备。

5) 做好安全设施检查,安全与技术交底,劳动力的分工,以及其他组织工作。

(2) 混凝土浇筑一般要求

1) 混凝土浇筑时应分段分层连续进行,浇筑层高度根据结构特点、钢筋疏密程度决定,一般为振动器作用长度的1.25倍,最大不超过500mm。

2) 浇筑混凝土应连续进行。如必须间歇,其间歇时间应尽量缩短,并应在前层混凝土初凝之前,将次层混凝土浇筑完毕。间歇的最长时间应按所选用的水泥品种、气温及混凝土凝结条件决定,一般超过2h即按施工缝进行处理。

3) 混凝土浇筑应经常观察模板、钢筋、预留孔洞、预埋件和插筋等有无移动、变形和堵塞等情况。发现问题应立即处理,并应在已浇筑的混凝土凝结前修整完好。

(3) 柱混凝土浇筑

1) 柱混凝土浇筑前底部应先填以50~100mm厚与混凝土同配合比减石子砂浆,柱混凝土应分层振捣,使用插入式振动器时,每层厚度不大于500mm,振动器不得触动钢筋和预埋件,除上面振捣外,下面要有人随时敲打模板。

2) 本工程楼层层高为4m,柱浇筑混凝土时在模板侧面开孔安装斜溜槽分段浇筑,每段高度不得超过2m。每段混凝土浇筑后,将孔洞用模板封闭严密,并用柱箍箍牢。

3) 柱子混凝土应一次浇筑完毕,如需留施工缝时,应留在主梁下面。在与梁板整体浇筑时,应在柱浇筑完毕后停歇1~1.5h,使其获得初步沉实,再继续浇筑。

4）柱混凝土浇筑完后，应随时将伸出的搭接钢筋整理到位。

（4）梁板混凝土浇筑

1）梁板应同时浇筑，浇筑方法应由一端开始用"赶浆法"，即先浇筑梁，根据梁高分层浇筑成阶梯形，当达到板底位置时再与板混凝土一起浇筑，随着阶梯形不断延伸，梁板混凝土浇筑连续向前进行。

2）梁柱节点钢筋较密时，浇筑此处混凝土时应用同强度等级的小石子混凝土浇筑，并用小直径振动器振捣。

3）浇筑板混凝土的虚铺厚度应略大于板厚，用平板式振动器沿浇筑方向来回振捣，厚板采用插入式振动器沿浇筑方向拖拉振捣，并用铁插尺检查混凝土厚度，振捣完毕后用长木抹子抹平，施工缝处或预埋铁件及插筋处用木抹子找平。浇筑板混凝土时，不允许用振动器铺摊混凝土。

4）施工缝位置。沿次梁方向浇筑楼板，施工缝应留置在次梁跨度的中间1/3范围内，施工缝的表面应与梁轴线或板面垂直，不得留槎，施工缝处用钢丝网拦牢。

5）施工缝处须待已浇筑混凝土的抗压强度不小于1.2MPa时，才允许继续浇筑。在继续浇筑混凝土前，施工缝混凝土表面应凿毛，剔除浮动石子，并用水冲洗干净后，先浇一层水泥浆，然后继续浇筑混凝土，应细致操作振实，使新旧混凝土结合紧密。

（5）剪力墙混凝土浇筑

1）剪力墙混凝土浇筑前，先在底部均匀浇筑50mm厚与墙体混凝土同强度等级的除石子水泥砂浆，并用铁锹入模，不应用料斗直接灌入模内。

2）浇筑墙体混凝土应连续进行，间隔时间不得超过2h，每层浇筑厚度控制在600mm高左右，因此，必须预先安排好混凝土下料点的位置和振动器操作人员的数量。

3）振动器移动间距应小于500mm，每振动一点的移动时间以表面呈现浮浆为度，为使上下层混凝土结合牢固，振动器应插入下层混凝土50mm。振捣时留意钢筋密集及洞口部位，为防止出现漏振，下料高度也要大体一致，大洞口的洞体模板应开口，在洞内伸入振动器进行振捣。

4）墙体混凝土浇筑完毕，应将上口甩出的钢筋加以整理，用木抹子按标高线将墙上表面混凝土找平。

### 5.6.4 施工缝

（1）施工缝留设

本工程水平施工缝留设在板面处；水池底板施工缝留于外墙上距底板面300mm高处。

（2）施工缝设置注意事项

1）梁板施工缝必须垂直设置，严禁留斜缝；柱施工缝留于梁柱接头处，必须水平留设，不得留垂直缝或斜槎。

2）若混凝土浇筑过程中，由于设备故障或天气影响而无法连续浇筑时，必须按规范要求留置施工缝，施工缝位置宜设在次梁（板）跨中1/3范围内。

（3）施工缝处理方法

1）施工前，先凿去缝内混凝土浮浆及杂物，并用水冲洗干净。

2）将原混凝土表面普遍凿毛，直到出现新槎，均匀露出石子为止。

3）清除混凝土表面的混凝土渣、木屑、泥浆、积水和其他杂物，并对钢筋表面进行清理，除去铁锈，用水冲洗干净。

4) 浇混凝土前，对已凿毛并清理干净的混凝土表面进行预湿，提前12～24h充分浇水湿润，使其预湿深度在10mm左右。

5) 混凝土浇筑前用与结构相同级配的减石子混凝土进行接浆处理。混凝土浇筑时要细致振捣，确保新旧混凝土连接紧密。

6) 混凝土浇筑后必须进行充分的湿润养护。

**5.6.5　柱墙、梁板接头处不同强度等级混凝土浇捣的处理方法**

先在柱墙四周1000mm宽范围的梁板处采用支模专用钢丝网进行封堵，然后浇筑柱墙高强度等级混凝土，最后浇筑梁板混凝土，不同强度等级混凝土节点处理如图5-10所示。

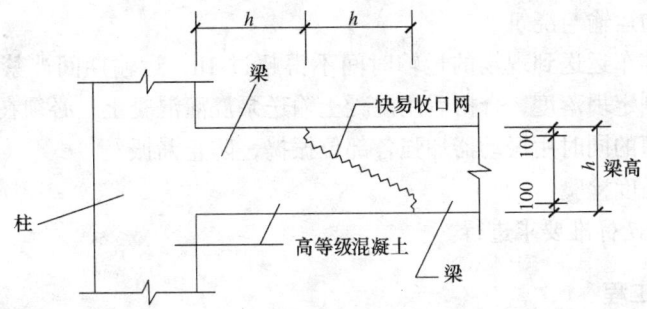

图5-10　不同强度等级混凝土节点处理示意图

**5.6.6　高强混凝土施工**

本工程柱、墙分别采用C70和C65、C60高强度等级混凝土。

由于骨料的颗料强度、料径大小、颗料级配在混凝土的配制中对混凝土强度起着极为重要的影响，我们拟采取以下措施：

(1) 混凝土试配

对特殊混凝土试配，使其达到设计要求，并将试配结果送业主、监理审查。

(2) 混凝土各项性能指标确定

1) 混凝土配制强度等级：混凝土的配制强度应满足$f_{cu,k}+1.645\sigma$的要求，标准差取4.0MPa，配制强度应达到C70 $f_{cu,k} \geqslant 77$MPa，C65 $f_{cu,k} \geqslant 72$MPa，C60 $f_{cu,k} \geqslant 67$MPa。

2) 混凝土的工作性能：商品混凝土一般要求达到泵送要求的坍落度为160～180mm，要求具有良好的保水性并不产生离析泌水。

3) 尽量采用常规施工工艺，在满足各项质量指标的前提下，尽量节约材料，降低成本。

4) 耐久性及其他性能要好。

5) 砂、石骨料应符合下列标准：

《普通混凝土用砂质量标准及检验方法》（JGJ 52—92）。

《普通混凝土用碎石或卵石质量标准及检验方法》（JGJ 53—92）。

此外，还应满足混凝土的泵送、浇筑工艺及浇筑结构构件截面尺寸、钢筋疏密间距等要求。

6) 粉煤灰：选一级优质粉煤灰。

7) 外加剂：高性能混凝土用外加剂必须与所选水泥匹配适宜，减水率可达20%。

(3) 质量控制

加强质量检验与控制，采取动态跟踪监控，设专业技术人员定岗负责，绘制单位管理图和制定质量保证体系，对施工中现场的异常及时调整配合比和施工工艺。

1) 原材料计量控制误差范围：水泥：±1%，粗骨料：±2%，水、外加剂：±1%，掺合料：±2%；

2) 按出盘混凝土坍落度在180～200mm范围控制用水量，外加剂采用后掺法，严格控制用水量；

3) 混凝土拌合自加入外加剂后继续搅拌时间不少于150s，混凝土出机温度控制在15～30℃范围。

(4) 混凝土的运输与浇筑

混凝土用搅拌车运送到现场的运输时间不得超过1h，运输期间严禁加水。混凝土运到现场后要取样测定坍落度，合格后用混凝土输送泵浇灌混凝土，必须在1h内泵送完毕。混凝土在泵送浇灌的同时用振动器加强各部位振捣，防止漏振。

(5) 混凝土强度检验

按 GBJ 107—87 标准要求进行。

## 5.7 预应力工程

本工程二、三层梁 2YPL1、3YPL1 采用有粘结预应力混凝土结构，预应力筋采用钢绞线 $\phi^j15.24$，$f_{ptk} = 1860MPa$，预应力张拉控制应力 $f_{con} = 1395MPa$。预应力筋张拉端锚具采用 OVM15 - 7，固定端采用 OVM15 - P，预应力灌浆采用 42.5R 级水泥，水泥浆水灰比 0.4～0.45。

### 5.7.1 施工准备

(1) 材料准备

1) 预应力筋采用钢绞线 $\phi^j15.24$，其规格和力学性能应符合国家标准《预应力混凝土用钢绞线》（GB/T 5224—2003）的规定要求；

2) 张拉端锚具采用 OVM15 - 7，固定端采用 OVM15 - P，其性能应符合行业标准《预应力用锚具、夹具和连接器应用技术规程》（GB/T 14370—2000）的规定要求；

3) 根据设计要求，对每根梁预应力筋进行计算，在现场下料制作，然后用塔吊运至施工地点。

(2) 张拉设备、锚具的标定与检测

张拉设备采用大孔穿心式千斤顶 YCM - 150，该千斤顶构造简单，操作方便，性能稳定，锚固回缩损失小。在预应力张拉之前对张拉设备应进行标定，确定油表读数，然后按标定数据和千斤顶配套使用，以减少累积误差，提高测力精度。

(3) 材料抽检

1) 钢绞线检验

从每批重量不大于 60t 的钢绞线中任取 3 盘，进行表面质量、直径偏差、捻距检验和力学性能试验，符合要求方可使用。

2) 锚具、夹具和连接器应进行外观检查、硬度检验和静载锚固性能试验，符合要求方可使用。

(4) 预应力筋加工

钢绞线运到现场后，按计算长度下料、编束、上好标牌，并进行固定端锚具制作，分类堆放。

(5) 施工配合

脚手架（板）搭设高度符合张拉操作要求，低于楼面标高800~1200mm。局部钢筋绑扎、模板制作安装拆除应符合边梁、墙柱部位张拉端的要求。

加强与其他工种的协调与配合工作，各工种、各工序穿插进行、流水作业，实现时间与空间上的无缝搭接，缩短工程的施工工期。

在施工中抓主导工序，找关键矛盾，组织合理的施工程序，确保总工期的实现。

### 5.7.2 施工要点

(1) 预应力筋制作

钢绞线下料宜用砂轮切割机切割，不可用电弧切割。

钢绞线编束用20号钢丝绑扎，间距1~1.5m。编束时应先将钢绞线理顺，并尽量使各根钢绞线松紧一致。

(2) 波纹管的连接与安装

波纹管的连接采用大一号同型波纹管。接头管的长度为200~300mm，其两端用密封胶带封裹。

波纹管的安装，应事先按设计图中预应力筋的曲线坐标在侧模或箍筋上定出曲线位置。波纹管的固定应采用钢筋支托，间距为600mm。钢筋支托应焊在箍筋上，箍筋底部应垫实。波纹管固定后必须用钢丝扎牢，以防浇筑混凝土时波纹管上浮，引起严重的质量事故。

波纹管安装后，应检查其位置、曲线形状是否符合设计要求，波纹管的固定是否牢靠，接头是否完好，管壁有无破损等；如有破损，应及时用粘胶带修补。

(3) 灌浆孔与泌水管设置

在两端及跨中处应设置灌浆孔和排气孔。在张拉端锚具处设置泌水管，泌水管伸出梁面的高度一般不小于300mm，泌水管也可兼作灌浆管用。

灌浆孔的作法是在波纹管上开口，用带嘴的塑料弧形压板与海绵垫片覆盖并用钢丝扎牢，再接增强塑料管（外径20mm，内径16mm）。

(4) 预应力筋穿入孔道

本工程预应力筋采用先浇筑梁混凝土后，用人工整束穿入预埋波纹管道的方法。

(5) 预应力筋张拉与锚固

预应力筋张拉前，应提供梁混凝土的强度抗压报告。当悬臂梁混凝土的立方强度达到90%设计强度后，方可张拉预应力筋。

梁端部预埋钢板与锚具接触处的焊渣、毛刺、混凝土残渣等，应清除干净。

安装锚具时，应注意工作锚环或锚板对中，夹片均匀打紧并外露一致；千斤顶上的工具锚孔位与梁端部工作锚的孔位排列要一致，以防钢绞线在千斤顶穿心孔内打叉。

预应力钢绞线张拉采用一端张拉。每根梁预应力筋分两批进行张拉。

预应力筋应严格按设计要求和有关规范施工。张拉时，必须严格按油表标定的读数进行张拉，设备操作人员应熟练掌握操作程序，严格按操作要求施工，严禁擅自超张拉。

张拉控制应力 $f_{con}$ = 1395MPa

张拉力 $N = f_{con} \times A = 1395 \times 139.98 = 195.3$kN

预应力张拉程序为：$0 \rightarrow 1.05 f_{con} \rightarrow$ 锚固。

张拉采用应力应变双控的方法，即按应力为主、应变为辅的原则，实际伸长值与计算值偏差超过 −5% ~ +10%时，应停止张拉，查明原因后才能继续。

(6) 孔道灌浆

预应力筋张拉后，利用灌浆泵将水泥浆灌到预应力筋波纹管道中去。

水泥采用 42.5R 级矿渣硅酸盐水泥；水泥浆水灰比为 0.4 ~ 0.45。

水泥浆 3h 泌水率宜控制在 2%，最大不超过 3%。

在水泥浆中掺入适量的减水剂，一般可减水 10% ~ 15%，水灰比降为 0.36 ~ 0.40，泌水小，收缩微，对保证灌浆质量有好处；同时，在水泥浆中掺入水泥重量 0.05‰ 的铝粉，可使水泥浆获得 2% ~ 3% 的膨胀率，对提高孔道灌浆饱满度有好处；而且，也能满足强度要求。

水泥浆强度不应低于 M20 级。

搅拌好的水泥浆必须通过滤器置于贮浆桶内，并不断搅拌，以防泌水沉淀。

灌浆工作采用灌浆泵缓慢、均匀地进行，不得中断，并应排气通顺；在孔道两端冒出浓浆并封闭排气孔后，宜再继续加压至 $0.6 \sim 0.8 \text{N/mm}^2$，稍后再封闭灌浆孔。

(7) 预应力筋切割与封锚防腐处理

用手提式砂轮切割机切除多余的预应力筋。

锚垫板表面涂以防水涂料。锚固区用微膨胀混凝土或低收缩防水砂浆密封。

(8) 支顶拆除

2YPL1、3YPL1 梁在施工前后均做好支顶工作，待混凝土强度达到 100% 及十层施工完毕已拆除支顶后，方可拆本身支顶。

### 5.8 砌体工程

本工程内墙采用 MU10 加气混凝土砌块，M2.5 砂浆砌筑。

#### 5.8.1 施工准备

(1) 材料

按照进场计划安排砌块进场，按现行国家标准及出厂合格证进行验收，分规格、分等级堆放，并在堆垛上设立标志，标明品种、规格、强度等级、使用部位等，堆放高度不超过 1.6m，堆垛间留通道。

针对本工程采用加气混凝土砌块，我们选用 32.5 级普通硅酸盐水泥，水泥进入现场时必须附有出厂检验报告和合格证，同时要按规定抽样送检。在现场设的水泥库中，按品种、强度等级、出厂日期堆放，并保持干燥。

配制砂浆用洁净的中砂，运至现场的砂若发现含草根、废渣等杂物，必须过筛，且含泥量不超过 3%。

(2) 作业条件

砌筑施工所在的施工层，在施工前应先进行结构验收，办理好隐蔽工程施工验收手续。

做好砂浆配合比技术交底及配料的计量准备。

弹出建筑物的主要轴线及砌体的控制边线,经技术人员复线,检查合格后方可进行施工。

砌筑前按砌块尺寸计算皮数和排数,编制排列图。

**5.8.2 操作工艺**

(1) 排砖撂底

根据墙体施工平面放线和设计图纸上的门、窗位置大小,层高、砌块错缝、搭接的构造要求和灰缝大小,在每片墙体砌筑前应按预先绘制好的墙面砌块排列图把各种规格的砌块按需要镶砖的规格尺寸进行排列摆放、调整,把每片墙需要修整部分记录在立面排列图上,以供实砌使用。

(2) 砌筑

砌块墙体的砌筑,从外墙的四角和内墙的交接处砌起,然后全墙面铺开。砌筑时采用满铺满坐的砌法,满铺砂浆层每边缩进砖墙边 10~15mm(避免砌块坐压砂浆流溢出墙面),但必须保证灰缝的饱满。待砌块就位平稳,即用垂球或托线板调整其垂直度,用拉线的方法检查其水平度。校正时,可用人力轻微推动或用撬杠轻轻撬动砌块,砌块可用木锤敲击偏高处,镶砖补缺工作与安装坐砌紧密配合进行。竖向灰缝可用上浆法或加浆法填塞饱满,随后即通线砌筑墙体的中间部分。

砌筑时控制砌块的含水率。对混凝土砌块含水率控制在 5%~8%。

砌墙前先拉水平线,在放线的位置上,按排列图从墙体转角处或定位砌块处开始砌筑,第一皮砌块下应铺满砂浆。

砌块错缝砌筑,搭砌长度不小于块高的 1/3 或 150mm,要保证灰缝饱满。

一次铺设砂浆的长度不超过 800mm。铺浆后立即放置砌块,可用木锤敲击摆正、找平。

砌体转角处要咬槎砌筑;纵横交接处未咬槎时设拉结措施。

砌筑墙端时,砌块与框架柱面或剪力墙靠紧,填满砂浆,并将柱或墙上预留的拉结钢筋展平,砌入水平灰缝中。

墙体表面的平整度、垂直度、灰缝的均匀度及砂浆的饱满程度等,应参照有关施工规程执行并随时检查,校正所发现的偏差。

(3) 砌块与混凝土面相接

砌块与实心墙柱相接位置,应按设计图纸规定处理,预留 2φ6 钢筋作拉结筋,拉结筋沿墙高的间距定为砌块高度的两倍或三倍,伸入砌体内 1000mm。预埋时,将拉结预埋钢筋的一端伸入墙内,一端随封闭墙头的模板钉在一起,砌砖时,将紧贴混凝土墙面的拉结钢筋凿出、理直。

当无混凝土墙(柱)分隔的直段长度超过 5m 时,应按设计要求在墙顶加拉结,或在该区间加混凝土构造柱分隔,构造柱截面尺寸按设计要求,用 C20 混凝土,纵筋 4φ12 上下锚入混凝土构件内 35$d$,箍筋 φ6 间距 200mm。

(4) 砌筑灰缝要求

灰缝应横平竖直、砂浆饱满、均匀密实。砂浆饱满度:水平缝不低于 90%;竖直缝不低于 70%。应边砌边勾缝,不得出现暗缝,严禁出现透亮缝。

灰缝厚度应均匀，一般应控制在8~12mm，埋设的拉结钢筋必须平埋于砂浆中。

#### 5.8.3 施工注意事项

（1）砂浆粘结不牢

造成原因：砌筑砂浆没有按照配合比拌制，强度达不到设计要求，或砌块过于干燥，砌筑前没有洒水湿润。为了控制砂浆的配合比，现场分批量做试块，送有资质的检测部门进行检测。

（2）灰缝厚度、宽度不均

造成原因：砌时没挂墙线或墙线过长而没收紧，造成水平灰缝厚度不均。砌前没进行排砖试摆，或试摆后在砌筑过程中没有经常检查上下皮砖层是否错缝一致，导致竖向灰缝宽度相差较大。

（3）门窗洞口构造不合理

造成原因：过梁两端压接部位没按规定砌四皮烧结普通砖或放混凝土垫块；门洞顶没加设钢筋混凝土过梁。

### 5.9 装饰工程

#### 5.9.1 抹灰工程

（1）作业条件

1）主体工程经有关部门验收合格后，方可进行抹灰工作。

2）检查门窗框及需要埋设的配电管、接线盒、管道套管是否固定牢固，连接缝隙用1:3水泥砂浆分层嵌塞密实，并事先将门窗框包好。

3）将混凝土构件、门窗过梁、梁垫、圈梁、组合柱等表面凸出部分剔平，对有蜂窝、麻面、露筋、疏松部分的混凝土表面剔到实处，并刷素水泥浆一道，然后用1:2.5水泥砂浆分层补平压实，把外露的钢筋头和22号钢丝剔除清掉，脚手眼、窗台砖、内隔墙与楼板、梁底等处应堵严实和补砌整齐。

4）窗帘钩、通风箅子、吊柜、吊扇等预埋件或螺栓的位置和标高应准确设置，且做好防腐、防锈工作。

5）混凝土及砖结构表面的砂尘、污垢和油渍等要清除干净，对混凝土结构表面、砖墙表面应在抹灰前两天浇水湿透（每天两遍以上）。

6）应先搭好抹灰用脚手架，架子离墙200~300mm，以便于操作。

7）屋面防水工作未完前抹灰，应采取防雨水措施。

8）室内抹灰的环境温度，一般不低于5℃。

9）抹灰前熟悉图纸，制定抹灰方案，做好抹灰的样板间，经检查鉴定达到优良标准后，方可大面积展开施工。

（2）施工操作工艺

1）顶板勾缝：凿除灌缝混凝土凸出部分及其他杂物，用毛刷子把表面残渣和浮尘清理干净，然后涂刷掺水重10%的建筑胶水泥浆一道，随即用1:0.3:3混合砂浆将顶板缝抹平。厚度超过10mm时，应分层勾抹，每遍厚度不大于7mm。

2）墙面浇水：墙面应用细管或喷壶自上而下浇水湿透，一般在抹灰前两天进行，每天不少于两遍。

3）找规矩、做灰饼：根据设计图纸要求的抹灰质量等级，按照基层表面平整垂直情况，用一面墙做基准先用方尺规方。房间面积较大时应先在地上弹出十字中心线，然后按基层面平整度弹出阴角线，随即在距阴角线 100mm 处吊垂线并弹出铅垂线，再按地上弹出的墙角线往墙上翻，引出阴角两面墙上的墙面抹灰层厚度控制线。

4）经检查确定抹灰厚度，但最薄处不应小于7mm，墙面凹度较大时要分层抹平，每遍厚度控制在 7~9mm，套方找规矩做好后，以此做灰饼打墩。操作时，先贴上灰饼，再贴下灰饼，同时注意要弄清踢脚作法，选择好下灰饼的准确位置，再用靠尺板找好垂直与平整，灰饼用1:3水泥砂浆，做成 50mm×50mm 方形。

5）抹水泥踢脚：洒水湿透墙面，并将污物冲洗干净，用1:3水泥砂浆抹底层，表面用 2m 靠尺刮平，再用木抹子搓毛，常温下待第二天抹面层砂浆，面层采用1:2.5水泥砂浆抹平压光，根据设计要求做成凸出墙面或凹进墙面。

6）做护角：室内墙面、柱面的阳角和门窗洞口的阳角，根据砂浆灰饼和门窗框边离墙面的空隙，用方标尺方后，分别在阳角两边吊直和固定好靠尺板，用1:3水泥砂浆打底，与灰饼找平，待砂浆稍干后，用水泥砂浆抹成小圆角。用1:2水泥砂浆做明护角（比底灰或冲筋高2mm），用阳角抹子推出小圆角；最后，用靠尺板在阳角两边 50mm 以外的位置以 40°斜角将多余砂浆切除、清洁，过梁底要规方。门窗口护角做完后，应及时用清水刷洗门窗框上的水泥浆。

7）抹水泥窗台板：抹前将窗台基底清理干净，对松动砖要重新砌筑，砖缝要划深、浇水湿透，然后用1:2:3细石混凝土铺实，厚度大于 25mm，次日再刷掺水重 10%的建筑胶的素水泥浆一道，接着抹1:2.5水泥砂浆面层，待面层有初始强度（表面开始变白时），浇水养护 3~4d。施工时，要特别注意窗台板下口要平直，不得有毛刺。

8）墙面冲筋：用与抹灰层相同的水泥砂浆冲筋，冲筋数量根据房间高度而定，操作时在上下灰饼之间做宽约 50mm 的砂浆带，并以上下灰饼为准用靠尺压平，阴阳角的水平标筋应连接起来，并相互垂直，冲筋完毕待稍干后，才能进行墙面底层抹灰作业。

9）抹墙裙：按照设计要求进行抹灰，操作时应根据 500mm 线测准墙裙的高度，并控制好水平、垂直和厚度，上口切齐，表面压实抹光。

10）抹底灰：在冲完筋后 2h 左右，在墙体湿润的情况下进行，抹时先薄薄抹一层，不得漏抹，要用力压使砂浆挤入缝隙内，接着分层装档，压实抹平至与标筋平，再用靠尺垂直水平刮平，并用木抹子搓。然后全面进行质量检查，检查底子灰是否平整，阴阳角是否规方、整洁，管道后与阴阳角交接处、墙顶板交接处是否光滑、平整，并用 2m 长靠尺检查墙面垂直和平整情况，墙的阴角用阴角器上下抽动扯平，地面踢脚板、水泥墙裙及管道背后应及时清理干净。

11）抹预留洞、配电箱、槽、盒：设专人把墙面上预留孔洞、槽、盒周边 50mm 宽的砂浆清除干净，洒水湿润，改用1:1:4水泥混合砂浆把孔洞、箱、槽、盒边抹方正、光滑、平整（比底灰或冲筋高2mm）。

12）抹罩面灰：当底子灰有六七成干时，开始抹罩面灰（如底灰过干时应充分洒水湿润）。罩面灰分两遍成活，控制每遍灰厚度不大于3mm，宜两人同时操作，一人先薄薄刮一层灰，另一人随即抹平压光，按先上后下的顺序进行，再压实赶光，用铁抹子通压一遍；最后，用塑料抹子顺纹压光，并随即用毛刷蘸水，将罩面灰污染处清理干净。施工时不应甩破活，但遇到预留的施工洞，以甩下整面墙为宜。

(3) 质量标准

1) 保证项目

①材料的品种、质量必须符合设计要求和国家规范的质量要求。

②抹灰层与基体之间及抹灰层之间必须粘结牢固，无脱层、空鼓，面层无爆灰和裂缝等缺陷。

2) 基本项目

①中级抹灰：表面光滑、洁净，接槎平整，线角通直，清晰规方，毛面纹路均匀。

②高级抹灰：表面光滑、洁净，颜色均匀，无抹纹，线角和灰线平直方正，清晰美观。

③孔洞、槽、盒、管道后面的抹灰表面：尺寸正确、边缘整齐、表面光滑、管道后面平整。

④护角、门窗框与墙面间隙：填塞密实，表面平整、光滑，护角通直，符合施工规范的规定。

⑤分格缝：宽度均匀一致，平直光滑，楞角明显、整齐，横平竖直，通顺平整。

3) 允许偏差

一般抹灰的允许偏差和检验方法如表 5-8 所列。

一般抹灰的允许偏差和检验方法　　　　　　　　　　表 5-8

| 项次 | 项　目 | 允许偏差（mm） | | 检 验 方 法 |
|---|---|---|---|---|
| | | 普通抹灰 | 高级抹灰 | |
| 1 | 表面平整度 | 4 | 3 | 用2m垂直检测尺检查 |
| 2 | 阴阳角方正 | 4 | 3 | 用2m靠尺和塞尺检查 |
| 3 | 立面垂直度 | 4 | 3 | 用直角检测尺检查 |
| 4 | 分格条（缝）直线度 | 4 | 3 | 拉5m线，不足5m拉通线，用钢直尺检查 |
| 5 | 墙裙、勒脚上口直线度 | 4 | 3 | 拉5m线，不足5m拉通线，用钢直尺检查 |

(4) 注意事项

1) 为了防止门窗框与墙壁交接处抹灰层空鼓、裂缝、脱落，抹灰前应彻底处理并浇水湿透；检查门窗框是否固定牢固，木砖尺寸、埋置数量和位置是否符合标准；门窗框与墙的缝隙采用水泥砂浆分层多遍填塞，砂浆的稠度不宜太稀，并设专人嵌塞密实。

2) 墙面抹灰层空鼓、裂缝极度影响抹灰工程质量，因此，施工时应注意如下事项：

①基层处理好，清理干净，并浇水湿透；

②脚手架孔和其他预留边及不用的洞，在抹灰前填实抹平；

③应分层抹灰赶平，每遍厚度宜为 7~9mm；石灰砂浆、混合砂浆及水泥砂浆等不能前后覆盖交叉涂抹；

④不同基层材料交接处，铺钢板网；

⑤配制砂浆一定要注意原材料的质量及砂浆的稠度。

3) 要防止抹灰层起泡、有抹纹、开花等现象出现，应等抹灰砂浆收水后终凝前进行压光。纸筋罩面时，必须待底子灰有五六成干后再进行；对淋制的灰膏，熟化时间不少于15d；用磨细生石灰粉，应提前2~3d熟化成石灰膏；过干的底子灰应及时洒水湿润，并薄薄地刷一层掺水重10%建筑胶的纯水泥浆后，再进行罩面抹灰。

4）抹灰前，应认真挂线找方，按其规矩和标准，细致地做灰饼和冲筋，并要交圈、顺杠、有程序及规矩，以保证抹灰面平整及阴阳角垂直、方正。

5）为确保墙裙、踢脚板和窗台板上口出墙厚度一致，水泥砂浆不空鼓、不裂缝，抹灰时应按规矩吊垂线、接线找直、找方，抹水泥砂浆墙裙和踢脚板处，应清除石灰砂浆抹过线的部分，基层必须浇水湿透；要分层抹实赶平，压光面层。

6）顶板抹灰时，基层处理应干净并浇水湿透，灌缝密实平整，做好砂浆配合比，以保证与楼板粘结牢固，不空鼓、不裂缝。

#### 5.9.2 乳胶漆涂料

(1) 作业条件

1）基层抹灰经过全面检查验收；

2）搭好操作脚手架；

3）提前做好涂刷乳胶漆的样板，并经设计、质量检查和监理人员、建设单位等有关部门检查鉴定，达到设计及规范要求，方可组织施工。

4）施工现场的环境温度不低于10℃。

(2) 施工操作工艺

1）基层处理

①将基层灰尘、油污和灰渣清理干净；

②用大白粉、滑石粉与合成树脂溶液调腻子，补平基层表面的裂缝和凹凸不平处，干燥后用砂纸磨平，然后满刮腻子，待干燥后用1号砂纸打磨平整，并清除浮灰。

2）涂刷第一遍乳胶漆

先将墙面仔细清扫干净，用布将墙面粉尘擦净，涂刷顺序先上后下，自左向右，一般用排笔涂刷。使用新排笔时，注意将活动的笔毛理掉，乳胶漆涂料使用前应搅拌均匀。根据基层及环境温度情况，可加10%的水稀释，以防头遍涂料施涂不开。干燥后复补腻子，待复补腻子干透后，用1号砂纸磨光，并清扫干净。

3）涂刷第二遍乳胶漆

操作要求同第一遍乳胶漆涂料，涂前要充分搅拌。如不很稠，不宜加水或尽量少加水，以防露底。漆膜干燥后用砂纸将墙面小疙瘩和排笔毛打磨掉，磨光滑后用布擦干净。

4）涂刷第三遍乳胶漆

操作要求同第二遍乳胶漆涂料。由于乳胶漆膜干燥较快，应连续迅速操作。涂刷时从左端开始，逐渐刷向另一端，一定要注意上下顺刷，互相衔接，后一排笔紧接前一排笔，避免出现接头明显而另行处理的现象。

(3) 注意事项

1）涂料工程基体或基层的含水率，不得大于10%。

2）涂料工程使用的腻子应坚实牢固，不得粉化、起皮和出现裂纹。厨房、厕所、浴室等部位应使用具有耐水性能的腻子。

3）涂刷时注意不漏刷，保持涂料稠度，不可加水过多。

4）涂刷时要上下顺刷，后一排笔紧接前一排笔。若时间间隔稍长，也容易看出接头，因此，大面涂刷时，应配足人员，互相衔接好。

5）乳胶漆稠度要适中，排笔醮涂料量要适宜，涂刷时多多理顺，防止刷纹过大。

6）涂刷带色乳胶漆时，配料要合适，并一次配足，保证每间或每个独立面和每遍都用同一批涂料，并宜一次用完，以确保颜色一致。

#### 5.9.3 面砖镶贴

(1) 作业条件

1）墙体、顶棚抹灰完毕，做好墙面、地面防水及防水保护层。

2）做好内隔墙，水电管线已安装，并堵实抹平脚手眼和管洞等。

3）安装好门、窗扇，并按设计及规范要求，堵塞门窗框与洞口缝隙，要嵌实严密，并对门窗框做好保护。

4）脸盆架、镜卡、管卡、水箱、煤气等应埋好防腐木砖，位置准确。

5）统一在墙上弹出 +500mm 水平线。

6）搭好脚手架，横竖杆端头离开门窗口角和墙面 150～200mm 距离，便于操作。

(2) 施工操作工艺

1）当基体为砖墙面时施工工艺如下：

①清理基层，将残存在基层的砂浆粉渣、灰尘、油污等清理干净，并提前浇水湿润。

②12mm 厚 1:3 水泥砂浆打底，打底要分层涂抹，每层 5～7mm 厚，随即抹平搓毛。

③待底层灰六七成干时，按图纸要求、面砖规格及实际条件进行排砖、弹线。

④用 1:3 水泥砂浆将边角面砖贴在墙面上做基准点，以控制贴面砖的表面平整度。

⑤垫底尺、计算准确最下一皮砖下口标高，底尺上皮一般比地面低 10mm，以此为依据放好底尺，要水平、安稳。

⑥贴面砖前，应将面砖浸泡水中 2h 以上，然后取出晾干待用。

⑦抹 8mm 厚 1:0.1:2.5 水泥混合砂浆结合层，要刮平，随抹随自上而下粘贴面砖，要求砂浆饱满。亏灰时，取下重贴，随时用靠尺检查平整度，同时保证缝隙宽度一致。

⑧贴完经自检无空鼓、不平、不直后，用棉纱擦干净，用白水泥浆或拍干水泥擦缝，用布将缝内的素浆擦匀，砖面擦干净。

2）当基体为混凝土墙面时施工工艺如下：

①基层处理：将胀模凸出地方剔凿干净，清除砂浆粉渣、油污；对光滑的混凝土墙要凿毛或用掺建筑胶的水泥细砂浆做拉毛墙，也可刷接口处理剂，并浇水湿润基层。

②10mm 厚 1:3 水泥砂浆打底，分层分遍抹平压实，用木抹子搓毛。

③其余操作与墙面基体相同。

(3) 质量标准

1）保证项目

①材料的品种、规格、颜色、图案必须符合设计要求和满足现行的质量标准。

②面砖镶贴必须粘结牢固、方正，楞角整齐，无脱层、裂缝等缺陷。

2）基本项目

①饰面表面平整、洁净，颜色一致，无变色起碱，无显著光泽受损处，也无空鼓。

②接缝嵌填密实、平直，宽窄一致，颜色一致，阴阳角处压向方正，非整砖的使用部

位适宜。

③整面砖套割吻合,边缘整齐;贴面、墙裙等处凸出墙面厚薄一致。

3) 允许偏差项目(表5-9)

允 许 偏 差 项 目　　　　　　　　　表5-9

| 项次 | 项　目 | 允许偏差(mm) | 检 验 方 法 |
|---|---|---|---|
| 1 | 立面垂直 | 2 | 用2m托线板和尺量检查 |
| 2 | 表面平整 | 2 | 用2m托线板和楔形塞尺检查 |
| 3 | 阴阳角方正 | 2 | 用20cm方尺和楔形塞尺检查 |
| 4 | 接缝平直 | 2 | 拉5m线(不足拉通线)和尺量检查 |
| 5 | 墙裙上口平直 | 2 | 拉5m线(不足拉通线)和尺量检查 |
| 6 | 接缝高低 | 0.5 | 用1m钢板尺和楔形塞尺检查 |
| 7 | 接缝宽度 | 0.5 | 用尺检查 |

**5.9.4 地面石材铺贴**

(1) 作业条件

1) 地面基层须处理干净,检查整个地面平整度,高凿低补,直至达到要求。

2) 检查地面预留预埋已完成。

3) 检查复核轴线、标高。

4) 对施工操作者进行技术交底,应强调技术措施、质量标准和成品保护。

(2) 操作工艺

1) 测量定出控制轴线,根据轴线和石材规格按图纸要求地面画线。

2) 根据测量结果,采用"灰饼"定位法,每隔5m见方,用水泥砂浆做"灰饼",确定石材铺贴完成后的标高面。

3) 根据灰饼所确定的完成面标高,用细尼龙绳交叉拉线,作为铺贴基准线。

4) 试拼:根据标准线确定铺贴顺序,选定位置,按图案、颜色、纹理试拼。完成后按两个方向编号排列,码放整齐待用。

5) 铺贴:首先在清理干净的地面刷108胶、水泥浆一遍,按1:3(水泥:砂)的比例调配干硬性砂浆,水的掺量应以手抓成团、轻放又能散开为宜。铺开砂浆,虚铺高度以比标准线高出3~5mm为宜,然后用刮杠刮平,拍实,用木抹找平。在石材的背面满刮水泥膏,注意水泥膏一定要刮饱满、均匀,将石材按顺序铺放在砂浆上,用木锤或橡皮锤敲压挤实,并用水平尺找平。

6) 贴好24h后浇水养护。

7) 浇缝前应将地面扫净,并将拼缝内的松散砂浆用刀清除干净,灌缝应分几次进行,用长把刮板往缝内刮浆,务使水泥浆填满缝子和部分边角不实的空隙。灌缝24h后养护,养护期间禁止上人踩踏。

(3) 质量标准

1) 石材应磨光面平滑、光亮,纹理排列统一,外切口平直,无崩角、崩边,无裂纹,杂色不明显,几何尺寸准确,对角线误差不超过0.5mm。

2) 板材的品种、颜色、规格和图案必须符合设计要求。

3）地面石材的铺贴要粘贴牢固，无空鼓现象。

4）石材表面应平整、洁净、色泽协调，无变色、泛碱、污痕和显著的光泽受损。

5）板材接缝应填嵌密实、平直，宽窄均匀，颜色一致，阴阳角处的板材搭接方向正确，非整砖使用部位适宜。

#### 5.9.5 中空地板

（1）产品特点

SELVO.COMBi® 中空地板是在瑞士研制并获得专利的一种有效的中空地板，它是为符合未来的现代化建筑技术要求而研制生产的一种新型地面铺装材料；同时，具有良好的隔声效果。

（2）施工方法

1）开始施工前，先清理地面，再用激光水准仪检查混凝土地板的平整度，按图纸尺寸每隔2.5m做一次激光水准仪平整度检查，经检查合格后开始安装中空地板。不平处先进行地面铲平打底，做好铺设中空地板聚苯乙烯薄膜塑料型板铺设准备工作。

2）首先安装从中空地板浮动地面地线板引出的电缆线路，用激光器控制平整度和平直度，并用薄膜保护层防止弄脏电缆线路。

3）铺设中空地板聚苯乙烯薄膜塑料型板，铺设中空地板聚苯乙烯仿模板边缘带，贴边带。

4）在已铺好的中空地板聚苯乙烯薄膜塑料型板上利用工作机座浇筑自流态预拌水泥砂浆，砂浆浇筑前架设激光扫平仪和接收靶。

5）自流态预拌砂浆，利用预拌好的成品干粉料在现场加水，用电动搅拌机搅制，用灰浆泵泵送到浇筑现场。

6）利用工作机座在自流态预拌水泥砂浆还呈液态时，用刮板刮除多余的水泥砂浆。

7）养护48h后，磨平溢出的结晶体，再养护至72h后，即可在其上进行下部工序的正常施工。

8）在养护至72h后，钻好地板插座接口孔洞，安装插座，可随后进行电气工程的安装和装饰工程施工。

#### 5.9.6 木门安装

（1）作业条件

1）门框和扇进场后，及时组织油工将框靠墙、靠地的一面涂刷防腐涂料。然后，分类水平堆放平整，底层应搁置在垫木上，在仓库中垫木离地面的高度不得小于200mm，临时的敞棚垫木离地面高度应不小于400mm，每层间垫木板，使其能自然通风。木门窗露天堆放。

2）安装前先检查门框有无翘扭、弯曲、窜角、劈裂、榫槽间结合处松散等情况，如有则应进行修理。

3）预先安装的门框，应在楼地面基层标高或墙砌到窗台标高时安装，后装的门框，应在主体工程验收合格、门窗洞防腐木砖埋设齐备后进行。

4）门扇的安装应在饰面完成后进行。

（2）操作工艺

1）门框预先安装

①根据设计图纸中门的平面位置，分别在楼地面基层上或窗下的墙上画出门的中心线，再以门中心线为准向两边量出门边线，并做好记录。

②按设计图纸要求的门规格、型号，依次按线立起门框，并用临时支撑固定，支撑的上端应钉在门框的上部内端，下端用砖或其他东西压住，严禁固定在脚手架上。

③当设计图纸中没有要求时，外开门应立在墙的厚度中间，内开门应靠内墙面立框，内墙面有粉刷层时，内开门框应突出内墙面，预留出粉刷层的厚度，以便墙面粉刷后与门框内表面相平齐。

④用水平直尺校正框冒头水平度，用吊线坠校正门框的正、侧面垂直度，并检查门框的标高正确与否。

⑤对等标高的同排门，应先立两边的门框，然后拉通线立中间的门框，上下层对应的门框可用吊线坠或经纬仪从上层沿门框梃边吊线或画线校核，使其对齐。

⑥砌墙时，应及时将涂有防腐剂的木砖砌入墙内木砖位置，同时固定在框上，并检查和校正框的垂直度。该层墙体砌过两层木砖时，方可拆除临时支撑。

2) 门框的后安装

①主体结构完工后，复查洞口标高、尺寸及木砖位置。

②将门窗框用木楔临时固定在门洞口内相应位置。

③用吊线坠校正框的正、侧面垂直度，用水平尺校正框冒头的水平度。

④用砸扁钉帽的钉子钉在木砖上，钉帽冲入木框内 1~2mm，每块木砖要钉两处。

3) 门扇的安装

①量出樘口净尺寸，考虑留缝宽度。确定门扇的高宽尺寸，先画出中间缝处的中线，再画出边线，并保证梃宽一致，四边画线。

②若门扇高、宽尺寸过大，则刨除多余部分，修刨时应先锯掉余头，再进行修刨。门窗扇为双扇时，应先做打叠高低缝，并以开启方向的右扇压左扇。

③若门扇高、宽尺寸过小，可在下边或装合页一边用胶和钉子绑刨光的木条。钉帽砸扁，钉入木条内 1~2mm，然后锯掉余头刨平。

④试装门扇时，应先用木楔塞在门扇的下边，然后再检查缝隙。合格后画出合页的位置线，剔槽安装合页。

4) 门小五金的安装

①所有小五金必用木螺钉固定安装，严禁用钉子代替。使用木螺钉时，先用手锤钉入全长的 1/3，接着用螺丝刀拧入。当门框为硬木时，先钻孔径为木螺钉直径 0.9 倍的孔，孔深为木螺钉全长的 2/3，然后再拧入木螺钉。

②合页距门扇上下两端的距离为扇高的 1/10，且避开上下冒头，安装好后必须开关灵活。

③门锁距地面高约 900~1050mm。并错开中冒头和边梃的榫头。

④门拉手应位于门窗扇中线以下，窗拉手距地面 1.5~1.6m，门拉手距地面 900~1050mm。

⑤门插销位于门拉手下边。装窗插销时应先固定插销底板，再关窗打插销压痕，凿孔，打入插销。

⑥门扇开启后易碰墙的门，为固定门扇安装门碰头。

⑦小五金应安装齐全，位置正确，固定可靠。

### 5.10 防水工程

#### 5.10.1 屋面防水

屋面防水工程是施工的重点，本工程的屋面防水层采用防水卷材，但未具体指定使用产品。

（1）防水材料的选择（表5-10）

**防水卷材主要技术指标**（按 GB 12952—91 标准）　　　　　表5-10

| 指　标　名　称 | | 检　测　结　果 | | |
|---|---|---|---|---|
| 拉伸强度（MPa） | | 16.4/14.2（纵向/横向） | | |
| 断裂伸长率（%） | | 253/256（纵向/横向） | | |
| 热处理尺寸变化率（%） | | 0.6 | | |
| 低温弯折性 | | -20℃，无裂纹 | | |
| 抗渗透性 | | 不透水 | | |
| 抗穿孔性 | | 不渗水 | | |
| 剪切状态下的粘合性 | | 合格 | | |
| 热老化处理 168h (80±2)℃ | 外观质量 | 符合标准规定 | | |
| | 拉伸强度相对变化率（%） | 2/2（纵向/横向） | | |
| | 断裂伸长率相对变化率（%） | -6/0（纵向/横向） | | |
| | 低温弯折性 | 无裂纹 | | |
| 水溶液处理 | | 酸处理 | 碱处理 | 盐处理 |
| | 拉伸强度相对变化率（%） | -2/+3（纵向/横向） | +3/-7（纵向/横向） | -11/-10（纵向/横向） |
| | 断裂伸长率相对变化率（%） | -1/-6（纵向/横向） | -8/-7（纵向/横向） | 0/-1（纵向/横向） |
| | 低温弯折性 | 无裂纹 | | |

1）防水材料

根据我公司在类似工程施工中所选用防水材料的实际防水效果，建议业主选择 PVC 防水卷材。该卷材是一种以高档聚氯乙烯树脂为主要原料，采用挤出工艺制成的合成高分子防水卷材，具有抗拉强度高、延伸率好、耐高低温、热熔性好、耐植物根系穿刺、耐化学腐蚀和耐老化的优点。卷材接缝采用热熔法施工，机械化程度高，操作方便快捷。其幅宽2.05m，使防水层接缝大为减少，为增强防水可靠性创造了良好条件。

2）辅助材料

①氯丁沥青胶粘剂：主要作用是隔绝基层潮气，提高卷材与基层的粘结力。

②二甲苯或甲苯：稀释剂。

③汽油：喷灯铺贴卷材用。

④硅酮密封油膏：嵌填分格缝，卷材收头密封用。

（2）施工方法

1) 工具准备

卷材采用热熔法铺贴,所用工具及用途如表 5-11 所列。

热熔法铺贴所用工具　　　　　　　　表 5-11

| 名　称 | 用　途 | 名　称 | 用　途 |
| --- | --- | --- | --- |
| 汽油喷灯 | 烘烤铺贴卷材 | 滚刷 | 涂布基层处理剂 |
| 铁抹子 | 配合喷灯压实接缝 | 铁桶 | 基层处理剂容器 |
| 2m 长直尺 | 检查基层平整度 | 剪刀 | 裁剪卷材 |
| 水平尺 | 检查基层泛水坡度 | 卷尺 | 度量尺寸 |
| 扫帚 | 清扫基层垃圾 | 干粉灭火器 | 消防灭火 |

2) 操作工人选择

选择专业防水队伍施工,严禁非专业人员上岗操作。施工前,由技术人员对操作人员进行施工技术交底。

3) 防水施工工艺流程

基层检查、清扫→涂刷基层处理剂→定位、弹基准线→铺贴卷材附加层→防水节点处理→加热卷材底面→滚铺卷材→滚压、排气压牢→加热卷材搭接缝→搭接缝抹压、排气、压牢、收头固定、密封→钉卷材收头铝合金盖板→密封铝合金盖板上口→检查、清理、修整。

4) 防水层下找平基层的处理

a. 对基层的要求

①基层牢固,表面无大于 0.3mm 的裂缝及麻面、起砂、起壳等缺陷。

②基层表面平整光滑、均匀一致,排水坡度符合设计要求。

③基层必须干燥,以基层面泛白为准。测定方法是将 $1m^2$ 的卷材平摊干铺在基层面上,静置 3~4h 后揭开检查,基层覆盖部位与卷材上未见水印即符合要求。

④基层与突出屋面的女儿墙、电梯机房剪力墙、出屋面管道、檐沟、水落口等相连接的转角处,均做成均匀一致、光滑的圆弧形,圆弧半径为 50mm。

b. 基层分格缝的做法(图 5-11)

5) 卷材铺贴

风力大于五级、下雨等异常天气下,不进行防水卷材施工。

a. 基层清理

卷材施工前,须将基层上的垃圾、灰尘及撒落的砂浆等清理干净,以免影响卷材与基层的粘结强度。

b. 涂刷基层处理剂

在干燥的基层上涂刷氯丁沥青胶稀释液(配比为粘合剂:二甲苯 = 1:2),涂刷要均匀一致,不留空白,操作要迅速,一次涂完,不得反复涂刷。

c. 弹线

待基层处理剂干燥后,弹出卷材位置的基准线。

d. 附加层及节点处理

在正式铺贴卷材前先对水落口、女儿墙、管道的屋面处、电梯机房剪力墙根等泛水处

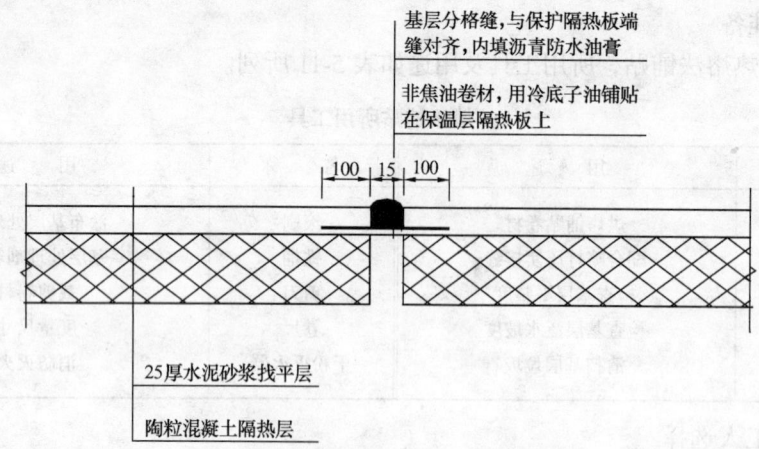

图 5-11　基层分格缝的做法（单位：mm）

进行处理，增铺附加层。

e. 卷材铺贴方向

逆排水坡向由低向高，长边平行于分水岭铺贴防水卷材，长边的搭接缝为上层卷材盖住下层卷材。

f. 卷材铺贴加热控制

加热不足，卷材与基层粘结不牢；加热过分，卷材易烧穿，胎体老化而降低防水效果，因此烘烤卷材时要均匀加热，喷灯距卷材 0.5m 左右，来回移动，待卷材表面熔化后，立即趁柔软时滚铺粘贴。

g. 滚压、排气

趁热滚压，排出卷材下面的空气，使卷材与基层粘贴牢固，表面平整，无皱折。

h. 搭接缝处理

搭接缝用满粘法铺贴，卷材的长边搭接 80mm，短边搭接 100mm。在搭接缝粘贴前，将下层卷材的上表面 80~100mm 宽用喷灯烤熔（不得烧伤卷材），当上层卷材的下表面热熔后即可粘贴。趁卷材未冷却时用压辊滚压直至热熔胶溢出，趁热用铁抹子将溢出的热熔胶刮平，沿边封严。

i. 卷材收头处理

为防止卷材末端剥落、渗水，卷材末端收头用硅酮密封膏封闭。封闭时须将卷材末端处的灰尘清理干净，以免影响密封效果。

6）蓄水试验

屋面防水卷材铺贴完毕并经验收合格后，进行蓄水试验。在屋面蓄水 48h，经检查确认防水层无渗漏后，再施工 20mm 厚 1:2.5 水泥砂浆保护层，保护层按 6000mm 距离设置纵横分格缝，缝内嵌填密封油膏。

（3）注意事项

1）干铺卷材及辅助材料运进施工现场后，存放在远离火源和干燥的室内。

2）掌握天气预报，雨天或雨后基层未干燥时，不能进行防水层施工。

3）施工人员要认真保护已完工的防水层，严防施工机具和建筑材料损坏。

4）在施工过程中，必须严格避免基层处理剂、各部位胶粘剂和着色剂等材料污染已做好饰面的墙壁、门窗等。

5）水落口、排水沟等部位不允许有尘土、杂物堵塞，以确保排水畅通。

6）防水层施工完毕后应设专人保护，在防水层尚未固化前，不允许上人和放置物品。

7）防水层固化后，应防硬物件触碰；不得直接在防水层上推车，严禁木棍、钉子、砖头等掉在防水层上，以免损坏防水层。

**5.10.2 卫生间防水**

卫生间防水设计采用 2mm 厚聚氨酯防水涂膜。

(1) 施工工艺

1) 基层清理

基层表面凸起部分应铲平，凹陷处用聚合物砂浆（108 胶）填平，不得有空鼓、开裂及起砂、脱皮等缺陷。如沾有砂子、灰尘、油污，应清除干净。

2) 涂刷底胶

聚氨酯防水材料的涂刷：在涂第一遍涂膜之前，应先立面、阴阳角、排水管、立管周围、混凝土接口、裂纹处等各种接合部位，增补涂抹及铺贴增强材料，然后大面积平面涂刷。

3) 防水涂料配料与搅拌

根据材料生产厂家提供的配合比配料，在配制过程中，严禁任意改变配合比；同时，要求计量准确，主剂和固化剂的混合偏差不大于 ±5%。

原料混合后，在圆形的塑料桶中均匀搅拌配料，搅拌时间一般为 3~5min。搅拌后的混合料，当颜色均匀一致时为标准，然后可进行刮涂施工。

施工用量：约在 $2kg/m^2$。

4) 涂刷防水涂膜

第一遍涂膜的施工：在底胶基本干燥固化后，用塑料或橡皮刮板均匀涂刷一层涂料，涂刷时用力要均匀一致。

在第一层涂膜固化 8h 后，对所抹涂膜的空鼓、气孔、砂、卷进涂层的灰尘、涂层伤痕和固化不良等进行修补，然后刮涂第二遍涂料，刮涂的方向必须与第一层的涂刮的方向垂直。涂料总厚度按设计要求控制在 2mm 厚。

第二遍涂膜固化后，经检验合格后施工保护层。

5) 特殊部位处理

突出地面的管子根部、排水口、阴阳角、变形缝等薄弱环节，应在大面积涂刷前做好防水附加层，底胶表面干后将纤维布裁成与阴阳角、管根等尺寸、形状相同并将周围加宽 200mm 的布块，套铺在阴阳角、管道根部等细部。同时涂刷涂膜防水涂料，常温 4h 左右表面干后，再刷第二道涂膜防水涂料。经 8h 干燥后，即可进行大面积涂膜防水层施工。

6) 涂层厚度控制试验及厚度检验

涂层厚度是影响涂膜防水质量的一个关键因素。手工操作要正确控制涂层厚度是比较困难的。因为涂刷时每个涂层要刷几道才能完成，而每道涂膜又不能太厚。如果涂膜过厚，就会出现涂膜表面已干燥成膜，而内部涂料的水分或溶剂的水分或溶剂却已不能蒸发或挥发，使涂膜难以实干，而形不成具有一定强度和防水能力的防水膜。

涂刷过薄也会造成不必要的劳动力的浪费和工期的拖延。因此，涂膜防水施工前，必须根据设计要求的每平方米涂料用量、涂膜厚度及涂料材性，事先通过试验确定每道涂料涂刷的厚度。根据我公司以往的施工经验及通过计算，涂料总量宜控制在 $2kg/m^2$，第一遍刮涂料为 $1kg/m^2$，第二遍刮涂料为 $1kg/m^2$，通过准确的用料控制，才能准确地控制涂层的厚度，使每道涂料都能实干，从而保证涂膜防水的施工质量。

防水涂膜总厚度检查可采取适当取样，用游标卡尺测量涂膜厚度，然后对取样处进行修补处理。

7）施工过程中的预防措施

当涂料黏度过大不易涂刷时，可加入少于固化剂的10%的稀释剂。

当发生涂料固化太快，影响施工时，可加入少量磷酸或苯磺酰氯等缓凝剂，其加入量应大于甲料的0.5%。

当发生涂料固化太慢，影响施工时，可加入少量硅酸二丁基烯作促凝剂，其加入量应不大于主剂的0.3%。

涂料有沉淀现象时，应搅拌均匀后再进行配制，否则会影响涂膜质量。

材料应在贮存期内使用；如超期，则需检验合格后方能使用。

(2) 细部节点防水施工措施

卫生间内贯穿楼板的管道根部是极易出现渗漏的地方，是防水的重点，其详细施工措施如下：

1）管道预留孔的封堵

待管道安装完毕，固定并检查合格后，清洁预留孔壁混凝土，保持湿润，清除管外围的油污和漆膜。

制成定型（抱箍式）专用模板，固定托好。

用配合比为1:2:2（水泥:砂:石子）的细石混凝土进行浇筑，要求水灰比不大于0.5，并掺入水泥用量的6%的防水剂。空隙内的混凝土面应比楼板面低10mm，拍平压实抹光，隔24h浇水养护，并检查缝底是否漏水。

2）管周防水处理

a. 混凝土硬化干燥后，将管道外壁200mm高的范围内清除灰浆、油污、管根混凝土面和灰疙瘩、杂物，扫刷洁净，按选定的防水材料，将10mm的凹坑填平防水材料，并将管周的立面涂刷200mm高的防水涂料。

b. 试水：管根孔隙的防水材料固化后，试水合格方可进行下一工序施工。

3）地漏处周边防水处理

a. 正确安装好地漏：地漏顶面标高要根据土建施工需要确定，一般要比地面完成面低 0.5~1cm。

b. 地漏处浇筑：地漏位置固定好，周围的缝隙小于20mm，用1:3水泥砂浆加水泥用量6%防水剂填嵌密实；缝隙大于20mm，用1:2:2的细石混凝土填嵌密实。

c. 防水处理：为防止混凝土的干缩裂缝，为水渗漏造成通道，水沿地漏外围渗漏，必须在地漏上口外围施工 10~15mm 凹槽，在凹槽中填嵌密封胶。

d. 试水：临时封堵地漏口，在地漏口四周用砂浆围成小坎，然后灌水进行试验，无渗漏现象方可进行下道工序施工。

(3) 防水工程质量保证技术措施

1) 原材料的质量控制

①所有防水材料的品种、牌号及配合比，必须符合设计要求和施工规范的规定。没有产品合格证及附使用说明书等文件的材料，不得采购和使用。

②凡进场的材料都须按规定抽样检查，凡抽查不合格的产品，坚决不能使用。

③加强计量管理工作，并按规定对计量器具进行检验、校正，保证计量器具的准确性。

④防水施工完后必须做蓄水试验，外墙防水施工完后必须做淋水试验。

2) 施工全过程的技术控制

①审查好设备图纸并加强施工管理，认真制定详细的施工方案。

②防水施工队伍严格考核，确保施工人员的素质及作业水平。

③施工过程中，层层把关，前一道工序合格后，方可施工后一道工序。

④涂膜防水层及其变形缝、预埋管件等细部做法，必须符合设计和施工规范的规定。

⑤涂膜防水层的基层应牢固，表面洁净、平整，阴阳角处呈弧形或纯角，涂刷均匀，无漏刷。

⑥涂膜胶、附加层、涂刷方法、搭接和收头应符合施工规范规定，并应粘结牢固、紧密、接缝封严，无损伤、空鼓等缺陷。

⑦防水涂膜防水层应涂刷均匀，且不允许露底情况，厚度最少达到设计要求。保护层和防水层粘结牢固、紧密，不得有损伤。

### 5.11 外脚手架施工方案

#### 5.11.1 脚手架的选用

本工程 37 层的高层建筑，主体总高度 150m，裙房高 28m，首层至七层层高 4m，外墙呈矩形，延米长 149m，八至三十三层层高 4m，为 H 形，延米长 219m，三十四至三十七层层高 4m，外墙呈矩形。

依据该工程的结构形式、我公司的设备配合情况，以及广州市建委和施工安全检查站、环保局行政主管部门颁布的有关建筑施工安全和文明施工的规定，决定在本工程使用 $\phi 48 \times 3.5mm$ 双排钢管脚手架，按结构形式分阶段搭设，如图 5-12 所示。

#### 5.11.2 脚手架的设计

(1) 脚手架的构造

1) 外墙脚手架构造

外墙双排钢管脚手架，由里外立杆，大小扫地横杆，拉接杆，分层承力架，工作脚手板和安全挡板，安全网，防雷引下线，剪刀撑，垫板，底座和十字、一字、万向扣件等组成。共分施工外脚手架、工作上下通道和绿色通道三部分。

2) 脚手架材料的选用

外脚手架里外立杆、大小横杆、扫地横杆、剪刀撑和安全栏杆全部采用 $\phi 48 \times 3.5mm$ 脚手架专用钢管，连接件采用十字扣、一字扣、万向扣。底座采用倒"T"形专用管座，安全网采用具有广州市建筑局颁发生产许可证的密目式安全网，脚手架采用钢管焊接脚手

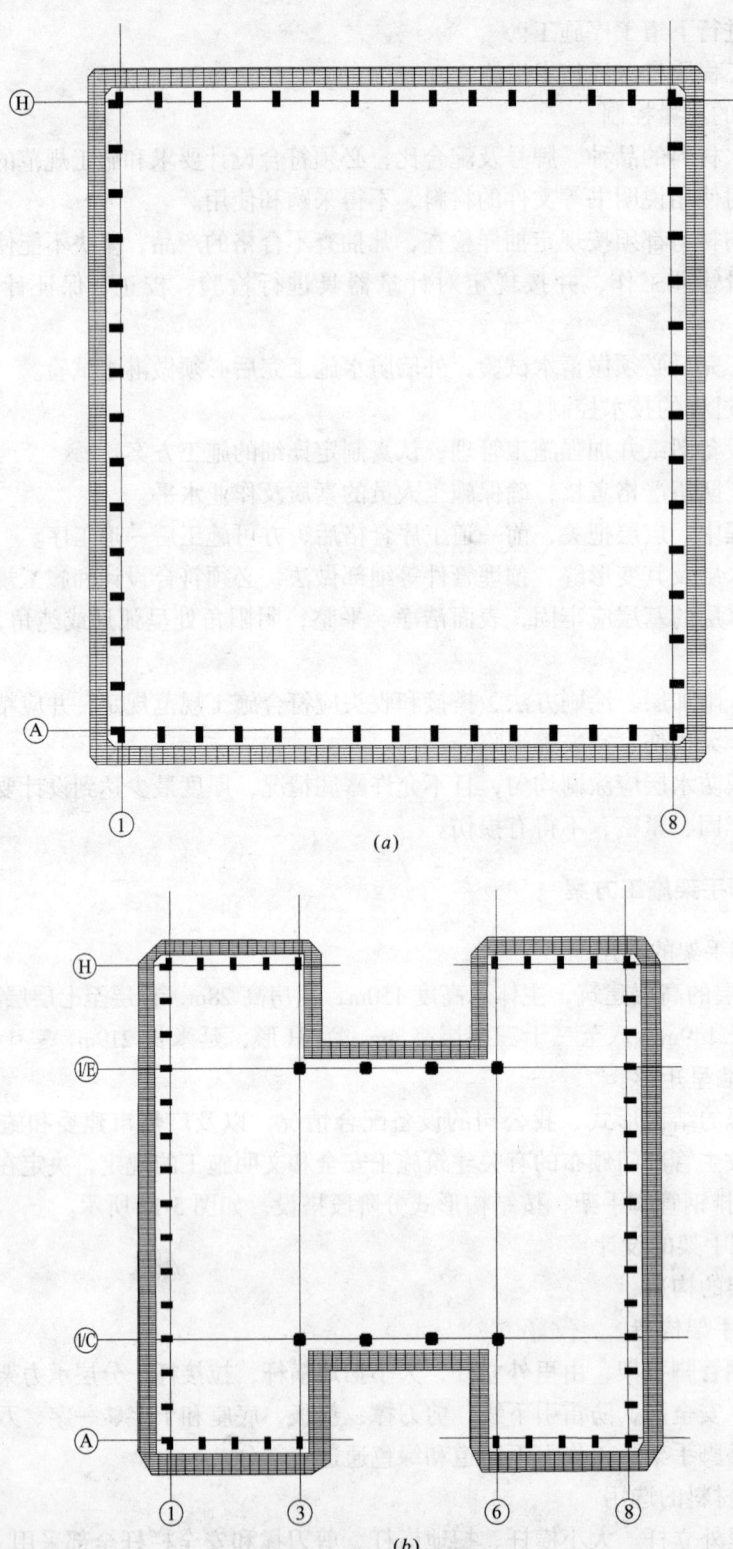

图 5-12 外架平面示意图（一）
(a) 首层至七层；(b) 八至三十三层

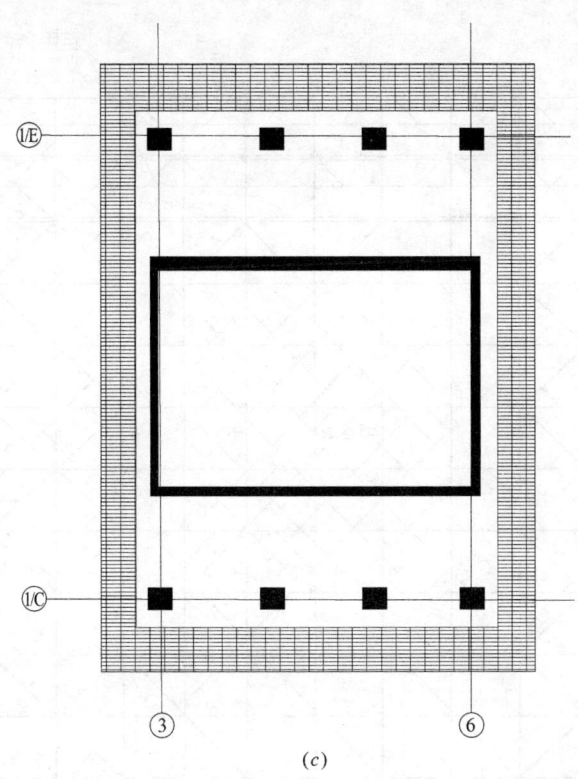

图 5-12 外架平面示意图（二）
(c) 三十四至三十七层

架板，出入口、安全棚用 $\phi48\times3.5mm$ 钢管搭架，上面满铺双层竹脚手架板。

3) 脚手架的搭设规格

①外墙钢管脚手架内外立杆间距 1000mm，内立杆与外墙面净距离 350mm，大横杆步距 1800mm，小横杆间距 750mm，立杆间距 1500mm，扫地杆距地 200mm。

②与墙连结：在竖向，根据楼层的变化，对脚手架进行层层拉结，水平方向每层每隔 6～7m 设一个拉结点，采用拉、顶结合。

③安全防护：每个施工出入口都设双层严密的安全保护棚，上下两层挡板间隔不少于 500mm，每隔 6 层设一圈安全挡板，且用竹脚手架板满铺。

4) 外架立面图和大样图（图 5-13、图 5-14）

(2) 脚手架的施工荷载

本脚手架施工荷载不得大于 $2700N/m^2$，集中荷载不得大于 1000N，1m 距离内一般只考虑一个人操作，或 1m 长度内有一台单机重不超过 1000N 的工具，工作日施工材料亦不得超过这个数字堆放，并均匀放置，不要集中于脚手架的一侧，防止架子超重移位变形。

(3) 分层承力架的设计

本工程脚手架高度为 149m，远超过单立杆脚手架的安全搭设高度，不能满足施工安全使用的要求。根据本公司现有的施工用料，采用脚手架钢管组合挑架形式进行分层承力，及在分层承力楼层每根立杆部位在结构施工时先预埋一根脚手架钢管，相应上一层用 $\phi20$ 圆钢筋预埋拉环，这样对脚手架形成横挑、上拉、下顶结构体系，达到分层承力的目

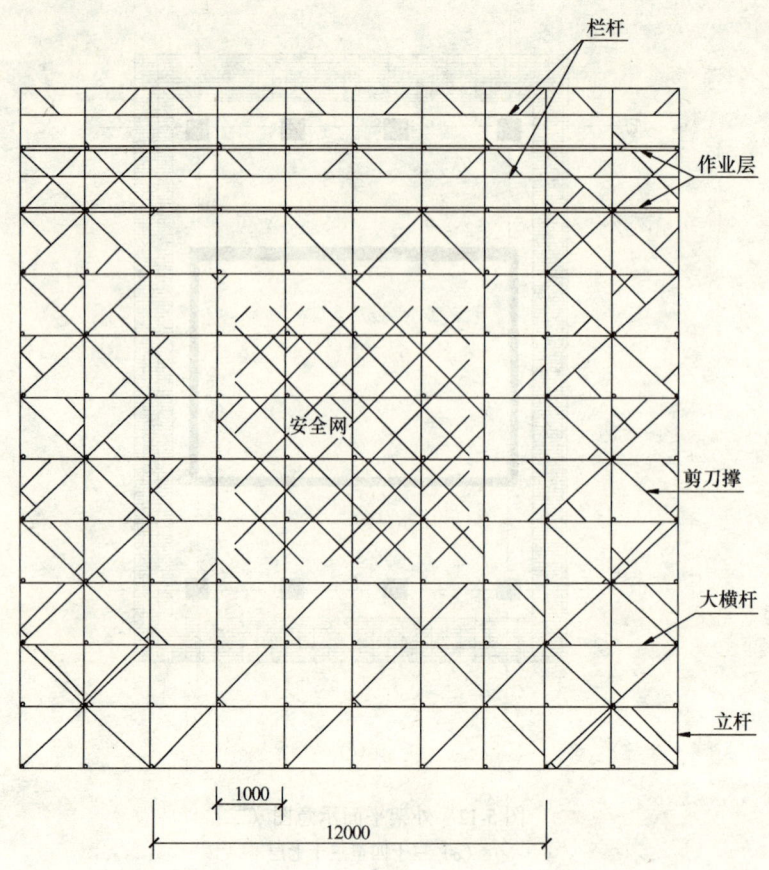

图 5-13 外架立面示意图

的，如图 5-15 所示。

由于操作层附架荷载

$$W_1 = 2 \times 1.2 \times (2700 + 300) = 7200 \text{N/m}^2$$

非操作层每层荷载为：

$$W_2 = (1.8 \times 2 + 1 \times 3 + 1.2 + 2.34 \times 2) \times 38.4 \times 1.3 + 10 \times 4/1.5 = 491.92 \text{N/m}^2$$

每个作业面按三个操作层进行考虑，根据钢管扣件的充分受力为 $[F] = 5000\text{N}$，假设非操作层为 $N$ 步，则单位立杆内分层承力扣件必须满足：

$$n \times 1.5 \times 1 \times 491.92 + 7200 = 5000 \times 4$$

$$n = 17 \text{步}$$

即每层分层承立架可承担高度为 $(17 + 3) \times 1.8 = 36\text{m}$，而标准层层高为 4m，即 $36/4 = 9$ 层，考虑一些不利因素的影响，每隔 4 层设一个分层承力架。即在第七层、十一、十五、十九、二十三、二十七、三十一层设分层承力架。分担部分脚手架荷载，确保施工安全，具体做法如图 5-15 所示。

(4) 卸料平台的设计

1) 转料平台的构造

根据施工的需要，每层必须设计一个承载力为 5000N、长度为 2900mm、宽度为

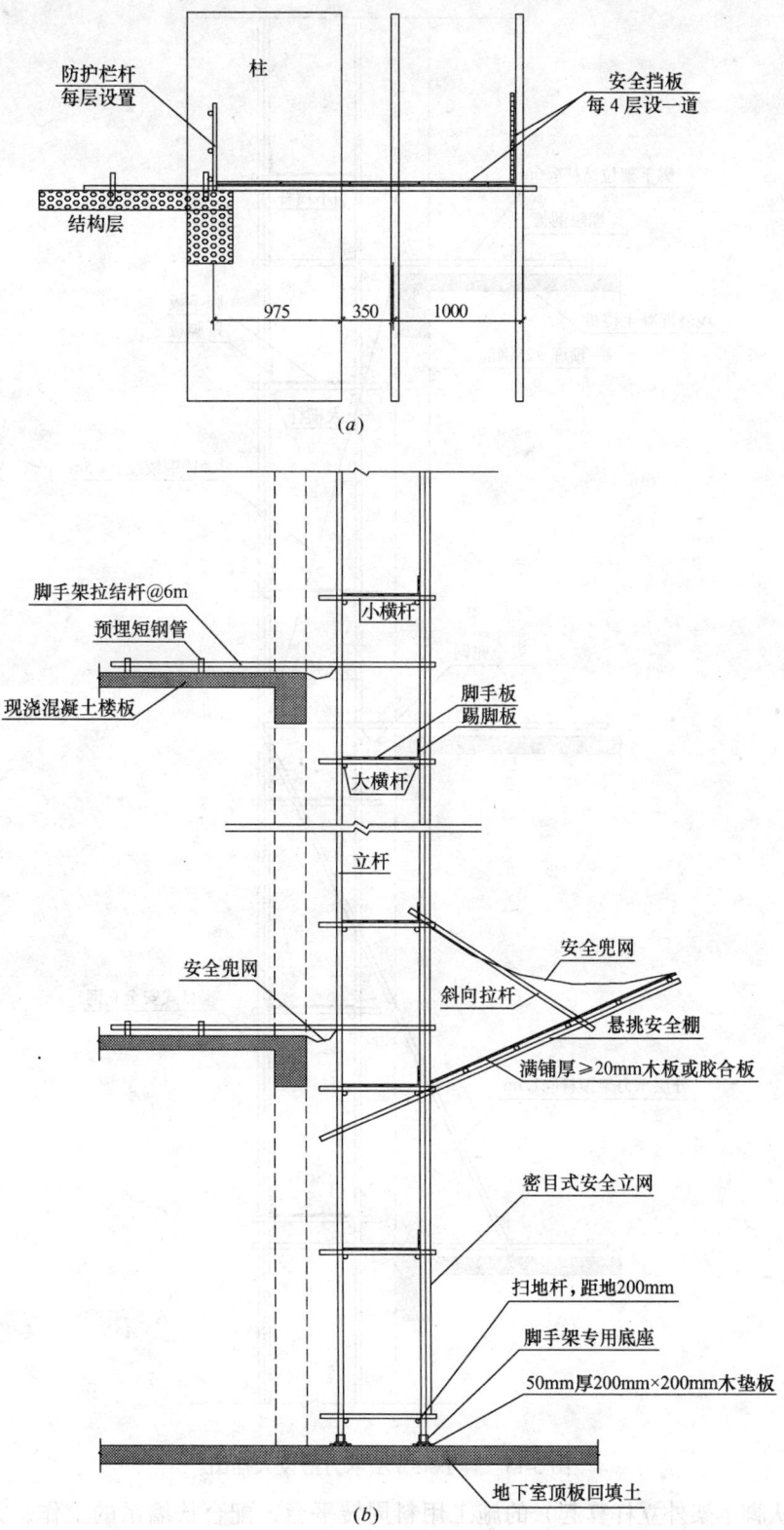

图 5-14 脚手架搭设大样图

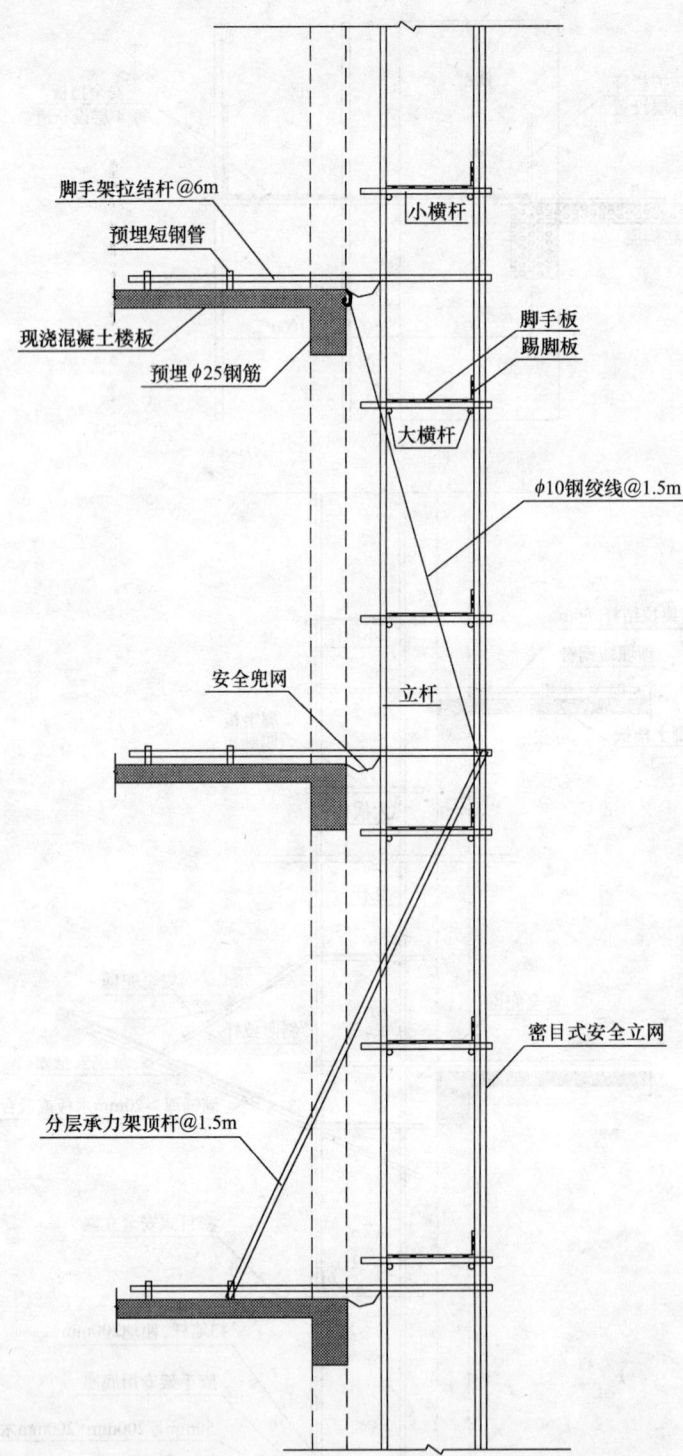

图 5-15 脚手架分层承力搭设大样图

1800mm（从脚手架外立杆算起）的施工用料周转平台，配合扶墙吊的工作，方便层间周转材料和施工用料的运输，提高工作效率。设计过程中考虑安全可行和经济合理等因素，采用工地现有的脚手架钢管进行搭设。在结构施工过程中,必须根据计划搭设转料平台部位预埋脚手架短钢管,每个转料平台水平支撑采用3根3.6m长的双层钢管,3根斜顶撑和2根斜拉杆,所有斜面拉杆、水平杆和斜撑杆都用扣件连接,安装时顺带和脚手架连接,如图5-16所示。

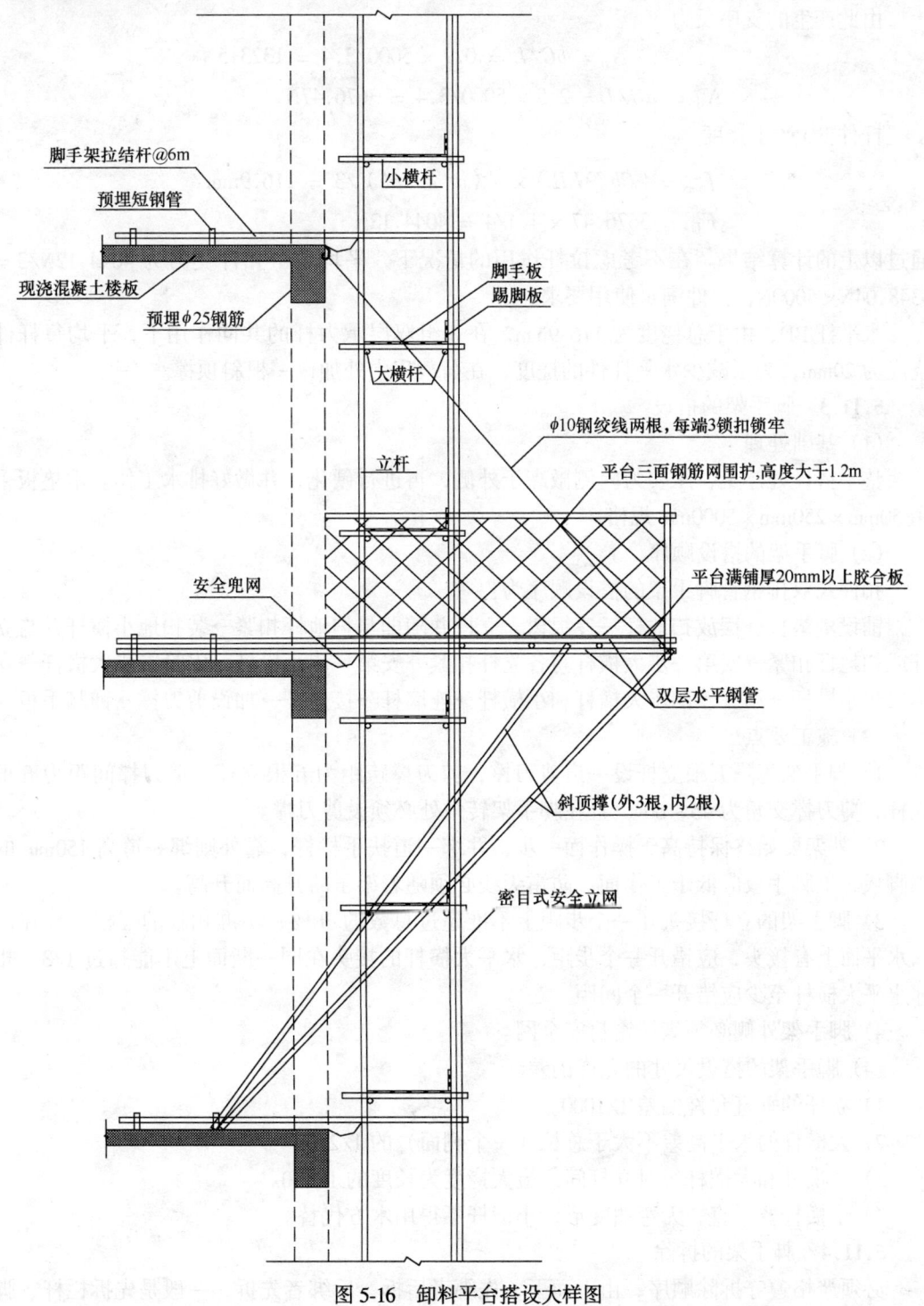

图5-16 卸料平台搭设大样图

2) 转料平台验算

由于本工程转料平台全部用脚手架钢管和扣件连接，所以把各节点看成铰接。则：
杆件 BD 在 $G = 5000N$ 荷载作用下产生弯矩

$$M = G_{ab}/L = 5000 \times 2.5 \times 0.9/3.4 = 3308.8 N \cdot m$$

由此产生的支座反力

$$N_b = bG/L = 0.9 \times 5000/3.4 = 1323.5N$$
$$N_d = aG/L = 2.5 \times 5000/3.4 = 3676.47N$$

杆件 BD 产生挠度

$$f_{max} = (Gb/9EIL) \times \sqrt{(a^2 + 2ab)^3/3} = 116.9mm$$
$$F_{DA} = 3676.47 \times 4.4/4 = 4044.12N$$

通过以上的计算结果。在不考虑拉杆作用的情况下，平均单个扣件受力为 4044.12N/3 = 1348.04N < 5000N，扣件满足使用要求。

水平杆 BD，由于总挠度为 116.9mm，在 3 组双层承力杆的共同作用下，平均每杆件挠度为 20mm，为了减少水平杆件的挠度，在荷载集中处加设一根斜顶撑。

### 5.11.3 脚手架的搭设

(1) 基础处理

整平搭设处浮土，压实为内侧微高于外侧，再进行硬化，并做好排水工作。木垫板采用 50mm × 250mm × 5000mm 规格。

(2) 脚手架的搭设顺序

扣件式双排钢管脚手架的搭设顺序为：

铺设木垫板→摆放扫地杆→逐根树立立杆并随即与扫地杆扣紧→装扫地小横杆并与立杆或扫地杆扣紧→安第一步大横杆与各立杆扣紧→安第一步小横杆→安第二步大横杆→安第二步小横杆→第三、四步大横杆和小横杆→连墙杆→接立杆→加设剪刀撑→铺脚手板。

(3) 施工要点

1) 脚手架每隔五根立杆设一道剪刀撑，剪刀撑跨距为五根立杆，剪刀撑间距为五根立杆，剪刀撑交角为 45 ~ 60°，且在脚手架转角处必须设剪刀撑。

2) 外架要始终保持高于操作面一步，并绑一道扶手栏杆，靠外则绑一道高 150mm 的挡脚板，里脚手板应低于工作面。防雷天线必须随着架子的升高而升高。

3) 脚手架的立杆接头在一个步距上不准超过总数的 30%，不准相临的三根立杆在同一水平面上有接头，应错开一个步距，水平大横杆的接头在同一断面上不能超过 1/3，相邻水平大横杆至少应错开一个间距。

4) 脚手架外侧必须满挂密目安全网。

(4) 脚手架的搭设尺寸的允许偏差

1) 立杆的垂直允许偏差 1/1000。

2) 大横杆的水平高差不大于总长（一个侧面）的 1/250。

3) 小横杆和大横杆每对立杆间距最大挠度为长度的 1/150。

4) 小横杆要平直，无弯曲变形，小横杆不得用木方代替。

### 5.11.4 脚手架的拆除

必须严格遵守拆除顺序，由上而下，先绑者后拆，后绑者先拆，一般是先拆栏杆、脚手板、剪刀撑，然后拆小横杆、大横杆、立杆等。

统一指挥，上下呼应，动作协调，当解开与另一人有关的结扣时就应先告知对方，以防坠落。拆架时还应画出工作区标志，禁止行人进入，高空作业人员必须系好安全带和戴好安全帽，严禁违章指挥、违章作业。

### 5.12 给水排水工程

#### 5.12.1 工艺流程

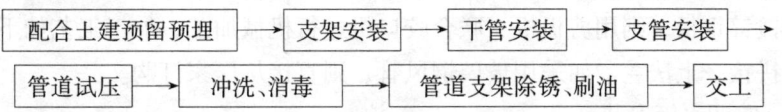

#### 5.12.2 施工要点

1）配合土建预留预埋：在土建上主体阶段，根据图纸中管道穿越建筑物楼板、墙的平面位置与标高，准确地按规范要求预埋预留，并配合土建复核套管及留洞的位置。

2）管道穿地下防水墙体采用刚性防水套管，做法详见国标图集91SB3，立管穿楼板应做直径大2号套管，顶部高出地面20mm，套管与管道之间填密封膏。

3）管道预制：按设计图纸并根据实际情况，进行管道预制，铸铁管用石棉水泥打口，石灰应打满、打平。

4）支、吊架安装：根据管道支、吊架承受管道重量的大小，合理选用支、吊架形式，如有必要可以配合土建预埋支架。普通管道支、吊架按照设计要求选用型钢制作，其加工尺寸、型号、精度及焊接质量应符合设计要求，安装支、吊架位置、标高正确，间距合理，选型美观。使用固定支架的地方应使支架牢固、平整。

5）干、支管安装：根据设计图纸及现场实际情况，量出管道长度，进行切管、套丝、预制、调直、安装等工作，按照先干管后支管、先下后上的原则安装干管、立管、支管。管道安装后立即与支架固定。需焊接的管道进行焊接。

6）消火栓安装：消火栓要对栓、阀的位置按设计要求定位，甩口核定后固定消防箱。

7）管道试压：管道安装完毕后进行试压，分系统进行主管、干管、支管试压，条件成熟的也可进行系统试压，试验压力为设计工作压力的1.5倍。水压试验时充满水后进行加压，先将压力升至试验压力，然后降至工作压力，10min压力降在0.05MPa内，管道不渗不漏为合格。试压合格后将水泄净。

8）管道冲洗：生活给水管道安装完成后，进行水冲洗工作，冲洗至管内水的清洁度与进水一致为合格。

9）卫生洁具安装：首先校核预埋的卫生洁具上、下水口位置、标高是否准确，不正确的要进行修正。蹲便器安装时，蹲位下铺垫石灰膏，然后将蹲便器排水口插入排水管，承口内收稳；同时用水平尺测定各方向的水平度，用14号铜丝分别绑扎两道，然后将蹲便器两侧用砖砌好抹光，最后将蹲便器与排水口用临时堵封好。

10）卫生洁具试水及排水管道灌水试验：卫生洁具安装完毕后，先检查卫生洁具给水附件通水时是否有渗漏现象。如无渗漏现象，则向卫生洁具内通水，看是否有"跑、冒、堵、漏"现象，如有立即予以整改。卫生洁具试水后，进行排水管道灌水实验：将出户管口（位于出户第一个检查井内）封堵，往每根排水立管内灌水，灌水高度不超过8m，满水 15min，持续 5min 后，液面不下降为合格。

11）管道及支、吊架除锈、刷油：管道冲洗合格后，清除管道及支、吊架表面的氧化皮，再用钢丝刷将管道外的锈除去，然后用砂纸磨光，最后用棉纱将其擦净，按设计要求进行人工刷油，做到涂刷附着均匀，无流淌现象。试压、刷油合格后方可进行保温。

### 5.13 暖通工程

#### 5.13.1 风管制作安装

如采用镀锌钢板，则用剪板机、联合咬口机进行机械加工，加工工艺如下：下料→剪板→咬口→拼接→上法兰。如采用玻璃钢风管，则直接从厂家订购。

#### 5.13.2 空调水管安装

空调水管采用焊接钢管，$DN < 32mm$ 螺纹连接，$DN \geqslant 40mm$ 焊接；空调冷凝水管采用镀锌钢管螺纹连接。

管道安装前先进行除锈、清除坏垢，校直、校正管口及开口坡度，待施工层土建清场后，即利用土建塔吊逐层吊入各施工层；敷设到位，调整间隙，组织有上岗证的焊工进行焊接。现场焊接后即进行自检，焊接后紧固支架。

阀门安装前必须清洗干净，试压合格后才能安装。安装时必须保证开启灵活，关闭严密。

空调水系统试压：立管安装结束后进行试压，再按层进行试压，水源的设置与土建、给排水等专业用水统一考虑。试压要求压力达到 1.2MPa 并观察 10min，如压力降不大于 0.05MPa，然后降至工作压力，外观检查以不渗、不漏为合格。

水系统试压、清洗合格后方可进行保温。空调水管采用岩棉管壳保温，做法详见国标图集 91SB6—36。

#### 5.13.3 空调机组设备安装

组成由甲方、质检人员参加的开箱验收小组，核实设备型号、规格、数量，检查设备表面有无缺陷、损坏、锈蚀、受潮等现象，转动风机叶轮看是否与机壳相碰，对开箱结果做验收记录。

由机械安装技术人员组织设备到位。在设备就位前，先负责对土建预制的设备基础进行测量验收，达到规范要求和合格后，再按规范进行安装。

设备与风管和水管接口装置、减振装置按设计要求施工。

#### 5.13.4 系统调试

（1）准备工作

设备试运转在设备安装完毕，系统管道和电气及相应配套工程已具备条件，试车所需水、电、材料等能保证供应，试运转方案已审定，润滑剂已灌注等准备工作就绪后进行。

（2）试运转原则

1）由部件到组件，最后到主机；

2）先手动后自动，先点动后连续；

3）先无负荷后有负荷；

4）做到上道不合格，下道工序不试车。

## 5.14 电气工程

### 5.14.1 电力与照明系统

在工程的预埋、预留中,预留的套管要大小合适,位置、标高准确,防水套管要加止水片,止水片的厚度与高度要合乎要求,预留的钢管弯曲度不能大于90°,其连接采用套管。管口不得有毛刺、凹陷,管口要垂直。同一回路的钢管要焊接成电气通路。线路过长时,应按要求加接线盒。

在工程的电施安装阶段,各工序尤为繁重,应按施工流程进行施工:

线槽安装→配管配线→母线桥架的安装→柜、箱安装→电缆安装→灯具、各种小器件安装→系统调试→收尾。

下面对关键重点工序的安装工艺与流程做一些阐述。

(1) 金属线槽的安装与配线的施工工艺

金属线槽的安装施工在土建拆模板后即可进行。在安装前,先进行定位画线,同时兼顾水施、空施中的管道位置,做好定位与高度的确定。然后根据确定的线路固定吊架,吊架固定完毕后即可水平、转弯尽可能成90°,固定底板的螺栓要拧紧。

在线槽内导线排列整齐,不同回路的导线可以扎成束,以便进行线路的检查与维护。

特别注意在敷设前,线槽清理干净,线槽平整,不得有棱角、毛刺;同时,金属线槽与配电间等电位点做等电位连接。

(2) 配管、配线中的注意点

管与管连接采用套管连接。套接法连接时,用比连接管大一级的塑料管做套管,长度为连接管直径的1.5~3倍,把涂好胶粘剂的连接管,从两端插入套管内,连接管对口处在套管中心,且紧密牢固。配线时注意不得在管内留有接头,所有接头必须在接线盒内连接,接头必须先用黄蜡带包扎,再用绝缘胶布包扎。

(3) 封闭式母线的安装

封闭式母线进场后要核查其合格证及检测报告。进场后,母线要放在干燥、避雨、安全的地方保管。

在封闭式母线安装前,先检查母线经过的地方,对各种阻碍物进行清理,同时对其线路进行画线、定位,对其支撑件进行预制,支撑件采用I10工字钢。

水平安装的封闭母线支撑件用膨胀螺栓固定在顶板上,支撑工字钢尽量长度一致,封闭母线水平放置在支撑件上,若不水平,可在支撑件上垫铁片使其水平,母线采用螺栓连接,螺栓的绝缘层不得破坏。垂直安装在电气配电室中时,每层用工字钢固定在底板上,使用专用的夹紧件固定母线,用弹簧固定在型钢上。母线也采用专用螺栓连接。这样,使母线既能上下振动,又不致左右摆动。

在母线安装前要逐节检查绝缘情况,同时每安装一节检查一次绝缘电阻,这样不致于重复施工,也便于检查。要求绝缘电阻大于20MΩ,并密封母线外壳,支撑件必须与配电室内等电位点连接固定。

(4) 桥架的安装

本工程中桥架有两种安装形式:水平与垂直,同时桥架采用专用的连接件连接。

水平安装时,其支撑件可采用角钢,角钢制成U形,用膨胀螺栓固定在顶板上,然后桥架可放置在上面。若不水平可加铁垫片，桥架连接交叉时，采用专用连接件或连通件，用螺母连接。垂直安装时，桥架用螺栓固定在墙体上，用连接件螺母连接。桥架应在多处与配电等电位点连接。

(5) 电缆的敷设

电缆在敷设前，先将桥架及梯架清理干净，同时检查电缆的绝缘后方可敷设电缆。

垂直敷设或超过45°倾斜，敷设电缆应在桥架上每隔2m加以固定，水平敷设时只在电缆首末端，转弯及接头处固定。电缆敷设不宜交叉，且排列整齐，并及时在电缆终端头、接头，拐弯处竖井两端加装标志牌，标志牌上应注明线路编号或规格型号，标志牌规格统一，挂装牢固。

电缆在进竖井、盘（柜）、穿过管子时，出口、入口应封闭。在电缆的接头处应做好标记，便于检查。在敷设电缆后，电缆也应检查测试绝缘电阻。

(6) 柜、箱的安装

1) 成套配电柜的安装

配电柜的安装程序如下：

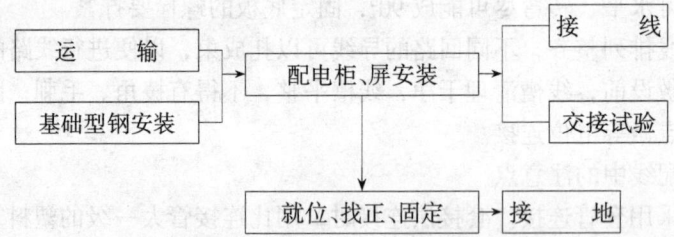

在土建打混凝土时，先根据图纸要求在型钢埋设位置预埋固定基础型钢用的钢筋，同时预留沟槽，沟槽宽度比基础型钢宽30mm，深度为基础型钢埋入深度减两次抹灰厚度，再加10mm宽度，待混凝土凝固后，将基础型钢放入预留沟槽内，加垫铁调平后与预埋铁件焊接，型钢与接地网焊接。

配电柜就位时应根据图纸及现场条件确定次序，按不防碍其他柜安装的原则，先内后外依次就位，就位后，先调整第一块柜，然后以第一块柜为标准逐台调整，使柜面一致，排列整齐、间隙均匀，配电柜采用螺栓固定在型钢上。

固定完毕后，检查柜内设备、元件、线路是否与图纸一致，然后即可进行箱体的接线。

2) 一般配电箱的安装

落地安装的双电源柜、控制柜安装在0.3m高的混凝土墩上，设备用房及竖井内的电力控制、配电箱挂墙明装，其余电力配电箱均暗装，底边距地1.3m。同时，箱体与钢管焊接成等电位。若金属线槽与箱体垂直，金属线槽也与箱体焊接成等电位。箱体内接线应排列整齐，并作好回路编号。

3) 灯具及小器件安装

灯具应按图纸要求的方式安装，接线正确，需要接地保护的应加接地，同时灯具安装牢固，以防脱落。开关、插座必须按图纸要求高度安装，安装牢固、水平，接线正确。出入口标志灯、安全标志灯，安装要牢固、显眼。

### 5.14.2 防雷与接地系统

防雷接地为自然接地,其利用基础桩内合格主筋做接地体与柱内主筋焊接。柱内主筋做防雷引下线,同时基础内圈梁连接成等电位。引下线在屋顶与避雷带焊接,避雷带采用 $\phi 12$ 圆钢,避雷带在女儿墙及屋顶凸出的部分敷设,同时利用屋顶金属网架做避雷带。所有高于 45m 的建筑物金属窗框均与等电位的圈梁钢筋连接,以防止雷击。

### 5.14.3 弱电系统
(1) 系统工艺流程

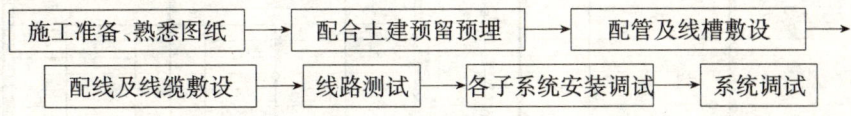

## 5.15 工程质量验收

### 5.15.1 工程质量验收的划分

按分部工程划分为:主体结构、建筑装饰装修、建筑屋面、建筑给水、排水及采暖、建筑电气、智能建筑、通风与空调、电梯九个分部工程。

### 5.15.2 工程质量验收组织

(1) 主体结构分部工程的子分部工程按楼层划分进行验收:在混凝土工程完成至八层、十八层、二十八层、二十八层以上分四个阶段组织进行混凝土结构子分部工程质量验收。砌体结构同混凝土结构进行验收。

(2) 建筑屋面分部工程质量验收:直升机停机坪屋面工程、三十三层屋面工程、裙楼屋面工程。

(3 建筑给水、排水及采暖建筑电气、智能建筑、通风、空调与电梯分部工程,待安装调试好经过自检合格后进行验收。

# 6 施工进度计划及工期保证措施

## 6.1 施工进度计划

### 6.1.1 工期计划安排

为加强总工期控制,突出施工计划重点,编制了施工总进度计划网络图。

(1) 施工总进度计划

本工程总工期为 489 日历天。

具体见施工总进度计划网络图(图 6-1)。

(2) 总体施工程序

本工程的总体施工程序按四阶段进行:

第一阶段:主体结构按 6d/层的速度组织施工。结构施工期间进行防雷、机电、给排水、消防、玻璃幕墙的预埋预留;裙楼完即组织砌体工程的施工,然后是门窗框的安装工程及抹灰工程。

第二阶段:主体结构至二十二层,即进行外立面十九层以下玻璃幕墙的放线、预埋件

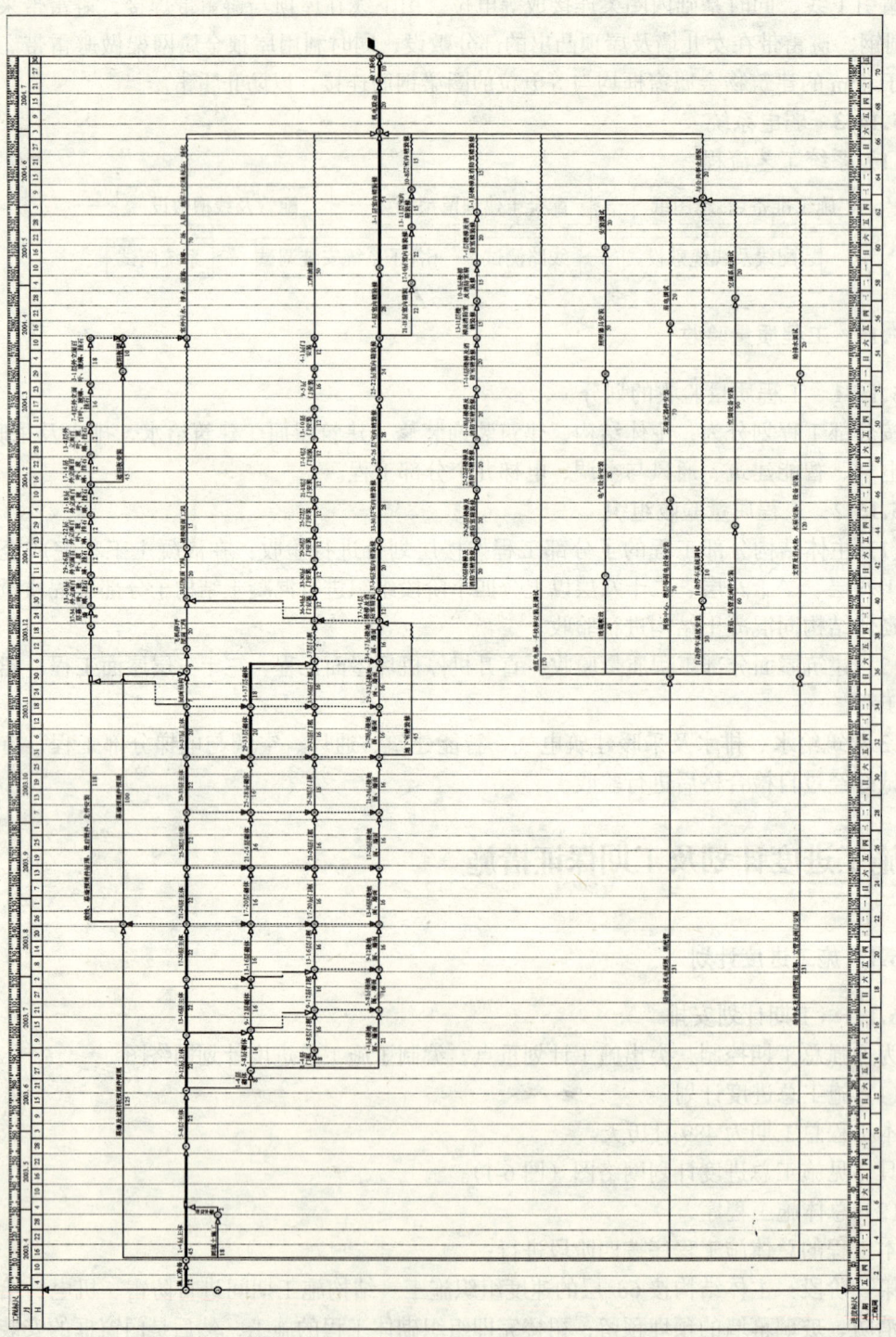

图 6-1 施工总进度计划网络图

清理、置后置件、立竖料、横料的施工，主体结构完即进行装饰面的施工，玻璃幕墙施工按每两层一个流水段进行施工。同时，配合外架拆除幕墙施工的每两个流水段为外架拆除的一个施工段，其他各专业单位按进度组织施工。

第三阶段：室内精装修，由于本工程工期紧、室内精装修工作量大，首先按劳务队伍的不同将室内精装修分为办公室及走廊区域、楼梯及消防室区域进行流水作业，并按招标文件将二十四层至三十四层业主自用部分、一至七层公共部分作重点作业组织施工，其他各专业单位按进度组织施工。

第四阶段：进行机电调试、中间验收及竣工验收工作。在此期间进行各专业调试、各专业中间验收、整体联动试车、竣工资料整理归档等工作。

### 6.1.2 控制节点要求

（1）工程形象进度节点控制要求

本工程响应合同文件，依据总体控制计划的要求，将实际形象控制如下：

节点一：主体结构十九层完为开工之日起第129d；

节点二：主体结构封顶为开工之日起第238d；

节点三：主体结构封顶后29d完成室内抹灰，40d完成专业配合；

节点四：主体结构封顶后128d完成外立面的安装工程；

节点五：水电设备安装工程完工日期为2004年5月26日；

节点六：机电调试及综合调试完日期为2004年7月18日；

节点七：业主自用部分及公共部分完工日期为2004年6月28日；

节点八：消防验收交付使用于2004年7月28日。

（2）阶段工程工期要求（表6-1）

阶段工程工期要求　　　　　　　　　表6-1

| 阶 段 工 程 | 开始时间 | 完成时间 | 招标文件要求时间 |
| --- | --- | --- | --- |
| 完成第十九层混凝土结构 | 第123天 | 第129天 | 开工后135d |
| 完成塔楼混凝土结构 | 第49天 | 第238天 | 开工后250d |
| 完成裙楼砌体及抹灰 | 第49天 | 第104天 | 开工后145d |
| 完成塔楼砌体及抹灰 | 第76天 | 第267天 | 开工后300d |
| 裙楼屋面工程 | 第291天 | 第306天 | 开工后315d |
| 塔楼屋面工程 | 第250天 | 第290天 | 开工后315d |

## 6.2 工期保证措施

为确保工期目标的实现，我单位针对影响工程进度的因素制订了相应的进度控制措施。

### 6.2.1 人力资源保证

人力资源主要包括项目管理人员和施工作业人员两大部分。

（1）项目管理人员保证

为确保本工程按期完工，本工程将列入我单位的重点工程，我局将组织足够数量的作风过硬、技术素质高、综合能力强的人员组成项目管理层，管理人员共计40人，其中高级职称人员 3 人，中级职称人员 19 人，初级职称人员 17 人。

(2) 施工作业人员保证

为保证足够的劳动力，主要采取以下措施：

1) 选择信誉好、实力强的劳务分承包及专业分包单位，根据本施工组织设计制定的劳动力需用计划，针对现场施工情况，编制切合实际的阶段性劳动力需用计划，并及时将劳动力需用计划传递至劳务分包单位。

2) 在与劳务分包商的施工分包合同中明确约定必须按总包单位的劳动力计划提供足够的劳动力，并明确阶段性工期和总工期提前完成或延迟完成奖罚措施；同时，合同中特别约定春节期间保证足够劳动力的经济奖罚措施，对春节期间施工人员严格按国家劳动法要求发放加班工资，对劳务分包商对春节期间人员加强考勤，提高奖罚力度。

3) 新进场工人必须考核合格后才能上岗，保证工人技术素质和熟练程度，素质差、技术生疏的工人坚决更换。

4) 建立奖罚制度，开展劳动竞赛，做好班组工作、生活等的后勤保障，保持旺盛的工作热情和责任感，确保施工任务的顺利完成。

#### 6.2.2 物资设备保证

足够的物资投入是保证工期顺利实现的基本条件之一，我们将以周转材料、主材、辅材、机械设备等方面作足够的投入。

(1) 周转材料

周转材料主要有模板、钢管、扣件、木方等，本工程的需要周转材料数量见"主要周转材料需用量计划表"。模板木方采用新购九夹板，我们在本单位已考察过的材料供应商名单中选择几家实力强、资金好的材料供应商对比分析，通过招标方式选定一家（必要时几家）优胜者，保证模板材料的质量并及时供应，钢管、扣件等周转材料本单位在广州地区已有足够的储备量，仅考虑及时调拨，不构成影响本工期的主要因素。

(2) 主材

主要有钢筋、水泥、砌块、商品混凝土、防水材料。在选择好供应商的基础上，主要是做好合同约束条款，把好材料进场质量检验关；同时，做好春节前材料储备工作，保证材料供应及时、足量，质量合格。

(3) 机械设备

本工程主要机械设备属本单位自有的，均已做好维修保养工作，需要外租的设备我们已提前考察选定并签定了意向租赁合同，并有适当的余量，预防万一设备出现较大故障时的应急替换。现场配备足够的易损件和消耗材，制定机械操作规程，严格管理，设立机修小组，对机械进行保养、维修，保证机械设备充分满足施工需要。

### 6.3 施工进度计划滞后的应急措施

通过检查分析，如果发现原进度计划已不能适应实际情况时，为了确保进度控制目标的实现，就必须采取必要的应急措施。

(1) 调整工艺方法

1) 组织搭接作业或平行作业。

2) 压缩关键工序的持续时间，这一方法不改变工作之间的先后顺序关系，通过缩短关键路线上工作的持续时间来缩短工期。

(2) 组织措施

1) 增加施工工作面，组织更多的施工队伍。

2) 增加每天的施工工作时间，必要时采用三班制。

3) 增加机械设备、物资的投入。

(3) 技术措施

1) 改进施工工艺和施工技术，缩短工艺技术间隔时间。

2) 采用更先进的施工方法或方案。

3) 采用更先进的施工机械设备，提高劳动生产效率。

(4) 经济措施

实行包干奖励，完善激励机制。

# 7 施工总平面布置及管理

## 7.1 施工总平面布置

(1) 施工总平面布置依据

1) 广州发展中心大厦工程总平面图；

2) 现场实际作业条件及周围环境条件；

3) 广州市政府有关施工现场管理规定；

4) 施工工艺流程。

(2) 施工总平面布置原则

1) 在业主的统一协调下进行施工现场的平面布置；

2) 紧凑有序，节约用地；

3) 满足施工需要和文明施工的前提下，尽可能减少临时设施的投资；

4) 适应各施工阶段生产需要，利于现场施工作业；

5) 在保证场内交通运输畅通和满足施工对材料要求的前提下，最大限度地减少场内运输，特别是减少场内二次搬运；

6) 尽量避免对周围环境的干扰和影响；

7) 符合施工现场卫生及消防安全要求。

(3) 施工总平面布置内容

详见主体结构施工阶段总平面布置图（图 7-1）。

1) 生产区

塔吊基础布置在地下室东面底板上；两台混凝土输送泵布置在工地西面。

2) 施工用电

施工现场临时用电，根据业主提供的电源，结合现场实际用电情况，采用三相五线制分线路沿围墙架空布设。详见 7.3 中的临时施工用电方案。

3) 施工用水

施工现场临时用水根据业主提供的水源，结合现场实际用水情况沿地下室基坑边铺

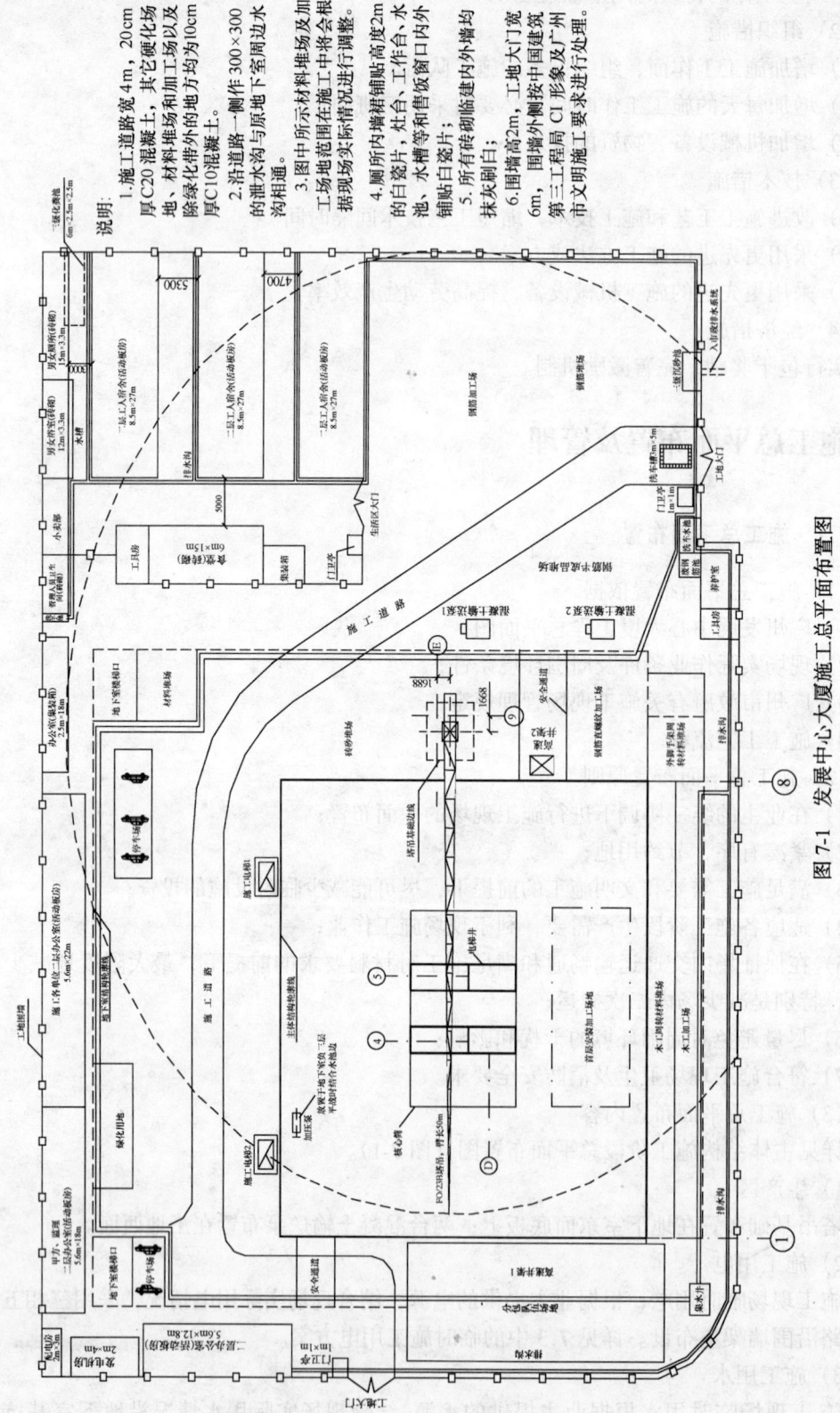

图 7-1 发展中心大厦施工总平面布置图

设,穿越管道时埋深处理。施工生活用水由接驳点引到现场各供水点及办公区各用水点,施工用水管道采用 $DN80$ 做主管,其余用 $DN50$、$DN25$ 镀锌钢管铺设。

4) 材料堆放场地布置

现场材料堆放场地主要布置在租用场地上。

5) 现场排水、排污布置

现场大门内设有洗车槽及沉淀池,生产污水经市政三级处理后排至市政排污系统。

## 7.2 施工总平面管理

(1) 施工总平面管理原则

施工总平面管理原则:以充分保障阶段性施工重点,保证进度计划的顺利实施为目的,在工程实施前,制定详细的大型机具使用、进退场计划,主材及周转材料生产、加工、堆放、运输计划,以及各工种施工队伍进退场调整计划;同时,制定以上计划的具体实施方案,严格依照执行标准、奖罚条例,实现施工平面的科学、文明管理。

(2) 施工总平面管理计划的确定

施工总平面科学管理的关键是科学的规划和周密、详细的具体计划,在工程进度网络计划的基础上形成主材、机械、劳动力的进退场、垂直运输、布设网络计划,以确保工程进度,充分、均衡地利用平面为目标,制定出切合实际情况的平面管理实施计划;同时,将该计划输入电脑,进行动态调控管理。

(3) 施工总平面管理计划的实施

根据工程进度计划的实施调整情况,分阶段发布平面管理实施计划,包含时间计划表、责任人、执行标准、奖罚标准。计划执行中,不定期召开调度会,经充分协调、研究后,发布计划调整书。重点保证项目有:垂直运输安全管理;料具进场的有序调整、管理;材料、机械进退场,使用的科学调度;施工作业面工人区域化管理。

(4) 施工总平面管理办法

1) 总体规划

施工平面管理由项目经理总负责,由项目工长、材料部门、机械管理部门、后勤组织部门实施,按平面分片包干管理措施进行管理。

施工现场设置"六牌一图"。即质量方针、工程概况、施工进度计划、文明施工分片包干区、质量管理、安全生产责任制、施工总平面布置图。

按照总体规划要求做好平面布置,主要包括:

①办公区及生活区布置;

②材料堆放场地具体布置;

③主要施工机械布置;

④施工用水接口平面布置;

⑤施工用电接口平面布置;

⑥现场排水、排污布置。

2) 办公区及生活区

在业主统一管理协调下做好以下工作:

①现场临时办公区生活区用房采用活动板房合理布置,要求布置整齐协调,通道畅

通，并按我单位形象标准进行油漆。

②办公区场地全部用C10混凝土进行硬化，并按要求设置明沟排水。

③围墙设置高度不低于2.5m，并按我单位形象标准进行粉刷。

④大门整洁、醒目，形象设计具有中建特色。

⑤办公室门口设置绿化地带，院内还设旗台、旗杆和图牌栏。

⑥办公区公共清洁派专人打扫，各办公室设轮流清洁值班表，并定期检查。

⑦施工现场设立卫生医疗点，并设置一定数量的保温桶和开水供应点。

3) 施工现场

在业主统一管理协调下做好以下工作：

①按照业主的统一部署，做好施工现场的临时排水措施。

②施工现场要加强场容管理，做到整齐、干净、节约、安全，力求均衡生产。

③施工现场切实做到工完场清，固体废弃物分类堆放，及时处理清运，以保持场容的整洁。

④施工围挡色彩一致，立放整齐、顺直。设置专人每日巡视，施工围挡因施工原因临时拆除后要及时恢复，对破坏的施工围挡要及时更换。

4) 材料堆放场地

在业主统一管理协调下做好以下工作：

①施工及周转材料按施工进度计划分批进场，并依据材料性能分类堆放，标识清楚。做到分规格码放整齐、稳固，做到一头齐、一条线。

②施工现场材料保管，将依据材料的性质采取必要的防雨、防潮、防晒、防火、防爆、防损坏等措施。

③贵重物品，易燃、易爆和有毒物品及时入库，专库专管，加设明显标志，并建立严格的领退料手续。

④材料堆放场地设置得力的消防措施，消防设施齐全有效，所有施工人员均会正确使用消防器材。制定消防应急预案，并进行预案演练。

⑤施工现场临时存放的施工材料，须经有关部门批准，材料码放整齐，不得妨碍交通和影响作业。堆放散料时进行围挡，围挡高度不得低于0.5m。

5) 钢筋加工场地

①钢筋加工场地力求原材料堆放场地、钢筋加工场地、半成品堆放场地布置合理，方便加工、堆放和转运。

②钢筋原材料及加工好的半成品必须分类、分规格堆放，并做好标识。

③各种钢筋加工机械前必须按要求悬挂安全操作规程。

④钢筋加工场地必须硬化，要求场地平整、无积水，并做好明沟排水排污措施。

⑤严格执行钢筋加工场地领退料手续。

### 7.3 临时用水用电方案

本工程临时用水水源、用电电源由业主指定一个接驳点。其中施工用水管径 $DN100$，施工用电负荷可供电 $380kV·A$。下面主要叙述临时用电方案。

所有线路采用TN-S系统，即三相五线制。

### 7.3.1 编制依据

本工程临时用电方案编制依据为：

1)《建设工程施工现场供用电安全规范》GB 50194—93；
2)《施工现场临时用电安全技术规范》JGJ 46—88；
3)《建筑工程临时用电设计与实例手册》；
4) 现场临时用电设备负荷和配置资料。

### 7.3.2 负荷计算

负荷计算采用需用系数法，将现场设备分为电动机和电焊机两类分别进行计算。

(1) 电动机类计算式（表 7-1）

有功功率 $P_c = K_x \cdot P_s$

无功功率 $Q_c = \text{tg}\varphi \cdot P_c$

视在功率 $S_c = \sqrt{P_c^2 + Q_c^2}$

电动机计算表  表 7-1

| 设备名称 | 功率 $P_s$ (kW) | 数量 | 需用系数 $K_x$ | 功率因数 $\cos\varphi$ | $\text{tg}\varphi$ | 有功功率 (kW) | 无功功率 (kW) | 视在功率 (kV·A) |
|---|---|---|---|---|---|---|---|---|
| 塔吊 | 75 | 1 | 0.7 | 0.7 | 1.021 | 52.5 | 53.6 | 75 |
| 施工电梯 | 30 | 2 | 0.7 | 0.7 | 1.021 | 21 | 21.4 | 30 |
| 高速井架 | 15 | 2 | 0.7 | 0.7 | 1.021 | 21 | 21.4 | 30 |
| 弯曲机 | 3.5 | 2 | 0.5 | 0.6 | 1.334 | 3.5 | 4.7 | 5.9 |
| 切断机 | 5.5 | 2 | 0.5 | 0.6 | 1.334 | 5.5 | 7.3 | 9.1 |
| 卷扬机 | 7.5 | 2 | 0.5 | 0.6 | 1.334 | 7.5 | 10 | 12.5 |
| 套丝机 | 3 | 3 | 0.5 | 0.6 | 1.334 | 4.5 | 6 | 7.5 |
| 圆盘锯 | 2.2 | 4 | 0.5 | 0.6 | 1.334 | 4.4 | 5.9 | 7.4 |
| 手提电锯 | 2 | 4 | 0.1 | 0.45 | 1.984 | 0.8 | 1.6 | 1.8 |
| 插入式振动器 | 1.1 | 12 | 0.1 | 0.45 | 1.984 | 1.32 | 2.6 | 2.9 |
| 平板式振动器 | 1.1 | 2 | 0.1 | 0.45 | 1.984 | 0.2 | 0.4 | 0.4 |
| 砂轮切割机 | 2.2 | 4 | 0.5 | 0.6 | 1.334 | 4.4 | 5.9 | 7.4 |
| 多级泵 | 15 | 2 | 0.75 | 0.75 | 0.882 | 22.6 | 19.8 | 30 |
| 潜水泵 | 2.2 | 10 | 0.7 | 0.7 | 1.021 | 15.4 | 15.7 | 22 |
| 砂浆机 | 2.2 | 4 | 0.7 | 0.7 | 1.021 | 6.2 | 6.3 | 8.8 |

(2) 电焊机类（表 7-2）

设备功率 $P_s = \sqrt{\varepsilon_n} \cdot \cos\varphi \cdot S_n$

有功功率 $P_c = K_x \cdot \Sigma P_s$

无功功率 $Q_c = \text{tg}\varphi \cdot P_c$

视在功率 $S_c = \sqrt{P_c^2 + Q_c^2}$

电焊机计算表    表 7-2

| 设备名称 | 额定容量 $S_n$ (kV·A) | 数量 | 暂载率 | 功率因数 $\cos\varphi$ | 设备功率 $P_s$ | 需用系数 $K_x$ | $tg\varphi$ | 有功功率 (kW) | 无功功率 (kW) | 视在功率 (kV·A) |
|---|---|---|---|---|---|---|---|---|---|---|
| 闪光对焊机 | 100 | 1 | 0.6 | 0.6 | 46.7 | 0.65 | 1.334 | 30.3 | 40.4 | 50.5 |
| 电渣焊机 | 70 | 2 | 0.6 | 0.6 | 32.5 | 0.65 | 1.334 | 43 | 57.4 | 72 |
| 电焊机 | 20 | 6 | 0.6 | 0.5 | 8.2 | 0.35 | 1.732 | 17.2 | 30 | 34.6 |

（3）现场照明

取现场变压器总容量的10%计算，即38kV·A。

（4）总用电量

$\Sigma S_c = \sqrt{\Sigma P_c^2 + \Sigma Q_c^2} = 400$kV·A，加上照明用40kV·A，约为440kV·A。考虑到现场浇筑混凝土施工时，不会同时进行钢筋焊接作业，即振捣类设备与电渣焊机、电焊机不同时工作，浇混凝土时混凝土输送泵由柴油发电机供电。因此，现场变压器380kV·A的总容量能够满足要求。

由上述计算可知，现场变压器能够满足施工现场的需要。

**7.3.3 负荷分配**

根据现场实际情况，用电线路分为三个回路

回路Ⅰ：主要负责1号井架、楼层用电。设备有：井架、圆盘锯、多级泵、潜水泵、电渣焊机、电焊机及手提设备、楼层照明。

$$\Sigma S_c = \sqrt{\Sigma P_c^2 + \Sigma Q_c^2} = 200\text{kV·A}$$

计算电流：$I_c = \dfrac{S_c}{\sqrt{3} \cdot U} = \dfrac{200000}{\sqrt{3} \cdot 380} = 300\text{A}$

查表得知，使用95mm²铜芯线可以满足要求。

回路Ⅱ：主要负责施工电梯、塔吊、2号井架、钢筋设备用电。

$$\Sigma S_c = \sqrt{\Sigma P_c^2 + \Sigma Q_c^2} = 210\text{kV·A}$$

计算电流：$I_c = \dfrac{S_c}{\sqrt{3} \cdot U} = \dfrac{210000}{\sqrt{3} \cdot 380} = 320\text{A}$

查表得知，使用95mm²铜芯线可以满足要求。

回路Ⅲ：主要负责办公、住宿区用电。采用25mm²铜芯线。混凝土输送泵由柴油发电机单独供电，采用泵机配套的电缆线。

具体情况见配电系统图（图7-2）。

**7.3.4 施工现场临时用电安全技术管理规定**

1）现场设专职用电安全员，全面负责现场施工用电的管理。

2）电工必须持有效证件上岗，掌握运行操作技术，熟悉安全规范，掌握触电解救法和人工呼吸法。

3）配电箱、开关箱应设在干燥、通风及常温处，不应设在多尘、水雾或有腐蚀性气体、爆炸危险的场所以及有剧烈振动和地势低洼可能积水的场所；否则，要采取防护措施。避开外来物的冲击和撞击。

4）配电箱四周要有一定的维护操作距离，即足够两人同时工作的空间或通道。

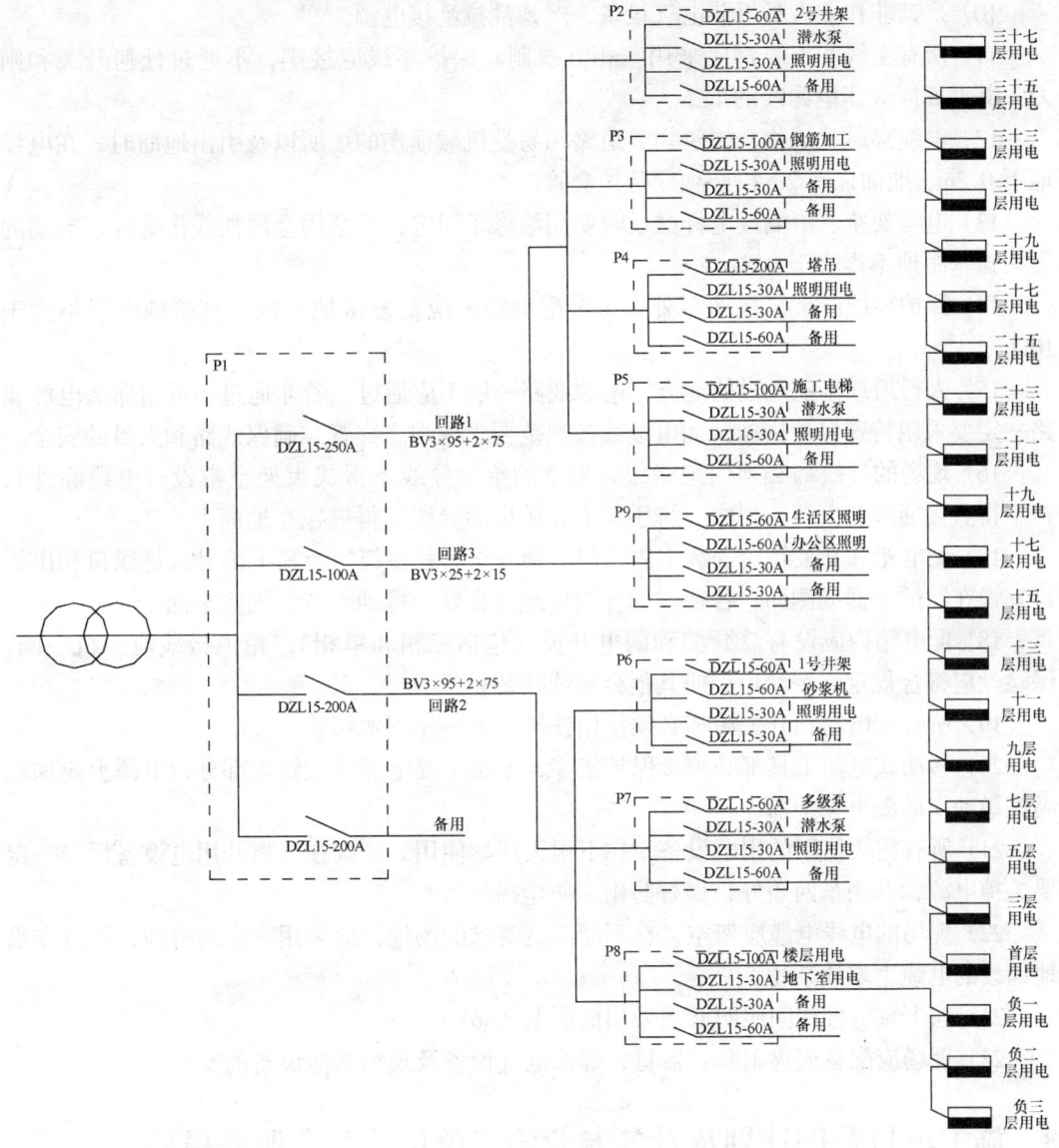

图 7-2 配电系统图

5）配电箱应有防雨、防尘措施。

6）配电箱和线路应每班检查一次，现场每班应有电工来回巡视；漏电开关应每月检查一次，发现有故障的开关应立即更换和修理，严禁使用失效的保护装置；用电设备应定期检查其运行情况，接地装置；严禁抱着侥幸的心理去巡视和使用设备；严禁使用有问题的用电设备。

7）遇大风、暴雨等恶劣天气时，应加强对电气设备和线路的巡视和检查；巡视和检查时，必须穿绝缘靴且不得靠近避雷器和避雷针。

8）严禁带电作业，在非带电作业时，必须有人监护，工作地点均应悬挂相应的标示牌。

9）上班作业人员，严禁喝酒，禁止酒后作业。

10）严禁非作业人员拆装电气设备，严禁乱拉乱接电源。

11）所有主线和支线都应采用三相五线制。保护零线应接牢，不通过任何开关和闸刀，其截面应大于电源线的 1/2。

12）电缆穿越建筑物、构筑物、道路和易受机械损伤的场所以及引出地面时，在电缆地下 0.2m、地面以上 2m 段必须穿防护套管。

13）电缆架空、沿墙或电杆敷设时要用绝缘子固定，严禁用金属裸线作绑线，电缆的最大弧垂距地不得小于 2.5m。

14）保护零线应重复接地多处，每个配电箱上应重复接地一次，其接地电阻不大于 10Ω。

15）人行道或车辆经过的地方，电源线路一般不应通过。若非通过不可，那么电源线路一定要采用特殊保护措施，如电缆线按规范要求挖沟、穿管，确保线路和人员的安全。

16）现场的导线都必须用绝缘线，架空的绝缘导线不得成束架空敷设（电缆除外），并不得直接捆绑在电杆、树木、脚手架上，单根的导线不得拖拉在地面上。

17）配电箱和开关箱应安装牢固，门、锁齐全，并在箱门上写上编号，进线口和出线口宜设在箱的下面或侧面，各箱内的导线应绝缘良好，排列整齐，固定牢固。

18）配电箱内应设有总开关和漏电开关（包括三相和单相），箱内接线应一机一闸，保险丝应符合规定，严禁用铜或其他金属线代替。

19）所有配电箱和开关箱都必须使用铁箱，不得使用木箱。

20）移动式电动工具都必须接保护接零，不得手提电源线或转动部分，电源上应加装高灵敏动作的漏电保护器。

21）所有露天使用的用电设备，在下雨天严禁使用。每次在人离开用电设备后，一定要关掉电源，并用东西盖好，做好防雨、防尘措施。

22）现场的电线电缆应架空，在不能满足要求的场地，应采用一定的措施，严禁在沿地铺设的电缆上堆放杂物。

23）地下室、楼梯间照明必须采用低压电（36V）。

24）现场应配备灭火工具、器材，确保电气设备及现场其他设备的安全。

# 8 施工项目管理计划及对各专业施工单位的配合服务措施

## 8.1 施工项目管理计划

作为本工程的工程施工总承包，我局将承担起各专业施工工程的现场总承包管理工作，从质量、进度、安全、文明施工等方面对本工程各专业进行协调管理与配合服务，具体目标为：

工程质量：确保广东省优良样板工程，争创鲁班奖。

工程进度：按承诺工期 489 个日历天完成本次招标范围内的施工任务，并按节点工期完成对各分包管理和配合服务。

工程安全：杜绝重大责任伤亡事故，月轻伤事故发生率控制在 1.2‰以内。

文明施工：确保"广州市安全文明施工样板工地"，树立一流的"CI"工程形象。

施工总承包管理的内涵有以下几个方面：

(1) 目标管理

我局在进行总承包管理过程中，将会依据总体网络控制计划的关键线路和阶段性工期对分承包单位提出各自所属的工程总目标及阶段性目标，这些目标包括质量、进度、安全、文明施工等，在目标明确的前提下对各分包单位进行管理和考评。

我局提出切实可行的目标，并经分承包单位确认能实现该目标，在分承包单位、总承包、发包方三方认可后，应强调目标确定和完成的严肃性，并在合同中应有相应的条款予以约束。

(2) 跟踪管理

我局在目标管理的同时，将采用跟踪管理手段，以保证目标在完成过程中达到相应要求。在分包单位施工过程中应对质量、进度、安全、文明施工等进行跟踪检查，发现问题立即通知分承包单位进行整改，并及时进行复检。建立完整的资料以使所有的问题解决在过程中，而不是事后发现问题，以免给业主造成损失。

(3) 平衡管理

作为总承包单位在总承包管理活动中，我局将根据各施工特点进行综合平衡，平衡目标的大小、平衡设备的使用、平衡施工面的展开以及平衡进度的快慢。抓住重点来平衡其他，使整个工程在施工过程中有重点、有条理。平衡管理是整个工程能否顺利完成的重要因素，我们将依据积累的总包经验，以敏锐的洞察力，有预见性地发现工程施工中可能发生的主要矛盾，并加以解决，以确保工程优质、高效的进行。

## 8.2 对各专业施工单位的配合服务措施

### 8.2.1 工程协调管理

(1) 工程协调管理目标

1) 总体协调管理目标

确保整个施工过程有条不紊，施工现场忙而不乱。

2) 分项协调管理目标

确保各单位工程和各专业工种之间协调、连续、顺利施工，杜绝窝工现象的发生；动态管理整个工程施工现场，确保安全文明施工奋斗目标的实现。

(2) 协调管理原则

1) 以工期关键控制线路为中心，合理安排和组织其他线路的施工。

2) 以分项工程服从单位工程，非关键工序服从关键工序的原则进行协调管理。

3) 以确保整个工程施工现场达到广州市安全文明施工样板工地的标准为中心，来动态布置和管理整个施工现场。

(3) 协调管理内容

1) 工程技术和设计图纸协调管理

a. 设计图纸协调管理

①由工程技术部根据总体施工进度计划编制设计图纸出图计划，提交设计单位执行。

②汇总各专业分包商提出的疑难问题，组织召开设计图纸会审协调会。

③对在施工过程中出现的图纸问题，由设计图纸协调相应的专业协调员及时与设计单

位联系解决，并在 12h 内书面通知各分包商，确保施工的顺利进行。

　　b. 工程技术协调

　　协助各分包商解决在施工过程中出现的技术难题。

　　2）主要施工机械设备协调

　　a. 塔吊和人货梯：各分包单位应每周一次以书面方式向总承包提供其下一周的材料运输计划，每日提供塔吊和人货梯使用申请表，以便于总承包合理调配安排塔吊和人货梯的运输工作。

　　b. 施工脚手架尚未拆除前，总承包对各分包单位的施工脚手架进行协调，避免施工脚手架的重复搭设与拆除。

　　3）对外协调

　　总承包将统筹与外部相关单位的协调工作，为各专业发包及专业分包提供对外协调服务。主要包括以下两个方面：

　　a. 统筹管理与建设主管部门（包括建设局，质量、安全监督站）、城管部门的关系，争取他们对本工程各项工作的指导与支持。

　　b. 统筹管理与周边派出所、居民和企业的关系。统一向派出所办暂住证，当发生纠纷时，总承包统一出面协调处理，以维持良好的关系。

#### 8.2.2 指定分包单位的协调管理

　　考虑到工期紧可能遇到的施工困难，各单位必须参加我局按期举行的协调会议，以解决工程施工中可能遇到的施工问题。

　　每周协调会议：协调工程进度及工期、施工方案、质量方案、安全措施、有关提高功效的任何事宜、物料供给的有关事宜。

　　每日统筹会议：协调塔台使用、人货梯及脚手架使用、土建与指定分包施工配合、工地行道使用、临时水电供应。

　　（1）土建与机电安装之间协调

　　1）土建基础施工时，注意与机电安装单位协调地下管线埋设。

　　2）土建结构浇混凝土之前，机电预埋管线与土建的配合协调。

　　3）机电预埋线配合土建浇捣混凝土，往往施工工期短，安装要求高，因此，总承包在现场随时保持与安装和土建联系，协调预埋管线安装时间及保证结构厚度，以使土建顺利进行。

　　4）机电安装施工时，由于业主设计变更，需重新敲凿及拆搭脚手架，安装完成后土建需做地坪及封洞修补工作。一方面催促土建向安装分包提交机房等施工现场面；另一方面，要求安装分包尽快完成安装返交土建修补，同时督促各安装分包减少返工，以免增加土建修补工作量。

　　（2）土建与幕墙工程之间施工协调

　　1）主体施工期间，土建应积极配合幕墙工程作好预留预埋。

　　2）根据总体施工计划，外墙粗装修施工应该按照施工流水段组织流水施工，以便幕墙工程能够及早插入施工。

　　3）由于土建装修材料的运输需要，幕墙需要在土建布置井架的外墙局部分段施工。

　　4）幕墙、遮阳板工程在施工期间应该通过总包与装修施工进行协调，尽可能避免立体交叉作业,或采用可靠的防护措施确保安全。

5) 幕墙、遮阳板工程若采用土建外架作操作架,应该在施工组织设计中提出,以便通过总包进行协调。

6) 协调有关单位在施工过程中(如装饰工程、试水、防渗实验),要做好幕墙工程的成品保护工作,避免幕墙工程的损坏和污染,并负责修复受到影响的地方。

(3) 机电安装与精装修之间的施工协调

机电安装与装饰在施工时存在工种搭接顺序矛盾,在土建主体结构、砌体及初装修、机电毛坯安装结束后,将进入装饰阶段。首先,分析审核机电、装饰的施工计划,然后现场协调机电安装交装饰的时间,以及装饰返交机电安装洁具等时间,并做好吊顶封板前的隐蔽工程验收,确保装饰施工。

### 8.3 总承包服务

**8.3.1 服务原则**

1) 我单位将在本工程中坚持"有求必应"的总包配合服务原则,从工程全局的利益出发,按合同要求和工程综合进度计划,及时地为各分包单位提供施工配合服务,确保分包工程施工的顺利进行。

2) 需要明确的是:配合服务必须建立在合同的基础上,如果不在我单位的合同义务范围内,但分包施工单位又确需要我单位提供配合时,我单位将不遗余力地先为分包单位提供帮助,与此同时再与分包单位协商有关协议条款。

**8.3.2 施工服务准备**

施工准备阶段的服务工作分两部分内容:一是技术准备,二是现场准备,下面分别阐述。

(1) 技术准备服务

技术准备服务的主要工作包括在分包工程开工前审核分包工程的施工组织设计(施工方案),就总包管理方案对各分包施工单位进行管理交底,组织多方共同参加的专业图纸会审以及现场施工准备会等内容。

1) 分包工程施工组织设计(施工方案):各专项发包及专业分包施工单位应于所承包的专业分包工程开工前至少 16d 将施工组织设计(施工方案)报总包单位进行审核。总承包单位接此施工组织设计(施工方案)后将于 5d 内审核完毕。经总、分包单位达成共识的施工组织设计才能报建设和监理单位进行审核。在此程序中,特殊部位的施工组织设计还应报设计单位认可。但必须注意的是,总包单位对专项施工组织设计(施工方案)的认可只是从管理上进行把关(主要审核施工部署、质量、安全、文明施工等的目标及管理保证措施),并不能免除分包施工单位的技术责任。

2) 管理交底:总承包将于各专项发包及专业分包单位正式开工 3d 以前对各分包施工单位进行管理交底。交底的内容包括总包单位的管理实施方案,总包管理制度,本工程在质量、安全、文明施工和消防保卫等方面的特殊要求等等。交底分宏观和微观两个步骤:首先,进行宏观管理交底,即就一些总体管理原则进行现场各单位参加的交底会并形成会议纪要;其次,进行微观管理交底,如我单位的安全管理人员将就现场的安全防护设施、我单位对安全管理方面的一些具体规定、做法等对分包单位安全管理人员进行交底。

3) 专业图纸会审：在专业分包工程正式开工至少 16d 前，总承包将申请建设单位组织进行专业图纸会审与设计交底。在此会审中，我单位将着重就各专业的施工图纸与土建、安装工程施工图纸之间可能存在的矛盾进行深入分析，确保各专业图纸达到无缝衔接。

4) 施工准备会：专业分包工程开工一天前，我单位将组织各方参加的专业工程施工准备会。在会上主要对各项准备工作进行检查落实，并对开工的有关事宜进行部署。

(2) 现场准备服务

在专业分包工程开工 5d 以前，总承包将根据施工配合协议的要求将现场的施工临时设施提供给分包施工单位使用。这些设施包括材料堆场、水源、电源、道路等。提供的数量将根据经各方审定批准的专业分包工程施工组织设计的要求进行。

### 8.3.3 服务内容

(1) 预留预埋服务

1) 每次浇筑混凝土前，总承包将主动与相关单位联系，以确定需要预埋配件（包括安装、幕墙等预埋件）、预留的孔洞、槽口等。

2) 总承包给各相关单位安排足够的时间进行预留预埋工作。

3) 混凝土浇筑后，总承包将组织各相关单位对预留预埋质量进行检查。如发现个别预留预埋尺寸偏差，总承包将分析原因，并采取合理措施进行补救。

(2) 现场移交服务

因工程施工的单位众多，为保证现场管理有条不紊，做到自始至终地文明施工，必须做好现场移交工作，以明确管理责任。现场移交的原则是先清场后移交，移交应分区进行。在某一区的施工任务全部完成后，总承包将把现场全部清理干净并保留所有的安全防护设施后，将施工现场移交给后续施工单位。

对已完成的分包工程或独立工程，我局将作出防水、防雨、防破坏、防污染措施，以防损坏（但该部分工程在未移交给总承包或发包方时应自己采取保护措施）。

(3) 标高及定位线服务

1) 施工现场根据工程需要设立并保护好标高基准点、轴线定位基准点，并确保其准确性。

2) 在每个楼层需要施工放线的墙、柱、地面上弹出轴线、结构标高和建筑标高线。

3) 各专项和专业分包进场后，向其提供完整、详细的工程标高及定位线资料，并进行解释说明和现场交底，使各单位明白地知晓、准确地使用各种标高定位线。

4) 任何情况下，如各单位有标高及定位线方面的疑问，总承包将认真解释说明。

5) 如因施工及其他原因造成原已弹好的线被覆盖或模糊不清，总承包将进行二次弹线。

6) 指导各专项及专业分包单位自身施工放线。

(4) 塔吊、人货梯及脚手架服务

1) 向各专项及专业分包单位提供工地现有的装置及机械，即塔吊、人货梯、脚手架、爬梯、棚架，并按总计划进度保证其使用时间。

2) 根据各专项及专业分包单位需要，可对脚手架进行局部的调整搭设和加固，以满足其使用要求，并在逐层拆除脚手架时，加强与各脚手架使用单位协调，使其能同步施工。

(5) 施工用水、用电服务

1) 总承包单位向现场各施工单位的施工现场、办公地点和贮存仓库提供足量和便利的施工用水用电，包括现场照明、动力机械、设备、运行测试等所需负荷。

2) 总承包将根据现场需要，在工地范围内科学布置水、电管线，并设置足够的接驳口。各专项及专业分包单位进场后，总承包单位向其提供施工临时用水用电接驳点及其分布范围、地点以及电箱容量等资料，并进行交底。

3) 水、电接驳点布置要求：

①现场施工平面范围内不超过50m间隔布置有水、电接驳点；

②每层设置水、电接驳点，并满足上述要求；

③每处材料、半成品加工区域确保设置一个大容量电接驳点。

(6) 场地设施服务

总承包单位将为各专项及专业分包单位提供所有合理的场地设施，以便各分包单位能及时开展工作，其服务包括以下两个方面：

1) 向各分包单位提供或安排场地让其建立自己的办公室、辅助设施和仓库，当工程完工时，总承包单位安排各分包单位拆除和清理上述设施。

2) 总承包单位将作好安排，以便各分包单位能与总承包单位共同使用现场的通道与场地，并向其提供合理施工作业场地。

(7) 修补清理服务

1) 用水泥砂浆等材料填实设备、框架及建筑结构之间的缝隙。

2) 对已安装的管道、电缆等，用水泥砂浆、胶泥，对固定销、螺栓等进行灌浆，封堵填实。

3) 为预埋的电线管道等批灰，上油漆。

4) 进行其他一般所需的修补工作。

5) 在工程移交前，负责安排将全部工程（包括各专项及专业分包工程）清理干净。

(8) 垃圾清理服务

1) 施工垃圾：各单位将施工垃圾运至总承包单位在每个施工区域或每一楼层的指定垃圾堆放位置后，总承包负责尽快清理外运。

2) 生活垃圾：各单位将生活垃圾倾倒至总承包单位设置的垃圾桶、箱，总承包负责每天清理，收集外运。

(9) 安全配合服务

1) 做好外架及临边、升降机口及电梯井边围板防护，保障各专业分包单位的施工安全。

2) 提供各单位施工所需，以保障场地安全的围网、围挡。

(10) 生活服务

1) 修建美观实用符合卫生标准的满足全工地人员使用的厕所、卫生间、淋浴式冲凉房，并允许各单位使用。

2) 提供食堂搭伙，小卖部售货，锅炉房热水供应服务。

3) 在生活区设立报纸信息刊栏，设立邮政信箱，提供报刊书信收发服务。

4) 允许其使用总包单位的生活娱乐设施（如职工俱乐部等）。

5) 提供其他生活便利服务。

(11) 卫生保洁、医疗防疫服务

1) 在各专项及专业分包单位做好本单位办公、仓库、生活住宿区卫生工作，并将垃圾堆放到总承包安放的垃圾箱后。总承包将专门设立一支由8人组成的保洁队伍，负责对公共区域和设施进行保洁工作。

2) 总承包将在现场设立医务室，安排一名专职医师。医务室配备常用药品和工伤急救器材，为各单位广大施工人员进行医疗保健服务。

3) 总承包将对全工地范围进行防疫工作，联系附近居委会和爱卫会一道，对全工地进行消毒和投放鼠药。厕所、垃圾站等容易孳生蚊蝇的地方，由保洁人员重点处理，生活垃圾由环卫公司天天清运，创造一个良好、文明、卫生的施工现场环境。

(12) 消防、保卫服务

1) 总承包实行严格的工作证制度，各单位施工人员向总承包申报进场施工人员并办理工作证。施工现场必须佩戴工作证。

2) 总承包在现场的各大门进行24h值勤，严格落实人员、车辆出入检查登记制度。并在工地范围内进行日夜巡逻，对各单位材料、设备进行看管，以防损坏、遗失（并不能免除各单位看管本单位材料、设备的工作和责任）。

3) 总承包将组织各施工单位成立义务消防队，经常性地开展防火教育、防火演练，预防火灾事故的发生，并在主要场所配置灭火器。

# 9 组织管理架构、人力配备的数量及各项目管理人员情况

## 9.1 项目组织管理架构

为提高本工程的科学管理水平，保证工程的顺利进行，我单位将按照国际模式建立总承包项目经理部。其组织管理架构、岗位设置和管理人员完全独立并授权管理，包括我单位自行施工的土建施工单位以及各专项发包和专业分包单位。在此模式下，项目经理部可集中精力进行各项总体管理和目标控制，并为各单位做好服务工作，确保工程的顺利进行。

项目经理部的决策层由一名项目经理、两名项目副经理和一名项目总工组成，管理层由七个专业职能部门组成。

## 9.2 劳动力计划与管理

### 9.2.1 劳动力计划

施工劳动力是施工过程中的实际操作人员，是施工质量、进度、安全、文明施工的最直接的保证者。我们选择劳动力的原则为：具有良好的质量、安全意识；具有较高的技术等级；具有相类似工程施工经验的人员。

劳动力划分为三大类：第一类为专业性强的技术工种，包括机操工、机修工、维修电工、焊工、起重工等，这些人员均为我单位曾经参与过相类似工程的施工，具有丰富的施

工经验，持有相应上岗操作证的自有职工；第二类为熟练技术工种，包括木工、钢筋工、混凝土工、抹灰工、防水工等，以施工过类似工程施工人员为主进行组建；第三类为非技术工种，此类人员的来源为长期与我单位合作的成建制施工劳务队伍，进场人员具有一定的素质。

劳务层组织由项目经理部根据项目部的每月劳动力计划，在单位内进行平衡调配。

劳动力详见主要劳动力需用量计划表（表9-1）。

**主要劳动力需用计划表** 表9-1

| 工种\日期(d) | 30 | 60 | 90 | 120 | 150 | 180 | 210 | 240 | 270 | 300 | 330 | 360 | 390 | 420 | 450 | 480 | 489 |
|---|---|---|---|---|---|---|---|---|---|---|---|---|---|---|---|---|---|
| 钢筋工 | 160 | 160 | 160 | 160 | 160 | 160 | 160 | 120 | 20 | 20 | 20 | 20 | 20 | 20 | 0 | 0 | 0 |
| 木工 | 240 | 240 | 240 | 240 | 240 | 240 | 240 | 180 | 40 | 40 | 40 | 40 | 40 | 40 | 0 | 0 | 0 |
| 混凝土工 | 40 | 40 | 40 | 40 | 40 | 40 | 40 | 40 | 10 | 10 | 10 | 10 | 10 | 10 | 0 | 0 | 0 |
| 砖工 | 0 | 40 | 80 | 80 | 80 | 80 | 80 | 80 | 80 | 20 | 20 | 20 | 20 | 20 | 0 | 0 | 0 |
| 抹灰工 | 0 | 80 | 120 | 140 | 180 | 180 | 180 | 240 | 320 | 320 | 320 | 240 | 200 | 160 | 160 | 80 | 80 |
| 架工 | 40 | 40 | 40 | 40 | 40 | 40 | 40 | 40 | 40 | 40 | 40 | 40 | 20 | 0 | 0 | 0 | 0 |
| 防水工 | 0 | 0 | 0 | 0 | 0 | 0 | 0 | 0 | 30 | 30 | 30 | 0 | 0 | 0 | 0 | 0 | 0 |
| 普工 | 20 | 20 | 20 | 20 | 20 | 20 | 20 | 20 | 20 | 20 | 20 | 20 | 20 | 20 | 20 | 20 | 20 |
| 塔吊工 | 6 | 6 | 6 | 6 | 6 | 6 | 6 | 6 | 6 | 0 | 0 | 0 | 0 | 0 | 0 | 0 | 0 |
| 电工 | 4 | 4 | 4 | 4 | 4 | 4 | 4 | 4 | 4 | 4 | 4 | 4 | 4 | 4 | 4 | 2 | 2 |
| 电焊工 | 4 | 4 | 4 | 4 | 4 | 4 | 4 | 4 | 4 | 4 | 4 | 4 | 4 | 4 | 4 | 2 | 2 |
| 机操工 | 8 | 12 | 12 | 12 | 12 | 12 | 12 | 12 | 12 | 12 | 12 | 12 | 12 | 4 | 4 | 0 | 0 |
| 测量工 | 2 | 2 | 2 | 2 | 2 | 2 | 2 | 2 | 2 | 2 | 2 | 2 | 2 | 2 | 2 | 2 | 2 |
| 试验工 | 2 | 2 | 2 | 2 | 2 | 2 | 2 | 2 | 2 | 2 | 2 | 2 | 2 | 2 | 2 | 2 | 2 |
| 机修工 | 2 | 2 | 2 | 2 | 2 | 2 | 2 | 2 | 2 | 2 | 2 | 2 | 2 | 2 | 2 | 2 | 0 |
| 油漆工 | 0 | 0 | 0 | 0 | 0 | 0 | 0 | 40 | 60 | 60 | 60 | 60 | 60 | 60 | 60 | 60 | 40 |
| 总计 | 528 | 652 | 732 | 752 | 792 | 792 | 792 | 752 | 632 | 592 | 586 | 476 | 436 | 376 | 258 | 168 | 148 |

### 9.2.2 劳动力管理措施

采用内部劳务招标的形式选拔高素质的施工作业班组进行本工程的施工。竞标的主要指标是各自承诺的质量、安全、工程进度、文明施工等。

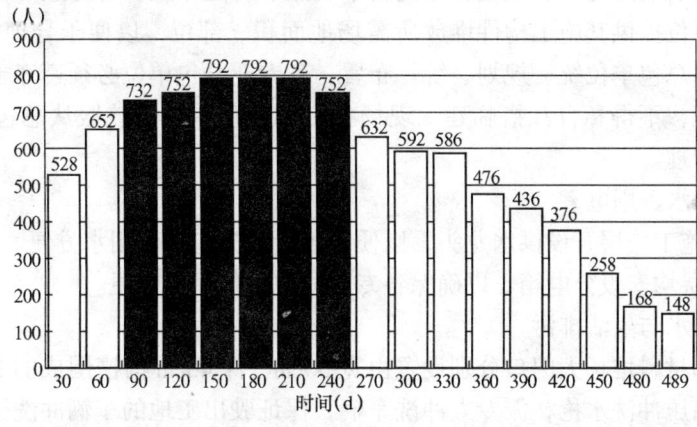

劳动力计划柱状图

对工人进行必要的技术、安全、思想和法制教育，教育工人树立"质量第一、安全第一"的正确思想；遵守有关施工和安全的技术法规；遵守地方治安法规。

搞好生活后勤保障工作：在大批施工人员进场前，必须做好后勤工作的安排，对职工的衣、食、住、行、医等予以全面考虑，认真落实，以便充分调动职工的生产积极性。

## 10 文明施工及安全保证措施

### 10.1 文明施工保证措施

**10.1.1 文明施工管理目标**
确保"广州安全文明施工样板工地"称号。

**10.1.2 文明施工管理组织**
文明施工是施工单位保持施工场地整洁、卫生，使施工组织科学、施工程序合理的一项施工活动。

为了确保文明施工中的各项工作能够顺利地贯彻落实，项目经理部下设安全文明施工管理部，拟安排两名文明施工工程师专职负责工地现场的文明施工工作。各分包单位应相应成立文明施工管理部门，以协助管理该单位的文明施工工作。

**10.1.3 文明施工规划**
文明施工将按照以下五个方面的规划开展：

1）开工的同时，即派专人与政府有关职能部门主动联系，进行"广州市安全文明施工样板工地"的申报工作，并主动邀请相关人员对本工地进行定期、不定期的检查指导；
2）细致、全面地进行平面布置安排；
3）按照《广州市建设工程文明施工标准》以及本单位的管理体系文件要求实施；
4）严格履行"工完场清"，实行文明施工责任区负责制；
5）坚持不懈地强化非施工区域的管理。

**10.1.4 文明施工平面管理**
施工现场总平面布置要在满足施工生产的条件下，充分地考虑到文明施工的各项要求，合理地利用现场的地形和地貌，做到科学利用、合理布置。各专业分包单位进场施工前，应向总包单位提供其施工构件堆放所需场地面积、部位，以便于合理安排施工场地。对于临建设施由总包单位统一规划、统一布置，各专业分包单位必须遵守土建单位对现场场容场貌的管理，不得私自乱搭临建。现场各专业分包单位应该服从总包单位的平面布置，以便统一管理。

（1）施工用水、用电
1）在每个施工楼层开设供水龙头，以便于各专业分包单位用水方便。
2）在各楼层均安设分电箱，以确保各专业分包单位用电方便。

（2）施工排水与生活排污
工地大门和材料堆场大门口分别设置由宽30cm、深40cm沟槽围成的3m×5m矩形洗车槽，并配备高压冲洗水枪，派专人冲洗车辆，保证驶出工地的车辆冲洗干净。

在工地南面市政排水入口处设三级沉淀池，生活厕所旁设三级化粪池，工地及生活区四周设置良好的排水渠道。

(3) 大门及围墙

施工现场的围墙和大门是工地的第一道风景线，独具匠心的创意，往往会给工地的形象带来意想不到的效果。围墙上用大美术字标明工程名称、投资商、发展商、设计监理、施工单位的名称，并配设有关质量、安全、文明施工标语及监督电话。施工标牌专业精制，并挂设在工地大门旁，其他图牌设在工地正门入口的醒目位置。

(4) 材料堆码

所有材料和设施均堆放在围墙内，如确需占道堆放的，必须按有关规定办理手续，且设置临时围栏。

材料均分类堆码整齐，散料砌池围筑，杆料立杆设栏，块料按堆叠放，保证道路畅通、场容整洁，并按本单位质量体系贯标要求分类标识。

(5) 办公生活区

办公生活区要求整洁、清新、优美。该区道路将采用 C20 混凝土硬化，其他区域采用 C10 混凝土硬化或设绿化带，保证良好排水，并安排保洁员专门负责打扫。

办公室、宿舍等统一采用"跃达"活动板房；食堂、厕所、浴室等采用砖砌，内外墙批荡刷白。所有房间保证宽敞、明亮、整洁。

食堂内墙铺贴高 2m 的白瓷片，食堂内灶台、工作台等设施和售饭窗口内外窗台铺贴白瓷片，保证食堂通风、卫生，经常保持清洁。炊事员上岗必须持有效的健康证和岗位培训证，上班时间必须穿戴白衣帽及袖套。生熟食严格分开，餐具洗刷干净，并按规定消毒。

厕所内墙裙铺贴高度 1.5m 的白瓷片，地面、蹲台采用防滑地砖，便槽贴白瓷片，并设置洗手槽、便槽自动冲洗设备。派专人清扫，定期喷药，保证无异味，保持清洁卫生。

(6) 除"四害"措施

与居委会或"爱卫会"下设服务机构签订除"四害"协议，委托其定期喷药或投放药饵，严格控制"四害"孳生。

(7) 余泥渣土排放

及时办理余泥排放证，严格贯彻执行政府的有关规定，加强管理，搞好文明施工。

(8) 标志牌

施工现场正门入口处设立图牌的标志图牌，分别为"工程概况牌"、"项目组织网络牌"、"安全纪律牌"、"防火须知牌"、"文明施工管理牌"、"施工现场平面布置图"。上部设有雨篷、射灯。

本工程的员工，要求着装整齐，并在安全帽上标明企业 CI 标识，用不同颜色的安全帽区分项目经理、管理人员及一、二线工人，并要求分包单位在安全帽和服装上面有明显的标识，以便于统一管理。

(9) 治安及消防

我单位将在施工现场设立由一名保卫干事和六名保安员组成的治安、保卫小组，全面负责现场的治安、保卫工作，在现场的大门口采取 24h 三班值勤制度，严格落实人员出入登记制度和车辆出入检查制度、晚间巡查制度，并对现场材料、施工机具等进行巡视管理，员工必须"身份证"、"暂住证"、"流动人口计划生育证"三证齐备，保卫组还将建立民建队员工档案，民建队治保会，以加强对民建队员工的管理，保障工程施工的顺利进行。

为杜绝火灾事故的发生，项目还成立了以项目经理、项目副经理为队长的义务消防队，队员由保卫人员和班组骨干组成，经常性的开展防火教育、防火演练，以防止火灾事故的发生，并在现场材料仓库、模板堆场、配电房等处设置干粉灭火器或1211灭火器。

### 10.1.5 非施工区域的管理

（1）保洁工作

保洁工作是施工现场文明施工的一个重要组成部分，由项目副经理直接管理，并设立由一支八人组成的保洁队伍，定保洁区域、定责任人员、定工作内容。对厕所、垃圾站等容易孳生蚊蝇的地方，由保洁人员重点处理，生活垃圾集中堆放，并由环卫公司天天清运，给施工现场创造一个良好、文明、清洁的环境。

（2）食堂管理

食堂分为操作间、贮藏室、售饭厅、伙房四部分。食品加工操作严格按《食品卫生法》进行，每周一次大扫除，当班炊事员每天打扫、冲洗，食堂内设大型冰箱一台，生熟食料分开存放，还将设专门的防鼠、防蝇措施。食堂从业人员必须持有健康证，食堂必须取得广州市炊食业许可证。

（3）宿舍管理

工地临时宿舍将安排在沿江路旁，大门的左侧，主要给民建队员工和分包单位员工提供住宿，员工分别按工种、班组安排住宿，将实行标准化管理，每间宿舍均选出一名卫生负责人和一名消防责任人，挂牌于门上，坚决杜绝赌博、酗酒事件的发生，项目保安员每天对宿舍卫生进行检查，奖勤罚劣。宿舍区卫生由宿舍卫生责任人和保洁员共同负责。

（4）厕所和冲凉房

厕所地面铺缸砖，墙面、顶棚用涂料刷白，厕所内蹲位用砖墙分开，瓷砖贴面，设置自动冲水设备。冲凉房内安装淋浴喷头和水龙头，室内地面铺地砖，所有污水必须经化粪池沉淀才能排放，项目将派保洁员两名，确保厕所、冲凉房达标清洁。

### 10.1.6 文明施工责任区制度

施工过程中最容易产生大量的建筑垃圾并给清洁的环境造成"二次污染"。工完场清制度必须认真贯彻执行，在现场施工中，各施工单位的每一道施工工序，除了进行安全、技术交底外，还要有文明施工内容，工作完成以后，必须对施工中造成的污染进行认真的清理。

除了严格执行工完场清以外，我单位还将在现场建立文明施工责任区制度，根据安全部主任、材料组长、各施工工长具体的工作区域，将整个施工现场划分为若干个责任区，实行挂牌制，使各自分管的责任区达到文明施工的各项要求，项目定期进行检查，发现问题，立即整改，使施工现场保持整洁。

由项目副经理、安全部主任、保卫干事定期对员工进行文明施工教育、法律和法规知识教育以及遵章守纪教育。提高大家的文明施工意识和法制观念，每月按项目将开展劳动竞赛，将文明施工列入重点进行检查、评比、考核，评出优劣班组进行奖罚，并张榜公布。

**10.1.7 文明施工检查措施**

(1) 检查时间

项目文明施工管理组将每周星期五对施工现场及办公区作一次全面的文明施工检查。

(2) 检查内容

施工现场的文明施工执行情况。

(3) 检查方法

项目文明施工管理组将定期对项目进行检查。除此之外，还应不定期地进行抽查。每次抽查，应针对上一次检查出的不足之处作重点检查，检查其是否认真地做了相应的整改。对于屡次整改不合格的，应当进行相应的惩戒。检查采用评分的方法，实行百分制记分。每次检查应认真做好记录，指出其不足之处，并限期责任人整改合格，项目文明施工管理组应落实整改的情况。

(4) 奖惩措施

为了鼓励先进，鞭策后进，将对每次检查中做得好的进行奖励，做得差的应当进行惩罚，并督促其改进。项目文明施工管理将采用分区、分段包干制度，将责任落实到每个责任人身上，明确其责、权、利，实行责、权、利三者挂钩。

**10.2 安全施工保证措施**

**10.2.1 安全生产管理的目标**

确保整个工程施工顺利安全地完成，杜绝重大伤亡事故发生，且将月轻伤频率控制在1.2‰以内，确保获得"广州市安全文明施工样板工地"称号。

**10.2.2 安全组织措施**

根据本工程的规模，我单位将设立安全管理组织机构，如图10-1所示。

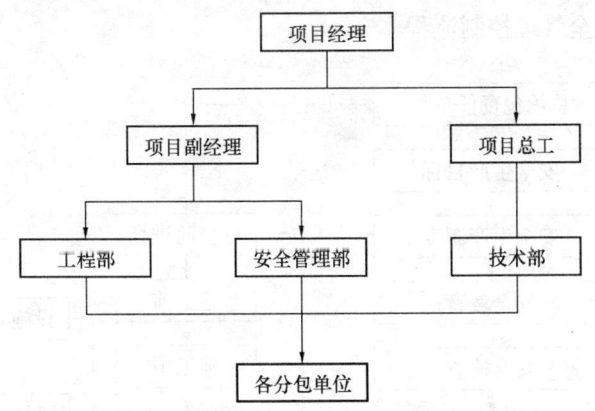

图10-1 安全管理组织机构图

在项目经理部下设安全文明施工管理部，拟安排一名安全主任专职负责整个项目的安全工作，另外在安全小组中配置一名安全员，下设4~6名经培训合格的安全工从事安全防护工作。各分包单位应相应成立安全生产管理部门，以协助安全部主任管理该单位的安全工作。在此机构中，项目经理为安全第一责任人，项目副经理、项目总工为主要管理责任者，各级管理人员及班组为主要执行者，安全部主任、安全员为主要监督者。

安全生产小组每周进行一次全面的安全检查，对检查的情况予以通报，严格奖罚，对发现的问题，落实到人，限期整改。

#### 10.2.3 安全管理制度

建筑施工企业的生产过程具有流动性大、劳动力密集度大、多工种交叉流水作业和劳动强度大、露天及高处作业多、环境复杂多变等特点。这些特点决定了建筑施工的安全难度大，潜在的不安全因素多，因此，我们必须建立严格、有效的管理制度。

在本工程的施工中，我们将建立以下安全生产制度：安全教育制度、班前安全活动制度、安全技术交底制度、安全检查制度、安全警示制度、安全管理制度、安全防护措施（"三宝"、"四口"、"临边"）、现场安全防火制度，做好动火审批、易燃易爆品的管理。

在工程项目建设上建立以项目经理为首，项目副经理、安全部主任、专职安全员、工长、班组长、生产工人组成的安全管理网络。每个人在网络中都有明确的职责，项目经理是项目安全生产的第一责任人，项目副经理分管安全，每位工长既是安全监督，也是其所负责的分项工程施工的安全第一责任人，各班组长负责该班的安全工作，专职安全员协助安全部主任工作，这样就形成了人人注意安全、人人管安全的齐抓共管局面。

加强安全宣传和教育是防止职工产生不安全行为，减少人为失误的重要途径。为此，根据实际情况制定安全宣传制度和安全教育制度，以增强职工的安全知识和技能，尽量避免安全事故的发生。

消除安全隐患是保证安全生产的关键，而安全检查则是消除安全隐患的有力手段之一。在本工程施工中，项目将组织进行日常检、定期检、综合检、专业检等四种形式的检查。安全检查坚持领导与群众相结合、综合检查与专业检查相结合、检查与整改相结合的原则。检查内容包括：查思想、查制度、查安全教育培训、查安全设施、查机械设备、查安全纪律以及劳保用品的使用。

#### 10.2.4 施工安全管理控制流程

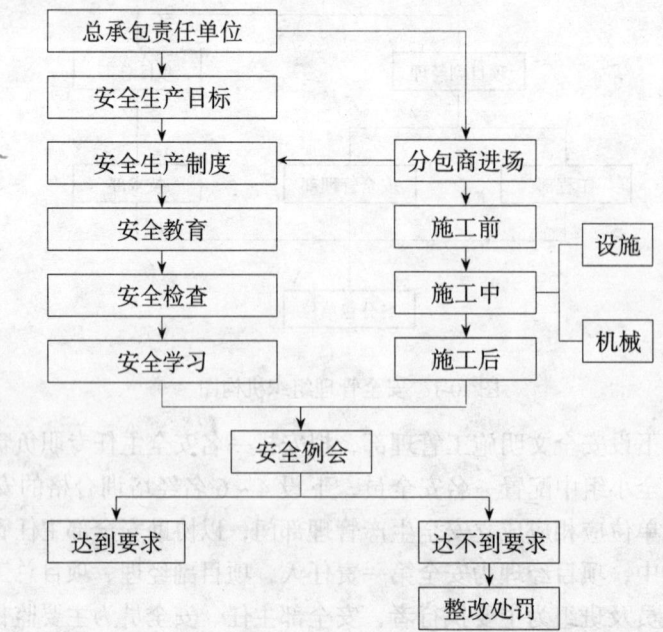

**10.2.5 安全防护措施**

该工程专业工种繁多，其安全防护范围有：建筑物周边防护，建筑物临边防护，建筑物预留洞口防护，现场施工用电安全防护，现场机械设备安全防护，施工人员安全防护，现场防火、防毒、防尘、防噪声、防台风措施等。

(1) 建筑物周边防护

外脚手架使用前必须经项目安全文明施工管理部、技术部、监理共同验收，合格、签字、挂合格牌后方可投入使用，其检验标准为《建筑施工安全检查标准》JGJ 59—99。凡保证项目中某一条达不到标准均不得验收签字，必须经整改达到合格标准后重新验收签字，然后才能使用。

(2) "临边"防护（图10-2）

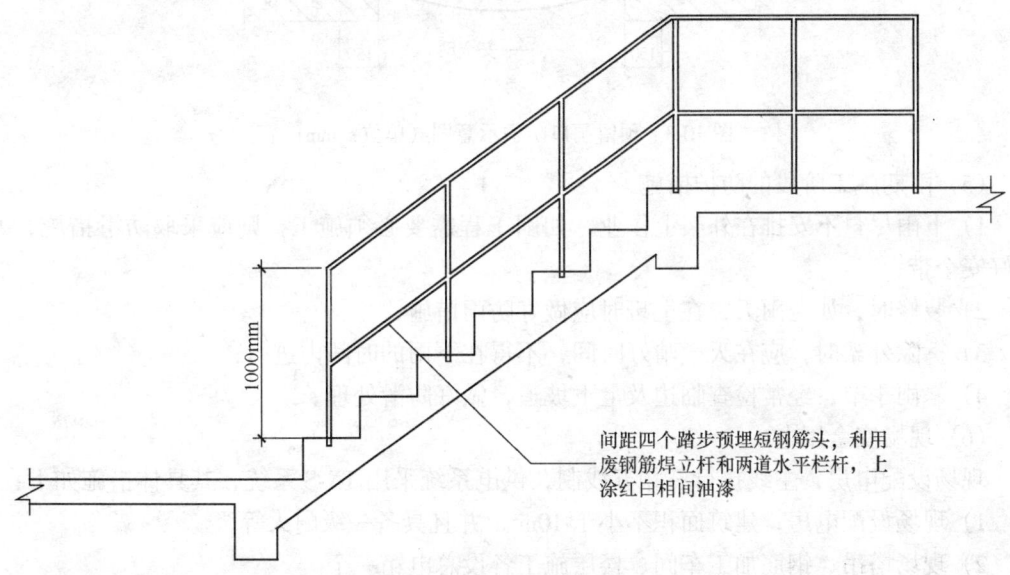

图10-2 楼梯临边防护示意图

建筑物楼层楼面周边、楼梯口和梯段边、脚手架、建筑物通道的两侧边以及各种垂直运输接料平台等必须设置防护，防护采用钢管栏杆，栏杆由立杆及两道横杆组成，上横杆离地高度1.0~1.2m，下横杆离地高度0.5~0.6m，立杆间距1.5m，并加挂安全网，设踢脚板，做警戒色标记，加挂警示牌。施工过程中如需拆除防护设施，必须经安全部主任同意，施工过程中安全员监督指导，施工完后立即恢复。

(3) "三宝"防护

所有施工现场所使用的个人防护用品等必须有产品生产许可证、合格证、准用证，确保施工现场不存在因伪劣产品所引起的安全隐患。

施工人员进入施工现场必须正确佩戴安全帽，其佩戴方法要求合格，并佩戴胸卡，工人在临边高处作业、进入2m以上架体或施工作业层时必须系安全带。

(4) "四口"防护

楼层平面预留洞口防护以及电梯井口、通道口、楼梯口的防护必须按《建筑施工高处作业安全技术规范》JGJ 80—91和《建筑施工安全检查标准》JGJ 59—99要求进行防护。洞口的防护应视尺寸大小，用不同的方法进行防护。如边长小于25cm但大于2.5cm的洞口，可用坚实的盖板封盖，达到钉平、钉牢、不易拉动，并在板上标识"不准拉动"的警示牌；边长为25～50cm的洞口用木板作盖板，盖住洞口并固定其位置；边长为50～160cm的洞口以扣件接钢管而成的网格，上面铺脚手板；大于160cm的洞口，洞边设钢管栏杆1m高，四角立杆要固定，水平杆不少于一根，然后在立杆下脚捆绑安全水平网两道（层）。栏杆挂密目立网绑牢。其他竖向洞口如电梯井门洞、楼梯平台洞、通道口洞均用钢管或钢筋设门或栏杆，方法同临边（图10-3）。

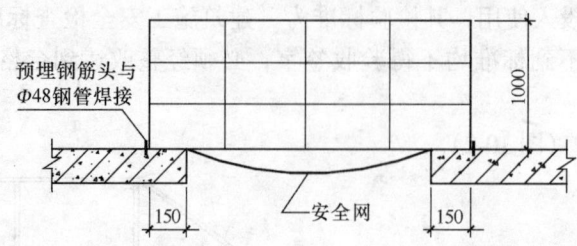

图10-3 预留洞口防护示意图（单位：mm）

（5）雨期施工阶段的防护措施

1）下雨尽量不安排在外架上作业，如因工程需要必须施工，则应采取防滑措施，并系好安全带；

2）装修时，如遇雨天，在上班时应做好防雨措施；

3）拆除外架时，应在天气晴好时间，不得在下雨的时间内进行；

4）暴雨季节，经常检查临边及上下坡道，做好防滑处理。

（6）现场安全用电

现场设配电房，主线执行三相五线制，供电系统采用TN-S系统，其具体措施如下：

1）现场设配电房，建筑面积不小于$10m^2$，并且具备一级耐火等级。

2）现场塔吊、钢筋加工车间、楼层施工各设总电箱一个。

3）施工现场临时用电线路主线走向原则：接近负荷中心，进出线方便，接近电源，接近大容量用点设备，运输方便。不设在剧烈振动场所，不设在可触及的地方，不设在有腐蚀介质场所，不设在低洼和积水、溅水场所，不设在有火灾隐患的场所。进入建筑物的主线原则上设在预留管线井内，做到有架子和绝缘设施。

4）现场施工用电原则执行一箱、一机、一闸、一漏电保护的"三级"保护措施。其电箱设门、设锁、编号，注明责任人。

5）机械设备必须执行工作接地和重复接地的保护措施。

6）照明使用单相联220V工作电压，楼梯灯照明电用36V安全电压。室内照明主线使用单芯$2.5mm^2$铜芯线，分线使用$1.5mm^2$铜芯线，灯距离地面高度不低于2.5m，每间（室）设漏电开关和电闸各一只。

7）电箱内所配置的电闸、漏电、熔丝荷载必须与设备额定电流相符并都高于建筑物，很容易受到雷击破坏。因此，这类装置必须设置避雷装置，其设备顶端焊接2m长$\phi20$镀锌圆钢作避雷器，用不小于$35mm^2$的铜芯线作引下线与埋地（角钢为$L50mm \times 5mm \times 2500mm$）连接。

8）现场电工必须经过培训，考核合格后持证上岗。

(7) 机械设备安全防护

1) 塔吊、施工电梯、高速井架的基础必须牢固。塔身、电梯、井架必须设防雷装置。设备应配件齐全、型号相符,其防冲、防坠联锁装置要灵敏可靠,钢丝绳、制动设备要完整无缺。设备安装完后要进行试运行,必须待几大指标达到要求后,才能进行验收签证,挂牌准予使用。

2) 钢筋机械、木工机械、移动式机械,除机械本身护罩完好,电机无病外,还要求机械有接零和重复接地装置,接地电阻值不大于 $4\Omega$。

3) 机械操作人员必须经过培训考核,合格后持证上岗。

4) 各种机械要定机定人维修保养,做到自检、自修,并做好记录。

5) 施工现场各种机械要加安全技术操作规程牌。

6) 各种起重机械和垂直运输机械在吊运物料时,现场要设专人值班和指挥。

7) 所有机械都不许带病作业。

(8) 施工人员安全防护

1) 进场施工人员必须经过安全培训教育,考核合格,持证上岗。

2) 施工人员必须遵守现场纪律和国家法令、法规、规定的要求,必须服从项目经理部的综合管理。

3) 施工人员进入施工现场严禁打赤脚、穿拖鞋、硬底鞋和打赤膊施工。

4) 施工人员工作前不许饮酒,进入施工现场不准嘻笑打闹。

5) 施工人员应立足本职工作,不得动用不属本职工作范围内的机电设备。

6) 施工现场设医务室,派驻医生若干名,对员工进行疾病预防和医治。

7) 夜间施工时在塔身上安装两盏镝灯,局部安装碘钨灯,在上下通道处安装足够的电灯,确保夜间施工和施工人员上下安全。

# 11 新技术的应用及效益情况分析

## 11.1 新技术的应用

(1) 深基坑支护技术

本工程基坑开挖深度 17m 左右,为防止塌方,在开挖前对基坑四面进行支护处理。基坑采用搅拌桩锚杆支护体系。

(2) 高强高性能混凝土施工技术

本工程采用天然地基,基础形式采用柱下墩式及筒体下筏形基础,结构形式为钢筋混凝土框筒结构,混凝土强度等级为 C30~C70。

本工程混凝土采用预拌商品混凝土,项目根据《预拌混凝土》(GB/T 14902—2003)标准和施工图纸要求委托商品混凝土提供满足设计和规范要求的高质量混凝土。项目对混凝土生产施工质量进行全过程监控。

(3) 高效钢筋和预应力混凝土技术

发展中心大厦部分大跨度挑梁采用有粘结预应力结构,预应力钢筋规格 $\phi^{j}15.24$ ($f_{ptk}$ =1860MPa),预应力筋的张拉控制应力为 1395MPa,OVM15 系列锚固体系。

(4) 粗直径机械钢筋连接技术

按设计和业主要求：直径大于 22mm 的钢筋（HRB335：25、28、32；HRB400：28、32、25、20），采用滚轧直螺纹连接，接头约 7 万个。

(5) 建筑节能和新型墙体应用技术

本工程内墙采用加气混凝土砌块，内墙加气混凝土砌块抗压强度大于等于 3.5MPa，砂浆强度等级 M5。墙体厚度分为 200mm 和 100mm。

(6) 新型建筑防水和塑料管应用技术

本工程地下室采用三元乙丙防水卷材，卫生间防水设计采用 2mm 厚聚氨酯防水涂膜，屋面防水采用 2mm 厚 PVC 防水卷材。该卷材是一种以高档聚氯乙烯树脂为主要原料，加入适量助剂以及一定量的填料、经捏合、混炼、压延等工艺加工制成的合成高分子防水卷材，具有抗拉强度高、延伸率好、耐高低温、热熔性好、耐植物根系穿刺、耐化学腐蚀和耐老化的优点。卷材接缝采用热熔法施工，机械化程度高，操作方便快捷。

(7) 大型构件和设备的整体安装技术

本工程设备吊装主要有螺杆式冷水机组 6 台，外形尺寸（长×宽×高）为 4000mm×2100mm×2300mm，单机重量为 9426kg，风冷螺杆式热泵机组 4 台，外形尺寸（长×宽×高）为 4200mm×2400mm×2400mm，单机重量为 5900kg，要求吊装至标高为 +66.6m 的 18 层冷冻机房就位安装。

广州发展中心大厦总层间共计 37 层，其中遮阳板分布在四至三十三层中间。每三片遮阳板为一个单元，彼此联动。本工程共有 342 个单元，遮阳板的数量为 1026 片。其具体分布为：东西二面相同各为 105 个单元，315 片遮阳板，南北二面相同各为 66 个单元 198 片，遮阳板高度为 8m 左右，上下跨二个层间，这给遮阳板的整体安装及石材的安装带来了极大的困难。

本工程地下室安装有立体自动停车系统。

(8) 新型模板和脚手架应用技术

本工程使用 $\phi 48 \times 3.5$ 双排钢管脚手架，脚手架内立杆与建筑物外围轴线间距为 1.35m。根据沈阳远大铝业工程有限公司遮阳板施工工艺安装提出的要求，外脚手架内立杆与建筑物外围轴线必须保证距离为 1.55m，根据甲方、监理及沈阳远大商定，将现有外脚手架内立杆向外平移 20cm。导致外架内立杆与外边梁相隔距离太远，安全性不好，在四层楼面起加设一排立杆与悬挑梁相隔 500mm，为非承重架，便于施工的安全。

(9) 应用企业的计算机应用和管理技术

硬件设备：本项目配备 6 台台式机，1 台笔记本电脑。

软件配置：根据工程需要，在计算机上装有 Office2003、AutoCAD 绘图软件、梦龙软件、广联达概预算软件等管理软件。

(10) 智能穿线地坪施工技术

本工程楼地面工程主要采用智能穿线地坪施工，使用面积约 43000m$^2$。

(11) 外墙背栓式干挂砂岩施工技术

外墙梁柱部分幕墙采用砂岩天然石材。砂岩是一种亚光石材，不会产生因光反射而引起的光污染，又是一种零放射性石材。石材为优质的 35mm 厚中灰色天然砂岩石材板，表面细磨消光，采用高质量进口石材保护剂进行整体防水处理。

## 11.2 效益情况分析

本工程通过应用新技术,提高了工程质量,地基与基础分部、主体分部一次性通过了验收,通过了结构评优,受到了监理、建设单位一致好评。

本工程裙楼部分采用预应力结构,可以减少建筑结构占用面积、拉宽柱距、减少柱网,提高建筑物实用率5%~9%。

本工程混凝土结构力学性能已经超过了设计要求。混凝土设计与制备水平为高性能混凝土,混凝土稳定性可靠,到目前为止,未发现裂缝。本工程混凝土采用预拌混凝土,采用泵送技术浇筑,大大提高了混凝土的浇捣速度。提高了整个工程机械化施工水平,保证了工程顺利完成。本工程在混凝土结构中掺加了粉煤灰,减少了混凝土中的水泥用量,减少了水泥水化热,降低了混凝土内容温度,提高了混凝土后期强度,一定程度上控制了混凝土裂缝的产生,变废为宝,节约社会资料,改善环境,创造了一定的经济效益和社会效益。

(1) 经济效益

本工程通过应用以上新技术,取得200多万元的直接经济效益,主要体现在以下几个方面:

高性能混凝土应用技术:本工程混凝土中掺加粉煤灰,掺量为水泥用量的15%,用粉煤灰代替部分水泥,节省了工程造价。

高效钢筋的应用:预应力钢筋的应用,从施工角度分析,比起常规设计混凝土量减少,特别是模板及支撑的减少。无疑从模板、木方、人工等方面节约了一定的费用。

计算机的应用和管理技术:节省人工工资约3~5万元。

(2) 社会效益

在发展大厦工程项目中推广应用新技术,节约了能源,改善了环境,施工中技术先进,管理得力,为企业赢得了良好的社会信誉。同时,培养了一批优秀的建设人才,为企业发展起到了推动作用。

# 第三十三篇

# 中国职工之家扩建配套工程施工组织设计

**编制单位**：中建三局
**编制人**：刘 创 陈 胜

**【简介】** 中国职工之家项目作为原有建筑的扩建配套工程，在处理建设与继续营业矛盾、新老建筑交接处处理、整体协调的测量控制等方面具有其他新建项目不同的特点，施工组织管理方面也要求有相应的对策。在施工技术上，在质量控制、模板与脚手架工程、高强度混凝土大方量、大高度泵送等方面都做了清晰说明，具有一定的参考、借鉴价值。

# 目　　录

1 编制依据 ································································································· 875
2 工程概况及特点 ························································································ 877
　2.1 工程概况 ··························································································· 877
　　2.1.1 工程建设概况 ················································································ 877
　　2.1.2 工程建筑设计概况 ·········································································· 878
　　2.1.3 工程结构设计概况 ·········································································· 878
　2.2 建筑设备安装 ····················································································· 879
　2.3 自然条件 ··························································································· 880
　2.4 工程特点 ··························································································· 881
　2.5 工程施工特点 ····················································································· 882
3 施工部署 ································································································· 883
　3.1 工程目标 ··························································································· 883
　3.2 组织机构 ··························································································· 884
　3.3 任务划分及总分包关系 ········································································ 885
　　3.3.1 总包管理职责及内容 ······································································ 885
　　3.3.2 总分包管理方式 ············································································ 885
　　3.3.3 与业主的协调配合 ········································································· 886
　3.4 总施工顺序及部署原则 ········································································ 886
　3.5 流水段划分及施工工艺流程 ·································································· 887
　3.6 施工准备 ··························································································· 887
　　3.6.1 技术准备 ······················································································ 887
　　3.6.2 现场准备 ······················································································ 889
　　3.6.3 材料准备 ······················································································ 889
　　3.6.4 劳动力准备 ··················································································· 891
　　3.6.5 主要机械设备的选择 ······································································ 891
　　3.6.6 计量及试验准备 ············································································ 892
　　3.6.7 入场计划安排 ··············································································· 892
4 施工进度计划 ··························································································· 894
5 施工总平面布置 ······················································································· 894
　5.1 施工总平面图布置依据 ········································································ 894
　5.2 施工总平面图的绘制及布置原则特征 ···················································· 894
　5.3 施工总平面布置的内容 ········································································ 894
6 主要分部（分项）工程施工方法 ································································ 899
　6.1 测量放线 ··························································································· 899
　　6.1.1 地下室控制测量 ············································································ 899
　　6.1.2 地上部分控制测量 ········································································· 899

- 6.1.3 特殊结构测量 ··· 899
- 6.2 土方及支护工程 ··· 900
- 6.3 基础底板结构工程 ··· 900
  - 6.3.1 A区筏形基础施工 ··· 900
  - 6.3.2 B区及C区独立基础、条形基础及抗水板的施工 ··· 902
- 6.4 地下室结构工程 ··· 903
  - 6.4.1 模板工程 ··· 903
  - 6.4.2 钢筋工程 ··· 906
  - 6.4.3 混凝土工程 ··· 909
  - 6.4.4 人防工程 ··· 911
- 6.5 主体结构工程 ··· 911
  - 6.5.1 模板工程 ··· 911
  - 6.5.2 混凝土工程 ··· 911
- 6.6 脚手架工程 ··· 912
- 6.7 砌筑工程 ··· 912
- 6.8 装修工程 ··· 913
  - 6.8.1 内墙抹灰施工 ··· 913
  - 6.8.2 室内地砖镶贴 ··· 913
  - 6.8.3 水泥楼地面施工 ··· 913
  - 6.8.4 玻璃幕墙施工 ··· 913
  - 6.8.5 干挂石材的施工 ··· 914
- 6.9 防水工程 ··· 914
  - 6.9.1 屋面防水工程 ··· 914
  - 6.9.2 楼层防水 ··· 914
  - 6.9.3 地下室防水 ··· 915
- 6.10 安装工程 ··· 915
  - 6.10.1 电气工程 ··· 915
  - 6.10.2 给水排水工程 ··· 917
- 6.11 "四新"技术应用 ··· 919
  - 6.11.1 深基坑支护技术 ··· 919
  - 6.11.2 计算机应用和管理技术 ··· 922
  - 6.11.3 机械连接技术 ··· 923
  - 6.11.4 新型脚手架技术 ··· 923
  - 6.11.5 便携式电子测温仪技术 ··· 923

# 7 主要施工管理及保证措施 ··· 923
- 7.1 质量保证措施 ··· 923
- 7.2 技术保证措施 ··· 925
  - 7.2.1 工程常见的功能性质量通病 ··· 925
  - 7.2.2 技术措施 ··· 926
- 7.3 工期保证措施 ··· 929
  - 7.3.1 组织措施 ··· 929
  - 7.3.2 技术措施 ··· 929
  - 7.3.3 机械设备措施 ··· 929

7.4 降低成本措施 ································································································ 930
7.5 安全保证措施 ································································································ 931
  7.5.1 安全生产管理体系 ···················································································· 931
  7.5.2 安全生产管理制度保证措施 ········································································ 931
  7.5.3 安全计划与技术措施 ················································································· 931
  7.5.4 现场安全用电 ·························································································· 933
  7.5.5 机械安全防护 ·························································································· 934
  7.5.6 施工现场防火措施 ···················································································· 934
  7.5.7 安全检查和汇报 ······················································································· 934
7.6 消防保卫措施 ································································································ 934
  7.6.1 现场消防管理 ·························································································· 934
  7.6.2 现场治安保卫 ·························································································· 935
7.7 施工现场环境保护措施 ···················································································· 935
  7.7.1 重要环境因素清单 ···················································································· 935
  7.7.2 环境、职业安全卫生目标、指标及管理方案 ·················································· 936
  7.7.3 防止施工扰民措施 ···················································································· 937
7.8 文明施工与CI ································································································ 938
  7.8.1 现场施工平面布置 ···················································································· 938
  7.8.2 场地特征 ································································································ 938
  7.8.3 现场布置 ································································································ 938
  7.8.4 文明施工管理 ·························································································· 940
  7.8.5 现场文明施工检查 ···················································································· 941
8 经济技术指标 ········································································································ 942

# 1 编制依据

本施工组织设计大纲是我企业对全总职工之家扩建配套工程的实施技术文件之一,它体现了我们对本工程施工的总体构思和部署,我们将依据本施工组织设计确定的原则,严格遵循我企业的技术管理标准和质量体系文件,在图纸会审后,编制详细的分部分项工程施工方案及作业设计,为工程提供完整的技术性文件,用以指导和规范工程施工,确保优质、高速、安全地完成本工程的建设任务,具体编制依据见表1-1~表1-9所列。

合 同　　　　　　　　　　　　　　　　　　　　　表1-1

| 合同名称 | 编 号 | 签定日期 |
|---|---|---|
| 北京市建设工程施工合同 | 9801901号 | 1998.11.18 |
| 补充合同(一) |  | 1998.12.8 |

工程地址勘察报告　　　　　　　　　　　　　　　　表1-2

| 报告名称 | 报告编号 | 报告日期 |
|---|---|---|
| 岩土工程勘察报告 | 98技1020 | 1998.4.5 |

施 工 图　　　　　　　　　　　　　　　　　　　　表1-3

| 图纸名称 | 图纸编号 | 出图日期 |
|---|---|---|
| 建施图 | 建总0~建136 | 1998.10.9 |
| 结施图 | 结1~结198 | 1998.10.9 |
| 结补图 | 中水池结构图(一)、(二) | 1999.1.29 |
| 设备图 | 设1~119,防设1~6 | 1998.10.9 |
| 电气图 | 电1~51,电变1~3,防电4,电消1~7 | 1998.10.9 |

主要规程、规范、图集、标准　　　　　　　　　　　表1-4

| 类别 | 名 称 | 编号或文号 |
|---|---|---|
| 国标 | 塔式起重机安全规程 | GB 5114—94 |
| 国标 | 建筑地基基础施工质量验收规范 | GB 50202—2002 |
| 国标 | 混凝土结构工程施工质量验收规范 | GB 50204—2002 |
| 国标 | 混凝土质量控制标准 | GB 50164—92 |
| 部标 | 组合模板技术规范 | GBJ 214—89 |
| 部标 | 混凝土泵送施工技术规程 | JGJ/T 10—95 |
| 部标 | 砌筑砂浆配合比设计规范 | JGJ 98—2000 |
| 国标 | 屋面工程技术规范 | GB 50207—2002 |
| 国标 | 地下防水工程质量验收规范 | GB 50208—2002 |
| 国标 | 地下工程防水技术规程 | GB 50108—2001 |
| 部标 | 建筑机械使用安全规范 | JGJ 33—2001 |
| 部标 | 龙门架及井架物料提升安全技术规范 | JGJ 88—92 |

续表

| 类别 | 名 称 | 编号或文号 |
|---|---|---|
| 国标 | 建筑装饰装修工程施工质量验收规范 | GB 50210—2001 |
| 部标 | 玻璃幕墙工程技术规范 | JGJ 102—2003 |
| 部标 | 钢筋焊接及验收规程 | JGJ 18—2003 |
| 部标 | 普通混凝土配合比设计规范 | JGJ 55—2000 |
| 部标 | 钢筋混凝土工程施工操作规范 | YSJ 403—89 |
| 部标 | 工程网络计划技术规程 | JGJ/T 121—99 |

主要规程、规范、图集、标准　　　　　　　　　　　　　表 1-5

| 类别 | 名 称 | 编号 |
|---|---|---|
| 国标 | 建筑物抗震构造详图民用框架、框架-剪力墙、剪力墙、框支剪力墙结构 | 94G32（一） |
| 国标 | 钢筋混凝土防护密闭门门框墙通用图集 | 88RFMK |
| 国标 | 悬板活门、扩散箱选用图集 | 92RFHMKSX |
| 国标 | 钢筋混凝土单扇活门槛防护密闭门、密闭门 | 97RFM |
| 行标 | U型轻钢龙骨吊顶 | 90TJ—800 |
| 地方 | 沟盖板图集 | 京 92G15 |
| 地方 | 常用木门、钢木门 | 京 95—J61 |
| 行标 | 建筑构造通用图集：墙身—加气混凝土 | 88T2（二） |
| 行标 | 建筑构造通用图集：墙身—现浇混凝土 | 88T2（三） |
| 行标 | 建筑构造通用图集：墙身—预制混凝土 | 88T2（四） |
| 行标 | 建筑构造通用图集：墙身—石膏龙骨石膏板 | 88T2（五） |
| 行标 | 建筑构造通用图集：墙身—轻钢龙骨石膏板 | 88T2（六） |
| 行标 | 建筑构造通用图集：墙身—增强石膏空心条板 | 88T2（七） |
| 行标 | 建筑构造通用图集：外装修 | 88J3 |
| 行标 | 建筑构造通用图集：内装修 | 88J4（一） |
| 行标 | 建筑构造通用图集：内装修 | 88J4（二） |

主要的规程、规范　　　　　　　　　　　　　表 1-6

| 类别 | 名 称 | 编号 |
|---|---|---|
| 部标 | 建筑安装工程质量检验评定统一标准 | GBJ 300—88 |
| 部标 | 施工现场临时用电安全技术标准 | JGJ 46—88 |
| 部标 | 建筑施工安全检查评分标准 | JGJ 59—88 |

相 关 规 定　　　　　　　　　　　　　表 1-7

| 类别 | 名 称 | 编 号 |
|---|---|---|
| 国标 | 中华人民共和国建筑法有关规定 | |
| 地方 | 北京市人民政府有关建筑工程管理、市政管理、环境保护等规定 | |
| 企业 | 企业有关质量管理、安全管理、文明施工管理规定 | |

相关规范  表 1-8

| 类别 | 名称 | 编号 |
|---|---|---|
| 部标 | 混凝土外加剂应用技术 | GBJ 119—88 |
| 国标 | 焊接接头和机械性能试验取样方法 | GB 2649—89 |
| 国标 | 钢管脚手架扣件 | GJG 22—85 |
| 部标 | 建筑工程防水施工方法 | GBJ 208—83 |
| 国标 | 工程测量规范及技术说明 | GB 50026—93 |

相关文件  表 1-9

| 文件名称 | 编号 | 编制日期 | 版本号 |
|---|---|---|---|
| 质量体系程序 | 受控号：185 | 1998.8.5 | 版本 A |
| 环境和职业安全卫生管理程序文件 | 受控号：025 | 2001.8.1 | 第一版 |
| 环境和职业安全卫生管理手册 | 受控号：025 | 2001.8.1 | 第一版 |
| 第三层次文件汇编 | 受控号：003 | 2001.8.1 | 第一版 |

# 2 工程概况及特点

## 2.1 工程概况

由中国职工之家兴建的全总职工之家扩建配套工程位于北京市三环以内、全国总工会大院内，北邻全总三层食堂，南接全总职工之家，西侧为一幢相距约 15m 的 18 层住宅楼，东侧毗邻市区道路，建筑面积 47468.0$m^2$，建筑高度 93.8～101.0m，为框架-剪力墙结构。其中，主楼地下 3 层，地上 26 层（不含设备层及出屋顶层）；附楼地下 3 层，紧靠职工之家一侧地上 4 层，另一侧地上 3 层（局部 4 层，并有屋顶游泳池）。该建筑为一幢集餐饮、娱乐、住宿为一体，水、电、通风、空调、自控设施等齐全的四星级酒店，其立面形式丰富瑰丽，建筑造型典雅，工程建设的圆满完成必将对促进中国职工之家事业的发展产生积极影响，具体概况详见以下各图表。

### 2.1.1 工程建设概况（表 2-1）

工程建设概况一览表  表 2-1

| 工程名称 | 中国职工之家扩建配套工程 | 工程地址 | 西城区真武庙路 1 号 |
|---|---|---|---|
| 建设单位 | 全总机关事务管理局 | 勘察单位 | 北京市勘察设计研究院 |
| 设计单位 | 北京市建筑设计研究院 | 监理单位 | 中国建筑设计咨询公司 |
| 质量监督部门 | 北京市质量监督总站 | 总包单位 | 中国建三局（北京） |
| 主要分包单位 | 北京京藤石材公司<br>北京安富业消防公司 | 建设工期 | |
| 合同工期 | 848d | 总投资额 | 2.3 亿 |
| 合同工程投资额 | 7000 万 | | |
| 工程主要功能用途 | 四星级酒店 | | |

### 2.1.2 工程建筑设计概况（表2-2）

建筑设计概况一览表　　　　表2-2

| 占地面积 | | 6000m² | 首层建筑面积 | | 3185m² | 总建筑面积 | 49023m² |
|---|---|---|---|---|---|---|---|
| 层数 | 地上 | 26层 | 层高 | 首层 | 4.9m | 地上面积 | 36371m² |
| | 地下 | 3层 | | 标准层 | 3.1m | 地下面积 | 11538m² |
| | | | | 地下 | 4.3m | | |
| 装饰 | 外檐 | 玻璃幕墙 | | | | | |
| | 楼地面 | 花岗石、地面砖、水泥砂浆 | | | | | |
| | 墙面 | 花岗石、乳胶漆、矿棉吸声板、墙纸 | | | | | |
| | 顶棚 | 石膏板、矿棉吸声板或抹灰喷涂 | | | | | |
| | 楼梯 | 板式楼梯、干挂石材 | | | | | |
| | 电梯厅 | 地面：花岗石 | | 墙面：干挂石材 | | 顶棚：石膏板 | |
| 防水 | 地下 | 三元乙丙防水 | | | | | |
| | 屋面 | 三元乙丙防水 | | | | | |
| | 厕浴间 | 聚氨酯防水 | | | | | |
| | 阳台 | 三元乙丙防水 | | | | | |
| | 雨篷 | 聚氨酯防水 | | | | | |
| 保温节能 | | 复合保温外墙 | 建筑防火等级 | | | 甲级 | |
| 绿化面积 | | 400m² | 最大基坑深度 | | | -15.15m | |
| 环境保护 | | 节能降耗 | 檐口高度 | | | 93.8m | |
| ±0.000标高 | | 46.200m（绝对标高） | 建筑总高 | | | 101m | |

### 2.1.3 工程结构设计概况（表2-3）

结构概况一览表　　　　表2-3

| 地基基础 | 埋深 | -15.150m | 持力层 | 粉质黏土、砂石土 | 承载力标准值 | 300～350kPa |
|---|---|---|---|---|---|---|
| | 筏基 | 底板厚度 | 1000mm | | 地下水位 | -14.000m |
| 主体 | 结构形式 | | 框架-剪力墙结构 | | | |
| | 主要结构尺寸（mm） | 梁：500×700 | 板厚：120 | 柱：750×750 | 墙厚：400（外）；200（内） | |
| 抗震等级 | | 八度 | | 人防等级 | | 六级 |
| 混凝土强度等级及抗渗要求 | | 基础 | C60P8 | 墙体 | | C60 |
| | | 梁 | C40 | 板 | | C40 |
| | | 柱 | C60 | 楼梯 | | C40 |
| 钢筋类别 | | 螺纹、光圆、钢绞线 | | 钢筋接头类别 | | 电渣焊、锥螺纹、冷挤压 |
| 特殊结构 | | | 大堂采光钢结构 | | | |
| 地基类别 | | Ⅱ类 | | 地下水质 | | 浅水层 |

## 2.2 建筑设备安装（表2-4）

设备安装概况一览表概况　　　　　表2-4

| | 设计要求 | 系统做法 | 管线类别 |
|---|---|---|---|
| 上水 | 采用变频泵供水，低中高区设计的工作压力分别为0.4MPa、0.8MPa、1.4MPa | 给水分高、中、低三区供水 | 镀锌管 |
| 中水 | 采用变频泵供水，低、高区工作压力分别为0.8MPa、1.4MPa | 中水分高、低两区供水 | 镀锌管 |
| 下水 | 立管采用铸铁管连接，保温采用PE自熄型聚乙烯泡沫塑料壳保温 | 污、废水分排 | 排水铸铁管及柔性铸铁管 |
| 雨水 | 采用高压稀性接口连接雨水立管 | 内落管排雨水 | 高压稀铸铁管 |
| 热水 | 采用变频泵供水，低中高区设计的工作压力分别为0.4MPa、0.8MPa、1.4MPa | 热水分高、中、低三区供水 | 镀锌管 |
| 消防 | 利用一期地下原有水池并增加水池 | 分高低两区供水，环状管网布置 | 消防水系统采用焊接钢管 |
| 排烟 | 火灾时按报警动作排烟，温度过高时自动关闭，并应有正压场所 | | |
| 报警 | 依据日本报知机公司HRK型职能型火灾自动报警设计 | 干线电缆层中继电箱，分各探测器 | KBG管穿RVS2×1.0（阻燃型） |
| 监控 | 在首层主要出入口、电梯桥厢内，地下支座出入口处设电视摄像头 | 设计施工由专业公司承担 | |
| 空调通风 | 保证夏季温度25℃，湿度60%，冬季20℃，湿度40%，正负波动不大于10%；人均新风量不少于20m³/h，自控与业主厂家协商后定 | 系统设与平时合用排烟系统，房间内设排烟系统，裙楼每层分系统设机房，客房由立管统一送风，顶层设风机房，并设风机盘管 | 镀锌钢板风道 |
| 冷冻 | 有冷却循环水系统上设电子水处理仪，系统设计1.4MPa | 空调水系统采用二管制系统 | 无缝钢管及焊接钢管 |
| 采暖 | 散热器采用高压铸铁管760型 | 系统为下供下回双管异程 | 焊接钢管 |
| 照明 | 客房设节电配电箱，利用节能钥匙开关控制电源开关，控制室内灯具插座，人口密集处设应急照明和疏散标志照明 | 钢管扣压式连接，分支线采用BV-2.5mm² | 穿塑料铜芯线，KBG管 |
| 动力 | 消防泵、喷油泵、加压风机、排烟机、消防电梯等为双电流末端自投供电 | YJV型电缆插接母线在配电小间沿墙、支架敷设 | YJV型电缆，插接母线 |
| 避雷 | 二级防雷设计 | 利用女儿墙上的φ8镀锌圆筋作接闪装置，引下线和柱内两根主筋连接 | φ8镀锌圆筋 |
| 变配电 | 两路10kV高压弧电源，低压单母线运行 | | |
| 水箱 | | 钢板焊接 | 玻璃钢及钢板水箱 |

续表

| 管线类别 | 设计要求 | 系统做法 | 管线类别 |
|---|---|---|---|
| 污水泵房 | 设备达到排污泵参数要求 | 法兰连接 | 接泵管为镀锌管，排水管为铸铁管 |
| 冷却塔 | 冷却塔设在二十七层屋顶上 | 按华北标准做 | 无缝管和焊管 |
| 通信 | 每套客房设电话机一部，卫生间并机 | 干线电缆在配电小间沿墙、支架敷设至各层电话组线箱，分支线在客房走道内沿线槽敷设 | 干线采用HYV型电缆，支线选用RVB2×0.5穿KBG管 |
| 音响 | 在公共场所设背景音响广播，火灾时强切至火灾广播 | 干线电缆在配电小间沿金属线槽至各层广播箱 | 干线RVVZ10×1.5，支线KBG管穿RVB2×1.0 |
| 电视 | 屋顶设卫星电视接收系统和共用电视接收系统 | | |
| 电梯 | 客梯6台 | 货梯3台 | 消防梯2台 | 自动扶梯2台 |

### 2.3 自然条件

（1）气象条件

由于北京属于温带性气候，夏季气温炎热，冬季寒冷，冬季气温常在 $-5 \sim 15℃$ 之间，因此给冬期施工带来很大的不便，春、秋季风沙较大，对于高层建筑的安全有很大的影响。北京地区一般在 5~10 月之间属于雨季，必须根据天气情况制定有效的措施。

（2）工程地质及水文条件

根据北京市勘察设计研究院提供的勘察报告，地质情况如下（自上往下）：①表层为 2.10~5.10m 的人工堆积层，主要为粉质黏土填土；②人工堆积层下 40.92~44.16m 主要是细粉砂；③第四纪沉积层，37.42~38.78m 为卵石层，22.16~23.47m 以下粉质黏土，黏质粉土；④第四纪沉积层 9.05~9.57m 以下为砾岩层。

地下静止水位标高为 31.26~32.18m（埋深 14~15.10m），本场区地下水质仅腐蚀性介质 CI 在干湿交替情况下，对钢筋混凝土的钢筋具有弱腐蚀性。

（3）地形条件

拟建场地地形基本平坦，地面标高为 46.0~46.52m，现场区内有大量房屋尚未拆除，正在使用，局部地下有深、宽走向不明的浅人防通道。

（4）周边道路及交通条件

本工程位于西城区复兴门外，工会大楼后院，天宁寺西侧。北靠长安街，西临白云路，东侧是真武庙路，交通路线便利，但由于长安街白天不允许施工车辆行走，给工地材料运输带来一些不便。

（5）场区及周边地下管线

本工程南侧紧邻原职工之家大楼，南侧西段有一座高层塔楼，塔楼有 1.5 层地下室，深约 7m，南裙楼基坑距塔楼 16.38m，西裙楼基坑距塔楼仅 4m，南侧有污水管和雨水管，相距 5~8m；基坑北侧有一座 4 层楼，基础埋深约 3.0m，距基坑 13.7m，并有地下电力线（距基坑 7m），污水管（相距 6.5m）；基坑东侧距真武庙路 3.5m，并有通讯电缆（相距 6.5m）；基坑两侧有污水管、热力管、雨水管，相距 3.0~4.5m。

### 2.4 工程特点（表 2-5）

工程概况特征表　　　　　表 2-5

| 序号 | 项目 | | 单位 | 数量 | 说明 |
|---|---|---|---|---|---|
| 1 | 占地面积 | | m² | 6000 | |
| 2 | 建筑面积 | 地上 | m² | 36371 | |
| | | 地下 | m² | 11538 | |
| | | 总面积 | m² | 47468 | |
| | | 标准层 | m² | 1162 | |
| 3 | 层数 | | 29 层 | 地上 26 层 地下 3 层 | |
| 4 | 建筑高度 | 地下一层 | m | 4.5 | 车库、娱乐设施 |
| | | 地下二层 | m | 4.3 | 车库、职工服务、食堂 |
| | | 地下三层 | m | 3.6 | 设备用房、人防 |
| | | 一至二层 | m | 4.9 | 大堂、宴会厅 |
| | | 三至五层 | m | 4.5 | 多功能厅、健身、会议 |
| | | 设备层 | m | 2.2 | |
| | | 六至二十二层 | m | 3.1 | 客房 |
| | | 二十三至二十六层 | m | 3.9 | 客房 |
| | | 总高度 | m | 101 | |
| 5 | 垂直交通 | 电梯 | 座 | 11 | |
| | | 楼梯 | 座 | 5 | |
| | | 自动扶梯 | 座 | 2 | |
| 6 | 人防防护等级 | | — | — | 六级，二等人员掩蔽所 |
| 7 | 抗震设防烈度 | | — | — | 八度 |
| 8 | 抗震设防等级 | 框架 | — | — | 一级 |
| | | 抗震墙 | — | — | 一级 |
| 9 | 基础类型 | 主楼 | — | — | 筏形基础 |
| | | 其他 | — | — | 条形基础、独立基础加抗水板 |
| 10 | 结构特征 | | — | — | 框架-剪力墙 |
| 11 | 混凝土标号使用部位 | C10 | — | — | 基础垫层 |
| | | C20 | — | — | 构造柱、圈梁 |
| | | C30 | — | — | 现浇梁板、楼梯梁板柱、独立基础、条形基础、地梁 |
| | | C40 | — | — | 二十层以上现浇柱，剪力墙、筏形基础梁板、基础外围护墙 |
| | | C50 | — | — | 十层至二十层现浇柱、剪力墙 |
| | | C60 | — | — | 一至九层现浇柱，剪力墙、地下部分现浇柱，剪力墙 |

1）本工程为扩建配套工程，且职工之家在施工期间有继续营业的要求，如何尽量减少和避免对原结构及其使用功能造成影响，既保证原酒店的正常营业，又保证扩建配套工程施工的正常进行，为本次施工组织的重要议题；

2）本工程建成后将作为四星级酒店使用，高标准的装饰施工要求土建阶段必须严格控制好结构尺度；

3）考虑到本工程的营业要求，我们将采取有效措施，提前交付部分娱乐性用房，使业主尽快收回投资；

4）本工程属酒店宾馆类建筑，使用功能要求高，如何杜绝功能性质量通病将是我们本次施工组织设计考虑的重要内容；

5）本工程由于时间紧迫，可能出现边设计边修改边施工的情况，因此，我们将与业主及设计方密切配合，使本工程施工得以顺利实施；

6）本工程施工现场场地相对狭窄，我们将认真进行施工总平面布置；

7）由于本工程扩建部分与原建筑整体使用，必须把新老建筑结构交接处的构造处理作为施工控制的重点；

8）本工程测量控制要求高，必须以原有建筑为控制参照，注意新老建筑的轴线、标高相关性；且主、附楼结构同时施工时，同一层内的板面标高在不同区域各不相同，板厚亦有变化；同时，本工程设置了 11 个电梯井和高达 14.21m 的矩形柱（A/5 轴线处）等，因此，切实搞好本工程的测量控制是本工程实施的要素之一；

9）工程中存在高 14.21m 的矩形柱，并在多处有层高超过 9.0m 的梁板结构、需搭设挑出长度为 4m 的挑脚手架的梁板结构，给模板和脚手架的施工带来一定难度；

10）本工程地下部分柱、核心筒剪力墙、一至九层的墙柱结构均使用 C60 级混凝土，对此，我企业已具备 C60 级混凝土大方量、大高度泵送的成熟经验，我们将与商品混凝土供应站积极配合，做好混凝土的试配工作，使混凝土各项指标满足强度及混凝土泵送性能要求，确保 C60 级泵送混凝土施工一次达到优秀。

## 2.5 工程施工特点

针对本工程特征，我们认为在本工程的施工中应抓住以下特点。

（1）地下部分施工难度大

①地下部分基底标高变化大，从 –6.45～–15.15m，有七个不同的标高面。

②场地极为狭小，周边地下管线多，致使人防通道及 3 号车道不能与主体结构同期施工，必须二次开挖施工，给工期带来不利的影响。

③负三层有回填土 2000m³，必须等地下部分拆模完成后方可进行。

④地下室结构混凝土强度各部分差异大，柱、剪力墙、核心筒为 C60，外墙及其他墙为 C40，梁板为 C30，给施工带来了相当不便。

（2）防止施工扰民及消防、治安管理要求高

本工程地处首都北京市阜外大街三环之内且邻近住宅，因此必须采取有效的安全、治安、减少噪声污染、文明施工措施，最大限度地减少对周围居民正常生活的干扰。

（3）现场布置难度较大，须精心布置、合理安排

现场仅东面与道路相通，且道路狭窄，物资材料供应、土方外运及商品混凝土运输困

难；现场场地狭小，场内材料周转不便，尤其基础施工阶段，仅两出入口可供使用，故对现场布置须精打细算，科学合理。

（4）本工程平面形式较丰富，应适当地增设激光铅直仪的投射点，自始至终严格控制好大楼的平面尺寸及垂直度，使偏差控制在允许范围内；同时，本工程平面尺寸大，长边达110m，给测量定位提出了较高的要求，同时也给装饰阶段楼地面工程平整度控制带来困难。

（5）本工程有弧形墙、弧形梁、异形柱等特殊构件，模板的支设将具有一定难度，为确保工程进度及质量，除要求施工单位具有较强的技术实力外，还应在施工前进行周密的配模设计，以确保施工顺利进行。

（6）本工程交叉作业量大，特别是新老建筑之间的设备及防水处，还有裙房部分提前交付使用等问题，应与业主保持紧密配合，并做好各专业施工施工间的协调管理，以此确保各项管理目标的实现。

（7）土方工程的特点：工程场地位于复外大街附近，土方外运只能在夜间进行，须拟定交通路线保证运输通畅；同时采取措施，防止扰民，保护环境。

（8）安装工程的特点：工程内部设施完备，技术先进，消防要求高，自动控制功能齐全。

# 3 施工部署

## 3.1 工程目标

我们的指导思想是：以质量为中心，贯彻实施 ISO 9000《质量管理质量保证》系列标准，建立工程质量保证体系，编制项目质量计划，选配高素质的项目经理、现场工程技术管理人员，按国际惯例实施项目管理，积极推广"四新"成果，精心组织，科学管理，确保本工程优质、高速、安全地建成。发挥我企业集团优势，科学地组织土建、安装与装饰的施工，严格履行合同，确保实现如下目标：

（1）工程质量目标：按照《建筑安装工程质量检验评定标准》及北京市现行质量评定标准、工程验收规范，确保本工程为北京市优质工程，争创"鲁班奖"工程。

（2）工期目标：我们计划总工期为848个日历天，确保顺利交工。

（3）施工环境目标：采取有效措施，力争杜绝施工扰民，最大限度减少对环境的污染；同时，加强对已有市政道路、排污系统等设施的保护。

（4）安全文明施工目标：杜绝死亡重伤事故，严格按照北京市文明施工的各项规定执行，争创北京市文明施工优良现场。

（5）科技进步目标：我们将在本工程的施工中采用我企业应用成熟的"四新"科技成果，充分发挥科学技术作为第一生产力的作用，确保工程顺利建成。

本工程中采用的"四新"成果详见表3-1所列。

（6）节约投资目标：我们将积极向业主提出合理化建议，并制定资金使用计划，为业主各阶段资金的合理投入提供参考，最大限度地为业主节约投资资金。

"四新"成果推广计划表　　　　　　　　表 3-1

| 序号 | "四新"成果名称 | 备注 |
|---|---|---|
| 1 | 挂网喷锚护壁技术 | 土方施工阶段 |
| 2 | 底板混凝土测温及应力测试技术 | 基础施工阶段 |
| 3 | 楼地面一次抹光技术 | 主体施工阶段 |
| 4 | 钢筋机械连接施工技术 | 主体施工阶段 |
| 5 | 铰接式筒子模施工技术 | 电梯井筒模板 |
| 6 | SP-70 模板体系 | 主体施工阶段 |
| 7 | 快拆支撑体系 | 主体施工阶段 |
| 8 | 整体式外提架 | 主体及外墙装饰施工阶段 |
| 9 | 喷浆抹灰技术 | 室内初装修阶段 |
| 10 | 激光铅直仪的使用 | 主体施工阶段 |
| 11 | 红外测距仪的使用 | 主体施工阶段 |
| 12 | 现场无线电通信技术 | 整个施工期 |
| 13 | 计算机管理技术的使用 | 整个施工期 |

## 3.2　组织机构

我企业把工程列为直属重点工程，按照国际惯例实行项目管理、负责施工全过程中的计划、组织、指挥、监督、协调和控制六项基本职能。

项目经理部设四部一室。即工程部、技术部、物资部、经营部、综合办公室。按照精干高效的原则，由30余名具有丰富施工管理经验的工程技术管理人员组成项目管理层。并精心选配专业配套、思想作风好、技术过硬、有同类工程施工经验的作业队伍担任本工程的施工任务。项目经理部其组织关系如图 3-1 所示。

项目主要管理人员名单见表 3-2 所列。

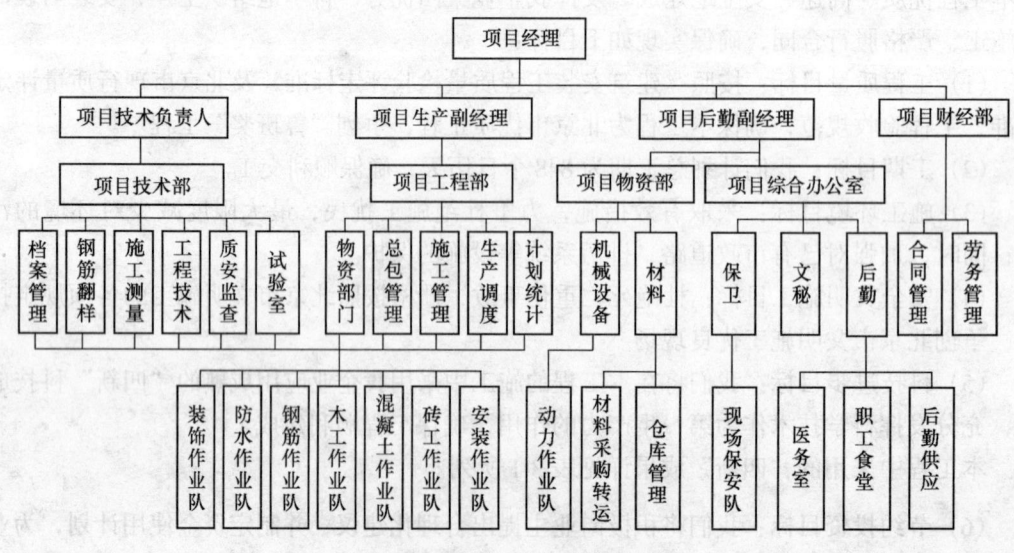

图 3-1　项目组织机构体系图

### 3.3 任务划分及总分包关系

#### 3.3.1 总包管理职责及内容

项目经理部作为总承包单位的代表机构，全面负责施工过程的各分包专业队伍，协调管理并向各专业分包队伍提供合同范围之内的服务。各专业分包管理工作由项目经理负责，日常分包业务管理设在项目工程部，项目工程部按总体施工网络计划统筹安排专业分包队伍进出场事宜；协调专业分包交叉施工的工序搭接；调配专业分包垂直运输设备的使用；管理分包施工用水、用电；按合同要求提供分包库房，堆场等；负责审核分包单位月度报表，对专业分包施工质量、安全状况及文明施工进行督促管理，并负责将专业分包的技术方案提交项目技术部审核。

通过对专业分包的施工全过程进行全方位统一指挥控制，确保各项管理目标的实现。本工程除极个别情况采取分包外，其余均为企业内部自承建，其详细情况见表3-2所列。

工程拟分包情况表    表3-2

| 序号 | 分部分项工程名称 | 分包情况 | 序号 | 分部分项工程名称 | 分包情况 |
|---|---|---|---|---|---|
| 1 | 支护、降水、土方开挖 | 专业分包 | 7 | 采光天窗工程 | 自承建 |
| 2 | 基础结构工程 | 自承建 | 8 | 防水工程 | 自承建 |
| 3 | 主体结构工程 | 自承建 | 9 | 防火门工程 | 专业厂家分包 |
| 4 | 砌体工程 | 自承建 | 10 | 外挂石材工程 | 专业厂家分包 |
| 5 | 装饰工程 | 自承建 | 11 | 消防工程 | 专业厂家分包 |
| 6 | 安装工程 | 自承建 | 12 | 人防防爆门、活动门 | 专业厂家分包 |

#### 3.3.2 总分包管理方式

专业分包必须与项目经理签订总分包合同，并明确总分包管理方式如下。

（1）总分包计划管理

项目经理部代表企业，全面对业主方负责，此项工作内容包括进出场计划，交叉施工协调计划，承包使用计划等，都必须服从总承包的统一管理。各分包单位按照总体的专业施工顺序，安排施工进度，提出详细的专业分包进出场计划，计划中列出分包工程工作量、施工周期、进出场日期、项目工程部负责各工序之间的交叉安排。

（2）交叉施工过程的总分包协调管理

分包按计划进场后，应按照"施工组织设计"中的工序施工，施工过程中项目工程部根据施工进度，合理地进行交叉施工协调，定期组织召开各工种之间的协调会。

（3）总分包的技术质量管理

项目工程部负责管理专业分包的技术及质量。专业分包队伍进场前应向项目工程部及技术部提供专业"施工方案"，由项目技术部会同建设单位，监理单位一同审定"施工方案"，项目工程部督促分包单位严格按方案及施工规范要求组织施工。项目经理部质检人员严格按照国家质量验评标准专业分包单位施工质量，定期向监理方通报质量情况，并提出改进专业分包施工质量的方法和建议。

（4）总分包的信函管理

各分包单位需请业主解决问题的各种工作来往函件，需先交总承包方，经总承包方有关人员审核同意后,盖上总承包项目经理部公章,由总承包方送甲方。收至总包的信函,总包亦有文字立即答复分包。

为加大各专业施工的协调力度,确保交叉施工的有序性,我们将与业主精诚合作,坚决贯彻本工程指导思想,严格按施工总体部署科学组织、精心施工,确保有计划、有步骤地实现工程各项目标。

### 3.3.3 与业主的协调配合

(1) 计划管理配合

在日常计划管理中及时向业主提供以下资料:

1) 每月施工进度计划;
2) 每周施工进度计划;
3) 工程质量保证计划;
4) 月度产值完成情况报表。

以上资料需经业主和监理认可或认可后实施。

(2) 技术质量管理配合

此项内容包括:

1) 项目技术部组成专班负责设计、修改与现场施工间的协调工作;积极向设计方提出合理化建议,并将施工中出现的问题及时反馈给设计方。
2) 积极主动地参加业主、监理组织的生产协调会,积极配合业主搞好图纸会审工作。
3) 及时向业主、监理提供主要分部分项工程"作业设计",并经业主、监理认可后实施。
4) 认真及时办理好工序的交验工作,协助与业主、监理、质监站及设计部门进行质量考评工作。
5) 对业主、监理、质监、设计方提出的质量、技术问题高度重视,及时整改。

(3) 资金配合

1) 施工中积极向业主提供合理化建议,减少投资;
2) 入场后协助业主制定资金需用计划,提高资金的利用率;
3) 在业主方资金周转出现困难时,我方可在一定范围内提供资金配合,保证施工的顺利进行。

(4) 其他配合

1) 积极协助业主方办理施工中的有关手续;
2) 协助业主处理好与周围居民的关系;
3) 我企业系荣获"全国实施用户满意工程先进单位"称号的企业,我们将积极与业主配合,做好回访服务工作,确保业主无后顾之忧。

## 3.4 总施工顺序及部署原则

本工程总体施工程序及各施工阶段的施工按以下程序进行:

(1) 土方开挖支护施工阶段

依据开挖支护方案进行施工,以喷锚护壁作为地下室外墙模,因此在施工以保证基坑的几何尺寸和护壁的稳定性为中心。

(2) 基础施工阶段

本阶段施工程序的安排应以底板大体积混凝土的浇筑为中心，各方面密切配合，确保底板大体积混凝土顺利浇筑成功。

(3) 地下室施工阶段

由于本工程地下室部分为地下3层，槽底标高错综复杂，梁柱及条形基础尺寸变化较多，为保证工程的进度采取分区流水施工作业，以主楼地下室部分为施工总干线，裙楼部分穿插进行，并且注意安装预埋预留的插入和防雷接地施工，确保工程尽早冲出±0.000。

(4) 主体结构施工阶段

根据本工程的特点及难点，我们采取以结构工程工序之间分段小流水、分区分层作业的施工程序及方法组织施工。砌体工程、安装及装修分段插入，形成各分部分项工程在时间、空间上合理搭接，从而达到缩短工期、保证质量的目的。该阶段特点在于搞好各专业协调配合，各专业间资源的合理调配。

(5) 主体封顶，装饰、安装大量插入阶段

该阶段我们将大力加强各专业协调管理力度，使装修和安装相互创造工作面，高质、高效地完成施工任务。

(6) 收尾竣工阶段

本阶段我们将抓紧整个工程的配套收尾、清洁卫生、成品保护；安装进入调试阶段，须抓紧设备调试，引好室外管线；加紧各项交工技术资料的整理，确保工程一次验收成功。

### 3.5 流水段划分及施工工艺流程

施工分区及部署：

(1) 本工程在地下室及裙楼施工期间，根据平面布置状况按不同基础结构形式及后浇带的留设位置划分为三个施工区：主楼部分为A区，1~5轴线附楼部分为B区，J~Q轴线附楼部分为C区，三个分区同时施工，形成不等步距流水作业。

(2) 在主体施工阶段（六层以上），由于工作面缩小，加之竖向结构使用钢模体系，因此在施工工序上必须作以调整，按照先施工竖向结构，后施工水平结构的施工方法进行，在施工水平结构时竖向结构的模板必须拆除并吊运出，因此在此阶段施工按Ⅰ、Ⅱ段分段进行，形成流水作业，达到快速、高效的目的。

### 3.6 施工准备

开工前办理好施工许可证等各种手续，并与交通、电力、市政、自来水、电信、城管、公安、气象等部门建立了联系，以便及时协调；同时，做好以下准备。

#### 3.6.1 技术准备

(1) 图纸会审及深化

在收到正式的施工图纸后，将按我企业有关控制文件中有关图纸会审一节的要求进行内部自审并形成记录，在专业会审及综合会审完毕后，迅速将结果整理出来并使其成为施工依据。施工组织设计的编制将按施工组织设计大纲确定的原则进行，并根据实际情况进行深化，使其具有可操作性。对于结构重要部位或特殊部位，我们编制了详细施工作业设计。工程主要作业设计编制计划见表3-3所列。审批后的施工组织设计、作业设计是指导

与规范施工行为的具有权威性的施工技术文件；

**项目主要作业设计编制计划表**　　　　　　　　　　　　　　　　　　　表 3-3

| 序号 | 作业设计内容 | 编制时间、期限 | 备 注 |
|---|---|---|---|
| 1 | 地下室大体积混凝土施工方案 | 土方阶段完 | |
| 2 | 附楼外架搭设作业设计 | 地下结构完 | |
| 3 | 外架作业设计 | 地下结构完 | |
| 4 | 安装预埋作业设计 | 底板浇筑前 | |
| 5 | 模板体系作业设计 | 土方阶段完 | 根据需要我们 |
| 6 | 1860MPa 预应力大梁施工作业设计 | 主体结构 | 将在施工前编制 |
| 7 | 新老楼交接处施工防水处理作业设计 | 基础施工前 | 相应作业设计 |
| 8 | 砌体作业设计 | 主体 5 层 | |
| 9 | 初装修作业设计 | 主体 4 层 | |
| 10 | 防水工程作业设计 | 主体封顶前一周 | |
| 11 | 冬雨期作业设计 | 进场前 | |

（2）进场前进行三级技术交底，即技术负责人——管理人员——施工班组长——操作工人，交底内容及要求按我企业"项目法施工过程汇编"中技术管理一节进行。

（3）建立测量控制网

根据业主提供的测量基点进行平面轴线及高程控制，重要控制点要做成相对永久性的标记。

（4）做好各类原材料的进场检验工作和参与混凝土的试配工作。

1）针对本工程所使用的混凝土强度进行混凝土配合比的优化设计，使其具有良好的泵送性能；

2）对工程中使用的原材料严格按规范要求进行取样、检验，把好原材料质量关。

（5）确定工程中即将使用的"四新"成果类型、内容及施工注意事项。

（6）控制轴线引测工作

根据甲方交给的坐标控制点 A、B、C，我们进行轴线引测。经查阅首层建筑平面图（建6），可以确定坐标点 A、B、C 和轴线的关系。下面是引测轴线的方法：

1）在 B 点架设经过检定的 J2 经纬仪，检查∠B 是否 90°，然后拉钢尺检查 AB、BC 的距离与所给尺寸是否相符，经过实际检查、确认角度和距离均无误；然后，在 BC 线上定出点 1，使 B1 的距离为 520mm（AB 线到Ⓐ轴的距离）；

2）在 1 点架设仪器，后视 C 点，转 90°，即可定出Ⓐ轴线，分别在两边围墙和地面上用红油漆做好标记；

3）在Ⓐ轴上定出 2 点，使点 1 与点 2 的距离为 500mm（BC 线到⑩轴的距离）；

4）点 2 上架仪器，后视Ⓐ轴，转 90°，即可定出⑩轴线，在围墙和地面上做好标记；

5）根据图纸上轴线尺寸，按以上方法可依次定出各条轴线，如Ⓑ、Ⓓ、Ⓗ、⑧、⑤、③等轴线；

6）在Ⓐ轴和③的交点 3 上架设仪器，检查Ⓐ轴和③轴的交角是否无误（误差为 5″，2mm），然后在点 4（Ⓗ轴和③轴交点）架仪器，检查交角。

7) 经过与甲方、监理、设计院三方协商,为确保新老建筑物柱网相对误差最小,使老建筑⑧轴与Ⓕ轴对齐,将轴线平移,向西平移230mm,向北平移150mm,这样,新老建筑东西两侧分别相差170mm和80mm。

### 3.6.2 现场准备

根据业主提供的信息和实地勘察结果表明,现场施工水、电源基本落实现场"三通一平"已完成;现场电源用量;容量仅满足土方开挖阶段,正式施工时,必须增设已500kV·A的变压器,才能满足施工要求;围墙砌筑部分需要调整;施工入口需重新布设,场地情况较为狭窄。综合考虑上述因素,我们将制定合理的平面和管理措施,严格按北京市优良样板现场的标准进行现场平面、空间的分配和动态化管理。具体准备工作如下:

1) 进行施工现场的形象设计,从标识、美学等各个角度完善施工形象,创造了积极向上的施工气氛;

2) 根据施工总平面图的要求搭设增加的临建、设置好材料堆场、布置施工机械。补充砌筑围墙,实行封闭式施工;

3) 进行施工现场的场地硬化,现场设洗车槽、沉淀池和在施工临时道路侧边设排水沟进行有组织排水,保持现场整洁;

4) 现场水电布置将严格按临时用水用电规范要求进行,特别是临时用电,我们将制定合理的布线措施,并派专人监督实施,使之规范化。

### 3.6.3 材料准备

(1) 采购计划将根据施工总体进度计划和工程预算、现场仓容量进行编制。编制采购计划必须考虑的因素如下:

1) 采购材料的季节性影响;

2) 材料储备应考虑现场仓容量,并满足工程进度需要;

(2) 材料进场将严格按计划及我企业"材料管理程序"文件要求进行,特别强调以下几点:

1) 材料进场必须经专人验收,不经过验收的材料不准进场;

2) 材料进场后应按规范要求进行抽检,严禁未经试验或试验不合格的材料流入生产环节;

3) 在材料的使用中应按先进场先使用的原则进行;

4) 在施工中不得使用小厂水泥。

主材需用计划详见表3-4

主材需用量计划表　　　　　　　　　　　　　　表3-4

| 序号 | 名称 | 单位 | 数量 |
|---|---|---|---|
| 1 | 钢材 | t | 3240.55 |
| 2 | 水泥 | t | 12953.71 |
| 3 | 木材(工程用) | $m^3$ | 387.68 |
| 4 | 混凝土 | $m^3$ | 26300.76 |
| 5 | 砌体 | $m^3$ | 7237.34 |

注:此表仅供计划用,不作结算依据。

周转材料需用计划详见表3-5。

周转材料需用量计划表　　　　　　　　　表3-5

| 序号 | 名称 | 规格 | 数量 | 备注 |
|---|---|---|---|---|
| 1 | 普通钢管 | φ48×3.5 | 650t | |
| 2 | 扣件 | | 11万颗 | 扣件按三种类型备齐 |
| 3 | 快拆支撑 | | 240t | 按三套配置 |
| 4 | 模板 | 1830mm×915mm×18 | 16000m² | 九夹板 |
| | | SP-70模板 | 5000m² | |
| 5 | 木方 | 50×100 | 240m³ | |
| 6 | 竹跳板 | | 2400块 | |
| 7 | "3"形卡 | | 2500个 | |
| 8 | 安全网 | 底网 3m×6m | 180张 | |
| 9 | | 侧网 | 18000m² | |

机械设备需用情况详见表3-6。

主要机械设备需用计划表　　　　　　　　　表3-6

| 序号 | 名称 | 型号 | 数量 | 使用阶段 |
|---|---|---|---|---|
| 1 | 塔吊 | FO/23C | 1台 | 基础及主体阶段 |
| 2 | 施工电梯 | SF-12 | 2台 | 主体及装修阶段 |
| 3 | 施工井架 | 自制 | 1台 | 地下室砌体及装修阶段 |
| 4 | 混凝土搅拌机 | JD-350 | 2台 | 装修阶段 |
| 5 | 混凝土输送泵 | SWING3000 | 4台 | 基础阶段 |
| | | | 2台 | 主体阶段 |
| 6 | 振动器 | | 10台 | |
| | 插入式振动器 | ZX-35 | 10根 | |
| | | ZX-50 | 25根 | |
| 7 | 平板式振动器 | | 6台 | |
| 8 | 木工综合机床 | | 1台 | 主体阶段 |
| 9 | 对焊机 | UN-100 | 2台 | |
| 10 | 电焊机 | BX1-500 | 2台 | |
| | | BX1-330 | 2台 | |
| 11 | 钢筋切断机 | GQ-40 | 2台 | |
| 12 | 弯曲机 | | 2台 | |
| 13 | 经纬仪 | J2 | 2台 | |
| 14 | 水准仪 | S3 | 2台 | 全过程 |
| 15 | 激光铅直仪 | | 1台 | |
| 16 | 红外测距仪 | | 1台 | |

(3) 在冬期歇工时应注意：

①加强对施工机械在歇工期间的维修保养;
②歇工期过后复工前对机械设备的检查、调试,确保其正常运行;

### 3.6.4 劳动力准备

我们将选派综合素质高、操作技术熟练、作风顽强并承担过同类工程施工的作业队伍进驻现场。作业队伍进场后我们将分级签定劳务合同,进行入场教育和技术交底,使其迅速进入工作状态。特殊工种如电焊工、机操工做到持证考核上岗。

劳动力情况详见"劳动力需用计划及动态分析表"(表3-7)。

劳动力需用计划及动态分析表　　表3-7

| 序号 | 阶段\工种 | 98.12.16~99.2.1 | 99.2.2~99.3.30 | 99.4.1~99.7.14 | 99.7.15~99.8.23 | 99.8.24~00.1.30 | 00.1.31~00.2.8 | 00.2.9~01.2.4 | 01.2.5~01.4.11 |
|---|---|---|---|---|---|---|---|---|---|
| 1 | 土工 | 60 | 60 |  |  |  |  |  | 30 |
| 2 | 钢筋工 |  | 100 | 100 | 100 | 80 |  |  | 10 |
| 3 | 模板工 |  | 50 | 150 | 150 | 120 |  |  | 15 |
| 4 | 混凝土工 |  | 40 | 40 | 40 | 30 |  |  | 8 |
| 5 | 架子工 |  | 10 | 30 | 30 | 40 | 30 | 30 |  |
| 6 | 抹灰工 |  |  |  |  | 60 | 60 | 60 |  |
| 7 | 贴面工 |  |  |  |  | 50 | 50 | 50 |  |
| 8 | 砖工 |  | 40 |  |  | 60 | 100 | 60 |  |
| 9 | 防水工 |  | 30 |  |  |  |  | 30 |  |
| 10 | 杂工 | 20 | 20 | 20 | 20 | 20 | 20 | 20 | 20 |
| 11 | 合计 | 80 | 350 | 390 | 390 | 460 | 260 | 250 | 83 |

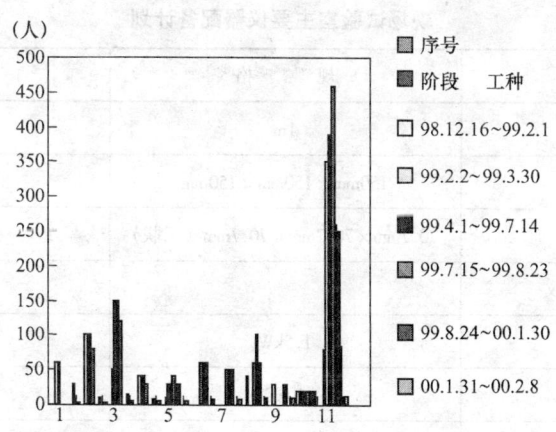

注:①歇工期劳动力变化未反映在本图中
②本图暂未考虑安装施工人员(第六、七阶段高峰期为140人)

### 3.6.5 主要机械设备的选择

根据本工程工期紧、场地狭小、工作量大的特点,确定本工程主要施工机械需用情况如下。

(1) 塔吊的选取

经过计算本工程选用一台 QTZ160 型塔吊（$M = 160\text{t} \cdot \text{m}$，$R = 60\text{m}$），塔吊布置在 G/10 轴线处。

(2) 施工电梯的选取

我们选取一台 SF-12 型双笼式施工电梯，以方便施工人员上下，并解决砌体、砂浆及其他零星材料的垂直运输问题。两台施工电梯设于 F/10 轴线处。

施工电梯应在主体上升至五层前安装调试完毕。在安装 F/10 轴线处的施工电梯时，应充分考虑塔吊配重的距离，以免发生冲突。

(3) 施工井架的选取

为解决地下室砌体工程施工阶段砌体、砂浆等的垂直运输问题，我们拟于 G/7～G/8 轴线间布设一台自制井架，利用电梯井筒作为运输通道。

井架在电梯井筒筒子模吊出后进行安装调试。

(4) 混凝土施工机械的选择

本工程混凝土采用商品混凝土、泵送方式，由于施工场地极为狭窄，为确保施工进度，我们选用两台混凝土输送泵进行混凝土的输送；为解决砂浆的搅拌问题，现场布设两台 JD-350 型混凝土搅拌机。

(5) 冬雨期施工技术措施要求

施工地区冬季较长，我们将采取必要措施保证工作正常进行，具体措施详见"冬雨期施工方案"。

### 3.6.6 计量及试验准备

本工程混凝土工程施工在现场设试验室，配备试验员，并准备以下仪器，见表 3-8 所列。

现场试验室主要仪器配备计划　　表 3-8

| 仪 器 名 称 | 规　格 | 数　量 |
| --- | --- | --- |
| 振动台 | 1m | 1台 |
| 混凝土试模 | 150mm×150mm×150mm | 根据混凝土量待定 |
| 砂浆试模 | 70.7mm×70.7mm×70.7mm（三联） | 12个 |
| 混凝土坍落度测试仪 |  | 1套 |
| 电炉 | 1.5kW | 1只 |
| 台秤 | 10kG | 1台 |
| 水泥沸煮桶 | 3kW | 1只 |

抹灰板、钢片尺、游标卡尺、钉锤、温度计、铁锹、计算器、水桶、干湿度温度计、刷子

### 3.6.7 入场计划安排

暂定入场准备时间为 24d，我们将拟订详细的"入场准备计划书"并严格执行，保证人、材、物及时到位，为开工做好一切准备，入场工作安排计划详细见表 3-9 所列。

入场工作安排计划    表 3-9

| 项目 | 工作内容 | 负责部门（人） | 时间 |
|---|---|---|---|
| 人员准备 | 管理人员组织到位 | 公司领导 | 1998.12.16 |
| | 民建队组织到位 | 办公室、经营部 | 1998.12.28 |
| | 特殊工种组织到位 | 办公室、经营部 | 1998.12.28 |
| | 后勤人员组织到位 | 综合部 | 1998.12.28 |
| 现场准备 | 管理人员住宿安排 | 项目书记 | 1998.11 |
| | 民建队住宿临时安排 | 项目书记 | 1998.12 |
| | 现场办公室、库房搭设 | 现场经理 | 1998.12.29 |
| | 临建宿舍、食堂、加工房搭设 | 现场经理 | 1998.12.29 |
| | 工地 CI 形象设计（包标语牌、宣传牌） | 办公室 | 1998.12.24 |
| | 塔吊基础施工 | 现场经理、机电工长 | 1998.12.29 |
| | 施工现场及临建设施的水电布设 | 机电工长 | 1998.12.29 |
| 材料准备 | 仔细核查材料采购计划 | 项目材料负责人 | 1998.12.28 |
| | 大宗材料进场 | 物资部、材料负责人 | 1998.12 |
| | 小宗材料进场 | 材料员、材料负责人 | 1998.12 |
| 机械准备 | 项目交通设备进场 | 物资部 | 1998.12.28 |
| | 钢筋加工设备进场 | 物资部、机电工长 | 1998.12 |
| | 抽水设备进场 | 物资部、机电工长 | 1998.12.28 |
| | 塔吊进场 | 物资部、机电工长 | 1998.12 |
| | 其他零星设备进场 | 材料员 | 1998.12 |
| 技术准备 | 图纸到位及进行图纸会审 | 项目技术部 | 1998.12.28 |
| | 进行技术交底 | 项目技术部 | 1998.12 |
| | 塔吊基础施工方案 | 项目技术部 | 1998.12.28 |
| | 大体积混凝土施工方案的编制 | 项目技术部 | 1998.12.28 |
| | 基础施工方案的编制 | 项目技术部 | 1998.12.28 |
| | 现场放线及复核 | 测量负责人 | 1998.12 |
| | 各种北京地区的技术表格、标准图籍、特殊的文件、规章制度的收集 | 项目技术部 | 1998.12.28 |
| 其他准备 | 签订工程合同 | 项目经理、经营部 | 1998.12.28 |
| | 办理施工许可证 | 项目技术部 | 1998.12.28 |
| | 对外协调、对内管理 | 项目经理 | 1998.12 |
| | 民建队入场的安全教育 | 质量安全员 | 1998.12.28 |
| | 劳务队伍的登记 | 劳资员 | 1998.12.28 |
| | 质检站安检站的手续办理及联系 | 质量安全员 | 1998.12.28 |
| | 办公用品、电脑到位 | 办公室 | 1998.12.28 |
| | 宣传及安全文明施工标志牌到位 | 办公室 | 1998.12.28 |

## 4 施工进度计划

先进合理的进度计划安排、科学周密的组织管理和运用成熟的施工新技术的推广应用，是此工程按期完工的保证。

我们的开工日期为1998年12月16日，总工期按848个日历天安排，今后依据合同签订情况再作调整。

总工期网络计划设以下七个控制点，见表4-1所列。

总工期网络计划控制点　　　　　　　　　　　表4-1

| 控制点 | 日　期 | 第（日历天） | 内　容 |
| --- | --- | --- | --- |
| 1 | 1999.2.1 | 45 | 土方开挖完 |
| 2 | 1999.4.10 | 114 | 基础工程完（含春节节假日） |
| 3 | 1999.6.10 | 172 | 地下室结构完 |
| 4 | 1999.7.20 | 212 | 一至五层主体完 |
| 5 | 2000.1.7 | 382 | 主体结构封顶 |
| 6 | 2000.12.10 | 338 | 粗装修完 |
| 7 | 2001.12.15 | 360 | 竣工 |

施工过程中，根据总工期目标和实际进度情况，我们将编制各施工阶段作业设计，具体进度安排以作业设计为准。

## 5 施工总平面布置

### 5.1 施工总平面图布置依据

本次工程建设场地划定的范围大致为75m×125m的不规则矩形区域，拟建建筑物紧邻原有建筑，整个施工场地显得较为狭窄，基础阶段施工时该问题将尤为突出。根据现场踏勘情况，材料运输的主要干道为场地东侧的真武庙路。平面布置主要考虑周边道路状况、工期要求和机械设备情况以及施工现场的实际情况。

### 5.2 施工总平面图的绘制及布置原则特征

本工程为扩建配套工程，紧邻原有建筑，如何尽量减少和避免对周边环境的影响，并在此前提下合理地进行各种临建、堆场、机械的布置，以最大限度地满足施工要求，成为本次施工总平面管理的中心任务。由于各施工阶段机械、堆场的布置均存在差异，因此我们将施工总平面分为基础阶段、主体阶段、装修阶段三个时期来进行动态管理，以确保本工程现场文明施工目标的实现，并为实现其他各项工程目标提供有利条件。

### 5.3 施工总平面布置的内容

（1）围墙、临建及场地硬化

进场后我们将对现有围墙进行改造，并对现场施工区域均进行硬化处理，做好排水坡度，并在基坑周边及围墙周围砌筑排水沟，根据排污口位置设置沉淀池，进行有组织排水。同时在施工场地大门入口处设置洗车槽，以免将灰尘带入场内。

生活区域（包括食堂、住宿等）设于场外，现场仅设办公室、卫生间（根据排污口位置确定）、保卫用房及其他零星库房等。

(2) 基础阶段平面布置

1) 机械布置

现场布置一台塔吊，设于 G/10 轴线处；搅拌站（设一台 JD-350 型搅拌机）设于拟建建筑物东北侧，以解决砂浆的搅拌问题；砌筑砖胎模的砌体及砂浆通过塔吊采用自制吊斗吊运至基坑。

2) 堆场及加工场布置

钢筋加工场及堆场设于东侧入口处；周转架料及模板加工场、堆场分设于①~⑤轴线附楼两侧，均处于塔吊覆盖范围内。砌体堆场仅设一处，且应在施工前根据计划将本阶段所需砌体一次备齐。

本阶段的平面布置如图 5-1 所示。

(3) 主体阶段平面布置

1) 机械布置

地下室结构施工完毕后进行 G/7~G/8 轴线间施工井架的安装，主要解决地下室砌体工程施工及内抹灰时砌体、砂浆等的运输，同时兼顾地下部分钢管、模板拆除后的吊运工作。

由于本阶段插入砌体的施工，现场场地东侧设搅拌站、水泥库，其中搅拌站设两台 JD-350 型搅拌机。

在本阶段进行两台施工电梯及两台龙门架的安装，主要解决本阶段人员、砌体、砂浆等的垂直运输问题。

2) 堆场及加工场布置

本阶段周转架料及模板加工场、堆场位置同基础结构阶段；钢筋加工场及堆场移至拟建建筑东北侧，留出场地北侧道路作为主要运输通道。场地西北角增设半成品堆场及砌体堆场，其运输可利用 Ⓛ~Ⓜ 轴线间附楼底层拆模后的通道。

(4) 装修阶段平面布置

1) 机械布置

本阶段拆除塔吊、J/3 轴线处龙门架，但施工电梯、搅拌站位置保持不变。

2) 堆场及加工场、新增临建布置

本阶段取消钢筋及模板加工场、堆场，增设安装及精装修办公室、库房等；周转架料堆场移至场地北侧，在 A/4~A/5 轴线处增设砌体堆场。

3) 对一至五层的隔离及保护措施

①隔离措施：砖墙封堵一至五层所有电梯井入口；封堵地下室至一层及五层至设备层楼梯口；A/1~A/5 轴线处砌筑临时隔断墙。

②保护措施：本阶段将加强现场保卫，根据业主要求制定保护措施计划、方案并派专人监督实施。

本阶段的平面布置如图 5-2 所示。

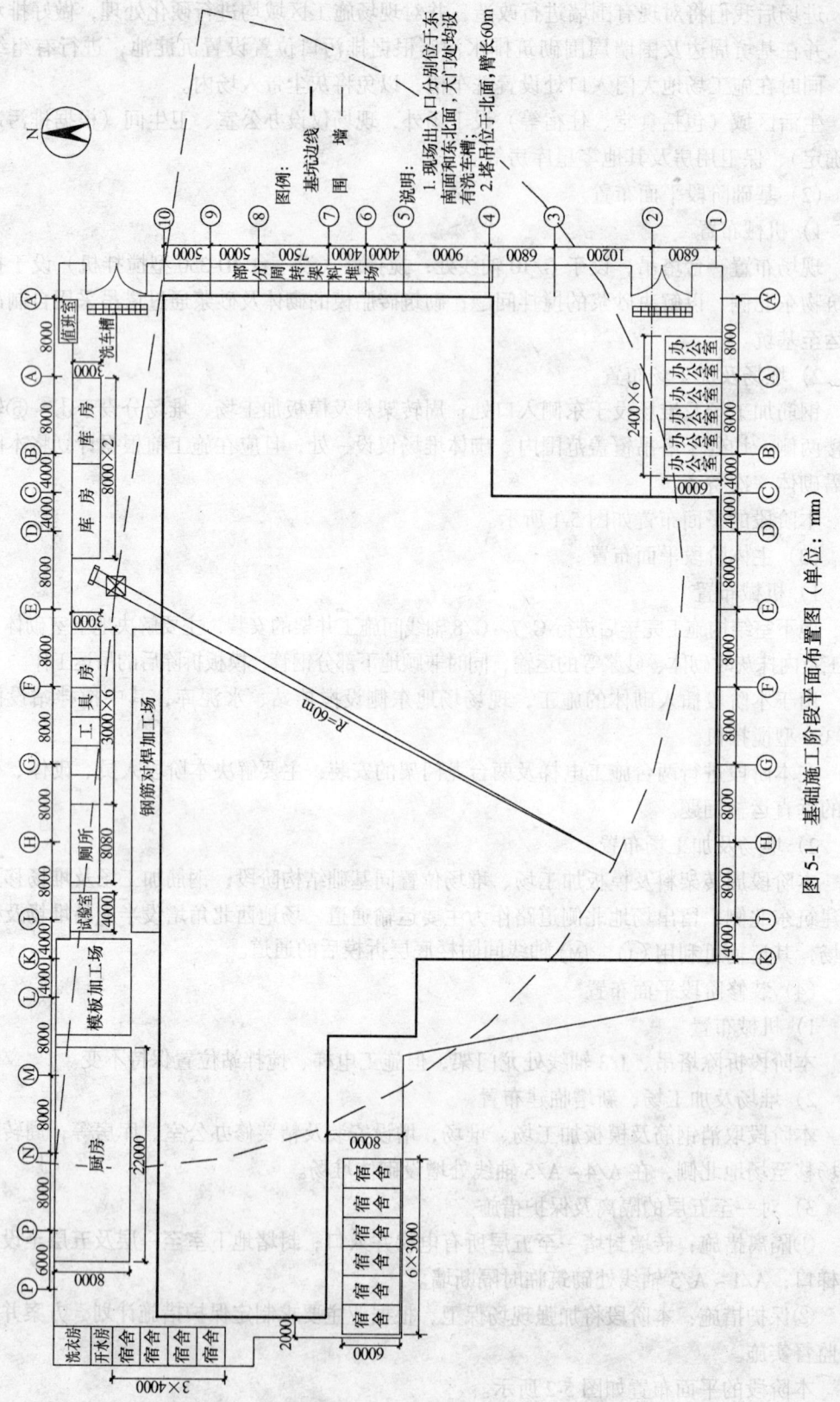

图 5-1 基础施工阶段平面布置图（单位：mm）

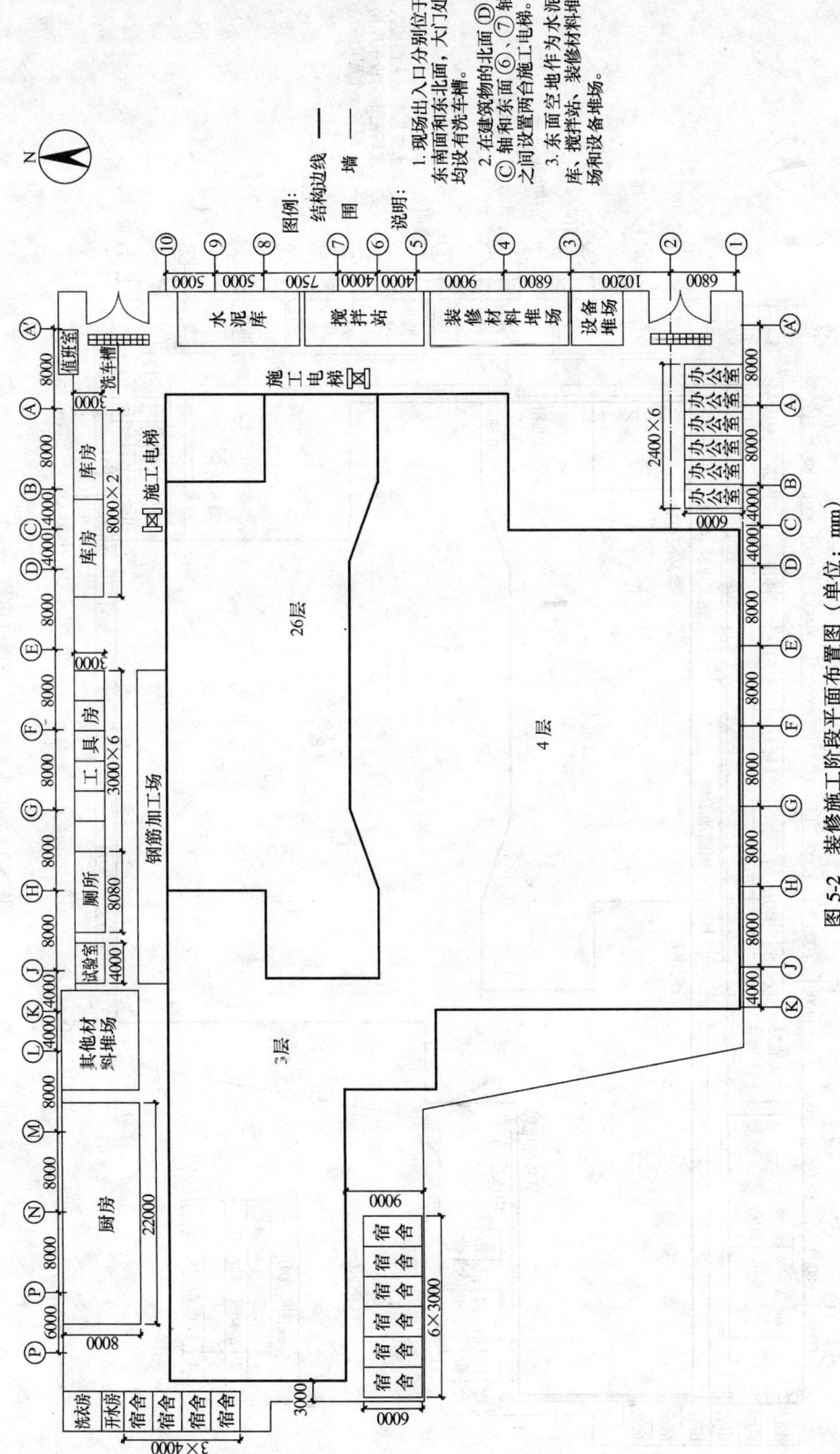

图 5-2 装修施工阶段平面布置图（单位：mm）

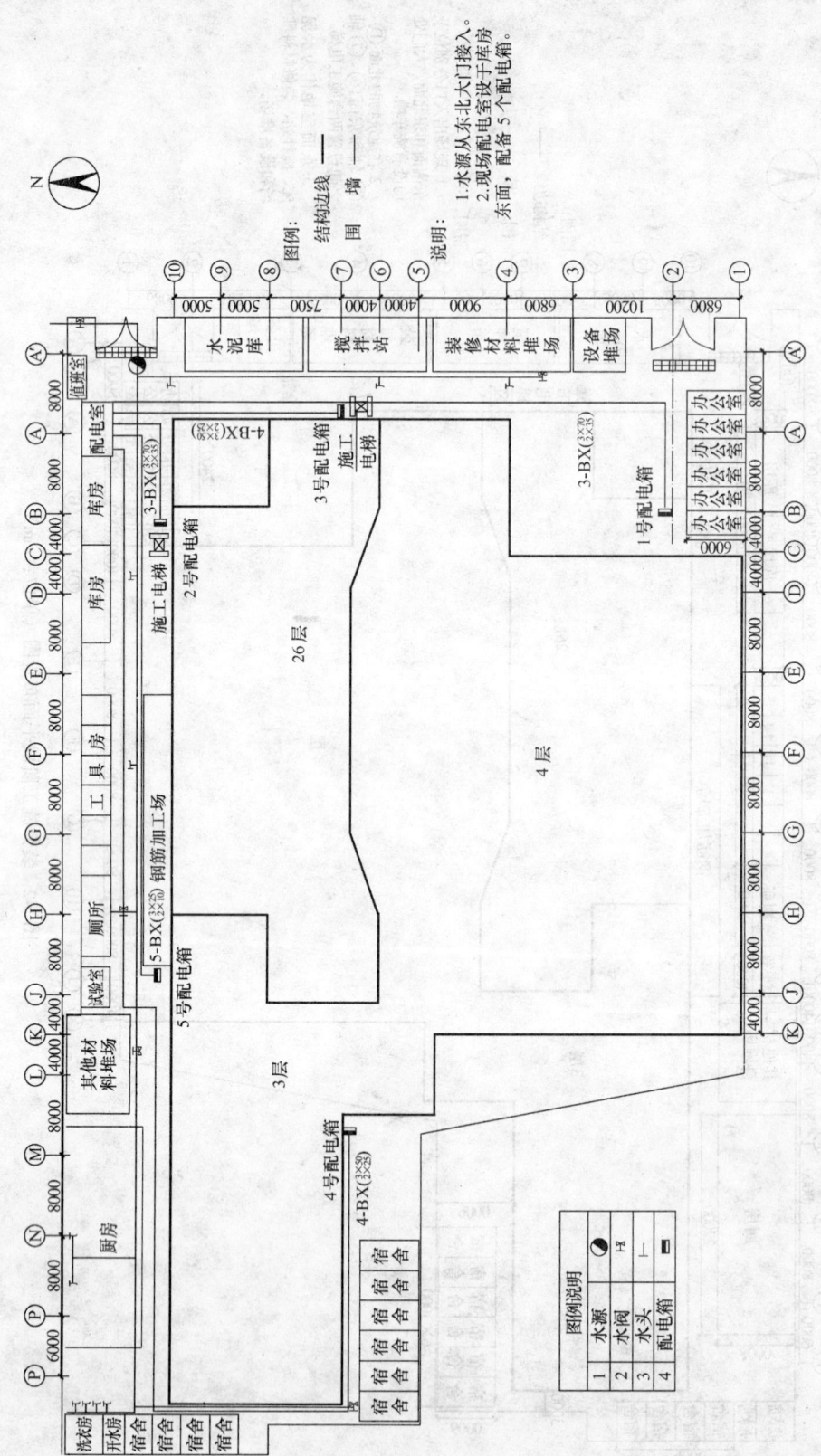

图 5-3 临时水电平面布置图（单位：mm）

(5) 现场用电布置

现场供电采用三相五线制,按生产用电、生活用电、现场照明用电分开设置,并严格按照用电规范要求进行配电箱的布置。现场照明线路采用梢径为100mm的木制电线杆(约每25m一根)架空,大门入口处挂一盏镝灯,并每隔一定距离挂一盏普通照明灯。

(6) 现场用水布置

现场用水按生产用水、生活用水、消防用水分开设置,生产用水管径应不小于$\phi70$,生活用水采用$\phi25$镀锌钢管。楼层用水采用高压水泵将水加压后引至各楼层。水管均应涂刷防锈漆,穿过路面时应埋地。装修阶段应尤其注意引水立管同支管间接头处的处理,以防渗水污染墙面。

现场水电布置如图5-3所示。

# 6 主要分部（分项）工程施工方法

本章内容直接针对本工程特点编制,常规施工方法及规范要求本章不再赘述。

## 6.1 测量放线

### 6.1.1 地下室控制测量

地下室可以通过外控法进行控制测量,即利用在土方开挖前布设的地面和围墙上轴线,向基坑内投测。由于受土方开挖的影响,轴线控制点可能受到破坏,所以要经常进行检查复核。

地下室标高的控制是根据业主方提供的水准点BM1、BM2和BM3（已校核）,从地面利用S3水准仪和50m钢卷尺向下传递。

### 6.1.2 地上部分控制测量

（1）主楼

主楼部分采用内控法进行控制。在每层设四个控制点N1、N2、N3、N4（详见测量方案）,利用激光经纬仪从±0.000层向施工层竖直投点。

在±0.000层浇混凝土前,用150mm×150mm×10mm的钢板加锚脚焊于点位。混凝土浇好后,进行精确定位。这项工作非常重要,需反复检查,精确无误后用凿子刻上十字丝。从二层开始,每层点位处预留200mm×200mm的洞孔,以便激光通过。

测角采用J2经纬仪观测Ⅱ测回,误差小于等于5″,量距采用50m钢卷尺往返测,精度要达到1/20000。标高利用50m钢卷尺从外架或电梯井处向上传递。注意每次进行回零复核,防止积累。

（2）附楼

内控和外控法相结合,靠近主楼的利用主楼内控点,其余的利用外控法向上传递轴线。

### 6.1.3 特殊结构测量（表6-1）

（1）高度为14.21m柱（A/5轴线处）：从控制点引入柱轴线,并在两个方向弹好墨线。施工中采用先搭钢筋笼架,然后扎一段钢筋,支一段模板,复核一次轴线,确保该部分结构垂直度在允许误差范围内。

(2) 螺旋楼梯：先在室内计算好数据，再到现场放线，其投影圆的切分利用经纬仪控制切分角度。

(3) 坡道线：先计算出坡道主要特征点到两个方向轴线的垂直距离，以 2m 为间隔单位，在实地放出各特征点，并连结成平滑曲线。

测量仪器和工具  表 6-1

| 序 号 | 名 称 | 单 位 | 数 量 |
|---|---|---|---|
| 1 | J2 经纬仪 | 台 | 1 |
| 2 | J2 激光经纬仪 | 台 | 1 |
| 3 | S3 水准仪 | 台 | 2 |
| 4 | 50m 钢卷尺 | 台 | 2 |
| 5 | 对讲机 | 台 | 2 |

注：其他日常用具不计

## 6.2 土方及支护工程

本工程深基础支护的设计和施工将严格按照北京市质检总站第 029 号和北京市建委发布的建施字 285 号文，关于《北京市建设工深基础护坡桩设计、施工管理规定》的要求，严密组织施工，确保施工安全。

由于本工程场地极为狭小，开挖深度达 -15.15m，若采用放坡开挖，开挖线已超出围墙外；若采用护坡桩，则工期及费用超标较多。经反复研究后，决定采用土钉墙作为外墙模板，护壁找平层将三元乙丙防水层贴在其上，减少土方开挖量，加快工期。

本工程支护采用土钉墙支护方法，土方采用机械开挖，其详细支护方案见"土方挖运施工组织方案"及"基坑喷锚网（土钉）支护设计施工方案"。

## 6.3 基础底板结构工程

该分部工程的施工要点是：保证地基承载能力和地下室大体积、大面积同防渗既有害裂缝控制；安装预埋，特别在电气接地极的预埋等，以确保良好的使用功能。因此，在模板、钢筋、混凝土、脚手架等除按常规施工外，着重处理好工序穿插和采取针对工程特点的技术措施，特别是与老建筑相邻的①轴部分的结构与防水，应根据设计院所出的洽商和联系函进行详细的施工作业设计。

### 6.3.1 A 区筏形基础施工

（1）模板工程

筏形基础周边模板均采用砖胎模，用 MU7.5 砖，M5.0 砂浆砌筑 240mm 厚砖墙，墙与边坡间的空隙用土或砂回填夯实，按每 500mm 高随砌随填。砖胎模砌筑填完后，表面用 1:3 水泥砂浆抹平（图 6-1）。

筏形基础梁的支模有两种方式：一是绑扎完梁板钢筋后，先浇筏板混凝土，待其达到 25% 强度后，再支筏基梁模板、浇混凝土；二是筏板及筏基梁模板一次支设完毕，筏基梁侧模采用钢支架进行支撑，然后浇筑混凝土。由于第二种方式减少了中间环节，且利于保证质量、缩短工期，我们拟采用第二种方式进行筏基梁模板的支设。

(2) 钢筋工程

关于钢筋工程的施工方法，我们将在地下室结构施工中详细阐述，本处应注意如下几点：

1) 底板通长筋的连接严格按规范及设计要求进行，本处采用焊接方式，应确保其接头质量；

2) 在进行钢筋绑扎时应注意对防水层的保护；

3) 底板钢筋"A"支撑撑于上下层板筋间，不得直接搁在垫层上。

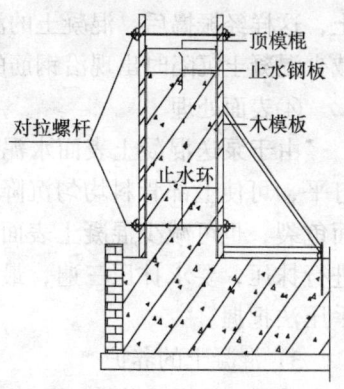

图6-1 砖胎模支撑示意图

(3) 混凝土工程

本工程筏板厚1000mm，大致区域为26m×56m，属大体积混凝土范畴。混凝土采用C40级，并要求结构具有自防水功能，抗渗等级为P8，因此我们在施工中将采取下列措施以确保其质量及结构性能：

1) 混凝土浇灌前的施工准备：

①提前进行C40混凝土的试配制，优化混凝土配合比，在满足泵送及强度增长等要求的前提下选择合适的水灰比，并掺入适当外加剂（掺量根据试验确定）。

②选择评审合格的混凝土供应商。确定混凝土供应商前，必须对其资质、信誉、质量、服务进行全面考核，择优选用。

③浇灌区段的钢筋、模板工程必须请业主现场代表，监理，质量部门检查认可签发钢筋隐蔽工程验收记录和混凝土浇灌许可证后才能进行混凝土的浇筑。

④项目总工程师和项目技术负责人应根据工程实际情况，编制切实可行的浇筑方案，并认真向全体操作人员进行作业交底。

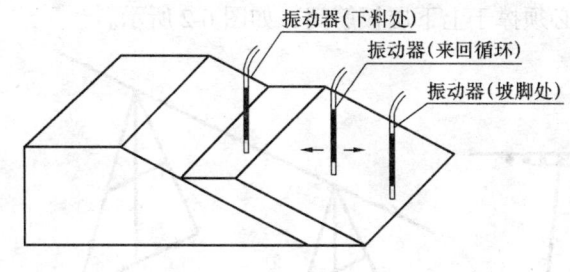

2) 混凝土的浇筑

①底板浇筑方法：底板混凝土采用斜面分层浇筑法，浇筑工作由下层端部开始逐渐上移，循环推进，每层厚度500mm，通过标尺杆进行控制。夜间施工时，尺杆附近要用手把灯进行照明。浇筑时，要在下一层混凝土初凝前浇捣上一层混凝土，并插入下层混凝土5cm，以避免上下层混凝土之间产生冷缝，同时采取二次振捣法保持良好接搓，提高混凝土的密实度。

②采用插入式振动棒振捣，每个泵配3个以上振动器，在混凝土下料口配1~2个振动棒，在混凝土流淌端头配1~2个振动器，在中间配置1~2个振动器，在两侧各配3个振动器负责两侧较宽区域的振捣。振捣手要认真负责，仔细振捣，防止过振或漏振。

③泌水处理

大流动性混凝土在浇筑和振捣过程中，必然会有游离水析出，并顺混凝土坡面下流至坑底。为此，在基坑边设置集水坑，通过垫层找坡使泌水流至集水坑内，用小型潜水泵将过滤出的泌水排出坑外；同时，在混凝土下料时，保持中间的混凝土高于四周边缘的混凝土,这样经振捣后,混凝土的泌水现象得到克服。当表面泌水消去后,用木抹子压一道,减少混凝土沉陷时出现沿钢筋的表面裂纹。

④表面处理

由于泵送混凝土表面水泥浆较厚,浇筑后须在混凝土初凝前,用刮尺抹面和木抹子打平,可使上部骨料均匀沉降,以提高表面密实度,减少塑性收缩变形,控制混凝土表面龟裂,也可减少混凝土表面水分蒸发,闭合收水裂缝,促进混凝土养护。在终凝前再进行抹压,要求抹压三遍,最后一遍抹压要掌握好时间,以终凝前为准,终凝时间可用手压法把握。

3)混凝土的养护

采用自然浇水养护,保证混凝土表面呈湿润状态,养护时间不得少于 14d;

4)混凝土温度及应力的测试

本工程筏板厚度达 1000mm,混凝土浇灌后内部温升快,温度应力不均匀,将产生有害裂缝。因此,应对底板混凝土进行温度监测,根据监测情况随时采取措施,保证混凝土内外温差控制在 25℃内。具体参见"大体积混凝土测温及应力测试方案"。

**6.3.2 B 区及 C 区独立基础、条形基础及抗水板的施工**

(1)模板工程

独立基础、条基位于抗水板以下的部分及抗水板周边均采用砖胎模,做法同 A 段砖胎模。但在进行独立柱基的施工时,应注意:模板应随混凝土的浇筑分段进行支设,锥面与抗水板相交处应用 $\phi20$ 短钢筋垂直焊于抗水板钢筋上进行坡脚处的支挡。

(2)钢筋工程

钢筋工程的施工将在地下室结构施工中详细阐述,本处应注意如下几点:

1)钢筋加工、连接和绑扎必须严格按规范及设计要求进行;

2)抗水板"Ⅱ"形板筋支撑的撑脚必须撑于上下层板筋间,如图 6-2 所示。

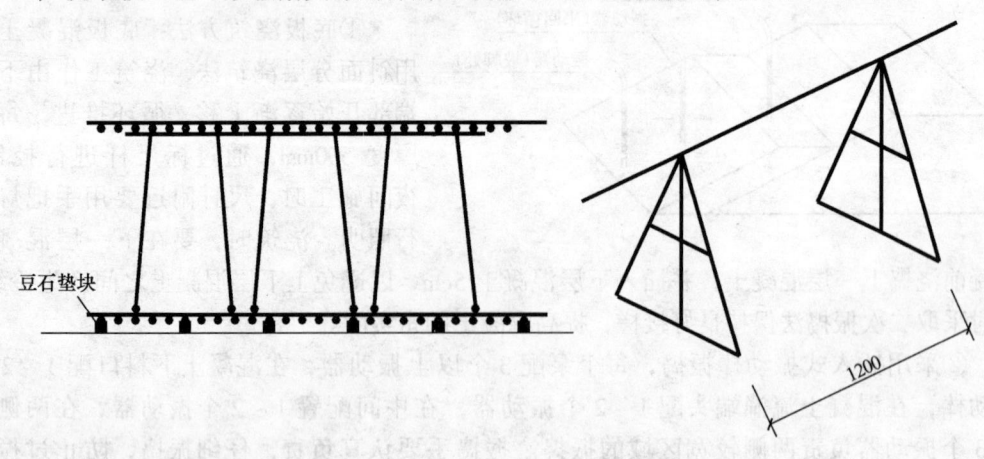

图 6-2 抗水板"Ⅱ"形板筋支撑

(3)混凝土工程

关于混凝土工程施工的准备、混凝土的浇灌及养护在 A 段筏基的施工中已有详细说明,本处应注意如下问题:

1）在独立柱基的施工中应加强对角部混凝土的振捣；
2）对柱插筋进行加固，以防其在混凝土的振捣过程中偏位。

### 6.4 地下室结构工程

#### 6.4.1 模板工程

（1）模板及支撑系统必须满足以下要求：
1）保证结构构件各部分的形状和尺寸以及相互间位置的正确；
2）必须具有足够的强度、刚度和稳定性；
3）模板接缝要严密，不得漏浆；
4）便于模板的拆除。

由于地下室模板及架料周转较慢，故对其单独进行配置。地下室模板全部采用 1830mm×915mm×18mm 九夹板，支撑体系采用 $\phi$48 钢管，扣件连接。

（2）梁柱支模

梁柱模板的支设方式如图 6-3 所示。

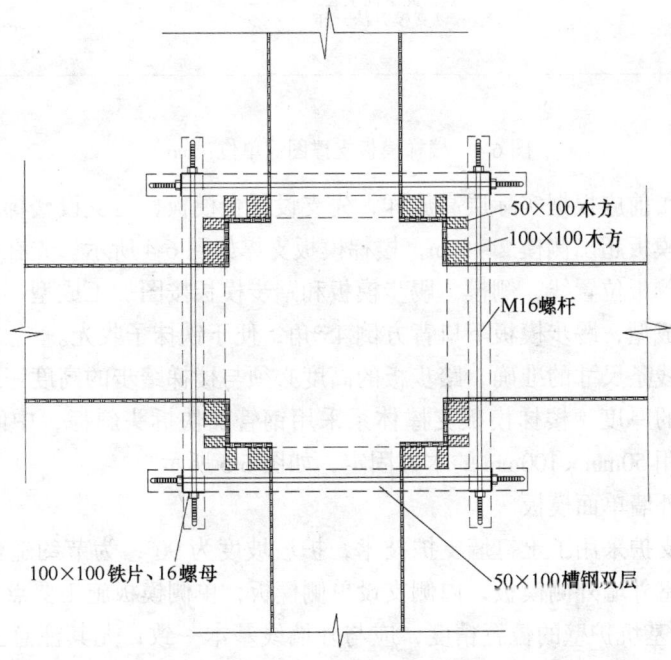

图 6-3 梁柱模板支设方式（单位：mm）

（3）电梯井模板

电梯井模板采用组合式铰接筒子模。筒子模模板为定型钢木组合式模板，支撑为冷轧型钢支撑，筒子模与移动式操作平面配套使用。支模时将调好的筒模整体吊入，搁置在移动操作平面上，接长筒体钢筋后，筒模与外侧模板以穿墙对拉螺杆连系，混凝土浇筑后，吊出筒模进行清理周转使用。电梯井筒子模施工按我企业 94-09 号《电梯井筒单向整体式提模工法》进行。

（4）楼梯模板

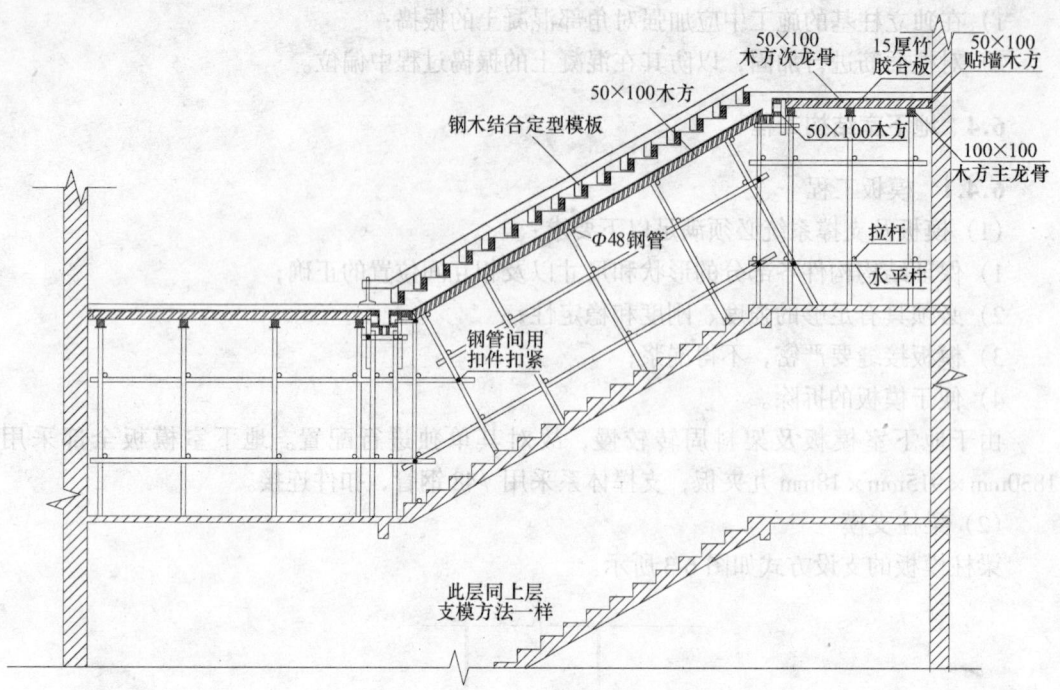

图 6-4 楼梯模板支撑图（单位：mm）

楼梯模板施工前应根据实际层高放样，先支设平台模板，再支设楼梯底模板，然后支设楼梯侧板，底模板超出侧模 2~3cm，楼梯模板支撑如图 6-4 所示。先在侧板内侧弹出楼梯底板厚度线和侧板位置线，侧模、踢步模板和踏步模板按图加工成型，现场组装。为了保证踏步板一次成型，踢步模板下口背方倒 45°角，便于铁抹子收光。

为确保踏步线条尺寸的准确，踏步板的高度必须与楼梯踏步的高度一致，放样时，须预留出装修面层的厚度。楼梯模板支撑体系采用钢管加快拆头斜撑，中间设横向拉杆一道，侧模固定采用 50mm×100mm 的木方固定，如图 6-5 所示。

（5）地下室外墙单面模板

本工程基坑支护采用了土钉墙支护技术，护坡坡度为 90°，为节约造价，利用垂直的土钉墙作为地下室外墙外侧模板，内侧支设单侧模板，单侧模板施工要点如下：

1）注意控制基坑护壁的位置精度，应与外墙线基本一致，尤其注意土方开挖时该处的不能超挖，留出一定富余量供人工清理，挖完后面层抹砂浆，再进行卷材防水施工。

2）墙体模板采用钢管式脚手架作为支撑系统，面板为组合小钢，模板主次龙骨采用双钢管。

3）在底板施工时埋入 φ32 钢筋地锚作钢管支撑用，第一道地锚紧贴底部钢管支撑留设，如图 6-6、图 6-7 所示。

（6）模板的拆除

1）模板拆除均要以同条件混凝土试块的抗压强度报告为依据，填写拆模申请单，由项目工长和项目技术负责人签字后报送监理审批方可生效执行。

①侧模：在混凝土强度能保证表面棱角不因拆除模板而受损坏后，方可拆除。

# 6 主要分部（分项）工程施工方法

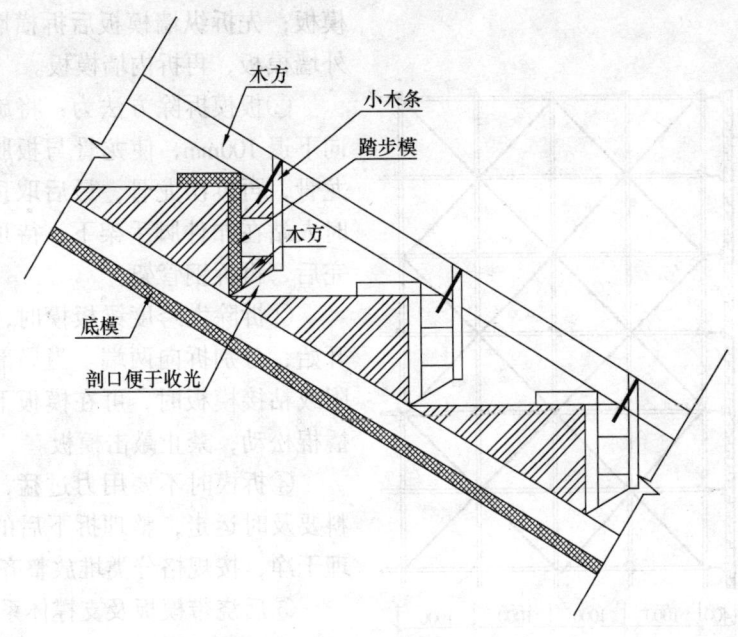

图 6-5　楼梯踏步模板支设图

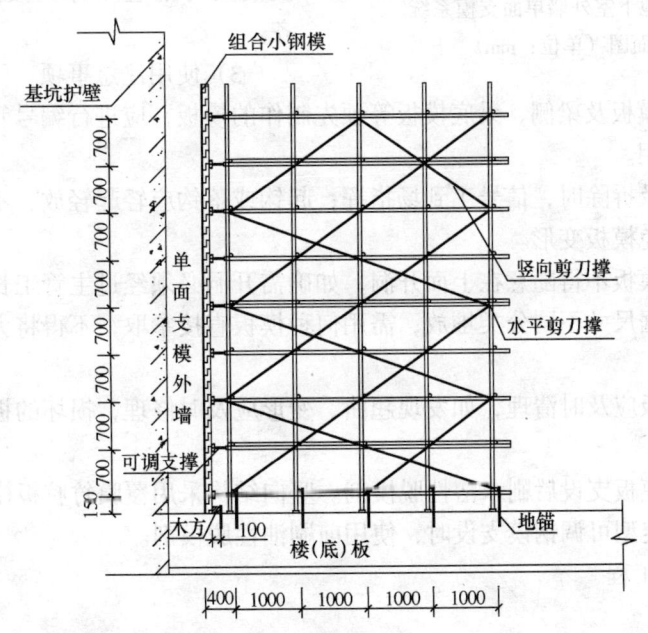

图 6-6　地下室外墙单面支模系统立面图（单位：mm）

②底模：构件跨度大于 8m 的混凝土强度达到设计强度的 100% 后，方可拆除；构件跨度小于 8m 的混凝土强度达到设计强度的 75% 后，方可拆除。预应力梁板在预应力张拉完毕后拆除底模。

2) 模板及支撑体系拆除方法

①模板拆除顺序与安装顺序相反，先支后拆，后支先拆；先拆非承重模板，后拆承重

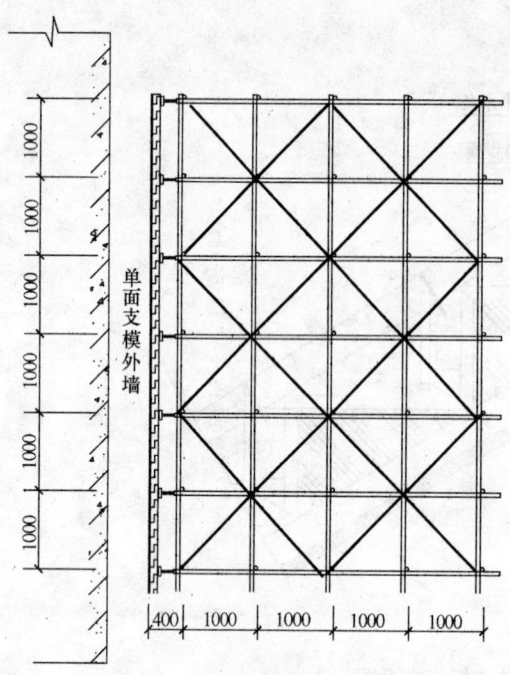

图 6-7 地下室外墙单面支模系统
平面图（单位：mm）

模板；先拆纵墙模板后拆横墙模板；先拆外墙模板，再拆内墙模板。

②板模拆除方法为：将旋转可调支撑向下退 100mm，使龙骨与板脱离，先拆主龙骨，再拆次龙骨，最后取顶板模。拆除时人站在扣件脚手架下，待顶板上木料拆完后，再拆钢管架。

③拆除大跨度梁板模时，宜先从跨中开始，分别拆向两端。当局部有混凝土吸附或粘接模板时，可在模板下口接点处用撬棍松动，禁止敲击模板。

④拆模时不要用力过猛，拆下来的材料要及时运走，整理拆下后的模板及时清理干净，按规格分类堆放整齐。

⑤后浇带模板及支撑体系不得拆除。

⑥拆除时要注意成品保护，拆下后的模板及时清理干净，按规格分类放置整齐。

3）使用注意事项

①墙、柱大模板及梁侧、梁底模板等预先制作的模板，应进行编号管理，模板宜分类堆放，以便于使用。

②模板安装及拆除时，信号工到场指挥，起钩或落钩应轻起轻放，不准碰撞，不得使劲敲砸模板，以免模板变形。

③加工好的模板不得随意在上面开洞，如确需开洞必须经过主管工长同意。

④木模板根据尺寸不同分类堆放，需用何种模板直接拿取，不得将大张模板锯成小块模板使用。

⑤拆下的模板应及时清理，如发现翘曲、变形应及时修理，损坏的板面应及时进行修补。

⑥水平结构模板支设后刷水溶性脱模剂。竖向结构采用覆膜竹胶板模板，使用前应刷水溶性脱模剂；定型可调钢模支设时，使用前刷油性脱模剂。

**6.4.2 钢筋工程**

(1) 钢筋加工

①熟悉施工图纸，按照设计规范及施工验收规范的有关规定，确定钢筋相互穿插、避让关系，在准确理解设计意图、执行规范的前提下，认真进行钢筋翻样。

②钢筋加工主要在现场进行，应根据施工进度区别不同部位分层制作。钢筋应严格按图纸和施工翻样进行制作，钢筋半成品经验收合格后按使用部位，规格、品种等分类堆放，挂牌由专人发放。

③钢筋的代换必须经业主的现场代表、监理单位、设计单位同意后方可进行。

(2) 钢筋连接

本工程钢筋混凝土柱主筋及混凝土墙暗柱主筋均采用机械连接，钢筋混凝土墙水平及竖向分布筋、框架梁、板钢筋均采取搭接方式。对于机械连接，采用锥螺纹连接方式，其施工要点如下：

施工程序为：钢筋配料→钢筋套丝→现场连接→取样检查验收。

A. 钢筋配料钢筋切断时，其断面应与钢筋轴线垂直，端头不得翘曲，不准用气割或电焊切断钢筋。按配料表进行配料，保证锥螺纹接头在受拉区不超过50%，且错开间距不小于 $35d$。

B. 钢筋套丝

套丝机选用54-5B型，钢筋套丝质量必须逐个用牙形规与卡规检查，钢筋的牙形必须与牙形规相吻合；其小端直径必须在卡规上标出的允许误差之内，锥螺纹丝扣完整牙形不得小于规范规定。质检员每批按3%抽查，如发现一个不合格丝头，应责成操作工人将该批丝头逐个检查，检出不合格丝头，将其切去一部分重新套丝。

C. 现场连接

在进行施工前，先检查连接套规格与钢筋规格是否一致，检查钢筋锥螺纹及连接套螺纹是否完好无损。钢筋锥螺纹丝头上如发现杂物或锈蚀，用铁刷清除，将带有连接套的钢筋拧到待连接钢筋上，然后按规定力矩值，用特制的PW360力矩扳手拧紧接头。当听到力矩扳手发出"卡塔"响声时，即达到接头的拧紧值，连接完接头必须立即用油漆做上标记，防止漏拧。

D. 检查验收

用力矩扳手按规定力矩值，抽检接头的拧紧力矩值，抽验数量：每根梁柱抽验一个接头，板墙、底板每100个接头为一批，抽验三个。

做钢筋接头单体试件中静力拉伸试验时，以每种规格300个为一批，做3个试件。当屈服强度实测值不小于钢筋的屈服强度标准值且抗拉强度实测值与钢筋屈服强度标准值的比值不小于1.35，即为合格。若一根试件达不到上述值，应再取双倍试件试验。若仍有一根不合格，则该批连接件都为不合格，严禁使用。

(3) 钢筋绑扎

A. 剪力墙钢筋施工

施工顺序：暗柱主筋→暗柱箍筋→剪力墙竖向钢筋→定位梯子筋→剪力墙水平筋→S钩拉筋→塑料垫块固定。

施工方法：为保证墙体双层钢筋横平竖直，间距均匀正确，采用梯子筋限位。为保证墙体的厚度，对拉螺杆处增加短钢筋内撑，短钢筋两端平整，刷上防锈漆。在墙筋绑扎完毕后，校正门窗洞口节点的主筋位置以保证保护层的厚度。墙体钢筋搭接接头绑扣不少于三道，绑丝扣应朝内，限位钢筋的做法如图6-8所示。

B. 柱钢筋绑扎施工

施工顺序：立柱筋→套箍筋→连接柱筋→画箍筋间距→放定位筋→绑扎钢筋→塑料垫块。

施工方法：用粉笔划好箍筋间距，箍筋面与主筋垂直绑扎，并保证箍筋弯钩在柱上四角相间布置。为防止柱筋在浇筑混凝土时偏位，在柱筋根部以及上、中、下部增设钢筋定位卡。柱（墙）钢筋接头按照50%错开相应距离；柱（梁）箍筋绑扎时开口方向间隔错

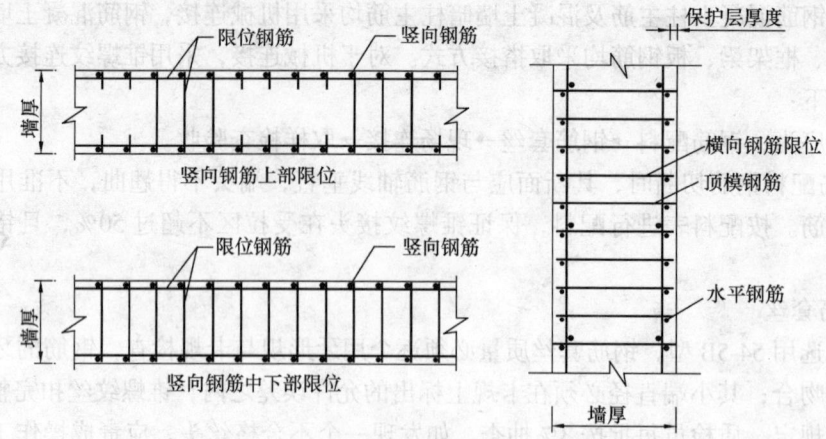

图 6-8　墙体限位钢筋示意图

开。其中框架柱及暗柱接头分别留置在距板面上 500mm 和 900mm 处。同时按照建筑图中的隔墙位置，沿高度每隔 500mm 预留 2ϕ6 拉结筋。

C. 梁钢筋施工

施工顺序：主梁主筋→放梁定位箍→梁箍筋→次梁主筋→放梁定位箍→梁箍筋→高强混凝土垫块固定。

施工方法：先在梁四角主筋上画箍筋分隔线，对接头进行连接，将四角主筋穿上箍筋，按分隔线绑扎牢固，然后绑扎其他钢筋。梁纵向受力钢筋出现双层或多层排列时，两排钢筋之间垫以同直径的短钢筋。加密区长度及箍筋间距均应符合设计要求，梁端第一道箍筋设置在距柱节点边缘 50mm。梁板钢筋接头底筋在墙柱支座处，上筋在跨中 1/3 净跨范围内，主次梁相交时，主梁筋在下、次梁筋在上（图 6-9）。

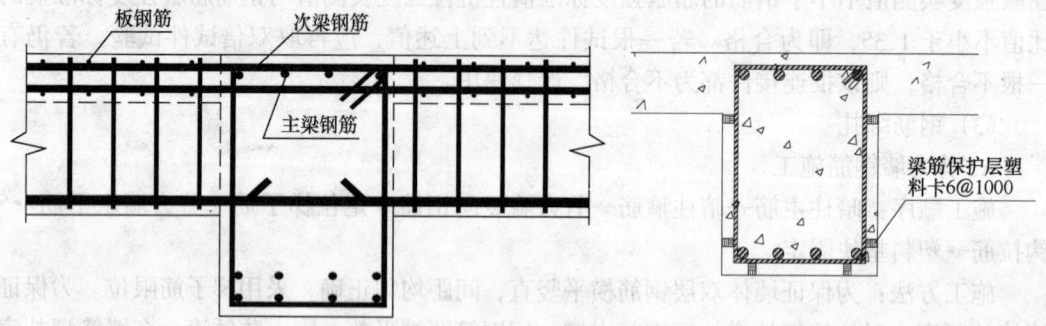

图 6-9　梁筋保护层塑料卡安放示意图

D. 板钢筋施工

施工顺序：弹板钢筋位置线→板短向钢筋→板长向钢筋→洞口附加钢筋→板负弯筋→塑料垫块固定。

施工方法：先在模板上弹出钢筋分隔线和预留孔洞位置线，按线绑扎底层钢筋。单向板除外围两根筋相交点全部绑扎外，其余各点可交错绑扎，双向板相交点必须全部绑扎。板上部负弯矩筋拉通线绑扎。双层钢筋网片之间加铁马凳，呈梅花状布置。

E. 预埋线盒

在结构开始施工前，即着手进行预留预埋的统计工作，并编制详细的作业指导书指导施工。

F. 成品保护

混凝土浇筑前，采用600mm宽彩条布对墙柱竖向钢筋进行保护，防止钢筋被混凝土污染。柱墙拆模后用塑料护角条对柱墙混凝土角部进行成品保护。

G. 控制要点

①作为电气接地引下线的竖向钢筋必须标识清楚，焊接不但要满足导电要求，更要符合钢筋焊接质量要求。

②在对所有竖向钢筋接头按规范检验合格并做好标识后方可开始绑扎，绑扎时要求所有受力筋与箍筋或水平筋绑牢，柱子角部主筋与角部箍筋绑牢。楼板负弯矩筋弯钩必须向下，不得平躺或朝上方向。

③保证拉结筋埋设数量及位置准确，以满足围护结构抗震设防要求。

④按照结构设计总说明中所规定的布筋原则及规范进行钢筋施工，确保钢筋工程的施工质量，为工程的结构安全奠定基础。

### 6.4.3 混凝土工程

混凝土工程施工的准备、浇筑、养护同前述。由于本工程地下部分柱、核心筒剪力墙、一至九层的墙柱结构均使用C60级混凝土，我们在过去的研究中发现，C60级泵送混凝土除须按规范要求进行计量、配料外，还应根据经验数据对其坍落度、水灰比、砂率等进行控制方可确保其性能，具体如下：

1) 确定适宜的砂率，可适当增大，但不宜超过50%；

2) 坍落度可突破规范5cm；

3) 碎石的最大粒径应小于40mm，且注意碎石的最大粒径与输送管的管径之比宜小于1:3，且通过0.315筛孔的砂应不少于15%；

4) 宜掺外加剂及粉细料。掺减水剂可减少泌水，增大混凝土的流动性，使其具有良好的泵送性能；同时，掺外加剂及粉细料还可减少水泥用量，从而降低水化热。

在进行C60级混凝土施工前，我们将与商品混凝土供应站取得联系，参与混凝土的试配制，为顺利地完成C60级混凝土的施工做好充分的准备。

(1) 防水混凝土施工

本工程地下室底板、外墙及水池混凝土采用防水混凝土，为保证结构自防水质量，需从原材料选择、试验、配合比设计和混凝土施工控制着手，优选出满足设计强度等级、抗渗等级和耐久性，且具有水化热相对较低、收缩小、泌水少、施工性能良好的防水混凝土，严格控制混凝土的搅拌、运输、浇筑及养护，从而保证混凝土内实外光，控制结构不出现温度收缩裂缝及钢筋和预埋件无渗水通道，保证结构具有良好的自防水功能。

1) 墙体采用带止水钢板的对拉螺杆。为保证防水效果，导墙施工缝部位采用止水钢板进行处理。

2) 严格控制自防水混凝土的配合比设计，特别是水灰比必须小于0.50。

3) 严格控制防水混凝土的坍落度，组织好施工程序，严格控制防水混凝土运输及停放时间。

4) 混凝土的浇筑采取分层斜向推进的办法，振捣时一定要将振动器伸至下一层50mm

左右。

5) 加强防水混凝土同条件养护及标准养护试块工作,准确掌握地下室外墙模板拆模时间。

6) 混凝土养护采取定时向墙面喷水并用塑料膜覆盖的方法,养护时间不少于14d。

7) 为减少对混凝土的扰动,保证混凝土结构自防水性能,池壁墙体模板拆除时间推迟在混凝土浇筑后7d进行,模板拆除后及时张挂麻袋,浇水养护,至少14d。

(2) 墙、板、柱混凝土施工

1) 剪力墙混凝土施工

剪力墙施工:剪力墙混凝土分层浇筑,首先在底部浇筑50~100mm同配比的减石子水泥砂浆,用标尺杆控制分层高度,每层400mm。墙体混凝土分层连续浇筑到板底,且高出板底30mm(待拆模后,进行施工缝处理,剔凿掉20mm,使其露出石子为止)。墙体混凝土浇筑完后,将上口甩出的钢筋加以整理。地下室外墙水平施工缝处设置3mm止水钢板。

2) 楼板混凝土施工

楼板混凝土要求随铺随振随压,并在浇筑完毕后,用木抹子抹平,进行拉毛处理。对大跨度梁须注意分层浇筑,以保证混凝土质量。

3) 柱头混凝土浇筑

柱头水平施工缝留设在距梁底上30mm处(待拆模后,剔凿掉20mm,使其露出石子为止,使结构施工完后,施工缝为不可见)。由于本工程梁板混凝土与柱墙混凝土强度等级有区别,先用塔吊浇筑柱头处高强度的混凝土,在混凝土初凝前再浇筑梁板混凝土,并加强混凝土的振捣和养护。从而确保梁柱节点区的混凝土强度等级与下柱一致,如图6-10所示。浇筑混凝土前对柱头钢筋予以保护,用塑料膜将钢筋进行包裹1m高左右,防止混凝土污染钢筋。

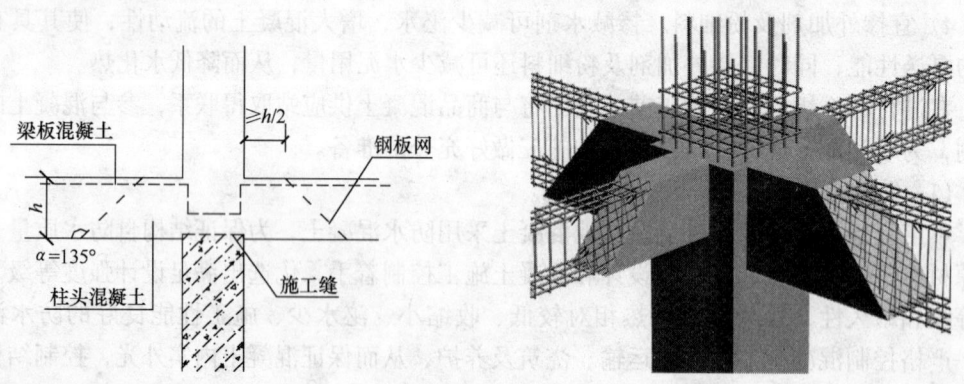

图6-10 柱头混凝土浇筑示意图

4) 楼梯混凝土施工

楼梯间墙混凝土随结构剪力墙一起浇筑,一次成型。楼梯段自下而上浇筑,先振实底板混凝土,达到踏步位置时再与踏步混凝土一起浇捣,不断连续向上推进,并随时用木抹子将踏步上表面抹平。

5) 施工缝处混凝土浇筑

施工缝处必须待已浇筑混凝土的抗压强度不小于1.2MPa且不少于留置施工缝后48h，才允许继续浇筑。留置施工缝处的混凝土必须振捣密实，其表面不磨光，并一直保持湿润状态。在继续浇筑混凝土前，施工缝混凝土表面必须进行凿毛处理，剔除浮动石子，并彻底清除施工缝处的松散游离的部分，然后用压力水冲洗干净，充分湿润后，刷1:1水泥砂浆一道。浇筑之前先预铺同配比减石子水泥砂浆，再进行上层混凝土浇筑，混凝土下料时要避免靠近缝边，缝边人工插捣，使新旧混凝土结合密实。

#### 6.4.4 人防工程

本工程地下室为六级人防工程，因此进场后在地下室结构施工时，必须认真对照平时设计和战时设计两套图纸进行施工组织。在结构配筋方面的原则是取大值，即以设计配筋量大的一方为依据施工，在浇混凝土前应注意以下问题：

(1) 人防图要求的口部处理预埋留是否到位；
(2) 封堵处的铁件是否留设好；
(3) 人防防爆地漏，集水坑位置是否准确；
(4) 穿区域的管线是否采取封堵措施，大于等于300mm的管道四周有无配筋加强；
(5) 防爆门、活门、门框预埋是否完成，吊环是否就位，是否有稳妥的防爆门吊装方案。

### 6.5 主体结构工程

#### 6.5.1 模板工程

本工程±0.000以上结构模板体系分别为：模板采用SP-70模板，支撑体系采用快拆支撑体系。模板及支撑体系配置三套。

(1) 梁板支模

±0.000以上结构梁板支模方式如图6-11所示。

(2) 结构高度超过9m的柱模板支设

我们拟采取一次支设到顶的方法，每隔2m左右留一个浇捣口，并对柱基模板以上5m范围内的钢管抱箍进行加密，对该部分结构体系模板强度和刚度、抱箍数量及间距必须经过验算；

其他在地下室结构工程一节中已有详细说明，此处不另赘述。

#### 6.5.2 混凝土工程

主体结构阶段混凝土工程的施工除前所述外，还应注意以下内容：

(1) ±0.000以上结构梁板、柱墙混凝土分两次浇筑，接头处混凝土采用塔吊配合吊运；
(2) 竖向结构混凝土强度等级发生变化时，高强度等级的混凝土应向上继续浇筑200mm左右；
(3) 后浇带的处理

后浇带严格按设计要求留设，并留好插筋；后浇带的接头处处理成坡面形或企口形，继续浇筑混凝土时应先按施工缝的处理方法进行界面处理，并应按要求在混凝土中加入适量的微膨胀剂。

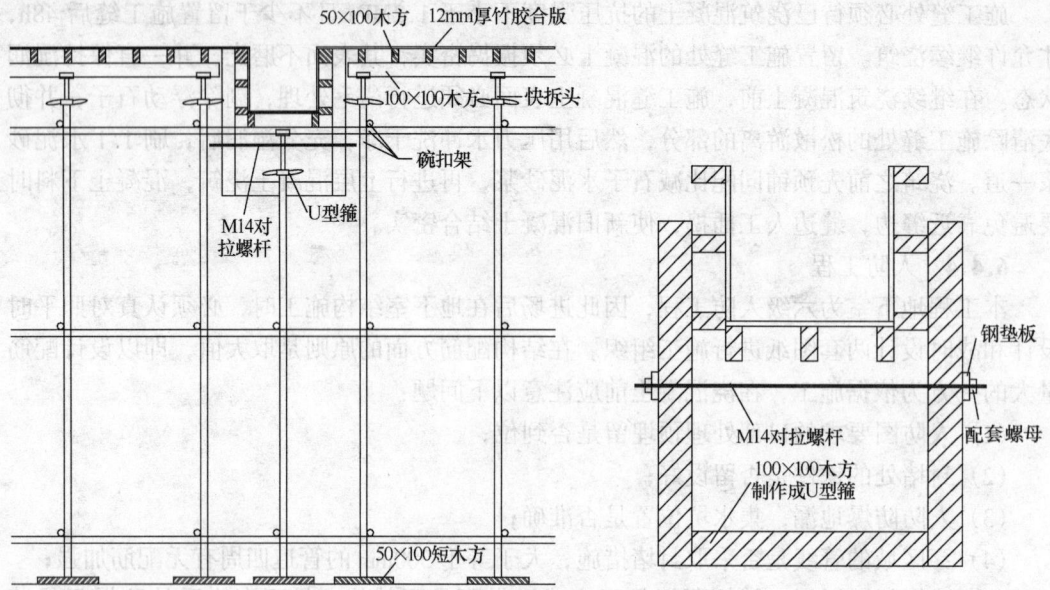

图 6-11 ±0.000 以上结构梁板支模方式

## 6.6 脚手架工程

本工程附楼部分外架采用双排钢管外架，一层密目安全网，一层钢板网进行全封闭；主楼采用多功能整体提升式外架，架体亦采用一层密目安全网，一层钢板网进行全封闭。双排外架架体立杆间距1.3m，排距1.2m，步距1.5m，脚手架两端及每隔12m设一道剪刀撑。结构施工架采用满堂脚手架，立杆间距1.2m；内装修：层高3.6m以上时采用满堂脚手架；层高3.6m以下时采用自制移动式操作脚手架。对于工程中搭设的超过9m的脚手架及挑脚手架施工，我们将在入场后编制详细作业设计，以确保其安全可靠性。

## 6.7 砌筑工程

本节系针对砌筑工程易出现的问题进行编制，其他常规方法不另赘述。

对于本工程所采用的空心砖，应提前一天浇水，直到其表面充分湿润，呈水影为止，以避免砂浆中水分在砂浆硬化前被砌体吸收，砂浆缺水将影响强度和粘结。雨期则应适当控制浇水量，必要时采取防雨、排水措施，以免砌体吸水饱和过湿，砌筑后砂浆中的水分增加，降低砂浆强度。

砌体组砌时，上、下皮应错缝搭砌，搭砌长度一般为砌块长度的1/2，不得小于块高的1/3，也不应小于15cm。砌体的水平灰缝厚度一般为15mm，垂直灰缝为20mm，水平灰缝大于20mm，应用C20细石混凝土找平。砌筑到门窗洞口时，应按规范安装防腐木砖。砌块校正时，不得在灰缝内塞进石子、碎片，也不得强烈振动砌体。砌体就位并经校正平直，应随即进行水平灰缝及竖缝的勾缝，勾缝深度一般为3~5mm。

在每一楼层或250m³砌体中，每种强度等级的砂浆应至少制作一组试块。如砂浆强度等级或配合比变化时，也应制作试块。砂浆应搅拌均匀，随拌随用，不得使用隔夜砂浆。

## 6.8 装修工程

本工程拟定的装修施工程序为：先作方案设计，后作施工设计，样板先行在前，大面积装修在后，先室内后室外，上、下交叉施工。对装修中应注意的事项及特殊工序说明如下。

### 6.8.1 内墙抹灰施工

室内装修施工顺序为："先作样板间，后大面积施工""先顶棚，后墙面、地面"，在抹灰工程的施工中尤其应注意以下几点：

1）对于抹灰基层一定要在抹灰前清扫干净并湿水。
2）空心砖墙基层在抹灰前涂刷一遍108胶。
3）抹灰前对于墙面灰缝不饱满处用1:3水泥砂浆进行填补。
4）控制抹灰厚度。每次抹灰厚度控制在7~9mm左右，严禁一次超厚成活。
5）掌握好工序搭接，抹灰面层施工时防止雨水或施工用水渗透至面层影响质量。
6）阳角施工先做护角线，阴角吊线后施工。大面积抹灰必须打饼、冲筋，并保证踢脚线平直。
7）窗台空鼓、梁墙交接处出现裂缝是抹灰中常见弊病，我们拟采取如下措施来解决：窗台抹灰前，先湿水然后刷1:2素水泥浆一道；梁墙交接处挂200mm宽钢板网，然后再抹灰。

### 6.8.2 室内地砖镶贴

本工程部分楼地面采用镶贴地砖的方式，在进行贴砖施工时应注意以下几点：

1）贴砖前应先根据尺寸进行计算，并放线试铺合格后方可进行全面镶贴；
2）贴砖前应先找好规矩，注意地砖在墙面阴阳角处的对应关系；
3）进行贴砖施工时应掌握好水泥浆的干湿度；

### 6.8.3 水泥楼地面施工

本工程室内部分楼地面采用水泥楼地面，易出现空鼓、泛砂等毛病，根据以往的施工经验，我们通常采取以下方式来解决：

1）进行详细技术交底，减少施工中的人为问题；加强养护，制定周密的成品保护措施；
2）提高水泥砂浆中的水泥强度等级；
3）改为细石混凝土楼地面或直接采用现浇楼地面一次抹光技术。

### 6.8.4 玻璃幕墙施工

对于本工程中玻璃幕墙的施工应注意如下几点：

1）玻璃幕墙必须在有围护的车间加工，同时按有关规定进行结构硅酮密封胶的均匀性、凝固时间、固化程度等检测。施工时的搬运、安装都必须待所用胶全部固化后方可进行；在胶固化前应有临时固定措施。幕墙加工制作时，应保持环境清洁；
2）玻璃幕墙不应承受主体结构的内力；玻璃跨中挠度计算值不应大于$a/100$及30mm（$a$为玻璃短边长度）；
3）玻璃幕墙金属构件应采用精制铝合金型材，并符合GB 5237标准要求；
4）玻璃幕墙均应由国家认定的检测机构进行抗风压变形、抗空气渗透、抗雨水渗漏三项基本性能检测；

5）结构施工阶段应做好预埋件的埋设，并应注意定位的准确性。

#### 6.8.5 干挂石材的施工

其施工程序如下：

定位放线——基层处理——焊接连接件——刷防腐涂料——固化处理——抛光处理——吊装复合板——连接件固定——吊装检验——嵌缝——清理。

施工中应注意如下几点：

1）预埋件定位是否准确；

2）连接件强度是否可靠；

3）遇洞口时的处理。

### 6.9 防水工程

#### 6.9.1 屋面防水工程

本工程屋面防水采用三元乙丙橡胶卷材进行防水，其中部分屋面做法为：①10mm 墙地砖；②素水泥浆一道结合层；③25mm 厚 1:3 水泥砂浆掺 10%~15%108 胶；④三元乙丙橡胶卷材防水层；⑤20mm 厚 1:2.5 水泥砂浆；⑥1:6 水泥焦渣找 2%坡；⑦聚苯乙烯泡沫塑料板保温层；⑧钢筋混凝土屋面清扫干净。

屋面防水是建筑工程的重要分部工程，我们将层层把好质量关，要求防水材料必须具有出厂合格证，并经有相应资质的检测站检测合格后，才能用于防水施工。

屋面防水施工中，应注意的要点如下：

（1）找平层应粘结牢固，无松动、起壳、翻砂等现象，表面平整，用 2m 长直尺检查，找平层与直尺间的空隙不应超过 3mm，空隙仅允许平缓变化，每米长度内不得多于一处；

（2）找平层坡度应符合设计要求，内部排水的水落口周围应做成半径为 0.5m 的坡度和不宜小于 5‰的杯形洼坑；

（3）两个面的交接处，如女儿墙、管道泛水等，均应做成半径不小于 10~15mm 的圆弧或斜边为 10~15°钝角垫坡；

（4）找平层应按规范要求留设分格缝；

（5）卷材施工前应按规定涂刷基层处理剂；

（6）卷材接头处 100mm 宽的两个面上均应涂刷胶粘剂；

（7）施工时应注意排除卷材同粘结层间的空气；

（8）卷材收头处应严格按设计及规范要求进行处理；

（9）做好成品保护，严禁破坏防水层；

（10）项目上应由技术人员编制屋面防水作业方案，并用书面形式向作业人员进行技术质量交底。

#### 6.9.2 楼层防水

对各楼层的卫生间、淋浴间等有特殊防水要求的房间，施工时必须编制作业设计。对于卫生间、淋浴间等楼面的孔洞，必须用防水细石混凝土分层填实，并做好试水验收工程后，方能进行下一道工序施工。

### 6.9.3 地下室防水

根据设计要求，地下室外墙采用内防水。防水施工前，应先对混凝土墙面进行清理，割除伸出墙面的对拉螺杆，清除水泥浆泥土，用防水砂浆修补凹陷之处。本工序在拆模后及时进行，以确保墙面有足够的干燥时间。然后在墙面上抹20mm厚1:2.5水泥砂浆，在墙面干净、干燥的条件下进行三元乙丙橡胶卷材的铺贴，接着用20mm厚1:2.5水泥砂浆找平，再砌120mm厚保护墙，最后用2:8灰土回填并分层夯实。

## 6.10 安装工程

安装工程分四个阶段进行施工：配合主体预留、预埋阶段；全面安装阶段；调试；交工验收。安装工程施工前期立体交叉进行，中期与粗装修同步配合，后期与收尾施工配合并单独或系统进行调整试运行。

安装工程施工中应注意：

1）各类材料、设备必须有出厂合格证、材质证明及国家或地方有关检测机构的试验、检测等文件；

2）配合土建施工做好预留、预埋；认真检查预留洞的位置、尺寸，避免事后剔槽打洞；

3）安装与粗、精装修应紧密配合，加强联系，设置专人进行协调、管理，严格按施工程序进行，避免工序不对造成返工，并注意相互间的成品保护。

安装工程主要施工方法如下。

### 6.10.1 电气工程

（1）防雷接地系统部分

分段测试接地电阻必须满足要求。如达不到要求，通过增加接地桩，接地桩与室内接地母线用$-40\times4$扁钢连；同时，注意其防腐处理。

（2）照明系统

1）箱、盒预埋

混凝土部分，预埋盒浇捣前，用泡沫填充满盒且凸出墙面0.5cm。以确保混凝土不进入管或者盒造成污染影响施工质量；同时，注意用细钢丝对角绑盒固定，防止因土建浇灌时损伤或移动管、盒。

2）暗配管的管端要进开关、插座盒，管口伸入盒内采用锁螺母固定，并露出螺母2~3扣，管盒间用 $\phi6$ 圆钢搭接焊；明配管尽量减少弯曲，管长超过15m和3个直角弯应加装接线盒，同时应注意排列整齐，固定间距均匀，符合施工和验收规范。

3）管内穿线

①穿线前对配管进行清扫干净。

②各导线按相线、零线、接地线的颜色宜尽量统一。可选用相线为红色或黄色，零线黑色，接地为白色。

③导线在管内不得有接头和扭结，其接头应在接线盒内连接。

4）灯具安装

①灯具安装前检查配件是否齐全，有无机械损伤或外观缺陷，如有缺陷应更换。

②灯具固定：有吊顶部分的灯具固定在吊顶龙骨上，对重量超过3kg灯具应在楼板或

梁上打孔埋铁件固定,无吊顶部分灯具主要采用塑料胀管,用木螺钉固定。对于大型路灯,以支架形式固定,对吊灯用的钢丝绳等物件应做 1.2 倍的过载起吊测验。

③对于成排安装的灯具,安装前应找准轴线相对位置,弹线,然后等距离分割,以确定准确位置,保证排列整齐。

(3) 动力系统

1) 电缆桥架安装方法

①首先拉线定位。

②考虑装饰吊顶高度及风管、水管标高、避免相互影响。

2) 母线安装方法:

①预先单摇测绝缘,合格方可安装。

②为保证连接良好,擦尽连接板绝缘片灰尘(干净布蘸酒精)。

③母线的连接头的紧固绝缘。螺栓应松紧适宜。母线插接箱的安装严格参照产品说明书进行,应注意分线相序,不得插错,在拆除或检修时严禁带负荷拆装。

④安装完毕必须封闭竖井,以防杂质、水等影响绝缘。

3) 配管中照明系统配管方法

4) 电缆敷设

①检查质量,摇测达到要求。

②作出平面电缆敷设图在电缆井里做到先出靠边、避免交叉。

③对正压风机电缆采取定滑轮固定顶点,粗麻绳自上而下敷设,同时固定。

④电缆从桥架引下进配电箱,用电设备处注意预留,半固定,同时专用引线卡固定。

5) 配电箱及柜子安装

①检查外观及零配件;

②排列整齐;

③落地动力柜应安装基础槽钢。

(4) 通信及消防报警

1) 火灾报警系统的管、缆、线或桥架皆采用规范标定的耐火材料,扩管材不设接头,联动设备接头采用锡焊焊接。

2) 为满足各系统的屏蔽要求,除了严格按设计及规范施工外亦要在施工中做好对线的保护措施,尤其在接头处,中间大器处严格按规范要求,连接紧密。

3) 系统布线种类较多,在施工中依照图纸分系统分回路编号。必要时,在护管外贴标签,以确保线路编号的准确。报警总线、控制总线、公用线可以用颜色区分的,尽量统一颜色标识。

4) 由于通讯线路对接地要求高,必须对接地极做严格检验反复测量,接地端子箱内接地不得用其他材料替代。

5) 防雷接地线路和通信接地严格分离,避免干扰通信线路。设备接地,保护接地亦应有效连接。焊接处严禁采用搭接。

(5) 调试部分

变配电及动力照明系统调试:变配电部分以供电局为主进行调试。

### 6.10.2 给水排水工程

(1) 管材连接方式

1) 生活给水系统：$d>70mm$ 焊接，$d\leqslant 70mm$ 丝接。与阀门连接处用法兰连接。
2) 自动喷淋系统：连接方式同上。
3) 消火栓消防系统：采用无缝钢管焊接。
4) 排水系统，采用承接连接。

(2) 配合施工部分

主要是配合土建预埋预留，所有管道穿水池、水箱、地下室墙壁处均须预埋防水套管，给水和消防管道穿楼板和墙壁处应设钢套管，预埋工作量很大。施工前应认真熟悉图纸，施工中仔细核对，标好孔洞大小，位置和尺寸，在土建底筋铺好后及时埋入预制好的套管，在绑扎面筋、浇捣混凝土时，派人值班，以防套管移位或漏埋。

(3) 主要施工方法

1) 支吊、托架安装

先按图纸要求测出一端的标高，并根据管段长度和坡度定出另一端的标高，再用拉线的方法确定出管道中心线的位置，然后接图纸要求来确定和分配管道支架，本工程中采用膨胀螺栓固定支架。支架的安装应牢固、可靠，成排支架的安装应保证其支架台面处在同一水平面上，且垂直于墙面。

2) 管道安装遵循先下后上、先大后小的原则

①埋地干管安装：首先确定干管的位置标高、管径等在规定的位置开挖土方至所需深度，做好支墩，然后铺管、连接，试水试验（或灌水试验）合格后，进行防腐处理，并办理隐蔽工程验收手续，一切符合要求后，才能回填土。

②架空干管安装：在支架安装完毕后进行，可先在主干管中心线上定出各分支主管位置，标出主管的中心线，然后将各主管间的管段长度测量记录，并在地面进行预制和预制组装，组装长度以方便吊装为宜。在地面进行检查，若有歪斜扭曲，则应调直。上管时，将管道滚落在支架上，随时用 U 形卡将管子固定。干管安装后，还应进行最后的校正调直，保证整根管子水平面和垂直面都在同一直线上，并最后固定牢。

③立管安装首先根据图纸要求或给水配件及卫生器具的种类确定支管高度，在墙面上画出横线，再用线坠吊在立管的位置上，在墙上弹出垂直线，并根据立管卡的高度，在垂直线上确定出立管卡的位置，并画好横线，然后在横线和垂直线的交点栽卡，立管的管卡，每层一个，其安装高度距地面 1.5m。管卡栽好后，再根据干管和支管横线测出各立管的实际尺寸，进行编号记录。在地面统一进行预制和组装，检查和调直后方可进行安装，上好的立管要进行最后检查，使其正面和侧面都在同一垂直线上，最后把管卡收紧。

④支管安装：先按立管上预留的管口在墙面上画出水平支管安装位置的横线，并在横线上按图纸要求画出各分支线的中心线，再根据横线中心线测出各支管的实际尺寸进行编号记录，根据记录尺寸进行预制和组装，检查调直后安装，管架间距必须按规范规定设置，冷热水管并行安装时应符合下列规定：上热下冷，左热右冷。

支管安装后，应最后检查所有的支架和管头，清除残丝及污物，并应随时用堵头将各管口堵好，以防污物进入，并为充水试压做好准备。

3) 钢管焊接：当焊接钢管壁厚超过 4mm 时需要打坡口，打坡口可采用氧气切割或坡

口机，并需要对坡口进行打磨处理。在施焊前，必须将管两端 50mm 范围内的泥土，油脂，锈迹等清理干净，选用合适的焊条烘干，然后进行施焊。焊口平直度，焊缝加强面应符合施工规范规定，焊波均匀一致，管子对口的错口偏差，应不超过壁厚的 20%，且不超过 2mm。焊口表面无烧穿、裂纹和明显结瘤、夹渣及气孔等缺陷。

4) 镀锌钢管螺纹连接，管螺纹加工精度符合国家标准，螺纹清洁、规整，断丝、缺丝不大于螺纹全扣数 10%。连接牢固，管螺纹根部外露纹不多于 2 扣，镀锌钢管和管件的镀锌层无破损，螺纹露出部分无腐蚀。接口处无外露油麻等。

5) 法兰连接：法兰对接平行、紧密，与管子中心线垂直，螺母在同侧，螺杆露出螺母，长度一致且不大于螺杆 1/2，衬垫材质符合规定且无双层。

6) 消火栓安装：消防水管进入消防箱应"横平竖直"，不得斜进箱内，进箱短管长度大于 500mm 时，应有支架固定，消防栓口应朝外，栓口中心距地面高度为 1.2m，允许偏差不大于 20mm。

7) 管道试压：采用分层、分系统试压，试验压力为工作压力的 1.25 倍，但不得小于 0.6MPa。根据各系统的要求，先将管段内压力逐步升高到工作压力，检查管道和接口；如无渗漏再提高到试验压力，观察 10min，压力降不大于 0.05MPa，然后将试验压力降至工作压力外观检查，以不漏为合格。

8) 排水管灌水及通球试验：室内排水管进行分层灌水试验（灌水高度不得超过 8m），满水后持续 15min，接口无渗漏为合格，对室内雨水管，应注水至雨水斗，24h 不漏水为合格，排水系统安装完毕，进行通球试验，不堵为合格。

9) 卫生器具安装：卫生洁具支管安装前，由土建画出卫生洁具的地墙线，方角线和墙壁贴拼线。管道毛坯安装时，正确检查预留孔的尺寸，使卫生洁具镶接质量有可靠保证，卫生器具的固定必须牢固、无松动，给、排水接口严密、牢固不渗漏，卫生洁具安装后，逐一做 24h 盛水试验，不漏为合格，同时做好成品保护。

10) 阀门安装：阀门经外观检查，强度和严密性试验合格后才能安装，安装时应确保位置，进出口方向正确，连接牢固、紧密，启闭灵活，朝向合理，表面洁净。

11) 管道的保温应在试压和表面处理后进行，屋顶及外露的给水、消防热水管等必须保温。

12) 管道系统的清洗

①管道系统冲洗时的流量不应小于设计流量或不小于 1.5m/s 的流速，冲洗应连续进行，当排出口的水色透明度与入口处目测一致时为合格。

②管道系统内装有水表及其他仪表，冲洗时应加以保护，以防止堵塞或损坏。

13) 水泵安装

①水泵安装前应对设备基础的尺寸、轴线、标高等按设计要求进行复核，水泵基础地脚螺栓须待设备到货后，校核螺孔尺寸再预埋，并与土建单位办理基础交接验收手续。

②编制水泵吊装方案，经批准后实施，认真检查并清除基础周围及吊装运输路线上的障碍物，以便水泵安全平稳就位。就位后，要采取防漏、防潮、防击保护措施，杜绝安全事故发生。

③安装完毕后，应进行单机调试，盘车应灵活正常，无阻滞现象，并做好单机试运转记录。

## 6.11 "四新"技术应用

### 6.11.1 深基坑支护技术

(1) 深基坑支护方案的选择

由于本工程场地小，周边环境复杂，中标承诺工期短（共计848d），开工日期为1998年12月16日，此时正值北京冬季，土方及垫层能否在春节前施工完，将直接关系到春节以后能否尽快形成施工高潮。若采取常规的放坡开挖，由于基坑深，场地小，周边的管网多，基坑的稳定安全性将受到影响，且放坡开挖后将超过施工红线，因此此方案被排除；若采用护坡桩施工，桩身混凝土强度有一个上升周期，另外腰梁、锚杆施工要占一定的工期，则春节前总体工期控制计划将受到影响，且按此方案存在土方回填和费用较高的缺点；经过各种方案的认真讨论，结合工程的实际情况，本工程基坑支护采取全封闭垂直90°模板墙土钉支护，喷射混凝土面层经抹灰后作为地下室外墙的外侧模板。选择此种支护方式有以下优点：

1) 土钉支护体系的安全稳定

这种新型的支护体系是利用沿途介质的自承能力，借助锚杆与周围土体的摩擦力和黏聚力，将外部不稳定土体和深部稳定土体联在一起，形成一个稳定的组合体。土钉布置密度大且长，保证深入滑移面以外的土钉有足够的抗拔力，具有锚固功能；土钉在施工的注浆流程中，要采用加压注浆，使土钉周围的土体中的空隙充满水泥浆体，占满空隙，挤走滞水，改善土性，对土体有加固作用。

喷射混凝土面层可以将土中的地下带水很好的封堵在土中，不致引起地下水的流失，造成边坡失稳，地面沉降，影响周边建筑物及管线的安全。

2) 节省投资，提前工期

本工程地处北京市繁华地带，土方外运受交通因素影响较大；另土方回填时土源及价格问题较难解决；采用垂直90°模板墙土钉支护较好的解决了这个问题，因为同其他支护类型相比，本支护基坑开挖范围减少了地下室外墙模板施工作业面，最大限度地减少了基坑的挖填量，不仅节约了工期，而且取得了较好的经济效益。

另外，土钉支护与土方开挖同步进行，不占关键工序，可节约工期。

与附近开挖面积类似、开挖深度只有本工程2/3的工程相比较，由于该工程采用常规护坡桩施工，土方开挖完毕共用了90d，比本工程工期正好多了一倍。

3) 科学监测、反馈设计

在施工过程中对边坡及周边建筑物进行动态监测，及时将监测的信息反馈设计，不断完善，确保基坑稳定和周边建筑物及管线的安全。

4) 污染小、不扰民

在北京市城区施工，环保及防止施工扰民问题非常重要，影响到工程能否顺利进行。采用本支护类型，土方外运及回填量少，无废弃泥浆及施工污水，污染小；本支护施工不需大型机械设备，几乎没有噪声，施工不扰民。

(2) 喷锚支护的设计方案

1) 锚杆参数设计

由于基坑环境不同，深度不同，将基坑边壁共分成七类进行支护，采用极限平衡法计算分析基坑边壁整体稳定性和锚杆参数。

计算条件：

①锚杆支护后的基坑边壁滑移面为对数螺旋曲线；

②考虑土体为变形体，锚杆同时受到抗拉和抗剪作用；

③荷载为土体自重、地面建材堆载 $15kN/m^2$、30t 混凝土罐车、西南侧塔楼等对基坑边壁产生的侧向压力，不考虑地下静水压力作用；

④计算极限平衡条件下所需总锚固力和总不平衡力矩；

⑤分析局部稳定性、施工过程稳定性和整体稳定性。

2) 网喷混凝土护面设计

网喷混凝土护面的作用主要是限制锚杆之间土体的变形，将土体侧压力有效地传递给锚杆，并调整相邻锚杆的受力状态。根据全长注浆锚杆的受力分析，锚头和面层受力较小，面层不必太厚，按常规 5~8cm 即可。

各类支护网喷混凝土护面参数

①Ⅰ~Ⅲ类支护：网筋 $\phi6@200mm\times200mm$，喷层厚度Ⅰ、Ⅱ类为 8cm，Ⅲ类为 6cm，强度 C20。

②Ⅳ~Ⅵ类支护：钢筋 $\phi6@200mm\times200mm$，喷层厚度 6cm，强度 C20。

③Ⅶ类支护，网筋 $\phi6@250mm\times250mm$，喷层厚度 5cm，强度 C20。

④喷射混凝土配合比为：水泥:砂:石:水 = 1:2:2:0.4。

3) 注浆设计

因为注浆砂浆体的强度远比土体强度高，因此，土层锚杆设计中砂浆体强度不是控制参数。

锚杆注浆全部采用孔底加压注浆，注浆压力为 0.5MPa，对于松散地层注浆压力为 1.0~1.5MPa。

注浆配合比：水泥:砂:水 = 1:0.5:0.45，并加三乙醇胺等。

(3) 具体施工措施

土方喷锚支护的施工流程为：制锚→开挖基坑→钻孔送锚→注浆→修坡编网筋→喷射混凝土→开挖下层土。

1) 制锚

锚杆体：$\phi22$ 和钢管 $\phi48$，技术质量要求：

①锚长允许误差 -20cm；

②锚杆体每隔 3~4m 做对中架；

③锚杆体（钢筋）搭焊长度大于等于 $5d$，双面焊。

2) 开挖

喷锚网支护的特点是边开挖边支护。为保证基坑边壁在开挖工程中土体应力场和应变场不产生过大变化，因此，对土方开挖必须分层分段开挖，每层开挖不得大于 1.5m，每一段开挖完毕后立即成孔注浆支护。

3) 钻孔

用洛阳铲和空气冲击钻成孔。

技术质量要求

## 6.11 "四新"技术应用

### 6.11.1 深基坑支护技术

(1) 深基坑支护方案的选择

由于本工程场地小,周边环境复杂,中标承诺工期短(共计848d),开工日期为1998年12月16日,此时正值北京冬季,土方及垫层能否在春节前施工完,将直接关系到春节以后能否尽快形成施工高潮。若采取常规的放坡开挖,由于基坑深,场地小,周边的管网多,基坑的稳定安全性将受到影响,且放坡开挖后将超过施工红线,因此此方案被排除;若采用护坡桩施工,桩身混凝土强度有一个上升周期,另外腰梁、锚杆施工要占一定的工期,则春节前总体工期控制计划将受到影响,且按此方案存在土方回填和费用较高的缺点;经过各种方案的认真讨论,结合工程的实际情况,本工程基坑支护采取全封闭垂直90°模板墙土钉支护,喷射混凝土面层经抹灰后作为地下室外墙的外侧模板。选择此种支护方式有以下优点:

1) 土钉支护体系的安全稳定

这种新型的支护体系是利用沿途介质的自承能力,借助锚杆与周围土体的摩擦力和黏聚力,将外部不稳定土体和深部稳定土体联在一起,形成一个稳定的组合体。土钉布置密度大且长,保证深入滑移面以外的土钉有足够的抗拔力,具有锚固功能;土钉在施工的注浆流程中,要采用加压注浆,使土钉周围的土体中的空隙充满水泥浆体,占满空隙,挤走滞水,改善土性,对土体有加固作用。

喷射混凝土面层可以将土中的地下带水很好的封堵在土中,不致引起地下水的流失,造成边坡失稳,地面沉降,影响周边建筑物及管线的安全。

2) 节省投资,提前工期

本工程地处北京市繁华地带,土方外运受交通因素影响较大;另土方回填时土源及价格问题较难解决;采用垂直90°模板墙土钉支护较好的解决了这个问题,因为同其他支护类型相比,本支护基坑开挖范围减少了地下室外墙模板施工作业面,最大限度地减少了基坑的挖填量,不仅节约了工期,而且取得了较好的经济效益。

另外,土钉支护与土方开挖同步进行,不占关键工序,可节约工期。

与附近开挖面积类似、开挖深度只有本工程2/3的工程相比较,由于该工程采用常规护坡桩施工,土方开挖完毕共用了90d,比本工程工期正好多了一倍。

3) 科学监测、反馈设计

在施工过程中对边坡及周边建筑物进行动态监测,及时将监测的信息反馈设计,不断完善,确保基坑稳定和周边建筑物及管线的安全。

4) 污染小、不扰民

在北京市城区施工,环保及防止施工扰民问题非常重要,影响到工程能否顺利进行。采用本支护类型,土方外运及回填量少,无废弃泥浆及施工污水,污染小;本支护施工不需大型机械设备,几乎没有噪声,施工不扰民。

(2) 喷锚支护的设计方案

1) 锚杆参数设计

由于基坑环境不同,深度不同,将基坑边壁共分成七类进行支护,采用极限平衡法计算分析基坑边壁整体稳定性和锚杆参数。

计算条件：

①锚杆支护后的基坑边壁滑移面为对数螺旋曲线；

②考虑土体为变形体，锚杆同时受到抗拉和抗剪作用；

③荷载为土体自重、地面建材堆载 $15kN/m^2$、30t 混凝土罐车、西南侧塔楼等对基坑边壁产生的侧向压力，不考虑地下静水压力作用；

④计算极限平衡条件下所需总锚固力和总不平衡力矩；

⑤分析局部稳定性、施工过程稳定性和整体稳定性。

2) 网喷混凝土护面设计

网喷混凝土护面的作用主要是限制锚杆之间土体的变形，将土体侧压力有效地传递给锚杆，并调整相邻锚杆的受力状态。根据全长注浆锚杆的受力分析，锚头和面层受力较小，面层不必太厚，按常规 5~8cm 即可。

各类支护网喷混凝土护面参数

①Ⅰ~Ⅲ类支护：网筋 $\phi6@200mm×200mm$，喷层厚度Ⅰ、Ⅱ类为 8cm，Ⅲ类为 6cm，强度 C20。

②Ⅳ~Ⅵ类支护：钢筋 $\phi6@200mm×200mm$，喷层厚度 6cm，强度 C20。

③Ⅶ类支护，网筋 $\phi6@250mm×250mm$，喷层厚度 5cm，强度 C20。

④喷射混凝土配合比为：水泥:砂:石:水 = 1:2:2:0.4。

3) 注浆设计

因为注浆砂浆体的强度远比土体强度高，因此，土层锚杆设计中砂浆体强度不是控制参数。

锚杆注浆全部采用孔底加压注浆，注浆压力为 0.5MPa，对于松散地层注浆压力为 1.0~1.5MPa。

注浆配合比：水泥:砂:水 = 1:0.5:0.45，并加三乙醇胺等。

(3) 具体施工措施

土方喷锚支护的施工流程为：制锚→开挖基坑→钻孔送锚→注浆→修坡编网筋→喷射混凝土→开挖下层土。

1) 制锚

锚杆体：$\phi22$ 和钢管 $\phi48$，技术质量要求：

①锚长允许误差 –20cm；

②锚杆体每隔 3~4m 做对中架；

③锚杆体（钢筋）搭焊长度大于等于 $5d$，双面焊。

2) 开挖

喷锚网支护的特点是边开挖边支护。为保证基坑边壁在开挖工程中土体应力场和应变场不产生过大变化，因此，对土方开挖必须分层分段开挖，每层开挖不得大于 1.5m，每一段开挖完毕后立即成孔注浆支护。

3) 钻孔

用洛阳铲和空气冲击钻成孔。

技术质量要求

①孔径大于 14cm；
②孔深允许误差 -20cm；
③打设角一般为 3°~8°；
④孔位遇障碍物时允许变动。
4）注浆
一般为底部注浆技术质量要求
①配比为水泥:砂:水 = 1:0.5:0.45，并加三乙醇胺 0.3‰；
②注浆压力大于 0.5MPa；
③水泥普 32.5 级、中细砂。
5）修坡面
注浆后进行修坡面，使坡面平整垂直，严格按地下室外墙皮加防水层、保护层厚度控制坑壁净距。
6）编网及焊接
技术质量要求
①网筋为 HPB235 级钢，$\phi 6@200mm \times 200mm$；
②网筋搭焊长度大于等于 10cm，多于 3 个焊点；
③锚头"井"字形，25cm × 25cm，搭接处焊满。
7）喷射混凝土护面
技术质量要求
①材料：普通 32.5 级水泥、中砂、碎石或豆石（粒径小于 15mm）；
②配合比：水泥:砂:石:水 = 1:2:2:0.4，冬期加 3% 速凝剂（水泥重量比）；
③配料的搅拌，上料后水泥、砂、石经过拌合机和输送料管混合，即可达到均拌的目的；
④混凝土强度 C20；
⑤喷射前坡面作喷射厚度标记，喷射混凝土面层厚度为 8cm、6cm、5cm 三种；
⑥喷射混凝土面层每天浇水养护 2~3 次，养护 7d，冬期施工在混凝土表面喷养护液后，用阻燃草覆盖。
8）开挖下层
开挖下层土方时间与上层喷射混凝土强度、注浆强度、地质条件、边壁位移量有关，一般上层混凝土面层喷射 24~36h 后，方可进行下层开挖。
（4）施工监测
土钉支护监测是支护设计中的重要组成部分。通过监测手段可随时掌握基坑周边环境的变化及支护土体的稳定状态、安全程度和支护效果，为设计和施工提供信息。通过信息反馈体系，可及时修改支护参数，改善施工工艺，预防事故发生，本工程基坑设以下监测项目：
1）在基坑周边设立若干个水平位移监测点，用以观测基坑周围地上建筑物的位移，这是基坑监测中最基本的一项。根据监测信息不但可提供基坑边壁的水平变形量、变形速率和变形分布信息，进而可分析基坑边坡的稳定性，而且可以正确掌握基坑开挖与支护对基坑周边环境影响的程度。观测点的位置待开挖 3m（两排锚杆）后确定监测结果。

2）监测基坑西南侧 16 层塔楼的沉降及垂直度，绘制沉降时程曲线，分析沉降过程趋势和各测点的不均匀沉降量，确定其对楼房的影响程度，监测数据及时进行整理。

水平位移和沉降采用精密经纬仪按照视准线法进行测量。

3）土钉抗拔测试

在基坑的槽深Ⅰ类、Ⅱ类的支护断面布设三组抗拔试验土钉，长 6m，用来验证不同土层中土钉的粘结强度。也是对基坑安全系数的检验。

土钉的拉拔力试验采用穿孔液压式千斤顶。

其余的分部分项工程根据具体的施工阶段制定相应的施工方案。

**6.11.2　计算机应用和管理技术**

中国职工之家扩建配套工程作为局重点工程，北京公司十分重视，为充分利用计算机快捷、精确的优越性，公司和项目共配置了二十余台电脑，通过公司局域网络系统，项目可与公司在线联络，方便了公司对项目的管理和各种资料信息的传递，节省了时间，提高了工作效率，使项目走上了信息高速公路。项目设定了一名专职信息员进行网页制作和信息更新维护。另外，为了解决施工中的诸多不便，根据工程实际情况，项目购置了一系列计算机辅助软件，应用于项目日常施工生产的各个环节。

（1）局域网的建立和应用

公司按照国际标准 EIA/TIA568A ISO11801 以及中国工程建设标准化协会标准《建筑与建筑群结构化布线系统工程设计规范》，完成综合布线系统，选用 HP Netserver E200 先进服务器，采用安全、稳定性能较高的 Windows NT4.0 操作系统。建立公司内部局域网络，网点包括所有的科室部门。项目与公司的信息传道采用访问服务器 D-LINK，便可直接与内部网络系统联接，实现资源共享。

（2）各种软件的具体应用

1）Word、Excel 办公软件：该软件是目前最常见的办公软件，具有强大的编辑、排版、制表等多种功能，适用于现代化办公使用。在工程的施工组织设计、作业方案、施工进度计划安排、技术资料的整理归档等工作中起到了重要作用。

2）PowerPoint 软件：该软件主要用于定制各种工作环境，建立演示文稿，在演示文稿中绘制自选图形，增加图表、表格和组织机构图，进行演示文稿的整体修饰，制作和进行幻灯片的屏幕演示，并能使用 Web 功能，实现演示文稿在局域网和 Internet 上的发布，从而使演示文稿的编制和放映更加容易和直观，用途也更广泛。

3）AutoCAD 计算机绘图软件：该软件是一种开放式人机对话交互软件包，它不仅具有二维绘画功能，而且具备了较强的三维绘图及实体造型功能，广泛运用于机械、建筑、电子、服装、广告、图形设计等很多领域。在编制施工组织设计和施工方案时，运用 AutoCAD 绘制施工图，图纸清晰、整洁、线条流畅精确，快捷适用。

4）梦龙智能网络计划编制系统：该软件计划编制完全拟人化，不需太多的网络知识就可轻松愉快、快速准确地直接用鼠标在屏幕上做网络图、横道图，并可相互转化，智能建立紧前紧后逻辑关系、节点及编号，关键线路实时自动生成，可输出带资源图的时间坐标网络图（横道图）。利用此软件可将工期网络图细化到小时，通过分析可找出影响工期的不利因素，对影响因素进行优化配置，大大提高了网络图的编制科学性、准确性。

5）广联达概预算软件系列：该软件只需输入定额编号和工程量就可调出定额子目，自动汇总，进行工料分析，数据准确，换算方便，并能按要求自动输出多种规格的表格，是项目预决算动态管理的一个有效工具，大大减少了预算人员的工作量，提高了工作效率。

### 6.11.3 机械连接技术

本工程直径大于 $\phi16$ 的钢筋采用了机械连接技术，机械连接强度高，能节约一定的钢材。

### 6.11.4 新型脚手架技术

本工程地上部分施工采用了外挑架技术，外挑架能节约钢管扣件等周转架料，施工方便快捷。

### 6.11.5 便携式电子测温仪技术

底板大体积混凝土采用了便携式电子测温仪技术，检测方便、快捷，减少了检测成本。

# 7 主要施工管理及保证措施

## 7.1 质量保证措施

经过几十年的发展，我企业已形成一套成熟、完备的质量管理组织模式和相应的工作标准及制度。近几年来，我企业坚决贯彻实施 ISO9000 系列标准，形成了对质量控制各要素从组织到原材料到回访服务的一整套全面规范化、标准化管理，并要求工程项目必须编制"质量计划"，对质量控制要素的职责进行有效的划分；同时，开展群众性 QC 小组活动，及时抓住生产实践中的质量环节，通过 PDCA 循环（计划、实施、检查、处理）把生产过程和质量有机联系起来，形成质量多方位管理。

在本工程中，我们将重点落实以下组织制度措施：

（1）质量管理体系

我们将选配具有丰富施工经验和管理经验的同志担任本工程的质量经理，以此建立工程质量管理体系，如图 7-1 所示。

（2）从生产调度上确保工程质量

①编制合理的生产计划和作业指导书；

②选择性能优良、功能先进的施工机具；

③配备业务精，能力强，肯吃苦的生产骨干进行钢筋、模板、混凝土、砌体的施工管理和施工操作。

（3）质量管理制度措施

根据建筑业司《工程项目施工管理责任制（试行的通知）》建质 [1996] 42 号文精神，在本工程中特制定以下质量管理制度，以保证"质量计划"的实现。

我企业对本工程的承包范围内的工程质量向建设单位负责。每月向业主、监理呈交一份本月的技术质量总结。

（4）技术交底制度

坚持以技术进步来保证施工质量的原则。技术部门应编制有针对性的施工组织设计，积极采用新工艺、新技术；针对特殊工序要编制有针对性的作业设计。每个工种、每道工

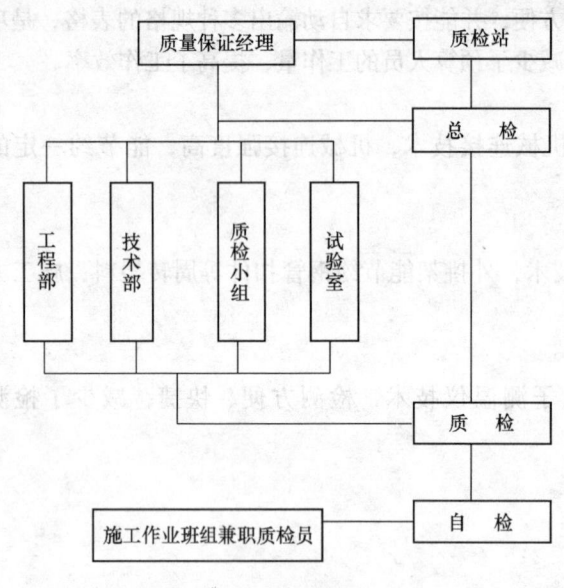

图 7-1 项目质量管理体系图

序施工前要组织进行各级技术交底，包括项目总工程师对工长的技术交底、工长对班组长的技术交底、班组长对作业班组的技术交底。各级交底以书面进行。因技术措施不当或交底不清而造成质量事故的，要追究有关部门和人员的责任。

(5) 材料进场检验制度

本工程的钢筋、水泥和混凝土等各类材料必须具有出厂合格证，并根据国家规范要求分批量进行抽检，抽检不合格的材料一律不准使用，因使用不合格材料而造成的质量事故，要追究验收人员的责任。

(6) 样板引路制度

施工操作注重工序的优化、工艺的改进和工序的标准化操作，通过不断探索，积累必要的管理和操作经验，提高工序的操作水平，确保操作质量。砌体工程和装修工程要在开始大面积操作前做出示范样板，包括样板墙、样板间、样板件等，统一操作要求，明确质量目标。

(7) 施工挂牌制度

主要工种如钢筋、混凝土、模板、砌砖、抹灰等，施工过程中在现场实行挂牌制，注明管理者、操作者、施工日期，并做相应的图文记录，作为重要的施工档案保存。因现场不按规范、规程施工而造成质量事故的，要追究有关人员的责任。

(8) 过程"三检"制度

实行并坚持自检、互检、交接检制度，自检要做文字记录。隐蔽工程要由工长组织项目技术负责人、质量检查员、班组长检查，并做出较详细的文字记录。

(9) 质量否决制度

对不合格分项、分部和单位工程必须进行返工。不合格分项工程流入下道工序，要追究班组长的责任，不合格分部工程流入下道工序要追究工长和项目经理的责任，不合格工程流入社会要追究法人和项目经理的责任。有关责任人员要针对出现不合格品的原因采取必要的纠正和预防措施。

(10) 成品保护制度

应当象重视工序的操作一样重视成品的保护。项目管理人员应合理安排施工工序，减少工序的交叉作业。上下工序之间应做好交接工作，并做好记录。如下道工序的施工可能对上道工序的成品造成影响时，应征得上道工序操作人员及管理人员的同意，并避免破坏和污染；否则，造成的损失由下道工序操作者及管理人员负责。

(11) 质量文件记录制度

质量记录是质量责任追溯的依据，应力求真实和详尽。各类现场操作记录及材料试验记录、质量检验记录等要妥善保管，特别是各类工序接口的处理，应详细记录当时的情况，理清各方责任。

(12) 工程质量等级评定、核定制度

竣工工程首先由施工企业按国家有关标准、规范进行质量等级评定，然后报当地工程质量监督机构进行等级核定，合格的工程发给质量等级证书，未经质量等级核定或核定为不合格的工程不得交工。

(13) 竣工服务承诺制度

工程竣工后在建筑物醒目位置镶嵌标牌，注明建设单位、设计单位、施工单位、监理单位以及开竣工的日期，这是一种纪念，更是一种承诺。我企业将主动做好用户回访工作，按有关规定实行工程保修服务。

(14) 培训上岗制度

工程项目所有管理及操作人员应经过业务知识技能培训，并持证上岗。因无证指挥、无证操作造成工程质量不合格或出现质量事故的，除要追究直接责任者外，还要追究企业主管领导的责任。

(15) 工程质量事故报告及调查制度

工程发生质量事故，马上向当地质量监督机构和建设行政主管部门报告，并做好事故现场抢险及保护工作，建设行政主管部门要根据事故等级逐级上报，同时按照"三不放过"的原则，负责事故的调查及处理工作。对事故上报不及时或隐瞒不报的，要追究有关人员的责任。

## 7.2 技术保证措施

### 7.2.1 工程常见的功能性质量通病（表7-1）

各类质量通病防治措施表  表7-1

| 序号 | 质量通病类别 | 防治措施 |
|---|---|---|
| 1 | 淋浴间、卫生间渗漏 | ①认真做好灌水实验；②做好防水层的成品保护及楼面修补工作 |
| 2 | 阳台积水、倒泛水 | ①控制好阳台排水坡度，保证排水口通畅；②阳台栏板压顶设置排水坡度 |
| 3 | 窗台边浸水、倒泛水 | ①窗台处按要求做好防水处理；②窗台向外设置10%的坡度 |
| 4 | 屋面渗漏 | 见"防水工程"部分 |
| 5 | 给排水管道滴水、漏水 | ①给排水管道接头严密性派专人逐次检查；②确保其与结构的牢固连接；③管道与楼板交接处进行可靠的防水处理 |
| 6 | 排水管堵塞、排水不畅 | ①施工过程中对排水管进行仔细保护，防止杂物落入；②保证正确的排水坡度 |
| 7 | 楼梯踏步不等高 | ①加强踏步施工时的测量控制；②采取"封顶模"的新支模方法控制踏步尺度 |
| 8 | 墙面空鼓、开裂 | 见"装修工程"部分 |
| 9 | 地坪空鼓、开裂 | 见"装修工程"部分 |
| 10 | 施工缝结合不密实 | 凿打至无松动石子，浇混凝土前刷素水泥浆一道 |
| 11 | 轴线偏差 | 进行浇混凝土前、中、后三次复核 |

续表

| 序号 | 质量通病类别 | 防治措施 |
|---|---|---|
| 12 | 楼面标高偏差过大 | 每 $4m^2$ 见方做好标高标记,采用楼地面一次性抹光新技术 |
| 13 | 梁柱墙钢筋保护层太薄 | 对撑定位、垫块控制 |
| 14 | 空心砖墙与结构交接处出现裂缝 | ①挂钢丝网,宽度不小于200mm;②梁底用砖嵌牢 |

1) 屋面渗漏;
2) 卫生间、淋浴间渗漏;
3) 阳台积水、倒泛水;
4) 窗台边浸水、倒泛水;
5) 给排水管道滴水、漏水;
6) 排水管堵塞,排水不畅;
7) 楼梯踏步不等高;
8) 墙面空鼓、开裂;
9) 地坪空鼓、开裂。

#### 7.2.2 技术措施

1) 认真熟悉施工图纸,在图纸会审阶段,积极配合设计单位出主意想办法,对可能出现质量通病的部位进行修改,深化细部设计,将质量通病消除在萌芽状态。

2) 深化施工组织设计大纲,编制详细具体的施工组织设计及作业设计,见表7-2所列。

项目 QC 小组活动计划安排表　　　表 7-2

| 序号 | QC 小组名称 | 活动执行班组 | 小组目标 |
|---|---|---|---|
| 1 | 测量放线管理小组 | 项目技术部 测量组 | 提高测量精度,梁柱墙轴线位移小于5mm,标高每层误差小于4mm,总高小于25mm |
| 2 | 粗钢筋连接管理小组 | 项目技术部 钢筋班 | 竖向钢筋连接验收合格率达100% |
| 3 | 模板管理小组 | 项目工程部 模工班 | 达本企业工法94-09号要求 |
| 4 | 混凝土管理小组 | 项目技术部 混凝土工班 | 准确掌握C60混凝土的施工要点,保证施工优良率 |
| 5 | 防水工程管理小组 | 项目工程部 防水施工队 | 确保屋面、地下室、卫生间等不渗漏 |
| 6 | 楼地面工程管理小组 | 项目工程部 混凝土工班 | 确保楼地面不出现翻砂、空鼓等现象,平整度达优良标准 |
| 7 | 现场环境管理小组 | 项目工程部 项目物资部 | 达北京市文明施工优良现场标准 |

3）对屋面防水、卫生间、淋浴间、楼梯间等的施工，编制详细具体的施工作业设计，用书面的形式对操作人员交底，并与操作人员签订质量保证合同，并积极开展 QC 活动，见表 7-3 所列，确保每一道工序都是合格的、优质的。

4）对关键部位和重要工序设置技术管理控制点，施工工长、质检人员必须到岗到位，尽职尽责，严格监督每一道工序的质量，把质量通病消除在施工过程中。

5）做好隐蔽工程验收，对于屋面工程、厨房、卫生间防水工程每一道工序都要进行严格检查验收，对于关键部位要进行拍照、摄像，做好质量记录，不允许不合格的产品进入下一道工序。

6）编制计量管理方案，落实计量管理制度，配备齐全的实验仪器，见表 7-4 所列，加强施工过程中的技术控制。

项目作业设计编制计划表　　　　　　　　　　　　表 7-3

| 序号 | 作业设计内容 | 编制时间 | 说　明 |
|---|---|---|---|
| 1 | 大面积混凝土浇筑作业设计 | 地下室底板施工前半月 | 根据工程需要我们将及时补充相应的作业设计 |
| 2 | C60 泵送混凝土施工作业设计 | 地下室柱、核心筒剪力墙施工前 | |
| 3 | 地下室防水作业设计 | 地下室施工前一周 | |
| 4 | 脚手架施工作业设计 | 主体结构施工前一周 | |
| 5 | 圆形柱、弧形梁支模作业设计 | 圆形柱及弧形梁施工前 3d | |
| 6 | 屋顶采光天窗作业设计 | 采光天窗施工前半月 | |
| 7 | 砌体作业设计 | 砌体工程施工前一周 | |
| 8 | 初装修作业设计 | 初装修施工前一周 | |
| 9 | 屋面防水作业设计 | 防水施工前一周 | |
| 10 | 外墙装修作业设计 | 外装修施工前一周 | |
| 11 | 钢筋工程作业设计 | 地下室底板施工前一周 | |
| 12 | 冬雨期施工措施 | 已完成 | |

现场试验室仪器配备计划　　　　　　　　　　　　表 7-4

| 仪器名称 | 规　格 | 数量 |
|---|---|---|
| 振动台 | 1m | 1 台 |
| 混凝土试模 | 150mm×150mm×150mm | 50 个 |
| 防渗试模 | | 24 个 |
| 砂浆试模 | 70.7mm×70.7mm×70.7mm（三联） | 4 组 |
| 混凝土坍落度测试仪 | | 一套 |
| 电炉 | 1.5kW | 1 个 |
| 台秤 | 10kg | 1 台 |
| 水泥煮沸桶 | 3kW | 1 只 |
| 抹灰板、钢片尺、游标卡尺、钉锤、温度计、铁锹、计算器、水桶、干湿温度计、刷子 | | |

7）编制详细成品保护措施，具体如下。

A. 现浇钢筋混凝土成品保护

木工支模及安装预埋、混凝土浇筑时，不得随意弯曲、拆除钢筋，基础、梁、板钢筋绑扎成型后，在其上进行作业的后续工种、施工人员不能任意踩踏或堆置重物，以免钢筋骨架变形。模板隔离剂不得污染钢筋，如发现污染应及时清洗干净。

安装预留、预埋应在支模时配合进行，不得任意拆除模板及重锤敲打模板、支撑，以免影响质量。模板侧模不得堆靠钢筋等重量物，以免倾斜、偏位，影响模板质量。模板安装成型后，派专人值班保护，进行检查、校正，以确保模板安装质量。

混凝土浇筑完成后应将散落在模板上的混凝土清理干净，并按方案要求进行覆盖保护。雨期施工混凝土成品，应按雨期要求进行覆盖保护。混凝土终凝前，不得上人作业，按方案规定确保养护时间。

B. 砌体及楼地面成品保护

需要预留预埋的管道铁件、门窗框应同砌体有机配合，做好预留预埋工作。砌体完成后按标准要求进行养护。雨期施工按要求进行覆盖保护，保证砌体成品质量。不得随意开槽打洞，重物重锤撞击。

楼地面施工完成后，应将建筑垃圾及多余材料及时清理干净。不允许放带棱角硬材料及易污染的油、酸、油漆、水泥等材料。

下道工序进场施工，应对施工范围楼地面进行覆盖、保护，油漆料、砂浆操作面下楼面应铺设防污染料布，操作架的钢管应设垫板，钢管扶手挡板等硬物应轻放，不得抛敲掷撞击楼地面。

C. 门窗及装饰成品保护

木门框安装后，应按规定设置拉档，以免门框变形。不得利用门窗框销头，作架子横档使用。窗口进出材料应设置保护挡板，覆盖塑料布防止压坏，碰伤、污染。施工墙面油漆涂料时，应对门窗进行覆盖保护。作业脚手架搭设与拆除，不得碰撞挤压门窗。不得随意在门窗上敲击、涂写，或打钉、挂物。门窗开启，应按规定扣好风钩、门碰。

室内外装饰成活后，均应按规定清理干净，做好成品质量保护工作。不得在装饰成品上涂写、敲击、刻画。作业架子拆除时应注意防止钢管碰撞。风雨天门窗关严，防止装饰后霉变。严禁违章用火、用水，防止装饰成品污染受潮变色；同时，按层对装饰成品进行专人值班保管，如因工作需要进行检查、测试、调试时，应换穿工作鞋，防止泥浆污染。

D. 屋面防水成品保护

屋面防水施工完工后应清理干净，做到屋面干净，排水畅通。不得在防水屋面上堆放材料、什物、机具。因收尾工作需要在防水层面上作业，应先设置好防护木板、铁皮覆盖保护设施，散落材料及垃圾应工完场清，电焊工作应做好防火隔离。

因设计变更，在已完防水屋面上增加或换型安装设备必须事先做好防水屋面成品质量保护措施方能施工。作业完毕后应及时清理现场，并进行检查复验。如有损坏应及时修理，确保防水质量。

E. 水电安装成品保护

预留预埋管（件）应做好标记，牢固地固定于已有结构上。混凝土浇捣过程中，振动器应避免接触预埋件，避免其产生位移。穿线管、线盒保护同预埋件。开关、线槽、灯具安装后，应利用封闭罩进行保护。

## 7.3 工期保证措施

### 7.3.1 组织措施

1) 现场经理组成精干、高效的项目班子，确保指令畅通、令行禁止；同甲方、监理工程师和设计方密切配合，统一指挥协调，对工程进度、质量、安全等方面全面负责，从组织形式上保证总进度的实现。

2) 建立生产例会制度，每星期召开一次由各方参加的工程例会，每日召开一次生产协调会，围绕工程的施工进度、工程质量、生产安全等内容检查上一次例会以来的计划执行情况。

3) 实行合理的工期、目标奖罚制度，根据工作需要，主要工序采取每日两大班制度，即24h连续作业。

4) 两个施工区展开劳动竞赛，明确奖罚，每天公布竞赛结果。

5) 做好施工配合及前期施工准备工作，拟定施工准备计划，专人逐次落实，确保后勤保障工作的高质、高效。

6) 三个区展开劳动竞赛，每天公布竞赛结果，进行精神激励。

### 7.3.2 技术措施

(1) 针对本工程的特点，我们编制了三级网络计划。采用长计划与短计划相结合的多级网络计划进行施工进度计划的控制与管理，并利用计算机技术对网络计划实施动态管理，通过施工网络节点控制目标的实现来保证各控制点工期目标的实现，从而进一步通过各控制点工期目标的实现来确保总工期控制进度计划的实现。

在计划管理中，采用科学的滚动计划法，既保证了计划的连续性，又能根据现实情况变化及时作出调整，滚动计划法运作如图 7-2 所示。

(2) 采用成熟的"四新"技术，向科技要速度主要如下：

1) 采用无水养生技术，以缩短混凝土的养护周期。

2) 采用 SP-70 工具式模板及快拆体系和电梯井筒子模，加快支、拆模速度。

3) 施工期间特别是基础施工期间加强与气象部门的联系，做好冬雨期施工方案及各项准备工作。

### 7.3.3 机械设备措施

本工程主要的施工机械是一台塔吊、一台施工电梯、两套混凝土输送设备、两套钢筋加工机械等，为保证施工机械在施工过程中运行的可靠性，我们将加强管理协调，同时采取以下措施：

1) 加强对设备的维修保养，对机械零部件的采购储存；

2) 对塔吊、施工电梯及龙门架的运行设专人进行监督、检查，并做好运行记录；

3) 在混凝土浇筑过程中，对混凝土输送泵的运行进行24h监控，并应与厂家随时处于联系状态；

4) 对钢筋加工机械，特别是对焊机，落实定期检查制度。

5) 为保证设备运行状态良好，我们备齐两套常用设备配件，现场长驻两套维修班子，确保发生故障在2h内修复。

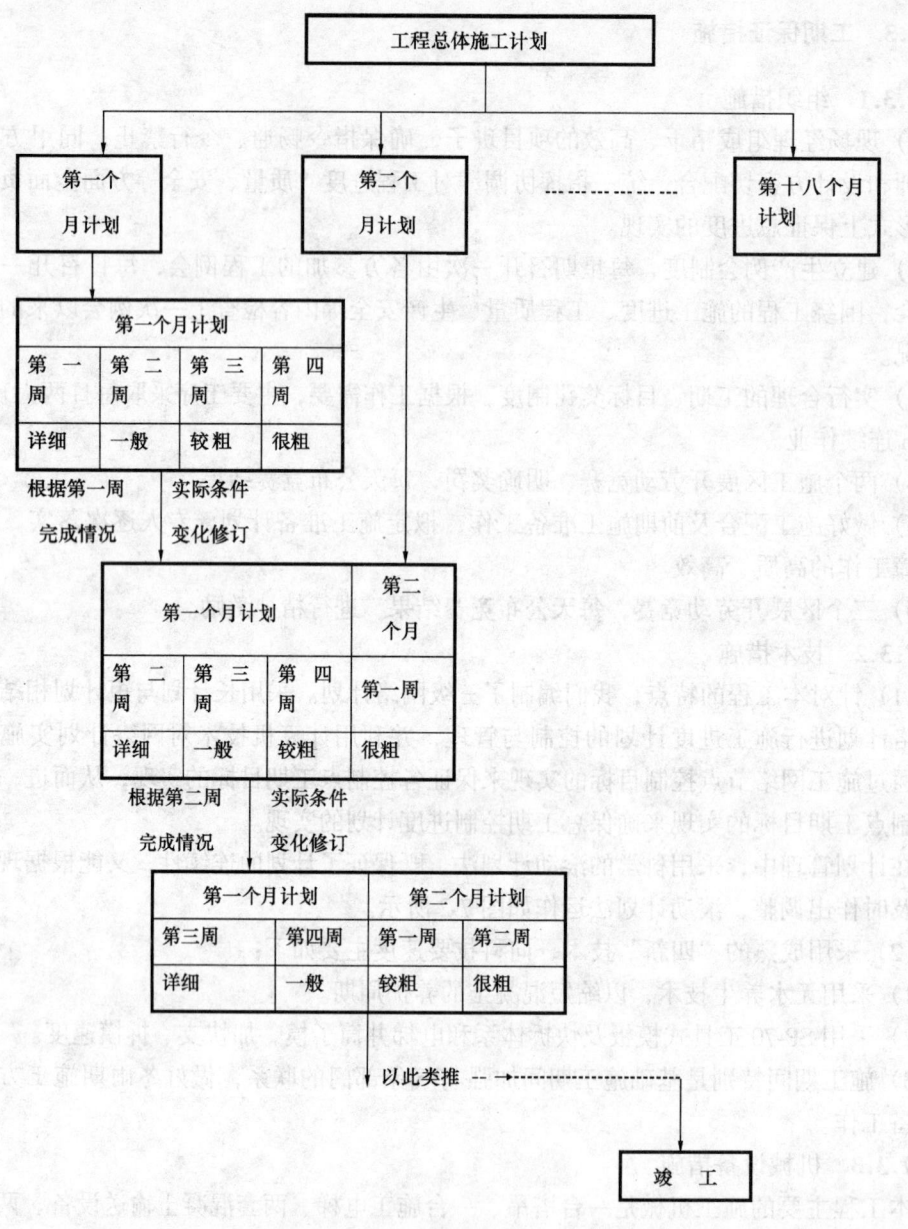

图 7-2 滚动计划法运作示意图

## 7.4 降低成本措施

具体措施体现在以下方面:

1) 在施工前和施工过程中,积极提出合理化建议,优化设计和方案,尽量减少业主不必要的投资。

2) 在施工过程中发现问题及时与业主沟通,尽量减少设计变更和返工,从而达到节约投资的目的。

3) 本工程基坑挖填土方量大,必须科学地选择土方开挖形式与边坡支护方案,为业主减少不必要的投资,并且减少土方的挖、填、运输量,加快施工工期。

4)采用清水混凝土模板体系,减少抹灰和找平作业工作量,同时也节约了投资。

5)混凝土中按配合比掺加适量粉煤灰,在不降低混凝土强度的同时,既可增加混凝土和易性,又可减少水泥用量,从而降低成本。

6)采用先进合理的流水施工工艺,可以节约模板、机械设备及劳动力的投入,达到节约投资的目的。

7)采用先进的施工机械和施工工艺缩短施工周期,保证工程的提早投入使用。

8)采用先进的"四新"技术和现代化的信息化施工管理手段,保证工程的高质量、耐久性。

9)对本工程我们将采取终身保修制,在竣工后建筑物出现的任何质量问题,我们都将进行认真负责的维修,从而也减少业主在维修方面的费用投入。

10)粗直径钢筋连接及微机下料技术。

11)混凝土无水养生技术。

12)集团现金采购材料设备。

13)严格实施材料限额领料。

14)优化现场布置,充分利用现场场地。

15)合理优化工期,降低管理费及租赁费。

16)中小型机械采用内部租赁核算制。

17)开展QC活动,扩大PDCA控制面。

18)优化配置大中型机械设备,降低租赁成本。

### 7.5 安全保证措施

#### 7.5.1 安全生产管理体系

建立以项目经理为组长,项目副经理、技术负责人、专职安全员为副组长,专业工长和施工队班组长为组员的项目安全生产领导小组,在项目形成纵横网络管理体制(图7-3)。

#### 7.5.2 安全生产管理制度保证措施

1)落实我企业管理标准Q/ZJS.GL0606—0606—91中的"安全生产"、"安全防护"、"安全生产奖惩办法"等各项制度。

2)项目经理与入场作业队人员及和管理人员签订纵向管理合同,把安全生产作为必查指标。

3)落实入场人员必须进行入场安全教育制度。

4)落实定期进行安全技术交底的管理制度。

5)落实安全检查制度,定期、不定期组织检查现场安全生产情况。

6)落实安全生产责任制,项目经理为第一负责人,坚持管理生产必须管安全的原则。

7)实施"施工生产安全否决权"制,对于违章指挥及违章作业,施工人员有权进行抵制,专职安全员有权中止施工,并限期进行整改。

#### 7.5.3 安全计划与技术措施

本工程安全防护范围有:建筑物周边、临边防护;洞口防护;施工用电安全防护;现

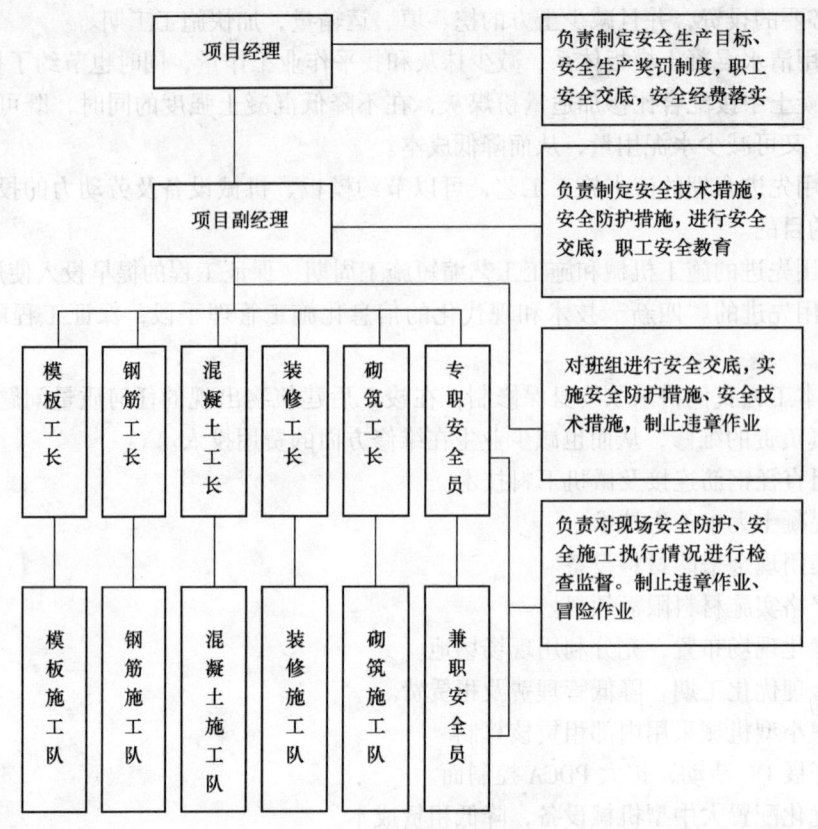

图 7-3 项目安全管理体系图

场机械设备安全防护；现场防火。

(1) 周边防护

本工程紧邻原有建筑，安全防护问题显得尤为重要。因此，我们拟定的外架方案为：附楼周边满搭双排钢管脚手架，主楼采用多功能整体提升式外架，用一层钢板网、一层密目安全网全封闭，并按规定设置兜底网。外架提升后及时砌筑外围护墙，或采取搭设挑出钢管挂安全网的方式进行防护。

(2) 临边防护

临边设一道防护栏杆，其栏杆高度不小于1m，并用密眼网围护绑牢，任何人未经现场负责同意不得私自拆除，项目要对违章违纪行为制定严密的纪律措施。如因计划跟不上，必须在临边埋设钢筋头出楼面150mm高，间距1500mm一根，栏杆水平筋不小$\phi$12，然后用密眼网封闭。临边防护如图7-4所示。

(3) 洞口防护

洞口的防护应视尺寸大小，用不同的方法进行防护。如边长大于23cm的洞口，可用坚实的盖板封盖，达到钉平钉牢不易拉动，并在板上标识"不准拉动"的警示牌。大于150cm的洞口，洞边设钢管栏杆1m高，四角立杆要固定，水平杆不少于两根，然后在立杆下脚捆绑安全水平网两道（层）。栏杆挂密眼立网密封绑牢。电梯井口的防护如图7-5所示。

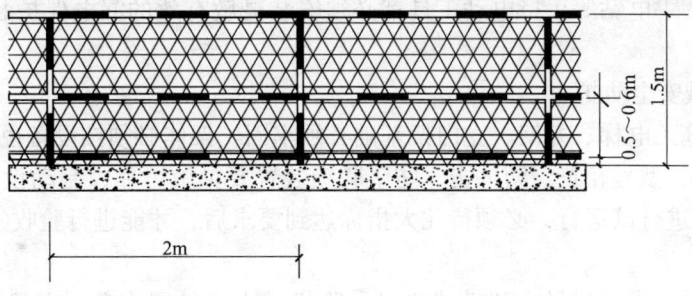

图 7-4 楼层临边防护图

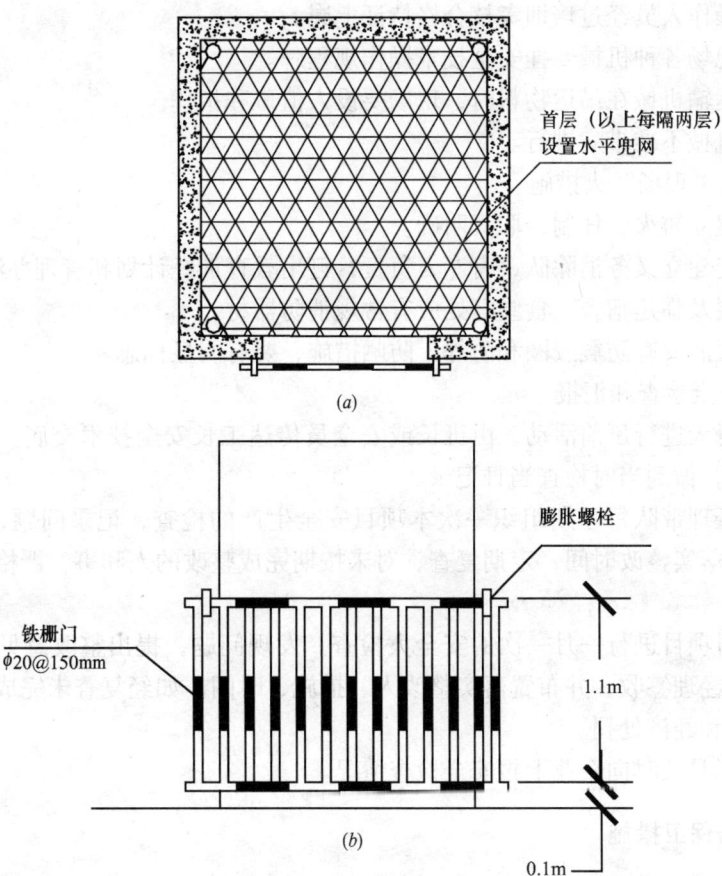

图 7-5 电梯井安全防护

### 7.5.4 现场安全用电

1）现场施工用电原则执行一机、一闸、一漏电保护的"三级"保护措施。其电箱设门、设锁、编号，注明负责人。

2）机械设备必须执行工作接地和重复接地的保护措施。

3）不得使用偏大或偏小于额定电流的电熔丝，严禁使用金属丝代替熔丝；

4）电焊机上要有防雨盖，下铺防潮垫；一、二次电源接头处要有防护装置，二次线使用接线柱，一次电源线采用橡皮套电缆或塑料软管，长度不大于 3m。

5）振动器、手电钻等手持电动工具都必须安装灵敏有效的漏电保护装置，安装完毕要办理验收单。

#### 7.5.5 机械安全防护

1）塔吊、施工电梯、井架、龙门架基础必须牢固。架体必须按设备说明预埋拉结件；其设备配件齐全，型号相符。防冲击、防坠联锁装置要灵敏可靠，制动设备要完整无缺。设备安装完后要进行试运行，必须待几大指标达到要求后，才能进行验收签证，挂牌准予使用。

2）钢筋机械、木工机械、移动式机械。除机械本身护罩完善，电机无病的前提下，还要对机械做接零和重复接地的装置。接地电阻值不大于 $4\Omega$。

3）机械操作人员经过培训考核合格持证上岗。

4）施工现场各种机械要挂安全技术操作规程牌。

5）垂直运输机械在吊运物料时，现场要设人值班和指挥。

6）各种机械不准带病进行。

#### 7.5.6 施工现场防火措施

1）项目建立防火责任制，职责明确。

2）按规定建立义务消除队，有专人负责，订出教育训练计划和管理办法。

3）各楼层及临建宿舍、食堂等处应有常规消防器材。

4）各种气瓶要有防震胶圈和防焊、防晒措施，要有明显标志。

#### 7.5.7 安全检查和汇报

1）班组每天进行班前活动，由班长或安全员传达工长安全技术交底。并做好当天工作环境的检查，做到当时检查当日记录。

2）项目经理带队每星期组织一次本项目安全生产的检查，记录问题，落实责任人，发整改通知，落实整改时间，定期复查，对未按期完成整改的人和事，严格按企业安全奖惩条例执行。

3）企业对项目进行一月一次的安全大检查。发现问题，提出整改意见，发出整改通知单，由项目经理签收，并布置落实整改人、措施、时间。如经复查未完成整改，项目经理将受到纪律和经济处罚。

4）项目每月及时向企业上报安全检查情况。

### 7.6 消防保卫措施

#### 7.6.1 现场消防管理

1）严格遵守北京市消防安全工作十项标准，贯彻"以防为主、防消结合"的消防方针，结合施工中的实际情况，加强领导，组织落实，建立逐级防火责任制。确保施工安全。做好施工现场平面管理，对易燃物品的存放要设管理专人负责保管，远离火源。

2）成立工地防火领导小组，由项目经理任组长，安全员、保卫干部及工长为组员。建立一支以经济警察为主题、以联防队员为补充的义务消防队负责日常消防工作。

3）队进场的操作人员及操作者进行安全、防火知识的教育，并利用板报和醒目标语等多种形式宣传防火知识，从思想上使每个职工重视安全防火工作，增强防火意识。

4）施工现场设 $\phi 100$ 管径的消防栓，每 50m 布设一个，随施工楼层增高，设 $\phi 65$ 管径消防竖管,每两层设置一个水龙带、消防枪、消防箱。现场配备干粉灭火器。

5)现场保证消防环道宽大于3.5m;悬挂防火标志牌、防火计划及119火警电话等醒目标志。

6)混凝土周围派出所、居委会积极配合,取得工程所在地有关部门的支持和帮助。

7)加强制度建设,创建无烟现场。

8)现场动用明火,办理动火证,易燃易爆物品妥善保管。

9)搭设临建符合防火要求。

10)坚持安全消防检查制度,发现隐患,及时清除,防止工伤、火灾事故的发生。

11)现场设消防储备水箱和消防泵,配专用用电线路直接与总闸刀上端连接。

### 7.6.2 现场治安保卫

1)配合地方部门,维持社会治安管理,积极主动办理各种证件手续。

2)精选综合素质高的作业人员,凡曾有不良表现的一律不予使用。

3)加强入场教育及治安规章制度学习。

4)实行全封闭式管理,严格将施工区域与周围生活区分开。

5)增派现场经警,实行24h巡逻制;值班人员在当班期间要认真负责,不得擅离岗位,注意防盗,定期进行检查,发现问题及时严肃处理。

6)建筑材料及机具出场,要由材料员和工长开具出门证方可放行。

## 7.7 施工现场环境保护措施

### 7.7.1 重要环境因素清单(表7-5)

重要环境因素清单  表7-5

| 序号 | 环境因素 | 活动点/工序/部位 | 环境影响 | 时态/状态 |
|---|---|---|---|---|
| 1 | 噪声的排放 | 电锯、电钻、电焊机、运输车辆、压刨、切割机、空压机、混凝土振动器等电动机具作业 | 影响人体健康、院内居民休息 | 现在/正常 |
| 2 | 粉尘的排放 | 施工场地平整作业,土方装卸,土堆、沙堆、运输车辆车轮等沼沙,水泥存放搬运,混凝土振捣,建筑垃圾的运输上车 | 污染大气,影响居民身体健康 | 现在/正常 |
| 3 | 运输的遗洒 | 现场渣土土方外运,商品混凝土运输,施工现场清运,生活现场清运、车轮带泥,施工作业面工完清理 | 污染路面,影响居民正常生活 | 现在/正常 |
| 4 | 化学危险品、油品的泄露与挥发 | 油漆库,化学材料库及其作业面油漆的挥发 | 污染大地、污染作业面空气 | 现在/正常 |
| 5 | 有毒有害废弃物的排放 | 办公区废复写纸、版纸、胶片、油墨盒、圆珠笔芯、废硒鼓、墨盒、色带、旧电池、蓄电池、废磁盘、废计算器、废日光灯管、汽车轮胎、塑料制品等 | 污染土地、水体 | 现在/正常 |

续表

| 序号 | 环境因素 | 活动点/工序/部位 | 环境影响 | 时态/状态 |
|---|---|---|---|---|
| 6 | 无毒无害废弃物的排放 | 废木材、废钢材、废水泥、空材料桶、混凝土试块、碎混凝土块、石材、碎砖头、碎砌块、废弃的石子、砂子、碎瓷砖、建筑物内浮土、浮灰、碎渣、过期废弃的混凝土、废办公用纸、纸杯和其他纸制品、生活垃圾等 | 污染土地、大气、水体 | 现在/正常 |
| 7 | 潜在的火灾、爆炸的发生 | 油漆、稀料、易燃材料库房、施工作业面、木工房、电气焊和防水作业点、氧气瓶和乙炔瓶、油漆调配和作业面、稀料稀释、清理作业、食堂液化气瓶、油品存放处、建筑垃圾、冬期混凝土养护作业、施工现场配电室、试验使用的乙醇、松节油等 | 污染大气、影响居民生活 | 将来/紧急 |
| 8 | 生产、生活污水的排放 | 施工中混凝土作业、食堂、现场搅拌站、厕所、现场洗车处 | 污染水体 | 正在/正常 |
| 9 | 光的污染 | 施工现场夜间照明灯光 | 影响居民生活 | 现在/正常 |

### 7.7.2 环境、职业安全卫生目标、指标及管理方案（表7-6）

环境、职业安全卫生目标、指标及管理方案　　　　　　　　　表 7-6

目标：杜绝各种原因引起的死亡事故，尽量减少工伤事故；
指标：死亡率为0，年工伤频率≤1.8‰。

| 序号 | 管理重点 | 主要措施 | 管理方式 | 实施阶段 | 实施人员 | 责任部门 |
|---|---|---|---|---|---|---|
| 1 | 高处坠落 | ①从事高空作业人员定期体验，不适于高空作业者，不得从事高空作业；<br>②高空作业衣着要灵便，禁止穿硬底和带钉易滑的鞋；<br>③高空作业材料堆放平稳，工具随手放入工具袋内；上下传递物件禁止抛掷；<br>④恶劣气候禁止进行露天高空、起重和打桩作业；<br>⑤梯子不得缺挡，不得垫高使用。横挡间距以30cm为宜；下端采取防滑措施，禁止二人同时在梯上作业；<br>⑥没有安全防护设施时，禁止在屋架的上弦、支撑、挑架的挑梁和未固定的构件上行走或作业；<br>⑦高空作业与地面联系，应设通讯装置，并专人负责；<br>⑧乘人的外用电梯、吊笼，应有可靠的安全装置；<br>⑨禁止攀登起重臂、绳索和随同运料的吊篮、吊装物上下；<br>⑩布设安全网、高空作业拴挂安全带；<br>⑪其他按编制的有关规定执行 | 加强培训<br>运行控制程序<br>监测与测量控制程序 | 2m以上的主体施工<br>深基础基坑作业<br>塔吊施工、电梯安装 | 所有现场施工管理人员 | 工程技术部 |

续表

| 序号 | 管理重点 | 主要措施 | 管理方式 | 实施阶段 | 实施人员 | 责任部门 |
|---|---|---|---|---|---|---|
| 2 | 机械伤害 | ①按期维修保养，完善有关制度；<br>②严格执行操作规程，纠正违章，特别是习惯性违章；<br>③操作人员持证上岗；<br>④完善安全装置，防护设备及警示标牌；<br>⑤其他按编制的有关规定执行 | 加强培训运行控制程序<br>监测与测量控制程序 | 整个施工阶段 | 机电工长 | 动力部 |
| 3 | 触电 | ①电器设备安装隔离栅栏、防护罩、绝缘板等；<br>②使用安全电压；<br>③电器设备外壳接地接零；<br>④经常检查电器设备的绝缘性能，防止漏电伤人；<br>⑤其他按编制的有关规定执行 | 加强培训运行控制程序<br>监测与测量控制程序 | 施工准备及整个施工阶段 | 机电工长 | 动力部 |

#### 7.7.3 防止施工扰民措施

本工程西面有全总 A 幢宿舍，东面有普通居民楼一幢，受施工噪声影响较大。对本工程的施工扰民问题，我们拟从以下两大方面入手，解决好这一矛盾。

（1）建立居民的协调互助关系

1）严格执行国家颁布的《环境保护法》及北京市有关环保的规章制度，在全施工过程中，严格控制噪声、粉尘等对周边环境的污染。

2）组织专人，成立扰民问题工作小组，建立从组织—实施—检查记录—整改的环保工作自我保证体系。配合业主设立居民来访接待处，积极和居民建立协调互助关系。

3）定期对附近居民进行互访，及时了解情况，达成谅解。

（2）采取措施、减少污染、防止施工扰民

施工污染主要包括三方面：大气污染、水污染和噪声污染。这三方面也是对居民正常生活带来干扰的主要原因。根据北京市有关文件规定，我们将采取以下措施防止施工扰民。

1）减少大气污染的措施

① 对现场细颗粒材料运输，垃圾清运，施工现场拆除，采取遮盖、洒水措施，减少扬尘。

② 现场道路进行硬化，现场道路出口设清洗槽，减少车辆带尘。

③ 现场禁止燃煤及木柴，控制烟尘在规定的指标内。

2）减少水污染的措施

① 现场设隔油池、沉淀池、三级化粪池。使现场生活用水经过处理后进入城市管网。

② 现场生产、洗车等排水必须经过沉淀井；水磨石施工必须进行有组织排放沉淀设计，地下连续墙的排放浆必须经沉淀处理，及时外运。

③ 隔油池、沉淀池、化粪池应定期清掏。

④ 基坑内外必须建立有组织排水系统，避免积水。

3）减少噪声污染

① 在靠近居民区等噪声敏感区设置监测点，定期用专用仪器测量控制噪声白天在 65dB 以内，夜晚在 55dB 以内。

② 施工现场进行全封闭防护，施工层四周设置进口阻燃防声布；南、北两侧围墙上部布设隔声布。

③ 建立定期噪声监测制度，发现噪声超标，立即查找原因，及时整改。

④ 对大型机械定期进行维修，保持机械正常运转，减少因机械经常性磨损而造成噪声污染。

⑤ 对施工现场工作噪声大的车间进行隔声封闭；将一些噪声大的工序尽量安排在白天进行，夜间施工尽量安排噪声小的工序，如砌筑、抹灰等。

⑥ 采用定型模板，减少模板加工产生的噪声；采用封闭式施工，减少振捣混凝土产生的噪声。

⑦ 贯彻执行北京市人民政府关于加强施工现场及噪声干扰管理的有关规定，特别做到：对于特殊分部分项工程，如在当日 22：00 至次日 6：00 进行施工时，必须向北京市建设行政主管部门提出申请，经审查批准后到环保部门备案；未经批准，禁止在此段时间进行超过国家标准噪声限值的施工作业。

（3）如必须进行连续性施工时，应在施工前公布连续施工时间，并向工程周围居民做好解释工作。

## 7.8 文明施工与 CI

### 7.8.1 现场施工平面布置

本工程为扩建配套工程，紧邻原有建筑，如何尽量减少和避免对周边环境的影响，并在此前提下合理地进行各种临建、堆场、机械的布置，以最大限度地满足施工要求，成为本次施工总平面管理的中心任务。由于各施工阶段机械、堆场的布置均存在差异，因此我们将施工总平面分为基础阶段、主体阶段、装修阶段三个时期来进行动态管理，以确保本工程现场文明施工目标的实现，并为实现其他各项工程目标提供有利条件。

### 7.8.2 场地特征

本次工程建设场地划定的范围大致为 75m×125m 的不规则矩形区域，拟建建筑物紧邻原有建筑，整个施工场地显得较为狭窄，基础阶段施工时该问题将尤为突出。根据现场踏勘情况，材料运输的主要干道为场地东侧的真武庙路。

### 7.8.3 现场布置

1）围墙、临建及场地硬化

进场后我们将对现有围墙进行改造，并对现场施工区域均进行硬化处理，做好排水坡度，并在基坑周边及围墙周围砌筑排水沟，根据排污口位置设置沉淀池，进行有组织排水。同时在施工场地大门入口处设置洗车槽，以免将灰尘带入场内。

生活区域（包括食堂、住宿等）设于场外，现场仅设办公室、卫生间（根据排污口位置确定）、保卫用房及其他零星库房等。

2）基础阶段平面布置

a．机械布置

现场布置一台塔吊，设于 G/10 轴线处；搅拌站（设一台 JD-350 型搅拌机）设于拟建建筑物东北侧，以解决砂浆的搅拌问题；砌筑砖胎膜的砌体及砂浆通过塔吊采用自制吊斗吊运至基坑。

b. 堆场及加工场布置

钢筋加工场及堆场设于东侧入口处；周转架料及模板加工场、堆场分设于①~⑤轴线附楼两侧，均处于塔吊覆盖范围内。砌体堆场仅设一处，且应在施工前根据计划将本阶段所需砌体一次备齐。

3）主体阶段平面布置

a. 机械布置

地下室结构施工完毕后进行 G/7~G/8 轴线间施工井架的安装，主要解决地下室砌体工程施工及内抹灰时砌体、砂浆等的运输，同时兼顾地下部分钢管、模板拆除后的吊运工作。

由于本阶段插入砌体的施工，现场场地东侧设搅拌站、水泥库，其中搅拌站设两台 JD-350 型搅拌机。

在本阶段进行两台施工电梯及两台龙门架的安装，主要解决本阶段人员、砌体、砂浆等的垂直运输问题。

b. 堆场及加工场布置

本阶段周转架料及模板加工场、堆场位置同基础结构阶段；钢筋加工场及堆场移至拟建建筑东北侧，留出场地北侧道路作为主要运输通道。场地西北角增设半成品堆场及砌体堆场，其运输可利用①~Ⓜ轴线间附楼底层拆模后的通道。

4）装修阶段平面布置

a. 机械布置

本阶段拆除塔吊、J/3 轴线处龙门架，但施工电梯、搅拌站位置保持不变。

b. 堆场及加工场、新增临建布置：本阶段取消钢筋及模板加工场、堆场，增设安装及精装修办公室、库房等；周转架料堆场移至场地北侧，在 A/4~A/5 轴线处增设砌体堆场。

c. 对一至五层的隔离及保护措施

①隔离措施：砖墙封堵一至五层所有电梯井入口；封堵地下室至一层及五层至设备层楼梯口；A/1~A/5 轴线处砌筑临时隔断墙。

②保护措施：本阶段将加强现场保卫，根据业主要求制定保护措施计划、方案并派专人监督实施。

5）现场用电布置

现场供电采用三相五线制，按生产用电、生活用电、现场照明用电分开设置，并严格按照用电规范要求进行配电箱的布置。现场照明线路采用梢径为 100mm 的木制电线杆（约每 25m 一根）架空，大门入口处挂一盏镝灯，并每隔一定距离挂一盏普通照明灯。

6）现场用水布置

现场用水按生产用水、生活用水、消防用水分开设置，生产用水管径应不小于 $\phi70$，生活用水采用 $\phi25$ 镀锌铁管。楼层用水采用高压水泵将水加压后引至各楼层。水管均应涂刷防锈漆，穿过路面时应埋地。装修阶段应尤其注意引水立管同支管间接头处的处理，以**防渗水污染墙面**，平面用地布置见表 7-7 所列。

临时用地计划表  表 7-7

| 序号 | 名 称 | 用地面积（m²） | 备 注 |
|---|---|---|---|
| 1 | 钢筋加工场 | 150 | 对焊场地长度大于 25m |
| 2 | 钢筋堆场 | 200 | |
| 3 | 木材加工场 | 80 | |
| 4 | 木材堆场 | 120 | |
| 5 | 水泥库房 | 100 | |
| 6 | 搅拌站 | 150 | |
| 7 | 现场办公 | 140 | |
| 8 | 砌体堆场 | 100 | |
| 9 | 周转材料堆场 | 150 | 主要为钢管、跳板等堆场 |
| 10 | 其他材料堆场 | 150 | |

注：人员住宿在场外考虑，需 740m²

#### 7.8.4 文明施工管理

现场文明施工作为施工单位综合素质的体现，是一扇宣传的窗口。我们将对现场加以美化布置，加强管理，争创北京市文明施工优良现场，做到"建一座高楼，树一座丰碑，留一片赞誉"。

(1) 加强管理组织建设

成立现场文明施工管理组，定期组织检查评比，制定奖罚制度，切实落实执行文明施工细则及奖罚制度。

(2) 明确文明施工管理的责任人

现场文明施工管理实行分区分段包干制。由各区各段责任人负责本区段的文明施工管理。

(3) 贯彻执行北京市人民政府关于加强施工现场及噪声扰民管理的有关规定，特别做到：

1) 对于特殊分部分项工程，如需在 22:00 至次日 6:00 进行施工时，必须向北京市建设行政主管部门提出申请，经审查批准后到环保部门备案；未经批准，禁止在此段时间进行超过国家标准噪声限值的施工作业；

2) 如必须进行连续施工时，应在施工前公布连续施工时间，并向工程周围居民作好解释工作；

3) 夜间施工尽量安排噪声小的工序，如砌筑、抹灰等。

(4) 贯彻执行现场材料管理制度

1) 严格按照施工平面布置图堆放原材料、半成品、成品及料具。

2) 严格执行限额领料、材料包干制度。及时回收落地灰、碎砖等余料。做到工完场清，余料要堆放整齐。

(5) 落实现场机械管理制度

1) 现场机械必须按施工平面布置图进行设置与停放。

2) 机械设备的设置和使用必须严格遵守《建筑机械使用安全技术规程》(JGJ33—86)。

3) 设置专职机械管理人员，负责现场机械管理工作。

(6) 施工现场场容要求

1) 现场要加强场容管理，使现场做到整齐、干净、节约、安全、施工秩序良好。

2) 施工现场要做到"五有"、"四净三无"、"四清四不见"、"三好"及现场布置做好"四整齐"。

3) 项目应当遵守国家有关环境保护的法律，采取有效措施控制现场的各种粉尘、废气、废水、固体废弃物以及噪声对环境的污染及危害。

4) 对于施工所用场地及道路应定期洒水，降低灰尘对环境的污染。

5) 现场污水必须经过沉渣池沉淀后，方可排入城市管网。

**7.8.5 现场文明施工检查**

1) 检查时间：项目文明施工管理组每月对施工现场做一次全面的文明施工检查。

2) 检查内容：施工现场的文明施工情况。

3) 检查依据：我企业"文明施工管理规定"及北京市有关"文明施工管理办法"。

4) 奖惩措施：为了鼓励先进，鞭策后进，应当对每次检查中做得好的进行奖励，做得差的应当进行惩罚，并敦促其改进。由于项目文明施工管理采用的是分区、分段包干制度，应当将责任落实到每个责任人身上，明确其责、权、利，实行责、权、利三者挂钩。奖惩措施由项目部根据前面所述自行拟定。

文明施工管理体系如图 7-6 所示。

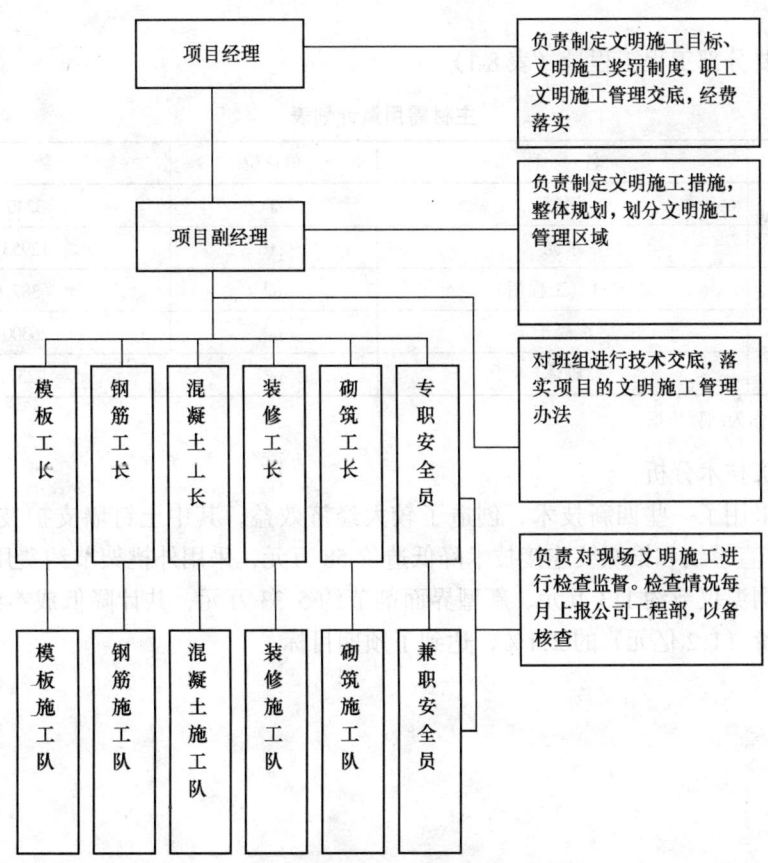

图 7-6 项目文明施工管理体系图

## 8 经济技术指标

我们的指导思想是：以质量为中心，贯彻实施 ISO9000《质量管理质量保证》系列标准，建立工程质量保证体系，编制项目质量计划，选配高素质的项目经理、现场工程技术管理人员，按国际惯例实施项目管理，积极推广"四新"成果，精心组织，科学管理，确保本工程优质、高速、安全地建成。发挥我企业集团优势，科学地组织土建、安装与装饰的施工，严格履行合同，确定以下经济技术目标：

(1) 工期指标

我们计划总工期为 848 个日历天，确保顺利交工。

(2) 劳动生产率指标

按照投入的劳动力及产值数量计算，劳动生产率指标为 10 万元/人。

(3) 分部优良率指标

按照《建筑安装工程质量检验评定标准》及北京市现行质量评定标准、工程验收规范，确保本工程为北京市优质工程，争创"鲁班奖"工程；分部工程优良率达到 90%。

(4) 降低成本指标

通过采用"四新"技术，项目加强管理，降低材料消耗，使项目技术进步效益率不小于 2%。

(5) 主要分部工程工程量（表 8-1）

主材需用量计划表　　　　表 8-1

| 序号 | 名称 | 单位 | 数量 |
|---|---|---|---|
| 1 | 钢材 | t | 3240.55 |
| 2 | 水泥 | t | 12953.71 |
| 3 | 木材（工程用） | m³ | 387.68 |
| 4 | 混凝土 | m³ | 26300.76 |
| 5 | 砌体 | m³ | 7237.34 |

以上数据不作为结算依据。

(6) 经济技术分析

本工程采用了一些四新技术，创造了较大经济效益，其中土钉墙支护技术节约造价 155.6 万元，直螺纹和锥螺纹连接技术降低造价 58 万元，采用外挑架节约费用 35.1 万元、便携式电子测温仪节约 1.3 万元、新型界面剂节约 5.33 万元，共计降低成本约 254 万元，为工程总造价（1.2 亿元）的 2.1%，达到了预期目标。

# 第三十四篇

## 广州海关新业务技术综合楼施工组织设计

编制单位：中建四局华南分公司
编 制 人：李重文　冉志伟　俞爱军　赵明双
审 核 人：虢明跃

**【简介】** 本工程是由中华人民共和国广州海关投资兴建的省重点工程，功能设置齐全，整栋大楼建筑外观设计为欧式风格，整体外观设计精细、用料考究，装修档次较高，其中外墙全部采用干挂花岗石，在裙楼及24层以上外窗大量采用玻璃幕墙形式，内部装修为大部用高档的微晶玉砖、大理石，以及高级装饰门套等。

本工程主要施工的重点和难点是人工挖孔桩的施工；地下室超长结构的施工；粗直钢筋的连接，高柱、梁板模板高支模的施工；有粘结预应力梁的施工；高强混凝土的施工；大体积混凝土的施工，圆弧顶结构的施工，轻型钢结构的施工；外墙干挂花岗石的施工。

# 目 录

1 工程概况 ············································································· 947
　1.1 建设概况 ········································································· 947
　1.2 建筑设计概况 ····································································· 947
　1.3 结构设计概况 ····································································· 948
　1.4 专业设计概况 ····································································· 949
　1.5 本工程效果图 ····································································· 949
　1.6 现场条件 ········································································· 949
　1.7 工程特点 ········································································· 949
2 施工总体部署 ········································································· 951
　2.1 施工控制目标 ····································································· 951
　2.2 施工管理组织机构 ································································· 951
　2.3 总体和重点施工顺序 ······························································· 953
　2.4 各主要施工阶段流水划分 ··························································· 953
　2.5 主要施工方案的选定 ······························································· 955
　2.6 施工进度计划 ····································································· 956
　2.7 材料（周转）物资配置情况 ························································· 956
　2.8 机械设备投入计划及检测设备 ······················································· 958
　2.9 劳动力投入情况 ··································································· 960
　2.10 施工平面布置 ···································································· 961
3 主要施工方法 ········································································· 963
　3.1 施工测量 ········································································· 963
　　3.1.1 工程测量的重点、难点 ························································· 963
　　3.1.2 测量仪器选择及其特点 ························································· 963
　　3.1.3 测量方案 ····································································· 964
　　3.1.4 测量质量控制 ································································· 967
　3.2 人工挖孔桩的施工 ································································· 967
　　3.2.1 孔桩设计概况 ································································· 967
　　3.2.2 孔桩施工工艺流程 ····························································· 967
　　3.2.3 施工操作要点 ································································· 968
　3.3 地下室施工 ······································································· 969
　　3.3.1 HQB 改性有机硅纤维防水砂浆层施工 ············································ 969
　　3.3.2 防水工程 ····································································· 970
　　3.3.3 超长结构底板、外墙防水混凝土施工 ············································· 971
　　3.3.4 大体积混凝土施工 ····························································· 975
　3.4 模板工程 ········································································· 980
　　3.4.1 模板材料 ····································································· 980
　　3.4.2 模板施工要点 ································································· 980

## 3.5 钢筋工程 ································································································ 986
### 3.5.1 钢筋的采购验收 ·················································································· 986
### 3.5.2 钢筋连接 ······························································································ 987
### 3.5.3 钢筋绑扎安装 ····················································································· 987
### 3.5.4 机械直螺纹连接 ·················································································· 988
### 3.5.5 钢筋质量通病及防治措施 ···································································· 989
## 3.6 预应力混凝土施工 ················································································· 989
### 3.6.1 有粘结预应力梁基本概况 ···································································· 989
### 3.6.2 本工程预应力结构特点 ······································································· 989
### 3.6.3 预应力施工组织 ·················································································· 990
### 3.6.4 预应力施工流程及做法 ······································································· 990
### 3.6.5 预应力与土建施工的配合 ···································································· 993
## 3.7 主体混凝土工程 ····················································································· 994
## 3.8 砌体工程 ································································································ 994
### 3.8.1 灰砂砖和加气混凝土砌块施工 ···························································· 994
### 3.8.2 轻钢骨架隔断墙安装技术 ···································································· 995
## 3.9 外脚手架工程 ························································································· 996
## 3.10 屋面及防水工程 ··················································································· 998
### 3.10.1 屋面工程基本做法 ············································································· 998
### 3.10.2 找平层施工 ························································································ 998
### 3.10.3 WPS防水层施工 ················································································ 999
### 3.10.4 轻质复合泡沫隔热板施工 ·································································· 1000
## 3.11 轻型钢结构应用技术 ··········································································· 1001
### 3.11.1 轻型钢结构基本概况 ········································································· 1001
### 3.11.2 钢结构施工工艺 ················································································ 1001
## 3.12 外墙石材幕墙施工 ··············································································· 1006
### 3.12.1 外墙石材幕墙工程概况 ····································································· 1006
### 3.12.2 石材幕墙施工工艺 ············································································· 1009
## 3.13 内墙装饰工程 ······················································································· 1011
### 3.13.1 内墙装饰做法概况 ············································································· 1011
### 3.13.2 抹灰工程 ···························································································· 1012
### 3.13.3 清水混凝土施工工艺 ········································································· 1013
### 3.13.4 地下室细石混凝土耐磨地面 ······························································ 1013
## 3.14 给水排水工程施工 ··············································································· 1014
### 3.14.1 给水排水工程基本概况 ····································································· 1014
### 3.14.2 给水排水安装工艺流程 ····································································· 1015
### 3.14.3 给水排水安装施工技术要求 ······························································ 1015
## 3.15 电气工程安装施工 ··············································································· 1017
### 3.15.1 电气工程基本概况 ············································································· 1017
### 3.15.2 电气安装施工工艺流程图 ·································································· 1018
### 3.15.3 电气安装施工技术要求 ····································································· 1018
## 3.16 通风空调工程安装施工 ······································································· 1020
### 3.16.1 通风空调工程设计概况 ····································································· 1020

  3.16.2 通风空调安装施工工序流程及系统调试流程 …… 1020
  3.16.3 通风空调安装 …… 1021

# 4 质量、安全、环保技术措施 …… 1023
## 4.1 质量技术措施 …… 1023
  4.1.1 项目质量管理体系 …… 1023
  4.1.2 全面质量管理 …… 1023
  4.1.3 质量技术要求和保证措施 …… 1024
  4.1.4 各施工阶段的质量保证措施 …… 1025
## 4.2 安全、文明技术措施 …… 1028
  4.2.1 安全、文明管理组织机构 …… 1028
  4.2.2 安全目标管理 …… 1029
  4.2.3 安全措施费用投入计划 …… 1029
  4.2.4 安全生产保证措施 …… 1030
  4.2.5 文明施工措施 …… 1041
## 4.3 环境保护技术措施 …… 1043
  4.3.1 施工噪声排放控制措施 …… 1043
  4.3.2 施工粉尘控制措施 …… 1044
  4.3.3 水污染控制预防措施 …… 1045
  4.3.4 固体废弃物控制措施 …… 1045

# 5 经济效益分析 …… 1046
## 5.1 新技术应用情况及其具体经济效益分析 …… 1046
  5.1.1 高强高性能混凝土施工技术 …… 1046
  5.1.2 高效钢筋和预应力混凝土技术 …… 1047
  5.1.3 粗钢筋连接技术 …… 1047
  5.1.4 新型模板和脚手架应用技术 …… 1048
  5.1.5 建筑节能和新型墙体应用技术 …… 1049
  5.1.6 新型建筑防水和塑料管应用技术 …… 1050
  5.1.7 轻型钢结构技术 …… 1051
  5.1.8 计算机应用和管理技术 …… 1051
  5.1.9 其他新技术应用 …… 1054
## 5.2 技术应用效益汇总及分析 …… 1055
  5.2.1 经济效益 …… 1055
  5.2.2 科技进步效益率 …… 1056

# 1 工程概况

## 1.1 建设概况

广州海关新业务技术综合楼工程是省重点工程，它是一座综合性的办公大楼，资金来源为财政拨款，设计单位为广州市设计院（外墙石材幕墙设计单位为中国建筑装饰公司，二次装修设计单位为深圳瑞和装饰工程公司），监理单位为广州建筑工程监理有限公司，质监单位为广东省质量安全监督检测总站。

工程位于广州市珠江新城 E6-2 地块，交通便利，东临华夏路，南临花城大道，北临华成路。总用地面积 14111.19$m^2$，总建筑面积 58214$m^2$（其中地下室两层，建筑面积 12185$m^2$，地上最高 28 层，建筑面积 46029$m^2$），建筑高度 103m（未计入钟楼以上结构高度），占地面积 5344$m^2$。

本工程类别为一类，结构类型为框架-剪力墙结构。地下二层层高主要为 3.5m，地下一层层高为 5m，有 5 层裙楼，裙楼层高为 4m，七至二十一层为标准层，层高为 3.65m，第二十二层至二十七层相对标准层变化不大，顶层（第二十八层）为钟楼层。

建筑物主要功能为：地下二层为车库和人防区；地下一层为车库和设备房；一层主要为门厅、礼堂、对外服务、办公和管理用房，三层为化验中心，五层为大餐厅、处级餐厅等；上部结构主要用作办公、会议和接待室。

建筑物外形尺寸在平面上较为方正，东西两边建筑沿中线对称。两层地下室在平面上大体呈矩形；裙楼部分在平面上大体呈"T"形；从六层开始建筑物只是在南北方向中部继续上升，而占大部分面积的两边结构均已至顶；七层至二十四层在平面上呈"U"形；建筑物第二十八层为钟楼（在四面各放置一座钟）；钟楼以上屋顶为一个圆拱形结构，在其顶点上设置一个约 10m 高外壳为铝合金的避雷针直插天空。

本工程质量要求为确保省样板工程，并争创"鲁班奖"。开工时间为 2003 年 7 月 1 日，总工期为 525 日历天。

## 1.2 建筑设计概况

本工程建筑类别为一类，耐火等级为一级。标高为广东珠江高程系统，设计标高 ±0.000，相当于绝对标高 11.50m。

（1）外墙装饰

整个外墙面主要采用钢龙骨承重的烧碱面干挂花岗石，其他少部分为隐框玻璃幕墙。

（2）楼地面工程

首层门厅、大堂、电梯间为磨光拼花花岗石铺面；楼梯间、电梯间为磨光大理石铺面；礼堂、五层会议室为花岗石面层；卫生间、设备房铺防滑砖；裙楼五层大餐厅、处级餐厅为铺微晶玉地板砖、铺高级抛光砖；关长接待、会议室等铺地毯、铺柚木实木地板；舞台、放影室、控制室为硬木地板面层；车库和人防区为细石混凝土和金刚砂涂料面层。

（3）内墙装饰

墙面做法有：办公室主要为内墙涂料饰面层；厨房、卫生间、水池为光面瓷砖墙面；

电梯间、门厅、大堂、裙楼部分主要为干挂花岗石石材和贴抛光砖；发电机房、礼堂和舞台为穿孔吸声石膏板墙；裙楼公共活动部位设置高级石材门套；会议室贴墙纸、做瑞士梨木饰板、柚木饰板，布艺硬包、软包制安等。

(4) 顶棚工程

办公室采用轻钢龙骨600mm×600mm铝扣板顶棚；电梯间、通道采用轻钢龙骨铝板造型顶棚、100mm×100mm深灰铝格栅顶棚、条形铝扣板顶棚、异形顶棚铝扣板。

礼堂采用轻钢龙骨松本维保板吊顶。局部房间窗部位采用铝塑板吊顶。

(5) 屋面工程

所有屋面做法面层采用轻质复合泡沫防水隔热板屋面。屋面隔热层为55mm厚轻质复合泡沫隔热板。屋面防水为1.5mm厚WPS环保柔性防水层（地下室防水也采用1.5mm厚WPS防水层，卫生间、厨房防水采用2mm厚WPS防水层）。

(6) 门窗工程

本工程室内门主要为实木板门及木质防火门，外门主要为铝合金门；窗为罗普斯金3500、3700型铝合金窗，并采用阻断隔热型铝合金窗；在裙楼部分和24层至机房有隐框玻璃幕墙。外墙主要采用5+6+5（mm）厚中空钢化安全玻璃。

## 1.3 结构设计概况

(1) 建筑结构安全等级为一级，设计使用年限为50年。抗震等级框架为二级，剪力墙为二级，地下室为一级。人防工程抗力等级为五级。

(2) 基础采用人工挖孔桩，地基基础设计等级为甲级。混凝土强度等级为：护壁C15，承台C40，桩身C30。桩端持力层为微风化岩，嵌入深度不小于0.5m。桩身直径分别为1200mm、1400mm、1600mm、1800mm、2000mm、2200mm和2400mm共七种规格；桩身纵向主筋为$\phi20$、$\phi22$、$\phi25$及$\phi28$，在桩身中全部设置为通长。抗拔桩纵筋全部采用焊接（单面焊接$10d$）。

(3) 地下室至裙楼部位楼板设置混凝土后浇膨胀加强带，加强带宽2m，两侧用钢筋支架密孔钢丝网隔离，加强带的混凝土比两侧提高一级。另外，由于本工程楼板和底板均超长，所以本工程除按设计采取加强带措施外，对于楼板的混凝土要求掺抗裂膨胀剂，掺量为10%的胶凝材料，后浇膨胀加强带内掺12%胶凝材料。

(4) 地下室底板厚度为500mm，地下一层板厚主要为250mm，地下室顶板厚度主要为160mm，外墙厚度为300mm。地下室底板、外墙、顶板采用C40抗渗混凝土，混凝土抗渗等级不低于P12级，地下一层顶板有覆土位置楼板混凝土为抗渗等级P8。

(5) 本工程所用钢筋为HPB235、HRB335、HRB400。

本工程直径大于等于20mm的柱墙竖向钢筋采用直螺纹套筒连接，小于20mm的柱筋和剪力墙筋采用绑扎接头或闪光对焊。水平结构梁中的三级钢采用直螺纹套筒连接。除三级钢外，一般梁采用闪光对焊连接。

地下室底板受力钢筋规格主要为$\phi25$、$\phi22$和$\phi18$；地下一层梁主筋主要为Φ25、Φ28、Φ32和Φ28、Φ32；标准层梁主筋主要为$\phi25$，也有少量的Φ22、Φ28。框架柱受力钢筋主要为Φ20、Φ22、Φ25、Φ28、Φ32，少量使用Φ32。

(6) 混凝土强度等级见表1-1所列。

混凝土强度等级　　　　　　　　　　　　　　表1-1

| 构件＼楼层 | -2~-1 | 1 | 2 | 3~10 | 11~14 | 15~19 | 20~22 | 23以上 |
|---|---|---|---|---|---|---|---|---|
| 梁、板 | C40 | C40 | C35 | C35 | C35 | C30 | C30 | C30 |
| 剪力墙 | C55 | C55 | C55 | C50 | C45 | C40 | C35 | C30 |
| 柱 | C55 | C55 | C55 | C50 | C45 | C40 | C35 | C30 |

(7) 本工程墙体

外墙、楼梯间墙砌体均采用180mm厚蒸压灰砂砖，内墙采用180mm厚的加气混凝土砌块，管道隔墙采用120mm厚加气混凝土砌块。三层化验中心采用轻质轻钢龙骨隔断墙。

(8) 本工程裙楼部位有少量的有粘结预应力梁结构，有粘结预应力采用金属波纹管留孔，预应力材料采用低松弛的预应力钢绞线（$\phi^j15.24$），$f_{ptk} = 1860\text{N}/\text{mm}^2$。

### 1.4 专业设计概况

本工程安装工程包括变配电系统、电气动力系统、电气照明系统、防雷接地系统、给排水系统、通风空调系统、电气消防系统的安装调试等工程。

安装工程的特点是工种多、工程量较大，设计采用的材料设备大都是技术含量高或新的产品，如雨水排水管采用球墨铸铁管、各层配电主干线选用插接式母线槽等。相对来说，施工工艺和施工组织要求较高，专业交叉配合施工较复杂。

### 1.5 本工程效果图（图1-1）

### 1.6 现场条件

本工程地理位置四通八达，周边无居民区，地表平整，为现场施工创造了有利条件，本工程的地质、地貌特点主要是：

场区地层主要由第四系人工素填土、冲积层、残积层及白垩系沉积岩组成，自上而下分别为：人工填土为素填土，局部底部为杂填土，底部多为原耕植土；冲积土包括淤泥质土、粉质黏土和砂层；残积土主要为泥质粉砂岩风化而成的粉质黏土；白垩系沉积岩分为强风化岩带、中风化岩带和微风化岩带三个风化带。地下水主要为第四系孔隙承压水及深部基岩裂隙水。地下水位为3.5~5.4m之间，位于底板之上。

### 1.7 工程特点

(1) 工程规模特点

本工程建设规模较大，占地面积为5344m²，总建筑面积为58214m²（其中地下室两层，建筑面积12185m²，地上最高28层，建筑面积46029m²），建筑高度达103m。

(2) 场地地理位置特点

本工程位于广州市珠江新城E6-2地块，交通便利，东面为华夏路，南面为花城大道，北面为华城路。分别有花城大道和华成路进入现场的南北两个入口。工地离其他周边建筑

图 1-1 工程效果图

较远，对施工期间的噪声要求不高，可以安排昼夜连续作业，有利于加快施工进度。

（3）结构特点

本工程结构形式为框架-剪力墙结构，结构总体来说较简单。基础采用人工挖孔桩，基础持力层为微风化岩；有两层地下室，地下室面积较大，达 7363m²；在裙楼三、四、五、六层部位有少量有粘结预应力梁；混凝土强度有高强混凝土，如 C55，钢筋种类有 HPB235、HRB335 和 HRB400，钢筋最大规格为 32mm。在首层门厅、礼堂及舞台顶板高度较高，最高达 12m。

（4）建筑工程特点

整栋大楼建筑外观设计为欧式风格，外观设计精细、用料考究，建筑装修档次较高，尤其是外墙全部为干挂花岗石。在裙楼及二十四层以上外窗大量采用玻璃幕墙形式，幕墙顶大都为半圆形构造；建筑物立面上在门厅、礼堂、二十四层至二十八层及钟楼以上结构等外围设置具有特色的花岗石圆形廊柱；另外，建筑物栏杆立柱、钟楼、屋面檐口、屋顶球形构造、屋顶长针等构造也显示出了欧式的建筑风格。整体建筑在外观上显现出威严、气派的特点。

(5) 安装工程的特点

本项目安装工程的重点是专业施工较多、工程量大，设计采用的材料设备大都是进口或技术含量高或新的产品，如给水管采用进口薄壁紫铜管、雨水排水管采用球墨铸铁管、各层配电主干线选用插接式母线槽等。总的来说，安装施工工艺和施工组织要求较高，专业交叉配合施工较复杂。

# 2 施工总体部署

## 2.1 施工控制目标

(1) 工程质量目标

确保工程质量达到省样板工程，并争创"鲁班奖"。

(2) 工期控制目标

1) 施工总工期控制目标

总工期定为525个日历天完成。开工日期为2003年7月1日，完工日期为2004年12月5日。

2) 阶段性工期控制目标

人工挖孔桩：55d；地下室：66d；上部结构工程：233d。

地下室内装饰：61d；裙楼外墙干挂石：40d；塔楼外墙干挂石：126d；室外工程：40d。

(3) 安全施工目标

创"省安全施工样板工地"。无重大伤亡事故发生，轻微工伤发生率保证在5‰以下。

(4) 文明施工目标

创"省文明施工样板工地"。

(5) "四新"技术运用

在本工程采用的"四新"技术有：高强高性能混凝土技术；高效钢筋和预应力混凝土技术；粗直径钢筋连接技术；新型模板和脚手架应用技术；推广采用节能型材料应用技术；新型建筑防水和塑料管应用技术；轻型钢结构施工技术；推广计算机应用和管理技术。

## 2.2 施工管理组织机构

项目部以项目经理、项目副经理、项目总工程师和项目总经济师为领导层，下设施工组、技术组、质量安全组、材料组、机电组、预算组、财物组等部门，做到分工明确、各负其责、互相协作、紧密配合，全面负责该项目的施工管理，确保工程的质量、工期和安全文明施工等各项指标的全面实现，具体项目管理组织机构如图2-1所示。

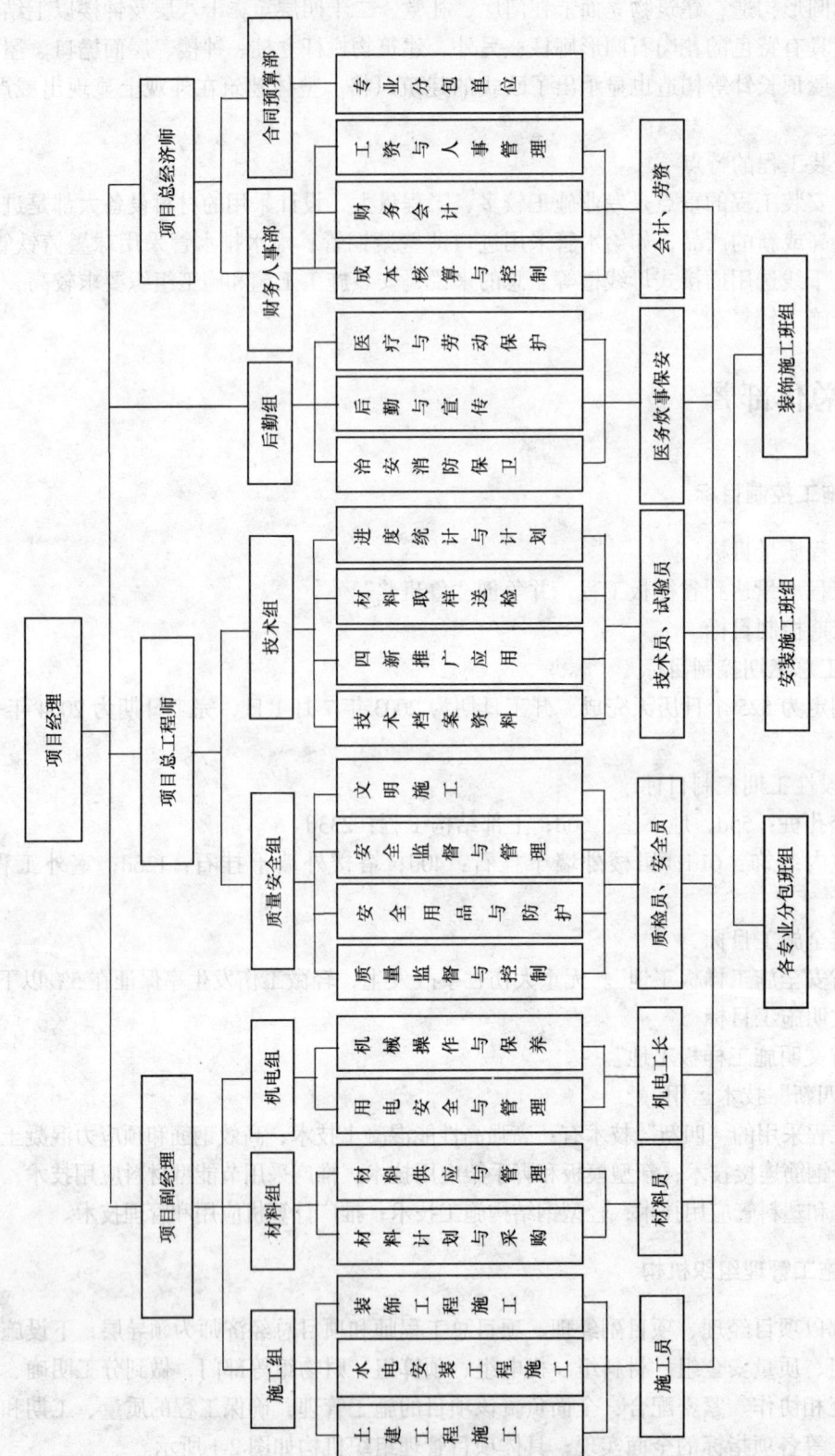

图 2-1 项目管理组织机构

## 2.3 总体和重点施工顺序

（1）总体安排

根据本工程的特点、现场施工条件及工期要求等具体情况，经过周密细致的安排，本工程主要分几个阶段施工和验收：

1）首先施工桩基础工程。

2）再次是地下结构工程。

3）上部主体工程分为5层裙楼部分、塔楼部分六至二十层、二十一层及其以上结构等三个阶段施工及验收。这样下部结构工程先验收后可以先插入安装、装修等工作，形成了上下立体流水施工作业，通过分段流水施工作业能节约工期，确保按时完成工程施工任务。

4）装修阶段主要是从上往下施工，重点突击精装修部位（如首层大礼堂、关务会议室、三层化验中心、对外接待室等。

（2）各阶段主要施工顺序

1）桩基础施工顺序：基坑标高、轴线复核→人工挖孔桩定位放线→人工挖孔桩施工→桩基检验、验收。

2）地下室结构施工顺序

桩头凿毛、承台土方人工开挖、基坑修边检底→C15混凝土垫层→水泥砂浆找平层→WPS涂料防水层→防水保护层→地下室底板基础施工→地下室二层墙柱施工→地下一层板→地下一层墙柱→地下室顶板→地下室外墙WPS防水涂料施工→地下室外墙防水保护层（20mm塑料板）→地下室周边土方分层回填夯实。

3）主体结构：按照一般顺序施工，即模板制作安装→钢筋制作安装（有预应力时穿插预应力施工）→浇筑柱墙混凝土→浇筑楼板混凝土。

## 2.4 各主要施工阶段流水划分

（1）桩基施工阶段

本工程共计160根人工挖孔桩，由于人工挖孔工程必须等所有桩芯混凝土浇筑完毕，并且混凝土强度达设计强度后应经过桩基的检测，待检测结果和质量控制资料等符合要求后才能最终通过验收。故为了确保工期，在孔桩成孔时，配备了足够的劳动力，以保证每天每根桩能挖进一模。

故在桩基础施工阶段不考虑流水施工，采用全面开花的开挖方法进行孔桩施工。

（2）地下室施工阶段

地下室施工段的划分如下：

本工程地下室面积为7363$m^2$（92500mm×79600mm），地下结构面积大，地下室结构设计在ⓖ~ⓗ轴线间、⑤轴和⑧轴附近设置了后浇加强带，故将地下室平面分割成六块，据此将地下室分成三个施工流水段。分别为：

Ⅰ区：①轴~⑤轴（此处⑤轴表示为邻近⑤轴左右两边的后浇加强带，以下⑫轴线说明同此）；

Ⅱ区：⑧轴~⑫轴；

Ⅲ区：⑤轴～⑧轴。每个施工区内部的各分项工程按工艺流程的要求组织自流水作业。地下室施工区段平面划分如图2-2所示。

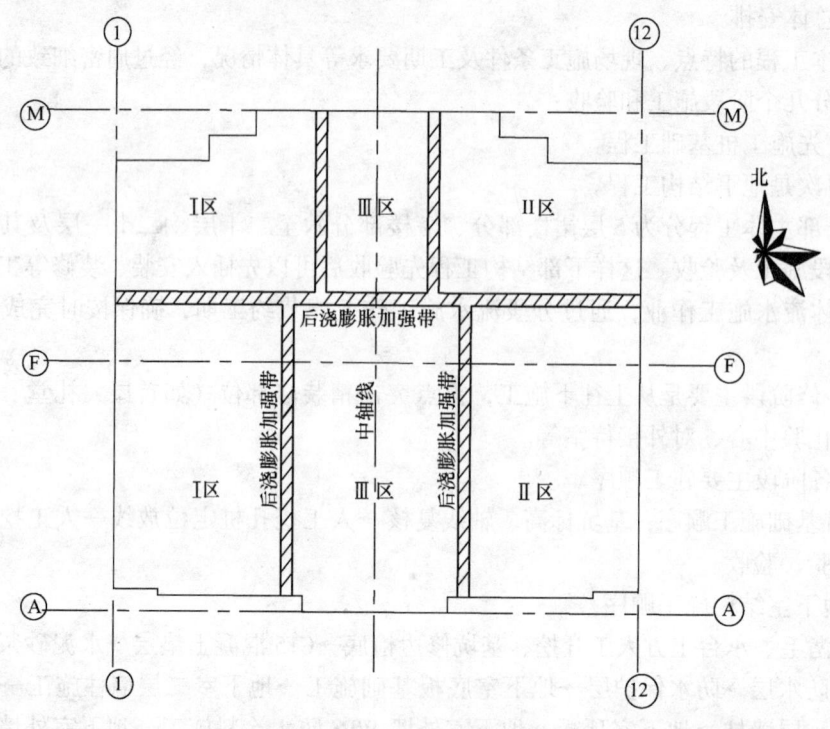

图2-2 地下室分区平面图

(3) 主体结构施工阶段

裙楼施工阶段根据后浇膨胀带（6层以上为后浇带）的位置划分为三个施工段：

A段：①轴～1/4轴、⑥轴；

B段：⑦轴、⑧轴～⑫轴；

C段：1/4轴～⑧轴/Ⓐ轴～Ⓖ轴。

A段和B段基本对称进行流水施工、C段另作为一个独立施工段进行施工，裙楼施工区段平面划分如图2-3所示。

而塔楼一层面积只有1463m²（59500mm×24600mm），单层面积不大，施工时不再分流水段，配备三层模板、架料，逐层向上翻施工。

裙楼结构平均12d一层，全部施工完为60d；标准层及以上结构平均6d完成一层。

为保证总体工程的施工进度，提前进入装修工程，砌体工程在结构层施工至五层时插入施工。主体分阶段进行验收后，下部结构及时安排插入安装、装修等工作。

(4) 装修施工阶段

本工程的装修施工阶段重点是外墙干挂花岗石，干挂花岗石工程量大、质量要求高，同时因外墙装饰完成后才能拆除外架。只有在外架拆除后，室内的涂料油漆工程以及室外的道路、排水、绿化等工程才能最终竣工，故首先做外墙装饰工程，同时外架必须要按照计划的时间按时拆除。

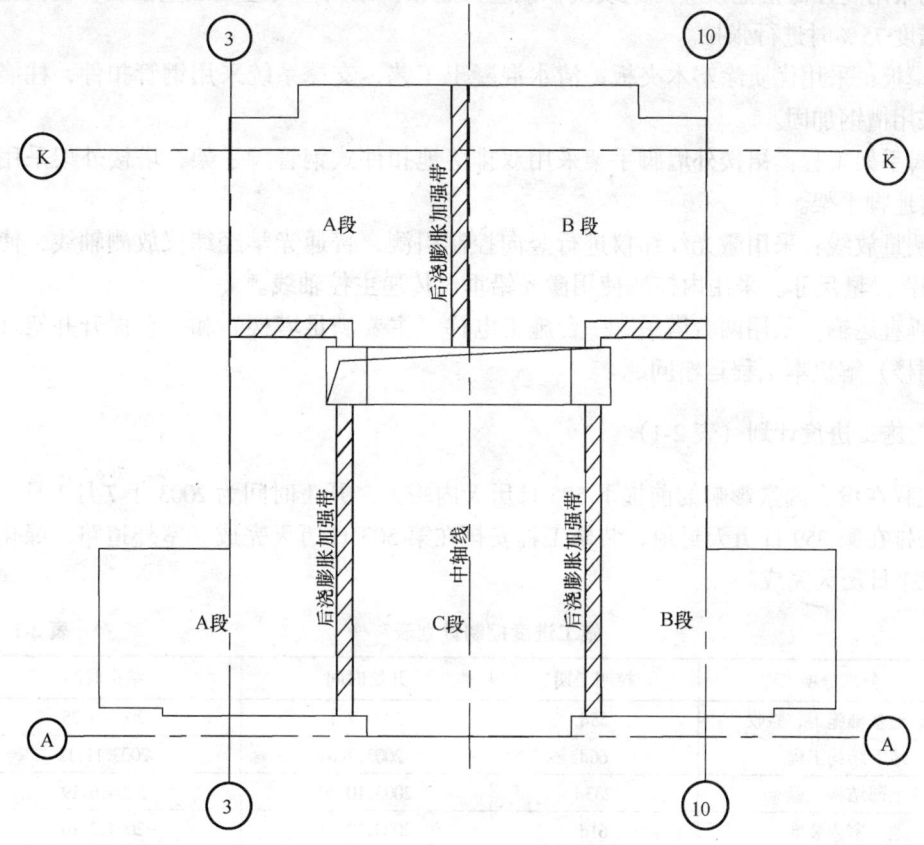

图 2-3 裙楼分区平面图

室内装修工程在结构验收阶段进行验收后,即插入施工。

## 2.5 主要施工方案的选定

(1) 土方工程

土方挖运:人工挖孔桩土方和承台土方采用人工挖土,在基坑顶、底南北两边各设两台挖机解决土方的垂直运输,采用自卸汽车装土外运。

(2) 主体工程

1) 总的施工方法:本工程采用商品混凝土,混凝土主要采用泵送工艺,结构柱墙混凝土与楼板混凝土分两次浇捣。

2) 钢筋连接:本工程对于框架柱、墙钢筋规格大于等于20mm的钢筋采用直螺纹套筒连接,水平梁中HRB400钢筋采用直螺纹套筒连接,地下室底、面筋均采用焊接或直螺纹连接,其余钢筋采用闪光对焊或焊接或搭接绑扎的连接方式。

3) 混凝土:本工程除了人工挖孔桩护壁混凝土采用现场机械搅拌外,其他所有混凝土采用商品混凝土;地下室底板、墙体、梁板混凝土采用泵送浇筑;对主体结构柱墙混凝土主要采用塔吊运输浇筑,梁板混凝土采用泵送浇筑。

4) 预应力工程:本工程裙楼少量梁采用有粘结预应力,采用金属波纹管设置孔道,预应力筋采用高强低松弛预应力钢绞线,预应力筋张拉采用应力应变双重控制;混凝土达到设计强度75%时进行张拉。

5)模板:采用优质涂塑木夹板,清水混凝土工艺,支撑系统采用钢管扣件,柱墙模板加固采用槽钢加固。

6)脚手架工程:裙楼外墙脚手架采用双排落地扣件式钢管脚手架,塔楼外架采用双排钢管落地脚手架。

7)测量放线:采用激光经纬仪进行竖向控制引测,普通光学经纬仪放测轴线,使用50m精密钢尺量尺寸。采用内控法使用激光铅垂仪传递主控轴线。

8)垂直运输:采用两台塔吊、一台施工电梯(主要满足塔楼)和一台提升井架(主要满足裙楼)解决本工程运输问题。

### 2.6 施工进度计划(表2-1)

本工程在没有因素影响的前提下525日历天内竣工。开工时间为2003年7月1日。主体结构安排在第359日历天封顶,装修工程安排在第503日历天完成。室外道路、绿化安排在第521日历天完成。

施工进度控制计划表　　　　　　　　　　　　　表2-1

| 序号 | 分部分项工程 | 控制工期 | 开始时间 | 结束时间 |
|---|---|---|---|---|
| 1 | 桩基础施工、验收 | 55d | 2003.7.1 | 2003.8.25 |
| 2 | 地下结构工程 | 66d | 2003.9.6 | 2003.11.11 |
| 3 | 上部结构工程 | 233d | 2003.10.30 | 2004.6.19 |
| 4 | 地下室内装饰 | 61d | 2003.12.11 | 2004.2.10 |
| 5 | 上部室内装饰 | 286d | 2004.1.29 | 2004.11.10 |
| 6 | 裙楼外墙干挂石材 | 40d | 2004.3.10 | 2004.4.19 |
| 7 | 塔楼外墙干挂石材 | 126d | 2004.4.29 | 2004.9.2 |
| 8 | 室外工程 | 40d | 2004.10.19 | 2004.11.28 |

### 2.7 材料(周转)物资配置情况(表2-2~表2-4)

主要周转材料投入计划　　　　　　　　　　　　表2-2

| 序号 | 材料名称 | 单位 | 数量 | 备注 |
|---|---|---|---|---|
| 1 | 钢管 $\phi48\times3.5$ | t | 5500 | |
| 2 | 扣件 | 个 | 270000 | |
| 3 | 胶合板 2440mm×1220mm | m² | 20000 | |
| 4 | 木方 | m³ | 800 | |
| 5 | 脚手板 | m² | 12000 | |

土建、装修工程主要工程材料投入计划　　　　　表2-3

| 序号 | 材料名称 | 单位 | 数量 | 备注 |
|---|---|---|---|---|
| 1 | 圆钢 $\phi10$ 内 | t | 1078.9 | |
| 2 | 圆钢 $\phi12\sim25$ | t | 487.1 | |
| 3 | 螺纹钢 $\Phi12\sim25$ | t | 5724.3 | (其中HRB400钢550t) |

续表

| 序号 | 材料名称 | 单位 | 数量 | 备注 |
|---|---|---|---|---|
| 4 | 32.5R 级水泥 | t | 5768.6 | |
| 5 | 42.5R 级水泥 | t | 162.9 | |
| 6 | 灰砂砖 240mm×115mm×53mm | 千块 | 2298.1 | |
| 7 | 加气混凝土砌块 | 千块 | 207.5 | |
| 8 | 中砂 | $m^3$ | 10316.8 | |
| 9 | 碎石 | $m^3$ | 7260 | |
| 10 | C15 预拌普通混凝土 | $m^3$ | 63.4 | |
| 11 | C20 预拌普通混凝土 | $m^3$ | 1548.5 | |
| 12 | C30 预拌普通混凝土 | $m^3$ | 9632.7 | |
| 13 | C35 预拌普通混凝土 | $m^3$ | 7983.6 | |
| 14 | C40 预拌普通混凝土 | $m^3$ | 5971.6 | |
| 15 | C45 预拌普通混凝土 | $m^3$ | 1573.1 | |
| 16 | C50 预拌普通混凝土 | $m^3$ | 2354.9 | |
| 17 | C55 预拌普通混凝土 | $m^3$ | 1668.2 | |
| 18 | C40 预拌 P8~P12 防水混凝土 | $m^3$ | 4353 | |
| 19 | C45 预拌 P8~P12 防水混凝土 | $m^3$ | 100.9 | |
| 20 | C55 预拌 P8~P12 防水混凝土 | $m^3$ | 715.9 | |
| 21 | 瓷质耐磨砖 300mm×300mm×9.5mm | $m^2$ | 4679.1 | |
| 22 | 600mm×600mm 铝扣板 | $m^2$ | 45591.8 | |
| 23 | 抛光砖 | $m^2$ | 5968.5 | |
| 24 | 花岗石石材 | $m^2$ | 27573.1 | |
| 25 | 各色大理石（含墙面砖） | $m^2$ | 8651.7 | |
| 26 | 内墙瓷砖 | $m^2$ | 12000 | |
| 27 | WPS 防水 | t | 30 | |
| 28 | 铝合金门 | $m^2$ | 1092 | |
| 29 | 铝合金钢化玻璃 | $m^2$ | 3042.8 | |
| 30 | 甲级防火门 | $m^2$ | 206.4 | |
| 31 | 乙级防火门 | $m^2$ | 486.6 | |
| 32 | 防火卷帘门 | $m^2$ | 262.8 | |

安装工程主要工程材料投入计划　　　　表 2-4

| 序号 | 材料名称 | 单位 | 数量 | 备注 |
|---|---|---|---|---|
| 1 | 圆钢 | m | 1810 | |
| 2 | 镀锌电线管 | m | 98570 | |
| 3 | 桥架，金属线槽 | m | 4156 | |
| 4 | 电线电缆 | m | 473428 | |
| 5 | 密闭插接式母线槽 | m | 780 | |
| 6 | 配电箱 | 台 | 1320 | |
| 7 | 灯具 | 套 | 9060 | |
| 8 | 开关，插座 | 只 | 6851 | |
| 9 | 扬声器，火灾探测器，按钮 | 只 | 3677 | |
| 10 | 火灾控制/联动设备 | 套 | 12 | |

续表

| 序号 | 材料名称 | 单位 | 数量 | 备注 |
|---|---|---|---|---|
| 11 | 通风风管 | m² | 2711.5 | |
| 12 | 风管阀门/附件 | 个 | 220 | |
| 13 | 风机盘管 | 台 | 830 | |
| 14 | 风柜风机 | 台 | 139 | |
| 15 | 水泵 | 台 | 8 | |
| 16 | 排风扇/活动百叶/散流器 | 个 | 3361 | |
| 17 | 镀锌钢管 | m | 4220.4 | |
| 18 | 无缝钢管 | m | 671 | |
| 19 | 管道阀门/过滤器 | 个 | 314 | |
| 20 | 减振器/软接头 | 个 | 1236 | |
| 21 | 福乐斯保温管 | m³ | 6795.1 | |
| 22 | 变频供水设备 | 台 | 3 | |
| 23 | 供水水泵 | 台 | 21 | |
| 24 | 卫生洁具 | 组 | 437 | |
| 25 | 供水管道阀门 | 个 | 494 | |
| 26 | 喷头 | 个 | 13038 | |
| 27 | 消火栓 | 套 | 183 | |
| 28 | 灭火器 | 个 | 714 | |
| 29 | 给水紫铜管 | m | 9210 | |
| 30 | 内涂热塑镀锌钢管 | m | 33147 | |

### 2.8 机械设备投入计划及检测设备（表2-5～表2-10）

土建机械设备投入计划表　　　　　表2-5

| 序号 | 机具设备名称 | 规格型号 | 单位 | 数量 | 备注 |
|---|---|---|---|---|---|
| 1 | 塔吊 | QTZ80 | 台 | 2 | |
| 2 | 孔桩轱辘提升架 | | 台 | 80 | |
| 3 | 提升井架 | JD11.4/t | 台 | 1 | |
| 4 | 施工电梯 | SCD100/100 | 台 | 1 | |
| 5 | 混凝土搅拌机 | ZL300 | 台 | 3 | |
| 6 | 混凝土泵 | HBT80 | 台 | 2 | |
| 7 | 对焊机 | $UN_1$-100 | 台 | 1 | |
| 8 | 交流电焊机 | BX3-300-2 | 台 | 20 | |
| 9 | 钢筋切断机 | GQ40A | 台 | 2 | |
| 10 | 钢筋弯曲机 | GW40 | 台 | 2 | |
| 11 | 钢筋调直机 | GT4/14 | 台 | 1 | |
| 12 | 钢筋套丝机 | SZ-50A | 台 | 4 | |
| 13 | 座式圆盘锯 | MJ225 | 台 | 4 | |
| 14 | 手提式圆盘锯 | | 台 | 20 | |
| 15 | 预应力拉伸机 | YCD-150 | 台 | 2 | |
| 16 | 单级离心污水泵 | IS50-32-160 | 台 | 60 | |

续表

| 序号 | 机具设备名称 | 规格型号 | 单位 | 数量 | 备注 |
|---|---|---|---|---|---|
| 17 | 插入式振动器 | LIR35 | 台 | 20 | |
| 18 | 平板式振动器 | ZB11 | 台 | 3 | |
| 19 | 灰浆搅拌机 | UJZ300A | 台 | 4 | |
| 20 | 打夯机 | HW-201 | 台 | 5 | |

**土建投入的检测设备表**　　　　　　　　　　　　　表 2-6

| 序号 | 机具设备名称 | 规格型号 | 单位 | 数量 | 备注 |
|---|---|---|---|---|---|
| 1 | 水准仪 | NS3 | 台 | 2 | |
| 2 | 激光经纬仪 | J2-JDA | 台 | 1 | |
| 3 | 游标卡尺 | 0.01 | 把 | 2 | |
| 4 | 钢卷尺 | 50 | 把 | 1 | |
| 5 | 塞尺 | >17 片，$L=150mm$ | 把 | 5 | |
| 6 | 靠尺 | $L=2000mm$ | 把 | 5 | |
| 7 | 铝制水平尺 | $L=1000mm$ | 把 | 2 | |
| 8 | 接地摇表 | 4105 | 块 | 2 | |
| 9 | 回弹仪 | | 个 | 1 | |
| 10 | 混凝土试模 | $150\times150\times150$ | 组 | 10 | |
| 11 | 扭力扳手 | | 套 | 6 | |
| 12 | 砂浆试模 | $70.7\times70.7\times70.7$ | 组 | 3 | |

**装修工程机械设备投入计划表**　　　　　　　　　　表 2-7

| 序号 | 机具设备名称 | 规格型号 | 单位 | 数量 | 备注 |
|---|---|---|---|---|---|
| 1 | 电动锯机 | 1.1kW | 台 | 6 | |
| 2 | 空气压缩机 | 4.5kW | 台 | 8 | |
| 3 | 电动修边机 | 0.45kW | 台 | 5 | |
| 4 | 轻型电焊机 | 6.5kW | 台 | 5 | |
| 5 | 交流电焊机 | BX3-300-2 | 台 | 25 | |
| 6 | 电动切割机 | | 台 | 6 | |
| 7 | 冲击钻 | 0.78kW | 台 | 6 | |
| 8 | 轻型手电钻 | 0.6kW | 台 | 10 | |
| 9 | 砂浆搅拌机 | 7.5kW | 台 | 2 | |
| 10 | 气动钉枪 | | 支 | 15 | |
| 11 | 角磨机 | | 台 | 8 | |
| 12 | 铝梯 | | 把 | 10 | |
| 13 | 木质人字梯 | | 把 | 10 | |

**安装工程机械设备投入计划表**　　　　　　　　　　表 2-8

| 序号 | 机具设备名称 | 规格型号 | 单位 | 数量 | 备注 |
|---|---|---|---|---|---|
| 1 | 切割机 | J3G-400 | 台 | 3 | |
| 2 | 套丝机 | Z3T-SQB100 | 台 | 2 | |
| 3 | 手拉葫芦 | 1t | 个 | 2 | |

续表

| 序号 | 机具设备名称 | 规格型号 | 单位 | 数量 | 备注 |
|---|---|---|---|---|---|
| 4 | 接地测试装置 | ZC$_9$B-1 | 个 | 1 | |
| 5 | 绝缘测试装置 | ZC258-4 | 台 | 各1套 | |
| 6 | 煨管机 | W6-60A | 台 | 1 | |
| 7 | 电动试压泵 | 4DSY-160 | 台 | 3 | |
| 8 | 电锤 | GBH40FE | 个 | 6 | |
| 9 | 石材切割机 | | 台 | 1 | |
| 10 | 气割工具 | | 台 | 3 | |
| 11 | 液压弯管机 | | 台 | 1 | |
| 12 | 台钻 | | 台 | 2 | |
| 13 | 手提式电钻 | $\phi 9 \sim \phi 22$ | 个 | 6 | |
| 14 | 电调仪器设备 | | 台 | 3 | |

**安装工程的检测设备表** 表2-9

| 序号 | 机具设备名称 | 规格型号 | 单位 | 数量 | 备注 |
|---|---|---|---|---|---|
| 1 | 接地摇表 | ZC$_9$B-1 | 台 | 1 | |
| 2 | 水平仪 | 500m | 台 | 1 | |
| 3 | 游标卡尺 | 0~200mm | 个 | 1 | |
| 4 | 磅秤 | TGT-500 | 台 | 1 | |
| 5 | 塔尺 | 5m | 个 | 2 | |
| 6 | 标准靠尺 | 2m | 个 | 2 | |
| 7 | 水平尺 | 450mm | 个 | 3 | |
| 8 | 线坠 | 1kg | 个 | 6 | |
| 9 | 万用表 | MF4T | 台 | 2 | |
| 10 | 钳型电流表 | MG3-1 | 个 | 1 | |
| 11 | 兆欧表 | ZC258-4 | 个 | 1 | |
| 12 | 压力表 | 0~4MPa | 个 | 2 | |
| 13 | 液压钳 | | 套 | 1 | |

## 2.9 劳动力投入情况

表2-10

| 序号 | 工种 | 数量（人） | 备注 | 序号 | 工种 | 数量（人） | 备注 |
|---|---|---|---|---|---|---|---|
| 1 | 人工挖孔桩工 | 150 | | 9 | 砖工 | 150 | |
| 2 | 钢筋工 | 150 | | 10 | 装修工 | 250 | |
| 3 | 木工 | 200 | | 11 | 防水工 | 30 | |
| 4 | 混凝土工 | 50 | | 12 | 门窗安装工 | 50 | |
| 5 | 机械工 | 15 | | 13 | 杂工 | 40 | |
| 6 | 架子工 | 40 | | 14 | 安装工 | 150 | |
| 7 | 电焊工 | 10 | | 15 | 道路绿化工 | 100 | |
| 8 | 电工 | 3 | | | | | |

## 2.10 施工平面布置

根据现场情况,本工程施工场地可大致分成三个阶段、两个部分布置,即地下结构、上部结构和装饰三个阶段,生活办公区和施工生产区两部分。生活区内布置生活用的各种临时设施;施工生产区内布置加工、运输机具和各种材料堆场。

(1) 工程整体轮廓

本工程地上28层,地下2层,现有室外地面绝对标高为8.5m,±0.00标高相当于绝对标高11.5m,地下室平面尺寸为92500mm×79600mm,裙楼平面尺寸为(92500mm×34600mm+52500mm×45000mm),塔楼平面尺寸为59500mm×24600mm,工程周边无居民区,工程轮廓如图2-4所示。

(2) 工地大门

工地现场在南北面中部各设置一个大门,南面为主入口,面向花城大道,作为人员出入和材料进出场地使用。在大门右侧,现场办公室旁边设置一个门卫室,门卫室设在工地主入口右侧,面积约18$m^2$,供门卫工作和住宿使用。北面为次入口,仅供材料和机械设备进出场使用,平时不开放。

大门外侧右边布置"七牌一图",并按广州市要求悬挂规定的"工程施工标牌"。

(3) 生活设施平面布置

本工程预计施工高峰期工人数量在450人左右。为保证工人住宿每人不少于2$m^2$,同时考虑节约施工用地,人员和材料分流等因素,员工宿舍在场地西南角沿围墙布置,采用二层活动轻钢板房,上下铺,建筑面积约840$m^2$。

宿舍旁布置一个员工活动室,放置电视、象棋、报纸等一些娱乐设施,供员工休息和学习使用,建筑面积约48$m^2$。

现场设统一食堂,位于场地西面,提供伙食和就餐位置,面积约96$m^2$;男女厕浴间设在工地西侧中部,面积约108$m^2$。污水先经过二级化粪池,方可排放到花城大道市政排污管道中。

(4) 办公设施平面布置

现场办公室布置在现场南面,工地主大门右侧,面积约210$m^2$,采用活动轻钢板房,二层搭设。主要有项目经理室、现场办公室、资料室、会议室、仪器设备间、卫生间等。甲方、监理办公室设在工地西北角,为两层砖混结构。

(5) 加工场地平面布置

钢筋加工、堆放场地布置在场地的北面,工地次入口的左侧。共设置两台闪光对焊机、两台钢筋调直机、三台弯曲机、三台切断机,加工成的半成品堆放在塔吊吊运范围内。

模板加工、堆放场地布置主要布置在场地的北面,工地次入口的右侧,上部结构施工时增设一个场地,位于场地东面,主体的东北角,各设置两台圆盘锯。进一步的模板加工直接安排在施工层,按现场需求加工模板,每一施工层段安排三~四台圆盘锯。

混凝土采用商品混凝土,现场设两台柴油混凝土泵,布置在建筑物旁靠近工地入口处,可按施工需要适当调整位置。

现场在主体西两侧还各设置一个搅拌台,负责零星混凝土和砌筑砂浆、抹灰砂浆的加

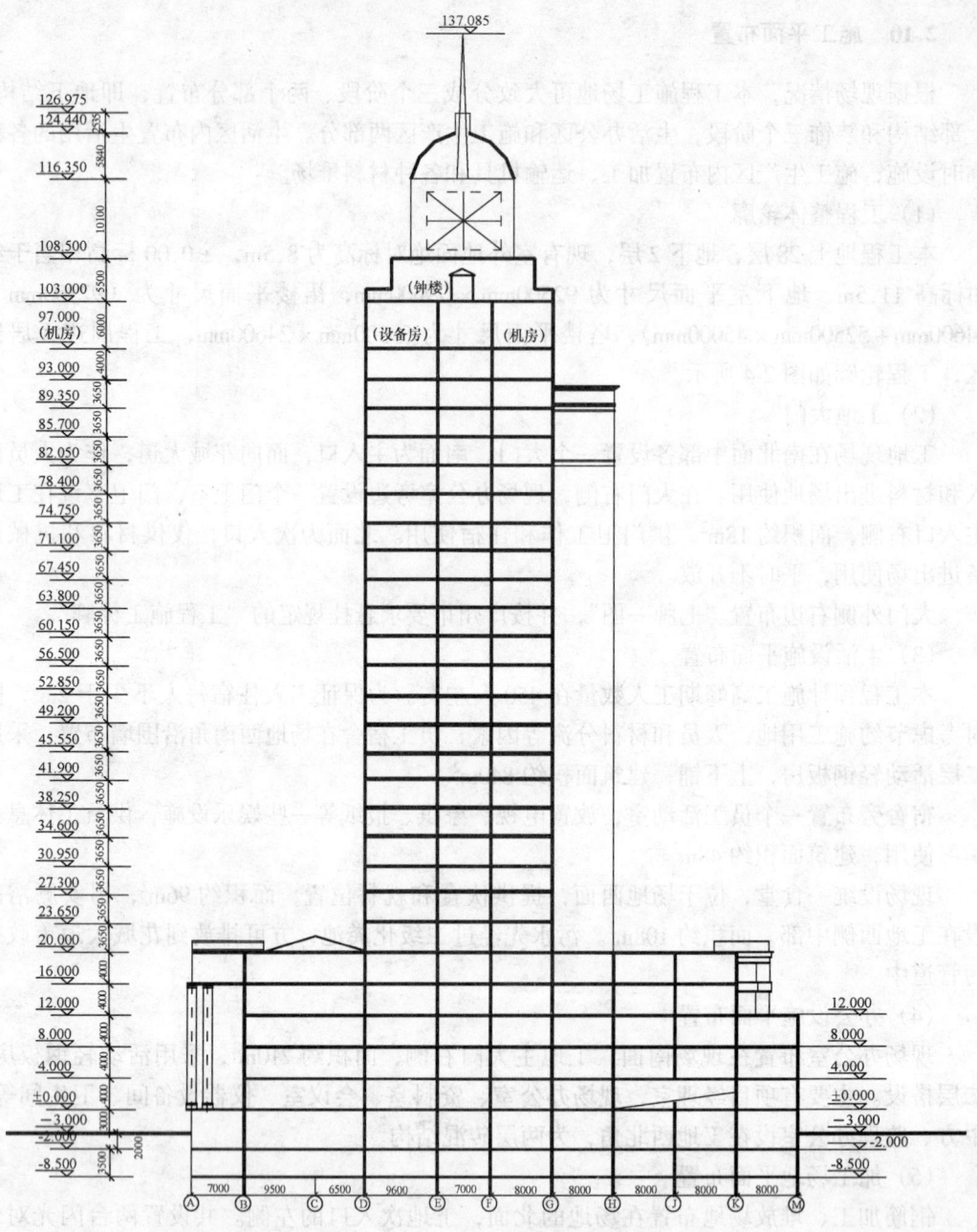

图 2-4 广州海关工程轮廓图

工、供应。

(6) 机械设备及材料堆放设施的平面布置

本工程垂直运输机械为两台臂长 50m 的固定式塔吊（最大吊重为 10t，最小吊重 1.5t，分别布置在塔楼的东西面，塔吊布置在Ⓕ~Ⓖ轴和②~③、⑩~⑪轴线间，塔吊基础设在地下室底板底下，塔吊应在开工的第一时间开始安装，在西面设置中速提升机和施工电梯各一台，可覆盖绝大部分的施工场地，减少材料的二次搬运。

砂、石、砖等材料均布置在提升机、施工电梯和搅拌台周围，随用随运，装饰材料、安装材料等临时堆放在垂直运输机械旁，方便运输至施工层，并减少二次转运。

(7) 仓库设施的平面布置

在现场办公楼设一个仪器、小型机具库房，保存精密测量仪器、检测仪器和小型机具等，另外在两个搅拌台附近各设一个水泥仓库，在施工电梯附近设一个安装材料仓库，做好防雨、防潮措施。

(8) 现场空地、道路设置

现场材料堆场和加工场地全部硬地化；施工道路沿场地环形布置，宽度4m，面层为10cm厚的C15混凝土，并在两个出入口处各设置一个6m×4m洗车槽；其余地面按需采用水泥砂浆地面或进行绿化布置，避免土体直接暴露，有效防止尘土污染。

现场排水沿主体四周和道路两侧布置，水流在南侧坡向大门，在北侧利用现有的排水沟渠，坡向西北角排水管道，经沉淀池后排至市政污水管道。现场排水沟截面为300mm×400mm。

(9) 临时施工用电

现场供电电源进线设在施工现场东北角，总供电量为300kW，供应整个施工现场和临时生活区用电。整个供电系统采用三相五线制、三级保护供电，以保证施工现场临时用电的安全性、可靠性。布线沿围墙周边设置。

(10) 临时施工给水

现场供水总线管位于建筑物的东北角，管径为$DN100$，支管为$DN50$，施工人员高峰期为450人，供水管径满足要求，水管沿围墙周圈设置，消防水管设置在西面电梯旁边。

# 3 主要施工方法

## 3.1 施工测量

### 3.1.1 工程测量的重点、难点

本工程在施工测量中具有以下重点和难点：

1) 建筑高度比较高，檐口高度为103m，建筑总高度126.975m，如何保证建筑物的垂直度，是工程测量中的一个重点。

2) 施工现场场地狭窄，在基坑开挖后，东、西距离围墙仅2~7m。因此，施测难度相对要增大，在此条件下，如何保证建筑测量精度是本工程的一个重点和难点。

3) 本工程造型复杂，弧线线条多，半径变化多，其中是二十八层钟楼穹顶为半球形、首层礼堂弧形梁，如何将构件的平面尺寸和高程控制在规范范围内是本工程的一大重点和难点。

### 3.1.2 测量仪器选择及其特点

根据以上的工程特点，我们采用了苏州第一光学仪器厂生产的$J_2 - J_D$型激光经纬仪，它是以$J_2$型光学经纬仪为基础，在望远镜上加装一只He-Ne气体激光器而成。由激光器发出的光束，经过一系列棱镜、透镜、光阑进入经纬仪的望远镜中，再从望远镜的物镜端射向目标，并在目标处呈一明亮、清晰的光斑。

它除了具有普通经纬仪的技术性能外,又能发射激光,供做精度较高的角度坐标测量和定向垂直测量,在测量精度控制方面能很好地满足设计和规范要求。

### 3.1.3 测量方案

(1) 测量依据

测量依据是根据业主和市规划局提供的红线控制点和建筑物的轴线点,及其西北角提供相对固定点的标高。

(2) 基础的测量放线

1) 控制轴线:在地下室底板上(地下室面积为 $79.6m \times 92.5m$)设置地下室轴线平移控制线,如图 3-1 所示。把十字控制线投到底板基础上,复核两条十字控制线无误后,投测到围墙或远处建筑物上,做好红三角标志。

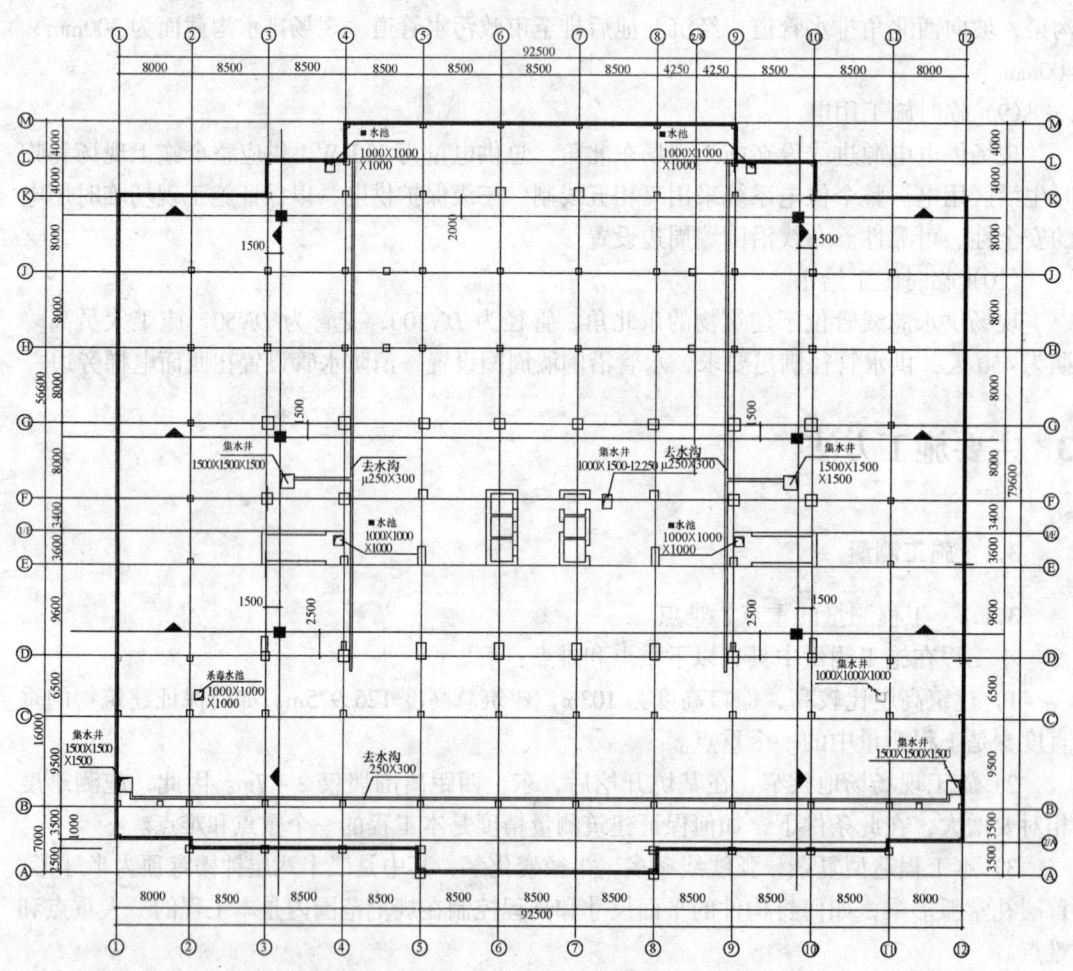

图 3-1 地下室测量放线控制示意图 (单位:mm)

2) 分区测量:根据现场施工情况,及时进行分区测量,以便进行流水施工。每区测量应根据十字控制线进行细部放线。先进行第Ⅰ区(1-5)×(M-G)测量,然后进行第Ⅱ区(5-8)×(M-G)测量,Ⅲ区(8-12)×(M-G)测量,之后进行第Ⅳ区(1-5)×(A-G),

第Ⅴ区(5-8)×(A-G)，最后再进行Ⅵ(8-12)×(A-G)测量。每区测量应根据十字控制线进行细部放线。

3）标高控制：采用悬吊钢卷尺传递标高，由±0.00传递到基坑，做好控制点，共引测两个标高控制点。

（3）主体的测量放线

1）轴线控制

将地下室的两条控制线引测到±0.00楼层，在楼板上预埋6块钢板，使其相互校准后，成为互相垂直的控制线。每块钢板上设置"十字"点作为室内永久性控制点，并对控制点采取保护措施，控制点布置如图3-2、图3-3所示。

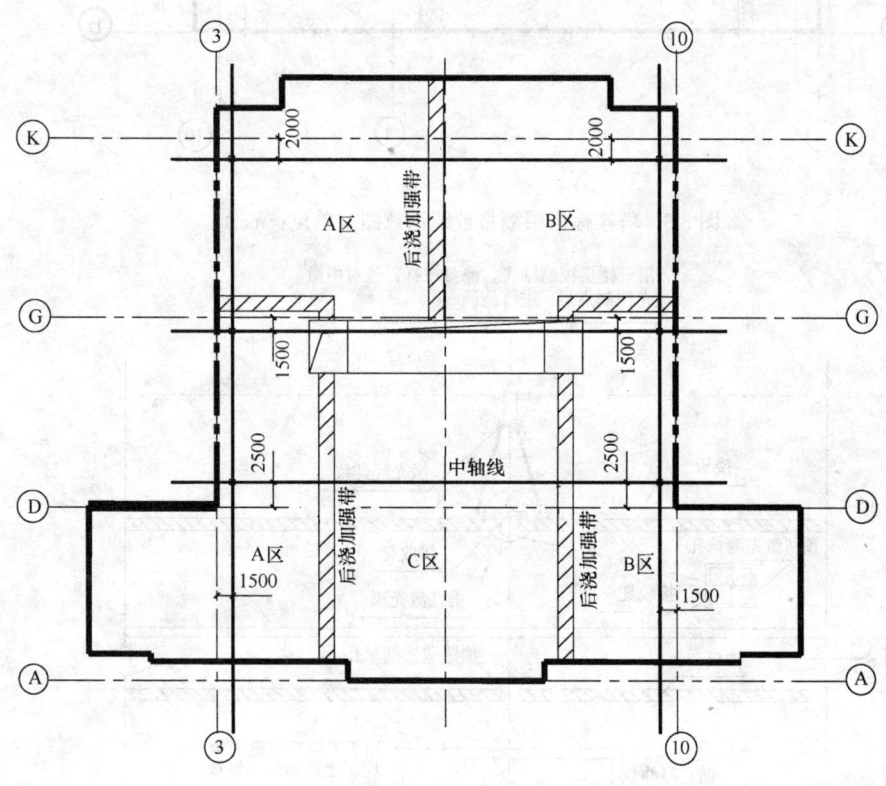

图3-2 裙楼（六层楼层）测量放线示意图（单位：mm）

2）控制线竖向传递

现场采用内控法进行轴线的竖向投测，采用激光铅直仪天顶投测法控制建筑物垂直度。

在首层结构平面合理布置6个（主楼4个）激光铅直控制点，避开各层结构梁和内隔墙位置，四个控制点能够通视，形成闭合矩形，起到复核和检查的作用，有效向上传递平面控制网和垂直度控制，如图3-4所示。

投测时应在每层楼板控制点位置预留200mm×200mm孔，并在四边预埋φ8螺栓一个，以便在测量时用来固定有机玻璃；同时，楼板内钢筋不得在洞中穿过，洞口四周用混凝土原浆收成50mm高的斜坡，防止水滴下去，损坏仪器。

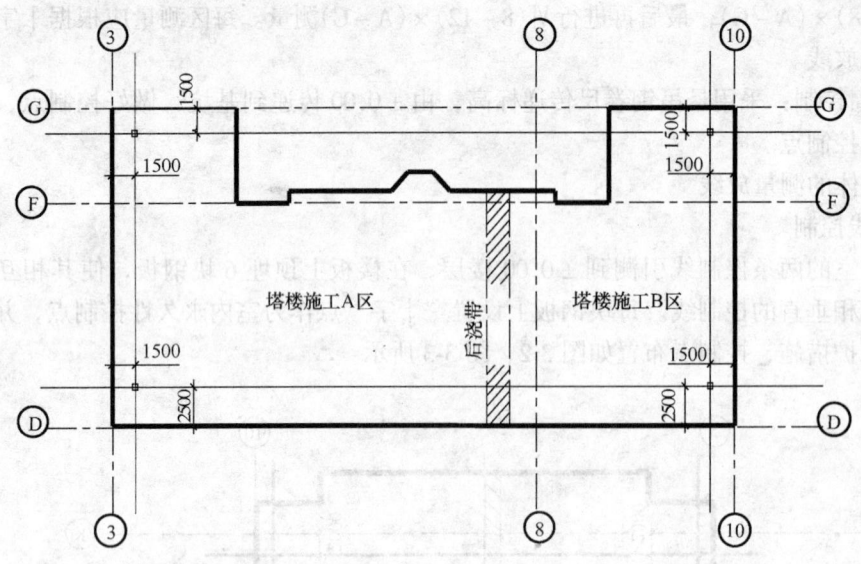

图 3-3 塔楼标准层测量放线示意图（单位：mm）

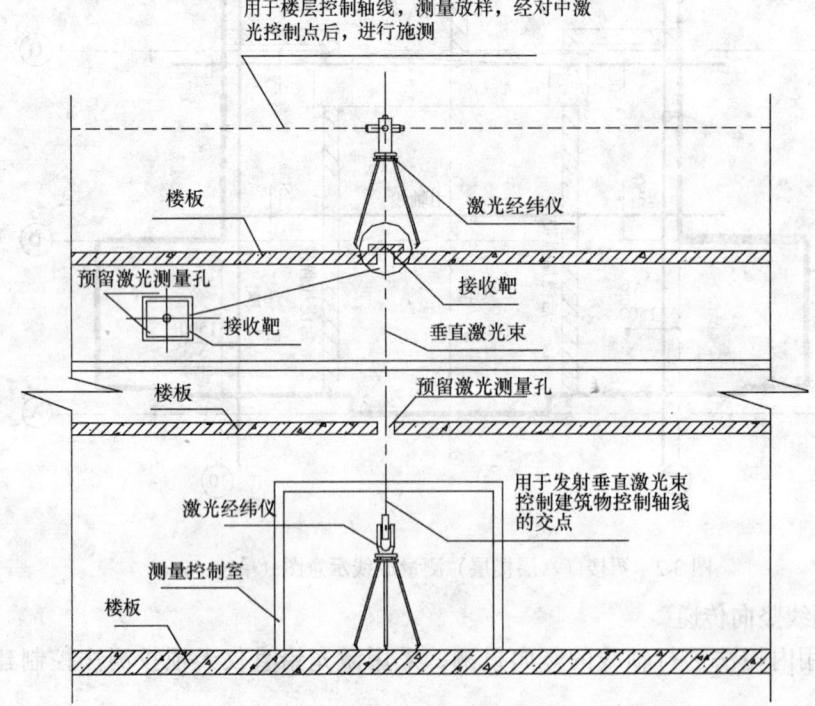

图 3-4 控制线竖向传递示意图

3）标高引测

先用水准仪根据建筑物底部的 ±0.000 标高点，在各自向上引测处准确测量出相同的起始标高线，施工至六层时，闭合其误差。用 50m 钢尺沿铅直方向，向上量至施工层，并标出所需标高的水平线，各层的标高线均应由各处的起始标高线向上直接量取。当高差超过50m时，精确测量三个基准标高点并进行误差校核，并以此作为新的标高控制点进行上测。标高引用的钢尺专用固定，检测合格，不得用其他尺寸丈量。

4）楼层测量

将水平仪安置到施工层，校测由下面传递上来的各水平线，误差应在±3mm以内。在各层抄平时，应后视两条水平线以作校核。确定三个基准标高点的标高可用时，做好标高点的醒目标记，并向作业班组移交。模板支撑完毕后，应用水平仪对各测量点标高进行复核，无误后方可进行下一道工序。

### 3.1.4 测量质量控制

在测量中，我们对放线质量进行动态控制，保证测量质量。主要对建筑物的大角测量质量进行控制。

对建筑物的大角我们及时用经纬仪进行测量，并利用测量数据画出动态控制图（在这里我们省略），海关工程的各大角垂直度应控制在±30mm以内，各点的编号如图3-5、图3-6所示。

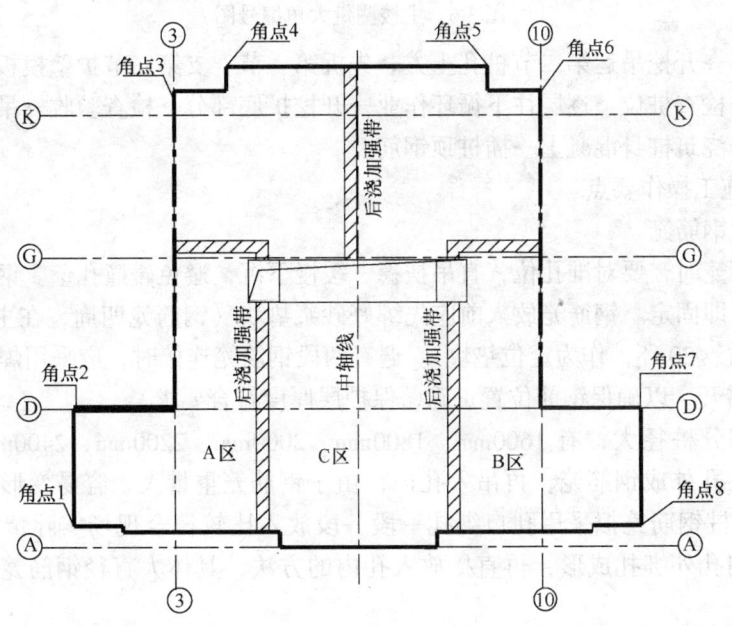

图3-5 裙楼测量大角编号图

## 3.2 人工挖孔桩的施工

### 3.2.1 孔桩设计概况

本工程人工挖孔桩数量为160根，桩直径从1200mm到2400mm，桩端均设扩大头，桩芯混凝土为C30，约5000m³，桩钢筋通长配置；桩端持力层微风化岩层，桩端嵌岩深度大于0.5m；桩长16～25m，实际应开挖至符合持力层设计要求的深度为止。

### 3.2.2 孔桩施工工艺流程

放线定桩位及高程→开挖第一节桩孔土方→支护壁模板放附加钢筋→浇筑第一节护壁混凝土→检查桩位→加强设垂直运输架→安装木辘轳→安装吊桶、照明、活动盖板、水

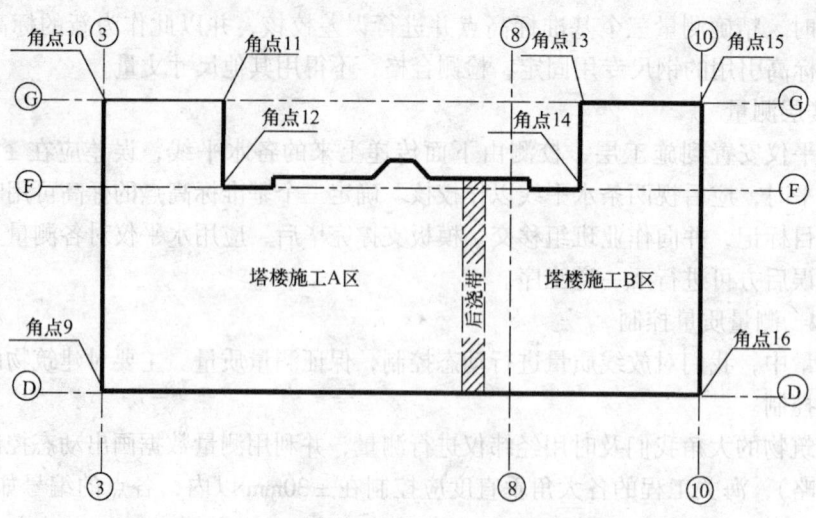

图 3-6 主楼测量大角编号图

泵、通风机等→开挖吊运第二节桩孔土方→先拆第一节、支第二节护壁模板→浇筑第二节护壁混凝土→检查桩位→逐层往下循环作业→开挖扩底部分→检查验收→吊放钢筋笼→放混凝土导管→浇筑桩身混凝土→插桩顶钢筋。

### 3.2.3 施工操作要点

(1) 吊放钢筋笼

吊放钢筋笼时,要对准孔位,直吊扶稳、缓慢下沉,避免碰撞孔壁。钢筋笼放到设计位置时,应立即固定。钢筋笼放入前应先绑好砂浆垫块(钢筋笼四周,在主筋上每隔3~4m左右设一个 $\phi 20$ 环,作为定位垫块)。遇有两段钢筋笼连接时,应采用焊接搭接焊,接头数按50%错开,以确保钢筋位置正确,保护层厚度符合要求。

本工程部分桩径大,有1600mm、1800mm、2000mm、2200mm、2400mm,大直径钢筋笼绑扎若在孔外成钢筋笼,再吊入孔内,由于钢筋笼重量大、容易变形,故直径大于等于1600mm桩钢筋笼拟采用孔口绑扎一段一段放入比较符合现场实际情况,其他桩径的钢筋笼采用孔外绑扎成形,再直接放入孔内的方法,具体大直径钢筋笼孔外具体操作如下:

1) 在距井口-5m处架设两个半圆钢筋网井盖作施工平台,同时用作保护棚,要求钢筋网片保护棚牢靠并便于拆卸。

2) 用两条加强箍按设计要求的纵筋数进行等分,并用红色油漆标明等分点。

3) 选取四根纵筋(通长 $L$ 筋)按标明点在两个加强箍上绑扎牢固,将钢筋笼立起(钢筋笼下端距井口4m,一道加强箍在井口,另一道在井口上2m),用两根(间距2000mm以上的用三根)$\Phi 20$ 的钢筋穿过加强箍,使钢筋笼立于井中,并及时调正。

4) 分别按加强箍上标记安装好主筋,焊牢。

5) 按2m的距离焊上其他加强箍(井下-4m到井口)。

6) 由-4.0m处焊螺旋箍至井口。

7) 经检查验收合格后,施工井口至+2m处的加强箍,箍筋。

8) 在井口放置两根 $\phi 120$ 钢管,用两根麻绳对称系住-2m处的加强箍,拆除保护棚。

9）抽去井口Φ20钢筋，将钢筋笼对称下放，下放2m后再制作上面2m的钢筋笼，验收合格后，继续下放2m，直至全部钢筋笼制作安装完，具体操作如图3-7所示。

（2）保证大直径（2000mm、2200mm、2400mm）桩身混凝土施工质量的方法

如何保证大直径桩混凝土的施工质量，经分析浇筑速度是关键，即力求在最短的时间内完成一个桩身混凝土浇筑，特别是在有地下压力水情况时，要求集中足够的混凝土短时间浇入，以便用混凝土自身的重量压住水流的渗入，保证大直径桩芯混凝土质量。采用两台泵机同时对一个大直径的桩进行浇筑混凝土；同时，为了加快混凝土浇筑的时间，混凝土振捣采用$DN100$高频混凝土振动器，其作用半径较一般的混凝土振动器大得多，故在混凝土下料振捣时不需停留就可慢慢拔出，完全可保证桩芯混凝土的质量，节约了混凝土的振捣时间。混凝土下料采用串筒下料，防止混凝土离散，影响桩芯的混凝土质量。浇筑方法采用分层振捣浇筑的方法，以确保混凝土的绝对密实。其他做法同一般的孔桩做法。

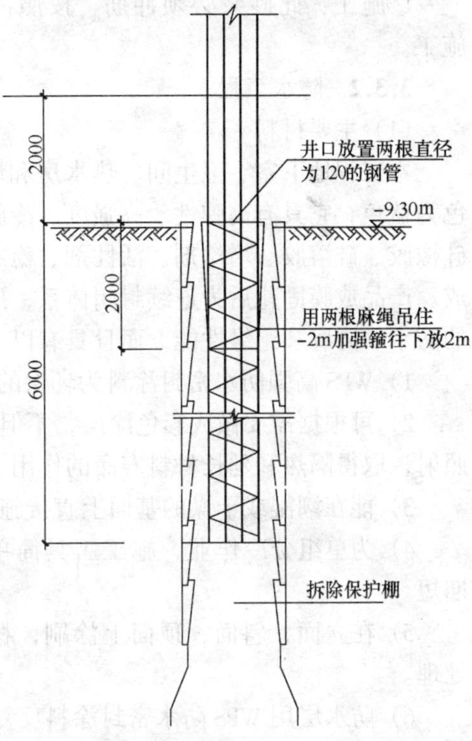

图3-7 大直径孔桩钢筋扎口绑扎安装（单位：mm）

## 3.3 地下室施工

本工程地下室为两层，负一层高5m，负二层高3.5m，地下室底板厚500mm，地下室底板、外墙采用C40抗渗混凝土，抗渗等级P12，混凝土中掺高效抗裂防水剂，掺量为10%胶凝材料，后浇加强带内掺12%，地下室防水采用WPS涂料外防水和结构混凝土自防水结合。地下室施工顺序如下：

桩基检验验收→基坑标高、轴线复核→桩头凿毛、承台土方人工开挖、基坑修边检底→C15混凝土垫层、承台集水井砖胎模→水泥砂浆找平层→WPS涂料防水层→防水保护层→地下室筏形基础施工→地下室墙柱施工→地下室顶板→地下室外墙涂料防水施工→地下室外墙防水保护层→地下室周边土方分层回填夯实。

### 3.3.1 HQB改性有机硅纤维防水砂浆层施工

(1) 主要原料

HQB改性有机硅纤维防水砂浆是在1:2.5水泥砂浆配合料中掺入有机硅纤维防水剂后搅拌而成的。有机硅纤维的主要原料是有机硅和聚丙烯单丝纤维。掺量为水泥用量的5%（重量比）。

(2) 主要功能

1）抗裂：有机硅防水砂浆可提高砂浆对塑性收缩、离析等因素造成裂缝的抗裂能力，其值提高达70%。

2）抗渗：可有效提高砂浆的抗渗、防水、防潮能力。

3) 施工方法

①搅拌：将砂浆按比例配合后搅拌 1min，加入有机硅纤维防水剂搅拌 3min 即可。

②施工：此砂浆必须冲筋，按照冲筋厚度摊铺防水砂浆，抹平、收光，以利防水施工。

### 3.3.2 防水工程

（1）主要材料

本工程地下室、卫生间、热水房和屋面防水材料均采用 WPS 高强防水密封涂料，颜色为蓝色，它具有高弹性、高强度、冷施工、单组分，生产与施工均无污染等优点。它以硅橡胶、硅溶胶、增塑剂、活性剂、稳定剂、抗冻剂和多种无机粉料经过高温高压反应而成。产品成膜固化后为连续封闭体系，形成一种橡胶状弹性体，具有比传统防水材料更好的防水、防腐和绝缘性能，而且具有以下优点：

1）WPS 高强防水密封涂料为环保的"绿色"防水材料。

2）可根据需要做成彩色涂层，不但可以美化环境，而且可以通过反射而减少紫外线照射，取得隔热和延长材料寿命的作用。

3）能在潮湿或干燥的基面上直接施工，可与基面及外层各种材料牢固粘结。

4）为单组分冷作业，施工工具简单、施工操作简便、安全，工人劳动强度小，工期短。

5）在立面、斜面、顶面上涂刷，材料不流淌，便于对凹凸等复杂部位做防水技术处理。

6）防水层用 WPS 防水密封涂料反复涂膜成型，粘结均匀、牢固，完全解决了传统防水材料可能出现的平面空鼓、立面下滑、复杂部位无法操作等缺点。主要性能指标如表 3-1 所示。

防水层施工主要性能指标　　　　表 3-1

| 序　号 | 项　　　目 | 性　能　指　标 |
|---|---|---|
| 1 | 固体含量（%） | ≥65 |
| 2 | 拉伸强度（MPa） | ≥1.5 |
| 3 | 断裂伸长率（%） | ≥300 |
| 4 | 低温柔性 | −20℃对折无裂纹 |
| 5 | 不透水性（0.3MPa/30min） | 不渗漏 |

（2）基层要求及处理

1）防水涂料基层为水泥砂浆找平层，要求平整，不起砂掉灰。用 2m 直尺检查，基层与直尺间最大空隙不应超过 3mm，且每米长度内不得多于一处，空隙处只容许有平缓变化。

2）阴阳角处应做成圆弧或钝角。

3）涂膜防水的基层应坚实、清洁干净，表面无浮土、砂粒等污物，基层表面应无明水。

4）基层表面应平整、光滑、无松动，对于残留的砂浆块或突起物应用铲刀削平，不平基层表面采用 1:2 有机硅纤维防水水泥砂浆抹平，不允许有凹凸不平及起砂现象。

5) 因在潮湿的基层上施工会增加材料的用量，施工工期相对要延长，因而防水基层最好保持干燥，含水率控制在9%以内。

(3) WPS涂膜防水构造及施工顺序

1) 施工顺序

地下室底板防水层施工顺序：找平层清理→节点部位处理→涂刷底胶→涂刷第一遍防水涂料→涂刷第二、三遍涂料至设计厚度→防水层清理与检查处理→防水层分项验收→做塑料膜→浇筑C20细石混凝土保护层。

地下室外墙防水层施工顺序：找平层清理→节点部位处理→涂刷底胶→涂刷第一遍防水涂料→涂刷第二、三遍涂料至设计厚度→防水层清理与检查处理→防水层分项验收→专用胶粘贴泡沫塑料板保护层。

2) 防水层施工

a. 基层面要求：水泥砂浆基层面清理：水泥砂浆找平层表面的砂、尘、杂物应清理干净。若有起砂脱层现象，应进行修补处理，阴阳角做成圆弧角，基层表面应无明水。

b. 涂覆：用滚刷或刮板涂覆，根据程序逐层完成，各层之间的时间间隔以前一层涂膜不固、不黏手为准。

c. 涂覆时必须做到均匀一致，不可有局部沉积现象。打底层要重复多刷几次，保证涂料与基层之间不留气泡，待第三遍做完达到设计厚度后，再做好重点检查阴阳角、管根部、泛水槽等部位，再多涂覆一次。

d. 涂完第一度涂料后，一般需固化5h以上，在基本不黏手时，再按上述方法涂布以下各层，各层的涂布方向应互相垂直，前一度涂布与后一度涂布的方向成90°。涂布的施工顺序是先涂布水沟、顺水、阴阳角等部位，再作大面积涂刷，自上而下进行。每层涂布均不得有露底起鼓、脱落、开裂、皱折、翘边或收口密封不严现象，均应进行修补后，才进行下一层涂布施工。若在完全固化后的涂层上，再增加一层涂膜时，为增加两层涂层间的粘结力，应清扫干净后再进行涂布。若做保护层，可在防水层最后一次涂覆后立即撒上粗砂，或等涂层完全干固后扫素水泥浆一道，以增强涂层与保护层底粘结力。

e. 设置保护层：最后一道涂膜固化干燥后，待验收后，要及时进行施工细石混凝土保护层或做塑料膜、专用胶粘贴泡沫塑料板保护层。

(4) 施工注意事项

1) 施工温度宜在5~35℃之间，温度低使涂料黏度大，不宜施工，而且容易涂厚，影响质量；温度过高，会加速固化，亦不便施工。

2) 不宜在雾、雨、大风等恶劣天气施工。

3) 施工进行中或施工后，均应对已做好的涂膜防水层加以保护，勿使受到损坏。

4) 潮湿环境施工

由于本工程地下水位在-4.4~-5.38m，高于底板及电梯井的标高，因此，保证该部分防水基层的干燥很难办到，运用WPS环保性防水材料也比较适合此环境，WPS环保性防水材料可用于潮湿基面，只要基层表面稍干即可施工。

### 3.3.3 超长结构底板、外墙防水混凝土施工

(1) 超长结构底板、外墙基本概况

本工程整个地下室底板（外墙同此长度）尺寸为92.5m×79.6m，单一层地下室就占地7363m²，底板不设后浇带，在底板横向⑤、⑧轴、纵向⑥轴处设置2m宽的后浇膨胀加强带，整个底板混凝土量有4000多 m³，属超长结构。根据后浇膨胀加强带划分六个区流水施工，经核算平均一个区的混凝土量有680m³，一个区浇捣时间约为17h。底板采用500mm厚C40P12抗渗商品混凝土，外墙为300mm厚C40P12抗渗商品混凝土。

采用C45P12混凝土，底板混凝土浇筑14d后可浇筑后浇膨胀加强带，膨胀加强带两边用钢丝网隔离C40P12、C45P12两种不同强度等级的混凝土。

此超长结构混凝土在浇筑时要是控制不好，极易产生有害裂缝，造成结构破坏，影响混凝土使用的耐久性。因此，如何控制混凝土的整体性、水密性和耐久性，确保混凝土不出现有害裂缝，减少收缩裂缝的出现，是本工程的重点和难点。

(2) 重点、难点分析

裂缝的产生主要有以下两个方面原因：

1) 在混凝土初凝到终凝期间，水泥浆在水化过程中要发生体积收缩。因此，这期间混凝土体积将发生急剧的初期收缩，从而发生初期裂缝。

2) 混凝土在凝结过程中，由于水泥的水化作用，将会产生水化热。因此，在混凝土的凝结硬化过程中，会出现水化升温现象，这有助于混凝土强度的增长。但与此同时，由于混凝土的导热性能差，其外部水化热量散失较快，而积聚在内部的水化热不易散失，造成混凝土各部位之间的温度差和温度应力，从而产生温度裂缝。

因此，如何控制混凝土早期的体积收缩和后期的内外温差成为我们施工工作中的主要内容。

(3) 具体施工措施

1) 施工组织

a. 在现场设置两台混凝土输送泵，由于大门限制，泵机分别在南、北大门各设一台，分别从华成路和花城大道入口，这样利用运输，保证进度，每台泵车配10~12辆混凝土运输车，浇筑顺序：泵机1与泵机2必须结合，从北面Ⓜ轴开始向南浇筑，分别从①、⑫轴开始往中间接拢。底板混凝土浇筑布管如图3-8所示。

b. 混凝土浇筑时配32人，其中每台泵车配2人指挥，1人卸料，4人布管，4人振捣，3人找平，履盖养护1人，按规定在现场制作试块（包括抗渗试块），每100m³制作一组和选作同条件养护试块，试块做完后，进行标准养护和同条件养护，作为混凝土合格评定的依据。

2) 结构设计

对于超长结构，需适当提高含钢率，尽可能选用较大的配筋率，并适当增加水平温度筋，在截面变化及受力复杂处适当增加配筋，并进行抗裂验算，方能有效地减少收缩裂缝。单靠掺加外加剂而没有结构措施是解决不了钢筋混凝土干缩和温度裂缝问题的。

3) 选用合理的配合比及其原材料

A. 水泥：采用42.5级矿渣硅酸盐或普通硅酸盐水泥，即可满足强度要求，又可降低内部水化热，减小温差应力，避免裂缝产生。

B. 砂石：细骨料采用西江中砂，细度为2.5，含泥量0.5%。粗骨料采用番禺产粒径5~25mm碎石，含泥量0.2%，针片状含量6.3%，为连续级配碎石。

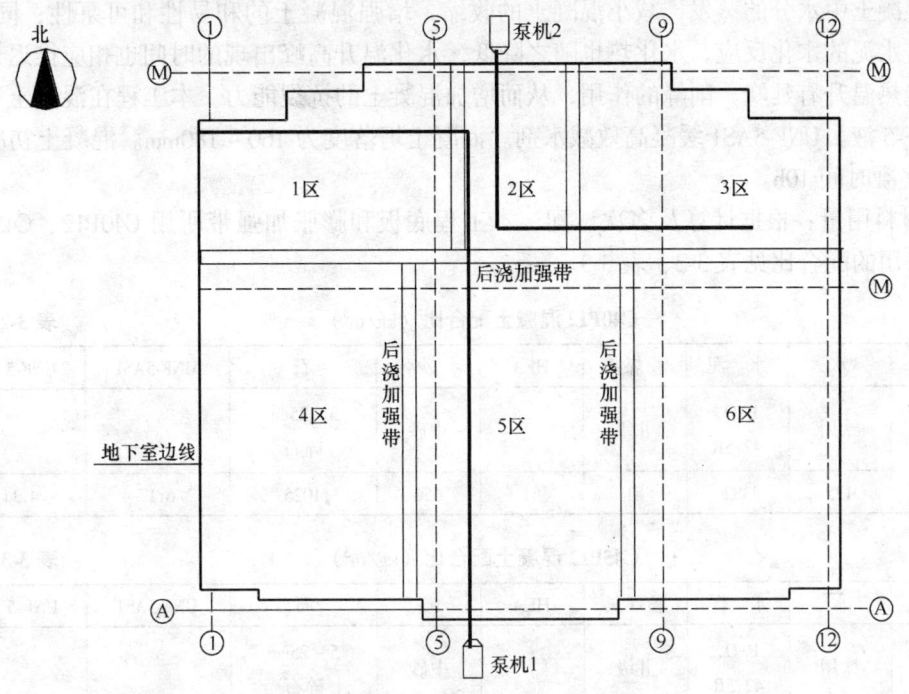

图 3-8　底板混凝土浇筑布管示意图

C. 外加剂的使用

a. 粉煤灰

在混凝土中掺入含量约 15% 的粉煤灰可适当减少水泥用量，降低水灰比，减少混凝土水化热量约 10%。减少早期体积收缩；同时，由于粉煤灰中的多数颗粒为表面光滑、致密的玻璃微珠，在新拌混凝土中，粉煤灰玻璃微珠能起到滚珠轴承的作用，因而可以减少拌合物的内摩擦力，起到增大流动性和减少水化热的作用。

本工程在混凝土中拟掺入广州发电厂生产的 Ⅱ 级粉煤灰，细度级别为 11.9，需水量比为 104%，粉煤灰超量系数为 1.5。

b. 膨胀剂

HEA 高效抗裂膨胀剂是前期 UEA 膨胀剂的换代品，它作用更强，具有膨胀与强度发展协调，膨胀后期回落小，膨胀发挥作用快、有效膨胀能高等特点。

在混凝土中掺加膨胀剂 HEA 高效抗裂膨胀剂，能使混凝土产生适度的微膨胀，能削减混凝土水泥水化时产生的体积收缩，抵消混凝土在收缩过程中产生的全部或大部分拉应力；同时，它推迟了混凝土开始收缩的时间，使得混凝土在收缩时的抗拉强度得到较大的增大，而增长后的混凝土抗拉力有利于抵抗收缩应力、增大混凝土的抗裂能力，本工程中掺加 HEA 高效抗裂膨胀剂的掺量为：底板、楼板为水泥用量的 10%，后浇膨胀加强带为水泥用量的 12%。

c. 减水剂

在混凝土中掺入减水剂，可以在保证混凝土稠度不变的条件下，减少拌合水的用量，降低水灰比，降低水化热，减少水泥浆中毛细血管的数量或者降低毛细血管液的张力，致使减少混凝土中水分的蒸发，减小混凝土的收缩，增强混凝土的和易性和可泵性；同时，它能延缓水泥的水化反应，水化热也随之降低，水化温升高峰出现的时间也相应推迟，对混凝土绝热温升有延峰、削峰的作用，从而增加混凝土的抗裂能力。本工程在混凝土中使用了 UNF-5 液、UNF-5AS1 缓凝高效减水剂。混凝土坍落度为 160～180mm。混凝土初凝时间 8h，终凝时间 10h。

d. 材料用量：根据计算及多次试配，本工程底板和膨胀加强带所用 C40P12、C45P12 混凝土采用的配合比见表 3-2、表 3-3。

C40P12 混凝土配合比（kg/m³）    表 3-2

| 材料名称 | 水 | 水泥 | 粉煤灰 | HEA | 砂 | 石 | UNF-5AS1 | UNF-5 液 |
|---|---|---|---|---|---|---|---|---|
| 品种规格 | 饮用 | P·O.42.5R | Ⅱ级 | | 中砂 | 5～25cm 碎石 | | |
| 用量 | 175 | 382 | 81 | 51 | 656 | 1025 | 6.17 | 4.11 |

C45P12 混凝土配合比（kg/m³）    表 3-3

| 材料名称 | 水 | 水泥 | 粉煤灰 | HEA | 砂 | 石 | UNF-5AS1 | UNF-5 液 |
|---|---|---|---|---|---|---|---|---|
| 品种规格 | 饮用 | P·O.42.5R | Ⅱ级 | | 中砂 | 5～25cm 碎石 | | |
| 用量 | 185 | 417 | 93 | 51 | 617 | 1007 | 6.73 | 4.49 |

4）施工过程控制

a. 施工准备

固定模板的螺栓必须穿过混凝土墙时，应采取止水措施；穿墙螺栓上，加焊 -3×50×50 钢板止水环，止水环必须满焊，螺栓与模板接触处应加木垫块或钢筋截头，以控制结构截面宽度，管道、预埋件穿过混凝土时均应加焊止水环（图 3-9）。

b. 施工缝和后浇加强带的位置及接缝形式

底板防水混凝土应按所分的区段，在每段混凝土施工时应连续浇筑，不得留施工缝。墙体按设计留置水平施工缝，在每个区段内墙体应不得留竖向施工缝。施工缝留置如图 3-10 所示。

c. 外墙混凝土为 C40P12，外墙附壁柱强度为 C55P12，两者不一致，以及剪力墙、柱混凝土强度为 C55，人防墙为 C30 混凝土，两者也不一致。为了保证各自混凝土的强度，采取如图 3-11 所示处理。

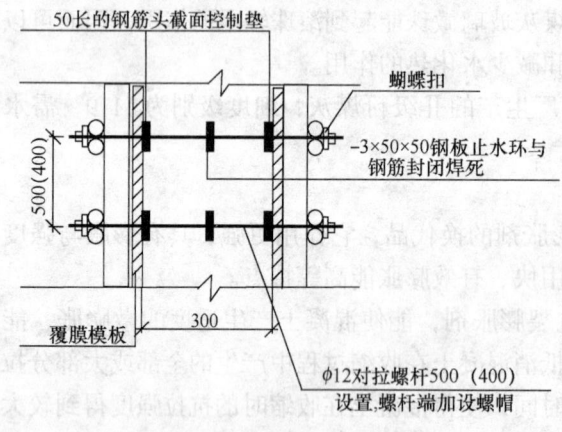

图 3-9 焊止水环（单位：mm）

d. 控制混凝土的入模温度：在泵送机上搭设遮阳棚，在水平输送管上铺麻袋并淋水降温，以防混凝土入模温度过高。

e. 通过机械手段（如混凝土浇筑时加强混凝土振捣工艺），最大限度地提高混凝土的密实性，减少混凝土结构中的大孔，降低混凝土的总孔隙率，从而使混凝土的干缩值减少。

f. 严格控制施工过程中的施工质量，如检查混凝土坍落度、混凝土泌水性、均匀数量、强度。做好混凝土搅拌施工记录、交接班记录和混凝土坍落度记录。

g. 加快浇筑速度，减小混凝土内外温差，使混凝土不致出现冷缝。同时采用二次振捣法振捣，以提高混凝土密实度和抗裂强度。

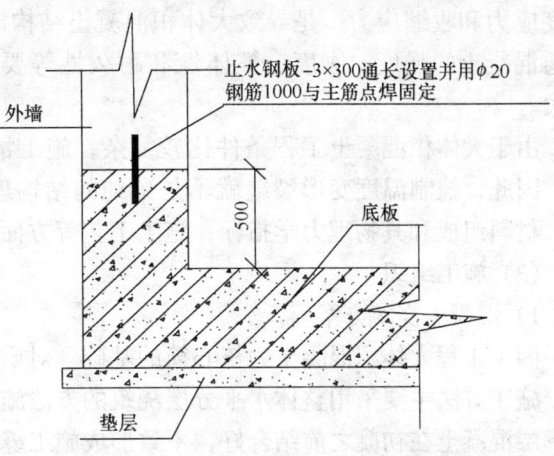

图 3-10 底板与外墙的施工缝处理图（单位：mm）

h. 对大面积的混凝土板面进行表面泌水和浮浆扫除工作，并实行二次抹面，减少混凝土表面收缩裂缝。

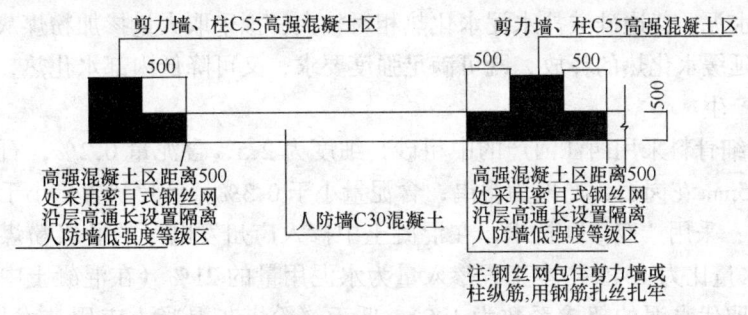

图 3-11 剪力墙、柱与人防墙交接处混凝土浇筑隔离处理图（单位：mm）

5) 养护

混凝土养护是确保混凝土质量最重要的一环，也是混凝土成型后，确保混凝土质量、减少裂缝的最后一道控制关口。

混凝土浇筑完毕后，12h 以内要用麻袋和薄膜浇水覆盖养护，覆盖必须严密，并保持麻袋或薄膜内有凝结水。养护时间不少于 14d。

#### 3.3.4 大体积混凝土施工

(1) 大体积混凝土基本概况

本工程电梯核心筒和大承台混凝土厚度达 1800mm（核心筒底板最厚处达 3970mm），核心筒混凝土体积应有 320m³，属大体积混凝土。

(2) 大体积混凝土施工技术要求

大体积混凝土与普通钢筋混凝土相比，具有结构厚、体积大、钢筋密、混凝土数量多、工程条件复杂和施工技术要求高的特点。在混凝土硬化期间，水泥水化过程中所释放的水化热所产生的温度变化和混凝土收缩，以及外界约束条件的共同作用，而产生的温度应力和收缩应力,是导致大体积混凝土结构出现裂缝的主要因素。因此,除了满足普通混凝土的强度、刚度、整体性和耐久性等要求外,还控制温度变形裂缝的发生和扩大。

由于大体积混凝土工程条件比较复杂,施工情况各异,混凝土原材料品质的差异较大,因此,控制温度变形裂缝就不是单纯的结构理论问题,而是涉及结构计算、构造设计、材料组成和其物理力学指标、施工工艺等方面的综合技术问题。

(3) 施工组织

1) 混凝土浇筑方案

因本工程大体积混凝土为核心筒的基础,对质量要求较高,混凝土连续浇筑,一气呵成,施工方法主要采用整体水平分层浇筑的方法施工,分层浇筑,分层捣实,但必须保证上下层混凝土在初凝之前结合好,不致形成施工缝。

同时,在混凝土内掺加高效抗裂膨胀剂,以控制内外温差、减少变形,防止有害裂缝的发生和开展。

2) 大体积混凝土配合比

选用合理的配合比及其原材料,本工程原材料选材原则如下:

A. 水泥:因广州地区并不常使用低热水泥,不好组织货源,故采用 42.5R 级"石井"牌普通硅酸盐水泥。普通硅酸盐水泥水化热相对较大,拟采取大量掺加粉煤灰、减少水泥用量的措施来延缓水化热的释放,既可满足强度要求,又可降低内部水化热,减小温差应力,避免裂缝产生。

B. 砂石:细骨料采用西江河产的中粗砂,细度为 2.5,含泥量 0.2%,石采用级配良好粒径为 5~25mm 花岗石,产地为番禺,含泥量小于 0.3%,针片状含量小于 6.3%。

C. 外掺剂:采用"双掺"技术,在混凝土中掺入广州发电厂的Ⅱ级粉煤灰,细度为 0.045mm,需水量比为 104%。本工程掺入量为水泥用量的 21%(在混凝土中实际掺入粉煤灰量 13%,取代水泥的超掺系数为 1.5),低于《粉煤灰混凝土应用技术规范》(GBJ 146—90)规定的数值。掺入粉煤灰可适当减少水泥用量,减少混凝土水化热量约 10%。

由于粉煤灰中的多数颗粒为表面光滑、致密的玻璃微珠,在新拌混凝土中,粉煤灰玻璃微珠能起到滚珠轴承的作用,因而可以减少拌合物的内摩擦力,起到增大流动性的作用。

同时掺入 UNF-5AS1、UNF-5 液高效减水剂,其掺量为水泥用量的 3%,以减少用水量、降低水化热,增强混凝土的和易性和可泵性。

D. 膨胀剂:HEA 高效抗裂膨胀剂是前期 UEA 膨胀剂的换代品,它作用更强,具有膨胀与强度发展协调、膨胀后期回落小、膨胀发挥作用快、有效膨胀能高等特点。

在混凝土中掺加膨胀剂 HEA 高效抗裂膨胀剂,能使混凝土产生适度的微膨胀,能削减混凝土水泥水化时产生的体积收缩,抵消混凝土在收缩过程中产生的全部或大部分拉应力;同时,它推迟了混凝土开始收缩的时间,使得混凝土在收缩时的抗拉强度得到较大的增大,而增长后的混凝土抗拉力有利于抵抗收缩应力,增大混凝土的抗裂能力,防止混凝土收缩开裂,保证混凝土的抗渗性能符合设计要求。本工程中掺加 HEA 高效抗裂膨胀剂的掺量为水泥用量的 10%。

E. 根据计算及多次试配,采用水泥用量为 382kg/m$^3$,掺入 21% 的粉煤灰及 10% 的

HEA高效抗裂膨胀剂，共计132kg/m³。设计混凝土坍落度为160~180mm。标准状态下混凝土初凝时间大于11h，终凝时间小于14h。本工程C40P12混凝土采用的配合比如表3-4所列。

C40P12混凝土配合比（kg/m³）　　　　　　　表3-4

| 材料名称 | 水泥 | 砂 | 石子 | 掺合料1 | 掺合料2 | 外加剂 | | 水 | 水灰比 |
|---|---|---|---|---|---|---|---|---|---|
| 品种规格 | 42.5R | 中砂 | 5~25碎石 | 粉煤灰 | HEA | UNF-5AS1 | UNF-5液 | 饮用 | |
| 重量比 | 1 | 1.72 | 2.68 | 0.21 | 0.13 | 0.016 | 0.014 | 0.46 | |
| 用量 | 382 | 656 | 1025 | 81 | 51 | 6.17 | 4.11 | 175 | 0.34 |

(4) 大体积混凝土施工方法

1) 浇筑方案的选择

由于本工程电梯核心筒和楼梯间剪力墙下的大承台混凝土厚度达1800mm（核心筒底板最厚处达3.97m），构件的长度达到16.35m，远远大于厚度的3倍，且所采用的混凝土流动性也较大，鉴于此实际施工情况，决定本工程混凝土采用斜面分层浇筑方案，如图3-12所示。

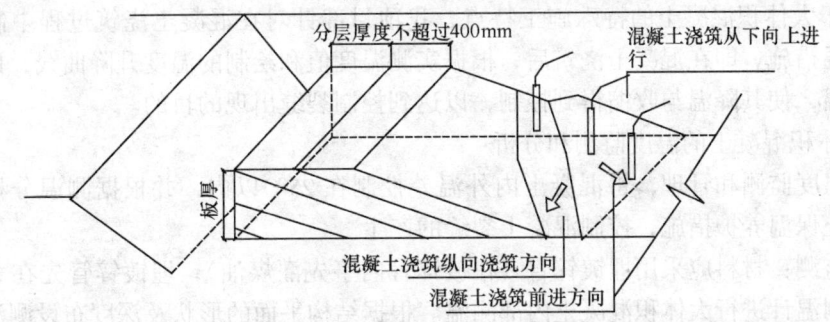

图3-12　大体积混凝土斜面分层浇筑示意图

2) 浇筑过程控制

大体积混凝土浇筑前，必须针对拟采用的防裂措施和已知的施工条件，对混凝土进行裂缝控制的施工计算，改善混凝土施工操作工艺，改善约束条件，将混凝土的最大温度收缩应力控制在允许范围以内。

在大体积混凝土施工中，必须考虑温度应力的影响，并设法降低混凝土内部的最高温度，减少其内外温差。温度应力的大小，又涉及结构物的平面尺寸、结构厚度、约束条件、含钢量、混凝土的各种组成材料的特性等多种因素。所以，必须采用温度差和温度应力双控制的方法，以确保混凝土的浇筑质量。

在施工过程中，应从原材料和施工措施两方面进行控制混凝土的温升，控制混凝土内外温差不超过25℃，避免产生温度裂缝，尤其集中体现在施工过程的控制上。

A. 大体积混凝土浇筑施工保证措施

a. 施工过程控制

为满足混凝土浇筑的连续性，避免出现施工冷缝，必须选择生产量大、质优的商品混凝土生产厂家供应混凝土，精心组织施工，混凝土供应量满足施工需求，浇筑时间内，不间断供应混凝土（商品混凝土供应应急措施：当商品混凝土搅拌设备、混凝土输送泵等设备出故障或停电等因素造成混凝土供应中断时，必须采取应急措施，启用备用设备。施工现场备用发电机发电，保证混凝土施工正常进行）。

加快浇筑速度：混凝土按斜面分层、薄层浇筑、循序渐进、一次到顶的浇筑方法，减小混凝土内外温差，且不致出现冷缝。

采用二次振捣法振捣，振捣时直上直下，快插慢拨，以提高混凝土密实度和抗拉强度；对大面积的混凝土板面进行浮浆扫除，表面泌水，以提高混凝土强度；并实行二次抹面，减少混凝土表面收缩裂缝。

b. 大体积混凝土的温度控制措施

①按计划开工时间，承台混凝土施工正处在高温季节浇筑，必须采取措施控制混凝土出机和入模温度，以降低混凝土的绝对温升值，降低混凝土内外温差。

②控制混凝土的出机温度：混凝土中的砂石等骨料对出机温度影响大，高温时采用冷水淋洒，降低混凝土出机温度。

③控制混凝土入模温度：气温高时，在输送泵管上采取降温措施，以防混凝土入模温度过高，在搅拌筒上搭设遮阳棚，在水平输送管上铺麻袋并淋水降温等。

c. 鉴于大体积混凝土的特殊施工特点，我项目部针对在混凝土浇筑过程中制定了相关控制测温措施，即在混凝土浇筑后，根据实测温度值和绘制的温度升降曲线，以合理采取养护保温，使其降温与收缩得到控制，以达到控制裂缝出现的目的。

d. 大体积混凝土的温度监测和分析

加强温度监测和管理，将混凝土内外温差控制在 25℃ 以内，并根据测温分析，及时加强混凝土保温养护措施，控制混凝土裂缝的产生。

温度监测：材料应采用埋镀锌管（在镀锌管内事先灌煤油），埋镀锌管先在大体积内埋设，用测温计进行大体积混凝土内部测温。根据结构平面的形状及深度布设测温点，布点间距不大于 6m，本工程共设了 16 点，每一个测温点处分为三个或两个不同深度进行测温。即一点处预埋不同深度的测温线，用于底板表面、中、下温度测试。测温由专人进行，并做好测量记录。

由于大体积混凝土早期升温快，后期降温慢的特性，采用先频后疏的测温方法，测温从混凝土浇筑后 3h 开始采样。每 1h 测温一次，降温结束后，以各部位温差均进入安全范围（$\Delta T < 25℃$）时，可以撤除保温措施。设专人专职负责温度监测，填写测温报告表并画出混凝土实际降温曲线。

测点位置如图 3-13、图 3-14 所示。

B. 混凝土养护措施

a. 养护及进度的关系

混凝土的保温是确保混凝土不开裂的关键，但保温太长又会影响下一步混凝土结构的施工时间，造成进度上的困难。因此，要采取切实可行的保温措施，在确保混凝土不开裂的前提下尽快缩短保温时间，加快后期施工进度。

b. 保温材料

为减少混凝土内外温差，必须建立严格的表面保温措施。

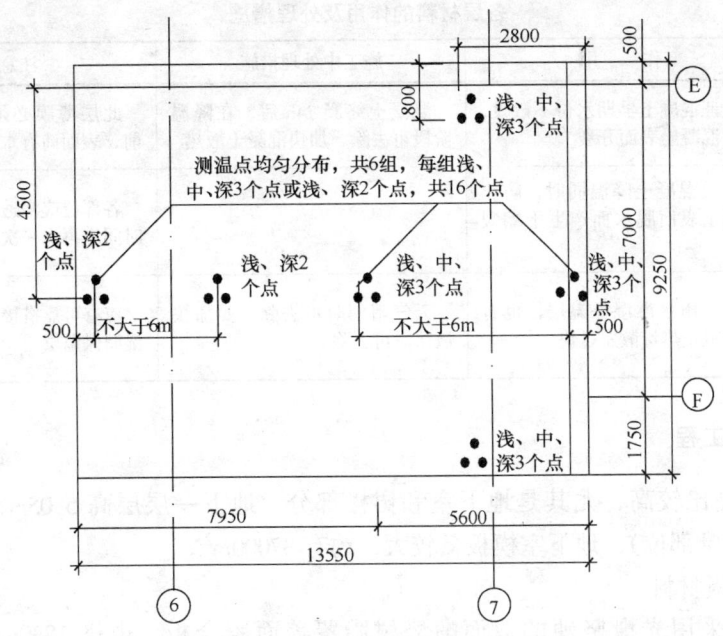

图 3-13 测温点平面布置图（单位：mm）

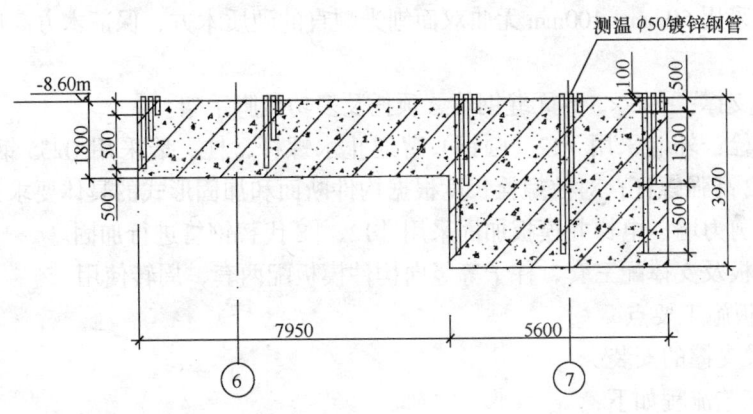

图 3-14 测温点剖面布置图（单位：mm）
说明：测温点用 φ50 垂直埋入混凝土不同标高浅、中、深处，测管长度见剖面图，外露混凝土面 10cm，镀锌钢管底部用堵头满焊死，不得有漏水现象，测温时镀锌管内灌满煤油

本工程大体积混凝土施工正值 2003 年年底，气温 15～25℃，混凝土入模温度为 20～25℃，混凝土内部最高温度相对较低，但内外温差较夏季施工要大很多，故对混凝土的保温尤为重要。良好的保温材料，可以使混凝土表面温度提高，减少了表面与中心的温差。我们比较了几种保温材料，最终确定用双层塑料薄膜的保温材料，混凝土表面最高温度可保留至 49℃。混凝土浇筑初凝后开始覆盖养护，每隔 2h 喷水养护（视混凝土的干燥和温度的影响）。以保持混凝土表面湿润为原则，养护必须 14d，根据测温分析的情况，确定可不再养护为止。

各层材料的作用及处理措施见表 3-5 所列。

各层材料的作用及处理措施　　表 3-5

| 保温层名称 | 作　用 | 施工中处理措施 | 注意事项 |
|---|---|---|---|
| 混凝土表面薄膜 | 保证混凝土早期水份不散发，防止混凝土表面开裂 | 混凝土终凝24h后，在降温阶段可去除，加快混凝土散热 | 此层薄膜必须在混凝土初凝前，表面尚有水泥浆时加上 |
| 薄膜上面淋水 | 加快混凝土降温同时，防止混凝土表面脱水而产生干缩裂缝 | | 各部位应浇透，且每间隔一段时间应再浇一次 |
| 最上一层薄膜 | 防止雨水淋湿保温层，也有利于阻止热量散发过快 | 天气晴朗时可去除，要加快散热时可去除 | 应有可靠搭接，使下雨时不致湿润保温层 |

### 3.4 模板工程

本工程层高比较高，尤其是地下室和裙楼部分，地下一层层高 5.05m，部分层高为 12m（南、北大堂部位），地下室模板量较大，约有 37000m²。

**3.4.1 模板材料**

1）模板：采用光滑坚硬的双面酚醛树脂覆盖面胶合板，规格 1830mm × 915mm × 18mm。

2）木方：采用 50mm × 100mm 无曲双面刨光顺直的硬质木方，保证木方高度一致，受力均匀。

3）围楞、支撑：$\phi48 \times 3.5$ 无缝钢管、顶托及多功能脚手架。

4）对拉螺栓：外墙采用 $\phi12$（圆钢）普通止水螺杆，柱、墙采用 Q235 钢 $\phi12$、$\phi14$ 普通螺杆及 $\phi12$ 高强螺杆；对拉螺栓长度根据构件断面和加固形式的具体要求计算。

5）柱模、剪力墙、电梯井模板加固采用 [12、[8 代替钢管进行加固。

6）梁板模板及支撑配三套，柱子等竖向构件模板配两套，周转使用。

**3.4.2 模板施工要点**

(1) 梁模及支撑的安装

模板支撑工艺流程如下：

搭设满堂钢管架→支梁、板底模→支柱、剪力墙模板、梁侧模→调整、加固、验收模板→混凝土浇筑→拆模。

1）满堂脚手架

本工程的满堂脚手架钢管采用扣件式钢管脚手架，该架体规格统一、安装拆除方便，施工速度快。

搭设满堂脚手架要求为：梁底模支设木方搁栅距离均不得大于 250mm，竖杆或钢管顶撑间距不得大于 1000mm（层高大于 3.6m 的，间距为 800mm）步距不大于 1500mm，每跨内均设相互垂直的剪力撑；立杆接头必须采用双扣件搭接，满堂脚手架要求纵横整齐，横平竖直，并采用三道横拉杆加强立杆刚度，撑搭设（如剪刀撑）后，才能铺设梁底、板底木方模板，以免架子太晃动，使梁板位置移位。

2）梁、板模板制作安装

a. 梁底模板木方沿长方向布置，底模配三根木方，梁侧模木方沿短方向布置，间距为300mm。

b. 梁底模长度：轴线尺寸主要为8000mm和8500mm，底模可制作成3～4块，中间一块稍短一点，跨中立杆稍作加强，作为早撤模体系中的跨中支撑，减少施工阶段的梁跨度。提前梁底模，加快模板周转，铺梁底模时起拱按3‰，但不超过30mm。

c. 梁截面小于700mm的梁，则采用斜撑加固，斜撑间距亦为500mm，断面700mm的梁侧模需设一道 $\phi 12$ 对拉螺杆（外套PVC管），700～1200mm为两道，1200mm以上设三道，梁纵向穿墙螺杆的加固间距为每500mm一道。

d. 所有梁板支承架立杆均应双扣件加固，防止施工中由于集中荷载影响造成梁和板的模板下沉或梁、板下滑，模板支撑如图3-15、图3-16所示。

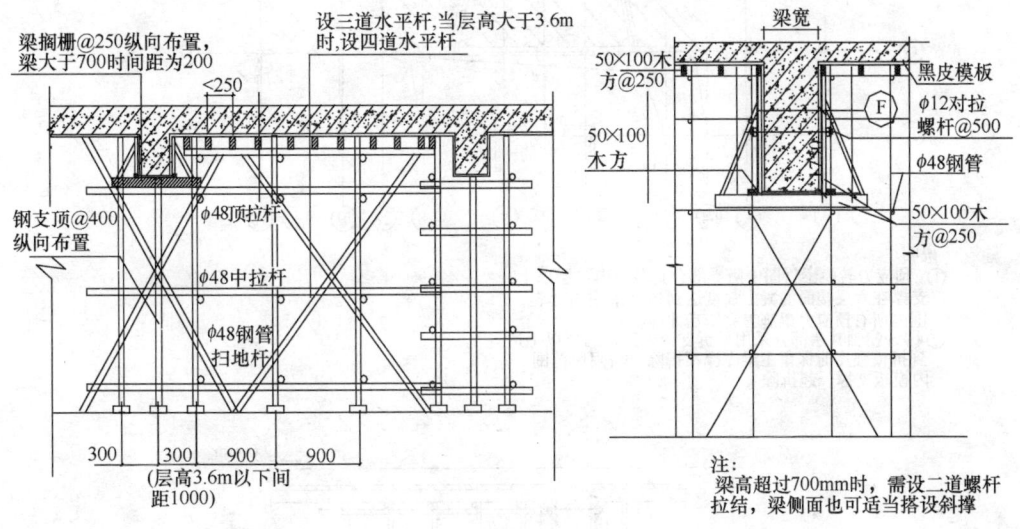

图3-15 梁板支模状态图（单位：mm）　　图3-16 梁模支设图（单位：mm）

e. 对于裙楼部分预应力处，在全部预应力施工顶撑完成方可拆除。采取措施如图3-17所示。

(2) 柱子模板

1) 长方形、正方形柱，竖向模板采用50mm×100mm木方加固，距离为中对中200mm，高度方向采用[12槽钢夹箍，穿墙螺杆对拉，且每侧木方不少于2根（柱模的木方纵向布置，增加模板长方向的刚度）。螺杆孔缝中布置，对拉螺栓 $\phi 12$ ，外套 $\phi 14$ 的PVC塑料管（根据计算，断面1200mm及以下柱子不用加设PVC塑料管），便于穿墙螺杆抽出重复利用，套管两端堵塞严密，防止漏浆。

2) 柱的对拉螺杆步距根据柱高进行调整，靠柱下端拉杆的起步距为200mm，底部至 $\frac{1}{2}L$ 跨距处间距为400mm， $\frac{1}{2}L$ 跨距以上间距为600mm，如图3-18所示。

(3) 外墙模板安装（图3-19）

1) 在底板高差分界处的外墙，采用七夹板配制模板，模板竖楞采用50mm×100mm木方，间距取250mm，横向剪力墙的加固支撑应与满堂架子连成整体，并且满堂支撑钢管架连接固定，墙体外侧也支设木方和钢管斜撑，防止混凝土浇筑时墙模内外移动及墙体偏

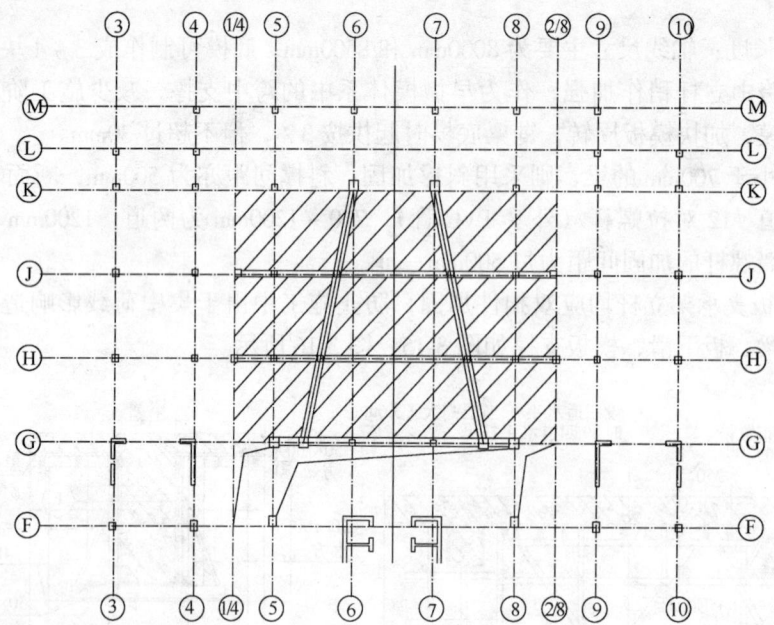

说明：
① 预应力转换梁（图中阴影部分）范围内二层以上支撑在六层楼面混凝土强度达到100%，并在本范围内所有预应力梁施工完毕后才能拆除
② ⑥～⑩轴其余部分采用早拆支模体系，二层以上达到拆模强度时保留主梁支撑不拆除，与阴影范围内模板支撑一起拆除

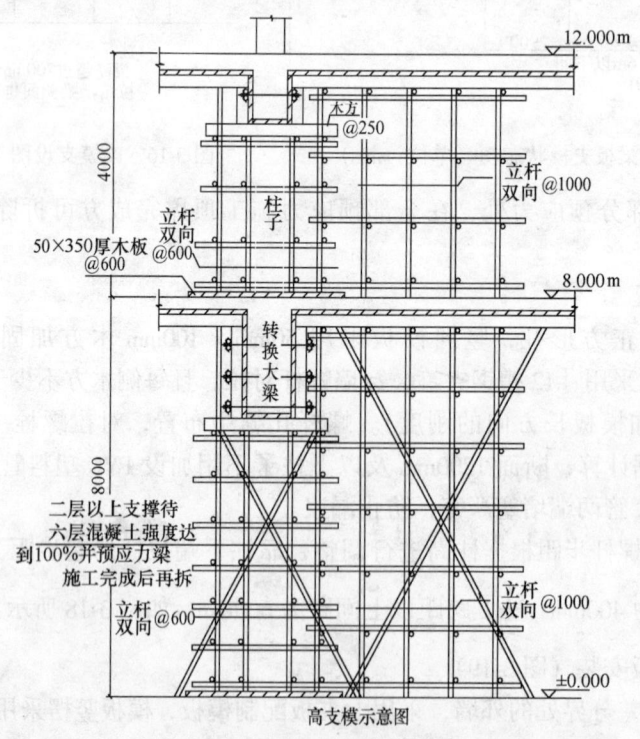

图 3-17 转换层模板后拆范围（单位：mm）

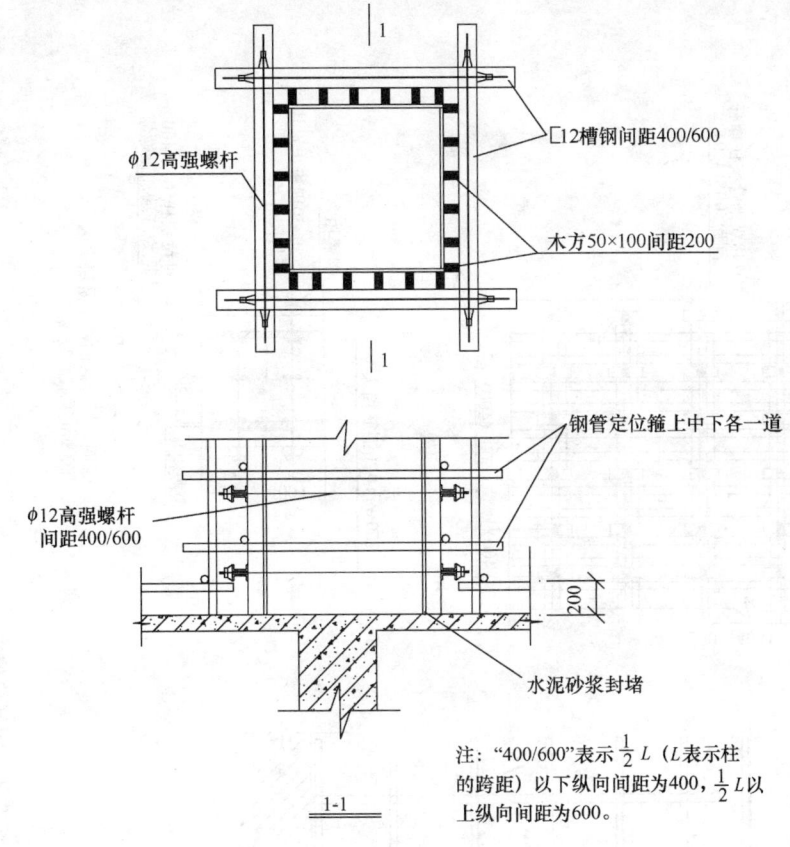

图 3-18 柱模安装平面图（单位：mm）

位，加固采用 $\phi48\times3.5$mm 钢管，间距 400~600mm，同对拉螺杆间距。

2) 为了保证模板的侧向刚度和墙体的防水需要，±0.000 以下有防水要求的外墙，使用焊有 $-3\times50\times50$ 钢板止水片的 $\phi12$ 普通螺杆进行加固。螺杆间距是：层高 3.6m 以上的采用 400mm，层高 3.6m 以下的间距采用 500mm。螺杆孔应内高外低。

(4) 剪力墙模板施工

1) 为了保证模板的侧向刚度和墙体的防水需要，剪力墙支模用的穿墙螺杆为 $\phi12$ 高强螺杆，并用墙体支模采用「8 槽钢加高穿墙螺杆对拉，螺杆间距是层高 3.6m 以上的间距为 400mm，层高 3.6m 以下的间距为 500mm。剪力墙的对拉螺杆孔用直径为 $\phi14$ 的 PVC 塑料管预埋，以便对拉螺杆重复利用。

2) 及剪力墙模板竖楞采用 50mm×100mm 木方加固，距离为 250mm。

3) 横向剪力墙的加固支撑应与满堂架子连成整体，并且支撑钢管落地，防止混凝土浇筑时墙模内外移动，横距支撑为 1500mm，步距为 1000mm 一道。

4) 横向剪力墙的加固支撑应与满堂架子连成整体，并且内外墙支撑钢管落地，防止混凝土浇筑时墙模内外移动，横距支撑为 1500mm，步距为 1000mm 一道。

5) 剪力墙的上部板的各局部部位采用钢丝和花篮螺栓进行调节，使其上口平直，确保墙体模板在施工中达到横平竖直，如图 3-20 所示。

(5) 楼梯模板（图 3-21）

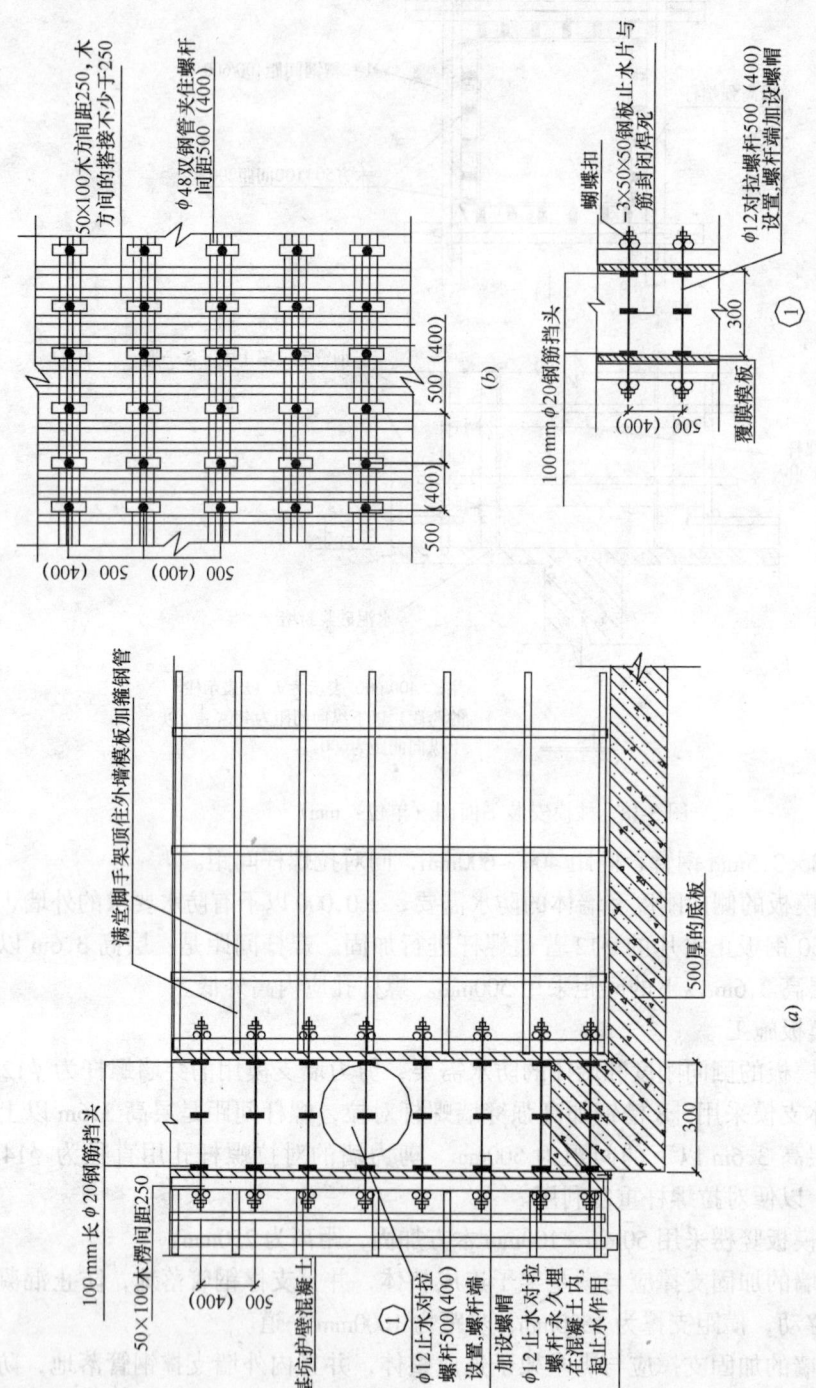

图 3-19 外墙模板安装详图（单位：mm）
(a) 外墙模板安装剖面详图；(b) 外墙模板安装立面详图

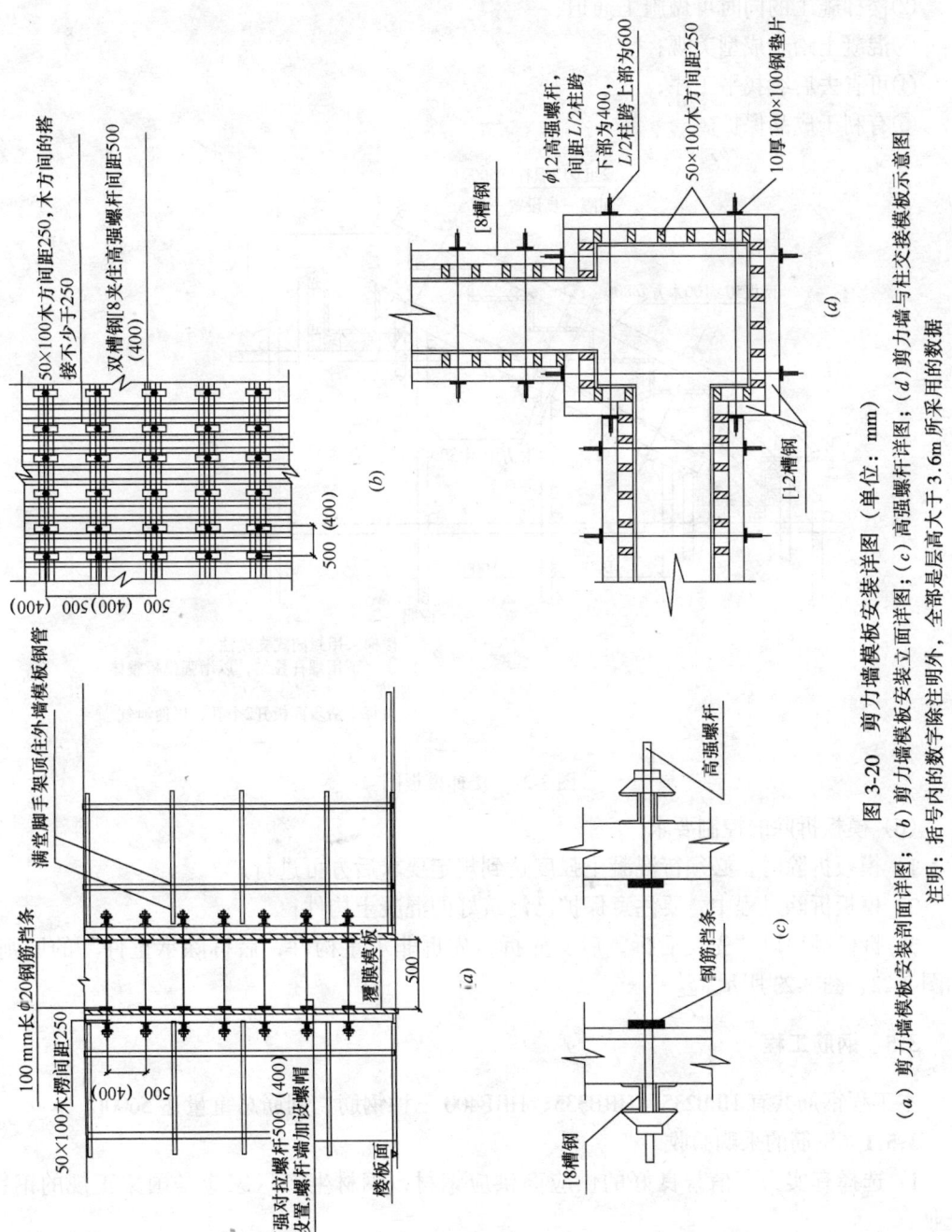

图 3-20 剪力墙模板安装详图（单位：mm）

(a) 剪力墙模板安装剖面详图；(b) 剪力墙模板安装立面详图；(c) 高强螺杆详图；(d) 剪力墙与柱交接模板示意图

注明：括号内的数字除注明外，全部是层高大于3.6m所采用的数据

将楼梯模板全封闭,仅在最高踏步处留设混凝土浇筑口,构成整体封闭的模板体系,此方法具有如下优点:

①操作简便,防止污染;
②楼梯施工的同时可做施工通道;
③混凝土踏步成型美观;
④可省去后续找平工序;
⑤有利于成品保护。

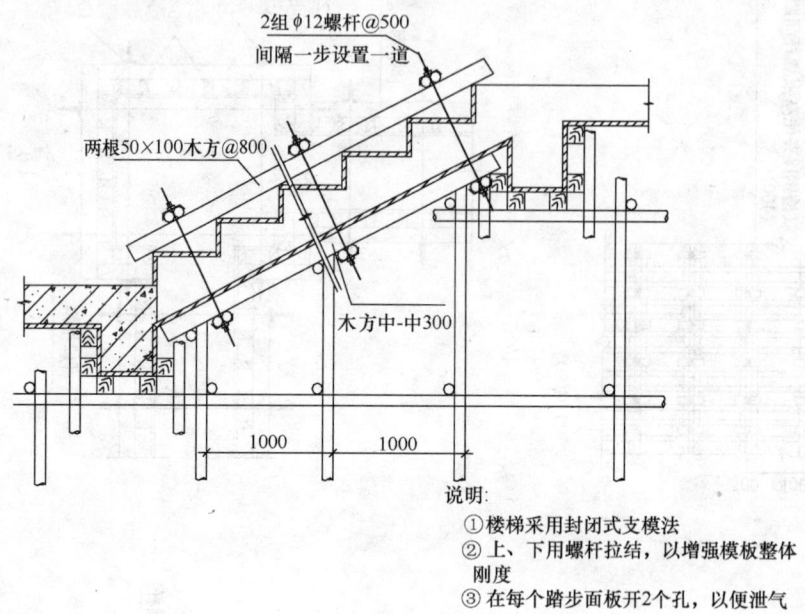

图 3-21 楼梯模板图

（6）模板拆除的控制要求

1）模板拆除时,必须待混凝土强度达到规定要求后方可进行;

2）模板拆除过程中,要注意保护已浇筑好的混凝土构件;

3）拆模顺序以"先支后拆,后支先拆,先拆非承重构件,后拆除承重件"的原则,如图 3-22、图 3-23 所示。

## 3.5 钢筋工程

本工程钢筋共有 HPB235、HRB335、HRB400 三种钢筋,钢筋总重量达 5600t。

### 3.5.1 钢筋的采购验收

1）选择有实力、信誉良好的供应商供应钢材,钢材生产厂家应是国家正规的钢铁企业。

2）钢材应有出厂合格证和质量保证书,钢材进场时,材料员应认真核对检查,并通知质检员和试验员取样试验。

3）对进入现场的钢筋必须根据清单进行整理、分类,按照施工计划分点堆放整齐,并注明标识,以便确认待检品与合格品。

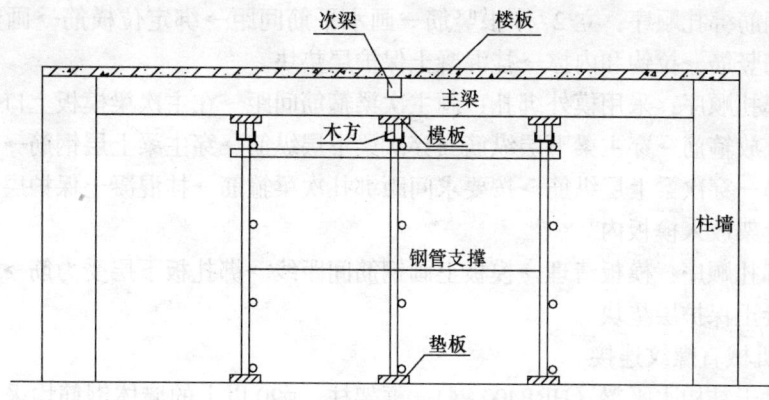

图 3-22 拆模状态图

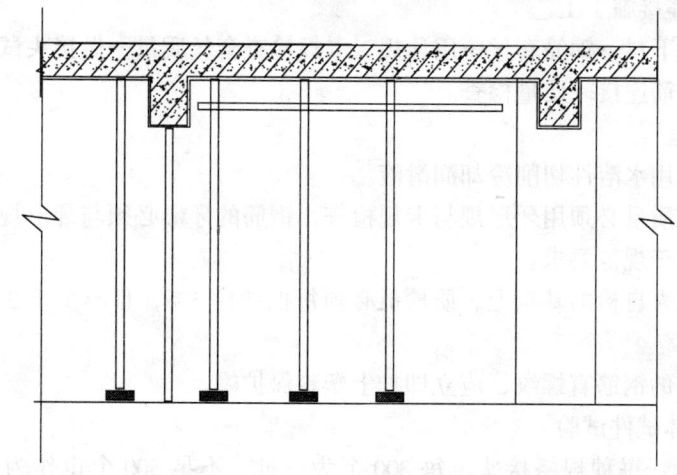

图 3-23 早拆体系剩余支撑图

4）检验合格的钢材，才能配料使用，不合格的要挂牌标识，并及时清退出场。

### 3.5.2 钢筋连接

竖向钢筋连接：框架柱、剪力墙暗柱中不小于 $\phi20$ 的竖向钢筋均采用直螺纹套筒连接，小于 $\phi20$ 柱筋和剪力墙筋采用绑扎接头或闪光对焊，其接头位置应分两个断面焊接或搭接，且距基础、楼板面高度符合规范要求（注：在现场加工时，应将柱墙竖向钢筋的制作长度一次到地下一层，地下二层竖向钢筋不留接头）。

水平钢筋连接，水平结构梁有 HRB400 钢时采用直螺纹套筒连接。底板钢筋采用搭接焊进行封闭焊接，除 HRB400 钢外，一般梁采用闪光对焊连接。

### 3.5.3 钢筋绑扎安装

钢筋工程的特点是框架柱较大，柱外箍和内箍同时绑扎，尤其是柱梁接头部位抗震节点加密箍的数量一定按设计要求。施工时，梁钢筋绑扎一律在板面上进行，绑扎好检查后再放入梁内，确保底筋和腰筋的位置及绑扎质量。

柱子钢筋绑扎顺序：套柱箍筋→连接竖向主筋→画箍筋间距线→柱箍筋绑扎→挂混凝土保护层垫块。

剪力墙钢筋绑扎顺序：立2～4根竖筋→画水平筋间距→绑定位横筋→画竖筋间距→绑扎其余横筋竖筋→拉钩和内撑→挂混凝土保护层垫块。

梁钢筋绑扎顺序：采用模外绑扎：画主次梁箍筋间距→在主次梁模板上口铺短横杆数根→在横杆上放箍筋→穿主梁下层纵筋→穿次梁下层纵筋→穿主梁上层钢筋→按要求间距绑扎主梁箍筋→穿次梁上层纵筋→按要求间距绑扎次梁箍筋→挂混凝土保护层垫块→抽出横杆，将梁骨架放入模板内。

板钢筋绑扎顺序：模板清理→模板上画钢筋间距线→绑扎板下层受力筋→绑扎板上层钢筋→垫混凝土保护层垫块。

### 3.5.4 机械直螺纹连接

本工程对于结构水平梁（HRB400钢）、框架柱、$\phi$20以上的墙体钢筋均采用直螺纹连接。直螺纹连接在施工前，应先进行试焊，合格后方可全面施工。

1）直螺纹连接施工工艺

钢筋切割机下料→钢筋套丝→用牙规、卡规检查套丝质量→做接头试件拉伸试验→接头试件合格→钢筋连接→质量检查。

2）钢筋套丝

①套丝机应用水溶性切削冷却润滑液。

②钢筋套丝质量必须用牙形规与卡规检查，钢筋的牙形必须与牙形规相吻合，直螺纹完整牙数不得小于规范要求。

③在操作工人自检的基础上，质检员必须每批抽检3%，且不少于3个，并填写检验记录。

④检查合格的钢筋直螺纹，应立即拧上塑料保护帽。

3）接头单体试件试验

a. 试件数量：每种规格接头，每300个为一批，不足300个也作为一批，每批3根试件。

b. 试件制作：施工作业前，从施工现场截取工程用的钢筋长300mm若干根，接头单体试件长度不小于600mm。将其一头套丝成直螺纹，用牙形规和卡规检查直螺纹丝头的加工质量，用直螺纹套筒连接。

c. 试件的拉伸试验应符合以下要求：

①屈服强度实测不小于钢筋母材的屈服强度标准值；

②抗拉强度实测值与钢筋屈服强度标准值的比值不小于1.35（异径钢筋接头以小径钢筋强度为准）；

③试件断裂须在钢筋母材处，且呈塑性断裂。

4）钢筋连接施工

①连接套规格与钢筋规格必须一致。

②连接之前应检查钢筋直螺纹及连接套直螺纹是否完好无损。钢筋直螺纹丝头上如发现杂物或锈蚀，可用钢丝刷清除。

③将带有连接套的钢筋拧到待接钢筋上，用管钳扳手拧紧接头。使两个丝头在套筒中央位置相互顶紧。

④连接完的接头必须立即用油漆做上标记，防止漏拧。

5) 质量检查：在钢筋连接生产中，操作工人应认真逐个检查接头的外观质量，套筒每端外露丝扣不得超过一个完整扣。如发现外露丝扣超过一个完整扣，应重新拧或查找原因及时消除。不能消除时，应报告有关技术人员作出处理。加长型接头不受此限制，但应有明显标记。

6) 应注意的质量问题

①钢筋在套丝前，必须对钢筋规格及外观质量进行检查，如发现钢筋端头弯曲，必须先进行调直处理。

②不合格的镦粗头，应切去后重新镦粗，不得对其进行二次镦粗。

③对个别经检验不合格的接头，可采用电弧焊贴角焊缝方法补强，但其焊缝高度和厚度应由施工、设计、监理人员共同确定，持有焊工考试合格证的人员才能施焊。

### 3.5.5 钢筋质量通病及防治措施

(1) 柱插筋偏位

绑扎面层钢筋前，应用经纬仪投点或吊线坠确定插筋位置，注意分派尺寸，留出插筋位置。在伸出部位加一道临时箍筋或临时水平筋，再按图纸要求固定。浇捣混凝土时，派专人检查、校正。错位不严重时，可采用"位移:长度=1:6"的方法校正。

(2) 柱、梁核心部位箍筋遗漏

相当部分柱梁节点，柱梁钢筋绑扎就位完毕后，无法绑扎柱核心部位的整个环箍，在梁钢筋就位前穿套就位开口箍，采取带弯钩的 $30d$ 搭接绑扎或单面焊 $8d$。

(3) 楼板超厚

按钢筋结构图，主次梁交接部位钢筋重叠，该节点势必导致楼板超厚，采取措施或与设计协商解决此设计问题。

(4) 柱外伸钢筋位置偏差

所有外伸钢筋均加 1~2 道临时箍筋或引铁，插筋根部均应正确电焊固定。

(5) 矩形钢筋成形后拐角不成 90°，或两对角线长度不相等时注意操作，误差超过质量标准允许值时，对于 HPB235 钢筋可调直，返工一次。

## 3.6 预应力混凝土施工

### 3.6.1 有粘结预应力梁基本概况

本工程裙楼三~六层有少量的有粘结预应力梁。即礼堂三层楼面处，有两根 800mm×2000mm，三根 600mm×2000mm，跨距分别为 25.5m 的预应力大梁；四层、五层南面 6×(B~D)、7×(B~D) 有两根 500mm×1100mm 的预应力梁，跨距为 16m；六层南面（5-8 轴）×(2/A) 有一根 650mm×1600mm 的预应力梁，最大跨距为 25.5m，六层北面屋面有两根 860mm×2000mm，跨距为 24m 的预应力梁。

### 3.6.2 本工程预应力结构特点

预应力梁的施工难点：施工工艺较复杂，操作要求较高，跨度较大，梁截面较大。同时，埋管、抽芯和预应力钢绞线张拉和锚固比较困难；另外，对预应力筋材质、制作和张拉机具、设备的选择以及锚具选择方面都要充分考虑。

工程的预应力筋采用高强度低松弛钢绞线（强度等级为 1860MPa），其具有高强度、低松弛、耐腐蚀、施工方便等优点。

工程预应力筋孔道的留设采取预埋波纹管法，孔道成型的质量，直接影响到预应力筋的穿入与张拉，应严格把关。波纹管采用7、12孔镀锌薄钢带压波而成的圆管，它具有重量轻、刚度好、弯折方便、摩阻系数小、与混凝土粘结良好等优点，可做成各种形状的孔道，是现代后张预应力筋孔道成型的理想材料。

### 3.6.3 预应力施工组织

(1) 材料及设备要求

1) 预应力钢筋

a. 预应力钢筋采用钢绞线 $\phi^j$15.24，其规格和力学性能应符合国家标准《预应力混凝土用钢绞线》GB/T 5224—95 的规定要求；

b. 张拉端锚具采用 OVM15-7，固定端采用 OVM15-P，其性能应符合行业标准《预应力用锚具、夹具和连接器应用技术规程》JGJ 85—92 的规定要求；

c. 应对每根梁预应力筋进行计算，在现场下料制作，然后用塔吊运至施工现场操作地点。

2) 混凝土：采用 C40 混凝土，比同层普通梁板混凝土高一个等级。

3) 张拉设备、锚具的标定与检测

张拉设备采用穿心式千斤顶 YCM-150，该千斤顶构造简单，操作方便，性能稳定，锚固回缩损失小。在预应力张拉前，对张拉设备应进行标定，确定油表读数，然后按标定数据和千斤顶配套使用，以减少累积误差，提高测量精度。

4) 材料抽检

a. 钢绞线检验：从每批重量不大于 60t 的钢绞线中任取 3 盘，进行表面质量、直径偏差、捻距和力学性能试验，符合要求方可使用。

b. 锚具、夹具和连接器应进行外观检查、硬度检验和静载锚固性能试验，符合要求方可使用。

(2) 施工准备

1) 脚手架（板）搭设高度符合张拉操作要求，低于楼面标高 800~1200mm。局部钢筋绑扎、模板制作安装拆除应符合梁、墙柱部位张拉端的要求。

2) 加强施工配合，与其他工种的协调与配合工作，各工种、各工序穿插进行、流水作业，实现时间与空间上的无缝搭接，缩短工程的施工工期。

3) 钢绞线运到现场后，按计算长度下料，编束、上好标牌，并进行固定端锚具制作，分类堆放。

### 3.6.4 预应力施工流程及做法（图 3-24）

(1) 预应力筋下料：采用砂轮机机械切断，严禁采用电弧切割。

(2) 预应力筋的支模及拆模

设计要求对二层以上 ⓖ~ⓜ 轴部分支撑应在六层楼面混凝土强度达到 100% 才能拆除（并应在本范围内所有预应力梁施工完毕后方能拆除支顶）。因此必然要投入大量的周转材料，如何充分利用周转材料，确保工期，主要从下列两方面考虑：

1) 为了能早拆模，预应力筋的张拉在混凝土强度达到 75% 设计强度后应及早进行。

2) 为了减少周转材料的投入，对位于 ⓖ~ⓜ 轴之间预应力梁两边的部分（建筑物轴线为 3—1/4 轴和 2/8—10 轴），模板支撑体系可采用早拆体系，即对于此两部分的模板，

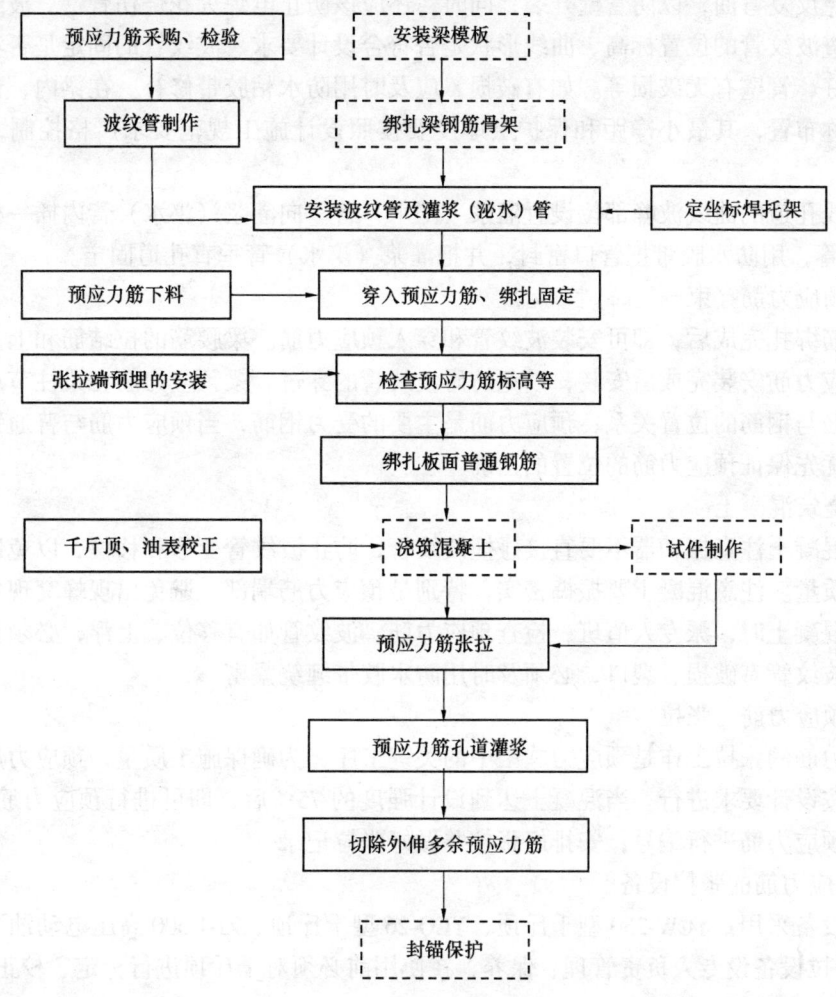

图 3-24 预应力施工流程及做法

注：图中实线部分为预应力专业公司完成，虚线部分为土建公司完成。

若次梁及板的混凝土达到拆模条件后可先拆除，而对于主梁及主要受力点的支撑，保留至按设计要求的时间再进行拆除；对处于预应力范围内部分（1/4—2/8轴之间）的模板仍按设计要求的时间进行拆模。这样，可以减少大量的周转材料的堆积，使其能提前投入周转。

(3) 波纹管的连接与安装

1) 波纹管是由一段或多段组成，两段管之间可采用大一号的波纹管连接。接头管两端用密闭封胶带封裹，要保证连接处牢固可靠且不漏浆。

2) 波纹管安装前，以梁底模板为基准，按预应力筋曲线坐标，直接量出波纹管底相应点的高度，标在箍筋上，定出波纹管曲线位置。波纹管的固定，采用钢筋托架，间距：1000~1500mm。钢筋托架应焊在箍筋上，并在每隔一根钢筋托架上焊一根竖筋，防止波纹管水平移位（箍筋下面要有垫块垫实）。波纹管安装就位后，必须用钢丝将波纹管与钢筋托架交叉绑在一起，以防止浇筑混凝土时波纹管上浮、移位。波纹管安装就位工程中，应尽量避免反复弯曲,以防管壁开裂;同时,还应该防止电焊火花烧伤管壁。波纹管安装后,应检查波纹管的位置标高、曲线形状是否符合设计要求、波纹管的固定是否牢靠、接头是否完好、管壁有无破损等。如有破损,应及时用防水粘胶带修补。在梁内,预应力筋孔道要对称布置,其最小净距和保护层厚度要按照设计施工规范要求严格控制,不少于30mm。

在曲线孔道的曲线波峰部位设置灌浆(泌水)管。向灌浆(泌水)管内插一根稍长的白色 PVC 管,用防水胶带把管口密封,并把灌浆(泌水)管垂直孔道固定。

(4) 预应力筋穿束

梁钢筋绑扎完成后,即可安装波纹管和穿入预应力筋。梁腰筋的拉结筋和上部柱的插筋应在预应力筋安装完成后安装,以免妨碍波纹管的穿过。梁预应力筋在梁柱节点处应特别注意钢筋与钢筋的位置关系,预应力筋是主要的受力钢筋,当预应力筋与普通钢筋有冲突时,应优先保证预应力筋的位置的正确。

(5) 浇筑混凝土

浇筑混凝土注意振动器不要直接碰撞波纹管,防止波纹管变形和移位,以免影响预应力施加的质量。注意混凝土要振捣密实,特别是预应力筋端部,避免出现蜂窝现象。

浇筑混凝土时,派专人值班,检查预应力筋。波纹管如有移位、上浮,必须重新绑扎固定;如波纹管有破损、裂口,必须及时用防水胶带缠绕紧密。

(6) 预应力筋的张拉

预应力筋的张拉工作是预应力施工中的关键工序,为确保施工质量,预应力筋分批张拉应严格按设计要求进行。当混凝土达到设计强度的 75% 后,即可进行预应力筋的张拉。张拉前对预应力筋进行编号,安排好张拉并做好张拉记录。

1) 预应力筋的张拉设备

张拉设备采用:YCW-250 型千斤顶、YCQ-26 型千斤顶、ZB4-500 高压电动油泵(配油压表)。张拉设备设专人负责管理、保养,在使用前必须对千斤顶进行标定、校正。

2) 预应力筋的张拉顺序

预应力筋的张拉采用局部对称和整体对称原则进行,即张拉时采用从两边向中间的对称方式进行,当图纸有规定张拉顺序时,按图纸要求操作,可采用分批、分阶段对称张拉,以免构件承受过大的偏心压力;同时,还应考虑到尽量减少张拉设备的移动次数。本工程预应力筋采取的为分批张拉,分批张拉时,应计算分张拉分预应力损失值,分别加到先张拉预应力筋的张拉控制应力值内,也采取下列办法解决:

①采用同一张拉值,逐根复拉补足;

②采用同一张拉值,在设计中扣除弹性压缩损失平均值;

③同一提高张拉力,即在张拉力中增加弹性压缩损失平均值;

④对重要的预应力混凝土结构,为了使结构均匀受力并减少弹性压缩损失,可分阶段建立预应力,即全部预应力筋先张拉 50% 以后,再第二次张拉至 100%。

(7) 孔道灌浆

孔道灌浆的作用有:保护预应力筋,防止锈蚀;使预应力筋与构件混凝土有效粘结,以控制裂缝的开展并减轻梁端锚具的负载,因此,对孔道的灌浆的质量,必须引起高度重视。

预应力筋张拉后,在高应力状态下钢筋容易生锈,因此孔道要尽快灌浆。

孔道灌浆用的水泥浆应具有较大的流动性、较小的干缩性与泌水性,其强度不应小于30MPa,灌浆用水泥应优先采用强度等级不低于32.5级普通硅酸盐水泥。本工程的灌浆水泥采用42.5级普通硅酸盐水泥,水灰比为0.4~0.45。

为使孔道灌浆饱满,可在水泥浆中掺入适量的减水剂。

1) 灌浆施工

灌浆前,孔道应湿润、洁净。灌浆工作应连续进行,并应排气通顺。在灌满孔道并封闭排气孔后,宜再继续加压至0.5~0.6MPa,稍后再封闭灌浆孔。对不掺外加剂的水泥浆,可采用二次灌浆法,以提高密实性。

2) 端头封裹

预应力筋锚固后的外露长度应不小于30mm,多余部分宜用砂轮锯切割,锚固应采用封头混凝土保护。封头混凝土的尺寸应大于预埋钢板尺寸,厚度不小于100mm。封头处原有混凝土应凿毛,以增加粘结。封头内应配有钢筋网片,细石混凝土强度为C30~C40。

### 3.6.5 预应力与土建施工的配合

1) 预应力结构中,预应力筋的施工是结构的重要组成部分,土建、监理和甲方应引起足够的重视,与设计、施工单位密切配合,确保工程质量。

2) 根据施工进度、设计图纸及各层预应力筋的位置,制作张拉端的模板,设置后浇带的张拉位预留孔。

3) 水电管网的埋设、普通钢筋的绑扎安装应与预应力筋的布置互相协调,以满足预应力筋的曲线标高。

4) 安装梁侧模的对拉螺栓及铺放板负筋时,切勿冲击预应力筋,避免预应力波纹管破损漏浆、移位。

5) 浇筑混凝土时,严禁振动器直接冲击预应力筋。

6) 保证框架梁柱结点处预应力筋顺利穿过,严禁钢筋压迫预应力,同时保证承压板的正确安装。

7) 板边模板安装时,在预应力筋穿出的部位不得设加劲木方。

8) 在所有预应力梁的端头模板处,从梁面向下预留50mm与梁等宽缺口,以便梁的预应力钢筋穿出安装。

9) 周边脚手架的搭设宜与板面高错开一定的距离(大于500mm),以方便预应力筋的张拉。

10) 严格按照施工的工序进行施工,在梁预应力筋没有安装完成前,不得沉梁。

11) 教育和严格要求工人爱护劳动成果,在板面走动和作业时,不要破坏预应力筋的保护套和定位;预应力筋附近电焊时,应用挡板隔开预应力筋,防止烧伤损坏预应力筋。

12) 现浇预应力混凝土的梁、板的底模,考虑到预应力筋张拉的反拱,可不起拱,除非图纸有特别要求。

13) 预应力混凝土梁板浇筑时,应多留一组混凝土试块,与板同条件养护,以确定预应力筋张拉时的混凝土梁板强度。

### 3.7 主体混凝土工程

本工程梁板与柱墙（包括核心筒部分）全部一起浇筑，减少施工缝，提高结构的抗震能力。一般是柱子混凝土浇捣时用塔吊吊运混凝土，梁板浇捣时则一律用混凝土泵进行垂直运输。柱混凝土先浇，梁板混凝土随后跟进。

先泵送浇捣中心筒墙及内墙混凝土，后泵送浇捣有梁板混凝土，从一端往另一层高端浇筑 3.5～4.0m。混凝土浇筑时应分两层进行，而且中心筒墙浇捣应从两边同时开始，避整体移位或扭转。浇混凝土时应有钢筋、模板工人值班，随时注意柱子料根、柱角漏浆、模板加固松弛、钢筋松动、板筋破坏、垫块漏放等问题的及时处理和修复，其他为常见工艺。

### 3.8 砌体工程

#### 3.8.1 灰砂砖和加气混凝土砌块施工

（1）灰砂砖和加气混凝土砌块基本概况

本工程外墙和楼梯间墙采用 180mm 厚灰砂砖，内墙 ±0.000 以上主要采用加气混凝土砌块，具体加气混凝土砌块墙厚如下：

内墙除风井、管道井墙体外，厚度都为 180mm。风井、管道井墙体采用加气混凝土砌块，厚度为 120mm。卫生间墙身 1.5m 以下采用灰砂砖，1.5m 以上采用加气混凝土砌块，厚度为 180mm。地下一层采用 180mm 厚加气混凝土砌块墙，地下二层内墙采用 120mm 厚的灰砂砖。砖强度等级为 MU10。

（2）砌筑用砂浆

本工程砂浆为水泥石灰混合砂浆，强度等级为 M5。混合砂浆中采用"砂浆王"（与水泥同时掺入，"砂浆王"掺量为水泥用量的 2‰，机械搅拌，搅拌时间延长 1min）代替石灰膏，以降低工程成本，减少现场石灰膏堆放场地的占用，它能改善砂浆的工作性能，增强砂浆的粘结力，延长凝结时间，使砂浆强度有所提高，它更能提高我们的工作效率，提高经济效益，而且有利于现场文明施工。水泥混合砂浆的施工应按施工配合比严格配制。

砌筑砂浆应随拌随用，拌好后在 3h 内必须用完。每一楼层或 250m³ 砌体各种强度等级的砂浆，至少应制作一组试块，每组 6 块。

（3）砌体施工

1）砌砖时砂浆应饱满，上下砖缝应错开，互相搭接，砖缝横平竖直。本工程使用灰砂砖和加气混凝土砌块，砌体组砌形式采用两顺一侧法，砌砖采用铺浆法或"三一"砌砖法（即一铲灰、一块砖、一挤揉）。砌体转角处和交接应同时砌筑。

2）灰砂砖和加气混凝土块的几何尺寸要符合质量验收规范要求，所用水泥应采用 PO.32.5R 级以上的普通硅酸盐水泥，砂宜采用不含杂物、含泥量不超过 3% 的中砂。进场的所有材料要在监理的见证下进行抽样检验，合格后方能用于工程施工。砌块出厂存放 30d 以上才使用，严禁使用"热砌块"。

3）砌体每天的砌筑高度不应超过 1.8m。

4）蒸压加气混凝土砌块砌筑时，墙底部应砌 200mm 高的灰砂砖进行找平和沉降。

5）门洞口每边留设三块防腐木砖，以作为木门固定之用。

### 3.8.2 轻钢骨架隔断墙安装技术

（1）轻钢骨架隔断墙工程概况

本工程很多部位均采用 U100 型轻钢骨架，面封 12mm 保得板轻钢骨架隔断墙。采用轻钢龙骨隔断，不但能较好地满足设计对房间使用功能的要求，而且造型新颖、美观，装饰效果明显；此外，由于其材料均属轻质材料，自重小，因而其对原结构的承载力影响相对较小。

（2）轻质轻钢骨架隔墙关键要求

上下槛与主体结构连接牢固，上下槛不允许断开，保证隔断的整体性。严禁隔断墙上连接件选用射钉固定在砖墙上。应采用预埋件或膨胀螺栓进行连接。上下槛必须与主体结构连接牢固。

保得板应经严格选材，表面应平整、光洁。安装保得板前，应严格检查格栅的垂直度和平整度。

1) 在施工过程中应符合《民用建筑工程室内环境污染控制规范》(GB 50325—2001)。

2) 在施工过程中应防止噪声污染，在施工现场界噪声敏感区域宜选择使用低噪声设备，也可以采取其他降低噪声的措施。

（3）轻钢骨架隔断施工工艺

1) 工艺流程

弹线→安装天地龙骨→竖向龙骨分档→安装竖向龙骨→安装系统管、线→安装横向卡挡龙骨→安装门洞口框→安装保得板（一侧）→安装隔声棉→安装另一侧保得板。

2) 操作工艺

A. 弹线：在基体上弹出水平线和竖向垂直线，以控制隔断龙骨安装的位置、龙骨的平直度和固定点。

B. 隔断龙骨的安装：沿弹线位置固定沿顶和沿地龙骨，各自交接后的龙骨应保持平直。固定点间距应不大于 1000mm，龙骨的端部必须固定牢固。边框龙骨与基体之间，应按设计要求安装密封条。

C. 当选用支撑卡系列龙骨时，应先将支撑卡安装在竖向龙骨的开口上，卡距为 400～600mm，距龙骨两端的为 20～25mm。

D. 选用贯通系列龙骨时，高度低于 3m 的隔墙安装一道，3～5m 时安装两道，5m 以上安装三道。

E. 门窗或特殊节点处，应使用附加龙骨，加强其安装应符合设计要求。

F. 隔断的下端如用木踢脚板覆盖，隔断的保得板下端应离地面 20～30mm；如用大理石、水磨石踢脚时，保得板下端应与踢脚板上口齐平，接缝要严密。

G. 保得板的安装

a. 安装保得板前，应对预埋隔断中的管道和附于墙内的设备采取局部加强措施。

b. 保得板应竖向铺设，长边接缝应落在竖向龙骨上。

c. 双面保得板安装，应与龙骨一侧的内外两层保得板错缝排列，接缝不应落在同一根龙骨上；需要隔声、保温、防火的应根据设计要求在龙骨一侧安装好保得板后，进行隔声、保温、防火等材料的填充；一般采用玻璃丝棉或 30～100mm 岩棉板进行隔声、防火处理；采用 50～100mm 苯板进行保温处理，再封闭另一侧的板。

d. 保得板应采用自攻螺钉固定。周边螺钉的间距不应大于 200mm，中间部分螺钉的间距不应大于 300mm，螺钉与板边缘的距离应为 10～16mm。

e. 安装保得板时，应从板的中部开始向板的四边固定。钉头略埋入板内，但不得损坏板面；钉眼应用石膏腻子抹平。

f. 保得板应按框格尺寸裁割准确；就位时应与框格靠紧，但不得强压。

g. 隔墙端部的保得板与周围的墙或柱应留有 3mm 的槽口，施铺保得板时，应先在槽口处夹注嵌缝膏，然后铺板并挤压嵌缝膏，使面板与临近表层接触紧密。

h. 在丁字形或十字形相接处，如为阴角应用腻子嵌满，贴上接缝带，如为阳角应做护角。

i. 保得板的接缝，一般应 3～6mm 缝，必须坡口与坡口相接。

本工程轻钢骨架隔断立面造型具体如图 3-25、图 3-26 所示。

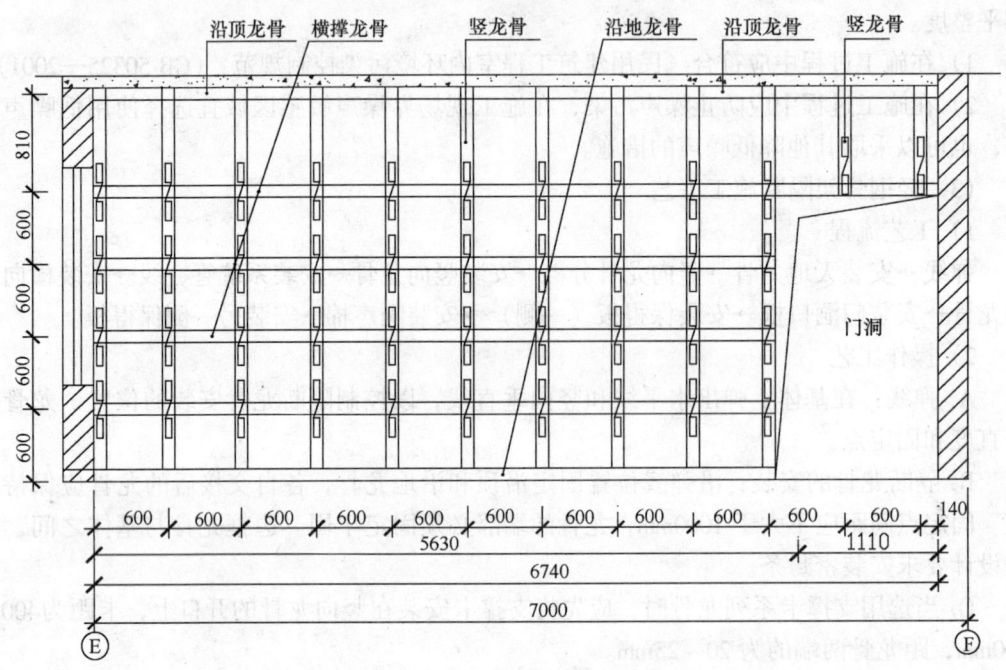

图 3-25 隔墙龙骨立面详图（单位：mm）

### 3.9 外脚手架工程

由于外墙都是干挂花岗石幕墙，石材普遍厚 30mm 以上，为保证幕墙操作安全，外架采用双排钢管外脚手架，按结构形式分阶段搭设，即裙楼阶段、塔楼阶段和钟楼阶段。

裙楼和塔楼脚手架搭设如图 3-27～图 3-28 所示。

本工程采用双排落地外脚手架，安排在地下室顶板混凝土浇筑完成后，开始搭设，共分三次搭设，即按不同楼层面积搭设，第 1 阶段从 -1.200～20.000m（一至六层），第 2 阶段从 20.000～97.000m（七至二十七层），第 3 阶段 97.000～137.085m（钟楼尖顶位置），但考虑到从安全出发，第 1 阶段由于土方无法及时回填，必须采用悬挑三角钢管架进行暂时卸荷，待土方回填后，脚手架及时接回到地面。从第 2 阶段开始用软式钢丝绳作卸荷，

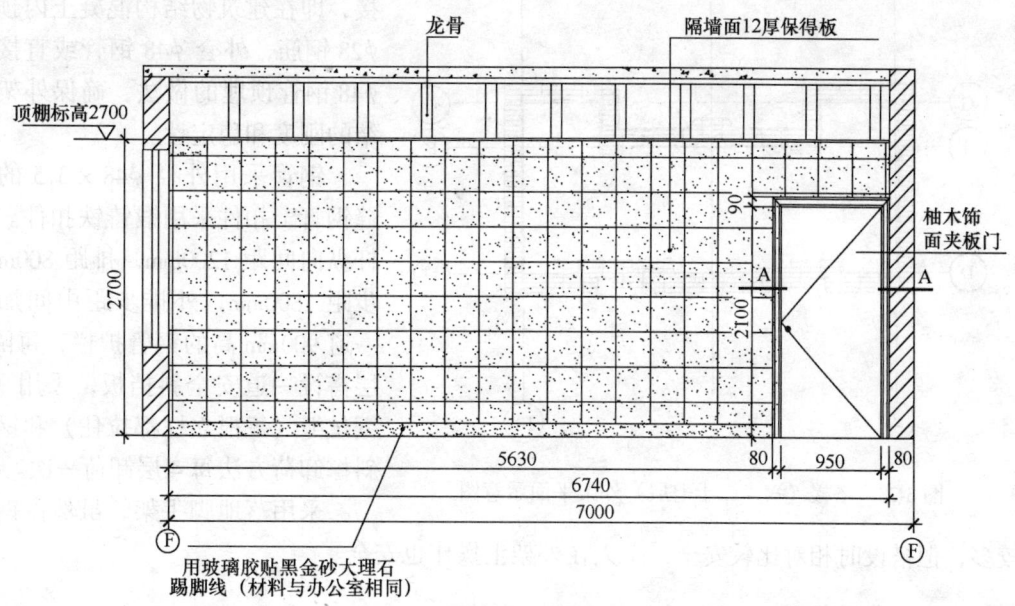

图 3-26 隔断墙面层立面图（单位：mm）

说明：隔墙采用 U100 型（U100×50×8）轻钢竖龙骨和（C100×50×8）轻钢横龙骨隔墙，竖龙骨间距为 600mm，具体间距详见龙骨立面图。

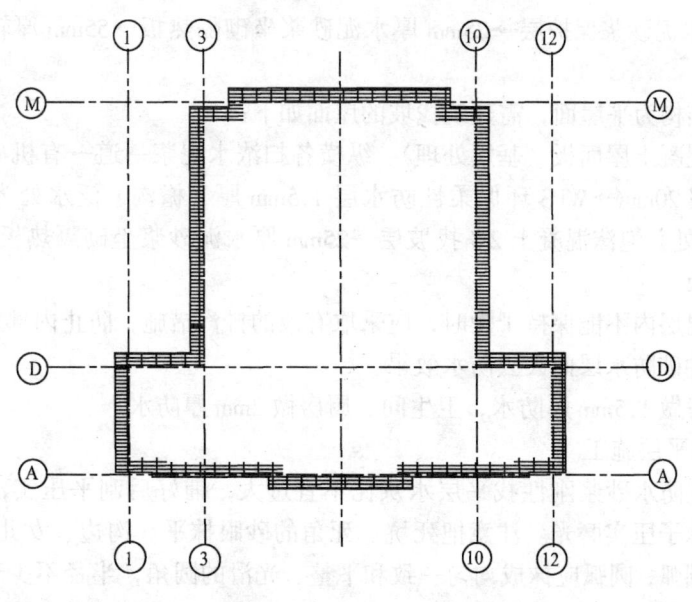

图 3-27 裙楼（一～五层）外架平面示意图

为确保结构施工的绝对安全，在施工外架时，我们采用超高法，即楼层高一层超搭法（外架高度在施工层不得小于 1.2m）。同时为保证外架有足够的刚度及稳定性，借助建筑物结

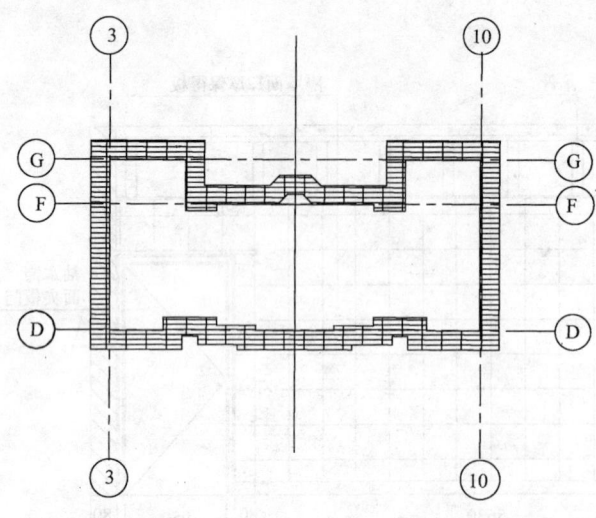

图 3-28 塔楼（六~二十七层）外架平面示意图

构的有利因素，即采用墙杆刚性连接，即在建筑物结构混凝土内预埋 $\phi 28$ 钢筋，外套 $\phi 48$ 钢管或直接用 $\phi 48$ 钢管预埋的做法，确保外架拉结的刚度和稳定性。

钢管采用外径 $\phi 48 \times 3.5$ 的无缝钢管，扣件采用锻铸铁扣件。立杆纵向间距 1200mm，排距 800mm，步距 1800mm，外排步距中间加设一道 900mm 高的钢管护栏，每隔 4 层搭设一道安全斜挡板，采用 $\phi 14$ 钢丝绳（每根立柱都拉住）和钢管斜撑卸荷方法每 4 层卸荷一次。

采用落地脚手架，虽然占钢管较多，但搭设时相对比较安全，工人在外架上操作也安全。

## 3.10 屋面及防水工程

### 3.10.1 屋面工程基本做法

(1) 对于结构找坡屋面做法，做法如下：

现浇钢筋混凝土屋面板（基层处理）、纵横各扫浓水泥浆一道→有机硅聚丙烯单丝纤维 1:2 水泥砂浆 20mm→WPS 环保柔性防水层 1.5mm 厚（檐沟、泛水处为 2.5mm 厚）→20mm 厚的 1:2 水泥砂浆保护层→25mm 厚水泥砂浆坐砌隔热板→55mm 厚轻质复合泡沫隔热板。

(2) 对于结构为平屋面，需建筑找坡的屋面如下：

现浇钢筋混凝土屋面板（基层处理）、纵横各扫浓水泥浆一道→有机硅聚丙烯单丝纤维 1:2 水泥砂浆 20mm→WPS 环保柔性防水层 1.5mm 厚（檐沟、泛水处为 2.5mm 厚）→20mm 厚（最薄处）泡沫混凝土 2% 找坡层→25mm 厚水泥砂浆坐砌隔热板→55mm 厚轻质复合泡沫隔热板。

当屋面保温层内不能保持干燥时，应采取有效的排汽措施，防止内部水汽在致密的防水层中膨胀，冲破防水层而失去防水效果。

(3) 热水房做 1.5mm 厚防水，卫生间、厨房做 2mm 厚防水。

### 3.10.2 找平层施工

(1) 有机硅防水砂浆刚性找平层水灰比不宜过大，铺好后刮平压实，后用木搓板搓平，然后用铁抹子压实磨光。注意把死坑、死角的砂眼抹平。沟边、女儿墙脚、管道脚、阴阳角要倒成圆弧，圆弧应抹成均匀一致和平整、光滑的圆角，半径不少于 150mm（由于本工程周边女儿墙、山墙面为干挂石材，需先用 C10 细石混凝土浇筑为圆角，再用砂浆抹光、抹平，以方便防水的施工）。在砂浆凝固后浇水养护，养护时间一般不少于 7d。

(2) 找平层宜留置分格缝，缝宽一般为 20mm，纵横的间距不宜大于 6m。在砂浆施工前用泡沫板嵌入设置。分格缝用 LT-900 柔性防水隔热填缝胶填嵌。

(3) 砂浆找平层粘结牢固无松动现象、不得有空鼓、凹坑，不得有酥松、起砂、起皮现象，找平层应抹平压光，平整光滑，均匀一致。

(4) 女儿墙与排水口中心距离应在100mm为宜。内部排水的水落口周围应做成略低的圆弧凹坑。凡可能产生爬水的部位，应做滴水槽或鹰嘴，也可采取防止爬水措施。

**3.10.3 WPS防水层施工（含卫生间、厨房的防水层）**

(1) 屋面防水层

屋面防水层施工顺序：找平层清理→节点部位处理→涂刷底胶→涂刷第一遍防水涂料→涂刷第二、三遍涂料至设计厚度→防水层清理与检查处理→防水层分项验收→做水泥砂浆保护层（或铺设隔热板）。

WPS环保柔性防水层的操作基本与地下室防水层的施工相同，此处不再重复。但在屋面施工时必须注意以下几点：

对防水细部节点合理处理与施工是防水工程的关键，因防水细部节点，是变形集中产生的地方，容易产生开裂，比较复杂，施工操作较困难；另外，它又最容易受到损坏，是防水工程最薄弱的环节，故在防水工程施工中要特别注意"一头、二缝、三口、四角"的细部处理。即：

"一头"：即防水涂膜的接头处，要仔细涂布，不要漏刷。在涂层端部女儿墙的收头处应做高出屋面250mm的顺水。在天沟、檐沟与屋面交接处的防水应加厚，厚度为2.5mm，宽度200~300mm。

"二缝"：即变形缝、分格缝的处理，缝内应嵌填防水密封油膏。密封材料可使用挤出枪腻子刀嵌填。嵌填应饱满，防止形成气泡或孔洞。当采用挤出枪施工时，应根据接缝的宽度选用口径合适的挤出枪嘴均匀挤出密封材料由底部逐渐充满整个接缝，再采用腻子刀进行修整。

"三口"即檐口、排水口、落水口的处理。三口处理不好，发生渗漏是屋面处理的常见问题，因此必须认真处理施工。落水口的排水坡度要加大尺寸，周围直径500mm范围内坡度不应小于5%，落水口与基层接触处应留宽20mm、深20mm凹槽，嵌填密封材料，三口处涂膜应多于1~2次涂布密实。

"四角"即防水层与女儿墙、管道、风烟道相边的阴阳角，要做圆弧形，下部宜高出屋面。

(2) 卫生间、厨房、热水房的防水层

厨房、卫生间、热水房防水层施工顺序：基层清理→管口节点渗漏部位堵漏处理→涂刷底胶→涂刷第一遍防水涂料→涂刷第二、三遍涂料至设计厚度（卫生间为1.5mm厚）→防水层清理与检查处理→防水层分项验收→做水泥砂浆保护层。

卫生间或厨房、热水房防水构造做法如下：

基层处理→扫纯水泥浆一道→按1:2.5防水砂浆20mm厚找平压光 WPS环保柔性防水层分两层涂刷（卫生间、厨房2mm厚、热水房1.5mm厚）→1:2.5水泥砂浆做保护层→粘贴地砖。

在卫生间防水施工中，要注意用于卫生间用水较多，防水处理不好会出现渗漏水，其主要现象有楼板管道滴漏水、地面积水、墙壁潮湿和渗水，甚至楼下顶棚和墙壁出现潮湿、滴水现象。

1) 坐便器与排水管连接处漏水，由于排水管高度不够，坐便器出水口插入排水管深度不够，连接处没有填堵密实。或由于卫生间防水处理不好，坐便器使用后地面积水、墙壁潮湿、甚至楼下顶棚、墙壁也出现潮湿和滴水，故洁具必须安装牢固，预埋件位置准确。

2) 卫生洁具安装不牢固，原因是施工木砖预埋不准，洁具安装不牢固，便、洁具松动，引起管道连接件损坏或漏水。故洁具必须安装牢固，预埋件位置准确。

3) 地漏下水口漏水：下水口标高与地面或卫生间设备标高不适应，形成倒泛水。卫生设备排水不通畅，使水直接从套管渗漏到下层顶板。地漏缘应剔成"八"字形，地漏口应用细石混凝土塞严，并使其低于地面30mm，然后做一道防水涂料，上面用水泥砂浆抹平。

4) 下部顶板渗漏：由于找平层空鼓开裂，穿楼板管道未做套管，凿洞后洞口未处理好，混凝土楼板有裂缝，防水涂膜施工质量差，施工必须严格各分项的施工质量控制，确保操作质量、工序质量，认真进行分项的检查验收，高标准、勤检查、严要求地按规定进行施工作业。

5) 卫生间踢脚线与地面应同时抹平，以减少垂直灰缝。涂膜防水层涂刷严密，其粘刷高度要超出地面30cm，澡盆部位应超出蹲台地面20cm，水池应超出20cm，淋浴间应超出地面30cm，澡盆部位应超出澡盆上缘40cm。

### 3.10.4 轻质复合泡沫隔热板施工

（1）材料特点

1) 轻质防水隔热复合板是一种复合结构，外形尺寸似一砖体，从下到上分别由防水界面处理层、低导热系数的高密度聚苯乙烯有机泡沫隔热层、防水界面处理层、憎水性轻质无机微孔泡沫隔热材料和彩色耐磨面层（经过特殊化学处理）等复合而成，中间设有楔形脚（以保证各层粘结固定），产品的特殊构造确保了产品良好的抗变形能力。规格为厚度300mm×300mm×55mm。

2) 该材料与其他同类产品相比，具有一砖多能、高效隔热节能、综合重量轻（表观密度只有762kg/m³）的特点；同时，它简化了屋面隔热保温层、防水层、保护层及装饰层的施工，其产品外型为一砖体，方便生产和搬运，施工简便，外表美观、精致等。

3) 它具有独立的密闭式气泡结构，因此具有良好的隔热保温性能和防水性能，无毒、无味、不变质，可提高建筑屋面防水等级，防止化学防水材料过早过热、老化，延长防水层合理使用年限，是当今国内外最先进的保温材料，特别适用于建筑物的隔热、防潮工程。

4) 隔热板切割容易，固定简单，双面胶、铁片、铁网与专业塑胶胶粘剂皆可黏着、固定。

5) 隔热板不宜破碎、缺棱掉角，铺设时遇有缺棱掉角破碎不齐的，应锯平拼接使用。

6) 此产品实现了低密度和高强度的统一，在满足屋面上人要求的同时，最大程度地降低了隔热层的综合重量，减少了屋面附加荷载。

（2）保温隔热板铺设施工要点

1) 基层处理

基层即防水保护层或找坡层平整度要符合要求，验收合格后方能进行下步工作，基层面上的所有残余物清理掉，用水冲洗干净。

2) 复核放线、排板

①在施工前,必须复核放坡、放线,确保无误,屋面排水坡度大于等于2%。

②弹线分仓:分格缝应设在轴线位置处,按6m×6m的网格进行分仓(具体按设计和排板图上为准),缝宽20mm,女儿墙与屋面保温隔热板交接处,应作成柔性嵌缝,缝宽20mm。

③根据保温隔热板的大小、间距及缝宽,确定铺板位置,并弹出铺装控制线,确保线条观感质量。

④排板:按保温隔热板大小进行排板,两块板之间按3mm排缝(根据现场情况,原工程联系单确定的按5mm排缝不合适宜,故进行调整)。排砖时,应避免出现小于1/3的非整砖。

3) 配制隔热板坐砌砂浆

用砂浆搅拌机搅拌配合比为1:2.5的干硬性水泥砂浆,水灰比为0.4,拌好水泥砂浆备用,但必须确保在初凝前使用。

4) 座铺复合泡沫隔热板

采用实铺法,先扫一道素水泥浆,座砌25mm厚1:2.5的水泥砂浆,板和板之间按3mm进行铺贴。座砌应紧靠基层表面,铺平、垫稳。

铺板时应注意上口的平整度,应在板块的边缘先铺出控制点和控制线,中间板材每行拉建筑线进行控制,办法同地板砖铺贴办法,其平整度要求为2~5mm。

5) 座浆干燥后填缝

座铺复合泡沫隔热板并待砂浆凝固后,开始填缝,板缝先用有机聚苯乙烯泡沫条压底背衬,随即再用LT-900柔性防水隔热填缝胶填嵌。

6) 填嵌分格缝

待分格缝晾干后,将缝隙内残余物清理干净,吹去浮层,将LT-900柔性防水隔热填缝胶填内分格内。

7) 铺贴完板后应注意清洗,清洗剂必须用专用清洗剂,以保证不变色。

### 3.11 轻型钢结构应用技术

#### 3.11.1 轻型钢结构基本概况

本工程轻型钢结构施工部位为五层会议室上空部位,跨距为25.5m×16.5m的屋顶钢顶面,结构钢材采用Q235钢,主钢梁为两条H型钢,截面尺寸为(400~800)mm×250mm×10mm×12mm,摩擦面钢板20mm厚,次钢梁为$\phi127\times3.0$,连系杆为C200mm×75mm×20mm×2.5mm,牛腿焊缝为一级焊缝外其余为二级焊缝,梁与梁连接节点采用10.9级摩擦型高强螺栓,屋面材料采用50mm的1050型聚苯乙烯夹芯板,手工焊条采用E4303型,自动或半自动焊采用H08型焊丝配合中锰型焊剂。

采用轻型钢结构具有:重量轻、施工速度快、适应性强、外型新颖美观、有合理使用寿命、有利于节能、施工文明、劳动生产效率高、社会效益较好的优点,属环保型产业。

#### 3.11.2 钢结构施工工艺

(1) 钢结构材料由工厂制作,故在此不详述,但各构件在焊接前应进行焊接工艺评定,经过试验合格后纳入工艺规程;同时,各构件如热轧H型钢梁应对所有的焊缝采取超声波检测,确保钢梁焊缝的质量。

(2) 摩擦面质量控制措施

钢结构工程钢梁与钢梁连接,采用10.9级摩擦型高强度螺栓的连接节点方式。

1) 砂轮打磨

砂轮打磨的方向是砂轮打磨处理方法中的一个关键问题。它必须根据设计的受力方向,使打磨方向与其垂直。因此,对于摩擦面要求翻样绘制加工图时必须在图上标出受力方向,构件加工时,在构件上相应标出受力方向。对于有些构件受力方向不易判断,全部采用喷砂处理。

砂轮片的粒度和硬度对摩擦面的质量有重要影响。在制作过程中,确保砂轮片的粒度和硬度符合相关工艺要求。

2) 手工喷砂

①控制砂子的粒度,使用直径为 0.8~1.5mm 的砂子。

②保持喷砂的风压为 0.5MPa 以上,以达到喷砂质量的最佳效果。

③控制喷砂时间在 2min 左右;若喷砂风压变化,则喷砂时间也相应进行调整。

(3) 牛腿与预埋件焊接安装

牛腿与预埋件焊接安装时,应注意牛腿标高的位置并进行校核,焊接时,注意保证焊缝的施工质量,此处的焊缝为二级焊缝,焊缝厚度不少于 8mm。

(4) H型钢梁拼接安装及与牛腿连接

钢梁连接采用摩擦型高强螺栓,钢梁安装应是先在楼面进行预拼接,然后才进行吊装。吊装时先将两者的梁用高强螺栓连接,校正后再分别用高强螺栓与牛腿连接并固定,在吊装时若塔吊不能覆盖,则采用吊动葫芦进行配合吊装、校正。

(5) H型钢梁与圆钢次梁连接、圆钢次梁与预埋件连接

在进行 H 型钢梁拼接安装及与牛腿连接后,下一步进行 H 型钢主梁与圆钢次梁 ($\phi152 \times 30$) 连接,圆钢次梁 ($\phi152 \times 30$) 与预埋件连接的连接,主梁与次梁的连接采用满焊连接,次梁与预埋件的连接采用 M20 高强螺栓连接。在连接进行时,必须确保位置的准确性,焊接及螺栓连接必须校正,合格后方可进行下一道工序。

(6) H型钢主梁与檩托、玻璃屋面部位小钢方管柱与钢梁焊接固定安装

在进行 H 型钢梁与圆钢次梁连接、圆钢次梁与预埋件连接后,接下来是 H 型钢主梁与压型钢板屋面檩托、H 型钢主梁与玻璃屋面部位小钢方管柱的连接。

1) H 型钢梁与压型钢板屋面檩托的连接采用满焊接连接,檩托材料采用钢板 $-160 \times 120 \times 6$,焊接质量必须达到三级焊缝标准要求。

2) 玻璃屋面部位小钢方管柱与钢梁焊接固定安装采用满焊接连接,小钢方管柱采用方管□$80 \times 4$。焊接质量必须达到三级焊缝标准要求,焊缝厚度不少于 5mm。施工时应注意方管柱的垂直度要求,垂直度要求偏差不得大于 3mm。

(7) 压型钢板屋面的檩托与檩条、檩条之间连接安装,以及玻璃屋面部位方管柱与方管梁的连接安装

1) 压型钢板屋面部位的 H 型钢主梁与屋面檩托的连接完成后,进行檩托与檩条、檩条之间连接安装。檩托与檩条之间的安装采用 M12 普通螺栓连接,螺栓紧固必须拧紧。

2) 玻璃屋面部位的方管柱与钢梁的连接安装完成后,进行方管柱与方管梁的连接安装,连接采用满焊接,焊接质量必须达到三级焊缝标准要求,焊缝厚度不少于 5mm。焊接

时应注意方管梁标高偏差，要求不得大于 $L/1000$。

(8) 高强螺栓施工

本工程钢梁与钢梁、钢梁与牛腿连接等部位采用10.9级大六角头高强度螺栓，材料为20MnTiB。

1) 高强螺栓性能检验

高强度螺栓连接副应进行扭矩系数复验，复验用螺栓连接副应在施工现场待安装的螺栓批中随机抽取，合格后方可使用。

2) 高强螺栓安装

①对每一个连接接头，应先用临时螺栓或冲钉定位，为防止损伤螺纹引起扭矩系数的变化，严禁把高强度螺栓作为临时螺栓使用。

②高强度螺栓的穿入，应在结构中心位置调整后进行，其穿入方向应以施工方便为准，力求一致；安装时要注意垫圈的正反面，螺栓连接副靠近螺头一侧的垫圈，其有倒角的一侧螺栓头。

③高强度螺栓的安装应能自由穿入孔，严禁强行穿入，如不能自由穿入时，该孔应用铰刀进行修整，修孔时为了防止铁屑落入板叠缝中，铰孔前应将四周螺栓全部拧紧，使板密贴后再进行，严禁气割扩孔。

④高强度螺栓连接中连接钢板的孔径略大于螺栓直径，并必须采取钻孔成型方法，钻孔后的钢板表面应平整、孔边无飞边和毛刺，连接板表面应无焊接溅物、油污等。

⑤高强度螺栓在终拧以后，螺栓丝扣外露应为2～3扣，其中允许有10%的螺栓丝扣外露1扣或4扣。

3) 高强螺栓安装方法

高强螺栓分两次拧紧，第一次初拧到标准预拉力的60%～80%，第二次终拧到标准预拉力的100%。

①初拧：当构件吊装到位后，将螺栓穿入孔中（注意不要使杂物进入连接面），然后用手动扳手或风动扳手拧紧螺栓，使连接面接合紧密。初拧力矩按终拧力矩的30%～50%确定。

②终拧：螺栓的终拧由电动剪力扳手完成，其终拧强度由力矩控制设备来控制，确保达到要求的最小力矩。当预先设置的力矩达到后，其力矩控制开关就自动关闭，剪力扳手的力矩设置好后只能用于指定的地力。

4) 高强螺栓安装检测

①高强度螺栓连接副的安装顺序及初拧、终拧扭矩的检验。检验人员应检查扳手标定记录，螺栓施拧标记及螺栓施工记录，有疑议时抽查螺栓的初拧扭矩。

②高强度螺栓的终拧检验，大六角头高强度螺栓连接副在终拧完毕24h内应进行终拧扭矩的检验，首先对所有螺栓进行终拧标记的检查，终拧标记包括扭左法，除了标记检查外，检查人员最好用小锤对切点的每一个螺栓逐一进行敲击，从声音的不同找出漏拧或欠拧的螺栓，以便重新拧紧。

③高强度螺栓连接摩擦面应保持干燥、整洁，不应有飞边、毛刺、焊接飞溅物、焊疤、氧化铁皮、污垢和不应有的涂料等。

④高强度螺栓应自由穿入螺栓孔、不应气割扩孔，遇到必须扩孔时，最大孔径不应超

过 1.2d（d 为螺栓直径），连接外不应出现间隙、松动、未拧紧情况（注：初拧轴力、扭矩是按标准轴力、扭矩的 30%~50%；终拧轴力、扭矩按标准轴力、扭矩 100±10%）。

(9) 钢结构安装焊接

1) 钢结构焊接部位

本工程焊接部位主要为预埋件→牛腿、方管→方管、H 型钢梁与圆钢次梁、钢梁→檩托、方管与方管柱节点。焊缝形式除预埋件与牛腿焊缝为二级外，其他都三级焊缝。以上部位的焊接工作均应在校正完毕或高强螺栓施工完毕（钢梁）后进行。

2) 焊接方法

本工程现场焊接主要采用 $CO_2$ 气体保护半自动焊、手工电弧焊两种方法。

①手工电弧焊（图 3-29）

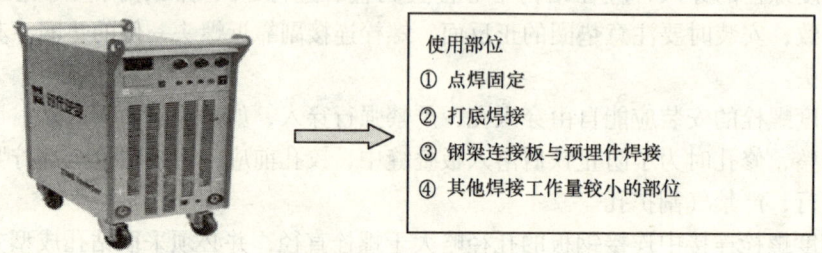

图 3-29 手工电弧焊机

②二氧化碳气体保护焊（图 3-30）

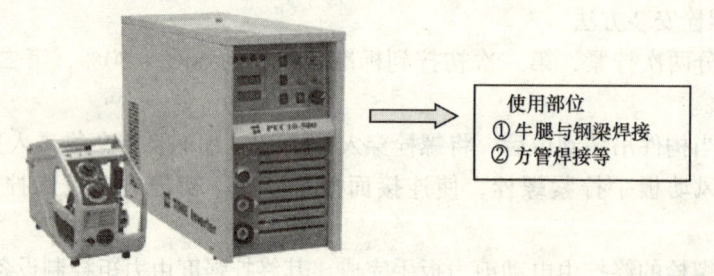

图 3-30 二氧化碳气体保护焊

3) 安装焊接工艺

焊接工艺评定在现场正式焊接前完成，按下列程序进行：

①由技术员提出焊接工艺评定任务书；

②焊接责任工程师审核任务书并拟定焊接工艺评定指导书；

③焊接责任工程师依据相关国家标准规定，监督由本企业熟练焊工施焊试件及试件和试样的检验、测试；

④焊接试验室责任人负责评定送检的试样，并汇总评定检验结果，提出焊接工艺评定报告；

⑤焊接工艺评定报告经焊接责任工程师审核，企业技术总负责人批准后，正式作为编制指导生产的焊接工艺的可靠依据；

⑥焊接工艺评定所用设备、仪表应处于正常工作状态，钢材、焊材必须符合相应标准，试件应由本企业持有合格证书技术熟练的焊工施焊。

4) 焊前清理

正式施焊前应清除焊渣、飞溅等污物。定位焊点与收弧处必须用角向磨光机修磨成缓坡状且确认无未熔合、收缩孔等缺陷。

5) 电流调试

①手工电弧焊：不得在木材和组对的坡口内进行，应在试弧板上分别做短弧、长弧、正常弧长试焊，并核对极性。

②$CO_2$气体保护焊：应在试弧板上分别做焊接电流、电压、收弧电流、收弧电压对比调试。

6) 气体检验：核定气体流量、送气时间、滞后时间、确认气路无阻滞、无泄露。

7) 焊接材料：钢结构现场焊接施工所需的焊接材料和辅材，均有质量合格证书，施工现场设置专门的焊材存储场所，分类保管。焊条使用前，均须要进行烘干处理。

8) 钢结构焊接

A. 施工中预埋件与牛腿、钢梁与牛腿等的施焊，须遵循下述原则：

①先进行牛腿与预埋件焊接，再进行牛腿与钢梁的焊接，在焊接过程中应进行钢梁与钢梁的连接，连接采用高强摩擦型螺栓，再进行钢梁与檩条之间的焊接连接，然后檩条与钢板的连接。

②焊接过程，要始终进行梁标高、水平度、垂直度的监控，发现异常，应及时暂停，通过改变焊接顺序和加热校正等特殊处理。特别在焊接完层间斜支撑梁上部接头、进行下接头焊接前，和施焊完柱间水平连梁一端接头进行另一端接头焊接前，必须对前一接头焊后收缩数据进行核查。对于应该完成的焊后收缩而未完成，应查明原因，采取促使收缩、释放等措施，不因本应变形较大的未变形、本应收缩值很低的产生较大收缩，导致结构安装超差。

③焊接接头形式及焊接顺序

本工程现场焊接主要采用手工电弧焊和$CO_2$气体保护半自动焊两种方法。焊接施工按照先主梁、后次梁的顺序，分层、分区进行，保证每个区域都形成一个空间框架体系，以提高结构在施工过程中的整体稳定性，便于逐区调整校正，最终合拢，这在施工工艺上给高强螺栓的先行固定和焊接后逐区检测创造了条件，而且减少了安装过程中的累积误差。

B. 焊接变形的控制：

①下料、装配时，根据制造工艺要求，预留焊接收缩余量，预置焊接反变形；

②在焊缝符合要求的前提下，尽可能采用较小的坡口尺寸；

③装配前，矫正每一构件的变形，保证装配符合装配公差表的要求；

④使用必要的装配和焊接胎架、工装夹具、工艺隔板及撑杆等刚性固定来控制焊后变形；

⑤在同一构件上焊接时，应尽可能采用热量分散，对称分布的方式施焊；

⑥采用多层多道焊代替单层焊；

⑦双面均可焊接操作时，要采用双面对称坡口，并在多层焊时，采用与构件中性轴对称的焊接顺序；

⑧T形接头板厚较大时采用开坡口角对接焊缝；

⑨对于长构件的扭曲，不要靠提高板材平整度和构件组装精度，使坡口角度和间隙准确，电弧的指向或对中准确，以使焊缝角变形和翼板及腹板纵向变形值沿构件长度方向一致；

⑩在焊缝众多的构件组焊时或结构安装时，要选择合理的焊接顺序。

C. 焊后处理

①焊接作业完成后，清理焊缝表面的熔渣和金属飞溅物，焊工自行检查焊缝的外观质量；如不符合要求，应焊补或打磨，修补后的焊缝应光滑圆顺，不影响原焊缝的外观质量要求。

②对于重要构件或重要接点焊缝，焊工自行检查焊缝外观合格后，在焊缝附近打上焊工的钢印。

③外露钢构件对接接头，应磨平焊缝余高，达到与被焊材料同样的光洁度。

D. 焊接检验

焊接检验应由质量管理部门合格的检验员按照焊接检验工艺执行。

①焊工检查（过程中检查）：焊工应在焊前，焊接时和焊后检查检验构件标记并确认该构件，检验焊接材料，检验填充材料，清除焊渣和飞溅物焊缝外观、咬边、焊瘤、裂纹和弧坑、冷却速度。

②对所焊缝全部采用超声波检验。

(10) 压型钢板铺设

A. 当钢柱、钢梁完工，经检验合格后，开始铺设墙面压型钢板，为保证质量，在铺设前，先在钢梁、柱上弹出基准线，按基准线进行铺设。铺设后及时点焊牢固，压型钢板面应紧贴梁、柱面，具体步骤如图3-31所示。

B. 熔焊栓钉焊接（图3-32）

C. 压型钢板质量控制

①压型钢板、泛水板和包角板应固定可靠，无松动，防腐涂料和防水和密封材料涂刷或敷设完好，连接件数量、间距符合设计要求和国家规范。

②压型钢板外观质量检查达到优良：墙面平整清洁，接槎顺直，纵横搭接呈直线，无错钻孔洞。

③压型钢板应在支承构件上搭接，搭接长度符合设计及规范要求。接缝均匀整齐、严密、无翘曲。

④压型钢板与主体构件的连接时，其支承长度大于$50\mu m$，与构件在支承长度内接触严密。端部锚固件连接可靠，设置符合设计要求。

(11) 现场安装钢结构防腐涂装

现场安装的钢构件用电动工具除锈达到St3后，喷涂无机富锌底漆$100\mu m$（$2\times 50\mu m$），环氧云铁中间漆$60\mu m$（$2\times 30\mu m$）。涂装施工后，涂层应达到要求厚度。

### 3.12 外墙石材幕墙施工

**3.12.1 外墙石材幕墙工程概况**

本工程外墙装饰均采用石材幕墙，总面积约$28000m^2$，幕墙结构主要由预埋件、主次

(a)

第一步:压型钢板成品检验合格后运到施工现场

(b)

第二步:吊装到指定安装部位

(c)

第三步:铺压型钢板并切割边角部位

图 3-31 压型钢板铺设

龙骨、板材和连接件组成,龙骨为钢结构龙骨体系,裙楼及主楼 60m 以下采用 120mm×60mm×4mm,主楼 60m 以上采用 120mm×60mm×5mm 方钢作主龙骨,次龙骨采用 L50×50×5 角钢,所有埋件及型钢均做热镀锌处理,所有连接件材料均采用不锈钢材料,高度 60m 以上为 35mm 花岗石,60m 以下为 30mm 花岗石,檐口及收口部位采用异形组合石线,设计采用普通开槽式干挂石材的方案。

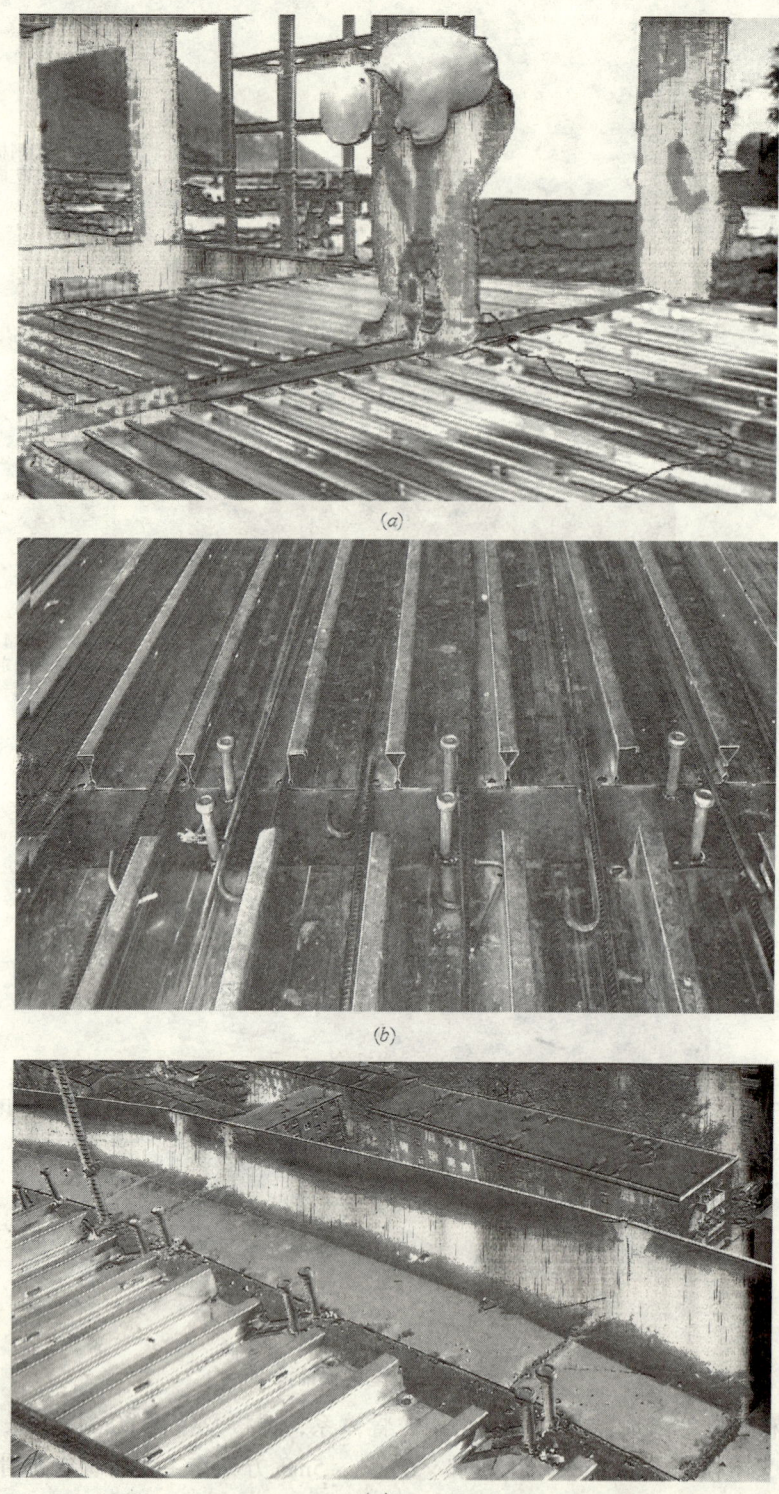

图 3-32 压型钢板焊接示意图
(a) 第一步：栓钉焊接；(b) 第二步：栓钉焊接完成；(c) 第三步：收边板安装

### 3.12.2 石材幕墙施工工艺

(1) 施工顺序

本工程采用先裙楼、后主楼的施工顺序，裙楼采用从下往上施工，主楼从每五层为一个施工段，从上往下施工。每个施工段面的施工一般采取自下而上，自左向右的推进方法以外墙转角为起点，始终保持转角部分先挂的施工方式。

(2) 石材幕墙安装工艺流程

基准线移交→复检基础尺寸检查埋件位置→放线→检查放线精度→安装连接铁件→安装主龙骨→质量检查→安装次龙骨安装主龙骨→不锈钢挂件安装→质量检查→石板挂板安装→质量检查→密封处理→清扫→全面综合检查→竣工交付。

(3) 操作工艺

1) 预埋件的安装

本工程预埋件锚板采用 Q235 钢板，加工后去毛刺，表面做热镀锌处理，锚筋为 $\phi12$ 钢筋，锚固长度严格按照施工图纸制作，锚筋与锚板之间的连接采用穿孔塞焊，采用 I 形压力弧焊，手工焊高度不应小于 6mm 且满足设计要求，焊缝需饱满、均匀，涂渣后刷防锈漆两遍。

①按照土建进度，从下至上逐层安装预埋件；

②安装幕墙的分格尺寸用经纬仪进行分格定位；

③检查定位无误后，按图纸要求预埋铁件；

④安装埋件时要采取措施防止浇筑混凝土时埋件位移，控制埋件的水平或垂直，严禁歪、斜、倾等；

⑤检查预埋件是否牢固、位置是否正确。

2) 施工测量放线

A. 复查由土建移交的基准线。

B. 主龙骨的竖向控制

利用主体结构建立起来的轴线网络将经纬仪架设在有轴线的延长米上，然后将每条轴线逐层投测到外墙上，并在外墙上部和底部检查外墙上投测的轴线间距等是否符合规范要求，在检查达到精度要求的条件下，并以外墙上每条轴线为准，将各预埋件的竖向中心线逐条弹放在外墙上，以此检查各预埋件的预埋精度。

C. 放标准线：在每一层将室内标高线移至外墙施工面，并进行检查；在石材挂板放线前，应首先对建筑物外形尺寸进行偏差测量，根据测量结果，确定出干挂板的基准面。

D. 分格线放完后，应检查预埋件的位置是否与设计相符；否则，应进行调整或预埋件补救处理。

E. 最后用 $\phi0.5\sim1.0$mm 的钢丝在单樘幕墙的垂直、水平方向各拉两根，作为安装的控制线，水平钢丝应每层拉一根（宽度过宽，应每间隔 20m 设 1 支点，以防钢丝下垂），垂直钢丝应间隔 20m 拉一根。

F. 注意事项及施工中的控制测量：

①放线时，应结合土建的结构偏差，将偏差分解，防止误差累计；

②放线时，应考虑好与其他装饰面的接口；

③拉好的钢丝应在两端紧固点做好标记，以便钢丝断了，快速重拉；

④应严格按照图纸放线；

⑤控制重点为基准线；

⑥当主龙骨安装完成后，在主龙骨的下端施测一水平线，次龙骨及石材以主龙骨垂直向上引测，保证次龙骨水平安装及石材间的缝水平。

石材立面的平整度及垂直度是否满足规范要求，主要取决于主龙骨是否按规范要求施工，所以在施工过程中要严格按规范施工，以保证主龙骨的垂直度符合规范要求。

在主龙骨安装施工中，主要控制好每条轴线上的主龙骨及转角处的施工精度。在主龙骨初步安装后，在轴线上下拉线，控制轴线上主龙骨的垂直度，再对主龙骨进行调整，各轴线上拉线使主龙骨的垂直度保持一致。这样，使整个外墙上主龙骨的垂直度保持一致，并符合规范要求。

3）石材幕墙支座的安装

必须在支座安装前将埋件上的残渣清理干净，确保支座与埋件的可靠连接，该工序是整个干挂结构的基础。本工程采用[10热镀锌槽钢为支座与预埋件连接。

为了确保支座安装的准确性，在安装支座时，应使用同主龙骨尺寸相同的方通进行预装，先按测量的轴线找准在楼层标高处的支座，然后焊接固定，再把方通用螺栓安装在设计龙骨所确定的位置，然后再根据此方通和测量基线安装其他支座。

支座第二块槽钢在安装主龙骨时与主龙骨同时安装。

镀锌角钢确定位置后，先点焊，检查无误后，再四面围焊，焊缝高度不小于6mm。

焊缝经检查验收后，先除尽焊渣，并用防锈漆打底两遍，再扫银灰色两遍。

4）石材幕墙主次骨架的安装

①主龙骨每根长按楼层高度确定。紧固件及附件，异形组合石线采用L50×50×5，L63×63×5角钢组成钢桁架与钢支座，连接用M12不锈钢螺栓连接。横梁采用角钢L50×50×5型材，钢龙骨的加工、安装必须符合幕墙技术规范的规定，安装好竖向主龙骨后将横龙骨用螺栓连接安装在主龙骨上。

②主楼、裙楼主龙骨之间接头采用镀锌内套筒连接件，一般由下往上安装，主龙骨通过内套管竖向接长，为防止钢材受温度影响而变形，接头处留适当宽度的伸缩缝隙，具体尺寸根据设计要求，接头上下龙骨中心线必须对准。

③装主龙骨前，先用墨线或钢丝定出幕墙平面基准线，再以此基准线确定主龙骨前后位置，从而确定整体幕墙的位置，主龙骨先与钢支座连接，可通过钢支座上长孔调整位置，垂直度及仪器控制，位置调整准确才进行最后锚接固定。

④同一层横龙骨由下往上进行，安装前应根据石材的立面分格，确定下料长度，先在加工厂钻好挂件孔位，待检查无误后再进行安装，安装完一层进行检查、调整、校正、固定，使质量符合要求。横龙骨两端与主梁连接必须符合设计要求。

⑤主次骨架安装完毕后再次做防护处理，槽钢主龙骨、预埋件及各类镀锌角钢焊接破坏镀锌层后，均满涂两遍防锈漆（含补刷部分）进行防锈处理，并控制第一、二道的间隔时间不少于12h。

⑥骨架型材进场必须有防潮措施，并在除去灰尘及污物后进行防锈操作。

不得漏刷防锈漆，特别控制为焊接而预留的缓刷部位，在焊后涂刷不少于两遍。

5）石材安装技术措施

①安装前先检查石材的规格、型号是否符合要求，按石材购货合同，确认石材质量标准，如有不合格者，坚决不使用并退场。

②在板安装前，应根据结构轴线核定结构外表面与干挂石材外露面之间的尺寸后，在建筑物大角处做出上下生根的金属丝垂线，并以此为依据，根据建筑物宽度设置足以满足要求的垂线、水平线，确保槽钢钢骨架安装后处于同一平面上。

③对横梁上的连接位置标高进行检查，测量调整。待测量无误后进行石材安装，石材安装时应上下左右挂线安装，安装过程中还要配合好石材供应商，控制好石材的色差。

④板材钻孔位置应用标定工具自板材露明面返至板中或图中标明的位置。钻孔深度依据不锈钢销钉长度予以控制。宜采用双钻同时钻孔，以保证钻孔位置正确。

⑤石板宜在水平状态下，有机械开槽口。

⑥完成后的石材幕墙和结构外墙的间距不大于设计要求规定的尺寸，石材安装必须符合相关验收规范规定。

⑦石材幕墙安装挂件应采用不锈钢，钢销应采用不锈钢件，连接挂件采用L形，避免一个挂件同时连接上下两块石板。

6）密封处理

①本工程石缝为8mm，施工时采用密封胶做成凹缝，石材安装完后，还必须做密封处理。密封部位的清扫和干燥，采用甲苯对密封面进行清扫，清扫时应注意不要让溶液散发到接缝以外的部位，清扫用纱布应常更换，以保证清扫效果，最后用干燥的纱布将溶剂蒸发后的痕迹拭去，保持密封面干燥。

②贴防护纸胶带：为防止密封材料使用时污染饰面，同时为使密封胶与面材交界线平直，应贴好纸胶带，要注意纸胶带本身的平直。

③注胶（采用密封胶）：注胶前，应在缝中嵌入泡沫胶条，后注胶，注胶应均匀、密实、饱满，同时注意注胶方法，避免浪费。

④胶缝修补：注胶后，应将胶缝用小铲沿注胶方向用力施压，将多余的胶刮掉，并将胶缝挂成设计形状，使胶缝光滑、流畅。

⑤清除纸胶带：胶缝修整好后，应及时去掉保护胶带，并注意撕下的胶带不要污染板材表面；及时清理粘在施工表面上的胶痕。

### 3.13 内墙装饰工程

**3.13.1 内墙装饰做法概况**

（1）墙面：普通办公室内墙为白色乳胶漆涂料饰面、五层大餐厅、处级餐厅、首层礼堂、首层礼堂前厅、三层化验中心前后厅、首层大堂、首层报关大厅、首层对外服务大厅、电梯间墙面为干挂大理石石材及石材高级门套、二次装饰房间内装饰如二十二层关党组会议室局部还有贴墙纸、做柚木饰面板（刷白色乳胶漆）、布艺硬包、软包制作安装、吸声板制作安装等，卫生间墙面采用瓷砖，裙楼走道贴高级抛光砖等。

（2）地面：所有设备房、管道房为铺防滑砖，五层大餐厅、处级餐厅铺微晶玉地板砖、铺高级抛光砖，首层礼堂、首层礼堂前厅、三层化验中心前后厅、首层大堂、首层报关大厅、首层对外服务大厅、电梯间、各层通道、楼梯铺拼花花岗石石材，各层普通办公室地面采用铺高级抛光地面砖，各层卫生间地面铺防滑砖，局部采用大理石，地下一层、地下二层采用C30（内配钢筋）细石混凝土地面（车库），二十一、二十二层关领导休息室地面铺柚木实木地板，五层关务会议室、二十一层党组会议室铺地毯等。

(3) 顶棚：普通办公室内为轻钢龙骨铝板微孔600mm×600mm铝扣板顶棚，走道、电梯间、首层礼堂前厅、首层大堂、首层报关大厅、首层对外服务大厅的顶棚为轻钢龙骨异形顶棚铝扣板，首层礼堂、五层大餐厅、处级餐厅等采用木质难燃板异形造型顶棚。

(4) 门窗：本工程量铝合金门窗、塑钢门、实木门、木质防火门、柚木饰板、实木线条门、门套。

### 3.13.2 抹灰工程

内墙抹灰（含纸筋灰）工程施工做法：

墙面一般抹灰施工工艺：基层清理→墙面钉钢丝网并经施工员、质量员和监理验收→找方、打饼或冲筋→混凝土光滑面（加气混凝土面、普通混凝土面）进行扫毛处理→在抹灰的前一晚将墙面湿润做足够深度→抹底灰→抹面灰（进行压光处理）。

(1) 基层清理时，必须将各种杂物清理干净，不得留有杂物。

(2) 不同材料墙面交接处，以及墙面有线管处都必须钉钢丝网，钢丝网连接用水泥钉（混凝土面用射钉枪）进行锚固，水泥钉间不超过250mm，钢丝网必须牢固，钢丝网与各基层的搭接宽度每边不应小于200mm。同时经监理检查验收方可进行下道工序的施工，做法如图3-33、图3-34所示。

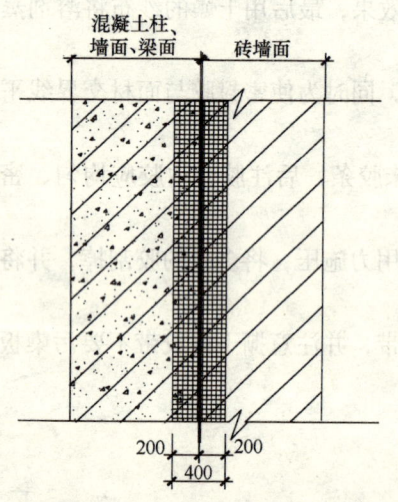

图3-33 混凝土柱、墙面、梁面与砖墙面交接处铺设钢丝网

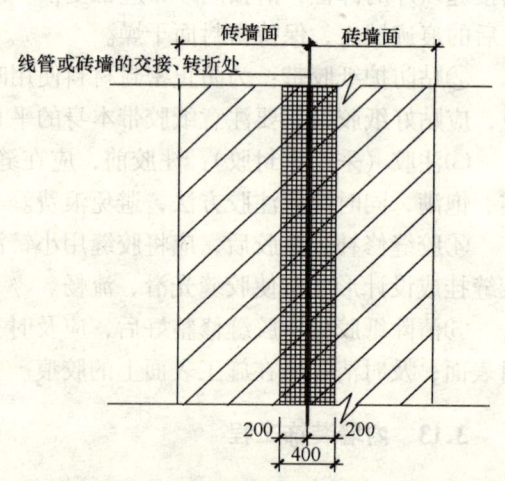

图3-34 砖墙面与砖墙面交接处、转折处铺设钢丝网

(3) 抹灰前必须先四角规方，横线找平，立线吊直。先用靠线板检查墙面平整垂直程度，大致确定抹灰厚度，再在墙的上角各做一个标准灰饼，大小5cm见方，厚度以墙面平整垂直度决定，灰饼必须复核无误后，然后根据这两个灰饼的厚度，用靠线板或线坠挂垂直，做墙面下角两个标准灰饼，再用钉子钉在左右灰饼附近墙缝里，拴上线拉通线，并根据通线每隔1.2~1.5m上下加做若干个灰饼，待灰饼稍干后，用铁抹子刮平，可进行底层抹灰。

(4) 基层为混凝土或加气混凝土时，抹灰前应先刮素水泥浆（掺量为水泥用量的

10%~15%)一道。

(5) 内墙抹灰底层抹好后，先将底子灰表面扫毛或划出纹道，再抹水泥砂浆面层或罩面，厨房、卫生间、大厅等需贴面砖、瓷砖的地方须留毛面，抹灰后次日应进行洒水养护，养护期不能少于3d。

外墙抹灰，采用水泥砂浆面层必须压光面，同时应将底子灰表面扫毛或划出纹道，面层应注意接槎，罩面后次日进行洒水养护，养护期也不能少于3d。

(6) 墙面阳角抹灰时，先将靠尺在墙角的一面用线锤找直，然后在墙角的另一面靠尺抹上砂浆。

### 3.13.3 清水混凝土施工工艺

地下室两层采用现浇混凝土楼板免抹灰施工工艺，采用清水混凝土施工，梁板底无须抹灰，只需对清水混凝土板底面稍做打磨，批腻子打磨后直接刷乳胶漆，可避免顶棚抹灰空鼓、开裂、脱落的质量通病。

本工艺对模板平整度的要求较高，我们采用厚18mm的覆膜九夹板，表面涂塑，使用前涂刷脱模剂。铺好的模板板缝贴上胶带纸，以防漏浆。模板安装平整度用2m靠尺和楔形塞尺检查，偏差为2mm。为满足此要求，模板背大楞需刨平，安装时拉线找准。对损坏的模板，要及时更换。

该工艺在模板施工上虽然增大了投入，但节约了抹灰工序的人工材料费，总的来说节约了成本，质量更有保证。这是一举多得的技术措施，应积极推广应用。

### 3.13.4 地下室细石混凝土耐磨地面

本工程地下室车库楼地面采用细石混凝土耐磨地面，细石混凝土为C30，内配$\phi6.5@300$，地下室细石混凝土采用泵送商品混凝土。

(1) 关键技术控制：①基层水灰比的控制；②面层施工时间的控制；③大面积地面平整度的控制。

(2) 细石混凝土施工顺序及施工工艺

1) 施工顺序由内到外。以柱距为中心或排水沟作施工区域，分格、分阶段施工。

2) 施工工艺

检验水泥、砂子、石子、钢筋质量→配合比试验→技术交底→准备机具设备→找标高→基层处理→找标高→贴饼冲筋→张拉钢筋→弹出定位线→绑扎钢筋及验收→安装模板→搅拌、进商品混凝土→铺设混凝土面层→振捣→撒面找平→压光→检查验收。

A. 基层处理：把沾在基层上的浮浆、落地灰等用錾子或钢丝刷清理掉，再用扫帚将浮土清扫干净；如有油污，应用5%~10%浓度火碱水溶液清洗。湿润后，刷素水泥浆，随刷随铺设混凝土，避免间隔时间过长，风干形成空鼓。

B. 找标高：楼面清洗完后，根据水平标准线和设计厚度，在四周墙、柱上弹出面层的上平标高控制线，以此确定细石混凝土耐磨地面的控制标高。

C. 按线拉水平线打饼（60mm×60mm见方，与面层完成面同高，用同种混凝土）间距双向不大于2m。由于地面有找坡流水的要求（0.5%的坡度），故应按设计坡度拉线，抹出坡度饼块。当天抹灰饼，当天应抹完灰，不应当隔夜。

D. 细石混凝土内钢筋$\phi6.5$钢筋（300mm×300mm间距，双向）按规范（搭接、分格）绑扎。

E. 商品混凝土搅拌、供料

①商品混凝土的配合比必须根据设计要求，通过试验确定。

②投料必须准确，精确控制配合比。投料顺序为石子→水泥→砂→水以及外加剂，应严格控制用水量，搅拌要均匀，搅拌时间不少于90s，坍落度一般不应大于60～80mm。

F. 细石混凝土浇捣

根据现场实际，为方便下料，细石混凝土浇捣前，应在地下一层塔吊位置搭设溜槽；同时，基层应冲洗干净，用平板振动器振捣密实（振捣以混凝土表面出现泌水现象为好，不得有漏振现象）。细石混凝土按分区浇筑、整平，然后用木抹子搓毛。

G. 撒面找平：混凝土振捣密实后，以墙柱上的水平控制线和冲饼为标志检查平整度，高的铲掉，凹处补平。用水平刮尺刮平，坡度必须符合0.5%的要求。

H. 磨光：当面层灰面吸水后，用磨光机磨平，将干拌水泥砂拌与混凝土的浆混合，使面层达到紧密结合，磨平一遍，直到出浆为止。

I. 压光

①第一遍抹压：当面层砂浆初凝后（上人有脚印但不下陷），用铁抹子把凹坑、砂眼填实抹平，注意不得漏压。

②第二遍抹压：当面层砂浆终凝前（上人有轻微脚印），用铁抹子用力抹压。把所有抹纹压平压光，达到面层表面密实、光洁。

J. 养护：应在施工完成后24h左右覆盖和洒水养护，每天不少于两次，严禁上人，养护期不得少于7d。

K. 伸缩缝切割、灌缝

达到一定强度后（要求在强度达70%以上），根据在字母轴方向柱距中间都设伸缩缝，其他都在柱心设伸缩缝处进行切缝，伸缩缝深一般为细石混凝土厚度的1/3，宽度为5mm，切缝必须顺直，伸缩缝采用中性硅酮密封胶进行灌缝。

(3) 施工注意事项

1）基层检查及处理：浇混凝土施工前，基层上杂物应全部清理干净，浇混凝土应在湿润、洁净的基层上施工。

2）浇混凝土前调整钢筋，将钢筋调到距离面层30mm厚，以防止混凝土因过厚而开裂，钢筋下面垫好保护层。

3）浇混凝土前排水沟角钢必须牢固，不得有移动现象的发生。

4）所浇混凝土必须平整、光滑、密实、洁净，不得有空鼓、开裂、麻面、起砂现象的发生，表面平整度允许偏差2～3mm，检查方法用2m靠尺检查。

5）混凝土面层坡度必须符合设计要求，不得有倒泛水和积水的现象。

## 3.14 给水排水工程施工

### 3.14.1 给水排水工程基本概况

本工程给排水安装包括生活给水系统、生活污水系统、雨水系统、室外排水系统、消火栓给水系统及自动喷水灭火系统。

本工程给水系统管道采用薄壁紫铜管，焊接连接。污水系统管道采用离心机制铸铁管不锈钢卡箍连接。

雨水系统主要排除塔楼上部屋面及六层屋面雨水。塔楼上部屋面雨水管道采用塑钢管卡箍连接，裙楼屋面雨水管道采用离心机制铸铁管不锈钢卡箍连接。

室外雨水管道采用钢筋混凝土管道，承插连接，污水管道采用双壁波纹UPVC排水管承插胶圈连接。

消防管道均采用涂塑镀锌钢管，小于$DN100$管道采用丝扣连接，大于等于$DN100$管道采用卡箍沟槽连接。

**3.14.2　给水排水安装工艺流程**（图3-35）

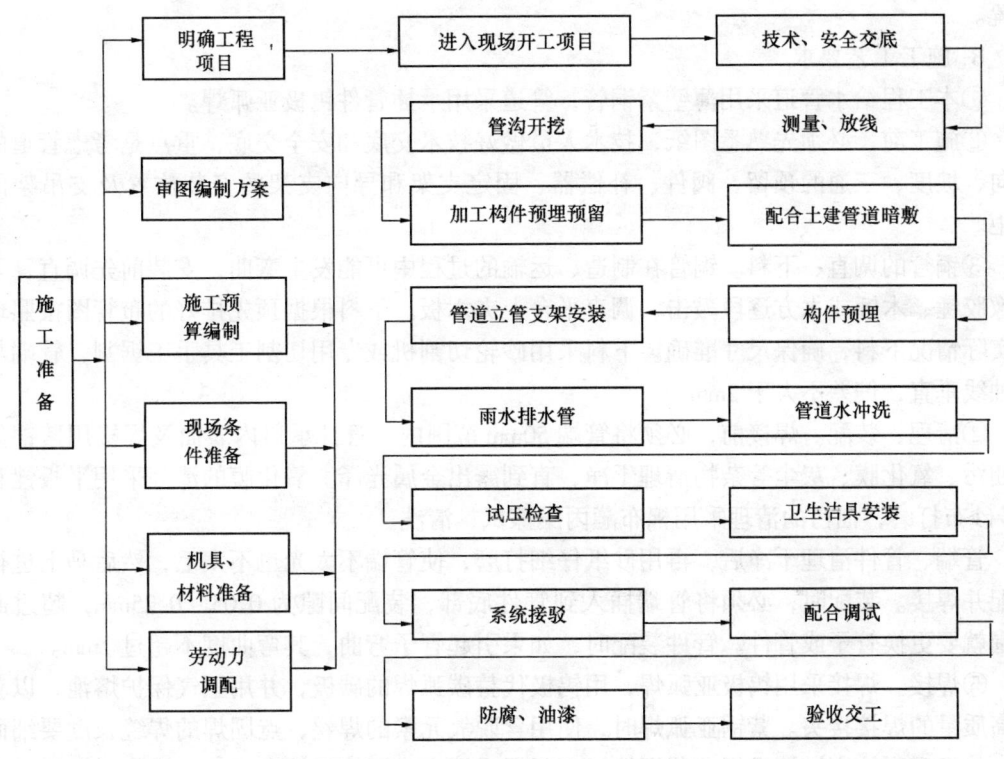

图3-35　给排水安装工艺流程

**3.14.3　给水排水安装施工技术要求**

(1) 给水紫铜管安装施工

1) 室内给水系统管道材质采用薄壁紫铜管，连接方式采用承插式管件手工钨极亚弧焊焊接。

2) 紫铜管安装工艺流程

①给水紫铜管安装顺序

管线测量定位→总管和主干管安装→各层水平干管安装→支管安装→末端器具连接。

②给水紫铜管操作程序

施工准备→放线定位→支吊架制安→铜管调直、下料→焊前清理、装配→焊接→安装固定→试压。

③钨极亚弧焊工艺按以下顺序：焊前处理→点固→预热→引弧→焊接→焊后处理。

3) 给水紫铜管施工技术

A. 技术特点

①紫铜管与钢管的性能区别

紫铜管从材质方面讲,其伸缩率比钢管大,管壁薄,强度、刚度、硬度均低于钢管,而其连接方式采用焊接。

②难点和重点

补偿器的固定支座和导向支座的安装是难点;材料的下料、焊接组装是紫铜管安装的重点,特别是下料,必须根据现场实际,准确测量管道尺寸、走向及三通等管件预留位置。

B. 施工工艺要求

①本工程给水管道采用薄壁紫铜管,管道采用承插管件钨极亚弧焊。

②施工前,必须先熟悉图纸,技术人员做好技术交底和安全交底,重点是考虑管道的走向、坡度、三通的预留,阀件、补偿器、固定支架和导向支架的安装位置及支吊架的间距。

③铜管的调直、下料。铜管在制造、运输的过程中可能发生弯曲,安装前先调直,采用橡胶锤、木锤或木方逐段敲击,调直平台上夹木板。下料根据预先排好的布管图按照现场实际情况下料,确保尺寸准确。下料采用砂轮切割机或专用切割工具手工锯割,管端与管轴线垂直,偏差不大于2mm。

④清理、装配。焊接前,必须将管端50mm范围内、管件承口内表面及焊接用紫铜丝的油污、氧化膜、灰尘等杂物清理干净,直到露出金属光泽。氧化膜的清理采用平板锉和0号砂布打磨,油污的清理采用棉布蘸丙酮擦拭、清洗。

管端、管件清理干净后,再用砂纸仔细打磨,使管端不太光也不太毛,然后马上进行装配并焊接。装配时,必须将管端插入到管件底部,装配间隙为0.05~0.25mm,超过此范围就要更换管子或管件。管件装配时,如果引起管子弯曲,其弯曲度不超过1mm。

⑤焊接。焊接采用钨极亚弧焊,用钨极代替碳弧焊的碳极,并用氩气保护熔池,以获得高质量的焊接接头。紫铜亚弧焊时,使用含脱氧元素的焊丝,点固焊的焊缝长度要细而长,如发现裂纹应铲掉重焊。紫铜钨极亚弧焊采用直流正接极性左焊法,操作时电弧长度保持在3~5mm。壁厚小于3mm,预热温度为150~300℃;壁厚大于3mm,预热温度为350~500℃,宽度以焊口中心为基准,每侧不小于100mm。

⑥铜管固定采用黄铜抱箍固定在角钢支架上,这样既可使铜管不直接接触角钢,又可使管道固定相对牢固。

⑦铜管的试压与钢管相同,要求10min内压力降不大于0.05MPa。

⑧铜管安装时使用专用切管工具,要求切口平整,没有毛刺、凹凸等缺陷,切口允许偏差为管径的1%,管口翻边后保持同心,没有开裂和皱褶,有良好的密封面。

⑨采用套管焊接连接时,其插接的深度不小于承插焊接连接的规定。

⑩承插焊接时,扩口的方向迎向水流方向。

(2) 排水管道安装

1) 排水管道使用的管材

雨水管道和潜水泵的出水管采用给水球墨铸铁管,法兰连接,接口承压不小于

1.0MPa；其他排水管采用离心排水铸铁管，不锈钢卡箍连接。

2）排水管道安装工艺流程（图3-36）

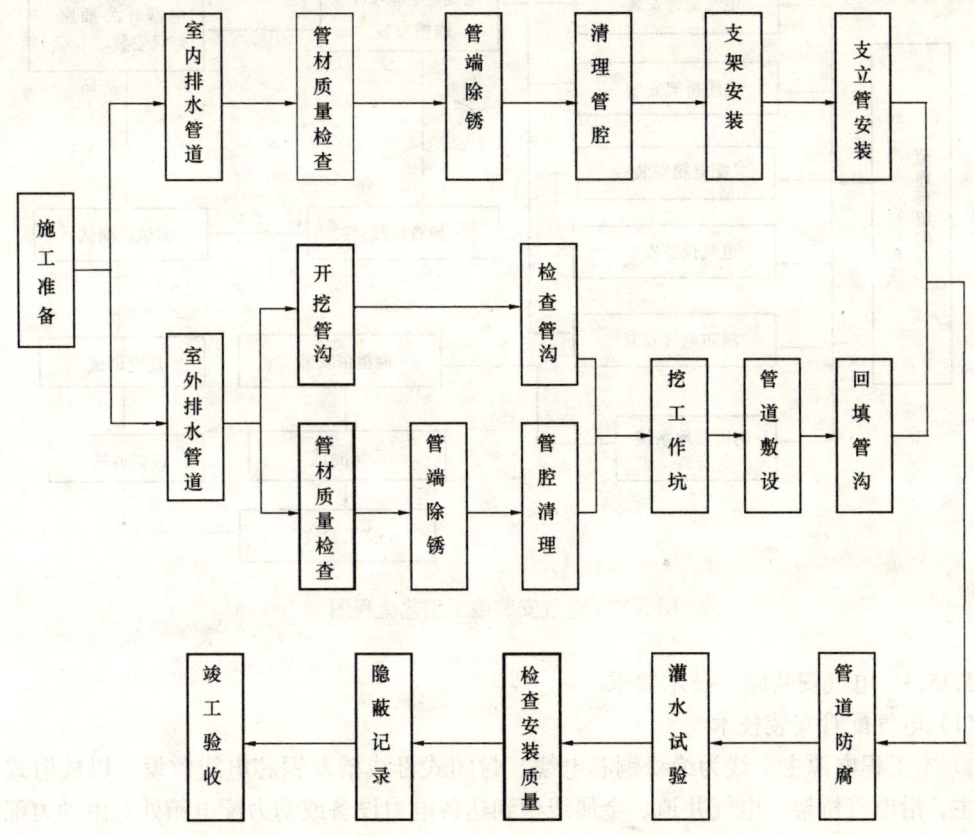

图3-36 排水管道安装工艺流程图

(3) 给排水安装系统管道水压试验

试验用的压力表必须经过检验校正，其精度等级不低于1.5级，表的满刻度为最大被测压力的1.5~2倍，盘面为150mm。

### 3.15 电气工程安装施工

#### 3.15.1 电气工程基本概况

本工程电气安装工程主要包括：动力干线系统安装、动力配电箱安装、电缆敷设、插接母线安装、电气设备安装；照明系统，包括管线敷设及线盒安装、管内穿线、开关、插座及灯具等电器安装、送配电系统调试；消防电气系统，电气消防配管、管内穿线、消防报警设备安装及系统联动调试；防雷接地系统。

照明系统供电干线采用插接母线，动力系统采用电力电缆。

防雷系统在屋顶设置避雷针，在屋面女儿墙设置明装不锈钢避雷带及暗装镀锌圆钢避雷带，转角处设置不锈钢避雷短针。防雷引下系统利用柱内主筋焊接连通，每层设置均压环，所有外墙金属门窗均与均压环连通。接地极利用桩内钢筋，地下室底板钢筋连接成网作为避雷网。

### 3.15.2 电气安装施工工艺流程图（图3-37）

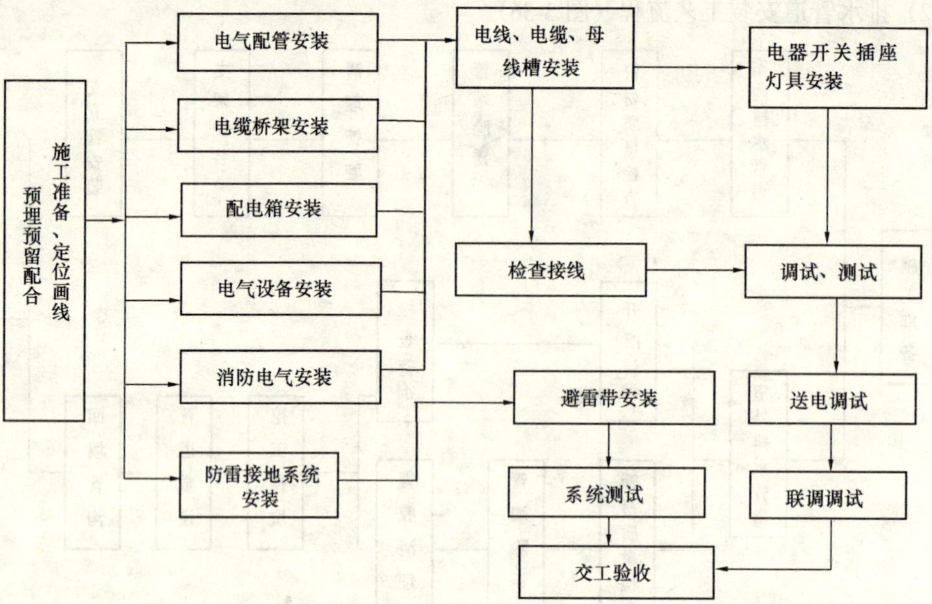

图3-37 电气安装施工工艺流程图

### 3.15.3 电气安装施工技术要求

（1）电气配管安装技术

1）本工程电源主干线为绝缘铜芯电缆、封闭式母线槽及铜芯电线敷设，以放射式供电为主，沿电气桥架、电气井道、金属线槽到达各电力设备或动力配电箱处。由动力配电箱至各用电设备及照明配电箱采用金属管或塑料管暗敷或明敷设，局部金属线槽敷设。

2）配管新工艺：套管紧定式镀锌钢管（JDG）施工方法

在本工程中大量采用明、暗配电线管，为保证配管的质量，我们决定在配钢管时采用套管紧定式敷设方法。套管紧定式镀锌钢管（JDG）是一种新型的线路保护用管，专门针对镀锌管不可焊接，跨接地线施工复杂等缺点制造的。由于克服了上面的困难，因此，该方法施工方便、快捷，提高了生产率。

①工艺流程：管子切断→弯管→预制加工支架、吊架→弹线定位测定盒、箱及管线线路→盒箱固定→管卡、支架、吊架固定→管线敷设连接管路检查→交工验收。

②JDG管的施工方法除管路的连接与电线管不同外，其余的均相同。

③JDG管路敷设，管与管的连接采用直接头进行连接。管接头中间有一道用滚压工艺压出的凹槽，所形成的锥度可以使钢管插紧定位，密封性较好。其深度与钢管壁厚一致，钢管插入后内壁平整光滑，不影响穿线，更不会刮伤电线。靠近接头的两端各有一个（$\phi 32$以上为两个）带紧定螺钉的螺纹孔，其长度大于管接头的厚度，是由冲压工艺在管内壁向管外冲压形成再攻丝形成的，螺纹圈数增多使紧定连接更牢固。紧定螺钉为特制，紧拧端呈六角形并有"十"字槽，另一端呈窝状，靠近紧定端有一直径变小的脖颈。安装时，先把钢管插入接头，使钢管与管接头插紧定位，然后再持续拧紧紧定螺钉，直到拧断脖颈，使钢管与管接头成为一体，无需再做接地跨接线。

④管与盒的连接采用螺纹连接。螺纹接头也是双面镀锌保护,螺纹接头两端各有一个($\phi$32 以上为两个)带紧定螺钉的螺纹孔,其长度大于管接头的厚度,与管接头相同,其连接方式也与管接头相同。螺纹接头的一端带有一个爪形锁母和一个六角形缩母。安装时,爪形锁母扣在接线盒内侧露出的螺纹接头的丝扣上,六角形缩母在接线盒外侧,用紧定扳手使六角形缩母和爪形锁母夹紧接线盒壁。这样一来,可使管与接线盒紧密结合,可不再做接地跨接线。

(2) 电气安装电缆(电线)敷设技术

1) 制定敷设计划,按回路列出电缆(绝缘铜芯线)清单,准备必要的机具,核定电缆(绝缘铜芯线)的规格型号、长度、电压等级及电缆绝缘情况,在桥架上放电缆(绝缘铜芯线)事先还需搭好脚手架,或采用足够牢固、安全的梯子等攀爬工具。

2) 电缆外观检查,须有出厂合格证、生产许可证和消防产品生产许可证或安全认证标志,外表绝缘层完好,无机械损伤和扭曲现象,绝缘电阻在 0.5MΩ 以上,电缆两端应封好,不能受潮。

3) 电缆敷设时,电缆从盘的上端引出,严禁电缆在支架及地面摩擦拖拉,电缆没有铠装压扁、电缆绞拧、护层折裂和表面严重划伤等缺陷。电缆敷设时排列整齐,加以固定,并及时装设标志牌。标志牌上应注明线路编号,当无编号时写明电缆型号、规格及起止地点,并联使用的电缆有顺序号。标志的字迹清晰,不易脱落。

4) 低压电缆用 1kV 摇表摇测线间及对地的绝缘电阻不低于 0.5MΩ。铠装电缆接地线采用铜绞线或镀锡铜编织线,截面积在 16mm$^2$ 及以下时接地线和芯线截面积相同;芯线截面积在 120mm$^2$ 及以下时接地线截面积 16mm$^2$。

5) 在桥架内电力电缆的总截面不应大于桥架横断面的 40%,电缆允许弯曲半径不小于电缆外径的 10 倍。

6) 不同电压、不同用途的电缆,没有特殊规定时,不敷设在同一层桥架。相同电压的电缆并列明敷时,电缆的净距离不小于 35mm,并不小于电缆外径。

7) 相同规格不同长度的电缆,敷设前对来料盘上总长度进行组合配排,以尽量减少电缆敷设的损耗。

8) 电力电缆在终端头与接头附近留有备用长度。

9) 直埋电缆接头盒外面有防止机械损伤的保护盒。

10) 电缆并列敷设时,其接头的位置相互错开。

11) 电缆敷设完毕,在自检合格的基础上,及时请建设单位、监理单位工或质量检查部门进行隐蔽工程检查验收。

(3) 电缆终端和中间接头

施工中尽量避免电缆中间接头。

1) 电缆终端及中间接头施工由经过培训,有熟练技巧的技术工人担任,并严格遵守制作工艺规程。

2) 制作电缆终端头与电缆中间接头前应作好检查工作,并符合下列要求:相位正确;所用绝缘材料应符合要求;电缆终端头与电缆中间接头的附件应齐全,并符合要求;电缆送电前应进行绝缘电阻测试,并做好记录;各回路上级供配电线路分别送电调试合格后,其下级回路才允许送电。

3) 采用热缩电缆头，使用煤气喷枪制作。制作热缩头时，热缩管切割处保证平整光滑；加热时，火焰沿管材周边转动，火焰朝向收缩前进方向，并缓慢均匀移动，被收缩管的部位均匀、平滑、平整、无气泡。

**3.16 通风空调工程安装施工**

**3.16.1 通风空调工程设计概况**

本工程通风空调系统包括地下室通风与排烟系统、塔楼的防烟楼梯间、防烟楼梯间前室及消防电梯前室的正压送风系统和塔楼的中央空调系统。工程设计采用季节性空调，即夏季供冷，冬季仅设通风换气。空调总装机容量为5628kW，中央空调制冷系统由电制冷式冷水机组、冷却水泵、冷冻水泵、冷却塔组成。安装内容包括通风（风机、风柜、风管等）设备及其控制附件、保温的安装，中央空调制冷设备（如冷水机组、冷却、冷冻泵，循环管路、冷却塔等）及其附件、保温的安装。

**3.16.2 通风空调安装施工工序流程及系统调试流程**（图3-38、图3-39）

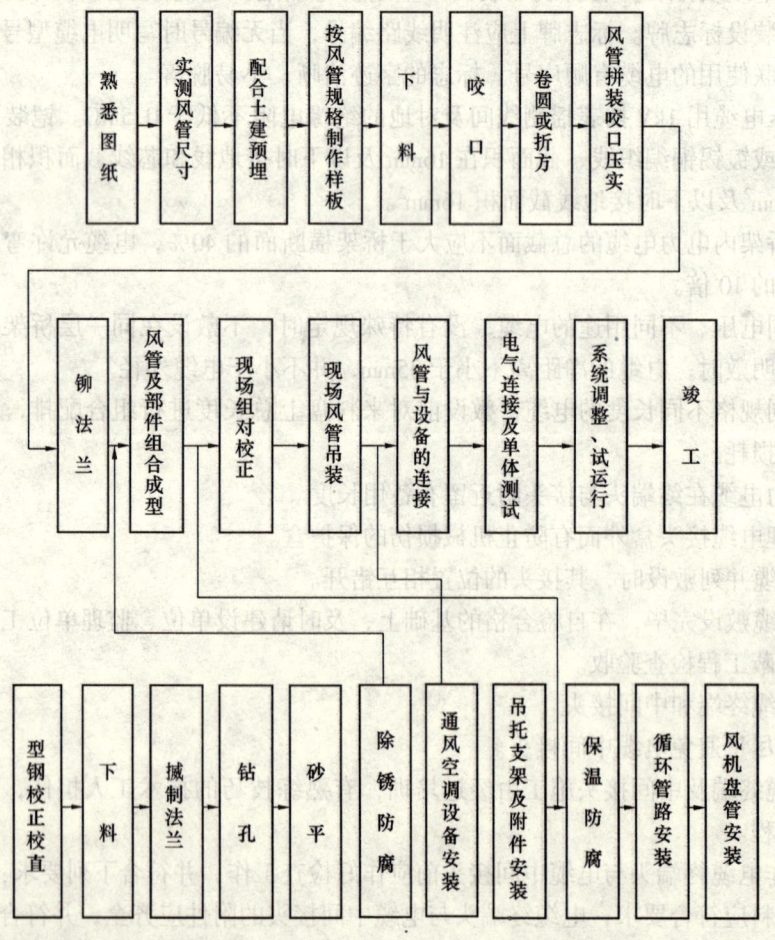

图3-38 通风空调安装工程施工工艺流程图

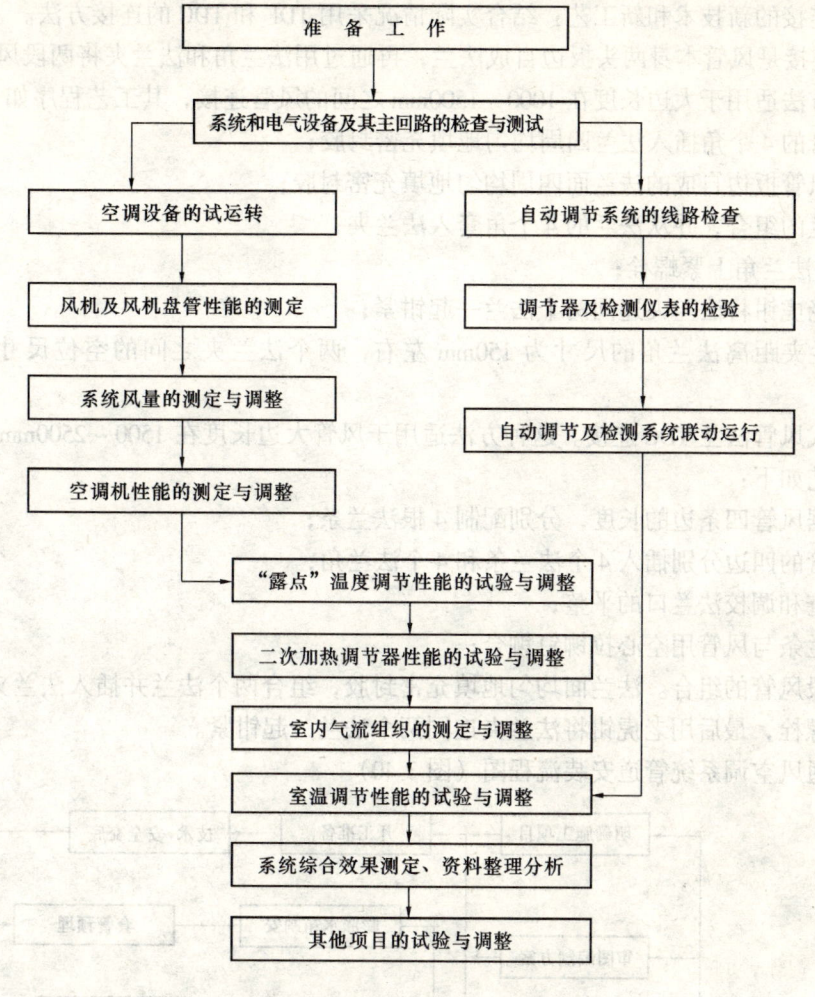

图 3-39 通风空调系统调试流程

### 3.16.3 通风空调安装

(1) 风管制作和连接新工艺介绍

根据本工程通风管截面较小，形式规范单一的情况，采用由电脑控制的"ENGEL"智能方形风管生产线，在中央空调工程的风管制作中使用这条方形风管生产线，使传统的手工操作工艺改变为机械化、自动化生产工艺流程。方形直管的加工只需将数据输入电脑后，由电脑操作员发出指令，能自动完成下料、压加强筋、冲剪咬口、折弯等工序。生产线上板料的给送是由皮带传送机构完成的，当板料通过加工区域时，电磁阀动作，气动开始工作，电脑控制完成各道工序的加工指令。整个生产过程，仅需 4 名工人操作。异形风管的加工则需把图形和尺寸输入电脑后，由切割曲线的等离子切割机和联合角咬口机等设备来完成全部加工工序。

风管无法兰连接及 TDF、TDC 连接新技术、新工艺如下：

空调工程风管自身的组装采用复合式的连接方式，管段间的连接采用无法兰和有法兰两种连接方式。

风管无法兰连接的应用：主要用于边长小的风管，有 C 形插条连接和 S 形插条连接。

法兰连接的新技术和新工艺：结合实际情况采用 TDF 和 TDC 的连接方法。

TDF 连接是风管本身两头扳边自成法兰，再通过用法兰角和法兰夹将两段风管扣接起来。这种方法适用于大边长度在 1000~1500mm 之间的风管连接，其工艺程序如下：

①风管的 4 个角插入法兰四周均匀地填充密封胶；
②将风管扳边自成的法兰面四周均匀地填充密封胶；
③法兰的组合，并从法兰的 4 个角套入法兰夹；
④4 个法兰角上紧螺栓；
⑤用老虎钳将法兰夹连同两个法兰一起钳紧；
⑥法兰夹距离法兰角的尺寸为 150mm 左右，两个法兰夹之间的空位尺寸为 230mm 左右。

插接式风管法兰 TDC 连接。这种方法适用于风管大边长度在 1500~2500mm 之间的连接，其工艺如下：

①根据风管四条边的长度，分别配制 4 根法兰条；
②风管的四边分别插入 4 个法兰条和 4 个法兰角；
③检查和调校法兰口的平整；
④法兰条与风管用空心拉铆钉铆合；
⑤两段风管的组合。法兰面均匀地填充密封胶，组合两个法兰并插入法兰夹，4 个法兰角上紧螺栓，最后用老虎钳将法兰夹连同两个法兰一起钳紧。

(2) 通风空调系统管道安装流程图（图 3-40）

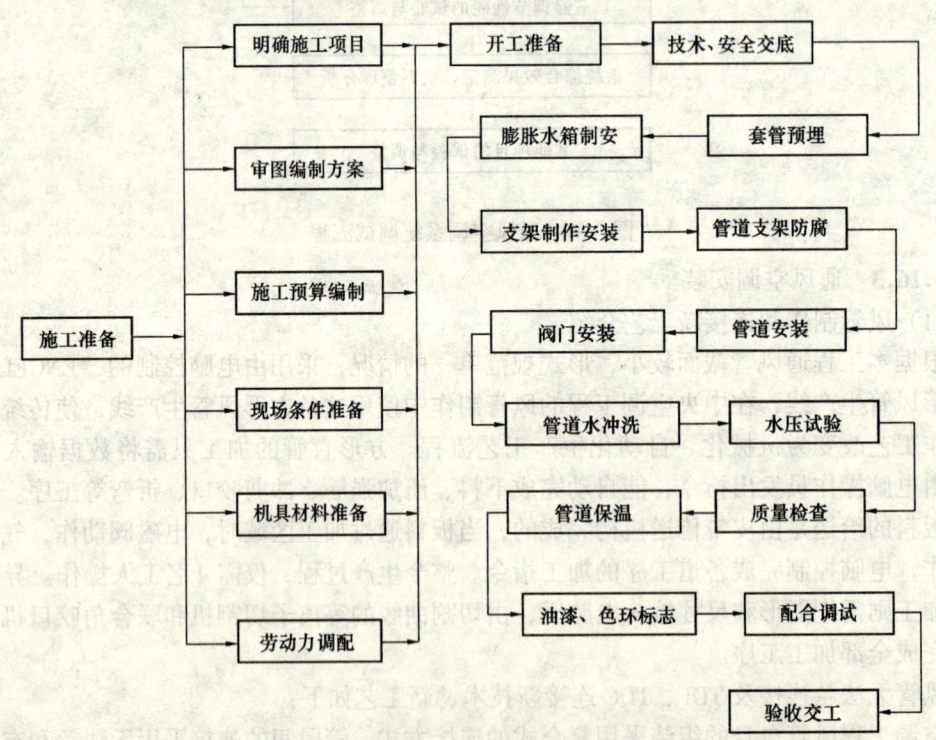

图 3-40　通风空调系统管道安装流程图

# 4 质量、安全、环保技术措施

## 4.1 质量技术措施

### 4.1.1 项目质量管理体系（图 4-1）

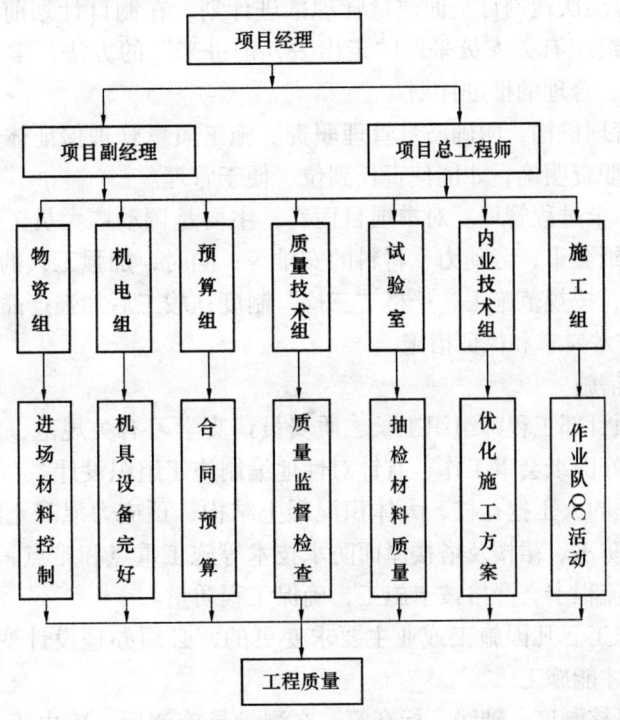

图 4-1 项目质量管理体系

### 4.1.2 全面质量管理

(1) 实施全面质量管理从以下几方面着手：

1) 施工前对项目部全体职工进行质量意识教育，开展技术练兵，岗位培训，增强技术和业务管理水平。

2) 组织各部门对影响工程质量的各种因素、各环节进行事先分析研究，建立完善的质量保证体系，进行分项、分部质量设计，实现有效的协作和管理。

3) 贯彻执行国家颁发的现行有关规定、技术规范、质量评定标准，预防一切质量事故的发生。

4) 及时系统地积累质量方面的各项原始记录资料，及时研究处理施工过程中所产生的不正常因素。

(2) 全面质量管理的方法

1) 通过教育，使操作者由被动变为主动，提高全员的质量意识。

2) 根据项目的特点，结合本企业的实际情况，制定质量方针，转化为短期目标，激发全体职工向这一目标努力工作。

3) 建立各个环节的质量保证措施

围绕着质量目标,建立施工计划保证措施、现场施工管理保证措施、技术保证措施、质量检验保证措施、材料供应保证措施、经营管理保证措施、安全管理保证措施等。

4) 建立QC小组,广泛收集项目生产和经营信息,并定期进行诊断、咨询,动态分析、反馈,完善各项措施、标准、制度。

(3) 全面质量管理的实施步骤

1) 分部门、分层次地制订全面质量管理推进计划,在制订计划前,需要对项目有一个全面的了解,并组织有关人员采取"走出去,请进来"的方法,学习全面质量管理经验,以制订出科学、合理的推进计划。

2) 建立质量管理机构,明确质量管理职责。施工质量管理保证体系中最重要的是质量管理职责,只有职责明确,才能使责任到位,便于管理。

3) 开展全员、全过程管理。对本项目而言,主要是调动广大员工的积极性,在施工前做好准备,如图纸会审,劳动力、材料的安排等;同时,加强工人的质量意识,职业道德教育;严格交底,按规范施工,严格"三检"制度;竣工后加强产品保护及维修回访。

**4.1.3 质量技术要求和保证措施**

(1) 技术保证措施

1) 施工前,项目部工程师组织工长、质安员认真学习有关规范,施工工艺及操作规程,熟悉图纸,做好图纸会审工作,有针对性地编制施工组织设计。

2) 针对本工程的人工挖孔桩、大体积混凝土结构、预应力混凝土结构、高强高性能混凝土、地下室外防水、裙楼及塔楼屋面防水技术等施工重点和难点,建立QC小组,制定详细的施工工艺流程卡,严格按卡施工,确保工程质量。

3) 严格按图施工。凡因施工或业主要求变更的,必须办理设计变更通知或核定单,经设计单位同意后才能施工。

4) 严格技术复核制度。轴线、标高等,在测量员施测后,应由工长、质量员复核无误后,才能在建筑物上做出标记。隐蔽工程应由监理、业主、设计院等相关单位共同检查合格签字后,才能进入下一道工序。

5) 总工程师要经常检查督促各专业工程项目部做好各种记录、报告,发现问题并及时处理。各专业内业员要整理好各种资料,工长做好施工日记,现场施工管理和各种施工技术资料全部采用计算机管理。

6) 最大限度地提高施工机械化程度,加大科技含量,发挥我单位的技术优势,充分利用新技术、新工艺新材料和新技术,选用先进、合理、经济的施工方案,提高施工的科技水平,确保多、快、好、省地完成业主交给的施工任务。

(2) 施工质量保证措施

1) 坚持按程序合理组织施工,做到紧张有序,忙而不乱。上道工序未检查合格,不得做下道工序。

2) 坚持"三检"制度,实行优质优价,奖罚分明,对不合格工程,坚决推倒重做,并按规定对有关责任人做出处罚,积累分析原因,避免同样事故重复出现。

3) 孔桩的测量定位、成孔的尺寸和垂直度、持力层的确定、扩大头的尺寸等都是工程质量控制需注意的地方,应做好"三检"制度。

4) 钢筋接头，绑扎必须符合设计及规范要求，对焊、竖向钢筋电渣压力焊，经检验合格后才能成批焊接。焊工必须持证上岗。本工程粗钢筋连接采用直螺纹的连接方式，钢筋机械连接必须可靠，轴线必须准确。

5) 模板支撑系统必须有足够的强度、刚度和稳定性，以保证建筑物的几何尺寸，高支模必须验证其稳定性及刚度。

6) 实行混凝土浇灌制度，在混凝土浇灌前必须做好技术交底、管理人员值班表、材料的准备、机械的完善和后备、天气预报情况等，尤其应注意本工程的地下室底板混凝土的浇灌，应综合统筹考虑施工的全局，做到心中有数，确保工程质量。

7) 严格执行检查制度。轴线、模板标高、断面尺寸是否符合设计要求，梁是否起拱正确，是否办理钢筋及预埋件的隐蔽验收资料签证；按设计要求设置的预留孔（洞）、预埋件是否正确，各专业相关图中是否有不一致之处；模板、钢筋的垃圾、油污是否清除干净；混凝土准备工作是否完毕；天气预报情况、混凝土运输道路是否畅通等。

8) 混凝土浇灌前必须用压缩空气等方法将渣子吹净，并将模板充分湿润；混凝土的振捣应密实，不得出现欠振、漏振和超振，防止出现蜂窝麻面。在浇筑墙柱混凝土前，先浇 5~10cm 厚与混凝土同强度等级的水泥砂浆，以防止烂根。

(3) 原材料质量保证措施

1) 对原材料材质标准严格把关。材料员对原材料、成品和半成品应先检验后收料，不合格的材料不准进场。

2) 原材料要具备出厂合格证或法定检验单位出具的合格证明。钢筋、水泥还应注明出厂日期、批号、数量和使用部位，抄件应注明原件存放单位和抄件人并签章。

3) 对材质证明有疑问或按规定需要复检的材料，应及时送检。未经检验合格，不得使用。

4) 各种不同类型、不同型号的材料分类堆放整齐。水泥、钢筋在运输、存放时需保留标牌，按批量分类，并注意防锈蚀和污染。

(4) 计量保证措施

1) 严格执行计量检测制度。

2) 原材料的检验由资料员按规范要求提出取样计划，在监理见证员的监督下，由取样员取样，并同见证员一起送有资质的试验室检验，不合格不得使用。

3) 控制混凝土搅拌站的原材料质量、配合比投料，严格按商品混凝土有关技术规范执行。

4) 现场设立混凝土快速测强点，由试验员负责操作，为拆模提供依据。

5) 经纬仪、水准仪、台秤等计量工具按规定送法定检验单位检校。

**4.1.4 各施工阶段的质量保证措施**

(1) 桩基础工程质量保证措施

1) 在人工挖孔桩开挖前，应充分做好降水处理，应做到在孔桩成孔的过程中没有地下水的浸入。

2) 在孔桩成孔过程中就应随时检查孔桩的尺寸是否准确、垂直度是否符合要求，一旦发现有偏差应及时进行纠正。

3) 对于人工挖孔桩持力层的确定，应得到业主、监理、设计、勘察等单位的共同确认；应注意孔桩扩大头的尺寸是否符合设计要求。

(2) 主体钢筋混凝土结构工程质量保证措施

钢筋混凝土结构的钢筋、模板、混凝土分项工程应遵守以下质量保证措施。

1) 钢筋工程

A. 质量保证措施

①检查出厂质量证明书及进场复检报告，证明进场材质合格。

②加强对施工人员的技术交底，使其执行施工规范要求和设计要求。

③严格按照图纸和配料单下料和施工。

④楼板钢筋施工前，应预先弹线并检查基层的上道工序质量，加强工序的自检和交接检查。

⑤对使用的机具应经常检测和调整。

⑥焊接人员必须持证上岗，正式施焊前必须按规定进行焊接工艺试验，同时检查焊条、焊剂的质量，焊剂必须烘干。

⑦焊接钢筋端头不整齐的要切除，焊后夹具不宜过早放松。根据钢筋直径，选择合理的焊接电流和通电时间。

⑧每批钢筋焊完后，按规定取样进行力学试验和检查焊接外观质量，合格后才能进行绑扎。

B. 质量保证要点

①钢筋的品种和质量。

②钢筋的规格、形状、尺寸、数量、间距。

③钢筋的锚固长度、搭接长度、接头位置、弯钩朝向。

④焊接质量及机械连接质量。

⑤预留洞孔及预埋件规格、数量、尺寸、位置。

⑥钢筋保护层厚度及绑扎质量。

⑦严禁踩踏和污染成品，浇混凝土时设专人看护和修整钢筋。

2) 模板工程

A. 质量保证措施

①进行技术交底：交图纸、交方法、交规程、交标准。

②每次支模前应对模板材料验收，不符合要求的应更换或修复，不能滥竽充数。

③班长、工长、质检员应随时对支模操作进行检查，发现问题及时纠正。

④质检员组织工长、班长、自检员进行检查，验收合格后再转入下道工序。

B. 质量保证要点

①构件中心线、标高。

②模板的安装质量，包括刚度、强度和稳定性。

③模板的平整度、垂直度、截面尺寸、标高、接缝严密情况以及预埋件、预留洞的位置。

3) 混凝土工程

A. 质量保证措施

①检查原材料出厂合格证及试验报告，必须保证各项材料指标的稳定性。

②商品混凝土应严格控制配合比、原材料计量和坍落度。

③浇筑前应检查钢筋位置和保护层厚度，注意固定垫块，垫块位置必须合理，分布均匀。

④下料一次不得过多，自由倾落高度一般不得超过 2m，应分层捣固，掌握每点的振捣时间，超过 2m 的应使用串筒、溜槽或分多次浇筑。

⑤预留洞处应在两侧同时下料，采用正确的振捣方法，严防漏振。

⑥为防止钢筋移位，振捣时严禁振动器撞击钢筋，操作者不得踩踏钢筋，以免模板变形或预埋件脱落。

⑦混凝土浇筑后 12h 内覆盖浇水养护，在混凝土强度达 1.2MPa 后，方可在已浇筑的结构上走动。

⑧大体积混凝土浇筑时，应根据工程特点采用分段分层浇筑方法，控制浇筑厚度，超过 2m 应加串筒、溜槽等，结合层浇筑要细致振捣，特殊情况时预留后浇施工缝。

B. 质量保证要点

①包括水泥的品种、强度等级和砂、石、外加剂的质量。

②商品混凝土应重点控制配合比、原材料计量、坍落度。

③浇筑时，应重点控制浇筑高度和振动器插入间距、深度、顺序。

(3) 有粘结预应力混凝土结构施工质量保证措施

1) 下料长度误差：一束内各根筋之间不大于 50mm；两端均镦头的预应力筋长度小于等于 6m 时，各根筋之间下料长度误差不大于 2mm；筋长大于 6m 时，误差不大于 $L/5000$，且不大于 5mm。

2) 定位筋宜采用螺纹钢筋，间距 0.8～1.0m，定位筋与孔道成型材料可采用十字交叉绑扎，宜采用电焊井字钢筋固定。

3) 用振动器振捣时，振动器不得正对着螺纹管和组装件持续振捣。

4) 预应力梁张拉前侧模应拆除，底模拆除应符合设计要求；当设计无具体要求时，应在张拉灌浆后拆除。

5) 张拉时混凝土强度应符合设计要求。

6) 预应力筋张拉顺序应符合设计要求。当设计无具体要求时，可采用分层、分批、分阶段对称张拉。先拉楼板，再拉次梁，后拉主梁。

7) 计算预应力筋的伸长值：计算伸长值时，要估计锚口下损失、孔道摩擦系数及弹性模量。

8) 预应力孔道尺寸应符合设计要求，螺旋管束形重点控制最低点、最高点、反弯点，竖向平滑、水平向顺直。

9) 预应力曲线筋末端的切线应与承压板相垂直，曲线段的起始点至张拉锚固点应有不小于 300mm 的直线段。

10) 灌浆孔、排气孔、泌水孔制作：灌浆孔间距不宜大于 30m，不应大于 45m，真空灌浆不受此限制，排气兼泌水孔应设置在波峰部位，对于梁面变角张拉曲线束，宜在最低点设排水孔，灌浆孔及泌水管的孔径应能保证浆液畅通。

11) 预应力筋下料采用砂轮锯切割，不得用电弧切割。挤压锚制作时，压力表油压应符合操作说明书的规定，挤压后预应力筋外端应露出挤压套筒 1～5mm，镦头尺寸符合要求,纵向无贯通裂缝,头型圆整、不歪斜,镦头强度大于等于98%母材时为合格。

12) 预应力筋应理顺,捆扎成束,不得紊乱。

13) 在框架梁中,预留孔道在竖直方向的净距不应小于孔道外径,水平方向的净距不应小于1.5倍孔道外径,从孔壁算起的混凝土保护层厚度,梁底不宜小于50mm,梁侧不宜小于40mm。

14) 钢丝、钢绞线在储存、运输、安装过程中,应采取防止锈蚀及损坏的措施。

15) 张拉前,检查构件及张拉端锚垫板后混凝土质量;有空洞时,应补灌混凝土或环氧砂浆。

16) 张拉时,张拉力的作用线应与孔道末端中心点的切线重合。

17) 预应力筋张拉完后,应尽早进行灌浆,以减少预应力损失及锈蚀。

(4) 砌体工程质量保证措施

1) 墙体砌筑的各种材料要符合设计要求。

2) 墙体采用的灰砂砖、加气混凝土砌块在砌筑前要提前1d浇水湿润,确保灰砂砖和加气混凝土砌块的含水率分别为10%~15%和5%~8%。

3) 基层表面如有局部不平,高差超过30mm处应用C15以上的细石混凝土找平后才可砌筑。

4) 砌块墙底部应砌200mm高标准砖,在梁、板下口应用灰砂砖斜砌挤紧,斜度为60°,砂浆应饱满。

5) 框架维护墙和内隔墙,墙高大于4.0m时,在窗顶或墙中每隔3m设置构造圈梁,严格按图纸要求设置构造柱。

6) 加气混凝土墙每隔1000mm高度设置通长拉结筋,分别锚入砌体砂浆中。

7) 构造柱浇筑混凝土时,要清理干净砖面和柱底的落灰、碎石、木屑等杂物。

(5) 屋面工程质量保证措施

1) 屋面工程施工前,进行图纸会审,掌握施工图的细部构造及有关技术要求,编制好作业指导书。

2) 向班组进行技术交底,包括施工部位、施工顺序、施工工艺、构造层次、节点设防方法、工程质量标准、成品保护措施及安全等。

3) 所有材料都应有材料质量证明文件,并经指定的质量检测部门认证,确保其质量符合技术要求,进场材料按规定取样复试。

4) 找平层首先符合排水坡度和顺向,找平层达到规定、干燥后才能做防水层。在低温下不宜施工,并应避免高温烈日下施工。

5) 在屋面拐角、天沟、水落口、屋脊、搭接收头等节点部位,应尤其注意符合有关规定。

## 4.2 安全、文明技术措施

### 4.2.1 安全、文明管理组织机构(图4-2)

安全生产小组针对工程安全管理目标,制订安全保证措施实施方案及安全用品采购计划,根据现场布置情况及人员进场的时间,不同施工阶段总体组织资源调配,由安全组负责安全体系正常运转、实施监督、检查,对控制过程中出现的不符合要素,施工中出现的

# 4 质量、安全、环保技术措施

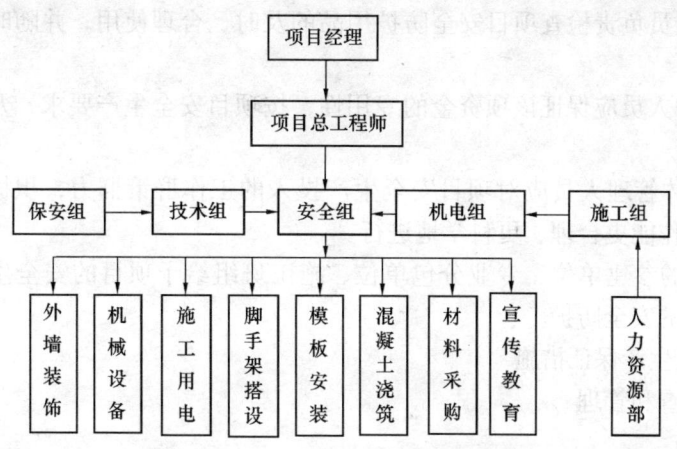

图 4-2 项目安全、文明管理组织机构图

隐患，制订纠正、预防措施，对实施过程组织检查、不断完善，严格执行三检制度。

### 4.2.2 安全目标管理

通过目标管理的激励机制调动广大职工的积极性，让管理人员和工人参与制定工作目标，并在工作中实行自我控制，努力完成工作目标的管理方法。本工程项目根据国家方针、政策、法令、上级主管部门下达的指标或要求、工程的安全情况及建筑市场动向、建筑工程的评估等实行总体安全规划。在安全管理目标展开实施时，使每个分目标与总目标密切配合，直接或间接地控制实现总目标管理。各部门或个人的分目标之间要协调平衡，避免相互牵制或脱节，各分目标激发下级部门和职工的工作欲望和充分发挥其工作能力，应兼顾目标的先进性、实现的可能性。在项目安全管理中发挥其优势，提高工人的安全意识，加强管理人员及工人的安全素质，定期组织教育、培训，分批分工种、分区段对工人集中传达政策、方针。

### 4.2.3 安全措施费用投入计划

1）据《广州市建筑工程安全生产措施费管理办法》和项目的施工结构、施工安全及现场布置情况来看，项目计划所投入的安全措施费用按广州市建委的规定，高层建筑安全生产措施费用不应小于工程造价的 1.43%，项目部应严格进行费用管理。

2）按《建筑施工安全检查标准》（JGJ 59—1999）编制项目安全措施费的投入计划，由项目经理审批后报单位安全主管部门复核。

3）受单位安全主管部门委托，项目经理为项目安全生产的第一责任人，并全面负责该项目安全生产措施费的及时投入和合理使用。

4）项目安全生产措施费为专款专用，项目不得以任何理由和任何形式挪用，措施费的使用应严格按工程进度情况和投入计划执行。

5）项目安全生产投入管理人员需每月书面向项目经理汇报该项工作的完成和资金使用情况。

6）项目按实际进度由生产经理及时提出安全防护所需的材料及人员计划，由项目经理审批后材料人员购入（含机电设备）。

7）购入的安全防护材料由材料员负责保管和领用，并检查其质量。

8) 项目安全员负责检查项目安全防护用品的及时、合理使用，并随时检查已使用材料的维护情况。

9) 项目财务人员应保证该项资金的专用性，按项目安全生产要求，及时支付所需购入材料的资金。

10) 项目全体管理人员应对项目安全生产投入的工作群策群力，积极参与，提出意见，以保证该工作能更合理、更科学地进行。

11) 项目内的参建单位、专业分包单位、施工班组给予项目的安全生产工作积极配合，保护已完成的安全防护。

#### 4.2.4 安全生产保证措施

(1) 安全检查和管理

1) 安全检查

A. 各生产班组要建立班前安全活动制度，检查本班组当天的工作范围，发现存在隐患要及时整改。如本班组排除不了的隐患，应立即通知安全员派人处理，严禁违章冒险作业。

B. 工地专职安全员，每天必须在工地巡视检查安全，发现问题及时要班组、工人整改，并及时复查整改情况。

C. 坚持定期和不定期相结合的安全学习检查制度

①各班组每天上班前安全交底；

②各班组每周星期一上午，抽1h集中学习安全活动；

③专职安全员，除每天巡检安全工作外，每周末要进行一次全面检查，发现问题及时通知有关部门处理；

④队长每月进行一次安全大检查，针对近期安全工作存在问题和季节性应注意事项，进行总结，目的给广大工人敲响警钟，促进全员安全意识的提高。

2) 安全管理

A. 本工程开工前，必须明确工地安全生产第一责任人和直接责任人，及其安全组织机构组成人员。

B. 施工组织方案的编制，必须有针对性的安全技术措施内容。

C. 搞好施工现场平面管理工作，根据总平面进行系统周密计划，保证现场交通道路、给排水畅通，电气线路应合理架设，并设立明显的道路标志、标线、警示灯等，使其达到安全、防火、文明的要求，做到安全生产和文明施工。

D. 施工现场禁止非生产的工作人员、小孩进入作业区内，现场坑、井、沟、易燃易爆场所等周围必须挂设明显的安全标志，危险地区夜间要设红灯示警。

E. 实行逐级的安全技术交底，开工前，工程技术负责人将工程概况、施工方法、安全技术措施等向全体生产人员进行详细交底，安全员在各工序施工前或工种变换，改变作业环境时要向操作者、新工人、临时工作人员进行详细的安全技术交底。

F. 施工现场、宿舍和易燃易爆场所，要有足够的防火设备和灭火器材，放置在适当地点，对职工进行防火知识教育，使职工掌握一般的消防知识。施工区域如有明火作业，需按动火作业管理规定（须报建设单位并得到其同意），事先办理动火证并经项目部批准后，方可施工。

G. 加强季节性劳动保护工作，灵活掌握调整劳动时间（夏季要防暑降温等），注意劳逸结合，改善劳动条件，使职工劳动安全防护得到落实和改善。

H. 特种作业人员（如焊工、机械工、电工、架子工等）必须持证上岗，严禁未经培训考试合格从事特种作业。

(2) 安全管理措施

1) 人工挖孔桩安全生产措施及要点

a. 桩孔挖掘前，认真研究地质钻探资料，分析地质情况，要特别注意可能出现流砂、淤泥和地下水涌等情况，在掌握已有资料的基础上，要有针对性地制定安全防护措施，如水文情况出现异常变化，则随时通知设计单位，进行处理后才可施工。

b. 在人工挖孔桩全面开工前，必须向全体作业人员作安全技术交底，并办理签认手续，每挖深 0.5~1.0m 要用钢筋对桩孔底面作品字形地质探查，检查土质情况有无流泥或流砂，确认安全后才可进行挖掘。如发现突变情况，必须向工程负责人报告，立即采取措施处理。

c. 严格控制每天挖进深度不得大于 1m；混凝土护壁达到安全要求（一般为 24h）才能拆模。

d. 现场施工电线电路采用三相五线制，电线需架空高度 2m 以上，开关箱必须完好；且应有防雨、防潮、防混合装置，离地 1.5m 高。施工用电设备均应有接地装置及有防漏电开关等安全装置，并要求做到一机、一闸、一漏电开关。

e. 施工场地周围要求排水系统必须畅流无阻，以防施工场地积水影响施工。

f. 严禁酒后下井施工，严禁攀扶护壁下井，作业井孔设置软爬梯，进入施工现场，不得穿拖鞋及硬底鞋。

g. 开工前用空压机向井内送风 5min，使井下混浊空气排出后才准下井施工，孔深超过 10m 时，地面要向井内送风，风量不得少于 15L/s。

h. 参加井下挖桩作业人员，必须作体格检查，年龄要求在 18~35 岁健壮的男中、青年。

i. 一切电器的安装及拆除均应有正式电工持证上岗，专职管理，并做好班前班后检查，特别要检查是否漏电，每天不少于两次。

j. 潜水泵等电器设备上下井时，不得借用电线作吊绳。

k. 挖孔施工作业人员施工时，必须戴好安全帽，绳股能随着操作深度与操作者的安全带连接，作救急设备用；挖孔桩进深 2m 后，井面必须要有专职人员配合，以便观察了解井内施工情况，要求井内作业时，井面专职人员不得私自离开岗位。

l. 吊绳钩及其他工具必须可靠，使用前扣应严格检查。不符合使用要求的要及时更换，吊钩要附有保险装置。

m. 挖孔桩进深 5m 后，井下作业人员每隔 2h 要轮换一次；井内作业人员爬梯时，必须扣好安全带。

n. 挖孔桩进深 5m 后，每天开工前 30min，应用毒气检测仪对井内气体进行检查。

o. 井下作业人员如遇流砂、塌方、毒气或大量地下水出现，应及时停止作业，返送回地面报告主管人员。

p. 挖孔桩下井作业前，先抽水后挖土，在施工中途抽水时，井下作业人员必须停止作业,返回地面;同时,不得移动水泵及电线,当地面停止抽水时,必须将地面上的电源切断,方可继续挖土施工。

q. 施工管理人员要经常检查井下作业人员是否严格遵守规定和有关其他安全规定的执行情况。如违反应严肃处理,并做经济制裁或辞退处理。

r. 井内施工照明灯,其电压必须降到12V方可使用。上落吊桶时,下面作业人员顶部上2m处要加一个半圆形防护钢网,上落吊桶时,下面作业人员不允许在非钢网下作业。桩孔安放好井架后,井口周围设防护网。井内停止作业时,应盖好井口。

s. 在相邻5m范围内有桩孔正在浇灌混凝土或有桩孔蓄深水时,不得下井作业。

t. 施工作业人员施工前,必须经过挖孔桩安全知识培训,并经考核合格后才能上岗作业。

u. 工地现场要配备防毒面具作救援应急之用。

v. 要求每个井口边2m范围内,不得堆放淤泥或杂物并禁止汽车通行,以防压坏护壁,造成井内塌方。

2) 钢筋工程安全施工措施

a. 在高处、深坑绑扎钢筋和安装钢筋骨架,必须搭设脚手架或操作平台,临边应搭设防护栏杆。

b. 绑扎立柱和墙体钢筋时,不得站在钢筋骨架上或攀登骨架上下。

c. 绑扎圈梁、挑梁、挑檐、外墙和边柱等钢筋时,应站在脚手架或操作平台上作业。无脚手架时,必须搭设水平安全网。

d. 绑扎和安装钢筋,不得将工具、箍筋或短钢筋随意放在脚手架或模板上。

3) 模板工程安全施工措施

a. 地面上的支模场地必须平整夯实,并同时排除现场的不安全因素。

b. 模板工程作业高度在2m以上时,必须设置安全防护设施。

c. 操作人员登高必须走人行梯道,严禁利用模板支撑攀登上下,不得在墙顶、独立梁及其他高处狭窄而无防护的模板上行走。

d. 模板的立柱顶撑必须设牢固的拉杆,不得与门窗等不牢靠和临时物件相连接。模板安装过程中,不得间歇,柱头、搭头、立柱顶撑、拉杆等必须安装牢固成整体后,作业人员才允许离开。

e. 基础及地下工程模板安装,必须检查基坑土壁边坡的稳定状况,基坑上口边沿1m以内不得堆放模板及材料。向坑内运送模板构件时,严禁抛掷。使用起重机械运送时,下方操作人员必须远离危险区域。

f. 组装立柱模板时,四周必须设牢固支撑,如柱模在6m以上,应将几个柱模连成整体。支设独立梁模应搭设临时操作平台,不得站在柱模上操作和在梁底模上行走和立侧模。

g. 拆模作业时,必须设警戒区,严禁下方有人进入。拆模人员必须站在平稳、牢固、可靠的地方,保持自身平衡,不得猛撬,以防失稳坠落。

h. 严禁用吊车直接吊,没有撬松动的模板。

i. 拆除的模板支撑等材料,必须边拆、边清、边运、边码垛。

j. 楼层高处拆下的材料,严禁向下抛掷。

4) 混凝土工程安全施工措施

a. 浇筑混凝土使用的溜槽节间必须连接牢靠,操作部位应设护身栏杆,不得直接站在溜槽帮上操作。

b. 浇筑高度 2m 以上的框架梁、柱混凝土应搭设操作平台,不得站在模板或支撑上操作。

c. 混凝土地泵在浇筑时,要防止爆管和泄露的混凝土伤人。

d. 使用输送泵输送混凝土时,应由两人以上人员牵引布料杆。管道接头、安全阀、管道等必须安装牢固,输送前应试送,检修时必须卸压。

e. 混凝土振捣器使用前,必须经电工检验确认合格后方可使用。开关箱内必须装设漏电保护器,插座插头应完好无损,电源线不得破皮、漏电;操作者必须穿绝缘鞋,戴绝缘手套。

5) 脚手架工程安全施工措施

a. 脚手架要编制专项安全施工方案和安全技术措施交底。

b. 正确使用个人安全防护用品,必须着装灵便。在高处作业时,必须佩戴安全带与已搭好的立、横杆挂牢,穿防滑鞋。

c. 风力 6 级以上强风和高温、大雨、大雾等恶劣天气,应停止高处露天作业。风、雨过后要进行检查,发现倾斜下沉、松扣、崩扣,要及时修复,合格后方可使用。

d. 脚手架要结合工程进度搭设。搭设未完的脚手架,在离开作业岗位时,不得留有未固定构件和不安全隐患,确保架子稳定。

e. 在带电设备附近搭、拆脚手架时,宜停电作业。

f. 脚手架搭设、拆除、维修和升降必须由架子工负责,非架子工不准从事脚手架操作。

6) 施工机械安全措施

a. 施工现场大型机械设备如塔吊、电梯的安装(或拆除)必须编制安装(或拆除)方案。安装结束后,由安全管理部配合安监站进行验收。

b. 本工程使用中、小型机械比较多,因此,必须加强对施工现场中、小型机械设备安全运行的管理。

c. 本工程所使用的机械要派技术熟练的信号工和司机进行操作,持证上岗,做到定时保养及时维修,按时检查,确保各种安全保险灵敏、有效。

d. 塔吊、外用电梯、机电设备、脚手架均需防雷接地,接地极 L50 两根长 2.5m 打入地下 500mm,极间与设备间连一 40×40 镀锌扁钢,电阻不大于 4Ω,脚手架每 30m 设一处,电阻不大于 10Ω。

e. 施工现场塔吊、混凝土输送泵等大型用电设备、机具,配专人进行维护和管理。

7) 塔吊施工安全措施

本工程采用两台塔吊,分别位于塔楼结构的东面和西面,塔吊施工主要采取以下安全措施。

A. 塔吊管理

① 成立塔机作业指挥中心,负责对施工现场各塔机之间关系的指挥、协调、维修、顶升和运行工作。

②各施工单位提前 2d 向塔机作业指挥中心提出书面申请，由其统一调度安排使用。

③进入施工作业现场的塔机司机，要严格遵守各项规章制度和现场管理规定，做到严谨自律，一丝不苟，禁止各行其是。

④为了确保工程进度与塔机安全，各塔机须确保驾驶室内 24h 有司机值班。交班、替班人员未当面交接，不得离开驾驶室，交接班时，要认真做好交接班记录。

⑤对严格限制塔臂回转角度的塔机，要采取塔臂回转限制措施。

⑥统一在塔机起重臂、平衡臂端部、塔机最高处安装安全反光警示器（灯）。

⑦施工现场应设能够满足塔机夜间施工的照明灯塔，亮度以塔机司机能够看清起重绳为准。

B. 双塔机使用安全措施

①低塔让高塔：低塔在转臂之前应先观察高塔的运行情况，再运行作业。

②后塔让先塔：在两塔臂的工作交叉区域内运行时，后进入该区域的塔要避让先进入该区域的塔。

③动塔让静塔：在塔臂交叉区域内作业时，在一塔臂无回转，小车无行走，吊钩无运动，另一塔臂有回转或小车行走时，动塔应避让静塔。

④轻车让重车：在两塔同时运行时，无荷载塔机应避让有荷载塔机。塔机长时间暂停工作时，吊钩应起到最高处，小车拉到最近点，大臂按顺风向停置。

C. 信号指挥规定

①信号指挥人员，必须经市劳动局统一培训，考试合格并取得操作证书方可上岗指挥。

②换班时，采用当面交接制。

③塔机与信号指挥人员应配备对讲机，对讲机经统一确定频率后必须锁频，使用人员无权调改频率，要专机专用，不得转借。现场所用指挥语言一律采用普通话。

④指挥过程中，严格执行信号指挥人员与塔机司机的应答制度即：信号指挥人员发出动作指令时，先呼叫被指挥的塔机编号，司机应答后，信号指挥人员方可发出塔机动作指令。

⑤塔臂旋转时，发出指示方向的指挥语言，应按国标执行，防止发生方向指挥错误。

⑥指挥过程中，信号指挥人员应时刻目视塔机吊钩与被吊物，塔机转臂过程中，信号指挥人员还须环顾相邻塔机的工作状态，并发出安全提示语言，安全提示语言须：明确、简短、完整、清晰。

D. 起重工（挂钩工）操作规定

①起重工要严格执行十不吊操作规定。

②清楚被吊物重量，掌握被吊物重心，按规定对被吊物进行绑扎，绑扎必须牢靠。

③在被吊物跨越幅度大的情况下，要确保安全可靠，杜绝发生"天女散花"的现象。

④起重工作业前、中、交班时，必须对钢丝绳进行检查与鉴定，不合格的钢丝绳严禁使用。

E. 塔机顶升规定

①与相邻塔机无影响时，可根据实际需要，确定本塔的顶升高度和顶升时间。但必须书面上报塔机指挥中心，经审核签字批准后，方可进行顶升。

②塔机指挥中心在保证安全生产的前提下，本着就快不就慢的原则，根据工程进度，统一确定塔机顶升高度和到位时间。

8) 施工现场高空作业安全措施

a. 要求作业人员在高空或临边作业时，对手持小型工具必须全部"生根"，以防在高空操作时坠落。对进入现场及楼层的信道搭设安全人行信道，对接近吊装的危险区域，用护栏进行隔离，悬挂警示牌，有效地防止可能发生的高空物体坠落事故。

b. 制定和健全高空施工的安全操作制度，严肃施工纪律。

c. 高空安全设施必须用途齐全、安装牢固、拆除方便、使用可靠，同时做到定期检查，专人修缮。

d. 高空施工人员应佩安全带、戴安全帽、穿防滑鞋；对超高空施工人员应进行健康检查，在高空宜设置（冬季）避风棚和（夏季）遮阳棚。

e. 当风力超过 6 级时，应停止高空吊装施工。

f. 高空上下指挥应采用无线电对讲机，且信号统一。

9) 施工现场临电安全措施

a. 现场施工用电缆、电线必须采用 TN-S 三相五线制。严禁使用三相四芯再外加一芯代替五芯电缆、电线。现场所有配电导线采用橡套软电线，不准使用塑料线及花线，不允许用铁丝、铜线代替保险丝。

b. 施工用电投入运行前，要经过安全管理部及总承包项目技术负责人验收合格后方可使用，管理人员对现场施工用电要有技术交底。

c. 临时用电线路采用架空敷设，潮湿和易触及带电体场所的临时照明采用不大于 24V 的安全电压。

d. 施工现场供电线路、电气设备的安装、维修保养及拆除工作，必须由持有效证件的电工操作。

e. 配电房室内安全工具及防护措施、灭火器材必须齐全有效。

f. 对易燃易爆、危险品存放场所的设备，要加强监控、检查工作，发现问题立即整改。

g. 对固定、移动机具及照明的使用应实行二级漏电保护，并经常进行检查、维修和保养。

h. 现场电工必须熟练掌握并认真执行建设部及有关部门的施工现场临时用电安全技术规范、规定。

i. 电工持证上岗，坚守工作岗位，遵守职业道德和操作规程，并做好施工日志。面向生产第一线，做到随叫随到，对工作认真负责，不断提高技术水平，全心全意为施工生产服务。

j. 现场电工应随时掌握现场所有供电线路、用电设备的绝缘程度和使用运行情况，设备增减情况，开关箱、流动箱及用电设备的熔丝匹配情况，插座及开关的保护盖齐全完好情况，如有损坏应及时更换。

k. 现场使用的配电箱、线路、用电设备、零配件齐全无损，无裸露，标记无脱落，外观清洁，摆放整齐。

l. 必须严格做到"三级配电、二级保护"。施工现场必须设置总配电箱，不得直接在建设单位提供的电源系统上向各分配电箱供电。

m. 各类配电箱中的 RC 熔断器内严禁使用铜丝作保护，必须使用专用的铜熔片，并做到与实际使用相匹配。

n. 开关箱必须做到"一机、一闸、一漏、一箱"的要求，箱内漏电开关不得大于 30mA/0.1s 的额定漏电动作电流要求。

o. 开关箱必须固定挂设，不得随地放置，严禁箱体倾斜 15°以上使用。

p. 对所有供电线路、用电设备、各类配电箱，现场值班电工班每天至少要进行两次全面细致的检查，发现问题及时处理并做好记录。

q. 值班人员按规范要求，定期对配电室低压柜进行检查清扫，发现问题及时汇报。

r. 对施工现场所有配电箱，每周必须清扫一次。灰尘多、潮湿等场所，根据情况增加清扫次数，保证配电箱的清洁、完整。

s. 用电设备在安装使用前，必须先摇测绝缘电阻，合格后才能投入使用。

t. 现场电工必须做好漏电保护开关的动作记录，如动作时间、动作原因、动作次数等，查清动作原因处理恢复后，才能继续投入使用。

u. 现场所有用电设备必须另接三级配电箱；否则，不准使用。箱内必须配有开关及漏电保护器，三级箱与二级箱距离不得大于 30m，三级箱至用电设备距离不得大于 5m。

v. 在雨期施工每月必须对漏电开关进行末端试验，发现不动作立即更换，如实记录。

10）易燃、有毒、化学品使用安全措施

a. 单独库存，有明显标识，且远离办公区、生活区及木工房。所有材料均要将品种、数量记录详细；

b. 有毒物的施工，应保持通风；

c. 施工现场应有灭火器械；

d. 剩余材料及时回收，单独存放、销毁。

（3）安全施工技术措施

1）临边安全施工措施

在基坑四周、楼层四周、屋面四周等部位，凡是没有防护的作业面均必须按规定安装两道围栏和挡脚板，确保临边作业的安全。

基坑四周防护栏杆须先在立杆下做 120mm 宽、300mm 高砌体基础，将立杆埋入，立杆间距 1800mm，钢管设水平杆两道，总高 1500mm，外设排水明沟。

2）楼层洞口的防护

洞口较大时也需进行临边防护，采用钢管支设，高度 1200mm，立杆间距 1200mm，水平杆设两道，下部设 180mm 高竹胶合板挡脚板，防护栏杆挂密目网，如图 4-3 所示，洞口处挂水平安全网。

楼层安装预留洞采用竹胶合板覆盖防护，楼层钢筋不断，可以固定竹胶合板，如图 4-4 所示。

3）电梯间的防护

电梯间入口及层间均需做安全防护，在电梯入口用 $\phi 16$ 钢筋焊接铁栅栏固定，并刷红白漆，悬挂好安全警示标志；电梯间每两层做一道水平安全网防护，如图 4-5 所示。

4）安全通道防护

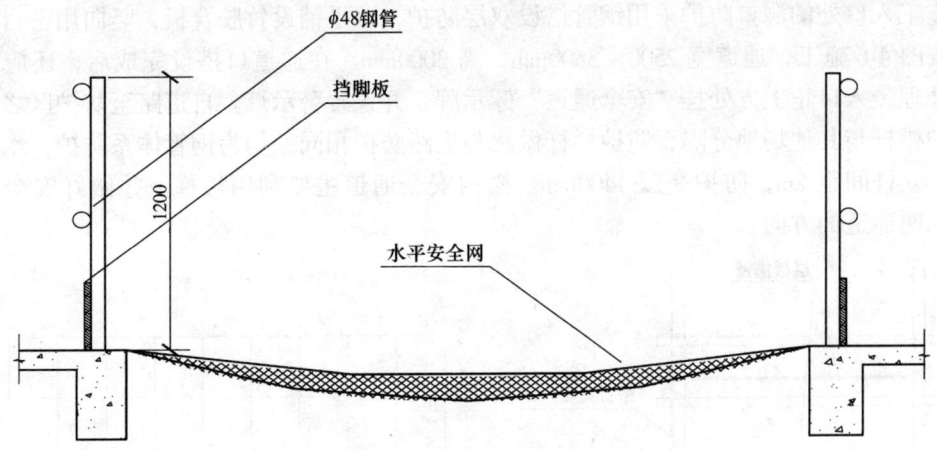

图 4-3 楼层洞口临边防护（单位：mm）

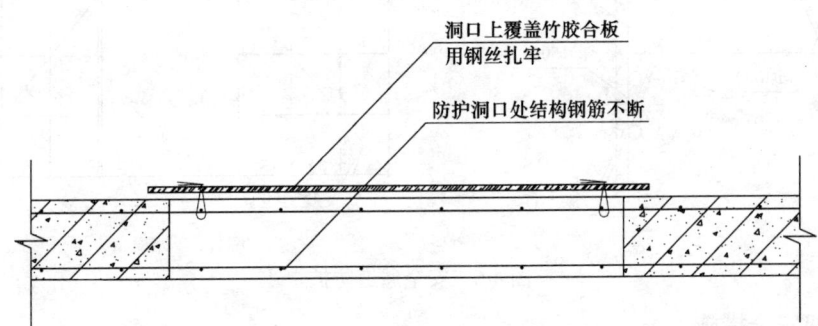

图 4-4 预留洞口防护

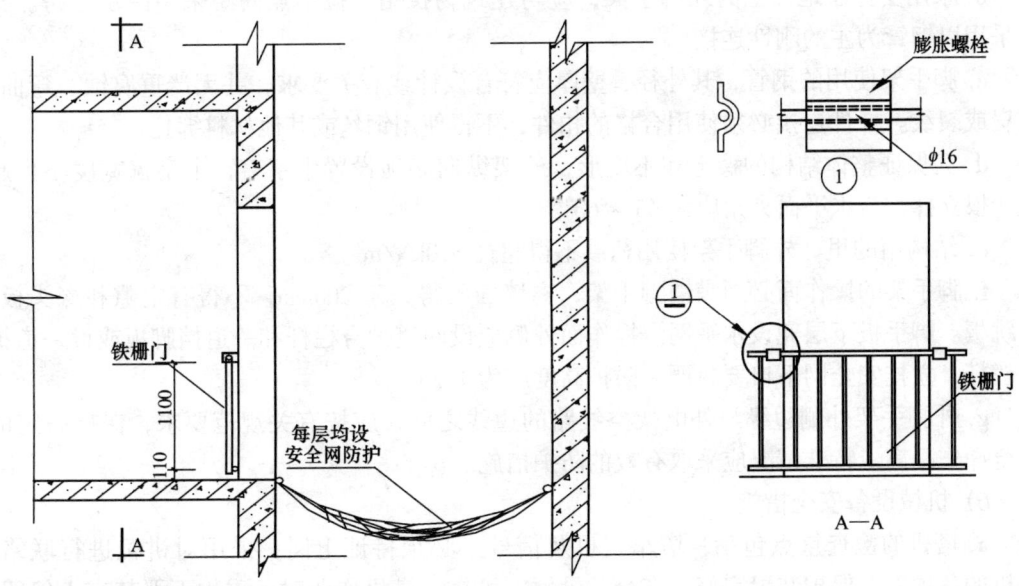

图 4-5 电梯洞口防护

施工入口处的洞口防护采用钢管搭设双层防护，水平铺设竹胶合板，竖向用密目网封闭，按图4-6施工，通道宽2500~3500mm，高3000mm。在通道口搭设完成后，还应进行美化处理，入口正上方处挂"安全通道"标示牌，并设置警示灯。自道路至防护区之间采用防护栏杆与其他场地分隔，防护栏杆做法与道路防护相同，均为钢管体系防护，水平杆两道，立杆间距2m，防护高度1400mm。楼内安全通道主要利用楼梯，并做好安全指示牌，标明通道的方向。

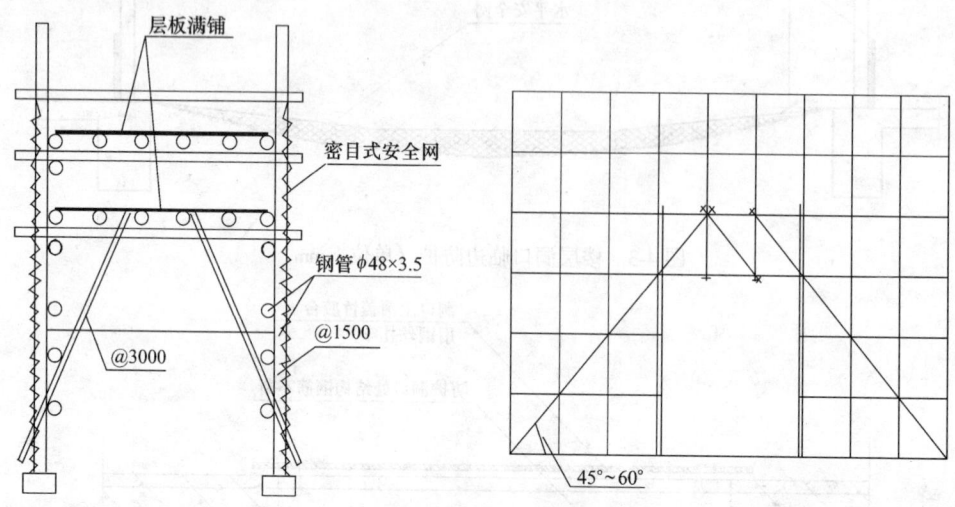

图4-6 安全通道防护

5) 外架安全措施

a. 使用的脚手架及搭设方案须经设计计算，并经技术负责人审批后方可搭设。

b. 采用支撑于地面上的外脚手架，应与建筑物拉结，拉结点间距采用两步三跨。拉结采用以钢管为主的刚性连接。

c. 脚手架使用的钢管，其外径、壁厚应符合设计或有关要求，并无严重腐蚀、弯曲、压扁或裂纹。杆件连接必须使用合格的扣件，不得使用钢丝或其他材料绑扎。

d. 为保证整体结构的稳定和不变形，外架纵向必须设置十字盖，十字盖宽度不得超过7根立杆，与水平面夹角应为45°~60°。

e. 结构用的里、外脚手架使用荷载不得超过3.0kN/m²。

f. 脚手架的操作面必须满铺脚手架，离墙面不得大于200mm，不得有空隙和探头板、飞跳板。脚手板下层兜设水平网。操作面外侧应设两道护身栏杆和一道挡脚板或设一道护身栏杆，立挂安全网下口要封严，防护高度应为1.2m。

g. 外脚手架外侧边缘与外电架空线路的边线之间，应按有关规范要求，保持一定的安全操作距离。特殊情况应采取有效的防护措施。

6) 机械设备安全措施

a. 塔机的检查重点包括：塔车司机及信号工必须持证上岗，采用对讲机进行联络。塔机的各项安全保护装置完好、齐全、灵敏、可靠；塔机作业时，重物下严禁有人停留、工作或通过。重物吊运时，严禁用塔机载运人员。严禁进行斜拉、斜吊和起吊埋设或凝固在地面上的重物及不明物，现场浇筑的混凝土构件或模板，必须全部松动后方可起吊。附着杆倾角不得超过10°，并按《建筑机械使用安全技术规程》进行检查。

b. 施工电梯的安全装置：吊盘停车安全装置、钢丝绳断后安全装置、超高限位装置等必须齐全、灵敏、可靠。高度10～15m设缆风绳，井架四周应满挂密目网封闭，首层进料口搭设2m的防护棚，楼层的吊盘出入口应设安全门，导向地锚必须设置牢固。

c. 卷扬机、搅拌机应搭设防砸、防雨操作棚。卷扬机机身固定应设地锚，传动部分必须安装防护罩，导向滑轮不得用开口位板式滑轮。搅拌机使用前应固定，不得用轮胎代替支撑。启动装置、离合器、制动器、保险链、防护罩应齐全完好，使用安全可靠。停用过程中停电时应切断电源。卷扬机吊笼应降至地面，搅拌机料斗应升起并挂好保险链。

d. 蛙式打夯机必须两人操作。操作人员应戴绝缘手套和穿绝缘胶鞋，操作手柄应有绝缘措施，停电时应切断电源。

e. 圆盘锯、砂轮切割机等各种安全防护装置应齐全。凡长度小于50cm、厚度大于锯盘半径的木料，严禁使用圆盘锯裁割。砂轮机应使用单向开关，并应装设不小于180°的防护罩和牢固的工件托架，严禁使用不圆、有裂纹、磨损剩余部分不足25mm的砂轮。

f. 钢丝绳使用应有足够的安全储备，凡表面磨损、腐蚀、断丝超过标准、有死弯、断股、油芯外露的不得使用；吊钩应有防止脱钩保险装置；卡环在使用时，使销轴和环底受力。

g. 对于新技术、新材料、新结构、新工艺、新设备的使用，在制定操作规程的同时，必须制定安全操作规程。

7) 高处作业安全防护

a. 高空作业人员必须经医生体检合格，凡患有不适宜从事高空作业疾病的人员，一律禁止从事高空作业。

b. 高空作业区域必须划出禁区设置围栏，禁止行人、闲人通行闯入。建筑物的出入口应搭设长3～6m、宽度大于通道两侧各1m的防护棚，棚顶应满铺不小于5cm厚的脚手架。临近施工区域，对人或物构成威胁的地方应支搭防护棚。

c. 首层四周必须支设固定4m宽双层水平安全网，水平安全网接口处必须连接严密，与建筑物间隙不大于10cm，并且其外沿明显高于内沿，无法支搭水平安全网时，必须逐层立封安全网。水平安全网直到无高空作业时方可拆除。

d. 作业人员必须按规定路线行走，禁止在没有防护设施的情况下，沿高墙、脚手架、挑梁、支撑、起重臂、运行吊篮等处攀登或行走。

e. 高空作业应有足够的照明设备和避雷设施。

f. 高空作业所需的料具、设备等，必须根据施工进度随用随运，禁止超负荷。楼层垃圾应集中堆放，及时清理。倾倒时应有防护设施，并设专门区域专人看管。悬挑结构处不得堆放料具和杂物。

g. 6级以上大风、大雨、浓雾，禁止从事露天高空作业。

h. 高空作业的料具应堆放平稳，工具应随时放入工具袋内，严禁乱堆、乱放和从高处抛掷材料、工具、物件。

(4) 消防保证措施

1) 现场的临时建筑

a. 搭设的临时建筑，应符合防火要求，不得使用易燃材料。要按现场平面图建设。

b. 临时的机械棚、施工电梯安全操作棚、钢筋加工棚、木工棚、变压器、电闸箱棚等，一律不准使用可燃材料搭建。

2）消防管理

a. 总包单位与分包单位要签订消防安全协议书，明确双方的责任。

b. 实行逐级责任制。项目经理是现场防火工作的负责人，根据工程规模配备消防干部，具体负责日常消防工作。

c. 组建现场的防火领导小组，成立义务消防队，并制定灭火作战计划，建立健全各岗位部位的防火管理制度、措施。

d. 组织编制、制定、完善施工现场有关防火安全的规定、规章制度，对现场进行防火安全监督、检查，落实责任，解决隐患。

e. 做好宣传教育工作和入场前应进行三级教育，组织义务消防队员进行教育，使他们掌握防火常识，训练他们扑救初期小火的技术能力。

f. 施工现场禁止非生产人员在现场住宿，工程内住人应由现场防火负责人批准，并报消防监督机关备案，认真落实广州市消防局有关规定要求。

g. 工程内禁止设库房，不准存放油漆、烯料、石油、液化气、电热器具。如需要设置，必须上报安全文明施工管理部。

h. 在施工现场地下室，不准住人和存放易燃、易爆物品。

3）用火用电措施

a. 严格遵守广州市消防安全工作有关标准，贯彻"以预防为主，防消结合"的消防方针，结合施工中的实际情况，加强领导，组织落实，建立逐级防火责任制，确保施工安全。做好施工现场平面管理，对易燃物品的存放要设专人负责保管，远离火源。

b. 成立工地防火领导小组，由项目经理任组长，由安全部管理人员及工长为组员，建立一支以联防队员为主体的义务消防队负责日常消防工作。在防火领导小组的领导下，各分包商要按照防火制度对重点部位进行检查，发现火险隐患必须立即消除。

c. 对进场的操作人员进行安全防火知识教育，每周三为安全教育日，对施工人员及操作者进行安全、防火知识的教育，增强防火意识。加强制度建设，创建无烟现场。

d. 施工现场设 $DN100$ 管径的消防栓，每 50m 布置一个，随施工楼层增高，设 $DN50$ 管径消防竖管，每两层设置一个水龙带、消防枪、消防箱，现场配备干粉灭火器。各分包商的施工现场必须配备足够的消防器材，由防火员负责维护、管理，定期更新，保证完好。

e. 由于现场施工场地狭窄，现场应设置消防施工道路，宽度应大于 3.5m，在大门口和现场处挂防火标志牌、防火制度、防火计划及 119 火警电话等醒目标志，并明确画出发生火警时逃生线路及集合地点。

f. 同周围派出所、居委会积极配合，取得工程所在地有关部门的支持和帮助。

g. 现场动用明火，办理动火证。易燃易爆物品妥善保管。

h. 搭设临建符合防火要求。

i. 现场设消防储备水箱和消防泵，配专用电线路直接与总闸刀上端连接。

j. 照明线必须按规定正式架设，不准乱拉、乱接，由正式电工安装，库房照明灯不准超过 100W，住人照明应用低压 36V。

k. 电气焊作业，必须"三证"（操作证、上岗证、动火证）齐全，方可作业。用火证只在指定地点和有效时间内使用。

4）消防设施、器材管理

a. 现场配备消防器材，应根据工程情况，结构施工阶段，每 200m² 不少于 1 瓶，装修阶段每 100m² 不少于 1 瓶，现场消防栓周长每 200m 设一座消防栓、配水带、水枪，设立标志牌，主管径不小于 $\phi80mm$，出水口不小于 $\phi50mm$；

b. 高层建筑超过 24m，设消防泵房，24h 有人值班，竖管每隔一层设一出水口，配套齐全；

c. 消防设施、器材必须每年维修保养一次，不能使用过期的灭火器材，确保消防设施、器材灵敏、有效、好用；

d. 现场消防栓、灭火器材四周 3m 内不准堆放物品，不得圈占或挪用。

### 4.2.5 文明施工措施

（1）现场总平面管理

1）施工现场实行封闭施工，施工现场四周人员车辆进出口通道外，其余周边按规定设连续封闭围栏，目前工地现场已有临时围墙，但我们将按标准将其改造，要求高度不低于 2.0m、厚 0.24m。墙面用 1:1:6 混合砂浆抹灰并刷白；四周顶部设一排带有灯罩的照明灯，墙正面（入口处右侧）用红色油漆书写警戒标志，设门卫室，并建立必要的规章制度，对工地大门、围墙等临时设施，按我局规定进行精心设计制作，创造美观、文明的施工环境。

2）工地主要入口要设置简朴、规整的大门。大门右侧挂齐全的"七牌一图"，即总平面示意图、企业标志牌、企业宗旨牌、工作概况牌、施工公告牌、安全纪律牌、施工进度牌、各种标牌。标明工程名称、施工单位和工程负责人姓名等内容，建立文明施工责任制、划分区域，明确管理负责人。

3）施工总平面布置图应做到现场材料堆放布置合理，现场施工用电、用水布置合理、现场排污、排水畅通合理、施工道路畅通。垂直运输布置经济合理。尽量做到生活设施与生产分开，互不影响，在各阶段的施工中，严格按平面布置图进行管理。

4）施工现场管理人员和工人应佩戴分色的安全帽。现场指挥、质安、安全等检查监理人员应佩戴明显的袖章或标志，并遵章管理；危险施工区域应派人佩章值班，并悬挂警示牌或警示灯。现场所有人员应区分并统一制工作卡，实行统一登记管理。

5）严格遵守社会公德，职业道德，职业纪律，妥善处理施工现场周围的公共关系，争取有关单位和群众的谅解和支持，控制施工噪声，尽量做到施工不扰民；同时，积极与业主有关主管部门配合，服从有关部门的管理。

6）施工现场大门整齐，出入口设门卫，"门前三包"落实，现场围墙、围篱、围网规矩成线。

7）工程项目做到现场清洁、整齐，施工现场场地平整，道路坚实通畅，施工现场推行硬化地施工现场办公室、厕所、材料堆放场浇筑混凝土厚度 100mm，强度不低于 C20，其他场地采用砂浆或草地进行绿化。现场设有专门排水系统措施，±0.000 以下施工完成，要及时回填平整，清除积土，现场临时水电要统一设专人分工管理，不得长流水、常明灯。

8）施工现场临时设施搭建，严格按确定的施工平面布置实施，并做好场地绿化工程。工人操作地点和周边必须清洁整齐，做到工完场清，楼板面的砂浆、混凝土及时清理，砂浆、混凝土在运输使用过程中，要做到不洒、不漏、不剩，并且及时做好清杂工作。车辆运输出场时，应做清洗处理，保证运输无污染。严格成品保护措施，防止损坏污染成品，堵塞管道。建筑物内清除的垃圾渣土，要通过临时搭设的滑道分点排放至底层定期外运处理，严禁从门窗口向外抛掷。针对工程现场情况设置宣传标语及黑板报，定期组织编写更换，加强工人的思想素质教育工作。

（2）现场生活区卫生管理措施

1）施工现场办公区应保持长期整洁，定责任人、责任区管理，并按规定在工程竣工交用后及时清除，保证无异味、无明火，做好防四害工作，保证正常生活办公秩序。

2）现场按规定设置临时厕所，厕所必须设良好的冲水设备，经常打扫，保持清洁，定期施洒消毒药物；同时，设简易化粪池式集粪池，加盖并定期清洁。每日派专人负责清洁卫生。污水要经过处理才能排放，场地内设沉淀池和冲洗池。

3）应根据实际情况配置电视机和其他娱乐设施，供工人使用。

4）实行场地卫生片区包干制度，明确确定施工现场各区域的卫生负责人。

（3）料具及构配件放置

1）料具和构配件应按施工平面布置图划定的位置方案堆放。堆放场地应平整夯实，有排水措施，并分规格摆放稳固，一头齐，一条线。砖成丁、成行，高度不超过1.5m，砌块堆放高度不超过1.8m，砂、石子和其他散料堆放界清，不得混杂。

2）现场材料应根据其各自特性，增设防雨、防火、防晒、防爆、防损等措施，易燃、易爆物品应分库管理，专库专管加设明显标志，在材料购置阶段建立严格的领退料手续。

3）施工料具无浪费现象、使用量必须控制在计划以内，做好维修、保养，保证工期的前提下满足使用要求。

4）施工现场外范围临时堆放施工材料，须经有关部门批准，并按规定办理临时占地手续。材料堆放整齐，不影响外界正常生产、生活，做必要的围挡。

（4）对现场机械设备的控制措施

1）现场使用的机械设备，要按平面固定点存放，遵守机械安全规程，经常保持机身等周围环境的清洁，机械的标记、编号明显，安全装置可靠，小型机械在定位使用阶段必须设置防雨、防振、防尘措施，围护结构必须合理安全，规范布置，满足使用要求。

2）清洁机械排出的污水要定向布置排水管沟，不得随地流淌。

3）塔吊、电梯及物料提升机等设施排水功能齐全、顺畅。基础四周设排水沟渠，保证土体稳定。

4）为了满足施工、生活，必须长距离敷设电缆线，编制施工用电方案，针对架、埋等施工方法，编制技术及文明组织措施，在相关施工规范的指导下组织实施。

（5）施工操作现场的管理措施

1）项目所有进场的操作班组签订文明施工合同，并加强对班组的教育，使人人都养成文明施工的良好习惯。

2）按照文明施工合同及有关的文明施工管理制度，加强对班组施工过程的检查，发现问题及时处理，并做到奖罚分明。

3) 加强对工人"落手清"工作的教育，制定相关的奖罚制度，以制度来约束人，真正使每个班组做到工完场清。

4) 制定完善的材料领用制度，特别是加强对周转扣件等的管理，并制定相应的奖罚办法，使工人自觉地养成节约材料的习惯。

5) 加强对工人的思想素质教育，经常对工人进行法纪和文明教育，并制定相应管理制度，坚决清除在施工现场打架斗殴及进行黄、毒、赌等非法活动。

(6) 道路与排水

1) 施工现场实行硬化处理，要求坚实、畅通，场地无积水。

2) 施工现场内设置畅通的排水措施，根据现场需要设置过水沉淀池，使沟池成网，集中清淤。

(7) 现场垃圾管理

1) 不论主体或装修施工，每天安排专人清理建筑物内外的零散碎料和垃圾渣土。楼梯踏步、休息平台、阳台处等悬挑结构上，不得堆放料具和杂物。

2) 严禁楼层上的垃圾直接往楼下倾倒。

3) 工人操作应做到活完料净脚上清，保证小责任区整洁，大现场文明。

4) 施工现场设临时垃圾站，及时集中分拣、回收、利用、清运。垃圾清运出场必须到批准的消纳场地倾倒，严禁乱倒、乱卸。

### 4.3 环境保护技术措施

施工污染主要包括以下几方面：噪声污染、粉尘污染（大气污染）、水污染、废弃固体污染。

#### 4.3.1 施工噪声排放控制措施

(1) 土石方施工

1) 对土石方施工的操作人员进行环保教育，增强其环保意识；

2) 严格控制推土机的一次推土量、装载机的装载量，严禁超负荷运行；

3) 加强施工机械的保养维修，尽可能地降低施工噪声的排放；

4) 尽量减少夜间推土机工作量。

(2) 结构施工

1) 现场搅拌机械采用具有隔声效果的材料进行封闭，以防止噪声扩散；

2) 坚持日常对混凝土输送泵的维修保养，确保其运行始终处于正常状态；

3) 尽可能选用环保型振动器，振动器使用后及时清理干净；

4) 对混凝土振捣人员进行交底，确保其操作时，不振钢筋和模板，做到快插慢拔，减少空转的时间；

5) 修理钢模板和脚手架钢管时，禁止用大锤敲打，其修理工作应在封闭的工棚内进行；

6) 电锯操作间采用具有隔声效果的材料进行封闭；

7) 模板、脚手架支拆时，应做到轻拿轻放，严禁抛掷；

8) 坚持对结构施工期间的噪声检测。发现超标时，及时采取降噪措施。

(3) 装修及机电工程施工

1) 尽量做到先封闭后施工；
2) 设立石材加工间，并设降噪封闭措施；
3) 使用合格的电锤，并及时在各部位加注机油，增强润滑；
4) 使用电锤开洞、凿眼时，及时在钻头处注油或水；
5) 严禁用铁锤敲打管道及金属工件。

**4.3.2 施工粉尘控制措施**

(1) 施工现场道路扬尘控制

1) 施工场地：施工道路全部硬化，采用200mm的C20混凝土铺设；对于材料堆场、库房、采用100mm的C20混凝土铺设，其他土壤裸露场地，进行绿化或覆盖石子。
2) 施工现场道路应有专人打扫和洒水湿润。

(2) 建筑垃圾产生粉尘的控制

1) 建筑垃圾、渣土应在指定地点堆放，每日进行清理，清理时应在垃圾表面层适量洒水或用彩条布、安全网覆盖，防止刮风引起扬砂和扬尘，垃圾池满后应及时清运，清运时应适量洒水，以减少扬尘。
2) 高层或多层建筑清理施工垃圾，应使用封闭的专用垃圾道或采用容器吊运，严禁随意凌空抛撒，造成扬尘。
3) 施工时应采用合理的工序和工艺，杜绝浪费，尽量减少垃圾的产生。
4) 不得在施工现场融化沥青和焚烧油毡、油漆，亦不得焚烧其他可能产生有毒有害烟尘和恶臭气味的废弃物。

(3) 原材料的运输、储存、堆放产生粉尘的控制

1) 含有粉尘的原材料运输时应尽可能采用封闭车厢进行，减少粉尘排放到大气中。散装水泥必须使用专用车辆运输。散水泥和其他易飞扬的细颗粒散体材料应尽量安排库内存放，如露天存放，应采用封闭容器或严密遮盖。
2) 装卸有粉尘的材料时，应洒水湿润和在仓库内进行。砂石应集中堆放，集中堆放地点应用砖砌体围护，4级风以上时，砂堆用密目网覆盖，并经常湿润。
3) 对可产生粉尘的材料，搬运人员应尽量做到"轻拿轻放"，避免不必要的摔、掼，产生灰尘。
4) 其他不可用水湿润而可产生粉尘的材料，如石灰，贮运时应注意检查包装完好。

(4) 施工作业产生的粉尘的控制

1) 土方施工：4级风以上的天气，不安排土方施工；松散型物料运输与贮存，采用封闭措施；装运松散物料的车辆，应加以覆盖（盖上苫布），并确保装车高度满足运输不遗撒；在施工现场的出口处，设车轮冲洗池，确保车辆出场前清洗掉车轮上的泥土；设专人及时清扫车辆运输过程中遗撒至现场的物料；松散的、易飞扬的物料（外加剂、白灰）均采取封闭式贮存措施（袋装、进库）；现场配备洒水设施，安排专人组织定时洒水降尘。
2) 材料加工时一般应考虑采用湿式作业，向作业面或材料洒水，或采取喷雾等措施，以防止粉尘飞扬。
3) 木材加工应集中地点，并对作业场所进行封闭，作业人员应配备相应的安全防护措施。木材加工机械的飞轮、皮带轮转动时，易使木屑飞扬，必须安装防护罩。
4) 生石灰的熟化和灰土施工应适当洒水，杜绝扬尘。

5) 进行石材、混凝土砌块、面砖等切割作业时应采用湿式作业，购买切割机时，应购买带有灭尘装置的切割机。使用时，用水桶装水作为水源，用软管接到切割机上，水流大小以达到灭尘效果为准。如不能湿式作业的，必须集中地点切割，并对加工场所进行封闭，作业人员配备相应的防护措施。

6) 利用风镐破石时，应将水源接到作业场所，并有专人进行洒水或喷雾。

7) 混凝土及砂浆搅拌：本项目施工全部采用商品混凝土，不在现场搅拌混凝土。搅拌砂浆时，为防止水泥在搅拌过程中的泄漏扬尘，现场设封闭的水泥库及搅拌站。

(5) 焊接产生金属烟尘的控制

1) 提高焊接技术，改进焊接工艺和材料。焊接操作尽量实现机械化、自动化、人与焊接环境相隔离；合理设计焊接容器的结构，采用单面焊、双面成型新工艺，避免焊工在通风极差的容器内进行焊接；选用具有电焊烟尘离子荷电就地抑制技术的 $CO_2$ 保护电焊工艺，可使 80%～90% 的电焊烟尘被抑制在工作表面，实现就地净化烟尘，减少电焊烟尘污染；选择无毒或低毒的电焊条。

2) 改善作业场所的通风状况。在自然通风较差的室内、封闭的容器内进行焊接时，必须有机械通风措施。

3) 作业人员必须使用相应的防护装置，如面罩、口罩等。若在通风条件差的封闭容器内工作，还要佩戴使用有送风性能的防护头盔。

**4.3.3 水污染控制预防措施**

1) 雨水管理：项目开工前，在做现场总平面规划时，设计现场雨水管网，并将其与市政雨水管网连接；设计现场污水管网时，应确保不得与雨水管网连接。由项目兼职环保管理员通知进入现场的所有单位和人员，不得将非雨水类污水排入雨水管网。

2) 砂浆搅拌站污水管理：搅拌站设污水沉淀池，污水经过三级沉淀后，进入现场的污水管网。

3) 沉淀池由分包单位每周清理一次，项目环保管理员负责检查。

4) 厕所污水：施工现场设冲水厕所；厕所污水进入化粪池沉淀后，再排入现场污水管网；项目环保管理员与当地环卫部门联络，定期对化粪池进行清理。

5) 其他污水管理：施工现场的所有施工污水；均应经过沉淀后，再排入市政污水管网；项目委托分包单位定期清理沉淀池内的泥沙。

**4.3.4 固体废弃物控制措施**

(1) 对所有废弃物实行分类管理，按照规定将废弃物分为三类：可回收利用的无毒无害废弃物、不可回收的无毒无害废弃物、有毒有害废弃物。

(2) 对废弃物进行标识：对分类存放的各类废弃物，进行明显的标识，即标明废弃物的种类。

(3) 对废弃物的收集：

1) 项目设置统一的废弃物临时存放点，存放点配备收集桶（箱），以防止流失、渗漏、扬散。

2) 明确各单位负责废弃物收集工作的责任人及具体职责和范围。

3) 包括分别明确以下范围的责任人员：办公区、生活区、食堂、施工区、垃圾贮存区。

4）废弃物的处置及运输

内部运输：确保废弃物在运输过程中不遗撒、不混装。

外部运输：对废弃物的外运，必须由具备相应资格的单位进行。外运前，由项目环保管理员监督，对废弃物进行严密覆盖，防止遗撒。对于有毒、有害废弃物的运输，应执行国家或当地的相关法规。

# 5 经济效益分析

在本工程主要采用的技术有：高强高性能混凝土技术；高效钢筋和预应力混凝土技术；粗直径钢筋连接技术；新型模板和脚手架应用技术；推广采用节能型墙体材料应用技术；新型建筑防水和塑料管应用技术；轻型钢结构施工技术；推广计算机应用和管理技术。

## 5.1 新技术应用情况及其具体经济效益分析

### 5.1.1 高强高性能混凝土施工技术

（1）采用商品混凝土

本工程采用 C30～C55 的泵送商品混凝土。共使用商品混凝土 37719.2$m^3$，混凝土柱墙部分采用 C55 高强混凝土，C55 高强混凝土量达近 1668.2$m^3$，混凝土泵送高度达 103m。采用预拌混凝土及泵送施工技术，不但混凝土质量更有保证，而且能减少劳动力强度、提高工效、加快施工进度，取得了较好的社会和经济效益。

（2）大体积混凝土施工

本工程底板厚度 500mm，核心筒大承台厚 3970mm，核心筒混凝土体积应有 320$m^3$，核心筒为大体积混凝土，施工中我们积极准备，先后同建设、监理、商品混凝土厂家、试验等多家单位交流与协商，共同做好大体积混凝土的施工准备工作。确保混凝土的配合比、供应、浇筑、振捣、测温、养护等各环节得到保证，并设置了不利情况下的应急措施。

温度监测：材料采用 DN50 埋镀锌管，用测温计进行大体积混凝土内部测温。根据结构平面的形状及深度布设测温点，布点间距不大于 6m，本工程共设了 16 点，每一个测温点处分为三个或两个不同深度进行测温。采用先频后疏的测温方法，测温从混凝土浇筑后 3h 开始采样，每小时测温一次，根据测温数据，及时调整养护方法，加强养护管理。该大体积混凝土的施工质量好，施工时间短，未出现任何有害裂缝。

（3）散装水泥技术

在选商品混凝土厂家时，由于商品混凝土厂家位于郊区，按照相关政策规定，效区可使用袋装水泥，商品混凝土厂家向我单位报价提供袋装水泥的商品混凝土，而我方根据相关文明施工规定及对照散装和袋装水泥商品的性价比，向商品混凝土公司提出采用散装水泥的商品混凝土，以降低商品混凝土的造价成本。最终，商品混凝土公司听取我方建议，在混凝土中使用散装水泥，它可以减少施工场地的压力和环境污染，减少水泥袋装的费用，节省工程成本。混凝土价格比一般混凝土降低不少。

本工程中的所用混凝土全部采用散装水泥，共浇筑混凝土 37719.2$m^3$，其中人工挖孔桩护壁自拌混凝土 2359$m^3$，商品混凝土 35360.2$m^3$，共使用 P.O.42.5R 级和 P.O.32.5R 级散装水泥分别为11171.05t和2987.56t，相对袋装水泥可节省费用327724.38元。

(4) 粉煤灰的使用

本工程使用的所有商品混凝土内均掺有粉煤灰，共使用粉煤灰3065.14t，节省P.O.42.5R级和P.O.32.5R级水泥分别为1685.34t和351.37t，节省费用386971.33元。

(5) 大面积、大跨度结构设置膨胀加强带和混凝土中掺加抗裂膨胀剂应用技术

由于本工程地下室和裙楼属超长结构（地下室东西长92.5m，南北宽79.6m），采取在梁板中掺高效抗裂膨胀剂（抗裂膨胀剂掺量10%），并设置后浇膨胀加强带（抗裂膨胀剂掺量12%）。这样配制成补偿收缩混凝土，补偿混凝土在干缩和降温冷缩时产生的拉应力，从而防止混凝土开裂；另外，设置膨胀加强带二次浇筑混凝土的时间仅需14d，比一般后浇带混凝土浇筑的时间提前了一个月，从而加快了工期，缩短了模板周转使用的时间。由于地下室底板提前浇筑，提早46d阻止了基坑内部地下水和雨水的流入途径，节省了抽水台班的费用6035.2元。

### 5.1.2 高效钢筋和预应力混凝土技术

(1) 推广应用新HRB400钢筋。

本工程负一层梁、裙楼预应力及标准层局部采用HRB400钢，为Φ32、Φ28、Φ25、Φ22四种，HRB400钢总量为452t，采用的HRB400钢筋是专门为建筑结构应用开发的新型钢筋，其屈服强度标准值为400MPa，比普通HRB335钢筋强度提高20%左右，而价格却增加不多，该钢种已列入新修订的国家规范标准，应大力推广，使其成为我国钢筋混凝土结构的主导性钢种之一，推广使用将具有显著的经济效益和社会效益。

(2) 有粘结预应力混凝土技术

本工程裙楼三层、四层、五层、六层都采用了有粘结预应力梁，具体有：礼堂三层楼面处两根800mm×2000mm，三根600mm×2000mm，跨距分别为25.5m的预应力大梁，四层、五层⑥、⑦轴各有两条500mm×1100mm的预应力梁，跨距16m，六层南面（⑤～⑧轴）×（2/A）有一根650mm×1600mm的预应力梁，最大跨距为25.5m，六层北面屋面有两根860mm×2000mm，跨距为24m，本工程的预应力筋均采用了高强度低松弛的钢绞线（钢材强度级别为1860N/mm$^2$），波纹管采用7、12孔镀锌薄钢带压波而成的圆管，后张法施加预应力。

采用有粘结预应力混凝土结构的特点是：能控制构件的裂缝，提高结构的整体性能和刚度，减小挠度，松弛小，延伸率高，能改善和提高混凝土结构性能，降低工程造价，获得大空间大跨度（如首层大礼堂、五层关会议室），满足建筑使用功能。与钢结构相比，维修费用低，具有耐性好、节约钢材等特点。

### 5.1.3 粗钢筋连接技术

在满足本工程设计和规范的前提下，为提高工效、降低成本，本工程对于结构水平梁（HRB400钢）、框架柱、墙的直径在20mm以上的钢筋均采用了直螺纹连接，其余钢筋按部位不同相应采用闪光对焊和搭接焊。

(1) 闪光对焊连接技术

闪光对焊属于熔化对碰压力焊范畴，闪光对焊连接工艺具有工效高、成本低等特点；对于水平结构梁、底板钢筋在加工场采用闪光对焊，接长部分短的材料，充分利用钢材，并减少钢筋的搭接长度，具有较好的经济效益。

本工程共使用钢筋闪光对焊接头 40520 个,每个接头的成本 1.0 元,节约钢材 113.74t,节约钢筋接头成本 449349.87 元。

(2) 电弧搭接焊技术

搭接焊技术本工程在挖孔桩中使用,采用单面 $10d$ 搭接焊,搭接焊接头共有 2400 个,每个接头的成本 0.8 元,节约钢材 6.67t,节约钢筋接头成本 27637.77 元。搭接焊操作的特点是操作轻便、灵活、适用性强、较简便、施工质量容易保证。

(3) 直螺纹连接技术

HRB400 钢、框架柱、墙钢筋直径 20mm 以上的均采用了直螺纹连接。直螺纹连接接头共有 31078 个。每个接头的成本 9.65 元,节约钢材 141.65t,节约成本 287247.12 元。

直螺纹连接是近年来开发的一种新的螺纹连接方式。直螺纹连接工艺与其他连接方式比较具有接头强度高、连接快速方便、适用性强、接头质量安全系数高、便于检测、安全可靠、工艺简单、质量容易控制、无明火作业、不污染环境和节约钢材及能源、能全天候作业等优点。

**5.1.4 新型模板和脚手架应用技术**

(1) 柱、墙模采用槽钢代替常规钢管作竖向构件(柱、墙)加固件的新型模板加固方式。

采用 [8、[12 槽钢(1200mm 及以下的柱子不采用对拉螺杆)代替常规钢管作竖向构件(柱、墙)加固件的新型模板加固方式,可保证模板施工质量,减少混凝土面的穿孔数量,增强混凝土面的观感效果,保证混凝土结构不容易变形,进一步提高模板制作质量和施工技术水平。

(2) 新型优质的覆膜胶合板模板的使用

采用覆膜胶合板,表面平整光滑、容易脱模、强度、刚度大、耐磨性好,能多次周转使用,平均周转次数达 12 次,能节约木材,增加经济效益。

本工程共支设模板 141906.20m²,共使用新型模板 11825.52m²,比使用一般模板节约 8419.79m²,节约木材 152.04m³,节约材料费用 108609.00 元。

(3) 封闭式楼梯模板施工技术

楼梯支模现场采用了封闭式模板安装,构成整体封闭的模板体系,此方法具有如下优点:操作简便,防止污染;楼梯施工的同时可作施工通道(不用专门搭设施工通道);混凝土踏步成型美观;可省去后续找平工序;有利于成品保护。

在操作时,要注意在每步踏步平模上需钻 5mm 的排气孔数个,以排除封闭在模板内的空气。

为使楼梯混凝土振捣密实,采用内插(插入式振动器)外挂(附着式振动器)的振捣方法。

(4) 清水混凝土模板、免抹灰工艺及扣件式钢管脚手架的使用

A. 清水混凝土模板、免抹灰工艺

采用覆膜胶合板,具有表面平整、光滑、容易脱模、耐磨性好,模板强度、刚度较好,能多次周转使用,满足清水混凝土施工要求。本工程地下一层、二层采用现浇混凝土楼板、混凝土墙面免抹灰施工工艺,即采用清水混凝土施工,梁板底、混凝土墙面无须抹灰,只需对混凝土梁、板底面、墙面稍做打磨,修整,再批腻子打磨后直接刷乳胶漆的施

工做法，这样可避免顶棚、混凝土墙面抹灰容易空鼓、开裂、脱落的质量通病。还可节约抹灰的成本，而且质量更有保证，是一举多得的好技术措施，应积极推广应用。本工程采用清水混凝土模板和免抹灰工艺，共节约抹灰面积 27794.3m²，节约施工费用 174270.27 元。

B. 扣件式钢管脚手架的使用

本工程层高类别较多，裙楼部分层高高达 16m，地下一层层高为 5.5m，属特高支模，对安全性要求十分严格。为保证模板支设的稳固和安全性，模板支架全部采用扣件式钢管脚手架。可以保证模板满堂架的立管间距，安装和拆除方便，运输安全，减少损耗。

扣件式钢管脚手架采用散装快拆模板体系，加快模板架料的周转率，进一步提高模板制作质量和施工技术水平。

### 5.1.5 建筑节能和新型墙体应用技术

(1) 加气混凝土和蒸压灰砂砖的使用技术

本工程内墙采用加气混凝土砌块砖墙（除卫生间 1.5m 以下外），外墙采用蒸压灰砂砖，灰砂砖尺寸与烧结普通砖一样即为：240mm×115mm×53mm，做法也一样。

加气混凝土砌块为主要砌体材料，其轻质、隔声、隔热、保温效果好，施工简便，它有利于节省供热能源，增强建筑的保温作用，减少黏土使用，保护生态环境，完全符合国家所提倡的采用砌筑工程中节能型材料的政策。共计砌加气混凝土砖墙 2456.31m³ 和灰砂砖 3355.66m³，砌体已于 2004 年 12 月砌筑完毕，此项技术仅计社会效益。

(2) 砌筑、抹灰砂浆中掺入"砂浆王"取代石灰技术

本工程砌筑、抹灰砂浆中使用"砂浆王"取代石灰膏，"砂浆王"掺量为水泥用量的 1‰~2‰，砌筑砂浆配比原为水泥:砂:石灰膏:水 = 1:6.75:0.55:1.16，改用"砂浆王"后，配比改为水泥:砂:"砂浆王":水 = 1:6:0.002:1.15，抹灰砂浆配比原为水泥:砂:石灰膏:水 = 1:6:1:1.16，改用"砂浆王"后，配比改为水泥:砂:"砂浆王":水 = 1:6:0.0016:1.12。砂浆王能改善砂浆的工作性能，提高砂浆强度，提高砂浆和易性，增强砂浆的粘结力，延长凝结时间，减小砂浆的重量和石灰膏堆放场地，它更能提高我们的工作效率，提高经济效益，而且有利于现场文明施工。本工程采用此项技术的砌筑砂浆 994.52m³，抹灰砂浆 1680.31m³，节约水泥 46.09t，共节约施工材料费用 78795.97 元。

(3) 新型上人轻质防水隔热复合板施工技术

本工程在屋面全部采用新型上人轻质防水隔热复合板进行保温、隔热，它是一种复合结构，外形尺寸似一砖体，从下到上分别由防水界面处理层、低导热系数的高密度聚苯乙烯有机泡沫隔热层、防水界面处理层、拒水性轻质无机微孔泡沫隔热材料和彩色耐磨面层（经过特殊化学处理）等复合而成，中间设有楔形脚（以保证各层粘结固定）。产品的特殊构造确保了产品良好的抗变形能力，规格为 300mm×300mm×55mm，它具有独立的密闭式气泡结构。因此，具有良好的隔热保温性能和防水性能，无毒、无味不变质，综合重量轻，具有防水、隔热、保温多种功能，是当今国内外最先进的保温材料，适用于建筑物的隔热、防潮工程。

本材料与其他同类产品相比，具有一砖多能、高效隔热节能、综合重量轻（表观密度只有 762kg/m³）的特点，同时它简化了屋面隔热保温层、防水层、保护层及装饰层的施工，其产品外型为一砖体，方便生产和搬运，施工简便，外表美观、精致等。

同时，它具有独立的密闭式气泡结构，因此，具有良好的隔热保温性能和防水性能，无毒、无味、不变质，可提高建筑屋面防水等级，防止化学防水材料过早热、老化。延长防水层合理使用年限，是当今国内外最先进的保温材料，特别适用于建筑物的隔热、防潮工程。

此产品实现了低密度和高强度的统一，在满足屋面上人要求的同时，最大程度地降低了隔热层的综合重量，减少了屋面附加荷载。

本工程共施工新型上人轻质防水隔热复合板屋面 5142.40$m^2$，节省材料费用 57749.15 元。

（4）轻钢骨架隔断墙的应用

本工程由大量使用了 U100 型轻钢骨架隔断墙，面封 12mm 保得板的施工做法，如七层、十三层，特别是三层化验中心。此种轻质隔断墙的施工做法，不但能较好地满足业主对房间使用功能的要求，而且在面板上直接刷磨平腻子后，再刷乳胶漆即可，免去了墙面抹灰湿作业的工序，施工速度快，能较好满足工程施工进度的要求；同时，减少的现场施工垃圾，节约了文明施工清理费用，轻质隔断墙造型新颖美观，装饰效果明显，材料均属轻质材料，自重小，因而其对原结构的承载力影响相对较小，是一种值得推荐应用的隔墙做法。

**5.1.6 新型建筑防水和塑料管应用技术**

（1）推广采用 WPS 环保型乳液防水材料和使用多种防水技术措施进行防水。

本工程的防水工程都是双重防水，即以"一刚、一柔"相结合防水方法，从而在设计上就保证了防水的可靠性。

1）本工程地下室底板、外墙、屋面、卫生间和厨房在防水施工材料中采用了 WPS（由广东省建筑科学院研究的新型材料）高强环保型防水涂料。此种新型防水材料具有强度高、延性大、高弹、轻质、耐老化、环保无毒等良好的性能，施工时操作又简便，只要在砂浆面上用卷筒来回滚动即可，是一种可以重点推广的新型材料。此种材料与老式的三毡四油相比便宜许多，WPS 综合施工单价为 20.66 元/$m^2$，三毡四油防水施工综合单价为 25.60 元/$m^2$，防水层总共面积为 28286.62$m^2$，节约费用 139735.90 元。

2）防水工程重点在地下室，而地下室的水压力较大的地方就在底板处。为此在施工柔性防水层前，先在底板砂浆找平层中掺入一定量的有机硅纤维，防止其砂浆找平层开裂，这样更能确保整个地下室的防水效果。

3）经项目部相关人员与设计人员沟通，在混凝土掺入一定量的高效抗裂膨胀剂和外加剂，以增加混凝土抗渗压力，以便防止因混凝土收缩而产生裂缝，从而达到以混凝土自防水为主、并与柔性防水相结合的防水效果。

4）外墙是容易渗水的重要部分之一。为此在外墙砂浆抹灰时，掺入一定量的防水粉，是有利于外墙防渗、防漏的一种有力措施。

（2）聚氯乙烯 PVC 塑料管的使用

在模板的加固钢筋外套聚氯乙烯塑料管，保证对拉钢筋不被混凝土包裹，待混凝土终凝后，可以将拉杆从混凝土中拔出，周转使用，减少拉杆的使用数量，节省了钢材资源，具有较好的经济效益。

本工程大部分的柱（1200mm 以下不采用塑料管）、墙采用聚氯乙烯塑料管，将穿墙、柱的对拉钢筋套住。当墙、柱模板拆除完毕后，抽出对拉钢筋继续使用，节省了材料。本工程中共使用PVC塑料管60240.0m，共节约对拉螺栓钢筋61.94t，取得经济效益229801.81元。

**5.1.7 轻型钢结构技术**

本工程钢结构施工完成部位五层（5-8）×（A-D）会议室上空部位，工程规格为 $25.5×16.5m$ 跨距的屋顶钢天面，属轻型钢结构，结构钢材采用Q235，主钢梁为两条H型钢，截面尺寸为（400~800）×250mm×10mm×12mm，摩擦面钢板厚20mm厚，次钢梁为 $\phi 127×3.0$，连系杆为C200mm×75mm×20mm×2.5mm，牛腿焊缝为一级焊缝外其余为二级焊缝，梁与梁连接节点采用10.9级摩擦型高强螺栓，屋面材料采用50mm的1050型聚苯乙烯夹芯板，手工焊条采用E4303型，自动或半自动焊采用H08型焊丝配合中锰型焊剂。通过施工本工程的钢结构，其质量可靠，经超声波（横波）检测钢结构内部探伤情况，均达到设计要求GB 11345—89规范中的一、二级焊缝标准，各种焊缝质量均达到验收标准。同时，它具有以下优点：

施工速度快，采用塔吊用1d时间基本就吊装就位，6个工作日全部焊接完成，满足了本过程施工工期紧迫的目标要求；解决了施工场地小的影响，钢结构梁采取场外加工，局部整体吊装的方案，利用夜间吊装、白天施焊的办法，使施工占用现场场地时间短，减轻了其他施工材料的进场压力，对其他施工基本无影响；施工文明、劳动生产效率高，大部分技术作业已在工厂完成，现场安置十分简单，在现场水、电、施工占地等方面，都比其他建筑类型大大减少，有利于文明施工；轻型钢结构造价相对较低，尽管金属材料价格较高，但对大跨度结构等建筑，由于采取了轻型结构体系方法，定型方法，可降低成本30%左右；重量轻、轻型结构上部结构重量是砖石混凝土结构的1/15~1/10，基础工程量仅为1/4~1/3，大大减少了原材料和成品的运输量以及现场工作量；社会效益好，属"环保"型产业，彩色压型钢板采用现代化流水作业，结构设计复杂，技术含量高，而且结构简洁。

**5.1.8 计算机应用和管理技术**

本工程积极推广施工组织设计和网络计划编制、工程造价、财务和会计管理、计划统计、劳动力管理、工程质量管理和文档资料等单项应用软件。如梦龙项目管理系统、AutoCAD绘图软件、易达清单大师预算软件、Adobe Photoshop和Acrobat Reader软件，以及三和施工资料管理软件、Microsoft Office办公软件等计算机应用软件。

（1）CAD辅助设计

利用AutoCAD软件进行工程细部图的绘制，深化装修设计图纸，减少了工程设计上的失误，增加了工程的美观，提高了施工速度，保证了工程质量。我们总共出具200多份装修深化图，利用CAD进行基础平面图的设计。

A. 塔吊平面位置的定位（对重要部位进行定位，还包括施工电梯等）

由于塔吊位置地下室底板，同时塔吊承载承台需避开工程桩和上部地下一层结构梁，故采用计算机进行精确定位，确保塔身不与工程桩和地下一层结构梁相叉，以避免因交叉而影响工程桩和地下一层结构梁的施工，如图5-1、图5-2所示。

B. 钟楼圆弧顶施工

钟楼圆弧顶板模板的标高控制是一个难点，无法通过现场的技术保证其具体位置，我们运用CAD绘图技术，将圆弧的具体参数数据化，并分8段进行水平标高的控制，如图5-3所示。

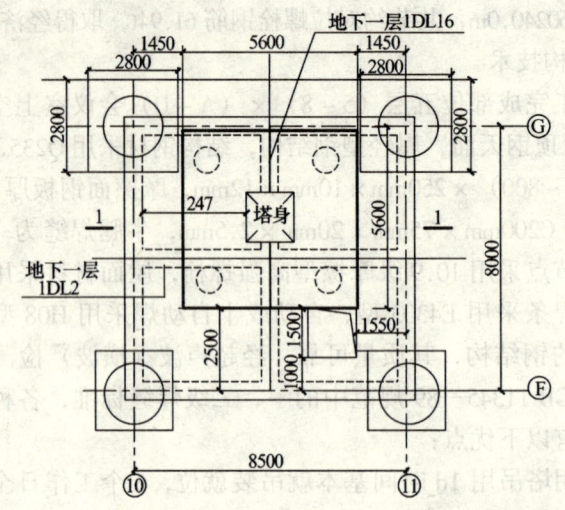

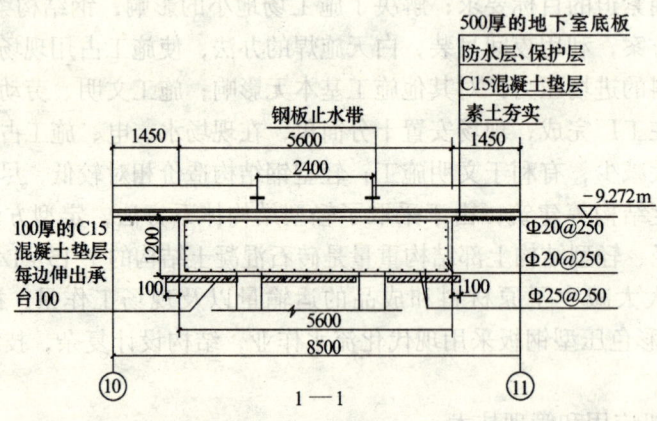

图 5-1 江麓牌塔机定位图（单位：mm）

(2) 幻灯片制作技术采用 POWERPOINT 软件，制作了工程幻灯片，对 2004 年度申报广州市、广东省 QC 小组成果和 2004、2005 年多次报告总结中本项目都制作了幻灯片，掌握了幻灯片制作技术，并在 2004 年 5 月，制作了"广州海关新业务技术综合楼的地下室超长、超厚结构混凝土施工如何确保施工质量"QC 活动演示文稿，参加了广州市、广东省 QC 小组成果、中建总公司组织的发布会，效果良好。

(3) 录像制作技术

为实现本公司录像制作的突破，项目部在 2003 年底就购置了录像机，拍摄了众多珍贵的录像资料。2005 年 12 底，确定将本工程的科技推广资料用录像资料整理出来。并购置了相应的压缩卡和录像编辑软件，在不到一个月的时间内掌握了数据的压缩、剪裁、编辑、配乐、配音、字幕等技术问题，较完整地用录像的方式介绍了本示范工程的全过程。

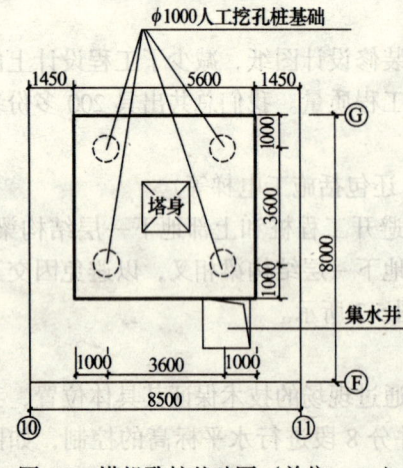

图 5-2 塔机孔桩基础图（单位：mm）

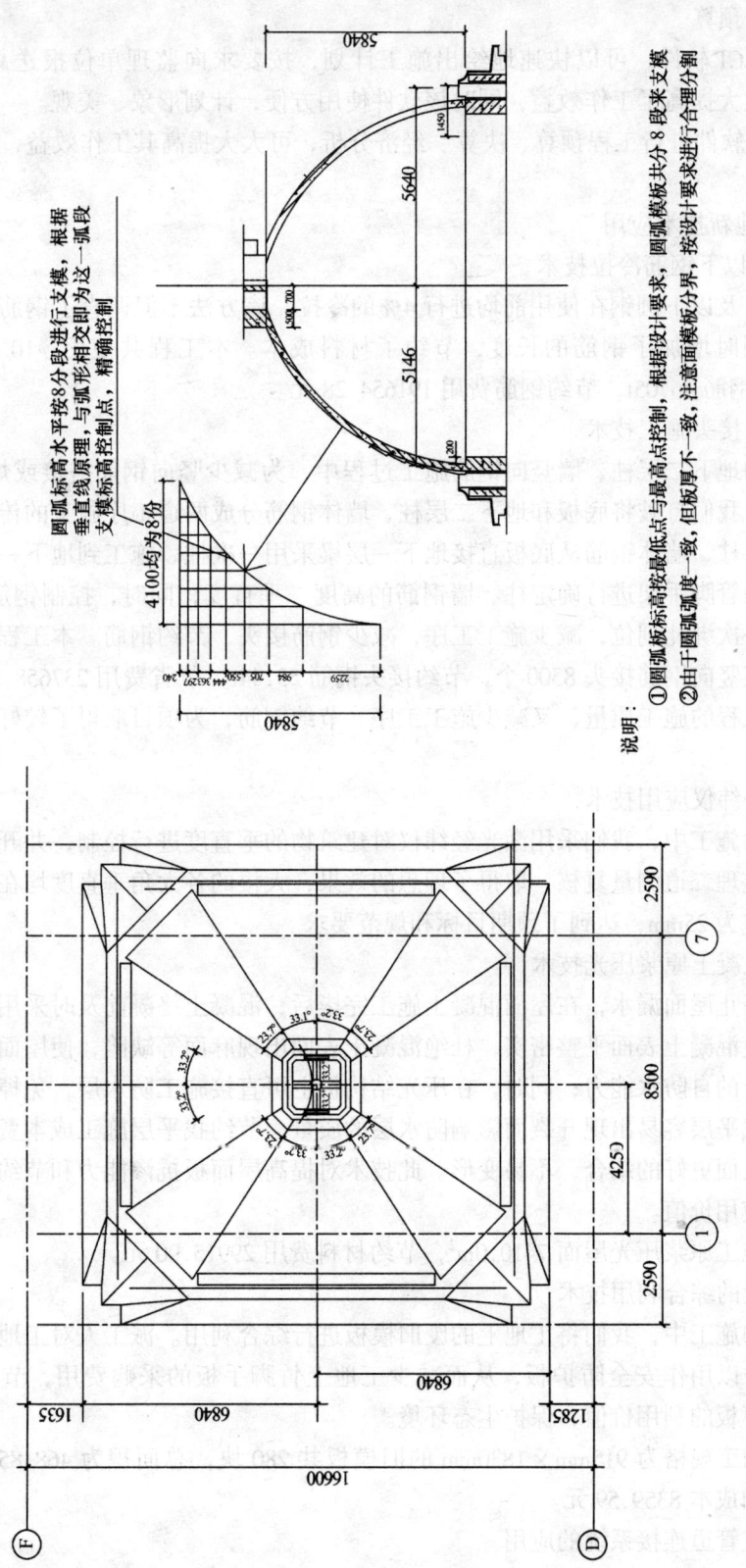

图 5-3 CAD 辅助设计

(4) 计划、预算

利用 PROJECT 软件，可以快速地绘出施工计划，按要求向监理单位报送总体、月、周进度计划。大大提高了工作效益，同时该软件使用方便，计划形象、美观。

利用 PKPM 软件进行工程预算、决算、经济分析，可大大提高其工作效益，增加计算的准确性。

### 5.1.9 其他新技术应用

(1) $\phi 10$ 及以下钢筋冷拉技术

本工程 $\phi 10$ 及以下圆钢在使用前均进行 4% 的冷拉，该方法不但调直了钢筋、增加了钢筋的强度，同时增加了钢筋的长度，节约了材料成本。本工程共使用 $\phi 10$ 以下圆钢 1151.33t，节约钢筋 46.05t，节约钢筋费用 191654.28 元。

(2) 钢筋无接头施工技术

在本工程的地下二层柱、墙竖向钢筋施工过程中，为减少竖向钢筋搭接或焊接工作，加快施工进度，我们打破将底板和地下二层柱、墙体钢筋分成两道工序施工的传统施工方法，将地下二层柱、墙体钢筋从底板直接地下一层梁采用一次柱、施工到地下一层梁板的技术，钢筋用钢管脚手架进行确定柱、墙钢筋的高度、垂直度；同时，控制钢筋的移位，又使墙体钢筋一次绑扎到位，减少施工工序，减少钢筋接头，节约钢筋。本工程使用此项技术节省地下室竖向钢筋接头 8300 个，节约接头钢筋 53.44t，节省费用 237658.37 元。该方法既保证了工程的施工质量，又减少施工工序、节约钢筋，为项目取得了较好的经济效益和社会效益。

(3) 激光经纬仪应用技术

在本工程的施工中，我们采用激光经纬仪对建筑物的垂直度进行控制，并开展项目部质检员和施工监理二道测量复核，取得了理想的效果，大楼的各大角垂直度均在规范的要求内，最大偏差为 25mm，达到了预期目标和规范要求。

(4) 屋面混凝土原浆压光技术

为有效地防止屋面漏水，在屋面混凝土施工完毕后，混凝土终凝前及时采用原浆压光技术，这样可使混凝土表面平整密实，杜绝混凝土表面出现麻面等缺陷，使屋面结构面大大加强了混凝土的自防水能力；同时，在压光结构板上可直接施工防水层，免掉防水层的找平层，杜绝找平层容易出现开裂而影响防水层的质量，节约找平层施工成本费用，并使防水层与混凝土面更好的结合，不易变形。此技术对提高屋面板抗渗能力和节约成本具有良好的经济和使用价值。

本工程共施工原浆压光屋面 7410.0$m^2$，节约材料费用 29915.90 元。

(5) 旧模板的综合利用技术

在本项目的施工中，我们将工地上的废旧模板进行综合利用。派工人对工地的旧模板进行加工拼接，以用作安全防护板，从而减少工地上竹脚手板的采购费用，节省项目开支，增加废旧模板的利用价值，保护生态环境。

本工程共加工规格为 915mm×1830mm 的旧模板共 280 块，总面积为 468.85$m^2$，扣除人工费，共节约成本 8359.59 元。

(6) 沟槽式管道连接系统的应用

本工程的消防管道系统采用了镀锌钢管。而镀锌管的连接不允许采用破坏镀锌层的连接方式，或破坏后必须二次镀锌，而实际施工过程中，当管道组装成型后不可能现场二次镀锌达到规范要求。沟槽连接实际就是橡胶软垫卡箍螺栓连接的一种方法，可以在不破坏管道结构的前提下直接安装。所以，采用沟槽式连接可解决二次镀锌的难题。同时它还有以下特点：

1) 不易生锈，韧性好，延伸性好。

2) 结构上设计为环管道自定心式，具有较强的防振吸振能力。

3) 接头密封采用"C"形密封圈，可以形成三重密封，随着管道内流体压力越大，其接头的密封性越好。

4) 该连接不需要焊接和镀锌，不存在二次安装，重量比较轻，大大降低了工人的劳动强度和工作效益，降低了施工成本。

5) 犬箍的品种齐全，易于拆卸，修改和变换管道布置，只要松开两片管犬即可更换任意一段管路，大大降低了维修成本。

在本工程中，共用各类犬箍500约个，连接管道近3000m，在减轻工人劳动强度，加快工程进度，减少污染和保护环境等方面取得了明显的效果，具有较好的经济效益和社会效益。

(7) 安装工程中镀锌钢管套管紧定式（JDG）配管新技术

本工程大量采用明配电线管，在配钢管时采用了套管紧定式敷设方法。套管紧定式镀锌钢管（JDG）是一种新型的线路保护用管，专门针对镀锌管不可焊接，跨接地线施工复杂等缺点制造的。

JDG管与管的连接采用直接头进行连接。管与盒的连接采用螺纹连接。螺纹接头也是双面镀锌保护，该方法施工方便快捷，质量绝对保证，同时还可以减少接头的费用。平均每个接头节约0.3元，本工程共有接头151800个，节省接头费用45540元。

(8) 风管无法兰连接及TDF、TDC连接新技术

无法兰连接的应用：主要用于边长小的风管，有C形插条连接和S形插条连接，改变了长期采用的角钢法兰连接，使风管连接更紧密，保温效果更显著，通风噪声更小。

法兰连接采用TDF和TDC两种新型连接方法。每10m连接周长若采用TDF连接则比采用TDC连接节省材料成本21.11元。在本工程中，风管截面大边介于1000~1500mm的风管管段间连接周长共计2980m，在风管连接材料成本上节约了26903.04元。

## 5.2 技术应用效益汇总及分析

### 5.2.1 经济效益

经过统计和分析，本项目的科技效益共计2813958.94元，经济效益取得了良好的效果。效益完成情况见表5-1所列。

效益完成情况　　　　　　　　　　　表5-1

| 序号 | 项　目　名　称 | 实际完成效益（元） | 备　注 |
| --- | --- | --- | --- |
| 1 | 散装水泥应用技术 | 327724.38 | |
| 2 | 粉煤灰综合利用技术 | 386971.33 | |
| 3 | HEA膨胀剂的使用 | 6035.20 | |
| 4 | 采用电弧焊搭接钢筋 | 27637.77 | |

续表

| 序号 | 项 目 名 称 | 实际完成效益（元） | 备 注 |
|---|---|---|---|
| 5 | 钢筋闪光对焊接头技术 | 449349.87 | |
| 6 | 粗直径钢筋直螺纹接头技术 | 237658.37 | |
| 7 | 钢筋无接头技术 | 287247.12 | |
| 8 | $\phi 10$ 以下钢筋冷拉技术 | 191654.28 | |
| 9 | 聚氯乙烯 PVC 套管使用技术 | 229801.81 | |
| 10 | 新型模板的使用 | 108609.00 | |
| 11 | 现浇混凝土面免抹灰技术 | 174270.26 | |
| 12 | 屋面混凝土原浆压光技术 | 29915.9 | |
| 13 | 使用"砂浆王"取代石灰技术 | 78795.97 | |
| 14 | WPS 环保型乳胶防水材料的使用 | 139735.90 | |
| 15 | 新型聚苯乙烯隔热板的使用 | 57749.15 | |
| 16 | 旧模板的综合利用技术 | 8359.59 | |
| 17 | 镀锌钢管套管紧定式（JDG）配管技术 | 45540.00 | |
| 18 | TDF 法兰夹连接风管技术 | 26903.04 | |
| 总 计 | | 2813958.94 | |

#### 5.2.2 科技进步效益率

海关工程总产值 17700 万，根据上述情况，本工程的科技进步效益率为：2813958.94/177000000＝1.590%，本工程科学技术推广达到了 1.5% 进步效益率的要求。

# 第三十五篇

# 南安邮电大楼施工组织设计

编制单位：中建七局三公司
编 制 人：王炳贵
审 核 人：李统瑞

【简介】 南安邮电大楼工程设计檐口高度98m（28层），实际施工高度110m（31层、局部），建筑面积36200m²。
工程科技含量高：
（1）从地下室底板到三十一层承重柱为钢管混凝土柱；
（2）钢管柱与模壳结合形成无梁楼盖结构体系；
（3）涉及建设部推广应用新技术10项。
工程施工难度大，不确定因素多：
（1）地质情况复杂，工程所处位置岩层落差大，卵石层厚，最厚处达11m，桩基设计为钻孔灌注桩，施工中要克服的问题多；
（2）钢管柱采用的是卷制钢管，从钢管制作到柱内混凝土浇筑，所有过程质量控制显得尤为重要；
（3）钢管柱与模壳平板结构结合其节点处理及质量控制，在施工前缺乏实际经验；
（4）该工程是一个系统完整的工程，我公司作为总包单位，需要协调各专业分包之间的工期、质量、安全及穿插配合。

# 目 录

1 编制依据 ... 1060
2 工程概况 ... 1060
  2.1 工程总体概况 ... 1060
  2.2 建筑设计概述 ... 1060
  2.3 结构设计概述 ... 1061
  2.4 工程施工特点 ... 1061
  2.5 施工场地特征 ... 1061
3 施工部署 ... 1062
  3.1 管理机构职能部署 ... 1062
  3.2 施工阶段划分及主要分部分项施工顺序 ... 1062
  3.3 劳动力组织 ... 1064
4 施工准备 ... 1065
  4.1 技术准备工作 ... 1065
    4.1.1 确定方案，编制施工组织设计 ... 1065
    4.1.2 测量放线准备 ... 1065
  4.2 现场临时设施，施工用水、电 ... 1066
    4.2.1 临时建筑 ... 1066
    4.2.2 施工给水排水 ... 1066
    4.2.3 施工用电 ... 1066
    4.2.4 材料供应 ... 1066
    4.2.5 防洪排涝设施 ... 1066
  4.3 施工机具准备 ... 1066
  4.4 资金准备 ... 1068
5 主要分部分项工程施工方案 ... 1068
  5.1 钻孔灌注桩施工 ... 1068
  5.2 围护结构 ... 1068
    5.2.1 钻孔灌注桩围护施工方法同工程桩 ... 1068
    5.2.2 深层搅拌桩施工 ... 1068
  5.3 土方开挖及降排水方案 ... 1069
    5.3.1 土方开挖 ... 1069
    5.3.2 降排水措施 ... 1069
  5.4 大底板施工 ... 1069
    5.4.1 流水段划分 ... 1070
    5.4.2 混凝土供应 ... 1070
    5.4.3 施工组织及技术措施 ... 1070
    5.4.4 混凝土浇捣 ... 1071

- 5.5 底板以上、四层裙房结构体施工 ············································· 1071
  - 5.5.1 流水段划分 ····························································· 1071
  - 5.5.2 模板工程 ································································ 1071
  - 5.5.3 钢筋工程 ································································ 1072
  - 5.5.4 混凝土工程 ······························································ 1072
  - 5.5.5 钢管柱施工 ······························································ 1073
- 5.6 施工测量方案 ······································································ 1074
  - 5.6.1 技术依据和施工测量设备 ············································· 1074
  - 5.6.2 施工测量技术要求 ······················································ 1074
  - 5.6.3 建立轴线控制网 ························································ 1074
  - 5.6.4 主体工程测量方法 ······················································ 1075
  - 5.6.5 主体沉降观测 ···························································· 1075
- 5.7 主楼结构体施工 ··································································· 1076
  - 5.7.1 施工顺序 ································································· 1076
  - 5.7.2 钢筋工程 ································································· 1076
  - 5.7.3 模板工程 ································································· 1076
  - 5.7.4 混凝土工程 ······························································ 1077
  - 5.7.5 模壳板施工 ······························································ 1077
  - 5.7.6 脚手架工程 ······························································ 1078
  - 5.7.7 砖砌体工程 ······························································ 1078
  - 5.7.8 铝合金龙骨防火棉板吊顶施工方法 ································· 1078
  - 5.7.9 楼地面花岗石板施工 ··················································· 1078
  - 5.7.10 玻璃幕墙施工 ·························································· 1079
- 6 质量保证措施 ············································································· 1079
  - 6.1 质量目标 ············································································ 1079
  - 6.2 建立全质量保证体系 ····························································· 1079
  - 6.3 施工准备过程中质量控制 ······················································· 1080
  - 6.4 施工过程的质量控制 ····························································· 1080
  - 6.5 竣工后质量控制 ··································································· 1080
- 7 安全保证措施 ············································································· 1080
- 8 现场文明管理措施 ······································································· 1081
- 9 降低成本措施 ············································································· 1081
- 10 新工艺、新技术、新材料的推广应用 ············································· 1082

# 1 编制依据

本方案编制依据天津建筑设计院设计的南安邮电大楼施工图；南安邮电大楼建筑施工合同；工程地质勘察报告；南安邮电大楼图纸会审纪要及设计变更通知和以下标准进行编制。

《土方与爆破工程施工及验收规范》（GBJ 201—83）
《建筑地基基础工程施工质量验收规范》（GB 50202—2002）
《砖石工程施工及验收规范》（GBJ 203—83）
《地下防水工程质量验收规范》（GB 50208—2002）
《建筑装饰装修工程质量验收规范》（GB 50210—2001）
《建筑地面工程施工质量验收规范》（GB 50209—2002）
《混凝土结构工程施工质量验收规范》（GB 50204—2002）
《屋面工程质量验收规范》（GB 50207—2002）
《钢筋焊接及验收规程》（JGJ 18—2003）
《钢结构工程施工质量验收规范》（GB 50205—2001）
《钢管混凝土结构设计与施工规程》（CECS 28：90）
《建筑工程施工质量验收统一标准》（GB 50300—2001）

# 2 工程概况

## 2.1 工程总体概况

由南安市邮电局投资兴建的南安邮电大厦位于南安市东部南泉公路与颖川路交接处，南邻民宅，西邻燃料公司。占地面积3400m²，工程总造价6500万元，合同工期27个月。其中基础地下室10个月，上部17个月，开工日期为1995年9月18日，竣工日期为1997年12月27日。该工程由两层地下室、四层裙房和二十八层主楼及一半地下室，地上两层的设备附房组成。主楼建筑高度101.97m，塔顶高度110.1m，地下室高度为3.3m，一至八层为4.2m，九至二十六层为3.1m，二十七至二十八层为4.2m，二十九层至三十层为3.3m。总建筑面积36200m²，地下室建筑面积6200m²，设备附房建筑面积1200m²，主楼与设备附房之间为10m宽消防通道。本工程抗震烈度为7度设防，防火等级为二级。

## 2.2 建筑设计概述

南安邮电大厦集电力通讯机房、营业大厅及办公为一体的高层综合智能大厦。地下室长52.95m，宽9.55m，裙房檐高16.8m，主楼标准层建筑面积800m²。主楼平面呈蝶形布置，布局新颖大方，地下室底板、外墙所有屋面均做V-951彩色弹性防水涂料。

室内装饰：楼地面以水磨石，磨光花岗岩板为主；门窗为铝合金门窗；顶棚以石膏板、矿棉吸声板吊顶和喷涂为主。

外墙饰面：大楼外墙为玻璃幕墙。主体外墙、内隔墙、裙房墙均采用加气混凝土砌块，地下室部分楼地面墙面顶棚均为普通装修。

## 2.3 结构设计概述

(1) 基础为桩箱复合基础。桩采用 Φ1200 钻孔灌注端承桩，桩长 23~40m 不等，桩总根数 152 根，桩端持力层为中风化凝灰熔岩，单桩承载力 400~450t。

(2) 地下室底板为整片满堂底板，厚 1.8m，根据结构布局设 1.8m 宽地暗梁。地下室中部设电梯剪力墙，墙厚 250~500mm，平面轴线尺寸 19.2m×6.45m，钢筋混凝土外墙厚 350mm。底板面设计标高 -6.62m，土方开挖标高 -8.93~-11.43m。

(3) 本工程主体采用框架剪力墙结构，四层裙房及地下室墙、梁、板为钢筋混凝土框架结构，主楼梁板采用密肋梁模壳体系，楼板总厚度 430mm，永久性模壳尺寸主要为 800mm×720mm×350mm，钢筋混凝土板厚 70mm，密肋梁高 420mm，宽 80~600mm。主楼部分竖向柱梯直径为 720mm，壁厚 12~14mm 钢管柱 22 根从底板面到顶，裙房为 φ600mm 钢筋混凝土圆柱。主楼斜伸四块角部柱两边设 1.5m 宽钢筋混凝土墙肢。三层金库墙为 200mm 厚钢筋混凝土墙。

(4) 地下室底板、外墙混凝土设计为结构自防水功能，混凝土强度等级 C35，抗渗等级 P8，地下室其余部分为 C30。主体十层以下混凝土强度等级为 C30，十一层以上为 C25；钢管桩混凝土十层以下为 C40，十一层以上为 C30。

## 2.4 工程施工特点

(1) 本工程底板底标高 -8.42m，土方开挖至 -8.93m，电梯井部 -11.43m。围护采用 φ1000 钢筋混凝土钻孔灌注切线柱。由于场地地势较低，土方实际开挖深度 5.93m，局部 8.43m。围护未作水平支撑体系施工灵活方便。但在土方开挖过程中，由于地下水位高且具承压力，土方开挖期间为当地雨季，降排水为突出的问题。该问题在土方开挖一节中着重解决。

(2) 底板大体积混凝土是地下室施工的重点和难点，南安无商品混凝土供应，底板 5200m³ 混凝土要在现场搅拌下坑，材料供应、储备、机具及运输等准备，要充分实际，做到有备无患。底板以上结构施工按常规施工。地下室部分施工工序多，工期要求紧，施工中要组织好小流水交叉施工。

(3) 本工程主楼部分设计采用了两大体系的新工艺、新材料，一为竖向钢管混凝土柱，二为密肋梁模壳体系。此两种结构为半成品现场安装，控制好半成品的制作、现场安装及工序间的搭接配合是整个主楼施工质量、施工工期的关键所在，除按本方案制定的半成品加工、质量检测、工序安排外，每月尚应提供详细的材料、施工计划。

## 2.5 施工场地特征

本工程东、北面均有城市道路，交通方便。现场内三通一平完备，基坑土方开挖后，施工场地狭小，根据先主后次，设备附房应留后施工，利用场地作为主楼施工的主要场地。现场区域地势低洼，东临内河。地下水位高，并与邻近河水晋江有水力联系，卵石层涌水量大，黏质粉土透水性强，粉土、粉砂含量高，极易成橡皮土，各土、岩层起伏变化大。

地质情况分述如下：

第一层：粉质黏土，厚2.2~4.5m全场分布；

第二层：黏质粉土，以粉砂和粉土为主，厚3.7~6.4m，全场分布（基坑底落于该层）；

第三层：淤泥质黏土，以黏性土为主，厚1.4~4.5m，全场分布；

第四层：中细砂，厚度较薄；

第五层：砂砾卵石，粒径最大达15cm以上，厚4.5~10.2m，全场分布。

年度气象情况：夏季最高气温40℃，冬季最低气温0℃，夏季平均风速20m/s，日最大降雨量160.3mm，雨季集中在5~7月份。

# 3 施工部署

## 3.1 管理机构职能部署

本工程实行项目管理施工，建立以项目经理为核心的项目经理部，负责工程全面协调，指挥和涉外关系。项目经理部组成：项目经理、副经理、工程技术组、质量安全组、材料设备组、财会核算组、办公室，系统管理整个工程施工全过程。最终实现质量好、工期快、效益高的总目标，项目部管理图如图3-1所示。

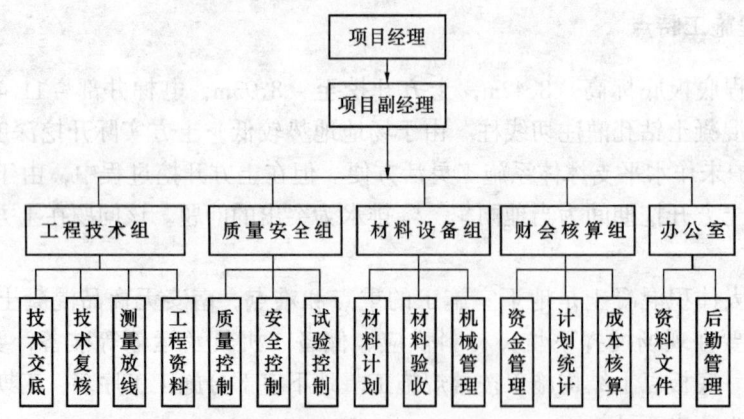

图3-1 项目经理部职能图

## 3.2 施工阶段划分及主要分部分项施工顺序（图3-2）

该工程工期紧，工程量大，建立以主体结构施工严格控制工期为主导的施工程序，按照先地下后地上，先土建后安装，先结构后装修的原则，以小流水法组织平行搭接、立体交叉施工。在工程桩和围护结构完成后，划分为以下几个施工阶段。

第一阶段：土方开挖阶段，该阶段在4月初开始，计划45d完成。土方开挖采取挖出一块、桩头砍掉一块、清出一块、垫层封掉一块的小流水施工，该阶段要组织好挖运土机械、运输道路、挖土人工以及各工序之间搭接配合。

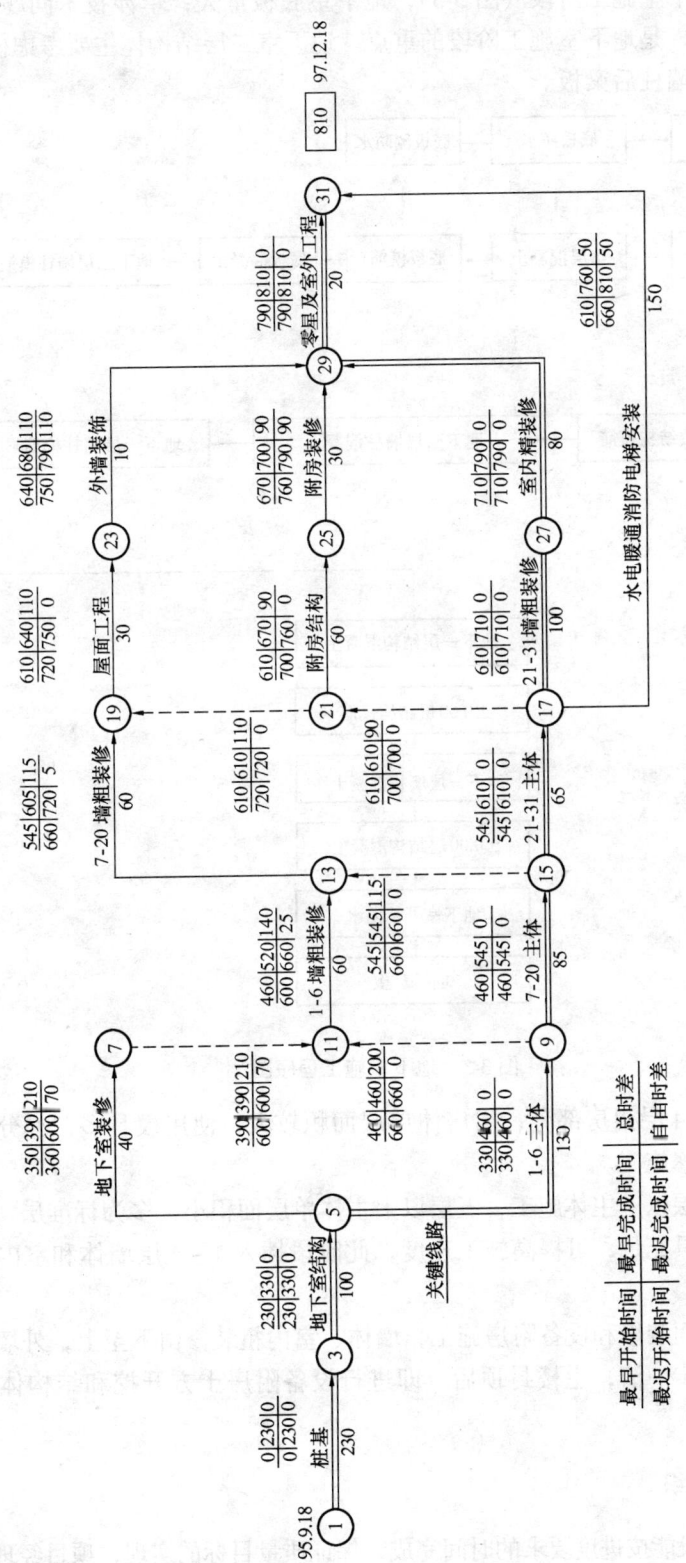

图 3-2 南安邮电大厦施工网络图

第二阶段：地下室施工阶段（图3-3），地下室底板量大，牵涉技术问题较多，人力、财力、物力较集中，是地下室施工阶段的重点。地下室二层结构体主要考虑模板、支撑的配置，应分段，先墙柱后梁板。

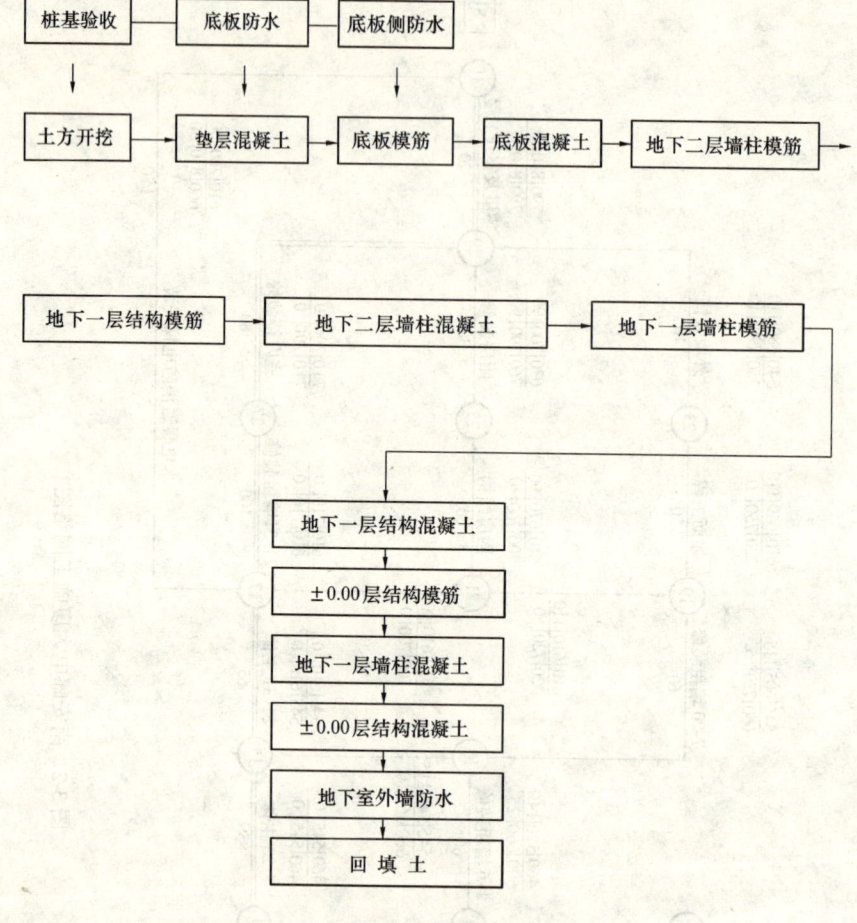

图3-3 地下室施工程序图

第三阶段：1~4层裙房部分，裙房体单层面积较大，使用模具多，亦分段施工，此阶段插入地下室装修施工。

第四阶段：五层以上主体施工，五层以上主体单层面积小，多为标准层，主要结构为钢管桩和模壳，模具充足，可提高施工速度，此阶段插入1~4层墙体和室内粗装修，并与主体跟进。

第五阶段：全面装修和设备附房施工，墙体、室内粗装修由下至上，外墙、室内精装修，由上而下，一步一清，主楼封顶后，即进行设备附房土方开挖和结构体施工，如图3-4所示。

## 3.3 劳动力组织

为使各施工阶段能按进度要求的时间完成，保证质量目标的实现，项目经理部应选配责任心强、专业熟练的技工，充任各工种技术骨干或班组长，调动劳动力生产潜能，以最短的

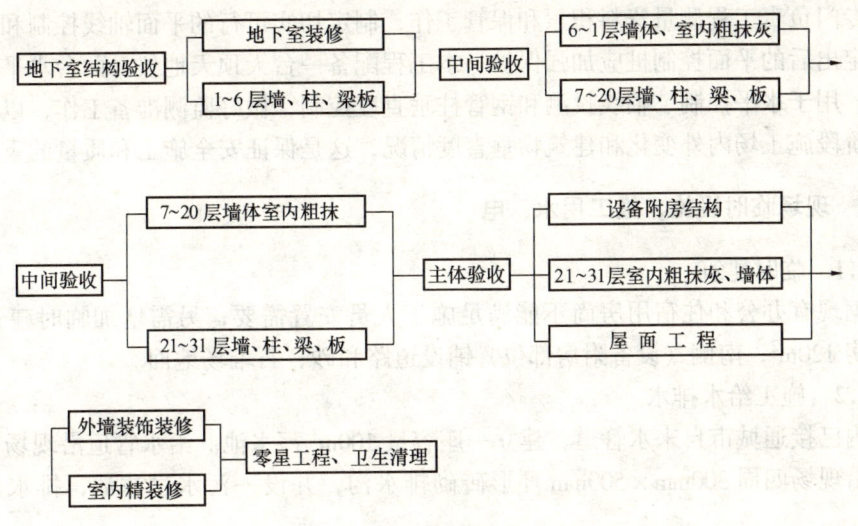

图 3-4 地下室结构装修及验收流程图

时间，顺利完成每项任务。不同阶段需用劳动力见表 3-1。各阶段施工中，对不占工期的次要施工过程，可适当延长施工时间，减少施工人数，缩小劳动力峰值，做到平衡搭接。

劳动力需要量计划表　　　　　表 3-1

| 工种 \ 分部分项 数量（人） | 地下室 | 一至四层裙房 | 五至三十一层 | 屋面工程 | 装饰工程 | 门窗工程 | 设备附房 |
|---|---|---|---|---|---|---|---|
| 混凝土工 | 20 | 20 | 10 | 10 | 50 | 5 | 10 |
| 木 工 | 60 | 60 | 40 | 5 |  | 15 | 15 |
| 钢筋工 | 30 | 30 | 20 | 5 |  |  | 10 |
| 电焊工 | 5 | 3 | 3 | 2 | 2 |  | 3 |
| 架子工 |  | 5 | 10 | 2 | 10 |  | 3 |
| 防水工 | 10 |  |  | 10 |  |  | 5 |
| 普 工 | 70 | 50 | 30 | 15 | 10 | 10 | 20 |

# 4 施工准备

## 4.1 技术准备工作

**4.1.1 确定方案，编制施工组织设计**

组织施工、技术人员认真熟悉图纸，编制施工预算，提出各种材料用量计划；组织图纸自审，协同建设单位做好图纸会审工作；召集各工种班组工人进行认真的技术交底；组织技术人员及责任心强，专业技术好的工人，进行有关新技术、新工艺的培训学习，使新技术、新工艺及时运用于施工中，确保工程施工的顺利进行和工程质量的提高。

**4.1.2 测量放线准备**

从原始定位点重新复核打桩定位轴线，了解熟悉施工现场邻近建筑物情况，指派一施工人员专门负责工程测量资料积累和保管工作，制定切实可行的平面轴线控制和标高控制网，对定出后的平面控制桩应加强保护。本工程配备一台天顶天地仪、两台水平仪、两台经纬仪，用于水平控制、轴线投测和钢管柱垂直度控制，做好监测准备工作，以便有效地掌握各阶段施工场内外变化和建筑物垂直度情况，这是保证安全施工和质量的重要手段。

### 4.2 现场临时设施，施工用水、电

#### 4.2.1 临时建筑

根据现有办公和住宿用房尚不能满足施工人员安置需要，另需增加临时建筑 $242m^2$，水泥库房 $120m^2$，南侧（设备附房部位）铺设道路和砂、石堆场地面。

#### 4.2.2 施工给水排水

场内已接通城市自来水管道，建立一座容量 $100m^3$ 蓄水池。给水管道沿现场四周循环布置。沿现场四周 $300mm \times 500mm$ 环形砖砌排水沟，并设一污水过滤池，排水沟坡向污水池。

施工用水量计算，用水定额套用参考定额，不均衡系数取 $K=1.5$，计算过程略。

#### 4.2.3 施工用电

场内有 $315kV \cdot A$ 变压配电室，尚需配置一台 $250kW$ 柴油发电机组，以备停电急需。沿围墙布设三相五线制用电线路，用水泥杆架空。

施工现场用电量计算

（1）用电设备总负荷计算（略）。

（2）导线截面及规格选择。

塔吊用电按原用线 $35mm^2$ 电缆线从总配电箱中接出，不在计算内。沿围墙主环形线路分三路，第一路用电设备主要有电梯、搅拌站机组、水泵、电焊机、电锯、振动器、照明，从杆线分配引出。干线总用电流为 $219.7A$，选用 $70mm^2$ 铝芯橡皮线，允许载流量为 $220A$ 架空敷设，第二路考虑一部分折减，选用 $50mm^2$ 铝芯线，允许载流量为 $175A$ 架空敷设；第三路沿入货电梯间引至各楼层操作面，并设动配电箱，该路总电流为 $103.5A$，选用 $3 \times 25 + 1 \times 10 + BR1$。铜芯电力电缆线允许载流量为 $116A$。

#### 4.2.4 材料供应

三材地材均由项目经理部组织供应，施工前，应认真了解货源，按比质、比价、比信誉的原则，筛选敲定供货单位，签订供货合同。钢管柱模壳等新材料需面议单价者协助建设单位了解价格，公正合理地确定其单价。地下室施工阶段在场外准备大宗材料储备加工场地。

#### 4.2.5 防洪排涝设施

施工现场低洼且东临内河，降水量大的雨季，根据以往经验，可能被水淹没，因此东侧应筑一堤坝将施工现场与内河隔断，防止河水倒灌，雨季配置三台大功率抽水机，负责场内排水。组织抗洪抢险突击队。

### 4.3 施工机具准备

地下室土方开挖前安装一台 TL-150 型高塔一台，在设备附房位置设置混凝土搅拌站，由两台 500L 混凝土搅拌机组成，并搭设防雨棚，根据各阶段施工安排，按机具配备表提

前 10d 将所需机械设备运抵现场,并做好试运转,指定维修,保养人员。机具配置见表 4-2,表 4-1 为主要工程量一览表。

主要工程量一览表　　　　　表 4-1

| 序号 | 分部分项 | 结构 | 单位 | 数量 | 序号 | 分部分项 | 结构 | 单位 | 数量 |
|---|---|---|---|---|---|---|---|---|---|
| 1 | 地下室工程 | 土方 | m³ | 19000 | 1 | 主体工程 | 钢管柱 | t | 680 |
| 2 | | 底板混凝土 | m³ | 4900 | 2 | | 模壳板 | m² | |
| 3 | | 混凝土外墙剪力墙 | m³ | 1434 | 3 | | 混凝土结构 | m³ | 14631 |
| 4 | | 梁板混凝土 | m³ | 1320 | 4 | | 砖砌体 | m³ | |
| 5 | | 砖砌体 | m³ | 250 | 5 | | 综合脚手架 | m² | 29162 |
| 6 | | 综合脚手架 | m² | 4387 | 6 | | 铝合金门窗 | m² | |
| 7 | | 钢管柱 | t | 45 | 7 | | 玻璃幕墙 | m² | |
| 8 | | 木门窗 | m² | 89 | 8 | | 地面花岗石 | m² | |
| 9 | | 钢门窗 | m² | 168 | 9 | | 地面水磨石 | m² | |
| 10 | | 防水层 | m² | 3500 | 10 | | 墙面喷涂 | m² | |
| 11 | | 水泥砂浆防潮层 | m² | 8295 | 11 | | 矿棉板吊顶 | m² | |
| 12 | | 顶棚抹灰 | m² | 6141 | 12 | | 顶棚喷涂 | m² | |
| 13 | | | | | 13 | | 外墙面砖 | m² | |
| 1 | 地下室三材用量 | 钢材 | t | 1300 | 1 | 主体三材用量 | 钢材 | t | 2434 |
| 2 | | 水泥 | t | 3788 | 2 | | 水泥 | t | 16580 |
| 3 | | 松原木 | m³ | 550 | 3 | | 松原木 | m³ | 1442 |
| 4 | | | | | | | | | |

主要机具配备表　　　　　表 4-2

| 机具名称 | 型号 | 单位 | 数量 | 进场时间 | 备注 |
|---|---|---|---|---|---|
| 高塔 | TL-150 | 台 | 1 | 1996 年 5 月 | |
| 双笼人货电梯 | | 台 | 1 | 主体施工至十层 | |
| 载重汽车 | 5t | 台 | 1 | 随用随调 | |
| 小四轮 | 1t | 台 | 1 | 随用随调 | |
| 卷扬机 | 1t | 台 | 1 | 1996 年 6 月 | |
| 电焊机 | 25kW | 台 | 5 | 1996 年 6 月 | |
| 锥螺纹机 | | 套 | 2 | 1996 年 5 月 | |
| 钢筋调直机 | | 台 | 1 | 1996 年 5 月 | |
| 钢筋切断机 | | 台 | 1 | 1996 年 6 月 | |
| 钢筋对焊机 | 100kW | 台 | 1 | 1996 年 6 月 | |
| 钢筋弯曲机 | | 台 | 1 | 1996 年 6 月 | |
| 电锯 | | 台 | 2 | 1996 年 6 月 | |
| 混凝土搅拌机 | 350L | 台 | 3 | 1996 年 6 月 | 主体不用 |
| 混凝土搅拌机 | 500L | 台 | 2 | 1996 年 6 月 | |
| 砂浆机 | | 台 | 4 | 墙体砌筑时进 | |
| 平板振动器 | | 台 | 3 | 1996 年 6 月 | |
| 插入式振动器 | | 台 | 6 | 1996 年 6 月 | |
| 振动棒 | | 根 | 16 | 1996 年 6 月 | |
| 高层增压水泵 | 120m | 台 | 1 | 1996 年 6 月 | |

### 4.4 资金准备

根据合同条款，建设单位按年度计划工程量支付25％备料款，用于施工材料的订货采购，以后每月25日向建设单位送报当月工程量统计报表，按合同条款收取工程进度款，工程款应做到专款专用。

## 5 主要分部分项工程施工方案

### 5.1 钻孔灌注桩施工

（1）本工程桩基施工采用正循环钻孔，钻头采用镶嵌合金钢牙轮钻，钻杆加2~3t配重杆，嵌岩时用冲孔桩基配合，共投入钻孔桩基4台、冲孔桩基2台，施工顺序由西向东、由远及近隔孔施工。

（2）施工程序：依据轴线控制网定桩位→安装钢护套→桩基就位→钻孔造浆（调配泥浆）→钻进→持力层检验→清孔→下钢筋笼→下导管→二次清孔→浇灌混凝土→移桩机。

（3）应注意的质量问题：

①坍孔：由于本工程地质条件复杂，乱石层厚，容易发生坍孔事故，因此对不同地层采取不同的泥浆比例，不同的钻进速度。

②缩颈：缩颈容易发生在终孔后，混凝土浇筑前，多为清孔时扰动护壁引起。当出现缩颈应进行二次扫孔，终孔后立即灌注混凝土。

③钢筋笼上浮：水下混凝土灌注混凝土顶升引起，与混凝土坍落度有关，应采取抗浮措施。

④断桩：混凝土浇筑中断或埋管深度计算失误，整根桩连续浇筑混凝土，提高管理人员的责任心和技术水平。

### 5.2 围护结构

围护结构由天津设计院配套设计，采用钻孔灌注桩加钢筋混凝土压顶圈梁，桩深13.8m，桩径$\phi$1000mm，桩净距300mm。桩外侧设两排深层搅拌桩止水帷幕，桩径$\phi$600mm，相互搭接200mm。施工顺序为：钻孔灌注桩→深层搅拌桩→压顶圈梁。该围护桩为无支撑悬臂结构，桩深必须满足设计桩长且应嵌入卵石层不少于1m，桩主筋锚入压顶圈梁800mm，压顶圈梁施工前，凿去桩顶浮浆和松动石子，校对桩顶标高，用压力水洗干净。压顶圈梁混凝土尽量连续浇筑，必须留施工缝时，在第二次浇筑前，先凿毛冲洗，再用与混凝土同性质砂浆薄铺一层。深层搅拌桩应连续施工。对实际存在的间断部位应进行加桩补强或对缝隙压力灌浆。

#### 5.2.1 钻孔灌注桩围护施工方法同工程桩

#### 5.2.2 深层搅拌桩施工

深层搅拌桩采用带有叶片钻头的钻孔桩基扰动土层同时喷射水泥浆体与土层拌合，凝固后形成的桩体，该桩透水性弱，根据实际作用设计成单排至多排，可起到止水和重力挡土作用，本工程设计为双排。

施工程序：定位放线→挖导沟→桩基就位→校正垂直度→制备水泥浆→钻孔喷浆→提钻复喷→桩基移位。

搅拌桩宜连续施工，当不能连续时事先考虑施工缝留设位置，最后在外侧补桩以封闭进水通道；在钻孔过程中经常复核垂直度，出现偏差及时纠正，保证桩下部完整搭接；保持临桩之间相互搭接，不能搭接时应采取补救措施。

### 5.3 土方开挖及降排水方案

#### 5.3.1 土方开挖

开挖前负责监测的单位埋设好各监测点，提前10d进行基坑预降水。挖土机械采用两台反铲挖掘机，十二台自卸载重汽车随挖随运。开挖顺序及方法：土方采用分层分块开挖。第一层先机械开挖至自然面下1.5m内土方，该层开挖顺序不作要求，以不影响其他工序施工为前提，北面工程桩试桩，宜从南向开始。第二层开挖至设计标高，其中基底至少30cm土方使用人工开挖传运至挖土机工作范围。开挖顺序先北两角，向北面中部合拢，然后向南退步开挖。电梯井及积水坑超深部分土方，待其周围垫层封壳，具一定强度后人工开挖，塔吊吊运。场地表层松软，为使运土汽车顺利行走，在场地内铺设两条宽5m的道路，做法为乱毛石，底面铺碎石，厚35cm。本场地内土含水量大，一经扰动，即变成稀泥。所以在设计100mm厚混凝土垫层必须铺设300mm厚毛石垫层，一方面可作为滤水层，一方面阻止泥浆混入垫层混凝土中，起到垫层应起作用，便于下道工序施工。为加快施工速度和围护结构安全，采取土方挖出一块，桩头砍掉一块，垫层封掉一块的小流水作业法，提前将软底变为硬底，可适当减少围护结构变形。

安全保障措施：土方开挖前，用$\Phi 20@2000$钢筋作栏杆，$\phi 48$钢管作扶手焊成高1m的防护杆，在土方挖到底做两部上下木楼梯。挖土机械不辗压、勾碰围护结构和工程桩，不得在基坑边大量堆载。监测单位每三天测一次，必要时一天测一次，及时提供监测数据，并进行监测情况分析。

#### 5.3.2 降排水措施

基坑土方开挖及底板施工能否顺利进行，关键在于能否解决好降排水问题。降排水处理不当，除给土方开挖带来困难外，会造成临近道路和临近居民的损害，影响极大。所以该问题应与设计部门和建设单位通力协助，认真对待。本方案根据设计部门捏供的降水方案，结合现场实际提出如下措施：

（1）按降水方案在基坑内打十座降水井，井底置于卵石屋面，抽水设备选用功率为2.2km、扬程25m、15$m^3$/h的排水管共十台，负责井内抽水。

（2）东西南向在围护桩外每侧打一座观察井，井深7m，共三座，用以观察坑内降水过程中对坑外水位的影响，必要时观察井进行回灌处理。

（3）土方开挖至设计标高，在基坑内四周设400mm×600mm碎石盲沟并与降水井连通。

（4）沿止水桩外侧设300mm×500mm砖砌排水沟，基坑内水汇入降水井，经排水沟排出场外。

### 5.4 大底板施工

本工程地下室底板为主裙楼整体式满堂底板，具有结构自防水功能，设计无后浇带，因此，底板一次性浇筑完成，不留施工缝。

#### 5.4.1 流水段划分

为尽量缩短底板施工期保证底板施工质量，在平面以主楼建筑中心线为界将底板分为两个流水段。中心线以北为第一段，以南为第二段。第一段钢筋模板安装好即进行混凝土浇筑，在第一段完成前，第二段钢筋模板必须完成，保证混凝土连续浇捣。

#### 5.4.2 混凝土供应

在现场南面沿基坑布置四台搅拌机，两台350L和两台500L。两台500L搅拌机由塔吊运输，350L搅拌机搭设溜槽由人工推车运输。另设一台350L搅拌机备用，底板混凝土计划12d全部完成。

#### 5.4.3 施工组织及技术措施

（1）劳动力组织分三个部分

即后台上料搅拌，前台振捣和混凝土中间运输，后台上料采用小型装载机，通过自动计量装置按配合比过磅进料，每台搅拌机设专人掺入各种外加剂。混凝土运输分两个组，分别负责两台混凝土的人工运输。前台振捣分三个组，每组负责一个振捣点，依次按2m条带由北向南浇筑。现场技术、试验人员跟班监督及时解决出现的各种问题，并经常测定混凝土坍落度。

（2）技术措施

底板质量关键是水泥水化热引起的温差效应及大批量钢筋的安装绑扎的控制，为此特制定以下措施：

暗梁钢筋骨架采用L50×6马架支撑，间距1000mm，底板面筋、温度筋采用Φ25马架支撑，间距1000mm，连通布置。地下室外墙、剪力墙、柱插筋经复核后加箍筋点焊固定，防止偏位。Φ18以上底板钢筋采用闪光对焊和锥螺纹连接，梁墙、柱钢筋采用电渣压力焊、闪光对焊和搭接焊。

水泥采用水化热小的矿渣硅酸盐水泥，配合比设计时，在混凝土中掺加粉煤灰、微膨胀剂和高效减水剂，减少水泥用量，降低水化热，改善混凝土的和易性，提高混凝土的抗渗性能。

混凝土温差及覆盖厚度见下。

1）最高温升值计算

底板混凝土强度等级C35，抗渗等级P8，混凝土中掺加缓凝减水剂，UEA膨胀剂及粉煤灰，底板厚度1.8m。

水泥用量 $Q = 35\text{kg/m}^3$

粉煤灰用量 $F = 50\text{kg/m}^3$

旬平均气温 $T = 26℃$

$$T_{max} = T + Q/10 + F/50 = 26 + 350/10 + 50/50 = 62℃$$

温差 $\quad T_a = T_{max} - 25 = 62 - 25 = 37℃$

2）覆盖层厚度计算

覆盖层采用草包 $\lambda = 0.14\text{W/}(m·K)$

传热系数修正值 $K = 1.5$

混凝土导热系数 $\lambda_1 = 2.3\text{W/}(m·K)$

$$\delta = \frac{0.5H\lambda(T_a - T)}{\lambda_1(T_{max} - T)} \cdot K = \frac{0.5 \times 1.8 \times 0.14(37-26)}{2.3(62-37)} \times 1.5$$
$$= 0.036m = 3.6cm$$

根据计算，施工时，混凝土面覆盖两层草包，一层塑料薄膜4cm左右并据实测温度数据作必要调整。

### 5.4.4 混凝土浇捣

从北面第一段开始，每振捣点设两个振动器，一个负责前面斜坡振捣，一个负责浇灌点振捣，振捣棒插入点间距不大于400mm与下层混凝土搭接50mm，振动器应快插慢拔。底板表面用长刮尺刮平，混凝土收水后用木抹子分两次压实抹平。钢管柱预埋钢板外混凝土分两次浇筑，钢板外沿混凝土应高出钢板面5cm，混凝土初凝时铲去。

## 5.5 底板以上、四层裙房结构体施工

### 5.5.1 流水段划分

根据结构体性质，该部分分为钢管柱、圆柱、墙肢、筒体剪力墙施工段，地下室外墙施工段，梁板结构施工段在平面又分为两段，主楼中心线以西为一段，中心线以南为一段，根据以上施工段顺序，组织平面，立体流水交叉作业。

### 5.5.2 模板工程

模板工程是结构施工中至关重要的分项工程，工程进度、结构构件的几何尺寸、外观与模板质量优劣是密切相关的。因此，要注意模板自身周转迅速，以支拆方便，保证安全为原则。本工程模板选用胶合板拼装大板，小型构件用松木板结合，支撑选用门型钢管支撑。因地下室和裙房模板使用量大，主楼需要模板相对少，为减少模板投入、节约成本，梁板结构采用模板快拆法施工工艺，即在梁板混凝土浇筑完第三天拆除楼板模板，保留梁底模板和养护支撑。模板配备量为：墙、筒体、柱子一套半，梁板模板两套，支撑配两套半，确保月上5层的施工进度。为增加模板的周转次数，所有模板和混凝土接触面，涂刷建筑模板长效隔离剂。弧形梁和曲线梁板先放大样，据大样尺寸，进行配模。

(1) 柱子模板

本工程裙房柱均为圆柱，主楼为钢管柱，裙房圆柱，模板用木拼条加圆弧档，内衬镀锌薄钢板，弧档箍间距500mm，中间设$\phi 8$钢筋箍，支模大样见图5-1。

(2) 墙、筒体模板

地下室内外墙、墙肢、电梯井筒模板采

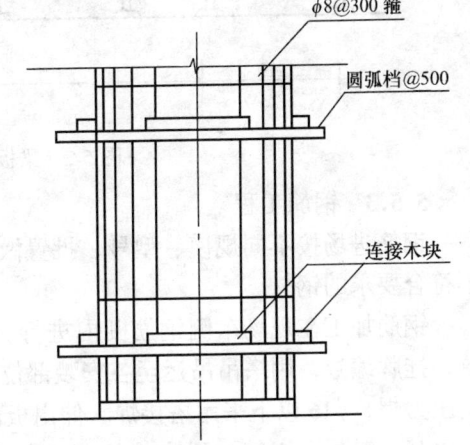
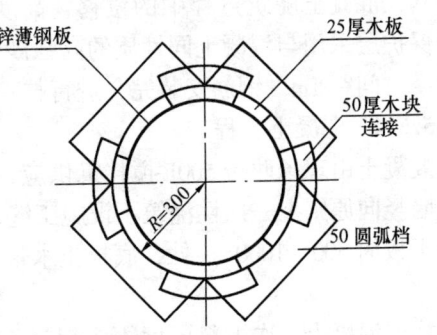

图5-1 圆柱支模图（单位：mm）

用胶合板拼装，竖楞为70mm×100mm方木，横楞为φ48钢管，两侧模设M12对拉螺杆，横向间距500mm，竖向间距600mm，小木拼条板应刨光，拼缝严密，斜撑采用φ48钢管。地下室外墙对拉螺杆中部加焊60mm×60mm×3mm钢板止水片，两侧端部加焊限位片。室内模板转运在（3）～（4）B～F轴留设洞口，用塔吊转运，底板外侧模采用砖模。

（3）梁板模板

楼板模板采用胶合板，局部梁板使用松木板，梁板底用70mm×150mm方木做楞，以利于调整门架支撑，支撑之间设剪力撑杆，超过800mm高的梁中部设M12对拉螺杆，支模详图见图5-2所示。模板层与层之间用御料平面，塔吊转运。

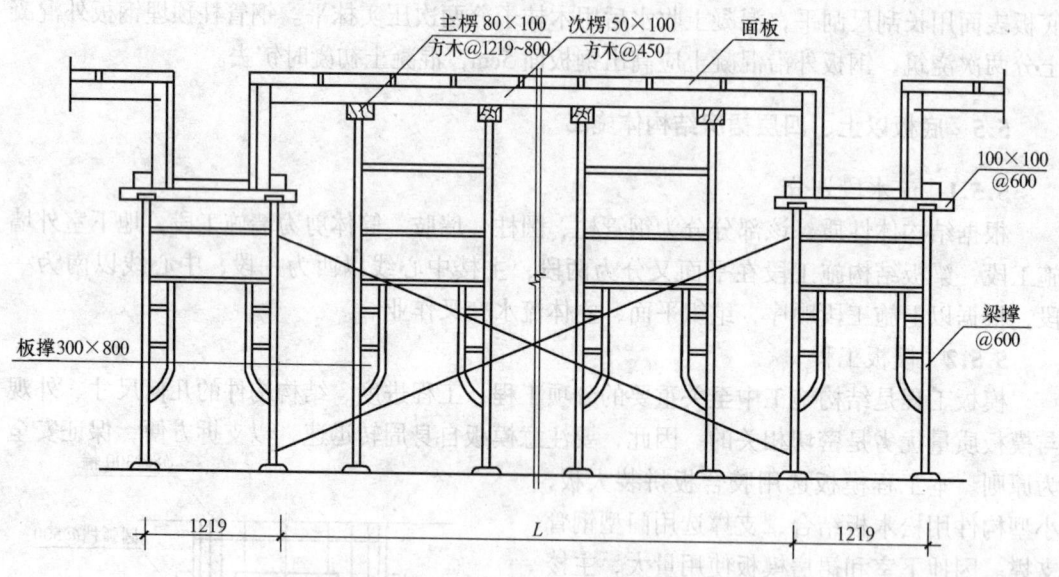

图5-2 梁板支模图（单位：mm）

### 5.5.3 钢筋工程

钢筋进场按不同规模、型号、批置做好原材料质量检验，检查出厂合格证，禁止使用不符合要求的钢材。

钢筋加工在现场东侧钢筋棚内进行。加工好的钢筋按不同规格，使用部位，分类堆放，挂牌编号，用塔吊吊运至各安装部位。φ16以上（包括本身）钢筋采用闪光对焊和电渣压力焊，φ16以下采用搭接焊。伸出板面墙、柱筋设定位箍筋，并与相应梁筋焊接，以约束其在混凝土浇筑过程中的位移，高度大于800mm的梁和所有墙体中间应设拉结筋。钢筋保护层采用与混凝土同性质的高强砂浆垫块，规格40mm×40mm，厚度同主筋净保护层厚度，间距1m，钢筋安装完，进行技术复核和隐蔽验收，并做好记录。

### 5.5.4 混凝土工程

混凝土由现场两台500L搅拌机供应，由塔吊按流水段及浇筑方向布料。各类钢筋混凝土墙竖向原则上一次性浇筑不设施工缝，墙柱水平缝留设在主梁下3cm处，钢管柱施工缝设于板面500～1000mm处，底板止水带、梁板施工缝按流水段划分设在次梁跨中1/3范围内。

柱墙混凝土一次下料厚度不应超过50mm，筒体墙混凝土浇筑还应在同一平面上升，以防止墙体移位、爆模，保证混凝土振捣密实。柱、墙、梁混凝土振捣应均匀搭接，墙柱混凝土振捣时间以混凝土无气泡泛出为准，筒体剪力墙遇门洞处混凝土浇筑应注意观察模板有无变形，有变形者应先加固模板，再浇筑混凝土。

混凝土浇筑前，认真清理模板杂物，检查钢筋垫块，充分湿润模板。混凝土浇筑中，经常检查模板支撑情况，发现问题及时采取补救措施。

**5.5.5 钢管柱施工**（详细施工方法见工法）

本工程主楼柱全部采用钢管柱，柱直径720mm，壁厚12～14mm，每层22根，混凝土强度等级C40。

施工工艺：根据钢管柱结构特点，分为制作和安装组焊两部分。制作在加工车间进行，每两层作为一个完整的组合件，经检验合格，运抵现场。安装采用塔吊吊装组对后施焊连接附件。两层作为一个施工段，下一个施工段在顶层楼板混凝土浇筑完后进行。施工程序如图5-3所示。

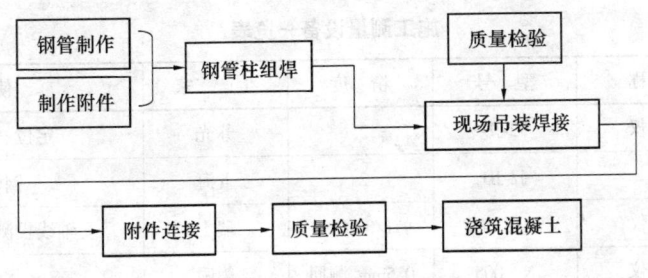

图5-3 钢管柱施工程序图

钢管连接件制作：根据每层高度放样号料、裁料、焊接边做成坡口。在卷板机上卷圆成形，严格控制椭圆度和棱角度。焊接采用埋弧自动焊，内外各一道，焊丝选用H08A、Φ4mm焊剂配用HJ431型。连接件按图示尺寸制作的组对，组对焊时应先内后外，均采用船形单面角焊，并注意对称，同时施焊，以免焊缝收缩变形。

现场组焊，组对施焊前应在顶部设4个法兰栓调套装置（后改为防变形卡板调整垂直度），用于随时调整垂直度。为减少焊接变形，采用对称分段倒退焊。

钢管柱与梁、板、墙肢的连接：与梁的连接，钢管柱与梁的连接，设计采用钢暗牛腿。梁主筋与牛腿焊接、焊接时因操作空间小，应先焊底筋，焊好一根检查一根，一次成活后，焊面筋、焊缝长度、高度，必须满足设计要求，焊接不得损伤钢材，焊条采用T422型。与板连接采用板筋与钢管柱环板焊接，除每条焊接外，对焊接长度不足者应将板筋上弯与柱焊接。与柱侧墙肢连接，墙肢水平筋与柱通长扁钢焊接，为避免焊接应力导致钢管柱垂直度偏差，应双面墙肢对称焊，焊接时注意观察墙肢整体钢筋的垂直度和截面尺寸，发现偏差及时调整。

质量要求：钢管柱制作及焊接，按照《钢管混凝土结构设计与施工规程》CECS 28：90的有关规定和《钢结构工程施工质量验收规范》GB 50205—2001规定进行施工及各项指标的检查验收。钢管纵缝和环缝应达二级焊缝质量标准，其余应达三级质量标准，允许偏差如下：立柱中心线与基础中心线±5mm；立柱顶面标高与设计标高0～20mm；各立柱不垂直度长度的2/1000且不大于15mm；各柱中心距，间距的1/1000，各立柱上下平面平整长度的1/1000且大于20mm。

管内混凝土浇筑：管内混凝土采用立式浇捣法，浇筑前清除管内杂物，底铺10cm与混凝土同性质水泥砂浆,浇筑高度每次 50cm,采用插入式加长振捣棒,振捣时间不少于 30s。振捣棒快插慢拔,以混凝土无气泡泛出为准。混凝土配合比先试配,内掺 UEA 膨胀剂 12%,水灰比控制在 0.4 以内,坍落度不大于 4cm,并保证混凝土有良好的流动性。每段柱必须连续浇筑。浇筑过程中,频繁敲击钢管,检查有无隔空管现象,发现问题及时解决。浇筑完清除管顶泌水和浮浆,用振捣棒复振一次,用塑料布覆盖管口。

### 5.6 施工测量方案

#### 5.6.1 技术依据和施工测量设备

本工程执行部颁标准(CJJ—85)及国家《水准测量规范》,按二等水准测量要求施测。

施工测量设备如表 5-1 所示。

施工测量设备一览表　　　　　　　　表 5-1

| 序号 | 设备名称 | 型号 | 精度 | 生产三家 | 使用范围 |
|---|---|---|---|---|---|
| 1 | 激光经纬仪 | J2-JD | 2s | 苏光 | 定位、主轴线施测 |
| 2 | 经纬仪 | J2-JD | 2s | 上海 | 钢管柱纠偏 |
| 3 | 天顶垂准仪 | W1LDZNT | 1/30000 | 瑞士 | 轴线投测,垂直度校核 |
| 4 | 自平水准仪 | N:005 | 0.5mm/测回 | 德国 | 沉降观测 |
| 5 | 水准仪 | DS3 | 3mm/测回 | 南京 | 标高测量 |
| 6 | 钢尺 | 50m | 5mm | 上海 | 定位、轴线尺寸测量 |
| 7 | 水准尺 | 3m |  | 上海 | 标高测量 |
| 8 | 对讲机 | 3km |  | 泉州 | 联络、指挥 |

测量仪器设备每年由总公司计量科统一送福州市计量站年检、校核。平时注意保护,使用过程中发现精度误差,及时送专业修理点校正或更换。

#### 5.6.2 施工测量技术要求

严格执行规范各项指标和要求;严格按照各仪器的操作规程,精心操作,消除或尽量减少各种误差,水平角的施测要消除仪器对点误差。对点时,必须将对点器目镜反复转 90°和 180°直至各个方向均准确对中。水平角观测至少 3 测回,测回差不大于 9″。

垂直观测:天顶仪。对点调平、翻动必须循环 3 回,圆形气泡在 360°范围内保持在中心位置,使 INT 位于任何方向气泡居中。

主体测量允许偏差:

a. 主体轴线尺寸偏 ±5mm;

b. 主体总垂直偏差 $0.3H/1000$,不大于 30mm;

c. 楼层标高偏差 ±10mm;

d. 主体总高偏差不大于 50mm;

e. 沉降观测闭合差 $\pm 0.6\sqrt{n}$ mm($n$ 为测站数)。

#### 5.6.3 建立轴线控制网

本工程柱基础施工完后,建筑面积缩减,建筑定位关系发生变化。按更改后主楼中心保持不变的原则,找出原定的公路中心线控制点利用 A0 轴和公路中心线之间的距离定出 A0 轴,并与更改前的 A0 复核其差值。差值 = 29.036 - 27.712 = 1.324m。利用定 A0 轴的路线在 A0 轴直线上,按设计给定的 15 轴与两侧围墙控制点间的距离定出 15 轴与原 15 轴控制点复核其差值。A0 和 15 轴形成轴线坐标控制网。将坐标控制网引伸至场外,埋设永久标桩加以保护,建立三角控制网,测出三角控制边尺寸。

#### 5.6.4 主体工程测量方法

轴线投测:地下室顶板(±0.000)施工时,根据轴线的位置关系在顶板混凝土上埋设 200mm×200mm 钢板四块,埋设位置以顶层到底层不碰梁及四点连线与建筑轴线成整数为宜。根据本工程的结构情况,四块钢板埋设位置如图 5-4 所示。

用经纬仪和钢尺进行精确闭合和测量,定出四点作出标志,四点之间距离和角度为:AD = BC = 28.4m, AB = CD = 19.1m, ∠ABC = ∠BCD = ∠CDA = ∠BAD = 90°测出控制线到各主轴线的精确尺寸,校核无误后,整理成原始资料,做为每次投测复检的基准原始点。以后每层在四块钢板位置留设孔洞作为投测的通道。

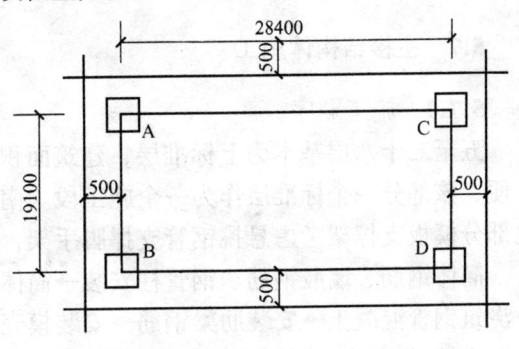

图 5-4 钢板埋设位置示意图(单位:mm)

标高测量:将公路中心给定的绝对高程 16.33m 引测到工地内,测量出相标高 -1.00m,加以保护,共设置两个,利于施测和校核,首层钢柱焊接后测设 +0.50m 标高线,用油漆作标记,以后用专用钢尺,按点钢柱向上传递标高,定点钢柱设两根:一根传递标高,一根复核。每隔三层从底层复核一次。

#### 5.6.5 主体沉降观测

(1) 确定水准点

为了测定主体观测点的沉降,在离建筑物 30~50m 以外,既便于观测又比较稳定的地方埋设两个水准点 BM,BM 采用深埋式,并保证它们稳定不变和长久保存,并与附近的永久水准点构成水准网,进行复核,为了确保水准点的稳定性,水准点一般埋设在坚固稳定的老土层和受振区域以外的安全地点,并且要定期进行检测,以保证主体沉降观测成果的正确。

(2) 测出水准点的绝对高程

水准点埋设稳定后,必须测出其绝对高程,根据当地测设的附近的永久性水准点来进行联测,按Ⅱ等水准测量方法及要求进行环形闭合观测,其闭合差不得超过 $0.6\sqrt{n}$ mm ($n$ 为测站数)。

(3) 主楼沉降观测点的埋设

按照规范要求的沉降点埋设的位置和间距,在浇灌一层柱混凝土时,预埋好沉降观测点,共埋设 25 个点,分别在建筑物转角和间距 12m 内、混凝土柱柱预埋钢筋、钢管柱焊接钢筋。

1) 沉降观测次数

沉降点埋设结束后就可以进行第一次观测,必须同期进行两次观测后,确定出沉降观测点首次观测的高程值，作为以后各次观测用以进行比较的根据。然后，根据设计要求、工程进度以及基础荷载的逐步增加，以主楼主体施工到竣工这一时间内定期和不定期地重复进行观测，一般每半个月观测一次，或根据主体施工的进度，每上一层观测一次。在主体封顶后，可根据沉降量的大小变化情况，适当减少次数。每月、每季、每半年或每年观测一次，一直到沉降完全停止为止。

2）沉降观测记录

每次沉降观测结束后，及时检查记录。计算正确，精度合格并进行误差分配，最后将本次所测各个点的高程与上次各点高程核对无误后，填写沉降观测记录表，作为工程验收资料。

### 5.7 主楼结构体施工

#### 5.7.1 施工顺序

五至二十八层基本为上标准层，建筑面积小，结构体均为钢管柱和模壳板，施工较为方便，该部分一个标准层作为一个施工段。南北侧有外挑梁板，最大外挑长度5.25m，外挑部分模板支撑架考虑悬挑钢管支撑脚手架，另立脚手架单顶方案。施工顺序为：

筒体钢筋、墙肢钢筋、钢管柱安装→筒体、墙肢模板→楼板模板→弹模壳肋梁位置线→浇筑钢管混凝土→安装肋梁钢筋→安装模壳→布置板筋→浇筑楼板混凝土。

主楼封顶后，进行设备附房的土方开挖和结构体施工。

#### 5.7.2 钢筋工程

楼板钢筋采用新恒强冷轧带肋钢筋，其他钢筋采用普通国产热轧钢筋。钢筋进场首先要进行质量检验，检验合格后按钢筋配料单来加工，加工钢筋的尺寸，弯钩必须符合设计和施工规范要求，箍筋弯钩直段长度保证10倍钢筋直径，弯钩弯成135°，直条梁板主筋搭接支座锚固长度为35倍钢筋直径。钢筋连接形式，筒体、墙肢竖向筋连接采用电渣压力焊。水平筋采用搭接焊，梁主筋水平连接采用闪光对焊和搭接焊，搭接焊接长度单面焊为10倍钢筋直径。墙肢水平筋与钢管柱肋板焊接，焊接长度、焊缝质量指标必须符合钢结构施工验收规范标准。钢筋安装绑扎顺序为：筒体墙筋、墙肢墙筋、肋梁钢筋、板筋。墙肢钢筋在与钢管柱焊接前，先要调整两向垂直度和与柱肋板的水平度，以保证钢筋整体位置和几何尺寸准确。筒体墙肢钢筋待筒体模板、楼板模壳安装完后，进行轴线、截面尺寸复核（二次放线），确定无误后，水平筋与竖向筋点焊，并设置点焊限位钢筋。墙肢、筒体、钢筋按设计要求设置拉结筋，拉结筋弯钩应做成135°，按拉结筋间距绑扎砂浆保护层垫块。楼板肋梁钢筋在模弹线位置上绑扎，梁与梁交叉点每个钢筋均应绑扎，模壳放入按线调整后再检查调整肋梁钢筋。

#### 5.7.3 模板工程

主楼模板仍采用胶合板，门型钢管支撑，楼板搁楞，选用70mm×150mm木方，墙板竖楞选用50mm×100mm木方，间距450mm，夹楞选用2$\phi$48钢管，间距600mm，对拉螺栓为$\phi$12竖向间距600mm，横向间距450mm，钢管夹楞接头相互错开大于1000mm，边梁中设$\phi$12对拉螺栓，间距800mm，支模详见图5-5。支模顺序：筒体模板→墙肢模板→楼板模板。按照顺序分别组织三个班组平行或交叉作业，支模方向宜从一个方向推向另一个方向，一边给下道工序尽早提供一部分工作面。筒体模板是主楼模板的关键部位，应严格控制墙体垂直度和截面尺寸、轴线尺寸。在楼层标高处设立钢筋网先埋入井壁，以作支模操作面及防止高空坠落，模板表面的砂浆等附着物每次清除干净涂刷隔离剂，保持模板清洁和平整。在拼装模板时，注意模板的边角整齐，镶补的木模板应与胶合板吻合，墙体的阴阳角模板，尺寸准确、安装到位，尤其是与钢管柱结合处，模板应紧抵钢管柱壁，模板因雨淋日晒而引起的干缩缝，在混凝土浇筑前要进行填补，以防漏浆。

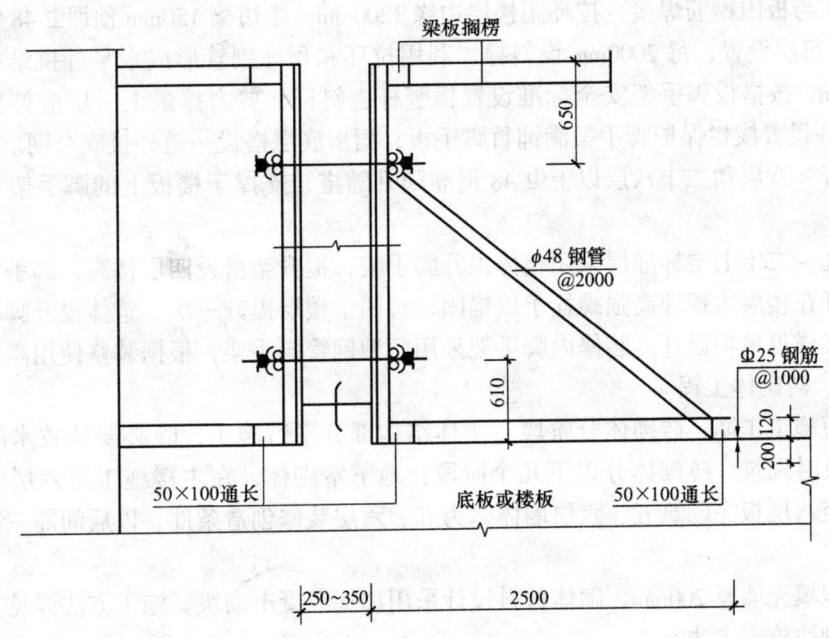

图 5-5 墙体支模图（单位：mm）

楼板模板设置早拆头，支立养护撑，间距 2500mm 双向。早拆模在混凝土强度达到 50%后拆，墙体模和边梁模在混凝土强度达 25%后拆模，养护支撑应保留两层。

### 5.7.4 混凝土工程

主楼楼板布有密集的小肋梁，梁宽最小仅 80mm，钢筋净距 30mm，因此混凝土粗骨料与级配要求严格，应使用 0.5~2cm 连续级配的碎石。南安石料粒径不规格，普遍偏大，因此，要提前对碎石加工机械进行改造或到外地订购符合要求的碎石。

混凝土使用两台 500L 搅拌机搅拌，塔吊运输。混凝土浇筑前，认真检查模板、钢筋，做好工序交接手续，各项预留预埋件有无错漏，水、电、消防管等与土建施工进度一致。

混凝土浇筑方向，由东向西推进，筒体浇筑、分层浇筑，每次浇筑高度不大于 500mm，模板混凝土应先浇肋梁，振捣密实后再浇筑楼板。混凝土施工过程中，钢筋、模板派专人看护，发现问题及时纠正。

### 5.7.5 模壳板施工

本工程设计模壳为 CRC 永久模壳，主要尺寸为 800mm×720mm×350mm 及部分异形模壳。模壳之间配以小肋梁，模壳与楼板肋梁形成共同受力体系，根据这种特点以控制模板平整度，模板仍采用胶合板满铺，板面弹线确定每个模壳位置，为防止浇筑混凝土时模壳上浮，用8号钢丝将其固定在模板上，模壳间用Φ12钢筋拉结，以固定水平位置。

模壳应待水分蒸发完胶体凝固后进场，进场时应做好进场验收，按规格分类堆放，吊装用专用吊篮吊运。

#### 5.7.6 脚手架工程

脚手架全部采用钢管架，裙房部分搭设满堂架，主楼搭设悬挑架，悬挑架用Φ12钢筋作拉环，与板内钢筋焊接，拉环距楼层边缘1200mm。距边梁150mm预埋Φ48钢筋，间距2000mm每层设置，每2000mm设斜撑，利用拉环和预埋钢管形成水平外挑结构，外挑净距200mm，按搭设脚手架安全标准设置横竖杆、斜杆，剪力撑最上一层应伸出操作面1500mm，并设置横栏保护脚手架满铺竹脚手板，裙房底层搭设一道外挑安全网。

主楼五~八层和二十八层以上Φ48钢筋随升随搭，支撑于楼板上的脚手架设水平扫地杆。

主楼九~二十七层标准层采用整体提升脚手架，提升架搭设四层楼高，脚手架的承拉杆及提升杆在楼层边预埋高强螺栓予以锚固，每四个楼层提升一次，整体提升脚手架布置及施工方案详见单项设计。装修内脚手架采用门型钢管脚手架，根据装修使用高度调整。

#### 5.7.7 砖砌体工程

为缩短施工工期，砖砌体分阶段与主体结构部分平行施工，除必要的技术间隙时间外，均应及时砌筑。砖砌体分以下几个阶段：地下室砌体，在主楼施工至六层时砌筑完毕，主楼至八层板完砌筑五、六层墙体，为五、六层装修创造条件，以后间隔三层砌体与主体跟进。

本工程填充墙厚200mm，砌体材料设计采用加气混凝土砌块。施工方法详见《蒸压加气混凝土砌块施工工法》。

#### 5.7.8 铝合金龙骨防火棉板吊顶施工方法

该工程的营业大堂、电梯厅、走道等为铝合金防火矿棉板吊顶，吊顶施工应在顶棚、室内地面和墙抹灰完成后，以及顶棚的通气，电气管道等设备安装好后进行。

（1）选材

铝合金龙骨应具有一定的刚度，对变形的龙骨不应采用；防水矿棉板的规格为500mm×500mm×14mm，材质要求干燥、清洁、平整、接缝整齐，宽窄一致。

（2）施工工艺流程（图5-6）

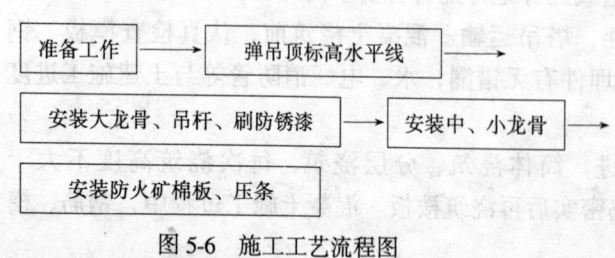

图5-6 施工工艺流程图

1) 准备工作：主要包括各种材料、机具、配件的准备，以及施工人员的交底工作。

2) 弹水平线：用水准仪弹出顶棚水平标高线。

3) 铝合金龙骨的安装：安装中应拉线来控制龙骨的顺直；另外，还应控制龙骨分档均匀及四周水平，并要保证连接牢固。

4) 防火矿棉板安装：每一块矿棉板的安装都应找平、顺直，以保证板表面平整，接缝平直，高低一致，四周水平。

#### 5.7.9 楼地面花岗石板施工

(1) 清理基底，抹底灰方法和要求同水泥砂浆地面。

(2) 弹出中心线：在房间内四周墙上取中，在地面上弹出十字中心线，按板的尺寸加预留缝放样分块，铺板时按分块的位置、生产地依次挂线，地面面层标高由墙面水平基准线返下找出。

(3) 安放标准块：标准块是整个房间水平标准和横缝的依据，在十字线交叉点处最中间安放，如十字中心线为中缝，可在十字线交叉点对角线安放两块标准块，标准块应用水平尺和角尺校正。

(4) 铺贴：铺贴前板块应先浸水湿润，阴干后，擦去背面浮灰方可使用。粘结层砂浆为15~20mm厚干硬性水泥砂浆，抹粘结层前在基层上刷素水泥浆道，随抹随铺先由房间中部往两侧退步法铺贴。凡有柱子的大厅宜先铺柱子与柱子中间部分，然后向两边展开。安放时四角同时往下落，并用皮锤敲击平实，调好缝，铺贴时，随时检查砂浆粘结层是否平整、密实。如有孔隙不实之处，应及时有砂浆补上。

(5) 灌缝：块板铺贴后次日，有素水泥浆灌2/3高度，再用与面板相同颜色的水泥浆擦缝，然后用干锯末擦净擦亮。

(6) 养护：在擦净的地面上，用干锯末和席子覆盖保护，2~3d内禁止上人。

### 5.7.10 玻璃幕墙施工

玻璃幕墙施工要与外墙饰面从上到下一同施工，充分利用外爬架，交叉作业。玻璃幕墙的立面设计由厂家提供，经建设单位认可。

本玻璃幕墙采用铝合金型材骨架体子，施工前应按设计尺寸预选排列幕墙的金属隔框及其组合固定位置，幕墙对主体工程的一些技术要求包括定位、放线、标高等，材料储备（包括骨架材料、玻璃、填缝材料）。

骨架安装前，先弹出竖向杆件的位置，然后再将竖向杆件上的锚点确定。待竖向杆件布置完毕，再将横向杆件的位置弹到横向杆件上。骨架安装依靠放线的具体位置进行，骨架的固定是用联结件将骨架与主体结构相连。连接件采用预埋钢板，规格为150mm×150mm厚度6mm，主体结构施工时，在每层梁及剪力墙相应位置进行预埋。安装的骨架，应注意骨架本身的处理，横向杆件的安装，宜在竖向杆件安装好后进行，骨架安装完毕应进行全面检查，特别是横竖杆的中心线。

玻璃安装要正确选用封缝材料和玻璃吊装的方法。

# 6 质量保证措施

## 6.1 质量目标

确保单位工程市级优良。

## 6.2 建立全质量保证体系（表6-1）

建立由项目经理领导、项目副经理中间控制、施工员跟班监督、质检员检查验评的四级管理系统，形成一个横向从土建到各附属分包项目，纵向从项目经理到生产班组的质量管理网络。

质保体系组成表　　　　　　　　　表 6-1

| 姓 名 | 职务或职称 | 质保体系职责 | 姓 名 | 职务或职称 | 质保体系职责 |
|---|---|---|---|---|---|
| ××× | 项目经理 | 对工程质量全面负责 | ××× | 施工员 | 跟踪检查员 |
| ××× | 技术负责人 | 质量目标实施过程监督 | ××× | 材料员 | 材料质量控制 |
| ××× | 质检试验员 | 跟踪检查员 | ××× | 施工员 | 测量放线控制 |
| ××× | 施工员 | 跟踪检查员 | | | |

每个施工班组要选派有经验的老工人兼任班组质检员，协助班长搞好本班组的工程质量，做到施工操作到位，检查质量到位，执行公司和项目部的质量检查制度和技术监督制度，检查到边，责任分工到人。

### 6.3 施工准备过程中质量控制

严格按施工组织设计和各分部分项方案进行施工准备，技术交底及技术培训工作，对推广的新工艺、新技术组织有关人员学习，使操作人员了解其施工方法性质特点。进场材料按照质量标准要求，先检后用，对特殊材料、设计规定的材料，要请设计部门、建设单位先认定后使用。完善各项计量设施，施工员、质检员要对模具、半成品、机具、劳动力等实行监控，把质量隐患消除在萌芽状态。

### 6.4 施工过程的质量控制

(1) 现场管理人员实行分工负责责任制，对所分管的工种要跟踪检查指导，并及时将信息提供给技术负责人，对所存在的问题及时处理。

(2) 严格执行自检、互检、交接检制度，并做好交接记录，每道工序项目质监部门检验合格后方可进行下道工序，属于隐蔽项目，请建设单位、质监站监理检查验收，并做好隐蔽工程验收记录。

(3) 测量放线、轴线标高自始至终设专人负责，设置测量档案。技术、质保资料、收集整理及时、完整、正确。

(4) 建立技术、质量例会制度。每周二召开一次由建设单位、市质量监督站、监理参加的技术、质量总结会，对相应阶段的施工工程作出评议，对下一步施工提出要求和建议。

(5) 认真开展全面质量管理活动，项目经理部成立QC攻关小组，不断积累成果，总结经验，并将此用于指导下一步的施工实践。

### 6.5 竣工后质量控制

(1) 在工程交付使用后一年内，由工程项目经理带领有关人员进行回访，听取使用单位的意见。

(2) 如出现因施工原因造成的质量问题，负责无偿保修。对于其他原因造成的质量问题，协助建设单位进行处理，并进行必要的技术服务。

## 7 安全保证措施

(1) 逐级建立安全生产岗位责任制，并将其张挂在办公室和现场主要通道口，制定各项安全达标奖罚制度。项目经理对项目的安全工作全面负责,是安全工作的第一责任者,项目生产副经理、安全员对安全工作具体管理,为安全工作的第二责任者。

(2) 建立健全三级安全教育制度,凡进入工地施工的工人必须进行三级安全教育,经考核合格方准予上岗,严禁班组私招滥聘未经培训和教育的工人。

(3) 各部门干部、管理人员应把安全生产当作头等大事来抓。当出现生产与安全有矛盾时,生产服从安全,严禁违章指挥,严格执行国家有关劳动保护和安全的各项法令、法规。

(4) 各分部分项工程施工前,必须进行有针对性的安全技术交底,交底应有书面资料,与施工任务同时下达,必要时还应召集操作工人进行口头交底。交底应全面具体,并经常检查交底内容的执行的情况。

(5) 特殊工种持证上岗,严禁非特殊工程人员从事特殊作业,各种操作证按规定进行复审。

(6) 建立值班制度、班前安全活动和定期安全检查制度,工地设一名专职安全员,各班组设一名兼职安全员,加强安全生产的监督力度。对重要的危险性大的特殊作业,专职安全员跟班督促指导,对施工中的事故隐患应定人、定时间、定措施进行彻底整改,重大事故隐患和工伤事故应按规定逐级上报。认真执行"三不放过"的原则,做好各项安全工作记录和档案。

(7) 通道口、楼梯口、危险作业区段、种类作业加工区段、堆场设置醒目标志,各类施工机械设备挂设安全操作规程及该机责任人名单。教育职工正确使用人具防护用品,落实安全防护措施。进入现场必须戴好安全帽,严禁穿拖鞋、硬底易滑鞋和酒后作业。

(8) 种类脚手架搭拆、"三宝四口"防护、施工用电、施工机具、塔吊电梯等,均应编制具体的施工方案,并严格按方案规定的顺序、方法和有关的安全操作规程执行,做到事前有方案、措施,事中有监督检查,事后有总结评比的标准化安全生产。

# 8 现场文明管理措施

(1) 工程桩施工完后,按平面布置要求完善排水沟设施,围墙局部加高,东北侧大门嵌钉薄钢板,实行封闭施工。

(2) 所有材料运至工地后及时卸货按规定地点堆放,有污染材料尽量夜里运输,天明清扫干净。

(3) 东北角修建厕所一座,应设化粪池,装设自来水冲洗设备,由专人定时清扫冲洗。

(4) 组织专业卫生承包组负责临建及施工区域卫生管理,应做到地面平整,道路畅通、无积水。

# 9 降低成本措施

(1) 依据公司下达的目标成本组织有关人员进行成本计划的编制,并对计划进行分解,责任到人。

(2) 各专业人员对市场进行认真的调查摸底,结合本工程设计和施工特点,提出合理化建议。在不影响结构安全和使用功能基础上,征得有关单位人员同意,提出修改或者替代方案,以达到降低成本的目的。

(3) 采用先进适用的新材料、新工艺、新技术,节约材料,提高劳动生产率。

(4) 各专业班组制定本班组的节约材料措施,采用科学的施工方法,降低材料损耗率。

(5) 实行材料节超奖罚制度。

## 10 新工艺、新技术、新材料的推广应用

(1) 梁板模板采用快拆系统,可减少模板投入量的50%。

(2) 模板支撑采用可调门式脚手架。

(3) 底板大体积混凝土采用"三掺"技术,即掺和粉煤灰、UEA膨胀剂和缓凝减水剂。

(4) 主体施工采用悬挑架围护。

(5) 采用冷轧带肋钢筋替代HPB235级钢筋。

(6) 底板大直径钢筋采用锥螺纹连接技术。

# 第三十六篇

# 广州信合大厦土建工程施工组织设计

编制单位：中国建筑第八工程局广州分公司
编 制 人：苏亚武
审 核 人：万利民

【简介】 该工程为框筒结构，核心筒为钢筋混凝土结构，地下框架为钢骨混凝土结构，地上外框架采用全钢结构。基坑支护采用人工挖孔桩＋预应力锚杆支护体系，并采用深层搅拌桩截水帷幕结合管井进行降水。由于工程体量大，相应的资源投入量大；超高层钢结构制作、安装对机械设备的要求较高；工艺复杂，交叉作业量多，如何在规定的时间内，高质量、高标准地完成大体量、结构复杂的工程，即如何部署及组织本工程的施工是本工程的最大难点。

# 目 录

1 工程概况 ································································································· 1087
　1.1 工程概述 ························································································· 1087
　1.2 工程位置及施工范围 ········································································ 1087
　　1.2.1 工程位置 ················································································· 1087
　　1.2.2 工程施工范围 ··········································································· 1088
　1.3 工程建筑设计概况 ············································································ 1088
　1.4 工程结构设计概况 ············································································ 1088
　1.5 场区地质情况 ··················································································· 1088
　　1.5.1 工程地形地貌 ··········································································· 1088
　　1.5.2 水文地质 ················································································· 1088
　　1.5.3 气象情况 ················································································· 1089
　1.6 工程特点、重点、难点 ····································································· 1089
2 施工总体部署 ························································································ 1089
　2.1 施工总体构思 ··················································································· 1089
　　2.1.1 总体思路 ················································································· 1089
　　2.1.2 总体流程 ················································································· 1089
　2.2 施工流水段的划分 ············································································ 1090
　　2.2.1 地下室流水段的划分及施工组织 ················································· 1090
　　2.2.2 上部土建流水段的划分及施工组织 ·············································· 1090
　　2.2.3 上部钢结构流水段的划分 ··························································· 1090
　2.3 施工平面布置 ··················································································· 1091
　　2.3.1 总则 ························································································ 1091
　　2.3.2 施工机械布置 ··········································································· 1091
　　2.3.3 信合大厦土建基础施工阶段总平面布置图 ···································· 1092
　2.4 施工进度计划 ··················································································· 1092
　2.5 周转物资配备情况 ············································································ 1099
　2.6 主要施工机械的选择 ········································································ 1099
　2.7 劳动力组织情况 ··············································································· 1099
3 分部分项工程施工技术方案 ···································································· 1099
　3.1 高层施工测量 ··················································································· 1099
　　3.1.1 测量仪器 ················································································· 1099
　　3.1.2 测量控制 ················································································· 1100
　3.2 深层搅拌桩截水帷幕施工技术 ··························································· 1100
　　3.2.1 工程概况 ················································································· 1100
　　3.2.2 深层搅拌桩截水帷幕工程 ··························································· 1101
　　3.2.3 高压定喷防渗止水帷幕施工技术 ················································· 1102
　3.3 基坑降水工程 ··················································································· 1103

| | |
|---|---|
| 3.3.1 施工工艺流程 | 1103 |
| 3.3.2 施工方法 | 1103 |
| 3.4 人工挖孔桩施工技术 | 1104 |
| 3.5 预应力锚杆施工技术 | 1105 |
| 3.6 土石方工程 | 1107 |
| 3.6.1 施工顺序 | 1107 |
| 3.6.2 施工方法 | 1107 |
| 3.7 深基坑支护监测 | 1108 |
| 3.7.1 监测项目 | 1108 |
| 3.7.2 监测方法及精度要求 | 1108 |
| 3.7.3 监测点布置及监测周期 | 1109 |
| 3.8 预应力工程施工技术 | 1109 |
| 3.8.1 预应力情况简介 | 1109 |
| 3.8.2 预应力工程施工方案 | 1109 |
| 3.9 钢结构的吊装与校正 | 1112 |
| 3.9.1 钢柱吊装 | 1112 |
| 3.9.2 钢梁安装工艺 | 1113 |
| 3.9.3 钢结构的校正 | 1113 |
| 3.10 压型钢板安装 | 1114 |
| 3.10.1 压型钢板安装工艺 | 1114 |
| 3.10.2 在压型钢板施工中应注意的问题 | 1115 |
| 3.11 钢结构与核心筒混凝土节点连接 | 1115 |
| 4 质量、安全、环保技术措施 | 1116 |
| 4.1 施工质量保证措施 | 1116 |
| 4.1.1 施工测量的质量控制 | 1116 |
| 4.1.2 钢筋工程质量控制 | 1116 |
| 4.1.3 模板工程质量控制 | 1117 |
| 4.1.4 混凝土工程质量控制 | 1117 |
| 4.1.5 预埋管件、预留孔洞质量控制 | 1118 |
| 4.1.6 砌筑工程的质量控制 | 1118 |
| 4.1.7 抹灰工程的质量控制 | 1118 |
| 4.1.8 楼地面工程的质量控制 | 1119 |
| 4.1.9 卷材防水工程质量控制 | 1119 |
| 4.1.10 施工期间对隐蔽工程的质量保证措施 | 1119 |
| 4.2 安全防护 | 1120 |
| 4.2.1 脚手架防护 | 1120 |
| 4.2.2 "四口"防护 | 1120 |
| 4.2.3 临边防护 | 1121 |
| 4.2.4 交叉作业的防护 | 1121 |
| 4.3 分项工程施工安全技术措施 | 1122 |
| 4.3.1 钢筋工程 | 1122 |
| 4.3.2 模板工程 | 1122 |
| 4.3.3 混凝土工程 | 1122 |

  4.3.4 砖石工程 …………………………………………………………………… 1122
  4.3.5 装修工程 …………………………………………………………………… 1123
  4.3.6 楼地面工程 ………………………………………………………………… 1123
 4.4 文明施工措施 …………………………………………………………………… 1123
  4.4.1 现场场容管理方面的措施 ………………………………………………… 1123
  4.4.2 施工人员着装形象 ………………………………………………………… 1124
  4.4.3 现场机械管理方面的措施 ………………………………………………… 1124
  4.4.4 现场生活卫生管理的措施 ………………………………………………… 1124
  4.4.5 施工现场文明施工措施 …………………………………………………… 1125
 4.5 环境保护措施 …………………………………………………………………… 1125
  4.5.1 防止空气污染措施 ………………………………………………………… 1125
  4.5.2 防止水污染措施 …………………………………………………………… 1125
5 经济效益分析 ………………………………………………………………………… 1126

# 1 工程概况

## 1.1 工程概述

广州信合大厦位于广州市珠江新城内,市中轴线的西侧,珠江北岸(珠江新城Ⅰ区 17-6 地块),是一个集银行、办公和培训为一体的综合性超高层大厦,该大厦地下部分及二十八层以上建筑平面呈方形,地下四层,地上三十二层,楼高 120m,包括观光电梯塔尖为 178m,总建筑面积约 56159 $m^2$,建设总占地面积约 6672.7$m^2$。

本工程造型新颖,钢结构和清玻璃配合,极富现代气息,是广州城市中轴线上标致性建筑之一。该大厦由广州市农村信用合作社联合社投资兴建,广州市城市规划勘测设计研究院设计,监理为广州珠江工程建设监理公司。

本方案是对信合大厦工程地上土建部分施工的总体策划。

## 1.2 工程位置及施工范围

### 1.2.1 工程位置

广州信合大厦位于广州市珠江新城市中轴线的西侧,珠江北岸(珠江新城Ⅰ区 17-6 地块),紧靠临江大道和华夏路,占地面积为 6672.7$m^2$。本大厦在总体规划中的平面位置如图 1-1 所示。

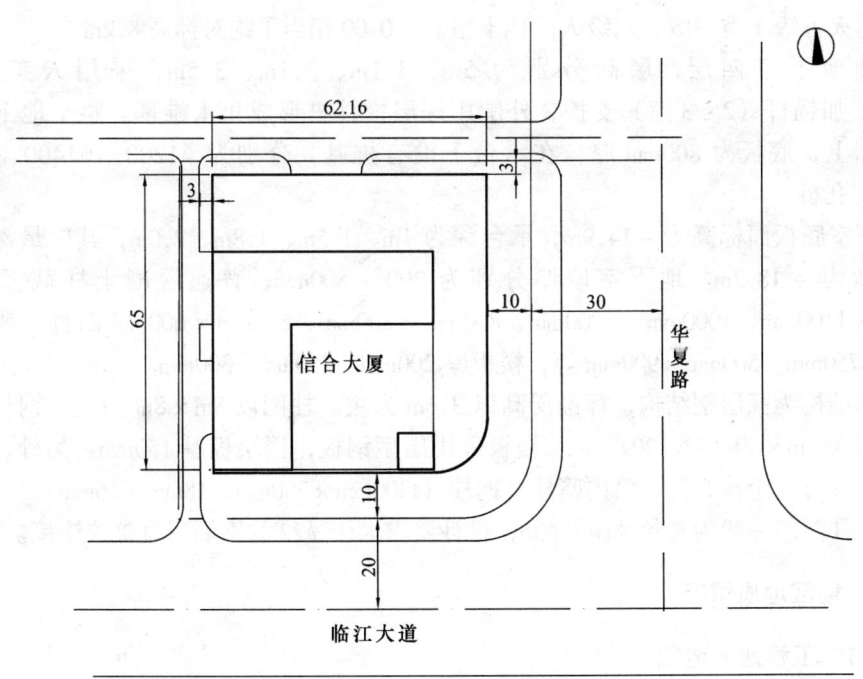

图 1-1 总体规划的平面位置图

### 1.2.2 工程施工范围

广州信合大厦土建部分施工内容包括地下室基坑止水帷幕、基坑支护、桩基、土石方工程、基础工程，其基础工程已施工完毕。

地上土建部分施工内容包括钢筋混凝土工程、砌体工程、门窗工程、湿装饰工程、屋面及其防水工程等。

## 1.3 工程建筑设计概况

广州信合大厦地上部分是由一座平面呈"L"形的超高层钢结构和一座观光塔组成，本工程总建筑面积 56159$m^2$，地下四层（设计为六级人防、建筑面积 16200$m^2$），层高分别为 5m、3.1m、3.1m、3.5m；地上三十二层，层高以 3.6m 为准，建筑总高度为 120m，含塔尖为 172m，柱网 8m×8m 为主，钢柱尺寸 600mm×600mm，楼板采用压型钢板作底模，楼板厚度 150mm。

各部位的主要功能：地下室四层为水池、泵房和停车库；一层至三层为设备用房、主库、保管箱、武器库和停车库。

上部：首层为营业厅，二至五层办公大堂、餐厅，六层为管道转换层，七至二十七层为办公、培训中心（其中十四层为避难层），二十八层以上为健康活动中心和观光层。

本工程防火等级为一级，建筑物屋面防水为二级。

## 1.4 工程结构设计概况

本工程为钢筋混凝土核心筒—钢骨架结构，抗震设防烈度为 7 度，框架的抗震等级为二级，耐火等级 1 类一级，六级人防地下室。±0.00 相当于绝对标高 8.2m。

基础地下室四层，层高分别为 5m、3.1m、3.1m、3.5m，采用人工挖孔桩（$\phi$1200）加锚杆（2~3 道）支护，外围用深层搅拌桩形成止水帷幕。整个地下室坐落在粉砂岩上，底板为 800mm 厚，在承台下设有桩基，分别为 $\phi$1200、$\phi$1400、1600 三种人工挖孔桩。

地下室底板面标高为 -14.9m，承台深为 1m、1.5m、1.8m、2.0m，其中最深的电梯坑底标高为 -18.2m。地下室墙厚分别为 200~800mm；普通混凝土柱截面尺寸为 1100mm×1100mm、1000mm×1000mm、800mm×800mm、600mm×600mm 四种；普通梁为 350mm×750mm、500mm×900mm 等；楼板厚 200mm、250mm、300mm。

上部结构为高层钢结构，标准层高以 3.6m 为主。柱网以 8m×8m 为主，钢柱尺寸 600mm×600mm×40（32、20）mm，楼板采用压型钢板，楼层板厚 150mm。另外，在整个平面上布置有三个核心筒，筒内暗柱有钢柱（I300mm×350mm×18mm×16mm）。

梁、柱配筋一般为直径 $\phi$16~$\phi$36，设计要求大于 $\phi$22 的钢筋用直螺纹连接。

## 1.5 场区地质情况

### 1.5.1 工程地形地貌

信合大厦工程交通方便，南侧紧靠临江大道，东侧紧邻华厦路。

### 1.5.2 水文地质

本场地地下水位埋深为地表下 0.3~1.20m，地下水主要赋存于粗砂和粉土层，其层厚及分布范围较少，水量不大，其他层粉质黏土、粉砂岩渗透性较差，地下水主要接受大气降水补给，地下水对混凝土结构没有腐蚀性。

### 1.5.3 气象情况

该工程位于亚热带地区，年气温较高，月平均最冷气温在13.1℃以上，最热月平均气温可达28.3℃，极端最高气温可达37.6℃，极端最低温0.1℃，相对湿度68%~84%，夏季平均风速为1.9m/s，年总降雨量1622.5mm，日最大降水量253.6mm。

本工程于2002年10月8日开工，施工期要经过夏季高温季节和雨期，所以在施工过程中，我们必须采取防暑降温并做好雨期施工措施。

## 1.6 工程特点、重点、难点

根据上述本工程的建筑、结构概况，以及对本工程的施工工期、施工质量所做的要求（本单位工程质量目标要求确保省优，争创国优"鲁班奖"工程），结合现场条件（场地比较狭小）可以看出，本工程的突出特点为：

(1) 体量大，相应的资源投入量大；超高层钢结构制作、安装对机械设备的要求较高。

(2) 工艺复杂，交叉作业量多，如何在规定的时间内，高质量、高标准地完成大体量、结构复杂的工程，即如何部署及组织本工程的施工是本工程的最大难点。

(3) 质量要求高，本单位工程质量目标要求一次合格，确保省优，争创国优"鲁班奖"工程。

同时，在组织施工过程中，针对工程中关键的工序采取先进、可靠的技术措施。地上土建部分（除钢结构）模板工程、混凝土工程、防水工程、墙体抹灰是地上土建工程的重点控制对象。

# 2 施工总体部署

本章节是本施工组织设计的总体纲要，是组织本工程地上土建施工的一个总体设想。其主要内容包括土建项目管理、劳动力组织、机具组织、施工区段划分及施工顺序、主要方案选择及施工进度计划等。为了更详尽地说明，将对其中的几项单独列章编写。

## 2.1 施工总体构思

### 2.1.1 总体思路

本工程地上土建部分内容主要包括地上部核心筒、楼板钢筋混凝土结构及湿装修、铝合金门窗等。本工程地上部分施工采取结构钢结构先行，核心筒紧紧跟上，与钢结构相差3~6层，减少相互干扰，压型钢板楼板施工跟随核心筒正常进行即可。

根据现场条件及工程结构本身的特点，考虑到施工总工期和资源的合理投入，已将地下室结构施工按施工缝位置划分为三个流水段，上部结构结合钢结构工程分为三个区，同时组织施工。

### 2.1.2 总体流程（图2-1）

总体施工顺序：三个单元相对独立，同时施工，齐头并进；在每一个单元构件吊装时，先吊装钢柱，再吊装主梁，最后吊装次梁；空间安排上，基本每一个吊装节由三个楼层的构件组成，钢梁安装时，上层梁先就位，然后是中间层梁，最后是下层梁。每个吊装节楼层钢结构安装完毕后，绑扎核心筒剪力墙钢筋，支设模板，浇筑混凝土。

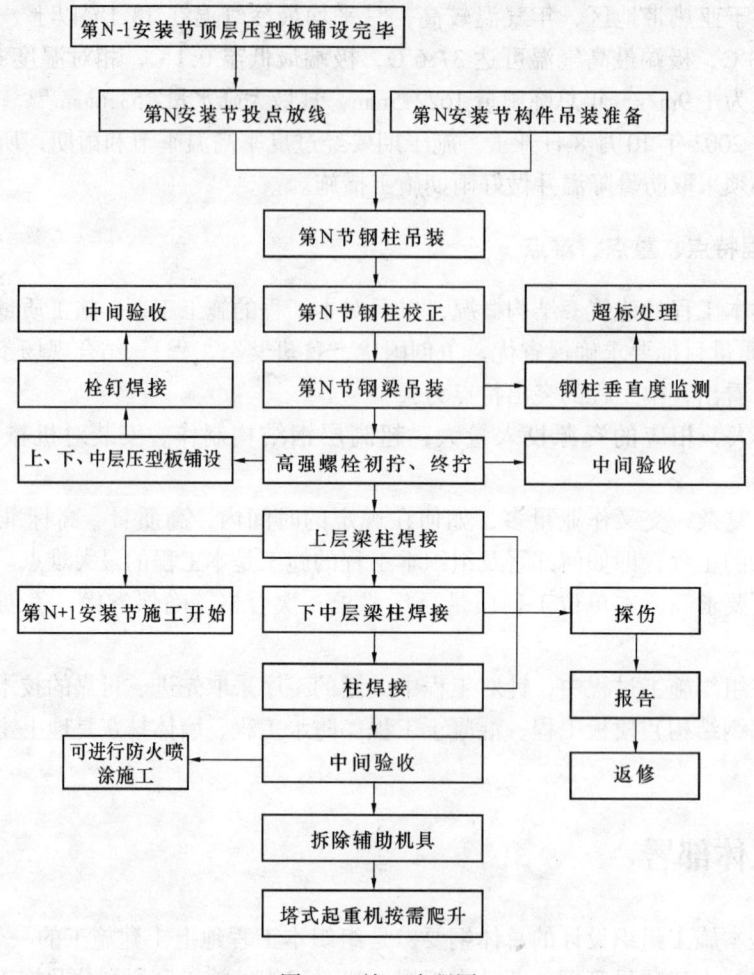

图 2-1 施工流程图

### 2.2 施工流水段的划分

**2.2.1** 地下室流水段的划分及施工组织

地下室流水段按照施工缝自然形成，每个流水段面积在 1300m² 左右，每层共划分为三段。基础施工从负一层钢结构和土建结合交叉在一块，如图 2-2 所示。

**2.2.2** 上部土建流水段的划分及施工组织

地上土建结构部分由于工程量不大，不再进行小流水段划分。其钢结构部分保持比核心筒施工快六层，楼板钢筋混凝土跟随核心筒施工。

**2.2.3** 上部钢结构流水段的划分

根据本工程钢结构分布的特点，将施工平面分为三个区域，形成三个相对独立的施工单元。划分如下：Ⅰ单元，由①~③轴线、Ⓐ~Ⓔ轴线围成的区域；Ⅱ单元，由Ⓔ~Ⓖ、②~⑦轴线围成的区域；Ⅲ单元，观光电梯井区域，如图 2-3 所示。

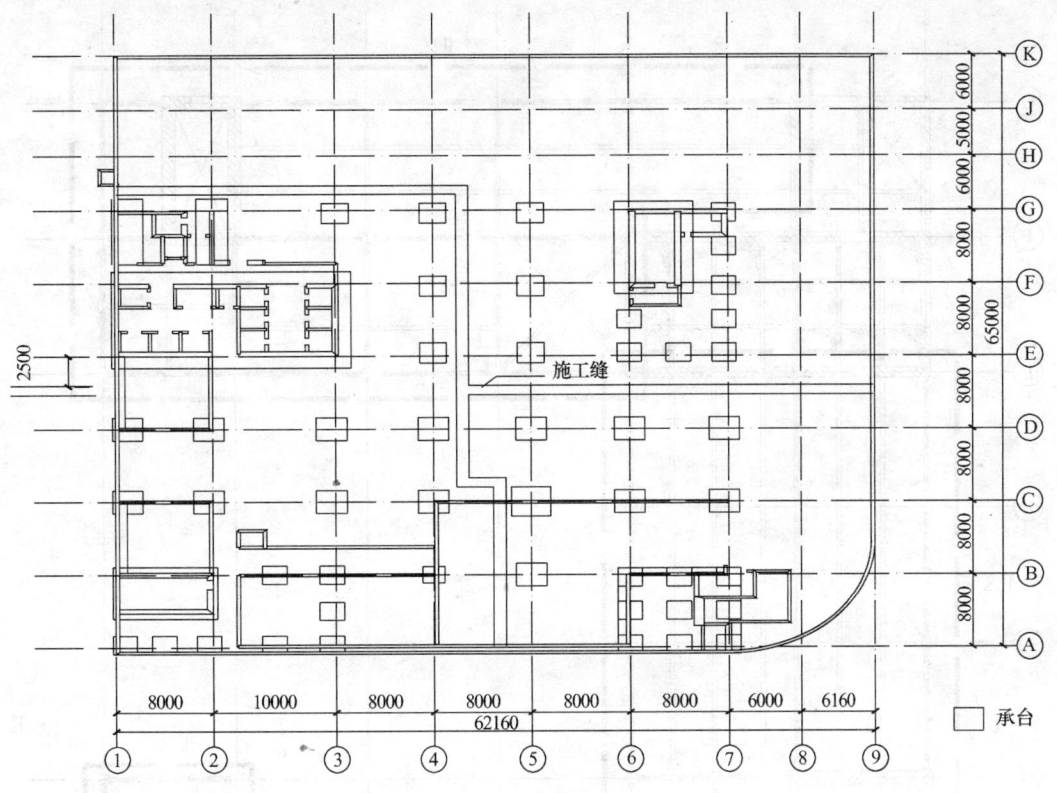

图 2-2 地下室流水段划分示意图（单位：mm）

## 2.3 施工平面布置

### 2.3.1 总则

本工程地上钢筋混凝土和钢结构交叉施工时间长，一次性投入的人力、物力、机械较多，现场场地又较小，为了保证场内交通顺畅和工程安全、文明施工，减少现场材料、机具相互影响降低工效，避免二次搬运以及环境污染，应对现场平面进行科学、合理的布置。

### 2.3.2 施工机械布置

地上主体施工期间的机械布置主要为塔吊、施工电梯、砂浆搅拌机、输送泵、钢筋加工机械、木工加工机械、桩机等。

本工程共投入两台塔吊，一台500t·m布置在东侧靠Ⓔ轴/⑦轴旁，塔吊基础坐落在地下室底板下粉砂岩上，为整板形式。

一台300t·m布置在南侧靠Ⓐ轴/③轴旁，塔吊基础采用4φ1200的灌注桩，每根都进入岩石层，具体位置见总平面布置示意图（图2-4~图2-5）。

本工程共投入两台拖式混凝土泵。根据流水作业的进度，移动混凝土泵，浇筑混凝土。

根据总体部署，本工程在上部主体施工阶段设置两座施工电梯，用于砌块、砂浆等材料的垂直运输。装修阶段考虑运输量加大，再增设一座。

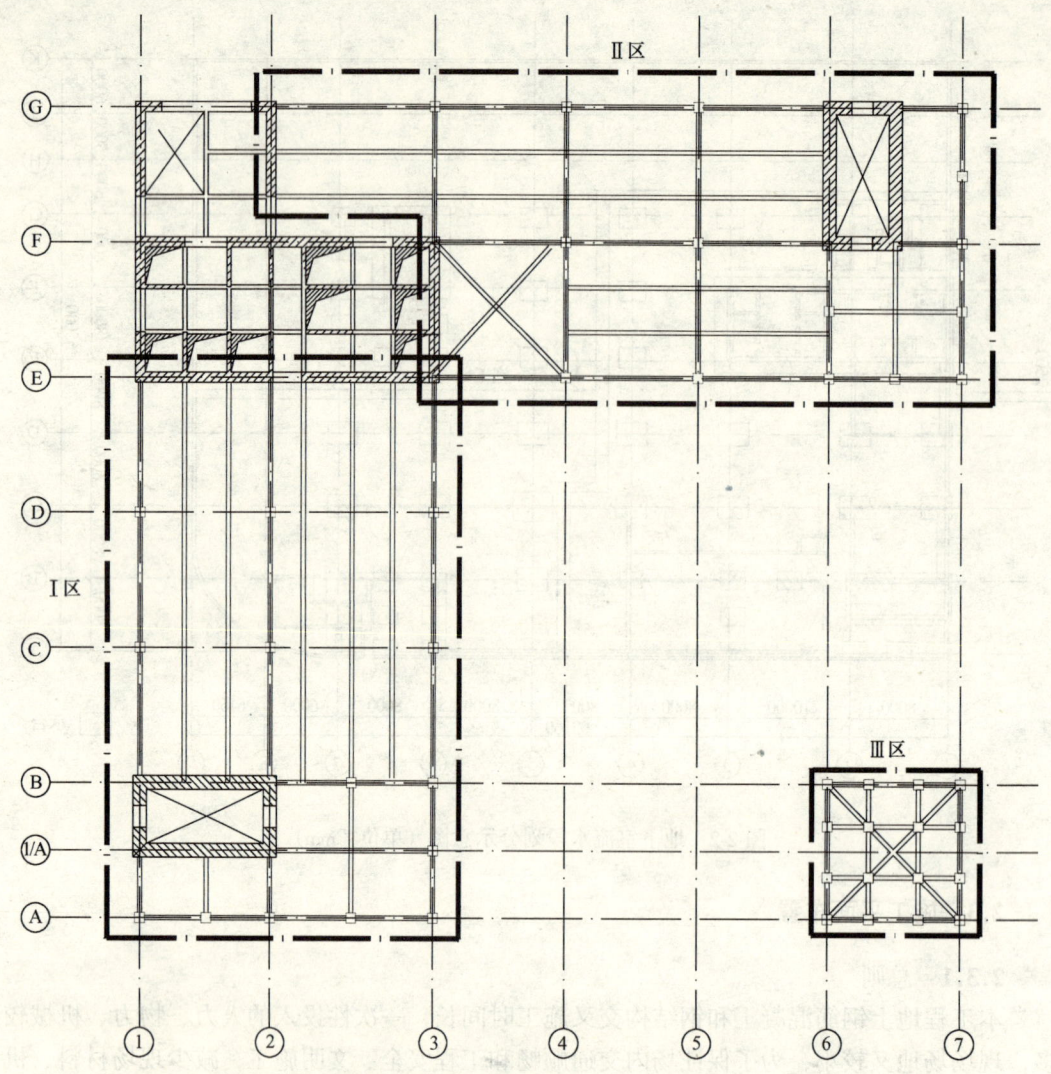

图 2-3 钢结构施工单元的划分示意图

本工程临时用水量较大的为结构施工时的清洁、养护用水。为满足施工需要，业主提供施工临时用水至现场后，施工单位自行沿线布置。

**2.3.3 信合大厦土建基础施工阶段总平面布置图**

(1) 信合大厦土建基础施工阶段总平面布置图（图2-4）。

(2) 信合大厦土建主体施工阶段平面布置图（图2-5）。

(3) 信合大厦土建装修施工阶段平面布置图（图2-6）。

## 2.4 施工进度计划

根据对进度计划的优化，本工程土建施工总工期为700d，其中地上448d。

(1) 信合大厦地下室施工进度计划网络图（图2-7）。

(2) 信合大厦主体施工进度计划网络图（图2-8）。

(3) 信合大厦钢结构施工进度计划网络图（图2-9）。

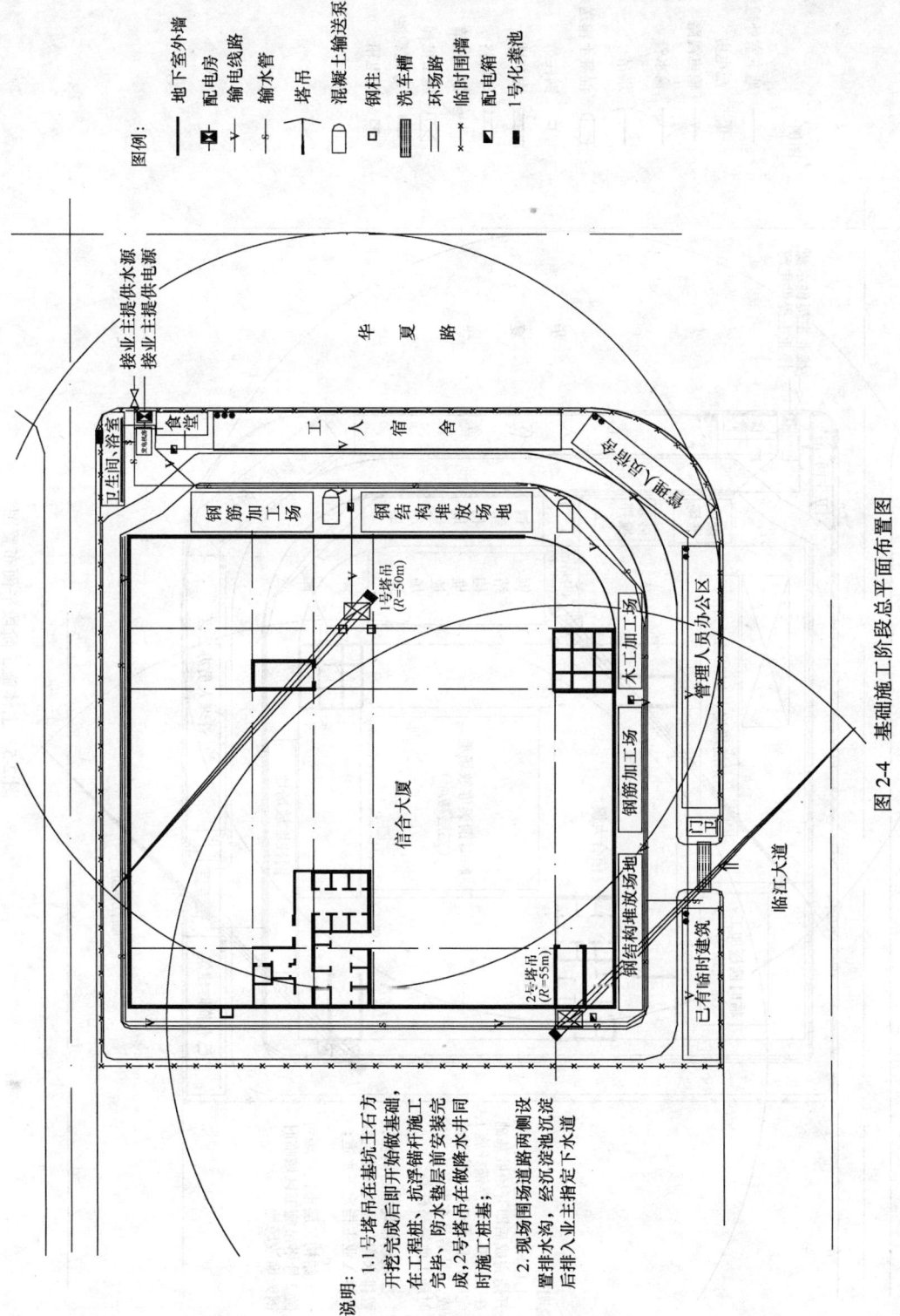

图 2-4 基础施工阶段总平面布置图

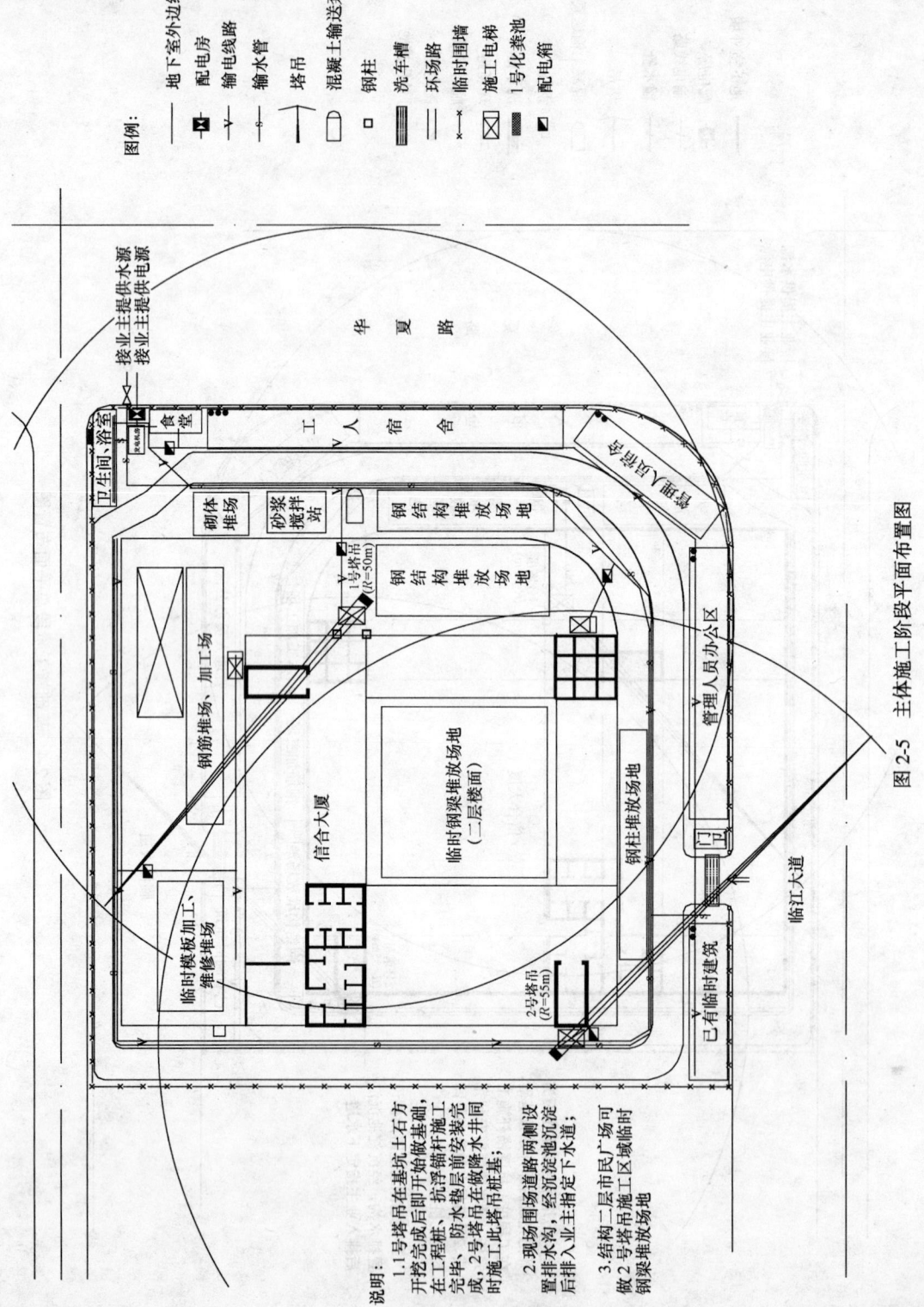

图 2-5 主体施工阶段平面布置图

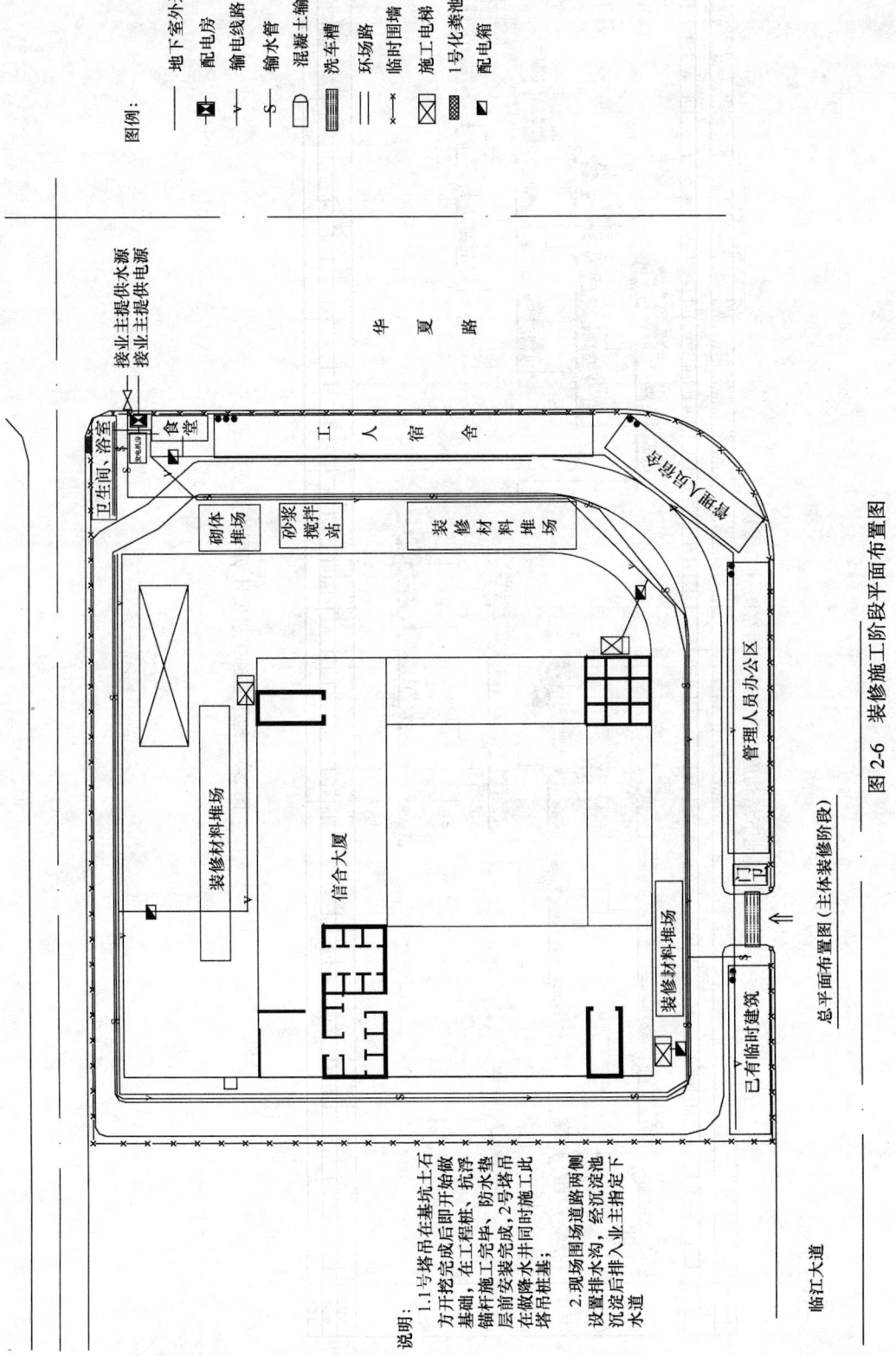

图 2-6 装修施工阶段平面布置图

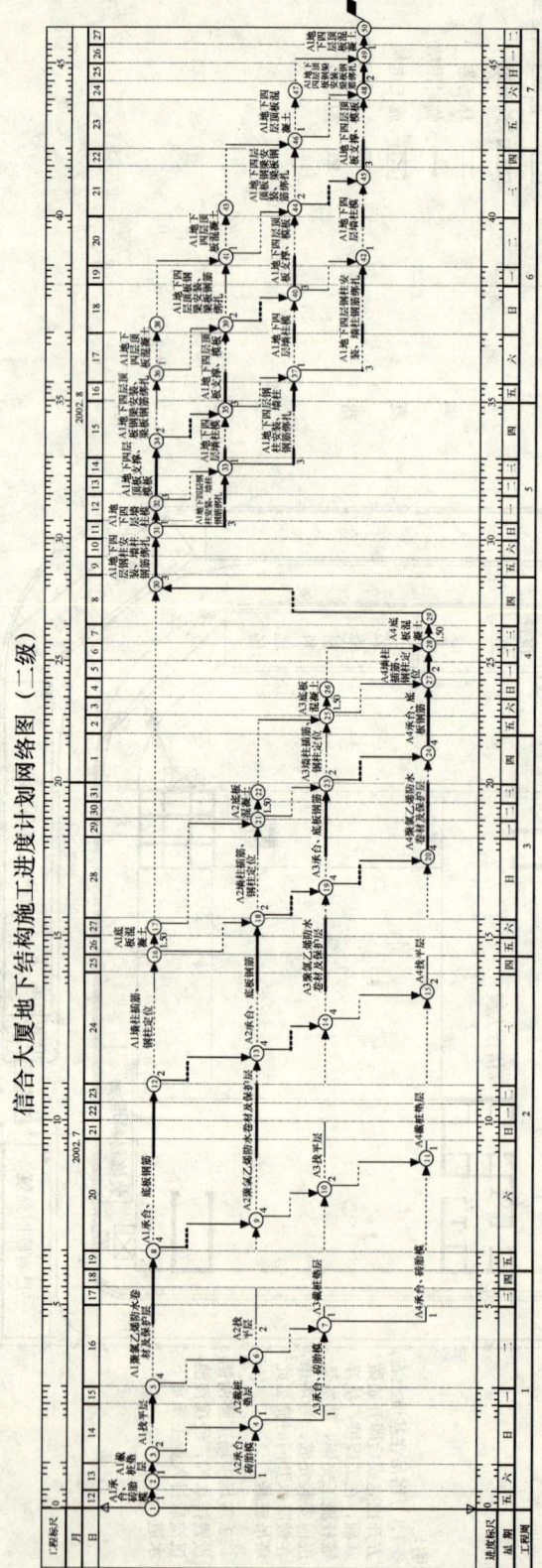

图 2-7 地下室施工进度计划网络图

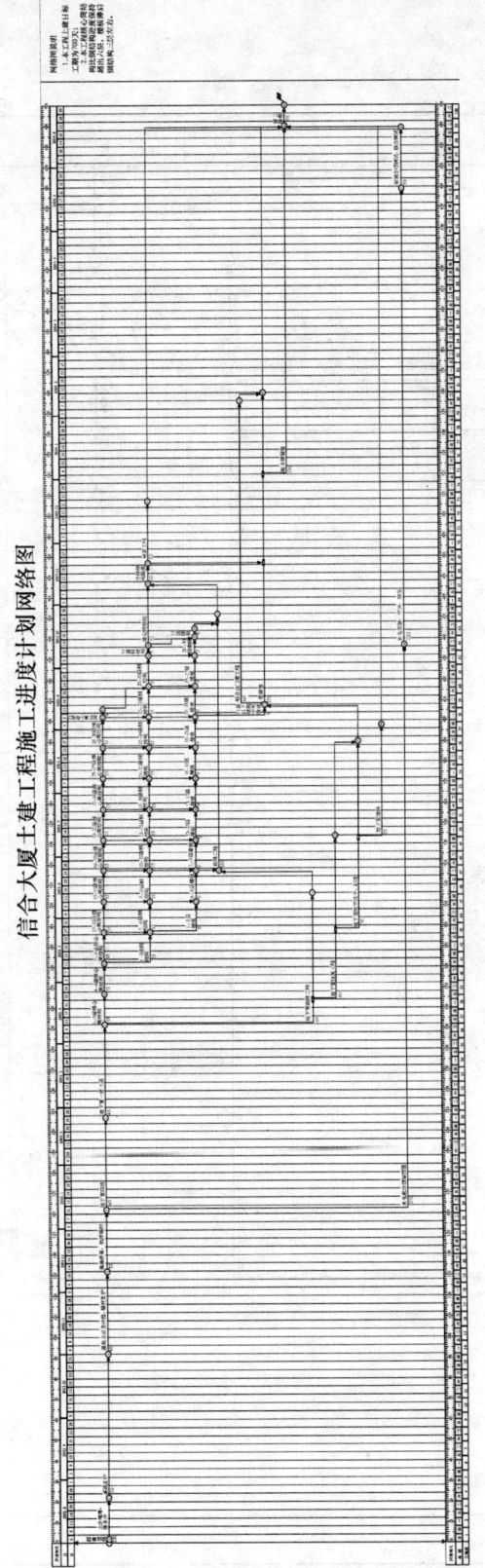

图 2-8 主体施工进度计划网络图

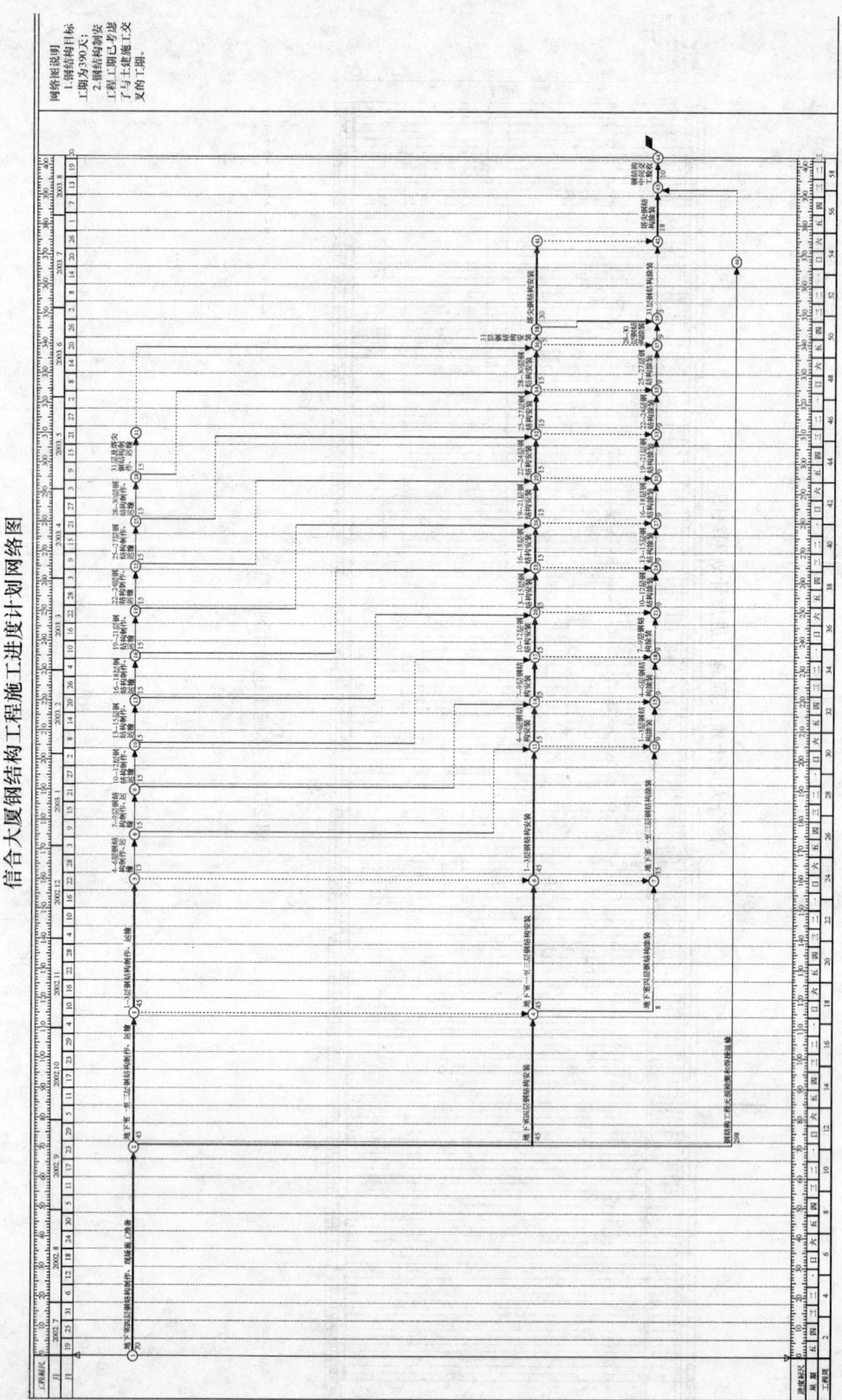

图 2-9 钢结构施工进度计划网络图

## 2.5 周转物资配备情况

周转材料主要是用于主体结构施工时的模板、木方及脚手架,由于本工程地下室土建钢筋混凝土工程量最大,按满足地下室需要综合地上结构更换要求来统一考虑(表2-1)。

**本工程周转材料调配计划表** 表2-1

| 施工部位 | 钢管(t) | 镜面板($m^2$) | 竹胶板($m^2$) | 木方($m^3$) | 进场日期 |
|---|---|---|---|---|---|
| 地下室 | 300 | 13400 | 3500 | 320 | 2002.12 |
| 外架 | 200 | — | — | — | 2003.4 |

## 2.6 主要施工机械的选择(表2-2)

**主要施工机械设备及机械人员调配计划一览表** 表2-2

| 序号 | 设备名称 | 规格型号 | 数量 | 序号 | 设备名称 | 规格型号 | 数量 |
|---|---|---|---|---|---|---|---|
| 1 | 塔吊 | K50/50 | 1 | 10 | 电渣压力焊机 | MH-36 | 2 |
| 2 | 塔吊 | 300t·m | 1 | 11 | 钢筋切断机 | GJ5-40 | 2 |
| 3 | 混凝土输送泵 | HBT60C | 2 | 12 | 钢筋弯曲机 | GW40-I | 4 |
| 4 | 施工电梯 | SCD100/100A | 3 | 13 | 钢筋调直机 | JK-2 | 1 |
| 5 | 翻斗车 | FIVA | 2 | 14 | 电焊机 | BX3-300 | 4 |
| 6 | 搅拌机 | JS350 | 2 | 15 | 木工压刨 | MI-105 | 1 |
| 7 | 砂浆搅拌机 | UJZ-200 | 2 | 16 | 木工平刨 | MBS/4B | 1 |
| 8 | 滚压直螺纹机 | — | 1 | 17 | 木工圆锯 | MB104 | 2 |
| 9 | 钢筋闪光焊机 | UN1-100 | 1 | 18 | 插入混凝土振动器 | HZ-50/30 | 6 |

## 2.7 劳动力组织情况

根据工程地上部分的规模、施工技术特性及施工工期要求,按比例配备一定数量的施工管理人员及劳动力,既避免窝工,又不出现缺人现象,使得现有劳动力得以充分利用。

本工程地上土建施工拟投入450人,其中土建施工部管理人员10余人。

# 3 分部分项工程施工技术方案

## 3.1 高层施工测量

本工程的一个重要特点是超高,大量的钢结构柱、梁安装精度要求高。为了保证建筑物的轴线及钢柱等平面位置的准确性,必须根据设计资料和业主移交的有关控制点和定位轴线进行同精度复核。

### 3.1.1 测量仪器

根据本工程特点和精度要求,平面控制和建筑物的定位采用全站仪,轴线投测用经纬仪，高程测量用精密水准仪，主轴线垂直度控制用激光垂准仪。同时，还配备相应计算机，运用计算软件来进行数据处理，以求高效、准确地进行测量工作，确保工程质量。

### 3.1.2 测量控制

根据业主提供的施工图纸、有关文件，测量标志和测量资料等作为施工测量的基本依据，综合考虑地形特点以及现场施工等因素，现有控制点的位置与密度都不能满足施工的需要，因此，在此基础上，必须对其进行加密。加密导线点主要集中在建筑物周围附近，以及沿着纵横两个相互垂直方向布置，并在施工场地内建立施工控制网。导线点加密时注意以下几点：

(1) 保证在建筑物施工的全过程中，相邻导线点能互相通视。

(2) 点位的地势须选在视野较开阔的地方。

(3) 导线点选在不受施工影响，安全稳固的地方，埋设永久混凝土预制桩，并用混凝土浇灌加固，钢筋头锯"十"字标识。

(4) 所有的导线点在埋设时注意略低于地面，然后用木盖或其他板盖加以保护，并将统一编号标注其上。导线点的标识埋设见图 3-1 所示。

(5) 埋设至少 7d 后方可进行测设。

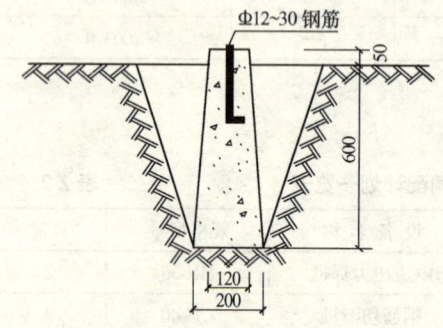

图 3-1 导线点的埋设示意图（单位：mm）

(6) 绘制施工场地导线点位置图，以利于施工测量查找。

为确保施工控制网的整体性，导线点的复测与加密点测设同时进行，拟采用闭合或附合导线测定，统一平差、计算。精度等级按一级导线技术要求，测角取两测回，测距四次取平均数（对向测距）。施工过程中，如果有必要可以引测支导线布设临时用点，引测点数目不能超过两个。

一级导线主要技术要求如表 3-1 所示。

一级导线主要技术要求　　　　　　　表 3-1

| 等级 | 导线长度 | 平均边长 | 测距中误差 | 测角中误差 | 导线全长相对闭合差 | 方位角闭合差 |
|---|---|---|---|---|---|---|
| 一级 | 4km | 500m | 15mm | 5″ | 1/15000 | $10\sqrt{n}$ mm |

以导线点为高级控制点，采用控制测量的方法分别施测信合大厦"L"主楼及观光塔的角点，进而用内分法测设每条轴线，布设成矩形方格网。先在整个工程范围内建立独立的施工控制网，然后在此基础上进行各项工程的定位和细部测量。

导线点加密详见图 3-2 所示。

## 3.2 深层搅拌桩截水帷幕施工技术

### 3.2.1 工程概况

本工程地下室四层，层高分别为 5m、3.1m、3.1m、3.5m，钢骨混凝土结构，柱网以 8m×8m 为主，平面尺寸为 62.16m×65m，采用人工挖孔桩（$\phi1200$）加锚杆（2~3 道）支护，外围用深层搅拌桩形成止水帷幕。

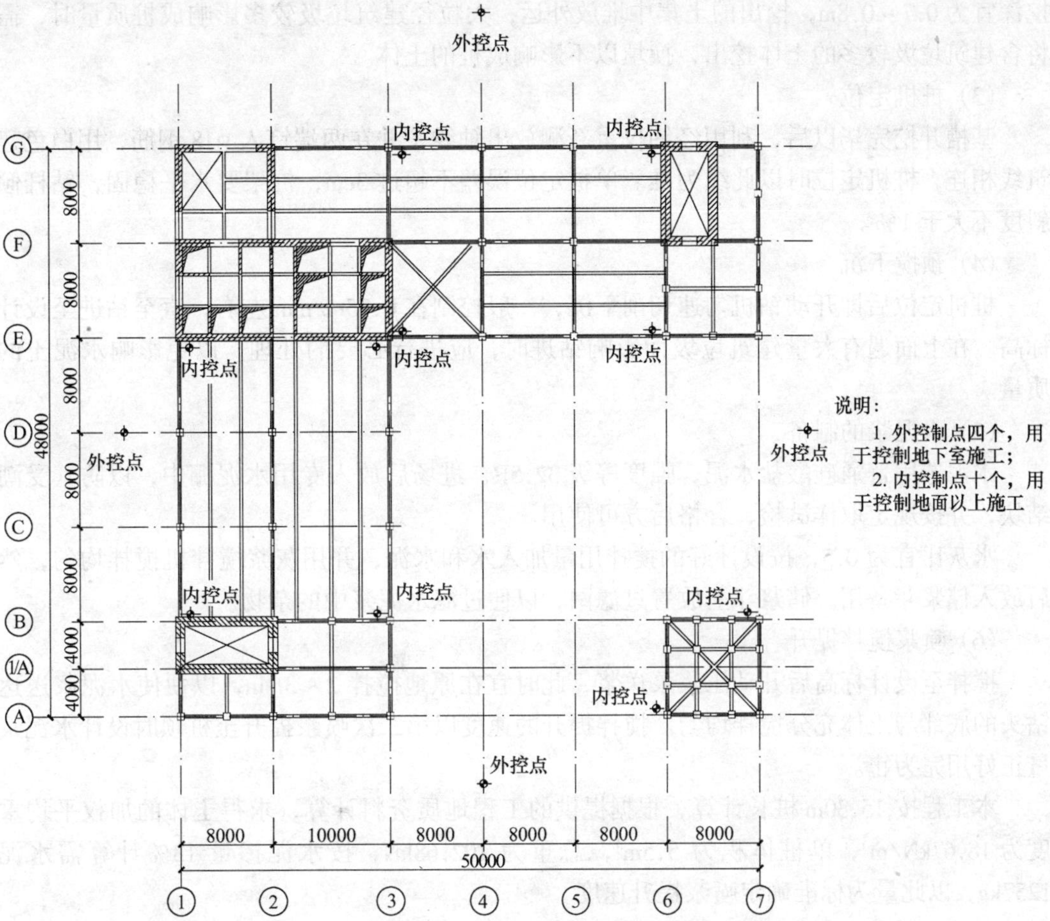

图 3-2 导线点加密示意图（单位：mm）

### 3.2.2 深层搅拌桩截水帷幕工程

（1）工艺流程

深层搅拌桩施工工艺流程如图 3-3 所示。

（2）施工方法

1）定位放线

首先平整场地，利用经纬仪根据现场已有的控制点测放出深层搅拌桩的边框线，并用白灰做标志以便开挖，测量用的基准点要经过复核无误并加以保护；测放出的边框线要经有关人员复核，并有记录及签章。

2）基槽开挖

本工程深层搅拌桩为 $\phi500$ 搭接 200mm，即基槽宽度为 0.80m，基槽的

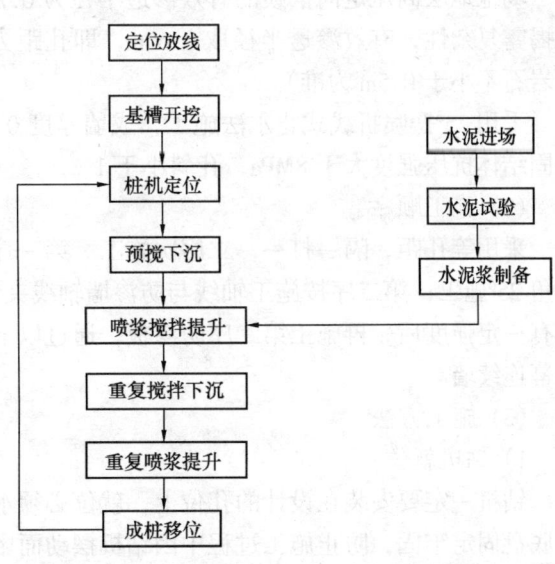

图 3-3 深层搅拌桩施工工艺流程图

挖深宜为 0.7~0.8m，挖出的土集中堆放外运；大粒径建筑垃圾较多影响成桩质量时，需将含建筑垃圾较多的土体挖出，换填以不影响成桩的土体。

(3) 桩机定位

基槽开挖完毕以后，利用经纬仪重新测放出轴线，并在两端钉入 $\phi 18$ 钢筋，用白色建筑线相连，桩机定位时以此线为准。单桩定位误差不超过 3cm，桩架要水平稳固，钻杆倾斜度不大于 1%。

(4) 预搅下沉

桩机定位后即开动钻机匀速切削下沉，一般控制在 0.75m/min 左右，直至钻进至设计标高。在上面遇有大量建筑垃圾而影响钻进时，应进行必要的处理，以免影响水泥土的质量。

(5) 水泥浆的制备

水泥选用普通硅酸盐水泥，强度等级 32.5R，进场后放入专用水泥棚中，以防其受潮结块，并按规定取样试检，合格后方可使用。

水灰比宜为 0.5，按设计好的搅拌用量加入水和水泥，并用灰浆搅拌机搅拌均匀，然后放入储浆斗备用。储浆斗上放置过滤网，以便过滤水泥浆中的杂物。

(6) 喷浆搅拌提升

搅拌至设计标高后开动压浆泵送浆，此时宜在原地搅拌 2~3min，以便使水泥浆送达钻头的底部与土体充分搅拌均匀。搅拌提升的速度以第二次喷浆提升至桩顶时设计水泥浆量正好用完为止。

本工程按 15.30m 桩长计算，根据提供的工程地质资料计算，求得土体的加权平均重度为 $18.67kN/m^3$，单桩体积为 $5.5m^3$，总重为 102.68kN，按水泥掺量 13% 计算需水泥 1257kg，以此量为标准确定喷浆提升速度。

**3.2.3 高压定喷防渗止水帷幕施工技术**

(1) 工程简述

场地地层高压定向摆喷的有效渗透半径为 0.70~0.80m，考虑该工程的基坑开挖深度及揭露复杂性，有效渗透半径取 0.65m，即孔距为 1.30m。帷幕的深度约为 16m（以中风化岩石不小于 0.5m 为准）。

采用 25°摆喷折线式止水法施工，成墙厚度 0.20~0.35m，抗渗性 $K < 4 \times 10^{-6}$m/s，帷幕固结体抗压强度大于 8MPa，孔斜小于 1%。

(2) 施工顺序

采用等孔距，隔一打一，二序次施工。第一序按施工轴线与防渗墙轴线夹角 20°，摆动角 25°施工；第二序按施工轴线与防渗墙轴线夹角 160°，摆动角 25°施工。待第一序防渗板有一定强度后，再施工第二序防渗板，通过以上施工，防渗板交错连接起来，形成止水帷幕连续墙。

(3) 施工方法

1) 钻机就位

钻机一定要安装在设计的孔位上，就位必须水平校正，钻机轴心与钻孔中心铅直，钻机底盘固定牢固，防止施工过程中因钻机摆动而影响成孔质量，在施工过程中经常校正。

2) 造孔

造孔采用 XY-2 型工程钻机钻进，孔距 1.30m，孔径 130mm，孔深要求进入中风化岩石 0.5m，以现场取芯验证为准。

3）射水试验

高喷台车就位，首先进行射水试验，检查喷嘴畅通情况，工作压力是否正常，检验合格后进行施工。

4）摆喷灌浆

采用 PO.32.5R 级水泥制作浆液，水泥用量 0.5t/延米，浆液密度大于等于 $1.55g/cm^3$。依喷孔的施工顺序进行，隔一打一，二序次施工。在三通管下到设计深度后，开始摆喷灌浆，待孔口返上水泥浆液时开始正常提升，喷至地面停止。

5）回灌

高喷灌浆完成后必须对孔口进行回灌，直至孔口浆面不再下降为止。

### 3.3 基坑降水工程

该工程基坑底部距自然地表约 15.6m，为保证基坑正常施工，降水深度大于等于 16m，降水期限大于 3 个月。

场地地层属第四系冲洪积土层和残积黏性土层，下伏白垩系上统三水组濠段褐色~灰色粉细砂岩夹粗砂岩。地下水主要为孔隙水及裂隙水，补给来源主要为大气降水。

#### 3.3.1 施工工艺流程

放线定位→钻井施工→破壁换浆→井管安装→回填砾料→洗井→降水安装→开始降水。

#### 3.3.2 施工方法

（1）钻机就位

测量放线后用木桩标定井位置，挖孔口护筒坑，为钻机就位做准备。

钻机安装与井位偏差不大于 20cm，天轮中心、磨盘中心、井中心三点一线，磨盘水平，钻机安装稳固，在施工过程中随时检查并调整倾斜位移。

（2）钻孔方法

1）根据地层情况，施工中采用与之相适应的钻头及钻进技术参数，当钻进土层和强风化岩石时，使用三翼合金钻头和耙齿合金钻头，在钻进砾岩及黏土碎石层时采用牙轮钻头或滚刀钻头全面钻进。

2）泥浆使用与处理：钻进过程中，泥浆相对密度控制在 1.2~1.4 之间，以保证钻进时的适宜性和岩粉颗粒净化沉淀的随时性。

3）钻进中及时丈量钻杆长度并保证钻进中的机台水平和井孔垂直，钻孔达到设计深度后立即自检，并报建设单位验收合格后方可转入下一道工序施工。

（3）破壁换浆

破壁采用钢丝束破坏井筒内的泥皮，再采用泥浆循环稀释井筒内泥浆，使井内泥浆相对密度小于 1.15。

（4）井管安装

下管方法采用托盘法，先将井底盘与第一节井管组装，连接好，接口处用尼龙网包扎，并沿管身均布三根竹片，用钢丝绑扎牢固后，缓慢下放，然后逐节按此方法下至井底。

(5) 填砾

为保证填砾四周厚度的均匀和防止井管倾斜，填砾前先将井管固定好，然后从四周同时进行填砾，直至地平。

(6) 洗井

填砾后迅速下泵洗井直至井内水清沙净，沉淀物小于30cm。

### 3.4 人工挖孔桩施工技术

整个地下室坐落在粉砂岩上，底板为700mm厚，在主楼范围荷载较大处有部分承台下设有桩基，分别为$\phi1400$、$\phi1600$两种人工挖孔桩。

本工程支护结构设计为密排人工挖孔灌注桩，桩径$\phi1200$。相临两圆形桩之间采用腰鼓形断面。挖孔桩要求进入开挖面不小于3.2m，且入中、微风化岩不小于1.0m。

根据设计要求，采用间隔挖孔、分组施工的方案，每组3人施工。

(1) 测放桩位

由专职测量人员根据甲方提供的控制点和施工图纸测放各施工桩位，用钢筋作标识，经监理和甲方验收后，由桩位钢筋引测出相互垂直方向上的四个方位桩，并保持方位桩不被破坏。在每一节的施工中，均用四点连线的交点对桩位进行校核，使控桩中心与桩位中心偏差不大于10mm。

(2) 挖土（岩）

采取分段分节开挖，每节以1m为一施工段，挖土由人工从上到下逐段进行，遇坚硬土层时用风镐破碎，遇岩石用爆破法破碎。同一节内挖土次序为先中间后周边。挖（凿）出的土用桶或箩筐垂直吊至井口，再用小推车倒运至指定地点。

挖孔采用间隔开挖，待第一批挖孔桩达到一定长度后，再进行第二批孔的开挖。

当开挖孔遇较多渗水时，采用先挖集水坑，用潜水泵排至坑外。

(3) 支护壁模

挖土至一节时，下入钢制护壁模板，模板由3~4片活动板组合而成。护壁支模的对中，用井口十字线吊锤为尺杆找正模板中心，模板中心位置偏差不大于10mm。使四周护壁间隔基本相等。

(4) 下网片

模板支好后，将编制绑扎的$\phi6@200$钢筋网片下入模板与孔壁之间，并使保护层厚度满足规范要求，上下节网片用弯钩绑扎搭接，搭接长度50mm左右，使每根桩的护壁网片形成一个整体。

(5) 浇护壁混凝土

浇混凝土之前，在模板上架设工作平台，平台由两片半圆形钢模板组成，将掺有早强剂的商品混凝土分层分段浇至护壁模板与孔壁之间，并用钢筋将混凝土分层捣实。根据土质情况，尽量使用速凝剂，尽快达到设计强度要求。发现护壁有蜂窝、漏水现象，及时加以堵塞或导流，防止孔外水通过护壁流入孔内，保证护壁混凝土强度及安全。第一节护壁混凝土宜高出地面200mm，以便于挡水和定位。

(6) 拆护壁模

护壁模的拆除宜在24h后进行，以便护壁混凝土达到一定强度，等待拆模期间，可以挖下一节的中间部分土，拆模后再挖除周边部分土。然后连续支模和浇筑护壁混凝土，如此循环，直到挖至设计要求的深度。

当第一节护壁混凝土拆模后，即把轴线位置标定在护壁上，并用水准仪把相对水平标高画记在第一圈护壁内，作为控制桩孔位置和垂直度及确定桩的深度和桩顶标高的依据。

（7）钢筋笼制作与安放

桩用钢筋按规格的品种进场后，首先检查合格证明及挂牌是否与要求相符，检查无误后按规定要求取样送检。检验合格后，可用于钢筋笼制作，钢筋笼制作偏差如下：截面偏差±10m，主筋间距±10mm，箍筋间距±20mm，笼长度±50mm。钢筋笼的定位采用混凝土垫块保证保护层厚度，钢筋笼长度定位偏差±50mm。

（8）浇筑桩芯混凝土

在浇筑桩身混凝土前，应将孔内积水和废土清理干净，商品混凝土坍落度为120~140mm，混凝土用输送泵下料，须连续浇筑，每层厚度不大于1m，应用振动器振实，直至灌注至桩顶，每根桩留置1组试块。

（9）桩芯混凝土的养护

根据施工现场实际，在桩芯混凝土浇筑12h后进行蓄水养护，养护时间不少于7d。

## 3.5 预应力锚杆施工技术

本工程采用止水帷幕加人工挖孔桩挡土连续墙加预应力锚杆支护方案，场地东、北、南三侧上在地下一层及地下三层设两排预应力锚杆，以平衡基坑周边的土压力。场地西侧距碧海湾工程较近，在加大预应力倾角同时，增加一层锚杆且锚杆端部采取扩大头形式。其具体设计参数如表3-2所示。

预应力锚杆设计参数表　　　　　表3-2

| | 锚头标高(m) | 锚杆数量(根) | 孔径(mm) | 倾角(°) | 孔深(m) | 自由段长度(m) | 锚固段长度(m) | 扩大头 长度(m) | 扩大头 直径(m) | 锚杆轴向拉力(kN) | 钢绞线 |
|---|---|---|---|---|---|---|---|---|---|---|---|
| 北面 | -3.0 | 53 | 150 | 30 | 25.5 | 8.5 | 17.0 | | | 400 | 4×$\phi$12 |
| | -9.0 | 52 | 150 | 30 | 17.5 | 8.5 | 12.0 | | | 550 | 6×$\phi$12 |
| 东面 | -3.0 | 54 | 150 | 30 | 22.5 | 8.5 | 14.0 | | | 400 | 4×$\phi$12 |
| | -9.0 | 54 | 150 | 30 | 14.0 | 5.5 | 8.50 | | 550 | 6×$\phi$12 | |
| 南面 | -3.0 | | 150 | 30 | 23.5 | 8.5 | 15.0 | | | 450 | 5×$\phi$12 |
| | -9.0 | 52 | 150 | 30 | 15.5 | 5.5 | 10.0 | | | 550 | 6×$\phi$12 |
| 西面 | -3.0 | 54 | 150 | 45 | 13.5 | 8.5 | 5.0 | | | 100 | 1×$\phi$12 |
| | -6.0 | 54 | 150 | 45 | 13.5 | 7.0 | 6.5 | | | 300 | 3×$\phi$12 |
| | -9.0 | 54 | 150 | 45 | 13.5 | 5.5 | 8.0 | | | 350 | 4×$\phi$12 |

注：水泥选用普通硅酸盐水泥，细骨料选用颗粒小于2mm的中细砂，水灰比：0.40，水泥砂浆的灰砂比为1:1.50。浆液搅拌均匀。

(1) 锚杆施工工艺

锚杆的施工工艺程序如图 3-4 所示。

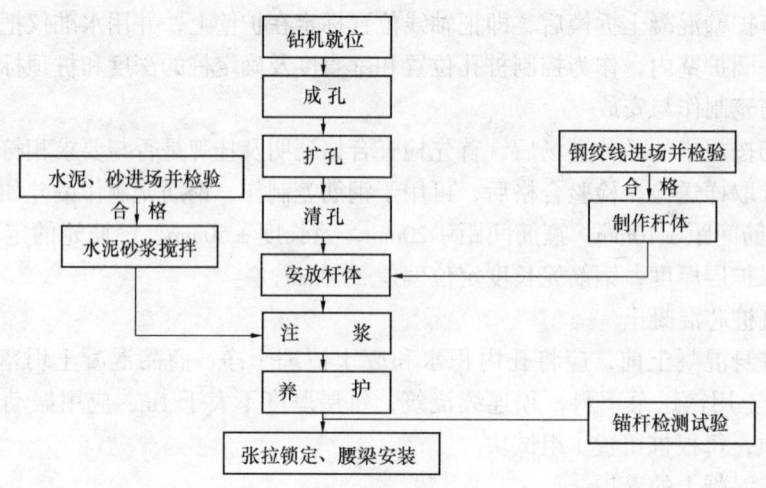

图 3-4　锚杆施工工艺程序图

(2) 基坑开挖及施工顺序

锚杆施工与基坑开挖交叉进行，基坑开挖分层施工，每层开挖的深度比锚头标高低 0.5m 左右，以利于锚杆施工，每层锚杆锁固后，再进行下一层开挖。锚杆施工顺序：① -3.00m 层先施工西面，然后施工东南北三面；② -3.00m 层锁固后，先在西面挖至 -6.50m 锚杆施工面，施工西面 -6.00m 锚杆；③ 先施工 -9.00m 东南北三面的锚杆，最后施工西面 -9.00m 的锚杆。

(3) 钻机就位

将钻机安放在事先埋好的锚杆套管处，然后用罗盘调整钻机的倾角设计角度，钻机安装要平稳、牢固。

(4) 钻进成孔

启动钻机，使钻具空转，倾听钻机各传动部位有无异常，确认钻机无故障后，加压钻进。钻具一般为每根 1~1.5m，直到设计深度，孔深允许误差 ±30cm。

(5) 扩孔

依据设计要求，西侧锚孔需扩孔，西侧锚孔达到深度后，提出钻具，换扩孔钻头，进行扩大头施工，达到设计要求后，随即注入泥浆，以防坍孔。

(6) 清孔

当钻进（扩孔）深度达到设计要求后，不加压仅回钻钻杆，开启泥浆用相对密度小的泥浆循环，使孔内渣土随泥浆从钻杆和孔壁的缝隙中冲出，直至达到规范要求为止。

(7) 杆体制作与安放

1) 杆体的制作

根据设计要求，预应力锚杆采用钢绞线杆体，杆体由自由段和锚固段构成。钢绞线长度按锚固长度 + 自由长度 + 张拉长度的长度确定，张拉长度一般为 1.2~1.5m。制作时，用砂轮切断机剪切钢绞线，每根绞线长度误差应符合规范要求。制作步骤如下：

将截断的钢绞线置于平台上，使两端对齐，除锈、除油。

按1.5~2.0m，间距用火烧丝绑扎隔离架，并将注浆管与钢绞线、隔离架安装在一起。

杆体下端用胶带纸缩紧，使所有钢绞线成一整体。

自由段用内径为φ12mm、壁厚2mm的PE管套入自由段，并用胶带纸密封两端，必须使两段缠紧，以保证水泥浆不进入PE管内。

质检员应检查杆体及制作质量，并做检验记录，合格后方可进行下一步工序施工。

2）杆体的安放

钻孔结束后，应立即将制作好的杆体连同注浆管放入孔内，杆体安放好后，应保证注浆管底部距孔底100~150cm。

(8) 水泥砂浆的制备与锚杆体注浆

注浆是锚杆施工的一道重要工序，注浆质量好坏决定锚杆的质量。

1）水泥砂浆的制备

根据设计要求，水泥选用普通硅酸盐的水泥，细骨料选用粒径小于2mm的中细砂，水泥砂浆的灰砂比为1:1.5，水灰比为0.4。水泥砂浆的制作使用搅浆机搅拌，搅拌时间不得少于2min，将均匀搅拌好的水泥砂浆放在先挖好的储存坑内储存。

2）锚杆的注浆

注浆用泵选用3SNS注浆泵，注浆开始时用一定压力将水泥砂浆送入孔底，使液面逐渐上升，待孔口溢出纯水泥砂浆液后，用隔水栓塞将孔口封堵后，进行高压注浆。

(9) 锚杆的腰梁安装与张拉，锁定

锚杆体注浆养护7d后砂浆强度达到70%~80%的最终强度，即可进行锚杆的腰梁安装、张拉和锁定。锚杆腰梁的制作采用设计要求，槽钢背靠背焊接连接，其施工步骤如下：

将事先接好的腰梁安放在锚头上，并将油泵及张拉千斤顶移到需张拉锚杆的附近，并将其安装在腰梁上，然后接通油泵和千斤顶的油管。

提升千斤顶，使杆体张拉段穿入千斤顶中空部分，并安装锚具。

启动油泵电机，使千斤顶活塞伸出，使各钢绞线伸直，共同受力，然后按规范要求分线张力。

张拉达到设计规范要求时，然后扭紧螺母即可进行锁定。

### 3.6 土石方工程

本工程基础土石方埋深达15.6m，采用机械大面积开挖、人工配合清理的施工方法，遇有岩石处进行专门爆破后由机械挖走。

#### 3.6.1 施工顺序

由于本工程基坑深达15.6m，支护桩中间有2~3道锚杆，土方开挖必须分层进行。拟分成四层，每层将土方分成A、B两个区段，其中靠支护桩边6m范围为A段，中央的为B段，这样使挖土和锚杆施工交叉进行。

#### 3.6.2 施工方法

针对本工程特点，采用三台挖掘机（斗容1m³）开挖，自卸车外运。

整个基坑分四层，平面上分区和锚杆交叉流水作业。在基坑南面设一个6m宽的车道，供运输车上下基坑用，在挖深超过9m后，增加1台挖掘机，阶梯式接力开挖出土装车。最后，车道挖土机不能挖走的土由人工配合基坑西侧塔吊运出基坑。

每日出土石方2000～3000m³，按此进度完成全部土石方工期40d（包括配合锚杆施工）。

（1）开挖顺序是先沿人工挖孔桩连续墙内侧下挖，挖宽6.0m、深3.5m的工作槽，以便进行基坑周围的第一层锚杆的施工。先四周挖出工作槽，为锚杆施工创造出工作面后，再将中央部分挖运出坑。如上进行，直至将第三层锚杆施工完毕后，才可自西北向东南方向挖，最后采用阶梯式开挖直至要求深度。

（2）预留土方运输干道。土方开挖时，在南面基坑边下放并修整入坑出土便道，宽6m。预留便道第一层锚杆必须施工并锁定，考虑基坑开挖较深，第二、三层可暂时不施工，待土方基本挖净后，预留的残存便道利用塔吊并配合挖掘机施工分层出土（阶梯式接力开挖不便时），再将二、三层锚杆及时补上。

（3）采用南门进出行车，高峰期禁止车辆外出，车辆进出工地有保洁措施。

（4）清槽挖至槽底时要特别注意，请专人配合甲方进行标高、轴线的测量工作，严防土方超挖。

（5）挖至设计基底标高，平整槽底，清除浮土，交甲方验收。

### 3.7 深基坑支护监测

#### 3.7.1 监测项目

本工程基坑施工监测包括周边环境监测和支护结构监测，监测的主要对象是支护结构变形、周边建筑物、重要道路及地下管线等，拟由具有丰富经验的同济大学提供技术合作，具体内容如下：

1）支护桩顶部变形（位移、沉降）；
2）支护桩测斜；
3）锚杆的应力；
4）基坑周边主要道路的沉降；
5）地下水位变化监测。

#### 3.7.2 监测方法及精度要求

（1）沉降观测

采用精密的水准仪进行量测。主要采用精密水准测量方法进行，沉降观测点直接设置在桩顶圈梁上，在远离基坑、不小于40m范围之外设置基准点。

（2）水平位移观测

采用精密电子经纬仪进行量测。采用轴线投影法在两个稳定的基准点之间连线，以此为基准线，量测差值和累计位移量。观测点直接布置在桩顶梁上。

（3）桩体倾斜观测

采用测斜仪进行量测。测斜仪一般由测头、导向滚轮、连接电源、读数仪器几部分组成，利用测斜仪放至测斜管，测斜管预先埋在桩中，$\phi70$塑料管，长筒支护桩，详见

图 3-5。

测斜仪以 0.5m 间隔读数向上提升到管顶，经数据整理判断桩体在各深度处的位移状况。通过测斜，对基坑开挖过程中桩体若发生鼓肚或折断可做预报，又可对下部土体失稳情况有所了解。

（4）锚杆应力

使用应力计量测，将应力计预埋在锚杆内，引出导线进行测量。

（5）肉眼巡检

由于支护结构的施工质量、施工条件的改变、基坑边堆载的变化、施工用水不适当排放、管道渗漏以及气候条件的改变，还有工程隐患如地面裂缝、支护结构的失稳、临近建筑物裂缝等都可在巡检工作中及时发现。因此，巡检是十分重要和很有必要的，应由有经验的工程师按期进行巡检，巡检工作应列入观测计划，按期进行，并保持记录。

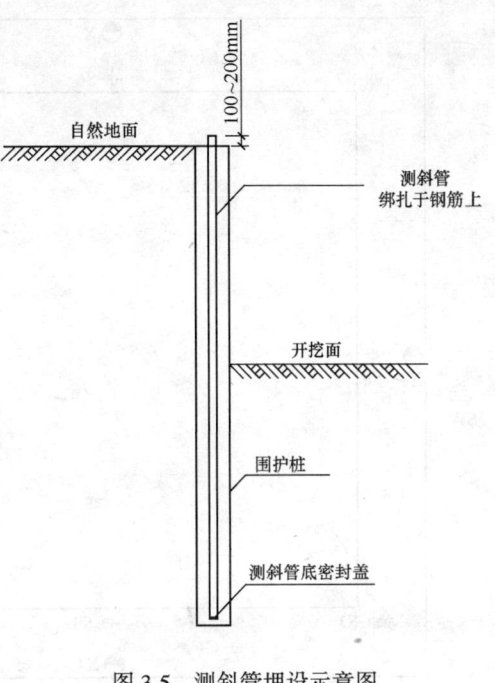

图 3-5 测斜管埋设示意图

（6）观测精度

沉降观测中，水准仪 $i$ 角小于等于 $\pm 10''$，每测站基辅读数高差小于等于 0.3mm，水准路线闭合差小于等于 $\pm 0.3(n)^{1/2}$mm。

### 3.7.3 监测点布置及监测周期

（1）监测点的布置应满足监控要求，通常基坑开挖时的影响范围为开挖深度的 1.5~2.0 倍，从基坑边缘以外 1~2 倍开挖深度范围内的需要保护的物体或建筑物均应做监控对象，而且观测点布置应在两个方向均匀布置。本工程监测点布置如图 3-6 所示。

（2）监测周期是要求在整个基础工程施工之内进行基坑所有项目的监控。本工程从土方开挖开始（2002 年 10 月 31 日）至基础地下室施工完成结束。基坑工程的监测应与施工过程紧密配合，根据施工速度、监测结果、环境状况（如雷雨天气等）的绝对数值及变化速率来调整监测时间间隔，必要时进行跟踪监测。

## 3.8 预应力工程施工技术

### 3.8.1 预应力情况简介

本工程负三层、负二层、负一层楼面采用后张预应力混凝土结构技术。楼面梁、板采用 $\phi^{j}15.24$ 高强低松弛的有粘结钢绞线，其抗拉强度标准值 $f_{ptk}=1860$MPa。负三层设计张拉控制应力 $\sigma_{con}=1210$MPa。负二层和负一层设计张拉控制应力 $\sigma_{con}=1395$MPa。预应力筋锚固采用 QM 锚固体系，预应力筋孔道用镀锌金属波纹管成型。

### 3.8.2 预应力工程施工方案

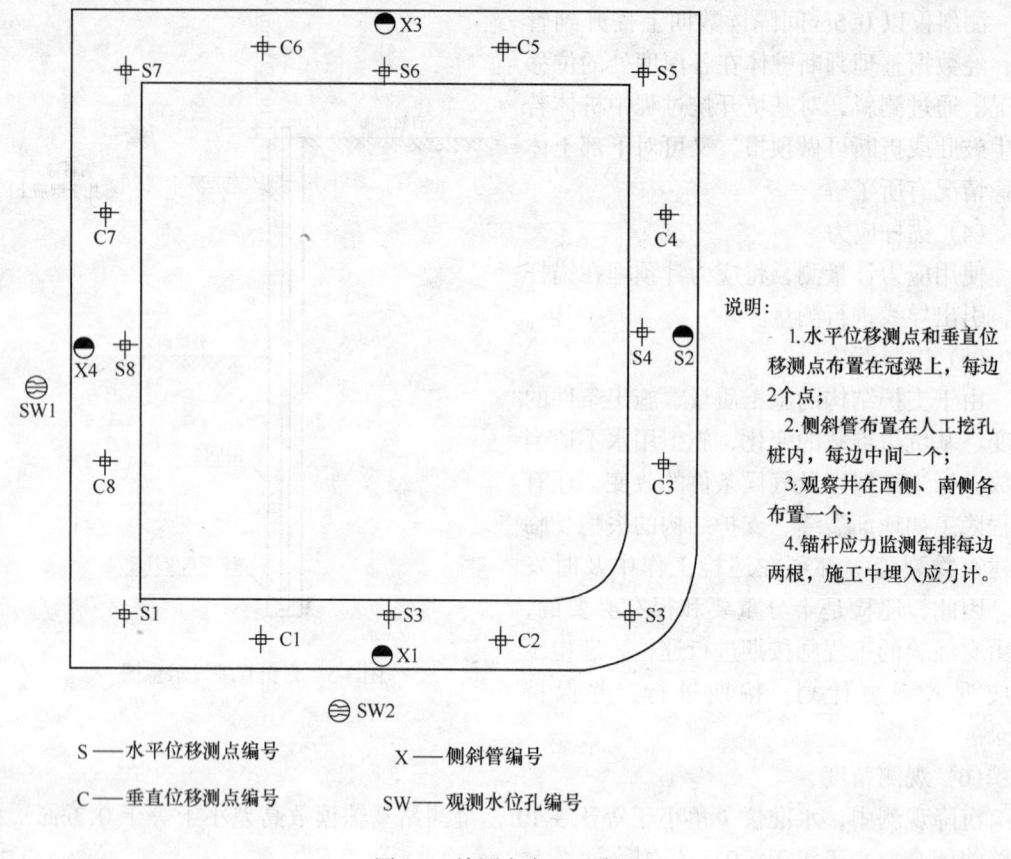

图 3-6 检测点布置示意图

本工程中的预应力施工工序是在普通钢筋混凝土施工过程中穿插进行,在支架、模板搭设安装过程中进行下料及制作固定端压花锚,在梁普通钢筋绑扎过程中焊接预应力孔道定位筋、安装张拉端锚垫板,梁钢筋完成后,穿入波纹管、钢绞线束;安装锚具、排浆孔。浇筑混凝土完成并达到规定的混凝土张拉强度后进行预应力筋张拉、压浆、封端等工序。预应力施工工艺如下:

(1) 预应力筋下料、编束及固定端制作

预应力筋是整盘供应的,下料时需足够长的场地。预应力筋下料必须采用砂轮切割机切割,不得烧焊切断。下料后,按不同长度预应力筋分别编号排放。预应力筋下料完成后,及时检查其数量、尺寸情况。固定端锚具制作时,压花锚的梨形尺寸应符合规范要求,挤压锚的钢筋应外露,不得有凹进现象。此步工作可以与普通钢筋绑扎同步进行,不影响工期。

(2) 预应力筋定位

预应力筋在梁内为抛物线布置,按设计图给出的各点矢高采用 $\phi 8$ 钢筋沿纵向每一定位点设一道定位筋,所有定位筋应牢固地点焊在梁箍筋上,确保预应力筋准确定位。定位点标注在梁筋或梁侧模上。

定位筋焊接完毕,施工员、质安员应分别进行检查。发现有尺寸不符合要求及焊接质量不好的，及时进行整改，并填写预应力筋曲线定位自检记录。

(3) 波纹管安装

定位筋焊接完成后，波纹管连接处采用大一号同型管搭接，两端用密封胶封裹；固定端口处波纹管应用快凝砂浆封堵密实；在波纹管安装过程中，应尽量避免反复弯曲，以防管壁开裂；同时，应防止电焊烧坏管壁。安装完成后，应检查其位置、曲线线形是否符合设计要求，固定是否牢靠，接头是否完好，管壁有无破损。

波纹管位置应定位准确，从梁上看，波纹管应平坦顺直；从梁侧看，波纹管曲线应平滑连续。

(4) 预应力筋穿束

波纹管安装完成后，即将编好束的预应力筋依次穿入到波纹管中。预应力筋在梁中应保持顺直，不应相互扭绞。预应力筋铺设好后混凝土浇筑前，严禁施工人员踩踏预应力筋。

(5) 安装螺旋筋与锚垫板

张拉端锚垫板应与预应力筋垂直，锚垫板安装定位后采用短钢筋与梁筋焊接，保证浇捣混凝土时不移位。

(6) 灌浆孔（排气孔）的设置

固定端处设置一个排气孔；在波纹管的高点设置排气孔。灌浆孔设置在张拉端锚垫板上。

(7) 隐蔽工程验收

验收前进行一次自检，质检员检查预应力筋的安装质量，发现不符合规范规程及设计图纸要求的，及时进行整改。自检的内容有：

A. 预应力筋数量、定位是否符合图纸要求；

B. 产品有否保护好，是否受到破坏；

C. 波纹管及预应力筋外套管有否损坏；

D. 其他工作是否遗漏。

在自检合格的前提下，请有关单位进行隐蔽工程验收，该项工作可与普通钢筋验收一起进行。

(8) 混凝土浇筑

混凝土浇筑过程中，应做到以下两点要求：

A. 尽量避免振捣棒直接触动波纹管或预应力筋；

B. 确保预应力筋锚垫板周围混凝土密实、不漏浆。当预应力筋端部的混凝土质量不好，出现蜂窝时，必须进行处理，必要时凿掉该部分混凝土，重新浇筑后，方可进行预应力张拉。

混凝土浇筑过程中，派出专人进行跟班，以便及时发现问题并做出处理。

(9) 清理锚垫板

在混凝土浇完 2d 后，拆除端模即进行张拉端的清理，清理时注意不要破坏混凝土。发现张拉端出现蜂窝，应及时通知总包进行补强处理，以免影响预应力张拉时间。

(10) 预应力筋张拉

1) 张拉前提条件

张拉前应检查张拉设备工作是否正常，设备的标定是否在有效期内。要根据千斤顶标定公式和设计张拉控制力计算出每级张拉力时的油压表读数。预应力筋张拉前，由试验员提供与结构构件同龄期同养护条件的混凝土试块强度检验报告。当梁混凝土强度达到设计强度的80%后，方可进行预应力张拉。

2) 张拉步骤

在张拉端安装锚环、夹片。两片式夹片需同时推进到锚环里；装上千斤顶，开动油泵，对一端预应力筋进行张拉。当张拉应力达到 $0.1\sigma_{con}$ 时停止加荷，读取初始读数；张拉应力继续增大至设计张拉控制应力时，记录伸长值，锚固并退出千斤顶。若一端张拉后伸长值小于理论伸长值，则应在另一端进行补拉；张拉时采用以张拉应力控制为主、张拉伸长量校核的双控方法，实际张拉伸长值与理论计算伸长值之差应在 ±6% 以内。

3) 张拉验收

预应力筋张拉时，必须如实填写"预应力筋张拉原始记录表"。

张拉完毕，根据"预应力筋张拉原始记录"整理出"预应力筋张拉伸长值整理表"，作为预应力施工技术资料的一部分。

(11) 预应力孔道灌浆

1) 用细石混凝土封住锚环与夹片间的空隙。

2) 水泥浆的搅拌。据设计要求，采用 42.5R 的普通硅酸盐水泥，按水灰比 0.4～0.43 进行搅拌，水泥浆掺入高效减水剂，掺入量为水泥的 1%。灌浆过程中，水泥浆的搅拌应不间断；当灌浆过程短暂停顿时，应让水泥浆在搅拌机和灌浆机内循环流动。

3) 孔道灌浆。灌浆前应用水清洗孔道，检查排气孔是否正常。灌浆时，从近至远逐个检查出浆孔，出浓浆后逐一封闭，待另一端出浆孔出浓浆后封闭出浆孔，继续加压至 0.5～0.6MPa。灌浆完成后应立即清洗全部灌浆机械及打扫现场，使其洁净。灌浆 12h 后撤除出气孔道的管道和孔塞，拔不出者一律切除铲平。

(12) 封闭张拉端部

完成上述工序后应进行封锚，封锚前用小砂轮机切除张拉端多余的预应力筋。按设计要求用混凝土封锚，保护层应符合设计及规范要求。封闭后混凝土平齐梁或楼板侧表面。用混凝土封闭张拉端部时，必须加强插捣，保证其密实性。

### 3.9 钢结构的吊装与校正

#### 3.9.1 钢柱吊装

(1) 吊装

钢柱的吊装用现场 K50/50（或 300t·m）塔吊单机吊装，采用专用扁担（吊装吨位按 10t 设计）吊耳采用柱上端连板上的吊装孔。起吊时钢柱的根部要垫实，保证在根部不离地的情况下，通过吊钩的起升与变幅及吊臂的回转，逐步将钢柱扶直，待钢柱停止晃动后再继续提升。为了使吊装平稳，应在钢柱上端拴两根白棕绳牵引，单根绳长取柱长的 1.2 倍，直径取 $\phi16$，如图 3-7 所示。

(2) 固定

钢柱吊装就位后，通过临时代设计的耳板和连接板，用 M22×90 的大六角高强度螺栓进行临时固定。固定前，要调整钢柱的标高、垂直度、偏移和扭转等参数在规范要求范

HPB235、HRB335钢筋应比非抗震的最小搭接长度相应增加 $10d$、$5d$（$d$ 为搭接钢筋直径）。

6）钢筋采用焊接接头时，设置在同一构件内的焊接接头相互应错开，错开距离为受力钢筋直径的 30 倍且不小于 500mm。一根钢筋不得有两个接头，有接头的钢筋总截面面积的百分率：在受拉区不得超过 50%，在受压区不受限制。

7）钢筋焊接前，必须根据施工条件进行试焊，合格后方可正式施焊。焊接过程要及时清渣，焊缝表面光滑、平整，加强焊缝平缓过渡，弧坑应填满。

### 4.1.3 模板工程质量控制

(1) 施工前的准备

1）认真熟悉图纸，了解每个构件的截面尺寸、标高等。根据构件大小，对其支撑体系进行设计计算，设计支撑体系，并做好向操作工人的技术交底。

2）模板安装前，必须经过正确放样，检查无误后才能立模安装。

3）模板安装前，先检查模板及支撑杆件的质量，不符合质量标准的不得投入使用。

(2) 安装模板及支撑前必须弹出安装位置及标高控制墨线，确保构件几何尺寸符合设计要求。

(3) 墙柱模安装前，先将原混凝土面凿平，模板安装完成，在底部四周抹 1:3 水泥砂浆封住缝隙，确保不漏浆。

(4) 模板门式脚手架驳接必须同一轴线，支顶应垂直，上下层支顶在同一竖向中心线上，而且要确保门架间在竖向与水平向的稳定。

(5) 柱子与梁交接时，必须根据柱梁截面用夹板做成定型模板，并加柱头箍安装，以保证柱、梁接头顺直，接缝平滑。

(6) 门架支顶系统中，水平连接杆必须两头紧顶柱子或剪力墙，保证支模体系稳固。

(7) 模板安装前，必须刷脱模剂，拆下的模板及时清理粘结物，并分类堆放整齐，拆下的扣件及时集中，统一管理。

(8) 当梁底跨大于 4m 时，梁底按设计要求起拱。如设计无要求时，起拱高度为跨度的 1/1000～3/1000。

(9) 模板安装和预埋件、预留孔洞允许偏差和检验方法必须符合有关规定。

(10) 模板应构造简单，装拆方便，应便于钢筋的绑扎与安装，符合混凝土的浇筑及养护等工艺要求。

(11) 模板必须支撑牢固、稳定，不得有跑模、超标准下沉等现象。对超重的顶板模板，支撑刚度应进行设计计算。

(12) 模板拼缝应平整严密，局部采用玻璃胶填缝，不得漏浆，模板表面应清理干净，拼缝处内贴止水胶带，防止漏浆。

### 4.1.4 混凝土工程质量控制

(1) 进行混凝土施工的技术人员必须熟悉图纸，并做好施工技术交底签证，确定操作规程，确保混凝土质量达到设计要求及验收标准。严格按规范、规程施工，做到一丝不苟，不偷工减料，不粗制滥造。

(2) 严格执行混凝土施工相关原材料、半成品验收制度，要求水泥、中砂、碎石均有质量合格证并经送检，满足强度等各种要求。不合格的材料严禁进场，并且将各种材料试验报告整理存档。

(3) 在混凝土浇筑前，严格按照国家现行规定标准，计算确定混凝土的配合比，并将计算及实验结果报送监理批准。对于混凝土水灰比及坍落度应做严格的控制，项目部应配合混凝土搅拌站，做好批量混凝土施工前的准备工作。

#### 4.1.5 预埋管件、预留孔洞质量控制

预埋件、预留孔洞是本工程中不可缺少的重要部分，它直接影响到机电设备安装和建筑装饰的施工和质量。因此，采取以下措施保证预埋件、预留孔洞不漏设、不错设，位置、数量、尺寸大小符合设计要求。

由项目总工程师对土建结构设计图与下道工序相关的设备安装、建筑装饰等图纸进行对照审核，对各类图纸中反映的预埋件、预留孔洞做详细的会审研究，确定预埋件、预留孔洞的位置、大小、规格、数量、材质等是否相互吻合，编制预埋件、预留孔埋设计划。发现预埋件不吻合时，应及时向驻地监理及设计院以书面报告的形式进行汇报，待得到设计院的变更设计或监理的正式批复书后，再将预埋件、预留孔洞单独绘制成图，责成专人负责技术指导、检查，并做好技术交底工作。

根据设计要求，分段对预埋件、预留孔洞进行测量放线，测量放线应执行测量"三级"复核制。对板的预埋件、预留孔洞应在模板或基础垫层上用红油漆标出预埋件、预留孔洞的位置或预留孔洞形状、大小。

#### 4.1.6 砌筑工程的质量控制

(1) 为防止墙柱交界处出现纵向裂缝，砌块应紧靠柱壁砌筑，砌筑时灰缝要饱满密实，注意减少缝的厚度和原浆随手压缝；按规定锚入拉结筋。

(2) 为防止出现墙、梁交界处的水平裂缝，梁底采用灰砂砖斜砌，砌块顶满铺砂浆顶紧梁底，并控制码口高度和最上一皮砌筑高度。

(3) 所有砌体拟砌筑的砌块，必须控制其含水率和达到28d龄期强度才允许使用。

(4) 改善砌筑砂浆和易性，控制抹灰层的厚度、配比和操作工艺。

(5) 沿墙柱、墙梁交界处挂钢网，防止裂缝出现。

(6) 控制墙体的砌筑长度，按设计或规范要求加设构造梁、柱。

(7) 选用强度较高的砌块，抹灰层与基层材质相适应。

(8) 抹灰打底要控制基层含水率，适量洒水，抹灰层要分遍压实、赶平。

#### 4.1.7 抹灰工程的质量控制

(1) 抹灰前，认真进行基层的处理。砌块墙面先浇水充分湿润，混凝土面清理后刷素水泥浆。

(2) 基层平整度偏差较大时，要分层找平，每遍厚度控制在7~9mm。

(3) 根据不同的基层配制所需要的砂浆。

(4) 抹完面层灰后，在灰浆收水后再压光，避免出现起泡现象。

(5) 抹灰前认真做好吊垂直、套方以及打砂浆墩、冲筋，每面墙体要求在同一班内完成。

(6) 抹顶棚前，在墙面四周弹水平线，以控制顶棚抹灰面的平整。

(7) 不同材料交接处为防止抹灰出现裂缝，应先钉钢丝网或其他增强材料。

**4.1.8 楼地面工程的质量控制**

(1) 水泥楼地面

1) 施工前在四周墙柱身上弹好 +50cm 的水平控制墨线。

2) 各种立管孔洞等缝隙先用细石混凝土灌实堵严（细小缝隙用水泥砂浆灌堵）。

3) 原材料一定要以试验合格后方可使用。

4) 严格控制砂浆水灰比，其稠度不宜大于 35mm。

5) 掌握好面层的压光时间。水泥地面的压光一般不应少于三遍。第一遍随铺随进行，第二遍压光应在初凝后终凝前完成，第三遍主要是消除抹痕和闭塞细毛孔，不得在水泥终凝后进行，连续养护时间不少于 7d。

6) 在面层水泥砂浆施工前严格处理好底层，保证其清洁、平整、湿润，素水泥浆与铺设面层紧密配合，严格做好随刷随铺。

(2) 耐磨砖地面

1) 施工前原材料一定要试验合格后方可使用，基层质量必须达到规范标准。

2) 预排：铺前弹出控制线，进行预排，尽量将非整砖排到不显眼的地方。

3) 为防止面砖过快地吸收砂浆结合层中的水分，铺贴前应将砖预先浸水湿润阴干。

4) 大面积铺贴前要做好样板间，经监理验收后才允许全面施工。

5) 铺砖完后注意保护，2d 后才许上人行走。

**4.1.9 卷材防水工程质量控制**

(1) 基层要求

1) 基层必须牢固，无松动、起砂现象。

2) 基层必须平整，其平整度用 2m 长的直尺检查，基层与直尺间的最大空隙不应超过 5mm，且每米长度内不得多余一处，空隙仅允许平缓变化。

3) 基层表面应清洁干净。基层的阴阳角处，均应做成圆弧或钝角（圆弧形的半径为 100~150mm）。

(2) 铺卷材的规定

1) 基层表面宜干燥。平面铺贴卷材时，卷材可用沥青胶结材料直接铺贴在潮湿的基层上，但应使基层与卷材紧贴；立面铺贴卷材时，基层表面应满涂冷底子油，待冷底子油干燥后，卷材即可铺贴。

2) 卷材的搭接长度：长边不应小于 100mm，短边不应小于 150mm。上下两层和相邻两幅卷材的接缝错开，上下层卷材不得垂直铺贴。

3) 在立面与平面的转角处，卷材的接缝应留在平面上距立面不小于 600mm 处。在所有转角处均应铺贴附加层（可用两层同样的卷材或一层抗折强度较高的卷材）。

4) 粘贴卷材时应展平压实。卷材与基层和各卷材间必须粘结紧密，搭接缝必须用沥青胶结材料仔细封严。最后一层卷材贴好后，应在其表面上均匀地涂上一层厚度为 1~1.5mm 的热沥青胶结材料。

**4.1.10 施工期间对隐蔽工程的质量保证措施**

为确保本工程质量始终处于受控状态，采用 ISO 9000 质量标准（2000 版），不断完善工程质量检查和验收制度，保证工程质量一次合格。

(1) 隐蔽工程的检查验收坚持自检、互检、专检"三检制"。

(2) 每道工序完工后，由分管该工序的技术人员、质检、施工员组织作业组长，按规范和标准要求进行验收。对不符合质量验收标准的，返工重做，直至再次验收合格。

(3) 工序中间交接时，应填写工序交接清单和工序质量自检评定表，互相签字认可。各班组对各工序要严格执行"三控制"。

(4) 隐蔽工程经自检合格后，邀请甲方驻地监理工程师检查验收，同时做好隐蔽工程验收质量记录和签字工作，并归档保存。

(5) 所有隐蔽工程必须监理工程师签字认可后，方能进行下一道工序施工。未经签字认可的，禁止进行下道工序施工。

(6) 经监理工程师检查验收不合格的隐蔽工程项目，返工自检，复验合格后，重新填写隐蔽工程验收记录，并向驻地监理工程师发出复检报告，经检查认可后，及时办理签认手续。

(7) 按竣工文件编制要求进行整理各项隐蔽工程验收记录，并按 ISO9000 质量标准《文件、资料控制程序》分类归档保存。工序施工中应保证施工日志、隐蔽工程验收记录、分项、分部工程质量评定记录等资料齐全。按《工程质量检验评定标准》要求用碳素墨水填写，其内容及签字齐全，使其具有可追溯性。

### 4.2 安全防护

#### 4.2.1 脚手架防护

(1) 外墙脚手架所搭设所用材质、标准、方法均应符合国家标准。

(2) 外脚手架每层满铺脚手板，使脚手架与结构之间不留空隙，外侧用密目安全网全封闭。

(3) 施工电梯在每层的停靠平台搭设平整牢固。两侧设立不低于 1.8m 的栏杆，并用密眼安全网封闭。停靠平台出入口设置用钢管焊接的统一规格的活动闸门，以确保人员上下安全。

(4) 每次暴风雨来临前，及时对脚手架进行加固；暴风雨过后，对脚手架进行检查、观测，若有异常及时进行矫正或加固。

(5) 安全网在国家定点生产厂购买，并索取合格证。进场后，由项目部安全员验收合格后方可投入使用。

#### 4.2.2 "四口"防护

(1) 通道口：用钢管搭设宽 2m、宽 4m 的架子，顶面满铺双层竹笆，两层竹笆的间距为 800mm，用钢丝绑扎牢固。

(2) 预留洞口：边长在 500mm 以下时，楼板配筋不要切断，用木板覆盖洞口并固定。楼面洞口边长在 1500mm 以上时，四周必须设两道护身栏杆，如图 4-1 所示。

竖向不通行的洞口用固定防护栏杆；竖向需通行的洞口，装活动门扇，不用时锁好。

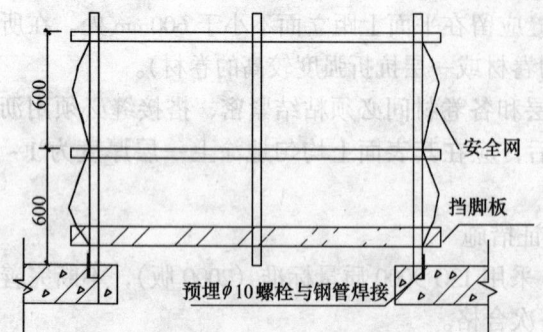

图 4-1 预留洞口防护示意图（单位：mm）

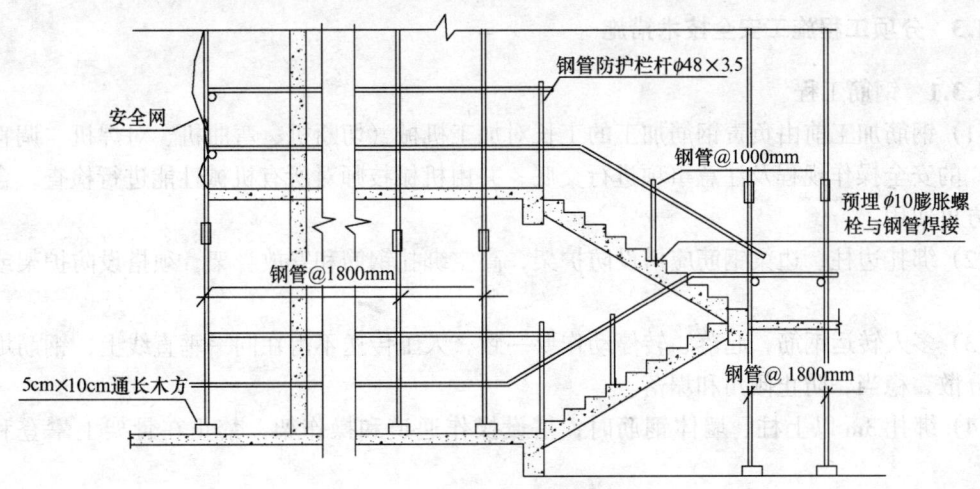

图 4-2 楼梯口防护示意图

(3) 楼梯口：楼梯扶手用粗钢筋焊接搭设，栏杆的横杆应为两道。如图 4-2 所示。

(4) 电梯井口：电梯井的门洞用粗钢筋作成网格与预留钢筋焊接。电梯井口防护如图 4-3 所示。

正在施工的电梯井筒内搭设满堂钢管架，操作层满铺脚手板，并随着竖向高度的上升逐层上翻。井筒内每两层用木板或竹笆封闭，作为隔离层。

### 4.2.3 临边防护

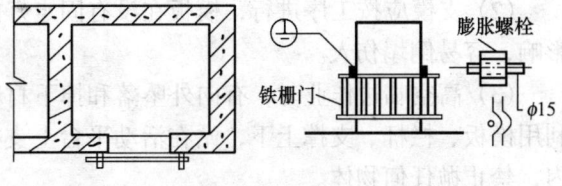

图 4-3 电梯井口防护示意图（单位：mm）

(1) 楼层在砖墙未封闭之前，周边均需用粗钢筋制作成护栏，高度不小于 1.2m，外挂安全网，刷红白警戒色。

(2) 外挑板在正式栏杆未安装前，用粗钢筋制作成临时护栏，高度不小于 1.2m，外挂安全网。

### 4.2.4 交叉作业的防护

凡在同一立面上、同时进行上下作业时，属于交叉作业，应遵守下列要求：

(1) 禁止在同一垂直面的上下位置作业；否则，中间应有隔离防护措施。

(2) 在进行模板安拆、架子搭设拆除、电焊、气割等作业时，其下方不得有人操作。模板、架子拆除必须遵守安全操作规程，并应设立警戒标志，专人监护。

(3) 楼层堆物（如模板、扣件、钢管等）应整齐、牢固，且距离楼板外沿的距离不得小于 1m。

(4) 高空作业人员应戴工具袋，严禁从高处向下抛掷物料。

(5) 严格执行"三宝一器"使用制度。凡进入施工现场的人员必须按规定戴好安全帽，按规定要求使用安全带和安全网。用电设备必须安装质量好的漏电保护器。现场作业人员不准赤背，高空作业不得穿硬底鞋。

### 4.3 分项工程施工安全技术措施

#### 4.3.1 钢筋工程

(1) 钢筋加工前由负责钢筋加工的工长对加工机械（切断机、弯曲机、对焊机、调直机等）的安全操作规程及注意事项进行交底，并由机械技师对所有机械性能进行检查，合格后方可使用。

(2) 绑扎边柱、边梁钢筋应搭设防护架，高空绑扎钢筋和安放骨架，须搭设防护架或马道。

(3) 多人转运钢筋，起落、转停动作要一致，人工传送不得在同一垂直线上，钢筋堆放要分散，稳当，防止倾角和塌落。

(4) 绑扎 3m 以上柱、墙体钢筋时，搭设操作通道和操作架，禁止在骨架上攀登和行走。

(5) 绑扎框架梁必须在有外防护架的条件下进行，外防护架高度必须高出作业面 1.2m。无临边防护、不系安全带，不得从事临边钢筋绑扎作业。

#### 4.3.2 模板工程

(1) 支设柱模和梁模板时，不准站在梁柱模板上操作和梁底板上行走，更不允许利用拉杆、支撑攀登上下。

(2) 支模应按工序进行，模板在没有固定好前不得进行下道工序；否则，模板受外界影响，容易倒塌伤人。

(3) 高空临边作业时，有向外坠落和掉下材料的危险，支模人员上下应走通道，严禁利用模板、栏杆、支撑上下，站在活动平台上支模。要系安全带，工具要随手放入工具袋内，禁止抛任何物体。

(4) 模板拆除应经工长统一安排，操作时应按先外后里分段进行，严禁硬撬、硬砸或大面积撬落和拉倒，不得留下松动和悬挂的模板。拆下的模板应及时运到指定地点，清理刷隔离剂，按规格堆放整齐备用。高空作业严禁投掷材料。

#### 4.3.3 混凝土工程

(1) 使用振动器的作业人员，穿胶鞋，戴绝缘手套，使用带有漏电保护的开关箱。

(2) 严禁用振动棒拨钢筋和模板，或将振动棒当作锤使用，操作时使振动棒头碰到钢筋或其他硬物而受到损坏。

(3) 用绳拉平板式振动器时，拉绳要求干燥绝缘，振动器与平板保持紧固，电源线固定在平板上。

(4) 混凝土泵输出的混凝土在浇捣面处不要堆积过量，以免引起过载。

#### 4.3.4 砖石工程

(1) 停放搅拌机的地面必须夯实，用混凝土硬化。以防止地面下沉，造成机械倾倒。

(2) 砂浆搅拌机的进料口上装上铁栅栏遮盖保护。严禁脚踏在拌合筒和铁栅栏上面操作。传动皮带和齿轮必须装防护罩。

(3) 工作前检查搅拌页有无松动或磨刮筒身现象。检查出料机械是否灵活，检查机械运转是否正常。

(4) 出料时必须使用摇手柄，不准用手转拌合筒。

(5) 工作中如遇故障或停电,应拉开电闸,同时将筒内拌料清除。

(6) 不得在砌块运至操作地点时淋湿砌块,以免造成场地湿滑。

(7) 车子运输砖、砂浆等时应注意稳定,不得高速跑,前后车距不少于2m。

(8) 车子推进吊笼里垂直运输,装量和车辆数不得超出吊笼的吊运荷载能力。

(9) 禁止用手向上抛砖运送。人工传递时,应稳递稳接,两人位置避免在同一垂直线上作业。

(10) 脚手板不得少于两块,其端头必须伸出架的支承横杆约20cm,但也不许伸出太长,做成探头板。

(11) 脚手板上每块上的操作人员不得超过两人。堆放砖块不得超过单行3皮。

(12) 脚手架的高度应低于砌砖高度。

(13) 不得站在墙上做画线、吊线、清扫墙面等工作,严禁踏上窗台出入平桥。

(14) 砍砖时应向内打砖,防止碎砖落下伤人。

### 4.3.5 装修工程

(1) 室内抹灰时使用的木凳、金属脚手架等架设应平稳牢固,脚手板跨度不得大于2m,架上堆入材料不得过于集中,在同一跨度的脚手板内不应超过两人同时作业。

(2) 不准在门窗等器物上搭设脚手板。

(3) 使用砂浆搅拌机搅拌砂浆,往拌筒内投料时,拌叶转运时不得用脚踩或用铁铲、木棒等工具拨刮筒口的砂浆或材料。

### 4.3.6 楼地面工程

(1) 清理楼面时,禁止从窗口、留洞口等处直接向外抛扔垃圾、杂物。

(2) 剔凿地面时要带防护眼镜。

(3) 夜间施工或在光线不足的地方施工时,采用36V低压照明设备。

(4) 施工电梯运料,要注意待吊笼平层稳定后再进行装卸操作。

(5) 室内推手推车拐弯时,要注意防止车把挤手。

## 4.4 文明施工措施

### 4.4.1 现场场容管理方面的措施

(1) 施工工地的大门和门柱为正方形490mm×490mm,高度为2.5m,大门采用$\phi$50钢管及0.5mm厚薄钢板焊接制作。

(2) 施工现场周围使用2m高压型钢板(0.6~0.8mm厚)。围挡并涂刷宣传画或标语。

(3) 在大门口设置"七牌一图"施工标牌:

A. 工程简介;

B. 工程责任人员名单;

C. 安全生产六大纪律;

D. 安全生产计数牌;

E. 十项安全技术措施牌;

F. 防火须知;

G. 卫生须知牌;

H. 工地施工总平面布置图。

(4) 施工区域与宿舍区域严格分隔，场容场貌整齐、有序，材料区域堆放整齐，并有门卫值班。设置醒目安全标志，在施工区域和危险区域设置醒目安全警示标志。

(5) 建立文明施工责任制，划分区域，明确管理负责人，实行挂牌制，做到现场清洁、整齐。

(6) 施工现场地面为全部硬化地面，将道路材料堆放场地用黄色油漆画10cm宽黄线予以分割，在适当位置设置花、草等绿化植物，美化环境。

(7) 修建场内排水管道沉淀池，防止污水外溢。

(8) 针对施工现场情况设置宣传标语和黑板报，并适当更换内容，确实起到鼓舞士气、表扬先进的作用。

#### 4.4.2 施工人员着装形象

全体员工树立遵章守纪思想，采用挂牌上岗制度，安全帽、工作服统一规范。安全值班人员佩戴不同颜色标记，工地负责人戴黄底红字臂章，班组安全员戴红底黄字袖章。

(1) 安全帽：

1) 施工管理人员和各类操作人员佩戴不同颜色安全帽以示区别：部门经理以上管理人员及外来检查人员戴红色安全帽；一般施工管理人员戴白色安全帽；操作工人戴黄色安全帽；机械操作人员戴蓝色安全帽；机械吊车指挥戴红色安全帽。

2) 在安全帽前方正中粘贴或喷绘企业标志。标志尺寸为 $2cm \times 2cm$。

(2) 服装：所有操作工作统一服装，米色夹克配蓝色裤子。

(3) 胸卡：尺寸为 $9cm \times 5.5cm$ 蓝色黑字，统一编号，贴个人一寸彩色照片。

#### 4.4.3 现场机械管理方面的措施

(1) 现场使用的机械设备，要按平面固定点存放，遵守机械安全规程，经常保持机身等周围环境的清洁。机械的标记、编号明显，安全装置可靠。

(2) 机械排出的污水要有排放措施，不得随地流淌。

(3) 钢筋切断机、对焊机等需要搭设护棚的机械，搭设护棚时要牢固、美观，符合施工平面布置的要求。

(4) 各种临时设施的各种电箱式样标准、统一，摆放位置合理，便于施工和保持整洁。各种线路敷设符合规范规定，并做到整齐、简洁，严禁乱扯乱拉。

#### 4.4.4 现场生活卫生管理的措施

(1) 工地办公室应具备各种图表、图牌、标志。室内文明卫生、窗明几净，秩序井然有序，室内外放置盆花，美化环境。

(2) 施工现场办公室、仓库、职工（包括民工）宿舍，有专职卫生管理人员和保洁人员，制定卫生管理制度，设置必须的卫生设施。

(3) 现场厕所及建筑物周围须保持清洁，无蛆少臭，通风良好，并有专人负责清洁打扫，无随地大小便，厕所及时用水冲洗。

(4) 施工现场严禁居住家属，严禁居民家属、小孩在施工现场穿行、玩耍。

(5) 宿舍管理以统一化管理为主，制定详尽的宿舍管理条例。要求每间宿舍排出值勤表，每天打扫卫生，以保证宿舍的整洁。宿舍内不允许私接私拉电线及各种电器。宿舍必须牢固，安全符合标准，卧具摆放整齐，换洗衣物干净，晾挂整齐。

(6) 食堂管理符合《食品卫生法》，有隔绝蝇鼠的防范措施，有盛残羹的加盖容器，内外环境清洁、卫生。

(7) 现场设茶水桶，茶水桶有明显标志并加盖，派专人添供茶水及管理好饮水设施。

(8) 现场排水沟末端设沉积井，并定期清理沉积井内的沉积物，食堂下水道和厕所化粪池要周期清理并消毒，防止有害细菌的传播。

**4.4.5 施工现场文明施工措施**

(1) 设置临时厕所：由于施工现场人员多，结构长度长，在每层楼内按每 80m 设置一处小便桶，每天下班后派专人清理。

(2) 楼层清理：生产班组每天完成工作任务后，要求必须将余料清理干净，堆放在规定的部位，不得随意堆放在楼层内，保持楼层整洁。

(3) 控制施工用水：施工期间用水量大，用水部位多，容易造成施工楼层及施工现场污水横流或积水现象，污染建筑产品，影响人员行走，造成不文明的现象。采取以下措施：

1) 每个供水龙头用自制木盒保护、上锁，并设专人看管。严防他人随意开启、破坏。

2) 主体结构施工期间，主要在浇混凝土前冲洗模板及钢筋面的灰尘，润湿模板。在楼层边四周、电梯井或预留洞口边摆放砌 60mm 砖，内侧用水泥砂浆抹面形成封闭的挡水线。

3) 装修期间，干砖必须在底层浇水湿润后再上至楼层工程面，不得在楼层内浇水。砌筑砂浆在底层集中搅拌，不得在工作面重新加水拌合。

4) 现场四周设置组织排水沟，保持排水顺畅。

## 4.5 环境保护措施

为了保护和改善生活环境与生态环境，防止由于建筑施工造成的作业污染和扰民，保障建筑工地附近居民和施工人员的身体健康，促进社会文明的进步，必须做好建筑施工现场的环境保护工作。施工现场的环境保护是文明施工的具体体现，也是施工现场管理达标考评的一项重要指标。所以，必须采取现代化的管理措施做好这项工作。

**4.5.1 防止空气污染措施**

(1) 施工垃圾使用封闭的专用垃圾道或采用容器吊运，严禁随意凌空抛撒，造成扬尘。施工垃圾要及时清运，清运前要适量洒水，减少扬尘。

(2) 施工现场要在施工前做施工道路规划和设置，尽量利用设计中永久性的施工道路。路面及其余场地地面要硬化，闲置场地要绿化。

(3) 水泥和其他易飞扬的细颗粒散体材料应尽量安排库内存放。露天存放时要严密苫盖，运输和卸运时防止遗撒飞扬，以减少扬尘。

(4) 施工现场要制定洒水降尘制度，配备专用洒水设备及指定专人负责，在易产生扬尘的季节，施工场地采取洒水降尘。

(5) 施工采用商品混凝土，减少搅拌扬尘。砂浆及零星混凝土搅拌要搭设封闭的搅拌棚，搅拌机上设置喷淋装置方可进行施工。

(6) 食堂大灶使用液化气。

**4.5.2 防止水污染措施**

(1) 现场搅拌机前台及运输车辆清洗处设置沉淀池。排放的废水要排入沉淀池内，经二次沉淀后,方可排入市政污水管线或回收用于洒水降尘。未经处理的泥浆水,严禁直接排入城市排水设施。

(2) 冲洗模板、泵车、汽车时,污水(浆)经专门的排水设施排至沉淀池,经沉淀后排至城市污水管网,而沉淀池由专人定期清理干净。

(3) 食堂污水的排放控制。施工现场临时食堂,要设置简易、有效的隔油池,产生的污水经下水管道排放要经过隔油池。平时加强管理定期掏油,防止污染。

(4) 油漆油料库的防漏控制。施工现场要设置专用的油漆油料库,油库内严禁放置其他物资,库房地面和墙面要做防渗漏的特殊处理,储存、使用和保管要专人负责,防止油料的跑、冒、滴、漏,污染水体。

(5) 禁止将有毒、有害废弃物用作土方回填,以免污染地下水和环境。

用品(纸张)的节约措施,通过减少浪费、节约能源,达到保护环境的目的。

## 5 经济效益分析

本工程地下四层,为钢筋混凝土结构;地面以上为超高层不对称钢结构,其造型新颖,结构复杂,技术含量高,采用的新技术、新工艺多而被定为广州市重点工程,2003年6月被中建八局列为科技示范工程。本工程推广应用的技术项目主要有:深基坑支护技术(桩墙-锚杆支护结构)、底板大体积混凝土施工技术、高强高性能混凝土应用技术、粗直径钢筋连接技术、预应力混凝土技术、建筑防水工程新技术、高空施工大平台设计和吊装技术、大屏幕中空玻璃安装技术、超高层钢结构施工技术、观光塔安装柔度控制技术、空中连廊的吊装技术、薄涂型防火涂料施工技术、钢结构安装测量控制技术、劲性楼板施工技术等,依靠科技进步取得经济效益295.86万元,科技进步效益率达到3.0%;整个工程的经济效益为800万元。

# 第三十七篇

## 中国海洋石油办公楼工程施工组织设计

编制单位：中建国际建设公司
编制人：陈志伟　崔艳林　许　宁　董宝生　张　锐

【摘要】　中国海洋石油办公楼工程，地下3层，地上18层，裙楼3层，总建筑面积约96000$m^2$，为框架-剪力墙结构。该工程由美国KPF建筑师事务所和中国建筑设计研究院共同设计完成，整体建筑造型简洁，呈倒圆角三棱柱体，下小上大，隐喻海上石油钻井平台。

本工程结构外轮廓由若干不同半径的圆弧曲线连成，且下小上大，层层变化，柱网轴线关系相当复杂，测量放线内业计算和外业放线放样工作大，难度大。

本工程核心筒墙体使用了可调半径圆弧模板，使用面积约2300$m^2$。实践证明，该工程所采用的施工方法有效地保证了核心筒墙体的结构尺寸和混凝土的施工质量，满足了设计要求，同时也取得了可观的经济效益。使用可调圆弧模板的直接经济效益为52.5万元。

本工程中的钢结构安装的难点在顶层屋面钢结构，此钢结构为屋顶采光顶的支撑体系，其构件截面大、重量重，为大跨度钢结构施工，而且高空安装，安装标高约为79m，施工难度大。施工中采用高空组装钢平台的施工方法，施工方法合理、安全，同时具有良好的经济效益，成功地完成了屋顶钢结构体系的安装，解决了施工中的难题。

# 目 录

1 工程概况 ································································································· 1130
  1.1 建筑概况 ····························································································· 1130
  1.2 结构概况 ····························································································· 1131
    1.2.1 柱 ······························································································ 1132
    1.2.2 墙体 ··························································································· 1133
    1.2.3 梁 ······························································································ 1133
    1.2.4 板 ······························································································ 1134
  1.3 装修工程概况 ······················································································· 1135
    1.3.1 外檐装饰 ····················································································· 1135
    1.3.2 室内装饰 ····················································································· 1135
    1.3.3 门窗工程 ····················································································· 1135
  1.4 机电工程概况 ······················································································· 1135
    1.4.1 给水排水系统 ··············································································· 1135
    1.4.2 通风空调 ····················································································· 1135
    1.4.3 电气工程 ····················································································· 1135
    1.4.4 弱电系统 ····················································································· 1136
  1.5 工程特点、施工难点 ············································································· 1136
2 施工部署 ······························································································· 1137
  2.1 施工进度计划 ······················································································· 1137
  2.2 施工顺序及流水段划分 ········································································· 1137
    2.2.1 总施工顺序 ·················································································· 1137
    2.2.2 结构施工阶段流水段划分 ······························································ 1137
    2.2.3 装修施工阶段施工顺序、施工区域和流水段划分 ····························· 1137
  2.3 资源配置 ····························································································· 1142
    2.3.1 劳动力需用量 ··············································································· 1142
    2.3.2 施工机具及设备需用量计划 ··························································· 1142
    2.3.3 主要检验试验仪器配置 ································································· 1143
    2.3.4 周转材料配置 ··············································································· 1144
  2.4 施工现场总平面布置 ············································································· 1144
3 主要分项工程施工方法 ············································································ 1149
  3.1 测量工程 ····························································································· 1149
    3.1.1 ±0.00以下结构施工测量 ······························································· 1149
    3.1.2 ±0.00以上结构施工测量 ······························································· 1150
  3.2 基坑工程 ····························································································· 1151
    3.2.1 降水 ··························································································· 1151
    3.2.2 土钉墙 ························································································ 1151
    3.2.3 护坡桩 ························································································ 1151

## 3.3 钢筋工程 ·················································································· 1152
### 3.3.1 钢筋连接 ············································································· 1152
### 3.3.2 钢筋保护层控制 ······································································ 1152
### 3.3.3 复杂钢筋节点处理 ··································································· 1152
## 3.4 模板工程 ·················································································· 1152
### 3.4.1 各部位采用的模板形式 ····························································· 1152
### 3.4.2 特殊模板设计 ········································································ 1153
## 3.5 混凝土工程 ··············································································· 1156
### 3.5.1 混凝土设备的选用 ··································································· 1156
### 3.5.2 混凝土的养护 ········································································ 1157
### 3.5.3 预防碱集料反应 ····································································· 1157
## 3.6 预应力工程 ··············································································· 1158
### 3.6.1 无粘结预应力施工工艺流程 ······················································· 1158
### 3.6.2 预应力筋下料和制束 ································································ 1158
### 3.6.3 预应力筋的铺设 ····································································· 1158
### 3.6.4 混凝土浇筑 ··········································································· 1159
### 3.6.5 预应力筋张拉工艺 ··································································· 1159
### 3.6.6 预应力筋张拉控制应力 ····························································· 1159
### 3.6.7 张拉端端部处理 ····································································· 1160
## 3.7 地下室防水 ··············································································· 1160
## 3.8 幕墙施工 ·················································································· 1160
### 3.8.1 单元玻璃幕墙 ········································································ 1160
### 3.8.2 钢架支撑明框式玻璃幕墙施工 ···················································· 1165
### 3.8.3 陶土板幕墙安装 ····································································· 1166
## 3.9 液压爬架的施工 ········································································· 1166
### 3.9.1 国力牌多功能爬架简介 ····························································· 1166
### 3.9.2 方案设计 ·············································································· 1167
### 3.9.3 安装与搭设 ··········································································· 1167
### 3.9.4 爬架的使用 ··········································································· 1171
### 3.9.5 爬架的拆除 ··········································································· 1174
## 3.10 机电工程施工 ·········································································· 1174
### 3.10.1 给水排水安装工程 ································································· 1174
### 3.10.2 通风空调工程 ······································································· 1176
### 3.10.3 电气工程 ············································································· 1177
# 4 经济效益分析 ··············································································· 1179
## 4.1 降水井的灵活布置带来的经济效益 ················································· 1179
## 4.2 塔楼外爬架带来的经济效益 ·························································· 1179

# 1 工程概况

## 1.1 建筑概况（表1-1）

建筑概况表  表1-1

| 序号 | 项目 | 内容 | |
|---|---|---|---|
| 1 | 建筑层高 | ±0.000相当于绝对标高：43.70m | |
| | | 地下三层 | 3.8m |
| | | 地下二层 | 3.6m、4.0m、5.6m |
| | | 地下一层 | 4.8m，局部夹层3.4m |
| | | 首层 | 5.0m |
| | | 二、三层 | 4.0m |
| | | 四、五层 | 4.4m |
| | | 六~十八层 | 4.0m |
| 2 | 墙体 | 混凝土剪力墙、陶粒混凝土砌块、轻钢龙骨石膏板隔墙 | |
| 3 | 外墙面 | 弧形单元式幕墙、钢架支撑明框式玻璃幕墙、压光平板式防水陶板 | |
| 4 | 内墙 | 水性耐擦洗涂料、防静电乳胶漆、防火乳胶漆、吸声墙面、仿石砖墙面、釉面砖墙面、石板墙面、软包墙面 | |
| 5 | 顶棚做法 | 水性耐擦洗涂料、防静电乳胶漆、防火乳胶漆、吸声顶棚、铝合金方板吊顶、铝合金条板吊顶、铝板烤漆吊顶、石膏板吊顶、矿棉吸声板吊顶 | |
| 6 | 地面、楼面 | 彩色耐磨混凝土、水泥地面、细石混凝土防水地面、水泥防水地面、花岗石楼面、防滑地砖、石材地热楼面、抗静电活动地板、地毯 | |
| 7 | 屋面 | 铺地缸砖三元乙丙橡胶卷材上人屋面；<br>水泥砂浆保护层三元乙丙橡胶卷材不上人屋面；<br>种植屋面；<br>本色铝镁锰合金屋面板；<br>镂空屋面 | |
| 8 | 防水 | 地下室结构防水：钢筋混凝土自防水；<br>地下室建筑防水：三元乙丙丁基橡胶卷材+双面自粘卷材组合；<br>地下室外墙：三元乙丙丁基橡胶卷材+双面自粘卷材组合；<br>地下室外墙（-1.00m以上）：水泥基渗透结晶型涂料；<br>卫生间等防水：水乳型聚合物水泥基复合防水材料 | |
| 9 | 门窗 | 硬木门、玻璃门、玻璃隔断、钢质木质防火门、钢质木质防火隔声门、隔声门、防火卷帘门、防护密封门、密封门、防爆窗 | |

## 1.2 结构概况（表 1-2）

结构概况表  表 1-2

| 序号 | 项目 | 内容 | | | |
|---|---|---|---|---|---|
| 1 | 结构类型 | 钢筋混凝土框架-剪力墙结构 | | | |
| 2 | 基础类型 | 筏形基础 | | | |
| 3 | 人防设计等级 | 六级 | | | |
| 4 | 设计使用年限 | 50 年 | | | |
| 5 | 安全等级 | 二级 | | | |
| 6 | 抗震类别 | 丙类 | | | |
| 7 | 抗震设防烈度 | 8 度 | | | |
| 8 | 框架柱尺寸 | □0.8m×0.8m、□0.6m×1.1m、$\phi$1.0m、2.3m×1.1m 异形柱 | | | |
| 9 | 混凝土强度等级 | 基础底板 | | | C40 P8 |
| | | 主楼 | 12 层以下 | 柱墙 | C50 |
| | | | | 梁板 | C40 |
| | | | 12 层以上 | 柱墙 | C50 |
| | | | | 梁板 | C40 |
| | | 裙房 | 柱墙 | | C40 |
| | | | 梁板 | | C40 |
| | | 水池 | | | C30 |
| 10 | 钢筋级别 | HPB235、HRB335、HRB400 | | | |
| | 钢结构用钢材类别 | Q345B | | | |

近似标准层示意图如图 1-1 所示。

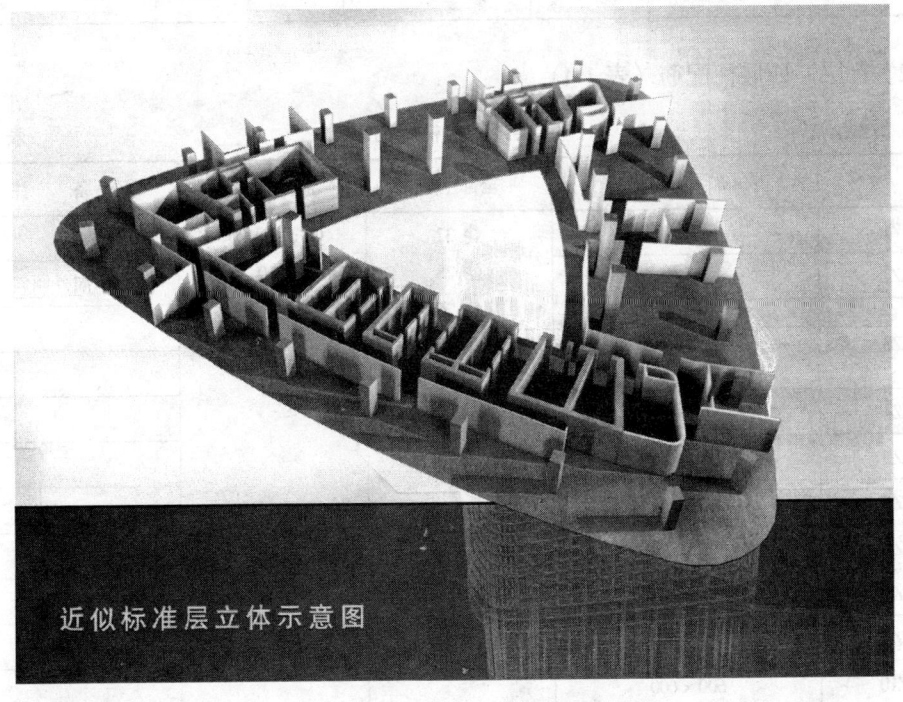

图 1-1 近似标准层立体示意图

主要结构构件的尺寸及配筋如下：

**1.2.1 柱**

（1）地下三层柱（-0.120m 以下）配筋（表1-3）

地下三层柱配筋表　　　　表1-3

| 柱　号 | $b \times h$（mm×mm） | 主　筋 | 箍　筋 | 备　注 |
|---|---|---|---|---|
| KZ1 | 1350×1350 | $\Phi$ 32 | $\Phi$ 12@100, 150, 200, 300 | |
| KZ2 | | $\Phi$ 28 | | 异形柱 |
| | | $\Phi$ 25 | | |
| KZ3 | 800×800 | $\Phi$ 22 | | |
| KZ4 | $\phi$1000 | $\Phi$ 20 | | |
| | | $\Phi$ 18 | | |
| KZ5 | 600×1100 | | | |
| KZ5a | 600×1100 | | | |
| KZ6 | 800×1200 | | | |
| KZ7 | 500×500 | | | |
| KZ8 | 2300×600 | | | |
| KZ9 | | | | 异形柱 |
| KZ10 | 600×600 | | | |
| KZ11 | 600×550 | | | |

（2）首层~四层柱配筋（表1-4）

首层至四层柱配筋表　　　　表1-4

| 柱　号 | $b \times h$（mm×mm） | 全部主筋 | 箍　筋 | 备　注 |
|---|---|---|---|---|
| KZ1 | $\phi$1350 | $\Phi$ 32 | $\Phi$ 12@100, 150, 200, 300 | |
| KZ2 | | $\Phi$ 28 | | 向外倾斜 |
| | | $\Phi$ 25 | | |
| KZ3 | $\phi$800 | $\Phi$ 22 | | |
| | $\phi$800 | $\Phi$ 20 | | |
| KZ4 | $\phi$1000 | $\Phi$ 18 | | |
| KZ5 | 600×1100 | | | |
| KZ6 | 800×1200 | | | |
| KZ7 | 500×500 | | | |
| KZ8 | 2300×600 | | | |
| KZ9 | | | | 异形柱 |
| KZ10 | 600×600 | | | |
| KZ11 | 600×550 | | | |

(3) 五层~十八层柱配筋（表1-5）

五层至十八层柱配筋表  表1-5

| 柱 号 | $b \times h$ (mm×mm) | 全部主筋 | 箍筋 | 备注 |
|---|---|---|---|---|
| KZ1 | 1100×1350<br>1000×1000<br>800×800<br>800×1000 | $\Phi$36、$\Phi$32<br>$\Phi$28、$\Phi$25<br>$\Phi$16 | $\Phi$14、$\Phi$12@100,<br>150, 200, 300 | |
| KZ2 | 1200×1200<br>1000×1000<br>800×800<br>1000×800 | | | |

### 1.2.2 墙体

（1）地下三层墙体配筋（表1-6）

地下三层墙体配筋表  表1-6

| 编 号 | 墙厚（mm） | 水平分布筋 | 垂直分布筋 | 拉 筋 |
|---|---|---|---|---|
| 地下室外墙 | 400 | $\Phi$14 | $\Phi$20、$\Phi$25 | |
| 人防隔墙、扩散室墙 | 250、300、400、500 | $\Phi$14、$\Phi$16 | $\Phi$22、$\Phi$18、$\Phi$16 | |
| 窗井外墙 | 400 | $\Phi$20 | $\Phi$20 | $\phi$6 |
| 消防水池池壁 | 400、500 | $\Phi$18 | $\Phi$22 | |
| 其余墙体 | 200、250、300、400、500、600、700、800 | $\phi$10、$\Phi$12、$\Phi$14 | $\phi$10、$\Phi$12、$\Phi$14 | |

（2）其余楼层墙体配筋（表1-7）

其余楼层墙体配筋表  表1-7

| 编 号 | 墙厚（mm） | 水平分布筋 | 垂直分布筋 | 拉 筋 |
|---|---|---|---|---|
| | 200、250、300、400、500、600、700、800 | $\phi$10、$\Phi$12、$\Phi$14、$\Phi$16、$\Phi$20 | $\phi$10、$\Phi$12、$\Phi$14、$\Phi$16、$\Phi$18、$\Phi$20、$\Phi$22 | $\phi$6 |

### 1.2.3 梁

（1）地下结构（表1-8）

地下结构配筋表  表1-8

| 类 型 | 截面尺寸 | 主筋 | 箍筋 | 备注 |
|---|---|---|---|---|
| KL | 700×700<br>500×700<br>400×650<br>700×800 | 13$\Phi$25<br><br><br>16$\Phi$25 | $\phi$10@100/200(6) | |

续表

| 类型 | 截面尺寸 | 主筋 | 箍筋 | 备注 |
|---|---|---|---|---|
| L | 350×650<br>350×500<br>300×500<br>400×600<br>300×600 | | | |

钢筋等级：$\phi 6\sim 10$ 为 HPB235 级钢筋，$\Phi 12\sim 14$ 为 HRB335 级钢筋，$\Phi 16\sim 32$ 为 HRB400 级钢筋

(2) 一~四层结构（表1-9）

一至四层结构配筋表　　　　　　　表1-9

| 类型 | 截面尺寸 | 主筋 | 箍筋 | 备注 |
|---|---|---|---|---|
| KL | 700×700　500×700<br>400×700　700×1100<br>400×1080　500×1080<br>600×700　500×750　600×750 | $\Phi 20$、$\Phi 22$、<br>$\Phi 25$、$\Phi 28$ | $\phi 10@100/200$ (6)<br>$\phi 10@100/200$ (4)<br>$\Phi 12@100/200$ (4) | |
| L | 350×650　350×500<br>300×500　400×600<br>300×600　400×700 | $\Phi 20$、$\Phi 22$、<br>$\Phi 25$ | $\phi 10@200$ (2) | |

钢筋等级：$\phi 6\sim 10$ 为 HPB235 级钢筋，$\Phi 12\sim 14$ 为 HRB335 级钢筋，$\Phi 16\sim 32$ 为 HRB400 级钢筋

(3) 五~十八层结构（表1-10）

五至十八层结构配筋表　　　　　　　表1-10

| 类型 | 截面尺寸 | 主筋 | 箍筋 | 备注 |
|---|---|---|---|---|
| KL | 1000×1400　650×800<br>600×800　600×700<br>700×750 | $\Phi 20$、$\Phi 22$、<br>$\Phi 25$、$\Phi 28$ | $\phi 10@100/200$ (6)<br>$\phi 10@100/200$ (4)<br>$\Phi 12@100/200$ (4) | |
| L | 300×600　300×650<br>300×500　300×550 | $\Phi 20$、$\Phi 22$、<br>$\Phi 25$ | $\phi 10@200$ (2) | |

钢筋等级：$\phi 6\sim 10$ 为 HPB235 级钢筋，$\Phi 12\sim 14$ 为 HRB335 级钢筋，$\Phi 16\sim 32$ 为 HRB400 级钢筋

### 1.2.4 板（表1-11）

板结构配筋表　　　　　　　表1-11

| 部位 | 配筋 |
|---|---|
| 地下结构 | $\phi 10@150$，$\Phi 12@150$，$\Phi 12@180$，$\Phi 12@200$ |
| 一~四层结构 | $\phi 10@150$，$\Phi 12@150$，$\Phi 12@200$ |
| 五~十八层结构 | $\phi 10@150$，$\Phi 12@150$，$\Phi 12@200$，$\Phi 16@150$ |

## 1.3 装修工程概况

### 1.3.1 外檐装饰

本工程外墙装饰主要为单元式幕墙，另外塔楼一~四层为钢架支撑体系幕墙，裙楼外檐采用陶土板幕墙。

本工程外檐装饰效果如图 1-2 所示。

### 1.3.2 室内装饰

（1）地面：彩色耐磨混凝土地面、花岗石地面、防滑地砖、不发火水泥楼面、抗静电活动地板、弹性垫层地毯楼面等。

（2）内墙面：釉面砖墙面、仿石砖墙面、花岗石墙面、水性耐擦洗涂料墙面、乳胶漆（防火型）墙面、石板墙面、锦缎（或装饰布）软包墙面等。

（3）顶棚：水性耐擦洗涂料顶棚、乳胶漆（防火型）顶棚、石膏板顶棚、铝合金方板吊顶、矿棉吸声吊顶等。

（4）轻质隔墙：轻钢龙骨双面双层石膏板隔墙、铝合金框玻璃隔断。

### 1.3.3 门窗工程

主要包括木门、铝合金门窗、防火门等。

图 1-2 外檐装饰效果图

## 1.4 机电工程概况

本建筑机电工程设计内容包括：给水排水、通风空调、电气、消防、弱电等系统。

### 1.4.1 给水排水系统

给水排水系统设有给水系统、热水系统、雨水排水系统、中水系统、污水排水系统、消火栓系统、自动喷水灭火湿式系统。

### 1.4.2 通风空调

（1）空调系统的冷源由设于地下一层冷冻机房的三台 800RT 离心式冷水机组和一台 300RT 螺杆式冷水机组共同负担，提供 7/12℃冷冻水；冬季采用天然冷源，由冷却塔 1 提供 5/10℃冷却水，经热交换后产生 9/14℃空调冷水。热风采暖热源由 85/60℃的城市热网热媒直供，空调用 60/50℃热水通过地下一层热交换站内的热交换器集中提供。

（2）空调水系统采用四管异程式，冷热水系统均设置全程水处理器。空调风系统采用全空气空调系统、风机盘管加新风系统和变风量空调系统。

### 1.4.3 电气工程

（1）供配电

本工程供电由城市电网引来两路 10kV 电源供电，两路电源同时工作，互为备用。并设置1台800kW的柴油发电机组作为自备电源；同时，在通讯机房设置UPS不间断电源装置，对应急疏散照明采用EPS蓄电池组局部集中供电。

（2）照明工程

一般照明采用单电源、混合方式供电，夹层及以上照明采用插接式母线供电，应急照明、疏散照明等采用双电源供电末端自投。室外还设有泛光照明和景观照明，屋顶设有航空障碍照明。

（3）防雷接地工程

在屋顶设 $\phi 10$ 热镀锌圆钢作避雷带，利用屋面金属板和金属网格作为接闪器，利用建筑物柱内主筋作为引下线，利用建筑物基础内钢筋作接地极。防雷接地与其他接地共用接地极，接地电阻小于 $0.5\Omega$。

### 1.4.4 弱电系统

本工程弱电系统包括火灾自动报警及消防联动控制系统，公共广播兼应急广播系统，消防专用电话系统，闭路电视监控系统，安防一卡通控制系统，停车场管理系统，楼宇自动控制系统。本工程消防控制室在一层，有直达室外的安全出口，消防与安防、楼宇控制系统等共用控制室。本工程为一类防火建筑，火灾自动报警系统的保护对象为一级，采用控制中心报警控制方式，消防联动控制系统能显示火灾报警、故障报警部位，显示疏散通道及消防设备等重要部位的平面图或模拟图，显示系统供电电源的工作状态。通过联动控制柜实现对自动灭火系统、消火栓系统、防烟、排烟、加压送风机及空调通风系统、防火卷帘门、放火门、放火窗、电梯回降、火灾应急广播、火灾应急照明、疏散指示灯等的控制。

## 1.5 工程特点、施工难点

（1）本工程相对于工程规模来讲，施工工期偏紧，甲方要求总工期702d，且质量要求高，确保取得北京市结构"长城杯-金杯"，确保"鲁班奖"。保证工期并确保施工质量是本工程施工的重中之重。

（2）本工程地理位置特殊，位于北京市东城区东二环路和朝阳门内大街交叉口的西北角，与外交部办公大楼对角呼应，现场用地狭小，施工现场的出入口设置及材料车辆进出受限制。

（3）本工程结构外轮廓由若干不同半径的圆弧曲线连成，且下小上大，层层变化，柱网轴线关系相当复杂。不仅造成施工测量放线内业计算工作量的巨大，还为外业放线放样工作带来极大难度。

（4）本工程底板混凝土浇筑量约11300m³，主楼基础底板厚度1.8m，且进入冬期施工，如何保证大体积混凝土浇筑质量，有效控制温度裂缝是本工程的施工重点。

（5）本工程高度为80m，基坑深度16m，属于高层建筑及深基坑施工；施工现场位于闹市区；同时，各种专业工序较多，存在大量的交叉作业，对现场安全管理提出了很高要求。并且考虑工程的重要性，决不允许在施工过程中出现任何重大安全事故。因此，现场安全管理也将是施工中的一大重点。

（6）主楼平面形状由几段圆弧组成，竖向又层层向外倾斜，这给主楼外檐单元式幕墙的制作和安装带来了不小的难度。

# 2 施工部署

## 2.1 施工进度计划

分阶段进度目标见表2-1。

分 阶 段 进 度 表　　　　　　　表2-1

| 序 号 | 施 工 阶 段 | 控制完成日期 | 备 注 |
|---|---|---|---|
| 1 | 基础底板 | 2003年12月31日 | |
| 2 | ±0.00以下结构工程 | 2004年4月30日 | |
| 3 | 主楼结构 | 2004年11月5日 | |
| 4 | 地下室装修 | 2005年4月13日 | |
| 5 | ±0.00以上装修 | 2005年10月6日 | |
| 6 | 外装修 | 2005年6月30日 | |
| 7 | 室外工程 | 2005年9月26日 | |

## 2.2 施工顺序及流水段划分

### 2.2.1 总施工顺序（图2-1）

### 2.2.2 结构施工阶段流水段划分

（1）地下室流水段划分

根据结构留置的后浇带，地下室施工阶段划分为两个施工区：主楼区与裙房区，其中，主楼区划分为三个流水段，裙楼区划分为三个流水段，详见图2-2。

地下室施工期间，主楼和裙房各安排一个作业班组进行流水施工。具体施工顺序如下：

主楼：Ⅰ段→Ⅱ段→Ⅲ段；

裙房：Ⅲ段→Ⅱ段→Ⅰ段。

（2）F1~F4流水段划分（图2-3）

（3）F5~F18流水段划分（图2-4）

### 2.2.3 装修施工阶段施工顺序、施工区域和流水段划分

（1）施工顺序

由于本工程工期紧，工作量大，因此，根据结构施工的进度，分段插入装修施工，地下室阶段，尽快完成地下三层的回填土及各层砌筑，为后续的机电机房内安装创造条件，同时也能加快地下室后续装修工作的进度。地上部分的装修将在分层结构验收结束后开始，尽可能在2004年冬期施工前完成大量的装修湿作业，在冬期施工期间，进行一些非湿作业的装修项目，包括吊顶龙骨安装、幕墙安装、钢结构安装等；同时，在总体计划安排上，努力提前业主指定分包部分的粗装修工作，为分承包商创造工作面。外装修安排上，主要控制其尽快完成结构外立面的封闭，为室内装修做好准备。

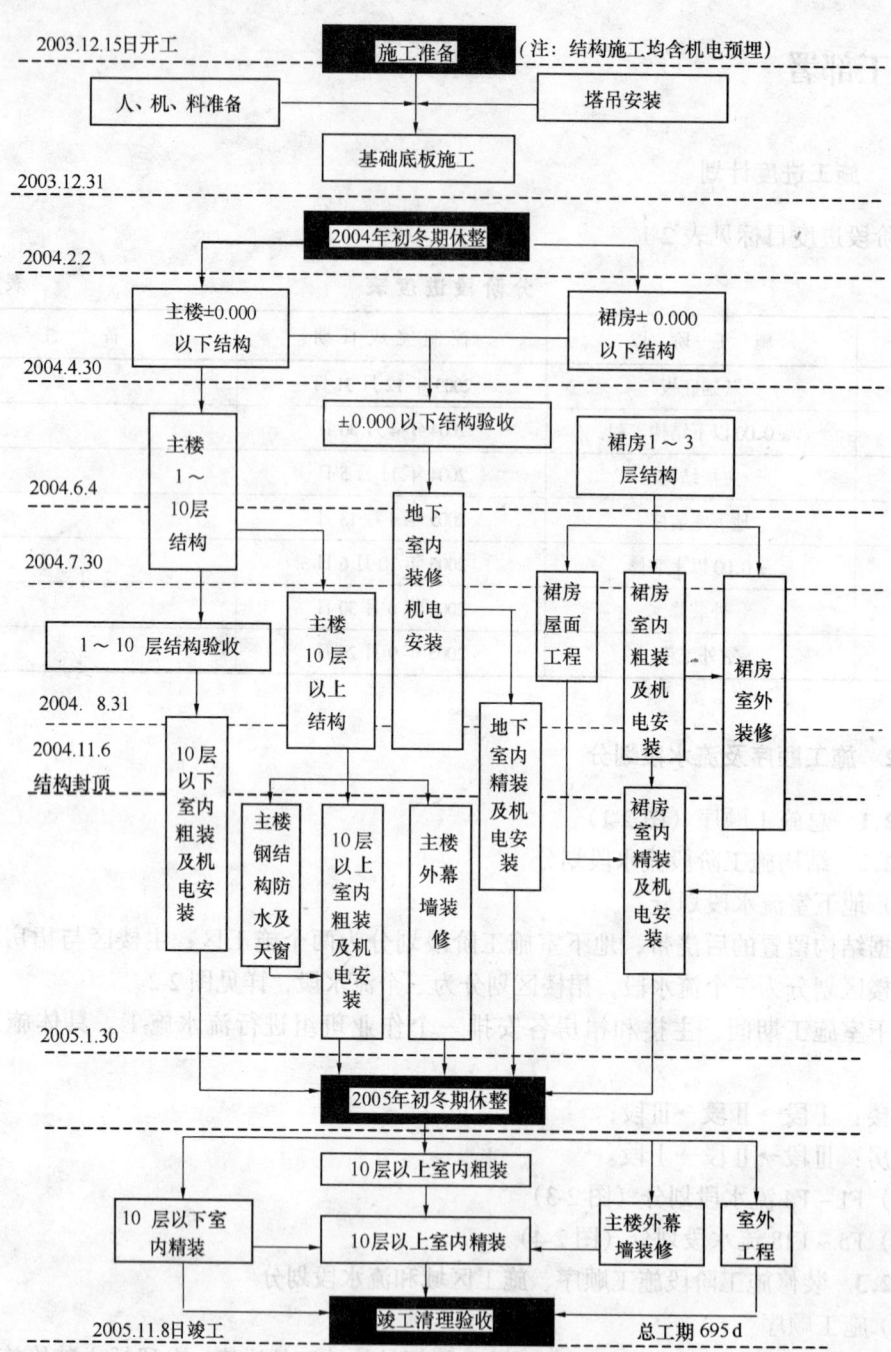

图 2-1 施工总顺序图

同时,考虑上下施工区域作业时间的差别,施工中应严格控制工序安排,上层湿作业未完成前,下层不能进行面层的施工,防止造成污染和成品破坏。

机电配合方面,主要为尽快完成主干管的施工及打压试水,防止对墙面腻子等工序造成破坏,平面上分区施工,打压试水后方可进行装修面层施工。

(2) 施工区域划分

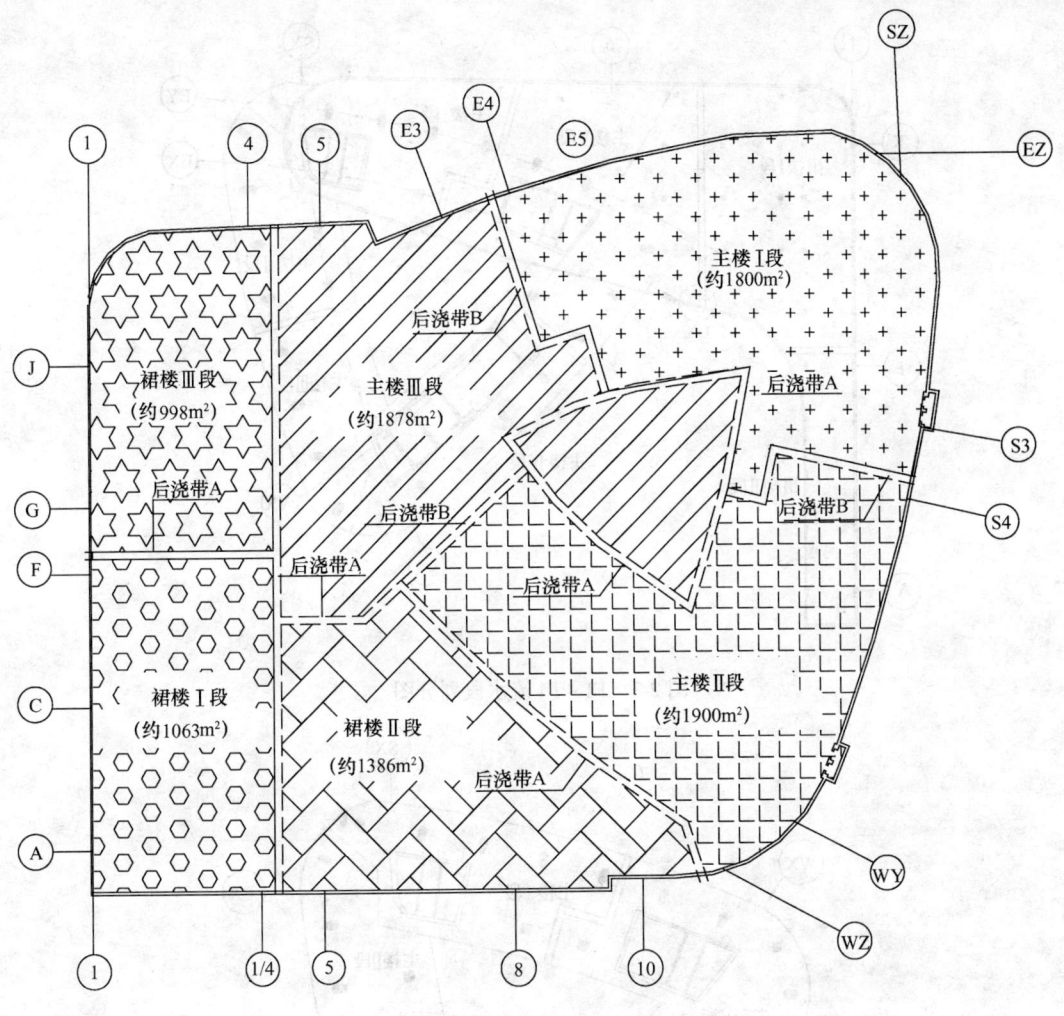

图 2-2 地下室流水段划分图

本工程按工程量情况,划分为三个施工区域:

A. 第一施工区域:地下三层;

B. 第二施工区域:地上一~十层;

C. 第三施工区域:地上十一~十八层。

三个区域分别采用独立的施工队伍,根据施工进度的要求插入施工,各施工区域内分别采取按楼层由高至低的顺序流水施工。

(3) 各区域施工流水段划分

1) 第一施工区域

本区域单层面积较大,层数少,为保证施工进度,可平面划分为裙房和主楼两个流水段施工。

第一流水段:裙房 B1→B2→B3;

第二流水段:主楼 B1→B2→B3。

2) 第二施工区域

本区域单层面积小,层数多,平面不划分流水,竖向隔层流水。

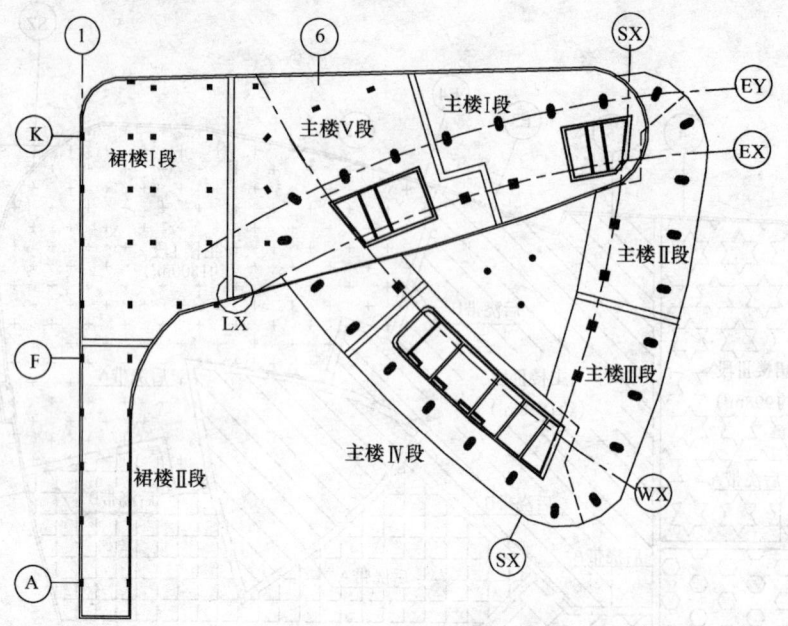

图 2-3　F1～F4 流水段划分图

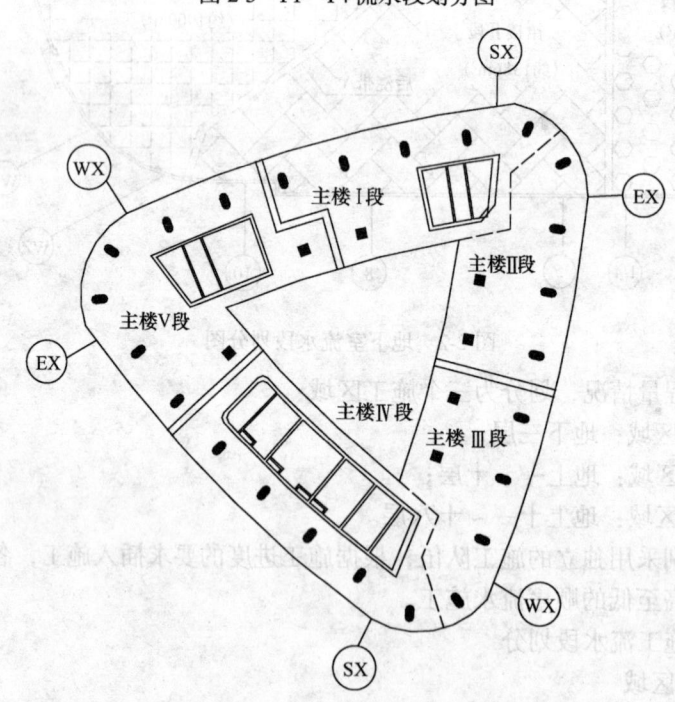

图 2-4　F5～F18 流水段划分图

第一流水段：F9→F7→F5→F3→F1；

第二流水段：F10→F8→F6→F4→F2。

3) 第三施工区域

本区域单层面积小，层数多，平面不划分流水，竖向隔层流水。

东四 D1 区海洋石油办公楼项目劳动力计划表

表 2-2

| 年份 | 2003年 | 2004年 | | | | | | | | | | | | 2005年 | | | | | | | | | | |
|---|---|---|---|---|---|---|---|---|---|---|---|---|---|---|---|---|---|---|---|---|---|---|---|---|
| 项目名称 | 12月 | 1月 | 2月 | 3月 | 4月 | 5月 | 6月 | 7月 | 8月 | 9月 | 10月 | 11月 | 12月 | 1月 | 2月 | 3月 | 4月 | 5月 | 6月 | 7月 | 8月 | 9月 | 10月 | 11月 |
| 普工 | 90 | 90 | 100 | 100 | 100 | 100 | 100 | 100 | 100 | 100 | 100 | 100 | 80 | 80 | 80 | 80 | 80 | 80 | 80 | 80 | 80 | 80 | 50 | 30 |
| 测量工 | 10 | 10 | 10 | 10 | 10 | 10 | 10 | 10 | 10 | 10 | 10 | 10 | 6 | 6 | 6 | 6 | 6 | 6 | 6 | 6 | 6 | 6 | 6 | |
| 木工 | 250 | 250 | 350 | 350 | 300 | 300 | 300 | 300 | 300 | 300 | 300 | 200 | 50 | 50 | 50 | | | | | | | | | |
| 钢筋工 | 250 | 250 | 220 | 220 | 220 | 220 | 220 | 220 | 200 | 200 | 200 | 200 | 50 | 50 | 50 | | | | | | | | | |
| 混凝土工 | 80 | 80 | 80 | 80 | 80 | 80 | 80 | 80 | 80 | 80 | 80 | 60 | 60 | | | | | | | | | | | |
| 钢结构安装工 | | | | | | | | | | | | | | | | | | | | | | | | |
| 砌筑工 | | | | | | 60 | 60 | 60 | 60 | 60 | 30 | | 30 | 30 | 30 | 60 | 60 | 60 | 60 | 60 | | 10 | | |
| 抹灰工 | 30 | 30 | 30 | 30 | 30 | 30 | 30 | 30 | 30 | 100 | 100 | 100 | 40 | 10 | 10 | 10 | 10 | 10 | 10 | 10 | 10 | 10 | 10 | 10 |
| 架子工 | 40 | 40 | | | | | 60 | 40 | 40 | 40 | 40 | 40 | 40 | 100 | 100 | 20 | 20 | 20 | | | | | | |
| 防水工 | | | | | | | 30 | 40 | 30 | 30 | 30 | | | 60 | | 150 | 250 | 250 | 250 | 250 | 250 | 250 | 100 | 50 |
| 装修木工 | | | | | | 30 | 30 | 50 | 60 | 60 | 60 | 60 | 100 | 100 | 60 | 120 | 120 | 120 | 120 | 120 | 120 | 120 | 60 | 20 |
| 瓦工 | | | | | | 40 | 40 | 50 | 50 | 50 | 50 | 100 | 60 | 100 | 100 | 200 | 250 | 250 | 250 | 250 | 250 | 250 | 150 | 100 |
| 油工 | | | | | | | 30 | 40 | 50 | 50 | 50 | 40 | 40 | 100 | 60 | 100 | 150 | 150 | 150 | 150 | 150 | 150 | 100 | 50 |
| 其他装饰用工 | | | | | | 30 | 30 | 15 | 20 | 20 | 20 | 15 | | | | | | | | | | | | |
| 信号工 | 12 | 12 | 12 | 12 | 12 | 12 | 12 | 12 | 6 | 6 | 6 | 6 | 6 | 6 | 6 | 6 | | | | | | | | |
| 机械工 | 12 | 12 | 12 | 12 | 12 | 12 | 10 | 10 | 10 | 10 | 10 | 10 | 6 | 2 | 2 | 2 | 2 | 2 | 2 | 2 | 2 | 2 | 2 | |
| 机修工 | 4 | 4 | 4 | 4 | 4 | 4 | 4 | 4 | 4 | 4 | 2 | 2 | 2 | 2 | 2 | 2 | 2 | 2 | 2 | 2 | 2 | 2 | 2 | |
| 电工 | 10 | 20 | 20 | 20 | 20 | 30 | 30 | 60 | 60 | 50 | 50 | 60 | 60 | 60 | 70 | 70 | 70 | 70 | 70 | 50 | 50 | 50 | 40 | 30 |
| 管工 | 2 | 2 | 15 | 15 | 15 | 40 | 40 | 50 | 50 | 50 | 50 | 50 | 50 | 60 | 60 | 50 | 50 | 50 | 50 | 50 | 30 | 50 | 10 | 10 |
| 通风工 | 2 | 2 | 15 | 15 | 15 | 30 | 30 | 50 | 40 | 30 | 40 | 40 | 40 | 60 | 60 | 60 | 60 | 60 | 60 | 60 | 40 | 30 | 15 | 10 |
| 其他安装用工 | | | | | | 15 | 15 | 15 | 20 | 20 | 20 | 20 | 30 | 30 | 30 | 30 | 30 | 30 | 20 | 20 | 20 | 20 | 10 | 10 |
| 总计 | 792 | 802 | 868 | 868 | 833 | 1063 | 1181 | 1331 | 1380 | 1480 | 1444 | 1394 | 1080 | 854 | 864 | 964 | 1158 | 1158 | 1068 | 1048 | 1008 | 988 | 553 | 320 |

第一流水段：F17→F15→F13→F11；
第二流水段：F18→F16→F14→F12。

### 2.3 资源配置

**2.3.1 劳动力需用量（表2-2）**

**2.3.2 施工机具及设备需用量计划**

（1）土建主要施工机械配置（表2-3）

土建主要施工机械配置表　　　表2-3

| 序号 | 设备名称/品牌 | 规格/型号 | 数量 | 进出场时间（月） |
|---|---|---|---|---|
| 1 | 1号塔吊 | ST70/30 70m | 1 | 2003.11~2004.11 |
| 2 | 2号塔吊 | FO/23B 50m | 1 | 2003.11~2004.6 |
| 3 | 3号塔吊 | 利勃海尔 60m | 1 | 2003.11~2004.11 |
| 4 | 外用电梯 | SC200/200TD | 1 | 2004.6~2005.6 |
| 5 | 外用电梯 | SC200/200TD | 1 | 2004.6~2005.6 |
| 6 | 地泵 | HBT80 | 1 | 2003.11~2004.11 |
| 7 | 地泵 | HBT80 | 1 | 2003.11~2004.11 |
| 8 | 砂浆搅拌机 | JS350 | 2 | 2004.6~2005.8 |
| 9 | 交流电焊机 | BX3-300 | 8 | 2003.11~2005.10 |
| 10 | 切断机 | GQ-40 | 4 | 2003.11~2004.11 |
| 11 | 调直机 | GT4/14 | 2 | 2003.11~2004.11 |
| 12 | 弯曲机 | WJ4-1 | 2 | 2003.11~2004.11 |
| 13 | 直螺纹套丝机 | GSJ-40 | 8 | 2003.11~2004.11 |
| 14 | 平刨 | MB503 | 2 | 2003.11~2004.11 |
| 15 | 圆锯 | MJ104 | 2 | 2003.11~2004.11 |
| 16 | 空压机 | YV0.9/7 | 1 | 2003.11~2004.11 |
| 17 | 蛙夯 | HW-32 | 4 | 2004.3~2004.10 |
| 18 | 镝灯 | DDG3.5 | 4 | 2003.11~2004.11 |
| 19 | 50振捣棒 | HZ-50A | 30 | 2003.11~2004.11 |
| 20 | 30振捣棒 | HZ6X-30 | 4 | 2003.11~2004.11 |
| 21 | 平板式振动器 | ZB11 | 2 | 2003.11~2004.11 |
| 22 | 水泵 | $H=100m, 25L/s$ | 2 | 2003.11~2005.8 |
| 23 | 备用发电机 | 300kW | 1 | 1年 |

（2）装修施工机械（表2-4）

装修施工机械表　　　表2-4

| 名称 | 规格型号 | 额定功率W | 单位 | 数量 |
|---|---|---|---|---|
| 激光指向仪 | | | 台 | 1 |
| 水准仪 | | | 个 | 1 |

续表

| 名　称 | 规格型号 | 额定功率W | 单　位 | 数　量 |
|---|---|---|---|---|
| 手枪钻 | 10mm | 305/把 | 个 | 10 |
| 电螺丝刀 |  | 350/把 | 个 | 10 |
| 冲击钻 | TEI5 | 550/台 | 个 | 4 |
| 射钉枪 | 603型 | — | 个 | 4 |
| 水平尺 | 1200mm |  | 个 | 6 |
| 铝合金靠尺 | 3000mm |  | 个 | 10 |
| 电箱 | 380V |  | 个 | 4 |
| 电箱 | 220 |  | 个 | 8 |
| 门形脚手架 |  |  | 套 | 14 |
| 电圆锯 | 235 | 1750/台 | 台 | 4 |
| 电焊机 |  | 1200/台 | 台 | 4 |
| 镙机 | 3073 | 1600/台 | 台 | 2 |
| 云石机 | 4100NB | 1200/台 | 台 | 1 |
| 座切机 | 355 | 1200/台 | 台 | 4 |
| 台式切割机 | C6080 | 2000/台 | 台 | 2 |
| 角向磨光机 | 100mm | 670/台 | 个 | 1 |
| 等离子切割机 | 380V | 390/台 | 个 | 2 |
| 曲线锯 | 55mm | 390/台 | 个 | 1 |

### 2.3.3 主要检验试验仪器配置（表2-5）

主要检验试验仪器配置表　　　　表2-5

| 序　号 | 仪器设备名称 | 规格型号 | 单　位 | 数　量 | 备　注 |
|---|---|---|---|---|---|
| 1 | 高精度全站仪 | TOPCON GTS-601AF/LP | 台 | 1 |  |
| 2 | 光学经纬仪 | WILDT2 | 台 | 1 |  |
| 3 | 经纬仪 | DJ2型 | 台 | 3 |  |
| 4 | 高精度激光准直仪 | DZJ3 | 台 | 2 |  |
| 5 | 水准仪 | NA28 | 台 | 1 |  |
| 6 | 水准仪 | S3 | 台 | 3 |  |
| 7 | 钢尺 | 50m | 把 | 4 |  |
| 8 | 混凝土养护室全自动温湿控制仪 |  | 套 | 2 |  |
| 9 | 振动台 |  | 台 | 2 |  |
| 10 | 天平 | 称量2000g | 架 | 2 |  |
| 11 | 磅秤 |  | 台 | 2 |  |
| 12 | 湿度计 |  | 支 | 4 |  |
| 13 | 普通混凝土试模 | 立方体边长：100mm | 组 | 18 |  |
| 14 | 抗渗混凝土试模 | 圆柱体：$D=150mm$，$h=150mm$ | 组 | 12 |  |
| 15 | 砂浆试模 | 立方体边长：70.7mm | 组 | 18 |  |
| 16 | 贯入式砂浆强度检测仪 | SJY-800 | 台 | 2 |  |

续表

| 序号 | 仪器设备名称 | 规格型号 | 单位 | 数量 | 备注 |
|---|---|---|---|---|---|
| 17 | 环刀 | | 个 | 10 | |
| 18 | 混凝土坍落度桶 | | 套 | 6 | |
| 19 | 钢筋保护层厚度检测仪（荷兰） | THICK | 套 | 1 | 合格 |
| 20 | 靠尺 | | 把 | 8 | 合格 |
| 21 | 焊条烘干箱 | | 台 | 2 | |
| 22 | 焊条保温筒 | | 个 | 8 | |
| 23 | 钢卷尺 | 7.5m | 盒 | 30 | 合格 |
| 24 | 塞尺 | | 把 | 6 | 合格 |
| 25 | 角尺 | | 把 | 6 | 合格 |
| 26 | 小锤子 | | 个 | 8 | 合格 |
| 27 | 螺纹规 | | 个 | 4 | 合格 |
| 28 | 游标卡尺 | 精度 1/10mm | 把 | 4 | 合格 |
| 29 | 水平尺 | 镶有水平珠直尺，长度 15~100mm | 把 | 6 | 合格 |
| 30 | 回弹仪 | HJ-225 | 套 | 2 | 合格 |
| 31 | 温度计 | | 套 | 12 | 合格 |
| 32 | 焊缝量规 | | 把 | 4 | 合格 |

### 2.3.4 周转材料配置（表2-6）

周转材料配置表　　　　　　　表2-6

| 序号 | 材料名称 | 单位 | 准备数量 | 进场时间 |
|---|---|---|---|---|
| 1 | 定型柱模 | 套 | 30 | 2004.2.9 |
| 2 | 核心筒模板 | m² | 1800 | 2004.2.9 |
| 3 | 其他墙体模板（租赁） | m² | 5000 | 2004.2.9 |
| 4 | 顶板模板 | m² | 15000 | 2004.1.15<br>2004.2.9 |
| 5 | 钢管 | t | 1000 | 2004.1.15<br>2004.2.9 |
| 6 | 扣件 | t | 50 | 2004.1.15<br>2004.2.9 |
| 7 | 碗扣支撑 | t | 255 | 2004.2.9 |

## 2.4 施工现场总平面布置

本工程建筑南侧为朝阳门内大街，东侧为东二环路，西侧为东二环西辅路，西侧红线与东二环西辅路人行道东边线重合，北侧为拟建电信楼。本工程结构外墙与拟建电信楼外墙间距约14m，现场东侧和南侧有较大空地，而且现场两个入口在南部的东西两侧，南侧场地偏于狭长，可以作为办公区域；东部场地面积较大，可以做主要材料及加工区域的布置。具体详见图2-5~图2-8。

## 2 施工部署

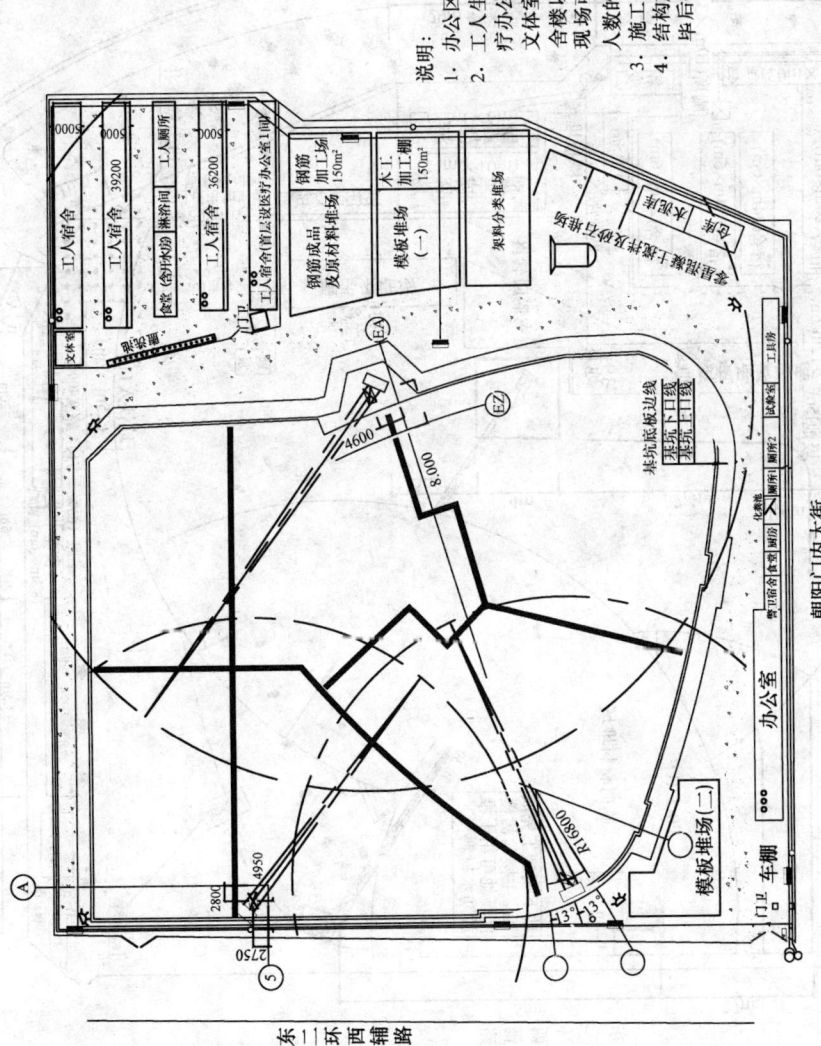

说明：
1. 办公区布置在场地内西南角，3层共办公室36间，见详图；
2. 工人生活区布置在场地东北角，设内部围墙，生活区设置医疗办公室、宿舍、食堂、厕所、盥洗池、淋浴间、开水房、文体室以及密闭式拉圾箱，工人宿舍为2层简易板房，4栋宿舍楼以3.0m×5.0m为标准间共有100间，扣除医疗办公1间，现场可住宿工人总数为99间×8人/间=792人，约超过总施工人数的1/2，可有力保证结构施工期；
3. 施工用材料及机械等均在布置在场地内东侧；
4. 结构施工期间，安排三合塔吊，其中2号塔吊在附楼结构完毕后拆除，1、3号塔吊在主楼结构施工完毕拆除。

图2-5 ±0.000以下结构施工阶段现场平面布置图

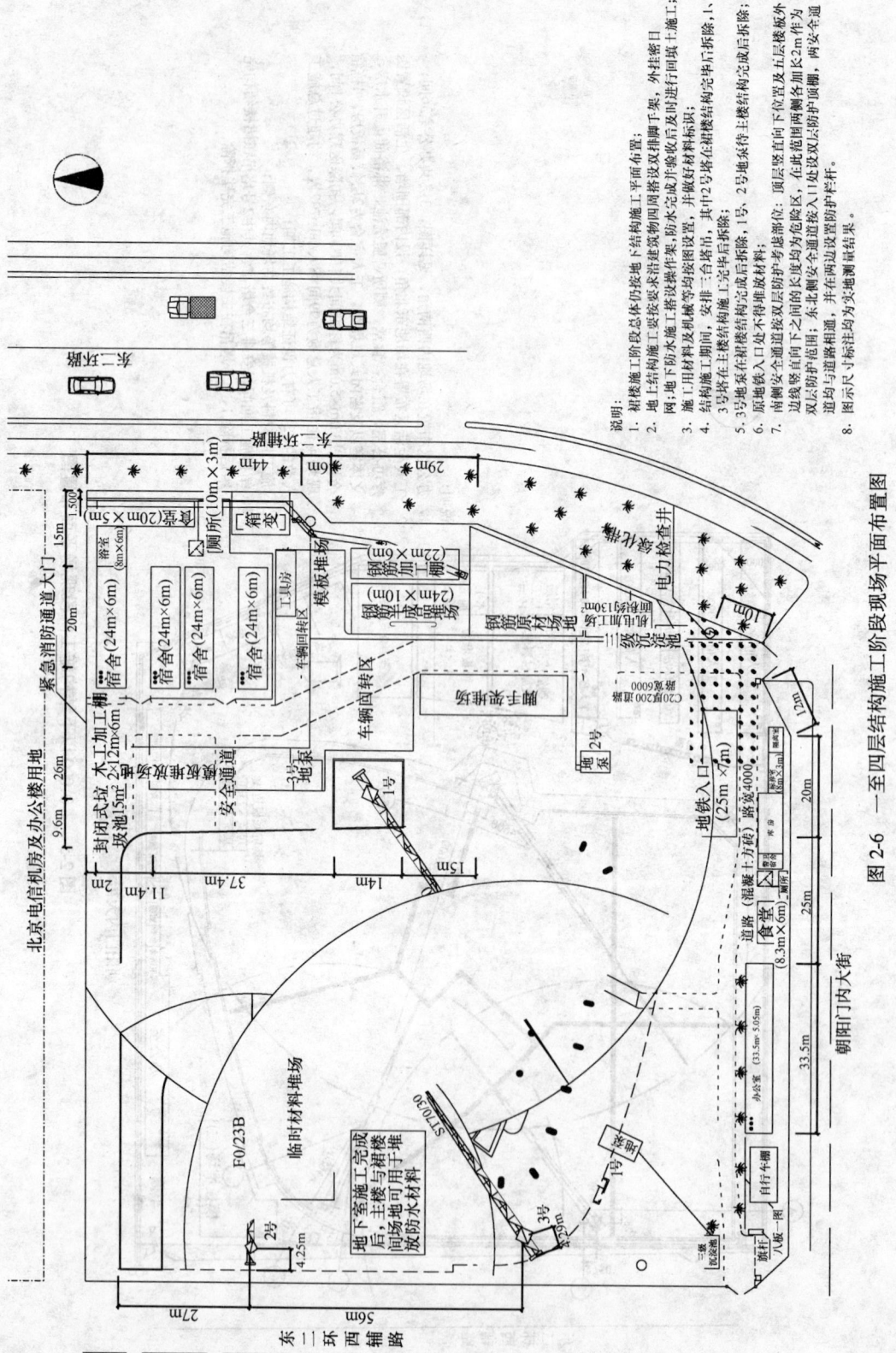

图 2-6 一至四层结构施工阶段现场平面布置图

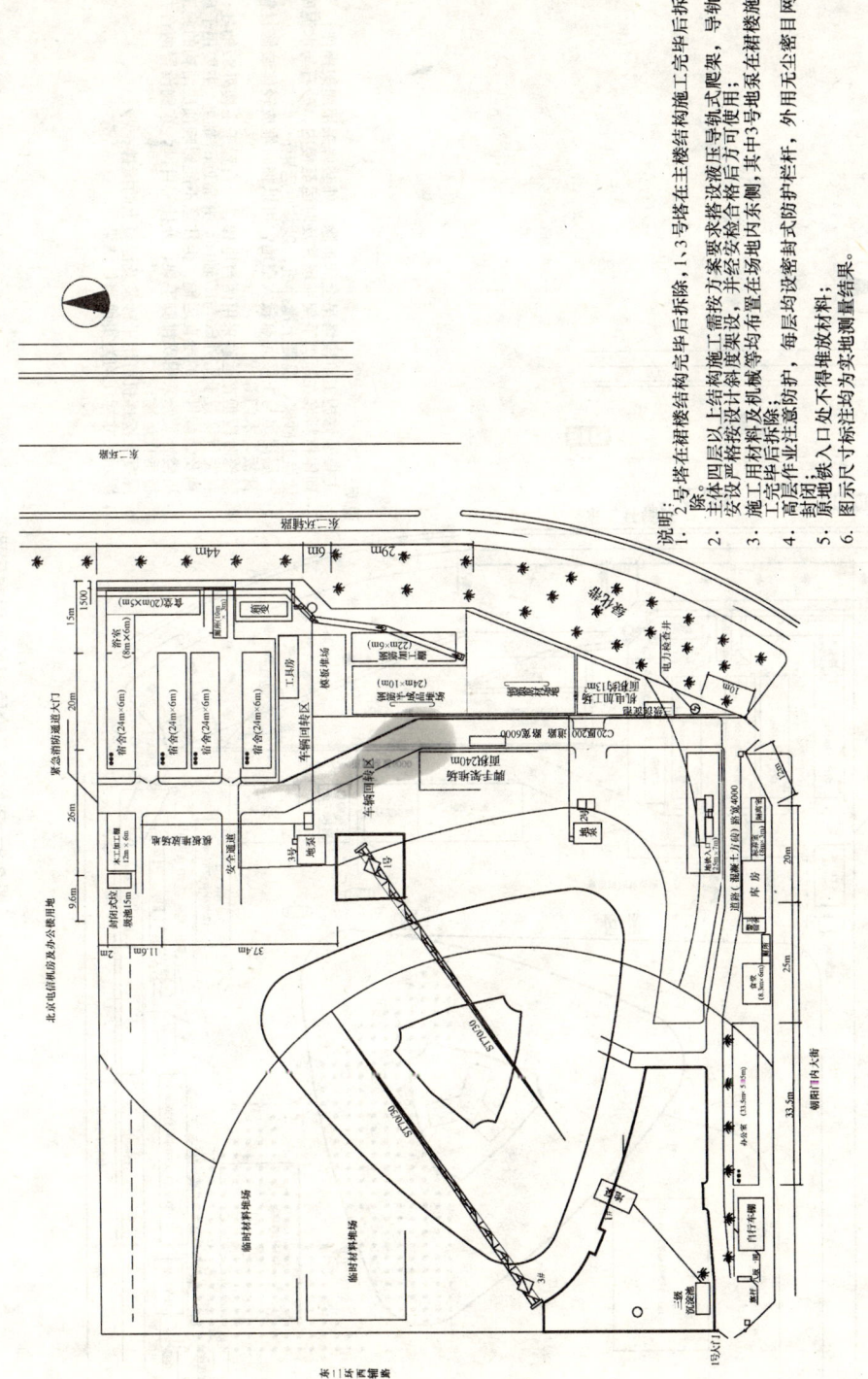

图 2-7 主体四层以上结构施工阶段现场平面布置图

# 第三十七篇 中国海洋石油办公楼工程施工组织设计

说明：

1. 主楼装修施工阶段塔吊全部拆除，外装修采用爬架操作；
2. 砌体材料堆在原脚手架堆场并及时运至楼内，砂石与水泥库房尽量靠近砂浆、混凝土搅拌机，以减小运距；
3. 一层裙房与主楼外较大空地，可以临时堆放轻体装修材料如石膏板、木门等；
4. 装修阶段资材垂直运输主要用于主楼外E6与E7轴间，一台靠近E7轴处、一台于主楼外S7轴处；主要用于砌筑结构及装修材料的垂直运输，但注意不能影响顶层结构施工，东侧设置两台井架进行垂直运输；
5. 裙楼装修外装修架采用双排脚手架；
6. 混凝土搅拌机可用于砂浆及混凝土的搅拌，外装密目网；
7. 图示尺寸标注均为实地测量结果。

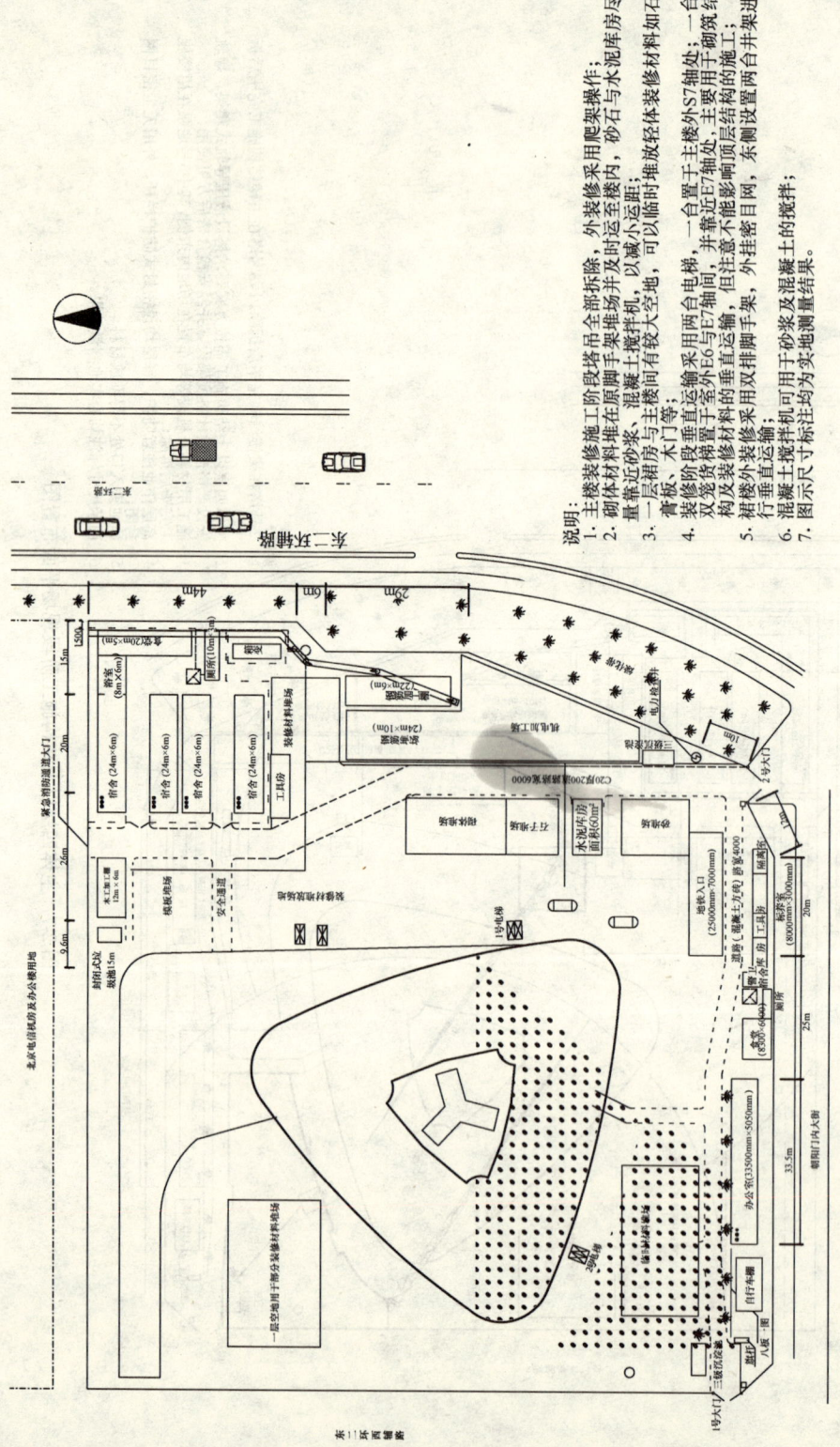

图 2-8 装修施工阶段现场平面布置图

# 3 主要分项工程施工方法

## 3.1 测量工程

### 3.1.1 ±0.00以下结构施工测量

（1）裙楼施工控制网的布设：裙楼施工控制网应简单明确，按施工图纸要求，拟采用直角坐标格网形式，以②、⑤、⑦、Ⓐ、Ⓓ、Ⓖ、Ⓚ轴线组成，如图3-1所示。

（2）主塔楼施工控制网的布设：根据设计院提供02、03、04圆心坐标与实地情况，精确测放出三圆心点位，作为控制诸小圆弧曲线上柱、板梁、墙等位置和方向的施工放样依据；以贯穿塔楼几何中心点01处的东、南、西三条圆弧中心线组成塔楼主要施工控制网，作为控制三面大圆弧曲线上柱、板梁、墙等位置和方向的施工放样依据。施工放样过程中，除保证柱、板梁、墙间图纸所示相对关系外，还应保证柱、板梁、墙等的方位、朝向正确。塔楼施工控制网点布设如图3-2所示。

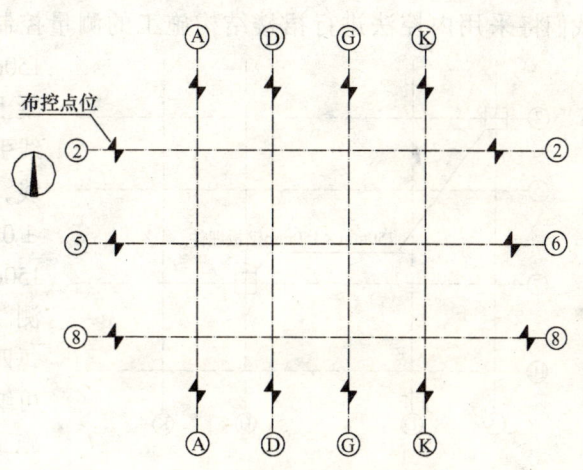

图3-1 裙楼±0.00以下施工测量控制网简图

（3）主、裙楼施工高程控制点布设：主、裙楼高程控制点拟以基坑上所设五等水准点采用垂吊钢尺方法引测至基坑内相对安全处，且不少于三点，三点间相对高差误差小于等

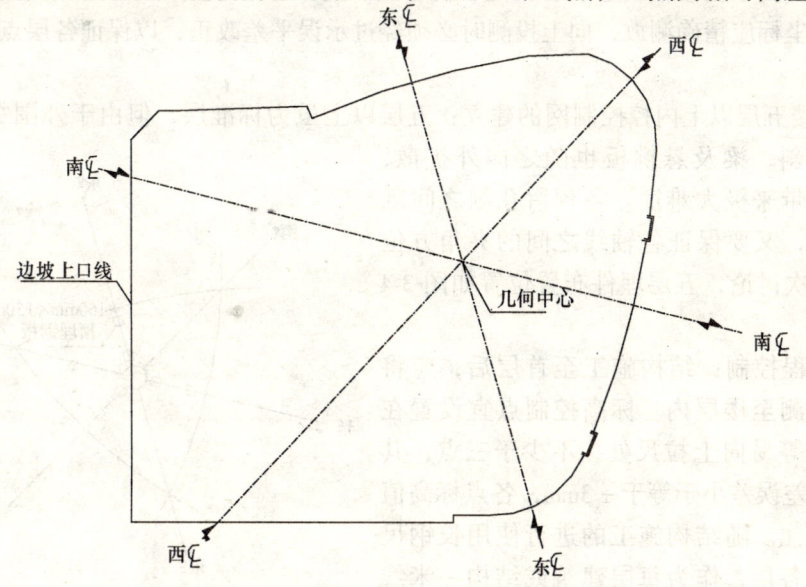

图3-2 主楼±0.00以下施工测量控制网简图

于±3mm。为保证此三点高程值正确,以三角高程测量方法进行校核,校核无误后作为日后各层柱、板梁、墙、洞口施工时的高程依据。

(4) 资料报验:每层或每一施工流水段测量放样完成及三检合格后,填写《施工测量放线报验表》并附《楼层平面放线记录》,上报监理验线,合格后方可进行下道工序施工;每层建筑或结构1m线标高测定完成后,填写《施工测量放线报验单》并附《楼层标高抄测记录》,上报监理验线。

### 3.1.2　±0.00以上结构施工测量

(1) 裙楼首层内控控制网的建立:结构施工至首层后,外围控制网点将逐渐失去作用,我们将采用内控法进行裙楼结构施工的测量控制。即在±0.000板面施工前预埋150mm×150mm的钢板,待首层底板混凝土浇筑完成后,将外围测量控制网线引测至钢板上,钢板上刻划十字轴线,并清晰标注其轴线号。日后±0.000诸层在此位置预留150mm×150mm孔洞,使用激光铅垂仪向上投测。为保证投测精度,减少误差,拟每四层重新投测一次,校核无误后方可继续向上投测。裙楼内控控制网按施工流水段的划分,拟以②、⑤、⑦、⑩、Ⓐ、Ⓓ、Ⓗ、Ⓚ轴线组成控制网,

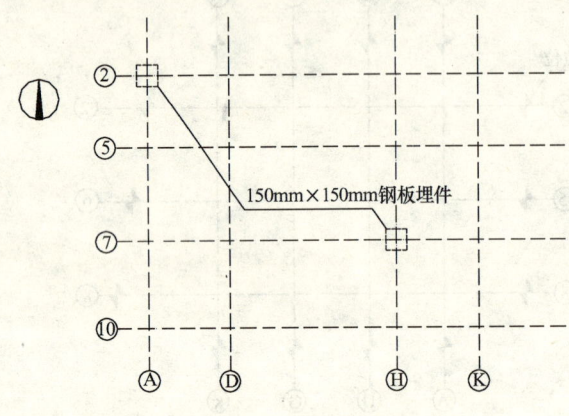

图3-3　裙楼首层内控网布点略图

如图3-3所示。

主楼首层内控控制网的建立:主楼施工测量亦将采用内控法进行。考虑主楼弧线较多,除几何中心01及小弧线圆心02、03、04处布设埋件外,还应在三条大弧中心线上预埋若干埋件。由于主楼轴线呈放射状,放线过程中不可避免地会采用拨角方法施放,故埋件十字交点坐标应精确测放,向上投测时必须经过示误平差改正,以保证各层点位在同一铅垂线上。

(2) 主楼五层以上内控控制网的建立:五层以上虽为标准层,但由于外围24根方柱逐层向外倾斜,梁及悬挑板也随之向外扩散,给放线工作带来极大难度。各预留孔洞之间既要相互通视,又要保证各轴线之间的夹角方位关系。经多次讨论,五层埋件布置位置如图3-4所示。

(3) 高程控制:结构施工至首层后,应将室外标高引测至楼层内。标高控制点宜设置在楼梯、井筒等易向上拉尺处,不少于三点,其相邻两点高差误差小于等于±3mm,各点标高值必须清晰标注。随结构施工的进行使用长钢尺向上引测至各层,作为每层建筑或结构一米线抄测的依据。

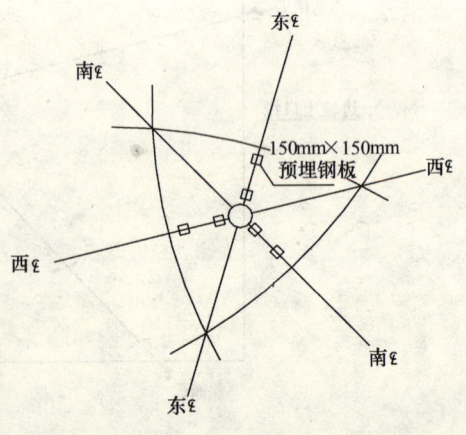

图3-4　五层埋件布置位置图

## 3.2 基坑工程

### 3.2.1 降水

本工程设计管井井深22.0m，井径600mm，井管内径300mm，井间距9m，井管为无砂水泥滤水管，井管与井壁的环行间隙内填入砾石滤料，滤料直径为2～10mm。根据设计，共布置降水管井53个。

### 3.2.2 土钉墙

基坑南侧、东侧和北侧采用土钉墙支护。

（1）南侧和东侧土钉墙

边坡按1:0.2放坡，采用土钉墙护坡，基坑肥槽按1000mm留设。从上至下共设10排土钉，长度依次为12m、12m、13m、13m、13m、16m、9m、8m、7m、6m，纵横向间距均为1500mm。土钉锚筋依次为1$\Phi$22、1$\Phi$22、1$\Phi$25、1$\Phi$25、1$\Phi$25、1$\phi^s$15.24、1$\Phi$25、1$\Phi$25、1$\Phi$25、1$\Phi$25。其中，第6排土钉为预应力土钉，反梁1[22a槽钢，预加应力80～100kN。土钉倾角5°～10°。土钉横压筋采用通长2$\Phi$14，竖压筋2$\Phi$14长200mm，与横压筋在土钉端部做井字形焊接。土钉成孔直径不小于100mm，钢筋网片采用$\phi$6.5@200mm×200mm，现场绑扎，坡面上下段搭接长度应大于300mm；面层喷射C20混凝土，厚度不小于100mm。坡顶喷射混凝土护顶，宽度不小于500mm。土钉墙采取信息法施工，各段土钉的排数、长度、间距应根据实际的地下障碍物和土质情况，由现场技术负责人及时做出变更和调整。

（2）北侧土钉墙

地面至地面下7.5m按1:0.5放坡，7.5m以下按1:0.1放坡。采用土钉墙护坡，基坑肥槽按1000mm留设。从上至下共设10排土钉，长度依次为7m、8m、9m、10m、11m、11.5m、9m、8m、7m、6m，纵横向间距均为1500mm。土钉锚筋依次为1$\Phi$22、1$\Phi$22、1$\Phi$25、1$\Phi$25、1$\Phi$25、1$\Phi$25、1$\Phi$25、1$\Phi$25、1$\Phi$25、1$\Phi$25。土钉倾角5°～10°。土钉横压筋采用通长2$\Phi$14，竖压筋2$\Phi$14长200mm，与横压筋在土钉端部做井字形焊接。土钉成孔直径不小于100mm，钢筋网片采用$\phi$6.5@200mm×200mm，现场绑扎，坡面上下段搭接长度应大于300mm；面层喷射C20混凝土，厚度不小于100mm。坡顶喷射混凝土护顶，宽度不小于500mm。土钉墙采取信息法施工，各段土钉的排数、长度、间距应根据实际的地下障碍物和土质情况，由现场技术负责人及时做出变更和调整。

### 3.2.3 护坡桩

基坑西侧采用护坡桩+组合柱砖墙支护方案。

自现状地面以下3.0m范围内按1:0.3开挖出工作面，进行护坡桩施工，基坑肥槽按1200mm留设。护坡桩帽梁以上设置组合柱砖墙护坡。组合柱为截面370mm×370mm钢筋混凝土现浇柱，间距2m，柱间砌置370mm厚砖墙，砖采用MU7.5，水泥砂浆采用M5。柱墙顶部设截面370mm×240mm钢筋混凝土现浇压梁一道。组合柱砖墙背后肥槽，分步回填素土夯实。组合柱配筋：主筋4$\Phi$18，箍筋$\phi$6.5@200mm；压梁配筋：主筋4$\Phi$12，箍筋$\phi$6.5@200mm。混凝土强度等级均为C20。

护坡桩桩径800mm，桩间距1.6m，桩顶标高为地面下3.5m，桩长16.47m，其中嵌固深度4.0m。桩顶设500mm×800mm帽梁。桩受力钢筋锚入帽梁500mm。

桩主筋：5Φ25+2Φ28+5Φ22；加强筋：1Φ16@2000mm，箍筋 φ8@200mm。
帽梁主筋 4Φ20+4Φ16+4Φ20，箍筋 φ8@200mm。
桩身、帽梁混凝土等级：C25。
锚杆一道位于帽梁下4m处。钻孔直径150mm，倾角15°，锚杆长22m，其中自由段长5m，锚固段长17m，杆体采用4根 $d=15.24$mm 的钢绞线（$f_{ptk}=1860$MPa）。一桩一锚，锚杆设计拉力值580kN，腰梁采用 2[28a。
锚杆内注水泥浆，水泥为P.O.32.5，水灰比为0.45~0.5，水泥浆强度为M20。
桩间土护壁采用钢板网喷射混凝土，强度等级C20。

### 3.3 钢筋工程

#### 3.3.1 钢筋连接

本工程各部位的钢筋连接形式如下：
1) 直径小于16mm的钢筋采用绑扎搭接。
2) 直径大于等于16mm的钢筋采用直螺纹连接。
3) 局部不便于直螺纹连接的部位，采用冷挤压进行连接。

#### 3.3.2 钢筋保护层控制

柱混凝土保护层采用塑料卡卡在柱四角竖筋外皮上，每间隔0.8m设置一道。
墙混凝土保护层用塑料卡，按每0.8m梅花形摆放。
梁混凝土保护层，梁底用砂浆垫块，梁侧用塑料卡。
板混凝土保护层用砂浆垫块，按每1m梅花形摆放。

#### 3.3.3 复杂钢筋节点处理

本工程钢筋节点较为复杂，如S1/SY轴线的梁柱节点，共有六根框架梁在柱内锚固，在钢筋排布过程中，应首先绘出节点大样图，并遵循次梁让主梁、截面小的梁让截面大的梁、跨度小的梁让跨度大的梁的原则进行排布，对于截面缩小的梁，应配置变截面箍筋，保证受力主筋与箍筋紧密结合。

### 3.4 模板工程

#### 3.4.1 各部位采用的模板形式（表3-1）

各部位模板形式表　　　　　　表3-1

| 序号 | 部位 | 选择模板形式 |
|---|---|---|
| 1 | 地下室内外墙 | 采用60系列钢模板，背楞φ48脚手钢管，曲率较大的部分采用木夹板或小钢模 |
| 2 | 地下室/地上筒体模板 | 可调曲率钢框木模板以及定型筒模（地下二、三层除外） |
| 3 | 梁、板模板 | 采用12mm竹胶合板与5cm×10cm、10cm×10cm木方 |
| 4 | 柱模板 | 采用可变截面钢模板，异形柱根据流水段的划分配置相应数量的模板，数量较少的柱子采用木模板 |
| 5 | 水平支撑系统 | 采用钢管脚手架，支撑采用早拆体系 |

续表

| 序号 | 部位 | 选择模板形式 |
|---|---|---|
| 6 | 楼梯模板 | 木制定型模板 |
| 7 | 门窗洞口模板 | 定型钢制可伸缩模板 |
| 8 | 梁柱接头模板 | 木制定型模板 |
| 9 | 梁窝模板 | 钢筋骨架、钢丝网 |

### 3.4.2 特殊模板设计

（1）核心筒模板

核心筒模板采用曲率可调的钢框木面板整体大模板，委托专业模板厂家进行加工。配置数量为整个核心筒。其面板在地下室部分采用双面覆膜木夹板，地上部分采用维莎板。核心筒内筒采用内爬式筒模。小的电梯井筒采用吊装式筒模。

（2）柱模板

根据本工程的特点，柱子模板考虑以下几种形式：满足不同截面要求的可调方形柱模，调节范围为 800~1400mm 之间；定型圆柱模板及定型椭圆柱模板等。

可调方形柱采用钢模板，详见图 3-5。

圆柱模板加工定型钢模板，详见图 3-6。

椭圆形柱由于五层以上变为倾斜的长方柱，且柱子的长向不变。所以考虑加工定型长圆柱钢模板（图 3-7），由两片平板及另两片半圆形模板组成。当柱子发生变化时，另加工两片平板钢模板，组成定型方柱钢模板进行施工。

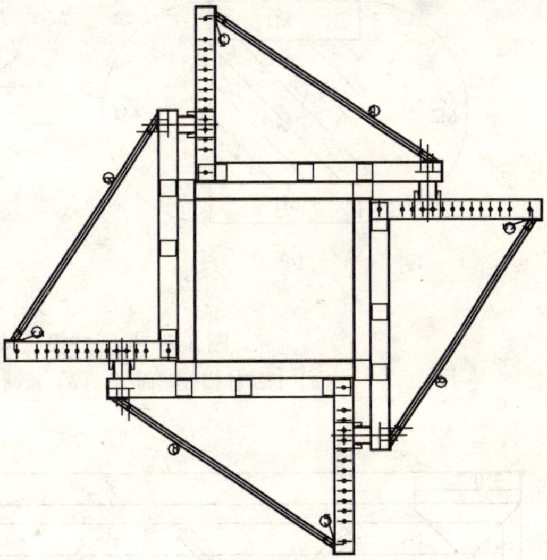

（3）门窗洞口模板

本工程的门窗洞也比较多，除局部异形的门窗洞模采用散支散拆的木模板外，其余均采用可调节式的窗洞口模板（图3-8），施工操作方便，模板的周转次数高，综合成本较低。

图 3-5 可调柱模板体系图

（4）接高模板

本工程核心筒模板配置高度按标准层高配置，部分需要接高的模板采用木方加木夹板配置，与曲率模板的连接采用模板夹具进行连接（图 3-9）。

（5）KZ2柱倾斜局部构造

KZ2 柱在地下室部分为垂直向上，地上部分变成倾斜向上，柱模板按照垂直配置。因此，在倾斜部分另行加工异形模板，保证柱模的倾斜度。详见图 3-10。

（6）反梁模板支模示意图

本工程有部分裙楼屋顶存在屋顶花园，故对其梁进行了加密处理，并存在反梁的情况，模板的支设如图 3-11 所示。

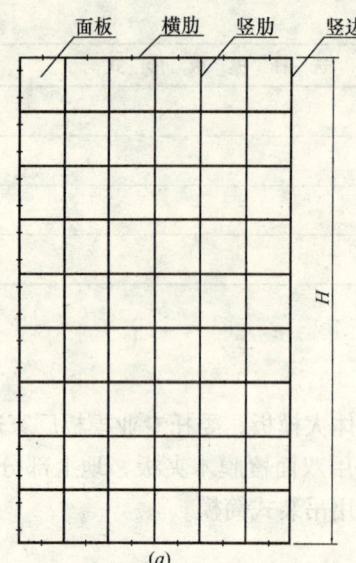
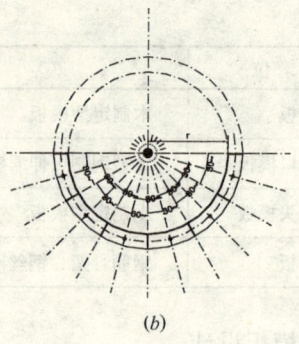

图 3-6 圆柱模板体系图

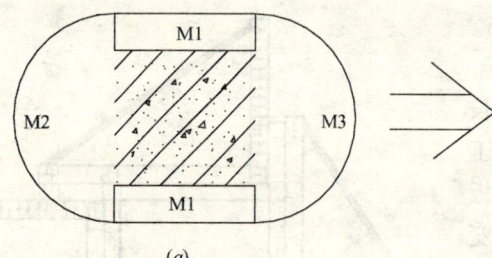
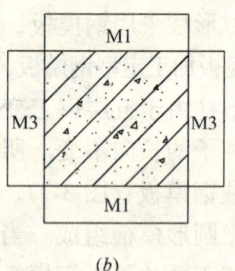

图 3-7 长圆柱模板体系及变化示意图
（a）长圆柱模板截面图；（b）长圆柱变为长高柱后的模板截面图

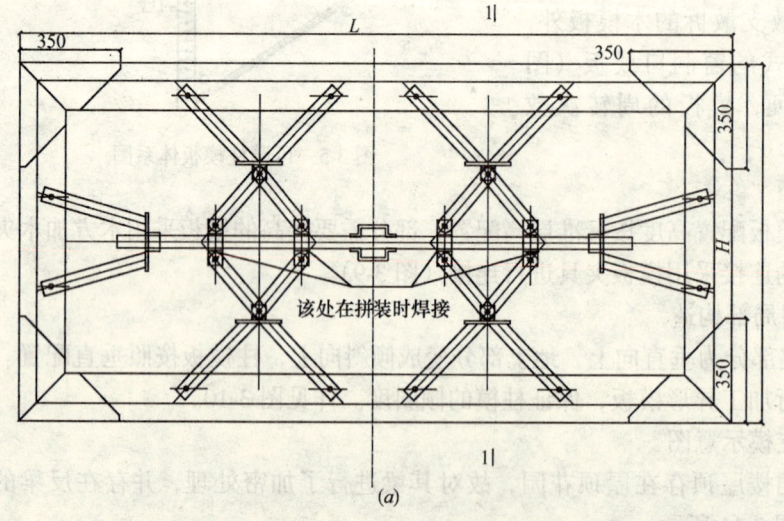
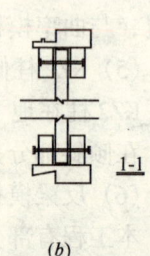

图 3-8 门窗洞口模板示意图（单位：mm）

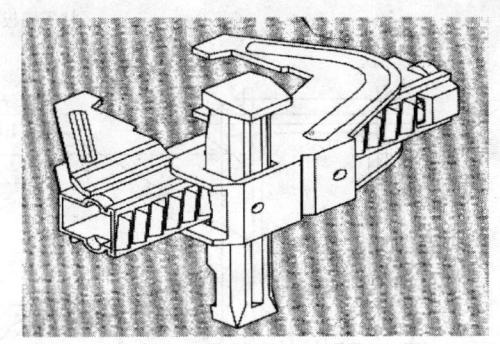

图 3-9 模板夹具示意图

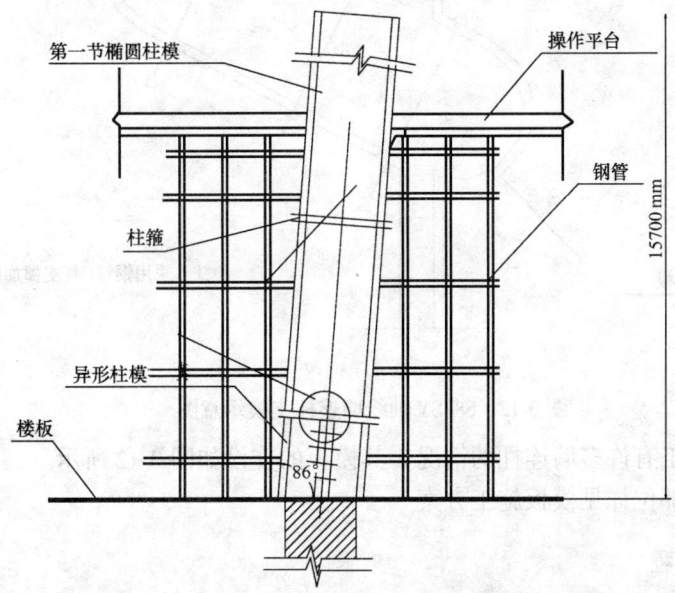

图 3-10 斜圆柱支模示意图

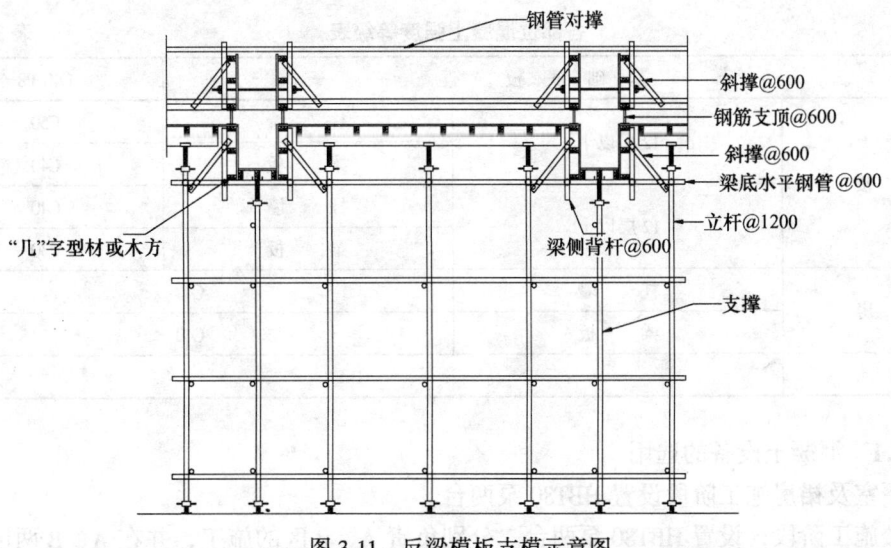

图 3-11 反梁模板支模示意图

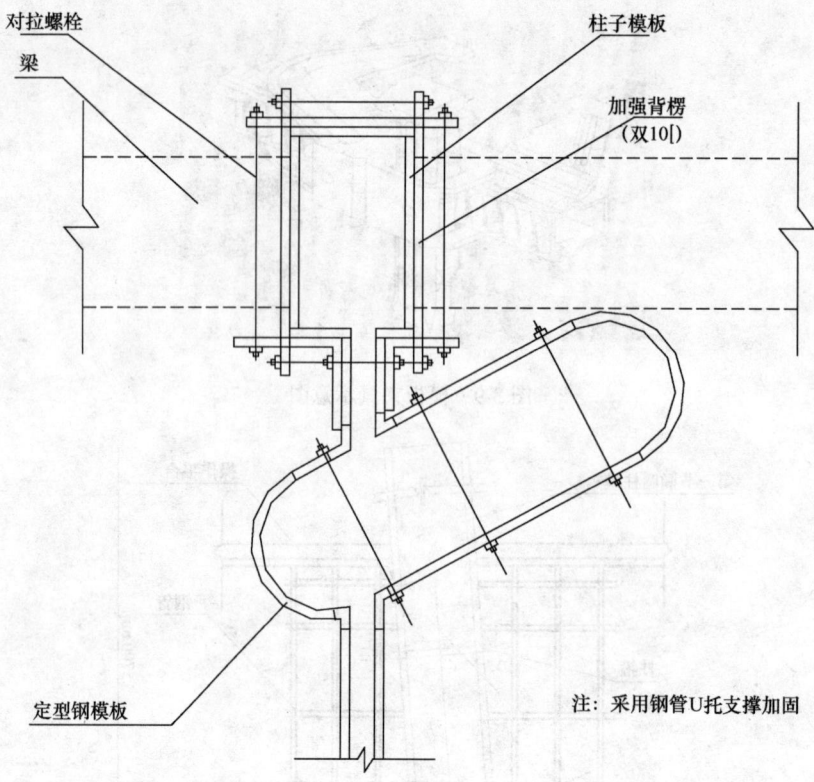

图 3-12 S8/SY 轴线墙连柱支模示意图

(7) 地下室施工有许多墙连柱的情况，其模板的支设如图 3-12 所示。
(8) 其余特殊部位详见模板施工方案

## 3.5 混凝土工程

本工程各部位的混凝土强度等级（表 3-2）

各部位混凝土强度等级表　　　　　表 3-2

| | | | |
|---|---|---|---|
| | 基 础 底 板 | | C40 P8 |
| 主楼 | 12 层以下 | 柱 墙 | C50 |
| | | 梁 板 | C40 |
| | 12 层以上 | 柱 墙 | C40 |
| | | 梁 板 | C30 |
| 裙房 | 柱 墙 | | C40 |
| | 梁 板 | | C40 |
| 水池 | | C30 | |

### 3.5.1 混凝土设备的选用

地下室及裙房施工阶段设置 HBT80 泵两台。

主楼施工阶段，设置 HBT80 泵两台。分别负责 A、B 区的施工，并在 A、B 两区分别设置固定的混凝土垂直泵管，负责该区的混凝土浇筑。具体位置详见图3-13所示。梁板混凝土浇筑时，使用12m臂布料杆。框架柱浇筑时利用灰斗，塔吊配合浇筑。

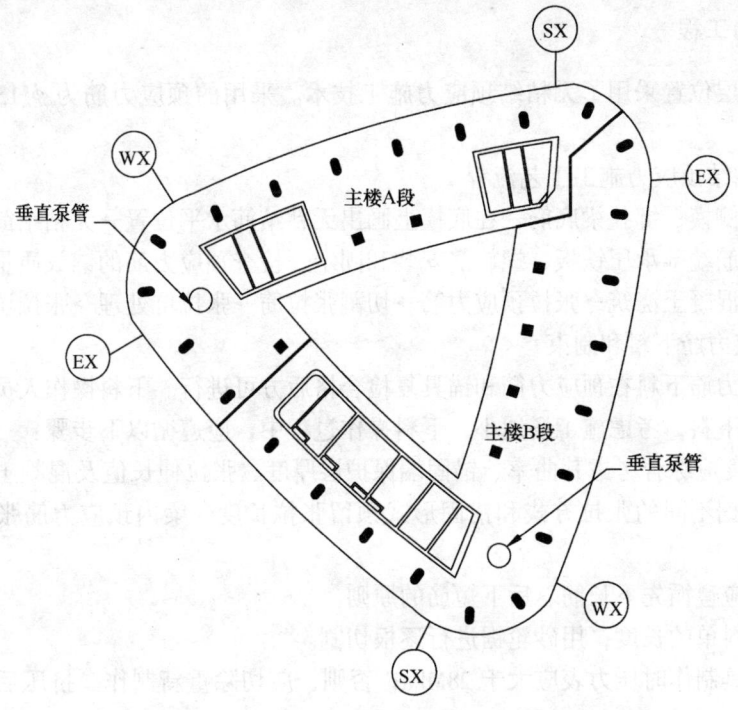

图3-13 竖向泵管布置图

**3.5.2 混凝土的养护**

混凝土浇筑完毕后，应及时采取有效的养护措施：

（1）在浇筑完毕后的12h内对混凝土进行覆盖并保湿养护；

（2）浇水次数应能保证混凝土处于湿润状态；混凝土养护用水应与拌制用水相同；

（3）对于墙体混凝土拆模后涂刷养护液进行养护，楼板水平结构混凝土采用洒水养护，每天的浇水次数以能保证混凝土表面潮湿为准；

（4）养护时间：抗渗混凝土不得少于14d，普通混凝土不得少于7d；

（5）混凝土强度达到$1.2N/mm^2$前，不得在其上踩踏或安装模板及支架。

**3.5.3 预防碱集料反应**

（1）采用非活性或低活性的集料。北京地区昌平龙凤山的中砂，潮白河、卢沟桥南的卵石，还有河北三河的碎石属低碱活性集料。

（2）使用低碱水泥，碱含当量$Na_2O$（即$Na_2O\% + 0.658 Ka_2O\%$）低于0.6%。一般情况下，水泥碱含当量低于0.6%作为预防碱集料反应的安全界限已为世界大多数国家接受。认为低于0.6%，可抑制碱集料反应发生。

（3）掺加30%左右的粉煤灰，能提高混凝土的密实性，可有效抑制碱集料反应。

（4）选用无碱或低碱外加剂。

（5）掺加膨胀剂，减少裂缝，膨胀结晶体填充、阻塞毛细孔，确保混凝土的密实性。

（6）保证混凝土拌合物必要的和易性，降低$W/C$，使混凝土具有很好的不透水性。

(7) 做好集料清洗工作，将泥污含量降到最低水平，改善混凝土集料界面结构。

(8) 加强搅拌、振捣等施工措施，达到增加混凝土密实度提高抗渗性。

### 3.6 预应力工程

本工程在四层位置采用了无粘结预应力施工技术。采用的预应力筋为 $\phi^s15.24$、1860 低松弛钢绞线。

#### 3.6.1 无粘结预应力施工工艺流程

支梁底模、侧模、绑扎梁底筋→在底模上画出无粘结筋水平位置→无粘结筋铺设→固定马凳→预应力筋端部承压铁板、螺旋筋安装和固定→检查预应力筋的铺放质量→张拉设备检查、标定→混凝土浇筑→张拉预应力筋→切割张拉筋→张拉坑处理→张拉坑灌浆。

#### 3.6.2 预应力筋下料和制束

本工程预应力筋下料在预应力筋和锚具复检合格后方可进行。下料操作人员应根据下料单的长度进行下料，考虑施工场地小，下料操作过程中，应遵循以下步骤：

(1) 下料长度应综合考虑其曲率、锚固端保护层厚度、张拉伸长值及混凝土压缩变形等因素，并应根据不同的张拉方式和锚固形式预留张拉长度。梁内预应力筋张拉长度为 1000mm。

(2) 下料时应遵循先下长筋、后下短筋的原则。

(3) 根据下料单的长度，用砂轮锯进行逐根切割。

(4) 挤压锚具制作时压力表应大于 28MPa；否则，应切除重新制作。挤压后预应力筋外端应露出 1~5mm。

(5) 逐根对钢绞线进行编号，长度、规格相同的应统一编号。

(6) 逐根检查无粘结预应力筋包裹层是否漏油，对漏油处用塑料粘胶带包扎，如一根筋有多处漏油，或大于 200mm 的裂缝则此筋改为短料使用。

(7) 应按编号成束绑扎，每 2m 用钢丝绑扎一道，扎丝头扣向束里。

(8) 钢绞线顺直无侧弯，切口无松散，如有死弯必须切除。

(9) 每束钢绞线应按规格编号成盘，并按长度及使用部位及类别分类堆放、运输、使用。

#### 3.6.3 预应力筋的铺设

(1) 铺筋的原则

1) 梁内预应力筋的铺放，应与梁内非预应力筋的绑扎同时进行。

2) 预应力筋须保持顺直，两根之间不得扭绞。

3) 敷设的各种管线不得将预应力筋的矢高抬高或压低，同时也不能左、右偏离。梁中预应力筋位置的垂直偏差限制在 ±10mm 以内，水平偏差限制在 ±30mm 以内。

4) 预应力梁施工时，以预应力筋位置为主，非预应力筋可适当移位。

5) 为了保证预应力张拉质量，预应力曲线筋末端的切线应与承压板相垂直，曲线段的起始点至张拉锚固点应有不小于 300mm 的直线段。

6) 施工过程中应避免电火花损伤预应力筋，受伤的预应力筋必须更换。

(2) 铺筋的详细步骤

1) 负责铺筋的技术人员应预先熟悉施工图纸，并对工人进行技术交底，预应力筋应按照设计图纸的规定进行铺放。

2）放线：在梁箍筋上标出无粘结钢绞线竖向位置。在板底筋上加预应力筋马凳、预应力筋水平位置。

3）无粘结预应力筋穿束：用人工把已制好的钢绞线平顺地放入板内，从一端开始。梁内可采用卷扬机整束穿或人工单根穿。

4）定位：定位钢筋的直径为10mm，HPB235钢，马凳间距小于1.5m。

5）端部固定：预应力筋端部承压钢板固定在模板或非预应力主筋上，且保证与预应力筋垂直。

6）成品保护：其他班组施工时，注意对预应力筋及组装件进行保护和看管。

7）现场施工中，各工种应注意保护无粘结筋，不得在上面堆料、踩踏，以免碰破外包塑料皮。

8）在整个预应力筋的铺设过程中，如周围有电焊施工，预应力筋应用石棉板进行遮挡，防止焊渣飞溅损伤外包塑料皮，也必须注意电焊不允许接触预应力筋，以免通电后造成钢绞线强度降低。

9）无粘结预应力筋在安装前仔细检查一遍，个别破损的地方用防水胶带按搭接1/2宽度包好。吊运时用吊装带而严禁用钢丝绳，以防损伤外皮。铺设过程中及浇筑前，派专人看管，以防破损处的油脂掉在模板上，污染混凝土。

### 3.6.4 混凝土浇筑

预应力筋及有关组件铺设安装完毕后，进行隐蔽工程验收，包括预应力筋，预留孔道品种、规格、数量、位置及螺旋筋等，确定合格后方能浇筑混凝土。

混凝土浇筑时，由质量检查员对预应力部位进行监护。

预应力梁混凝土浇筑时，应增加制作两组混凝土试块，与预应力梁、板混凝土同条件养护，以供张拉使用。

混凝土浇筑时，严禁踏压撞碰预应力筋、支承架以及端部预埋构件。

用振动棒振捣时，振动棒不得长时间正对着无粘结预应力筋和组装件进行振捣。在梁与柱节点处，由于钢筋、预应力筋密集，建议用插片式振动器振捣，不得出现蜂窝或孔洞。

张拉端、锚固端混凝土必须振捣密实。

### 3.6.5 预应力筋张拉工艺

严禁预应力筋张拉前，撤除预应力梁板的底模，应撤除梁的侧模。故结构施工的模板及支架体系要考虑拆模方便。混凝土达设计强度100%时，方可张拉。

无粘接预应力筋用FYCD-23千斤顶及配套附件单根张拉；张拉设备由国家法定计量检测单位标定，并出具标定报告。

预应力筋张拉施工由主任工程师负责和部署，质检员现场监督。现场组建3个张拉组，三人一组，安装锚具和千斤顶、量测伸长值、开油泵和做张拉记录各一人。

### 3.6.6 预应力筋张拉控制应力

张拉控制应力按图纸要求。根据规范要求，可超张拉3%。

张拉采用"应力控制，伸长校核"法，每束预应力筋在张拉以前先计算理论伸长值和相应压力表读数，以此作为张拉施工的依据，每一束预应力筋张拉时，都应做详细记录。

预应力筋的伸长值控制：

理论计算伸长值：$\Delta L = F_p \times L / (A_p \times E_p)$

式中　$F_p$——扣除摩擦损失的平均张拉力；

　　　$L$——预应力筋受力长度；

　　　$E_p$——预应力筋的弹性模量；

　　　$A_p$——预应力筋的面积。

$$F_p = A_p \times \sigma_{con} \times (1 + e^{-(\kappa\Sigma L + \mu\Sigma\theta)})/2.0$$

无粘结　$\kappa = 0.004$，$\mu = 0.12$

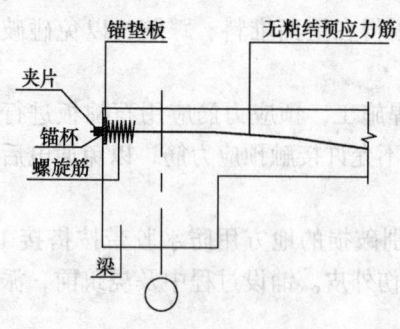

图 3-14　预应力筋梁端张拉节点大样图

预应力筋的伸长量测值加上初始张拉，推算伸长值和理论计算值相比较应符合《混凝土结构工程施工质量验收规范》（GB 50204—2002）要求：误差范围 ±6%。

**3.6.7　张拉端端部处理**（图 3-14）

张拉 12h 后，用砂轮锯切断超长部分的预应力筋，严禁采用电弧切割。预应力筋切断后，露出锚具夹片外的长度不得小于 30mm。

切割后，在无粘结单孔锚具表面涂以防腐油脂，盖上封锚盖。

采用 12% UEA 微膨胀 C50 细石混凝土封堵锚具。

## 3.7　地下室防水

地下室外墙防水是本工程防水的重点之一。在施工过程中除严格程序和过程控制外，要重点加强后浇带、施工缝、阴阳角、机电穿管处、防水收边处、变形缝处细部节点的防水处理，以保证地下室防水质量达到合格标准。

本工程地下室采用刚性防水与柔性防水相结合的形式，即：混凝土自防水和三元乙丙丁基橡胶卷材 + 双面自粘卷材防水层（1.5 + 1.5），同时，表层采用 SBS 改性沥青防水卷材作为隔离层。

## 3.8　幕墙施工

### 3.8.1　单元玻璃幕墙

（1）安装流程（图 3-15）

（2）主要流程要求

1）施工准备

A．技术准备工作

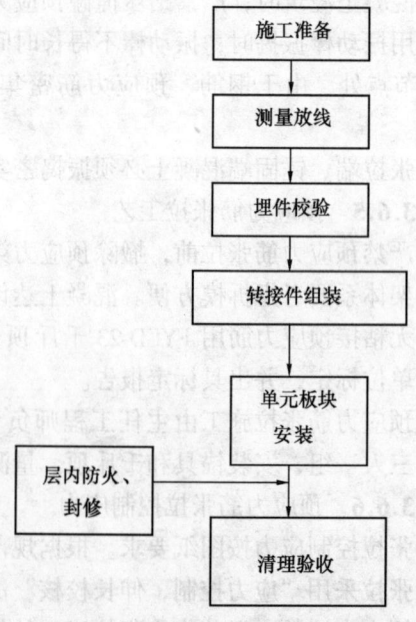

图 3-15　单元玻璃幕墙安装流程图

组织设计人员对现场安装工人进行技术交底,熟悉本工程单元式幕墙的技术结构特点,详细研究施工方案,熟悉质量标准,使工人掌握每个工序的技术要点。

项目经理组织现场人员学习单元板块的吊装方案,着重学习、掌握吊具的额定荷载、各种单元体重量等重要参数。

B. 单元板块运输,吊装机具的准备

根据本工程单元板块几何尺寸、重量,设计合适的板块周转架。

根据单元板块的尺寸、重量及吊装方法,设计合适的吊具及选用合适电动葫芦、起重架的设备,所有机具设备的选用都应有很高的安全系数,重要部件应通过实验证明其可靠性。

C. 现场施工条件的准备

首层平面应划分出专用区域用来进行板块卸车及临时存放,此区域应在塔吊使用半径之内。当塔吊拆除后,此区域应能实现用汽车吊卸车。

板块垂直运输条件:为实现板块运到各楼层,每隔两层应设一个板块存放层。在此层应设一钢制进货平台,由塔吊及进货平台实现板块由地面至存放层的垂直运输。当塔吊拆除后,可用施工用人货两用电梯实现板块的垂直运输。

2) 预埋件处理

A. 检查预埋位置及数量是否与设计图纸相符。

B. 检查标准:

a. 埋件平面位置偏差允许 ± 2mm;

b. 标高偏差 ± 1.0mm;

c. 表面平整度 5m。

C. 检查埋件下方混凝土是否填充密实;如有空洞现象,应上报总包及监理确认埋件强度。

(3) 转接件的安装

转接件的运输及存放:转接件及附件由人货两用梯运至各楼层,分类整齐堆放在靠近核心筒的指定区域。

1) 转接件的安装

根据本大厦的特点,转接件的安装应遵循以下顺序。

转接件安装→钢琴线拉设→所有紧固件螺栓力矩检测。

2) 转接件的安装

由于本大厦的单元式幕墙由平面组成,应使用经纬仪及米尺对每一个转接件进行精确定位。

我公司所采用板与楼体连接结点,实现三维调节方式如下:

A. 通过槽形埋件,实现平行楼板外沿方向的调节。

B. 通过转接件上的调节长孔结构,实现幕墙进出方向的调节。

C. 通过转接件上的高度调节螺栓,实现幕墙高度的调节。

3) 钢琴线的拉设

当两个基准层转接件施工完毕后,就可安设钢琴线,准备安装三~四基层间各楼层的转接件,使有间隔2~3个转接件拉设一处钢线,在钢丝拉设过程中应注意以下问题。

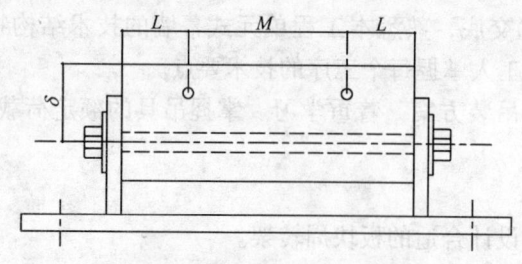

图 3-16 钢琴线拉设示意图

每个转接件处必须拉设两根钢线,只要严格控制图 3-16 中 $L$ 及 $\delta$ 尺寸就可保持中间转接件的正确性。

钢丝的张紧程度应适宜;否则,钢丝易断,张力过小,其受风力影响较大,转接调节精度受影响。

钢丝在拉设过程不应与任何物体相干涉。

$L$ 值不易过小,易取 10~15m 为宜。$M$ 值应尽量取大值,这样宜于控制转接件尺寸的正确性。

4) 转接件紧固螺栓力矩检测

因转接单元式幕墙的承务部件,各位置螺栓部位应认真检查锁紧力矩是否达到设计要求,这对于安全生产是非常重要的。

5) 转接件安装精度要求

转接件的平面位置偏差应在 1m 以内。

转接件的标高偏差要求不是十分严格,只要在系统可调范围内即可。

(4) 单元板块的运输

单元板块的运输主要包括场外运输、垂直运输、板块在存放屋内的平面运输三个方面。

1) 场外运输

由于采用专门设单元板块转运架,每辆汽车至少能一次运 12 个板块(图 3-17)。

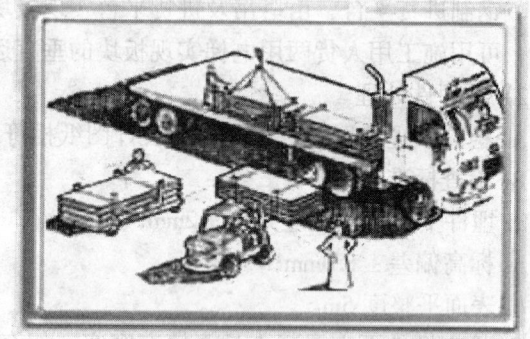

图 3-17 单元板块运输示意图

单元板块转运架形式(图 3-18),每层架子都是独立的,各个架子可随意组合,但一般组合数量不超过 7 个。

卸车工一般需借助塔吊或汽吊完成。

2) 垂直运输

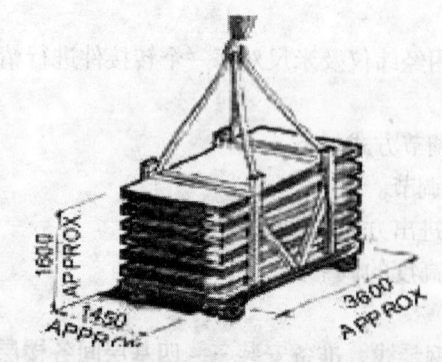

图 3-18 单元板块转运架示意图

单元板块的垂直运输过程是指实现板块从地面运至板块存放层的过程,一般有两种方式实现。

A. 借用塔吊、进货平台实现垂直运输。

本工程外装修阶段塔吊已拆除,故不能利用塔吊完成垂直运输。

B. 利用现场施工用人货两用电梯运输。

本工程单元板基本为 4m×1m 左右,施工升降机空间尺寸不能满足单元板块垂直运输要求。

C. 利用一种称为"小炮车"的简易起吊机械，每层接力将单元板块运输到每一楼层。

3) 单元板块在楼层内的运输

在楼层内的运输主要是指将板块从叠形存放状态分解成单块并运至预吊装位置，此过程主要使用的机具是门式吊机，此吊机的几何尺寸应与单元板转运架外形尺寸相配套。

(5) 单元板块的吊装

1) 吊装过程

A. 楼层说明：占用楼层功能说明。

a. 单臂吊停放层；

图 3-19

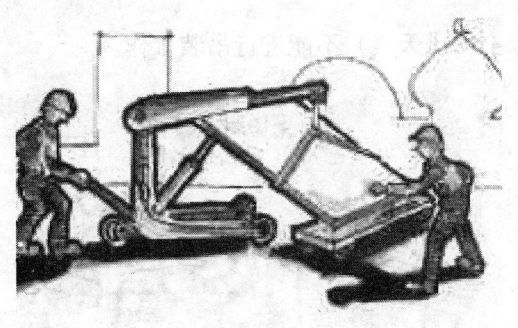

图 3-20

图 3-21

b. 块存放层；

c. 板块安装上层；

d. 板块安装层。

B. 设备名称：

a. 单臂吊机；

b. 起抛器；

c. 门型吊机；

d. 板块转运架。

C. 配对讲机人员所在楼层分别在块存放层、板块安装上一层、板块安装层。

D. 吊装小组人员、设备配置情况。

移台吊臂所在层配起重机械司机一名，力工一名，此两人主要负责起重机构的操作及平面移动。

板块存放层配置工人 6 人，负责板块的平面运输及起吊。

在板块安装层及其上一层各配置工人 3 名，负责单元板块的安装工作。

在中间各层分别配置工人一名，确保板块在下行过程中，板块不与楼体碰撞。

图 3-22

为加快吊装速度，可安排两个吊装小组同时操作，每个吊装小组配备设备如下：

对讲机 3 台；移动式吊臂 1 台；30m 电动葫芦一台；起抛器一台；门式电机一台。

E. 在板块安装过程中应注意问题。

板块吊装前，认真检查各起重设备的可靠性、安装方式的正确性。

认真核实所吊板块重量，严禁超重吊装。

起重工与起重机械操作者认真配合，严防操作失误。

吊装人员都应谨慎操作，严防板块擦、碰伤情况。

吊装工作属临边作业，操作者必须系好安全带，所使用工具必须系绳，防止坠物情况发生。

在恶劣天气（如大雨、大雾、六级以上大风天气）不能进行吊装工作。

图 3-23

图 3-24

安装工人应认真学习并执行单元幕墙安装的技术规范，确保安装质量。

F. 单元板安装质量控制标准（内控）。

a. 单元板块左右偏差小于等于 2mm。

b. 单元板块进出偏差小于等于 2mm。

c. 单元板块标高偏差小于等于 2mm。

d. 单个板块两端标高偏差小于等于 1mm。

e. 左右相邻板块进出，标高方向阶差小于等于 1mm。

f. 单个板块垂直度小于等于 1.5mm。

g. 上下相邻板块直线度小于等于 1.5m。

h. 相邻板块接缝宽度偏差 ± 1.5m。

i. 同层板块标高偏差 3m（一幅幕墙宽度小于 35m）。

G. 竣工前的清洁、清理工作。

在竣工前夕，对整幢大厦的外表面进行一次彻底的清洁，使大厦有一个崭新的形象。

在竣工移交前夕，我公司负责拆除内保护用塑料薄膜，并对幕墙内侧进行彻底清洁、清理。

2) 层间防火封修

本工程层间防火封修横向：在梁及吊顶部位分别设置两层 150mm 厚防火棉；立向采用 50mm 厚防火棉，沿梁与吊顶间布置。防火棉外层周圈用 1.5mm 厚镀锌防火板，将防火棉与梁及吊顶包敷，与铝板龙骨相接，形成密闭。

图 3-25

### 3.8.2 钢架支撑明框式玻璃幕墙施工

(1) 安装流程

测量定位→锚定结构制作安装→钢结构支架安装→水平横框安装→玻璃安装→耐候胶施工→清洁、验收。

(2) 安装工艺

1) 测量放线、定位根据土建测量基准点构成的控制网示意图，以测量基准点坐标为基准，利用激光经纬仪、铅垂仪测量建立幕墙垂直基准线，并由此构成立面控制网。

2) 钢结构安装。

预埋件、支座面和地脚螺栓的位置、标高的尺寸偏差应符合相关的技术规定及验收规范，钢结构复核定位应使用轴线控制点和测量的标高基准点，保证幕墙主要竖向及横向构件尺寸允许偏差符合有关规范及行业标准。

3) 横框安装。

横框为半椭圆形铝合金型材，外喷涂处理。

装两侧连接插芯，然后测量横框安装长度，根据尺寸安装横框，检查调整并固定。

要求：

A. 装前检查铝材表面质量、截面尺寸、壁厚、长度等。

B. 安装连接角铝：按设计长度，以角铝外壁为长度，钻制螺钉机，并安装螺钉固紧。

C. 检查长度：检查实际长度与料长相差，其误差 0~−1.5mm。

D. 将分段区域内横框装好后，区域性检查横框的水平度，相邻横框的高度差，以及平面的倾角等。

4) 玻璃安装。

玻璃采用压块连接，连接时应注意玻璃板块受力均匀、板块平整，避免扭曲、敲打，造成装配应力产生，连接可靠。

检查副框与主框间的位置，外部胶缝处的直线度，及与相邻平面的平面外差值等数据。

玻璃板块安装牢固，玻璃平面度不大于 2.5mm，相邻两块玻璃接缝高低差小于 1mm。

5) 耐候胶施工。

打胶质量直接影响幕墙的使用效果。施工过程中应用"等压原理"来克服"漏水"的施工通病。耐候硅酮密封胶在接缝内两面粘结，密封槽口内用聚乙烯发泡垫条填实，在室内侧开口处打胶，将压力差移至接触不到雨水的室内开口处，做到有水处没有风压而有压差的部位又没有水，以增加抗渗漏效果。

6）安装外压盖。

本工程横扣板为铝型材件，外表面喷涂处理，铝合金扣盖为半椭圆形，与幕墙铝合金横框连接，采用自锁扣连接。

A．安装注意点

外扣压盖，要轻扣并推入槽就位，不要用力过猛，以免造成两连接件变形。如上述操作不能就位，应检查两件是否有变形。

严格控制插接槽口的变形和扭曲，安装后接口连接可靠，不松动。

B．检查外观喷涂质量

a．外扣盖是否有变形。

b．两配合件间配合间隙是否满足设计要求。

c．安装后扣盖是否有松动现象，两者配合间隙过大，将会影响横向装饰线直线度，应更换。

d．安装的扣盖，其直线度、平面度按上述铝合金框架横框要求进行检查。

### 3.8.3 陶土板幕墙安装

（1）工艺流程

基层检查处理→墙面定位放线→检查预埋件→钢架龙骨安装→检验分格、平整度和牢固性→陶土板干挂→填嵌密封条→表面清洁→检验。

（2）安装工艺

1）基层检查处理墙面的垂直度、平整度偏差会影响整个干挂墙面的水平位置，所以必须有检查偏差数据作为钢架龙骨制作安装的依据；另外，对结构的孔洞及表面的缺陷也应认真处理。对于凹凸超过15mm混凝土的表面，需进行修补或剔凿，凹进部分可采用专门的不锈钢垫片进行垫补。

2）墙面分格放线安装钢架根据设计图纸将竖向杆件的位置弹线于结构上，横向杆件将按每层陶土板材高度弹线于竖向杆件上。按照每层陶土板高度在竖杆上弹出横杆水平线，并用水准仪来校准水平度，同时保证所有横向杆件在同一垂直面上。

3）对陶土板要认真挑选，保证颜色均匀，没有裂纹，厚度符合设计要求，然后按设计规格下料。

4）陶土板干挂采用自下而上的顺序，定出第一块高度后，底部用单向不锈钢挂件钩入下槽，上部用双向不锈钢挂件钩入上槽，以避免移位。

## 3.9 液压爬架的施工

### 3.9.1 国力牌多功能爬架简介

本方案为国力牌多功能爬架的单片液压提升爬架。

国力牌多功能爬架主要由主框架、架体水平梁架、架体构架、升降设备、防坠装置等组成，可以单片升降，也可以多片整体，而且多片整体升降还可以携带大模板。

国力牌多功能爬架主要适用于框架、框架-剪力墙、剪力墙、筒形等高层、超高层建筑。

国力牌多功能爬架提升装置可以采用电动、液压、手动等各种方式供用户选择。

**3.9.2 方案设计**

(1) 国力牌多功能爬架基本工作原理

国力牌多功能爬架是通过附着支撑结构附着在工程结构上，依靠自身的升降设备实现升降的悬空脚手架，即沿建筑物外侧搭设一定高度的外脚手架，并将其附着在建筑物上，脚手架带有升降机构及升降动力设备，随着工程进展，脚手架沿建筑物升降。

(2) 方案设计依据

依据工程设计图纸、建设部建建［2000］230号文件《建筑施工附着升降脚手架管理暂行规定》的通知、《建筑施工安全检查标准》（JGJ 59—1999）等编制。

(3) 平面设计

根据工程结构情况，爬架采取单片液压升降，共布置75个升降机位，分36个提升单元。

爬架的附着支撑结构为梁式支座及板式支座形式。

(4) 立面设计

本工程从五层开始留孔，六层结构混凝土强度等级达到C10时，即可安装主框架并搭设架体，七层施工时就可用爬架进行主体施工，七层结构混凝土强度等级达到C10以上时，即可安装防倾支座，八层结构混凝土强度等级达到C10时，即可对架体进行提升，进行上一层施工。

爬架体以主框架为骨架采用扣件钢管搭设，架体高度14.6m，宽度0.9m，每步架高度1.8m，根据示意图搭设剪刀撑和架体水平梁架等机构，所有钢管必须按规范搭设，扣件必须按规定拧紧。

本工程爬架支座大部分设置在楼板上，支座形式如图3-26所示。

本工程爬架依建筑物外形结构外倾3.58°，主框架导轨及导向架等受力结构外倾相应角度，架体荷载对主框架的受弯影响小于5%，其影响程度在计算书中已被考虑，导向架及支座受力有所增大，对其采取相应的安全保证措施，可满足安全要求。

另外在建筑的空中花园部位，该处没有楼板，只有框架梁。该部位从下到顶爬架支撑在梁上，支座形式如图3-27所示。

(5) 本工程国力牌多功能爬架主要技术参数

a. 架体高度：14.6m；

b. 架体跨度：最大跨度为8.0m；

c. 架体悬挑长度：最大悬挑长度为2.0m；

d. 架体悬臂高度：4.5m；

e. 组架方式：以刚性主框架及架体水平梁架为主要承力结构，承受上部架体构架传下的施工荷载等。

**3.9.3 安装与搭设**

(1) 一般规定及要求

1) 国力牌多功能爬架安装搭设前，均应根据施工组织设计要求组织技术人员与操作人员进行技术、安全交底。

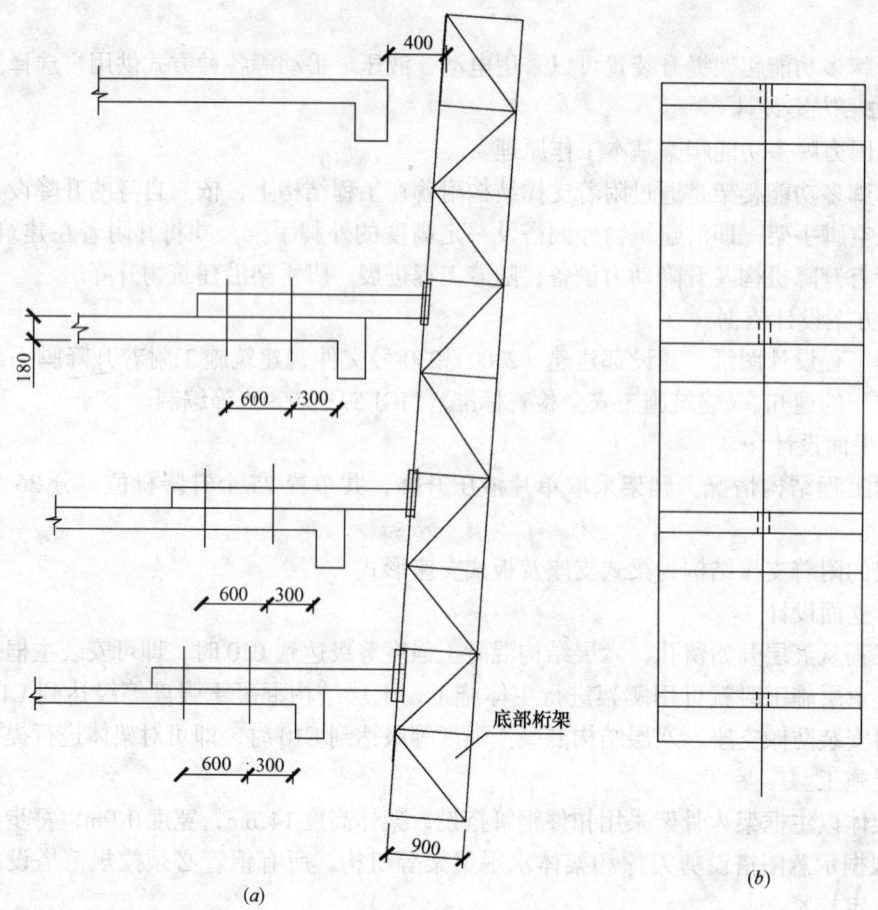

说明：
本图为立面留孔图，预留孔平面定位见平面图；预留孔作法一般为预埋$\phi$50的硬塑管，用钢筋圈套住硬塑管焊于钢筋上，以保证预留位置精确。

图 3-26　一般楼板处爬架板立面留孔图（单位：mm）

2）国力牌多功能爬架安装使用过程中使用的计量器具，应定期进行计量检测。

3）国力牌多功能爬架在安装、升降、拆除过程中，在操作区域及可能坠落范围均应设置安全警戒。

4）采用国力牌多功能爬架时，施工现场应配备必要的通信工具，以加强通信联系。

5）在国力牌多功能爬架安装、搭设以及使用全过程中，施工人员应遵守现行《建筑施工高处作业安全技术规范》（JGJ 80—91）、《建筑安装工人安全技术操作规程》（[80]建工劳字第 24 号）等的有关规定。各工种人员应固定，并按规定持证上岗。

6）国力牌多功能爬架在现场使用时，应设置必要的消防措施（即利用土建单位现场的消防设施即可）。

（2）安装前准备

1）根据工程特点与使用要求编制专项施工组织设计。对特殊尺寸的架体应进行专门设计，架体在使用过程中因工程结构的变化而需要局部变动时，应制定专门的处理方案。

# 3 主要分项工程施工方法

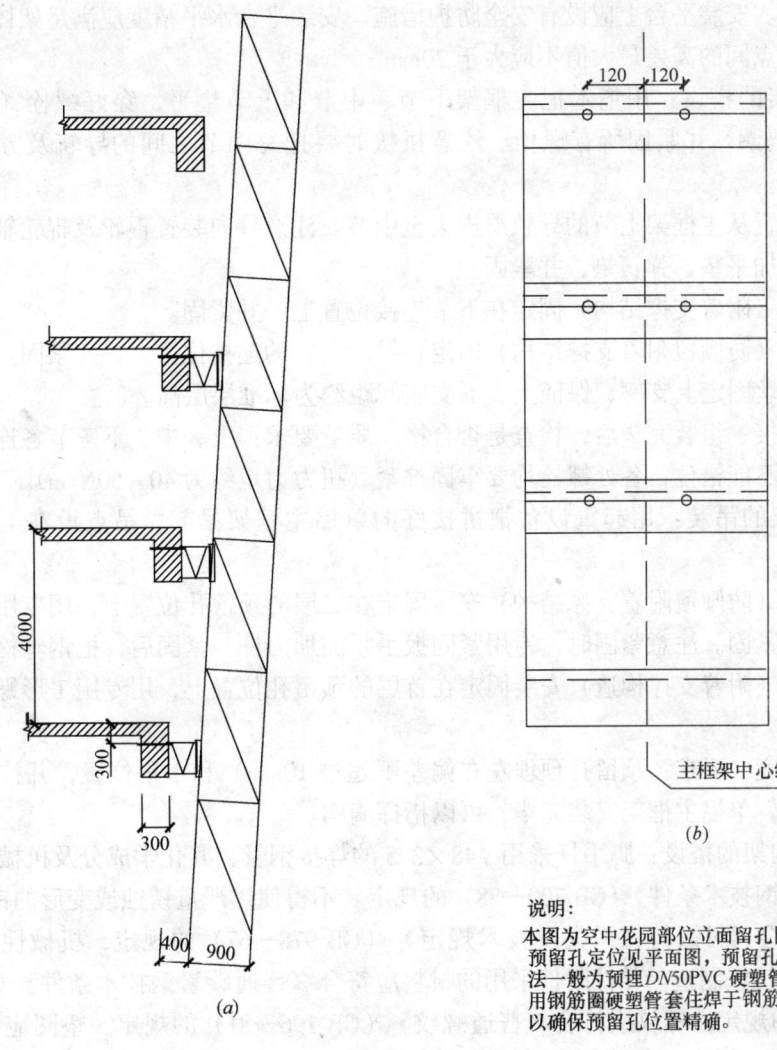

图 3-27 工况图及留孔立面图（单位：mm）

2）根据施工组织设计的要求，落实现场施工人员及组织机构。

核对脚手架搭设材料与设备的数量、规格，查验产品质量合格证（出厂合格证）、材质检验报告等文件资料，必要时进行抽样检验。

（3）安装流程

主框架整体组装→主框架安装调整→架体水平梁架安装→架体构架搭设→铺脚手板、安全网封闭→安装提升装置→检查验收投入使用。

（4）架体的安装与搭设

1）国力牌多功能爬架安装搭设前，应核验工程结构施工时留设的预留螺栓孔或预埋件的平面位置、标高和预留螺栓孔的孔径、垂直度等，还应该核实预留螺栓孔或预埋件处混凝土的强度等级。预留螺栓孔或预埋件的中心位置偏差应小于15mm，预留孔应垂直于结构外表面。不能满足要求时，应采取合理、可行的补救措施。

2）国力牌多功能爬架在高空安装搭设前，应设置安全、可靠的安装平台来承受安装时的竖向荷载。安装平台上应设有安全防护措施。安装平台水平精度应满足架体安装精度要求，任意两点间的高差最大值不应大于20mm。

3) 主框架的搭设：用垫木把主框架下节、中节和上节垫平，穿好螺栓（M16×50、M16×110）、垫圈，并紧固所有螺栓。注意拼接时要把每两节之间的导轨及方钢主肢找正、对齐。

把导向装置从主框架上节的导轨滑进去至中节。注意导向装置辊轮及辊轮轴要加润滑油；辊轮轴要加平垫、弹簧垫，并紧固。

把下支座（附着支撑结构）固定在下节连接位置上，并紧固。

把上支座（防倾覆附着支撑结构）固定在导向装置的连接位置上，并紧固。

用8号钢丝固定上支座，保证上、下支座间距约为标准层层高。

主框架拼接、组装完毕后，检查是否合格。质量要求：上、中、下三节各连接部位的主肢要对齐，不能错位；各处螺栓均要牢固拧紧（扭力力矩约为40~50N·m）。

4) 主框架的吊装：用起重设备把拼接好的单榀主框架吊起，吊点设在上部1/3位置上。

把上支座（防倾覆附着支撑结构）安装固定在二层的预留孔位置上，用专用T形螺栓及专用平垫铁紧固。注意紧固时，专用紧固扳手须加加力杆。紧固后，把钢丝松开。

把下支座（附着支撑构造）安装固定在首层的预留孔位置上，用专用T形螺栓及专用平垫铁紧固。

调整铅垂度（要求：预留孔预埋左右偏差不超过10mm）和水平位置，并按规定扭力紧固穿墙螺栓。单榀主框架安装完毕，可以指挥摘钩。

5) 架体构架的搭设：脚手杆采用 $\phi48\times3.5$ 的焊接钢管，其化学成分及机械性能应符合《普通碳素钢技术条件》（GB 700—88）的规定。不得使用严重锈蚀或变形的钢管。

扣件应符合《可锻铸铁分类及技术规定》（GB 978—67）的规定，机械性能不低于KT33-8的可锻铸铁制造。扣件附件采用的材料应符合《普通碳素钢技术条件》（GB 700—88）中Q235的规定。螺纹应符合《普通螺纹》（GB 196—81）的规定。垫圈应符合（GB 95—86）的规定。

扣件与钢管贴合面必须严格整形，保证良好接触面。

扣件不得有裂纹、气孔、砂眼、锈蚀及其他影响使用的缺陷。

扣件活动部位应能灵活转动，旋转扣件两旋转面间隙不小于1mm。

立杆纵矩小于等于1500mm，立杆轴向最大偏差应小于20mm，相邻立杆接头不应在同一步架内。

外侧大横杆步矩1800mm，内侧大横杆步矩1800mm，上下横杆接头应布置在不同立杆纵矩内。最下层大横杆搭设时应起拱30~50mm。

小横杆贴近立杆布置，搭于大横杆之上。外侧伸出立杆100mm，内侧伸出立杆100~400mm。内侧悬臂端可铺脚手板。

架体外侧必须沿全高设置剪刀撑，剪刀撑跨度不得大于6000mm其水平夹角为45°~60°，并应将竖向主框架、架体水平梁架和架体构架连成一体。

架体内可以搭设马道，但具体搭设事宜必须和厂家协商后方可进行搭设。

脚手板最多可以铺设三层，最下层脚手板距离外墙不超过100mm并用翻板封闭。

架体底层的脚手板必须铺设严密，且应用大眼网（平网）和密眼网双层网进行兜底。应设置架体升降时底层脚手板可折起的翻板构造，保持架体底层脚手板与建筑物表面在升降和正常使用中的间隙，防止物料坠落；架体外侧应用密眼网进行封闭式围护，围护时要保证横平竖直，应有尽可能多的点与架体进行连接。

在每一作业层架体外侧必须设置上下两道防护栏杆（上杆高度1.2m，下杆高度0.6m）和挡脚板（高度180mm）。

6）安装过程中应严格控制架体水平梁架与竖向主框架的安装偏差。架体水平梁架相邻两吊点处的高差应小于20mm；相邻两榀竖向主框架的水平高差应小于20mm；竖向主框架和防倾导向装置的垂直偏差应不大于5‰和60mm。

7）安装过程中，架体与工程结构间应采取可靠的临时水平拉撑措施，确保架体稳定。

8）扣件式脚手杆件搭设的架体，搭设质量应符合相关标准的要求。

9）扣件螺栓螺母的预紧力矩应控制在40～50N·m范围内。

10）脚手杆端头扣件以外的长度应不小于100mm，架体外侧小横杆的端头外露长度应不小于100mm。

11）作业层与安全围护设施的搭设应满足设计与使用要求。

12）脚手架邻近高压线时，必须有相应的防护措施。

(5) 调试验收

1）架体搭设完毕后，应立即组织有关部门会同爬架单位对下列项目进行调试与检验，调试与检验情况应做详细的书面记录：

A．架体结构中采用扣件式脚手杆件搭设的部分，应对扣件拧紧质量按50%的比例进行抽查，合格率应达到100%；

B．对所有螺纹连接处进行全数检查；

C．进行架体提升试验，检查升降机具设备是否正常运行；

D．根据要求，用户可对附着升降脚手架进行超载与失载实验；

E．对架体整个防护情况进行检查；

F．其他必须的检验调试项目（如电路安全检查）。

2）架体调试验收合格后，方可办理投入使用的手续。

### 3.9.4 爬架的使用

(1) 一般规定及要求

国力爬架的使用应遵守规程及国家、地方相应规范、标准等，若规程与国家、地方相应规范、标准等矛盾，应以国家、地方相应规范标准为主。

(2) 施工（使用）准备

1）提升上支座：以主框架上部的三角挂架为吊点，使用1～3t的手拉葫芦把上支座提升一个标准层。当上支座固定位置的混凝土强度等级达到C15以上时，即可对架体进行提升。

2）爬架提升前的准备与检查：由安全技术负责人对爬架提升的操作人员进行安全技术交底，明确分工，责任落实到位，并记录和签字。按分工清除架体上的活荷载、杂物与建筑的连接物、障碍物，安装液压升降装置，接通电源，空载试验，准备操作工具、专用扳手、手锤、千斤顶、撬棍等。

(3) 施工流程图

提升防倾支座并固定→提升防坠支座并固定→调整防坠装置→提升承重支座并固定→调整液压升降装置→拆除障碍物→提升架体→固定升降承重支座锁销→固定防坠支座→重复下一次升降程序。

(4) 升降作业

1) 升降前应均匀预紧机位，以避免预紧，引起机位过大超载。

2) 在完成下列项目检查后方能发布升降令，检查情况应做详细的书面记录：

A. 附着支撑结构附着处，混凝土实际强度已达到脚手架设计要求；

B. 所有螺纹连接处螺母已拧紧；

C. 应撤去的施工活荷载已撤离完毕；

D. 所有障碍物已拆除，所有不必要的约束已解除；

E. 液压升降系统能正常运行；

F. 所有相关人员已到位，无关人员已全部撤离；

G. 所有预留螺栓孔洞或预埋件符合要求；

H. 所有防坠装置功能正常；

I. 所有安全措施已落实；

J. 其他必要的检查项目。

3) 升降过程中必须统一指挥，指令规范，并应配备必要的巡视人员。

4) 架体操作的人员组织：以一个单片提升作为一个作业组，作到统一指挥，分工明确，各负其责。下设组长 1 名，负责全面指挥；泵站操作人员 1 名，负责液压装置管理、操作、调试、保养的全部责任；液压缸升降过程中切换高强锁销，每缸一人，负责升降中主框架的监护，不得随意更换锁销或代用。在一个工程中，根据工期要求，可组织几个作业组各自同时对架体进行提升。作业组完成 1 跨架体的提升的时间约为 30min。

5) 液压提升装置的操作步骤：泵站放置到与油缸同一标准层→安装油缸（油塞杆销不固定待调试）→接好高压软管→接通电源（380V）→开动泵站（检查电机转向）→搬动控制手柄→油缸空程实验（不加载）→安装活塞杆锁销→提升架体。

安装顶块锁销，调整油缸活塞上下动作，可单缸分别升降动作。用顶块锁销把升降顶块固定在导轨内侧相应的孔内，锁销要安装到位。荷载升缸，使架体自重作用在油缸上，靠油缸的安全锁把油塞杆锁住。

荷载升缸→提升架体→安装架体锁销→收缸，使架体锁销承重架体→拆除顶块锁销。

空程收缸→安装顶块锁销→升缸，使活塞杆顶住架体→拆除架体锁销。

荷载升缸→提升架体（行程 450mm）→安装架体锁销，以此循环进行升缸、收缸动作，使架体每次升降 450mm，达到爬架升降 1 个标准层的目的。

爬架降落方法与架体提升一样，只是升缸是空程，收缸是承受架体荷载，使架体降落到一个标准层。

6) 升降过程中若出现异常情况，必须立即停止升降，进行检查，彻底查明原因、消除故障后方能继续升降。每一次异常情况均应做详细的书面记录。

7) 单片液压爬架升降过程中，由于升降动力不同步，引起超载或失载过度时，应通过油路调节予以调整。

8）邻近塔吊、施工电梯的单片式液压爬架进行升降作业时，塔吊、施工电梯等设备应暂停使用。

9）升降到位后，爬架必须及时予以固定。在没有完成固定工作且未办妥交付使用前，爬架操作人员不得交班或下班。

10）爬架升降后的检查验收：检查拆装后的螺栓螺母是否真正按扭矩拧到位，检查是否有该装的螺栓没有装上；架体上拆除的临时脚手杆及与建筑的连接杆要按规定搭接的，检查脚手杆、安全网是否按规定围护好。

架体提升后，要由爬架施工负责人组织对架体各部位进行认真的检查验收，每跨架体都要有检查记录，存在问题必须立即整改。检查合格达到使用要求后，由爬架施工负责人写出书面报告，爬架方可投入下一步使用。

11）爬架使用注意事项：爬架不得超载使用，不得使用体积较小而重量过重的集中荷载，如设置装有混凝土养护用水的水槽；集中堆放大模板等。

爬架只能作为施工人员的操作维护架，不得作为外墙模板支模架。

禁止下列违章作业：任意拆除脚手架部件和穿墙螺栓；起吊构件时碰撞或扯动脚手架；在脚手架上拉结吊装缆绳，在脚手架上安装卸料平台；在脚手架上推车；利用脚手架吊重物。

爬架穿墙螺栓应牢固拧紧（扭矩为 700~800N·m）。检测方法：一个成年劳力靠自身重量以 1.0m 加力杆紧固螺栓，拧紧为止。

(5) 作业过程中的检查保养

施工期间，每次浇筑完混凝土后，必须将导向架滑轮表面的杂物及时清除，以便导轨自由上下。

工程竣工后，应将爬架所有零部件表面杂物清除干净，重新刷漆。将已损坏的零件重新更换，以待新工程继续使用。

有关液压提升装置的维修与保养，详情请见《爬架液压系统使用说明书》。

施工期间，定期对架体及爬架连接螺栓进行检查，如发现连接螺栓脱扣或架体变形现象，应及时处理。

每次提升，使用前都必须对穿墙螺栓进行严格检查，如发现裂纹或螺纹损坏现象，必须予以更换。

穿墙螺栓正常使用一个单位工程后应进行更换。

对架体上的杂物要及时清理。

当附着升降脚手架预计停用超过一个月时，停用前采取加固措施。

当附着升降脚手架停用超过一个月或遇六级以上大风后复工时，必须按要求进行检查。

螺栓连接件、升降动力设备、防倾装置、防坠装置、电控设备等应至少每月维护保养一次。

遇五级以上（包括五级）大风、大雨、大雪、浓雾等恶劣天气时，禁止进行国力牌多功能爬架升降和拆卸作业。并应事先对爬架架体采取必要的加固措施或其他应急措施。如将架体上部悬挑部位用钢管和扣件与建筑物拉结，以及撤离架体上的所有施工活荷载等。夜间禁止进行爬架的升降作业。

### 3.9.5 爬架的拆除

(1) 拆除方案

首先制定拆除方案：方案分空中拆除与地面拆除两种，具体情况可根据施工现场情况经有关部门批准后方可拆除。

拆除人员需佩戴"三宝"，在拆除区域设立标志、警戒线及安检员。

检查爬架各部分情况，如有异常，需妥善处理后方可拆除。

由上至下顺序拆除横杆、立杆及斜杆，超长临边斜杆，最后拆下前应绑上防坠绳。严禁上下同时拆除。

(2) 拆除准备

组织现场技术人员、管理人员、操作人员、安全员等进行技术交底。明确拆除顺序、安全保护措施、特殊构件的拆除方法。

现场总指挥、安全员及班组长要明确分工，职责分明，到岗到位，认真负责。

清除架体上的杂物、垃圾、障碍物。

准备工作完毕后，报上级主管、工地主管、项目负责人批准，接到正式通知及批准书后，再进行下列拆除步骤。

(3) 安全拆除

先用起重机械对主框架进行预紧，防止穿墙螺栓松开时主框架下坠。

用钢丝将上支座（滑动支承构造）与主框架相对固定，以防止穿墙螺栓松开时上支座下坠。

拆卸所有穿墙螺栓。

利用起重机械将主框架吊至平地。

妥善保管爬架各部件。

### 3.10 机电工程施工

#### 3.10.1 给水排水安装工程

(1) 施工工艺流程图（图3-28）

(2) 专项施工方法

1) 热镀锌钢管、衬塑钢管安装

采用丝口连接、沟槽连接。

2) 不锈钢管卡套连接

用厂家提供的专用扳手旋松接头螺母，将滚好的管插入管接头，插好后向外拉一下，感觉到C形环套在沟里。若C形环不能在凹沟内时，将会产生管道连接部位漏水现象。然后用扳手拧紧螺母，螺母与接头口平齐或拧进一个螺距即可，不要拧得过紧，以免损坏密封圈。

3) 柔性接口排水铸铁管安装

A. 安装前，必须将承口、插口及法兰压盖工作面上的砂泥等附着物清除干净；

B. 在插口上画好安装线，取承插口端部的间隙5~10mm，在插口外壁上画好安装线，安装线所在的平面应与轴线垂直；

C. 在插口端先套入法兰压盖，再套入胶圈，胶圈边缘与安装线对齐；

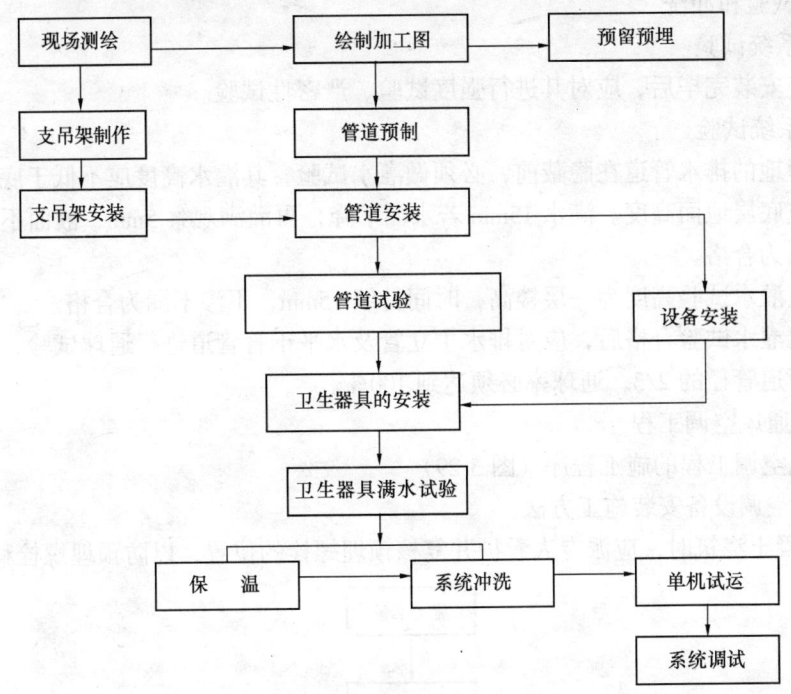

图 3-28 施工工艺流程图

D. 将插口端推入承口内,为保持橡胶圈在承口内的深度相同,在推进过程中,尽量保证插入管的轴线与承口管的轴线在同一直线上;

E. 拧紧螺栓,上螺栓时要使胶圈均匀受力,两个对角螺栓同时拧,一次不能拧得太紧,逐个逐次拧紧。

4) 卫生器具的安装

安装准备→卫生器具及配件检验→卫生器具安装→卫生器具配件预装→卫生器具与墙、地缝处理→卫生器具外观检查→通水试验。

安装时遵照设计使用标准图集的要求,达到支架牢固、平面尺寸及安装高度正确,器具表面完整,无倾斜。

安装好的器具逐一进行满水和通水试验,通水试验给水、排水应畅通。并采取相应的成品保护措施,防止装修施工时器具瓷面受损和器具损坏及排水口堵塞。

安装布局相同的卫生间时,先选择一个卫生间制作样板间,然后根据尺寸进行排水支管组合安装和卫生器具的安装。

排水栓和地漏的安装应平整、牢固,低于排水表面,周边无渗漏。地漏水封高度不得小于50mm。

5) 管道保温

所有给水管及立管、吊顶和管井内的排水管均做防结露保温。保温材料采用橡塑泡棉,厚度为30mm,防结露保温层厚绑扎,外刷两道调合漆;负一层穿窗井排水管采用60mm厚石棉灰胶泥,外缠纤维布;其他各层15mm,外缠纤维布,镀锌钢丝绑扎,再刷调合漆两道。

6）系统试验和冲洗

A. 给水系统试验

给水系统安装完毕后，应对其进行强度试验、严密性试验。

B. 排水系统试验

隐蔽或埋地的排水管道在隐蔽前，必须做灌水试验，其灌水高度应不低于底层卫生器具的上边沿或底层地面高度。满水15min若水面下降，再灌满观察5min，液面不降、管道及接口无渗漏为合格。

污水管道灌水试验高度为一层楼高，时间持续15min，不渗不漏为合格。

排水管道灌水试验合格后，应对排水主立管及水平干管管道进行通球试验，通球球径不小于排水管道管径的2/3，通球率必须达到100%。

### 3.10.2 通风空调工程

(1) 通风空调工程的施工程序（图3-29）

(2) 通风空调设备安装施工方法

1) 在混凝土浇筑时，应派专人看护并复核预埋螺栓的位置，以防预埋螺栓移位。

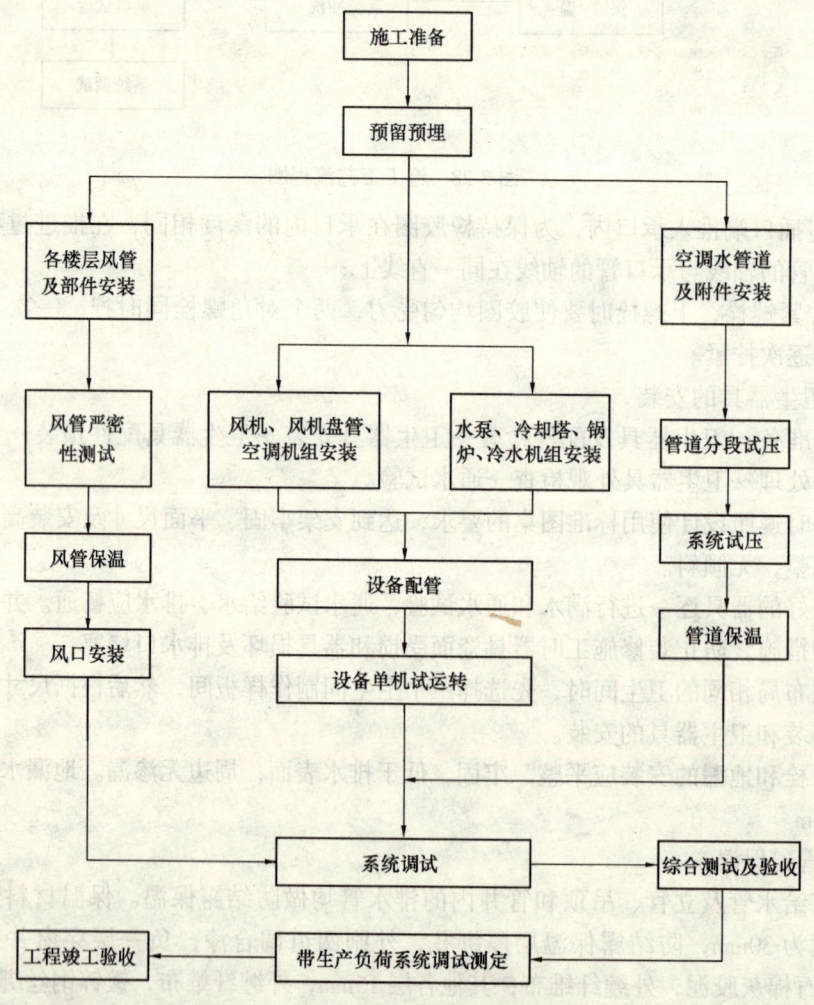

图3-29 通风空调工程施工程序图

2) 风机盘管安装：风机盘管安装前，应检查每台电机壳体及表面交换器有无损伤、锈蚀等缺陷。每台进行通电试验检查，机械部分不得摩擦，电气部分不得漏电。

风机盘管应逐台进行水压试验，试验强度为工作压力的1.5倍，定压后观察2～3min不渗不漏，同其他空调末端设备一样，风机盘管的接驳待管路系统冲洗完毕后方可进行。

吊装支架安装牢固，位置正确，吊杆不应自由摆动，吊杆与托盘相连应用双螺母紧固，找平找正。

冷热媒水管与风机盘管连接应平直，凝结水管采用软性连接，并用喉箍紧固，严禁渗漏，坡度应正确，凝结水应畅通地流到指定的位置，水盘无积水现象。

风机盘管与进出风管处均按设计要求设软接头，以防振动产生噪声。

3) 冷水机组的运输：事先将四台冷水机组基础之间用槽钢、钢板等找垫平整，然后采用40t的吊车站位，在地下室外墙5～10m之间，先将300RT的螺杆式冷水机组，从预留在7—8/A轴线之间的设备吊装孔（约7500mm×3400mm）放至地下一层的冷冻机房，再利用3t和5t的捯链，将冷水机组倒运到基础上，再吊运其他3台800RT的离心式冷水机组。吊运和倒运工作可同时进行，并进行安装就位、调平工作。其他冷冻机房内和换热站内的设备也利用此吊装孔进行垂直运输。实施前，则应编制具体的施工方案。

4) 变风量末端装置及节能风机箱的安装方式参照风机盘管的安装方式，应牢固、可靠。

5) 空调机组安装：空调机组安装前应检查内部是否有杂物，部件是否安装正确、牢固。换热器表面有无损伤。过滤器安装牢固、紧密，无破损。

吊装支架安装牢固，位置正确，吊杆不应自由摆动，吊杆与托盘相连应用双螺母紧固，找平找正。吊装空调机组应使用减振吊架，吊装后应拆除风机底座减振装置的固定件。

冷热媒水管与空调机组连接应平直，并有足够的操作维修空间。凝结水管采用软性连接，并用喉箍紧固，严禁渗漏。坡度应正确，排水应设存水弯。凝结水应畅通地流到指定的位置，水盘无积水现象。

6) 通风机安装：屋顶安装的风机应有防雨水措施，固定牢固。落地安装通风机采用落地支架安装，支架与风机底座之间垫橡胶减振垫，并用垫铁找平找正。顶板吊装通风机安装采用减振吊架减振。

### 3.10.3 电气工程

(1) 电力及照明系统

1) 电施预留、预埋

认真熟悉电施设计施工图和技术交底，找准部位，密切配合结合，根据电施设计施工图及施工工艺标准和电施作业指导书的要求进行电气预埋管、箱（盒）的施工配合。

2) 明配管安装

明配管一般采用吊架敷设，钢管采用螺纹连接，先放线定位，安装好吊架，后将管子固定在吊架上，要求横平竖直。

3) 桥架、线槽安装

放线定位，用铁制膨胀螺栓进行支架、托架的固定安装，同一直线段的支架、托架支撑面在同一水平面，电缆桥架水平敷设，固定间距为1.5m以内；垂直敷设，固定间距为

2m以内。

桥架节与节连接处用 4mm² 多股铜芯线作为接地跨接线，桥架外壳及支架可靠接地，保证全程电气通路。

4）导线敷设

导线经检验合格后即可进行管内穿线，导线穿入钢管时，管口处应装设护线套保护导线。导线穿好后，剪除多余导线，但要留出适当余量，便于以后接线。预留长度：接线盒内以绕盒内一周为宜；开关板内以绕板内半周为宜。

5）电缆敷设

电缆敷设前做好施工计划，列出详细电缆表，表中注明每个回路电缆的型号规格、长度、路径、起始设备名称。

电缆敷设前，对电缆进行外观检查，并用 1kV 摇表进行绝缘检测，同时做好记录。

6）发电机组和变压器的运输安装

事先将发电机组运输所经过的地方用钢管或者钢板进行铺垫，以分散设备的荷载，然后采用 40t 的吊车站位在地下室外墙 5～10m 之间。先将变压器从预留在建筑物西侧的设备进入口放至地下一层的发电机房，再利用滚杠、3t 和 5t 的捯链，将变压器倒运到基础上，再吊运发电机组。吊运和倒运工作可同时进行，并进行安装、就位、调平工作。其他高压室的配电柜，也可利用此吊装孔进行垂直运输。

7）配电箱、控制箱（柜）安装

对于嵌墙暗装配电箱，配合时要和土建相关专业做好墙面预留洞工作。安装箱体前，要首先对预留洞进行修整，修整好后方可进行配电箱体安装。配电箱四周应用细石混凝土填充，其面板周边应紧贴墙面，配电箱底边距地坪 1.5m。

箱（柜）的接地应牢固、良好。箱体及箱盖均采用 2.5mm² 的多股铜芯线进行可靠的接地。

所有二次接线应准确，回路名称标识齐全、清晰。

安装完毕后，用临时电进行通电试验，输入、输出回路电压应符合设计要求；开关、继电器等元器件动作应调整至正常。

8）开关、插座、灯具安装

灯具安装前先放线定位，确保单套灯具安装位置正确及成排灯具在同一直线上，中心偏差不应大于 5mm，整齐、美观。

开关、插座安装前，先将盒内杂物清理干净，正确连接好导线即可安装就位，面板需紧贴墙面，平整、不歪斜，成排安装的同型号开关插座应整齐、美观，高度差不应大于 1mm，同一室内高度差不应大于 5mm，开关边缘距门框的距离宜为 15～20cm，除图纸要求外，开关距地坪 1.4m；插座除卫生间距地坪 1.5m 外，其余均距地坪 0.3m。

（2）强电系统调试

变配电系统的调试为本工程电气安装的施工技术关键，调试时配合业主指定的分包单位及有关供电部门共同进行，调试前检查所有的电气设备安装是否符合要求，接线是否准确无误，绝缘检查是否达到要求，确保一切合格后再进行电气调试。

调试时质量安全措施：调试人员调试前，要熟悉图纸，掌握所用调试设备的性能、技术要求、标准；试验接线时，采用一人接线、另一人检查制度，防止试验接线错误；带电测量时,必须不少于两人参加测量,已送电的设备挂上明显的"已送电"标记。

# 4 经济效益分析

## 4.1 降水井的灵活布置带来的经济效益

对于北京地区的基坑降水,由于土层渗透系数大,对于勘察报告要仔细分析,在设计时要充分考虑土层的渗透系数,降水井间距布置要合理。特别是井深,一定不要设计得过深,以免造成水资源浪费。在实际降水施工中,要根据基坑内水位情况调整水泵放置标高,降水只要能满足土方开挖和结构主体施工即可,切不可盲目地过度抽降。本工程在降水过程中,根据其现场条件及所在地的地层渗透系数大的特点,将西侧南段的降水井在做完护坡桩后布置在坑外,北段的降水井布置在坑内,放在护坡桩与主体结构之间的肥槽中,取得了较好的经济效益。

## 4.2 塔楼外爬架带来的经济效益

本工程塔楼高 80m,由于结构层层外倾,采用落地式普通钢管脚手架或型钢挑架,不仅显著增加工程成本,而且不利施工,故决定采用液压爬架做为本工程的外脚手架。

该项技术与满搭外挂架相比,大幅度减少了架体材料用量,省去了反复拆搭的过程,降低了劳动强度,提高了工效。液压爬架提升速度快、防护到位,加快了施工进度,安全可靠。综合测算表明,与满搭外挂架相比,液压爬架技术节约资金 29.6%,提高工效三倍。该项技术的应用成功,为今后类似超高层结构施工提供了宝贵经验和可靠依据,具有很强的指导性和推广性。

# 第三十八篇

# 中青旅大厦工程施工组织设计

编制单位：中建国际建设公司
编 制 人：童才生　张　明　王建英　张志平

【摘要】　中青旅大厦工程施工场地狭小，施工工期紧，施工难度较大。主要有如下特点：

1) 通过合理的平面布置和施工程序安排，成功地解决了施工场地较小的难题，尤其在基础施工阶段，地下室外墙边线与用地红线相距很近，在无法形成施工环路的条件下，顺利按工期进度完成了施工任务，可为类似工程提供参考；

2) 机电齐全、复杂，总包管理难度大，通过总承包管理使整个工程的质量、安全、进度、成本、现场文明施工等各个方面都达到了预期的目标；

3) 本工程外墙采用的是目前国内外最先进的双层通风幕墙体系，外层玻璃采用低辐射（Low-E）钢化中空玻璃，内墙采用普通安全玻璃。双层通风幕墙在国内工程应用实例比较少见，该体系在本工程的应用，对幕墙行业新技术的发展将起到一定的推动作用。

# 目 录

1 工程综述 ································································································· 1186
　1.1 工程概况 ······························································································ 1186
　1.2 工程施工目标 ······················································································· 1187
　　1.2.1 工程质量目标 ················································································· 1187
　　1.2.2 工程工期目标 ················································································· 1187
　　1.2.3 现场管理目标 ················································································· 1187
　　1.2.4 环境管理目标 ················································································· 1187
　1.3 工程重点难点分析与对策 ······································································ 1188
2 施工部署 ································································································· 1189
　2.1 现场组织机构 ······················································································· 1189
　　2.1.1 项目组织机构 ················································································· 1189
　　2.1.2 总承包管理架构 ············································································· 1189
　2.2 施工准备 ······························································································ 1189
　　2.2.1 项目管理人员准备 ·········································································· 1189
　　2.2.2 施工现场准备 ················································································· 1190
　　2.2.3 物资准备 ························································································ 1190
　　2.2.4 技术准备 ························································································ 1190
　2.3 施工总体安排 ······················································································· 1191
　　2.3.1 总体部署要点 ················································································· 1191
　　2.3.2 总体施工顺序部署 ·········································································· 1192
　　2.3.3 结构施工部署 ················································································· 1192
　2.4 劳动力资源配置计划 ············································································· 1192
　　2.4.1 劳动力组织 ····················································································· 1192
　　2.4.2 劳动力需求计划 ············································································· 1193
　2.5 主要施工机械计划 ················································································ 1193
　　2.5.1 土建主要施工使用计划 ··································································· 1193
　　2.5.2 机电工程主要施工机械使用计划 ····················································· 1194
　2.6 主要材料用量及进场计划 ······································································ 1195
　　2.6.1 土建主要材料用量及进场计划 ························································ 1195
　　2.6.2 机电工程主要设备材料进场计划 ····················································· 1196
3 施工进度计划及工期保证措施 ································································ 1197
　3.1 总体进度计划及阶段目标 ······································································ 1197
　3.2 工期保证措施 ······················································································· 1197
4 施工现场平面布置 ·················································································· 1199
　4.1 施工现场总平面布置原则 ······································································ 1199
　4.2 场地围挡、大门、场地道路及排水设施 ················································· 1199
　4.3 生产设施布置 ······················································································· 1200

- 4.4 办公生活设施布置 ………………………………………………………………… 1200
- 4.5 临时设施一览表 …………………………………………………………………… 1200
- 4.6 主要施工机械配置及布置 ………………………………………………………… 1201
- 4.7 临水设计 …………………………………………………………………………… 1201
  - 4.7.1 临时用水水源设计 …………………………………………………………… 1201
  - 4.7.2 消火栓给水系统 ……………………………………………………………… 1201
  - 4.7.3 生活、生产给水系统 ………………………………………………………… 1202
  - 4.7.4 排水系统 ……………………………………………………………………… 1202
- 4.8 临电设计 …………………………………………………………………………… 1202

## 5 土建主要施工方案 …………………………………………………………………… 1203
- 5.1 测量施工方案 ……………………………………………………………………… 1203
  - 5.1.1 施工测量前期准备工作 ……………………………………………………… 1203
  - 5.1.2 平面施工测量 ………………………………………………………………… 1203
  - 5.1.3 高程施工测量 ………………………………………………………………… 1203
  - 5.1.4 变形观测 ……………………………………………………………………… 1204
  - 5.1.5 测量桩、点、线留置的保护、移交恢复及标识的要求 …………………… 1204
- 5.2 钢筋工程施工方案 ………………………………………………………………… 1204
- 5.3 模板工程施工方案 ………………………………………………………………… 1207
  - 5.3.1 模板工程的特点、难点 ……………………………………………………… 1207
  - 5.3.2 模板的配置 …………………………………………………………………… 1208
  - 5.3.3 柱模板施工方法 ……………………………………………………………… 1208
  - 5.3.4 水平模板的施工方法 ………………………………………………………… 1209
- 5.4 混凝土工程施工方案 ……………………………………………………………… 1209
- 5.5 脚手架及垂直运输施工方案 ……………………………………………………… 1214
- 5.6 防水工程施工方案 ………………………………………………………………… 1215
  - 5.6.1 地下室 SBS 防水卷材施工 …………………………………………………… 1215
  - 5.6.2 丙烯酸防水涂料施工 ………………………………………………………… 1216
- 5.7 装修工程施工方案 ………………………………………………………………… 1216
  - 5.7.1 本工程装修施工难点和主要策略 …………………………………………… 1216
  - 5.7.2 装修施工部署 ………………………………………………………………… 1217
  - 5.7.3 主要装修做法的施工工艺 …………………………………………………… 1217

## 6 主动式双层单元式玻璃幕墙工程 …………………………………………………… 1220
- 6.1 主动式双层单元式玻璃幕墙工艺流程 …………………………………………… 1220
- 6.2 预埋槽安装 ………………………………………………………………………… 1220
- 6.3 测量放线 …………………………………………………………………………… 1221
- 6.4 安装固定码 ………………………………………………………………………… 1221
- 6.5 单元件加工及组装 ………………………………………………………………… 1221
- 6.6 背板及隔热棉安装 ………………………………………………………………… 1222
- 6.7 玻璃安装 …………………………………………………………………………… 1222
- 6.8 注胶 ………………………………………………………………………………… 1223
- 6.9 吊装单元件 ………………………………………………………………………… 1223
  - 6.9.1 单元架卸车及存放 …………………………………………………………… 1223
  - 6.9.2 单元的开箱及水平运输 ……………………………………………………… 1223

  6.9.3 单元件的起吊安装 ················· 1223
  6.9.4 单元幕墙的水槽打胶试水及层间处理 ······ 1224
 6.10 室外装饰条安装 ······················ 1224
 6.11 室内内层幕墙安装 ···················· 1224
 6.12 防雷保护安装 ························ 1224
 6.13 防火棉安放 ·························· 1224
 6.14 防水胶 ······························ 1224
 6.15 清洁 ································ 1224

## 7 机电工程 ································ 1225
 7.1 机电概述 ····························· 1225
  7.1.1 给水排水系统概述 ················· 1225
  7.1.2 电气系统概述 ······················ 1226
  7.1.3 通风空调系统概述 ················· 1226
  7.1.4 弱电系统概述 ······················ 1227
 7.2 机电总包的管理模式 ·················· 1227

## 8 季节性施工措施 ························ 1231
 8.1 雨期施工措施 ························ 1231
  8.1.1 组织准备 ·························· 1231
  8.1.2 技术准备 ·························· 1231
  8.1.3 主要项目雨期施工措施 ············· 1231
 8.2 冬期施工措施 ························ 1232
  8.2.1 组织准备 ·························· 1232
  8.2.2 技术准备 ·························· 1233
  8.2.3 主要项目冬期施工措施 ············· 1233

## 9 总承包管理 ···························· 1235
 9.1 总承包管理实施工作内容 ·············· 1235
 9.2 分包管理措施 ························ 1239
 9.3 总承包技术管理 ······················ 1240
 9.4 与业主、监理、设计单位的配合措施 ···· 1244
  9.4.1 与业主的配合与服务 ··············· 1244
  9.4.2 过程中的服务 ······················ 1244
  9.4.3 竣工后的服务 ······················ 1246

## 10 质量保证体系与保证措施 ············· 1246
 10.1 质量目标 ···························· 1246
 10.2 质量保证体系及质量职责 ············ 1246
  10.2.1 质量保证体系 ····················· 1246
  10.2.2 质量保证体系机构设置 ············ 1246
 10.3 质量组织保证措施 ···················· 1246
 10.4 质量管理保证措施 ···················· 1248
  10.4.1 施工过程管理 ····················· 1248
  10.4.2 特殊过程施工 ····················· 1248
  10.4.3 一般过程施工 ····················· 1249
  10.4.4 关键工序 ·························· 1249

| | | |
|---|---|---|
| 10.5 | 施工质量预控措施 | 1250 |
| **11** | **安全施工保证措施** | **1251** |
| 11.1 | 职业健康安全方针与目标 | 1251 |
| 11.1.1 | 职业健康安全方针 | 1251 |
| 11.1.2 | 职业健康安全目标 | 1251 |
| 11.2 | 职业健康安全体系 | 1252 |
| 11.3 | 职业健康安全教育与培训 | 1252 |
| 11.4 | 主要安全管理制度与保证措施 | 1253 |
| 11.4.1 | 主要安全管理制度 | 1253 |
| 11.4.2 | 施工安全措施 | 1254 |
| **12** | **文明施工及环保措施** | **1256** |
| 12.1 | 环境管理体系 | 1256 |
| 12.2 | 环境管理方针与目标 | 1256 |
| 12.2.1 | 环境管理方针 | 1256 |
| 12.2.2 | 环境管理目标 | 1256 |
| 12.3 | 环境保护技术措施 | 1256 |
| **13** | **"四新"技术在本工程中的应用** | **1258** |
| 13.1 | 高性能混凝土技术 | 1258 |
| 13.2 | 钢筋等强度剥肋滚压直螺纹连接技术 | 1258 |
| 13.3 | 钢筋混凝土保护层定位卡本工程的应用 | 1259 |
| 13.4 | 新型模板应用技术 | 1259 |
| 13.5 | UEA补偿收缩混凝土的应用 | 1259 |
| 13.6 | 电动导轨式爬架施工技术 | 1259 |
| 13.7 | 全站仪应用技术 | 1260 |
| 13.8 | 呼吸式玻璃幕墙 | 1260 |
| 13.9 | 总承包管理技术 | 1260 |
| **14** | **经济技术指标** | **1261** |
| 14.1 | 合同工期 | 1261 |
| 14.2 | 工程质量目标 | 1261 |
| 14.3 | 安全文明施工目标 | 1261 |
| 14.4 | 消防目标 | 1261 |
| 14.5 | 环保目标 | 1261 |
| 14.6 | 成本经济目标 | 1261 |

# 1 工程综述

## 1.1 工程概况

(1) 本工程为中青旅大厦,建设地点位于北京市东城区东二环路,东直门桥头西南角 B4 地块,是由中青旅控股股份有限公司投资兴建,冯.格康、玛格(gmp)及合作者建筑师事务所与中国建筑科学研究院建研建筑设计研究院有限公司联合设计的,总建筑面积为 65126.9m$^2$,其中地下建筑面积 21619.2m$^2$,地上建筑面积为 43507.7m$^2$。

(2) 中青旅大厦为智能型写字楼,建筑物总高度 79.5m,地上 20 层加屋顶设备层,地下 3 层,标准层层高 3.6m。其中地下室均为汽车库及大厦的配套用房,地下一层局部设有餐厅、药店等;地上一~三层均为大厦配套服务用房,四~二十层基本为标准办公室;屋顶层为电梯机房、水箱间及电视前端室等设备用房。

(3) 本工程地下室面积较大,东西向长约 132m,南北向长约 60m。地下二~三层单层面积为 7860m$^2$,到地下一层后东西两侧部分回收,单层面积为 5005m$^2$,另有局部夹层,面积 892m$^2$,到首层后东西两侧继续回收,南北也各回收一跨,其建筑面积为 2827m$^2$,

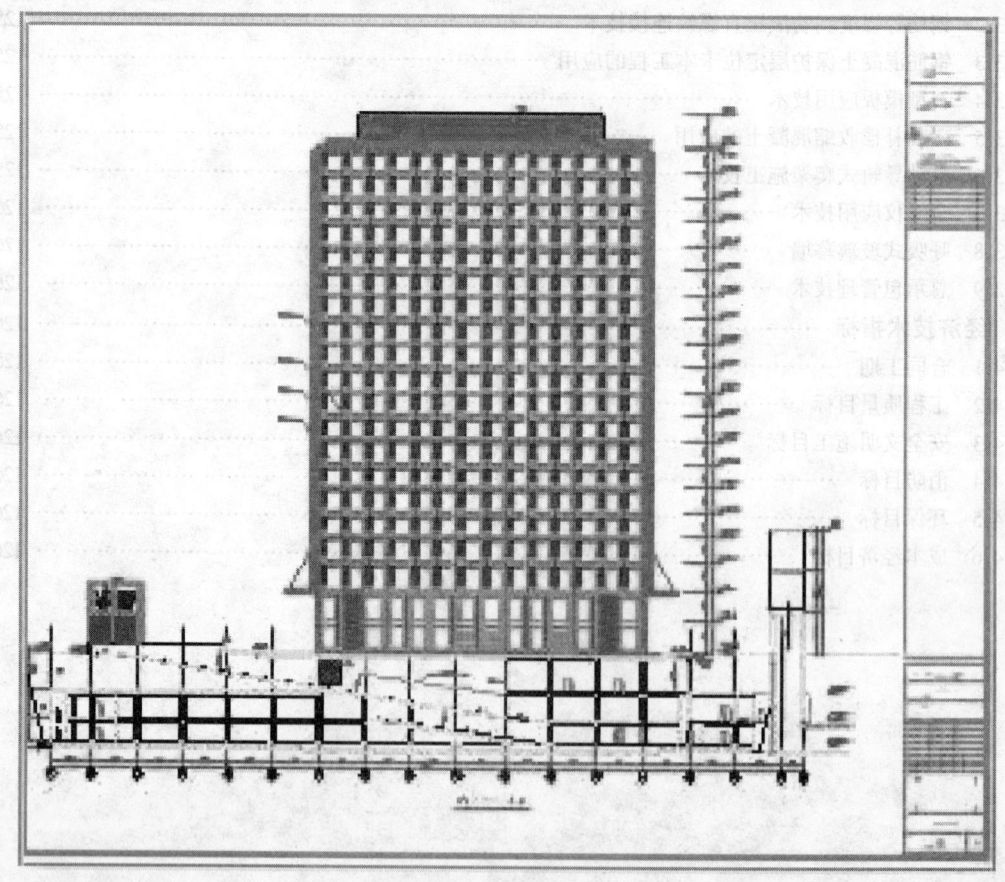

图 1-1 剖面图

二、三层建筑面积为 2060m²，其他各层均为 2098m²。

(4) 该工程结构形式为框架-剪力墙结构，基础底板为筏形基础。

(5) 典型剖面图（图 1-1）。

(6) 典型平面图（图 1-2）。

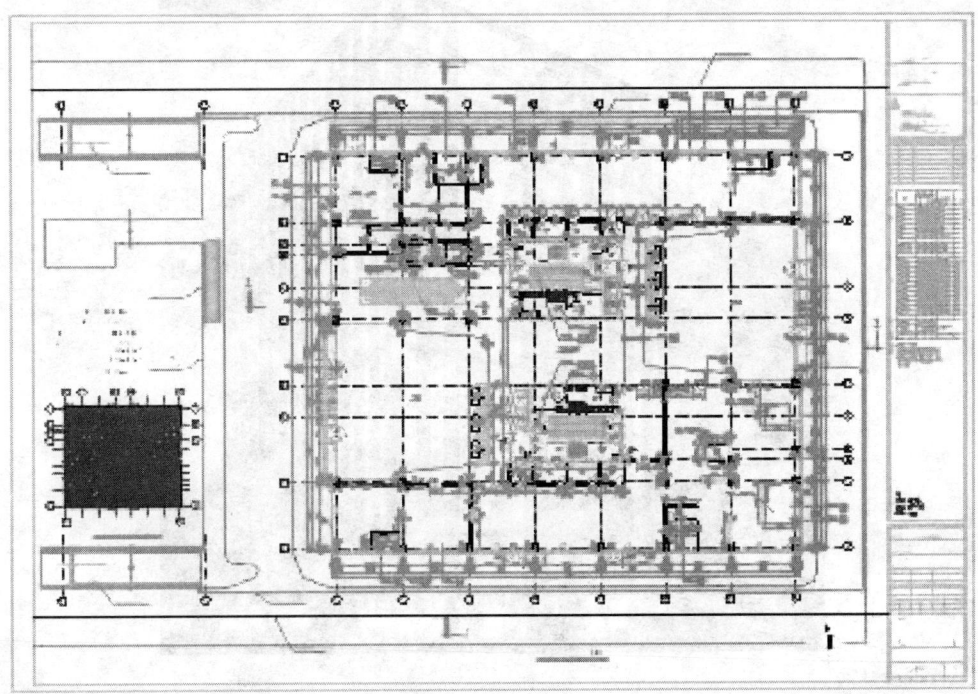

图 1-2　平面图

(7) 典型立面图（图 1-3）。

## 1.2　工程施工目标

### 1.2.1　工程质量目标

本工程质量等级为合格，力争结构"长城杯"。

### 1.2.2　工程工期目标

根据我公司以往工程的施工经验，我们将本工程的工期目标定为 720 日历天（自地基钎探、验槽开始），即自 2004 年 8 月 20 日至 2006 年 8 月 9 日，完成从地基钎探、验槽开始到最后交付使用的全部工作内容。

### 1.2.3　现场管理目标

符合职业健康安全管理体系 OHSAS 18000 的要求。

杜绝死亡、重伤和重大机械设备事故，无火灾事故。轻伤频率 3‰以下。

创建"北京市文明安全工地"。

### 1.2.4　环境管理目标

符合环境管理标准 ISO 14000 的要求。

图 1-3 立面图

### 1.3 工程重点难点分析与对策

通过对图纸及工程周边环境的了解，并结合我公司大型写字楼工程施工经验，对本工程特点总结如下：

(1) 工期

本工程相对类似工程规模来说，施工工期紧迫。

(2) 场地狭小

本工程施工场地较小，尤其在基础施工阶段，地下室外墙边线与用地红线相距很近，无法形成施工环路。

在施工前，我们将充分考虑场地特点，针对不同的施工阶段分别进行合理布置。在地下室结构施工阶段，施工临设、各类加工场及工人生活区等我们都将利用附近租地，同时尽快将塔吊安装到位，进行材料的二次运输。地下室结构完成后，我们将及时进行外墙及地下室外露顶板防水及回填土的施工，使空出的场地及时得到充分利用，并对现场布置进行重新规划，彻底缓解现场场地不足的压力。

(3) 地理位置

本工程地理位置特殊，现场用地狭小，施工现场的出入口设置及材料车辆进出受限制，因此施工阶段的交通组织是一个管理重点。

(4) 周边环境

本工程毗邻东二环路，西侧有住宅，南北两侧均有待建工程，周边环境比较复杂，如何搞好环境保护、文明施工、减少扰民，将成为该工程顺利施工的关键。

(5) 新型幕墙

本工程外立面装饰为新型的双层呼吸式幕墙，中空大厅屋顶及侧立面为索网幕墙，其材料复杂，质量要求高，设计、加工、安装和维护均应高度保证质量，符合建筑效果，体现国际水平。所以，本工程的外幕墙的深化设计和施工将是本工程施工的重点和难点。

(6) 机电工程

机电系统复杂多样，主要有：通风空调系统、给水排水系统、动力照明系统、消防给水系统、楼宇自动控制、火灾自动报警系统、消防排烟系统、综合布线系统、有线电视系统、安全技术防范系统等。其机电工程的特点：机电设备采购周期长，安装空间小，降低建造投资，追求最大的使用空间，这样只能留给机电最小的安装空间，这样就增加了机电在机房、走廊、吊顶内的安装难度。

(7) 总包管理

本工程为大型公建，涉及专业将较多，各专业工种之间在工序上交替穿插频繁，因此，施工总体部署及各专业工种之间的相互协调、配合也是本工程一大重点。要求施工单位具有很强的专业施工、协调和总包管理能力，确保全面实现使用功能。

# 2 施工部署

## 2.1 现场组织机构

### 2.1.1 项目组织机构

根据本工程的特点，我们将选派具有国家一级资质、高级专业技术职称并具有丰富工程管理经验的人员担任本工程的项目经理，选派具有丰富工程技术经验的技术专家任本工程的项目总工程师，项目主要管理技术人员也将选派具有扎实理论知识和多年实际经验的工程技术人员承担。

### 2.1.2 总承包管理架构

若中标，我们将迅速组建中青旅大厦工程项目经理部，项目经理部领导层设项目经理、项目执行经理、项目总工程师、土建现场经理、机电现场经理、合约商务经理。管理部门设合约部、物资设备部、综合部、技术部、质量部、土建工程部、安全环保部以及机电工程部。

## 2.2 施工准备

### 2.2.1 项目管理人员准备

在投标阶段我们将精选确定项目管理人员名单，并要求主要管理人员参与本次投标全过程。目前项目领导层，包括项目经理、项目执行经理、总工程师、合约商务经理、土建现场经理、机电现场经理及部分技术管理人员等均参加投标全过程，对本工程施工内容及施工现场条件将有相当的了解。若我公司有幸中标，这部分人员可立即开赴施工现场，并能迅速进入角色，有效开展工作，从人员组织、人员的施工经验方面确保本工程各项工程施工的顺利进行。

#### 2.2.2 施工现场准备

开工前委派项目经理部土建现场经理及有关人员办理好安全许可证等各种法定手续，保证按计划开工。

进场后一个重要任务是根据规划给定的测设点建立场区内测量控制网。根据建筑物结构特点及周边现场条件，测设建筑物的平面轴线控制网和高程控制网。

由于本工程目前地下室外墙边线与用地红线非常接近，所以施工临设及各类加工场地暂时不能设置，主体结构施工阶段我们暂按外租B3区部分场地解决，替代方案为外租其他场外用地。待地下室做完首层结构回收、回填土完成后我们再设置临建。

#### 2.2.3 物资准备

本工程物资准备包含两方面内容，一部分指搭设为正常施工服务的生产和生活设施所需的物资，另一部分是指投入到施工生产的各项材料物资。物资准备工作要针对两种对象，做到区别对待，真正解决施工现场的物资供应问题，为此，我们做好准备如下：

对于工程本身所需的各种工程材料，我们将在公司强大的物资采购平台架构上结合北京市供应情况，首先通过预算部门精准地估算工程材料用量，然后由材料部门汇同技术计划部门一道提出详细的物资采购计划，根据现场进度情况组织各种材料物资进场。

#### 2.2.4 技术准备

（1）图纸会审

施工图是施工的主要依据，施工前组织技术人员和专业工长认真熟悉、理解图纸，对图中不理解的问题书面提供给业主，以便业主在组织图纸会审前参考，将图纸中的不明确的问题解决在施工之前，特别是应注意各专业图纸的交圈。

（2）方案编制

进场后，组织具有丰富工程管理和施工经验的技术人员，根据工程进度计划，提前编制详细的各分项工程施工方案和施工管理措施，以便为施工提供足够技术支持。本工程前期主要解决测量工程施工方案，施工总平面布置方案，防水施工方案，基础底板混凝土施工方案，地下结构施工的流水组织方案，塔吊安装方案、结构模板、钢筋、混凝土施工方案。尤其是塔吊安装，一定要在基础底板施工前完成。其他各项施工方案根据工程进度提前编制完成，为各分部分项工程施工提供技术保障。

（3）建立测量控制网

根据业主提供的坐标点和水准点及本工程施工组织设计所确定的测量工程施工方案，建立适合本工程的测量定位网和高程控制网，其中主要控制点应制成为永久性控制点。此项工作是后续工作的技术前提，必须在一入场便进行，且要求在几天内完成。

（4）学习规范

各项工程施工前，组织专业工长和技术工程师、工长、队组负责人等人员学习与施工有关的技术规范、标准。特别是注意最近更新的一些规范的熟悉和应用，找出新旧规范的不同点，避免在以后的工作当中套用老规范。

## 2.3 施工总体安排

### 2.3.1 总体部署要点

本项目工程量大、工期目标紧、质量标准高，为了保证基础及主体结构，内外装修及室外工程均尽可能有充裕的时间施工，高标准如期完成施工任务，需综合考虑各方面的影响因素。做到各施工作业面充分，前后工序衔接连续，既立体交叉，又均衡有节奏，以确保工程施工按照总进度计划顺利进行。经过综合考虑本工程特点，我们总结部署要点如下：

本工程地下室面积较大，出地面前地下室全部回收，地上部分没有裙房。所以在组织结构施工时，我们将根据图纸后浇带情况将地下室结构划分为主楼，及两侧地下室两个施工区域同时进行施工，以便充分利用工作面，保证工程进度。

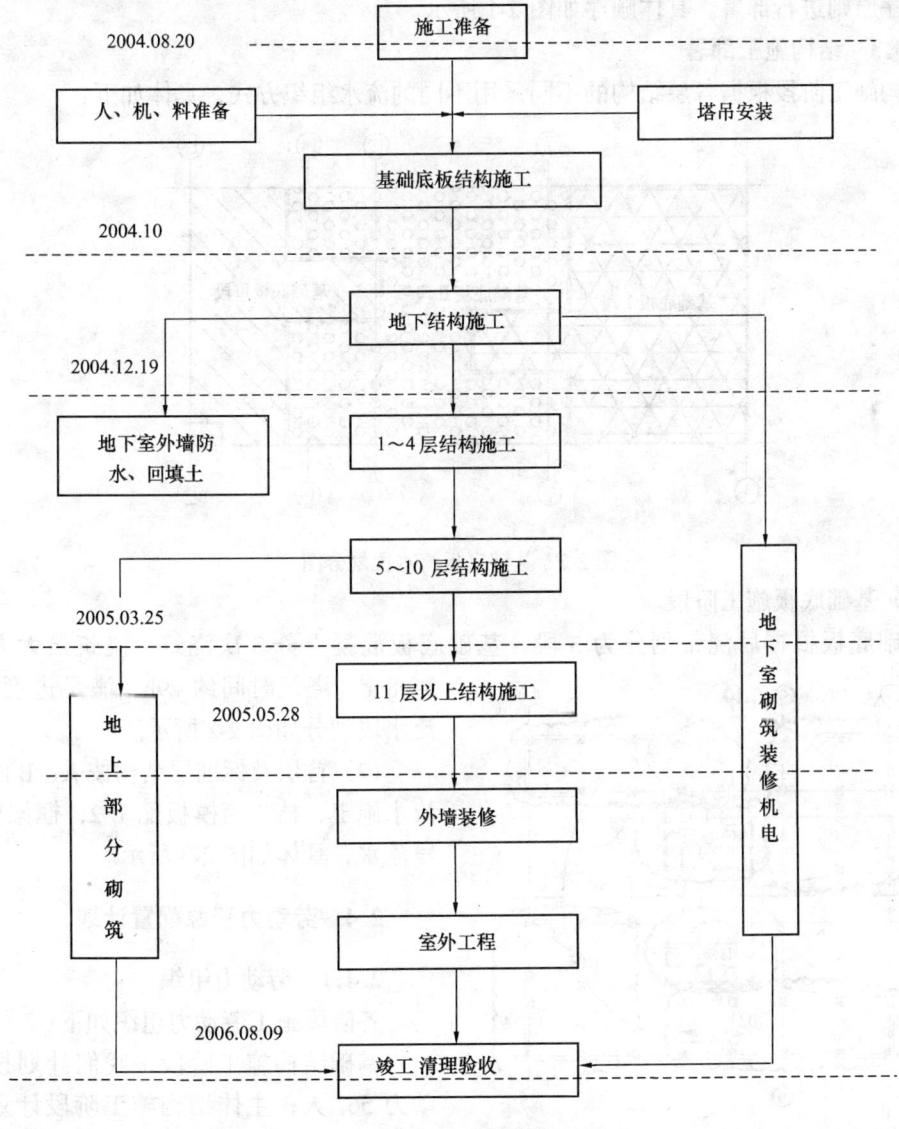

图 2-1 施工顺序图

本工程各个施工阶段特点鲜明，大致可分为基础施工阶段、主体结构施工阶段以及砌筑装修施工阶段等，因此，在施工流水组织及施工机械选择和布置上我们将充分考虑各阶段特点。

本工程体量大，工程内容多，在施工中将涉及较多的专业承包商。为保证施工总体各项目标的实现，总包在制定管理目标方案时，将目标分解，提出各专业承包商的控制目标，以便预防纠正，组建预警系统。例如工期目标的实现，先由总承包商提出总控进度计划，其中标示出各专业承包商的阶段目标，实现由下级目标确保总控目标的实现。

### 2.3.2 总体施工顺序部署

根据施工总体安排进行施工顺序选择。

按照先地下，后地上；先结构，后围护；先外装，后内装；机电各专业交叉施工的总施工顺序原则进行部署。具体顺序如图2-1所示。

### 2.3.3 结构施工部署

结构施工阶段根据各层结构的不同采用不同的流水组织方式，具体如下：

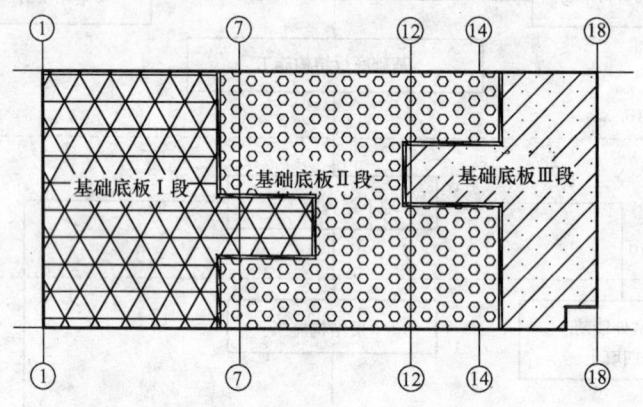

图2-2 基础底板流水段划分图

（1）基础底板施工阶段。

基础底板根据后浇带划分为3段，基础底板混凝土分3次浇筑，浇筑最大方量约3468m³，浇筑时间约29h，满足进度要求。流水段划分如图2-2所示。

（2）首层及标准层结构按A、B两段大流水施工，核心筒模板配1/2，框架柱按4段流水，具体如图2-3所示。

### 2.4 劳动力资源配置计划

#### 2.4.1 劳动力组织

各阶段施工劳动力组织如下：

基础结构施工阶段，我们计划投入劳动力567人；主体结构施工阶段计划投入劳动力382人；结构与粗装交叉施工阶段

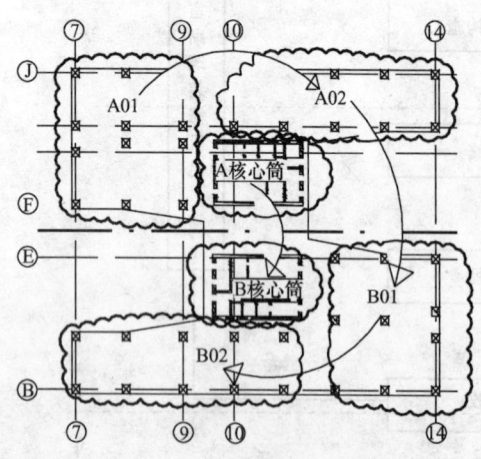

图2-3 首层及标准层流水段划分图

## 2.3 施工总体安排

### 2.3.1 总体部署要点

本项目工程量大、工期目标紧、质量标准高，为了保证基础及主体结构，内外装修及室外工程均尽可能有充裕的时间施工，高标准如期完成施工任务，需综合考虑各方面的影响因素。做到各施工作业面充分，前后工序衔接连续，既立体交叉，又均衡有节奏，以确保工程施工按照总进度计划顺利进行。经过综合考虑本工程特点，我们总结部署要点如下：

本工程地下室面积较大，出地面前地下室全部回收，地上部分没有裙房。所以在组织结构施工时，我们将根据图纸后浇带情况将地下室结构划分为主楼，及两侧地下室两个施工区域同时进行施工，以便充分利用工作面，保证工程进度。

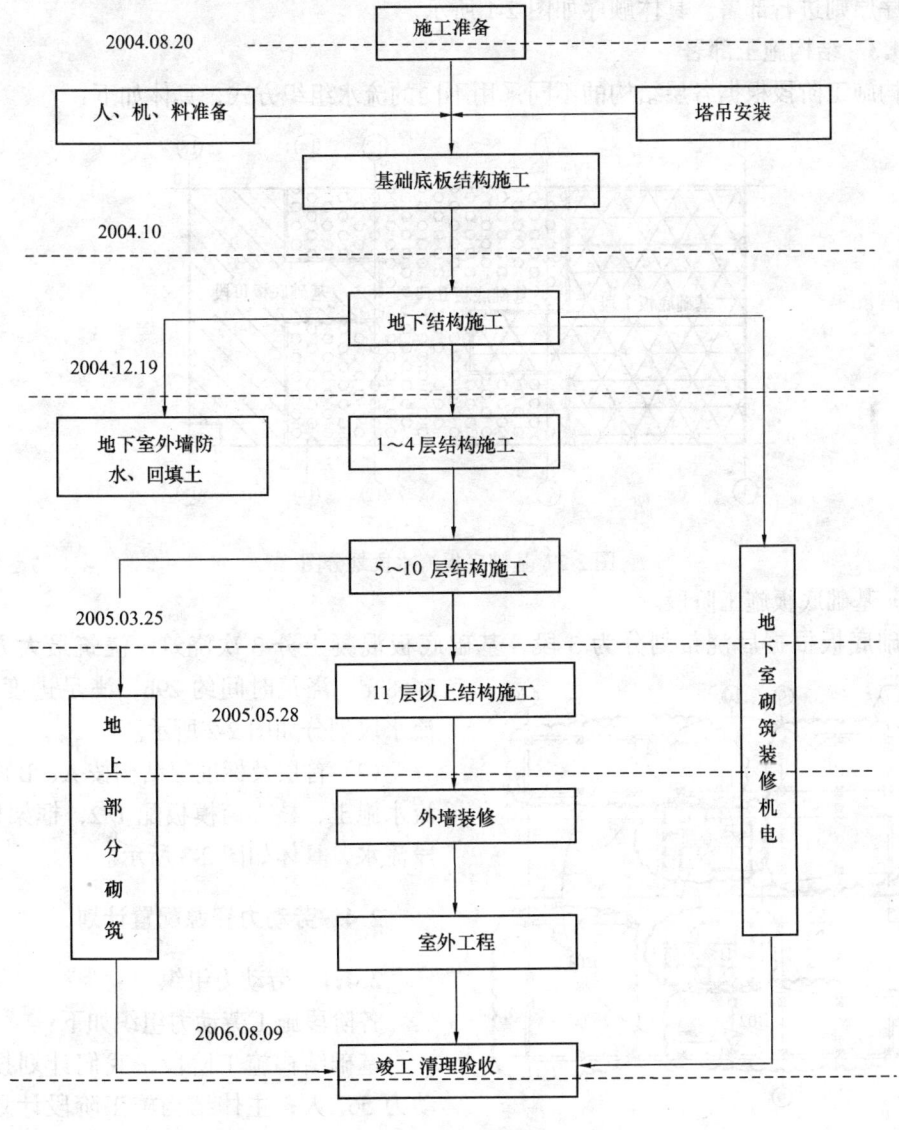

图 2-1 施工顺序图

本工程各个施工阶段特点鲜明,大致可分为基础施工阶段、主体结构施工阶段以及砌筑装修施工阶段等,因此,在施工流水组织及施工机械选择和布置上我们将充分考虑各阶段特点。

本工程体量大,工程内容多,在施工中将涉及较多的专业承包商。为保证施工总体各项目标的实现,总包在制定管理目标方案时,将目标分解,提出各专业承包商的控制目标,以便预防纠正,组建预警系统。例如工期目标的实现,先由总承包商提出总控进度计划,其中标示出各专业承包商的阶段目标,实现由下级目标确保总控目标的实现。

### 2.3.2 总体施工顺序部署

根据施工总体安排进行施工顺序选择。

按照先地下,后地上;先结构,后围护;先外装,后内装;机电各专业交叉施工的总施工顺序原则进行部署。具体顺序如图2-1所示。

### 2.3.3 结构施工部署

结构施工阶段根据各层结构的不同采用不同的流水组织方式,具体如下:

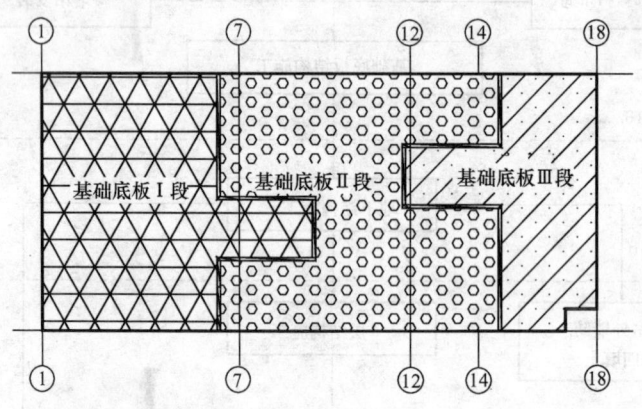

图2-2 基础底板流水段划分图

(1)基础底板施工阶段。

基础底板根据后浇带划分为3段,基础底板混凝土分3次浇筑,浇筑最大方量约3468m³,浇筑时间约29h,满足进度要求。流水段划分如图2-2所示。

(2)首层及标准层结构按A、B两段大流水施工,核心筒模板配1/2,框架柱按4段流水,具体如图2-3所示。

## 2.4 劳动力资源配置计划

### 2.4.1 劳动力组织

各阶段施工劳动力组织如下:

基础结构施工阶段,我们计划投入劳动力567人;主体结构施工阶段计划投入劳动力382人;结构与粗装交叉施工阶段

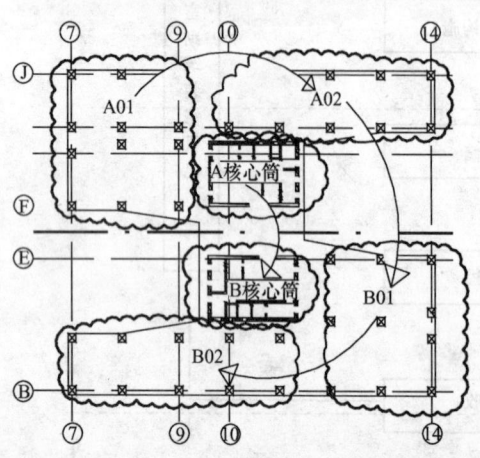

图2-3 首层及标准层流水段划分图

计划投入劳动力 635 人；装修、机电安装阶段由于分包较多，施工时间比较集中，故计划投入劳动力 872 人。

**2.4.2 劳动力需求计划（表 2-1）**

劳动力需求计划表　　　　　　　　　　表 2-1

| 工 种 | 基础施工阶段施工人数 | 主体施工阶段施工人数 | 结构与砌筑交叉阶段施工人数 | 装修阶段施工人数 |
|---|---|---|---|---|
| 木工 | 130 | 90 | 100 | 160 |
| 混凝土工 | 50 | 30 | 35 | |
| 瓦工 | 10 | | 80 | 160 |
| 钢筋工 | 150 | 80 | 85 | |
| 架子工 | 30 | 30 | 35 | 10 |
| 管道工 | 10 | 30 | 40 | 50 |
| 通风工 | 5 | 30 | 50 | 60 |
| 电工 | 30 | 50 | 80 | 140 |
| 焊工 | 10 | 7 | 15 | 20 |
| 机械工 | 12 | 12 | 12 | 12 |
| 油工 | 10 | 3 | 3 | 140 |
| 防水工 | 20 | | | 20 |
| 其他 | 100 | 120 | 100 | 100 |
| 合计 | 567 | 382 | 635 | 872 |

## 2.5 主要施工机械计划

**2.5.1 土建主要施工使用计划（表 2-2）**

土建主要施工机械计划表　　　　　　　　　　表 2-2

| 序号 | 机械或设备名称 | 型号规格 | 数量 | 国别产地 | 制造年份 | 额定功率（kW） | 生产能力 | 进场计划 |
|---|---|---|---|---|---|---|---|---|
| 1 | 塔吊 | FO/23B | 1 | 中国 | 2001.10 | 75 | 50m | 2004.8.16 |
| 2 | 塔吊 | H3/36B | 1 | 中国 | 2001.10 | 75 | 60m | 2004.8.16 |
| 3 | 人货电梯 | SCD 200/200J | 2 | 中国 | 2002.9 | 30 | H150 | 2005.04.20 |
| 4 | 混凝土输送泵 | HBT80 | 2 | 德国 | 2002.3 | 55 | 80m³ | 2004.8.21 |
| 5 | 砂浆搅拌机 | JS350 | 2 | 中国 | 2001.6 | 18.5 | 16m³/h | 2005.01.15 |
| 6 | 钢筋调直机 | GJ 6-4/8 | 1 | 中国 | 2002.8 | 5.5 | | 2004.8.24 |
| 7 | 钢筋切断机 | GJ 5-40 | 2 | 中国 | 2002.8 | 10 | | 2004.8.24 |
| 8 | 钢筋弯曲机 | GW-40 | 2 | 中国 | 2002.7 | 4 | | 2004.8.24 |
| 9 | 直螺套丝机 | GSJ-40 | 2 | 中国 | 2001.10 | 3 | | 2004.8.24 |
| 10 | 电焊机 | BX3-500 | 3 | 中国 | 2001.9 | 38 | | 2004.8.24 |
| 11 | 混凝土真空吸水机 | HZX-60A | 3 | 日本 | 2000.9 | 80 | | 2004.8.24 |

续表

| 序号 | 机械或设备名称 | 型号规格 | 数量 | 国别产地 | 制造年份 | 额定功率(kW) | 生产能力 | 进场计划 |
|---|---|---|---|---|---|---|---|---|
| 12 | 木工圆锯 | MJ105 | 2 | 中国 | 2002.6 | 2 | | 2004.8.24 |
| 13 | 木工平刨 | MB503A | 2 | 中国 | 2002.6 | 7.5 | | 2004.8.24 |
| 14 | 木工压刨 | MB106 | 2 | 中国 | 2002.6 | 7.5 | | 2004.8.24 |
| 15 | 平板式振动器 | ZB11 | 2 | 中国 | 2002.4 | 1.1 | | 2004.8.24 |
| 16 | 插入式振动器 | 30、50mm | 8 | 中国 | 2002.4 | 1.1 | 配棒20根 | 2004.8.24 |
| 17 | 消防水泵 | 扬程100m | 2 | 中国 | 2003.5 | 30 | 15L/s | 2004.08.20 |
| 18 | 全站仪 | TOPCON GTS-601AF/LP | 1 | | 2001.5 | | | 2004.8.20 |
| 19 | 激光经纬仪 | J2-JD | 1 | 中国 | 2002.10 | | J2 | 2004.8.20 |
| 20 | 自动安平垂准仪 | TOPCON VS-Al | 1 | 日本 | 2003.2 | | | 2004.8.20 |
| 21 | 水准仪 | 自动安平 | 2 | 中国 | 2002.9 | | | 2004.8.20 |
| 22 | 塔尺 | 5m,3m | 4 | 中国 | 2003.5 | | | 2004.8.20 |
| 23 | 钢卷尺 | 50m,30m | 4 | 中国 | 2003.5 | | | 2004.8.20 |
| 24 | 混凝土试模 | 150mm×150mm×150mm | 18 | 中国 | 2000.6 | | | 2004.8.25 |
| 25 | 混凝土抗渗试模 | | 24 | 中国 | 2002.6 | | | 2004.8.25 |
| 26 | 砂浆试模 | 70.5mm×70.5mm×70.5mm | 4 | 中国 | 2003.6 | | | 2005.01.15 |

### 2.5.2 机电工程主要施工机械使用计划（表2-3）

机电工程施工机械计划表　　　　表2-3

| 序号 | 施工机具 | 型号规格 | 功率 | 用量 | 使用时间 | 备注 |
|---|---|---|---|---|---|---|
| 1 | 交流电焊机 | 300-500型 | 9.6kW | 15 | 2004.9.4 | |
| 2 | 直流电焊机 | ZX5-1000型 | 11.5kW | 3 | 2004.9.9 | |
| 3 | 套丝机 | 0.5″~4″ | 750W | 4 | 2004.12.14 | |
| 4 | 卷扬机 | JM-1T | 3kW | 2 | 2004.12.30 | |
| 5 | 砂轮切割机 | 400型 | 3kW | 7 | 2004.9.9 | |
| 6 | 液压车 | CBYG-3 | | 2 | 2004.12.1 | |
| 7 | 钻床 | φ3~19 | 550W | 5 | 2004.9.7 | |
| 8 | 角向磨光机 | GWS8—100mm | 670W | 10 | 2004.9.8 | |
| 9 | 冲击钻 | GSB20-2RE14mm | 520W | 15 | 2004.9.9 | |
| 10 | 电锤 | GBH2SE24mm | 620W | 8 | 2004.9.4 | |
| 11 | 自动试压泵 | DSB-150/10 | 2.2kW | 2 | 2005.4.9 | |
| 12 | 空压机 | ZB-0118 | 1.5kW | 1 | 2005.4.22 | |
| 13 | 直线切割机 | 16型 | 3kW | 1 | 2005.2.4 | |

续表

| 序 号 | 施工机具 | 型号规格 | 功率 | 用量 | 使用时间 | 备 注 |
|---|---|---|---|---|---|---|
| 14 | 剪板机 | 4×2000型 | 5.5kW | 3 | 2005.2.4 | |
| 15 | 单平咬口机 | YZD-12B | 3kW | 2 | 2005.2.4 | |
| 16 | 联合角咬口机 | YZL-12C | 3kW | 2 | 2005.2.4 | |
| 17 | 折方机 | WS-12 | | 1 | 2005.2.4 | |
| 18 | 电动液压铆接机 | MY-5A | 1.1kW | 1 | 2005.2.4 | |
| 19 | 液压弯管机 | DWG-3B | 750W | 1 | 2004.9.12 | |
| 20 | 热熔焊机 | | | 1 | 2005.5.4 | |

## 2.6 主要材料用量及进场计划

### 2.6.1 土建主要材料用量及进场计划（表2-4）

主要材料用量及进场计划表　　　　表2-4

| 序 号 | 材料名称 | 型号规格 | 数量 | 单位 | 进场计划 |
|---|---|---|---|---|---|
| 1 | 垫层混凝土 | C15 | 822 | m³ | 2004.08.28 |
| 2 | 地下室梁板混凝土 | C35 | 6764 | m³ | 2004.09.28 |
| 3 | 地下室墙柱混凝土 | C55 | 3980 | m³ | 2004.09.20 |
| 4 | 抗渗混凝土 | C40P8 | 7046 | m³ | 2004.09.12 |
| 5 | 抗渗混凝土 | C45P8 | 2062 | m³ | 2004.09.20 |
| 6 | 地下室钢筋 | HPB235级钢 | 236 | t | 2004.08.25 |
| 7 | 地下室钢筋 | HRB335级钢 | 2700 | t | 2004.08.25 |
| 8 | 地下室钢筋 | HRB400级钢 | 1251 | t | 2004.08.25 |
| 9 | 直螺纹套筒 | | 71000 | 个 | 2004.08.25 |
| 10 | 地下室多孔页岩砖 | | 96 | m³ | 2005.01.15 |
| 11 | 地下室陶粒混凝土砌块 | | 719 | m³ | 2005.01.15 |
| 12 | 地下室防水卷材 | 改性沥青 | 16000 | m² | 2004.08.29 |
| 13 | 地下室木制门 | | 23 | 樘 | 2005.01.20 |
| 14 | 地下室钢制防火门 | | 199 | 樘 | 2005.01.20 |
| 15 | 地下室防火卷帘门 | | 25 | 樘 | 2005.01.20 |
| 16 | 地下室人防门 | | 29 | 樘 | 2005.01.20 |
| 17 | 地上混凝土 | C45 | 2957 | m³ | 2004.12.23 |
| 18 | 地上混凝土 | C55 | 754 | m³ | 2004.12.23 |
| 19 | 地上钢筋 | HPB235级钢 | 490 | t | 2004.12.06 |
| 20 | 地上钢筋 | HRB335级钢 | 1174 | t | 2004.12.06 |
| 21 | 地上钢筋 | HRB400级钢 | 803 | t | 2004.12.06 |
| 22 | 直螺纹套筒 | | 28344 | 个 | 2004.12.06 |
| 23 | 钢结构 | | 152 | t | 2005.05.25 |
| 24 | 地上多孔页岩砖 | | 200 | m³ | 2005.04.20 |

续表

| 序号 | 材料名称 | 型号规格 | 数量 | 单位 | 进场计划 |
|---|---|---|---|---|---|
| 25 | 地上陶粒混凝土砌块 | | 1670 | m³ | 2005.04.20 |
| 26 | 聚氨酯防水保温 | | 1865 | m² | 2005.06.06 |
| 27 | 地上木制门 | | 10 | 樘 | 2005.05.02 |
| 28 | 地上钢制防火门 | | 354 | 樘 | 2005.05.02 |
| 29 | 地上防火卷帘门 | | 36 | 樘 | 2005.05.02 |
| 30 | 地上栏杆及扶手 | φ50钢管 | 3450 | m | 2005.05.02 |

### 2.6.2 机电工程主要设备材料进场计划（表2-5）

机电工程设备材料进场计划表　　　　　表2-5

| 序号 | 设备所在区域 | 设备名称 | 定货完成时间 | 设备进场时间 |
|---|---|---|---|---|
| 1 | 地下制冷机房 | 离心式制冷机 | 2004.10.30 | 2005.6.04 |
| 2 | 地下制冷机房 | 冷冻水泵/冷却水泵 | 2004.10.09 | 2005.6.09 |
| 3 | 地下制冷机房 | 分、集水器 | 2004.11.04 | 2005.6.12 |
| 4 | 地下制冷机房 | 软化水设备 | 2004.11.09 | 2005.7.04 |
| 5 | 地下制冷机房 | 电子除垢仪 | 2004.10.24 | 2005.6.22 |
| 6 | 地下制冷机房 | 综合水处理仪 | 2004.10.30 | 2005.6.24 |
| 7 | 地下制冷机房 | 灭菌仪 | 2004.11.09 | 2005.6.26 |
| 8 | 地下制冷机房 | 自动落地式膨胀水箱 | 2004.11.15 | 2005.7.31 |
| 9 | 热交换站 | 换热器 | 2004.10.04 | 2005.7.04 |
| 10 | 热交换站 | 热水循环水泵 | 2004.10.09 | 2005.7.09 |
| 11 | 热交换站 | 采暖循环水泵 | 2004.10.09 | 2005.7.09 |
| 12 | 生活水泵房 | 变频给水泵组 | 2004.9.02 | 2005.6.19 |
| 13 | 生活水泵房 | 不锈钢生活水箱 | 2004.9.14 | 2005.6.09 |
| 14 | 生活水泵房 | 紫外线消毒器 | 2004.9.24 | 2005.7.1 |
| 15 | 消防水泵房 | 消火栓泵、喷淋泵 | 2004.10.12 | 2005.6.06 |
| 16 | 消防水泵房 | 湿式报警阀组 | 2004.10.25 | 2005.6.19 |
| 17 | 消火栓系统 | 消火栓箱 | 2004.11.05 | 2005.6.20 |
| 18 | 消火栓系统 | 水泵接合器/室外消火栓 | 2004.11.14 | 2005.9.10 |
| 19 | 消火栓系统 | 喷头 | 2004.11.14 | 2005.9.10 |
| 20 | 中水机房 | 中水处理一体化设备 | 2004.10.29 | 2005.9.02 |
| 21 | 屋面消防水箱间 | 消防水箱 | 2004.9.14 | 2005.8.1 |
| 22 | 屋面消防水箱间 | 消火栓、喷淋增压泵组 | 2004.10.12 | 2005.9.19 |
| 23 | 屋面 | 冷却塔 | 2004.11.09 | 2005.6.25 |
| 24 | 风机房 | 风机 | 2004.8.19 | 2005.2.10 |
| 25 | 空调区域 | 风机盘管 | 2004.9.25 | 2005.2.5 |
| 26 | 风管系统 | 静压箱/消音器 | 2004.10.16 | 2005.2.04 |

续表

| 序 号 | 设备所在区域 | 设备名称 | 定货完成时间 | 设备进场时间 |
|---|---|---|---|---|
| 27 | 风系统 | 风阀 | 2004.8.25 | 2005.2.04 |
| 28 | 风系统 | 风口 | 2004.8.18 | 2005.7.19 |
| 29 | 电气间 | 动力/照明配电箱 | 2004.11.07 | 2005.6.10 |
| 30 | 变配电室 | 高低压柜 | 2004.11.12 | 2005.7.20 |
| 31 | 变配电室 | 变压器 | 2004.11.08 | 2005.7.19 |
| 32 | 照明电气系统 | 灯具 | 2004.11.25 | 2005.8.04 |
| 33 | 电气系统 | 插座/开关 | 2004.11.19 | 2005.8.09 |
| 34 | 弱电机房 | 弱电设备 | 2004.11.04 | 2005.7.24 |
| 35 | 消防控制室 | 消防报警主机设备及末端 | 2004.11.09 | 2005.8.09 |

# 3 施工进度计划及工期保证措施

## 3.1 总体进度计划及阶段目标

根据业主的工作计划，该工程主体结构计划开工日期为2004年8月20日。我们根据以往同类工程的施工经验及中青旅大厦工程的实际情况，初步拟定了一份基本可行的施工进度计划，该计划总工期720日历天，即2004年8月20日开工，2006年8月9日竣工。该总工期内容指从基础垫层到最后整体工程竣工交付使用的全部工作内容。

在进度计划的编制过程中，我们对一些施工条件进行了部分假设。在实际施工中如情况变化较大，我们还将根据实际情况对进度计划进行调整，以尽量满足业主要求。

## 3.2 工期保证措施

(1) 建立完善的计划保证体系

建立完善的计划体系是掌握施工管理主动权、控制施工生产局面，保证工程进度的关键一环。本项目的计划体系由总进度控制计划和分阶段进度计划组成。总进度控制计划控制大的框架，必须保证按时完成，分阶段计划按照总进度控制计划排定，只可提前，不能超出总进度控制计划限定的完成日期。在安排施工生产时，按照分阶段目标制定日、周、月、年计划，在计划落实中，以确保关键线路实施为主线，制定相应保障措施，并由此派生出一系列保障计划，确保关键线路的实施。在各项工作中做到未雨绸缪，使进度管理形成层次分明、深入全面、贯彻始终的特色。

(2) 一级总体控制计划

表述各专业工程的阶段目标，是业主、设计、监理及总包高层管理人员进行工程总体部署的依据，主要实现对各专业工程计划进行实时监控、动态关联。本次提交的施工总进度控制计划即为一级总体控制计划。

(3) 二级进度控制计划

以专业及阶段施工目标为指导，分解形成细化的该专业或阶段施工的具体实施步骤，以达到满足一级总控计划的要求，便于业主、监理和总包管理人员对该专业工程进度的总体控制。

(4) 三级进度控制计划

是指专业工程进行的流水施工计划，供各承包单位基层管理人员具体控制每一分项工程在各个流水段的工序工期，是对二级控制计划的进一步细化。该计划以表述当月、当周、当日的操作计划，本公司随工程例会发布并检查总结完成情况，月进度计划报业主、监理审批。

本工程实施过程中，将采取日保周、周保月、月保阶段、阶段保总体控制计划的控制手段，使计划阶段目标分解细化至每一周、每一日，保证总体进度控制计划的按时实现。

(5) 技术工艺的保障

1) 针对性的施工组织设计、施工方案和技术交底

"方案先行，样板引路"是本公司施工管理的特色，本工程将按照方案编制计划，制定详细的、有针对性和可操作性的施工方案，从而实现在管理层和操作层对施工工艺、质量标准的熟悉和掌握，使工程施工有条不紊地按期保质完成。施工方案覆盖面要全面，内容要详细，配以图表，图文并茂，做到生动、形象，调动操作层学习施工方案的积极性。

2) 结构施工采用流水施工

本工程地下单层建筑平面面积大，结构施工任务重，质量要求高，如何保证结构在最短的时间内顺利的完成是整个工程进度的关键所在。项目将根据工程工期要求和阶段目标要求，采用分段流水方式组织施工。节拍均衡流水施工方式是一种科学的施工组织方法，其思路是使用各种先进的施工技术和施工工艺，压缩或调整各施工工序在一个流水段上的持续时间，实现节拍的均衡流水。具体的流水段划分详见施工部署流水段划分部分内容。在每个施工区域通过调整资源投入，加强协调管理等措施满足流水节拍均衡的需要。

3) 合理安排施工工序，控制关键工序

由于本工程工期较紧，在装修施工阶段，安装及土建交叉作业多，施工工序繁杂。本工程将以施工进度计划为先导，以先进的组织管理及成熟的施工经验为保障，通过预见及消除影响因素，控制关键工序及合理调配施工资源等措施组织施工生产。

我方将积极与目前土方施工单位协商，在土方挖至设计标高位置即可进行塔吊基础施工，以便塔吊在基础垫层前施工完毕，确保基础底板结构施工前塔吊安装完毕，以保证结构施工工期。

(6) 合理资源配置的保障

1) 人力资源配置

为保证工程进度计划目标及管理生产目标，公司将充分配备项目管理人员及足够的高素质劳动队伍，做到岗位设置齐全，以形成严格完整的管理及施工层次。

劳务队伍从我公司劳务基地和合格劳务分包商中选择，有着丰富的创优工程经验，善打硬仗和苦仗。

2) 机械资源配置

机械是影响施工生产的主要因素之一，大型机械的投入直接影响着项目生产进度及生产成本。对于这些设备的投入，公司将通过具体计算，以保证生产进度为前提进行合理配

置。具体见机械设备配置表（表 2-2）。本工程针对工程特点配置两台塔吊，两台大功率 HBT80 地泵以及两台双笼电梯等大型机械确保工程施工进度。

3）物资资源配置

为保证施工生产的正常进行，公司将根据施工总进度需要提出材料采购、加工及进场计划，通过加强物资计划管理，消除物资对施工进度的潜在影响以形成对施工总进度计划实现的有力保障。

设备订货时间的确定：①进口设备分为两部分，一部分供货时间较长（冷冻机、水泵、冷却塔），按六个月的供货期考虑；另一部分是供货期较短（空调机组、风机、配电柜），按三个月考虑；②合资设备和国产设备材料都按三个月供货周期考虑。

电梯的供货是分步进行的，为此，订货后电梯设备材料的具体进场时间由总承包商同电梯供应商共同协商排出更具体的进场时间。一方面减少现场的库存，另一方面满足现场的施工。

模板配置将根据本工程的层高的变化，有 4.7m、6.1m、3.6m 等，我们以标准层高 3.6m 为基准配模进行接高处理，保证模板工程的资源投入，形成对结构进度的有力保证。

# 4 施工现场平面布置

## 4.1 施工场地总平面布置原则

中青旅大厦工程位于北京市东直门南大街西侧，北侧是 B3 区规划用地，南侧是北京移动通信综合楼规划用地。由于该工程紧邻东直门南大街，处于东二环路的繁华区，因此确保和维持周边毗邻道路、步行道的安全和现场的文明、安全、环保施工将是本工程施工管理的重点。本工程现场的使用场地十分狭小，地下室外边线与红线几乎重合，因此，合理应用本工程现场的场地是十分重要的。在施工期间，我们将尽量避免由于现场施工操作、材料运输、车辆出入对周边交通带来的任何妨碍，同时一定要保护和维护现场内和毗邻场地的市政管线、电信电缆等设施。

基于上述场地现状和周边环境的限制，避免现场临时设施频繁搬迁，平面布置不得影响正常施工。

各类材料堆场尽量布置在塔吊覆盖范围内，减少二次搬运，降低工程成本，加快施工速度。

现场平面布置随施工进度进行调整、安排，不同施工阶段的平面布置要与施工重点相适应。

临时设施布置满足有关北京市文明施工现场的要求，满足业主要求。

其中主体结构施工阶段平面布置考虑北面 B3 区可租用部分场地，如果受时间限制，则采用替代方案，该部分临时设施在场外租地解决。装修阶段考虑两侧土方已经回填，则办公和材料堆放场地可布置在主楼东西两侧。

## 4.2 场地围挡、大门、场地道路及排水设施

根据现场情况和现场平面布置原则，现场按公司 CI 形象要求建立整齐划一的围挡。

主体结构阶段在现场西北部设一大门。大门要按公司 CI 形象统一要求制作。场地西北侧设有"八板一图"广告牌。场地内沿建筑物北面做 5m 宽混凝土硬化道路。在场地的北侧开设一个临时大门，一旦 B2 场地不能使用，则把该大门封闭。

沿建筑物四周，施工道路旁，砌筑排水沟，并布置沉淀池，将污水溢入沉淀池经沉淀后再排入污水管网。

### 4.3 生产设施布置

由于现场基础施工场地十分狭小，故而在主体结构施工阶段现场在 B3 区租用部分场地设置生产、生活和办公区，若 B3 区场地不能租用则考虑另外租场地。

在主体结构施工阶段，现场生产设施集中设置在场区北侧，分别设置钢筋加工场地、钢筋堆放场地、砂浆搅拌站、水泥库、砂石料堆放区、木工棚、模板堆放区、现场试验室、装饰材料堆场、机电材料堆场等。砂浆搅拌站和水泥库均进行封闭及降尘处理，采用砌块墙体，石棉瓦屋面。试验室为砖房，石棉瓦屋面。现场设封闭式建筑垃圾站。

### 4.4 办公生活设施布置

项目部办公区：设在场区西侧，统一设置办公用房，采用三层彩钢板复合板房屋，办公室门口设停车场和绿化带。

生活区：为保证工程的顺利进行，现场设置能住宿 600 人左右的生活区，在场地东北角，设置工人宿舍、食堂、浴室、厕所和活动室及生活垃圾站等。

### 4.5 临时设施一览表（表 4-1）

临时设施一览表　　　　　　　表 4-1

| 序号 | 临建名称 | 规格/型号/做法 | 数量 | 单位 | 使用时间 |
| --- | --- | --- | --- | --- | --- |
| 1 | 业主/监理办公室 | 盒子房 | 7 | 间 | 24 月 |
| 2 | 业主/监理会议室 | 盒子房 | 2 | 间 | 24 月 |
| 3 | 总包自用办公室 | 盒子房 | 15 | 间 | 24 月 |
| 4 | 集装箱（分包） | 盒子房 | 4 | 间 | 24 月 |
| 5 | 总包会议室 | 盒子房 | 2 | 间 | 24 月 |
| 6 | 试验用房 | 砖混 | 24 | m² | 24 月 |
| 7 | 项目食堂 | 砖混 | 48 | m² | 24 月 |
| 8 | 工人食堂 | 砖混 | 60 | m² | 24 月 |
| 9 | 项目厕所 | 砖混 | 36 | m² | 24 月 |
| 10 | 仓库 | 砖混 | 90 | m² | 24 月 |
| 11 | 混凝土搅拌站/机用棚 | 脚手架 | 20 | m² | 18 月 |
| 12 | 木工加工车间 | 砖混 | 60 | m² | 18 月 |
| 13 | 钢筋加工棚 | 脚手架 | 60 | m² | 18 月 |
| 14 | 工具房 | 脚手架 | 80 | m² | 24 月 |
| 15 | 急救室/隔离室 | 砖混 | 24 | m² | 24 月 |

续表

| 序号 | 临建名称 | 规格/型号/做法 | 数量 | 单位 | 使用时间 |
|---|---|---|---|---|---|
| 16 | 保安及门卫用房 | 铝合金（盒子房） | 30 | m² | 24月 |
| 17 | 围墙含出口及大门 | 压型钢板 | 460 | m | 24月 |
| 18 | 公司标语/CI标志 |  | 10 | 幅 | 24月 |
| 19 | 临时化粪池 | 9号 | 1 | 座 | 24月 |
| 20 | 临时化粪池 | 3号 | 1 | 座 | 24月 |
| 21 | 工人宿舍 | 活动房 | 1404 | m² | 24月 |
| 22 | 工人厕所 | 砖混 | 60 | m² | 24月 |
| 23 | 水泥库 | 砖混 | 60 | m² | 15月 |

## 4.6 主要施工机械配置及布置

（1）通过塔吊吊次计算和现场平面布置情况，我们计划在拟建主体工程的西北角设置一台臂长为50m的塔吊，东北角设置一台臂长为60m的塔吊，以此来解决钢筋、模板等物资的垂直运输。

（2）现场设置一个搅拌站，配置两台砂浆搅拌机，以满足二次结构和装修阶段墙、地面等砂浆的使用，搅拌站将布置在现场的西侧。

（3）二次结构和装修施工阶段时，在现场的西侧和东侧各设置一台施工电梯，以解决装修阶段材料的垂直运输问题。

（4）在结构施工阶段，根据工作需求，将配置两套钢筋加工机具和两套木工机具以及混凝土振捣机具等。

## 4.7 临水设计

### 4.7.1 临时用水水源设计

根据北京市有关要求以及业主提供的水源接入点接入，接入现场后加装水表计量。现场消防干管成环状敷设，生活用水干管成枝状敷设，直径分别为100mm和50mm。

### 4.7.2 消火栓给水系统

室外消火栓设计采用低压消防给水系统，平时管网内水压较低，仅满足施工生产用水即可，当火场灭火时，水枪所需压力，由消防泵增压。

给水干管各处按用水点需要预留甩口及引入建筑物内，室外消防管采用$DN100$管线，沿建筑物周边布置，埋地敷设。根据规范要求，室外共设置SN65消火栓7台，每套消火栓配25m水龙带、19mm水枪，消火栓昼夜设有明显标志（即低压照明）。在楼内每层设两套SN65室内消火栓箱，每套消火栓配25m水龙带、16mm水枪，楼内的立管线为$DN100$，并在楼内每层预留施工生产用水口。办公和生活区以及木工棚安放灭火器和黄沙土，布置均衡，标志醒目，挂放牢靠。

室内消火栓系统设计采用临时高压系统。在消防泵房设置两台水泵和15m³消防水箱，并设旁通管。平时从旁通管接入施工用水，较高楼层施工或火灾时启动水泵加压。

### 4.7.3 生活、生产给水系统

根据需要由现场生活、生产用水管预甩口,分别供给厨房、厕所、生产、生活等用水,施工现场各项留用水点的支管不单设阀门井。厨房、厕所用水点在入户后的管道上设阀门控制。

### 4.7.4 排水系统

本方案现场排水主要考虑厕所污水、食堂废水、生产排水和雨水设计污、废水合流排放,排水干管的走向根据现场市政排水管网的状况确定。

现场设置隔油池,厨房污、废水排放前先除油。厕所的污、废水先排入化粪池沉淀后,再进入管网,办公区化粪池按实际使用人数为50人,清淘周期按两个月考虑,定期由专车抽出排走,不排入市政管网,选用 $6m^3$ 砖砌化粪池。工人生活区化粪池按实际使用人数为600人,清淘周期按1个月考虑,选用 $12m^3$ 砖砌化粪池,污水经化粪池排入市政管网。食堂污水经隔油池处理后排至化粪池。

### 4.8 临电设计

(1) 施工用电电源容量计算:

$$P = 1.05 \times (k_1\Sigma P_1/\cos\phi + k_2\Sigma P_2 + k_3\Sigma P_3 + k_4\Sigma P_4)$$

式中 $P$——供电设备总需要容量(kV·A);

$P_1$——电动机额定功率(kW);

$k_1$——电动机台数 3~10 台时,$k_1 = 0.7$;11~30 台时,$k_1 = 0.6$;30 台以上时,$k_1 = 0.5$;

$P_2$——电焊机额定容量(kV·A);$k_2$—电焊机台数 3~10 台时,$k_1 = 0.6$;10 以上,$k_2 = 0.5$;

$P_3$——室内照明容量(kW),$k_3 = 0.8$;

$P_4$——室外照明容量(kW),$k_4 = 1$;

室内及生活照明按动力的10%考虑,总容量为50kW,办公室空调用电为50kW。

室外照明按现场布置4盏镝灯(3.5kW)考虑,总容量为14kW。

$\cos\phi$——电动机的平均功率因数,为0.75。

$$P = 1.05 \times (K_1\Sigma P_1/\cos\phi + k_2\Sigma P_2 + k_3\Sigma P_3 + k_4\Sigma P_4)$$
$$= 1.05 \times (0.6 \times 359.5/0.75 + 0.6 \times 114 + 0.8 \times 100 + 3.5 \times 4)$$
$$= 1.05 \times (287.6 + 67.2 + 80 + 14)$$
$$= 1.05 \times 449 = 471 kV \cdot A$$

业主提供的两台 315kV·A 变压器能满足施工需要。

(2) 现场设置两个配电柜,引出3个回路。在建筑物内每层设置1个配电箱,共设置23个配电箱。

(3) 供电系统采用三相五线制的 TN-S 系统,电缆线路埋地暗敷设。为了在停电时,不影响施工工期和混凝土浇筑的连续性,确保工程质量,现场配备一台200kW的柴油发电机组，以保证停电时，施工能照常进行。

# 5 土建主要施工方案

## 5.1 测量施工方案

### 5.1.1 施工测量前期准备工作

（1）图纸查验

总平面图 A-02，图中详细地标注了地下三层外边界各点坐标及地铁出风口四角坐标等。

（2）仪器、设备的配置

瑞士徕卡精密电子水准 DNA03 精度 0.3mm 一台，配条码尺。

日本拓普康 GTS-601HF 精度 $1''$、$2+2\times10^{-6}$ 全站仪一台。

国产南方电子经纬仪 ET-02，精度 $2''$ 两台。

瑞士徕卡水准仪 NA824，精度 2.5mm 两台。

50m 钢卷尺两把，5m 铝合金塔尺两把。

瑞士徕卡激光铝垂仪 VS-A1，精度 1/200000 一台。

以上仪器设备均有合格的国家计量检定证书。

当我方中标后，立即将上述仪器设备合格证书、合法检定证书报送业主和监理审核备案。

### 5.1.2 平面施工测量

平面定位：当岩土工程挖土到基底后，我方根据城市导线点用全站仪将总平面图中地下三层外轮廓坐标点全部测设到坑底；同时，将主楼的八个坐标点同时钉到坑下底面上，并查验实测出地铁通风口四点坐标值来。

当我方测设完成后，请监理查验合格后，由业主报请市行政监督部门查验，合格后方可进行下道工序。

由于地上主体 20 层故以此主体四角八个坐标为依据测设出本工程地下、地上各轴的相关尺寸、边角来。

当精度达到测角中误差 $\pm 5''$，边长相对中误差 1/40000 时，向坑上做井字形外控桩，同时代上坐标值。

### 5.1.3 高程施工测量

（1）高程引进

首先对测绘院现场留的高程点进行检测，当其误差在 4mm 以内时平差使用，当超过时再从城市高程点引测进行调整（经查二点无误），以此高程作为本群体工程施工的高程依据。

用附合法将高程引进施工现场，留标高 $+0.500\text{m} = 43.850\text{m}$ 数点作为施工现场依据点，做标识，做保护，每次使用前需用两点校核无误后再进行实测。

（2）首层以下高程测量

由于基底深 $-15.150\text{m}$，故可用现场引测留置的多点标高 $+0.500\text{m} = 43.850\text{m}$ 引测到

坑下留点，直接控制首层以下标高进行基础施工。

引测方法采用悬吊钢尺法。

(3) 首层及首层以上各层高程测量

首层：当结构施工至首层墙桩时，用测绘院提供的高程点校核无误后用附合法引测到首层墙桩 +0.500m = 43.850m，限差不得超过 1mm。

按施工组织设计、施工流水段内选择竖立面无障碍物的地方，固定两到三个 +0.500m 的准确标识点作为向上传递的依据点。此依据点进行联测，高差不得超过 1mm，做保护，做标识。

首层以上各层：从首层固定有标识的 +0.500m 线点向上丈量到实测层，一个施工段引测不少于两个点，经实测引上二点高差不大于 2mm 时平差使用。测量本层高程要与下面一层联测，查其层高误差。当引上二点高差超过 3mm 时，应及时检查其原因进行解决。50m 钢卷尺丈量时，应进行尺长、温度、拉力校正。

由于主体总高 75.00m，故在 10 层时过渡一层传递高程点。

装修阶段严格按结构施工时留的标高线点进行装修测量控制。

### 5.1.4 变形观测

(1) 基坑边坡的水平位移观测

我方进场时基坑已形成，我方将责成及监督岩土工程施工方对基坑边坡进行位移观测，直至土方回填完毕。

(2) 建筑物本身变形（沉降）观测

本工程地上 20 层，根据建筑物变形测量规程，需进行沉降观测。

基准高程点：在远离基坑上口 30.00m 以外，不宜碰动、安全的地方深埋四个混凝土（中心有突出金属杆）桩点。当混凝土强度达到 80% 以上后即可用精密水准从市测绘院三个平差后的高程点上引上高程来，采用二等水准测量精度。

### 5.1.5 测量桩、点、线留置的保护、移交恢复及标识的要求

外控桩、高程点要做在不易碰撞的地方，做得要牢固，并做明显的标识和保护，供工程全过程使用。

需要留的点、线根据工程的特点，可用墨线（宽度均不可超过 0.5mm）或粉线（宽度均不可超过 1mm）留进，并做适当保护。

移交恢复：测设留的桩、点、线均有记录（平面控制桩布置图、高程引测点、楼层水平控制线等），项目施工组织者应告诫工程所有参与者对测量桩、点、线应加以保护，不得破坏覆盖。

## 5.2 钢筋工程施工方案

(1) 钢筋采购

根据总体施工进度计划安排，由项目技术组编制详尽的材料采购计划，由公司采购部门统一组织，严格按计划采购供应。为保证所承建工程质量最终达到质量目标和业主要求，公司对项目所使用材料、半成品、机械设备等实行全过程的管理和控制。从送样报批、签订合同、物资采购、供应至现场到最终在工程上使用的各个环节，均实行质量把关、责任落实到人。

所有钢材在采购前，有关供应商、生产厂家及产品的报批要得到业主、设计顾问和监理批准。钢材由物资部门进行集中采购，根据设计要求，结合业主批准的样品或样本及我公司相关标准工作程序，坚持"货比三家、择优选用"的原则。

(2) 钢筋的进场验收和检验

1) 钢筋进场应有出厂质量证明书或试验报告。钢筋表面或每捆钢筋必须有标识，标识上必须写明此部分钢筋所用工程部位、对应配筋单号及其上的钢筋号。进场钢筋由项目组织验收，验收时要严格按相关规范、配筋单及方案执行，不合格的钢筋坚决组织退场，并做好相关物资管理记录和重新进场计划。

2) 钢筋外观检验。对进场的钢筋，在保证设计规格及力学性能的情况下，钢筋表面必须清洁、无损伤，不得有颗粒或片状铁锈、裂纹、结疤、折叠、油渍和污漆等，钢筋端头必须保证平直、无弯曲。钢筋表面的凸块不允许超过螺纹的高度。

3) 钢筋原材验收。原材试验报告单的分批必须正确，同炉号、同牌号、同规格、同交货状态、同冶炼方法的钢筋小于等于60t可作为一批；原材复试应符合有关规范要求，且见证取样数必须大于等于总试验数的30%。

4) 钢筋性能检验。热轧带肋钢筋力学性能的检验：每一验收批取一组试件（拉伸2个、弯曲2个），取样时从同一验收批中任选的两根钢筋中切取试样，切取试件时，从每根钢筋端部先截去50cm，然后再截取两根，一根做拉伸试验（包括屈服点、抗拉强度和伸长率）；另一根做弯曲试验。试验时，如有一个试验结果不符合规范所规定的数值时，则应另取双倍的试样，对不合格的项目做第二次试验；如仍有一根试样不合格，则该批钢筋为不合格品，不予验收。

(3) 钢筋堆放及标识要求

1) 堆放场地要求

堆放钢筋的场地要坚实平整，在场地基层上用混凝土硬化或用碎石硬化，并从中间向两边设排水坡度，避免基层出现积水。堆放时，钢筋下面要垫垫木或砌地垄墙，垫木或地垄墙厚度（高度）不应小于20cm，间距1500mm，以防止钢筋锈蚀和污染。

2) 原材堆放

钢筋原材进入现场后，按照地下、地上结构阶段性施工平面图的位置分区、分规格、分型号进行堆放，不能为了卸料方便而随意乱放。

3) 钢筋标识

钢筋原材及成品钢筋堆放场地必须设有明显标识牌，钢筋原材标识牌上应注明钢筋进场时间、受检状态、钢筋规格、长度、产地等；成品钢筋标识牌上应注明使用部位、钢筋规格、钢筋简图、加工制作人及受检状态。

(4) 钢筋加工

1) 地下结构施工阶段由于受现场场地限制，采用外租场地进行钢筋加工，地上结构施工阶段，由于地下裙房已完成，为减少二次倒运及方便施工，地上结构钢筋将在场内进行加工。

2) 备料：钢筋在加工前应洁净、无损伤，油渍、漆污和铁锈等在使用前应处理干净。

施工中如供应的钢筋品种和规格与设计图纸要求不符时，可以进行代换。但代换时，必须充分了解设计意图和代换钢材的性能，严格遵守规范的各项规定。对抗裂性要求高的构件，不宜用光面钢筋代换变形钢筋，钢筋代换时不宜改变构件中的有效高度，钢筋代换应遵循规范要求并征得设计同意；代换后的钢筋用量不宜大于原设计用量的5%，亦不低于2%，且应满足规范规定的最小钢筋直径、根数、钢筋间距、锚固长度等要求。

3) 钢筋的加工制作：

A. 钢筋配筋单：根据工程的施工图纸及规范要求，请各分承包配筋员对工程各部位进行详细的钢筋配置。配置过程中，若发现框架节点、暗柱及连梁节点钢筋过密，一定要先放样，提前采取措施，便于现场的加工制作。配筋单必须先经总包专业配筋审核员审核，无误后交项目总工程师审核签字后，方可进行钢筋加工。

B. 钢筋的切断：采用钢筋切断机及砂轮切割机对钢筋进行切断。切断时要保证刀片与冲击刀片刀口的距离，直径小于20mm的钢筋宜重叠1~2mm；直径大于等于20mm的钢筋宜留3mm左右，以保证钢筋的下料长度。

C. 钢筋的成形：采用钢筋成形机对钢筋进行成形。将切割好的钢筋按照配筋单分区、分段、分层、分部位、分规格进行弯曲成形。HPB235级钢筋采用人工操作摇手扳子进行钢筋成形，末端做成180°弯钩，其圆弧弯曲直径不小于钢筋直径的2.5倍且不应小于受力钢筋的直径，平直长度大于等于$3d$；顶板支座负弯矩钢筋末端做成90°弯钩，平直长度应符合设计要求。

(5) 钢筋连接

1) 接头形式

本工程钢筋采用等强剥肋滚压直螺纹连接和搭接绑扎两种连接方法。

根据本工程各部位、构件设计所采用的钢筋型号、规格以及工程工期、质量、成本等综合考虑。当钢筋直径大于等于20mm时，采用等强剥肋滚压直螺纹连接；钢筋直径小于20mm时，采用搭接绑扎接头。

2) 钢筋绑扎接头要求

绑扎接头中钢筋横向净距大于或等于钢筋直径且不小于25mm。

从任意绑扎接头中心至搭接长度的1.3倍区段范围内，有接头的受力钢筋截面面积占受力钢筋总截面面积的允许百分率应符合以下规定：受拉区不超过25%；受压区不超过50%。

(6) 梁钢筋绑扎

1) 本工程框架梁跨度8100mm，在纵横框架梁中间设置一道次梁，其中梁主要截面尺寸：地下二、三层框架梁为600mm×700mm、次梁为600mm×650mm，首层框架梁为400mm×800mm、次梁为400mm×700mm、400mm×600mm、400mm×500mm，标准层框架梁截面为500mm×550mm、400mm×600mm、次梁为400mm×550mm。

2) 本工程梁筋绑扎时先支梁底模、绑好梁筋后再合梁侧模，在绑扎梁柱节点处柱箍筋时，采用"沉梁"的方法进行绑扎。

3) 工艺流程：画主次梁箍筋间距→放主梁、次梁箍筋→穿主梁底层纵筋、连接接头→穿次梁底层纵筋、连接接头并与箍筋固定→穿主梁上层纵向筋及支座负筋→绑扎主梁箍筋→穿次梁上层纵筋、连接接头→绑扎次梁钢筋→设置钢筋保护层垫块→验收交接。

4) 绑扎要点：

A. 箍筋间距分档：起步箍筋距柱边、框架梁边50mm开始设置，加密区间距100mm，非加密区间距150mm、200mm（根据图纸要求设置）。主次梁交接处沿主梁附加箍筋，间距50mm，每侧共3道，按以上间距在已支好的梁底模板上画出箍筋分档线。

在已支好的梁底模板上画出箍筋分档线，摆放主梁的下部纵向受力钢筋，并连接纵筋接头。

B. 穿纵筋：按设计根数摆放纵筋，穿筋时应根据方案或设计要求确定哪个方向的梁纵筋先穿，并从边支座向中间穿入，纵筋伸入支座的水平长度应满足锚固要求，负筋在支座两侧的长度一致，双排钢筋之间应垫上短钢筋棍，当纵筋连接完后，调整纵筋间距并与箍筋固定。

C. 纵筋接头位置：上铁接头设置在跨中1/3范围内，下铁接头设置在支座处，同一连接区段内接头不大于50%，错开距离不小于35$d$。

5）施工中应注意的几个问题：绑扎前应明确梁筋绑扎顺序，原则上应先绑短向主梁、再绑长向主梁、再绑短向次梁、最后绑长向次梁，等高梁相交处必须进行处理，以梁筋防叠加超高。

梁钢筋的间距及各排铁的排距必须均匀，满足最小间距要求。当不能满足最下间距要求时，应与设计协商，采用调整钢筋的规格、排数或其他方法解决。切忌不要将一排铁的位置放在二排铁的位置上，或只满足钢筋总根数要求而不顾钢筋的间距、排数。

(7) 板钢筋绑扎

1) 本工程楼板采用有梁平板，板厚120～250mm不等，地下室各层、首层及屋顶楼板钢筋双层双向，标准层楼板钢筋采用单层双向配置。

2) 工艺流程：清理模板→在模板上弹钢筋分档线→绑扎板下层钢筋网片并设置钢筋保护层垫块→设置马凳筋→板上层钢筋网片→局部调整→验收交接。

3) 绑扎要点：

A. 弹线：模板支设并交接完毕，清理模板上的杂物，用铁红在模板上弹出下网纵横钢筋间距线，其中板起步筋距梁边、墙边距离为50mm。

B. 确定摆放顺序：下网先摆放短向钢筋，后长向钢筋，上网则先摆长向钢筋，后短向钢筋。

C. 接头位置：对于通长钢筋，上铁接头设置在跨中1/3范围内，下铁接头设置在支座处。在1.3倍的搭接长度范围内，接头错开百分率不得大于50%。

### 5.3 模板工程施工方案

#### 5.3.1 模板工程的特点、难点

(1) 基础底板的集水坑、电梯井坑等较多，模板需要在现场进行制作，现场保证模板制作的精度和质量，是模板工程施工重点之一。

(2) 在地下一层⑫轴～⑮轴、Ⓔ轴～Ⓗ轴位置，是大面积"井"字梁，下部空间高度为6.1m，长24.3m，宽20.25m，属于大空间支模，水平模板的支设和支撑体系是施工现场考虑的重点、难点之一。

(3) 地下结构部分东西两侧，地下室外墙与护坡的距离较近，不能采用通常的双面支模体系，因而在东西两侧采用单层支模体系，单侧支模的设计与施工是模板工程的重点、难点之一。

(4) 地上结构部分Ⓔ轴～Ⓕ轴、⑩轴左侧3.15m～⑪轴右侧4.05m位置，每隔4层为一大空间，即只有在五、九、十三、十七层在此处有楼板，其他楼层没有；整个空间尺寸为长14.4m、宽7.9m、高14.4m。水平模板的支设和支撑体系是本模板工程的重点、难点之一。

(5) 地上结构平面整体形状呈旋转对称，因而竖向模板应合理考虑流水施工，这是模板施工的重点之一，可有效地为业主节约成本。

### 5.3.2 模板的配置

模板配置方案（表5-1）。

**模 板 配 置 表**　　　　　　　　　　　　　　　　　表5-1

| 结 构 部 位 | 模 板 体 系 | 使 用 说 明 |
| --- | --- | --- |
| 核心筒竖向墙体 | 106系列夹具式钢模板体系 | |
| 地上结构⑧轴、⑬轴墙体、柱子 | 106系列钢模板 | |
| 地上结构独立柱 | 夹具式铝梁WISA板体系 | 从首层开始使用 |
| 地下结构内墙 | 86系列钢模板 | 非主楼结构部分 |
| 地下结构独立柱 | 18mm覆膜多层板 | |
| 地下结构连墙柱 | 18mm覆膜多层板 | |
| 地下室2、3层南北两侧外墙 | 86系列钢模板体系 | |
| 地下室1层外墙 | 86系列钢模板体系 | |
| 地下室2、3层东西两侧外墙 | 单侧支模架+86钢模模板体系 | |
| 水平梁板模板体系 | 18mm覆膜多层板 | 所有水平结构 |
| 模板支撑体系 | 碗口脚手架 | |
| 基础底板反梁 | 55系列小钢模 | |
| 车道、集水坑等其他结构 | 18mm覆膜多层板 | |

### 5.3.3 柱模板施工方法

(1) 施工准备

柱模施工放线完毕；柱筋绑扎完毕，办完隐检记录，柱模内杂物清理干净；将本柱模中不用到的穿墙孔堵住，并涂刷脱模剂；柱模定位钢筋焊好，做好预埋。

(2) 柱模安装

将带有安装支架及相应配件的柱模吊装到柱边线处；根据柱模的截面尺寸，用夹具将四片柱模锁紧；调整柱模的垂直度，并用对拉螺栓交错进行加强；将柱模的支架固定好，如柱子较高时，需加一些斜向支撑和加强背楞。

(3) 拆模方法

当柱混凝土达到一定强度之后，开始拆模；先将柱模连接用的夹具和对拉螺栓松开，使柱模间分离；调节柱模支架的可调丝杆和侧向斜支撑，使柱模与混凝土墙面分离；将柱模吊到地面，进行清灰、涂刷脱模剂，以备再次周转使用；及时检查混凝土柱面，如有蜂窝、麻面、烂根、露筋、狗洞等现象，及时用高一等级细石混凝土进行填充；下一次安装柱模时，只需将柱模对应销锁紧用穿墙螺栓拉结即可。

#### 5.3.4 水平模板的施工方法

(1) 梁板模板支设流程

首先测定梁、板底标高，搭设支撑架；然后安放纵横楞、梁底模；梁钢筋绑扎；安装梁侧模；安装梁、柱节点模板；安装楼板底模；涂刷脱模剂；绑扎楼板钢筋；安放预埋管件；检验校正。

(2) 梁板模板安装质量要求

次梁轴线位置、截面尺寸及水平标高应准确无误；板面应平整洁净、拼缝严密，不漏浆；模板安装后应具有足够的承载能力、刚度和稳定性，能承受新浇混凝土的自重和侧压力以及在施工过程中所产生的荷载；模板安装偏差应控制在规范允许范围内。梁板支撑系统底部设可调底座，顶部设可调支撑头，以调节模板的标高、水平及按规范的要求起拱。

### 5.4 混凝土工程施工方案

(1) 混凝土重难点分析

1) 大体积混凝土施工

本工程主楼底板厚700mm，局部1400mm，地梁截面为1000mm×1400mm、1000mm×900mm，如何控制混凝土内外温差，避免因水化热和收缩引起的裂缝是本工程混凝土施工的重点之一。另外，场内外的交通组织也是大体积混凝土施工所必须重点考虑的。

2) 质量标准高

本工程质量标准高，混凝土的成型外观质量尤为重要，确保混凝土内坚外美是本工程混凝土施工所追求的目标。门窗洞口钢筋配置密集，混凝土下料、振捣困难，如何保证门窗洞口混凝土的质量是本工程混凝土施工的重点、难点。

(2) 混凝土浇筑的总体安排

1) 混凝土设备的选用

根据混凝土浇筑量和工期要求，本工程在基础底板结构阶段，现场配备3台HBT80地泵（一台汽车泵备用），基础底板以上混凝土结构布置两台HBT80地泵。另外，为方便墙体、梁板混凝土的浇筑，现场配备两台12m布料杆，框架柱浇筑时利用灰斗、塔吊配合浇筑。

2) 流水段划分及混凝土浇筑顺序

本工程地下室面积较大，出地面前地下室全部回收，地上部分没有裙房。所以在组织结构施工时，我们将根据图纸后浇带情况，将地下室结构划分为主楼及两侧地下室两个施工区域同时进行施工，以便充分利用工作面，保证工程进度。

基础底板根据设计的后浇带划分为3段，从东向西流水施工；地下二、三层结构每区划分为三个流水段进行施工，地下一层无裙房，可将流水节拍加快，即将主楼所在区的3个流水段改成4个流水段施工；首层及以上各层考虑模板配置并结合工期要求，将结构划分为南北两个流水段进行施工。

3) 商品混凝土的运输

本工程主体结构全部采用商品混凝土。场外运输采用混凝土搅拌运输车，场内混凝土运输采用塔吊和混凝土地泵来完成垂直和水平运输，使混凝土运输到混凝土的浇筑面。

合理规划场内外运输路线：本工程地处二环以内，东城区东直门桥、东直门内大街和东二环路交叉西南角 B4 区，是北京市较为拥堵的路段，混凝土运输来回路线应避开拥堵路段，场内运输路线：在地下结构施工阶段，由于场地狭小，只有北边有部分空地，采用将罐车停在西侧的二环西辅路等待，场内保证每台泵有两台罐车，地上结构施工阶段，采用沿建筑物四周设循环道路解决场内罐车等待、倒车等问题。

4) 商品混凝土进场及浇筑过程的现场管理

商品混凝土运到工地后要对其进行全面的、仔细的检查。若混凝土拌合物出现离析、分层等现象，则应对混凝土拌合物进行二次搅拌。

对到场的混凝土实行每车必测坍落度，由现场工程师组织实验员对坍落度进行测试，并做好测试记录；若不符合要求时，应退回搅拌站，严禁使用。

现场工程师应详细记录每车混凝土进场时间、开卸时间、浇筑完成时间，以便准确了解供应及浇筑过程中混凝土质量能否得到有效保障。

5) 搅拌站的选定

选用具有一级资质且具有相应生产规模、技术实力和具有可靠质量保证能力且能提供良好服务的混凝土供应商两家，以保证混凝土的质量稳定、供料及时，满足现场混凝土均匀、连续浇筑的要求。

目前，在混凝土供应商选择方面，我公司已经与在施工场地以东的两家混凝土搅拌站达成了初步合作协议，并可在中标后立即提供混凝土，保证工程顺利施工。

(3) 混凝土配合比及原材料要求

1) 配合比要求

商品混凝土由搅拌站根据所选用的水泥品种、砂石级配、含泥量和外加剂等进行混凝土试配，得出优化配合比，并把试配结果报送到项目经理部，由项目总工程师审核，报监理审查认可。混凝土外加剂的性能或种类必须符合国家现行标准《混凝土泵送剂》(JC 473—2001) 的规定，并且是北京市建委所规定批准使用的品种和生产厂家，并报监理工程师认可后方准使用。

2) 混凝土材料要求

A. 水泥

采用低碱普通硅酸盐水泥（碱含量 0.06% 以下），水泥的生产日期、厂家、强度等级、出厂合格证等符合要求。

B. 砂

选用质地坚硬、级配良好的中砂，其通过 0.315mm 的筛孔量不少于 15%，属非碱活性集料或低碱活性集料；含泥量不大于 3%、泥块含量不得大于 1.0%。

C. 石子

碎石或卵石的粒径宜为 5~25mm，级配合理在规范类，其含泥量不得大于 1.0%、泥块含量不得大于 0.5%。

D. 混凝土外加剂

根据混凝土的性能及所处环境，结合设计要求，本工程拟选用抗渗剂、高效减水剂、防冻剂、微膨胀剂等功能的外加剂来满足混凝土的不同性能要求。

外加剂应选用绿色环保产品，无污染、无氨类。须严格控制碱含量，控制在每立方米混凝土中含碱总量不超过3.0kg。

E. 水

水采用北京市自来水公司饮用水。

F. 掺合料

超细活性掺合料材料及掺量应符合规范及设计要求。

(4) 混凝土的供应

1) 混凝土原材料计量要准确，由选定的具有检测资质的实验室重点对混凝土的质量进行监控，以确保工程质量。

2) 混凝土坍落度由搅拌站根据季节、气温、运输路径等条件试配确定，泵送普通混凝土坍落度控制在 $160\pm20$mm；泵送抗渗混凝土坍落度控制在 $140\pm20$mm。混凝土凝结时间初步定为：墙、柱部位混凝土初凝时间控制在 6h，终凝时间控制在 8h，梁、板部位混凝土初凝时间控制在 8h，终凝时间控制在 10h；并应根据浇筑混凝土工程量、气温、运距，随时调整混凝土凝结时间。

3) 对抗渗混凝土和普通混凝土不同强度等级、不同品种的混凝土同时使用时，应专车专供，并在罐车前挡风玻璃上贴上标识，以防出现差错。

4) 混凝土浇筑分为竖向施工和水平施工，根据道路交通状况及塔吊、地泵的输送能力，竖向结构混凝土浇筑速度按 $10m^3/h$ 考虑，水平构件混凝土浇筑速度按 $30m^3/h$ 考虑。

(5) 混凝土的浇筑

1) 施工条件

对于已浇下层混凝土墙、柱根部，在支设本层墙柱模板前，要清除水泥薄膜和松动石子以及软弱混凝土层，并将墙柱内的渣土用高压空气清理干净。

浇筑混凝土层段的模板、钢筋、预埋件及管线等全部安装完毕，检查和控制模板、钢筋、保护层和预埋件等的尺寸、规格、数量和位置，其偏差值应符合《混凝土结构工程施工质量验收规范》（GB 50204—2002）的规定。

依据定位墙、柱控制线和施工平面图校核各楼层墙、柱轴线及边线；门窗洞口位置线是否在规范允许范围内。

浇筑混凝土用的架子及马道已支搭完毕，泵管已搭设完毕并经检查合格。

水泥、砂、石及外加剂等经检查符合标准要求后，试验室下达混凝土配合比通知单，通知混凝土搅拌站运送混凝土，根据浇筑的部位、时间的不同，来确定罐车的台数，并合理安排罐车行走路线，保证混凝土的连续供应、连续浇筑。

2) 混凝土浇筑的申请

浇筑混凝土前，预先与搅拌站办理商品混凝土委托及申请，委托单的内容包括：混凝土强度等级、方量、坍落度、初凝终凝时间、是否加抗冻剂以及浇筑时间等。

3) 机具安排

施工前，一切施工用的机具、人员准备充分。机具有：尖锹、平锹、混凝土泵车、插入式振动棒、木抹子、铝合金长刮杠、塔吊。所有机具均应在浇筑混凝土前进行检查，同时配备专职技工，随时检修。在混凝土浇筑期间，要保证水、电、照明不中断。为了防备临时停水停电，事先应在现场准备一定数量的人工拌合捣固用工具，以防出现意外施工缝。

4) 工艺流程

作业准备 → 商品混凝土运送到现场 → 检验 → 泵送 → 混凝土浇筑（取样）→ 振捣 → 抄平 → 养护。

5) 柱混凝土的浇筑

本工程框架柱较多，主要尺寸为地下结构 750mm × 750mm、地上部分为 700mm × 700mm、600mm × 900mm 本工程柱高较高，如地下一层柱高为 6100mm，因此，柱下料时应采用串筒，减少混凝土离析。

柱浇筑前在底部先铺垫与混凝土配合比相同的减石子砂浆（适量厚度），柱混凝土分层浇筑，每层浇筑柱混凝土的厚度为 40cm，振捣棒不得触动钢筋和预埋件，振捣棒插入点要均匀，防止多振或漏振。

柱混凝土的浇筑高度要控制在梁底以上 30~50mm 标高处，待混凝土拆模后，在柱上口弹出梁底以上 10mm 线，然后人工沿线将上部高出混凝土剔掉，露出石子。如在 20mm 内仍未露出石子，需继续下砸直至露出石子为止。

6) 墙体混凝土浇筑

墙体混凝土主要采用地泵及布料杆进行浇筑，浇筑时按照墙的长度方向转圈分层进行浇筑，并保证在下层混凝土初凝之前将上层混凝土浇筑下去，避免出现施工冷缝。

本工程外墙为抗渗混凝土，内墙为普通混凝土，内外墙交接处要用双层钢板网沿墙高拦截，防止内外墙混凝土混淆。

墙体混凝土浇筑前，先在底部均匀浇筑适量厚度与墙体混凝土成分相同的水泥砂浆，以免底部出现蜂窝现象。

使用 $\phi 50$ 和 $\phi 30$ 振捣棒（$\phi 30$ 振捣棒用于钢筋密集处位置），分层浇筑高度为 400mm，用标尺杆随时检查混凝土高度，振捣棒移动间距 400mm 左右。浇筑混凝土时使用导管下灰，使混凝土自由倾落高度不大于 2m。以免落灰口与浇筑面之间高差过大，造成混凝土离析。门窗洞口混凝土浇筑必须从两侧均匀下料（高差小于等于 400mm），振捣棒应距洞边 30cm 以上，以避免模板位移，先浇筑窗台下口，后浇筑窗与窗、窗与门、门与门间墙。混凝土浇筑间歇时间不得大于混凝土的初凝时间。

浇筑混凝土的过程中应派专人看护模板，发现模板有变形、位移时立即停止浇筑，并在已浇筑的混凝土终凝前修整完好，再继续浇筑。振捣时须保证混凝土填满填实。

7) 梁、板混凝土浇筑

本工程楼板为有梁板，框架梁跨度大部分为 8100mm，梁截面高主要有 400mm × 800mm、400mm × 700mm、500mm × 550mm、400mm × 600mm，板厚 120~250mm 不等。

本工程梁板混凝土与墙柱混凝土强度等级相差悬殊，混凝土浇筑时采用"先高后低"的方法，即先浇筑强度等级高的梁柱节点处混凝土，在初凝前浇筑周围梁板混凝土。另外，板与地下室外墙相交处，由于抗渗等级不同，混凝土也应分开浇筑，先浇筑板墙交接处的抗渗混凝土，再浇筑普通混凝土。

浇筑梁板混凝土之前，先将墙柱表面浮浆剔凿干净，剔到露出石子，并将松散物清除干净后，用水冲洗湿润，再浇筑一层水泥浆。新旧混凝土结合部位细致操作振实，使其紧密结合。

板与梁混凝土同时浇筑，浇筑方法由一端开始用"赶浆法"即先浇梁、根据梁高分层（可300~400mm一层）浇筑成阶梯形。当达到板底位置时，梁与板的混凝土一起浇筑，随着阶梯形不断延长，楼板混凝土浇筑连续向前推进。

对于预留洞、预埋件和钢筋太密的部位浇筑时，应经常观察、仔细振捣，发现不密实的应及时补浇。

为避免混凝土浇筑过程中出现冷缝，混凝土浇筑间歇时间必须控制在混凝土的初凝时间之内。

振捣完毕后，借助标高线用铝合金长刮杠找平，然后用木抹子细致找平、搓压2~3遍（在施工缝处或有预留洞、预埋件及墙体两侧等处用抹子应认真找平、搓压），最后一遍木抹子找平宜在混凝土吸水时完成。

8）后浇带混凝土浇筑

后浇带浇筑前应按施工缝进行处理，清除其内垃圾、水泥薄膜，剔除表面上松动砂石、软弱混凝土层及浮浆，同时还应加以凿毛，用水冲洗干净并充分湿润不少于24h，残留在混凝土表面的积水应予以清除，并在施工缝处铺30mm厚与混凝土内成分相同的一层水泥砂浆，然后再浇筑混凝土。

后浇带外墙、底板侧壁应根据设计要求设置防水用止水钢板或BW止水条。

后浇带混凝土浇筑完毕12h内应加以覆盖并保湿养护，其中平面结构采用覆盖塑料薄膜浇水养护，竖向结构喷刷养护液养护。混凝土养护时间不少于14d。

在后浇带混凝土达到设计强度之前的所有施工期间，后浇带跨的梁板的底模及支撑均不得拆除。

(6) 混凝土的养护

1）常温条件下养护

各部位混凝土浇筑完毕拆除模板后，剪力墙、柱进行浇水养护。

水平结构的梁、板在表面用麻布覆盖，防止水分蒸发过快而使混凝土失水，常温下浇水养护不少于7d，每天浇水次数以使混凝土表面处于湿润状态为宜。混凝土的养护要成立专门养护小组进行，特别是前三天要养护及时。

2）冬施期间混凝土养护

根据施工进度计划安排，本工程11层（含）以下结构处在冬施阶段，其养护措施是：采用综合蓄热法养护。

对于水平结构的梁、板先在混凝土表面覆盖一层塑料布薄膜，然后根据气温条件再覆盖1~2层环保型阻燃草帘被。

柱、墙在混凝土强度达到4MPa，温度冷却到5℃并和环境温度之差不大于20℃之前要求在模板上填塞聚苯板，绑环保型阻燃草帘被进行保温养护，在墙顶、柱顶位置处先覆盖一层黑塑料布薄膜，然后再覆盖两层草帘被，进行保温、保湿养护；模板拆除后，在柱墙混凝土表面采用涂刷养护剂的方法进行养护。

养护时间：抗渗混凝土不得少于14d，普通混凝土不得少于7d。

混凝土强度达到1.2MPa以后，允许操作人员在上行走，进行一些轻便工作，但不得有冲击性操作。

### 5.5 脚手架及垂直运输施工方案

(1) 结构施工脚手架选用爬架

由于爬架只有 4~5 倍楼层高，节约架料，另外爬架具有机械化施工程度高、节省劳动力、不占用塔吊时间、安全可靠、容易满足文明施工的要求等优点。用于高层施工时，经济效益明显。

(2) 导轨式爬架自升降原理

在建筑结构四周分布爬升机构，附着装置安装于结构，架体利用导轮组攀附安装于附着装置的导轨外侧，提升电动葫芦通过提升挂座安装在导轨上，提升钢丝绳悬吊住提升滑轮组件。这样，可以实现架体依靠导轮组沿导轨的上下相对运动，从而实现导轨式爬架的升降运动。

(3) 施工方案设计

本工程共设 54 个提升点，共分 6 片提升；架体外排高度 16.8m、架体底部宽度 0.9 m、架体底面在楼面以下 0.9m、导轨从楼板下落，距离楼面 2.6m，提升距离为 9.7 m。竖向主框架配置数量：主框架 1（1.8 m）×1 节 + 主框架 2（3.6 m）×3 节 + 主框架 3（1.8 m）×1 节 + 单排防护。

(4) 施工主要方法及使用

1) 安装流程

按设计要求搭设平台→摆放滑轮组件、安装主框架Ⅰ、组装底部承力桁架各部件→安装主框架Ⅱ、向上搭设脚手架及张挂外排密目安全网→安装下导轮组、导轨、连墙挂板、可调拉杆、穿墙螺栓→随结构增高继续安装主框架和搭设脚手架、铺设中间层或临时脚手板→与建筑结构做临时架体拉接挂第一、二根斜拉钢丝绳、张挂外排密目安全网→安装可调拉杆、连墙挂板及导轨→铺设底层安全网及脚手板→安装上部三个导轮组、第二道斜拉钢丝绳→主框架、架体及单排架搭设至设计高度、铺设顶层脚手板、挡脚板→张挂外排密目安全网至架顶→安装提升钢丝绳、提升挂座→摆放电控柜、分布电缆线、安装电动葫芦、接线、调试电气系统→预紧电动葫芦、提升 10cm、摘下斜拉钢丝绳→对爬架全面检查、同步提升一层→安装斜拉钢丝绳、放松电动葫芦→首次安装限位锁、制作翻板和其他防护→搭设各提升机构下方吊篮→安装全部完毕，进入提升循环。

2) 升降操作过程

升降准备：检查所有螺栓连接是否紧固、先安装预紧葫芦并承载、拆除限位锁和斜拉钢丝绳。

升降架体：加强升降中检查、观察各构件、注意有无异常声音，有问题及时排除后可继续升降、注意升降过程各点的同步性。

升降到位安装：第一步：安装四根斜拉钢丝绳；第二步：安装限位锁；第三步：拆除升降葫芦，投入使用。

3) 施工时间进度

爬架施工进度应按照主体施工要求进度，每次升降时间约 30min，混凝土强度在达到 C10 后。

4) 爬架的使用注意事项

导轨式爬架提升完毕后,应按照施工组织设计以及导轨式爬架操作规程进行严格检查然后,方能投入使用。

施工时,允许2层作业层同时施工,每层最大允许施工荷载3kN/m²;装修时,允许3层作业层同时施工,每层最大允许施工荷载2kN/m²。

爬架不得超载使用,不得在爬架上使用集中荷载。

禁止下列违章作业:利用脚手架吊运重物;在脚手架上推车;在脚手架上拉结吊装缆绳;任意拆除脚手架部件和穿墙螺栓;起吊构件时碰撞或扯动脚手架。

大风天气时,爬架架体局部应与建筑结构做临时拉结;或者局部拆除部分安全网,以减小风载。

禁止向爬架操作层脚手板上倾倒施工渣土。

爬架使用时,禁止任何一方拆除爬架构配件。

可调拉杆的螺纹表面必须定期涂黄油润滑(一般每隔一个月注一次),外漏的螺纹表面必须用布套或塑料布包封,以免杂物落在其上。

## 5.6 防水工程施工方案

### 5.6.1 地下室SBS防水卷材施工

本工程地下室两层SBS防水卷材采用外防外贴法施工,底板平面部位采用点粘法铺贴,立面采用满粘法铺贴。

(1) 材料要求

防水材料应有产品合格证书和性能检测报告,材料的品种、规格、性能等应符合现行国家产品标准和设计要求,并且必须进场后材料要按要求抽样检验、复试,合格后报监理认可方可施工。

(2) 施工工艺流程

基层检查、清扫→涂刷基层处理剂→粘贴附加层→粘贴底层防水卷材→粘贴面层防水卷材→收头固定密封→清理、检查、修理→质量验收→防水保护层。

(3) 施工要点

防水施工前,先对防水基层表面进行检查,卷材防水层的基面应平整牢固、清洁干燥,即符合防水要求后方可进行施工。

涂刷基层处理剂:用长柄滚刷将基层处理剂(即冷底子油)涂刷在基层表面,要涂刷均匀,不得漏刷或露底。基层处理剂涂刷完毕后,必须经过8h以上达到干燥程度方可进行热熔法卷材施工,以避免失火。

粘贴附加毡:基层处理剂干燥后,对阴、阳角和转角处增加卷材附加层,宽度500mm,每边宽250mm,以增加卷材防水层的抗裂作用。

(4) 卷材铺贴

铺贴卷材严禁在雨天施工,五级风及其以上时不得施工。

底板垫层混凝土平面部位的卷材采用"点粘法",其他与混凝土结构相接触的部位应采用"满粘法"(但从底面折向立面的卷材与永久性保护墙的接触部位应空铺,以消除应力集中,提高变形能力)。

弹粉线:在已处理好并干燥的基层表面,按照卷材的宽度(1000mm宽)留出搭接缝尺寸，将铺贴卷材的基准线弹好（基准线间距900mm），以便按此基准线进行卷材铺贴施工。

用喷灯对基层处理剂和卷材的反面进行加热，加热要均匀，不得过分加热或烧穿卷材，喷灯距离卷材0.3m左右，待卷材表面热熔后立即滚铺卷材。

铺贴卷材时，应展平压实，用力要均匀一致，刮边时要从毡中间向外挤压，并要全部满刮，不要漏刮，使卷材下面的空气排净，不出现空鼓现象。卷材与基面和各层卷材间必须粘结紧密。

### 5.6.2 丙烯酸防水涂料施工

本工程所有卫生间、厨房和排水的设备机房等潮湿房间均采用聚合物丙烯酸防涂层，涂层上翻到距楼地面1800mm高；另外，消防水池、污水池、集水坑处防水也采用弹性聚合物丙烯酸防水涂料。丙烯酸防水涂膜厚度不得小于2mm。

（1）材料特性

耐老化性优良，材料使用寿命长；产品为水基型无毒材料，施工安全、简单、不污染环境，可在潮湿基面直接施工；粘结力强，材料与水泥基面粘结强度可达0.5MPa以上，对大多数材料具有较好的粘结性能；材料延伸性好，延伸率可达300%以上，因此抗裂性能优异；抗冻性和低温柔性优异；施工性好，不起泡，成膜效果好，固化快，施工简单，涂、刮、滚涂均可；产品具有鲜艳的色彩，涂膜具有热反射功能，对较传统的黑色屋面能起到隔热、保温效果以及装饰美化作用；涂层整体无接缝，能适应基层微量变化等特点。

（2）施工要点

基面处理：基面要求必须平整、牢固、干净、无明水、无渗漏，不平及裂缝处须先找平，渗漏处须先进行堵漏处理，阴阳角应做成圆弧角。

为保证涂层厚度及施工质量，工序选择上按照打底层→下涂层→无纺布→中涂层→上涂层的次序逐层完成。工具上可用滚子或刷子进行涂覆。

打底层：为堵塞毛细孔要求打底层，底涂料由生产厂提供，也可用丙烯酸酯防水涂料兑自来水搅拌均匀，进行涂刷。

附加层：对于地漏、穿墙管、阴阳角等特殊部位，采用一布二涂的方法进行加强防水处理。要求选用30~60g/m² 无纺布做胎体，其中胎体材料应伸入地漏、穿墙管内不得小于50mm，由于地漏与地面交接处总会有一定空隙，所以，地漏周围在铺设附加层前，应用弹性密封膏做密封处理。

涂层施工：分2~3次涂刷丙烯酸酯防水涂料。每次施工间隔要等上次干后才能施工下一次。但下涂层、无纺布和中涂层必须连续施工。

表层涂膜干燥后及时做防水保护层。

闭水试验：卫生间、厨房和排水的设备机房等潮湿房间防水层施工完毕后，经蓄水24h无渗漏，再做面层或装修，装修完毕还应进行第二次蓄水试验，24h无渗漏时为合格，方可正式验收。蓄水高度为50~100mm，蓄水前应清理地漏或排水口，将其塞严后蓄水。必要时做临时门槛，以防蓄水外流。

## 5.7 装修工程施工方案

### 5.7.1 本工程装修施工难点和主要策略

（1）本工程难点

本工程建筑规模大，总建筑面积65126.9m²，地上部分20层的塔楼，建筑主体高度75m，装修作业量大，装修材料垂直运输量大。

(2) 针对上述工程重点、难点制订的主要策略

对材料供应科学合理安排，既不影响进度又不占用大额资金。

以图、表等书面形式向施工班组进行技术交底，并做详细解释，将设计图、施工方法等内容清楚地传递到施工班组手中。工序交接以书面形式进行交接记录，并对工人进行安全施工和工程质量岗前培训，严格执行现场巡检制度和专业工程师全过程监控重要工序施工的制度。

坚持样板引路的质量控制原则，每道工序施工前，必须进行样板施工，以此来统一工艺做法，统一质量标准。

每项装修施工前，重点做好施工部位的实测与套方工作，保证装修的整体观感与成型质量。

统一指挥，搞好工种之间的施工协调配合工作，合理安排交叉作业。

### 5.7.2 装修施工部署

本装修工程总体顺序按照先外墙装修、后室内装修，先地下、后地上。

本工程工期紧，为提前插入装修施工，结构验收分三次进行：地下室、主楼一～十层及十层以上，相应装修工程也分为三个阶段开始施工。

地下室由于不受外围封闭的要求，在结构验收合格并清理完成后，开始插入。首先进行地下室初装修，包括隔墙、抹灰和地面找平层施工，随后进行地下室的二次精装修工程。

室内装修主要分为三部分：±0.00以下部分，主楼一～十层部分及十层以上部分。

本工程五、九、十三、十七层中厅装修随整体装修自上而下进行，顶棚、墙面装修时搭设满堂红脚手架。

### 5.7.3 主要装修做法的施工工艺

(1) 隔墙

本工程室内隔墙主要采用陶粒混凝土砌块、加气混凝土砌块，其中防火墙采用200mm厚加气混凝土砌块。

1) 施工工艺流程：找平→放线→立皮数杆→排列砌块→拉线→砌筑→勾缝。

2) 施工方法：砌筑前应在基础面上定出各层的轴线位置和排数。

砌筑前应按砌块尺寸和灰缝厚度计算皮数和排数。砌筑采用"挤灰挤浆"先用瓦刀在砌块底面的周肋上满披灰浆，铺长度为2～3m，再在待砌的砌块端头满披头灰，然后双手搬运砌块，进行挤浆砌筑。

砌块应尽量采用主规格砌块，用反砌法砌筑，从转角或定位处开始向一侧进行。内外墙同时砌筑，纵横梁交错搭接。上下皮砌块要求对孔、错缝搭砌，个别不能对孔时，允许错孔砌筑，但是搭接长度不应小于90mm。无法保证搭接长度时，应在灰缝中设置构造筋或加钢筋网片拉结。

砌体灰缝应横平竖直，砂浆严密。水平砂浆饱满度不得低于90%，竖直灰缝不低于60%，不得用水冲浆灌缝。水平和垂直灰缝的宽度应为8～12mm。

墙体临时间断处应砌成斜槎，斜槎长度不应小于高度的2/3。如必须留槎，应设直径

4mm钢筋网片拉结。

预制梁板安装应坐浆垫平。墙上预留孔洞、管道、沟槽和预埋件，应在砌筑时预留或预埋，不得在砌好的墙体上凿洞。

如需移动已砌筑好的砌块，应清除原有的砂浆，重铺新砂浆砌筑。

在墙体的下列部位，空心砌块应用混凝土填实：底层室内地面以下砌体、楼板支承处如无圈梁时，板下一皮砌块等。

砌块每日砌筑高度应控制在1.5m或一步脚手架高度。每砌完一楼层后，应校核墙体的轴线位置和标高。

钢门窗安装前，先将弯成Y形或U形的钢筋埋入混凝土小型砌块墙体的灰缝中，每个门、窗洞的一侧设置两只，安装门窗时用电焊焊接。

在砌筑过程中，应采用原浆随砌随收缝法，先勾水平缝，后勾竖向缝。灰缝与砌块面要平整密实，不得出现丢缝、瞎缝、开裂和粘结不牢等现象。

(2) 耐磨混凝土地面

耐磨混凝土地面主要用于汽车库的楼地面做法。

1) 施工工艺流程：施工准备→基层处理→抄平放线→布筋→模板装配→刷水泥胶浆→铺筑细石混凝土（刮平、振动、搓平）→铺筑耐磨面层（刮平、压实、抹平）→压光→养护→切割。

2) 操作工艺：清理基层表面的杂物、浮土等，检查平整度，并整平。提前一天用清水洗擦干净，但用水量不宜过多，以免积水。施工时，部分地段还要对基层混凝土表面进行打毛处理。

按要求抄平放线后，装配好模板，分仓面积可根据柱网间距尺寸确定，在模板上按要求高度弹好墨线。布置好双向钢筋后，再用火烧丝绑扎牢固，然后按梅花状（1m）垫好垫块。根据需要设置多条标高控制线。按比例配制胶水泥浆，将其在基层均匀涂刷一遍。

由混凝土搅拌机配制C25细石混凝土。铺好混凝土后，先用刮杠刮平、压实，再用平板式振动器振实，用木抹子搓实、抹平。要求找平层一定要平，靠近模板边缘处更要细心振实，找平层面层上的积水一定要处理掉。

铺筑耐磨面层须在找平层终凝前六七成干（即刚能上人但有明显脚印）时搭板铺筑。先用刮杠结合木抹子刮平耐磨混凝土面层，用木抹子拍实、用力揉搓；然后，用铁抹子进行第一遍抹平，此工作须在面层水泥初凝前完成。在面层水泥终凝前，再用铁抹子抹压二~三遍。

耐磨混凝土必须用搅拌机搅拌，搅拌时间一定要控制到混凝土的流动性满足施工要求时为止，一般应大于5min。面层铺筑时间不能过早也不能过晚，过早则易返浆；过晚则可能出现起皮、空鼓等现象。面层上料至第一遍抹平的时间间隔应尽量短。采用抹平机进行第二次抹平，但抹光机不能代替人工进行第一遍和最后一次压光。

成活后即用塑料布覆盖地面。约24h后，除去塑料布，先用麻袋片覆盖地面，浇水后再用塑料布盖于麻袋片上。饱水养护两周以上，也可采用蓄水养护，必须经常注意补充水量。施工过程中，注意成品保护，防止地面受到破坏。

养护期满后进行切割，要求切缝宽度为15mm，所以每条缝应切割两次。从实际情况看，切割时间应尽量提前。如成活后20h进行切割，切割后再继续养护。

(3) 釉面砖墙面装修

本工程中釉面砖墙面主要用于地下室男女卫生间、厨房等房间,其中地下室男女卫生间装修由总包单位完成,厨房基层由总包施工单位完成,面层由精装修专业分包商完成。具体施工工艺如下:

施工工艺:

1) 基层处理:将凸出墙面的混凝土剔平,对于基体混凝土表面很光滑的要凿毛,或用可掺界面剂胶的水泥细砂浆做小拉毛墙,也可刷界面剂,并浇水湿润基层。

10mm厚1:3水泥砂浆打底,应分层分遍抹砂浆,随抹随刮平抹实,用木抹搓毛。

待底层灰六七成干时,按图纸要求,釉面砖规格及结合实际条件进行排砖、弹线。

2) 排砖:根据大样图及墙面尺寸进行横竖向排砖,以保证面砖缝隙均匀,符合设计图纸要求。注意大墙面、柱子和垛子要排整砖,以及在同一墙面上的横竖排列,均不得有小于1/4砖的非整砖。非整砖行应排在次要部位,如窗间墙或阴角处等,但亦注意一致和对称。如遇有突出的卡件,应用整砖套割吻合,不得用非整砖随意拼凑镶贴。

用废釉面砖贴标准点,用做灰饼的混合砂浆贴在墙面上,用以控制贴釉面砖的表面平整度。

垫底尺、计算准确最下一皮砖下口标高,底尺上皮一般比地面低1cm左右,以此为依据放好底尺,要水平、安稳。

3) 选砖、浸泡:面砖镶贴前,应挑选颜色、规格一致的砖;浸泡砖时,将面砖清扫干净,放入净水中浸泡2h以上,取出待表面晾干或擦干净后方可使用。

4) 粘贴面砖:粘贴应自下而上进行。抹8mm厚1:0.1:2.5水泥石灰膏砂浆结合层,要刮平,随抹随自下而上粘贴面砖,要求砂浆饱满。亏灰时,取下重贴,并随时用靠尺检查平整度;同时,保证缝隙宽度一致。

贴完经自检无空鼓、不平、不直后,用棉丝擦干净,用勾缝胶、白水泥或拍干白水泥擦缝,用布将缝的素浆擦匀,砖面擦净。

(4) 防水石膏板吊顶

本工程防水石膏板吊顶主要用于地下一层走道、餐厅、贵宾餐厅、厨房、小型超市;二层厨房;所有男女厕所等,其中地下一层走道的装修全部由总承包施工单位完成,其他部分房间装修基层由总包施工单位完成,装修面层由精装修专业分包商完成,其具体施工工艺如下:

1) 工艺流程

吊顶标高弹水平线→画龙骨分档线→安装水电管线→安装主龙骨→安装次龙骨→安装防水石膏板。

2) 操作工艺

A. 弹线:用水准仪在房间内每个墙柱角上找出水平点,弹出水准线,从水准线量至吊顶设计高度加上12mm,用粉线沿墙柱弹出水准线,即为吊顶次龙骨的下皮线;同时,按吊顶平面图,在混凝土顶板弹出主龙骨的位置。主龙骨从吊顶中心向两边分,最大间距为1000mm,并标出吊杆的固定点,吊杆的固定点间距900~1000mm。如遇到梁和管道固定点大于设计和规程要求,应增加吊杆的固定点。

B. 固定吊挂杆件:采用膨胀螺栓固定吊挂杆件,上人吊杆长不大于1m的采用$\phi 8$的吊杆,大于 1m 的采用 $\phi 10$ 的吊杆。制作好的吊杆应做防锈处理,吊杆用膨胀螺栓固定在楼板上,用冲击钻头打孔,孔径应稍大于膨胀螺栓的直径。

C. 在梁上设置吊挂杆件:①吊挂件应通直且有足够的承载力。当预埋的杆件需要接长时,必须搭接焊牢,焊缝要均匀饱满。②吊杆距主龙骨端部不得超过 300mm;否则,应增加吊杆。③吊顶灯具、风口及检修口等应设附加吊杆。

D. 安装边龙骨:边龙骨的安装按设计要求弹线,沿墙柱上的水平龙骨把 L 形镀锌轻钢条用自攻螺钉固定在预埋木砖上。

E. 安装主龙骨:①主龙骨吊挂在吊杆上,主龙骨应平行房间长向,安装同时应起拱,起拱高度为房间跨度的 $1/200 \sim 1/300$。主龙骨的悬臂段不应大于 300mm;否则,应增加吊杆。②跨度大于 15m 以上的吊顶,在主龙骨上,每隔 15m 加一道大龙骨,并垂直主龙骨焊接牢固。③大的造型吊顶,造型部分用角钢或扁钢焊接成框架,并与楼板连接牢固。

F. 安装次龙骨:紧贴主龙骨安装,用 T 形镀锌铁片连接件把次龙骨固定在主龙骨上时,次龙骨的两端应搭在 L 形边龙骨的水平翼缘上。墙上预先标出次龙骨中心线的位置,以便安装石膏板时找到次龙骨的位置。次龙骨不得搭接。在通风、水电等洞口周围应设附加龙骨,附加龙骨的连接用拉铆钉铆固。

G. 纸面石膏板安装:石膏板应在自由状态下固定,防止出现弯棱、凸鼓的现象,还应在棚顶四周封闭的情况下安装固定,防止板面受潮变形。纸面石膏板的长边应沿纵向次龙骨铺设;自攻螺钉与纸面石膏板的距离,用面纸包封的板边以 $10 \sim 15$mm 为宜,切割的板边以 $15 \sim 20$mm 为宜。固定次龙骨的间距,一般不大于 600mm,钉距以 $150 \sim 170$mm 为宜,螺钉应与板面垂直。纸面石膏板的接缝按设计要求进行板缝处理。纸面石膏板与龙骨固定,从一块板的中间向板的四边进行固定,不得多点作业。螺钉宜埋入板面 $0.5 \sim 1$mm,且不得损坏板面,钉眼处作防锈处理并用石膏腻子抹平。

石膏板上的灯具、烟感器、喷淋头、风口罩等设备的位置合理、美观,与板面的交接应吻合、严密。并做好检修口的预留,使用材料与母体相同,安装时严格控制整体性,刚度和承载力。

# 6 主动式双层单元式玻璃幕墙工程

## 6.1 主动式双层单元式玻璃幕墙工艺流程

预埋槽安装→测量放线→安装固定码→涂防水涂料→铝合金型材加工组装→背板及隔热棉安装→玻璃及铝板安装→注胶→吊装单元件→防雷保护安装→防火棉安装→室内外装饰条安装→电动百叶帘安装→室内玻璃门安装→注耐候胶→清洁。

## 6.2 预埋槽安装

(1) 严格按施工图安放预埋槽,其允许位置尺寸标高偏差为 $\pm 10$mm,左右偏差为 $\pm 20$mm,进出偏差为 $\pm 20$mm。

(2) 预埋槽及施工图由分包提供,由土建单位负责安放,分包根据土建单位提供的轴线和中线检查预埋槽安装位置尺寸。

### 6.3 测量放线

(1) 由土建单位提供基准线，包括轴线、中线及每层标高线。
(2) 将所有预埋槽打出，并复测其位置尺寸。
(3) 根据基准线在底层确定幕墙的水平宽度和进出尺寸。
(4) 用经纬仪自下向上引数条垂线，以确定幕墙转角位和立面尺寸。
(5) 根据轴线和中线确定每一立面的中线。
(6) 测量放线时应控制分配误差，不使误差累积。
(7) 测量放线时应在风力不大于四级的情况下进行，放线后应定时校对，以保证幕墙垂直度及柱位置的正确性。

### 6.4 安装固定码

(1) 根据图纸检查并调整所放的线。
(2) 铁码用螺栓固定于预埋槽上。
(3) 利用小镀锌铁片垫在固定铁码底下，使铁码处于水平状态。

### 6.5 单元件加工及组装

(1) 检查所需加工的铝材。
(2) 将检查合格后的铝材包好保护胶纸。
(3) 根据施工图进行切割、钻孔等加工程序，加工后需去尖角和毛尖。
(4) 按施工图要求，将所需配件安装于铝材上。
(5) 加工完成后，将铝材编号分类。
(6) 把已加工好的铝材，组装成为每个单元件框架。
(7) 铝料切割长度尺寸允许偏差为±1mm。
(8) 切割后的铝料需去毛尖、飞边。
(9) 螺栓孔应由标孔和钻孔两道工序完成。
(10) 钻孔尺寸要求：孔位允许偏差±0.5mm。孔距允许偏差±0.5mm。
(11) 单元件的组装，其对角线允许偏差±3mm。
(12) 玻璃幕墙工程实行抽样检验。
(13) 检验玻璃安装或粘结牢固，橡胶条和密封胶应镶嵌密实、填充平整。
(14) 钢化玻璃表面不得有伤痕。
(15) 铝合金构件安装质量应符合表6-1要求。

铝合金构件安装质量允许偏差表　　　　表6-1

| 项目 | | 允许偏差 | 检查方法 |
| --- | --- | --- | --- |
| 幕墙垂直度 | 幕墙高度不大于30m | 10mm | 激光仪或经纬仪 |
| | 幕墙高度大于30m，不大于60m | 15mm | |
| | 幕墙高度大于60m，不大于90m | 20mm | |
| | 幕墙高度大于90m | 25mm | |

续表

| 项 目 | | 允许偏差 | 检查方法 |
|---|---|---|---|
| 竖向构件直线度 | | 3mm | 3m靠尺、塞尺 |
| 横向构件水平度 | 不大于2000mm | 2mm | 水平仪 |
| | 大于2000mm | 3mm | |
| 同高度相邻两根横向构件高低差 | | 1mm | 钢板尺、塞尺 |
| 幕墙横向构件水平度 | 幅宽不大于35m | 5mm | 水平仪 |
| | 幅宽大于35m | 7mm | |
| 分格框对角线差 | 对角线长不大于2000m | 3mm | 3m钢卷尺 |
| | 对角线长大于2000m | 3.5mm | |

（16）隐框玻璃幕墙的安装质量应符合表 6-2 要求。

隐框玻璃幕墙安装质量允许偏差表　　　　　　表 6-2

| 项 目 | | 允许偏差 | 检查方法 |
|---|---|---|---|
| 竖缝及墙面垂直度 | 幕墙高度不大于30m | 10mm | 激光仪或经纬仪 |
| | 幕墙高度大于30m，不大于60m | 15mm | |
| | 幕墙高度大于60m，不大于90m | 20mm | |
| | 幕墙高度大于90m | 25mm | |
| 幕墙平面度 | | 3mm | 3m靠尺、钢板尺 |
| 竖缝直线度 | | 3mm | 3m靠尺、钢板尺 |
| 横缝直线度 | | 3mm | 3m靠尺、钢板尺 |
| 拼缝宽度（与设计值比） | | 2mm | 卡尺 |

（17）玻璃幕墙安装工程进行抽样检验数量，每幅幕墙的竖向构件或竖向拼缝和横向构件或横向拼缝应各抽查 5%，并不少于 3 根，每幅幕墙分格各抽查 5%，并不少于 10 个，所抽检质量符合表 6-1、表 6-2 所列要求。

### 6.6　背板及隔热棉安装

（1）将背板用螺钉固定在相应空间位置上。

（2）把隔热棉安装在背板相应位置上，用岩棉钉固定在背板上。

### 6.7　玻璃安装

（1）玻璃件须放置于干燥通风处，并避免玻璃与电火花、油污及混凝土等腐蚀性物质接触，以防玻璃表面受损伤。

（2）玻璃件搬运时应有保护措施，以免损坏玻璃。

（3）要用清洁剂将玻璃及铝合金玻璃槽表面清洁干净，清洁后的玻璃须在 1h 内注胶；否则，重新清洁。

（4）在玻璃下边应安放黑色橡胶固定块，以免玻璃与铝合金构件直接接触。

（5）检查铝框对角线及平整度。

(6) 用玻璃清洁剂（如二甲苯）将玻璃靠室内两侧及铝合金框表面清洁干净。
(7) 把双面贴准确地贴在铝框上。
(8) 用吸盘将玻璃件放置到铝合金框架上的双面贴上。

## 6.8 注胶

(1) 用 Dow Corning 993 结构胶将玻璃与铝框之间的夹缝填满，并用小铲压实刮平。
(2) 结构胶须注满，不能有空隙或气泡。
(3) 基本的清洗方法为：先用经溶剂润湿的不脱毛的纯棉白布擦洗基材表面，再用另一块洁净的同类抹布在溶剂挥发前，将溶剂和污物从基材表面擦去。不应使溶剂自然晾干，以免使污物重新附着于基材表面。
(4) 应遵守标签上的说明使用溶剂，且在使用溶剂的场地禁止烟火。
(5) 注胶之前，应将密封条或防风胶条（Weatherstrip）安放于玻璃与铝合金型材之间。
(6) 根据 Dow Corning 密封胶的使用说明，注胶宽度与注胶深度最合适尺寸比率为 2（宽度）:1（深度）。
(7) 注密封胶时，应以胶纸保护胶缝两侧材料，使其不受污染，注完后撕去胶纸。

## 6.9 吊装单元件

### 6.9.1 单元架卸车及存放

单元架运输到现场后，用 16t 吊车卸车。单元架起吊后，运输汽车走开，利用吊车将单元架并排存放在空场上。

### 6.9.2 单元的开箱及水平运输

利用上述吊车将停放在现场的单元架开箱，分别配合安装的要求，进行单元的开箱，依次由上到下将单元架内三个的单元一一吊出，并直接装上特殊水平运输单元的卡车单元装车后，应首先将其用飞机带固定好，然后沿大厦四周车道将单元送到安装位置的楼下地面。

### 6.9.3 单元件的起吊安装

单元水平运输汽车将单元件送到对应位置后，利用楼层中（低层单元安装时用）的小吊机（起重量 2t）或楼顶层（高层单元安装时用）的单元小吊机（起重量 1.5t）起吊汽车上的单元。运输汽车是特制的，在车厢最尾端用槽钢焊接一个支架，架顶端固定一钢轴，钢轴的高度离地约 3.5m，钢轴上套装套管，通过套管焊接一个前后长 7m、宽 2.5m 的钢架，此钢架要求有足够的强度，钢架上部铺放木板，将 7.2m 单元平放在此钢架上，让钢架及单元的重心落在钢轴上略向单元顶方向 300mm 左右。单元起吊时将单元的绑绳松下，将小吊机的吊钩通过扁铁通及挂件卡住单元件水槽料，确定挂牢无误后起钩，此时单元平放在单元钢架上，由于单元钢架的轴在重心附近，因此起吊时单元及单元架很容易一起沿轴套转动。当单元架转动至大约 80°左右时，地面操作人员可控制单元下部配合人员完成单元脱离单元架。起吊过程中，应始终用两条大绳拉住吊钩扁担钢架的两端，保持平衡。

单元吊升到位后，由下部人员配合，使单元底横料插入下一单元顶部水槽；同时，将相邻竖料相互插好，此时用单元顶码的 M12 螺栓控制水平高度，待单元位置全部调正后，紧好上部及中部两个码件上的 M16 螺栓。

**6.9.4  单元幕墙的水槽打胶试水及层间处理**

单元安装完成后,将水槽套芯穿好,并打好防水胶,待胶表面固化后 100% 试水,内层的层间防火处理,内层玻璃片及铝板应及时安装。

**6.10  室外装饰条安装**

(1) 检查放线是否正确。
(2) 用 "T" 头螺栓把铝托架固定在预埋槽上。
(3) 用螺栓把铝通及 "T" 铝型材固定在相应位置上。
(4) 检查准备安装之装饰条的型号及尺寸。
(5) 装饰条铝板用自攻螺钉固定于铝型材上。
(6) 铝板缝两边贴上美纹纸,打完耐候胶,撕去美纹纸,使胶缝平整、光滑。

**6.11  室内内层幕墙安装**

(1) 检查已安装完成的单元件位置是否正确。
(2) 将所需配件按编号及位置安装于单元件上。
(3) 将已加工好的内层幕墙玻璃,按编号安装于相应的位置单元件上。

**6.12  防雷保护安装**

(1) 本工程幕墙设计上已考虑使整片幕墙框架具有连续而有效的电传导性,并按设计院要求提供足够的接合端。
(2) 大厦防雷系统及防雷接地措施均由其他单位负责,分包则提供足够的幕墙防雷保护接合端(CONNECTION TERMINAL),以便接合。

**6.13  防火棉安放**

(1) 采用的防火棉厚度为 135mm。
(2) 用镀锌薄钢板把防火棉连续密实地密封在单元件与楼板之间的空位上,在结构梁上下形成两道防火带,防火带中间不得有空隙。

**6.14  防水胶**

(1) 在所有有防水要求的缝中填充泡沫棒。
(2) 用清洁剂清洁铝板缝两侧打胶位置。
(3) 用防水密封胶 DC793 将所有应密封防水部分注满,并用工具将其刮平,表面应光滑、无皱纹。

**6.15  清洁**

(1) 安装过程应随时注意保持清洁,安装完成后再清洁一次。
(2) 清洁时,应将铝合金型材的保护胶纸撕去。
(3) 清洁中所使用的清洁剂必须对玻璃、硅胶及铝合金型材等材料无任何腐蚀作用。

# 7 机电工程

## 7.1 机电概述

### 7.1.1 给水排水系统概述

本工程给水排水设计内容主要包括：生活给水系统、生活热水系统、生活污水排水系统、雨水排水系统、中水系统、消火栓系统、自动喷水灭火系统等。

(1) 生活给水系统

给水水源为从市政管网接入的一根 $DN200$ 的给水管，引入管进入用地红线后设置水表，然后作为本建筑室内外给水水源。

给水系统竖向分三个区：低区（地下三层至四层）由市政管网压力直接供水；中区（五层至十三层）由地下二层水泵房中区变频泵组供水；高区（十四层至二十层）由地下二层高区变频泵组供水。

(2) 生活热水系统

生活热水系统分区划分与给水系统相同，供水温度 40℃，各区生活热水系统均由地下一层热交换机房热水供水设备供给。

(3) 雨水排水系统

雨水排水系统为内排水形式，经雨水斗汇集后经雨水管排入室外雨水管网。

(4) 中水给水系统

本建筑中水机房设在地下二层，处理后的中水回用于本建筑车库地面冲洗、绿化、及水景用水。

(5) 生活污废水排水系统

卫生间排水采用双立管系统设置专用透气管；地下层的污废水排至污水集水坑，用潜水泵提升排入室外，集水坑内设两台潜水泵，一用一备。

(6) 消防系统

本建筑在地下三层设有 $864m^3$ 消防贮水池，水源由一根管径为 $DN200$ 管道从市政管网引入。地下三层消防泵房设有消防泵四台（高低区各两台，一备一用）和喷淋泵两台（一备一用）。消火栓灭火系统和自动喷水灭火系统各自在屋顶设有消防增压稳压装置一套。

(7) 消火栓系统

室内消火栓系统在本建筑内成环状布置，并以此连接各消火栓和立管及屋顶水箱和消防增压稳压设备。系统分高低两区，低区：地下三层至十层；高区：十一层至二十层。本建筑消火栓采用单栓单阀，栓口 SN65，水枪 $\phi 19mm$，采用 25m 长衬胶水龙带，消火栓栓口处出水压力超过 50m 水柱的采用减压稳压消火栓。高低区系统在室外分别设三套消防水泵结合器。

(8) 自动喷水灭火系统

设计消防用水量 30L/s。自动喷水灭火系统设有屋顶水箱，地下三层消防泵房以及屋顶增压稳压装置。每层总干管处按防火分区设置水流指示器，在不同的场所根据防火要求设置自动喷头,并在末端设置试验及泄水装置。整个建筑物共设有8套自动喷水湿式报警装置。

#### 7.1.2 电气系统概述

(1) 供配电系统:本工程供电由城市电网引来两路10kV电源供电,采用电缆埋地引入,每路电源均能承担本工程全部负荷,两路高压电源同时工作,互为备用。消防用电按一级负荷供电;客梯、生活泵等按二级负荷供电;其余用电均按三级负荷供电。在地下一层设10kV电缆分界室,变配电室设在地下一层,变配电室内设置两台2000kV·A和两台1250kV·A干式变压器。低压系统采用放射式与树干式相结合的供电方式,干线在电缆竖井内的采用密集母线和耐火或阻燃电缆。

(2) 照明系统:其光源采用高效节能光源,一般场所照明光源主要为荧光灯,部分为白炽灯。出口指示灯、疏散指示灯采用带蓄电池浮充交直流两用型,持续供电时间大于30min。楼梯间、走道照明开关采用带应急端的三线制声光控开关,火灾时由消防控制室强启点亮。

(3) 防雷接地系统:本工程防雷等级为二类。需在屋顶设 $\phi 10$ 热镀锌圆钢作避雷带,屋顶避雷连线网格不大于10mm×10mm。凡突出屋面的所有金属构件均应与避雷带可靠焊接。利用建筑物柱内主筋作为引下线,间距不大于18m。为防侧击雷沿建筑物四周设置均压环,环间距不应大于12m。从45m起,每隔不大于6m沿建筑物四周设置水平避雷带,且应将建筑物内各种竖向金属管道及金属物的顶端和底端与防雷接地装置连接。玻璃幕墙或外挂石材的金属框架及其预埋件应与防雷系统连接成电气通路。利用建筑物基础内钢筋作接地极。防雷接地与其他接地共用接地极,接地电阻小于$0.5\Omega$。

(4) 人防工程:地下三层为人防,战时为六级物资库,共两个防护单元,平时为机动车停车库。应急电源为一级负荷,重要的风机为二级负荷,其他为三级负荷。电源引自地下一层变配电室的四路380V/220V电源。每防护单元两路,一路照明,一路动力,单独计量。疏散照明采用蓄电池供电,供电时间不小于30min。照明、插座线路采用ZR-BV-500型导线穿管敷设,应急照明回路采用NH-BV-500型导线,动力采用YJV-1kV(或NH-YJV)电缆。

#### 7.1.3 通风空调系统概述

(1) 冷热源

空调系统的冷源由位于B1的冷冻机房内的两台2975kW和1台1050kW离心机组提供,供回水温度7/12℃。热源由市政热力通过位于B1的热交换机房提供60/50℃空调热水。

(2) 管路设置

冬季热水和夏季冷水通过位于冷冻机房的集分水器进行切换,系统采用一次循环变流量的形式,管路布置为双管异程式。屋顶设置三台方形逆流式低噪声冷却塔,供回水温度32/37℃。

(3) 空调形式

空调系统采用风机盘管加新风的空调方式,分区域设置新风机房,距离外墙4.5m为外区,其他为内区,分别设置新风机组,冬季内区送10℃新风,提供内区冷负荷,外区送加热到室温的热风。地上办公部分的新风机组设电热及加湿装置。首层设置低温地板辐射采暖系统，中庭首层及二层通廊设置吊装高静压型风机盘管。

（4）通风系统

车库设置机械通风系统，并设置诱导器，设备机房、中水机房和配电间均设置机械通风系统。

卫生间设置集中排风：吊顶内设排气扇，竖井顶部设置集中排风机。

厨房设置机械排风，并设置油烟净化器，由屋顶风机经土建风道排出室外。

幕墙按照单元设置循环通风机，冬季抽取室内空气经过幕墙夹层再送回室内或者排出室外，夏季抽取室内空气经过幕墙夹层后排出室外。

（5）加压送风系统

防烟楼梯间及合用前室设置加压送风系统，车库设置排风排烟合用系统，地上内走道设置机械排烟系统，中庭设置独立的排烟系统，排烟机组设置在屋顶。

### 7.1.4 弱电系统概述

（1）综合布线系统

该系统是将语音信号、数字信号的配线，综合在一套标准的配线系统上，本系统为开放式网络平台，形成各自独立的子系统。

该系统配线架在弱电竖井内明装，垂直干线选用光纤，水平分支线选用五类电缆。

（2）有线电视系统

有线电视信号电缆由室外有线电视网引来，需加装避雷保护器。电视系统主干线选用 SYPFV-75-9 型，用户分支线选用 SYPFV-75-5 型。电视分支线均穿（SC20）镀锌钢管，在吊顶内敷设。

（3）保安监控系统

在建筑的地下车库出入口、首层各出入口及电梯轿箱内等处设置摄像机，图像质量不低于4级。

（4）楼宇自控系统

该系统对地下各层至地上公建及出租商业用房的空调制冷、供暖、通风系统；给水、排水系统；变配电系统；公共区域照明等系统和设备进行监视及节能控制。该系统具备机组的手动/自动状态监视；起/停控制；运行状态显示；故障报警；温湿度监测、控制及实现相关的各种逻辑控制关系等功能。

（5）火灾自动报警及消防

该系统按两总线设计，各层均设置火灾自动报警系统，除卫生间等不易发生火灾的场所外，其余场所均设置感烟、感温探测器及可燃气体探测器，火灾报警控制器可接受各类火灾探测器的报警信号。

火灾报警模块箱在各层电气竖井内或设备机房内明装，其系统的每回路地址编码总数应留 15%~20% 的余量。

## 7.2 机电总包的管理模式

水、暖、电安装工作，全部纳入总包工作范围，以利于管理和协调，以确保工程质量和总进度。

（1）组织机构

总承包项目经理部为矩阵式组织结构，总机构下设立机电安装的二级项目经理部，在总承包项目经理部的各职能部门中配备有充足的、有足够工程相关经验的机电各专业人员，完成机电工程的合约、深化设计、物资采购、技术及现场管理、质量安全等全部工作。采取目标管理责任制，分工明确，职责到位，以确保机电工程满足整体工程工期目标及质量目标的实现。

(2) 设备采购

根据本项目机电设备及系统多、且设备及系统标准高的特点，根据我公司以往类似大型工程的施工经验，我公司建议机电设备的采购可分成两类进行：

第一类是大型设备及各弱电系统的采购，可以采取业主或业主与总包共同招标的方式进行。在此方式下，可遵照"总包牵头、共同操作、价格透明、业主审定"的原则，我公司利用自身供应商网络的优势、多年积累的设备国际招标采购的经验及优势，利用自身具备的进出口资格及多年的设备进出口经验的优势，为业主提供设备招标采购、进口理货的服务，帮助业主组织各类大型设备及各弱电系统的招标采购工作，从候选供应商的资格预审、招标文件的拟定、发标、开标、组织澄清问题及谈判，直至提出公正、客观的评标报告，提交业主进行最终的批复。

第二类是由总包商自行采购的设备及材料。对于这类设备材料，采取"设备材料送审制度"。由总包商在选择后，将拟采用的设备材料进行报审，按业主最终审批确定的方式进行。

(3) 分包策划、选择及管理

由于本项目机电系统中，专业性、系统性强的设备及系统比较多，如电梯、消防、变配电等，因此拟采取切块分包的模式，充分组合优化社会专业分包资源，择取国内外一流的专业分包商，以保证机电工程的顺利进行。根据此项目专业分包多的特点，同时根据中国国情及以往类似工程的经验，我们将分包商分成三类，根据这三类分包商不同的特点，总包商采取不同的管理模式。

第一类是指定分包，如高压变配电分包商。通常情况下，指定分包专业性非常的强，并带有行业垄断的特点，对于指定分包，总包商除对指定分包工程的进度、质量、安全等提出要求并监督执行外，更多地是给予专业的配合及与其他专业分包及工种的协调。

第二类是由总包商自行选择的分包商，如设备、电气专业的劳务分包商。该类分包商由总包商通过资审确定3~5家具备本项目施工能力及实力的候选分包商，通过招标从候选分包商中确定中标单位。

第三类是由业主及总包共同招标确定的专业分包商，如弱电系统、消防系统等。由于此类系统其专业性、系统性强，因此通常采取供货加施工、调试直至系统交验的一条龙服务的方式进行分包，因此此类分包的选择模式同前面所述的大型设备及系统采购的招标模式类似，由业主或业主同总包共同完成。

对于第二类及第三类分包商，总包商将从其组织机构、人员、机械设备、进度计划、施工组织设计及施工方案、深化设计、物资采购、质量、安全、环保、现场CI等各方面对分包商进行全过程的监控、管理，并负责与其他各专业分包、各工种之间的协调。

(4) 深化设计

依照初步设计和国家有关规范，以及资深现场专业施工管理人员的协助，细化各专业的设计图，以保证各专业的协调合理施工。

合理布置各专业机房的设备位置，保证设备的运行维修、安装等工作有足够的平面空间和垂直空间。

综合协调机房及各楼层平面区域或吊顶内各专业的路由，确保在有效的空间内合理布置各专业的管线，以保证吊顶的高度，同时保证机电各专业的有序施工。

综合协调竖向管井的管线布置，使管线的安装工作顺利地完成，并能保证有足够多的空间完成各种管线的检修和更换工作。

核对各种设备的性能参数，提出完善的设备清单，并核定各种设备的订货技术要求，便于采购部门的采购。

做好设计协调工作，做好设计院（顾问公司）同施工单位的沟通工作，及时解决现场施工中遇到的图纸问题；同时，将施工中设计的新方案贯彻在现场的施工中去，保证现场施工满足设计的要求。

完成竣工图的制作，及时收集和整理施工图的各种变更通知单。在施工完成后，绘制出完整的竣工图，保证竣工图具有完整性和真实性。

(5) 现场安装管理模式

对于现场安装的管理，采取计划当头、分解落实、全过程监控的方式进行。在工程总进度计划下面，编制细化机电各专业的施工进度计划，及具体实施步骤，并细化到每周、每月、每季。通过采取周例会、月例会制度，对每周、每月的计划完成情况、施工质量状况等进行检索和分析，形成周报及月报；同时，根据实际完成情况及时调整下周、下月的计划，以保证做到日保周、周保月、月保阶段、阶段保总体进度控制计划的按时实现。

施工方案的落实："方案先行、样板引路"是保证工期和质量的法宝，通过方案和样板制订出合理的工序、有效的施工方法和质量控制标准。对于本项目机电工程，大型机电设备的吊装就位方案和深化设计方案仍是机电施工方案中一个重要的环节。因此，施工前的准备及施工方案的落实至关重要。

(6) 机电各专业的协调以及与装修的配合

1) 初装修阶段的协调配合

初装修阶段的配合，主要是与安装的配线、配管和工作面之间的配合。施工需在墙体上开槽的必须采用机械切割，保证线槽平直，深浅一致。在相应部位施工完成后进行墙面抹灰，交接时做好专业会签。机电安装在该阶段需与装饰紧密配合，在施工前明确各自的施工范围，并各自对其施工人员交底。

2) 安装专业各施工阶段的配合

安装工程专业分包较多，包括：供电工程、通信工程、热力站工程、电梯工程、弱电工程、燃气工程、厨房设备安装等工程，全部纳入总包机电安装管理的范畴。

这些专业分包工程专业性强，技术复杂，设计施工的协调工作，量极大。为保证本工程满足业主的使用功能需要、达到设计意图，整体质量、工期目标达到项目的整体目标，我们将设立项目机电部，负责安排、统筹、管理及紧密配合所有工程，并提供一切所需的协调和管理服务及设施。机电部的专业人员既有理论基础又有丰富的实际经验,人员数量保证能负责执行各种协调工作,以确保各项工程能于工序表上的时间完成。在协调的过程中,要求分包商必须不折不扣地进行全过程配合,从深化设计方案到现场施工图纸深化设计,从预留预埋的交接到分阶段验收,直至调试验收合格交付使用以及竣工后为业主服务等方面自始至终处于受控状态。在保证总体进度的同时,确保工程质量满足业主的要求。

3) 工程中的工序配合

我们要求各专业分包队按照施工组织部署及进度计划表的时间要求进场。当专业分包单位进入施工现场时,我们按照经业主认可的施工阶段总平面布置图,负责统筹安排专业分包队的现场办公室、辅助设施及仓库、车间。

积极为各分包单位提供所需的工作面,提供所需的保障场地安全网、围栏等。在工程进行期间提供足够的照明及电力和实验所需负荷。提供足够的临时用水,保证设备专业的试压、冲洗及调试。工程完成时,进行全面的清理与保护,包括清洁与保护所有已完成的指定分包工程及其设备。交工验收时,负责安装、调试及保修等工作。

配合指定分包单位及业主自行分包单位的相关工作内容,如预埋件、预留洞补洞、堵洞等方面的工作。

4) 安装、装饰施工阶段的配合

安装、装饰施工阶段的配合是整个工程配合中的重中之重,各施工工序的及时插入和相互协调配合是保证工程施工进度、控制工程质量的重要环节。

按照业主确定的设备进场清单,一同编排设备进场和安装计划。做到需要布置设备的房间,提前完工,及时封闭,便于保持良好环境和为专业人员提前进入做安装准备。提供多种选择:按照不同的安装要求和配合深度,提出多种配合方案,便于有条不紊地安排施工进度。

所有协调联系工作都由总包协调部牵头组织,各专业配合展开。进入安装、装饰施工前,土建将以书面形式将各层标高、轴线交于安装及装饰单位,各专业一起对其进行复核,做好专业会签工作;同时,装饰在施工过程中及时提供安装施工所需的基准线,提醒安装专业及时插入施工并为安装留出合理的施工时间,并办理好工序间的交接手续。

装修工程面层施工前,需要安装各专业必须完成管道试压、风管和部件检测和电气绝缘测试各种测试和管道保温等全部工作,并通过各专业内部验收和监理工程师隐蔽验收完毕后才能进行。灯具、风口及开关插座、有线电视、综合布线等面层安装,装饰封板前安装与装饰应积极配合,协助装饰搞好测量定位工作,并核定这些安装物品在装饰图纸上的位置、预留尺寸和加固方式正确与否,保证安装工程的使用功能和装饰的美观效果。

该阶段各专业同时施工,成品保护工作是重点。各专业严格按成品保护制度进行施工和保护,并有严格的监督和奖罚制度。在装修前期,由各分包组成的成品保护小组进行维护;在装修后期,由我单位请专业的保安公司和保洁公司进行维护。任何队伍进房间必须有经批准的入室施工申请单和出入证,如因修改影响其他专业的成品,分包单位必须填写成品破坏申请单上报我单位,项目经理部与其他专业分包协调明确责任后方可施工,施工完后由责任方承担恢复成品的相关费用。

# 8 季节性施工措施

该工程经历两个雨期、两个冬期，尤其地下室底板施工经历雨期，上部混凝土主体结构经历冬期，对施工进度影响很大，所以必须采取有效的措施，使雨期和冬期对施工进度的影响减少到最低。

## 8.1 雨期施工措施

根据北京市气候特点，雨期施工时间为每年的6月中旬至8月中旬。这样，本工程的施工将经历两个雨期。根据工程总体进度计划安排，本工程受2005年雨期影响的主要施工项目有：屋面工程、地上结构5~13层砌筑与装修、地下室墙地面装修及外幕墙施工等；受2006年雨期影响的主要施工项目有：机电安装工程。考虑到工程开工日期为8月20日，接近2004年雨期尾声，但处于坑下作业，在结构出地面前，应对影响基坑安全的防雨措施有足够的重视。

### 8.1.1 组织准备

成立以项目经理为第一责任人的领导小组，将方案编制、措施落实到人。料具供应、应急抢险等具体职责落实到部门，并明确责任人。

雨期施工主要以预防为主，采取防雨措施及加强排水手段，确保雨期时生产的正常进行，不受季节气候影响。

做好施工人员的雨期施工培训工作，组织相关人员进行施工现场的准备工作，并进行一次全面的施工现场的检查，包括检查临时设施、临时用水管道、临时用电、机械设备等各项工作。

加强雨期施工的信息反馈，对容易发生问题的要采取防范措施，设法排除隐患；同时，合理地安排日常工作。

### 8.1.2 技术准备

（1）资料准备

收集当地气象资料，了解雨期天气状况。

认真熟悉施工图纸，了解进入雨期施工的各单位工程设计状况及施工特点，提出针对性的雨期施工技术措施。对进入雨期施工但不适于雨施的项目及时与业主及设计院联系，共同研究解决。

收集同类工程雨期施工经验，选择合理的针对性的雨期施工措施。

（2）技术交底

项目部将严格执行技术交底制度，将雨期各项技术要求从管理人员到分包及个人进行层层分级技术交底。

项目部各现场管理人员将对其责任范围内具体负责的工程项目向具体分包负责人或班组长进行具体技术交底。交底内容主要为针对性的具体施工工艺、操作要点、质量要求等内容。

项目部同时将严格监督检查班组对工人的现场及班前交底情况。

### 8.1.3 主要项目雨期施工措施

（1）装修工程

合理安排工序，先施工外墙，封闭后施工室内装饰，防止雨水进入室内，破坏已装修完毕的饰面层。

将易受潮的装修材料堆放至室内或用防雨材料覆盖。

雨期抹灰工程应采取防雨措施，屋面防水未完成以前，洞口要加以覆盖保护，防止雨水下漏。

室内装修时，应将门窗关闭，防止雨水进入室内，破坏已装修完毕的饰面层。

门窗雨期施工，大雨时应暂停施工，小雨时进行钢门窗安装，应及时找正吊直固定好。堵洞、灌缝工作应待晴天时完成。

夏季安装室外大理石或预制水磨石、磨光花岗石、饰面板、饰面砖时，应有防止暴晒的可靠措施。

(2) 钢结构工程（包含在屋面工程和外幕墙工程中）

雨期钢结构吊装应有防滑措施，绑扎、起吊钢构件的钢索与构件直接接触时，要加防滑垫。

露天防腐施工应选择适当的天气进行，雨天不应作业。

钢结构雨天施工应尤为注意机电设备的保护，防止焊机等设备破损出现漏电事故。

(3) 屋面工程

刮六级以上大风和雨天，避免在屋面上施工找平层。

屋面卷材应在规定的温度下（粉状面毡不高于45℃，片状面毡不高于50℃）立放贮存，其高度不超过两层，应避免雨淋日晒、受潮，并要注意通风。

在雨期施工时应随时掌握天气形势的变化，尽量避开雨天施工。雨施时，重点是控制好基层的含水率，铺设防水层（或隔汽层）前，找平层必须干净、干燥。检验干燥程度的方法，可将 $1m^2$ 卷材干铺在找平层上，静置 3~4h 后掀开，覆盖部位与卷材上未见水印者为合格。

必要时应采取雨天覆盖局部位置的方法，以保证防水工程正常施工。

### 8.2 冬期施工措施

根据国家《建筑工程冬期施工规程》（JGJ 104）规定，凡室外日平均气温连续5d稳定低于5℃即进入冬期施工。当室外日平均气温连续5d高于5℃时解除冬期施工。根据北京市历年气温记录及有关资料规定，一般自每年11月15日左右至次年3月15日左右为冬施期。

根据施工总控进度计划，本工程经历两个冬期施工期，2004年冬期施工的项目有：地下结构（基础底板以上）和1~10层地上结构施工，包括钢筋、模板、混凝土分项工程；地下室外墙防水施工、地下室部分砌筑、装修施工。2005年冬期施工的项目有：10层以上楼地面装修、室外管线安装及机电安装等。

为保证冬期施工的进度、安全及质量，我公司将从冬期施工的各个方面做出严格的控制措施。

#### 8.2.1 组织准备

成立由项目经理、现场经理、技术、质量、安全负责人参加的冬期施工领导小组，指挥协调冬期施工的各项工作，并对冬期施工期间的质量、进度、安全负责。

冬施领导小组将组织召开冬期施工专题会议，对冬期施工的各项工作做出统一部署并进行责任分工。

根据施工进度及冬期施工任务，做好分包及劳动力进出场的组织准备工作。

安排好冬期测温人员，了解每日气温状况，防止寒流突袭。

**8.2.2 技术准备**

（1）资料准备

收集当地气象资料，了解冬期天气状况。

认真熟悉施工图纸，了解进入冬施工程设计状况及施工特点，提出针对性的冬期施工技术措施。对进入冬期施工但不适于冬施的项目及时与业主及设计院联系，共同研究解决。

收集同类工程冬施施工经验，选择合理的有针对性的冬期施工措施。

（2）冬期施工方案编制

我公司项目部将在进入冬施前15日，编制并审批完成该工程更为详细的冬期施工方案，同时报业主或监理批准。该方案将根据具体施工图、实际工程进度及施工状况编制完成，提出切实可行的保温措施及各单位工程冬期施工技术措施。

（3）技术交底

项目部将严格执行技术交底制度，将冬期各项技术要求从管理人员到分包及个人进行层层分级技术交底。

项目部将根据冬期施工方案首先对各级管理人员及分包进行技术交底。交底内容主要包括：冬期任务及状况；工程冬期施工特点；冬期主要施工技术措施；冬期质量、安全及文明施工要求等内容。

其次，项目部各现场管理人员将对其责任范围内具体负责的工程项目向具体分包负责人或班组长进行具体技术交底。交底内容主要为针对性的具体施工工艺、操作要点、质量要求等内容。

项目部同时将严格监督检查班组对工人的现场及班前交底情况。

**8.2.3 主要项目冬期施工措施**

（1）钢筋工程

钢筋堆放时，钢筋下面采用预制混凝土条块垫高250mm，以防钢筋锈蚀和污染，钢筋堆放时，表面覆盖一层塑料布，防止雨雪侵蚀。若遇下雪天气，应及时将积雪清理干净。

钢筋在运输和加工过程中，应防止碰撞和刻痕等。

焊接时要注意防风，选择好的天气进行焊接，雨天、雪天不得在现场施焊，必须施焊时，应采取有效遮蔽措施。

焊后未冷却的接头应避免碰到冰雪。

当温度低于 −20° 时不得施焊，严格按照《建筑工程冬期施工规程》（JGJ 104）执行。

钢筋直螺纹连接接头负温施工应经负温试验验证。

（2）混凝土工程

1）一般要求

冬期混凝土施工的重点是防止混凝土硬化初期遭受冻害，并尽早获得强度；混凝土工程包括搅拌、运输、浇筑、养护、保温、测温、试验等工作，须严格按照规范要求操作并采取相应的特殊措施,以保证冬期混凝土的质量。

本工程的混凝土均为商品混凝土,搅拌站的冬施混凝土一般采用加防冻剂的方法,防冻剂的种类和掺量由试验室做试配后确定。

冬期施工期间,混凝土运输应有保温措施,罐车应用保温被包裹,泵管应用阻燃草袋包裹;混凝土浇筑前须将模板和钢筋上的冰雪和污垢清理干净;混凝土出罐温度不得低于10°,入模温度不得低于5°;混凝土除了按照常温施工要求留置试块以外,还须增设两组补充试块与结构同条件养护,分别用于检验受冻前的混凝土强度和转入常温养护28d后的强度。

应经常检查混凝土表面是否受冻、粘连、收缩裂缝,边角处是否脱落、受损,施工缝处有无受冻痕迹。

检查同条件养护试块的养护条件是否与现场养护条件相一致。

拆模时混凝土温度与环境温度差大于20℃时,拆模后的混凝土表面应及时覆盖。

冬期施工的顶板混凝土为了避免在终凝前被踩踏破坏,所有覆盖保温材料、测温、搓毛人员均须在跳板上行走,跳板铺设在预埋于顶板中的马凳铁上。马凳铁沿板长跨方向布置,间距为1.5m,每跨板至少铺设一块跳板。

具体拆除保温、拆除模板时间,根据同条件试块试压强度确定,拆除保温及模板均应办理书面申请,技术工程师批准签字后方可进行。

2) 混凝土养护

本工程因为采用加防冻剂的混凝土,冬期施工时,为了使混凝土的强度增长有更好的温度环境,在施工中采用综合蓄热法对混凝土进行养护。

3) 综合蓄热法的具体方法

混凝土浇筑前柱、墙体模板背面粘贴50mm厚聚苯保温板,模板拆除后及时用阻燃草帘被包裹、覆盖保温。

顶板的覆盖方法是覆盖一层黑塑料布后再加盖两层阻燃草帘被,边、角部位应再加两层阻燃草袋,严禁浇水养护。下层门、窗要用彩条布和木方临时封闭。

柱、墙体顶部的覆盖方法是拆模前用两层阻燃草帘被覆盖墙体上口裸露部位,草帘被穿过墙体上口钢筋后,用钢丝绑在墙体对拉螺栓上;拆模后,立即用两层草帘被将墙面完全覆盖,并用钢丝穿过墙体螺栓孔后将草帘被拉紧。

柱头混凝土在模板背侧钉挂草帘被,用钢丝绑牢。因柱顶、墙顶部位易遭受冻害,浇筑混凝土可多浇筑50mm,再剔除冻害处,可保证梁、柱混凝土接头处混凝土强度。

(3) 隔墙砌筑施工

砌筑时适当在砂浆中添加防冻剂,为了弥补砂浆早期受冻而造成的后期强度损失,对砌筑砂浆应适当提高强度等级。当最低气温等于或低于-15℃时,砌筑承重砌体砂浆强度等级应按常温施工的规定提高一级。

砂浆搅拌时间要延长,比常温下的搅拌时间延长0.5~1倍,即不少于2.5min。

砌筑用砂不得含有冰块和直径大于10mm的冻结块。

砂浆搅拌应在保温棚内进行,随拌随用,不可贮存和二次倒运。

砂浆的使用温度不得低于5℃,出机温度不宜超过35℃。严禁使用已冻结的砂浆。

在可能的情况下,应尽量缩短运距,用手推车运输砂浆时,应加保温装置,使用的灰槽也应保温。

收工时，砌块的表面不留砂浆，并用阻燃草袋覆盖保温。

冬期施工砂浆试块的留置，除应按常温规定要求外，尚应增留不少于一组与砌体同条件养护的试块，测试检验 28d 强度。

# 9 总承包管理

本工程如我公司能够中标，我公司对本工程施工实行总承包管理。总承包管理范围包括从前期施工准备到项目竣工验收为止的工程质量管理、工程进度控制管理、各专业各工序的协调管理、施工场地管理、安全生产和文明施工的管理及整个项目的施工技术资料及竣工资料的汇编和管理。

## 9.1 总承包管理实施工作内容

在工程管理中我们将发挥总承包商服务、协调、管理和控制职能，就工程的质量、工期、投资、安全、文明施工等对业主总负责，并根据合同要求实施下列工作：

（1）组成工程总承包管理班子

根据本工程的特点，在总结总承包其他类似工程的成功经验基础之上，结合在国内从事工程总承包的多年运作经验，我们设计了一个高效、精练、责权明晰的总承包管理架构。并且制订了一系列的方法与措施，来确保总承包管理的高效运转；同时，项目管理班子的成员选派思想素质高、技术精、业务熟练且富有同类工程项目实践经验，具备覆盖工程项目施工管理各专业技术结构的专业人员组成。

（2）前期工作协调

审核有关设计方案资料，编制施工总承包实施方案，以确保质量安全、节约造价为原则。对工程的地质、水文与气象条件、现场条件及周围环境、材料场地范围、进入现场方法以及可能需要的设施进行调查和考察，并根据这些因素对工程的影响和可能产生的风险、意外事故、不可预见损失以及其他情况进行充分的考虑，并向业主提供适当的防范措施，以保证工程的顺利进行。

业主将工程施工现场移交给总承包方后，总承包方负责组织工程现场警卫工作。

总承包单位确保通往工地的道路不受交通阻碍，并及时清理。

（3）设计工作协调

组织施工图设计，负责进行设计、施工方面的工程技术协调。

督查和落实本工程各分包单位严格按施工图所显示的设计要求进行施工。

工程完工后，根据国家有关规定负责汇总八套竣工图，按双方另行商定的时间交付给业主。

负责做好图纸保密工作。

（4）总承包单位对分包单位的管理和协调

总承包单位负责所有分包单位、供应商和制造商的管理与协调工作。总承包单位与上述单位建立一套协调体系，以共同完成本工程。

明确各专业、各工序的施工次序、时间进度，确立详细、合理的工序和安装计划，组织所有专业分包单位按施工进度计划有序施工。

监督和协调所有与工程施工有关的紧固件、套管、预埋件和附件等的设置。

协调各系统的调试和联动试车。

(5) 现场管理与配合

负责现场总平面图的布置和安排,提供分包单位材料堆放场地和其他合理设施。主要包括:

1) 提供施工场地,提供工地已有的上下通道、脚手架、水平及垂直运输通道及其他现成的设施给分包单位。

2) 负责现场的安全保卫工作。

3) 与分包单位密切联系,及时了解和掌握关于临时设施的详细需要,做好配合。

4) 提供标高、定位的基准点、线及有关测量结果,经交监理单位审批,供分包单位作为施工控制依据进行施工安装。

5) 浇筑混凝土前,与分包单位联系确定预留配件、孔洞等位置,给分包单位合理时间完成其工作。

6) 督促做好半成品、成品的保护工作,对装修完成表面提供适当保护,以防损坏;在重物和设备移位时应采取特殊保护,避免破坏已完成设施。

7) 督促分包单位采取冬雨期措施,保证工程质量。

8) 对已完成的装修工程设专人看管保护,直至交工验收完成。

9) 负责现场的临时供电接至二级配电箱,提供现场临时用水接口,并负责计量收费。

10) 协调解决施工场地与外部联系的通道与道口,满足施工运输要求,保证施工期间畅通。

11) 负责协调施工场地与周围居民、单位和地方管理机构的关系,确保工程建设的顺利进行。

12) 负责施工区域的总平面管理。根据本工程特点,编制分阶段平面布置,保证各施工单位的有序作业面。

13) 负责督查落实施工分包方做好施工现场的污水排放工作,保护施工现场周围环境。

(6) 工程质量控制管理

工程质量控制管理包括以下内容:

1) 按照国家颁布的标准、规范,抓好施工质量、原材料质量、半成品质量,确保工程质量达到合格标准。

2) 组织施工设计图技术交底,审查施工分包单位制订的施工技术方案,确定其可行性和经济性,提出优化或改进意见。

3) 检查设计变更和工程联系单的执行情况,负责处理施工过程中发生的技术问题,并报业主确认后实施。

4) 对施工工序质量进行控制,审查各施工分包单位的施工组织设计、报表、请示、备忘录、通知单,检查各项施工准备工作。

督查和落实各施工分包单位,严格按照国家关于建设工程施工规范和设计图纸要求进行施工。

5) 对工程材料、设备进行控制。根据合同和图纸要求，审查各施工单位提供的材料、设备清单及质保书，并配合监理对工程使用的有关原材料、构件及设备进行必要的抽检、检测、试验、检验、化验及鉴定，对各施工单位提交的装饰材料样品经审查送监理单位审核后报业主审定并采取封样及保护。督促和检查各施工分包单位，严格按照样品控制采购材料品质。

6) 检查工程施工质量，每月向业主、监理提供工程质量月报（重大工程质量问题及时专题报告），组织各项工程验收（包括隐蔽工程验收、分部分项工程验收等）。

7) 负责处理工程质量事故，建立一套事故处理程序。查明质量事故原因和责任，提出质量事故处理意见，报监理、业主并督促和检查事故处理方案的实施。

8) 制订成品和半成品保护措施，管理与协调各施工分包单位对施工现场验收工程、已进场的设备材料的产品保护和半成品保护，减少损坏，减少返工与损失。

9) 制订工程阶段性验收与竣工验收程序，参加工程竣工验收。

10) 督促和检查各分包单位整理施工及竣工的工程技术资料，并负责收集整理、汇编本工程施工过程中的有关图纸、技术资料和其他各类工程档案文件资料，工程竣工后编制出合同规定的工程档案。

(7) 工程进度控制管理

遵照确定的总工期制定工程总进度计划和分阶段进度计划，审查落实施工单位制订的工程进度计划、分阶段计划和月进度计划，上报业主，并送监理备案。

严格按计划进度管理。一旦发现进度滞后，及时查明原因，并采取相应的积极措施予以调整，确保总工期如期完成。

定期组织召开工程例会、协调会，及时分析、协调、平衡和调整工程进度，确保本工程按期完成。

编制并提供一份当月进度报告及下月进度计划，修改和更新工程进度，以准确反映出工程现状和尚未完成的项目。

及时向业主及监理单位提供有关施工进度的信息和存在的问题。

参加有关分包单位的招标和合同条款拟定的工作过程，负责安排各施工单位及设备材料供应单位的进场、退场时间及相应施工周期和合理的施工作业区域，落实相关的经济责任，确保组织有条不紊地交叉施工。

(8) 工程造价管理及成本控制

对影响工程顺利进行的有关应急技术措施、应急施工配合、施工图在施工过程中的紧急修改等，向业主、监理报批，同时做好资料搜集。

根据本工程施工进度计划，审查和督查落实施工分包单位每月15日前编报当月完成工程量报表和下月施工计划，报送监理核实，并经业主审核后作为当月应拨付的工程款项的依据。

分包工程款和甲供设备的安装调试等费用需经总包单位、监理、业主三方签字确认后，方可付款。

根据各分包施工单位汇编资料，及时编制年、季、月的用款计划送业主审定，对所有临时追加用款书面提出追加理由，经甲方审定后作为专项申请。

(9) 安全生产管理

总承包单位对施工现场的安全负责，分包单位向总承包单位负责，服从总承包单位对施工现场的安全施工管理。

督促各专业施工单位安全生产，并定期检查安全、文明施工措施的制订和落实情况，避免重大伤亡事件发生。

明确各分包单位的安全职责，督查和落实各分包单位采取措施做好现场安全防护工作。如有事故发生，总包单位负责事故调查，根据调查结果承担相应管理责任。

(10) 技术管理

总包方的技术管理重点涵盖和体现在技术协调、施工组织设计（方案）管理、深化设计协调、技术资料和竣工验收备案等多个方面。

1) 技术协调

技术协调需着重在以预控为主，强调技术综合协调能力，它主要体现在以下几个方面：

技术协调预控的全面性，作为总承包商除对自身承包范围内的工程技术管理外，更重要的是对其他指定专业承包商的技术协调管理，具体如下：

A. 主体结构施工的技术协调；

B. 钢结构安装与钢结构加工制作的技术协调；

C. 主体结构与环保罩钢结构支撑的技术协调；

D. 主体结构与外幕墙工程施工的技术协调；

E. 主体结构施工与机电、装修工程施工的技术协调；

F. 机电安装与装修工程施工的技术协调；

G. 机电安装工程内部各专业协调；

H. 强调技术管理的前伸与后延，重视综合协调能力。

在施工中，我们不仅重视其施工的内在质量，而且通过技术准备协调向前延伸到其技术思想的领会，向后延续到其使用功能和寿命的保护，通过技术的综合协调，确保建筑物达到其应有的功能和寿命。

重视新技术、新工艺、新材料的应用与推广，增加科技含量。

本工程将积极推广和应用"四新"技术，通过这些新技术的应用，工程将取得明显的经济效益和社会效益。

2) 施工组织设计（方案）管理

方案先行、样板领路将是本工程一个技术管理特色。在工程具体实施中，实行方案报批审批制，强调在每个分项工程施工之前，都要编制有针对性的施工组织设计（方案），对重要施工部位和关键部位需编制专项方案。

3) 深化设计协调

总包方除了自行完成承包范围内的深化设计工作外，还要对指定分包的深化设计起协调作用，目的是保证分包商的深化设计工作能满足工程总体进度要求。

4) 技术资料

技术管理资料是工程建设和工程竣工交付使用的必备条件，也是对工程进行检查、验收、管理、使用、维护的依据。技术资料的形成与工程质量有着密不可分的关系。根据本工程所确立的质量目标，其技术资料将更加严格、规范。

工程竣工验收备案：作为总承包商除负责自有承包范围的工程竣工资料外，还协调和督促指定的分包商和其他承包商的竣工资料，并随工程进度逐步提交给总承包商。而作为总承包商，将负责收集和整理其他承包商制作的竣工图纸和竣工资料，并协助业主做好工程的竣工验收和备案。

工程竣工交验资料的准备完全是总承包商的责任；承包商在整个施工过程中严格按照北京市政府相关法律及有关规定和合同文件的要求，认真做好施工过程中资料的收集和整理，确保资料与工程做到"真实、同步、全面、完整"。

### 9.2 分包管理措施

选择和管理好专业分包队伍是有效组织社会资源，按照总包要求发挥作用的一项十分重要的工作。从一定意义上说，选择好的专业分包队伍是总承包工程按目标要求实施管理的基础；而如何对专业分包队伍实行有效的管理则是总承包能否取得成功的关键。

(1) 认真选择符合要求的专业分包队伍

根据工程总体的专业分包方案，我们结合施工的进展情况，有计划、有步骤地对专业分包队伍进行招标和选择工作。具体作法是：

首先从公司合格专业分包队伍名单中或通过市场调查调取 3~5 家国内一流的符合本工程要求的备选专业分包队伍，将其资质及业绩文件报业主审核，结合业主的意见，确定入围名单。

参照国际惯例编制招标文件（投标须知、合同条件、报价说明、BOQ 清单、设计说明、必要的附件等）。

成立由各专业人员组成的评标小组（邀请业主、监理、设计方参加）。通过对投标方的质量体系、综合实力、技术方案、价格、相类似工程的施工业绩、财务状况、能否提供保函等方面的情况进行综合评价，经过若干轮的筛选，最后确定中标的专业分包队伍。

(2) 有效管理好专业分包队伍是总包在项目施工组织中的重要工作

为了保证能实现项目管理目标，必须坚持对专业分包队伍实行有效管理，以确保总包的管理意图变成专业分包的实际行动。我们在对专业分包的管理上始终坚持八个字：管理、帮助、促进、监督。

(3) 如何管理好业主指定分包

结合总体的工程进度计划，将业主指定分包纳入我公司的现场管理体系，在其施工时应提供详细的分项工程施工组织设计和质量保证措施，以确保按时、按质、按量地完成各分项任务。

(4) 强化对合同的管理

1) 合同签订的依据

与国内的分包队伍和供应商的合同，我们是参照 FIDIC 条款和世界银行推荐的合同文本，并结合建设部的规范性合同条件而签订的。

2) 以合同为纽带，全面协调各方关系

熟悉合同，以合同为依据组织各项管理。合同签订后，总包的合同管理部门要对项目上的责任工程师及相关管理人员进行交底，使他们充分了解合同的内容，并以合同为依据实施相应工作的管理。

在项目施工的全过程中始终坚持以合同为依据来处理协调各方面问题和相关关系。因为只有按照合同的规定去处理，才能以理服人，才能减少相互推诿。

(5) 对质量的管理

根据项目质量计划和质量保证体系，要求和协助各专业承包商建立起完善的各专业承包商的质量计划和质量保证体系，将各专业分包商纳入统一的项目质量和管理保证体系，确保质量体系的有效运行，并定期检查质量保证体系的运行情况。

质量的控制包括对深化设计和施工详图设计图纸的质量控制；施工方案的质量控制；设备材料的质量控制；现场施工的质量控制；工程资料的质量控制等各个方面。

严格程序控制和过程控制，同样使各专业分包商的专业工程质量实现"过程精品"；对各专业分包商严格质量管理，严格实行样板制、三检制、"一案三工序"，严格实行工序交接制度；最大限度地协调好各专业分包商的立体交叉作业和正确的工序衔接；严格检验程序和检验、报验和实验工作。

制订质量通病预防及纠正措施，实现对通病的预控，进行有针对性的质量会诊、质量讲评。

设立质量目标奖励资金。我公司将从应得的工程利润中拿出部分资金作为质量目标奖，并与各施工班组及专业分包商签定目标责任状，严格奖罚兑现条件。

(6) 对工期计划管理

要求各专业分包商根据合同工期，按照工程总体进度计划和阶段性进度目标要求，编制专业施工总进度计划、月、周进度计划。

各专业总进度计划、月进度计划应包括与其相应的配套计划，包括设计进度计划、设备材料供应计划、劳动力计划、机械设备使用和投入计划、施工条件落实计划、技术设备工作计划、质量检验控制计划、安全消防控制计划、工程款资金计划等配套计划以及施工工序。

通过项目经理部的统一计划协调和施工生产计划协调会，对计划进行组织、安排、检查和落实。按照合同要求，明确责任和责任单位（责任人）、明确内容和任务、明确完成时间，确立计划的调整程序。

对专业分包商深化设计和详图设计的协调和管理。除按照合同严格管理各专业承包商外，要协助、指导各专业分包商深化设计和详图设计工作，并贯彻设计意图，保证设计图纸的质量，督促设计进度满足工程进度的要求；协调各专业分包商与设计单位的关系，及时有效地解决与工程设计和技术相关的一切问题；协调好不同专业分包商在设计上的关系，最大限度地消除各专业设计之间的矛盾。

(7) 对安全、环保、文明施工、消防和保卫的协调和管理

首先是协助、要求和督促各专业分包商建立完善的各专业分包商的管理体系，将各专业分包商纳入统一的项目管理，确保各项工作的有效开展和运行，并定期检查执行情况；分解每一目标，按照合同严格管理和要求各专业分包商，责任到位、工作内容到位、措施到位、实行严格的奖罚制度；严格按照专项方案和措施实施，定期检查，定期诊断，及时整改，确保各个目标的实现。

### 9.3 总承包技术管理

(1) 图纸会审及设计变更、洽商管理

1) 图纸会审管理

图纸是反映设计师对工程设计理念的重要手段，是工程师的语言。欲达到优质工程的质量目标，总承包商必须充分理解、掌握设计意图和设计要求。

在工程准备阶段，总承包商将在业主的组织下进行图纸会审与设计交底工作。

施工图是施工的主要依据，施工前组织技术专业人员认真熟悉、理解图纸，对图中不理解问题书面提供给业主，以便业主在组织图纸会审前参考，将图纸中的不明确的问题解决在施工之前。

2) 工程洽商及变更管理

本工程内存在众多分包商，其管理体系和管理组织各不相同，为此总承包商设专门的技术责任工程师及经营责任工程师对工程的全部变更及洽商进行统一管理。设计变更由总承包商统一接受并及时下发至分包商，并对其是否共同按照变更的要求调整等工作进行评议处理。同时，各家分包商的工程洽商以及在深化图中所反映的设计变更，亦需由总承包商汇总、审核后上报，业主、工程监理批准后由总承包商统一下发通知各专业分包商。工程变更管理过程中，总承包商负责对变更实施跟踪核查，一方面杜绝个别专业发生变更，相关专业不能及时掌握并调整，造成返工、拆改的事件发生；另一方面还要监督核实工程变更造成的返工损失，合理控制分包商因设计变更引起的成本增加。

(2) 施工组织设计（方案）管理

本工程为确保工程获得"北京建筑结构长城杯金奖"和整体工程"北京市建筑长城杯金奖"，整体工程确保"鲁班奖"。优质工程必须预先有工程的质量目标策划，有相应的管理预控措施，强调施工组织设计的科学性、指导性、针对性和实用性。施工组织设计、方案对工程质量、进度、成本起着关键的作用。对于创优工程，其施工组织设计、方案和技术交底编制的好坏，直接影响着工人的操作、生产的组织以及成本的高低，影响创优成功与否。因此，编好施工组织设计、方案，对工程创优具有重要意义。

总承包组织编制实施阶段施工组织总设计：施工组织设计是用来指导拟建工程项目施工全过程中各项活动的技术、经济和组织的综合性文件。

作为工程组织施工阶段具有指导性的重要管理文件，工程总承包商将在投标阶段施工组织设计大纲的基础上，进一步深化搜集整理有关工程技术资料，编制实施阶段的施工组织总设计，提供各阶段的施工准备工作内容，对人力、资金、材料、机械和施工方法等进行科学合理的安排，协调施工中各施工单位、各工种之间、资源与时间之间、各项资源之间的合理关系。

根据建设项目特点编制分部分项工程施工组织设计：总承包商根据合同、进度、工程实际情况等诸方面因素，编制施工组织总设计，其内容着重于工程的总体布置，协调组织及进度计划的落实措施几个方面。而各分承包商将依据总承包的要求编制各自的施工组织设计，其重点在于如何完成总承包的进度、质量要求及其所承担工程的专项技术方案。

分部分项工程施工组织设计是以分部分项工程为编制对象的技术、经济和组织的综合性文件。以施工组织总设计为大纲、单位工程施工组织设计和工程施工计划为依据编制的，针对具体的分部分项工程，把单位工程施工组织设计进一步具体化，对分部分项工程的管理实施动态管理。总承包商的技术部将根据优质工程目标的要求分阶段逐个对专项方案进行审核，并根据业主、监理、设计院的要求进一步完善和补充。

本工程初步计划编制以下主要分部工程施工组织设计（表9-1）

主要分部工程施工组织设计编制计划表　　　　　　　　　　表 9-1

| 序 号 | 方 案 名 称 | 计 划 完 成 时 间 |
|---|---|---|
| 1 | 主体结构施工组织设计 | 进场1周内 |
| 2 | 幕墙工程施工组织设计 | 根据工程实际进度提前2个月 |
| 3 | 室内装修工程施工组织设计 | 根据工程实际进度提前2个月 |
| 4 | 机电安装工程施工组织设计 | 根据工程实际进度提前2个月 |
| 5 | 电梯安装工程施工组织设计 | 根据工程实际进度提前2个月 |
| 6 | 弱电工程施工组织设计 | 根据工程实际进度提前2个月 |

本工程计划编制如下施工方案（表9-2）。

主要分部工程施工方案编制计划表　　　　　　　　　　表 9-2

| 序号 | 方案名称 | 计划完成时间 |
|---|---|---|
| 1 | 施工现场总平面布置方案 | 进场一周内 |
| 2 | 施工组织设计 | 进场一周内 |
| 3 | 测量工程施工方案 | 实施前2周 |
| 4 | 工程试验方案 | 实施前2周 |
| 5 | 防水工程施工方案 | 实施前2周 |
| 6 | 大体积混凝土施工方案 | 实施前2周 |
| 7 | 混凝土结构施工方案 | 实施前2周 |
| 8 | 模板工程施工方案 | 实施前2周 |
| 9 | 钢筋工程施工方案 | 实施前2周 |
| 10 | 钢结构施工方案 | 实施前2周 |
| 11 | 幕墙工程施工方案 | 实施前2周 |
| 12 | 脚手架工程施工方案 | 实施前2周 |
| 13 | 雨期施工方案 | 实施前2周 |
| 14 | 冬期施工方案 | 实施前2周 |
| 15 | 装修工程施工方案 | 实施前2周 |
| 16 | 安装工程施工方案 | 实施前2周 |
| 17 | 业主指定分包项目施工方案 | 按进度计划要求，开工前30d编制完成 |

(3) 技术交底管理

根据我们以往的工程经验，凡是有详细方案和严格落实技术交底的分项工程，施工质量都能得到很好的保证；凡是没有详细方案、技术交底不严格的工程质量就容易出问题。基于这样的认识，总承包商将狠抓技术交底管理落实工作，从分包商一进场开始就特别重视技术管理的力度，建立三级交底制度，即项目总工程师向项目全体人员进行施工组织设计的交底，方案编制人员向现场施工管理人员交底；现场施工管理人员向分包施工负责人交底，分包施工负责人向施工操作人员交底，并由现场责任工程师监督执行。

技术交底必须以书面形式进行，填写交底记录，审核人、交底人及接受交底人应履行交接签字手续。

(4) 技术检验、材料及半成品的试验与检验管理

现场检验、试验管理工作由总承包商统一进行组织，按施工区域和专业划分，各区域、各专业分包商负责其自身的所有施工试验及进场原材料的复试，总承包商各工程管理部的相关专业工程师或物资设备部的材料工程师对所有试验和材料复试进行见证监督。

监理与总承包商的见证检查：各区域、各专业分包商负责其自身的所有施工试验及进场原材料的复试，对所有试验和材料复试进行见证监督。对于需要有见证取样和送样规定要求的试验项目，在取样和制样的过程中，总承包商工程施工及总包管理部的相关专业工程师或物资及设备部的材料工程师将遵照"总承包项目检验、试验管理程序"的规定，邀请监理工程师到场检查。

根据工程进度计划，制定试验取样和送检计划：项目经理部的总工程师负责组织各个分包商的项目技术负责人按照"总承包项目检验、试验管理程序"的规定，和监理单位共同制定整个工程的施工试验和原材料复试的有见证取样和送检计划。总承包商将按照现行规范、业主及监理工程师的要求，监督分包商进行所有的施工试验和原材料复试工作，及时汇总、整理有见证试验报告，将结果通知业主和监理工程师，并检查分包商的试验原件存档情况；同时，建立"检验、试验工作记录表"，计算机自动存储试验记录，以便随时备查。

(5) 技术资料的管理

技术管理资料是工程建设和工程竣工交付使用的必备条件，也是对工程进行检查、验收、管理、使用、维护的依据。技术资料的形成与工程质量有着密不可分的关系。

在技术资料的组织协调管理工作中，总承包商将严格遵照按照北京市建委、质量监督站、北京市城市档案馆的规定以及国标系列工程质量检验评定标准的要求进行。技术资料的协调管理工作包含以下几个部分：

1) 明确技术资料的管理职责

根据合同规定和管理范围的要求，本工程总承包商在施工技术资料的协调管理中负责汇总整理各个分包单位编制的全部施工技术资料。从工程施工准备阶段开始，总承包商即进行竣工资料和竣工图组织协调管理体系的建设；在和各家分包商充分协商的基础上，统一竣工资料的格式和形式，明确竣工资料和竣工图的技术标准和要求，明确各个分包商资料管理责任制度和责任人。建立项目经理部技术资料管理职责，明确管理办法和奖惩条例。

2) 项目技术资料管理的实施办法

督促分包商进行技术资料自查：根据工程需要，总承包商将督促分包商按照工程需要分阶段、定期指定资料自查计划，在分包商自查的基础上进行内部检查。内部资料检查由总承包商项目总工和分包商技术负责人共同负责，组织总分包双方工程、技术、材料部门主要责任人对项目所有施工技术资料、质量保证资料、分包商资料进行全面检查，出现问题及时整改。工程在进行分段验收及竣工验收前，必须先对施工技术资料进行项目内部自查，由项目总承包方总工程师组织审查工作。

3) 技术资料管理要求

工程施工技术资料应随施工进度及时整理，按专业系统归类，认真进行填写，做到字

迹清楚，项目齐全，记录准确、真实，且无未了事项。所有技术资料必须由各分包商技术负责人审核。

4) 竣工阶段的技术资料管理

本工程为创优工程，工程竣工前总承包将根据规范规程的要求，进行工程竣工资料的预检工作；总承包商编制工程预检计划，按计划组织项目各个主要分包商进行竣工工程预检，预检通过后方可进行"四方"验收及北京市工程质量监督站的核验。

(6) 工程竣工验收、备案

1) 竣工验收流程

竣工验收牵涉多个专业、多个政府验收部门，特别是一些工程必须提前验收，为工程最后验收做准备。

部分专业工程验收及项目检测→电梯工程验收→消防工程验收→四方验收→监督站验收→竣工备案。

2) 竣工验收计划

竣工验收计划（表9-3）。

竣工验收计划表　　　　　　　　　　　　　　　　表 9-3

| 序号 | 验收项目名称 | 政府主管部门 | 计划验收时间 |
|---|---|---|---|
| 1 | 电梯验收 | 北京市技术质量监督局 | 竣工验收前2周 |
| 2 | 消防工程验收 | 北京市消防局 | 竣工验收前2周 |
| 3 | 四方验收 | 业主组织 | 计划竣工时间 |
| 4 | 工程备案 | 北京市质量监督站 | 竣工后20d内 |
| 5 | 资料归档 | 北京市档案馆 | 竣工后30d内 |

3) 竣工验收备案流程（图9-1）

### 9.4 与业主、监理、设计单位的配合措施

我公司在完成众多大项目以及与外方业主和国际承包商的合作过程中，获得了对国际通行的工程管理（FIDIC条款）更深的理解，同时也积累了许多宝贵的经验，在对业主的超前服务、进口设备物资的招标采购，和设计、监理的配合服务等方面，以及在国内工程国际化管理方面取得了长足的进步，这也是我公司区别国内一般建筑承包企业的一个显著特点。

#### 9.4.1 与业主的配合与服务

"为业主优质服务"是我们的工作宗旨，我们将为业主提供百分之百满意的服务。

#### 9.4.2 过程中的服务

加强与业主的沟通和了解，根据业主的建设意图，征求业主对工程施工的意见，对业主提出的问题将及时予以答复和处理，不断改进我们的工作。

建立与设计院的紧密联系，充分理解设计意图。

做好设计与施工的衔接工作，协调、解决施工与设计的矛盾；设专人负责审图工作，施工前认真做好结构、建筑、机电图纸的会审交圈工作，对存在的设计问题将及时办理工程洽商，经业主、设计、监理确认后作为施工依据，确保施工顺利进行。

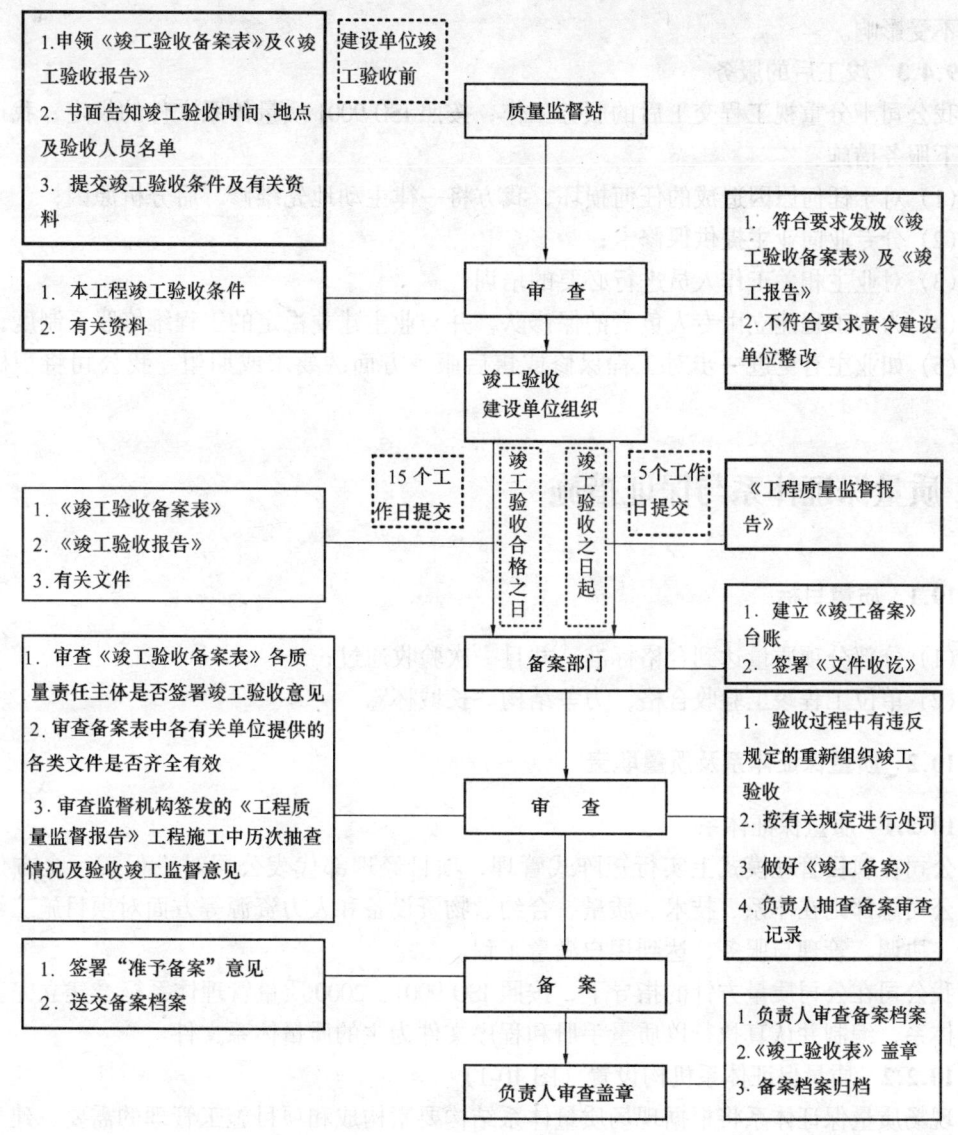

图 9-1 竣工验收备案流程图

当好业主的助手和参谋。根据业主的建设意图，发挥我公司的技术优势，站在业主的角度从工程的使用功能、设计的合理性等方面考虑问题，多提合理化建议。

根据合同要求，科学合理地组织施工，统一协调、管理、解决工程中存在的各种问题，让业主放心。

建立与业主、监理参加的工程例会制度，加强沟通，及时解决工程质量、进度等问题。

成立现场管理小组，加强与当地街道、环卫环保、派出所、市政等部门的联系，及时解决可能出现的扰民、民扰等问题，确保工程顺利进行。

合理使用工程资金，实行专款专用。根据施工进度计划，制定资金使用计划，保持资金处于最佳使用状态。如果本工程施工中某阶段业主发生困难，我们保证工程连续施工，工期不受影响。

### 9.4.3 竣工后的服务

我公司十分重视工程交工后的服务工作，按照 ISO 9001 质量体系文件的规定，我司承诺以下服务措施：

(1) 对于任何原因造成的任何损坏，我方将一律主动地先维修，后分析原因；
(2) 分专业向业主提供保修卡；
(3) 对业主相关工作人员进行必要的培训；
(4) 为本工程建立由专人负责的保修队，并与业主建立稳定的工程维修联系制度；
(5) 如业主有更进一步对工程保修或售后服务方面的要求或期望，我公司将积极配合。

## 10 质量保证体系与保证措施

### 10.1 质量目标

(1) 分部分项质量达到合格标准，并且一次验收通过；
(2) 单位工程竣工验收合格，力争结构"长城杯"。

### 10.2 质量保证体系及质量职责

#### 10.2.1 质量保证体系

公司在项目管理模式上实行矩阵式管理，项目经理部代表公司对工程实行全方位管理，公司总部则在体系、技术、质量、合约、物资设备和人力资源等方面对项目施工给予支持、协调、管理与服务，达到用户满意工程。

我公司在公司质量方针的指导下，按照 ISO 9001：2000 质量管理体系标准建立完善了质量体系，编制并认真执行以质量手册和程序文件为主的质量体系文件。

#### 10.2.2 质量保证体系机构设置（图 10-1）

现场质量保证体系将根据现场质量体系结构要素构成和项目施工管理的需要，建立由公司总部宏观控制、项目各级管理人员中间控制的管理系统，形成了横向从结构、安装、装饰到各个分包项目，纵向从项目经理到施工班组的质量管理网络，组成了项目经理、管理层职能部门、责任人员的三个层次的现场质量管理职能体系。

### 10.3 质量组织保证措施

(1) 组织保证措施

现场成立 TQC 全面质量管理小组，对现场经常出现的质量问题运用 TQC 管理方法（如排列图、因果图、调查表等方法）分析质量产生原因，制定对策，及时整改。

(2) 全员参与

指承建本工程的全体员工，在实施创建精品工程的过程中，通过各种宣传手段，将创造精品的意识树立于每个员工的头脑中，自觉地以精品的意识和标准衡量和计划每一项工作；同时，通过岗位责任制将每位员工的职责与精品工程的创建相联系。

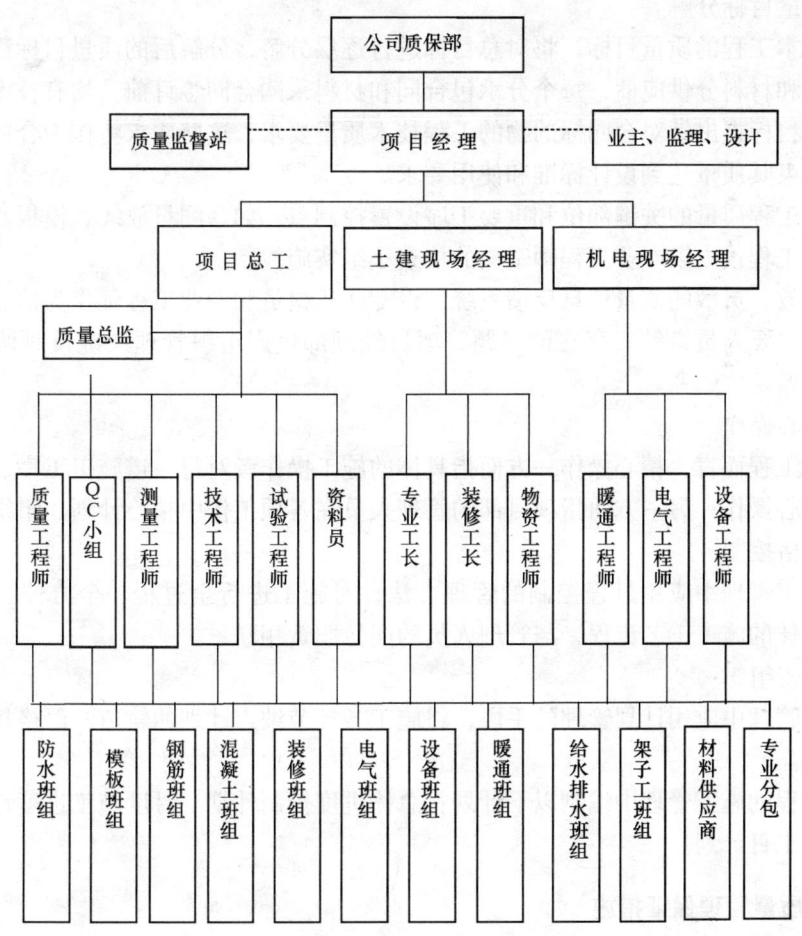

图 10-1 质量保证体系机构设置图

(3) 强化技术管理

严格执行图纸会审制度,深入了解设计意图并贯彻执行,项目技术部根据图纸会审及设计交底情况,对项目人员及分承包商进行图纸交底,使设计意图贯彻到施工中的每一道工序。

(4) 严格贯彻监理规程程序

施工期间严格按照建设工程规程程序办事,严格按设计图纸和国家有关施工规程规范进行施工;对进场材料进行自检和送检,并提供相应的证明材料。不合格的建筑材料、构配件和设备不能在工程上使用;坚持按施工工序施工,质量不合格或未经验收的工程,不能进行下一道工序施工。

(5) 明确总承包质量职责

我公司作为本工程的总承包方,对工程的整个施工过程中全部施工工序负责全面的质量保证,由我公司承担的施工部分和每个分承包商的施工部分的质量均处我公司项目经理部的控制之下,并将根据施工中出现的不同问题加以改进和解决,并及时汇报给业主和监理方。

(6) 质量目标分解

为实现本工程的质量目标，将对总目标进行逐层分解，分解后的质量目标逐层落实至各分承包商和材料分供应商，每个分承包合同和材料采购合同签订前，均有技术部门根据分解的质量目标提出针对合同标的物的工程技术质量要求，这些要求将作为合同的有效组成部分，约束其质量达到设计标准和使用要求。

在影响工程质量的关键部位和重要工序设置控制点，如在测量放线、模板、钢筋定位和全部隐蔽工程设立以专业工程师牵头的检查小组实施控制。

建立高效、灵敏的质量信息反馈系统，设专职质检员和专业工程师作为信息的收集和反馈传递的主要人员，针对存在的问题，项目经理部生产组织管理系统及时调整施工部署，纠正偏差。

(7) 精心操作

对于本工程而言，精心操作一方面指具体的施工操作者对每一道施工工序、每一项施工内容均精心操作；另一方面指项目部的管理人员在各项工作中精心计划、组织和管理。

(8) 严格控制

即在施工管理中应用过程控制的管理方法，对施工进行全过程、全方位、全员的控制，确定最佳的施工工艺流程，与管理人员的岗位职责相联系。

(9) 周密组织

在施工管理中应用计划管理的手段，将施工各环节纳入计划的轨道，严格执行计划中的各项规定。

在本工程的施工管理中编制以下计划：总体进度控制计划、月度施工进度计划、施工周计划、施工日计划。

### 10.4 质量管理保证措施

**10.4.1 施工过程管理**

确保施工过程始终处于受控状态，是保证本工程质量目标的关键。施工时按规范、规程施工，加强预先控制、过程控制，样板开路。

施工过程分为一般过程和特殊过程，本工程的地下室防水、地下室抗渗混凝土施工工程属于特殊过程，其余分项工程属于一般过程。

**10.4.2 特殊过程施工**

依据《施工控制程序—质量》规定，本工程地下室防水为特殊过程，即采用自防水混凝土和两道卷材防水，须按特殊过程控制进行施工。

(1) 卷材防水卷材施工

施工前，由责任工程师依据已获批准的防水施工方案对专业分包进行技术交底，并检查技术交底的执行情况。

所用防水材料必须具有产品合格证、检测报告、市建委颁发备案表、复试报告及与监理见证取样试验报告。

责任工程师及质量工程师负责对操作者上岗证、施工设备、防水资质、作业环境及安全防护措施进行检查，并由现场经理对首件产品进行鉴定，填写《特殊过程预先鉴定记录》，只有在预先鉴定通过后才能进行大面积施工。

施工过程中注意控制卷材的搭接长度、基层清理情况、与基层粘接情况、成品保护情况等方面内容。

责任工程师负责施工过程的连续监控并做好记录，填写《特殊过程连续监控记录》。

(2) 地下室抗渗混凝土自防水施工

首先项目要针对商品混凝土搅拌站所用材料进行控制，水泥必须有市建委颁发的备案证明、出厂合格证和现场复试报告，UEA必须持有备案证明、出厂合格证，砂、石原材料必须持有复试报告；无合格证材料不得用于工程。

施工前由责任工程师依据已获批准的抗渗混凝土施工方案对施工班组进行技术交底，并检查技术交底执行情况。

项目主管责任工程师在上道工序验收合格并填写混凝土浇筑申请书后，项目总工程师负责批准此申请。

主管责任工程师及质量工程师负责对操作者上岗证、施工设备、作业环境及安全防护措施进行检查，并由现场经理组织混凝土开盘鉴定并填写《特殊过程预先鉴定记录》，只有在预先鉴定通过后才能进行大面积施工。

责任工程师负责施工过程的连续监控并做好记录，填写《特殊过程连续监控记录》。

### 10.4.3 一般过程施工

(1) 技术交底：施工前，主管责任工程师向作业班组或专业分包商进行交底，并填写技术交底记录。

(2) 设计变更、工程洽商：由设计单位、建设单位及施工单位会签后生效。

(3) 施工环境：施工前和过程中的施工作业环境及安全管理，由项目组织按公司《环境管理手册》及《文明施工管理办法》的规定执行并做好记录。

(4) 施工机械：①项目责任工程师负责对进场设备组织验收，并填写保存验收记录，建立项目设备台账。②项目责任工程师负责编制施工机械设备保养计划，并负责组织实施。③物资部门定期组织对项目机械设备运行状态进行检查。

(5) 测量、检验和试验设备：施工过程中使用的测量、检验和试验设备，按《监视和测量装置的控制程序》进行控制。

(6) 隐蔽工程验收：在班组自检合格后，由主管责任工程师组织复检、质量工程师和作业人员或专业分包商参加，复检合格后报请监理（业主、设计院）进行最终验收，验收签字合格后方可进行下道工序施工。

### 10.4.4 关键工序

一般过程施工分为一般工序和关键工序。本工程初步确定测量放线分项工程、钢筋分项工程、模板分项工程、混凝土分项工程、屋面防水、卫生间防水、幕墙工程（由于图纸为初步设计图，幕墙工程暂定）等为关键工序，关键工序将编制专项施工技术方案。

关键工序质量控制点：

(1) 测量放线：由公司测量工程师负责完成，项目质量检查员负责检查，测量工程师办理报验手续。根据业主和规划局测量大队移交的控制线的高程控制点，建立本工程测量控制网，重点是墙体、柱的轴线、层高及垂直度、楼板标高、平整度及预留洞口尺寸及位置。

(2) 钢筋工程：由钢筋专业工程师负责组织施工，质量检查员负责检查并向监理办理隐蔽验收。控制钢筋的原材质量，钢筋必须有出厂合格证、现场复试合格，严格控制钢筋的下料尺寸、钢筋绑扎间距、搭接长度、锚固长度、绑扎顺序、保护层厚度、楼板钢筋的有效高度。钢筋接头操作，重点控制套丝长度等，按规范要求进行接头取样试验。梁柱节点处钢筋较密，在绑扎前应进行放大样，以保证绑扎质量。

（3）模板工程：模板将根据图纸进行专门设计，重点控制模板的刚度、强度及平整度，梁柱接头、电梯井将设计专门模板，施工重点控制安装位置、垂直度、模板拼缝、起拱高度、脱模剂使用、支撑固定性等。地下一层墙体高度达6.1m为模板控制的重点。

（4）混凝土工程：振捣部位及时间、混凝土倾落高度、养护、试块的制作、施工缝处混凝土的处理、混凝土试块的留置及强度试验报告及强度统计等。大体积混凝土工程是控制重点。

（5）回填土工程：回填土优先采用基坑挖土，土质及其含水率必须符合有关规定，灰土的配合比必须搅拌均匀；回填前，灰土用土必须过筛，其料径不大于15mm，石灰使用前充分熟化，其料径不大于5mm；控制回填厚度，每层虚填厚度不大于250mm，夯实遍数不少于三遍；按规定进行取样试验。质量检查员负责过程检查及试验结果检查。

（6）砌筑工程：砌块必须有材质合格证的复试报告，砌筑砂浆用水泥必须持有准用证、合格证和复试报告，砂浆施工配合比由公司试验室确定，现场严格按配合比组织施工，重点控制砌体的垂直度、平整度、灰缝厚度、砂浆饱满度、洞口位置、洞口方正等。

（7）抹灰工程：严把原材料质量关，抹灰用材料必须按规定进行试验。合格后方可使用；严格控制砂浆的配合比、抹灰基层的清理、抹灰的厚度、平整度、阴阳角的方正及养护等。

（8）屋面防水及卫生间防水：所用材料必须在北京市建委备案、具有出厂合格证及现场复试报告，重点控制基层含水率、基层质量（不得空鼓、开裂和起砂）、基层清理、突出地面附加层施工，卫生间及屋面必须做蓄水试验。

（9）油漆喷涂：控制基层清理，基层刮腻子的平整度、油漆、涂料的品种、材质，滚、喷、刷的均匀及厚度、表面光洁度。

（10）外墙幕墙：控制墙体放线、连接件的材质及预埋位置试验及安装位置、报告及其固定情况、胶粘剂的材质及试验报告、封闭、平整度、牢固度。

（11）给水管道安装：管材品种、规格尺寸必须符合要求。螺纹连接处，螺纹清洁规整，无断丝。钢管焊接焊口平直，焊波均匀一致，焊缝表面无结瘤、夹渣和气孔。

（12）金属风管制作：风管咬缝必须紧密，宽度均匀，无孔洞、半咬口和胀裂缺陷。风管加固应牢固可靠、整齐，间距适宜，均匀对称。

（13）风管保温：保温材料的材质、规格及防火性能必须符合设计和防火要求。风管与空调设备的接头处以及产生凝结水的部位，必须保温良好、严密、无缝隙。保温应包扎牢固，表面平整一致。

（14）照明器具及配电箱安装：器具安装牢固、端正、位置正确。接地（零）可靠。不要损坏吊顶或墙面，注意成品保护。

### 10.5 施工质量预控措施

为保证影响工程质量的各种因素处于受控状态，对以下几个方面进行严格预控：
施工组织设计、方案及技术交底；材料、设备管理；钢筋工程；模板工程；混凝土工程；防水工程；装修工程；机电安装工程；设备安装工程；工程资料。

(1) 施工组织设计、方案及技术交底

为保证施工组织设计方案有针对性、指导性及可操作性，并符合规范要求和公司管理特点。施工组织设计落实执行情况，要做到中间有检查、检查有记录并归档管理。

施工方案项目技术部门负责编制，内容要做到有针对性，指导性。施工方案由项目技术负责人审核，经项目经理批准后执行。详见施工编制计划。

公司对分包的技术交底由总包单位责任工程师编制，交底要有针对性，具有可操作性。对班组的技术交底由分包单位技术负责，责任工程师负责交底，并做好技术交底记录的收集、归档工作。

(2) 施工方案和技术交底的管理

依据施工进度和施工组织总设计，在分部分项工程正式施工以前，由项目技术组编制分阶段分部分项工程施工方案设计，以便于及时指导施工。经项目经理审批后的施工方案分发给分包，在方案的执行过程中，相应专业工程师对实施情况进行监控。

组织好图纸会审，做好分级技术交底工作。尤其是要做好新技术、新材料、新工艺的技术交底工作。项目对特殊过程及关键工序由技术组对分包进行技术交底。对于一般分部分项工程，可由现场专业工程师对分包进行交底，以便实施有效的过程控制，并将技术交底资料反馈到资料员手中。

(3) 技术方案实施流程

为了保证分项工程的技术方案有针对性、指导性及可操作性，在方案编制过程中，技术方案在遵循施工组织设计的前提下，还应与工程实际相结合。通过样板间施工，调整施工方案，有针对性地调整预控措施，最后进行大面积施工。

# 11 安全施工保证措施

## 11.1 职业健康安全方针与目标

### 11.1.1 职业健康安全方针

本项目将严格贯彻执行公司的职业健康安全方针，认真落实各级安全生产责任制，全面提高现场的职业健康安全管理和文明施工水平，确保所有进场施工人员和所有相关方的安全健康。

### 11.1.2 职业健康安全目标

项目职业健康安全总目标在项目策划时确定，且职业健康安全目标必须针对所评价出的重大风险。项目质量安全组负责将项目的职业健康安全管理目标分解到各层次，直至各分包单位。

本项目确定的职业健康安全目标为：杜绝死亡、重伤事故和职业病的发生；杜绝火灾、爆炸和重大机械事故的发生；轻伤事故发生率控制在千分之三以内；创建"北京市文明安全工地"。

为确保目标的实现，项目中标后将结合实际情况编制《项目职业健康安全管理计划》，以指导项目的日常职业健康安全管理工作。

## 11.2 职业健康安全体系

职业健康安全体系（图 11-1）

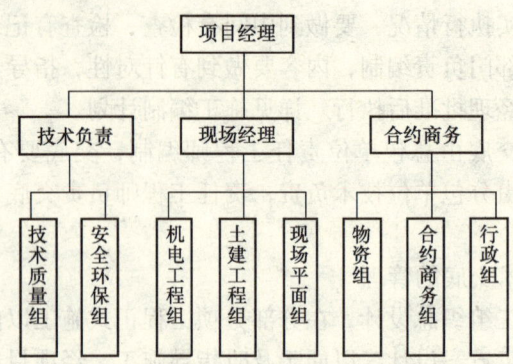

图 11-1 职业健康安全体系图

## 11.3 职业健康安全教育与培训

项目的职业健康安全培训包括职业健康安全管理体系文件培训和一般安全教育，培训和教育工作由项目质量安全组牵头组织实施。

根据本项目的管理人员的能力现状及工作需求，对于项目需要外派培训和拟请项目以外人员协助培训的，项目向公司人力资源部提出项目培训计划，按人力资源部或企划部的培训安排，组织人员参加培训。

（1）职业健康安全管理体系培训

人员进场后，项目经理部质量安全组组织全体管理人员（包括所属分包单位的管理人员）进行职业健康安全管理体系的培训，并做好培训记录。

职业健康安全管理体系培训内容：

1）公司《职业健康安全手册》、程序文件及支持性文件；

2）项目适用的职业健康安全法律、法规；

3）项目的职业健康安全规章制度；

4）《项目职业健康安全手册》。

（2）一般安全教育

项目的一般安全教育包括：入场三级安全教育、转场教育、变换工种教育、特种作业人员教育、经常性安全教育、现场安全活动、班前安全讲话等。

项目的各项一般安全教育由质量安全组统一组织、指导，各分包单位有关人员配合完成，并留存教育记录。

（3）入场三级安全教育

新工人入场必须进行项目总包单位、项目分包单位、作业班组三级安全教育并做好记录，经总包单位质量安全组考试合格、登记备案后，方准上岗作业。

教育时间：总包级教育为 16h，分包级教育为 16h，班组级教育为 8h。工程项目可根据工程规模及特点，对各级安全教育的时间做适当的延长。

(4) 教育内容
1) 总包级教育内容：
A. 新工人入场安全教育的意义和必要性；
B. 建筑施工的特点及其给劳动者安全带来的不利因素；
C. 国家、行业、地方及企业当前的安全生产形势；
D. 安全生产法规及安全知识教育。
2) 分包级教育内容：
A. 国家、部委有关安全生产的标准；
B. 当地有关部门的各项安全生产标准；
C. 在施工程基本情况和必须遵守的安全事项；
D. 施工用化学产品的用途、防毒知识、防火及防煤气中毒知识等。
3) 班组级教育内容：
A. 工程项目中工人的安全生产责任制；
B. 本工程项目易发生事故的部位及劳动保护用品的使用要求；
C. 本班组生产工作概况、工作性质及范围；
D. 本工种的安全操作规程；
E. 个人从事工作的性质及必要的安全知识。

### 11.4 主要安全管理制度与保证措施

#### 11.4.1 主要安全管理制度

(1) 安全生产例会制度

每半月召开一次安全生产工作例会，总结前一阶段的安全生产情况，布置下一阶段的安全生产工作。

(2) 特种作业持证上岗制度

施工现场的特种作业人员必须经过专门培训，考试合格，持特种作业操作证上岗作业。

(3) 安全值班制度

项目经理部及劳务队伍必须安排负责人员在现场值班，不得空岗、失控。

(4) 安全技术交底制度

各施工项目必须有针对性的书面安全技术交底，并有交底人与被交底人的签字。

(5) 建立安全生产班前讲话制度

安全工程师应根据具体施工进展情况及各阶段施工特点，在施工前及时对班组作业人员进行安全讲话。

(6) 日检查、旬检查制度

1) 日检查：由现场经理和安全工程师负责，按照北京市建筑施工现场安全日检表的内容，在每天下午下班前进行检查。对发现的问题立即定人员定时间进行整改，为夜班或第二天施工创造条件。

2) 旬检查：由项目经理部召集现场经理、专业工程师、安全员、保卫、消防、机务、料具、行政、卫生等有关人员共同进行联合检查，按照北京市施工现场管理规定的内容检查评分，评估工地的管理水平。

**11.4.2　施工安全措施**

根据国家以及北京市的有关安全法规以及有关规定，结合本工程的特点，特制定如下安全措施：

(1) 临边安全施工措施

在基坑四周、楼层四周、屋面四周等部位，凡是没有防护的作业面均必须按规定安装两道围栏和挡脚板确保临边作业的安全。

基坑四周防护栏杆须先在立杆下作240mm宽、300mm高砌体基础，将立杆埋入，立杆间距1800mm，钢管设水平杆两道，总高1500mm，外设排水明沟。

本工程主楼周圈采用钢管网防护，钢管立杆间距1200mm，立杆下部30cm设第一道水平杆，水平杆间距1200mm，内侧下口设挡脚板，外挂密目网，并与框架柱拉结及利用钢管斜撑加固。

(2) 电梯间的防护

电梯间入口及层间均需作安全防护，在电梯入口用Φ16钢筋焊接铁栅栏固定，并刷红白漆，悬挂好安全警示标志；电梯间每两层做一道水平安全网防护。

(3) 安全通道防护

施工入口处的洞口防护采用钢管搭设双层防护，水平铺设竹胶合板，竖向用密目网封闭，包括外用电梯，井架入口及施工人员出入楼内的通道防护。楼内安全通道主要利用楼梯，并做好安全指示牌，标明通道的方向。另外，在南侧安全通道搭设及使用时，五层梁板支撑体系尚未拆除。在安全通道路线处的梁板支撑体系的水平杆需断开，安全通道高度不得低于1.8m，在安全通道两侧搭设斜撑进行加固。

(4) 水平挑网

为防止高空坠落，塔楼施工需搭设水平挑网，核心区及外周圈均须设置，自四层顶部设第一道水平挑网，安全操作规范要求每三层及不小于10m高度设一道；结合本工程的特点和实际情况，采取以上每三层设一道水平网。

(5) 钢筋工程安全施工措施

1) 在高处、深坑绑扎钢筋和安装钢筋骨架，必须搭设脚手架或操作平台，临边应搭设防护栏杆。

2) 绑扎立柱和墙体钢筋时，不得站在钢筋骨架上或攀登骨架上下。

3) 绑扎圈梁、挑梁、挑檐、外墙和边柱等钢筋时，应站在脚手架或操作平台上作业。无脚手架时，必须搭设水平安全网。

4) 钢筋骨架安装，下方严禁站人，必须待骨架落至离地面1m以内方准靠近，就位支撑好后，方可摘钩。

5) 绑扎和安装钢筋，不得将工具、箍筋或短钢筋随意放在脚手架或模板上。

(6) 模板工程安全施工措施

1) 地面上的支模场地必须平整夯实，并同时排除现场的不安全因素。

2) 模板工程作业高度在2m以上时，必须设置安全防护设施。

3) 操作人员登高必须走人行梯道，严禁利用模板支撑攀登上下，不得在墙顶、独立梁及其他高处狭窄而无防护的模板上行走。

4）模板的立柱顶撑必须设牢固的拉杆，不得与门窗等不牢靠和临时物件相连接。模板安装过程中，不得间歇，柱头、搭头、立柱顶撑、拉杆等必须安装牢固成整体后，作业人员才允许离开。

5）基础及地下工程模板安装，必须检查基坑土壁边坡的稳定状况，基坑上口边沿1m以内不得堆放模板及材料。向坑内运送模板构件时，严禁抛掷。使用起重机械运送时，下方操作人员必须远离危险区域。

6）组装立柱模板时，四周必须设牢固支撑。如柱模在6m以上，应将几个柱模连成整体。支设独立梁模应搭设临时操作平台，不得站在柱模上操作和在梁底模上行走和立侧模。

7）拆模作业时，必须设警戒区，严禁下方有人进入。拆模人员必须站在平稳、牢固、可靠的地方，保持自身平衡，不得猛撬，以防失稳坠落。

8）严禁用吊车直接吊除没有撬松动的模板。

9）拆除的模板支撑等材料，必须边拆、边清、边运、边码垛。

10）楼层高处拆下的材料，严禁向下抛掷。

（7）混凝土工程安全施工措施

1）浇筑混凝土使用的溜槽节间必须连接牢靠，操作部位应设护身栏杆，不得直接站在溜槽帮上操作。

2）浇筑高度2m以上的框架梁、柱混凝土应搭设操作平台，不得站在模板或支撑上操作。

3）使用输送泵输送混凝土时，应由两人以上人员牵引布料杆。管道接头、安全阀、管道等必须安装牢固，输送前应试送，检修时必须卸压。

4）混凝土振动器使用前，必须经电工检验确认合格后方可使用。开关箱内必须装设漏电保护器，插座插头应完好无损，电源线不得破皮漏电；操作者必须穿绝缘鞋，戴绝缘手套。

（8）脚手架安全管理措施

1）脚手架要编制专项安全施工方案和安全技术措施交底。

2）正确使用个人安全防护用品，必须着装灵便。在高处作业时，必须佩戴安全带与已搭好的立、横杆挂牢，穿防滑鞋。

3）风力六级以上强风和高温、大雨、大雪、大雾等恶劣天气，应停止高处露天作业。风、雨、雪过后要进行检查，发现倾斜下沉、松扣、崩扣要及时修复，合格后方可使用。

4）脚手架要结合工程进度搭设，搭设未完的脚手架。在离开作业岗位时，不得留有未固定构件和不安全隐患，确保架子稳定。

5）在带电设备附近搭、拆脚手架时，宜停电作业。

6）构架结构应符合前述的规定和设计要求，个别部位的尺寸变化应在允许的调整范围内。

7）节点的连接可靠。其中，扣件的拧紧程度应控制在扭力距达到40~60N·m。

8）钢脚手架立杆垂直度应小于等于1/300，且应同时控制其最大垂直偏差值。当架高小于等于20m时为不大于50mm；当架高大于20m时，为不大于75mm。

9）纵向钢平杆的水平偏差应小于等于1/250，且全架长的水平偏差值不大于50mm。

## 12 文明施工及环保措施

### 12.1 环境管理体系

我公司依据 ISO 14001（环境管理体系）标准建立环境管理体系。在整个项目的实施过程中，我们将按照公司环境管理体系的要求，强化现场环境管理，确保环境保护工作全面符合相关法律法规要求，对周边环境不产生任何超标的环境影响，以确保本工程始终正常顺利施工，确保创"北京市文明安全工地"。

环境管理体系（图 12-1）。

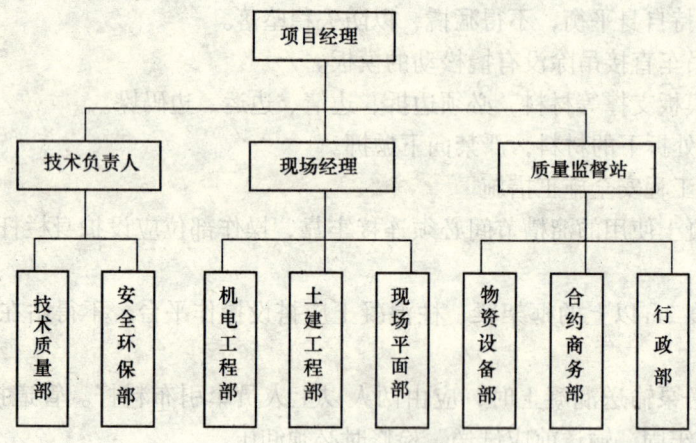

图 12-1 环境管理体系

### 12.2 环境管理方针与目标

#### 12.2.1 环境管理方针

本项目认真落实公司的环境管理方针，倡导积极、健康的环保文化，整合公司内外的有效资源，遵章守法、防治污染、降低消耗、减少废物，致力于环境绩效的持续改善。

项目经理部负责组织向本项目员工、业主、分包单位以及施工区周边的相关方宣传公司的环境方针。项目经理部在会议室、施工场区的显著部位书写或张贴公司的环境方针。

#### 12.2.2 环境管理目标

由项目经理在正式开工前，组织制定并发布本项目的环境目标和指标。

项目兼职环境管理员负责将项目的环境管理目标和指标分解到各层次，直至分包各单位。

### 12.3 环境保护技术措施

（1）结构施工

1）混凝土搅拌站采用具有隔声效果的材料进行封闭，以防止噪声扩散；坚持日常对混凝土输送泵的维修保养，确保其运行始终处于正常状态；

2）尽可能选用环保型振捣棒，振捣棒使用后及时清理干净；

3) 对混凝土振捣人员进行交底，确保其操作时，不振动钢筋和模板，做到快插慢拔，减少空转的时间；

4) 修理钢模板和脚手架钢管时，禁止用大锤敲打，其修理工作应在封闭的工棚内进行；

5) 电锯操作间采用具有隔声效果的材料进行封闭；

6) 模板、脚手架支拆时，应做到轻拿轻放，严禁抛掷；

7) 在塔楼西北部正对居民区方向，在该方向作业面15m范围搭设隔声屏，隔声屏应高于作业面3m以上；

8) 坚持对结构施工期间的噪声检测。发现超标时，及时采取降噪措施。

(2) 装修及机电工程施工

1) 尽量做到先封闭后施工；

2) 设立石材加工间，并设降噪封闭措施；

3) 使用合格的电锤，并及时在各部位加注机油，增强润滑；

4) 使用电锤开洞、凿眼时，及时在钻头处注油或水；

5) 严禁用铁锤敲打管道及金属工件。

(3) 防止扰民措施

根据我公司ISO 14001环境管理体系程序文件规定的标准，严格按照本工程的环保措施执行，特别注意噪声、废弃物、扬尘等污染的防止。

调整施工噪声分布时间。根据环保噪声标准日夜要求的不同，合理协调安排施工分项的时间，将容易产生噪声污染的分项工程（如混凝土施工）尽量安排在白天施工，避免混凝土搅拌和振捣棒扰民。

严格控制作业时间，晚上作业不超过22:00，早晨作业不早于6:00。因施工需要场地噪声超过标准限制或因工艺等技术原因需连续施工，必须报建设部门批准，并在环保部门备案。

施工现场的木工棚、钢筋棚等应封闭，加工材料时应轻拿轻放，以有效地降低噪声。

施工现场设围墙，实行封闭式管理，避免施工人员对周边的干扰。

及时填写施工现场噪声测量记录。凡超过标准的，对有关因素进行调整，达到施工噪声不扰民的目的。

施工现场的探照灯应采取措施，使夜间照明只照射现场而不影响周围居民休息。

正门夜间将进行封闭，以免进出车辆影响居民休息。

(4) 施工扬尘控制

施工场地：本项目在开工初期确保临时环状道路全部硬化，采用20cm的C20混凝土铺设；对于现场其他裸露场地，进行绿化或覆盖石子。

对临时道路设专人负责每日洒水和清扫，保持道路清洁湿润。

本项目施工全部采用商品混凝土，不在现场搅拌混凝土。

砂浆搅拌，为防止水泥在搅拌过程中的泄漏扬尘，现场设封闭的水泥库及搅拌站。

砂石堆放场设围挡，四级风以上时，砂堆用密目网予以覆盖。

施工扬尘控制措施的落实与监测由兼职环保员负责，并及时填写监视测量记录。

(5) 水污染的控制

1）雨水管理

项目开工前，在做现场总平面规划时，设计现场雨水管网，并将其与市政雨水管网连接。设计现场污水管网时，应确保不得与雨水管网连接。由项目兼职环保管理员通知进入现场的所有单位和人员，不得将非雨水类污水排入雨水管网。

2）砂浆搅拌站污水管理

搅拌站设污水沉淀池，污水经过三级沉淀后，进入现场的污水管网。

沉淀池由分包单位每周清理一次，项目兼职环保管理员负责检查。

3）食堂生活污水管理

食堂污水出口处设隔油池，隔油池出口连接污水管网。

4）厕所污水

A．施工现场设冲水厕所。

B．厕所污水进入化粪池沉淀后，再排入现场污水管网。

C．项目兼职环保管理员与当地环卫部门联络，定期对化粪池进行清理。

# 13 "四新"技术在本工程中的应用

为保证工程的施工工期和施工质量，确保本工程建成后具有良好的使用性能，在施工过程中，我们采用以下新技术、新材料、新工艺、新产品，以保证工程的施工质量。

## 13.1 高性能混凝土技术

高强高性能混凝土是在传统混凝土技术基础上发展而来的一种新型高技术混凝土，除水泥、水、集料外，必须掺加足够数量的磨细矿物掺合料和高性能外加剂。

广泛应用高性能混凝土施工技术。高性能混凝土具有微膨胀、防渗、防裂、和易性、泵送性和稳定性好等特点，并能有效预防混凝土中碱集料反应。

在本工程中自防水混凝土掺加抗渗剂。具体配比须经提前试配确定。

混凝土浇筑采用泵送工艺，提高浇筑速度，保证施工质量。

商品混凝土中掺加粉煤灰，能改善混凝土中的亚微观结构，节省水泥，改善混凝土的和易性，便于泵送。

## 13.2 钢筋等强度剥肋滚压直螺纹连接技术

本工程直径大于等于20mm的钢筋采用等强度滚压直螺纹连接。

国家关于钢筋等强度剥肋滚压直螺纹连接技术是当今钢筋连接的最新技术，不仅连接强度高，接头的抗拉强度能够实现与钢筋母材等强，而且施工方便，连接速度快。

其基本的操作工艺为：钢筋准备→剥肋滚压螺纹→利用套筒连接。剥肋滚压螺纹利用GHG40钢筋滚压直螺纹成型机进行制作，一次装卡钢筋即可完成钢筋剥肋和螺纹加工两道工序，操作简单，加工速度快。与国内外现有的钢筋连接技术相比，具有接头连接强度高、连接速度快、设备操作简便、性能稳定可靠、套筒耗材少、适用范围广、施工方便等特点，适用于直径为16～40mm的HRB335、HRB400级钢筋在任意方向和位置的同径和异径钢筋的连接。

钢筋等强度剥肋滚压直螺纹连接接头经过大量试验研究和型式检验，其性能指标达到了《钢筋机械连接通用技术规程》（JGJ 107—2003）中A级接头性能要求，实现了与钢筋等强度连接的目的。

### 13.3 钢筋混凝土保护层定位卡本工程的应用

在本工程的墙、柱、梁混凝土浇筑时采用塑料定位卡进行定位，保证混凝土保护层的厚度。

塑料钢筋保护层定位卡的尺寸是根据国家施工规范进行合理设计，一般为25mm、30mm两种保护层厚度标准。该定位卡采用多种化工原料进行物理改性，改善冲击强度，调节回弹性和抗胀强度，产品的抗压能力可达到500～560N。

钢筋保护层定位卡具有易操作、易定位、不滑落、定位准确、省工、省力、省时等优点，克服了传统施工中混凝土钢筋外露、钢筋分布不均匀的弊端，是替代传统水泥垫块的一种新产品，适用于钢筋混凝土结构的所有工程。

### 13.4 新型模板应用技术

覆膜多层板表面光洁、平整，本身有很好的防水性能，使成型后的混凝土表面光滑、致密。加之材质轻，面积大，易于拼装。可以提高施工效率及模板周转次数，远高于一般木模，可减少模板加工，加快施工进度。

主楼框架柱施工采用我公司自有铝梁体系模板，核芯筒剪力墙采用夹具钢模板，电梯井筒模板采用伸缩式筒模，委托专业钢模板厂家设计加工，其特点是施工方便，易于安装、拆除，模板整体刚度大、强度高，成型后的混凝土表面光滑、致密，可达到清水混凝土效果。

采用以上各种先进模板体系，不仅能保证工程的施工质量，而且能够加快工程进度，节约工程成本。

### 13.5 UEA补偿收缩混凝土的应用

本工程后浇带处混凝土可采用UEA补偿收缩混凝土。

U型混凝土膨胀剂（简称UEA），是中国建筑材料科学研究院一项重大科研成果。该产品是一种专用于抗裂防水的外加剂，1988年通过部级鉴定，国家科委、建设部分别将U型混凝土膨胀剂列为国家级新产品，重点推广项目。

UEA膨胀剂掺入水泥中，生成膨胀结晶水化物—钙矾石（$C_3A \cdot 3CaSO_4 \cdot 32H_2O$），使混凝土在早期和中期产生适度膨胀。在钢筋和邻位的约束下，它产生的膨胀转变为压应力，这一压应力大致抵消混凝土干缩时产生的拉应力，从而防止或减少混凝土收缩开裂，并使混凝土致密化，从而提高混凝土的抗裂防渗性能，达到结构自防水的效果。

UEA膨胀剂属硫铝酸钙型混凝土膨胀剂，不会引起混凝土的碱集料反应。掺膨胀剂的混凝土耐久性能良好，膨胀性能稳定，强度持续上升。

### 13.6 电动导轨式爬架施工技术

本工程外脚手架采用电动导轨式爬架施工技术，该爬架是在建筑结构四周分布爬升机构，附着装置安装于结构，架体利用导轮组攀附安装于附着装置的导轨外侧，提升电动葫芦通过提升挂座安装在导轨上，提升钢丝绳悬吊住提升滑轮组件。这样，可以实现架体依靠导轮组沿导轨的上下相对运动，从而实现导轨式爬架的升降运动。

### 13.7 全站仪应用技术

本工程建筑面积为 65126.9m$^2$，体量大；高度高，檐高 74.5m；为了保证测量施工的质量，加快工程进度，配备 TOPCON GTS-601AF/LP 型高精度全站仪一台，精度为 ±1″、±（2mm + 2×10$^{-6}$D）。

通过全站仪的使用，可大大提高工程测量速度、精确度，减少了人力投入。准确而快速地解决工程测量中的各种难点，能及时复核分包测量成果；使测量成果、技术复核等报验及测量合格率达到 100%。使用全站仪比普通经纬仪节约工时，每一个流水段每次测量提前半天时间。

该工程应用全站仪，能够做到事前分析、事中精品、事后总结，给工程总承包管理创造先决条件。

### 13.8 呼吸式玻璃幕墙

本工程外墙采用的是目前国内外最先进的双层通风幕墙体系。外层玻璃采用低辐射（Low-E）钢化中空玻璃，内墙采用普通安全玻璃。

双层通风幕墙在国内工程应用实属罕见，该体系在本工程的应用，将对中国整个建筑幕墙行业新技术的发展起到一定的推动作用。双层通风幕墙不同于传统的单层幕墙，它由内外两道幕墙组成：外幕墙采用点支式，内层采用有框幕墙，常常开有门或窗以便检修和清洁保养。内外幕墙之间形成相对封闭的空间，空气可以通过下部的进风口进入此空间，又从上部排风口离开此空间，热量便是在此空间随气流流动，故此双层通风幕墙又可称为热通道或呼吸式幕墙。

采用双层通风幕墙的直接效果是节能，与传统的单层幕墙相比，其能耗在采暖时节省 40%~50%，制冷时节省 40%~60%。因此，双层通风幕墙是一种新型的节能幕墙。由于采用了双层幕墙，其隔声效果也十分显著，大大改善了室内的工作条件。

### 13.9 总承包管理技术

根据本工程建筑体量大、新技术较多、分项工程多、综合协调要求较高等特点，必须采用总承包管理模式，在负责本工程的主体结构施工和机电管线安装工作的同时，负责对整个工程其他业主招标进场的分包商进行施工管理。

作为工程施工总承包，它不是承担某一分部分项的施工责任，而是通过合同的形式受业主委托对整个工程的质量、安全、进度、成本、现场文明施工、场容及环境保护等各个方面和环节都有管理的责任和义务。因此，在本工程整个施工过程中总承包商将根据业主的委托，负责本工程设计和施工的衔接协调；根据工程总进度计划，负责协调土建结构、机电设备安装、精装修等专业分包商之间的工序衔接、工程质量、安全、进度、现场文明施工、场容环境及保安等。总承包商的工程施工管理工作，在工程中处于一个非常重要的核心地位和作用。

# 14 经济技术指标

## 14.1 合同工期

总工期 18 个月，2004 年 6 月 20 日开工，2005 年 12 月 20 日竣工。

## 14.2 工程质量目标

北京市结构"长城杯"金奖、竣工"长城杯"、争创"鲁班奖"。

## 14.3 安全文明施工目标

采取切实可行的安全措施和充足的安全投入，通过严密的安全管理，确保施工现场不发生重大伤亡事故、火灾事故和恶性中毒事件，轻伤发生频率控制在 0.3% 以内。

## 14.4 消防目标

按照北京市建设工程施工现场保卫消防工作标准（京建施〔2003〕3 号）进行现场施工部署，确保不发生火灾事故。

## 14.5 环保目标

本工程将严格按照 ISO 14000 环保体系和 OHSAS 18000 质量、环境、职业安全卫生管理体系进行实施，严格按照国家、北京市关于施工现场环保和文明施工法律、法规执行，加强施工组织和现场文明施工管理，成为"警民共建工地"。

## 14.6 成本经济目标

本工程的预算成本非常低，成本控制管理难度较大，依照公司的成本管理规定和管理方式，确保实际制造成本较预算成本降低 1.5%。

# 14 经济技术指标

## 14.1 合同工期

总工期 18 个月，2004 年 6 月 20 日开工，2005 年 12 月 20 日竣工。

## 14.2 工程质量目标

北京市结构"长城杯"、鲁班、竣工"长城杯"、争创"带帽长"。

## 14.3 安全文明施工目标

采取切实可行的安全措施和充足的安全投入，严密防范和突发的发生。确保施工现场不发生重大伤亡事故，人员事故和隐患中控制在，轻伤频率年限率低于控制在 0.3‰ 以内。

## 14.4 消防目标

按照北京市建设工程施工现场消防工作标准（京建施〔2003〕5 号）进行现场消防工作，确保不发生火灾事故。

## 14.5 环保目标

本工程按照产品质量 ISO 14000 标准体系和 OHSAS 18000 质量、环境、职业安全卫生管理体系同时实施，严格遵照国家、北京市关于施工现场环保和文明施工标准，采取精心组织施工，建立和健全文明施工管理，成为"警民共建工地"。

## 14.6 成本控制目标

本工程的预算成本准确，成本控制和管理难度较大。依据公司的成本管理规定和管理方式，确保实际成本控制在预算成本低 1.5%。

# 第三十九篇

# 成中大厦施工组织设计

**编制单位**：中建国际建设公司
**编 制 人**：李高来　邢桂丽　史志强

本工程为长安街上的大型写字楼，地下3层，局部设夹层，地上22层。地下室平面尺寸80.4m×66m，底板厚1800mm，局部1000mm，为大体积混凝土，确保大体积混凝土质量是施工的一个重要施工阶段；一至二十层的大跨度扁梁和空心楼板中采用了无粘结预应力工艺，无粘结预应力工艺技术新颖，目前应用并不多见，而且预应力使用面积大，施工难度大，是本工程施工过程的另一重要阶段。本工程底板划分为两个流水段施工，地下墙体划分为四个流水段施工，地上划分为两个流水段施工。这样既节约了模板成本，又有充足的工作面，保证工程按期优质完成。

# 目 录

1 工程概况 ·········································································································· 1266
　1.1 结构概况 ···································································································· 1266
　1.2 质量目标 ···································································································· 1266
　1.3 工程特点、难点 ······················································································· 1266
2 施工部署 ········································································································ 1266
　2.1 项目组织 ···································································································· 1266
　2.2 施工安排 ···································································································· 1267
　　2.2.1 施工主要阶段 ···················································································· 1267
　　2.2.2 施工顺序 ··························································································· 1267
　　2.2.3 施工流水段划分 ··············································································· 1267
　2.3 大型施工机械设备 ···················································································· 1269
　2.4 施工工期控制 ···························································································· 1269
3 施工方法及技术措施 ···················································································· 1270
　3.1 测量放线 ···································································································· 1270
　　3.1.1 测量设备 ··························································································· 1270
　　3.1.2 建筑物定位 ······················································································· 1271
　　3.1.3 建筑物平面控制 ··············································································· 1271
　　3.1.4 建筑物竖向控制 ··············································································· 1272
　　3.1.5 高程控制网的建立 ··········································································· 1273
　　3.1.6 控制网的恢复 ···················································································· 1273
　3.2 基础大体积混凝土 ···················································································· 1273
　　3.2.1 基础施工程序 ···················································································· 1273
　　3.2.2 混凝土质量要求 ··············································································· 1273
　　3.2.3 混凝土材料要求 ··············································································· 1274
　　3.2.4 施工人员的安排 ··············································································· 1275
　　3.2.5 施工机具的准备 ··············································································· 1275
　　3.2.6 混凝土的运输 ···················································································· 1277
　　3.2.7 混凝土的浇筑 ···················································································· 1277
　　3.2.8 泌水处理 ··························································································· 1278
　　3.2.9 混凝土试块的制作 ··········································································· 1279
　　3.2.10 底板混凝土的测温 ········································································· 1279
　　3.2.11 底板混凝土的养护 ········································································· 1280
　　3.2.12 施工中防止大体积混凝土产生裂缝的措施 ································· 1280
　　3.2.13 混凝土的热工计算 ········································································· 1280
　　3.2.14 加强带混凝土浇筑 ········································································· 1282
　3.3 防水工程 ···································································································· 1282
　　3.3.1 地下防水做法及材料选型 ······························································· 1282
　　3.3.2 各部位防水做法 ··············································································· 1283

  3.3.3 PVC卷材防水施工工艺 ... 1283
3.4 垂直运输 ... 1285
3.5 钢筋工程 ... 1286
3.6 模板工程 ... 1286
  3.6.1 模板体系 ... 1286
  3.6.2 模板配置 ... 1286
  3.6.3 模板安装方法 ... 1287
3.7 脚手架工程 ... 1292
  3.7.1 脚手架主要参数 ... 1292
  3.7.2 脚手架搭设基本要求 ... 1292
  3.7.3 脚手架卸荷措施 ... 1293
3.8 无粘结预应力施工 ... 1294
  3.8.1 无粘结预应力材料 ... 1294
  3.8.2 无粘结筋及其他材料和设备的水平及垂直运输、现场堆放及成品保护 ... 1294
  3.8.3 铺放空心管 ... 1295
  3.8.4 板、扁梁中无粘结预应力筋铺放 ... 1296
  3.8.5 张拉端固定端节点安装处理 ... 1299
  3.8.6 斜边处预应力筋的处理 ... 1299
  3.8.7 张拉端处玻璃幕墙埋件的处理 ... 1299
  3.8.8 预应力筋张拉与外架子的关系 ... 1299
  3.8.9 混凝土的浇筑及振捣 ... 1300
  3.8.10 预应力筋张拉 ... 1300
  3.8.11 张拉工作完成后张拉端处理 ... 1301
4 施工计划 ... 1302
4.1 工期计划 ... 1302
4.2 劳动力计划 ... 1302
4.3 机具、设备计划 ... 1302
5 施工平面图布置 ... 1303
5.1 地下施工阶段 ... 1303
5.2 地上施工阶段 ... 1303
5.3 装修阶段 ... 1303
6 工程总结 ... 1304
6.1 认真会审图纸,积极提出修改意见 ... 1304
6.2 对项目材料成本的控制 ... 1306
6.3 加强合同管理,增加工程收入 ... 1306
  6.3.1 合同签订 ... 1306
  6.3.2 合同交底 ... 1306
  6.3.3 根据工程变更资料,及时办理增减账 ... 1306
  6.3.4 严格现场签证管理 ... 1307

# 1 工程概况

本工程北临长安街,南侧为道路,距建筑红线8.6m,道路宽度为8m,道路南侧为高压输电线路。东侧为在建LG大厦,距本建筑物约70m,西侧为中国少年及儿童报社拟建建筑,目前西侧为永安西里3号住宅楼。本工程占地面积6156.8m$^2$,场地面积7500m$^2$;建筑面积70673.72 m$^2$,其中地上面积16407.88m$^2$,地下面积54265.84m$^2$,地下3层,局部设夹层,地上22层。建筑物高度经实测按本建筑正负零换算为+15.3m,距离西侧护坡桩最近处为1.2m。

本工程地下室平面尺寸80.4m×66m,底板厚1800mm,局部1000mm。为大体积混凝土。一至二十层的大跨度扁梁和空心楼板中采用了无粘结预应力工艺。预应力使用面积大,施工难度大。

建设单位:北京成中大厦房地产有限公司
监理单位:北京中咨工程建设监理公司
设计单位:北京中天元工程设计有限责任公司
施工单位:中建国际建设公司
合同工期:2002年12月21日至2004年5月15日

## 1.1 结构概况

基础类型:筏形基础

结构类型:框架-筒体结构

抗震烈度:8度

混凝土强度:垫层C15;地下室底板、顶板、外墙C40,P8;梁、板、墙C40;柱:八层及八层以下C50,九至十四层C45,十五层及十五层以上C40。

钢筋连接方式:<Φ22采用搭接,≥Φ22采用直螺纹连接。

## 1.2 质量目标

结构"长城杯",竣工"鲁班奖"。

## 1.3 工程特点、难点

本工程地下室平面尺寸80.4m×66m,底板厚1800mm,局部1000mm。为大体积混凝土。如何保证大体积混凝土施工质量是本工程难点之一。

本工程一至二十层的大跨度扁梁和空心楼板中采用了无粘结预应力工艺。预应力使用面积大,施工难度大,是本工程又一难点。

# 2 施工部署

## 2.1 项目组织

本工程项目经理部人员构成(表2-1)

项目经理部人员构成表　　　　　　表 2-1

| 序号 | 岗 位 | 资 质 | 人数 |
|---|---|---|---|
| 1 | 项目经理 | 项目经理（国家一级） | 1 |
| 2 | 项目总工 | 高级工程师 | 1 |
| 3 | 合约经理 | 工程师 | 1 |
| 4 | 现场经理 | 工程师 | 2 |
| 5 | 技术工程师 | 工程师 | 3 |
| 6 | 结构责任工程师 | 工程师 | 4 |
| 7 | 机电责任工程师 | 工程师 | 2 |
| 8 | 物资责任工程师 | 工程师 | 3 |
| 9 | 质量工程师 | 质检员上岗证 | 1 |
| 10 | 安全工程师 | 安全员上岗证 | 1 |
| 11 | 资料员 | 资料员上岗证 | 1 |
| 12 | 测量工程师 | 测量员上岗证 | 1 |
| 13 | 预算工程师 | 预算员上岗证 | 1 |
| 14 | 项目文秘 | 大专以上学历 | 1 |
|  | 合　计 |  | 23 |

## 2.2 施工安排

### 2.2.1 施工主要阶段

地下室平面尺寸 80.4m×66m，底板厚 1800mm，局部 1000mm。为大体积混凝土，是施工的第一个主要阶段。

一至二十层的大跨度扁梁和空心楼板中采用了无粘结预应力工艺。预应力使用面积大，施工难度大，是施工的主要阶段。

### 2.2.2 施工顺序

土方→桩基→结构工程→机电工程→装修工程→竣工。

### 2.2.3 施工流水段划分

（1）施工流水段划分总原则

结构工程施工采用流水施工工艺，流水段的合理划分是保证结构工程施工质量和进度以及高效进行现场组织管理的前提条件。通过合理的流水段划分能够确保劳动力各工种不间断的流水作业、材料的流水供应、机械设备的高效合理使用，从而便于现场组织、管理和调度，加快工程进度，有效控制质量。

流水段的划分必须根据楼层的特点和面积进行划分，尽可能做到均匀流水。根据流水段的划分和结构施工进度安排，进行人、机、料的合理投入和配置，以及现场场地的合理安排，在确保工期、质量的前提下，力求工序搭接紧密，各工种劳动力均衡，模板配置合理。

由于本工程规模大，质量要求高，工期要求紧。因此，在施工安排上采取平面流水，立体交叉作业的施工部署。

(2) 地下结构部分

1) 地下室底板及顶板为超长结构，底板浇筑时以⑪~⑫轴跨中为界分成两段，如图 2-1 所示。地下室顶板分段位置同底板。

A. 一段为①轴~⑪、⑫轴跨中；
B. 二段为⑪、⑫轴跨中~㉒轴。

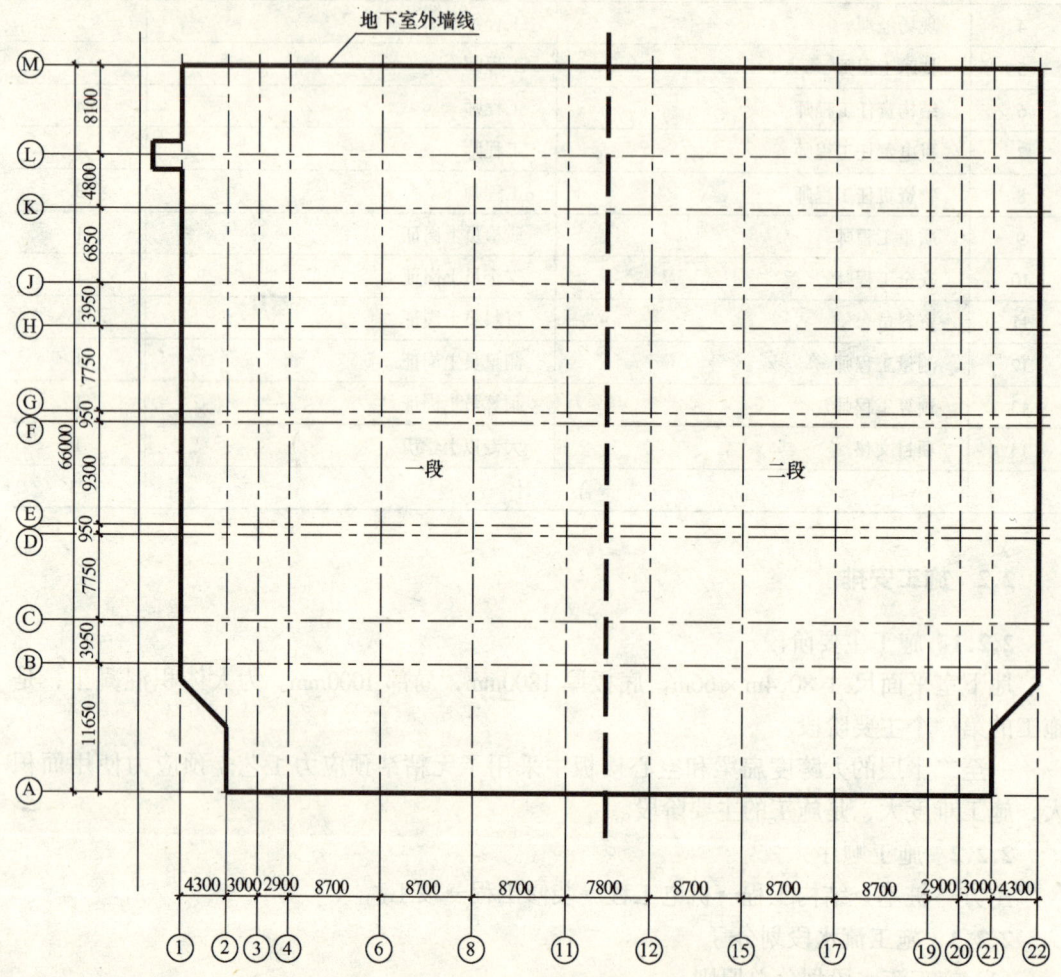

图 2-1 地下室底板及顶板流水段划分图（单位：mm）

2) 为减少模板使用量，地下墙体及柱施工时分为四段，如图 2-2 所示。

A. 一段为Ⓜ轴~Ⓔ、Ⓕ轴跨中，①轴~⑪轴、⑫轴跨中范围内；
B. 二段为Ⓔ、Ⓕ轴跨中~Ⓐ轴，①轴~⑪、⑫轴跨中范围内；
C. 三段为⑪、⑫轴跨中~㉒轴，Ⓔ、Ⓕ轴跨中~Ⓐ轴范围内；
D. 四段为Ⓜ轴~Ⓔ、Ⓕ轴跨中，⑪、⑫轴跨中~㉒轴范围内。

(3) 地上结构部分

地上结构流水划分为两段（图 2-3）。

1) 一段为②轴~⑪、⑫轴跨中；
2) 二段为⑪、⑫轴跨中~㉑轴。

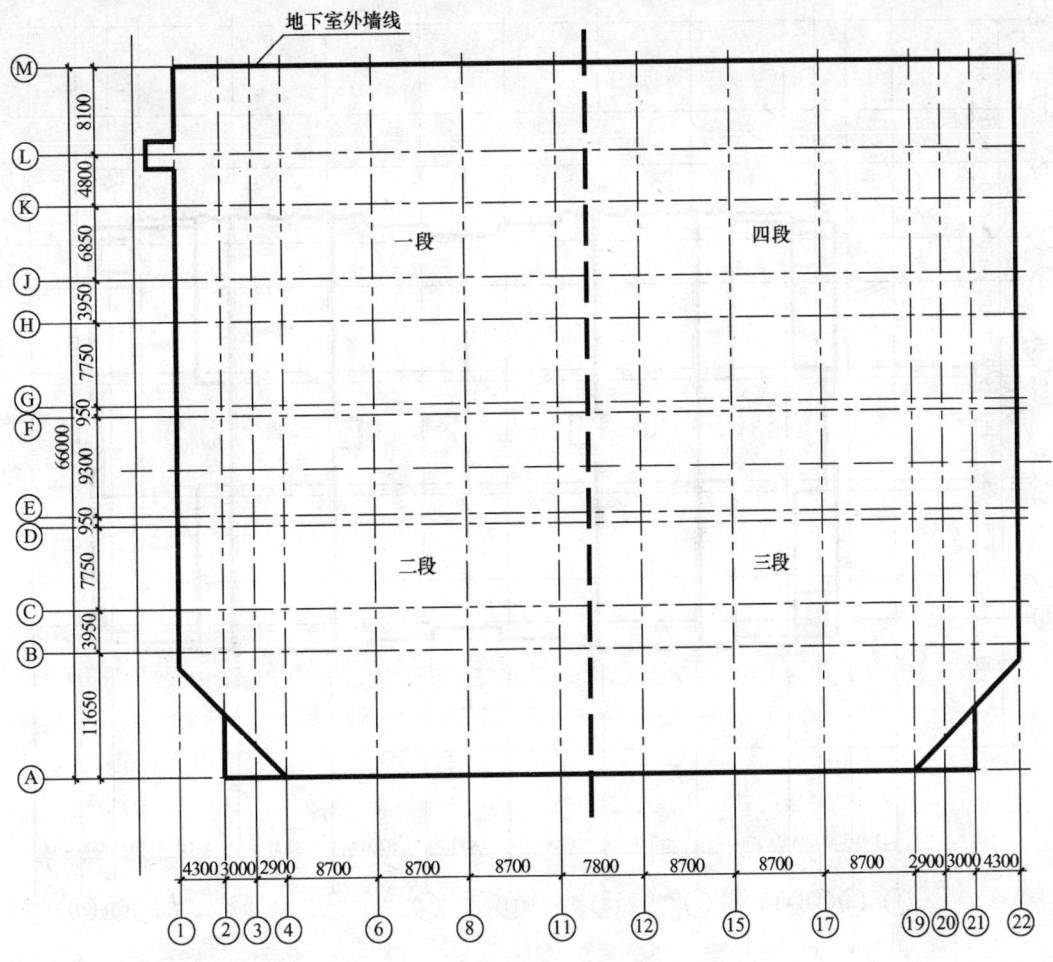

图 2-2 地下墙体及柱流水段划分图（单位：mm）

## 2.3 大型施工机械设备（表 2-2）

大型施工机械设备表　　　　　表 2-2

| 序号 | 机械或设备名称 | 型号规格 | 数量 | 额定功率（kW） |
|---|---|---|---|---|
| 1 | 塔吊 | K40/21 | 1 | 51.5 |
| 2 |  | FO/23B | 1 | 51.5 |
| 3 | 外用双笼人货电梯 | ST100/1t | 2 | 7.5 |
| 4 | 混凝土地泵 | HBT60 | 4 | 55 |
| 5 | 砂浆搅拌机 | JS350 | 2 | 5.5 |
| 6 | 混凝土布料机 | ZB-25 | 1 |  |
| 7 | 高压泵 | 扬程110m | 1 | 11 |

## 2.4 施工工期控制

各施工阶段工期要求：

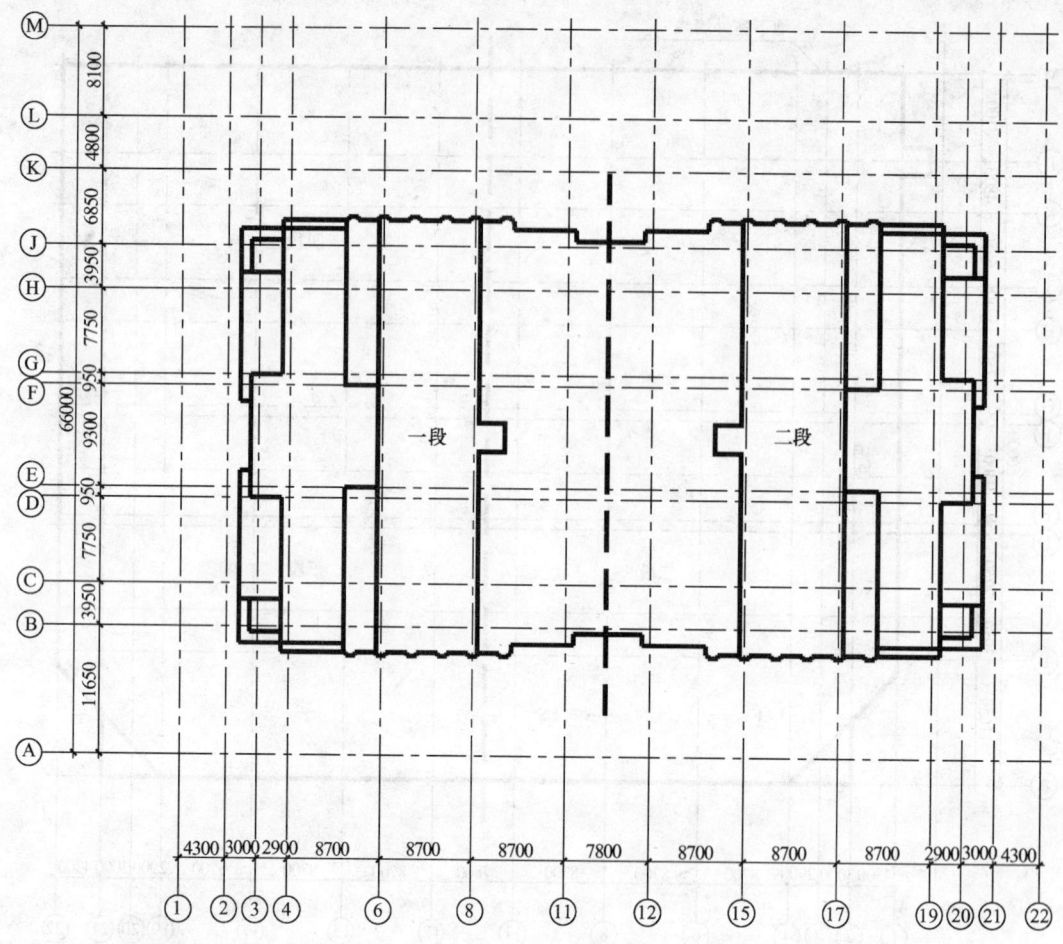

图 2-3　地上流水段划分图（单位：mm）

1) 地下室结构：130d（2003.2.21～2003.6.30）；
2) 地上结构：186d（2003.6.24～2003.12.26）；
3) 楼板预应力工程：180d（2003.6.27～2003.12.23）；
4) 主体结构完成日期：2003.12.26。

# 3　施工方法及技术措施

## 3.1　测量放线

### 3.1.1　测量设备

项目初期，配备全站仪一台，型号为 TOPCON GTS‑601AF/LP，J2 级光学经纬仪两台，S1 级高精度水准仪一台，配套钢钢尺一副，结构施工期间，配备一台 LEICA ZL 型激光准直仪，S3 级水准仪两台，塔尺两根，50m 钢盘尺两盘，以上设备均须检定合格，见表 3-1。

测量设备一览表　　　　　　　　表 3-1

| 序号 | 仪器名称 | 规格 | 数量 | 使用期间 |
|---|---|---|---|---|
| 1 | 全站仪 | TOPCON GTS—601AF/LP | 1台 | 项目前期 |
| 2 | 光学经纬仪 | J2级 | 2台 | 项目前期 |
| 3 | 高精度水准仪 | S1级 | 1台 | 项目前期 |
| 4 | 铟钢尺 | 2m | 1根 | 项目前期 |
| 5 | 激光准直仪 | LEICA ZL型 | 1台 | 结构装修 |
| 6 | 水准仪 | S3级 | 2台 | 结构装修 |
| 7 | 塔尺 | 5m | 2根 | 结构装修 |
| 8 | 钢盘尺 | 50m | 1盘 | 结构装修 |

### 3.1.2 建筑物定位

以建筑红线点或现场控制点为准，采用全站仪极坐标法进行建筑物定位，定位时先测定出建筑物的角点，经检查闭合后，须经北京市规划局验线。验线合格后，以这些角点为准，建立现场轴线控制网。

### 3.1.3 建筑物平面控制

以建筑物的定位角点为准，采用全站仪在建筑物周围建立成对的轴线控制网，根据设计图纸及工程的特点，①、②、③、④、⑥（⑪+⑫）/2、⑮、⑰、⑲、⑳、㉑、㉒及Ⓐ、Ⓑ、Ⓓ、Ⓖ、Ⓙ、Ⓜ轴作为现场平面控制网。

（1）建筑平面控制点的检查

进入施工现场后，应对业主提供的建筑平面控制点进行检查，平面控制点数量不应少于三个，平面控制点的检查结果与理论值比较，相差应小于《规程》第 3.2.4 条的规定。即：边长相对误差小于 1/2500，两边夹角误差小于 60″，点位误差小于 5cm。

（2）基础轴线投测

将已建立的轴线控制网投测到基坑中，在基坑中检查轴线形成的几何图形。闭合后，根据这些轴线测放出细部轴线及边坡位置线、墙、柱、梁的位置线及控制线，基础放线尺寸的允许误差应符合《规程》第 6.4.3 条的相应规定，见表 3-2。

基础放线尺寸允许误差　　　　　　　　表 3-2

| 长度 $L$、宽度 $B$ 的尺寸（m） | 允许误差（mm） |
|---|---|
| $L(B) \leqslant 30$ | ±5 |
| $30 < L(B) \leqslant 60$ | ±10 |
| $60 < L(B) \leqslant 90$ | ±15 |
| $90 < L(B)$ | ±20 |

注：地上结构施工采用内控法进行轴线测量控制。

（3）内控点的埋设

施工到首层地楼板时，应及时将外部控制网引测到首层楼板上，并及时上报监理和业主，由业主联系测绘院进行验线。引测方法为：在预先选择的地方预埋 100mm×100mm×10mm 的钢板，当投测首层轴线或控制线时，在钢板上形成一个交点，检查这些交点之间的相对关系。闭合后，在交点处冲出一个小坑，这个小坑就是内控点，根据《规程》第4.3.3条的规定：建筑物外部控制点转移到建筑物内部时，投点允许误差为±1.5mm。

#### 3.1.4 建筑物竖向控制

（1）轴线的竖向投测

施工到上层底板时，在内控点正上方的楼板上预留150mm×150mm洞口，用激光经纬仪将各内控点投测到施工层上，在施工层上形成一个闭合图形，检查闭合图形的相对关系，闭合后在施工层上测放出细部轴线。各层轴线应及时引测到结构外侧。

为保证轴线竖向投测精度和施工方便，将每四层进行一次内控轴线的校核。

轴线竖向投测的允许误差应符合《规程》第7.1.3条的规定，见表3-3。

轴线竖向投测的允许误差 表3-3

| 项 目 | | 允许误差（mm） |
|---|---|---|
| 每层 | | 3 |
| 总 高（H） | 60m<H≤90m | 15 |

（2）各部位的放线

根据测设的细部轴线，测设墙、柱、梁、门窗洞口等边线及控制线。

各部位放线的允许误差应符合《规程》第7.1.5条的要求，见表3-4。

各部位放线的允许误差 表3-4

| 项 目 | | 允许误差（mm） |
|---|---|---|
| 外廓主轴线长度（L） | L≤30m | ±5 |
| | 30m<L≤60m | ±10 |
| | 60m<L≤90m | ±15 |
| | 90m<L | ±20 |
| 细部轴线 | | ±2 |
| 承重墙、梁、柱边线 | | ±3 |
| 非承重墙 | | ±3 |
| 门窗洞口线 | | ±3 |

（3）标高的竖向传递

施工到首层竖向结构时，在首层竖向结构上抄测结构或建筑+1.00m水平线，在该线上选四个点，做好标记。施工到上层时，从这些点处向上拉尺，在施工层上形成四个相应的标高点。在施工层抄平前，首先校测首层传递上来的标高点，当校差小于3mm时，以其平均点引测水平线，为了避免高程误差累计，每层向上拉尺时，均应从这些点开始；超过整尺时，在上层再建立一条拉尺基点，各层标高线应引测到结构外侧。

标高竖向传递的允许误差应符合《规程》第7.1.6条的要求，见表3-5。

标高竖向传递的允许误差 表3-5

| 项 目 | | 允许误差（mm） |
|---|---|---|
| 每 层 | | ±3 |
| 总高（H） | H≤30 | ±5 |
| | 30m<H≤60m | ±10 |
| | 60m<H≤90 | ±15 |
| | 90m<H | ±20 |

**测量设备一览表**　　　　　　　　　　　　　　　　　　　表 3-1

| 序号 | 仪器名称 | 规格 | 数量 | 使用期间 |
| --- | --- | --- | --- | --- |
| 1 | 全站仪 | TOPCON GTS—601AF/LP | 1台 | 项目前期 |
| 2 | 光学经纬仪 | J2级 | 2台 | 项目前期 |
| 3 | 高精度水准仪 | S1级 | 1台 | 项目前期 |
| 4 | 铟钢尺 | 2m | 1根 | 项目前期 |
| 5 | 激光准直仪 | LEICA ZL型 | 1台 | 结构装修 |
| 6 | 水准仪 | S3级 | 2台 | 结构装修 |
| 7 | 塔尺 | 5m | 2根 | 结构装修 |
| 8 | 钢盘尺 | 50m | 1盘 | 结构装修 |

**3.1.2 建筑物定位**

以建筑红线点或现场控制点为准，采用全站仪极坐标法进行建筑物定位，定位时先测定出建筑物的角点，经检查闭合后，须经北京市规划局验线。验线合格后，以这些角点为准，建立现场轴线控制网。

**3.1.3 建筑物平面控制**

以建筑物的定位角点为准，采用全站仪在建筑物周围建立成对的轴线控制网，根据设计图纸及工程的特点，①、②、③、④、⑥（⑪+⑫）/2、⑮、⑰、⑲、⑳、㉑、㉒及Ⓐ、Ⓑ、Ⓓ、Ⓖ、Ⓙ、Ⓜ轴作为现场平面控制网。

（1）建筑平面控制点的检查

进入施工现场后，应对业主提供的建筑平面控制点进行检查，平面控制点数量不应少于三个，平面控制点的检查结果与理论值比较，相差应小于《规程》第3.2.4条的规定。即：边长相对误差小于1/2500，两边夹角误差小于60″，点位误差小于5cm。

（2）基础轴线投测

将已建立的轴线控制网投测到基坑中，在基坑中检查轴线形成的几何图形。闭合后，根据这些轴线测放出细部轴线及边坡位置线、墙、柱、梁的位置线及控制线，基础放线尺寸的允许误差应符合《规程》第6.4.3条的相应规定，见表3-2。

**基础放线尺寸允许误差**　　　　　　　　　　　　　　　　　表 3-2

| 长度 $L$、宽度 $B$ 的尺寸（m） | 允许误差（mm） |
| --- | --- |
| $L(B) \leqslant 30$ | ±5 |
| $30 < L(B) \leqslant 60$ | ±10 |
| $60 < L(B) \leqslant 90$ | ±15 |
| $90 < L(B)$ | ±20 |

注：地上结构施工采用内控法进行轴线测量控制。

（3）内控点的埋设

施工到首层地楼板时，应及时将外部控制网引测到首层楼板上，并及时上报监理和业主，由业主联系测绘院进行验线。引测方法为：在预先选择的地方预埋100mm×100mm×10mm的钢板，当投测首层轴线或控制线时，在钢板上形成一个交点，检查这些交点之间的相对关系。闭合后，在交点处冲出一个小坑，这个小坑就是内控点，根据《规程》第4.3.3条的规定：建筑物外部控制点转移到建筑物内部时，投点允许误差为±1.5mm。

#### 3.1.4 建筑物竖向控制

(1) 轴线的竖向投测

施工到上层底板时，在内控点正上方的楼板上预留150mm×150mm洞口，用激光经纬仪将各内控点投测到施工层上，在施工层上形成一个闭合图形，检查闭合图形的相对关系，闭合后在施工层上测放出细部轴线。各层轴线应及时引测到结构外侧。

为保证轴线竖向投测精度和施工方便，将每四层进行一次内控轴线的校核。

轴线竖向投测的允许误差应符合《规程》第7.1.3条的规定，见表3-3。

轴线竖向投测的允许误差　　　　　　表3-3

| 项　目 | | 允许误差（mm） |
|---|---|---|
| 每层 | | 3 |
| 总　高（H） | 60m < H ≤ 90m | 15 |

(2) 各部位的放线

根据测设的细部轴线，测设墙、柱、梁、门窗洞口等边线及控制线。

各部位放线的允许误差应符合《规程》第7.1.5条的要求，见表3-4。

各部位放线的允许误差　　　　　　表3-4

| 项　目 | | 允许误差（mm） |
|---|---|---|
| 外廊主轴线长度（L） | L ≤ 30m | ±5 |
| | 30m < L ≤ 60m | ±10 |
| | 60m < L ≤ 90m | ±15 |
| | 90m < L | ±20 |
| 细部轴线 | | ±2 |
| 承重墙、梁、柱边线 | | ±3 |
| 非承重墙 | | ±3 |
| 门窗洞口线 | | ±3 |

(3) 标高的竖向传递

施工到首层竖向结构时，在首层竖向结构上抄测结构或建筑+1.00m水平线，在该线上选四个点，做好标记。施工到上层时，从这些点处向上拉尺，在施工层上形成四个相应的标高点。在施工层抄平前，首先校测首层传递上来的标高点，当校差小于3mm时，以其平均点引测水平线，为了避免高程误差累计，每层向上拉尺时，均应从这些点开始；超过整尺时，在上层再建立一条拉尺基点，各层标高线应引测到结构外侧。

标高竖向传递的允许误差应符合《规程》第7.1.6条的要求，见表3-5。

标高竖向传递的允许误差　　　　　　表3-5

| 项　目 | | 允许误差（mm） |
|---|---|---|
| 每　层 | | ±3 |
| 总高（H） | H ≤ 30 | ±5 |
| | 30m < H ≤ 60m | ±10 |
| | 60m < H ≤ 90m | ±15 |
| | 90m < H | ±20 |

### 3.1.5 高程控制网的建立

根据业主提供的现场高程控制点,在现场建立三个新的高程控制点,高程控制点采用深埋式水准点,由施工测量与沉降观测共用;以预先选择的高程控制点为准,用闭合法(为了避免由于原始高程控制点精度不够而无法满足一等水准测量的要求)按国家一等水准观测的技术要求,将高程控制点的高程引测到新建的高程控制点上,用来控制施工及作为变形观测的基准点。

(1) 高程控制点的检查

进入现场后,还应对业主提供的现场高程控制点进行检查,根据《规程》第3.2.5条的规定,高程控制点不应少于两个,使用前,应用附合法进行检测,允许闭合差为:$\pm 10\sqrt{n}$ mm($n$ 为测站数)。当检测结果合格时,选择其中一点作为现场高程控制依据。

(2) 基础高程控制

用水准仪吊钢尺法将高程控制点的高程引测到基坑中,用全站仪三角高程法进行检查,并在基坑中建立三个临时水准点,用水准仪检测其相对关系,合格后,作为控制土方开挖、垫层及防水保护层等基础施工的高程控制依据,当施工到地下室竖向结构时,以其为准,在竖向结构上抄测+1.000m水平线,控制地下室梁板等水平结构的施工。

### 3.1.6 控制网的恢复

由于现场条件所限,已建控制网有可能被破坏,总包测量人员将负责进行恢复。检查无误后,及时移交给劳务队伍和专业分包,以便他们以此为依据进行结构、装修等施工测量放线工作。

## 3.2 基础大体积混凝土

### 3.2.1 基础施工程序

混凝土垫层→防水→细石混凝土保护层→绑扎底板及基础梁钢筋→Ⅰ段底板、边梁、集水坑模板→Ⅰ段底板、边梁混凝土→Ⅱ段底板、边梁集水坑模板→Ⅱ段模板(含加强带)、边梁混凝土→Ⅰ段基础梁模板→Ⅰ段基础梁混凝土→Ⅱ段基础梁模板→Ⅱ段基础梁混凝土。

### 3.2.2 混凝土质量要求

(1) 混凝土的等级和要求

本工程底板大体积混凝土等级和要求为:C40P8。

(2) 搅拌站选择

通过对附近商品混凝土搅拌站的考察,对商品混凝土搅拌站的资质等级、混凝土的供应能力、搅拌站从事大体积混凝土施工的经验、搅拌站距工地的距离、搅拌站的服务质量等各方面进行综合考核和比较。备用搅拌站的混凝土时,其配置混凝土所选用的原材料、配合比等与所批准的原材料选用、配合比等要保持一致。

(3) 混凝土配合比要求

整个底板混凝土为:C40P8。由于本工程基础底板的厚度大等特点(主楼处厚度为1800mm,局部为1000mm),因此底板混凝土施工时,按大体积防水混凝土考虑。在设计C40P8混凝土配合比时,我们将从如何保证大体积混凝土施工质量,控制混凝土裂缝为出发点。

根据以往的施工经验大体积混凝土裂缝的原因较为复杂，但主要有以下三个方面的因素引起的裂缝必须控制：即混凝土升温阶段由内外温差导致的表面裂缝；由混凝土失去水分形成的收缩裂缝；由碱集料反应使大体积混凝土产生的裂缝等。针对上述引起混凝土裂缝的因素，在混凝土配比设计时，采取以下措施解决：

采用北京水泥厂京都牌32.5级水泥，骨料采用北京昌平怀柔分厂或三河粒径为5~25mm的卵石或碎石，昌平中砂，根据北京建筑质量监督检验站的检测结果，该集料属于低碱集料。

加入粉煤灰掺合料，粉煤灰中的高活性$SiO_2$、$Al_2O_3$能与水泥浆中的$Ca(OH)_2$进行二次水化反应，可以消耗吸收混凝土中的碱，从而降低混凝土中的碱含量，消除大体积混凝土由于碱集料反应产生的裂缝；另一方面，粉煤灰可以在很大程度上改善混凝土的和易性，从而进一步保证混凝土的泵送浇筑。

同时，每立方米的混凝土中掺加一定量的粉煤灰，减少了水泥用量，以此降低了水泥的水化热，达到降低混凝土内外温差抑制混凝土产生温度裂缝的目的。由于粉煤灰的加入，使混凝土的强度前期增长相对较慢，按照《粉煤灰在混凝土和砂浆中应用技术规程》（JGJ 28）的要求：用于地下大体积混凝土工程的粉煤灰混凝土，其标准强度等级龄期可定为60d。经同设计、监理等商定本工程底板混凝土施工时，将采用60d强度评定该混凝土的质量。

在每立方混凝土中，掺加一定量的高效混凝土膨胀剂UEA，膨胀性能较高，可有效地补偿混凝土硬化过程中产生的收缩，防止混凝土收缩产生裂缝；此外，该膨胀剂还可起到推迟水化热高峰和收缩起始时间，从而削弱混凝土的温差收缩，进一步抑制混凝土的裂缝；加强带中的UEA掺量相应加大，当底板混凝土UEA掺量为水泥用量的8%时，加强带为8%~10%。

在混凝土中加入高强泵送剂采用NF-2-6缓凝高效减水剂。高效的减水性能将混凝土的坍落度损失减小到最低限度，良好的缓凝作用可以满足本工程底板混凝土的初凝时间为14h，终凝时间为16h的要求。

商品混凝土由搅拌站根据所选用的水泥品种、砂石级配、含泥量，掺合料和外加剂等进行多次混凝土试配，最后得出优化配合比，见表3-6。

**C40P8混凝土配合比参考表　　　　表3-6**

| 材料名称 | 水泥 | 掺合料 | | 砂子 | 石子 | 水 | 外加剂 |
|---|---|---|---|---|---|---|---|
| 材料产地 | 北京水泥厂 | 山东邹县 | 北京 | 昌平 | 昌平 | | |
| 规格 | 32.5级 | 粉煤灰 | UEA | 中砂 | 碎石 | | NF-2-6 |
| 用量（kg/m³） | 345 | 115 | 34 | 740 | 1007 | 170 | 10.8 |
| | 1:0.338:0.099:2.147:2.962:0.507:0.031 | | | | | | |

注：正式配合比要求搅拌站在混凝土开盘前一星期提供。

### 3.2.3　混凝土材料要求

（1）水泥

水泥主要选用北京水泥厂生产的京都牌32.5级低碱水泥。

水泥进场时必须有质量证明书及复试试验报告，并对其品种、强度等级、包装、出厂

(2) 砂

选用昌平质地坚硬、级配良好的低碱中砂；含泥量不大于3%；细度模数为2.5~3.2。

(3) 石子

选用粒径0.5~2.5cm的昌平怀柔分厂或三河产低碱级配机碎石，含泥量不大于1%。

对于砂、石的含水率，搅拌站根据实际所用砂、石的具体情况，在混凝土配合比水的用量中做出调整。

(4) 混凝土掺合料和外加剂

混凝土掺合料和外加剂等均选用绿色环保型产品；且无污染、无毒害、无氨类等，并经权威检测机构已检测合格的产品。

根据本工程配合比的试配要求，配制本工程底板混凝土采用的掺合料为Ⅰ级粉煤灰，外加剂为NF-2-6高效减水剂，UEA膨胀剂，并且严格控制碱含量，控制在每立方米混凝土中含碱总量不超过3.0kg，含氯量不超过0.02%。

### 3.2.4 施工人员的安排

项目经理部对每次底板大体积混凝土的浇筑、养护等各项工作做出总部署，配备包括分包单位在内的两套人员，管理、监督、控制混凝土的施工过程、施工顺序、底板混凝土的施工质量。

浇筑底板混凝土时，施工管理人员初步安排，见表3-7。

施工管理人员安排表　　　　　　　　　　　　表3-7

| 序号 | 管理职责 | 值班时间（白班） | 值班时间（夜班） |
|---|---|---|---|
| 1 | 施工总指挥 | 1人 |  |
| 2 | 现场协调 | 1人 | 1人 |
| 3 | 质量负责 | 1人 |  |
| 4 | 质检员 | 1人 | 1人 |
| 5 | 试验员 | 2人 | 2人 |
| 6 | 测温记录 | 2人 | 2人 |
| 7 | 标高、轴线测量 | 2人 | 2人 |
| 8 | 现场临电 | 2人 | 2人 |

底板混凝土浇筑时，劳动力人员初步计划，见表3-8。

劳动力人员计划表　　　　　　　　　　　　表3-8

| 工种 | 木工 | 钢筋工 | 混凝土工 | 普工 | 泵管拆卸 | 架子工 | 瓦工 |
|---|---|---|---|---|---|---|---|
| 人数 | 2 | 6 | 80 | 24 | 6 | 10 | 6 |
| 工种 | 电工 | 电焊工 | 机修工 | 信号工 | 道路疏通 | 清理工 |  |
| 人数 | 4 | 2 | 4 | 3 | 6 | 9 |  |

### 3.2.5 施工机具的准备

在施工前，一切施工的机具必须作好充分准备。

底板混凝土浇筑前，准备的机具有：地泵、布料机、塔吊、混凝土吊斗、尖锹、平锹、插入式振动器、木抹子、铝合金长刮杠等。所有机具均应在浇筑混凝土前进行检查，同时配备专职技工，随时检修。在混凝土浇筑期间，为保证临电、照明不中断，现场设发电车一部。如果停水，则由搅拌站用混凝土罐车运水到现场，以保证混凝土浇筑、洗泵、养护等的用水。

每次底板混凝土的浇筑，主要采用泵送，配备三台地泵。两台泵设于基坑南侧，一台设于基坑东南侧，使用回转半径大于8m的布料机布料。

主要施工机具配置，见表3-9。

主要施工机具配置表　　　　　　　　　　　表3-9

| 设备名称 | 1号塔吊 | 2号塔吊 | 地泵 | 布料机 | 振动棒 |
|---|---|---|---|---|---|
| 数量 | 1台 | 1台 | 3台 | 3台 | 20 |
| 规格型号 | FO/36B | 6021C | HB80 | | HZ-50A/ HZ6X-30 |
| 设备名称 | 罐车 | 电焊机 | 空压机 | 备用发电车 | 测温设备 |
| 数量 | 45辆 | 2台 | 2台 | 1台 | 1套 |
| 规格型号 | 6m³ | BX-330 | YV-0.9/7 | | |

罐车数量的确定：

混凝土泵的平均泵送量 $Q_1$ 的计算：

根据
$$Q_1 = Q_{max}\alpha\eta$$

式中　$Q_1$——每台混凝土泵的实际平均输出量（m³/h）；

　　　$Q_{max}$——每台混凝土泵的最大输出量（m³/h）；

　　　$\alpha$——配管条件系数，取 0.8~0.9；

　　　$\eta$——作业效率，可取 0.5~0.7。

本工程采用的混凝土泵的输送能力为 80m³/h。

$\alpha = 0.8$，$\eta = 0.5$

$$Q_1 = 80 \times 0.8 \times 0.7 = 45 m^3/h$$

混凝土泵数量的计算：

根据现场实际情况，现场放置三台地泵。

混凝土运输车辆配置：

每台混凝土泵所需配备的混凝土搅拌运输车辆

$$N_1 = \frac{Q_1}{60V_1}\left(\frac{60L_1}{S_0} + T_1\right)$$

式中　$N_1$——混凝土搅拌运输车台数；

　　　$Q_1$——每台混凝土泵实际输出量（m³/h）；

　　　$V_1$——每台混凝土搅拌车容量（m³）；

　　　$S_0$——混凝土搅拌运输车平均的车速度（km/h）；

　　　$L_1$——混凝土车搅拌车往返距离（km），取定10km；

　　　$T_1$——每台混凝土搅拌车总计停歇时间（min）。

$$N_1 = \frac{45}{60 \times 6} \times \left(\frac{60 \times 10}{25} + 30\right) = 7 \text{ 辆}$$

总计：
$$3 \times 7 + 5(\text{备用}) = 26 \text{ 辆}$$

### 3.2.6 混凝土的运输

(1) 混凝土运输的要求

商品混凝土场外运输采用混凝土搅拌运输车（罐车），由商品混凝土搅拌站运至现场。在运输过程中，考虑到施工现场地处市区易发生堵车时，途中混凝土容易失水。因此，在混凝土预拌时，加入一定比例的缓凝剂；分块浇筑混凝土前，通过计算确定每次浇筑混凝土所需配备的运输车台数，确保现场混凝土浇筑连续进行，避免在施工过程出现不必要施工缝。场内底板混凝土运输采用混凝土地泵和布料机来完成混凝土的运输和布料，使混凝土输送到混凝土的浇筑面。

混凝土运输罐车到达率必须保证每台地泵至少有一台罐车等待浇筑，现场与搅拌站保持密切联系，随时根据浇筑进度及道路情况调整车辆密度，并设专人管理指挥，以免车辆相互拥挤阻塞。

(2) 质量要求

商品混凝土运到工地后要对其进行全面、仔细的检查，若混凝土拌合物出现离析、分层等现象，则应对混凝土拌合物进行二次搅拌；同时应检测其坍落度，所测坍落度应符合施工要求，现场要求的混凝土坍落度为 $160 \pm 20$ mm，其允许偏差应符合规定；若不符规定时应倒掉或退回。

(3) 运输时间

采用搅拌车运输混凝土时，从搅拌机卸出到浇筑完毕的连续时间不应超过60min（除添加外加剂）。

### 3.2.7 混凝土的浇筑

(1) 工艺流程

作业准备→商品混凝土运送到现场→混凝土运送到浇筑部位→底板混凝土浇筑与振捣→测温和养护。

(2) 混凝土浇筑前的准备

在浇筑前做好充分的准备工作，责任工程师根据专项施工方案向生产组、工人进行详细的技术交底，同时检查机具、材料准备，保证水电的供应。要掌握天气季节的变化情况，检查安全设施、劳动力配备是否妥当，能否满足浇筑要求。

依据施工图、轴线控制网校核墙、柱、梁等轴线、边线及门洞口位置尺寸线。

按照规范和设计要求绑扎完底板钢筋和墙、柱插筋，并验收合格。

支设好底板边梁、电梯井集水坑、地下室外墙等处模板。

支基础梁及 -16.50m 以下核心筒墙模板在一个流水段上模板、钢筋、预埋件及管线等全部安装完毕，检查和控制模板、钢筋、保护层、预埋件和预留洞口等的尺寸、规格、数量和位置，其偏差值应符合《混凝土结构工程施工质量验收规范》的规定。检查模板支撑的稳定性以及接缝的密合情况，浇筑前应将底板内的垃圾、泥土等杂物及钢筋上的油污清除干净，并检查钢筋的混凝土垫块是否垫好，并办完隐、预检手续。

混凝土养护所需塑料薄膜、阻燃草帘等材料按计划组织进场。

浇筑混凝土用的架子及马道已支搭完毕，泵管及布料机已搭设完毕并经检查合格。

水泥、砂、石及外加剂等经检查符合标准要求，试验室已下达混凝土配合比通知单。通知混凝土搅拌站运送混凝土，根据浇筑的部位、时间的不同，来确定罐车的台数，并合理安排罐车行走路线，保证混凝土的连续供应，混凝土的连续浇筑。

(3) 底板混凝土浇筑施工段的划分

从底板11、12轴中间将整个底板分为两个施工段；为补偿混凝土硬化引起的收缩，在一、二段之间设800mm的混凝土加强带，加强带与第二段混凝土同时浇筑。

(4) 底板混凝土浇筑顺序

整个底板的浇筑顺序：①段（东侧）→②段（西侧）。

(5) 底板混凝土的施工

各施工段底板混凝土方量：第一施工段：3930$m^3$；第二施工段：4014$m^3$（含后浇加强带微膨胀混凝土84 $m^3$）。

混凝土浇筑采用平面分条、斜面分层、薄层浇捣、自然流淌的方法。浇筑混凝土时分层要连续进行，浇筑层高度根据结构特点、钢筋疏密决定，本工程基础底板混凝土浇筑分层控制在每次400mm。

振捣底板混凝土均采用插入式振动棒。使用插入式振动器应快插慢拔，插点要均匀排列，逐点移动，顺序进行，不得遗漏，做到均匀振实。振动器移动方式采用"行列式"移动，移动的间距不大于有效振捣作用半径的1.5倍（300~400mm）。同时，由于混凝土浇筑时采取斜面分层，为防止混凝土施工中产生冷缝，按前后两道工序振捣，第一道在斜面顶部卸料处，主要解决上部混凝土的密实。随混凝土振捣层的移动，混凝土浇捣从下端开始，逐渐向上移动并进行第二道振捣，以确保分层振捣混凝土的质量。在振捣上一层混凝土时应插入下层50mm，以消除两层间的接缝。

浇筑混凝土要连续进行。如就餐时间或其他原因，由两班人员换班，现场不得中断。如果必须间歇，其间歇时间应尽量缩短，并应在前层混凝土初凝前，将次层混凝土浇筑完毕。

浇筑间歇时间：同一施工段内应在底层混凝土初凝前，将上一层混凝土浇筑完毕。

泵送混凝土时必须保证混凝土泵连续工作，如果发生故障，停歇时间不应超过规定值，混凝土不能出现离析现象；否则，立即用压力水或其他方法冲洗管内残留的混凝土。

在浇筑工序中，应控制混凝土振捣的均匀性和密实性，混凝土拌合物运到浇筑地点后，应立即浇筑入模。

浇筑期间，钢筋工、木工、安装工等应跟班观察。钢筋工应当看护好钢筋，保证钢筋的正确位置，及时清理粘在下次浇筑部位钢筋上的水泥浆。木工发现跑、漏、胀模现象，应及时汇报并处理。安装工发现管线位移，应立即加固和纠正。

### 3.2.8 泌水处理

利用底板上的集水坑，在浇筑过程中对混凝土的泌水及时处理。避免因粗骨料下沉、混凝土表面水泥砂浆过厚，而导致混凝土强度不均和产生收缩裂缝。

在底板混凝土施工中，表面浮浆和泌水一般都比较厚。在混凝土浇筑过程中和浇筑结束后，要以变换浇筑方向等进行认真赶浆和排浆处理。要在浇筑后4~5h左右，初步按标高用长尺刮平并按照要求找坡。预埋件或插筋处用抹子抹平、找坡,在初凝前用木抹子搓平压实,严禁用振动器铺摊混凝土。对于需要压光的表面还要在初凝后终凝前用铁抹子或地坪抹光机沿找坡方向进行压光处理,以闭合收水裂缝,然后进入养护期,相应的养护措施也要随之布置到位。

混凝土表面二次抹面由抹灰工担当,要编制操作性强的技术交底,并配备良好的工具和测量标志,保证这一工作顺利、圆满完成。

**3.2.9 混凝土试块的制作**

由于底板混凝土为C40P8。为了确保混凝土质量要求,根据设计、试配等要求,本底板混凝土采用60d强度作为评定标准。本工程每段浇筑混凝土4000m³左右,每100m³取样一组计40组,其中20组做28d标养,20组做60d标养。每班次每台泵管浇筑区的混凝土至少应留置2组试块;3d、7d、14d试块的强度作为考察混凝土早期强度增长快慢的参考指标,各留置不少于3组;抗渗试块根据要求留置抗渗试块每500m³次取样不少于2组,1组同养、1组标养60d,计18组。

标养试块的数量,见表3-10。

**标养试块数量参考表**　　　　表3-10

| 流水段 | 方量（m³） | 养护条件 | 预留试块组数量 | | | | | | 合计 |
|---|---|---|---|---|---|---|---|---|---|
| | | | 3d | 7d | 14d | 28d | 60d | 抗渗 | |
| 第一段 | 3930 | 标养 | 3 | 4 | 4 | 10 | 10 | 8 | 39 |
| | | 同养 | 2 | 2 | 2 | 3 | 3 | 8 | 20 |
| 第二段 | 4014 | 标养 | 3 | 4 | 4 | 10 | 10 | 8 | 39 |
| | | 同养 | 2 | 2 | 2 | 3 | 3 | 8 | 20 |
| 合计 | 7944 | | 10 | 12 | 12 | 26 | 26 | 32 | 118 |

**3.2.10 底板混凝土的测温**

(1) 测温点的布置

本工程主楼底板属于大体积混凝土,底板厚度以1800mm和1000mm,边梁及导墙处高度2900mm,电梯坑加深处,高度3300mm。

底板浇筑混凝土时,在平面上共布置了81个测温点,根据底板厚度的不同,每点的测温点数不同。具体为:1800mm厚的底板为3个测温头,分上、中、下布置;2900mm、3300mm厚的底板沿厚度布置4个测温头;1000m厚的底板布置2个测温头,总的测温头数为250个。

(2) 测温方法

本工程底板混凝土浇筑时,测温采用北京建筑工程研究院生产的JDC-2建筑电子测温仪,按"测温点布置图"中标明的温度感应计的位置将温度感应计固定于混凝土中相应位置的钢筋上,并将做好编号的导线引出底板外。测温应在每段混凝土浇筑完后的12h左右进行,其时间间隔如下:

1~7d每2h测温一次;8~15d每4h测温一次;16~30d的测温应参考上一次的测温结果,由现场决定是否继续测温。

(3) 测温结果的处理

测温工作应指派专人负责，24h连续测温，尤其是夜间当班的测温人员，更要认真负责，因为温差峰值往往出现在夜间。测温结果应填入测温结果记录表。每次测温结束后，应立刻整理、分析测温结果并给出结论。在混凝土浇筑的7d以内，测温负责人应每天向业主、监理、现场技术组报送测温记录表，7d以后可2d报送一次。在测温过程中，一旦发现混凝土内外温差大于25℃，马上采取措施。

### 3.2.11 底板混凝土的养护

大体积混凝土的表面处理和养护工艺的实施是保证混凝土质量的重要环节。掺加膨胀剂的混凝土需要更充分的水化，对大体积混凝土更应注意防止升温和降温的影响，防止过大的内部及表面与大气的温差。在混凝土浇筑2h后按标高用长刮尺初步刮平后，在初凝前用木抹搓面两遍后立即覆盖一层塑料布，塑料布的搭接不少于100mm，在钢筋头周围再覆盖一层塑料布，将混凝土表面盖严，以减少水分的损失，保温保湿。

当混凝土强度等级达到人行走时，再在塑料布下面进行润水养护，并将50mm的草垫覆盖在塑料布上。也可根据现场实际情况采取蓄水养护的方法，但无论采取何种方法，必须派专人负责，使混凝土养护期不得少于14d。

通过计算（3.2.13热工计算）结果表明，本工程大体积混凝土采用50mm草垫进行洒水养护的方法，能够保证底板混凝土的施工质量。因为内部最大温升为70.88℃，内外温差21.26℃，满足设计和施工规范的要求。

### 3.2.12 施工中防止大体积混凝土产生裂缝的措施

（1）材料选用

混凝土掺加掺合料及附加剂：掺粉煤灰，替换部分水泥，减少水泥用量，降低水化热；掺减水剂，减小水灰比，防止水泥干缩；掺膨胀剂UEA，有效地补偿混凝土硬化过程中产生的收缩；防止产生收缩裂缝。

（2）施工措施

施工时，严格控制混凝土的浇筑厚度；采用二次振捣的方法，对混凝土在初凝前进行二次振捣；对混凝土表面进行二次抹面；严格控制混凝土的入模温度；混凝土浇筑后加强保温和养护工作。

根据混凝土温度应力和收缩应力的分析，必须严格控制各项温度指标在允许范围内，才不使混凝土产生裂缝；确保混凝土的质量。

控制指标：混凝土内外温差不大于25℃；降温速度不大于1.5~2℃/d；控制混凝土出罐和入模温度（按规范要求）。混凝土的入模坍落度控制在140~180mm，并派专人负责这项工作，认真做好记录。

委派专人认真做好混凝土同条件养护试件，并按照国家施工规范进行施工。认真做好测温记录，安排专人负责，努力将混凝土的内外温差控制在25℃范围以内。在已浇筑完的混凝土上面，其强度未达到$1.2N/mm^2$以前，决不允许在其上践踏或安装模板及支架。派专人认真注意观察混凝土有无裂缝变化，发现问题及时处理。

（3）严格控制碱含量

在施工时均选用低碱的原材料，控制原材料中碱含量，减少碱集料反应。

### 3.2.13 混凝土的热工计算

根据该底板要求选取计算模型为：

坍落度：16cm；混凝土入模温度：15℃；大气平均温度：10℃，其他相关数据依据相应的数表查得。

混凝土的绝热温升计算：

$$T_\tau = \frac{WQ}{C\rho} \times 0.83 + \frac{F}{50}$$

式中 $T_\tau$——混凝土的最终绝热温升（℃）；
　　$Q$——水泥水化热，可查得 $Q = 461\text{kJ/kg}$；
　　$W$——水泥用量；
　　$F$——粉煤灰用量；
　　$C$——混凝土的比热，取 $C = 0.97\text{kJ/(kg·K)}$；
　　$\rho$——混凝土的密度，取 $\rho = 2400\text{kg/m}^3$。

由此可得：$T_\tau = 55.88℃$

混凝土内部实际最高温度计算：

$$T_{\max} = T_j + T_\tau$$

式中 $T_{\max}$——混凝土内部的最高温度（℃）；
　　$T_j$——混凝土的浇筑温度（℃）。

$$T_{\max} = T_j + T_\tau = 15 + 55.88 = 70.88℃$$

混凝土表面温度计算：

$$T_{b(\tau)} = T_q + \frac{4}{H^2}h'(H - h')\Delta T_{(\tau)}$$

式中 $T_{b(\tau)}$——龄期 $\tau$ 时，混凝土的表面温度（℃）；
　　$T_q$——龄期 $\tau$ 时，大气的平均温度（℃）；
　　$H$——混凝土的计算厚度（m），$H = h + 2h'$；
　　$h$——混凝土的实际厚度（m）；
　　$h'$——混凝土的虚厚度（m）；

$$h' = K\frac{\lambda}{\beta}$$

　　$\lambda$——混凝土的导热系数，取 2.33W/(m·K)；
　　$K$——计算折减系数，可取 0.666；
　　$\beta$——模板及保温层的传热系数 [W/(m·K)]；

$$\beta = \frac{1}{\sum \frac{\delta_i}{\lambda_i} + \frac{1}{\beta_q}}$$

　　$\delta_i$——保温材料的厚度（℃）；
　　$\lambda_i$——保温材料的导热系数，以水的导热系数 0.58W/(m·K) 为取值；
　　$\beta_q$——空气层传热系数，取 23W/(m·K)。

采用 5cm 的草垫进行洒水养护。大气平均温度为 10℃。

$$\beta = \frac{1}{\Sigma \frac{\delta_i}{\lambda_i} + \frac{1}{\beta_q}} = \frac{1}{\frac{0.05}{0.58} + 0.04} = 2.5$$

$$\therefore h' = K\frac{\lambda}{\beta} = 0.666 \times \frac{2.33}{2.50} = 0.621\text{m}$$

$$H = h + 2h' = 1.8 + 2 \times 0.621 = 3.042\text{m}$$

$$\Delta T_{(\tau)} = T_{\max} - t_q = 70.88 - 10 = 60.88℃$$

$$T_{b(\tau)} = T_q + \frac{4}{H^2}h'(H - h')\Delta T_{(\tau)}$$

$$= 10 + \frac{4}{3.042^2} \times 0.621 \times (3.042 - 0.621) \times 60.88 = 49.56℃$$

混凝土的内外温差：

$$T = T_{\max} - T_{b(\tau)}$$

混凝土中心最高温度与表面温度之差（$T_{\max} - T_{b(\tau)}$）= 70.88 − 49.56 = 21.32℃。

上述计算结果表明，大体积混凝土的配合比在以 60d 强度为验收依据，采用 50mm 的草垫洒水养护的方法，能够保证大体积混凝土的施工质量。因为内部最大温升为 70.88℃，内外温差 21.32℃，满足《混凝土结构工程施工质量验收规范》（GB 50204—2002）的要求。

**3.2.14 加强带混凝土浇筑**

（1）加强带的留置

本工程底板中轴线位置设加强带，混凝土加强带宽度为 800mm，混凝土施工前在加强带处采用双层钢丝网（小孔网）与 $\phi 20$ 钢筋组成的支护体系。

底板的混凝土加强带在先浇混凝土的一侧（东侧）设钢板止水带。

（2）混凝土加强带的浇筑

混凝土浇筑前作好混凝土等级试配，采用比原有混凝土抗压强度和抗渗要求提高一个等级的混凝土，即 C45P10；膨胀剂比原有混凝土增加。加强带混凝土施工与 Ⅱ 段底板混凝土施工同步进行，设专用泵车一辆，稳定、均衡供应加强带的补偿混凝土。

在浇筑加强带混凝土之前，应清除垃圾、水泥薄膜，剔除表面上松动砂石、软弱混凝土层及浮浆，用水冲洗干净并充分湿润不少于 24h，残留在混凝土表面的积水应予清除。

加强带在底板、边梁位置处的混凝土要分层振捣，与底板其他混凝土同步，混凝土要振捣密实，使新旧混凝土紧密结合。

## 3.3 防水工程

**3.3.1 地下防水做法及材料选型**

根据建筑设计总说明（建施-01），本工程地下室底板、外墙、以及直接与土接触的顶板部分防水采用两道设防，一道为刚性防水 C40P8，另一道为外包柔性卷材防水。根据厂家推荐，选用的柔性卷材及防水做法如下：

材料选型：防水卷材采用 1.5mm 厚 Sarnafil - PVC 卷材，底板和顶板均采用 Sarnafil - PVC F30—15F 复合卷材，空铺法施工；外墙采用 Sarnafil - PVC F30—15 复合卷材，条粘法施工。柔性保护层采用无纺布（300g/m²）。

聚氯乙烯（PVC）防水卷材是以聚氯乙烯树脂为主要原料，加入一定量的填充剂和适量的改性剂、增塑剂、抗氧剂和紫外线吸收剂等辅料，经多道工序制成的塑料型高分子防水卷材，具有以下突出性能：

(1) 耐老化性能好，使用寿命长（屋面20年以上，地下50年以上）；
(2) 抗拉强度高，断裂延伸率高，对基层变形适应性强；
(3) 低温柔性好（-30℃无裂纹）；
(4) 施工简便快速（根据需要可空铺、胶粘或机械固定）；
(5) 机械焊接接缝，接缝质量可靠；
(6) 幅宽2.05m，材料施工损耗少。

### 3.3.2 各部位防水做法

(1) 地下室底板防水做法

地基土→100mm厚C15混凝土垫层抹平压光→1.5mm厚Sarnafil-PVC F30-15F复合卷材防水层（空铺法）→无纺布保护层（300g/m$^2$）→40mm厚C15细石混凝土→C40P8抗渗混凝土结构底板。

(2) 地下室外墙防水做法

C40P8抗渗混凝土外墙→EC聚合物砂浆刮平→1.5mm厚Sarnafil-PVC F30-15不复合卷材防水层（条粘法）→无纺布保护层（300g/m$^2$）→50mm厚PE聚苯乙烯泡沫保护板→3:7灰土分层夯实。

(3) 与土直接接触的地下室顶板防水做法

C40P8抗渗混凝土结构顶板→EC聚合物砂浆刮平→1.5mm厚Sarnafil-PVC F30-15F复合卷材防水层（空铺法）→无纺布保护层（300g/m$^2$）→50mm厚350型挤塑泡沫保温隔热板→100mm厚C15细石混凝土内配φ6@350双向钢筋网保护层→室外地面做法（道路、硬地、绿化等）。

### 3.3.3 PVC卷材防水施工工艺

(1) 施工工艺流程

基层处理验收→节点附加层→弹线、试铺→铺贴卷材→接缝收头处理→防水验收→无纺布保护层→下道工序。

(2) 对基层的要求

穿过防水层的设备、管道的最后防水密封必须在设备、管道安装完毕后进行。

铺设防水卷材的基层表面应平整，无尖锐突出物，以免刺穿防水层。不可避免的尖锐突出物应进行水泥砂浆抹面封盖。

涂刷胶粘剂的基层必须充分干燥，施工前应测试基层的含水率不超过9%。检测垫层含水率时可用经验方法，即在基层铺贴一层1m见方的卷材，待4h后揭开。如无明显水印者，即可认为含水率小于9%。

(3) 施工准备

施工材料进场后妥善保管，平放在干燥、通风、平整的场地上，远离明火处，避免日晒雨淋。

施工前进行精确放样，尽量减少接头，有接头部位，接头相互错开至少30cm，焊接缝的接合面应擦干净，无水露点，无油污及附着物。

(4) 材料及主要施工机具准备（表3-11）

材料及施工机具一览表  表3-11

| 序号 | 材料机具名称 | 规格 | 备注 |
|---|---|---|---|
| 1 | Sarnafil-PVC F30-15F 卷材 | 20m×2.05m | 用于平面 |
| 2 | Sarnafil-PVC F30-15 卷材 | 20m×2.05m | 用于立面 |
| 3 | 无纺布 | 300g/m² | 卷材表面保护 |
| 4 | Samacol 808 胶粘剂 | 18kg/桶 | 用于立面条粘 |
| 5 | 收口压条、螺钉 | 厂家配套 | 用于收口 |
| 6 | 密封胶 | — | 用于收口处理 |
| 7 | 自动焊机 | — | 用于卷材接缝焊接 |
| 8 | 手动焊机 | — | 用于卷材接缝焊接 |

(5) Sarnafil-PVC 卷材施工

1) 平面卷材采用空铺法施工：卷材长边搭接，搭接宽度为5cm；短边对接，接缝用15cm宽的不复合卷材覆盖并焊接。长短边的热风焊接接缝的有效焊接宽度均应不小于25mm，如图3-1所示。

图3-1 平面卷材施工图

2) 立面卷材采用条粘法施工：卷材铺贴前，先将立面基层清扫干净，按建议用量0.5kg/m²涂胶，涂胶要均匀一致，待胶半干燥不黏手时，将卷材和立面贴合在一起。条状胶粘剂的宽度宜为150~200mm，间距宜为800~1000mm。立面卷材收口300mm范围内采用满粘法，如图3-2所示。

3) 无纺布保护层的铺贴：无纺布保护层的铺设采用点式固定的方法，用PVC卷材的边角料裁剪成直径约为8cm的圆形或边长约为8cm的矩形片，按1~2个/m²，透过无纺布保护层与PVC防水卷材点焊在一起，将无纺布固定于防水层上。

(6) 质量标准及检测验收

图 3-2 立面卷材施工图

Sarnafil-PVC 卷材防水系统的施工质量除严格执行《地下工程防水技术规范》（GB 50108—2001）和《地下防水工程质量验收规范》（GB 50208—2002）外，其施工质量及检测方法如下：

焊缝焊接：焊机压力为 500～550N 左右，温度为 500～550℃，焊接速度为 1.5～2.0m/min。具体情况视现场的条件（温度、湿度）而定。

手工焊接：焊枪温度控制在 250～450℃ 之间，焊接速度为 0.2～0.5m/min，焊接时用手动压辊压实，随焊随压。

应保证焊接均匀有熔浆。严格用平口螺丝刀逐点检查焊接质量，看有无漏焊、跳焊现象。为保证焊接质量，自动焊机和焊接操作手应由生产厂家提供。

检测方法为：①肉眼外观检测，沿焊缝边沿有均匀发亮的熔浆出现。②手工检测，用平口螺丝刀沿焊缝稍微用力挑试，检查有无漏焊点、虚焊点。如发现缺陷应及时修补。

(7) 安全注意事项

1）热风焊机焊接时，要检查电缆线是否漏电以及配电箱是否有漏电保护器。

2）胶粘剂为挥发性物质，要远离火源。胶粘剂库房和施工点要设置消防器材，并严禁烟火。

3）外立面防水施工要有专人负责安全，防止上部坠物伤人。

4）立面施工人员必须佩戴安全帽、安全带和防滑鞋。

5）落实工人进场的三级教育，防水施工操作工人要经培训，持证上岗。

(8) 节点处理

凡阴阳角、穿墙管道、施工缝等处均应增设卷材附加层。

### 3.4 垂直运输

(1) 垂直运输机械布置：

1）塔吊平面布置：现场布置两台塔吊，一台 K40/21 的 55m 臂的塔吊（1 号塔），布置在场地南侧基坑边，在基础结构施工前安装，以保证基础底板施工时钢筋、模板等材料的运输。北侧底板上布置一台 FO/23B 的 50m 臂的塔吊（2 号塔），在底板混凝土浇筑完成后安装，在结构施工完成后拆除。

2）塔吊竖向布置：在塔吊竖向布置时要求 1 号塔塔臂比 2 号塔塔臂低不少于 12m，以保证两塔在吊装时不互相冲突，1 号塔应高出西侧 3 号住宅楼 2m。

（2）粗装修提前插入时，先在主体结构东南侧布置一台双笼电梯，用于运输砂浆、砌块等装修材料。在结构完工后在北侧布置另一台双笼电梯，保证其他装修材料的垂直运输。

### 3.5 钢筋工程

（1）钢筋机械连接设备厂家（北京建茂建筑设备有限公司）企业标准及使用说明书。
1）滚压直螺纹钢筋连接接头（企业标准）(Q/HDJMJ004－2001)；
2）JM－GS40 型钢筋滚丝机使用说明书。

（2）材料：
1）钢筋应符合标准《钢筋混凝土用热轧带肋钢筋》（GB/T 1499—1998）或《钢筋混凝土用余热处理钢筋》（GB 13014—1991）的规定。
2）钢筋连接套筒及锁母应选用优质碳素结构钢或低合金结构钢，并应符合标准 GB 669、《低合金高强度结构钢》（GB/T 1591—1994）及《钢筋机械连接通用技术规程》（JGJ 107—2003）规程中的相应规定。

### 3.6 模板工程

#### 3.6.1 模板体系（表 3-12）

模 板 体 系 表　　　　　表 3-12

| 序号 | 模板部位 | 模板体系 | 备注 |
|---|---|---|---|
| 1 | 基础底板边模及基础梁 | 采用 55mm 小钢模 | |
| 2 | 地下室外墙 | 采用 15mm 防水木胶合板 | |
| 3 | －16.50m 以下核心筒剪力墙 | 采用 55mm 小钢模 | |
| 4 | －16.50m 以上核心筒剪力墙 | 采用 86mm 定型整体大模板 | |
| 5 | 地下室人防墙及车道墙 | 采用 15mm 防水木胶合板 | |
| 6 | 地下室车道及斜底板 | 采用 15mm 防水木胶合板 | |
| 7 | 独立柱 | 采用 86mm 可调截面组合大钢模板 | |
| 8 | 梁模、楼板底模 | 采用 15mm 防水木胶合板 | |
| 9 | 梁、板支撑系统 | 采用碗扣式脚手架，木龙骨 | |

注：地上部分的梁、板支撑系统可能采用台模支撑系统。

#### 3.6.2 模板配置

模板高度应根据结构层高、板厚及梁高来确定，具体配置的形象数量见表 3-13。

模板配置形象数量表　　　　　　　　　　　　表 3-13

| 序号 | 名　　　称 | 形象数量 | 备　　注 |
|---|---|---|---|
| 1 | 地下室外墙模板 | 配 1/2 层 | |
| 2 | 地下室人防墙模板 | 配 1/2 层 | 周转两次后改造为车道墙模板 |
| 3 | 核心筒模板 | 配 1/2 层 | |
| 4 | 柱模板 | 配 1/4 层 | |
| 5 | 地下室梁板模板 | 配 1.5 层 | 另配 1 层梁板养护模板 |
| 6 | 地下室梁板支撑系统 | 配 1.5 层 | 另配 1 层梁板养护支撑 |
| 7 | 地上结构梁板模板 | 配 3 层 | |
| 8 | 地上梁板支撑系统 | 配 3 层 | |

### 3.6.3 模板安装方法

(1) 基础底板及反梁模板

1) 模板形式

底板边模、反梁侧模、短隔墙模板采用 55mm 厚的小钢模（以 600mm 宽幅规格为主，横竖背楞采用 $\phi 48 \times 3.5$ 钢管）。电梯井积水坑边模及短隔墙模板采用 15mm 防水木胶合板，模板边框及竖向背楞采用 50mm×100mm 木方，水平背楞采用 $\phi 48 \times 3.5$ 钢管。

2) 基础底板及基础梁模板安装流程

放线→底板及基础梁钢筋→墙体插筋→边梁及坑井模板→底板及边梁混凝土浇筑→放线→中间反梁及 -16.50m 以下核心筒墙体模板→中间反梁及 -16.50m 以下核心筒混凝土浇筑。

3) 支模高度

A. 底板边模（含周边基础梁）：从基底支模到 -16.20m（含导墙高 300mm）。

B. 底板中间反梁：待底板浇筑后，从板顶 -17.30m 和 -18.10m 支模到 -16.50m。

C. 核心筒内隔墙：待底板浇筑后，从板顶 -17.30m 支模到 -16.50m。

D. 1 号电梯坑：从坑底 -18.80m 支模到 -16.50m。

E. 2 号电梯坑：从坑底 -18.80m 支模到 -17.30m。

(2) 地下室外墙模板

模板形式：模板采用 15mm 防水木胶合板，竖肋及边框采用 50mm×100mm 木方，排列间距为 300mm；水平背楞采用双根 $\phi 48 \times 3.5$ 钢管，竖向间距为 600mm；穿墙螺栓采用带止水片的防水螺栓，此螺栓出带止水片的防水螺栓、周转螺栓、铸钢螺母和锥形接头组成，防水螺栓和周转螺栓都采用 T20×6 的螺纹，周转螺栓的外头设方头，以备用扳手转动。穿墙螺栓的水平间距为 600~900mm，竖向间距与水平背楞的间距相同。附墙柱另设两根防水螺栓，竖向间距与墙相同。

根据基坑肥槽宽度实测结果（表 3-14），地下室外墙采用双侧支模，不必进行单侧支模。

基坑肥槽宽度实测结果　　　　　　　　　　　　表 3-14

| 位　置 | 冒梁处理论值 (mm) | 冒梁处实测值 (mm) | 腰梁处理论值 (mm) | 腰梁处实测值 (mm) |
|---|---|---|---|---|
| 西侧 | 900 | 850~900 | 570 | 270~450 |
| 北侧 | 1000 | 1040~1100 | 670 | 550~650 |
| 南侧 | 1000 | 980~1010 | 670 | 550~650 |
| 东侧 | 1250 | 1230~1310 | 920 | 650~800 |

注：护坡桩直径为 800mm，腰梁按 400mm 计算。

(3) 地下室人防墙、车道及附墙柱模板

1) 模板型式

模板采用15mm覆膜木胶合板，竖肋及边框采用50mm×100mm木方，排列间距为300mm；水平背楞采用双根φ48×3.5钢管，竖向间距为600mm；采用T16×6三节组合的对拉螺栓，水平间距为600~900mm，竖向间距与水平背楞的间距相同。

2) 墙体模板的安装流程

找平→放线→木胶合板涂脱模剂→模板从中部开始安装入位→安置水平槽钢背楞→安置对拉螺栓→安装钢管斜撑→校正、固定模板。

(4) 核心筒剪力墙模板

1) 模板型式

剪力墙模板采用86mm系列全钢大模板，高度为3320mm。调节层高时采用86mm定型组合大钢模板，高度为800mm，600mm两种规格进行组合，配有Φ30的锥形穿墙螺栓、斜撑、挑架。模板面板为6mm钢板；竖肋采用[8，间距为300mm；横肋采用6mm钢板，间距为300mm；水平背楞采用双[10。除大钢模外，配阴角模和阳角模。在地下三层，核心筒四周的500mm宽的人防墙采用T16×6三节组合的对拉螺栓。

模板使用前，标明模板编号，并吊至安装地点，按照编号在相应的模位安装。模板拼缝处加海绵条。墙支完一侧模板后，将螺杆穿上，再支另一侧模板。

电梯井模板下部搭设钢梁平台，电梯井平台采用2根[15钢梁和[8槽钢组成，平台可整体提升。

2) 核心筒剪力墙模板安装流程

大钢模预拼装→墙体放线→墙体钢筋绑扎→焊接定位钢筋→预埋管线→阴阳角模→大模板吊装→调整斜撑→模板之间连接→穿墙螺栓紧固→模板检查校正。

(5) 墙模的安装要点

墙模施工放线：

A. 墙筋绑扎完毕，办完隐检记录，浇筑混凝土处清理，无杂物；

B. 墙模板安装完支腿、挑架、涂刷完脱模剂；

C. 墙模定位钢筋焊好、预埋线管、线盒；

D. 墙体钢筋阴角处焊好定位钢筋，保证阴角模的每个翼缘上、下口必须有一个定位钢筋，这样才能保证阴角模的截面尺寸以及角模不移位；

E. 先将墙体的阴角模、阳角模立好，临时固定；

F. 将安装好支腿的大模板吊装到墙定位线处；

G. 将大钢模板用撬杠调到合适的位置，带上穿墙杆；

H. 调整模板的斜撑，使大模板垂直；

I. 将大钢模的支腿固定好，如墙体较高时，需加一些斜向支撑加固。

(6) 独立柱模板

1) 模板型式

采用可调截面（L形）定型组合大钢模板。

可调截面柱模板由定型组合模板、直弯背楞、角钢垫块和拉杆螺栓组成。

定型组合模板厚度86mm，面板厚6mm，柱模高度以3000mm为主，配以900mm、

600mm 高模板及 100mm 高底角模作高度调节，宽度系列：1000mm、400mm、200mm、100mm。

直弯背楞由 2［10 槽钢焊接而成，模板安装孔眼能满足 1400～1000mm 及 1100～700mm 的各种方形、矩形截面变化。

两个直弯背楞之间用角钢垫块和拉杆螺栓连接。当截面需要变化时，只要移动角钢垫块，紧固拉杆螺栓，即可实现截面变化。

2) 柱模安装要点

A. 柱模的预拼：应在平整坚实的地面上进行，先在单片模板背面安装直弯背楞，再将两块单片模板组合成直角，施工时两个直角连接成整体柱模。拆除时可以整体松开拆除亦可分为两个直角拆除；

B. 放柱边线和柱模边线；

C. 柱筋绑扎完毕，办完隐检记录，柱模内杂物清理干净；

D. 柱模定位钢筋焊好、预埋线管、线盒布置好；

E. 将柱模吊装到柱边线处；

F. 调整柱模的垂直度；

G. 用对拉螺栓将四片柱模锁紧；

H. 根据实际需要，加一些斜向支撑。

(7) 水平模板

1) 模板形式

楼板底模采用 15mm 防水木胶合板，主楞采用 100mm×100mm 木方，间距 900～1200mm；次楞采用 50mm×100mm 木方，间距 300mm。

梁模板采用 15mm 防水木胶合板，梁底板下纵肋采用 100mm×100mm 木方，横肋采用 50mm×100mm 木方；梁侧模纵肋均采用 50mm×100mm 木方。

梁侧模外包梁底模，侧模底部坐落在横肋上，并以通长木方定位稳固，侧模设斜撑于横肋上，以此校正侧模垂直度和平直度。

楼板底模压在主次梁侧模上，有利于侧模先拆除周转使用。

2) 水平模板安装流程

复核梁底、板底标高→搭设支模架→安放龙骨→安装梁模板→安装柱、梁、板节头模板→铺放楼板模板→安放预埋件及预留孔模板→检查校正→交付验收。

3) 梁板支撑系统（图 3-3、图 3-4）

本工程梁板支撑系统采用碗扣式钢管脚手架（地上框架部分核心筒外可能采用台模，方案单列）。早拆支撑系统碗扣架底部设可调底座，顶部设可调 U 形支撑头，以适应不同层高和梁板高度的变化。当梁板达到拆模允许强度时除留下养护支撑和养护底板外，其余实行早拆。

碗扣架在梁底立杆间距 900mm×900mm～900mm×1200mm，板底立杆间距 1200mm×1200mm。

梁底碗扣架顺梁长向的两个立面设钢管剪刀撑，板底碗扣架沿一块板的周边四个立面设钢管剪刀撑，以防止钢管架因受力而变形。楼层周边的碗扣架用钢管，与内部碗扣架连成整体。

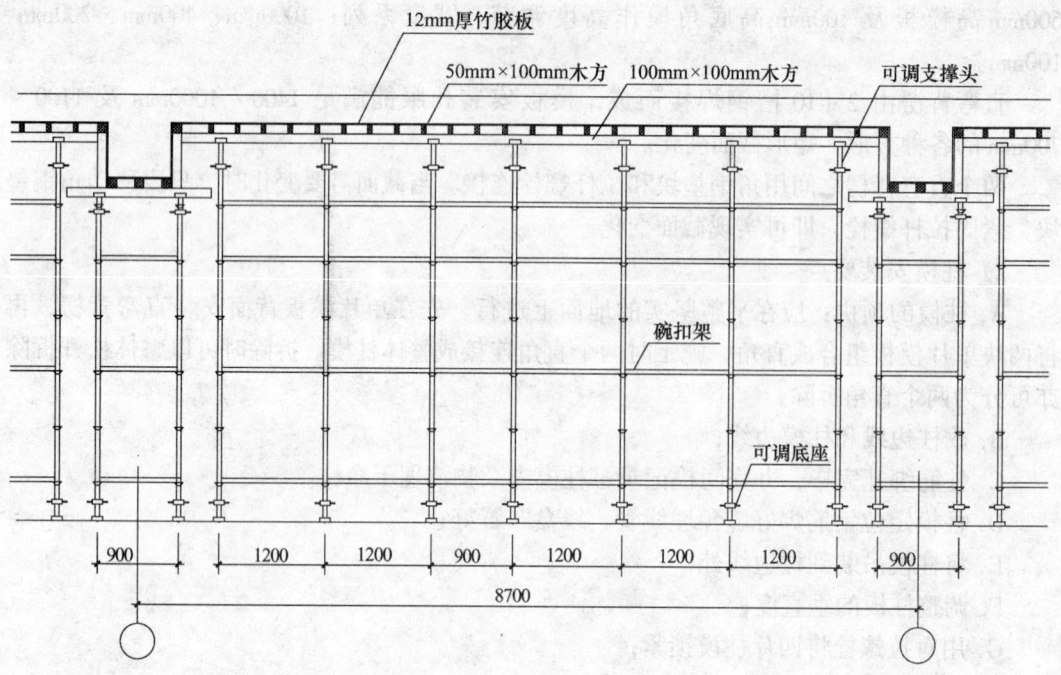

图 3-3 梁板支模示意图（单位：mm）

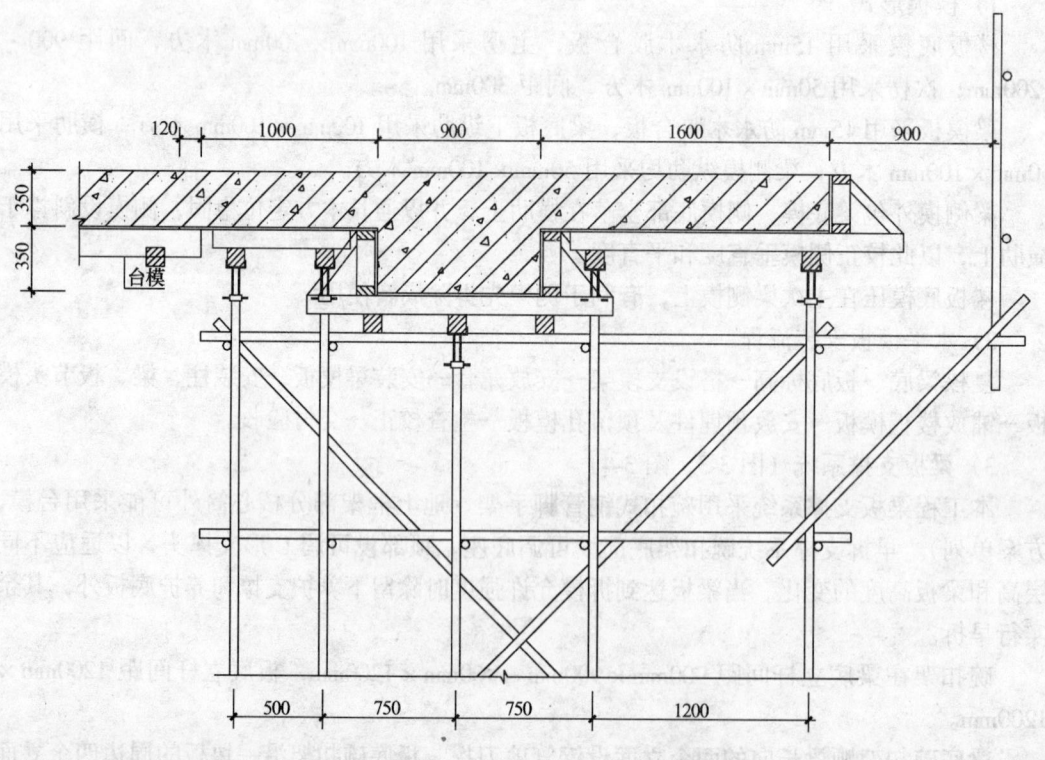

图 3-4 地上部分边梁支模示意图（单位：mm）

梁板的纵横肋均采用100mm×100mm的木方，横肋采用50mm×100mm的木方，水平间距为250mm。

(8) 特殊部位模板

1) 楼梯模板

采用15mm的木胶合板做面板，50mm×100mm的木方作为模板的背楞。

2) 梁柱节点模板

梁柱节点模板采用同梁侧模板一样的木胶合板，按实际尺寸放样加工。当柱子拆模后，其上安装抱箍和节点模板，用钢管脚手架做支撑，梁柱节点与水平楼板一起浇筑。

3) 门洞模板

地下室门洞采用15mm厚的木胶合板做面板，50mm×100mm的木方作为边框。四角连接处采用L125×12及L75×8角钢，斜向焊接M16螺栓连接，如图3-5所示。

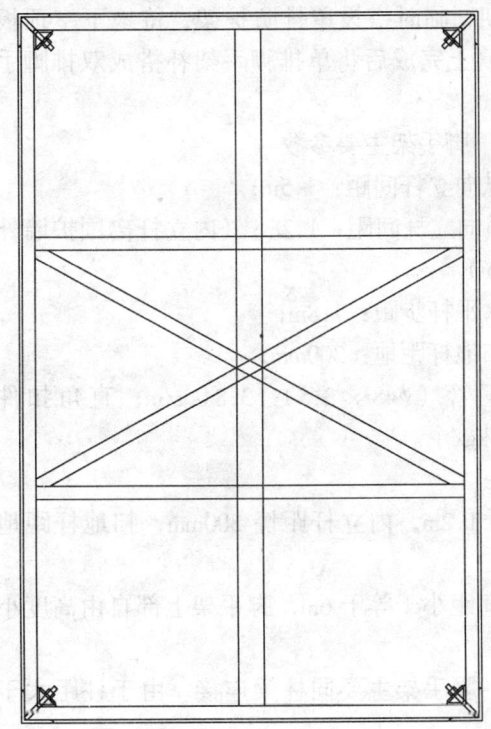
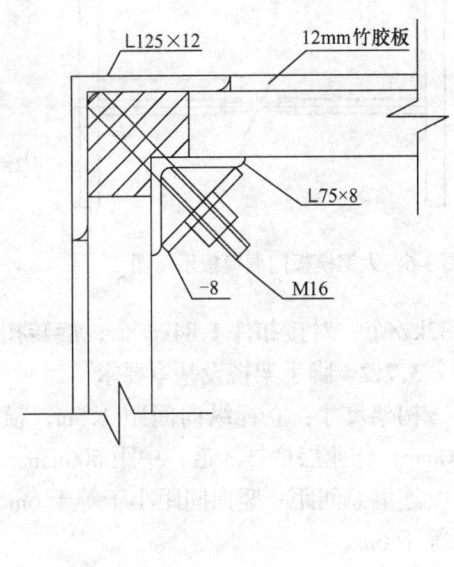

图3-5 木模板门窗洞口示意图（单位：mm）

核心筒大钢模部分，采用全钢收支门洞模板，如图3-6所示。

4) 阴角模

根据本工程的实际情况，钢模板配钢阴角模，木模板配木制角模。木制阴角模的面板仍采用15mm防水木胶合板，肋木采用50mm×100mm及100mm×100mm的木方。

5) 阳角模

阳角连接采用大阳角模方式的连接，然后再把相连的大模板的水平背楞延长，以防止胀模。核心筒外墙在长、短两个方向各变截面一次，收进100mm。阳角模设计时，同时安装有阳角模及100mm调节模，变截面时拆除调节模板。

6) 丁字墙

丁字墙处由于墙体侧压力较大，为防止胀模，施工时用穿墙螺栓把角模与对应的大模板拉结。

7）梁窝的处理

梁窝的处理：为保证大模板流水后的通用性，在核心筒剪力墙梁节点处留设梁窝木盒或钢板网片。

### 3.7 脚手架工程

根据本工程建筑外形特点，考虑到结构施工期间和装修及机电安装施工期间的需要，本工程外墙采用双立杆双排钢管脚手架，沿建筑周边满搭。在首层至四层结构施工期间，为避免等待防水和回填土影响工期，临时搭设单排防护架，待地下室顶板防水和回填土完成后将单排脚手架补搭成双排脚手架。

#### 3.7.1 脚手架主要参数

（1）纵向立杆间距：1.5m；

（2）横向立杆间距：1.2m；（内立杆离围护墙外边缘300mm）

（3）水平杆步距：1.8m；

（4）扫地杆距地：300mm；

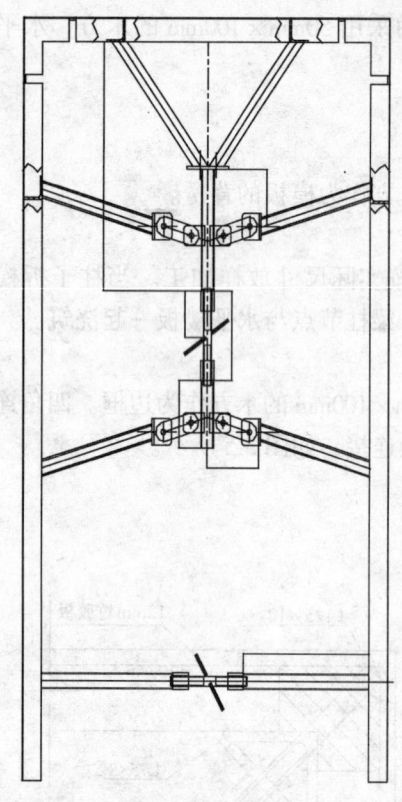

图3-6 大钢模板门洞模板示意图

（5）钢管（$\phi 48 \times 3.5$）：3.84kg/m；直角扣件1.32kg/个；对接扣件1.84kg/个；旋转扣件1.47kg/个。

#### 3.7.2 脚手架搭设基本要求

构架尺寸：立杆纵向间距1.5m，横向间距1.2m，内立杆距墙300mm，扫地杆距地300mm，作业层栏杆3道，中距500mm。

连墙总间距：竖向间距小于等于6m，纵向间距小于等于6m，脚手架上部自由高度小于等于6m。

连墙方式：根据本工程结构的特点和要求，脚手架主要同柱梁连接。由于柱距大于600m，因此必须在梁中增加连接点。

剪刀撑：随脚手架一起搭架，剪刀撑的斜杆与水平面交角45°，水平投影宽度6m，斜杆与构架必须互相有节点相交。

杆件连接：脚手架的杆件连接构造应符合以下规定：

（1）脚手架左右相邻立杆和上下相邻立杆的接头应相互错开，并置于不同的构架框格内。

（2）立杆之间连接采用对接接头，当采用搭接接头时，其搭接长度应大于等于0.8m。

（3）杆件在绑扎处的端头伸出长度不小于100mm。

跳板、挡脚板和栏杆：跳板按三层作业层满配考虑，采用50mm木跳板，在作业层脚手架外侧边缘设置挡护高度大于等于1.1m的栏杆和挡脚板，且栏杆间净空高度应大于等于0.5m。挡脚板高度200~250mm。

安全网：在脚手架外侧通长全高设置密目安全网围护；在斜道、外用电梯出入口，首层通道出入口位置另加平网保护。

斜道设在建筑物南侧位置，要求斜道坡度平缓，以利人员上下运输。

脚手架搭设的技术要求和允许偏差（表3-15）。

脚手架搭设的技术要求和允许偏差　　　　　表3-15

| 序号 | 项　　目 | 技术要求 | 允许偏差（mm） | 检验方法 |
|---|---|---|---|---|
| 1 | 地基基础表面 | 坚实平整 | | 观察 |
| 2 | 排水 | 不积水 | | 观察 |
| 3 | 垫板 | 不晃动 | | 观察 |
| 4 | 底座 | 不降沉 | −10 | 观察 |
| 5 | 立杆垂直度　≤20m<br>　　　　　　　>20m | ≤1/300 | 50<br>75 | 吊线钢卷尺 |
| 6 | 立杆间距　步距 | | ±20 | 钢卷尺 |
| 7 | 柱距 | | ±50 | 钢卷尺 |
| 8 | 排距 | | ±20 | 钢卷尺 |
| 9 | 纵向水平杆高差一根杆两端 | | ±20 | 水平尺 |
| 10 | 同跨内外高差 | | ±10 | 水平尺 |
| 11 | 横向水平杆外伸长度偏差 | 外伸500mm | ≤50 | 钢卷尺 |
| 12 | 主节点处各扣件距主节点距离 | ≤150mm | | 钢卷尺 |
| 13 | 同步立柱上两相邻对接扣件高差 | ≤500mm | | 钢卷尺 |
| 14 | 立杆上对接扣件距主节点距离 | ≤$n/3$ | | 钢卷尺 |
| 15 | 纵向水平杆对接扣件距主节点距离 | ≤$L/3$ | | 钢卷尺 |
| 16 | 扣件螺栓拧紧扭力矩 | 40~65N·m | | 扭力扳手 |
| 17 | 剪刀撑斜杆与地面的倾角 | 45°~60° | | 角尺 |
| 18 | 脚手板外伸长度对接 | 100<$a$≤150<br>2$a$≤300mm | | 钢卷尺<br>钢卷尺 |
| 19 | 脚手板外伸长度搭接 | $a$≥100mm | | 钢卷尺 |

### 3.7.3 脚手架卸荷措施

本工程外墙脚手架搭设高度为78m，超过扣件式双排钢管脚手架的高度限值。为此，按规定采取分段卸荷措施：

(1) 在第9层（30.45m）和第17层（58.05m）处两次卸荷；

(2) 卸荷设施种类为无挑梁上拉、下支式，即同时设置拉杆和支杆；

(3) 第一次卸荷在第 9 层外架外立杆与纵向水平杆节点处,向下层梁板面设斜支杆(间距 1500mm);并向上层梁柱节点位置及梁跨中位置设上拉杆;

(4) 第二次卸荷在 17 层,按上述同样方式卸荷;

(5) 在 58.05m 标高以上的外架立杆,采用单立杆,以减轻上部架子重量。

卸荷设施的基本要求为:

(1) 在脚手架卸荷措施处的构造节点予以加强;

(2) 支拉点必须工作可靠;

(3) 支撑结构应具有足够的支撑能力。

### 3.8 无粘结预应力施工

成中大厦采用内筒外框结构体系,地面以上 22 层,本工程一层至二十层的大跨度扁梁和空心板中采用了无粘结预应力工艺。板中采用预应力空心板技术的主要目的是:①在保证净空的前提下降低层高,加大楼板的跨度,同时减轻板的自重;②提高结构的承载能力;③由于整个结构的单层面积比较大,预应力的使用还可以解决超长结构的温度应力问题。

#### 3.8.1 无粘结预应力材料

(1) 预应力筋

预应力筋采用 $\phi^j 15$ 高强 1860 级国家标准预应力钢绞线,其标准强度 $f_{yk} = 1860 \text{N/mm}^2$,其中无粘结预应力筋是在专业生产工厂内涂包成型。

(2) 锚具

张拉端及固定端均采用 I 类锚具如图 3-7 所示,张拉端为单孔夹片式锚具,由锚具、锚板、螺旋筋组成。固定端采用单束挤压锚,由挤压锚具、锚板、螺旋筋组成。

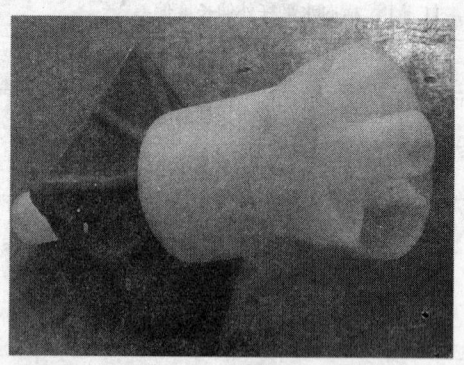

图 3-7 锚具示意图

(3) 预应力筋、锚具进场时,分包方提供无粘结预应力筋材质合格证复检报告,B&S 锚夹具合格证复检报告;同时应按现行国家标准《预应力混凝土用钢绞线》(GB/T 5224—2003) 等的规定抽取试件进行见证试验。

#### 3.8.2 无粘结筋及其他材料和设备的水平及垂直运输、现场堆放及成品保护

无粘结预应力筋按照施工图纸,进行下料和组装后直接运到工地现场。无粘结筋应按施工图上结构尺寸和数量,考虑预应力筋的曲线长度、张拉设备及不同形式的组装要求,每根预应力筋的每个张拉端预留出不小于 40cm 的张拉长度进行下料。

无粘结筋及配件吊装过程中尽量避免碰撞挤压，运输时采用成盘运输，应轻装轻卸，严禁摔掷及锋利物品损坏无粘结筋表面及配件。吊具用钢丝绳需套胶管或采用吊装带，以避免装卸时破坏无粘结筋塑料套管。若有损坏应及时用塑料胶条修补，其缠绕搭接长度为胶条1/2宽度。无粘结预应力筋、锚具及配件运输到施工现场后，应按不同规格分类成捆、成盘、挂牌，整齐堆放在干燥、平整的地方。锚夹具及配件应存放在室内干燥、平整的地方，码放整齐，按规格分类，避免受潮和锈蚀。

预应力筋下料应用砂轮切割机切割，严禁使用电焊和气焊。

根据《无粘结预应力混凝土结构技术规程》（JGJ/T 92—2004）的规定，本工程中无粘结预应力筋长度大部分不超过25m，对此部分采用一端张拉的施工方案。对一端锚固、一端张拉的预应力筋要逐根进行组装。另有一部分无粘结预应力筋长度较长，需要进行两端张拉。当无粘结预应力筋、锚具及配件运到工地，铺放使用前，应将其妥善保存，放在干燥、平整的地方。夏季施工时，无粘结预应力筋在施工工地堆放时应尽量避免夏日阳光的暴晒，施工时应堆放在阴凉处，实在无法解决时可采用塑料布遮盖的方法。预应力筋露天堆放时，需覆盖雨布，下面应加设垫木，防止钢绞线锈蚀。严禁碰撞踩压堆放的成品，避免损坏塑料套管及锚具。切忌接触电气焊作业，避免损伤。为减少预应力材料的场地占用面积，在本工程中我们计划采用分层进料的方法。根据施工进度计划，在每层预应力梁、板施工前，进场存放这一层的预应力材料。不过多地占用现场施工用地。同时，在生产车间内将下层的料准备出来。

**3.8.3 铺放空心管**

（1）按设计规定的直径和长度，在肋梁之间铺放空心管，由于肋梁之间净距刚好等于空心管直径，利用摩擦力就可以将空心管在水平方向固定，不需采取专门的固定措施。如图3-8所示。

图3-8 铺放空心管示意图

(2) 空心管与管线相交的处理措施

空心管施工对电线管的铺设要求，有空心管的地方电管应尽量横平竖直铺放。横向为垂直空心管，应尽量走两端实心区或两道管的衔接处。如无法实施，在局部可采用较细的 $\phi$170 空心管过度，也可现场切断空心管，给电管留一个通道，但空心管断口必须符合标准封堵严实；纵向电管可走空心管肋梁处。

(3) 空心板洞口加强措施

当预留洞口尺寸超过 400mm×400mm 时，必须有专门的详图说明预应力板的加强措施。当预留洞口直径小于 150mm 且方圆 1m² 范围内不超过 3 个时，不用专门加强；当预留洞口直径大于 150mm 时，按图 3-9 加强；预应力筋则改配在洞口两侧的其他肋梁中。

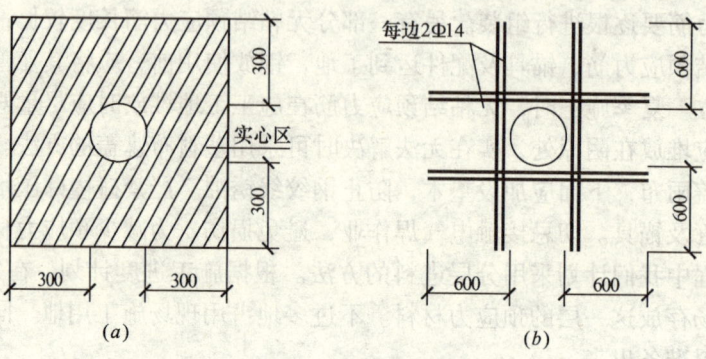

图 3-9 空心楼板洞口加强措施（单位：mm）

(4) 空心管抗浮处理措施

本工程在楼板内大量采用了空心管，由于空心管密度小，在对空心板浇筑混凝土时能对空心管产生很大的浮力，甚至于能牵动整个楼板钢筋骨架上浮，为此需采取一定措施来防止空心管上浮。主要是：

1) 在空心管的上方布置限位钢筋，该限位钢筋从肋梁内板上层受力钢筋下面穿过，而受力钢筋又绑扎在肋梁箍筋内，因此，肋梁箍筋对空心管的抗浮能起到拉结作用。

2) 空心板的抗浮控制点的布置，每隔一个肋打一排两个孔，每平方米范围内不少于一个点。抗浮控制点定在肋梁上铁与分布筋相交点，为此需在肋梁部位的底模上打 8mm 孔，并用 10 号钢丝从模板下穿出兜住上网片横向分布筋，再从原孔穿回与木方或脚手架绑牢；当安放好空心管、绑扎好板上铁及分布筋后，就可将钢丝在抗浮控制点处拧紧。

3) 肋梁内的箍筋与肋梁内板上、下层受力钢筋组成一种具有水平及垂直刚度的骨架限制空心管的水平位移。

**3.8.4 板、扁梁中无粘结预应力筋铺放**

(1) 铺筋前的准备工作

1) 准备端模

预应力板端模须采用木模，若施工工艺有特殊要求也可采用其他模板。根据预应力筋的平、剖面位置在端模上打孔，孔径 25～30mm。

要求梁板端模就位后其圆孔应与预应力筋张拉端伸出位置相对应。由于空心板的支撑体系需要在预应力筋张拉后才能拆除，为节省模板用量，楼板模板及其支撑可采用快拆体系。

2) 预应力筋矢高马凳制作

预先在生产基地制作马凳，要求扁梁中马凳架立筋采用直径12mmⅡ级螺纹钢筋，空心板中独立马凳采用直径8~10mm钢筋。高度按施工翻样图的预应力筋矢高点控制高度，与空心板中竖向骨架箍筋绑扎在一起。

3) 支板底模和端模

由于空心板的支撑体系需要在预应力筋张拉后才能拆除，为节省模板用量，楼板模板其及支撑可以采用快拆体系，要求梁板端模就位后其圆孔应与预应力张拉端伸出位置相对应。

4) 准备可用于施工的翻样图。

(2) 预应力筋铺放

如图 3-10、图 3-11 所示，预应力筋铺放按其铺放的三个主要步骤详细说明。

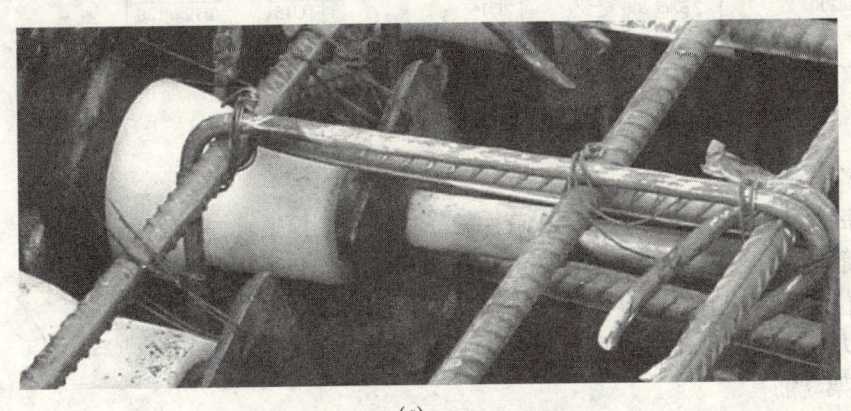

(a)

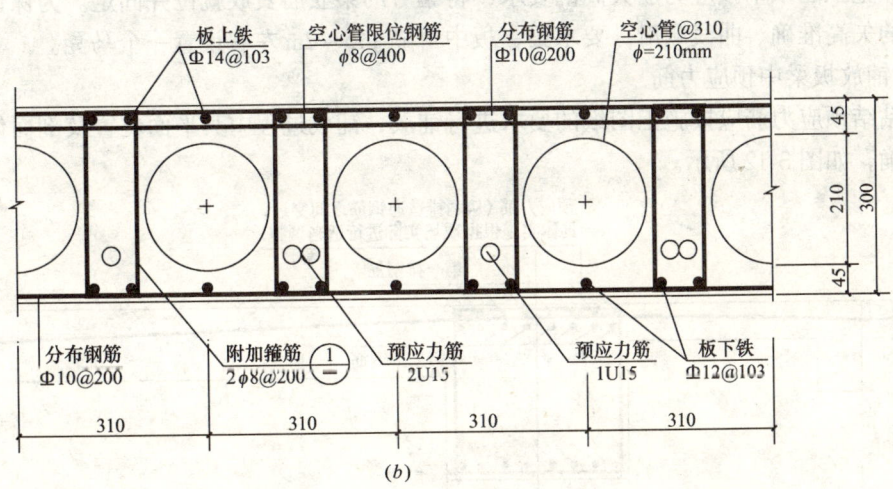

(b)

图 3-10 KB1 空心管区横断面布置图（单位：mm）

1) 节点安装

根据设计图纸的预应力说明和本工程中预应力筋张拉端的位置情况，对于板预应力筋张拉端设置在边梁上、板端头或柱头，采用穴模式做法；对于梁，张拉端设置在边梁上或柱头处，采用穴模式做法。

节点安装要求：

A. 要求预应力筋伸出承压板长度（预留张拉长度）大于等于 30cm。

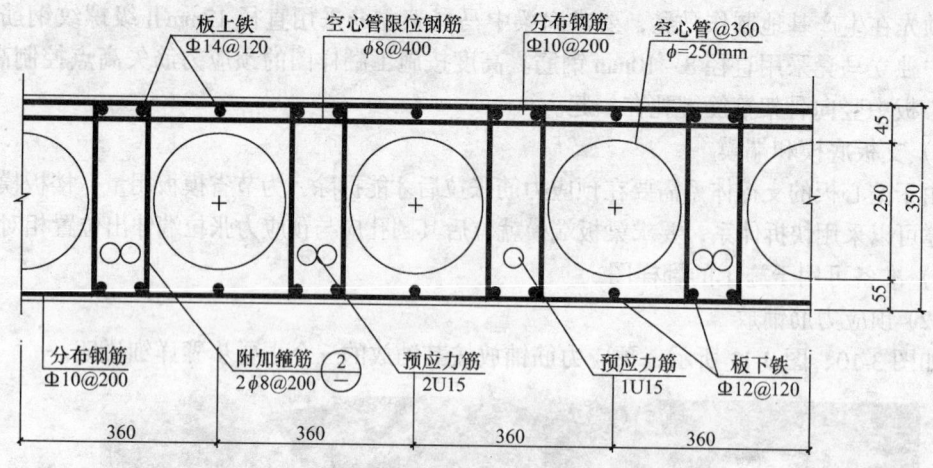

图 3-11 KB2 空心管区横断面布置图（单位：mm）

B. 将木端模固定好。
C. 凸出混凝土表面的张拉端承压板应用钉子固定在端模上。
D. 螺旋筋应固定在张拉端及锚固端的承压板后面，圈数不得少于 3~4 圈。
E. 各部位之间不应有缝隙。
F. 预应力筋必须与承压板面垂直。

2）安放架立筋

按照施工图纸中预应力筋矢高的要求，将编号的架立筋安放就位并固定。为保证预应力钢筋的矢高准确、曲线顺滑，要求梁、板中每隔 1.5~2m 左右设置一个马凳。

3）铺放板梁中预应力筋

无粘结预应力筋应按施工图纸的要求进行铺放，铺放过程中其平面位置及剖面位置应定位准确，如图 3-12 所示。

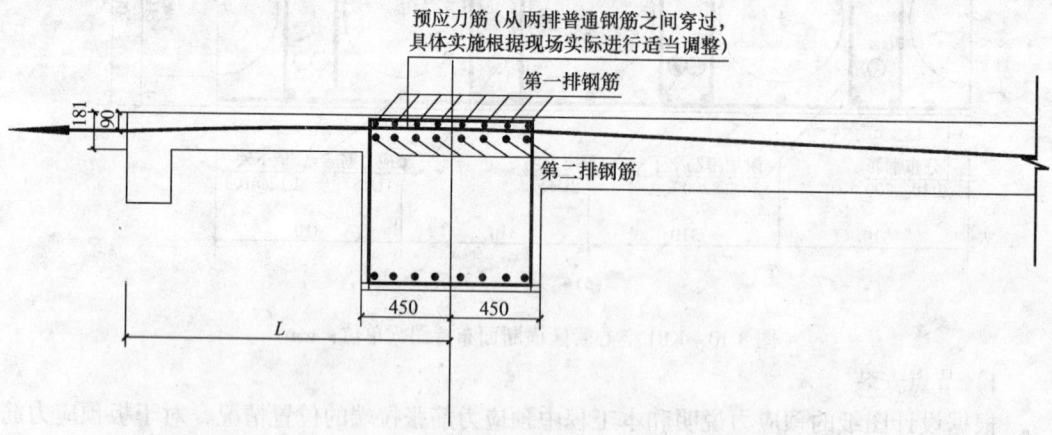

图 3-12 边梁处预应力筋与普通钢筋的位置关系示意（用于有悬挑板处）（单位：mm）

由于预应力筋在每道空心板肋梁中有 1~2 束，如果张拉端设在同一方向，可两个平行布置，预应力筋平均高度应满足设计要求。

剖面位置是根据施工图所要求的预应力筋曲线剖面位置，对其需支架立筋处和该位置处预应力筋重心线距板底的高度进行调整,并将预应力筋和架立筋绑扎牢固。

4)预应力筋的铺放顺序

预应力筋布置时,应保证预应力筋的设计矢高,且避免施工中的混乱。铺设预应力筋前,还要特别注意与非预应力筋的铺设走向位置协调配合一致。预应力筋的铺放顺序及位置应与普通钢筋的铺放顺序与位置相协调;为了充分发挥预应力筋的作用,使跨中预应力筋的高度尽量低。

5)预应力筋铺放原则及注意事项

A. 为保证预应力筋的矢高位置,要求先铺预应力筋,后铺水、电线管等。

B. 张拉端的承压板需有可靠固定,严防振捣混凝土时移动,并须保持张拉作用线与承压板垂直(绑扎时应保持预应力筋与锚杯轴线重合)。

C. 预应力筋的位置宜保持顺直,承压板面必须与张拉作用线垂直,节点组装件安装牢固,不得留有间隙。

D. 在预应力筋的张拉端和锚固端各装上一个螺旋筋,要求螺旋筋要紧靠承压板和锚板,或按设计要求放置钢筋网片。

E. 无粘结筋外包塑料皮有无破损,若有要用胶带缠补好。

F. 从预应力筋开始铺设直到混凝土浇筑,避免在预应力筋周围使用电焊,以防预应力筋通电,造成强度降低。

G. 本工程板、梁铺设预应力筋应严格按照设计图纸上标注的间距和数量施工。铺筋时,用漆在底模上标出预应力筋的位置。通过以上两项措施,为装修等工作提供方便。

**3.8.5 张拉端固定端节点安装处理**

预应力筋在张拉端处的设置,根据设计图纸的预应力说明和本工程中预应力筋张拉端的位置情况,对于板预应力筋张拉端设置在边梁上、板端头或柱头,采用穴模式做法;对于梁,张拉端设置在柱头或边梁处,采用穴模式做法;张拉端、固定端的节点大样如图3-13所示。

**3.8.6 斜边处预应力筋的处理**

本工程部分板中的预应力筋双向布置,且边缘为斜边,在此处预应力筋会出现交叉,造成预应力筋的矢高、张拉端锚具的放置受到影响。遇到这种情况时,可以在保证预应力筋总根数、矢高的前提下,将其水平位置加以平移,使两个方向的预应力筋在张拉端处错开。

**3.8.7 张拉端处玻璃幕墙埋件的处理**

本工程预应力张拉端的布置一般在边梁上、板端头或柱头上,玻璃幕墙埋件的位置与预应力张拉端的位置错开,不应影响预应力的垂直矢高。现场施工时,可根据实际布置情况对玻璃幕墙埋件的位置和预应力张拉端的水平位置做适当调整。

**3.8.8 预应力筋张拉与外架子的关系**

预应力筋的张拉端如果设在边梁或柱头处,预应力筋的张拉就必须要使用外脚手架,外脚手架可借助施工脚手架,也可使用提升架。但必须要求有必要的安全保障,高度应低于外露预应力筋20~50cm。外脚手架的宽度不低于1m。因为预应力筋的张拉要在混凝土强度达到设计要求后才能开始,所以如使用提升架,外架子的提升时间需要考虑在最下面一层预应力筋张拉完成后再开始提升。

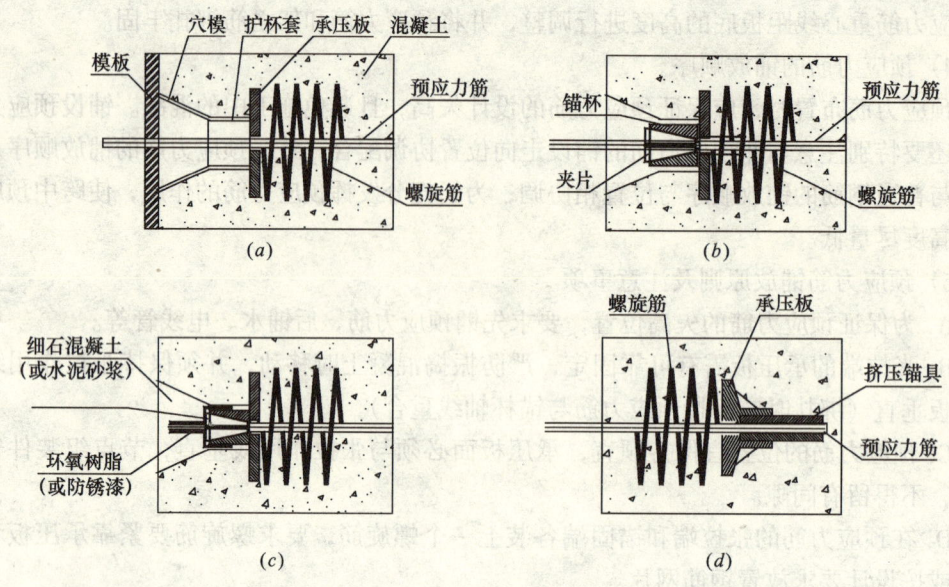

图 3-13 预应力筋张拉端,锚固端节点大样
(a) 组装状态; (b) 张拉后状态; (c) 防护后状态; (d) 固定端大样

**3.8.9 混凝土的浇筑及振捣**

预应力筋铺放完成后,应由施工单位、总包和监理进行隐检验收,确认合格后,方可浇筑混凝土。

浇筑混凝土时应认真振捣,保证混凝土的密实。尤其是承压板、锚板周围的混凝土严禁漏振,不得有蜂窝或孔洞,保证密实。振捣时,应避免踏压碰撞预应力筋、支撑马凳以及端部预埋部件。在浇筑混凝土时,施工单位派人跟踪,做好保护工作。

注意夏季混凝土的养护工作,为预应力的张拉准备,应多留一组混凝土试块(同条件养护)。

在混凝土初凝后(浇筑后 2~3d),应及时拆除端模,清理穴模。

**3.8.10 预应力筋张拉(图 3-14)**

混凝土达到设计要求张拉强度后方可进行预应力筋的张拉。张拉前总包单位应提供同条件养护的混凝土试块强度试验报告单。在张拉前,梁底的支撑不能拆除;但是梁的侧模可以拆除。张拉完成后,若经验算施工荷载小于结构的设计使用荷载,则扁梁、板的支撑方可拆除。

(1) 张拉设备及机具

采用 YCN23、25 前卡液压式千斤顶。根据工程量及进度情况安排适当数量的张拉设备。对于本工程的情况,准备 6 套设备,其中有 3 套备用设备。无粘结预应力筋张拉设备及仪表,由专人使用和管理,并定期维护和校验。

(2) 张拉前准备

1) 在张拉端要准备操作平台,可以利用原有的脚手架,应保证宽不小于 1m,原则上要求张拉工人有足够摆放机具及张拉操作空间。

2) 张拉端清理干净,将无粘结筋外露部分的塑料皮割掉,测量并记录预应力筋初始

图 3-14 预应力筋张拉示意图

外露值。

3)根据设计要求确定单束预应力筋控制张拉力值,计算出其计算伸长值,张拉用千斤顶和油泵根据设计要求事先由北京市建筑工程研究院负责标定好。

(3)张拉过程

预应力筋的张拉采用"双控",即用张拉力来控制预应力筋的应力,用预应力筋的伸长值来控制其应变。根据《无粘结预应力混凝土结构技术规程》(JGJ/T 92—2004)的规定,张拉程序为:从应力为零开始张拉至 1.03 倍预应力筋的张拉控制力。本工程的张拉控制应力为 $\sigma_{con} = 70\% f_{ptk}$,其中 $f_{ptk} = 1860MPa$ 为预应力钢绞线的极限抗拉强度,于是每束钢绞线的张拉力 $P = 1.03\sigma_{con} \times 140 = 1.03 \times 70\% \times 1860 \times 140 = 188kN$。张拉顺序为:先张拉扁梁内的预应力筋,再张拉板中的预应力筋;而板中的预应力筋先张拉空心板小肋梁中预应力筋,再张拉通长温度预应力筋。对于同一构件(梁或板)同一侧的预应力筋可依次张拉。在同一板中需两端张拉的预应力筋可在这端预应力筋张拉完成后,再张拉这批预应力筋的另一端。无粘结预应力张拉工艺流程如图 3-15 所示。

(4)张拉注意事项

1)张拉中,要随时检查张拉结果,理论伸长值与实测伸长值的误差不得超过施工验收规范允许范围(-6%,+6%);否则,应停止张拉,待查明原因,并采取措施后方可张拉。

2)预应力筋张拉前严禁拆除梁板下的支撑,待该预应力筋全部张拉后方可拆除。

**3.8.11 张拉工作完成后张拉端处理**

预应力筋在张拉后,尽快切断外露的预应力筋,剩余 30~40mm,并在锚具上涂刷防锈漆。总包单位应在 2d 内用 C40 微膨胀混凝土,将锚具封堵好。

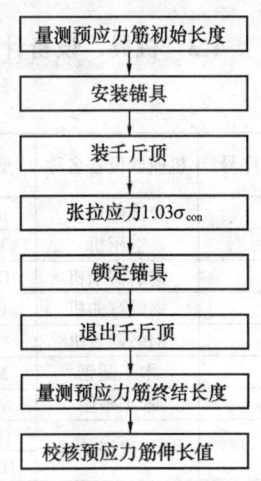

图 3-15 无粘结预应力
张拉工艺流程图

## 4 施工计划

### 4.1 工期计划

略。

### 4.2 劳动力计划（表 4-1）

工程施工阶段劳动力情况表　　　　　　　　表 4-1

| 工种级别 | 按工程施工阶段投入劳动力情况 | | | | |
|---|---|---|---|---|---|
| | 地下结构 | 地上结构 | 二次结构 | 粗装修 | 内外精装 |
| 钢筋工 | 280 | 140 | | | |
| 结构木工 | 300 | 200 | 40 | 40 | |
| 混凝土工 | 80 | 60 | | | |
| 防水工 | 30 | | | 30 | 30 |
| 架子工 | 120 | 80 | 40 | 40 | |
| 隔墙安装工 | | | 90 | | |
| 砌筑工 | | | 160 | | |
| 电焊工 | 20 | 20 | 10 | 10 | |
| 抹灰工 | | | | 220 | 150 |
| 油漆工 | | | | 100 | 200 |
| 吊顶工 | | | | | 120 |
| 门窗工 | | | | | 50 |
| 幕墙工 | | | 60 | 80 | 80 |
| 管工 | 5 | 5 | 10 | 20 | 20 |
| 电工 | 15 | 15 | 30 | 60 | 60 |
| 焊工 | 8 | 8 | 16 | 20 | 20 |
| 通风工 | 2 | 2 | 4 | 20 | 20 |

### 4.3 机具、设备计划（表 4-2）

机具、设备计划表　　　　　　　　表 4-2

| 序号 | 机械或设备名称 | 型号规格 | 数量 | 国别产地 | 制造年份 | 额定功率 (kW) | 进场时间 | 出场时间 |
|---|---|---|---|---|---|---|---|---|
| | 交流电焊机 | BX-330 | | 国产 | 2000.3 | 21 | 2003.2 | 2003.12 |
| | 空压机 | YV-0.9/7 | | 国产 | 1999.3 | 7.5 | 2003.2 | 2003.12 |
| | 钢筋切断机 | GQL-40 | | 国产 | 1999.10 | 3 | 2003.3 | 2003.12 |
| | 钢筋弯曲机 | GW-40 | | 国产 | 1999.10 | 3 | 2003.3 | 2003.12 |
| | 钢筋调直机 | JK-1 | | 国产 | 2001.1 | 7.5 | 2003.3 | 2003.12 |
| | 木工圆锯 | MJ-104 | | 国产 | 2001.4 | 3 | 2003.2 | 2003.12 |
| | 木工平刨 | MB-503 | | 国产 | 2001.6 | 3 | 2003.2 | 2003.12 |
| | 插入式振动器 | HZ-50A | 5 | 国产 | 2000.7 | 1.1 | 2003.3 | 2003.12 |
| | | HZ6X-30 | 5 | | | | | |
| | 平板式振动器 | ZB-2.2 | 0 | 国产 | 2000.8 | 2.2 | 2003.2 | 2003.12 |
| 0 | 直螺纹连接机 | | | 国产 | | | 2003.3 | 2003.12 |
| 1 | 手推车 | | 0 | 国产 | | | 2003.3 | 2003.12 |

# 5 施工平面图布置

## 5.1 地下施工阶段

由于本工程施工场地狭小，在地下施工阶段现场施工用更为紧张，只有2100m²，现场只考虑门卫、库房、实验室、工人厕所、木工棚；场地东侧布置一条3.5m宽单行道，道路剩余部分作为模板堆放场。钢筋加工在场外加工，结构混凝土采用商品混凝土，因此，现场不设混凝土搅拌站。

## 5.2 地上施工阶段

地上部分施工时由于建筑物缩进，施工用地增为4900m²。因此，增加现场办公楼，为减少占地面积，设三层装配式彩钢板房，现场增加机电材料、结构施工阶段增加预应力材料堆放场。增加北侧、西侧3.5m场区临时道路。

## 5.3 装修阶段

装修施工阶段，场地另设砂浆搅拌站、水泥库、砂子堆放场、装修材料堆放场、砌块堆放场。

现场临时建筑详细布置，详见施工现场平面布置图（图5-1～图5-3）。

现场布置临时电缆、临时用水、消防用水、排污管线，根据 ISO 14000 环境质量体系

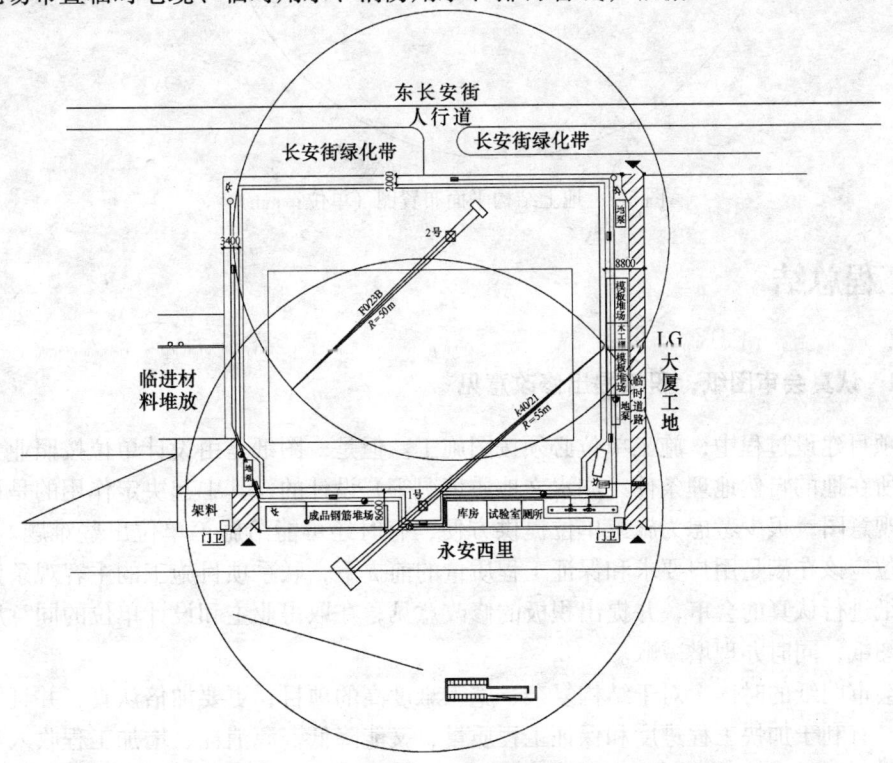

图5-1 地下结构施工平面布置图（单位：mm）

要求，现场还布置化粪池、沉淀池、洗车池等环保设施。

外围墙采用压型钢板围挡，出入口安装封闭大门。

各阶段图如图5-1、图5-2、图5-3所示。

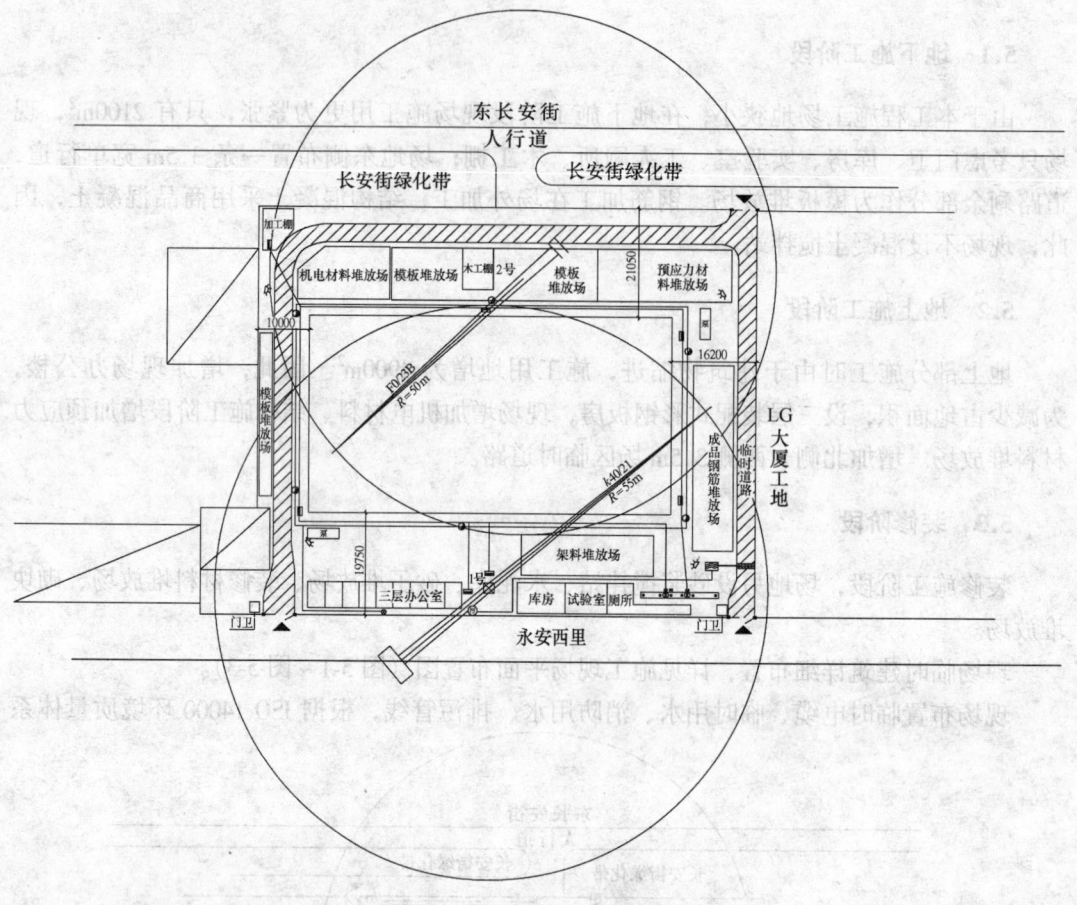

图5-2 地上结构平面布置图（单位：mm）

# 6 工程总结

## 6.1 认真会审图纸，积极提出修改意见

在项目建设过程中，施工单位必须按图施工。但是，图纸是由设计单位按照业主要求和项目所在地的自然地理条件（如水文地质情况等）设计的，其中起决定作用的是设计人员的主观意图，很少考虑为施工单位提供方便，有时还可能给施工单位出些难题。因此，施工单位应该在满足用户要求和保证工程质量的前提下，联系项目施工的主客观条件，对设计图纸进行认真的会审，并提出积极的修改意见，在取得业主和设计单位的同意后，修改设计图纸，同时办理增减账。

在会审图纸的时候，对于结构复杂、施工难度高的项目，更要加倍认真，并且要从方便施工、有利于加快工程进度和保证工程质量、又能降低资源消耗、增加工程收入等方面综合考虑，提出有科学根据的合理化建议，取得业主和设计单位的认同。

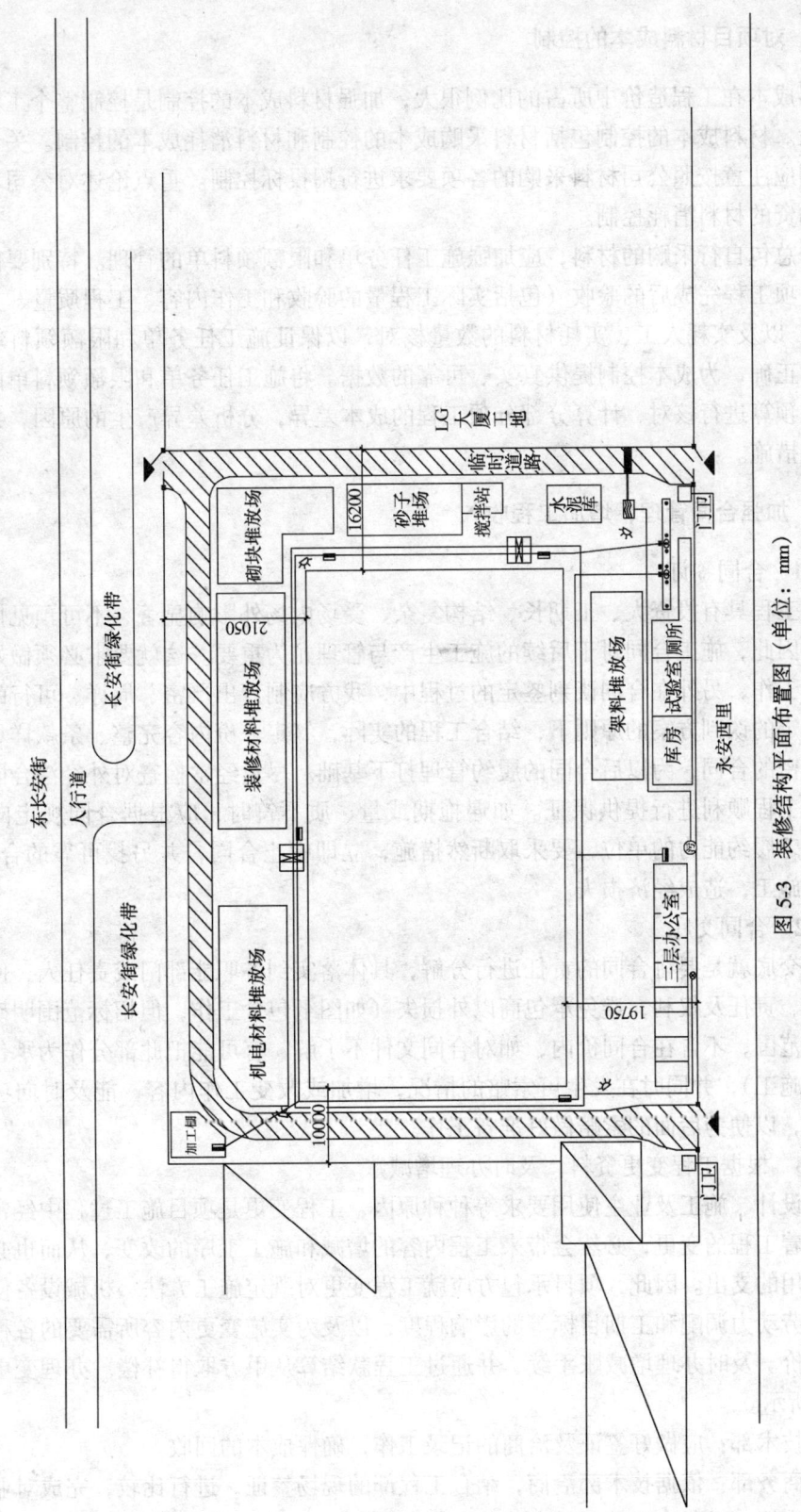

图 5-3 装修结构平面布置图（单位：mm）

## 6.2 对项目材料成本的控制

材料成本在工程造价中所占的比例很大，加强材料成本的控制是控制整个工程成本的有效手段。材料成本的控制包括材料采购成本的控制和材料消耗成本的控制。关于采购成本的控制应注意按照公司材料采购的各项要求进行招投标控制。重点论述对公司和项目自行采购物资的材料消耗控制。

对于总包自行采购的材料，应加强施工任务单和限额领料单的管理。特别要做好每一个分部分项工程完成后的验收（包括实际工程量的验收和工作内容、工程质量、文明施工的验收），以及实耗人工、实耗材料的数量核对，以保证施工任务单和限额领料单的结算资料绝对正确，为成本控制提供真实、可靠的数据。将施工任务单和限额领料单的结算资料与施工预算进行核对，计算分部分项工程的成本差异，分析差异产生的原因，并采取有效的纠偏措施。

## 6.3 加强合同管理，增加工程收入

### 6.3.1 合同签订

建筑工程具有投资大、工期长、结构复杂、受场内场外影响显著、不可预见性因素多等特点，因此，施工合同对于后续的施工生产与管理尤为重要。这就要求必须做好合同文件的评审工作，另外在合同谈判签定的过程中，我方应制订出严密、周详、可行的谈判方案。在既定的谈判方案的原则下，结合工程的实际，签定一份内容完整、条款详尽、表述明确、严密的合同，为以后合同的履约管理打下基础。尽量经常检查对外经济合同的履约情况，为工程顺利进行提供保证。如遇拖期或量、质不符时，应根据合同规定向对方索赔，对缺乏履约能力的单位，要采取断然措施，立即中止合同，并另找可靠的合作单位，以免影响施工，造成经济损失。

### 6.3.2 合同交底

合同交底就是要将合同的责任进行分解，具体落实到各职能部门或责任人，使其明确合同范围、责任及权利，避免承包商以外损失（如图纸包含工作，但招标范围明确此部分为精装修范围，不含在合同价内，如对合同文件不了解，有可能把此部分作为承包方工作内容进行施工），并同时在发生可索赔的情况，增加或改变工作内容，能及时向项目合约估算说明，以便为后面的索赔做好准备工作。

### 6.3.3 根据工程变更资料，及时办理增减账

由于设计、施工及业主使用要求等种种原因，工程变更是项目施工过程中经常发生的事情。随着工程的变更，必然会带来工程内容的增减和施工工序的改变，从而也必然会影响成本费用的支出。因此，项目承包方应就工程变更对既定施工方法、机械设备使用、材料供应、劳动力调配和工期目标等的影响程度，以及为实施变更内容所需要的各种资源进行合理估价。及时办理增减账手续，并通过工程款结算从甲方取得补偿。办理变更的程序如图 6-1 所示。

工程技术部：应做好签证及洽商的记录工作，确保成本的回收。

合约商务部：依据技术部洽商，结合工程部的现场签证，进行比较，完成对业主及对分包两份决算，避免出现签证量大于洽商量的现象。

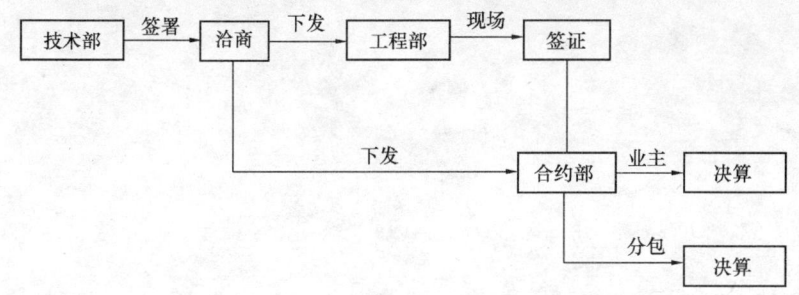

图 6-1 工程变更程序图

### 6.3.4 严格现场签证管理

现场签证是工程建设过程中的一项经常性工作，许多工程由于现场签证的不严肃性，给工程结算带来非常大的麻烦，甚至给业主方带来不少经济损失，这方面的教训是非常多的。

二次结构工作面广，施工时间长，内容琐碎。且在施工过程中，根据业主的口头指示、工程洽商、设计变更及配合各专业（机电、装修、幕墙）出项的合同外工作量很多，索赔工作零散。做好签证管理首先现场责任工程师应明确合同内容，树立成本观念，正确描述出所发生工作的具体内容，必须做到量化的要求。对于分包所报送的签工单中的工作量认真审核，并抄送合约部门，及时做好与业主索赔的基础资料；其次，对于现场的每次发生的签证单必须经手合约部门的签字，从而使合约部门对于所发生工作的变化应及时了解情况，掌握现场实际工作内容，并审核分包报价，与现场责任工程师及技术人员配合，及时做好与业主索赔工作的资料准备。

签证工作必须严格进行管理，还应注意各部门必须配合工作，及时做好资料的收集，随做随签。

# 第四十篇

## 凯晨广场施工组织设计

编制单位：中建国际建设公司
编 制 人：李建芬  王志浩  陈  雄

**【摘要】** 凯晨广场工程是一座5A级现代化写字楼，地上部分为三个相对独立的塔楼，塔楼之间通过部分楼层设置的钢桁架通廊相连通，中庭部分采用索网幕墙封闭，使中庭形成通高、开阔并且具有充足自然光线的接待及休闲的场所。

本工程外装修主要为玻璃幕墙，采用三种新颖的幕墙形式——塔楼部分全部采用双层单元式呼吸幕墙、中庭塔楼之间为拉索幕墙以及屋面索钢混合桁架玻璃采光顶。

钢结构主要为四个部分，第一部分是办公连桥；第二部分是人行钢索桥；第三部分是屋面天窗钢结构；第四部分是雨篷。办公连桥最重弦杆为12t。屋面天窗钢结构为拉索桁架结构，共布置6榀，桁架之间为方钢管檩条，单榀桁架重量约为3.8t，结构总用钢量约3300t。

# 目 录

1 工程概况 ·············································································· 1312
  1.1 建筑概况 ········································································· 1312
  1.2 结构概况 ········································································· 1312
  1.3 三图 ··············································································· 1312
  1.4 工程特点及难点 ································································ 1315
2 施工部署 ·············································································· 1318
  2.1 总体部署要点 ···································································· 1318
  2.2 总体施工顺序部署 ······························································ 1319
  2.3 施工平面布置 ···································································· 1324
  2.4 施工进度计划 ···································································· 1324
  2.5 周转物资配备 ···································································· 1326
  2.6 主要施工机械选择 ······························································ 1326
  2.7 劳动力组织安排 ································································ 1329
    2.7.1 劳动力组织 ································································· 1329
    2.7.2 劳动力资源供应保证措施 ·············································· 1330
3 主要项目施工方法 ································································· 1330
  3.1 钢结构施工方法 ································································ 1330
    3.1.1 工程概况 ···································································· 1330
    3.1.2 钢结构现场平面布置 ···················································· 1330
    3.1.3 钢结构安装施工准备 ···················································· 1330
    3.1.4 钢结构安装 ································································ 1331
  3.2 预应力施工方法 ································································ 1342
    3.2.1 工程概况 ···································································· 1342
    3.2.2 材料准备 ···································································· 1342
    3.2.3 无粘结预应力梁结构施工工艺 ······································· 1342
  3.3 外立面幕墙施工方法 ·························································· 1345
    3.3.1 双层呼吸式单元幕墙施工 ·············································· 1346
    3.3.2 中庭索网幕墙及屋顶拉索玻璃采光顶施工 ························ 1348
  3.4 钢渣混凝土回填方法 ·························································· 1352
    3.4.1 作业条件 ···································································· 1352
    3.4.2 预拌钢渣回填 ····························································· 1352
    3.4.3 施工现场施工 ····························································· 1352
    3.4.4 试验、验收 ································································ 1352
4 总承包管理 ·········································································· 1352
  4.1 总承包模式 ······································································ 1353
  4.2 工程总承包管理原则 ·························································· 1353
  4.3 总承包管理实施工作内容 ···················································· 1353

  4.4 分包管理措施 …………………………………………………………… 1356
  4.5 与业主、监理、设计单位的配合措施 ………………………………… 1359
   4.5.1 与业主的配合与服务 …………………………………………… 1359
   4.5.2 总包与监理的配合 ……………………………………………… 1360
   4.5.3 与设计单位的协调配合 ………………………………………… 1360
  4.6 工程交验后服务措施 …………………………………………………… 1361
**5 质量、安全、环保技术措施** ……………………………………………… 1361
  5.1 质量保证措施 …………………………………………………………… 1361
   5.1.1 质量目标 ………………………………………………………… 1361
   5.1.2 质量管理保证措施 ……………………………………………… 1361

# 1 工程概况

## 1.1 建筑概况

凯晨广场项目位于西长安街与闹市口大街交叉口东南角，用地面积21660m²，占地面积21660m²，地下建筑面积62600m²，地上建筑面积132600m²，总建筑面积195200m²。地上14层（包括设备阁楼层），地下4层，局部有夹层。

本工程是一座5A级现代化写字楼，地下一层为一个公共商业零售区，卸货场，储存室及停放200辆自行车的停车区。地下二至四层为机动车停车场和中央机房及大楼服务空间，地下停车场大约可容纳1000个停车位。首层主要为主入口大厅，各个通往电梯核心筒的厅与每个中庭的首层相连，单独的办公区以及通往地下各层的入口。地上二至十三层为办公区。利用两个南北向通长的共享大厅分隔出三个部分的写字楼体，楼体之间在中庭上空形成一些体量丰富的出挑，并在变化的楼层错落有秩地连通以营造独特的室内办公空间。中庭使自然光线得以渗透建筑体量的内部，渲染着共享大厅内富于变化的体量组合。办公的空间因出挑和连接而渗入公共的中庭，这样形成了私密与公共空间的混合，模糊了传统意义上的空间属性。环绕建筑周边的水池将自然光线反射深入室内，同时也是循环用水的水池，为建筑增添了经济和美学价值。

本工程地上14层，地下4层。首层层高5.80m，标准层层高3.9m，地下一层层高6.50m，地下二、三层层高3.30m，地下四层3.90m。基底标高-19.00m，最大基坑深度22.96m，建筑总高度53.10m。

外装修做法为玻璃幕墙和拉索玻璃采光顶。

室内装修做法为乳胶漆涂料、石膏板吊顶、石材地面、瓷砖地面、混凝土地面、干挂石材、瓷砖墙面等。

## 1.2 结构概况

本工程基础结构形式为：筏形基础、独立柱基础、条形基础；主体结构形式为框架-核心筒-钢结构。

水文地质情况：基底以上土质表层为人工填土，其下为新近沉积的黏性土、粉土、砂类土。拟建工程场区最高地下水位标高为43.50m左右；场区近3~5年最高地下水位标高为33.50m（不含上层滞水），地下水水质对混凝土结构无腐蚀性，在干湿交替的环境下对钢筋混凝土结构中钢筋有弱腐蚀性。

混凝土强度等级为C10、C40、C50、C60混凝土。

钢筋类别：非预应力钢筋采用等级HPB235级、HRB335级、HRB400级钢筋；预应力钢筋采用1860级钢绞线或消除应力钢丝。

## 1.3 三图

(1) 标准层平面图（图1-1）
(2) 工程结构剖面图（图1-2）

# 1 工程概况

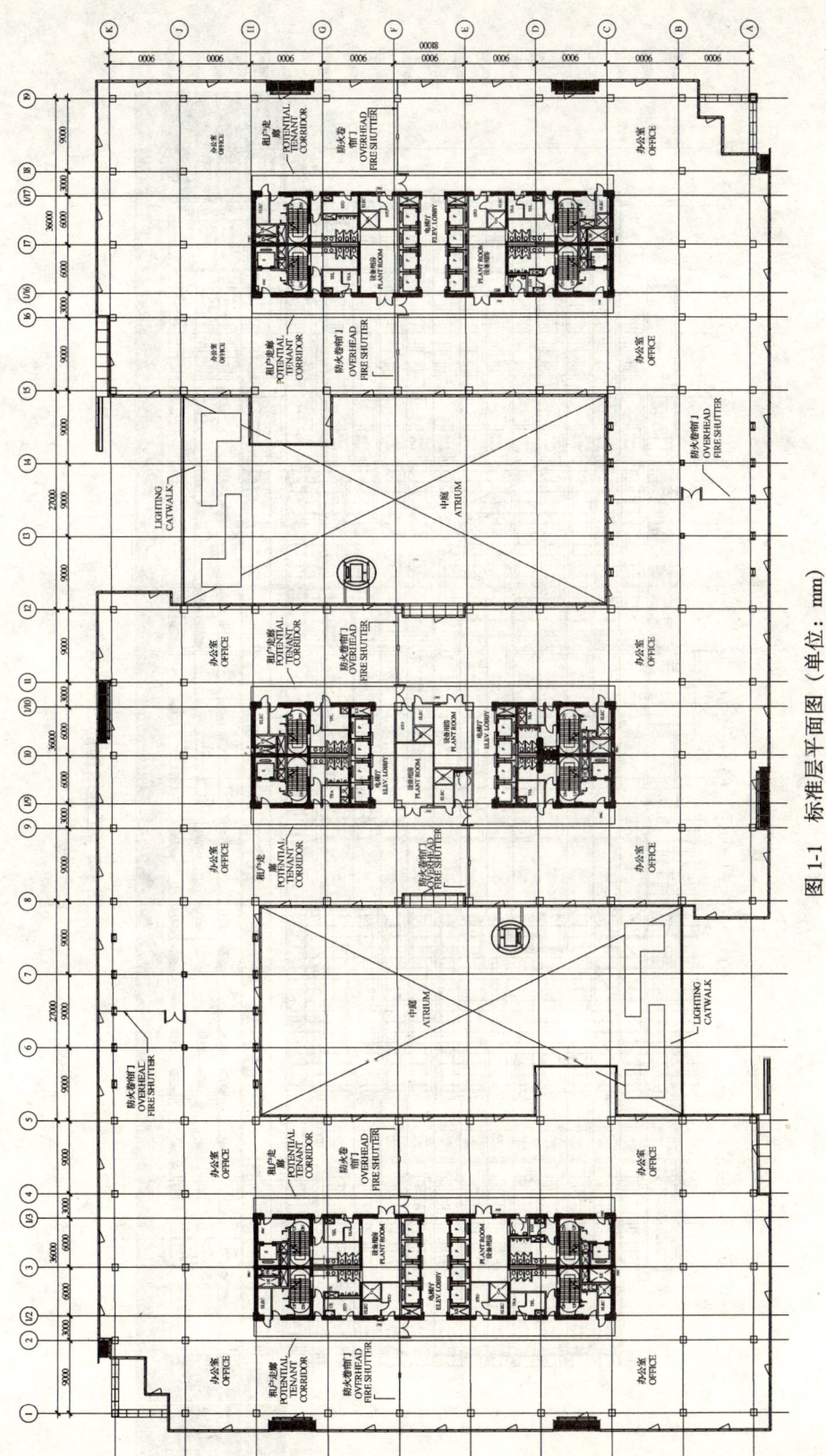

图 1-1 标准层平面图（单位：mm）

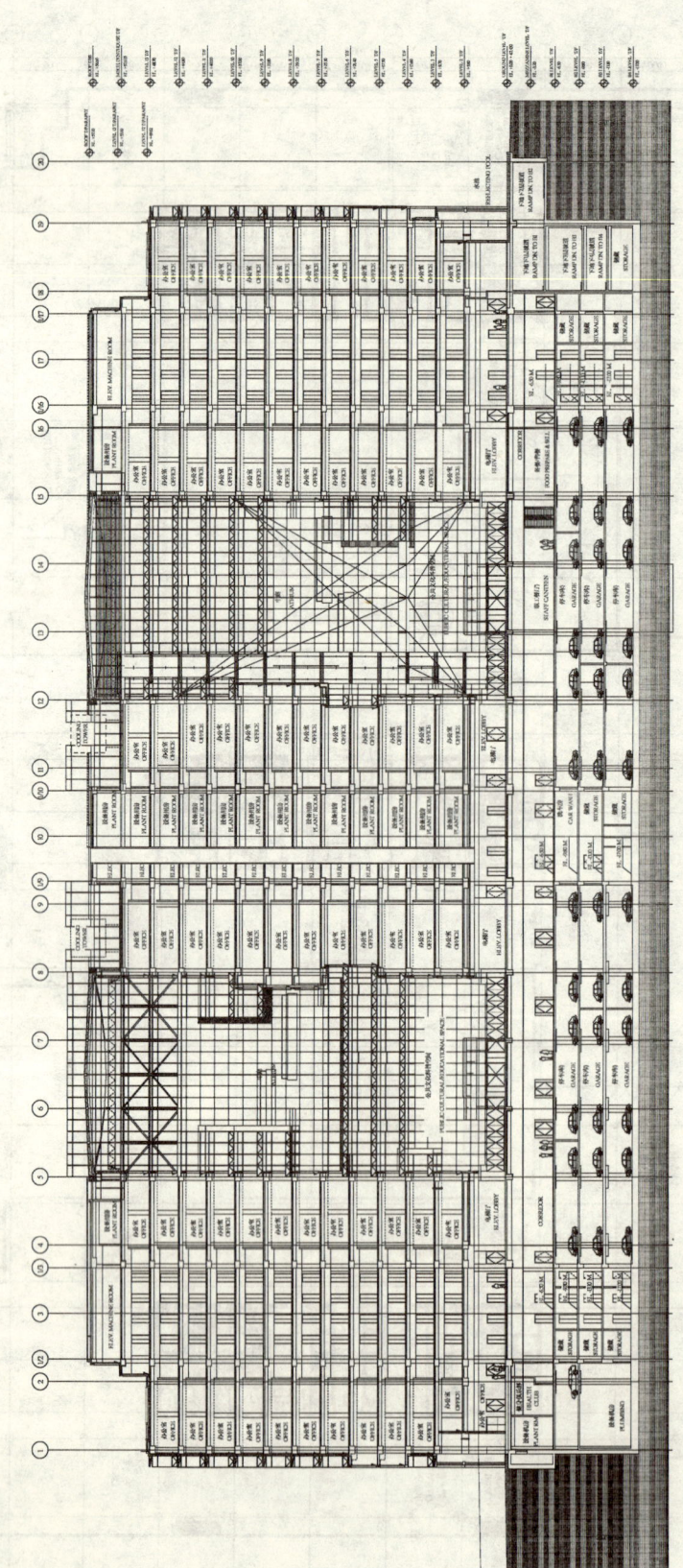

图1-2 工程结构剖面图（单位：mm）

(3) 主立面图（图1-3）

### 1.4 工程特点及难点

(1) 工期紧

本工程要求工期为22个月（670d），计划进场时间为2004年9月15日，计划开工时间为2004年10月15日，整个工程跨越两个冬期、两个雨期以及两个春节休假期，相对工程近20万 m² 体量的施工内容来说，有效施工工期短，工期十分紧张。

图1-3 主立面图

采取的对策：

在2004年9月15日进场后，我们积极与土方施工单位密切配合、交接，同时进行塔吊基础的施工、安装，以及各项施工准备工作，确保在1个月内完成各项准备工作，为2004年10月15日正式开工打好基础。

结构施工阶段，我们加大投入，为本工程投入足够的机械设备、人力物力；合理分区，组织流水施工；分段组织验收，以便机电和内外装修提前插入施工，机电材料设备应尽早订货并确保供应。

装饰、机电安装施工阶段，我们尽量提前外墙封闭，积极提醒甲方尽早进行外檐装饰分包的招标、进场，确保装修尽早施工；同时，我们及时给业主指定分包提供必要的脚手架、垂直运输、临水、临电，以便于指定分包能尽快正常进行施工。

同时，我们将统筹部署，在确保质量的前提下，尽量在冬雨期施工期间，安排一些受季节性影响较小的项目进行施工，以保证整体工期目标的实现。

(2) 质量要求高

我公司拟定的本工程质量目标为确保获得北京市建筑工程"长城杯"金奖、力争"鲁班奖"。为此，我们将要求每个分项都达到过程精品，以过程精品确保精品工程。

采取的对策：

公司重视：我们将把本工程列为公司的创优重点工程，直接委派质量总监常驻项目，代表我公司对本工程的质量进行全过程监督和负责。项目根据ISO 9000系列标准和程序文件，结合本工程特点，编制项目质量计划、创优计划。按照过程精品，动态管理，节点考核，严格奖罚的原则，确保每个分项工程达到优良，以"过程精品"确保"精品工程"。

实施质量目标管理：分解、量化总体质量目标，使总体质量目标融于切实可行的日常管理之中；将总体质量目标分解为基础阶段质量目标、主体结构阶段质量目标、装修安装阶段的质量目标，通过对各个分解目标的控制来确保整体质量目标的实现。

强化质量节点预控和过程控制、消除质量通病：针对同类工程易出现的质量问题，设立若干质量控制点，编制好详细的施工方案，开展过程质量管理，进行QC活动，防止质量通病的出现。

强化项目质量管理制度建设：根据项目在以往同类工程创优过程中的经验，进一步总结和完善"三检"制、质量会诊制、挂牌施工制、定岗负责制、标签制、成品保护制、培训制、奖惩制、样板引路制。

(3) 场地狭小

本工程施工场地狭小，尤其是地下结构施工阶段，由于90号院的拆迁没有完成，现场无法形成环路，且没有足够的材料堆场、加工场。

采取的对策：

在施工前，我们将充分考虑场地特点，针对不同的施工阶段分别进行合理布置。在地下结构施工阶段，工人生活区设置在场外，现场只留设模板堆放场、钢筋加工场以及其他材料堆放场地。

地下室结构完成后，我们将及时进行外墙及地下室外露顶板防水及回填土的施工，使空出的场地及时得到充分利用，并对现场布置进行重新规划，缓解现场场地不足的压力。

另外，我们还将根据每天的工作量制定模板、架料以及其他材料等进场计划，使进场材料能及时转移到施工层，减少场内积压。

（4）地理位置特殊

本工程位于长安街与闹市口大街路口的东南角，由于地理位置特殊，施工现场的出入口设置及材料车辆进出受限制。因此，施工阶段的场内外交通组织将成为该工程的又一个重点。

采取的对策：

我们将在现场东北角的出入口作为人流及小型车辆的出入口，现场西南角的出入口作为材料运输车辆的出入口。

同时为了保证各种材料、设备能按照进度计划要求运至施工现场，特别是基础底板大体积混凝土浇筑期间的混凝土运输，我公司专门对工地周边的交通环境进行实地考察，并且分时段进行交通流量的统计，在此基础上，我们编制了详尽的交通组织方案，确保施工顺利进行。

（5）文明施工及环保要求高

本工程的北侧紧邻长安街，西侧紧邻闹市口大街，东侧、南侧有民宅，其中长安街是被誉为具有600年历史文化的神州第一街，是首都北京的交通大动脉，周边环境比较复杂。因此，搞好环境保护、文明施工、减少扰民，将成为该工程顺利施工的关键。

采取的对策：

首先，我们将建立针对施工现场的环境和职业健康安全管理体系：根据ISO 14000环境管理体系标准、OHSAS 18000职业健康安全管理体系、本公司环境与职业健康安全管理手册，建立针对施工现场的环境和职业安全卫生管理体系。

进场后，我们将立即与交通部门沟通联系，以便取得支持。派专人协调周边道路交通及安全监督，确保施工期间交通畅通，行人安全。尤其是大型车辆进出时，在出入口处设置警示牌。

提前根据施工进度计划编制详细的材料进场计划，在运输方便时及时组织材料进场，做到需要的材料及时进场，进场的材料不积压。在混凝土浇筑前，提前选择好行车路线，考虑好由于交通管制及堵车的原因而可能造成的混凝土供应不及时的因素，做好混凝土供应的安排，以避免在混凝土浇筑过程中形成冷缝。

合理安排施工工序，晚22:00至次日凌晨6:00不从事产生强噪声扰民的施工生产活动。加强与周边有关部门的沟通，有特殊情况时调整施工时间，将因施工给周边居民带来的不便降到最低限度。

现场成立防扰民和保护周边环境工作小组，设立居民来访接待办公室，公布现场联系电话，密切联系周边居民，主动走访周边居民，专人负责接待居民来访，做好解释工作，对合理的要求及时采取措施。

降噪措施：混凝土采用预拌商品混凝土，木工车间等全部封闭，并远离居民区设置，减少现场施工噪声，混凝土浇筑时采用低噪声环保振动棒，在现场四周布置噪声监测点，根据监测结果，及时降噪。装卸材料时，既轻吊轻放，又要在被吊材料与已吊材料之间垫木方，防止碰撞产生噪声。

现场设沉淀池，施工用水经多级沉淀、过滤并经检测符合环保要求后排入市政管网。现场空地进行绿化、硬化；同时，派专人定时洒水，防止扬尘。

(6) 钢结构施工难度大

本工程屋面钢结构为管桁架拉索结构，平面布置的不规则导致钢结构构件的复杂多样性，钢构件种类繁多，标准构件少，对钢构件加工制作提出相当高的要求；另外，钢结构的吊装由于普通塔吊起重能力的限制，不能整体吊装。如果采用高空拼装，则又给脚手架的搭设带来一定困难。

采取的对策：

积极组织完成钢结构的深化设计，制订详细的、切实可行的构件加工工艺，严格按照国家相关规范执行，选择熟练的技术工人进行焊接操作。

通过对钢结构分析，计划对第一部分和第二部分钢结构采用地面拼装、整体提升的施工方法。对第三部分钢结构屋面采用两台塔吊抬吊的吊装方法。该施工方法能加快施工进度，在地面拼装能提高施工质量。

(7) 新型幕墙

本工程外立面装饰为新型的双层幕墙，中庭大厅屋顶为玻璃天窗、中庭大厅侧立面为索网幕墙，其材料复杂，质量要求高，设计、加工、安装和维护均应高度保证质量，符合建筑效果，体现国际水平。所以，本工程幕墙的深化设计和施工将是本工程施工的重点和难点。

幕墙现场安装的难点和重点表现在：

1) 双层幕墙板块分割较大，对埋件的设计和预埋精度要求高；
2) 需仔细考虑本工程大单元双层幕墙板块现场周转场地；
3) 与机电工程紧密协调，确定水暖、电气管道口的预留预设孔洞。

本工程中空大厅部分的采光顶和索网幕墙安装工作平台的搭设有一定困难。

采取的对策：

我公司作为国内国际一体化建筑承包商，对国内外先进的建筑技术有一定的了解和掌握，我们将承担起总承包的责任和义务，依托我公司所属的各甲级设计院及深化设计力量，向业主及幕墙专业分包提供一些参考意见，并在工程施工部署上重点考虑土建与外幕墙的协调配合，解决好周转场地及脚手架方案，确保本工程顺利建成精品工程。

(8) 机电专业协调量大

本工程涉及的机电专业较多，各专业工种之间、与土建装修之间在工序上交替穿插频繁。因此，施工总体部署及各专业工种之间的相互协调配合也是本工程一大重点。要求施工单位具有很强的专业施工、协调和总包管理能力，确保全面实现使用功能。

采取的对策：

我公司经多年实践，积累了丰富的总承包管理经验，并与国际惯例接轨，在工期、质量、安全、成本、文明施工以及总分包协调控制等方面形成了独特的管理优势。本工程中，将发挥我公司专业配套能力和总包管理实力，重点推行目标管理、跟踪管理、平衡协调管理，积极处理好各方关系，协调施工现场各类资源的合理配备，重点实施：

1) 项目总体策划、实施、管理、协调及控制；
2) 总包单位自身的专业配套能力；
3) 项目技术管理协调能力，图纸深化设计、施工详图设计；
4) 对工程特殊情况和问题的决策和应变能力。

## 2 施工部署

### 2.1 总体部署要点

本项目工程量大、工期紧、质量标准高，为了保证基础及主体结构，内外装修及室外工程均尽可能有充裕的时间施工，高标准如期完成施工任务，需综合考虑各方面的影响因素，做到各施工作业面充分，前后工序衔接连续，既立体交叉，又均衡、有节奏，以确保工程施工按照总进度计划顺利进行。经过综合考虑本工程特点，我们总结部署要点如下：

由于本工程占地面积较大，且施工现场可用地比较狭小，尤其在基础施工阶段，现场内布置环行道路后，只能在环行道路与围墙之间的空地设置必要的办公设施、库房、辅助用房，模板堆场、加工场、钢筋半成品堆场以及钢筋加工场，本工程地下部分主要钢筋加工场考虑在场内北侧基坑内（Ⓚ~Ⓝ轴线之间）和北侧基坑上，待地下结构大量钢筋加工完毕，进行北侧基坑内结构施工，北侧场内钢筋加工场负责加工，北侧基坑内结构在地下二层封顶。此时，这部分场地可重新作为钢筋加工场地。

本工程建筑面积很大，约 195200$m^2$，其中地下室建筑面积 62600$m^2$，地上建筑面积 132600$m^2$。地下室结构在出地面前北侧回收三跨、南侧回收半跨，同时随着中间部分结构在正负零处的封顶，使地上部分成为三个相对独立的塔楼，塔楼之间通过钢桁架组成通廊进行连接，所以，在组织结构施工时，我们将根据平面结构特点，划分为 A、B、C 三个独立的施工区域同时进行施工，从人员、材料、机械等各方面都分别配置，并充分利用工作面，保证工程进度。

本工程各个施工阶段特点鲜明，大致可分为基础施工阶段、主体结构施工阶段以及砌筑装修施工阶段等。其中，钢结构通廊施工我们拟采用整体提升的方法，与上部混凝土结构的施工同时进行，即待地上结构施工至八层后插入进行，并计划在主体封顶后两个月内完成。因此，在施工总平面布置、施工机械选择上，我们将充分考虑各阶段特点。

本工程主楼地上二层以上平面结构形式和层高变化不大，基本为标准层施工，这样就非常容易组织均衡的结构流水施工，使结构施工速度加快成为可能。在进行施工安排时，我们将尽量缩短混凝土结构施工工期；同时，结构验收考虑分阶段进行，即分为基础结构验收、一~七层混凝土结构验收、八层以上混凝土结构验收及钢结构验收。这样，使砌筑装修提前插入，给装修施工及机电安装留出相对充裕的时间。

本工程体量大，工程内容多，在施工中将涉及较多的专业承包商。为保证施工总体各项目标的实现，总包在制定管理目标方案时，将目标分解，提出各专业承包商的控制目标，以便预防纠正。例如，工期目标的实现，先由总承包商提出总控进度计划，其中标示出各专业承包商的阶段目标，实现由下级目标确保总控目标的实现。

## 2.2 总体施工顺序部署

根据施工总体安排进行施工顺序选择。

按照先地下，后地上；先结构，后围护；先外装，后内装；机电各专业交叉施工的总施工顺序原则进行部署。

总体施工流程详见图 2-1 所示。

结构施工部署：结构施工阶段根据各层结构的不同采用不同的流水组织方式，具体如下：

(1) 基础底板施工阶段施工区域划分

基础底板根据结构平面形式划分为 A、B、C 三个施工区域，各区基础底板大体积混凝土浇筑顺序为：A1→A3→A2→A4，B1→B3→B2→B4→B5，C1→C3→C2→C4。

具体浇筑量及需用的时间如表 2-1 所示。

基础底板浇筑量及需用时间一览表　　　　　　　　表 2-1

| 流水段 | A区 | | B区 | C区 | |
|---|---|---|---|---|---|
| 部位 | 塔楼底板 | 抗浮板 | 塔楼底板及抗浮板 | 塔楼底板 | 抗浮板 |
| 底板混凝土量 | 6400$m^3$ | 1356$m^3$ | 7630$m^3$ | 6400$m^3$ | 1356$m^3$ |
| 机械配置 | 2台地泵+1台汽车泵 | 2台地泵 | 4台地泵 | 2台地泵+1台汽车泵 | 2台地泵 |
| 泵管 | 2根 | 2根 | 4根 | 2根 | 2根 |
| 预计持续浇筑时间（h） | 68 | 23 | 64 | 68 | 23 |

基础底板分区、分段情况如图 2-2 所示。

(2) 地下结构施工阶段施工区域及流水段划分

地下结构施工期间，我们依然按照后浇带的位置将结构平面划分为 3 个施工区域，每个区域内再划分流水段自行组织流水施工，具体施工区域及流水段划分情况如图 2-3 所示。

从地下结构施工流水段划分示意图中可以看出，我们将地下结构平面划分为 A、B、C 共 3 个施工区域，具体各区域内组织流水施工如下：

1) A区将平面结构划分为 2 个流水段（用 A1、A2 来表示），独立柱和内墙划分为 4 个流水段（用 A1-1、A1-2、A2-1、A2-2 来表示）；

2) B区将平面结构划分为 3 个流水段（用 B1、B2、B3 来表示），独立柱和内墙划分为 6 个流水段（用 B1-1、B1-2、B2-1、B2-2、B3-1、B3-2 来表示）；

3) C区将平面结构划分 2 个流水段（用 C1、C2 来表示），独立柱和内墙划分为 4 个流水段（用 C1-1、C1-2、C2-1、C2-2 来表示）。

(3) 地上结构施工阶段施工区域及流水段划分（图 2-4）

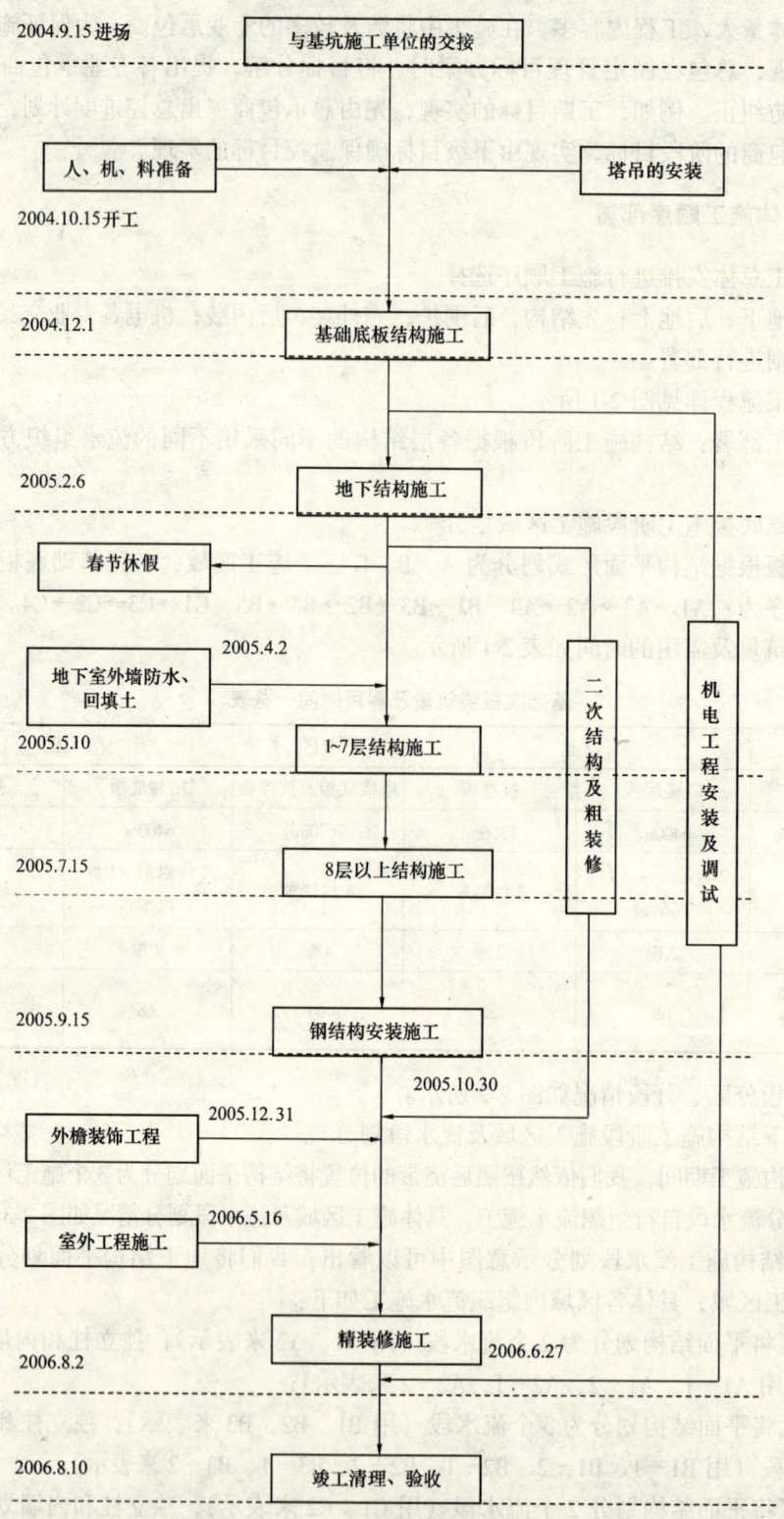

图 2-1 总体施工流程图

# 2 施工部署

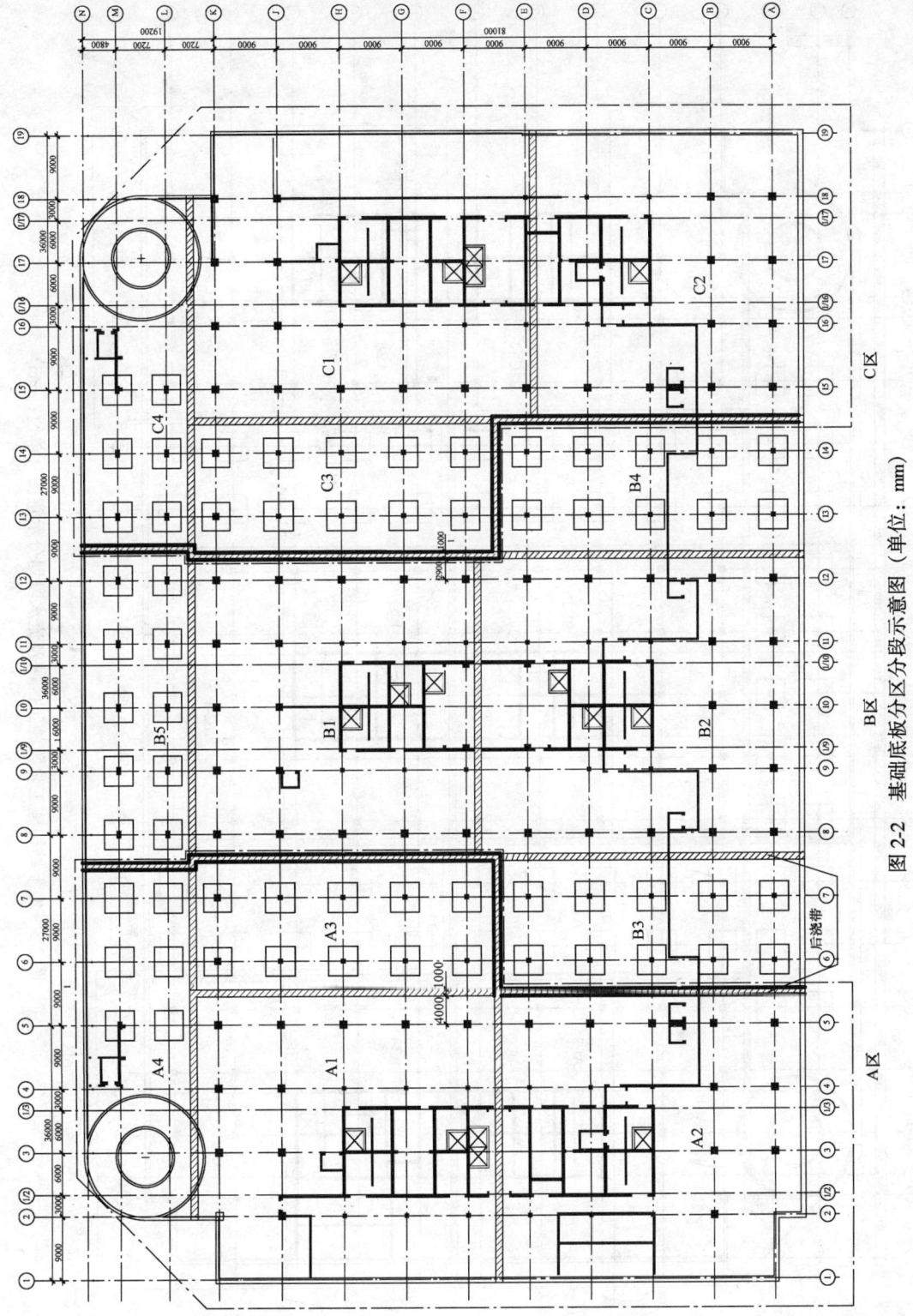

图 2-2 基础底板分区分段示意图（单位：mm）

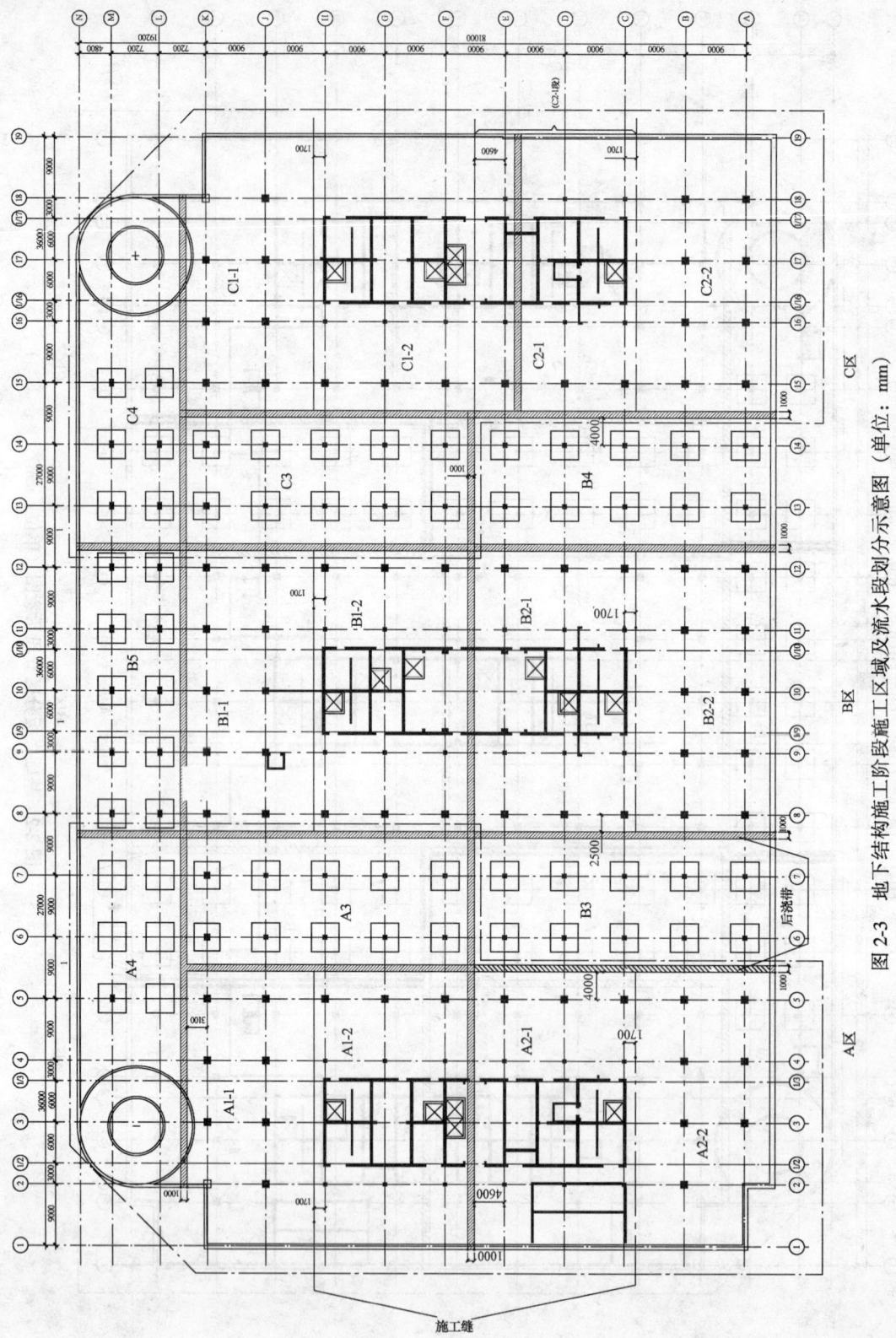

图 2-3 地下结构施工阶段施工区域及流水段划分示意图（单位：mm）

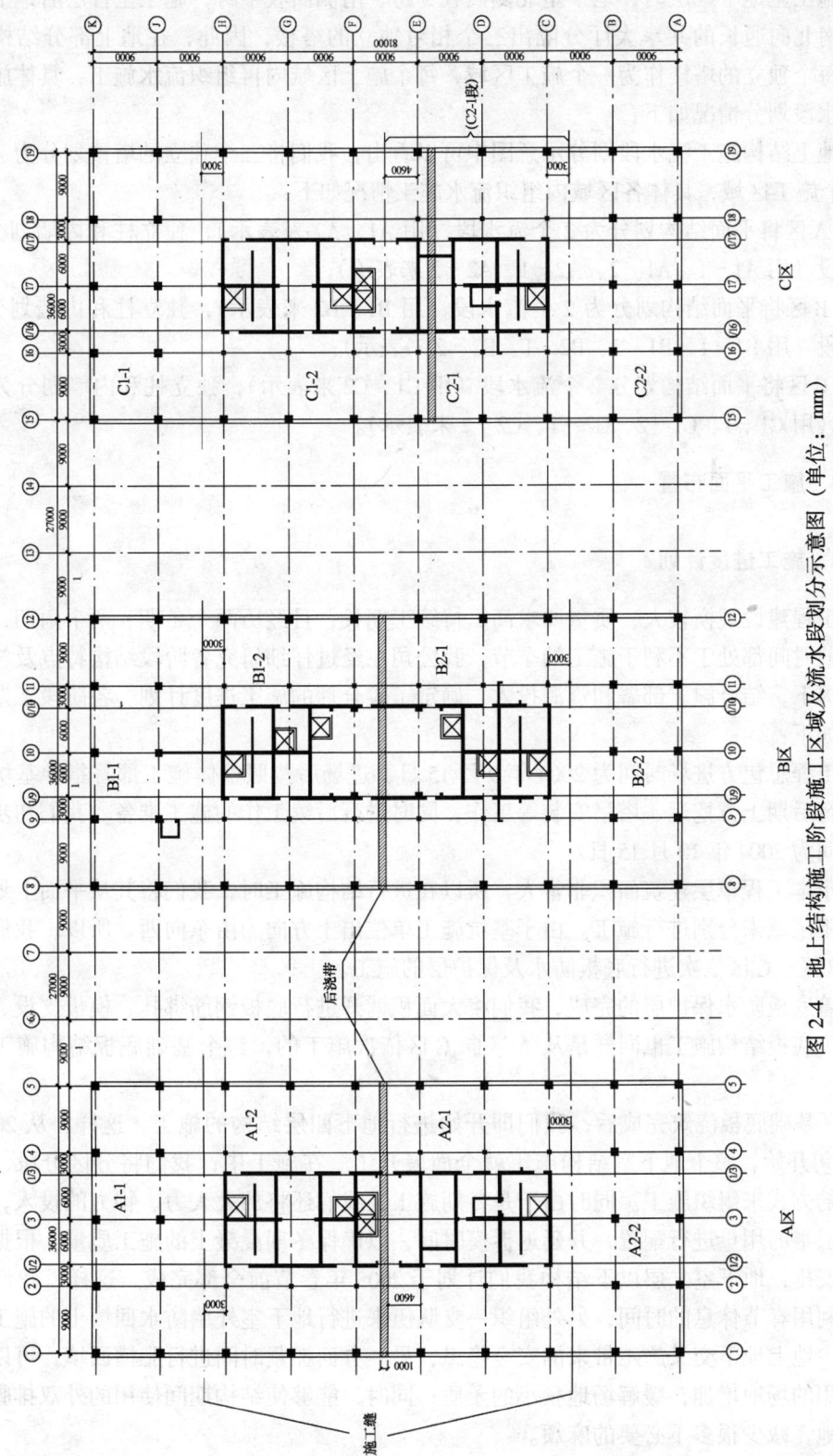

图 2-4 地上结构施工阶段施工区域及流水段划分示意图（单位：mm）

在施工至地下一层时，地下室北侧回收3跨、南侧回收半跨，施工至首层后地上结构由两个南北向通长的共享大厅分隔出三个相对独立的塔楼，因此，在地上部分结构施工时，将每个独立的塔楼作为一个施工区域，每个施工区域内再组织流水施工，具体施工区域及流水段划分情况如下：

从地上结构施工流水段划分示意图中可以看出，我们将三个独立的塔楼划分为A、B、C共三个施工区域，具体各区域内组织流水施工情况如下：

1) A区将平面结构划分为2个流水段（用A1、A2来表示），独立柱和内墙划分为4个流水段（用A1-1、A1-2、A2-1、A2-2来表示）；

2) B区将平面结构划分为2个流水段（用B1、B2来表示），独立柱和内墙划分为4个流水段（用B1-1、B1-2、B2-1、B2-2来表示）；

3) C区将平面结构划分2个流水段（用C1、C2来表示），独立柱和内墙划分为4个流水段（用C1-1、C1-2、C2-1、C2-2来表示）。

### 2.3 施工平面布置

### 2.4 施工进度计划

本工程建设规模较大，质量要求高，持续工期长，且经历两个冬期、两个雨期，有将近一半的时间都处于不利于施工的季节，我公司在经过仔细研究各阶段结构特点及气候特点的前提下，结合施工部署和资源投入，确定了较合理的施工进度计划，各阶段工期计划及说明如下：

本工程总包方进场时间为2004年9月15日，进场后按照整体施工部署指导基坑施工单位进行后期土方挖运、塔吊安装等工作，同时进行后续工作的施工准备。我们初步拟定开工时间为2004年10月15日。

由于本工程单层建筑面积非常大，所以在进行结构施工时，我们将其从平面上划分为三个施工区域来分别进行施工。由于基坑施工单位出土方向为由东向西，所以，我们也从A区、B区、C区依次进行底板防水及保护层的施工。

随着底板防水保护层的完成，我们将大面积铺开进行底板钢筋绑扎、模板支设、混凝土浇筑。底板结构施工也同样是从A区向C区依次施工的，整个基础底板结构施工时间为57d。

A区基础底板浇筑完成后，我们即开始进行地下四层结构的施工。这样，从2004年11月下旬开始，整个地下室结构施工就全面展开了。在施工中，我们将分区分段，采用小流水的方式来组织施工。同时由于是冬期施工，我们还将加大人力、物力的投入，模板按照两层半的用量进行配置，并延迟拆模时间，以确保冬期混凝土的施工质量。根据我们的合理安排，地下室二层以下结构我们计划于2005年春节前全部完成。这样，我们就完全可以利用春节休息的时间，另外组织一支队伍来进行地下室外墙防水回填土的施工。一方面减少地上地下交叉施工带来的安全隐患，另一方面抓紧时间进行肥槽回填，可以使现场可利用的场地增加，缓解场地狭小的矛盾；同时，能够使结构期间使用的外双排脚手架尽早落地，减少很多不必要的麻烦。

地上结构同样划分为三个独立的施工区域，每个施工区域内再采用流水施工的方式进行。地上主体结构的施工我们计划从 2005 年 3 月 8 日开始进行。此时，气温逐渐回暖，正是结构施工的大好季节。同时，由于地上部分平面结构形式变化不大，基本为标准层施工。根据我们的流水计划，标准层结构每层施工时间为 12d，层与层之间搭接 4d，这样每层净占用工期为 8d。考虑到首层层高为 5.8m，二层开始有预应力梁的施工，四～六层及九层以上局部有劲性钢结构的施工，所以，这些部位的结构施工我们都考虑在施工工期上有一定的延长。这样，地上主体结构的施工我们计划用 137d 的时间，在 2005 年 6 月下旬全部完成。

为了保证工期，钢结构的深化设计及构件的加工制作可先行进行。当土建结构十层施工完毕后，于 2005 年 6 月 15 日开始安装四～六层 H—K/5—8 轴和 A—C/12—15 轴钢桁架连桥。该连桥采用提升施工，地面的拼装可以事先介入，6 月 19 日提升至安装标高就位，并完成楼面压型钢板的安装。2005 年 6 月 20 日至 25 日完成压型钢板楼面钢筋绑扎及混凝土的浇筑。由于 12 层—设备层及 9 层—设备层钢结构桁架连桥的安装需要混凝土框架结构全部完成，并达到一定强度后才可进行安装施工，故于 2005 年 8 月 10 日开始该部分钢结构的安装（混凝土框架结构已于 7 月 15 日完成）。由于 12—设备层 H—J/5—8 轴和 B—C/12—15 轴钢桁架连桥与 9—设备层 A—D/5—8 轴和 G—K/12—15 轴钢桁架连桥的平面位置不发生冲突，故可同时于 8 月 10 日开始施工。12—设备层 H—J/5—8 轴和 B—C/12—15 轴钢桁架连桥于 8 月 16 日完成施工，而 9—设备层 A—D/5—8 轴和 G—K/12—15 轴钢桁架连桥于 8 月 21 日完成提升及楼面压型钢板的铺设工作。8 月 22 日至 8 月 29 日完成 9 层以上钢桁架连桥楼面的钢筋绑扎及混凝土浇筑。人行钢索桥通过吊索拉设在 9 层桁架的下弦杆上，故上部钢结构桁架连桥安装完毕后即可施工，同时屋面天窗钢桁架也可进行安装施工，具体时间安排如下：8 月 22 日至 8 月 26 日人行钢索桥安装；8 月 22 日至 8 月 31 日屋面天窗钢桁架安装。雨篷钢结构独立于主体结构之外，工期安排较灵活，定于 8 月 26 日至 8 月 31 日完成安装。至此，全部钢结构已经完成安装施工，验收定于 2005 年 9 月 1 日至 9 月 3 日，共 3d 时间。钢结构验收完毕后进行防火涂料的施工，防火涂料于 9 月 4 日开始施工，9 月 14 日全部完成，共历时 11d，2005 年 9 月 15 日完成防火涂料的验收工作。

屋面保温及防水的施工我们计划在主体结构验收完成后进行，另外考虑到雨期施工的不利，所以我们计划在 2005 年 9 月初开始，11 月下旬结束，并尽量能够和屋顶中庭钢结构及幕墙结构收口交圈。

地下室砌筑抹灰的插入，我们计划在地下室结构验收完成后进行，此时主体结构施工到两层左右，这时地下室拆模、清理工作都已完成，地上结构施工也进入标准层，我们将有足够的人力、物力来组织地下室二次结构及抹灰的施工。待主楼结构封顶，后浇带完全封闭，我们将进行地下室大面积面层装修。

地下室部分的装修我们将大致分两部分进行，一部分为各类机房，包括变配电室；另一部分为车库、办公及其他部位。其中第一部分需要与机电安装相配合，另一部分则可按照正常程序进行。

由于主体结构我们采取分阶段验收，使得地上部分砌筑抹灰及早插入成为可能。地上一～七层砌筑施工，我们计划在其混凝土结构验收完成后开始进行，此时，地下室砌筑也已基本完成。随着地上一～七层隔墙砌筑，其抹灰及楼地面垫层的施工随即进行。八层以上砌筑粗装修将从2005年8月主体混凝土结构验收完成后开始,到2005年10月底,所有的粗装作业都基本完成。

外檐装饰施工的插入我们计划在主体结构施工完毕后进行,并于2005年12月底全部完成。这样实现外墙封闭,为室内装修的冬期施工创造条件。

室内精装修的施工我们计划安排在2005年的8月初开始进行,此时外墙已经开始封闭,同时也是有利于室内精装修施工的黄金季节,我们将首先从顶棚吊杆、卫生间及其他楼面湿作业开始,随着外幕墙的大面积封闭,室内精装修也逐步全面展开。在施工安排时,我们将尽量在气温适宜的时候完成绝大部分的装修作业。到2005年冬季,我们尽量安排一些施工质量受低温影响较小的作业项目。2006年春节过后,我们将集中精力进行面层精装,并在2006年6月底完成全部的装修作业。

机电工程的预留预埋随结构施工进行,机电安装的插入也随地下部分墙体砌筑开始进行,到2006年5月底开始进行分系统调试,2006年6月进行机电系统联合调试。

室外管线的施工我们计划在2006年1月初外装全部完成后开始进行。此时,时值冬季和春节,室内精装工作量不是很大,由于管线施工造成的断路对精装修材料运输也不会造成太大的影响。室外道路、园林、绿化景观等的施工我们计划安排在2006年的3月初进行,此时冬去春来,万物复苏,正是园林施工的大好季节。到2006年4月底,室外工程将基本完成。

到2006年6月底,施工任务将全部完成,经过45d的竣工清理,我们计划在2006年8月初进行竣工验收,合格后交付业主使用。

综上所述,我们在工期部署上考虑了气候及结构特点等因素,并科学地考虑了各专业、工种的施工先后顺序,按年度分阶段给出控制节点工期,既松紧有序又游刃有余,能有效指导实际施工。

### 2.5 周转物资配备

为保证施工生产的正常进行,公司将根据施工总进度需要提出材料采购、加工及进场计划,通过加强物资计划管理,消除物资对施工进度的潜在影响,以形成对施工总进度计划实现的有力保障。

设备订货时间的确定:进口设备分为两部分,一部分供货时间较长(冷冻机、水泵、冷却塔),按六个月的供货期考虑;另一部分是供货期较短(空调机组、风机、配电柜)按三个月考虑。合资设备和国产设备材料都按三个月供货周期考虑。

电梯的供货是分步进行的,为此,订货后电梯设备材料的具体进场时间由总承包商同电梯供应商共同协商排出更具体的进场时间。一方面减少现场的库存,另一方面满足现场的施工。

模板配置将根据本工程的层高的变化,有3.3m、3.9m、5.8m等,我们以标准层高3.9m为基准配模进行接高处理,保证模板工程的资源投入,形成对结构进度的有力保证。

### 2.6 主要施工机械选择

(1) 大型机械选择

1) 塔吊选择

本工程计划配置六台塔吊,即每个塔楼配置两台塔吊,将能够满足工程进度要求,塔吊位置的确定:根据现场实际情况,拟定每栋塔楼设置两台塔吊。由于塔楼的北侧地下室回收了三跨。这样可以在北侧纯地下室部分设置三台塔吊,南侧由于现场场地较小,且地下室回收了半跨,这都给塔吊的安装及附着带来一定的困难。所以,我们考虑除上述三台塔吊外,在 A、B 两区南侧边坡上再各安装一台塔吊,以及在 C 区东侧的边坡上安装一台。这样一来,既可以将所有结构平面全部覆盖,又能使服务于每栋塔楼的两台塔吊配合方便,同时又能节省现场用地。

安装在 A、B 区南侧和 C 区东侧边坡上的塔吊,为了不给土方的边坡带来附加的侧压力,在其基础下设置单独的基础桩。塔吊基础上口与室外路面相平,以减少对施工道路的影响。

其他三台设置在基坑内的塔吊都将在基础底板垫层施工前安装,塔吊基础顶面与基础垫层顶面相平,并做好防水。穿过基础底板的塔节,做好止水环。

塔吊吊次计算:

塔吊主要用于结构施工阶段材料的垂直运输,结构施工阶段主要材料为钢筋、模板、架料等。根据计算结果,标准层所配置塔吊可提供吊次:1200 吊次,大于标准层总共需要塔吊吊次累计:1088 吊次。

考虑在施工过程中,塔吊运输可能每天的工作时间将基本不少于 10h,因此,塔吊的配置应能满足 8d/层的施工速度。

2) 外用电梯

根据本工程的规模及工期要求,在砌筑及装修施工阶段,我们计划设置三台双笼外用电梯,来满足该阶段部分材料及人员的垂直运输问题。

根据现场实际情况,我们计划在拟建的三栋塔楼的北侧各布置一台外用电梯。

3) 混凝土输送机械选择

本工程混凝土的运输重点体现在基础底板混凝土浇筑阶段,最大单次浇筑方量约 $7630m^3$,根据以往类似工程经验,我们计划选用 6 台 HBT80 拖式地泵并临时租用一台汽车泵。按照地板混凝土浇筑量计算,可以满足施工需要,详见流水段划分计算。在进行其他部位混凝土浇筑时,我们将利用 HBT80 拖式地泵进行混凝土的场内运输,在浇筑面上用布料杆进行布料。

(2) 土建主要施工机械配置计划(表 2-2)

土建主要施工机械配置表　　　　表 2-2

| 序号 | 机械或设备名称 | 型号规格 | 数量 | 额定功率(kW) | 生产能力 | 备注 |
|---|---|---|---|---|---|---|
| 1 | 塔吊 | FO/23B | 1 | 110 | 50m | |
| 2 | 塔吊 | H3/36B | 2 | 150 | 55m | |
| 3 | 塔吊 | H3/36B | 3 | 110 | 60m | |
| 4 | 人货电梯 | SCD200/200 | 3 | 30 | H150 | |
| 5 | 混凝土输送泵 | HBT80 | 6 | 55 | $80m^3$ | |
| 6 | 砂浆搅拌机 | JS350 | 3 | 18.5 | $16m^3/H$ | |
| 7 | 钢筋调直机 | GJ6-4/8 | 7 | 5.5 | | |

续表

| 序号 | 机械或设备名称 | 型号规格 | 数量 | 额定功率（kW） | 生产能力 | 备注 |
|---|---|---|---|---|---|---|
| 8 | 钢筋切断机 | GJ5-40 | 7 | 3 | | |
| 9 | 钢筋弯曲机 | GW-40 | 7 | 4 | | |
| 10 | 直螺套丝机 | GSJ-40 | 14 | 3 | | |
| 11 | 电焊机 | BX3-500 | 9 | 28.6 | | |
| 12 | 木工圆锯 | MJ105 | 6 | 2 | | |
| 13 | 木工平刨 | MB503A | 6 | 7.5 | | |
| 14 | 木工压刨 | MB106 | 6 | 7.5 | | |
| 15 | 平板式振动器 | ZB11 | 6 | 1.1 | | |
| 16 | 插入式振动器 | 30、50mm | 60 | 1.1 | 42根 | |
| 17 | 消防水泵 | 扬程100m | 6 | 27.5 | 30l/s | |

(3) 机电主要施工机械使用计划（表2-3）

机电主要施工机械配置表　　　　　　　　表2-3

| 序号 | 施工机具名称 | 型号规格 | 数量 | 备注 |
|---|---|---|---|---|
| 1 | 交流电焊机 | BX3-500 | 15台 | |
| 2 | 套丝机 | 0.5~4″ | 3台 | |
| 3 | 砂轮切割机 | 400型 | 4台 | |
| 4 | 台钻 | $\phi 3 \sim 19$ | 1台 | |
| 5 | 电锤 | GSB20-2RE14mm | 6台 | |
| 6 | 电动试压泵 | DSB-150/10 | 2台 | |
| 7 | 手动试压泵 | S-YS160 | 2台 | |
| 8 | 剪板机 | 4×2000型 | 1台 | |
| 9 | 单平咬口机 | YZD-12B | 1台 | |
| 10 | 联合角咬口机 | YZL-12C | 1台 | |
| 11 | 折方机 | WS-12 | 1台 | |
| 12 | 液压弯管机 | DWG-3B | 1台 | |
| 13 | 圆弯头咬口机 | YWY-12型 | 1台 | |
| 14 | 角钢卷圆机 | JY-75 | 1台 | |
| 15 | 绝缘摇表 | 50×1000V | 1块 | |
| 16 | 钳形电流表 | DT6100 | 1块 | |
| 17 | 手动液压叉车 | BL25 | 3台 | |
| 18 | 捯链 | 2t、3t | 15台 | |

(4) 主要检验试验仪器配置计划（表2-4）

主要检验试验仪器配置表　　　　　　　　表2-4

| 序号 | 仪器设备名称 | 规格型号 | 单位 | 数量 | 备注 |
|---|---|---|---|---|---|
| 1 | Topcon-601全站仪 | $2+2\times10^{-6}\times D$ | 台 | 1 | 校验合格 |
| 2 | ET-02电子经纬仪 | 2″ | 台 | 3 | 校验合格 |
| 3 | S3水准仪 | 2mm | 台 | 6 | 校验合格 |
| 4 | 对讲机 |  | 对 | 6 | 校验合格 |
| 5 | 自动安平垂准仪 | TOPCON VS-A1 | 台 | 1 | 校验合格 |
| 6 | 50m尺 |  | 把 | 6 | 校验合格 |
| 7 | 钢卷尺 | 5m、3m | 盒 | 30 | 校验合格 |
| 8 | 塔尺 | 5m、3m | 把 | 6 | 校验合格 |
| 9 | 混凝土养护室全自动温湿控制仪 |  | 套 | 1 |  |
| 10 | 振动台 |  | 台 | 2 | 校验合格 |
| 11 | 天平 | 称量2000g | 架 | 3 | 校验合格 |
| 12 | 磅秤 |  | 台 | 1 | 校验合格 |
| 13 | 湿度计 |  | 支 | 12 | 校验合格 |
| 14 | 普通混凝土试模 | 立方体边长：100mm | 组 | 40 | 标准 |
| 15 | 抗渗混凝土试模 | 圆柱体：$D=150mm$，$h=150mm$ | 组 | 18 | 标准 |
| 16 | 砂浆试模 | 立方体边长：70.7mm | 组 | 27 | 标准 |
| 17 | 贯入式砂浆检测仪 | SJY-800 | 台 | 3 | 校验合格 |
| 18 | 环刀 |  | 个 | 6 | 标准 |
| 19 | 混凝土坍落度桶 |  | 套 | 6 | 标准 |
| 20 | 靠尺 |  | 把 | 9 | 校验合格 |
| 21 | 塞尺 |  | 把 | 15 | 校验合格 |
| 22 | 角尺 |  | 把 | 15 | 校验合格 |
| 23 | 小锤子 |  | 个 | 10 | 合格 |
| 24 | 螺纹规 |  | 个 | 12 | 校验合格 |
| 25 | 游标卡尺 | 精度1/10mm | 把 | 3 | 校验合格 |
| 26 | 水平尺 | 镶有水平珠直尺，长度15~100mm | 把 | 10 | 校验合格 |
| 27 | 回弹仪 | HJ-225 | 套 | 2 | 校验合格 |
| 28 | 焊缝量规 |  | 把 | 3 | 校验合格 |

## 2.7 劳动力组织安排

### 2.7.1 劳动力组织

由于地下室结构与主楼体量极大，同时地上结构为三个相对独立的塔楼，为保证施工的连续性，根据施工部署，我们计划组织三支与我公司长期合作、成建制、高素质的劳务施工队伍进行该工程的施工。各阶段施工劳动力组织如下：

基础结构施工阶段，我们计划投入劳动力1758人，主体结构施工阶段计划投入劳动力1828人，结构与粗装交叉施工阶段计划投入劳动力2285人。精装修、机电安装阶段由于分包较多，施工时间比较集中，故计划投入劳动力1790人。

#### 2.7.2 劳动力资源供应保证措施

根据工程内容，由公司人力资源及项目管理部门拟出一份合格劳务施工队名单，选择其中跟我公司合作过多年的劳务队3~5家，通过综合比较，挑选技术过硬、操作熟练、体力充沛、实力强善打硬仗的施工队伍；分析施工过程中的用人高峰和详细的劳动力需求计划，拟订日程表。劳动力的进场应相应比计划提前，预留进场培训，技术交底时间；精装修阶段由于专业分包较多，作为总承包，我们将要求各专业承包在开工前列出详细的人员计划表，只有各工种施工人员都到位的情况下，才可以大面积开工；由于现场用地狭小，我公司将在利用甲方提供的二次场地搭设职工宿舍，以解决分包工人的住宿问题。

## 3 主要项目施工方法

### 3.1 钢结构施工方法

#### 3.1.1 工程概况

凯晨广场位于西长安街与闹市口大街交叉口东南角，总建筑面积195200m²。钢结构共四部分：第一部分是办公连桥；第二部分是人行钢索桥；第三部分是屋面天窗钢结构。构件总用钢量约3000t，材质为Q345GJZ-C、Q345C；第四部分为采用不锈钢材质SS304的观光电梯，约250t。

#### 3.1.2 钢结构现场平面布置

钢结构构件的堆放场地必须满足塔吊覆盖以及起重能力的要求，构件进场要交通便利、通畅，避免多次倒运。钢结构构件主要堆放在⑤~⑧轴、⑫~⑮轴塔吊覆盖范围之内，对办公连桥、人行钢索桥部分钢构件直接堆放在其安装位置正下方。构件进场前，保证有足够的场地用于构件的堆放和拼装。

#### 3.1.3 钢结构安装施工准备

（1）构件检验及资料验收

对进入现场的构件的主要几何尺寸和主要构件进行复检，验收标准按照GB 50205—2001《钢结构工程施工质量验收规范》进行验收。明确构件是否符合安装条件，防止安装过程中由于构件的缺陷影响质量、进度。对于尺寸、质量偏差超过设计范围的构件退回制造厂家，必须严格保证结构上使用的构件全部合格。现场钢构件检查内容如下：连桥主构件的上拱度；构件外形几何尺寸；随车附带制作资料；预拼装资料。

对进入现场的构件，必须带有制作厂家的钢材材质证明及复试报告、探伤报告、产品质量合格证书、制作过程中用到的各种辅料的合格证和质量证明书及相应的复试报告，以及工厂的各种构件制作和焊接质量检验评定表，每项资料和构件必须符合《钢结构工程施工质量验收规范》（GB 50205—2001）规定和北京市地方标准DBJ/T 01—69—2003。

（2）现场构件的防护

构件卸车应小心，防止损坏，构件之间防止互相碰撞、挤压。如果发现构件在运输过程中涂层有损坏，应及时通知制作单位进行返工处理。施工现场提供足够的场地用于构件堆放。钢梁堆放的层数不能超过3层，以防止构件互相挤压变形。吊装前，应该将构件表面油污、泥沙、灰尘等清理干净。

### 3.1.4 钢结构安装

本工程钢结构部分由钢桁架连桥、天窗桁架、人行钢索桥和不锈钢观光电梯组成。安装顺序为：钢桁架连桥→天窗桁架→人行钢索桥→不锈钢观光电梯。

(1) 钢桁架连桥安装

本工程4~6层 H—K/5—8轴和 A—C/12—15轴、9~设备层 A—D/5—8轴和 G—K/12—15轴、设备层 H—J/5—8轴和 B—C/12—15轴为3种形式，组成相同的钢桁架结构。由于钢结构整体重量大，面积大，采用整体提升时需要同时对准18根牛腿，并用高强螺栓连接，现场操作过程中有极大的难度，故采用单根钢梁卷扬机抬吊吊装，次构件用塔吊空中组装；设备层 H—J/5—8轴和 B—C/12—15轴钢桁架办公连桥构件轻，上下弦杆只有6t，采用塔吊散装法进行安装。

1) 四~六、九~十三层顶钢桁架办公连桥安装

此部分钢桁架采用两台3t卷扬机抬吊，经计算单根最重钢梁14.9t（已含焊缝重量）选择吊装用滑车组和卷扬机的计算：

$$P = Q/K$$

式中　$Q$——起重力（kN）；
　　　$P$——卷扬机一端绳索作用力；
　　　$K$——计算吊装用滑车组的系数。

吊装启动为149kN，使用7根有效工作绳数和两个导向滑轮（其中1个固定在定滑轮上），查表可以得知 $K = 5.72$。

$$P = Q/K = 149/5.72 = 26.04 \text{kN}$$

所以，30kN的卷扬机能满足要求，并且有7根工作钢丝绳，所以滑车组上面的滑车有4个滑轮，下面的滑车有3个滑轮。

2) 钢构件的现场组装

连桥主构件 GL1、GL2 长度24m，重量15t，考虑到运输的难度，分两段运到现场组装，现场用塔吊卸车。当塔吊覆盖半径25m时1号、3号吊重11.3t，5号吊重8t，2号、4号吊重9.7t，能满足吊重要求，卸车到吊装位置的正下方，两节拼装成一体。根据厚钢板焊缝收缩值

$$S = K \times A/T$$

式中　$S$——焊缝横向收缩值；
　　　$A$——焊缝横截面；
　　　$T$——焊缝厚度包括熔深；
　　　$K$——常数，一般取0.1。

经计算 $S = K \times A/T = 0.1 \times 0.45/65 = 2.9 \text{mm}$

每根主梁有三条焊缝，共计收缩9mm，在拼装时应预先放置余量。在起重位置正下方拼装 GL1、GL2，根据要求放置预拱值，为了减小钢材表面温差，焊缝尽量放在晚上施焊，并随时做好防雨的准备工作。现场连接连桥的牛腿经测量在规范允许误差范围内，而实际安装不能有超过2mm的误差，在拼装时应消化偏差，根据现场实测数据拼装。

3) 四～六层 H—K/5—8 轴和 A—C/12—15 轴连桥的吊装（表 3-1）

吊装构件一览表　　　　表 3-1

| 构　件　名　称 | 构件编号 | 长度（m） | 重量（kg） | 分　　段 |
|---|---|---|---|---|
| 钢梁 H900mm×450mm×30mm×60mm | GL1 | 24 | 14922 | 2 |
| 钢梁 H770mm×450mm×30mm×60mm | GL2 | 24 | 13848 | 2 |
| 钢梁 H770mm×380mm×20mm×30mm | GL3 | 9 | 2670 | 1 |
| 钢柱 H900mm×450mm×30mm×60mm | GZ1 | 5 | 3108 | 1 |
| 钢梁 H450mm×200mm×9mm×14mm | GL6 | 1.5 | 115 | 1 |

吊装的次序和机具，见表 3-2 所示。

吊装的次序和机具一览表　　　　表 3-2

| 顺序 | 构件编号 | 吊装机具 | 构件位置 | 轴　位 |
|---|---|---|---|---|
| 1 | GL1 | 卷扬机 | 5层顶板 | H、C |
| 2 | GL1 | 卷扬机 | 4层顶板 | H、C |
| 3 | GL1 | 卷扬机 | 3层顶板 | H、C |
| 4 | GZ1 | 塔吊 | 5层～4层 | H、C |
| 5 | GZ1 | 塔吊 | 4层～3层 | H、C |
| 6 | GL1 | 卷扬机 | 5层顶板 | J、B |
| 7 | GL1 | 卷扬机 | 4层顶板 | J、B |
| 8 | GL1 | 卷扬机 | 3层顶板 | J、B |
| 9 | GZ1 | 塔吊 | 5层～4层 | J、B |
| 10 | GZ1 | 塔吊 | 4层～3层 | J、B |
| 11 | GL3 | 塔吊 | 3层顶板 | H-J、C-B |
| 12 | GL3 | 塔吊 | 4层顶板 | H-J、C-B |
| 13 | GL3 | 塔吊 | 5层顶板 | H-J、C-B |
| 14 | GL1 | 卷扬机 | 5层顶板 | K、A |
| 15 | GL1 | 卷扬机 | 4层顶板 | K、A |
| 16 | GL1 | 卷扬机 | 3层顶板 | K、A |
| 17 | GZ1 | 塔吊 | 5层～4层 | K、A |
| 18 | GZ1 | 塔吊 | 4层～3层 | K、A |
| 19 | GL3 | 塔吊 | 3层顶板 | J-K、B-A |
| 20 | GL3 | 塔吊 | 4层顶板 | J-K、B-A |
| 21 | GL3 | 塔吊 | 5层顶板 | J-K、B-A |
| 22 | GL6 | 塔吊 | 3层顶板 | K、A |
| 23 | GL6 | 塔吊 | 4层顶板 | K、A |
| 24 | GL6 | 塔吊 | 5层顶板 | K、A |

4）GL1、GL2 的吊装

当混凝土柱的强度已满足保养期的要求，开始吊装。固定吊点用钢丝绳绑扎在混凝土柱上，并用橡皮保护好混凝土，防止钢丝绳受力时损坏。吊点固定在主钢梁端头 1m 处。

吊装时先试吊，让钢丝绳受力，然后两台卷扬机同步缓慢起吊，到达安装位置用高强螺栓固定。为了防止施焊的强行收缩，减小内在应力，高强螺栓连接板圆孔改为长腰孔，尽量让焊缝施焊时自然收缩。上下翼缘对接焊缝施焊点牢，然后松钩。

为了吊装、涂装、刷防火漆时的安全，所有的钢梁拉设安全绳，焊缝施焊处搭设临时脚手架平台，用脚手管固定在钢梁上反吊，立杆避开次梁部位，平台位于每层主梁下方 1.5m，便于施工人员的操作，木跳板铺满，平台四周用栏杆保护。

5）GZ1、GL3、GL6 的吊装

位于Ⓗ～Ⓚ轴线的构件用 1 号、3 号塔吊 ST70/30 安装，最远端的塔吊工作半径为 28m，根据 1 号、3 号塔吊技术参数，工作半径起重力为 6t，能满足塔吊起重力的要求。位于Ⓒ～Ⓐ轴线的构件用 4 号塔吊 H3/36B 安装，最远端的塔吊工作半径为 25m，28m 工作半径起重力为 8.9t，能满足塔吊起重力的要求。

构件按照实际测量的数据在吊装前修整，尽量减少在空中组装的过程，如果构件用塔吊不能直接就位时，则用塔吊起吊到安装位置旁，用手拉葫芦接应就位。

6）九～设备层 A—D/5—8 轴和 G—K/12—15 轴连桥安装与上相同

7）设备层 H—J/5—8 轴和 B—C/12—15 轴（表3-3）

吊装构件一览表　　　　　　　　　　　　　　表 3-3

| 构件名称 | 构件编号 | 长度（m） | 重量（kg） | 分段 |
|---|---|---|---|---|
| 钢梁 H414mm×405mm×18mm×28mm | GL4 | 27 | 6015 | 2 |
| 钢梁 H350mm×350mm×12mm×19mm | GL5 | 9 | 1233 | 1 |
| 钢梁 H414mm×405mm×18mm×28mm | GZ2 | 5 | 1165 | 1 |
| 钢梁 φ219mm | GXC1 | 12.5 | 550 | 1 |

吊装的次序与机具，见表 3-4 所示。

吊装的次序与机具一览表　　　　　　　　　　表 3-4

| 顺序 | 构件编号 | 吊装机具 | 构件位置 | 轴位 |
|---|---|---|---|---|
| 1 | GL4 | 卷扬机 | 13层顶板 | H、C |
| 2 | GL4 | 卷扬机 | 12层顶板 | H、C |
| 3 | GL4 | 卷扬机 | 11层顶板 | H、C |
| 4 | GZ2 | 塔吊 | 13层~12层 | H、C |
| 5 | GZ2 | 塔吊 | 12层~11层 | H、C |
| 6 | GL4 | 塔吊 | 11层顶板 | J、B |
| 7 | GL4 | 塔吊 | 12层顶板 | J、B |
| 8 | GL4 | 塔吊 | 13层顶板 | J、B |

续表

| 顺　序 | 构件编号 | 吊装机具 | 构件位置 | 轴　位 |
|---|---|---|---|---|
| 9 | GZ1 | 塔吊 | 11层~12层 | J、B |
| 10 | GZ1 | 塔吊 | 12层~13层 | J、B |
| 11 | GL5 | 塔吊 | 11层顶板 | H-J、C-B |
| 12 | GL5 | 塔吊 | 12层顶板 | H-J、C-B |
| 13 | GL5 | 塔吊 | 13层顶板 | H-J、C-B |
| 14 | GXC1 | 塔吊 | 11层顶板 | H-J、C-B |
| 15 | GXC1 | 塔吊 | 12层顶板 | H-J、C-B |
| 16 | GXC1 | 塔吊 | 13层顶板 | H-J、C-B |

8）设备层钢桁架办公连桥

采用高空散装法进行安装，首先逐次安装桁架弦杆，然后安装钢柱和支撑，最后安装斜撑，钢桁架顶层桥平面图如图 3-1 所示。

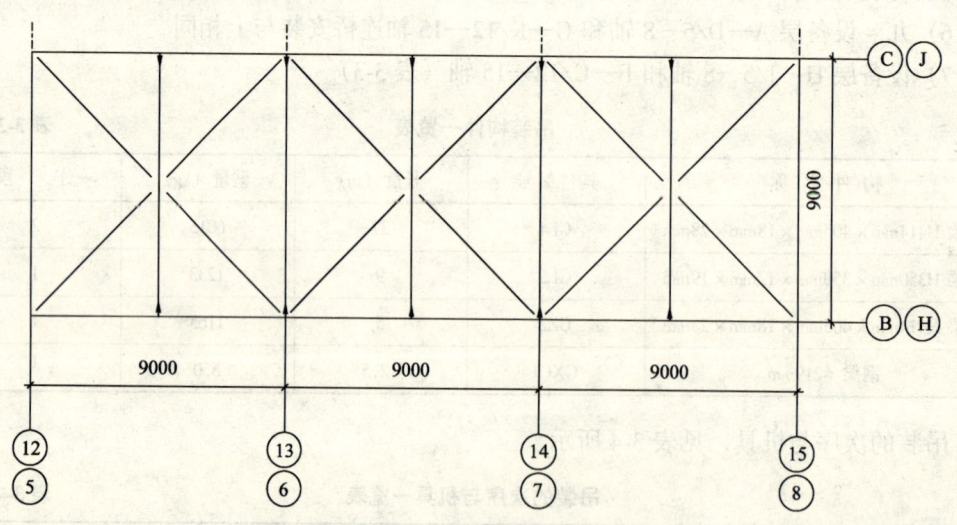

图 3-1　钢桁架顶层桥平面图（单位：mm）

位于Ⓗ、Ⓒ轴的 GL4 用卷扬机安装；

位于Ⓑ、Ⓙ轴的 GL4 用塔吊安装：构件的工作半径为 20m，根据技术参数，25m 工作半径起重力为 6t，能满足塔吊起重力的要求；其余构件用塔吊安装。

9）人行钢索桥安装

与连桥安装方法相似，先用两台卷扬机抬吊钢主梁，后用塔吊安装较轻构件。但主梁吊装过程中，考虑到此主梁变形较大，吊点位置放在 4m 处，构件就位后不能马上松钩，待预应力钢丝绳安装受力后才能松钩。次梁安装前，搭设反吊满堂脚手架。

10）天窗桁架安装

天窗平面如图 3-2 所示。

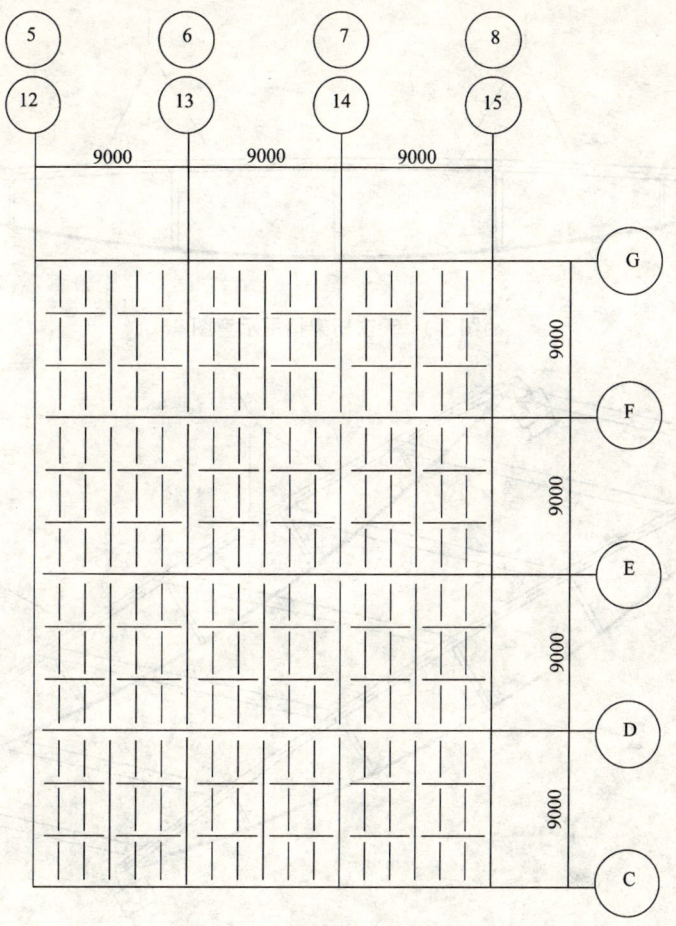

图3-2 天窗平面图（单位：mm）

安装顺序：从©轴向⑥和⑪轴向①轴方向进行安装。

安装方法：天窗为钢管桁架，下弦为钢索，每榀重量为3.8t，桁架之间有方钢管檩条连接，九～设备层钢桁架连桥浇筑混凝土并达到一定强度后，进行天窗桁架的安装，故将天窗桁架在桁架连桥设备层顶板拼装完成后选用双机抬吊。安装方法及步骤如下：

A. 首先进行首榀桁架C、H进行吊装，桁架两段与柱顶连接件连接。

B. 采用缆风绳进行临时固定，吊装就位如图3-3所示。

C. 首榀桁架安装完毕后，用缆风绳进行临时固定，然后安装①、⑥轴线紧临第一榀桁架的桁架，等将其之间主檩条安装上形成稳固节间后，塔吊松钩进行下榀桁架安装，如图3-4所示。

每节间桁架主檩条安装完成后，进行其间次檩条安装；由于不具备搭设满堂脚手架的条件，在每榀桁架上拉设生命线，施工人员安装构件时，必须用双扣安全带。

(2) 劲性钢柱安装

1) 钢柱加工

本工程的钢柱全部采用钢板组合焊接，其中防止钢柱焊接扭曲变形、柱身穿筋孔精度

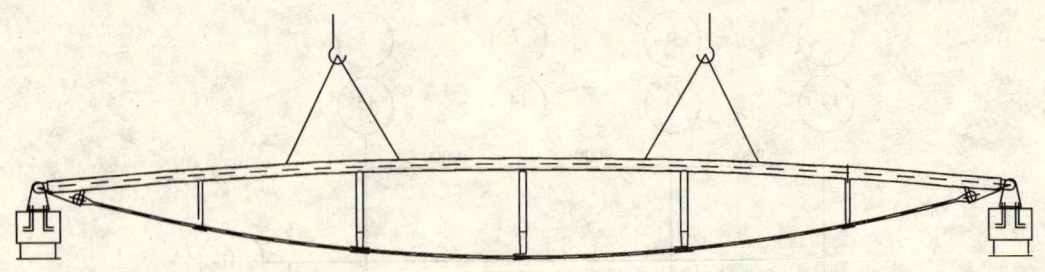

图 3-3 天窗桁架抬吊示意图

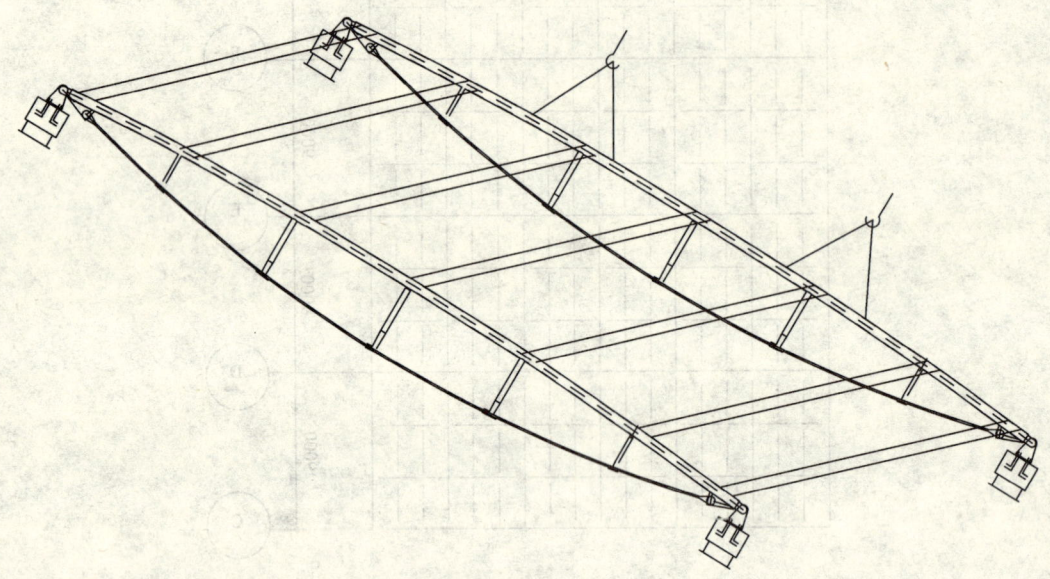

图 3-4 桁架间主檩条安装示意图

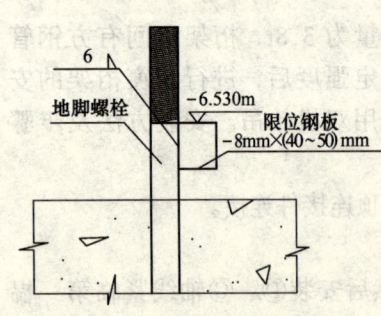

图 3-5 钢柱限位块放置示意图

是加工制作的重点。钢结构加工顺序根据现场安装的工期以及施工顺序进行加工，保证现场安装的进度要求。所有构件加工前进行 1:1 放样，检查无误后下料制作。制作偏差符合 GB 50205—2001 的规定。

2) 安装工艺

A. 钢柱安装前准备

使用水准仪在柱脚螺栓上放出钢柱柱底板就位标高，在四角地脚螺栓旁放置钢柱限位块，如图 3-5 所示。

B. 结构安装

a. 安装工艺流程（图 3-6）。

b. 钢结构施工顺序：钢柱安装顺序为：B1 区（14 根）、A1 区（7 根）→A2 区（14 根）、B2 区（7 根）→C1 区（7 根）、C2 区（7 根）。

C. 钢柱吊装：钢柱起吊前在柱顶上绑好缆风绳。

钢柱柱脚部位需要垫好木板，防止损伤柱脚和其他结构，如图 3-7 所示。

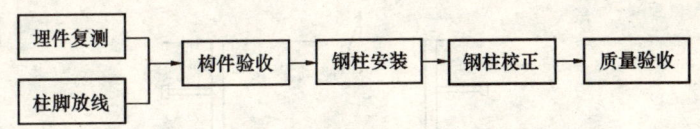

图 3-6 安装工艺流程图

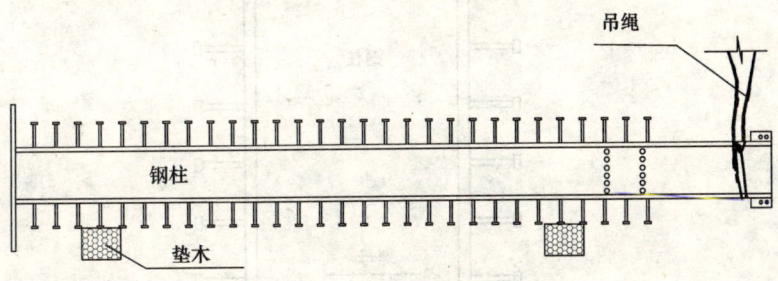

图 3-7 钢柱绑扎示意图

钢柱吊装采用两个吊点，利用钢丝绳绑扎在钢柱柱顶部位的耳板下方，如图 3-8 所示。

D. 就位调整及临时固定：当钢柱吊至距其就位位置上方 200mm 时使其稳定，对准地脚螺栓孔缓慢下落，下落过程中避免磕碰地脚螺栓丝扣。落实后，使用专用角尺检查，调整钢柱使其定位线与基础定位轴线重合。调整时，需三人操作，一人移动钢柱，一人协助稳定，另一人进行检测。就位误差控制在 2mm 以内。

E. 钢柱标高调整时，以钢柱柱脚板为标高基准点，使用水准仪测定其标高，出现偏差，使用斜铁调整柱顶标高。如图 3-9 所示。

F. 钢柱垂直度校正采用水平尺对钢柱垂直度进行初步调整。然后用两台经纬仪从柱的两个侧面同时观测，依靠缆风绳进行调整，如图 3-10 所示。

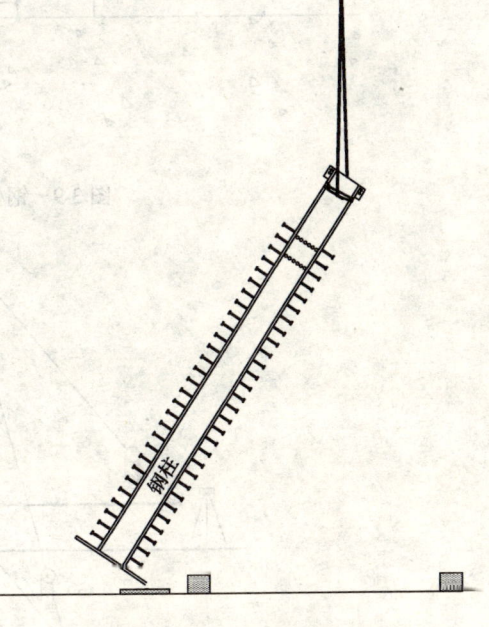

图 3-8 钢柱吊装示意图

G. 调整完毕后，将钢柱柱脚螺栓拧紧固定。

3）柱脚灌筑细石混凝土

结构校正完毕后，在柱脚部位需要及时灌筑细石混凝土，有利于保证整体结构的稳定和安装精度。

A. 柱脚清理

用空气压缩机将柱脚根部的杂物吹洗清洁。

B. 模板支设

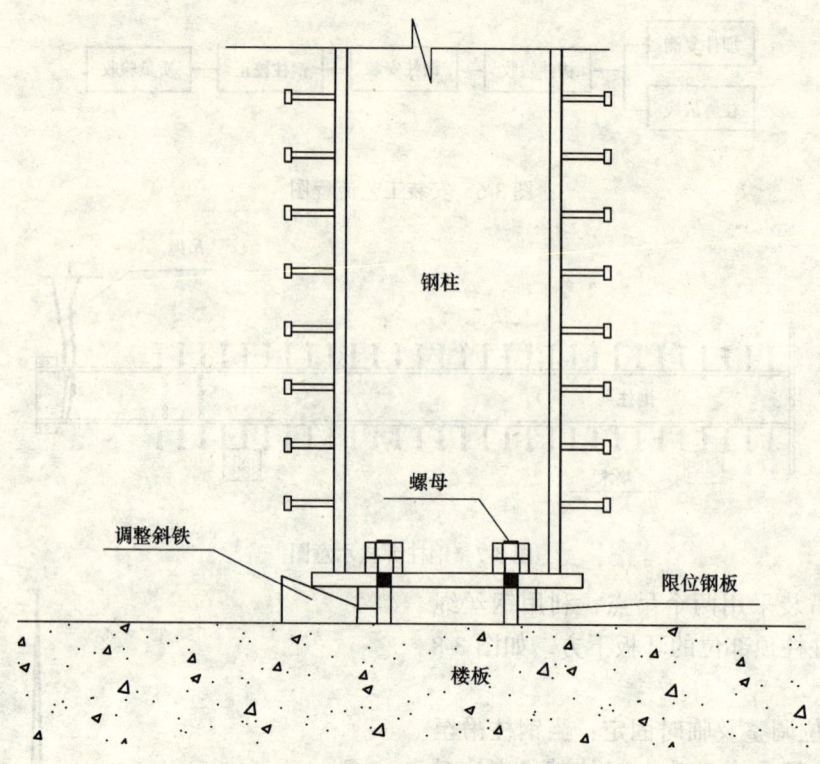

图 3-9 钢柱标高调整示意图

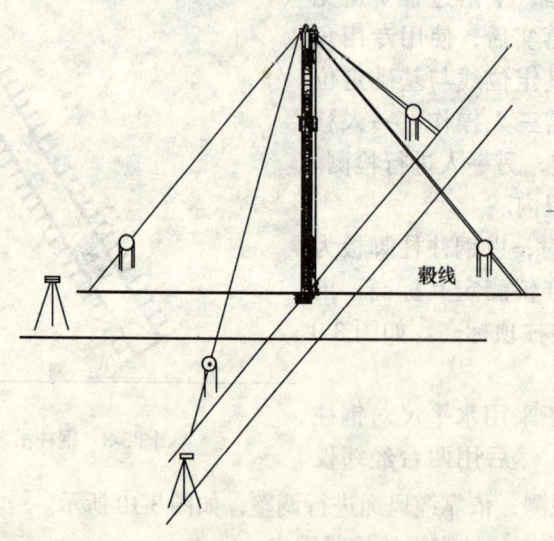

图 3-10 钢柱垂直度调整示意图

模板支设如图 3-11 所示。

C. 灌浆前准备

使用清水将模板和基础柱顶充分湿润,既不再吸收水分,也不能有水分排出。

D. 柱脚灌浆

采用 C40 无收缩细石混凝土,以上灌浆料要采用压力灌筑。

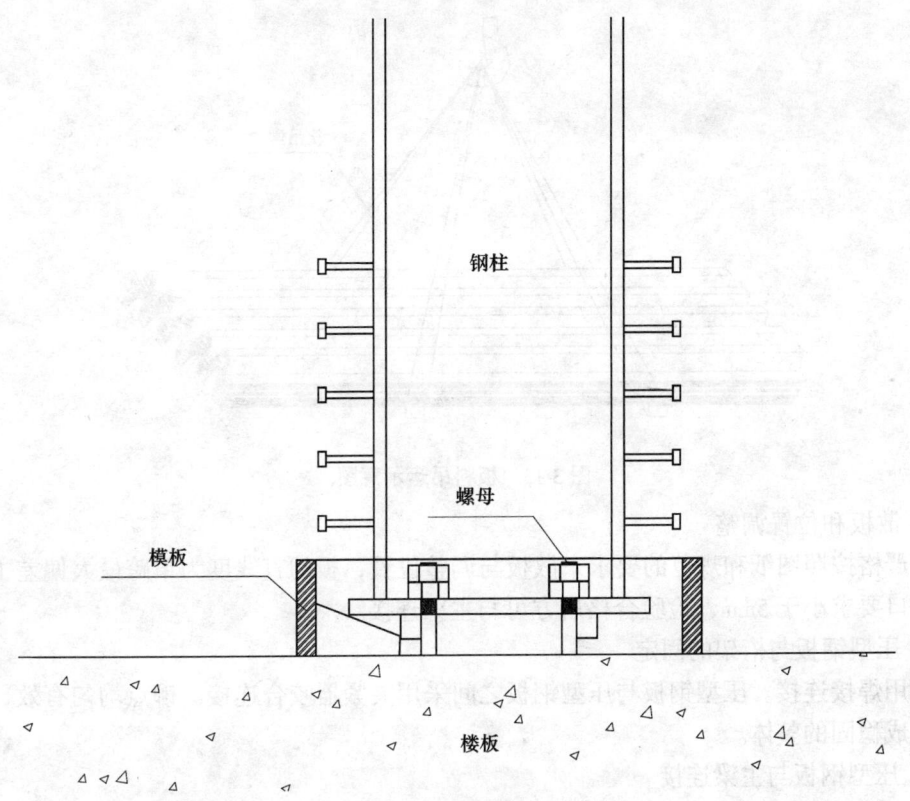

图 3-11 模板支设图

(3) 压型钢板施工

1) 压型钢板施工工艺流程（图 3-12）

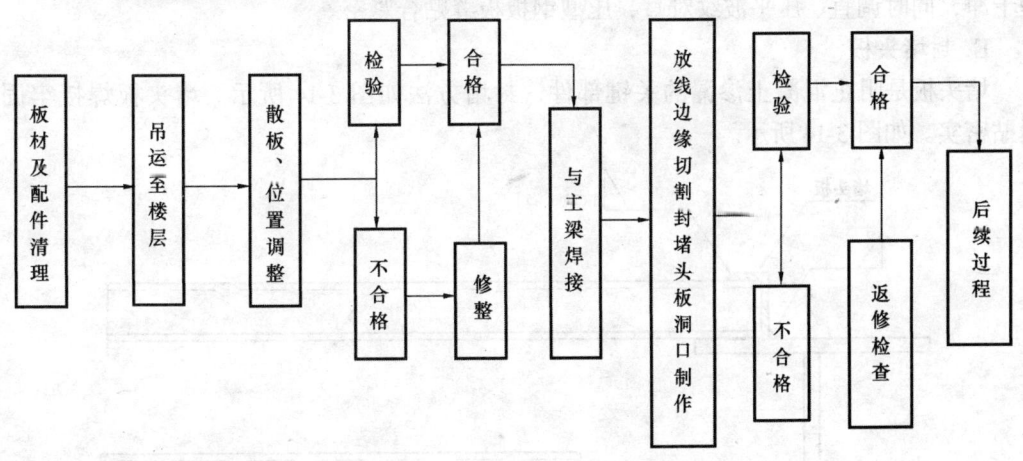

图 3-12 压型钢板施工工艺流程图

2) 施工方法

A. 板料吊运

板材在地面配料后，分别吊入每一施工层，为保护压型钢板在吊运时不变形，应使用软吊索，钢板下使用垫木。每次使用前要严格检查吊索，以确保安全。吊点之间的最大间距不应大于5m，吊装时不得勒坏压型钢板。如图 3-13 所示。

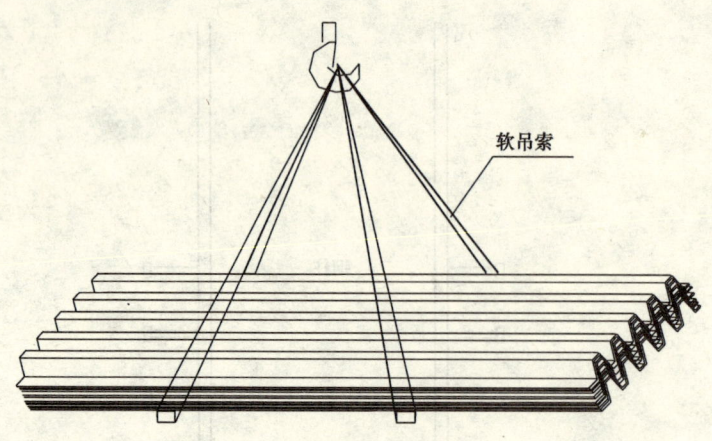

图 3-13　板料吊运示意图

B. 散板和位置调整

应严格按照图纸和规范的要求来散板与调整位置，板的直线度为单跨最大偏差 10mm，板的错口要求小于 5mm，检验合格后方可与主梁连接。

C. 压型钢板与桁架的固定

采用焊接连接。压型钢板与压型钢板之间采用夹紧器咬合连接。铆点均匀有效，使铺设面形成稳固的整体。

D. 压型钢板与主梁连接

焊接采用手工电弧焊，焊条采用 E43 系列。为了保证焊接质量，点焊焊条选 3.2mm。点焊要求牢固，按照设计要求点焊面积不低于 $20mm^2$，但是不能点漏。在容易焊漏的部位加垫片点焊，操作焊工必须经过培训并获得资质证书后方可上岗。焊接前，将焊接区域清理干净，同时调直、压平波纹对直，压型钢板板缝贴合紧密。

E. 封堵头板

堵头板是阻止混凝土渗漏的关键部件，封堵方法如图 3-14 所示。堵头板焊接牢固，紧贴密实。如图 3-14 所示。

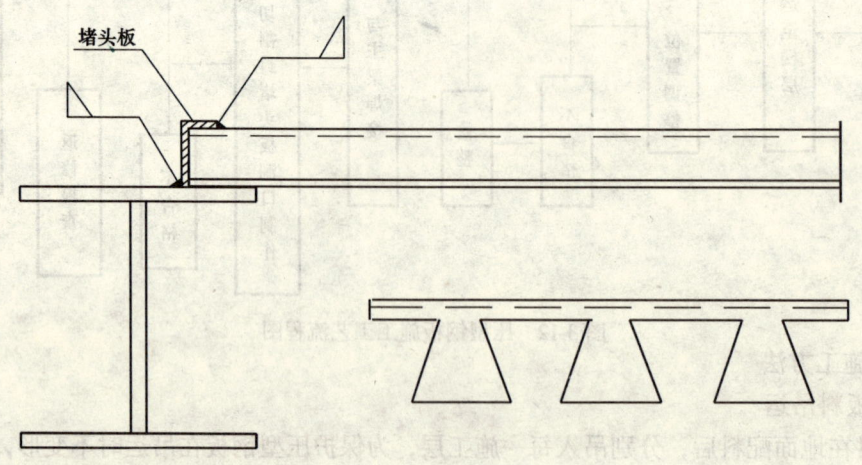

图 3-14　堵头板封堵方法示意图

F. 边缘切割

压型钢板切割采用氧气乙炔割枪切割。压型钢板的铺设方向：相邻两块板应顺延最大频率风向搭接，上下两排板的搭接长度为260mm。

G. 栓钉焊接

为了使桁架与组合楼板能有效地协同工作，设置了抗剪连接栓钉，使栓钉杆承受钢构件与混凝土之间的剪力，实现钢-混凝土的抗剪连接。桁架与栓钉中间夹有压型钢板，为穿透焊。栓钉尺寸按图纸要求施工。栓钉应完全满足《建筑钢结构焊接技术规程》JGJ 81—2002 的有关规定，如表3-5所示。

栓钉力学性能的复验：

栓钉焊接部位的抗拉与抗弯试验，配置6个试件，其中3个试件进行拉伸试验，其抗拉强度值均应大于415MPa；另取三个试件进行弯曲试验，用锤敲击圆柱头部，弯曲30°若无裂纹，则认为合格。外观检查：焊肉应无气泡及咬肉现象。

栓钉技术性能要求表　　表3-5

| 机械性能 | 屈服强度(MPa) | 抗拉强度(MPa) | 延伸率(%) |
|---|---|---|---|
|  | ≥240 | ≥400 | ≥14 |

H. 穿透焊

压型钢板铺设前，必须认真清扫桁架顶面，并认真除锈。安装好的压型钢板不应起拱、翘曲。压型钢板与桁架顶面应紧密贴合、无间隙。如果压型钢板与桁架顶面间隙大于1mm，必须用锤敲等办法减少空隙，以确保栓焊质量。不论是否穿透焊，欲施焊栓钉的母材必须表面平整，无坑凹或凸起。搭接在次梁上的压型钢板可以连续铺设，但在翼缘上断开的压型钢板，其搭接在次梁上的长度和断开的间隙必须大于50mm，以便留出焊接栓钉的位置。若压型钢板搭接和断开的间隙小于50mm，栓钉焊接质量便无法保证。

a. 对栓钉与瓷环的要求

栓钉力学性能应经抽样复验合格。栓钉外形应均匀，无有害皱皮、毛刺、发裂、裂纹、扭歪、弯曲及其他有害缺陷。

b. 栓焊设备与电源

栓钉熔焊采用自动定时的栓焊设备进行，本工程采用JSS2500型栓焊机。栓焊机应安放在防潮、防尘、防风、防雨、防日晒、清洁通风的环境中，还应具备维修条件和空间。配电设施应在栓焊机附近，便于出现故障时迅速切断电源。在连接焊机和焊枪的电缆线上，严禁压重物、车辆碾压或用力拽拉。电缆线通过处严禁烟火，全部电缆及接头处均应绝缘，与地线连接的构件母材表面应除锈、除油污。

栓焊机必须连接在独立电源上（三相380V、200A），电源变压器的容量应在 90～110kV·A，容量大小应随栓钉直径的增大而增大。为保证焊接电弧的稳定，不许任意调节工作电压，可由焊接电流和通电时间进行调节。

(4) 钢结构安装的测量

钢结构安装施工的质量控制直接与钢构件的制作、安装、高强螺栓连接等因素有关。但安装工程的核心是安装过程中的测量工作，它包括：平面控制，高程控制，柱顶偏差的放线测量，钢柱垂直度控制，柱顶标高的检测，梁、桁架垂直度的控制，钢柱位移的允许偏差。

(5) 钢结构的焊接

本工程焊接量大、技术要求高。施工主要采用国产直流电焊机（AX1－300、AX1－500）手工电弧焊及半自动 $CO_2$ 气体保护焊。组织一个电焊作业队，下设四个焊工班，另配备4～5名普工负责氧气、乙炔气、焊条及探伤前打磨等辅助性工作，一名气割工负责对不合格坡口的修正工作。

### 3.2 预应力施工方法

#### 3.2.1 工程概况

所有预应力梁均为无粘结预应力，梁内预应力筋呈曲线形布置。所有预应力钢绞线均采用 $\phi^s15.2$ 高强1860级国家标准低松弛预应力钢绞线，其标准强度为 $f_{ptk}=1860N/mm^2$。预应力筋张拉控制应力：无粘结预应力张拉控制应力均为 $\sigma_{con}=0.70f_{ptk}=1302N/mm^2$。无粘结预应力筋的锚固体系为通过国家认证的Ⅰ类锚具B&S体系，其张拉端采用单孔夹片式锚具，固定端采用挤压式锚具。所有预应力梁的预应力筋均为一端张拉。

#### 3.2.2 材料准备

（1）预应力筋

1）根据设计要求，本工程预应力筋采用高强低松弛钢绞线，直径15.24mm，钢绞线抗拉强度标准值 $f_{ptk}=1860N/mm^2$。

2）钢绞线进场时必须附有产品合格证书，产品质量必须符合国家标准 GB/T 5224—2003。材料进场后，由具有相关资质的专业检测部门，按高于国家检验标准的规定，逐盘复检，检测合格后方可进行涂塑。

3）本工程采用的无粘结预应力筋，系由抗拉强度为1860MPa的15.24mm低松弛钢绞线，按照BUPC无粘结预应力成套技术工艺，在我院生产基地，通过专用设备涂以润滑防锈油脂，并包裹塑料套管而构成的一种新型预应力筋。

4）预应力筋由预应力专业公司自行制作，按照工程需要分类编号，直接加工成所需长度；对一端张拉的预应力筋，把锚固端直接挤压成型。

（2）预应力锚具

因为本工程预应力中采用高强低松弛钢绞线，对锚具的要求高。按照规范要求，锚具必须采用Ⅰ类锚具，本工程采用B&S锚固体系系列锚具。

张拉端：无粘结筋采用单孔夹片锚，由单孔锚锚具、承压板、螺旋筋组成。

固定端：均采用单束挤压锚，由挤压锚具、锚板、螺旋筋组成。

#### 3.2.3 无粘结预应力梁结构施工工艺

（1）施工工艺流程（图3-15）

（2）预应力筋铺放

1）铺筋前的准备工作

A. 准备端模

预应力梁端模必须采用木模，若施工工艺有特殊要求也可采用其他模板。根据预应力筋的平面、剖面位置在端模上打孔，孔径25mm。

B. 架立筋制作

根据施工图纸预应力筋曲线矢高的要求，加工架立筋或马凳（用Φ12钢筋），并按架立筋、马凳型号不同，编号保管。

# 3 主要项目施工方法

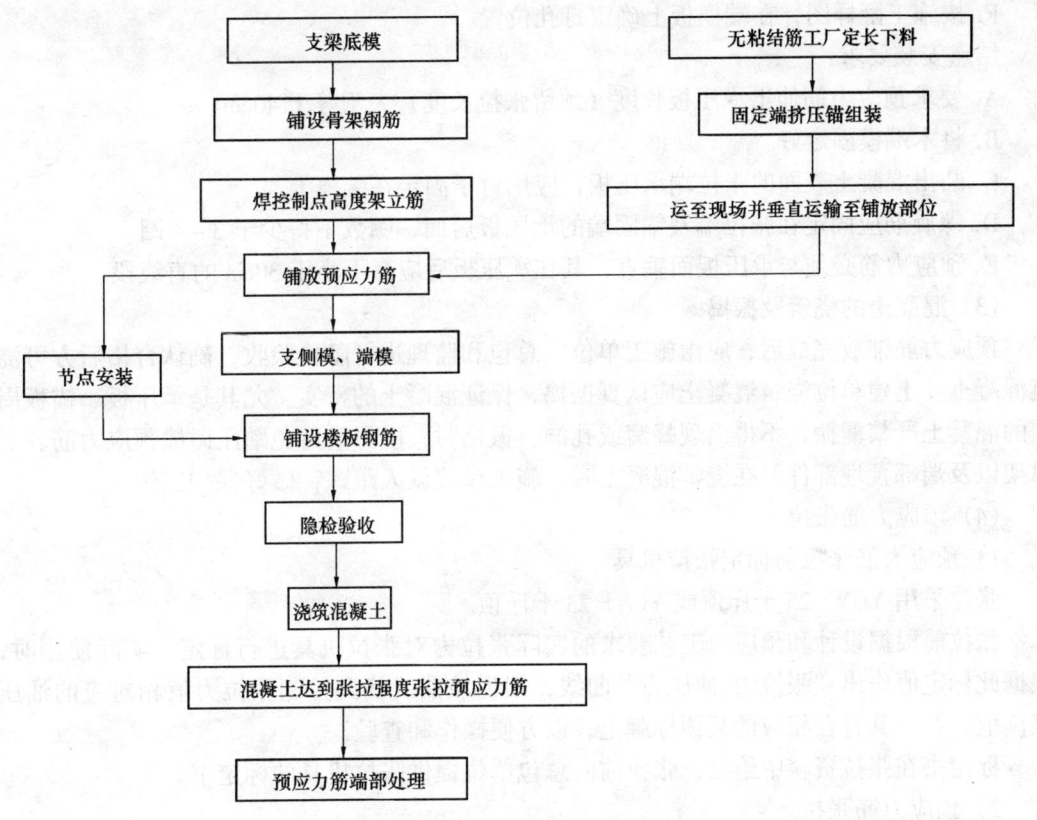

图 3-15 施工工艺流程图

a. 支梁底模和铺设普通钢筋骨架。

b. 安放架立筋。

按照施工图纸中预应力筋位置的要求,将编号的架立筋安放就位并固定(焊接),其高度为预应力筋中线距梁底的高度减去预应力筋或集团束半径。

C. 准备可用于施工的翻样图

2)铺放预应力筋

根据施工图所示的无粘结预应力筋埋入长度,将其进行了统一编号。根据施工图预应力筋集团束在梁剖面内的布置方法,以及各点设计曲线高度布置预应力筋,将预应力筋与架立筋绑扎牢固。梁中预应力筋在梁内以集团束形式布置(可以以 2~3 束编成一个集团束),在端部分散开,以便于张拉端节点的布置。

3)节点安装

A. 将承压板、杯套、穴模依次穿在预应力筋上;

B. 将端模板固定好;

C. 将穴模安装在端模上,固定好;张拉作用线应与承压板面垂直,承压板后应有不小于 30cm 的直线段;

D. 锚固端已于加工厂组装好,按设计要求的位置绑扎牢固即可;

E. 在预应力筋的张拉端和锚固端各装上一个螺旋筋,要求螺旋筋要紧贴承压板和锚板;

F. 按施工翻样图，在端模板上确定打孔位置。

结点安装要求：

A. 要求预应力筋伸出承压板长度（预留张拉长度）大于等于 40cm。

B. 将木端模固定好。

C. 凸出混凝土表面的张拉端承压板，应用钉子固定在端模上。

D. 螺旋筋应固定在张拉端及锚固端的承压板后面，圈数不得少于 3~4 圈。

E. 预应力筋必须与承压板面垂直，其在承压板后应有不小于 30cm 的直线段。

(3) 混凝土的浇筑及振捣

预应力筋铺放完成后，应由施工单位、总包和监理进行隐检验收，确认合格后方可浇筑混凝土。土建单位浇筑混凝土应认真振捣，保证混凝土的密实。尤其是承压板、锚板周围的混凝土严禁漏振，不得出现蜂窝或孔洞。振捣时，应尽量避免踏压碰撞预应力筋、支撑架以及端部预埋部件。在浇筑混凝土时，施工单位派人跟踪，做好保护工作。

(4) 预应力筋张拉

1) 预应力筋张拉前标定张拉机具

张拉采用 YCN-25 千斤顶或 YCN-23 千斤顶。

张拉前根据设计和预应力工艺要求的实际张拉力对张拉机具进行标定。实际使用时，根据此标定值作出"张拉力-油压力"曲线，根据该曲线找到控制张拉力值相对应的油压表读值，并将其打在相应的泵顶标牌上，以方便操作和查验。

标定书在张拉资料中给出，张拉前向总包单位提供张拉机具的标定书。

2) 预应力筋张拉

张拉前首先算出理论伸长值及允许变化范围，并向总包提供。

A. 预应力张拉与下部模板支撑拆除的关系：预应力构件下部支撑须待预应力筋张拉结束后才能拆除，张拉前严禁拆除。

B. 张拉控制应力和实际张拉力：根据设计要求的预应力筋张拉控制应力取值，即单束预应力筋的张拉控制力为 182kN，实际张拉 188kN。

C. 混凝土达到设计强度的 90% 后方可进行预应力筋张拉，具体张拉时间按土建施工进度要求进行。张拉时的混凝土强度应有书面试压强度报告单（以同条件养护的试块为准）。

D. 梁内预应力筋应对称张拉。

E. 单端筋，一端张拉；双端筋，先张拉一端，再补拉另一端。每束预应力筋张拉完后，应立即测量校对伸长值。如发现异常，应暂停张拉，待查明原因，并采取措施后，再继续张拉。

F. 无粘结预应力张拉工艺流程，如图 3-16 所示。

3) 张拉操作要点

A. 穿筋：将预应力筋从千斤顶的前端穿入，直至千斤顶的顶压器顶住锚具为止。如果需用斜垫片或变角器，则先

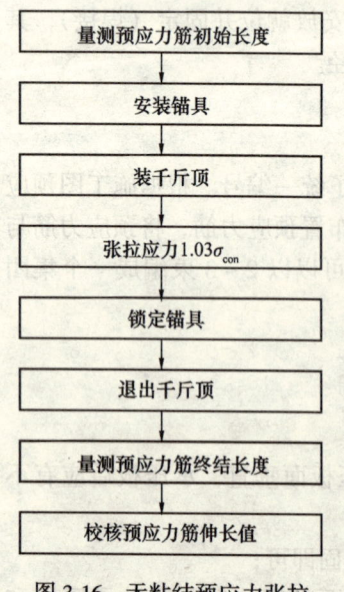

图 3-16 无粘结预应力张拉工艺流程图

将其穿入，再穿千斤顶。

B. 张拉：油泵启动供油正常后开始加压，当压力达到 2.5MPa 时，停止加压。调整千斤顶的位置，继续加压，直至达到设计要求的张拉力。当千斤顶行程满足不了所需伸长值时，中途可停止张拉，做临时锚固，倒回千斤顶行程，再进行第二次张拉。张拉时，要控制给油速度，给油时间不应低于 0.5min。

C. 测量记录：应准确到 mm。

4) 预应力筋张拉测量记录

张拉前逐根测量外露无粘结筋的长度，依次记录，作为张拉前的原始长度。张拉后再次测量无粘结筋的外露长度，减去张拉前测量的长度，所得之差即为实际伸长值，用以校核计算伸长值。

5) 张拉质量控制方法和要求

A. 采用张拉时张拉力按标定的数值进行，用伸长值进行校核，即张拉质量采用应力应变双控方法。根据有关规范，张拉实际伸长值不应超过理论伸长值的 106%，不应小于理论伸长值的 94%。

B. 认真检查张拉端清理情况，不能夹带杂物张拉。

C. 锚具要检验合格，使用前逐个进行检查，严禁使用锈蚀锚具。

D. 张拉严格按照操作规程进行，控制给油速度，给油时间不应低于 0.5min。

E. 无粘结筋应与承压板保持垂直；否则，应加斜垫片进行调整。

F. 千斤顶安装位置应与无粘结筋在同一轴线上，并与承压板保持垂直；否则，应采用变角器进行张拉。

G. 张拉中钢绞线发生断裂，应报告工程师，由工程师视具体情况决定处理。

H. 实测伸长值与计算伸长值相差 6% 以上时，应停止张拉，报告工程师进行处理。小于 6% 时，可进行二次补拉。

6) 张拉后预应力筋张拉端处理

张拉完成经总包、监理验收合格后，用机械方法将外露预应力筋切断，然后涂防锈漆，最后根据设计要求，用加微膨胀剂的水泥砂浆封堵。

### 3.3 外立面幕墙施工方法

本工程外装修主要为玻璃幕墙，采用三种新颖的幕墙形式——双层呼吸式幕墙、拉索幕墙以及索钢混合桁架玻璃采光顶，构筑成东西两个通透的挑空中庭，完全解决了写字楼的采光问题，突出了本工程的一大特色。因此，幕墙施工也成为了本工程施工的重点之一。

塔楼部分全部采用双层呼吸式幕墙，采用铝合金和玻璃构成的双幕墙体系。幕墙由混凝土结构楼板边缘支撑的幕墙单元组成，每一个标准幕墙单元宽 1.5m，高 3.9m，总厚度为 250mm（从室外玻璃表面到金属窗框的内表面）。

中庭索网幕墙为预应力悬索墙窗体系。在办公楼之间的窗墙将横跨 27m，空腹桁架桥厅之间距离为竖向跨度。竖向悬索将按照中心间距 1.5m 安置，横向按照中心间距 1.95m 排列。

屋顶为拉索玻璃采光顶。

本工程装饰档次高，技术含量高，建成后必将成为长安街沿线的新地标。为此，作为工程总承包方，我公司将重点协调幕墙工程施工组织、专业协调及工期、质量安全方面管理，配合幕墙专业设计及施工单位，积极采用具有国外领先水平的新技术、新工艺，并使建筑师的设计理念得到充分体现。

幕墙工程由业主指定分包，在专业分包商进场后，我方将在施工过程中严格进行总包管理。

### 3.3.1 双层呼吸式单元幕墙施工

（1）机具组织流程

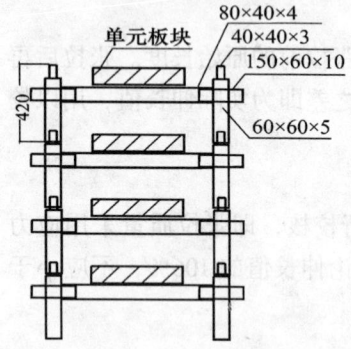

图 3-17 单元板块运输货架示意图（单位：mm）

北京组装车间板块吊装装车──→货车运输──→龙门吊卸吊在存放运输架上──→现场运输到起吊点──→现场吊装。

（2）运输、吊装设备介绍

运输车：四辆 8m 运输车（8t）组成。

固定龙门吊：组装车间将板块装车捆好后运至现场，汽车开到固定龙门吊下方，挂钩工挂好钩后起吊，小吊至运输车上，再由运输车运到存放点存放。用于现场卸吊组装厂运输过来的单元体。

板块存放及运输架，如图 3-17 所示。

现场运输：采用现场移动小龙门吊，将单元体吊放到现场运输车上。

（3）吊装方法一：移动式小吊车（图 3-18）

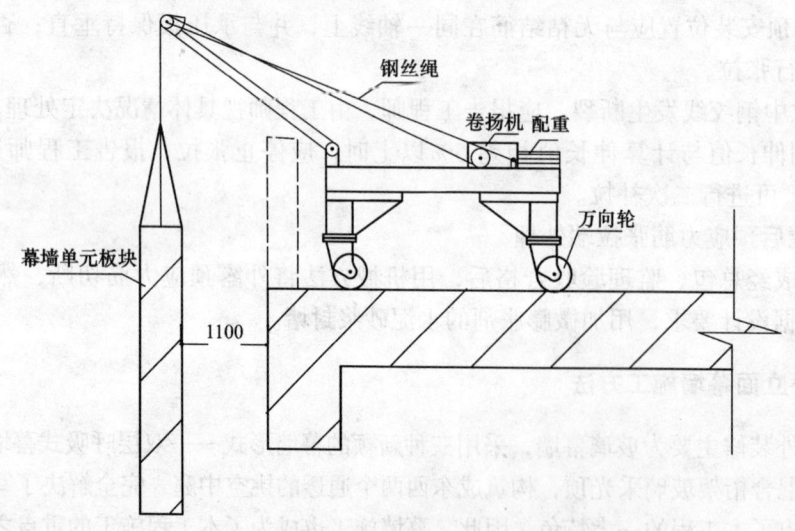

图 3-18 移动式小吊车示意图（单位：mm）

（4）吊装方法二：脚手架辅助施工

脚手架搭设在转角、吊底板块安装部位、结构梁，解决不能使用移动式小吊车的板块吊运、安装难题；另外，可根据现场情况采用吊篮辅助施工，如图 3-19 所示。

（5）运输辅助方式：钢平台

钢平台用于十三层、十四层无法直接吊装楼层。我部在 IWS 部位处十二层、十三层安装钢平台。用转运车运至需要安装的部位进行起吊安装。

（6）板块安装

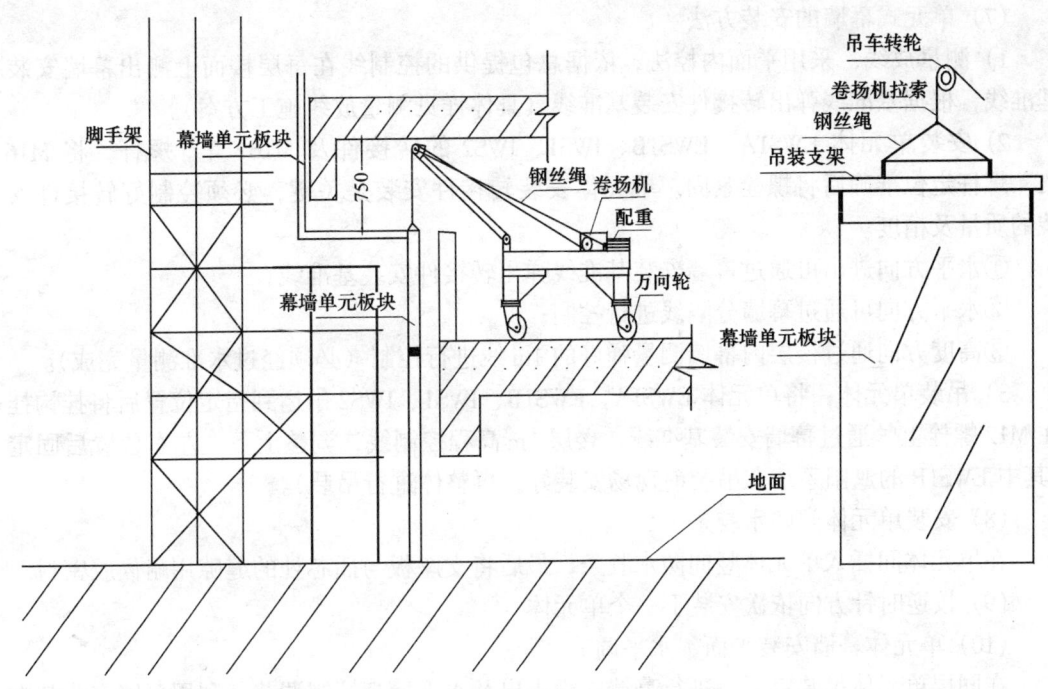

图 3-19 吊底单元板块吊装示意图（单位：mm）

1）单元式幕墙安装工艺流程，如图 3-20 所示。

2）安装前清理地面场地，同时设定作业区，拉安全护栏。作业时，作业区内禁止非作业人员和车辆通行，作业区先从建筑北面同时开始吊装，逆时针方向的顺序，先吊装 EWS1 部分再吊装 IWS1、IWS2 部分，逐层安装，地面从结构边向外要保持 4m 的作业区不能堆放其他物件。

3）安装板块前，不需要脚手架的部位脚手架管和防护网要拆除。

4）安装板块前，首先要安装好转接件，转接件安装根据施工图纸要求进行，安装转接件在楼层内施工作业。

5）安装板块时，大部分 EWS1、EWS2、IWS1、IWS2 采用移动式小吊车（吊装方法一）从地面直接起吊的吊装方法，当安装到一定的高度，由于地面垂直起吊板块运行距离过长，存在安全隐患，采用地面人拉导索限制的方式，可限制板块的晃动。吊运至所需要的高度后，由楼层内施工人员接受进行安装。

6）安装转角部位、吊底部位的单元板块时，采用脚手架辅助施工（吊装方法二），脚手架应离幕墙面 300mm 的距离，通过吊底埋件安装轨道，在轨道上挂手动葫芦，进行安装。

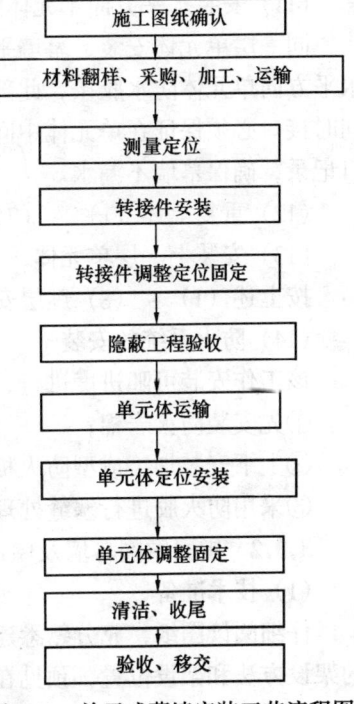

图 3-20 单元式幕墙安装工艺流程图

7）幕墙十三、十四层单元板块需要倒运，在十二层、十三层安装钢平台（运输辅助方式），采用电动葫芦吊运到钢平台上存放架，转运到吊装点。要保证楼面畅通。

(7) 单元式幕墙的安装方法

1) 测量放线：采用平面内控法，依据总包提供的控制线在每层楼面上测出幕墙安装基准线，根据基准线弹出转接件安装基准线（具体详见测量放线施工方案）。

2) 安装单元体 EWS1A、EWS1B、IWS1、IWS2 的转接件及 M16"T"螺杆，将 M16"T"螺杆定位准确后将螺栓紧固。单元体安装转接件安装是关键，必须控制好转接件安装的质量及精度。

①水平方向进出可通过幕墙安装基准线弹出转接件安装基准线；

②水平方向可通过幕墙分隔线进行控制；

③高度方向通过楼层内幕墙测量弹好的 1m 线进行控制（必须经过水准测量完成）。

3) 吊装单元体：将单元体 EWS1A、EWS1B、IWS1、IWS2 吊运到指定位置后将挂钩挂在 M12 螺栓上，通过幕墙安装基准线、楼层 1m 高程控制线，调整上下、左右位置后固定（其中 EWS1B 的遮阳系统在吊装前现场安装好，再整体进行吊装）。

(8) 安装单元体间防水胶条

在单元体间插入单元体竖向防水胶条，最后将支座板与插芯处的缝隙用耐候胶密封。

(9) 按逆时针方向依次安装下一个单元体

(10) 单元体幕墙安装平面、水平调节

在同层单元体吊装完后，进行幕墙立面进出及水平标高控制调节，利用幕墙安装基准线进行控制立面进出，楼层 1m 线进行水平标高测量控制（原理同转接件控制）。

(11) 安装水平方向单元体防水胶条

同一层单元体安装，幕墙平面及单元体水平高程调节加固完后，在单元体的上沿安装水平方向单元体防水胶条，此部分十分重要，尤其是接口，所以在施工时尽量减少接口，同时接口必须保证在单元体中间，杜绝接口位置在两单元体间；另外，保证接口严密，接口记录，确保幕墙不漏水。

(12) 重复上述（1）~（7）依次逐层安装单元体

(13) 安装上一层单元体

按上述（1）~（8）逐层安装单元件。

(14) 防火系统的安装

该工作安装可随进度进行，也可待单元体吊装完成后成批完成。

①先安装防火岩棉；

②上下安装加工成型防火板块，防火板块采用水泥射钉进行固定；

③采用防火胶进行塞缝处理。

### 3.3.2 中庭索网幕墙及屋顶拉索玻璃采光顶施工

(1) 技术准备

仔细阅读图纸，充分熟悉建筑结构图纸和幕墙施工图纸，掌握运输、吊运及安装机具的架设方法和架设位置，预见在施工过程中遇到的问题；熟悉国家有关高空作业施工的规范条文，由技术负责人对专业施工员交底，施工员将在现场对施工人员交底及跟踪，做好每道工序前的施工安全技术交底。

(2) 吊装机具-桅杆式起重机现场安装

根据现场勘察情况，采用桅杆式起重机吊装，将龙骨构件吊至十四层放置，桅杆式起重机底座采用 H 型钢焊接支座，桅杆式起重机底座固定在十四层 8—12/G 轴主梁上，经过现场测量，桅杆式起重机垂直高度满足条件，保证构件提升到位。

桅杆式起重机采用 $\phi 102 \times 6$ 无缝钢管，钢管外围用角钢加固，桅杆式起重机顶端焊接缆风绳耳板，确保构件起吊过程中的稳定，缆风绳采用 $\phi 22$ 钢丝绳固定于设备层梁上。

(3) 施工方法

1) 幕墙安装工艺流程
2) 施工准备

A. 钢梁安装前，应按构件明细表核对进场的构件，核查质量证明书，设计变更文件、加工制作图、设计文件、构件交工时所提交的技术资料。

B. 对特殊的钢构件应进行试吊，确认无误后方可正式起吊。应掌握安装前后外界环境，如风力、温度、风雪、日照等资料，做到心中有数。

C. 钢梁进场后，在安装前对钢梁直线度、长度尺寸复查，并与施工现场的实际尺寸进行二次校对。

D. 对现场施工管理人员和施工作业人员的施工技术安全交底培训，特别是对焊工的技术质量交底。在雨雪后要根据焊接区域水分情况决定是否进行电焊。进行手工电弧焊时，当风速大于 5m/s（三级风）时，应采取防风措施。

E. 钢梁的堆放：成品验收后，在吊装以前，成品堆放应防止失散和变形。

F. 玻璃的堆放：EWS3 天窗玻璃尺寸为 1500mm×3000mm，将用液压手推车将天窗玻璃运到施工现场南面的 3 台物料提升机上，由物料提升机运至十三层，再用液压手推车将玻璃从物料提升机上运到十三层集中堆放。

3) 施工步骤

A. 测量放线，根据图纸及交底，认真完成测量放线工作。

B. 安装 300mm×200mm×8mm 钢梁吊装方法：采用固定式缆索起重系统进行吊装。

吊装步骤如下：

天窗幕墙龙骨吊至十四层，进行预应力拉索张拉施工，施工完毕经四方验收合格后，方可进行龙骨吊装。

首先进行 5-8/H-G 轴线天窗幕墙主龙骨吊装，以 5-8/H-G 轴线为例，在 5-8/H、5-8/G 轴线两端架设 3m 高度的支柱，支柱上悬挂一根缆索，缆索两端拉紧后固定于结构上，将主龙骨构件移至缆索下方，用钢丝绳、葫芦将构件与缆索绑扎完毕，检查接点是否牢固。

进行构件提升。从十四层提升到 58m 高度，缓慢向天窗落点方向移动，构件两端用麻绳保持平衡。

移动到指定位置上方，停止移动，缓慢下落，两端麻绳保持龙骨平衡。

构件两端下落完毕，用角码将其固定。

C. 安装 STP160mm×80mm×6mm 钢次梁，方法同安装 STP300mm×200mm×8mm 钢梁。在安装 STP160mm×80mm×6mm 钢梁时，临时吊装支撑搭设在预安装 STP160mm×80mm×6mm 钢梁两端的 STP300mm×200mm×8mm 钢梁上。

D. 安装 STP100mm×80mm×6mm 钢次梁，安装方法同安装 STP300mm×200mm×8mm 钢梁相同。在安装 STP100mm×80mm×6mm 钢梁时，临时吊装支撑搭设在预安装 STP160mm×80mm×6mm 钢梁两端的 STP300mm×200mm×8mm 钢梁上。

E. 龙骨垂直度校正：龙骨梁吊装就位，首先是与轴线严格对准。在轴线方向架设经纬仪，瞄准梁中间与两端中线偏差，通过调整，使垂直度达到要求，然后开始安装垂直次龙骨。

F. 天窗幕墙龙骨焊接：屋面焊接技术要求高。主要采用国产直流电焊机（AX1-300、AX1-500）、手工电弧焊及 NB-500 半自动 $CO_2$ 气体保护焊。

G. 排水系统的安装：在排水系统安装前应重新测量放线，在每个钢梁上标示出分格基线。安装排水槽时以分格基准线来确定排水槽位置。把木方放在已安装好的钢梁上，搭建用于安装排水系统和玻璃板块的施工作业平台，如图 3-21 所示。

H. 天窗幕墙玻璃的安装：玻璃的安装是一项十分细致、精确的整体组织施工，施工前要检查每个工位的人员是否到位，各种工具机具是否齐全正常，安全措施是否可靠，高空作业的工具和零件要有工具包和可靠位置，防止物件坠落伤人或击碎玻璃，待一切检查完毕后方可吊装玻璃。

采用固定式缆索起重系统进行吊运安装：原理同天窗幕墙龙骨安装方法，即在天窗两侧安装支架并固定，对钢丝绳进行预应力张拉，在预应力钢丝绳上安装电动玻璃吸。安装完毕后，经四方验收合格后方可进行玻璃吊运安装。

I. 四周收口板块安装和保温面的铺装：

不锈钢板块和铝板板块的安装方法基本与玻璃板块的安装过程相同。

保温棉的铺装流程：尺寸测量→下料→安放→固定→检查修补→隐蔽验收。

J. 清洁注胶：工序是防雨水渗漏和空气渗透的关键工序。

要安排受过训练的专业注胶工施工，注胶要匀速、匀厚、不夹气泡。

工艺流程：填塞垫杆→清洁注胶缝→粘贴刮胶纸→注密封胶→刮胶→撕掉刮胶纸→清洁饰面层→检查验收。

基本操作说明：

a. 填塞垫杆：选择规格合适、质量合格的垫杆填塞到拟注胶的缝中，保持垫杆与板块侧面有足够的摩擦力，填塞后垫杆凸出表面距玻璃表面约 4mm。

b. 清洁注胶缝：选用干净、不脱毛的洗洁布和二甲苯，用"二块抹布法"将拟注胶缝在注胶前 0.5h 内清洁干净。

c. 粘贴刮胶纸。

d. 注胶：胶缝在清洁后 0.5h 内应尽快注胶，超过时间后应重新清洁。

e. 刮胶：刮胶应沿同一面将胶缝刮平（或凹面），同时应注意密封胶的固化时间。

K. 装饰压板安装：装饰压板不应有脱模现象，规格与色彩应与设计相符。装饰压板表面应平整，不应有肉眼可察觉的变形、波纹或局部压砸等缺陷。

L. 清洗和验收：清洁收尾是工程竣工验收前的最后一道工序，虽然安装已完工，但为求完美的饰面质量，此工序亦不能马虎。

注意事项：

a. 铝板饰面在最后工序时揭开保护膜胶纸，若已产生污染，应用中性溶剂清洗后，用清水冲洗干净，若洗不净则应通知供应商寻求其他办法解决。

b. 玻璃表面（非镀膜面）的胶丝迹或其他污物可用刀片刮净并用中性溶剂洗涤后用清水冲洗干净。室内镀膜面处的污物要特别小心，不得大力擦洗或用刀片等利器刮擦，只可用溶剂、清水等清洁。

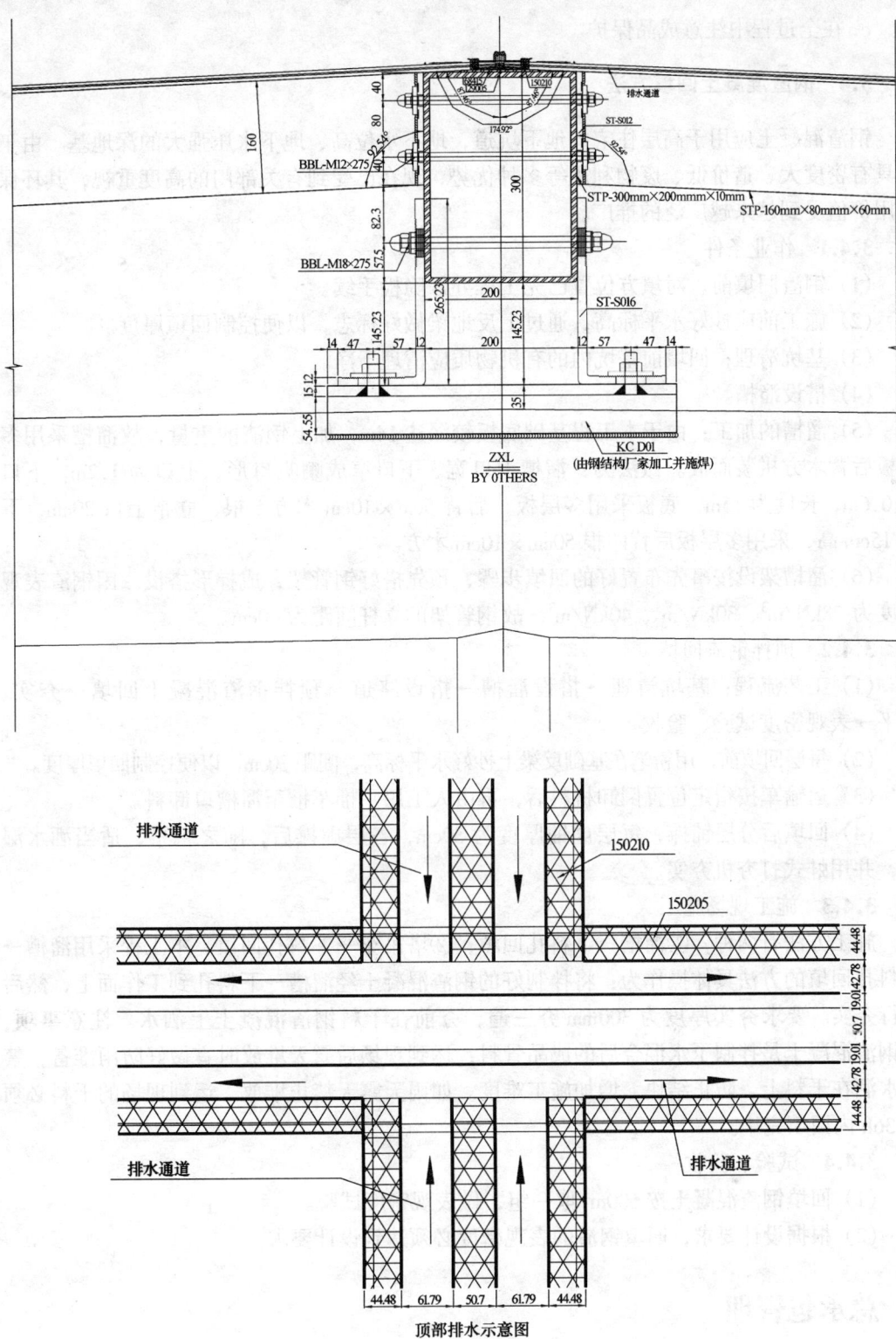

图 3-21 排水系统安装图（单位：mm）

c. 在全过程中注意成品保护。

### 3.4 钢渣混凝土回填方法

钢渣混凝土应用于高层住宅的地下坑道,地下水位高、地下水压强大的深地基。由于它具有密度大、造价低、废物利用等多种优势,现在已受到有关部门的高度重视,其环保利用价值受到越来越广泛的推广。

#### 3.4.1 作业条件

(1) 钢渣回填前,对填方位置已完工程办好隐检手续。

(2) 施工前应抄好水平标高,通过上反地梁做好标志,以便控制回填厚度。

(3) 基坑清理:回填前基坑内的有机物质应清理干净。

(4) 搭设溜槽。

(5) 溜槽的加工:由于本工程基础底板较深达 14m,加上钢渣的重量,故溜槽采用多层板后背木方拼装而成。做法为:溜槽上口宽、下口窄成喇叭口形,上口为 1.2m,下口为 0.6m,长度为 15m,底板采用多层板,后背 5cm×10cm 木方 5 根,立帮上口 20cm,下口 15cm 高,采用多层板后背两根 50cm×10cm 木方。

(6) 溜槽架设按事先布置好的回填步骤,预先搭好钢管架,成梯形搭设。因钢渣表观密度为 $28kN/m^3$、$30kN/m^3$、$40kN/m^3$,故钢管架的立杆间距为 60cm。

#### 3.4.2 预拌钢渣回填

(1) 工艺流程:基坑清理→搭设溜槽→搭设路道→预拌钢渣混凝土回填→夯实、找平→表观密度试验、验收。

(2) 每层回填前,用粉笔在基础反梁上抄好水平标高,间距 30cm,以便控制回填厚度。

(3) 运输车按指定位置倒卸材料后,再由人工用手推车推至溜槽口卸料。

(4) 回填后分层铺摊,每层虚铺厚度为 30cm,各层虚摊后,随之耙平,适当洒水湿润,并用蛙式打夯机夯实。

#### 3.4.3 施工现场施工

施工方法有两种:①溜槽→下料孔回填;②塔吊车→下料孔回填。本工程采用溜槽→下料孔回填的方法具体操作为:将拌制好的钢渣混凝土经溜槽→下料孔到工作面上,然后进行夯实。要求夯实厚度为 300mm 夯三遍,夯前在干料钢渣混凝土上洒水。注意事项:因钢渣混凝土是拌制了水混合后的成品骨料:运到现场后露天堆放时宜做好防雨准备,禁止水洒在干料上,防止结块,增加施工难度。如雨天露天禁止堆放,运到现场的干料必须在 36h 内回填完毕。

#### 3.4.4 试验、验收

(1) 回填钢渣混凝土按 $600m^3$ 取一组,做表观密度试验。

(2) 根据设计要求,回填钢渣的表观密度必须达到设计要求。

## 4 总承包管理

总承包管理范围包括从前期与基坑施工单位的交接到项目竣工验收为止的工程质量管理、工程进度控制管理、各专业各工序的协调管理、施工场地管理、安全生产和文明施工的管理及整个项目的施工技术资料及竣工资料的汇编和管理。

## 4.1 总承包模式

总承包管理模式可以概括为"总部服务控制、项目授权管理、专业施工保障、社会协力合作",这其中包括了总承包管理型企业成功运行的三大要素:总承包功能齐全控制能力强的总部、规范化标准化高效率的项目管理、控制核心技术组织社会专业分包为工程总承包配套服务的能力。

## 4.2 工程总承包管理原则

在工程总承包管理中,坚持"公正、科学、统一、控制、协调"的原则。其中,公正是前提,科学是基础,控制是保证,协调是灵魂,统一是目标。总承包管理是在公正前提下的,建立在科学方法基础上的协调与控制的统一。

## 4.3 总承包管理实施工作内容

在工程管理中发挥总承包商服务、协调、管理和控制职能,就工程的质量、工期、投资、安全、文明施工等对业主总负责,并根据合同要求实施下列工作:

(1) 组成工程总承包管理班子

根据本工程的特点,在总结总承包其他类似工程的成功经验基础上,结合在国内从事工程总承包的多年运作经验,我们设计了一个高效、精练、责权明晰的总承包管理架构。并且制订了一系列的方法与措施,来确保总承包管理的高效运转;同时,项目管理班子的成员选派思想素质高、技术精、业务熟练且富有同类工程项目实践经验,具备覆盖工程项目施工管理各专业技术结构的专业人员组成。

(2) 前期工作协调

1) 审核有关设计方案资料,编制施工总承包实施方案,以确保质量安全、节约造价为原则。

2) 对工程的地质、水文与气象条件、现场条件及周围环境、材料场地范围、进入现场方法以及可能需要的设施进行调查和考察,并根据这些因素对工程的影响和可能产生的风险、意外事故、不可预见损失以及其他情况进行充分的考虑,并向业主提供适当的防范措施,以保证工程的顺利进行。

3) 业主将工程施工现场移交给总承包方后,总承包方负责组织工程现场警卫工作。

4) 总承包单位确保通往工地的道路不受交通阻碍,并及时清理。

(3) 深化设计工作协调

总包方除了自行完成承包范围内的深化设计工作外,还要对指定分包的深化设计起协调作用,目的是保证分包商的深化设计工作能满足工程总体进度要求。

(4) 总承包单位对分包单位的管理和协调

1) 总承包单位负责所有分包单位、供应商和制造商的管理与协调工作。总承包单位与上述单位建立一套协调体系,以共同完成本工程。

2) 明确各专业、各工序的施工次序、时间进度,确立详细、合理的工序和安装计划,组织所有专业分包单位按施工进度计划有序施工。

3) 监督和协调与所有工程施工有关的紧固件、套管、预埋件和附件等的设置。

4) 协调各系统的调试和联动试车。

(5) 现场管理与配合

1) 负责现场总平面图的布置和安排,提供分包单位材料堆放场地和其他合理设施。

2) 提供施工场地,提供工地已有的上下通道、脚手架、水平及垂直运输通道及其他现成的设施给分包单位。

3) 负责现场的安全保卫工作。

4) 与分包单位密切联系,及时了解和掌握关于临时设施的详细需要,做好配合。

5) 提供标高、定位的基准点线及有关测量结果,交监理单位审批,供分包单位作为施工控制依据进行施工安装。

6) 浇筑混凝土前,与分包单位联系确定预留配件、孔洞等位置,给分包单位合理时间完成其工作。

7) 督促做好半成品、成品的保护工作,对装修完成表面提供适当保护,以防损坏;在重物和设备移位时应采取特殊保护,避免破坏已完成设施。

8) 督促分包单位采取冬雨期措施,保证工程质量。

9) 对已完成的装修工程设专人看管保护,直至交工验收完成。

10) 负责现场的临时供电接至二级配电箱,提供现场临时用水接口,并负责计量收费。

11) 协调解决施工场地与外部联系的通道,满足施工运输要求,保证施工期间畅通。

12) 负责协调施工场地与周围居民、单位和地方管理机构的关系,确保工程顺利进行。

13) 负责施工区域的总平面管理。根据本工程特点,编制分阶段平面布置,保证各施工单位的有序作业面。

14) 负责督查落实施工分包方做好施工现场的污水排放工作,保护施工现场周围环境。

(6) 工程质量控制管理

工程质量控制管理包括以下内容:

1) 按照国家颁布的标准、规范,抓好施工质量、原材料质量、半成品质量,确保工程质量达到合格标准,确保北京市竣工工程建筑"长城杯金奖"。

2) 组织施工设计图技术交底,审查施工分包单位制订的施工技术方案,确定其可行性和经济性,提出优化或改进意见。

3) 检查设计变更和工程联系单的执行情况,负责处理施工过程中发生的技术问题,并报业主确认后实施。

4) 对施工工序质量进行控制,审查各施工分包单位的施工组织设计、报表、请示、备忘录、通知单,检查各项施工准备工作。

5) 督察和落实各施工分包单位严格按照国家关于建设工程施工规范和设计图纸要求进行施工。

6) 对工程材料、设备进行控制。根据合同和图纸要求,审查各施工单位提供的材料、设备清单及质保书,并配合监理对工程使用的有关原材料、构件及设备进行必要的抽检、检测、试验、检验、化验及鉴定,对各施工单位提交的装饰材料样品经审查送监理单位审核后报业主审定并采取封样及保护,督促和检查各施工分包单位严格按照样品控制采购材料品质。

7)检查工程施工质量,每月向业主、监理提供工程质量月报(重大工程质量问题及时专题报告),组织各项工程验收(包括隐蔽工程验收、分部分项工程验收等)。

8)负责处理工程质量事故,建立一套事故处理程序。查明质量事故原因和责任,提出质量事故处理意见,报监理、业主并督促和检查事故处理方案的实施。

9)制订成品和半成品保护措施,管理与协调各施工分包单位对施工现场验收工程、已进场的设备材料的产品保护和半成品保护,减少损坏,减少返工与损失。

10)制订工程阶段性验收与竣工验收程序,参加工程竣工验收。

11)督促和检查各分包单位整理施工及竣工的工程技术资料,并负责收集整理、汇编本工程施工过程中的有关图纸、技术资料和其他各类工程档案文件资料,工程竣工后编制出合同规定的工程档案。

(7)工程进度控制管理

1)遵照确定的总工期制定工程总进度计划和分阶段进度计划,审查落实施工单位制定工程进度计划、分阶段计划和月进度计划,上报业主,并送监理备案。

2)严格按计划进度管理。一旦发现进度滞后,及时查明原因,并采取相应的积极措施予以调整,确保总工期如期完成。

3)定期组织召开工程例会、协调会,及时分析、协调、平衡和调整工程进度,确保本工程按期完成。

4)编制并提供一份当月进度报告及下月进度计划,修改和更新工程进度,以准确反映出工程现状和尚未完成的项目。

5)及时向业主及监理单位提供有关施工进度的信息和存在的问题。

6)参加有关分包单位的招标和合同条款拟定的工作过程,负责安排各施工单位及设备材料供应单位的进场、退场时间及相应施工周期和合理的施工作业区域,落实相关的经济责任,确保组织有条不紊地交叉施工。

(8)工程造价管理及成本控制

1)对影响工程顺利进行的有关应急技术措施、应急施工配合、施工图在施工过程中的紧急修改等,向业主、监理报批,同时做好资料搜集。

2)根据本工程施工进度计划,审查和督查落实施工分包单位每月15日前编报当月完成工程量报表和下月施工计划,报送监理核实,并经业主审核后,作为当月应拨付工程款项的依据。

3)分包工程款和甲供设备的安装调试等费用,需经总包单位、监理、业主三方签字确认后,方可付款。

4)根据各分包施工单位汇编资料,及时编制年、季、月的用款计划送业主审定,对所有临时追加用款书面提出追加理由,经甲方审定后作为专项申请。

(9)安全生产管理

1)总承包单位对施工现场的安全负责,分包单位向总承包单位负责,服从总承包单位对施工现场的安全施工管理。

2）督促各专业施工单位安全生产，并定期检查安全、文明施工措施的制定和落实情况，避免重大伤亡事件发生。

3）明确各分包单位的安全职责，督察和落实各分包单位采取措施做好现场安全防护工作。如有事故发生，总包单位负责事故调查，根据调查结果承担相应管理责任。

(10) 现场文明

督促各专业施工单位保证文明施工，保持施工场地及现场生活设施（包括食堂、宿舍、厕所等）的清洁和卫生，交工前清理现场，达到符合业主的要求，并在整个工程施工周期内达到北京市文明安全样板工地的要求。

总包需一直保持本工程工地及辅助区域的清洁、整齐、无垃圾状态。

(11) 总承包管理的合同期限

本项目总承包管理的合同期限为：自合同签订之日起，到工程竣工验收合格交付业主使用、质量保修责任期完成为止。

(12) 材料供应方式

1）除业主明确的材料或设备由业主直接提供外，其他设备的选型、采购由总承包商组织产品咨询、编制供货方案，报业主认可。

2）经业主委托，总承包商可以代理业主进行甲供设备材料的采购、保险、报关、商检、接运、仓储、保管、验收、索赔、调试直至通过工程验收、试运转合格，交付使用。

3）经业主委托，总承包商可以参与甲供设备、材料采购谈判、审核设备材料供货的时间、地点、采购供应方式、合同付款进度、材料设备清单（包括规格、型号、数量、质量）。负责协调供货单位与施工分包单位的工作联系、协调供货期限与施工工期的衔接。

(13) 工程质量保修

主体结构工程、屋面防水工程和双方约定的其他土建工程，以及电气管线、上下水管线和安装工程，供热、供冷工程等项目。

(14) 工程竣工资料要求

督促和检查各施工单位整理各类施工及竣工（包括竣工图）的工程技术资料，并负责组织整理、汇编本工程进展过程中的各类合同文件、图纸、技术资料和其他各类工程档案文件资料。

严格按照国家有关规定，做好收集、整改、汇编工作，装订成册，提供业主方竣工资料、竣工图。

### 4.4 分包管理措施

选择和管理好专业分包队伍是有效组织社会资源、按照总包要求发挥作用的一项十分重要的工作。从一定意义上说，选择好的专业分包队伍是总承包工程按目标要求实施管理的基础；而如何对专业分包队伍实行有效的管理，则是总承包能否取得成功的关键。

(1) 认真选择符合要求的专业分包队伍

根据工程总体的专业分包方案，我们结合施工的进展情况，有计划、有步骤地对专业分包队伍进行招标和选择工作。

(2) 有效管理好专业分包队伍是总包在项目施工组织中的重要工作

为了保证能实现项目管理目标，必须坚持对专业分包队伍实行有效管理，以确保总包的管理意图变成专业分包的实际行动。我们在对专业分包的管理上，始终坚持八个字：管理、帮助、促进、监督。

(3) 对业主指定分包的管理

结合总体的工程进度计划，将业主指定分包纳入我公司的现场管理体系，在其施工时应提供详细的分项工程施工组织设计和质量保证措施，以确保按时、按质、按量地完成各分项任务。

(4) 强化对合同的管理

1) 合同签订的依据

与国内的分包队伍和供应商的合同，我们是参照 FIDIC 条款和世界银行推荐的合同文本，并结合建设部的规范性合同条件而签订的。

2) 以合同为纽带，全面协调各方关系

熟悉合同，以合同为依据组织各项管理。合同签订后，总包的合同管理部门要对项目上的责任工程师及相关管理人员进行交底，使他们充分了解合同的内容，并以合同为依据实施相应工作的管理。

在项目施工的全过程中始终坚持以合同为依据来处理协调各方面问题和相关关系。因为只有按照合同规定的去处理，才能以理服人，减少相互推诿。

(5) 对质量的管理

1) 根据项目质量计划和质量保证体系，要求和协助各专业承包商建立起完善的各专业承包商的质量计划和质量保证体系，将各专业分包商纳入统一的项目质量和管理保证体系，确保质量体系的有效运行，并定期检查质量保证体系的运行情况。

2) 质量的控制包括对深化设计和施工详图设计图纸的质量控制；施工方案的质量控制；设备材料的质量控制；现场施工的质量控制；工程资料的质量控制等各个方面。

3) 严格程序控制和过程控制，同样使各专业分包商的专业工程质量实现"过程精品"；对各专业分包商严格质量管理，严格实行样板制、三检制和"一案三工序"，严格实行工序交接制度；最大限度地协调好各专业分包商的立体交叉作业和正确的工序衔接；严格检验程序和检验、报验和实验工作。

4) 制订质量通病预防及纠正措施，实现对通病的预控，进行有针对性的质量会诊、质量讲评。

5) 设立质量目标奖励资金。我公司将从应得的工程利润中拿出部分资金作为质量目标奖，并与各施工班组及专业分包商签定目标责任状，严格奖罚兑现条件。

(6) 对工期计划管理

1) 要求各专业分包商根据合同工期，按照工程总体进度计划和阶段性进度目标要求，编制专业施工总进度计划，月、周进度计划。

2) 各专业总进度计划、月进度计划应包括与之相应的配套计划，包括设计进度计划、设备材料供应计划、劳动力计划、机械设备使用和投入计划、施工条件落实计划、技术设备工作计划、质量检验控制计划、安全消防控制计划、工程款资金计划等配套计划以及施工工序。

3) 通过项目经理部的统一计划协调和施工生产计划协调会，对计划进行组织、安排、检查和落实。按照合同要求，明确责任和责任单位（责任人）、明确内容和任务、明确完成时间，确立计划的调整程序。

4) 对专业分包商深化设计和详图设计的协调和管理。除按照合同严格管理各专业承包商外，要协助、指导各专业分包商深化设计和详图设计工作，并贯彻设计意图，保证设计图纸的质量，督促设计进度满足工程进度的要求；协调各专业分包商与设计单位的关系，及时、有效地解决与工程设计和技术相关的一切问题；协调好不同专业分包商在设计上的关系，最大限度地消除各专业设计之间的矛盾。

（7）对安全、环保、文明施工、消防和保卫的协调和管理。

首先是协助、要求和督促各专业分包商建立完善的各专业分包商的管理体系，将各专业分包商纳入统一的项目管理，确保各项工作的有效开展和运行，并定期检查执行情况；分解每一目标，按照合同严格管理和要求各专业分包商，责任到位，工作内容到位，措施到位，实行严格的奖罚制度；严格按照专项方案和措施实施，定期检查、定期诊断、及时整改，确保各个目标的实现。

（8）施工现场人员、车辆进出场控制

总承包商对现场人员进行统一管理，并利用我们自身配套的现场计算机局域网络实施统计现场人员的构成情况，为计划调度、保安工作提供详实、准确的资料。

车辆进出场地均有保安做 24h 登记，并对车辆所带物资进行安全检查，明确其来历、事由并找到联系人后方可出入场地。

（9）现场人员数据库的建立

所有参建单位在进入现场前应向工程总包方注册，并按总承包商的要求提供需进入施工现场的分包人员的有关资料，总承包商将所有资料存入计算机数据库。

（10）成品保护的管理

建立完善的成品保护制度和措施，总承包商将在各专业分包队伍的合同中，明确其成品保护的责任和义务。各专业分包队伍进场时，再进行成品保护意识的教育。明确分包队伍在负责自己完成成品保护的同时，应对其他专业的成品加以保护。总承包商的巡检队将负责成品保护工作的管理和监督。

（11）对分包商及供应商的服务措施

1) 现场总平面

根据业主批准的工程总进度计划和分阶段施工总平面布置图的要求，以及批准的各专业分包队伍进场计划，总包商将合理安排各阶段施工现场的平面。各专业分包队伍的材料设备，必须按照总平面布置图划定的范围按要求进行码放。并根据总平面布置负责提供各系统、专业分包所需的办公、材料堆放场地。

2) 临水、临电

根据施工现场平面布置情况，总承包商负责统一布置现场临水临电，并统一提供和管理分包单位安全用电、节约用水和现场内的污水排放等。

3) 现场封闭

为保证施工现场秩序的安全，我们将对施工现场实行封闭管理。所有施工现场的出入口均安排警卫值勤，来访人员在得到总承包商认可后，将使用临时身份卡进出施工现场。

4) 测量服务

在进入精装修、机电、幕墙等业主指定分包施工阶段，总包方负责向各专业分包队伍提供工程的主轴线控制线和楼层标高线，其余施工放线由专业分包队伍测量人员进行引测。

5）现场内资源的调配与管理的服务

施工现场内已有的脚手架、上下通道、垂直运输机械、临时建筑等各种施工设施，总包方将根据施工进度计划和各专业分包队伍所承担工程施工的具体情况，统一调配使用，充分发挥其效率。

6）为各专业分包队伍之间的协调服务

建立每周生产协调例会制度和每天生产调度会制度（即联络会议）。总承包商在每天的生产调度会上，根据施工进度计划，调度、协调各专业分包队伍的施工工序安排。避免因施工管理失调而造成工序混乱，给工程的质量和工期带来损失（如：避免预留预埋工作的遗漏、线路安装调配等），以使各道工序的顺利衔接。在每周的生产例会上，要对照工程总进度计划检查本周各专业分包队伍的工作计划完成情况，发现问题及时调整，安排下周各专业分包队伍的工作计划。总承包商通过对各种资源的有效协调，来保证总进度计划的完成。

7）统一收集资料和提供资料查阅服务，设置工程联络小组，全面负责各专业承包人、系统承包商的施工资料收集和组卷工作并提供查阅。

## 4.5 与业主、监理、设计单位的配合措施

我公司在完成众多大项目以及与外方业主和国际承包商的合作过程中，获得了对国际通行的工程管理（FIDIC条款）更深的理解，同时也积累了许多宝贵的经验。在对业主的超前服务，进口设备物资的招标采购，和设计、监理的配合服务等方面，以及在国内工程国际化管理方面取得了长足的进步，这也是我公司区别国内一般建筑承包企业的一个显著特点。

### 4.5.1 与业主的配合与服务

（1）过程中的服务

1）加强与业主的沟通和了解，根据业主的建设意图，征求业主对工程施工的意见，对业主提出的问题将及时予以答复和处理，不断改进我们的工作。

2）积极做好施工与设计结合工作。

A. 建立与设计院的紧密联系，充分理解设计意图。

B. 做好设计与施工的衔接工作，协调、解决施工与设计的矛盾；设专人负责审图工作，施工前认真做好结构、建筑、机电图纸的会审交圈工作，对存在的设计问题将及时办理工程洽商，经业主、设计、监理确认后作为施工依据，确保施工顺利进行。

3）当好业主的助手和参谋。根据业主的建设意图，发挥我公司的技术优势，站在业主的角度从工程的使用功能、设计的合理性等方面考虑问题，多提合理化建议和意见。

4）根据合同要求，科学合理地组织施工，统一协调、管理、解决好工程中存在的各种问题，让业主放心。

5）建立与业主、监理参加的工程例会制度，加强沟通，及时解决工程质量、进度等问题。

6）成立现场管理小组，加强与当地街道、环卫环保、派出所、市政等部门的联系，

及时解决可能出现的扰民、民扰等问题，确保工程顺利进行。

7）合理使用工程资金，实行专款专用。根据施工进度计划，制定资金使用计划，保持资金处于最佳使用状态。如果本工程施工中某阶段业主发生困难，我们保证工程连续施工，工期不受影响。

（2）竣工后的服务

我公司十分重视工程交工后的服务工作，按照 ISO 9001 质量体系文件的规定，我公司承诺以下服务措施：

1）对于任何原因造成的任何损坏，我方将一律主动地先维修，后分析原因；
2）分专业向业主提供保修卡；
3）对业主相关工作人员进行必要的培训；
4）为本工程建立由专人负责的保修队，并与业主建立稳定的工程维修联系制度；
5）如业主有进一步对工程保修或售后服务方面的要求或期望，我公司将积极配合。

**4.5.2　总包与监理的配合**

（1）工程开工前，向监理提交施工组织设计、工程总体进度计划，经审批后方可进行施工的全面质量管理、进度管理、安全管理等，并严格执行。对特殊分部工程要向监理提交施工方案，并定期制定季进度计划，呈报监理。

（2）在施工全过程中，服从监理公司的"三控"（即质量控制、工程投资和工期控制）、"两管"（即合同管理和资料管理）和监督、协调。

（3）在施工过程中严格执行"三检制"，服从监理公司验收和检查，并按照监理工程师提出的要求，予以整改。对各分包单位予以检控，行使总包的职责，确保产品达到优良，杜绝现场分包单位不服从监理工作的现象发生，使监理的一切指令得到全面执行。

（4）所有进入现场使用的成品、半成品、设备、材料、器具（含分包），在使用前按规定进行检验、试验，并向监理提交产品合格证和检测报告。经确认后，才能用在工程上。

（5）为监理顺利开展工作给予积极地配合，在现场质量管理中服从监理的管理。

**4.5.3　与设计单位的协调配合**

我公司与设计单位有过长期良好的合作经历，在工程的实施过程中完全能够保证彼此间的协调配合，能及时、有效地配合设计单位，解决与工程设计和技术相关的问题：

（1）配合业主组织设计交底、图纸会审工作，负责组织设计与施工方面的工程技术协调。对施工图设计的不理解、不清楚提出建议，报请业主、监理、经设计单位确定后，下发工程设计变更或工程洽商，不得擅自修改施工图纸；在施工中，出现问题及时与设计沟通、解决，把问题在施工前提出，以免造成损失。

（2）配合业主、设计、监理按照总进度与整体效果要求验收样板间，主要部位验收、主体结构验收、竣工验收等。

（3）协调各专业分包在施工中需与设计方协商解决的问题，为减少工程后期的拆改量，理顺机电各专业施工工序。

（4）根据工程要求配合设计单位绘制需要的施工图或大样图，及时报设计和监理审批；配合设计和监理检查所有施工图、大样图及各专业深化设计图。

### 4.6 工程交验后服务措施

本工程保修严格按《建设工程质量管理条例》和《房屋建设质量保修办法》等规定执行，并结合公司相关要求，做好竣工后的服务工作，定期回访用户，并按以上有关规定实行工程保修服务。

从工程交付之日起，工程保修工作随即展开。在保修期间，我公司将依据保修合同，本着对用户服务、向业主负责、让用户满意的认真态度，以有效的制度、措施做保证，以优质、迅速的维修服务维护用户的利益。

# 5 质量、安全、环保技术措施

## 5.1 质量保证措施

### 5.1.1 质量目标
（1）主体结构工程验收获北京市"结构长城杯"；
（2）建筑工程确保"北京市建筑工程长城杯金奖"；
（3）建筑工程力争中国建筑工程"鲁班奖"。

### 5.1.2 质量管理保证措施
（1）质量管理程序
1）质量保证程序（图5-1）

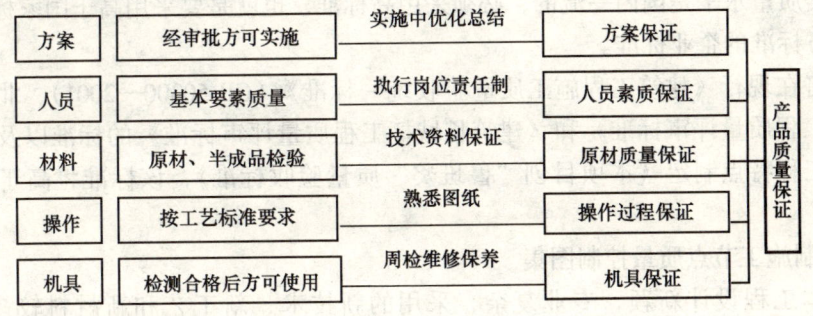

图 5-1 质量保证程序图

2）过程质量执行程序
（2）创优管理保证措施（图5-2）
1）建立创优机制

建立以"目标管理、创优策划、过程监控、阶段考核、持续改进"为过程的创优机制。

施工中我们将坚持"目标管理、创优策划、过程监控、阶段考核、持续改进"，形成以"观念创新、体制创新、机制创新、管理创新、技术创新"的全方位管理活动。一次成优，全力确保争创"鲁班奖"工程。

2）建立质量管理制度

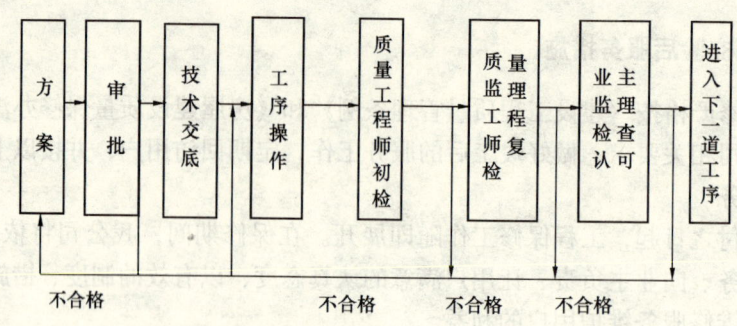

图 5-2 质量保证流程图

3）公司领导重视，加大项目创优投入

公司为本项目设立专项创优奖励基金，加大对项目经理部的奖励力度，作为对项目经理部全体员工的鼓励。通过奖励机制，使该项目的创精品工程活动不断向前发展。

4）配备强有力的创优项目经理部

我们将配备强有力的领导班子。项目经理具有很强的综合管理能力；技术负责人及专业工程师具有丰富的工程创优经验与水平，并且技术负责人及专业工程师非常熟悉本专业的规范、质量标准，熟悉本专业质量通病预控及处理的经验。

项目经理部有强烈的精品意识，有严格苛求的工作作风和严密的质量体系，保持质量处于受控状态。

5）制定本工程创鲁班奖质量标准

鲁班奖质量水平是国内一流的，必须采用高标准，也就是要采用高于国家标准、行业标准和地方标准的企业标准。

我们将在现行《建筑工程施工质量验收统一标准》（GB 50300—2001）、北京市《结构长城杯工程质量评审标准》和《建筑长城杯工程质量评审标准》的标准以及企业标准并结合本工程特点制定《本项目创"鲁班奖"质量验收标准》，该标准将高于上述质量标准。

6）编制施工节点质量控制图集

针对本工程设计新颖，专业复杂，采用的新技术、新工艺和新材料较多的特点，项目部将根据本工程施工组织设计和本工程创优计划，编制本工程施工节点质量控制图集，将有关重点、难点部位绘制节点大样图，详细表述细部做法、质量控制措施。

7）过程精品，一次成优

在创鲁班奖中，必须对建造的全过程事先策划，编制科学、有针对性的施工方案与创优措施，同时做好过程控制，严格检验。在施工过程中，加强技术交底和培训，严格按施工方案施工，加强质量监督检查，以达到过程精品，一次成优。

8）落实创优制度和措施

明确创优分工、职责、管理措施、交底制度、检查制度、样板引路、阶段考核和奖罚措施等，并在施工过程中落实。

9）做好施工纸质资料和音像资料收集

项目设专职土建和机电资料工程师各一名，根据鲁班奖及北京市地方标准要求来收集完整的施工内业资料，确保工程资料的完整性。

每个申报鲁班奖工程需提供5min的录像带（或光盘），很多工程在施工过程中没有注意拍摄和收集有价值的音像资料，不能反映工程的施工全过程。因此在本工程施工过程中，我们将派专人负责拍摄和收集音像资料，要求：

A. 图像清晰，说话清楚，音乐轻盈、舒服。

B. 对本工程质量的亮点、施工的难度要通过画面和解说词反映出来，录像要表达出质量是好的、在国内外的水平是领先的。

C. 录像内容要全面，如质量过程控制，推广应用新技术等均能反映出来。

10) 积极推广应用新技术

创鲁班奖要消除质量通病和攻克技术难关，近年来申报的工程普遍推广应用了新技术，并作为一个申报条件。

(3) 施工过程管理

过程精品、一次成优是创鲁班奖工程重点控制之一。所以，确保施工过程始终处于受控状态是保证本工程质量目标的关键。施工时按规范、规程施工，加强预先控制，过程控制，样板开路。

施工过程分为一般过程和特殊过程。本工程的地下室防水、地下室抗渗混凝土施工工程以及钢结构焊接属于特殊过程，其余分项工程属于一般过程。

1) 特殊过程施工

依据《施工控制程序—质量》规定，本工程地下室防水和钢结构焊接为特殊过程，须按特殊过程控制进行施工。

2) 一般过程施工

A. 技术交底：施工前，主管责任工程师向作业班组或专业分包商进行交底，并填写技术交底记录。

B. 设计变更、工程洽商：由设计单位、建设单位及施工单位会签后生效。

C. 施工环境：施工前和过程中的施工作业环境及安全管理，由项目组织按公司《环境管理手册》及《文明施工管理办法》的规定执行并做好记录。

D. 施工机械：①项目责任工程师负责对进场设备组织验收，并填写保存验收记录，建立项目设备台账。②项目责任工程师负责编制施工机械设备保养计划，并负责组织实施。③物资中心定期组织对项目机械设备运行状态进行检查。

E. 测量、检验和试验设备：施工过程中使用的测量、检验和试验设备，按《监视和测量装置的控制程序》进行控制。

F. 隐蔽工程验收：在班组自检合格后，由主管责任工程师组织复检，质量工程师和作业人员或专业分包商参加，复检合格后报请监理（业主、设计院）进行最终验收，验收签字合格后方可进行下道工序施工。

一般过程施工分为一般工序和关键工序。本工程初步确定测量放线分项工程、钢筋分项工程、模板分项工程、混凝土分项工程、屋面防水、卫生间防水、幕墙工程等为关键工序，关键工序将编制专项施工技术方案。

关键工序质量控制点一览表（表5-1）。

关键工序质量控制点一览表  表5-1

| 工序名称 | 控制要点 | 备注 |
|---|---|---|
| 测量放线 | 由公司测量工程师负责完成，项目质量检查员负责检查，测量工程师办理报验手续。根据业主和规划局测量大队移交的控制线的高程控制点，建立本工程测量控制网，重点是墙体、柱的轴线、层高及垂直度，楼板标高、平整度及预留洞口尺寸及位置 | |
| 钢筋工程 | 由钢筋专业工程师负责组织施工，质量检查员负责检查并向监理办理隐蔽验收。控制钢筋的原材质量，钢筋必须有出厂合格证、现场复试合格，严格控制钢筋的下料尺寸、钢筋绑扎间距、搭接长度、锚固长度、绑扎顺序、保护层厚度、楼板钢筋的有效高度。钢筋接头操作，重点控制套丝长度等，按规范要求进行接头取样试验 | 梁柱节点处钢筋较密，在绑扎前应进行放大样以保证绑扎质量 |
| 模板工程 | 模板将根据图纸进行专门设计，重点控制模板的刚度、强度及平整度，梁柱接头、电梯井将设计专门模板，施工重点控制安装位置、垂直度、模板拼缝、起拱高度、隔离剂使用、支撑固定性等 | |
| 混凝土工程 | 振捣部位及时间、混凝土倾落高度、养护、试块的制作、施工缝处混凝土的处理、混凝土试块的留置及强度试验报告及强度统计等 | 大体积混凝土工程是控制重点 |
| 回填土工程 | 回填土优先采用基坑挖土，土质及其含水率必须符合有关规定，灰土的配合比必须搅拌均匀；回填前，灰土用土必须过筛，其料径不大于15mm，石灰使用前充分熟化，其料径不大于5mm；控制回填厚度，每层虚填厚度不大于250mm，夯实遍数不少于三遍；按规定进行取样试验，质量检查员负责过程检查及试验结果检查 | |
| 砌筑工程 | 砌块必须有材质合格证的复试报告，砌筑砂浆用水泥必须持有准用证、合格证和复试报告，砂浆施工配合比由公司试验室确定，现场严格按配合比组织施工，重点控制砌体的垂直度、平整度、灰缝厚度、砂浆饱满度、洞口位置、洞口方正等 | |
| 抹灰工程 | 严把原材料质量关，抹灰用材料必须按规定进行试验，合格后方可使用；严格控制砂浆的配合比，抹灰基层的清理，抹灰的厚度、平整度，阴阳角的方正及养护等 | |
| 屋面防水及卫生间防水 | 所用材料必须在北京市建委备案、具有出厂合格证及现场复试报告，重点控制基层含水率、基层质量（不得空鼓、开裂和起砂）、基层清理、突出地面附加层施工，卫生间及屋面必须做蓄水试验 | |
| 油漆喷涂 | 控制基层清理，基层刮腻子的平整度、油漆/涂料的品种、材质，滚/喷/刷的均匀及厚度、表面光洁度 | |
| 外墙幕墙 | 控制墙体放线连件的材质及预埋位置试验，安装位置、报告及其固定情况，胶粘剂的材质及试验报告，封闭、平整度、牢固度 | |

续表

| 工序名称 | 控制要点 | 备注 |
|---|---|---|
| 给水管道安装 | 管材品种、规格、尺寸必须符合要求；螺纹连接处，螺纹清洁、规整，无断丝；钢管焊接焊口平直，焊波均匀一致，焊缝表面无结瘤、夹渣和气孔 | |
| 金属风管制作 | 风管咬缝必须紧密，宽度均匀，无孔洞、半咬口和胀裂缺陷；风管加固应牢固、可靠、整齐，间距适宜，均匀对称 | |
| 风管保温 | 保温材料的材质、规格及防火性能必须符合设计和防火要求；风管与空调设备的接头处以及产生凝结水的部位，必须保温良好、严密、无缝隙；保温应包扎牢固，表面平整一致 | |
| 照明器具及配电箱安装 | 器具安装牢固、端正、位置正确；接地（零）可靠；不要损坏吊顶或墙面，注意成品保护 | |

（4）物资采购与管理

物资的质量对工程质量有直接影响，我们将严格按照公司的《物资管理程序》要求，严把材料（包括原材料、成品和半成品）、设备的出厂质量和进场质量关，做好分供方的选择，物资的验证、检验、标识、保管、发放和投用，不合格品的处理等环节的控制工作，确保投用到工程的所有物资均符合规定要求。

（5）工程技术资料管理

工程施工技术资料是工程建设及竣工交付使用的必备条件，也是对工程进行检查验收、管理、使用、维护、改建和扩建的依据。

工程施工技术资料的编制、整理应按北京市建筑安装工程资料管理规程和建筑工程施工质量验收统一标准执行。技术资料应随施工进度及时整理，按专业系统归类，认真填写，做到字迹清楚、项目齐全、记录准确，真实地反映工程的实际情况。

公司设立技术资料档案室，项目经理部设专职技术资料员，并取得市建委颁发的技术资料员培训合格证，技术资料员必须持证上岗，实行总工程师负责制。各级建立健全岗位责任制，落实到责任单位及个人。公司每季、项目经理部每月进行一次检查，技术资料管理的好坏直接与经济挂钩，制定切实可行的奖罚政策，以促进技术资料管理工作。

（6）创优过程中应注意的问题

1）不违背工程建设标准的强制性条文

《工程建设标准强制性条文》是申报鲁班奖工程必须严格遵守的。

因此，在本工程施工前，严格审核图纸，并与设计完善图纸，施工过程中对照规范条文，即使不是施工方面违背的，也要向有关方提出，因为《工程建设标准强制性条文》是申报鲁班奖工程必须严格遵守的。

2）重视一些不显眼部位的质量

在本工程创优过程中，我们把不显眼部位与大面部位看作同等重要，如消防楼梯间、地下车库、电梯机房、管道井等部位；机电安装不管是明装的还是暗装的，质量都是一个标准，不论是显眼的或是不显眼的；不论是看到的或是看不到的都是精品。

3) 重视环境保护质量

根据鲁班奖的有关申报办法,如果项目的环境质量达不到国家验收规范的要求,将不能申报鲁班奖。

4) 重视安全文明施工

根据鲁班奖的有关申报办法,如果项目在施工过程中发生重大安全事故,将不能申报鲁班奖。